CHEMIE UND TECHNOLOGIE
DER FETTE
UND FETTPRODUKTE

HERAUSGEGEBEN VON
DR. H. SCHÖNFELD

ZUGLEICH ZWEITE AUFLAGE DER
TECHNOLOGIE DER FETTE UND ÖLE
VON G. HEFTER

ERSTER BAND
CHEMIE UND GEWINNUNG
DER FETTE

SPRINGER-VERLAG WIEN GMBH
1936

CHEMIE UND GEWINNUNG DER FETTE

BEARBEITET VON

TH. ARENTZ=OSLO, K. BERNHAUER=PRAG, J. BRECH=HAMBURG,
V. FISCHL†=PRAG, A. GRÜN=BASEL, T. P. HILDITCH=LIVERPOOL,
G. HÖNNICKE=BERLIN, S. IVANOW=MOSKAU, F. E. H. KOCH=
MANNHEIM, J. LUND=FREDRIKSTAD, S. H. PIPER=BRISTOL,
K. SCHÖN=COIMBRA, H. SCHÖNFELD=WIEN, L. ŠPIRK=PRAG,
A. VAN DER WERTH=BERLIN, A. WINTERSTEIN=BASEL,
L. ZECHMEISTER=PÉCS

MIT 367 ABBILDUNGEN IM TEXT

SPRINGER-VERLAG WIEN GMBH
1936

ISBN 978-3-7091-5855-5   ISBN 978-3-7091-5905-7 (eBook)
DOI 10.1007/978-3-7091-5905-7

Vorwort.

Vor 30 Jahren erschien der erste Band der Technologie der Fette und Öle von Gustav HEFTER. Schon als Jüngling, beim Eintritt in die Industrie, faßte HEFTER den Entschluß, eine Technologie der Fette zu schreiben, die es damals noch nicht gab. Nach 10 Jahren unermüdlicher Arbeit legte er den ersten Band des Werkes vor, dann noch zwei weitere Bände. An der Abfassung des vierten Bandes hinderte ihn sein früher Tod. Das Werk blieb ein Torso, aber trotzdem galt es als vorbildlich und entsprach auf Jahre hinaus den Anforderungen der Technik. Noch im Jahre 1921 wurden die drei Bände als unveränderter Nachdruck ausgegeben.

Seit dem aber hat sich die chemische Erforschung der Fette mächtig entwickelt, kaum weniger die Fettindustrie. Eine ganze Reihe neuer Fabrikationen wurde geschaffen und in schon bestehenden die früher vielfach nur empirische Arbeit durch wissenschaftliche Ergründung der einzelnen Vorgänge verbessert. Dieses Bestreben läßt sich auf fast allen Gebieten der Fettindustrie erkennen. Es findet auch in dem völlig neuen Aufbau des „Hefter" seinen Ausdruck. Hierbei, von der ersten Vorbereitung des Werkes angefangen bis zur Drucklegung, konnten sich Herausgeber und Verlag immer wieder auf den wertvollen Rat von Adolf GRÜN stützen.

Der erste Band behandelt die Chemie der Fette und der natürlichen Fettbegleiter sowie die allgemeinen Methoden der Gewinnung der pflanzlichen und tierischen Fette. Nicht nur die Chemie der Glyceride, sondern auch die der Sterine, Phosphatide und Lipochrome wurde in Erkenntnis der wachsenden Bedeutung dieser Fettbegleiter ausführlich geschildert. So spielen die Phosphatide schon jetzt in verschiedenen Industrien, besonders in der Nährmittelerzeugung, eine große Rolle. Die Wichtigkeit der Schonung und Erhaltung des zu den Sterinen gehörenden Vitamin D und des dem Carotin nahestehenden antixerophthalmischen Vitamin A ergab neue Richtlinien für die Verarbeitung der vitaminreicheren Fette. Auf dem Gebiet der Glyceridsynthese wurden viele technische Anwendungen für die durch Vollsynthese oder Umesterung gewonnenen Produkte gefunden. Die Wachse wurden nicht aufgenommen, da sie eine eigene Klasse von Stoffen bilden, die auch technisch kaum etwas mit den Fetten gemein haben.

Im zweiten Band wird die weitere Verarbeitung der Fette und ihre Anwendung beschrieben.

Der dritte Band bringt erschöpfende Monographien aller Fette, die heute von technologischer oder industrieller Bedeutung sind oder wenigstens nach dem heutigen Stand der chemischen Forschung und technischen Entwicklung noch größere Bedeutung erlangen könnten. Eine lückenlose Aufzählung aller Fette geht über den Rahmen einer Technologie hinaus. Zudem liegt als Sammlung der wichtigen Daten sämtlicher Fette bereits der zweite Band des GRÜN-HALDEN, „Analyse der Fette und Wachse" vor, der also in gewissem Sinne eine Ergänzung zum vorliegenden Handbuch bildet.

Der vierte Band behandelt die Chemie und Fabrikation der Seifen und sonstigen Waschmittel, der Textilhilfsmittel und ähnlicher Präparate.

Als fünfter Band wird ein dreisprachiges Generalsachregister erscheinen, das in Gemeinschaft mit einem englischen und einem französischen Fachmann bearbeitet wird. Es soll dem die deutsche Sprache nicht völlig beherrschenden Leser die Benutzung des Handbuches erleichtern, zugleich jedem Leser die Möglichkeit geben, sich über die fremdsprachige Nomenklatur schnell und sicher zu unterrichten. Es werden aufgenommen die Bezeichnungen für sämtliche Vorgänge der Fettindustrie, aller für diese Industrie typischen Vorrichtungen, die Namen der einzelnen Fette u. a. m.

Damit in Zukunft mit der industriellen und wissenschaftlichen Entwicklung auf dem Fettgebiete besser als bisher Schritt gehalten wird, sollen Ergänzungsbände über die Neuerungen berichten.

Wien, im Dezember 1935.

H. Schönfeld.

Inhaltsverzeichnis.

Chemie und Technologie der Fette in den letzten dreißig Jahren.

Von H. Schönfeld, Wien.

Das früher verhältnismäßig wenig gepflegte Gebiet der Fette und Lipoide war nach Erscheinen der ersten Auflage der Hefterschen Technologie Gegenstand intensivster Forschung. Sie ergab wichtige Befunde über den Aufbau der Fette, über die Struktur und biologische Rolle der natürlichen Fettbegleiter, der Phosphatide, Sterine, Lipochrome und Vitamine und hat die weitere Entwicklung der Technologie der Fette nicht unwesentlich beeinflußt.

Auch im Maschinen- und Apparatebau für die Fettindustrie sind größere Fortschritte zu verzeichnen gewesen.

Es entstanden neue Industriezweige, wie namentlich die zur Versorgung mit Fettnährmitteln sehr wichtige Fetthärtung, dann die Erzeugung von Netz- und Emulgierungsmitteln usw.

Die neueren Beobachtungen über die Struktur der Fette, insbesondere die Feststellung, daß sie in der Regel aus mehrsäurigen Glyceriden bestehen, sind auch technisch von Bedeutung. Aus gemischtsäurigen Glyceriden aufgebaute Fette haben natürlich andere physikalische Eigenschaften und andere technische Verwendungsmöglichkeiten als Fette, deren Glyceride einsäurig sind. Die in den letzten Dezennien sehr erfolgreich durchgeführten, zahlreichen Methoden der Fett- (Glycerid-) Synthese, nach denen eine große Reihe natürlicher Fettbestandteile sowie Glyceride von in der Natur nicht vorkommenden Säuren hergestellt werden konnte, bieten ebenfalls größtes technologisches Interesse. Anderseits wurde auch der Abbau der Glyceride weiter erforscht, insbesondere auch die biochemische Zerlegung durch Enzyme weitgehend aufgeklärt.

Die Struktur der Fettsäuren ist zu einem erheblichen Teil durch Synthese weitgehend aufgeklärt worden. So gelang die Synthese sämtlicher gesättigter Fettsäuren bis herauf zu C_{26}, neuerdings auch die synthetische Herstellung der Öl- und Elaidinsäure, d. h. der verbreitetsten ungesättigten Fettsäure.

Aufgedeckt wurden wichtige Zusammenhänge zwischen dem Auftreten und der Verteilung der Fettsäuren und dem biologischen Ursprung der Fette, ferner zwischen der Zusammensetzung der Fette und den klimatischen Wachstumsverhältnissen der Fettspender, Befunde, welche die Technologie beeinflussen dürften; so lassen sich beispielsweise klimatische Zonen voraussehen, in denen Fette mit bestimmten Eigenschaften, wie etwa Lackleinöle mit maximaler Trockenkraft, am günstigsten produziert werden könnten.

Auf dem Gebiete der Phosphatide, welche vermutlich im Fettstoffwechsel eine entscheidende Rolle spielen, gelang die Synthese der Lecithine und Kephaline, d. h. der den Fettchemiker in erster Linie interessierenden Vertreter dieser Lipoidklasse.

Die Struktur der Sterine und der früher kaum beachteten Lipochrome ist in den letzten Jahren voll aufgeklärt worden. Über ihre biologische Bedeutung sind äußerst wichtige Feststellungen gemacht worden. Die Lipochrome leiten sich vom Isopren ab, beide Klassen stehen in Beziehung zu den Vitaminen: die Sterine sind nahe verwandt mit Vitamin D und den Keimdrüsenhormonen, die Lipochrome (Carotine) stehen dem Wachstumsvitamin A sehr nahe.

In der Ölgewinnung aus Ölsaaten spielt heute die Extraktion mit Lösungsmitteln eine fast ebenso große Rolle wie die Pressung. Aus den insgesamt in Deutschland im Verlaufe eines Jahres zur Verarbeitung gelangenden 2—2,5 Mill. Tonnen Ölsamen wurde bereits im Jahre 1928 mehr als 1 Million Tonnen der Extraktion zugeführt (gegen 250—300 Tausend Tonnen im Jahre 1913).

Zweifel an der Gleichwertigkeit der extrahierten Öle und der Extraktionsrückstände mit den durch Pressung gewonnenen Ölen und Ölkuchen bestehen heute kaum mehr. Der Absatz der Schrote hat nicht mehr mit Widerständen seitens der Landwirte zu kämpfen, nachdem lösungsmittelhaltige Rückstände nicht mehr auf den Markt kommen und ihr Futterwert infolge höheren Proteingehaltes nicht niedriger ist als der der fettreicheren Ölkuchen. Es hat allerdings einige Zeit gedauert, ehe die Technik zuverlässige Methoden zur Gewinnung lösungsmittelfreier Öle und Schrote ausgearbeitet hat. Dies gelang schließlich erstens durch Wahl passender Lösungsmittel, zweitens durch zweckmäßige Ausgestaltung des technischen Arbeitsganges, d. h. des Destillier- und Ausdämpfprozesses. Auch die durch die strengere Gesetzgebung erschwerte Verfälschung der Schrote (s. S. 769) durch minderwertigere Futtermittel hat zur Beseitigung des gegen die Extraktionsrückstände bestehenden Vorurteiles beigetragen.

Für das schnelle Eindringen der Extraktionsmethode in die Ölindustrie waren sowohl ökonomische Faktoren, als auch die Notwendigkeit der Verarbeitung von ölärmeren Ölsaaten maßgebend; eine größere Rolle spielte hierbei auch die Umstellung in der Wahl der Rohstoffe für die Margarinefabrikation, insbesondere der gesteigerte Bedarf an flüssigen Fetten.

Die Entwicklung der Extraktionsmethoden und die zunehmende Erzeugung der Öle auf dem Extraktionswege hängt aufs engste mit der stetigen Zunahme der Sojabohnenölgewinnung zusammen. Die Ölarmut dieses Rohstoffes, dessen Rückstände als das proteinreichste Futtermittel leichter als andere Kuchen und Schrote abzusetzen sind, dürfte der wichtigste Impuls zur technischen Vervollkommnung der Extraktionsverfahren gewesen sein; die ersten Großanlagen, namentlich die kontinuierlich arbeitenden, waren auf die Verarbeitung von Sojabohnen zugeschnitten.

Von den Extraktionsverfahren sind in der Hauptsache nach dem Anreicherungssystem arbeitende Batterieanlagen, außerdem einige Systeme für die kontinuierliche Extraktion in Verwendung.

Für die Vorpressung von Ölsaaten dienen jetzt vielfach die Schraubenpressen nach ANDERSON oder SOHLER; sie arbeiten kontinuierlich und haben den Vorteil, daß die Rückstände lose anfallen, so daß sie ohne Schwierigkeit der zweiten Pressung oder (häufig) der Extraktion zugeführt werden können.

Die Methoden der Ölreinigung (Raffination) wurden weitgehend verfeinert, angeregt durch die hohen Ansprüche der Margarineindustrie an Neutralität, Farblosigkeit oder Farbschwäche und Fehlen jeden spezifischen Geruches und Geschmackes.

Der Raffinationsprozeß verläuft im allgemeinen auch heute noch in den bereits in der HEFTERschen Technologie geschilderten drei Hauptetappen: Entsäuerung, Entfärbung und Desodorisierung. Die einzelnen Prozesse wurden in einer Richtung ausgestaltet, welche die Wirtschaftlichkeit der Raffination und ihren Effekt nicht unwesentlich zu steigern vermochte.

Neben der Entsäuerung mit Laugen sind auch neue Raffinationswege bekannt geworden, von denen größere Bedeutung der Destillationsentsäuerung und
einige Bedeutung auch der Entsäuerung durch Veresterung zukommt. Für die
bereits von HEFTER erwähnte Möglichkeit des Abdestillierens der Fettsäuren aus
dem Rohöl sind technisch brauchbare Verfahren erfunden worden. Sie haben
sämtlich zur Grundlage das Erhitzen des kontinuierlich zu- und abfließenden
Öles auf hohe Temperaturen und in sehr hohem Vakuum unter Einleiten von
hocherhitztem Trocken- oder Naßdampf.

In der Hauptsache wird aber die Entsäuerung immer noch mittels Lauge
vorgenommen.

Für die Entfärbung stehen jetzt viel bessere Farbstoffadsorptionsmittel zur
Verfügung. Die natürlichen Bleicherden (Fullererde, Floridaerde) sind durch
Produkte ersetzt worden, die man aus bayerischen Tonlagern durch Behandeln
mit Salzsäure herstellt. Die auf diesem Wege „aufgeschlossenen" Bleicherden
haben eine weit größere Entfärbungswirkung. Eine wesentliche Ökonomie und
eine sehr gesteigerte Entfärbungsmöglichkeit brachte ferner die Verwendung der
vegetabilischen Aktivkohlen, mit deren Produktion während des Weltkrieges begonnen wurde. Die durch hohes Adsorptionsvermögen für Farbstoffe und organische Dämpfe gekennzeichneten Stoffe werden auch zur Rückgewinnung der
aus den Ölextraktionsapparaten mit der Luft entweichenden Benzindämpfe benutzt. Seit Einführung der aufgeschlossenen Bleicherden und Aktivkohlen gestaltet sich die Entfärbungsarbeit wesentlich wirtschaftlicher als früher.

Eine weitere Ersparnis läßt sich bei der Ölreinigung durch Ein- oder Vor-
schalten der Entschleimung erzielen, d. h. Entfernung von Stoffen, welche sich
bei der Entsäuerung mit Lauge als Emulgatoren betätigen und dadurch einen
größeren Verlust an Lauge und Neutralöl verursachen.

Die seit der Vorkriegszeit in den europäischen Industriestaaten mehr als
verdoppelte Margarinerzeugung wäre nicht ohne die Auffindung neuer Fettrohstoffe als Ersatz für die tierischen Landtierfette (Schmalz, Talgprodukte) in
der erreichten Höhe möglich gewesen. Als solche kommen heute die aus Tran
und Pflanzenölen durch Hydrierung nach NORMANN hergestellten Hartfette zur
Anwendung. Da der Prozeß der Hydrierung in jedem Stadium unterbrochen
werden kann, so ist man in der Lage, Hartfette beliebigen Schmelzpunktes herzustellen, insbesondere die Härtung bis auf die gewünschte Schmalz- oder Talg-
konsistenz zu treiben.

Das früher als Emulgierungsmittel verwendete Eigelb ist in der Margarinefabrikation teilweise durch Lecithin, namentlich das bei der Sojaölgewinnung als
Abfallprodukt anfallende „Pflanzenlecithin" ersetzt worden.

Vor einigen Jahren wurde der Geruchsträger der Milch, nach dem man lange
vergeblich gesucht hat, entdeckt. Wichtig waren für die Margarineerzeugung auch
die Forschungen auf dem Gebiete der Emulsionsbildung.

Die ursprünglich für die Ölentsäuerung vorgeschlagenen Methoden der
kontinuierlichen Wasserdampfdestillation im Hochvakuum haben sich bei der
Destillation der Fettsäuren bewährt und sind in der Stearinindustrie seit einiger
Zeit eingeführt. Durch die kontinuierliche Arbeitsweise und das sehr hohe Vakuum
wird die „Pech"-Bildung bei der Destillation weitgehend verhindert und eine
höhere Destillatausbeute erzielt.

Die neueren Erkenntnisse auf dem Gebiete der sulfonierten Öle bedingten eine
Umwälzung in der Herstellung von Textilhilfsmitteln. Beinahe täglich erscheinen
neue Vorschläge zur Erzeugung neuer Sulfonate, nach neuen Sulfonierungs-
methoden oder aus neuartigen Rohstoffen. Die Bestrebungen gehen meist in der
Richtung der Erreichung eines höheren Sulfonierungsgrades, der sogenannten

Intensivsulfonierung, ferner der Gewinnung von „wahren" Sulfonsäuren an Stelle von Schwefelsäureestern, wie sie im Türkischrotöl vorliegen, schließlich der Herstellung von Produkten mit endständiger oder „externer" Sulfogruppe und Ausschaltung der Carboxylgruppe.

Die Carboxylgruppe wurde als die Trägerin der mangelnden Beständigkeit der sulfonierten Öle gegen die Härtebildner, Säuren und Salzlösungen erkannt. Man versucht daher, die COOH-Gruppe zu blockieren, durch Überführen der Säuren in Ester, Amide usw. oder sie gänzlich auszuschalten.

Große Bedeutung haben seit einigen Jahren die durch katalytische Reduktion der Fette und Fettsäuren in glatter Reaktion erhältlichen Fettalkohole für die Herstellung von carboxylfreien Sulfonaten mit endständiger Sulfogruppe erlangt. Solche Körper sind den Seifen ähnlicher als die Türkischrotöle oder andere Sulfonate mit „interner" Sulfogruppe.

Der hier kurz angedeutete Entwicklungsgang der Chemie und Technologie der Fette ließ es notwendig erscheinen, für die Chemie der Fettstoffe einen weit größeren Raum vorzusehen als in der I. Auflage. Denn die gründliche Kenntnis der allgemeinen Reaktionsfähigkeit, der Chemie und Biologie der Fette und ihrer Begleitstoffe ist eine Voraussetzung für ein leichtes Eindringen in die modernen Verfahren der Fettverarbeitung, für das Verständnis und die Beherrschung ihrer Technologie.

Erster Teil

Chemie der Fette.

.

Erster Abschnitt.

Bestandteile.

I. Allgemeines.

Von **T. P. Hilditch**, Liverpool*.

Die natürlichen Fette sind Ester höherer Fettsäuren mit dem dreiwertigen Alkohol Glycerin. Sie sind im Pflanzen- und Tierreich weit verbreitet; nach Grün und Halden[1] waren bereits im Jahre 1929 gegen 1400 individuelle Fette bekannt, von denen allerdings nur eine beschränkte Zahl praktische Verwendung findet.

Die Aufgaben der Fettchemie bestehen vor allem in der Identifizierung der meist in Form von Triglyceriden vorkommenden Fettsäuren und in der Ermittlung der Struktur der verschiedenen, in den Fetten enthaltenen Glyceride.

Daß die Fette aus neutralen Estern von Fettsäuren und Glycerin (aus *Glyceriden*) bestehen, wurde vor mehr als einem Jahrhundert von Chevreul[2] entdeckt.

Ursprünglich hielt man die Fette für Gemische einsäuriger einfacher Triglyceride, wie Tristearin, Triolein usw.; erst allmählich kam man zu der Erkenntnis, daß sie in der Regel aus mehrsäurigen Glyceriden bestehen, mit zwei, häufig drei verschiedenen Säureresten im Glyceridmolekül.

Während die, namentlich in neuerer Zeit ausgearbeiteten analytischen Methoden weitgehende Aufklärung über die Zahl und Konstitution der natürlich vorkommenden Fettsäuren gebracht haben, gelang es nur bei einer beschränkten Zahl von Fetten die Zusammensetzung ihrer Glyceride zu ermitteln, auch dies nur bei solchen, welche nicht mehr als drei bis vier Fettsäuren enthalten.

Die Untersuchungen der letzten 20 bis 30 Jahre liefern aber ein ziemlich klares Gesamtbild über die allgemeine Struktur der natürlichen Fettglyceride (Näheres s. S. 194 u. 216). Auch ist man in der Lage, die allgemeinen Richtlinien anzudeuten, nach denen sich die Fette auf Grund ihrer chemischen Zusammensetzung gruppieren lassen.

Diese Angaben gelten nur für die Zusammensetzung der *wahren* Fette, d. h. der natürlichen Glyceridgemische. In Wirklichkeit muß man sich aber unter einem Fett ein Gemenge von Triglyceriden mit noch anderen Körpern vorstellen, denn

1. sind in den Fetten zuweilen Ester anderer Alkohole und auch Glycerinester anderer Art als die Triglyceride enthalten;

---

* Die Übersetzung der Beiträge des Herrn Prof. Hilditch besorgte der Herausgeber.
[1] Grün u. Halden: Analyse der Fette und Wachse, Bd. II, S. 1. Berlin: Julius Springer. 1929.
[2] Recherches chimiques sur les corps gras d'origine animal. Paris: F. G. Levrault. 1823.

2. werden bei den üblichen Methoden der Fettgewinnung mit den Glyceriden noch andere, nichtfette Produkte aus dem Rohmaterial extrahiert, ohne daß es möglich oder notwendig wäre, diese Stoffe vom eigentlichen Fett zu trennen.

Zu 1: *Fettsäureester anderer Art als die Triglyceride.*

a) In einer größeren Reihe natürlicher Fettrohstoffe kommen Fettsäureester höherer einwertiger aliphatischer Alkohole (Cetyl-, Ceryl-, Oleinalkohol usw.) vor; man bezeichnet sie als *Wachse*, im Gegensatz zu den *Fetten* (Triglyceriden). Die natürlichen Produkte bestehen mitunter aus Gemischen von Wachsen (Wachsestern) und Fetten (Triglyceriden). Das wichtigste Naturprodukt dieser Art ist das Pottwalöl, das zu etwa 75% aus Wachsestern und zu etwa 25% aus flüssigen Fetten oder Triglyceriden besteht. Auch in anderen Fettstoffen findet man zuweilen kleinere Mengen dieser höheren, an Fettsäuren veresterten Fettalkohole (spurenweise sogar in zahlreichen Fetten).

b) In gewissen Seetierölen hat man kleine Mengen von α-Glycerinäthern des Olein-, Cetyl- und Octadecylalkohols (*Selachyl-*, *Chimyl-* und *Batylalkohol*) gefunden, die in den natürlichen Fetten wahrscheinlich als Fettsäureester vorliegen.

c) Fast sämtliche Fette enthalten kleine Mengen komplizierter gebauter Alkohole, die man unter dem Namen *Sterine* zusammenfaßt; der Steringehalt der Fette beträgt meist etwa 0,1—0,5% (s. Abschn. 4, S. 111).

d) Neben den Triglyceriden kommt in Fetten noch eine andere Glyceridklasse vor, die der *Glycerophosphate*, über die später (s. S. 456) eingehend berichtet wird. Im Blutplasma und im Cytoplasma von Pflanzen sind diese, im lebenden Organismus eine wichtige physiologische Rolle spielenden Körper in einer ebensogroßen Menge vorhanden, wie die Triglyceride. Die Samen- und Fruchtfleischfette, die tierischen Depot- und Milchfette enthalten dagegen nur geringe Phosphatidmengen.

Zu 2: *Nichtfette Begleitstoffe.* Industriell werden die Fette durch einige rein physikalische Methoden (Pressung, Extraktion mit Lösungsmitteln, Ausschmelzen, Schleudern) aus dem fettführenden Rohstoff abgesondert. Das fetthaltige Gewebe trennt sich dabei in zwei Phasen, eine fettreiche und fettarme. Bei dem Vorgang ändert das Fett selbst kaum seine ursprüngliche Zusammensetzung, aber mehrere im Rohstoff enthaltene Körper werden gemeinsam mit der Fettphase ausgeschieden. Stoffe, wie Cellulose, Proteine usw. verbleiben in der nichtfetten Phase, weil sie im Fett oder im Fettlösungsmittel unlöslich sind. Andere Bestandteile des Rohmaterials, wie Kohlenwasserstoffe, Farbstoffe, gewisse Glucoside u. a., sind dagegen löslich im Fett oder im verwendeten Lösungsmittel und geraten deshalb in das Fett.

Das markanteste Beispiel für Fette mit hohem Gehalt an Fremdstoffen sind die Haifischleberöle, welche 7—84% des Kohlenwasserstoffs Squalen enthalten[1]. Als ein weiteres Beispiel sei die Sheabutter genannt, welche 5—8% einer nichtfetten Substanz, vermutlich eines Kohlenwasserstoffs enthält, die dem Fett einen kautschukartigen Geruch verleiht.

Es können hier nicht sämtliche Stoffe aufgezählt werden, welche man spurenweise in Fetten findet. Über die wichtigeren, häufiger vorkommenden Begleitstoffe wird in den mit S. 111, 144 und 149 beginnenden Abschnitten berichtet. Die Körper sind als rein mechanische Beimengungen der wahren Fette anzusehen.

Ein praktisches Maß für den Gehalt der Fette an derartigen Beimengungen bietet das ,,Unverseifbare". Sie sind nämlich größtenteils löslich in dem bei der

---

[1] M. TSUJIMOTO: Journ. Soc. chem. Ind. **51**, 317 T (1932).

Bestimmung des „Unverseifbaren" verwendeten Lösungsmittel. Das „Unverseifbare" besteht u. a. aus den im ursprünglichen Fett enthaltenen Kohlenwasserstoffen, freien Alkoholen, pflanzlichen oder tierischen Farbstoffen sowie
den eventuell im Fett in Esterform vorliegenden und nach Verseifung in Freiheit
gesetzten alkoholischen Verbindungen. So liefert beispielsweise Spermwalöl bis
zu 35—40% „Unverseifbares", das vorwiegend aus Cetyl-, Oleinalkohol usw.
besteht, die im ursprünglichen Öl als Fettsäureester (Wachsester) vorlagen.

Mitunter ist es recht schwierig, zwischen den tatsächlich nichtfetten Begleitstoffen, wie beispielsweise den Kohlenwasserstoffen und solchen Beimengungen
zu unterscheiden, welche teilweise noch Fettcharakter haben, insoweit sie ebenfalls Ester von Fettsäuren, aber nicht mit Glycerin, sondern mit anderen Alkoholen, sind. Die überwiegende Zahl der Fette enthält aber kaum mehr als 0,2 bis
1% derartiger nichtglyceridischer Körper.

Die Rohfette weisen gewöhnlich außerdem einen gewissen Gehalt an freien
Fettsäuren auf. Die freie Acidität ist aber (nach der LEWKOWITSCH entnommenen
Terminologie[1]) eine *variable* und keine charakteristische Eigenschaft und ohne
Interesse, soweit es sich um die Chemie der Fette handelt. Unter natürlichen
Verhältnissen, im Reifezustande, bestehen die Fette fast restlos aus neutralen
Triglyceriden. Die freien, in Rohölen enthaltenen Fettsäuren sind das Ergebnis
einer nachträglichen, während der Ernte, der Lagerung, des Transports oder
Gewinnung des Fettes aus dem fetthaltigen Material eintretenden hydrolytischen
Einwirkung, die zur Bildung freier Fettsäuren, Gemischen von Di- und Mono-
glyceriden und von Glycerin aus dem ursprünglichen Triglycerid führen kann.
Bekannte Beispiele hierfür sind das Palmöl, welches, soweit es in modernen
Ölfabriken gewonnen wurde, kaum mehr als 3% freie Säuren aufweist, während
das gleiche, nach den primitiven Methoden der Eingeborenen gewonnene Fett
vom „Kongo"-Typ bis zu 50—60% freie Fettsäuren enthält; ferner der Waltran, der früher mit einem Fettsäuregehalt von 3—10% auf den Markt kam,
während heutzutage die Hauptmenge des Specktrans als sog. Waltran Nr. 0—1,
mit nicht über 1% freien Fettsäuren gewonnen wird.

Systematik. Es wirft sich nun die Frage auf, wie man die verschiedenen
festen und flüssigen Naturfette nach chemischen Gesichtspunkten klassifizieren
soll. Betrachten wir die historische Entwicklung dieser Frage, so finden wir,
daß ursprünglich nur eine ganz grobe Unterscheidung zwischen „Fetten"
und „Ölen" gemacht worden ist; letzteren wurden alle in unseren Breite-
graden bei Raumtemperatur flüssigen Fette zugezählt. Im Hinblick auf die
zahlreichen, keineswegs zusammengehörigen Stoffe, die man als „Öle" bezeichnet (Mineralöle, Teeröle, flüchtige oder ätherische Öle usw.), erscheint es
dringend notwendig, dieses Wort aus der Fetterminologie auszumerzen und die
beiden Fettgruppen als „*feste"* und „*flüssige"* Fette zu kennzeichnen. In der
Praxis dürfte es kaum möglich sein, auf die Bezeichnung „Öl" für ein flüssiges
Fett zu verzichten, da sie für eine große Reihe von technisch wichtigen Fetten,
wie Baumwollsaatöl, Leinöl, Olivenöl usw., ganz allgemein in Gebrauch ist;
die Bezeichnung „flüssiges Fett" ist aber ohne Zweifel mehr am Platze, soweit
es sich um eine auf chemischen Grundlagen aufgebaute Klassifikation handelt.

Die nächste Phase der Einteilung der flüssigen Fette stützte sich auf ihr
Verhalten gegenüber Luftsauerstoff. In dünner Schicht ausgebreitet, absorbieren
gewisse flüssige Fette den Sauerstoff der Luft und verwandeln sich in einen mehr
oder weniger festen und durchsichtigen Film; derartige Fette werden als
„*trocknende*" *Öle* bezeichnet, im Gegensatz zu solchen, welche sich an der Luft

---

[1] „Chemical Technology and Analysis of Oils, Fats and Waxes", 6. Aufl., Bd. I, S. 387.
   1921.

Tabelle 1. Einteilung der Fette nach den Säure-Hauptkomponenten.

Hauptkomponenten: Säuren	Pflanzenfette	Tierfette	Klasse[1]	Beispiele
Nur Palmitin-, Öl-, Linolsäure	Fruchtfleischfette	—	F N T oder H	Stillingiatalg, Palmöl Olivenöl Lorbeerfleischöl
Nur Palmitin-, Öl-, Linolsäure	Samenfette von vielen Pflanzenfamilien, insbesondere Malvaceae, Bombacaceae, Gramineae usw.	—	N oder H	Baumwollsaatöl, Kapoköl, Maisöl usw.
Nur Palmitin-, Öl-, Linolsäure	—	Körperfette von Vögeln und Rodentia	F, N oder H	Hühner, Gänse; Kaninchen, Ratten
Palmitin-, Öl-, Stearin- (Linol-)säure	Samenfette aus den Familien Guttiferae, Sapotaceae und einigen anderen tropischen Pflanzenfamilien	—	F (oder N)	Kakaobutter, Sheabutter, Borneotalg usw.
Palmitin-, Öl-, Stearin- (Linol-) Säure	—	Körperfette von Schwein, Schaf, Rind	F	Schmalz, Rindertalg, Hammeltalg usw.
Öl-, Linol-, Palmitin-, Arachin-, Lignocerinsäure	Samenfette aus der Familie Leguminosae Samenfette aus der Familie Sapindaceae	—	N, H oder T F oder N	Erdnußöl, Sojabohnenöl Rambutantalg, Kusumöl
Wenig Öl- und Palmitinsäure, viel Laurin- und/oder Myristinsäure	Samenfette aus der Familie Palmae Samenfette aus der Familie Myristicaceae Samenfette aus der Familie Lauraceae Samenfette aus einigen anderen Familien	—	F F F F	Cocosnußöl, Palmkernöl usw. Muskatbutter, Otobabutter usw. Lorbeerkernöl usw. Dikanußfett, Khakanfett usw.
Palmitin-, Öl- (Linol-) Säure, mit Butter-, Capron-, Capryl-, Caprin-, Laurin-, Myristin- und Stearinsäure	—	Milchfette	F	Kuhbutter usw.

Fettsäuren	Quelle		Zustand[1]	Beispiele
Öl-, Linol- und Linolensäure (wenig Palmitinsäure)	Samenfette aus der Familie Coniferae	—	T	Walnußöl usw.
	Samenfette von vielen Baumfamilien	—	{ T / H / N }	Hanföl, Leinöl usw. / Sesamöl, Sonnenblumensaatöl usw. / Mandelöl, Teesamenöl
	Samenfette von sehr vielen Kräuterfamilien			
Öl-, Linol-, Petroselinsäure (wenig Palmitinsäure)	Samenfette aus der Familie Umbelliferae	—	N oder H	Petersiliensamenöl usw.
Chaulmoogra-, Hydnocarpussäure (wenig Öl- und Palmitinsäure)	Samenfette aus der Familie Flacourtiaceae	—	F, N oder H	Chaulmoograöl, Lukrabööl
Eläostearinsäure (wenig Öl- und Palmitinsäure)	Samenfette von *Aleurites Fordii* (Euphorbiaceae)	—	T	Chinesisches Holzöl
Ricinolsäure (wenig Ölsäure)	Samenfette von *Ricinus communis* (Euphorbiaceae) und von wenigen anderen Gattungen aus anderen Familien	—	N	Ricinusöl
Öl-, Linol-, Erucasäure (wenig Palmitinsäure)	Samenfette aus der Familie Cruciferae	—	N oder H	Rapsöl, Senföl usw.
Palmitin-, Öl-, Linolsäure mit Palmitolein-, Gadolein-, Cetoleinsäure und:				
I. hochungesättigten C_{20}-, C_{22}-Säuren	{ Seetieröle / Fischöle (Teleostomi)	—	T / T	Wal, Seehund usw. / Dorsch, Hering usw.
II. Selacholeinsäure	Fischöle (Elasmobranchii)	—	H oder N	Hai, Hundshai usw.
III. Myristolein-, Myristin-, Laurinsäure	Physeteridae-Trane	—	N	Pottwal
IV. hochungesättigten C_{20}-, C_{22}- und Isovaleriansäure	Delphinidae-Trane	—	T	Meerschwein, Delphin

[1] F = Feste Fette; N = Nichttrocknendes, H = Halbtrocknendes, T = Trocknendes Öl.

nur wenig verändern und die deshalb „nichttrocknende" Öle benannt wurden. Eine Zwischengruppe bilden die „halbtrocknenden" Öle, welche zwar ebenfalls Luftsauerstoff absorbieren, aber keinen festen Film zu bilden vermögen.

Die Grenzen zwischen den flüssigen und festen Fetten einerseits, zwischen den nichttrocknenden, halbtrocknenden und trocknenden andererseits sind nicht besonders scharf; sie bilden aber noch heute die Grundlage für die technische Einteilung der Fette.

Da nun aber der verschiedene Schmelzpunkt der Fette und vor allem ihr Verhalten gegenüber Luftsauerstoff in erster Linie mit der Gegenwart und dem Überwiegen bestimmter, an Glycerin gebundener Fettsäuren in Zusammenhang steht, erscheint es viel richtiger, *der Systematik der Fette nicht ihren Schmelzpunkt oder ihr Verhalten an der Luft, sondern die darin mengenmäßig überwiegenden Säurekomponenten zugrunde zu legen.*

Es ist längst bekannt, daß gewisse Fettsäuren für die Samenfette bestimmter Pflanzenfamilien charakteristisch sind; so leitet sich der Name „Laurinsäure" von *Laurus*, „Myristinsäure" von *Myristica fragrans* her, „Palmitinsäure" vom Fruchtfleischfett der westafrikanischen Ölpalme, „Linol-" und „Linolensäure" vom Samenfett der *Linus*-Arten. Die Forschungen von S. IVANOW (s. S. 375) über den Einfluß der klimatischen und ökologischen Faktoren auf den Charakter der Samenfette führten zu der Erkenntnis, daß die von verschiedenen Pflanzenarten produzierten Fette zu ihren botanischen Merkmalen in Beziehung gebracht werden müssen, er meinte deshalb (1915), daß „statt eines zufälligen ein natürliches System der pflanzlichen Öle aufgestellt werden müsse". 1921 unternahm es JUMELLE[1], die pflanzlichen Fette ausschließlich nach dem System ihrer natürlichen Pflanzenfamilien einzuteilen; nach AD. GRÜN und HALDEN[2] hatte das aber zur Folge, daß häufig ganz heterogene Fettarten nebeneinander zu stehen kamen (wie z. B. chinesisches Holzöl, Stillingiatalg, Ricinusöl in der Reihe der Euphorbiaceae). Eine etwas nähere Beziehung zwischen der botanischen Einteilung der Pflanzen und den chemischen Kennzeichen ihrer Fruchtfette haben GRÜN und HALDEN dadurch geschaffen, daß sie die „trocknenden Fette" von den „nichttrocknenden" und festen Fetten getrennt und die beiden Gruppen streng nach dem botanischen System eingeteilt haben.

Die hier vorgeschlagene Klassifikation ist nicht weit von der Systematik von GRÜN und HALDEN entfernt, da sie sich so eng wie möglich an die biologische Gliederung der Stammpflanzen und -tiere anschließt. Ebenso wie im Pflanzenreich gelangen die für verschiedene Tiere (inbegriffen Fische und Vögel) typischen Fette in Gruppen, welche gewissermaßen den Stellen entsprechen, die letztere im zoologischen System einnehmen. Der wichtigste Unterschied zwischen dieser Klassifikation und den früheren besteht darin, daß ihr vor allem die *Hauptkomponenten der in den Fetten vorkommenden Säuren* zugrunde gelegt sind. Die meisten Fette enthalten zwei, drei, mitunter eine noch höhere Anzahl von Säuren, welche zusammen einen sehr großen Anteil (bis 90% und mehr) der Gesamtsäuren ausmachen; der Rest (gegen 10%) besteht gewöhnlich aus Säuren, deren Menge relativ gering ist, die aber mitunter für bestimmte Fettgruppen sehr charakteristisch sind.

Fettsäuren, die in einer Menge von über 10% in den Gesamtsäuren enthalten sind, sollen hier als *„Hauptkomponenten"* oder *„Hauptbestandteile"* bezeichnet werden; es soll gezeigt werden, daß Fette mit der gleichen Art von „Hauptkomponenten" (deren Menge natürlich von Fall zu Fall sehr stark wechseln kann) Gruppen bilden, die fast immer in naher Beziehung zu der biologischen

---

[1] „Les huiles végétales." Paris. 1921.
[2] „Analyse der Fette und Wachse", Bd. II, S. 6. 1929.

Klassifikation stehen, in welche man ihre Stammpflanzen oder -tiere einzureihen pflegt. Das System stimmt zwar nicht streng mit dem botanischen oder zoologischen überein; es hat aber den Vorzug, sich auf die chemische Zusammensetzung der Fette zu stützen und zugleich die vielfachen Beziehungen zwischen Fetten mit qualitativ ähnlicher Fettsäure-Zusammensetzung und ihrem biologischen Ursprung zum Ausdruck zu bringen.

Eine große Anzahl von Samen- und Fruchtfleischfetten, wahrscheinlich auch Fetten aus anderen Pflanzenorganen, ferner eine Reihe von tierischen Fetten, sind Triglyceridgemische, deren Säurekomponenten lediglich aus Palmitin-, Öl- und Linolsäure bestehen. Die relativen Mengen der drei Säuren schwanken in verschiedenen Fettarten in den weitesten Grenzen, manchmal ist der Gehalt des Fettes an einer dieser drei Säuren (insbesondere an Linol- oder Palmitinsäure) ganz geringfügig. Trotzdem bilden die Fette, deren Hauptkomponenten Palmitin-, Öl- und Linolsäure sind, den Ausgangspunkt der neuen, auf die Säure-Hauptbestandteile begründete Klassifikation.

Die übrigen Fette bilden Gruppen mit anderen Säuren als Hauptkomponenten. Letztere können sowohl gesättigt, wie z. B. Laurin-, Myristin-, Stearin-, Arachinsäure, oder ungesättigt sein, wie Linolensäure, Eläostearinsäure, Petroselinsäure (C_{18}), Palmitoleinsäure (C_{16}), Gadolein-, Arachidonsäure (C_{20}), Eruca-, Cetolein-, Clupanodonsäure (C_{22}) usw.

In der Tabelle 1 sind die einzelnen Gruppen zusammengestellt, in welche sich die natürlichen Fette nach den sauren „Hauptkomponenten" einteilen lassen, unter gleichzeitiger Angabe ihres botanischen oder zoologischen Ursprungs, ihrer Zugehörigkeit zu den „trocknenden" oder „nichttrocknenden" Ölen usw.

II. Die Fettsäuren der natürlichen Fette.

A. Klassifikation.

Von T. P. HILDITCH, Liverpool, und H. SCHÖNFELD, Wien.

Mit Ausnahme einiger im Fruchtfleischfett gewisser Beerenarten vorgefundenen Dicarbonsäuren sind die natürlichen Fettsäuren *Monocarbonsäuren*. Mit vermutlich nur einer einzigen Ausnahme (*Isovaleriansäure*) enthalten sämtliche in Fetten vorkommende Fettsäuren eine paarige Anzahl von Kohlenstoffatomen im Molekül; und mit Ausnahme der Isovaleriansäure und gewisser, einen Cyclopentanring aufweisenden Säuren (*Chaulmoograsäure, Hydnocarpussäure*) sind in den natürlichen Fettsäuren die Kohlenstoffatome zu einer geraden, unverzweigten Kette vereinigt, so daß sie den normalen aliphatischen Kohlenwasserstoffen nahestehen. Trotz relativ einfacher Struktur ist aber die Mannigfaltigkeit der natürlich auftretenden Fettsäuren überraschend groß; sie bilden eine große Reihe von Verbindungen, angefangen mit einer Moleküllänge von vier bis hinauf zu Säuren mit sechsundzwanzig und noch mehr Kohlenstoffatomen. Aber die Zahl der Kohlenstoffatome ist nicht das einzige Merkmal, durch welches sich die individuellen Fettsäuren voneinander unterscheiden; denn neben gesättigten Fettsäuren der Formel $CH_3 \cdot (CH_2)_n \cdot COOH$ gibt es noch eine Menge von ungesättigten Säuren mit einer, zwei, drei, vier oder fünf Doppelbindungen im Molekül, und außerdem sind noch eine ungesättigte Oxyfettsäure und auch Fettsäuren mit einer Acetylenbindung oder einer Ketogruppe bekannt.

Im folgenden Abschnitt werden die Konstitution und die Eigenschaften der individuellen, in Fetten vorkommenden Säuren besprochen, vorher soll noch die wichtige Frage der zweckmäßigsten *Klassifikation der Fettsäuren* einer kurzen Diskussion unterworfen werden.

Bei der systematischen Einteilung der Fettsäuren richtet man sich gewöhnlich nach rein konstitutionellen Merkmalen und ordnet sich deshalb nach den Grundsätzen der organischen Chemie. Man teilt sie also ein in gesättigte Fettsäuren, Fettsäuren mit einer, zwei usw. Äthylenbindungen, in ungesättigte Oxyfettsäuren, cyclische Säuren usw.

Innerhalb jeder dieser Untergruppen wurden die einzelnen Fettsäuren nach zunehmendem Molekulargewicht geordnet.

Diese Klassifikation hat gewiß ihre Berechtigung, denn die Eigenschaften von chemischen Verbindungen sind bis zu einem gewissen Grade konstitutionell bedingt.

Aus Gründen, welche weiter unten des näheren besprochen werden, scheint aber eine andere Klassifikation der individuellen Fettsäuren zweckmäßiger zu sein. Es wäre möglich, die Säuren einzuteilen in

1. gesättigte Fettsäuren,

2. ungesättigte Säuren mit einer Lückenbindung, denen auch die natürlich vorkommende Oxyfettsäure, die Ricinolsäure und die beiden ungesättigten cyclischen Säuren, die Hydnocarpus- und Chaulmoograsäure sowie die ein Acetylenderivat darstellende Taririnsäure zuzuzählen wären, und schließlich

3. Säuren mit zwei, drei usw. Äthylenbindungen.

Diese Einteilung hätte zunächst den Vorzug, die strukturellen Beziehungen der verschiedenen einfach-ungesättigten Fettsäuren zueinander viel klarer zum Ausdruck zu bringen, als wenn man sie in die Einzelgruppen der einfachen olefinischen Säuren, der Oxysäuren usw., zerlegt.

Die gesättigten, in natürlichen Fetten vorkommenden Säuren bilden, nach zunehmendem Molekulargewicht, die Reihe: *Butter-, Isovalerian-, Capron-, Capryl-, Caprin-, Laurin-, Myristin-, Palmitin-, Stearin-, Arachin-, Behen-* und *Lignocerinsäure.* Von diesen ist Palmitinsäure die verbreitetste und in fast sämtlichen Fetten in mehr oder weniger großen Mengen vorhanden; größere Mengen Stearinsäure findet man in einigen technisch wichtigen Fetten. Das Vorkommen der übrigen gesättigten Fettsäuren ist dagegen nicht so häufig und zeigt bereits eine gewisse spezifische Beziehung zum biologischen Ursprung des Fettes.

Die chemische Konstitution der gesättigten Fettsäuren ist sehr einfach — die einzelnen Glieder unterscheiden sich nur durch die Anzahl der CH_2-Gruppen; ihre Konstitution konnte ohne Ausnahme auf dem Wege der Synthese bestätigt werden. Es liegt also kein Grund vor, ihre Einteilung nach einem anderen als dem rein chemischen System vorzunehmen; sie werden am zweckmäßigsten nach steigendem Molekulargewicht, beginnend mit der n-Buttersäure, geordnet.

Wählt man das gleiche System für die Klassifikation der ungesättigten Fettsäuren, so kämen zunächst die einfach ungesättigten Säuren der Formel $C_nH_{2n-2}O_2$ an die Reihe. Hier müßte man folgerichtig mit der *Decensäure*, $C_{10}H_{18}O_2$, beginnen, einer spurenweise im Butterfett auftretenden Verbindung. Die nächstfolgende *Dodecensäure*, $C_{12}H_{20}O_2$, ist in einigen seltenen Fällen und kleinen Mengen in gewissen Samenfetten und in einigen Seetierölen beobachtet worden[1]. Es folgt die ebenfalls seltene *Tetradecensäure*, die *Hexadecensäure* und dann erst die wichtigste ungesättigte Fettsäure, die gewöhnliche *Ölsäure.*

Hierauf wären die Fettsäuren mit zwei, drei, vier usw. Doppelbindungen zu besprechen, und schließlich müßte man zu einigen Säuren mit einer Doppel-

---

[1] Ihr angebliches Vorkommen neben Decensäure im Butterfett wird von BOSWORTH und BROWN (Journ. biol. Chemistry **103,** 115 [1933]) in Abrede gestellt.

bindung zurückkehren, zu Säuren, welche außer der Doppelbindung noch eine Hydroxylgruppe oder ein Ringsystem enthalten, sonst aber in naher struktureller Beziehung zur Ölsäure stehen, was insbesondere für die *Ricinolsäure* gilt. Zuletzt wäre dann noch *Taririnsäure*, die einzige Säure, welche eine Acetylenbindung enthält, zu behandeln.

Gegen dieses strikte Befolgen der der organischen Chemie entnommenen Systematik wäre folgendes einzuwenden:

1. Es werden Säuren in den Vordergrund gestellt, deren Vorkommen sehr selten und deren Konstitution nicht in allen Fällen einwandfrei bewiesen ist. Es mag schon hier erwähnt werden, daß auf dem Gebiete der ungesättigten Fettsäuren unsere Kenntnisse weit beschränkter sind als auf dem der gesättigten.

2. Die verbreitetste, in kaum einem Fett fehlende Ölsäure, auch mengenmäßig häufig einen der wichtigsten Fettbestandteile bildend, würde erst nach Erwähnung einiger selten vorkommenden Säuren zur Besprechung gelangen. Auf das allgemeine Auftreten der Ölsäure ist es auch zurückzuführen, daß ihre Eigenschaften und ihr chemisches Verhalten am gründlichsten untersucht worden sind. An dieser Säure wurden auch die meisten, der Konstitutionsbestimmung von ungesättigten Fettsäuren dienenden Methoden ausgearbeitet; Ölsäure ist ferner die einzige ungesättigte natürliche Fettsäure, deren Konstitution auf dem Wege der Synthese bestätigt werden konnte. Sie ist also mehr als in einer Hinsicht der typische Repräsentant der einfach-ungesättigten Fettsäuren.

3. Die gesamte Gruppe der einfach-ungesättigten Fettsäuren zeigt einige charakteristische Eigenschaften, durch welche sie sich von den Säuren mit mehr als einer Lückenbindung scharf unterscheiden. Dies ist auch in technologischer Beziehung von ganz besonderem Interesse, denn die Säuren mit einer Lückenbindung sind diejenigen, welche die allgemeinen Eigenschaften der „*nichttrocknenden*" *Öle* hervorbringen, während die Gegenwart von Säuren mit mehr als einer Lückenbindung das charakteristische Verhalten der „*trocknenden*" *Öle* bedingt.

Die relative *Beständigkeit gegenüber Luftsauerstoff* ist aber eine gemeinsame Eigenschaft sämtlicher einfach-ungesättigter Fettsäuren, sowohl der einfachen olefinischen Säuren, wie der einzigen bekannten ungesättigten Oxysäure, der Ricinolsäure, ferner der beiden cyclischen ungesättigten Säuren und schließlich auch der eine Acetylenbindung enthaltenden Taririnsäure. In einem der Technologie gewidmeten Buch erscheint es deshalb weniger angebracht, die mehrfach-ungesättigten Säuren zwischen die einfach-ungesättigten Fettsäuren und die ebenfalls einfach-ungesättigten Oxysäuren usw. einzufügen.

Aus diesen Gründen erscheint folgendes Schema für die Einteilung der ungesättigten Fettsäuren geeigneter:

1. Die gewöhnliche, praktisch in allen Fetten vorkommende Ölsäure wird an erster Stelle, gesondert von den übrigen ungesättigten Säuren, behandelt. Sie ist nicht nur der wichtigste Repräsentant der gesamten Gruppe der natürlichen Fettsäuren, sondern sie ist auch typisch für alle übrigen einfach-ungesättigten Fettsäuren der Naturfette. Ihre Isolierung und Eigenschaften, die Bestimmung ihrer Konstitution, nach Methoden, welche auch für andere Säuren dieser Reihe maßgebend sind, ferner ihre chemischen Umwandlungen usw. müssen deshalb besonders ausführlich besprochen werden. So ihre Isomerisation zur Elaidinsäure, ihr Verhalten im Verlaufe der Hydrierung und bei anderen technisch wichtigen Prozessen usw.

Im Zusammenhang hiermit müßten auch die isomeren Ölsäuren erwähnt werden, welche auf dem Wege der Synthese erhalten werden konnten oder in Fetten vorgefunden wurden.

2. Die übrigen einfach-ungesättigten Säuren zeigen im Gegensatz zu der generell vorkommenden gewöhnlichen Ölsäure gewisse Beziehungen zwischen ihrer Konstitution und dem biologischen Ursprung der Fette, aus welchen sie isoliert worden sind. Sie lassen sich deshalb in zweckmäßiger Weise nach ihrer natürlichen Lokalisierung in bestimmten Fettklassen einordnen. So finden wir im Pflanzenreich neben der sehr seltenen Do- und Tetradecensäure und natürlich neben gewöhnlicher Ölsäure die einfach-ungesättigte *Petroselin-* und *Erucasäure,* die hydroxylierte einfach-ungesättigte Ricinolsäure, die cyclischen ungesättigten Fettsäuren und die Tarirsäure.

Für Seetieröle sind anderseits die einfach-ungesättigte *Palmitoleinsäure, Gadoleinsäure, Cetolein-* und *Selacholeinsäure* charakteristisch.

Mit dieser Einreihung der ungesättigten Säuren in bestimmte Fettklassen soll nicht etwa zum Ausdruck gebracht werden, daß ihr Vorkommen auf diese bestimmten Gruppen beschränkt sein *muß.* So kommt beispielsweise die Palmitoleinsäure der Seetieröle auch im Fett der Lycopodiumsporen und der Diphtheriebazillen vor, in kleinen Mengen vermutlich auch in einigen Landtierfetten; und es ist nicht unwahrscheinlich, daß man die eine oder andere hier in bestimmte Fettgruppen eingereihte Säure vielleicht auch außerhalb dieser Gruppen finden wird. Die augenblicklichen Kenntnisse über das Vorkommen der verschiedenen Fettsäuren lassen aber ihre Einteilung nach den angeführten Gesichtspunkten als gerechtfertigt erscheinen.

3. Erst an letzter Stelle wären dann die Säuren mit mehr als einer Doppelbindung, und zwar die zweifach-ungesättigte *Linolsäure,* die *Linolensäure, Eläostearin-* und *Couepinsäure* mit drei Doppelbindungen und schließlich die vier- oder fünffach-ungesättigten Säuren der C_{20}- und C_{22}-Reihe zu behandeln. Letztere bilden wiederum eine Gruppe für sich, als charakteristische hochungesättigte Säuren der Seetieröle, in denen sie in einer Menge von 20—30% vorzukommen pflegen. In Spuren, d. h. in Mengen unter 1%, können die zuletzt genannten Säuren auch in anderen Fettklassen auftreten, z. B. im Schweinefett, wahrscheinlich auch in Vogelfetten und Milchfetten.

Man gelangt so zur folgenden Klassifikation der ungesättigten Fettsäuren:

Ungesättigte Fettsäuren. I. Säuren mit einer Äthylenbindung.

　　Ölsäure (cis-$\Delta^{9:10}$-Octadecensäure).

　　Andere Säuren mit einer Äthylenbindung (der Pflanzenfette):

　　　　Dodecen- und Tetradecensäure.

　　　　Petroselinsäure (*cis-$\Delta^{6:7}$-Octadecensäure*).

　　　　Erucasäure.

　　　　Oxyfettsäuren mit einer Äthylenbindung:

　　　　　　Ricinolsäure.

　　　　Cyclische ungesättigte Säuren:

　　　　　　Chaulmoograsäure.

　　　　　　Hydnocarpussäure.

　　Andere Säuren mit einer Äthylenbindung (der Landtierfette):

　　　　$\Delta^{9:10}$-Decensäure.

　　　　Vaccensäure ($\Delta^{11:12}$-Octadecensäure).

　　　　$\Delta^{12:13}$-Octadecensäure(?).

　　Andere Säuren mit einer Äthylenbindung (der Seetieröle):

　　　　Dodecensäure.

　　　　Myristoleinsäure ($\Delta^{5:6}$-Tetradecensäure).

　　　　Myristoleinsäure ($\Delta^{9:10}$-Tetradecensäure).

　　　　Palmitoleinsäure ($\Delta^{9:10}$-Hexadecensäure).

　　　　Gadoleinsäure ($\Delta^{9:10}$- oder $\Delta^{11:12}$-Eikosensäure).

　　　　Cetoleinsäure ($\Delta^{11:12}$-Dokosensäure).

　　　　Selacholeinsäure ($\Delta^{15:16}$-Tetrakosensäure).

Ungesättigte Säuren. II. Säuren der Acetylenreihe.
Taririnsäure ($\Delta^{6:7}$-Octadecinsäure).

Ungesättigte Säuren. III. Säuren mit mehreren Doppelbindungen.
Säuren mit zwei Äthylenbindungen:
Linolsäure ($\Delta^{9:10,\,12:13}$-Octadecadiensäure) (Pflanzen- und Tierfette).
Säuren mit drei Äthylenbindungen:
Linolensäure ($\Delta^{9:10,\,12:13,\,15:16}$-Octadecatriensäure) (Pflanzenfette).
$\Delta^{6:7,\,9:10,\,12:13}$-Octadecatriensäure (Önothera-Fette).
Eläostearinsäure ($\Delta^{9:10,\,11:12,\,13:14}$-Octadecensäure) (einige Aleurites-Fette).
Couepinsäure (Couepia-Fette).
Säuren mit mehr als drei Äthylenbindungen der C_{20}- und C_{22}-Reihe (Clupanodon-, Arachidonsäure usw.) (Seetierfette).

Wenn wir uns bei der Katalogisierung der ungesättigten Fettsäuren dennoch an das System der organischen Chemie gehalten haben, so geschah das auf Grund einiger, von Fachkollegen geäußerten Bedenken. Nach deren Ansicht wird nämlich der an das chemische Denken gewohnte Leser eine Klassifikation der aus ihrem Verband mit dem Glycerin losgelösten Säuren nur mit einer gewissen Schwierigkeit aufnehmen können, wenn diese nicht nach den Grundlagen der Chemie durchgeführt worden ist.

Es wurde deshalb das große Gebiet der natürlichen Fettsäuren von zwei Gesichtspunkten aus beleuchtet, indem die Säuren zunächst einfach nach dem üblichen System geordnet und beschrieben wurden, dann aber (s. 2 F, S. 68) *in Beziehung zu den Fetten gebracht worden sind, für welche sie mehr oder weniger spezifisch sind.* Gerade dieses letzte Kapitel soll den Leser auf die Zweckmäßigkeit der hier diskutierten Klassifikation aufmerksam machen.

Schließlich sei noch darauf hingewiesen, daß im folgenden Abschnitt nur diejenigen Fettsäuren aufgenommen wurden, über deren Identität keine oder nur geringe Zweifel bestehen. Es verbleibt noch eine gewisse Anzahl von Säuren, von denen einige gesättigt, die meisten aber ungesättigt sind, über die zwar gelegentlich in der Literatur berichtet wurde, deren Identität aber unsicher ist. Einige dieser Verbindungen (so z. B. die ungesättigte *Hypogäasäure* und *Rapinsäure*) sind später als nicht bestehend nachgewiesen worden. In anderen Fällen hat man zeigen können, daß es sich um Gemische bereits bekannter Säuren handelt (z. B. *Lycopodiumölsäure*). Auch die Existenz einiger anderer Säuren, z. B. der zweifach-ungesättigten *Telfairinsäure*, ist höchst fraglich. Der Vollständigkeit halber werden aber diese Säuren am Schluß der jeweiligen Abschnitte in Tabellen zusammengestellt.

Demnach wären die natürlichen, in Fetten vorkommenden Säuren wie folgt einzuteilen:

Gesättigte Fettsäuren.
1. Einbasische Fettsäuren der Formel $C_nH_{2n}O_2$.
2. Zweibasische Fettsäuren.

Ungesättigte Fettsäuren.
1. Säuren mit einer Doppelbindung der Formel $C_nH_{2n-2}O_2$.
2. Säuren mit zwei Doppelbindungen der Formel $C_nH_{2n-4}O_2$.
3. Säuren mit drei Doppelbindungen der Formel $C_nH_{2n-6}O_2$.
4. Noch höher ungesättigte Fettsäuren.
5. Säuren mit einer Acetylenbindung.
6. Oxyfettsäuren.
7. Cyclische Säuren.

Die wichtigsten Eigenschaften dieser Säuren, ihrer Methyl- und Äthylester, ihrer Amide und Anilide sind in den Tabellen 2 und 4 zusammengestellt.

B. Die gesättigten Fettsäuren.

Von T. P. HILDITCH, Liverpool.

a) Fettsäuren der Reihe $C_nH_{2n}O_2 = CH_3 \cdot (CH_2)_m \cdot COOH$.

Die Konstitution der Säuren dieser Reihe, bis einschließlich n-Hexakosan-säure, $C_{26}H_{52}O_2$, wurde durch Synthese oder Abbau zu einer Säure oder einem Alkohol von bekannter Struktur ermittelt. Die niederen Glieder der Reihe (bis zur n-Heptansäure) konnten verschiedentlich nach dem von FRANKLAND-KOLBE angegebenen Reaktionsschema: $R \cdot OH \rightarrow R \cdot Cl \rightarrow R \cdot CN \rightarrow R \cdot COOH$ synthe-tisch hergestellt werden[1].

Einige dieser Synthesen wurden später auf dem Wege der Aldolkondensation bestätigt. So wurde durch Kondensation von Acetaldehyd Crotonaldehyd, $CH_3 \cdot CH : CH \cdot CHO$, und aus diesem durch Hydrierung n-Butyraldehyd, $CH_3 \cdot CH_2 \cdot CH_2 \cdot CHO$, erhalten; letzterer liefert bei der Oxydation n-Butter-säure. Auf gleichem Wege, durch Kondensation von n-Butyraldehyd mit Acetaldehyd, läßt sich n-Hexansäure synthetisch herstellen.

Innerhalb der Reihe: n-Heptansäure bis n-Octadecansäure (Stearinsäure) wurde der Beweis für ihre gerade, unverzweigte Struktur meist durch HOFMANN-schen Abbau[2] zur nächst niederen Carbonsäure erbracht.

$$R \cdot CH_2 \cdot COOH \rightarrow R \cdot CH_2 \cdot CONH_2 \rightarrow R \cdot CH_2 \cdot NH_2 \rightarrow R \cdot CN \rightarrow R \cdot COOH.$$

Weitere Konstitutionsbeweise lieferte F. KRAFFT[3] durch Oxydation der (aus den Calciumsalzen der höheren Fettsäuren mit Calciumacetat hergestellten) Methylalkylketone mit Chromsäure, wobei letztere zu den um ein Kohlenstoff-atom ärmeren Säuren abgebaut werden:

$$R \cdot CH_2 \cdot COOH \rightarrow R \cdot CH_2 \cdot CO \cdot CH_3 \rightarrow R \cdot COOH.$$

Mit Hilfe dieser Reaktionen gelang die Überführung von Stearinsäure in Heptadecansäure, Palmitinsäure usw. bis herab zur n-Nonansäure (Pelargon-säure). Die Pelargonsäure wurde auch synthetisch von F. JOURDAN[4] aus n-Heptyl-alkohol (dessen Struktur sich aus seiner Synthese aus n-Heptansäure ergibt) hergestellt, und zwar durch Überführung des Alkohols in n-Heptyljodid und Kondensation des Jodids mit Natracetessigester; bei der Hydrolyse des Konden-sationsproduktes entsteht n-Nonansäureester.

$$C_7H_{15}J \rightarrow CH_3 \cdot CO \cdot CH(C_7H_{15})COOC_2H_5 \rightarrow C_7H_{15} \cdot CH_2COOC_2H_5.$$

Pelargonsäure wurde auch ausgehend von n-Octylalkohol, durch Überführung in n-Octylcyanid[5], gewonnen. Da die Struktur des Octylalkohols völlig auf-geklärt war und der Alkohol durch Oxydation n-Octansäure[6] ergibt, war damit der Beweis geliefert, daß auch diese Säure aus einer unverzweigten Kohlenstoff-atomkette aufgebaut ist.

Die Konstitution der höheren Glieder der Reihe, von n-Decansäure bis zur n-Octadecansäure, ist durch stufenweisen Abbau der letzteren, unter jeweiligem Verlust von einem Kohlenstoffatom, bewiesen worden.

Die Konstitution der höher molekularen Fettsäuren, n-Octadecansäure bis n-Hexakosansäure, wurde später von P. A. LEVENE und F. A. TAYLOR[7] auf-

---

[1] LINNEMANN: LIEBIGS Ann. **161**, 175 (1872). — A. LIEBEN u. A. ROSSI: Ebenda **159**, 58, 70 (1871). — A. LIEBEN u. G. JANECEK: Ebenda **187**, 139 (1877).
[2] Ber. Dtsch. chem. Ges. **14**, 2725 (1881).   [3] Ber. Dtsch. chem. Ges. **12**, 1664 (1879).
[4] LIEBIGS Ann. **200**, 107 (1879).
[5] T. ZINCKE u. A. FRANCHIMONT: LIEBIGS Ann. **164**, 333 (1873).
[6] T. ZINCKE: LIEBIGS Ann. **152**, 8 (1869).   [7] Journ. biol. Chemistry **59**, 905 (1924).

geklärt. Ölsäure wurde zu Stearinsäure (n-Octadecansäure) hydriert und diese nach dem Reaktionsschema:

$$R \cdot COOR_1 \rightarrow R \cdot CH_2OH \rightarrow R \cdot CH_2J \rightarrow R \cdot CH_2 \cdot CN \rightarrow R \cdot CH_2COOH$$

bis zur Dokosansäure aufgebaut; die Reduktion der Ester zu den entsprechenden Alkoholen wurde nach der Methode von BOUVEAULT und BLANC[1] durchgeführt. Hydrierung von Erucasäure ergab eine mit synthetischer Dokosansäure identische Behensäure, und diese war das Ausgangsmaterial für die weiteren Synthesen bis hinauf zur n-Hexakosansäure.

Die *Schmelzpunkte der gesättigten Fettsäuren* sind verschieden, je nachdem ob ihr Molekül aus einer geraden oder ungeraden Anzahl von Kohlenstoffatomen besteht; die Schmelzpunkte beider Fettsäurereihen liegen auf zwei glatt verlaufenden Kurven, welche sich mit zunehmendem Molekulargewicht einander nähern. Ähnliches gilt für die *Methyl-* und *Äthylester* der Fettsäuren. Da nun die nahe beieinander stehenden Glieder der höheren Fettsäuren starke Neigung zeigen, feste Lösungen oder Molekülverbindungen zu bilden, ist bei der Interpretierung der Schmelzpunkte von Fettsäureproben Vorsicht am Platze. Es mag vorkommen, daß eine Fettsäure den richtigen Schmelzpunkt einer individuellen Säure zeigt und dennoch ein Gemisch von zwei oder drei Fettsäuren ist. Bei Säuren bis zum Molekulargewicht der Palmitinsäure (C_{16}) oder vielleicht der Stearinsäure (C_{18}) ergeben die Mischschmelzpunkte mit einer bekannten Säure einige Anhaltspunkte über deren Reinheit: Ist die untersuchte Säure mit der zugesetzten identisch, so findet keine Schmelzpunktsdepression statt; ist die Substanz ein Gemisch zweier Fettsäuren, so bewirkt zumeist der Zusatz einer dritten Säure eine Schmelzpunktserniedrigung; setzt man dagegen der Probe die höher schmelzende Komponente zu, so hat das in der Regel, aber durchaus nicht immer, eine Erhöhung des Schmelzpunktes zur Folge. Diese Regeln gelten aber nicht allgemein, und die Identifizierung der gesättigten Fettsäuren auf Grund der Schmelzpunkte und Mischschmelzpunkte ist deshalb eine recht schwierige Sache. So schmilzt z. B. n-Eikosansäure, $C_{20}H_{40}O_2$, bei 77°, n-Dokosansäure, $C_{22}H_{44}O_2$, bei 84°. Nun haben aber F. FRANCIS, S. H. PIPER und T. MALKIN[2] gezeigt, daß die Säuregemische: $C_{20} + C_{21}$, $C_{21} + C_{22}$, $C_{22} + C_{23}$ und $C_{23} + C_{24}$ sämtlich zwischen 74,9 bis 75,2° schmelzen.

Bei der Untersuchung der Röntgenstrahlenspektren der Kristalle der höheren gesättigten Fettsäuren hat man in den letzten Jahren wichtige Aufschlüsse über ihre Feinstruktur erhalten. Über die wichtigsten Ergebnisse dieser Forschungen wird in Kapitel D, S. 52 berichtet.

n-Buttersäure, $C_4H_8O_2 = CH_3 \cdot CH_2 \cdot CH_2 \cdot COOH.$

Buttersäure bildet sich bei der Vergärung von Glucose und anderen Kohlehydraten durch spezifische Enzyme. Ihr Vorkommen in Fetten ist auf die Milch- oder Butterfette beschränkt; Kuhbutter enthält 3—4% Buttersäure, entsprechend 8—10 Mol.%; sie wurde darin durch CHEVREUL[3], neben Capron- und Caprinsäure, entdeckt. Von den höheren Fettsäuren des Butterfettes läßt sich Buttersäure, gemeinsam mit Capron- und Caprinsäure, durch Destillation mit Wasserdampf trennen. Man nennt deshalb diese drei Säuren die „flüchtigen Fettsäuren"; richtiger wäre es, sie als „mit Wasserdampf flüchtige Fettsäuren" zu bezeichnen. Buttersäure ist oberhalb — 3,8° in allen Verhältnissen mit Wasser mischbar; unterhalb dieser Temperatur sind Gemische mit 25—60% Buttersäure nicht mehr homogen. Die molekulare Verbrennungswärme der Buttersäure ist gleich 517,8 Kal. Dissoziationskonstante bei $0° = 1,63 \times 10^{-5}$.

---

[1] Vgl. P. A. LEVENE u. L. H. CRETCHER: Journ. biol. Chemistry **33**, 505 (1918) und P. A. LEVENE u. F. A. TAYLOR: Ebenda **52**, 227 (1922).

[2] Proceed. Roy. Soc. London, A, **128**, 214 (1930).

[3] Recherches sur les corps gras, S. 115. 1823.

Isovaleriansäure, $C_5H_{10}O_2 = (CH_3)_2 \cdot CH \cdot CH_2 \cdot COOH$.

Es ist dies die einzige in Fetten vorkommende Fettsäure mit einer ungeraden Anzahl von Kohlenstoffatomen und mit verzweigter Kohlenstoffkette. Gefunden wurde sie nur im Delphin- und Meerschweintran, möglicherweise kommt sie in noch einigen anderen Fetten der Delphinidae vor. Das Kopf- oder Kinnbackenöl des Delphins soll etwa 60% Isovaleriansäure enthalten. CHEVREUL, ihr Entdecker[1], bezeichnete sie als „*Phocensäure*", später wurde aber ihre Identität mit Valeriansäure nachgewiesen. Es herrschten früher Zweifel darüber, ob es sich um eine normale oder Isovaleriansäure handelt. Auch wurde vermutet, daß die Säure ein äquimolekulares Gemisch von Butter- und Capronsäure sei; die Ergebnisse der Untersuchungen von A. KLEIN und M. STIGOL[2] über Delphintran (Schwarzes Meer) und von A. H. GILL und C. M. TUCKER[3] über das Kopföl des Meerschweines scheinen eindeutig dafür zu sprechen, daß es sich um Isovaleriansäure handelt. Die Tatsache, daß die Verbindung das gleiche Kohlenstoffskelett zeigt wie Isopren, mag ein Zufall sein, vielleicht aber auch ein Anzeichen für ihre Abstammung von einem Terpenderivat. Die Säure ist eine nach Baldrian riechende Flüssigkeit, löslich in 23,6 Teilen Wasser von 20⁰.

n-Capronsäure, n-Hexansäure, $C_6H_{12}O_2 = CH_3 \cdot (CH_2)_4 \cdot COOH$.

Die Säure begleitet Buttersäure in den Milchfetten; ihre Menge ist gewöhnlich halb so groß wie diejenige der Buttersäure. In sehr kleinen Mengen kommt sie auch im Cocosfett, vermutlich auch in anderen Samenfetten der Palmae vor; durch fraktionierte Destillation der Methylester der Cocosfettsäuren erhielten E. R. TAYLOR und H. T. CLARKE[4] etwa 0,5% Capronsäure. Die Löslichkeit des Bleisalzes, $Pb(C_6H_{11}O_2)_2$, in siedendem Äther beträgt 1,36%.

n-Caprylsäure, n-Octansäure, $C_8H_{16}O_2 = CH_3 \cdot (CH_2)_6 \cdot COOH$,

kommt ebenfalls in kleinen Mengen in Milchfetten vor[5], in größeren (6—8% der Gesamtsäuren) in Cocos-[6] und anderen Palmkernfetten. Ihr Vorkommen scheint auf die Milchfette und Samenfette der Palmae beschränkt zu sein. Sie ist löslich in 400 Teilen siedend heißen Wassers und scheidet sich beim Erkalten fast völlig aus. Molekulare Verbrennungswärme 1139 Kal. Das Bleisalz, $Pb(C_8H_{15}O_2)_2$, ist zu 0,09% in Äther von 20⁰ löslich[7].

n-Caprinsäure, n-Decansäure, $C_{10}H_{20}O_2 = CH_3 \cdot (CH_2)_8 \cdot COOH$,

begleitet fast immer Caprylsäure in den Milchfetten und den Samenfetten der Palmae. Ihre Menge ist annähernd gleich der der Caprylsäure. Pottwalkopftran enthält zirka 3,5% Caprinsäure[8]. Das Samenfett des kalifornischen Lorbeerbaums enthält 37% Caprinsäure, also viel mehr als irgendein anderes natürliches Fett[9]. Molekulare Verbrennungswärme 1458,3 Kal.[10]. Löslichkeit des Bleisalzes in Äther: 0,03% bei 20⁰, 0,43% beim Siedep.

Laurinsäure, n-Dodecansäure, $C_{12}H_{24}O_2 = CH_3 \cdot (CH_2)_{10} \cdot COOH$.

Laurinsäure wurde anscheinend von T. MARSSON[11] im Fett der Lorbeer-

---

[1] Recherches sur les corps gras, S. 115. 1823.   [2] Pharmaz. Zentralhalle **71**, 497 (1930).
[3] Journ. Oil Fat Ind. **7**, 101 (1930).   [4] Journ. Amer. chem. Soc. **49**, 2829 (1927).
[5] J. U. LERCH: LIEBIGS Ann. **49**, 214 (1844).   [6] H. FEHLING: LIEBIGS Ann. **53**, 399 (1845).
[7] Bei Gemischen verschiedener Fettsäuren wird die Löslichkeit ihrer Bleisalze infolge gegenseitiger Beeinflussung verändert (vgl. S. 61).
[8] T. P. HILDITCH u. J. A. LOVERN: Journ. Soc. chem. Ind. **47**, 105 T (1928).
[9] C. R. NOLLER, I. J. MILLNER u. J. J. GORDON: Journ. Amer. chem. Soc. **55**, 1227 (1933).
[10] STOHMANN: Journ. prakt. Chem. (2), **49**, 107 (1894).   [11] LIEBIGS Ann. **41**, 329 (1842).

kerne (*Laurus nobilis*) im Jahre 1842 entdeckt; später hat sie A. GÖRGEY[1] im Cocosfett nachgewiesen. Die Samenfette der Lauraceae sind manchmal sehr reich an Laurinsäure, das Frucht- und Kernfett von *Laurus nobilis* enthält aber nur 40% dieser Verbindung[2]. Das Kernfett von *Actinodaphne Hookeri* besteht nach PUNTAMBEKAR und KRISHNA[3] fast gänzlich aus dem Triglycerid der Laurinsäure. Sie ist ferner ein wichtiger Bestandteil der Samenfette der Palmae, deren Gesamtsäuren zu 45—50% aus Laurinsäure bestehen, sowie der Samenfette der Salvadoraceae und einiger Arten der Simarubaceae; vereinzelt findet man sie in den Samenfetten gewisser tropischer Pflanzenfamilien, insbesondere der Myristicaceae. Im Tierreich kommt sie in den Milchfetten (gewöhnlich 4—8%) und sonst nur noch im Pottwalkopftran (16%) vor.

Der seifenähnliche Charakter der Alkaliseifen beginnt in der Reihe der gesättigten Fettsäuren bei Caprinsäure und tritt erst bei Laurinsäure voll in Erscheinung. Die Alkalilaurate zeigen noch nicht vollständig die kolloidalen, mit dem größeren Molekül der Alkalioleate in Zusammenhang stehenden Eigenschaften, sie sind aber nichtsdestoweniger den Seifen der höher molekularen gesättigten Fettsäuren (z. B. den Stearaten) dank größerer Löslichkeit überlegen. Die laurinsäurehaltigen Leimfette (d. h. die Kernfette der Palmae) haben deshalb größere Bedeutung als Seifenrohstoffe. Laurinsäure ist unlöslich in Wasser und läßt sich bei Normaldruck nicht unzersetzt destillieren. Das Bleisalz, $Pb(C_{12}H_{33}O_2)_2$, Schmp. 104,6—104,8°, ist praktisch unlöslich in Äther von 20°. 100 Teile absol. Alkohols lösen bei 15° 0,047, beim Siedep. 2,35 Teile des Bleisalzes.

Myristinsäure, n-Tetradecansäure, $C_{14}H_{28}O_2 = CH_3 \cdot (CH_2)_{12} \cdot COOH$, wurde von L. PLAYFAIR[4] aus der Muskatbutter isoliert. Außer in Muskatbutter ist die Säure in großen Mengen (häufig bis zu 75% und darüber) in den Fetten anderer Arten der Myristicaceae enthalten, sonst bildet sie aber keinen wesentlichen Bestandteil von Naturfetten, mit Ausnahme vielleicht der Fette einiger *Irvingia*-Arten (Simarubaceae). In der Fettgruppe der Palmae und einiger anderer Samenfette macht sie gewöhnlich etwa 20% der Gesamtsäuren aus. Anderseits gibt es nur wenige Fette, welche frei von Myristinsäure wären, wenn diese auch meistens nur in Mengen von etwa 1—5% der Gesamtsäuren vorzukommen pflegt. Die Säuren der Milchfette enthalten 8—10%, diejenigen des Pottwalkopföles etwa 14% Myristinsäure. Die Säure ist also in den Fetten sehr verbreitet, aber nur in einigen biologischen Familien tritt sie als Hauptbestandteil auf. Molekulare Verbrennungswärme 2060 Kal.[5]. Das Bleisalz, $Pb(C_{14}H_{27}O_2)_2$ ist praktisch unlöslich in kaltem Äther.

Palmitinsäure, n-Hexadecansäure, $C_{16}H_{32}O_2 = CH_3 \cdot (CH_2)_{14} \cdot COOH$, ist die charakteristische gesättigte Fettsäure und kommt praktisch in sämtlichen Fetten vor. Sie wurde ohne Zweifel bereits von CHEVREUL bei seinen Untersuchungen über Butterfett und Talg gefunden; eindeutig charakterisiert wurde sie später von E. FREMY[6], der die Säure im Jahre 1840 aus Palmöl isoliert und nach diesem Rohstoff benannt hat. Zahlreiche Fette enthalten nur 2—3%, mitunter bis zu 10% Palmitinsäure; in einigen Gruppen von pflanzlichen und tierischen Fetten bildet sie aber eine Hauptkomponente. Zu letzteren gehören

[1] Ebenda **66**, 295 (1848).
[2] Die Angaben über den Gehalt an bestimmten Säuren beziehen sich stets auf die in dem betreffenden Fett enthaltenen Gesamtfettsäuren.
[3] Journ. Indian chem. Soc. **10**, 395 (1933).   [4] LIEBIGS Ann. **37**, 152 (1841).
[5] STOHMANN u. LANGBEIN: Journ. prakt. Chem. (2), **42**, 374 (1890).
[6] LIEBIGS Ann. **36**, 44 (1840).

das Baumwollsaatöl und das ihm botanisch verwandte Capoköl, deren Säuren zu etwa 20% aus Palmitinsäure bestehen. In den Palmölfettsäuren sind 35 bis 40%, in den Säuren des Stillingiatalgs 60—70% Palmitinsäure enthalten. Die Fettsäuren der Butterfette bestehen zu etwa 25%, die Säuren der Haustier-Depotfette zu etwa 30% aus Palmitinsäure. Bis zu 10% Palmitinsäure enthält das Olivenöl, Erdnußöl, Sojabohnenöl, Maisöl, ferner zahlreiche Fisch- und Walöle. Eine Reihe von Fetten mit über 10% Palmitinsäuregehalt bildet wichtige Rohmaterialien der Speisefett- und Seifenfabrikation, besonders der letzteren, weil die Alkalipalmitate sich durch ein hohes Waschvermögen auszeichnen.

Die Reindarstellung von Palmitinsäure ist nicht ganz einfach, da sie sich nur schwierig von der Stearinsäure trennen läßt. Bei der Kristallisation stearin-säurehaltiger roher Palmitinsäure aus Alkohol scheidet sich zuerst ein äqui-molekulares Gemisch von Palmitin- und Stearinsäure aus, so daß es kaum mög-lich erscheint, auf diesem Wege zu reiner Palmitinsäure zu gelangen. Heintz[1] empfiehlt deshalb zur Befreiung der Palmitinsäure von Stearinsäure wiederholte fraktionierte Fällung der Magnesiumsalze, unter jedesmaliger Zugabe von zur Bindung von 5% der Fettsäuren ausreichendem Magnesiumacetat. Nach K. Scheringa[2] ist die Trennung auf Grund der verschiedenen Löslichkeit des Kaliumpalmitats und -stearats in Alkohol von 94 Gew.-% aussichtsreicher als die Trennung nach dem Magnesiumacetatverfahren.

Die früher zur Isolierung der Säure empfohlenen palmitinsäurereichen Fette, wie Japantalg[3], Myricafett[4] oder Stillingiatalg, sind leider schwer zu-gänglich.

Erwähnt sei hier, daß sich bei der Kalischmelze von Ölsäure Palmitinsäure bildet; das von F. Varrentrapp[5] entdeckte Verfahren wurde seit 1875 bis weit in das neunzehnte Jahrhundert hinein von der Firma Radisson in Marseille zur Herstellung von Kerzenmaterial verwendet. Aber bei der Reaktion bildet sich, wie F. G. Edmed[6] nachgewiesen hat, neben Palmitinsäure (und Essig-säure) auch noch Nonyl-, Azelain- und Dioxystearinsäure. Palmitinsäure läßt sich bei gewöhnlichem Druck zum großen Teil zwischen 339—356⁰ destillieren. Molekulare Verbrennungswärme 2398,4 Kal. Das Bleisalz, $Pb(C_{16}H_{31}O_2)_2$, Schmp. 112,2—112,4⁰, löst sich zu 0,03% in siedendem Äther.

Die am leichtesten zugänglichen Rohmaterialien für die Reindarstellung der Säure sind jedenfalls die festen Palmölfettsäuren, welche neben 40% Palmitin-säure nur noch ganz wenig Stearinsäure und Myristinsäure enthalten. Die flüssigen Säuren (Öl- und Linolsäure) werden aus den Gesamtsäuren durch Abpressen oder besser nach der Bleisalzmethode abgeschieden. Die Palmitin-säure läßt sich dann in relativ reinem Zustande entweder durch Kristallisation aus 70%igem Alkohol oder fraktionierte Destillation der in die Methylester übergeführten „festen" Säuren erhalten.

Stearinsäure, n-Octadecansäure, $C_{18}H_{36}O_2 = CH_3 \cdot (CH_2)_{16} \cdot COOH$,

wurde von Chevreul[7] entdeckt. Die Fettsäuren der Depotfette von Haustieren enthalten 10—30% Stearinsäure, die Milchfettsäuren 5—15%. Kleinere Mengen Stearinsäure kommen in sehr vielen Fetten vor, die Säure ist aber nicht so all-gemein verbreitet wie Palmitinsäure.

Im Pflanzenreich kommt sie in größeren Mengen nur in einigen tropischen Familien vor (so in den Fetten der Guttiferae, Sapotaceae, Dipterocarpaceae

[1] Journ. prakt. Chem. (1), **66**, 1 (1855).   [2] Chem. Weekbl. **29**, 605 (1932).
[3] F. Krafft: Ber. Dtsch. chem. Ges. **21**, 2265 (1888).
[4] R.H.Chittenden u. H.E.Smith: Journ. Amer. chem. Soc. **6**, 217 (1884). —
    J. Dubovitz: Chem.-Ztg. **54**, 814 (1930).   [5] Liebigs Ann. **35**, 210 (1840).
[6] Journ. chem. Soc. London **73**, 628 (1898).   [7] S. S. 19.

und Sterculiaceae); die bekanntesten Beispiele stearinsäurereicher Samenfette sind Kakaobutter, Borneotalg und Sheabutter. Die Seetieröle enthalten nur wenig Stearinsäure (Spuren bis zu 1%).

Abgesehen von ihrer Verwendung, im Gemisch mit Palmitinsäure, zur Kerzenfabrikation hat Stearinsäure nur beschränkte technische Bedeutung. In Speisefetten ist die Gegenwart größerer Stearinsäuremengen unerwünscht, da sie infolge ihres hohen Schmelzpunktes ein unvollkommenes Schmelzen der Fette bei Körpertemperatur verursacht; eine wichtige Ausnahme hiervon stellt die Kakaobutter dar, sowie noch einige andere Samenfette, und zwar dank der eigenartigen Bindungsweise der Säure in Form von Oleopalmitostearoglyceriden, welche dem Fett eine eigenartige Konsistenz verleihen und den Schmelzpunkt in die Nähe von etwa 30^0 herabdrücken; dies macht das Fett für die Schokoladenfabrikation besonders geeignet. Ihre Verwendung in der Seifenfabrikation wird durch die geringe Löslichkeit ihres Natrium- und Kaliumsalzes beeinträchtigt, so daß ein übermäßig hoher Stearinsäuregehalt für die meisten Seifensorten nachteilig ist[1].

Die fundamentale Kristallform der Palmitin- und Stearinsäure soll nach Y. Tanaka, R. Kobayashi und K. Shimizu[2] ein Rhombus sein (s. auch S. 53).

Die Säure löst sich in 40 Teilen kalten Alkohols und in einem Teil Alkohol (D. $= 0{,}794$) von 50^0. Molekulare Verbrennungswärme 2711,8 Kal. Unter Normaldruck siedet sie zum größten Teil zwischen $359—383^0$. Das Bleisalz (amorph, Schmp. zirka 125^0) ist zu 0,0037% löslich in absolutem Äther. Sie geht beim Erhitzen auf $200—360^0$ in Gegenwart von Eisen, Nickel, Kieselgur u. dgl. in Stearon über[3] (s. a. Anm. 11 auf S. 20).

Arachinsäure, n-Eikosansäure, $C_{20}H_{40}O_2 = CH_3 \cdot (CH_2)_{18} \cdot COOH$.

In nennenswerten Mengen kommt sie nur in gewissen Ölen der Leguminosen, wie Erdnußöl, vor (aber auch hier nur zu etwa 3% der Gesamtsäuren), in größeren Mengen (bis zu 20% der Gesamtsäuren) in einigen Ölen von Sapindaceae-Samen. Spuren von Arachinsäure finden sich in vielen Samenfetten und in einigen tierischen Fetten.

Die aus Erdnußöl isolierte Arachinsäure hat einen etwas tieferen Schmelzpunkt ($74—75^0$) als die synthetisch hergestellte C_{20}-Säure mit unverzweigter Kohlenstoffkette. Es erschien deshalb zunächst unsicher, ob die aus Erdnußöl stammende Arachinsäure mit n-Eikosansäure identisch sei. So vermuteten R. Ehrenstein und H. Stuewer[4], daß die natürliche Säure Isostruktur besitze; auch die röntgenographische, von G. T. Morgan und E. Holmes[5] durchgeführte Untersuchung zeigte gewisse Anomalien. Aber die durch Hydrierung der aus Waltran

---

[1] Man nahm früher an, daß im Talg, Gänsefett usw. eine Säure, $C_{17}H_{34}O_2$, *n-Heptadecansäure* (*Margarinsäure*) enthalten sei; A. Heiduschka und A. Steinrück (Journ. prakt. Chem. (2), **102**, 241 [1921]) sowie A. Bömer und H. Merten (Ztschr. Unters. Lebensmittel **43**, 101 [1922]) haben aber gezeigt, daß die angebliche Margarinsäure aus einem äquimolekularen Gemisch von Palmitin- und Stearinsäure besteht. Inzwischen ist von H. Meyer und R. Beer (Monatsh. Chem. **33**, 311 [1912]) eine Säure der Formel $C_{17}H_{34}O_2$ im Daturaöl gefunden worden; sie erhielt den Namen *Daturinsäure*; vor einiger Zeit haben nun P. E. Verkade u. J. Coops (Biochem. Ztschr. **206**, 468 [1929]) zeigen können, daß auch diese Säure ein einfaches Gemisch von Palmitin- und Stearinsäure ist. Ebenso wahrscheinlich ist es, daß die *n-Pentadecansäure*, $C_{15}H_{30}O_2$, welche im Hefefett enthalten sein sollte, ein Gemisch von zwei oder mehreren Säuren ist.

[2] Journ. Soc. chem. Ind. Japan **33**, 364 B (1930).

[3] S. Easterfield u. Taylor: Journ. chem. Soc. London **99**, 2300 (1911), G. Schicht A.-G. u. Ad. Grün, D. R. P. 295 657 u. 296 677.

[4] Journ. prakt. Chem. (2), **105**, 199 (1923).   [5] Journ. Soc. chem. Ind. **47**, 309 T (1928).

isolierten ungesättigten C_{20}-Säuren erhaltene Arachinsäure hatte die normale Röntgenstruktur der n-Eikosansäure und war mit Arachinsäure aus Rambutan-talg identisch[1]. MALKIN[2] hat die Arachinsäure aus Kusumöl, Rambutantalg und Pulasanfett (Arachinsäuregehalt 20—30%)[3] durch Röntgenstrahlenanalyse einwandfrei als n-Eikosansäure identifiziert. Ferner haben E. JANTZEN und C. TIEDCKE[4] durch Vergleich der Schmelzpunkte der durch fraktionierte Kristalli-sation der hochmolekularen Methylester der Erdnußölsäuren erhaltenen Frak-tionen mit den entsprechenden synthetischen Fettsäureestern den endgültigen Beweis erbracht, daß erstere aus den Methylestern der n-Eikosansäure (Schmelz-punkt 44,4—44,7⁰), der n-Dokosansäure (Schmelzpunkt 52,4—52,6⁰) und der n-Tetrakosansäure (Schmelzpunkt 57,8—58,0⁰) bestehen. Es kann als sicher gelten, daß in Fetten nur die n-C_{20}-Säure vorkommt, ebenso daß die übrigen Glieder der homologen Reihe stets aus normalen, unverzweigten Kohlenstoffatom-ketten bestehen.

Behensäure, n-Dokosansäure, $C_{22}H_{44}O_2 = CH_3 \cdot (CH_2)_{20} \cdot COOH$,

wurde zuerst von A. VOELCKER[5] im Behenöl (Samenfett von *Moringa oleifera*) gefunden. Möglicherweise kommt sie in geringen Mengen auch in anderen Samen-fetten, wie Erdnußöl, Rapsöl und in anderen Fetten der Kruziferen vor. Ihr Anteil an den Gesamtsäuren übertrifft in keinem Falle 1%; im Tierreich scheint die Säure nicht aufzutreten; die in Seetierölen reichlich vorhandenen ungesättig-ten n-Fettsäuren mit 22 Kohlenstoffatomen gehen bei der Hydrierung, ebenso wie Erucasäure, die charakteristische ungesättigte Fettsäure der Cruciferae, in Behensäure über.

Lignocerinsäure, n-Tetrakosansäure, $C_{24}H_{48}O_2 = CH_3 \cdot (CH_2)_{22} \cdot COOH$,

kommt häufig in Samenfetten vor, meist aber nur in Spuren. Man fand sie auch im Buchenholz-[6] und Braunkohlenteer, sie bildet ferner einen Baustein der tierischen Lipoide. In etwas größeren Mengen ist sie im Erdnußöl und in einigen anderen Leguminosen-Samenölen[7] enthalten. Das ebenfalls zur Familie der Leguminosae (Mimosoideae) gehörende Fett von *Adenanthera pavonina* (Korallen-baumöl) ist ausnehmend reich an Lignocerinsäure (25% der Gesamtsäuren)[8].

Nach H. MEYER, L. BROD und W. SOYKA[9] sollte die Lignocerinsäure aus Erdnußöl durch Abbau eine Isobehensäure liefern. Nach P. BRIGL und E. FUCHS[10] sind im Buchenholzteer zwei isomere Lignocerinsäuren enthalten. Ähnlich wie Arachinsäure dürfte aber Lignocerinsäure aus Erdnußöl n-Tetrakosansäure sein; auch die aus Buchenholzteer stammende Lignocerinsäure ist nach der von FRANCIS, PIPER und MALKIN[11] durchgeführten Röntgenstrahlenanalyse reine n-Tetrakosansäure (s. auch S. 52).

Cerotinsäure, n-Hexakosansäure, $C_{26}H_{52}O_2 = CH_3 \cdot (CH_2)_{24} \cdot COOH$,

ist eine Komponente des Bienenwachses[12] sowie von anderen pflanzlichen und tierischen Wachsestern. Spurenweise wurde sie auch in gewissen Pflanzenfetten ge-

---

[1] Journ. Soc. chem. Ind. 44, 219 T (1925).   [2] Private Mitteilung.
[3] D.R.DHINGRA, T.P.HILDITCH u. J.R.VICKERY: Journ. Soc. chem. Ind. 48, 281 T (1929).—T.P.HILDITCH u. W.J.STAINSBY: Journ. Soc. chem. Ind. 53, 197 T (1934).
[4] Journ. prakt. Chem. (2), 127, 277 (1930).   [5] LIEBIGS Ann. 64, 342 (1848).
[6] C. HELL u. O. HERMANNS: Ber. Dtsch. chem. Ges. 13, 1713 (1880).
[7] P. KREILING: Ber. Dtsch. chem. Ges. 21, 880 (1888).
[8] S.M.MUDBIDRI, P.R.AYYAR u. H.E.WATSON: Journ. Indian Inst. Science, A, 11, 173 (1928).   [9] Monatsh. Chem. 34, 1124 (1913).
[10] Ztschr. physiol. Chem. 119, 280 (1922).   [11] S. S. 19.
[12] B.C.BRODIE: LIEBIGS Ann. 67, 185 (1848).

funden, möglicherweise stammt sie aber auch hier von Wachsestern her. D. HOLDE und N. N. GODBOLE[1] isolierten eine Hexakosansäure vom Schmelzpunkt 79⁰ aus der rohen Arachinsäure des Erdnußöles, deren Normalstruktur G. T. MORGAN und E. HOLMES[2] durch röntgenographische Prüfung bewiesen haben. Die synthetische Säure[3] vom Schmelzpunkt 88—89⁰ wurde von FRANCIS, PIPER und MALKIN[4] röntgenographisch untersucht; die Forscher bestätigten, daß die von HOLDE aus chinesischem Wachs isolierte Cerotinsäure mit der synthetischen n-Hexakosansäure identisch ist.

A. C. CHIBNALL, S. H. PIPER und Mitarbeiter[5] haben neuerdings festgestellt, daß nach röntgenographischer Analyse die hochmolekularen gesättigten Säuren aus Wachsen u. dgl. fast immer Gemische von zwei oder mehr Homologen sind. Deshalb empfehlen sie, die Bezeichnungen Cerotin-, Montan-, Melissin- usw. Säure für die individuellen Säuren $C_{26}H_{52}O_2$, $C_{29}H_{58}O_2$, $C_{31}H_{62}O_2$ usw. zu verlassen. Der Vollständigkeit halber ist in Tabelle 3 (S. 26) eine Reihe von gesättigten Fettsäuren aufgenommen, deren Vorkommen in Fetten zweifelhaft ist und die hauptsächlich als Bestandteile von Wachsen auftreten.

b) Zweibasische gesättigte Fettsäuren, $C_xH_{2x}(COOH)_2$.

Japantalg, das Fruchtfleischfett der Rhus-Arten, enthält gegen 6% gesättigter Dicarbonsäuren. L. E. EBERHARDT[6] isolierte aus Japantalg eine bei 117,5⁰ schmelzende Säure der Formel $C_{18}H_{36}(COOH)_2$; A. C. GEITEL und G. VAN DER WANT[7] nannten sie

„Japansäure"

und schrieben ihr die Formel $C_{20}H_{40}\cdot$ $\cdot(COOH)_2$ zu. Nach F. KRAFFT und

[1] Ber. Dtsch. chem. Ges. **59**, 36 (1926).
[2] Nature **117**, 624 (1926).
[3] P. A. LEVENE u. F. A. TAYLOR: S. S. 18.
[4] S. S. 19.
[5] Biochemical Journ. **28**, 2189 (1934).
[6] Dissertation Straßburg. 1888.
[7] Journ. prakt. Chem. (2—3), **61**, 151 (1900).

Tabelle 2. Gesättigte Fettsäuren.

Säure		Methylester		Äthylester		Amid	Anilid
Schmelzp.	Siedep.	Schmelzp.	Siedep.	Schmelzp.	Siedep.	Schmelzp.	Schmelzp.
n-Buttersäure, $C_4H_8O_2$	— 8⁰	163⁰	—	102⁰	—	120⁰	116⁰	90⁰
Isovaleriansäure, $C_5H_{10}O_2$	— 51⁰	174⁰	—	—	—	—	135⁰	115⁰
n-Capronsäure, $C_6H_{12}O_2$	— 1,5⁰	205⁰	— 40⁰	150⁰	— 67⁰	167⁰	100⁰	95⁰
n-Caprylsäure, $C_8H_{16}O_2$	+ 16⁰	237⁰	— 18⁰	194⁰	— 47⁰	208⁰	110⁰	—
n-Caprinsäure, $C_{10}H_{20}O_2$	31,3⁰	269⁰	+ 5⁰	224⁰	— 10⁰	245⁰	108⁰	—
n-Laurinsäure, $C_{12}H_{24}O_2$	43,5⁰	102⁰/1 mm	18⁰	87⁰/1 mm	+ 11⁰	269⁰	110⁰	84⁰
n-Myristinsäure, $C_{14}H_{28}O_2$	53,8⁰	122⁰/1 ,,	29⁰	111⁰/1 ,,	24⁰	295⁰	102⁰	90,5⁰
n-Palmitinsäure, $C_{16}H_{32}O_2$	62,5⁰	139⁰/1 ,,	38⁰	130⁰/1 ,,	34⁰	143⁰/3 mm	107⁰	93,5⁰
n-Stearinsäure, $C_{18}H_{36}O_2$	69,6⁰	160⁰/1 ,,	47⁰	154⁰/1 ,,	50⁰	152⁰/0,2 mm	109⁰	96⁰
n-Arachinsäure, $C_{20}H_{40}O_2$	77⁰	205⁰/1 ,,	54⁰	180⁰/1 ,,	50⁰	177⁰/0,3 ,,	108⁰	102⁰
n-Behensäure, $C_{22}H_{44}O_2$	82⁰	—	60⁰	—	58⁰	185⁰/0,2 ,,	111⁰	—
n-Lignocerinsäure, $C_{24}H_{48}O_2$	86⁰	—	62⁰	—	60⁰	199⁰/0,3 ,,	—	—
n-Cerotinsäure, $C_{26}H_{52}O_2$	89⁰	—	—	—	—	—	109⁰	—

Tabelle 3. Fettsäuren, deren Vorkommen in Fetten unsicher ist.

Säure	Vorkommen	Literatur
Isobehensäure, $C_{22}H_{44}O_2$	Erdnußöl	EHRENSTEIN u. STUEWER: Journ. prakt. Chem. (2) 105, 199 (1922)
Neocerotinsäure, $C_{25}H_{50}O_2$	Bienenwachs	GASCARD u. DAMOY: Compt. rend. 177, 1222 (1923)
Carbocerinsäure, $C_{27}H_{54}O_2$	Montanwachs	TROPSCH u. KREUTZER: Brenn-stoff-Chem. 3, 49 (1922)
Montansäure, $C_{29}H_{58}O_2$	Montanwachs	VON BOYEN: Ztschr. angew. Chem. 12, 64 (1899)
Myricinsäure, $C_{30}H_{60}O_2$	Carnaubawachs usw.	⎫ HEIDUSCHKA u. GAREIS: Journ.
Melissinsäure, $C_{31}H_{62}O_2$	Bienenwachs usw.	⎬ prakt. Chem. (2) 99, 293 (1919) ⎭
Gheddasäure, $C_{34}H_{68}O_2$	Gheddawachs	LIPP u. CASIMIR: Journ. prakt. Chem. (2) 99, 256 (1919)

R. SCHAAL[1] handelt es sich aber um ein Gemisch mehrerer Dicarbonsäuren, bestehend aus den Verbindungen $C_{19}H_{38}(COOH)_2$, Schmelzpunkt 117—117,5° (Hauptbestandteil), sowie den Säuren $C_{18}H_{36}(COOH)_2$ und $C_{17}H_{34}(COOH)_2$; die Säure $C_{21}H_{40}O_4$ lieferte bei der Destillation mit Bariumhydroxyd n-Nonadecan; sie folgerten daraus, daß sie mit *n-Heneikosandicarbonsäure*, $HOOC \cdot (CH_2)_{19} \cdot COOH$ identisch sei.

Laut M. TSUJIMOTO[2] bestehen die in den Beerenfetten der Rhus-Arten in Mengen von 1—6% vorkommenden zweibasischen Säuren in der Regel aus einer Fettsäure der Formel $C_{23}H_{44}O_4$ vom Schmelzpunkt 122—123,5° (Schmelzpunkt des Methylesters 57,8°) als Hauptbestandteil und einer Säure $C_{22}H_{42}O_4$; in einer Spezies bildete letztere die Hauptmenge der Dicarbonsäuren.

C. Ungesättigte Fettsäuren.

Von T. P. HILDITCH, Liverpool.

a) Säuren mit einer Äthylenbindung, $C_nH_{2n-2}O_2$ (Säuren der Ölsäurereihe).

Die wichtigste Vertreterin dieser Reihe ist *Ölsäure* oder $\Delta^{9:10}$-Octadecensäure, die in sämtlichen natürlichen Fetten, manchmal in sehr großen Mengen enthalten ist. So bestehen z. B. die Gesamtsäuren des Oliven-, Erdnuß- oder Mandelöles bis zu 75% aus Ölsäure; pflanzliche und tierische Fette enthalten häufig 25—50% Ölsäure. Zu ölsäurearmen Fetten gehören Cocosfett und Ricinusöl, aber nur selten findet man in einem Fett weniger als 5% Ölsäure.

Ölsäure ist demnach die charakteristische ungesättigte Fettsäure, welche in keinem natürlichen Fett gänzlich fehlt.

Im Gegensatz zur Ölsäure ist das Auftreten der übrigen einbasischen Fettsäuren mit einer Äthylenbindung auf bestimmte biologische Gruppen beschränkt. So enthalten die Seetieröle eine Reihe von einfach-ungesättigten, für diese Fettklasse charakteristischen Fettsäuren; im Pflanzenreich beschränkt sich das Vorkommen derartiger Fettsäuren, abgesehen von der generell vorkommenden Ölsäure, nur auf einige Familien, manchmal sogar nur auf bestimmte Gattungen.

---

[1] Ber. Dtsch. chem. Ges. 40, 4784 (1907).   [2] Bull. chem. Soc. Japan 6, 325, 337 (1931).

$\Delta^{9:10}$-**Decensäure,** $C_{10}H_{18}O_2 = CH_2 : CH \cdot (CH_2)_7 \cdot COOH$,

ist die niedrigstmolekulare, in Fetten vorgefundene, einfach-ungesättigte Fett-säure. Unter den natürlichen ungesättigten Fettsäuren nimmt sie insofern eine Sonderstellung ein, als sie eine endständige Methylengruppe besitzt, während die Doppelbindung sich an der gleichen Stelle befindet wie in der gewöhnlichen Öl-säure[1]. Auf die Möglichkeit ihrer Gegenwart im Butterfett hat SMEDLEY im Jahre 1912 hingewiesen[1]. AD. GRÜN undT. WIRTH[1] isolierten die Säure aus Butter-fett, in welchem sie aber nur in äußerst kleinen Mengen vorkommt. Sie schmilzt unter 0^0, Siedep.$_4$ 142^0. Bei der Ozonisierung ihres Methylesters erhielten GRÜN und Mitarbeiter Azelainaldehyd und Ameisensäure, woraus sich die Konstitution der Säure als einer $\Delta^{9:10}$-Decensäure ergibt. Auch synthetisch konnte die Säure von GRÜN erhalten werden.

Dodecensäure, $C_{12}H_{22}O_2$.

Im Samenöl von *Lindera hypoglauca* (Lauraceae) fand M. TSUJIMOTO[2] größere Mengen einer Dodecensäure unbekannter Konstitution. Ebenso soll das Pott-walkopföl gegen 4% einer Dodecensäure enthalten[3].

Tetradecensäuren, $C_{14}H_{26}O_2$.

Eine $\Delta^{5:6}$-*Tetradecensäure* (*Physetersäure*), $CH_3 \cdot (CH_2)_7 \cdot CH : CH \cdot (CH_2)_3 \cdot COOH$, findet sich in etwas größeren Mengen (zirka 14%) im Spermwalkopföl; ihre Konstitution wurde von M. TSUJIMOTO[4] aufgeklärt.

Eine mit dieser isomere Säure, die

Myristoleinsäure oder $\Delta^{9:10}$-**Tetradecensäure,** $CH_3 \cdot (CH_2)_3 \cdot CH : CH \cdot (CH_2)_7 \cdot COOH$,

ist ein Bestandteil zahlreicher Fisch- und Walöle[5]; sie bildet aber in der Regel nur bis zu 1% der Gesamtsäuren.

Geringe Mengen einer Tetradecensäure sind nach AD. GRÜN und H. WINK-LER[6] und nach A. W. BOSWORTH und J. B. BROWN (bis zu 0,87%) im Butterfett enthalten.

Nach M. TSUJIMOTO[7] enthält das Kuromoji-Samenöl (*Lindera hypoglauca*) neben Dodecensäure kleine Mengen einer *Tetradecensäure*; ebenso soll im Tsuzu-Samenöl von *Litsea glauca* (Lauraceae)[7] eine *Tetradecensäure* der Formel $CH_3 \cdot (CH_2)_8 \cdot CH : CH \cdot (CH_2)_2 \cdot COOH$ enthalten sein (*Tsuzusäure*).

Palmitoleinsäure, Physetölsäure, Zoomarinsäure, $\Delta^{9:10}$-Hexadecensäure,
$C_{16}H_{30}O_2 = CH_3 \cdot (CH_2)_5 \cdot CH : CH \cdot (CH_2)_7 \cdot COOH$,

ist ein hervorragender Bestandteil von Fisch- und Seetierölen; ihr Anteil in den Fischölfettsäuren beträgt nach bisherigen Beobachtungen 3—25%, meist aber nur 15—18%. Erstmalig wurde sie 1854 (als *Physetölsäure*) von P. G. HOF-STEDTER[8] im Spermwalkopföl gefunden, im Jahre 1898 fand sie E. LJUBARSKY[9] im Seehundstran. In relativ reinem Zustande isolierte sie H. BULL[10] aus dem

---

[1] I. SMEDLEY: Biochemical Journ. **6**, 451 (1912). — AD. GRÜN u. T. WIRTH: Ber. Dtsch. chem. Ges. **55**, 2206 (1922). — AD. GRÜN u. H. WINKLER: Ztschr. angew. Chem. **37**, 228 (1924). — A. W. BOSWORTH u. J. B. BROWN: Journ. biol. Chemistry **103**, 115 (1933).   [2] Chem. Umschau Fette, Öle, Wachse, Harze **34**, 91 (1927).
[3] T. P. HILDITCH u. J. A. LOVERN: Journ. Soc. chem. Ind. **47**, 105 T (1928).
[4] Chem. Umschau Fette, Öle, Wachse, Harze **32**, 202 (1925).
[5] E. F. ARMSTRONG u. T. P. HILDITCH: Journ. Soc. chem. Ind. **44**, 180 T (1925).
[6] S. Anm. 1; siehe auch A. W. BOSWORTH u. J. B. BROWN: Journ. biol. Chemistry **103**, 115 (1933). [7] Chem. Umschau Fette, Öle, Wachse, Harze **34**, 9, (1927); **35**, 225 (1928).
[8] LIEBIGS Ann. **91**, 177 (1854).   [9] Journ. prakt. Chem. (2), **57**, 19 (1898).
[10] Ber. Dtsch. chem. Ges. **39**, 3574 (1906).

Dorschlebertran; ihren Schmelzpunkt gab er mit —1° an, während die aus der Verbindung durch Oxydation mit alkalischem Permanganat erhaltene Dioxy-palmitinsäure den Schmelzpunkt 125° hatte. Eine niedriger schmelzende isomere Dioxypalmitinsäure erhält man bei der Oxydation von Palmitoleinsäure mit Peressigsäure (Schmelzpunkt 87°)[1]. Später wurde sie aus verschiedenen Seetier-ölen isoliert; die Palmitoleinsäure aus Seehundstran[2], Dorschlebertran[3], Buckel-waltran[4] und aus gewöhnlichem Waltran liefert bei der Hydrierung n-Palmitin-säure. Die Oxydation der aus Waltran[5], Seehundstran[6], Sei-Waltran[7], schottischem Dorschlebertran[3] und Meerschweintran[8] isolierten Palmitoleinsäure oder ihrer Ester ergab als Spaltprodukte in allen Fällen n-Heptansäure und Azelainsäure. Die aus Seetierölen isolierte Palmitoleinsäure ist demnach mit $\varDelta^{9:10}$-Hexadecen-säure identisch.

Neuerdings fand man kleine Mengen Palmitoleinsäure (4—8%) in eini-gen Landtierfetten, und zwar im Depotfett der Ratten[9] und Hühner[10]. Auch das Fett der Diphtheriebazillen besteht nach E. CHARGAFF[11] hauptsächlich aus $\varDelta^{9:10}$-Palmitoleinsäure neben etwa 30% Palmitinsäure; das Fett der Lycopo-diumsporen, in welchem nach früheren Angaben von LANGER[12] eine „Lyco-podiumölsäure" vorkommen sollte, enthält nach neueren Untersuchungen etwa 30—35% Palmitoleinsäure und 55—60% gewöhnliche $\varDelta^{9:10}$-Ölsäure[13].

Ölsäure, cis-$\varDelta^{9:10}$-Octadecensäure,

$$C_{18}H_{34}O_2 = CH_3 \cdot (CH_2)_7 \cdot CH:CH \cdot (CH_2)_7 \cdot COOH,$$

nimmt unter den ungesättigten Fettsäuren insofern eine Sonderstellung ein, als sich ihr Vorkommen auf sämtliche Naturfette, ohne Ausnahme, erstreckt. Sie wurde als ein Fettbestandteil bereits im Jahre 1815 von CHEVREUL erkannt und in seinen „Recherches sur les corps gras" beschrieben; die Reindarstellung der Säure gelang aber erst viel später. Die technische Ölsäure oder das „Olein" ist keine reine Ölsäure; Olein besteht vielmehr aus den flüssigen, nach Pressung des bei der Dampfdestillation erhaltenen Fettsäuregemisches zurück-bleibenden Anteilen; es enthält außer Ölsäure noch andere ungesättigte Fett-säuren (wie Linolsäure) sowie wechselnde Mengen Palmitinsäure und anderer gesättigter Säuren.

Isolierung reiner Ölsäure. Als Rohstoff für die Gewinnung reiner Ölsäure wählt man ein Öl relativ einfacher Zusammensetzung und mit hohem Gehalt an gebundener Ölsäure, wie Oliven- oder Mandelöl. Die Olivenölfettsäuren be-stehen beispielsweise aus etwa 80% Ölsäure, 12% gesättigten Säuren (vorwiegend Palmitinsäure) und 8% Linolsäure. Der Hauptanteil der gesättigten Säuren wird aus dem Fettsäuregemisch durch Kristallisation der Bleisalze aus Alkohol oder Äther entfernt; die aus den löslichen Bleisalzen in Freiheit gesetzten Säuren enthalten dann die Hauptmenge der Ölsäure, die gesamte Linolsäure, neben 1—2% gesättigter Säuren. Die Trennung von der höher ungesättigten Linol-

[1] T.P.HILDITCH: Journ. chem. Soc. London **1926**, 1832.
[2] K.H.BAUER u. W.NETH: Chem. Umschau Fette, Öle, Wachse, Harze **31**, 5 (1924).
[3] K.D.GUHA: Dissertation Liverpool. 1931.
[4] Y.TOYAMA: Chem. Umschau Fette, Öle, Wachse, Harze **31**, 221 (1924).
[5] E.F.ARMSTRONG u. T.P.HILDITCH: Journ. Soc. chem. Ind. **44**, 180 T (1925).
[6] GANSEL: Dissertation Stuttgart. 1926.
[7] Y.TOYAMA: Journ. Soc. chem. Ind. Japan **30**, 597 (1927).
[8] J.A.LOVERN: Biochemical Journ. **28**, 395 (1934).
[9] A.BANKS, T.P.HILDITCH u. E.C.JONES: Biochemical Journ. **27**, 1375 (1933).
[10] T.P.HILDITCH, E.C.JONES u. A.J.RHEAD: Biochemical Journ. **28**, 786 (1934).
[11] Ztschr. physiol. Chem. **218**, 223 (1933).   [12] Arch. Pharmaz. **227**, 626 (1889).
[13] J.L.RIEBSOMER u. J.R.JOHNSON: Journ. Amer. chem. Soc. **55**, 3352 (1933).

säure erreicht man durch Kristallisation der Bariumsalze dieser sogenannten „*flüssigen*" Fettsäuren aus 5% 95%igen Alkohol[1] enthaltendem Benzol oder durch Kristallisation der Lithiumsalze aus 80%igem Alkohol[2]. Man erhält so nach einer oder zwei Kristallisationen ein von Linoleaten freies Gemisch, aus dem sich eine Ölsäure mit höchstens 3—4% gesättigten Säuren gewinnen läßt. Um auch den Rest der gesättigten Säuren aus der Ölsäure zu entfernen, unterwirft man deren Methyl- oder Äthylester der fraktionierten Destillation im Vakuum; es resultieren fast reine Methyl- oder Äthyloleatfraktionen, aus denen durch Hydrolyse die reine Ölsäure hergestellt wird.

Eine andere, von BERTRAM[3] empfohlene Methode zur Darstellung reiner Ölsäure besteht in der Behandlung von ölsäurereichen Fettsäuregemischen mit Quecksilberacetat; die Ölsäure wird aus dem Filtrat in Freiheit gesetzt und zwecks weiterer Reinigung bei -15 bis -20^0 aus Aceton umkristallisiert.

D. HOLDE und GORGAS[4] stellen reine Ölsäure durch Entbromung des Öl-säuredibromids mit Zink und alkoholischer Salzsäure her.

Eigenschaften. Ölsäure ist eine geruch- und farblose Flüssigkeit; sie kristalli-siert in zwei Formen[5] vom Schmelzpunkt 12 und 17^0. Sie hat das Molekularge-wicht 282,3 und die Jodzahl 90,1. Unter vermindertem Druck läßt sie sich ohne Zersetzung destillieren, ebenso bei der Wasserdampfdestillation unter ge-wöhnlichem Druck[6]; sie siedet unzersetzt unter einem Druck von 100 mm bei $285{,}5$—286^0, bei $232{,}5^0/15$ mm und bei $153{,}0^0/0{,}1$ mm. Sie ist leicht löslich in den üblichen organischen Lösungsmitteln und in verdünntem Alkohol, un-löslich in Wasser.

Die Alkalisalze der Ölsäure spielen als Seifen eine hervorragende Rolle (Näheres s. Bd. III). Das Bleisalz ist eine niedrig schmelzende Masse (Schmelz-punkt 45—50^0), wenig löslich in absolutem, mäßig löslich in 95%igem Alkohol, löslich in Äther und Benzin.

Die Methyl- und Äthylester der Ölsäure sind farblose Flüssigkeiten und sieden bei $150^0/3$ mm bzw. bei 130—$135^0/0{,}1$ mm.

Die chemische Konstitution der Ölsäure. Auf Grund der Feststellung, daß bei der Alkalischmelze der Ölsäure Palmitinsäure entsteht[7], schrieb man der ersteren ursprünglich die Formel $CH_3 \cdot (CH_2)_{14} \cdot CH{:}CH \cdot COOH$ zu; diese Formel hat sich als falsch erwiesen, denn bei der Kalischmelze findet eine Wanderung der Doppelbindung zur Carboxylgruppe statt. Die heute gültige Ölsäureformel wurde von J. BARUCH[8] in Vorschlag gebracht, und zwar auf Grund folgender Umsetzungen: Ölsäure (I) geht mit Brom in Dibromstearinsäure (II) über; letztere verliert beim Erhitzen mit konzentrierter alkoholischer Kalilauge zwei Moleküle Bromwasserstoff und geht in eine Säure der Acetylenreihe, die Stearol-säure (III), über. Bei Einwirkung konzentrierter Schwefelsäure lagert Stearol-säure ein Molekül Wasser an, unter Bildung der Ketostearinsäure (IV). Das Oxim dieser Säure (V) wurde der BECKMANNschen Umlagerung unterworfen; unter den Spaltprodukten fand BARUCH Nonansäure und 9-Aminononansäure (VIIa) sowie n-Octylamin und n-Sebacinsäure (VIIb). Die Reaktionspro-

---

[1] A. LAPWORTH u. L. PEARSON: Food Investigation Board Reports (London), 1921, S. 30; 1922, S. 44. — A. LAPWORTH, L. PEARSON u. E. N. MOTTRAM: Biochemical Journ. 19, 7 (1925).

[2] C. W. MOORE: Journ. Soc. chem. Ind. 38, 320 T (1919). — E. F. ARMSTRONG u. T. P. HILDITCH: Ebenda 44, 43 T (1925).

[3] S. H. BERTRAM: Rec. Trav. chim. Pays-Bas 46, 397 (1927).

[4] Ztschr. angew. Chem. 39, 1443 (1926).

[5] A. LAPWORTH, L. K. PEARSON u. E. N. MOTTRAM, Biochem. Journ. 19, 7 (1925).

[6] BOLLEY u. BERGMANN: Ztschr. Chem. 1866, 187.

[7] F. VARRENTRAPP: LIEBIGS Ann. 35, 196 (1840). [8] Ber. Dtsch. chem. Ges. 27, 172 (1894).

dukte VIIa und VIIb müssen durch Hydrolyse der entsprechenden Aminosäuren VIa und VIb entstanden sein und folglich die bezeichneten Formeln besitzen; daraus ergibt sich für die Säure (IV) die Formel einer 10-Ketostearinsäure, so daß folgerichtig die Lückenbindung in der Stearolsäure (und also auch in der ursprünglichen Ölsäure) zwischen dem neunten und zehnten Kohlenstoffatom, die Carboxylgruppe als 1 gerechnet, gelegen sein muß.

$$CH_3 \cdot [CH_2]_7 \cdot CH:CH \cdot [CH_2]_7 \cdot COOH \qquad \text{Ölsäure (I)}$$
$$\downarrow$$
$$CH_3 \cdot [CH_2]_7 \cdot CHBr \cdot CHBr \cdot [CH_2]_7 \cdot COOH \qquad \text{Dibromstearinsäure (II)}$$
$$\downarrow$$
$$CH_3 \cdot [CH_2]_7 \cdot C : C \cdot [CH_2]_7 \cdot COOH \qquad \text{Stearolsäure (III)}$$
$$\downarrow$$
$$CH_3 \cdot [CH_2]_7 \cdot CO \cdot CH_2 \cdot [CH_2]_7 \cdot COOH \qquad \text{Ketostearinsäure (IV)}$$
$$\downarrow$$
$$CH_3 \cdot [CH_2]_7 \cdot C(:N \cdot OH) \cdot CH_2 \cdot [CH_2]_7 \cdot COOH$$
$$\text{(V)}$$

$$CH_3 \cdot [CH_2]_7 \cdot CO \cdot NH \cdot CH_2 \cdot [CH_2]_7 \cdot COOH \quad CH_3 \cdot [CH_2]_7 \cdot NH \cdot CO \cdot CH_2 \cdot [CH_2]_7 \cdot COOH$$
$$\text{(VIa)} \qquad\qquad\qquad\qquad \text{(VIb)}$$

$$CH_3 \cdot [CH_2]_7 \cdot COOH + NH_2 \cdot CH_2 \cdot [CH_2]_7 \cdot COOH \qquad CH_3 \cdot [CH_2]_6 \cdot CH_2 \cdot NH_2 +$$
$$\text{Nonansäure} \qquad \text{9-Aminononansäure} \qquad\qquad \text{n-Octylamin}$$
$$\text{(VIIa)} \qquad\qquad\qquad\qquad + COOH \cdot [CH_2]_8 \cdot COOH$$
$$\text{n-Sebacinsäure}$$
$$\text{(VIIb)}$$

Einfacher kann die Lage der Doppelbindung in Ölsäure und anderen ungesättigten Säuren durch Oxydation bestimmt werden; schon frühzeitig wurde bei Behandlung von Ölsäure mit Salpetersäure die Bildung eines Gemisches von ein- und zweibasischen Säuren beobachtet[1]; erstere bestanden aus einem Gemisch von Ameisen- bis Caprinsäure, letztere aus Adipin-, Pimelin- und Suberinsäure. Bei der Oxydation von Ölsäure mit wäßrigem Permanganat bei 60° erhielt F. G. Edmed[2] 60% Dioxystearinsäure, 16% *Azelainsäure*, 16% Oxalsäure sowie kleine Mengen n-*Nonansäure*, wodurch die von Baruch aufgestellte Ölsäureformel eine wesentliche Stütze erfährt.

Ein zuverlässigeres Verfahren für die Konstitutionsermittlung von ungesättigten Fettsäuren beruht auf der Anlagerung von Ozon an deren Doppelbindungen. Die Methode wurde zuerst von E. Molinari[3] an Ölsäure angewandt. Zu gleicher Zeit haben C. Harries und C. Thieme[4] äußerst wertvolle Arbeiten über die Ozonisationsmethode veröffentlicht. Ölsäure liefert bei der Ozonisierung n-Nonansäure und Azelainsäure, neben n-Nonylaldehyd und Azelainsäurehalbaldehyd, $COOH \cdot (CH_2)_7 \cdot CHO$.

Der Ozonisierungsmethode haftet mitunter der Nachteil an, daß sie große Mengen des Ausgangsproduktes in harzartige Körper überführt, so daß die Ausbeute an Spaltprodukten niemals der Gesamtmenge der ursprünglichen ungesättigten Säuren entspricht. Ein Fortschritt wurde von Ad. Grün und F. Wittka[5] erzielt: Durch Anlagern von Brom und Abspaltung von 2 HBr verwandeln sie die ungesättigte Fettsäure in die entsprechende Acetylencarbonsäure, also z. B. Ölsäure in Stearolsäure; bei der Oxydation von Stearolsäure

[1] J.Lewkowitsch: Journ. prakt. Chem. (2), **20**, 159 (1879).
[2] Journ. chem. Soc. London **73**, 627 (1898).
[3] Annuario della Soc. Chimica di Milano **9**, 507 (1903).
[4] Ber.Dtsch.chem.Ges.**38**,1630(1905);Liebigs Ann.**343**, 354 (1905); Ber.Dtsch.chem. Ges. **39**, 3728 (1906).   [5] Chem. Umschau Fette, Öle, Wachse, Harze **32**, 257 (1925).

mit Chromsäure erhielten sie mit guten Ausbeuten n-Nonansäure (Pelargonsäure) und Azelainsäure. Die Spaltung der Stearolsäure kann auch mit Permanganat in alkalischer oder neutraler Lösung durchgeführt werden:

$$CH_3 \cdot (CH_2)_7 \cdot C \equiv C \cdot (CH_2)_7 \cdot COOH \rightarrow CH_3 \cdot (CH_2)_7 \cdot COOH + HOOC \cdot (CH_2)_7 \cdot COOH.$$

Bei der Oxydation von Methyl- oder Äthyloleat mit gepulvertem Kaliumpermanganat in heißem Aceton oder Essigsäure erhielten E. F. ARMSTRONG und T. P. HILDITCH[1] größere Ausbeuten an Nonansäure und Azelainsäureester:

$$CH_3 \cdot (CH_2)_7 \cdot CH:CH \cdot (CH_2)_7 \cdot COOR \rightarrow CH_3 \cdot (CH_2)_7 \cdot COOH + COOH \cdot (CH_2)_7 \cdot COOR.$$

Die Hydrolyse des sauren Reaktionsgemisches ergab Ausbeuten von etwa 80—90% Azelainsäure und 60—70% n-Nonansäure (berechnet auf den ursprünglich angewandten Ester).

Für die *Bestimmung der Lage der Doppelbindungen in Fettsäuren* kommen zurzeit fast nur die Ozonisations- und die Permanganat-Aceton-Methode in Betracht.

Die stereochemische Konfiguration der Ölsäure. Die ungesättigten höheren Fettsäuren mit einer Äthylenbindung können in zwei geometrisch isomeren Formen auftreten, der *cis*- und *trans*-Form:

$$\begin{array}{cc} CH_3-(CH_2)_m-CH & CH_3-(CH_2)_m-CH \\ \parallel & \parallel \\ COOH-(CH_2)_n-CH & HC-(CH_2)_n-COOH \\ \textit{cis}\text{-Form} & \textit{trans}\text{-Form} \end{array}$$

Das zweite Isomere der Ölsäure wurde in keinem natürlichen Fett angetroffen, beim Behandeln mit Stickoxyden oder beim Erhitzen mit kleinen Mengen Schwefel geht aber Ölsäure in die isomere feste Form, die

Elaidinsäure,

über; letztere enthält die Doppelbindung zwischen dem neunten und zehnten Kohlenstoffatom, also an der gleichen Stelle wie Ölsäure und stellt demnach das geometrische Isomere der letzteren dar.

Soweit keine näheren Anhaltspunkte vorhanden sind, betrachtet man gewöhnlich die stabilere, höher schmelzende Form als das *trans*-Isomere (hier also die Elaidinsäure). Der Öl- und Elaidinsäure kämen demnach folgende Formeln zu:

$$\begin{array}{cc} CH_3-(CH_2)_7-CH & CH_3-(CH_2)_7-CH \\ \parallel & \parallel \\ COOH-(CH_2)_7-CH & HC-(CH_2)_7-COOH \end{array}$$

Ölsäure, *cis*-$\Delta^{9:10}$-Octadecensäure   Elaidinsäure, *trans*-$\Delta^{9:10}$-Octadecensäure

Zugunsten dieser Formulierung sprechen folgende Tatsachen: 1. A. MÜLLER und G. SHEARER[2] haben durch röntgenographische Untersuchungen nachgewiesen, daß Elaidin- und Brassidinsäure die *trans*-Formen sind, folglich müssen die niedriger schmelzende Öl- und Erucasäure die *cis*-Formen sein.

2. Auch das Nichtauftreten der Elaidinsäure in der Natur spricht nach E. F. ARMSTRONG und J. ALLAN[3] dafür, daß sie das *trans*-Isomere darstellt, da chemische, durch enzymatische Reaktionen in der lebenden Zelle ausgelöste Reaktionen in der Regel nicht zur Bildung des Isomeren höchster Stabilität führen.

3. Die *cis*-Konfiguration der Ölsäure wurde auch von G. M. und R. ROBINSON[4]

---

[1] Journ. Soc. chem. Ind. **44**, 43 T (1925).   [2] Journ. chem. Soc. London **123**, 3156 (1923).
[3] Journ. Soc. chem. Ind. **43**, 207 T (1924).   [4] Journ. chem. Soc. London **127**, 177 (1925).

bewiesen: Bei der Reduktion von Stearolsäure mit Zink und Salzsäure in Gegenwart von Titan (III)-Chlorid entsteht ausschließlich flüssige Ölsäure.

Die Synthese der Öl- und Elaidinsäure. G. M. und R. Robinson[1] haben Natrium-2-acetylnonylester (I) (aus n-Heptyljodid und Acetessigester) mit 9-Carbäthoxynonylsäurechlorid (II) kondensieren lassen, wobei der Ester (III) entstanden ist. Nach Hydrolyse gibt dieser die 10-Ketostearinsäure (IV):

$$CH_3 \cdot [CH_2]_6 \cdot CNa(COCH_3) \ (COOC_2H_5) + Cl \cdot CO \cdot [CH_2]_8 \cdot COOC_2H_5 \rightarrow$$
$$\text{I} \qquad\qquad\qquad\qquad\qquad \text{II}$$

$$\rightarrow CH_3 \cdot [CH_2]_6 \cdot C(COCH_3) \ (COOC_2H_5) \cdot CO \cdot [CH_2]_8 \cdot COOC_2H_5 \rightarrow$$
$$\text{III}$$

$$\rightarrow CH_3 \cdot [CH_2]_7 \cdot CO \cdot [CH_2]_8 \cdot COOC_2H_5.$$
$$\text{IV}$$

Nach Saytzeff[2] und Arnaud und Posternak[3] geht 10-Oxystearinsäure, die man durch Reduktion der 10-Ketostearinsäure (IV) erhalten kann, glatt in 10-Jodstearinsäure über; diese gibt bei Einwirkung von alkoholischem Kali ein Gemisch von Öl-, Elaidin- und Oxystearinsäuren. Es folgt also aus der oben genannten Synthese der 10-Ketostearinsäure, daß die beiden Öl- und Elaidinsäuren entweder $\Delta^{9:10}$- oder $\Delta^{10:11}$-Octadecensäuren sein müssen.

G. M. und R. Robinson[1] erhielten nur Ölsäure bei der Reduktion von Stearolsäure mit Zink und Salzsäure in Gegenwart von Titan (III)-chlorid, vermochten aber nicht Ketostearin- in Stearolsäure zu überführen. Jedenfalls gibt Stearolsäure bei Wasserabspaltung ein Gemisch der 9- und 10-Ketostearinsäuren.

Zuletzt ist es C. R. Noller und R. A. Bannerot[4] gelungen, die vollständige Synthese der Öl- und Elaidinsäuren auszuführen: 9-Chlornonylaldehyd (I), behandelt mit Brom, Methanol und Bromwasserstoff, führt zu 8,9-Dibrom-9-methoxynonylchlorid (II). Letzteres reagiert mit Mg-n-octylbromid (III) unter Bildung von 8-Brom-9-methoxyheptadecylchlorid (IV), das mit Zink und Butylalkohol zu $\Delta^{8:9}$-Heptadecenylchlorid (V) reduziert wird. Aus dieser Verbindung wurde das entsprechende Cyanid (VI) und endlich, bei Hydrolyse des letzteren, ein Gleichgewichtsgemisch von zirka 63% Elaidin- und 37% Ölsäure erhalten.

$$CHO \cdot [CH_2]_8 \cdot Cl \rightarrow CH \ (OCH_3)Br \cdot CHBr \cdot [CH_2]_7 \cdot Cl + Mg(C_8H_{17})Br \rightarrow$$
$$\text{I} \qquad\qquad\qquad\qquad \text{II} \qquad\qquad\qquad\qquad\qquad \text{III}$$

$$\rightarrow CH_3 \cdot [CH_2]_7 \cdot CH(OCH_3) \cdot CHBr \cdot [CH_2]_7 \cdot Cl \rightarrow$$
$$\text{IV}$$

$$\rightarrow CH_3 \cdot [CH_2]_7 \cdot CH : CH \cdot [CH_2]_7 \cdot Cl \rightarrow CH_3 \cdot [CH_2]_7 \cdot CH : CH \cdot [CH_2]_7 \cdot CN \rightarrow$$
$$\text{V} \qquad\qquad\qquad\qquad\qquad\qquad \text{VI}$$

$$\rightarrow CH_3 \cdot [CH_2]_7 \cdot CH : CH \cdot [CH_2]_7 \cdot CO\,OH$$
$$\textit{(cis- und trans-}\Delta^{9:10}\textit{-Octadecensäure).}$$

Weitere Reaktionen der Ölsäure. 1. *Addition von Halogen.* Ebenso wie die übrigen höheren ungesättigten Fettsäuren addiert Ölsäure Chlor und Brom, unter Bildung von *Dichlor-* oder *Dibromstearinsäure.* Ölsäure liefert eine *Dibromstearinsäure* vom Schmelzpunkt 28,5—29°, Elaidinsäure eine isomere *Dibromstearinsäure* vom Schmelzpunkt 29—30°[5]. Das Gemisch der beiden Bromide schmilzt tiefer als die Isomeren[6]; nach Abspaltung des Broms mit Zink und alko-

[1] Journ. chem. Soc. London **127**, 175 (1925).   [2] Journ. prakt. chem. (2), **35**, 387 (1887).
[3] Compt. rend. Acad. Sciences **150**, 1525 (1910). [4] Journ. Amer. chem. Soc. **56**, 1653 (1934).
[5] D. Holde u. A. Gorgas: Ztschr. angew. Chem. **39**, 1443 (1926).
[6] E. N. Mottram: Food Investigation Board Report (London) **44** (1922).

holischer Salzsäure erhält man die Säure, aus der das Dibromid hergestellt wurde, d. h. Ölsäure oder Elaidinsäure.

Auch bei der Bromabspaltung aus den Bromadditionsprodukten der höher ungesättigten Linol- und Linolensäure bleibt die Lage der Doppelbindungen unverändert.

Jod und insbesondere die Jodhalogenide, wie Jodmonochlorid oder Jodmonobromid, lagern sich an die Doppelbindung der ungesättigten Fettsäuren an; diese Reaktion bildet die Grundlage der *Jodzahlbestimmung* nach v. HÜBL, HANUŠ, WIJS usw. Unterchlorige Säure wird von Ölsäure und Elaidinsäure addiert unter Bildung von *Chloroxystearinsäuren*[1].

2. *Öl-Elaidinsäure-Umlagerung.* Die Umlagerung von Triolein in Trielaidin beobachtete erstmalig POUTET[2] bei Einwirkung der aus einer Lösung von Quecksilber in Salpetersäure entwickelten Stickoxyde. Diese „*Elaidinreaktion*" wurde häufig zur qualitativen Prüfung nichttrocknender Öle angewandt. J. JEGOROW[3] gelang es zu zeigen, daß die Umwandlung schon durch geringe Reagensmengen hervorgerufen wird und daß bei Anwendung größerer Reagenzmengen Additionsprodukte in der Art von $C_{18}H_{34}O_2(NO_2)(NO)$ und $C_{18}H_{34}O_2(NO_2)(OH)$ entstehen.

Die Reaktion findet nach M. C. und A. SAYTZEW[4] statt, wenn man Ölsäure mit schwefliger Säure oder mit Natriumbisulfit unter Druck auf 180—200° erhitzt; unter den gleichen Bedingungen spielt sich, wie A. ALBITSKI[5] gezeigt hat, der umgekehrte Vorgang ab, die Umwandlung von Elaidinsäure in Ölsäure. Auch Schwefel vermag bei etwa 200° (nach G. RANKOW[6]) Ölsäure teilweise in Elaidinsäure umzuwandeln.

Nach H. N. GRIFFITHS und T. P. HILDITCH[7] stellt die Elaidinumwandlung eine Gleichgewichtsreaktion dar, und zwar wird dasselbe Gleichgewicht erreicht, gleichgültig ob man von Ölsäure oder von Elaidinsäure ausgeht; sowohl nach Anwendung des Reagens von POUTET wie aus Arsentrioxyd und Salpetersäure bereiteten Stickoxyden enthält das Reaktionsprodukt bis zu 66% Elaidinsäure (vom Gewicht der verwendeten Öl- oder Elaidinsäure), neben wechselnden, von der Art des Reagens abhängigen Mengen an Additionsprodukten (Schwefel- oder Stickstoffverbindungen). Dieselbe Gleichgewichtsstufe wird erreicht, wenn man die Methyl- oder Glycerinester der Ölsäure der Elaidinreaktion unterwirft; auch im Isomerisationsprodukt der Petroselinsäure (*cis-Δ*[6:7]-Octadecensäure) und Erucasäure (*cis-Δ*[13:14]-Dokosensäure) überwiegt stets das *trans*-Isomere.

3. *Die bei der Oxydation von Öl- und Elaidinsäure gebildeten Dioxystearinsäuren.* Je nach dem Oxydationsverfahren erhält man aus Ölsäure eine *9,10-Dioxystearinsäure* vom Schmelzpunkt 95° oder 132°. Die meisten Reaktionen führen nur zur Bildung einer der beiden stellungsisomeren Dioxysäuren. Ein Reagens, welches Ölsäure zur Dioxysäure vom Schmelzpunkt 95° oxydiert, führt Elaidinsäure in die isomere Säure vom Schmelzpunkt 132° über und umgekehrt. Die Art der gebildeten Dioxystearinsäure scheint von der Konfiguration der ungesättigten Fettsäure abzuhängen, je nach den Reaktionsbedingungen kann aus dem gleichen geometrischen Isomeren, z. B. aus Ölsäure, sowohl die eine wie die andere Dioxystearinsäure entstehen; demnach ist auch eine Umkehrung des einen Isomeren in das andere während der Reaktion möglich.

Die *Dioxystearinsäure vom Schmelzpunkt 95°* entsteht aus Ölsäure unter folgenden Bedingungen:

---

[1] A. ALBITSKI: Journ. Russ. phys.-chem. Ges. **31**, 76 (1899); **34**, 788 (1902).
[2] F. BOUDET: LIEBIGS Ann. **4**, 1 (1832). — F. VARRENTRAPP: Ebenda **35**, 196 (1840).
[3] Journ. Russ. phys.-chem. Ges. **35**, 973 (1903); Journ. prakt. Chem. (2) **86**, 521 (1912).
[4] Journ. prakt. Chem. (2) **50**, 73 (1894). [5] Journ. prakt. Chem. (2) **61**, 65 (1900).
[6] Ber. Dtsch. chem. Ges. **62**, 2712 (1929). [7] Journ. chem. Soc. London **1932**, 2315.

1. Durch Einwirkung von Chlor oder Brom und Behandeln des Reaktions-produktes mit wäßrigem oder alkoholischem Alkali[1].

2. Durch Addition von unterchloriger Säure und Behandeln der gebildeten Chloroxystearinsäure mit wäßriger oder alkoholischer Kalilauge oder mit Baryt; es entsteht zunächst eine Oxydosäure, die bei weiterer Einwirkung von Alkali oder verdünnter Schwefelsäure in die Dioxystearinsäure vom Schmelzpunkt 95° verwandelt wird[1].

3. Durch Oxydation der Ölsäure mit Cᴀʀoscher Säure[1] oder mit Wasserstoff-peroxyd und Eisessig (Peressigsäure)[2] oder mit Benzopersäure[3]; mit letzterem Reagens entsteht ebenfalls zunächst eine Oxydosäure.

Die *Dioxystearinsäure vom Schmelzpunkt 132°* bildet sich aus Ölsäure bei folgenden Reaktionen:

1. Behandeln der Chloroxystearinsäure (s. o.) mit Silberoxyd[1],

2. Oxydation der ölsauren Alkalisalze in eiskalter wäßriger Alkalilösung mit Kaliumpermanganat[4,5].

Bei allen diesen Reaktionen liefert Elaidinsäure die entgegengesetzte Form der Dioxystearinsäure, wie Ölsäure. Analoge Beziehungen wurden bei den iso-meren *Petroselinsäuren* und der *Eruca-* und *Brassidinsäure* beobachtet. Bei der Oxydation mit alkalischem Permanganat sind nur in Gegenwart eines großen Alkaliüberschusses gute Ausbeuten an der bei 95° schmelzenden Dioxystearin-säure erhältlich[5]; auch liefert Elaidinsäure stets kleinere Ausbeuten an Dioxy-säure vom Schmelzpunkt 95° als Ölsäure an der isomeren Dioxystearinsäure vom Schmelzpunkt 132°[6].

Die näheren Umstände, unter denen die Bildung der einen oder der anderen Dioxysäure aus der gleichen ungesättigten Fettsäure zustande kommt, sind nicht genauer bekannt. Die Oxydation mit Permanganat soll nach Angaben von A. Lᴀᴘᴡᴏʀᴛʜ und E. N. Mᴏᴛᴛʀᴀᴍ[7] sowie von J. Böᴇsᴇᴋᴇɴ und A. H. Bᴇʟɪɴ-ꜰᴀɴᴛᴇ[8] ohne Konfigurationsänderung vor sich gehen, jedoch wird dies durch eine neuere Mitteilung von Lᴀᴘᴡᴏʀᴛʜ[9] in Frage gestellt. Eine Umlagerung dürfte nach Hɪʟᴅɪᴛᴄʜ und Lᴇᴀ[10] bei Durchführung der Permanganatoxydation in stark alkalischem Medium stattfinden.

Mit Ölsäure isomere natürliche Octadecensäuren.

Außer der gewöhnlichen Ölsäure ($\Delta^{9:10}$-Octadecensäure) wurden gelegentlich noch folgende Octadecensäuren in Fetten gefunden: *Petroselinsäure* (*cis*-$\Delta^{6:7}$-Octadecensäure), eine Fettkomponente der Umbelliferae und Araliaceae; *Vaccen-säure* ($\Delta^{11:12}$-Octadecensäure), ein Bestandteil von Talg und Butterfett, sowie eine $\Delta^{12:13}$-*Octadecensäure*, die angeblich im Leberfett enthalten sein soll.

Es ist nicht ausgeschlossen, daß noch weitere Strukturisomere der Ölsäure in Fetten vorkommen. Geringe Mengen isomerer Ölsäuren dürften im Waltran[11] auftreten; ebenso scheinen in Raps- und Senfölen[12] neben 25—30% Ölsäure noch

---

[1] A. Aʟʙɪᴛsᴋɪ: Journ. Russ. phys.-chem. Ges. **31**, 76 (1899); **34**, 788 (1902).

[2] T. P. Hɪʟᴅɪᴛᴄʜ: Journ. chem. Soc. London **1926**, 1828. — T. P. Hɪʟᴅɪᴛᴄʜ u. C. H. Lᴇᴀ: Journ. chem. Soc. London **1928**, 1576.

[3] J. Böᴇsᴇᴋᴇɴ: Rec. Trav. chim. Pays-Bas **45**, 842 (1926); **46**, 622 (1927).

[4] Sᴀʏᴛᴢᴇᴡ: Journ. prakt. Chem. (2) **33**, 315 (1883). — H. R. Lᴇ Sᴜᴇᴜʀ: Journ. chem. Soc. London, **79**, 1313 (1901). — G. M. u. R. Rᴏʙɪɴsᴏɴ: Ebenda, **127**, 177 (1925).

[5] A. Lᴀᴘᴡᴏʀᴛʜ u. E. N. Mᴏᴛᴛʀᴀᴍ: Journ. chem. Soc. London **127**, 1628 (1925).

[6] Sᴀʏᴛᴢᴇᴡ: Journ. prakt. Chem. (2) **33**, 315 (1883).

[7] Mem. Manchester Lit. Phil. Soc. **71**, 63 (1927).

[8] Rec. Trav. chim. Pays-Bas **45**, 914 (1926).   [9] Chim. et Ind. **50**, 848 (1931).

[10] Journ. chem. Soc. London **1928**, 1576.

[11] C. W. Mᴏᴏʀᴇ: Journ. Soc. chem. Ind. **38**, 322 T (1919).

[12] T. P. Hɪʟᴅɪᴛᴄʜ, T. Rɪʟᴇʏ u. N. L. Vɪᴅʏᴀʀᴛʜɪ: Journ. Soc. chem. Ind. **46**, 462 T (1927).

1—2% einer isomeren Ölsäure, vielleicht $\Delta^{10:11}$-Octadecensäure, möglicherweise mit einer verzweigten Kohlenstoffkette, enthalten zu sein.

Petroselinsäure, cis-$\Delta^{6:7}$-Octadecensäure, $CH_3 \cdot (CH_2)_{10} \cdot CH:CH \cdot (CH_2)_4 \cdot COOH$, ist neben gewöhnlicher Ölsäure und Linolsäure ein Hauptbestandteil der Samenfette der Umbelliferae und Araliaceae. Sie wurde (1909) von E. VONGERICHTEN und A. KÖHLER[1] im Petersiliensamenöl gefunden; ihre Struktur ist nach der BARUCH-schen Methode (S. 29) bewiesen worden.

Die Säure kommt im Anissamenöl[2] und im Samenöl von *Foeniculum capillaceum* vor; Efeusamenöl enthält 55% Petroselinsäure[3, 4]. Sie bildet bis 20—75% der Gesamtsäuren der Samenfette der Umbelliferae[5, 6]. Ihre Konstitution ist durch Ozonolyse und Permanganat-Aceton-Oxydation bestätigt worden[7, 8, 9].

Sie ist, wie von M. TSUJIMOTO und H. KOYANAGI[10] neuerdings festgestellt wurde, ein Hauptbestandteil des Nigakiöles (*Picrasma quassioides*). Dieser Befund ist hochinteressant, weil *Picrasma* zu der Familie Simarubaceae gehört und andere Glieder dieser Familie (*Picramnia*-Arten) eine Säure mit Acetylenbindung, die Taririnsäure oder $\Delta^{6:7}$-Octadecinsäure enthalten, die strukturell in naher Beziehung zur Petroselinsäure steht.

Die Säure schmilzt bei 30°, ihr Bleisalz ist wenig löslich in kaltem Alkohol oder Äther, gleich den anderen Bleisalzen von festen Ölsäuren. Ihre Alkalisalze verhalten sich ähnlich den Alkalioleaten und bilden vorzügliche Seifen.

Bei Einwirkung von Stickoxyden unterliegt Petroselinsäure der Elaidinumlagerung, unter Bildung eines Gemisches von etwa 60% *trans-$\Delta^{6:7}$-Octadecensäure*, Schmp. 53°, und etwa 40% des *cis*-Isomeren. Oxydation mit CAROscher Säure[11] oder mit Peressigsäure[12] liefert eine 6,7-*Dioxystearinsäure*, Schmp. 114 bis 115°, während die Einwirkung von verdünnter alkalischer Permanganatlösung[11, 12] zu einer isomeren *Dioxystearinsäure* vom Schmelzpunkt 122° führt.

$\Delta^{12:13}$-Octadecensäure, $CH_3 \cdot (CH_2)_4 \cdot CH:CH \cdot (CH_2)_{10} \cdot COOH$.

Diese, bei Zimmertemperatur feste Säure kommt gemeinsam mit Ölsäure in Leberfetten vor[13]; bei der Oxydation geht sie in Capronsäure und Decamethylendicarbonsäure über. Im Schafleberfett[13] und Schweineleberfett wurde aber die Säure nicht gefunden.

Vaccensäure, $\Delta^{11:12}$-Octadecensäure, $CH_3 \cdot (CH_2)_5 \cdot CH:CH \cdot (CH_2)_9 \cdot COOH$, wurde vor einigen Jahren in einer Menge von etwa 1% im Rinderfett und in einem noch geringeren Betrage (0,01%) von S. H. BERTRAM[14] im Butterfett gefunden. Sie schmilzt bei 39° und liefert bei der Oxydation n-Heptansäure und die Dicarbonsäure $HOOC \cdot (CH_2)_9 \cdot COOH$. Die Säure ist vielleicht mit der HART-

---

[1] Ber. Dtsch. chem. Ges. **42**, 1638 (1909).   [2] SCHERER: Dissertation Straßburg. 1909.
[3] F. C. PALAZZO u. A. TAMBURELLI: Atti R. Accad. Lincei (Roma), Rend. (II) **23**, 352 (1914) [V]).   [4] A. STEGER u. J. VAN LOON: Rec. Trav. chim. Pays-Bas **47**, 471 (1928).
[5] T. P. HILDITCH u. Frl. E. E. JONES: Biochemical Journ. **22**, 326 (1928).
[6] B. C. CHRISTIAN u. T. P. HILDITCH: Ebenda **23**, 327 (1929).
[7] A. EIBNER, L. WIDENMEYER u. E. SCHILD: Chem. Umschau Fette, Öle, Wachse, Harze **34**, 312 (1927).
[8] T. P. HILDITCH u. Frl. E. E. JONES: Journ. Soc. chem. Ind. **46**, 174 T (1927).
[9] J. VAN LOON: Rec. Trav. chim. Pays-Bas **46**, 492 (1927).
[10] Bull. chem. Soc. Japan **8**, 161 (1933).
[11] I. AFANASIEWSKI: Journ. Russ. phys.-chem. Ges. **47**, 2124 (1915).
[12] T. P. HILDITCH u. Frl. E. E. JONES: Journ. Soc. chem. Ind. **46**, 174 T (1927).
[13] P. HARTLEY: Journ. Physiol. **38**, 367 (1909). — K. TURNER: Biochemical Journ. **24**, 1327 (1930). — H. J. CHANNON, E. IRVING u. J. A. B. SMITH: Ebenda **28**, 840, 1807 (1934).   [14] Biochem. Ztschr. **197**, 433 (1928).

LEYschen Octadecensäure identisch. Nach J. GROSSFELD und A. SIMMER[1] enthält Butterfett 1—4,7%, Rindertalg 1,6%, Hammeltalg 1—2%, Schweinefett 0,2% Vaccensäure. Die Säure bildet sich neben anderen Produkten bei der partiellen Hydrierung der Eläostearinsäureester (s. diese)[2].

Mit Ölsäure isomere, in Naturfetten nicht vorkommende Octadecensäuren.

Eine größere Reihe von natürlich nicht vorkommenden Säuren der Ölsäurereihe wurde aus natürlichen Fettsäuren durch Einwirkung von chemischen Reagentien, Hydrierung usw. dargestellt. Hier seien nur die wichtigsten Methoden angegeben, nach denen isomere Ölsäuren erhalten wurden.

1. *Isomerisation der Ölsäure durch Stickoxyde usw.* Diese mit „*Öl-Elaidinsäure-Umlagerung*" bezeichnete Reaktion ist bereits auf S. 33 beschrieben worden.

2. *Durch Hydrierung gebildete isomere Ölsäuren (,,Isoölsäuren'').*

Bei der partiellen Hydrierung von Ölsäure (Näheres s. im Kapitel „Hydrierung", Bd. II) oder Ölsäureestern entsteht nicht nur Stearinsäure; die unvollständig hydrierten Produkte enthalten stets mehr oder weniger große Mengen von festen Ölsäuren, deren Hauptbestandteil, wie C. W. MOORE[3] nachweisen konnte, Elaidinsäure ist. Außer Elaidinsäure enthalten die hydrierten Produkte noch durch Wanderung der Doppelbindung gebildete, mit „*Isoölsäuren*" bezeichnete Ölsäure-Isomere. Ihre Menge hängt von den Bedingungen der katalytischen Hydrierung ab; sie erreicht anscheinend ein Maximum bei Durchführung der Reaktion bei höherer Temperatur (200^0 und darüber), gewöhnlichem Druck und bei Anwendung mäßiger Konzentrationen eines pulverigen Nickelkatalysators im sogenannten „Rührverfahren" (s. Bd. II unter Hydrierung)[4].

T. P. HILDITCH und N. L. VIDYARTHI[5] fanden, daß die bei Hydrierung von Ölsäure entstehenden isomeren Produkte *cis-* und *trans-*Formen von Octadecensäuren darstellen, deren Äthylenbindung nach einer der ursprünglichen Lage benachbarten Stelle gewandert ist; aus der gewöhnlichen $\Delta^{9:10}$-Octadecensäure bilden sich also bei partieller Hydrierung kleinere Mengen $\Delta^{8:9}$- und $\Delta^{10:11}$-*Ölsäuren*, die durch Oxydation zu den entsprechenden Mono- und Dicarbonsäuren identifiziert werden konnten.

Die beiden Ölsäuren entstehen nach K. H. BAUER und M. KRALLIS[6] auch beim Erhitzen von $\Delta^{9:10}$-Ölsäure mit einem Nickel-Kieselgur-Katalysator auf 200^0 im Stickstoffstrome, also in Abwesenheit von Wasserstoff.

Auch bei der partiellen Hydrierung von Linol- oder Linolensäure, d. h. von Fettsäuren mit mehreren Doppelbindungen, erhält man „Isoölsäuren", welche die Äthylenbindungen nicht nur in der $\Delta^{9:10}$-Stellung enthalten. Ölsäuren, welche die Doppelbindung nicht in der $\Delta^{9:10}$-, sondern in einer anderen Stellung haben und bei der partiellen Hydrierung entstanden sind, sind häufig fest und werden, nicht ganz korrekt, als „*Isoölsäuren*" bezeichnet.

Bei der Wasserdampfdestillation der „sulfonierten" Ölsäure gebildete „Isoölsäuren".

Beim Lösen von Ölsäure in konzentrierter Schwefelsäure und Verkochen des Reaktionsproduktes mit Wasser entsteht eine gewisse Menge 10-*Oxystearinsäure*, $CH_3 \cdot (CH_2)_7 \cdot CH(OH) \cdot (CH_2)_8 \cdot COOH$, Schmp. 83—85^0 [7].

[1] Ztschr. Unters. Lebensmittel **59**, 237 (1930).
[2] J. BÖESEKEN, J. VAN KRIMPEN u. P. L. BLANKEN: Rec. Trav. chim. Pays-Bas **49**, 247 (1930).   [3] Journ. Soc. chem. Ind. **38**, 320 T (1919).
[4] Vgl. K. H. BAUER u. F. ERMANN: Chem. Umschau Fette, Öle, Wachse, Harze **17**, 241 (1930).—H. I. WATERMAN u. J. A. VAN DIJK: Rec. Trav. chim. Pays-Bas **50**, 279, 679, 793 (1931). — T. P. HILDITCH u. A. J. RHEAD: Journ. Soc. chem. Ind. **51**, 198 T (1932) usw.   [5] Proceed. Roy. Soc., London, Serie A, **122**, 552 (1929).
[6] Fettchem. Umschau **41**, 194 (1934).
[7] A. M. SHUKOW u. P. J. SCHESTAKOW: Journ. prakt. Chem. (2) **67**, 415 (1903).

Wird das Reaktionsprodukt im Wasserdampfstrom unter vermindertem Druck destilliert, so findet man im Destillat außer unveränderter Ölsäure noch Oxystearinsäuren sowie isomere, offenbar durch Wasserabspaltung aus den letzteren gebildete Ölsäuren[1]. Ein derartiges von A. ARNAUD und S. POSTERNAK[2] untersuchtes Destillat bestand zum Beispiel aus 31% gewöhnlicher $\Delta^{9:10}$-Ölsäure (bzw. anderen flüssigen Ölsäuren), 15% $\Delta^{9:10}$-Elaidinsäure sowie einem Gemisch von 36% $\Delta^{8:9}$- und $\Delta^{9:10}$-Elaidinsäure mit 18% Oxystearinsäuren.

Diese Isomerengemische finden bekanntlich als Kerzenrohstoffe Verwendung.

Synthetische Ölsäuren.

Bromieren der Stearinsäure nach HELL und VOLHARD führt zu 2-Bromfettsäuren, die durch Erhitzen mit alkoholischer Kalilauge in die entsprechenden $\Delta^{2:3}$-Monoäthylensäuren umgewandelt werden. Letztere haben einen höheren Schmelzpunkt als Ölsäuren, deren Lückenbindung weiter von der Carboxylgruppe entfernt ist. So schmilzt z. B. *$\Delta^{2:3}$-Octadecensäure* bei 59° [3]. Aus dieser Säure erhält man durch Anlagern von Jodwasserstoff und Erhitzen der gebildeten Jodstearinsäure mit alkoholischer Kalilauge die *$\Delta^{3:4}$-Ölsäure*, Schmp. 56—57° [4]. Wiederholte Anwendung des Verfahrens führt zu weiteren Isomeren der Ölsäure.

Gadoleinsäure, $\Delta^{9:10}$-Eikosensäure, $C_{20}H_{38}O_2$, $CH_3 \cdot (CH_2)_9 \cdot CH : CH \cdot (CH_2)_7 \cdot COOH$, oder **$\Delta^{11:12}$-Eikosensäure,** $CH_3 \cdot (CH_2)_7 \cdot CH : CH \cdot (CH_2)_9 \cdot COOH$.

Die in Fischölen sehr oft, wenn auch nicht so häufig wie Palmitoleinsäure, vorkommende Säure wurde von H. BULL im Dorschlebertran entdeckt (1906). Ihr Anteil an den Gesamtsäuren der Fischöle übertrifft selten 10%. Durch Hydrierung geht sie in n-Eikosansäure über; bei der Oxydation liefert sie nach K. D. GUHA[5] Nonansäure und Nonamethylendicarbonsäure, $HOOC \cdot (CH_2)_9 \cdot COOH$. Eine $\Delta^{11:12}$-Eikosensäure, welche identisch mit Gadoleinsäure zu sein scheint, wurde von V. VESELY und L. K. CHUDOŽILOV aus Oleylbromid und Natriummalonsäureester synthetisch dargestellt[6].

Nach M. TAKARO[7] soll aber die Gadoleinsäure aus japanischem Sardinentran eine $\Delta^{9:10}$-Eikosensäure, $CH_3 \cdot (CH_2)_9 \cdot CH : CH \cdot (CH_2)_7 \cdot COOH$, sein und bei der Oxydation n-Undecensäure und Azelainsäure liefern. Auch im Dorschleberöl und im japanischen Heringsöl kommt nach Y. TOYAMA und T. TSUCHIYA[8] die $\Delta^{9:10}$-Gadoleinsäure vor; nach Y. TOYAMA und T. ISHIKAWA[9] enthalten die Trane des Sei-Wales und Buckelwales die gleiche Gadoleinsäure. Im Tran aus *Globiocephalus sieboldii* fanden sie aber eine isomere Eikosensäure, die sie als *Gondosäure* bezeichnen.

Erucasäure, *cis-$\Delta^{13:14}$-Dokosensäure,*
$$C_{22}H_{42}O_2 = CH_3 \cdot (CH_2)_7 \cdot CH : CH \cdot (CH_2)_{11} \cdot COOH.$$

Ihr Vorkommen scheint auf die Samenfette der Cruciferae beschränkt zu sein. Sie bildet 40—50% der Gesamtfettsäuren vom Rapsöl, Senfsamenöl, Goldlacksamenöl und von anderen Kruziferenölen, aus denen sie über das wenig lösliche Bleisalz (nach D. HOLDE und C. WILKE[10]) mit anschließender wieder-

[1] M. C. u. A. SAYTZEW: Journ. prakt. Chem. (2) **35**, 386 (1887); (2) **37**, 269 (1888).
[2] Compt. rend. Acad. Sciences **150**, 1520 (1910). — Siehe auch V. VESELY u. H. MAJTL: Bull. Soc. chim. **39**, 230 (1926 [IV]).
[3] H. R. LE SUEUR: Journ. chem. Soc. London **85**, 1711 (1904). — G. PONZIO: Gazz. chim. Ital. **34**, 81 (1904); **35**, 509 (1905).
[4] A. ECKERT u. O. HALLA: Monatsh. Chem. **34**, 1815 (1913).
[5] Dissertation, Liverpool. 1931.   [6] Coll. Trav. chim. Tchécoslovaq. **2**, 95 (1930).
[7] Journ. Soc. chem. Ind. Japan **36**, 1317 (1933).   [8] Ebenda **37**, 14B, 17B (1934).
[9] Ebenda **37**, 534B, 536B (1934).   [10] Ztschr. angew. Chem. **35**, 289 (1922).

holter Kristallisation der wiedergewonnenen Fettsäuren aus Alkohol, zwecks
Trennung von den beigemischten gesättigten Fettsäuren, isoliert werden kann.
K. TÄUFEL und C. BAUSCHINGER[1] empfehlen zur Isolierung der Erucasäure
die Behandlung der Rübölfettsäuren mit einer nur zur Bindung von 4% der
Gesamtsäuren ausreichenden Menge Bleiacetat; aus dem nicht gebundenen Teil
wird die Erucasäure durch fraktionierte Fällung der Magnesiumsalze gewonnen.
Zweckmäßiger dürfte es vielleicht sein, die Hauptmenge der gesättigten Fett-
säuren nach TÄUFEL und BAUSCHINGER auszufällen, die verbleibenden Fettsäuren in die Methylester zu überführen und dann den Erucasäureester aus dem
Gemisch mit Öl- und Linolsäureestern durch fraktionierte Destillation zu trennen;
die schließlich erhaltene Erucasäure kann dann durch Umkristallisieren aus
Alkohol weiter gereinigt werden.

Die reine Säure schmilzt bei 33,5⁰ und hat die Jodzahl 74,7. Wie andere,
bei Zimmertemperatur feste höhere Fettsäuren mit einer Äthylenbindung, liefert
Erucasäure ein in Äther und Alkohol wenig lösliches Bleisalz. Die Isomeri-
sation mit Stickoxyden führt zur trans-Dokosensäure, der *Brassidinsäure* vom
Schmp. 60⁰. Oxydation der Erucasäure mit Peressigsäure oder mit CAROscher
Säure ergibt eine 13,14-*Dioxybehensäure*, Schmp. 99—100⁰, während bei der
Oxydation mit alkalischem Permanganat eine isomere Säure, Schmelzp. 130—131⁰
erhalten wird[2]. Die Konstitution der Erucasäure wurde durch ihre katalytische
Hydrierung zu Behensäure und Oxydation zu n-Nonansäure und *Brassylsäure*,
$COOH \cdot (CH_2)_{11} \cdot COOH$, bewiesen[3].

Cetoleinsäure, $\Delta^{11:12}$-Dokosensäure,

$$C_{22}H_{42}O_2 = CH_3 \cdot (CH_2)_9 \cdot CH:CH \cdot (CH_2)_9 \cdot COOH.$$

Sie ist ein Bestandteil zahlreicher Fischöle, steht aber mengenmäßig hinter
der Gadoleinsäure zurück. Ihre Konstitution wurde von Y. TOYAMA[4] (durch
Hydrierung und Oxydation) sichergestellt.

Selacholeinsäure, $\Delta^{15:16}$-Tetrakosensäure,

$$C_{24}H_{46}O_2 = CH_3 \cdot (CH_2)_7 \cdot CH:CH \cdot (CH_2)_{13} \cdot COOH,$$

scheint eine charakteristische Komponente der Elasmobranchiöle zu sein;
in der Gruppe der Teleostei und der marinen Säugetieröle wurde sie nicht vorgefunden. M. TSUJIMOTO[5] hat die Säure entdeckt und auch ihre Konstitution
ermittelt. Selacholeinsäure scheint mit der von E. KLENK aus Hirncerebrosiden
isolierten *Nervonsäure*[6] identisch zu sein.

J. B. HALE, W. H. LYCAN und R. ADAMS[7] erhielten durch Kondensation
von Erucyljodid, $CH_3 \cdot (CH_2)_7 \cdot CH:CH \cdot (CH_2)_{11} \cdot CH_2J$, mit Malonester und
Hydrolyse des Kondensationsproduktes zwei Säuren der Formel

$$CH_3 \cdot (CH_2)_7 \cdot CH:CH \cdot (CH_2)_{13} \cdot COOH.$$

Eine dieser Säuren, Schmp. 39⁰, war identisch mit der natürlichen *Selacholein-*
und *Nervonsäure*; das andere Isomere, Schmp. 61⁰, stellt die entsprechende
trans-Form der *cis*-Säure vom Schmp. 39⁰ dar.

[1] Ztschr. angew. Chem. **41**, 157 (1928).
[2] A.ALBITSKI: Journ. Russ. phys.-chem. Ges. **31**, 76 (1899); **34**, 788, 810 (1902). —
SAYTZEW: Journ. prakt. Chem. **50**, 82 (1894).
[3] M.FILETI: Journ. prakt. Chem. 48, 72 (1893).
[4] Journ. Soc. chem. Ind. Japan **30**, 597 (1927).
[5] Journ.Soc.chem.Ind.Japan **30**, 868 (1927).   [6] Ztschr.physiol.Chem.**166**, 287 (1927).
[7] Journ. Amer. chem. Soc. **52**, 4536 (1930). — Siehe auch V.VESELY u. L.K.
CHUDOŽILOV: Coll. Trav. chim. Tchécoslovaq. **2**, 95 (1930).

b) Fettsäuren mit zwei Äthylenbindungen, $C_nH_{2n-4}O_2$.

Linolsäure, $\Delta^{9:10,\ 12:13}$-Octadecadiensäure,

$$C_{18}H_{32}O_2 = CH_3 \cdot (CH_2)_4 \cdot CH:CH \cdot CH_2 \cdot CH:CH \cdot (CH_2)_7 \cdot COOH.$$

Diese zweifach-ungesättigte Fettsäure, welche gewöhnliche Ölsäure durch das ganze Reich der pflanzlichen und tierischen Fette begleitet, ist anscheinend von F. SACC[1] entdeckt worden. Ihr Verhältnis zur Ölsäure ist in vielen Fetten nur ein untergeordnetes; Seetieröle enthalten häufig ebensoviel Linol- wie Ölsäure; besonders reich an Linolsäure sind die sogenannten „halbtrocknenden" und „trocknenden" Samenöle.

Linolsäure ist bei Raumtemperatur flüssig, ihr Bleisalz ist ziemlich leicht löslich in Äther und Alkohol, das Lithiumsalz in Alkohol und Aceton.

Schwierigkeiten macht ihre Reindarstellung, weil Linolsäure keine Verbindungen eingeht, die durch Schwerlöslichkeit aus dem Gemisch mit den anderen Fettsäuren getrennt werden könnten.

Mit Brom bildet Linolsäure eine kristallisierte (Schmp. 114—115°) und eine flüssige *Tetrabromstearinsäure*; die beiden Isomeren lassen sich durch Umkristallisieren aus Petroläther trennen. Ebenso liefert Linolsäure bei der Oxydation zwei verschiedene *Tetraoxystearinsäuren* (*Sativinsäuren*) vom Schmp. 171—173° und 157—159°.

Die Bildung von zwei verschiedenen Tetrabrom- und Tetraoxystearinsäuren führte F. BEDFORD[2] zu der Annahme, daß die Linolsäure aus zwei Isomeren bestehen müsse, die er als *α- und β-Linolsäure* bezeichnet hat (die angebliche α-Säure sollte die kristallinische Tetrabromstearinsäure liefern). A. ROLLETT[3] hat aber gezeigt, daß die aus der kristallisierten Tetrabromverbindung mit Zink und alkoholischer Chlorwasserstoffsäure zurückgewonnene Linolsäure ihrerseits bei der Bromierung ein Gemisch der flüssigen und festen Tetrabromstearinsäure ergibt; demnach scheinen erst während der Bromierung zwei geometrisch isomere Tetrabromide aus der gleichen Linolsäuremodifikation zu entstehen.

Rein dargestellt wurde Linolsäure aus dem kristallisierten Tetrabromid, und zwar steht es fest, daß die Doppelbindungen bei der Entbromung keine Verschiebung erfahren.

Die *Konstitution* der aus dem Tetrabromid isolierten Säure wurde durch Ozonisierung und Permanganat-Aceton-Oxydation ihres Methylesters aufgeklärt; es hat sich gezeigt, daß die aus Leinöl[4], Baumwollsamenöl[5], Sojabohnenöl[6] und Mohnsamenöl[6] isolierte Linolsäure $\Delta^{9:10,\ 12:13}$-Struktur besitzt.

Über die Konfiguration der Linolsäure herrscht noch keine Klarheit. Die übliche Einteilung in α- und β-Linolsäure besagt jedenfalls nur, daß die α-Säure aus dem kristallisierten Tetrabromid isoliert wurde, während der andere Teil der Säure die β-Form sein soll.

Möglich sind für die $\Delta^{9:10,\ 12:13}$-Octadecadiensäure folgende vier Modifikationen:

(1)
$$CH_3—(CH_2)_4—\underset{\|}{C}—H$$
$$H—\underset{\|}{C}—CH_2—C—H$$
$$H—C—(CH_2)_7—COOH$$
9 cis—12 cis

(3)
$$CH_3—(CH_2)_4—\underset{\|}{C}—H$$
$$H—C—CH_2—\underset{\|}{C}—H$$
$$HOOC—(CH_2)_7—C—H$$
9 trans—12 cis

---

[1] LIEBIGS Ann. 51, 213 (1844).   [2] Dissertation, Halle. 1906.
[3] Ztschr. physiol. Chem. 62, 410 (1909).
[4] G. L. GOLDSOBEL: Chem.-Ztg. 30, 825 (1906).
[5] T. P. HILDITCH u. N. L. VIDYARTHI: Proceed. Roy. Soc., London, Serie A, 122, 563 (1929).   [6] R. D. HAWORTH: Journ. chem. Soc. London 1929, 1456.

(2) $CH_3-(CH_2)_4-C-H$ (4) $CH_3-(CH_2)_4-C-H$

       $\|$ $\|$

    $H-C-CH_2-C-H$ $H-C-CH_2-C-H$

                      $\|$ $\|$

    $HOOC-(CH_2)_7-C-H$ $H-C-(CH_2)_7-COOH$

    9 *cis*—12 *trans*   9 *trans*—12 *trans*

Die *cis*-Form der natürlichen Ölsäure konnte durch röntgenographische Spektralanalyse und durch die ROBINSONsche Synthese der Säure aus Stearolsäure bewiesen werden. Bei den Säuren mit mehreren Doppelbindungen fehlen noch solche untrügliche Konfigurationsbeweise, und man ist hier ausschließlich auf Beobachtungen angewiesen, die bei den verschiedenen Tetrabromiden und den durch Oxydation gebildeten Tetraoxystearinsäuren gemacht werden konnten. Nachdem es aber ungewiß ist, ob bei der Bromierung, Entbromung oder Hydroxylierung kein Konfigurationswechsel stattfindet, kann natürlich keine Sicherheit darüber bestehen, ob die bei den erwähnten Reaktionen erhaltenen Verbindungen auf die Gegenwart von Säuren verschiedener Konfiguration im Ausgangsprodukt hinweisen oder nicht. Überdies ist die Bildung und Debromierung der Tetrabromstearinsäure vorläufig der einzige Weg zur Reindarstellung und Trennung der Linolsäure von der Ölsäure.

Während ferner Ölsäure bei Einwirkung von Stickoxyden feste Elaidinsäure liefert, geben die Octadecadiensäuren mit dem gleichen Reagens nur flüssige Isomere, deren Bleisalze in Alkohol oder Äther relativ leicht löslich sind und sich deshalb auf keinerlei Weise trennen lassen.

Bei der Oxydation mit eiskaltem, wäßrigem Permanganat geht die gewöhnliche, in den meisten Samenfetten gegenwärtige Linolsäure in zwei Tetraoxystearinsäuren (*Sativinsäuren*) Schmp. 171—173⁰ und 157—159⁰, über. B. H. NICOLET und H. L. COX[1] erhielten bei der Addition von unterchloriger Säure an Linolsäure, mit nachfolgender Acetylierung und Hydrolyse, kleine Mengen von zwei weiteren Tetraoxystearinsäuren vom Schmp. 144⁰ und 135⁰. Setzt man voraus, daß die vier Säuren den vier geometrischen Isomeren (1) bis (4) entsprechen und daß in der ursprünglichen Linolsäure zwei solche Isomere enthalten waren, so muß letztere eines der folgenden Gemische darstellen:

a) (1) und (2),   c) (1) und (4),   e) (2) und (4),
b) (1) und (3),   d) (2) und (3),   f) (3) und (4).

Die *cis*- oder *trans*-Addition der Hydroxyle an die Paare c und d kann, wie NICOLET und COX gezeigt haben, insgesamt nur zu zwei Tetraoxystearinsäuren führen, so daß für die natürliche Linolsäure die Wahl zwischen den Gruppen a, b, e oder f verbleibt.

Nun führt die Debromierung der Dibromstearinsäuren aus Öl- und Elaidinsäure mittels Zink zu den ursprünglichen Säuren, ohne Isomerisation, während Tetrabromstearinsäure bei der Debromierung anscheinend zwei isomere Linolsäuren liefert. NICOLET und COX nehmen deshalb an, daß die $\Delta^{9:10}$-Bindung der Linolsäure ebensowenig angegriffen werde wie die der Ölsäure und daß es folglich die $\Delta^{12:13}$-Bindung sein muß, welche bei der Bromabspaltung in der *cis*- und *trans*-Form erscheint. Ist diese Annahme richtig, so schließt das die Möglichkeit der Konfigurationen nach b und nach e aus, bei denen die $\Delta^{9:10}$-Bindung in einem Falle als *cis*-, im anderen als *trans*-Form vorliegt. Es bleiben dann nur noch die Paare a und f, d. h.

a) 9 *cis*—12 *cis*   und   9 *cis*—12 *trans*,
f) 9 *trans*—12 *trans* und   9 *trans*—12 *cis*.

[1] Journ. Amer. chem. Soc. 44, 144 (1922).

NICOLET und COX hielten es für berechtigt, der $\Delta^{9:10}$-Doppelbindung von Linol- und Ölsäure die gleiche Konfiguration zuzuschreiben und entschieden sich zugunsten des Isomerenpaares f, nachdem man nach den damals geltenden Anschauungen Ölsäure als die *trans*-Säure betrachtete. Da aber Ölsäure in Wirklichkeit die *cis*-Säure ist, folgt aus ihren Resultaten, daß die natürliche Linolsäure ein Gemisch von $9\,cis$—$12\,cis$- und $9\,cis$—$12\,trans$-Octadecadiensäuren sein könnte.

Weitere Anhaltspunkte für die Konfiguration der Linolsäure ergeben sich aus den neueren Untersuchungen von B. SUZUKI und seinen Mitarbeitern[1] über die partielle Debromierung der Di- und Tetrabromstearinsäuren mittels alkoholischen Kalis bei 0° und 20°. Sie zeigten zunächst, daß die aus Ölsäure oder Elaidinsäure dargestellten Dibromstearinsäuren zwei verschiedene *Monobromölsäuren* liefern, nämlich:

aus „Ölsäuredibromid": $\quad CH_3 \cdot (CH_2)_6 \cdot CH:CH \cdot CHBr \cdot (CH_2)_7 \cdot COOH$

aus „Elaidinsäuredibromid": $\left\{ \begin{array}{l} CH_3 \cdot (CH_2)_7 \cdot CBr:CH \cdot (CH_2)_7 \cdot COOH \text{ oder} \\ CH_3 \cdot (CH_2)_7 \cdot CH:CBr \cdot (CH_2)_7 \cdot COOH \end{array} \right.$

Bei Untersuchung der entsprechenden Säuren aus drei Formen der Tetrabromstearinsäuren konnten sie (durch Oxydationsanalyse) die Bildung folgender *Dibromlinolsäuren* nachweisen:

Tetrabromstearinsäure Schmelzpunkt	Produkt der Debromierung mit alkoholischem Kaliumhydroxyd bei 0° oder 20°
„α" 114°.......	$CH_3 \cdot (CH_2)_3 \cdot CH:CH \cdot CHBr \cdot CH:CH \cdot CHBr \cdot (CH_2)_7 \cdot COOH$
„β" flüssig	$CH_3 \cdot (CH_2)_4 \cdot CBr:CH \cdot CH_2 \cdot CBr:CH \cdot (CH_2)_7 \cdot COOH$
„γ"[2] 60°	$\left\{ \begin{array}{l} CH_3 \cdot (CH_2)_3 \cdot CH:CH \cdot CHBr \cdot CH_2 \cdot CH:CBr \cdot (CH_2)_7 \cdot COOH \text{ oder} \\ CH_3 \cdot (CH_2)_4 \cdot CH:CH \cdot CHBr \cdot CH:CBr \cdot (CH_2)_7 \cdot COOH \end{array} \right.$

In Analogie zum beobachteten Verhalten der beiden 9,10-Dibromstearinsäuren folgerten die Verfasser, daß den fraglichen Linolsäuren folgende Konfiguration zukomme:

Linolsäure	Bromadditionsprodukt	Konfiguration der Linolsäure
Gewöhnliche, in den meisten Samenfetten vorkommende Linolsäure	$\left\{ \begin{array}{l} \alpha, \text{ Schmp. } 114° \\ \beta, \text{ flüssig} \end{array} \right.$	$9\,cis$—$12\,cis$ $9\,trans$—$12\,trans$
„Isolinolsäure" aus dem Öl der Seidenraupen	γ, Schmp. 60°	$9\,trans$—$12\,cis$

Beide Untersuchungen ergeben somit, daß die *cis-cis-*$\Delta^{9:10, 12:13}$-Octadecadiensäure ein Bestandteil der gewöhnlichen Linolsäure ist; in bezug auf die Konfiguration des vielleicht noch vorhandenen zweiten Isomeren führen sie dagegen zu verschiedenen Formulierungen.

Noch viel weniger weiß man zurzeit über die Konfiguration der dreifachungesättigten Linolensäure; dagegen besteht ziemliche Klarheit über die Konfiguration der α- und β-Formen der Eläostearinsäure.

Die Konstitution der mehrere Äthylenbindungen enthaltenden Fettsäuren läßt sich nach T. P. HILDITCH und N. L. VIDYARTHI[3] durch selektive Hydrierung ihrer Ester ermitteln: Das Produkt wird solange hydriert, bis es in der Hauptsache nur noch aus einfach-ungesättigten Verbindungen besteht; hierauf wird es oxydiert und das gebildete Gemisch von Mono- und Dicarbonsäuren getrennt

[1] Y. INOUE u. B. SUZUKI: Proceed. Imp. Acad., Tokyo 7, 15 (1931). — T. MARUYAMA u. B. SUZUKI: Ebenda 7, 379 (1931); 8, 186, 486 (1932). — T. MARUYAMA: Journ. chem. Soc. Japan 54, 1082 (1933).

[2] Kristallinisches Tetrabromid aus der angeblichen „Isolinolsäure" des Seidenraupenöles.

[3] Proceed. Roy. Soc., London, Serie A, 122, 563 (1929).

und identifiziert. Mitunter gelingt es auf diesem Wege die verschiedenen Paare von Mono- und Dicarbonsäuren zu identifizieren, die dem bei der Absättigung der einzelnen Doppelbindungen in der ursprünglichen Polyäthylenverbindung gebildeten Gemisch von Verbindungen mit einer Doppelbindung entsprechen.

Die aus den partiell hydrierten Linolsäureestern gebildeten Oxydationsprodukte bestanden aus n-Hexansäure, Azelainsäure und Oxalsäure (mitunter auch aus Spuren von Malonsäure), was ein einwandfreier Beweis für die Struktur der Linolsäure ist; daß die Säure aus einer unverzweigten Kette von Kohlenstoffatomen besteht, folgt aus ihrer quantitativen Umwandlung in Stearinsäure bei weiterer Hydrierung.

Sieht man von einigen Säuren etwas zweifelhafter Identität, wie *Telfairinsäure, Isolinusinsäure* (aus Reis- und Chrysalidenöl) und *Kephalinsäure*, ab, so scheint in der Natur außer Linolsäure keine andere C_{18}-Säure mit zwei Doppelbindungen aufzutreten.

Wenig wahrscheinlich ist die Existenz von zweifach-ungesättigten C_{20}- und C_{22}-Säuren in Seetierölen; die aus Fischölen isolierten ungesättigten C_{16}-Säuren haben sich meist als identisch mit Palmitoleinsäure erwiesen, enthielten also nur eine Äthylenbindung.

c) Fettsäuren mit drei Äthylenbindungen, $C_nH_{2n-6}O_2$.

Es sind vier Fettsäuren mit drei Äthylenbindungen bekannt, und zwar zwei Linolensäuren, Eläostearinsäure und Couepinsäure; sie scheinen ausschließlich in pflanzlichen Fetten vorzukommen. Ob dreifach-ungesättigte Säuren auch in Seetierölen auftreten, ist zweifelhaft; letztere scheinen einfach- und zweifach-ungesättigte Fettsäuren, neben Säuren mit vier und fünf Doppelbindungen als ungesättigte Komponenten zu enthalten bzw. Säuren mit Äthylen- und Acetylenbindungen (Klupanodonsäure).

Im japanischen Sardinenöl sollen allerdings geringe Mengen einer dreifachungesättigten C_{16}-Säure, der *Hiragonsäure*, vorkommen[1].

Der wichtigste Repräsentant dieser Klasse ist die

Linolensäure, $\varDelta^{9:10,\ 12:13,\ 15:16}$-Octadecatriensäure,

$$C_{18}H_{30}O_2 = CH_3 \cdot CH_2 \cdot CH:CH \cdot CH_2 \cdot CH:CH \cdot CH_2 \cdot CH:CH \cdot (CH_2)_7 \cdot COOH;$$

sie stellt die in Samenfetten am häufigsten anzutreffende triaethenoide Form der C_{18}-Säuren dar. Leinöl enthält 25—40%, Perillaöl, Hanföl, Kiefernsamenöl, Walnußöl und die übrigen trocknenden Öle enthalten wechselnde, aber ansehnliche Mengen Linolensäure. Als individuelle Verbindung scheint sie erst von K. HAZURA im Jahre 1887[2] erkannt worden zu sein. Ähnlich der Linolsäure liefert Linolensäure mit Brom eine kristallinische und flüssige bzw. niedrig schmelzende *Hexabromstearinsäure*[3]. Die kristallinische Form schmilzt bei 180 bis 181° und verwandelt sich nach Abspaltung des Broms mittels Zinks und alkoholischer Salzsäure in eine Linolensäure, die bei der Bromierung ihrerseits das kristallinische und das flüssige Hexabromid liefert. Das Verhalten der Linolensäure entspricht also vollkommen dem der Linolsäure; deshalb wird auch hier häufig die Annahme gemacht, daß das kristallisierte Hexabromid einer „α-Linolensäure", das flüssige, leichter lösliche Bromadditionsprodukt dagegen der „β-Linolensäure" entspreche. Die durch Bromabspaltung aus dem kristallisierten Hexabromid wiedergewonnene Linolensäure wurde in Form ihres Äthyl-

---

[1] Y.TOYAMA u. T.TSUCHIYA: Bull. chem. Soc. Japan 4, 83 (1929).

[2] Monatsh. Chem. 8, 158, 268 (1887).

[3] E.ERDMANN u. F.BEDFORD: Ber. Dtsch. chem. Ges. 42, 1324 (1909).

esters von E. ERDMANN, F. BEDFORD und F. RASPE[1] der Ozonisation unterworfen; dabei erhielten sie Propionaldehyd, Malonsäure und Azelainsäuremonoäthylester, woraus sich die Struktur der Säure ableiten läßt. Ihre Ergebnisse fanden in mehreren späteren Untersuchungen eine Bestätigung[2]; auch die Oxydation des partiell hydrierten Methyllinolenats mit Permanganat in Aceton[3] spricht zugunsten der angegebenen Strukturformel.

Bei der Oxydation der Linolensäure mit alkalischem Permanganat entstehen zwei *Hexaoxystearinsäuren*, die man als *Linusinsäure* (Schmp. 203⁰) und *Isolinusinsäure* (Schmp. 173—175⁰) bezeichnet; letztere ist leichter löslich in heißem Wasser als Linusinsäure[4].

$\Delta^{6:7,\ 9:10,\ 12:13}$-Octadecatriensäure,

$C_{18}H_{30}O_2 = CH_3 \cdot (CH_2)_4 \cdot CH{:}CH \cdot CH_2 \cdot CH{:}CH \cdot CH_2 \cdot CH{:}CH \cdot (CH_2)_4 \cdot COOH.$

Dieses Isomere der gewöhnlichen Linolensäure wurde nur im Samenfett von *Oenothera biennis* (Nachtkerzenöl), erstmalig von A. HEIDUSCHKA und K. LÜFT[5] gefunden. Die Säure liefert eine *Hexabromstearinsäure* (Schmp. 169⁰) und eine *Hexaoxystearinsäure* (Schmp. 245⁰). Aus dem Oxydationsverlauf folgern A. EIBNER, L. WIDENMEYER und E. SCHILD[6], daß die Doppelbindungen zwischen dem sechsten und siebenten, dem neunten und zehnten und dem zwölften und dreizehnten Kohlenstoffatom gelegen sein müssen, so daß die Säure in der gleichen strukturellen Beziehung zur Petroselinsäure stehen dürfte, wie die gewöhnliche Linolensäure zur Ölsäure.

Eläostearinsäure (Eläomargarinsäure), $\Delta^{9:10,\ 11:12,\ 13:14}$-Octadecatriensäure,

$C_{18}H_{30}O_2 = CH_3 \cdot (CH_2)_3 \cdot CH{:}CH \cdot CH{:}CH \cdot CH{:}CH \cdot (CH_2)_7 \cdot COOH,$

ist nur im chinesischen Holzöl, dem Samenfett von *Aleurites fordii* und *A. montana* gefunden worden; die Holzölfettsäuren enthalten über 80% Eläostearinsäure. Die Säure („*α-Eläostearinsäure*") schmilzt bei 48—49⁰, unter der Einwirkung von Licht verwandelt sie sich aber in ein Isomeres vom Schmp. 71⁰ („*β-Eläostearinsäure*"). Eläostearinsäure enthaltende Öle und ebenso die freie Säure oder ihre Ester zeigen die charakteristische Eigenschaft der „Gelatinierung" (d. h. Erstarren zu einer kautschukähnlichen Masse beim Erhitzen); es handelt sich um eine Polymerisationserscheinung, hervorgerufen durch Aneinanderlagerung der ungesättigten Systeme von mehreren Säuremolekülen (Näheres S. 357).

Die Säure enthält ein konjugiertes System von drei Doppelbindungen und reagiert aus diesem Grunde nicht in normaler Weise mit den Jodlösungen nach WIJS, HANUS u. dgl., und zwar addiert sie weniger Jod, als den drei Doppelbindungen entspricht. Man hielt sie deshalb längere Zeit für eine Diäthylensäure; erst die Arbeiten von J. BÖESEKEN u. a.[7] über ihre Molekularrefraktion, die zur Überführung in Stearinsäure erforderliche Wasserstoffmenge und die modifizierten Methoden der Jodabsorption haben gezeigt, daß sie drei Äthylenbindungen enthält und daß diese aller Wahrscheinlichkeit nach konjugiert sind. In Verbindung

[1] Ber. Dtsch. chem. Ges. **42**, 1334 (1909).

[2] Vgl. A. ECKERT: Monatsh. Chem. **38**, 1 (1917). — Y. INOUE u. B. SUZUKI: Proceed. Imp. Acad., Tokyo **7**, 375 (1931).

[3] T. P. HILDITCH u. N. L. VIDYARTHI: Proceed. Roy. Soc. London, Serie A, **122**, 563 (1929).

[4] K. HAZURA u. FRIEDRICHS: Monatsh. Chem. **8**, 159, 267 (1887); **9**, 181 (1888).

[5] Arch. Pharmaz. **257**, 33 (1919).

[6] Chem. Umschau Fette, Öle, Wachse, Harze **34**, 312 (1927).

[7] J. BÖESEKEN u. H. J. RAVENSWAAY: Rec. Trav. chim. Pays-Bas **44**, 241 (1925). — J. BÖESEKEN, W. C. SMIT, J. J. HOOGLAND u. A. G. VAN DER BROEK: Ebenda **46**, 619 (1927). — J. BÖESEKEN u. J. VAN KRIMPEN: Koninkl. Akad. Wetensch. Amsterdam, wisk. natk. Afd. **31**, 238 (1928). — A. STEGER u. J. VAN LOON: Journ. Soc. chem. Ind. **47**, 361 T (1928).

mit der Untersuchung von R. MAJIMA[1] über ihre Ozonisierungsprodukte, aus welchen sie n-Valeraldehyd, n-Valeriansäure und Azelainsäure isoliert haben, kann die Strukturformel der Eläosteurinsäure als voll aufgeklärt gelten. Die Formel findet eine weitere Bestätigung durch die Untersuchungen von A. EIBNER und E. ROSSMANN[2], die aus dem Säureozonid etwa 60% Glyoxal, aber keinen Succinaldehyd erhalten haben; auf der anderen Seite ergibt sich aus dem Absorptionsspektrum der Säure und ihrer Ester, in Übereinstimmung mit W. MANECKE und F. VOLBERT[3], daß kein Isomeres der Linolsäure vorliegen kann und daß die Säure mehr als zwei Doppelbindungen enthalten muß. D. HOLDE, W. BLEYBERG und M. A. AZIZ[4] haben gezeigt, daß das anormale Verhalten der Säure und ihrer Glyceride bei der Halogenaddition mit der Gegenwart von dreifach-konjugierten Doppelbindungen im Zusammenhang steht. Die Untersuchungen von R. S. MORRELL und S. MARKS[5] über die Einwirkung von Luft-Sauerstoff auf Eläostearinsäure bestätigen die Richtigkeit obiger Strukturformel.

Laut R. S. MORRELL und H. SAMUELS[6] verhalten sich α- und β-Eläostearinsäure verschieden gegenüber Maleinsäureanhydrid bei der Reaktion von DIELS; sie liefern zwei verschiedene Additionsprodukte vom Schmp. 62,5° und 77°; diese geben bei der Oxydation mit Kaliumpermanganat und Aceton a) im Falle der α-Säure Azelainsäure, b) im Falle der β-Säure Valeriansäure. Daraus folgt, daß bei der α-Säure die Kombination mit Maleinsäureanhydrid zwischen dem 11. und 14. C-Atom eingetreten war, während bei der β-Säure die Addition zwischen dem 9. und 12. C-Atom stattgefunden hat. Dies spricht dafür, daß die α- und β-Säure verschiedene Konfigurationen (beispielsweise *cis-cis-trans-* und *trans-cis-cis-*) haben müssen.

Cowhen Couepinsäure,

eine von F. WILLBORN[7] im Samenfett von *Couepia grandiflora* (Rosaceae) gefundene hochungesättigte C_{18}-Säure ist möglicherweise ein Isomeres der Eläostearinsäure. Das Öl von *Couepia grandiflora* ähnelt in seinem Verhalten dem chinesischen Holzöl. Nach J. VAN LOON und A. STEGER[8] schmilzt die Säure bei 74—75°, wird zu Stearinsäure hydriert und liefert bei der Oxydation mit Ozon n-Valeriansäure und Azelainsäure; der Äthylester wird durch Kaliumpermanganat und Aceton zu Valeriansäure und zum sauren Azelainsäureester oxydiert. Die Autoren meinen deshalb, daß die Verbindung ein geometrisches Isomeres der α- und β-Eläostearinsäuren sei. Nach neuesten Untersuchungen von W. B. BROWN und E. H. FARMER[9] soll Couepinsäure eine 4-Keto-Δ [9:10, 11:12, 13:14]-octadecatriensäure sein.

Eine *Octadecatriensäure* der angeblichen Formel $CH_3 \cdot (CH_2)_2 \cdot CH:CH \cdot CH: :CH \cdot CH:CH \cdot (CH_2)_8 \cdot COOH$ fand TSUJIMOTO im Fett des ebenfalls zur Familie der Rosaceae gehörenden *Parinarium laurinum*.[10]

d) Hochungesättigte Fettsäuren.

Hochungesättigte Fettsäuren der C_{20}- und C_{22}-Reihe sind charakteristische Komponenten der Seetieröle; sie sind die Ursache der größeren Oxydationsfähigkeit und wahrscheinlich auch des eigentümlichen Geruchs der Trane.

[1] Ber. Dtsch. chem. Ges. 42, 676 (1909).
[2] Chem. Umschau Fette, Öle, Wachse, Harze 35, 197 (1928).
[3] Farben-Ztg. 32, 2829, 2887 (1927).   [4] Ebenda 33, 3141 (1928).
[5] Journ. Oil and Colour Chem. Assoc. 12, 183 (1929); Journ. Soc. chem. Ind. 50, 33 T (1931).
[6] Journ. chem. Soc. London 1932, 2251.   [7] Chem.-Ztg. 55, 434 (1931).
[8] Rec. Trav. chim. Pays-Bas 50, 936 (1931); 51, 345 (1932).
[9] Biochemical Journ. 29, 631 (1935).
[10] Journ. Soc. chem. Ind. Japan, Suppl., 1933, 110 B. Nach einer Privatmitteilung (1935) von E. H. FARMER und E. SUNDERLAND ist die Säure von *Parinarium laurinum* eine Octadecatetraensäure.

Auch mehrfach-ungesättigte C_{18}-Säuren (*Stearidonsäure*) sind in Fischölen gefunden worden[1], jedoch in weit geringerer Menge als die C_{20}—C_{22}-Säuren.

Eine solche hochungesättigte Fettsäure wurde erstmalig von M. Tsujimoto[2] unter dem Namen

Klupanodonsäure, $C_{22}H_{34}O_2$

beschrieben; er hielt sie ursprünglich für eine C_{18}-Säure, gab ihr aber später[3] die Formel $C_{22}H_{34}O_2$.

Auf Grund der Isolierung von etwa 49% Bernsteinsäure aus ihren Oxydations-(Ozonisierungs-)Produkten kommen nach Tsujimoto für Klupanodonsäure folgende zwei Formeln in Betracht:

1. $CH_3 \cdot CH_2 \cdot [CH : CH \cdot (CH_2)_2]_3 \cdot [CH : CH \cdot CH_2]_2 \cdot CH_2 \cdot COOH$.

2. $CH_3 \cdot CH_2 \cdot [CH : CH \cdot (CH_2)_2]_2 \cdot CH : CH \cdot CH_2 \cdot [CH : CH \cdot (CH_2)_2]_2 \cdot COOH$.

Diese Formeln haben sich aber, wie vor kurzem Y. Inoue und K. Sahashi[4] nachweisen konnten, als unrichtig herausgestellt. Die Klupanodonsäure ist nach ihren Untersuchungen eine *Dokosain-(4)-trien-(11,15,18)-säure*, hat also die Formel

3. $CH_3 \cdot (CH_2)_2 \cdot C : C \cdot (CH_2)_5 \cdot CH : CH \cdot (CH_2)_2 \cdot CH : CH \cdot CH_2 \cdot CH : CH \cdot (CH_2)_2 \cdot COOH$

und ist gleichzeitig ein Acetylen- und Äthylenderivat.

Zur Konstitutionsermittlung haben Inoue und Sahashi das Verfahren der stufenweisen Hydrierung und nachfolgenden Oxydation herangezogen. Als primäre Oxydationsprodukte der Klupanodonsäure erhielten sie Butter-, Pimelin-, Bernstein- und Malonsäure. Aus der Menge der Oxydationsprodukte, namentlich der Bernsteinsäure, kann auf die Gegenwart von fünf gesättigten Ketten und nur vier ungesättigten Zentren geschlossen werden. Mit Brom entsteht aber ohne Zweifel eine *Deka*brombehensäure, entsprechend fünf Äthylenbindungen. Die Jodzahl war dagegen kleiner, als einem Dekabromid entspricht (338—340 an Stelle von 368,9).

Aus dem zu zwei Fünftel hydrierten Produkt wurde ein Hexabromid, durch Oxydation Undecan-, Bernstein- und Malonsäure erhalten. Die zu drei Fünftel hydrierte Säure lieferte ein Tetrabromid, bei der Oxydation Pentadecan-, Bernstein- und Malonsäure. Zu vier Fünftel hydrierte Klupanodonsäure ergab ein Dibromid und durch Oxydation Stearin- und Bernsteinsäure. Ein zu ein Fünftel hydriertes Stadium konnte nicht nachgewiesen werden.

Die C_{11}-Kette der Undecansäure bildet offenbar das linke Ende des Klupanodonsäuremoleküls. Aus ihr gehen Butter- und Pimelinsäure als Oxydationsprodukte der unhydrierten Klupanodonsäure hervor, dieser Teil der Säure enthält folglich nur ein ungesättigtes Zentrum, da dieses aber vier Bromatome aufnimmt, so muß es eine Acetylenbindung sein.

Schon früher haben A. S. Richardson, C. A. Knuth und C. H. Milligan[5] beobachtet, daß die Ester der hochungesättigten C_{20}- und C_{22}-Säuren bei der Hydrierung zunächst selektiv zum Diäthylenstadium abgesättigt werden, um dann unmittelbar in gesättigte Ester überzugehen, was auf die Gegenwart von Acetylenbindungen schließen ließ.

In der Zwischenzeit fand man in Fischölen eine ganze Reihe von C_{20}- und C_{22}-Säuren mit drei bis sechs Äthylenbindungen. Einige dieser hochungesättigten Fettsäuren fand man auch in anderen tierischen Fetten, so z. B.

[1] Y. Toyama u. T. Tsuchiya: Bull. chem. Soc. Japan 4, 83 (1929). — B. Suzuki u. Y. Yokoyama: Proceed. Imp. Acad., Tokyo 5, 272 (1929).
[2] Journ. Coll. Eng., Tokyo 4, Nr. 1 (1906). [3] Journ. Soc. chem. Ind. Japan 23, 272 (1920).
[4] Proceed. Imp. Acad., Tokyo 8, 371 (1932). [5] Ind. engin. Chem. 17, 80 (1925).

die *Arachidonsäure*, welche in kleinen Mengen im Fett der Leber und anderer Organe der Säugetiere und in Tier- und Vogelfetten vorkommt[1, 2].

Der Hauptbestandteil der hochungesättigten Säuren des Rinderhirns[3] ist eine *Dokosapentaensäure*, $C_{22}H_{34}O_2$. Die ungesättigten C_{20}- und C_{22}-Säuren der Fischöle scheinen nach späteren Untersuchungen Gemische einer Säure mit einer Äthylenbindung mit einer hochungesättigten Säure zu sein, vermutlich einer *Eikosatetraensäure*, $C_{20}H_{32}O_2$, bzw. einer *Dokosapentaensäure*, $C_{22}H_{34}O_2$.

Stearidonsäure dürfte, soweit sie überhaupt vorkommt, eine Octadecatetraensäure, $C_{18}H_{28}O_2$, sein.

Eine Tetrakosahexaensäure, $C_{24}H_{36}O_2$, die *Nisinsäure*, dürfte nach Y. TOYAMA und T. TSUCHIYA[4] in kleineren Mengen im Heringsöl, Dorschleberöl usw. vorkommen.

Die C_{20}- und C_{22}-Säuren liefern bei der Hydrierung n-Eikosansäure bzw. n-Dokosansäure (Behensäure)[5]; sie sind also normale aliphatische Säuren mit unverzweigter Kohlenstoffatomkette. Auch die von G. T. MORGAN und E. HOLMES[6] durchgeführte Röntgenstrahlenanalyse bestätigt ihre Normalstruktur.

Die chemische Konstitution der hochungesättigten C_{20}- und C_{22}-Säuren ist noch nicht ganz aufgeklärt.

E. F. ARMSTRONG und T. P. HILDITCH[7] haben bei der Oxydation der Gemische der ungesättigten C_{20}- und C_{22}-Säureester aus Waltran Bildung größerer Mengen Azelainsäure und höherer n-Dicarbonsäuren beobachtet; es könnte daraus gefolgert werden, daß sich ihre Lückenbindungen kaum näher zur Carboxylgruppe als am neunten C-Atom befinden. Bestätigt wird dies durch Untersuchungen von K. D. GUHA[8] über die Oxydation partiell hydrierter C_{20}- und C_{22}-Ester aus schottischem Dorschleberöl.

Die widersprechenden Angaben mögen teilweise mit der Existenz verschiedener isomerer Formen der C_{20}- und C_{22}-Säuren zusammenhängen. Einige charakteristische Unterschiede in ihrem Verhalten, insbesondere bei der Polymerisation ihrer Ester beim Erhitzen, mögen hier vermerkt werden. Im Verlaufe der von K. D. GUHA, T. P. HILDITCH und J. A. LOVERN[9] vorgenommenen fraktionierten Vakuumdestillation ihrer Methylester trat in einigen Fällen relativ rasch Polymerisation ein, während bei der Destillation von anderen Estern praktisch keine Anzeichen von Polymerisation zu beobachten waren. Die Ester der Waltranfettsäuren werden beim Erhitzen ebenfalls schnell polymerisiert. Dies spricht dafür, daß die Konstitution der ungesättigten Fettsäuren nicht in allen Fällen die gleiche war. Das Nichteintreten von Polymerisation kann nicht etwa auf Abwesenheit von hochungesättigten Produkten zurückgeführt werden, denn die mittlere Ungesättigtheit (Monoäthylensäuren mitgerechnet) der destillierten Ester der C_{22}-Säuren entsprach der Gegenwart von fünf Äthylenbindungen.

Die hochungesättigten C_{20}- und C_{22}-Säuren sind flüssig bei gewöhnlicher Temperatur und werden mit außerordentlicher Leichtigkeit oxydiert (und nicht selten polymerisiert), wenn sie bei gewöhnlicher Temperatur dem Lichte ausgesetzt werden. Ihre Bleisalze sind ziemlich leicht löslich in Alkohol und Äther,

[1] E. F. ARMSTRONG u. J. ALLAN: Journ. Soc. chem. Ind. **43**, 216 T (1924).
[2] J. B. BROWN u. E. M. DECK: Journ. Amer. chem. Soc. **52**, 1135 (1930); J. B. BROWN u. C. C. SHELDON: Ebenda **56**, 2149 (1934).
[3] J. B. BROWN: Journ. biol. Chemistry **97**, 183 (1932).
[4] Journ. Soc. chem. Ind. Japan, Suppl. **37**, 530 B (1934).
[5] E. F. ARMSTRONG u. T. P. HILDITCH: Journ. Soc. chem. Ind. **44**, 180 T (1925).
[6] G. T. MORGAN u. E. HOLMES: Journ. Soc. chem. Ind. **47**, 309 T (1928).
[7] Journ. Soc. chem. Ind. **44**, 180 T (1925).   [8] Dissertation, Liverpool. 1931.
[9] Biochemical Journ. **24**, 266 (1930).

die Lithiumsalze lösen sich in 5% Wasser enthaltendem Aceton; die Lithium-salze der Monoäthylensäuren und der gesättigten Fettsäuren sind in diesem Medium unlöslich. Dies diente M. TSUJIMOTO als die Grundlage seiner Methode zur Trennung der hochungesättigten Säuren von den übrigen Fettsäuren der Seetieröle[1].

e) Die Fettsäure der Acetylenreihe.

Tariinsäure, $\Delta^{6:7}$-Octadecinsäure,

$$C_{18}H_{32}O_3 = CH_3 \cdot (CH_2)_{10} \cdot C : C \cdot (CH_2)_4 \cdot COOH,$$

wurde lediglich im Samenfett der zentralamerikanischen *Picramnia*-Spezies ge-funden, in einer Menge von etwa 20% der Gesamtsäuren. Die Säure schmilzt bei 50,5⁰. Sie wurde 1892 von A. ARNAUD[2] entdeckt, er gelangte zu obiger Formel auf Grund der Untersuchung der mit alkalischem Permanganat oder rauchender Salpetersäure erhaltenen Oxydationsprodukte (Laurin- und Adipin-säure).

A. STEGER und J. VAN LOON[3] fanden 90% Tariinsäure in den Gesamt-säuren des Samenfettes von *Picramnia Sow* und haben ihre Konstitution als $\Delta^{6:7}$-Octadecinsäure durch Ozonisierung festgestellt. Die Säure ist also das Acetylen-Analogon der Petroselinsäure.

f) Ungesättigte Oxysäuren, $C_nH_{2n-2}O_3$.

Der wichtigste, vielleicht einzige Vertreter dieser Reihe von natürlichen Fettsäuren ist die

Ricinolsäure, $C_{18}H_{34}O_3 = CH_3 \cdot (CH_2)_5 \cdot CH(OH) \cdot CH_2 \cdot CH : CH \cdot (CH_2)_7 \cdot COOH.$

Sie bildet etwa 80% der Fettsäuren des Ricinusöles (*Ricinus communis*) und wurde von L. SAALMÜLLER[4] entdeckt. Ob die Säure noch außerhalb der Öle der Ricinus-Arten in nennenswerten Mengen vorkommt, ist ungewiß. Allerdings sollen die Fettsäuren des Elfenbeinholzöles, des Samenfettes von *Agonandra brasiliensis*, nach L. GURGEL und T. F. DE AMORIM[5] 47% Ricinolsäure enthalten. Auch soll nach MARGAILLAN[6] das Öl von *Wrightia annamensis* eine mit Ricinol-säure identische Oxysäure als Hauptkomponente enthalten. Nach Unter-suchungen von G. W. FIERO kommt sie im Mutterkornöl in einer Menge von 35% vor[7]. Die Behauptung von F. A. SOLIVEN und I. VILLAFUERTE, daß das Samenöl von *Sterculia foetida* Linn. (Philippine Agriculturist **23**, 666 [1935]) über 80% Ricinolsäureglyceride enthalte, beruht auf einem Irrtum.

Ricinolsäure schmilzt bei $+4$—5^0 und ist optisch aktiv ($[\alpha]_D = +6,7^0$). Das Bleisalz ist löslich in Äther, wenig löslich in Petroläther. Bei Einwirkung von Stickoxyden unterliegt sie teilweise der Elaidinumlagerung, unter Bildung der *Ricinelaidinsäure*, des *trans*-Isomeren der Ricinolsäure. Ricinelaidinsäure hat den Schmelzpunkt 52—53⁰, $[\alpha]_D = +6,7^0$.

Oxydation der Ricinolsäure mit alkalischem Permanganat führt zu zwei *Trioxystearinsäuren* vom Schmp. 110—111⁰ und 140—142⁰[8]. Bei energischer

---

[1] Journ. Soc. chem. Ind. Japan **23**, 272 (1920); Ztschr. Dtsch. Öl-Fettind. **40**, 796 (1920). — F. GOLDSCHMIDT u. G. WEISS: Ebenda **42**, 19 (1922).

[2] Compt. rend. **114**, 79 (1892); Bull. Soc. chim. France (III), **27**, 484 (1902); s. auch GRÜTZNER: Chem. Ztg. **17**, 879 (1893).

[3] Rec. Trav. chim. Pays-Bas **52**, 593 (1933).   [4] LIEBIGS Annalen **64**, 108 (1848).

[5] Mem. Inst. Chim., Rio de Janeiro **2**, 31 (1929).   [6] Compt. rend. **192**, 373 (1931).

[7] Journ. Amer. pharmac. Assoc. **22**, 608 (1933). S. aber auch W. F. BAUGHMAN u. G. S. JAMIESON: Oil and Fat Industry **5**, 85 (1928).

[8] K. HAZURA u. GRÜSSNER: Monatsh. Chem. **9**, 476, 948 (1888); V. DIJEW: Journ. prakt. Chem. (2) **39**, 341, 345 (1889).

Tabelle 4. Ungesättigte Fettsäuren.

	Säure		Methylester		Brom- und Oxyderivate		
	Schmelzpunkt	Siedepunkt	Schmelzpunkt	Siedepunkt	Br oder (OH)	Br-Säuren Schmelzpunkte	OH-Säuren Schmelzpunkte
Säuren mit einer Äthylenbindung:							
Δ9:10-Decensäure, $C_{10}H_{18}O_2$	Unter 0°	142°/4 mm		115—116°/12 mm	2		
Dodecensäure, $C_{12}H_{22}O_2$	flüssig			89—90°/1 mm	2		
Δ5:6-Tetradecensäure, $C_{14}H_{26}O_2$	,,			110—111°/1 mm	2		
Δ9:10-Tetradecensäure, $C_{14}H_{26}O_2$	,,			108—109°/1 mm	2		
Δ9:10-Hexadecensäure, $C_{16}H_{30}O_2$	— 1°			134—135°/1 mm	2		
Δ9:10-Octadecensäure (*cis*-), $C_{18}H_{34}O_2$	+ 16°	163—165°/1 mm		151—152°/1 mm	2	29°	87°, 125°
Δ9:10-Octadecensäure (*trans*-), $C_{18}H_{34}O_2$	44°			150°/1 mm	2	30°	95°, 132°
Δ6:7-Octadecensäure (*cis*-), $C_{18}H_{34}O_2$	30°			150°/1 mm	2		95°, 132°
Δ6:7-Octadecensäure (*trans*-), $C_{18}H_{34}O_2$	53°				2		115°, 122°
Δ12:13-Octadecensäure (*cis*-), $C_{18}H_{34}O_2$	39°			160°/1 mm	2		115°, 122°
Eicosensäure, $C_{20}H_{38}O_2$	25°				2		129,5°
Δ11:12-Docosensäure, $C_{22}H_{42}O_2$	—				2		
Δ13:14-Docosensäure (*cis*-), $C_{22}H_{42}O_2$	33,5°			169—170°/1 mm	2	43°	100°, 130°
Δ13:14-Docosensäure (*trans*-), $C_{22}H_{42}O_2$	60°				2	54°	100°, 130°
Δ15:16-Tetracosensäure (*cis*-), $C_{24}H_{46}O_2$	42°				2		
Δ15:16-Tetracosensäure (*trans*-),	60°				2		
$C_{24}H_{46}O_2$,	5°				2		
Ricinolsäure (Oxyölsäure), $C_{18}H_{34}O_3$	53°				2	flüssig	111°, 142°
Ricinelaidsäure (Oxyelaidinsäure), $C_{18}H_{34}O_3$	60°				2		
Hydnocarpussäure (*zyklisch*), $C_{16}H_{28}O_2$	68°		8°	203°/20 mm	2		111°, 142°
Chaulmoograsäure (*zyklisch*), $C_{18}H_{32}O_2$	50°	248°/20 mm	22°	227°/20 mm	2		
Säuren mit einer Acetylenbindung:							
Taririnsäure, $C_{18}H_{32}O_2$					4	125°	
Säuren mit zwei Äthylenbindungen:							
Δ9:10, 12:13-Octadecadiensäure, $C_{18}H_{32}O_2$	flüssig	228°/14 mm		154—155°/1 mm	4	flüssig, 114°	159°, 173°
Gorlinsäure (*cyclisch*), $C_{18}H_{30}O_2$	,,			219°/12 mm	4		

Säure	Schmp.	Sdp.	Doppelbindungen				Literatur
Säuren mit drei Äthylenbindungen:							
$\Delta^{9:10,\,12:13,\,15:16}$-Octadecatriensäure, $C_{18}H_{30}O_2$	—	155°/1 mm	6	—	flüssig, 181°	175°, 203°	SVENDSEN: Chem. Umschau Fette, Öle, Wachse, Harze **24**, 35 (1917).
$\Delta^{6:7,\,9:10,\,12:13}$-Octadecatriensäure, $C_{18}H_{30}O_2$	,,	—	6	—	169°	245°	SVENDSEN: Chem. Umschau Fette, Öle, Wachse, Harze **24**, 35 (1917).
$\Delta^{9:10,\,11:12,\,13:14}$-Octadecatriensäure, $C_{18}H_{30}O_2$	,,	—	6	—	115°	—	SVENDSEN: Chem. Umschau Fette, Öle, Wachse, Harze **24**, 35 (1917).
Säuren noch höherer Ungesättigtheit:							
Steuridonsäure, $C_{18}H_{28}O_2$ (?)	$\{48{-}49^0\,(\alpha)\}$ $\{71^0\,(\beta)\}$	235°/12 mm	8 (?)	—	zersetzt sich über 200°	—	BULL: Chem.-Ztg. **23**, 996 (1899).
Arachidonsäure, $C_{20}H_{32}O_2,\ C_{20}H_{30}O_2$ (?)	flüssig	—	8, 10 (?)	—		—	BULL: Chem.-Ztg. **23**, 996 (1899).
Klupanodonsäure, $C_{22}H_{34}O_2$,	,,	160—165°/1 mm	10, 8 (?)	—		—	TOYAMA u. TSUCHIYA: Journ. Soc. chem. Ind. Japan **37**, 530 B (1934).
$C_{22}H_{36}O_2$ (?)	,,	170—175°/1 mm					
Heringsöl $C_{20}H_{30}O_2$							
,, $C_{21}H_{32}O_2$							
,, $C_{22}H_{34}O_2$							
,, $C_{22}H_{36}O_2$							
,, $C_{24}H_{40}O_2$							
,, $C_{24}H_{36}O_2$ (Nisinsäure)							

Permanganatoxydation entsteht nach L. MAQUENNE[1] Azelainsäure. Bei der Oxydation von Ricinolsäure in einem nichtwäßrigen Lösungsmittel bilden sich größere Mengen Azelainsäure, so daß sich ihre Doppelbindung in der $\Delta^{9:10}$-Stellung befinden muß. Bei der destruktiven Destillation der Säure oder besser ihres Natrium- oder Calciumsalzes erhält man ein Gemisch von *Oenanthaldehyd* und *Undecensäure*; daraus folgt, daß die Hydroxylgruppe die 12-Stellung einnimmt, wie zuerst von A. GOLDSOBEL[2] angegeben wurde. Bei der trockenen Destillation des Natriumsalzes mit überschüssigem Ätzkali bildet sich Methylhexylcarbinol und Methylhexylketon, während im Rückstand sebacinsaures Natrium zurückbleibt[3].

g) Cyclische ungesättigte Säuren.

Chaulmoograsäure, 13-Δ^2-Cyclopentenyl-n-tridecansäure,

$$C_{18}H_{32}O_2 =$$

$$\begin{array}{l} CH{=}CH \\ \quad\big|\qquad\ \ \rangle CH{-}(CH_2)_{12}{-}COOH \\ CH_2{-}CH_2 \end{array}$$

ist die Hauptvertreterin einer einige Säuren umfassenden Gruppe, welche chemisch durch die Gegenwart eines fünfgliedrigen Ringsystems charakterisiert ist, therapeutisch spezifische Wirkungen in bestimmten Krankheitsfällen zeigt, insbesondere bei Lepra (s. S. 411), und botanisch auf die Samenfette von *Hydnocarpus* und einige andere Vertreter der tropischen Familie der Flacourtiaceae beschränkt ist.

Chaulmoograsäure ist der Hauptbestandteil des Samenfettes von

---

[1] Bull. Soc. chim. France [3], **21**, 1061 (1899).

[2] Ber. Dtsch. chem. Ges. **27**, 3121 (1894).

[3] J. BOUIS: LIEBIGS Ann. **80**, 304 (1851); **92**, 395 (1854); **97**, 34 (1856). — M. FREUND u. F. SCHÖNFELD: Ber. Dtsch. chem. Ges. **24**, 3353 (1891).

Hydnocarpus (Taraktogenos) kurzii, des Chaulmoograöles, sie kommt ferner im Lukraböol (*H. anthelmintica*) im Gorlisamenfett (*Oncoba echinata*) u. dgl. Ölen vor. Sie bildet Kristalle, Schmp. 68°, ist ziemlich leicht löslich in Äther und Chloroform, schwerer löslich in den meisten anderen organischen Lösungsmitteln. Wie aus ihrer Formel hervorgeht, enthält sie ein asymmetrisches Kohlenstoffatom, und zwar ist die natürlich vorkommende Säure das rechtsdrehende Isomere, mit der spezifischen Drehung + 56° (4%ige Lösung in Chloroform). Die Jodzahl der Chaulmoograsäure ist 91, entsprechend einer Doppelbindung. Hydrierung der Säure in Gegenwart von Palladium oder eines ähnlichen Katalysators führt zu *Dihydrochaulmoograsäure*, Schmp. 71—71,5°; letztere ist optisch-inaktiv[1].

Die chemische Konstitution der Chaulmoograsäure und der ihr nahe verwandten Hydnocarpussäure wurde von F. B. POWER und M. BARROWCLIFF[2] aufgeklärt; die mittels Permanganat oder anderen Reagentien erhaltenen Oxydationsprodukte enthielten neben anderen Säuren folgende Produkte:

1,14-Tetradecandisäure, $COOH \cdot (CH_2)_{12} \cdot COOH$;
1,4,17-Heptadecantrisäure, $COOH \cdot (CH_2)_2 \cdot CH \cdot (COOH) \cdot (CH_2)_{12} \cdot COOH$;
4-Keto-1,17-heptadecandisäure, $COOH \cdot (CH_2)_2 \cdot CO \cdot (CH_2)_{12} \cdot COOH$.

Auf Grund dieser Ergebnisse folgerten POWER und BARROWCLIFF, daß die Chaulmoograsäure ein tautomeres Gemisch eines Cyclopentenderivates obiger Formel mit der nachfolgenden, einen kombinierten Tri- und Pentamethylenring enthaltenden Verbindung sei:

$$\begin{matrix} CH_2{-}CH \\ | \quad \quad | \end{matrix} >CH{-}(CH_2)_{12}{-}COOH$$
$$CH_2{-}CH$$

R. L. SHRINER und R. ADAMS[3] haben zeigen können, daß ihre Konstitution durch die cyclopentenoide Formel allein befriedigend zum Ausdruck gebracht werden kann. Im Jahre 1927 gelang es G. A. PERKINS und A. O. CRUZ[4], die razemische Chaulmoograsäure synthetisch herzustellen, durch Kondensation von 11-Cyanundecensäure, $CN \cdot (CH_2)_{10} \cdot COOH$ mit Acetessigester und darauffolgende Kondensation des Reaktionsproduktes mit Natrium und $\varDelta^2$-Chlorcyclopenten, wobei das Produkt nachstehender Formel erhalten wird:

$$\begin{matrix} & & CO{-}CH_3 \\ CH = CH & & | \\ | \quad \quad > & CH{-}CH{-}CO{-}(CH_2)_{10}{-}CN \\ CH_2{-}CH_2 & & | \\ & & COOC_2H_5 \end{matrix}$$

Bei der Hydrolyse dieser Verbindung entsteht, mit einer Ausbeute von etwa 30%, die Ketosäure

$$\begin{matrix} CH{=}CH \\ | \quad \quad > CH{-}CH_2{-}CO{-}(CH_2)_{10}{-}COOH \\ CH_2{-}CH_2 \end{matrix}$$

welche bei der Reduktion mit Hydrazin und Natriumäthylat in *dl*-Chaulmoograsäure verwandelt wird.

---

[1] A. L. DEAN, R. WRENSHALL u. G. FUJIMOTO: Chem. Umschau Fette, Öle, Wachse, Harze **34**, 129 (1927).
[2] Journ. chem. Soc. London **85**, 845 (1904); **87**, 884, 895 (1905); **91**, 557, 563 (1907).
[3] Journ. Amer. chem. Soc. **47**, 2727 (1925).
[4] Journ. Amer. chem. Soc. **49**, 1070 (1927).

Hydnocarpussäure, 11-Δ^2-Cyclopentenyl-n-undecansäure,

$$C_{16}H_{28}O_2 = \begin{array}{c} CH=\!\!=CH \\ | \qquad\quad >CH-(CH_2)_{10}-COOH, \\ CH_2-CH_2 \end{array}$$

ist von F. B. Power und M. Barrowcliff als ein wichtiger Bestandteil der Samenfette von *Hydnocarpus wightiana, anthelmintica* und *kurzii* nachgewiesen worden. Sie ist, ähnlich Chaulmoograsäure, wenig löslich in organischen Lösungsmitteln und optisch-aktiv ([α]$_D$ = + 68°, 5%ige Lösung in Chloroform); Schmp. 59—60°.

Nach den Untersuchungen von Power und Barrowcliff ist sie ein niederes Homologe der Chaulmoograsäure.

Gorlinsäure, $C_{18}H_{30}O_2$,

eine Diäthylensäure der Chaulmoograreihe, enthält offenbar die eine Doppelbindung im Cyclopentenring, die andere in der aliphatischen Seitenkette. Sie ist flüssig, hat die Jodzahl 169,6, [α]$_D$ + 50°; sie wurde aus Chaulmoograöl von R. Wrenshall und A. L. Dean[1] isoliert; E. André und D. Jouatte[2] haben gezeigt, daß sie sich zu etwa 10% im Gorlisamenöl vorfindet.

In der Tabelle 4 (S. 48 u. 49) sind die Schmelz- und Siedepunkte der bis jetzt bekannten ungesättigten Fettsäuren, ihrer Methylester, der Bromadditionsprodukte und der Hydroxylderivate, d. h. der durch Anlagerung von Brom erhältlichen Di-, Tetra- oder Polybromide und der durch Oxydation gebildeten Di-, Tetra- oder Polyoxysäuren angeführt.

Die Tabelle 5 bringt die zwischen bestimmten ungesättigten Fettsäuren bestehende Strukturverwandtschaft zum Ausdruck.

Tabelle 5. Konstitutionsformeln ungesättigter Fettsäuren.

$C_{10}H_{18}O_2$, Decensäure		$CH_2\!:\!CH\cdot(CH_2)_7\cdot COOH$
$C_{14}H_{26}O_2$, Myristoleinsäuren	und	$CH_3\cdot(CH_2)_7\cdot CH\!:\!CH\cdot(CH_2)_3\cdot COOH$ $CH_3\cdot(CH_2)_3\cdot CH\!:\!CH\cdot(CH_2)_7\cdot COOH$
$C_{16}H_{30}O_2$, Palmitoleinsäure		$CH_3\cdot(CH_2)_5\cdot CH\!:\!CH\cdot(CH_2)_7\cdot COOH$
$C_{18}H_{34}O_2$, Ölsäure		$CH_3\cdot(CH_2)_7\cdot CH\!:\!CH\cdot(CH_2)_7\cdot COOH$
$C_{18}H_{34}O_3$, Ricinölsäure		$CH_3\cdot(CH_2)_5\cdot CH(OH)\cdot CH_2\cdot CH\!:\!CH\cdot(CH_2)_7\cdot COOH$
$C_{18}H_{32}O_2$, Linolsäure		$CH_3\cdot(CH_2)_4\cdot CH\!:\!CH\cdot CH_2\cdot CH\!:\!CH\cdot(CH_2)_7\cdot COOH$
$C_{18}H_{30}O_2$, Linolensäure		$CH_3\cdot CH_2\cdot CH\!:\!CH\cdot CH_2\cdot CH\!:\!CH\cdot CH_2\cdot CH\!:\!CH\cdot(CH_2)_7\cdot COOH$
$C_{18}H_{30}O_2$, Eläostearinsäure		$CH_3\cdot(CH_2)_3\cdot CH\!:\!CH\cdot CH\!:\!CH\cdot CH\!:\!CH\cdot(CH_2)_7\cdot COOH$
$C_{18}H_{34}O_2$, Petroselinsäure		$CH_3\cdot(CH_2)_{10}\cdot CH\!:\!CH\cdot(CH_2)_4\cdot COOH$
$C_{18}H_{32}O_2$, Taririnsäure		$CH_3\cdot(CH_2)_{10}\cdot C\!:\!C\cdot(CH_2)_4\cdot COOH$
$C_{18}H_{30}O_2$, Linolensäure		$CH_3\cdot(CH_2)_4\cdot CH\!:\!CH\cdot CH_2\cdot CH\!:\!CH\cdot CH_2\cdot CH\!:\!CH\cdot(CH_2)_4\cdot COOH$
$C_{20}H_{38}O_2$, Gadoleinsäure	oder	$CH_3\cdot(CH_2)_9\cdot CH\!:\!CH\cdot(CH_2)_7\cdot COOH$ $CH_3\cdot(CH_2)_7\cdot CH\!:\!CH\cdot(CH_2)_9\cdot COOH$
$C_{22}H_{42}O_2$, Erucasäure		$CH_3\cdot(CH_2)_7\cdot CH\!:\!CH\cdot(CH_2)_{11}\cdot COOH$
$C_{22}H_{42}O_2$, Cetoleinsäure		$CH_3\cdot(CH_2)_9\cdot CH\!:\!CH\cdot(CH_2)_9\cdot COOH$
$C_{24}H_{46}O_2$, Selacholeinsäure, Nervonsäure		$CH_3\cdot(CH_2)_7\cdot CH\!:\!CH\cdot(CH_2)_{13}\cdot COOH$

Außer den in diesem Abschnitt genannten Säuren ist in der Literatur noch eine größere Reihe von weiteren ungesättigten Fettsäuren erwähnt. Einige davon (z. B. *Hypogäasäure, Rapinsäure, Lycopodiumölsäure*) haben sich später als nicht bestehend erwiesen. Die Existenz einer Anzahl anderer Säuren ist äußerst problematisch; der Vollständigkeit halber sind sie in der Tabelle 6 zusammengestellt worden.

---

[1] U. S. Publ. Health Service Bull. **141**, 12 (1924).
[2] Bull. Soc. chim. France (4), **43**, 347 (1928).

Tabelle 6. Ungesättigte Fettsäuren, deren Existenz unsicher ist.

Ölsäurereihe:

Asellinsäure, $C_{17}H_{32}O_2$ in Sardinenöl[1]
Gynocardiasäure, $C_{18}H_{34}O_2$ in Gynocardiaöl[2]
Eine Isoölsäure, $C_{18}H_{34}O_2$ in Waltran[3]

Cyclische Säuren:

$C_{15}H_{24}O_2$ in Hydnocarpusöl[4]

Säuren mit 2 Äthylenbindungen:

Isolinolsäure, $C_{18}H_{32}O_2$ in Reisöl, Chrysalidenöl[5]
Kephalinsäure, $C_{18}H_{32}O_2$ in Kephalin[6]

Säuren mit 3 Äthylenbindungen:

Isomere Linolensäure, $C_{18}H_{30}O_2$ (?) in Leinsaatöl[7]

Säuren mit mehreren Äthylenbindungen:

$C_{18}H_{28}O_2$ in Tranen[8]
$C_{18}H_{30}O_2$ in Dorschleberöl[9]

D. Der molekulare Aufbau der Fettsäuren.

Von S. H. Piper, Bristol.

a) Röntgenologische Untersuchung der Feinstruktur.

Die Strukturen aliphatischer Verbindungen sind mit Röntgenstrahlen mittels zweier Methoden geprüft worden. Man verwendete Interferenzdiagramme (1) vollkommener Einkristalle und (2) orientierter Schichten. Von diesen beiden Methoden ist (1) die bei weitem befriedigendere, aber sie ist nur sehr langsam durchführbar und erfordert große Übung und Sachkenntnis. Dagegen ist Methode (2) schnell und leicht zu handhaben und liefert zwar beschränkte, aber wertvolle Ergebnisse.

1. Die Kristallzelle.

Die vollständigsten, durch Methode (1) gewonnenen Ergebnisse sind die von Müller[10]. Er findet, daß die Einzelzelle von *Stearinsäure* ein langgestrecktes monoklines Prisma ist, das vier Moleküle enthält. Die Achsenlängen sind $a = 5{,}546$, $b = 7{,}381$, $c = 48{,}84$ Å.-Einheiten (1 Å.-Einheit $= 10^{-8}$ cm). Die b-Achse steht senkrecht auf der ac-Ebene und der Winkel β zwischen a- und c-Achse beträgt $63^0\ 38'$. Die große Länge der c-Achse hat ihre Ursache darin, daß die Kettenachsen alle parallel zu ihr sind. Abb. 1 zeigt die Anordnung eines Molekülpaares im Aufriß senkrecht zur a- bzw. b-Achse. Abb. 2 ist ein Querschnitt durch die Zelle senkrecht zur c- (Ketten-) Achse. Sie zeigt die Anordnung der Querschnitte der Ketten. Die ausgezogenen Figuren stellen die unteren Enden der Ketten einer waagrechten Schicht paralleler Moleküle dar. Die punktierten

---

[1] FAHRION: Chem.-Ztg. 17, 685 (1893).
[2] PETIT: Journ. Pharmac. Chim. (5), 26, 445 (1904). — SCHINDELMEISER: Ber. pharmaz. Ges. 14, 164 (1904).   [3] MOORE: Seifensieder-Ztg. 46, 682 (1919).
[4] POWER u. BARROWCLIFF: Journ. chem. Soc. London 87, 884 (1905). — SCHMIEDER: Arch. Pharmaz. 224, 641 (1886).
[5] BAUER u. HAZURA: Monatsh. Chem. 7, 217 (1886).
[6] COUSIN: Journ. Pharmac. Chim. 24, 101 (1906).
[7] SALWAY: Journ. chem. Soc. London 109, 138 (1916).
[8] MEIGEN u. CAMINECI: Chem. Umschau Fette, Öle, Wachse, Harze 24, 35 (1917).
[9] MEIGEN u. ELLMER: Chem. Umschau Fette, Öle, Wachse, Harze 24, 34 (1917).
[10] Proceed. Roy. Soc. London, Serie A, 114, 542 (1927); 120, 437 (1928).

Figuren sind die oberen Enden einer ähnlichen Schicht, die unmittelbar darunter liegt. Dabei ragen die Molekül-„köpfe" der einen Schicht in die Zwischenräume der Ketten der darüberliegenden Schicht hinein.

Der Kristall trägt also eine Schichtstruktur. Jede Schicht von Molekülen setzt auf der Basisebene auf, die eine regelmäßige Anordnung der inaktiven CH_3-Gruppen oder „Schwänze" der langen Moleküle enthält. Die Moleküle selbst haben alle einander parallele Achsen und sind unter dem Winkel von 63° 38′ gegen diese Ebenen geneigt, auf denen sie stehen wie die Haare auf einem Stück Samt. Die „Köpfe", COOH-Gruppen, sind in einer Schicht verteilt, in der die Gruppenzentren ein Muster genau entgegengesetzt dem der Schwänze bilden, und auf diese Schicht folgt eine andere mit Köpfen, auf der die Moleküle ebenso stehen wie auf der vorigen, nur mit den Schwänzen nach oben. Die *Identitätsperiode* parallel zu c ist daher die Länge *zweier Moleküle*, denn eine Verrückung um ihre Länge gibt eine genaue Wiederholung des Musters.

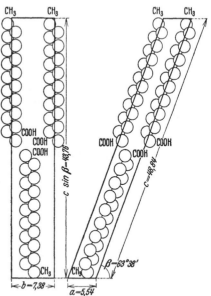

Abb. 1. Einzelzelle der Stearinsäure.

Das Volumen der Einzelzelle ist $1792 \cdot 10^{-24}$ cm³, während das der dichtgepackten C- und O-Atome, die in den vier die Zelle bildenden Molekülen enthalten sind, nur $272 \cdot 10^{-24}$ cm³ oder etwa $1/6$ der Zelle beträgt. Die Struktur ist deshalb sehr offen. Trotzdem ist die seitliche Anziehung zwischen den Ketten beträchtlich, viel größer als die Kräfte, die die Enden aufeinanderfolgender Moleküle aneinander binden. Die Kristalle bilden so Flocken, die eine sehr große Spaltbarkeit parallel zur Oberfläche haben; dabei sind die Spaltflächen *die* Ebenen, die die Köpfe und Schwänze der Moleküle enthalten. Wenn man auf eine solche Flocke heraufblickt, so erscheinen die Moleküle von der Ebene fort gegen den Beobachter gerichtet. Schmiert

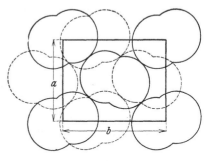

Abb. 2. Querschnitt der Einzelzelle senkrecht zur c-Achse.

man daher die Flocken auf einen Glasstreifen, so erhält man eine Anordnung, in der die Ebenen der Köpfe und Schwänze parallel zum Glas sind.

2. Die Kettenstruktur.

A. MÜLLER hat eindeutig festgestellt, daß die Ketten *innerhalb des Kristalls* steife, flache Zickzacks sind. Abb. 3 zeigt die von ihm gegebenen wichtigen Dimensionen der Kohlenstoffatomkette. Die wirksamen Streuzentren in den

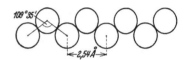

Abb. 3. Die Kette der Stearinsäure.

Ketten sind nicht C-Atome, sondern CH_2-Gruppen, und der Abstand größter seitlicher Annäherung zwischen diesen Streuzentren benachbarter Moleküle ist ungefähr 3,7 Å.-E. Die Streuzentren selbst bilden eine Schichtserie parallel zur Grundebene; die senkrechte Entfernung zwischen gleichen Schichten von Zentren ist dabei $2,54 \cdot \sin \beta$ oder, im Falle der Stearinsäure, 2,30 Å-E. Man

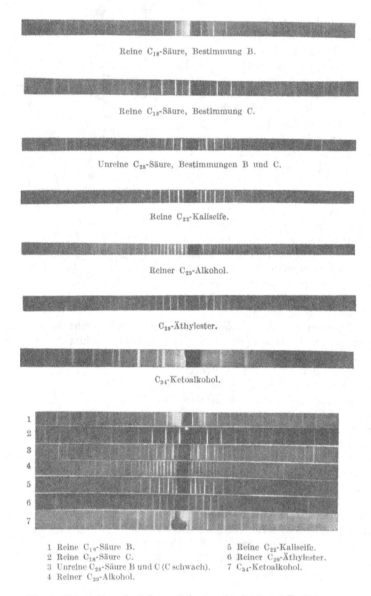

Reine C_{18}-Säure, Bestimmung B.

Reine C_{18}-Säure, Bestimmung C.

Unreine C_{28}-Säure, Bestimmungen B und C.

Reine C_{22}-Kaliseife.

Reiner C_{29}-Alkohol.

C_{29}-Äthylester.

C_{34}-Ketoalkohol.

1 Reine C_{18}-Säure B.   5 Reine C_{22}-Kaliseife.
2 Reine C_{18}-Säure C.   6 Reiner C_{29}-Äthylester.
3 Unreine C_{28}-Säure B und C (C schwach).   7 C_{34}-Ketoalkohol.
4 Reiner C_{29}-Alkohol.

Abb. 4. Gitterspektren der höheren Ordnungen langkettiger C-Verbindungen.

hat gefunden, daß — vorausgesetzt, man hat es mit homologen Reihen in derselben Kristallmodifikation zu tun — bei Verlängerung der Kette die einzige Änderung in den *Dimensionen* der Kristallstruktur ein Wachsen der *c*-Achse um 2,54 Å-E. für jedes Paar zugefügter CH_2-Gruppen ist.

Abb. 2 zeigt, daß die Querschnitte zweier Ketten die Basisebene bedecken. (Nur ein Viertel jeder Eckenkette gehört einer Zelle an.) Die Größe $ab \cdot \sin \beta$ ist der Querschnitt der zur Kettenachse senkrechten Zelle und hat für Stearinsäure den Wert $36,4 \cdot 10^{-16}$ cm². Der wirksame Querschnittinhalt jeder Kette senkrecht zur Achse ist daher 18,2 [Å.-E.]². CASPARI[1] hat Messungen an einer Reihe von Dicarbonsäuren gemacht und erhält den gleichen Wert für den Querschnitt dieser Ketten. Dieser Wert wird ein wenig vergrößert, wenn ein sehr großes Atom in das Molekül eingeschlossen ist (Bromstearinsäure). Es ist deshalb sicher, daß 18,2 [Å.-E.]² der minimale Querschnitt dichtgepackter *senkrechter* CH_2-Ketten ist.

Methode (2) ist nützlich, um gewisse Typen von Polymorphismen zu prüfen und als Standardmethode zur Bestimmung der Reinheit von Säuren. Man braucht dazu nur eine sehr geringe Menge des Stoffes, die nur genügen muß, um eine möglichst dünne Schicht auf eine Glasplatte von ungefähr 1 cm zu 5 mm zu schmieren und die Methode ist sehr schnell durchführbar. Ein schmales Bündel von Röntgenstrahlen wird von der Schicht auf einen Streifen einer photographischen Platte „reflektiert" und liefert eine Anzahl von Reflexionen verschiedener „Ordnungen", die von den identischen Kristallebenen parallel zur Flockenoberfläche herrühren. Der Abstand zweier solcher Ebenen, d. h. die Entfernung $c \cdot \sin \beta$ im Kristall ist leicht bis zu einer Genauigkeit von 0,2% meßbar. Abb. 4 zeigt typische Aufnahmen. Die wechselnde Aufeinanderfolge von starken ungeraden und schwachen geraden Ordnungen in den paar ersten Linien der Photographien von Säuren hat ihren Grund in dem Unterschied der Reflexionsstärke der COOH- und CH_3-Gruppen und ist charakteristisch für Moleküle mit *ungleichen* Endgruppen. Wenn das H-Atom durch ein schweres Atom ersetzt wird, verschwindet diese Differenz nahezu und ist natürlich in zweibasischen Säuren nicht vorhanden. Die besondere Intensitätsverteilung in der Ketosäure erlaubt in diesem Falle, die Lage des Ketosauerstoffatoms sehr genau zu bestimmen[2]. Gute Kristalle, die reinen Stoff bedeuten, zeigen besonders starke Reflexion von der Ordnung n + 2, wo n die Zahl der C-Atome in der Kette ist, und die Tatsache, daß diese hohe Ordnung so stark auftritt, ist ein gutes Zeichen für die Reinheit des Stoffes.

3. Homologe Reihen.

Die ungeraden und geraden einbasischen Säuren bilden zwei homologe Reihen, die zweibasischen Säuren zwei weitere. Jede Reihe hat einen charakteristischen Polymorphismus und für jede Modifikation wachsen die Abstände zwischen identischen Ebenen linear mit der Anzahl der C-Atome in der Kette. Die Neigungen dieser Geraden (Abb. 5) geben das Verhältnis d/2n, wo d die Zunahme des Abstandes zwischen identischen Ebenen ist, wenn n C-Atome hinzugefügt werden. Wenn die Kette reine Tetraederstruktur trägt und die End-

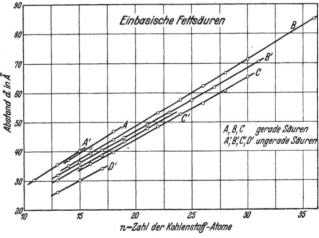

Abb. 5. Netzebenenabstände der Fettsäuren.

[1] CASPARI: Journ. chem. Soc. London **1928**, 3235.
[2] G. SHEARER: Proceed. Roy. Soc. London, Serie A, **108**, 655 (1925).

Tabelle 7. Neigungswinkel des Moleküls zur Basisebene.

Typ der Substanz	Neigungswinkel nach Methode (2)
Gerade Säure B ...	65° 12'
„ „ C ...	56° 12'
Ungerade Säure B .	56° 12'
„ „ C .	56° 12'
Normale Seifen	57°
Saure Seifen	90°
Primäre Alkohole A	90°
„ „ B	55° 40'
Äthylester	67° 30'
Ungerade Paraffine	90°
Gerade Paraffine ..	60°

gruppen ungleich sind, muß diese Größe den Wert $2{,}54 \cdot \sin \beta$ haben; dabei ist β der Neigungswinkel des Moleküls zur Basisebene. Die für verschiedene Substanzen erhaltenen Neigungen sind in Tabelle 7 wiedergegeben und man sieht, daß der von MÜLLER gegebene Wert von β für Stearinsäure gut mit dem für gerade Säuren in der B-Form gewonnenen Wert übereinstimmt.

Man hat einigen Grund, anzunehmen, daß der Tetraederwinkel in den Ketten nicht streng erhalten bleibt, aber die Abweichungen sind klein[1].

4. Polymorphismus.

Gerade gesättigte Säuren. Die reinen Säuren im Bereich von Kettenlängen, die durch Abb. 5 gegeben sind, kristallisieren aus Benzin oder Benzinalkohollösung bei Zimmertemperatur in der B-Form[2]. Wenn die Temperatur bis zu ungefähr 5° C unter dem Schmelzpunkt erhöht wird, findet Übergang zur C-Form statt, und zwar irreversibel. Die C-Form ist durch eine größere Neigung der Moleküle charakterisiert, und außerdem sind diese gegen die längere Basisachse geneigt statt gegen die kürzere, wie bei der B-Form. DUPRÉ LA TOUR[3] gibt die Neigung 50° 50' für *Palmitinsäure* in der C-Form, im Vergleich zu 56° 12' nach Tabelle 7. Beim Übergang findet keine große Änderung in den Werten der a- und b-Achsen statt.

Die A-Form ist nur bei drei Säuren gefunden worden und ist selten. Die Bedingungen, unter denen sie auftritt, sind noch unbekannt.

Ungerade gesättigte Säuren. Für Säureketten mit ungerader Anzahl der C-Atome ist die B-Form stabil, wenn n größer als 15 ist. Ist n kleiner als 15, so ist die D-Form stabil. Bei etwa 5° C unter dem Schmelzpunkt tritt ein reversibler Übergang zur C-Form ein. Trotzdem ist es möglich, die C-Form durch sehr rasches Abkühlen oder durch Hinzufügen von Verunreinigungen im metastabilen Zustand zu erhalten.

Mischungen. Das Zusammenbringen einer Säure mit einer anderen in irgendeinem Verhältnis hat allgemein die Wirkung, daß Kristalle in einer C-Form entstehen, die nur *einen* Abstand zwischen identischen Ebenen zeigen. Der Abstand ist modifiziert, wobei die Änderung beträchtlich ist, wenn eine lange Kette zu einer kurzen hinzugefügt wird. Die Änderung durch den umgekehrten Prozeß ist geringer. Sogar sehr komplizierte Mischungen zeigen nur *einen* Abstand, da sie eine kontinuierliche Reihe fester Lösungen bilden. Das Verhalten solcher Mischungen wird durch Polymorphismus sehr verwickelt und ist bis jetzt noch nicht recht geklärt[4].

Zweibasische Säuren verhalten sich ähnlich; Alkohole, Ester, Paraffine, Ketone und Seifen zeigen außerdem noch Polymorphismus und gleichförmige Zunahme der Abstände identischer Ebenen bei wachsender Kettenlänge.

Eine weitere interessante Änderung in der Kristallform wurde von MÜLLER[5] entdeckt. Bei Temperaturen von ungefähr 0,5° C unter dem Schmelzpunkt

[1] PIPER: Journ. chem. Soc. London **1929**, 234.
[2] PIPER, T. MALKIN u. H. E. AUSTIN: Journ. chem. Soc. London **129**, 2310 (1926).
[3] DUPRÉ LA TOUR: Théses. Paris. 1932.
[4] PIPER: Trans. Faraday Soc. **1929**, 87. — F. B. SLAGLE u. E. OTT: Journ. Amer. chem. Soc. **1933**, 4404.   [5] Proceed. Roy. Soc. London, Serie A, **138**, 514 (1932).

können Ketten längerer Verbindungen frei um die Kettenachse rotieren. Sie erhalten so Zylindersymmetrie, und die Kristallform ändert sich vollständig in eine solche von Schichten dichtgepackter, hexagonal angeordneter Ketten.

5. Die sogenannten Isosäuren.

SHEARER hat nachgewiesen, daß das Vorhandensein eines Ketosauerstoffatoms seitlich einer normalen Paraffinkette eine charakteristische Variation der Intensität in den verschiedenen Reflexionsordnungen hervorruft. Befindet sich das Sauerstoffatom bei der Kettenmitte, so verschwinden die geraden Ordnungen, haftet es an der Stelle, die die Kette im Verhältnis 2:1 teilt, so verschwinden die 3., 6. und 9. Ordnung, im Falle 3:1 die 4., 8. und 12. Ordnung usw. Es ist deshalb möglich, auf Grund einer Beobachtung der Intensitätsvariationen in den verschiedenen Ordnungen die Lage des Ketosauerstoffs genau zu bestimmen. Eine ähnliche, aber kompliziertere Beziehung besteht bei den Säuren: Jede Seitenkette verursacht abnormale Intensitätsvariationen in den Reflexionsordnungen. Variationen dieser Art kann man auf der Aufnahme des Ketoalkohols (Platte I, Abb. 4) sehen. Auf vielen mittels Methode (b) erhaltenen Aufnahmen treten zwei zusätzliche starke Linien auf, die nicht von Reflexionen in der 001-Ebene herrühren. Die Netzebenenabstände dieser Linien, die sogenannten „sidespacings", haben die Werte 4,13 und 3,7 Å.-E. Bei Verwendung geschmolzener Schichten treten sie fast immer auf, da die 001-Ebenen dann nicht so genau parallel zur Platte orientiert sind wie im Falle geschmierter Schichten. Die Abstände zwischen den Kristallebenen, die diese Reflexionen hervorrufen, sind durch die seitlichen Abstände zwischen den Ketten bestimmt. Die Netzebenenabstände sind deshalb für alle aliphatischen Verbindungen besonders konstant. Selbstverständlich würde das Vorhandensein einer Seitenkette auf Vergrößerung der Werte der „sidespacings" hinwirken.

Vielen der natürlichen Fettsäuren, wie der *Arachin-*, *Cerotin-*, *Montansäure*, werden bestimmte Anzahlen von C-Atomen zugeschrieben. Daß sie in mannigfacher Hinsicht von den synthetischen Säuren gleichen C-Gehaltes verschieden sind, wird gewöhnlich durch die Hypothese erklärt, daß sie Seitenketten besitzen. Z. B. hat man zwei Abarten einer Säure mit je scheinbar 24 Atomen in der Kette aus der gleichen Ausgangssubstanz gewonnen. Eine Abart entspricht gut einer 24-synthetischen Säure, die andere wurde Isosäure genannt, und man nahm an, daß sie sich durch Seitenketten, deren Längen und Lagen veränderlich sind, von der normalen synthetischen Säure unterscheidet. Röntgenstrahlenaufnahmen dieser Säuren zeigten 1. keine abnormale Intensitätsverteilung, 2. daß die „sidespacings" in beiden gleich sind, 3. die 001-Abstände verschieden sind. Die 001-Abstände der normalen Säure stimmten mit der der synthetischen Säure überein, während die der Isosäure etwa 0,5 Å. kürzer waren. Wenn die Kette um eine CH_2-Gruppe verkürzt und diese als Seitengruppe angefügt wäre, würden die Abstände um wenigstens 1 Å. kürzer gewesen sein. Die sogenannten Isosäuren hatten in Wirklichkeit alle Charakteristika einer Mischung von normalen Fettsäuren mit einer durchschnittlichen Kettenlänge von 24 C-Atomen und keines der besonderen Merkmale einer Seitenkettensäure.

Dies trifft für alle mittels Röntgenstrahlen untersuchten Isosäuren zu. Nichts spricht für das Vorhandensein von Seitenketten; alle sind wohl Mischungen von normalen Fettsäuren[1]. Darüber hinaus zeigt alles zurzeit vorhandene Material, daß sie Mischungen von geraden Fettsäuren sind. Denn ein befriedigender Beweis der Existenz irgendwelcher natürlicher Fettsäuren mit einer Kettenlänge von mehr als 12 C-Atomen besteht nicht.

---

[1] PIPER, CHIBNALL u. WILLIAMS: Biochemical Journ. **1934**, 2175.

Alternieren. Es sind Theorien gegeben worden, die das Alternieren der Eigenschaften der geraden und ungeraden Verbindungen mit der Packung der Ketten und ihrer Molekülköpfe in Zusammenhang bringen, aber bis jetzt fehlt eine befriedigende experimentelle Bestätigung[1].

b) Die Ausbreitung monomolekularer Filme.

Wenn die Moleküle einer unlöslichen Substanz Gruppen besitzen, die eine stärkere Anziehung für Wasser als füreinander haben, so kann man erwarten, daß die Substanz, falls sie leichter als Wasser ist, einen dünnen Film auf der Wasseroberfläche bildet. Diese Erscheinung wird von ADAM in „Physics and Chemistry of Surfaces"[2] ausführlich diskutiert; die folgenden Tatsachen sind seinem Buche entnommen.

Die am meisten untersuchten monomolekularen Filme sind die der Fettsäuren und ihrer Ester und lassen sich in verschiedene Gruppen einteilen. Wenn

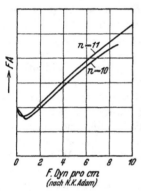

die Moleküle dichtgepackt sind, so stehen sie senkrecht auf der Wasseroberfläche, mit den polaren Gruppen nach unten, und der Film widersetzt sich stark einer Verkleinerung seines Flächeninhalts (kondensierte Filme). Wenn die gegenseitige Anziehung der Ketten klein und der Film in seiner Ausdehnung nicht besonders beschränkt ist, liegen die Moleküle flach auf dem Wasser und bewegen sich frei auf seiner Oberfläche (gasförmige Filme). In einem Zwischenzustand können sich die Moleküle in kleinen Inseln mit großen, leeren Wasserflächen zwischen ihnen anordnen.

Abb. 6. Kompressionskurve eines „gasförmigen" Films.

Monomolekulare Filme verhalten sich wie eine *zweidimensionale* Substanz. Für sie sind die Beziehungen zwischen dem Flächeninhalt, dem Lineardruck[3], und der Temperatur untersucht worden. Der Film wird dadurch erzeugt, daß man die Säure, in Benzinlösung, auf die Wasseroberfläche tropft, wo das Lösungsmittel verdampft. Der Flächeninhalt des verbleibenden Säurefilms kann mittels zweier Glasstreifen verändert werden, von denen der eine auf der Wasseroberfläche und den Wänden des Troges ruht. Die Kraft wird mit einer empfindlichen Torsionswaage gemessen, die noch auf eine Kraft von 0,01 Dyn anspricht[4] und mit dem zweiten, auf dem Wasser schwimmenden, Streifen verbunden ist.

Für einen gasförmigen Film mit zwei Freiheitsgraden wird die Gasgleichung (mit $F =$ Lineardruck[3], $A =$ Flächeninhalt des Films)

$$FA = kT.$$

Dabei ist kT bei Zimmertemperatur ungefähr 400, wenn als Flächeneinheit eine quadratische Å.E. (10^{-16} cm²) gewählt wird.

ADAMS Kurven für Decyldicarbonsäuren und Undecyldicarbonsäuren sind in Abb. 6 gegeben; sie sind mit der Form der pv, p-Kurven für CO_2 vergleichbar. Die Gaskonstante für ein zweidimensionales Gas stimmt mit einer Genauigkeit von 10% mit der für ein wirkliches Gas überein.

Abb. 7 stellt nach ADAM die Beziehung zwischen Lineardruck und Flächeninhalt eines typischen kondensierten Films dar. Bei niedrigem Druck hat der

[1] MÜLLER: Proceed. Roy. Soc. London, Serie A, **124**, 317 (1929). — MALKIN: Journ. chem. Soc. London **1931**, 2796.   [2] Oxford University Press 1930.
[3] Lineardruck = Kraft pro Längeneinheit senkrecht zum Filmrand, in der Ebene der Wasseroberfläche.   [4] Siehe ADAM, a. a. O.

Film Inseltyp, wenn aber die Inseln aneinandergedrängt werden, wird er zu einem dichtgepackten. Sind die Moleküle einmal miteinander in Berührung, so wächst bei kleinster Änderung der Filmoberfläche der Druck außerordentlich stark. Extrapoliert man den steilen Teil der Kurve, so schneidet dieser die Abszissenachse genau bei 20,5 [Å.-E.]², und dies muß der Flächeninhalt des von einem einzelnen Molekül in dem dichtgepackten Film eingenommenen Querschnitts bei verschwindendem Druck sein. Wenn die Moleküle unter einem Winkel von 63° 30′ gegen die Wasseroberfläche geneigt sind, so entspricht dieser Flächeninhalt einem Querschnitt von 18 [Å.-E.]², und dieser Wert wird auch von MÜLLER für das Molekül der Stearinsäure in einem *Kristall* angegeben. Moleküle, deren Endgruppen einen größeren Flächeninhalt haben als der Kettenquerschnitt, lassen sich nicht so dicht packen; so variieren die Moleküle dichtgepackter Filme zwischen 20,5 [Å.-E.]² für Säuren und 52 für Hydrolecithin.

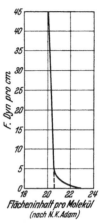

Abb. 7. Abhängigkeit des Druckes von der Größe der Filmoberfläche.

Abb. 8 veranschaulicht wiederum nach ADAM das Verhalten von Säuren während des Übergangs von gasförmigen über flüssige zu festen Filmen. Dieses Verhalten ist ein gutes zweidimensionales Analogon zu dem Verhalten einer Substanz wie CO_2, nur ist die Temperaturänderung durch eine Variation in der Kettenlänge zu ersetzen. Einer zugefügten CH_2-Gruppe entspricht etwa ein Temperaturanstieg um 10°. Die genannten Kurven machen auch das Ansteigen der Kohäsion der Moleküle bei wachsender Kettenlänge deutlich; dabei treten ein Oberflächendampfdruck und flüssige Filme erst bei Tridecylsäure auf.

LANGMUIR hat gezeigt, daß die Adsorptionsarbeit für jede CH_2-Gruppe, die zur Kette hinzugefügt wird, um einen konstanten Betrag steigt: Die Ketten sind wahrscheinlich bestrebt, flach auf der Wasseroberfläche zu liegen, denn das ist die einzige Lage, in der die Beziehung jeder CH_2-Gruppe zum Wasser dieselbe ist. Auch Moleküle mit mehr als einer wasserlöslichen Gruppe bilden gute gasförmige Filme und das Vorhandensein von zwei oder mehr Klebstellen wird darauf hinwirken, daß die Moleküle flach auf dem Wasser liegen.

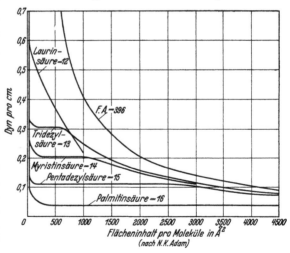

Abb. 8. Übergänge von gasförmigen über flüssige zu festen Filmen.

Spontanes Ausbreiten. Eine Substanz wird sich unter Umständen an der *Oberfläche* einer Flüssigkeit leichter als irgendwo in ihr auflösen, weil sie sich dort ausbreiten kann[1]. Sie bildet eine monomolekulare Schicht und hört auf sich auszubreiten, wenn der Film vollkommen ausgebildet ist und einen Oberflächendruck von bestimmtem Betrag F_Δ erreicht hat. Dieses Ausbreiten findet nur oberhalb einer bestimmten Temperatur statt. Aber der Oberflächendruck wächst,

---

[1] VOLMER u. MAHNERT: Ztschr. physikal. Chem. **115**, 239 (1925).

wenn er einmal da ist, gleichförmig mit der Temperatur, bis die Substanz schmilzt; dann beginnt er abzunehmen. Der Druck ist im allgemeinen für *kürzere* Ketten größer.

Emulsionsfähigkeit. Die Bildung einer Emulsion von A in B oder von B in A wird durch die Bildung einer Oberflächenschicht einer dritten Substanz auf den Tropfen gefördert. Dieses die Emulsion hervorrufende Agens muß eine Oberflächenschicht mit innerer mechanischer Kraft und niedriger Oberflächenspannung bilden. Da nun die langen Kettenverbindungen leicht monomolekulare Filme bilden, sind sie ein gutes, eine Emulsion hervorrufendes Agens. Die Stabilität von Paraffin-Wasseremulsionen veranschaulicht ihre Wirkungsweise. Die wasserlösliche Gruppe der langen Kettenverbindung klebt am Wasser und bildet einen dichtgepackten Film um die Tropfen herum. Wenn die Molekülköpfe einen kleineren Querschnitt haben als die Ketten, wird der Film konkav sein mit den Köpfen nach unten und erzeugt Wasser in Paraffinemulsion. Wenn die Köpfe größer sind, wird der Film konvex auf der Wasserseite sein und Paraffin in Wasseremulsion erzeugen. So geben Seifen Öl-in-Wasseremulsion, Calciumsalze aber, die zwei Ketten an dem Ca-Kopf tragen, bilden Wasser-in-Paraffinemulsion.

Tabelle 8 veranschaulicht nach RIDEAL[1] die Umwandlung einer Emulsionsform in eine andere.

Tabelle 8. Emulsionstyp für Atome verschiedenen Durchmessers.

Metallion	Atomdurchmesser	Emulsionstyp
Cs	4,75 A.-E.	Öl in Wasser
K	4,15 „ „	„ „ „
Na	3,55 „ „	„ „ „
Ag	3,55 „ „	Wasser in Öl
Ca	3,40 „ „	„ „ „
Mg	2,85 „ „	„ „ „
Zn	2,65 „ „	„ „ „
Al	2,70 „ „	„ „ „
Fe	2,80 „ „	„ „ „

CLOWES[2] erzeugte durch gleichzeitiges Zufügen von Na- und Ca-Salzen im Verhältnis 4:1 eine Emulsion von Öl und Wasser, die in der Weise unstabil war, daß ein kleiner Überschuß von Natrium Öl-in-Wasser bildete und umgekehrt. Das die Emulsion erzeugende Agens soll im allgemeinen unlöslich sein, und je länger die Kette ist, desto mehr ist das auch der Fall.

E. Bestimmung der Einzelbestandteile in Fettsäuregemischen.

Von T. P. HILDITCH, Liverpool.

Die Bestimmung der einzelnen Fettsäuren in den Säuregemischen aus natürlichen Fetten ist eine sehr schwierige Aufgabe. Selten nur bestehen sie aus drei oder vier Komponenten; häufig beträgt die Zahl der in einem einzigen Fett vorkommenden Säuren sieben oder acht, mitunter sogar fünfzehn oder noch mehr. Das Molekulargewicht dieser Fettsäuren liegt zwischen 88 und über 300, ihre Jodzahl zwischen 0 und zirka 400. Allein mit Hilfe der Jod- und Verseifungszahl läßt sich also die quantitative Analyse der Fettsäuregemische nicht durchführen. Nur bei den relativ einfach zusammengesetzten, aus Glyceriden der Palmitin-, Stearin-, Öl- und Linolsäure bestehenden Fetten kann man auf Grund der Verseifungszahl und der Jodzahl der über die Bleisalze abgetrennten „flüssigen" und „festen" Fettsäuren gewisse Schlüsse über ihre Zusammensetzung ziehen. Bei den komplizierter zusammengesetzten Fetten, d. h. praktisch bei ihrer Mehrzahl, genügen die erwähnten Methoden bei weitem nicht, um ihre prozentuale

[1] RIDEAL: Surface Chemistry, S. 114.   [2] Journ. physical Chem. 29, 407 (1916).

Fettsäurezusammensetzung zu ermitteln. Die Analyse solcher Säuregemische ist äußerst schwierig, hauptsächlich deswegen, weil sich die einzelnen Fettsäuren in ihrem chemischen und physikalischen Verhalten oft nur wenig unterscheiden.

Erst in der letzten Zeit wurde eine Methode ausgearbeitet, welche auch die quantitative Analyse solcher komplizierter Säuregemische gestattet; sie beruht auf der fraktionierten Hochvakuumdestillation der Methyl- oder Äthylester der mittels der Bleisalzmethoden in die „gesättigten" und „ungesättigten" getrennten Säuregemische.

1. Trennung der festen und flüssigen Fettsäuren mit Hilfe der Bleisalze.

Die aus den Lehrbüchern der Fettanalyse allgemein bekannte Methode der Trennung der Fettsäuregemische in „flüssige" und „feste" Fettsäuren durch Extraktion ihrer Bleisalze mit Äther ist von GUSSEROW im Jahre 1828 vorgeschlagen und von VARRENTRAPP im Jahre 1840[1] weiter ausgebaut worden. Einzelheiten über das Verfahren finden sich bei LEWKOWITSCH[2] und in zahlreichen anderen Lehrbüchern.

Die „festen", nach dieser Methode isolierten Säuren können aber noch 10 bis 15% Ölsäure enthalten, die „flüssigen" etwas Palmitinsäure und größere Mengen Myristinsäure oder andere niedriger molekulare gesättigte Säuren.

Eine verbesserte, ebenfalls allgemein bekannte Methode der Bleisalztrennung wurde später von TWITCHELL[3] ausgearbeitet und dann von W. F. BAUGHMAN und G. S. JAMIESON[4] modifiziert.

Die Trennungsmethode von TWITCHELL eignet sich nach T. P. HILDITCH und J. PRIESTMAN[5] nicht für Fette, welche Laurinsäure und andere niedrigmolekulare gesättigte Säuren oder feste ungesättigte Fettsäuren mit über 18 C-Atomen enthalten. Bestehen dagegen die Fettsäuren nur aus Palmitin-, Stearin-, Ölsäure (oder Isoölsäure), Linolsäure und Linolensäure, und enthalten sie nicht über 3—5% Myristinsäure, so sind die nach der Methode ermittelten gesättigten Fettsäuren bis auf 1—2% richtig. Mit der gleichen Genauigkeit ist das Verfahren mit einigen Modifikationen bei hydrierten, Isoölsäure enthaltenden Säuregemischen anwendbar[6].

Bei Gemischen von Palmitinsäure, Myristinsäure (oder Stearinsäure), Öl- und Linolsäure können die Einzelbestandteile aus der Verseifungs- und Jodzahl der nach TWITCHELL isolierten „festen" und „flüssigen" Fettsäuren annähernd bestimmt werden. Der so ermittelte Gehalt an gesättigten Säuren wird allerdings etwas zu niedrig ausfallen, weil ein kleiner Teil Palmitin- und Myristinsäure in den „flüssigen" Säuren verbleibt; aus dem gleichen Grunde wird der aus der Jodzahl berechnete Linolsäuregehalt zu niedrig, der Ölsäuregehalt zu hoch sein[7].

Auf die Vorschläge zur Trennung der festen und flüssigen Säuren über die Kaliumsalze[8], Ammoniumsalze[9], Thalliumsalze[10] und Lithiumsalze[11] kann hier nur hingewiesen werden. Die Lithiumsalz-Trennungsmethode wurde häufig zur Trennung der hochungesättigten Fettsäuren aus Seetierölen verwendet.

[1] GUSSEROW: Arch. Pharm. 27, 153 (1828). — F. VARRENTRAPP: LIEBIGS Ann. 35, 197 (1840).
[2] Chemical Technology and Analysis of Oils, Fats and Waxes, Bd. I, S. 556, 6. Aufl. 1921.   [3] Ind. engin. Chem. 13, 806 (1921).
[4] Journ. Oil Fat Ind. 7, 331 (1930).   [5] Analyst 56, 354 (1931).
[6] L. V. COCKS, B. C. CHRISTIAN u. G. HARDING: Analyst 56, 368 (1931).
[7] Eine Bibliographie der zahlreichen Vorschläge zur Modifikation der GUSSEROW-VARRENTRAPP-Methode hat BERTRAM (Ztschr. Dtsch. Öl-Fettind. 45, 733 [1925]) zusammengestellt.   [8] DE WAELE: Analyst 39, 389 (1914).
[9] DAVID: Compt. rend. Acad. Sciences 151, 756 (1910).
[10] D. HOLDE u. Mitarbeiter: Ztschr. Dtsch. Öl-Fettind. 44, 277, 298 (1924).
[11] M. TSUJIMOTO: Journ. Soc. chem. Ind. Japan 23, 272 (1920).

2. Trennung der gesättigten Fettsäuren durch oxydativen Abbau der ungesättigten Fettsäuren. (BERTRAMsche Methode.)

Zur Bestimmung der höheren gesättigten Fettsäuren in Fettsäuregemischen hat BERTRAM[1] eine Methode vorgeschlagen, die auf der Überführung der ungesättigten Säuren in ein Gemisch von Dioxystearinsäure, Sativin-, Azelain-, Nonan-, Propionsäure und andere niedere Säuren durch Oxydation mit verdünntem alkalischem Permanganat beruht. Die unverändert gebliebenen gesättigten Fettsäuren werden von der Dioxystearinsäure und Hauptmenge der Azelainsäure durch Extraktion mit Petroläther getrennt und hierauf durch Fällung in Form ihrer Magnesiumsalze gereinigt[2]. Die Methode[3] eignet sich nicht für Fette, welche Laurinsäure u. dgl. niedere Fettsäuren oder ungesättigte Säuren enthalten, welche zu Laurinsäure abgebaut werden. Die Methode ist also in ihrer Anwendung ähnlich beschränkt wie die TWITCHELLsche. In Gemischen von Palmitin-, Stearin-, Arachin-, Öl- und Linolsäure lassen sich aber die gesättigten Säuren mit einer Genauigkeit von 0,1—0,7% bestimmen. Im allgemeinen zeigen aber die nach BERTRAM isolierten gesättigten Säuren noch Jodzahlen von 1,5 bis 5[4]. Bessere Resultate liefert die Methode, wenn die Oxydation, statt nach der BERTRAMschen Vorschrift unter 25°, bei 35—50° [4] oder bei noch höherer Temperatur[5] (60—80°) durchgeführt wird, soweit allerdings die Fettsäuren nicht über 5% Myristinsäure enthalten.

Wahrscheinlich liefert die BERTRAMsche Methode häufig genauere Werte für die gesättigten Säuren als das Bleisalztrennungsverfahren; auch der Gehalt an Öl- und Linolsäure läßt sich deshalb aus der Jodzahl genauer berechnen als bei der TWITCHELL-Methode. Bei Gemischen von Palmitin-, Stearin-, Öl- und Linolsäure erreicht die Methode eine Genauigkeit von 1—2%.

3. Bestimmung der ungesättigten Fettsäuren in Verbindung mit den unter 1 und 2 erwähnten Trennungsmethoden.

Liegen nur Öl- und Linolsäure vor, so können sie, wie oben erwähnt, aus der Jodzahl der „flüssigen" oder der Gesamtsäuren berechnet werden; die Genauigkeit wird aber beeinträchtigt durch kleine Mengen gesättigter Säuren, die in den „flüssigen" Säuren noch enthalten sind.

α) Bromierung.

Die Bestimmung von Öl- und Linolsäure oder von Öl-, Linol- und Linolensäure kann durch Behandeln der „flüssigen" oder der Gesamtsäuren mit Brom in Äther, Abfiltrieren der gebildeten ätherunlöslichen Hexabromide und Kristallisation des nach Verdampfen des Filtrats verbliebenen Rückstandes aus Petroläther erfolgen[6]. Aus der Brombestimmung im ätherunlöslichen Teil und in den Einzelfraktionen usw. läßt sich der Gehalt an Hexa-, Tetra- und Dibromstearinsäure ermitteln (vorausgesetzt daß jede Einzelfraktion nur Hexa- und Tetra-, bzw. nur Tetra- und Dibromstearinsäuren enthält). Die Methode ist sehr mühselig, und es ist recht zweifelhaft, ob ihre Resultate besonders zuverlässig sind.

---

[1] S. Anm. 7, S. 61.
[2] Einzelheiten s. „Einheitliche Untersuchungsmethoden für die Fett- und Wachsindustrie". Stuttgart. 1930.   [3] BERTRAM: Chem. Weekbl. **24**, 320 (1927).
[4] S. Anm. 5, S. 61.   [5] P. J. GAY: Journ. Soc. chem. Ind. **51**, 126 T (1932).
[6] O. HEHNER u. C. A. MITCHELL: Analyst **23**, 313 (1898). — A. EIBNER u. H. MUGGENTHALER: Farben-Ztg. **18**, 235, 356, 411, 466, 523, 582, 641 (1912). — A. GEMMELL: Analyst **39**, 297 (1914). — J. LEWKOWITSCH: Chemical Technology and Analysis of Oils, Fats and Waxes, Bd. I, S. 585—588, 6. Aufl. 1921. — A. EIBNER: Farben-Ztg. **26**, 1314 (1921). — A. EIBNER u. K. SCHMIDINGER: Chem. Umschau Fette, Öle, Wachse, Harze **30**, 297 (1923).

Durch Bromierung lassen sich auch die hochungesättigten Arachidon- und Klupanodonsäure bestimmen; nur muß man dann die ätherunlöslichen Polybromide aus Benzol umkristallisieren (die Octa- und Dekabromide sind in Benzol unlöslich).

AD. GRÜN und JANKO[1] trennten die gesättigten und ungesättigten Säuren nach der „Bromester-Methode": Man verwandelt das Fett in die Methyl- oder Äthylester, behandelt diese mit Brom und destilliert die viel niedriger als die bromierten Ester siedenden Ester der gesättigten Säuren aus dem Gemisch ab.

Bei Gegenwart mehrfach-ungesättigter Säuren müssen deren Bromide vor der Destillation aus dem Gemisch entfernt werden. Die Fraktionierung geht weniger glatt, wenn die Probe zum größten Teil aus ungesättigten Säuren besteht, und es müssen dann dem bromierten Gemisch der Ester gewogene Mengen eines gesättigten Säureesters zugefügt werden. Mit den gesättigten Estern gehen bei der Fraktionierung höchstens 4% ungesättigter Ester über.

Das Verfahren wurde auch zur Isolierung in geringen Mengen in Fetten vorkommender Säuren herangezogen[2].

β) Die Kaufmannsche Rhodanzahlmethode.

Rhodan $(CNS)_2$, lagert sich nach H. P. KAUFMANN[3] in gleicher Weise an die Doppelbindungen der ungesättigten Fettsäuren an wie Halogen; im Gegensatz zu Halogen verläuft aber die Rhodanaddition selektiv, indem Ölsäure, Petroselinsäure, Ricinolsäure und Erucasäure je ein Molekül Rhodan anlagern, Linolensäure zwei Moleküle, Linolsäure aber ebenfalls nur ein Molekül. In Verbindung mit der Jodzahl kann man also nach der „Rhodanjodzahl" den Öl-, Linol- und Linolensäuregehalt berechnen. In aus gesättigten Säuren (G), Ölsäure (O), Linolsäure (L) und Linolensäure (Le) bestehenden Fettsäuregemischen werden die einzelnen Komponenten nach folgenden Gleichungen berechnet:

$$G + O + L + Le = 100.$$
$$90,1\,O + 181,4\,L + 274,1\,Le = 100\,I \quad (I = \text{Jodzahl}).$$
$$90,1\,O + 90,7\,L + 182,8\,Le = 100\,RhZ \quad (RhZ = \text{Rhodanzahl}).$$

Besonders häufig wurde die Methode bei der Analyse von Leinöl- und Sojabohnenölfettsäuren angewandt.

Die Richtigkeit der bei Leinöl erhaltenen Resultate wurde zwar von W. KIMURA[4] und von H. N. GRIFFITHS und T. P. HILDITCH[5] bestätigt, anderseits aber auch stark angezweifelt[6]. Die Methode hat sich zweifellos in zahlreichen Fällen als sehr wertvoll erwiesen, trotzdem ist es noch unsicher, ob die von KAUFMANN beobachtete Selektivität der Rhodananlagerung bei sämtlichen Fettsäuren mit 2 oder 3 Doppelbindungen in Erscheinung tritt.

Die Ergebnisse der Rhodanzahlbestimmungen haben u. a. bewiesen, daß die durch Bromierung isolierten Hexabromstearinsäuren in keinem Falle der gesamten, in den Fettsäuren enthaltenen Linolensäure entsprechen. Leider ist es

---

[1] Näheres s. AD. GRÜN: Analyse der Fette und Wachse, Bd. I, S. 223. Berlin: Julius Springer. 1925.

[2] GRÜN u. WIRTH: Ber. Dtsch. chem. Ges. **55**, 2197 (1922). — FRICKE: Ztschr. Dtsch. Öl-Fettind. **42**, 297 (1922). — M. TSUJIMOTO: Chem. Umschau Fette, Öle, Wachse, Harze **31**, 244 (1924).

[3] Arch. Pharm. **263**, 675 (1925); Ztschr. Unters. Lebensmittel **51**, 17 (1926); Ztschr. angew. Chem. **41**, 19, 1046 (1928); Seifensieder-Ztg. **35**, 297 (1928). — H.P. KAUFMANN u. M. KELLER: Ztschr. angew. Chem. **42**, 20, 73 (1929); Chem. Umschau Fette, Öle, Wachse, Harze **38**, 203 (1931).

[4] Journ. Soc. chem. Ind. Japan **32**, 138 (1929).

[5] H. N. GRIFFITHS u. T. P. HILDITCH: Journ. chem. Soc. London 2315 (1932); Journ. Soc. chem. Ind. **53**, 75 T (1934).

[6] H. VAN DER VEEN: Chem. Umschau Fette, Öle, Wachse, Harze **38**, 117, 203 (1931). — J. A. B. SMITH u. A. C. CHIBNALL: Biochemical Journ. **26**, 218 (1932).

nicht leicht, reine Linolensäure herzustellen, es fehlt deshalb ein Standard, an dem man die Zuverlässigkeit der Methode genauer prüfen könnte.

γ) Bestimmung von Ölsäure mit Hilfe der Elaidinreaktion.

Ölsäure läßt sich, auch im Gemisch mit Linol- und Linolensäure, durch Behandeln mit Stickoxyden, bei der sie zu etwa 65% in Elaidinsäure übergeht, bestimmen[1]. Bei Oliven-, Baumwollsamen- und Teesamenöl-Fettsäuren wurden mit der Methode gleiche Resultate erzielt wie bei der fraktionierten Vakuumdestillation der Fettsäuremethylester, der genauesten, zur Verfügung stehenden Methode; die Anwendung der Methode auf Leinöl und Sojabohnenöl lieferte mit der Rhodanjodzahlanalyse ziemlich gut übereinstimmende Werte. Jedoch übertrifft die Genauigkeit der Ölsäurebestimmung durch Elaidinierung nicht ± 2—3%.

Eine völlig befriedigende Methode zur Bestimmung von drei verschiedenen ungesättigten Fettsäuren der gleichen Reihe, z. B. von drei C_{18}-Säuren, gibt es also nach obigem noch nicht.

4. Bestimmung der Fettsäuren durch fraktionierte Destillation ihrer Methylester.

Diese Methode wurde ursprünglich von A. HALLER und YOUSUFFIAN[2] vorgeschlagen, die die Glyceride durch Erhitzen mit der äquivalenten Menge Natriummethylat unmittelbar in die Methylester überführten, ein Verfahren, das aber nicht sehr genaue Ergebnisse liefert. Die Fraktionierung der Methylester der höheren Fettsäuren war in ihrem Frühstadium tatsächlich aus verschiedenen Gründen nicht frei von Mängeln. Die Technik wurde jedoch bald verbessert. Eine Mitteilung von E. F. ARMSTRONG, J. ALLAN und C. W. MOORE[3] über die Fettsäuren des Cocosöles brachte einen wichtigen Fortschritt. Diese Forscher betonen die folgenden Punkte:

1. Die gemischten Fettsäuren sollen zunächst in üblicher Weise aus dem Fett isoliert und, sofern ihre Jodzahl über 20 beträgt, in „feste" und „flüssige" Säuren getrennt werden, und zwar durch Kristallisation aus 70%igem wäßrigen Alkohol, nach GUSSEROW-VARRENTRAPP, oder durch eine Kombination beider Methoden.

2. Die Fraktionierung soll soweit getrieben werden, daß jede Einzelfraktion annähernd ein individueller Ester ist (oder, richtiger gesagt, im wesentlichen nur einen gesättigten Ester neben Ölsäureester enthält).

3. Sind die in den Einzelfraktionen vorhandenen Säuren isoliert und endgültig identifiziert, ist es zulässig, die Zusammensetzung der Zwischenläufe zu berechnen unter der Annahme, daß diese die in den Hauptfraktionen vorhandenen und identifizierten Fettsäuren enthalten.

Diese Regeln sind auf viele Fettsäuregemische von verhältnismäßig einfacher Zusammensetzung, wie sie beispielsweise im Talg, Palmöl, Baumwollsaatöl, Sojaöl und zahlreichen anderen Ölen vorkommen, anwendbar. Ist die Zahl der Fettsäuren groß und einige davon nur in kleinen Mengen anwesend, so genügt die Einhaltung dieser Regeln nicht mehr. Aber durch sorgfältige Fraktionierung und Refraktionierung gelangt man schließlich auch in solchen Fällen zu einer Serie von Esterfraktionen, deren jede nur zwei gesättigte Ester, mit ungesättigten Estern nur einer Gruppe, z. B. der C_{18}-Gruppe, enthält; in den Esterfraktionen aus manchen Fischölen findet man manchmal zwei gesättigte und zwei ungesättigte Ester, z. B. Methylmyristat und -palmitat neben Methylpalmitoleat und

---

[1] S. Anm. 5, S. 63.   [2] Compt. rend. Acad. Sciences **143**, 803 (1906).
[3] Journ. Soc. chem. Ind. **44**, 63 T (1925).

-oleat. In der Regel genügt also zur Feststellung der in jeder Fraktion enthaltenen Säuremengen die Bestimmung der Jodzahl und des Verseifungsäquivalents; sonst, d. h. bei den komplizierten zusammengesetzten Fraktionen, müssen diese Analysen durch die Oxydation mit Kaliumpermanganat in Aceton ergänzt werden, um ihren Gehalt an gesättigten Säureestern zu ermitteln.

Daß die Methode auch für die Untersuchung der komplizierten Fettsäuregemische aus Butterfetten geeignet ist, wurde von T. P. HILDITCH und Frl. E. E. JONES[1] gezeigt. Bei der Milchfettuntersuchung beginnt man zweckmäßig mit der Abtreibung der flüchtigen Fettsäuren mit Wasserdampf und unterwirft diese für sich der fraktionierten Destillation. Über die Art der Ausführung solcher Analysen orientieren u. a. Veröffentlichungen des Verfassers mit E. E. JONES[1] (Butterfett), J. A. LOVERN[2] (Spermöle), B. C. CHRISTIAN[3] (Samenfette), G. COLLIN[4] (Nußfette) und mit K. D. GUHA und J. A. LOVERN[5] (Fischleberöle). Der Versuchsfehler darf bei diesen Analysen normalerweise $\pm 1\%$ nicht überschreiten; er wird bei relativ einfach zusammengesetzten Säuregemischen vielleicht nur einige Zehntel Prozent betragen, bei Fischölsäuren u. dgl. dürften die Resultate nur bis auf 2—3% genau sein.

Einzelheiten des Verfahrens.

Man beginnt mit der Trennung in die „festen" und „flüssigen" Fettsäuren. Die „festen" Säuren sollen die gesamte Stearinsäure oder die höheren gesättigten Säuren, fast die ganze Palmitinsäure, einen erheblichen Teil der Myristinsäure, kleinere Mengen der niedrigermolekularen gesättigten Säuren und höchstens 5—8% Ölsäure enthalten; die „flüssigen" Säuren enthalten die ungesättigten Säuren, neben kleinen Mengen Capryl- bis Myristinsäure, sowie Spuren von Palmitinsäure. Je nach der Zahl der Fettsäuren verwendet man für die Analyse 200—500 g Substanz; bei relativ einfachen Säuregemischen genügen auch 100 g.

Die Bleisalztrennung wird durch Auflösen der Säuren (200 g) in 95%igem Alkohol (1000 cm³) und Vermischen der siedend heißen Lösung mit einer siedenden Lösung von Bleiacetat (150 g) in mit 1% Eisessig versetztem 95%igem Alkohol (1000 cm³) vorgenommen[6]. Die beim Stehen über Nacht bei 15⁰ ausgeschiedenen Bleisalze werden aus dem dem ursprünglich verwendeten gleichen Volumen Alkohol umkristallisiert. Aus den umkristallisierten Bleisalzen scheidet man die „festen", aus dem Verdampfungsrückstand der Mutterlaugen die „flüssigen" Fettsäuren aus. Die Veresterung erfolgt durch Kochen mit dem doppelten Gewicht Methylalkohol in Gegenwart von 2% konz. Schwefelsäure; der nicht veresterte Anteil wird mit verdünnter Pottaschelösung ausgewaschen. Normalerweise wird eine 97—98%ige Veresterung erzielt.

Bei Gemischen mit relativ hohem Gehalt an Palmitin-, Öl- und Linolsäure genügt es gewöhnlich, eine größere erste Fraktion bei der Destillation aufzufangen und sie dann durch nochmalige Destillation in engere Fraktionen zu zerlegen; der Rückstand der primären Destillation wird das Unverseifbare enthalten, das man auf bekanntem Wege, durch Behandeln der wäßrigen Lösung der Kalisalze mit Äther, entfernen kann. In den vom Unverseifbaren befreiten Fettsäuren bestimmt man die Säure- und Jodzahl und berechnet aus der Verseifungs- und Jodzahl der Methylester und Säure- und Jodzahl der vom Unverseifbaren befreiten Säuren den Gehalt an Unverseifbarem.

---

[1] Analyst **54**, 75 (1929); siehe auch Biochemical Journ. **28**, 779 (1934).
[2] Journ. Soc. chem. Ind. **47**, 105 T (1928).   [3] Biochemical Journ. **23**, 327 (1929).
[4] Journ. Soc. chem. Ind. **49**, 138 T, 141 T (1930).   [5] Biochemical Journ. **24**, 266 (1930).
[6] In Gegenwart von Eisessig läßt sich Ölsäure weit besser aus den „festen" Säuren entfernen; allerdings gelangt dann etwas mehr Palmitin- und Myristinsäure in die „flüssigen" Säuren (BANKS).

Bei der Untersuchung der Fettsäuren aus Milchfetten oder Seetierölen sind noch folgende ergänzende Operationen vorzunehmen:

a) Milchfette. Die Fettsäuren aus 500 g Milchfett werden zunächst, zwecks Abtreibens von Buttersäure und Capronsäure, 4—5 Stunden mit Wasserdampf destilliert; hierbei werden kleine Mengen Capryl- und Caprinsäure und Spuren von Ölsäure mitgerissen. Das Destillat wird in Äther aufgenommen und nach Abtreiben des Äthers unter Normaldruck fraktioniert; im Rückstand bestimmt man die Säure- und Jodzahl und berechnet auf Grund der letzteren den mit dem Destillat übergegangenen Ölsäureanteil. Die wäßrige Schicht des Destillats wird mit Alkali titriert und das verbrauchte Alkali als Buttersäure berechnet. Im übrigen erfolgt die Analyse nach den oben angegebenen Vorschriften.

b) Seetieröle. Am schwierigsten lassen sich nach der Fraktionierungsmethode die Trane analysieren, was man auf folgendes zurückführen muß:

1. die sehr hohe Zahl der vorhandenen Fettsäuren;

2. die leichte Oxydations- und Polymerisationsfähigkeit der hochungesättigten C_{20}- und C_{22}-Säuren;

3. die Gegenwart von einfach-, vielleicht auch zweifach-ungesättigten C_{14}- und C_{16}-Säuren, und

4. die geringe Löslichkeit der Bleisalze der einfach-ungesättigten C_{20}- und C_{22}-Säuren.

Man fängt zunächst bei der Destillation der Alkylester vier Fraktionen auf; diese werden dann nochmals, jede für sich, fraktioniert, wobei Gemische erhalten werden, die meist einfach genug sind, um ihre Zusammensetzung auf Grund der Verseifungs- und Jodzahl zu ermitteln.

Die hochungesättigten Säureester müssen sehr schnell destilliert und die übergegangenen Fraktionen unter Stickstoff aufbewahrt werden. Ihre Jodzahl wird gleich nach erfolgter Destillation bestimmt. Allerdings können die hochungesättigten Ester schon während der Destillation teilweise polymerisieren, was sich durch die fortschreitende Jodzahlabnahme der höhersiedenden Fraktionen und die Eigenschaften des Destillationsrückstandes zu erkennen gibt.

Die niedrigersiedenden Fraktionen bestehen mitunter aus Gemischen von zwei gesättigten mit zwei ungesättigten Estern; man ist dann genötigt, durch Permanganat-Aceton-Oxydation den Gehalt der gesättigten Säuren sowie ihre Kennzahlen zu bestimmen. Die höhersiedenden, aus ungesättigten Estern der C_{20}- und C_{22}-Reihe bestehenden Fraktionen sind häufig zum Teil polymerisiert, ihr Gehalt an C_{20}- und C_{22}-Säuren läßt sich deshalb besser nach der Verseifungs- als nach der Jodzahl berechnen.

In der nachstehenden Tabelle sind zur Illustration des Verfahrens die Ergebnisse der Fraktionierung der Fettsäuren eines neufundländer Dorschleberöles wiedergegeben[1].

Vielfach wird die fraktionierte Destillation der Fettsäureester auf die „festen" Säuren beschränkt. In diesen Fällen werden sie sorgfältig von Ölsäure befreit, die, soweit angängig, in die „flüssigen" Säuren herübergenommen wird. Die „flüssigen" Säuren werden dann (sofern sie allein aus Linol- und Ölsäure bestehen) aus der mittleren Jodzahl bestimmt, oder (wenn höherungesättigte Fettsäuren vorliegen) außerdem durch Ermittlung der unlöslichen Hexabromide; oder die „flüssigen" Säuren werden bromiert und die Bromadditionsprodukte fraktioniert gelöst und auf Grund ihres Bromgehaltes berechnet.

Wahrscheinlich haben gewisse, mit der quantitativen Destillation der höherungesättigten Ester verbundene Schwierigkeiten einige Bearbeiter abgeschreckt,

---

[1] K.D.Guha, T.P.Hilditch u. J.A.Lovern: Biochemical Journ. 24, 271 (1930).

Tabelle 9. Fraktionierungsanalyse der Fettsäuren aus neufund-
ländischem Dorschlebertran.

Bleisalz-Trennung.

	Gramm	Prozent	Verseifungs-Äquivalent	Jodzahl
„Feste" Säuren S	74,0	21,1	266,2	59,4
„Flüssige" Säuren L	276,0	78,9	286,0	173,4

Fraktionierung der Methylester.

Nr.	Prim. Fraktionen				Nr.	Refraktionierung			
	Gramm	Siedep./1 mm	V.-Ä.	Jodzahl		Gramm	Siedep./1 mm	V.-Ä.	Jodzahl

I. Ester der „festen" Säuren S.

Nr.	Gramm	Siedep./1 mm	V.-Ä.	Jodzahl	Nr.	Gramm	Siedep./1 mm	V.-Ä.	Jodzahl
$S\,1$	37,71	110—130⁰	261,8	19,6	$S\,11$	17,62	100—120⁰	256,1	10,9
					$S\,12$	8,13	120—125⁰	266,1	17,2
					$S\,13$	7,36	Rückstand	284,0	42,3
$S\,2$	15,73	130—160⁰	287,8	61,4					
$S\,3$	5,47	160—163⁰	309,0	104,3					
$S\,4$	11,40	Rückstand	337,0[1]	145,7					

II. Ester der „flüssigen" Säuren L.

Nr.	Gramm	Siedep./1 mm	V.-Ä.	Jodzahl	Nr.	Gramm	Siedep./1 mm	V.-Ä.	Jodzahl
$L\,1$	55,81	122—140⁰	269,1	86,3	$L\,11$	4,98	100—131⁰	253,4	60,4
					$L\,12$	35,87	131—132⁰	263,5	82,4
					$L\,13$	10,22	Rückstand	285,5	115,5
$L\,2$	67,90	140—150⁰	291,5	125,5	$L\,21$	7,25	115—142⁰	267,7	101,5
					$L\,22$	49,46	142—145⁰	287,1	120,4
					$L\,23$	6,88	Rückstand	293,0	200,8
$L\,3$	76,36	150—170⁰	319,1	215,1	$L\,31$	6,48	135—156⁰	301,6	161,4
					$L\,32$	55,87	156—162⁰	312,2	214,5
					$L\,33$	9,42	Rückstand	333,2	259,9
$L\,4$	14,33	170—181⁰	338,6	260,7					
$L\,5$	19,96	Rückstand	377,9[1]	234,8					

Bestimmung der gesättigten Bestandteile der Esterfraktionen durch Oxydation.

Nr.	Angewandtes Gewicht Gramm	Gehalt an gesättigten Estern	
		Gramm	V.-Ä.
$S\,11$	13,39	11,59	256,6
$S\,2$	11,71	5,26	275,9
$L\,12$	31,70	7,87	251,3

Schätzungsweise Zusammensetzung der Fettsäuren.

Säuren	„Feste" Säuren S (21,1⁰/₀)	„Flüssige" Säuren L (78,9⁰/₀)	Total ⁰/₀	Fettsäuren	
				Prozent	mittlere Ungesättigtheit
Gesättigt:					
Myristin-	3,0	2,8	5,8	6	—
Palmitin-	7,3	1,1	8,4	8,5	—
Stearin-	0,6	—	0,6	0,5	—
Ungesättigt:					
C_{14}-Gruppe	—	0,2	0,2	Spur	—
C_{16}-Gruppe	1,2	18,8	20,0	20	(— 2,3 H)
C_{18}-Gruppe	4,4	24,7	29,1	29	(— 2,8 H)
C_{20}-Gruppe	3,5	21,9	25,4	26	(— 6,0 H)
C_{22}-Gruppe	1,1	8,5	9,6	10	(— 6,9 H)
Unverseifbares ...	—	0,9	0,9	—	—

[1] Verseifungsäquivalente der Rückstandsester, nach Befreien vom Unverseifbaren
$S\,4$: 330,6, $L\,5$: 332,4.

die Fraktionierungsmethode auf die „flüssigen" Ester anzuwenden. Auf der andern Seite scheint dem Verfasser dieser Gang der Analyse den Vorzug zu verdienen, sei es auch nur deshalb, weil die nach der Bleisalztrennung erhaltenen „flüssigen" Säuren fast immer Spuren von Palmitinsäure und bestimmte Mengen von Myristin-, Laurin-, Caprin- und Caprylsäure enthalten, soweit diese in dem ursprünglichen Fettsäuregemisch vorlagen. Die Löslichkeit der Bleisalze der gesättigten Fettsäuren in Alkohol oder Äther wächst von Myristinsäure abwärts rasch mit sinkendem Molekulargewicht. Anderseits zeigen Ester hochungesättigter Fettsäuren Neigung bei der zur Destillation erforderlichen Temperatur (150 bis 180⁰) zu polymerisieren, und jeder ungesättigte Ester (selbst der der reinen Ölsäure) ist außerordentlich empfindlich gegen Oxydation, sobald er mit Luft in Berührung kommt. Man führt deshalb die Destillation der ungesättigten Ester so rasch aus, wie es mit einer guten Fraktionierung vereinbar ist, und trägt Sorge, alle ungesättigten Esterfraktionen in einer Stickstoffatmosphäre aufzubewahren.

Eine Trennung der ungesättigten Säuren der gleichen Reihe, also z. B. von Öl-, Linol- und Linolensäure, läßt sich durch Esterfraktionierung nicht durchführen. Der Methyloleat- und Methyllinoleatgehalt der niederen, auch Methylpalmitat und -myristat enthaltenden Fraktionen wird berechnet unter der Voraussetzung, daß das Öl-Linolsäure-Verhältnis in sämtlichen Fraktionen das gleiche bleibt. Die Jodzahl des Gemisches von Methyloleat, -linoleat usw. ist gewöhnlich leicht zu ermitteln, da es meist möglich ist, im Verlaufe der Destillation eine oder mehrere reine C_{18}-Fraktionen aufzufangen.

F. Die Verteilung der Fettsäuren in den technologisch wichtigeren Fetten.

Von T. P. Hilditch, Liverpool.

Bei Angaben über die Zusammensetzung der aus natürlichen Fetten herrührenden Fettsäuregemische muß streng darauf geachtet werden, ob es sich um Ergebnisse von Analysen handelt, die nach älteren, nicht ganz einwandfreien Methoden ausgeführt waren, oder um die zuverlässigeren Resultate der Fraktionierungsmethode usw. Den durch Fraktionierung (in den Tabellen unter „F" stehend) erhaltenen Zahlen ist deshalb als den weit zuverlässigeren der Vorzug zu geben vor den älteren Analysen. Auch die auf Trennung der „festen" und „flüssigen" Säuren, Berechnung des Linol- und Linolensäuregehalts nach Kaufmann oder nach der Hexabromidmethode fußenden Analysenwerte dürften vielfach richtig sein, namentlich soweit die Fette, außer Palmitin- und Stearinsäure, nur noch Öl- und Linolsäure (neben Linolensäure) enthalten[1].

Der Gehalt der Fette an individuellen Fettsäuren wird in der Literatur nach verschiedenen Methoden berechnet: manche Autoren geben den Gehalt der Einzelsäuren in Prozenten des Gesamtfettes an, während die Fettsäuren etwa 94—95% der Fettsubstanz ausmachen und die Differenz zu 100 aus dem Radikal C_3H_2

---

[1] Die bei den jeweiligen Analysen verwendeten Methoden sind in den Tabellen durch folgende Buchstaben kenntlich gemacht:

F   Esterfraktionierung.
Pb Trennung der gesättigten Säuren nach der Bleisalz-Äther-Methode (Gusserow-Varrentrapp) oder nach der Bleisalz-Alkohol-Methode (Twitchell) bzw. über andere Metallsalze.
B   Bestimmung der gesättigten Säuren nach Bertram.
H   Bestimmung der Linol- und Linolensäure nach der Bromadditionsmethode.
K   Kaufmannsche Rhodanzahlmethode.

und dem Unverseifbaren besteht. Vielfach werden die Resultate auf Glyceride umgerechnet. Schließlich ist es am einfachsten, *die einzelnen Fettsäuren in Prozenten der Gesamtsäuren* anzugeben; dieses Verfahren ist zweifellos das richtigste, weil es einen direkten Vergleich zwischen den Säurekomponenten verschiedener Fette gestattet, ohne deren Gehalt an Unverseifbarem usw. berücksichtigen zu müssen. In den nachfolgenden Tabellen ist deshalb diese Berechnungsart gewählt worden.

Die Fette werden in diesem Abschnitt *nach ihren sauren Hauptkomponenten* geordnet. Bei der Mehrzahl der Fette läßt sich eine scharfe Linie ziehen zwischen den in größerer Menge auftretenden, also „Hauptkomponenten" bildenden Säuren und solchen, die nur in kleiner Menge enthalten sind und als „Nebenbestandteile" zu definieren wären. Mitunter ist es aber nicht leicht, eine Grenze zwischen den sauren Haupt- und Nebenbestandteilen zu finden, jedoch sollen Fettsäuren, welche mindestens 10% der Gesamtsäuren ausmachen, als „*Hauptkomponenten*" betrachtet werden; natürlich treten diese häufig in weit größerer Menge auf und können bis zu 50% und mehr des Säuregemisches betragen.

a) Die Säurekomponenten der pflanzlichen Fette.

Die Betrachtungen werden sich im großen ganzen auf die Samen- und Fruchtfleischfette beschränken. Insoweit dies jedoch zur Vervollkommnung des Bildes über die Natur der typischen Pflanzenfettsäuren notwendig ist, sollen auch die in anderen Pflanzenorganen vorkommenden Fette kurz besprochen werden.

In den Fetten aus Blättern, Stengeln und anderen Teilen der wachsenden Pflanze sind nur Palmitin-, Öl-, Linol- und Linolensäure in größeren Mengen vorhanden. So enthalten die Fettsäuren aus dem Cytoplasma der Kohlblätter[1] (Glyceridgehalt = 1,7%) neben 10% gesättigten Anteilen nur noch Linolsäure und Linolensäure. Pfefferminzblätter enthalten etwa 5% Fett, dessen Hauptbestandteil Linolsäure zu sein scheint; außerdem enthält das Fett noch Ölsäure, wenig Palmitinsäure und Linolensäure[2]. Die Säuren des Fettes der Spinatblätter bestehen aus einer kleinen Menge Palmitin- und Stearinsäure, neben Öl-, Linol- und Linolensäure im Verhältnis 3 : 5 : 2[3].

Die gesättigten Glyceridfettsäuren aus den Blättern von *Dactylis glomerata* und *Lolium perenne* bestehen aus etwa 10% Palmitinsäure, 5% Stearin- und Cerotinsäure, die ungesättigten hauptsächlich aus Linol- und Linolensäure; Ölsäure wurde entweder gar nicht oder nur in Spuren gefunden[4]. Unter den Säuren der Fette der Rinden (2—3%) der Bäume oder Sträucher (*Tilia cordata*[5] und *Hippophaë Rhamnoides*[6]) fand man Ölsäure als Hauptbestandteil und untergeordnete Mengen von Palmitin-, Linol- und Stearinsäure. Fettsäuregemische, bestehend aus etwa 70—90% Ölsäure und 10—15% Palmitinsäure (Rest Linolsäure, mitunter Stearinsäure) scheinen auch für zahlreiche andere Pflanzenfette charakteristisch zu sein, so z. B. für die Fette der Pilze[7] oder aus bestimmten Wurzeln, wie *Beta rapa vulgaris*[8], Senegawurzeln, *Polygala senega*[9]

[1] A. C. CHIBNALL u. H. J. CHANNON: Biochemical Journ. 21, 479 (1927).
[2] S. M. GORDON: Amer. Journ. Pharmac. 100, 433, 509 (1928).
[3] J. H. SPEER, E. C. WISE, M. C. HART u. F. W. HEYL: Journ. biol. Chemistry 82, 105, 111 (1929).   [4] J. A. B. SMITH u. A. C. CHIBNALL: Biochemical Journ. 26, 218 (1932).
[5] J. PIERAERTS: Mat. grasses 18, 7669 (1926).
[6] V. RUCHKIN: Masloboino Shir-Delo 2, 47 (1929).
[7] A. KIESEL: Ztschr. physiol. Chem. 150, 149 (1925); 164, 103 (1927). — W. HEINISCH u. J. ZELLNER: Monatsh. Chem. 25, 537 (1904). — J. ZELLNER: Ebenda 31, 617 (1910). — A. RATHJE: Arch. Pharm. 246, 702 (1908).
[8] A. NEVILLE: Journ. chem. Soc. London 101, 1101 (1912).
[9] A. SCHRÖDER: Arch. Pharm. 243, 628 (1905).

und *Pinellia tuberifera*[1]. Die von W. F. Baughman, G. Ward und G. S. Jamieson[2] untersuchten Fette von Mutterkorn (*Secale cornutum*) (Fettgehalt 15—30%), von *Penicillium Javanicum* und aus den Knollen von *Cyperus esculentus* (Chufafett) zeigen folgende Zusammensetzung:

	Palmitin-säure	Stearin-säure	Arachin-säure	Lignocerin-säure	Ölsäure	Linolsäure
	in Prozenten					
Mutterkornöl	21,9	5,5	0,7	—	63,1	8,8
Öl aus *Penicillium Ja-vanicum*	23,4	9,4	—	0,8	34,6	31,8
Chufaöl	12,2	5,4	0,5	0,3	75,5	6,1

Die im reproduktiven System der Pflanzen vorkommenden Fette bestehen im wesentlichen aus Glyceriden der Öl-, Linol-, Palmitin- und Linolensäure, mitunter neben kleineren Mengen Stearin- und Myristinsäure. Fast ausnahmslos trifft das zu für die Fruchtfleischfette (aus dem Perikarp oder dem saftigen, den Samen umgebenden Fruchtkörper), häufig aber auch für eine große Reihe von Samenfetten (Endosperm- oder Embryonalfette) aus zahlreichen botanischen Familien. Gewisse Saatfette enthalten aber andere Fettsäuren als Hauptkomponenten; bemerkenswerterweise beschränkt sich dann aber ihr Vorkommen auf ganz bestimmte Familien. Diese *Selektivität der Zusammensetzung der Säuren* erreicht manchmal einen äußerst hohen Grad, so z. B. bei den Kernfetten der Palmae.

1. Fruchtfleischfette.

Zu den technologisch wichtigen Fetten dieser Gruppe gehören Palmöl, Olivenöl und chinesischer Pflanzentalg oder Stillingiatalg. Die nach modernen Methoden durchgeführten Analysen von Fruchtfleischfetten sind in Tabelle 10 zusammengestellt.

Die Hauptbestandteile der Fruchtfleischfette sind Palmitin- und Ölsäure. Der Palmitinsäuregehalt erreicht 60—70% im Stillingiatalg und ist noch höher im Japantalg; er beträgt etwa 40% im Palmöl, sinkt aber in anderen Fruchtfleischfetten bis unter 10%. Der Ölsäuregehalt schwankt von 75—80% im Olivenöl, bis zu 40—50% in den Palmölen und ganz geringe Mengen im Myricafett und dem *Rhus*-Wachse (Japantalg). Die übrigen Säurekomponenten machen, wenn man von der Linolsäure absieht, kaum mehr als 2—5% der Gesamtsäuren aus[3].

Es gibt sowohl flüssige wie salbenartige und sehr hoch schmelzende und wachsartige Fruchtfleischfette; die Konsistenzunterschiede sind im großen ganzen durch den relativen Gehalt an Palmitinsäure und Ölsäure (neben Linolsäure) bedingt. Das ist zugleich ein Unterscheidungsmerkmal von den Samenfetten, deren feste Vertreter ihre Konsistenz meist gesättigten Säuren anderer Art und nicht der Palmitinsäure verdanken.

---

[1] S. Nakayama: Journ. pharmac. Soc. Japan **509**, 5 (1924).
[2] Journ. Oil Fat Ind. **5**, 85 (1928); Journ. agricult. Res. **26**, 77 (1925); Journ. Amer. chem. Soc. **56**, 973 (1934). — Siehe auch G. W. Fiero: Journ. Amer. pharmac. Assoc. **22**, 608 (1933); Giorn. Chim. ind. appl. **27**, 297 (1933).
[3] Myricawachs (aus den Beeren von *Myrica mexicana*) bildet nach den neueren, in der Tabelle angeführten Analysen eine Ausnahme hiervon; frühere Bearbeiter haben aber das Fett als beinahe gänzlich aus Tripalmitin bestehend (siehe W. R. Smith u. F. B. Wade: Journ. Amer. chem. Soc. **25**, 629 [1903]) bezeichnet.

Tabelle 10. Fruchtfleischfette. Hauptkomponenten: *Palmitin-, Öl-, Linolsäure.*

	My-ristin-säure	Pal-mitin-säure	Stearin-säure	Ölsäure	Linol-säure	Me-thode
Palmae						
Palmöl, *Elaeis guineensis*						
Einheimische Öle:						
Sierra Leone, Freetown	2,0	35,9	6,1	48,0	8,0	F[5]
Sierra Leone, Sherbro	1,6	35,0	5,3	50,1	8,0	F[5]
Liberia, Grand Bassa	2,0	33,5	6,4	50,5	7,6	F[5]
Liberia, Cape Palmas	1,6	32,3	5,5	52,4	8,2	F[5]
Elfenbeinküste, Grand Drewin	2,3	34,3	5,6	49,5	8,3	F[6]
Elfenbeinküste, Grand Drewin	2,2	35,3	5,2	52,3	5,0	F[7]
Goldküste, Takoradi	1,9	40,8	4,9	43,3	9,1	F[5]
Nigeria, Lagos	1,2	39,6	5,8	42,4	11,0	F[5]
Nigeria, Lagos	2,7	42,5	3,4	40,9	10,5	F[5]
Nigeria, Benin	4,5	37,5	4,2	47,3	6,5	F[7]
Nigeria, Bonny Old Calabar	4,1	40,1	4,4	41,5	9,9	F[7]
Niger	5,9	39,3	2,2	42,7	9,9	F[7]
Kamerun	1,0	38,9	5,9	43,9	10,3	F[6]
Öle von Kulturpflanzungen:						
Belgisch-Kongo	0,5	41,0	5,2[3]	47,6	5,6	F[8]
Belgisch-Kongo	1,2	43,0	4,4	40,2	11,2	F[6]
Malaia	2,5	40,8	3,6	45,2	7,9	F[6]
Sumatra	0,6	43,8	2,9[3]	43,1	9,5	F[9]
Sumatra	2,5	41,8	4,2	42,1	9,4	F[5]
Caryocaraceae						
Piqui-a-öl, *Caryocar villosum*	1,5	41,2	0,8	53,9	2,6	F[10]
Myricaceae						
Myricawachs, *Myrica mexicana*	61,1	37,5	—	1,4	—	F[11]
Lauraceae						
Lorbeeröl, *Laurus nobilis*[1]	—	20,3	—	63,0	14,0	F[12]
Avocatobirnenöl, *Persea gratissima*	—	7,2	0,6	80,9	11,3	F[13]
Euphorbiaceae						
Stillingia, *Stillingia sebifera*[2]	5,8	69,6	3,1	20,7	—	F[14]
Chinesischer Pflanzentalg[2]	3,6	57,6	1,8	34,5	—	F[14]
Chinesischer Pflanzentalg[2]	3,7	66,3	1,2	26,9	—	F[14]
Oleaceae						
Olivenöl, *Olea europaea, sativa*, Kalifornisch	—	7,0	2,3[4]	85,8	4,7	F[15]
Italienisch (Korsika)	—	9,4	2,0[4]	84,5	4,0	F[16]
Tunesisch	0,1	14,7	2,4[4]	70,3	12,2	F[17]
Spanisch	0,2	9,5	1,4[4]	81,6	7,0	F[18]
Italienisch (Toskana)	1,1	9,7	1,0[4]	79,8	7,5	F[19]

The header of the table: "Die einzelnen Fettsäuren in Prozenten"

[1] 2,7% Laurinsäure.   [2] Kleine Mengen Laurin- und niederer Säuren (1—2,5%).
[3] 0,1% Lignocerinsäure.   [4] Spuren von Arachinsäure.
[5] H. K. DEAN u. T. P. HILDITCH: Journ. Soc. chem. Ind. **52**, 165 T (1933).
[6] T. P. HILDITCH u. Frl. E. E. JONES: Journ. Soc. chem. Ind. **49**, 363 T (1930).
[7] T. P. HILDITCH u. Frl. E. E. JONES: Journ. Soc. chem. Ind. **50**, 171 T (1931).
[8] G. S. JAMIESON u. R. S. MCKINNEY: Journ. Oil Fat Ind. (6), **6**, 15 (1929).
[9] G. S. JAMIESON u. S. I. GERTLER, vgl. JAMIESON: Vegetable Fats and Oils, S. 109. New York. 1932.   [10] A. J. RHEAD: Private Mitteilung.
[11] G. S. JAMIESON, R. S. MCKINNEY u. S. I. GERTLER, vgl. JAMIESON: Vegetable Fats and Oils, S. 37. New York. 1932.   [12] G. COLLIN: Biochemical Journ. **25**, 95 (1931).
[13] G. S. JAMIESON, W. F. BAUGHMAN u. R. M. HANN: Journ. Oil Fat Ind. 5, 202 (1928).
[14] T. P. HILDITCH u. J. PRIESTMAN: Journ. Soc. chem. Ind. **49**, 397 T (1930).
[15] G. S. JAMIESON u. W. F. BAUGHMAN: Journ. Oil Fat Ind. 2, 40 (1925).
[16] G. S. JAMIESON u. W. F. BAUGHMAN: Ebenda 2, 110 (1925).
[17] G. S. JAMIESON u. W. F. BAUGHMAN: Ebenda 4, 63 (1927).
[18] G. S. JAMIESON u. W. F. BAUGHMAN: Ebenda (12), 4, 426 (1927).
[19] T. P. HILDITCH u. E. C. JONES: Journ. chem. Soc. London **1932**, 805.

Zwischen den Fruchtfleisch- und Samenfetten der gleichen botanischen Art scheint weder in bezug auf die Zusammensetzung der Säuren noch in bezug auf ihre Konsistenz eine Beziehung zu bestehen. Dieselbe Pflanze erzeugt zuweilen ein sehr hartes Fruchtfleischfett und ein flüssiges, hochungesättigtes Samenfett, z. B. besitzt Stillingiatalg die typische „Palmitinsäure-Ölsäure"-Zusammensetzung, während das Samenfett ein „trocknendes" Öl und viel reicher an Linolsäure ist. Anderseits ist das Fruchtfleischfett der Oliven oder von Piqui-a ganz ähnlich zusammengesetzt wie das Samenöl. Palmöl ist deutlich weicher als Palmkernöl; das Fruchtfleischfett der Lorbeeren ist flüssig, das Kernöl salbenartig usw.

Die Samenfette der Palmae und Lauraceae enthalten durchwegs größere Mengen Laurin- und (oder) Myristinsäure. Ihre Fruchtfleischfette ähneln in der Zusammensetzung fast ohne Ausnahme dem Palmöl. Zwar ist in der Reihe der Palmae nur das Fruchtfleischfett von *Elaeis guineensis* nach zuverlässigen Methoden analysiert worden; aus den Verseifungs- und Jodzahlen anderer Samen- und Fruchtfleischfette der Palmae-Spezies folgt aber, daß innerhalb der ganzen Familie in bezug auf die Zusammensetzung der Fette ähnliche Verhältnisse bestehen.
Die Kennzahlen einer Reihe von Samen- und Fruchtfleischfetten der Palmae sind in der Tabelle 11 zusammengestellt.

Tabelle 11. Fette der Palmae.

	Samenfett		Fruchtfleischfett	
	Verseifungszahl	Jodzahl	Verseifungszahl	Jodzahl
Acrocomia sclerocarpa	237—255	16—30	190	77
Astrocaryum aculeatum	240—249	10—14	220	46
„ *Jauari*..........	242	13—15	196	68
„ *segregatum*	238	17	197	70
„ *Tucuma*	250	9	202	40
Attalea cohune...............	252—256	11—13	197—203	65—75
Elaeis melanococca	234	27—28	197—199	78—88
Maximiliana regia	240—253	7—16	207—211	51—56

Wie man sieht, besitzen die Samenfette ähnliche Kennzahlen wie Palmkern- und Cocosfett; die Verseifungszahlen der Fruchtfleischfette sind anderseits kaum verschieden von derjenigen des Palmöls. Die Jodzahlen schwanken dagegen zwischen 40 und 80, infolge stärkerer Variation der relativen Mengen Öl- und Linolsäure; das Verhältnis Palmitinsäure : ungesättigte Säuren bleibt stets annähernd das gleiche.

Die Tabelle 10 zeigt ferner, bis zu welchem Grade die Zusammensetzung der Fruchtfleischfette einer bestimmten Pflanzenart konstant bleiben kann. So sind die fünf Olivenöle, mit Ausnahme des Tunis-Öles, nur wenig verschieden in ihrem Gehalt an Palmitin-, Öl- und Linolsäure. Auch viele Palmöle ähneln sich streng in der quantitativen Zusammensetzung der Gesamtfettsäuren.

Eine besondere Beachtung verdienen die in Tabelle 10 angeführten Analysen von Palmölen aus heimischen Pflanzen und Plantagen. Die heimischen westafrikanischen Palmöle scheinen zwei Typen zu bilden, der eine mit etwa 40% Palmitinsäure, 45% Ölsäure und zirka 10% Linolsäure, der andere mit nur 35% Palmitinsäure, dagegen mit etwa 50% Ölsäure. Es kann dies mit der Bodenbeschaffenheit, eher aber mit der Ölpflanzenvarietät zusammenhängen. Eine enge Beziehung besteht jedenfalls zum Standort der Pflanze: Die Öle mit niedrigerem Palmitinsäuregehalt stammen aus dem westlichen Teil der Küste, während die gegen 40% Palmitinsäure enthaltenden Palmöle östlich der Goldküste, einschließlich Nigeria, Kamerun und Belgisch-Kongo herstammen.
Die Zusammensetzung der Plantagen-Palmöle aus Belgisch-Kongo, Sumatra und Malaia verrät eine bemerkenswerte Konstanz: die Fettsäuren enthalten 41—43% Palmitinsäure und 42—47% Ölsäure. Die Plantagen-Öle dürften einer und derselben Varietät entstammen, Verschiedenheit von Boden und Klima scheint hier nur von geringem Einfluß zu sein.

2. Samenfette.

Wir beginnen mit denjenigen Fetten, welche die gleichen sauren Hauptkomponenten aufweisen (Palmitin-, Öl-, Linol- und Linolensäure) wie die Fette aus anderen Pflanzenteilen, und zwar mit Samenfetten, deren saure Hauptbestandteile sich auf Ölsäure, Linolsäure und Linolensäure beschränken; die entsprechenden Daten sind in den Tabellen 12, 13 und 14 zusammengestellt. Tabelle 12 umfaßt eine Reihe von wichtigeren trocknenden, halbtrocknenden und nichttrocknenden Ölen. Die Samenfette der Euphorbiaceae (Tab. 13) und der Leguminosae (Tab. 14) sind gesondert aufgenommen, weil sie außer den genannten ungesättigten C_{18}-Säuren noch besonders geartete Fettsäuren enthalten.

Aus der Tabelle 12 und den nachfolgenden Tabellen folgt die interessante Tatsache, daß die *Samenfette, wenn man sie nach ihren sauren Hauptkomponenten gruppiert, Glieder einer und derselben botanischen Familie ergeben.* Bei Fetten, deren Hauptkomponenten Palmitin-, Öl-, Linol- und Linolensäure sind, tritt diese Regel infolge der großen Verbreitung dieser Säuren nicht ganz klar zutage; deutlicher wird das aber, sobald noch eine andere, mehr spezifische Säure als Samenfettbestandteil hinzukommt.

In der Tabelle 12 finden wir die bekanntesten trocknenden Öle, wie Kiefernsamen-, Hanf-, Mohn- und Leinöl, von halbtrocknenden Ölen das Sesam-, Sonnenblumen- und Saffloröl, und von den nichttrocknenden das Mandelöl und einige andere Kernöle der *Prunus*-Arten. Hierher gehört auch das am höchsten ungesättigte Oiticica- und Couepiaöl und das hochungesättigte Perillaöl; beide Öle sind tropischer Herkunft, trotz ihrer hohen Jodzahl (vgl. dazu S. Iwanow, S. 375). Während also die gleiche Pflanzenvarietät im kälteren Klima mehr ungesättigte Säuren produziert als im wärmeren, gehören viele hochungesättigte Fette in recht heißem Klima wachsenden Pflanzen an. Auch das hochungesättigte chinesische Holzöl, das Lumbang- und Mohnöl entstammen in tropischen und subtropischen Zonen beheimateten Pflanzen. Anderseits gehören hierher auch hochungesättigte Samenfette von in gemäßigten oder selbst kaltem Klima heimischen Pflanzen, wie Bucheckernöl, die Kiefernsamenöle und das Leinöl, das aus klimatisch so verschiedenen Regionen, wie Bengalen, Argentinien und die baltischen Staaten stammt.

Unter den in der Tabelle 12 zusammengestellten Samenfetten überwiegen die Koniferen-Bäume und -Sträucher, sowie gewisse, in mäßigem Klima verbreitete Bäume; ihre Öle sind meist hochungesättigt. Zu der Gruppe gehört auch eine Reihe von Kräuterpflanzen, die Linaceae, Labiatae, Compositae und Papaveraceae. Die in die gleiche Gruppe entfallende Familie der Rosaceae liefert nichttrocknende (Mandelöl), halbtrocknende Öle und das extrem hochungesättigte Couepiaöl. Die Hauptkomponente des Couepiaöles ist allerdings eine isomere Eläostearinsäure, ebenso enthält das Nachtkerzensamenöl eine mit der gewöhnlichen Linolensäure isomere Säure, so daß eigentlich diese beiden Öle nicht ganz in den Rahmen der Tabelle 12 hineinpassen.

Falls wir den Versuch unternehmen, die Öle mit der üblichen Einteilung nach ihrem Trocknungsvermögen in Übereinstimmung zu bringen, so finden wir, daß die nichttrocknenden Öle bis zu etwa 20% Linolsäure enthalten; schwieriger ist die Grenze zwischen den halbtrocknenden und trocknenden Ölen zu ziehen. Trocknende Eigenschaften werden hervorgerufen durch 5% Linolensäure, wenn gleichzeitig wenigstens 50% Linolsäure zugegen sind; aber auch die Kombination von größeren Mengen Linolensäure mit nur etwa 20% Linolsäure ergibt Trocknungsvermögen. Dagegen scheint ein Gehalt von weniger als 55% Linolsäure bei Abwesenheit von Linolensäure ein Merkmal der halbtrocknenden Öle zu sein. Ein guttrocknendes Öl muß entweder a) mindestens 55% Linolsäure und etwas Linolensäure, oder b) größere Mengen Linolensäure neben weniger Linolsäure enthalten. Die Menge der gesättigten Säuren erreicht bei dieser Klasse selten mehr als 10%.

Tabelle 12. Samenfette: Trocknende, halbtrocknende und nicht-trocknende Öle.

Hauptkomponenten: Ungesättigte C_{18}-Säuren: *Linol-, Linolen-, Ölsäure.*

	Die einzelnen Fettsäuren in Prozenten								Methode
	Myristin-säure	Palmitin-säure	Stearin-säure	Arachin-säure	Ligno-cerinsäure	Ölsäure	Linol-säure	Linolen-säure	
Coniferae:									
Pinus excelsa	—	8,2	—	—		12,2	57,2	22,4	Pb, H[6]
Nußpinie, *Pinus monophylla*	—	8,8				63,7	27,5	—	Pb[7]
	5,4	2,9	0,4	—	—	58,8	32,5	—	F, K[8]
Fichtensamen, *Pinus picea*	—	0,7	—	—		42,4	49,3	7,6	Pb, H[9]
Piniensamen, *Pinus pinea*	—	5,4	0,6	—	—	48	46	—	Pb, H[10]
Kiefernsamen, *Pinus silvestris*	—	2,8	0,1	—	—	35,1	54,5	7,5	Pb, H[9]
	—	4,1	3,1	—	—	9,5	57,9	25,4	Pb, H[6]
Juglandaceae:									
Hickorynuß, *Hicoria pecan*	—	3,3	1,9	—	—	78,7	16,1	—	F[11]
Walnuß, *Juglans regia*	—	4,6	0,9	—	—	17,8	73,4	3,3	F, H[12]
	—	9,4				17,6	62,7	10,0	13
	—	5,1	2,5	—	—	28,9	47,6	15,9	14
Betulaceae:									
Haselnuß (italienische), *Corylus avellana*	0,2	3,2	1,7	—	—	91,9	3,0	—	F, K[15]
Fagaceae:									
Bucheckernnüsse, *Fagus silvatica*	—	5,2	3,7	—	—	81,0	9,7	0,4	Pb, H[16]
Moraceae:									
Hanfsamen, *Cannabis sativa*	—	10,1				12,6	53,0	24,3	B, K[17]
Papaveraceae:									
Argemonesamen, *Argemone mexicana*[1]	—	8,0	6,0	—	—	21,8	48,0	0,6	F, H[18]
Mohnsaat, *Papaver somniferum*	—	4,8	2,9	—	—	30,1	62,2	—	Pb, H[19]
Rosaceae:									
Oiticica, *Couepia grandiflora*	—	7,9	4,3	—	—	(87,8 zu Jodzahl 243)[2]			B[20]
Mandelkerne, *Prunus amygdalus*	—	3,1				77,0	19,9	—	Pb, H[21]
Kirschkerne, *Prunus cerasus*	0,2	4,3	2,9	0,8	—	49,5	42,3	—	F[22]
Kirschlorbeerkerne, *Prunus laurocerasus*	1,8	9,9	1,7	—	—	73,4	13,2	—	F[23]
Pflaumen-Kernöl, *Prunus lusitanica*	1,3	6,6	2,2	—	—	57,9	32,0	—	F[23]
Kalifornische Aprikosenkerne, *Prunus armeniaca*	—	2,6	1,2	—	Spur	64,4	31,8	—	F[24]
Quittensamen, *Cydonia vulgaris*	—	9,1				45,1	41,6	4,2	B, K[25]
Neousamen, *Parinarium macrophyllum*	—	11,2				22,5	34,3	—[3]	B, K[26]
Linaceae:									
Leinsaat, *Linum usitatissimum* Kalkutta	—	8,9	—	—		18,8	23,2	49,1	Pb, H[27]
Holländisch	—	8,7	—	—		4,8	62,3	24,2	Pb, H[28]
	—	10,8	—	—		12,4	26,6	50,2	B, K[29]
	—	10,3	—	—		9,1	36,4	44,2	B, K[29]
	—	10,7	—	—		6,3	39,3	43,7	B, K[29]
La Plata	—	6,7	3,0	—	—	2,3	69,6	18,4	Pb, H[30]
	—	9,0	—	—		8,0	46,7	36,3	Pb, K[31]
	—	11,3	—	—		12,5	34,1	42,1	Pb, K[31]
	0,2	5,4	3,5	0,6	—	9,6	42,6	38,1	F, K[32]

Tabelle 12 (Fortsetzung).

	Myristin-säure	Palmitin-säure	Stearin-säure	Arachin-säure	Ligno-cerinsäure	Ölsäure	Linol-säure	Linolen-säure	Methode
Vitaceae:									
Samen des wilden Weins, *Vitis riparia*	—	3,4	1,9	—	—	44,3	50,4	—	Pb, H[33]
Traubenkerne, *Vitis vinifera* . {	—	5,5	2,4	—	—	36,8	55,3	—	Pb[34]
	—	6,5	2,3	—	—	32,6	46,0	0,1[4]	Pb, H[35]
Theaceae:									
Teesamen, *Thea sinensis*	0,3	7,6	0,8	0,6	—	83,3	7,4	—	F[32]
Oenotheraceae:									
Nachtkerzen, *Oenothera biennis* {	—	5,6	—	—	—	27,6	64,5	2,3	Pb, H[36]
	—	5,7	—	—	—	26,5	58,1	9,7[5]	Pb, H[37]
Oleaceae:									
Olivenkerne, *Olea europaea, sativa*	—	zirka 6	zirka 4	—	—	zirka 83	zirka 7	—	Pb[38]
Labiatae:									
Ocimum basilicum	—	7,0	0,2	—	—	11,1	60,4	21,3	F, H[39]
Perillasaat, *Perilla ocimoides*. {	—	3,5	—	—	—	13,8	59,4	23,3	Pb, H[40]
	—	6,7	—	—	—	10,7	33,6	49,0	B, K[41]
	—	7,6	—	—	—	3,9	44,3	44,2	B, K[41]
Chiasaat, *Salvia hispanica*	—	5,3	2,9	—	—	0,8	48,6	42,2	F, H[42]
Pedaliaceae:									
Sesamsaat, *Sesamum indicum* {	—	7,8	4,7	0,4	—	49,4	37,7	—	F, H[43]
	—	15,8	—	—	—	37,5	46,7	—	B, K[44]
Compositae:									
Safflorsaat, asiatisch, *Carthamus tinctorius*	—	6	4	—	—	38	51	1	Pb[45]
Safflorsaat, amerikanisch, *Carthamus tinctorius*	—	4,2	1,6	0,4	—	26,3	67,4	0,1	F, H[46]
Sonnenblumensaat, amerikanisch, *Helianthus annuus* ...	—	3,5	2,9	0,6	0,4	34,1	58,5	—	F, H[47]
Sonnenblumensaat, Kongo, *Helianthus annuus*	—	3,7	1,6	0,7	—	42,0	52,0	—	[48]
Sonnenblumensaat, russisch, *Helianthus annuus*	—	9,6	—	—	—	36,2	54,2	—	[49]
Nigersaat, *Guizotia abyssinica* .	3,6	5,2	0,5	0,5	—	32,9	57,3	—	F[50]

[1] Palmitoleinsäure (5,8%) und Ricinolsäure (9,8%) sind ebenfalls nachgewiesen.
[2] Enthält ein Isomeres der Eläostearinsäure (s. S. 44).   [3] Enthält 32% Eläostearinsäure.
[4] Mit 12,5% Oxysäuren.   [5] $\Delta^{6:9:12}$-Linolensäure im *Oenothera*-Öl.
[6] A. EIBNER u. F. REITTER: Chem. Umschau Fette, Öle, Wachse, Harze **33**, 114, 125 (1926).
[7] M. ADAMS u. A. HOLMES: Ind. engin. Chem. **5**, 285 (1913).
[8] A. H. GILL: Oil & Soap **10**, 7 (1933).
[9] O. VON FRIEDRICHS: Svensk Farm. Tidskr. **23**, 445, 461, 500 (1919).
[10] H. MATTHES u. W. ROSSIÉ: Arch. Pharm. **256**, 289 (1918).
[11] G. S. JAMIESON u. S. I. GERTLER: Journ. Oil Fat Ind. (10), **6**, 23 (1929).
[12] G. S. JAMIESON u. R. S. MCKINNEY: Ebenda (2), **6**, 21 (1929).
[13] S. L. IVANOV u. E. E. BERDICHEVSKI: Ztschr. zentr.-biochem. Forsch. Nahr.- Genußm. Russ. **3**, 246 (1933).
[14] WICK: Dissertation, Munich. 1922. — Vgl. EIBNER: Farbe u. Lack **31**, 463 (1926).
[15] H. A. SCHUETTE u. C. Y. CHANG: Journ. Amer. chem. Soc. **55**, 3333 (1933).
[16] A. HEIDUSCHKA u. P. ROSER: Journ. prakt. Chem. (2), **104**, 137 (1922).
[17] H. P. KAUFMANN u. S. JUSCHKEWITSCH: Ztschr. angew. Chem. **43**, 90 (1930).
[18] S. N. IYER, J. J. SUDBOROUGH u. P. R. AYYAR: Journ. Indian Inst. Science **8 A**, 29 (1925).
[19] A. EIBNER u. B. WIBELITZ: Chem. Umschau Fette, Öle, Wachse, Harze **31**, 109, 121 (1924).

Die Euphorbiaceae-Samenöle sind meist hochungesättigt; eine Ausnahme bilden das halb- bzw. nichttrocknende Croton- und Ricinusöl (s. Tab. 13).

Tabelle 13. Samenfette der Euphorbiaceae. (Trocknende Öle.)
Hauptbestandteile: Die ungesättigten Säuren der C_{18}-Reihe: *Ölsäure mit Eläostearinsäure, Linolsäure (oder Ricinolsäure)*.

	Die einzelnen Fettsäuren in Prozenten							
	Palmitinsäure	Stearinsäure	Ölsäure	Linolsäure	Linolensäure	Eläostearinsäure	Ricinolsäure	Methode
Chinesisches Holzöl, *Aleurites Fordii*	4,1	1,3	14,9	—	—	79,7	—	B, I.V.[2]
Candlenuß- oder Lumbangöl, *Aleurites moluccana* syn. *trisperma* .. {	2,8		56,1	34,4	6,7	—	—	Pb, H[3]
	2,1		41,1	49,0	7,8	—	—	Pb, H[4]
Kautschuksamen, *Hevea brasiliensis*	7,4	9,2	28,9	33,4	20,8	—	—	F, H[5]
Joannesia-Saat, *Joannesia princeps*	2,4	5,4	45,8	46,4	—	—	—	F, H[6]
Ricinussamen, *Ricinus communis*..	—	0,3	7,2	3,6	—	—	87,8[1]	Pb, K[7]

I. V. betrifft die besondere Jodzahlbestimmungsmethode für Eläostearinsäure.

Fortsetzung der Anm. zu Tabelle 12.

[20] J. van Loon u. A. Steger: Chem. Umschau Fette, Öle, Wachse, Harze **37**, 337 (1930).
[21] A. Heiduschka u. C. Wiesemann: Journ. prakt. Chem. (2), **124**, 240 (1930).
[22] G. S. Jamieson u. S. I. Gertler: Journ. Oil Fat Ind. (11), **7**, 371 (1930).
[23] Frl. E. E. Jones: Private Mitteilung.
[24] G. S. Jamieson u. R. S. McKinney: Oil & Soap **10**, 147 (1933).
[25] A. Steger u. J. van Loon: Rec. Trav. chim. Pays-Bas **53**, 24 (1934).
[26] A. Steger u. J. van Loon: Rec. Trav. chim. Pays-Bas **53**, 197 (1934).
[27] A. Eibner u. F. Brosel: Chem. Umschau Fette, Öle, Wachse, Harze **35**, 157 (1928).
[28] A. Eibner u. K. Schmidinger: Chem. Umschau Fette, Öle, Wachse, Harze **30**, 293 (1923).   [29] P. J. Gay: Journ. Soc. chem. Ind. **51**, 126 T (1932).
[30] N. E. Cocchinaras: Analyst **57**, 233 (1932).
[31] H. P. Kaufmann u. M. Keller: Ztschr. angew. Chem. **42**, 76 (1929).
[32] H. N. Griffiths, T. P. Hilditch u. E. C. Jones: Journ. Soc. chem. Ind. **53**, 13 T, 75 T (1934).   [33] G. D. Beal u. C. K. Beebe: Ind. engin. Chem. **7**, 1054 (1915).
[34] F. Rabak: Ind. engin. Chem. **13**, 919 (1921).
[35] C. Otin u. M. Dima: Allg. Öl- u. Fett-Ztg. **31**, 107 (1934).
[36] A. Heiduschka u. K. Luft: Arch. Pharm. **257**, 33 (1919).
[37] A. Eibner u. E. Schild: Chem. Umschau Fette, Öle, Wachse, Harze **34**, 312, 339 (1927).
[38] O. Klein: Ztschr. angew. Chem. **12**, 847 (1898).
[39] V. A. Patwardhan: Dissertation. Bombay. 1930.
[40] M. Shdan-Puschkin: Masloboino Shir. Delo **1929**, Nr. 2, 44.
[41] H. P. Kaufmann: Allg. Öl- u. Fett-Ztg. 27, 39 (1930).
[42] W. F. Baughman u. G. S. Jamieson: Journ. Oil Fat Ind. (9), **6**, 15 (1929).
[43] G. S. Jamieson u. W. F. Baughman: Journ. Amer. chem. Soc. **46**, 775 (1924).
[44] Rudakow u. Belopolski: Masloboino Shir. Delo **1931**, Nr. 2—3, 60.
[45] J. Zukervanik: Acta Univ. Asiae Med. **6**, 3 (1928).
[46] G. S. Jamieson u. S. I. Gertler: Journ. Oil Fat Ind. (4), **6**, 11 (1929).
[47] W. F. Baughman u. G. S. Jamieson: Journ. Amer. chem. Soc. **44**, 2952 (1922).
[48] J. Pieraerts: Mat. grasses **17**, 7280, 7340 (1925).
[49] A. Eibner: Farbe u. Lack **31**, 463, 472 (1926).
[50] D. L. Sahasrabuddhe u. N. P. Kale: Journ. Univ. Bombay (II), **1**, 37 (1932).

Anm. zu S. 76.
[1] Soll auch 1,1% Dioxystearinsäure enthalten.
[2] A. Steger u. J. van Loon: Journ. Soc. chem. Ind. **47**, 363 T (1928). — J. van Loon: Farben-Ztg. **35**, 1767 (1930).
[3] A. P. West u. Z. Montes: Philippine Journ. Science **18**, 619 (1921).
[4] A. O. Cruz u. A. P. West: Philippine Journ. Science **42**, 251 (1930).
[5] G. S. Jamieson u. W. F. Baughman: Journ. Oil Fat Ind. **7**, 419, 437 (1930).
[6] L. Gurgel u. F. Ramos: Mem. Inst. Chim. Rio de Janeiro **2**, 21 (1929).
[7] P. Panjutin u. M. Rapoport: Chem. Umschau Fette, Öle, Wachse, Harze **37**, 130 (1930).

Die Samenfette von *Stillingia*, *Joannesia*, Kautschuk, Lumbang oder Candlenuß enthalten, gleich den Ölen der Tabelle 12, kleine Mengen gesättigter Säuren und als Hauptbestandteile Öl-, Linol- und Linolensäure. Zwei Samenfette dieser Familie enthalten eine selten vorkommende Säure. Es sind dies die Öle von *Aleurites Fordii* und *A. montana*, das sogenannte chinesische Holzöl; dieses scheint frei zu sein von Linol- und Linolensäure, dafür aber über 80% Eläostearinsäure zu enthalten. Das Vorkommen einer spezifischen Säure beschränkt sich also hier auf eine oder zwei Arten und nicht wie sonst auf die ganze botanische Familie.

Der zweite Fall ist der des Ricinusöles (*Ricinus communis*); der Hauptbestandteil des Öles ist Ricinolsäure, während nennenswerte Mengen gesättigter Säuren fehlen; außer etwa 80% Ricinolsäure sind in dem Öl in der Hauptsache nur noch Ölsäure und Linolsäure enthalten. Außer im Ricinusöl wurde Ricinolsäure noch in einer Menge von 40—50% im Elfenbeinholzbaumöl von *Agonandra brasiliensis* und im Öl von *Wrightia annamensis* gefunden.

Tabelle 14. Samenfette der Leguminosae. (Halbtrocknende Öle.)
Hauptbestandteile: *Öl-, Linol- (Palmitin-, Arachin-, Lignocerin-) Säure.*

	Myristin-säure	Palmitin-säure	Stearin-säure	Arachin-säure	Ligno-cerinsäure	Ölsäure	Linol-säure	Linolen-säure	Methode
Papilionatae:									
Erdnuß, *Arachis hypogaea*									
Virginia	—	6,3	4,9	5,9		61,1	21,8	—	F, H[1]
Spanisch	—	8,3	6,3	7,1		53,4	24,9	—	F, H[1]
Senegal	—	7,3	2,6	5,2		65,7	19,2	—	F[2]
West-Afrika	—	6,0	3,0	6,5		71,5	13,0	—	F[3]
Philippinen	—	8,6	3,6	5,9		54,5	27,4	—	F (?)[4]
West-Afrika	—	8,2	3,4	6,1		60,4	21,9	—	F[5]
Sojabohnen, *Soja hispida*	—	6,8	4,4	0,7	0,1	33,7	52,0	2,3	F, H[6]
		11,5			—	25,9	58,8	3,8	Pb, K[7]
	—	14,3	—	—	—	25,9	56,9	2,9	Pb, H[8]
	0,6	7,0	5,5	0,3	—	26,1	54,7	5,8	F, K[5]
	—	9,0	3,9	0,6	—	30,6	53,8	2,1	F, H[9]
Tonkabohnen, *Dipteryx*									
odorata { gepreßt	—	5,1	5,9	14,8		61,0	13,2	—	F[10]
extrahiert	—	6,1	5,7	13,2		59,6	15,4	—	F[10]
Unterfamilie Mimosoideae:									
Korallenbaumsamen,									
Adenanthera pavonina	0,4	9,0	1,1	—	25,5	49,3	14,7	—	F, H[11]

[1] G. S. JAMIESON, W. F. BAUGHMAN u. D. H. BRAUNS: Journ. Amer. chem. Soc. **43**, 1372 (1921).   [2] E. F. ARMSTRONG u. J. ALLAN: Journ. Soc. chem. Ind. **43**, 216 T (1924).
[3] T. P. HILDITCH u. N. L. VIDYARTHI: Journ. Soc. chem. Ind. **46**, 172 T (1927).
[4] A. O. CRUZ u. A. P. WEST: Philippine Journ. Science **46**, 199 (1931).
[5] H. N. GRIFFITHS, T. P. HILDITCH u. E. C. JONES: Journ. Soc. chem. Ind. **53**, 13 T, 75 T (1934).
[6] W. F. BAUGHMAN u. G. S. JAMIESON: Journ. Amer. chem. Soc. **44**, 2947 (1922).
[7] W. KIMURA: Journ. Soc. chem. Ind. Japan **33**, 325 B (1930).
[8] A. HEIDUSCHKA u. H. EGER: Chem. Umschau Fette, Öle, Wachse, Harze **38**, 129 (1931).
[9] A. O. CRUZ u. A. P. WEST: Philippine Journ. Science **48**, 77 (1932).
[10] T. P. HILDITCH u. W. J. STAINSBY: Journ. Soc. chem. Ind. **53**, 197 T (1934).
[11] S. M. MUDBIDRI, P. R. AYYAR u. H. E. WATSON: Journ. Indian Inst. Science **11 A**, 173 (1928).

Die Annahme, daß auch Traubenkernöl Ricinolsäure enthalte, hat sich als ein Irrtum erwiesen[1].

Gesondert sind die Öle der Leguminosae (Tab. 14) zu behandeln, weil sie gewöhnlich Arachinsäure (Behensäure) und Lignocerinsäure enthalten. Von den Samenfetten der Leguminosae sind nur einige Vertreter von Bedeutung für die Praxis, es sind dies vor allem das Sojabohnenöl und das Erdnußöl.

Die Hauptkomponenten des Erdnußöles sind Ölsäure und kleinere Mengen Linolsäure; das Öl enthält aber noch Arachinsäure usw.

Das halbtrocknende Sojabohnenöl ist sehr arm an C_{20}-Säuren, das Öl schließt sich also mehr den Fetten der Tabelle 12 an.

Tabelle 15. Samenfette. (Halbtrocknende und nichttrocknende Öle.)
Hauptbestandteile: *Öl-, Linol-, Palmitinsäure*.

	Die einzelnen Fettsäuren in Prozenten								
	Myristin-säure	Palmitin-säure	Stearin-säure	Arachin-säure	Ligno-cerinsäure	Ölsäure	Linol-säure		Methode
Anacardiaceae:									
Acajousamen, *Anacardium occidentale* ..	—	6,4	11,3	—	0,5	74,1	7,7		F[2]
Mastix-Pistazie, *Pistacia lentiscus*	—	27,5	12,8	—	—	52,7	7,0		[3]
Pistaziennüsse, *Pistacia vera*	—	19	—	—	—	60	21		Pb, H[4]
„ „ „	0,6	8,2	1,6	—	—	69,6	20,0		F[5]
Tiliaceae:									
Jutesamen, *Corchorus capsularis*	—	19,9		—	—	37,4	42,7		Pb, H[6]
Malvaceae:									
Baumwollsaat, *Gossypium arboreum*	3,3	19,9	1,3	0,6	—	29,6	45,3		F[7]
„ „ *herbaceum* usw.	2,0	19,6	2,7	0,7	—	24,6	50,4		F[8]
„ „ *barbadense* ...	0,3	20,2	2,0	0,6	—	35,2	41,7		F, H[9]
„ „ *hirsutum*	0,5	21,9	1,9	0,1	—	30,7	44,9		F[10]
„ „ „	—	23,4	—	—	—	23,0	53,6		F[11]
Ambarihanfsaat, *Hibiscus cannabinus*	—	15,8	6,8	—	—	51,0	26,4		[12]
„Gomba"-Saat, *Hibiscus esculentus* ...	—	26,9	2,7	0,1	—	43,7	26,6		F, H[13]
Bombacaceae:									
Kapoksaat, *Ceiba pentandra*, syn.	—	26,0	—	—	—	44,5	29,5		Pb[14]
„ *Eriodendron anfractuosum* ..	0,5	16,1	2,3	0,8	—	50,6	29,7		F[15]
Lecythidaceae:									
Paranüsse, *Bertholletia excelsa, nobilis* ..	1,9	14,3	2,7	—	—	58,3	22,8		F, H[16]
„ „ „ „ ..	0,6	15,4	6,2	—	—	48,0	29,8		F, H[17]

[1] L.MARGAILLAN: Bull. Soc. Encour. Ind. Nationale **126**, 560 (1927).
[2] C.K.PATEL, J.J.SUDBOROUGH u. H.E.WATSON: Journ. Indian Inst. Science **6**, 111 (1923).   [3] F.L.VODRET: Ann. Chim. analyt. appl. **19**, 76 (1929).
[4] K.BEYTHIEN: Pharmaz. Zentralhalle **70**, 551, 571 (1929).
[5] D.R.DHINGRA u. T.P.HILDITCH: Journ. Soc. chem. Ind. **50**, 9 T (1931).
[6] N.K.SEN: Journ. Ind. chem. Soc. **5**, 759 (1928).
[7] T.P.HILDITCH u. E.C.JONES: Journ. chem. Soc. London **1932**, 805.
[8] T.P.HILDITCH u. A.J.RHEAD: Journ. Soc. chem. Ind. **51**, 198 T (1932).
[9] G.S.JAMIESON u. W.F.BAUGHMAN: Journ. Amer. chem. Soc. **42**, 1197 (1920).
[10] G.S.JAMIESON u. W.F.BAUGHMAN: Journ. Oil Fat Ind. **4**, 131 (1927).
[11] E.F.ARMSTRONG u. J.ALLAN: Journ. Soc. chem. Ind. **43**, 216 T (1924).
[12] M.R.BAUMAN: Chem. Abstracts **1929**, S. 3117.
[13] G.S.JAMIESON u. W.F.BAUGHMAN: Journ. Amer. chem. Soc. **42**, 166 (1920).
[14] H.P.TREVITHICK u. W.A.DICKHART: Cotton Oil Press **5**, 34 (1921).
[15] A.O.CRUZ u. A.P.WEST: Philippine Journ. Science **46**, 131 (1931).
[16] H.A.SCHUETTE, R.W.THOMAS u. M.V.DUTLEY: Journ. Amer. chem. Soc. **52**, 4114 (1930).   [17] H.A.SCHUETTE u. W.W.F.ERZ: Journ. Amer. chem. Soc. **53**, 2756 (1931).

Das Korallenbaumöl ist infolge seines hohen Lignocerinsäuregehalts (zirka 25%) die geeignetste Quelle für die Gewinnung dieser gesättigten Säure. Die *Pentaclethra*-Öle[1] aus Westafrika und Brasilien sind reich an Arachinsäure sowie höheren gesättigten Homologen.

Es folgt nun eine Reihe von Samenfetten, ebenfalls mit Öl-, Linol- und Palmitinsäure als Hauptkomponenten, aber mit bedeutend höherem Palmitinsäuregehalt; es gehören hierzu u. a. das Baumwollsamenöl und Kapoköl (Näheres s. Tab. 15). Ferner einige Samenfette ohne größere technische Bedeutung, insbesondere Samenfette der Familien Magnoliaceae, Anonaceae, Rutaceae, Burseraceae, Combretaceae, Apocynaceae, Solanaceae, Rubiaceae, Caprifoliaceae und Cucurbitaceae.

Die Öle sind größtenteils halbtrocknend und enthalten gewöhnlich je 25% Öl- und Linolsäure; aber auch nichttrocknende Öle gehören in diese Klasse. Charakteristisch für die Fettgruppe ist ein Palmitinsäuregehalt von 15—25%.

Die verschiedenen Arten des amerikanischen, ägyptischen und indischen Baumwollsaatöles weisen große Konstanz der Zusammensetzung auf: Die Säuren bestehen aus 19,5—23% Palmitinsäure, 25—30% Ölsäure und 45—50% Linolsäure. Manche Öle, z. B. die Samenfette der Anacardiaceae, enthalten 10% und mehr Stearinsäure; sie bilden einen Übergang zu den in Tabelle 20 zusammengestellten stearinsäurereichen Fetten.

Samenfette der Gramineae. (Halbtrocknende Öle.) Zu den Samenfetten der Gras- und Getreidepflanzen gehört unter anderem das in Amerika in weitestem Umfange als Speiseöl und in der Seifenfabrikation verwendete Maisöl. Hier liegen Analysen der Endosperm- und der dazugehörigen Keimfette vor, weshalb die Fette in einer besonderen Tabelle (Tab. 16) zusammengestellt wurden.

Tabelle 16.   Samenfette der Gramineae.
Hauptkomponenten: *Öl-, Linol-, Palmitinsäure.*

	Die einzelnen Fettsäuren in Prozenten								Methode
	Myristinsäure	Palmitinsäure	Stearinsäure	Arachinsäure	Lignocerinsäure	Ölsäure	Linolsäure	Linolensäure	
Hafer (Keim), *Avena sativa* ..	—	10,4	—	—	—	58,5	31,1	—	Pb, H[2]
Gerste (Samen), *Hordeum vulgare*	—	9,2	3,2	—	—	32,9	54,2	0,5	Pb, H[3]
Gerste (Keim), (Malz), *Hordeum vulgare*	—	10,3	6,4	—	—	20,5	61,8	1,0	Pb, H[3]
Reis (Mehl), *Oryza sativa*	0,3	13,2	1,9	0,6	0,5	44,1	39,4	—	F[4]
„ (Kleie), *Oryza sativa*	0,1	18,0	2,8	0,5	1,0	48,2	29,4	—	F[5]
Roggen (Saat), *Secale cereale* .	—	21,4	—	—	—	17,7	60,9	—	Pb, H[6]
„ (Keim), *Secale cereale*	2,5	8,8	0,2	—	—	34,8	48,1	5,4	F, H[7]
Weizen (Keim), *Triticum vulgare*	—	13,8	1,0	—	0,3	30,0	44,1	10,8	F, H[8]
Mais (Keim), *Zea Mays*	—	7,8	3,5	0,4	0,2	46,3	41,8	—	F, H[9]
Hirse (Saat), *Panicum miliaceum*	—	12,0	—	—	—	27,0	52,9	8,1	B, K[10]

[1] L. MARGAILLAN, A. DUPUIS u. J. ROSELLO: Ann. Musée Colonial Marseille (4), **3**, 23, 26 (1925).   [2] K. AMBERGER u. E. W. HILL: Ztschr. Unters. Lebensmittel **54**, 417 (1927).
[3] K. TÄUFEL u. M. RUSCH: Ztschr. Unters. Lebensmittel **57**, 422 (1929).
[4] G. S. JAMIESON: Journ. Oil Fat Ind. **3**, 256 (1926).
[5] A. O. CRUZ, A. P. WEST u. V. B. ARAGON: Philippine Journ. Science 48, 5 (1932).
[6] J. W. CROXFORD: Analyst **55**, 735 (1930).
[7] R. W. STOUT u. H. A. SCHUETTE: Journ. Amer. chem. Soc. **54**, 3298 (1932).
[8] G. S. JAMIESON u. W. F. BAUGHMAN: Oil & Soap **9**, 136 (1932).
[9] W. F. BAUGHMAN u. G. S. JAMIESON: Journ. Amer. chem. Soc. **43**, 2696 (1921).
[10] A. STEGER u. J. VAN LOON: Rec. Trav. chim. Pays-Bas **53**, 41 (1934).

Chemisch müßte man sie den halbtrocknenden und trocknenden Ölen der Tabelle 12 angliedern. Sie enthalten im allgemeinen bis zu 80% Öl- und Linolsäure, neben 10—15% Palmitinsäure.

In den meisten Samenfetten ist das Endosperm die eigentliche Fettquelle, bei einigen (z. B. bei den Leguminosen) ist aber der Same praktisch frei von Endosperm und das Sameninnere beinahe gänzlich von Kotyledonen des Keimlings ausgefüllt, und das Fett wird vom Keimling produziert.

Bei den Samen der Gramineae ist der Keim fettreicher als das Endosperm; so enthalten Weizenkeime 10—17%, das Endosperm nur 1—2% Fett. Die beiden Fette unterscheiden sich nur wenig, das Keimfett ist aber etwas höher ungesättigt.

α) *Spezifische ungesättigte Fettsäuren enthaltende Samenfette.*

Als spezifische ungesättigte Fettsäuren treten in Samenfetten außer *Eläo-stearinsäure* und *Ricinolsäure* noch *Erucasäure* (Cruciferae), *Petroselinsäure* (Umbelliferae, Araliaceae) und die cyclische *Chaulmoogra-* und *Hydnocarpussäure* (Flacourtiaceae) auf. Petroselinsäure ist auch ein Hauptbestandteil des *Picrasma*-Samenfettes. *Taririnsäure* (das Acetylen-Analogon der Petroselinsäure) wurde nur in den Samenfetten von *Picramnia*-Arten gefunden.

Samenfette der Cruciferae. Die über verschiedene Weltteile verbreitete Familie der Kruziferen produziert größere Mengen Erucasäure enthaltende Samenfette. Genauere Analysen liegen nur für die Fette von einigen *Brassica*-Arten, von *Eruca sativa* und Goldlacksamen (*Cheiranthus cheiri*), vor; ihre Fettsäuren enthalten im allgemeinen etwa 40—50% Erucasäure. Die anderen sauren Hauptkomponenten sind Ölsäure (etwa 30%), Linolsäure und gelegentlich auch Linolensäure. Die gesättigten Komponenten machen nur etwa 5% aus und bestehen aus Palmitinsäure, neben ganz geringen Mengen Behen- oder Lignocerinsäure (s. Tab. 17).

Von den zahlreichen Fetten dieser Familie haben nur das Rüböl, Senföl und Jambaöl technische Bedeutung. Infolge des hohen Erucasäuregehalts haben sie eine abnorm niedrige Verseifungszahl (zirka 176). Auch andere Kruziferen-öle zeigen oft eine zwischen 172—180 liegende Verseifungszahl, woraus auf einen höheren Erucasäuregehalt geschlossen werden muß.

Samenfette der Umbelliferae (und Araliaceae). Petroselinsäure ist ein Bestand-teil sämtlicher Samenfette der Umbelliferae und der verwandten Familie der Araliaceae (Efeu); sonst konnte die Säure nur noch im Samenfett von *Pi-crasma* nachgewiesen werden. Technische Bedeutung haben die fetten Öle der Umbellate nicht. Angesichts der theoretischen Bedeutung der Verteilung der Petroselinsäure soll aber die Zusammensetzung der Säurekomponenten der Umbelliferae- und Araliaceae-Samenfette an einigen Beispielen gezeigt werden (s. Tab. 18, S. 82).

Samenfette der Flacourtiaceae. (Halbtrocknende Öle.) Hauptkomponenten: *Chaulmoograsäure* (*Hydnocarpus-, Öl-, Palmitinsäure*). Chaulmoogra-, Hydno-carpus- oder Maratti-, Lukraboöl und noch einige weitere, von der gleichen Familie erzeugte Samenöle haben Bedeutung als Heilmittel, insbesondere bei Lepra. Die Öle sind reich an der cyclischen Chaulmoogra- und (oder) Hydno-carpussäure (s. S. 49—51). Soweit bekannt, beschränkt sich ihr Vorkommen auf diese Familie; ihre quantitative Trennung von Öl- und Linolsäure ist recht schwierig, so daß genauere Gehaltsbestimmungen vielfach noch fehlen. Die Samenfette von Lukraboöl (*Hydnocarpus anthelmintica*), Chaulmoograöl (*H. Kurzii*), Marattiöl (*H. Wightiana*) *H. Alcalae, Oncoba echinata* und von einigen weiteren Gliedern dieser Familie sollen hauptsächlich aus Chaulmoogra- und Hydnocarpussäure bestehen, wobei erstere gewöhnlich überwiegt. Andere Arten

Tabelle 17. Samenfette der Cruciferae. (Halbtrocknende Öle.)
Hauptbestandteile: Sämtlich ungesättigt: Öl-, Linol-, Erucasäure.

	Myristin-säure	Palmitin-säure	Stearin-säure	Arachin-säure	Behen-säure	Ligno-cerinsäure	Ölsäure	Linol-säure	Linolen-säure	Eruca-säure	Methode
				Die einzelnen Fettsäuren in Prozenten							
Weißsenfsamen, *Brassica (Sinapis) alba*	1,5	2	—	1	—	1	28	14,5	1	52,5	F[1]
Rapssamen (Colza), *Brassica (Sinapis) campestris:*											
Indisch	—	—	1,6	—	0,5	2,4	20,2	14,5	2,1	57,2	F[2]
Englisch	—	1	—	—	—	1	32	15	1	50	F[1]
Deutsch	—	0,8	—	—	—	—	39,3	11,0	3,7	45,2	Pb, H[3]
Ravison-Saat, *Brassica (Sinapis) campestris*	—	2	—	—	0,5	2	20,5	25,5	2	47,5	F[1]
Indische Senfsamen, *Brassica (Sinapis) juncea*	0,5	2	—	—	3,8	1,1	32,3	18,1	2,7	41,5	F[4]
Schwarzer Senf, *Brassica (Sinapis) nigra*	0,5	3	—	—	—	2	24,5	19,5	2	50	F[1]
Goldlacksamen, *Cheiranthus cheiri*	—	—	—	—	—	0,5	8,1	35,2	14,2	39,0	F, K[5]
„ „ „	—	5,2	(hauptsächl. Palmitin-)	—	—	—	5,2	26,1	20,5	43,0	B, K[6]
Jamba- (Raukensenf-) Samen, *Eruca sativa*	—	—	4,2	—	4,5	1,8	28,7	12,4	2,1	46,3	F[7]

[1] T. P. HILDITCH, T. RILEY u. N. L. VIDYARTHI: Journ. Soc. chem. Ind. 46, 457 T (1927).
[2] J. J. SUDBOROUGH, H. E. WATSON, P. R. AYYAR u. N. R. DAMLE: Journ. Indian Inst. Science 9 A, 26 (1926).
[3] K. TÄUFEL u. C. BAUSCHINGER: Ztschr. Unters. Lebensmittel 56, 253 (1928).
[4] J. J. SUDBOROUGH, H. E. WATSON, P. R. AYYAR u. V. M. MASCARENHAS: Journ. Indian Inst. Science 9 A, 43 (1926).
[5] H. N. GRIFFITHS u. T. P. HILDITCH: Journ. Soc. chem. Ind. 53, 75 T (1934).
[6] J. VAN LOON: Rec. Trav. chim. Pays-Bas 49, 745 (1930).
[7] J. J. SUDBOROUGH, H. E. WATSON, P. R. AYYAR u. T. J. MIRCHANDANI: Journ. Indian Inst. Science 9 A, 52 (1926).

Tabelle 18. Samenfette der Umbelliferae und Araliaceae.
(Halbtrocknende Öle.)
Hauptkomponenten: Sämtlich ungesättigt: *Öl-*, *Linol-*, *Petroselinsäure*.

	Die einzelnen Fettsäuren in Prozenten				Methode
	Palmitin-säure	Ölsäure	Linolsäure	Petroselin-säure	
Umbelliferae[1]:					
Waldangelika, Waldbrustwurz, *Angelica sylvestris* ...	4	44	33	19	F[2]
Gartenkerbel, *Anthriscus cerefolium* ...	5	0,5	53,5	41	F[3]
Sellerie, *Apium graveolens* ...	3	26	20	51	F[3]
Kümmel, *Carum carvi* ...	3	40	31	26	F[3]
Koriander, *Coriandrum sativum* ...	8	32	7	53	F[3]
Möhren, *Daucus carota* ...	4	14	24	58	F[3]
Fenchel, *Foeniculum officinale* ...	4	22	14	60	F[3]
Heracleum sphondylium ...	4	52	25	19	F[2]
Pastinake, *Pastinoca sativa* ...	1	32	21	46	F[3]
Petersilie, *Petroselinum sativum* ...	3	15	6	76	F[4]
,, ,, ,, ...	4	12	14	70	Pb, H[5]
Araliaceae[1]:					
Efeu, *Hedera helix* ...	5	20	13	62	Pb, K, H[6]

(z. B. *Hydnocarpus ovoidea*, *Gynocardia odorata* und *Oncoba spinosa*) scheinen die cyclischen Säuren nicht zu enthalten. Letztere Öle sind optisch-inaktiv oder nur ganz schwach aktiv, während Öle mit einem höheren Gehalt an den cyclischen Säuren höhere spezifische Rotation (+ 45 bis + 51°) zeigen.

β) Samenfette mit spezifischen gesättigten Säuren.

Von Palmitinsäure abgesehen, ist das Vorkommen größerer Mengen gesättigter Fettsäuren äußerst spezifisch und im großen ganzen auf die Samenfette folgender Familien beschränkt:

Spezifische gesättigte Hauptkomponenten	Familie
Arachin- (Behen-, Lignocerinsäure)	Leguminosae, Sapindaceae
Stearinsäure	Meliaceae, Sterculiaceae, Guttiferae, Dipterocarpaceae, Sapotaceae
Myristinsäure	Myristicaceae (Vochysiaceae)
Laurinsäure	Lauraceae
Laurin- u. Myristinsäure (nebeneinander)	Palmae, Simarubaceae (Salvadoraceae)

Die Samenfette dieser Gruppen sind mitunter an sich viel reicher an gesättigten Säuren als die zuvor besprochenen. Sie sind deshalb häufig bei Zimmertemperatur fest oder halbflüssig, manchmal auch flüssig, dann aber nichttrocknend.

Samenfette mit Arachinsäure (Behensäure) oder Lignocerinsäure als Hauptkomponente. Hierzu gehören die Fette der Leguminosae (zusammengestellt in der Tabelle 14), auch die Samenfette einer tropischen Familie, der Sapindaceae. Die vier genauer untersuchten Samenfette dieser letzteren Familie enthielten

[1] Sämtlich in mäßigen oder subtropischen Regionen heimisch.
[2] T.P.HILDITCH u. Frl.E.E.JONES: Biochemical Journ. 22, 326 (1928).
[3] B.C.CHRISTIAN u. T.P.HILDITCH: Ebenda 23, 327 (1929).
[4] T.P.HILDITCH u. Frl.E.E.JONES: Journ. Soc. chem. Ind. 46, 174 T (1927).
[5] J.VAN LOON: Rec. Trav. chim. Pays-Bas 46, 492 (1927).
[6] A.STEGER u. J.VAN LOON: Rec. Trav. chim. Pays-Bas 47, 471 (1928).

etwa 20—35% Arachinsäure und gegen 45—60% Ölsäure; der Rest bestand aus Stearinsäure und kleinen Mengen Palmitin- und Linolsäure.

Die Samenfette dieser Gruppe (s. Tab. 19) finden beschränkte Anwendung in der Seifen- und Kerzenfabrikation Indiens und anderer asiatischer Gebiete; das Kusumöl (Makassaröl) wurde früher als Haarpflegemittel verwendet.

Tabelle 19. Samenfette der Sapindaceae.
(Nichttrocknende Öle bzw. feste Fette.)
Hauptkomponenten: *Öl-, Arachin- (Palmitin-) Säure.*

	Die einzelnen Fettsäuren in Prozenten							
	Myristin-säure	Palmitin-säure	Stearin-säure	Arachin-säure	Lignocerin-säure	Ölsäure	Linolsäure	Methode
Pulasanfett, *Nephelium mutabile*	—	3,0	31,0	22,3	—	43,7	—	F[3]
Rambutantalg, *Nephelium lappaceum*	—	2,0	13,8	34,7	—	45,3	—	F[2, 3]
Seifenbaumsamen, *Sapindus trifoliatus*	—	5,6	8,5	21,9	2,5	61,5	—	F, H[4]
Makassar- (Kusum-) Kerne, *Schlei-chera trijuga*..................	1,0	5,3	6,3	19,8	3,5	61,6	2,5	F, H[5]
Makassar- (Kusum-) Kerne, *Schlei-chera trijuga*..................	1,1	8,7	1,7	22,6	2,2	59,2	4,5	F, H[5]
Makassar- (Kusum-) Kerne, *Schlei-chera trijuga*..................	—[1]	7,9	—	31,1	—	57,6	—	[6]

Samenfette mit Stearinsäure als Hauptkomponente. Diese Gruppe umfaßt Samenfette einiger Familien mit einem Stearinsäuregehalt von über 10%; zuweilen steigt aber der Stearinsäuregehalt auf über 50% der Gesamtsäuren an. So reich an Stearinsäure sind aber nur die Samenfette einiger tropischer Pflanzen, und es kann nicht oft genug betont werden, daß diese Säure im Pflanzenreich zumindest ebenso selten vorkommt, wie beispielsweise Arachin- oder Eläostearinsäure, und wahrscheinlich lange nicht so reichlich produziert wird wie etwa Laurin-, Eruca- oder Petroselinsäure, die jeweils charakteristischen Komponenten der sehr weit verbreiteten Familien der Palmae, Cruciferae und Umbelliferae.

Es gehört hierzu eine Anzahl technisch wichtiger Fette. So z. B. Kakaobutter, Borneotalg, Malabartalg und Allanblackiafett (Bouandjofett). Die ebenfalls feste Sheabutter, das Illipéfett und die Mowrahbutter werden in beschränktem Umfange in der Speisefett- und Seifenindustrie verwendet.

Das Verhältnis von Stearin- zu Palmitinsäure wechselt stark, auch innerhalb der gleichen Familie. So finden wir beispielsweise im Fett von *Calocarpum mammosum* neben 10% Palmitinsäure 20% oder sogar noch weniger Stearinsäure; in einer anderen Gruppe (z. B. von *Theobroma cacao*) erreicht der Stearinsäuregehalt 35—40%, die Palmitinsäure etwas über 20%; eine dritte Kategorie ist schließlich gekennzeichnet durch einen extrem hohen Stearinsäure- (etwa 50%) und einen äußerst niedrigen Palmitinsäuregehalt.

Ausschließlich aus Stearinsäure und Ölsäure bestehende Fette findet man nur innerhalb bestimmter Gattungen der Guttiferae und Sapotaceae.

Außer den Fetten der Tabelle 20 sollen noch folgende Samenfette Stearinsäure als gesättigte Hauptkomponente enthalten:

[1] Soll auch 1,1% Caprinsäure und 2,3% Laurinsäure enthalten.
[2] Soll auch 4,2% einer Eikosensäure enthalten.
[3] T. P. HILDITCH u. W. J. STAINSBY: Journ. Soc. chem. Ind. **53**, 197 T (1934).
[4] D. R. PARANJPE u. P. R. AYYAR: Journ. Indian Inst. Science **12 A**, 179 (1929).
[5] D. R. DHINGRA, T. P. HILDITCH u. J. R. VICKERY: Journ. Soc. chem. Ind. 48, 281 T (1929).   [6] S. M. PATEL: Dissertation. Bombay. 1930.

Guttiferae:

Garcinia indica, Indien	Kokumbutter
„ *Morella, pictoria*, trop. Asien	Gurgifett
Pentadesma Kerstingii, pazifische Inseln	
Platonia insignis, Südamerika	
Symphonia fasciculata, Madagaskar	Hazinakernfett
„ *globulifera*, Tropen	Manifett
„ *laevis*, Madagaskar	

Sapotaceae:

Payena oleifera, Burma	Kansiveöl

Tabelle 20. Feste Samenfette.
Hauptkomponenten: Öl-, Stearin- (Palmitin-) Säure.

	Die einzelnen Fettsäuren in Prozenten						Methode
	Myristin-säure	Palmitin-säure	Stearin-säure	Arachin-säure	Ölsäure	Linol-säure	
Meliaceae:							
Margosasaat, *Azadirachta indica*	2,6	14,1	24,0	0,8	58,5	—	X²
Sterculiaceae:							
Kakaobutter, *Theobroma cacao*	—	24,4	34,5	—	39,1	2,0	F³
Sterculia-Kernfett, *Sterculia foetida* . .	—	10,7	40,3	2,1	43,6	3,3	F⁴
Guttiferae:							
Bouandja, *Allanblackia floribunda* . . .	—	—	52–56	—	48–44	—	Pb⁵
„ *Klainei*	—	—	62,5	—	37,5	—	6
Mkanyi, *Allanblackia Stuhlmannii* . . .	—	3,1	52,6	—	44,1	0,2	F⁷
Ind. Dombaöl, *Calophyllum inophyllum*	—	16,8	9,7	—	49,7	23,8	F⁸
Dilo-Kerne, *Calophyllum inophyllum* .	—	15,6	12,2	—	53,1	15,8¹	F⁹
Mesuaöl, *Mesua ferrea*	1,6	8,5	10,4	1,8	66,5	11,2	F⁸
„ „ „	2,3	8,4	14,2	—	65,4	9,7	F⁸
Kanyabutter, *Pentadesma butyracea* . .	—	5,4	46,1	—	48,5	—	F⁷
Dipterocarpaceae:							
Borneotalg, *Shorea aptera*	1,4	21,5	39,0	—	38,1	—	F¹⁰
Dhupa-, Malabartalg, *Vateria indica* . .	—	10,2	38,9	3,1	47,8	—	F¹¹
Sapotaceae:							
Fulwabutter, *Bassia butyracea*	—	54	—	—	46	—	Pb, H¹²
Mowrahbutter, *Bassia latifolia*	—	34		—	66	—	Pb, H¹²
„ „ „	16,3	27,1	2,0	—	41,0	13,6	F¹³
Illipébutter, *Bassia longifolia*	—	40		—	51	9	Pb, H¹²
„ „ *Motleyana*	—	10,2	18,5	—	68,8	2,5	14
Sheabutter, *Butyrospermum Parkii* . .	0,4	8,5	35,9	—	49,9	5,3	F⁷
Sapoteöl, *Calocarpum mammosum* . . .	—	10,0	22,3	—	54,3	13,4	F¹⁵
Njatuotalg, *Palaquium oblongifolium* .	0,2	5,9	54,0	—	39,9	—	F⁴

¹ 3,3% Erucasäure inbegriffen, deren Gegenwart aber nicht nachgewiesen wurde.
² A.C.ROY u. S.DUTT: Journ. Soc. chem. Ind. **48**, 333 T (1929).
³ C.H.LEA: Journ. Soc. chem. Ind. **49**, 41 T (1929).
⁴ T.P.HILDITCH u. W.J.STAINSBY: Journ. Soc. chem. Ind. **53**, 197 T (1934).
⁵ J.PIERAERTS u. L.ADRIAENS: Mat. Grasses **21**, 8510, 8539 (1929).
⁶ L.ADRIAENS: Mat. Grasses **55**, 9931, 9961 (1933).
⁷ T.P.HILDITCH u. S.A.SALETORE: Journ. Soc. chem. Ind. **50**, 468 T (1931).
⁸ D.R.DHINGRA u. T.P.HILDITCH: Journ. Soc. chem. Ind. **50**, 9 T (1931).
⁹ K.W.R.GLASGOW: Journ. Soc. chem. Ind. **51**, 172 T (1932).
¹⁰ T.P.HILDITCH u. J.PRIESTMAN: Journ. Soc. chem. Ind. **49**, 197 T (1930).
¹¹ T.P.HILDITCH, Frl.E.E.JONES u. S.A.SALETORE: Journ. Soc. chem. Ind. **50**, 468 T (1931).   ¹² R.G.PELLY: Journ. Soc. chem. Ind. **31**, 98 (1912).
¹³ A.H.GILL u. C.C.SHAH: Journ. Oil Fat Ind. 2, 46 (1925).
¹⁴ J.ZIMMERMANN: Chem. Weekbl. **30**, 657 (1933).
¹⁵ G.S.JAMIESON u. R.S.McKINNEY: Journ. Oil Fat Ind. (7), 8, 255 (1931).

Tabelle 21. Feste Samenfette.

Hauptbestandteile: *Laurin-*, *Myristin- (Palmitin-, Öl-) Säure.*

	Einzelne Fettsäuren in Prozenten								Methode
	Caprylsäure	Caprinsäure	Laurinsäure	Myristinsäure	Palmitinsäure	Stearinsäure	Ölsäure	Linolsäure	
Palmae:									
Gru-gru, *Acrocomia sclerocarpa*	7,8[1]	5,6	44,9	13,4	7,6	2,6	16,5	1,6	F[2]
Arekanuß, Betelnuß, *Areca catechu* .	—	1,0	43,6	21,0	3,1	2,3	29,0	—	[3]
„ „ „ .	—	1,0	53,7	24,9	2,5	3,3	14,6	—	[3]
Murumurukerne, *Astrocaryum Murumuru*	1,1	1,6	42,5	36,9	4,6	2,1	10,8	0,4	F[4]
Tucum, *Astrocaryum Tucuma*	1,3	4,4	48,9	21,6	6,4	1,7	13,2	2,5	F[2]
Cohunekerne, *Attalea cohune*	7,5[1]	6,6	46,4	16,1	9,3	3,3	9,9	0,9	F[5]
Babassukerne, *Attalea funifera*, syn. *Orbignia speciosa*	6,5[1]	2,7	45,8	19,9	6,9	—	18,1	—	F[6]
Cocosnuß, *Cocos nucifera*	9,5	4,5	51,0	18,5	7,5	3,0	5,0	1,0	F[7]
„ „ „	8,7[1]	5,6	45,0	18,0	nicht bestimmt				F[8]
„ „ „	7,9[1]	7,2	48,0	17,5	9,0	2,1	5,7	2,6	F[9]
„ „ „	7,8[1]	7,6	44,8	18,1	9,5	2,4	8,2	1,5	F[10]
Palmkerne, *Elaeis guineensis*	3,0	3,0	52,0	15,0	7,5	2,5	16,0	1,0	F[11]
„ „	2,7	7,0	46,9	14,1	8,8	1,3	18,5	0,7	F[9]
Turlurufett, *Manicaria saccifera* ...	5,3[1]	6,6	47,5	18,9	8,2	2,4	9,7	1,4	F[2]
Myristicaceae:									
Muskatnuß, *Myristica fragrans*, syn. *officinalis*	—	—	1,5	76,6	10,1	—	10,5	1,3	F[12]
Muskatnuß, *Myristica fragrans*, syn. *officinalis*	—	—	—	60	32	—	8	—	[13]
Ochocokerne, *Ochocoa Gabonii*	—	—	—	98(?)	—	—	2(?)	—	[14]
Otobanuß, *Virola (Myristica) Otoba*	—	—	20,8	73,4	0,3	—	5,5	—	F[15]
Lauraceae:									
Lorbeerkerne, *Laurus nobilis*	—	—	35,0	—	9,7	—	36,6	18,7	F[16]
......	—	—	43,1	—	6,2	—	32,3	18,4	F[17]
Tangkallakkerne, *Lepidadenia Wightiana*	—	—	87(?)	—	—	—	13(?)	—	F[18]
Simarubaceae:									
Dikanuß, *Irvingia Barteri*	—	—	38,8	50,6	—	—	10,6	—	F[19]
„ „ *gabonensis*	—	—	19,5	70,5	—	—	10	—	F[20]
Cay-Cay-Nuß, *Irvingia Oliveri*	—	—	zirka 39	zirka 56	—	—	zirka 5	—	F[21]
Vochysiaceae:									
Jabotykerne, *Erisma calcaratum* ...	—	—	—	28,0	43,6	3,4	25,0	—	[22]
Salvadoraceae:									
Khakankerne, *Salvadora oleoides* ...	4,4	6,7	47,2	28,4	—	—	12,0	1,3	F[23]

[1] Spuren von Capronsäure; 0,5% im Cocosöl[8] (E. R. Taylor u. H. T. Clarke).
[2] G. Collin: Biochemical Journ. 27, 1366 (1933).
[3] A. Rathje: Arch. Pharm. 246, 702 (1908).
[4] M. Saraiva: Mem. Inst. Chim. Rio de Janeiro 2, 5 (1929).
[5] T. P. Hilditch u. N. L. Vidyarthi: Journ. Soc. chem. Ind. 47, 35 T (1928).
[6] A. Heiduschka u. R. Agsten: Journ. prakt. Chem. (II), 126, 53 (1930).
[7] E. F. Armstrong, J. Allan u. C. W. Moore: Journ. Soc. chem. Ind. 44, 61 T (1925).
[8] E. R. Taylor u. H. T. Clarke: Journ. Amer. chem. Soc. 49, 2829 (1927).
[9] G. Collin u. T. P. Hilditch: Journ. Soc. chem. Ind. 47, 261 T (1928).
[10] R. Child u. G. Collin: Private Mitteilung. 1931.
[11] E. F. Armstrong, J. Allan u. C. W. Moore: Journ. Soc. chem. Ind. 44, 143T (1925).
[12] G. Collin u. T. P. Hilditch: Biochemical Journ. 23, 1273 (1929); Journ. Soc. chem. Ind. 49, 141 T (1930). [13] A. Heiduschka u. H. Häbel: Arch. Pharm. 271, 56 (1933).

Den Angaben über die Zusammensetzung der *Bassia*-Samenfette haftet eine gewisse Unsicherheit an, da sie nach wenig exakten Methoden untersucht worden sind; eine Ausnahme bildet das nach der Ester-Fraktionierungsmethode analysierte Samenfett von *B. latifolia*, deren gesättigte Säuren in der Hauptsache aus Palmitin- und Myristinsäure, sowie geringen Mengen Stearinsäure bestehen.

Samenfette mit Myristin- und Laurinsäure als Hauptkomponenten. Es gehören hierzu einige Familien, deren Samenfette durch einen niedrigen Gehalt an Palmitinsäure, häufig auch an Öl- und Linolsäure gekennzeichnet sind und deren saure Hauptkomponenten Laurin- oder Myristinsäure (oder beide Säuren) sind. Der Gehalt an ungesättigten Säuren beträgt selten mehr als 50% der Gesamtsäuren, meistens beschränkt er sich auf 10% oder einen noch kleineren Betrag.

Die Zahlen für genauer untersuchte Fette sind in Tabelle 21 zusammengestellt. Infolge des hohen Gehalts an gesättigten Säuren mit dem Molekulargewicht 200 und 228 und der Gegenwart von relativ geringen Mengen ungesättigter Säuren ist die Verseifungs- und Jodzahl dieser Fette charakteristischer als sonst. Die in der Tabelle 21 mit genauen analytischen Daten angeführten Fette können deshalb durch eine Reihe weiterer Fette ergänzt werden, für welche nur die Verseifungs- und Jodzahl vorliegen. Letztere sind in der Tabelle 22 zusammengestellt.

Zu den in den Tabellen 21 und 22 benannten botanischen Familien wäre Folgendes zu bemerken:

Palmae. Die Samenfette der Palmae zeigen eine eigenartige Zusammensetzung; sie bestehen aus einem sehr heterogenen Gemisch von gesättigten Fettsäuren, das sich aber in quantitativer Hinsicht innerhalb der gesamten Familie nur wenig ändert, wenn man von einigen Ausnahmen absieht. (So enthält das Endosperm des Batava- und Dattelöles geringe Fettmengen, die nach der Verseifungs- und Jodzahl reicher an ungesättigten Säuren sowie Säuren von höherem Molekulargewicht sein müssen, als die übrigen Fette dieser Gruppe; möglicherweise hängt dies zusammen mit einem gewissen Gehalt an Testa-Fett.)

Die meisten Endospermfette dieser Reihe enthalten etwa 45—50% Laurinsäure (bezogen auf die Gesamtsäuren); der Myristinsäuregehalt beträgt in der Regel bis zu 20%; charakteristisch ist ferner die Gegenwart kleiner Mengen Caprin- und Caprylsäure, wohingegen Palmitin- und Stearinsäure kaum 7—9% bzw. 2—3% ausmachen. Der Umfang, bis zu welchem dieses Fettsäureverhältnis in den neun verschiedenen Gattungen der Tabelle 21 und in den zahlreichen in der Tabelle 22 erwähnten Fetten bestehen bleibt, ist ganz ungewöhnlich groß (praktisch nähern sich die Kennzahlen dieser Reihen sehr stark dem Cocos- oder Palmkernöl mit den Verseifungszahlen 250—260 bzw. 243—250 und den Jodzahlen 8—10 bzw. 15—20).

Fortsetzung der Anm. zu Tabelle 21.

[14] J.LEWKOWITSCH: Analyst **33**, 313 (1908).
[15] W.F.BAUGHMAN, G.S.JAMIESON u. D.H.BRAUNS: Journ. Amer. chem. Soc. **43**, 199 (1921).
[16] G.COLLIN u. T.P.HILDITCH: Biochemical Journ. **23**, 1273 (1929); Journ. Soc. chem. Ind. 49, 141T (1930).   [17] G.COLLIN: Biochemical Journ. 25, 95 (1931).
[18] J.SACK: Pharmac. Weekbl. **40**, 4 (1903).
[19] G.COLLIN u. T.P.HILDITCH: Biochemical Journ. **23**, 1273 (1929); Journ. Soc. chem. Ind. 49, 138T (1930).   [20] J.PIERAERTS: Bull. Agric. Congo Belge **13**, 68 (1922).
[21] E.BONTOUX: Bull. Sciences pharmacol. 17, 78 (1910).
[22] L.MARGAILLAN: Ann. Musée Colonial Marseille (4), **3**, 37 (1925).
[23] C.K.PATEL, S.N.IYER, J.J.SUDBOROUGH u. H.E.WATSON: Journ. Indian Inst. Science **9 A**, 117 (1926).

Tabelle 22. Verseifungs- und Jodzahlen fester Samenfette.

	Verseifungszahl	Jodzahl
Palmae:		
Paraguay-Palmkerne, *Acrocomia Totai*	240—247	24—28[2]
Coyol, Muriti-Palmkerne, *Acrocomia (Mauritia) vinifera*	246	25[3]
Aouara, Tucumkerne, *Astrocaryum aculeatum, vulgare*	240—249	10—14[4]
Awarrakerne, *Astrocaryum Jauari*	242	13—15[5]
Paramacakerne, *Astrocaryum Paramaca* ...	257	14[6]
„ „ *segregatum* ..	238	17[6]
Licurykerne (Ouricouri), *Attalea maripa (? excelsa)*	259,5	9,5[7]
Curua-Palmkerne, *Attalea spectabilis*	259,5	8,9[8]
Bactris acanthocarpa	238	15[9]
„ *Plumeriana*	(hauptsächlich Laurinsäure)[10]	
Bonneti-Palmkerne, *Butea bonneti*	260	24[11]
Piririmakerne, *Cocos Syagrus*	252	12—13[4]
Karnaubakerne, *Copernicia cerifera*	221	23[12]
Cayaul-, Noli-Palmkerne, *Elaeis melanococca*	234	27—28[13]
Hyphaene Schatan	245	22[14]
Jubaea chinensis	273	13[15]
Cokeritkerne, *Maximiliana regia*	240—253	7—16[16]
Roystonea regia	237	32[9]
Corozo- (Mamarron-) Palmkerne, *Scheelea insignis, regia*	251	10[17]
Batava-Kerne *(Oenocarpus distichus)* enthält nur 1—7% Öl	209	55[18]
Dattelsamen *(Phoenix dactylifera)* (nur 8% Öl)	211	52[19]
Myristicaceae:		
Coelocaryum cuneatum	ähnlich Muskatbutter	33[20]
Myristica argentea	ähnlich Muskatbutter	[21]
„ *canarica* (Mangalorebutter)	215	26[22]
„ *ocuba*	ähnlich Muskatbutter	[23]
„ *platysperma*	240	5—6[24]
Staudtia Kamerunensis	(hauptsächlich Myristin- und Ölsäure)[25]	
Virola Bicuhyba (Ucuhubanuß)	219—224	10—35[26]
„ *guatemalensis*	244	14[27]
„ *Micheli*	(hauptsächlich Myristin- und Ölsäure)[28]	
„ *sebifera*	(hauptsächlich Myristin- und Ölsäure)[29]	
„ *surinamensis*	(hauptsächlich Myristin- und Ölsäure)[30]	
„ *venezuelensis*	221	12[27]
Lauraceae:		
Mahubafett, *Acrodiclidium mahuba*	272	20 (hauptsächlich Trilaurin)[31]
Cinnamomum camphora (Kusufett)	284	4,5 (hauptsächlich Trilaurin)[32]
Lindera Benzoin (Gewürzbuschsamen)[1]	284	? (hauptsächlich Trilaurin)[33]
„ *hypoglauca*	223	69[34]
„ *praecox*	274	20[35]
„ *sericea*	256	65[35]
„ *triloba*	282	12[35]

Tabelle 22 (Fortsetzung).

	Verseifungszahl	Jodzahl
Litsea polyantha	245	34 (hauptsächlich Trilaurin)[36]
„ *Stocksii*	—	(hauptsächlich Trilaurin)[37]
„ *zeylanica*	245	46 (hauptsächlich Trilaurin)[37]
Machilus Thunbergii	241	66[32]
Nectandra Wane	270	3[38]
Salvadoraceae:		
Salvadora persica	245	6[39]

Dies gilt aber nur für die Endospermfette. Das Rindenschichtfett zeigt eine abweichende Zusammensetzung, was zuerst für die Cocosnuß von W. D. RICHARDSON[40] festgestellt wurde; die Testafette einer Reihe der Palmae ähneln sich, wie später J. ALLAN und C. W. MOORE[41] gefunden haben, weitgehend in ihrem Charakter. Die Testa ist fettärmer als das Endosperm, ihr Fett reicher an ungesättigten und ärmer an gesättigten Säuren als das Fett des Endosperms. Von E. F. ARMSTRONG, J. ALLAN und C. W. MOORE[42] untersuchte Testa- und Endospermfette von *Cocos nucifera* hatten nebenstehende Zusammensetzung.

	Fettsäuregehalt in Prozenten	
	Testafett	Endospermfett
Caprylsäure ...	2 (?)	9,5
Caprinsäure ...	2	4,5
Laurinsäure ..	28	51,0
Myristinsäure .	22	18,5
Palmitinsäure .	12	7,5
Stearinsäure ..	1 (?)	3,0 (?)
Ölsäure	23	5,0
Linolsäure	10	1,0

[1] *Lindera* und *Tetradenia*-Samenfette enthalten kleine Mengen C_{12}- und C_{14}-Säuren mit einer Äthylenbindung.   [2] G.T.BRAY u. F.L.ELLIOTT: Analyst **41**, 298 (1916).
[3] G.FENDLER: Ztschr. Nahr.- Genußm. **6**, 1025 (1903).
[4] E.R.BOLTON u. D. G. HEWER: Analyst **42**, 35 (1917); Bull. Imp. Inst. London **15**, 40 (1917).   [5] Bull.Imp.Inst.London **26**, 411 (1928).   [6] Öl-Fett-Ind. Wien **2**, 134 (1920).
[7] E.BASSIERE: Journ. Pharmac. Chim. (6), **18**, 323 (1903).
[8] Bull. Imp. Inst. London **18**, 172 (1920).   [9] Öl-Fett-Ind. Wien **2**, 135 (1920).
[10] J.SACK: Vgl. Chem. Ztrlbl. **1906** I, 1106.
[11] S.IVANOW u. Z.P.ALISSOVA: Chem. Umschau Fette, Öle, Wachse, Harze **36**, 401 (1929).   [12] C.GRIMME: Pharmaz. Zentralhalle **62**, 249 (1921).
[13] Bull.Imp.Inst.London **17**, 186 (1919).   [14] G.CLOT: Mat. grasses **12**, 5661 (1920).
[15] C.A.LATHRAP: Cotton Oil Press **6**, No. 8, 32 (1922).
[16] E.R.BOLTON u. D. G. HEWER: Analyst **42**, 35 (1917); Bull. Imp. Inst. London **25**, 1 (1927).   [17] Bull. Imp. Inst. London **15**, 479 (1917); **20**, 147 (1922).
[18] E.R.BOLTON u. E.M.JESSON: Analyst **40**, 3 (1915).
[19] A.DIEDRICHS: Ztschr. Nahr.- Genußm. **27**, 132 (1914).
[20] HECKEL: Les Graines grasses nouvelles, S. 111. Paris. 1902.
[21] JUMELLE: Les Huiles végétales, S. 171. Paris. 1921.
[22] D.HOOPER: Agric. Ledger No. 2 (1907).   [23] JUMELLE: A. a. O. S. 173.
[24] E.R.BOLTON u. D. G.HEWER: Analyst **42**, 35 (1917).   [25] JUMELLE: A.a.O. S. 177.
[26] J.WOLFF: Ztschr. Dtsch. Öl-Fettind. **41**, 449, 468 (1921). — E. R.BOLTON u. D.G.HEWER: Analyst **42**, 35 (1917).
[27] C.GRIMME: Chem. Rev. Fett-Harzind. **17**, 233 (1910).   [28] JUMELLE: A. a. O. S. 174.
[29] LEWKOWITSCH-WARBURTON: Oils, Fats & Waxes, 6. Aufl., Bd. II, S. 584. 1922.
[30] C.L.REIMER u. W.WILL: Ber. Dtsch. chem. Ges. **18**, 2011 (1885).
[31] E.ANDRÉ: Compt. rend. Acad. Sciences **184**, 227 (1927).
[32] M.TSUJIMOTO: Journ. Coll. Engin., Tokyo **4**, 75 (1908).
[33] C.E.CASPARI: Amer. chem. Journ. (4), **27**, 291 (1902).
[34] M.TSUJIMOTO: Journ. Soc. chem. Ind. Japan **29**, 105 (1926).
[35] S.UCHIDA: Journ. Soc. chem. Ind. **35**, 1089 (1916).
[36] D.HOOPER: Pharmac. Journ. (IV), **37**, 369 (1913).   [37] JUMELLE: A. a. O. S. 182.
[38] Öl-Fett-Ind. Wien **2**, 186 (1920).   [39] JUMELLE: A. a. O. S. 430.
[40] Journ. indust. engin. Chem. **3**, 574 (1911).   [41] Journ. Soc. chem. Ind. **44**, 61 T (1925).
[42] Journ. Soc. chem. Ind. **44**, 67 T (1925).

Die von ALLAN und MOORE[1] für eine Reihe von Testafetten ermittelten Kennzahlen sind nachfolgend zusammengestellt:

Tabelle 23. Testafette.

Art	Vulgärname	Testafett			Endospermfett		
		% Fett	V.-Z.	J.-Z.	% Fett	V.-Z.	J.-Z.
Attalea funifera	Babassu	49	232,5	22,8	66	257,5	10,2
„ *maripa*	Ouricouri (Maripafett)	56	241	30,4	70	261,7	10,5
Cocos nucifera	Cocosnuß	22 bis 58	221 bis 241	21,5 bis 59,7	55 bis 75	255,5 bis 262,5	5,7 bis 9,3
Elaeis guineensis	Ölpalme	30 bis 33	229,5 bis 233,3	28,0 bis 29,6	56	244	12,4

Die Testafette der Palmae nehmen also in bezug auf ihre Zusammensetzung eine Mittelstellung ein zwischen den Fruchtfleisch- und den Endospermfetten, stehen aber deutlich den letzteren näher.

Salvadoraceae. Nach der Analyse der Samenfette von *Salvadora oleoides* und den Kennzahlen des Öles von *S. Persica* scheinen die Säuren der Salvadoraceae-Fette den gleichen Typus darzustellen wie die Säuren der Palmae-Endospermfette. Dies ist um so merkwürdiger, als es sich hier um Familien extrem verschiedenen botanischen Charakters handelt; die im nordwestlichen Asien und nördlichen Afrika heimischen Salvadoraceae sind Dikotyledonen-Sträucher oder -Bäume mit kleinen beerenartigen Früchten; den Palmae stehen sie vollkommen fern.

Lauraceae. Diese Familie, nach deren typischem Vertreter die Laurinsäure ihren Namen erhielt, erzeugt häufig aus recht großen Mengen Laurinsäure- neben kleineren Mengen Ölsäureglyceriden bestehende Samenfette. Auf Grund der in Tabelle 22 angeführten Verseifungs- und Jodzahlen scheint Laurinsäure die Hauptkomponente der meisten Samenfette dieser Familie zu bilden. Ihre Zusammensetzung ist infolge häufiger Abwesenheit anderer gesättigter Säuren sehr einfach; das gilt auch für die Fette der Myristicaceae.

Myristicaceae. Die charakteristische Säure dieser Samenfette verdankt auch hier ihren Namen der Stammpflanze, der Muskatnußbutter (*Myristica*). Die untersuchten Samenfette entstammen vorwiegend zahlreichen Arten dieser und der verwandten *Virola*; sie scheinen größtenteils aus wenig Öl- und Palmitinsäure und großen Mengen Myristinsäure zu bestehen. Trotz Mangels quantitativer Analysen ist unzweifelhaft Myristinsäure ihre wichtigste, häufig allein auftretende gesättigte Komponente.

Simarubaceae. Auch hier scheint, wie bei den Euphorbiaceae und noch einer oder zwei Familien, die Zusammensetzung der Samenfette nicht für die ganze Pflanzenordnung, sondern nur für bestimmte Gattungen spezifisch zu sein. Die *Irvingia*-Samenfette scheinen kleinere Mengen Ölsäure und ein Gemisch von Myristin- und Laurinsäure als Hauptkomponenten zu enthalten; die Öle der Gattung *Picramnia* enthalten Taririnsäure. Die *Perriera*-Fette dürften nach der einzigen vorhandenen Analyse der gleichen Samenfettkategorie, mit Palmitin-, Öl-, Linolsäure als Hauptkomponenten, angehören wie die Samenfette der Tabelle 15.

Vochysiaceae. Es liegt nur eine vereinzelte, das Fett der Jabotysamen betreffende Analyse vor; laut dieser wären Myristin- und Palmitinsäure die wichtigsten, in größeren Mengen vorkommenden gesättigten Säuren. Dieser Typ ist sonst nur beim Samenfett von *Bassia latifolia* (Sapotaceae, Tabelle 20) und beim Fruchtfleischfett von *Myrica mexicana* (Myricaceae, Tabelle 10) vertreten.

Auf Grund dieses Tatsachenmaterials könnte man die hervorragendsten Merkmale der Zusammensetzung der Pflanzenfettsäuren in folgender Weise definieren:

1. Die Säurekomponenten der Fette aus den Blättern, Stengeln, Wurzeln und aus dem Fruchtfleisch bestehen beinahe ausschließlich aus Palmitin-, Öl-

---

[1] S. Anm. 41, S. 88.

und Linolsäure (manchmal auch Linolensäure); am höchsten ungesättigt sind die C_{18}-Säuren der Blätter, am niedrigsten die C_{18}-Säuren der Reservefette des Fruchtfleisches und der Wurzeln.

2. Die gleichen Säuren bilden auch die Hauptkomponenten zahlreicher Samenfette; letztere enthalten aber noch häufig gesättigte oder ungesättigte Säuren anderer Art.

3. Die Samenfette enthalten spezifische Säuren, welche in engster Beziehung zu den botanischen Familien stehen, so daß die Samenfettsäuren eine Grundlage für ein botanisches System oder eine botanische Klassifikation abgeben könnten.

Eine Durchsicht der in diesem Kapitel angeführten Tabellen läßt keinen Zweifel darüber, daß auf dem Gebiete der Fettsäureuntersuchung noch sehr viel zu tun übrig bleibt und daß die Kenntnis des Gesamtgebietes vorläufig noch recht fragmentarischer Natur ist. Hoffentlich werden in Zukunft raschere Fortschritte zu verzeichnen sein.

b) Die Fettsäuren der Seetieröle.

Die Hauptkomponenten der Seetieröle sind *Palmitin-, Palmitolein-, Öl-, Linolsäure und eine Reihe von hochungesättigten Fettsäuren mit 20 und 22 Kohlenstoffatomen.* Es sind dies die einzigen Fette, welche ungesättigte Säuren der C_{16}-, C_{20}- und C_{22}-Reihe enthalten, wenn man vom Vorkommen geringer Mengen dieser Verbindungen in einigen Landtierfetten absieht. Über den Ursprung dieser Fettsäuren wissen wir vorläufig recht wenig. R. Koyama[1] hat gefunden, daß auch fischfressende Vögel solche Fettsäuren im Körperfett aufspeichern; es mag deshalb sein, daß auch die Fische diese Säuren unmittelbar der Nahrung entnehmen. So entdeckte sie M. Tsujimoto[2] (nachgewiesen in Form der charakteristischen ätherunlöslichen „Polybromide") in einer großen Reihe von Algae, allerdings in erheblich kleineren Mengen als in den Fischleberölen. Neuerdings hat G. Collin[3] die im Plankton vorkommenden kleinen Fettmengen (gesammelt von E. R. Gunther und J. C. Drummond) untersucht und darin folgende hochungesättigte Fettsäuren gefunden (in %):

	Zooplankton-Fett	Phytoplankton-Fett
Gesättigte Säuren	17,3	15,5
Hochungesättigte Fettsäuren (aus ätherunlöslichen Polybromiden)	9,6	2,1
Hochungesättigte Fettsäuren (aus den acetonlöslichen Lithiumsalzen)	43,6 (Jodzahl 311)	

Die hochungesättigten C_{20}- und C_{22}-Säuren lassen sich also auch in den niederen Formen der Seelebewesen nachweisen.

Zu den Seetierölen von größerer technischer Bedeutung gehört eine große Anzahl von Fischlebertölen, wie Dorschlebertran, Heilbuttöl, Hundshaileberöl, Haifischöl usw., ferner einige Körperfette, wie Heringsöl, Sardinentran und die Menhadenöle. Technisch wichtig sind ferner die Specköle von marinen Säugetieren, insbesondere Wal- und Robbentran und die Öle aus den Kopfhöhlen des Pottwals, Delphins und Meerschweins; Waltran ist bekanntlich der wichtigste Rohstoff für die Hartfettfabrikation.

Die Fischöle sind sehr reich an ätherunlösliche Octa- und Decabromide liefernden Säuren (30—50% vom Gewicht der Gesamtsäuren). Diese hochungesättigten Säuren wurden (vorwiegend von japanischen Forschern) auch

---

[1] Journ. Soc. chem. Ind. Japan **31**, 140, 211, 238, 259, 298 (1928).
[2] Chem. Umschau Fette, Öle, Wachse, Harze **32**, 125 (1925).
[3] Journ. Exptl. Biology **11**, 198 (1934).

auf dem Wege über die acetonlöslichen Lithiumsalze isoliert. Für die Zusammensetzung der Säurekomponenten der Seetieröle sollen hier aber an erster Stelle die nach der Esterfraktionierungsmethode durchgeführten Analysen herangezogen werden. Sie liefert ziemlich zuverlässige Werte sowohl für die individuellen gesättigten Fettsäuren als auch für die Einzelgruppen der ungesättigten Säuren mit gleichem Kohlenstoffatomgehalt, also den ungesättigten C_{16}-, C_{18}-Säuren usw., deren mittlere Ungesättigtheit sich leicht feststellen läßt.

Die mittlere Ungesättigtheit wird durch die zur Absättigung eines Fettsäuremoleküls erforderliche Zahl von Wasserstoffatomen zum Ausdruck gebracht; eine (4) soll also nur besagen, daß eine zwei Doppelbindungen entsprechende mittlere Ungesättigtheit vorliegt, eine (6), daß es sich um Säuren mit einer drei Doppelbindungen entsprechenden Ungesättigtheit handelt usw., nicht aber, daß tatsächlich eine Säure mit zwei oder drei Doppelbindungen vorliegt.

Die analytischen Konstanten der meisten Seetieröle sprechen dafür, daß sie ähnlich zusammengesetzt sind wie die Vertreter der Klassen, für welche bereits genauere Fraktionierungsanalysen vorliegen. Innerhalb der verschiedenen Gruppen der Seetieröle zeigen sich dennoch untergeordnete Differenzen in der Verteilung der Säure-Hauptkomponenten. Von Interesse ist es, daß in zahlreichen Seetierölen die Gesamtmenge der gesättigten Säuren ziemlich konstant bleibt und sich in der Nähe von etwa 20% hält, wobei öfter auf Palmitinsäure allein 12—15% entfallen.

1. Fischöle.

α) Seefische, Unterklasse Teleostei.

Diese Ölgruppe enthält gewöhnlich weniger als 1% Unverseifbares. Bei einigen Familien ist die Leber fettreich, bei anderen, besonders bei den Clupeidae, ist das Fleisch sehr fettreich, die Leber klein. Größere Unterschiede in der Zusammensetzung der Säuren sind bei dem Fleischfett der Clupeidae und dem Leberfett der Gadidae und anderer Familien (Tab. 24) nicht feststellbar.

Soweit diese Analysen typisch für die Fette der in der Tabelle 24 erwähnten Familien sein sollen, ergibt sich für die mengenmäßige Verteilung der Fettsäuren der Teleostei-Öle etwa folgendes Bild: Palmitinsäure 10—15%; Palmitoleinsäure 12—18%; ungesättigte C_{18}-Säuren (etwa gleiche Mengen Öl- und Linolsäure) 25—30%; ungesättigte C_{20}-Säuren 24—30% (mittlere Ungesättigtheit: etwa —6 H); ungesättigte C_{22}-Säuren 10—15% (mittlere Ungesättigtheit: etwa —7 H). Nur in einem oder zwei Fällen der Tabelle 24 war der Gehalt an Palmitin-, Palmitoleinsäure, C_{20}- oder C_{22}-Säuren abweichend. Inwieweit diese Mengenverhältnisse für sämtliche Arten von Knochenfischölen Geltung haben, läßt sich heute natürlich noch nicht mit Sicherheit sagen.[1]

Bei den Gadidae und Clupeidae zeigt sich eine weitgehende Parallelität zwischen Zusammensetzung der Fette und biologischem Ursprung, insbesondere wenn man sie mit den Ölen der Süßwasserfische, der Elasmobranchier und der Seesäugetiere (s. weiter unten) vergleicht.

Die *Öle der Süßwasserfische* haben eine von den Ölen der Tabelle 24 stark abweichende Zusammensetzung (s. Tab. 25); sie sind merklich ärmer an C_{20}- und besonders an C_{22}-Säuren, während sie an Öl- und Linolsäure bis zu 40% enthalten; auch an Palmitin- und Palmitoleinsäure sind sie etwas reicher als die Seefischöle. In diese Kategorie gehört das vor kurzem untersuchte Störöl; der Stör wandert in der Laichperiode in das Süßwasser. In der Tabelle 24 a ist die

---

[1] So enthält nach M. Goswami und J. Datta (Journ. Ind. chem. Soc. 9, 243 [1932]) das Körperöl von *Clupei Ilisha* 37% feste Fettsäuren (wahrscheinlich in der Hauptsache Palmitinsäure), neben etwa 32% Ölsäure, 20% Linolsäure und 4—5% Klupanodonsäure.

Zusammensetzung des aus der Leber, dem Peritoneum und der Pankreas stammenden Störöles angeführt; die Tabelle 25 umfaßt die reinen Süßwasserfischöle.

Tabelle 24. Fischöle.

Hauptbestandteile: *Palmitin-, Palmitolein-, Öl-, Linol-, „Arachidon"-* und *„Klupanodonsäure".*

Seefischöle, Teleostei (Knochenfische).

	Fettsäuren in Prozenten							
	Gesättigt			Ungesättigt				
	C_{14}	C_{16}	C_{18}	C_{14}	C_{16} (zirka $-2\,H$)	C_{18} (zirka $-H$)	C_{20} (zirka $-H$)	C_{22} (zirka $-H$)
Familie *Gadidae* (Leberöle).								
Dorsch (Kabeljau) (*Gadus morrhua*)[1]								
Neufundland	6	8,5	0,5	Spur	20	29 (3)	26 (6)	10 (7)
Schottisch	3,5	10	—	0,5	15,5	25 (3)	31,5 (6)	14 (7)
Norwegisch	5	6,5	Spur	0,5	16	31 (3)	30,5 (5)	10,5 (?)
Köhler (*G. virens*)[1]								
(1)	6,5	13	0,5	—	14,5	31 (3)	24,5 (?)	10 (?)
(2)	6	12	Spur	Spur	9,5	29,5 (3)	26,5 (5)	16,5 (7)
Pollack (*G. pollachius*)[2]	2,1	13,0	1,4	—	10,9	34,2 (2,7)	25,4 (5,4)	13,0 (6,5)
Blauhecht (*Merluccius merluccius*)[1] (1)	7	13	—	Spur	17	18 (3)	31 (5)	14 (?)
(2)	4,5	12	0,5	—	12	27 (3)	30 (4)	14 (6)
Leng (*Molva molva*)[1]	5	13	1	Spur	13	32,5 (3)	24 (6)	11,5 (7)
Schellfisch (*Gadus aeglefinus*)[2]	4,3	14,1	0,3	0,5	12,4	30,5 (2,6)	29,3 (6)	8,6 (7,3)
Familie *Pluronectidae* (Leberöle).								
Heilbutt (*Hippoglossus vulgaris*)[2]	3,9	15,1	0,5	—	18,7	34,4 (2)	13,8 (5,5)	13,6 (7,6)
Familie *Lophidae* (Leberöle).								
Seeteufel (*Lophius piscatorius*)[2]	4,9	9,6	1,3	0,4	12,1	30,9 (3,5)	24,9 (6)	15,9 (8,6)
Familie *Clupeidae* (Öle aus dem ganzen Fisch).								
Japanische Sardinen (*Clupanodon melanostica*)[3]	6	10	2	—	13	24 (2)	26 (5)	19 (5)
Menhaden (*Alosa menhaden*)[3]	6	16	1,5	—	15,5	30 (4)	19 (10)	12 (10)
Sprotten (*Clupea sprattus*)[2]	6,0	18,7	0,9	0,1	16,2	29,0 (3)	18,2 (5,5)	10,9 (7)

Tabelle 24a. Öle der Acipenseridae.

	Fettsäuren in Prozenten							
	Gesättigt			Ungesättigt				
	C_{14}	C_{16}	C_{18}	C_{14}	C_{16}	C_{18}	C_{20}	C_{22}
Acipenseridae:								
Stör (*Acipenser sturio*)[4]								
Leber	3,0	19,2	—	—	19,5	39,6 (2,7)	11,8 (7)	6,9 (10)
Peritoneum	7,1	14,0	0,8	0,6	23,8	35,8 (3)	12,1 (7,4)	5,8 (8,6)
Pankreas	4,5	16,5	1,1	—	21,4	36,7 (3)	14,5 (6,8)	5,4 (9)

[1] K. D. Guha, T. P. Hilditch u. J. A. Lovern: Biochemical Journ. **24**, 266 (1930).
[2] J. A. Lovern: Biochemical Journ. **26**, 1978 (1932).
[3] E. F. Armstrong u. J. Allan: Journ. Soc. chem. Ind. **43**, 216 T (1924).
[4] J. A. Lovern: Biochemical Journ. **26**, 1985 (1932).

Tabelle 25. Süßwasserfischöle.

	Fettsäuren in Prozenten							
	Gesättigt			Ungesättigt				
	C_{14}	C_{16}	C_{18}	C_{14}	C_{16}	C_{18}	C_{20}	C_{22}
Cyprinidae[1]: Karpfen (*Cyprinus carpio*) Körper...............	3,7	14,6	1,9	1,0	17,8	45,8 (3)	15,2 (7)	—
Percidae: Flußbarsch (*Perca fluviatilis*) Körper...............	3,5	12,5	2,0	1,1	19,3	40,6 (3)	13,8 (7)	7,2 (9)
Coregoridae: Felchen (*Coregonus pollan*) Körper...............	2,9	14,3	1,9	1,5	19,8	40,0 (3)	13,5 (7,4)	6,1 (9)
Esocidae: Hecht (*Esox lucius*) Körper...............	4,7	13,2	0,5	0,8	20,8	38,4 (3)	15,3 (7,5)	6,3 (7,5)
Mesenterikum..........	2,9	15,0	Spur	0,5	20,2	42,4 (3,4)	15,1 (6,7)	3,9 (8)

β) Seefischöle, Elasmobranchii (Knorpelfische).

Es besteht eine eigenartige Beziehung zwischen der Zusammensetzung der Säuren aus Elasmobranchier-Ölen und ihrem Gehalt an Unverseifbarem. Nach M. Tsujimoto[2] bilden diese Fischöle drei verschiedene Gruppen: a) Öle mit sehr geringem Gehalt an hauptsächlich aus Sterinen bestehendem Unverseifbaren; b) Öle mit etwa 10—30% Unverseifbarem, bestehend aus Cholesterin und auch

Tabelle 26. Seefischöle (Elasmobranchii).

Familie:	Squalidae	Squalidae	Squalidae	Rajidae	Alopiidae
Art:	*Scymnus lichia*[3]	*Centrophorus* etc. sp.[3]	*Squalus acanthias*[4]	*Raia maculata*[4]	*Alopoecia vulpes*[5]
Trivialname:	Leberöle der Haifischgattungen		Dornhai	Gefl. Roche	Fuchshai
	in Prozenten				
Unverseifbares ...	zirka 70—80	zirka 50—80	10,5	0,3	1,83
Fettsäuren. Gesättigt:					
Myristin-.......	1	1	6	4	7,5
Palmitin-.......	14,5	13	10,5	14	11,0
Stearin-........	3,5	2,5	3	—	0,5
Arachin-........	1	—	—	—	—
Ungesättigt:					
C_{14}-Gruppe	0,5	Spur	—	Spur	1,5
C_{16}- ,, ...	4 (2,0 H)	3,5 (2,0 H)	9 (2,0 H)	10,5 (2,0 H)	12,0 (2,0 H)
C_{18}- ,, ...	29 (2,0 H)	35,5 (2,1 H)	24,5 (2,3 H)	20,5 (3,3 H)	19,0 (3,4 H)
C_{20}- ,, ...	10,5 (2,0 H)	16,5 (2,2 H)	29 (3,3 H)	32,5 (7,3 H)	31,0 (6,6 H)
C_{22}- ,, ...	26 (2,1 H)	16 (2,3 H)	12 (4,0 H)	18,5 (9,5 H)	17,5 (10,5 H)
C_{24}- ,, ...	10 (2,0 H)	12 (3,0 H)	6 (2,0 H)	—	—

[1] J. A. Lovern: Biochemical Journ. 26, 1978 (1932).
[2] Journ. Soc. chem. Ind. 51, 317 T (1932).
[3] T. P. Hilditch u. A. Houlbrooke: Analyst 53, 246 (1928).
[4] K. D. Guha, T. P. Hilditch u. J. A. Lovern: Biochemical Journ. 24, 266 (1930).
[5] J. A. Lovern: Biochemical Journ. 24, 866 (1930).

Glycerinäthern (Chimyl-, Selachyl-, Batylalkohol) und schließlich c) Öle mit sehr hohem Gehalt an Unverseifbarem, das große Mengen des Kohlenwasserstoffs Squalen enthält. Wie die Tabelle 26 zeigt, ist auch die Zusammensetzung der Säuren in den drei Ölklassen verschieden.

Die beiden Öle mit geringem Gehalt an Unverseifbarem (Rochen- und Fuchshaileberöle) zeigen eine beinahe quantitativ mit den Gadus-Ölen übereinstimmende Zusammensetzung ihrer Fettsäuren; der Öl- und Linolsäuregehalt ist vielleicht etwas niedriger (19—20%) als bei den Gadus-Ölen; die etwa 50% ausmachenden C_{20}- und C_{22}-Säuren zeigen eine ungewöhnlich hohe mittlere Ungesättigtheit, ihre hochungesättigten Ester sind aber ausnehmend polymerisationsbeständig beim Erhitzen. Eine merklich verschiedene Zusammensetzung zeigen die ungesättigten Fettsäuren von an Squalen und sonstigen unverseifbaren Stoffen reichen Elasmobranchier-Ölen: die gesättigten Säuren bleiben die gleichen (abgesehen von einem geringeren Myristinsäure- und höheren Stearinsäuregehalt), die ungesättigten Säuren enthalten aber nur wenig Palmitoleinsäure, während die Säuren der C_{18}-, C_{20}- und C_{22}-Reihe fast restlos der Ölsäurereihe angehören; sie enthalten außerdem noch Selacholeinsäure, $C_{24}H_{46}O_2$[1] (etwa 10% der Gesamtsäuren).

Das Hundshaileberöl nimmt in bezug auf das Unverseifbare (vornehmlich Batyl- und Selachylalkohol usw. und wenig oder kein Squalen) eine Mittelstellung ein zwischen den beiden, einerseits durch das Rochen- und Fuchshaileberöl und anderseits durch die squalenreichen Öle vertretene Extreme; auch die Zusammensetzung seiner Fettsäuren entspricht dieser Mittelstellung. Das Öl enthält etwa 6% Selacholeinsäure, die Säuren der C_{20}- und C_{22}-Reihe weisen eine mittlere Ungesättigtheit von 3,3 bzw. 4,0 auf.

Neuerdings hat TSUJIMOTO[2] noch eine vierte Gruppe von Elasmobranchier-Fettsäuren gefunden: Das Leberöl von *Carcharias gangeticus* enthält 12—35% Unverseifbares (vorwiegend Alkohole der Selachylreihe) und zeigt eine auffällig niedrige Ungesättigtheit; die Fettsäuren bestehen etwa je zur Hälfte aus gesättigten (hauptsächlich Palmitinsäure) und ungesättigten (Öl- und Palmitoleinsäure, vielleicht auch Linolsäure, aber nur ganz wenig hochungesättigten C_{20}-Säuren). Ganz besonders hoch war hier der Gesamtgehalt an C_{16}-Säuren (Palmitin- und Palmitoleinsäure).

2. Öle von marinen Säugetieren.

Die marinen Säugetiere, wie beispielsweise die Wale, Seehunde, Meerschweine usw., sind durch eine unter der Haut liegende Fettgewebeschicht (Speckschicht) gekennzeichnet, welche eine äußerst ergiebige Quelle für die technische Trangewinnung darstellt. Gewisse Seetiere, wie der Pottwal, Delphin, das Meerschwein usw., enthalten auch große Fettvorräte in den Kopfhöhlen, mitunter auch in den Kinnbacken. Genauere Analysen liegen nur für die Walgruppe der Cetacea vor. Einige Untersuchungsergebnisse von Walölen (Balaenidae) und Spermwaltran (Physeteridae) sind in der Tabelle 27 zusammengestellt.

Das Körperfett der Wale der Balaenidae steht den Fischölen (Tab. 23) näher als irgendein sonstiges Seetieröl. Die Waltrane sind aber reicher an Öl- und Linolsäure (bis zu 44% der Gesamtsäuren) und entsprechend ärmer an C_{20}- bis C_{22}-Säuren (20—30%).

Besondere Beachtung verdient der Pottwaltran. Nach M. TSUJIMOTO und K. KIMURA[3] zeigt das Leberöl eine den Gadus-Ölen nicht unähnliche Zusammensetzung und enthält keine wesentlich großen Mengen höherer aliphatischer

---

[1] M. TSUJIMOTO: Journ. Soc. chem. Ind. Japan **30**, 868 (1927).
[2] Chem. Umschau Fette, Öle, Wachse, Harze **39**, 50 (1932).   [3] S. S. 95.

Tabelle 27. Seesäugetiere.
1. Fettsäuren der Cetacea.

Familie:	Balaenidae, Wale			Physeteridae, antarktische Spermwale		
Fettsäuren	Arktisch[1]	Neufund-land[1]	Ant-arktisch[1]	Kopf[2]	Speck-schicht[2]	Leber[3]
	in Prozenten					
Gesättigt:						
Caprin-	—	—	—	3,5	—	
Laurin-	—	—	—	16	1	
Myristin- ...	4	7,5	8	14	5	25
Palmitin- ...	10,5	10	12	8	6,5	
Stearin-	3,5	3	2	2	—	
Ungesättigt:						
C_{12}-Gruppe..	—	—	—	4 (2)	—	42% Säuren
C_{14}- ,, ..	—	1,5	1,5	14 (2)	4 (2)	mit einer und
C_{16}- ,, ..	18 (2,5)	18 (2)	15 (2)	15 (2)	26,5 (2)	23% Säuren
C_{18}- ,, ..	33 (3)	44 (2,2)	43 (2,3)	17 (2)	37 (2)	mit mehreren
C_{20}- ,, ..	20 (7)	—	8 (7,5)	6,5 (2)	19 (2,5)	Doppelbindun-
C_{22}- ,, ..	11 (8)	16 (8)	10,5 (9)	—	1 (4)	gen (C_{20}- und
C_{24}- ,, ..	—	—	—	—	—	C_{22}-Säuren)

(Die in Klammern stehenden Zahlen bezeichnen die mittlere Ungesättigtheit, ausgedrückt als Wasserstoffatome pro Mol.)

Alkohole; dagegen nimmt das Körper- und Kopfhöhlenfett eine Sonderstellung
unter den Seetierölen ein, da es in der Hauptsache aus Estern (Wachsen) höherer
aliphatischer Alkohole mit Fettsäuren besteht. Auch sind die im Fett enthaltenen
Säuren vollkommen verschieden von den Fettsäuren der sonstigen Waltrane
und anderer Seetieröle: der ungesättigte Anteil beschränkt sich restlos auf
die Ölsäurereihe, das mittlere Molekulargewicht der Fettsäuren ist niedriger als
bei den Tranen der gewöhnlichen Wale. Die Säuren der Kopföle stellen insofern
einen Sonderfall dar, als sie etwa 3% Caprinsäure, 16% Laurinsäure und 14%
Myristinsäure enthalten, während der Palmitoleinsäuregehalt der Fettsäuren
beim Kopföl 15%, beim Specköl 26% beträgt (das erstere enthält überdies eine
Lauroleinsäure und 14% einer Myristoleinsäure).

Eine Familie von technischer Bedeutung bilden ferner die Phocidae, zu
denen die Seehunde, Seeelephanten, Seelöwen usw. gehören. Seehundsöle wurden
früher häufig bei der Waltranhärtung mitverwendet; nach M. Tsujimoto[4],
K. H. Bauer und W. Neth[5] scheinen die Fettsäuren dieses Öles dem Waltran
weitgehend zu entsprechen.

Die Gruppe der Delphinidae (Delphin und Braunfisch) ist durch das
Vorkommen von Fettsäuren gekennzeichnet, die sich von den obigen in mancherlei
Hinsicht unterscheiden; am bemerkenswertesten ist das Vorkommen von Isovaleriansäure, die sich in kleinen Mengen im Körperfett und in größeren Mengen
im Kopföl vorfindet.

Nach H. Marcelet[6] enthält das Öl des Körpers 14%, des Kopfes 8%, der
Nase 19% und der Kinnbacken des Delphins 26% Isovaleriansäure.

Die Verteilung der Fettsäuren in verschiedenen Teilen des Meerschwein-
trans ist (nach J. A. Lovern[7]) in der Tabelle 28 angegeben.

[1] E. F. Armstrong u. J. Allan: Journ. Soc. chem. Ind. **43**, 216 T (1924).
[2] T. P. Hilditch u. J. A. Lovern: Journ. Soc. chem. Ind. **47**, 105 T (1928).
[3] M. Tsujimoto u. K. Kimura: Chem. Umschau Fette, Öle, Wachse, Harze **35**, 317
(1928).   [4] Journ. Soc. chem. Ind. Japan **19**, 715 (1916).
[5] Chem. Umschau Fette, Öle, Wachse, Harze **31**, 5 (1924).   [6] Chim. et Ind. **17**, 463 (1927).
[7] Biochemical Journ. **28**, 394 (1934).

Tabelle 28. Seesäugetiere.
2. Fettsäuren der Delphinidae.

Fettsäuren	Meerschwein						
	Körper-tran	Kopftran	Kinnback-tran	Fötusöl	Leberöl	Lungenöl	Herzöl
	in Gewichts-Prozenten						
Gesättigt:							
Isovalerian-.	13,6	20,8	25,3	1,2	—	—	—
Laurin-	3,5	4,1	4,6	—	—	—	—
Myristin- . . .	12,1	15,8	28,3	14,9	—	4,6	8,1
Palmitin- . .	4,7	7,5	4,1	0,6	7,6	9,0	8,2
Stearin-	—	0,2	—	—	5,5	1,2	4,4
Ungesättigt:							
C_{12}-Gruppe .	Spur	—	Spur	—	—	—	—
C_{14}- ,, .	4,7 (2)	4,6 (2)	3,2 (2)	12,3 (2)	—	0,1	4,4 (2)
C_{16}- ,, [1]	27,2 (2)	20,8 (2)	20,3 (2)	48,1 (2)	6,1 (2)	16,5 (2)	16,8 (2)
C_{18}- ,, .	16,7 (2,8)	15,2 (2,6)	9,3 (2,6)	15,4 (4)	42,5 (2,8)	27,0 (2,4)	50,4 (3,6)
C_{20}- ,, .	10,5 (4,8)	9,4 (4,5)	4,9 (4,9)	7,5 (7,4)	27,3 (5,4)	31,0 (3,3)	7,6 (5,4)
C_{22}- ,, .	7,0 (4,9)	1,6 (4,7)	—	—	11,0 (6,5)	10,6 (5,4)	—

Die Milchfette der Seetiere scheinen nach den vereinzelt vorliegenden Analysen die gleichen Fettsäuren zu enthalten wie die Körperöle. So fanden SCHMIDT-NIELSEN und F. FROG[2] im Milchfett des Wals (Jodzahl 138,7, REICHERT-MEISSL-Zahl 0,4) 0,2% C_{12}-, 5,6% C_{14}-, 21,9% C_{16}-, 32,3% C_{18}-, 38,6% C_{20}- und C_{22}-Fettsäuren. Nachgewiesen wurden Laurin-, Myristin-, Palmitin- und Palmitolein-, Stearin-, Öl- und Gadoleinsäure sowie hochungesättigte C_{20}- und C_{22}-Säuren.

c) Fettsäuren der Landtierfette.

Die technisch wichtigen Landtierfette (Talg, Schweinefett, Butter) werden aus Haustieren gewonnen. Man kennt drei verschiedene Landtierfettgruppen:

1. Fette aus spezifischen Organen (Leber, Niere usw.);
2. Reserve- oder Depotfette;
3. Milch- oder Butterfette.

Die Landtierfette der Gruppe 1 sind von technischer Bedeutung nur wegen ihres Vitamingehalts usw., sie bieten aber größeres physiologisches Interesse.

1. Die Fettsäuren der Organfette

von Landtieren sind im allgemeinen höher ungesättigt als die entsprechenden Reservefette; sie enthalten auch kleine Mengen Arachidon- und Klupanodonsäure[3], also charakteristische Seetierölfettsäuren. Im Leberfett von Rindern und Schweinen fand man ferner eine $\Delta^{12:13}$-Octadecensäure[4], die mit der BERTRAMschen Vaccensäure[5] identisch sein dürfte.

Hauptkomponenten der Organfettsäuren sind Linolsäure, Ölsäure, neben Palmitin- und Stearinsäure, am stärksten vertreten ist die Linolsäure.

---

[1] Die Palmitoleinsäure aus Meerschweintran ist nach LOVERN mit $\Delta^{9:10}$-Hexadecensäure identisch. [2] Kong. Norske Vidensk.-Selskabs Forhandl. vom 26. VI. 1933, 127—129.
[3] P. HARTLEY: Journ. Physiol. **38**, 353 (1909). — P. A. LEVENE u. H. S. SIMMS: Journ. biol. Chemistry **51**, 285 (1922). — E. KLENK u. O. VON SCHÖNEBECK: Ztschr. physiol. Chem. **209**, 112 (1932).
[4] P. HARTLEY: S. S. 35. — Siehe auch H. J. CHANNON, E. IRVING u. J. A. B. SMITH: Biochemical Journ. **26**, 840 (1934).
[5] S. H. BERTRAM: Biochem. Ztschr. **197**, 433 (1928).

2. Fettsäuren der Depotfette von Landtieren und Vögeln.

Die *Reservefette der Landtiere* (und der Vögel) setzen sich qualitativ aus beinahe dem gleichen Fettsäuregemisch zusammen, wie sie für wachsende Pflanzen und zahlreiche Samenfette kennzeichnend sind. Ihr Hauptbestandteil ist Ölsäure, von der sie mindestens 45% enthalten; es folgt Palmitinsäure in einer Menge von 25—30% der Gesamtsäuren. Von den Pflanzenfetten unterscheiden sie sich durch einen weit höheren Stearinsäuregehalt (7—30%), und zwar variiert die Menge der Stearinsäure, wie wir später sehen werden, im umgekehrten Verhältnis zum Ölsäuregehalt der Depotfette. Außer diesen drei Hauptkomponenten findet man nur noch wechselnde Mengen Linolsäure (5—15%) und Myristinsäure (1—5%), Spuren von Arachinsäure, gelegentlich auch etwas Linolensäure. Im Talg wurden außerdem noch 1—4% Vaccensäure gefunden.

Das *Fettgewebe der Vögel* besteht in der Hauptsache aus zwei äußeren Schichten, welche die Bauchhöhle und das Genick umhüllen, sowie einer inneren Schicht, dem Mesenterialfett, welches zwar ein Darmfett ist, den Reservefetten aber näher steht als den Organfetten.

Von den nur vereinzelt vorliegenden genaueren Untersuchungen seien in Tabelle 29 die Analysen BÖMERS und MERTENS über Gänsefett, diejenigen von GROSSFELD über das Gänse- und Hühnerfett und die von HILDITCH, JONES und RHEAD durch Fraktionierung ermittelten Zahlen für das Hühnerfett angegeben.

Tabelle 29. Vogelkörperfette.
Hauptkomponenten: *Palmitin-, Öl- (Stearin-, Linol-) Säure.*

| | Die einzelnen Fettsäuren in Prozenten | | | | | | Methode |
| | Gesättigt | | | Ungesättigt | | | |
	C_{14}	C_{16}	C_{18}	Hexadecensäure	Ölsäure	Linolsäure	
Huhn, Henne, *Gallus domesticus* . {	?	19,3[1]	7,5	—	55,4	17,8	Pb, K[3]
	?	18,4[1]	8,9	—	54,8	17,9	Pb, K[3]
Huhn, Henne, Light Sussex Brut							
(Mesenterium)	0,6	25,4	4,2	7,1	43,0	18,4[2]	F[4]
(Abdominalpartien)	1,2	24,0	4,1	6,7	42,5	20,8[2]	F[4]
(Hals)	1,2	24,5	4,2	6,9	42,8	20,4[2]	F[4]
Gans, *Anser domesticus* {	—	21,8	3,9	—	74,3	—	Pb[5]
	?	21,0[1]	10,6	—	49,1	19,3	Pb, K[3]

Nach GROSSFELD sollen im Hühner- und Gänsefett neben den in der Tabelle erwähnten noch kleine Mengen von flüchtigen oder niedrigmolekularen Fettsäuren vorkommen.

HILDITCH und seine Mitarbeiter haben inzwischen gezeigt, daß ungefähr 7% der gemischten Säuren des Hühnerfettes aus einer Palmitölsäure (und zwar der $\Delta^{9:10}$-Hexadecensäure) bestehen. Das Vorkommen der Hexadecensäure (die mit den analytischen Befunden von GROSSFELD über Vogelfette in Übereinstimmung zu sein scheint) wurde neuerdings auch in Rattenfetten (5—8%) beobachtet[6].

Von den Reservefetten der Schweine und Rinder unterscheiden sich ferner die Vogelfette durch einen höheren Gehalt an Carotinoiden.

---

[1] Vielleicht auch etwas Myristin- und Laurinsäure (s. unten).
[2] Enthalten 0,7 bzw. 1,3% hochungesättigte C_{20}-, C_{22}-Säuren.
[3] J. GROSSFELD: Ztschr. Unters. Lebensmittel 62, 553 (1931).
[4] T. P. HILDITCH, E. C. JONES u. A. J. RHEAD: Biochemical Journ. 28, 786 (1934).
[5] A. BÖMER u. H. MERTEN: Ztschr. Unters. Nahr.- Genußm. 43, 101 (1922).
[6] A. BANKS, T. P. HILDITCH u. E. C. JONES: Biochemical Journ. 27, 1375 (1933).

Tabelle 30. Tierische Körperfette.
Hauptbestandteile: *Palmitin-, Stearin-, Öl- (Linol-) Säure.*

Tier	Fett aus	Gesättigt				Ungesättigt			Methode
		C_{14}	C_{16}	C_{18}	C_{20}	Öl-säure	Linol-säure	Linolen-säure	
Rind	Talg								
	Australien[3]	2	26,5	22,5	—	49	—	—	F
	Nordamerika[3]	2	32,5	14,5	—	48	3	—	F
	„ [4]	6,3	27,4	14,1	—	49,6	2,5	—	F
	Südamerika[3]	2,5	25	20	—	47,5	5	—	F
	„ [4]	4,5	30,6	19,1	0,1	42,7	3,0	—	F
	„ [4]	7,8	27,8	24,4	—	38,9	1,1	—	F
	„ [4]	5,8	24,0	28,6	—	41,6	—	—	F
	Hufe (Klauenöl)[5]	—	18	3	—	79	—	—	?
	Knochenfett[5]	—	zirka 20	zirka 20	—	zirka 52	zirka 8	—	?
Hammel	Talg								
	Südamerika[3]	1	21	30	—	43	5	—	F
	Australien[3]	2	25	23	—	47	3	—	F
	„ [6]	4	25	31	—	36	4	—	F
Schwein	Schmalz								
	Rücken, äußere Partien[7]	2,0	24,6	10,6	—	53,3	9,5	—	F
	„ „ „ [7]	3,7	26,1	9,5	—	50,3	10,4	—	F
	„ „ „ [7]	1,5	24,3	9,0	—	52,2	13,0	—	F
	„ innere Partien[7]	1,4	29,6	13,9	—	47,2	7,9	—	F
	„ „ „ [7]	4,7	26,6	10,0	—	51,0	7,7	—	F
	„ „ „ [7]	1,5	24,5	13,7	—	49,3	11,0	—	F
	Netzfett[7]	3,6	28,5	21,4	—	41,3	5,2	—	F
	„ [7]	2,8	30,8	17,9	—	44,9	3,6	—	F
	„ [7]	1,7	25,6	18,2	—	44,2	10,3	—	F
	Gesamtkörperfett[8]	1,2	25,6	8,5	—	58,1	6,6	—	F
	„ [8]	0,8	27,9	9,0	—	57,7	4,6	—	F
	„ [8]	1,1	26,1	11,5	—	60,5	0,8	—	F
	„ [8]	0,8	25,4	11,0	—	61,5	1,3	—	F
	„ [8]	1,8	26,4	12,1	—	58,5	1,2	—	F
	„ [8]	0,7	25,2	12,7	—	54,4	7,0	—	F
Pferd	Körper[9]	—	29	7	—	55	7	2	?
Renntier	Lenden[10]	7	35	20	1	37	—	—	?
Kamel	Höcker[3]	—	37	16	—	47	—	—	?
Kaninchen	Nierengegend[11]	4,5	23	4	—	3	56,5	9	F, H
Ratte	Körper (fettfreies Futter)[12]	5	24	3	—	58 [2]	2	—	F
	„ „ „ [12]	4,5	28	2	—	58,5[2]	—	—	F
	„ [1,12]	5	23	2,5	—	51,5	4	—	F

[1] Futter enthielt Dorschleberöl; Säuren enthalten auch 5,5% Palmitölsäure und 8,5% hochungesättigte C_{20}- und C_{22}-Säuren.   [2] Auch 8 bzw. 7% Palmitölsäure.
[3] E. F. ARMSTRONG u. J. ALLAN: Journ. Soc. chem. Ind. **43**, 216 T (1924).
[4] A. BANKS u. T. P. HILDITCH: Biochemical Journ. **25**, 1168 (1931).
[5] AD. GRÜN u. W. HALDEN: Analyse der Fette und Wachse, Bd. II. 1929.
[6] G. COLLIN, T. P. HILDITCH u. C. H. LEA: Journ. Soc. chem. Ind. 48, 46 T (1929).
[7] A. BANKS u. T. P. HILDITCH: Biochemical Journ. **25**, 1954 (1931).
[8] N. R. ELLIS u. J. H. ZELLNER: Journ. biol. Chemistry 89, 185 (1930). — N. R. ELLIS u. H. S. ISBELL: Journ. biol. Chemistry **69**, 239 (1926).
[9] A. HEIDUSCHKA u. A. STEINROCK: Journ. prakt. Chem. (2), **102**, 241 (1921).
[10] W. F. BAUGHMAN, G. S. JAMIESON u. R. S. MCKINNEY: Journ. Oil Fat Ind. (8), **6**, 11 (1929).   [11] J. R. VICKERY: Private Mitteilung.
[12] A. BANKS, T. P. HILDITCH u. E. C. JONES: Biochemical Journ. 27, 1375 (1933).

Für die Fettsäuren der Eierfette der Vögel liegen ebenfalls nur wenig zuverlässige Analysen vor; dagegen waren die in den Eiern reichlich vorkommenden Phosphatide häufig Gegenstand von Untersuchungen.

J. GROSSFELD[1] gibt für die Fettsäuren (nach BERTRAM-Oxydation, Bleisalztrennung und Rhodanzahl bestimmt) der Hühnereidotter die folgenden Werte an (Prozent der gemischten Säuren): Palmitin- 32,0, Stearin- 2,2, Öl- 43,6, iso-Öl- 1,4, Linol- 17,7 und Linolensäure 3,1%. E. M. CRUICKSHANK[2] hat eine ähnliche Zusammensetzung für Eidotterfettsäuren von Light-Sussex-Hühnern (fettarmes Futter) gefunden: gesättigte Säuren 31,4, Öl- 46,7, Linol- 19,0 und Linolensäure 2,9%. Die beiden Analysen zeigen eine ziemlich große Ähnlichkeit zwischen Hühnereidotter- und -körperfetten.

Frl. CRUICKSHANK[2] hat auch den Einfluß der verschiedenen Futterfette auf die Fettsäuren der Hühnereier- und -körperfette studiert: nach Füttern mit Ölen, wie z. B. Lein- und Hanföl, nehmen die ungesättigten Fettsäuren von beiden Fetten erheblich zu.

In der Tabelle 30 sind die Fettsäuren der Landtierfette angegeben. Genauere Untersuchungen liegen allerdings nur für Schweine-, Rinder- und Hammelfett vor. Die Kennzahlen anderer Tierfette lassen aber den Schluß zu, daß sämtliche Depotfette der Landtiere die gleichen Säuren als Hauptkomponenten enthalten.

Zu den in Tabelle 30 angeführten Werten ist zu bemerken, daß sie sich auf Tiere beziehen, die eine normale, nicht über 3—5% artfremdes Fett enthaltende Fütterung (Weidenfütterung u. dgl.) erhalten haben; die Zahlen sind also typisch für Rinderfett usw. Bei Verfütterung größerer Mengen artfremden Pflanzenfettes (größerer Zusatz von Ölkuchen zum Futter) kann sich nämlich die Zusammensetzung des Depotfettes ändern und es können dann spezifische Säuren aus dem aufgenommenen Fett auftreten.

Von Interesse ist die bei Talg und Schweinefett bestehende Tendenz zur Bildung einer konstanten Menge Palmitinsäure einerseits, einer konstanten Menge an C_{18}-Gesamtsäuren (Stearin- + Öl- + Linolsäure) andererseits. Und zwar sind auf 100 Mol. Gesamtfettsäuren stets 28—38 Mol. Palmitinsäure (+ Myristinsäure) und 72—62 Mol. C_{18}-Säuren enthalten. Diese Beobachtung wurde an einer großen Reihe von Rinder- und Schweinefetten aus den verschiedensten Weltteilen gemacht und bei sehr verschieden gefütterten Tieren (vorausgesetzt, daß das Futter nicht über 5% artfremdes Fett enthielt).

Die in Tabelle 30 angeführte Analyse eines Kaninchenfettes betrifft ein wild lebendes Tier. Wie man sieht, ist das Fett höher ungesättigt als die Fette von Haustieren; möglich ist es aber, daß der ungesättigte Charakter des Fettes für die Kaninchenart als solche charakteristisch ist. Jedoch sind im allgemeinen die Reservefette wild lebender Tiere höher ungesättigt als die Haustier-Depotfette, wobei es noch nicht feststeht, ob die höhere Ungesättigtheit der ersteren durch erhöhte Substitution von Stearinsäure durch Ölsäure, größere Linol- und Linolensäureproduktion oder durch beides zustande kommt.

Die Rattenfette enthalten eine kleine Menge Palmitoleinsäure und ähneln demnach den Vogelfetten. Ratten- und auch Vogelfette enthalten ungefähr dieselbe Menge (27—30 Mol.-%) Palmitin- (mit Myristin-) Säure wie die Schwein- oder Rinderfette; sie sind aber beide viel ärmer an Stearinsäure. Zum Teil stehen also diese Rodentia- und Vogelfette mit ihren Säuren zwischen den Seetierölen und den anderen Landtierfetten, jedoch viel näher den letzteren. Merkwürdig

---

[1] Ztschr. Unters. Lebensmittel **65**, 311 (1933).   [2] Biochemical Journ. **28**, 965 (1934).

ist es, daß in den Reservefetten von Ratten keine (oder nur ganz wenig) Linolsäure vorkommt[1].

Die Gesamtsäuren des Körperfettes des Frosches[2] (*Rana temporaria*) bestehen nach E. KLENK aus 4% Myristin-, 11% Palmitin-, 3% Stearin-, 15% Palmitöl-, 52% Öl- und Linolsäure und 15% ungesättigter C_{20}- und C_{22}-Säuren. Demnach steht das Froschfett ebenfalls zwischen den Fisch- und Landtierfetten, aber (abgesehen vom höheren Gehalt an Öl- und Linolsäure) merklich näher den ersteren.

Ein Überblick über die ganze Reihe der Tierfette ergibt eine Abstufung von dem sehr komplizierten Gemisch von (überwiegend ungesättigten) Fettsäuren in den aquatischen Tieren zu dem einfachen Typus, wie er für die höheren Landtiere charakteristisch ist. Die Fette von Tieren, die eine Zwischenstufe in der biologischen Entwicklung vorstellen, scheinen Gesamtsäuren zu enthalten, welche zwischen diesen beiden extremen Fällen liegen. Möglicherweise wird einmal in der Zukunft die systematische Einteilung der natürlichen Fette mit denjenigen der niederen aquatischen Pflanzen und Tiere beginnen und über die größeren aquatischen Glieder zu den zwei Gruppen der Landpflanzenfette und Landtierfette führen.

3. Die Fettsäuren der Milchfette.

Das Milch- oder Butterfett der Landtiere besteht aus Fettsäuren, welche teilweise von den Fettsäuren der Depot- oder Organfette sehr verschieden sind. Die Butterfettsäuren sind dadurch gekennzeichnet, daß sie außer Palmitin-, Stearin-, Öl- und Linolsäure noch kleine Mengen Butter-, Capron-, Capryl-, Caprin- und Laurinsäure enthalten und etwas mehr Myristinsäure als die Körperfette. Am genauesten ist das Kuhbutterfett untersucht; aber aus den Analysen anderer Milchfette (Schweine-, Pferde-, Esel-, Ziegen-, Ratten-, Hundemilchfett) folgt, daß diese Fette sämtlich durch die Gegenwart niederer gesättigter Säuren charakterisiert sind. Der Gehalt an Butter- bis Capronsäure scheint allerdings in weiten Grenzen zu variieren. So ist die REICHERT-MEISSL-Zahl des Milchfettes von Katzen, Hunden oder Schweinen sehr niedrig (2—4), diejenige des Ziegen-, Schaf-, Büffel- und anderer Rindviehmilchfette erreicht etwa die gleiche Höhe wie das Kuhmilchfett (25—30), während das Esel- und Kaninchenmilchfett eine REICHERT-MEISSL-Zahl von etwa 12—16 aufweist.

In Tabelle 31 ist die nach der Fraktionierungsmethode ermittelte Zusammensetzung der Fettsäuren aus zehn verschiedenen Butterfetten Englands, Neuseelands und Indiens und aus einem indischen Büffelmilchfett angegeben.

Das Butterfett enthält demnach etwa 3—4% Buttersäure und 1,5—2% Capronsäure; Capryl-, Caprin- und Laurinsäure sind in geringen, aber verhältnismäßig konstanten Mengen enthalten, der Myristinsäuregehalt schwankt zwischen 7—11%. Der Palmitinsäuregehalt bewegt sich in den gleichen Grenzen wie im Reservefett der Kuh, folglich bleibt auch der Gehalt an allen übrigen Fettsäuren (ebenso wie der Gehalt des Talgs an C_{18}-Säuren) ebenso konstant wie im Talg. Von den C_{18}-Säuren scheinen Stearin- und Ölsäure im umgekehrten Verhältnis zu variieren wie im Talg, der Ölsäuregehalt beträgt gewöhnlich 32—42%, der Stearinsäuregehalt etwa 7—15% der Gesamtfettsäuren.

Der Linolsäureanteil macht etwa 4—5% der Fettsäuren aus. Man muß aber bemerken, daß noch einige Unsicherheit über die höher ungesättigten Säuren der C_{18}-Reihe der Butterfette herrscht. Die gewöhnliche Linolsäure der Samen-

---

[1] Siehe unter anderen G. O. BURR u. M. M. BURR: Journ. biol. Chemistry **86**, 587 (1930). — E. GREGORY u. J. C. DRUMMOND: Ztschr. Vitaminforsch. **1**, 257 (1932).
[2] Ztschr. physiol. Chem. **221**, 67, 259, 264 (1933).

Tabelle 31. Tierische Milchfette[1].

Fettsäuren	Kuhbutter										Büffel
	Neuseeland				Berkshire					Indisch	Indisch
	Handelsmuster			Früh- jahrs- weide 1928[3]	Herbst- weide 1928[3]	Früh- som- mer- weide 1929[3]	Stall- futter, Winter 1932[4]	Stall- u. Wei- den- futter 1932[4]	Früh- jahrs- weide 1932[4]	„Ghee"[5]	„Ghee"[5]
	I[2]	II[2]	III[2]								
	in Prozenten										
Butter-	3,1	3,4	3,2	3,5	3,1	3,3	3,9	3,3	3,1	2,6	4,1
Capron-	1,9	1,8	1,7	1,7	1,7	1,3	1,5	1,7	1,7	1,9	1,4
Capryl-	0,8	0,9	0,8	1,3	1,6	1,2	0,7	0,7	0,7	1,4	0,9
Caprin-	2,0	1,9	2,3	3,1	2,1	2,2	1,9	1,8	1,8	3,6	1,7
Laurin-	3,9	3,1	4,3	4,1	3,4	4,0	3,7	2,3	3,2	5,7	2,8
Myristin-	10,6	9,7	10,8	11,1	6,9	10,4	8,4	8,8	7,1	10,6	10,1
Palmitin-	28,1	27,6	28,4	27,3	29,0	26,1	22,0	21,8	22,8	29,1	31,1
Stearin-	8,5	12,2	9,4	11,5	7,6	6,5	15,0	12,7	12,5	6,7	11,2
Arachin-	1,0	0,7	0,5	0,6	0,9	—	0,7	0,4	0,7	—	0,9
Öl-	36,4	34,3	33,1	31,3	40,1	41,9	38,5	40,7	41,3	34,0	33,2
Linol-	3,7	4,4	5,4	4,5	3,6	4,1	3,7	5,8	5,1	4,4	2,6

fette fehlt[6], ebenso Linolensäure[7] oder eine Octadecatetraensäure[8]. Die Jodzahlen der Esterfraktionen der C_{18}-ungesättigten Säuren (entsprechend zirka 15—20% der gemischten Butterfettsäuren) betragen dennoch übereinstimmend 96—99, was einer um 10% höheren Ungesättigtheit als beim Ölsäuremethylester entspricht[9]. Die Analysen sind inzwischen zu einer Mischung von C_{18}-Säuren mit einer und zwei Äthylenbindungen berechnet worden.

Außer den in Tabelle 31 benannten Säuren enthält das Butterfett noch ohne Zweifel Spuren von anderen Säuren, wie hochungesättigte Säuren der C_{20}- und C_{22}-Reihen (0,3%)[10], auch winzige Mengen ungesättigter Fettsäuren der Formeln $C_{10}H_{18}O_2$ und $C_{14}H_{26}O_2$[11].

Über Seetiermilchfette[12] vgl. S. 96.

III. Die Alkohole.

Von T. P. HILDITCH, Liverpool.

Die eigentliche alkoholische Komponente der Fette ist:

a) das *Glycerin*. Neben den Glycerinestern findet man gelegentlich in Fetten noch Fettsäureester von

[1] Fraktionierungsanalysen für die Milchfette von Schaf, Ziege und Kamel wurden neuerdings von D. R. DHINGRA (Biochemical Journ. 27, 851 [1933]; 28, 73 [1934]) ausgeführt. [2] T. P. HILDITCH u. Frl. E. E. JONES: Analyst 54, 75 (1929).

[3] T. P. HILDITCH u. J. J. SLEIGHTHOLME: Biochemical Journ. 24, 1098 (1930).

[4] H. K. DEAN u. T. P. HILDITCH: Biochemical Journ. 27, 889 (1933).

[5] R. BHATTACHARYA u. T. P. HILDITCH: Analyst 56, 161 (1931).

[6] T. P. HILDITCH u. Frl. E. E. JONES: Analyst 54, 75 (1929). — A. W. BOSWORTH u. J. B. BROWN: Journ. biol. Chemistry 103, 115 (1933). — H. C. ECKSTEIN: Ebenda 103, 135 (1933). [7] H. C. ECKSTEIN: S. Anm. 6.

[8] A. W. BOSWORTH u. J. B. BROWN: S. Anm. 6.

[9] T. P. HILDITCH: Biochemical Journ. 28, 779 (1934).

[10] J. B. BROWN u. T. S. SUTTON: Journ. Dairy Science 14, 134 (1931).

[11] I. SMEDLEY: Biochemical Journ. 6, 451 (1912). — AD. GRÜN u. T. WIRTH: Ber. Dtsch. chem. Ges. 55, 2197 (1922). — AD. GRÜN u. H. WINKLER: Ztschr. angew. Chem. 37, 228 (1924). — A. W. BOSWORTH u. J. B. BROWN: S. Anm. 6.

[12] S. u. S. SCHMIDT-NIELSEN u. F. FROG: Kong. Norske. Vidensk.-Selskabs Forhandl. 6, 127 (1933); Chem. Ztrbl. 1933 II, 2915.

b) *Fettalkoholen*, d. h. primären aliphatischen Alkoholen höheren Molekulargewichts. Diese kommen nicht nur als einfache Ester (Wachsester), sondern in gewissen Fettarten auch als *Glycerinäther* vor.

Eine weitere, in sämtlichen Fetten anzutreffende alkoholische Komponente sind die

c) *Sterine*, polycyclische, hochmolekulare Verbindungen, über die in Kapitel IV berichtet wird.

Die wichtigste Verbindung dieser Gruppe ist natürlich das Glycerin, das in Form seiner neutralen Fettsäureester, der Triglyceride, die eigentliche Fettsubstanz darstellt.

Die Fettalkohole der Gruppe b sind die alkoholischen Komponenten der Wachse oder Wachsester. Letztere kommen aber auch in gewissen, im wesentlichen aus Glyceriden bestehenden Fetten vor. Einige Seetieröle enthalten außerdem ätherartige Verbindungen des Glycerins mit Fettalkoholen (Chimyl-, Batyl-, Selachylalkohol).

A. Glycerin, 1,2,3-Trioxy-n-propan,

$$C_3H_8O_3 = CH_2OH \cdot CHOH \cdot CH_2OH,$$

wurde von CHEVREUL als integrierender Bestandteil der Fette erkannt. Dargestellt wurde er erstmalig von K. W. SCHEELE (1779)[1] durch Einwirkung von Bleioxyd auf Olivenöl. Seine Zusammensetzung wurde im Jahre 1836 von J. PELOUZE[2] nachgewiesen.

Die Synthese des Glycerins hat im Jahre 1865 E. LINNEMANN[3] durchgeführt: Aceton wurde über Isopropylalkohol und Isopropyljodid in Propylen übergeführt; letzteres wurde in Trichlorpropan umgewandelt, das mit alkoholischem Kali Glycerin lieferte. Kurz darauf hat E. ERLENMEYER[4] die Konstitution des Glycerins aufgeklärt. Die Synthese des Glycerins gelang später ausgehend von den Elementen, Essigsäure oder Formaldehyd.

Technisch gewinnt man Glycerin durch Hydrolyse der Fette (s. Bd. II), und zwar entweder aus den Unterlaugen der Seifenfabriken, welche etwa 5% Glycerin enthalten, oder aus der wäßrigen Schicht der Autoklavenspaltung, den Twitchellwässern usw., die einen höheren Glyceringehalt (15—18%) aufweisen. Durch Verdampfen wird das Glycerin auf etwa 80—88% konzentriert und in dieser Form als „Rohglycerin" bezeichnet. Das Rohglycerin wird gebleicht und geklärt und gelangt dann als sog. raffiniertes Glycerin in den Handel oder es wird durch Destillation weiter gereinigt. Dynamitglycerin wird durch Destillation des Rohglycerins gewonnen; es ist noch schwach gefärbt, enthält etwa 98% Reinglycerin und hat das spezifische Gewicht 1,262/15,5⁰. Durch nochmalige Destillation gewinnt man das „chemisch reine" Glycerin mit einem Glyceringehalt von 98—99%, neben 1—2% Wasser. (Näheres über die Glyceringewinnung s. Bd. II).

Glycerin läßt sich auch auf fermentativem Wege, durch Zuckergärung, herstellen. Das Verfahren wurde von C. NEUBERG[5] sowie von W. CONNSTEIN und K. LÜDECKE[6] entdeckt und von letzteren zu einem großtechnischen Prozeß ausgearbeitet.

---

[1] CRELLS chem. Journ. 4, 190 (1793).   [2] LIEBIGS Ann. 20, 46 (1836).
[3] LIEBIGS Ann. 136, 37 (1865).   [4] LIEBIGS Ann. 139, 211 (1866).
[5] C. NEUBERG u. E. FÄRBER: Biochem. Ztschr. 78, 238 (1916). — C. NEUBERG u.
    J. KERB: Biochem. Ztschr. 58, 158 (1913). — C. NEUBERG u. E. REINFURTH:
    Biochem. Ztschr. 89, 365; 92, 234 (1918); Ber. Dtsch. chem. Ges. 52 B, 1677 (1919).
[6] Wchschr. Brauerei, 10. Mai 1919; Ber. Dtsch. chem. Ges. 52 B, 1385 (1919).

Durch Zusatz bestimmter Salze gelang es NEUBERG, die alkoholische Zucker-gärung (bei der übrigens stets, wie schon PASTEUR festgestellt hat, etwa 2—3% Glycerin entstehen) derart zu modifizieren, daß als eines der Hauptprodukte Glycerin gebildet wird.

Unter Berücksichtigung der neuesten Ergebnisse über den Chemismus der alkoholischen Gärung[1] verläuft dieselbe in folgenden Hauptphasen:

a) In der Angärungsphase (Gleichung 1 und 2, vgl. unten) findet Spaltung der Glucose unter intermediärer Mitwirkung von Phosphorylierungsvorgängen zu Triosephosphorsäure[2] und Dismutation der Spaltprodukte statt. Die so ent-stehende Phosphoglycerinsäure zerfällt sodann unter intermediärer Bildung von Brenztraubensäure und Phosphorsäure zu Acetaldehyd und Kohlendioxyd. Die bei der Dismutation der Triosephosphorsäure als zweite Komponente entstehende Glycerinphosphorsäure gibt nach ihrer Dephosphorylierung Glycerin (dabei handelt es sich wohl um jenen Anteil, der bei der normalen alkoholischen Gärung stets gebildet wird).

b) Im stationären Zustand der Gärung (Gleichung 3 und 2), in dem Glucose mittels der Phosphorylierungsvorgänge (unter katalytischer Wirkung der Hexose-diphosphorsäure) dauernd zerfällt, kommt es zu einer Dismutation zwischen Triosephosphorsäure und dem bereits in der Angärungsphase entstehenden Acetaldehyd unter Bildung von Phosphoglycerinsäure und Alkohol, wobei weiterhin (gemäß Gleichung 2) die Phosphoglycerinsäure stets unter Bildung von Acetaldehyd zerfällt, so daß der Prozeß kontinuierlich vor sich gehen kann.

Gärungsgleichungen:

1. 1 Glucose + 1 Hexose-diphosphorsäure + 2 Phosphorsäure = 4 Triosephosphor-säure.

   β) 4 Triosephosphorsäure + 2 H$_2$O = 2 Phosphoglycerinsäure + 2 Glycerinphos-phorsäure.

2. 2 Phosphoglycerinsäure = 2 Brenztraubensäure + 2 Phosphorsäure = 2 Acet-aldehyd + 2 CO$_2$ + 2 Phosphorsäure.

3. 1 Glucose + 2 Phosphorsäure = 2 Triosephosphorsäure.

   β) 2 Triosephosphorsäure + 2 Acetaldehyd = 2 Phosphoglycerinsäure + 2 Al-kohol.

Die Bildung von Glycerin kann nun zum Hauptvorgang werden, wenn der bei der normalen Gärung (gemäß Gleichung 3β) als H$_2$-Akzeptor fungierende Acetaldehyd abgefangen wird, oder wenn durch Verschiebung des p_H ins alka-lische Gebiet die Hefe zur Dismutation des Acetaldehyds mit sich selbst (also unter Bildung von Alkohol und Essigsäure) veranlaßt wird. Es tritt dann nach NEUBERG die 2. und 3. Vergärungsform in Erscheinung. Über deren Chemismus kann man sich auf Grund der neuen Gärungstheorie die Vorstellung machen, daß der Gärverlauf prinzipiell vor allem gemäß den Gleichungen 1 und 2 statt-findet, wobei also gewissermaßen die normale Angärungsphase zum stationären Zustand wird, bei dem es daher unter diesen Umständen zu einer Dismutation von Triosephosphorsäure mit sich selbst kommt. Die Glycerinphosphorsäure gibt dabei nach ihrer Dephosphorylierung Glycerin, während der über Phospho-

---

[1] Vgl. die Zusammenfassung von O. MEYERHOF (Ztschr. Angew. Chem. 47, 153 [1934]).

[2] Die Triosephosphorsäure spielt gemäß den modernen Gärungstheorien die gleiche Rolle, die früher von NEUBERG dem Methylglyoxal zugeschrieben wurde. Dieses konnte nun von NEUBERG vielfach und in hohen Ausbeuten bei der Gärung nachgewiesen werden, wobei jedoch noch nicht mit Sicherheit entschieden erscheint, ob es dabei unter enzymatischer Einwirkung oder rein chemisch aus Triosephosphorsäure gebildet wird.

glycerinsäure und Brenztraubensäure entstehende Acetaldehyd festgelegt wird und nicht mehr in den Gärprozeß eingreifen kann. Bilanzmäßig erhalten wir dann die Gleichungen:

$$C_6H_{12}O_6 = CH_2OH \cdot CHOH \cdot CH_2OH + CH_3 \cdot CHO + CO_2 \text{ bzw.}$$

$$2 C_6H_{12}O_6 + H_2O = 2 CH_2OH \cdot CHOH \cdot CH_2OH + CH_3 \cdot CH_2OH + CH_3 \cdot COOH + 2 CO_2.$$

Ob nun diese Reaktionsfolge tatsächlich der Bildung von *Gärungsglycerin* entspricht oder nicht, jedenfalls gelang es den deutschen Chemikern W. CONNSTEIN und K. LÜDECKE[1], unter Anwendung von Natriumdisulfit die Glyceringewinnung aus Zucker zu einem technischen Verfahren auszubilden; den gleichen Erfolg hatten die amerikanischen Chemiker J. R. EOFF, W. V. LINDER und G. F. BEYER[2], welche für die Glyceringärung eine besondere Hefeart (*Saccharomycetes ellipsoideus*) in verdünnter alkalischer Lösung (Soda, Natriumborat oder Natriumphosphat) verwendeten.

In Zeiten der Fettknappheit ist das Verfahren, wie die Erfahrungen des Weltkrieges zeigten, ohne Zweifel für die technische Glyceringewinnung geeignet.

Technologisches Interesse beansprucht auch die von A. HEINEMANN[3] im Jahre 1913 ausgearbeitete Synthese des Glycerins. Er hat vorgeschlagen, Propylen durch Leiten von Acetylen und Methan bei hoher Temperatur über einen Katalysator herzustellen, dann das Propylen durch Chlorieren in 1,2,3-Trichlorpropan zu überführen, das sich dann leicht auf Glycerin aufarbeiten läßt. Viel einfacher läßt sich Propylen aus den Kokereigasen oder Crackgasen gewinnen, so daß das Verfahren praktisch durchführbar sein dürfte.

Glycerin ist eine farb- und geruchlose viskose Flüssigkeit von eigentümlichem, süßem Geschmack; es ist äußerst hygroskopisch und absorbiert begierig Wasser aus der Luft. Nach längerer Unterkühlung auf 0° oder darunter erstarrt das Glycerin zu harten, glänzenden, rhombischen Kristallen vom Schmelzpunkt 20°. Es hat die Dichte $D_{15,5}^{15,5} = 1,2647$ und siedet bei 290° unter geringer Zersetzung; bei vermindertem Druck destilliert das Glycerin unverändert (Siedep.$_{50}$ 210°; Siedep.$_5$ 155°; Siedep.$_{0,05}$ 115—116°). Glycerin ist in jedem Verhältnis mischbar mit Wasser, Äthyl- und Methylalkohol und Aceton, unlöslich in Äther, Petroläther und Chloroform. Es ist ein Lösungsmittel für eine Reihe anorganischer Salze und Oxyde, ebenso für zahlreiche organische Verbindungen. Mit den flüssigen Fetten und Fettsäuren ist Glycerin keinesfalls in jedem Verhältnis mischbar, nicht einmal bei höheren Temperaturen; manche Fette und Fettsäuren zeigen sogar eine recht geringe Löslichkeit in Glycerin.

Bei der trockenen Destillation oder beim Erhitzen mit wasserentziehenden Mitteln bildet sich aus Glycerin *Akrolein*, $CH_2 : CH \cdot CHO$; bei Einwirkung von Phosphorchloriden oder -bromiden findet Ersatz der Hydroxylgruppen durch Halogen statt, wobei schließlich Trichlor- oder Tribrompropan entstehen; Einwirkung von Jod und Phosphor führt zu weiterer Zersetzung unter Bildung von Allyljodid und Isopropyljodid.

Die primären Oxydationsprodukte des Glycerins sind *Glycerinaldehyd*, $CH_2OH \cdot CHOH \cdot CHO$, und *Dioxyaceton*, $CH_2OH \cdot CO \cdot CH_2OH$; als Aldo- und Ketotriosen bieten sie theoretisches Interesse (vom Glycerinaldehyd ist sowohl die d- als die l-Form bekannt) wegen ihrer Beziehung zu den Kohlenhydraten.

Die Halogenwasserstoffsäureester des Glycerins, namentlich die Mono- und Dichlorhydrine, sind von Bedeutung als Ausgangsstoffe für die Synthesen von Glyceriden (s. Abschn. 2, Kap. III, S. 229).

---

[1] Wchschr. Brauerei, 10. Mai 1919; Ber. Dtsch. chem. Ges. **52** B, 1385 (1919).

[2] Indust. engin. Chem. **11**, 842 (1919).   [3] E. P. 12366/1913.

Glycerintrinitrat, hergestellt aus Glycerin und einem Gemisch von Salpeter- und Schwefelsäure, ist der bekannte Sprengstoff *Nitroglycerin*.

Mit Metallhydroxyden bildet Glycerin eine Reihe von Metallalkoholaten, von denen insbesondere die Verbindungen mit Calcium-, Barium-, Aluminium- und Eisenoxyd von Bedeutung sind, weil sie den Austausch von Säureradikalen zwischen den Glyceridmolekülen zu beschleunigen vermögen; so entsteht beim Erhitzen von Triglyceriden mit Glycerin in Gegenwart von Calciumglycerat ein Gemisch von Diglyceriden bzw. von Di- und Monoglyceriden (s. S. 283).

Mit vielen organischen Verbindungen, auch anorganischen Salzen usw., bildet Glycerin komplexe Additionsverbindungen, sogenannte *Glycerinate*[1], in denen die monomeren Glycerinmoleküle sich koordinativ zweiwertig verhalten:

$$\begin{bmatrix} \text{n} \\ \text{Me} \end{bmatrix} \begin{pmatrix} \dots \text{HO—CH—CH}_2\text{OH} \\ \quad\quad\quad | \\ \dots \text{HO—CH}_2 \end{pmatrix} \Bigg]\text{X}_\text{n}$$

Der *Glycerinphosphorsäure*, $C_3H_5(OH)_2 \cdot O \cdot PO_3H_2$, kommt als Baustein der Phosphatide oder Lipoide und als Ausgangsmaterial für zahlreiche medizinische Produkte größte Bedeutung zu.

Die große Gruppe der synthetisch hergestellten Fettsäureester des Glycerins, der synthetischen Glyceride, ist an anderer Stelle (s. S. 229) beschrieben.

B. Trimethylenglykol.

In den Spaltwässern aus verdorbenem Tran[2] findet man manchmal das durch Zersetzung des Glycerins gebildete *Trimethylenglykol*, $CH_2(OH) \cdot CH_2 \cdot \cdot CH_2(OH)$. Das Produkt erinnert in der Viskosität und Löslichkeit an Glycerin, von dem es sich aber durch den tieferen Siedepunkt (210—211°) und niederes spezifisches Gewicht (1,0554 bei 20°) unterscheidet.

Auf das sorgfältigste muß die Gegenwart von Trimethylenglykol im Glycerin bei dessen Nitrierung zu Dynamit vermieden werden, weil es von der Salpetersäure unter starker Wärmeentwicklung oxydiert wird. Aus verdorbenem Tran gewonnenes Glycerin ist deshalb für die Dynamitherstellung ungeeignet.

C. Höhere Alkohole der Fettreihe (Fettalkohole).

Die höhermolekularen Fettalkohole, welche in einigen Fetten als Wachsester oder als Glycerinäther vorkommen, werden neuerdings durch katalytische Hydrierung der entsprechenden Fettsäuren oder der Neutralfette in technischem Maßstabe gewonnen (s. Bd. II). Es sind dies vor allem Cetyl-, Octadecyl- und Tetradecylalkohol und der ungesättigte Oleinalkohol. Im Kohlenstoffgehalt und in ihrer Struktur entsprechen sie der Palmitin-, Stearin- und Myristinsäure und der Ölsäure, deren Carboxylgruppe durch die primäre CH_2OH-Gruppe ersetzt ist. Auch Eikosylalkohol und Dodecylalkohol scheinen in manchen Seetierölen vorzukommen. Gewisse Pflanzenfette enthalten auch kleine Menge Cerylalkohol, $C_{26}H_{53}OH$; letzterer ist aber ein typischer Wachsalkohol, und sein gelegentliches Vorkommen in Fetten dürfte einer zufälligen Wachsbeimengung bei der Fettgewinnung zuzuschreiben sein.

In der Tabelle 32 sind die Formeln, Schmelzpunkte und das Vorkommen der wichtigsten Fettalkohole angegeben; die Tabelle umfaßt auch einige Alkohole,

---

[1] AD. GRÜN u. F. BOCKISCH: Ber. Dtsch. chem. Ges. **41**, 3465 (1908). — AD. GRÜN u. J. HUSMANN: Ber. Dtsch. chem. Ges. **43**, 1291 (1910). — Vgl. auch AD. GRÜN: Analyse der Fette und Wachse, Bd. I, S. 4. Berlin. 1925.

[2] A. RAYNER: Journ. Soc. chem. Ind. **45**, 265, 287 T (1926).

welche nur in Wachsen gefunden wurden; die übrigen Glieder der Reihe sind als
Wachsester in häufig aus Gemischen von Wachsen und Glyceriden bestehenden
Fetten enthalten.

Tabelle 32. Fettalkohole.

Bruttoformel	Schmelz-punkt	
n-Dodecanol, $C_{12}H_{26}O$	24—26°	Meerschweinöl (?)
n-Tetradecanol, $C_{14}H_{30}O$	39°	Walrat-, Delphin-, Meerschweinöl
n-Hexadecanol (Cetylalkohol), $C_{16}H_{34}O$ ...	49,3°	Walrat-, Delphin-, Meerschweinöl
n-Octadecanol, $C_{18}H_{38}O$	58°	Walrat-, Delphin-, Meerschweinöl
n-Eicosanol, $C_{20}H_{42}O$	71°	Dermoidcystenfett
Cerylalkohol, $C_{26}H_{54}O$	80°	Bienenwachs, chinesisches Wachs, Wollfett usw.
Myricylalkohol, $C_{30}H_{62}O$	87,5°	Carnaubawachs
Melissylalkohol, $C_{31}H_{64}O$	85,5°	Bienenwachs
(?) n-Hexadecenol, $C_{16}H_{32}O$	flüssig	Walratöl (?)
$\Delta^{9:10}$-n-Octadecenol (Oleylalkohol), $C_{18}H_{36}O$	2—3°	Walrat-, Delphin-, Meerschweinöl
n-Eicosenol, $C_{20}H_{40}O$	?	Walrat-, Delphin-, Meerschweinöl
(?) n-Eicosadienol, $C_{20}H_{38}O$	?	Walrat-, Delphin-, Meerschweinöl

Laurinalkohol, n-Dodecylalkohol, $C_{12}H_{26}O = CH_3 \cdot (CH_2)_{10} \cdot CH_2OH$.

Dieser niedrigschmelzende Alkohol kommt nach A. H. GILL und C. M.
TUCKER[1] nur im Kinnbacken- und Kopfhöhlenöl des Meerschweines vor; J. A.
LOVERN[2] bestreitet allerdings sein Vorkommen im Meerschweinkopföl und meint,
daß der niedrigstmolekulare darin enthaltene Alkohol Tetradecylalkohol sei.

Myristinalkohol, n-Tetradecylalkohol, $C_{14}H_{30}O = CH_3 \cdot (CH_2)_{12} \cdot CH_2OH$,

soll in kleinen Mengen im Pottwalkopföl vorkommen (nach E. ANDRÉ und
T. FRANÇOIS[3]). T. P. HILDITCH und J. A. LOVERN[4] fanden in dem Öl etwa 8%
an Fettsäuren gebundenen Tetradecylalkohols vom Schmp. 38—39°; die Verbindung war identisch mit dem durch Reduktion von Myristinsäuremethyl-
ester synthetisch hergestelltem n-Tetradecylalkohol. Im Wachs des Spermwal-
specköles konnte der Alkohol nicht nachgewiesen werden.

Nach J. A. LOVERN[2] bestehen die an Fettsäuren veresterten Alkohole des
Meerschweinkopföles zu etwa 5% aus Tetradecylalkohol (Schmp. 39°). A. H.
GILL und C. M. TUCKER[1] haben aus dem gleichen Öl eine kleine Menge einer bei
71° schmelzenden Substanz isoliert, die sie irrtümlicherweise für Tetradecylalkohol hielten.

Cetylalkohol, n-Hexadecylalkohol, $C_{16}H_{34}O = CH_3 \cdot (CH_2)_{14} \cdot CH_2OH$,

ist das bekannteste Glied in der Gruppe der natürlichen Fettalkohole und in
größeren Mengen im Spermacetiöl enthalten, worin er bereits im Jahre 1817 von
M. CHEVREUL[5] nachgewiesen wurde. Cetylalkohol läßt sich aus Alkohol, Äthylacetat und anderen Lösungsmitteln leicht umkristallisieren; er siedet unter ganz
geringer Zersetzung bei 344°, im Vakuum (15 mm) bereits bei 189,5° und im

[1] Journ. Oil Fat Ind. 7, 101 (1930).
[2] Private Mitteilung; siehe auch Biochemical Journ. 28, 394 (1934).
[3] Compt.rend.Acad.Sciences 183, 663 (1926).   [4] Journ. Soc.chem.Ind. 48, 365 T (1929).
[5] Ann. Chim. Phys. Bd. 7, Serie 2, S. 157 (1817).

Hochvakuum von 1 mm bei 130—132⁰. Durch Chromsäure und Essigsäure wird er zu Palmitinsäure oxydiert. Das *Cetylacetat* bildet Nadeln vom Schmelzpunkt 22—23⁰ und siedet unter 15 mm Druck bei 200⁰.

Der Alkohol kommt als Fettsäureester im Spermwalkopf- und -specköl vor, zu einem geringeren Betrage auch im Meerschwein- und Delphintran. Sein Vorherrschen unter den gesättigten Alkoholen des Spermwalkopföles wurde von E. ANDRÉ und T. FRANÇOIS[1] festgestellt. Die höheren in diesem Öl enthaltenen Alkohole bestehen nach T. P. HILDITCH und J. A. LOVERN[2] zu etwa 45% aus Cetylalkohol. Letzterer bildet nach M. TSUJIMOTO[3] und Y. TOYAMA[4] einen untergeordneten Bestandteil der Alkohole des arktischen Spermspecköles; nach HILDITCH und LOVERN[2] bestehen aber dessen Alkohole zu 25% aus Cetylalkohol. Im Kopf- und Specköl des Meerschweines sind nach LOVERN[5] 60% Cetylalkohol enthalten.

Stearinalkohol, n-Octadecylalkohol, $C_{18}H_{38}O = CH_3 \cdot (CH_2)_{16} \cdot CH_2OH$,

wurde in kleinen Mengen im Spermwalspeck- und -kopföl[6, 7] vorgefunden und ist wahrscheinlich auch im Specköl des Meerschweines und Delphins[8] enthalten. Die Alkohole der genannten Trane bestehen nach HILDITCH und LOVERN höchstens zu 5% aus Stearylalkohol. Octadecylalkohol ist in Alkohol und anderen Lösungsmitteln weniger gut löslich als Cetylalkohol; er siedet bei 210⁰/15 mm oder bei 150⁰/1 mm. Sein *Acetat* schmilzt bei 31⁰.

Octadecylalkohol läßt sich leicht herstellen durch Hydrierung von Oleinalkohol in Gegenwart von Nickel bei gewöhnlichem Druck und einer Temperatur von 150—180⁰ und wird technisch, wie die übrigen höher molekularen Alkohole, durch Hochdruckhydrierung der Fette gewonnen. Schwächere Oxydationsmittel verwandeln den Alkohol in Stearinaldehyd, $CH_3 \cdot (CH_2)_{16} \cdot CHO$, der als Riechstoff eine gewisse Bedeutung hat.

Arachinalkohol, n-Eikosylalkohol, $C_{20}H_{42}O = CH_3 \cdot (CH_2)_{18} \cdot CH_2OH$,

kommt vermutlich in kleinen Mengen in den vorstehend genannten Tranen vor, er wurde aber noch nicht daraus rein isoliert. Gefunden wurde der Alkohol in den Fetten gewisser Dermoidcysten[9].

Carnaubylalkohol, $C_{24}H_{50}O$,

soll nach L. DARMSTÄDTER und J. LIFSCHÜTZ[10] im Wollfett enthalten sein, aber F. RÖHMANN[11] war außerstande, diesen Befund zu bestätigen, und auch die jüngere Arbeit von J. C. DRUMMOND und L. C. BAKER[12] liefert dafür keinen Anhaltspunkt.

Die übrigen, in der Tabelle benannten Alkohole findet man praktisch nur in Pflanzen- und Insektenfetten.

A. C. CHIBNALL, S. H. PIPER und seine Mitarbeiter[13] haben konstatiert (nach röntgenographischen Methoden), daß die höheren Alkohole, die in natürlichen Wachsen vorkommen, fast immer Gemische von zwei oder mehreren Alkoholen sind. Sie sind für das Verlassen der Namen Ceryl-, Montanyl-, Myricyl-, Melissyl- usw. Alkohol insoweit, als damit die normalen Alkohole $C_{26}H_{54}O$, $C_{29}H_{60}O$, $C_{30}H_{62}O$, $C_{31}H_{64}O$ usw. gemeint sind.

[1] Compt. rend. Acad. Sciences **183**, 663 (1926).   [2] Journ. Soc. chem. Ind. **48**, 365 T (1929).
[3] Chem. Umschau Fette, Öle, Wachse, Harze **32**, 127 (1925).
[4] Journ. Soc. chem. Ind. Japan **30**, 527 (1927).   [5] Private Mitteilung.
[6] E. ANDRÉ u. T. FRANÇOIS: S. Anm. 3, S. 106. — T. P. HILDITCH u. J. A. LOVERN: S. Anm. 2.   [7] Y. TOYAMA: S. Anm. 4. — T. P. HILDITCH u. J. A. LOVERN: S. Anm. 2.
[8] Private Mitteilung.   [9] F. AMESEDER: Ztschr. physiol. Chem. **52**, 121 (1907).
[10] Ber. Dtsch. chem. Ges. **29**, 2898 (1896).   [11] Physiol. Cent., Bd. 19, Nr. 10.
[12] Journ. Soc. chem. Ind. **48**, 232 T (1929).   [13] Biochemical Journ. **28**, 2189 (1934).

Cerylalkohol, n-Hexakosylalkohol, $C_{26}H_{54}O$,

ist ein sehr weit verbreiteter Bestandteil der Pflanzenwachse; in größeren Mengen
ist er im chinesischen Wachs, Bienenwachs und Wollfett enthalten.

Myricylalkohol, n-Triakontylalkohol

ist nach A. HEIDUSCHKA und M. GAREIS[1] ein Bestandteil des Carnaubawachses;
er hat die Formel $C_{30}H_{62}O$ und den Schmelzpunkt $87,5^0$.

Im Bienenwachs ist ferner ein Alkohol der Formel $C_{31}H_{64}O$,

n-Hentriakontylalkohol oder Melissinalkohol,

Schmp. $85,5^0$, enthalten.

Von den ungesättigten Fettalkoholen ist

Oleinalkohol, *cis*-n-$\varDelta^{9:10}$-Octadecenol,

$$C_{18}H_{36}O = CH_3 \cdot (CH_2)_7 \cdot CH:CH \cdot (CH_2)_7 \cdot CH_2OH,$$

der wichtigste. Er kommt neben Cetylalkohol im Spermöl, Meerschweintran usw.
vor, und zwar ebenfalls als Fettsäureester. M. TSUJIMOTO[2] und Y. TOYAMA[3]
haben als erste das Vorkommen dieses Alkohols in Fetten, und zwar in einigen
Haifischölen und Spermölen nachgewiesen; die Alkohole des gewöhnlichen und
arktischen Pottwalöles sollen nach ihren Untersuchungen vorwiegend aus
Oleinalkohol bestehen. Nach T. P. HILDITCH und J. A. LOVERN[4] enthalten
die Alkohole des Spermwalkörperöles 66—70%, diejenigen des Kopföles 27—30%
Oleinalkohol; im Meerschweinkopföl sind nach LOVERN gegen 30% Oleinalkohol
enthalten.

In den genannten Tranen dürfte neben Oleinalkohol auch ein *Alkohol der
Formel* $C_{18}H_{34}O$ mit zwei Äthylenbindungen vorkommen.

Synthetisch wurde Oleinalkohol nach der Methode von BOUVEAULT und BLANC
durch Reduktion von Äthyloleat mit Natrium und Amylalkohol[5] hergestellt,
neuerdings aber durch Hydrierung von Ölsäure nach W. SCHRAUTH. Er stellt
eine farblose, sirupöse Flüssigkeit vom Erstarrungspunkt zirka 2^0 dar und
siedet bei $208—210^0/15$ mm, $150—152^0/1$ mm. Das *Acetat* (Siedep. $208^0/16$ mm)
geht durch Oxydation mit Kaliumpermanganat in Nonansäure und Acetoxynonan-
säure über, was die Lage seiner Doppelbindung beweist.

Unter dem Einfluß von Stickoxyden verwandelt sich Oleinalkohol in ein
Gleichgewichtsgemisch von Olein- und *Elaidinalkohol*; eine Trennung der beiden
geometrischen Isomeren durch Kristallisation gelang nicht, jedoch konnte
Elaidinalkohol (Schmp. $35—35,5^0$) von TOYAMA[6] durch Reduktion von Elaidin-
säureäthylester mit Natrium und auf ähnlichem Wege von E. ANDRÉ[7] dargestellt
werden. Die Oxydation des Oleinalkohols mit Wasserstoffsuperoxyd in Essigsäure führt zu 9,10-*Dioxyoctadecylalkohol* (Schmp. 82^0), während Elaidinalkohol
mit dem gleichen Reagens einen isomeren Alkohol vom Schmp. $125—126^0$
liefert. Der saure Phthalsäureester des Oleinalkohols liefert bei der Oxydation
mit Kaliumpermanganat in verdünnter alkalischer Lösung den sauren Phthal-

---

[1] Journ. prakt. Chem. (2), **99**, 293 (1919).
[2] Journ. Soc. chem. Ind. Japan 24, 275 (1921); Chem. Umschau Fette, Öle, Wachse,
Harze **32**, 127 (1925).
[3] Chem. Umschau Fette, Öle, Wachse, Harze **29**, 237 (1922); Journ. Soc. chem.
Ind. Japan 30, 527 (1927).   [4] Journ. Soc. chem. Ind. 48, 365 T (1929).
[5] L. BOUVEAULT u. G. BLANC: Bull. Soc. chim. France 31, 1210 (1904). — R. WILL-
STÄTTER u. E. W. MAYER: Ber. Dtsch. chem. Ges. 41, 1478 (1908).
[6] Chem. Umschau Fette, Öle, Wachse, Harze **31**, 13 (1924).
[7] Compt. rend. Acad. Sciences **185**, 279, 387 (1927).

ester des 9,10-Dioxyoctadecylalkohols vom Schmp. 125—126⁰, während man umgekehrt aus dem sauren Phthalsäureester des Elaidinalkohols den sauren Phthal-
ester des isomeren Alkohols vom Schmp. 82⁰ erhält[1]. Die beiden Alkohole verhalten sich also völlig analog der Öl- und Elaidinsäure (s. S. 33).

Ungesättigte Alkohole der *Eikosenylreihe*, und zwar die Verbindungen
$C_{20}H_{40}O$ und $C_{20}H_{38}O$, dürften in kleinen Mengen als Fettsäureester in an Olein-
und Cetylalkohol reichen Seetierölen vorkommen; ihre Menge kann aber höchstens
5—10% der Gesamtalkohole ausmachen[2].

D. Glycerinäther (Chimyl-, Batyl- und Selachylalkohol).

Als Glycerinäther treten Olein-, Stearin- und Cetylalkohol in einigen Ölen
der Seetiere, insbesondere der Elasmobranchier auf. Den drei Glycerinäthern
kommen folgende Formeln zu:

Alkohol	Schmelzpunkt	Formel
Chimyl-	60,5—61,5⁰	$C_{19}H_{40}O_3 = CH_3 \cdot (CH_2)_{15} \cdot O \cdot CH_2 \cdot CH(OH) \cdot CH_2OH$
Batyl-	70—71⁰	$C_{21}H_{44}O_3 = CH_3 \cdot (CH_2)_{17} \cdot O \cdot CH_2 \cdot CH(OH) \cdot CH_2OH$
Selachyl-	flüssig	$C_{21}H_{42}O_3 = CH_3 \cdot (CH_2)_7 \cdot CH : CH \cdot (CH_2)_8 \cdot O \cdot CH_2 \cdot$ $\cdot CH(OH) \cdot CH_2OH$

Von den drei Verbindungen kommt Selachylalkohol am häufigsten, Chimylalkohol am seltensten vor. Entdeckt wurden sie von M. Tsujimoto und Y. Toyama[3] im Unverseifbaren eines Haifisch- und Rochenleberöles. Das Vorkommen
dieser Körper ist aber nicht auf die Klasse der Elasmobranchier beschränkt. Man
fand sie auch in den Lipiden zweier weit voneinander entfernten Tiere, welche
mit den Elasmobranchier-Fischen nichts gemein haben. Es sind dies die japanische
Krabbe, *Paralithodes kamtchatica Tilesius*[4], und eine Molluske, *Ommastrephes
Sloani pacificus*[5]. Tsujimoto und Toyama[3] haben in den Verbindungen zwei acety-
lierbare Hydroxylgruppen nachgewiesen. Im Fett selbst sind wahrscheinlich die
freien Hydroxyle, wie vor kurzem E. André und A. Bloch angegeben haben[6],
an Fettsäuren verestert.

Die chemische Konstitution des Selachylalkohols wird durch Bildung von
Oleinalkohol bei der trockenen Destillation und von Nonansäure bei der Permanganatoxydation des Selachylacetats bewiesen. Für letzteres nahm Toyama
die Formel $CH_3 \cdot (CH_2)_7 \cdot CH : CH \cdot (C_{11}H_{21}O)(OCOCH_3)_2$ an. Die Natur der dritten
Hydroxylgruppe blieb zunächst ungeklärt. Im Jahre 1926 behauptete G. Weide-
mann[7], daß bei Einwirkung von Jodwasserstoff auf Batylalkohol Methyljodid
entstehe und daß demnach das dritte Sauerstoffatom als eine Methoxylgruppe
vorliegen müsse; bei Wiederholung der Weidemannschen Versuche haben aber
I. M. Heilbron und seine Mitarbeiter[8] festgestellt, daß das gebildete Alkyljodid
in Wirklichkeit Octadecyljodid ist, so daß sich für Batylalkohol die Konstitution
eines Monoglycerinäthers des Octadecylalkohols der Formel (I) oder (II) ergibt:

$$\text{(I)} \quad C_{18}H_{37}O \cdot CH_2 \cdot CHOH \cdot CH_2OH.$$
$$\text{(II)} \quad C_{18}H_{37}O \cdot CH(CH_2OH)_2.$$

[1] G. Collin u. T. P. Hilditch: Journ. chem. Soc. London **1933**, 246.
[2] T. P. Hilditch u. J. A. Lovern: S. S. 107.
[3] Chem. Umschau Fette, Öle, Wachse, Harze **29**, 27, 35, 43, 237, 245 (1922); **31**,
13, 61, 135, 153 (1924). — Y. Toyama: Ebenda **32**, 113 (1925).
[4] Journ. Soc. chem. Ind. Japan **32**, 362 B (1929).
[5] Journ. Soc. chem. Ind. Japan **30**, 227 B (1927).
[6] Compt. rend. Acad. Sciences **195**, 627 (1932).   [7] Biochemical Journ. **20**, 685 (1926).
[8] I. M. Heilbron u. W. M. Owens: Journ. chem. Soc. London **1928**, 942.

Auf folgendem Wege gelang die Synthese eines solchen Monoglycerinäthers: Octadecylchlorid wurde mit Natrium-Allyloxyd zu Octadecylallyläther kondensiert und dieses mittels Wasserstoffsuperoxyd zu α-Octadecylglyceryläther oxydiert; letzterer hatte den gleichen Schmelzpunkt (70—71^0) wie Batylalkohol[1].

Der Mischschmelzpunkt der beiden Alkohole und ihrer Diphenylurethane zeigte aber noch eine kleine Depression. Man war also zu der Annahme gezwungen, daß Batylalkohol a) entweder der β-Octadecylglyceryläther sei, oder b) daß der natürliche Alkohol ein optisch-aktives Isomeres des razemischen synthetischen α-Äthers darstelle. Zugunsten von a spricht die Tatsache, daß Toyama[2] bei Batylalkohol keine optische Aktivität feststellen konnte; anderseits ergeben die von B. C. J. G. Knight[3] vorgenommenen Messungen der monomolekularen Filme von Batyl-, Chimyl- und Selachylalkohol eine asymmetrische α-Glycerylätherstruktur. Die Richtigkeit letzterer Anschauung wurde neuerdings von W. H. Davies, I. M. Heilbron und W. E. Jones[4] bestätigt; sie oxydierten Batylalkohol mit Bleitetraacetat, einem nach R. Criegee[5] für α,β-Glykole spezifisches Reagens und erhielten Formaldehyd und Glykolaldehydoctadecyläther (Schmp. 51^0). Im Gegensatz zu Toyama[2] wurde gefunden, daß der Alkohol eine schwache optische Aktivität besitzt; die spezifische Rotation in Chloroform ist gleich

$$[\alpha]^{20}_{5461} = +2{,}6^0 \,(\text{c, } 0{,}95).$$

Leichter läßt sich optische Aktivität beim Batylacetat nachweisen, dessen spezifische Rotation in Chloroform

$$[\alpha]^{20}_{5461} = -8{,}5^0 \,(\text{c, } 2{,}63)$$

beträgt.

Da der zu diesen Untersuchungen verwendete Batylalkohol aus Selachylalkohol hergestellt wurde, muß letzterer α-Oleylglycerinäther sein.

Die Synthese von α-Cetylglycerinäther (Schmp. 61—62^0) wurde nach der für die Synthese des α-Octadecylhomologen verwendeten Methode durchgeführt; ein unmittelbarer Vergleich mit dem natürlich vorkommenden Chimylalkohol (Schmp. $60{,}5$—$61{,}5^0$) war zwar nicht möglich, es können aber nur geringe Zweifel über die Identität des letzteren mit α-Cetylglycerinäther bestehen.

Die Synthese des β-Cetylglycerinäthers (Schmp. 60—61^0; im Gemisch mit dem α-Isomeren 55—56^0) gelang durch Kondensation des Kaliumsalzes von α,α'-Benzylidenglycerin mit Cetyljodid und Hydrolyse des gebildeten Kondensationsproduktes. Auf ähnlichem Wege wurde die Synthese von β-Octadecylglycerinäther (Schmp. 62—63^0) durchgeführt[6]. Mit Batylalkohol gibt der β-Äther eine Schmelzpunktsdepression von über 12^0.

[1] G. G. Davies, I. M. Heilbron u. W. M. Owens: Journ. chem. Soc. London **1930**, 2542.
[2] Chem. Umschau Fette, Öle, Wachse, Harze **31**, 61 (1924).
[3] Biochemical Journ. **24**, 257 (1930).   [4] Journ. chem. Soc. London **1933**, 165.
[5] Ber. Dtsch. chem. Ges. **64**, 260 (1931).
[6] W. H. Davies, I. M. Heilbron u. W. E. Jones: Journ. chem. Soc. London **1934**, 1232.

IV. Die Sterine.

Von ALFRED WINTERSTEIN und KARL SCHÖN, Heidelberg.

Einleitung.

Im unverseifbaren Anteil aller pflanzlichen und tierischen Fette findet sich eine Reihe chemisch nahe verwandter, polycyclischer, hydroaromatischer Alkohole, die nach einem Vorschlage von ABDERHALDEN den Sammelnamen Sterine erhalten haben. Nach ihrer Herkunft teilt man die Sterine ein in:

1. *Zoosterine* (Sterine der Tiere), z. B. Cholesterin, Koprosterin, Lanosterin, Agnosterin, Spongosterin u. a.

2. *Phytosterine* (Sterine der Phanerogamen), z. B. Sitosterine, Stigmasterin, Brassicasterin u. a.

3. *Mycosterine* (Sterine der Kryptogamen, insbesondere der Pilze), z. B. Ergosterin, Fungisterin, Zymosterin, Ascosterin u. a.

Die Vertreter dieser drei Gruppen weisen sowohl in ihren physikalischen Eigenschaften als auch in bezug auf ihre Konstitution weitgehende Ähnlichkeit auf. Es sind gut kristallisierende, farblose, in Wasser unlösliche, in Fettlösungsmitteln lösliche, optisch-aktive Substanzen. Neuere Untersuchungen machen es sehr wahrscheinlich, daß, im Gegensatz zu vielen Literaturangaben (vgl. S. 128), alle Sterine aus 26 bis 30 Kohlenstoffatomen aufgebaut sind. Die verbreitetsten Sterine sind ein- oder mehrfach ungesättigte, sekundäre, einwertige Alkohole mit einem Skelett von vier carbocyclischen Ringen, dem eine längere verzweigte Seitenkette angegliedert ist.

Die natürlich vorkommenden Sterine besitzen mit wenigen Ausnahmen die charakteristische Eigenschaft, mit dem Saponin Digitonin schwerlösliche Additionsverbindungen (*Digitonide*) zu geben. Die auch in der Natur vorkommenden Sterinester lassen sich mit Digitonin nicht fällen. Für die Bildung dieser sowie der im folgenden beschriebenen Molekülverbindungen ist die Anwesenheit einer freien Hydroxylgruppe notwendig.

Sehr ausgeprägt ist bei den Sterinen die in der Ähnlichkeit des Molekülbaues begründete Tendenz zur Bildung von Molekülverbindungen bzw. Mischkristallen. Solche Mischkristallsysteme, wie sie häufig isoliert werden, lassen sich durch fraktionierte Kristallisation allein nicht zerlegen. In manchen Fällen gelingt die Trennung auf chemischem Wege, in anderen Fällen, z. B. beim Sitosterin, ist eine vollständige Zerlegung des Gemisches noch nicht gelungen. In neuerer Zeit ist insbesondere der Nachweis erbracht worden, daß den ungesättigten Sterinen fast immer eine kleine Menge der entsprechenden Dihydroverbindung beigemengt ist[1]. Viele Angaben auf dem Steringebiet beziehen sich auf solche Gemische.

Konstitution.

Nach jahrzehntelanger mühsamer Forschung hat die chemische Untersuchung der Sterine in den letzten Jahren derartige Fortschritte gemacht, daß nicht nur über die Konstitution dieser Verbindungen, sondern auch über ihre Beziehungen zu biologisch höchst bedeutsamen Substanzen Klarheit geschaffen wurde. Die schon früher gewonnene Erkenntnis, daß das Cholesterinskelett sich von dem der Gallensäuren prinzipiell nur durch den Mehrgehalt einer Isopropyl-

---

[1] ANDERSON, NABENHAUER u. SHRINER: Journ. biol. Chemistry **71**, 389 (1927). — BONSTEDT: Ztschr. physiol. Chem. **176**, 269 (1928). — HEYL: Journ. Amer. chem. Soc. **52**, 3688 (1930). — SCHÖNHEIMER, BEHRING, HUMMEL u. SCHINDEL: Ztschr. physiol. Chem. **192**, 73 (1930).

gruppe unterscheidet, wurde durch die Feststellung erweitert, daß die Sterine untereinander nahe verwandt sind und darüber hinaus mit Vertretern aus der Klasse der Vitamine und Hormone in engste Beziehung zu setzen sind. Das den Sterinen, den Gallensäuren, den weiblichen und männlichen Sexualhormonen, dem Provitamin D usw. zugrunde liegende Ringsystem wird durch nebenstehendes Formelbild wiedergegeben. Man kann es auffassen als ein Phenanthrenskelett, dem ein Fünfring angegliedert ist.

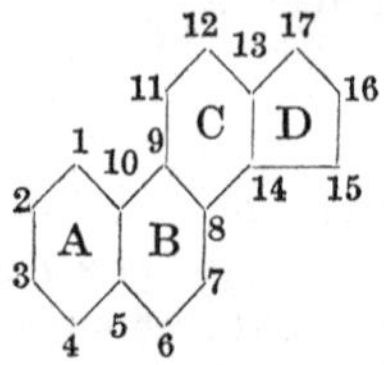

Die im folgenden beschriebenen Verbindungen leiten sich von diesem Grundtyp in der Weise ab, daß z. B. in den Stellungen 10 und 13 Methylgruppen, in

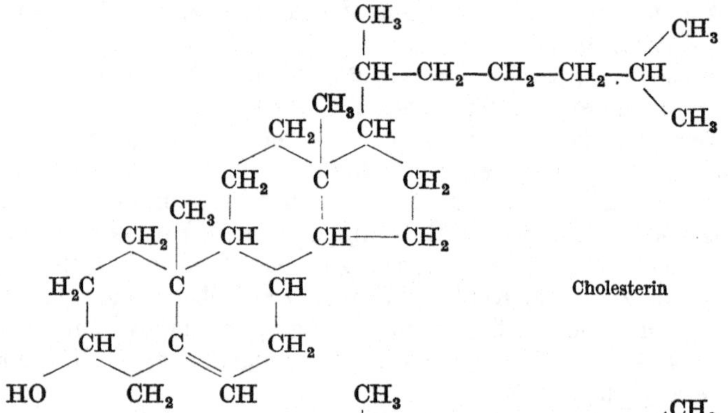

Cholesterin

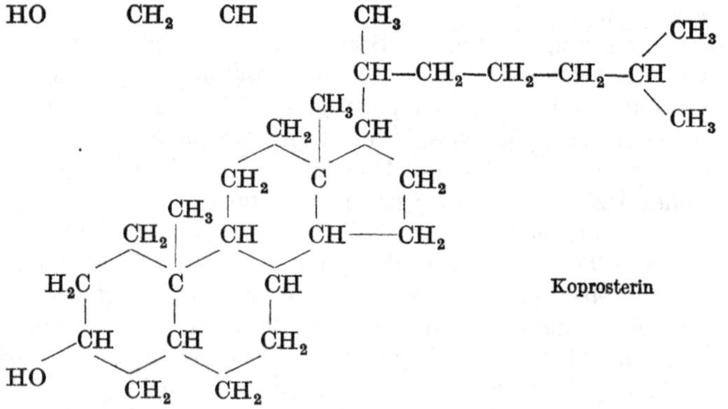

Koprosterin

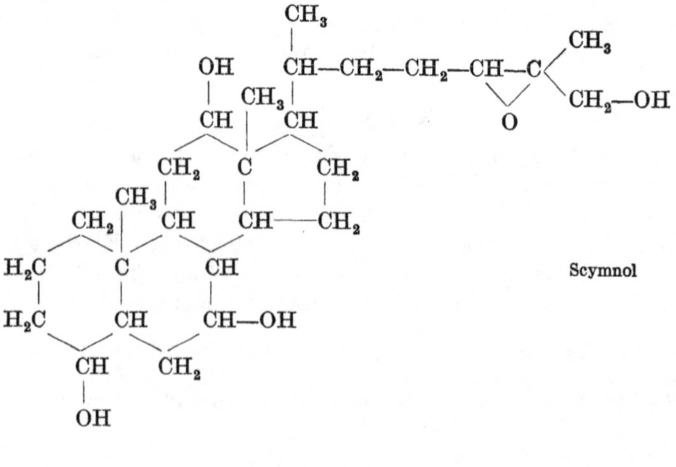

Scymnol

Stellung 17 eine längere Seitenkette sich befindet, während an verschiedenen Stellen des Moleküls Hydroxylgruppen sowie Doppelbindungen vorhanden sind.

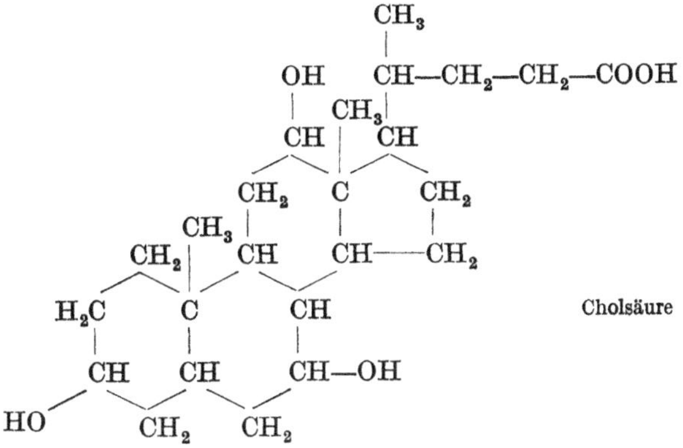

$$
\begin{array}{l}
\quad\quad\quad\quad\quad CH_3 \\
\quad\quad\quad\quad\quad | \\
OH \quad\quad CH-CH_2-CH_2-COOH \\
| \quad\quad\quad\quad CH_3 | \\
CH \quad\quad\quad | \quad CH \\
\quad\quad CH_2 \quad C \quad CH_2 \\
\quad CH_3 | \\
CH_2 | \quad CH \quad\quad CH-CH_2 \\
H_2C \quad\quad C \quad\quad CH \\
\quad\quad | \\
\quad CH \quad CH \quad\quad CH-OH \\
HO \quad\quad CH_2 \quad CH_2
\end{array}
$$

Cholsäure

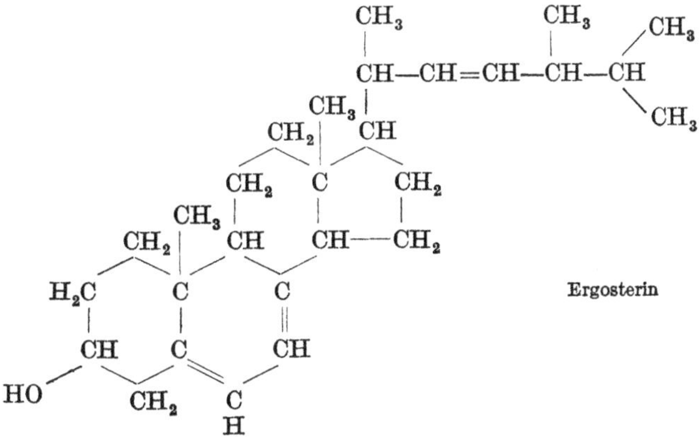

$$
\begin{array}{l}
CH_3 \quad\quad CH_3 \quad CH_3 \\
| \quad\quad\quad | \\
CH-CH=CH-CH-CH \\
\quad CH_3 | \quad\quad\quad\quad CH_3 \\
\quad CH_2 | \quad CH \\
\quad CH_2 \quad C \quad CH_2 \\
\quad CH_3 | \\
CH_2 | \quad CH \quad CH-CH_2 \\
H_2C \quad\quad C \quad\quad C \\
\quad CH \quad C \quad\quad CH \\
HO \quad CH_2 \quad C \\
\quad\quad\quad\quad\quad H
\end{array}
$$

Ergosterin

$$
\begin{array}{l}
\quad\quad\quad\quad\quad CH_3 \\
CH_3 \quad\quad CH_2 \quad CH_3 \\
| \quad\quad\quad | \\
CH-CH=CH-CH-CH \\
\quad CH_3 | \quad\quad\quad\quad CH_3 \\
\quad CH_2 | \quad CH \\
\quad CH_2 \quad C \quad CH_2 \\
\quad CH_3 | \\
CH_2 | \quad CH \quad CH-CH_2 \\
H_2C \quad\quad C \quad\quad CH \\
\quad CH \quad C \quad\quad CH_2 \\
HO \quad CH_2 \quad CH
\end{array}
$$

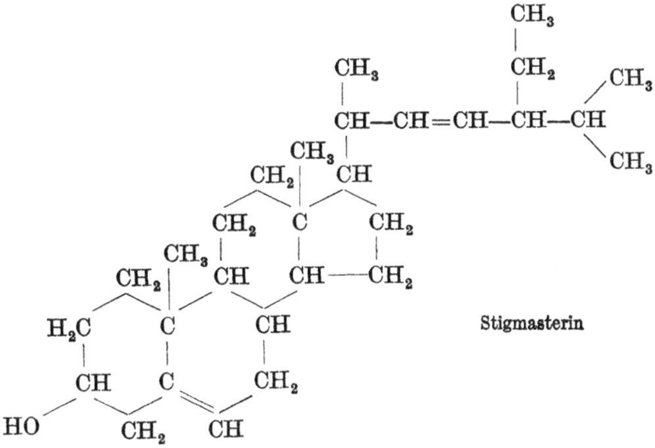

Stigmasterin

Die Konstitutionsermittlung dieser Verbindungen wurde hauptsächlich an den leichtest zugänglichen Vertretern, dem Cholesterin und den Gallensäuren, durchgeführt.

```
                CH3
                |
                CH—OH
           CH3  |
           |    CH
        CH2     C     CH2
     CH3 |      |     |
     CH2 |     CH    CH——CH2
   H2C   C           CH
     CH    CH    CH2
   HO     CH2   CH2
```
Pregnandiol

```
                     O
                CH3 ‖
                |   C
             CH2    C    CH2
          CH3 |     |    |
          CH2 |    CH   CH——CH2
        H2C   C          CH
          CH    CH    CH2
        HO     CH2   CH2
```
Androsteron (Testikelhormon)

```
                 O
            CH3 ‖
            |   C
         CH2    C    CH2
      CH2 |    CH   CH——CH2
     CH   CH    CH——CH2
    HC    C    CH
    C     C    CH2
  HO     CH    CH2
```
Oestron (Follikelhormon)

```
                CH3
                |
                C=O
           CH3  |
           |    CH
        CH2     C    CH2
     H2C |      |    |
     CH3 |     CH   CH——CH2
        CH2    CH    CH——CH2
     H2C   C          CH
        CH    CH    CH2
    O=C    C    CH2
        CH2   CH
```
Corpus-luteum-Hormon

```
                 O
            CH3 ‖
            |   C
         CH2    C    CH2
      CH2 |    CH   CH——CH2
     CH   CH    CH——CH2
    HC    C    C
  HO—C    C    CH
    CH    CH
```
Equilin

```
                 O
            CH3 ‖
            |   C
         CH2    C    CH2
      CH2 |    C    CH——CH2
     CH   C    CH——CH2
    HC    C    C
  HO—C    C    CH
    CH    CH
```
Equilenin

Cholesterin. Nachdem BERTHELOT im Jahre 1859 das Cholesterin als Alkohol erkannt hatte, begann die eigentliche Strukturerforschung im Jahre 1893 durch MAUTHNER und SUIDA. Zehn Jahre später teilten sich DIELS und ABDERHALDEN gleichzeitig mit WINDAUS in die weitere Bearbeitung des Problems. Nach nahezu zwanzigjähriger Forschung wurden die ersten Vorschläge für eine Gesamtformel des Cholesterins gemacht, die in der Folge mehrfachen Wandlungen unterworfen war.

Die klassische Formel (I)[1]:

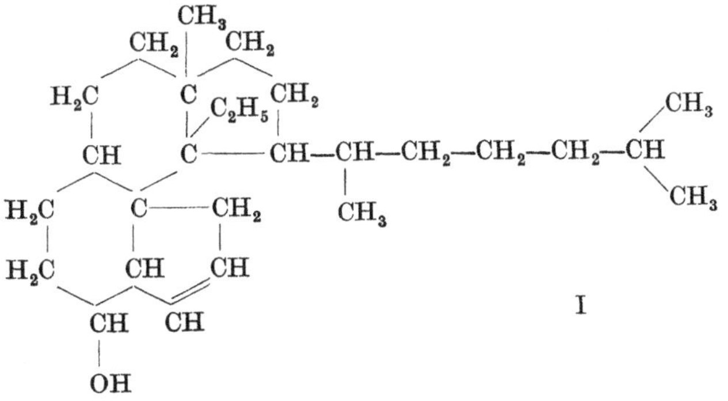

I

wurde 1930 von WIELAND und DANE[2] durch eine solche ersetzt, in welcher Ring C als Siebenring angenommen wurde.

Die Beobachtung von DIELS, daß bei der Dehydrierung des Cholesterins Chrysen (II)

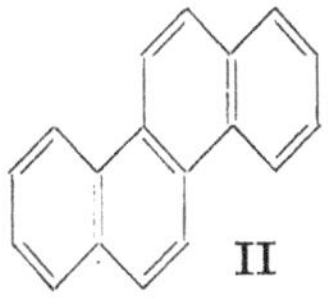

II 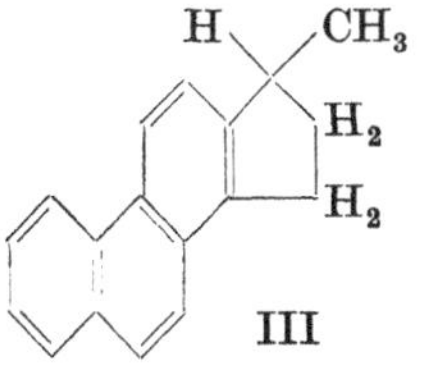   III

auftritt, hätte bei objektiver Bewertung schon immer ein starkes Argument gegen diese Formeln sein können. ROSENHEIM und KING[3] schlugen eine Formel mit vier Sechsringen vor, nach welcher die Bildung von Chrysen zwanglos zu erklären war. Die Auffassung von ROSENHEIM wurde durch röntgenographische Messungen BERNALS[4] über die Raumerfüllung des Cholesterinmoleküls im Wesentlichen bestätigt. Der ROSENHEIMsche Vorschlag wurde von WIELAND und WINDAUS[5] mit der Abänderung angenommen, daß, wie schon in den früheren Formeln angenommen war, Ring D als Fünfring beibehalten wurde.

Die wichtigsten Tatsachen für den Konstitutionsbeweis des Cholesterins sind folgende:

Unter gewissen Bedingungen lassen sich Cholesterin und Gallensäuren zu einem Kohlenwasserstoff $C_{18}H_{16}$ (III) dehydrieren[6], in welchem der Fünfring noch erhalten ist. Die Chrysenbildung erfolgt offenbar erst bei energischerer Dehydrierung unter Ringerweiterung.

Cholesterin besitzt eine sekundäre Hydroxylgruppe, die sich mit Säuren verestern läßt und bei gelinder Oxydation in eine Ketogruppe übergeht. Es besitzt ferner eine Doppelbindung, die mit Halogenen, Benzopersäure usw. reagiert. Doppelbindung und Hydroxylgruppe gehören zwei verschiedenen Ringen an (A und B), denn durch oxydative Spaltung an diesen beiden Angriffspunkten läßt sich eine Tetracarbonsäure gewinnen, die dieselbe Anzahl Kohlen-

[1] WIELAND: Ztschr. angew. Chem. 42, 421 (1929).
[2] Ztschr. physiol. Chem. 206, 247 (1932).
[3] Journ. Soc. chem. Ind. 51, Nr. 22 (1932).   [4] Journ. Soc. chem. Ind. 51, Nr. 22 (1932).
[5] WIELAND u. DANE: Ztschr. physiol. Chem. 210, 268 (1932); 211, 164, 177, 203 (1932). — WINDAUS: Ebenda 213, 147 (1932).
[6] RUZICKA: Helv. chim. Acta 16, 833 (1933). — COOK u. HEWETT: Journ. Soc. chem. Ind. 52, 451, 603 (1933). — BERGMANN u. HILLEMANN: Ber. Dtsch. chem. Ges. 66, 1302 (1933). — DIELS u. KLARE: Ber. Dtsch. chem. Ges. 67, 113 (1934).

stoffatome besitzt wie das Cholesterin[1]. Das chemische Verhalten dieser Säure und zahlreicher anderer Oxydationsprodukte des Cholesterins ergab, daß die Ringe A und B miteinander kondensiert sind und daß die Doppelbindung in β, γ-Stellung zur Hydroxylgruppe liegen muß.

Die Struktur der Seitenkette folgt aus der Bildung von Methylheptanon:

$$O = C - CH_2 - CH_2 - CH_2 - CH \overset{\textstyle CH_3}{\underset{\textstyle CH_3}{}}$$

$$\underset{\textstyle CH_3}{}$$

bei energischer Oxydation von Cholesterin[2]. Daß der Iso-octylrest an einer anderen Stelle des Ringsystems sitzt als früher angenommen, wurde sowohl durch die röntgenographischen Messungen von BERNAL als auch durch die Bildung eines aromatischen Kohlenwasserstoffes, Methylcholanthren, durch intramolekularen Ringschluß eines Cholansäureabkömmlinges erwiesen (WIELAND und DANE[3]).

Methylcholanthren

Koprosterin. Koprosterin wird im tierischen Organismus durch Hydrierung von Cholesterin gebildet und findet sich neben dem isomeren Dihydrocholesterin in den Fäzes. Da bei der Hydrierung des Cholesterins am Kohlenstoffatom 5 ein neues Asymmetriezentrum gebildet wird, ist die Möglichkeit zur Bildung dieser beiden Isomeren gegeben. In vitro wird normalerweise durch Hydrierung nur Dihydrocholesterin gebildet, auf Umwegen ist man auch synthetisch zum Koprosterin gelangt[4].

Scymnol. Dieses in der Haifischgalle als saurer Schwefelsäureester enthaltene Sterin besitzt insofern Interesse, als es das gleiche Skelett und gleich viele C-Atome besitzt wie Cholesterin, am Ende der Seitenkette jedoch eine Äthylenoxyd- und eine Hydroxylgruppe trägt. Vielleicht stellt das Scymnol eine Zwischenstufe im biologischen Aufbau oder Abbau des Cholesterins dar[5].

Gallensäuren. Durch die Untersuchungen von WINDAUS[6] und WIELAND[7] sind die nahen Beziehungen zwischen Sterinen und Gallensäuren klargelegt worden. Durch Oxydation des dem Koprosterin zugrunde liegenden Kohlenwasserstoffes Koprostan wurde unter Abspaltung der endständigen Isopropylgruppe und gleichzeitiger Bildung einer Carboxylgruppe die hydroxylfreie Grundsubstanz der Gallensäuren, die Cholansäure, erhalten.

Cholansäure

---

[1] WINDAUS u. STEIN: Ber. Dtsch. chem. Ges. **37**, 3699 (1904). — WINDAUS u. DEPPE: Ebenda **66**, 1536 (1933).   [2] WINDAUS u. RESAU: Ber. Dtsch. chem. Ges. **46**, 1246 (1913). [3] Ztschr. physiol. Chem. **219**, 240 (1933).   [4] LIEBIGS Ann. **453**, 101 (1927). [5] HAMMARSTEN: Ztschr. physiol. Chem. **24**, 323 (1898). — WINDAUS, BERGMANN u. KÖNIG: Ztschr. physiol. Chem. **189**, 148 (1930). — TSCHESCHE: Ztschr. physiol. Chem. **203**, 263 (1931).   [6] WINDAUS u. NEUKIRCHEN: Ber. Dtsch. chem. Ges. **52**, 1915 (1919). [7] WIELAND u. JACOBI: Ber. Dtsch. chem. Ges. **59**, 2064 (1926).

Umgekehrt gelangte man durch Synthese von der Cholansäure zum Koprostan. Die Gallensäuren unterscheiden sich durch ihren Gehalt an Hydroxylgruppen. Cholsäure besitzt drei Hydroxylgruppen an den Kohlenstoffatomen 3, 7 und 12, Desoxycholsäure zwei Hydroxylgruppen an den C-Atomen 3 und 12, Lithocholsäure eine Hydroxylgruppe am C-Atom 3. Die der Desoxycholsäure isomeren Säuren Hyo-desoxycholsäure und Cheno-desoxycholsäure besitzen 2 Hydroxylgruppen an den Kohlenstoffatomen 3 und 6 bzw. 3 und 7.

Ergosterin. Das dem Cholesterin gegenüber um 1 C-Atom reichere Ergosterin[1] besitzt das gleiche Grundskelett wie dieses, unterscheidet sich aber durch die Zahl der Doppelbindungen und die Länge der Seitenkette. Die Konstitution des Ergosterins ist durch die Arbeiten von WINDAUS und Mitarbeitern[2] sichergestellt worden.

Daß das Grundskelett des Ergosterins mit dem des Cholesterins identisch ist, wurde folgendermaßen bewiesen: Der dem Ergosterin zugrunde liegende gesättigte Kohlenwasserstoff Ergostan geht bei der Oxydation mit Chromsäure in allo-Norcholansäure über, die mit der aus Cholesterin erhaltenen identisch ist. Bei der Ozonisation des Ergosterins entsteht aus der Seitenkette Methylisopropylacetaldehyd[3].

$$O=CH-CH-CH-CH_3$$
$$\qquad\qquad |\qquad\ |$$
$$\qquad\quad CH_3\ CH_3$$

Eine Doppelbindung muß also in der Seitenkette liegen und diese demnach folgende Konstitution besitzen:

$$-CH-CH=CH-CH-CH-CH_3$$
$$\quad\ |\qquad\qquad\quad |\quad\ |$$
$$\ CH_3\qquad\qquad CH_3\ CH_3$$

d. h. die Seitenkette enthält eine Methylgruppe mehr als die des Cholesterins.

Die beiden anderen Doppelbindungen befinden sich in Ring B und stehen in Konjugation zueinander (Addition von Maleinsäureanhydrid, leichte Aromatisierbarkeit), wodurch das charakteristische Absorptionsspektrum des Ergosterins wenigstens zum Teil erklärt wird.

Vitamin D. ZUCKER und PAPPENHEIMER[4] waren wohl die ersten, die aussprachen, daß das antirachitische Vitamin zu den Sterinen zu zählen sei. Es findet sich als Begleiter der Sterine in so kleinen Mengen, daß die Reindarstellung aus den natürlichen Quellen noch nicht geglückt ist. Dagegen wird Vitamin D heute technisch durch Ultraviolettbestrahlung des Ergosterins dargestellt.

Nachdem die Konstitution des Ergosterins durch die Untersuchungen von WINDAUS, INHOFFEN und v. REICHEL[5] sichergestellt war, konnten die Veränderungen diskutiert werden, die das Ergosterin unter der Einwirkung ultravioletter Strahlen erfährt. Im Verlaufe der Bestrahlung entstehen mindestens sechs Reaktionsprodukte, von denen fünf in kristallisiertem Zustand isoliert worden sind:

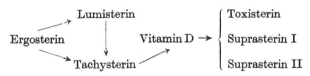

Über die Reihenfolge, in der die Produkte entstehen, herrscht noch einige Unsicherheit. Die Frage, ob Tachysterin direkt aus Ergosterin entstehen kann,

[1] WINDAUS u. LÜTTRINGHAUS: Nachr. Ges. Wiss., Göttingen **1932**, 4.
[2] LIEBIGS Ann. **500**, 270 (1933). Ebenda **510**, 248 (1934).
[3] REINDEL u. KIPPHAHN: LIEBIGS Ann. **493**, 181 (1932). — GUITERAS, NAKAMIYA u. INHOFFEN: LIEBIGS Ann. **494**, 116 (1932).
[4] Proc. Soc. exp. Biol. Med. **19**, 167 (1922). [5] LIEBIGS Ann. **510**, 248 (1934).

oder ob der Umweg über das Lumisterin eingeschlagen wird, ist noch nicht geklärt, ferner ist unsicher, ob Lumisterin unmittelbar in Vitamin D übergehen kann, oder ob erst die Tachysterinstufe durchlaufen werden muß.

Während man lange Zeit geglaubt hatte, daß zwischen Ergosterin und seinen Bestrahlungsprodukten keine sehr großen konstitutiven Unterschiede bestehen, konnte ein Schüler von WINDAUS, H. LETTRÉ[1], in einer sehr bemerkenswerten Untersuchung zeigen, daß die photochemische Reaktion vom Ergosterin zum Tachysterin in der Weise verläuft, daß eine C—C-Bindung in einem Ring des Ergosterins geöffnet wird, dabei entsteht eine neue Doppelbindung. Das Tachysterin enthält also 3 Ringe und 4 Doppelbindungen. Folgende Formel kommt für das Tachysterin in Betracht:

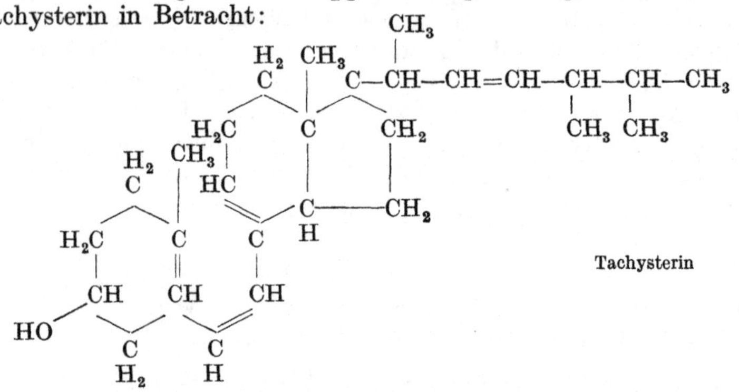

Tachysterin

Wie sich der weitere Übergang des Tachysterins in Vitamin D vollzieht, muß noch offen bleiben. Sehr wahrscheinlich unterscheidet sich auch das Vitamin D im Aufbau seines Kohlenstoffgerüstes vom Ergosterin.

Da sichergestellt ist, daß kleine Mengen antirachitischen Vitamins im Pflanzenreiche vorkommen, ist auch mit der Möglichkeit zu rechnen, daß die photochemischen Vorstufen des Vitamins Lumisterin und Tachysterin ebenfalls — vielleicht sogar in größerer Menge als das Vitamin selbst — in Pflanzenstoffen vorkommen.

Stigmasterin. Stigmasterin besitzt das gleiche Grundskelett wie Cholesterin, unterscheidet sich aber von diesem durch den Mehrgehalt von 2 C-Atomen und einer Doppelbindung. Bei der Oxydation mit Ozon entsteht aus der Seitenkette Äthylisopropyl-acetaldehyd, eine Doppelbindung muß also in der Seitenkette liegen.

Die Beziehungen des Stigmasterins zu Ergosterin und Cholesterin wurden neuerdings durch FERNHOLZ[2] aufgeklärt. Bei der Ozonisation konnte das größere Spaltprodukt isoliert und in Bis-nor-allo-cholansäure übergeführt werden. Letztere ist auch aus Ergosterin über die Nor-allo-cholansäure[3] durch Verkürzen der Seitenkette um 1 C-Atom erhalten worden.

Interessant ist der Vergleich von Cholesterin, Ergosterin und Stigmasterin, die am C-Atom 24 H bzw. CH_3 bzw. C_2H_5 tragen.

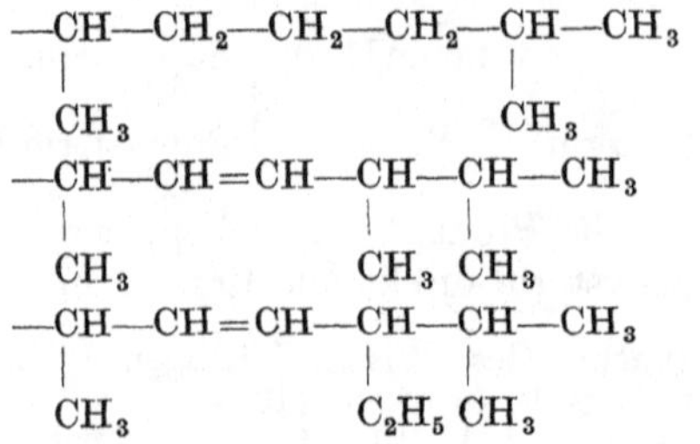

---

[1] LIEBIGS Ann. **511**, 280 (1934).   [2] LIEBIGS Ann. **507**, 128 (1933).
[3] CHUANG: LIEBIGS Ann. **500**, 270 (1933).

Das Stigmasterin dürfte erhebliche praktische Bedeutung gewinnen, nachdem es A. BUTENANDT und Mitarbeitern[1] gelungen ist, durch Abbau dieses Sterins zu Substanzen zu gelangen, welche Corpus-luteum-Hormon-Wirkung besitzen.

Sitosterin besitzt wahrscheinlich den gleichen Bau wie Stigmasterin, enthält jedoch in der Seitenkette keine Doppelbindung.

Sexualhormone. Das *Pregnandiol*[2], das sich im Schwangerenharn als Begleitstoff der Follikelhormone vorfindet, nimmt eine Zwischenstellung zwischen Sterinen und Gallensäuren einerseits und den Sexualhormonen anderseits ein. Es besitzt das gleiche Ringskelett wie die Gallensäuren, unterscheidet sich aber von diesen dadurch, daß die Seitenkette bis auf 2 C-Atome abgebaut ist.

Im *Testikelhormon*[3] (Androsteron) ist die Seitenkette vollständig verschwunden, an ihre Stelle ist eine Ketogruppe getreten. Ebenso wie Pregnandiol ist das Testikelhormon vollständig gesättigt und besitzt noch zwei seitenständige Methylgruppen. Die Konstitution des Androsterons ist durch L. RUZICKA[4] und Mitarbeitern bewiesen worden. Es läßt sich aus epi-Dihydro-cholesterinacetat durch Oxydation mit Chromsäure gewinnen und gehört bemerkenswerterweise der epi-Reihe des Cholesterins an.

Das *Follikelhormon* (Oestron) unterscheidet sich vom Testikelhormon durch den Mindergehalt einer Methylgruppe. Es enthält drei Doppelbindungen in einem aromatischen Ring (A), die Hydroxylgruppe besitzt phenolische Eigenschaften.

Der Nachweis, daß im Follikelhormon drei Ringe in Form eines teilweise hydrierten Phenanthrengerüstes vorliegen, ist von BUTENANDT, WEIDLICH und THOMPSON[5] erbracht worden. Bei der Kalischmelze des Follikelhormonhydrats entsteht nach MARRIAN und DOISY[6] eine Phenoldicarbonsäure. Diese liefert bei der Dehydrierung mit Selen in sehr glatter Reaktion ein Dimethylphenanthrol, aus welchem durch Reduktion mit Zinkstaub 1,2-Dimethylphenanthren entsteht. Die Konstitution des letzteren ist durch Synthese sichergestellt worden. BUTENANDT und THOMPSON[7] haben aus Follikelhormon durch Dehydrierung mit Zinkstaub Chrysen erhalten.

Equilin und *Equilenin*[8] stellen Dehydrierungsprodukte des Follikelhormons dar. Sie bilden in gewissem Sinne den Übergang zu den krebserregenden und östrogenen Kohlenwasserstoffen, die aus Steinkohlenteer isoliert worden sind.

Corpus-luteum-Hormon. Ebenso wie Testikel- und Follikelhormon steht auch das Corpus-luteum-Hormon in engster Beziehung zu den Sterinen (siehe Stigmasterin). Es besitzt zwei Kohlenstoffatome mehr als das Testikelhormon, die am C-Atom 17 sitzen. Es ist ein Diketon. Die oben wiedergegebene Konstitutionsformel ist noch nicht streng bewiesen.

Physiologische Bedeutung der Sterine und verwandter Verbindungen.

Über die Bedeutung der Phytosterine für die Pflanzen ist praktisch nichts bekannt. Im tierischen Organismus spielt das Cholesterin als Bestandteil der Körpersäfte und der Zellen unzweifelhaft eine sehr bedeutsame Rolle. Die besonderen physikalischen Eigenschaften des Cholesterins in der Zelle sowie im kolloidalen Milieu der Gewebssäfte können noch nicht durch eine exakte physi-

[1] Ber. Dtsch. chem. Ges. **67**, 1611 (1934).
[2] BUTENANDT, HILDEBRAND u. BRÜCKER: Ber. Dtsch. chem. Ges. **63**, 659 (1930); **64**, 2529 (1931).   [3] BUTENANDT: Ztschr. angew. Chem. **44**, 905 (1931).
[4] Helv. chim. Acta **17**, 1407 (1934).   [5] Ber. Dtsch. chem. Ges. **66**, 601 (1933).
[6] MARRIAN: Lancet 6. VIII. 1932. — DOISY: Journ. biol. Chemistry **99**, 327 (1933).
[7] Ber. Dtsch. chem. Ges. **67**, 140 (1934).
[8] GIRARD, SANDULESCO, FRIDENSON, RUTGERS u. GAUDEFROY: Compt. rend. Acad. Sciences **194**, 909, 1020 (1932).

kalische Formulierung erfaßt werden. Man kann lediglich sagen, daß die Sterine
eine von den anderen Lipoiden der Säfte und der Zelle nicht loszulösende physikalische Funktion besitzen (THANNHAUSER). Zu abnormalen Anhäufungen von
Cholesterin in den Körpersäften kommt es bei allen Erkrankungen, bei denen ein
Transport von Fett aus den normalen Depots zu anderen Organen stattfindet;
das Cholesterin ist hier der Begleiter des Fettes.

Eine in biologischer Beziehung hervorragende Stellung nimmt das Ergosterin als antirachitisches Provitamin ein (s. S. 133). Das — bis jetzt allerdings
nur in einem Fall — aus pflanzlichem Material isolierte Ovarialhormon vermag
nach den Arbeiten von W. SCHOELLER die Blüten und Fruchtbildung von
Pflanzen anzuregen und zu beschleunigen. Diese Eigenschaft reiht das Follikelhormon in die Reihe der pflanzlichen Wuchsstoffe ein, und es würden durch diese —
allerdings nicht unbestrittene — Feststellung die Beziehungen zwischen den tierischen und pflanzlichen Hormonen und Vitaminen des Sterintyps stark erweitert.

Während über den Wirkungsmechanismus der oben angeführten Substanzen
wenig bekannt ist, liegen die Verhältnisse bei den Gallensäuren durchsichtiger.
Die Gallensäuren spielen im Stoffwechsel eine ausschlaggebende Rolle für die
Resorption der Fettsäuren. Durch Addition von Fettsäuren an Desoxycholsäure
und Apocholsäure entstehen Additionsverbindungen, die sog. *Choleinsäuren*.
In dieser Form sind die Fettsäuren wasserlöslich bzw. emulgierbar und damit
leicht resorbierbar.

In der Zusammensetzung der Molekülverbindungen von Desoxycholsäure mit
Fettsäuren findet man folgende molekularen Verhältnisse von Fettsäure: Gallen-
säure: 1:1, 1:3, 1:4, 1:6 (Capronsäure, Laurinsäure), 1:8 (Palmitinsäure, Stearinsäure usw.).

Synthese der Sterine in der Natur.

Die früher allgemein verbreitete Annahme, daß der tierische Organismus
das Cholesterin aus den pflanzlichen Sterinen bildet, hat sich als irrtümlich
erwiesen. Nach den Untersuchungen von R. SCHÖNHEIMER[1] scheinen die Phytosterine überhaupt nicht in den Kreislauf zu gelangen, sondern unverändert
im Kote wieder ausgeschieden zu werden. Von BEUMER und LEHMANN[2] sowie
ENDERLEN, THANNHAUSER und JENKE[3] wurde gezeigt, daß der tierische Organismus das Cholesterin und die Gallensäuren selbst zu synthetisieren vermag.
Bei cholesterinfreier Nahrung werden täglich 0,7—1,5 g Gallensäuren in der
Galle ausgeschieden. Die gleichen Autoren wiesen nach, daß die Gallensäuren
nicht als direkte Oxydationsprodukte des Cholesterins aufzufassen sind, da alle
Sterine vom Cholestantyp die Gallensäurebildung nicht beeinflussen, daß aber
die künstliche Zufuhr von Sterinen, des Koprostantyps, wie das Koprosterin und
Allocholesterin eine Vermehrung der Gallensäureausscheidung zur Folge haben.

Durch diese Untersuchungen wird auch der Auffassung, daß das Cholesterin
aus Isoprenresten aufgebaut sein könnte und zu den Terpenen zu rechnen sei,
die letzte Stütze genommen. Durch die Konstitutionsaufklärung des Ergosterins
und Stigmasterins, nach welcher die Seitenkette nicht in Isoprenreste zerlegt
werden kann, ist auch für die pflanzlichen Sterine die Einreihung in die Terpen-
reihe zu verwerfen. Viel naheliegender ist die von O. ROSENHEIM gemachte
Annahme, daß die Sterine aus Zuckern, Hexosen und Triosen biologisch aufgebaut werden. Damit wäre auch die Tatsache, daß der Tierkörper ein so kompli-
ziertes Gebilde wie das Cholesterin zu synthetisieren vermag, in den Bereich der
Verständlichkeit gerückt.

---

[1] Ztschr. physiol. Chem. **180**, 1 (1929).   [2] Ztschr. ges. exp. Medizin **37**, 274 (1923).
[3] Arch. exp. Pathol. Pharmakol. **130**, 292, 308 (1928).

A. Zoosterine.

1. Cholesterin, $C_{27}H_{46}O$.

$C = 83,86\%$, $H = 12,00\%$. Mol.-Gew. $= 386,35$.

.Cholesterin wurde im Jahre 1775 von CONRADI in Gallensteinen entdeckt und zuerst für ein Fett gehalten. Von CHEVREUL, der seine Verschiedenheit von den Fetten an der Unverseifbarkeit erkannte, erhielt es seinen Namen ($\chi o\lambda\acute{\eta}$ = Galle, $\sigma\tau\varepsilon\varrho\varepsilon\acute{o}\varsigma$ = fest).

Vorkommen. Cholesterin und Cholesterinester der Palmitin-, Stearin- und Ölsäure sind regelmäßige Bestandteile aller tierischen Fette, wie Butter, Schweinefett, Rindertalg, Lebertran, Eieröle, Haarfett, ferner Wollfett der Schafe usw. Besonders reich an Cholesterin sind Gehirn und Rückenmark, die bis zu 15% des Trockengewichtes enthalten. Es ist ein wichtiger Bestandteil der Blutkörperchen und findet sich auch in Blutserum, Milch und anderen Körperflüssigkeiten. Gallensteine bestehen zum großen Teil aus Cholesterin, sie sind ein geeignetes Ausgangsmaterial zu dessen Darstellung.

Über das Mengenverhältnis von freiem und verestertem Cholesterin im Organismus sind eine Reihe von Untersuchungen angestellt worden. In Gehirn, Rückenmark, Gallensteinen und roten Blutkörperchen kommt nur freies Cholesterin vor. Im Blut und Blutserum sowie im Fett der Hornschicht der Haut finden sich etwa gleiche Mengen Cholesterin und Cholesterinester. Bei Verhornung nimmt die Menge des Esters zu, während in den Sekretfetten ein Zerfall in freies Cholesterin stattfindet. Die Nebennieren enthalten bis zu 20% Cholesterinester, und zwar 25% Palmitat und 75% Oleat. Im Wollfett finden sich fast ausschließlich Cholesterinester.

Gesamtcholesteringehalt einiger tierischer Produkte:

Kuhvollmilch 0,013%
Vollmilchpulver 0,088%
Eigelb 1,342%
Butter 0,185%
Lebertran 0,488%
Amerikanisches Schweinefett 0,108%

Nicht besonders gereinigtes Cholesterin enthält $^1/_{35}$—$^1/_{40}\%$ Ergosterin sowie geringe Mengen Dihydrocholesterin, Metacholesterin u. a.

Eigenschaften. Cholesterin kristallisiert aus wasserfreien Lösungsmitteln in farblosen, feinen Nadeln. Aus 95%igem Alkohol kristallisiert es in monoklinen, perlmutterglänzenden Tafeln mit 1 Mol. Kristallwasser, das bei 100° sowie über konz. Schwefelsäure abgegeben wird. Während der Kristallisation entstehen manchmal zuerst nadelförmige Gebilde, dann ungleichseitige Wetzsteinformen, die schließlich in Tafeln übergehen. Die Kristalle verwittern an der Luft. Cholesterin ist löslich in organischen Lösungsmitteln, wie Alkohol, Äther, Chloroform, Benzol, Petroläther, fetten und flüchtigen Ölen. In Essigester ist es auch bei Zimmertemperatur leicht löslich. Dieses Verhalten kann zur Trennung von anderen Lipoiden benutzt werden. Es ist schwer löslich in kaltem, löslich in 9 Teilen 85%igem und in 5,5 Teilen 95%igem kochendem Alkohol. In Wasser ist es unlöslich. Beim Eingießen einer Acetonlösung in Wasser erhält man leicht kolloidale Lösungen. Wenig löslich in Lösungen von gallensauren Salzen und Seifen. Es schmilzt bei 148,5° (korr.), destilliert im Hochvakuum unzersetzt und ist sublimierbar. Cholesterin ist linksdrehend: $[\alpha]_D^{15} = -29,92°$ (in 4% ätherischer Lösung). Die Drehung ist von der Konzentration weitgehend unabhängig. Bei längerem Liegen an der Luft und am Licht wird Cholesterin unter

Gelbfärbung oxydiert, wobei der Schmelzpunkt sinkt. Das Oxydationsprodukt gibt mit dem Oxycholesterinreagens von LIFSCHÜTZ (s. unten) eine Färbung.

Als Alkohol bildet Cholesterin mit anorganischen und organischen Säuren Ester. Durch Oxydation kann man die Hydroxylgruppe in eine Ketogruppe überführen, woraus sich ihre sekundäre Natur ergibt. Cholesterin enthält eine Doppelbindung, die mit Halogenen, Benzopersäure und Ozon reagiert. Die katalytische Hydrierung führt zum Dihydrocholesterin (β-Cholestanol, s. S. 125). Bei der Reduktion mit Natrium und Amylalkohol u. a. entstehen isomere Verbindungen. Durch Oxydation mit Chromsäure, Wasserstoffsuperoxyd, Kaliumpermanganat, schmelzendem Kali usw. wurden eine Reihe Abbauprodukte erhalten, die zur Konstitutionsaufklärung wesentlich beigetragen haben. Durch Dehydrierung mit Selen erhielten O. DIELS und Mitarbeiter[1] Chrysen und verschiedene Kohlenwasserstoffe (vgl. hierzu RUZIČKA und Mitarbeiter[2]). H. FISCHER und A. TREIBS[3] konnten bei der thermischen Zersetzung neben verchiedenen Kohlenwasserstoffen Naphthalin und in geringer Menge Styrol gewinnen.

Die früher beschriebene Umwandlung des Cholesterins in Produkte mit antirachitischer Wirksamkeit durch Bestrahlung mit ultraviolettem Licht ist auf den Gehalt an Ergosterin zurückzuführen. Eine vollständige Abtrennung des Ergosterins vom Cholesterin gelingt z. B. nach A. WINTERSTEIN und G. STEIN[4].

Cholesterin bildet mit einer Reihe organischer Substanzen Molekülverbindungen, die mehr oder weniger stabil sind. Solche Additionsverbindungen entstehen z. B. mit Essigsäure, Propionsäure, Buttersäure, Palmitinsäure, Stearinsäure, Ölsäure und Oxalsäure. Die Verbindungen sind im allgemeinen wenig stabil und werden zum Teil schon durch Alkohol zerlegt. Additionsverbindungen entstehen auch mit Saponinen. Analytisch wichtig ist die Molekülverbindung des Cholesterins mit Digitonin (WINDAUS[5]). Auch andere Sterine bilden solche schwerlöslichen Verbindungen, nicht aber Cholesterinester. Die Bildung ist an das Vorhandensein der freien Hydroxylgruppe geknüpft.

Farbreaktionen. Cholesterin gibt eine Reihe von Farbreaktionen, die zum Nachweis und zur quantitativen Bestimmung herangezogen werden können.

Reaktion nach Salkowski[6]. Gibt man zu einer Chloroformlösung von Cholesterin dasselbe Volumen konz. Schwefelsäure, so färbt sich die Chloroformschicht blutrot, später purpurfarben. Die Schwefelsäure zeigt grüne Fluoreszenz. Die Empfindlichkeit der Reaktion wird durch Zusatz von etwas seleniger Säure zur Schwefelsäure wesentlich gesteigert. Man kann Cholesterin auf diese Weise noch in 0,001%iger Lösung nachweisen.

Reaktion nach Liebermann-Burchard[7]. Versetzt man eine Chloroformlösung von Cholesterin mit wenig Essigsäureanhydrid und dann mit einigen Tropfen konz. Schwefelsäure, so tritt eine rosarote Färbung auf, die rasch in Dunkelblau, dann in Dunkelgrün übergeht.

Reaktion nach Lifschütz[8]. Man kocht eine Eisessiglösung von Cholesterin mit etwas Benzoylsuperoxyd kurz auf und fügt nach dem Erkalten einige Tropfen konz. Schwefelsäure hinzu. Nach kurzer Zeit färbt sich die Lösung violettrot, dann blau und allmählich grün. Bei einem Überschuß an Benzoylperoxyd tritt sofort die grüne Farbe auf.

Reaktion nach Rosenheim[9]. Beim Erwärmen einer Lösung von Cholesterin in Chloroform mit Dimethylsulfat tritt himbeerrote Färbung auf. Mit Oxycholesterin

[1] DIELS, GÄDKE u. KÖRDING: LIEBIGS Ann. **459**, 1 (1927). — DIELS u. KARSTEN: Ebenda **478**, 135 (1930).
[2] RUZIČKA u. Mitarb.: Nature **132**, 643 (1933); Helv. chim. Acta **16**, 812 (1933).
[3] LIEBIGS Ann. **446**, 241 (1925).   [4] Ztschr. physiol. Chem. **220**, 252 (1933).
[5] Ber. Dtsch. chem. Ges. **42**, 238 (1909); Ztschr. physiol. Chem. **65**, 110 (1910).
[6] PFLÜGERS Arch. Physiol. **6**, 207 (1872).
[7] LIEBERMANN: Ber. Dtsch. chem. Ges. **18**, 1804 (1885). — BURCHARD: Diss. Rostock. 1889.   [8] LIFSCHÜTZ: Ber. Dtsch. chem. Ges. **41**, 252 (1908).
[9] Biochemical Journ. **10**, 176 (1916).

entsteht eine Purpurfärbung. Nach Zusatz von Eisenchlorid wird die Cholesterinlösung purpurfarbig, die Oxycholesterinlösung smaragdgrün.

Cholesterin löst sich in *Arsentrichlorid* mit gelber Farbe, die bei gewöhnlicher Temperatur allmählich, rascher beim Erwärmen kirschrot wird. Diese Reaktion kann zur *Unterscheidung des Cholesterins von Phytosterin* dienen, da letzteres auch beim Kochen keine Färbung gibt. „Isocholesterin" gibt zunächst kobaltblaue Farbe, die über Violett in Grün übergeht. — Mit *Antimonpentachlorid* in Chloroformlösung entsteht ein brauner, schmieriger Niederschlag, der sich in viel Chloroform mit blauer Farbe löst. — Unterschichtet man eine alkoholische Cholesterinlösung, der einige Tropfen *Furfurol* zugesetzt wurden, mit konz. Schwefelsäure, so treten *lebhafte Färbungen* auf. — Cholesterinkristalle färben sich beim Behandeln mit einem Gemisch von 5 Teilen konz. Schwefelsäure und 3 Teilen 30%iger *Formaldehyd*lösung schwarzbraun, Cholesterinester geben diese Reaktion nicht. — Mit konz. Schwefelsäure und einer Spur *Jod* werden Cholesterinkristalle violett, dann blaugrün und rot gefärbt.

Derivate. *Cholesterindibromid*, $C_{27}H_{46}OBr_2$. Aus einer ätherischen Lösung von Cholesterin mit geringem Überschuß von Brom in Eisessig. Nadeln in zwei Modifikationen vom Schmp. 109—111° bzw. 123—124°. Die Verbindung ist sehr charakteristisch und wird zum Nachweis des Cholesterins verwandt. Bei der Reduktion mit Natriumamalgam wird Cholesterin zurückgebildet. Mit Cholesterin entsteht eine beständige Additionsverbindung.

Cholesterinester. Ester des Cholesterins kommen besonders im Wollfett der Schafe, ferner im Blutserum, in der Lymphe des Hundes, in der großen weißen Niere, den Nebennieren, der Epidermis vor. Durch Kochen mit alkoholischer Kalilauge sowie mit Natriumalkoholat werden sie verseift. Die Ester zeigen die charakteristischen Erscheinungen von flüssigen Kristallen (doppelbrechende Flüssigkeiten), woran sie leicht zu erkennen sind. Sie besitzen die Fähigkeit, große Mengen Wasser zu binden, wobei sie die Konsistenz von Salben annehmen. Lanolin ist im wesentlichen ein Gemisch von Fettsäureestern des Cholesterins und verwandter Sterine. Die Monosterinester der Butan-1,2,3,4-tetracarbonsäure (SCHÖNHEIMER und BREUSCH[1]) sind wasserlöslich und aus diesem Grunde physiologisch interessant. Dargestellt wurden die Ester von Cholesterin, Allocholesterin, Sitosterin, Ergosterin und Vitamin D. Die Ester sind infolge ihrer Wasserlöslichkeit leicht verseifbar und werden zum Teil schon bei längerem Kochen mit Wasser zerlegt. Über die Verseifungsgeschwindigkeiten vom Cholesterinestern s. PAGE und RUDY[2].

Cholesterylacetat, $C_{27}H_{45}OCOCH_3$. Aus Cholesterin und Essigsäureanhydrid. Tafeln oder Nadeln aus Äther-Alkohol. Schmp. 114°.

Cholesterylpalmitat, $C_{27}H_{45}OCOC_{15}H_{31}$. Vorkommen: Im Blutserum, Epidermis, Nebenniere, Wollfett. Darstellung durch dreistündiges Erhitzen von 1 Mol Cholesterin mit 2 Mol Palmitinsäure auf 200°. Blättchen vom Schmp. 78—80°. $[\alpha]_D = -24,2°$.

Cholesterylstearat, $C_{27}H_{45}OCOC_{17}H_{35}$. Vorkommen: In der Nebenniere. Im Blutserum nicht aufgefunden. Darstellung durch Erhitzen von Cholesterin mit Stearinsäure auf 200°. Weiße Blättchen aus Äther-Alkohol. Fast unlöslich in absolutem Alkohol. Schmp. 82°.

Cholesteryloleat, $C_{27}H_{45}OCOC_{17}H_{33}$. Vorkommen: Im Wollfett, Blutserum und Nebenniere. Darstellung durch Erhitzen von Cholesterin mit Ölsäure auf 200°. Lange, dünne Nadeln, schwerlöslich in heißem Alkohol, leicht in Äther, Chloroform, heißem Aceton. Schmp. 41—46°. $[\alpha]_D = -18,8°$ (in Alkohol-Chloroform).

Cholesterylbenzoat, $C_{27}H_{45}OCOC_6H_5$. Aus Cholesterin und Benzoylchlorid in trockenem Pyridin. Tafeln aus Äther-Alkohol. Die Verbindung schmilzt bei 146,5° zu einer trüben Flüssigkeit, die bei 178° klar wird. Beim Abkühlen der Schmelze beobachtet man eine charakteristische violette Fluoreszenz.

Cholesterylallophanat, $C_{27}H_{45}OCONHCONH_2$. Aus Cholesterin mit Cyansäure in Benzollösung. Nadeln aus Pyridin oder Chloroform, die in den meisten Lösungsmitteln schwer löslich sind. Das Allophanat eignet sich deshalb gut zur Abtrennung

---

[1] Ztschr. physiol. Chem. **211**, 19 (1932).   [2] Biochem. Ztschr. **220**, 304 (1930).

des Cholesterins von fremden Begleitstoffen. Schmp. 235—236⁰ (U. TANGE u. E. V. MCCOLLUM[1]), 277—278⁰ (R. FABRE[2]).

Cholesterylchlorid, $C_{27}H_{45}Cl$. Aus Cholesterin mit Phosphorpentachlorid oder Thionylchlorid. Nadeln aus Alkohol, schwerlöslich in Alkohol, leicht in Äther. Beständig gegen alkoholische Kalilauge. Schmp. 97⁰.

Cholesterin-Digitonid, $C_{27}H_{46}O + C_{55}H_{14}O_{28}$. Kristallisiert beim Zusammenbringen der Komponenten in alkoholischer Lösung in feinen Nädelchen. Sehr schwer löslich in Alkohol, unlöslich in Wasser, Aceton, Äther, Benzol; leicht löslich in Pyridin. Noch 0,0001 g Cholesterin in 1 cm³ 90%igem Alkohol gibt eine Fällung. Die Verbindung ist sehr beständig.

Bestimmung. Zur quantitativen Bestimmung wendet man am besten die Digitoninmethode an. Kleinere Mengen werden kolorimetrisch bestimmt. Zur Mikrobestimmung eignen sich die Reaktionen mit Furfurol bzw. Jod und konz. Schwefelsäure. Zur Bestimmung von Cholesterinestern neben freiem Cholesterin wird letzteres mit Digitonin ausgefällt, dann werden die Ester mit Natriumalkoholat verseift und das entstandene Cholesterin bestimmt.

Darstellung. Zur Darstellung des Cholesterins aus Fetten und Ölen sind eine Reihe Verfahren beschrieben worden. Nach dem D.R.P. 463531[3] verfährt man zur Gewinnung aus Dotteröl oder Lebertran folgendermaßen: Man läßt die Öle in dünnem Strahl in heißen Alkohol einlaufen, entfernt das von den Sterinen und Phosphatiden befreite Fett, dampft den Alkohol ab und trennt den aus Lecithin und Sterinen bestehenden Rückstand durch mehrmaliges Ausziehen mit kaltem Aceton. Dabei geht das Cholesterin in Lösung, während die Hauptmenge der Lecithine ungelöst zurückbleibt. Nach dem Verdampfen des Acetons erstarrt der Rückstand. Zur Reinigung wird aus Alkohol umkristallisiert.

Zur Darstellung des Cholesterins aus Geweben und Flüssigkeiten verfährt man folgendermaßen[4]: Man bereitet einen Ätherauszug, der eingedampft und mit zwei Teilen Alkohol und drei Teilen Alkoholatlösung (8 g Natrium in 160 cm³ 96%igem Alkohol) auf dem Wasserbade erhitzt wird. Nach dem Verdampfen des Alkohols setzt man 1¹/₂ Gewichtsteile Kochsalz und so viel Wasser zu, daß annähernd alles gelöst ist. Man dampft ein, trocknet im Trockenschrank bei 80⁰, pulverisiert, trocknet nochmals im Exsikkator und extrahiert 9 Stunden im Soxhlet mit Äther. Die ätherische Lösung wird von ausgeschiedenem Glycerin abgegossen und eingedampft. Der Rückstand wird in wenig Wasser gelöst, mit viel Wasser wieder ausgefällt, filtriert und getrocknet.

2. Oxycholesterin, $C_{27}H_{46}O_2$ (?).

$$C = 80,6\%, \ H = 11,4\%, \ Mol.-Gew. = 402.$$

Vorkommen. Oxycholesterin wurde von LIFSCHÜTZ[5] aus Cholesterin durch Oxydation mit Benzoylsuperoxyd erhalten. Es bildet sich wahrscheinlich bei der Oxydation des Cholesterins an der Luft. Später wurde es auch im Organismus, und zwar im Gehirn, Pankreas und Blut aufgefunden. Nach BISCHOFF[6] findet sich in Organismus kein Oxycholesterin, es soll aus dem Cholesterin erst während der Aufarbeitung durch Oxydation entstehen.

Eigenschaften. Oxycholesterin bildet eine hellgelbe, bernsteinartige, spröde Masse, die bisher noch nicht kristallisiert erhalten werden konnte. In Wasser ist es kolloidal löslich, leicht löslich in organischen Lösungsmitteln. Es besitzt keinen scharfen Schmelzpunkt, wird bei 100⁰ weich, zwischen 100—105⁰ durchsichtig und ist bei 107—113⁰ vollständig flüssig. Die Farbreaktionen des Cholesterins fallen auch beim Oxycholesterin positiv aus. Charakteristisch sind die folgenden Reaktionen.

---

[1] Journ. biol. Chemistry **76**, 445 (1928).   [2] Journ. Pharmac. (8), **5**, 21 (1927).
[3] Chem. Ztrbl. 1929 I, 2208.
[4] Vgl. HOPPE-SEYLER: Handbuch der physiologisch- u. pathologisch-chemischen Analyse, 9. Aufl., Hrsg. v. H. THIERFELDER. S. 324. Berlin: Julius Springer. 1924.
[5] Ztschr. physiol. Chem. **50**, 436 (1907).   [6] Ztschr. ges. exp. Medizin **70**, 83 (1930).

Reaktion nach Lifschütz[1]. Gibt man zu einer Lösung von Oxycholesterin in Eisessig einige Tropfen konz. Schwefelsäure, so färbt sich die Lösung rotviolett. Nach Zusatz einer Lösung von Eisenchlorid in Eisessig schlägt die Farbe in ein prachtvolles Grün um. Das Spektrum der grünen Lösung zeigt eine scharfe Absorptionsbande im Rot.

Reaktion nach Rosenheim (vgl. unter Cholesterin). Versetzt man eine Lösung von Oxycholesterin in Chloroform mit Dimethylsulfat, so erhält man eine purpurrote Färbung, die auf Zusatz von Eisenchlorid in Blaugrün, dann in Smaragdgrün übergeht.

3. Dihydrocholesterin (β-Cholestanol), $C_{27}H_{48}O$.

$C = 83,5\%$, $H = 12,4\%$, Mol.-Gew. $= 388$.

Vorkommen. Dihydrocholesterin wurde von BÖHM[2] im Darminhalt entdeckt. WINDAUS und UIBRIG[3] isolierten es aus Fäces. Nach R. SCHÖNHEIMER und Mitarbeitern[4] bildet es einen ständigen Begleiter des Cholesterins im Organismus.

Eigenschaften. Dihydrocholesterin bildet sechseckige Blättchen, die wasserfrei bei 142° schmelzen. Aus verdünntem Alkohol kristallisiert es mit 1 Mol Kristallwasser. $[\alpha]_D^{22} = +28,8°$. Dihydrocholesterin besitzt keine Doppelbindung und unterscheidet sich hierin wesentlich vom Cholesterin. Mit Halogenen reagiert es nicht, lagert jedoch 1 Mol Ozon an. Die Farbreaktionen auf Cholesterin fallen beim Dihydrocholesterin negativ aus. Mit Digitonin bildet sich ebenso wie beim Cholesterin eine schwerlösliche Additionsverbindung. Das Acetylderivat schmilzt bei 110,5—111°

Darstellung. Aus Cholesterin, in welchem es sich als Begleitstoff stets vorfindet, gewinnt man reines Dihydrocholesterin, indem man das erstere in das Dibromid überführt. Aus der Mutterlauge des Dibromids fällt man dann das Dihydrocholesterin mit Digitonin aus. — Synthetisch erhält man es leicht durch katalytische Hydrierung von Cholesterin mit Platin und Wasserstoff.

4. Koprosterin, $C_{27}H_{48}O$.

$C = 83,5\%$, $H = 12,4\%$, Mol.-Gew. $= 388$.

Koprosterin ist mit Dihydrocholesterin isomer. Es unterscheidet sich von diesem durch die Anordnung der Substituenten am Kohlenstoffatom 5. Es findet sich in den Fäces. Nach WINDAUS und UIBRIG ist das aus Fäces gewonnene rohe Koprosterin ein Gemisch von Koprosterin und Dihydrocholesterin. Daneben finden sich auch noch Cholesterin und Phytosterine.

Eigenschaften. Koprosterin kristallisiert aus Alkohol in feinen Nadeln, die im Gegensatz zu Cholesterin und Dihydrocholesterin kein Kristallwasser enthalten. In Wasser und Alkali ist es unlöslich, leicht löslich in Alkohol und anderen organischen Lösungsmitteln. Schmp. 104°. $[\alpha]_D = +24°$ (in 13,7% Lösung in Chloroform). Es addiert kein Halogen, dagegen 1 Mol Ozon. Mit Digitonin entsteht eine schwerlösliche Fällung. Mit dem Reagens von SALKOWSKI entsteht eine gelbe Färbung, die allmählich in Rot übergeht. Die Farbreaktion nach LIEBERMANN-BURCHARD gleicht der des Cholesterins, besitzt aber nur ein Drittel der Intensität.

Koprosterylacetat, $C_{27}H_{47}OCOCH_3$. Nadeln aus Alkohol. Schmp. 88—89°.
Koprosterylpropionat, $C_{27}H_{47}OCOC_2H_5$. Charakteristische lange Nadeln aus Methanol. Schmp. 99—100°.

Darstellung. Man extrahiert die getrockneten und fein gepulverten Fäces mit Äther, verseift nach dem Verdampfen den Rückstand mit Natriumalkoholatlösung und extrahiert mit Äther. Das Rohprodukt wird aus Alkohol umkristallisiert.

---

[1] Ber. Dtsch. chem. Ges. **47**, 1453 (1914).   [2] Biochem. Ztschr. **33**, 477 (1911).
[3] Ber. Dtsch. chem. Ges. **48**, 857 (1915).   [4] Ztschr. physiol. Chem. **192**, 73 (1930).

5. Metacholesterin, $C_{27}H_{46}O$.

Metacholesterin ist ein Isomeres des Cholesterins und wurde neben diesem im Gehirn und Blut nachgewiesen. Nach LIFSCHÜTZ[1] findet es sich in geringer Menge im Cholesterin des Handels. Im Blut ist das Metacholesterin stets von einer geringen Menge Oxycholesterin begleitet.

Eigenschaften. Metacholesterin kristallisiert in elliptischen Schuppen, die in Alkohol leichter löslich sind als Cholesterin. Schmp. 139—141⁰. Die Angabe, daß es durch alkoholische Kalilauge in Cholesterin umgelagert wird, ist nach LIFSCHÜTZ[2] unrichtig.

Darstellung. Nach LIFSCHÜTZ entsteht Metacholesterin aus Cholesterin durch Einwirkung von Oxydationsmitteln, ferner durch Erhitzen über den Schmelzpunkt (150⁰) sowie durch Bestrahlung, sowohl in festem Zustand als auch in Lösung. — Zur Darstellung kocht man Cholesterin mit Benzoylsuperoxyd in Eisessig-Alkohol-Lösung, gießt in Wasser, kocht mit alkoholischer Kalilauge aus und fällt daraus mit Säure und Wasser. Beim Aufnehmen des Niederschlages in Alkohol in 5%iger Lösung fällt nach einiger Zeit Metacholesterin aus, dessen Menge durch Einengen der Mutterlauge noch vermehrt werden kann. Man kristallisiert aus Alkohol, dann aus Methanol um. In den Mutterlaugen ist das Oxycholesterin enthalten.

6. „Isocholesterin".

Das sogenannte Isocholesterin findet sich im Wollfett der Schafe. Es wurde früher als Isomeres des Cholesterins angesehen, WINDAUS und TSCHESCHE[3] konnten jedoch nachweisen, daß es aus einem Gemisch zweier Sterine, dem *Agnosterin* und dem *Lanosterin*, besteht. Aus 1 kg Lanolin gewannen sie 50 g Isocholesterin, das aus ungefähr 8% Agnosterin und 90% Lanosterin bestand. Die Trennung der beiden Sterine gelang durch fraktionierte Kristallisation der Acetylverbindungen aus Essigester, in welchem Agnosterylacetat ziemlich schwer, Lanosterylacetat leicht löslich ist.

7. Agnosterin, $C_{30}H_{48}O$.

C = 84,9%, H = 11,3%, Mol.-Gew. = 424.

Eigenschaften. Agnosterin bildet Nädelchen, die in Alkohol schwer, in anderen organischen Lösungsmitteln leichter löslich sind. Schmp. 162⁰. $[\alpha]_D^{19} = +70,3⁰$. Beim Stehenlassen mit Benzopersäure werden 3 Atome Sauerstoff verbraucht. Bei der katalytischen Hydrierung wird nur 1 Mol Wasserstoff aufgenommen.

Agnosterylacetat, $C_{30}H_{47}OCOCH_3$. Glänzende Nadeln aus Essigester. Schwer löslich in Alkohol, Aceton, Essigester, leicht in Chloroform. Schmp. 173—174⁰. $[\alpha]_D^{19} = +90,5⁰$.

Agnosterylbenzoat, $C_{30}H_{47}OCOC_6H_5$. Lange, zu Büscheln vereinigte Nadeln, wenig löslich in Aceton und Alkohol. Schmp. 203⁰. $[\alpha]_D^{17} = +103,6⁰$.

8. Lanosterin, $C_{30}H_{50}O$ (?).

C = 84,5%, H = 11,7%, Mol.-Gew. = 426.

Eigenschaften. Lanosterin bildet Nädelchen, die in kaltem Alkohol und Methanol schwer löslich sind. Bei Abwesenheit von Methanol erstarren heiße Lösungen beim Erkalten leicht gallertartig. Schmp. 140—141⁰. $[\alpha]_D^{17} = +58,0⁰$. Beim Stehenlassen mit Benzopersäure werden 2 Atome Sauerstoff verbraucht.

---

[1] Chem.-Ztg. **52**, 609 (1928).   [2] Arch. Pharm. **270**, 253 (1932).
[3] Ztschr. physiol. Chem. **190**, 51 (1930).

bei der katalytischen Hydrierung wird nur 1 Mol Wasserstoff aufgenommen. Mit Digitonin entsteht keine Fällung.

Lanosterin und Agnosterin geben gleichartige Farbreaktionen. Mit dem Reagens von SALKOWSKI entsteht eine gelbe Färbung, die allmählich in Braunrot übergeht. Die Reaktion nach LIEBERMANN-BURCHARD gibt eine braunrote Färbung mit grüner Fluoreszenz.

Lanosterylacetat, $C_{30}H_{49}OCOCH_3$. Nädelchen, leicht löslich in Essigester. Schmp. 113—114⁰. $[\alpha]_D^{17} = + 56,3⁰$.

Lanosterylbenzoat, $C_{30}H_{49}OCOC_6H_5$. Zu Büscheln vereinigte Nadeln aus Essigester. Schmp. 91,5⁰. $[\alpha]_D^{16} = + 74,7⁰$.

9. Sterin, $C_{25}H_{44}O$.

Dieses von PAGE und MÜLLER[1] aus den Mutterlaugen des Cholesterins aus Gehirn von Menschen dargestellte Sterin besteht nach einer späteren Arbeit der Autoren[2] aus einer Molekülverbindung von Cholesterin und Dihydrocholesterin. Sie schmilzt unscharf bei 135⁰. $[\alpha]_D^{22} = —18,95⁰$ (in Chloroform).

10. Spongosterin, $C_{27}H_{48}O$.
C = 83,5%, H = 12,4%, Mol.-Gew. = 388.

Spongosterin wurde von HENZE[3] in dem Schwamm *Suberites domuncula* aufgefunden. Es bildet Tafeln oder Blättchen vom Schmp. 124—125⁰. $[\alpha]_D^{25} = —19,59⁰$ (in Chloroform) und kristallisiert mit 1 Mol Kristallwasser. Die Reaktion nach LIEBERMANN-BURCHARD ist positiv.

Spongosterylacetat, $C_{27}H_{47}OCOCH_3$. Perlmutterglänzende Blättchen. Schmp. 124,5⁰.

Spongosterylbenzoat, $C_{27}H_{47}OCOC_6H_5$. Rechteckige Tafeln. Schmp. 128⁰.

11. Clionasterin, $C_{27}H_{46}O$.
C = 83,9%, H = 11,9%, Mol.-Gew. = 386.

Clionasterin wurde von DOREE[4] aus *Cliona celata* gewonnen. Blättchen schwer löslich in kaltem Alkohol und Methanol. Schmp. 137—138⁰. $[\alpha]_D^{18} = —37,04$ (in Chloroform). Die Reaktionen nach SALKOWSKI und LIEBERMANN-BURCHARD sind positiv.

Clionasterylacetat, $C_{27}H_{45}OCOCH_3$. Blättchen. Schmp. 134—135⁰.

Clionasterylbenzoat, $C_{27}H_{45}OCOC_6H_5$. Langgestreckte, rechteckige Blättchen. Schmp. 143—144⁰.

12. Bombicesterin, $C_{26}H_{44}O$.
C = 83,8%, H = 11,8%, Mol.-Gew. = 372.

Aus dem Puppenfett von *Bombyx mori*[5]. Monokline oder trimetrische Kristalle mit 1 Mol Kristallwasser. Schmp. 148⁰. $[\alpha]_D^{15} = —34⁰$ (in $CHCl_3$). Nimmt bei der katalytischen Hydrierung 1 Mol Wasserstoff auf.

Bombicesterylacetat, $C_{26}H_{43}OCOCH_3$. Schmp. 129⁰. $[\alpha]_D^{15} = —42⁰$.

Bombicesterylbenzoat, $C_{26}H_{43}OCOC_6H_5$. Dünne, monokline Blättchen. Schmp. 146⁰. $[\alpha]_D^{20} = —14,63⁰$.

13. Stellasterin, $C_{27}H_{44}O$.
C = 84,3%, H = 11,5%, Mol.-Gew. = 384.

Im Blinddarm und den Testikeln von Echinodermen und Astropekten[6]. Schmp. 149—150⁰. Mit Digitonin entsteht eine schwer lösliche Verbindung.

Stellasterylacetat, $C_{27}H_{43}OCOCH_3$. Schmp. 176—177⁰.

Stellasterylbenzoat, $C_{27}H_{43}OCOC_6H_5$. Schmp. 100—125⁰.

[1] Naturwiss. 18, 868 (1930).   [2] Ztschr. physiol. Chem. **204**, 13 (1932).
[3] Ztschr. physiol. Chem. **41**, 109 (1904); **55**, 427 (1908).   [4] Biochemical Journ. 4, 92 1909).
[5] Atti R. Accad. Lincei (Roma), Rend. (5). **17**, I, 95 (1908); **19**, I, 126 (1910).
[6] KOSSEL u. EDLBACHER: Ztschr. physiol. Chem. **94**, 264 (1915).

14. Asteriasterin.

Aus dem Körper und den Eiern von *Asterias forbesi*[1]. Blättchen, leicht löslich in Alkohol, Äther, Chloroform, Aceton. Schmp. 70⁰.

Die LIEBERMANNsche Reaktion ist sofort positiv mit intensiv purpurblauer Farbe. Nach 5 Minuten ist die Färbung fast vollständig verschwunden. Mit dem Oxycholesterinreagens von LIFSCHÜTZ entsteht eine purpurne Färbung ähnlich dem Oxycholesterin.

Asteriasterylacetat. Blättchen aus absolutem Alkohol. Schmp. 97⁰.
Asteriasterylbenzoat. Stäbchen aus absolutem Alkohol. Schmp. 125⁰.

B. Phytosterine.

Allgemeine Bemerkungen. Es sind eine große Anzahl pflanzlicher Sterine beschrieben und mit den verschiedensten Namen belegt worden, bei denen es sich zweifellos in vielen Fällen um Gemische nahe verwandter Sterine handelt, die schwer zu trennen sind. Die in der Literatur angegebenen Bruttoformeln mancher Phytosterine sind sicher unrichtig. Neuerdings konnten WINDAUS und DEPPE[2] zeigen, daß z. B. Rhamnol, dem man die Formel $C_{20}H_{32}O$ zugeschrieben hat und das damit rein formelmäßig in näherer Beziehung zu den Sexualhormonen stehen könnte, die Formel $C_{29}H_{50}O$ besitzt. Es ist wahrscheinlich, daß beispielsweise auch Quebrachol, Cinchol, Verbasterin, Cupreol, Alstonin, Isoalstonin nicht 20 oder 17 C-Atome besitzen, sondern ähnlich dem Sitosterin zusammengesetzt sind. Bei den Analysen ist oft nicht berücksichtigt worden, daß das Kristallwasser häufig nur schwer abgegeben wird. Eine sichere Entscheidung bringt die Elementaranalyse bzw. die Verseifungszahl der Ester. Außer den obengenannten sind noch eine ganze Reihe von Phytosterinen beschrieben, von denen wir im folgenden nur die wichtigsten, Sitosterin, Dihydrositosterin, Stigmasterin und Brassicasterin, behandeln. Für eingehendere Studien sei auf die ausgezeichnete Zusammenstellung bei O. DALMER in „KLEIN, Handbuch der Pflanzenanalyse", Bd. II, 1, S. 721 u. 745, Berlin 1932, verwiesen.

1. Sitosterin, $C_{29}H_{50}O$.

$C = 83,98\%$, $H = 12,16\%$, Mol.-Gew. $= 414,4$.

Allgemeine Bemerkungen. Das Sitosterin, wie es aus den verschiedenen pflanzlichen Ölen, wie z. B. Weizenkeimöl, Maisöl, Sojabohnenöl, erhalten wird, stellt ein schwer trennbares Gemisch nahe verwandter isomerer Verbindungen dar, die sich nur wenig im Schmelzpunkt, etwas stärker in ihrer optischen Aktivität unterscheiden. Nach WINDAUS und BRUNKEN[3] ist das Sterin aus Scopoliawurzel einheitliches Sitosterin (wahrscheinlich γ-Sitosterin). Man hat bis vor kurzem dem Sitosterin die Formel $C_{27}H_{46}O$ zugeschrieben; durch die Untersuchungen von SANDQVIST und BENGTSSON[4] sowie von WINDAUS, WERDER und GSCHAIDER[5] ist jedoch gezeigt worden, daß das Sitosterin bzw. das Sitosteringemisch die Zusammensetzung $C_{29}H_{50}O$ besitzt. Es wird danach auch die Tatsache eher verständlich, daß der tierische Organismus das Sitosterin als körperfremde Substanz betrachtet und es unverändert ausscheidet (SCHÖNHEIMER[6]).

Vorkommen. Sitosterin wurde zuerst aus Weizenkeimlingen dargestellt und in der Folge als Bestandteil der meisten daraufhin untersuchten Pflanzen nachgewiesen. In der Literatur finden sich, wie oben ausgeführt, sehr viele Angaben über Sterine mit stark abweichenden Schmelzpunkten und Formeln, doch dürfte

---

[1] PAGE: Journ. biol. Chemistry 57, 471 (1923).   [2] Ber. Dtsch. chem. Ges. 66, 1254 (1933).
[3] Ztschr. physiol. Chem. 140, 109 (1924).   [4] Ber. Dtsch. chem. Ges. 64, 2167 (1931).
[5] Ber. Dtsch. chem. Ges. 65, 1006 (1932).   [6] Klin. Wchschr. 11, 1793 (1932).

es sich in den meisten Fällen um Gemische handeln, in denen das normale Sitosterin oder seine Isomeren mengenmäßig überwiegt.

Eigenschaften. Das Sitosterin bzw. ein Sitosteringemisch, wie man es aus Pflanzenölen gewinnt, kristallisiert aus verdünntem Alkohol mit 1 Mol Kristallwasser in glänzenden, weißen Blättchen, die denen des Cholesterins sehr ähnlich sind. Aus Äther kristallisiert es in feinen Nadeln. Der Schmelzpunkt liegt bei Präparaten von einem guten Reinheitsgrad bei $137-138^0$. $[\alpha]_D^{18} =$ ca. -34^0. Nach den Untersuchungen von ANDERSON und NABENHAUER[1] enthält das auf übliche Weise gewonnene Sitosterin kleine Mengen Dihydrositosterin. Durch Überführung in das Dibromid und fraktionierte Fällung läßt sich aus letzterem ein Sitosterin gewinnen, das bei $140-141^0$ schmilzt und eine spezifische Drehung $[\alpha]_D = -36,64^0$ besitzt.

Das Sitosteringemisch ist leicht löslich in Äther, Chloroform, Benzol, Schwefelkohlenstoff, schwer löslich in kaltem Methanol. Aus siedendem Alkohol läßt es sich umkristallisieren. Sitosterin gibt ebenso wie andere Phytosterine, die eine Doppelbindung besitzen, eine Reihe charakteristischer Farbreaktionen, die zum Nachweis und zur quantitativen Bestimmung herangezogen worden sind. Mit dem Reagens von SALKOWSKI (siehe unter Cholesterin) entsteht eine blutrote Färbung. Nach LIEBERMANN-BURCHARD entsteht Violettfärbung, die bald in Grün übergeht. Dampft man Sitosterin mit konz. Salzsäure und Eisenchloridlösung ein, so ist der Rückstand rot bis blauviolett gefärbt. Mit Digitonin gibt Sitosterin eine schwer lösliche Additionsverbindung.

Zur Identifizierung eignen sich die folgenden Ester:

Sitosterylacetat, $C_{29}H_{49}OCOCH_3$. Aus Sitosterin durch Kochen mit Essigsäureanhydrid. Weiße Schuppen aus Alkohol. Schmp. 127^0. Mit Brom in Eisessig-Äther-Lösung entsteht daraus das *Dibrom-sitosterylacetat,* kleine Körner, Schmp. $120-120,5^0$.

Sitosterylbenzoat, $C_{29}H_{49}OCOC_6H_5$. Mit Benzoylchlorid in Pyridin. Farblose, glänzende Blättchen aus Äther. Schmp. $145,5^0$.

Sitosterylallophanat, $C_{29}H_{49}OCONHCONH_2$. Mit Cyansäure in Benzollösung. Nädelchen aus Amylalkohol, schwer löslich in organischen Lösungsmitteln. Schmp. $246-247^0$. Der Ester ist gegen Mineralsäuren beständig und wird durch alkoholisches Kali leicht verseift.

Sitosterindibromid, $C_{29}H_{59}OBr_2$. Entsteht aus Sitosterin mit Brom in Chloroformlösung. Verfilzte Nadeln. Schmp. 98^0 (unter Zersetzung). Das Dibromid ist leichter löslich als das entsprechende Cholesterinderivat.

Sitosterin-Digitonid, $C_{29}H_{50}O + C_{55}H_{49}O_{28}$. Entsteht beim Zusammenbringen der Komponenten in alkoholischer Lösung als feinkristalliner Niederschlag, der Kristallwasser enthält. Er ist in den meisten Lösungsmitteln unlöslich. Durch Extraktion mit heißem Xylol wird die Additionsverbindung zerlegt.

2. Isomere Sitosterine.

Die Trennung der verschiedenen isomeren Sitosterine ist außerordentlich mühsam. Man erreicht sie durch sehr oft wiederholte fraktionierte Kristallisation der Acetate.

α-Sitosterin. Kristallisiert in unregelmäßigen Platten vom Schmp. 135 bis 136^0. $[\alpha]_D = -13,45^0$.

Acetat: Schmp. $127-128^0$. $[\alpha]_D = -17,18^0$.

β-Sitosterin. Farblose Blättchen, Schmp. $139-140^0$. $[\alpha]_D = -36,11^0$.

Acetat: Schmp. $127-128^0$. $[\alpha]_D = -39^0$.

---

[1] Bull. New York State agricult. Exp. Stat. 108, 1024. — S. auch ANDERSON u. SHRINER: Journ. Amer. chem. Soc. 48, 2976 (1926).

γ-Sitosterin. Nadeln aus Äther, aus Alkohol in Blättchen. Schmp. 142⁰, $[\alpha]_D = -44,8^0$ (BONSTEDT[1]). Schmp. 143—144⁰, $[\alpha]_D = -42,43^0$ (ANDERSON[2]).

Acetat: Farblose Blättchen, Schmp. 143—144⁰. $[\alpha]_D = -46,09^0$.
Dibrom-γ-sitosterylacetat. Farblose Kristalle, Schmp. 136—137⁰.

Darstellung. Man verseift das pflanzliche Öl, verdünnt mit Wasser und extrahiert mit Äther. Die Ätherlösung wird mit Kalilauge gewaschen und eingedampft. Nach nochmaligem Verseifen mit alkoholischem Kali kristallisieren die Sterine beim Erkalten der Lösung aus. Man kristallisiert mehrmals aus Alkohol um und trennt das erhaltene Sitosteringemisch durch Acetylierung und fraktionierte Kristallisation der Acetate.

3. Dihydrositosterin, $C_{29}H_{52}O$.

$C = 83,6\%$, $H = 12,6\%$, Mol.-Gew. = 416,4.

Vorkommen. Dihydrositosterin findet sich als Begleiter des Sitosterins in vielen pflanzlichen Ölen. Es wurde in Kleie und Ölen von Mais, Weizen, Roggen, Reis, im Rapsöl, im Tallöl der Cellulosefabrikation usw. gefunden. In Baumwoll- und Leinsamenöl ist Dihydrositosterin nicht enthalten.

Eigenschaften. Dihydrositosterin bildet farblose Blättchen vom Schmp. 144⁰. $[\alpha]_D^{18} = +28,0^0$. Die Reaktionen nach LIEBERMANN-BURCHARD und SALKOWSKI sind negativ.

Dihydrositosterylacetat, $C_{29}H_{51}OCOCH_3$. Platten aus Alkohol. Schmp. 141⁰. $[\alpha]_D = +12,72^0$.

Darstellung[3]. Das rohe Sitosterin wird durch sehr oft wiederholte Kristallisation gereinigt. Die am schwersten lösliche Kristallfraktion wird in Tetrachlorkohlenstoff gelöst, mit einigen Tropfen Essigsäureanhydrid und dann mit etwas konz. Schwefelsäure versetzt. Nach 5 Minuten verdünnt man mit wenig Wasser, trennt die klare Tetrachlorkohlenstoffschicht ab, verdampft das Lösungsmittel und verseift den Rückstand mit alkoholischer Kalilauge. Nach dem Verdünnen extrahiert man mit Äther und kristallisiert aus Alkohol um.

4. Stigmasterin, $C_{29}H_{48}O$.

$C = 84,5\%$, $H = 11,7\%$, Mol.-Gew. = 412,4.

Vorkommen. Stigmasterin wurde von WINDAUS und HAUTH[4] in Calabarbohnen aufgefunden. Es kommt in einer Reihe von Ölen vor, z. B. Maisöl, Cocosöl, Rüböl, Fett der Reiskleie, Sojabohnenmehl. In dem früher als „Hydrocarotin" bezeichneten Steringemisch aus Mohrrüben liegen etwa 10% Stigmasterin neben 90% Sitosterin vor. Die von den Entdeckern angenommene Formel $C_{30}H_{50}O$ ist durch neuere Untersuchungen von SANDQVIST und GORDON[5] in $C_{29}H_{48}O$ abgeändert worden.

Eigenschaften. Stigmasterin kristallisiert aus einem Gemisch von Chloroform und Alkohol in großen weißen Schuppen mit $^1/_2$ Mol Kristallwasser bzw. -alkohol, die den Kristallen des Sitosterins außerordentlich ähnlich sehen. Der Schmelzpunkt liegt bei 169—170⁰ (korr.). $[\alpha]_D = -51,0^0$. Stigmasterin besitzt 2 Doppelbindungen, die durch Brom usw. leicht abgesättigt werden können. Mit Digi-

---

[1] Journ. Amer. chem. Soc. 48, 2972ff. (1926); Journ. biol. Chemistry 71, 389 (1927).
[2] Ztschr. physiol. Chem. 176, 269 (1928).
[3] BONSTEDT: Ztschr. physiol. Chem. 205, 137 (1932).
[4] Ber. Dtsch. chem. Ges. 39, 4378 (1906).
[5] Ber. Dtsch. chem. Ges. 63, 1935 (1930).

tonin entsteht eine schwer lösliche Additionsverbindung. Die Reaktion nach SALKOWSKI ist positiv mit blutroter Farbe, die allmählich in Purpurrot übergeht. Mit dem Reagens von LIEBERMANN-BURCHARD entsteht eine rote Färbung, die über Blau in Grün übergeht.

Stigmasterylacetat, $C_{29}H_{47}OCOCH_3$. Weiße Schuppen. Schmp. 144,0—144,6⁰. $[\alpha]_D = -55,0^0$.

Stigmasterylacetat-dibromid, $C_{29}H_{47}Br_2OCOCH_3$. Aus Stigmasterylacetat und Brom in Chloroformlösung bei niedriger Temperatur. Weiche Nadeln, leichter löslich als Stigmasterylacetat. Sehr zersetzlich. Schmp. 132—135⁰.

Stigmasterylacetat-tetrabromid, $C_{29}H_{47}Br_4OCOCH_3$. Aus dem Acetat mit Brom in Eisessig-Äther-Lösung. Kristalle. Schmp. 205⁰ (unter Zersetzung). Durch Reduktion mit Natriumamalgam entsteht Stigmasterylacetat.

Stigmasterylbenzoat, $C_{29}H_{47}OCOC_6H_5$. Rechteckige Tafeln aus Chloroform-Alkohol, in Alkohol schwer löslich. Schmp. 160⁰.

Stigmasterylpalmitat, $C_{29}H_{47}OCOC_{15}H_{31}$. Palmitat sowie Stearat sind in Alkohol schwer löslich. Palmitat Schmp. 99⁰, Stearat Schmp. 101⁰, Oleat Schmp. 44⁰.

Darstellung. Zur Trennung von Sitosterin und Stigmasterin aus Calabarbohnen wird eine ätherische Lösung der Acetylverbindungen mit einer Lösung von Brom in Eisessig versetzt. Nach einigen Stunden ist das schwer lösliche Stigmasterylacetat-tetrabromid nahezu vollständig auskristallisiert, während das Dibromid des Sitosterins in Lösung bleibt. Nach Reduktion mit Natriumamalgam und Verseifung erhält man reines Stigmasterin in einer Ausbeute von 20% des Steringemisches.

5. Brassicasterin, $C_{28}H_{46}O$.

$C = 84,4\%$, $H = 11,6\%$, Mol.-Gew. = 398.

Brassicasterin wurde im Rüböl aufgefunden. Es gleicht in seinen Eigenschaften außerordentlich dem Stigmasterin. Wie dieses besitzt es 2 Doppelbindungen, die leicht durch Brom abgesättigt werden können. Mit Digitonin bildet es eine schwer lösliche Additionsverbindung. Die Farbreaktionen auf Sterine sind positiv.

Brassicasterin kristallisiert aus Alkohol in hexagonalen, glänzenden Blättchen mit 1 Mol Kristallwasser. Schmp. 148⁰. $[\alpha]_D^{18} = -64,5^0$ (in Chloroform).

Brassicasterylacetat, $C_{28}H_{45}OCOCH_3$. Sechsseitige Blättchen aus Alkohol. Schmp. 157—158⁰. Das *Tetrabromacetat* bildet Tafeln aus Chloroform-Alkohol, leicht löslich in Chloroform, fast unlöslich in kaltem Alkohol. Schmp. 209⁰ (korr.). Es gleicht in seinen Eigenschaften sehr dem Stigmasterinderivat.

Brassicasterylbenzoat, $C_{28}H_{45}OCOC_6H_5$. Charakteristisch! Lange, seidenglänzende Nadeln aus Alkohol. Diese schmelzen bei 167⁰ zu einer trüben Flüssigkeit, die bei 169—170⁰ klar wird. Die Schmelze zeigt beim Abkühlen eine blaugrüne Farbe.

Darstellung. (WINDAUS und WELSCH[1].) 50 g Rohphytosterin aus Rüböl werden acetyliert, das Acetylprodukt in 440 cm³ Äther gelöst und mit einer Lösung von 33 g Brom in 600 cm³ Eisessig versetzt. Nach einiger Zeit beginnt die Abscheidung glänzender Kristalle, die nach 1 Stunde abgesaugt, getrocknet und mehrere Male aus Chloroform-Alkohol umkristallisiert werden. Sie zersetzen sich bei 209⁰ unter Braunfärbung. Ausbeute 9 g. Aus dem Bromid erhält man das Brassicasterin durch Reduktion mit Zinkstaub und Eisessig und Verseifung des gebildeten Acetats.

---

[1] Ber. Dtsch. chem. Ges. **42**, 612 (1909).

Tabelle 33. Einige, neben Ergosterin in der Hefe und im Mutterkorn vorkommende Sterine.

Name	Zusammensetzung	Vorkommen	Eigenschaften	Farbreaktionen	Derivate
Fungisterin	$C_{25}H_{40}O$	Mutterkorn	Blättchen aus Alkohol mit 1 Mol Kristallwasser, wird leicht abgegeben. Schmp. 144°. $[\alpha]_D = -22,4°$ (in Chloroform.)	Mit 90%iger Schwefelsäure sofort rubinrot, Ergosterin erst nach einigen Minuten schmutzigrot	Acetat: Schmp. 158,5°. $[\alpha]_D = -15,9°$ (Chloroform)
Zymosterin	$C_{27}H_{44}O$	Hefe	Platten aus Essigester-Methanol mit $^{1}/_{2}$ Mol Kristallwasser. Schmp. 107° (korr.). $[\alpha]_D = +49,5°$	Tortelli-Jaffé: Negativ. Salkowski: Schwefelsäure gelbrot, Chloroform farblos. Liebermann-B.: Blau → Grün. Antimontrichlorid: Blau → Violett mit grüner Fluoreszenz	Acetat: Blättchen. Schmp. 115°. $[\alpha]_D = +33,5°$. Benzoat: Schmp. 122—124° trübe Flüssigkeit, bei 138° klar. $[\alpha]_D^{28} = +36,4°$
Neosterin	$C_{27}H_{44}O$	Hefe	Leichter löslich als Zymosterin. Schmp. 164—165°. Gibt mit Ergosterin keine Schmp.-Depression. $[\alpha]_D = -105°$	—	Acetat: Blättchen. Schmp. 173 bis 174°. Benzoat: Blättchen. Schmp. 173 bis 175°. $[\alpha]_D^{24} = -50,6°$
Faecosterin	$C_{27}H_{46}O$	Hefe	Nadeln aus Aceton. Schmp. 161—163°. $[\alpha]_D^{25} = +42,1°$. Mit Ergosterin 10° Depression. Schwer löslich in Aceton, Alkohol, Methanol, leicht in Benzol, Äther, Chloroform, Petroläther, Essigester	—	Acetat: Glänzende Schuppen. Schmp. 159—161°. Benzoat: Schwer löslich in Methanol. Schmp. 144—146°. $[\alpha]_D^{20} = +35,4°$
Ascosterin	$C_{27}H_{46}O$	Hefe	Blättchen aus Methanol. Schmp. 141—142°. $[\alpha]_D^{20} = +45,0°$	—	Benzoat: Schmp. 130—131°. $[\alpha]_D^{24} = +37,0°$

C. Mycosterine.

1. Ergosterin, s. unten.

2. Dihydroergosterin, $C_{28}H_{46}O$.

$C = 84,6\%$, $H = 11,6\%$, Mol.-Gew. $= 398,4$.

Vorkommen. Dihydroergosterin kommt als Begleiter des Ergosterins in Mengen von 2—5% in der Hefe und im Mutterkorn vor.

Eigenschaften. Dihydroergosterin kristallisiert in Blättchen vom Schmp. 174^0. $[\alpha]_D^{14} = -20,1^0$ (2% in Chloroform). Es besitzt 2 Doppelbindungen, die mit Halogenen reagieren.

Bei der Titration mit Benzopersäure wird nach WINDAUS u. LÜTTRINGHAUS[1] die einer Anzahl von 2,6—2,7 Atomen O entsprechende Menge verbraucht. Ein ähnliches unregelmäßiges Verhalten zeigen auch die Dihydroderivate der Bestrahlungsprodukte des Ergosterins. Mit dem Reagens von LIEBERMANN-BURCHARD entsteht eine purpurrote Färbung, die über Dunkelblau in Smaragdgrün übergeht. Bei der Reaktion nach SALKOWSKI ist die Schwefelsäureschicht gelb mit grüner Fluoreszenz. Die Reaktionen nach ROSENHEIM und nach TORTELLI-JAFFÉ fallen beim Dihydroergosterin negativ aus.

Darstellung. Man reduziert Ergosterin mit Natrium und Propylalkohol, oder katalytisch mit Wasserstoff. Zur Abtrennung des Dihydroergosterins von Ergosterin führt man letzteres durch Ultraviolettbestrahlung in mit Digitonin nicht fällbare Verbindungen über und isoliert das Dihydroergosterin dann als Digitonid. Ferner gelingt die Abtrennung durch Addition des Ergosterins an Maleinsäureanhydrid.

3. Andere Mycosterine.

In der Hefe und im Mutterkorn sind noch einige andere Sterine aufgefunden worden, deren wichtigste Eigenschaften in Tabelle 33 zusammengestellt sind. Sie ähneln in ihrem physikalischen und chemischen Verhalten sehr dem Ergosterin, zeichnen sich aber durch größere Löslichkeit aus. Besonders stark weichen sie in ihrer optischen Aktivität von Ergosterin ab. Man gewinnt die einzelnen Sterine, indem man das Rohsteringemisch benzoyliert und die Benzoylverbindungen durch sehr häufig wiederholte, fraktionierte Kristallisation voneinander trennt.

D. Provitamine und Vitamine.

Ergosterin und Vitamin D.

1. Ergosterin, $C_{28}H_{44}O$.

$C = 84,85\%$, $H = 11,11\%$, Mol.-Gew. $= 396$.

Bis in die neueste Zeit hinein wurde dem Ergosterin die Summenformel $C_{27}H_{42}O$ zugeschrieben. Nach den Untersuchungen von WINDAUS und LÜTTRINGHAUS[2] besitzt es jedoch die Zusammensetzung $C_{28}H_{44}O$.

Vorkommen. Ergosterin findet sich in größeren Mengen im Mutterkorn, aus welchem es von TANRET zuerst isoliert wurde, und in einer Reihe höherer Pilze. Besonders wichtig ist das Vorkommen in Hefe bzw. dem Hefefett, das heute fast ausschließlich zur Darstellung herangezogen wird. Im Gegensatz zu anderen Sterinen findet sich Ergosterin sowohl im Pflanzen- als auch im Tierreich. Im Handelscholesterin ist es zu etwa $^1/_{30}\%$ enthalten.

Eigenschaften. Ergosterin kristallisiert aus Alkohol in glänzenden, schmalen Blättchen mit 1 Mol Kristallwasser, das nur schwer abgegeben wird. Aus Essig-

---

[1] LIEBIGS Ann. **481**, 119 (1930).   [2] Nachr. Ges. Wiss., Göttingen **1932**, 4.

ester und Äther erhält man es kristallwasserfrei in hygroskopischen Nadeln. Ergosterin ist in Wasser unlöslich, schwer löslich in kaltem Methanol und fetten Ölen. Es löst sich in 525 Teilen kaltem und 32 Teilen siedendem Chloroform, in 50 Teilen kaltem und 28 Teilen siedendem Äther. Der Schmelzpunkt liegt bei 163°. Die wasserhaltigen Kristalle schmelzen zwischen 166—183°. Im Hochvakuum von 0,4 mm ist es unzersetzt destillierbar. $[\alpha]_D^{20} = -132°$ (2% in Chloroform).

Ergosterin ist gegen Luft besonders im Licht sehr empfindlich und wandelt sich in ein gelbgrün gefärbtes, unangenehm riechendes Produkt um. Auch im Vakuum destilliertes Ergosterin ist leicht zersetzlich. Dagegen ist es recht beständig, wenn es dem Cholesterin in geringer Menge beigemengt ist.

Durch Mercurisalze wird es zu Dehydroergosterin dehydriert. Starke Oxydationsmittel, wie Halogene, Kaliumpermanganat usw., zerstören es. Mineralsäuren bewirken eine Isomerisierung. Durch Dehydrierung und nachfolgende Reduktion sowie durch Isomerisierung wurde eine Reihe isomerer Verbindungen erhalten (WINDAUS und Mitarbeiter[1]). Ergosterin enthält 3 Doppelbindungen, die mit Brom und Benzopersäure reagieren und mit Wasserstoff katalytisch hydriert werden können. Bei der Dehydrierung mit Selen konnten RUZIČKA und Mitarbeiter[2] einen Kohlenwasserstoff erhalten, der im Gegensatz zu den Angaben von DIELS und KARSTEN[3] von dem durch Dehydrierung des Cholesterins erhaltenen verschieden ist.

Ergosterin gibt mit Digitonin eine schwer lösliche Additionsverbindung. Mit Cholesterin bildet es Mischkristalle.

Ergosterin besitzt charakteristische Absorptionsbanden im Ultraviolett bei 260, 269, 281 und 293 mμ. Das Maximum liegt bei 281 mμ. Die Lage der Absorptionsbanden ist vom Lösungsmittel weitgehend unabhängig.

Farbreaktionen. Reaktion nach SALKOWSKI: Schwefelsäureschicht wird allmählich schmutzigrot, während die Chloroformschicht farblos bleibt und sich beim Eindampfen violett färbt. Beim Zusatz von 0,3% Selensäure zur Schwefelsäure rote bis orangegelbe Farbe. — Unterschichtet man Ergosterin in Eisessiglösung mit konz. Schwefelsäure, so zeigt die Eisessiglösung deutliche grüne Fluoreszenz. — Reaktion nach TORTELLI-JAFFÉ: Zu einer Lösung von Ergosterin in 10 cm³ Chloroform gibt man 5 cm³ reinstes Olivenöl, 1 cm³ Eisessig und 2,5 cm³ 10%ige Bromlösung in Chloroform. Nach dem Umschütteln tritt eine Grünfärbung auf. Man beobachtet nach 10 Minuten. 1 mg Ergosterin gibt noch eine deutliche, 0,5 mg eine undeutliche Färbung. Die Reaktion ist spezifisch für Ergosterin und seine Umwandlungsprodukte und fällt bei anderen Sterinen negativ aus. — Unterschichtet man eine Ergosterinlösung in Eisessig mit einer Lösung von Brom in Chloroform, so tritt an der Berührungsstelle ein grüner Ring auf. — Reaktion nach LIEBERMANN-BURCHARD: Es entsteht eine Rotfärbung, die über Blau nach Grün übergeht. — Reaktion nach ROSENHEIM: Zu einer Lösung von Ergosterin in Chloroform gibt man eine Lösung von 9 Teilen Trichloressigsäure und 1 Teil Wasser. Es tritt Rotfärbung auf, die in Hellblau übergeht. Empfindlichkeit 0,01 mg. — Beim Schmelzen eines Ergosterinkristalls mit Chloralhydrat auf dem Wasserbad tritt karminrote Färbung auf, die über Grün in Tiefblau übergeht. — Gibt man zu einer Lösung von Ergosterin in Chloroform das gleiche Volumen einer Lösung von 25 g Mercuriacetat in 100 cm³ konz. Salpetersäure, so wird die Chloroformschicht erst hellrot, dann blau. Empfindlichkeit 0,1 mg. — Beim Zusatz von Antimontrichlorid zu einer Ergosterinlösung in Chloroform entsteht eine Rotfärbung.

Quantitative Bestimmung. Zur quantitativen Bestimmung des Ergosterins benutzt man in erster Linie die Messung der Intensität der Absorptionsbanden[4]. Zur Gewichtsbestimmung verwendet man die Digitoninmethode, zum Nachweis kleiner Mengen kolorimetrische Methoden.

[1] LIEBIGS Ann. 488, 91 (1931).   [2] Helv. chim. Acta 16, 812 (1933); Nature 132, 643 (1933).
[3] LIEBIGS Ann. 478, 135 (1930).
[4] R. POHL: Naturwiss. 1927, 433. — A. SMAKULA: Nachr. Ges. Wiss., Göttingen 1928, 49.

Derivate. Ergosterylacetat, $C_{28}H_{43}OCOCH_3$. Schmp. 173^0.

Ergosterylbenzoat, $C_{28}H_{43}OCOC_6H_5$. Schwer löslich in kaltem Alkohol, leicht löslich in Essigester und Äther. Schmp. 168^0. $[\alpha]_D = -68^0$.

Ergosterylpalmitat, $C_{28}H_{43}OCOC_{15}H_{31}$. Wurde von A. E. Oxford und H. Raistrick[1] in einigen Pilzarten aufgefunden. Blättchen, schwer löslich in kaltem Alkohol und Essigester. Schmp. $107-108^0$. $[\alpha]_D^{18} = -51^0$.

Ergosterylallophanat, $C_{28}H_{43}OCONHCONH_2$. Nadeln, schwer löslich in den meisten organischen Lösungsmitteln, leicht löslich in Pyridin. Schmp. 250^0. Das Allophanat eignet sich sehr gut zur Abtrennung des Ergosterins von nicht sterinartigen Stoffen.

Ergosterinperoxyd. Entsteht durch Photooxydation von Ergosterin in Gegenwart von Sensibilisatoren, wie Eosin, Erythrosin, Methylenblau, Chlorophyll, Hämatoporphyrin. Große Prismen aus Aceton oder Äther, schwer löslich in Petroläther. Bis 185^0 beständig. $[\alpha]_D^{18} = -35,5^0$ (in Chloroform).

Darstellung. (Nach Reindel und Walter[2]). Man schüttelt Hefefett mit wäßrig-alkoholischer Kaliumhydroxydlösung 5 Stunden, verdünnt mit Wasser und extrahiert mit Äther. Die Ätherlösung wird mit Wasser gewaschen, über Natriumsulfat getrocknet und so weit eingeengt, bis sich am oberen Rande Kristalle ausscheiden und in der Flüssigkeit Öltröpfchen erscheinen. Nach zwölfstündigem Stehen saugt man die abgeschiedenen Kristalle ab und wäscht mit Alkohol und Äther nach. Das so erhaltene Rohprodukt wird acetyliert. Aus dem Acetylderivat erhält man bei der Verseifung reines Ergosterin.

2. Lumisterin.

Kristallisiert in feinen Nadeln vom Schmp. 118^0. $[\alpha]_D^{18} = +191^0$. Absorptionsbanden bei 265 und 280 mμ. Die Farbreaktion nach Liebermann-Burchard ist achtmal schwächer als bei Ergosterin. Die Reaktion nach Tortelli-Jaffé ist bei Lumisterin etwa viermal stärker als bei Vitamin D. Mit Antimontrichlorid gibt Lumisterin eine orangerote, mit Chloralhydrat eine grünblaue Färbung, mit Trichloressigsäure bildet sich zunächst eine erdbeerrote Färbung, die in Blaugrün übergeht. Es ist ungiftig und antirachitisch unwirksam. Beim Bestrahlen geht es in Vitamin D über.

3. Tachysterin.

Kristallisiert nicht. Im Gegensatz zu Lumisterin und Vitamin D ist Tachysterin linksdrehend. Die Linksdrehung, die manche Bestrahlungsprodukte des Ergosterins zeigen, ist vermutlich auf einen hohen Tachysteringehalt zurückzuführen. Bei 280 mμ zeigt Tachysterin eine sehr starke Absorptionsbande. Es reagiert sehr rasch mit Citraconsäureanhydrid, daher die Bezeichnung Tachysterin. Die Farbreaktionen sind nicht charakteristisch. Es ist etwa halb so giftig wie Vitamin D.

4. Vitamin D (antirachitisches Vitamin), $C_{28}H_{44}O$.
C = 84,85%, H = 11,11%, Mol.-Gew. = 396.

Geschichtliche Bemerkungen. Von den früheren Forschern, die die Wichtigkeit kleinster Mengen unbekannter Stoffe in der Nahrung für Leben und Wachstum erkannten, waren sich verschiedene der Möglichkeit bewußt, daß ein Mangel an solchen Stoffen auch bei der Rachitis eine Rolle spielen könnte. So vermutete z. B. F. G. Hopkins[3] einen derartigen Zusammenhang schon im Jahre 1906. Klarer und durch Experimente belegt wird dieser Gedanke einige Jahre später von C. Funk und A. Macallum[4] ausgesprochen. Sie stellten auch fest, daß die Krankheit durch Fütterung von Lebertran verhindert werden kann und schrieben die Heilwirkung des Lebertrans einem vitaminartigen Stoff zu. Eine Verwirrung entstand später

---

[1] Biochemical Journ. **27**, 1176 (1933).　　[2] Liebigs Ann. **460**, 218 (1928).
[3] Analyst **31**, 395 (1906).　　[4] Ztschr. physiol. Chem. **92**, 13 (1914).

dadurch, daß das antixerophthalmische Vitamin für identisch mit dem antirachitischen gehalten wurde. Daß im Lebertran nicht nur ein Vitamin, sondern deren zwei enthalten sind, wurde erst erkannt, als man den Vitamingehalt von Butter und Lebertran quantitativ vergleichend bestimmte. Es zeigte sich dabei, daß Butter etwa 200 mal weniger Vitamin D enthält als Lebertran, während der Gehalt an antixerophthalmischem Faktor in beiden Ölen sich als etwa gleich groß erwies. Ferner erwies sich Spinat als sehr reich an antixerophthalmischem, sehr arm an antirachitischem Faktor. Nachdem auch noch festgestellt worden war, daß bei der Behandlung von Leberölen mit Luft die antixerophthalmische Komponente zerstört wird, während die antirachitische erhalten bleibt, konnte MCCOLLUM[1] das ursprüngliche Vitamin A mit Sicherheit in Vitamin A und Vitamin D trennen. Von diesem Moment an trennen sich die Wege in der Erforschung der fettlöslichen Vitamine. Ein Markstein in der Erforschung des Vitamins D ist die Beobachtung K. HULDSCHINSKYS[2], nach welcher menschliche Rachitis durch Behandlung mit ultraviolettem Licht geheilt werden kann.

A. F. HESS[3] sowie H. STEENBOCK und Mitarbeiter zeigten im Anschluß an die Versuche HULDSCHINSKYS[2], daß eine große Anzahl von antirachitisch unwirksamen Nährgemischen durch Bestrahlen mit der Quecksilberlampe oder mit Sonnenlicht antirachitische Eigenschaften gewinnen. Außerdem wurde gezeigt, daß die Aktivierbarkeit tierischer und pflanzlicher Produkte ausschließlich von ihrem Gehalt an Cholesterin und Phytosterin abhängt und daß sterinfreie Substanzen durch Ultraviolettbestrahlung keine antirachitischen Eigenschaften gewinnen.

Um die Erforschung des Vitamins D hat sich O. ROSENHEIM frühzeitig verdient gemacht. Er hat wohl als erster die hohe Aktivität bestrahlten Ergosterins erkannt. O. ROSENHEIM und T. A. WEBSTER[4] sowie R. POHL[5], A. WINDAUS und A. F. HESS[6] zeigten dann in gemeinsamer Arbeit, daß die Aktivierbarkeit des Cholesterins durch kleine Menge Ergosterin bedingt wird.

Von dem Moment an, wo das Ergosterin als antirachitisches Provitamin erkannt worden war, bis zur Reindarstellung des Vitamins vergingen noch mehrere Jahre. A. WINDAUS und seine Schüler hatten frühzeitig erkannt, daß die Verhältnisse bei der Bestrahlung des Ergosterins außerordentlich kompliziert liegen und daß eine ganze Anzahl Bestrahlungsprodukte gebildet werden. Dieser Umstand hat dazu geführt, daß eine Zeitlang Molekülverbindungen vom eigentlichen Vitamin mit anderen Bestrahlungsprodukten für reines Vitamin gehalten wurden. Es gelang schließlich LINSERT in den Farbenwerken der I. G. Farbenindustrie A. G., Elberfeld, als erstem, reines Vitamin darzustellen. Die Angaben von A. WINDAUS und LINSERT[7] wurden kurze Zeit darnach von F. A. ASKEW und R. B. BOURDILLON[8] bestätigt.

Vorkommen. Vitamin D kommt in Lebertranen und im Fettgewebe von Fischen vor. Auch in anderen tierischen Fetten, wie Eierölen und Butter, kommt es in geringer Menge vor. Den höchsten Gehalt an Vitamin besitzt das Leberöl des Pufferfisches (etwa 1500 relative Einheiten, Einheit pro Gramm ?). In weitem Abstand folgen die Öle von Dorsch, Hering, Sardine und *Lophius piscatorius* mit etwa 100 Einheiten. Das Unterhautfettgewebe von Seehund und Delphin enthält bedeutende Mengen Vitamin D, während Walfischtran und auch Kalbsfett frei von Vitamin sind. Bei der Hydrierung von Tranen soll nach einigen Angaben der Vitamingehalt unverändert bleiben, während nach anderen Inaktivierung eintritt. Pflanzliche Öle und Fette, wie Palmöl, Cocosfett, Maisöl, Olivenöl, Baumwollsamenöl, Arachisöl, enthalten kein Vitamin oder nur in verschwindender Menge. Nach A. K. EPSTEIN[9] sollen in Palmöl 5 Einheiten Vitamin pro Gramm enthalten sein. Der Vitamingehalt von Tranen schwankt je nach Provenienz und Darstellungsweise innerhalb weiter Grenzen. Im Durchschnitt enthält 1 kg Tran 2 mg Vitamin D. MELLANBY, SURIE und HARRISON[10] fanden, daß im Winter

---

[1] Journ. biol. Chemistry 50, 5 (1922).   [2] Dtsch. med. Wchschr. 45, 712 (1919).
[3] Journ. biol. Chemistry 50, 77 (1922) u. a.
[4] Biochemical Journ. 20, 537 (1926); 21, 127 (1927).
[5] Nachr. Ges. Wiss., Göttingen 1926, 185; Naturwiss. 15, 433 (1927).
[6] Proceed. Soc. exp. Biol. Med. 24, 171, 461 (1927).   [7] LIEBIGS Ann. 492, 226 (1932).
[8] Proceed. Roy. Soc., London 109, 488 (1932).   [9] Chem. Ztrbl. 1931 I, 3070.
[10] Biochemical Journ. 23, 710 (1929).

auf dem Markt gekaufte Pilze inaktiv waren. Sie konnten ferner zeigen, daß im Mutterkorn neben Ergosterin auch Vitamin D vorkommt und daß auch der Reiskeimling etwas Vitamin enthält. SCHEUNERT und RESCHKE[1] wiesen nach, daß frische oder konservierte Pfifferlinge, Steinpilze und Morcheln Vitamin D enthalten. Die tägliche Minimaldosis dieses Pflanzenmaterials betrug im Rattenversuch 2 g. Im Dunkeln gewachsene Champignons sind vitaminfrei.

Eigenschaften. Vitamin D kristallisiert in farblosen Nadeln oder Prismen vom Schmp. 115—116⁰ (nach Einbringen des Röhrchens bei 110⁰ und ziemlich raschem Erwärmen). Wird Vitamin D eine halbe Stunde auf 102⁰ erhitzt, so schmilzt es schon bei dieser Temperatur fast vollständig. In Chloroform, Benzol, Essigester ist es sehr leicht, in Äther und Alkohol leicht, in Methanol weniger löslich; bei $+7^0$ löst es sich in 14 Teilen Aceton. Leicht löslich in Fetten und Ölen. Dreht im Gegensatz zu Ergosterin stark rechts. Die Drehung ist stark vom Lösungsmittel abhängig (s. unten). Das Spektrum des Vitamins D zeigt bei $265 \, m\mu$ eine Absorptionsbande; Extinktionskoeffizient $E = 485 \, (\pm 5)$. Das Vitamin D ist mindestens so luftempfindlich wie Ergosterin, denn A. L. BACHARACH und Mitarbeiter[2] geben an, daß es bei Luftzutritt ziemlich rasch verfärbt wird. Es handelt sich dabei um oxydative Vorgänge, die beschleunigt werden, wenn das Vitamin fein pulverisiert oder etwas erhitzt wird. Unter Ausschluß von Luft und von Lösungsmitteln wird es bei 37⁰ im Laufe von 6 Monaten nicht verändert, ebensowenig durch zehnstündiges Erwärmen auf 115⁰. Bei 125⁰ ist es im Hochvakuum unzersetzt sublimierbar. Durch vierstündiges Erhitzen auf 180⁰ geht es in zwei physiologisch unwirksame Isomere über.

Vitamin D ist wie alle übrigen Bestrahlungsprodukte des Ergosterins mit Digitonin nicht fällbar.

In der Tabelle 34 stellen wir vergleichend die charakteristischen Daten des Ergosterins und Vitamins D zusammen:

Tabelle 34. Eigenschaften von Ergosterin und Vitamin D.

	Ergosterin	Vitamin D
Schmelzpunkt	162—164⁰	115—117⁰
$[\alpha]_{546,1}^{20}$	$> -157^0$ (Chloroform)	$> +122^0$ (Alkohol)
$[\alpha]_D$ ⎰ Chloroform	$-125,2^0$	$+ 52,25^0$
Benzol	$-125,0^0$	$+ 87,5^0$
Äthylacetat	$- 95,0^0$	$+ 95,0^0$
Äther	$- 94,0^0$	$+ 88,7^0$
Alkohol	$- 93,0^0$	$+106,2^0$
Aceton	$- 92,0^0$	$+ 83,5^0$
n-Hexan	—	$+ 56,25^0$
Ultraviolettabsorption	$E_{1\,cm}^{1^0/_0}$ ⎱ 281 mμ, nicht < 320	$E_{1\,cm}^{1^0/_0}$ ⎱ 265 mμ, nicht < 470
Antirachitische Wirksamkeit ...	—	nicht $< 40,10^6$ internationale Einheiten pro g
Farbreaktionen:		
Antimontrichlorid	rot → blau	tiefgelb
Trichloressigsäure (ROSENHEIM)...................	rot → blau	tiefgelb → schmutzigrotbraun
Mercuriacetat in Salpetersäure	fleischfarben → pfauenblau → magentarot → dunkelrot	orangerot → gelb (in konz. Lösung)
Reaktion nach TORTELLI-JAFFÉ	grün	blau

[1] Dtsch. med. Wchschr. **57**, 349 (1931).   [2] Analyst **1933**, 1.

Es bestehen, wie aus der Tabelle 34 hervorgeht, bezüglich der Farbreaktionen große Unterschiede zwischen Ergosterin und Vitamin D. Ob das in der Natur vorkommende Vitamin D mit dem künstlich dargestellten identisch ist, ist noch nicht sicher bewiesen. Die chemischen und physikalischen Eigenschaften von natürlichen Vitamin-D-Konzentraten stimmen, soweit ein Vergleich möglich ist, mit denen des künstlich dargestellten Vitamins überein. Es liegen ferner eine ganze Anzahl Angaben darüber vor, daß das Vitamin auch in der Natur photochemisch aus einer inaktiven Vorstufe gebildet wird. Man fand z. B., daß Sommermilch wirksamer ist als Wintermilch, Sommerspinat wirksamer als Winterspinat, frei gewachsene Pilze wirksamer als Champignons, die im Dunkeln gezogen waren. Keimlinge von Getreide oder Bohnen waren unwirksam, wenn sie sich unter Ausschluß von Licht gebildet hatten.

Derivate. Zur Reinigung und Identifizierung eignen sich: die p-Nitrobenzoylverbindung, Schmp. 90—93⁰, und besonders die Dinitrobenzoylverbindung, dunkelgelbe Prismen aus Aceton, Schmp. 147—148⁰. $[\alpha]_D^{19} = +54^0$ (in 1% Benzollösung).

Von den bekannten Farbreaktionen des Vitamins D ist keine so spezifisch, daß sie zu seinem Nachweis in Stoffgemischen dienen könnte. Liegt Vitamin D im Gemisch mit anderen Bestrahlungsprodukten des Ergosterins vor, so läßt sich auch der Vitamingehalt nicht durch Bestimmung der Absorptionsmaxima ermitteln. Zur quantitativen Bestimmung des Vitamins D kommen die *biologischen Methoden* in Betracht: Die Grundlage aller dieser Methoden ist die experimentelle Erzeugung von Rachitis durch eine Ernährung, die außer Vitamin D alle Nährstoffe, Vitamine sowie ein bestimmtes Verhältnis von Ca/P enthält. Eine bekannte rachitogene Kost ist die von McCOLLUM unter Nr. 3143 beschriebene; sie setzt sich zusammen aus 33% Weizen, 33% Mais, 15% Weizenkleber, 15% Gelatine, 3% $CaCO_3$ und 1% NaCl. Als Versuchstiere dienen junge, nach besonderen Vorschriften gezüchtete und gehaltene Ratten.

Darstellung des Vitamins D.

Versuche zur Darstellung des Vitamins aus dem natürlichen Substrat sind nach der Entdeckung der Aktivierbarkeit des Ergosterins in den Anfängen steckengeblieben. Durch Extraktion von Lebertran mit 95%igem Alkohol reicherte T. F. ZUCKER[1] das Vitamin auf das 1000fache an. H. E. DUBIN und C. FUNK[2] konnten das Vitamin auf das 10000fache anreichern, indem sie Lebertran mit Eisessig extrahierten, den Extrakt verseiften und das Cholesterin aus dem unverseifbaren Anteil durch Fällen mit Digitonin entfernten. Die Reindarstellung des natürlich vorkommenden Vitamins ist bis jetzt noch nicht geglückt.

Auf photochemischem Wege läßt sich das Vitamin D folgendermaßen gewinnen: Eine ätherische Ergosterinlösung wird mit dem durch eine 1%ige Xylollösung filtrierten Licht einer Quecksilberbogenlampe bis zu einer Umwandlung von 50—70% bestrahlt (Luftabschluß). Das unveränderte Ergosterin wird ausgefroren; der mit Digitonin von Ergosterin vollständig befreite Rückstand in wenig Pyridin gelöst, mit 3,5-Dinitrobenzoylchlorid verestert, und der Dinitrobenzoesäureester bis zum konstanten Schmelzpunkt umkristallisiert. Verseifung mit alkoholischer Lauge liefert reines Vitamin D.

Strahlen aller Wellenlängen, die in den Absorptionsbereich des Ergosterins (245—315 mμ) fallen, erzeugen Vitamin. Mit kurzwelligem Licht ($\lambda < 275$ mμ) scheint die Vitaminausbeute klein zu sein; es entsteht dagegen viel Tachysterin, das durch kurzwelliges Ultraviolett offenbar nur langsam weiter verändert wird. Mit langwelligem Licht ($\lambda > 284$ mμ) sollte nach E. KISCH und T. REITER[3] ein

---

[1] Proceed. Soc. exp. Biol. Med. **20**, 136 (1922).
[2] Proceed. Soc. exp. Biol. Med. **21**, 458 (1924).   [3] Dtsch. med. Wchschr. **56**, 2034 (1930).

ungiftiges Produkt entstehen, eine Angabe, die durch A. WINDAUS widerlegt werden konnte. Solche Produkte enthielten viel Lumisterin. Die besten Vitaminausbeuten erhielt A. WINDAUS mit dem Licht des Magnesiumfunkens, dessen Hauptemission bei 278 bis 290 mμ liegt. Die schädlichen kurzen Wellen des Quecksilberlichtes lassen sich durch Filter, wie Benzol, Xylol usw., fernhalten. Mit Sonnenlicht konnte ebenfalls eine Aktivierung des Ergosterins erreicht werden (A. JENDRASSIK[1], O. ROSENHEIM und T. A. WEBSTER[2]). Man erreicht schon durch ganz kurze Bestrahlung eine Aktivierung des Ergosterins. Praktisch setzt man 60—70% des Ergosterins um. Die beste Aktivierung wurde in Ätherlösung erzielt. Hexan und vor allem Alkohol scheinen sehr ungeeignet zu sein. Zur Vermeidung lokaler Überbestrahlung muß für dauernde Durchmischung gesorgt werden, deshalb ist eine Bestrahlung ohne Lösungsmittel unvorteilhaft. Da die Wirksamkeit von bestrahltem Ergosterin bei der Autoxydation abnimmt, ist sorgfältiger Luftausschluß erforderlich. Es lassen sich auch Ergosterinester aktivieren, Acetylverbindungen und Phosphorsäureester sind als solche, da sie keine körperfremden Acylreste tragen, wirksam. Alle übrigen chemischen Einflüsse heben die Aktivierbarkeit auf.

Physiologisches. Die Wirkung des Vitamins D im tierischen Organismus besteht darin, daß es die Resorption von Ca und P aus dem Darm steigert und im Falle unkoordinierter Zufuhr (Veränderung der Ca:P-Relation in der Nahrung) reguliert, und daß es ein bestimmtes für die physiologische Organfunktion erforderliches Gleichgewicht zwischen der Ca- und der P-Bilanz aufrechterhält. Möglicherweise beruht die Wirkung des Vitamins darauf, daß es die Permeabilität der Zellgrenzflächen erhöht.

F. LAQUER und O. LINSERT[3] haben an 1200 Ratten nach der Methode von HOLTZ, LAQUER, KREITMAIR und MOLL[4] die Wirksamkeit des Vitamins D bestimmt. Als Grenzdosis wurde hierbei die Menge von 0,02—0,03 γ ermittelt.

Bei Überdosierung werden die Ca-Salze der Knochen mobilisiert und an anderen Stellen des Organismus wieder abgelagert. Die Grenzdosis der Giftigkeit liegt nach E. LAQUER und O. LINSERT bei 0,075 mg. Der therapeutische Index, d. h. das Verhältnis der antirachitischen Wirksamkeit zur Giftigkeit hat demnach einen Wert von rund 1:3000.

Von den anderen Bestrahlungsprodukten des Ergosterins sind Tachysterin und Toxisterin giftig. Toxisterin ist etwa dreimal giftiger als das reine Vitamin. Es steht noch nicht fest, ob dem Toxisterin nicht eine geringe Vitaminwirkung (etwa 2% derjenigen des reinen Vitamins) zukommt.

5. Vitamin E (Antisterilitätsvitamin).

Geschichtliche Bemerkungen. Den ersten Anhaltspunkt für die Existenz eines für die normale Fortpflanzung notwendigen Vitamins fanden MATTIL und CONKLIN im Jahre 1920. Sie fanden, daß Ratten, die nur mit Milch gefüttert wurden, trotz guten Wachstums und guten Aussehens in der Regel steril waren. EVANS und SCOTT sowie SURE kamen einige Jahre später unabhängig voneinander zu der Feststellung, daß eine Diät, die alle notwendigen Nährstoffe sowie die Vitamine A, B und D (Hefe und Lebertran) enthielt, zu einer partiellen Unfruchtbarkeit in der ersten, zu einer totalen in der zweiten Rattengeneration führte. Normale Fortpflanzung trat erst ein, wenn frischer Salat, Weizenkeimlinge oder Alfalfaheu verfüttert wurden. Demgegenüber stellten eine Reihe anderer Forscher fest, daß Ratten auch bei Milchnahrung ihre Fortpflanzungsfähigkeit bewahren. Nur wenn der Nahrung eine bestimmte Menge Speck zugesetzt wurde, trat Sterilität ein. NELSON nahm daher an, daß der Sterilität bedingende Faktor in der EVANSschen Diät der hohe Speckgehalt sei.

[1] Biochem. Ztschr. **252**, 205 (1932).   [2] Lancet **213**, 622 (1927).
[3] Klin. Wchschr. **12**. 754 (1933).   [4] Biochem. Ztschr. **237**, 247 (1931).

Die Forschungsergebnisse über Vitamin E finden sich zusammengestellt bei SURE[1] und bei EVANS und BURR[2]. In einer Übersicht weist JUHASZ-SCHÄFFER[3] darauf hin, daß die Vitamin-E-Frage in Europa unbeachtet bliebe und mit ziemlicher Skepsis betrachtet würde. Tatsächlich sind die Fortschritte in der Vitamin-E-Forschung im Vergleich zu denjenigen der anderen Vitamine seit den ersten Befunden von EVANS sehr gering.

In neuester Zeit sind die Befunde von EVANS durch OLCOTT[4] bestätigt worden, ferner haben sich nunmehr auch europäische Forscher intensiver mit dem Vitamin-E-Problem befaßt. GIERHAKE[5] hat aus Weizenkeimlingen hochaktive Vitamin-E-Präparate gewonnen. Gestützt auf die im Tierexperiment gewonnenen Resultate konnte die klinische Prüfung dieser Extrakte in Angriff genommen werden, sie erstreckt sich in der frauenärztlichen Praxis auf die Prophylaxe von habituellen Aborten und Fehlgeburten, auf die Behandlung sonst symptomloser Sterilitäten usw. Sehr eingehend haben sich DRUMMOND, SINGER und MACWALTER[6] mit der Untersuchung dieses Vitamins befaßt.

Vorkommen. Die Feststellungen von CUMMINGS und MATTIL[7], daß Vitamin E während der Autoxydation von Fetten zerstört wird, erklärt zum Teil die widersprechenden Angaben über das Vorkommen dieses Vitamins. Am vitaminreichsten scheinen grüne Blätter sowie die Keimlinge verschiedener Samen zu sein. Aus Weizenkeimlingen kann ein Öl gewonnen werden, welches in Dosen von 15 bis 20 mg pro Tag und Ratte normale Fortpflanzung sichert. Im Endosperm von Zerealien ist Vitamin E in der Regel nicht enthalten. Pflanzliche Öle enthalten meist kleine Mengen Vitamin E, Maisöl reichlicher. EVANS und HOAGLAND[8] stellten eine Synthese des Vitamins E in grünen und etiolierten kanadischen Erbsen, die in einer Nährlösung wuchsen, fest. In größeren Mengen wurde es in Alfalfa-, Begonia- und Lattichblättern nachgewiesen.

Während nach EVANS und BURR Weizenkeimlingsöl das beste Ausgangsmaterial zur Darstellung von Vitamin-E-Präparaten ist, konnte OLCOTT zeigen, daß Baumwollsamenöl ein ebenso günstiges Rohmaterial darstellt. Rohes Baumwollsamenöl enthält 0,7% Unverseifbares, Weizenkeimlingsöl erheblich mehr, nämlich 5%, die Ausbeuten an aktiver Substanz sind jedoch in beiden Fällen etwa gleich groß. Aus 1 kg rohem Baumwollsamenöl erhält man 0,5—1 g Vitaminkonzentrat, von dem 5 mg genügen, um bei der Vitamin-E-frei ernährten Ratte normale Fruchtbarkeit hervorzurufen. Raffiniertes und hydriertes Baumwollsamenöl enthält das Vitamin anscheinend noch in unveränderter Form.

DRUMMOND weist darauf hin, daß das gewöhnliche Weizenkeimlingsöl des Handels in den seltensten Fällen ein geeignetes Ausgangsmaterial ist. Für seine Versuche verwandte er ein Öl, das aus frischen Weizenkeimlingen durch Extraktion mit gereinigtem Trichloräthylen in der Kälte gewonnen worden war. Die Keimlinge lieferten 7,2% Öl, das in Tagesdosen von 23 mg aktiv war und folgende Kennzahlen besaß:

Verseifungszahl 182
Jodzahl 131
Brechungsindex (20⁰) 1,4773
Unverseifbares .... 5,76 %
Jodzahl des Unverseifbaren 97,6

---

[1] Journ. biol. Chemistry 58, 681 (1923).
[2] Journ. biol. Chemistry 77, 231 (1928); Memoirs Univ. California 8 (1927).
[3] VIRCHOWS Arch. 281, 3 (1931).   [4] Journ. biol. Chemistry 107, 471 (1934).
[5] Vortragshandbuch für die 93. Versammlung der Gesellschaft der Naturforscher und Ärzte. Berlin: J. Springer, S. 44, 1934.   [6] Biochemical Journ. 29, 456 (1935).
[7] Journ. Nutrition 3, 421 (1931).   [8] Amer. Journ. Physiol. 80, 702 (1927).

Konstitution und Eigenschaften. Über die Konstitution des Vitamins E ist noch sehr wenig bekannt. EVANS beschrieb ein Konzentrat, das die Zusammensetzung $C_{36}H_{64}O_2$ besaß. Nach Untersuchungen von EULER und KLUSSMANN[1] bestehen vielleicht Beziehungen zwischen den Xanthophyllen und Vitamin E. Tatsächlich reichern sich Xanthophylle auffallenderweise in den Organen der Sexualsphäre (z. B. Lutein im Ei) an.

Das von EVANS gewonnene Konzentrat stellt ein goldorangegelbes, bei 0^0 erstarrendes Öl mit der Jodzahl 220 und einem Brechungsindex $N = 1{,}5009$ dar. Es ist löslich in Petroläther, Äther, Aceton, Benzol, Alkohol. In Pentan ist es leichter löslich als die Sitosterine, ein Umstand, der die Abtrennung dieser Begleitsubstanzen ermöglicht. Vitamin E zeigt keine Sterinreaktionen.

Nach den Untersuchungen von EVANS und BURR stellt das Vitamin E eine recht beständige Substanz dar. Es wird nicht oder nur in geringem Umfang zerstört durch Erhitzen auf 100^0 unter gleichzeitigem Durchleiten von Luft, durch Behandeln mit 20% Salzsäure, Erhitzen auf 250^0 oder Hydrierung mit Palladium und Wasserstoff bei 75^0. Behandlung mit alkoholischer Salzsäure oder Bromierung in Eisessig bewirkt Inaktivierung. Entgegen den Angaben von EVANS konnte DRUMMOND eine irreversible Inaktivierung durch Behandeln mit Essigsäureanhydrid nicht beobachten.

Der Siedepunkt des Vitamins E liegt nach EVANS und BURR bei $225—230^0$ (0,01 mm), nach OLCOTT etwas tiefer, nämlich bei $190—220^0$ (0,1 mm).

Besondere Aufmerksamkeit hat man der Frage geschenkt, ob Vitamin E charakteristische Absorptionsbanden besitzt. Siehe hierzu BOWDEN und MOORE[2], MORTON und EDISBURY[3], MARTIN und Mitarbeiter[4] sowie OLCOTT[5]. Die aktivsten Präparate, die DRUMMOND in der Hand hatte (wirksame Tagesdosis 0,1 mg), besitzen ein Absorptionsmaximum bei 294 mμ und ein Minimum bei 267 mμ. Ob diese Absorptionsbande dem Vitamin selbst zukommt oder einer Begleitsubstanz, ist noch unsicher, immerhin ist bemerkenswert, daß die Inaktivierung durch ultraviolettes Licht mit einer Verminderung der Absorptionsintensität verknüpft ist.

In Übereinstimmung mit den Angaben von OLCOTT konnte DRUMMOND zeigen, daß das Vitamin E durch katalytische Hydrierung mit Palladium als Katalysator nicht zerstört wird. Da nach der Hydrierung durch die Jodzahl noch Doppelbindungen nachgewiesen werden können und auch die bei 294 mμ liegende Absorptionsbande nicht verschwunden war, ist anzunehmen, daß das Vitamin E schwer hydrierbare Doppelbindungen besitzt.

Im ganzen erweist sich das Vitamin E als eine recht beständige Substanz, die Auffassung EULERS, daß es vielleicht mit den Xanthophyllen in Beziehung steht, erscheint danach als nicht sehr wahrscheinlich. DRUMMOND hält es für möglich, daß das Vitamin E aus einem polyzyklischen Ringsystem besteht. Nach unserer Auffassung ist eine solche Hypothese nicht von der Hand zu weisen, aus dem bis jetzt vorliegenden biologischen und chemischen Tatsachenmaterial läßt sich recht wohl denken, daß zwischen den Sexualhormonen und dem Vitamin E engere Beziehungen bestehen.

Darstellung. Als einzige befriedigende Methode zur Gewinnung von Vitamin-E-Konzentraten erweist sich nach DRUMMOND die Trennung des Unverseifbaren von Weizenkeimlingsöl nach dem Prinzip der chromatographischen Adsorptionsmethode. Man erhält aus einer mittleren Zone des Chromatogrammes ein tief orangegelb gefärbtes, viskoses Öl, das in Tagesdosen von 0,2 mg bei der Ratte normale Fruchtbarkeit hervorbringt.

[1] Svensk Kem. Tidskr. **45**, 132 (1933).   [2] Nature **132**, 104 (1933).
[3] Nature **138**, 618 (1933).   [4] Nature **134**, 214 (1934).   [5] S. S. 140.

Nachweis und Bestimmung. Zum Nachweis des Vitamins E kommt bis jetzt nur die biologische Methode in Betracht, die sehr zeitraubend ist, da sich die Versuche über mindestens ein Jahr erstrecken müssen. Häufig werden die Resultate erst in der zweiten Rattengeneration eindeutig. Der weibliche Organismus ist anscheinend in der Lage, in großem Umfange Vitamin E zu speichern. Er gibt die Reserven nur sehr langsam, etwas rascher in der Gravidität ab. Der junge und fetale Organismus hat einen besonders hohen Vitamin-E-Bedarf und ist daher gegen E-Mangel sehr empfindlich.

Zur Prüfung eines Stoffes auf Vitamin-E-Wirkung stellt man fest, ob er imstande ist, bei einer weiblichen Ratte, welche mindestens eine typisch verlaufende Fetusresorption durchgemacht hat, wieder normale Fruchtbarkeit hervorzubringen. Zur Feststellung, ob eine Resorption stattgefunden hat, müssen folgende 4 Faktoren berücksichtigt werden:

1. Normaler Genitalzyklus, Ovulation (Scheidentest).
2. Befruchtung zur Zeit des Oestrus, nachgewiesen durch die Anwesenheit von Spermatozoen in der Vagina und durch den Vaginalpfropf.
3. Implantation des befruchteten Eies (Plazenta).
4. Absterben des Fetus und Resorption, nachgewiesen durch die charakteristische Gewichtskurve.

Die normale Fruchtbarkeit muß durch die Geburt eines Wurfes dokumentiert werden. Im allgemeinen ist angenommen worden, daß die Resorption des Fetus eine für den Vitamin-E-Mangel spezifische Erscheinung ist. SURE hat dagegen solche Resorptionen anscheinend bei Ratten, die unter Vitamin-A-Mangel litten, beobachtet, obgleich die Dosis an Vitamin E sehr reich war.

Nach HILL und BURDELT ist die besondere Nahrung, die die Larve erhält, aus welcher die Bienenkönigin ausschlüpfen soll, durch Gehalt an Vitamin E charakterisiert. Ganz klar liegen die Verhältnisse auf dem Gebiete des Vitamins E keineswegs, um so weniger, als noch unbekannt ist, welche Rolle der im nachfolgenden beschriebene fettlösliche Faktor bei der Fortpflanzung spielt.

6. Fettlöslicher Wachstumsfaktor.

Über die Existenz eines von den fettlöslichen Vitaminen A, D und E verschiedenen, ebenfalls fettlöslichen Wachstumsfaktors liegen verschiedene Angaben vor. Im Jahre 1923 zeigten C. FUNK und Mitarbeiter[1], daß dem Handelscasein durch Extraktion mit Alkohol usw. eine für das Rattenwachstum wichtige Substanz entzogen wird. Nachdem auch H. v. EULER[2] die Existenz eines solchen Faktors angenommen hatte, zeigte EVANS[3], daß eine fettfreie, hochgereinigte Diät auch nach Zulage sämtlicher bekannter Vitamine nicht imstande ist, das Wachstum junger Ratten aufrechtzuerhalten. COWARD, KEY und MORGAN[4] zeigten dann, daß junge Ratten, die eine vollwertige Diät mit sämtlichen B-Faktoren sowie die Vitamine A, D und E erhielten, zwar anfangs gut an Gewicht zunahmen, nach 30—50 Tagen das Wachstum jedoch einstellten, wenn der Eiweißbedarf durch ein besonders gereinigtes Casein gedeckt wurde. Wurde dieses sogenannte vitaminfreie Casein durch anderes Casein ersetzt, so trat normales Wachstum ein. Aus dem angewandten „Light-white casein" ließ sich der „fettlösliche" Wachstumsfaktor durch Fettlösungsmittel allerdings nur sehr unvollkommen extrahieren. Möglicherweise wird bei der Extraktion, die in der Hitze ausgeführt werden muß, der wirksame Faktor zerstört. Der Faktor läßt sich leicht aus Weizenkeimlingen extrahieren; er soll ferner in Milch, Salat, Gras,

[1] Journ. State Med. **20**, 341 (1912); Journ. Trop. Med. **6**, 166 (1913); Journ. metabol. Res. **3**, 1 (1923); Journ. Brux. Med. **11**, 331 (1931).
[2] Ark. Kemi, Mineral. Geol. **8**, 31 (1923).
[3] Proceed. Soc. exp. Biol. Med. **25**, 41 (1927).
[4] Biochemical Journ. **23**, 695 (1929).

Spinat, Heu usw. enthalten sein. Junge Ratten, die ohne diesen Faktor ernährt worden sind, bleiben im Wachstum zurück. Sie erreichen nie das Gewicht normal gefütterter Tiere. Die Geschlechtsreife tritt verspätet ein, ferner verweigern diese Tiere die Aufzucht ihres Wurfes. Außerdem treten Veränderungen an den Genitalorganen auf. Nach B. C. GUHA[1], der die Existenz dieses Faktors ebenfalls bestätigt, sind Männchen einem Mangel dieses Vitamins gegenüber empfindlicher als Weibchen.

7. Andere Vitamine.

Über das Vorkommen von anderen Vitaminen, insbesondere Vitamin B, in pflanzlichen Ölen sind verschiedene Angaben gemacht worden. So will GERONA[2] in verschiedenen Ölen Vitamin B spektroskopisch nachgewiesen haben, eine Angabe, die nur außerordentlich kritisch zu bewerten ist. In geringen Mengen soll es sich nach OHTOMO[3] auch in Sojabohnenkuchen finden.

8. α-Follikelhormon, $C_{18}H_{22}O_2$.

$$C = 80,0\%, \ H = 8,2\%, \ Mol.-Gew. = 270,2.$$

Vorkommen. Follikelhormon findet sich im Ovarium und in der Placenta der Säugetiere, aber auch im Genitalapparat fast aller anderen Tiere. Nach dem Follikelsprung findet es sich auch im Corpus luteum des Menschen, während es im tierischen nicht oder nur in geringer Menge nachweisbar ist. Das im Ovarium produzierte Follikelhormon ist im Blute in einer Konzentration bis etwa 30 Mäuseeinheiten nachweisbar. Im Menstrualblut findet man siebenmal so viel Hormon wie im Gesamtblut. Es findet sich auch in der Galle, in sehr großen Mengen im Urin trächtiger Stuten und ausgewachsener Hengste. Follikelhormon ist ferner im Pflanzenreich nachgewiesen worden.

Die Darstellung des α-Follikelhormons in reinem Zustande ist jedoch erst in neuester Zeit BUTENANDT und JACOBI[4] aus Palmkernpreßrückständen gelungen. Stoffe mit der Wirkung von Follikelhormon sind in Blüten, Kartoffeln, Rüben, Weidenkätzchen, Zuckerrübensamen, Petersilienwurzel, Kirschen usw. aufgefunden worden. Selbst in einzelligen Lebewesen sowie in Bakterienkulturen ist das Hormon nachgewiesen worden. ASCHHEIM und HOHLWEG[5] haben auch in Bitumen, Teer, Braunkohle und Torf brunsterregende Stoffe nachgewiesen. Ob es sich hierbei tatsächlich um Follikelhormon handelt, ist nicht erwiesen, möglicherweise handelt es sich um die Wirkung von Stoffen, wie sie von COOK, DODDS und HEWETT[6] beschrieben worden sind.

Eigenschaften. α-Follikelhormon kristallisiert entweder in kleinen, spindelförmigen, stark lichtbrechenden, rhombischen Blättchen oder in monoklinen, blumenartig verzweigten Kristallen von perlmutterähnlichem Glanz. Es schmilzt bei 255° (unkorr.) unter geringer Zersetzung. Im Hochvakuum ist es bei 0,002 mm zwischen 150—200° unzersetzt destillierbar. Es ist ziemlich leicht löslich in Alkohol, Aceton, Chloroform und Benzol, etwas schwerer in Essigester und Äther, sehr schwer in Petroläther. Aus den Lösungen in Alkohol und Aceton läßt es sich mit Wasser, aus Essigester, Benzol und Chloroform mit Petroläther kristallin fällen. In Wasser ist α-Follikelhormon nur zu 0,0015% löslich. Es ist leicht löslich in Alkalien, besonders in der Wärme, unlöslich in Alkalicarbonaten.

---

[1] Biochemical Journ. **25**, 931, 1674 (1931).   [2] Chem. Ztrbl. **1930** II, 1094.
[3] Chem. Ztrbl. **1931** I, 1937.   [4] Ztschr. physiol. Chem. **218**, 104 (1933).
[5] Dtsch. med. Wchschr. **1933**, 12.   [6] Naturwiss. **21**, 287 (1933).

Mit konzentrierter Schwefelsäure geben ganz reine Hormonpräparate eine grüne Färbung mit intensiv grüner Fluoreszenz. Die gleiche Reaktion geben die Gallensäuren. Die Farbe wird schon durch geringe Mengen Pregnandiol oder Sterine (gelbe bzw. gelbrote Farbe) verdeckt. Die LIEBERMANN-BURCHARDsche Reaktion auf Sterine ist negativ. Mit Eisenchlorid entsteht keine Färbung.

Zur Gewinnung von α-Follikelhormon aus Palmkernpreßrückständen gingen BUTENANDT und JACOBI (s. S. 143) von 50 kg Palmkernpreßrückständen aus, die insgesamt etwa 1 Million M. E. wirksame Substanz enthielten, entsprechend einer α-Follikelhormonmenge von etwa 100 mg. Durch Extraktion mit Methanol wurde eine Rohölfraktion erhalten, die verseift wurde. Nach fraktionierter Destillation des unverseifbaren Anteils und wiederholter Verteilung zwischen verschiedenen Lösungsmitteln wurden 18 mg = etwa 20% der vorhandenen Menge Wirkstoff reines α-Follikelhormon gewonnen.

V. Glucoside u. dgl.

Von T. P. HILDITCH, Liverpool.

Die in den Pflanzensamen enthaltenen Glucoside bleiben bei der Ölgewinnung im Ölkuchen zurück; in Fetten findet man sie nur selten. Die Gegenwart von toxisch wirkenden Glucosiden macht gewisse Preßrückstände für die Viehfütterung ungeeignet[1].

a) Saponine.

Die Saponine sind eine im Pflanzenreich weitverbreitete Glucosidklasse. Meist stellen sie kolloidale, äußerst bitter schmeckende Pulver dar und sind gekennzeichnet durch die Eigenschaft, auf Zusatz von Wasser einen seifenähnlichen Schaum zu bilden. Die meisten Saponine sind giftig, besonders für Kaltblüter, da sie ein starkes Adsorptionsvermögen für die roten Blutkörperchen besitzen.

Über die Saponine von technisch wichtigen Ölsamen ist nur wenig bekannt, nachgewiesen wurde das Vorkommen von Saponinen in einer Anzahl von tropischen, technisch verwertbare Fette liefernden Pflanzen. So enthalten die Ölkuchen der Samenfette der Bassia-Arten, insbesondere der indischen Illipé-Butter oder Mowrah-Butter, von *B. latifolia* und *B. longifolia*, eine saponinähnliche Verbindung[2], welche sie für die Viehfütterung ungeeignet machen. Auch Teesamen sind saponinhaltig, so daß durch Pressung gewonnenes Teesamenöl (nach LEWKOWITSCH[3]) unter Umständen gesundheitsschädlich sein kann; das durch Extraktion gewonnene Öl ist saponinfrei[4]. Die Giftwirkung der durch Feuchtigkeit beschädigten Sesamölkuchen dürfte gleichfalls auf eine durch Hydrolyse bedingte Freimachung von Sapogenin zurückzuführen sein.

Aus dem Alkoholextrakt von Sojabohnen gelang es K. OKANO und I. OHARA[5], nach Abscheidung des Öles zwei Saponine, ein kristallisiertes und ein amorphes, zu isolieren. Das kristallisierte Saponin hatte den Schmp. 225—227⁰ und entsprach der Formel $C_{48-50}H_{77-81}O_{18}$; das amorphe Produkt schmilzt bei 216—218⁰ und hat eine der Formel $C_{49-51}H_{79-83}O_{19}$ entsprechende Zusammensetzung. Beide Saponine haben keine hämolytische Wirkung.

---

[1] Nähere Angaben über die natürlichen Glucoside findet man in den „Glycosides" von E. F. u. K. F. ARMSTRONG: Monographs on Biochemistry. London. 1931.
[2] B. MOORE, S. C. M. SOWTON, F. W. BAKER-YOUNG u. T. A. WEBSTER: Biochemical Journ. 5, 94 (1911). — L. SPIEGEL u. A. MEYER: Ber. Dtsch. pharmaz. Ges. 28, 100 (1918).
[3] Chemical Technology & Analysis of Oils, Fats & Waxes, Bd. II, S. 332. 1922.
[4] L. WEIL: Arch. Pharm. 239, 365 (1901).   [5] Bull. agricult. chem. Soc. Japan 9, 1249 (1933).

b) Cyanogene (Cyanophore) Glucoside.

Von diesen bietet einiges Interesse das *Amygdalin*, das in größeren Mengen in den bitteren Mandeln, in den Samen von Aprikosen, Pfirsichen, Pflaumen und vieler anderer Rosaceen vorkommt, ferner das in Kirschlorbeerkernen enthaltene *Prulaurasin (Laurocerasin)*.

Amygdalin besteht aus zwei (als Gentiobiose) gebundenen Glucoseradikalen, kombiniert mit d-Benzaldehydcyanhydrin $C_6H_5 \cdot CH(OH)CN$. Durch partielle Hydrolyse geht Amygdalin, unter Abspaltung von 1 Molekül Glucose, in Prunasin über, in welchem 1 Molekül Glucose an 1 Molekül d-Benzaldehydcyanhydrin gebunden ist. Prulaurasin hat die gleiche Formel wie Prunasin, enthält aber d,l-Benzaldehydcyanhydrin.

Durch Pressung hergestelltes Bittermandel-, Aprikosen- und Kirschkernöl kann Spuren von Amygdalin oder ähnlichen Glucosiden enthalten. Die Preßrückstände des Bittermandelöles werden, zwecks Spaltung der Glucoside in Benzaldehyd, Cyanwasserstoff und Glucose, mit warmem Wasser behandelt; bei der Dampfdestillation erhält man dann das sogenannte „ätherische Mandelöl", welches aus etwa vier bis sieben Prozent Cyanwasserstoff und im übrigen aus Benzaldehyd besteht[1].

c) Flavonol-Glucoside.

Für die Fettchemie von Bedeutung ist das Vorkommen verschiedener *Glucoside der Flavonolgruppe* in den Blüten und Samen der Baumwoll- und Kapok-Pflanzen. Die dunkle Farbe des rohen Baumwollsamenöles ist auf die Gegenwart solcher Glucoside, insbesondere von *Gossypol* oder *Gossypitrin*[2], zurückzuführen, einer Verbindung von Glucose mit 5,7,8,3′,4′-Pentaoxyflavonol (*Gossypetin*):

Diese Pflanzen enthalten auch noch andere, verwandte Glucoside; so berichtet A. G. PERKIN[3] über das Vorkommen von Isoquercitrin, in Verbindung mit Glucose und Quercetin in den Blüten von *Gossypium arboreum*, während die Blüten von *G. neglectum* und von indischer Baumwolle (*G. herbaceum*) Gossypitrin und Isoquercitrin enthalten. Ägyptische Baumwollblüten (*G. barbadense*) enthalten Gossypitrin, Isoquercitrin und Quercimeritrin, ein isomeres Quercetinglucosid. Die amerikanische Upland-Baumwollpflanze (*G. hirsutum*) enthält Quercimeritrin und Isoquercitrin.

d) Harzstoffe.

Mehrere Pflanzensamen enthalten außer Glyceriden harz- oder gummiartige Stoffe, deren Natur noch aufzuklären bleibt. Diese Harzstoffe besitzen oft sauren Charakter, sie sind aber nicht identisch mit den Harzen von Kiefern und Tannen (Abietin- und Pimarsäure). Vermutlich stellen diese Körper Terpenderivate dar.

Zu den harzreichen Fetten gehören die Muskatbutter und noch andere Glieder der *Myristica*-Fette, das Lorbeeröl und das indische Dombaöl (aus *Calophyllum inophyllum*).

Samen, welche bei der Extraktion ein Fett liefern, das größere Harzstoffmengen enthält, sind natürlich für die technische Fettgewinnung ungeeignet.

---

[1] G. D. ELSDON: „Edible Oils and Fats", S. 250. 1926.
[2] A. G. PERKIN: Journ. chem. Soc. London **103**, 650 (1913).
[3] THORPE's Dictionary of Applied Chemistry, Bd. 2, S. 404. 1921.

VI. Kohlenwasserstoffe.

Von T. P. HILDITCH, Liverpool.

a) Squalen, $C_{30}H_{50}$.

Ebenso wie die an anderer Stelle (s. S. 150) besprochenen Carotinoide ist Squalen ein Terpenabkömmling, d. h. man kann sich den Kohlenwasserstoff als aus einer Anzahl von Isoprenradikalen aufgebaut denken. Im Gegensatz zum Carotin ist aber der Körper eine farblose Flüssigkeit; er unterscheidet sich ferner von den Carotinoiden durch das Fehlen von konjugierten Doppelbindungen, trotz Gegenwart von sechs Äthylenbindungen im Molekül. Unsere Kenntnisse über Squalen verdanken wir in erster Linie M. TSUJIMOTO, der den Kohlenwasserstoff aus dem Kurozamé-Leberöl (einem Hai der Gattung *Zameus*) isoliert hat[1]. Später hat TSUJIMOTO den Kohlenwasserstoff in den Leberölen verschiedener japanischer Haifischarten, insbesondere in Ölen mit einem niederen spezifischen Gewicht (D_4^{15} unter 0,9)[2] gefunden. Er stellte fest, daß dem Kohlenwasserstoff die Formel $C_{30}H_{50}$ zukommt und daß er eine Reihe von Halogenadditionsprodukten zu bilden vermag, so z. B. ein Hexahydrochlorid, $C_{30}H_{56}Cl_6$ (Schmp. 110—125°), ein Hexahydrobromid, $C_{30}H_{56}Br_6$ (Schmp. 115—126°) und ein Dodekabromid, $C_{30}H_{50}Br_{12}$ (Schmp. 176—177°). Durch Hydrierung geht er in den gesättigten Kohlenwasserstoff $C_{30}H_{62}$ (Siedep.$_{10}$ 274°) über. Nach seinem Vorkommen in zur Familie der Squalidae gehörenden Haifischleberölen erhielt der Kohlenwasserstoff die Bezeichnung Squalen. Eine ausführliche Zusammenfassung der von TSUJIMOTO untersuchten Haifischleberöle, ihres Squalengehalts usw. findet man im Journ. Soc. chem. Ind. 51, 317 T (1932).

Der von A. CHASTON CHAPMAN[3] und von MASTBAUM[4] aus gewissen portugiesischen Haifischleberölen isolierte Kohlenwasserstoff *Spinacen*, für den ursprünglich die Formel $C_{30}H_{50}$, später $C_{29}H_{48}$[3,5] vorgeschlagen wurde, ist ohne Zweifel mit Squalen identisch.

R. MAJIMA und B. KUBOTA[6] stellten aus Squalen ein Hexaozonid dar, das nach Behandeln mit Wasser Kohlendioxyd, Formaldehyd, Aceton, Bernstein- und Lävulinsäure, neben zwei Säuren der Formeln $C_6H_{10}O_5$ und $C_6H_{14}O_6$ hinterließ. Unter den Produkten der trockenen Destillation des Squalens fanden sie Isopren und wahrscheinlich auch Cyclodihydromyrcen; daraus folgerten sie, daß der Kohlenwasserstoff ein olefinisches Dihydrotriterpen sei, möglicherweise der Formel

$$C(CH_3)_2 : CH \cdot (CH_2)_2 \cdot C(CH_3) : CH \cdot (CH_2)_2 \cdot CH : CH$$
$$\searrow C_6H_{12}$$
$$CH_2 : C(CH_3)(CH_2)_2 \cdot CH : CH \cdot (CH_2)_2 \cdot CH : CH$$

I. M. HEILBRON, E. D. KAMM und W. M. OWENS[7] haben die Identität von Squalen und Spinacen nachgewiesen; beide entsprechen der Formel $C_{30}H_{50}$, mit 6 Äthylenbindungen im Molekül. Sie zeigten, daß das unscharf schmelzende Hexahydrochlorid von TSUJIMOTO ein Gemisch von mindestens 2 Isomeren war, mit den Schmelzpunkten 113—114° und 144—145°; bei Behandlung mit

---

[1] Journ. Soc. chem. Ind. Japan 9, 953 (1906).
[2] Journ. indust. eng. Chem. 8, 889 (1916); 12, 63 (1920); Journ. Soc. chem. Ind. Japan 20, 953, 1069 (1917); 21, 1015 (1918).
[3] Journ. chem. Soc. London 111, 65 (1917).   [4] Chem.-Ztg. 39, 889 (1915).
[5] Journ. chem. Soc. London 113, 458 (1918).
[6] Journ. chem. Soc. Tokyo 39, 879 (1918); Japan. Journ. Chem. 1, 9 (1922).
[7] Journ. chem. Soc. London 1926, 1630.

Pyridin lieferte jedes der beiden Hydrochloride den ursprünglichen Kohlenwasserstoff, der nach nochmaliger Überführung in die Hexahydrochloride wiederum ein Produkt ergab, aus dem sich das hoch- und das niedrigschmelzende Isomere isolieren ließen. Die Hexahydrochloride sind also als geometrische Isomere aufzufassen. Das Verhalten des Kohlenwasserstoffes bei der Halogenierung erinnert an die Bromaddition an Linol- oder Linolensäure; es folgt daraus, daß Squalen nicht ein Gemisch von homologen Kohlenwasserstoffen sein kann, wie von E. ANDRÉ und H. CANAL[1] vermutet wurde. Unter den Produkten der pyrogenen Destillation von Squalen fanden I. M. HEILBRON, E. D. KAMM und W. M. OWENS eine Reihe von Hemiterpenen, Monoterpenen, Sesquiterpenen und Diterpenen. Die Squalen-Zersetzungsprodukte zeigen weitgehende Analogie mit den von H. STAUDINGER und J. FRITSCHI[2] bei der pyrogenen Zersetzung von Kautschuk erhaltenen Produkten. Unter den Spaltprodukten des Squalens fanden sie ein Amylen $(CH_3)_2 \cdot C:CH \cdot CH_3$ und ein monocyclisches Sesquiterpen, das mit dem von L. RUZIČKA synthetisch erhaltenen Bisabolen[3] identisch war.

Diese Arbeiten bestätigen die Behauptung von MAJIMA und KUBOTA, wonach Squalen ein olefinisches Dihydroterpen sei; sie beweisen zugleich, daß wenigstens die Hälfte des Squalenmoleküls das Kohlenstoffskelett des Farnesens

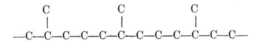

enthalten muß.

Bei der Ozonisierung von Squalen bilden sich nach I. M. HEILBRON, W. M. OWENS und I. A. SIMPSON[4] die Peroxyde von Lävulinaldehyd und Methylheptenon; bei der Oxydation von Squalen mit Kaliumpermanganat in Aceton bilden sich kleine Mengen Methylheptenon und Dihydro-ψ-ionon,

$$C(CH_3)_2:CH \cdot CH_2 \cdot CH_2 \cdot C(CH_3):CH \cdot CH_2 \cdot CH_2 \cdot CO \cdot CH_3.$$

Unter dem Einfluß von wasserfreier Ameisensäure unterliegt Squalen leicht dem Ringschluß, unter Bildung von Tetracyclosqualen, das bei der Dehydrierung mit Selen[5] ein Trimethylnaphthalin liefert, welches nach seinen Oxydationsprodukten[6] 1,3,8- oder 1,2,5-Trimethylnaphthalin sein muß. Das von I. M. HEILBRON und D. G. WILKINSON[7] synthetisch dargestellte 1,3,8-Trimethylnaphthalin war mit dem aus Tetracyclosqualen erhaltenen Naphthalinderivat nicht identisch; folglich muß letzteres das 1,2,5-Trimethylderivat sein, eine Annahme, die nachträglich durch die von L. RUZIČKA und J. R. HOSKING[8] durchgeführte Synthese des Kohlenwasserstoffes bestätigt wurde.

Läßt man die Hydrierung des Squalens bei 180° bis zur Aufnahme von 5 Molekülen Wasserstoff fortschreiten, so entsteht ein aus Dekahydrosqualen, etwa 25% Dodekahydrosqualen und weniger hoch hydrierten Kohlenwasserstoffen bestehendes Gemisch. Ozonisierung des hydrierten Kohlenwasserstoffgemisches[9] führt zu Methylisohexylketon, Hexahydro-ψ-ionon und 2 Ketonen der Formeln $C_{19}H_{38}O$ und $C_{23}H_{46}O$ (oder $C_{24}H_{48}O$), neben γ-Methyl-n-valeriansäure, 4,8-Dimethylnonansäure und einer Säure $C_{17}H_{34}O_2$. Das Keton $C_{19}H_{38}O$

[1] Compt. rend. Acad. Sciences **181**, 612 (1925); Bull. Soc. chim. France **44**, 371 (1928).
[2] Helv. chim. Acta **5**, 785 (1922).   [3] Helv. chim. Acta 8, 259 (1925).
[4] Journ. chem. Soc. London **1929**, 873.
[5] J. HARVEY, I. M. HEILBRON u. E. D. KAMM: Journ. chem. Soc. London **1926**, 3136.
[6] I. M. HEILBRON u. D. G. WILKINSON: Journ. chem. Soc. London **1930**, 2546.
[7] Journ. chem. Soc. London **1930**, 2537.   [8] Helv. chim. Acta **13**, 1402 (1930).
[9] I. M. HEILBRON u. A. THOMPSON: Journ. chem. Soc. London **1929**, 883.

wurde später von P. KARRER, A. HELFENSTEIN, H. WEHRLI und A. WETTSTEIN[1] synthetisch hergestellt; es ist identisch mit 2,6,10-Trimethyl-15-hexadecanon.

Auf Grund der verschiedenen Abbauprodukte betrachten HEILBRON und seine Mitarbeiter das Squalen als ein Gemisch von zwei isomeren Kohlenwasserstoffen der Formeln:

(I) $C(CH_3)_2:CH \cdot CH_2 \cdot [CH_2 \cdot C \cdot (CH_3):CH \cdot CH_2]_4 \cdot CH_2 \cdot C \cdot CH_3:CH \cdot CH_3$.

(II) $C(CH_3)_2:CH \cdot CH_2 \cdot [CH_2 \cdot C \cdot (:CH_2) \cdot CH_2 \cdot CH_2]_4 \cdot CH_2 \cdot C \cdot (CH_3):CH \cdot CH_3$.

Aus der Verbindung (I) müßte durch Ringschluß ein Pentacyclosqualen entstehen, während in Wirklichkeit ein Tetracyclosqualen erhalten wird; letzteres ist nach E. D. KAMM[2] nur mit der Squalenformel (III) vereinbar.

(III) $\{C \cdot (CH_3)_2 : [CH \cdot CH_2 \cdot CH_2 \cdot C \cdot (CH_3)]_2 : CH \cdot CH_2\}_2$

Nach KARRER, HELFENSTEIN, WEHRLI und WETTSTEIN[1] ist Squalen wahrscheinlich mit Lycopin (s. S. 167) verwandt; sie schlagen für ersteres die symmetrische Struktur (III) vor. Eine Entscheidung zwischen den Formeln (I) und (III) kann auf Grund des von HEILBRON und THOMPSON[3] hergestellten Trimethyl-15-hexadecanons getroffen werden; wäre Formel (I) richtig, dann müßte das Keton $C_{19}H_{38}O$ mit 3,7,11-Trimethyl-15-hexadecanon identisch sein, während ein Kohlenwasserstoff der Formel (III) zu 2,6,10-Trimethyl-15-hexadecanon führen müßte.

Daß Squalen tatsächlich der Formel (III) entspricht, wird außer durch die Identität des 2,6,10,-Trimethyl-15-hexadecanons mit dem aus dem hydrierten Squalen erhaltenen Keton noch durch die sehr elegante, von KARRER und HELFENSTEIN[4] durchgeführte Synthese des Kohlenwasserstoffes aus Farnesylbromid und aktiviertem Magnesium bewiesen; das Produkt liefert ein Hexahydrochlorid, $C_{30}H_{56}Cl_6$, vom Schmp. 144—145°, welches auch kristallographisch dem von HEILBRON, KAMM und OWENS erhaltenen Hexahydrochlorid vom Schmp. 143—145° entspricht.

In größeren Mengen kommt der Kohlenwasserstoff nur in der Haigruppe der Squalidae vor, bei Leberölen beschränkt sich aber sein Vorkommen nicht nur auf Fische der Elasmobranchii; so haben J. C. DRUMMOND, H. J. CHANNON und K. H. COWARD[5, 6] die Verbindung auch im Dorschlebertran gefunden. Der hauptsächlich in Leberölen vorkommende Kohlenwasserstoff findet sich auch im Eieröl von *Chlamedoselachus anguineus* und *Lepidorhinus kinbei* (nach M. TSUJIMOTO[7]) sowie in anderen Eierölen[8]. Auch die Eier von *Etmopterus Spinax* enthalten Squalen, nicht aber der Dottersack[8]. Der Kohlenwasserstoff scheint also beim Wachstum des Embryos absorbiert zu werden. Das Unverseifbare (mengenmäßig 50,5% des Öles) des Magenöles von *Scymnorhinus lichia* enthält nach KAMM[9] 98% Squalen. Biologisch ist die Tatsache von Interesse, daß squalenhaltige Fische einen hohen Gesundheitszustand zeigen, in ihren Körpern findet man nur selten interne Parasiten (nach einer nicht veröffentlichten Beobachtung von J. JOHNSTONE vom Department of Oceanography, Universität Liverpool). Nach H. J. CHANNON[10] wird Squalen bei Verfütterung an Ratten teilweise absorbiert, was eine Zunahme des Unverseifbaren und des Cholesteringehaltes im Körper und in der Leber zur Folge hat.

[1] Helv. chim. Acta 13, 1084 (1930).   [2] Dissertation, Liverpool. 1925.   [3] S. Anm. 9, S. 147.
[4] Helv. chim. Acta 14, 78 (1931).   [5] Biochemical Journ. 19, 104 (1925).
[6] J. C. DRUMMOND u. L. C. BAKER: Biochemical Journ. 23, 274 (1929).
[7] Journ. indust. eng. Chem. 12, 73 (1920).
[8] I. M. HEILBRON, E. D. KAMM u. W. M. OWENS: Journ. chem. Soc. London 1926, 1630
      (1926).   [9] Biochemical Journ. 22, 77 (1928).
[10] Biochemical Journ. 20, 400 (1926).

Was den Ursprung des Kohlenwasserstoffes betrifft, so folgt aus seiner Abwesenheit im Plankton[1], daß er nicht vom Futter herrührt, sondern wahrscheinlich im tierischen Organismus synthetisch erzeugt wird. Interessant ist ferner, daß squalenreiche Leberöle häufig kein Vitamin A enthalten.

b) Pristan, $C_{18}H_{38}$,

wurde von M. TSUJIMOTO[2] im Jahre 1917 im Riesenhai-Leberöl („Uba-zamé"-Leberöl, „Basking shark liver oil") gefunden, und zwar in einer Menge von etwa 10%. Der Kohlenwasserstoff kommt nach Y. TOYAMA[3] in kleinen Mengen in fast sämtlichen squalenhaltigen Leberölen vor. Er bildet eine farblose, bei 296⁰ siedende Flüssigkeit und gehört zweifellos der aliphatischen gesättigten Kohlenwasserstoffreihe an; seine Konstitution ist noch unbekannt, vermutlich enthält er aber eine verzweigte Kohlenstoffkette.

Von weiteren gesättigten Paraffinkohlenwasserstoffen seien erwähnt *n-Eikosan* oder *Lauran*, $C_{20}H_{42}$ (Schmp. 69⁰), das im Zaunrübenöl[4], im Lorbeerfett[5] und im Petersiliensamenöl[6] gefunden wurde; ferner *n-Nonakosan*[7], $C_{29}H_{60}$, Schmp. 63,4—63,6⁰ (in vielen Pflanzen- und Blattwachsen), und *n-Hentriakontan*[8], $C_{31}H_{64}$, Schmp. 68—68,5⁰ (in Bienenwachs u. dgl.).

c) Kariten und Illipen,

in Shea- und Illipébutter vorkommende Kohlenwasserstoffe.

Sheabutter, das Samenfett von *Butyrospermum parkii*, enthält etwa 5—8% Unverseifbares, das zum großen Teil aus einem Kohlenwasserstoff besteht. K. H. BAUER und G. UMBACH[9] isolierten aus dem Unverseifbaren einen farblosen Kohlenwasserstoff, das „Kariten" (Schmp. 64⁰), dem sie die Formel $(C_5H_8)_n$ zuschrieben. Nach Eigenschaften und Vorkommen scheint ein Kautschuk-Kohlenwasserstoff vorzuliegen. Bei der pyrogenen Destillation liefert er Isopren und Dipenten; Ozonisierung führt zur Bildung von Lävulinsäure, Essigsäure und Lävulinaldehyd.

Aus Illipébutter, dem Samenfett von *Bassia latifolia* (eine mit *Butyrospermum* verwandte Gattung), isolierte S. KOBAYASHI[10] einen mit „Illipen" bezeichneten Kohlenwasserstoff der empirischen Formel $C_{32}H_{56}$, vom Schmp. 64,5⁰. Nach BAUER und UMBACH dürfte er mit Kariten identisch sein.

VII. Lipochrom und Vitamin A.
Von L. ZECHMEISTER, Pécs.

Das regelmäßig gemeinsame Vorkommen von verschiedenartigen organischen Verbindungen wird von *Löslichkeitsmerkmalen* entscheidend mitbestimmt. So sind die wichtigsten gelben bzw. roten Farbstoffe, von denen das, im pflanzlichen und tierischen Gewebe und in den daraus gewonnenen Fetten und Ölen verbreitete *Lipochrom* gebildet wird, gut löslich in Fett, bzw. sie lassen sich mit Lipoiden in

[1] Biochemical Journ. 22, 51 (1928).   [2] Journ. indust. eng. Chem. 9, 1098 (1917).
[3] Chem. Umschau Fette, Öle, Wachse, Harze 30, 181 (1923).
[4] A. ETARD: Compt. rend. Acad. Sciences 114, 364 (1892).
[5] H. MATTHIES u. H. SANDER: Arch. Pharm. 246, 173 (1908).
[6] H. MATTHIES u. W. HEINTZ: Ber. Dtsch. pharmaz. Ges. 19, 325 (1909).
[7] H. J. CHANNON u. A. C. CHIBNALL: Biochemical Journ. 23, 168 (1929). — A. C. CHIBNALL, S. H. PIPER, A. POLLARD, J. A. B. SMITH u. E. F. WILLIAMS: Biochemical Journ. 25, 2095 (1931); 28, 2189 (1934).
[8] F. B. POWER u. F. TUTIN: Journ. chem. Soc. London 93, 894 (1908).
[9] Ber. Dtsch. chem. Ges. 65, 859 (1932).   [10] Journ. Soc. chem. Ind. Japan 25, 1188 (1922).

eine innige (kolloidale) Vermengung bringen. Das Lipochrom zeigt auch das allgemeine Verhalten der Fettstoffe gegenüber Lösungsmitteln: es ist unlöslich in Wasser, wird aber von Äther, Benzin, Chloroform, Schwefelkohlenstoff leicht aufgenommen. Ähnlich liegen die Löslichkeitsverhältnisse bei den Vitaminen A und D, welche die biologische und medizinische Wirksamkeit mancher Fettsorten, namentlich gewisser Leberöle bedingen.

Die Erkenntnis, daß alle diese Stoffe oft miteinander vergesellschaftet sind, ließ sich, wie in manchen ähnlichen Fällen in der Biochemie, bedeutend vertiefen, indem man *strukturelle und genetische Beziehungen* fand.

Vitamine, Sterine und Lipochrom werden (mit Ausnahme der Farbwachse) im *unverseifbaren Rest* von Fetten beobachtet. Das Vitamin D ist mit den Sterinen nahe verwandt und wird in jenem Zusammenhange besprochen (s. S. 133), während das Vitamin A nach neuen Forschungsergebnissen in einer überraschend einfachen Beziehung zum wichtigsten Lipochrom, dem Carotin steht und demzufolge auch zu den übrigen carotinartigen Farbstoffen des Pflanzen- und Tierreiches. Im folgenden seien die wichtigsten Tatsachen zunächst auf dem Gebiete des Lipochroms zusammengefaßt, um daran anschließend das lipoid-lösliche Vitamin des Wachstums (Vitamin A) zu besprechen.

A. Die wichtigsten Tatsachen auf dem Gebiete des Lipochroms. Die Carotinoide[1].

1. Einführung.

Der von KRUKENBERG (1882) vorgeschlagene Name „*Lipochrome*"[2] (später von anderer Seite in „Chromolipoide" usw. abgeändert) würde dem Wortlaut gemäß alle natürlichen Fett- und Wachspigmente umfassen, also z. B. auch das Chlorophyll. Es hat sich indessen eine engere und schärfere Umgrenzung des Begriffes herausgebildet, und so kann man die gegenwärtig anerkannten Merkmale eines Lipochroms in den folgenden Punkten zusammenfassen:

1. Farbe hellgelb bis tiefviolettrot.

2. Zwei (oder drei) Bänder, meist im blauen bzw. violetten Teil des Spektrums.

3. Löslichkeit in Lipoiden und in den typischen Lösungsmitteln der letzteren.

4. Unlöslichkeit in Wasser.

5. Mehr oder weniger ausgeprägte Empfindlichkeit gegen den Luftsauerstoff (Ausbleichen).

6. Größere Resistenz der Farbe gegen alkalische Eingriffe.

7. Dunkelblaue (oder ähnliche) Färbung mit starker Schwefelsäure bzw. mit Antimontrichlorid in Chloroform. Wenig Widerstandsfähigkeit gegen Säure.

8. C und H oder C, H und O als einzige Bestandteile des Moleküls; Abwesenheit von Stickstoff. — Im letzteren Merkmal stimmen die Fette, Wachse,

---

[1] Eine ausführlichere Besprechung dieses Gebietes bringt die Monographie des Verfassers: „Carotinoide. Ein biochemischer Bericht über pflanzliche und tierische Polyenfarbstoffe". Berlin: Julius Springer. 1934. XII (= Monographien aus dem Gesamtgebiet der Physiologie der Pflanzen und der Tiere, Bd. 31). — Auf dem begrenzten Raum des vorliegenden Kapitels konnte der Anteil der einzelnen Autoren an den neueren Ergebnissen nicht immer gebührend hervorgehoben werden; vgl. diesbezüglich das genannte Sammelwerk.

[2] In der älteren Literatur hat man die Lipochrome verschiedener Tiergattungen vielfach mit besonderen Namen belegt (Säugetiere: „Luteine", Amphibien: „Lipochrine", Insekten: „Coleopterin" usw.). Diese Nomenklatur ist überholt; ein prinzipieller chemischer Unterschied zwischen dem Fettfarbstoff höherer und niederer Tiere besteht nicht.

Sterine, Lipochrome sowie die fettlöslichen Vitamine A und D miteinander überein.

Die obige Charakteristik sagt über die chemische Konstitution der Fettfarbstoffe nichts aus, was damit zusammenhängt, daß die Klärung des Gebietes verhältnismäßig spät erfolgte. Erst 1907—1914 gelang R. WILLSTÄTTER (mit W. MIEG, H. H. ESCHER, A. STOLL bzw. H. J. PAGE[1-4]) die Reindarstellung, Beschreibung und Analyse der wichtigsten Carotinoide (Carotin, Lycopin, Xanthophyll, Fucoxanthin); die empirischen Formeln wurden aufgestellt, der ungesättigte Charakter erkannt. Seither haben namentlich P. KARRER sowie R. KUHN und ihre Mitarbeiter zur Klärung des Gebietes beigetragen. Inzwischen schlug M. TSWETT[5] den auch heute gebräuchlichen Klassennamen „Carotinoide" (d. h. carotin-ähnliche Pigmente) vor. Das Verhältnis der oft synonym gebrauchten Bezeichnungen „Lipochrom" und „Carotinoide" ist etwa das folgende: Den überwiegenden Hauptbestandteil der gelben bis roten, natürlichen Fettfarbstoffe bilden die Carotinoide, womit weder das Vorkommen von anderen Pigmenten im Fettgewebe ausgeschlossen wird, noch das Auftreten von Carotinoiden ohne Fett. Namentlich in den Chromatophoren gewisser Pflanzen kommen Carotinoide vor, die nicht mit Lipoiden vermengt sind, sondern schöne Kristalle bilden. Ein Beispiel dafür liefert die Mohrrübe.

Als vor mehreren Jahren eine ungewöhnlich hohe Anzahl von Doppelbindungen in einigen Carotinoiden ermittelt wurde (L. ZECHMEISTER, L. v. CHOLNOKY und V. VRABÉLY[6]), haben R. KUHN und A. WINTERSTEIN[7] die chemische Klassenbezeichnung „Polyene" geprägt. Zu den Polyenen gehören wichtige Naturstoffe (Carotinoide und ferner, nach P. KARRER, R. MORF und K. SCHÖPP[8], das Vitamin A), aber auch Kunstprodukte des Laboratoriums (vgl. S. 155).

Der „Lipochromgehalt von natürlichen Fettarten kann nicht mit allgemeiner Gültigkeit zahlenmäßig festgelegt werden. Die Menge des in pflanzlichen Ölen enthaltenen Farbstoffes schwankt je nach den klimatischen Einflüssen und ist in hohem Maße von der Beschaffenheit des Bodens und von der Düngung abhängig; ein Gehalt von 0,1% gilt bereits als hoch. Im Tierkörper ist wiederum die Art der Ernährung für die Art und Menge des Lipochroms von entscheidendem Einfluß.

Soweit heute bekannt, ist der Ort der natürlichen Carotinoid-Synthese allgemein die Pflanze, und die Tiere sind kaum befähigt, carotinartige Pigmente aus einer farblosen Vorstufe zu erzeugen und ihr Fett damit zu kolorieren. Der Farbstoffgehalt, z. B. der Milch, der Butter oder des Hühnerfettes, wird durch Verfütterung von polyenreicher Nahrung (frische, grüne Pflanzenteile, Mais usw.) gewaltig gesteigert. Es gibt auch Einflüsse qualitativer Art: Nach jeweils entsprechender Fütterung erhält man Eidotter, die fast ausschließlich Lutein oder überwiegend Zeaxanthin enthalten (R. KUHN, A. WINTERSTEIN und E. LEDERER[9]). L. S. PALMER und H. L. KEMPSTER[10] haben sogar gefunden, daß die

---

[1] Über den Farbstoff der Tomate. Ztschr. physiol. Chem. **64**, 47 (1910).
[2] Über das Lutein des Hühnereidotters. Ebenda **76**, 214 (1912).
[3] Über die gelben Begleiter des Chlorophylls. LIEBIGS Ann. **355**, 1 (1907).
[4] Über die Pigmente der Braunalgen. Ebenda **404**, 237 (1914). S. S. 161, Anm. 2.
[5] Über den makro- und mikrochemischen Nachweis des Carotins. Ber. Dtsch. botan. Ges. **29**, 630 (1911).
[6] Über die katalytische Hydrierung von Carotin. Ber. Dtsch. chem. Ges. **61**, 566 (1928); vgl. auch **66**, 123 (1933). P. KARRER und H. SALOMON, s. S. 155, Anm. 1.
[7] Bemerkungen zur Konstitution des Carotins und des Bixins. Helv. chim. Acta **11**, 427 (1928).
[8] Zur Kenntnis des Vitamins A aus Fischtranen. Ebenda **14**, 1036, 1431 (1931).
[9] Zur Kenntnis der Xanthophylle. Ztschr. physiol. Chem. **197**, 141 (1931).
[10] Beziehungen der Pflanzencarotinoide zum Wachstum, Fruchtbarkeit und Vermehrung des Geflügels. Journ. biol. Chemistry **39**, 299, 313, 331 (1919); **46**, 559 (1921).

Henne entwicklungsfähige Eier mit farblosem Dotter legt, wenn sie dauernd lipochromfreie Nahrung erhält. Es gibt anderseits tierische Fette, die normalerweise farblos sind, aber auf analogem Wege gefärbt werden können.

Abb. 9a. Carotin (β) aus Menschenfett (aus Benzol + Methanol umkristallisiert).

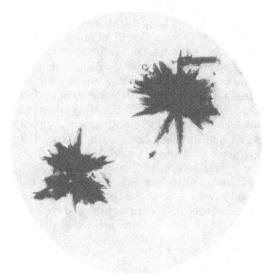

Abb. 9b. Lycopin aus Menschenfett (aus CS₂ + Alkohol umkristallisiert).

Die im Hinblick auf die sehr niedrige Pigmentkonzentration umständliche *Isolierung von kristallisiertem Lipochrom aus dem Fettgewebe höherer Tiere* ist neuerdings, unter Zuhilfenahme der Chromatographie (S. 162), in den folgenden Fällen ausgeführt worden, in welchen der Quotient Lipochrom/Lipoid in der Größenordnung 1/100 000—1/700 000 liegt (L. ZECHMEISTER und P. TUZSON[1]):

a) Aus 2 kg *Hühnerfett*, das in 1 kg 5 mg (größtenteils veresterte) Xanthophylle enthielt und so gut wie frei von Carotin war: isoliert 4 mg analysenreines Xanthophyll (Lutein) $C_{40}H_{56}O_2$.

b) Aus 2 kg *Pferdefett*, in welchem 6 mg Polyen-Kohlenwasserstoffe pro Kilogramm kolorimetrisch bestimmt wurden: 3 mg reines Carotin $C_{40}H_{56}$ (hauptsächlich β, daneben α).

c) Aus 1 kg *Kuhfett* (11 mg Carotin enthaltend; wie das Pferdefett, frei von Polyen-Alkoholen): 2,2 mg Carotin (vorwiegend β).

d) Auch aus *menschlichem Fett*, in dem das Verhältnis Carotine/Xanthophylle großen individuellen Schwankungen unterworfen ist, ließen sich gut kristallisierte, analysenreine Polyenpräparate abscheiden, nämlich 2 mg β-Carotin und ³/₄ mg Lycopin aus 18 kg Depotfett der Bauch- und Oberschenkelgegend. Ausbeute 20%. In 1 kg des Rohmaterials waren enthalten: 0,53 mg Carotin, 0,24 mg Lycopin, 0,57 mg Xanthophylle und 0,17 mg Capsanthin, zusammen rund 1,5 mg Lipochrom

(*Abb. 9a und 9b*), dessen Menge stark variieren kann.

---

[1] Zur Kenntnis der tierischen Fettfarbstoffe. Ber. Dtsch. chem. Ges. **67**, 145 (1934). — Isolierung des Lipochroms aus Pferde- und Hühnerfett. Einige Beobachtungen an menschlichem Fett. Ztschr. physiol. Chem. **225**, 189 (1934). — Isolierung von Komponenten des menschlichen Lipochroms. Ztschr. physiol. Chem. **231**, 259 (1935).

Beispiel für die Arbeitsweise:

Isolierung von Carotin aus Pferdefett. 2 kg wurden in eine Lösung von 500 g KOH in 3 l 96%igem Alkohol eingelegt und 15 Minuten auf 50⁰ erwärmt. Man versetzt die entstandene, klare, noch warme Lösung mit 8 l Äther und dann anteilsweise vorsichtig mit Wasser, gerade bis sich die Schichten trennen. Die abgelassene untere Phase wird behutsam mit Äther extrahiert und der Auszug zur ätherischen Hauptlösung gefügt, worauf man dieselbe einen Tag über 30%igem methylalkoholischem Kali stehen läßt. Nun wurde das Pigment mit Hilfe von Wasser wieder in Äther getrieben, der letztere alkalifrei gewaschen, getrocknet und verdampft. Man verteilt den Rückstand zwischen Petroläther (Siedep. 30—60⁰) und ebensoviel 90%igem Methylalkohol, wobei die Hauptmenge die obere Phase aufsucht. Die gewaschene und getrocknete Lösung wurde nun auf Ca(OH)$_2$ chromatographiert (vgl. S. 162). In dem oberen Teil der Säule häufen sich farblose Begleiter an; der Farbstoff drängt bei dem Nachwaschen mit Benzin tiefer vor und beginnt, nachdem die Mitte der Säule passiert war, in eine breitere und eine schmälere Zone zu zerfallen (β- bzw. α-Carotin). Man eluiert die Hauptmenge mit methanolhaltigem Äther, dampft ein und kristallisiert den Rückstand aus 0,3 cm³ Benzol und einigen Kubikzentimetern Methanol um. Glänzende Täfelchen, Ausbeute 3 mg = 25% der kolorimetrisch bestimmten Menge.

Es bestätigt sich also auch auf präparativem Wege die schon früher, namentlich von L. S. PALMER und Mitarbeitern gemachte Beobachtung, daß gewisse höhere Tierarten ein *ausgeprägt selektives Speicherungsvermögen* gegenüber den einzelnen Lipochromtypen besitzen: von Pferd und Kuh werden die Kohlenwasserstoffe, von dem Geflügel die Polyen-Alkohole sowie deren Farbwachse bevorzugt. Ein in seinem Wesen noch unbekannter Reguliermechanismus scheint hier zu wirken. Merkwürdigerweise ist dies im menschlichen Körper kaum der Fall, was eine wesentlich verwickeltere Zusammensetzung des Lipochroms bedingt.

2. Systematik der Carotinoide.

Die Anzahl der einwandfrei definierten Carotinoide ist gering und liegt gegen 20. Auf Grund der empirischen Zusammensetzung lassen sich zwei Klassen unterscheiden, die beide mit pflanzlichen und tierischen Lipoiden gemeinsam vorkommen können: Teils sind die Carotinoide *Kohlenwasserstoffe*, die sich leichter in Äther bzw. Petroläther und viel schwerer in wasserhaltigen Alkoholen lösen, teils enthalten sie *Sauerstoff* und zeigen dann, falls mindestens zwei unveresterte Hydroxylgruppen zugegen sind, scharf das umgekehrte Verhalten.

Zu einer Einteilung anderer Art gelangt man auf Grund der Anzahl der Kohlenstoffatome. Wir unterscheiden 1. *Carotinoide im engeren Sinne*, die, wie Carotin selbst, *40 C-Atome* enthalten und 2. Carotinoide mit *weniger als 40 C-Atomen* (längere Ketten sind bisher nicht beobachtet worden). Die beiden Typen sind sehr ungleichmäßig in der Natur verteilt: die Carotinoide im engeren Sinne überwiegen in außerordentlichem Maße und es sprechen manche Argumente dafür, daß sie primär auch dort gebildet werden, wo schließlich, nach dem Verlauf eines biochemischen Abbauvorganges, ein Repräsentant der niedrigermolekularen Unterklasse erscheint. Die Zugehörigkeit der einzelnen Carotinoide zu den genannten Typen ist aus *Tabelle 35* (S. 154) ersichtlich.

Die *chemische Funktion des Sauerstoffes* kann verschiedenartig sein, da, wie weiter unten noch gezeigt wird, nicht die Bindungsweise dieses Elementes, sondern die Anordnung der Kohlenstoffvalenzen ein besonderes Gepräge dem Carotinoidmolekül verleiht.

Die drei Carotine und das Lycopin sind Polyen-*Kohlenwasserstoffe*, Kryptoxanthin, Rubixanthin, Xanthophyll (Lutein), Zeaxanthin, Flavoxanthin, Violaxanthin, Taraxanthin und Fucoxanthin gehören zu den Polyen-*Alkoholen*, Rhodoxanthin ist ein Polyen-*Diketon*, in Capsanthin und Capsorubin hat die Natur

Tabelle 35. Klasseneinteilung der Carotinoide.

Untergruppe	Kohlenwasserstoffe	O-haltige Pigmente
Carotinoide im engeren Sinne (mit 40 C-Atomen): Polyen-kohlenwasserstoffe, -alkohole und -ketone	α-Carotin, $C_{40}H_{56}$ β-Carotin, $C_{40}H_{56}$ γ-Carotin, $C_{40}H_{56}$ Lycopin, $C_{40}H_{56}$	Kryptoxanthin, $C_{40}H_{56}O$ Rubixanthin, $C_{40}H_{56}O$ { Xanthophyll, $C_{40}H_{56}O_2$ { Lutein, $C_{40}H_{56}O_2$ Zeaxanthin, $C_{40}H_{56}O_2$ Flavoxanthin, $C_{40}H_{56}O_3$ Violaxanthin, $C_{40}H_{56}O_4$ Taraxanthin, $C_{40}H_{56}O_4$ Fucoxanthin, $C_{40}H_{56}O_6$ Rhodoxanthin, $C_{40}H_{50}O_2$ Capsanthin, $C_{40}H_{58}O_3$ Capsorubin, $C_{40}H_{60}O_4$
Carotinoide mit weniger als 40 C-Atomen: Polyen-carbonsäuren	—	Bixin, $C_{25}H_{30}O_4$ Crocetin, $C_{20}H_{24}O_4$ Azafrin, $C_{27}H_{38}O_4$

Oxyketone geschaffen, während Bixin, Crocetin und Azafrin Polyen-*Carbonsäuren* sind und eine besondere Untergruppe bilden. Das Azafrin vermittelt den Übergang zwischen dem Xanthophyll- und Bixintypus, indem es als eine Dioxycarbonsäure aufgefaßt werden muß. Über die Anzahl der funktionellen Atomgruppen orientiert *Tabelle 36*.

Tabelle 36. Funktion der Sauerstoffatome in Carotinoiden[1].

Farbstoff	Formel	—OH	$-C-$ $\|\|$ O	$-C=O$ OH	$-C=O$ OCH_3	O-Atome mit unbekannter Funktion
Kryptoxanthin	$C_{40}H_{56}O$	1	—	—	—	—
Rubixanthin	$C_{40}H_{56}O$	1	—	—	—	—
Xanthophyll (Lutein)	$C_{40}H_{56}O_2$	2	—	—	—	—
Zeaxanthin	$C_{40}H_{56}O_2$	2	—	—	—	—
Flavoxanthin	$C_{40}H_{56}O_3$	3	—	—	—	—
Violaxanthin	$C_{40}H_{56}O_4$	3—4	—	—	—	0—1
Taraxanthin	$C_{40}H_{56}O_4$	4	—	—	—	—
Fucoxanthin	$C_{40}H_{56}O_6$	4	—	—	—	2
Rhodoxanthin	$C_{40}H_{50}O_2$	—	2	—	—	—
Capsanthin	$C_{40}H_{58}O_3$	2	1	—	—	—
Capsorubin	$C_{40}H_{60}O_4$	2	1	—	—	1
Bixin	$C_{25}H_{30}O_4$	—	—	1	1	—
Crocetin	$C_{20}H_{24}O_4$	—	—	2	—	—
Azafrin	$C_{27}H_{38}O_4$	2	—	1	—	—

3. Die Polyen-Struktur der Carotinoide.

Es war schon früher bekannt, daß die Carotinoide ungesättigt sind (R. WILLSTÄTTER mit W. MIEG, H. H. ESCHER, A. STOLL bzw. H. J. PAGE[2]), aber erst die Messung der Wasserstoffaufnahme bei der *katalytischen Hydrierung* ließ klar erkennen, daß eine *ungewöhnlich große Anzahl von Äthylenbindungen* vorliegt und daß der Bau des Kohlenstoffgerüstes ganz oder vorwiegend *aliphatisch* ist. Der erste Versuch wurde mit Carotin und Xanthophyll (L. ZECHMEISTER, L. v. CHOLNOKY und V. VRABÉLY[3, 4]; L. ZECHMEISTER und P. TUZSON[5]) bzw. mit

---

[1] Ausführliche Literaturangaben: L. ZECHMEISTER: Carotinoide. usw. (1934).
[2] S. S. 151, Anm. 1—4; S. 161, Anm. 2.
[3] Über die katalytische Hydrierung von Carotin. Ber. Dtsch. chem. Ges. **61**, 566 (1928).
[4] Zur Bestimmung der Doppelbindungen im Carotin-Molekül. Ebenda **66**, 123 (1933).
[5] Zur Kenntnis des Xanthophylls. I. Katalytische Hydrierung. Ber. Dtsch. chem. Ges. **61**, 2003 (1928).

Crocetin durchgeführt (P. KARRER und H. SALOMON[1]). In Anwesenheit von Platinmetallen nehmen die Carotinoide gierig Wasserstoff auf; sie verlieren ihre Farbe vollständig und verwandeln sich in farblose, ölige Perhydrokörper, die leichter löslich sind als die natürlichen Pigmente und meist nicht kristallisieren. In der Folgezeit wurde die Perhydrierung mit allen bekannten Carotinoiden durchgeführt und überall zeigte sich ein hoher Grad von Ungesättigtheit.

Unabhängig von dieser Methodik haben R. PUMMERER und L. REBMANN[2] sowie R. PUMMERER, L. REBMANN und W. REINDEL[3] die Doppelbindungen mit Hilfe von Benzopersäure und von Chlorjod bestimmt. Nur das letztere vermag in der Regel alle Lückenbindungen zu erfassen, während die Persäure, wie auch manches andere Reagens, nur auf einen Teil der C=C-Bindungen anspricht. Die auf diesem Gebiete erreichten Resultate sind in *Tabelle 37* enthalten. Man sieht, daß die Anzahl der Doppelbindungen zwischen 7 und 13 liegt; in den wichtigsten Fettfarbstoffen beträgt sie 11.

Tabelle 37. Anzahl der nachgewiesenen Kohlenstoff-Doppelbindungen in Carotinoiden.

Farbstoff	H + Katalysator	Chlorjod	Brom in CHCl₃	Benzopersäure	Rhodan
Lycopin	13	13	—	12	—
Rhodoxanthin	12	—	—	—	—
Rubixanthin	12	—	—	—	—
γ-Carotin	12	—	—	—	—
β-Carotin	11	11	8	8	—
α-Carotin	11	11	—	—	—
Kryptoxanthin	11	—	—	—	—
Zeaxanthin	11	11	—	8	—
Xanthophyll (Lutein)	11	11	8	8	—
Flavoxanthin	11	—	—	—	—
Taraxanthin	11	—	—	—	—
Violaxanthin	11	—	—	—	—
Fucoxanthin	10	—	—	—	—
Capsanthin	10	—	8	8	—
Capsorubin	9	—	—	—	—
Bixin	9	6	5	6	3
Crocetin	7	—	3—4	—	—
Azafrin	7	—	4	—	—

Die außerordentliche Leichtigkeit der Wasserstoffaufnahme und die Zusammensetzung des Reduktionsproduktes zeigen deutlich, daß die ungesättigten Bindungen ganz oder überwiegend *in offener Kette* liegen müssen, während man aus der bedeutenden Farbstärke auf die *Konjugation der Doppelbindungen* schließen muß. Das für die Lipochromfarbstoffe typische Chromophor besitzt also die folgende Form:

$$\ldots\ -C{=}C{-}C{=}C{-}C{=}C{-}C{=}C{-}C{=}C{-}C{=}C{-}C{=}C{-}C{=}C{-}\ \ldots$$

Derartige Gebilde hat die organische Chemie lange Zeit hindurch nicht gekannt, es fügte sich aber glücklich, daß R. KUHN und A. WINTERSTEIN[4] die Synthese einer ganzen Reihe von wohldefinierten Vertretern dieser Körperklasse gelungen ist, gerade als die strukturelle Klärung der natürlichen Carotinoide in Angriff genommen wurde. Durch die Arbeiten der genannten Forscher ist die Reihe der Diphenyl-Polyene von der allgemeinen Formel

$$C_6H_5 \cdot (CH{:}CH)_n \cdot C_6H_5$$

---

[1] Über die Safranfarbstoffe II. Helv. chim. Acta 11, 513 (1928).
[2] Über Carotin. Ber. Dtsch. chem. Ges. 61, 1099 (1928).
[3] Über die Bestimmung des Sättigungszustandes von Polyenen mittels Chlorjods und Benzopersäure. Ebenda 62, 1411 (1929).
[4] Über konjugierte Doppelbindungen I—IV. Helv. chim. Acta 11, 87, 116, 123, 144 (1928).

von $n=1$ bis $n=8$ lückenlos bekannt geworden und die so gewonnenen Modelle liefern manche Unterlagen für die Beurteilung des natürlichen Lipochroms. Eigentlich würde man für solche hochungesättigten Körper Unbeständigkeit und eine ausgeprägte Neigung zur Polymerisation erwarten, es hat sich aber gezeigt, daß durch den unmittelbaren Anschluß der Benzolringe an das konjugierte System die empfindlichen Doppelbindungen weitgehend geschützt werden. Damit durchaus vergleichbar ist der Bau der Carotinoide; in den letzteren hat die Natur lange, offene Ketten von konjugierten Doppelbindungen geschaffen und als Endgruppen z. B. hydroaromatische Kerne (Jononreste) oder Carboxyle angeschlossen.

Bau des Kohlenstoffskelettes. In einem wesentlichen Punkte ist die Gestalt der synthetischen und der natürlichen Polyenmoleküle grundverschieden: die Kunstprodukte besitzen eine unverzweigte C-Kette, während das Gerüst der im Lipochrom vorkommenden Pigmente ohne Ausnahme weitgehend *verzweigt* ist. Sie enthalten nämlich eine große Anzahl von *seitenständigen Methylgruppen*, und zwar meist an jedem fünften C-Atom der Hauptkette. Schon dieses Strukturprinzip läßt einen nahen Zusammenhang mit *Isopren* (β-Methylbutadien)

$$CH_2=C-CH=CH_2$$
$$\vert$$
$$CH_3$$

vermuten, wie ihn R. WILLSTÄTTER und W. MIEG[1] für Carotin als wahrscheinlich angenommen, später R. KUHN und A. WINTERSTEIN[2] an Hand der Bixinformel, P. KARRER und H. SALOMON[3, 4] für das Crocetin erläutert haben.

Die Abkömmlinge des Isoprens bilden sich in der Natur anscheinend auf dreierlei Art: 1. durch direkte Addition der C_5H_8-Reste, welche zu Terpenen führt, 2. durch Addition und Hydrierung, wie schon R. WILLSTÄTTER für die Phytolbildung angenommen hatte, und 3. durch Addition unter gleichzeitiger *Dehydrierung*, wobei Pigmente mit konjugierten, aliphatischen Doppelbindungen entstehen (vgl. bei R. KUHN und A. WINTERSTEIN[2]). Denkt man sich 2 H-Atome dem Isopren C_5H_8 entzogen, so entsteht ein Radikal C_5H_6:

$$CH_2=C-CH=CH_2 \xrightarrow{\text{minus 2 H}} =CH-C=CH-CH=$$
$$\vert \qquad\qquad\qquad\qquad\qquad \vert$$
$$CH_3 \qquad\qquad\qquad\qquad\qquad CH_3$$

Durch Anschluß an ähnliche Reste wird die Ausbildung des, für das Lipochrom typischen konjugierten Systems zwanglos erklärt:

$$\ldots =CH-C=CH-CH= \; =CH-C=CH-CH= \; =CH-C=CH-CH= \ldots$$
$$\vert \qquad\qquad\qquad \vert \qquad\qquad\qquad \vert$$
$$CH_3 \qquad\qquad\quad CH_3 \qquad\qquad\quad CH_3$$

erster,   zweiter,   dritter,

dehydrierter Isoprenrest

Es ist klar, daß nicht nur Einzelreste C_5H_6, sondern auch bereits vorgebildete, längere Reihen im Verlaufe der Biosynthese sich vereinigen können. So kann der Aufbau auch im „spiegelbildlichen" Sinne verlaufen, nämlich so, daß in der Mitte des Endproduktes nicht 3, sondern ausnahmsweise 4 =CH—-Gruppen diejenigen C-Atome voneinander trennen, an welche die seitenständigen Methyle angehängt sind:

---

[1] S. S. 151, Anm. 3.   [2] S. S. 151, Anm. 7.
[3] Zur Kenntnis der Safranfarbstoffe. Helv. chim. Acta **10**, 397 (1927).
[4] S. S. 158, Anm. 1.

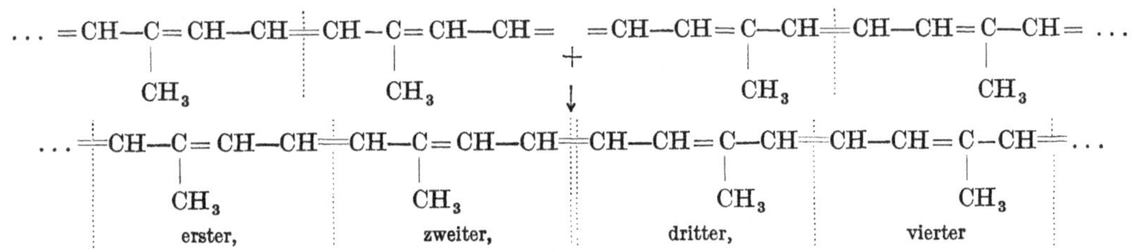

$$
\ldots =CH-C=CH-CH=CH-C=CH-CH= \quad\substack{+\\\downarrow}\quad =CH-CH=C-CH=CH-CH=C-CH= \ldots
$$
$$
\ldots =CH-C=CH-CH=CH-C=CH-CH=CH-CH=C-CH=CH-CH=C-CH= \ldots
$$

CH$_3$	CH$_3$	CH$_3$	CH$_3$
erster,	zweiter,	dritter,	vierter

Isopren-Baustein

Dieses wichtige *Prinzip der „Umstellung" der Isoprengruppen* ist von P. KARRER, A. HELFENSTEIN, H. WEHRLI und A. WETTSTEIN[1] entdeckt worden und gilt als ein charakteristisches Merkmal für die Konstitution der verbreitetsten Carotinoide, deren Chromophor durch Zusammenschluß von zwei Molekülhälften im Gewebe entstehen dürfte.

Als Belege seien die Strukturformeln von Lycopin, Xanthophyll (Lutein), Bixin und Crocetin angeführt (die Symbole für α-, β- und γ-Carotin findet man auf S. 166 bzw. S. 167).

Der (ganz oder vorwiegend) offene Bau des Kohlenstoffgerüstes, die ununterbrochene Wiederholung der dehydrierten Isoprengruppe und dadurch der konjugierten Doppelbindungen sowie der typisch gestellten Methylseitenketten verleihen dem Carotinoidmolekül ein eigenartiges Gepräge. Auf Grund dieser Ergebnisse kann also die folgende Definition gegeben werden: *Die Carotinoide sind wasserunlösliche, fettlösliche, stickstoff-freie, aliphatische Polyenpigmente, deren Farbe durch ein langes, von dehydrierten Isoprenresten gebildetes Doppelbindungssystem bedingt wird.*

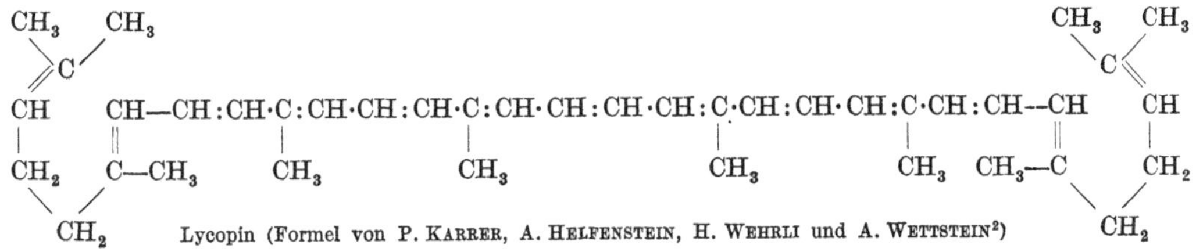

Lycopin (Formel von P. KARRER, A. HELFENSTEIN, H. WEHRLI und A. WETTSTEIN[2])

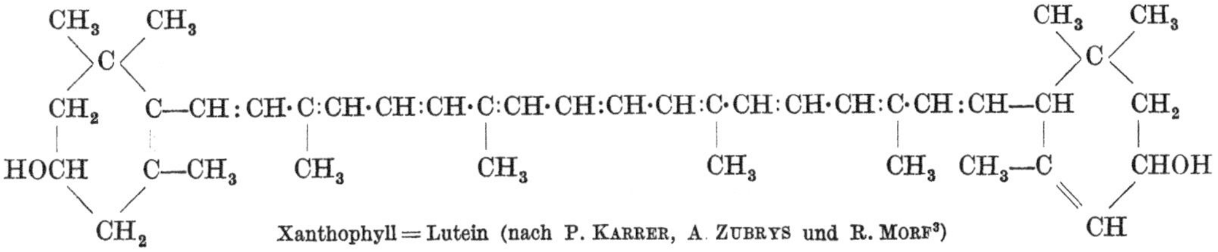

Xanthophyll = Lutein (nach P. KARRER, A. ZUBRYS und R. MORF[3])

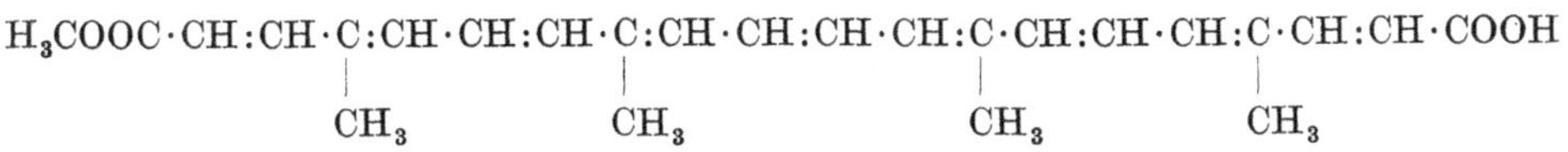

$$
H_3COOC \cdot CH:CH \cdot C:CH \cdot CH:CH \cdot C:CH \cdot CH:CH \cdot CH:C \cdot CH:CH \cdot CH:C \cdot CH:CH \cdot COOH
$$

Bixin (Formel von R. KUHN und A. WINTERSTEIN[4] sowie von P. KARRER, P. BENZ, R. MORF, H. RAUDNITZ, M. STOLL und T. TAKAHASHI)

---

[1] Über die Konstitution des Lycopins und Carotins. Helv. chim. Acta **13**, 1084 (1930).

[2] S. Anm. 1.

[3] Beitrag zur Kenntnis des Xanthophylls und Violaxanthins. Helv. chim. Acta **16**, 977 (1933).

[4] Die Dihydroverbindung der isomeren Bixine und die Elektronenkonfiguration der Polyene. Ber. Dtsch. chem. Ges. **65**, 646 (1932); s. Anm. 1, S. 158.

$$HOOC \cdot C:CH \cdot CH:CH \cdot C:CH \cdot CH:CH \cdot CH:C \cdot CH:CH \cdot CH:C \cdot COOH$$

$$\begin{array}{cccc} | & | & | & | \\ CH_3 & CH_3 & CH_3 & CH_3 \end{array}$$

Crocetin (Formel von P. KARRER, P. BENZ, R. MORF, H. RAUDNITZ, M. STOLL und T. TAKAHASHI[1])

4. Zur Ermittlung der Konstitution.

An dem Molekül eines Carotinoids lassen sich manche Eingriffe vollziehen, die für gewisse Atomgruppen quantitativ ausgewertet werden können.

Die Anzahl der Kohlenstoff-*Doppelbindungen* wird, wie erwähnt, im Wege der katalytischen Hydrierung ermittelt. Auch zur Bestimmung der *Methyl-Seitenketten* steht eine geeignete Methode zur Verfügung, indem man z. B. im Apparate von R. KUHN und H. ROTH[2] die Substanz mit Chromsäure oxydiert. Die Polyenkette wird hierbei vollständig zu Kohlendioxyd und Wasser verbrannt, während die seiten-ständigen Methyle und die damit verbundenen C-Atome in Form von Essigsäure erhalten bleiben und der Destillation und Titrierung zugänglich sind. Durch Kom-bination der Hydrier- und Oxydationsresultate gewinnt man eine erste Orientierung über die Länge des konjugierten Systems und über die wahrscheinliche Anzahl der dehydrierten Isoprenbausteine.

Das Mittelstück des Farbstoffmoleküls läßt sich also auf diesem Wege vorläufig festlegen; damit ist aber weder die Funktion der Sauerstoffatome, noch die Gestalt jener Endgruppen erkannt, von welchen das konjugierte System beiderseitig ein-geschlossen wird.

Für die Bestimmung der *Hydroxyle* steht — außer Veresterungsversuchen (s. z. B.: R. KUHN, A. WINTERSTEIN und W. KAUFMANN[3]) — die bekannte Methode von ZEREWITINOFF zur Verfügung, welche von P. KARRER, A. HELFENSTEIN und H. WEHRLI[4] zuerst angewandt wurde. Das Verfahren gibt in Anwesenheit von wenigen OH-Gruppen zuverlässige Resultate, während dem es noch ungewiß ist, inwiefern eine größere Anzahl von aktiven Wasserstoffatomen mit der Lösung von GRIGNARD durchreagiert.

Die quantitative Ermittlung des *Methoxyls* wird ohne weiteres, nach dem viel-benutzten Verfahren von ZEISEL durchgeführt. *Carboxylgruppen* lassen sich maß-analytisch bestimmen. Man titriert z. B. in Acetonlösung mit Hilfe von α-Naphthol-phthalein als Indikator oder in alkoholischem Medium mit Thymolblau (Näheres bei R. KUHN, A. WINTERSTEIN mit W. WIEGAND[5] bzw. H. ROTH[6]). Die Ketongruppe wird in manchen Fällen mit Hilfe von freiem Hydroxylamin und Alkali erkannt (R. KUHN und H. BROCKMANN[7-9]).

Zur *Ermittlung der ringförmigen oder acyclischen Endgruppen* dienen mehr oder weniger energische Eingriffe, vor allem mit Hilfe von Ozon bzw. Permanganat. Das hochungesättigte Polyenmolekül bietet dem Ozon naturgemäß zahlreiche An-griffspunkte, beim Spalten des Ozonids können daher recht verwickelte Verhältnisse obwalten (vgl. z. B. bei R. PUMMERER, L. REBMANN und W. REINDEL[10]). Zu einem besonders einfachen Ergebnis führt die Ozonisierung des Lycopins. P. KARRER, A. HELFENSTEIN, B. PIEPER und A. WETTSTEIN[11] konnten in diesem Falle 1,6 Mol Aceton fassen, womit beide Endgruppen des Farbstoffes festgelegt worden sind.

---

[1] Konstitution des Safranfarbstoffs Crocetin, Synthese des Perhydro-bixin-äthyl-esters und Perhydro-norbixins. Helv. chim. Acta 15, 1218 (1932).

[2] Mikrobestimmung von Acetyl-, Benzoyl- und C-Methylgruppen. Ber. Dtsch. chem. Ges. 66, 1274 (1933).

[3] Zur Kenntnis des Physalisfarbstoffes. Ber. Dtsch. chem. Ges. 63, 1489 (1930).

[4] Weiterer Beitrag zur Konstitution der Carotinoide. Helv. chim. Acta 13, 87 (1930).

[5] Der Farbstoff der chinesischen Gelbschoten. Über das Vorkommen von Polyen-farbstoffen im Pflanzenreiche. Helv. chim. Acta 11, 716 (1928).

[6] Über den Polyenfarbstoff der Azafranillowurzeln. Ber. Dtsch. chem. Ges. 64, 333 (1931).

[7] Über die ersten Oxydationsprodukte des β-Carotins. Ber. Dtsch. chem. Ges. 65, 894 (1932).

[8] Einfluß der Carotine auf Wachstum, Xerophthalmie, Kolpokeratose und Brunstcyclus. Klin. Wchschr. 12, 972 (1933). — Über Rhodoxanthin... Ber. Dtsch. chem. Ges. 66, 828 (1933).   [9] Semi-β-carotinon... Ber. Dtsch. chem. Ges. 66, 1319 (1933).

[10] Über den Ozonabbau des Carotins. Ber. Dtsch. chem. Ges. 64, 492 (1931).

[11] Die symmetrische Lycopinformel... Helv. chim. Acta 14, 435 (1931).

Jedes Acetonmolekül zeigt nämlich einen Isopropylidenrest an (vgl. hierzu auch die Methodik von R. Kuhn und H. Roth[1]):

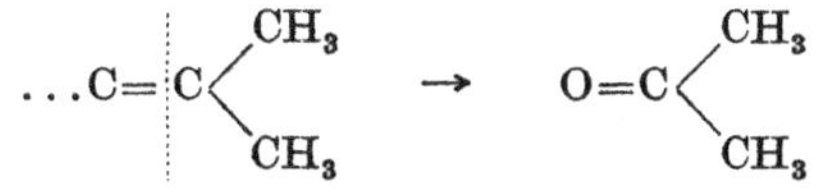

$$\ldots C = C \begin{cases} CH_3 \\ CH_3 \end{cases} \quad \rightarrow \quad O = C \begin{cases} CH_3 \\ CH_3 \end{cases}$$

Für die *Isolierung von größeren Spaltstücken* gab die Autoxydation des Carotins einen Fingerzeig. Schon R. Willstätter und H. H. Escher[2] war es aufgefallen, daß an der Luft liegende Präparate einen Geruch nach Veilchenwurzeln verbreiten. P. Karrer und A. Helfenstein[3] gelang der Nachweis, daß der Geruch auch bei vorsichtig durchgeführten Permanganatoxydationen auftritt. Gleichzeitig erhielten sie dieselben kristallinischen Abbauprodukte aus Carotin, welche in ähnlicher Ausbeute auch aus β-Jonon entstehen, nämlich: αα-Dimethylglutarsäure, αα-Dimethylbernsteinsäure, etwas Dimethylmalonsäure und endlich, unter Anwendung von Ozon (gemeinsam mit H. Wehrli und A. Wettstein[4]), die *Geronsäure*, ein besonders charakteristisches Spaltstück. Hiermit war die Anwesenheit des *β-Jononringes* im Lipochrom einwandfrei festgelegt:

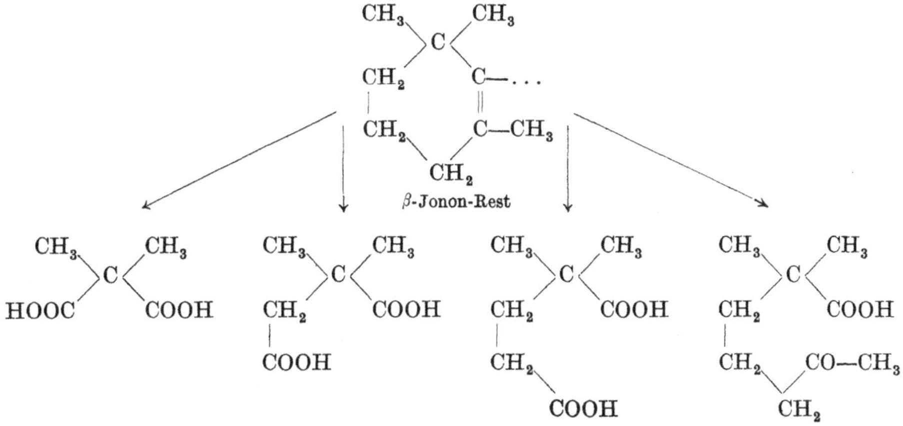

β-Jonon-Rest

Dimethylmalonsäure   αα-Dimethyl-   αα-Dimethyl-   Geronsäure
                            bernsteinsäure   glutarsäure

Durch sehr milde oxydative Eingriffe (Chromsäure) ist es übrigens auch möglich, die beiden Jononringe des β-Carotins nacheinander aufzuspalten, und zwar ohne weitergreifende Änderungen im Molekülbau. R. Kuhn und H. Brockmann[5] haben auf diesem Wege β-Carotinon und Semi-β-carotinon isoliert, deren Strukturformeln auf S. 174 stehen; stufenweiser Abbau des Carotins: s. Literaturverzeichnis auf S. 192.

5. Eigenschaften und Nachweis von Carotinoiden.

Die Carotinoide bilden schön ausgebildete, gelbe bis tiefviolettrote Kristalle, die in vielen Fällen metallisch glänzen. Mit Ausnahme der Polyen-Carbonsäuren sind sie gegen den Luftsauerstoff empfindlich, und zwar meist sowohl in gelöstem als auch in festem Zustand. Die Merkmale der allmählich, meist nach einer gewissen Latenzzeit bemerkbaren *Autoxydation* sind: Farbverlust, Gewichtszunahme, Erhöhung der Löslichkeit und Verschwinden des Kristallisiervermögens. Wurde ein Carotinoidpräparat schwach angegriffen, so erstreckt sich die Sauerstoffaufnahme meist nicht gleichmäßig auf das ganze Material, sondern nur auf einen kleineren Teil davon: die Hauptmenge des Präparates kann dann in reiner Form zurückgewonnen werden. Jedenfalls bewahre man Polyene in zuge-

---

[1] Mikrobestimmung von Isopropylidengruppen..... Ber. Dtsch. chem. Ges. **65,** 1285 (1932).   [2] S. S. 151, Anm. 1.

[3] Über Carotin I. Helv. chim. Acta **12,** 1142 (1929).

[4] S. S. 157, Anm. 1.   [5] S. S. 158, Anm. 7, 9.

schmolzenen, mit CO_2 oder N_2 gefüllten Röhrchen auf und halte auch ihre Lösungen unter Licht- und Luftabschluß.

Temperaturen von 50—70⁰ werden von den Carotinoiden gut vertragen, meist auch alkalische Eingriffe in der Kälte. Gegenüber Säuren sind besonders die Xanthophyllarten empfindlich.

Mineralsäuren spielen seit langer Zeit als Gruppenreagenzien eine Rolle. Die zuerst von MARQUART 1835 an gelben Blüten beobachtete Erscheinung, daß konzentrierte *Schwefelsäure* schön dunkelblaue bis blauviolette, zuweilen grünlichblaue Färbungen erzeugt, wird makro- und mikrochemisch oft verwertet. Man unterschichte die ätherische Lösung vorsichtig mit wenig Schwefelsäure, wobei ein vollkommener Wasserausschluß nicht erforderlich ist. Die Reaktion

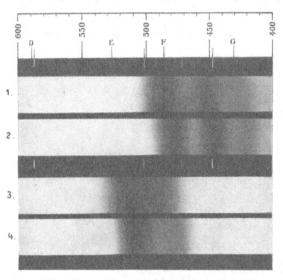

ist unspezifisch, doch zur raschen Entscheidung der Klassenzugehörigkeit eines Pigments geeignet. Konzentrierte *Salzsäure* (mit mindestens 25% HCl) gibt unter analogen Bedingungen nur mit Violaxanthin, Fucoxanthin, Capsanthin und Capsorubin blaue Färbungen. Eine ähnliche Reaktion erhält man mit *Antimontrichlorid* in Chloroform. In der Vitaminchemie ist diese wichtige Probe als F. H. CARR-E. A. PRICEsche *Reaktion*[1] bekannt und soll auf S. 181 ausführlicher besprochen werden. Nach der dort angegebenen Methodik lassen sich die Carotinoide mit einer Genauigkeit von 10% quantitativ bestimmen (H. v. EULER und P. KARRER[2]).

Abb. 10. Spektrum des Blatt-carotins und -xanthophylls, nach R. WILLSTÄTTER und A. STOLL. 1. Carotin in Alkohol. 2. Xanthophyll in Alkohol. 3. Carotin in Schwefelkohlenstoff. 4. Xanthophyll in Schwefelkohlenstoff.

Zum *mikrochemischen Nachweis des Lipochroms* im Fettgewebe werden die Schnitte zunächst mit dem Reagens von H. MOLISCH[3] längere Zeit hindurch behandelt (20 Gew.-% KOH in 40 Vol.-% Alkohol), ausgewaschen und getrocknet. Man beobachtet nadel- bzw. tafelförmige, gelbe bis rote Kristalle unter dem Mikroskop und nimmt dann meist eine Farbreaktion vor.

Häufig wird auch das *Spektroskop* zu Rate gezogen. Die Lichtabsorptionsbänder der Carotinoide sind typisch und von den meisten anderen Pigmentklassen leicht zu unterscheiden. Oft beobachtet man zwei Bänder (z. B. in Blau und Indigoblau), deren Abstand mit der Breite eines Bandes vergleichbar ist (*Abb. 10*). Liegt in einer Fettart nur ein einziger Farbstoff vor, so untersucht man direkt die Schwefelkohlenstoff- oder Benzinlösung; in Anwesenheit von mehreren Carotinoiden muß aber zunächst eine Trennungsoperation vorgenommen werden (s. unten), da die Bänder sonst viel zu verschwommen sind. Zur Charakterisierung des Spektrums genügt die Angabe von *optischen Schwerpunkten* (Extinktionsmaxima), die bei hinreichend kleinen Konzentrationen meist in der Mitte der Bänder liegen und ohne Photometrie ermittelt werden (*Tabelle 38*, S. 161).

Die *quantitative Bestimmung* eines *einheitlichen* Carotinoids geschieht am besten *kolorimetrisch*:

[1] Über dem Vitamin A eigene Farbreaktionen. Biochemical Journ. **20**, 497 (1926).
[2] Zur Kenntnis der CARR-PRICE-Reaktion an Carotinoiden. Helv. chim. Acta **15**, 496 (1932).   [3] Mikrochemie der Pflanze. Jena: Gustav Fischer. 1923.

Tabelle 38. Die (beiden langwelligsten) optischen Schwerpunkte von Carotinoiden (in CS$_2$).

Carotinoid	Schwerpunkte $\mu\mu$	
Rhodoxanthin	564	525
Lycopin	548	507
Capsanthin	541,5	502
Capsorubin	541	503
γ-Carotin	533,5	496
Rubixanthin	533,5	496
Bixin	523,5	489
β-Carotin	521	485,5
Kryptoxanthin	519	483
Zeaxanthin	519	483
α-Carotin	509	477
Lutein	508	475
Taraxanthin	501	469
Violaxanthin	500,5	469
Crocetin[1]	478,5	448
Flavoxanthin	478	447,5
Azafrin[1]	476	445,5

Man löst das Fett in Äther oder Petroläther und vergleicht mit einer 0,2%igen wäßrigen Kaliumbichromatlösung (R. WILLSTÄTTER und A. STOLL[2]). Die folgenden Lösungen sind gleichwertig:

Carotin (0,0268 g
  in 1 l Petroläther) 100 50 25 mm Schicht
Bichromat (0,2%) 101 41 19 „   „

Xanthophyll
  (0,0284 g in 1 l
  Äther) .... 100 50 25 „   „
Bichromat (0,2%) 72 27 14 „   „

Für *mikro-kolorimetrische* Bestimmungen ist nach R. KUHN u. H. BROCKMANN[3] Azobenzol als Standard-Substanz geeignet (14,5 mg in 100 cm^3 96%igem Alkohol). Die Farbgleichheit zeigt in je 1 cm^3 Benzin (Siedep. 70—80^0) an: 0,00235 mg α- oder β-Carotin, 0,00242 mg Kryptoxanthin, 0,00252 mg Lutein oder Zeaxanthin. Eine zehnmal stärkere Azobenzollösung indiziert 0,0078 mg Lycopin bzw. 0,0116 mg Capsanthin pro Kubikzentimeter.

6. Trennung der Carotinoide durch „Entmischung".

In vielen Fällen besteht das Lipochrom aus mehreren Einzelfarbstoffen, so daß eine Trennungsoperation vorgenommen werden muß. Hier leistet eine ältere Methode vortreffliche Dienste, die in der *Verteilung des Farbstoffes zwischen zwei, miteinander nicht mischbaren Lösungsmitteln* besteht (R. WILLSTÄTTER und A. STOLL[4] sowie dort zitierte ältere Autoren; R. KUHN und H. BROCKMANN[3]).

Die untere Phase wird z. B. von 80—90%igem Methanol, die obere von Benzin oder Äther + Petroläther gebildet. Die einzelnen Carotinoide verteilen sich nach dem

Tabelle 39. Trennung von Carotinoiden durch „Entmischen".

Man verteilt den Farbstoff (wiederholt) zwischen Äther + Petroläther (1 : 1) und 85%igem Holzgeist.

Oben		Unten
Carotine, Lycopin und Farbwachse. Man behandelt die abgehobene Oberschicht mit konz. methylalkoholischem Kali, führt den Farbstoff durch Zusatz von viel Wasser in Äther + Petroläther über, zapft das Wasser ab, fügt 85%igen Holzgeist zu, schüttelt und läßt stehen:		Xanthophyll, Lutein, Flavoxanthin, Taraxanthin, Violaxanthin, Fucoxanthin, Capsorubin und Capsanthin (unverestert)

Oben	Unten
Carotine und Lycopin (ihr Verhalten hat sich nicht geändert)	Xanthophyll usw. (die vor der Verseifung als Ester in der Oberschicht enthalten waren)

[1] Mit dem Methylester ermittelt.
[2] Untersuchungen über Chlorophyll. Methoden und Ergebnisse. Berlin: Julius Springer. 1913.   [3] Bestimmung von Carotinoiden. Ztschr. physiol. Chem. **206**, 41 (1932).
[4] S. Anm. 2.

Durchschütteln im Reagenzglas-Scheidetrichter in charakteristischer Weise ungleich zwischen den beiden Solventen und können durch (eventuell wiederholte) Erneuerung derjenigen Schicht, welche die Hauptmenge aufgenommen hat, quantitativ abgetrennt werden. Das Verfahren ist rasch und einfach, da man den Gang der Entmischung mit dem Auge verfolgt. Die erhaltenen Lösungen stehen zur Spektroskopie, Kolorimetrie bzw. zu weiteren Trennungsoperationen bereit.

Von den Carotinoiden im engeren Sinne sind die Kohlenwasserstoffe (α-, β- und γ-Carotin, Lycopin) „epiphasisch", d. h. sie gehen in die petrolätherische *Oberschicht*, ebenso auch die veresterten Pigmente („Farbwachse", S. 168), während man in der *unteren*, methylalkoholischen Phase die Farbstoffe mit mindestens zwei freien Hydroxylen vorfindet (Xanthophyll usw.; „hypophasisches" Verhalten)[1]. Durch Verseifen mit methylalkoholischem Kali wird nur das Verhalten der Polyenester abgeändert. Es ergibt sich also für eine Orientierung der in *Tabelle 39* (S. 161) verzeichnete Arbeitsgang.

Abb. 11. Adsorptionsrohr mit angeschliffenem Unterteil und mit Siebplatte.

Durch Kombination von Entmischungs- und Adsorptionsverfahren (s. unten) haben R. KUHN und H. BROCKMANN[2] eine leistungsfähige *Mikromethode zur Trennung und Bestimmung von Carotinoiden* geschaffen. (Näheres im Original.)

7. Die chromatographische Adsorptionsmethode von M. TSWETT[3–6].

Der Gedanke, die Entwirrung von natürlichen Stoffgemischen mit Hilfe der feinen Differenziierung von Adsorptionsaffinitäten vorzunehmen, ist sowohl auf dem Gebiete des Lipochroms als auch des A-Vitamins fruchtbar geworden.

M. TSWETT ließ mit Petroläther, Benzol oder Schwefelkohlenstoff bereitete Pigment-Extrakte durch eine vertikal aufgestellte Säule von Adsorptionsmitteln, z. B. Calciumcarbonat, sickern, welches ein unten ausgezogenes Glasrohr ($10—15 \times 1—2$ cm) dicht erfüllte. Für größere Versuche benützt man zweckmäßig ein Rohr mit Siebplatte und angeschliffenem Unterteil (25×5 cm, *Abb. 11*), für empfindliche Substanzen (Vitamin A) verwenden I. M. HEILBRON, R. N. HESLOP, R. A. MORTON, E. T. WEBSTER, J. L. REA und J. C. DRUMMOND[7] die in *Abb. 12* wiedergegebene Apparatur. Neuestens wurden von A. WINTERSTEIN und K. SCHÖN[8] Porolith-Filterplatten eingeführt.

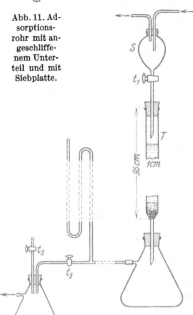

Abb. 12. Adsorptionsvorrichtung nach I. M. HEILBRON und Mitarbeitern (in *S* wird O-freier Stickstoff eingeleitet).

[1] Ebenso verhält sich das Vitamin A nach L. K. WOLFF, J. OVERHOFF u. M. VAN EEKELEN: Über Carotin und Vitamin A. Dtsch. med. Wchschr. **56**, 1428 (1930); vgl. auch bei P. KARRER u. K. SCHÖPP: Trennung von Vitamin A, Carotin und Xanthophyllen. Helv. chim. Acta **15**, 745 (1932).

[2] S. S. 161, Anm. 3.

[3] Physikalisch-chemische Studien über das Chlorophyll. Die Absorptionen. Ber. Dtsch. botan. Ges. **24**, 316 (1906).

[4] Adsorptionsanalyse und chromatographische Methode. Anwendung auf die Chemie des Chlorophylls. Ebenda **24**, 384 (1906).

[5] Die Chromophylle in der Pflanzen- und Tierwelt. Warschau. 1910. (Russ.)

[6] Über den makro- und mikrochemischen Nachweis des Carotins. Ber. Dtsch. botan. Ges. **29**, 630 (1911).

[7] Charakterisierung hochaktiver Vitamin-A-Präparate. Biochemical Journ. **26**, 1178 (1932).

[8] Fraktionierung und Reindarstellung von Pflanzenstoffen nach dem Prinzip der chromatographischen Adsorptionsanalyse; in

Die mit der stärksten Adsorptionsaffinität behaftete Farbstoffkomponente wird bereits im oberen Teil der Säule festgehalten, während die übrigen mehr oder weniger tief vordringen. Man beobachtet verschiedene, gut sichtbare Farbzonen im Rohr, welche durch reichliches Aufgießen des reinen Lösungsmittels und mäßiges Saugen noch weiter auseinandergezogen und schließlich mechanisch getrennt werden (Herausdrücken der Säule und Zerschneiden derselben mit dem Skalpell). Die einzelnen Scheiben werden eluiert (Alkohol) und können dann weiter untersucht werden. Das Verfahren wurde namentlich von R. KUHN und E. LEDERER[1] sowie R. KUHN, A. WINTERSTEIN und E. LEDERER[2] in die präparative Chemie eingeführt und von A. WINTERSTEIN[3] ausführlich beschrieben. Durch Anwendung von Calciumhydroxyd oder Calciumoxyd haben P. KARRER und O. WALKER[4] die Trennung der Carotine sehr verfeinert.

Auf dem Gebiete des Lipochroms kommt die Fixierbarkeit der Einzelfarbstoffe in Anwesenheit von mehreren alkoholischen Hydroxylen stark zur Geltung, während die schwächsten Adsorptionsaffinitäten bei den sauerstoff-freien Pigmenten beobachtet werden. Bereits kleine strukturelle Unterschiede verraten sich im Chromatogramm, wie dies aus *Tabelle 40*, die eine Adsorptionsrangordnung der Carotinoide enthält, deutlich hervorgeht.

Tabelle 40. Adsorptionsreihe von Carotinoiden aus Benzinlösung, nach A. WINTERSTEIN und G. STEIN[5].

Am stärksten adsorbiert	Fucoxanthin Violaxanthin Taraxanthin Flavoxanthin Zeaxanthin Lutein (Xanthophyll)	Alkohole	CaCO$_3$	
	Rhodoxanthin	Keton		
	Physalien (S. 167) Helenien (S. 168)	Ester	Al$_2$O$_3$	Adsorptionsmittel
am schwächsten adsorbiert	Lycopin γ-Carotin β-Carotin α-Carotin	Kohlenwasserstoffe		

(Abnahme der Adsorptionsaffinität ↓)

Dem chromatographischen Versuch geht in der Regel die Verseifung des Fettes voraus.

Die *Trennung von Carotinoiden und Vitamin A* ist gleichfalls mit Hilfe der TSWETTschen Methode durchführbar. Liegt nur Carotin im Pigmentanteil vor, so genügt allerdings eine Entmischung zwischen Methanol und Petroläther (L. K. WOLFF, J. OVERHOFF und M. VAN EEKELEN[6]), besteht aber das Lipochrom aus hydroxylhaltigen Carotinoiden (Xanthophyll-Typus), so filtriere man die Gesamtlösung durch eine Säule von Calciumcarbonat, von dem nur der Farbstoff festgehalten wird; das Vitamin A befindet sich quantitativ im Filtrat (P. KARRER und K. SCHÖPP[7]).

8. Spezielle Angaben über einige Carotinoide.

a) **Carotin, C$_{40}$H$_{56}$.** Dieses wichtigste Lipochrom ist sowohl im Tier- als auch im Pflanzenreich außerordentlich verbreitet. Charakteristisch ist sein Vor-

---

G. KLEINS Handb. d. Pflanzenanalyse IV, 1403 (1933). — Vgl. auch A. WINTERSTEIN u. K. SCHÖN: Ztschr. physiol. Chem. **230**, 139, 146, 158, 169 (1934).

[1] S. S. 164, Anm. 1, 2.   [2] S. S. 151, Anm. 9.   [3] S. S. 162, Anm. 8.

[4] Reines α-Carotin. Helv. chim. Acta **16**, 641 (1933).

[5] Fraktionierung und Reindarstellung organischer Substanzen nach dem Prinzip der chromatographischen Adsorptionsanalyse. Ztschr. physiol. Chem. **220**, 247, 263 (1933); s. auch **230**, 139, 146, 158, 169 (1934).

[6] Über Carotin und Vitamin A. Dtsch. med. Wchschr. **56**, 1428 (1930).

[7] Trennung von Vitamin A, Carotin und Xanthophyllen. Helv. chim. Acta **15**, 745 (1932).

kommen in jedem grünen Pflanzenteile, nebst Xanthophyll und Chlorophyll, ferner z. B. in der Mohrrübe, wo WACKENRODER (1831) den Farbstoff entdeckt hat. Den Fettchemiker interessiert die Verbreitung in Lipoiden der verschiedensten Art, bzw. in manchen fettreichen Rohmaterialien der Industrie, welche sich durch eine gelbe Pigmentierung auszeichnen oder gelbgefärbte Extrakte liefern (Baumwollöl, Leinöl, Palmöl, Maisöl, Leinsamenkuchen, Kakaobohne, Sojabohne, Butter, Rinder-, Pferde- und Hühnerfett, menschliches Depotfett usw.).

Genau 100 Jahre nach der Entdeckung des Farbstoffes wurde die wichtige Tatsache bekannt, daß reines „Carotin" meist *kein einheitlicher Körper* ist, sondern zu *Komponenten* aufgeteilt werden kann, die alle die Zusammensetzung $C_{40}H_{56}$ besitzen. R. KUHN und E. LEDERER[1, 2] konnten aus Karotten, Kastanienlaub, Vogelbeeren usw. bereitete, kristallisierte Carotin-Gesamtpräparate mit Hilfe von fraktionierten Adsorptionsverfahren in das stark rechtsdrehende *α-Carotin* und in das optisch inaktive *β-Carotin* zerlegen (vgl. auch P. KARRER, A. HELFENSTEIN, H. WEHRLI, B. PIEPER und R. MORF[3]; P. KARRER, H. v. EULER und H. HELLSTRÖM[4] u. a.). Später haben R. KUHN und H. BROCKMANN[5] noch eine dritte, gleichfalls inaktive Carotinart, das *γ-Carotin* entdeckt, das jedoch nur einen geringfügigen Anteil der meisten Präparate ausmacht und für die Fettchemie belanglos ist. Ein nach den üblichen Methoden aus der Mohrrübe gewonnenes Carotingemisch enthält z. B. rund 15% α-, 85% β- und 0,1% γ-Carotin (vgl. hierzu auch A. WINTERSTEIN[6]).

α- und β-Carotin werden also in gewaltigen Mengen von der Natur dargeboten, wobei β stark überwiegt. Während man mehrere Drogen kennt, die praktisch nur das β-Isomere enthalten, ist ein ausschließliches Vorkommen der α-Verbindung noch nirgends beobachtet worden. Ein Gehalt von einem Drittel α, wie er in dem Carotin guter Lagos-Palmöle gefunden wird, gilt bereits als sehr hoch; man vergleiche hierzu *Tabelle 41*. Auch die aus Kuh-, Pferde- und Menschenfett bereiteten Carotinpräparate bestehen hauptsächlich aus dem β-Isomeren[7].

Tabelle 41. α-Carotingehalt verschiedener Carotinpräparate (vgl. R. KUHN und E. LEDERER[8], R. KUHN und H. BROCKMANN[9]).

Rohmaterial	% α im Gesamtcarotin	Rohmaterial	% α im Gesamtcarotin
Palmöl................	30—40	Karotte	10—20
Kastanienblatt...........	25	Vogelbeere	15
Brennesselblatt	0	Riesenkürbis (Fruchtfleisch)	< 1
Spinat	0	Paprika (Fruchthaut)	0
Gras...................	0	Ovarien.................	0

Zur *Darstellung von reinem Carotin* (-Gemisch) geht man meist aus Pflanzenmaterialien aus. Beispiele:

1. Isolierung des *Mohrrüben*-Carotins (*Daucus carota*; vgl. R. WILLSTÄTTER und H. H. ESCHER[10]). Bei 40—60⁰ getrocknete Schnitzel werden pro Kilogramm mit 3 l Petroläther (Siedep. unter 70⁰) erschöpft, worauf man die filtrierte Lösung im Vakuum, am Wasserbade bis zu 150 cm³ eindampft und mit 100 cm³ Schwefelkohlenstoff vermengt. Nun wird eine fraktionierte Fällung mit etwa 1 l abs. Alkohol

---

[1] Fraktionierung und Isomerisierung des Carotins. Naturwiss. **19**, 306 (1931).
[2] Zerlegung des Carotins in seine Komponenten. Ber. Dtsch. chem. Ges. **64**, 1349 (1931).
[3] Beiträge zur Kenntnis des Carotins, der Xanthophylle, des Fucoxanthins und Capsanthins. Helv. chim. Acta **14**, 614 (1931).
[4] Über isomere Carotine. Ark. Kemi, Mineral. Geol., Abt. 10, **1931**, Nr. 15.
[5] γ-Carotin. Ber. Dtsch. chem. Ges. **66**, 407 (1933).
[6] Über ein Vorkommen von γ-Carotin. Ztschr. physiol. Chem. **219**, 249 (1933).
[7] S. S. 152, Anm. 1.   [8] Über α- und β-Carotin. Ztschr. physiol. Chem. **200**, 246 (1931).
[9] α-Carotin aus Palmöl. Ztschr. physiol. Chem. **200**, 255 (1931).   [10] S. S. 151, Anm. 1.

vorgenommen: es erscheinen zunächst farblose Begleiter, die man rasch abfiltriert, sodann die metallisch flimmernden Carotinkristalle. Man läßt im Eisschrank stehen, saugt ab und kristallisiert z. B. aus Benzol + Methanol um.

2. Isolierung des Carotins aus *Palmöl* (R. KUHN und H. BROCKMANN[1]). 1 kg Lagos-Palmöl, das 1,1 g Carotin enthielt, wurde mit 400 cm³ Benzin (Siedep. 70 bis 80⁰) verrührt, auf —15⁰ gekühlt, zentrifugiert und der hellgelbe Rückstand (15—20%) mit tief gekühltem Benzin nachgewaschen. Man erwärmt nach Zusatz von 2,5 l 10%igem methylalkoholischem Kali $^1/_4$ Stunde am Wasserbad, unter N_2, wobei alles klar in Lösung geht. Nach der Verseifung wird mit 1,5 l Benzin und 1,2 l Wasser entmischt und die Unterschicht zweimal mit je 0,5 l Benzin ausgeschüttelt, um die vereinigten Benzinlösungen im Vakuum, unter N_2 auf 1 l einzuengen. Man vollendet die Verseifung mit Hilfe von 1 l 5%iger äthylalkoholischer Lauge, während 12 Stunden bei Raumtemperatur. Sodann wird mit Wasser alkalifrei gewaschen und die Farbstofflösung zweimal mit 90%igem Holzgeist durchgeschüttelt. Aus der im Vakuum stark eingeengten Benzinlösung schied Methanol 0,3 g glitzernde Carotinkristalle aus.

3. Die Isolierung des *Pferdefett-Carotins* wurde bereits S. 152, 153 beschrieben; s. dort die Zitate betr. Carotin aus Rindertalg, Hühnerfett sowie aus menschlichem Depotfett.

Eigenschaften. Carotin bildet ein dunkelkupferrotes bzw. zinnoberrotes, aus mehrere Millimeter großen, rhombischen Tafeln bestehendes, geruchloses Kristallpulver von hart wachsähnlicher Konsistenz. Die mikroskopische Farbe ist leuchtend orangerot, dicke Stücke erscheinen fast purpurrot; Xanthophyll sieht daneben gelb aus, es ist nur an Kreuzungsstellen von mehreren Kristallen orangefarbig und nur dort carotinähnlich (R. WILLSTÄTTER und W. MIEG[2]). Der Schmelzpunkt des Carotins liegt meist zwischen 172 und 184⁰ (korr.) und wird von dem Mengenverhältnis der Komponenten beeinflußt. Die Löslichkeit ist grundsätzlich unterscheidend von den Xanthophyllen (Polyen-alkoholen) und erinnert in mancher Hinsicht an die Fette: in Schwefelkohlenstoff oder Chloroform sehr leicht, in Äther mäßig leicht, in Alkohol spärlich, selbst bei Siedehitze. In dem Entmischungsversuch verhält sich Carotin rein epiphasisch (S. 161). Auch in Fett bzw. in fetten Ölen läßt sich der Kohlenwasserstoff lösen. Die Farbe von verdünnten, ätherischen oder petrolätherischen Carotinlösungen ist bichromatähnlich gelb, in Schwefelkohlenstoff aber rot. Kolorimetrisch ist die 0,2%ige Kaliumbichromatlösung mit 27 mg Carotin (in 1 l Petroläther) annähernd gleichwertig (Schichtdicke 100 mm; R. WILLSTÄTTER und A. STOLL[3]; vgl. S. 161).

An der Luft unterliegt Carotin der Autoxydation: es bleicht allmählich aus, nimmt an Gewicht zu, verliert seine Kristallisierfähigkeit und verbreitet einen schwachen, aber deutlichen Geruch nach Veilchen (Jonon); hochgereinigte Präparate sind beständiger[4]. Katalytisch hydriert, liefert der Mohrrübenfarbstoff einen farblosen, öligen Perhydrokörper $C_{40}H_{78}$ [5].

Die *Eigenschaften der individuellen Carotinarten* zeigen untereinander bedeutende Abweichungen, die in der *Tabelle 42*, S. 166, verzeichnet sind.

---

[1] S. S. 164, Anm. 9.   [2] S. S. 151, Anm. 3.
[3] S. S. 161, Anm. 2. — Vgl. auch P. KARRER, H. v. EULER u. H. HELLSTRÖM: Über
    isomere Carotine. Ark. Kemi, Mineral. Geol., Abt. 10, **1931**, Nr. 15.
[4] *Stabilitätsverhältnisse von Carotin in verschiedenen Ölen:* C. A. BAUMANN u. H. STEEN-
    BOCK: Der Carotin- und Vitamin-A-Gehalt der Butter. Journ. biol. Chemistry
    101, 547 (1933). — A. SCHEUNERT u. M. SCHIEBLICH: Über die Haltbarkeit
    des internationalen Standard-Carotins in öliger Lösung. Biochem. Ztschr. **263**,
    454 (1933). — R. G. TURNER: Die Stabilität von Carotin in Olivenöl. Journ.
    biol. Chemistry **105**, 443 (1934). — *Einfluß von Carotin auf die Autoxydation
    von ungesättigten Fettsäuren:* W. FRANKE: Zur Autoxydation der ungesättigten
    Fettsäuren II. Die Wirkung der Carotinoide. Ztschr. physiol. Chem. **212**, 234
    (1932). — B. R. MONAGHAN u. F. O. SCHMITT: Die Wirkung von Carotin und
    Vitamin A auf die Oxydation von Linolensäure. Journ. biol. Chemistry **96**, 387 (1932).
[5] S. S. 154, Anm. 3.

Tabelle 42. Vergleich von α-, β- und γ-Carotin (Literatur s. oben).

	α-Carotin	β-Carotin	γ-Carotin
Formel..............	$C_{40}H_{56}$	$C_{40}H_{56}$	$C_{40}H_{56}$
Schmelzpunkt (korr.).	187—188⁰	183⁰	178⁰
Im Chromatogramm..	unten	in der Mitte	oben
$[\alpha]_{ca}^{20}$ (in Benzol)	$+ 385^0$	0	0
Opt. Schwerpunkte in CS₂	509, 477 $\mu\mu$	521, 485,5 $\mu\mu$	533,5, 496, 463 $\mu\mu$
Opt. Schwerpunkte in Benzin...........	478, 447,5	483,5, 452	495, 462, 431
Brechungsindex(CHCl₃)	1,451	1,453	
Extinktionsmaximum mit SbCl₃ in CHCl₃	542 $\mu\mu$	590 $\mu\mu$	
Doppelbindungen	11	11	12
Ringsysteme	2	2	1
Beim Ozonabbau	kein Aceton	kein Aceton	1 Mol Aceton
Als Provitamin A	stark wirksam	sehr stark wirksam	stark wirksam

Aus Benzol + Methanol kristallisiert α-Carotin in beiderseitig zugespitzten, flachen Prismen, die vielfach fächerartig zu Drusen vereinigt sind und gerade Auslöschung zeigen; das β-Isomere bildet längliche, charakteristische Sechsecke (wohl Verwachsungsdrillinge; *Abb. 9a*, S. 152). β-Carotinkristalle sind dunkler violett und auch ihre Lösungen sind farbkräftiger, z. B. im Verhältnis $\beta : \alpha = 1,3 : 1$ (Benzol). Das β-Isomere ist erheblich schwerer löslich und reichert sich im Verlaufe von mehreren Umkristallisationen von Mischpräparaten allmählich an, während die Mutterlaugen an α reicher werden. Demgemäß steht das, von älteren Autoren beschriebene „Carotin" in seinen Eigenschaften meist der β-Komponente am nächsten, um so mehr als die letztere schon in dem Ausgangsmaterial überwog.

Die Adsorptionsaffinitäten der heute bekannten Polyenkohlenwasserstoffe nehmen in der folgenden Reihenfolge ab: Lycopin (13 Doppelbindungen), γ-Carotin (12 Doppelbindungen), β-Carotin (11 Doppelbindungen, alle konjugiert) und α-Carotin (11 Doppelbindungen, davon 10 konjugiert).

Zur Konstitution. Über die Methoden der Struktur-Ermittlung wurden schon S. 158 Angaben gemacht, hier seien zunächst die Symbole der drei Carotine angeführt:

α-Carotin (nach P. KARRER, R. MORF und O. WALKER[1])

β-Carotin (nach P. KARRER, A. HELFENSTEIN, H. WEHRLI und A. WETTSTEIN[2])

---

[1] Konstitution des α-Carotins. Helv. chim. Acta **16**, 975 (1933); Nature **132**, 171 (1933).

[2] S. S. 157, Anm. 11.

$$\begin{aligned}
&CH_3 \quad CH_3 \qquad\qquad\qquad\qquad\qquad\qquad\qquad\qquad\qquad CH_3 \quad CH_3 \\
&\quad \searrow C< \qquad\qquad\qquad\qquad\qquad\qquad\qquad\qquad\qquad\qquad \searrow C\!\ll \\
&CH_2 \quad C\!-\!CH\!:\!CH\cdot C\!:\!CH\cdot CH\!:\!CH\cdot C\!:\!CH\cdot CH\!:\!CH\cdot CH\!:\!C\cdot CH\!:\!CH\cdot CH\!:\!C\cdot CH\!:\!CH\!-\!CH \quad CH \\
&CH_2 \quad C\!-\!CH_3 \quad CH_3 \qquad\qquad CH_3 \qquad\qquad CH_3 \qquad\qquad CH_3 \quad CH_3\!-\!C \quad CH_2 \\
&\quad \searrow CH_2 \swarrow \qquad\qquad\qquad\qquad\qquad\qquad\qquad\qquad\qquad\qquad\qquad \searrow CH_2 \swarrow
\end{aligned}$$

γ-Carotin (nach R. Kuhn und H. Brockmann[1])

Man ermittelte im Oxydationsversuch die Methyl-Seitenketten und im Wege der katalytischen Hydrierung sowie Analyse des Perhydrokörpers die Anzahl der Ringsysteme, über deren Form die auf S. 159 verzeichneten Abbauprodukte orientieren. Besonders wichtig war die Isolierung der *Geronsäure* aus α- und β-Carotin; die erstgenannte Carotinart liefert außerdem *Isogeronsäure*, die offenbar aus dem rechten Molekülende der obigen Formel entstammt (P. Karrer, A. Helfenstein, H. Wehrli und A. Wettstein[2]; P. Karrer, R. Morf und O. Walker[3]).

$$\begin{aligned}
&CH_3 \quad CH_3 \qquad\qquad\qquad\qquad CH_3 \quad CH_3 \\
&\quad \searrow C< \qquad\qquad\qquad\qquad\qquad \searrow C< \\
&CH_2 \quad COOH \qquad\qquad\qquad CH_2 \quad CH_2 \\
&CH_2 \quad CO\!-\!CH_3 \qquad CH_3\!-\!CO \quad CH_2 \\
&\quad \searrow CH_2 \swarrow \qquad\qquad\qquad\qquad\qquad COOH
\end{aligned}$$

Geronsäure ($\alpha\alpha$-Dimethyl-δ-acetylvaleriansäure)   Isogeronsäure ($\gamma\gamma$-Dimethyl-δ-acetylvaleriansäure)

Zur weiteren Bekräftigung der Carotinsymbole diente die Oxydation des β-Carotins nach R. Kuhn und H. Brockmann[4], mit genau dosierten Chromsäuremengen. Hierbei bleibt das gesamte Kohlenstoffgerüst erhalten, während die beiden Ringe schrittweise geöffnet werden. Man findet die Symbole des gebildeten Diketons (*Semi-β-carotinon*, $C_{40}H_{56}O_2$) bzw. des Tetraketons (β-*Carotinon*, $C_{40}H_{56}O_4$) auf S. 174. Eine ähnliche Umformung des α-Carotins wurde jüngst von P. Karrer, H. v. Euler und U. Solmssen[5] durchgeführt. — Stufenweiser Abbau: R. Kuhn u. H. Brockmann: S. 192.

b) Das **Lycopin**, $C_{40}H_{56}$, kommt in der Tomate und in Beeren vor, ferner gelegentlich auch in menschlichem Fett (L. Zechmeister und P. Tuzson[6]; *Abb. 9b*, S. 152) und wird oft von Carotin begleitet. Die Vitamin-A-Wirksamkeit der Tomate ist bedeutend, sie steht aber mit dem Hauptfarbstoff Lycopin in keinem Zusammenhange.

c) **Xanthophylle** nennt man die *Polyen-alkohole mit C_{40}*; die wichtigsten zeigen die Zusammensetzung $C_{40}H_{56}O_2$ oder, im Hinblick auf zwei Hydroxyle, $HO\cdot C_{40}H_{54}\cdot OH$. Das in jedem grünen Pflanzenteil neben Chlorophyll a, Chlorophyll b und Carotin sowie z. B. im Hühnerfett vorliegende Xanthophyll ist nicht einheitlich. Den Hauptbestandteil (Schmp. 193°, $[\alpha]_{Cd} = +160°$, in $CHCl_3$, Struktur: S. 157), der auch im Eidotter enthalten ist, bezeichnen R. Kuhn, A. Winterstein und E. Lederer[7] als *Lutein*[8]. Dasselbe wird im Eigelb von dem sehr schwer löslichen *Zeaxanthin*, $C_{40}H_{56}O_2$, begleitet. Das Zeaxanthin kommt frei und in verestertem Zustand recht häufig in der Natur vor und wurde von P. Karrer, H. Salomon und H. Wehrli[9] im gelben Mais entdeckt (Schmp. 202°, $[\alpha]_C = -70°$). Sein natürliches Dipalmitat ist das *Physalien*, $C_{15}H_{31}\cdot COO\cdot C_{40}H_{54}\cdot OOC\cdot C_{15}H_{31}$, während das entsprechende

---

[1] S. S. 164, Anm. 5.   [2] S. S. 157, Anm. 1.   [3] S. S. 166, Anm. 1.
[4] Über die ersten Oxydationsprodukte des β-Carotins. Ber. Dtsch. chem. Ges. **65**, 894 (1932). — Semi-β-carotinon ... Ebenda **66**, 1319 (1933).
[5] Oxydationsprodukte des α-Carotins ... Helv. chim. Acta **17**, 1169 (1934).
[6] Isolierung von Komponenten des menschlichen Lipochroms. Ztschr. physiol. Chem. **231**, 259 (1935).   [7] S. S. 151, Anm. 9.
[8] Diese Nomenklatur ist nicht allgemein angenommen worden und die ältere Bezeichnung „Xanthophyll" wird oft in synonymem Sinne gebraucht. Als Gruppennamen hat P. Karrer „*Phytoxanthine*" vorgeschlagen.
[9] Über einen Carotinoidfarbstoff aus Mais: Zeaxanthin. Helv. chim. Acta **12**, 790 (1929).

Luteinderivat *Helenien* genannt wird (Näheres: R. KUHN, A. WINTERSTEIN und W. KAUFMANN[1]; L. ZECHMEISTER und L. v. CHOLNOKY[2]; R. KUHN und A. WINTERSTEIN[3]). *Capsanthin*, $C_{40}H_{58}O_3$, ist der Hauptbestandteil des roten Paprikapigments (*Capsicum annuum*, L. ZECHMEISTER und L. v. CHOLNOKY[4]) und kann auch in das Depotfett des menschlichen Körpers hineingelangen[5].

d) **Die Carotinoide mit weniger als 40 C-Atomen** sind Spezialfarbstoffe. Als Fundorte kommen in Betracht: für *Bixin*, $C_{25}H_{30}O_4$, der Orlean (*Bixa orellana*), für Crocetin, $C_{20}H_{24}O_4$, der Safran (*Crocus sativus*), für *Azafrin*, $C_{27}H_{38}O_4$, *Escobedia*-Wurzel. Die Strukturformeln des Bixins und Crocetins stehen auf S. 157, 158; der letztere Farbstoff kommt als wasserlösliches Di-gentiobiosid (Crocin) in der Droge vor[6].

9. Beziehungen zwischen Lipochrom und Fett. Die Farbwachse.

Wiederholt wurde die auch vom Standpunkte der Fettchemie interessante Frage erörtert, ob das Lipochrom den Lipoiden stets nur mechanisch beigemengt oder aber in chemische Beziehungen zum farblosen Fett getreten ist. Schon KRUKENBERG hat vor einem halben Jahrhundert die Möglichkeit in Betracht gezogen, daß Fett und Pigment miteinander „assoziiert" seien, irgendwelche einwandfreie Beweise ließen sich aber damals nicht beibringen. Für die Kohlenwasserstoffe α-, β- und γ-Carotin sowie für Lycopin ist das freie Vorkommen aus rein chemischen Gründen aus einleuchtend.

Ganz anders steht die Sache auf dem Gebiete der sauerstoffhaltigen Carotinoide, die gleichfalls häufig im Pflanzen- und Tierkörper auftreten. Auch für diese wird angegeben, daß sie im Unverseifbaren des Fettes bzw. Öles enthalten sind; es war aber denkbar, daß sie in nativem Zustand, mittels ihrer Hydroxylgruppen verestert waren und erst nach erlittener Hydrolyse in den unverseifbaren Rest gelangten. Das erste Beispiel dieser Art wurde durch gleichzeitige Arbeiten von R. KUHN, A. WINTERSTEIN und W. KAUFMANN[7, 8] bzw. von L. ZECHMEISTER und L. v. CHOLNOKY[9, 10] aufgefunden. Es hat sich gezeigt, daß man aus der Judenkirsche (*Physalis Alkekengi*) sowie aus der Bocksdornbeere (*Lycium halimifolium*) gut kristallisiertes Physalien isolieren kann, das sich zu 1 Molekül Zeaxanthin, $HO \cdot C_{40}H_{54} \cdot OH$, nebst 2 Molen Palmitinsäure verseifen läßt.

Während dieses „*Farbwachs*" im wesentlichen aus einer Einzelverbindung besteht, traf man auch Fälle an, in denen Carotinoide mit mehrwertiger Alkoholfunktion (ganz wie das Glycerin in den gewöhnlichen Fettarten) mit *einer Reihe von Fettsäuren verestert* sind; so entstehen fettähnliche Gebilde, die mit viel farblosem Lipoid vermengt vorkommen. Näher untersucht wurde das *Gesamtlipoid* der reifen *Paprikaschote* (*Capsicum annuum*; L. ZECHMEISTER und L. v. CHOLNOKY[11]), aus dem nach der Verseifung die folgenden Bestandteile sich isolieren ließen:

Alkoholische Komponenten:		Saure Komponenten (alle mit paaren C-Atomen):	
Glycerin	Zeaxanthin	Myristinsäure	Carnaubasäure
Wachsalkohole	Xanthophyll (Lutein)	Palmitinsäure	Ölsäure
Capsanthin	Kryptoxanthin	Stearinsäure	Unbekannte Säuren
Capsorubin	Unbekannte Polyen-alkohole		

Zu ihnen gesellt sich noch Carotin als unverestertes Lipochrom.

---

[1] S. S. 158, Anm. 3.
[2] Über den Farbstoff der Bocksdornbeere und über das Vorkommen von chemisch gebundenen Carotinoiden in der Natur. LIEBIGS Ann. **481**, 42 (1930).
[3] Über die Verbreitung des Luteins im Pflanzenreich. Naturwiss. **18**, 754 (1930).
[4] Untersuchungen über den Paprika-Farbstoff. LIEBIGS Ann. **454**, 54 (1927); **455**, 70 (1927); **465**, 288 (1928); **478**, 95 (1930); **487**, 197 (1931); **489**, 1 (1931); **509**, 269 (1934); **516**, 30 (1935).   [5] S. S. 167, Anm. 6.   [6] Literatur: S. 158, Anm. 1.
[7] Über ein kristallisiertes Farbwachs. Naturwiss. **18**, 418 (1930).
[8] S. S. 158, Anm. 3.   [9] S. Anm. 2.
[10] Über den Zustand der sauerstoffhaltigen Carotinoide in der Pflanze. Ztschr. physiol. Chem. **189**, 159 (1930).   [11] S. Anm. 4.

Man kann auch farbige, kristallinische Gesamtester-Präparate isolieren[1]. An dem Aufbau solcher Produkte sind genau dieselben Säuren beteiligt, welche das begleitende farblose Lipoid gebildet haben. Die hydroxylhaltigen Carotinoide spielen also hier dieselbe Rolle wie das Glycerin und die höheren Wachsalkohole, von denen sie mit dem ersteren die Mehrwertigkeit der Alkoholfunktion, mit den letzteren die beträchtliche Molekulargröße gemein haben. Die außerordentlich nahe Verwandtschaft wird durch das Ergebnis der katalytischen Hydrierung illustriert: hierbei verwandelt sich das Farbwachs in eine weiße Substanz, die von einer gangbaren Fett- bzw. Wachsart in ihren Eigenschaften und Konstanten kaum zu unterscheiden ist. Die Reaktion ist mit der technischen Härtung der Fette vergleichbar, nur daß hier der überwiegende Anteil des Wasserstoffes, statt von der sauren, von der alkoholischen Komponente des Lipoids abgefangen wird.

Überblickt man nun die Lipochrom-Literatur, so entsteht der bestimmte Eindruck, daß man in vielen Fällen nicht den vermeintlich intakten Fettfarbstoff im Wege der Verseifung isoliert hat, sondern nur dessen alkoholischen Bestandteil. Mit der alkalischen Hydrolyse der farblosen Lipoide läuft nämlich die Spaltung der Lipochromester parallel. Möglicherweise ist in einzelnen Fällen, infolge von lipatischen Einflüssen, auch dann eine Spaltung eingetreten, als keine Lauge angewandt wurde. Allerdings sind die Bedingungen der enzymatischen Farbwachs-Hydrolyse noch unbekannt.

Durch die Klärung der soeben angeführten Tatsachen ist das *gemeinsame Vorkommen von Lipochrom und Lipoid* verständlicher geworden. Wie so oft im Pflanzen- und Tierreich, handelt es sich auch hier nicht um ein zufällig gleichzeitiges Auftreten, sondern man erkennt die nahe genetische Verwandtschaft zwischen den beiden Körperklassen.

Die Natur bringt dreierlei Lipoidarten aus den folgenden Bausteinen hervor:

1. Farblose Säuren mit farblosen Alkoholen verestert: *gewöhnliche Fette, Wachse, Lecithine* und *Sterinester.*

2. Farbige Säure mit farblosem Alkohol (Phytol, $C_{20}H_{39}OH$) verestert: *Chlorophyll.*

3. Farblose Säuren mit farbigen Alkoholen verestert: *Farbwachse* (die man auch Farbfette oder Lipochromester nennen kann).

Während im Chlorophyll die saure Komponente Träger der Farbe ist, trifft man in den gelben und roten Fettpigmenten Vertreter einer Körperklasse an, die das Chromophor im alkoholischen Anteil enthält. Das Hauptmerkmal der Konstitution ist aber in beiden Fällen dasselbe *Prinzip der Veresterung*, durch welches das gesamte Gebiet der farblosen und gefärbten Lipoide beherrscht wird.

Wichtige Unterschiede zeigen sich in der *Gestalt der Kohlenstoffkette*: Die ununterbrochene Aneinanderreihung von —CH_2—-Gruppen in den bekanntesten Fett- und Wachsarten findet ihr Gegenstück im veresterten Lipochrom, in dem die als Bausteine erkannten, dehydrierten Isoprenreste eine weitgehende *Verzweigung* des Kohlenstoffskeletts bedingen. Demgemäß erstreckt sich das Vorherrschen der normalen Kohlenstoffkette nicht auf das ganze Gebiet der Fettchemie.

Die natürliche Bildungsweise des veresterten Lipochroms ist noch unklar. Man kann annehmen, daß sie in vielen Fällen zeitlich mit der Erzeugung des farblosen Fettes zusammenfällt, daß also die aufgebauten Fettsäuremoleküle teils von gefärbten Alkoholen abgefangen werden. Unter bestimmten Bedingungen wäre es aber auch denkbar, daß die Farbwachse Zwischenprodukte der gewöhnlichen Fettsynthese sind.

Es sei schließlich erwähnt, daß in zahlreichen Fällen keine Veresterung der Lipochrom-hydroxyle zustande kommt, sondern daß man freie Polyen-alkohole im Gewebe antrifft. Die Gründe für ein solches Ausbleiben der Estersynthese sind noch im Dunkeln, sie dürften aber auf enzymchemischem Gebiete liegen.

---

[1] Mikrophotographie bei L. ZECHMEISTER: Carotinoide usw. S. 295, Abb. 68 (1934).

B. Die Vitamin-A-Wirkung in ihrer Beziehung zum Carotin.

Die Erkenntnis, daß Pflanzencarotin, welches im Säugetierorganismus nicht erzeugt werden kann, ein *Provitamin A* ist und vom Tierkörper in das eigentliche, vom Materialbestand der Pflanze meist fehlende Vitamin verwandelt wird, bietet ein schönes Beispiel für die feine, gegenseitige biochemische Einstellung von Pflanze und Tier.

Eine Reihe von Fettarten, namentlich Fischtrane, Leberöle, die Butter usw., üben bekanntlich jene Wirkung im Menschen- und Säugetierkörper aus, die dem *Vitamin des Wachstums* (= A-Vitamin = Vitamin A = antixerophthalmisches Vitamin = lipoidlöslicher Wachstumsfaktor) zugeschrieben wird und zu welcher in der Regel der biologische Effekt des anderen lipoidlöslichen Vitamins (D) zukommt. Es gehört zum Wesen derartiger Wirkungen, daß sie bei normaler Gesundheit nicht auffallend zutage treten; vielmehr wurden die verschiedenen Vitamine durch das Studium der *Avitaminosen* entdeckt und differenziert, also im Wege klinischer Erfahrungen, die in Ermangelung „accessorischer Nährstoffe" gesammelt werden.

Das krasseste *Symptom der A-Avitaminose* ist das Aufhören des Wachstums junger Tiere. Dazu kommen Erkrankungen verschiedenster Art, z. B. der Augen (Xerophthalmie, Hemeralopie), ferner die Kolpokeratose der Vaginalschleimhaut usw. Dabei beobachtet man an der Ratte eine allgemeine Abschwächung, welche sich im Ausbleiben des Genitalzyklus und in einer gesteigerten Empfindlichkeit gegenüber Infektionskeimen äußert. Eine ähnliche Abnahme der Resistenz tritt auch bei Kindern ein. So war die Auffindung der fettlöslichen Vitamine A und D für die Pädiatrie bedeutsam und beansprucht auch technisches Interesse, namentlich auf dem Gebiete der Fett-, Lebensmittel- und Heilstoffindustrie.

Daß Säugetiere in kurzer Zeit eingehen, wenn ihre Nahrung von ätheralkohollöslichen Extraktstoffen befreit wird, wurde u. a. schon von W. STEPP[1, 2], ferner von E. V. McCOLLUM und M. DAVIS[3] beobachtet. J. C. DRUMMOND[4] stellt fest, daß der in Äther lösliche Wachstumsfaktor in gewissen Fischleberölen relativ stark angereichert ist. Für den Erfolg einer chemischen Durchforschung des Gebietes war indessen die Tatsache entscheidend, daß A-Avitaminosen auch durch Verfütterung von grünem Pflanzenmaterial geheilt werden können (W. RAMSDEN[5], T. B. OSBORNE und L. B. MENDEL[6] u. a.). Da das Chlorophyll sich als inaktiv erwies, waren H. STEENBOCK und seine Mitarbeiter[7–12] (A. BLACK, E. G. GROSS, M. T. SELL, E. B. HART, J. H. JONES, E. M. NELSON, I. M. SCHRADER) der Ansicht, daß die biologische Wirksamkeit mit dem Gehalt an *gelbem Lipochrom* parallel geht, und zwar haben sie von den beiden Komponenten

[1] Biochem. Ztschr. **22**, 452 (1909).   [2] Ztschr. Biol. **57**, 135 (1911).
[3] Journ. biol. Chemistry **15**, 167 (1913).
[4] Der Nährwert gewisser Fische. Journ. Physiol. **52**, 95 (1918).
[5] Vitamine. Journ. Soc. chem. Ind. **37**, 53 T (1918).
[6] Die Vitamine in Grünfutter. Journ. biol. Chemistry **37**, 187 (1919).
[7] Journ. biol. Chemistry **61**, 405 (1924).
[8] Fettlösliches Vitamin II. Journ. biol. Chemistry **40**, 501 (1919).
[9] Fettlösliches Vitamin IV. Ebenda **41**, 149 (1920).
[10] Anorganischer Phosphor und Kalk im Blut als Merkmale, um das Vorhandensein eines spezifischen antirachitischen Vitamins nachzuweisen. Journ. biol. Chemistry **58**, 59 (1923).
[11] Licht in seiner Beziehung zur Ophthalmie und zum Wachstum. Journ. biol. Chemistry **56**, 355 (1923).
[12] Über die Verteilung von Vitamin A in der Tomate und die Stabilität von zugefügtem Vitamin D. Journ. nutrit. **4**, 267 (1933).

des Blattgelbs im *Carotin* den Träger des A-Effektes vermutet. Zum ersten Male wurde dann von H. STEENBOCK, M. T. SELL, E. M. NELSON und M. V. BUELL[1] der bedeutsame Satz ausgesprochen: „Carotin of constant melting point through a number of crystallisations was always found to induce growth in rats..."

Dieses experimentelle Ergebnis, das von einigen Autoren mit Unrecht bestritten wurde, ließ sich in der Folgezeit durch neue Versuche von B. v. EULER, H. v. EULER und H. HELLSTRÖM[2], H. v. EULER, P. KARRER und M. RYDBOM[3] u. a. bestätigen und vertiefen. Nach P. KARRER, B. v. EULER und H. v. EULER[4] ist eine Polyenstruktur für die Sicherstellung des normalen Wachstums erforderlich.

Durch die referierten Arbeiten war aber die Sachlage nicht eindeutig geklärt, vielmehr standen die folgenden Möglichkeiten noch offen:

1. Das chemisch reine Carotin ist mit dem A-Vitamin identisch.

2. Das Carotin ist an sich biologisch inaktiv und die vermeintlich reinen Präparate enthalten das eigentliche Vitamin als Begleitstoff in winzigen Mengen.

3. Carotin katalysiert die Biosynthese des Vitamins aus andersartigen Stoffen.

4. Carotin ist zwar der Ausgangspunkt der Wirkung, es repräsentiert aber nur eine Vorstufe, ein sogenanntes *Provitamin A*, aus dem erst im Tierkörper der eigentliche Wachstumsfaktor entsteht.

Die Möglichkeit 2 wurde von H. v. EULER, P. KARRER (und Mitarb.) sowie von anderen Forschern ausgeschlossen: Bei beliebig oft wiederholten Umscheidungen müßte sich der Quotient Carotin/Vitamin schließlich doch verschieben und damit auch die Heildosis des Präparates; dies ist aber bestimmt nicht der Fall. Die erwähnte 3. Möglichkeit kommt heute, nach der Aufdeckung des nahen strukturellen Zusammenhanges zwischen Carotin und A-Vitamin (S. 175), nicht mehr in Betracht. Auch gegen die Eventualität 1 lassen sich gewichtige Argumente anführen: Der A-Effekt von Pflanzenmaterialien ist zwar mit ihrem Carotingehalt annähernd proportional (vgl. z. B. H. v. EULER, V. DEMOLE, P. KARRER und O. WALKER[5]), die biologisch besonders aktiven Leberöle sind aber keineswegs reich an dem farbstarken Carotin, und man kennt A-wirksame Transorten, die (fast) keine gelbe Pigmentierung besitzen.

Aus der bereits sehr umfangreichen Literatur seien in diesem Zusammenhange die wichtigen Forschungen von TH. MOORE[6-9] hervorgehoben, wonach A-frei gezogene Ratten, deren Leberöl keine Vitaminreaktionen gibt, selbst bei andauernder Verfütterung von reinem Carotin kaum etwas Farbstoff speichern. Hingegen enthält die Leber der, durch eine solche Diät geheilten Tiere reichlich das fast farblose Vitamin A: der Extrakt gibt dessen Reaktionen sehr stark und vermag die Avitaminose anderer Ratten rasch und sicher auszuheilen.

---

[1] Journ. biol. Chemistry **46**, Proc. XXXII (1921).

[2] A-Vitamin-Wirkungen der Lipochrome. Biochem. Ztschr. **203**, 370 (1928).

[3] Über die Beziehungen zwischen A-Vitaminen und Carotinoiden. Ber. Dtsch. chem. Ges. **62**, 2445 (1929).

[4] Zur Kenntnis der zur A-Vitamin-Prüfung vorgeschlagenen Antimontrichlorid-reaktion. Ark. Kemi, Mineral. Geol. B. 10, Nr. 2 (1929).

[5] Über die Beziehung des Carotingehaltes zur Vitamin-A-Wirkung in verschiedenen pflanzlichen Materialien. Helv. chim. Acta **13**, 1078 (1930).

[6] Die Beziehung von Carotin zu Vitamin A. Lancet **217**, 380 (1929).

[7] Vitamin A und Carotin. Biochemical Journ. **23**, 803, 1267 (1929); **24**, 692 (1930); **25**, 275, 2131 (1931); **26**, 1 (1932).

[8] Über die Vitamin-A-Reserven der menschlichen Leber bei Gesunden und Kranken, unter besonderer Berücksichtigung der Anschauung, daß Vitamin A ein Infektionen hindernder Faktor ist. Lancet **223**, 669 (1932).

[9] Die relativen Minimaldosen von Vitamin A und Carotin. Biochemical Journ. **27**, 898 (1933).

Hieraus folgt, daß *das mit der vegetabilischen Nahrung aufgenommene Carotin ein Provitamin ist, welches erst vom Tierkörper in das eigentliche, lebenswichtige A-Vitamin verwandelt wird.*

Der Umsatz erfolgt keineswegs quantitativ, sondern mit sehr mäßiger Ausbeute (I. M. HEILBRON, R. A. MORTON, B. AHMAD und J. C. DRUMMOND[1]; H. BROCKMANN und M. L. TECKLENBURG[2]). Reicht der Vorrat hin, so beobachtet man eine A-Speicherung in der Leber. H. S. OLCOTT und D. C. McCANN[3, 4] geben an, daß es ihnen auch in vitro gelungen ist, mit Hilfe von Leberextrakten aus Carotin Vitamin A zu erzeugen[5]; sie führen die Reaktion auf die Tätigkeit eines Enzyms („Carotinase") zurück.

Von dem Carotin unterscheidet sich das A-Vitamin durch den Mangel an Farbe (nur höchstgereinigte Konzentrate sind hellgelb) und durch einen ausgeprägten optischen Schwerpunkt im Ultraviolett, bei 328 $\mu\mu$ (Literatur S. 185). Hingegen gibt das S. 181 zu besprechende, von F. H. CARR und E. A. PRICE[6] empfohlene Gruppenreagens $SbCl_3$ mit beiden Körpern Blaufärbungen, ebenso mit den übrigen Carotinoiden, die aber (mit Ausnahme des Kryptoxanthins) biologisch unwirksam sind.

Durch die Klärung der besprochenen Verhältnisse sind interessante Fragen spruchreif geworden. Läßt sich ein Zusammenhang zwischen Provitamin-A-Wirkung und Molekülbau festlegen? Inwiefern ist der biologische Effekt spezifisch? Was geschieht mit dem Carotin im Tierkörper und wie ist sein Umwandlungsprodukt, der unmittelbar A-aktive Bestandteil gewisser Fett- bzw. Tranarten konstituiert?

Provitamin-A-Wirkung und Molekülbau. Zur Zeit der ersten Versuche auf diesem Gebiete war über die Uneinheitlichkeit des Pflanzencarotins noch nichts bekannt, die Angaben bezogen sich also auf Gesamt-Carotinpräparate. Erst nach der Zerlegung des Carotins in seine Komponenten (S. 164 u. 166) konnte geprüft werden, wie breit die Spezifität der A-Wirksamkeit ist, d. h. welche Änderungen des Moleküls zulässig sind, ohne Einbuße der biologischen Aktivität. Es zeigte sich, daß die Provitamin-A-Wirkung von α- und β-Carotin ungefähr in der gleichen Größenordnung liegt (R. KUHN und H. BROCKMANN[7]; H. v. EULER, P. KARRER, H. HELLSTRÖM und M. RYDBOM[8]; P. KARRER, H. v. EULER und H. HELLSTRÖM[9]; O. ROSENHEIM und W. STARLING[10]). Auch das vor kurzem von R. KUHN und H. BROCKMANN[11, 12] entdeckte γ-Carotin verhält sich ähnlich. Aus den Strukturformeln der Carotine (S. 173) geht nun ohne weiteres hervor, daß man wichtige Merkmale des Moleküls — Anzahl der Doppelbindungen und der Ringsysteme — abändern darf, ohne daß der biologische Effekt entscheidend zurückginge.

[1] Charakterisierung des A-Vitamins. Journ. Soc. chem. Ind. **50**, 183 T (1931).

[2] Der A-Vitamingehalt der Rattenleber nach Fütterung mit α-, β- und γ-Carotin und die Antimontrichloridreaktion von A-Vitamin-Präparaten. Ztschr. physiol. Chem. **221**, 117 (1933).

[3] Die Überführung von Carotin in Vitamin A in vitro. Science **74**, 414 (1931).

[4] Carotinase. Die Umwandlung von Carotin in Vitamin A in vitro. Journ. biol. Chemistry **94**, 185 (1931).

[5] Diese Versuche konnten aber von B. v. EULER u. H. v. EULER (Zur Kenntnis der Leberöle von Fischen und Vögeln. Svensk Kem. Tidskr. **43**, 174 [1931]) bisher nicht reproduziert werden. Vgl. kritische Bemerkungen von B. WOOLF u. T. MOORE (Carotin und Vitamin A. Lancet **223**, 13 [1932]), hingegen auch A. C. PARIENTE u. E. P. RALLI (Vorkommen der Carotinase in der Leber des Hundes. Proceed. Soc. exp. Biol. **29**, 1209 [1932]).   [6] S. S. 160, Anm. 1.

[7] Prüfung von α- und β-Carotin an der Ratte. Ber. Dtsch. chem. Ges. **64**, 1859 (1931).

[8] Die Zuwachswirkung der isomeren Carotine und ihrer ersten Hydrierungsprodukte. Helv. chim. Acta **14**, 839 (1931).   [9] S. S. 164, Anm. 4.

[10] Die Reinigung und optische Aktivität des Carotins. Journ. Chem. and Ind. **50**, 443(1931).   [11] Über ein neues Carotin. Naturwiss. **21**, 44(1933).   [12] S. S. 164, Anm. 5.

Es fällt auf, daß in allen drei Carotinarten *zumindest 1 β-Jononring* zugegen ist, welcher, wie weiter unten gezeigt wird, auch im Vitamin-A-Molekül vorkommt. Eingehende Tierversuche beweisen, daß zur Belebung des Wachstums der Ratte etwa die folgenden Minimal-Tagesdosen (Grenzdosen)[1] erforderlich sind: 0,005 mg α- oder γ-Carotin, aber nur 0,0025 mg β-Carotin (R. Kuhn und H. Brockmann[2]; vgl. H. v. Euler, P. Karrer und A. Zubrys[3]). Es ist dies auch einleuchtend, wenn man bedenkt, daß nur in dem β-Isomeren *zwei β-Jonongruppen* enthalten sind. Die entscheidende Rolle dieser Gruppierung wird auch durch das Verhalten der Carotinone belegt (Formeln auf S. 174): Im β-Carotinon sind beide zyklischen Systeme des β-Carotins künstlich geöffnet worden, demgemäß ist das Keton biologisch unwirksam, während das Semi-β-carotinon, das den Ring einseitig noch enthält, zu den A-Provitaminen gehört (R. Kuhn und H. Brockmann[4, 5]).

Wirksam sind ferner: die in *Tabelle 43*, S. 174, aufgezählten Körper; ohne Wirkung ist das in seiner Struktur noch unklare Kunstprodukt *Isocarotin*, $C_{40}H_{56}$ (R. Kuhn und E. Lederer[6]; O. Rosenheim und W. Starling[7]; P. Karrer, K. Schöpp und R. Morf[8]; A. E. Gillam, I. M. Heilbron, J. C. Drummond und R. A. Morton[9]) und ebenso das rein aliphatische Lycopin, ferner alle O-haltigen Carotinoide, sogar das Xanthophyll (vgl. z. B. bei P. Karrer, H. v. Euler und M. Rydbom[10]; R. Kuhn, H. Brockmann, A. Scheunert und M. Schieblich[11]), mit Ausnahme des Krypotxanthins[12].

β-Jononring

α-Carotin (wirksam: 1 β-Jononring). (Formel von P. Karrer, R. Morf und O. Walker[13])

β-Carotin (stärker wirksam: 2 β-Jononringe).
(Formel von P. Karrer, A. Helfenstein, H. Wehrli und A. Wettstein[14])

[1] Literatur bei Chr. Bomskov (Zitat S. 190) sowie auf S. 181, Anm. 3.
[2] Einfluß der Carotine auf Wachstum, Xerophthalmie, Kolpokeratose und Brunstcyclus. Klin. Wchschr. **12**, 972 (1933).
[3] Wachstumsversuche mit Carotinoiden, Helv. chim. Acta **17**, 24 (1934).
[4] S. S. 167, Anm. 4.   [5] S. S. 167, Anm. 4.
[6] Iso-carotin. Ber. Dtsch. chem. Ges. **65**, 637 (1932).   [7] S. S. 172, Anm. 10.
[8] Zur Kenntnis der isomeren Carotine und ihre Beziehungen zum Wachstumsvitamin A. Helv. chim. Acta **15**, 1158 (1932).
[9] Die Isomerisation von Carotin durch Antimontrichlorid. Biochemical Journ. **26**, 1174 (1932).
[10] Neue Versuche über die physiologische Wirkung des Xanthophylls. Helv. chim. Acta **13**, 1059 (1930).
[11] Über die Wachstumswirkung der Carotine und Xanthophylle. Ztschr. physiol. Chem. **221**, 129 (1933).   [12] S. S. 175, Anm. 7.
[13] S. S. 166, Anm. 1.   [14] S. S. 157, Anm. 1.

CH₃　CH₃　　　　　　　　　　　　　　　　　　　　　　　　　　　　CH₃　CH₃

　　　　 C　　　　　　　　　　　　　　　　　　　　　　　　　　　　 C

CH₂　C—CH:CH·C:CH·CH:CH·C:CH·CH:CH·CH:C·CH:CH·CH:C·CH:CH·CH　CH

|　　‖　　　　|　　　　　　　|　　　　　　　|　　　　　|　　‖　　|

CH₂　C—CH₃　CH₃　　　　　CH₃　　　　　　CH₃　　　CH₃—C　CH₂

　CH₂　　　　　　　　　　　　　　　　　　　　　　　　　　　　　　CH₂

γ-Carotin (wirksam: 1 β-Jononring). (Formel von R. Kuhn und H. Brockmann[1])

CH₃　CH₃　　　　　　　　　　　　　　　　　　　　　　　　　　　　CH₃　CH₃

　　　　 C　　　　　　　　　　　　　　　　　　　　　　　　　　　　 C

CH₂　C—CH:CH·C:CH·CH:CH·C:CH·CH:CH·CH:C·CH:CH·CH:C·CH:CH—C　CH₂

|　　‖　　　　|　　　　　　　|　　　　　　　|　　　　　|　　　O　‖　O　|

CH₂　C—CH₃　CH₃　　　　　CH₃　　　　　　CH₃　　　CH₃　　C　CH₂

　CH₂　　　　　　　　　　　　　　　　　　　　　　　　　　CH₃　CH₂

Semi-β-carotinon (wirksam: 1 β-Jononring). (Formel von R. Kuhn und H. Brockmann[2])

CH₃　CH₃　　　　　　　　　　　　　　　　　　　　　　　　　　　　CH₃　CH₃

　　　　 C　　　　　　　　　　　　　　　　　　　　　　　　　　　　 C

CH₂　C—CH:CH·C:CH·CH:CH·C:CH·CH:CH·CH:C·CH:CH·CH:C·CH:CH—C　CH₂

|　O‖ O　　|　　　　　　　|　　　　　　　|　　　　　|　O　‖　O　|

CH₂　C　　　CH₃　　　　　CH₃　　　　　　CH₃　　　CH₃　　C　CH₂

　CH₂　CH₃　　　　　　　　　　　　　　　　　　　　　　CH₃　CH₂

β-Carotinon (unwirksam: kein Ringsystem). (Formel von R. Kuhn und H. Brockmann[3])

CH₃　CH₃　　　　　　　　　　　　　　　　　　　　　　　　　　　　CH₃　CH₃

　　　　 C　　　　　　　　　　　　　　　　　　　　　　　　　　　　 C

CH₂　CO—CH:CH·C:CH·CH:CH·C:CH·CH:CH·CH:C·CH:CH·CH:C·CH:CH—CH　CH₂

|　　　　　|　　　　　　　|　　　　　　　|　　　　　|　　　|　|

CH₂　CO—CH₃　CH₃　　　　CH₃　　　　　　CH₃　　　CH₃—C　CH₂

　CH₂　　　　　　　　　　　　　　　　　　　　　　　　　　　　　CH

Semi-α-carotinon (unwirksam: 1 α-Jononring). (Formel von P. Karrer, H. v. Euler und U. Solmssen, s. S. 167, Anm. 5).

Tabelle 43. Natürliche Carotinoide und Kunstprodukte mit Provitamin-A-Wirkung.

Substanz	Formel	Literatur (unvollständig)
α-Carotin	C₄₀H₅₆	B. v. Euler, H. v. Euler u. H. Hellström[4]; P. Karrer, H. v. Euler u. H. Hellström[5]; O. Rosenheim u. W. Starling[6]; H. v. Euler, P. Karrer, H. Hellström u. M. Rydbom[7]; R. Kuhn u. H. Brockmann[8–11]
β-Carotin	C₄₀H₅₆	
γ-Carotin	C₄₀H₅₆	
Carotin, aus dem Trijodid regeneriert	C₄₀H₅₆	P. Karrer, H. v. Euler, H. Hellström u. M. Rydbom[12]

[1] S. S. 164, Anm. 5.　　　　[2] S. S. 167, Anm. 4.　　　　[3] S. Anm. 2.
[4] Beziehung zwischen der Antimontrichloridreaktion des A-Vitamins und einiger Carotinoide. Svensk Kem. Tidskr. 40, 256 (1928).　　[5] S. S. 164, Anm. 4.
[6] S. S. 172, Anm. 10.　　　　[7] S. S. 172, Anm. 8.　　　　[8] S. S. 172, Anm. 7.
[9] S. S. 164, Anm. 5.　　　　[10] S. S. 173, Anm. 11.　　　　[11] Zitat S. 192.
[12] Isomere Carotine und Derivate derselben. Svensk Kem. Tidskr. 43, 105 (1931).

Substanz	Formel	Literatur (unvollständig)
Dihydro-α-carotin	$C_{40}H_{58}$	H. v. EULER, P. KARRER, H. HELLSTRÖM u.
Dihydro-β-carotin	$C_{40}H_{58}$	M. RYDBOM[1]; P. KARRER, H. v. EULER u. H. HELLSTRÖM[2]
Carotin-dijodid	$C_{40}H_{56}J_2$	H. v. EULER, P. KARRER u. M. RYDBOM[3]
Carotin-oxyd	$C_{40}H_{56}O$	H. v. EULER, P. KARRER u. O. WALKER[4]
β-Oxycarotin	$C_{40}H_{56}O_2$	R. KUHN u. H. BROCKMANN[5]
Semi-β-carotinon	$C_{40}H_{56}O_2$	R. KUHN u. H. BROCKMANN[6]
Kryptoxanthin	$C_{40}H_{56}O$	R. KUHN u. CH. GRUNDMANN[7]
Reaktionsprodukt von Xanthophyll oder Zeaxanthin mit PBr_3	unbekannt	H. v. EULER, P. KARRER u. A. ZUBRYS[8].

Siehe auch die neue Arbeit von R. KUHN und H. BROCKMANN, S. 192.

Konstitution des in Lipoiden vorkommenden A-Vitamins.

Ausgehend von besonders stark wirksamen Fischleberölen (namentlich aus *Hippoglossus hippoglossus* = Heilbutt, *Scombresox saurus* = Makrelenhecht), ließen sich so hochgereinigte Vitamin-A-Konzentrate bereiten (S. 185), daß man zur Aufstellung der Strukturformel schreiten konnte. Die wichtigsten Merkmale solcher Präparate sind: Zusammensetzung $C_{20}H_{30}O$, optische Inaktivität, Anwesenheit eines Hydroxyls (P. KARRER, R. MORF und K. SCHÖPP[9]; vgl. auch I. M. HEILBRON, R. N. HESLOP, R. A. MORTON, E. T. WEBSTER, J. L. REA und J. C. DRUMMOND[10]; A. L. BACHARACH und E. L. SMITH[11]), Bildung von Geronsäure (S. 159) beim Ozonabbau, ferner von Essigsäure unter der Einwirkung von energischen Oxydationsmitteln. Auf Grund dieser Befunde haben P. KARRER, R. MORF und K. SCHÖPP[9] die nachstehende *A-Vitamin-Formel* aufgestellt, die auf einen überraschend *einfachen Zusammenhang mit den Carotinen* hinweist. Darnach wird das Vitamin des Wachstums durch *symmetrische Zweiteilung des* β-*Carotins*, unter Aufnahme von Wasser gebildet:

$$C_{40}H_{56} + 2 H_2O = 2 C_{20}H_{30}O$$

und zwar in folgender Weise:

Vitamin A (nach P. KARRER, R. MORF und K. SCHÖPP[9])

[1] S. S. 172, Anm. 8.   [2] S. S. 164, Anm. 4.   [3] S. S. 171, Anm. 3.
[4] Über ein Oxyd des Carotins. Helv. chim. Acta **15**, 1507 (1932).
[5] Über das β-Oxycarotin. Ber. Dtsch. chem. Ges. **67**, 1408 (1934); s. Zitate S. 192.
[6] S. S. 167, Anm. 4.
[7] Kryptoxanthin aus gelbem Mais. Ber. Dtsch. chem. Ges. **67**, 593 (1934).
[8] Wachstumsversuche mit Carotinoiden. Helv. chim. Acta **17**, 24 (1934).
[9] S. S. 181, Anm. 1.   [10] S. S. 177, Anm. 12.
[11] Quart. Journ. Pharmacol. **1**, 539 (1928).

Die Richtigkeit des Symbols wurde von denselben Forschern[1] durch die *Synthese des Perhydrovitamins A* bewiesen (vgl. auch P. KARRER und R. MORF[2]): ein aus β-Jonon über 7 Zwischenstufen erhaltenes Kunstprodukt und das aus Tranen isolierte, durchreduzierte Vitamin-A-Präparat erwiesen sich als identisch.

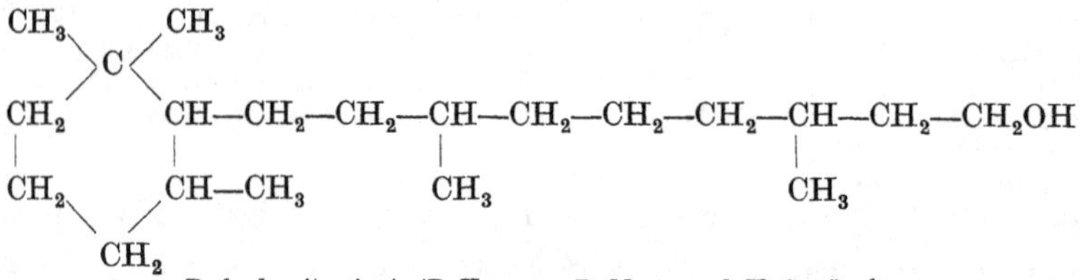

Perhydrovitamin A (P. KARRER, R. MORF und K. SCHÖPP[1])

Diese Ergebnisse stehen mit dem Befund von I. M. HEILBRON, R. A. MORTON und E. T. WEBSTER[3] in Einklang, daß Zyklisierung, Seitenketten-Abspaltung und Dehydrierung des A-Vitamins zu *1,6-Dimethyl-naphthalin* führt:

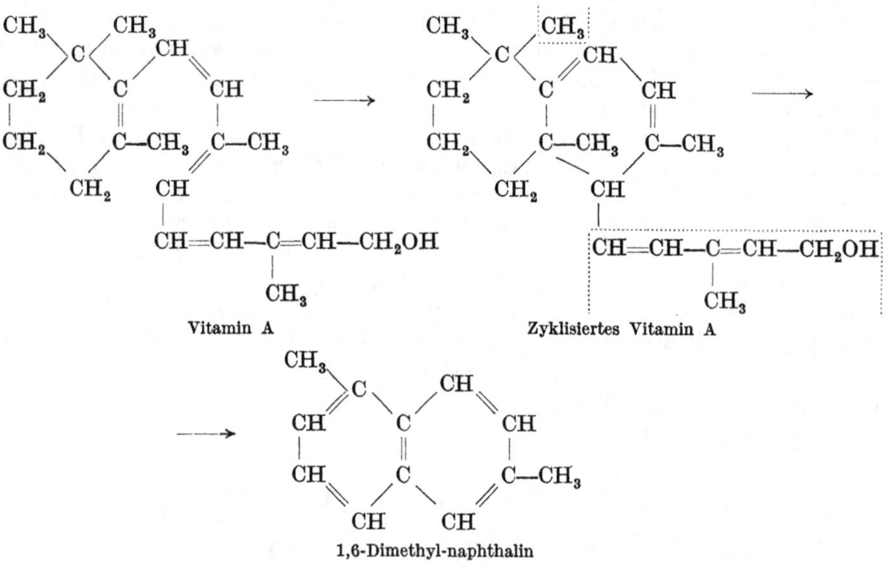

Vitamin A   Zyklisiertes Vitamin A

1,6-Dimethyl-naphthalin

Ist somit der Hauptbestandteil des im Lebertran enthaltenen Wachstumsfaktors chemisch geklärt, so soll natürlich die Möglichkeit nicht ausgeschlossen werden, daß derselbe von anderen, ähnlich gebauten Verbindungen (Isomeren, Derivaten) begleitet wird.

C. Vorkommen, Bestimmung, Isolierung und Eigenschaften des A-Vitamins.

1. Vorkommen.

Das Vitamin A, das im Pflanzenreiche meist nicht fertig gebildet, sondern nur in Form seiner farbigen Vorstufe vorkommt, ist in tierischen Fettgeweben verbreitet, allerdings in sehr schwankendem Maße. Über die absoluten Mengen

---

[1] Synthese des Perhydro-vitamins-A. Helv. chim. Acta **16**, 557 (1933).
[2] Synthese des Perhydro-vitamins-A. Reinigung der Vitamin-A-Präparate. Helv. chim. Acta **16**, 625 (1933).
[3] Die Struktur des A-Vitamins. Biochemical Journ. **26**, 1194 (1932).

lassen sich ebensowenig allgemeingültige Zahlen anführen wie auf dem Gebiete des Lipochroms, da in beiden Fällen die Art der Ernährung den Ausschlag gibt. Selbst die Raubtiere bzw. Fleischfresser decken ihren A-Bedarf letzten Endes aus vegetabilischen Quellen; den Fischen kommt auch das Carotin des Phytoplanktons zugute (vgl. z. B. bei R. J. MacWalter und J. C. Drummond[1]).

Da der Wachstumsfaktor in der Leber erzeugt und gespeichert wird, sind die *Leberöle*, genauer gesagt ihr unverseifbarer Rest, für einschlägige Untersuchungen von besonderem Interesse. Derselbe beträgt meist 1—2% des Tranes, nach K. Kawai[2] und anderen Autoren bei großen Fischen viel mehr. Im allgemeinen gilt das Körperöl von Fischen als vitaminreich, besonders das Leberöl gewisser Fischarten, z. B. der sogenannte Dorschlebertran (vgl. u. a. J. C. Drummond[3]; Literatur bei P. Karrer und H. Wehrli[4]), der aber keineswegs an der Spitze von ähnlichen Produkten steht.

Zahlenmäßige, zum orientierenden Vergleich geeignete Angaben über den *A-Gehalt von Leberölen* aus den verschiedensten Tierklassen wurden von P. Karrer, H. v. Euler und K. Schöpp[5] veröffentlicht und sind in Tab. 44, S. 178 vermerkt. Man sieht, daß die Leberöle merkwürdig große Unterschiede aufweisen. Neben solchen, in denen der Wachstumsfaktor sich überhaupt nicht nachweisen ließ, gibt es Leberextrakte, deren C. L. O.-Zahl (Definition: S. 184) gegen 3000 liegt, also z. B. 2000mal höher als bei medizinisch angewandten Dorschlebertransorten mittlerer Qualität. Die Befunde werden von Alter, Ernährungsweise, Gesundheitszustand der Individuen stark beeinflußt; nach Th. Moore[6] ist der A-Gehalt von menschlichen Lebern gleichfalls außerordentlich schwankend.

Der Einfluß von Lebensbedingungen auf den A-Vitamin-Gehalt des Leberöles und anderer Tierprodukte ist noch ungenügend studiert worden und hat nicht zu klar formulierten Regeln geführt. Die klimatische bzw. biologische Mannigfaltigkeit ist auch zu groß. Wenn z. B. N. L. McPherson[7] findet, daß der A-Gehalt mit zunehmendem Alter wächst, oder wenn E. Poulsson und F. Ender[8] feststellen, daß der von ihnen geprüfte Lebertran von mageren Dorschen (aus Norwegen) etwas A-ärmer, aber D-reicher ist als der Tran gutgenährter Tiere, so sind derartige, an sich interessante Beobachtungen gewiß nicht verallgemeinerungsfähig. Zweifellos hängt die Menge des Wachstumsfaktors auch von der Jahreszeit bzw. Laichperiode ab, indem im Sommer größere A-Depots in der Leber entstehen als im Winter (vgl. u. a. K. Kawai[9, 10]; K. Kawai und M. Yoshida[11]; I. M. Heilbron, R. N. Heslop, R. A. Morton, E. T. Webster, J. R. Rea und J. C. Drummond[12]; P. N. Chakravorty, H. C. Mookerjee und B. C. Guha[13]; J. A. Lovern, J. R. Edisbury und R. A. Morton[14]; J. A.

---

[1] Über die Beziehung zwischen den Lipochromen und Vitamin A bei der Ernährung des jungen Fisches. Biochemical Journ. 27, 1415 (1933).
[2] Pharmakognostische Studien über japanische Dorschleberöle. Journ. pharmac. Soc. Japan 52, 95, 169 (1932); 53, 183 (1933). [3] S. S. 170, Anm. 4.
[4] 25 Jahre Vitamin A-Forschung. Nova Acta Leopoldina. Neue Folge, Bd. 1, S. 175—275. Halle a. S.: Leopoldinisch-Carolinische Deutsche Akademie der Naturforscher. 1933.
[5] Die Lovibondwerte der Leberöle verschiedener Tiere und über Zuwachswirkung verschiedener Vitaminpräparate. Helv. chim. Acta 15, 493 (1932). [6] S. S. 171, Anm. 6—9.
[7] Die Vitamin-A-Konzentration des Lebertrans im Zusammenhang mit dem Alter des Fisches. Nature 132, 26 (1933).
[8] Über den Vitamingehalt des Lebertrans bei verschiedenem Ernährungszustand des Dorsches. Skand. Arch. Physiol. 66, 92 (1933). [9] S. Anm. 2.
[10] Herstellung von Lebertran. Engl. Pat. 381 342 (1932).
[11] Studien über Aburatsunozame-Leberöle. Journ. pharmac. Soc. Japan 53, 31 (1933).
[12] Charakterisierung hochaktiver Vitamin-A-Präparate. Biochemical Journ. 26, 1178 (1932). [13] Vitamin A in Fischleberölen. Journ. Indian chem. Soc. 10, 361 (1933).
[14] Veränderungen im Vitamin-A-Gehalt von Lebertranen, mit besonderer Berücksichtigung von jahreszeitlichen Schwankungen der Wirksamkeit von Heilbuttlebertran. Biochemical Journ. 27, 1461 (1933).

LOVERN und J. G. SHARP[1]). Bezüglich des geographischen Faktors ist zu erwähnen daß japanische Lebertrane im großen und ganzen A-reicher sind als europäische oder amerikanische (K. KAWAI[2]); aber auch dort zeigt sich noch kein klarer Zusammenhang zwischen A-Gehalt und Größe bzw. Geschlecht der Individuen (K. KAWAI und M. YOSHIDA[3]).

Es wird auch zu ermitteln sein, wie lange der in der Leber gespeicherte Reservevorrat unter verschiedenen Lebensbedingungen den Bedarf des Tieres deckt. In einem Falle haben B. v. EULER und H. v. EULER[4] gefunden, daß *Gobius niger*, ein Meeresfisch, der an A- und D-arme Diät gehalten wurde, bereits in 5 Tagen seine Reserven aufgezehrt hat.

Tabelle 44. Der relative A-Vitamin-Gehalt von Leberölen verschiedener Tiere, ausgedrückt in C.L.O.-Einheiten (Definition: S. 184), nach P. KARRER, H. v. EULER und K. SCHÖPP[5, 6].

Säugetiere:

		C. L. O.
Bengalischer Tiger	(*Felis tigris*)	0
Männlicher Löwe	(*Felis leo*)	0
Junger männl. Löwe	(*Felis leo*)	0
Krabbenwaschbär	(*Procyon cancrivorus*) ..	0
Seehund	(*Phoca vitulina*)	0
Bär	(*Ursus arctos*)........	Spuren
Mongozaffe	(*Lemur mongoz*)	45
Zebra	(*Equus zebra*)	53
Meerschweinchen	(*Cavia porcellus*)	5
Klippschliefer	(*Hyrax abyssinicus*) ...	25
Löwenaffe	(*Hapale rosalia*)	85

Vögel:

Kormoran	(*Phalacrocorax carbo*) ...	0
Kampfläufer	(*Pavoncella pugnax*)	200
Storch	(*Ciconia ciconia*)	10,5
Huhn (Normalfutter)	(*Gallus*)	75
Gans (Normalfutter)	(*Anser*)	60
Huhn (nach Mästung mit Gras und Carotin)		400—500
Tukan	(*Rhamphastos*)	67

---

[1] Die Nahrung des Heilbutts und die Intensität der Ernährung in bezug zur Vitamin-A-Wirksamkeit des Lebertrans. Biochemical Journ. **27**, 1470 (1933).
[2] S. S. 177, Anm. 2. [3] S. S. 177, Anm. 11.
[4] Zur Kenntnis der Leberöle von Fischen und Vögeln. Svensk Kem. Tidskr. **43**, 174 (1931). [5] S. S. 177, Anm. 5.
[6] Einige *weitere Literaturstellen* aus den letzten Jahren betr. Leberöle (unvollständig): S. SCHMIDT-NIELSEN u. S. SCHMIDT-NIELSEN: Über einige Lebertrane, die eine starke Farbreaktion mit Antimontrichlorid geben. Biochemical Journ. **23**, 1153 (1929); Neue Resultate unserer Arbeiten mit Vitamin A und D. Tidskr. Kemi Bergvaesen **11**, 63, 84 (1932). — H. SIMONNET, A. BUSSON u. L. ASSELIN: Über die Unterschiede des Vitamin A-Gehaltes der Leber gewisser Tierarten. Compt. rend. Soc. Biologie **109**, 358 (1932). — B. v. EULER u. H. v. EULER: Zur Kenntnis der Leberöle von Fischen und Vögeln. Svensk Kem. Tidskr. **43**, 174 (1931). — A. D. EMMETT, O. D. BIRD, C. NIELSEN u. H. J. CANNON: Eine Untersuchung über Heilbuttleberöl. I... Ind. engin. Chem. **24**, 1073 (1932). — J. P. T. BURCHELL: Heilbuttlebertran als Quelle für Vitamin A. Nature **129**, 726 (1932). — N. EVERS u. W. SMITH: Die analytische Klassifikation der Fischleberöle. Pharmac. Journ. **129**, 234 (1932). — E. ANDRÉ u. R. LECOQ: Über die Reserven einiger Knorpelfische an Vitamin A und D. Compt. rend. Acad. Sciences **194**, 912 (1932). — S. auch C. F. ASENJO: Vorläufige Bemerkung über das Vorkommen von Vitamin A im Öl von westindischen Haifischen. Science **78**, 479 (1933). — P. N. CHAKRAVORTY, H. C. MOOKERJEE u. B. C. GUHA: Vitamin A in Fischlerölen. Journ. Indian chem. Soc. **10**, 361 (1933). — B. JOSEPHY: Ultraviolettabsorption und Lovibondeinheit von Vitamin A-haltigen Ölen und Fetten. Acta Brevia neerl. Physiol. **3**, 133 (1933). — J. A. LOVERN, J. R. EDISBURY u. R. A. MORTON: Veränderungen im Vitamin-A-Gehalt von Lebertranen, mit besonderer Berücksichtigung von jahreszeitlichen Schwankungen der Wirksamkeit von Heilbuttlebertran. Biochemical Journ. **27**, 1461 (1933). — J. A. LOVERN u. J. G. SHARP: Die Nahrung des Heilbutts und die Intensität der Ernährung in bezug zur Vitamin-A-Wirksamkeit des Lebertrans. Biochemical

Tabelle 44 (Fortsetzung).

		C. L. O.
Larus marinus[1] (Seevogel)		200
Larus fuscus[1]		145

Fische:

Binnenseehecht	(*Esox lucius*)	30
Süßwasserbarsch	(*Perca fluviatilis*)	29
Plötze	(*Leuciscus rutilus*)	27
Seezunge	(*Solea solea*)	350
Lachs	(*Salmo salar*)	143
Heilbutt	(*Hippoglossus hippoglossus*)	200
Makrelenhecht	(*Scombresox saurus*)	500
Steinbutt	(*Rhombus maximus*)	800
Sukesodarafisch[2] (Japan)	(*Theragra chalcogramma*)	714
Madarafisch[2] (Japan)	(*Gadus macrocephalus*)	1905
Stereolepsis ischinagi (aus Japan)		ca. 3000

Reptilien:

Leopardennatter	(*Coluber quadrilineatus*)	0
Ameiva-Eidechse		45
Kielschwanz-Eidechse	(*Psammodromus algirus*)	70
Perl-Eidechse	(*Lacerta ocellata*)	200
Kronenbasilisk	(*Basiliscus americanus*)	440

Amphibien:

Axolotl	(*Amblystoma*)	0

Das relative *Mengenverhältnis von A- und D-Vitamin* fand in der Literatur öfters Beachtung, und man kann sagen, daß der Quotient A/D nicht einmal annähernd konstant ist (vgl. z. B. bei K. H. COWARD, F. J. DYER und B. G. E. MORGAN[3]; E. ANDRÉ und R. LECOQ[4] u. a.). Von K. KAWAI und M. YOSHIDA[5] wurden sogar Fischleberöle analysiert, die reichlich den Wachstumsfaktor enthalten, während der D-Gehalt äußerst gering ist und praktisch kaum in Betracht kommt.

Das gemeinsame Vorkommen von Vitamin A und Lipochrom in Lebern und in anderen Organen ist wichtig, im Hinblick auf die im Abschnitt B dargelegten strukturchemischen und physiologischen Zusammenhänge; einige diesbezügliche Daten mögen daher hier Aufnahme finden.

Im Leberöl des Seevogels *Larus fuscus* haben B. v. EULER und H. v. EULER[6] spektroskopisch *Carotin* nachgewiesen und die Farbstoffmenge kolorimetrisch zu fast 1% ermittelt. J. A. LOVERN und R. A. MORTON[7] stellen die Anwesenheit eines Carotinoids in der Leber des *Lophius piscatorius* fest. Auch im *Rogen* verschiedener Fische kommen Lipochrome vor, und zwar nach H. v. EULER, U. GARD und H. HELLSTRÖM[8] z. B. die folgenden Carotinoide: *Solea vulgaris* enthält: Carotin; *Gadus calarias*: Carotin und ein ungeklärtes Pigment; *Hippoglossus hippoglossus*: Carotin, Xanthophyll, Zeaxanthin; *Lota vulgaris*: Carotin, Xanthophyll; *Esox lucius*: Carotin,

Journ. 27, 1470 (1933). — S. SCHMIDT-NIELSEN u. A. FLOOD: Die Öle und Trane einiger Bartenwale... Norsk Vidensk. Selsk. Forh. 6, 115 (1933). — R. T. M. HAINES u. J. C. DRUMMOND: Gruppierung der Heilbuttleberöle. Journ. Soc. chem. Ind. 53, 81 T (1934). — Vgl. auch das Literaturverzeichnis S. 190 sowie die Fußnoten S. 177—178.

[1] Nach B. v. EULER u. H. v. EULER: Zur Kenntnis der Leberöle von Fischen und Vögeln. Svensk Kem. Tidskr. 43, 174 (1931).
[2] Angaben von K. KAWAI: Pharmakognostische Studien über japanische Dorschleberöle. Journ. pharmac. Soc. Japan 52, 95, 169 (1932); 53, 183 (1933).
[3] Über den relativen Gehalt an Vitamin A und D in Lebertranproben. Analyst 57, 368 (1932).
[4] Über die Reserven einiger Knorpelfische an Vitamin A und D. Compt. rend. Acad. Science 194, 912 (1932). [5] S. S. 177, Anm. 11.
[6] S. S. 178, Anm. 6.
[7] Pigmentierung der Leber des Mönchfisches.... Biochemical Journ. 25, 1336 (1931).
[8] Carotinoide und Vitamin A in tierischen und pflanzlichen Organen. Svensk Kem. Tidskr. 44, 191 (1932).

Xanthophyll und Chlorophyll. Die Spermatozoen von Fischen können gleichfalls Lipochrom führen. S. auch die ausführlichen Arbeiten von E. LÖNNBERG[1, 2].

Auf dem noch wenig erforschten Gebiete der *starkgefärbten Trane* und ähnlicher Tiermaterialien sind neue Untersuchungen von S. SCHMIDT-NIELSEN, N. A. SÖRENSEN und B. TRUMPY[3, 4] bemerkenswert: Aus der Leber eines Heringskönigs (*Regalecus glesné*) wurde durch Ätherextraktion ein intensiv roter Tran gewonnen, und davon ausgehend kamen die Autoren im Wege der Chromatographie (S. 162) zu kristallisierten Farbstoffpräparaten. Dieselben besitzen nur einen optischen Schwerpunkt (um 505 $\mu\mu$, in CS_2), sind mit keinem wohlbekannten Polyen identisch und erinnern an das alte *Zoonerythrin* von KRUKENBERG (vgl. das Referat von L. S. PALMER[5]). Analoge Resultate wurden auch bei der Bearbeitung der folgenden Materialien erhalten: Speck, Fleisch und Knochen eines Blauwals (*Balaenoptera musculus*); der rote Tran und die im Frühling rotgefärbte Leber von *Cyclopterus lumpus*; Lachsöl (aus *Salmo salar*). Alle diese Lipochrome scheinen dem Crustaceenplankton zu entstammen; ihre Beziehung zum *Astacin*, $C_{40}H_{48}O_4$ (R. KUHN und E. LEDERER[6]; R. KUHN und E. LEDERER mit A. DEUTSCH[7]; R. FABRE und E. LEDERER[8], P. KARRER und L. LOEWE[9], P. KARRER, L. LOEWE und H. HÜBNER[10], H. WILLSTAEDT[11]), ferner zur Salmensäure (H. v. EULER, H. HELLSTRÖM und M. MALMBERG[12]), ist aber noch unklar[13]. Überhaupt bietet das genauere Studium des Zusammenhanges von Pigmentierung und biologischer Wirksamkeit tiefgefärbter Transorten interessante, vielleicht auch technisch verwertbare Ausblicke.

2. Nachweis und Bestimmung von Vitamin A, besonders nach F. H. CARR und E. A. PRICE[14].

Für diese wissenschaftlich wie technisch wichtige Analyse stehen mehrere Wege offen: Man benützt a) das *biologische Verfahren* und ermittelt jene Tagesdosis der zu untersuchenden Substanz, welche die A-Avitaminose (bzw. einzelne Symptome) heilt, oder wird b) eine *kolorimetrische*, eventuell c) eine *spektrophotometrische* Methode gewählt. Das optische Verfahren besteht meist in der Untersuchung der blauen Farbe, die auf Zusatz von *Antimontrichlorid*, $SbCl_3$ (in Chloroform) auftritt. Die Methode a ist schärfer spezifisch, sie erfordert indessen mehrere Wochen, ist daher für die Zwecke einer technischen Analyse meist zu langwierig, während Methode b in kürzester Zeit ausgeführt werden kann;

---

[1] Einige Studien über die Lipochrome der Fische. Ark. Zool., A, **21**, Nr. 10 (1929).
[2] Einige Beobachtungen über die carotinoiden Farbstoffe von Fischen. Ebenda, A, **23**, Nr. 16 (1931).
[3] Die Farbstoffe des Tranes von *Regalecus glesné*. Lipochrome in den Fetten mariner Tiere I. Norske Vidensk. Selsk. Forhandl. **5**, 114 (1932).
[4] Ein rotgefärbtes Walöl. Lipochromen in den Fetten mariner Tiere II. Ebenda **5**, 118 (1932).   [5] Carotinoids and related pigments. New York. 1922.
[6] Über die Farbstoffe des Hummers (*Astacus gammarus* L.) und ihre Stammsubstanz, das Astacin. Ber. Dtsch. chem. Ges. **66**, 488 (1933).
[7] Astacin aus den Eiern der Seespinne (*Maja squinado*). Ztschr. physiol. Chem. **220**, 229 (1933).
[8] Notiz über die Anwesenheit von Astacin in den Crustaceen. Compt. rend. Soc. Biologie **113**, 344 (1933).
[9] Über Astacin II. Helv. chim. Acta **17**, 745 (1934).
[10] Konstitution des Astacins. Helv. chim. Acta **18**, 96 (1935).
[11] Astacin aus den Schalen der Flußkrebse... Svensk Kem. Tidskr. **46**, 205 (1934).
[12] Salmensäure, ein Carotinoid des Lachses. Svensk Kem. Tidskr. **45**, 151 (1933).
[13] S. auch N. A. SÖRENSEN: Die Farbstoffe des Tranes von *Orthagoriscus mola*. Norsk Vidensk. Selsk. Forhandl. **6**, 154 (1933) sowie auch N. V. S. Skrifter **1934**, Nr. 1, und das Sammelreferat L. ZECHMEISTER: Carotinoide. Ein biochemischer Bericht über pflanzliche und tierische Polyenfarbstoffe, S. 272—286. Berlin: Julius Springer. 1934.   [14] S. S. 160, Anm. 1.

dabei sind aber gewisse Schwierigkeiten zu berücksichtigen (s. unten). Das Verfahren c bietet ein nützliches, wenn auch in der Praxis seltener gebrauchtes Hilfsmittel.

Richtig angewandt, führen optische und biologische Arbeitswege zu leidlich harmonisierenden Resultaten. Speziell für Trane stellen P. KARRER, R. MORF und K. SCHÖPP[1] — entgegen anderen Autoren — fest: „Durch zahlreiche Untersuchungen von verschiedenen Seiten ist nachgewiesen worden, daß zwischen der LOVIBOND-Zahl und der Zuwachswirkung der Tranpräparate im großen und ganzen Parallelität besteht." Eine haarscharfe Übereinstimmung darf von vornherein nicht erwartet werden, da der Tierversuch an sich mit individuellen Fehlern belastet ist.

Bei der *biologischen Prüfung* werden in der Literatur leider sehr verschiedene Einheiten gebraucht. Die zweite internationale Konferenz nahm 1934 β-Carotin (Schmp. 184°) an, von dem 0,6 γ der früheren biologischen Einheit entspricht[2]. Lösungsmittel: Cocosnußöl. — Als Subjekt ist besonders die Ratte geeignet, es sind jedoch auch z. B. mit Hühnchen Versuche ausgeführt worden. — Die Fütterung mit dem Versuchspräparat beginnt, wenn die Tiere 2 Wochen gewichtskonstant sind, und wird z. B. 8 Wochen fortgesetzt. Man mißt die Gewichtszunahme. Ausführliches betr. *Methodik*[3]: CHR. BOMSKOV (s. Literaturverzeichnis S. 190).

Hier sei nur die *Antimontrichloridreaktion* ausführlicher beschrieben:

Der Vorschlag, den Vitamin-A-Gehalt des Lebertrans mittels einer Farbreaktion zu messen, stammt von O. ROSENHEIM und J. C. DRUMMOND[4]. Das von ihnen angewandte Arsentrichlorid wurde etwas später von F. H. CARR und E. A. PRICE[5] durch eine *Chloroformlösung von Antimontrichlorid*, $SbCl_3$, ersetzt, mit welcher das Wachstumsvitamin eine intensiv *tiefblaue Färbung* gibt. Über diese „*Carr-Pricesche Reaktion*" hat sich eine breitspurige Debatte entwickelt, die hier nur gestreift werden kann. (Näheres s. bei P. KARRER und H. WEHRLI[6].) Wenn auch die Methode von manchen Autoren skeptisch beurteilt wird (z. B. von K. H. COWARD[7], PH. B. HAWK[8] und von H. STEUDEL und E. PEISER[9]), darf

[1] Zur Kenntnis des Vitamins A aus Fischtranen. Helv. chim. Acta **14**, 1036, 1431 (1931).

[2] Vgl. Lancet **227**, 44 (1934) sowie L. RANDOIN, Bericht über die zweite internationale Konferenz zur Standardisierung der Vitamine. Bull. Soc. Chim. biol. **17**, 67 (1935).

[3] S. V. GUDJÓNSSON: Versuche über den Vitamin-A-Mangel von Ratten und die quantitative Bestimmung von Vitamin A. Kopenhagen: Levin u. Munksgaard. 1931. — TH. MOLL, O. DALMER, P. v. DOBENECK, G. DOMAGK u. F. LAQUER: Über das Vitamin-A-Konzentrat „Vogan", zugleich ein Beitrag zur Wertbestimmung von Vitamin A. Arch. exp. Pathol. Pharmakol. **170**, 176 (1933). — A. JUNG: Richtlinien zur praktischen Bewertung von vitaminhaltigen Lebens- und Heilmitteln auf Grund des Bedarfes an Vitaminen. Ztschr. Vitaminforsch. **1**, H. 2, 3, 4 (1932). — R. KUHN, H. BROCKMANN, A. SCHEUNERT u. M. SCHIEBLICH: Über die Wachstumswirkung der Carotine und Xanthophylle. Ztschr. physiol. Chem. **221**, 129 (1933). — L. RANDOIN: Der internationale Standard und die internationale Einheit des Vitamins A. Bull. Soc. Chim. biol. **15**, 637 (1933). — L. RANDOIN u. R. NETTER: Die Wirkungsschwelle von reinem Carotin... Ebenda **15**, 706 (1933). — A. WINTERSTEIN u. C. FUNK: Vitamine, in G. KLEINS Handb. d. Pflanzenanalyse, Bd. IV, S. 1041—1108. Wien: Julius Springer. 1933. (Methode von H. BROCKMANN.) — P. KARRER, H. v. EULER u. M. RYDBOM: Neue Versuche über die physiologische Wirkung des Xanthophylls. Helv. chim. Acta **13**, 1059 (1930).

[4] Über eine empfindliche Farbenreaktion auf die Anwesenheit von Vitamin A. Biochemical Journ. **19**, 753 (1925).

[5] S. S. 160, Anm. 1.   [6] S. S. 177, Anm. 4.

[7] Über den relativen Gehalt verschiedener Muster von Lebertran an Vitamin A und D. Pharmac. Journ. **129**, 4 (1932).

[8] Lebertran und die Antimontrichloridreaktion für Vitamin A. Science **69**, 200 (1929).

[9] Über den Nachweis des Vitamins A. Ztschr. physiol. Chem. **174**, 191 (1928).

sie als ein praktisches Hilfsmittel gelten und wird von der Hygienekommission des Völkerbundes empfohlen.

Die in ihrem Wesen noch unklare Farbbildung verläuft mit meßbarer Geschwindigkeit: die Intensität erreicht z. B. schon in 10—60 Sekunden einen (rasch zu messenden) Höchstwert, um dann viel langsamer zurückzugehen. Öfters aufgetauchte Zweifel, ob tatsächlich das Vitamin selbst für das Blau verantwortlich ist, können heute als beseitigt gelten, da die Probe auch mit höchstgereinigten Präparaten (S. 185) stark positiv ausfällt. Hingegen sind die Einflüsse, unter denen die Genauigkeit der Messung leidet, nur teilweise bekannt. Die folgenden Punkte mögen Berücksichtigung finden:

1. Man achte auf den Zeitfaktor und führe die Analyse stets unter gleichen Bedingungen aus. Auch wenn sich die Farbe rasch abschwächt, erhält man bei einiger Übung Werte, deren Zuverlässigkeit der biologischen Titration kaum nachsteht. Haarscharf können allerdings die Ergebnisse nicht reproduziert werden (vgl. bei W. A. G. van Everdingen[1]).

2. Störende Stoffe lassen sich durch alkalische Hydrolyse beseitigen, man untersuche daher nicht den Tran selbst, sondern dessen Verseifungsrückstand (A. Andersen und E. Nightingale[2], E. L. Smith und V. Hazley[3], K. H. Coward, F. J. Dyer, R. A. Morton und J. H. Gaddum[4] u. a.), der in der Regel viel höhere Werte ergibt.

3. Gehemmt wird die Reaktion auch von Wasser (partielle Hydrolyse der blauen Verbindung), es ist daher wichtig, den Versuch in H_2O-freiem Medium auszuführen.

4. Spuren von gewissen heterocyclischen Substanzen setzen das Blaubildungsvermögen herab (A. Emmerie, M. van Eekelen und L. K. Wolff[5], R. A. Morton[6]).

5. Das Blau ist unspezifisch, da auch andere Körper ähnliche Färbungen geben, vor allem, und zwar sehr stark, sämtliche Carotinoide (F. Wokes und S. G. Willimott[7, 8], B. v. Euler und H. v. Euler[9], H. v. Euler, P. Karrer und M. Rydbom[10], P. Karrer, B. v. Euler und H. v. Euler[11], B. v. Euler und P. Karrer[12], H. v. Euler, P. Karrer, E. Klussmann und R. Morf[13], J. A. Lovern und R. A. Morton[14]). In Anwesenheit von Lipochrom lassen sich zwar Korrekturen in Abzug bringen, doch meist auf Kosten der Genauigkeit.

Weiteres Material zur Beurteilung der Carr-Price-Probe: Pharmacopoeia Commission Report: Report of Cod-liver oil colour test subcommittee. London, 1931. B. v. Euler[15], F. G. Hopkins und H. Chick[16]; R. S. Morgan[17], F. Wokes und S. G. Willimott[7, 8]; F. Wokes und J. R. Barr[18]; N. Evers[19], E. C. Towle

[1] Untersuchungen über den Wert quantitativer Bestimmungen von Vitamin A, mittels der Reaktion von Carr und Price. Proceed. Akad. Wissensch. Amsterdam 35, Nr. 10 (1932).

[2] Prüfung auf Vitamin A in Margarine, Butter und anderen Fett-Nahrungsmitteln. Journ. Soc. chem. Ind. 48, 139 T (1929).

[3] Über die Reaktion von Antimontrichlorid mit Lebertran und seinem nicht verseifbaren Anteil. Biochemical Journ. 24, 1942 (1930).

[4] Über die Bestimmung von Vitamin A in Lebertranen... Biochemical Journ. 25, 1102 (1931).   [5] Vitamin A und die Antimontrichlorid-Reaktion. Nature 128, 495 (1931).

[6] Die Anwendung von 7-Methylindol in der Antimontrichlorid-Farbenreaktion für Vitamin A. Biochemical Journ. 26, 1197 (1932).

[7] Der Nachweis und die Bestimmung der Vitamine A und D in Lebertran und verschiedenen Nahrungsmitteln. Pharmac. Journ. 118, 752 (1927).

[8] Prüfung von Antimontrichlorid als mögliches quantitatives Reagens auf Vitamin A. Analyst 52, 515 (1927).

[9] A-Vitamin im Tierkörper. Ark. Kemi, Mineral. Geol., B, 10, Nr. 3 (1928).

[10] S. S. 171, Anm. 3.   [11] S. S. 171, Anm. 4.

[12] Zur Kenntnis der Carr-Price-Reaktion an Carotinoiden. Helv. chim. Acta 15, 496 (1932). [13] Spektrometrische Messungen an Carotinoiden. Ebenda 15, 502 (1932).

[14] S. S. 179, Anm. 7.

[15] Zur Kenntnis des A-Vitamins in Serum und Leber. Svensk Kem. Tidskr. 42, 302 (1930).   [16] Lancet 1, 148 (1928).

[17] Über die Auswertung der kolorimetrischen Bestimmung bei der Antimontrichlorid-Reaktion von Vitamin A. Biochemical Journ. 26, 377 (1932).

[18] Einiges über Antimontrichlorid und einige Faktoren, die seine Empfindlichkeit als Reagens auf Vitamin A beeinflussen. Pharmac. Journ. 118, 758 (1927).

[19] Einige Beobachtungen über die Antimontrichlorid-Farbreaktion auf Vitamin A. Quart. Journ. pharmac. 2, 227, 566 (1929).

und E. C. Merrill[1], E. R. Norris und A. E. Church[2]; H. Steudel und E. Peiser[3]; Ph. B. Hawk[4]; S. Schmidt-Nielsen und S. Schmidt-Nielsen[5, 6]; Th. Moll, O. Dalmer, P. v. Dobeneck, G. Domagk und F. Laquer[7]; W. Brandrup[8, 9]; R. T. A. Mees[10]; G. Panopoulos[11]; R. A. Morton[12]; J. R. Edisbury, A. E. Gillam, I. M. Heilbron und R. A. Morton[13]; R. A. Morton und I. M. Heilbron[14]; A. E. Gillam, I. M. Heilbron, Th. P. Hilditch und R. A. Morton[15]; N. Evers[16]; H. v. Euler, P. Karrer, E. Klussmann und R. Morf[17] sowie die auf S. 187 zitierten Stellen.

Das Reagens. Das mit Wasser wiederholt gewaschene und mit Kaliumcarbonat getrocknete Chloroform wird unter Verwerfung des Vorlaufes destilliert und mit $SbCl_3$ (das vorher mit dem gereinigten Lösungsmittel bis zum klaren Ablaufen gewaschen wurde) bei 20° und Lichtabschluß gesättigt (zirka 30 Gewichtsteile Chlorid in 100 cm³ Lösung; Kontrolle: jodometrisch). Das Reagens läßt sich in braunen Flaschen aufbewahren, besser in der automatischen Pipette der British Drug Houses (*Abb. 13*), in welcher die Lösung trocken bleibt und mit Gummi nicht in Berührung kommt. Drückt man eine beliebige Menge in den Oberteil hinauf, so läuft der Überschuß selbsttätig zurück. Der obere Teil wird dann abgenommen und sein Inhalt in die Meßküvette gefüllt.

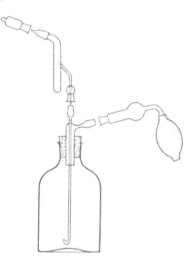

Abb. 13. Automatische Pipette (Modell der *British Drug Houses*).

Das Tintometer von Lovibond. In diesem Instrument (*Abb. 15*) vergleicht man die Farbstärke einer Lösung mit blauen (bzw. roten) standardisierten *Glasplatten*, deren Farbe von eben noch erkennbaren Tönen bis zu tief dunklen kolorimetrischen Werten variiert. Jedes Plättchen entspricht einer Zahl, mit der seine relative Farbstärke ausgedrückt wird (*Lovibond-Einheiten*). Der von *The Tintometer Ltd.* erzeugte Apparat (Engl. Pat. 299 194) ist auch aus *Abb. 14* ersichtlich. Man erblickt durch das Beobachtungsrohr zwei Gesichtsfelder und sucht dieselben durch systematisches Vorschieben von Glasplatten auf gleiche Farbwerte zu bringen. Die Lösung wird in die Küvette eingefüllt (innen 10 mm breit)[18]. Zu 0,2 cm³ der Substanzlösung ($CHCl_3$) fügt man 2,0 cm³ Reagens, vermengt und mißt rasch, da das Intensitätsmaximum oft schon in 10—60 Sek. erreicht wird. Dieser Höchstwert, ausgedrückt in den abgelesenen

---

[1] Amer. Journ. Pharmac. **100**, 601 (1928).

[2] Eine Untersuchung über die Antimontrichlorid-Farbreaktion auf Vitamin A. Journ. biol. Chemistry **85**, 477 (1930).

[3] S. S. 181, Anm. 9.   [4] S. S. 181, Anm. 8.

[5] Über einige Lebertrane, die eine starke Farbreaktion mit Antimontrichlorid geben. Biochemical Journ. **23**, 1153 (1929).

[6] Neue Resultate unserer Arbeiten mit Vitamin A und D. Tidskr. Kemi Bergvaesen **11**, 63, 84 (1932).

[7] Über das Vitamin-A-Konzentrat „Vogan", zugleich ein Beitrag zur Wertbestimmung von Vitamin A. Arch. exp. Pathol. Pharmakol. **170**, 176 (1933).

[8] Über den Wert und die Grenzen der chemischen Vitaminreaktionen bei Lebertran. I. Chemische Prüfung des Lebertrans auf Vitamin A. Pharmaz. Ztg. **77**, 536 (1932).

[9] Chemische und biologische Prüfung des Lebertrans auf Vitamin A. Pharmaz. **78**, 433 (1933).   [10] Farbreaktionen auf Lebertran. Chem. Weekbl. **28**, 694 (1931).

[11] Über eine spezifische Reaktion der gehärteten Fischöle. Praktika **7**, 325 (1932).

[12] S. S. 182, Anm. 6.

[13] Absorptionsspektra von Derivaten des Vitamins A. Biochemical Journ. **26**, 1164 (1932).

[14] Vitamin A der Butter. Biochemical Journ. **24**, 870 (1930).

[15] Spektrographische Daten von natürlichen Fetten und ihrer Fettsäuren in Beziehung zum A-Vitamin. Biochemical Journ. **25**, 30 (1931).

[16] Bemerkungen über die Bestimmung von Vitamin A. Analyst **59**, 82 (1934).

[17] S. S. 182, Anm. 13.

[18] Betreffs weiterer Einzelheiten sei auf die Schrift „Colour measurement" der Erzeugerfirma hingewiesen. — Kann der richtige Farbton mit blauen Plättchen

LOVIBOND-Einheiten, ist das Zahlenergebnis der Analyse. In günstigen Fällen kann die Genauigkeit bis auf 10% steigen (H. v. EULER und P. KARRER[1]), falls nicht über 10 Blaueinheiten zur Anwendung kommen.

Auswertung. Das Resultat wird meist nicht in LOVIBONDschen Blauwerten (blue values) ausgedrückt, sondern zu *Cod-liver-oil-Einheiten* („*C. L. O.*") nach der folgenden Formel umgerechnet:

$$\text{C. L. O.} = \frac{20 \times (\text{am Tintometer abgelesener Blauwert} : 10)}{\text{mg Substanz pro } 1 \text{ cm}^3 \text{ SbCl}_3\text{-Lösung}}$$

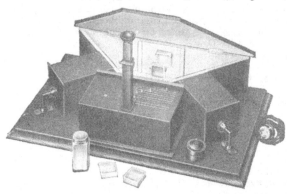

Abb. 14. Tintometer mit Beleuchtungsvorrichtung (Modell der *The Tintometer Ltd.*).

Die C. L. O.-Einheit ist also derart gewählt, daß ein Präparat 1 C. L. O. besitzt, wenn 20 mg davon, in 1 cm³ CARR-PRICE-Reagens gelöst, 10 LOVI-BOND-Blauwerte ergeben.

Die Bestimmung des Vitamins A im Kolorimeter ist öfters vorgeschlagen worden. N. I. ORLOV[2] empfiehlt Kristallviolett + Methylenblau, W. BRAN-DRUP[3] eine alkoholische Viktoriablau-Lösung als Standardflüssigkeit. H. BROCKMANN[4] bestimmt das Wachstumsvitamin von Ratten-Leberölen im *Mikro-kolorimeter* von HELLIGE: Das Gemisch von 0,1 cm³ der 1%igen Chloroformlösung + 1 cm³ SbCl₃-Lösung wird sofort gemessen; Vergleichsflüssigkeit: 24 g krist. Kupfersulfat werden in Wasser gelöst, mit 15 cm³ 20%igem Cobaltnitrat vermengt und auf 100 cm³ ergänzt. Eine 10-mm-Schicht entspricht 10 LOVIBOND-Blaueinheiten.

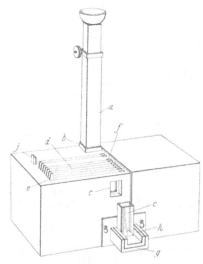

Abb. 15. Tintometer (Modell der *The Tintometer Ltd.*).

Um den Zeitfaktor der CARR-PRICE-Reaktion abzuschwächen, versetzen E. ROSENTHAL und J. ERDÉLYI[5] 1—2 cm³ Chloroformlösung der Substanz (z. B. 0,1—0,5 cm³ Lebertran) mit 1 cm³ 0,5%igem Brenzcatechin (besser ist 5%iges *Guajacol*) in CHCl₃ und erst dann mit 2—3 cm³ Antimontrichloridlösung (CHCl₃, kaltgesättigt), worauf sogleich 1—2 Min. im Wasserbad von 60⁰ erhitzt wird (bei Tranölen nur 10—15 Sek.). Die so hervorgerufene, violettrote Färbung (Maxima bei 552 bzw. 476 $\mu\mu$) läßt sich rasch mit 0,01%igem Kaliumpermanganat kolorimetrisch vergleichen. Die Farbe ist beständiger als ohne Zusätze; die Reaktion fällt, im Gegensatz zur CARR-PRICE-Probe, *mit Carotinoiden* (oder mit Vitamin A, das vorher durch Quarzlichtbestrahlung inaktiviert wurde) *negativ* aus. — Genaue Messungen lassen sich auch im LEITZschen Absolutkolorimeter, mit Hilfe der sogenannten „grauen Lösung" und des Spezialfilters Nr. 7 ausführen (monochromatisches Licht).

---

nicht erreicht werden, so schiebt man auch rote bzw. gelbe vor, deren Kennzahlen aber bei der Auswertung nicht gelten.   [1] S. S. 160, Anm. 2.
[2] Die Farbenreaktionen der Vitamin A enthaltenden Stoffe. Ztschr. Unters. Lebensmittel **60**, 254 (1930).   [3] S. S. 183, Anm. 8, 9.
[4] Publiziert bei A. WINTERSTEIN u. C. FUNK: Vitamine, in G. KLEINS Handb. d. Pflanzenanalyse, Bd. IV, S. 1041—1108. Wien: Julius Springer. 1933.
[5] Eine neue Reaktion zum Nachweis und zur kolorimetrischen Bestimmung des Vitamins A. Biochem. Ztschr. **267**, 119 (1933). — Weitere Untersuchungen über die neue Farbenreaktion des Vitamins A. Ebenda **271**, 414 (1934).

Bestimmungen im Spektrophotometer können prinzipiell an den beiden Extinktionsmaxima der CARR-PRICEschen Blaufärbung (606 und 572 $\mu\mu$) vorgenommen werden, nur berücksichtige man dabei den Zeitfaktor. Auch scheinen sich die beiden Extinktionskoeffizienten z. B. beim Altern der Trane nicht proportional zu verändern. Vorteilhafter mißt man (ohne Anwendung von $SbCl_3$) den optischen Schwerpunkt des Tranes selbst bzw. des unverseifbaren Restes. Schon R. A. MORTON und I. M. HEILBRON[1] haben erkannt, daß das breite Band im Ultraviolett mit dem *Maximum 328* $\mu\mu$ für das A-Vitamin charakteristisch und für die quantitative Bestimmung desselben geeignet ist. Weitere Literatur: R. A. MORTON, I. M. HEILBRON und F. S. SPRING[2]; I. M. HEILBRON, R. A. MORTON, B. AHMAD und J. C. DRUMMOND[3]; K. H. COWARD, F. J. DYER, R. A. MORTON und J. H. GADDUM[4]; R. A. MORTON, I. M. HEILBRON und A. THOMPSON[5]; A. E. GILLAM und R. A. MORTON[6]; I. M. HEILBRON, A. E. GILLAM und R. A. MORTON[7]; J. R. EDISBURY, A. E. GILLAM, I. M. HEILBRON und R. A. MORTON[8]; A. E. GILLAM, I. M. HEILBRON, R. A. MORTON, G. BISHOP und J. C. DRUMMOND[9]; S. K. CREWS und S. J. COX[10]; B. JOSEPHY[11]; I. M. HEILBRON, R. N. HESLOP, R. A. MORTON, E. T. WEBSTER, J. R. REA und J. C. DRUMMOND[12]; H. BROCKMANN und M. L. TECKLENBURG[13]; A. CHEVALIER und P. CHABRE[14]; F. S. GÉRONA[15].

Zusammenfassendes: CHR. BOMSKOV (s. Literaturverzeichnis auf S. 190).

3. Isolierung von höchstkonzentrierten und reinen Vitamin-A-Präparaten für wissenschaftliche Zwecke.

In den letzten Jahren sind von mehreren Seiten mit Erfolg Versuche unternommen worden zur Eliminierung der Begleitstoffe und zur Reindarstellung des A-Vitamins. Erfreulicherweise brachten die voneinander unabhängigen Arbeiten Endpräparate hervor, deren Konstanten weitgehend übereinstimmen (Tab. 45, S. 186). Das Problem der Isolierung des A-Faktors aus Fischleberölen ist damit im Prinzip gelöst, zumindest was den Hauptbestandteil anbelangt, und künftige Verfeinerungen der Methodik dürften das Bild kaum mehr wesentlich ändern. Nachstehend seien die wichtigen Befunde a) von P. KARRER, dann b) von I. M. HEILBRON und c) von F. H. CARR (und ihren Mitarbeitern) referiert.

a) *Versuche von Karrer* (H. v. EULER und P. KARRER[16, 17]; P. KARRER, R. MORF und K. SCHÖPP[18]; P. KARRER und R. MORF[19]). Als Ausgangsmaterial dienten vor allem die Leberöle von *Hippoglossus hippoglossus* (Heilbutt) bzw. von *Scombresox saurus* (Makrelenhecht).

Die Verseifung des, aus den Fischlebern mit tiefsiedendem Petroläther extrahierten Öles geschah in der üblichen Art, mittels 12%igem alkoholischem Kali, bei 60°, unter Stickstoff, und war in einer Stunde beendet. Der mit tiefsiedendem Petroläther ausgezogene, unverseifbare Anteil enthält große Sterinmengen und wird beim Verdampfen des Lösungsmittels nahezu fest. Durch Auflösen in heißem Methanol und mehrstün-

[1] Das Absorptionsspektrum von Vitamin A. Biochemical Journ. 22, 987 (1928); Nature 7/VII (1928).
[2] Absorptionsspektren im Zusammenhang mit Vitamin A. Biochemical Journ. 24, 136 (1930). [3] S. S. 172, Anm. 1. [4] S. S. 182, Anm. 4.
[5] Spektroskopische Daten betr. Vitamin A und Leberöle. Biochemical Journ. 25, 20 (1931).
[6] Die Antimontrichlorid-Farbreaktion und die Ultraviolett-Absorption von Leberölen und Konzentraten. Biochemical Journ. 25, 1346 (1931).
[7] Spezifizität in den Vitamin-A-Reaktionen... Biochemical Journ. 25, 1352 (1931).
[8] S. S. 183, Anm. 13.
[9] Variationen in der Qualität der Butter... Biochemical Journ. 27, 878 (1933).
[10] Der Zusammenhang zwischen dem CARR-PRICE-Wert und dem 328-$\mu\mu$-Absorptionskoeffizient von A-vitaminhaltigen Präparaten. Analyst 1934, 85.
[11] Ultraviolettabsorption und Lovibondeinheit von Vitamin A-haltigen Ölen und Fetten. Acta brevia neerl. Physiol. 3, 133 (1933).
[12] S. S. 162, Anm. 7. [13] S. S. 172, Anm. 2.
[14] Bestimmung des Vitamins A in Ölen mit einer spektrophotometrischen Methode. Biochemical Journ. 27, 298 (1933).
[15] Die Vitamine des Olivenöles. Bull. Matières grasses 18, 281 (1934).
[16] Zur Kenntnis des A-Vitamins des Lebertrans. Naturwiss. 19, 676 (1931).
[17] Zur Kenntnis hochkonzentrierter Vitamin-A-Präparate. Helv. chim. Acta 14, 1040 (1931). [18] S. S. 151, Anm. 8. [19] S. S. 176, Anm. 2.

Tabelle 45. Vergleich höchstgereinigter Vitamin-A-Präparate.

	P. KARRER und Mitarbeiter	I. M. HEILBRON und Mitarbeiter	F. H. CARR und W. JEWELL
Analyse (Prozent C, H) z. B...	84,0 10,7	83,3 11,0	83,5 10,6
Molekulargewicht............	300—320	312—327	—
Farbe.....................	rein hellgelb	hellgelb	—
Konsistenz.................	nur warm flüssig	nur warm flüssig	—
Siedepunkt (10^{-5} mm)........	—	137—138⁰	136—137⁰
Extinktionskoeff. (1 cm, 1%ige Lösung; 328 $\mu\mu^1$)..........	1600—1700	1370	1600
C. L. O...................	10500	6500	7800
Extinktionskoeff. der SbCl₃-Lösung (693 $\mu\mu$)..............	—	450	465
Dasselbe (617 $\mu\mu$)[1]	—	4650	5000
H₂-Verbrauch (auf $C_{20}H_{30}O$)...	4,9 Mole	4,5 Mole	—
O₃-Abbauprodukt	Geronsäure	Geronsäure	—
Minimale wirksame Tagesdosis (Ratte).................	0,5 γ	0,1 γ	0,6 γ

diges Aufbewahren bei —15⁰ kristallisieren die Sterine fast vollständig aus. Sie wurden bei —15⁰ abgesaugt; aus dem Filtrat konnte nach längerem Stehen im Kälteraum noch etwas Sterin entfernt werden. Nun verdünnt man mit Wasser und extrahiert mit Petroläther (Siedep. 30⁰). Sodann wurde die Lösung dem *chromatographischen Adsorptionsverfahren* (S. 162)[2] unterworfen, nämlich durch eine Säule von Fasertonerde (MERCK) gesaugt, die mittlere Schicht mit Methanol eluiert und nach der Überführung des Vitamins in Petroläther, die Adsorption noch zweimal wiederholt. Durch weitere Adsorptionen oder durch Acetylieren und Regenerierung lassen sich die Konstanten nicht mehr verschieben. Zusammensetzung: 84,0% C, 10,7% H, 5,3% O; C. L. O. bis zu 10500.

b) *Versuche von I. M. Heilbron, R. N. Heslop, R. A. Morton, E. T. Webster, J. R. Rea und J. C. Drummond*[3]. Auch diese Forscher erhielten mit dem Leberöl aus Heilbutt die besten Ergebnisse. Der Verseifungsrückstand von je 500 g Ausgangsmaterial wurde durch einstündige Hydrolyse bei 75⁰, mit 12%igem alkoholischem Kali, unter Stickstoff bereitet, sodann durch Wasserzusatz in Äther übergeführt, eingedampft und getrocknet. Die in 150 cm³ heißem Methanol aufgenommene Substanz schied den hohen Steringehalt (Cholesterin) großenteils schon beim Erkalten aus. Der Rest wurde aus der, 75 cm³ konzentrierten Lösung teils bei —10⁰, teils bei —50⁰ auskristallisiert und durch Filtration entfernt. Nun führt man das Vitamin in Petroläther (Siedep. 40—50⁰) über, entwässert, dampft ein und trocknet den Rückstand bei 70⁰ im Hochvakuum. Das Vitamin ließ sich unter 0,00001 mm Druck in einem geeigneten Apparate rasch übertreiben und lieferte eine Hauptfraktion (Siedep. 137—138⁰) mit starker biologischer Aktivität, der eine entsprechende Höhe des Extinktionskoeffizienten bei 328 $\mu\mu$ bzw. (+ SbCl₃) 617 und 580 $\mu\mu$ entsprach. Weitere Destillationen verschieben die Kennzahlen nicht mehr, ebensowenig wie eine Chromatographie nach M. TSWETT (S. 162). Die C. L. O.-Zahl der P. KARRERschen Präparate wurde hier nicht erreicht, wohl aber deren biologischer Wirkungsgrad (Tabelle 45).

c) *In den Versuchen von F. H. Carr und W. Jewell*[4] wird ebenfalls die Hochvakuumdestillation verwertet. Unter 0,00001 mm Druck wurde der Abstand zwischen Verdampfungs- und Kondensationsfläche auf 12 mm verringert und der Siedepunkt 136—137⁰ beobachtet. Vom Endpräparat (Konstanten: Tabelle 45, s. oben) genügen

---

[1] Diesen Daten seien folgende Extinktionskoeffizienten nach A. E. GILLAM und R. A. MORTON (s. S. 185, Anm. 6) gegenübergestellt, welche den außerordentlich hohen Reinheitsgrad der Konzentrate beweisen:

	328 $\mu\mu$	606—630 $\mu\mu$
Gewöhnlicher Dorschlebertran ..	1,0	1,35
Besonders A-reiche Trane	6,25	9,0

[2] Vgl. hierzu auch neue Angaben von H. BROCKMANN u. M. L. TECKLENBURG: S. S. 172, Anm. 2.   [3] S. S. 177, Anm. 12.

[4] Charakterisierung von hochaktivem Vitamin A. Nature **131**, 92 (1933).

0,0006 mg zur Heilung der Xerophthalmie (Ratte) und dieselbe Dosis gab einen etwas größeren Zuwachs des Gewichtes als 0,001 mg Standard-Carotin (S. 181). Weitere Versuche: H. N. HOLMES, H. CASSIDY, E. HARTZLER und R. MANLY[1].

Die Eigenschaften der besten A-Konzentrate können teils der Tab. 45 entnommen werden. Das Vitamin bildet ein in den gebräuchlichen Solventien leichtlösliches, hellgelbes, sehr dickes Öl. Bei der „Entmischung" (S. 161), wandert es nach unten. Über die Stabilität teilen I. M. HEILBRON und Mitarbeiter[2] mit, daß unter Luft- und Lichtabschluß gehaltene Präparate in weniger als einem Monat um etwa $10^0/_0$ schwächer wurden (spektrometrisch gemessen). — Kristallisierte Derivate: S. HAMANO; K. KAWAKAMI (S. 191—192).

4. Frage der Einheitlichkeit der reinen Vitamin-A-Präparate.

Einzelbeobachtungen haben sich allmählich zur Erkenntnis verdichtet, daß selbst die reinsten A-Präparate nicht homogen sind, sondern zwei Bestandteile enthalten, die mit den beiden Adsorptionsbändern der $SbCl_3$-Lösung (610 bzw. 572 $\mu\mu$) irgendwie zusammenhängen. Schon A. E. GILLAM und R. A. MORTON[3], I. M. HEILBRON, A. E. GILLAM und R. A. MORTON[4], I. M. HEILBRON, R. N. HESLOP, R. A. MORTON, E. T. WEBSTER, J. R. REA und J. C. DRUMMOND[5] (u.a.) machten diesbezüglich spektrometrische Angaben. Ferner finden sie, daß ihr perhydriertes Reinprodukt beim Destillieren einen höhersiedenden Anteil zurückläßt, was aber nach P. KARRER und R. MORF[6] eventuell nur auf Polymerisation zurückzuführen wäre. A. EMMERIE, M. VAN EEKELEN und L. K. WOLFF[7] haben das um 610 $\mu\mu$ liegende Band der Antimonchloridlösung zum Verschwinden gebracht, indem sie dem unverseifbaren Lebertranrest vor der Ausführung der CARR-PRICE-Probe etwas Furan, Methylfuran, Pyrrol, Indol oder Skatol zusetzten (vgl. auch R. A. MORTON[8]). Die Intensität des anderen Bandes (Maximum bei 572 $\mu\mu$) hat sich dadurch nicht verändert und ebensowenig die biologische Aktivität der Ausgangssubstanz.

Interessant sind auch die Beobachtungen, die mit Hilfe von Adsorptionsmitteln erzielt werden. M. VAN EEKELEN, A. EMMERIE, H. W. JULIUS und K. L. WOLFF[9] behandeln das Unverseifbare von Lebölen mit Fullererde und finden, daß der am raschesten aufgenommene Anteil mit Antimontrichlorid nur mehr das Band 572 $\mu\mu$ gibt, während die Restfraktion nur bei 620 $\mu\mu$ einen optischen Schwerpunkt aufweist. Eine ähnliche Inhomogenität geht auch aus der Arbeit von I. M. HEILBRON, A. E. GILLAM und R. A. MORTON[10] sowie von I. M. HEILBRON, R. A. MORTON, B. AHMAD und J. C. DRUMMOND[11, 12] hervor.

P. KARRER und R. MORF[6] haben ihre diesbezüglichen Versuche nach dem chromatographischen Verfahren (S. 162) ausgeführt. Die Lösung des höchstgereinigten A-Vitamin-Präparates wurde durch eine vertikale Säule von Calciumhydroxyd gesaugt, wobei die Hauptmenge, die sogenannte „β-Fraktion" bereits in dem oberen Teile des Adsorbens hängen blieb, während die „α-Fraktion" (wenige Prozent der Gesamtsubstanz) tiefer vorgedrungen ist. Nach erfolgter Elution und Überführung in Chloroform wurden beide mit Antimontrichlorid

---

[1] Ein Versuch zur Isolierung von Vitamin A. Science 79, 255 (1934).   [2] S. S. 162, Anm. 7.
[3] S. S. 185, Anm. 6.   [4] S. S. 185, Anm. 7.   [5] S. S. 177, Anm. 12.
[6] S. S. 176, Anm. 2.   [7] S. S. 182, Anm. 5.   [8] S. S. 182, Anm. 6.
[9] Acta Brevia neerl. Physiol. 1, 8 (1931).   [10] S. S. 185, Anm. 7.   [11] S. S. 172, Anm. 1.
[12] Charakterisierung von Vitamin A. Journ. Soc. chem. Ind. 50, 183 (1931). — S. auch eine neuere Arbeit von H. BROCKMANN u. M. L. TECKLENBURG: Der A-Vitamingehalt der Rattenleber nach Fütterung mit α-, β- und γ-Carotin und die Antimontrichloridreaktion von A-Vitaminpräparaten. Ztschr. physiol. Chem. 221, 117 (1933). — Die von verschiedenen Forschern angegebenen zwei Absorptionsmaxima der $SbCl_3$-Verbindung differieren in ihrer Lage erheblich, was sicher nicht immer auf Versuchsfehler zurückzuführen sein wird.

geprüft: die Hauptfraktion zeigt nur bei 622 $\mu\mu$ ein Maximum (tiefblaue Lösung), während der α-Anteil + SbCl$_3$ nur bei 580 $\mu\mu$ einen optischen Schwerpunkt besitzt (Farbe der Flüssigkeit: violett). Die Intensität des 580-$\mu\mu$-Bandes geht indessen allmählich zurück, während gleichzeitig ein um 620 $\mu\mu$ liegendes Band sich entwickelt. Vielleicht findet hier eine, mit mäßiger Geschwindigkeit verlaufende Umlagerung $\alpha \rightarrow \beta$ statt.

5. Technologische Schlußbemerkungen.

Aus dem vorstehend referierten Tatsachenmaterial ergeben sich die Folgerungen für die Tranindustrie von selbst.

Da der einmal verlorengegangene Vitamingehalt auf keinem Wege regeneriert werden kann, ist es für technische Betriebe wichtig, die diesbezüglichen Gefahren genau zu kennen, damit die Einbringung des Rohmaterials sowie die Gewinnung, Raffination und Lagerung unter möglichstem Schonen der kostbaren Wirkungsstoffe erfolge. Dieser Anforderung wird neuerdings schon im ersten Stadium der Fabrikation Rechnung getragen (Näheres s. Bd. II).

Was die Raffination anbetrifft, so hat man mehrfach die Erfahrung gemacht, daß veredelte Trane biologisch minderwertiger sind als das Rohprodukt. In solchen Fällen hat zweifellos eine partielle Zerstörung des Wachstumsfaktors während der Fabrikation stattgefunden. Dabei ist zu bedenken, daß das A-Vitamin zu den Polyenen zählt; dieselben sind relativ hitzebeständig, jedoch recht empfindlich gegen den Luftsauerstoff: das A-Vitamin kann, wie das Lipochrom, leicht *Autoxydationsvorgängen* zum Opfer fallen. Zweifellos waren manche, in der Literatur verzeichneten „Hitze-Zerstörungen" des Wachstumsfaktors in Wahrheit gar keine thermischen Effekte, sondern Oxydationen, die bei erhöhter Temperatur naturgemäß rascher einsetzen und im Falle der Trane auch von Wasser und von Licht beschleunigt werden (vgl. z. B.: W. S. JONES und W. G. CHRISTIANSEN[1]). Bekanntlich wird ein solcher Vorgang auch von Kontaktstoffen beeinflußt und auch hier kommt wohl, wie so oft in der Natur, vor allem die Schwermetallkatalyse (Eisen) in Betracht (Literatur bei P. KARRER und H. WEHRLI[2]). Anderseits scheinen manche ungesättigte Bestandteile des Lebertrans einen gewissen *Schutz* auf das Vitamin auszuüben, offenbar indem sie selbst den Sauerstoff abfangen.

Es sei in diesem Zusammenhange noch betont, daß das Vitamin D im Dunkeln kaum autoxydabel ist. Durch Lüften von Leberölen geht also vorwiegend der Wachstumsfaktor verloren, was auch in fertigen Präparaten eintreten kann (E. V. McCOLLUM, N. SIMMONDS, P. G. SHIPLEY und E. A. PARK[3]; H. STEENBOCK und E. M. NELSON[4]; H. STEENBOCK, E. B. HART, J. H. JONES und A. BLACK[5]; H. STEENBOCK und A. BLACK[6]; H. GOLDBLATT und S. S. ZILVA[7]; J. C. DRUMMOND und S. S. ZILVA[8,9]; J. C. DRUMMOND, S. S. ZILVA und K. H. COWARD[10] u. a.).

---

[1] Die Vitamin-Aktivität von Dorschleberölen. Journ. Amer. pharmac. Assoc. **21**, 145 (1932).   [2] S. S. 177, Anm. 4.   [3] Journ. biol. Chemistry **50**, 5 (1922).
[4] S. S. 170, Anm. 11.   [5] S. S. 170, Anm. 10.   [6] S. S. 170, Anm. 7.
[7] Die Beziehung zwischen wachstumsfördernden und antirachitischen Funktionen gewisser Stoffe. Lancet **205**, 677 (1923).
[8] Untersuchungen über den Nährwert der eßbaren Öle und Fette. I. Die ölhaltigen Samen und rohen pflanzlichen Öle und Fette. Journ. Soc. chem. Ind. **41**, 125 T (1922).
[9] Die Herstellung von Dorschlebertran und die Wirkung der Verfahren auf den Vitaminwert des Öles. Journ. Soc. chem. Ind. **41**, 280 T (1922).
[10] Der Einfluß der Lagerung und Emulsionierung auf das Vitamin A in Lebertran. Journ. Soc. chem. Ind. **43**, 236 T (1924).

Im Rahmen dieser Gedankengänge sind mehrfach *technische Vorschläge für die Leberöl- bzw. Tranindustrie* gemacht worden, von welchen einige typische Beispiele aus den letzten Jahren erwähnt seien. Die Verbesserung bezweckt im wesentlichen den *Ausschluß des Sauerstoffes.* Mehrere Vorschriften verzichten ferner auf das alther geübte Ausschmelzverfahren und geben Extraktionsmethoden den Vorzug. In dem Patent von E. R. SQUIBB und Sons[1] wird eine inerte Gasatmosphäre als wesentlich für das Gelingen der Fabrikation erkannt, und zwar sowohl bei der Herstellung der Präparate als auch bei der nachfolgenden Lagerung. J. O. NYGAARD[2] schmilzt das Rohmaterial im Vakuum aus, unter Verdampfen des Wassergehaltes in einem Bad, das höher als Wasser siedet. I. AVELLAR DE LOUREIRO[3] versucht (ebenfalls unter Luftabschluß) die beiden fettlöslichen Vitamine getrennt zu gewinnen, im Wege einer mit 95%iger Essigsäure bzw. Petroläther durchgeführten fraktionierten Extraktion. Vgl. auch bei C. U. WETLESEN[4].

K. KAWAI[5] ließ sich ein Verfahren zur Herstellung von Lebertran schützen, nach welchem die zerkleinerten Lebern (1 Teil) 20 Minuten mit 2%iger Natronlauge (2 Teile) nicht höher als 100° unter Rühren erhitzt werden, zwecks Zerstörung des Zellgewebes. Sodann läßt man das Material unter Luft- und Lichtabschluß absitzen. Das in Form einer Emulsion (eventuell durch Mithilfe der Zentrifuge) sich ausscheidende Öl wird bis zur Sättigung seines Wassergehaltes mit Kochsalz oder Glaubersalz und etwas Alkohol versetzt, angewärmt und so rein erhalten. Auch K. KAWAI und M. YOSHIDA[6] teilen mit, daß man zu bedeutend A-reicheren Produkten kommt, wenn das Lebergewebe mit Alkali zerstört bzw. mit Äther extrahiert wird, als nach dem alten Schmelzverfahren (vgl. K. KAWAI[5]). Die Ferrosan A. G. empfiehlt eine Pasteurisierung der feuchten Lebern[7].

Für Lebertran*emulsionen* gelten ähnliche Gesichtspunkte. So fordert z. B. H. VALENTIN[8] die Bereitung und (nicht zu langdauernde) Aufbewahrung solcher Präparate unter Kohlendioxyd.

Endlich ist die schonende Behandlung auch bei der Fabrikation von *Vitaminkonzentraten* wichtig. Hier droht gleichfalls seitens des Luftsauerstoffes und des Lichtes eine Gefahr. A-Konzentrate haben zweierlei technische Bedeutung. Entsprechend zubereitet, dienen sie als Heilmittel (z. B. „Vogan", „Essogen"), welche die A-Wirksamkeit des Dorschleberöles nicht nur ersetzen, sondern vielfach übertreffen können, und anderseits werden solche Produkte der Pflanzenmargarine zugesetzt, die bekanntlich praktisch A-frei ist (vgl. z. B. CH. F. POE und H. A. FEHLMANN[9]). Betreffend den biologischen Vergleich von Handelskonzentraten kann u. a. auf die Arbeit von W. GEHLEN[10] verwiesen werden.

---

[1] Gewinnung von Lebertran. Amer. Pat. 1829571 (1931).
[2] Gewinnung von Öl aus Seetieren. Franz. Pat. 743079 (1932).
[3] Getrennte Gewinnung von Vitamin A und Vitamin D aus Lebertran. D. R. P. 540701 (1930).
[4] Gewinnung von Öl aus Seetieren durch Erhitzen unter Ausschluß von Luft. Norw. Pat. 54151 (1932).   [5] S. S. 177, Anm. 2, 10.   [6] S. S. 177, Anm. 11.
[7] Vorbehandlung von, zur späteren Herstellung von Medizinaltran bestimmten Fischlebern. Dän. Pat. 48412 (1932) und 49276 (1933); Engl. Pat. 409182 (1934).
[8] Die Bestimmung des Trangehaltes in Lebertranemulsion und Prüfung derselben auf fettlösliche Vitamine. Pharmaz. Ztg. 76, 1423 (1931).
[9] Vitamin-A-Gehalt von naturgefärbten Margarinen. Ind. engin. Chem. 25, 402 (1933).
[10] Vitamine und Vitaminpräparate. Ztschr. Ernähr. 2, 97 (1932).

Literatur über Lipochrom und Vitamin A.

a) Sammelwerke.

BOMSKOV, CHR.: Methodik der Vitaminforschung. Leipzig: Georg Thieme. 1935.
BROWNING, E.: The Vitamins. London: Baillière, Tindall & Cox. 1931.
Fortschritte der physiolog. Chemie 1929—1934. 311 S. Berlin: Verlag Chemie. 1934.
KARRER, P. u. H. WEHRLI: 25 Jahre Vitamin-A-Forschung. Nova Acta Leopoldina. Neue Folge, Bd. 1, S. 175—275. Halle a. S.: Leopold. Akad. 1933.
LEDERER, E.: Les caroténoïdes des plantes. 87 S. Paris: Herrmann et Cie. 1934.
— Les caroténoïdes des animaux. 62 S. Ebenda. 1935.
McCOLLUM, E. V. u. N. SIMMONDS: The newer knowledge of nutrition. New York. 1929.
PALMER, L. S.: Carotinoids and related pigments. 316 S. New York: The Chemical Catalogue Co. 1922.
SCHEUNERT, A.: Vitamingehalt der deutschen Lebensmittel. Berlin: Julius Springer. 1930.
SHERMAN, H. C. u. S. H. SMITH: The Vitamins. New York: The Chemical Catalogue Co. 1931.
STEPP, W. u. P. GYÖRGY: Avitaminosen und verwandte Krankheitszustände. Berlin: Julius Springer. 1927.
Vitamins. A survey of present knowledge. London: His Majesty's Stationery Office. 1932.
WILLSTAEDT, H.: Carotinoide. Bakterien- und Pilzfarbstoffe. 119 S. Stuttgart: Ferd. Enke. 1934.
WINTERSTEIN, A. u. C. FUNK: Vitamine. In G. KLEINS Handbuch der Pflanzenanalyse, Bd. IV, S. 1041—1108. Wien: Julius Springer. 1933.
ZECHMEISTER, L.: Carotinoide. Ein biochemischer Bericht über pflanzliche und tierische Polyenfarbstoffe. XII u. 338 S., mit 85 Abbildungen (= Monographien aus dem Gesamtgebiet der Physiologie der Pflanzen und der Tiere, Bd. 31). Berlin: Julius Springer. 1934.

b) Ergänzung zu den auf S. 150—189 in den Fußnoten abgedruckten Zitaten (die letzteren werden hier nicht wiederholt).

AHMAD, B.: Weitere Beobachtungen über die Beziehung von Carotin zu Vitamin A. Journ. Soc. chem. Ind. **50**, 12 T (1931). — Über das Schicksal des Carotins nach der Aufnahme in den tierischen Organismus. Biochemical Journ. **25**, 1195 (1931). — AHMAD, B. u. K. S. MALIK: Carotinstoffwechsel bei verschiedenen Tieren. Indian Journ. med. Res. **20**, 1033 (1933). — ASCHOFF, L.: Über den Carotingehalt menschlicher Gewebe (Leber und Fettgewebe). Verhandl. Dtsch. pathol. Ges. **1934**, 145.
BACHARACH, A. L.: Vitaminstandards und internationale Arbeit. Manuf. chem. pharm. cosm. I, 5, 263 (1934). — BAUMANN, C. A., B. E. RISING u. H. STEENBOCK: Die Resorption und Speicherung von Vitamin A bei der Ratte. Journ. biol. Chemistry **107**, 705 (1934). — BAUMANN, C. A., H. STEENBOCK, M. A. INGRAHAM u. E. B. FRED: Mikroorganismen und die Synthese von Carotin und Vitamin A. Journ. biol. Chemistry **103**, 339 (1933). — BEZSSONOFF, N.: Vitamin A und Carotin. Compt. rend. Acad. Sciences **190**, 529 (1930). — BOOTH, R. G., S. K. KON, W. J. DANN u. TH. MOORE: Eine Untersuchung jahreszeitlicher Verschiedenheiten von Butterfett. Biochemical Journ. **27**, 1189 (1933). — BOWDEN, F. P., S. D. D. MORRIS u. C. P. SNOW: Das Absorptionsspektrum von Vitamin A bei tiefen Temperaturen. Nature **131**, 582 (1933). — BOYLE, E.: Ein Provitamin anderer Art als Carotin? Nature (Lond.) **133**, 798 (1934). — BRANION, H. D.: Mitteilung über den Vitamin-A- und -D-Gehalt des Öles der Störtestes. Sci. Agric. 14, 614 (1934). — BREUSCH F. u. R. SCALABRINO: Die quantitativen Verhältnisse der Leberlipoide. Ztschr. ges. exp. Medizin. **94**, 569 (1934). — BROCKMANN, H.: Vitamin A. Angew. Chem. 47, 523 (1934). — BRUINS, H. R., J. OVERHOFF u. L. K. WOLFF: Das Molekulargewicht von Vitamin A. Biochemical Journ. **25**, 430 (1931). — BÜRGI, E.: Die Pflanzenfarbstoffe und das Wachstumsvitamin A. Ztschr. Vitaminkunde **1930**, 219.
CAPPER, N. S.: Vitamin A und Carotin. Nature **126**, 685 (1930). — CAPPER, N. S., I. M. W. McKIBBIN u. J. H. PRENTICE: Die Umwandlung von Carotin in Vitamin A durch Hühner. Biochemical Journ. **25**, 265 (1931). — CHEVALLIER, A., Y. CHORON u. J. GUILLET: Über eine Substanz A' als Zwischenglied von Vitamin A und β-Jonon. Compt. rend. Acad. Sciences **198**, 2207 (1934). — CHIBNALL, A. C. u. H. J. CHANNON: Die ätherlöslichen Substanzen des Zellplasmas der Kohlblätter. Biochemical Journ. **23**, 176 (1929). — COLLISON, D. L., E. M. HUME, J. SMEDLEY-MACLEAN u. H. H. SMITH: Über die Natur des in grünen Blättern enthaltenen Vi-

tamin A. Biochemical Journ. 23, 634 (1929). — CORBET, R. E., H. H. GEISINGER u. H. N. HOLMES: Über Substanzen, die die Antimontrichloridprüfung auf Vitamin A stören. Journ. biol. Chemistry 100, 657 (1933). — CORNISH, R. E., R. C. ARCHIBALD, E. A. MURPHY u. H. M. EVANS: Die Reinigung von Vitaminen... Ind. engin. Chem. 26, 397 (1934). — COWARD, K. H.: Über die Abweichung in der Wachstumsanregung von Ratten in Vitamin-A-Versuchen... Biochemical Journ. 26, 691 (1933). — COWARD, K. H., F. J. DYER u. R. A. MORTON: Über die Bestimmung von Vitamin A im Lebertran... Biochemical Journ. 26, 1593 (1932).

DENZ, F. A. u. F. B. SHORLAND: Zusammensetzung und Vitamin-A-Wert einiger neuer Fischleberöle Neuseelands. New Zeeland Journ. Sci. techn. 15, 327 (1934). — DRIGALSKI, W. v.: Über Carotin-Vitamin A im menschlichen Körper. Ztschr. Vitaminforschung 3, 37 (1934). — DRUMMOND, J. C., B. AHMAD u. R. A. MORTON: Weitere Beobachtungen über die Beziehung zwischen Carotin und Vitamin A. Journ. Soc. chem. Ind. 49, 291 T (1930). — DRUMMOND, J. C. u. K. H. COWARD: Nüsse als Quelle von Vitamin A... Biochemical Journ. 14, 661 (1920). — DRUMMOND, J. C. u. R. McWALTER: Über die biologische Beziehung zwischen Carotin und Vitamin A. Biochemical Journ. 27, 1342 (1933). — DUBIN, H. E. u. C. W. HOOPER: Über die quantitative Anwendung der Antimontrichlorid-Farbreaktion für Vitamin A. Journ. biol. Chemistry 97, Nr. 1 (1932). — DULIERE, W. R., R. A. MORTON u. J. C. DRUMMOND: Die behauptete Beziehung zwischen Carotin und Vitamin A. Journ. Soc. chem. Ind. 48, 316 T (1929). — DYER, F. J., K. M. KEY u. K. H. COWARD: Über den Einfluß des Lösungsmittels auf die Vitamin-A-Wirksamkeit... Biochemical Journ. 28, 875 (1934).

EDISBURY, J. R., R. A. MORTON u. J. A. LOVERN: Absorptionsspektren in Beziehung zu den Konstituenten der Fischöle. Biochemical Journ. 27, 1451 (1933). — EEKELEN, M. VAN u. A. EMMERIE: Ein Carotinderivat, das mit Antimontrichlorid ein Absorptionsband bei 610—630 $\mu\mu$ liefert. Nature 131, 275 (1933). — ESCHER, H. H.: Zur Kenntnis des Carotins und des Lycopins. Dissertation, Zürich. 1909. — EULER, B. v. u. H. v. EULER: Neue Ergebnisse über A-Vitamine. Klin. Wchschr. 9, 916 (1930). — EULER, B. v., H. v. EULER u. P. KARRER: Zur Biochemie der Carotinoide. Helv. chim. Acta 12, 278 (1929). — EULER, H. v.: Carotin und Vitamin A. Paris: Masson et Cie. — Wachstumsstoffe und biochemische Aktivatoren. Ztschr. angew. Chem. 45, 220 (1932). — Die biochemischen und physiologischen Wirkungen von Carotin und Vitamin A. Ergebn. d. Physiol. 34, 360 (1932). — Carotin und Vitamin A. Bull. Soc. Chim. biol. 14, 838 (1932). — Beobachtungen an Epiphysen und an Leberextrakten von Ratten nach Carotinoidfütterung. Biochem. Ztschr. 209, 240 (1929). — EULER, H. v., V. DEMOLE, A. WEINHAGEN u. P. KARRER: Weitere Beobachtungen über die Beziehungen des Wachstumsfaktors zum Carotin. Helv. chim. Acta 14, 831 (1931). — EULER, H. v., P. KARRER u. M. RYDBOM: Neue Versuche über den Einfluß des Blattxanthophylls auf das Wachstum von Ratten. Ebenda 14, 1428 (1931). — EULER, H. v. u. E. KLUSSMANN: Vitamin A und Wachstumswirkung von Vogeleidotter. Ztschr. physiol. Chem. 208, 50 (1932). — Studien an Wachstumswirkungen und Carotinoiden. Ark. Kemi, Mineral. Geol., B, 10, Nr. 20 (1932). — Zur Kenntnis der Rolle der Carotinoide im Tierkörper. Biochem. Ztschr. 256, 11 (1932). — Zur Biochemie der Carotinoide und des Vitamins C (Ascorbinsäure). Ztschr. physiol. Chem. 219, 215 (1933). — EULER, H. v. u. M. RYDBOM: Beobachtungen über A-Vitamine, Polyene und Ergosterylphosphorsäuren. Svensk Kem. Tidskr. 41, 223 (1929). — Zur Kenntnis der Vitaminwirkungen von Carotin. Ark. Kemi, Mineral. Geol., B, 10, Nr. 10 (1930). — EULER, H. v. u. E. VIRGIN: Carotinoide und Vitamin A im Blutserum und in Organen höherer Tiere. Biochem. Ztschr. 245, 252 (1932).

FRAPS, G. S. u. R. TREICHLER: Vitamin A-Gehalt von Nahrungs- und Futtermitteln. Trop. Agriculturist 81, 308 (1933). — FUNKE, K.: Die Carotinoide und ihre Beziehung zum Wachstumsvitamin A. Pharmaz. Monatsh. 14, 100 (1933).

GILLAM, A. E.: Über eine modifizierte spektrophotometrische Methode zur Bestimmung von Carotin und Vitamin A in Butter. Biochemical Journ. 28, 79 (1934). — GLANZMANN, E.: Carotin und Vitamin A. Jahrb. Kinderheilk. 83, 129 (1931). — GREEN, H. N.: Fettstoffwechsel bei Vitamin-A-Mangel. Biochemical Journ. 28, 16, 25 (1934). — GULLAND, J. M.: Die chemische Konstitution der Carotinoide und die Beziehung des Carotins zum Vitamin A. Ein Überblick. Journ. Soc. chem. Ind. 49, 839 (1930).

HAMANO, S.: Ein kristallisiertes Derivat von Vitamin A. Scient. Papers Inst. physical. chem. Res. 26, 87 (1935). — HART, G. H., S. W. MEAD u. H. R. GUILBERT: Über Vitamin-A-Mangel beim Rinde unter natürlichen Bedingungen. Proceed. Soc. exp. Biol. Med. 30, 1230 (1933). — HEYERDAHL, E. F.: Die Waalindustrie. Eine technisch-chemische Untersuchung. I. Rohmaterial. Köbenhavn: Jacob Dybwad. 1932. (Dänisch.) — HOLMES, H. N., R. CORBET, H. CASSIDY, C. R. MEYER u. S. I. JACOBS: Über die biologische Wirksamkeit einiger Carotinpräparate. Journ. Nutrit. 7, 321 (1934). — HOLMES, H. N., V. G. L. E. DELFS u. H. G. CASSIDY: Vergleichende Untersuchungen über das Adsorptionsverhalten von rohem Vitamin A, Carotin und Cholesterin. Journ. biol. Chemistry 99, 417 (1933). — HUME, E. M. u. H. H. SMITH: Der Wert der Nahrungsmittel als Vitamin A-Quelle. Lancet 219, 1362 (1930).

JAVILLIER, M.: Das Carotin und das Wachstum der Tiere. Paris: Masson et Cie. — Carotin und das Wachstum der Tiere. Bull. Soc. Chim. biol. (4), 47, 489 (1930). — Neue Feststellungen über die Vitaminwirksamkeit des Carotins. Bull. Soc. Chim. biol. 12, 1355 (1930). — Über eine Reinigungsmethode für Carotin und über die Vitaminwirksamkeit eines gereinigten Carotins. Compt. rend. Acad. Sciences 191, 226 (1930). — JAVILLIER, M., P. BAUDE u. S. LÉVY-LAJEUNNESSE: Versuche zur Identifizierung des Faktors A... Bull. Soc. Chim. biol. 7, 39 (1925). — JAVILLIER, M. u. L. EMERIQUE: Über die Vitaminwirkung des Carotins. Compt. rend. Acad. Sciences 190, 655 (1930). — JOYET-LAVERGNE, P.: Beitrag zur Erforschung des Vitamins A in den pflanzlichen und tierischen Zellen. Compt. rend. Acad. Sciences 200, 346 (1935). — JUNG, A.: Über den Vitaminbedarf des Menschen und die Möglichkeiten seiner Deckung. Schweiz. med. Wchschr. 62, 457 (1932). — Beschlüsse der 2. Konferenz für Vitamin-Standardisierung. Ztschr. Vitaminforsch. 3, 279 (1934). — JUSATZ, H. I.: Vitamin A und Lipoidstoffwechsel. Naturwiss. 21, 800 (1933).

KARRER, P.: Über Carotinoidfarbstoffe. Ztschr. angew. Chem. 42, 918 (1929). — Über Carotinoide und Vitamin A. Arch. Science biol. 18, 30 (1933). — KARRER, P., B. V. EULER, H. V. EULER, H. HELLSTRÖM u. M. RYDBOM: Beobachtungen und Messungen über A-Vitamine. Ark. Kemi B, 10, Nr. 12 (1930). — KARRER, P., E. KLUSSMANN u. H. V. EULER: Über das A-Vitamin in der Leber von Hippoglossus hippoglossus L. Ark. Kemi, Mineral. Geol., B, 10, Nr. 16 (1931). — KARRER, P., R. MORF, E. V. KRAUSS u. A. ZUBRYS: Vermischte Beobachtungen über Carotinoide. Helvet. chim. Acta 15, 490 (1932). — KARRER P., L. LOEWE u. H. HÜBNER: Konstitution des Astacins. Helvet. chim. Acta 18, 96 (1935). — KARRER, P., O. WALKER, K. SCHÖPP u. R. MORF: Isomere Formen von Carotin und die weitere Reinigung von Vitamin A. Nature 132, 26 (1933). — KAWAKAMI, K.: Über die sogenannten Vitamin A-Cholsäurekristalle. Scient. Papers Inst. physical. chem. Res. 22, Nr. 457—467 (1933). — Untersuchungen über Vitamin A... Scient. Papers Inst. physical. chem. Res. 17, Nr. 339 (1931). — Neue kristallisierte Derivate von Vitamin A. Scient. Papers Inst. physical. chem. Res. 26, 77 (1935). — KAWAKAMI, K. u. R. KIMM: Über die physiologische Bedeutung von Carotin und verwandten Substanzen. Ebenda 13, 231 (1930). — KLINE, O. L., M. O. SCHULTZE u. E. B. HART: Carotin und Xanthophyll als Vitamin-A-Quellen für das wachsende Huhn. Journ. biol. Chemistry 97, 83 (1932). — KUHN, R.: Über natürliche, mit Vitaminen verwandte Farbstoffe: Carotine und Flavine. Journ. Soc. chem. Ind. 52, 981 (1933). — Darstellung von isomeren Carotinen und ihre biologischen Wirkungen. Chemistry at the centenary meeting Brit. Assoc. (Cambridge) 1931, 108. — KUHN, R. u. H. BROCKMANN: Hydrierungs- und Oxydationsprodukte der Carotine als Vorstufen des A-Vitamins. Ztschr. physiol. Chem. 213, 1 (1932). — Über den stufenweisen Abbau und die Konstitution des β-Carotins. LIEBIGS Ann. 516, 95 (1935).

LACHAT, L. L.: Carotin und Vitamin A. Journ. chem. Education 8, 875 (1931). — LEE, CH. F. u. CH. D. TOLLE: Lachsleber- und Lachsrogenöl, Vitamingehalt, chemische und physikalische Eigenschaften. Ind. engin. Chem. 26, 446 (1934). — LINDHOLM, H. R. V.: Chemische und physikalische Bestimmung von A-Vitamin in Tran. Dansk Tidsskr. Farmac. 8, 73 (1934). — LOVERN, J. A.: Fischleberöle mit hohem Vitamin-A-Gehalt. Nature (London) 134, 422 (1934). — Vitamine aus dem Meere. Journ. State Med. 42, 607 (1934). — LUNDE, G., H. KRINGSTAD u. K. VESTLY: Untersuchungen über den Vitamin-A-Gehalt in norwegischen Fischkonserven und deren Rohstoffen. Tidsskr. Hermetikind. 19, 305 (1933).

McCOLLUM, E. V. u. N. SIMMONDS: Journ. biol. Chemistry 32, 29 (1917). — Eine biologische Untersuchung von Pellagra erzeugenden Kostsätzen. Ebenda 33, 303 (1918); vgl. auch S. 55. — MACDONALD, F. G.: Die Stabilität von Carotin in Äthylestern sowie in Leber- und pflanzlichen Ölen. Journ. biol. Chemistry 103, 455 (1933). — MULLER, G. L. u. M. M. SUZMAN: Über den Cholesterin- und Vitamin-A-Gehalt der Leber des Menschen... Arch. internal. Med. 54, 405 (1934).

NAKAMIYA, Z.: Hydrogenierung der Vitamin-A-Fraktion des Lebertrans von Stereolepis ischinagi (HILGENDORF). Scient. Papers Inst. physical. chem. Res. 24, Nr. 509/11 (1934).

OLCOVICH, H. S. u. H. A. MATTILL: Carotin aus Hefe und seine Beziehung zu Vitamin A. Proceed. Soc. exper. biol. 28, 240 (1930).

PALMER, L. S.: Xanthophyll, der wichtigste natürliche gelbe Farbstoff des Eigelbes, Körperfettes und Blutserums der Henne. Die physiologischen Beziehungen des Farbstoffes zum Xanthophyll der Pflanzen. Journ. biol. Chemistry 23, 261 (1915). — PALMER, L. S. u. C. KENNEDY: Die Beziehung von Pflanzencarotinoiden zum Wachstum und Fortpflanzung von Albinoratten. Journ. biol. Chemistry 46, 559 (1921). — PARIENTE, A. C. u. E. P. RALLI: Vorkommen der Carotinase in der Leber des Hundes. Proceed. Soc. exp. biol. 29, 1209 (1932). — PUMMERER, R. u. L. REBMANN: Über den Ozon-Abbau des Carotins und β-Jonons. Ber. Dtsch. Chem. Ges. 66, 798 (1933).

RANDOIN, L.: Das Problem der Vitamine II. Der antiskorbutische Faktor. Paris: Masson et Cie. — RANDOIN, L. u. R. NETTER: A-Avitaminosis und Ausnutzung der Fette. Compt. rend. Acad. Sciences 198, 395 (1934). — REA, J. L. u. J. C. DRUMMOND: Über die Bildung von Vitamin A aus Carotin im tierischen Organismus. Ztschr. Vitaminforschung 1, 177 (1932). — ROSENHEIM, O. u. J. C. DRUMMOND: Über die Beziehung der Lipochrome zu dem fettlöslichen accessorischen Nährstoff. Lancet 198, 862 (1920). — ROSENHEIM, O. u. TH. A. WEBSTER: Das Magenöl des Eissturmvogels (Fulmarus glacialis). Biochemical Journ. 21, 111 (1927). — Eine Bemerkung über das Absorptionsspektrum von Vitamin A. Biochemical Journ. 23, 633 (1929). — RYDBOM, M.: Versuche über die Wachstumswirkung von Carotinoiden. Biochem. Ztschr. 227, 482 (1930). — Versuche über Wachstumswirkung von Xanthophyll. Ebenda 258, 239 (1933).

SABETAY, S.: Antimontrichlorid, ein neues Reagens auf die Doppelbindung. Compt. rend. Acad. Sciences 197, 557 (1933). — SCHEUNERT, A. u. M. SCHIEBLICH: Eine Methode, Vitamin A quantitativ zu bestimmen und in internationalen Einheiten auszudrücken. Biochem. Ztschr. 263, 444 (1933). — SEEL, H.: Weitere Untersuchungen über die chemische Natur des antixerophthalmischen Vitamins A. Ztschr. Vitaminforschung 2, 82 (1933). — SEMB, J., C. A. BAUMANN u. H. STEENBOCK: Gehalt des Colostrums an Carotin und Vitamin A. Journ. biol. Chemistry 107, 697 (1934). — SHREWSBURY, CH. L. u. H. R. KRAYBILL: Carotingehalt, Vitamin-A-Wirksamkeit und Antioxydantien von Butterfett. Journ. biol. Chemistry 101, 701 (1933). — SIMONNET, H.: Das Problem der Vitamine I. Der lipoidlösliche Faktor. Paris: Masson et Cie. — SÖRENSEN, N. A.: Astacin aus Fischlebern. Tidskr. Kemi Bergvaesen 1935, Nr. 1. — STAUDINGER, H. u. A. STEINHOFER: Viskositätsmessungen an Carotinoiden. Ber. Dtsch. chem. Ges. 68, 471 (1935). — SUZUKI, T. u. NAKAMIYA: Scient. Papers Inst. physical. chem. Res. 3, 81 (1925).

Tintometer Ltd., The: Colour Measurement. LOVIBOND Tintometer. Salisbury (ohne Jahreszahl).

THOMSON, J. G.: Über Lipochrome im menschlichen Körper. Ztschr. ges. exp. Medizin 92, 692 (1934).

VEGEZZI, G.: Dissertation Fribourg. 1916. — VERMAST, P. G. F.: Über Carotin und seine quantitative Bestimmung in pflanzlichen Lebensmitteln, zur Beurteilung von deren Wert als Vitamin-A-Quelle. Assea (1931) (holländisch). — VIRGIN, E. u. E. KLUSSMANN: Über die Carotinoide der Hühnereidotter nach carotinoid-freier Fütterung. Ztschr. physiol. Chem. 213, 16 (1932). — VIRTANEN, A. I. u. S. v. HAUSEN: Die Vitaminbildung in Pflanzen. Naturwiss. 20, 905 (1932).

WATSON, S. J., J. C. DRUMMOND, I. M. HEILBRON u. R. A. MORTON: Der Einfluß von künstlich getrocknetem Gras in dem Winterfutter der Milchkuh auf die Farbe und dem A- und D-Vitamingehalt der Butter. Emp. Journ. exp. Agricult. 1, 68 (1933). — WENDT, H.: Beiträge zur Kenntnis des Carotin- und Vitamin A-Stoffwechsels. Klin. Wchschr. 14, 9 (1935). — WILLIMOTT, S. G. u. TH. MOORE: Die Fütterung von Xanthophyll bei Ratten, die eine Vitamin-A-arme Nahrung erhalten. Biochemical Journ. 21, 86 (1927). — WINTERSTEIN, A.: Über ein neues Provitamin A. Ztschr. physiol. Chem. 215, 51 (1933). — WOOLF, B. u. TH. MOORE: Carotin und Vitamin A. Lancet 223, 13 (1932).

ZAMOYSKA, B.: Untersuchung und Aufbewahrung von Tran. Wiadomości farmac. 60, 379 (1933). — ZECHMEISTER, L. u. P. TUZSON: Beitrag zum Lipochrom-Stoffwechsel des Pferdes. Ztschr. physiol. Chem. 226, 255 (1934). — Zur Kenntnis des Xanthophylls II. Ber. Dtsch. chem. Ges. 62, 2226 (1929). — Biochemischer Beitrag zum Studium der Farbstoffe des Menschenfettes. Bull. Soc. Chim. biol. 17 (1935) [im Druck].

Zweiter Abschnitt.

Die Glyceride.

I. Die Glyceridstruktur der Fette.

Von T. P. Hilditch, Liverpool.

A. Methoden der Glyceridstrukturuntersuchung.

Die Eigenschaften eines Fettes hängen nicht nur von der Art und Menge seiner Fettsäuren ab, sondern auch davon, wie die Fettsäuren zu Triglyceriden gebunden sind. Fette mit gleicher prozentualer Zusammensetzung der Fettsäuren können im Schmelzpunkt, der Konsistenz und anderen Eigenschaften völlig verschieden sein. Das ist leicht zu verstehen, wenn man bedenkt, daß ein beispielsweise ein Drittel Ölsäure und zwei Drittel Stearinsäure enthaltendes Fett entweder nur aus Oleodistearin, aus einem Drittel Triolein und zwei Dritteln Tristearin oder schließlich aus einem Gemisch von Oleodistearin, Dioleostearin, Triolein und Tristearin bestehen kann.

Es dauerte sehr lange, ehe man zu der Überzeugung kam, daß in den Fetten nur ausnahmsweise größere Mengen einfacher, gleichsäuriger Triglyceride vorkommen und daß sie hauptsächlich aus zwei- und dreisäurigen Glyceriden bestehen. Als erster hat Berthelot[1] die Vermutung ausgesprochen, daß Fette mehrsäurige Glyceride enthalten dürften. Aber noch im Jahre 1899 betrachteten R. Henriques und H. Künne[2] das von R. Heise[3] im Fett von *Allanblackia Stuhlmanni* festgestellte Vorkommen von Oleodistearin als „ungewöhnlich“.

Erst die späteren Untersuchungen von Klimont, Bömer, Amberger und anderen Forschern brachten den Beweis, daß die Fette keine wesentlichen Mengen einsäuriger Triglyceride enthalten.

Die erste erfolgreiche Methode der Glyceridstrukturanalyse war die, natürlich nur bei den festen Fetten anwendbare fraktionierte Kristallisation.

Für die Untersuchung der flüssigen Fette hat sich die im Jahre 1927 von B. Suzuki und von A. Eibner eingeführte Bromierung und fraktionierte Kristallisation der festen Bromadditionsprodukte bewährt.

Zur Bestimmung der völlig ungesättigten Glyceride von C_{18}-Säuren läßt sich die, zuerst von C. Amberger ausgeführte fraktionierte Kristallisation des restlos hydrierten Fettes verwenden. Die am schwersten lösliche Fraktion stellt praktisch das gesamte, nur noch mit Palmitodistearinen vermengte Tristearin dar, aus dessen Menge der Gehalt des ursprünglichen Fettes an ungesättigten C_{18}-Glyceriden berechnet wird.

Durch Destillation von Cocos- und Palmkernfett im Kathodenlichtvakuum gelang es Bömer[4], größere Mengen gemischtsäuriger Glyceride von niedrigerem Molekulargewicht (Lauromyristine usw.) abzuscheiden. Das Verfahren erleichterte die nachträgliche Reindarstellung der Glyceride durch fraktionierte Kristallisation aus Lösungsmitteln und stellt eine wertvolle Erweiterung der Kristallisationsmethode dar. Aber auch bei diesem hohen Vakuum gelang es nicht, die Glyceride von Öl- und Linolsäure und von anderen Säuren mit einem Molekulargewicht von 280 und darüber unzersetzt zu destillieren. Vor Bömer

---

[1] Chimie organique fondée sur la synthèse, **2**, 31 (1860).
[2] Ber. Dtsch. chem. Ges. **32**, 387 (1899).   [3] Tropenpflanzer **1**, 10 (1897); **3**, 203 (1899).
[4] Ztschr. Unters. Lebensmittel **40**, 97 (1920).

haben bereits K. S. CALDWELL und W. H. HURTLEY[1] versucht, die Cocosfett- und Butterfettglyceride durch fraktionierte Vakuumdestillation zu trennen. Durch *Destillation im Vakuum* gelang es F. KRAFFT[2], aus Lorbeerfett Trilaurin und aus Muskatbutter Trimyristin zu isolieren.

Für die Bestimmung der völlig gesättigten Glyceridanteile haben T. P. HILDITCH und C. H. LEA im Jahre 1927 eine rein chemische Methode vorgeschlagen. Sie beruht auf der Oxydation des Fettes in Aceton mit trockenem Kaliumpermanganat. Die ungesättigten Acylreste werden quantitativ zu freien Säureradikalen oxydiert, während die völlig gesättigten Glyceride unangegriffen bleiben und sich als die einzigen neutralen Reaktionsprodukte aus dem Oxydationsgemisch isolieren lassen.

Wie wir später sehen werden, gewährt die Methode noch weitere Einblicke in die allgemeine Struktur sowohl der gesättigten wie der gesättigt-ungesättigten Glyceridanteile der Fette.

a) Fraktionierte Kristallisation der natürlichen festen Fette.

Das Verfahren kam erstmalig bei der von HEISE ausgeführten Untersuchung des *Allanblackia*-Fettes zur Anwendung; da das Fett nur drei Säuren enthält (3% Palmitinsäure, 52% Stearinsäure und 45% Ölsäure) und zu etwa 70% aus Oleodistearin besteht, so war die Trennung seiner Glyceride durch Kristallisation verhältnismäßig leicht. Aber nur selten findet man ein Fett von so einfacher Zusammensetzung.

Durch Umkristallisieren der bei —40⁰ aus der ätherischen Olivenöllösung abgeschiedenen Fraktion aus Äther-Alkohol bei —40⁰ und hierauf bei 0⁰ erhielten D. HOLDE und M. STANGE[3] ein Gemisch fester Glyceride, Schmp. 30—31⁰, Jodzahl 29,8 und Verseifungszahl 196. Die aus der Fraktion isolierten gesättigten Säuren hatten den Schmp. 52—61⁰ (mittleres Mol.-Gew. 265,4), die ungesättigten die Jodzahl 90,0 (mittleres Mol.-Gew. 282). Dies entspricht ziemlich genau einem Molekularverhältnis von zwei Teilen gesättigter zu einem Teil ungesättigter Säuren. Da Olivenöl gegen 2% Tripalmitin enthält, das in der festen Fraktion vorhanden sein muß, so dürfte das Öl außer Tripalmitin in der Hauptsache aus monooleo-di-gesättigten und daneben aus dioleo-mono-gesättigten Glyceriden bestehen. Es ist dies die früheste Beobachtung, daß im Olivenöl keine größeren Mengen Triolein enthalten sind.

Bei der Kristallisation von Kakaofett aus Chloroform und Äther-Alkohol erhielt R. FRITZWEILER[4] 6% eines bei 44,5—45⁰ schmelzenden Glycerids, das er als Oleodistearin identifizieren konnte. J. KLIMONT[5] hat aus Kakaobutter kleine Mengen dieses Glycerids, im Gemisch mit Oleodipalmitin (Schmp. 37—38⁰) isoliert. Er vermutete ursprünglich auch das Vorhandensein von Oleopalmitostearin, zog aber später diese Annahme zurück. Nach neueren Untersuchungen dürfte sein erster Befund richtig gewesen sein. Später hat KLIMONT Oleodistearin und Oleodipalmitin auch aus Borneotalg[6] und aus Stillingiatalg (chinesischem Talg)[7] erhalten. Die beiden Glyceride sind nach KLIMONT die Ursache der Ähnlichkeit dieser drei Fette in ihrem äußeren Gefüge und anderen physikalischen Eigenschaften. Aus der Tatsache, daß die in der Mutterlauge der Kakaobutterkristallisation verbliebenen Fettanteile keine höhere Jodzahl zeigen als das ursprüngliche Fett, folgerte er, daß letzteres nicht viel Triolein enthalten könne.

---

[1] Journ. chem. Soc. London **95**, 853 (1909).   [2] Ber. Dtsch. chem. Ges. **36**, 4339 (1903).
[3] Ber. Dtsch. chem. Ges. **34**, 2402 (1901).
[4] Arbb. Kais. Ges. A, **18**, 371 (1902); Centr. **1902** I, 1113.
[5] Ber. Dtsch. chem. Ges. **34**, 2636 (1901); Monatsh. Chem. **23**, 51 (1902); **26**, 563 (1905); Ztschr. Unters. Nahr.- Genußm. **12**, 359 (1906).
[6] Monatsh Chem. **25**, 929 (1904).   [7] Monatsh. Chem. **24**, 408 (1903).

1909 isolierte KLIMONT[1] Stearodipalmitin, Schmp. 59—60°, aus Enten- und Gänsefett; im ersteren hat er auch Triolein nachgewiesen. Später[2] gelang ihm die Isolierung von Tripalmitin (Schmp. 61,5°) aus Kaninchenfett.

Zahlreiche systematische Kristallisationen tierischer und pflanzlicher Fette wurden ab 1907 von A. BÖMER und seinen Mitarbeitern ausgeführt; er hat die Methode zu einer außerordentlichen Vollkommenheit gebracht und mitunter an einem Fett Hunderte von Kristallisationen vorgenommen. Seinen Untersuchungen verdanken wir die Feststellung, daß die natürlichen Fette vorwiegend aus gemischtsäurigen Glyceriden bestehen. Für den Gehalt an gewissen höherschmelzenden und schwieriger löslichen Glyceridanteilen konnte er auch einigermaßen richtige Zahlen ermitteln.

So gelang die Isolierung von 3% Tristearin und 4—5% Dipalmitostearin[3] (Schmp. 57,5°), neben Palmitodistearin aus Hammeltalg (nachdem schon früher W. HANSEN[4], und H. KREIS und A. HAFNER[5] aus Hammeltalg und Rindertalg Palmitodistearine erhalten haben). Aus Schweinefett isolierte A. BÖMER[6] 3% Palmitodistearin (Schmp. 68°) und 2% Dipalmitostearin (Schmp. 58°); neben diesen Glyceriden fanden C. AMBERGER und A. WIESEHAHN[7] im Schweinefett 2% Oleodistearin (Schmp. 42°), 11% Oleopalmitostearin (Schmp. 41°) und 82% eines Glycerids, welches sie als vorwiegend aus Dioleopalmitin bestehend ansahen.

Aus Butterfett hat AMBERGER[8] kleine Mengen Palmitodistearin, Dipalmitostearin und Butyropalmitoolein abgeschieden; außerdem die Gegenwart von etwa 2% Triolein und möglicherweise von etwas Butyrodiolein nachgewiesen. Im Gänsefett fanden AMBERGER und BROMIG[9] Dipalmitostearin, Oleodipalmitin, Dioleopalmitin und Anzeichen für die Gegenwart von Triolein; nach BÖMER[10] soll das Fett etwa 45% Triolein, 30% Dioleopalmitin, gegen 5% Dioleostearin, 3—4% Dipalmitostearin (Schmp. 57,6°) und eine ganz geringe Menge Palmitodistearin (Schmp. 63,5°) enthalten. Diese Zahlenangaben sind, mit Ausnahme der für die Palmitostearine, nur in ganz groben Umrissen richtig.

Im Cocosfett fanden BÖMER und J. BAUMANN[11] kein Trilaurin, dagegen größere Mengen Dilauromyristin (Schmp. 33°) und wenig Laurodimyristin (Schmp. 38°), Dimyristopalmitin (Schmp. 45°), sowie Spuren von Dipalmitostearin (Schmp. 55°). Nach einer späteren Untersuchung von A. BÖMER und K. SCHNEIDER[12] enthält Palmkernöl große Mengen Dilauromyristin (Schmp. 33°) neben Laurodimyristin (Schmp. 40°), Dimyristopalmitin (Schmp. 45°) und Myristodipalmitin (Schmp. 51°), während Anzeichen für das Vorkommen von Trilaurin nicht gefunden wurden. Der leichter lösliche Rückstand (Schmp. 14°) bildet das Hauptquantum des Fettes; er wurde von den Bearbeitern für Capromyristoolein gehalten, was aber nach neueren Untersuchungen unrichtig sein dürfte. Aus Leinöl isolierte AD. GRÜN[13] Oleolinoleopalmitin und ein Gemisch von 2 Teilen Linoleodistearin und 1 Teil Dioleostearin.

Auch einsäurige Triglyceride sind hin und wieder bei der fraktionierten Kristallisation der Fette gefunden worden; so enthält Palmöl Tripalmitin; das Glycerid wurde von KLIMONT auch aus Kaninchenfett[2] isoliert. Vor einiger Zeit wiesen A. BÖMER und K. EBACH[14] die Gegenwart von etwa 30% Trilaurin im

[1] Monatsh. Chem. 30, 341 (1909).   [2] Monatsh. Chem. 33, 441 (1912).
[3] A. BÖMER, A. SCHEMM u. G. HEIMSOTH: Ztschr. Unters. Nahr.- Genußm. 14, 90 (1907). — A. BÖMER u. G. HEIMSOTH: Ebenda 17, 353 (1909).
[4] Chem.-Ztg. 26, 93 (1902).   [5] Ber. Dtsch. chem. Ges. 36, 1123 (1903).
[6] Ztschr. Unters. Nahr.- Genußm. 25, 321 (1913).   [7] Ebenda 46, 276 (1923).
[8] Ebenda 26, 65 (1913); 35, 313 (1918).   [9] Ebenda 42, 193 (1921).
[10] Ebenda 43, 101 (1922).   [11] Ebenda 40, 97 (1920).   [12] Ebenda 47, 61 (1924).
[13] Seifenfabrikant Nr. 25 u. 26 (1914).
[14] Ztschr. Unters. Lebensmittel 55, 501 (1928).

Lorbeeröl und von etwa 40% Trimyristin in der Muskatbutter nach, während aus Cocos- und Palmkernfett keine einfachen Triglyceride erhalten werden konnten. Solche Befunde, namentlich die letzterwähnten, scheinen auf den ersten Blick die Verwirrung im Gebiet der Glyceridstruktur noch zu vergrößern. Aber hinsichtlich der verschiedenen gemischten Fettsäureverbindungen der in Rede stehenden Öle stimmen sie durchaus überein mit den allgemeinen Prinzipien der Glyceridstruktur, die sich aus den neuen Untersuchungen nach dem Oxydationsverfahren ergaben (s. S. 211).

In der Tabelle 46 sind die aus natürlichen Fetten durch fraktionierte Kristallisation isolierten Glyceride mit ihren Schmelzpunkten zusammengestellt.

Tabelle 46. Durch fraktionierte Kristallisation aus natürlichen Fetten isolierte Glyceride.

Glyceride	Schmelz-punkt	Aus	Forscher
Trilaurin	45,6⁰	Lorbeeröl (ca. 30%)	Bömer u. Ebach (1928)[1]
Dilauromyristin ...	33⁰	Cocosfett (viel)	Bömer u. Baumann (1920)[2]
,, ...	33,4⁰	Palmkernöl	Bömer u. Schneider (1924)[3]
Laurodimyristin ...	38,1⁰	Cocosfett (wenig)	Bömer u. Baumann (1920)[2]
,, ...	40⁰	Palmkernöl (wenig)	Bömer u. Schneider (1924)[3]
Trimyristin	56,2⁰	Muskatbutter (ca. 40%)	Bömer u. Ebach (1928)[1]
Dimyristopalmitin .	45,1⁰	Cocosfett (wenig)	Bömer u. Baumann (1920)[2]
,, .	45,2⁰	Palmkernöl (wenig)	Bömer u. Schneider (1924)[3]
,, .	53⁰	Sardinenöl	Kino (1932)[4]
,, .	59,8—60⁰	,,	Kino (1932)[4]
Myristodipalmitin .	51⁰	Sardinenöl	Kino (1932)[4]
,, .	51,4⁰	Palmkernöl (wenig)	Bömer u. Schneider (1924)[3]
α-Myristodipalmitin	55,5⁰	Sardinenöl	Kino (1932)[4]
β- ,,	58,5—59⁰	,,	Kino (1932)[4]
Tripalmitin	61,5⁰	Palmöl (7—10%)	Brash (1926)[5], Hilditch u. Jones (1930)[6]
		Kaninchenfett	Klimont (1912)[7]
Dipalmitostearin ..	55⁰	Cocosfett (Spuren)	Bömer u. Baumann (1920)[2]
Dipalmito-α-stearin	57,4⁰	Gänsefett	Amberger u. Bromig (1921)[8]
,, -β- ,,	63⁰	,,	Amberger u. Bromig (1921)[8]
Dipalmitostearin ..	57,5⁰	Hammeltalg	Bömer (1907, 1909)[9], Kreis u. Hafner (1903)[10]
,, ..	57,6⁰	Gänsefett (3—4%)	Bömer (1922)[11]
,, ..	58⁰	Schweinefett (2%)	Bömer (1913)[12], Amberger u. Wiesehahn (1923)[13]
,, ..	59—60⁰	Gänsefett, Entenfett	Klimont (1909)[14]
α-Palmitodistearin .	63,3⁰	Hammeltalg	Bömer (1907, 1909)[9]
α- ,,	63,5⁰	Gänsefett (Spuren)	Bömer (1922)[11]
β- ,, .	68⁰	Schweinefett (3%)	Bömer (1913)[12], Amberger u. Wiesehahn (1923)[13]
β- ,, .	68,2⁰	Kakaobutter (Spuren)	Amberger u. Bauch (1924)[15]
Tristearin	70⁰	Rindertalg (3%)	Bömer, Schemm u. Heimsoth (1907, 1909)[9]
,, ...	70⁰	Borneotalg (Spuren)	Klimont (1904)[16]
,, ...	72⁰	Kakaobutter (Spuren)	Amberger u. Bauch (1924)[15], Klimont (1901)[17]

Glyceride	Schmelz-punkt	Aus	Forscher
Oleodipalmitin (nicht rein)	30—31⁰	Olivenöl (? ca. 2%)	HOLDE u. STANGE (1901)[18]
Oleodipalmitin	33,5⁰	Gänsefett	AMBERGER u. BROMIG (1921)[8]
,, ...	37⁰	Stillingiatalg	KLIMONT (1903)[19]
,, ...	38⁰	Borneotalg	KLIMONT (1904)[16]
,, ...	38⁰	Kakaobutter	KLIMONT (1901)[17]
,, ...	—	Butterfett	AMBERGER (1913, 1918)[20]
Palmitodiolein	Öl	Schweinefett (ca. 82%)	AMBERGER u. WIESEHAHN (1923)[13]
,,	,,	Gänsefett	AMBERGER u. BROMIG (1921)[8]
,, ...	,,	,, (ca. 30%)	BÖMER (1922)[11]
Oleopalmitostearin.	31,4⁰	Kakaobutter	KLIMONT (1901)[17]
,, .	41⁰	Schweinefett (11%)	AMBERGER u. WIESEHAHN (1923)[13]
Oleodistearin	42⁰	Schweinefett (2%)	AMBERGER u. WIESEHAHN (1923)[13]
,, ...	44⁰	Stillingiatalg	KLIMONT (1903)[19]
,, ...	44,5—45⁰	Kakaobutter (6%)	FRITZWEILER (1902)[21], KLIMONT (1905)[17]
β- ,, ...	45—46⁰	*Allanblackia-Stuhlman-ni*-Samenfett (65 bis 70%)	HEISE (1897)[22], HENRIQUES u. KÜNNE (1899)[23], HILDITCH u. SALETORE (1933)[24]
Dioleostearin......	Öl	Gänsefett (ca. 5%)	BÖMER (1922)[11]
Triolein	,,	,,	AMBERGER u. BROMIG (1921)[8]
,, ...	,,	,, (ca. 45%)	BÖMER (1922)[11]
,, ...	,,	Butterfett (2,4%)	AMBERGER (1913, 1918)[20]
Oleolinoleopalmitin	—	Leinöl	Aus dem Laboratorium der Georg Schicht A. G.[25]

b) Fraktionierte Kristallisation vollständig hydrierter Fette.

C. AMBERGER[26] hat bei der fraktionierten Kristallisation des vollständig hydrierten Rüböles Stearodibehenin erhalten, das ursprüngliche Öl muß also eine entsprechende Menge Oleodierucin enthalten. Eine analoge, von AMBERGER und J. BAUCH[27] ausgeführte Untersuchung von Kakaobutter und deren Hydrierungsprodukt ergab, daß erstere Spuren von Tristearin und β-Palmito-αα-distearin, 25% Oleo-αβ-distearin, 20% β-Palmitooleostearin und 55% α-Palmitodiolein enthält; diese Zahlen stehen aber im Widerspruch zum Gesamtgehalt des Fettes an Palmitinsäure (24%), Stearinsäure (32%) und Ölsäure (44%).

Aus hydriertem Chaulmograöl isolierten A. BÖMER und H. ENGEL[28] 13% Dihydrohydnocarpo-di-dihydrochaulmoogrin und 79% Dihydrochaulmoogro-di-

---

[1] S. S. 196, Anm. 14.   [2] S. S. 196, Anm. 11.   [3] S. S. 196, Anm. 12.
[4] Journ. Soc. chem. Ind. Japan 35, 247 B (1932).   [5] Journ. Soc. chem. Ind. 45, 438 T (1926).
[6] Journ. Soc. chem. Ind. 49, 363 T (1930).   [7] S. S. 196, Anm. 2.
[8] S. S. 196, Anm. 9.   [9] S. S. 196, Anm. 3.   [10] S. S. 196, Anm. 5.
[11] S. S. 196, Anm. 10.   [12] S. S. 196, Anm. 6.   [13] S. S. 196, Anm. 7.
[14] S. S. 196, Anm. 1.   [15] S. Anm. 27.   [16] S. S. 195, Anm. 6.
[17] S. S. 195, Anm. 5.   [18] S. S. 195, Anm. 3.   [19] S. S. 195, Anm. 7.
[20] S. S. 196, Anm. 8.   [21] S. S. 195, Anm. 4.   [22] S. S. 194, Anm. 3.
[23] S. S. 194, Anm. 2.   [24] Journ. Soc. chem. Ind. 52, 101 T (1933).
[25] AD. GRÜN: Seifenfabrikant 1914, Nr. 25 u. 26.
[26] Ztschr. Unters. Nahr.- Genußm. 40, 192 (1920).   [27] Ebenda 48, 371 (1924).
[28] Ztschr. Unters. Lebensmittel 57, 113 (1929).

dihydrohydnocarpin. Die Fettsäuren des hydrierten Chaulmoograöles bestanden aus 40% Chaulmoogra- und 59% Hydnocarpussäure; dies steht in sehr guter Übereinstimmung mit den auf Grund der Untersuchungen von HILDITCH und Mitarbeitern über die Konstitution der Samenfette (S. 208) zu erwartenden Ergebnissen.

T. P. HILDITCH und E. C. JONES[1] haben aus dem Tristearingehalt des hydrierten Oliven-, Baumwollsaat-, Leinöles usw. ihren Gehalt an voll-ungesättigten Glyceriden berechnet (s. S. 210).

Tabelle 47. Nach Hydrierung aus natürlichen Fetten isolierte gesättigte Glyceride.

Hydrierte Glyceride	Schmelz-punkt	Aus	Forscher
Myristo-palmito-arachin	49,5⁰	Gehärtetem Waltran	GREITEMANN (1925)[2]
α-Palmitodistearin	63,5⁰	Gehärteter Kakaobutter (55%)	AMBERGER u. BAUCH (1924)[3]
β- „ „	—	Gehärteter Kakaobutter (20%)	AMBERGER u. BAUCH (1924)[3]
Palmito-stearo-arachin .	57,3⁰	Gehärtetem Waltran	GREITEMANN (1925)[2]
Tristearin	70⁰	Gehärteter Kakaobutter (25%)	AMBERGER u. BAUCH (1924)[3]
Distearo-arachin	62,3⁰	Gehärtetem Waltran	GREITEMANN (1925)[2]
Stearo-arachino-behenin (oder vielleicht Palmito-dibehenin?)	65⁰	„ „	GREITEMANN (1925)[2]
Stearo-dibehenin	—	Gehärtetem Rüböl	AMBERGER (1920)[4]
Diarachino-behenin	—	Gehärtetem Waltran	GREITEMANN (1925)[2]
Arachino-dibehenin	—	„ „	GREITEMANN (1925)[2]
Dihydrochaulmoogro-di-dihydrohydnocarpin	30,7⁰	Gehärtetem Chaulmoograöl (79%)	BÖMER u. ENGEL (1929)[5]
Dihydrohydnocarpo-di-dihydrochaulmoogrin .	42,2⁰	Gehärtetem Chaulmoograöl (13%)	BÖMER u. ENGEL (1929)[5]

c) Fraktionierte Kristallisation der bromierten Glyceride aus flüssigen Fetten.

Als sehr fruchtbar bei der Untersuchung der Glyceridtypen der trocknenden Öle hat sich die fraktionierte Kristallisation der durch Bromieren in Petroläther erhaltenen Bromadditionsprodukte von Glyceriden höher-ungesättigter Säuren erwiesen. Die Methode führt allerdings zu Ergebnissen, die im großen ganzen mehr als qualitativ zu bewerten sind.

Aus Leinöl haben A. EIBNER, L. WIDENMEYER, E. SCHILD und F. BROSEL[6] die Bromide von Linoleo-di-linolenin (Schmp. 143—144⁰) und Oleodilinolenin (Schmp. 72—73,5⁰) isoliert.

B. SUZUKI und Y. YOKOYAMA[7] berichten ebenfalls über die Isolierung bromierter Glyceride aus Leinöl, die sich herleiten von einem Dilinoleo-linolenin, zwei Linoleo-dilinoleninen, zwei Linoleo-dioleinen, einem Dilinoleo-olein, Oleolinoleo-stearin und Oleo-linoleno-stearin, während sie im Sojaöl Anzeichen fanden für das Vorhandensein von Dilinoleo-linolenin, Linoleo-dilinolenin, Oleo-dilinolenin, Linoleo-diolein und Oleo-linoleo-stearin.

---

[1] Journ. Soc. chem. Ind. 53, 13 T (1934).
[2] Chem. Umschau Öle, Fette, Wachse, Harze 32, 226 (1925).
[3] S. S. 198, Anm. 27.   [4] S. S. 198, Anm. 26.   [5] S. S. 198, Anm. 28.
[6] Chem. Umschau Fette, Öle, Wachse, Harze 34, 312 (1927); 35, 157 (1928).
[7] Proceed. Imp. Acad., Tokyo 3, 526, 529 (1927); 5, 265 (1929).

Tabelle 48.
Als kristallinische Bromadditionsprodukte isolierte Glyceride.

Glyceride	Bromderivate		Aus
	Schmp.	Erstarrungsp.	

Pflanzliche Öle.

Glyceride	Schmp.	Erstarrungsp.	Aus
Stearo-oleo-linolein	—	—4[0]	Leinöl[1]
Stearo-oleo-linolenin	—	—7[0]	„ [1]
Dioleo-linolein	—	5[0]	„ [1]
„	—	—2[0]	„ [1]
„	—	5[0]	Sojabohnenöl[1]
Oleo-dilinolein	flüssig	—	Leinöl[2]
„	„	—	Sojabohnenöl[2]
Oleo-dilinolenin	„	6[0]	„ [2]
„	72—73,5[0]	—	Kalkutta-Leinöl (17,8%)[3]
„	72—73,5[0]	—	Leinöl[3]
Dilinoleo-linolenin	78[0]	—	„ [2]
„	78[0]	—	Sojabohnenöl[2]
Linoleo-dilinolenin	117—118[0]	—	Leinöl[2]
„	118[0]	—	Sojabohnenöl[2]
„	143—144[0]	—	Kalkutta-Leinöl (4,4%)[3]
„	154[0]	—	Sojabohnenöl[4]
„	155—156[0]	—	Bombay - Leinöl (36,8%)[3] baltischem Leinöl (32,7%)[3] La Plata-Leinöl (24,3%)[3]
„	155—156[0]	—	Kalkutta-Leinöl (9,7%)[3]
„	158[0]	—	Leinöl[2]
Trilinolenin	166[0]	—	Sojabohnenöl[2]

Fischöle.

Glyceride	Schmp.	Erstarrungsp.	Aus
Dipalmito-palmitolein	—	—	Sandaalöl[1]
Palmito-diolein	—	—	Haifischleberöl[1]
Palmito-gadoleo-stearidonin ...	—	—3[0]	Waltran[1]
Stearo-dipalmitolein	—	1[0]	„ [1]
Stearo-palmitoleo-olein	—	—	Finnwalknochenöl[5]
Stearo-dicetolein	—7[0]	—	Dorschtran[1]
Stearo-palmitoleo-linolein	—	—3[0]	Waltran[1]
„	—	—	Öl von *Theragra chalcogramma*[1]
„	—	—	Finnwalknochenöl[5]
Stearo-oleo-linolein	—	—4[0]	Sardinenöl[1]
Stearo-palmitoleo-linolenin	—	—6[0]	Waltran[1]
„	—	—6[0]	Heringsöl[1]
„	—	—	Finnwalknochenöl[5]
Tripalmitolein	—	—	Tintenfischöl[1]
„	—	—	Rotsalmöl[1]
„	—	—	Haifischleberöl[1]
Dipalmitoleo-olein	—	—	Finnwalknochenöl[5]
„	—	—	Fischtran[5]
Palmitoleo-diolein	—	—	Sandaalöl[1]
Dipalmitoleo-linolein	—	—	Dorschleberöl[5]
„	2[0]	—	Heringsöl[1]
„	2[0]	—	Dorschtran[1]
„	2[0]	—	Sandaalöl[1]
„	2[0]	—	Rotsalmöl[1]
„	—	—	Finnwaldarmöl[5]
Dipalmitoleo-linolenin (2)	Öl	—	Dorschleberöl[5]
„	—2[0]	—	Dorschtran[1]
„	—	—	Tintenfischöl[1]
„	—	—	Haifischleberöl[1]
„	—	—	Finnwalknochenöl[5]
Palmitoleo-dilinolein	—	—	Sandaalöl[1]
Dipalmitoleo-stearidonin	—4[0]	—	Dorschlebertran[1]

Glyceride	Bromderivate		Aus
	Schmp.	Erstarrungsp.	
Dipalmitoleo-arachidonin	—	—	Öl von *Theragra chalcogramma*[1]
Palmitoleo-linoleo-arachidonin .	225⁰ (Zers.)	—	Dorschlebertran[1]
Palmitoleo-dilinolenin	65⁰	—	Finnwalknochenöl[5]
Palmitoleo-linoleno- {	131⁰	—	Dorschlebertran[1]
klupanodonin {	132⁰	—	Finnwalknochenöl[5]
Palmitoleo-distearidonin	135⁰	—	Sardinenöl[1]
,, ...	168⁰ (Zers.)	—	Finnwaltran[5]
Palmitoleo-stearidono-arachidonin..................	148⁰	—	Heringsöl[1]
Palmitoleo-C₂₂H₃₅O-stearidonin	120⁰	—	Sardinenöl[1]
	150⁰	—	Heringsöl[1]
,, stearidono- {	220⁰	—	Dorschleberöl[5]
klupanodonin {	193⁰	—	Finnwaldarmöl[5]
Palmitoleo-arachidono- {	105⁰	—	Dorschleberöl[5]
klupanodonin {	150⁰ (Zers.)	—	Heringsöl[1]
Triolein	6⁰	—	Sardinenöl[1]
,, ...	—	—	Haifischleberöl[1]
,, ...	—	—	Finnwaltran[5]
Oleo-dicetolein	—2⁰	—	Sardinenöl[1]
Dioleo-linolein	—	—	Finnwalknochenöl,[5]
Oleo-linoleno-arachidonin	145⁰	—	,, [5]
Oleo-diarachidonin	200⁰ (Zers.)	—	Fischtran[5]
,, ...	216⁰	—	,, [5]
Oleo-arachidono-klupanodonin.	95⁰	—	,, [5]
,, .	95⁰	—	Finnwalknochenöl[5]
Oleo-diklupanodonin	132⁰	—	Fischtran[5]
Gadoleo-dicetolein	5⁰	—	Heringsöl[1]
Digadoleo-linolein.............	6⁰	—	,, [1]
,, ...	6⁰	—	Sardinenöl[1]
Digadoleo-linolenin	—	—	Haifischleberöl[1]
Gadoleo-C₂₂H₃₅O-stearidonin ..	104⁰	—	Heringsöl[1]
Gadoleo-diarachidonin........	180⁰	—	,, [1]
,, ...	220⁰ (Zers.)	—	Finnwaldarmöl[5]
Tricetolein...................	—	—4⁰	Waltran[1]
,, ...	—	—4⁰	Heringsöl[1]
,, ...	—	—4⁰	Sandaalöl[1]
,, ...	—	—4⁰	Rotsalmöl[1]
Dicetoleo-linolein	—	—	Finnwaltran[5]
Dicetoleo-arachidonin	—3⁰	—	Sardinenöl[1]
Dicetoleo-klupanodonin.......	—	—	Sandaalöl[1]
Cetoleo-linoleo-stearidonin	172⁰	—	Finnwaltran[5]
Cetoleo-linoleno-klupanodonin .	123⁰	—	Finnwalknochenöl[5]
Linoleo-stearidono-arachidonin	153⁰	—	Sandaalöl[1]
Dilinoleno-arachidonin	103⁰	—	Rotsalmöl[1]
Linoleno-distearidonin	81⁰	—	Tintenfischöl[1]
,, ...	122⁰	—	Finnwaltran[5]
Linoleno-diarachidonin	115⁰	—	Rotsalmöl[1]
Linoleno-arachidono-klupanodonin...................	117⁰	—	Haifischleberöl[1]
Linoleno-C₂₂H₃₅O-klupanodonin...................	105⁰	—	Finnwaldarmöl[5]
Linoleno-diklupanodonin......	118⁰	—	Dorschleberöl[5]
,, ...	165⁰ (Zers.)	—	Öl von *Theragra chalcogramma*[1]
Tristearidonin	74⁰	—	Tintenfischöl[1]
,, ...	125⁰	—	,, [1]
,, ...	148⁰	—	Finnwaltran[5]
,, ...	192⁰ (Zers.)	—	,, [5]
Distearidono-arachidonin	110⁰	—	Sardinenöl[1]
,, ...	110⁰	—	Sandaalöl[1]
Distearidono-klupanodonin....	124⁰	—	,, [1]

Glyceride	Bromderivate		Aus
	Schmp.	Erstar-rungsp.	
Stearidono-arachidono- {	240⁰ (Zers.)	—	Dorschleberöl[5]
klupanodonin {	230⁰	—	Sandaalöl[1]
Stearidono-diklupanodonin....	125⁰	—	Dorschleberöl[5]
Stearidono-diklupanodonin....	125⁰	—	Öl von *Theragra chalcogramma*[1]
Triarachidonin	218⁰	—	Finnwalknochenöl[5]
„	205⁰ (Zers.)	—	Sardinenöl[1]
„	205⁰ (Zers.)	—	Öl von *Theragra chalcogramma*[1]
„	205⁰ (Zers.)	—	Haifischleberöl[1]
Di-$C_{22}H_{35}$O-arachidonin	85⁰	—	Sardinenöl[1]
Diarachidono-klupanodonin ...	112⁰	—	Dorschleberöl[5]
„ ...	112⁰	—	Haifischleberöl[1]
„ ...	140⁰	—	„ [1]
Arachidono-diklupanodonin ...	95⁰	—	Öl von *Theragra chalcogramma*[1]
„ ...	110⁰	—	Haifischleberöl[1]

K. Hashi[6] ist bei der Untersuchung von Leinöl zu ähnlichen Schlüssen gekommen, indem er weiterhin das Vorhandensein von Dipalmito-olein und Olei-dilinolein nachweisen konnte.

B. Suzuki und Y. Masuda[7] haben die fraktionierte Kristallisation der bromierten Glyceride auf Seetieröle, wie Walöl, Lebertran, Herings-, Sardinen-, Lachs-, Haifischleber-, Sandaal- und Klippfischöl, angewandt. In allen Fällen enthüllten die Ergebnisse eine höchst verwickelte Mischung ungesättigter Glyceride (aus einigen Fetten wurden zehn und mehr verschiedene Bromderivate isoliert). Palmitolein-, Öl-, Linolsäure und die ungesättigten Säuren der C_{20}- und C_{22}-Reihen sind in zahlreichen Kombinationen miteinander verbunden, einfache Glyceride scheinen jedoch zu fehlen.

d) Bestimmung der vollständig-gesättigten Glyceride in natürlichen Fetten mittels der Permanganat-Aceton-Oxydationsmethode.

Bei der Oxydation mit trockenem, fein gepulvertem Permanganat in Acetonlösung zersetzen sich die Ester der ungesättigten Fettsäuren (s. S. 31) zu einer einbasischen Fettsäure und einem sauren Ester einer Dicarbonsäure (aus Öl-, Linol- oder Linolensäureestern entsteht der saure Azelainsäureester). In der gleichen Richtung zersetzen sich, wie T. P. Hilditch und C. H. Lea[8] gezeigt haben, die neutralen Glyceride, ohne daß dabei die Glyceridbindung nennenswert angegriffen würde. Bei der Oxydation von Ölsäure-, Linolsäure- oder Linolensäureglyceriden erhält man ein Reaktionsgemisch, welches neben Nonan-, Hexan- und Propionsäure komplexe Glyceride mit mindestens einem Azelainsäurerest enthält (während die zweite Carboxylgruppe der Azelainsäure frei bleibt).

Aus den vier möglichen Verbindungsarten des Glycerins mit gesättigten (S·COOH) und ungesättigten Fettsäuren (U·COOH) können folgende Reaktionsprodukte entstehen:

[1] Suzuki (1929). S. S.199, Anm. 7.   [2] Suzuki u. Yokoyama (1927). S. S.199, Anm. 7.
[3] Eibner, Brosel, Widenmeyer u. Schild. S. S. 199, Anm. 6.
[4] Hashi (1927). S. unten, Anm. 6.
[5] Suzuki u. Masuda (1927—1931). S. unten, Anm. 7.
[6] Journ. Soc. chem. Ind. Japan **30**, 849, 856 (1927); **31**, 117 (1928).
[7] Proceed. Imp. Acad., Tokyo **3**, 531 (1927); 4, 165 (1928); 5, 265 (1929); 7, 9 (1931).
[8] Journ. chem. Soc. London **1927**, 3106.

	Ursprüngliches Glycerid	Bei der Oxydation gebildetes Glycerid
Voll-gesättigt	$C_3H_5(O-CO-S)_3$	$C_3H_5(O-CO-S)_3$

Monooleo-di-gesättigt $\quad C_3H_5 \Big\langle \begin{array}{l} (O-CO-S)_2 \\ (O-CO-U) \end{array} \qquad C_3H_5 \Big\langle \begin{array}{l} (O-CO-S)_2 \\ (O-CO-[CH_2]_7-CO_2H) \end{array}$

Dioleo-mono-gesättigt $\quad C_3H_5 \Big\langle \begin{array}{l} (O-CO-S) \\ (O-CO-U)_2 \end{array} \qquad C_3H_5 \Big\langle \begin{array}{l} (O-CO-S) \\ (O-CO-[CH_2]_7-CO_2H)_2 \end{array}$

Triolein $\quad C_3H_5(O-CO-U)_3 \qquad C_3H_5(O-CO-[CH_2]_7-CO_2H)_3$

Aus dem Gemisch der sauren Azelaoglyceride lassen sich die voll-gesättigten Bestandteile nur mit einigen Schwierigkeiten trennen, da die Alkalisalze der Azelainsäureglyceride als sehr starke Emulgierungsmittel wirken (dies gilt insbesondere für die Monoazelaoderivate, welche überdies noch in Äther ebensogut löslich sind wie in Wasser). Bei Einhaltung entsprechender Vorsichtsmaßregeln während des Auswaschens der sauren Azelaoglyceride mit Alkali gelingt es aber trotzdem, die unangegriffenen vollgesättigten Glyceride quantitativ zurückzugewinnen.

Das ursprüngliche Fett kann folgende Typen von Triglyceriden gesättigter (S) und ungesättigter (U) Säuren enthalten:

$$GS_3, \qquad GS_2U, \qquad GSU_2, \qquad GU_3.$$

Außer den vollgesättigten Glyceridanteilen (GS_3) sind also noch drei Gruppen von Glyceriden zu bestimmen. Ist die Zusammensetzung der Säuren im ursprünglichen Fett und im voll-gesättigten Teil bekannt, so lassen sich die Mengen der gesättigten Säuren, welche in Kombination mit den ungesättigten als gemischtsäurige Glyceride vorliegen, berechnen; aus den mittleren Äquivalenten des ursprünglichen Fettes und seines voll-gesättigten Teiles, sowie aus dem Gehalt des ursprünglichen Fettes an ungesättigten Säuren läßt sich das molekulare Verhältnis der gesättigten zu den ungesättigten Fettsäuren (zweckmäßig als „Verbindungsverhältnis" bezeichnet) in den gemischtsäurigen gesättigtungesättigten Glyceriden bestimmen. Auf Grund dieses „Verbindungsverhältnisses" im nicht-voll-gesättigten Fettanteil läßt sich der Gehalt an je zwei der Gruppen GS_2U, GSU_2, GU_3 berechnen, wenn eine dieser drei Gruppen fehlt oder ihr Gehalt bekannt ist; sonst lassen sich die Grenzwerte ermitteln, zwischen welchen der Gehalt an jeder dieser drei Gruppen gelegen sein muß.

Wäre man anderseits in der Lage, eine der drei Gruppen GS_2U, GSU_2, GU_3 für sich allein zu bestimmen, so ließe sich der Gehalt an den übrigen Glyceridgruppen berechnen. Die Diazelao- und Triazelaoderivate unterliegen indessen sehr leicht der Hydrolyse, unter Verlust von Azelainsäure, und eignen sich deshalb nicht für die quantitative Analyse[1]; die monoazelao-di-gesättigten Glyceride sind zwar beständiger, lassen sich aber nicht von den übrigen sauren Oxydationsprodukten trennen. Bei Gegenwart ansehnlicher Mengen (60% und darüber) von Monooleoglyceriden im ursprünglichen Fett ist es dagegen möglich, einen größeren Teil der gebildeten Monoazelaoglyceride zu isolieren, indem man sich die Löslichkeit ihrer Natriumsalze in Äther zunutze macht.

Neuerdings wurde geprüft, ob die Isomerisation von Triolein mit Hilfe von Stickoxyden zu einer Bestimmungsmethode für die voll-ungesättigten Glyceride

[1] T. P. HILDITCH u. S. A. SALETORE: Journ. Soc. chem. Ind. 52, 101 T (1933)

ausgebaut werden könnte[1]; es zeigte sich aber, daß die Umlagerung der Öl- zu Elaidinsäure zwar bei Glyceriden die gleiche Höhe von 65—66% erreicht wie bei der Ölsäure
oder deren Methylester, das Isomerisationsprodukt aber nur 30% reines Trielaidin
enthält. Die Trielaidinreaktion ist also für die Bestimmung der Glyceridgruppe
GU$_3$ ungeeignet.

Die Bestimmung der voll-gesättigten Glyceride nach der Permanganat-
Aceton-Methode wird folgendermaßen ausgeführt[2]:

Eine schwach siedende Lösung von 1 Teil Fett in 10 Teilen Aceton wird mit
insgesamt 4 Teilen pulverigen Kaliumpermanganats portionsweise versetzt und
nach jedesmaliger Zugabe heftig durchgeschüttelt; nach Zusatz des gesamten Perman-
ganats wird noch einige Zeit gekocht, das Aceton durch Destillation und Erhitzen
des Rückstandes auf 90—100° im Vakuum verjagt. Der Rückstand wird mit festem
Natriumbisulfit und Wasser vermischt, erwärmt und durch allmähliche Zugabe
verdünnter schwefliger Säure unter Schütteln entfärbt; die abgekühlte Lösung wird
mit Äther ausgeschüttelt.

Die neutralen und sauren Oxydationsprodukte werden, am besten durch wiederholtes Ausschütteln der ätherischen Lösung mit einer 10%igen Kaliumdicarbonat-
lösung, getrennt[3]; das Dicarbonat nimmt die Nonansäure sowie andere einbasische
Säuren, das Triazelain und die Hauptmenge der diazelao-mono-gesättigten Glyceride
auf, läßt aber die Monoazelaoglyceride in der Ätherlösung fast restlos zurück. Durch
wiederholtes abwechselndes Auswaschen der Ätherlösung mit 10%iger Kalium-
carbonatlösung und Wasser, wobei stärkere Emulsionsbildung zu vermeiden ist, wird
die ätherische Flüssigkeit vom Rest der sauren Oxydationsprodukte befreit. Die
alkalischen und wäßrigen Waschflüssigkeiten werden ihrerseits mit Äther ausgeschüttelt, um die durch Emulgierung mitgerissenen vollgesättigten Glyceridanteile
zurückzugewinnen.

Bei Gegenwart größerer Mengen Monoazelaoglyceride kann ein Teil davon
isoliert werden, indem man die mit Dicarbonat ausgewaschene warme ätherische
Lösung mit einer kleinen Menge einer heiß gesättigten Natrium- oder Kaliumcarbonat-
lösung durchschüttelt; nach raschem Abziehen der wäßrigen Schicht läßt man
die klare Ätherlösung einige Stunden bei 0° stehen; es scheidet sich ein aus dem
kristallinischen Alkalisalz der Monoazelaoglyceride bestehender Niederschlag aus,
der, nach Filtration, durch Auswaschen mit kaltem, wasserfreiem Äther gereinigt
wird. Aus dem Alkalisalz gewinnt man das freie Monoazelaoglycerid durch Ansäuren
und Kristallisation aus Aceton bei 0°. Aus der ätherischen Mutterlauge entfernt
man die noch in Lösung verbliebenen Monoazelaoglyceride durch Auswaschen mit
Kaliumcarbonat und hierauf mit Wasser.

Die gesamten Ätherextrakte enthalten jetzt die rohen voll-gesättigten Glyceride,
die nach Verjagen des Lösungsmittels getrocknet werden; sie enthalten immer noch
eine kleine Menge von sauren Oxydationsprodukten. Bei einer Jodzahl des Fettes
von über 40—50 kann es vorkommen, daß die Oxydation der ungesättigten Glyceride
unvollständig war. Zeigen deshalb die vollgesättigten Glyceride eine Jodzahl von
über 2, so empfiehlt es sich, das Produkt einer nochmaligen Oxydation zu unter-
werfen.

Ist die Ausbeute an rohen, voll-gesättigten Glyceriden gering (zirka 5 g), so
ermittelt man deren Verunreinigungen durch Bestimmung des Unverseifbaren und
der höheren, in siedendem Wasser unlöslichen Fettsäuren. Bei einer größeren Ausbeute an gesättigten Rohglyceriden (20 g und mehr) werden diese durch Auswaschen
mit siedendem kaliumcarbonathaltigem Wasser bis zur bleibend alkalischen Reaktion
gegen Phenolphthalein weiter gereinigt. Die wäßrige, etwas emulgiertes neutrales
Glycerid enthaltende Schicht wird abgehebert und das Neutralfett mit Wasser
bis zur neutralen Reaktion des letzteren ausgekocht. Man erhält so 80—90% der
voll-gesättigten Glyceride mit einer ganz geringen Säurezahl, während man aus dem
Ätherextrakt der alkalischen und wäßrigen Waschflüssigkeiten den Rest der voll-
gesättigten Glyceride gewinnt, welch letztere aber noch eine gewisse Säurezahl

[1] H.N. GRIFFITHS u. T.P.HILDITCH: Journ. chem. Soc. London 1932, 2315.
[2] G.COLLIN u. T.P.HILDITCH: Journ. Soc. chem. Ind. 47, 261T (1928). — T.P.
HILDITCH u. Frl.E.E.JONES: Analyst 54, 75 (1929). — C.H.LEA: Journ. Soc.
chem. Ind. 48, 41 T (1929). — G.COLLIN, T.P.HILDITCH u. C.H.LEA: Ebenda
48, 46T (1929). — T.P.HILDITCH u. J.J.SLEIGHTHOLME: Biochemical Journ. 25,
507 (1931). — A.BANKS u. T.P.HILDITCH: Biochemical Journ. 25, 1168 (1931).
— T.P.HILDITCH u. S.A.SALETORE: Journ. Soc. chem. Ind. 52, 101T (1933).
[3] S.A.SALETORE: Dissertation, Universität Liverpool. 1932.

zeigen. Aus den mit Äther behandelten wäßrig-alkalischen Waschflüssigkeiten setzt man die sauren Oxydationsprodukte in Freiheit und bestimmt deren Säurezahl; diese dient dann als Korrektur für die sauren Verunreinigungen in dem mit Äther extrahierten Teil der Reaktionsprodukte. Gewöhnlich gelingt es, den Gehalt des ursprünglichen Fettes an voll-gesättigten Glyceriden mit einer Genauigkeit von mehr als 1% zu bestimmen.

Beispiel: Die Oxydation von Butterfett ergab 33,6% roher neutraler Produkte; sie wurde an sechs Portionen zu je 100 g Fett vorgenommen.

Nach Kochen der neutralen Rohprodukte mit verdünnter Sodalösung (s. oben) wurden erhalten:

a) 163,8 g vollständig neutrales Fett, Verseifungsäquivalent 229,3 (Säurezahl 0,4);

b) 22,9 g mit Äther extrahiertes Fett, Verseifungsäquivalent 234,1 (Säurezahl 6,4);

c) 12,5 g saures Material, Verseifungsäquivalent 167,9 (Säurezahl 211,2).

In der Voraussetzung, daß der saure, in b noch enthaltene Teil die gleiche Säurezahl hat, wie c, errechnet sich für das ursprüngliche Fett folgender Gehalt an voll-gesättigten Glyceriden:

$$\frac{33,6}{199,2}\left(163,8 + \frac{22,9 \times 204,8}{211,2}\right) = 31,4^0/_0.$$

Bei einer von T. P. HILDITCH und C. H. LEA[1] vorgenommenen Untersuchung von Kakaobutter, Hammeltalg und Baumwollsaatöl wurde eine ausgeprägte Neigung der Pflanzenfette zur gleichmäßigen Verteilung der ungesättigten Säuren festgestellt, so daß das Vorkommen einsäuriger, ja selbst gemischtsäuriger gesättigter Glyceride in dieser Fettklasse äußerst beschränkt ist. Die tierischen Fette (Talg) sind dagegen viel reicher an gesättigten Glyceriden.

Später[2] gelang es zu zeigen, daß zwischen dem Aufbau der pflanzlichen Samenfette einerseits, den Tierkörper- und Milchfetten sowie einigen Fetten aus dem Fruchtfleisch (Perikarp) anderseits größere Unterschiede bestehen. In den Samenfetten sind die Säuren gleichmäßig auf die Glyceridmoleküle verteilt, so daß beispielsweise in Fetten, welche nur Öl-, Palmitin- und Stearinsäure in annähernd äquimolaren Verhältnissen enthalten, große Mengen Oleopalmitostearin vorhanden sein müssen.

In der Tabelle 49 sind die Ergebnisse von typischen, nach der Permanganat-Aceton-Methode durchgeführten Analysen zusammengestellt, unter Angabe der molaren und Gewichtsmengen an gesättigten Säuren in den Gesamtfettsäuren und in den völlig gesättigten Glyceridanteilen, sowie der „Verbindungsverhältnisse" der gesättigten zu den ungesättigten Säuren im nicht völlig gesättigten Glyceridanteil.

Besonders aufschlußreich sind die Zahlen für die völlig gesättigten Glyceride in Beziehung zu dem „Verbindungsverhältnis" im nicht völlig gesättigten Teil des Fettes.

Der Gehalt der Samenfette an vollständig gesättigten Glyceriden steht, wie ersichtlich, in einer bestimmten Beziehung zur Menge der gesättigten Säuren im Gesamtfett. Solange letztere keine 60% der Gesamtsäuren ausmachen, bleibt der voll-gesättigte Glyceridanteil äußerst niedrig[3]. Sind über 60 Mol.-%

[1] T. P. HILDITCH u. C. H. LEA: Journ. chem. Soc. London **1927**, 3106.

[2] G. COLLIN u. T. P. HILDITCH: Biochemical Journ. **23**, 1273 (1929).

[3] In der Tab. 49 sind zwei Ausnahmen von dieser Regel zu finden: die Fette von *Myristica malabarica* und *Laurus nobilis*, auf die wir noch später (S. 217) zurückkommen.

Tabelle 49. Nach der Permanganat-Aceton-Methode ermittelter Gehalt der Fette an voll-gesättigten Glyceriden.

Familie	Gattung	Fett	Gesättigte Säuren im Gesamtfett		Voll-gesättigte Triglyceride		Verbindungsverhältnisse	
			Gewichtsprozente	Mol.-Prozente	Gewichtsprozente	Mol.-Prozente	Im Gesamtfett	Im nicht-voll-gesättigten Fettanteil
		Samenfette.						
Palmae	*Cocos nucifera*	Cocosfett 1	91,7	93,9	84	86	15,5	1,3—1,4
		Cocosfett 2	90,2	92,9	81	84	13,1	1,4
Simarubaceae	*Irvingia Barteri*	Dikafett[4]	89,4	91,7	79	81	11,0	1,3
Palmae	*Manicaria saccifera*[3]		88,9	91,6	79,5	82	10,9	1,2
Myristicaceae	*Myristica fragrans*	Muskatbutter[4]	88,2	90,2	71	73	9,2	1,6
Palmae	*Astrocaryum Tucuma*	Tucumakernfett[3]	84,3	88,0	70	73	7,3	1,25
„	*Acrocomia sclerocarpa*	Gru-gru-Fett[3]	81,9	86,3	64,5	69	6,3	1,3
„	*Elaeis guineensis*	Palmkernfett[1]	80,8	85,3	63	66	5,8	1,3—1,4
Dipterocarpaceae	*Shorea stenoptera*	Borneotalg[5]	62,0	62,8	4,5	4,5	1,7	1,5
Sterculiaceae	*Theobroma cacao*	Kakaobutter[6]	58,8	59,8	2,5	2,5	1,5	1,4
Myristicaceae	*Myristica malabarica* {4,7}		54,9	59,2	18	19	1,5	1,0
			52,1	56,2	15	16	1,3	1,0
Lauraceae	*Laurus nobilis*	Lorbeerkernöl[8]	49,3	58,5	34	40,5	1,3	0,4
Guttiferae	*Allanblackia Stuhlmannii*[9]		55,7	55,6	1,5	1,5	1,25	1,2
„	*Pentadesma butyracea*[9]		51,5	51,6	3	3	1,1	1,0
Sapotaceae	*Butyrospermum Parkii*	Sheabutter[9]	44,8	45,1	2,3	2,5	0,8	0,8
Sapindaceae	*Schleichera trijuga*	Kusumfett[10]	35,9	34,6	1—2	1—2	0,6	(0,6)
Malvaceae	*Gossypium hirsutum*	Baumwollsaatöl[11]	25,1	27,3	< 1	< 1	0,3	(0,3)
Leguminosae	*Arachis hypogaea*	Erdnußöl[12]	15,1	15,5	< 1	< 1	0,2	(0,2)
		Fruchtfleischfette.						
Palmae	*Elaeis guineensis* Belgisch-Kongo	Palmöl[13]	48,6	50,9	9,9	10,3	1,04	0,83
	Malaya		46,9	49,2	9,1	9,5	0,97	0,80
	Kamerun		47,0	49,1	7,9	8,3	0,97	0,81
	Drewin		41,6	46,6	7,0	7,4	0,78	0,65
Euphorbiaceae	*Stillingia sebifera*	Chines. Talg[14]	70,4	72,5	27,6	28,4	2,64	1,60
			65,5	68,4	23,6	23,9	2,16	1,41
Oleaceae	*Olea europaea*	Olivenöl[15]	12,7	13,8	2,0	2,0	0,16	0,14
Lauraceae	*Laurus nobilis*	Lorbeeröl[8]	23,0	25,4	2,8	3,0	0,34	0,30
Caryocaraceae	*Caryocar villosum*	Piqui-a-Fett[16]	43,5	45,9	2,2	2,3	0,85	0,81
		Tierfette.						
		1. Körperfette.						
Bovidae	*Bos taurus,* Rind	Rindertalg, südamerik.[17]	60,0	61,9	25,3	25,8	1,62	0,94

Ovis aries, Schaf „ [17]	58,4	59,8	25,6	26,0	1,49	0,84
„ [17]	54,3	56,4	22,5	22,8	1,30	0,75
nordamerik.[17]	47,8	50,0	13,6	13,9	1,00	0,72
Oleomargarin, südamerik.[18]	48,2	50,0	8,1	8,5	1,00	0,83
„ [18]	47,8	49,7	9,5	9,8	0,99	0,79
„ [18]	46,7	48,2	8,6	8,9	0,93	0,76
Suidae — *Sus domestica*, Schwein — Hammeltalg[19]	59,7	61,0	26,0	26,6	1,56	0,90
Netzfett[20]	53,5	55,1	17,4	17,7	1,23	0,83
„ [20]	49,2	51,0	11,2	11,4	1,04	0,81
„ [20]	45,5	46,9	13,0	13,2	0,89	0,64
Rückenfett, innere Schicht[20]	40,8	42,9	6,6	6,7	0,75	0,63
äußere Schicht[20]	32,0	33,9	2,1	2,2	0,51	0,48
Leporidae — *Lepus cuniculus*, Kaninchen[21]	31,9	33,5	7	7	0,5	(0,4)
2. Milchfette.						
Bovidae — *Bos taurus* — Kuhbutterfett — Englisch, Winter, Stallfutter[22]	65,9	72,4	38,5	41,3	2,62	1,11
Neuseeland, Frühjahrsweide[22]	64,2	70,2	37,4	39,6	2,36	1,07
Englisch, Winter, Stallfutter[22]	63,5	70,0	35,1	38,2	2,33	1,07
Indisch, Weide[23]	61,6	67,9	31,7	33,7	2,12	1,07
Neuseeland, Handelsmuster[24]	61,1	67,3	31,3	33,8	2,06	1,04
„ [24]	59,9	66,1	29,2	31,5	1,95	1,03
Englisch, Herbstweide[22]	56,3	63,0	25,4	29,1	1,70	0,92
„ Frühjahrsweide[22]	55,0	61,9	24,4	27,2	1,62	0,94
„ — *Buffelus bubalus* — Büffelbutterfett (indisch)[23]	64,2	70,1	32,3	34,7	2,3	1,2

[1] G.COLLIN u. T.P.HILDITCH: Journ. Soc. chem.Ind. **47**, 261 T (1928).   [2] R.CHILD u. G.COLLIN: Biochemical Journ. **27**, 1371 (1933).
[3] G.COLLIN: Biochemical Journ. **27**, 1366 (1933).   [4] G.COLLIN u. T.P.HILDITCH: Biochemical Journ. **23**, 1273 (1929).
[5] T.P.HILDITCH u. J.PRIESTMAN: Journ. Soc. chem. Ind. **49**, 197 T (1930).   [6] C.H.LEA: Journ. Soc. chem. Ind. **48**, 41 T (1929).
[7] G.COLLIN: Journ. Soc. chem. Ind. **52**, 100 T (1933).   [8] G.COLLIN: Biochemical Journ. **25**, 95 (1931).
[9] T.P.HILDITCH u. S.A.SALETORE: Journ. Soc. chem. Ind. **51**, 468 T (1932).
[10] D.R.DHINGRA, T.P.HILDITCH u. J.R.VICKERY: Journ. Soc. chem. Ind. **48**, 281 T (1929).
[11] T.P.HILDITCH u. C.H.LEA: Journ. chem. Soc. London 1927, 3106.   [12] B.C.CHRISTIAN u. T.P.HILDITCH: Analyst **55**, 75 (1930).
[13] T.P.HILDITCH u. Frl.E.E.JONES: Journ. Soc. chem. Ind. **49**, 363 T (1930).
[14] T.P.HILDITCH u. J.PRIESTMAN: Journ. Soc. chem. Ind. **49**, 397 T (1930).
[15] T.P.HILDITCH u. E.C.JONES: Journ. chem. Soc. London 1932, 805.   [16] A.J.RHEAD: Private Mitteilung.
[17] A.BANKSu.T.P.HILDITCH: Biochemical Journ. **25**,1168 (1931).   [18] A.BANKSu.T.P.HILDITCH: Journ. Soc.chem.Ind.**51**, 111T (1932).
[19] G.COLLIN, T.P.HILDITCH u. C.H.LEA: Journ. Soc. chem. Ind. **48**, 46 T (1929).
[20] A.BANKS u. T.P.HILDITCH: Biochemical Journ. **26**, 298 (1932).   [21] J.R.VICKERY: Private Mitteilung.
[22] T.P.HILDITCH u. J.J.SLEIGHTHOLME: Biochemical Journ. **25**, 507 (1931).
[23] R.BHATTACHARYA u. T.P.HILDITCH: Analyst **56**, 161 (1931).   [24] T.P.HILDITCH u. Frl.E.E.JONES: Analyst **54**, 75 (1929).

gesättigte Fettsäuren im Fett enthalten, so produziert das Fett gesättigte Glyceride in einer solchen Menge, daß in den verbleibenden gesättigt-ungesättigten Glyceriden wiederum etwa 60 Mol.-% gesättigte Säuren enthalten sind. Mit anderen Worten, *die gesättigten und ungesättigten Fettsäuren sind mehr oder weniger gleichmäßig auf die Glyceridmoleküle der Fette verteilt, und es besteht die Tendenz, Gemische von mehrsäurigen Glyceriden zu bilden, in welchen (falls man mit R und r die stärker und schwächer vertretenen Acylgruppen bezeichnet) auf drei bis vier Glyceridmoleküle R_2r nur ein Molekül Rr_2 entfällt.*

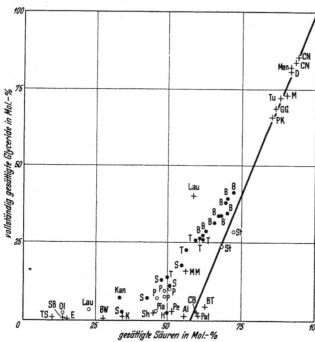

Abb. 16. Beziehung zwischen dem Gehalt an voll-gesättigten Glyceriden und an gesättigten Gesamtsäuren in einigen Fetten.

+ *Samenfette :*

CN	Cocosnuß,	Pal.	*Palaquium oblongifolium,*
Man.	Manicaria,	CB	Kakaobutter,
D	Dika,	Al	*Allanblackia,*
M	Muskatbutter,	Pe.	*Pentadesma,*
Tu.	Tucuma,	Sh.	Sheabutter,
GG	Gru-gru,	K	Kusum,
PK	Palmkernöl,	BW	Baumwollsaatöl,
Lau.	*Laurus nobilis,*	E	Erdnußöl,
MM	*Myristica malabarica,*	SB	Sojabohnenöl,
BT	Borneotalg,	TS	Teesamenöl.

O	*Fruchtfleischfette :*	●	*Tierfette :*
Ol.	Olivenöl,	B	Butterfette,
P	Palmöl,	T	Talg,
St.	Stillingiatalg,	S	Schweinefett,
Piq.	Piqui-a,	Kan.	Kaninchenfett,
Lau.	*Laurus nobilis.*	H	Hühnerfett.

Eine ganz andere Struktur zeigen Butterfette, die Körperfette von Schweinen und anderen Tieren und einige pflanzliche Fruchtfleischfette. Der molare Gehalt an gesättigten Glyceriden steigt regelmäßig mit dem Verhältnis gesättigte : ungesättigte Säuren im Gesamtfett; bei Gegenwart von 30—60 Mol.-% gesättigter Fettsäuren enthält das Fett weit mehr gesättigte Glyceride als ein Samenfett mit gleichem Gehalt an gesättigten und ungesättigten Säuren. Deshalb sind auch die „Verbindungsverhältnisse" in den nicht-vollständig-gesättigten Glyceriden bei dieser Fettklasse niedriger als bei Samenfetten, auch sind sie, im Gegensatz zu Samenfetten, nicht konstant, sondern werden größer, wenn die „Verbindungsverhältnisse" der Säuren im Gesamtfett eine Zunahme erfahren.

Deutlicher gehen diese Verhältnisse aus dem Diagramm Abb. 16 hervor, wo die Molarprozente der völlig-gesättigten Glyceriden (*y*) als Ordinaten, die Molarprozente der gesättigten Gesamtsäuren (*x*) als Abszissen eingetragen sind.

Nach Ermittlung des Gehalts an gesättigten Glyceriden und des „Verbindungsverhältnisses" im nicht-ganz-gesättigten Teil können die Grenzwerte für

Tabelle 50. Verteilung der gesättigten, gesättigt-ungesättigten und ungesättigten Glyceride in einigen Fetten.

	Vollgesättigte Triglyceride	Mono-ungesättigte-di-gesättigte Glyceride	Di-ungesättigte-mono-gesättigte Glyceride	Voll-ungesättigte Glyceride
		Mol.-%		
Samenfette:				
Cocosfett[1]	86	10,5—12	3,5—0	0—2
„ [2]	84	12—14	4—0	0—2
Dika-Fett[4]	81	13,5—16	5,5—0	0—3
Turlurufett[3]	82	11,5—15	6,5—0	0—3
Muskatbutter[4]	73	22,5—25,5	4,5—0	0—1,5
Tucumakernfett[3]	73	18—22,5	9—0	0—4,5
Gru-gru-Fett[3]	69	22—26	9—0	0—5
Palmkernfett[1]	66	25—29	9—0	0—5
Borneotalg[5]	4,5	78—87	17,5—0	0—8,5
Kakaobutter[6]	2,5	73—85	24,5—0	0—12,5
Myristica malabarica[4]	19	40,5—53	40,5—0	0—28
„ [7]	16	42—53	42—0	0—31
Lorbeerkernöl[8]	40,5	0—27	54—0	5,5—32,5
Allanblackia Stuhlmanni[9]	1,5	62,5—81	36—0	0—17,5
Pentadesma butyracea[9]	3	49—73	48—0	0—24
Sheabutter[9]	2,5	29—63,5	68,5—0	0—34
Kusumfett[10]	1—2	12—55	87—0	0—44
Baumwollsaatöl[11]	< 1	0—39	78—0	21—60
Erdnußöl[12]	< 1	0—33	50—0	50—67
Fruchtfleischfette:				
Palmöl[13]				
Belgisch-Kongo	10,3	32,3—60,9	57,4—0	0—28,8
Malaya	9,5	30,2—59,5	60,3—0	0—31,0
Kamerun	8,3	31,4—61,2	60,3—0	0—30,5
Drewin	7,4	16,8—58,8	75,8—0	0—33,8
Stillingiatalg[14]	28	61—67	11—0	0—5
„ [14]	24	57—67	19—0	0—9
Olivenöl[15]	2	0—18	35—0	63—80
Lorbeeröl[8]	3	0—34	67—0	30—63
Piqui-a-Fett[16]	2,3	33,5—65,4	64,2—0	0—32,3
Tierfette:				
1. Körperfette:				
Rindertalg, südamerikanisch[17]	25,8	33,7—53,9	40,5—0	0—20,3
„ „ [17]	26,0	27,3—50,7	46,7—0	0—23,3
„ „ [17]	22,8	22,1—49,6	55,1—0	0—27,6
„ nordamerikanisch[17]	13,9	22,0—54,1	64,1—0	0—32,0
Oleomargarin, südamerikanisch[18]	8,5	33,0—62,0	58,5—0	0—29,5
„ „ [18]	9,8	29,2—59,8	61,0—0	0—30,4
„ „ [18]	8,9	27,0—59,0	64,1—0	0—32,1
Hammeltalg[19]	26,6	30,9—52,1	42,5—0	0—21,3
Schweinefett:				
Netz-Fett[20]	17,7	29,7—56,1	52,6—0	0—26,2
„ [20]	11,4	30,3—59,4	58,3—0	0—29,2
„ [20]	13,2	14,8—50,5	72,0—0	0—36,3
Rückenfett, innere Schicht[20]	6,7	14,9—54,3	78,4—0	0—39,0
„ äußere Schicht[20]	2,2	0—47,6	95,1—0	2,7—50,2
Kaninchenfett[21]	7	0—40	79,5—0	13,5—53
2. Milchfette:				
Kuhbutterfett				
Englisch, Winter, Stallfutter[22]	41,3	33,9—46,3	24,8—0	0—12,4
Neuseeland, Frühjahrsweide[22]	39,6	33,3—46,8	27,1—0	0—13,6

	Vollgesättigte Triglyceride	Monoungesättigte-di-gesättigte Glyceride	Di-ungesättigte-mono-gesättigte Glyceride	Vollungesättigte Glyceride
	Mol.-%			
Kuhbutterfett				
Englisch, Winter, Stallfutter[22]	38,2	**34,0—47,9**	27,8—0	0—13,9
Indisch, Weide[23]	33,7	**36,5—51,4**	29,8—0	0—14,9
Neuseeland, Handelsmuster[24]	33,8	**35,0—50,6**	31,2—0	0—15,6
„ „ [24]	31,5	**35,8—52,1**	32,7—0	0—16,4
Englisch, Herbstweide[22]	29,1	**31,0—51,0**	39,9—0	0—19,9
„ Frühjahrsweide[22]	27,2	**33,0—52,9**	39,8—0	0—19,9
Büffelbutterfett (indisch)[23]	34,7	**41,6—53,1**	23,7—0	0—12,2

die mono-ungesättigt-di-gesättigten, di-ungesättigt-mono-gesättigten und die völlig-ungesättigten Glyceridanteile berechnet werden[25]. Sie sind für die in Tabelle 49 angeführten Fette in Tabelle 50 zusammengestellt. Man sieht, daß eine Tendenz zur gleichmäßigen Verteilung der beiden Säuregruppen in den nicht-ganz-gesättigten Glyceriden besteht. Die fett gedruckten Zahlen werden demnach der tatsächlichen Verteilung der drei Glyceridklassen eher entsprechen als die anderen.

B. Verteilung der gesättigten und ungesättigten Fettsäuren in Samen- und Fruchtfleischfettglyceriden.

Sind die Fettsäuren überwiegend gesättigt, so zeigen sie bei Samenfetten die Tendenz, sich mit den ungesättigten Säuren derart zu Glyceridmolekülen zu vereinigen, daß zwischen den beiden Säuregruppen ein „Verbindungsverhältnis" von etwa 1,4—1,5 zustande kommt. Bilden die gesättigten Säuren mehr als 60% der Gesamtfettsäuren, so bleibt das „Verbindungsverhältnis" von 1,4—1,5 im nicht-ganz-gesättigten Glyceridanteil weiter bestehen.

Daß sich die Fettsäuren nach ähnlichen Regeln verteilen, wenn in einem Samenfett die ungesättigten Säuren im Überschuß vorhanden sind, beweisen zum Teil die von T. P. HILDITCH und E. C. JONES[26] vorgenommenen Tristearinbestimmungen im völlig hydrierten Baumwollsaatöl, Sojaöl, Leinöl, Teesamen- und Olivenöl. In der Tabelle 51 sind die berechneten Grenzwerte für die drei

Tabelle 51.

Fett	Vollgesättigte Triglyceride	Die ermittelten Grenzwerte[27] für			Tristearin in hydrierten Fetten (gefunden)
		Mono-ungesättigte-di-gesättigte Glyceride	Di-ungesättigte-mono-gesättigte Glyceride	Voll-ungesättigte Glyceride	
		Mol.-%			
Baumwollsaatöl	weniger als 1	0—38	76—0	24—62	24
Sojabohnenöl..	„ „ 1	0—13	25—0	75—87	75
Leinöl........	„ „ 1	0—9	19—0	81—91	83
Olivenöl......	2	0—15	30—0	68—83	57
Teesamenöl ...	weniger als 1	0—13	26—0	74—87	63

[1-24] S. S. 207, Anm. 1—24.
[25] Die Bezeichnung „mono-, di-ungesättigt" usw. ist etwas unglücklich gewählt; richtiger wäre es, von „ein Drittel-", „zwei Drittel-" usw. ungesättigten Glyceriden zu sprechen. Letztere Bezeichnungsart ist aber zu langwierig.
[26] Journ. Soc. chem. Ind. 53, 13 T (1934).
[27] Berechnet für C_{18}-Säuren gegen Säuren (vgl. S. 220) mit anderem C-Atomgehalt.

Klassen der ungesättigten Glyceride und der (äußerst geringe) Gehalt an gesättigten Glyceriden sowie der ermittelte Tristearingehalt der hydrierten Fette angegeben. Wie man sieht, entspricht der Tristearingehalt ohne Ausnahme dem niedrigsten Grenzwert für die völlig-ungesättigten Glyceride im ursprünglichen Öl; allenfalls steht er diesem weit näher als dem oberen Grenzwert. Es sind also bei diesen Fetten die gleichen Verteilungsregeln feststellbar wie bei den an gesättigten Säuren reicheren Fetten.

Bestätigt wird das durch die Untersuchung der bromierten Glyceride aus Leinöl und Sojabohnenöl. So wurden aus Leinöl die Bromide von zwei isomeren Monolinoleodilinoleninen, von einem Dilinoleomonolinolenin und einem Monooleodilinolein isoliert[1]; aus Sojaöl die Bromide von acht verschiedenen mehrsäurigen Glyceriden der Linol-, Linolen- und (oder) Ölsäure[2].

Am deutlichsten tritt die Tendenz zur „gleichmäßigen Verteilung" der Säuren in Fetten mit etwa 60% gesättigten Säuren und 40% Ölsäure hervor. Solche Fette bestehen in der Hauptsache aus monooleo-di-gesättigten Glyceriden, die in manchen Fällen durch fraktionierte Kristallisation abgeschieden oder durch Isolierung der entsprechenden monoazelao-di-gesättigten Glyceride aus dem Oxydationsgemisch nachgewiesen werden konnten.

Zusammenfassung. 1. Die Samenfette neigen zur Bildung von Glyceridtypen, in welchen die Säuren gleichmäßig verteilt sind, so daß dreisäurige Glyceride entstehen, während einfache Triglyceride nur dann in nennenswerten Mengen gebildet werden, wenn der Überschuß an einer Säurekomponente dies zur Notwendigkeit macht. Liegen also nur drei Säuren in äquivalenten Mengen oder zwei Fettsäuren im Verhältnis 1:2, so wird das Fett dazu neigen, sich einer homogenen individuellen Verbindung zu nähern.

2. Die unter 1 gemachte Verallgemeinerung behält, bis auf zwei Ausnahmen, für die Gesamtheit der vorläufig untersuchten, teilweise aus einer großen Reihe verschiedenartigster Säuren aufgebauten Samenfette ihre Gültigkeit.

Die Bildung von spezifischen sauren Hauptbestandteilen (s. S. 70), welche für zahlreiche Pflanzenfamilien sehr charakteristisch ist, ist also nicht von einer ähnlichen Spezifität bei der Verbindung der individuellen Säuren zu Glyceriden begleitet. Das Schema, nach dem die Vereinigung der Säuren zu Triglyceriden erfolgt, scheint vielmehr in allen Samenfetten etwa das gleiche zu sein. Dies läßt vermuten, daß die Entstehung der Samenfettsäuren (aus Kohlehydraten oder deren Abbauprodukten) ein Vorgang ist, der mit den die Glyceridsynthese beeinflussenden Prozessen nichts zu tun hat.

3. Eine von den Samenfetten etwas abweichende Struktur zeigen einige *Fruchtfleischfette*; allerdings sind vorläufig nur Palmöl, Chines. Talg, Lorbeeröl, Olivenöl, Piqui-a-Fett und *Sterculia-foetida*-Fruchtfleischfett näher untersucht worden. Mit Ausnahme des Piqui-a- und *Sterculia*-Fettes enthalten die genannten Fette wesentlich größere (wenn auch an sich kleine) Mengen vollständig gesättigter Glyceride als Samenfette mit dem gleichen Gehalt an gesättigten und ungesättigten Säuren. Am besten lassen sich diese Unterschiede an Hand der Tabelle 49 erkennen. Da sich die Hauptkomponenten der Fruchtfleischfette auf Palmitin-, Öl- und Linolsäure beschränken, so besteht ihr voll-gesättigter Teil hauptsächlich aus Tripalmitin.

---

[1] A. EIBNER, L. WIDENMEYER u. E. SCHILD: Chem. Umschau Fette, Öle, Wachse, Harze **34**, 312 (1927). — A. EIBNER u. F. BROSEL: Chem. Umschau Fette, Öle, Wachse, Harze **35**, 157 (1928). — B. SUZUKI u. Y. YOKOYAMA: Proceed. Imp. Acad., Tokyo **3**, 526 (1927).

[2] B. SUZUKI u. Y. YOKOYAMA: Proceed. Imp. Acad., Tokyo **3**, 529 (1927). — K. HASHI: Journ. Soc. chem. Ind. Japan **30**, 849, 856 (1927).

Es ist noch nicht erwiesen, daß der relativ größere Gehalt der Fruchtfleischfette an vollständig-gesättigten Bestandteilen auch eine größere Heterogenität
in den mehrsäurigen palmito-ungesättigten Glyceriden zur Folge habe. Nach den
bei Olivenöl, Stillingiatalg und Palmöl gemachten Beobachtungen sind letztere
vielmehr nach dem Prinzip der „gleichmäßigen Verteilung" aufgebaut, ähnlich
wie die Samenfette. Sollte dies allgemein zutreffen, dann wären die Glycerid-
strukturen von Fruchtfleisch- und Samenfetten nur insofern verschieden,
als bei ersteren die Tendenz besteht, Tripalmitin in einer Menge zu erzeugen,
welche zum Teil als eine Funktion des Palmitinsäuregehalts in den Gesamtsäuren erscheint. Das Vorkommen gewisser Mengen Tripalmitin in Fruchtfleischfetten könnte man in Analogie bringen zu der oft beobachteten Tendenz
der vollständig-gesättigten Bestandteile von Samenfetten, reicher an Palmitinsäure zu sein als das Gesamtfett.

C. Verteilung der gesättigten und ungesättigten Säuren in den Glyceriden der tierischen Fette. (Allgemeine Strukturmerkmale.)

Die tierischen Fette umfassen eine große Reihe von Produkten verschieden-
artiger Glyceridstruktur, und es erscheint am zweckmäßigsten, die drei Klassen der
Seetieröle, der Reserve- und Milchfette von Landtieren gesondert zu betrachten.

Die Untersuchung der Glyceridstruktur der Seetieröle wird durch die hohe
Zahl ihrer Fettsäurekomponenten erschwert. Sie dürften überwiegend aus dreisäurigen Glyceriden bestehen und einsäurige Glyceride kaum enthalten.

Einfacher ist die Glyceridstruktur der Landtierfette, namentlich der Reservefette, deren Fettsäuren auf Palmitin-, Stearin-, Öl- und Linolsäure (neben
vielleicht kleinen Mengen Myristinsäure) beschränkt sind.

Die Milchfette sind weit komplizierter zusammengesetzt, infolge der Gegenwart einer größeren Zahl von Fettsäuren.

Hier wäre nochmals zu erwähnen, daß der Anteil an gesättigten Glyceriden in
z. B. einem Talg weit größer ist als in einem nach dem Prinzip der „gleichmäßigen
Verteilung" aufgebauten Samenfett mit den gleichen Mengen gesättigter und
ungesättigter Säuren. Es dürfte dies damit zusammenhängen, daß sich beispielsweise ein höher schmelzender Talg von einem niedriger schmelzenden im wesentlichen nur durch einen höheren Gehalt an gebundener Stearinsäure und entsprechend geringere Mengen an gebundener Ölsäure unterscheidet.

Diese charakteristischen Unterscheidungsmerkmale der gesättigten Glyceride
von Landtier- und Samenfetten, sowie der tierischen Reserve- und Milchfette
lassen sich an der graphischen Darstellung in Abb. 16 (S. 208) und 17 (S. 213)
leicht erkennen.

Das Diagramm, in welchem die Molarprozente der vollständig-gesättigten
Glyceride als Ordinaten, die Molarprozente der gesättigten Säuren in den Gesamtfettsäuren der höher schmelzenden tierischen Fette als Abszissen eingetragen
sind, ergibt eine relativ regelmäßig verlaufende Kurve, welche ziemlich ähnlich,
aber nicht identisch ist mit einer Kurve, die man erhält, wenn man voraussetzt,
daß der Gehalt an voll-gesättigten Glyceriden wie die dritte Potenz der Molar-
konzentration der gesättigten Säuren in den Gesamtsäuren variiert[1]. Die graphische Darstellung des Gehalts der niedrig schmelzenden Schweinefette an vollständig gesättigten Glyceriden ergibt eine Verlängerung der bei den höher gesättigten tierischen Fetten erhaltenen Kurve, was offenbar so zu deuten ist,

---

[1] R. BHATTACHARYA u. T. P. HILDITCH: Proceed. Roy. Soc., London, A, 129, 473 (1930).

daß in Schweinefetten mit weniger als etwa 30% gesättigten Säuren voll-gesättigte Glyceride fehlen.

Die Form dieser Kurve gleicht ferner derjenigen, welche die Ergebnisse der fortschreitenden Hydrierung eines „gleichmäßig verteilten" Gemisches von aus etwa 30 Mol. Palmitin- und 70 Mol. Ölsäure aufgebauten Fettglyceriden zum Ausdruck bringt. Veranschaulicht wird das durch die aus der Untersuchung einer Reihe von par-tiell hydrierten Baum-wollsamenölen[1] in Abb. 17 abgeleiteten Kurve.

Über die allge-meine Glyceridstruk-tur der Reservefette, möglicherweise auch der Milchfette, macht man sich am besten in der Weise eine Vor-stellung, daß man sie mit Fetten vergleicht, welche durch fort-schreitende Hydrie-rung eines Gemisches von „gleichmäßig ver-teilten", vorwiegend aus Palmitin-, Öl- und Linolsäure bestehen-den Glyceriden ent-standen sind.

Ein weiteres Merk-mal der Glyceridstruk-tur der tierischen Fette ist das folgende:

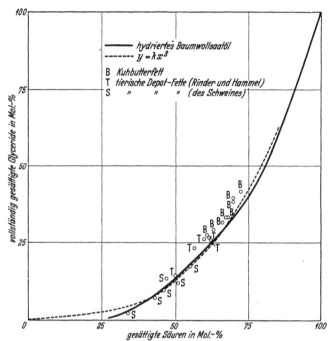

Abb. 17. Beziehung zwischen den voll-gesättigten Glyceriden und den gesättigten Gesamtsäuren von Schweinefett, Talg und Kuhbutterfett.

der molare Palmitinsäuregehalt der Gesamtsäuren bewegt sich (sowohl bei den Depot- wie bei den Milchfetten) fast ohne Ausnahme in den Grenzen von 23—30%, während die vollständig gesättigten Fettanteile in der Regel 55—60 Mol.-% Palmitinsäure enthalten. Tatsächlich ist innerhalb jeder Klasse (der Talg-, Schweinefett- oder Milchfettgruppe) die nähere Zusammensetzung der vollständig gesättigten Bestandteile häufig auffällig ähnlich, unabhängig davon, ob sie von einem weichen oder höher schmelzenden Fett herrühren; besonders klar zeigt sich das bei den Butterfetten (s. S. 227).

Dabei darf allerdings nicht übersehen werden, daß wir zurzeit Genaueres nur über die Reservefette von drei Tierarten, nämlich von Rindern, Schafen und Schweinen, wissen.

Unter den tierischen Depotfetten dürfte nämlich noch ein anderer Struktur-typ auftreten. So scheinen die Fette der Kaninchen, Ratten und gewisser Vogelfette bis zu 5% gesättigte, vorwiegend aus Tripalmitin bestehende Glyceride zu enthalten, bei einem Gesamtgehalt von 23—25% Palmitinsäure und von relativ wenig Stearinsäure.

Die bei Talg und Schweinefett gemachten Beobachtungen sind also nicht für die Gesamtheit der tierischen Fette charakteristisch.

[1] T. P. HILDITCH u. E. C. JONES: Journ. chem. Soc. London **1932**, 814.

D. Verteilung der Fettsäuren in mit Glycerin oder Glykol veresterten Säuregemischen.

Aus Glycerin und binären Gemischen von Ölsäure mit Laurinsäure, Palmitin-säure oder Stearinsäure dargestellte Glyceridgemische[1] wurden nach der Aceton-Permanganat-Methode untersucht, um festzustellen, wie sich die Fettsäuren auf die synthetischen Glyceride verteilen.

Stearin-, Palmitin- und Ölsäure zeigen annähernd gleiche Veresterungs-geschwindigkeit, Laurinsäure wird dagegen merklich schneller verestert als Ölsäure. Das mit Laurin-Ölsäure hergestellte Glyceridgemisch enthielt trotzdem annähernd die gleiche molare Menge an völlig-gesättigten Glyceriden wie die synthetischen Triglyceridgemische aus Stearin-Ölsäure oder aus Palmitin-Öl-säure, vorausgesetzt, daß das Verhältnis von gesättigten zu ungesät-tigten Säuren in allen Fällen dasselbe war.

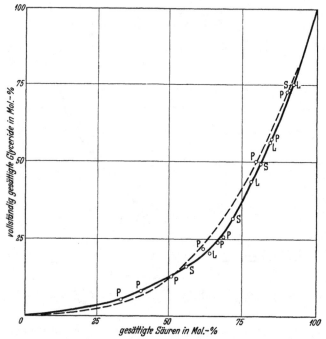

Abb. 18. Gehalt der synthetischen Glyceridgemische aus Stearin-, Palmitin- oder Laurin-Ölsäure an voll-gesättigten Glyceriden.

Die Ergebnisse sind in Abb. 18 graphisch dargestellt.

Die Versuchszah-len liegen auf einer glatt verlaufenden Kurve. Berechnet man die Möglichkeit für die Bildung der vollstän-dig gesättigten Gly-ceride unter der Vor-aussetzung, daß die drei Säuren sich unter-schiedslos, nur in Ab-hängigkeit von ihren relativen Mengen, mit Glycerin verbinden, so müßte der Gehalt eines be-liebigen Gemisches an vollständig gesättigten Glyceriden der dritten Potenz der in den Gesamtsäuren vorhandenen Moleküle gesättigter Säuren pro-portional sein, entsprechend der durchbrochenen Kurve in Abb. 18; diese unterscheidet sich in ihrer Form nicht wesentlich von der experimentell er-haltenen Kurve, schneidet sie aber in einem Punkte, der etwa äquimolekularen Mengen von gesättigten und ungesättigten Säuren entspricht. Enthält das Gemisch mehr gesättigte als ungesättigte Säuren, so ist die gebildete Menge der vollständig-gesättigten Glyceride etwas niedriger als die berechnete, während das Gegenteil der Fall ist, wenn die ungesättigten Fettsäuren im verwendeten Säuregemisch überwiegen.

Da die Zahl der Verbindungsmöglichkeiten bei dem drei veresterungsfähige Hydroxylgruppen enthaltenden Glycerin sehr groß ist, wurde noch eine Versuchs-

[1] R. Bhattacharya u. T.P. Hilditch: Proceed. Roy. Soc., London, A, **129**, 468 (1930).

reihe mit Äthylenglykol ausgeführt[1], weil hier nur voll-ungesättigte, voll-gesättigte und halbgesättigt-halbungesättigte Ester zu erwarten sind. Ferner besteht hier die Möglichkeit, nach Bestimmung der voll-gesättigten Glykolester die beiden übrigen Estergruppen zu berechnen. Die Ergebnisse zeigt die Abb. 19.

Die gefundenen molaren Mengen an voll-gesättigten Glykolestern ergeben auch hier eine glatt verlaufende Kurve, ebenso die für die vollständig ungesättigten Ester berechneten Zahlen. Bei äquimolekularen Mengen gesättigter und ungesättigter Säuren im Estergemisch schneiden sich die Kurven in einem Punkt, der je etwa 22 Mol. voll-gesättigten und voll-ungesättigten und 56 Mol. gesättigt-ungesättig-ten Estern entspricht.

Setzt man voraus, daß sich die beiden Säuren gleichzeitig und unterschieds-los, nur ihrem relativen Gehalt im Säuregemisch entsprechend, mit Glykol verbinden, so muß der Gehalt des Glykolestergemisches an vollständig gesättigten Estern der zweiten Potenz der im Gemisch enthaltenen gesättigten Säuren proportional sein (s. gebrochene Kurve, Abb. 19), so daß ein aus äquimolekularen Mengen gesättigter und ungesättigter Säuren bestehendes Gemisch je 25% voll-gesättigte und voll-ungesättigte und 50% gesättigt-ungesättigte Ester ergeben müßte.

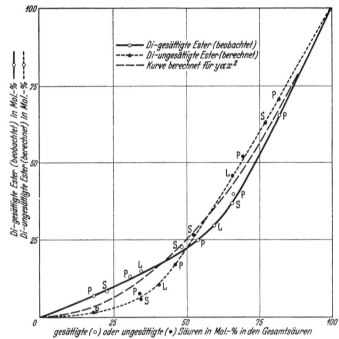

Abb. 19. Gehalt der Glykolestergemische aus Stearin-, Palmitin- oder Laurin-Ölsäure an voll-gesättigten Bestandteilen.

Der Veresterungsvorgang zeigt sowohl in der Glykol- wie in der Glycerinreihe die Tendenz, so zu verlaufen, daß die Kombinationsmöglichkeiten den vorhande-nen relativen Mengen an gesättigten und ungesättigten Säuren entsprechen.

Die in tierischen und in einigen Fruchtfleischfetten (insbesondere in Palm-ölen) ermittelten Anteile vollständig gesättigter Glyceride zeigen eine weit-gehende Parallelität (wenn auch keine Identität) zu den Kurven der Abb. 18. Dies ließ die Vermutung aufkommen, daß möglicherweise die gesättigten Anteile dieser zwei Fettklassen ebenfalls durch Veresterung der fertig vorliegenden Fett-säuren mit Glycerin entstehen. Nun bleibt aber der Anteil an gesättigten Glyce-riden in den tierischen Fetten äußerst gering, auch wenn das Fett 30% ge-sättigte Säuren enthält, so daß die Annahme, daß die Stearoglyceride auf Kosten der Oleoglyceride gebildet werden, die Verhältnisse besser zu erklären vermag.

---

[1] R. BHATTACHARYA u. T. P. HILDITCH: Journ. chem. Soc. London **1931**, 901.

Die gesättigten Glyceride der Fruchtfleischfette bestehen im wesentlichen aus Tripalmitin; daß ihr Gehalt sich häufig den theoretischen und empirisch ermittelten Kurven der Abb. 18 nähert, ist vielleicht nicht mehr als ein Zufall. Nach neuesten Beobachtungen dürften die nicht-vollständig-gesättigten gemischten Glyceride der Fruchtfleisch- und tierischen Fette nach dem Prinzip der „gleichmäßigen Verteilung" aufgebaut sein, ähnlich wie die Gesamtheit der Glyceride in den Samenfetten. Der verschiedene Gehalt der beiden Fettklassen an vollständig-gesättigten Glyceriden müßte demnach durch spezifische Einflüsse zustande kommen, in der Art etwa, wie der „Hydrierungsmechanismus" beim Aufbau gewisser Reservefette eine Rolle zu spielen scheint.

II. Die natürlichen Fettglyceride.

Von T. P. HILDITCH, Liverpool.

Nach Schilderung der allgemeinen Merkmale der Glyceridstruktur soll in diesem Kapitel versucht werden, das Gesamtgebiet der natürlichen Glyceride mit dem Ursprung der Fette in Zusammenhang zu bringen.

A. Feste Samenfette.

Wir wollen die an Laurin-, Myristin-, Stearin- und Arachinsäure reiche Gruppe der festen Samenfette in der Reihenfolge des zunehmenden Molekulargewichts ihrer spezifischen Fettsäuren besprechen, d. h. beginnend mit den Kernfetten der Palmae (Hauptkomponente: Laurinsäure).

1. Samenfette der Palmae.

Diese scheinen, insofern allgemeine Schlüsse auf Grund der fünf näher untersuchten Fette zulässig sind, ähnliche Analogien in ihrer Glyceridstruktur zu zeigen wie in der Zusammensetzung der Fettsäuren.

Völlig gesättigte Glyceride sind bei Cocos- und Palmkernfett in einer solchen Menge enthalten, daß im nicht gesättigten Anteil ein „Verbindungsverhältnis" (siehe S. 203) 1,4 : 1 verbleibt. Triolein scheint zu fehlen. Diese Fette haben die Zusammensetzung:

	Cocosfett Gew.-%	Palmkernfett Gew.-%
Völlig gesättigte Glyceride	84	63
Monooleo-di-gesättigte Glyceride	12	26
Dioleo-mono-gesättigte Glyceride	4	11

Die Fettsäuren scheinen in den gesättigten Glyceriden ähnlich verteilt zu sein wie im Gesamtfett (Tab. 52).

Tabelle 52. Gewichtsprozente individueller Säuren in den gesättigten Säuren des Gesamtfettes und in den vollständig-gesättigten Glyceriden von Cocos- und Palmkernfett.

	Cocosfett		Cocosfett		Palmkernfett	
	Gesamtfett	Voll-gesättigter Teil	Gesamtfett	Voll-gesättigter Teil	Gesamtfett	Voll-gesättigter Teil
Caprylsäure	9	8	9	9	3	2
Caprinsäure	8	9	8	10	9	8
Laurinsäure...........	52	51	50	52	58	60
Myristinsäure	19	19	20	17	17	20
Palmitinsäure	10	11	10	10	11	6
Stearinsäure	2	2	3	2	2	4 (?)

Bei dem viel Palmitin- und Stearinsäure enthaltenden Fett reichert sich die Säure mit dem niedrigeren Molekulargewicht in den gesättigten Glyceridanteilen an.

Trilaurin scheint in den gesättigten Glyceriden von Cocosfett[1] und Palmkernfett[2] zu fehlen, dagegen dürften darin erhebliche Mengen Dilauromyristine vorkommen.

2. Dikaľett *(Simarubaceae)* und Muskatbutter (Myristicaceae).

Der im Dikafett über das „Verbindungsverhältnis" von 1,5 : 1 in den gesättigt-ungesättigten Glyceriden hinausgehende Anteil an gesättigten Säuren ist auch hier zu völlig gesättigten Glyceriden gebunden. Die gesättigten Säuren sind im gesättigten Teil und im gesamten Dikafett praktisch gleich verteilt: 43% Laurin- und 57% Myristinsäure.

Das *Dikafett* dürfte wie folgt zusammengesetzt sein[3]:

	Mol.-%
Dilauromonomyristine	31
Monolaurodimyristine	48
Monooleo-di- (lauromyristo-) Glyceride	18
Dioleo-mono- (lauromyristo-) Glyceride	3

In der 77% Myristinsäure enthaltenden *Muskatbutter* sind große Mengen Trimyristin vorhanden. Auf Grund des „Verbindungsverhältnisses" von 1,6 : 1 errechnet sich ein Gehalt von 77% Trimyristin im gesättigten Fettanteil (entsprechend also 55% im Gesamtfett). Durch fraktionierte Kristallisation isolierten A. Bömer und K. Ebach[4] 40% Trimyristin, was der Theorie weitgehend entspricht, weil das Fett bis zu 20% Unverseifbares enthält.

Die Samenfette von *Myristica malabarica* und *Laurus nobilis* zeigen nicht die sonst allgemein bei Samenfettglyceriden auftretende Gesetzmäßigkeit. Ersteres ist allerdings in mancher Hinsicht „abnorm". So enthält das Fett neben Glyceriden etwa 50% harzartiger Stoffe, die vielleicht gemeinsam mit den Fettsäuren zu Glyceriden vergesellschaftet sind.

Im Fett von *Laurus nobilis* beträgt das „Verbindungsverhältnis" in den gesättigt-ungesättigten Glyceriden nur 0,4 : 1[5]; das Fett enthält 34% völlig gesättigte Glyceride, bei Gegenwart von nur 49% gesättigter Gesamtsäuren (43% Laurin- und 6% Palmitinsäure). In dem gesättigten Glyceridanteil sind 75% der gesamten Laurinsäure enthalten. Sieht man also von der Laurinsäure ab, so ergeben sich für die übrigen Säuren, d. h. Öl-, Linol- und Palmitinsäure, die üblichen Verteilungsregeln. Es erscheint nicht ausgeschlossen, daß Laurinsäure und die übrigen Fettsäuren zu verschiedenen Perioden im Samen gebildet werden.

3. Die im wesentlichen aus Öl-, Stearinsäure- (und Palmitinsäure-) Glyceriden bestehenden Samenfette.

Kakaobutter, Borneotalg, Sheabutter und die Fette von *Allanblackia Stuhlmannii* und *Pentadesma butyracea* sind für Glyceridstrukturuntersuchungen von ganz besonderem Interesse, weil in ihnen der Anteil an gesättigten Säuren (50—60%) gerade groß genug ist, um sie in Form von gesättigt-ungesättigten Glyceriden restlos abzubinden. Die genannten Fette sind tatsächlich äußerst arm an völlig gesättigten Glyceriden, ein schlagender Beweis für die Tendenz der Samenfette zur „gleichmäßigen Verteilung" der Fettsäuren.

Die Fette dieser Gruppe sind reich an mono-ungesättigten-di-gesättigten Glyceriden, welche als die entsprechenden Monoazelaoglyceride (s. S. 204) isoliert werden konnten.

Ferner konnten bei diesen Fetten Anhaltspunkte für die bevorzugte Bildung bestimmter stellungsisomerer Glyceride, so z. B. von β-Oleodistearin, festgestellt werden, sowie ferner die Tendenz (s. Tab. 53, S. 218), in den gesättigten Glyceridanteilen Palmitinsäure anzuhäufen (diese Fette enthalten als gesättigte Komponenten nur Palmitin- und Stearinsäure).

[1] G. Collin u. T. P. Hilditch: Journ. Soc. chem. Ind. 47, 261 T (1928).
[2] A. Bömer u. J. Baumann: Ztschr. Unters. Nahr.- Genußm. 40, 97 (1920). — A. Bömer u. K. Schneider: Ebenda 47, 61 (1924).
[3] G. Collin: Journ. Soc. chem. Ind. 52, 100 T (1933).
[4] Ztschr. Unters. Lebensmittel 55, 501 (1928).
[5] G. Collin: Biochemical Journ. 25, 95 (1931).

Tabelle 53. Verteilung der Säuren in festen Samenfettglyceriden.

		Myristin-säure	Palmitin-säure	Stearin-säure
		in Prozenten		
Borneotalg	Gesättigte Säuren im Gesamtfett	1,5	21,5	39
	Prozentuale Verteilung der gesättigten Säuren im Gesamtfett .	2	35	63
	Komponenten der vollständig gesättigten Glyceride	—	57	43
Kakaobutter	Gesättigte Säuren im Gesamtfett	—	24,4	34,5
	Prozentuale Verteilung der gesättigten Säuren im Gesamtfett .	—	41	59
	Komponenten der vollständig gesättigten Glyceride	—	66	34
Allanblackia-Stuhlmannii-Fett	Gesättigte Säuren im Gesamtfett	—	3,1	52,6
	Prozentuale Verteilung der gesättigten Säuren im Gesamtfett .	—	6	94
	Komponenten der vollständig gesättigten Glyceride	—	32	68
Pentadesma-butyracea-Fett	Gesättigte Säuren im Gesamtfett	—	5,4	46,1
	Prozentuale Verteilung der gesättigten Säuren im Gesamtfett .	—	10	90
	Komponenten der vollständig gesättigten Glyceride	—	25	75
Sheabutter	Gesättigte Säuren im Gesamtfett	0,4	8,5	35,9
	Prozentuale Verteilung der gesättigten Säuren im Gesamtfett .	1	19	80
	Komponenten der vollständig gesättigten Glyceride	—	ca. 50	ca. 50

Kakaobutter. Die wertvollen Eigenschaften der Kakaobutter, welche sie für die Schokoladenfabrikation geeignet machen, vor allem ihr scharfer Schmelzpunkt und ihre relative Sprödigkeit, sind die Folge der besonderen Glyceridstruktur dieses Fettes; die Säuren verteilen sich streng nach den die Glyceridstruktur von Samenfetten beherrschenden Regeln, und das Fett besteht deshalb in der Hauptsache aus (zirka 73%) monooleo-di-gesättigten Glyceriden, vornehmlich Oleopalmitostearin (gegen 60%). Es enthält[1] nur 2,5% völlig gesättigter Glyceride und dürfte frei sein von Triolein[2].

Das nach der Oxydationsmethode isolierte Monoazelaoglycerid war nach J. BOUGAULT und G. SCHUSTER[3] β-Azelaopalmitostearin; die Kakaobutter enthält demnach β-Oleopalmitostearin.

In der hydrierten Kakaobutter fanden C. AMBERGER und J. BAUCH[4] 24,9% Tristearin, 54,7% α-Palmitodistearin und 20,3% β-Palmitodistearin; die fraktionierte Kristallisation des ursprünglichen Fettes ergab nur Spuren (0,03%) von Tristearin und β-Palmitodistearin (0,02%). Nimmt man nach Frl. E. LEWKOWITSCH[5] an, daß das α-Palmitodistearin einem α-Palmitostearoolein und das β-Palmitodistearin einem β-Palmitodiolein entspricht, so müßte Kakaobutter aus 25% Oleodistearin, 55% α-Palmitooleostearin und 20% β-Palmitodiolein bestehen. Diese Zahlen entsprechen 23,4% Palmitinsäure, 33,7% Stearinsäure und 40,9% Ölsäure, stimmen also sehr gut überein mit der von AMBERGER und BAUCH ermittelten Zusammensetzung der Kakaofettsäuren (23,4% Palmitin-, 23,6% Stearin-, 53% Ölsäure).

Die Befunde von AMBERGER und BAUCH sind auch insofern von Interesse, als sie die *bevorzugte Bildung von bestimmten stellungsisomeren Glyceriden* zeigen. Es wäre von Wichtigkeit, diesen Erscheinungen größere Beachtung bei Glycerid-

---

[1] C. H. LEA: Journ. Soc. chem. Ind. 48, 41 T (1929).   [2] J. KLIMONT: S. S. 195.
[3] Compt. rend. Acad. Sciences 192, 953 (1931).
[4] Ztschr. Unters. Nahr.- Genußm. 48, 371 (1924).
[5] Journ. Soc. chem. Ind. 52, 236 T (1933).

strukturuntersuchungen zuzuwenden, und in dieser Beziehung verdienen die bei *Allanblackia*-Fett beobachteten Tatsachen besondere Aufmerksamkeit.

Außer Kakaobutter[1] sind Oleodistearine (F. 44—46⁰) in Kokumbutter[2], *Allanblackia*-Fett (s. S. 194) und im Borneotalg[3] gefunden worden; wie es scheint, handelt es sich ohne Ausnahme um das β-Oleo-$\alpha\gamma$-distearin.

Borneotalg, dessen Säuren eine ähnliche Zusammensetzung zeigen wie die Kakaofettsäuren (1,5% Myristin-, 21,5% Palmitin-, 39% Stearin- und 38% Ölsäure), besitzt nach T. P. HILDITCH und J. PRIESTMAN[4] eine der Kakaobutter analoge Glyceridstruktur. Das Fett enthält[5] 4,5% vollständig-gesättigte Glyceride, 78% monooleo-di-gesättigte Glyceride (isoliert größtenteils in Gestalt der Monoazelaoglyceride) und 17,5% dioleo-mono-gesättigte Glyceride.

Isoliert wurden aus Borneotalg Oleodistearin (F. 44—45⁰) und Oleodipalmitin (Schmp. 33—34⁰)[6].

Das 3% Palmitinsäure, 52% Stearinsäure und 45% Ölsäure enthaltende Samenfett von *Allanblackia Stuhlmannii*[7] enthält nur 1,5% völlig gesättigte Glyceride und besteht aus etwa 65% Monooleoglyceriden (hauptsächlich β-Oleodistearin[8]) und 33—34% Dioleomonostearin (oder -palmitin). β-Monooleodistearin wurde als die Monoazelaoverbindung nachgewiesen; sie war mit dem Monoazelaodistearin aus synthetischem β-Oleodistearin identisch[9].

Das Samenfett von *Pentadesma butyracea* hat nach T. P. HILDITCH und S. A. SALETORE[7] folgende mutmaßliche Zusammensetzung:

Völlig gesättigte Glyceride (vorwiegend wohl Palmitodistearine)   3%
Monooleo-di-gesättigte Glyceride ....   47—50%
Dioleo-mono-gesättigte Glyceride ....   47—50%

Das Fett enthält ansehnliche Mengen β-Oleodistearin.

Die 55% ungesättigte Säuren enthaltende *Sheabutter* besteht im wesentlichen[7] aus mono-ungesättigt-di-gesättigten (etwa 30%) und di-ungesättigt-mono-gesättigten (etwa 65%) Glyceriden neben nur 2% völlig gesättigten Glyceridanteilen[10].

B. Flüssige Samenfette.

Entsprechend dem Prinzip der „gleichmäßigen Verteilung" sind die meist nur 10—20% gesättigte Fettsäuren enthaltenden Samenöle sehr arm an gesättigten Glyceriden.

Infolge der Unmöglichkeit der Isolierung von Monoazelaoglyceriden in Gegenwart größerer Mengen von Di- und Triazelaoglyceriden[11] ist die Permanganat-Aceton-Methode hier nicht anwendbar, und man ist auf die fraktionierte Kristallisation der bromierten Glyceride, sowie auf die Tristearinbestimmungen der hydrierten Fette angewiesen.

Beide Methoden zeigen, daß auch bei flüssigen Samenfetten die Tendenz zur „gleichmäßigen Verteilung" der Fettsäuren in den Glyceriden besteht, so daß letztere im wesentlichen als mehrsäurige Glyceride auftreten müssen.

1. Leinöl. Bei der fraktionierten Kristallisation der bromierten Glyceride haben A. EIBNER, L. WIDENMEYER und E. SCHILD[12] in den Leinölen aus Bombay, Riga und La Plata 37%, 33% und 24% Monolinoleodilinolenin gefunden; letzteres soll das Haupt-

---

[1] R. FRITZWEILER: Ztschr. Unters. Nahr.- Genußm. **5**, 1164 (1902).
[2] R. HEISE: Tropenpflanzer **1**, 10 (1897).
[3] J. KLIMONT: Monatsh. Chem. **25**, 931 (1904).   [4] Journ. Soc. chem. Ind. **49**, 197 T (1930).
[5] Berechnet in der Voraussetzung, daß das Fett frei von Triolein ist.
[6] J. KLIMONT: Monatsh. Chem. **25**, 929 (1904).
[7] T. P. HILDITCH u. S. A. SALETORE: Journ. Soc. chem. Ind. **50**, 468 T (1931).
[8] Journ. Soc. chem. Ind. **52**, 101 T (1933).   [9] SALETORE: Dissertation. Liverpool. 1932.
[10] Die von BOUGAULT und SCHUSTER (Compt. rend. Acad. Sciences **193**, 362 [1931]) angegebene Zusammensetzung der Sheabutter-Glyceride steht im Widerspruch zu den prozentualen Mengen ihrer Fettsäuren.
[11] T. P. HILDITCH u. S. A. SALETORE: Journ. Soc. chem. Ind. **52**, 101 T (1933).
[12] Chem. Umschau Fette, Öle, Wachse, Harze **34**, 312 (1927).

prinzip des Leinöltrocknungsvermögens sein. Später fanden EIBNER und F. BROSEL[1] im Kalkutta-Leinöl ein isomeres Linoleodilinolenin sowie das oben erwähnte Linoleodilinolenin. B. SUZUKI und Y. YOKOYAMA[2] isolierten (über die entsprechenden Bromanlagerungsprodukte) aus Leinöl ein Dilinoleomonolinolenin, zwei Monolinoleodilinolenine, ein Monooleodilinolein, zwei Dioleolinoleine, Oleolinoleostearin und Oleolinolenostearin.

Ein vollständig hydriertes Leinöl[3] enthielt 83% (Mol.) Tristearin; da die Gesamtsäuren des Leinöles 6,5% (Mol.) gesättigte Säuren (außer Stearinsäure) enthalten, so müßten auch in den gesättigt-ungesättigten Leinölglyceriden die Säuren im Verhältnis 1,5 ungesättigt zu 1 gesättigt verteilt sein. Da sich in dem Öl keine vollständig gesättigten Glyceride nachweisen lassen, so müssen, der Zusammensetzung der Leinölsäuren entsprechend, die Grenzwerte für die aus C_{18}-Säuren bestehenden Glyceride zwischen 80 und 90% (Mol.) liegen. Der gefundene Wert von 83% nähert sich, wie üblich, mehr der dem Prinzip der „gleichmäßigen Verteilung" entsprechenden Grenze.

Der gemischtsäurige Charakter der Leinölglyceride tritt ebenso deutlich in den voll-ungesättigten Leinölglyceriden wie in dem relativ kleinen gesättigt-ungesättigten Glyceridanteil zutage. Die gesamte Ölsäure des Leinöles liegt nach EIBNER als Oleodilinolenin, teilweise vielleicht als Oleodilinolein gebunden vor; das ist auch der Grund, weshalb die Ölsäure das Trocknungsvermögen des Öles nicht beeinträchtigt.

2. Sojabohnenöl. Durch fraktionierte Kristallisation der bromierten Glyceride wurden im Sojaöl folgende Glyceride nachgewiesen: Dilinoleomonolinolenin, Monolinoleodilinolenin, Monooleodilinolein, Dioleomonolinolein und Oleolinolenostearin (von B. SUZUKI und Y. YOKOYAMA[4]); ferner Oleodipalmitin, Monolinoleodilinolenin, Monooleodilinolenin, Oleolinoleolinolenin (von K. HASHI[5]). Das vollständig hydrierte Öl enthält 75% (Mol.) Tristearin[3]; der nur aus C_{18}-Säure bestehende Glyceridanteil des Öles dürfte 75 bis 87% betragen.

Die Glyceride des Sojabohnenöles entsprechen also dem gleichen Typus wie die Leinölglyceride. Da Sojaöl bis etwa 6% Linolensäure und als Hauptbestandteil Linol- (55—60%) und Ölsäure (25—30%) enthält, muß es in der Hauptsache aus Monooleodilinoleinen neben Dioleomonolinoleinen bestehen.

3. Baumwollsaatöl. Die Gesamtsäuren dieses Öles sind zu etwa 25% gesättigt; das Öl enthält aber weniger als 1% vollständig-gesättigte Glyceride und müßte nach dem Prinzip der „gleichmäßigen Verteilung" aus etwa 24% voll-ungesättigten und etwa 76% di-ungesättigt-mono-gesättigten Glyceriden bestehen; soll das Gemisch nach der anderen Richtung hin extrem heterogen sein, dann müßte das Öl etwa 62% voll-ungesättigte und 38% mono-ungesättigt-di-gesättigte Glyceride enthalten.

Hydriertes Baumwollsaatöl[3] enthielt 24% Tristearin; dies allein ist bereits ein Beweis dafür, daß das Öl ganz eindeutig zur „gleichmäßigen Verteilung" seiner Säurereste zwischen die Glyceridmoleküle neigt. Wir gelangen dann zur folgenden annähernden Glyceridstruktur: Vollständig gesättigte Glyceride unter 1%; Mono-ungesättigt-dipalmitine[6] 5—15%; Di-ungesättigt-mono-palmitine[6] 60—70% und Voll-ungesättigt 25%.

Das auf ein Teil Ölsäure 1,5—2 Teile Linolsäure enthaltende Öl wird kaum Triolein und kein (oder nur wenig) Trilinolein enthalten; der vollständig ungesättigte Teil des Öles wird im wesentlichen aus Oleolinoleinen gebildet sein. Die Abwesenheit von Triolein folgt u. a. aus der negativen „Elaidin"-Reaktion[7].

4. Teesamenöl. Die Gesamtsäuren dieses nicht trocknenden, an Olivenöl erinnernden Öles von *Thea-sinensis*-Samen (Theaceae) enthalten 0,3% Myristinsäure, 7,6% Palmitinsäure, 0,8% Stearinsäure, 0,6% Arachinsäure, 83,3% Ölsäure und 7,4% Linolsäure, also auf 90 Mol.-% ungesättigte 10 Mol.-% gesättigte Säuren. Das Öl enthält nur Spuren von gesättigten Glyceriden; die Glyceridanteile des Öles bewegen sich in folgenden Grenzen: Mono-ungesättigt-di-gesättigt 0—13%, di-ungesättigt-mono-gesättigt 26 bis 0%, voll-ungesättigte Glyceride 74—87%. Das hydrierte Fett enthielt 63% Tristearin; die Menge der vollständig ungesättigten Glyceride entspricht also mehr dem berechneten Minimalgehalt als dem Höchstgehalt und besteht hauptsächlich aus Triolein. Auch hier tritt also die Tendenz zur größtmöglichen Bildung von gemischtsäurigen Glyceriden klar in Erscheinung.

---

[1] Chem. Umschau Fette, Öle, Wachse, Harze **35**, 157 (1928).
[2] Proceed. Imp. Acad., Tokyo **3**, 526 (1927).
[3] T. P. HILDITCH u. E. C. JONES: Journ. Soc. chem. Ind. **53**, 13 T (1934).
[4] Proceed. Imp. Acad., Tokyo **3**, 529 (1927).
[5] Journ. Soc. chem. Ind. Japan **30**, 849, 856 (1927).
[6] Inbegriffen winzige Mengen anderer gesättigter Säuren (Myristin-, Stearin-, Arachinsäure).   [7] H. N. GRIFFITHS u. T. P. HILDITCH: Analyst **59**, 312 (1934).

5. Erdnußöl enthält keine nachweisbaren voll-gesättigten Glyceride (über die Erdnußöl-Fettsäuren s. S. 77, Tab. 14). Die fraktionierte Kristallisation des hydrierten Öles[1] führte zu keinen eindeutigen Resultaten, weil die schwerstlöslichen Fraktionen Glyceride der Arachinsäure und anderer höherer Fettsäuren neben Tristearin und Palmitodistearinen enthielten. Es ist aber kaum anzunehmen, daß die Erdnußölglyceride eine von den übrigen Samenölen abweichende Struktur aufweisen sollten, und aus der Zusammensetzung seiner Fettsäuren und der Abwesenheit vollständig gesättigter Glyceride folgt, falls das Öl nach dem Prinzip der „gleichmäßigen Verteilung" aufgebaut ist, daß etwa 50% des Öles aus vollständig ungesättigten Glyceriden bestehen und daß es nicht über 20% Triolein enthalten wird.

C. Fruchtfleischfette.

Wie früher (S. 211) angegeben wurde, scheint für die Fruchtfleischfette ein mehr oder weniger hoher Gehalt an Tripalmitin besonders kennzeichnend zu sein. Es folgen einige nähere Angaben über die Glyceride der Fruchtfleischfette.

1. Palmöl. In der Tabelle 54 sind die Ergebnisse der Analyse von Palmölen aus Plantagen in Belgisch-Kongo und Malaya und von nativen Ölen aus Kamerun und Drewin (Elfenbeinküste) zusammengestellt[2].

Tabelle 54. Verteilung der Fettsäuren in Fruchtfleischfetten.

	Palmöl-Fettsäuren					Voll-gesättigte Glyceride			
							Fettsäuren		
	Myristin-säure	Palmitin-säure	Stearin-säure	Ölsäure	Linolsäure	in Prozenten	Myristin-säure	Palmitin-säure	Stearin-säure
	in Prozenten						in Prozenten		
Belgisch-Kongo	1,2	43,0	4,4	40,2	11,2	9,9	3	86	11
Malaya	2,5	40,8	3,6	45,2	7,9	9,1	5	90	5
Kamerun............	1,4	40,1	5,5	42,7	10,3	7,9	7	81	12
Drewin	1,4	32,7	7,5	51,7	6,7	7,0	—	—	—

Der gesättigte Glyceridanteil enthält viel Tripalmitin; er ist aber nicht reicher an Palmitinsäure als die gesättigten Gesamtsäuren.

Für die übrigen Glyceridgruppen wurden folgende Grenzzahlen berechnet:

Mono-ungesättigte-di-gesättigte Glyceride........ 30—60%
Di-ungesättigte-mono-gesättigte Glyceride .... 60— 0%
Voll-ungesättigte Glyceride .... 0—30%

Das Fett dürfte nach W. BRASH[3] je 10% Tripalmitin und Triolein enthalten; der Rest besteht aus mehrsäurigen di-ungesättigten-mono-gesättigten (wie Dioleopalmitin), neben kleineren Mengen mono-ungesättigten-di-gesättigten Glyceriden (hauptsächlich Oleodipalmitin).

2. Piqui-a-Fett. Das Samen- und Fruchtfleischfett von *Caryocar villosum* (Caryocaraceae) hat die gleichen analytischen Kennzahlen wie die westafrikanischen Palmöle. Ein durch Pressung gewonnenes Fruchtfleischfett (Verseifungszahl 198,3, Jodzahl 50,8) enthielt[4]: 1,5% Myristinsäure, 41,2% Palmitinsäure, 0,8% Stearinsäure, 53,9% Ölsäure, 2,6% Linolsäure, zeigte also weitgehende Analogie mit den Palmölfettsäuren. Das Fett enthielt aber kaum mehr als 2% völlig gesättigter, praktisch nur aus Tripalmitin bestehender Glyceride, also wesentlich weniger als das ganz ähnlich zusammengesetzte Palmöl. Die Glyceridstruktur des Piqui-a-Fettes ist demnach eine ganz andere und zeigt eher die Merkmale eines Samenfettes.

---

[1] S. S. 220, Anm. 3.
[2] T. P. HILDITCH u. Frl. E. E. JONES: Journ. Soc. chem. Ind. **49**, 363 T (1930).
[3] Journ. Soc. chem. Ind. **45**, 438 T (1926).   [4] A. J. RHEAD: Private Mitteilung.

Auch das Fruchtfleischfett von *Sterculia foetida* enthält nur 0,9% völlig gesättigter Glyceride, während die Fettsäuren aus 33,9% Palmitinsäure, 2,7% Stearinsäure, 59,3% Ölsäure und 4,1% Linolsäure bestehen[1]. Auch dieses Fett hat die typische Glyceridstruktur eines Samenfettes.

3. Stillingiatalg (chinesischer Pflanzentalg). Nach Untersuchungen von T. P. HILDITCH und J. PRIESTMAN[2] enthält das Fett über 60% monooleo-di-gesättigter und etwa 25% vollständig gesättigter Glyceride. Da in den gesättigten Säuren über 90% Palmitinsäure enthalten sind, müssen die beiden Gruppen aus Oleodipalmitinen und Tripalmitin bestehen.

Es ist in diesem Falle nicht möglich, zwischen einem „Samenfett-" und „Fruchtfleischfett-Typ" zu unterscheiden. Denn einerseits wären bei einem Fett aus dem Fruchtfleisch der Palm- oder Lorbeergruppe mit 65—70% gesättigten und 30—35% ungesättigten Fettsäuren gegen 25% völlig gesättigter Glyceride zu erwarten, und anderseits müßte auch ein ebenso zusammengesetztes Samenfett, aufgebaut nach dem Prinzip der „gleichmäßigen Verteilung", die gleiche Menge gesättigter Glyceride enthalten. Es läßt sich jedenfalls nur soviel sagen, daß in den Palmitooleoglyceriden des Fettes je ein Molekül Ölsäure mit 1,5 Molekülen Palmitinsäure zusammengekettet ist.

4. Lorbeerfett. Das Fruchtfleischfett von *Laurus nobilis* (2,7% Laurinsäure, 20,3% Palmitinsäure, 63% Ölsäure, 14% Linolsäure) enthält nach G. COLLIN[3] 3% vollständig gesättigter Glyceride. Das ebenso viel Palmitinsäure enthaltende Baumwollsamenöl ist dagegen beinahe frei von gesättigten Glyceriden. Der Tripalmitingehalt erscheint durchaus normal für ein „heterogen" aufgebautes Fruchtfleischfett.

5. Olivenöl. Bei einem Gesamtgehalt von 12—13% gesättigter Fettsäuren enthält dieses Fruchtfleischfett etwa 2% vollständig gesättigter Glyceride[4], also ohne Zweifel mehr als ein analog zusammengesetztes Samenöl. Der verbleibende Teil des Olivenöles wird enthalten:

> Mono-ungesättigte-di-gesättigte Glyceride .... 15— 0%
> Di-ungesättigte-mono-gesättigte Glyceride .... 0—30%
> Tri-ungesättigte Glyceride .... 83—68%

Aus dem hydrierten Öl wurden nur 60% Tristearin[5] isoliert, die für die triungesättigten Glyceride rechts angegebene Zahl von 68% kommt also der Wirklichkeit näher. Die gemischtsäurigen Olivenölglyceride zeigen demnach die für Samenfette charakteristische Struktur; die „Heterogenität" beschränkt sich auf die Bildung etwas größerer Mengen Tripalmitin.

D. Die Glyceride der Seetieröle.

Die Glyceridstruktur der Seetieröle ist noch wenig aufgeklärt. Nach der Bromierungsmethode konnten B. SUZUKI und seine Mitarbeiter folgende Glyceride in Seetierölen nachweisen[6]:

Dorschlebertran: Stearidonodiklupanodonin, Diarachidonoklupanodonin, Palmitoleostearidonoklupanodonin, Palmitoleoarachidonoklupanodonin, Dipalmitoleolinolenin und -linolein usw.

Heringsöl: Palmitoleodiarachidonin, Gadoleodiarachidonin, Linolenogadoleoklupanodonin, Linoleodigadolein und -dipalmitolein, Dicetoleogadolein usw.

Sardinenöl: Neben einigen der oben genannten Glyceride enthält das Öl noch Dicetoleoolein, Dicetoleoarachidonin, Triolein, Triarachidonin usw.

Haifischlebertran: Linolenodiklupanodonin, Arachidonodiklupanodonin, Linolenoarachidonoklupanodonin, Linolenodigadolein, Dipalmitoleolinolein, Palmitodiolein, Triolein usw.

Waltran: Oleoarachidonoklupanodonin, Oleodiklupanodonin, Oleodiarachidonin, Dipalmitoleoolein usw.

Aus hydriertem Waltran isolierte G. GREITEMANN[7] folgende gemischtsäurige Glyceride: Myristopalmitoarachin (Schmp. 49,5°), Palmitostearoarachin (Schmp.

[1] T.P.HILDITCH u. W.J. STAINSBY: Journ. Soc. chem. Ind. **53**, 197 T (1934).
[2] Journ. Soc. chem. Ind. **49**, 397T (1930).   [3] Biochemical Journ. **25**, 95 (1931).
[4] T.P.HILDITCH u. E.C. JONES: Journ. chem. Soc. London 1932, 805.
[5] T.P.HILDITCH u. E.C. JONES: Journ. Soc. chem. Ind. **53**, 13 T (1934).
[6] B. SUZUKI u. Y.MASUDA: Proceed. Imp. Acad., Tokyo **3**, 531 (1927); **4**, 165 (1928); **7**, 9 (1931). — B. SUZUKI: Ebenda **5**, 265 (1929); **7**, 230 (1931).
[7] Chem. Umschau Fette, Öle, Wachse, Harze **32**, 226 (1925).

57,3⁰), Distearoarachin (Schmp. 62,3⁰), Stearoarachinobehenin (Schmp. 65⁰) und Spuren von Diarachinobehenin und Arachinodibehenin.

Die große Zahl der nachgewiesenen mehrsäurigen Glyceride beweist, daß die Verteilung der Fettsäuren innerhalb der Glyceridmoleküle von Fisch- und Walölen äußerst heterogen gestaltet sein muß; einsäurige Triglyceride scheinen nicht oder nur sehr selten vorzukommen; am häufigsten findet man gemischte dreisäurige, mitunter auch zweisäurige Glyceride.

Vermutlich bestehen hier nähere Beziehungen zwischen der Glyceridstruktur der Fette und den einzelnen Fisch- oder Seetierklassen, vielleicht sogar den einzelnen fettführenden Teilen und Organen. Eine quantitative Bestimmung der verschiedenen Glyceridgruppen ist bei den marinen Fetten mit den heute zur Verfügung stehenden Methoden nicht möglich.

E. Mammalia-Reservefette.

a) Schweinefette und Talge.

Durch fraktionierte Kristallisation wurden aus den Landtierfetten an gesättigten Bestandteilen Tristearin, Palmitodistearin und Dipalmitostearin isoliert. Gegenwart von Tripalmitin ist unsicher. Näher untersucht wurde die Glyceridstruktur von Schweinefetten und einigen Talgsorten[1].

Über die Zusammensetzung der Schweinefette orientiert Tab. 55, S. 224.

Zwischen dem molaren Gehalt an völlig gesättigten Glyceriden und an gesättigten Gesamtsäuren besteht eine analoge Beziehung wie bei Talg und den Milchfetten (s. Abb. 17, S. 213). An gesättigten Säuren enthalten sie 34—55%, an gesättigten Glyceriden 2—18%. Die C_{18}-Säuren machen insgesamt 73—65% aus, bei einem Stearinsäuregehalt von 7,6—20,5% und einem Ölsäuregehalt von 52,6—39,9%. Der tatsächliche Sättigungsgrad ist also stets von den relativen Mengen Stearin- und Ölsäure abhängig.

Setzt man voraus, daß die primäre Phase der schließlich die Depotfette darstellenden Glyceride ein verhältnismäßig ungesättigtes, durch enzymatische Esterifikation von beispielsweise 30 Molekülen Palmitinsäure (neben etwas Myristinsäure) und 70 Molekülen Ölsäure (neben Linolsäure und etwas Stearinsäure) gebildetes Glyceridgemisch ist, und daß diese primär gebildeten Glyceride im zweiten Stadium der Körperfettbildung partiell hydriert werden, dann hätte man für die tatsächlich beobachtete, recht weitgehende Konstanz im Gehalt der Depotfette an C_{18}-Säuren eine einfache Erklärung. Die Hydrierung der zunächst gebildeten Oleoglyceride muß unausweichlich zu einer Fettklasse führen, in welcher das Verhältnis zwischen dem Gehalt an vollständig gesättigten Glyceriden und der totalen Sättigung ein derartiges ist, wie es für Schweinefette und Talge charakteristisch zu sein scheint und gleichzeitig völlig verschieden ist von demjenigen, welches wir praktisch bei den Samenfetten vorgefunden haben.

Die gesättigten Glyceride des Schweinefettes enthalten stets, unabhängig von ihrer prozentualen Menge, etwa 40% Stearinsäure und 60% Palmitinsäure. Dagegen schwankt das Verhältnis von Palmitin- zu Stearinsäure im Gesamtfett in den sehr weiten Grenzen von 4:1 bis 1,5:1. Noch konstanter ist das Palmitin-Stearinsäure-Verhältnis in den völlig-gesättigten Anteilen der Talge und Milchfette. Diese Tendenz zur einheitlichen Zusammensetzung der völlig-gesättigten Anteile der Depotfette steht ebenfalls in Eintracht mit der Hypothese, daß Glyceridhydrierung bei der Depotfettbildung eine wesentliche Rolle spielt.

[1] A. BANKS u. T. P. HILDITCH: Biochemical Journ. 25, 1168 (1931); 26, 298 (1932).

Tabelle 55. Glyceride und Fettsäuren des Schweinefettes.

1. *Fettsäurekomponenten des Gesamtfettes (Gewichtsprozente).*

Fettsäure	Myristinsäure	Palmitinsäure	Stearinsäure	Ölsäure	Linolsäure	Ungesättigte C_{20-22}-Säuren[1]
			in Prozenten			
Äußere Speckschicht (Sau)	3,8	20,3	7,9	54,1	13,0	0,9
Innere Speckschicht (Sau)	3,8	26,0	11,0	44,1	13,6	1,5
Netzfett (Sau)	3,9	27,7	17,6	35,7	13,7	1,4
„ (Schweine, Kontrolldiät) ..	3,6	28,5	21,4	41,3	5,2	—
„ („ „ mit 3% Erdnußöl)	1,7	25,6	18,2	44,2	10,3	—

2. *Fettsäurekomponenten des Gesamtfettes (Molarprozente).*

Fettsäure	Myristinsäure	Palmitinsäure	Stearinsäure	Ölsäure	Linolsäure	Ungesättigte C_{20-22}-Säuren[1]
			in Prozenten			
Äußere Speckschicht (Sau)	4,6	21,7	7,6	52,6	12,7	1,8
Innere Speckschicht (Sau)	4,6	27,7	10,6	42,6	13,2	1,3
Netzfett (Sau)	4,7	29,4	16,9	34,5	13,3	1,2
„ (Schweine, Kontrolldiät) ..	4,4	30,2	20,5	39,9	5,0	—
„ („ „ mit 3% Erdnußöl)	2,0	27,4	17,5	43,0	10,1	—

3. *Voll-gesättigte Glyceride im Gesamtfett.*

Fettsäure	Jodzahl	Gehalt an gesättigten Säuren Mol.-Prozente	Vollgesättigte Glyceride			Mol. gesättigte per Mol. ungesättigte Säuren im nicht voll-gesättigten Teil
			Schmelzp. °C	Gewichtsprozente	Mol.-Prozente	
Äußere Speckschicht (Sau)	72,6	33,9	?	2,1	2,2	0,48
Innere Speckschicht (Sau)	64,6	42,9	60,5	6,6	6,7	0,63
Netzfett (Sau)	59,0	51,0	60,5	11,2	11,4	0,81
„ (Schweine, Kontrolldiät) ..	45,7	55,1	53,0	17,4	17,7	0,83
„ („ „ mit 3%Erdnußöl)	55,1	46,9	53,5	13,0	13,2	0,64

4. *Fettsäuren der voll-gesättigten Glyceride.*

Fettsäure	Gewichtsprozente			Mol.-Prozente		
	Myristinsäure	Palmitinsäure	Stearinsäure	Myristinsäure	Palmitinsäure	Stearinsäure
Äußere Speckschicht (Sau)	0,3	52,2	47,5	0,3	54,7	45,0
Innere Speckschicht (Sau)	1,4	55,1	43,5	1,6	57,5	40,9
Netzfett (Sau)	1,0	55,6	43,4	1,1	58,0	40,9
„ (Schweine, Kontrolldiät)..	1,6	59,3	39,1	1,9	61,5	36,6
„ („ „ mit 3% Erdnußöl)	2,2	46,0	51,8	2,5	48,4	49,1

---

[1] Vgl. Kap. I, II C, S. 46.

Die Ergebnisse der Untersuchung einer Hammeltalg- und von vier Rindertalgproben des Handels sind in Tabelle 56 zusammengestellt.

Die Glyceridstruktur der fünf Talgsorten zeigt große Analogie mit derjenigen der Schweinefette. Die gesättigten Glyceride nehmen zu von 14 auf 26 Mol.-%, wenn sich die gesättigten Gesamtsäuren von 50 auf 62 Mol.-% erhöhen.

Tabelle 56. Glyceridstruktur von Rinder- und Hammeltalg.

1. *Fettsäurekomponenten des Gesamtfettes (Molarprozente).*

	Myristinsäure	Palmitinsäure	Stearinsäure	Ölsäure	Linolsäure
	in Prozenten				
Rindertalg, südamerikanisch (SB)	9,5	29,2	23,2	37,1	1,0
„ „ (SC).....	6,9	25,5	27,4	40,2	—
„ „ (SA)	5,3	32,9	18,2	40,7	2,9
„ nordamerikanisch (N)	7,5	29,1	13,4	47,6	2,4
Hammeltalg (M).................	5,5	26,2	29,3	34,8	4,2

2. *Voll-gesättigte Glyceride im Gesamtfett.*

	Jodzahl	Gehalt an gesättigten Säuren Mol.-Prozente	Voll-gesättigte Glyceride		Mol. gesättigte per Mol. ungesättigte Säuren im nicht voll-gesättigten Teil
			Gewichtsprozente	Mol.-Prozente	
Rindertalg, südamerikanisch (SB)	37,1	61,9	25,3	25,8	0,94
„ „ (SC)	39,3	59,8	25,6	26,0	0,84
„ „ (SA)	42,1	56,4	22,5	22,8	0,75
„ nordamerikanisch (N)	46,6	50,0	13,6	13,9	0,72
Hammeltalg (M)	41,2	61,0	26,0	26,6	0,90

3. *Fettsäurebestandteile der voll-gesättigten Glyceride.*

	Mol.-Prozente		
	Myristinsäure	Palmitinsäure	Stearinsäure
Rindertalg, südamerikanisch (SB)	3,9	57,0	39,1
„ „ (SC)	4,5	58,2	37,3
„ „ (SA)	9,3	57,7	33,0
„ nordamerikanisch (N)	7,2	55,8	37,0
Hammeltalg (M)	7,1	52,1	40,8

Die Talge enthalten 62—68% Gesamt-C_{18}-Säuren, der Stearinsäuregehalt nimmt von 13 auf 29 Mol.-% zu, wenn die molare Ölsäuremenge von 48 auf 35% sinkt. Der Gehalt an völlig gesättigten Glyceriden hängt gewissermaßen mit dem Ersatz der Oleoglyceride in den niedriger, durch Stearoglyceride in den höher schmelzenden Talgen zusammen.

Die Zusammensetzung der gesättigten Glyceride ist, wie bei den Schweinefetten, relativ konstant und unabhängig von ihrer prozentualen Menge; das Verhältnis Palmitinsäure (+ Myristinsäure) zu Stearinsäure beträgt etwa 1,5:1 in den gesättigten Glyceridanteilen und 3:1 bis etwa über 1:1 im Gesamtfett.

Durch fraktionierte Kristallisation wurden aus Talg[1] 1—3% Tristearin und eine etwas größere Menge Palmitodistearin erhalten; nicht unwahrscheinlich ist

---

[1] A. BÖMER, A. SCHEMM u. G. HEIMSOTH: Ztschr. Unters. Nahr.- Genußm. 14, 90 (1907). — A. BÖMER u. G. HEIMSOTH: Ebenda 17, 353 (1909).

die Gegenwart kleiner Tripalmitinmengen. Triolein konnte nicht nachgewiesen werden[1].

Schweinefette und Talge scheinen demnach aus einem Gemisch von 1. vollständig gesättigten Komponenten, deren Menge von den vorhandenen gesättigten Gesamtsäuren abhängig ist und deren Zusammensetzung eine gewisse Konstanz zeigt, 2. aus monooleo-di-gesättigten und 3. aus dioleo-mono-gesättigten Glyceriden zu bestehen. Die Gruppe 2 umfaßt wahrscheinlich Oleopalmitostearine und Oleo-dipalmitine. Die Gruppe 3 dürfte vorwiegend aus Palmitodioleinen bestehen; sie wird, je nach dem relativen Sättigungsgrad des Fettes, 40 bis über 60% des Gesamtfettes ausmachen. Die tatsächlich vorhandenen Glyceridmengen der Gruppe 2 und 3 werden den in der Tabelle 50, S. 209 fett gedruckten Zahlen nahekommen.

b) Vogelfette, Kaninchen- und Rattenfette.

Diese Gruppe von Reservefetten ist zwar nicht so eingehend untersucht worden wie Talge und Schweinefett, hinsichtlich ihrer Fettsäuren und Glyceride bilden sie aber eine besondere Kategorie. Sie enthalten ebensoviel Palmitinsäure wie Schweinefett und Talg, sind aber sehr arm an Stearinsäure. Sie enthalten etwa 30 Mol.-% gesättigter Säuren, sowie kleine Mengen Tripalmitin und vermutlich Triolein und andere voll-ungesättigte Glyceride.

Im *Kaninchenfett* fand J. KLIMONT[2] Tripalmitin; im Fett des wilden Kaninchens wurde die Gegenwart von 7% völlig gesättigter, wahrscheinlich im wesentlichen aus Tripalmitin bestehenden Glyceriden nachgewiesen[3].

Rattenfett enthielt nur gegen 2% völlig gesättigter, vorwiegend aus Tripalmitin bestehender Glyceride[4].

Gänsefett enthält 3—4% Dipalmitostearin und Spuren von Palmitodistearin[5].

Im *Hennenfett* fand A. J. RHEAD[6] (nach der Oxydationsmethode) 2—2,5% gesättigter Glyceride (vorwiegend Tripalmitin).

F. Milchfette.

Unsere Kenntnisse über die Glyceridnatur der Butterfette sind noch sehr lückenhaft. C. AMBERGER[7] hat (durch fraktionierte Kristallisation) im Butterfett kleine Mengen Palmitodistearin (Schmp. 62,8°) und Stearodipalmitin sowie Oleodipalmitin und Butyropalmitoolein nachgewiesen; der Trioleingehalt sollte nur gegen 2% betragen. Vermutet wurde auch die Gegenwart von Tristearin und Butyrodiolein. Allem Anschein nach gelang nur die Isolierung eines Teiles der Butterfettglyceride.

Aus den Untersuchungen von P. ARUP[8] folgt, daß die niedrigmolekularen und höheren gesättigten Fettsäuren sich gleichmäßig in den Glyceriden verteilen; das Vorhandensein von einsäurigen Glyceriden, z. B. Tributyrin oder Triolein, ist zweifelhaft.

Etwas größere Klarheit brachten nach der Permanganat-Aceton-Methode ausgeführte Untersuchungen[9] von 7 englischen und indischen Kuhbutterfettproben und einer Büffelbutter (s. Tab. 57, in der die Milchfette nach zunehmender Ungesättigtheit geordnet sind).

[1] C. AMBERGER u. WIESEHAHN: Ztschr. Unters. Nahr.- Genußm. **46**, 276 (1923).
[2] Monatsh. Chem. **33**, 441 (1912).   [3] J. R. VICKERY: Private Mitteilung, 1928.
[4] A. BANKS, T. P. HILDITCH u. E. C. JONES: Biochemical Journ. **27**, 1375 (1933).
[5] J. KLIMONT: Monatsh. Chem. **30**, 341 (1909). — C. AMBERGER u. K. BROMIG: Ztschr. Unters. Nahr.- Genußm. **42**, 193 (1921). — A. BÖMER: Ebenda **43**, 101 (1922).
[6] Private Mitteilung.   [7] Ztschr. Unters. Nahr.- Genußm. **26**, 65 (1913); **35**, 313 (1918).
[8] Analyst **53**, 641 (1928).
[9] T. P. HILDITCH u. Frl. E. E. JONES: Analyst **54**, 75 (1929). — T. P. HILDITCH u. J. J. SLEIGHTHOLME: Biochemical Journ. **25**, 507 (1931). — R. BHATTACHARYA u. T. P. HILDITCH: Analyst **56**, 161 (1931).

Tabelle 57. Fettsäuren und Glyceridstruktur von Butterfett.

V = Neuseeland Butterfett, Frühjahrsweide.
CG = Indisch „Ghee", Weide.
A = Neuseeland Butterfett, Handelsmuster.
B =   „   „   „
I = Englisch Butterfett, Herbstweide.
IV =   „   „   Frühjahrsweide.
II =   „   „   Winter, Stallfutter (mit Cocoskuchen).
III =   „   „   „   „   („   Sojabohnenkuchen).

1. Säurekomponenten des Gesamtfettes (in Molarprozenten).

Fett	V	CG	A	B	I	IV	II	III
Buttersäure	9,2	6,9	9,2	8,4	8,4	8,9	9,0	9,6
Capronsäure	3,4	4,0	3,7	3,9	3,5	2,7	3,9	3,0
Caprylsäure	2,2	2,2	1,4	1,3	2,7	2,0	1,7	2,8
Caprinsäure	4,2	4,9	2,7	2,8	2,9	3,0	4,3	5,1
Laurinsäure	4,7	6,7	3,7	4,6	4,1	4,7	8,3	7,5
Myristinsäure.......	11,5	10,9	10,2	11,0	7,2	10,9	17,2	10,7
Palmitinsäure	25,0	26,8	25,7	26,2	27,1	24,3	24,1	23,7
Stearinsäure........	9,5	5,5	10,2	7,1	6,4	5,4	3,9	6,7
Arachinsäure	0,5	—	0,5	0,8	0,7	—	—	0,9
Ölsäure	26,1	28,4	28,9	30,8	33,9	34,6	25,7	27,0
Linolsäure	3,7	3,7	3,8	3,1	3,1	3,5	1,9	3,0

2. Voll-gesättigte Glyceride im Gesamtfett.

	Jodzahl	Gesättigte Gesamtsäuren Mol.-Prozente	Vollständig gesättigte Glyceride		Mol. gesättigte per Mol. ungesättigte Säuren im nicht-voll-gesättigten Teil
			Gewichtsprozente	Mol.-Prozente	
V .	34,5	70,2	37,4	39,6	1,07
CG	36,0	67,9	31,7	33,7	1,07
A .	38,0	67,3	31,3	33,8	1,04
B .	39,4	66,1	29,2	31,5	1,03
I..	41,3	63,0	25,4	29,1	0,92
IV	41,6	61,9	24,35	27,2	0,94
II .	31,6	72,4	38,5	41,3	1,11
III	34,8	70,0	35,05	38,2	1,07

3. Verteilung der Fettsäuren in den gesättigten Glyceriden (in Molarprozenten).

Fett	V	CG	A	B	I	IV	II	III
Buttersäure	11,2	11,2	11,0	10,5	11,7	11,4	9,2	9,2
Capronsäure	4,6	5,1	6,5	4,9	5,3	5,1	5,8	6,4
Caprylsäure	3,4	0,5	1,8	5,0	2,2	2,7	2,8	3,1
Caprinsäure	5,1	4,4	3,3	3,1	4,2	5,3	6,9	6,3
Laurinsäure	5,3	6,1	4,1	4,7	5,2	6,0	11,1	6,4
Myristinsäure.......	14,9	15,5	17,9	17,0	13,2	15,1	20,1	19,6
Palmitinsäure	39,9	43,0	39,6	39,3	43,1	39,5	35,4	36,1
Stearinsäure........	15,6	14,2	15,8	15,2	15,1	14,9	8,7	12,6
Arachinsäure	—	—	—	0,3	—	—	—	0,3

Die Menge der vollständig gesättigten Glyceride erscheint auch hier als eine einfache Funktion der im Butterfett enthaltenen gesättigten und ungesättigten Säuren und steht in keiner Beziehung zur besonderen Natur der ersteren (die ungesättigten Säuren bestehen durchwegs aus etwa 90% Ölsäure und 10% Linolsäure). Die Butterfette ähneln also in dieser Hinsicht den Schweinefetten und Talgen; die graphische Darstellung der Beziehung zwischen dem Gehalt an vollständig gesättigten Glyceriden und an gesättigten Gesamtsäuren ergibt eine Verlängerung der entsprechenden Talg- und Schweinefettkurve (Abb. 17, S. 213).

An vollständig gesättigten Glyceriden enthielten die Butterfette 27—41 Mol.-%; die nicht gesättigten Glyceride müssen deshalb 59—73% ausmachen. Aus den in der letzten Spalte der Tabelle 57 angeführten „Verbindungsverhältnissen" lassen sich die Grenzzahlen für die mono-ungesättigt-di-gesättigten und die di-ungesättigt-mono-gesättigten oder die mono-ungesättigt-di-gesättigten und vollständig ungesättigten Glyceride berechnen (s. Tabelle 50, S. 209). Größere Trioleinmengen sind kaum vorhanden; wahrscheinlich sind die in der Tabelle 50, S. 209 fett gedruckten Zahlen nicht weit von den tatsächlichen entfernt.

Diese allgemeinen Eigenschaften der Butterfettglyceride sind, abgesehen von ihrer Bedeutung für die biochemische Milchfettproduktion, natürlich von Einfluß auf den Schmelzpunkt und die Konsistenz der Butter. Es ist klar, daß eine Zunahme des Ölsäuregehaltes eine unverhältnismäßig große Steigerung der Weichheit der Butter bedingen muß, denn nicht allein wird sich dadurch das Verhältnis der gesättigten zu den ungesättigten Säuren im nicht-ganz-gesättigten Glyceridanteil verschieben, sondern auch die Menge der letzteren wird bei zunehmendem Ölsäuregehalt steigen. So enthält z. B. das Butterfett IV auf 100 Moleküle zirka 73 Moleküle gemischter Glyceride mit einem Überschuß an ungesättigten Säuren, während das Fett II nur 59 Moleküle gemischter Glyceride enthält, in denen auf 11 Moleküle gesättigter nur 10 Moleküle ungesättigter Säuren vorkommen.

1. Butterfette normal gefütterter Kühe.

Von den Fettsäuren zeigt nur der Stearinsäuregehalt größere Schwankungen, während die Anteile an Butter- bis Laurinsäure, Myristin- bis Palmitinsäure und an Gesamt-C_{18}-Säuren relativ konstant sind. Die Schwankungen im Gehalt an ungesättigten C_{18}-Säuren werden teilweise durch Stearinsäure, teilweise auch durch geringe Verschiebungen in den übrigen gesättigten Säuren ausgeglichen.

Die Zusammensetzung der gesättigten Butterfett-Glyceride bleibt, trotz größerer Gehaltsunterschiede, bei wechselnder Ungesättigtheit des Fettes unverändert; insbesondere gilt dies für den stets gleichbleibenden Stearinsäuregehalt der gesättigten Glyceride, im Gegensatz zu den großen Schwankungen im Stearinsäuregehalt des Gesamtfettes (5—10 Mol.-%). Die Säuren niederen Molekulargewichts kommen zwar sowohl in den gesättigten wie in den gesättigt-ungesättigten Anteilen vor, scheinen sich aber in letzteren anzureichern.

Vergleicht man die Verteilung der Säuren im Butterfett und den gesättigten Butterfettglyceriden mit den Fettsäuren von Talg und den völlig gesättigten Talgglyceriden, so hat man den Eindruck, als ob im Verlaufe des Milchfettstoffwechsels an Stelle der Stearin- oder Ölsäure des Körperfettes eine niedere gesättigte Säure produziert würde.

2. Butterfette von mit Ölkuchen gefütterten Kühen.

Das Fett II (s. Tab. 57), herrührend von Kühen, deren Futter Cocosölkuchen zugesetzt waren, war ärmer an Öl- und Linolsäure und etwas reicher an Laurin- und Myristinsäure als „normales" Butterfett. Noch größere Unterschiede zeigten die vollständig gesättigten Komponenten des Fettes II: Sie enthielten 11 Mol. Laurinsäure (statt 5—6) und 20 Mol. Myristinsäure (statt 15—17). Der vermutliche Hauptbestandteil des Cocosfettes, Dilauromyristin, scheint demnach teilweise in das Milchfett übergegangen zu sein; dafür spricht auch der Butter-Laurinsäure-Gehalt der

gesättigten und ungesättigten Anteile. Der Gehalt der vollständig gesättigten Glyceride an Butter-Laurinsäure (35,8 Mol.-%) ist viel höher als in den sechs „normalen"
Butterproben, während der Gehalt an Palmitin- und Stearinsäure entsprechend
niedriger ist. Mit nur 9 Mol.-% steht der Stearinsäuregehalt im Widerspruch zu
dem sonst konstanten Wert von ca. 15 Mol.-%. Der Gehalt der nicht-vollgesättigten
Anteile des Fettes II an Butter-Laurinsäure (21,1 Mol.-%) ist dagegen nur eine
Kleinigkeit höher als in den entsprechenden Bestandteilen der „normalen" Butterfette; nur der Myristin- und Laurinsäureanteil ist etwas gesteigert.

Das Butterfett III entstammt einer unter Zugabe von Sojaölkuchen gefütterten
Kuh. Hier war der Butter- bis Laurinsäuregehalt der nicht-vollgesättigten Anteile
(26,8 Mol.-%) viel höher als in den „normalen" Butterproben (18—20 Mol.-%), während der Myristin- und Stearinsäuregehalt unverändert blieb; auch die Palmitin-
säuremenge war deutlich erniedrigt (16,1 gegen 18—20 Mol.-%). Der vollständig
gesättigte Teil zeigt dagegen, abgesehen von einem etwas höheren Myristinsäuregehalt,
eine kaum veränderte Glyceridstruktur.

Während also die Verfütterung des hochgesättigten Cocosfettes vorwiegend
die vollständig gesättigten Butterfettglyceride beeinflußt hat, beschränkten sich
die durch Sojaöl hervorgerufenen Änderungen in der Hauptsache auf die nicht-voll-
gesättigten Anteile der Butterfette. Die Verfütterung von Sojaöl äußert sich aber
nicht etwa in einer Zunahme des Linolsäuregehaltes, sondern hauptsächlich in einer
Erhöhung der niedrigmolekularen gesättigten Butter- bis Laurinsäure. Vielleicht
sind letztere als Stoffwechselprodukte der Sojaölsäuren entstanden.

Wie bei den übrigen Gruppen der vegetabilischen und tierischen Fette,
sind wir auch bei den Butterfetten weit davon entfernt, die Glyceridanteile
lückenlos aufzählen zu können. Die bei letzteren beobachteten Gesetzmäßigkeiten dürfte aber typisch für die Milchfette von Landtieren sein, weshalb sie
hier etwas ausführlicher wiedergegeben worden sind. Es besteht jedenfalls eine
sehr enge Verwandtschaft zwischen dem allgemeinen Aufbau der Milchfette und
der entsprechenden Reservefette. Der Einfluß der Fütterung läßt sich auf
Grund von Glyceridstrukturuntersuchungen viel leichter verfolgen, als wenn
man ihn nur in den Fettsäuren allein festzustellen sucht, und beim Studium des
Milchfettstoffwechsels dürfte deshalb Beobachtungen über das Verhalten der
Milchfettglyceride noch eine größere Bedeutung zukommen.

III. Synthese der Glyceride (Fettsynthese).

Von ADOLF GRÜN, Basel.

Für die Synthese von Fetten und anderen Glyceriden sind je nach dem
Zweck zwei verschiedene Gesichtspunkte maßgebend.

Die systematische Synthese erstrebt die Darstellung reiner chemischer
Individuen von voraus bestimmter Konstitution.

Die Produkte der technischen Synthese, Glyceride verschiedenster Art, auch
von nichtaliphatischen Säuren, müssen dagegen in den weitaus meisten Fällen
keine einheitlichen Verbindungen sein; für ihre Verwendung genügt es oder ist
sogar oft wünschenswert, daß sie Gemische von Isomeren, Homologen usw. sind.

Im folgenden werden zuerst die Methoden der systematischen Synthese
beschrieben, dann die Erzeugung technischer Glyceride.

Systematische Synthese.

a) Einleitung.

Im Jahre 1844, etwa 20 Jahre nach dem Erscheinen der grundlegenden
Untersuchung von CHEVREUL über die Zusammensetzung und Konstitution der

Fette, versuchten PELOUZE und GELIS[1] die Synthese eines Glycerids. Es gelang ihnen auch, aus Glycerin und Buttersäure mittels Schwefelsäure ein Butyrin darzustellen. Zehn Jahre später begann BERTHELOT[2] seine systematischen Arbeiten zur Synthese der Glyceride. Er erhielt auf dem einfachsten Wege, durch Erhitzen von Glycerin und Fettsäure, je nach den Mengenverhältnissen und den übrigen Reaktionsbedingungen die Monoglyceride, Diglyceride und Triglyceride der wichtigsten Fettsäuren. Man glaubte damals, damit sei das Problem, die in der Natur vorkommenden Fette künstlich nachzubilden, im Prinzip gelöst; in Wirklichkeit war man aber davon noch weit entfernt. BERTHELOT synthetisierte nur solche Glyceride höherer Fettsäuren, die gleiche Acyle enthalten, z. B. Monostearin, Monopalmitin, Distearin, Dipalmitin, Tristearin, Tripalmitin; Verbindungen, die wir heute als einfache oder einsäurige (besser als gleichsäurige) Glyceride bezeichnen. Die Synthese mehrsäuriger Glyceride der höheren Fettsäuren hat er nicht angestrebt, aber bereits das Vorkommen dieser Verbindungen in den natürlichen Fetten vorausgesehen, als „höchstwahrscheinlich" bezeichnet[3] und gezeigt, daß prinzipiell im Glycerin jede Hydroxylgruppe durch einen anderen Säurerest ersetzt werden kann, was durch die Herstellung von Acetoglycerinchlorbromhydrin, also des dreisäurigen Triglycerids der Essig-, Chlorwasserstoff- und Bromwasserstoffsäure, bewiesen wurde[4]. BERTHELOT synthetisierte auch Verbindungen, die man als zweisäurige Di- und Triglyceride auffassen kann, z. B. Acetobromhydrin und Diacetochlorhydrin; er schuf somit bereits die sechs Haupttypen: Monoglyceride, ein- und zweisäurige Diglyceride, ein-, zwei- und dreisäurige Triglyceride.

b) Aufgaben der systematischen Glyceridsynthese.

Aus der Aufklärung der Konstitution des Glycerins als Propantriol-1,2,3 mit zwei primären und einer sekundären Hydroxylgruppe ergab sich, daß die Konstitution der Glyceride (mit Ausnahme der gleichsäurigen Triglyceride) nicht nur von Zahl und Art ihrer Fettsäureradikale, sondern auch von deren Stellung am Glycerinrest bedingt ist. Es sind somit *Stellungsisomere* möglich, und zwar, wie das folgende Schema der Glyceride[5] zeigt:

je   2   stellungsisomere   Monoglyceride,

„   2   „   einsäurige Diglyceride,

„   3   „   zweisäurige Diglyceride,

„   2   „   zweisäurige Triglyceride,

„   3   „   dreisäurige Triglyceride.

System der Glyceride:

Monoglyceride:

CH_2—OCOR (α) CH_2—OH

CH—OH (β) CH—OCOR

CH_2—OH (γ) CH_2—OH

---

[1] Ann. Chim. Phys. 3 sér., T 10, 455 (1844); s. auch LIEBIGS Ann. 47, 252 (1843).

[2] Zusammengefaßt in „Chimie organique fondée sur la synthèse", Paris. 1860. Bd. II, S. 17—164.   [3] A. a. O. S. 31.   [4] A. a. O. S. 32 u. 146.

[5] Nach AD. GRÜN: „Konstitution der Fette", Hab.-Schrift. Zürich. 1908. Über die noch nicht genügend definierten, komplexen Glyceride mit mehreren Glycerinradikalen s. Technische Synthesen, S. 272.

Diglyceride:

einsäurig		zweisäurig		
CH_2—OCOR	CH_2—OCOR	CH_2—OCOR^1	CH_2—OCOR^1	CH_2—OCOR^2
CH—OH	CH—OCOR	CH—OH	CH—OCOR^2	CH—OCOR^1
CH_2—OCOR	CH_2—OH	CH_2—OCOR^2	CH_2—OH	CH_2—OH

Triglyceride:

einsäurig	zweisäurig		dreisäurig		
CH_2—OCOR	CH_2—OCOR^1	CH_2—OCOR^1	CH_2—OCOR^1	CH_2—OCOR^2	CH_2—OCOR^1
CH—OCOR	CH—OCOR^2	CH—OCOR^1	CH—OCOR^2	CH—OCOR^1	CH—OCOR^3
CH_2—OCOR	CH_2—OCOR^1	CH_2—OCOR^2	CH_2—OCOR^3	CH_2—OCOR^3	CH_2—OCOR^2

Durch die Erkenntnis, daß es 13 statt bloß 6 Typen von Glyceriden gibt, waren der Synthese neue und wesentlich schwierigere Aufgaben gestellt: die Einführung untereinander verschiedener Fettsäurereste an bestimmten Stellen eines Glycerinmoleküls.

Von den 13 Glyceridtypen sind nur vier symmetrisch gebaut: die β-Monoglyceride, die einsäurigen α,γ-Diglyceride, die gleichsäurigen Triglyceride und jene zweisäurigen Triglyceride, die gleichartige Acyle in α- und γ-Stellung haben. In allen anderen Typen ist das β-Kohlenstoffatom des Glycerinrestes mit vier verschiedenen Substituenten verbunden. Die Verbindungen dieser neun Typen sind asymmetrisch konstituiert und können in drei stereoisomeren (d-, l- und d,l-) Formen auftreten. Es ist folglich auch Aufgabe der Glyceridsynthese, die optisch-aktiven, rechts- und linksdrehenden Verbindungen der asymmetrischen Typen darzustellen, durch Aufbau aus optisch-aktivem Material oder durch Spaltung der razemischen d,l-Formen.

(Selbstverständlich treten auch Glyceride eines jeden anderen Typus in stereoisomeren Formen auf, wenn wenigstens *eines* ihrer Fettsäureradikale asymmetrisch gebaut, bzw. die Säure optisch-aktiv ist. Ferner kann Asymmetrie der Säureradikale *und* Asymmetrie des Glycerids infolge unsymmetrischer Substituierung am β-Kohlenstoffatom des Glycerins zusammentreffen.)

Die Synthese strukturisomerer Glyceride, deren Isomerie durch die ihrer Säurekomponenten bedingt ist, bietet keine besonderen Schwierigkeiten und ist überhaupt kein eigentliches Problem der Glyceridsynthese. Glyceridpaare mit strukturisomeren Acylen, wie z. B. Trivalerin und Triisovalerin, Diolein und Dipetroselin, können natürlich nach den gleichen Methoden dargestellt werden. Ebenso Paare von allo-isomeren (geometrisch-isomeren) Glyceriden, z. B. der Öl- und Elaidinsäure, der Eruca- und Brassidinsäure, auf die auch die sonst gebräuchlichen Umlagerungsmethoden anwendbar sind. Dasselbe gilt für die *metameren Glyceride*, deren Isomerie auf der Homologie ihrer Säureradikale beruht, wie z. B. für die Paare:

Acetodistearin und Myristodilaurin (beide $C_{41}H_{78}O_6$),
Acetodimyristin und Tricaprin (,, $C_{33}H_{62}O_6$),
Linoleodistearin und Stearodiolein (,, $C_{57}H_{106}O_6$).

Was die *polymeren Glyceride* betrifft, so ist zu unterscheiden einerseits zwischen den echten Polymeren, entstehend durch Aneinanderlagern von Doppelbindungen mehrfach ungesättigter Säureradikale, anderseits den assoziierten Molekülen, die vermutlich (wie bei den bimeren freien Säuren) durch Restvalenzen der Carboxyl- bzw. Carbonylgruppen aneinanderhaften. Die ersteren spielen zwar technisch eine große Rolle (als Bestandteile der Standöle und anderer Produkte), wurden aber noch nicht als einheitliche, wohldefinierte Verbindungen synthetisiert. Dagegen wurden bereits mehrere Di- und Triglyceride gesättigter Säuren synthetisiert, die sich bei der kryoskopischen Bestimmung als dimer und somit als Assoziationsprodukte erwiesen.

Die Synthese von Glyceriden — oder genauer von mehrsäurigen Glyceriden — bestimmter Konstitution schien eine verhältnismäßig leichte Aufgabe, weil sie nur auf die Veresterung dreier Hydroxylgruppen hinausläuft, von denen zwei absolut gleichwertig sind, die dritte von beiden wenig verschieden ist. Aber gerade deshalb war die Lösung schwieriger als die Synthese mancher komplizierter gebauter Verbindungen mit drei und auch mehr Atomgruppen, die jedoch alle voneinander verschieden sind.

c) Prinzip der systematischen Glyceridsynthese.

Abgesehen von den Verfahren zur Darstellung gleichsäuriger Triglyceride (die praktisch wie die üblichen Veresterungen einwertiger Alkohole mit organischen Säuren ausgeführt werden), bestehen alle Methoden zur Synthese von Glyceriden bestimmter Konstitution in einer stufenweisen Veresterung des Glycerins oder gewisser Glycerinderivate, genauer: in der Substituierung der drei Hydroxyle unter scharfer Scheidung einzelner Phasen, denn die Veresterung des Glycerins erfolgt auch sonst stufenweise, nur laufen die einzelnen Phasen zum Teil neben- und durcheinander ab. Im wesentlichen sind zwei Arbeitsgänge zu unterscheiden: 1. Von den Hydroxylgruppen des Glycerins wird eine oder werden zwei durch Substituenten ersetzt, die sich leicht gegen Acyle austauschen lassen, so daß Mono- oder Diglyceride entstehen, die sich weiterhin durch Verestern der zuerst freigebliebenen Hydroxyle in Triglyceride überführen lassen. 2. Von den Hydroxylgruppen des Glycerins wird eine oder werden zwei „maskiert", d. h. derart substituiert, daß sie nach Veresterung der nicht maskierten Hydroxyle leicht wieder freigemacht werden können; man erhält auch so Mono- oder Diglyceride, die sich zu Triglyceriden verestern lassen.

Zur Substituierung oder Maskierung werden die Hydroxylgruppen, bzw. ihre Wasserstoffatome durch verschiedene Elemente oder Atomgruppen ersetzt.

Eine Hydroxylgruppe kann zum gedachten Zweck ersetzt werden:	Ausgangsprodukte:
1. durch Halogen	Monohalogenhydrin
2. „ die Aminogruppe	γ-Aminopropylenglykol
3. „ OSO$_3$H-Gruppe	Glycerin-schwefelsäureester
4. „ die Triphenylmethyl-oxy-Gruppe	Glycerin-trityläther
Eine Hydroxylgruppe und das benachbarte Wasserstoffatom können ersetzt werden durch Sauerstoff	Dioxyaceton und Glycerin-aldehyd

Zwei Hydroxylgruppen können ersetzt werden:	Ausgangsprodukte:
1. durch 2 Halogenatome	Glycerin-dihalogenhydrin
2. „ 2 OSO$_3$H-Gruppen	Glycerin-dischwefelsäure
3. „ 2 Trityl-oxy-Gruppen	Glycerin-di-trityläther
4. „ Sauerstoff (d. h. Anhydrisierung)	Epihydrinalkohol
5. „ die Dimethyl-methylen-dioxy-Gruppe	α,β-Glycerinaceton
6. „ „ Benzyliden-Gruppe	α,γ-Benzylidenglycerin
7. „ den Phenylaminocarbinol-Rest	2-Phenyl-5-methylol-oxazolidin

In manchen Fällen genügt die Substituierung einer der beiden primären Hydroxylgruppen des Glycerins, weil das zweite primäre Hydroxyl und das sekundäre Hydroxyl genügend differenziert sind, um sich stufenweise verestern zu lassen.

Meistens substituiert man zwei Hydroxyle des Glycerins durch gleiche oder verschiedene Atome oder Atomgruppen; in manchen Fällen werden auch alle drei Glycerinhydroxyle substituiert bzw. maskiert. Die verschiedenen Substituierungen bzw. Maskierungen der Glycerinhydroxyle können vielfältig miteinander kombiniert werden. Daraus ergibt sich die verhältnismäßig große Zahl präparativer Methoden, die schon vorliegen.

Die Ausarbeitung von Methoden zur Synthese der Glyceride aller Typen wurde vor etwa 30 Jahren in Angriff genommen und schien 10 Jahre später grundsätzlich vollendet. Bald darauf zeigte sich aber, daß mehrere der damals vorliegenden Methoden unzulänglich sind, daß sie nicht zwangsläufig die nach der Struktur der Ausgangsprodukte erwarteten Verbindungen geben, sondern zum Teil oder zur Gänze deren Isomere und Nebenprodukte. (Dasselbe wurde später auch von einigen neueren Methoden festgestellt.) Diese Mißerfolge beruhten zum Teil auf Unkenntnis des eigentlichen Verlaufes verschiedener Substitutionsreaktionen, zum anderen Teil auf Unkenntnis der Labilität, der Tendenz zur Umlagerung fast aller Glyceride, zum mindesten der hydroxylhaltigen Mono- und Diglyceride. Dazu kam, daß die große Ähnlichkeit isomerer Glyceride, das Fehlen spezifischer Reaktionen und andere Umstände (s. unten) die Identifizierung der Reaktionsprodukte sehr erschwerten und die Aufklärung der Verhältnisse, die Ermittlung der Fehlerquellen, verzögerten.

d) Die wichtigsten Fehlerquellen der Glyceridsynthese.

1. Bei der Umsetzung von Glycerin-halogenhydrinen und solchen Estern derselben, die noch ein freies Hydroxyl enthalten, mit Salzen organischer Säuren (wenigstens mit Silbersalzen) wird das Halogen nicht einfach gegen das Anion des Salzes ausgetauscht. Vielmehr erfolgt primär Bildung von Glycid bzw. Glycidester und Halogenwasserstoff[1]. Dieser setzt Fettsäure in Freiheit, die sich an das Glycid bzw. Glycidderivat unter Aufspaltung des Ringes anlagert (s. S. 239). Die Oxyacylgruppe kann dabei entweder an die früher von Halogen besetzte Stelle am Glycerinrest treten oder an die benachbarte. Die Konstitution des Produktes ist demnach nicht durch die des Ausgangsproduktes vorbestimmt, sondern muß im Einzelfall ermittelt werden.

2. Bei der Umsetzung der Ester von Glycerin-α-halogenhydrinen mit Silbernitrit oder feuchtem Silberoxyd zu Diglyceriden erfolgt ebenfalls nicht einfach Austausch von Halogen gegen Hydroxyl, sondern auch Verschiebung von Acyl aus der β-Stellung des Ausgangsproduktes in die durch Eliminierung des Halogenatoms freigewordene α-Stelle. Diese *Acylwanderung* wurde erst von E. Fischer entdeckt[2], und damit erklärt, daß sich bei Ablösung des Halogens intermediär der Diester einer Orthocarbonsäure bilde, der sich leicht unter Bildung des α,γ-Diglycerids aufspalte:

---

[1] S. bes. Abderhalden u. Eichwald: Ber. Dtsch. chem. Ges. **48**, 1848 (1915). — Grün u. Limpächer: Ber. Dtsch. chem. Ges. **59**, 690 (1926).
[2] E. Fischer: Ber. Dtsch. chem. Ges. **53**, 1621 (1920).

Der Reaktionsmechanismus von Acylwanderungen unter intermediärer Bildung der Orthocarbonsäureester wird von OHLE etwas abweichend formuliert[1]:

$$R-CH-O-C\overset{CH_3}{\underset{O}{\diagdown}} \quad \rightleftarrows \quad \begin{matrix} R-CH-O \\ HO \; C-CH_3 \\ R'-CH-O \end{matrix} \quad \rightleftarrows \quad R'-CH-O-C\overset{O}{\underset{CH_3}{\diagup}}$$

Wie später GRÜN und LIMPÄCHER fanden, ist der Reaktionsverlauf aber weniger eindeutig. Die Acylverschiebung geht nicht quantitativ vonstatten; je nach den Versuchsbedingungen erhält man auch mehr oder weniger α,β-Diglycerid, so daß Aufspaltung des hypothetischen Zwischenproduktes nach beiden Richtungen, zum α,β-Diglycerid und (vorzugsweise) zum α,γ-Diglycerid anzunehmen ist (vgl auch unten, S. 235).

3. Auch bei der Spaltung von Fettsäureestern der äther- und acetalartigen Derivate des Glycerins mittels Mineralsäure tritt Acylwanderung ein. Spaltet man z. B. aus einem Fettsäureester des Glycerin-α,γ-di-(triphenylmethyl)-äthers die Triphenylmethylgruppen mittels Bromwasserstoff ab, so entsteht nicht β-, sondern α-Monoglycerid[2].

$$\begin{matrix} CH_2-O-C(C_6H_5)_3 \\ CH-O-COC_nH_{2\,n+1} \\ CH_2-O-C(C_6H_5)_3 \end{matrix} + 2\,HBr = 2(C_6H_5)_3CBr + \begin{matrix} CH_2-O-COC_nH_{2\,n+1} \\ CH-OH \\ CH_2-OH \end{matrix}$$

Die Acyle aromatischer Säuren wandern unter den gleichen Bedingungen jedoch nicht, es entstehen die β-Monoglyceride.

In analoger Weise entsteht bei hydrolytischer Spaltung von β-Acyl-α,γ-benzylidenglycerin statt des zu erwartenden β-Monoglycerids sein α-Isomeres (Formulierung s. S. 244).

4. Acylwanderungen erfolgen nicht nur während gewisser Reaktionen, bedingt durch chemische Einflüsse, im Entstehungszustande von Glyceriden. Für die Diglyceride wurde von GRÜN[3] der exakte Nachweis erbracht, daß sie sich auch schon bei mehrstündigem Erwärmen über den Schmelzpunkt oder schneller bei 120—140° (wenn nicht bereits beim längeren Lagern) bis zu einem gewissen Grade, einem Gleichgewichtszustand, isomerisieren. Sowohl reine α,β-Diglyceride wie reine α,γ-Verbindungen gehen in Isomerengemische über. Für die Monoglyceride sind analoge Umlagerungen, Wanderungen des Acyls von der α- zur β-Stelle und umgekehrt, höchst wahrscheinlich gemacht. Selbst in den mehrsäurigen Triglyceriden dürften bei genügend hoher Temperatur, in Gegenwart katalytischer Substanzen, intramolekulare Acylverschiebungen eintreten; denn unter diesen Bedingungen erfolgt sogar zwischen zwei verschiedenen Glyceridmolekülen, wie Tristearin und Triolein, Acylaustausch. (Übrigens ist noch festzustellen, ob die Acylwanderung bei Mono- und Triglyceriden ebenfalls durch katalytische Einflüsse ausgelöst wird. In diesem Falle aber können nicht Säuren bzw. Wasserstoffionen die einzigen Katalysatoren sein — wie etwa die salpetrige Säure bei der Umsetzung von Halogenhydrinestern mit Silbernitrit — denn die Acylverschiebung erfolgt auch beim Umsetzen der Halogenhydrinester mit feuchtem Silberoxyd.)

Eine weniger gefährliche, aber immerhin beachtliche Fehlerquelle bei Glyceridsynthesen ist, daß bei höherer Temperatur nicht nur intramolekulare

---

[1] Die Chemie der Monosaccharide usw., S. 92. 1931.
[2] JACKSON u. KING, S. 243.   [3] S. S. 250.

Wanderung von Acylen erfolgt, die zur Bildung von Isomeren führt; es kann dann auch intermolekularer Acylaustausch eintreten, so daß (bei 200⁰) aus Mono-glyceriden Diglyceride entstehen und weiterhin (bei 250⁰) aus diesen Triglyceride (s. S. 254). Schließlich kann bei höherer Temperatur auch Acylaustausch zwischen Triglyceriden eintreten (vgl. oben).

Was den Chemismus dieser Umlagerungen betrifft, so könnten sie bei Mono- und Diglyceriden unter intermediärer Bildung eines *Orthocarbonsäure-diesters* erfolgen, wie ihn E. FISCHER als Zwischenprodukt bei der unter 2 angeführten Bildungsreaktion annimmt[1]. Man muß nur die FISCHERsche Hypothese, entsprechend den nachträglichen Beobachtungen, auslegen bzw. erweitern: Erstens ist anzunehmen, daß der Orthocarbonsäure-diester nicht oder nicht nur *Vorstufe* des Diglycerids ist, sondern daß dieses sich auch wieder zu jenem labilen Isomeren cyclisieren kann. Zweitens nimmt man besser an, das cyclische Isomere könne sich nicht nur nach *einer* Richtung aufspalten unter Fixierung des Acyls in α-Stellung, sondern je nach den Bedingungen erfolge die Ringöffnung auch zwischen dem Kohlenstoffatom des Acyls und dem Sauerstoff in α-Stellung des Glycerinrestes, so daß das Acyl in β-Stellung fixiert wird:

Diese Auslegung bzw. Erweiterung der FISCHERschen Hypothese füllt übrigens auch eine bisher unbeachtete Lücke in der Erklärung aus, wie die Acyl-verschiebung *während* der Bildung von Diglyceriden erfolgt; sie erklärt erst, warum anscheinend bei jeder Substitution nicht nur das Produkt mit „verschobenem" Acyl entsteht, sondern auch jenes Isomere, in welchem das Acyl am Glycerinrest die Stelle des ursprünglich-haftenden Substituenten einnimmt. Z. B. bildet sich aus α,β-Diacylojodhydrin mittels Silbernitrit oder feuchtem Silberoxyd nicht nur gemäß Formulierung auf S. 233 das α,γ-Diglycerid, sondern auch etwas α,β-Diglycerid. Würde sich das Zwischenprodukt *nur* zum α,γ-Diglycerid aufspalten, so müßte das α,β-Diglycerid auf anderem Wege als sein Isomeres entstehen; direkt aus dem Jodhydrin oder über ein anderes Zwischenprodukt, es verliefen also zwei verschiedene Bildungsreaktionen nebeneinander.

Die Erweiterung der Hypothese hat auch den Vorteil, daß sie die Acyl-wanderung beim Spalten der Fettsäureester von Glycerintrityläthern und von Benzylidenglycerin mittels Mineralsäure, in gleicher Weise zu erklären vermag (s. S. 243 und 250). Man kann sie ferner zwanglos übertragen zur Erklärung der Disproportionierung von Monoglyceriden zu Diglyceriden und Glycerin und der weiteren Disproportionierung von Diglyceriden zu Triglyceriden und Glycerin (vgl. S. 254).

Anders ist der Fall bezüglich der Acylverschiebung in einem Triglycerid, geschweige denn beim gegenseitigen Austausch von Acylen zwischen zwei verschiedenen Triglyceridmolekülen. Zur Erklärung dieser Erscheinung reicht auch die Erweiterung der Hypothese von E. FISCHER nicht aus[2]. Man müßte denn anneh-

---

[1] Betr. Übertragung dieser Vorstellung zur Erklärung der disproportionierenden Umesterung von Monoglycerid zu Diglycerid und Glycerin s. S. 248.

[2] Dasselbe gilt für spätere Versuche zur Erklärung der Acylverschiebung in Hydroxylgruppen enthaltenden Glyceriden, wie z. B. FAIRBOURNE: Journ. chem. Soc. London **1929**, 375.

men, daß in Analogie zur intermediären Umlagerung von Diglycerid zum Ortho-carbonsäure-diester, Triglycerid (I) intermediär in ein Orthocarbonsäure-ester-anhydrid (II) umgelagert wird, worauf dieses in das isomere Triglycerid (III) übergeht:

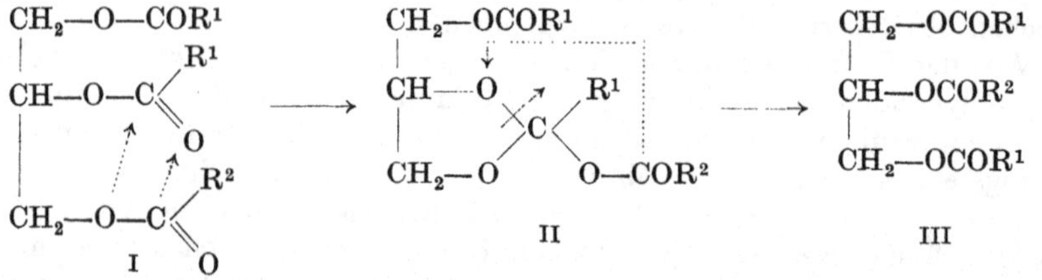

Eine solche Übertragung, die Annahme zweimaliger Wanderung von Acyl statt Wasserstoff, wäre jedoch rein schematisch, durchaus willkürlich. Man muß demnach vorläufig darauf verzichten, die bei verschiedenen Substraten, wie Mono-, Di- und Triglyceriden, unter den verschiedensten Bedingungen beob-achteten Acylwanderungen ausnahmslos durch die Annahme intermediärer Bildung von Orthocarbonsäurederivaten zu erklären.

Eine allgemeine Erklärung der Acylwanderungen in Glyceriden und des Acylaustausches zwischen Glyceriden hat GRÜN[1] bereits vor der Entdeckung und Deutung der speziellen Acylverschiebung durch FISCHER, auf koordinations-theoretischer Basis zu geben versucht. Es wurde angenommen, daß sich die Glyceride von Fettsäuren in ähnlicher Weise isomerisieren können, wie dies HANTZSCH[2] für die freien Carbonsäuren und ihre Salze nachgewiesen hatte. Diese lagern sich bekanntlich aus der Carboxylform (I) je nach Umständen (Art der Säure, des Lösungsmittels usw.) mehr oder weniger weit um in die reaktions-fähigere „Koordinationsform" (II)

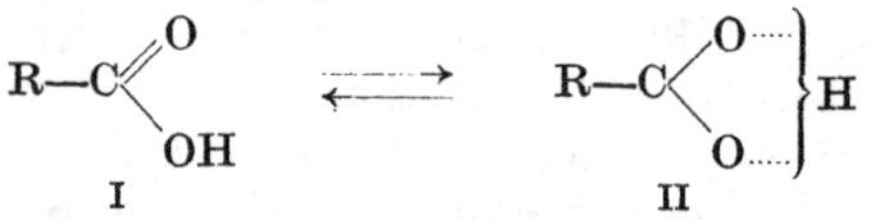

Die Koordinationsformel II soll ausdrücken, daß zwischen den beiden Sauer-stoffatomen und dem Rest des Moleküls ein Affinitätsaustausch stattfindet, die Sauerstoffatome gleichgeordnet, koordiniert sind, der ionogene Wasserstoff somit nicht lokalisiert, sondern an beide Sauerstoffatome gebunden ist. Infolgedessen ist die Bindung lockerer, der Austausch gegen andere Atome oder Atomgruppen leichter. Nach HANTZSCH ist die Carboxylform typisch für Ester, aber auch die freien Säuren, für welche im allgemeinen die Koordinationsform charakteristisch ist, können die Carboxylform annehmen. Es scheint deshalb a priori nicht unmöglich, daß umge-kehrt gewisse Ester, namentlich die mit dem sauerstoffbeladenen Glycerylradikal, unter Umständen in eine Koordinationsform übergehen. Ob sich dabei eine „reine" Koordinationsform (III) bildet, ein Mischtypus (I und II) oder alle Formen nebeneinander oder nacheinander entstehen, muß dahingestellt bleiben. Schema:

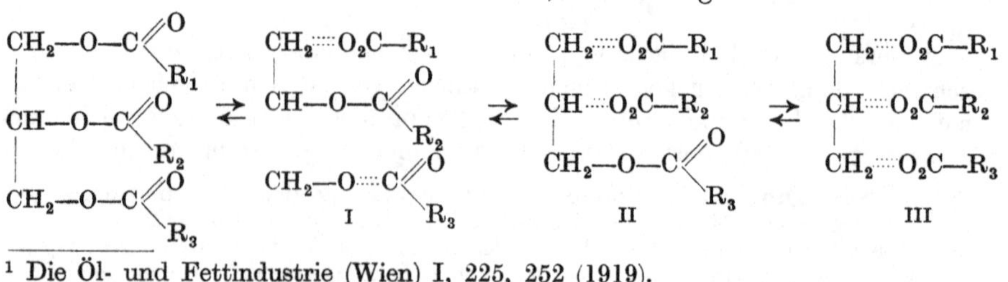

---

[1] Die Öl- und Fettindustrie (Wien) I, 225, 252 (1919).
[2] Ber. Dtsch. chem. Ges. **50**, 1422 (1917).

Gegen diese Formulierung wurde eingewendet, daß sie „zu vage" sei[1]. Sie soll aber gar keine *bestimmte* Bindungsart veranschaulichen, sondern nur andeuten, daß die Bindung anders ist, lockerer, als in den normalen, stabilen Estern.

In der Koordinationsform III des Triglycerids (ebenso in der entsprechenden Form eines Mono- oder Diglycerids) wären die Acyle vermutlich überhaupt nicht an bestimmten α- oder β-Stellen des Glycerinrestes lokalisiert. Bei der Rückumlagerung in die Carboxylform müßte demnach nicht nur die ursprüngliche Verbindung entstehen, vielmehr wäre a priori die Bildung von Isomeren mit gleicher Wahrscheinlichkeit zu erwarten. Wenn auch jeweilig nur ein minimaler Bruchteil des Glycerids in dieser Form vorläge (der sich mehr oder weniger schnell wieder in die Carboxylform rückumlagerte), könnte durch kontinuierlichen Wechsel beider Formen der größte Teil des Glycerids oder auch seine Gesamtmenge isomerisiert werden.

In gleicher Weise ginge beim Acylaustausch zwischen verschiedenen Triglyceridmolekülen die gegenseitige Umesterung vonstatten; sie entspräche der doppelten Umsetzung von Neutralsalzen. Der Vergleich ist um so weniger gewagt, als E. FISCHER später selbst daran erinnerte, daß man früher die Veresterung mit der Salzbildung verglich. Er meinte, daß sich „der Austausch von Alkyl und Acyl zwischen verschiedenen Estern in ähnlicher Weise vollziehen könne wie bei den Salzen der Ionenaustausch".

5. Die Isomerisierung von Glyceriden beim Erhitzen, vielleicht auch beim Lagern, und die Umlagerungen während der Bildungsreaktionen wurden trotz mancher Anzeichen lange Zeit nicht als solche erkannt. Die stellungsisomeren Glyceride sind einander zu ähnlich; die isomeren Triglyceride zeigen überhaupt keine Unterschiede im Verhalten gegen Reagentien, bei den Mono- und Diglyceriden ließen sich zwar die Isomeren mit freiem Hydroxyl in β-Stellung von denen mit freiem Hydroxyl in einer α-Stellung einigermaßen unterscheiden (Ersatz des Hydroxyls durch Chlor mittels Thionylchlorid, Oxydation zu Keton oder Aldehyd und Carbonsäure[2]), aber die Möglichkeit teilweiser Umlagerung des Substrats während der Reaktion bzw. durch das Reagens, erschwert die Auswertung der Versuchsergebnisse.

Im wesentlichen konnte man Isomere nur durch Schmelzpunkte, etwa noch Löslichkeiten u. dgl. unterscheiden, was übrigens für einzelne Typen, wie die nicht optisch-aktiven Triglyceride, auch jetzt noch gilt. Infolge des Bestehens mehrerer polymorphen Formen (s. S. 262) bei den meisten, vermutlich allen Glyceriden, zeigen sie jedoch Schmelzpunktsanomalien, die vielfach zu Täuschungen Anlaß gaben: doppelter oder sogar dreifacher Schmelzpunkt, Abhängigkeit der Schmelztemperatur von Alter und Vorbehandlung des Präparates. Die Schmelzpunkte von isomeren Glyceriden liegen auch oft nahe beieinander, mitunter näher als die Schmelzpunkte der verschiedenen polymorphen Formen eines der beiden isomeren Glyceride[3]. Es war deshalb in vielen Fällen zweifelhaft,

---

[1] FAIRBOURNE: Journ. chem. Soc. London **1929,** 375.

[2] AD. GRÜN u. F. WITTKA: Ber. Dtsch. chem. Ges. **54,** 273 (1921). — S. AOYAMA: Journ. pharmac. Soc. Japan **1927,** Nr. 539, S. 9 (Chem. Ztrbl. **1927** II, 249).

[3] Ferner ist zu beachten: Je länger die Kohlenstoffketten der Acyle von Glyceriden sind, um so weniger kommen die strukturellen Unterschiede zur Geltung. Der Schmelzpunkt eines solchen Glycerids hängt mehr vom Molekulargewicht ab, von der Gesamtzahl der Methylengruppen, als von deren Verteilung auf die Acyle. Das geht so weit, daß bei metameren Glyceriden (die gleiches Molekulargewicht haben, aber ganz verschiedene Säurereste enthalten) die Schmelzpunkte praktisch zusammenfallen können. So schmilzt z. B. α-Lauro-γ-stearin bei 62,8—63,2⁰, α-Myristo-γ-palmitin bei 62,6—63,3⁰. Die Differenz ist somit unvergleichlich geringer als bei Isomeren, welche dieselben Acyle, aber in verschiedener Stellung enthalten; z. B. differieren die Schmelzpunkte isomerer Diglyceride um etwa 10⁰.

welcher Schmelzpunkt — oder überhaupt einer von mehreren allein — als „der wahre Schmelzpunkt" anzusehen ist. Dazu kommt, daß im Gegensatz zu anderen Gemischen isomerer Verbindungen, die von stellungsisomeren Glyceriden keine erhebliche Depression des Schmelzpunktes, unter den der tiefer schmelzenden Komponente, zeigen. Die Mischschmelzpunkte liegen vielmehr zwischen den Schmelzpunkten der Isomeren.

Die Aufgabe, Glyceride aller Typen zu synthetisieren, kann nunmehr als prinzipiell gelöst gelten. Aber die präparative Arbeit auf diesem Gebiete ist noch weit von ihrem Abschluß, denn von verschiedenen Typen sind erst wenige Vertreter oder ist sogar nur ein einziger dargestellt worden; von manchen Typen hat man überhaupt noch kein natürlich vorkommendes Glycerid synthetisiert, sondern nur „Modellverbindungen" mit aromatischen Säureresten.

Der weitere Ausbau ist aber gesichert; man kann für die Synthese aller Verbindungen aus der großen Zahl bereits ausgearbeiteter Methoden jene wählen, die zwangläufig zu Produkten vorausbestimmter Konstitution führen.

Unter *zwangläufigen Methoden* sind hier nicht nur solche zu verstehen, bei denen Acyle ohne die Möglichkeit einer Verschiebung an den Stellen bleiben, an welche sie zuerst dirigiert worden sind; vielmehr müssen im Sinne von M. BERGMANN[1] auch diejenigen Verfahren als zwangläufig gelten, bei welchen zwar Acylwanderungen eintreten, deren Verlauf aber genau erkannt und ausgenützt ist, so daß eben dadurch am Ende der Synthese alle Acyle an die gewünschten Substitutionsstellen gelangt sind. Dabei ist aber wohl zu beachten, daß Acylverschiebungen nicht quantitativ verlaufen müssen und daß sie nicht nur bei speziellen Substitutionsreaktionen, bedingt durch den Reaktionsmechanismus, eintreten können, sondern auch sonst, insbesondere bei Temperaturen, die (je nach der Art des Glycerids mehr oder weniger hoch) über dem Schmelzpunkt des Produktes liegen. Es kommt folglich bei einer Glyceridsynthese nicht nur auf die bestimmte Reaktion im allgemeinen an, sondern speziell auch auf die Ausführungsbedingungen. Sehr wesentlich ist ferner der Unterschied in der Haftfestigkeit aliphatischer und aromatischer Säurereste, so daß z. B. aus der Konstitution von „Modellen", Glyceriden aromatischer Säuren, nicht immer auf die analog dargestellter Fettsäureglyceride geschlossen werden kann.

Im folgenden sind die Methoden zur Synthese aller Glyceride nach den Typen geordnet. Auf sämtliche Ausführungsformen und Einzelvorschriften für das präparative Arbeiten[2] kann in dieser Zusammenstellung nicht eingegangen, sondern nur das grundsätzlich Wichtige kritisch erörtert werden.

A. Monoglyceride.

Monoglyceride können nach BERTHELOT[3] einfach durch langes Erhitzen der Carbonsäuren mit überschüssigem Glycerin auf 200° erhalten werden, doch sind die Produkte nicht genügend definiert. Sie dürften zwar vorwiegend aus den betreffenden α-Monoglyceriden bestehen, weil sich die β-Isomeren leicht in die α-Verbindungen umlagern (s. unten); aber sie enthalten vermutlich auch Diglyceride, je nach den Versuchsbedingungen auch etwas Diglycerinester. Ersteres gilt wahrscheinlich auch für die Produkte der biochemischen Synthese mittels

---

[1] Ztschr. physiol. Chem. **137**, 27 (1924).

[2] Zum Beispiel auf besondere Vorsichtsmaßregeln bei Darstellung der Glyceride von Oxysäuren, mehrfach-ungesättigten Säuren u. a. m. (vgl. GRÜN u. SCHÖNFELD: Ztschr. angew. Chem. **29**, 37, 46 [1916]).

[3] Ann. Chim. Phys. (3), **41**, 216, 420 (1854). — S. auch HUNDESHAGEN: Journ. prakt. Chem. (2), **28**, 219 (1883). — MARIE: Ann. Chim. Phys. (7), **7**, 202, 204 (1896). — BELLUCCI: Gazz. chim. Ital. (II), **42**, 290 (1912).

Pankreasferment[1], für die der Veresterung mittels TWITCHELLS Reaktiv[2] und der Umesterung mit Glycerin (s. unten). Durchsichtiger sind die folgenden, planmäßigen Synthesen.

a) Unsymmetrische (α-) Monoglyceride.

1. Darstellung aus Glycerin-α-monohalogenhydrinen.

α-Monoglyceride erhielten zuerst KRAFFT[3] und GUTH[4] durch mehrstündiges Erhitzen von α-Chlorhydrin mit trockenen Seifen auf über 100°. α-Jodhydrin reagiert natürlich schon unter milderen Bedingungen[5], Alkalisalze der Fettsäuren geben weit bessere Resultate als Silberseifen (vgl. unten). Der Reaktionsverlauf ist, wie zuerst ABDERHALDEN und EICHWALD[6], dann insbesondere E. FISCHER, M. BERGMANN und BÄRWIND[7] auf Grund des Verhaltens der Halogenhydrine im allgemeinen schlossen, keine einfache Umsetzung im Sinne der Gleichung:

$$C_3H_5(OH)_2Cl + RCOOMe = MeCl + C_3H_5(OH)_2(OCOR).$$

GRÜN und LIMPÄCHER[8] konnten daraufhin experimentell nachweisen, daß äquimolekulare Mengen Glycerin-α-jodhydrin und Silberstearat sich bei 100° binnen wenigen Minuten quantitativ umsetzen, wobei aber nur Glycid (Epihydrinalkohol) und freie Säure entstehen, die sich erst nachträglich ganz allmählich unter Bildung von α-Monostearin addieren (als Nebenprodukte entstehen andere Glyceride, sowie anscheinend Diglycerin-stearinsäureester):

$$
\begin{array}{l}
CH_2I \\
|\\
CHOH \\
|\\
CH_2OH
\end{array}
+\ C_{17}H_{35}C\overset{O}{-}OAg = AgI +
\begin{array}{l}
CH_2\!\!\diagdown \\
\quad\quad O \\
CH\diagup \\
|\\
CH_2\!\!-\!OH
\end{array}
+\ C_{17}H_{35}\cdot COOH
$$

Die Alkalisalze der Fettsäuren reagieren mit Jodhydrin viel langsamer und geben in sehr guter Ausbeute reinere α-Monoglyceride. Es liegt noch kein experimenteller Beweis vor, daß auch diese Umsetzungen über die

$$
\begin{array}{l}
\downarrow \\
CH_2\!-\!OCOC_{17}H_{35} \\
|\\
CHOH \\
|\\
CH_2OH
\end{array}
$$

Bildung von Glycid gehen. In diesem Falle würde sich ihre größere Ergiebigkeit damit erklären, daß die Spaltung des Jodhydrins in Glycid und Jodwasserstoff (der sich sofort mit dem Alkalisalz der Fettsäure umsetzt) nur allmählich erfolgt und daß Glycid und Fettsäure sich in statu nascendi schneller aneinanderlagern, als andere Umsetzungen eingehen.

Die so erhaltenen Präparate sind α-Monoglyceride, denn die Schmelzpunkte stimmen überein mit denen der Produkte aus Acetonglycerin (s. unten). Freilich enthalten die als Ausgangsprodukte verwendeten Präparate von Glycerin-α-monohalogenhydrinen oft das β-Isomere beigemengt[9]. Aber auch β-Monohalogenhydrin wird mit fettsaurem Salz ein α-Monoglycerid geben, denn seine Um-

[1] POTTEVIN: Compt. rend. Acad. Sciences 138, 378 (1904).
[2] TWITCHELL: Journ. Amer. chem. Soc. 29, 566 (1907).
[3] Ber. Dtsch. chem. Ges. 36, 4339 (1903).
[4] Ztschr. Biol. 44, N. F. 26, I, 78; vgl. Rec. Trav. chim. Pays-Bas 1, 186 (1882).
[5] VAN ELDIK-THIEME: Journ. prakt. Chem. (2), 85, 284 (1912).
[6] Ber. Dtsch. chem. Ges. 48, 1849 (1915).   [7] Ber. Dtsch. chem. Ges. 53, 1598 (1920).
[8] Ber. Dtsch. chem. Ges. 59, 690 (1926).
[9] L. SMITH u. I. LINDBERG: Ber. Dtsch. chem. Ges. 64, 505 (1931). — SMITH u. LAUDON: Ber. Dtsch. chem. Ges. 66, 899 (1933). Daselbst auch Beschreibung der Gewinnung reiner β-Isomeren durch wiederholtes „Wegkondensieren" der α-Verbindungen mittels Aceton. Darstellung reinen α-Monochlorhydrins s. FOURNEAU u. RIBASY-MARQUES: Chem. Ztrbl. 1926, II, 181.

setzung verläuft wohl wie die des α-Halogenderivats unter intermediärer Bildung von Glycid und Fettsäure, die sich unter Bildung von α-Monoglycerid aneinanderlagern. Und wenn selbst primär die β-Verbindung entstünde, so müßte sich dieselbe weiterhin in das α-Isomere umlagern, wie dies für die Produkte aus α,γ-Dihalogenhydrin (s. unten) und α,γ-Benzylidenglycerin (S. 243) nachgewiesen wurde. Wie die Untersuchungen von E. FISCHER, M. BERGMANN, A. FAIRBOURNE und insbesondere auch die von HIBBERT und CARTER[1] zeigten, wandern Acyle vom β-ständigen Sauerstoff des Glycerins außerordentlich leicht in eine nichtsubstituierte α-Stelle (im Gegensatz zu den festhaftenden Alkylen der Glycerin-β-alkyläther)[2]. Allerdings könnten sich die α-Monoglyceride *nachträglich* beim Erhitzen auf oder über den Schmelzpunkt zum Teil wieder in β-Isomere rückumlagern.

1a. α-Monohalogenhydrin kann auch anders in α-Monoglycerid übergeführt werden, indem man nach GRÜN und SCHREYER[3] ein Mol. Säurechlorid einwirken läßt, wobei nur die primäre Hydroxylgruppe verestert wird, worauf man das Halogen nach der Silbernitritmethode (vgl. unten) durch Hydroxyl ersetzt:

$$
\begin{array}{ccccccc}
CH_2Cl & & CH_2Cl & & CH_2ONO & & CH_2OH \\
| & & | & & | & & | \\
CHOH & \longrightarrow & CHOH & \longrightarrow & CHOH & \longrightarrow & CHOH \\
| & & | & & | & & | \\
CH_2OH & & CH_2OCOR & & CH_2OCOR & & CH_2OCOR
\end{array}
$$

Leichter reagieren die analogen Jodverbindungen[4].

Daß das Acyl in die α-Stelle tritt, wird bewiesen durch die Identität der Produkte mit den aus Acetonglycerin dargestellten Monoglyceriden (z. B. Monostearin nach beiden Methoden Schmp. 81—82^0, Diphenylurethane der beiden Präparate 89^0 bzw. 89,5^0). Über einen weiteren Beweis s. S. 253.

2. Darstellung aus Glycerin-dihalogenhydrinen.

Werden die Ester von Glycerin-α,γ-dichlorhydrin[5] nach dem Vorgange von GRÜN[6] mit Silbernitrit umgesetzt, so bilden sich über die Salpetrigsäureester (die bei Gegenwart von Spuren Säure oder Wasser unbeständig, nicht isolierbar sind) Monoglyceride im Sinne der Reaktionsfolge:

$$C_3H_5Cl_2OH \;\rightarrow\; C_3H_5Cl_2(OCOR) \;\rightarrow\; C_3H_5(ONO)_2(OCOR) \;\rightarrow\; C_3H_5(OH)_2(OCOR).$$

Man erhält aber, entgegen der früheren Annahme, nicht β-Monoglyceride, sondern die isomeren α-Derivate[7]. Es erfolgt Acylwanderung, vielleicht unter intermediärer Bildung eines Orthocarbonsäureesters, analog der Formulierung von E. FISCHER für die Umlagerung von α,β- in α,γ-Diglyceride (s. S. 233):

$$
\begin{array}{ccccc}
CH_2-OH & & CH_2-OH & & CH_2-OH \\
| & & | & & | \\
CH-O-C{<}^{R}_{O} & \longrightarrow & CH-O{>}C{<}^{R}_{OH} & \longrightarrow & CH-OH \\
| & & | & & | \\
CH_2-OH & & CH_2-O & & CH_2-O-C{<}^{R}_{O}
\end{array}
$$

[1] Journ. Amer. chem. Soc. **51**, 1601 (1929).
[2] H. HIBBERT u. CARTER: a. a. O. S. 1606. — H. HIBBERT u. M. S. WHELEN: a. a. O. S. 1943. — S. auch FAIRBOURNE u. GIBSON: Journ. chem. Soc. London **1932**, 1965. — FAIRBOURNE u. STEPHENS: Journ. chem. Soc. London **1932**, 1972, 1973.
[3] Ber. Dtsch. chem. Ges. **45**, 3423 (1912).
[4] GRÜN u. WOHL, s. HANS WOHL: Inaug.-Diss. München. 1927. S. 84—87.
[5] Dargestellt durch Verestern von α,γ-Dichlorhydrin oder nach WHITTY (Journ. chem. Soc. London **1926**, 1458) durch Anlagerung von Säurechlorid an Epichlorhydrin.   [6] Ber. Dtsch. chem. Ges. **43**, 1288 (1910).
[7] A. FAIRBOURNE u. PURVES: Journ. chem. Soc. London **127**, 2739 (1925). — FAIRBOURNE u. FOSTER: Journ. chem. Soc. London **1926**, 3148. — FAIRBOURNE: Journ. chem. Soc. London **1930**, 369.

Dementsprechend dürften auch bei der Variation dieser Methode, Um-
setzung von α,β-Dijodhydrinestern mit Silbernitrit[1], α-Monogliceride entstehen.

3. Darstellung aus Epihydrinalkohol.

Äquimolekulare Mengen von Epihydrinalkohol (Glycid) und niederen Fettsäuren lagerten sich beim zwei Wochen langen Stehen ihrer Mischungen in der
Brutwärme unter α-Monogliceridbildung aneinander. Diese Methode von
Abderhalden und Eichwald[2] ist besonders wichtig, weil so erstmalig aus
aktivem Ausgangsmaterial optisch-aktive Monogliceride (vom Monoacetin bis
zum Monocaproin) synthetisiert werden konnten; s. auch S. 265. Die Konstitution der Verbindungen ist natürlich schon durch ihre optische Aktivität
sichergestellt; sie scheinen nicht verunreinigt, weil die so dargestellten optischen
Antipoden gleich stark nach links bzw. rechts drehen.

4. Darstellung aus Acetonglycerin.

Nach dieser durchsichtigen und insbesondere zwangläufigen Methode von
E. Fischer, M. Bergmann und Bärwind[3] wird α,β-Acetonglycerin[4] mittels
Säurechlorid und Chinolin verestert und der Ester, am besten durch kurzes
Schütteln in ätherischer Lösung mit $n/2$-Mineralsäure, in Aceton und α-Mono-
glicerid gespalten.

$$
\begin{array}{ccccc}
\begin{array}{l} CH_2-O \\ | \qquad\quad\rangle C(CH_3)_2 \\ CH-O \\ | \\ CH_2-OH \end{array}
& \longrightarrow &
\begin{array}{l} CH_2-O \\ | \qquad\quad\rangle C(CH_3)_2 \\ CH-O \\ | \\ CH_2OCOR \end{array}
& \longrightarrow &
\begin{array}{l} CH_2-OH \\ | \\ CH-OH \\ | \\ CH_2-OCOR \end{array}
\end{array}
$$

Die Zuverlässigkeit der Methode beruht auf der Voraussetzung, daß im gewöhnlichen Acetonglycerin ein α- und das β-Hydroxyl maskiert sind, daß ihm somit
die oben angegebene „1,2-Struktur" zukommt und nicht die isomere „1,3-Ver-
bindung" vorliegt oder beigemengt ist. Später zeigte sich, daß auch 1,3-Glykole,
wie Trimethylenglykol[5] und Anhydro-enneaheptit[6] mit Aceton kondensiert
werden können und speziell auch ein α,γ-Acetonglycerin mit freiem β-Hydroxyl
existenzfähig ist. Einerseits konnten aber Irvine, Macdonald und Souter[7] die
1,2-Struktur des gewöhnlichen Acetonglycerins beweisen, andererseits erwiesen
sich die aus ihm dargestellten Verbindungen als identisch mit den Produkten
der folgenden, absolut sicheren Methode von M. Bergmann.

5. Darstellung aus Epichloramin bzw. 2-Phenyl-5-chlormethyl-oxazolidin.

Mit diesem Verfahren von M. Bergmann[8] dürfte die Verfeinerung der Methodik zur Darstellung von α-Monogliceriden ihre Vollendung erreicht haben.

Prinzip: Ein Derivat des Glycerins, in dem die eine primäre Hydroxylgruppe
durch Chlor, die andere durch die Aminogruppe ersetzt ist, wird nur am Stickstoff acyliert, hierauf dieses Produkt so umgelagert, daß das Acyl an die früher
durch das Chloratom besetzte α-Stelle tritt, schließlich die Aminogruppe durch
Hydroxyl ersetzt.

---

[1] van Eldik-Thieme: Journ. prakt. Chem. (2), **85**, 292 (1912).
[2] Ber. Dtsch. chem. Ges. **48**, 1847 (1916).   [3] Ber. Dtsch. chem. Ges. **53**, 1589 (1920).
[4] Verbesserte Darstellung nach E. Fischer u. Pfähler: Ber. Dtsch. chem. Ges. **53**, 1606
(1920).   [5] J. Boeseken u. P. H. Hermans: Ber. Dtsch. chem. Ges. **55**, 3758 (1922).
[6] C. Mannich u. W. Brose: Ber. Dtsch. chem. Ges. **55**, 3155 (1922).
[7] Journ. chem. Soc. London **107**, 337 (1915).
[8] Ztschr. physiol. Chem. **137**, 27 (1924). — S. auch Bergmann u. Sabetay: a. a. O.
S. 47.

3-Chlor-1-amino-propanol-2 (Epichloramin, Formel I) kondensiert man mit Benzaldehyd zum 2-Phenyl-5-chlormethyl-oxazolidin (II). Bei Behandlung desselben in Chloroform mit Säurechlorid muß die Iminogruppe acyliert werden zum Derivat III. Rauchende Salzsäure spaltet daraus Benzaldehyd ab unter Bildung des am Stickstoff acylierten Epichloramins (IV). Beim Schütteln des Produktes mit Wasser bei zirka 100° erfolgt Abspaltung von HCl aus seiner Lactimform, Bildung des 5-Oxy-pentoxazolinderivats (V), das wiederum Wasser und Chlorwasserstoff addiert und so aufgespalten wird zum O-Acylderivat des 3-Aminopropandiol-1,2 in Form seines Hydrochlorids (VI). Bei Einwirkung von Nitrit auf dessen essigsaure Lösung und Nachbehandlung mit Zinkstaub, entsteht das Monoglycerid (VII).

Die Konstitution wird überdies bestätigt durch die Synthese optisch-aktiver Monoglyceride auf diesem Wege (s. S. 268).

6. Darstellung aus Allylester.

Statt zwei Hydroxylgruppen zu maskieren, kann man sie auch eliminieren, d. h. statt von Glycerin vom Allylalkohol ausgehen, diesen verestern und den Ester durch Anlagerung von zwei Hydroxylen in das α-Monoglycerid überführen:

A. FAIRBOURNE[1] gelang diese Hydroxylierung der Allylester aromatischer und aliphatischer Säuren durch Oxydation in Aceton mittels verdünnter Permanganatlösung.

b) Symmetrische (β-) Monoglyceride.

1. Darstellung aus Glycerin-di-trityläther.

Ein sehr originelles Verfahren zur Maskierung der primären Hydroxyle des Glycerins durch Substituenten, die unter schonenderen Bedingungen wieder abgespalten werden können, fanden B. HELFERICH und H. SIEBER[2]:

---

[1] Journ. chem. Soc. London 1926, 3146. — S. auch FAIRBOURNE u. COWDREY: Journ. chem. Soc. London 1929, 129.   [2] Ztschr. physiol. Chem. 170, 31 (1927).

Durch Einwirkung von Triphenyl-methylchlorid (Tritylchlorid) auf Glycerin erhielten sie den Di-trityläther (I), der vorsichtig, mit Säurechlorid und Pyridin bei 0°, in das Acylderivat (II) verwandelt wurde. Dieses wird in Eisessig durch Bromwasserstoff schon bei 0° in Tritylbromid und Monoglycerid (III) gespalten:

$$\begin{array}{ccc}
CH_2\!-\!OC(C_6H_5)_3 & CH_2\!-\!OC(C_6H_5)_3 & CH_2\!-\!OH \\
| & | & | \\
CH\!-\!OH \quad\longrightarrow & CH\!-\!OCOC_6H_5 \quad\longrightarrow & CH\!-\!OCOC_6H_5 \\
| & | & | \\
CH_2\!-\!OC(C_6H_5)_3 & CH_2\!-\!OC(C_6H_5)_3 & CH_2\!-\!OH \\
\text{I} & \text{II} & \text{III}
\end{array}$$

Die so dargestellten Derivate von aromatischen Säuren erwiesen sich tatsächlich als β-Monoglyceride[1]. Bei der Übertragung der Methode auf Fettsäurederivate fanden aber D. F. JACKSON und C. G. KING[2], daß während der Abspaltung der Tritylgruppen unter dem Einfluß der Mineralsäure das aliphatische Acyl (Palmitoyl-, Stearoyl-) wandert und α-Monoglyceride entstehen. Konstitutionsbestimmungen an „modellmäßigen" Glyceriden von aromatischen Säuren sind demnach für analog dargestellte Derivate fetter Säuren nicht beweiskräftig.

2. Darstellung aus α,γ-Benzylidenglycerin.

Nachdem HILL, WHOLEN und HIBBERT[3] das GERHARDTsche Benzalglycerin als 2-Phenyl-5-oxymetadioxan (I) erkannt hatten, versuchten HIBBERT und CARTER[4] aus dieser Verbindung durch Überführung in den Ester (II) und darauffolgende hydrolytische Abspaltung des Benzaldehyds zu einem β-Monoglycerid (III) — in diesem speziellen Falle Monobenzoin — zu gelangen. Während der Hydrolyse durch Kochen in 50%iger alkoholischer Lösung mit n/40-Salzsäure erfolgte jedoch Acylwanderung, Bildung des α-Monoglycerids (IV).

Kurz darauf gelang M. BERGMANN und CARTER[5] die so lange vergeblich angestrebte Lösung des Problems, β-Monoglyceride von Fettsäuren zu synthetisieren: durch sehr schonendes „Abhydrieren" des Benzylidenrestes aus dem β-Acyl-α,γ-benzylidenglycerin (II) mittels Palladiumschwarz in kalter alkoholischer Lösung oder Suspension.

Die Methode gibt über nur zwei Zwischenstufen in sehr guter Ausbeute (oft über 80%) reine β-Monoglyceride aromatischer und aliphatischer, gesättigter Säuren. Ihre Konstitution ist einwandfrei bewiesen: 1. Die Schmelzpunkte sind wesentlich verschieden von denen der α-Isomeren (s. unten). 2. Die β-Verbindungen (III) werden durch Benzaldehyd unter Verwendung von Kupfersulfat und Chlorwasserstoff als Katalysatoren in β-Acyl-α,γ-benzylidenglycerin (II) zurückverwandelt. 3. Kondensation mit Aceton bei Gegenwart von Kupfersulfat ohne Säure gibt β-Acyl-α,γ-isopropylidenglycerin (V), das vom α-Acyl-β,γ-Isomeren verschieden ist und durch Abspalten des Acylrestes mittels Alkali α,γ-Isopropylidenaceton (VI) gibt[6]. Kondensiert man aber β-Monoglycerid und Aceton mittels Salzsäure und Natriumsulfat, so erfolgt Acylwanderung und es entsteht α-Acyl-β,γ-isopropylidenaceton (VII), identisch mit dem, das durch Acetonieren von α-Monoglycerid (IV) oder Verestern von α,β-Isopropylidenglycerin (norm. Acetonglycerin) erhalten wird.

---

[1] B. HELFERICH u. H. SIEBER: Ztschr. physiol. Chem. **175**, 311 (1928).
[2] Journ. Amer. chem. Soc. **55**, 678 (1933). [3] Journ. Amer. chem. Soc. **50**, 2237 (1928).
[4] Journ. Amer. chem. Soc. **51**, 1601 (1929).
[5] M. BERGMANN u. NEAL M. CARTER: Ztschr. physiol. Chem. **191**, 211 (1930). —
    Nach diesem Verfahren haben später B. F. SIMMEL u. C. G. KING eine Reihe
    β-Monoglyceride dargestellt; Journ. Amer. chem. Soc. **56**, 1724 (1934).
[6] NEAL M. CARTER: Ber. Dtsch. chem. Ges. **63**, 2399 (1930).

Die β-Monoglyceride werden sowohl durch verdünnte Mineralsäuren wie durch Ammoniak in die α-Verbindungen umgelagert[1].

Eine beachtliche Eigenart der Monoglyceride ist, daß von denen der aliphatischen Säuren die unsymmetrischen α-Verbindungen höher schmelzen als die symmetrischen β-Isomeren, bei den Monoglyceriden der aromatischen Säuren dagegen die symmetrischen Isomeren höhere Schmelzpunkte aufweisen[2].

Beispiele:

	Schmp.		Schmp.
α-Monostearin	82°	β-Monostearin	74,4°
α-Monopalmitin ..	78—79°	β Monopalmitin	69°
α-Monomyristin ..	68°	β-Monomyristin.....	61°
α-Monolaurin	63°	β-Monolaurin.......	51,1°
α-Monocaprin	51,4°	β-Monocaprin	40,1°
α-Monobenzoin...	36°	β-Monobenzoin	72,5°
α-Mono-(p-nitrobenzoin)	107°	β-Mono-(p-nitrobenzoin)	121°

Nachdem festgestellt worden war, daß sich die strukturisomeren Diglyceride schon beim bloßen Erwärmen ihrer Schmelzen gegenseitig ineinander umlagern, lag es nahe, eine analoge Isomerisierung auch bei den Monoglyceriden anzunehmen. Neuere Beobachtungen sprechen denn auch dafür, daß solche Umlagerungen beim Schmelzen der Monoglyceride tatsächlich eintreten[3].

B. Einsäurige Diglyceride.

Nach den älteren Darstellungsverfahren (a) erhält man nicht genügend definierte Produkte, vermutlich Gemische von α,γ- und α,β-Diglyceriden, unter denen die ersteren vorwalten dürften. Die neueren Methoden (b und c) führen zu einheitlichen Verbindungen.

a) Zu undefinierten Diglyceriden führende Methoden.

BERTHELOT[4] erhielt Distearin durch Erhitzen gleicher Gewichtsmengen Glycerin und Stearinsäure während 7 Stunden auf 275° oder 114 Stunden lang auf 100°, ferner durch Verestern von Monostearin mit einem Stearinsäure-Überschuß bei

Reaktionsschema I–VII:

I $\quad \begin{array}{l} CH_2-O \\ HO-CH \quad CH-C_6H_5 \\ CH_2-O \end{array}$

$\xrightarrow{RCOCl}$

II $\quad \begin{array}{l} CH_2-O \\ RO-CO-CH \quad CH-C_6H_5 \\ CH_2-O \end{array}$

$\xrightarrow{+2H_2} \quad +C_6H_5CHO$

III $\quad \begin{array}{l} CH_2-OH \\ CH-OCOR \\ CH_2-OH \end{array}$

$\xrightarrow{H_2O}$

IV $\quad \begin{array}{l} CH_2-OCOR \\ CH-OH \\ CH_2-OH \end{array} + C_6H_5CHO$

$+(CH_3)_2CO$

VII $\quad \begin{array}{l} CH_2OCOR \\ CH-O \\ CH_2-O \end{array} C(CH_3)_2$

$\xrightarrow{(CH_3)_2CO, Na_2SO_4}{HCl} \quad +C_6H_5CH_3$

V $\quad \begin{array}{l} CH_2-O \\ ROCO-CH \quad C=(CH_3)_2 \\ CH_2-O \end{array}$

$\xrightarrow{(CH_3)_2CO}{CuSO_4}$

VI $\quad \begin{array}{l} CH_2-O \\ HO-CH \quad C=(CH_3)_2 \\ CH_2-O \end{array}$

$\xrightarrow{KOH}$

---

[1] SIMMEL u. KING: S. S. 243.

[2] Von Monoglyceriden anorganischer Säuren zeigt das α-Nitrat den höheren Schmelzpunkt, 58—59°, während das β-Isomere bei 54° schmilzt. KAST: Ber. Dtsch. chem. Ges. 41, 1107 (1908). [3] REWADIKAR u. WATSON: Journ. Ind. chem. Soc., A, 13, 128 (1930).

[4] Chimie org. fondée s. l. synthèse Bd. 2, 67 (1860).

260⁰ schließlich durch Umestern von natürlichem *Tristearin* mit Glycerin bei 200⁰. Nach dem heutigen Stand der Kenntnis ist, in Anbetracht der Bedingungen, bei keiner dieser Operationen einfacher Reaktionsverlauf und Bildung eines einheitlichen Produktes zu erwarten. Man muß vielmehr eine vielleicht verwickelte Folge von Veresterungen, intermolekularen Umesterungen und intramolekularen Acylverschiebungen annehmen, daher als Produkte bestenfalls Gemische der strukturisomeren Diglyceride, wahrscheinlich mit Beimengungen an Triglyceriden.

Weniger tumultuarisch verlaufen die Umsetzungen der Dihalogenhydrine mit fettsauren Salzen und der Austausch von Halogen in den Estern der Glycerinmonohalogenhydrine gegen Hydroxyl. Man glaubte ursprünglich, es handle sich bei diesen beiden Methoden um direkte Substitutionsreaktionen, so daß die Konstitution einer so dargestellten Verbindung durch die ihres Ausgangsproduktes vorbestimmt sei[1]. Diese Meinung wurde erschüttert durch die Vermutung von ABDERHALDEN und EICHWALD[2], daß die Umsetzungen unter intermediärer Glycidbildung verlaufen könnten und sie wurde später durch die Entdeckung der Acylverschiebungen endgültig widerlegt[3].

1. Darstellung aus Glycerin-α,β-dihalogenhydrinen.

Nach GUTH[4] wird die Bromverbindung (2,3-Dibrompropanol-1) mit trockenen Natriumsalzen der Fettsäuren mehrere Stunden auf über 100⁰, meistens beträchtlich höher, erhitzt.

$$C_3H_5(OH)Br_2 + 2\ RCOONa = 2\ NaBr + C_3H_5(OH)(OCOR)_2.$$

Man kann auch die Kaliumsalze verwenden, Blei- und Silberseifen geben dagegen viel schlechtere Resultate. Glycerin-α,β-dichlorhydrin reagiert in gleicher Weise, nur träger.

Die Reaktion galt früher als die beste, ist aber tatsächlich am unzuverlässigsten. Einerseits kann infolge einer Acylverschiebung auch α,γ-Diglycerid entstehen[5]. Andererseits kann die Bildung von α,γ-Diglycerid außer durch Umlagerung auch in anderer Weise vor sich gehen: Spaltung des Dibromhydrins (I) in Epihydrinbromid (II) und Bromwasserstoff, der sogleich Fettsäure in Frei-

[1] Nur HANSEN (Ztschr. Hyg., Infekt.-Krankh. **42**, 1 [1902]) zog in Betracht, daß die primären Produkte umgelagert werden könnten und VAN ELDIK-THIEME (s. S. 247) gab an, aus α,γ-Dichlorhydrin vorwiegend α,β-Dilaurin erhalten zu haben. [2] Ber. Dtsch. chem. Ges. **48**, 1849 (1915).

[3] E. FISCHER: Ber. Dtsch. chem. Ges. **53**, 1621 (1920).

[4] Ztschr. Biol. **44**, N. 26, I, 78, 89 (1903).

[5] Bestätigt durch A. FAIRBOURNE: Journ. chem. Soc. London **1930**, 369.

heit setzt; Anlagerung der Fettsäure an II, wobei das Acyl in die α-Stelle tritt unter Bildung von α-Monobromhydrinester (III); hierauf bzw. daneben Ersatz des zweiten Bromatoms durch Acyl unter Bildung des α,γ-Diglycerids (IV). Das α,γ-Diglycerid kann vielleicht auch über den β-Monobromhydrinester (V) und den Ester des Epihydrinalkohols (VI) gebildet werden; ebenso könnte wie aus I auch aus V das α,β-Diglycerid (VII) entstehen.

Infolge des Auftretens freier Fettsäure kann Diglycerid weiter verestert werden zum Triglycerid, schließlich kann — in noch nicht aufgeklärter Weise, vielleicht aus einer Beimengung von Monobromhydrin — auch Monoglycerid entstehen. Alle diese möglichen Produkte wurden tatsächlich nachgewiesen[1].

Bei der möglichst quantitativen Aufarbeitung eines Großversuches zur Umsetzung von α,β-Dibromhydrin mit Kaliumstearat (bei 140⁰ in Dekalinlösung) wurden gefunden[2]: 74% Gesamtausbeute an Reaktionsprodukten (Rest nicht umgesetzt), und zwar rund 25% α,β-Distearin, 25% α,γ-Distearin, *12% Monostearin, 6% Tristearin und 6% Bromverbindungen.*

2. Darstellung aus Glycerin-α,γ-dichlorhydrin[3].

Die Umsetzung mit fettsauren Salzen erfolgt unter ähnlichen Bedingungen wie die von α,β-Dibromhydrin durch mehrstündiges (meist vielstündiges) Erhitzen auf 140—150⁰. Dabei kann die FISCHERsche Acylverschiebung von β nach α nicht stören. Sie ist vielmehr von Nutzen, wenn dem Dichlorhydrin das α,β-Isomere beigemengt ist. Dasselbe gilt für die etwaige intermediäre Glycidbildung. Die Reaktionsprodukte, zum mindesten die mit Acylen höherer Fettsäuren[4], enthalten aber trotzdem neben α,γ-Diglycerid (und kleinen Mengen freier Säure sowie Triglycerid) auch nennenswerte Mengen α,β-Diglycerid. Ein Beweis, daß, wie S. 235 angegeben, die Acylverschiebung nach beiden Richtungen erfolgen kann, von α nach β ebenso wie von β nach α. Nach den Schmelzpunkten der Produkte zu schließen, entsteht aus α,γ-Dihalogenhydrin sogar mehr unsymmetrisches Diglycerid, als aus α,β-Dibromhydrin: Das Distearin aus der ersteren Verbindung schmilzt nach GUTH bei 72,5⁰, das aus der zweiten bei 74,5⁰; reines α,β-Distearin zeigt den Schmelzpunkt 69⁰, reines α,γ-Distearin 79⁰. Dabei ist zu beachten, daß die Mischschmelzpunkte isomerer Diglyceride zwischen den Schmelzpunkten der Komponenten liegen.

Die Methode ist trotzdem zur Darstellung reiner α,γ-Diglyceride anwendbar, weil sich dieselben von den beigemengten Isomeren und anderen, geringeren Beimengungen durch fraktionierte Kristallisation verhältnismäßig leicht abtrennen lassen.

Unter Einhaltung von Vorsichtsmaßregeln, wie Ausschalten des Luftsauerstoffs durch eine Wasserstoffatmosphäre, gelang es so, auch reine Diglyceride von mehrfach-ungesättigten Säuren darzustellen[5]. Dieselben können ferner auf dem Umweg über ihre Bromadditionsprodukte erhalten werden, indem man z. B. nach dem Vorgange von GRÜN und SCHÖNFELD Linolsäure in die 9,10,12,13-Tetrabromstearinsäure überführt, deren Kaliumsalz mit Glycerindihalogenhydrin umsetzt und das entstehende Glycerid entbromt. Die Entbromung ist aber kaum ohne Nebenreaktionen durchzuführen.

[1] S. auch RENSHAW: Journ. Amer. chem. Soc. **36**, 537 (1914).
[2] GRÜN u. LIMPÄCHER: Unveröffentlichte Untersuchung. Es ist zu beachten, daß bei nicht vollständiger Aufarbeitung der Diglyceride nur das schwerer lösliche α,γ-Distearin gefunden und quantitative Umlagerung vorgetäuscht werden kann.
[3] GUTH: S. S. 245.
[4] Die Acyle aromatischer Säuren zeigen geringere Tendenz zur Wanderung; vielleicht auch die der niedrigen, aliphatischen Säuren, z. B. WEGSCHEIDER: Monatsh. Chem. **34**, 449 (1913).   [5] AD. GRÜN u. H. SCHÖNFELD, Ztschr. angew. Chem. **29**, 37, 46 (1916).

3. Darstellung aus Glycerin-α-monohalogenhydrinen.

Nach dieser mehrfach variierten Methode führt man in das Halogenhydrin zwei Fettsäurereste ein und ersetzt dann Halogen durch Hydroxyl. Grün und Theimer[1] acylierten zuerst durch Darstellung des Glycerin-monochlorhydrin-di-schwefelsäureesters und Umesterung desselben mit Fettsäuren, später durch Umsetzung mit Säurechlorid. Zum Austausch des Chlors gegen Hydroxyl erhitzten sie die Schmelze mit frischgefälltem Silbernitrit (vgl. Synthese von Monoglyceriden, S. 240).

Van Eldik-Thieme[2] variierte diese Methode, ebenso E. Fischer[3], der statt der Schmelze die wäßrig-alkoholische Lösung des Diacylojodhydrins mit Silbernitrit umsetzte.

Schließlich zeigte sich, daß bei vorsichtiger Arbeitsweise statt Silbernitrit auch frischgefälltes Silberoxyd angewendet werden kann, ohne daß dabei merkliche Verseifung eintritt[4]. Verreibt man das knapp auf seinen Schmelzpunkt erhitzte Diacylo-jodhydrin mit der berechneten Menge frischgefällten, feuchten Silberoxyds, so erfolgt schnell unter beträchtlicher Wärmeentwicklung die Umsetzung im Sinne der Gleichung:

$$C_3H_5J(OCOR)_2 \xrightarrow{\text{Ag}_2\text{O} + \text{H}_2\text{O}} C_3H_5(OH)(OCOR)_2$$

Wie S. 233 angegeben, erfolgt dabei Wanderung des ursprünglich, d. h. im Diacylo-halogenhydrin, an der β-Stelle haftenden Acyls nach α unter Freiwerden des β-Hydroxyls[5]. Diese Acylverschiebung verläuft allerdings nicht quantitativ oder es erfolgt je nach Umständen teilweise Rückumlagerung, denn die Rohprodukte enthalten, entgegen der geltenden Ansicht, immer eine gewisse Menge α,β-Diglycerid. Trotzdem ist die Reaktion zur Darstellung reiner α,γ-Diglyceride geeignet, wenigstens für die der höheren Fettsäuren. Deren α,γ-Diglyceride sind viel schwerer löslich als die α,β-Isomeren, diese lassen sich daher leicht vollständig abtrennen. Bei nicht quantitativer Aufarbeitung der Mutterlaugen kann allerdings eben deshalb das α,β-Diglycerid der Beobachtung entgehen.

4. Darstellung aus Glycerin-di-schwefelsäureester[6].

Die Veresterung des Glycerins mit Schwefelsäure geht praktisch nur bis zur Bildung des ,,Di-esters". Das Reaktionsgemisch löst Fettsäuren, auch die vom höchsten Molekulargewicht relativ leicht; schon beim mäßigen Erwärmen, höchstens auf 70⁰, erfolgt Umesterung im Sinne der Gleichung:

$$C_3H_5(OH)(OSO_3H)_2 + 2R \cdot COOH = 2H_2SO_4 + C_3H_5(OH)(OCOR)_2,$$

deren Ausmaß dem Molekulargewicht der Säure proportional ist[7]. So betrugen die Ausbeuten an Dilaurin, Dimyristin, Dipalmitin, Distearin: 34%, 46%, 52% und 76% der Theorie.

Mono- und Triglyceride bilden sich nur in ganz geringer Menge, aber die Produkte sind nicht reine α,γ-Diglyceride, sondern enthalten auch α,β-Isomere.

5. Darstellung aus Monoglyceriden durch innere Umesterung.

Wegscheider und Zmerzlikar vermuteten bereits, daß Monoacetin bei der Destillation in Glycerin und Diacetin zerfallen könnte[8]. Daß sich Mono-

[1] Ber. Dtsch. chem. Ges. 40, 1792 (1907). — S. auch Grün u. Reinhardt, Reinhardt: Inaug.-Diss. Zürich. 1909. [2] Journ. prakt. Chem. (2), 85, 292 (1912).
[3] Ber. Dtsch. chem. Ges. 53, 1621 (1920).
[4] Grün u. Hübner: Unveröffentlichte Untersuchung.
[5] Sowohl bei der Umsetzung mit Silberoxyd wie mit Silbernitrit erfolgt Acylverschiebung; diese kann deshalb nicht nur durch H·-Ionenkatalyse (Bergmann u. Carter: Ztschr. physiol. Chem. 191, 214 [1931]) bewirkt werden.
[6] Grün: Ber. Dtsch. chem. Ges. 38, 2284 (1905). [7] Grün u. Schacht: Ber. Dtsch. chem. Ges. 40, 1778 (1907). [8] Monatsh. Chem. 34, 451 (1913).

glyceride höherer Fettsäuren tatsächlich disproportionieren, fanden GRÜN und CZERNY[1]. Erhitzt man ein Monoglycerid im Vakuum auf etwa 200°, so destilliert Glycerin ab, Diglycerid bleibt zurück; es erfolgt somit eine Umesterung, bei der ein Molekül als Ester, ein zweites als Alkohol fungiert:

$$2\,C_3H_5(OH)_2(OCOR) = C_3H_5(OH)(OCOR)_2 + C_3H_5(OH)_3.$$

Es ist denkbar, daß sich erst zwei Moleküle Monoglycerid aneinander lagern unter Bildung des Diesters einer Orthocarbonsäure, der sich dann aufspaltet. Etwa nach dem Schema:

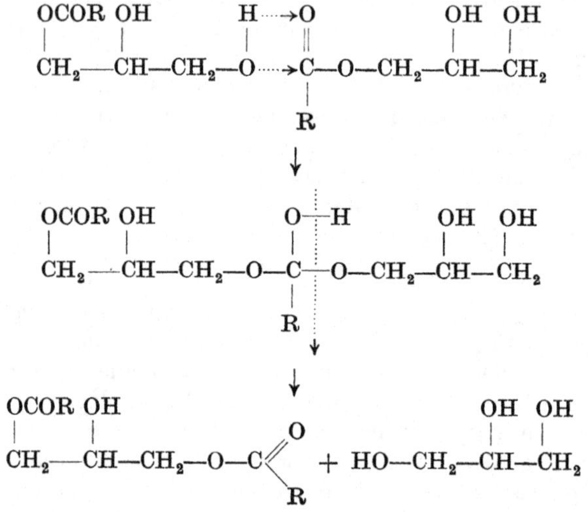

Damit soll jedoch nicht ausgedrückt werden, daß nur α,γ-Diglyceride entstünden.

b) Synthese reiner α,β-Diglyceride.

1. Darstellung aus γ-Amino-propylenglykol.

Die Ausarbeitung dieser Methode durch E. ABDERHALDEN und E. EICHWALD[2] ist eine der wichtigsten Etappen in der Entwicklung der Fettsynthese. Zur vorübergehenden Ausschaltung eines der beiden primären Glycerinhydroxyle ersetzt man es durch die Aminogruppe, d. h. man geht vom Aminopropylenglykol (3-Aminopropandiol-1,2) aus. Das Glykol wird diacyliert (durch Überführung in den Di-schwefelsäureester und darauf Umesterung mit Fettsäure), dann in üblicher Weise mittels Nitrit und Mineralsäure die Aminogruppe durch Hydroxyl ersetzt:

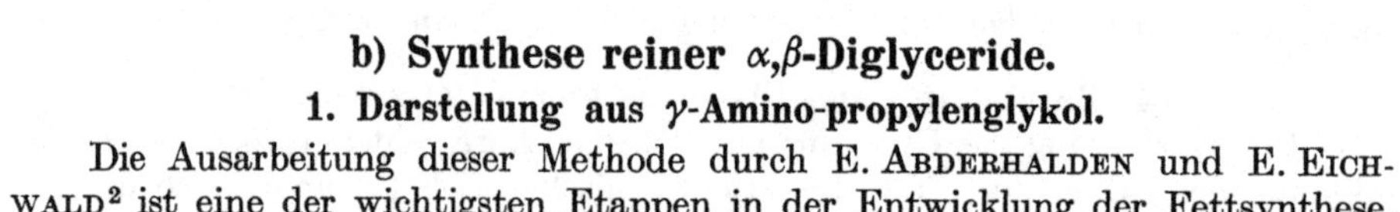

Dabei tritt keine oder keine vollständige Acylverschiebung ein, denn aus optischaktivem Material, d- und l-Aminopropylenglykol, wurden die optisch-aktiven Diglyceride erhalten, und zwar die d- und l-Antipoden von α,β-Dibutyrin und α,β-Dicapronin (s. auch S. 266). Derivate höherer Fettsäuren wurden so noch nicht synthetisiert.

---

[1] GRÜN: Vortrag in der Hauptversammlung des Vereins Deutscher Chemiker; Referat: Ztschr. angew. Chem. **38**, 827 (1925).

[2] Ber. Dtsch. chem. Ges. 48, 1847 (1915). Über einen Versuch zur Darstellung von Diglyceriden aus Epihydrinalkohol s. dieselben; Ber. Dtsch. chem. Ges. **47**, 2888 (1914).

2. Darstellung aus 2-Phenyl-5-methylol-oxazolidin.

Noch vor Ausarbeitung der auf S. 242 beschriebenen Oxazolidinmethode gelang M. Bergmann[1] die erste, vollkommen zwangsläufige Synthese eines α,β-Diglycerids auf folgendem Wege:

Das durch Kondensation von γ-Aminopropylenglykol mit Benzaldehyd dargestellte Produkt (I) wird in Pyridinlösung mittels Säurechlorid in sein O,N-Diacylderivat (II) überführt. Dieses gibt mit ätherischer Salzsäure unter Benzaldehydspaltung das O,N-Diacylo-γ-aminopropylenglykol (III). Aufeinanderfolgende Einwirkung von Phosphorpentachlorid und wäßriger Salzsäure bewirkt eine kompliziert verlaufende Umlagerung, deren einfaches Ergebnis ist, daß das an Stickstoff gebundene Acyl und der Wasserstoff der Hydroxylgruppe ihre Plätze vertauschen[2]; wahrscheinlich entsteht zunächst ein Imidchlorid (IV), aus diesem durch HCl-Abspaltung ein cyclischer Iminoäther (V), der sich unter Aufnahme von einem Molekül H_2O zum O,O-Diacylo-γ-aminopropylenglykol (VI) aufspaltet. Ersatz der Aminogruppe durch Hydroxyl ergibt das Diglycerid (VII).

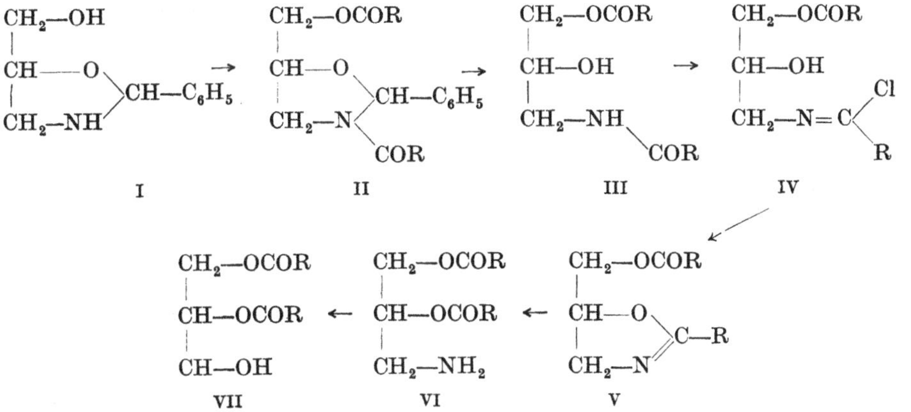

Wenn man von optisch-aktivem Material ausgeht oder besser erst nach den Substitutionen am asymmetrischen C-Atom das letzte Zwischenprodukt (VI) in die Antipoden spaltet, erhält man aus diesen beim Austausch der Aminogruppe gegen Hydroxyl, optisch-aktive Glyceride. So wurde α,β-Dibenzoin erhalten, Diglyceride von Fettsäuren dagegen noch nicht dargestellt. (Über die Variation der Methode zwecks Darstellung zweisäuriger Diglyceride s. S. 251.)

3. Darstellung aus Glycerin-α-triphenylmethyläther.

Diese Verbindung, kurz als Glycerin-trityläther (I) bezeichnet, bereiteten B. Helferich und Sieber[3] aus Glycerin und Triphenylmethylchlorid und veresterten sie mittels Säurechlorid, worauf die Ester, z. B. das Dibenzoylderivat (II), mittels Bromwasserstoff bei 0^0, unter Abspaltung des Tritylrestes als Bromid, in Diglyceride übergeführt wurden. Ester aromatischer Säuren geben so tatsächlich die erwarteten Verbindungen, z. B. gibt der Dibenzoylester das α,β-Dibenzoin (III).

[1] Bergmann, Brand u. Dreyer: Ber. Dtsch. chem. Ges. **54**, 936 (1921). — Bergmann: Ztschr. physiol. Chem. **137**, 27 (1924).
[2] S. auch M. Bergmann u. E. Brand: Ber. Dtsch. chem. Ges. **56**, 1280 (1923).
[3] Ztschr. physiol. Chem. **170**, 31 (1927).

$$
\begin{array}{ccc}
\mathrm{CH_2-OC(C_6H_5)_3} & \mathrm{CH_2-OC(C_6H_5)_3} & \mathrm{CH_2-OH} \\
| & | & | \\
\mathrm{CH-OH} \quad\longrightarrow\quad & \mathrm{CH-OCOC_6H_5} \quad\longrightarrow\quad & \mathrm{CH-OCOC_6H_5} \\
| & | & | \\
\mathrm{CH_2-OH} & \mathrm{CH_2-OCOC_6H_5} & \mathrm{CH_2-OCOC_6H_5} \\
\text{I} & \text{II} & \text{III}
\end{array}
$$

Ester von Fettsäuren erleiden aber, wie JACKSON und KING[1] zeigten, Umlagerung in die α,γ-Isomeren.

4. Darstellung durch Umlagerung der α,γ-Diglyceride.

Nach den drei ersten Methoden wurde bisher kein reines α,β-Diglycerid einer höheren Fettsäure (Fettsäure im engeren Sinne des Wortes) dargestellt. Dagegen hat GRÜN[2] an den Beispielen von Dipalmitin und Distearin gezeigt, daß beim Erhitzen der α,γ-Diglyceride für sich allein teilweise Umlagerung erfolgt, so daß z. B. nach zwei Stunden bei 120—140° schon 40—50% in das α,β-Isomere verwandelt ist. Dieses läßt sich auf Grund seiner größeren Löslichkeit vom Unveränderten trennen (z. B. ist die Löslichkeit von α,β-Distearin bei 22,5° in Alkohol 5mal, in Äther $7^1/_2$mal größer als die von α,γ-Distearin). α,γ-Distearin und α,β-Dipalmitin unterscheiden sich von ihren Isomeren auch durch die um 10° niedrigeren Schmelzpunkte. Das α,β-Distearin ist als unsymmetrisches Diglycerid charakterisiert: erstens durch die Spaltbarkeit in optische Antipoden (s. S. 269), zweitens durch Überführung in ein unsymmetrisches Triglycerid, dessen Konstitution einwandfrei nachgewiesen ist: mit Palmitinsäurechlorid entsteht α-Palmito-distearin vom Schmp. 63°, identisch mit dem Produkt, das aus α-Monopalmitin mittels Stearylchlorid erhalten wurde.

c) Synthese reiner α,γ-Diglyceride.

Bei der direkten Veresterung von Glycerin mit zwei Molekülen Säure dürften sich immer vorwiegend, aber doch nicht ausschließlich die α,γ-Diglyceride bilden[3].

Wie oben angegeben, werden aus allen Glycerindihalogenhydrinen und fettsauren Salzen sowie aus den Estern der α-Monohalogenhydrine mittels Silbernitrit oder feuchtem Silberoxyd α,γ-Diglyceride erhalten. Sie bilden sich allerdings nicht ausschließlich, können aber von den α,β-Isomeren auf Grund ihrer geringeren Löslichkeit leicht abgetrennt und rein gewonnen werden. Dasselbe gilt für die durch Umlagerung aus den α,β-Diglyceriden dargestellten Verbindungen.

Zur direkten Synthese, ohne Umlagerung infolge oder während der Bildungsreaktion dient die

Darstellung aus Dioxyaceton.

Nach GRÜN und WITTKA[4] wird Dioxyaceton (I) in das Diacylderivat (II) verwandelt, das durch katalytische Hydrierung das symmetrische Diglycerid (III)

---

[1] Journ. Amer. chem. Soc. **55**, 678 (1933).

[2] Vortrag vor der 15. Hauptversammlung des J. V. L. J. C. in Wien am 7. X. 1926; Collegium **681**, 1 (1927). — GRÜN u. KIRSCH, s. ARNO KIRCH: Inaug.-Diss. Dresden. 1928. — E. FISCHER hat bereits (Ber. Dtsch. chem. Ges. **53**, 1636 [1912]) ausgesprochen, daß „die Erscheinungen, die GRÜN bei den Diacylderivaten des Glycerins bezüglich der Änderungen des Schmelzpunktes beobachtet hat", auf Acylwanderungen beruhen könnten.

[3] Betr. Diacetin s.: R. WEGSCHEIDER u. ZMERZLIKAR: Monatsh. Chem. **34**, 1066 (1913). — Vgl. SEELIG: Ber. Dtsch. chem. Ges. **24**, 3466 (1891).

[4] Vorläufige Mitteilung: Referat Chem.-Ztg. **50**, 753 (1926); s. auch Collegium **1927**, Nr. 681.

gibt. Wird bei der Hydrierung höhere Temperatur vermieden, so erfolgt keine Umlagerung, andernfalls enthält das Produkt eine gewisse Beimengung von α,β-Isomeren. Die Konstitution des Diglycerids ergibt sich daraus, daß es durch Chromsäure zum Diacyl-dioxyaceton oxydiert wird, identisch mit dem Zwischenprodukt II; ferner durch die Identität mit den auf anderem Wege dargestellten Präparaten von α,γ-Diglycerid.

$$
\begin{array}{ccc}
CH_2-OH & CH_2-OCOR & CH_2-OCOR \\
| & | & | \\
C=O \quad \xrightarrow{\;2\,RCOCl\;} & C=O \quad \underset{+\,O}{\overset{+\,H_2}{\rightleftharpoons}} & CH-OH \\
| & | & | \\
CH_2-OH & CH_2-OCOR & CH_2-OCOR \\
\text{I} & \text{II} & \text{III}
\end{array}
$$

Schmelzpunkte von einsäurigen Diglyceriden.

Beispiele für Schmelzpunkte symmetrischer gleichsäuriger Diglyceride:

Dilaurin	57^0	Distearin	$79,1^0$
Dimyristin	$64,4^0$	Di-(9,10,12,13-tetrabrom-)stearin	72^0
Dipalmitin	$72,6^0$	Di-(p-nitrobenzoyl-)glycerin	136—137^0

Beispiele für Schmelzpunkte unsymmetrischer gleichsäuriger Diglyceride:

Dipalmitin .... $61,8^0$
Distearin .... 69^0

Die Schmelzpunkte liegen übereinstimmend etwa 10^0 unter denen der α,γ-Isomeren. Wahrscheinlich ist auch das frisch dargestellt bei 40^0, nach längerem Lagern bei 45^0 schmelzende Dilaurin[1] das reine α,β-Isomere, das folglich 12^0 tiefer als die α,γ-Verbindung schmilzt. — Ähnlichen Unterschied zeigen selbst die Diglyceride der Salpetersäure, die α,γ-Verbindung schmilzt bei 26^0, die α,β-Verbindung ist bei Raumtemperatur noch flüssig[2].

C. Zweisäurige Diglyceride.

a) Zweisäurige α,β-Diglyceride.

Ihre Synthese gelang M. BERGMANN[3] auf ähnliche Weise wie die der entsprechenden einsäurigen Verbindungen. In das bereits auf S. 249 beschriebene Zwischenprodukt O,N-Diacyl-γ-aminopropylenglykol (I) wird mittels Säurechlorid ein drittes Acyl, das von den beiden vorhandenen verschieden ist, einge-

$$
\begin{array}{cccc}
CH_2-OCOR^1 & CH_2-OCOR^1 & CH_2-OCOR^1 & CH_2-OCOR^1 \\
| & | & | & | \\
CH-OH \;\longrightarrow & CH-OCOR^2 \;\longrightarrow & CH-OCOR^2 \;\longrightarrow & CH-OCOR^2 \\
| & | & | \quad R^1 & | \\
CH_2-NH-COR^1 & CH_2-NH-COR^1 & CH_2-N=C\;\diagdown & CH_2-NH_2\cdot HCl \\
 & & \qquad\quad OC_2H_5 & \\
\text{I} & \text{II} & \text{III HCl} & \text{IV} \\
& & & \downarrow \\
& & & CH_2-OCOR^1 \\
& & & | \\
& & & CH-OCOR^2 \\
& & & | \\
& & & CH_2-OH \\
& & & \text{V}
\end{array}
$$

führt. Wird das Triacylderivat (II) mit Phosphorpentachlorid und nachfolgend mit Äthylalkohol behandelt, so erfolgt (vielleicht unter intermediärer Bildung eines Iminoätherhydrochlorids [III]) Ablösung des Acyls vom Stickstoff und Bildung des O,O-Diacyl-γ-aminopropylenglykol-hydrochlorids (IV), das mit Nitrit das zweisäurige Diglycerid (V) gibt.

---

[1] GRÜN: Ber. Dtsch. chem. Ges. **45**, 3696 (1912).
[2] KAST: Ber. Dtsch. chem. Ges. **41**, 1107 (1908).
[3] Ztschr. physiol. Chem. **137**, 27 (1924); s. auch Ber. Dtsch. chem. Ges. **54**, 963 (1921).

Nach dieser Methode wurden bisher nur Diglyceride aromatischer Säuren dargestellt, wie α-Benzoyl-β-[p-nitrobenzoyl]-glycerin, Schmp. 118^0; ferner die Zwischenprodukte für die Synthese der Fettsäureglyceride.

Das auf anderem Wege, aus α-Myristo-β-stearo-glycerin-γ-chlorhydrin mittels Silbernitrit erhaltene und als α-Myristo-β-stearin beschriebene Präparat[1] sollte nunmehr als dessen Umlagerungsprodukt, das α,γ-Isomere betrachtet werden. Es schmilzt aber bei 58^0, wie für die α,β-Verbindung zu erwarten ist, weil das α,γ-Isomere bei 67^0 schmilzt.

b) Zweisäurige α,γ-Diglyceride.

Zur ersten Synthese veresterten GRÜN und v. SKOPNIK[2] im Glycerin-α-monochlorhydrin das primäre Hydroxyl mittels Säurechlorid und tauschten im Ester das Chloratom, durch Umsetzen mit dem Kaliumsalz einer anderen Säure, gegen ein zweites Acyl aus:

$$\begin{array}{ccccccc}
CH_2-Cl & & & & & & CH_2-OCOR^2 \\
| & & & & & & | \\
CH-OH & + & R^2 \cdot COOK & = & KCl & + & CH-OH \\
| & & & & & & | \\
CH_2-OCOR^1 & & & & & & CH_2-OCOR^1
\end{array}$$

Diese Ausführungsform hat den Nachteil, daß beim notwendigen stundenlangen Erwärmen auf 120^0 oder darüber teilweise Umlagerung des α,γ-Diglycerids in das α,β-Isomere eintritt. Ferner ist die intermediäre Bildung von Glycidester und Chlorwasserstoff möglich, wodurch freie Fettsäure und weiterhin etwas Triglycerid entstehen kann. Anwendung von Jodhydrin ist vorteilhafter, man setzt dieses aber noch besser nach dem zweiten Verfahren um:

Die zweite Methode, von GRÜN, WOHL und KIRCH[3], ist eine Verbesserung der Reaktionsfolge, die ursprünglich für die Darstellung von α,β-Diglyceriden ausgearbeitet wurde[4], bei der jedoch nach E. FISCHER[5] α,γ-Diglyceride entstehen.

Glycerin-α-monojodhydrin wird vorsichtig mit weniger als der für 1 Mol. berechneten Menge Säurechlorid in den Monoester (I) übergeführt, dieser durch ebenso behutsames Acylieren mit dem Chlorid einer anderen Säure, in den Diester (II). Beim Erwärmen auf 100^0 mit der berechneten Menge feuchten Silberoxyds (vgl. S. 247) erfolgt schnell, ohne Esterspaltung, Austausch von Jod gegen Hydroxyl. Dabei erfolgt — wie bei der Einwirkung von Silbernitrit — Acylwanderung, es entsteht α,γ-Diglycerid (III):

$$\begin{array}{ccccc}
CH_2-J & & CH_2-J & & CH_2-OCOR^2 \\
| & & | & & | \\
CH-OH & \longrightarrow & CH-OCOR^2 & \longrightarrow & CH-OH \\
| & & | & & | \\
CH_2-OCOR^1 & & CH_2-OCOR^1 & & CH_2-OCOR^1 \\
I & & II & & III
\end{array}$$

Auch im Falle gleichzeitiger Bildung der Isomeren kann man so leicht reine α,γ-Diglyceride isolieren, weil sich die leichter löslichen α,β-Isomeren ohne weiteres durch Fraktionieren abtrennen lassen.

---

[1] GRÜN u. SCHREYER: Ber. Dtsch. chem. Ges. **45**, 3425 (1912).

[2] Ber. Dtsch. chem. Ges. **42**, 3756 (1909).

[3] HANS WOHL: Inaug.-Diss. Technische Hochschule München. 1927. — S. auch ARNO KIRCH: Inaug.-Diss. Technische Hochschule Dresden. 1928.

[4] GRÜN u. SCHREYER: Ber. Dtsch. chem. Ges. **45**, 3420 (1912).

[5] Ber. Dtsch. chem. Ges. **53**, 1624 (1921). Die Vermutung, daß sich *nur* α,γ-Diglyceride bilden, ist wenigstens für die ältere Ausführungsform nicht ganz zutreffend (Verwendung von Chlorhydrin, daher höhere Temperatur, bei der schon Rückumlagerung einsetzt).

Die Konstitution der Produkte ergibt sich einwandfrei daraus, daß (wegen der Gleichwertigkeit der beiden primären Stellen), unabhängig von der Reihenfolge, in der zwei verschiedene Acyle in das Molekül eingeführt werden, immer dieselbe Verbindung entsteht. So geben z. B. α-Stearo-β-myristo-jodhydrin (I) und α-Myristo-β-stearo-jodhydrin (II) dasselbe Myristostearin (III). (Vollständige Übereinstimmung der Schmelzpunkte und des Mischschmelzpunktes, ferner der Derivate, wie z. B. des Diphenylurethans und verschiedener Triglyceride.) Träte keine Acylverschiebung ein, so müßte aus I das α,β-Diglycerid IV entstehen, dagegen aus II ein mit IV isomeres α,β-Diglycerid V:

$$
\begin{array}{llll}
CH_2\text{—}J & CH_2\text{—}OCOC_{13}H_{27} & CH_2\text{—}OCOC_{17}H_{35} & CH_2\text{—}J \\
| & | & | & | \\
CH\text{—}OCOC_{13}H_{27} & \rightarrow \quad CH\text{—}OH & CH\text{—}OH & \leftarrow \quad CH\text{—}OCOC_{17}H_{35} \\
| & | & | & | \\
CH_2\text{—}OCOC_{17}H_{35} & CH_2\text{—}OCOC_{17}H_{35} & CH_2\text{—}OCOC_{13}H_{27} & CH_2\text{—}OCOC_{13}H_{27} \\
\quad I & \quad III & \quad III & \quad II
\end{array}
$$

$$
\begin{array}{ll}
CH_2\text{—}OH & \qquad\qquad CH_2\text{—}OH \\
| & \qquad\qquad | \\
CH\text{—}OCOC_{13}H_{27} & \qquad\qquad CH\text{—}OCOC_{17}H_{35} \\
| & \qquad\qquad | \\
CH_2\text{—}OCOC_{17}H_{35} & \qquad\qquad CH_2\text{—}OCOC_{13}H_{27} \\
\quad IV & \qquad\qquad\quad V
\end{array}
$$

Die Konstitution der Verbindungen als α,γ-Diglyceride ist auch ein weiterer Beweis dafür, daß aus monoacylierten Glycerin-α-halogenhydrinen durch Austausch des Halogens gegen Hydroxyl die α-Monoglyceride entstehen.

Beispiele für Schmelzpunkte zweisäuriger α,γ-Diglyceride:

x-Lauro-γ-myristin (α-Lauroyl-γ-myristoyl-glycerin) .... Schmp. = 55,9—56,4⁰

α-Lauro-γ-palmitin (α-Lauroyl-γ-palmitoyl-glycerin) .... ,, = 59,2—59,7⁰

α-Lauro-γ-stearin (α-Lauroyl-γ-stearoyl-glycerin) .... ,, = 62,8—63,2⁰

α-Myristo-γ-palmitin (α-Myristoyl-γ-palmitoyl-glycerin)...... ,, = 62,6—63,3⁰

α-Myristo-γ-stearin (α-Myristoyl-γ-stearoyl-glycerin) .... ,, = 66,8—67,3⁰

α-Palmito-γ-stearin (α-Palmitoyl-γ-stearoyl-glycerin) .... ,, = 69,6—70,2⁰

D. Gleichsäurige Triglyceride.

Von allen Arten der Glyceride sind natürlich diese am leichtesten rein zu erhalten. Zu ihrer Darstellung können praktisch fast alle Veresterungsmethoden dienen. Zunächst das schon von BERTHELOT angewendete einfache Erhitzen von Glycerin mit einem sehr großen Überschuß an Fettsäure auf 200⁰ bis (im geschlossenen Rohr) 270⁰, dann die Variationen und Verbesserungen der Methode: Beschleunigung durch Abdestillieren des entbundenen Wassers im Vakuum[1] oder Entfernen desselben mittels eines durchgeleiteten Luft- oder Gasstromes[2]; Katalysieren der Veresterung bei niedriger Temperatur durch Mineralsäuren, β-Naphthalinsulfonsäure, Bisulfat, Zinn usw.; fermentative Veresterung bei Brutwärme oder Raumtemperatur mittels Lipasen[3] (wobei jedoch auch Mono- und Diglyceride entstehen[4]). Statt Glycerin kann Epihydrinalkohol oder Epichlorhydrin verwendet werden, an Stelle der Säure selbstverständlich vorteil-

---

[1] BELLUCCI: Gazz. chim. Ital. II, 42, 290 (1912). — MANZETTI: Atti R. Accad. Lincei (Roma), Rend. (5), 20, I, 127, 237 (1911).

[2] SCHEY: Rec. Trav. chim. Pays-Bas 18, 189 (1899).

[3] HANRIOT: Compt. rend. Acad. Sciences 123, 753, 833 (1896).

[4] KRAUSZ: Ztschr. angew. Chem. 24, 829 (1911). — BOURNOT: Biochem. Ztschr. 65, 156 (1914). — GALEOTTI: Ztschr. physikal. Chem. 80, 245 (1912).

hafter ihr Anhydrid oder Chlorid. Ferner kann ein Salz der Säure mit 1,2,3-Tribrompropan umgesetzt werden, und zwar entweder nach der historisch interessanten Methode von WURTZ[1] das Silbersalz oder besser ein Alkalisalz[2]. Auch mit Estern der Halogenhydrine geben die fettsauren Salze Triglyceride[3]. Schließlich geben auch die Alkylester der Fettsäuren Triglyceride, wenn man sie entweder mit Alkoholat als Katalysator bei niedrigerer Temperatur[4] oder ohne Katalysator bei etwa 270⁰ mit Glycerin umestert[5].

Selbstverständlich läßt sich jedes Mono- und Diglycerid durch Einwirkung der betreffenden Säure (ihres Anhydrids oder Chlorids) weiter verestern[6]. Anderseits gehen Mono- und Diglyceride auch beim bloßen Erhitzen im Vakuum auf etwa 250⁰ unter Abdestillieren von Glycerin in Triglyceride über[7]. Bis 200⁰ erfolgt innere Umesterung der Monoglyceride zu Diglyceriden (s. S. 248), bei höherer Temperatur disproportionieren sich dieselben im Sinne der Gleichung:

$$3 \ C_3H_5(OH)(OCOR)_2 = C_3H_5(OH)_3 + 2 \ C_3H_5(OCOR)_3.$$

Beispiele für Schmelzpunkte gleichsäuriger Triglyceride[8]:

	β		α
Tricaprin.........	31,5⁰	18⁰	—15⁰
Tri-undecylin.....	30,5⁰	26,5⁰	1⁰
Trilaurin.........	46,4⁰	35,0⁰	15⁰
Tri-tridecylin.....	44,0⁰	41,0⁰	25⁰
Trimyristin......	57,0⁰	46,5⁰	33⁰
Tri-pentadecylin..	54,0⁰	51,5⁰	40⁰
Tripalmitin......	65,5⁰	56⁰	45⁰
Trimargarin......	63,5⁰	61,0⁰	50⁰
Tristearin........	71,5⁰	65,0⁰	54,5⁰

E. Zweisäurige Triglyceride.

Zur Synthese beider Typen, der symmetrischen und der unsymmetrischen Glyceride dieser Art, dienen zwei Gruppen von Methoden: 1. Man führt in Mono- oder Diglyceride noch ein anderes Acyl, bzw. noch zwei andere Acyle ein. 2. Man ersetzt in den Estern der Mono- oder Dihalogenhydrine des Glycerins Halogen durch Acyl.

a) Von Mono- und Diglyceriden ausgehende Methoden.

Als Ausgangsprodukte zur Synthese der Derivate echter Fettsäuren standen lange nur die α-Monoglyceride (I) und die α,γ-Diglyceride (II) zur Verfügung. Diese genügten, weil man aus den ersten alle unsymmetrischen Triglyceride (III), aus den anderen alle symmetrischen Triglyceride (IV) erhalten kann. Nunmehr können die unsymmetrischen Verbindungen der höheren Fettsäuren auch aus den α,β-Diglyceriden (V) und die symmetrischen Isomeren aus β-Monoglyceriden (VI) dargestellt werden.

[1] Compt. rend. Acad. Sciences 44, 781; LIEBIGS Ann. 102, 339 (1857). — Über Verwendung von Lösungsmitteln bei dieser Umsetzung s. PARTHEIL u. VELSEN: Arch. Pharmaz. u. Ber. Dtsch. pharmaz. Ges. 238, 267 (1900).

[2] VAN ROMBURGH: Rec. Trav. chim. Pays-Bas 1, 143 (1882). — GUTH: Ztschr. Biol. 44, 95 (1902). — Über die Umsetzung von fettsaurem Natrium mit Glycerin und Phosphorpentachlorid: NEWMAN, TRIKOJUS u. HARKER: Journ. Proceed. Roy. Soc. New-South Wales 59, 293 (1926).

[3] FRITSCH: Ber. Dtsch. chem. Ges. 24, 979 (1891).

[4] E. FISCHER: Ber. Dtsch. chem. Ges. 53, 1634 (1920).

[5] AD. GRÜN: Ber. Dtsch. chem. Ges. 54, 297 (1921).

[6] BERTHELOT: Ann. Chim. (3), 41, 228 (1854).

[7] GRÜN u. CZERNY: Vorläufige Mitteilung: Vortrag in der Hauptversammlung des Vereins Deutscher Chemiker; Referat: Ztschr. angew. Chem. 38, 827 (1925).

[8] Nach CH. E. CLARKSON u. TH. MALKIN: Journ. chem. Soc. London 1934, 666. Wie ersichtlich, alternieren nur die Schmelzpunkte der β-Formen. Über die Darstellung polymorpher (α- und β-) Formen mit einfachem und mehrfachem Schmelzpunkt s. S. 263.

Schema:

$$
\begin{array}{ccccc}
\text{CH}_2\text{—O}A & & \text{CH}_2\text{—O}A & & \text{CH}_2\text{—OH} \\
| & & | & & | \\
\text{CH—OH} & \longrightarrow & \text{CH—O}B & \longleftarrow & \text{CH—O}B \\
| & & | & & | \\
\text{CH}_2\text{—OH} & & \text{CH}_2\text{—O}B & & \text{CH}_2\text{—O}B \\
\text{I} & & \text{III} & & \text{V}
\end{array}
$$

$$
\begin{array}{ccccc}
\text{CH}_2\text{—O}A & & \text{CH}_2\text{—O}A & & \text{CH}_2\text{—OH} \\
| & & | & & | \\
\text{CH—OH} & \longrightarrow & \text{CH—O}B & \longleftarrow & \text{CH—O}B \\
| & & | & & | \\
\text{CH}_2\text{—O}A & & \text{CH}_2\text{—O}A & & \text{CH}_2\text{—OH} \\
\text{II} & & \text{IV} & & \text{VI}
\end{array}
$$

A und B: Acyle.

Aus einheitlichen Ausgangsprodukten werden so einheitliche Triglyceride erhalten, wenn man genügend schonend verestert, d. h. Umlagerungen und Umesterungen vermeidet. Diese Bedingungen wurden früher oft nicht erfüllt, so daß eine größere Zahl dargestellter Verbindungen als die Isomeren der beschriebenen Triglyceride, andere als Gemische zu betrachten sind.

1. Darstellung aus Monoglyceriden.

KRAFFT[1] erhielt zuerst ein aromatisch-aliphatisches Triglycerid durch Benzoylieren von α-Monomyristin und α-Monopalmitin nach SCHOTTEN-BAUMANN, mittels Benzoylchlorid und Natronlauge. Zur Darstellung rein aliphatischer Derivate erhitzte GUTH[2] Monoglyceride mit freier Säure im Vakuum. Weit bequemer ist die Acylierung durch Einwirkung von Säurechlorid auf die mäßig warme chloroformische Lösung des Monoglycerids in Gegenwart von Pyridin[3]; z. B.:

$$
\begin{array}{ll}
\text{CH}_2\text{—O—COC}_{15}\text{H}_{31} & \qquad\qquad \text{CH}_2\text{—O—COC}_{15}\text{H}_{31} \\
| & \\
\text{CH—OH} \qquad + 2\,\text{C}_{11}\text{H}_{23}\text{COCl} \longrightarrow & \text{CH—O—COC}_{11}\text{H}_{23} \\
| & \\
\text{CH}_2\text{—OH} & \qquad\qquad \text{CH}_2\text{—O—COC}_{11}\text{H}_{23}
\end{array}
$$

2. Darstellung aus Diglyceriden.

Nach GUTH (a. a. O.) sowie KREIS und HAFNER[4] erhitzt man α,γ-Diglycerid unter vermindertem Druck mit der Säure, z. B. zehn Stunden auf 200°. Dabei erfolgt aber schon weitgehende Umlagerung und Umesterung; z. B. wird bei der Reaktion von Distearin mit Ölsäure oder Palmitinsäure[5] viel Tristearin erhalten. GRÜN und SCHACHT[6] verwendeten vorteilhafter Säureanhydrid und Säurechlorid, wobei weniger hohe Temperaturen genügen. Am besten erfolgt die Acylierung bei Gegenwart von Pyridin oder Chinolin[7]. In diesem Falle verläuft die Reaktion eindeutig nach dem Schema II → IV (s. oben).

Läßt man Säurechlorid im Überschuß in der Wärme auf Diglycerid einwirken, so erfolgt neben der Veresterung der freien Hydroxylgruppe auch weit-

[1] Ber. Dtsch. chem. Ges. 36, 4343 (1903).   [2] Ztschr. Biol. 44, 98 (1902).
[3] S. z. B. E. FISCHER, BERGMANN u. BÄRWIND: Ber. Dtsch. chem. Ges. 53, 1605 (1920).
[4] Ber. Dtsch. chem. Ges. 36, 2772 (1903).
[5] S. z. B. A. BÖMER: Ztschr. Unters. Nahrungs- Genußmittel 14, 106 (1907); 17, 359 (1909).   [6] Ber. Dtsch. chem. Ges. 40, 1778 (1907).
[7] Z. B. E. FISCHER: Ber. Dtsch. chem. Ges. 53, 1621 (1920).

gehend Verdrängung eines Acyls durch das des Säurechlorids[1] (der erste beobachtete Fall von Glyceridumesterung dieser Art); z. B.:

$$
\begin{array}{l}
CH_2\!-\!O\cdot COC_{11}H_{23} \\
| \\
CH\!-\!OH \qquad\qquad + 2\,C_{13}H_{27}\!-\!C\!\!<^{O}_{Cl} \\
| \\
CH_2\!-\!O\cdot COC_{11}H_{23}
\end{array}
\; = \;
\begin{array}{l}
CH_2\!-\!OCOC_{11}H_{23} \\
| \\
CH\!-\!OCOC_{13}H_{27} \; + \; C_{11}H_{23}COCl \; + \; HCl \\
| \\
CH_2\!-\!OCOC_{13}H_{27}
\end{array}
$$

Man kann somit derart aus symmetrischen Diglyceriden unsymmetrische Triglyceride — und umgekehrt — erhalten. Als Methode ist dies nicht zu empfehlen, weil weiterer Acylaustausch schwer vermeidbar sein wird.

Selbstverständlich kann man auch ein zweisäuriges Diglycerid in ein zweisäuriges Triglycerid überführen, indem man das Chlorid oder das Anhydrid einer der beiden schon mit dem Glycerin veresterten Säuren einwirken läßt. Diese Methode kommt natürlich nur in Betracht, wenn man das Diglycerid durch Verwandlung in ein Triglycerid bekannter Konstitution charakterisieren will. So gelangte man z. B. vom α-Benzoyl-β-p-nitrobenzoyl-glycerin mittels Benzoylchlorid zum β-p Nitrobenzoyl-α,γ-dibenzoyl-glycerin[2].

b) Von Glycerin-halogenhydrinen ausgehende Methoden.

Früher als aus Mono- und Diglyceriden erhielt man bereits reine zweisäurige Triglyceride aus den Estern der Halogenhydrine. Deren Umsetzung mit fettsauren Salzen erfordert zwar energischere Bedingungen, sie kann aber wegen der größeren Stabilität von Ausgangs- und Endprodukten trotzdem ohne Umlagerungen ausgeführt werden. Für die Synthese der *unsymmetrischen* Glyceride wurde fast immer vom α-Monochlorhydrin, bzw. dessen Estern ausgegangen, für die der *symmetrischen* Isomeren vom α,γ-Dichlorhydrin. Natürlich ist aber die Verwendung der Jodderivate bequemer.

$$
\begin{array}{l}
CH_2Cl \\
| \\
CH\!-\!OCOR^1 \quad + \; R^2COOK \; = \; KCl \; + \\
| \\
CH_2\!-\!OCOR^1
\end{array}
\quad
\begin{array}{l}
CH_2\!-\!OCOR^2 \\
| \\
CH\!-\!OCOR^1 \\
| \\
CH_2\!-\!OCOR^1
\end{array}
$$

$$
\begin{array}{l}
CH_2Cl \\
| \\
CH\!-\!OCOR^1 \quad + \; 2\,R^2COOK \; = \; 2\,KCl \; + \\
| \\
CH_2\!-\!Cl
\end{array}
\quad
\begin{array}{l}
CH_2\!-\!OCOR^2 \\
| \\
CH\!-\!OCOR^1 \\
| \\
CH_2\!-\!OCOR^2
\end{array}
$$

1. Darstellung aus Glycerin-α-monochlorhydrin.

Unsymmetrische zweisäurige Triglyceride wurden zuerst rein erhalten von GRÜN und THEIMER[3] durch Verestern von α-Monochlorhydrin und mehrstündiges Erhitzen der Ester mit Salzen anderer Fettsäuren auf mindestens 150°.

Die Konstitution der Triglyceride ergibt sich aus ihrer Identität mit den Verbindungen, die später aus absolut reinen Monoglyceriden durch vorsichtige Veresterung nach der unter *a*, 1 beschriebenen Methode synthetisiert wurden.

Zum Beispiel geben Distearoyl-α-monochlorhydrin (I) und Kaliumlaurinat ein α-Lauro-β,γ-distearin (II) vom Schmp. 49—50°; ein damit identisches Triglycerid erhielt man durch Stearylieren reiner Präparate von α-Monolaurin (III),

---

[1] GRÜN u. SCHACHT: a. a. O. S. 1790.

[2] M. BERGMANN, BRAND u. DREYER: Ber. Dtsch. chem. Ges. **54**, 963 (1921).

[3] Ber. Dtsch. chem. Ges. **40**, 1792 (1907).

die einerseits[1] aus α-Lauryl-β,γ-acetonglycerin (IV), andererseits[2] aus optisch-aktivem Lauroyloxy-oxy-propylamin (V) dargestellt waren:

$$
\begin{array}{lllll}
 & & & & CH_2{-}OCOC_{11}H_{23} \\
 & & & & | \\
 & & & & CH{-}O \\
CH_2{-}Cl & CH_2{-}OCOC_{11}H_{23} & CH_2{-}OCOC_{11}H_{23} & & \quad\quad\quad C(CH_3)_2 \\
| & | & | & \nearrow & CH_2{-}O \\
CH{-}OCOC_{17}H_{35} \rightarrow & CH{-}OCOC_{17}H_{35} \leftarrow & CH{-}OH & & \text{IV} \\
| & | & | & \nwarrow & \\
CH_2{-}OCOC_{17}H_{35} & CH_2{-}OCOC_{17}H_{35} & CH_2{-}OH & & CH_2{-}OCOC_{11}H_{23} \\
\text{I} & \text{II} & \text{III} & & | \\
 & & & & CH{-}OH \\
 & & & & | \\
 & & & & CH_2{-}NH_2 \\
 & & & & \text{V}
\end{array}
$$

Ebenso erwiesen sich als identisch: Laurodimyristin aus Dimyristoyl-α-chlor-hydrin und Kaliumlaurinat[3] mit dem Produkt aus α-Monolaurin und Myristoyl-chlorid[4], ferner das Myristodilaurin aus Dilauroylchlorhydrin und Kalium-myristinat[3] mit dem Produkt aus α-Monomyristin und Lauroylchlorid[4].

Nachdem keine Verschiebung aliphatischer Acyle eintritt, ist um so weniger die Wanderung aromatischer Acyle zu erwarten. Tatsächlich besteht völlige Identität des Präparates von α-Benzo-β,γ-di-(nitrobenzoin) aus α-Monobenzoin und p-Nitrobenzoylchlorid[5] mit dem aus Di-(p-nitrobenzoyl)-α-monojodhydrin und Silberbenzoat[6].

2. Darstellung aus Glycerin-α,γ-dichlorhydrin.

Glyceride aromatischer Säuren erhielt zuerst FRITSCH[7], so aus Benzo-dichlorhydrin und Natriumsalicylat das Benzodisalicylin. Später gelangte GUTH[8] analog zu aromatisch-aliphatisch-acylierten Derivaten, wie Benzo-dibutyrin und Aceto-dibenzoin. Fettsäureglyceride synthetisierten dann GRÜN und WEYRAUCH[9], z. B. aus dem Laurinsäureester des Glycerindichlorhydrins das β-Lauro-α,γ-dipalmitin, analog das β-Myristo-α,γ-dipalmitin und das β-Palmito-α,γ-distearin.

Die älteren Präparate dieser Herstellungsart enthielten vermutlich un-symmetrische Isomere beigemengt, weil das als Ausgangsmaterial verwendete Dichlorhydrin ein wenig α,β-Verbindung enthalten haben dürfte. (Bei der Dar-stellung von Mono- und Diglyceriden kann man allenfalls auch aus weniger reinem Chlorhydrin einheitliche Verbindungen erhalten, einerseits wegen vorzugs-weiser Acylverschiebung von β nach α, andererseits weil die α-Monoglyceride und die α,γ-Diglyceride wesentlich schwerer löslich sind als die betreffenden Isomeren und sich durch Umkristallisieren viel leichter isolieren lassen.)

Bei den rein aliphatischen Verbindungen schmilzt das symmetrische Isomere ohne Ausnahme höher als das unsymmetrische Glycerid, und zwar stimmen die Schmelzpunkts-Differenzen der isomeren Paare in den meisten Fällen gut überein. (Wobei die mehr oder minder große Verschiedenheit der Acyle, die in den Glyce-riden vergesellschaftet sind, in Betracht zu ziehen ist.)

[1] E. FISCHER, BERGMANN u. BÄRWIND: Ber. Dtsch. chem. Ges. **53**, 1603 (1920).
[2] BERGMANN u. SABETAY: Ztschr. physiol. Chem. **137**, 57 (1924).
[3] GRÜN u. THEIMER: S. S. 247.
[4] A. BÖMER u. K. EBACH: Ztschr. Unters. Lebensmittel **55**, 501 (1928).
[5] E. FISCHER: Ber. Dtsch. chem. Ges. **53**, 1629 (1920).
[6] GRÜN u. WIRNITZER: Unveröffentlichte Untersuchung.
[7] D. R. P. 58396 vom 20. VIII. 1890.   [8] S. S. 255.
[9] HANS WEYRAUCH: Inaug.-Diss. Zürich. 1911.

Beispiele für Schmelzpunkte isomerer zweisäuriger Triglyceride[1]:

	Unsymmetrisch	Symmetrisch
p-Nitrobenzoyl-,,dinitroglycerin"	81⁰	94⁰
Benzoyl-di-p-nitrobenzoin	122,5⁰	152,5⁰
p-Nitrobenzoyl-di-benzoin	114⁰	86—87⁰
Acetyl-di-p-nitrobenzoin .... 129—30⁰		161⁰
p-Nitrobenzoyl-distearin	74,5⁰	61⁰
Acetyl-distearin	59⁰	64⁰
Lauro-distearin................	49⁰	59,8⁰
Myristo-distearin	59⁰	65⁰
Palmito-distearin	63⁰	68⁰
Linoleo-distearin	34⁰	42⁰
Caproyl-dipalmitin............	60⁰	66⁰
Lauro-dipalmitin	54,5⁰	64⁰
Lauro-dimyristin	45⁰	49,5⁰
Palmito-dimyristin	53⁰	60⁰
Caproylo-dilaurin	32,6⁰	38,8
Caprylylo-dilaurin	28,4⁰	30,2⁰
Myristo-dilaurin	42,8⁰	50,2⁰
Palmito-dilaurin	44,8⁰	47,8⁰
Stearo-dilaurin	46⁰	51⁰

Von den Triglyceriden der aromatischen Säuren schmilzt dagegen bei dem einen Paar das symmetrische Isomere höher, vom anderen Paar die unsymmetrische Verbindung. Diese Anomalie ist nicht aufgeklärt. (Vielleicht ist das niedriger schmelzende β-(p-Nitrobenzoyl)-α,γ-dibenzoin eine labile Modifikation, vgl. S. 263.)

Dieselbe Unregelmäßigkeit zeigt sich bei den aromatisch-aliphatischen Glyceriden: Das α-Acetyl-β,γ-di-(p-nitrobenzoin) schmilzt um etwa 30⁰ niedriger als das symmetrische Isomere; dagegen liegt der Schmelzpunkt des α-(p-Nitrobenzoyl)-β,γ-distearins etwa 7⁰ über dem des symmetrischen Glycerids.

Wie bei den Diglyceriden, zeigen auch bei den zweisäurigen Triglyceriden die unsymmetrischen Isomeren wesentlich größeres Lösungsvermögen in den gebräuchlichen Solventien. Zum Beispiel lösen sich in je 100 Teilen Alkohol bei 23⁰ vom unsymmetrischen Caproylo-distearin 9 Teile, vom unsymmetrischen nur 3 Teile; vom unsymmetrischen Myristo-dilaurin 1,21 Teile, vom Isomeren nur 0,25 Teile[2].

Die symmetrischen Verbindungen zeigen auch etwas größeres Brechungsvermögen[3]. Zum Beispiel:

$$\alpha\text{-Lauro-}\beta,\gamma\text{-dimyristin} \quad n_D^{70} = 1{,}43798$$
$$\beta\text{-Lauro-}\alpha,\gamma\text{-dimyristin} \quad n_D^{70} = 1{,}43901$$

F. Dreisäurige Triglyceride.

Als Zwischenprodukte der Synthesen können die zweisäurigen α,β- und α,γ-Diglyceride dienen, es ist aber einfacher, die zweisäurigen Ester von Glycerin-α-monohalogenhydrinen zu verwenden.

1. Darstellung aus α,β-Diglyceriden.

M. BERGMANN, BRAND und DREYER[4] vollendeten die Reihe ihrer Glyceridsynthesen nach der Oxazolidinmethode durch Überführung des α-Benzo-β-p-nitrobenzoins in das bei 67—68⁰ schmelzende Aceto-benzo-p-nitrobenzoin (α-Acetyl-β-p-nitrobenzoyl-γ-benzoylglycerin). Sie veresterten mittels Acetylchlorid in Chloroform-Pyridinlösung.

---

[1] Die älteren Angaben über Schmelzpunkte sind vielfach unrichtig, weil keine einheitlichen Verbindungen vorlagen. Es sind aber auch nicht alle Angaben über die nach den neueren Methoden dargestellten Präparate zuverlässig. In einzelnen Fällen mögen die Beobachter nicht beachtet haben, daß die Acylwanderungen nicht quantitativ bzw. nicht nur von der β- zur α-Stellung erfolgen und daß sie auch rein-thermisch ausgelöst werden können.

[2] H. E. ROBINSON, J. N. ROCHE u. C. G. KING: Journ. Amer. chem. Soc. **54**, 705, (1932). — O. E. McELROY u. C. G. KING: Journ. Amer. chem. Soc. **56**, 1191 (1934).

[3] S. insbes. H. P. AVERILL, J. N. ROCHE u. C. G. KING: Ebenda **52**, 365 (1930)

[4] Ber. Dtsch. chem. Ges. **54**, 694 (1921).

Außer diesem „Modell" wurden nach dieser Methode noch keine Triglyceride synthetisiert, grundsätzlich wären so aber auch die Glyceride der Fettsäuren zugänglich.

2. Darstellung aus α,γ-Diglyceriden.

GRÜN und v. SKOPNIK[1] erhielten aus zweisäurigen Diglyceriden, durch Verestern mit dem Chlorid einer dritten Säure, erstmalig dreisäurige Triglyceride.

$$
\begin{array}{lll}
\text{CH}_2\text{—OCOR}^1 & & \text{CH}_2\text{—OCOR}^1 \\
| & \qquad\qquad\quad\; \text{O} & | \\
\text{CH—OH} & + \text{R}^3\text{—C}\big\langle \quad = \text{HCl} + & \text{CH—OCOR}^3 \\
| & \qquad\qquad\quad\; \text{Cl} & | \\
\text{CH}_2\text{—OCOR}^2 & & \text{CH}_2\text{—OCOR}^2
\end{array}
$$

Durch Wechsel der Reihenfolge beim Einführen der drei Acyle Lauroyl, Myristoyl und Stearoyl konnten die drei isomeren Lauro-myristo-stearine dargestellt werden. Sie dürften allerdings nicht rein gewesen sein, was jedoch nur an der Darstellung der Zwischenprodukte nach dem älteren Verfahren lag, dem Umsetzen der Chlorhydrinester mit fettsauren Salzen, wobei teilweise Umlagerung der α,γ- in die α,β-Diglyceride eintreten kann.

Durchaus einheitliche Triglyceride würde man erhalten durch Verestern der reinen α,γ-Diglyceride, die nach dem neueren Verfahren (s. S. 252) aus Diacyljodhydrinen gewonnen werden[2]. Aber aus diesen Zwischenprodukten sind die dreisäurigen Triglyceride nach der folgenden Methode auch direkt erhältlich.

3. Darstellung aus Diacyl-α-monohalogenhydrinen.

Dieses Verfahren von GRÜN und WOHL[3] beruht auf der Feststellung, daß bei der stufenweisen Veresterung von Glycerin-α-monojodhydrin durch aufeinanderfolgende Einwirkung von zwei Säurechloriden zuerst nur die primäre, dann die sekundäre Hydroxylgruppe verestert wird (s. S. 252) und daß beim Umsetzen der so erhaltenen Produkte mit fettsauren Salzen, weil keine freie Hydroxylgruppe zugegen ist, weder durch Acylverschiebung noch wegen Epihydrinbildung, Nebenprodukte entstehen können.

Durch Änderung der Reihenfolge, in der die drei Acyle eingeführt werden, läßt sich jede Verbindung auf zwei Wegen darstellen, was zur Kontrolle wünschenswert ist (siehe nebenstehendes Schema).

$$
\begin{array}{ccc}
\text{—J} & \text{—J} & \text{—OC} \\
\text{—OH} & \rightarrow \quad \text{—OB} & \longrightarrow \quad \text{—OB} \\
\text{—OA} & \text{—OA} & \text{—OA}
\end{array}
$$

$$
\begin{array}{ccc}
\text{—J} & \text{—J} & \text{—OA} \\
\text{—OH} & \longrightarrow \quad \text{—OB} & \dashrightarrow \quad \text{—OB} \\
\text{—OC} & \text{—OC} & \text{—OC}
\end{array}
$$

$\Bumpeq$ = Glycerinrest. A, B, C = Acyle.

Bei Einführung der Acyle in den Reihenfolgen A, C, B und B, C, A ergibt sich das zweite Isomere, durch Einführung in den Reihenfolgen C, A, B und B, A, C das dritte Isomere.

---

[1] Ber. Dtsch. chem. Ges. **42**, 3750 (1909).

[2] Neuerdings synthetisierten P. E. VERKADE und J. VAN DER LEE (Koninkl. Akad. Wetensch. Amsterdam, Proc. **37**, 812 [1934]) die zweisäurigen Diglyceride auf anderem Wege: Man verwandelt α-Monoglycerid nach HELFERICH mittels Tritylchlorid (vgl. S. 249) in α-Acylo-glycerin-γ-trityläther, acyliert diesen mittels Säurechlorid in Pyridin-Chloroform-Lösung zum zweisäurigen α,β-Diacylo-glycerin-γ-trityläther und spaltet dann den Tritylrest durch Bromwasserstoff ab. So entstehen zweisäurige Diglyceride, und zwar aus Derivaten aromatischer Säuren die α,β-Diglyceride und aus Derivaten aliphatischer Säuren infolge Umlagerung die α,γ-Diglyceride. Einführung eines dritten Acyls, das von denen des Diglycerids verschieden ist, gibt ein dreisäuriges Triglycerid.   [3] S. HANS WOHL: Inaug.-Diss. München. 1927.

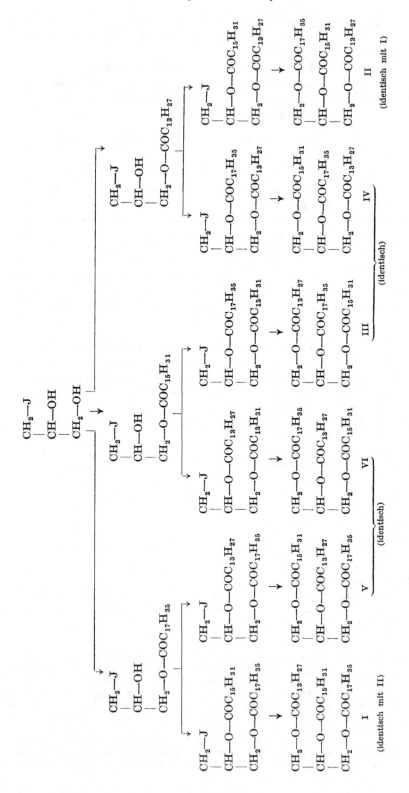

Bei der praktischen Ausführung werden natürlich alle Vorsichtsmaßregeln beachtet. Man führt beide Acylierungen mittels Säurechlorid in Chloroform-Pyridin unter Eiskühlung aus. Zur Umwandlung der Jodhydrinester in die Triglyceride dienen fettsaure Kaliumsalze (Silbersalze sind unvorteilhafter). So wurden die drei möglichen isomeren Triglyceride der Myristin-, Palmitin- und Stearinsäure synthetisiert, jede Verbindung über zwei verschiedene Zwischenstufen[1]:

α-Myristo-β-palmito-γ-stearin (I und II)
α-Myristo-β-stearo-γ-palmitin (III und IV)
α-Palmito-β-myristo-γ-stearin (V und VI).

Die Schmelzpunkte aller drei Isomeren liegen um 57°, sie differieren nur um wenige Zehntelgrade. Die Verschiedenheit der drei Verbindungen ergibt sich aber aus den Mischschmelzpunkten. Die Gemische von je zwei Isomeren (und das Gemisch aller drei Isomeren) zeigen beträchtliche Schmelzpunktdepressionen, sie schmelzen mehrere Grade niedriger als die einzelnen Verbindungen. Dagegen erweisen sich die auf verschiedenen Wegen dargestellten Präparate eines bestimmten Glycerids auch durch die Mischprobe als identisch; Gemische von I und II, von III und IV, von V und VI zeigen *keine* Depression gegenüber dem Schmelzpunkt der Komponenten. In Anbetracht der sehr großen Ähnlichkeit im Bau der drei Isomeren ist es keineswegs überraschend, daß ihre Schmelzpunkte kaum merklich voneinander verschieden sind (vgl. S. 237, Fußnote).

Mit den oben beschriebenen Methoden sind die Möglichkeiten der Darstellung dreisäuriger Triglyceride bestimmter Konstitution durchaus nicht erschöpft. Man könnte zum Beispiel die Methode zur Synthese symmetrischer Diglyceride aus Dioxyaceton (S. 251) derart variieren, daß durch aufeinanderfolgende Einführung von zwei verschiedenen Acylen in Dioxy-aceton über ein Monoacyl-derivat (I) ein zweisäuriges Diacyl-derivat (II) hergestellt wird, das man zum zweisäurigen Diglycerid (III) hydriert, worauf Einführung eines dritten Acyls das dreisäurige Triglycerid (IV) ergibt:

$$
\begin{array}{ccccccc}
\mathrm{CH_2-OH} & & \mathrm{CH_2-OCOR''} & & \mathrm{CH_2-OCOR''} & & \mathrm{CH_2-OCOR''} \\
| & & | & & | & & | \\
\mathrm{C=O} & \rightarrow & \mathrm{C=O} & \rightarrow & \mathrm{CH-OH} & \rightarrow & \mathrm{CH-OCOR'''} \\
| & & | & & | & & | \\
\mathrm{CH_2-OCOR'} & & \mathrm{CH_2-OCOR'} & & \mathrm{CH_2-OCOR'} & & \mathrm{CH_2-OCOR'} \\
\mathrm{I} & & \mathrm{II} & & \mathrm{III} & & \mathrm{IV}
\end{array}
$$

In analoger Weise könnte vielleicht auch Glycerinaldehyd durch Einführung von zwei verschiedenen Acylen, Hydrierung der Carbonylgruppe und Acylierung des neugebildeten Hydroxyls verwendet werden. — Es scheint ferner möglich, vom Epihydrinalkohol (I) auszugehen, den man in den Ester (II) verwandelt, diesen durch Anlagerung von Fettsäure aufspaltet zum Diglycerid (III), das bei weiterer Acylierung das Triglycerid (IV) gibt:

$$
\begin{array}{ccccccc}
\mathrm{CH_2-OH} & & \mathrm{CH_2-OCOR'} & & \mathrm{CH_2-OCOR'} & & \mathrm{CH_2-OCOR'} \\
| & & | & & | & & | \\
\mathrm{CH}\!\!>\!\!\mathrm{O} & \rightarrow & \mathrm{CH}\!\!>\!\!\mathrm{O} & \rightarrow & \mathrm{CH-OH} & \rightarrow & \mathrm{CH-OCOR'''} \\
| & & | & & | & & | \\
\mathrm{CH_2} & & \mathrm{CH_2} & & \mathrm{CH_2-OCOR''} & & \mathrm{CH_2-OCOR''} \\
\mathrm{I} & & \mathrm{II} & & \mathrm{III} & & \mathrm{IV}
\end{array}
$$

Bei allen Synthesen, die über Mono- oder Diglyceride führen, ist jedoch zu berücksichtigen, daß Acylwanderungen eintreten können. Dadurch wird die Brauchbarkeit einer Reaktionsfolge zwar nicht unbedingt beeinträchtigt, nämlich

---

[1] Einige Triglyceride der Capryl-, Laurin- und Myristinsäure haben später nach dem gleichen Schema auch HEIDUSCHKA u. SCHUSTER dargestellt: Journ. prakt. Chem. (2), **120**, 145 (1928).

dann nicht, wenn die Acylverschiebung einmal als solche erkannt wurde und wenn sie immer quantitativ verläuft. Nun hat sich aber bereits bei einigen Substitutionsreaktionen gezeigt, daß wohl Verschiebung eines Acyls erfolgt, aber nicht quantitativ. Ferner können in Glyceriden mit freier Hydroxylgruppe Acylwanderungen nicht nur bei chemischen Umsetzungen eintreten, sondern auch rein thermisch, vielleicht auch durch katalytische Einflüsse ausgelöst werden. Es scheint daher, daß zur Synthese dreisäuriger Triglyceride diejenige Methode am meisten Sicherheit bietet, bei der die intermediäre Darstellung von Mono- und Diglyceriden überhaupt vermieden wird, wie bei der Synthese aus Glycerin-α-monojodhydrin.

Durch die vorliegenden Methoden lassen sich selbstverständlich alle erdenklichen Kombinationen von je drei Fettsäuren mit dem Glycerinrest herstellen. Man kann alle die unzähligen Triglyceride synthetisieren, die in den natürlichen Fetten enthalten sind oder enthalten sein könnten. Ebenso zahllose Glyceride, die sich in der Natur nicht bilden, weil die betreffenden Säuren niemals nebeneinander vorkommen. Man könnte schließlich, sofern es von theoretischen Gesichtspunkten aus interessant wäre, außer den drei durch die verschiedene Stellung der Acyle isomeren Triglyceriden, allfällig weitere Isomere synthetisieren, die sich durch Struktur-Isomerie oder Metamerie der Acyle unterscheiden. (Zum Beispiel: außer den drei Oleo-lauro-stearinen die drei Elaidino-lauro-stearine oder die drei Petroselino-lauro-stearine, dann die mit diesen Verbindungen metameren Oleo-myristo-palmitine oder Oleo-caprylo-behenine, weiterhin die drei Elaidino-myristo-palmitine und die drei Petroselino-caprylo-behenine. Das gäbe allein schon 21 Isomere, ohne die optisch-aktiven Verbindungen.)

Die Ausarbeitung weiterer Methoden, bloß zum Zweck der Darstellung bestimmter chemischer Individuen, scheint unnötig. Wichtig wäre dagegen die Nachbildung der Triglyceridsynthesen, wie sie im lebenden Organismus vonstatten geht. Es handelt sich hier ja wahrscheinlich nicht oder wenigstens nicht nur um die enzymatische Veresterung von Glycerin und Fettsäuren. Besonders interessant wäre die experimentelle Nachprüfung neuerer Vorstellungen über den Lipoidstoffwechsel, z. B. der Annahme, daß sich Lecithine (oder auch andere Glycerophosphatide) mit Sterinestern zu Triglyceriden umsetzen.

G. Polymorphe Glyceride
(Polymere, nichtdefinierte Isomere).

Schon vor 80 Jahren vermuteten DUFFY[1] und HEINTZ[2], daß in erstarrten Schmelzflüssen von Glyceriden, speziell in denen der „doppeltschmelzenden", wie Tristearin, eine Art Isomere vorlägen, die man hierauf auch als stabile und labile Modifikationen[3], Motoisomere[4] oder als polymorphe Formen betrachtete.

Daß ein Glycerid in zwei strukturidentischen Modifikationen von verschiedenen Schmelzpunkten bestehen kann, einer höher schmelzenden stabilen und einer labilen, hat aber erst viel später KAST[5] am Beispiel des Salpetersäuretriglycerids, dem Nitroglycerin gefunden. Unmittelbar darauf wurde von GRÜN und SCHACHT[6] die gleiche Erscheinung bei zweisäurigen Fettsäureglyceriden (Lauro-dimystirin, Myristo-distearin und Myristo-dilaurin) nachgewiesen, wenig später von GRÜN[7] auch bei einem einsäurigen Triglycerid, dem Trilaurin.

Die beiden Modifikationen eines Glycerids unterscheiden sich voneinander durch Schmelzpunkt, Löslichkeit und Stabilität. Die höher schmelzenden und weniger löslichen Formen sind stabiler. Bei den meisten Synthesen, wenigstens nach den älteren Methoden, bilden sich anscheinend beide Modifikationen nebeneinander,

[1] Jahresbericht 1852, S. 507.
[2] Pogg. Ann. **84**, 221; Jahresbericht 1849, S. 342; 1854, S. 447.
[3] O. LEHMANN: Molekularphysik, 1. Bd., S. 198.
[4] KNOEVENAGEL: Ber. Dtsch. chem. Ges. **40**, 515 (1907).
[5] Ztschr. ges. Schieß- u. Sprengstoffwesen **1**, 525 (1906).
[6] Ber. Dtsch. chem. Ges. **40**, 1778 (1907).   [7] Ber. Dtsch. chem. Ges. **45**, 3691 (1912).

je nach den Bedingungen in wechselnden Mischungsverhältnissen. Aber auch beim Lagern der Präparate kann allmähliche Umwandlung einer labilen (enantiotropen) Modifikation in die stabile erfolgen. Dies bewirkt die Erscheinung des sogenannten doppelten Schmelzpunktes und erklärt (soweit es sich nicht um Acylverschiebungen handelt, die bei den einsäurigen Triglyceriden außer Betracht bleiben) die Veränderung des Schmelzpunktes beim Altern von Präparaten. Zum Beispiel wurde beobachtet, daß ein frisch dargestellt bei 42⁰ schmelzendes Oleodistearin nach einem Jahr die Schmelzpunkte 41⁰ und 55⁰ aufwies[1].

Die Bildung der niedriger schmelzenden, leichter löslichen Modifikationen und insbesondere ihrer unterkühlten Schmelzen ist bei Einhaltung schonender Bedingungen, niedriger Temperatur, begünstigt. So wurde durch Umsetzung von Glycerindichlorhydrin mit Kaliumlaurinat bei 140—150⁰ bloß 0,1 g flüssiges Dilaurin neben 17 g festem Präparat (Schmp. 57⁰) erhalten, dagegen aus Glycerin-dischwefelsäure-ester und Laurinsäure bei 50—60⁰ nur flüssiges Dilaurin, das nur allmählich zum geringeren Teil erstarrte[2]. Das bei 57⁰ schmelzende Dilaurin gab mit Laurinsäurechlorid die am höchsten schmelzende, schwerlösliche Modifikation des Trilaurins; das flüssige Dilaurin gab unter den gleichen Bedingungen flüssiges Trilaurin, aus dem sich erst nach monatelangem Stehen die niedrige, schon bei Handwärme schmelzende Modifikation abschied. Mit diesem Befund stimmen die später von CLARKSON und MALKIN[3] für Trilaurin angegebenen Schmelzpunkte 46,5⁰, 15⁰ und 35⁰ gut überein[4].

In anderen Fällen, bei den zweisäurigen Triglyceriden Lauro-dimyristin, Myristodistearin und Myristo-dilaurin, konnten die bei den Synthesen erhaltenen Präparate durch häufiges, 30- bis 40mal wiederholtes Umkristallisieren in je zwei Modifikationen zerlegt werden. Die tiefer schmelzenden, labilen Modifikationen ließen sich durch Impfen ihrer Lösungen mit Spuren der *beide* Schmelzpunkte zeigenden, stabilen Modifikationen in diese umwandeln. Beim Schmelzen oder längerem Lagern können umgekehrt die höher schmelzenden Formen zum Teil in die tiefer schmelzenden übergehen.

Beispiel: β-Lauro-α,γ-distearin.

Labile Form: Schmelzpunkt nach Isolierung 53,5⁰.
            ,,   ,,   4mal Impfen 54⁰ und 68,5⁰.
Stabile Form: ,,   ,,   Isolierung 56,5⁰ und 68,5⁰.

Von den verschiedenen Modifikationen der zweisäurigen Triglyceride erwiesen sich die stabilen Formen von Laurodistearin und Myristodistearin bei der *kryoskopischen* Molekulargewichtsbestimmung als dimer, die entsprechenden labilen Modifikationen als monomer. Dagegen zeigte das stabile Trilaurin kaum das einfache, die flüssige Form nur das halbe Molekulargewicht. Ebenso verhielten sich die entsprechenden Modifikationen des Dilaurins[5]. Möglicherweise handelt es sich hier um verschiedene Einflüsse, die sich auch kompensieren können. Jedenfalls läßt sich nicht behaupten, daß die stabilen Formen einfach Polymere der labilen wären.

Nach den Ergebnissen neuerer, auch röntgenographischer Untersuchungen bestehen alle einsäurigen Triglyceride (wie auch die einfachen Fettsäureester) in je einer monotropen α-Form und einer β-Form; erstere bildet sich im allgemeinen bei rascher Abkühlung heißerer Schmelzen, die andere bei langsamer Abkühlung der wenig über ihren Schmelzpunkt erhitzten Substanz[6]. Dies soll mit einer

---

[1] GRÜN u. SCHACHT: Ber. Dtsch. chem. Ges. **40**, 1782 (1907).   [2] GRÜN: S. S. 247.
[3] CH. E. CLARKSON u. TH. MALKIN: Journ. chem. Soc. London **1934**, 666.
[4] Es ist beachtenswert, daß man aus der niedriger schmelzenden Modifikation des Diglycerids bzw. aus seiner unterkühlten Schmelze durch Acylieren die niedriger schmelzende Modifikation des Triglycerids, ebenfalls in Form der unterkühlten Schmelze, erhalten kann. Ähnliche Neigung zur Bildung unterkühlter Schmelzen wurde auch bei Glyceriden der Benzoesäure und der Salpetersäure beobachtet.
[5] Auch nach der *ebullioskopischen* Methode wurde für Distearin und Tristearin von GRÜN u. LIMPÄCHER nur halbes Molekulargewicht gefunden, während PFEIFFER u. GOYERT (Journ. prakt. Chem., N. F., **136**, 299 [1933]) die normalen Werte feststellten. Vielleicht erfolgt beim Sieden der Lösungen bereits Umlagerung.
[6] CH. E. CLARKSON u. TH. MALKIN: Journ. chem. Soc. London **1934**, 666.

„gabelförmigen" Struktur der Triglyceride zusammenhängen (die beiden endständigen Acyle wären parallel gleichgerichtet, das Acyl an der β-Stelle des
Glycerinrestes um 180⁰ gedreht). Bei allen Triglyceriden von der Caprin- bis
zur Stearinsäure konnten drei Schmelzpunkte beobachtet werden, von denen
der höchste der β-Form, der niedrigste der α-Form entspricht, der mittlere anscheinend weniger gut definiert ist[1]; s. Tab. S. 254.

Die verschiedenen Modifikationen bilden miteinander feste Lösungen. Je
nach den Versuchsbedingungen erhält man diese Mischungen der Modifikationen
in verschiedenen Verhältnissen, deren Schmelzpunkte mehr oder weniger voneinander abweichen. Das erklärt manche Unstimmigkeit in den Schmelzpunkts-
angaben. Vielleicht beruht darauf auch, daß einzelne Beobachter das Bestehen
einer größeren Zahl von Modifikationen eines Triglycerids, bis zu sieben, annehmen[2]. Anderseits ist aber zu erwägen, daß schon die freien Fettsäuren und
ihre Alkylester dimorph sind[3], sowie auch die höhermolekularen Kohlenwasserstoffe in monotropen und enantiotropen (α- und β-) Formen auftreten[4]. Es ist
deshalb nicht unwahrscheinlich, daß Verbindungen, die nicht bloß *eine* längere
Kohlenwasserstoffkette enthalten, sondern *mehrere*, tatsächlich in einer entsprechend größeren Zahl von Modifikationen bestehen können.

H. Optisch-aktive Glyceride.

Die Synthese optisch-aktiver Glyceride ist in mehreren Beziehungen von
großer Bedeutung. Einerseits in strukturchemischer Beziehung, an sich und für
Konstitutionsbestimmungen, z. B. zur Prüfung, ob bei der Synthese einer
asymmetrisch gebauten Verbindung keine Umlagerung zum symmetrischen
Isomeren eintritt. Die sicherste Entscheidung gibt in solchen Fällen die Darstellung der Verbindung in optisch-aktiver Form, und zwar entweder aus aktivem
Ausgangsmaterial unter Vermeidung von Razemisierungen oder durch nachträgliche Spaltung des Produktes in die optischen Antipoden. Anderseits sind
optisch-aktive Fette als Substrate biochemischer Untersuchungen wichtig.

Die aus Pflanzen und tierischen Organen abgeschiedenen Fette, die keine
Glyceride optisch-aktiver Säuren (Ricinolsäure, Chaulmoograsäure usw.) und
keine größeren Mengen aktiver Begleitstoffe enthalten, sind anscheinend inaktiv,
obwohl die meisten oder alle diese Fette zum größeren Teil aus asymmetrisch
gebauten Triglyceriden bestehen dürften[5]. Es ist fraglich, worauf diese Inaktivität beruht, ob die Glyceride schon im Organismus inaktiv sind, weil sich
die Antipoden biosynthetisch gleich leicht, also in gleicher Menge bilden oder
ob erst bei der Abscheidung (jedenfalls sehr schnell verlaufende) Razemisierung

---

[1] Drei verschiedene Schmelzpunkte hatte schon vorher JEFREMOW bei Tristearin
und beim Tripalmitin beobachtet. Ann. Inst. polytechn. Ural **6**, 155 (1927).
Er nimmt deshalb das Bestehen von drei polymorphen Modifikationen an:
beim raschen Abkühlen entstehe die α-Form (Tristearin Schmp. 53,2⁰, Tripalmitin Schmp. 48,4⁰), beim langsamen Abkühlen die β-Form (Tristearin
Schmp. 55,2⁰, Tripalmitin Schmp. 53,8⁰), welche beim vorsichtigen Erwärmen
ohne zu schmelzen in die γ-Form übergingen (Tristearin Schmp. 69,3⁰, Tripalmitin
Schmp. 67,5⁰). Vgl. dagegen die Schmelzpunkte nach CLARKSON u. MALKIN, S. 254.

[2] WEYGAND u. GRÜNTZIG: Ztschr. anorgan. allg. Chem. **206**, 304 (1932); Chem.
Ztrbl. **1932**, II, 1137.

[3] Speziell für die Äthylester wurde Dimorphie von PHILLIPS u. MUMFORD nachgewiesen. Journ. chem. Soc. London **1932**, 898; Chem. Ztrbl. **1932** I, 3259.

[4] P. C. CAREY u. J. C. SMITH: Journ. chem. Soc. London **1933**, 1348.

[5] Vereinzelte Angaben über den Nachweis geringer Aktivität in Glyceriden natürlicher Fette bedürfen der Nachprüfung. Namentlich ist festzustellen, ob den
Glyceriden nicht etwa noch kleine Mengen stark-aktiver Begleitstoffe der Fette
anhaften.

eintritt. Übrigens sind die spezifischen Drehungswerte der Glyceride *höherer* Fettsäuren so gering, daß sich selbst bei einheitlichen, optisch-reinen Verbindungen, wie sie synthetisch erhalten wurden, die Aktivität gar nicht in der üblichen Weise feststellen läßt; es bedarf besonderer Maßnahmen, wie Verwendung von Thionylchlorid als Lösungsmittel. Es scheint deshalb nicht ausgeschlossen, daß sich die etwaigen sehr geringen Rechts- und Linksdrehungen der verschiedenen Glyceride eines natürlichen Fettes praktisch kompensieren.

Für alle Synthesen optisch-aktiver Fette müssen die entsprechenden aktiven Mono- oder Diglyceride dargestellt und weiter verestert werden. Zur Darstellung dieser Mono- und Diglyceride geht man entweder bereits von asymmetrischen, aktiven Glycerinderivaten aus oder es werden geeignete Zwischenprodukte, an denen keine weiteren Substitutionen am asymmetrischen Kohlenstoffatom zu vollziehen sind, in die optischen Antipoden gespalten und diese hierauf in die Mono- bzw. Diglyceride verwandelt. Außerdem können α,β-Diglyceride nach Veresterung mit einer zweibasischen Säure, wie Schwefelsäure, Phthalsäure, also in Form der entsprechenden sauren Triglyceride, mittels optisch-aktiven Basen in die Antipoden gespalten werden. (Die Methode läßt sich vermutlich auch auf α-Monoglyceride anwenden.) Eine biochemische Spaltung ist bisher ebensowenig gelungen wie die symmetrische Synthese mittels Lipasen[1]. Vielleicht weil die Fermente des Aufbaues und Abbaues der Fette keine stereochemische Spezifität besitzen[2].

a) Darstellung aus optisch-aktiven Glycerinderivaten.

1. Methoden von ABDERHALDEN und EICHWALD.

Von der größeren Zahl aktiver Verbindungen wurden bisher als Ausgangsprodukte anzuwenden versucht: Glycerin-α,β-dibromhydrin, Glycerin-α-bromhydrin, Epihydrinalkohol und sogenanntes Amino-glycerin (l-Amino-propandiol-2,3 oder α,β-Dioxy-propyl-γ-amin).

Die Bromhydrine erwiesen sich als ungeeignet, bei ihrer Umsetzung mit fettsauren Salzen verschiedener Art werden nur inaktive Produkte erhalten[3]. Es ist nicht anzunehmen, daß dies eine Folge von Razemisierungen wegen intermediärer Glycidbildung ist, denn bei der Darstellung vom d-Aminoglycerin wird der Glycidring zweimal geschlossen und wieder geöffnet, bei der von l-Aminoglycerin sogar dreimal, ohne Eintreten vollständiger Razemisierung. Vermutlich erfolgt Inaktivierung durch die unter den erforderlichen Reaktionsbedingungen unvermeidliche Acylverschiebung, Bildung symmetrischer Glyceride. Es scheint möglich, daß auch in anderen Fällen der rasche Rückgang des Drehungsvermögens optisch-aktiver Glyceride bis zur völligen Inaktivität, nicht oder nicht nur auf Razemisierung im engeren Sinne des Wortes beruht, sondern auf Acylwanderung vielleicht unter intermediärer Bildung der Koordinationsformen ohne asymmetrisches C-Atom.

Epihydrinalkohol und Aminoglycerin sind im Gegensatz zu den Bromhydrinen sehr geeignete Ausgangsprodukte. ABDERHALDEN und EICHWALD[4] gelang es, aus aktivem Epihydrinalkohol durch Addition niedriger Fettsäuren die ersten aktiven Monoglyceride darzustellen, und zwar in jedem Falle das

---

[1] ABDERHALDEN u. EICHWALD: Ber. Dtsch. chem. Ges. 47, 1858 (1914). Die Angabe bezieht sich selbstverständlich keineswegs auf jene Glyceride, die ein Acyl (oder mehrere) mit asymmetrischem Kohlenstoff enthalten. So konnte NEUBERG das Triglycerid der 9,10-Dibromstearinsäure (dargestellt durch Addition von Brom an Triolein) mittels Pflanzenlipase spalten und die d-Form isolieren (Biochem. Ztschr. 1, 368 [1906]).

[2] ABDERHALDEN u. EICHWALD: Ber. Dtsch. chem. Ges. 48, 1851 (1915).

[3] Ber. Dtsch. chem. Ges. 48, 1849 (1915); s. auch Ber. Dtsch. chem. Ges. 47, 1857, 2880 (1914).   [4] a. a. O.

Antipodenpaar. Ebenso gelangten sie vom aktiven Aminoglycerin durch Acylieren der Hydroxylgruppen und darauffolgenden Austausch der Aminogruppe gegen Hydroxyl zu aktiven α,β-Diglyceriden, von diesen zu Triglyceriden.

Die Darstellung der Ausgangsprodukte ist nicht einfach, aber die Reaktionen verlaufen glatt und ohne beträchtliche Razemisierungen. Der Angelpunkt in der Reaktionsfolge ist das rechtsdrehende Epibromhydrin, das auf folgendem Wege erhalten wird:

Allylsenföl (I) wird durch Salzsäure gespalten, das entstandene Allylamin (II) übergeführt in Aminodibrompropan (III), dieses mittels d-Weinsäure in die Antipoden zerlegt und das Tartrat der d-Verbindung ($[\alpha]_D = +34{,}73^0$) isoliert.

Aus diesem Salz entsteht mittels Natriumnitrit das d-Glycerin-α,β-dibromhydrin (IV), daraus mit konzentrierter Kalilauge das d-Epibromhydrin (V).

$$
\begin{array}{ccccc}
\mathrm{CH_2} & \mathrm{CH_2} & \mathrm{CH_2{-}Br} & \mathrm{CH_2{-}Br} & \mathrm{CH_2{-}Br} \\
\| & \| & | & | & | \\
\mathrm{CH} \longrightarrow & \mathrm{CH} \longrightarrow & \mathrm{CH{-}Br} \longrightarrow & \mathrm{CH{-}Br} \longrightarrow & \mathrm{CH}\!\!\diagdown \\
| & | & | & | & \diagup\!\!\mathrm{O} \\
\mathrm{CH_2{-}N{=}C{=}S} & \mathrm{CH_2{-}NH_2} & \mathrm{CH_2{-}NH_2} & \mathrm{CH_2{-}OH} & \mathrm{CH_2} \\
\mathrm{I} & \mathrm{II} & \mathrm{III} & \mathrm{IV} & \mathrm{V}
\end{array}
$$

Das l-Epibromhydrin kann aus den Mutterlaugen nicht in hochdrehendem Zustand isoliert werden; seine Darstellung durch Spaltung des razemischen Aminodibrompropans mittels l-Weinsäure wäre kostspielig. ABDERHALDEN und EICHWALD umgingen diese Schwierigkeit sinnreich durch eine optische Umkehrung: Durch Anlagerung von Chlorwasserstoff an d-Epibromhydrin entsteht d-Bromchlorpropan-2-ol, aus diesem spaltet Kalilauge Bromwasserstoff ab und bildet hochdrehendes l-Epichlorhydrin, das in gleicher Weise wie die analoge Bromverbindung weiter umgesetzt werden kann.

Wie das Reaktionsschema auf S. 267 zeigt, gibt d-Epibromhydrin ohne Umkehrung d-Monobromhydrin. (Die Reaktion wird indirekt ausgeführt, durch Addition von Ameisensäure und Verseifen des entstehenden Esters.) Bei der Überführung des Monobromhydrins in Epihydrinalkohol mittels alkoholischem Kali erfolgt jedoch optische Umkehrung, ebenso bei fast *allen* folgenden Reaktionen:

Einerseits gibt l-Epihydrinalkohol mit Buttersäure (bei zwei Wochen langem Stehen des Gemisches im Brutschrank) d-Monobutyrin. Anderseits erhält man aus ihm mit Ammoniak d-Aminoglycerin; dieses wird mit Buttersäure (nach der Schwefelsäuremethode s. S. 247) zum d-Aminobutyrin verestert, das ohne Isolierung[1] durch Behandeln der schwefelsauren Lösung mit Natriumnitrit in l-Dibutyrin übergeführt wird

Geht man statt vom d-Epibromhydrin vom l-Epichlorhydrin aus, so gelangt man durch die gleiche Reaktionsfolge, unter entsprechenden Konfigurationsänderungen, zum l-Monobutyrin und d-Dibutyrin. Man erhält somit aus *einem* Ausgangsprodukt sowohl die optischen Antipoden des α-Monoglycerids wie die des α,β-Diglycerids.

In bezug auf die Konfiguration der aktiven Glycerinderivate bestimmten ABDERHALDEN und EICHWALD[2], daß d-Epibromhydrin (aus d-Dibromhydrin) bei der Oxydation l-Brommilchsäure gibt, die wieder nach FREUDENBERG in Beziehung zur l-Glycerinsäure steht. Nachdem man aber von einer Verbindung sowohl in die d- wie in die l-Reihe gelangen kann, versagen nach ABDERHALDEN und EICHWALD die genetischen Ableitungen.

---

[1] Die Isolierung der freien Base muß nicht nur wegen der Gefahr teilweiser Verseifung unterbleiben, sondern vor allem, weil in alkalischer Lösung der Verbindung Wanderung eines Acyls an den Stickstoff erfolgt. M. BERGMANN: Ztschr. physiol. Chem. **137**, 37 (1924).   [2] Ber. Dtsch. chem. Ges. 48, 113 (1915).

Im nachstehenden Reaktionsschema sind die aktiven Verbindungen nach dem tatsächlich beobachteten Drehungssinn mit d und l bezeichnet.

$$
\begin{array}{lll}
\begin{matrix} CH_2-Br \\ | \\ CH \!\!\!\searrow \!\!O \\ | \\ CH_2 \end{matrix}
\;\rightarrow\;
\begin{matrix} CH_2-Br \\ | \\ CH-OH \\ | \\ CH_2-Cl \end{matrix}
\;\rightarrow\;
\begin{matrix} CH_2 \!\!\!\searrow \!\!O \\ CH \\ | \\ CH_2-Cl \end{matrix}
\end{array}
$$

d-Epibromhydrin +23,06⁰   d-Brom-chlor-propanol +0,64⁰   l-Epichlorhydrin −25,61⁰

$$
\begin{matrix} CH_2-Br \\ | \\ CH-OH \\ | \\ CH_2-OH \end{matrix}
\qquad
\begin{matrix} CH_2-OH \\ | \\ CH-OH \\ | \\ CH_2-Cl \end{matrix}
$$

d-Monobromhydrin +4,78⁰   l-Monochlorhydrin −1,88⁰

$$
\begin{matrix} CH_2 \!\!\!\searrow \!\!O \\ CH \\ | \\ CH_2-OH \end{matrix}
\;\rightarrow\;
\begin{matrix} CH_2-NH_2 \\ | \\ CH-OH \\ | \\ CH_2-OH \end{matrix}
\qquad
\begin{matrix} CH_2-OH \\ | \\ CH \!\!\!\searrow \!\!O \\ | \\ CH_2 \end{matrix}
\;\rightarrow\;
\begin{matrix} CH_2-OH \\ | \\ CH-OH \\ | \\ CH_2-NH_2 \end{matrix}
$$

l-Epihydrinalkohol −8,55⁰   d-Amino-glycerin +17,70⁰   d-Epihydrinalkohol +7,69⁰   l-Amino-glycerin −14,08⁰

$$
\begin{matrix} CH_2-O-COC_3H_7 \\ | \\ CH-OH \\ | \\ CH_2-OH \end{matrix}
\quad
\begin{matrix} CH_2-OH \\ | \\ CH-O-COC_3H_7 \\ | \\ CH_2-O-COC_3H_7 \end{matrix}
\quad
\begin{matrix} CH_2-OH \\ | \\ CH-OH \\ | \\ CH_2-O-COC_3H_7 \end{matrix}
\quad
\begin{matrix} CH_2-O-COC_3H_7 \\ | \\ CH-O-COC_3H_7 \\ | \\ CH_2-OH \end{matrix}
$$

d-Monobutyrin +0,83⁰   l-Dibutyrin[1] −1,10⁰   l-Monobutyrin[2] −0,84⁰   d-Dibutyrin +1,01⁰

Wenn auch die Drehungswerte der d- und l-Isomeren eines jeden Antipodenpaares gut übereinstimmen, so ist nicht sicher, daß die Verbindungen optisch rein sind. Bei den verschiedenen Reaktionen ist teilweise Razemisierung möglich, auch Acylverschiebung und Bildung von symmetrischem Glycerid. Es scheint aber, daß das Drehungsvermögen der Glyceride überhaupt verhältnismäßig gering ist und daß diese konstitutionelle Eigentümlichkeit um so mehr hervortritt, je länger die Kohlenstoffketten der Säurereste sind:

l-α-Monoglycerid:	Acetin	Propionin	Butyrin	Valerianin	Capronin
$[\alpha]_D^{18}$:	−1,14⁰	−0,83⁰	−0,63⁰	−0,53⁰	−0,40⁰

Von den aus l-α,β-Dibutyrin dargestellten Triglyceriden mit einem Rest hochmolekularer Säure: Lauro-, Oleo- und Stearodibutyrin, zeigte das erste im l-dm-Rohr nur −0,15⁰, das zweite −0,07⁰, das dritte überhaupt keine merkliche Drehung.

2. Methoden von M. Bergmann.

Prinzip: An Stelle des freien Aminoglycerins werden dessen Ester in die optischen Antipoden gespalten und die aktiven Ester durch Austausch der

---

[1] Höhere Werte, bis −1,86⁰, wurden bei ein wenig Chlor enthaltenden Präparaten gefunden (vgl. S. 268).

[2] Nach anderer Angabe ist die Drehung ($[\alpha]_D^{18}$, in Alkohol) bloß −0,63⁰.

Aminogruppe gegen Hydroxyl in die entsprechenden Glyceride verwandelt. Damit ist die Forderung erfüllt, nach vollzogener Spaltung mit dem bereits optisch-aktiven Zwischenprodukt nur mehr solche Substitutionsreaktionen aus-zuführen, durch die das asymmetrische Kohlenstoffatom nicht beeinflußt wird.

Die Darstellung aktiver α-Monoglyceride höherer Fettsäuren, Monolaurin und Monostearin, gelang BERGMANN und SABETAY[1], ausgehend vom Epichlor-amin, durch die auf S. 241 beschriebene Reaktionsfolge, unter jeweiliger Ein-schaltung der Spaltung des letzten Zwischenproduktes in optische Antipoden.

Das Zwischenprodukt der Monolaurinsynthese, α-Lauroyloxy-β-oxy-propyl-γ-amin (I) wurde in Form seines zuckersauren Salzes in Antipoden zerlegt, die als Hydrochloride die spezifischen Drehungen $[\alpha]_D^{18} = +12{,}5^0$ bzw. $—11{,}0^0$ zeigten. Vom Zwischenprodukt der Monostearinsynthese α-Stearoyloxy-β-oxy-propyl-γ-amin (II) wurde die d-Form mit einer spezifischen Drehung von etwa $+10{,}5^0$ er-halten.

$$
\begin{array}{ll}
CH_2-O-CO-C_{11}H_{23} & CH_2-O-COC_{17}H_{35} \\
| & | \\
CH-OH & CH-OH \\
| & | \\
CH_2-NH_2 & CH_2-NH_2 \\
\quad\quad I & \quad\quad II
\end{array}
$$

Die aus diesen Verbindungen mittels salpetriger Säure dargestellten Mono-glyceride zeigen, in den üblichen Solventien gelöst, kein merkliches Drehungs-vermögen. Man fand solches erst durch einen besonderen Kunstgriff: Löst man das Monolaurin in der etwa 20 fachen Menge Thionylchlorid (wobei die Hydroxyl-gruppe mindestens teilweise durch Chlor substituiert wird), so zeigt die Lösung im 1-dm-Rohr $—0{,}28^0$ Drehung. Eine in gleicher Weise dargestellte zirka 10%ige Lösung des Monostearins in Thionylchlorid zeigte im $^1/_2$-dm-Rohr eine Ablenkung von $\dot{—}0{,}15^0$.

Zur Darstellung eines reinen aktiven α,β-Diglycerids stellt man nach M. BERGMANN, BRAND und DREYER[2] den Diester des Aminopropylenglykols dar (nach der Oxazolidinmethode, als letztes Zwischenprodukt der auf S. 249 be-schriebenen Reaktionsfolge), spaltet die Base in Form ihres chinasauren Salzes und verwandelt das aktive Hydrochlorid mittels salpetriger Säure in das Diglycerid.

In dieser Weise wurde bisher nur l-α,β-Dibenzoin synthetisiert und direkt mittels p-Nitrobenzoylchlorid in ein aktives Triglycerid verwandelt, das l-α,β-Dibenzoyl-γ-(p-nitrobenzoyl)-glycerin, $[\alpha]_D^{21} = —2{,}1^0$ (in $C_2H_2Cl_4$-Lösung). Das aus dem gleichen, stark aktiven l-Dibenzoin analog dargestellte Stearo-dibenzoin zeigte dagegen keine Drehung. Es handelt sich aber hier wohl um keine Razemi-sierung, sondern um die oben angegebene konstitutionelle Eigentümlichkeit der Glyceride höherer Fettsäuren.

b) Spaltung razemischer Glyceride in die optischen Antipoden.

Eine Zerlegung von Glyceriden nach der biochemischen Methode (durch Mikroben, die stereochemisch-spezifisch eingestellt sind und nur die eine stereo-isomere Komponente des Razemats angreifen), läßt sich bisher nicht ausführen[3]. Die chemischen Spaltungsmethoden lassen sich wiederum nur auf razemische Verbindungen anwenden, die eine reaktive Atomgruppe enthalten, an der ein aktiver Substituent, bzw. ein aktives salzbildendes Molekül verankert werden kann. Die Spaltung ist am leichtesten durchzuführen, wenn die reaktive Gruppe basisch oder sauer ist, so daß das Razemat mit einer optisch-aktiven Säure bzw.

---

[1] Ztschr. physiol. Chem. **137**, 47 (1924).   [2] Ber. Dtsch. chem. Ges. **54**, 936 (1921).
[3] Diese Angabe bezieht sich sinngemäß nur auf Glyceride, die keine Reste asymmetri-scher Säuren enthalten. Vgl. S. 265, Anm. 1.

mit einer optisch-aktiven Base ein Salz bildet, das durch fraktionierte Kristallisation in die optischen Isomeren zerlegt werden kann. Die Glyceride der normalen,
einbasischen Säuren enthalten zwar keine saure, salzbildende Atomgruppe, aber
man kann eine solche wenigstens in Diglyceride (ohne Zweifel auch in Monoglyceride) einführen, indem man diese Verbindungen mit einer mehrbasischen
Säure verestert. Darauf beruht die Spaltung von Diglyceriden, bzw. ihren
Derivaten nach der Methode von GRÜN und LIMPÄCHER[1].

Prinzip: Das Diglycerid, z. B. α,β-Distearin (I) wird vorsichtig mittels
Chlorsulfonsäure[2] in den Schwefelsäureester (II) übergeführt, dieser mit einer
aktiven Base, am besten Strychnin, neutralisiert.

Das l-Strychninsalz des d,l-Distearinschwefelsäureesters (III) wird durch
Fraktionieren zerlegt in die Strychninsalze der d- und der l-Form des Esters,
diese werden durch Kalilauge unter Abscheidung der freien Strychninbase in
die aktiven Kalisalze (IV) verwandelt. Durch hydrolytische Spaltung des Salzes
mittels Schwefelsäure entsteht neben Kaliumbisulfat das aktive Diglycerid (I):

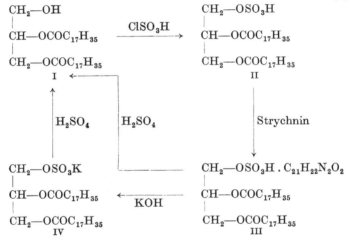

Selbstverständlich kann man die Strychninsalze des d- und des l-Diglycerid-
schwefelsäureesters (durch mäßiges Erwärmen mit ätherischer Schwefelsäure)
auch direkt in Strychninsulfat und Diglycerid spalten.

Die so abgeschiedenen Diglyceridpräparate zeigen kein merkliches Drehungsvermögen, ebensowenig die über die Kaliumsalze dargestellten Präparate. Sie
zeigen somit gleiches Verhalten wie die von BERGMANN synthetisierten d- und
l-Formen der α-Monoglyceride höherer Fettsäuren, die ebenfalls außerordentlich
schwach aktiv sind. Dagegen erweisen sich die Kaliumsalze der α,β-Diglycerid-
schwefelsäureester als hochaktiv, sofern die Temperatur ihrer Lösungen nicht
zu hoch, maximal 30—35⁰ ist:

Z. B. 0,3%ige benzolische Lösung im 2-dm-Rohr:

α = rund 25⁰, entsprechend $[\alpha]_D^{15} = 4160⁰$,

0,05%ige benzolische Lösung im 2-dm-Rohr:

α = rund 40—50⁰, entsprechend $[\alpha]_D^{15}$ rund 10 000⁰.

Werden die Lösungen erwärmt, so ist keine Drehung wahrnehmbar, werden
sie wieder abgekühlt, so zeigen sie zwischen 30⁰ und 10⁰ (dann beginnt nämlich
bereits Ausscheidung des gelösten Salzes) wieder starke Drehung. Dieser Wechsel

---

[1] Ber. Dtsch. chem. Ges. **60**, 255 (1927).

[2] In petrolätherischer Lösung, denn bei der Einwirkung von Chlorsulfonsäure auf
ätherische Diglyceridlösung nach GRÜN u. CORELLI (Ztschr. angew. Chem. **25**,
665 [1912]) entsteht auch ein wenig Äthylschwefelsäureester.

erfolgt beim Erwärmen und Abkühlen immer wieder, bis nach längerer Zeit infolge Razemisierung und teilweiser Umlagerung in das α,γ-Diglycerid dauernde Inaktivierung eintritt. Daß die optische Aktivität einer Verbindung nur in einem engen Temperaturbereich zu beobachten ist, fanden ROSENHEIM und TEBB[1] beim Protagon. Eine 3%ige Lösung desselben in Pyridin zeigt bei 50° keine Drehung, nach einigem Abkühlen schwache Rechtsdrehung (z. B. $[\alpha]_D^{30} = +6{,}8°$) und bei Zimmertemperatur starke Linksdrehung.

Die Ursache der außerordentlichen Thermolabilität des Drehungsvermögens der Verbindungen ist noch nicht bekannt. Vielleicht wächst die Drehung im gleichen Maße wie die Zunahme kolloider Teilchen in der Lösung und beruht eben auf der Bildung solcher Molekülaggregate, die in bestimmter Weise räumlich orientiert sein könnten.

An Stelle der Veresterung mit Schwefelsäure kann auch die mit einer anderen mehrbasischen Säure treten. So wurde α,β-Distearin in den Phosphorsäureester verwandelt und dieser in der oben angegebenen Weise in die Antipoden gespalten[2] (vgl. S. 482).

Auch „saure Glyceride", die wenigstens einen Rest mehrbasischer *organischer* Säure enthalten, sind analog als Salze aktiver Basen spaltbar; z. B. gelang es SUZUKI und INOUE[3] das α-Phthaloyl-β,γ-dibenzoylglycerin

$$CH_2-O-CO-C_6H_4COOH$$
$$CH-OCOC_6H_5$$
$$CH_2-OCOC_6H_5$$

durch Fraktionieren des Strychninsalzes in die stereoisomeren Formen zu zerlegen. Dieselben drehen relativ stark ($[\alpha]_D^{19} = +23{,}25°$, bzw. $-21{,}21°$), werden jedoch rasch razemisiert.

Die Methode, Diglyceride in Ester mehrbasischer Säuren überzuführen und die so dargestellten „sauren Triglyceride" mit Hilfe aktiver Basen zu spalten, wird sich ohne Zweifel auf Monoglyceride übertragen lassen. Ferner auch auf solche Triglyceride, die ein ungesättigtes Acyl enthalten, denn diese können nach dem Verfahren von HILDITCH (s. S. 302) durch vorsichtige oxydative Spaltung des ungesättigten Acyls in das Glycerid der entsprechenden zweibasischen Säure verwandelt werden; z. B. Oleo-distearin in Azelao-distearin:

$$CH_2-OCO(CH_2)_7-CH=CH-(CH_2)_7-CH_3 \qquad CH_2-OCO(CH_2)_7-COOH$$
$$CH-OCOC_{17}H_{35} \qquad\longrightarrow\qquad CH-OCOC_{17}H_{35}$$
$$CH_2-OCOC_{17}H_{35} \qquad\qquad CH_2-OCOC_{17}H_{35}$$

In optische Antipoden spaltbar

$$CH_2-OCOC_{17}H_{35} \qquad\qquad CH_2-OCOC_{17}H_{35}$$
$$CH-OCO-(CH_2)_7-CH=CH-(CH_2)_7-CH_3 \longrightarrow CH-OCO-(CH_2)_7-COOH$$
$$CH_2-OCOC_{17}H_{35} \qquad\qquad CH_2-OCOC_{17}H_{35}$$

Nicht spaltbar

Man erzielt in allen Fällen, bei Mono-, Di- und Triglyceriden zwar nur eine Spaltung von *Derivaten* in die optischen Antipoden und keine Spaltung der ursprünglichen Glyceride selbst; aber auch damit ist bereits der für Konstitutionsbestimmungen erforderliche Nachweis des asymmetrischen Baues erbracht.

[1] Journ. Physiol. **36**, 1 (1907); **37**, 341, 348 (1908). — S. auch über das Verhalten des Sphingomyelins, SANO: Journ. Biochemistry **1**, 1, 17 (1922).
[2] GRÜN u. LIMPÄCHER: Ber. Dtsch. chem. Ges. **60**, 266 (1927).
[3] Proceed. Imp. Acad., Tokyo **6**, 71 (1930); Chem. Ztrbl. **1930 II**, 1063.

Technische Synthese von Glyceriden.

Einleitung (Anordnung).

Zur technischen Glyceridsynthese gehören nur solche Prozesse, durch die Glyceride aus ihren Komponenten bzw. deren Derivaten aufgebaut oder unter Acylverschiebung umgebaut werden. Nicht in Betracht kommen die vielen Umwandlungen natürlich vorkommender Glyceride, die ohne Eingriff in die Esterbindungen verlaufen, als da sind Anlagerungen an die Doppelbindungen ungesättigter Säurereste: Hydrierung, Oxydation, Addition von Halogen, Schwefelsäure, Chlorschwefel usw., Polymerisation, dann etwa Krackung von Kohlenwasserstoffketten der Acyle (wie bei Umwandlung von Ricinusöl in Glyceride der Undecylensäure) usw.

Nach den Produkten geordnet, sind die einschlägigen Fabrikationen:

1. Erzeugung von Mono- und Diglyceriden.

2. Erzeugung neutraler Triglyceride aus Säuren oder sauren Fetten (regenerierte Fette, Esteröle).

3. Veredlung natürlicher Fette durch Umbau der Glyceride und durch Einführung der Komponenten anderer, wertvollerer Fette in minderwertige Fette (z. B. Darstellung butterfettartiger Glyceride).

4. Erzeugung der Glyceride von Säuren, die nicht als Komponenten natürlicher Fette vorkommen, und zwar Glyceride einzelner anorganischer Säuren, aliphatischer Säuren mit unpaarer Zahl an Kohlenstoffatomen und aromatischer Monocarbonsäuren, die als pharmazeutische Produkte verwendet werden.

5. Glyceride von Estoliden.

6. Glyceride von Harzsäuren, von mehrbasischen Säuren allein oder ein- *und* mehrbasischen Säuren, die namentlich als Kunstharze verwendet werden (Glyceridharze).

Diese Reihenfolge deckt sich zum Teil mit der Anordnung nach den Verwendungen synthetischer Glyceride: als Nahrungsmittel (regenerierte und veredelte Fette), als pharmazeutische Präparate (vorwiegend Glyceride anorganischer, unpaarer-aliphatischer, aromatischer Säuren) und für technische Zwecke als Kunststoffe, speziell Kunstharze usw.

Eine Anordnung nach Verfahrenstypen wäre weniger zweckmäßig, weil für die verschiedenartigsten Produkte dieselben Methoden angewendet werden, und zwar praktisch nur zwei: direkte Veresterung und Umesterung, bzw. die Kombination beider Methoden. Die mannigfachen Ausführungsformen dieser einfachen Arbeitsweisen genügen auch zur Erzeugung mehrsäuriger Triglyceride, weil dieselben keine einheitlichen, konstitutionell definierten Verbindungen sein müssen oder gar nicht sein sollen.

Die Glyceride von Estoliden und die Glyceridharze — mit Ausnahme der Glyceride natürlicher Harzsäuren — kann man auch zusammenfassen zu einer Gruppe hochmolekularer, *komplexer Glyceride.* Es sind dies Verbindungen oder richtiger Gemische von Verbindungen komplizierterer Zusammensetzung als alle anderen synthetischen und natürlichen Glyceride. Man kennt bereits eine große Zahl solcher Produkte, von denen manche technisch sehr wichtig sind und in bedeutenden Mengen erzeugt werden.

Von den meisten komplexen hochmolekularen Glyceriden ist die chemische Bauart noch nicht oder nicht vollständig aufgeklärt. Aber man kann auf Grund der Darstellung und der Eigenschaften fast von allen wenigstens die Zugehörigkeit zu einer bestimmten Klasse, den Typus, mit großer Wahrscheinlichkeit erkennen.

Im folgenden wird versucht, die untereinander zum Teil recht verschiedenen Typen systematisch zu ordnen.

System der komplexen Glyceride.

I. Estolidglyceride, d. s. Verbindungen, in denen die Zahl der teils direkt, teils indirekt an ein Glycerinradikal gebundenen Acyle größer als drei, meistens ein Vielfaches von drei ist.

Unter Estoliden versteht man bekanntlich höher-molekulare Estersäuren, die aus Oxyfettsäuren entstehen, indem aus n Molekülen derselben (n—1) Moleküle Wasser abgespalten werden. Verbindungen dieses Typus kommen in Naturprodukten vor. So bilden Estolide der Juniperin- und Sabininsäure (ω-Oxylaurin- bzw. -palmitinsäure) die integrierenden Bestandteile von Coniferenwachsen, Estolide der Aleuritinsäure (9,10,16-Trioxypalmitinsäure) und anderer Oxysäuren vielleicht Bestandteile von Schellack u. dgl. Harzen. Der allgemeinen Formel der Estolide von Monooxycarbonsäuren[1]:

$$\mathrm{HO—R''CO—(OR''CO)_n—OR''CO—OH}$$

entspricht die Formel ihrer Triglyceride:

$$\mathrm{[HO—R''CO—(OR''CO)_n—OR''CO—O]_3C_3H_5.}$$

Man hat schon technische Produkte erzeugt, die im Molekül 3 Estolidketten aus wenigstens 8 Acylen enthalten, also Glyceridmoleküle mit wenigstens 24 Acylen einer Monooxysäure (Ricinolsäure, Oxystearinsäure). Sie weisen folglich Molekulargewichte über 6000 auf.

Glyceride von Estoliden der Polyoxysäuren (z. B. Dioxystearinsäure, Tri-, Tetra-oxy-stearinsäure) wurden noch nicht beschrieben, es ist aber möglich, daß sie in den Produkten der Kondensation dieser Säuren mit Glycerin (s. S. 292) vorliegen. Der Typus dieser Verbindungen läßt sich aber nicht voraussehen. Außer den schon (wenigstens in den Anfangsgliedern) bekannten Polyoxysäureestoliden, z. B. der Dioxystearinsäure:

$$\mathrm{HO—\overset{O}{\overset{\|}{C}}—C_{17}H_{33}—\overset{OH}{\overset{|}{O}}—\overset{O}{\overset{\|}{C}}—C_{17}H_{33}—\overset{OH}{\overset{|}{O}}—\overset{O}{\overset{\|}{C}}—C_{17}H_{33}(OH)_2}$$

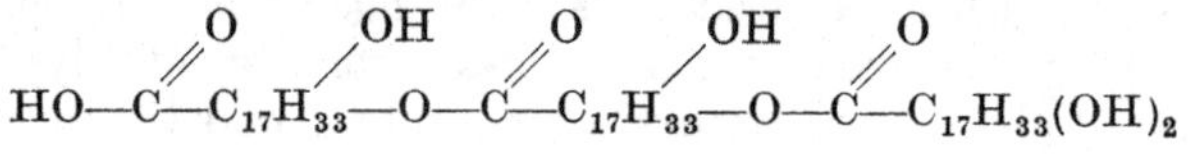

sind nämlich auch kompliziertere, verzweigte Estolidketten denkbar; z. B. im Falle der Dioxystearinsäure:

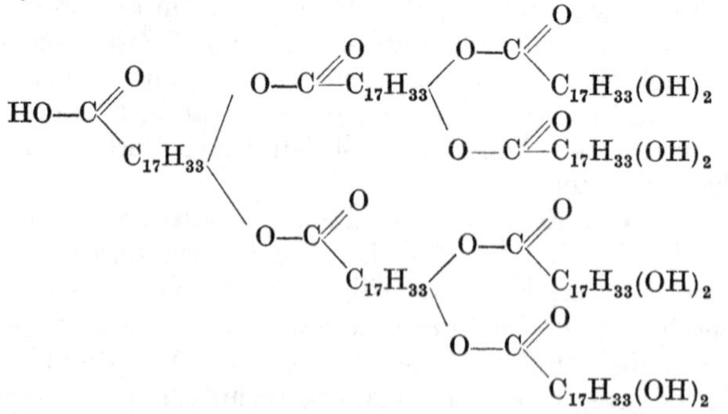

Dieses Estolid zählt bereits 7 Acyle, das Triglycerid desselben enthielte folglich 21 Acyle. Es ist aber nicht wahrscheinlich, daß die Kondensationen der Dioxysäuren mit Glycerin so regelmäßig verlaufen wie die der Mono-oxysäuren.

---

[1] $\mathrm{R''}$ = zweiwertiger Rest, wie $\mathrm{C_nH_{2n}}$, $\mathrm{C_nH_{2n-2}}$.

Noch weniger ist es von den Tri- und Tetra-oxysäuren zu erwarten; vermutlich laufen verschiedene Kondensationen nebeneinander, Bildung linearer und verzweigter Estolidketten, Veresterung derselben mit Glycerin und ätherartige Verknüpfung der hydroxylierten Acyle[1].

II. Hochmolekulare Polyglyceride, d. s. Verbindungen, die in einem Molekül eine größere Zahl miteinander verknüpfter Glyceridreste enthalten. Je nachdem die Verknüpfung der einzelnen Glyceridreste durch die Glycerinradikale oder durch Acyle erfolgt, sind zwei Hauptklassen zu unterscheiden:

A. Komplexe Glyceride, deren Glycerinradikale durch die Acyle verbunden sind.

a) Verknüpfung einfacher Glyceride zu Komplexen, durch direkte Aneinanderlagerung mehrfach ungesättigter Acyle unter Auflösung von Doppelbindungen.

Die Produkte dieser Kondensationen sind die polymerisierten Öle; sie müssen hier nicht besprochen, nur zur Einreihung in das System angeführt werden.

b) Verknüpfung der Glyceridreste bzw. Glycerinradikale durch Acyle mehrbasischer, besonders zweibasischer Säuren[2].

Von Polyglyceriden zweibasischer Säuren erscheinen a priori zwei Haupttypen möglich:

α) Der lineare Typus, Fadenmoleküle von Diglyceriden[3]:

$$\ldots\ \text{O—C}_3\text{H}_5\text{—O—(CO—R''—CO)—O—C}_3\text{H}_5\text{—O—(CO—R''—CO)—O}\ \ldots$$
$$\underset{\text{OH}}{\mid}\qquad\qquad\qquad\underset{\text{OH}}{\mid}$$

β) Der „zweidimensionale" Typus, „Flächenmoleküle" von Triglyceriden[3]:

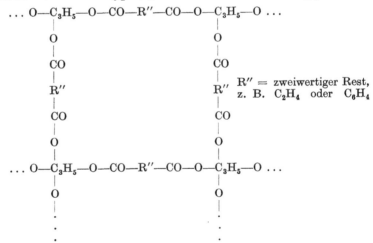

R'' = zweiwertiger Rest, z. B. C_2H_4 oder C_6H_4

Soweit die bisherigen Beobachtungen reichen, scheint bei den aus Dicarbonsäuren und Glycerin erzeugten komplexen Triglyceriden der zweite Typus vor-

[1] Man hat bereits Trioxystearinsäure und Sativinsäure verestert mit Harzsäuren, und zwar durch Verschmelzen der Säuren mit Manilakopal oder Gemischen von Manila- und Kaurikopal. Die bei 150—160⁰ hergestellten Produkte zeigen schellackähnliche Eigenschaften, sind schmelzbar und spritlöslich. Beim weiter getriebenen Erhitzen werden sie unlöslich und unschmelzbar, offenbar infolge von Kondensationen. W. Dux: D. R. P. 551 093 vom 10. XI. 1929.

[2] Über den konstitutionellen Typus der Polyglyceride von Tricarbonsäuren kann noch nichts ausgesagt werden.

[3] Die punktierten Linien sollen andeuten, daß das Strukturelement mit gleichen Strukturelementen verkettet ist.

zuwalten. Dagegen bilden sich bei der Veresterung von Dicarbonsäuren *und* einbasischen Säuren mit Glycerin Fadenmoleküle des Typus:

$$\ldots -O-C_3H_5-O-CO-R''-CO-O-C_3H_5-O-CO-R''-CO-O \ldots$$
$$\qquad\quad | \qquad\qquad\qquad\qquad\qquad\quad |$$
$$\qquad\quad OCOR' \qquad\qquad\qquad\qquad\quad OCOR'$$

Verbindungen gleicher Bauart sind anscheinend gewisse Alkylester von Glyceriden zweibasischer Säuren; von je zwei Dicarbonsäuremolekülen ist ein Molekül hälftig mit einem einwertigen Alkohol verestert und fungiert deshalb gegen das Glycerin als einbasische Säure:

$$\ldots -O-C_3H_5-O-CO-R''-CO-O-C_3H_5-O-CO-R''-CO-O \ldots$$
$$\qquad\quad | \qquad\qquad\qquad\qquad\qquad\quad |$$
$$\qquad O-COR''-CO-OR' \qquad\qquad O-CO-R''-CO-OR'$$

Über die Mischtypen s. unten.

B. Komplexe Glyceride, deren Glycerinradikale ätherartig verbunden sind.

Diese Verbindungen können auch von den inneren Äthern des Glycerins, als deren Ester, abgeleitet werden, und es könnte fraglich erscheinen, ob sie überhaupt als Glyceride im üblichen Sinne zu bezeichnen sind. Ihre Einreihung in das System der komplexen Glyceride ist aber schon deshalb angezeigt, weil es Mischtypen gibt, die sowohl Atomgruppierungen dieser Verbindungsklasse enthalten, als auch solche der unter I und II A angeführten Klassen.

Von *Diglyceriden* gelangt man durch Verätherung bloß zu den Tetra-estern des Diglycerins:

$$\begin{array}{ccc} & O & & O \\ & \parallel & & \parallel \\ R-C & -O-C_3H_5-O- & C-R \\ & | & \\ & O & \\ & | & \\ & O & O \\ & \parallel & \parallel \\ R-C & -O-C_3H_5-O- & C-R \end{array}$$

jedoch nicht zu höher molekularen Verbindungen (s. z. B. Äther von Glyceridharzen, S. 306).

Dagegen lassen sich von den *Monoglyceriden* schematisch durch Anhydrisierung auch Reihen von Estern der *Polyglycerine* ableiten:

$$(n+1)\;\begin{array}{c} R-C=O \\ | \\ O \\ | \\ HO-C_3H_5-OH \end{array} = \begin{array}{c} R-C=O \\ | \\ O \\ | \\ HO-C_3H_5- \end{array}\left\{\begin{array}{c} R-C=O \\ | \\ O \\ | \\ -O-C_3H_5- \end{array}\right\}_n -OH \;+ n\,H_2O$$

So werden z. B. Fett- und Harzsäureester des Triglycerins erzeugt, die der obigen allgemeinen Formel (n = 2) entsprechen.

III. Mischtypen, d. s. Übergangsglieder zwischen den verschiedenen Klassen der Polyglyceride und zwischen diesen und den Estolidglyceriden.

Solche Mischtypen sind wahrscheinlich in den Kunstharzen enthalten, die durch Kondensation von mehrbasischen Säuren und Oxyfettsäuren mit Glycerin, Kondensation von Ricinusöl mit mehrbasischen Säuren u. a. m., entstehen.

A. Technische Mono- und Diglyceride.

Im Betrieb erzeugt man beide Typen nach den gleichen Verfahren, häufig als Gemische, durch Verestern von Säuren oder Umestern von Fetten mit Glycerin. Je nach Glycerinüberschuß, Temperatur und Einwirkungsdauer entstehen vorwiegend, aber nie ausschließlich, Diglyceride oder Monoglyceride. Die Reaktionsprodukte der ersten Art enthalten meistens noch Monoglyceride und immer Triglyceride, die rohen Diglyceride stets sowohl Mono- wie Triglyceride. Die Abtrennung der Beimengungen kann bei den niederen Homologen durch fraktionierte Destillation vorgenommen werden, bei den höheren durch fraktionierende Extraktion oder Kristallisation. Für viele Verwendungen ist eine Zerlegung der Gemische nicht erforderlich.

a) Mono- und Diglyceride flüchtiger Säuren.

Acetine.

Unter dieser Bezeichnung geht ein Gemisch von Mono- und Diacetin mit wenig Triacetin, erhalten durch 48 Stunden langes Kochen von Glycerin mit ungefähr der doppelten Gewichtsmenge Essigsäure unter Rückfluß und darauffolgendes Abdestillieren der überschüssigen Säure. Die Reaktion wird beschleunigt durch Schwefelsäure und Sulfate, am besten durch Aluminiumsulfat.

Monoacetin, $C_3H_5(OH)_2OCOCH_3$.

Nach dem Verfahren von Knoll[1] & Co.[1] erhitzt man gleiche Gewichtsmengen Triacetin und Glycerin mehrere Stunden auf 200^0, löst das Produkt in Wasser, schüttelt Di- und Triacetin mittels Chloroform aus und fraktioniert die wäßrige Lösung im Vakuum, wobei das Hauptprodukt unter 16 mm Druck bis 158^0 übergeht. Es enthält nur wenig mehr als die berechnete Menge Acetyl, ist folglich ziemlich reines Monoglycerid, vermutlich das α-Isomere.

Nach H. A. Schnette[2] erhält man Monoacetin fast quantitativ aus äquimolekularen Mengen Glycerin und Eisessig bei Gegenwart von Phosphorsäure oder ihrem Anhydrid. Es bildet eine farblose, dicke, in Wasser und Alkoholen leicht lösliche, sehr hygroskopische Flüssigkeit, $D.^{15} = 1,195$—$1,205$.

Diacetin, $C_3H_5(OH)(OCOCH_3)_2$.

Darstellung nach Geitel[3]: Man kocht 200 Teile Glycerin mit 500 Teilen Eisessig 8 Stunden unter Rückfluß, destilliert dann unter 20 mm, bis etwa 150 Teile (Essigsäure und Reaktionswasser im Verhältnis zirka 3:1) übergingen, fügt die gleiche Menge Eisessig zu, hält 16 Stunden im Sieden, destilliert wieder im Vakuum 125 Teile wasserhaltige Säure ab, nimmt den Rückstand in wenig Wasser auf, reinigt ihn mittels Äther, Benzol od. dgl. und fraktioniert. — Nach Wahl[4] kocht man Glycerin und Eisessig längere Zeit unter Zusatz von Toluol bis zur Entfernung des Reaktionswassers. Das Produkt ist erst nach umständlicher Reinigung frei von Triacetin; es ist dünnflüssiger als das Monoglycerid, siedet bei 259—261^0.

Mono- und Diacetin können (infolge ihres Lösungsvermögens, besonders auch für basische Farbstoffe und Tannin) in der Zeugdruckerei verwendet werden, auch zum Färben von Celluloseestern, ferner als Zusatz für Acetylcellulose, zum Teil auch für Nitrocellulose zur Gelatinierung, zur Erzeugung von Lacken, von Kunststoffen verschiedener Art, z. B. aus Phenol und Formaldehyd oder Acetanilid und Harnstoff. Sie dienen auch für pharmazeutische Zubereitungen, wie sterile Campherlösungen für Injektionen usw.

Anhang: *Triacetin* gleicht nach Beschaffenheit und Verwendung viel mehr den anderen Acetinen als den Triglyceriden höherer Fettsäuren; es wird deshalb im Anschluß an die ersteren angeführt.

---

[1] D. R. P. 122145 vom 17. XI. 1900.   [2] Journ. Amer. chem. Soc. **48**, 3161 (1926).
[3] Journ. prakt. Chem. (2), **55**, 421 (1897).   [4] Bull. Soc. chim. France (4), **37**, 713 (1925).

Zur Darstellung im großen bewährte sich das BAYER-Verfahren[1]: Man erhitzt 300—330 Teile Essigsäureanhydrid auf 100⁰, stellt die Heizung ab und läßt unter Rühren 92 Teile Glycerin, die nur 0,5—1,5% Wasser enthalten, einfließen. Das Zulaufen wird so bemessen, daß sich die Temperatur des Reaktionsgemisches auf 130—135⁰ einstellt. Nach Abtreiben der Essigsäure unter gewöhnlichem Druck und Destillieren des Rückstandes im Vakuum, werden 195—205 Teile Triacetin = 90—95% Ausbeute erhalten. — M. SONN[2] leitet in ein Gemisch aus 105 Teilen Glycerin, 180 Teilen Eisessig und 250 Teilen Natriumacetat bei 100—110⁰ langsam die berechnete Menge Chlorwasserstoff, saugt vom Kochsalz ab, wäscht mit Eisessig und fraktioniert die Flüssigkeit. Die Ausbeute von 182 Teilen Triacetin ist schlechter als die beim BAYER-Verfahren und die Umgehung der Verwendung von Essigsäureanhydrid dürfte preislich eine geringe Rolle spielen, seit die Anhydrisierung der Säure rein thermisch ausgeführt wird.

Triacetin kann ebenfalls als Gelatinierungsmittel für Celluloseester verwendet werden, dann beim Färben von Acetylcellulose, für Lacke, plastische Massen und andere Kunststoffe, Abziehfilme u. dgl. aus Celluloseestern und -äthern, ferner als Verdickungsmittel für Druckfarben, Stempelkissen, für Pflanzenschutzmittel, Arzneimittel, Fixateure für Riechstoffe usw.

Die technische Erzeugung von Butyrinen, Valerinen und Caproinen erfolgt durch sinngemäße Übertragung der für die homologen Glyceride ausgearbeiteten Verfahren. Die Produkte sollten früher in der Margarineerzeugung als Butteraroma verwendet werden, fanden aber wenig Absatz.

b) Mono- und Diglyceride höherer Fettsäuren.

Diese Glyceride werden bereits für verschiedene technische Zwecke verwendet, teils als solche, teils als Ausgangs- oder Zwischenprodukte. Man kann sie auch im großen Stil nach den ältesten Verfahren erzeugen, indem Fettsäuren mit entsprechenden Mengen Glycerin erhitzt werden, allenfalls in Gegenwart eines Katalysators (s. S. 277). Als Temperaturspanne wird meistens 200—250⁰ angegeben; vorteilhaft bleibt man näher an der unteren Grenze, weil über 200⁰ bereits die Disproportionierung der Diglyceride in Triglyceride und Glycerin einsetzt.

Noch einfacher und zweckmäßiger ist in vielen Fällen die Erzeugung durch Umesterung von neutralen Fetten oder die Umsetzung saurer Fette mit überschüssigem Glycerin, also die Kombination von Veresterung und Umesterung. Dieses Verfahren ist nur dann nicht anwendbar bzw. nicht angezeigt, wenn man Derivate einer bestimmten Säure allein darstellen will und wenn den Produkten kein Begleitstoff der natürlichen Fette beigemengt sein darf. Immerhin kann man aber auch aus manchen Fetten, namentlich aus einzelnen vollständig hydrierten Ölen, durch Umestern relativ einheitliche Produkte erhalten.

Bei der Umsetzung von Triglyceriden mit Glycerin, der „*Glycerinolyse*", entstehen immer Mono- und Diglyceride nebeneinander. Ob die einen oder die anderen überwiegen, hängt selbstverständlich von der relativen Menge des angewendeten Glycerins ab, nicht weniger mitbestimmend ist aber die eingehaltene Temperatur.

Mengenverhältnisse: Kernfette und Öle, deren Triglyceride durchschnittliche Molekulargewichte um etwa 850 aufweisen, erfordern zur Umwandlung in Diglyceride theoretisch etwa $5\frac{1}{2}$% ihres Gewichtes an Glycerin, zur Überführung in Monoglyceride die doppelte Menge; für Leimfette berechnen sich (ihren kleineren Durchschnitts-Molekulargewichten entsprechend) größere Mengen Glycerin. Sofern nicht die Apparatur, wie bei den kontinuierlichen Verfahren (s. S. 277), fast restlose Ausnützung ermöglicht, verwendet man praktisch Überschüsse an Glycerin, z. B. für Kernfette 6—8 bzw. 12—15%.

---

[1] D. R. P. 347897 vom 16. XII. 1919.
[2] D. R. P. 425611 vom 30. IV. 1924. Beschleunigung der Triacetinbildung durch Chlorzink: Chem. Fabrik Reisholz, D. Anmeld. C. 31728 vom 24. II. 1922.

Temperatur: Damit vorwiegend Monoglyceride entstehen und erhalten bleiben, soll man insbesondere beim Arbeiten im Vakuum höchstens auf 170° erhitzen, denn über 180° beginnt bereits die Disproportionierung von Monoglyceriden in Diglyceride und Glycerin[1]. — Zwecks Darstellung von Diglyceriden ist eine Temperatur über 180° und unter 250° einzuhalten, denn bei 250° erfolgt bereits, wenn auch langsam, innere Umesterung der Produkte zu Triglyceriden und Glycerin. Je höher die Temperatur steigt, um so größer ist auch die Gefahr des Eintretens einer Nebenreaktion: Bildung von Diglycerin (Glycerinäther) und sog. Polyglycerinen, bzw. deren Fettsäureestern.

Bei 180° sollen angeblich nur die primären Hydroxyle des Glycerins verestert werden, es ist aber die teilweise Isomerisierung der α,γ- in α,β-Diglyceride in Betracht zu ziehen.

Katalysatoren: Wie andere Alkoholysen, kann auch die Glycerinolyse der Fette durch gewisse Zusätze beschleunigt werden. Zuerst wurden fein verteilte Mineralien, wie Kieselgur, dann Metalloxyde, wie Titan-, Thor-, Aluminiumoxyd, vorgeschlagen[2]. Diese Oxyde wirken aber nicht gerade am besten, zum Teil stören auch entstehende Metallseifen, was auch für die sonst empfohlenen Oxyde und Carbonate[3] sowie Alkoholate der Alkalien und Erdalkalien, Borax u. dgl. gilt. Saure Katalysatoren zeigen andere Nachteile. Vorzüglich beschleunigend, ohne störende Nebenerscheinungen wirken Metalle aus der Gruppe des Zinks und besonders des Zinns[4], namentlich dieses selbst, das sich in den Reaktionsgemischen nur in minimalen, kaum nachweisbaren Spuren löst.

Ausführung: Im kontinuierlichen Großbetrieb können dieselben Einrichtungen wie zur Fettregenerierung benützt werden. Sonst genügt auch für größere Erzeugungen ein verzinntes Rührwerk mit Dampfschlange oder -mantel und der üblichen Armatur, Rohrleitungen von den Rohstoffbehältern und zum Stapel- oder Waschgefäß oder zur Reinigungsapparatur (Filterpresse oder Schwinge usw.). Fett, Glycerin und Katalysator, z. B. Zinn (dieses bei Reaktionstemperaturen über seinem Schmelzpunkt regulinisch, sonst auch in kolloider Form) werden zwei Stunden, manchmal länger, auf die für den gewollten Umesterungsgrad optimale Temperatur zwischen 170 und 240° erhitzt, bis der Gefäßinhalt homogen ist und — nach Entfernung von unverbrauchtem Glycerin — die richtige Verseifungszahl zeigt. (Für genauere Bestimmung des Umesterungsgrades dient die Ermittlung der Hydroxyl- oder Acetylzahl des Produktes.) Nach genügender Abkühlung wird abgelassen, und zwar bei Verwendung pulverförmiger Katalysatoren, die zum Teil in der Schmelze suspendiert bleiben, in eine Filterpresse oder Zentrifuge. Kleine Mengen unverbrauchten Glycerins werden, falls sie bei der Verwendung bzw. Weiterverarbeitung des Produktes stören, mit Wasser ausgewaschen. Wie schon angegeben, besteht das Rohprodukt je nach den Arbeitsbedingungen vorwiegend aus Diglyceriden oder aus Monoglyceriden, enthält auch immer Triglycerid (um 10% oder mehr). Es ist schwierig, den Diglyceridgehalt über 60—70% zu treiben, noch schwieriger sind entsprechende Monoglyceridgehalte zu erzielen.

Fraktionierung: Für die meisten Zwecke läßt sich das Rohprodukt direkt verwenden bzw. verarbeiten. Soweit die Gemische überhaupt einer Trennung in die Typen Mono-, Di- und Triglycerid zugänglich sind, läßt sich dieselbe am

---

[1] So erklärt sich wohl, warum BERTHELOT (Chimie organique, Bd. II, S. 67) beim vielstündigen Erhitzen von Stearinsäure oder Tristearin mit Glycerin auf 200° trotz Anwendung eines großen Glycerinüberschusses nur Distearin erhielt.

[2] N. V. Jurgens, Vereenigde Fabrieken: D. R. P. 277641 vom 26. V. 1912.

[3] S. auch TOYAMA: Chem. Ztrbl. **1934** I, 1411.

[4] Georg Schicht A. G. u. AD. GRÜN: D. R. P. 402121. Priorität vom 1. IV. 1920.

leichtesten ausführen mit den Produkten der Umesterung von hochmolekularen gesättigten Triglyceriden, vollständig hydrierten Ölen u. dgl.

Z. B. lassen sich Mono-, Di- und Tristearin einigermaßen befriedigend mittels Alkohol verschiedener Stärke trennen. Heißer, unverdünnter Alkohol extrahiert viel mehr Mono- und Distearin als Tristearin, das sich nur teilweise in der Lösung der anderen Glyceride löst. Aus dem Extrakt kristallisiert beim Erkalten zuerst und hauptsächlich Distearin, das durch wiederholtes Extrahieren ziemlich vollständig und rein erhalten wird.

In den Mutterlaugen ist das Monostearin angereichert; es kann durch Konzentrieren der Lösung und Umkristallisieren des Rückstandes aus mäßig verdünntem Alkohol oder aus verdünnten Alkohol-Glycerinlösungen wenigstens 90%ig isoliert werden. Zur direkten Abscheidung von Monostearin aus dem Rohprodukt behandelt man dieses mit Alkohol von 84—88 Volumprozent, am besten erst mit dem stärkeren, dann mit dem schwächeren Alkohol.

Bei höherer Temperatur und schwach alkalischer Reaktion soll die Umsetzung zwischen Triglyceriden und Glycerin anders, unter Bildung der Monocarbonsäureester von Polyglycerinen, verlaufen. Z. B. beim Erhitzen von 235 Teilen Cocosöl oder Rizinusöl mit 185 Teilen Glycerin und 3 Teilen Kaliseife auf erst 240°, dann 270 bis 280°[1].

Bei der Umesterung von Rizinusöl mit Glycerin in Gegenwart von Calciumglycerat, bei 275°, soll zugleich Abspaltung von Wasser aus dem Oxyacyl, Bildung der doppelt-ungesättigten Säure bzw. ihres Mono- oder Diglycerids eintreten[2].

Verwendung: Die Produkte dienen auf Grund ihres Wasserbindungsvermögens als Salbengrundlagen, zur Emulgierung von Fetten und Kohlenwasserstoffen mit Wasser[3], auf Grund ihres relativ hohen Schmelzpunktes zur Verbesserung der Konsistenz von Fettansätzen[4], das Diglycerid der Montansäure auch als Ersatz für Carnaubawachs[5]. Man soll durch sie saure Fette leichter und schonender als mittels Glycerin neutralisieren können[6]; die Diglyceride von Lebertran und Rizinusöl sollen wohlschmeckender sein als die Fette selbst. Diglyceride können als Ausgangsprodukte für die Darstellung von Lecithin und analog konstituierten Arzneimitteln, wie Arsalecithin, dienen. Am wichtigsten werden sie vielleicht als Zwischenprodukte für die technische Erzeugung mehrsäuriger Triglyceride. Man hat auch schon Kondensation mit Kunstharzen aus Formaldehyd und Harnstoff bzw. Thioharnstoff oder den entsprechenden Dimethylolverbindungen vorgeschlagen[7] (vgl. S. 310).

B. Triglyceride aus sauren Fetten und Abfall-Fettsäuren[8].
(Regenerierte Fette, Esteröle.)

Die Neutralisierung schwach-saurer Fette durch Verestern ihrer freien Säuren mit Glycerin ist nicht lohnend, weil das Substrat der Reaktion sozusagen stark verdünnt vorliegt, die Veresterung einer kleinen Menge also verhältnismäßig

[1] I. G. Farbenindustrie A. G.: D. R. P. 575911.
[2] I. G. Farbenindustrie A. G.: D. R. P. 572359 vom 20. XI. 1929.
[3] F. ULZER: Öst. P. 88667 vom 15. VII. 1914.
[4] C. ELLIS: A. P. 1547571 vom 2. I. 1919.   [5] D. R. P. 244786.
[6] F. ULZER, s. oben, empfiehlt dabei Erhitzen auf 150°, was jedenfalls zweckmäßiger ist als nach dem Vorschlag der Technical Research Works Ltd. (Anmeldung T 25021 vom 26. II. 1921) auf 250° zu erhitzen.
[7] I. G. Farbenindustrie A. G.: Anmeldung J. 44104 vom 26. III. 1932.
[8] Die technischen Verfahren zur Umwandlung der Abfallfettsäuren in Triglyceride sind selbstverständlich ohne weiteres auch auf die synthetischen Fettsäuren anwendbar. Nun ist zwar deren Darstellung durch Oxydation von Paraffinkohlenwasserstoffen mittels Luftsauerstoff so weit ausgearbeitet, daß man sie vermutlich leicht zur betriebsmäßigen Erzeugung ausgestalten könnte. Noch

große Abmessung der Apparatur und zu großen Aufwand an Wärme, Kraft
für Rühren, Fördern usw. erfordert. Dagegen ist es unter bestimmten örtlichen
oder zeitlichen Verhältnissen zweckmäßig, Fettsäuren oder saure Fette mit be-
trächtlichem Gehalt an freier Säure, durch Veresterung in neutrale, sogar genuß-
fähige Fette zu verwandeln. Dauernd ist dies z. B. der Fall in den Mittelmeer-
ländern, die viel sog. Sulfurolivenöl produzieren. Das Verfahren hat sich in den
letzten Jahren stark entwickelt, namentlich durch die Verbesserung der Ent-
säuerungs- und Destillationsmethoden; sie liefern jetzt Fettsäuren, die als Ausgangsprodukte für die Regenerierung brauchbar sind, normale Beschaffenheit,
keinen Destillatgeruch zeigen und durch Verestern reine Fette, sog. Esteröle
geben. Dementsprechend stieg bereits die Jahresproduktion in den letzten
15 Jahren von höchstens 1800 t auf die derzeit zehnfache Menge[1].

Die regenerierten Fette sind im allgemeinen um so reiner, je schneller die
Veresterung vonstatten geht, weil so störende Zeitreaktionen hintangehalten
werden: Bildung von Polyglycerinen und deren Estern, Polymerisation ungesättigter und Anhydrisierung oxydierter Säuren, Entstehung von Stoffen, die
Farbe, Geschmack und Konsistenz des Produktes verschlechtern. Die Veresterung wird beschleunigt, bzw. die nötige Reaktionstemperatur erniedrigt
durch Katalysatoren, Anwendung von Vakuum, von inerten Gasen, Dämpfen
von Hilfsflüssigkeiten und besondere apparative Einrichtungen.

Temperatur: Im allgemeinen wird sie über 160—170⁰ und unter 250⁰ gehalten. H. FRANZEN[1] beschreibt stufenweises Erhitzen, z. B. binnen einer Stunde
auf 160⁰, dann Erreichen von 165⁰ nach zwei, von 195⁰ nach drei und 210⁰ nach
vier Stunden.

Katalysatoren: Für technische Zwecke sind die freien Mineralsäuren[2] weniger
geeignet; auch andere saure Zusatzstoffe, wie z. B. β-Naphthalinsulfosäure[3] und
TWITCHELLS Reaktiv[4], sind überholt. Als sehr gute Beschleuniger, welche ohne
störende Nebenwirkung die Veresterungsdauer auf ein Bruchteil reduzieren,
wurden von GRÜN und ZOLLINGER-JENNY Metalle aus der Gruppe des Zinks
und besonders des Zinns erkannt[5]. Vermutlich in Anlehnung daran hat man
später auch andere Metalle vorgeschlagen: Blei, Titan, Mangan, auch Antimon,
Wismut u. a. m. für sich allein, in Mischung oder Legierung miteinander oder
mit Zinn, auch mit Silikaten der Alkalien, Erdalkalien und des Aluminiums[6],
anderseits die fettsauren Salze dieser Metalle, namentlich Zinnseifen[7], oder Zinn
in kolloider Form. Ferner Borsäureanhydrid und Ester derselben[8]. Weniger zur
Beschleunigung der Veresterung als zur Verhütung von Nebenreaktionen, Poly-

viel weiter ist bekanntlich die technische Erzeugung von Glycerin aus Zucker
gediehen. Aber es besteht durchaus kein Bedürfnis nach (in des Wortes engerer
Bedeutung) synthetischen Fetten von gleicher Art, wie sie die Natur reichlich
bietet. Voraussichtlich wird die synthetische Erzeugung solcher Fette auch
in Zukunft unnötig sein, abgesehen von ganz besonderen, zeitlich und örtlich
bedingten Verhältnissen. Dagegen erzeugt man bereits Glyceride mit spezifischen, für bestimmte Verwendungszwecke wertvollen Eigenschaften aus synthetischen Fettsäuren, die in den natürlichen Fetten nicht oder nur in ungenü-
der Menge vorkommen. Sie werden in den einschlägigen Abschnitten beschrieben.

[1] H. FRANZEN: „Esteröle", Vortrag in der Hauptversammlung des Vereins Deutscher
  Chemiker, Würzburg 1933; Ztschr. angew. Chem. **46**, 410 (1933).
[2] Z. B. Chlorwasserstoff, nach D. R. P. 107 870.
[3] Vereinigte chemische Werke Charlottenburg.
[4] Z. B. SCHLOSSTEIN: A. P. 1 447 898. — Ferner IWANOW, KLOKOW: Chem. Ztrbl.
  1934 II, 261.
[5] D. R. P. 403 644 vom 15. III. 1921, auf den Namen E. ZOLLINGER-JENNY. Priorität
  vom 8. I. 1918.   [6] F. GRUBER: F. P. 677 711 vom 2. VII. 1929.
[7] I. G. Farbenindustrie A. G.: Anmeldung J. 31 392 vom 9. VI. 1927.
[8] I. G. Farbenindustrie A. G.: D. R. P. 577 706 vom 21. III. 1930.

merisationen, durch welche die behandelten Öle zu viskos, selbst gallertartig werden können, empfahl man Mineralstoffe in Pulverform, wie Kieselgur, Bleicherden, Bimsstein u. dgl.[1]. Beschleunigend und gleichzeitig Mißfärbung verhindernd, bleichend, soll Tierkohle wirken[2]. Bei der kontinuierlichen, mit Umesterung kombinierbaren Veresterung sollen in den räumlich getrennten Phasen der Reaktion verschiedene Katalysatoren verwendet werden, z. B. zuerst Magnesiumoxyd, dann Tonerde oder kolloidales Zinn, in Mengen von 0,1% vom Fettgewicht[3]. Nach H. FRANZEN[4] werden sonst 1—3% Katalysator angewendet.

Veresterung im Vakuum: Diese naheliegende Maßnahme geht schon auf die ersten Anfänge des Regenerierungsverfahrens in Italien zurück, wo man bereits vor Jahrzehnten eine bessere Verwertung der Sanza durch Veresterung im Vakuum von 30—40 mm Restdruck erzielte[5]. Beim heutigen Stande der Technik sind noch viel geringere Drucke auch im Großbetrieb erreichbar. Z. B. mit den Apparaten der Metallgesellschaft in Frankfurt a. M. solche von nur 1—2 mm Quecksilbersäule[6]. Bei Einhaltung so geringer Drucke kann natürlich die Temperatur entsprechend erniedrigt und das Gut noch mehr geschont werden.

Verestern mit dampfförmigem Glycerin[7]: Läßt man Fettsäuren und Glycerin dampfförmig oder vernebelt im Vakuum aufeinanderwirken, so erfolgt rasch fast vollständige Veresterung. Das Glycerin kann auch in einem besonderen Kessel gekocht und sein Dampf in das Reaktionsgefäß so eingeleitet werden, daß er durch Lochschlangen, Siebboden od. dgl. verteilt, von unten in die flüssige, heiße Fettsäure eintritt. Übrigens wird auch flüssiges, insbesondere nicht ganz trockenes Glycerin schnell verdampft, wenn es fein verteilt in die heiße Fettsäure gelangt; diese wird ja wenigstens auf 200⁰ erhitzt, bei welcher Temperatur ein Glycerin mit bloß 2% Wasser bereits unter normalem, um so leichter unter vermindertem Druck siedet. Nach einer dieser Ausführungsformen wird z. B. Fettsäure bei 250⁰ im Vakuum schon binnen ¹⁄₂ Stunde zu 98% verestert.

Spezielle Ausführungsformen: Es ist — wenigstens beim diskontinuierlichen Arbeiten — nicht immer zweckmäßig, fast bis zur absoluten Neutralität der Produkte zu verestern, denn zu diesem Zwecke muß das Reaktionsgemisch bis zuletzt einen Überschuß an Glycerin enthalten, dessen Wiedergewinnung nicht ganz einfach ist. Man hat mehrfach vorgeschlagen, weniger als die stöchiometrisch erforderliche Glycerinmenge anzuwenden und die dann im Produkt noch enthaltenen wenigen Prozente freie Säuren abzutrennen.

Nach älteren Vorschlägen[8] wird mittels Lauge entsäuert, nach einem späteren wendet man das WECKER-Verfahren an[9]: Man behandelt das hoch-, z. B. auf 250⁰ erhitzte Veresterungsprodukt in gutem Vakuum (20 mm) mit Wassernebeln, deren Träger überhitzter Wasserdampf ist; die dadurch abgetriebenen, mit etwas Neutralfett vermischten Säuren kommen als Retourgang zur nächsten Veresterung.

Andere Nachteile ergeben sich wiederum, wenn das Veresterungsgemisch während der ganzen Reaktionsdauer einen Überschuß an freien Säuren enthält.

[1] H. SCHLINCK u. Co. A. G.: Anmeldung Sch. 50301 vom 28. VII. 1916.
[2] L. FRANCESCONI u. M. GASLINI: F. P. 475477 vom 7. I. 1924.
[3] I. G. Farbenindustrie A. G.: Anmeldung J. 1141/30 vom 27. XII. 1930.
[4] Über Esteröle, Vortrag auf der Hauptversammlung des Vereins der Chemiker. Würzburg 1933.
[5] S. auch BELLUCCI: Gazz. chim. Ital. 42, II, 290 (1912); Atti. R. Accad. Lincei (Roma), Rend. (5), 20, I, 127, 237 (1911).   [6] E. P. 291767.
[7] D. R. P. 565477 vom 30. VI. 1929. — I. G. Farbenindustrie A. G.: Anmeldung J. 36996 vom 5. II. 1929. — E. R. BOLTON u. E. J. LUSH: E. P. 163352 vom 30. IX. 1919.   [8] Z. B. FRANCESCONI u. GASLINI: F. P. 574477 vom 7. I. 1924.
[9] Veredlungsgesellschaft für Öle und Fette m. b. H.: Anmeldung W. 72950 vom 23. VI. 1926.

Die Veresterung kann dann bis zu einem gewissen Grad selektiv verlaufen, indem fast nur gewisse schwerer zu veresternde (hochmolekulare und oxydierte) Säuren frei bleiben. Nachdem nun dieselben durch Entsäuerung wieder gewonnen und in den Prozeß zurückgeführt werden, reichern sie sich immer mehr an, verschlechtern die Qualität, besonders wenn sie sich polymerisieren, anhydrisieren, oder sonst verändern. Diesen Nachteil vermeidet folgende Arbeitsweise[1]:

Man läßt die Fettsäure erst mit einem mäßigen Glycerinüberschuß, z. B. 103% der Theorie reagieren, wobei fast völlige Neutralisierung — auf weniger als 1% freie Säure — und auch schon Bildung von Diglycerid erfolgt. Dann setzt man wieder ein wenig Fettsäure, etwa 2—3% der ursprünglich chargierten Menge zu und erhitzt weiter, bis die Säure gebunden ist, worauf diese Nachbehandlung mit kurzem Erhitzen wiederholt wird. So erhält man ein Produkt von normaler Beschaffenheit, ohne Diglyceride, mit geringstem Gehalt an freier Säure, verbraucht aber mehr Glycerin als bei den anderen Ausführungsformen.

Eine technologisch interessante Arbeitsweise ist die Regenerierung saurer Fette während ihrer Hydrierung[2]. Z. B. mit einem Nickeloxydkatalysator bei 230°, einer für beide Reaktionen günstigen Temperatur. Durch den überschüssigen Wasserstoff wird das bei der Veresterung gebildete Wasser schnell abgeführt. Das Verfahren hat keine praktische Bedeutung erlangt.

Kontinuierliche Veresterung: Ein sehr eingehend beschriebenes Verfahren dieser Art ist das der I. G. Farbenindustrie A. G.[3]. Bei diesem laufen die einzelnen Phasen der Reaktion nicht mehr oder weniger neben- und durcheinander, sondern werden zeitlich und räumlich getrennt gehalten.

Als Gefäßmaterial dient Kupfer, am besten verzinnt; auch gute Bronze und natürlich auch Email sind verwendbar. Das Reaktionsgemisch fließt in angemessener Schichthöhe (mehr als 1 cm und nicht über 20 cm) mit ausreichender Weglänge durch mehrere Einzelgefäße oder abgeteilte Kammern der Apparatur. Jede Phase kann daher für sich allein beeinflußt werden hinsichtlich Dauer (Regelung der Durchflußgeschwindigkeit durch Schichthöhe, Querschnitt), Temperatur, Mischungsverhältnis sowie Art und Menge des Katalysators (Regulierung des Zuspeisens), auch durch Zuleiten von Dampf, Gasen u. a. m. Man kann auch andere Reaktionen, insbesondere eine Umesterung anschließen oder einschalten.

Beispiel: Erdnußfettsäure wird in einem Rührgefäß mit der berechneten Menge 87%igem Glycerin unter Zusatz von 0,1% Magnesiumoxyd emulgiert. Die auf 80—100° angewärmte Emulsion fließt kontinuierlich in 5 cm hoher Schicht in die erste, auf 170° und 20 mm Druck gehaltene Reaktionskammer, in der sie ständig von durchgeblasenem Dampf bewegt wird. So erfolgt hauptsächlich Veresterung zu Mono- und Diglyceriden. Dieses Gemisch geht durch eine zweite, auf 210° gehaltene Kammer, in der ihm als Katalysator 0,1% Tonerde (in einem anderen Fall kolloides Zinn), aufgeschlämmt in Öl, zufließt. Von hier tritt das Reaktionsgemisch mit nur mehr 10% freier Säure in den dritten, auf 240° gehaltenen Reaktionsraum, in welchem die letzten Reste Diglycerid mit der freien Säure verestert werden, während zugleich mittels Sattdampf die unverbrauchte freie Säure und etwas Glycerin ausgeblasen werden. Das Gut tritt mit nur 0,2% freier Säure aus dem Apparat. Die Brüden gelangen aus dem letzten Reaktionsraum in einen Kühler, der bloß Wasserdampf entweichen läßt, während Fettsäure und Glycerin sich kondensieren, worauf sie zusammen mit frischem Veresterungsgemisch in die erste Reaktionskammer eingeführt werden.

---

[1] I. G. Farbenindustrie A. G.: D. R. P. 551868 vom 9. XI. 1929.
[2] Ölwertung G. m. b. H.: Öst. P. 67061 vom 27. VIII. 1912.
[3] D. R. P. 563626 vom 27. XII. 1930.

Die Veresterung wurde auch bereits mit der Durchflußentsäuerung und mit der Umesterung kombiniert[1]. Schematisch stellt sich die Arbeitsweise folgendermaßen dar (Abb. 20):

Das saure Öl fließt bei A in den Entsäuerungsapparat C, wo es im Vakuum bei hoher Temperatur mit nassem Dampf behandelt wird. Das neutrale Öl tritt

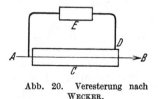

Abb. 20. Veresterung nach WECKER.

aus nach B, die Fettsäuren destillieren bei D ab und gelangen in das Gefäß E, wo sie mit Glycerin verestert werden. Soll das Gut zugleich umgeestert (z. B. durch Einverleibung von Buttersäure veredelt) werden, so läßt man die betreffende Säure nach E zufließen. Den Glycerinzufluß nach E kann man so regeln, daß nach Wahl entweder Triglycerid mit noch ein wenig freier Säure resultiert oder ein Gemisch von Mono- und Diglycerid. Dieses Teilprodukt fließt aus E ständig ab, zu dem bei A in das Entsäuerungsgefäß tretenden sauren Rohöl.

Nach dem Vorschlage von H. HELLER wird die Umesterung sinnreich benützt, um die Entsäuerung durch Destillation mit Wasserdampf im Vakuum zu befördern: man gibt Cocosöl zu, das sich mit den höher molekularen freien Säuren umsetzt, sie an Glycerin bindet, während die freiwerdenden niedrigeren Säuren des Öles leichter abdestillieren können.

Für die Veresterung oder die Kombination von Veresterung und Umesterung zwecks Neutralisierung freier Fettsäuren für sich allein oder in ihren Mischungen mit Neutralfett kann als alkoholische Komponente selbstverständlich auch ein einwertiger Alkohol oder ein Glykol verwendet werden[2].

C. Fettveredlung durch Umesterung.

Die Umesterung dient zur Verbesserung von natürlichen Fetten verschiedenster Art, die zu sehr verschiedenen Zwecken Verwendung finden, und zur technischen Synthese von Glyceriden, die in der Natur überhaupt nicht vorkommen. Ursprünglich war Hauptzweck die sog. Veredlung, d. h. das Genußfähigmachen von Fetten, die an sich für Ernährungszwecke wenig oder überhaupt nicht geeignet sind.

Manche Fette, wie der Hammeltalg, der Preßtalg, hochgehärtete Öle, enthalten viel Tristearin, Palmitostearin, Behensäureglyceride u. a. m., deren Schmelzpunkte über Körpertemperatur liegen. Infolgedessen werden diese Hartfette schwerer resorbiert, sind weniger verdaulich. Anderseits sind zu weiche oder flüssige Fette (Öle) nicht für alle Zwecke geeignet. Man kann zwar durch Vermischen von zu harten mit zu weichen Fetten Produkte erhalten, die äußerlich die gewünschte schmalz- oder butterartige Konsistenz zeigen; aber die Verdaulichkeit der hochschmelzenden Glyceride wird dadurch nicht genügend erhöht. Ganz anders ist es, wenn man die einen und die anderen Fette in ein Gemisch mehrsäuriger Glyceride verwandelt, in denen hochschmelzende Säuren mit flüssigen Säuren vergesellschaftet sind. Die Veredlung bezweckt ferner, in Fette, die nur die gewöhnlichen Säuren als Komponenten

---

[1] I. G. Farbenindustrie A. G.: D. R. P. 563203 vom 13. III. 1931.

[2] Über die erste betriebsmäßige Erzeugung von Äthylestern durch Umesterung von Fetten im Jahre 1915 s. AD. GRÜN: Ber. Dtsch. chem. Ges. **54**, 291 (1921). — Über die technische Erzeugung von Glykolestern s. H. FRANCK u. K. WIMMER: Anmeldung F. 41254 vom 16. II. 1916. H. Schlinck & Cie.: Anmeldung Sch. 50123 vom 10. VI. 1916. — Über die Verwendung dieser Ester für Margarine s. H. FRANCK: Die Verwertung von synthetischen Fettsäureestern usw. Braunschweig. 1921.

enthalten, spezifische Bausteine höchstwertiger Fette, wie z. B. Buttersäure, einzuführen, womit übrigens auch eine Verbesserung der Konsistenz zu harter Fette verbunden ist.

Mehrsäurige Glyceride von höheren und niedrigeren Fettsäuren können selbstverständlich auch technisch in der Weise erzeugt werden, daß man Gemische von Säuren beider Art mit Glycerin verestert, am besten in Gegenwart eines Katalysators[1]; dann bilden sich aber auch gewisse Mengen gleichsäurige Triglyceride der niedrigen Säuren, wie das sehr bitter schmeckende Tributyrin. Dieses Verfahren hat somit zum Teil denselben Fehler wie das der bloßen Zumischung der gleichsäurigen Triglyceride niedriger Säuren[2].

Vollständiger und rationeller erfolgt die Erzeugung mehrsäuriger Triglyceride durch Umesterung, die technisch nach drei verschiedenen Methoden ausgeführt werden kann.

Das zuerst vorgeschlagene Kombinationsverfahren[3] besteht darin, daß man neutrale oder auch saure Fette mit Glycerin durch Umesterung bzw. Veresterung und Umesterung zu einem größeren oder geringeren Teil in Mono- und Diglyceride überführt und dieses Gemisch katalytisch, am besten in Gegenwart von Zinn, Zink, Aluminium od. dgl. weiterverestert mit Säuren, die von den in ursprünglichem Fett gebundenen verschieden sind. Man kann so aus Rohstoffen sehr einfacher Zusammensetzung kompliziertere Glyceridgemische erhalten, wie sie in den meisten natürlichen Fetten vorliegen. Z. B. gäbe ein Neutralfett, das nur aus zwei einsäurigen Triglyceriden besteht, durch Umesterung mit Glycerin und nachfolgender Veresterung mit einem Gemisch aus bloß zwei verschiedenen Säuren schon 10 Paare von Glyceridisomeren, zusammen mit den beiden ursprünglichen Glyceriden, die teilweise erhalten bleiben, 22 verschiedene Glyceride. Praktisch erhält man wohl immer noch viel kompliziertere Glyceridgemische.

Umesterung und Veresterung werden nacheinander in derselben Apparatur, in Einzelchargen oder kontinuierlich, unter fast gleichen Bedingungen ausgeführt, wie sie bereits für die beiden Einzelphasen des Verfahrens auf S. 277 und 280 beschrieben wurden.

Zum Beispiel werden 500 kg teilweise hydriertes Palmöl mit 27 kg Glycerin bei Gegenwart von 5 kg Zinn im Rührwerk unter Luftabschluß auf 225—230⁰ erhitzt, bis das Glycerin gebunden ist; dann läßt man 83 kg eines Gemisches aus 2 Molen Buttersäure und 1 Mol Capronsäure zulaufen und erhitzt weiter, bis sich die Neutralisationszahl dem Nullwert nähert. Das Produkt wird erforderlichenfalls wie üblich geläutert, eventuell mit Sterin und Phosphatid (Pflanzenlecithin) versetzt.

Eine spezielle Anwendung des Arbeitsprinzips ist die Umesterung von Rizinusöl mit Glycerin in Gegenwart von Calciumglycerat, darauf Veresterung der Mono- und Diglyceride mit Leinölsäuren oder Kolophonium zu Lackgrundlagen[4].

Über die Anwendung des Verfahrens zur Erzeugung anderer Lackgrundlagen, Harz-Holzölsäureglyceriden s. auch S. 295, 296.

---

[1] Georg Schicht A. G. u. Ad. Grün: Öst. P. 96522. Priorität vom 1. IV. 1920. — S. auch Ölwerke Germania: D. R. P. 357877 vom 27. IV. 1920. [2] D. R. P. 102539.
[3] Georg Schicht A. G. u. Ad. Grün: „Verfahren zur Erzeugung von Nahrungsfetten nach Art der natürlichen Nahrungsfette", E. P. 160840.
[4] I. G. Farbenindustrie: D. R. P. 572359 vom 20. XI. 1929. Die Ricinolsäurereste sollen dabei Wasser abspalten, so daß Derivate der Ricinensäure entstehen. In welchem Maße diese Reaktion eintritt, ist fraglich. Der angegebene Rückgang der Acetylzahl allein ist kein brauchbares Kriterium, weil er auch durch Estolidbildung, Verätherung oder beide Reaktionen bedingt sein kann.

Das zweite, von W. NORMANN[1] ausgearbeitete Verfahren besteht in einer anderen Kombination von Umesterung und Veresterung: Neutralfett wird mit Fettsäuren umgesetzt, die in ihm nicht enthalten sind; der bei diesem Acylaustausch freigewordene Teil der Säuren aus dem Neutralfett wird mit Glycerin verestert. (Die Säuren können natürlich auch, weniger rationell, mittels Lauge abgetrennt werden.)

Man erhitzt z. B. 1000 Teile Rindertalg mit 75 Teilen Buttersäure unter Luftabschluß, bis die Temperatur allmählich von 163° (dem Siedepunkt der Säure) auf 240° gestiegen ist, gibt die berechnete Menge Glycerin zu und verestert wie üblich weiter zur fast vollständigen Neutralität. Das Produkt enthält 5,7% Buttersäure, ausschließlich in mehrsäurigen Glyceriden.

Das Verfahren blieb nicht auf die Veredlung von Speisefetten beschränkt, sondern wurde mehrfach zur Erzeugung von Glyceriden für technische Zwecke benützt.

Nach SCHEIBER[2] werden z. B. auf diesem Wege mehrsäurige Glyceride dargestellt, die als Komponenten die Säuren verschiedener trocknender Öle enthalten oder auch synthetische mehrfach-ungesättigte Säuren. Diese künstlich erzeugten Öle trocknen besser als die natürlichen Öle oder deren Mischungen. Z. B. wird Holzöl mit Leinölfettsäuren auf 200° erhitzt und das Umesterungsprodukt mit Glycerin neutralisiert, oder Leinöl-Sojaöl-Gemisch wird mit einer Mischung von Holzölfettsäuren und Octadecadiensäure umgeestert, das Zwischenprodukt mit Glycerin verestert. In gleicher Weise erfolgt Umsetzung von Rizinusöl mit Ricinensäure, darauf Veresterung mit Glycerin[3].

Eine spezielle Anwendung des gleichen Arbeitsprinzipes ist ferner die Umesterung von Cocosöl mit Essigsäure und nachfolgende Veresterung mit Glycerin; sie ergibt ein erst bei sehr niedriger Temperatur erstarrendes Glyceridgemisch aus Laurodiacetin, Myristodiacetin usw., das sich als Weichmachungsmittel für Nitrocellulose eignet[4].

Man kann auch mit Chloressigsäure, besonders bei Gegenwart von ein wenig Wasser, leicht umestern, sogar schon bei 170°, während die nicht chlorierten Säuren höhere Temperatur erfordern. Definierte Produkte wurden aber noch nicht beschrieben[5].

Die Hauptreaktionen der beiden ersten Umesterungsverfahren zeigt folgendes Schema:

$$C_3H_5(OH)_3 + C_3H_5 {\Large\langle} \begin{matrix} O-CO-R^1 \\ O-CO-R^1 \\ O-CO-R^1 \end{matrix} \rightarrow C_3H_5 {\Large\langle} \begin{matrix} OH \\ O-CO-R^1 \\ O-CO-R^1 \end{matrix} + C_3H_5 {\Large\langle} \begin{matrix} OH \\ OH \\ O-CO-R^1 \end{matrix}$$

$$+ R^2 \cdot COOH \qquad + R^2 \cdot COOH \qquad + 2R^2 \cdot COOH$$

$$C_3H_5 {\Large\langle} \begin{matrix} O-CO-R^2 \\ O-CO-R^1 \\ O-CO-R^1 \end{matrix} \qquad C_3H_5 {\Large\langle} \begin{matrix} O-CO-R^2 \\ O-CO-R^2 \\ O-CO-R^1 \end{matrix}$$

$$+ 2R^2 \cdot COOH$$

[1] D. R. P. 407180 vom 25. IV. 1920; s. auch Chem. Umschau Fette, Öle, Wachse, Harze **30**, 250 (1923). (Die Umesterung von Glyceriden organischer Säuren mit anorganischen Säuren wurde schon früher gefunden.)
[2] D. R. P. 513309 vom 21. II. 1928.   [3] SCHEIBER: D. R. P. 555496 vom 17. XII. 1929.
[4] G. L. SCHWARTZ: A. P. 1558299 vom 11. IV. 1922.
[5] S. z. B. R. ODA: Scient. Papers Inst. physical. chem. Res. Tokyo, **22**, 15 (1933).

Die dritte Methode beruht auf der gegenseitigen Umesterung von Triglyceriden, im einfachsten Falle nach dem Schema[1]:

$$C_3H_5 \begin{cases} O-COR^1 \\ O-COR^1 \\ O-COR^1 \end{cases} + \begin{cases} R^2CO-O \\ R^2CO-O \\ R^2CO-O \end{cases} C_3H_5$$

Wenn bei Triglyceriden *intramolekulare* Acylverschiebung allmählich auch schon bei gewöhnlicher Temperatur eintreten kann, so erfordert doch ein Acylaustausch zwischen *verschiedenen* Molekülen begreiflicherweise Wärmezufuhr und, wenigstens für schnelleren Ablauf, Unterstützung durch einen der gebräuchlichen Umesterungskatalysator.

NORMANN[2] erzielte beim Erhitzen auf 250⁰ von einem Teil Tristearin und zwei Teilen Mandelöl, ebenso von zwei Molen Tristearin und einem Mol Triacetin, in beiden Fällen binnen 72 Stunden nur etwa hälftige Umsetzung; bei Gegenwart von Zinn ging die Umesterung von Cocosöl mit Stearinsäureäthylester schon binnen 16 Stunden viel weiter. Beim Umestern von Tristearin mit Cocosöl (im Gew.-Verh. 1:4) erwiesen sich, wie die nachfolgende Gegenüberstellung zeigt, β-Naphthalinsulfosäure und Natriumäthylat als besonders wirksame Katalysatoren. (Ein zahlenmäßiges Vergleichen ihrer Wirkungsgrade ist jedoch nicht angängig, weil bei diesen Versuchen noch vier Faktoren variierten: Menge des Zusatzstoffes, Temperatur, Einwirkungsdauer und Druck.)

Katalysator	Temperatur	Druck	Einwirkungsdauer	Erniedrigung des Schmp.	
				von	bis
1% $C_{10}H_7SO_3H$	250⁰	normal	$2^{1}/_{2}$ Stunden	57,3⁰	34,5⁰
0,1—0,2% C_2H_5ONa	140⁰	Vakuum	$^{1}/_{2}$ Stunde	57,7⁰	31,4⁰

Die Erniedrigung der Schmelzpunkte zeigt, daß die Umesterungseffekte zum mindesten in bezug auf die Konsistenz der Produkte groß sind.

Quantitative Untersuchungen über den Umbau von Glyceriden durch Umesterung haben GRÜN, LIMPÄCHER und HUBER[3] ausgeführt. Sie erhitzten jeweilig äquimolekulare Mengen, z. B. Tricaprylin und Tristearin, in Gegenwart von Zinn (das sich wirksamer als Naphthalinsulfosäure erwies) in CO_2-Atmosphäre etwa drei Stunden auf 230⁰ und trennten die nicht umgesetzten Anteile der einsäurigen Triglyceride durch fraktionierte Destillation bzw. Kristallisation von den neugebildeten Glyceriden. Das Gemisch von Tricaprylin und Tristearin ergab ein Produkt folgender Zusammensetzung:

9% Tricaprylin,
20% Tristearin,
71% Caprylsäure-Stearinsäure-Glyceride.

Weitere Fraktionierung der zweisäurigen Triglyceride ergab, daß ein Teil aus Caprylo-distearin bestand (bzw. den beiden stellungsisomeren Glyceriden dieser Zusammensetzung); der größere Teil erwies sich als Stearo-dicaprylin bzw. dessen Isomeres.

---

[1] Über einen Versuch zur Erklärung des Acylaustausches durch Annahme intermediärer Bildung sogenannter Koordinationsformen, in denen die Bindungen der Acyle gelockert sind, s. S. 237.

[2] Ölwerke Germania u. W. NORMANN: D. R. P. 417215 vom 20. VI. 1920. Die einschlägigen Patente von VAN LOON: F. P. 598039, Priorität vom 30. XII. 1924, u. a. m., betreffen Ausführungsformen des Verfahrens.

[3] S. AD. GRÜN: „Umesterung von Glyceriden und ihre technische Bedeutung". Vortrag in der Hauptversammlung des Vereins Deutscher Chemiker in Nürnberg; Referat: Ztschr. angew. Chem. **38**, 827 (1925).

Die Reaktion verlief vermutlich zunächst nach der Gleichung:

$$C_3H_5(OCOC_{17}H_{35})_3 + C_3H_5(OCOC_7H_{15})_3 =$$
$$C_3H_5(OCOC_{17}H_{35})(OCOC_7H_{15})_2 + C_3H_5(OCOC_7H_{15})(OCOC_{17}H_{35})_2.$$

Darauf dürften weitere Umsetzungen verlaufen sein, wie etwa von Caprylo-distearin und Tricaprylin zu 2 Molen Stearo-dicaprylin.

Analoge Resultate geben die Umesterungen zwischen anderen Paaren, wie Tristearin und Triolein, Triolein und Tricaprylin, Tricapronin, Tributyrin u. a. m. Jedes Paar einsäuriger Triglyceride gibt zwei zweisäurige Triglyceride bzw. zwei Paare von Stellungsisomeren. Nachdem die Umsetzung nicht quantitativ verlaufen muß, kann das Produkt sechs verschiedene Glyceride enthalten. Die Zusammensetzung der betriebsmäßig erzeugten Umesterungsprodukte ist natürlich noch viel komplizierter, weil die Ausgangsstoffe immer aus mehreren Triglyceriden bestehen, wenn auch in einzelnen Fällen eine Verbindung stark überwiegt, wie bei hochgehärteten Ölen meistens das Tristearin.

Die für das Eintreten der Reaktion günstigen Bedingungen sind von denen der anderen Umesterungen und der Veresterung wenig oder gar nicht verschieden; daher werden sich auch bei Ausführung der beiden ersten Methoden und bei der Regenerierung von Fetten die ursprünglichen und die neugebildeten Triglyceride bis zu einem gewissen Grad gegenseitig umestern. Überhaupt dürfte schon bei jedem starken Erhitzen eines Fettes oder Fettgemisches ein teilweiser Umbau von Glyceriden erfolgen, dessen Ausmaß von der Temperatur, der Dauer des Erwärmens und von anderen Umständen, wie dem katalytischen Einfluß metallischer Gefäßwände, abhängen wird.

Die Glyceride, deren technische Erzeugung in den folgenden Abschnitten beschrieben wird, enthalten als einzige oder überwiegende Säurekomponente in natürlichen Fetten nicht vorkommende Säuren.

D. Pharmazeutische Produkte[1].

Die synthetischen Glyceride spielen bisher im Arzneischatz keine große Rolle. Immerhin hat man schon mehrfach erkannt, daß die Bindung therapeutisch wirksamer Säuren an Glycerin statt an körperfremde Komponenten, gewisse Vorteile bieten kann.

a) Glyceride anorganischer Säuren.

Nitroglycerin hat auf Grund seiner Wirkung auf die Blutgefäße (stark erweiternd) eine zwar ganz beschränkte, aber nicht unwichtige Anwendung in der Therapie gefunden. Auf seine technische Darstellung kann aber hier nicht eingegangen werden.

---

[1] Die durch einfache Anlagerung von Halogen, Sauerstoff, Schwefel u. a. m. an die natürlichen Fette (bzw. deren Glyceride ungesättigter Säuren) erzeugten Verbindungen gehören selbstverständlich nicht zu den synthetischen Glyceriden im engeren Sinne. Solche Derivate natürlicher Fette sind z. B.: Jodfette, wie die mit Jodtinktur und Jodsäure behandelte Kakaobutter (v. HEYDEN: D. R. P. 199549), das jodierte Chaulmoograöl, ebenso Bromipin und Jodipin, dargestellt durch Anlagern der Halogenwasserstoffe an Sesamöl (E. MERCK: D. R. P. 159748; VOSWINKEL: D. R. P. 233857), dann „geschwefelte Jodfette“, durch Jodierung in Gegenwart von Schwefelwasserstoff erhalten (BAYER-Elberfeld: D. R. P. 132791), mittels Wasserstoffsuperoxyd hydroxyliertes Olivenöl, Leinöl, Lebertran (E. FREUDENBERG u. L. KLOEMAN: Anmeldung F. 36804 vom 2. VII. 1913). Näheres darüber s. Bd. II.

Phosphorsäureglyceride werden in Form ihrer Salze zur Förderung der Bildung von Phosphatiden und Nucleinen in den Geweben, auch zur Hebung des allgemeinen Stoffwechsels verabreicht, als Bestandteile von Nährpräparaten und tonischen Mitteln gegen nervöse Erschöpfung, Rachitis, Skrofulose u. a. m.

Glycerinphosphorsaures Natrium, $C_3H_5(OH)_2OPO(ONa)_2$, wird dargestellt durch allmähliches Erhitzen von Glycerin mit Natriummetaphosphat oder Metaphosphorsäure und Dinatriumphosphat[1] von 120 auf 210°, besser mit löslichem Phosphat[2] bei maximal 145° oder mittels saurem Natrium- bzw. Ammoniumphosphat[3], auch durch Umsetzen von Glycerin mit Calciumphosphat und Schwefelsäure[4] u. a. m.

Beim Erhitzen von primärem Phosphat mit 2 Mol. Glycerin im Vakuum auf 130—180° entsteht Mononatriumdiglycerinphosphat, das sich, nach Auslaugen mit Lauge behandelt, in Glycerin und Dinatriumglycerinphosphat spaltet:

$$[C_3H_5(OH)_2—O]_2PO(ONa) + NaOH = C_3H_5(OH)_3 + C_3H_5(OH)_2OPO(ONa)_2.$$

Man erzeugt Glycerophosphate einer größeren Zahl von Metallen, wie Kalium, Calcium, Magnesium, Eisen, Mangan, von organischen Basen, namentlich Alkaloiden, wie Chinin, Strychnin u. a. m.

Orthokieselsäureglyceride bilden sich beim Umestern von Kieselsäureäthylester mit Glycerin durch mehrstündiges Erhitzen auf 150°, dann im Vakuum auf 100°. Je nachdem auf 1 Mol. Ester 4 oder 2 Mol. Glycerin angewendet werden, entsteht primäres oder sekundäres Glycerinorthosilikat, aus 4 Mol. Glycerin und 3 Mol. Ester die tertiäre Verbindung; den Produkten werden folgende Formeln zugeschrieben[5]:

$$Si(O—CH_2—CHOH—CH_2OH)_4$$

Der therapeutische Effekt bei Anwendung dieser und anderer Siliciumderivate gegen Carcinom, Arteriosklerose, Gelenkrheumatismus und andere Krankheiten ist noch fraglich.

b) Glyceride aliphatischer Säuren mit unpaarer Zahl Kohlenstoffatome.

Synthetische Fette, die aus Glyceriden von Säuren mit unpaarer Zahl der Kohlenstoffatome bestehen, werden in der Therapie als Mittel zur Behebung der Glykosurie und Ketonkörper-Acidose verwendet, bzw. als ein die natürlichen Fette ersetzendes Nahrungsmittel für die acidotischen Zuckerkranken[6].

---

[1] J. A. WÜLFING: D. R. P. 205579 vom 30. IV. 1908.
[2] WÜLFING: D. R. P. 217553 vom 13. III. 1909.
[3] Poulenc Frères: D. R. P. 208700 vom 28. II. 1907.   [4] D. R. P. 242422.
[5] L. KNORR u. H. WEYLAND: D. R. P. 285285 vom 22. III. 1914.
[6] Bei der „schwerer Diabetes" genannten Stoffwechselstörung bilden sich im Organismus so viel „Ketonkörper", nämlich β-Oxybuttersäure, Acetessigsäure und aus dieser auch Aceton, daß täglich statt der normalen Menge von 0,01 bis 0,02 g bis 200 g im Harn (das Aceton in schwersten Fällen auch durch die Lungen) ausgeschieden werden. Als Hauptquelle der Ketonkörper gelten die

Die „ungeradzahligen" Säuren hat man zuerst durch oxydativen Abbau normaler Fettsäuren erzeugt, wenn auch wohl nicht in genügender Reinheit. Reine Säuren dieser Art können nach dem Vorgange von S. SKRAUP[1] synthetisiert werden: normale Fettsäuren führt man mit Phenylmagnesiumbromid in tertiäre fett-aromatische Alkohole über, anhydrisiert diese zu Olefinen, die bei oxydativer Aufspaltung Benzophenon und die um ein Kohlenstoffatom ärmeren Säuren geben. Schema:

$$R \cdot CH_2 \cdot COOH + 2\,C_6H_5 \cdot Mg \cdot Br \rightarrow R \cdot CH_2 \cdot C(OH)(C_6H_5)_2 \rightarrow$$
$$\rightarrow R \cdot CH : C(C_6H_5)_2 \rightarrow C_6H_5 \cdot CO \cdot C_6H_5 + R \cdot COOH.$$

Für die Erzeugung von Produkten, die in weit größeren Mengen verabreicht werden als die Arzneimittel im engeren Sinne, dürften die so dargestellten Säuren zu teure Zwischenprodukte sein. Sehr leicht zugänglich und daher verhältnismäßig wohlfeil sind dagegen die bei der destruktiven Destillation von Ricinolsäure und Rizinusöl entstehende Undecylensäure und ihr Hydrierungsprodukt, die Undecylsäure.

Das erste synthetische Fett aus Säuren mit unpaarer Zahl der C-Atome, angeblich *Triheptadecylin* (Trimargarin), wurde von KAHNE dargestellt und unter der Bezeichnung „*Intarvin*" in den Handel gebracht[2]. Ein zweites Produkt, das „*Diafett*"[3], soll vorwiegend aus den Triglyceriden der Tridecylsäure und der Undecylsäure bestehen. Nach VERKADE[4] enthalten jedoch solche Präparate, deren Säurekomponenten durch oxydativen Abbau der normalen Fettsäuren, Stearinsäure, bzw. Myristin- und Laurinsäure dargestellt wurden, auch nicht wenig niedrigere Homologen, darunter solche mit paarer Zahl der C-Atome. (Die beiden Produkte, deren Neutralität, Geruch und Geschmack auch zu wünschen übrig ließ, haben sich nicht eingeführt.) Ganz frei von solchen Bestandteilen ist dagegen das von VERKADE[4] synthetisierte „*Undekafett*", das Triglycerid der reinen Undecylsäure.

Die Veresterung der unpaaren Säuren erfolgt selbstverständlich nach den üblichen Methoden, unter möglichst schonenden Bedingungen. Undekafett wurde z. B. erhalten durch Erhitzen der Undecylsäure mit wasserfreiem Glycerin unter Zusatz von etwa $1/2\%$ Zinkstaub, unter Durchleiten von Kohlendioxyd, 7 Stunden lang unter 150 mm Druck auf 130—200⁰, dann noch 3 Stunden bei 120 mm auf 240⁰.

Das reine *Triundecylin* erstarrt bei 29,9⁰, *Tri-tridecylin* bei 42,7⁰, *Tri-nonylin* bei 8,7⁰.

Bei Verabreichung dieses Triglycerids geht die Menge der Ketonkörper im Harn der Kranken zurück. Das Produkt wird gut aufgenommen, aber ein nicht

---

Fettsäuren, deren physiologischer Abbau nach KNOOP durch sog. β-Oxydation erfolgt, so daß aus allen Säuren mit paarer Kohlenstoffzahl intermediär die genannten Oxy- und Oxo-Derivate der Buttersäure entstehen, die unter pathologischen Verhältnissen nicht weiter oxydiert werden und den Organismus vergiften. Bei der β-Oxydation von Säuren mit unpaarer Zahl der Kohlenstoffatome können sich dagegen keine Säuren der C_4-Reihe bilden. (Es sollen jedoch andere „pathologische" Säuren aus der C_3-Reihe, Milch- und Brenztraubensäure, auftreten können.)

[1] S. SKRAUP u. SCHWAMBERGER: LIEBIGS Ann. 462, 135 (1928).

[2] KAHN: Proceed. Soc. exper. Biol. a. Med. 19, 265 (1922); Amer. Journ. med. Science 166, 826 (1923). — Weitere Literatur s. R. STERN: Med. Klinik 21, 958 (1925).

[3] S. HOESCH: Dtsch. Arch. klin. Med. 160, 129 (1928). — UHLMANN: a. a. O. 161, 165 (1928).

[4] P. E. VERKADE, VAN DER LEE u. MEERBURG: Rec. Trav. chim. Pays-Bas 51 ([4] 13), 850 (1932). — VERKADE u. Mitarbeiter: Ztschr. physiol. Chem. 215, 227 (1933).

unbeträchtlicher Teil wird zu Dicarbonsäuren oxydiert, die im Harn ausgeschieden werden (Diacidurie)[1].

Glyceride von Säuren mit verzweigter C-Kette.

Verbindungen dieser Art wurden von den ABBOT Laboratories[2] erzeugt durch einfaches Verestern von Glycerin mit Dialkylessigsäuren. Der Schutzbereich umfaßt alle Derivate, in welchen die Summe der Kohlenstoffatome in beiden Alkylen mindestens 12 und höchstens 20 beträgt. Die Produkte zeigen bakterizide Eigenschaften.

c) Glyceride aromatischer Säuren.

Ein- und mehrsäurige Glyceride der Benzoe-, Salicyl-, Anis- und p-Kresotinsäure erhielt FRITSCH[3] durch Einleiten von Chlorwasserstoff in die Glycerinlösungen der Säuren nach dem Vorgang von BERTHELOT[4], Isolieren des entstandenen β-Acylodichlorhydrins und Umsetzen desselben mit dem Natriumsalz der gleichen oder einer anderen Säure bei 180—200°. Diese Triglyceride werden aber als schwer verseifbare Ester schlecht resorbiert, z. B. das der Salicylsäure zu nur 9%, was ihre therapeutische Verwendung unmöglich macht. Die Chlorhydrinester zeigen wiederum außer einem hypnotischen Effekt auch noch stark darmschädigende Wirkung.

Salicylsäurederivate.

Di-salicylin (vielleicht aber auch der Salicylsäureester des Epihydrinalkohols) soll bei Einwirkung der zweibasischen Metallsalicylate auf Glycerindichlorhydrin in Gegenwart von überschüssigem Alkali schon bei gewöhnlicher Temperatur entstehen[5].

Das *Diglycerid der Acetylsalicylsäure*, $C_3H_5(OH)(OCOC_6H_4OCOCH_3)_2$, wurde erhalten durch Überführen der Säure (Aspirin) in ihr Chlorid und vorsichtiges Umsetzen desselben mit 1 Mol. Glycerin in Gegenwart von 2 Mol. Pyridin, verdünnt mit Chloroform[6].

Monosalicylin, $C_3H_5(OH)_2(OCOC_6H_4OH)$, als „Glykosal" in die Therapie eingeführt, erhielt TÄUBER[7] durch 30stündiges Erhitzen auf 100° von Salicylsäure mit der dreifachen Gewichtsmenge Glycerin und ein wenig 60%iger Schwefelsäure, z. B. 2% vom Gewichte des Ansatzes. Katalytisch wirken angeblich auch Bisulfat oder eine organische Sulfosäure[8]. Man erhält jedoch schon durch bloß vierstündiges Erhitzen auf 120—130° nach der üblichen Aufarbeitung

---

[1] Dieser abnorme Abbau der Fettsäure im Organismus zu Dicarbonsäure durch „ω-Oxydation" ist nicht auf die Undecylsäure beschränkt; er tritt nur bei ihr, dann bei der Caprinsäure, am stärksten auf und nimmt beim Absteigen, noch mehr beim Ansteigen in der homologen Reihe sehr schnell ab. Caprylsäure bzw. ihr Triglycerid wirkt z. B. nur mehr sehr schwach „diacidogen", Trilaurin fast gar nicht und Tri-tridecylin überhaupt nicht mehr. VERKADE u. VAN DER LEE: Ztschr. angew. Chem. 47, 371 (1934).

An die ω-Oxydation schließt sich eine β-Oxydation, die z. B. aus Tri-undecylin neben der Undecandisäure auch Azelain- und Pimelinsäure entstehen läßt. Nach FLASCHENTRÄGER, LÖWENBERG u. SCHLÄPFER tritt die ω-Oxydation deshalb auf, weil die körperfremden Triglyceride unpaarer Säuren von den Lipasen nicht schnell genug gespalten werden. (Ztschr. physiol. Chem. 225, 157 [1934].)   [2] A. P. 1917681 vom 21. I. 1931.

[3] PAUL FRITSCH: D. R. P. 58396 vom 20. VIII. 1890.

[4] BERTHELOT: LIEBIGS Ann. 92, 303. — S. auch GÖTTIG: Ber. Dtsch. chem. Ges. 10, 1817 (1877); 24, 508 (1891).   [5] M. LANGE u. K. SORGER: D. R. P. 174482.

[6] AD. GRÜN u. W. SPITZY: Unveröffentlichte Untersuchung.

[7] TÄUBER: D. R. P. 126311 vom 4. I. 1900.

[8] TÄUBER: D. R. P. 127139 vom 28. III. 1900.

(Ausschütteln der sodaalkalischen Lösung mit Äther, Umkristallisieren, am besten aus Äther-Petroläther) in guter Ausbeute das reine, bei 76⁰ schmelzende Präparat[1]. Nach dem Verfahren von SORGER[2] ist das Monoglycerid durch Umestern von Methyl- oder Äthylsalicylat mit Glycerin erhältlich. Es hat im Vergleich zum Methylester den Vorzug der Geruchlosigkeit, ist im Gegensatz zum Triglycerid infolge seiner viel leichteren Verseifbarkeit als Antisepticum und Antirheumaticum verwendbar, bietet aber kaum Vorteile gegenüber freier Salicylsäure. Dagegen kann es als Zwischenprodukt dienen zur Synthese von Derivaten, die noch andere spezifisch wirksame Gruppen enthalten. Verestert man z. B. ein Hydroxyl mittels Fettsäure, so erhält man ein zweisäuriges Diglycerid, das bei Substituierung seiner Hydroxylgruppe durch den Phosphorsäure-Cholin-Rest eine Verbindung vom Typus der Lecithine gibt.

Beispiel: *Salicylostearin*[3]. Während die Einführung des Restes der Salicylsäure in Monostearin schwierig ist, geht die von Stearyl in Monosalicylin glatt vonstatten: zu der auf 0⁰ abgekühlten Chloroformlösung von 1 Mol. Glycerid läßt man abwechselnd Lösung von 1¹/₂ Mol. Pyridin in Chloroform und von 1 Mol. Stearylchlorid, ebenfalls in Chloroform gelöst, zufließen, schüttelt nach jedem Zusatz, läßt einen halben Tag stehen, arbeitet das Reaktionsgemisch wie üblich auf und erhält das Produkt aus Petroläther fast quantitativ, als bei 55⁰ schmelzendes Kristallmehl, praktisch rein.

Mehrsäurige Triglyceride von Salicyl- und Fettsäure wurden von V. HUMICKY erhalten, z. B. aus Salicylsäuredichlorhydrin und Silberstearat[4] sowie aus Fettsäureestern des Dichlorhydrins und Silbersalicylat[5].

Mehrsäurige Triglyceride mit einem Salicyl- und zwei Fettsäureradikalen oder mit zwei Salicyl- und einem Fettsäurerest wie ein Salicylo-Diisovalerin und ein Palmito-disalicylin hat neuerdings auch A. LUKASIAK[6] hergestellt.

Zimtsäurederivate.

Das als Monoglycerid bezeichnete Produkt der 60stündigen Veresterung von Zimtsäure mit Glycerinüberschuß in Gegenwart 60grädiger Schwefelsäure soll wegen seiner Geruchlosigkeit, Reizlosigkeit und besseren Resorption durch die Haut, vorteilhaft an Stelle des Benzylesters verwendet werden[7].

Das Triglycerid der Dibromdihydrozimtsäure, $C_3H_5(OCO \cdot CHBr \cdot CHBr \cdot C_6H_5)_3$, geht unter der Bezeichnung „Glycobrom" als antiepileptisches Mittel.

E. Estolidglyceride.

Die Triglyceride von Oxysäuren, wie z. B. der Hauptbestandteil des Ricinusöles, fungieren als dreiwertige Alkohole und geben mit Säuren drei Reihen von Estern. Verestert man Ricinusöl mit einbasischen nicht-hydroxylierten Säuren, so entstehen verhältnismäßig einfache Verbindungen, *Übergangsglieder* zu den eigentlichen Estolidglyceriden.

Läßt man z. B. Stearinsäure oder ein geeignetes Derivat (Anhydrid, Chlorid) auf Ricinusöl unter möglichster Vermeidung einer Umesterung einwirken, so bilden sich je nach den Mengenverhältnissen und den sonstigen Bedingungen: Mono-, Di- und Tri-stearoyl-triricinolein.

---

[1] AD. GRÜN: Unveröffentlichte Beobachtung.   [2] D. R. P. 186111.
[3] AD. GRÜN u. R.WINKLER: Unveröffentlichte Untersuchung.   [4] Chem. Ztrbl. 1899 I, 369.
[5] Bull. Soc. chim. France (4), 45, 275, 422 (1929).   [6] Roczniki Farmacji 12, 1 (1934).
[7] BAYER-Elberfeld: D. R. P. 235357 vom 19. V. 1910.

$$C_3H_5(OCOC_{17}H_{32}OH)_3 \xrightarrow{+ \, C_{17}H_{35}COOH} C_3H_5 \begin{cases} (OCOC_{17}H_{32}OH)_2 \\ OCOC_{17}H_{32}O-COC_{17}H_{35} \end{cases}$$

$$\downarrow + \, C_{17}H_{35}COOH$$

$$C_3H_5(OCOC_{17}H_{32}O-COC_{17}H_{35})_3 \xleftarrow{+ \, C_{17}H_{35}COOH} C_3H_5 \begin{cases} OCOC_{17}H_{32}OH \\ (OCOC_{17}H_{32}O-COC_{17}H_{35})_2 \end{cases}$$

(Im Falle einer Umesterung entstehen daneben Verbindungen, in denen Stearoylgruppen direkt an den Glycerinrest gebunden sind.)

Produkte dieser Art, z. B. das „Casterol", werden als Weichmachungsmittel für Nitrocellulose empfohlen. In gleicher Weise gibt Ricinusöl einen Harzsäure-ester, z. B. aus 150 Teilen Öl und 50 Teilen Kolophonium beim sechsstündigen Erhitzen auf 260^0 unter 15 mm Druck[1].

Ebenso reagiert Chloressigsäure und noch leichter Trichloressigsäure, wobei noch undefinierte Produkte gleichzeitiger Veresterung und Umesterung entstehen sollen[2].

Interessanter sind Produkte, die man erhält, wenn die Oxysäure-triglyceride wiederum mit Oxysäuren reagieren. Verestert man z. B. Tri-ricinolein mit Ricinolsäure, so entsteht *Triricinoyl-triricinolein* (I), das man besser als *Triglycerid der Di-ricinolsäure* bezeichnet; in diesem Glycerid sind sechs Acyle teils direkt, teils indirekt an einen Glycerinrest gebunden. Auch dieses Glycerid kann weitere drei Acyle aufnehmen und das *Triglycerid der Tri-ricinolsäure* (II) bilden, das neun Acyle an einem Glycerinrest enthält.

$$C_3H_5(OCOC_{17}H_{32} \cdot OH)_3 + 3\,C_{17}H_{32}(OH)COOH =$$
$$= 3\,H_2O + C_3H_5(OCOC_{17}H_{32} \cdot OCOC_{17}H_{32} \cdot OH)_3 \qquad (I)$$

$$\downarrow + 3\,C_{17}H_{32}(OH)COOH =$$

$$= 3\,H_2O + C_3H_5(OCOC_{17}H_{32} \cdot OCOC_{17}H_{32} \cdot OCOC_{17}H_{32} \cdot OH)_3 \qquad (II)$$

Analog entsteht aus dem Triglycerid der Tri-ricinolsäure das der Tetra-ricinolsäure, aus diesem das der Pentaricinolsäure und weiterhin können sich Triglyceride noch höher kondensierter „*Polysäuren*" oder *Estolide* bilden.

Für die praktische Erzeugung der Estolidglyceride kommt ein stufenweiser Aufbau (dessen einzelne Phasen sich übrigens kaum festhalten lassen) nicht in Betracht. Nach dem Verfahren von AD. GRÜN und E. ZOLLINGER[3] werden einfach zuerst die Oxyfettsäuren zu Estoliden vom gewollten Kondensationsgrad anhydrisiert und diese hierauf zu Glyceriden verestert. Dabei muß als alkoholische Komponente nicht Glycerin verwendet werden, man verestert das Estolid vorteilhaft mit dem Triglycerid der Oxyfettsäure selbst, womit zugleich Verlängerung jeder Estolidkette um ein Acyl erreicht wird. Die Erzeugung ist um so einfacher, als die Anhydrisierung der Oxyfettsäuren schon bei der Spaltung des betreffenden Fettes spontan einsetzt und leicht durch weiteres Erhitzen bis zum gewünschten Ausmaß getrieben werden kann[4]. Als Rohstoffe dienen Ricinusöl und sein Hydrierungsprodukt, oxydierte Öle, Dioxystearinsäuren u. dgl.

---

[1] I. G. Farbenindustrie A. G: A. P. 1940092 vom 23. VI. 1930. Priorität vom 24. VI. 1929.
[2] R. ODA: Scient. Papers Inst. physical. chem. Res., Tokyo, **22**, 37 (1933).
[3] A. P. 1484826; D. R. P. 333155 vom 5. I. 1918. Priorität vom 8. I. und 24. II. 1917.
[4] Während bzw. weil die Bildung der Estolide sehr leicht vonstatten geht, ist die Überführung der Oxysäuren dieser Art in Laktide schwierig. S. z. B. GRÜN u. WETTERKAMP: Ztschr. Farbenind. 8, Nr. 18 (1909).

Zum Beispiel spaltet man 1000 kg hochgehärtetes Rizinusöl (d. i. im wesentlichen das Triglycerid der 12-Oxystearinsäure) wie üblich mit Wasser und allenfalls einem Spaltmittel im Autoklaven bis zur völligen Abtrennung des Glycerins, zieht die dann bereits beträchtlich (etwa bis zur Neutralisationszahl 90) anhydrisierte Säure ab, trocknet sie und erhitzt noch einige Zeit auf 180—200°, bis die Neutralisationszahl nur mehr wenig über 30 ist. So entsteht ein Gemisch homologer Estolide. Hauptbestandteil ist (bzw. dem Durchschnitt entspricht) die *Hexa-12-oxystearinsäure*, entstanden nach der Gleichung:

$$6 \, HO \cdot C_{17}H_{34} \cdot COOH = HO \cdot C_{17}H_{34}CO \cdot (O \cdot C_{17}H_{34}CO)_4 \cdot OC_{17}H_{34}COOH + 5 \, H_2O.$$

Man trägt nun 550 kg gehärtetes Ricinusöl ein und erhitzt in Gegenwart von Zinn auf zirka 230°, bis das Reaktionsgemisch möglichst neutral ist.

Das Produkt ist ein Gemisch homologer Estolidglyceride der allgemeinen Formel $[HO \cdot C_{17}H_{34}CO \cdot (OC_{17}H_{34}CO)_n \cdot OC_{17}H_{34}CO \cdot O]_3C_3H_5$. Für die Zahl n dürfte bei den technischen Produkten ungefähr 6—8 zu setzen sein; vermutlich besteht das Homologengemisch tatsächlich zum größten Teil aus Hepta-(12-oxystearinsäure)-triglycerid mit 21 Acylen:

$$3 \, HO \cdot C_{17}H_{34}CO \cdot (O \cdot C_{17}H_{34}CO)_4 \cdot O \cdot C_{17}H_{34} \cdot COOH + (HO \cdot C_{17}H_{34} \cdot CO \cdot O)_3C_3H_5 =$$
$$= 3 \, H_2O + [HO \cdot C_{17}H_{34}CO \cdot (OC_{17}H_{34}CO)_5 \cdot OC_{17}H_{34}CO \cdot O]_3C_3H_5.$$

Während das Ausgangsprodukt, 12-Oxystearinsäuretriglycerid, eine stearinharte, bei etwa 80° schmelzende Masse ist, bleibt das Gemisch der homologen Estolidtriglyceride trotz dem Durchschnittsmolekulargewicht von fast 6000 bei Zimmertemperatur flüssig, wird auch beim weiteren Abkühlen nur salbig, aber nicht hart. Gleiche Beschaffenheit zeigen die Glyceride anderer gesättigter Estolide, auch solcher von hohem Kondensationsgrad, bis zu Molekulargewichten der Triglyceride um 10000. Die Glyceride der ungesättigten Estolide, wie die aus Ricinolsäure erzeugten Produkte, sind bei noch niedrigeren Temperaturen flüssig, dabei aber in einem großen Temperaturbereich außerordentlich zähe.

Estolidglyceride können nach GRÜN und CZERNY[1] auch in einer Operation, durch bloßes Erhitzen von Oxyfettsäureglyceriden erhalten werden. Wird z. B. hochhydriertes Ricinusöl in Gegenwart von Zinn unter vermindertem Druck über 200° erhitzt, so destilliert Glycerin ab und ein Gemisch von Estolidglyceriden bleibt zurück; es erfolgt somit eine innere Umesterung des ursprünglichen Glycerids.

Zur gleichen Klasse von Estolidglyceriden (bei denen aber vielleicht einzelne Acyle auch durch Ätherbildung verknüpft sind) gehören vermutlich die Produkte, erhalten durch mehrstündiges Erhitzen von Glycerin mit Polyoxyfettsäuren wie Dioxystearinsäure, Trioxystearinsäure, Dioxybehensäure, auf 220° und darüber[2].

Die Estolidglyceride sind verwendbar als Weichmachungsmittel, zur Erzeugung von plastischen Massen, von Leder (die Estolide sind die aliphatischen Analoga der Gerbstoffdepside), Kunstleder u. a. m. Infolge ihrer enormen Viskosität, bei kleinem Temperaturkoeffizienten und niedrigem Stockpunkt, können schon kleine Zusätze die Wirkung von Schmierölen sehr verbessern. Die gesättigten Produkte sind außerordentlich temperaturbeständig, so daß sie sich selbst als Schmiermittel für die heißesten Lager, z. B. von Tafelglasmaschinen, bewährten.

Kondensationsprodukte von Estolidglyceriden.

Werden die Estolidglyceride, namentlich die Derivate ungesättigter Oxyfettsäuren, längere Zeit weiter erhitzt, so verdicken sie mehr und mehr, besonders

---

[1] Collegium **1927**, Nr. 681, S. 9. Daselbst s. auch über den Reaktionsmechanismus.
[2] Dr. K. ALBERT, Chem. Fabrik: D. R. P. 598539 vom 1. VII. 1931. Über Kondensation von Oxysäureglyceriden mit Phenolalkoholen s. D. Anmeldung C: 45596 vom 7. XI. 1931.

wenn zugleich oder vorher Luft eingeblasen wird. Die Massen sind dann bei Raumtemperatur kautschukartig, bei höherer Temperatur so zähe, daß man meterlange Fäden ziehen kann. Vermutlich erfolgt teilweise Kondensation, Abspaltung von Wasser aus den im Estolidmolekül schon vorhandenen, bzw. beim „Blasen" neugebildeten Hydroxylgruppen unter Bildung ätherartiger Derivate, deren Molekulargewichte zwischen 10 000 und 20 000 liegen dürften.

Eine andere Art Kondensationsprodukte von Estolidglyceriden sind vermutlich die Produkte der Einwirkung von Dicarbonsäuren, bzw. den Anhydriden derselben auf Oxyfettsäureglyceride. Ihrer Beschaffenheit und Verwendung nach gehören diese Stoffe zu den glyptalartigen Glyceridharzen und werden deshalb im Anschluß an diese beschrieben (s. S. 306).

F. Glyceridharze.

Unter der Bezeichnung Glyceridharze[1] läßt sich eine sehr große Zahl synthetischer Verbindungen zusammenfassen, einfache und komplexe Glyceride, die als Komponenten Säuren verschiedenster Art enthalten; alle diese Produkte haben aber die Beschaffenheit und die Verwendbarkeit der natürlichen Harze miteinander gemein. Die eine Gruppe dieser Verbindungen verdankt ihre harzartige Beschaffenheit den natürlichen Harzsäuren, die sie als einzige oder dominierende Säurekomponenten enthalten. Die andere Gruppe wird von Glyceriden mehrbasischer Säuren sowie Glyceriden ein- *und* mehrbasischer Säuren gebildet, bei denen der Harzcharakter erst durch die Verkettung zu hochmolekularen Komplexen hervorgerufen wird.

a) Glycerinderivate natürlicher Harzsäuren.
1. Glyceride von Harzsäuren (Lackester).

Die Veresterung der natürlichen Harze oder, richtiger, der ihre Hauptbestandteile bildenden hydroaromatischen Säuren (Abietin-, Pimarsäuren usw.) wird seit Jahrzehnten praktisch ausgeübt, weil dadurch eine wesentliche Qualitätsverbesserung erzielt wird. Besonders aus dem Kolophonium wird durch Überführung seiner freien Säuren in Glyceride ein „Hartharz" erzeugt. Das Verfahren wird auch mit der Härtung des Harzes durch partielle Oxydation kombiniert oder mit der teilweisen Neutralisation mittels Basen, wie Kalk, Barium-, Blei- und Zinkoxyd, der sog. Metallestererzeugung[2]. Aber auch Edelharze, besonders Kopale, werden nach dem Ausschmelzen vielfach mit Glycerin verestert[3].

An Stelle der ursprünglichen Harzsäuren sollen auch ihre Substitutionsprodukte verwendet werden, die sie bei der Einwirkung aromatischer Halogenverbindungen geben, z. B. mit Benzylchlorid, Benzalbromid, ω-Chlormethylnaphthalin, Chlortoluylbenzoesäure u. a. m. Die aus diesen Produkten erzeugten Glyceride geben wertvolle Lacke[4].

Statt Glycerin können auch Glykole und höhere Polyalkohole, Sorbit u. dgl. verwendet werden[5].

---

[1] Von den Glyceridharzen ist wohl zu unterscheiden das „Glycer*in*harz", das durch Erhitzen von Glycerin mit Schwefelsäure, Kupfer- und Merkurosulfat od. dgl. erhalten wird. Es ist von den Glyceridharzen sowohl nach der Beschaffenheit als auch konstitutionell ganz verschieden, vermutlich ein Kondensationsprodukt von Akrolein mit Glycerin und Polyglycerinen.

[2] S. z. B. SCHAAL: D. R. P. 32083, 49441, 75119, 75126.

[3] Über eine Anlage zum Ausschmelzen und Verestern von Kopal s. J. SOMMER: D. R. P. 571015 vom 26. IX. 1928.

[4] I. G. Farbenindustrie A. G.: D. R. P. 570958 vom 21. VII. 1931.

[5] Z. B. nach I. G. Farbenindustrie A. G.: D. R. P. 500504 vom 11. VII. 1925.

Reaktionsbedingungen: Wenn sich die Harzsäuren auch weniger leicht verestern als Fettsäuren, so kann man doch durch Erhitzen von Kolophonium mit
10—11% Glycerin die Neutralisationszahl (von ursprünglich 130—170, meistens
gegen 160) auf etwa 20, in geeigneter Apparatur auf 5—10 erniedrigen. Zur
praktisch vollständigen und namentlich schnelleren Veresterung dienen Reaktionsbeschleuniger; besonders bewährten sich auch hier Metalle der Zinn-
gruppe[1], ferner wurden niedrig-molekulare Oxysäuren, wie Glykol- und Milchsäure, dann synthetische Harzsäuren vorgeschlagen[2]. Die Temperatur wird am
besten bei 225—230° gehalten. Die letzten Reste freier Harzsäure können durch
eine Nachbehandlung der Produkte mit Äthylenoxyd als Oxyäthylester gebunden
werden[3].

Zur Darstellung der Glyceride von Harzsäuren der Kopale wird die schonen-
dere Umesterung des unausgeschmolzenen Harzes mit einem Fett wie Tristearin
vorgeschlagen[4]. Man erhitzt mehrstündig auf 300°, destilliert dann die praktisch
vollständig abgespaltene Stearinsäure[5] und das Kopalöl im Vakuum ab.

Zusammensetzung der Produkte[6]: Nachdem die technischen Harzsäuren nicht
einheitlich sind, sondern Gemische verschiedener Carbonsäuren mit unverseifbaren Bestandteilen, so sind auch die Harzester mehr oder weniger komplizierte
Gemische. Der Gehalt an unverseifbaren Stoffen entspricht (wenn die Veresterung nicht im Vakuum oder im Gasstrom vorgenommen wird) dem der Ausgangsprodukte. Unter den Glyceriden überwiegen je nach der angewendeten
Glycerinmenge Diglyceride oder Triglyceride, seltener Monoglyceride. Am
größten scheint die Tendenz zur Bildung von Diglyceriden[7]. Sie entstehen nämlich neben Mono- bzw. Triglyceriden sowohl bei Verwendung von Überschüssen
an Glycerin wie an Harzsäure. Z. B. erhält man bei 225—230° aus Kolophonium
mit 105% der für Triglyceridbildung berechneten Glycerinmenge (zirka 9¹/₂%
vom Harzgewicht) ein Gemisch aus etwa zwei Teilen Triglycerid und ein Teil
Diglycerid. Bei diesen Mengenverhältnissen tritt die katalytische Wirkung des
Zinns am stärksten hervor; so sinkt im gegebenen Falle die Neutralisationszahl
binnen 8 Stunden bei Abwesenheit von Zinn nur auf 55, bei Gegenwart desselben
auf 3. Beim Verestern in frisch verzinnten Gefäßen ist kein weiterer Metall-
zusatz nötig.

Wenn die Produkte zur Erzeugung wetterbeständiger Lacke dienen sollen,
darf ihre Neutralisationszahl 4—6 nicht überschreiten. Für diesen Zweck sei
auch ein höherer Gehalt an Mono- und Diglycerid nicht vorteilhaft[8].

Harzsäure-diglycerid wird am reinsten erhalten, wenn Kolophonium mit
120% der berechneten Menge Glycerin (16—17% vom Harzgewicht) verestert
wird. Das Produkt zeigt dann eine Hydroxylzahl von etwa 74 statt berechnet 78.

Monoglyceride bleiben bei der für die Harzveresterung optimalen Temperatur von 225° immer nur in geringeren Mengen erhalten, selbst bei Verwendung

[1] GRÜN u. ZOLLINGER, vgl. ZOLLINGER-JENNY: D. R. P. 403 644 vom 15. III. 1921.
[2] I. G. Farbenindustrie A. G.: D. R. P. 577 691 vom 17. II. 1928.
[3] I. G. Farbenindustrie A. G.: D. R. P. 561 626 vom 3. II. 1927.
[4] Firma K. Albert G. m. b. H.: D. R. P. 555 812 vom 29. VIII. 1929.
[5] Unter den sonst üblichen Bedingungen geht die Umesterung nur bis zu einem
    Gleichgewicht. Z. B. wird in einem äquimolekularen Gemisch von Tristearin
    und Abietinsäure bei 250° binnen 50 Stunden nur etwa ein Drittel der Fett-
    säure frei. K. PISTOR: Ztschr. angew. Chem. 38, 1120 (1925).
[6] GRÜN u. KRCZIL: Unveröffentlichte Untersuchung.
[7] Die im D. R. P. 502 263 vom 10. VI. 1926 geäußerte Vermutung, die Harzsäuren-
    glyceride enthielten nie freie Hydroxylgruppen am Glycerinrest, weil sie fast
    stets ein wenig freie Säure enthalten, ist unzutreffend.
[8] W. H. HEART: Metallbörse 24, 1162 (1934).

eines doppelten Glycerinüberschusses erhält man ein Gemisch aus etwa einem Teil
Mono- und zwei Teilen Diglycerid (Hydroxylzahlen 140—150 statt 270).

Die Mono- und Diglyceride der Harzsäuren können durch Verätherung in
höher-molekulare Kondensationsprodukte verwandelt werden. Beim stärkeren
Erhitzen, z. B. auf 230⁰ im Vakuum, gehen sie in ihre Äther, also Polyglycerin-
derivate, über. Diese zeichnen sich durch besondere Elastizität aus[1]. Sie können
auch mit Kondensationsprodukten aus Phenolen und Aldehyden, die Hydroxyle
(Methylolgruppen) enthalten, veräthert werden[2], z. B. durch Erhitzen auf 250
bis 300⁰. Man erhöht ihre Härte auch durch Nachveresterung mit kleinen Mengen,
bis 10%, Dicarbonsäuren.

Die Glyceride der Harzsäuren sind hellgelbe bis braune, durchscheinende
bis durchsichtige, spröde Stoffe mit splittrigem Bruch, härter als die freien
Säuren. Sie sind wegen ihrer größeren Beständigkeit gegen Wasser, der Misch-
barkeit mit Farben und anderen Vorzügen, für viele Zwecke brauchbarer als die
Harze selbst, so für Fabrikation von Lacken, auch bunten Emaillackfarben; sie
eignen sich (besonders die Mono- und Diglyceride) als Weichmachungsmittel für
Nitrocelluloselacke, denen sie ohne Verminderung der Elastizität größere Härte
und Zähigkeit verleihen. Nachteilig ist bei Produkten aus gewissen Kolophonium-
sorten, daß die Lacke Ausscheidungen geben können, was aber vermieden werden
kann, indem man kleine Mengen Oleate oder Resinate zusetzt, und zwar den
Spritlacken Lithium- und den Öllacken Cadmium-Salze[3]. Auch Glyceride von
Kopalsäuren ergeben mitunter durch Gelatinieren störende Ausscheidungen; die
Ester ein- und zweiwertiger Alkohole sollen diesen Nachteil nicht zeigen[4].

2. Glyceride von Harz- und Fettsäuren.

Zur Verarbeitung von Glyceridharzen auf Öllacke werden sie mit trocknenden Ölen verschmolzen und die Gemische nach Zugabe von Trockenstoffen
und allenfalls anderen Zusätzen in den Verdünnungsmitteln gelöst. Es lag
deshalb nahe, eine chemische Vereinigung beider Hauptbestandteile der Öllacke
zu Harz-Fettsäureglyceriden vorzunehmen, in der Meinung, daß dieselben den
bloßen Gemischen von Harzglyceriden und trocknenden Ölen überlegen sein
könnten.

Nach dem ersten Vorschlage von Georg Schicht A. G. und AD. GRÜN[5]
werden Gemische von Harz- und Fettsäuren mit Glycerin verestert, oder die
Umesterungsprodukte aus trocknenden Ölen und Glycerin mit Harzsäuren
verestert, oder am besten erst Gemische von Mono- und Diglyceriden der Harzsäuren dargestellt und diese verestert mit Säuren trocknender Öle. Unabhängig
von dieser Anmeldung sind die ganz ähnlichen Vorschläge von J. ROSENBLUM[6].
Ebenso beschreibt E. BLUMER[7] das gleichzeitige Verestern von Kolophonium
und Ölsäure mit Glycerin bei 220⁰, von Kongokopal und Ölsäure mit Glycerin
bei 280⁰, auch das Verschmelzen von Kongokopal bzw. Kolophonium mit Leinöl-
fettsäure od. dgl. im Kohlendioxydstrom bei 300⁰, darauf Verestern mit Glycerin
bei 200⁰ bis zur Neutralisationszahl 10. Dagegen stellt SCHEIBER[8] erst Mono-
oder Diglyceride der Octadekadien-9,11-säure-1 her und setzt diese mit Kolophonium um.

---

[1] Firma L. Blumer: D. R. P. 580282 vom 5. III. 1930.
[2] A. P. 1709490. — H. HÖNEL: D. R. P. 563876 vom 27. V. 1928.
[3] Firma K. Albert: D. R. P. 448297 vom 11. VI. 1925.
[4] ALLES: D. R. P. 513541 vom 29. III. 1928.
[5] Csl. Anmeldung P. 4588/21 vom 18. VII. 1921.   [6] A. P. 1937533 vom 2. XII. 1929.
[7] D. R. P. 566206 vom 20. VIII. 1929 und D. R. P. 575199 vom 20. VIII. 1929.
[8] D. R. P. 513540 vom 21. II. 1928.

Man kann die trocknenden Öle (Lein-, Holz-, Perilla-öl u. a. m.) aber auch durch direktes Erhitzen mit Glycerin und Harz, also kombinierte Umesterung und Veresterung, mit den Harzsäuren vergesellschaften. Dabei kann ebenso wie bei der anderen Arbeitsweise auf vorwiegende Bildung von Diglyceriden, die gewisse Vorzüge zeigen, abgestellt werden. Gemischte Glyceride gleicher Art dürften sich wenigstens teilweise auch beim Erhitzen von trocknenden Ölen mit Harzsäureglyceriden auf höhere Temperatur (z. B. 300⁰ oder höher[1]) infolge Umesterung bilden.

Die praktische Ausführung[2] erfolgt unter ganz ähnlichen Bedingungen wie die analoger Fettsäurederivate (gleiche Katalysatoren, Beförderung durch Vakuum, inerten Gasstrom usw.), doch muß man, besonders bezüglich der Temperatur, auf die Neigung der mehrfach-ungesättigten Säuren zur Polymerisation Bedacht nehmen. Die Polymerisation macht sich natürlich je nach Art der Säuren verschieden stark geltend, aber auch der prozentuale Anteil der leicht polymerisierenden Säuren im Reaktionsgemisch spielt eine gewisse Rolle:

Verestert man ein Gemisch von Mono- und Diglyceriden der Harzsäuren mit *Leinölsäuren*, so sinkt die Jodzahl auch beim Einhalten von Temperaturen gegen 200—230⁰ bloß um wenige Einheiten; es findet also nur geringe Polymerisation statt. Dasselbe ist noch der Fall, wenn die Leinölsäuren bis zur Hälfte durch Holzölsäuren ersetzt werden. Wird dagegen das Gemisch von Mono- und Diglyceriden der Harzsäure mit *Holzölsäuren allein* zum Triglycerid-gemisch verestert, so sinkt die Jodzahl des Reaktionsgemisches beträchtlich, z. B. von 150 auf 125 bis 100, selbst auf 90; im Mittel um etwa 40 Einheiten. Beim Verestern von technisch reinem Harz-diglycerid mit Holzölsäuren, in welchem Falle das Reaktionsgemisch weniger, nur etwa 25—30% an diesen Säuren enthalten muß, sinkt dessen Jodzahl um zirka 20 Einheiten.

Die Polymerisation wird auch weitgehend zurückgedrängt, wenn die Holzölsäure bzw. das Holzöl vor seiner Spaltung, mittels Schwefel oder noch besser durch Bestrahlen mit ultraviolettem Licht, mehr oder weniger weit umgelagert wurde. Dafür ist wiederum die β-Eläostearinsäure bei der Veresterung träger, die reine β-Säure setzt sich mit Harz-diglycerid nur langsam und unvollständig um.

Bei der für die Veresterung von Diglyceriden mit Fettsäuren optimalen Temperatur von 225—230⁰ geht die Polymerisation der Holzölsäuren, wie angegeben, schon zu weit. Hält man auf 180—200⁰, so werden die Produkte binnen 3—4 Stunden praktisch neutral und ihre Jodzahlen nehmen höchstens um 20 Einheiten ab. Bei noch tieferer Temperatur ist zwar die Polymerisation noch geringer (Jodzahlrückgang etwa 10—12 Einheiten), aber die Hemmung der Veresterung ist verhältnismäßig noch größer, die Produkte werden nicht völlig neutral.

Analog der Darstellung von Harz-fettsäure-glyceriden erzeugt man mehrsäurige Ester von Mannit, Sorbit, Pentaerythrit u. dgl. durch längeres Erhitzen der Komponenten, z. B. 16 Stunden bis 260⁰. Man verwendet auch Vakuum und Katalysatoren, wie Borsäure, Zinkchlorid usw.[3]

Die mehrsäurigen Glyceride der Harz- und Fettsäuren sind äußerst zähe, in der Wärme fadenziehend-plastische Massen von weichharz- bis gummiartiger Konsistenz, in dünner Schicht wein- bis goldgelb, in dicker Schicht braun, durchsichtig oder durchscheinend, leicht löslich in Ölen und Lacklösungsmitteln. Sie können durch einfaches Lösen in diesen Solventien oder zusammen mit

---

[1] E. MEIER: D. R. P. 561989 vom 17. II. 1926.
[2] Die folgenden Angaben nach GRÜN u. KRCZIL: Unveröffentlichte Untersuchungen.
[3] I. G. Farbenindustrie A. G.: D. R. P. 529483 vom 19. X. 1929.

Celluloseestern und anderen Stoffen auf Lacke verarbeitet werden, auf Rost-schutzmittel und Glanzmittel verschiedener Art. Die aus mehrsäurigen Glyceriden von Leinölsäuren und Harzsäuren erzeugten Lacke sollen gegenüber den Lacken aus Leinöl und Harzestern nur geringe Unterschiede zeigen, anstrichtechnisch gleichwertig sein[1]. Die mehrsäurigen Glyceride von Harz- und Holzölsäuren zeigen aber die Vorteile der Holzöllacke ohne deren Nachteile. Sie trocknen nicht runzlig, sondern glatt und glänzend, sind ausnehmend widerstandsfähig, einzelne selbst gegen sehr starke Säuren, gegen Laugen und Chlor. Die Diglyceride scheinen den Triglyceriden noch überlegen zu sein. Sie eignen sich auch als Zusätze für Lösungen und plastische Massen aus Celluloseestern, so als Weich-machungs- und Plastifizierungsmittel zur Herstellung ölfreier Celluloselacke; ihre Quellungsfähigkeit ist zwar geringer als die der Ester einwertiger Alkohole, doch zeigen sie anscheinend geringere Neigung zur Autoxydation.

Über mehrsäurige Glyceride von Harzsäuren und mehrbasischen Säuren s. S. 310.

b) Glycerinderivate mit mehrbasischen Acylen.

Obwohl die industrielle Erzeugung von Glyceridharzen dieser Art noch ver-hältnismäßig jung ist, gibt es bereits eine sehr große Zahl solcher Produkte, die bezüglich ihrer chemischen Zusammensetzung, nach Art und Mischungsverhältnis ihrer Säurekomponenten und besonders im Kondensationsgrad verschieden sind. Nach den Säuren unterscheidet man: Glyceride, die *nur* Acyle von Di-carbonsäuren (einzelner oder mehrerer) enthalten, Glyceride ein- *und* mehrbasi-scher Säuren und drittens Glyceride von mehrbasischen Säuren *und* Oxysäuren.

Die Verbindungen dieser Gruppe sind von den anderen Glyceridharzen, den Glycerinestern der natürlichen Harzsäuren, konstitutionell ganz verschieden. Sie gehören zu den komplexen Glyceriden, und zwar speziell zu den ,,Polyglyceriden", die im Molekülverband mehrere, höchstwahrscheinlich sehr viel Glycerinreste enthalten (vgl. System der komplexen Glyceride, S. 273). Ihre technische Be-deutung als Kunstharze ist schon jetzt groß und wächst noch ständig[2].

1. Glyceride mehrbasischer Säuren (Glyptale, Alkydharze).

Schon vor 80 Jahren beobachtete VAN BEMMELEN[3], daß Glycerin mit ali-phatischen Dicarbonsäuren sirupöse, in der Hitze erhärtende Produkte harz-artiger Beschaffenheit gibt. Die Ausgestaltung dieser Reaktionen zu einer Er-zeugung wertvoller Kunstharze gelang aber erst vor etwa 40 Jahren, und es verging wieder ein Jahrzehnt, bis die praktische Verwertung einsetzte mit dem von WATSON SMITH aus Glycerin und Phthalsäure hergestellten Produkt, das später unter dem Namen Glyptal in den Handel kam[4]. Die Darstellungsmethode wurde in der Folge vielfach variiert. Anstatt oder neben Phthalsäure bzw. ihrem Anhydrid[5] wurde verwendet oder wenigstens zur Verwendung vorgeschlagen: Malonsäure, Bernsteinsäure, Adipin-, Kork-, Azelain- und Sebacinsäure, Malein-und Fumarsäure, Äpfel-, Wein-, Zitronensäure, Ätherdicarbonsäuren, Keto-dicarbonsäuren, Iso- und Tere-phthalsäure, Tetrahydrophthalsäure, Camphersäure, Zimtsäure, Diphensäure. Statt oder auch mit Glycerin dienen als alkoholische

---

[1] K. PISTOR: Ztschr. angew. Chem. **38**, 1121 (1925). Ebenda s. auch genauere An-gaben über die Umesterung von Fettsäureglyceriden mit Harzsäuren.

[2] Im Rahmen dieses Werkes ist eine erschöpfende Beschreibung der Erzeugung aller Kunstharze dieser Klasse selbstverständlich nicht angängig. Die Darstellung ist auf das Typische und für die Glyceridchemie Wesentliche beschränkt.

[3] Journ. prakt. Chem., 1. F., 1856, S. 84.

[4] In Amerika hergestellt von der General Electric Company, in Deutschland nament-lich von der Allgemeinen Elektrizitäts-Gesellschaft.

[5] British Thomson Houston Cy., Ltd.: E. P. 3271/1913.

Komponenten: Polyglycerin, Äthyl-, Butyl-, Phenyl-, Benzyl-äther des Glycerins, Glycerin-oxyalkyläther, Glykol, dessen Homologe wie Trimethylen-, Butylenglykol und Kondensationsprodukte z. B. Di- und Triäthylenglykol, ferner Mannit, Sorbit, Polysaccharide, Pentaerythrit, Hexaoxy-cyclohexan, dessen Mono- und Dimethyläther und andere mehrwertige Alkohole.

Je nach der Intensität des Erhitzens erhält man Produkte sehr verschiedener Beschaffenheit. Man unterscheidet hauptsächlich drei Klassen bzw. Kondensationsgrade:

A (auch „Resolzustand"):   in der Wärme schmelzbar, unbeständig gegen Wasser, acetonlöslich,

B (Resitolzustand):   in der Wärme erweichbar ohne zu schmelzen, unbeständig gegen Wasser, acetonunlöslich, nur quellbar,

C (Resitzustand):   in der Wärme nicht erweichbar, beständig gegen Wasser, acetonunlöslich.

Z. B. ergibt Erhitzen von 2 Mol. Glycerin mit 3 Mol. Phthalsäureanhydrid auf 150—210° unter Wasseraustritt den Zustand A oder Resolzustand[1]. Beim weiteren Erhitzen, z. B. bei 220° nach etwa 2½ Stunden, erreicht die Masse den Zustand B: sie ist zähe, harzig, porös, unlöslich in Aceton[2]. Beim noch längeren Erhitzen erfolgt Umwandlung in C. Vermutlich handelt es sich dabei um den Übergang des Harzsoles A in das Gel. Diese Phase ist sehr heiklig, verläuft sie ungleichmäßig, so ist das Produkt blasig. Es wurde deshalb vorgeschlagen, die Masse im B-Zustand, wenn sie soweit kondensiert ist, daß sie etwa bei 100° erstarrt, zu pulvern und so, am besten im rotierenden Ofen, erst 2—12 Stunden bei 100° und dann bei etwa 225° fertig zu kondensieren.

Die Reaktion verläuft nach den älteren Verfahren[3], ohne Zusätze, langsam. Man beschleunigte sie durch Schwefelsäure[4], dann durch Metalloxyde[5], wie die von Ca, Mg, Zn und Fe, die aber Trübung der Produkte bewirken können. Diese unterbleibt bei Verwendung organischer Metallverbindungen, die auch sonst Vorteile bieten: Zinksalz erhöht die Zähigkeit, Kobaltlinolat Zähigkeit und Stoßfestigkeit der Produkte, Eisen- und Wismutlactat befördern den Übergang in den unschmelzbaren Zustand, Calciumverbindungen machen gegen heißes Wasser und Dampf beständiger[6]. Nach KIENLE[7] sind die zweiwertigen Metalle als solche besonders wirksam. Z. B. wird ein Ansatz aus 100 Teilen Glycerin und 243 Teilen Phthalanhydrid bei 220° nach 90 Minuten gallertig-hart. Während derselbe Ansatz bei Zugabe von 10 Teilen Natrium auch nach 2 Stunden noch immer eine weiche Gallerte bildet, wird er in Gegenwart von 10 Teilen Calcium binnen 80 Minuten zum opaken, harten Harz.

------

[1] Siemens-Schuckert A. G.: D. R. P. 572 125 vom 18. XI. 1928. — Die Zwischenprodukte dieser Art geben mit Ammoniak oder Aminen, z. B. Triäthanolamin, als Emulgatoren empfohlene Salze für die Emulgierung von Kautschuk, Harzen, Fetten, Wachsen u. a. m. — E. I. du Pont de Nemours & Co.: A. P. 1 967 220 vom 1. IV. 1933.

[2] In diesem Zustand kann man das Harz zur Erzeugung von Überzügen, z. B. auf Oberflächen elektrischer Apparate u. a. m. verwenden, indem man es fein vermahlen, in Tetrachlorkohlenstoff od. dgl. suspendiert, aufträgt und die Gegenstände 2—12 Stunden auf Temperaturen zwischen 125 und 180° erhitzt. — A.E.G.: D.R.P. 582 170 vom 9. IX. 1930. Priorität V. St. A. vom 10. IX. 1929.

[3] S. z. B. CALLOHAN: A. P. 1 108 329 und 1 108 330.

[4] A. E. G.: D. R. P. 547 963 vom 23. V. 1926.

[5] WRIGHT (British Thomson Houston Cy.): E. P. 236 591; Canadian Ind. Ltd.: Can. P. 315 437.

[6] A. E. G.: D. R. P. 537 364 vom 1. V. 1929. Priorität V. St. A. vom 1. V. 1928. Vgl. die Wirkung von Metallseifen auf Lacke aus Harzglyceriden nach D. R. P. 448 297 S. 295.   [7] Journ. Ind. engin. Chem. 22, 592 (1930).

Auch Jod, Chloride von Metallen und Metalloiden[1], organische Basen, und zwar speziell Alkoholamine[2], ferner Furfurol[3] werden als Beschleuniger empfohlen.

Zur Beschleunigung der Umwandlung in den B-Zustand soll nach Erreichen des A-Zustandes ein hochsiedendes Solvens zugesetzt und weiter erhitzt werden[4].

Um noch schneller und mit geringerem Verlust an Lösungsmittel zu kondensieren, wird empfohlen, dieses (speziell Oxalsäure-, Weinsäure- oder Phthalsäureester) erst nach dem Einsetzen der Gelatinierung zuzugeben[5]. Die Produkte gehen dann auch schon bei etwa 180⁰ in den C-Zustand über. Solche Ester, ebenso Ketone, Kohlenwasserstoffe usw., die unter 200⁰ sieden, befördern die Kondensation durch Abführen des Reaktionswassers in Form azeotropischer Gemische[6].

Man erhält ferner Produkte, die rasch in den Endzustand übergeführt werden können, wenn die noch schmelzbaren Glyceride von Phthalsäure, Bernsteinsäure u. dgl. mit Anhydriden oder Chloriden organischer Säuren (z. B. mit etwa einem Zehntel ihres Gewichtes an Essigsäureanhydrid, Benzoylchlorid 1 bis 2 Stunden auf 130—140⁰) erhitzt, dann die Überschüsse an diesen Reagenzien im Vakuum abgetrieben werden[7].

Zur Erhöhung der Biegsamkeit setzt man den Reaktionsgemischen von Anfang oder im Gelzustand indifferente organische Stoffe zu, deren Siedepunkte so hoch liegen — etwa zwischen 165 und 350⁰ —, daß sie nicht aus dem Harz verdampfen. Z. B. Nitrobenzol, Chlor-toluol oder -naphthalin, Diphenyl, Diphenyläther u. a. m. in Mengen von z. B. 10—20% der Massen[8]. In gleicher Weise sollen auch speziell Terpene und ihre Derivate verwendet werden, wie Terpentin, Kampfer, Borneol[9], weiters Kohlenwasserstoffe wie Naphthalin, Naturharze wie Schellack[10].

Reine Phthalsäureglyceride sind für manche Verwendungszwecke zu spröde, brüchig und zu wenig wasserbeständig. Die Eigenschaften der Produkte können aber für die Verarbeitung zu verschiedenen Zwecken mannigfach abgestuft werden: einerseits teilweiser oder völliger Ersatz des Glycerins durch andere mehrwertige Alkohole, anderseits Verwendung bestimmter Dicarbonsäuren oder Säurengemische. Aus zwei Säuren und zwei Alkoholen z. B. Bernsteinsäure, Phthalsäure (-anhydrid), Äthylenglykol und Glycerin wird ein besonders biegsames „Alkydharz" erhalten, das sich als Zwischenschicht für Verbundglas eignet[11]. Sehr biegsame hornartige Kunststoffe, die sich leicht mechanisch bearbeiten lassen, erhält man auch aus Ätherdicarbonsäuren, wie Diglykolsäure $O(CH_2COOH)_2$, für sich allein oder mit anderen Dicarbonsäuren und Fettsäuren[12]. Z. B. kombiniert man Phthalsäureanhydrid, Benzoesäure, Bernstein- und Milchsäure, oder Phthalsäure, Malein- und Palmitinsäure; man verwendet ferner Diglykolsäure, Methyl-diglykolsäure, Salicyloessigsäure u. a. m. Sehr wasserbeständige, zähe Harze von guter Löslichkeit und der Härte fossiler Gummiarten

[1] Bakelite G. m. b. H.: Anmeldung B. 138785 vom 7. VIII. 1928, versagt am 6. VII. 1933. [2] Firma K. Albert G. m. b. H.: D. R. P. 596114 vom 20. IX. 1930.
[3] Selden & Co.: A. P. 1678105. [4] WRIGHT u. BURTLETT: E. P. 235589.
[5] Bakelite Corp. N. Y.: D. R. P. 582665 vom 22. VII. 1927. Priorität vom 3. VIII. 1926.
[6] I. G. Farbenindustrie A. G.: Anmeldung J. 39797 vom 11. XI. 1929. Vgl. Schering-Kahlbaum A. G.: Anmeldung Sch. 91905 vom 22. X. 1929, zurückgezogen am 14. XII. 1933.
[7] A. E. G.: D. R. P. 564956 vom 19. XI. 1930. Priorität England vom 29. XI. 1929.
[8] A. E. G.: D. R. P. 555001 vom 3. VIII. 1927. Priorität V. St. A. vom 2. VIII. 1926.
[9] A. E. G.: D. R. P. 557623 vom 29. X. 1929. Priorität V. St. A. vom 27. X. 1928.
[10] Du Pont de Nemours Cy.: F. P. 652119.
[11] General Electric Company: A. P. 1897260 vom 16. IX. 1929; A. P. 1899588 vom 18. I. 1930. [12] I. G. Farbenindustrie A. G.: D. R. P. 534215 vom 19. IX. 1928.

sind die Glyceride der Diaryl-keton-dicarbonsäuren, besonders der Benzophenon-2,4′-dicarbonsäure, auch der Dinaphtyl-keton-2,2′-dicarbonsäure u. a. m.[1].

Verestert man nur aliphatische Dicarbonsäuren, wie z. B. Kork- und Azelainsäure, so entstehen Glyceride von kautschuk- oder faktisartiger Beschaffenheit, die besser plastifizieren als Faktis und gute Vulkanisate geben sollen[2].

Abstufungen der Eigenschaften dieser Produkte ergeben sich auch durch Variation des Gewichtsverhältnisses der Säurekomponenten; beispielsweise findet man zwischen dem Glyceridharz aus einem äquimolekularen Gemisch von Phthalat und Succinat, bis zu dem Harz mit einem Verhältnis von 1 Mol Phthalat : 10 Mol Succinat, kontinuierliche Übergänge in der Widerstandsfähigkeit und Biegsamkeit.

Größere Biegsamkeit, Zähigkeit, Härte usw. will man auch durch Zusätze von Metallseifen erzielen. So soll Kobaltlinoleat Zähigkeit und Stoßfestigkeit erhöhen, Aluminiumstearat die Beständigkeit gegen Wasser; harzsaures Zinn und Blei, Lactate u. dgl. sollen wieder andere Eigenschaften verbessern[3].

Was die *Konstitution der Glyceridharze* betrifft, die nur mehrbasische Säuren als Komponenten enthalten, so erschien es nach ihrer äußeren Beschaffenheit und ihren Eigenschaften selbstverständlich von vornherein ausgeschlossen, daß sie so einfach gebaut wären, wie etwa das saure Triglycerid vom Typus A oder die neutrale Verbindung Typus B:

$$A \quad C_3H_5O_3 \equiv (OC \cdot C_6H_4 \cdot COOH)_3$$

$$B \quad C_6H_4 \underset{CO-O}{\overset{CO-O}{<}} \, C_3H_5-O-CO-C_6H_4-CO-O-C_3H_5 \underset{O-CO}{\overset{O-CO}{>}} C_6H_4$$

Die Untersuchungen von KIENLE, CAROTHERS und anderen Forschern[4] bestätigten, daß hochmolekulare Stoffe vorliegen, Gemische komplexer Verbindungen, in denen viele Glyceridreste miteinander verknüpft sind.

Der Bau dieser „Polyglyceride" ist verständlicher, wenn man zunächst den der entsprechenden Glykolester betrachtet. Ein Glykol und eine Dicarbonsäure, z. B. Äthylenglykol und Bernsteinsäure, reagieren vermutlich primär unter Bildung des sauren Esters (I), dessen Moleküle sich untereinander weiter verestern können. Vielleicht zunächst paarweise (zum Ester II), dann weiter unter Bildung immer längerer Ketten, von denen solche aus über 20 Einzelestermolekülen (z. B. Formel III) wahrscheinlich gemacht sind[5].

---

[1] Dr. Kurt Albert G. m. b. H.: D. R. P. 582954 vom 25. X. 1930. Priorität V. St. A. vom 1. III., 27. V., 8. VII. 1930.

[2] Deutsche Hydrierwerke (Dehydag): D. R. P. 555586 vom 6. IX. 1929. Betr. Veresterung von Adipinsäure und ihren Homologen mit verzweigter C-Kette s. E. P. 328728.   [3] A. E. G.: D. R. P. 537364 vom 1. V. 1929.

[4] CAROTHERS: Journ. Amer. chem. Soc. 51, 509, 2548 (1929). — CAROTHERS u. van NATTA: Journ. Amer. chem. Soc. 52, 314 (1929). — CAROTHERS u. DOROUGH: Journ. Amer. chem. Soc. 52, 711 (1930). — KIENLE u. FERGUSON: Journ. Ind. engin. Chem. 21, 349 (1929). — KIENLE: Journ. Ind. engin. Chem. 22, 590 (1930). — HÖNEL: Rev. 91, 19 (1931). — CAROTHERS: Journ. Amer. chem. Soc. 54, 1559 (1932). — ALLEN, MEHARG u. SCHMIDT: Journ. Ind. engin. Chem. 26, 663 (1934).

[5] Für den einfachen Glykolester sind a priori auch andere räumliche Anordnungen vorstellbar, zum Beispiel:

$$\begin{array}{ll} HOCO-CH_2 & CH_2-COOH \\ | & | \\ CH_2-OCO-CH_2 \quad \text{oder} \quad & CH_2-OCO-CH_2 \\ | & | \\ CH_2-OH & CH_2-OH \end{array}$$

Aus diesen ergäbe sich, durch die Verkettung der Struktureinheiten, ein treppenförmig oder mäanderartig geknicktes Fadenmolekül. Nach STAUDINGER (Ztschr. Elektrochem. 40, 434 [1934]) folgt aber aus Viskositätsmessungen, daß die Moleküle einfacher Glykolester die Form gerader Stäbchen haben.

I $\quad$ HO·CH$_2$·CH$_2$·O·CO·CH$_2$·CH$_2$·CO·OH

$\downarrow$

II $\quad$ HO·CH$_2$·CH$_2$·O·CO·CH$_2$·CH$_2$·CO·O·CH$_2$·CH$_2$·O·CO·CH$_2$·CH$_2$·CO·OH

$\downarrow$

III $\quad$ HO·(·CH$_2$·CH$_2$·O·CO·CH$_2$·CH$_2$·CO·O·)$_{22}$·CH$_2$·CH$_2$·OH

Eine Verbindung der Formel III hat bereits ein Molekulargewicht über 3000, es sollen aber auch „Superpolymere" mit Molekulargewichten von 10000—20000 bestehen.

Bei Produkten aus Dicarbonsäuren und Glykolen (beide Verbindungen mit *zwei* reaktiven Atomgruppen) wird somit die Kondensation im allgemeinen nur zu solchen Fadenmolekülen führen, deren Bauart der von Hochpolymeren des Formaldehyds, der Acrylsäure, des Styrols usw. im Sinne Staudingers entspricht[1]. Ausnahmen bilden die Dicarbonsäuren mit weniger als vier Kohlenstoffatomen[2].

Dagegen ist bei den Glyceriden (ebenso oder noch mehr bei den Polycarbonsäureestern von vier-, fünf- und sechswertigen Alkoholen, kurz allen mit mehr als zwei reaktiven Atomgruppen) auch eine weitere Kondensation zu sog. mehrdimensionalen Makromolekülen möglich. Die einfachste Vorstellung ist, daß z. B. aus Glycerin und Bernsteinsäure intermediär zwei Arten Fadenmoleküle entstehen: neutrale Diglyceride vom Typus I und saure Triglyceride vom Typus II, die sich miteinander zum Makromolekül nach Schema III verestern:

I $\ldots$O—COC$_2$H$_4$CO—O—CH$_2$—CH—CH$_2$—O—COC$_2$H$_4$CO—O—CH$_2$—CH—CH$_2$—O$\ldots$

$\qquad\qquad\qquad\qquad\qquad\quad$ OH $\qquad\qquad\qquad\qquad\qquad\qquad\qquad\qquad\quad$ OH

II $\ldots$O—COC$_2$H$_4$CO—O—CH$_2$—CH—CH$_2$—O—COC$_2$H$_4$CO—O—CH$_2$—CH—CH$_2$—O$\ldots$

$\qquad\qquad\qquad\qquad\qquad\quad$ O $\qquad\qquad\qquad\qquad\qquad\qquad\qquad\qquad\quad$ O

$\qquad\qquad\qquad\qquad\quad$ COC$_2$H$_4$COOH $\qquad\qquad\qquad\qquad\qquad\quad$ COC$_2$H$_4$COOH

$\qquad\qquad\qquad\qquad\qquad\qquad\qquad$ Acyl

$\ldots$Acyl—Glyceryl—Acyl—Glyceryl—Acyl—Glyceryl$\ldots$

$\qquad\qquad$ Acyl $\qquad\qquad\qquad\qquad\qquad\qquad$ Acyl

III $\qquad\qquad\ldots$Glyceryl—Acyl—Glyceryl—Acyl—Glyceryl$\ldots$

$\qquad\qquad\qquad\qquad\qquad\qquad\qquad$ Acyl

$\ldots$Glyceryl—Acyl—Glyceryl—Acyl—Glyceryl$\ldots$

$\qquad\qquad$ Acyl $\qquad\qquad\qquad\qquad\qquad\qquad$ Acyl

Damit sind aber die Kondensationsmöglichkeiten nicht erschöpft. Einerseits könnten sich auch nur saure Triglyceridketten untereinander, unter Eliminierung

---

[1] Die hochmolekularen organischen Verbindungen. Berlin: Julius Springer. 1932.
[2] Kohlensäure, Oxalsäure und allenfalls Malonsäure bilden mit Polymethylenglykolen leicht zyklische Ester:

$$(CH_2)_n \diagdown \begin{matrix} O \\ O \end{matrix} \diagup CO \qquad (CH_2)_n \diagdown \begin{matrix} OCO \\ | \\ OCO \end{matrix} \qquad (CH_2)_n \diagdown \begin{matrix} O—CO \\ O—CO \end{matrix} \diagup CH_2$$

einzelner Säuremoleküle infolge Umesterung, verknüpfen. Vielleicht verketten sie sich zum Teil auch durch eine Art Anhydridbildung zwischen freien Carboxylen verschiedener Molekülketten. Anderseits scheint auch eine Verknüpfung von Diglyceridketten durch Verätherung freier alkoholischer Hydroxyle denkbar. Vielleicht bilden sich je nach den Mengenverhältnissen von Säure und Glycerin im Ansatz und je nach den Reaktionsbedingungen die einen oder die anderen Arten Makromoleküle (auch „dreidimensionale" Gebilde) oder Gemische derselben.

Daß prinzipielle Unterschiede in der Bauart hochmolekularer Glykolester und ebensolcher Glyceride bestehen, ergibt die röntgenometrische Untersuchung, derzufolge nur die Glykolester pseudokristallinische Faserstruktur aufweisen. Mit dieser Verschiedenheit des Feinbaues stimmt überein, daß nur die komplexen Glyceride durch bloßes Erwärmen vom leichtschmelzenden in den unschmelzbaren Zustand übergehen.

Technisch wichtige Eigenschaften und Verwendung der Glyptalharze.

Die vielfältige Brauchbarkeit dieser Substanzen beruht darauf, daß sie Eigenschaften der besten Produkte aus natürlichen Harzen und Fetten vereinigen und daß durch die vielen Variationsmöglichkeiten die meisten Eigenschaften in gewollter Weise für bestimmte Zwecke abgestuft werden können. Wie schon angegeben, können nicht-, schwach- und gut-trocknende Produkte dargestellt werden; man kann große Beständigkeit gegen Laugen und Säuren erzielen, beste Haftfestigkeit an sehr glatten Oberflächen, auch von Glas, ferner bedeutende Polierfähigkeit, außerordentliche Zähigkeit, Biegsamkeit, Elastizität, Schlagfestigkeit, große Widerstandsfähigkeit gegen Erhitzen, keine Neigung zum Verkohlen. (Man kann mit einzelnen Erzeugnissen Bunt- und Weißlacke einbrennen, auch speziell bunte Glühlampenlacke herstellen, ohne daß sich der Farbton wesentlich verändert.)

Die Hauptverwendungsgebiete sind für Glyptale im Resinolzustand die Erzeugung von Lacken (die gut-trocknenden werden für sich allein, die anderen mit Nitrocellulose u. a. m. verarbeitet) und von Emaillen; in wäßriger Emulsion dienen sie auch zu Farben für Außenanstrich. Spezielle Sorten verwendet man statt Linoxyn für Linoleum, andere als Zwischenschicht für Verbundglas, als Bremsmassen; mit verschiedenen Zusätzen, wie Harzlack, Asphalt, Füllstoffen, geben sie kaltformbare, in der Hitze härtbare Massen. Eine besonders große Rolle spielen einige Erzeugnisse dieser Art als Isoliermaterial in der Starkstromtechnik. Man verwendet sie vielfach zusammen mit anderen Kunstharzen, insbesondere mit Phenolharzen, aber auch mit den Kondensationsprodukten aus Formaldehyd und Harnstoff oder Thioharnstoff, mit denen sie sehr zähe, dehnbare und schnell erhärtende Kompositionen ergeben. Sie werden auch empfohlen als Bindemittel für Sand, Tonerde usw., zur Erzeugung von Kernmassen für die Eisengießerei.

1α) Alkylester der Glyceride zweibasischer Säuren.

Zur Erzeugung spritlöslicher Glyptole, die als Grundstoff für Spirituslacke verwendbar sind, erhitzt man Phthalsäureanhydrid mit Glycerin und Alkohol erst mäßig (3—4 Stunden unter Rückfluß oder 1 Stunde auf 100°), wobei vermutlich vorwiegend saurer Phthalsäureäthylester entsteht; dann erhitzt man stärker, bis Wasser und Alkohol abdestillieren[1]. Sofern dabei die Äthylgruppen nicht völlig durch Umesterung abgetrennt werden, enthalten die Reaktionsprodukte auch Äthylester der Phthalsäureglyceride.

Sicher erhält man Alkylester von Dicarbonsäureglyceriden nach einem

---

[1] Firma L. Blumer: D. R. P. 546 605 vom 13. VI. 1926.

anderen Verfahren[1], demzufolge man die nicht zu hoch kondensierten Glyceride der Phthalsäure, Weinsäure usw. mit Butylalkohol, allenfalls in Gegenwart eines Katalysators, erhitzt. Die Präparate sind brauchbare Plastifizierungsmittel für Nitrocellulose. Ähnliche Produkte entstehen vielleicht auch bzw. bleiben wenigstens teilweise erhalten, wenn Phthalsäureanhydrid mit Butyl- oder Amylalkohol, Allylalkohol, Borneol usw. auf 160°, dann nach Zusatz von Glycerin mehrstündig gegen 200° erhitzt wird[2]. Man hat ferner vorgeschlagen, saure Glyceride mehrbasischer Säuren (oder die sauren Ester von anderen mehrwertigen Alkoholen) mit einwertigen Alkoholen zu verestern und die Produkte durch weiteres Erhitzen in den C-Zustand überzuführen[3].

Nach einem weiteren Verfahren werden Dicarbonsäureanhydride mit Glycerin (oder Glykol) in Gegenwart wenigstens äquivalenter Mengen Pyridin oder anderer tertiärer Basen umgesetzt und dann mit einwertigen Alkoholen fertig verestert[4]. Dabei sollen sich angeblich die einfachen Trialkylester der Dicarbonsäuretriglyceride bilden, z. B. „Trimethyl-glyceryl-trisuccinat" oder „Trimethylglyceryl-triphthalat"

$$C_3H_5(OCOC_2H_4COOCH_3)_3 \qquad C_3H_5(OCOC_6H_4COOCH_3)_3.$$

Es ist anzunehmen, daß sich sonst kompliziertere Verbindungen von viel größerem Molekulargewicht, fadenförmige Makromoleküle bilden, lange Ketten aus Strukturelementen z. B. folgender Art:

$$\ldots O-COC_2H_4CO-O-CH_2-CH-CH_2-O-COC_2H_4CO-O-CH_2-CH-CH_2-O\ldots$$
$$\underset{COC_2H_4COOCH_3}{\overset{O}{|}} \qquad\qquad \underset{COC_2H_4COOCH_3}{\overset{O}{|}}$$

(Vgl. S. 301, Formel II.)

Verbindungen dieser Art, vielleicht gemischt mit solchen vom Typus des Trimethyl-glyceryl-triphthalats dürften auch vorliegen in den Produkten der Kondensation von Glycerin mit Phthalsäureanhydrid und Leinölsäure-oxyäthylester[5]. Dieser Ester, ein Gemisch von Verbindungen wie

$$C_{17}H_{33}CO\cdot OC_2H_4OH, \quad C_{17}H_{31}CO\cdot OC_2H_4OH \quad \text{und} \quad C_{17}H_{29}CO\cdot OC_2H_4OH$$

fungiert ja als einwertiger Alkohol, der die freien Carboxylgruppen des sauren Phthalsäureglycerids durch Veresterung neutralisiert. Sekundär dürften dann Umesterungen eintreten.

Man kann schließlich Alkylester der Glyceride mehrbasischer Säuren erzeugen, indem man Glycerin mit freier Dicarbonsäure bzw. ihrem Anhydrid und mit dem Halbester einer Dicarbonsäure kondensiert. Z. B. wird das Anhydrid der Brommaleinsäure mit Glycerin in Mono- und Diglycerid verwandelt, worauf mit dem Halbester einer Dicarbonsäure, z. B. Chlorbernsteinsäure-isopropylester auf zuletzt 290° erhitzt wird, bis das Produkt zu einer festen, aber acetonlöslichen Masse erstarrt[6].

Intermediär entstehen wohl Ester von einfacheren Di- und Triglyceriden, beispielsweise

$$C_3H_5\!\!\begin{cases} OH \\ OCOC_2HBr\cdot COOH \\ OCOC_2H_3Cl\cdot COOC_3H_7 \end{cases} \quad \text{und} \quad C_3H_5\!\!\begin{cases} OCOC_2HBr\cdot COOH \\ OCOC_2HBr\cdot COOH \\ OCOC_2H_3Cl\cdot COOC_3H_7 \end{cases}$$

[1] W. C. Arsan: A. P. 1938791 vom 23. I. 1928.
[2] A. E. G.: D. R. P. 534214 vom 24. X. 1928. Priorität V. St. A. vom 26. X. 1927.
[3] Degea Akt.-Ges. (Auergesellschaft): Deutsche Anmeldung D. 1021/30 vom 17. XI. 1930. [4] Kodak-Pathé: F. P. 761951 vom 9. IX. 1933.
[5] D. R. P. 587037 vom 31. VIII. 1929; Zusatz zu 547517.
[6] National Aniline & Chem. Cy., Inc.: A. P. 1950468 vom 18. IV. 1930.

Wahrscheinlich werden sich diese Zwischenprodukte untereinander zu Makromolekülen verestern, ähnlich den Glyceriden von ein- und mehrbasischen Säuren
(vgl. S. 274; die Halbester der Dicarbonsäuren fungieren bei diesen Umsetzungen
als einbasische Säuren).

1β) Glycerinoxyalkyl-ester mehrbasischer Säuren.

In gleicher Weise wie Glycerin können auch seine Oxalkyläther mit mehrbasischen Säuren kondensiert werden. Z. B. wurde die Umsetzung von Phthalsäure, Tetrahydrophthalsäure, bzw. ihrer Anhydride mit Glycerin-di-(oxyäthyl-)
äther (I) und Glycerin-tri-(oxyäthyl-)äther (II) vorgeschlagen[1].

$$C_3H_5OH(OC_2H_4OH)_2 \qquad C_3H_5(OC_2H_4OH)_3.$$
$$\text{I} \qquad\qquad\qquad\qquad \text{II}$$

Diese Oxyäther bzw. Polyoxyäther reagieren als dreiwertige Alkohole; die
Produkte dürften daher im Bauprinzip den Glyceriden der mehrbasischen Säuren
entsprechen, selbstverständlich mit dem Unterschied, daß zwischen das Glycerinradikal und die Acyle Atomgruppen —O—C_2H_4— eingeschoben sind. (Man kann
diese Verbindungen daher nicht mehr als Glyceride bezeichnen, wenn sie diesen
auch konstitutionell und im praktischen Verhalten nahestehen.)

Wie die Polyoxyäther des Glycerins, sollen die anderer mehrwertiger
Alkohole verwendet werden, z. B. die Oxyäthylderivate von Butylenglykol,
Erythrit, Pentaerythrit, Sorbit u. a. m.

Die Produkte zeigen tieferen Schmelzpunkt als die entsprechenden Glyceride.
Z. B. geben Glycerin und Adipinsäure oder Sorbit und Bernsteinsäure halbfeste
bis zähfeste Massen, während die Ester dieser Säuren mit Glycerin- und Sorbit-
polyoxyäthyläther sirupartige Konsistenz zeigen. Sie sind deshalb als Zusätze
zur Verbesserung der Plastizität und Geschmeidigkeit von Kunstharzen wirksamer.

2. Glyceride von ein- und mehrbasischen Säuren.
(Ölglyptale, Alkydale, modifizierte Alkydharze.)

Bei der Kondensation zweibasischer Säuren mit Glycerin in annähernd
äquivalenten Verhältnissen, bilden sich unschmelzbare Massen. Ersetzt man die
mehrwertigen Komponenten zum Teil durch einwertige, so entstehen Produkte,
die löslich und schmelzbar sind, beim Schmelzen gummiartig dehnbar werden.
Die Phthalsäureester der mehrwertigen Alkohole lassen sich auch nicht ohne
weiteres mit trocknenden Ölen verkochen; man braucht dazu ein gemeinsames
Lösungsmittel, das später abdestilliert werden muß[2]. Glyceride, die sowohl
Acyle von Phthalsäure als auch von ungesättigten Säuren enthalten, sind dagegen
direkt in trocknenden Ölen löslich. Verestert man Glycerin mit Phthalsäure und
Säuren trocknender Öle, so erhält man Produkte, die auch für sich allein in ge-
eigneten Solventien gelöst, Lacke von großer Trocknungsgeschwindigkeit geben.
Mit Pigmenten geben sie ebensogut trocknende Emaillen, auch Drahtemaillen und
dergleichen. Die mit Säuren nicht-trocknender Öle erzeugten Glyceride sind wiederum zur Erhöhung des „Körpergehaltes" von Celluloselacken geeignet, sie erhöhen
Füllkraft und Wetterbeständigkeit. Zur Erzeugung solcher mehrsäuriger Glyceride
werden als einbasische Säuren, außer denen der fetten Öle, auch aromatische
Säuren, wie Benzoesäure benützt, dann Harzsäuren u. a. m. Auch die Halbester
von Dicarbonsäuren, die man nach S. 303 verwendet, zählen hier mit. Statt

---

[1] I. G. Farbenindustrie A. G.: D. R. P. 538 323 vom 1. IX. 1929; D. R. P. 545 636
vom 4. XII. 1930. Darstellung der Polyoxyäthyläther s. D. R. P. 538 687 vom
27. III. 1927.   [2] S. z. B.: E. P. 235 595.

oder mit Phthalsäure verwendet man vorteilhaft ihre Isomeren und andere, auch aliphatische Dicarbonsäuren.

Die Darstellung kann einfach durch gemeinschaftliches Verestern der Säurekomponenten mit Glycerin erfolgen[1]. Beispiele: Erhitzen von Glycerin (94 Teile) mit Benzoesäure (122 Teile) und Phthalsäureanhydrid (112 Teile) bei 28 mm Restdruck auf 290°. Erhitzen von Glycerin, Phthalsäureanhydrid und Säuren des Nußöles[2].

Zweitens kann man erst Mono- und Diglyceride der einbasischen Säuren herstellen (von Harzsäuren, Benzoesäure usw. durch Verestern, von Olefinsäuren durch Umestern der Öle mit Glycerin) und hierauf mit Phthalanhydrid kondensieren[3]. So wird z. B. auch elaidiniertes Öl mit viel Glycerin und ein wenig Natriumhydroxyd bei 250° umgesetzt, dann bei 200° mit Phthalanhydrid verestert[4].

Drittens wird vorgeschlagen, die mehrbasische Säure bzw. ihr Anhydrid zugleich mit Glycerin und trocknendem Öl zu erhitzen, also in einer Operation Veresterung und Umesterung auszuführen[5].

Man kombiniert Dicarbonsäuren auch mit Fettsäuren *und* Harzsäuren[6]. Auch in diesem Falle kann die Umsetzung in einem erfolgen[7], wie mit Phthalsäureanhydrid, Kolophonium und Holzöl bei etwa 290°; oder durch Verestern des Anhydrids und der Harzsäure mit Glycerin, hierauf Autoklavieren mit dem Öl, z. B. Leinöl[8].

Zur Erzeugung von Lackstoffen, die an Trockenvermögen und Widerstandsfähigkeit die Derivate der Phthalsäure übertreffen sollen, ersetzt man diese durch ihre Isomeren. Z. B. wird 1 Mol. Glycerin mit 1 Mol. Leinölsäuren und $9/10$ Mol. Isophthalsäure $2\frac{1}{2}$ Stunden auf 250° erhitzt[9]. (Nach dem Mischungsverhältnis entstehen vorwiegend Diglyceride, die sich weiterhin vielleicht veräthern, vgl. S. 306.) Zäh, hart und gut löslich sind die Glyceride von Olefinsäuren und Diaryl-ketodicarbonsäuren[10].

Sehr gute Plastifizierungs- und Weichmachungsmittel werden erhalten, wenn man das Säurengemisch erst mit einem Glykol, wie Diäthylenglykol u. dgl., vorkondensiert, z. B. 30 Minuten bei 180—190°, dann mit Glycerin, allenfalls unter weiterem Säurezusatz, z. B. durch zweistündiges Erhitzen zum Sieden fertig kondensiert[11].

Polyglyceride dieser Art, die Acyle von Säuren trocknender Öle enthalten, zeigen — je nach deren Menge abgestuft — Eigenschaften der trocknenden Öle. Durch Autoxydation können sie vom leichtschmelzbaren Zustand in den schwer- oder nichtschmelzbaren übergeführt werden.

Schaltet man schon während der Erzeugung eine oxydierende Vorbehandlung des Zwischenproduktes ein, so sollen besonders gut trocknende Öle entstehen, die widerstandsfähige Filme geben. So wird z. B. Monoglycerid von Ricinen-

[1] Ellis Foster Company: A. P. 1956559 vom 3. IX. 1924.
[2] American Cynamid Cy.: E. P. 395899 vom 24. IX. 1932; s. auch A. P. 1780375 und 1890668.
[3] I. G. Farbenindustrie A. G.: D. R. P. 547517 vom 26. IV. 1927; s. auch: E. I. du Pont de Nemours & Cy.: E. P. 405827 vom 8. IV. 1933.
[4] Du Pont de Nemours: A. P. 1932688 vom 1. I. 1933.
[5] A. E. G.: D. R. P. 578707 vom 18. II. 1928. Priorität V. St. A. vom 17. II. 1927; s. auch du Pont de Nemours: A. P. 1954751 vom 10. I. 1932.
[6] Z. B. HÖNEL: D. R. P. 584858.   [7] Ellis Foster Cy.: A. P. 1958614 vom 10. X. 1925.
[8] E. P. 303387 vom 31. XII. 1928.
[9] I. G. Farbenindustrie A. G.: F. P. 748791 vom 10. I. 1933.
[10] Firma K. Albert: D. R. P. 582954 vom 25. X. 1930.
[11] Ellis Foster Cy.: A. P. 1952412 vom 7. V. 1928; Brit. Thomson Houston Cy., Ltd.: E. P. 407914 vom 23. VI. 1932.

säure oder Leinölsäure hergestellt, nach Zusatz eines Sikkativs mit Luft ver-
blasen und dann erst mit Phthalanhydrid, Maleinanhydrid, Adipinsäure od. dgl.
verestert[1].

Die Verbindungen reagieren nach Art trocknender Öle auch mit Schwefel,
Chlorschwefel usw. zu Produkten von erhöhtem Trockenvermögen. Aus diesen
hergestellte Lacke bilden glänzende, gut sodabeständige Überzüge; sie sind auch
für Grundierungen, Kitte, Spachtelmassen verwendbar[2].

Ein wesentlicher Vorteil der Kunstharze aus mehrbasischen Säuren und
Fettsäuren ist ihre Elastizität, Biegsamkeit, die bei bestimmten Mischungsver-
hältnissen (die von der Art der Säuren abhängen) besonders ausgeprägt ist.
Man kann planmäßig auf einen bestimmten Grad an Biegsamkeit einstellen.

Die charakteristischen Eigenschaften dieser Stoffe führt man auf ihren
chemischen Feinbau als Fadenmoleküle zurück[3]. Daß bei Veresterung äquimolekularer Mengen zweibasischer und einbasischer Säure mit Glycerin Fadenmoleküle entstehen, ist plausibel. Glykolester zweibasischer Säuren besitzen offenbar diese Struktur, und es ist verständlich, daß das Glycerin nach Maskierung
eines Hydroxyls durch ein einwertiges Acyl, sich wie ein Glykol verhält. Demnach wäre z. B. die Konstitution eines Polyglycerids aus Phthalsäure und Leinölsäuren schematisch folgendermaßen darzustellen:

... —Glyceryl—Phthalyl—Glyceryl—Phthalyl—Glyceryl—Phthalyl— ...

| | |

Linolyl   Linolenyl   Oleyl

Man darf aber nicht übersehen, daß noch weitere Kondensation solcher Fadenmoleküle zu „mehrdimensionalen" Gebilden möglich ist. Die mehrfach-ungesättigten Acyle aus verschiedenen Fadenmolekülen können sich, wie bei der
Polymerisation trocknender Öle, aneinander lagern und die Fäden sozusagen
verkleben. Nach Autoxydation an den stark-ungesättigten Acylen könnten die
Fadenmoleküle auch durch superoxyd- oder ätherartige Bindungen verknüpft
werden.

Schließlich ist bei unvollständiger Veresterung des Glycerins eine Verknüpfung von Glyceridresten durch *Verätherung* ihrer freien Hydroxylgruppen
möglich. Man erzeugt z. B. erst Monoglyceride der einbasischen Säure, führt
diese durch Veresterung mit der Dicarbonsäure in Diglyceride über und bewirkt
zuletzt durch Erhitzen auf etwa 200⁰ eine Verätherung[4].

3. Glyceride von mehrbasischen Säuren und Oxysäuren.

Verbindungen dieser Art erhielt man zuerst beim Verestern von Oxyfettsäureglyceriden mit zweibasischen Säuren, wie Phthalsäure, Campher- und Zimtsäure[5]. Man erhitzt z. B. Ricinusöl (oder geblasenes Leinöl u. dgl.) mit Phthalsäureanhydrid auf 220⁰, bis die Neutralisationszahl auf wenige Einheiten gesunken ist[6], oder auch auf 180—200⁰ in Gegenwart von Solventien wie Tetralin[7].
Nicht in diese Klasse gehören Produkte aus gekracktem (sog. polymerisiertem)
Ricinusöl, Phthalsäureanhydrid und Glycerin[8]. Die Produkte dienen als Weich-

[1] I. G. Farbenindustrie A. G.: D. R. P. 557812 vom 29. XII. 1929.
[2] I. G. Farbenindustrie A. G.: D. R. P. 526802 vom 31. V. 1929.
[3] Z. B. KIENLE u. FERGUSON: Ind. engin. Chem. 21, 349 (1929). — HÖNEL: Paint
   Oil Chem. Rev. 91, 19 (1931).   [4] I. SCHEIBER: D. R. P. 543287 vom 18. II. 1930.
[5] E. P. 22544/1913; A. P. 1098728 und 1690515 u. a. m.
[6] A. P. 1933697 vom 3. IX. 1930.   [7] Firma L. Blumer: D. R. P. 564200 vom 13. II. 1930.
[8] Sherwin-Williams Cy.: A. P. 1799420 vom 14. XII. 1928 und A. P. 1934261 vom
   20. VIII. 1931.

macher, Zusätze bei der Erzeugung von Nitrocelluloselacken, die dann harte und trotzdem ausnehmend elastische Filme geben.

Beim mäßigeren Erhitzen der Komponenten bilden sich saure Phthalsäureester des Oxysäuretriglycerids, ölige Stoffe, die sich selbst in kaltem Ammoniak glatt lösen. So erhält man bei 140° Produkte, die durch Neutralisation mit Alkali und darauf Umsetzen mit Salzen des Kupfers, Magnesiums, Zinns usw. brauchbare Lackzusätze und Trockenstoffe geben[1].

Ganz andere Beschaffenheit als die Phthalate zeigen die Derivate aliphatischer Dicarbonsäuren, Pimelin-, Kork- und Azelainsäure, namentlich auch Sebacinsäure. Diese Säuren geben mit Ricinusöl und Glycerin (in verschiedenen Gewichtsverhältnissen wie 212:166:64 oder 282:374:92) auf 170—200° erhitzt, je nach Art und Menge der Komponenten und der Einwirkungsdauer, lösliche oder unlösliche kautschukartige Massen, bis zur Beschaffenheit des natürlichen Heveagummis, ähnlich verwendbar[2]. Ferner gibt Ricinusöl mit etwa 3 Mol. Maleinsäureanhydrid nach 18 Stunden bei 110—120° eine neutrale, gummiartige Gallerte, die ohne vorhergehende Verseifung in der Hitze nicht in Alkali löslich ist[3]. Das Produkt soll als Dichtungsmittel, Ersatz für Kautschuk, Linoxyn und dergleichen dienen.

In ähnlicher Weise wird Ricinusöl auch mit Maleinsäurehalbestern, z. B. durch dreistündiges Erhitzen auf zirka 200° verestert[4]. Als alkoholische Komponenten der Maleinester werden angegeben: Alkohole mit Siedepunkten über 150°, Cyclohexanol, Octylalkohol, auch Glykol-monoäther und Fettalkohole. Je nach Art des Alkyls sind die Erzeugnisse ölig oder gummiartig, sie lösen sich in verschiedenen Solventien, sind durch Verbacken härtbar.

Andere Kombinationen zur Bildung der Glyceride von mehrbasischen und Oxy-säuren sind z. B.[5]: Bernsteinsäure und Milchsäure, Bernsteinsäure und Salicylsäure, Ricinolsäure, Salicylsäure und Citronensäure.

Man hat auch Ricinusöl mit Oxalsäure, Malonsäure und Citronensäure umgesetzt[6].

Was die *chemische Struktur der Produkte* betrifft, so erscheint es von vornherein ausgeschlossen, daß einheitliche Stoffe vorliegen. Vielmehr dürften recht komplizierte Gemische von Verbindungen verschiedenen Kondensationsgrades entstehen.

Primär erfolgt wohl Veresterung des Triricinoleins, Bildung einfacher Phthalsäureester bzw. anderer Dicarbonsäureester, die sich weiterhin untereinander (und mit den Produkten der Umesterung, s. unten) umsetzen. Bei Einwirkung von 3 Mol. Phthalsäureanhydrid auf 1 Mol. Öl könnte sich das saure Triricinoleintri-phthalat bilden:

$$C_3H_5(OCOC_{17}H_{32}O \cdot COC_6H_4COOH)_3.$$

Verwendet man weniger Anhydrid bzw. Dicarbonsäure, so wird die Veresterung entsprechend weniger weit gehen. Je nach den Mengenverhältnissen könnte ein Triricinoleinmolekül einen Phthalsäurerest oder zwei Reste aufnehmen; vielleicht werden auch zwei Moleküle durch einen Phthalsäurerest verkettet. Es muß dahin-

---

[1] A. P. 1900693 vom 7. X. 1930.

[2] Resinous Products & Chem. Cy. Inc.: D. R. P. 555082 vom 21. X. 1930.

[3] I. G. Farbenindustrie A. G.: D. R. P. 479695 vom 21. I. 1927.

[4] Resinous Products & Chem. Cy.: E. P. 405805 vom 17. II. 1933.

[5] HÖNEL: D. R. P. 565413 vom 23. IV. 1929; Zusatz zum D. R. P. 563876.

[6] R. ODA: S. S. 291. In dem ersten Produkt sollen angeblich zwei Triricinoleinmoleküle durch einen Oxalylrest verbunden, jeder Triglyceridrest außerdem mit Oxalsäure verestert sein. Auch für die anderen Produkte wurden Strukturformeln aufgestellt, die aber nur durch einige Atomgruppenbestimmungen begründet werden.

gestellt bleiben, ob dabei zuerst saure Ester (A und B) oder neutrale (C und D)
entstehen (die übrigens auch bei Einwirkung *größerer* Mengen Dicarbonsäure
auf das Öl intermediär gebildet werden könnten).

$$C_3H_5 \diagup \diagdown \begin{matrix} (OCOC_{17}H_{32}OH)_2 \\[2mm] (OCOC_{17}H_{32}O-COC_6H_4COOH) \end{matrix}$$
A

$$C_3H_5 \diagup \diagdown \begin{matrix} (OCOC_{17}H_{32}OH) \\[2mm] (OCOC_{17}H_{32}O-COC_6H_4COOH)_2 \end{matrix}$$
B

$$C_3H_5 \diagup \diagdown \begin{matrix} OCOC_{17}H_{32}O-CO \\ OCOC_{17}H_{32}O-CO \end{matrix} \diagdown C_6H_4$$
$$OCOC_{17}H_{32}OH$$
C

$$C_3H_5 \diagup \diagdown \begin{matrix} OCOC_{17}H_{32}OH \\ OCOC_{17}H_{32}OH \end{matrix}$$
$$OCOC_{17}H_{32}O-CO \diagdown C_6H_4$$
$$OCOC_{17}H_{32}O-CO \diagup$$
$$C_3H_5 \diagup \diagdown \begin{matrix} OCOC_{17}H_{32}OH \\ OCOC_{17}H_{32}OH \end{matrix}$$
D

Beim weiteren Erhitzen müssen die Primärprodukte weiter reagieren, sich
verestern. Nimmt man stufenweisen Verlauf der Veresterungen an, so könnte
z. B. aus 2 Mol. A das „Bis-triglycerid" E, analog aus 2 Mol. B das Bis-triglycerid F entstehen. A und B können sich aber auch verbinden zu G:

$$C_3H_5 \diagup \diagdown \begin{matrix} (OCOC_{17}H_{32}OH)_2 \\ OCOC_{17}H_{32}O-CO \end{matrix} \diagdown C_6H_4$$
$$OCOC_{17}H_{32}O-CO \diagup$$
$$C_3H_5 \diagup \diagdown \begin{matrix} OCOC_{17}H_{32}OH \\ OCOC_{17}H_{32}O-COC_6H_4COOH \end{matrix}$$
E

$$C_3H_5 \diagup \diagdown \begin{matrix} OCOC_{17}H_{32}OH \\ OCOC_{17}H_{32}O-COC_6H_4COOH \\ OCOC_{17}H_{32}O-OC \end{matrix} \diagdown C_6H_4$$
$$OCOC_{17}H_{32}O-CO \diagup$$
$$C_3H_5 \diagup \diagdown \begin{matrix} OCOC_{17}H_{32}O-COC_6H_4COOH \\ OCOC_{17}H_{32}O-COC_6H_4COOH \end{matrix}$$
F

$$C_3H_5 \diagup \diagdown \begin{matrix} OCOC_{17}H_{32}OH \\ OCOC_{17}H_{32}O-COC_6H_4COOH \\ OCOC_{17}H_{32}O-CO \end{matrix} \diagdown C_6H_4$$
$$OCOC_{17}H_{32}O-CO \diagup$$
$$C_3H_5 \diagup \diagdown \begin{matrix} OCOC_{17}H_{32}OH \\ OCOC_{17}H_{32}O-COC_6H_4COOH \end{matrix}$$
G

Natürlich kann sich auch Glycerid C oder D mit A oder B verbinden.

Jedes Zwischenprodukt kann sich weiter verestern, mit sich selbst, mit den
anderen und mit den Primärprodukten. Die weiteren Kombinationen und
Variationen sind fast unübersehbar. Bei genügend weit getriebener Kondensation
werden Makromoleküle von Polyglyceriden verschiedener Art entstehen, die alle
gemein haben, daß die Glycerinradikale verkettet sind durch die „Phthaloyl-
di-ricinoyl-Gruppe":

$$-OCOC_{17}H_{32}O \cdot COC_6H_4CO \cdot OC_{17}H_{32}COO-.$$

Neben der Bildung solcher homologen Reihen von Polyglyceriden gibt es aber auch noch weitere Reaktionsmöglichkeiten. Vor allem ist noch zu erwägen, daß schon bei der Einwirkung des Phthalsäureanhydrids auf das Ricinusöl Umesterung, Austausch von Ricinolsäureresten gegen Phthalsäurereste, eintreten kann. Im einfachsten Falle, schematisch:

$$C_3H_5(OCOC_{17}H_{32}OH)_3 + 3\ C_6H_4(COOH)_2 =$$

$$=\ C_3H_5 \Big\langle {}^{(OCOC_{17}H_{32}O-COC_6H_4COOH)_2}_{OCOC_6H_4COOH} + C_{17}H_{32} \Big\langle {}^{OH}_{COOH}$$

Ebenso können nachträglich Umesterungen der Zwischenprodukte, Wanderung bzw. Austausch von Acylen erfolgen.

Diese Umesterungen dürften eine ganze Reihe weiterer Reaktionen zur Folge haben:

Die freie Ricinolsäure kann sich sowohl mittels ihrer Hydroxylgruppe als auch durch ihr Carboxyl mit den Primärprodukten oder irgendwelchen Zwischenprodukten verestern. Z. B. kann ein Mol. Ricinolsäure mit einem Mol. Monophthaloyl-triricinolein (s. S. 308, Formel A) allein schon drei verschiedene Derivate geben:

$$C_3H_5 \Big\langle {}^{(OCOC_{17}H_{32}OH)_2}_{OCOC_{17}H_{32}O-\dot{C}OC_6H_6CO-OC_{17}H_{32}COOH}$$
H

$$C_3H_5 \Big\langle {}^{(OCOC_{17}H_{32}O-COC_{17}H_{33}OH)}_{OCOC_{17}H_{32}OH}_{OCOC_{17}H_{32}O-COC_6H_4COOH} \qquad C_3H_5 \Big\langle {}^{OCOC_{17}H_{32}O-COC_{17}H_{32}O}_{OCOC_{17}H_{32}OH}_{OCOC_{17}H_{32}O-COC_6H_4CO}$$
J   K

Die Verbindungen der Formeln J und K sind Estolidderivate, die Anfangsglieder zweier Reihen, deren höhere Glieder durch weitere Verkettung mit Ricinolsäure entstehen können.

Die Ricinolsäure kann jedoch unter den technischen Ausführungsbedingungen auch zunächst anhydrisiert, in Estolide verwandelt werden, worauf erst Veresterung dieser Estolide mit den übrigen Zwischenprodukten eintritt. Vermutlich entstehen nebeneinander immer mehrere Estolide der allgemeinen Formel:

$$HO \cdot C_{17}H_{32}CO(OC_{17}H_{32}CO)_n OC_{17}H_{32}COOH.$$

Jedes derselben könnte mit jedem Zwischenprodukt (das ebenfalls Hydroxyl- und Carboxylgruppen enthält) prinzipiell nach zwei Richtungen, als Alkohol oder als Säure, reagieren. Nachdem die Zwischenprodukte durchwegs *mehrere* Carboxyle und mehrere Hydroxyle (die Produkte höheren Kondensationsgrades sogar sehr viele Gruppen jeder Art) enthalten, können sie mit den Estoliden auch nach verschiedenen bzw. vielen Molekularverhältnissen reagieren und zahllose Kondensationsprodukte geben[1].

Noch viel kompliziertere Verbindungen bilden sich wohl beim Umsetzen von Ricinusöl mit einer dreibasischen Säure, wie Citronensäure.

Wenn von den theoretisch möglichen Kondensationen praktisch auch nur ein sehr kleiner Teil realisiert wird, so müssen die technischen Glyceride aus mehrbasischen Säuren und Oxyfettsäuren doch schon außerordentlich komplizierte Gemische von Verbindungen sein, in denen die maßgebenden Eigenschaften

---

[1] Bei der großen Mannigfaltigkeit der Bestandteile fehlt es an Anhaltspunkten, um auch nur Typenformeln aufzustellen.

in der verschiedensten Weise abgestuft sind und viele Übergänge bestehen. Vielleicht beruht gerade darauf der Gebrauchswert dieser Produkte.

Man erzeugt auch Glyceride von mehrbasischen Säuren, Oxysäuren und Harzsäuren. So wird Glycerin mit Phthalanhydrid bei 180⁰ verestert, mit Ricinusöl bei 220⁰ weiterkondensiert und das Produkt mit dem Ester aus Glycerin, Kolophonium und Maleinsäure fertigkondensiert[1].

Die kompliziertesten Glyceridharze sind jene aus zweibasischen Säuren und Oxysäuren, Fettsäuren und Harzsäuren. Nach einer einschlägigen Vorschrift[2] werden z. B. 19 Teile Glycerin verestert mit 10 Teilen Kolophonium, 35 Teilen Phthalsäureanhydrid, 31 Teilen Leinölsäuren und 5 Teilen Ricinusöl. In einem solchen Reaktionsprodukt könnten Verbindungen aus einer jeden Klasse einfacher und komplexer Glyceride enthalten sein.

4. Kondensationsprodukte aus Glyceridharzen und anderen Kunstharzen.

Durch Zusätze von bestimmten Glyceriden und Glyceridharzen werden Kunstharze aus Aldehyden und Harnstoffen oder Phenolen verbessert, die Sprödigkeit vermindert, Löslichkeit, Elastizität, Glanz und Beständigkeit gegen Feuchtigkeit erhöht. Noch besser als solche Gemische wirken ihre Kondensationsprodukte, der Mehreffekt ist größer als die Summe der Effekte der einzelnen Komponenten.

Nach einem älteren Verfahren wird die Kondensation von Dicarbonsäure und Glycerin und die von Harnstoff mit Formaldehyd in einer Operation ausgeführt[3].

Dann hat man Mono- und Dicarbonsäureglyceride mit Kondensationsprodukten aus Formaldehyd und Harnstoff oder Thioharnstoff bzw. Zwischenprodukten umgesetzt[4]. Z. B. wird das Glycerid aus Glycerin-α-chlorhydrin und adipinsaurem Natrium mit Dimethylolharnstoff in Dioxanlösung mittels Chlorwasserstoff kondensiert und das Produkt mittels Benzoylchlorid verestert. Ähnlich wird Dimethylolharnstoff in Butylalkohol mit dem Glycerid aus Phthalsäureanhydrid, Glycerin und Ricinusöl (oder mit dem analogen Glykolester) kondensiert. Das Produkt dient zur Erzeugung von Kunststoffen für die Herstellung von Gummituch oder sonst biegsamen, gut haftenden Überzügen auf Geweben[5].

Man kann auch Phthalsäureanhydrid mit einem großen Glycerinüberschuß verestern und das Produkt mit Dimethylolharnstoff und verdünntem Glycerin erst kurze Zeit soda-alkalisch, dann schwach sauer kondensieren[6].

Schließlich wird empfohlen, fertiges Glyceridharz, das keinen Glycerinüberschuß enthalten darf, in Gegenwart von Butylalkohol oder anderen höher siedenden Alkoholen, mit Formaldehyd und Harnstoff oder Thioharnstoff bzw. deren Kondensationsprodukten zu kondensieren, um besonders gute Lackharze zu erhalten[7].

Die Kondensationsprodukte sind konstitutionell noch nicht aufgeklärt; vielfach wird ätherartige Verknüpfung der Einzelkondensate angenommen.

Phenolaldehydharze sollen schon durch Zusätze von Mono- und Diglyceriden der Carbonsäuren mit 3—5 Kohlenstoffatomen hinsichtlich Plastizität und

[1] Firma K. Albert G. m. b. H.: F. P. 766855 vom 11. I. 1934.
[2] British Thomson Houston Cy., Ltd.: E. P. 397405 vom 18. III. 1933.
[3] Jaroslaws Glimmerwarenfabrik: D. R. P. 526169 vom 30. I. 1927.
[4] I. G. Farbenindustrie A. G.: D. R. P. 540071 vom 7. XII. 1929.
[5] Imp. Chem. Ind., Ltd.: D. R. P. 545116 vom 21. XII. 1928.
[6] ST. GOLDSCHMIDT u. K. MAYRHOFER: D. R. P. 572267; s. auch D. R. P. 595879.
[7] Imp. Chem. Ind., Ltd.: D. R. P. 594197 vom 21. II. 1930. Priorität England vom 30. VIII. 1929.

Elastizität verbessert werden[1]. Direkt kondensierte man Mono- und Diglyceride von Harzsäuren (bei 250—300⁰) mit Phenolaldehydharz[2]. Ebenso Glyceride von ein- und mehrbasischen Carbonsäuren mit dem sauren Kondensationsprodukt aus natürlicher Harzsäure und Phenolalkohol (aus Phenol und Formaldehyd)[3].

Die Kondensation der Zwischenprodukte aus Phenolen und Aldehyden mit natürlichen Glyceriden (trocknenden Ölen[4]) und mit Glyceriden von ein- und mehrbasischen Säuren sowie Oxysäuren läßt sich natürlich vielfach variieren[5]. Vorschläge dieser Art sind z. B.: Bernsteinsäure-Milchsäure-glycerid und Form-aldehyd-Chlorphenol, Bernsteinsäure-Salicylsäure-glycerid und Formaldehyd-Chlorkresol, Zitronensäure-Salicylsäure-Ricinolsäure-glycerid und Kresol-di-alkohol, Sebacinsäure-Abietinsäure-glycerid und Formaldehyd-Guajakol.

Zur Darstellung von Lacken hat man auch vorgeschlagen, die Glyceride aus mehrbasischen und Olefinsäuren mit Alkylphenolen, Naphtholen u. dgl. umzusetzen[6]. Zum Beispiel: Erhitzen von 148 Teilen Phthalsäureanhydrid mit 115 Teilen Glycerin, 154 Teilen Holzöl, 174 Teilen Holzölsäuren und 78 Teilen Leinölsäuren auf 240⁰, Zugeben einer auf 290⁰ erhitzten Mischung aus je 20 Teilen o-Oxydiphenyl und Holz-öl, bei 200⁰ Verdünnen mit der 1¹/₂fachen Menge Terpentinöl, darauf Zugeben des Trockenmittels.

In gleicher Weise wie die Glyceridharze aus mehrbasischen Säuren, können auch die analogen Ester von Polyoxyäthyläthern des Glycerins (und anderer mehrwertiger Alkohole, vgl. S. 304) mit Aldehyd-Phenolharzen kondensiert werden. Man erhitzt die Mischung im Verhältnis 1 : 2 oder 1 : 3 usw. auf 100⁰ oder wenig höher[7]. Die Konstitution der Kondensationsprodukte ist völlig unaufgeklärt. Die Annahme ätherartiger Verkettung der Komponenten wird bestritten[5].

Verschiedene Vorschläge betreffen die Vereinigung von Phenol-Aldehyd-harzen, speziell auch der löslichen und nicht härtbaren „Novolake", mit trock-nenden Ölen: Ausführung in Gegenwart organischer Säuren oder ihrer Anhydride[8]; speziell bei Verwendung von Holzöl, in Lösungsmitteln[9] wie Methylhexalin u. dgl. unter 150⁰, Weiterverarbeitung der Vereinigungsprodukte durch Behandlung mit Anhydriden oder Chloriden organischer Säuren[10].

IV. Physikalische Eigenschaften der Fette.
Von H. SCHÖNFELD, Wien.

Konsistenz.

Die Konsistenz der Fette bei Raumtemperatur schwankt von dünnflüssig und zähflüssig bis salbig, schmalzartig, wachsartig usw. Sie ist abhängig von den relativen Mengen der im Fett enthaltenen flüssigen (ungesättigten) und festen (gesättigten) Säuren, aber auch von der Art, wie diese Säuren in den Glyceriden verteilt sind. Ein aus einfachen Glyceriden der Ölsäure und einer festen Säure bestehendes Gemisch wird eine andere Konsistenz haben als ein ausschließlich aus gemischten ungesättigt-gesättigten Glyceriden der gleichen Säuren gebildetes Fett. Infolge des Gehaltes an festen ungesättigten Säuren (Isoölsäuren) können gehärtete Fette auch bei höherer Ungesättigtheit fest sein.

[1] I. G. Farbenindustrie A. G.: D. R. P. 534671 vom 2. II. 1928.   [2] A. P. 1709490.
[3] H. HÖNEL: D. R. P. 601262 vom 22. V. 1931.
[4] Z. B. D. R. P. 517445, 558250 und Imp. Chem. Ind.: D. R. P. 604576 vom 10. IX. 1930.
[5] H. HÖNEL: D. R. P. 565413 vom 23. IV. 1929; Zusatz zum D. R. P. 563876.
[6] Amer. Cyanamid Cy.: E. P. 407965 vom 24. IX. 1932.
[7] I. G. Farbenindustrie A. G.: D. R. P. 538323 vom 23. VII. 1931.
[8] Bakelite G. m. b. H.: Anmeldung B. 148147 vom 4. II. 1931.
[9] Bakelite: Anmeldung B. 143920 vom 31. V. 1929.
[10] Bakelite: Anmeldung B. 5330 vom 28. III. 1930.

P. SLANSKY und L. KÖHLER[1], Y. NISHIZAWA[2] und andere betrachten die Pflanzenfette im flüssigen Zustande als verdünnte kolloide Systeme mit schwach ausgeprägten strukturviskosen Eigenschaften und zählen sie deshalb zu den *Isokolloiden*. Nach neueren Untersuchungen, insbesondere der Viskosität, sind aber frische Öle keine Dispersoide.

Schmelz- und Erstarrungspunkt.

Die natürlichen Fette schmelzen unscharf, weil sie nicht homogen sind, sondern aus Gemischen von Glyceriden mit oft sehr verschiedenem Schmelzpunkt bestehen, so daß sich die Zustandsänderung vom Erweichen bis zum Klarwerden über ein mehr oder minder großes Temperaturintervall erstrecken kann[3]. Je homogener ein Fett zusammengesetzt ist, desto schärfer ist der Schmelzpunkt (Beispiel Kakaobutter).

Die einfachen gleichsäurigen Glyceride schmelzen höher als ihre Fettsäuren. Von den einsäurigen Glyceriden zeigen die Monoglyceride den höheren, die Triglyceride den tiefsten (nahe bei dem der Säuren gelegenen) Schmelzpunkt. Die mehrsäurigen Glyceride schmelzen verhältnismäßig tiefer als die einfachen Glyceride; bei manchen liegt der Schmelzpunkt tiefer als der Schmelzpunkt des einfachen Glycerids seiner niedriger schmelzenden Fettsäure, z. B. Stearopalmitine 57,3 und 60°, Tripalmitin 65° (nach GRÜN).

Die Schmelzpunkte der meist aus Gemischen mehrsäuriger Glyceride bestehenden Fette liegen oft sehr tief unter dem Schmelzpunkt ihrer Fettsäuren.

Triglyceride und Fette zeigen oft die Erscheinung des „*doppelten Schmelzpunktes*" (S. 262). So schmilzt z. B. das aus einem Lösungsmittel oder durch langsames Erstarren der Schmelze kristallisierte Tristearin bei 71,6—73,2°. Durch Kühlen schnell erstarrtes Tristearin schmilzt bei 55,5°, wird bei weiterem Erwärmen fest und schmilzt nochmals bei 71,6°. Von den Naturfetten zeigt beispielsweise Japantalg „doppelten Schmelzpunkt" (50—54,5°, nach raschem Erstarren der Schmelze 42°).

Der Erstarrungspunkt der Fette stimmt mit ihrem Schmelzpunkt nicht überein und liegt tiefer als letzterer. Die Fette erstarren, wie andere Gemische, nicht auf einmal vollständig, sondern allmählich. Der Endpunkt dieses allmählichen Erstarrens läßt sich nicht feststellen. Charakteristisch ist der Temperaturgrad, bei welchem sich die erstarrende Substanz infolge des Freiwerdens der latenten. Schmelzwärme entweder eine Zeitlang nicht verändert oder bis zu welchem sie sich wieder von selbst erwärmt.

Als Erstarrungspunkt bezeichnet man deshalb die Temperatur[4], die beim Abkühlen der Fettschmelze infolge der freiwerdenden latenten Schmelzwärme als Maximum eines vorübergehenden Temperaturanstieges festgestellt wird. Falls die freiwerdende Wärme nicht ausreicht, um die Abkühlungskurve umzubiegen und zu einem Maximum zu führen, ist der vorübergehende Stillstand des Abkühlungsverlaufes als Erstarrungspunkt anzusehen.

Zähigkeit.

Über die Viskosität und Schmierfähigkeit der flüssigen Fette wird im zweiten Band ausführlich berichtet werden.

Im allgemeinen steigt die Zähigkeit der fetten Öle mit zunehmendem Molekulargewicht ihrer Fettsäuren und sinkt mit zunehmender Jodzahl, insbesondere mit dem Gehalt an hochungesättigten Säuren.

[1] Kolloid-Ztschr. **46**, 128 (1928).   [2] Kolloid-Ztschr. **55**, 243 (1931).
[3] AD. GRÜN: Analyse der Fette und Wachse, Bd. I, S. 108. Berlin: Julius Springer. 1925.
[4] Einheitl. Untersuchungsmethoden d. Fett- u. Wachsindustrie d. „Wizöff", S. 74. Stuttgart. 1930.

Die Zähigkeitsunterschiede sind bei den meisten Ölen nicht sehr groß; die Viskosität schwankt in den Grenzen von 47—50 cp bei 20⁰ bzw. 17,5 cp bei 50⁰ für Leinöl, das dünnflüssigste Öl, und 90—92 cp bei 20⁰ bzw. 28 cp bei 50⁰ für Rüböl. Eine Ausnahme bildet das Ricinusöl, dessen Viskosität um ein Vielfaches größer ist als die der übrigen Öle.

Sehr gesteigert wird die Zähigkeit, namentlich der hochungesättigten Öle, durch Oxydation oder Polymerisation.

Aus den früher angeführten Arbeiten von SLANSKY und NISHIZAWA folgt, daß die Öle geringe Abweichungen vom HAGEN-POISEILLESCHEN Gesetz zeigen.

Von den in der Schmiertechnik verwendeten Ölen stehen an erster Stelle Ricinusöl, Rüböl und Olivenöl.

Dichte.

Das spezifische Gewicht der flüssigen Fette bei 20⁰ schwankt zwischen 0,907 und 0,970. Der Ausdehnungskoeffizient beträgt etwa 0,0007. Die Dichte kann nach der Formel $D^{15} = D^t + 0,0007\,(t-15)$ berechnet werden. Feste Fette haben die D^{20} 0,912 — 1,006.

Größte Dichte besitzt das Ricinusöl. Die Dichte der Fette erfährt beim Lagern gewisse Veränderungen, namentlich bei den leicht oxydablen Ölen. Auch für die individuellen Fette schwankt sie innerhalb gewisser Grenzen, ebenso wie die übrigen Konstanten der Fette.

Farbe.

Die Farbe der (rohen) Fette und Öle ist, abgesehen von der intensivroten Färbung des Palmöles, nicht charakteristisch[1].

Durch die Raffination wird die Farbe der Rohöle weitgehend verändert. So wird z. B. das intensiv rotbraune Baumwollsaatöl nach der Entsäuerung rötlichgelb bis hellgelb usw. Auf die Farbe der Rohöle ist die Gewinnungsmethode und der Frischezustand des Rohmaterials von größerem Einfluß.

Die Glyceride selbst besitzen keine Eigenfärbung; die Farbe der Fette wird durch Begleitstoffe verursacht; so ist das grüngelbe Olivenöl chlorophyll-, das rote Palmöl carotin-, das tiefbraune Baumwollsaatöl gossypolhaltig.

Die meisten flüssigen Fette sind hell- bis dunkelgelb.

Fluoreszenz, Lumineszenz, Absorptionsspektrum.

Nach AD. GRÜN[2] fluoreszieren fette Öle im allgemeinen nicht; eine Ausnahme bilden das warmgepreßte Kürbiskernöl, das im durchfallenden Lichte grünlich, im reflektierten tiefrot erscheint, angeblich auch manche Lein- und Baumwollsaatöle[3].

R. MARCILLE[4] will bei allen Ölen Fluoreszenz beobachtet haben. Sesamöl soll hellgelbe, Maisöl gelbgrüne, Sojabohnenöl dunkelgrüne, Ricinusöl blaue Fluoreszenz zeigen.

Im Ultraviolett zeigen Fette und Öle nach J. F. CARRIÈRE[5] Fluoreszenz und Lumineszenz. Die vegetabilischen Öle sollen bei Belichtung mit Strahlen der Wellenlänge $\lambda = 365\,\mu\mu$ meist violette bis blaue Fluoreszenz zeigen[6].

Mittels verdünnter Essigsäure konnten M. HAITINGER und V. REICH[7] einen blaufluoreszierenden Extrakt aus Fetten gewinnen.

Es wurde mehrfach versucht, die Fluoreszenzerscheinungen der Fette zu Identifizierungsmethoden auszubauen, so z. B. zur Unterscheidung von Jungfernolivenöl vom raffinierten Öl. Im filtrierten Ultraviolett fluoresziert Jungfern-

---

[1] AD. GRÜN, a. a. O. S. 123. [2] A. a. O. S. 123.
[3] TOMPKINS: Cotton Oil Press 5, Nr. 2, 123. [4] Ann. Falsifications 21, 189 (1928).
[5] Chem. Weekbl. 25, 632 (1928). [6] J. VOLMAR: Journ. Pharmac. Chim. (8), 5, 435 (1927).
[7] Fortschr. d. Landwirtsch. 3, 433; Ztschr. angew. Chem. 41, 815 (1928).

Olivenöl goldgelb bis blaßblau[1]; durch Behandeln mit Aktivkohle läßt sich die blaue Fluoreszenz beseitigen. Raffinierte Olivenöle sollen dagegen auch nach Einwirkung von Bleichkohle die blaue Fluoreszenz beibehalten. Über die Zuverlässigkeit solcher Methoden läßt sich nichts Bestimmtes sagen, und häufig dürfte die Erscheinung mit der Gegenwart zufälliger Beimengungen zusammenhängen[2]. Über die Lumineszenz von tierischen Fetten berichtete J. Lenfeld[3].

Bei einer Anzahl von tierischen und pflanzlichen Fetten hat J. Krizenecky[4] *photochemische Aktivität* nachgewiesen (Schwärzung der photographischen Platte). Bei Ölen, welche sie nicht besaßen, konnte die photochemische Aktivität durch Bestrahlung erzeugt werden.

Verschiedene vegetabilische Öle zeigen charakteristische Absorptionsspektren. Die Fette selbst sind nicht Ursache der selektiven Absorption, sondern nur die darin enthaltenen Beimengungen (Chlorophyll, Carotin, Vitamin A und andere Fremdstoffe). So absorbieren fast alle Lebertrane selektiv zwischen 260—$290 \mu\mu$[5]. Interessante Absorptionserscheinungen wurden bei den Fettsäuren der Seetierleberöle beobachtet[6]. Die durch kurze Einwirkung von Kalilauge auf Dorschleberöl gewonnenen, vom Unverseifbaren befreiten Fettsäuren zeigen nur schwache Absorption im Ultraviolett; nach längerer Einwirkung des Alkalis steigt das Absorptionsvermögen der Fettsäuren erheblich[6]. Die Erscheinung läßt sich nur bei Fettsäuren mit wenigstens zwei Doppelbindungen beobachten.

Optisches Drehungsvermögen.

Die Öle und Fette sind, soweit sie keine optisch aktiven Fettsäuren oder andere aktive Begleitstoffe (Sterine u. dgl.) enthalten, optisch inaktiv. Auf Asymmetrie der Kohlenstoffatome des Glycerinrestes beruhende Aktivität natürlicher Triglyceride ist nicht beobachtet worden. Die Mehrzahl der Fette zeigt deshalb kein Drehungsvermögen. Synthetisch gelang die Herstellung von schwach drehenden Triglyceriden aliphatischer Säuren (s. S. 264).

Auf Aktivität der Fettsäuren zurückführbare optisch aktive Fette sind Ricinusöl, die Öle der Chaulmugragruppe und einige andere Fette. Durch andere Begleitstoffe verursachte Aktivität zeigt Sesamöl und Baumwollsaatöl.

Nach Untersuchungen von B. Suzuki und Y. Inoue[7] sollen die asymmetrisch gebauten Triglyceride im lebenden Organismus der Pflanzen und Tiere optisch aktiv sein. Es gelang ihnen nämlich, schwaches Drehungsvermögen bei rascher Isolierung der Öle aus Samen usw. nachzuweisen; nach kurzer Zeit verloren aber die Fette ihre Aktivität, wahrscheinlich durch Racemisierung.

Lichtbrechungsvermögen.

Der Brechungsindex der Fette hängt ab vom Molekulargewicht und der Ungesättigtheit der Fettsäuren. Er wird erhöht durch die Gegenwart von Lückenbindungen und HO-Gruppen im Fettsäuremolekül. Ricinusöl zeigt deshalb von allen Fetten den höchsten Brechungsindex. Die spezifische Refraktion nimmt durch Oxydation der Öle beim Lagern allmählich ab. Der Brechungsindex der freien Fettsäuren ist niedriger als der der Neutralfette. An der allmählichen Ab-

[1] T.T.Cocking u. S.K.Krews: Quarterly Journ. Pharm. 8, 531 (1934).
[2] G. a. Frehse: Ann. Falsifications 18, 204 (1925). — Stratta u. Mangini: Giorn. Chim. ind. appl. 10, 205 (1928). — Musher u. Willoughby: Journ. Oil Fat Ind. 6, 15 (1929).   [3] Ztschr. Fleisch-, Milchhyg. 39, 451, 471 (1929).
[4] Chem. Ztrbl. 1927 I, 2569.
[5] R.A.Morton, I.M.Heilbron u. A.Thompson: Biochemical Journ. 25, 20 (1931).
[6] W.J.Dann u. Th.Moore: Biochemical Journ. 27, 1166 (1933); Gillam, Heilbron, Hilditch u. Morton: Chem. Ztrbl. 1931 II, 591.
[7] Proceed. Imp. Acad., Tokyo 6, 71 (1930); 7, 222 (1931).

nahme der Refraktion läßt sich beispielsweise die fortschreitende Absättigung bei der Fetthärtung erkennen.

Elektrische Leitfähigkeit. Dielektrizitätskonstante.

Die neutralen Fette sind schlechte Leiter der Elektrizität. Die Leitfähigkeit nimmt beim Verderben der Fette zu infolge Bildung freier Fettsäuren, die aber ebenfalls nur geringe Eigenleitfähigkeit haben ($10^{-11, \Omega^{-1} cm^{-1}}$); auch durch Oxydation wird die Leitfähigkeit der Fette erhöht.

Die Dielektrizitätskonstante der frischen Öle liegt meist zwischen 3 und 3,2; nur Ricinusöl zeigt den weit höheren Wert von 4,673. Nach T. G. KOWALEW und W. W. ILLARIONOW[1] ändert sie sich charakteristisch bei Einwirkung von Licht und Sauerstoff.

Löslichkeit.

In jedem Verhältnis und bei jeder Temperatur sind die Fette mischbar mit Äther, Schwefelkohlenstoff, Tetrachlorkohlenstoff, Trichloräthylen und anderen chlorierten Kohlenwasserstoffen, in Benzol, Toluol usw. (s. auch unter Extraktion, S. 680).

In Petroläther sind die hochschmelzenden Fette wenig löslich; Ricinusöl nimmt von kaltem Petroläther eine bestimmte Menge auf, um sich bei weiterer Verdünnung wieder zu entmischen. Mit der Wärme nimmt jedoch die Löslichkeit in Petroläther erheblich zu.

Benzin ist ein in der Extraktion allgemein verwendetes Fettlösungsmittel; auch Ricinusöl kann durch warmes Benzin extrahiert werden.

Eine selektive, von der Temperatur abhängige Löslichkeit zeigen die Fette in Eisessig. Die kritische Löslichkeit von Fetten im gleichen Volumen Eisessig wurde als analytische Methode verwendet.

In kaltem Alkohol sind Fette, mit Ausnahme von Ricinusöl, unlöslich. Die Löslichkeit nimmt zu mit der Acidität, der Temperatur, und bei Steigerung der Temperatur über den Siedepunkt bei Normaldruck können sämtliche Öle in Alkohol gelöst werden. So lösen sich in absolutem Alkohol bei 86,3° 38,5% Rüböl. Unterhalb dieser Temperatur erfolgt Entmischung von Öl und Lösungsmittel (kritische Lösungstemperatur des Rüböles in Alkohol). Auch wäßriger Alkohol vermag bei erhöhtem Druck größere Ölmengen zu lösen; die kritische Lösungstemperatur des Rüböles in 90,5%igem Alkohol ist 140,3°, die kritische Ölkonzentration 43,0%. Etwas größere Alkohollöslichkeit besitzen an niederen Fettsäuren reichere Fette, wie Cocosfett.

HASHI[2] hat die kritischen Lösungstemperaturen und Ölkonzentrationen bei mehreren Ölen für Alkohol, wäßrigen Alkohol, wäßriges Aceton, Isopropylalkohol usw. bestimmt.

In Wasser sind die Fette unlöslich, vermögen aber unter gewissen Bedingungen mit Wasser sehr stabile Emulsionen zu bilden.

Von dieser Eigenschaft wird in der Technik sehr ausgedehnter Gebrauch gemacht, so z. B. bei der Margarinefabrikation, der Herstellung von Netz-, Emulgierungs- und Dispergierungsmitteln usw.

Über die Bildung von Ölemulsionen wird deshalb später noch vielfach die Rede sein.

Über die Oberflächenspannungserscheinungen der Öle und die physikalischen Eigenschaften der Fettsäuren wird im II. Band berichtet.

---

[1] Journ. prakt. Chem. (NF.) **135**, 327 (1932).
[2] Journ. Soc. chem. Ind. Japan **34**, 64 B, 104/105 B, 224 B, 226 B (1931).

V. Reaktionsfähigkeit der Fette.

Von T. P. HILDITCH, Liverpool.

Im folgenden wird zusammenfassend über das Verhalten der Fette und Fettsäuren gegen verschiedene Reagenzien berichtet, insbesondere solche, die bei der technologischen Aufarbeitung der Fette oder ihrer technischen Analyse zur Anwendung kommen.

A. Die Hydrolyse.

Die *Hydrolyse der Fette zu Fettsäuren oder fettsauren Alkalisalzen und Glycerin* gehört zu den wichtigsten Reaktionen der fettverarbeitenden Industrie. Unter natürlichen Bedingungen findet Hydrolyse bei Einwirkung bestimmter Enzyme (Lipase) statt und ist dann die Ursache des Verderbens der Fette („hydrolytischer Abbau", s. S. 438). Die Reaktion dient aber auch als Grundlage eines technischen Fettspaltungsprozesses (s. Band IV).

Bei Einwirkung von wäßrigen oder alkoholischen Alkalilaugen werden die Fette verseift, d. h. zu *Seifen* oder fettsauren Alkalisalzen und Glycerin gespalten.

Mit Bezug auf den dem Prozeß zugrunde liegenden Chemismus sind zu unterscheiden: Die Hydrolyse

1. mit Wasser in Abwesenheit von Alkali,
2. mit Wasser und Alkali,
3. mit alkoholischen Alkalilösungen.

Das Hauptinteresse konzentriert sich natürlich auf die Probleme der Seifensiederei, d. h. der wäßrig-alkalischen Verseifung.

a) Verseifung der Fette in Gegenwart von wäßrigem Alkali.

Jedes Triglycerid (1 Mol.) wird bei der Hydrolyse schließlich in Glycerin (1 Mol.) und fettsaure Salze (3 Mol.) umgewandelt; eine lebhafte Diskussion entstand um die Frage, ob diese Spaltung in einer Stufe vor sich geht:

$$
\begin{array}{l}
CH_2-O-CO-R_1 \\
| \\
CH-O-CO-R_2 + 3\,NaOH \\
| \\
CH_2-O-CO-R_3
\end{array}
=
\begin{array}{l}
CH_2-OH \quad R_1-COONa \\
| \\
CH-OH \; + R_2-COONa \\
| \\
CH_2-OH \quad R_3-COONa
\end{array}
$$

oder ob sie in mehreren Stadien verläuft, unter intermediärer Bildung von Di- und Monoglyceriden:

$$
\begin{array}{l}
CH_2-O-CO-R_1 \\
| \\
CH-O-CO-R_2 + NaOH \\
| \\
CH_2-O-CO-R_3
\end{array}
=
\begin{array}{l}
CH_2-O-CO-R_1 \\
| \\
CH-OH \; + R_2-COONa \\
| \\
CH_2-O-CO-R_3
\end{array}
$$

$$
oder
\begin{array}{l}
CH_2-O-CO-R_1 \\
| \\
CH-O-CO-R_2 + NaOH \\
| \\
CH_2-O-CO-R_3
\end{array}
=
\begin{array}{l}
CH_2-OH + R_1-COONa \\
| \\
CH-O-CO-R_2 \\
| \\
CH_2-O-CO-R_3
\end{array}
$$

$$\text{oder}\quad \begin{array}{l} CH_2-O-CO-R_1 \\ | \\ CH-O-CO-R_2 \\ | \\ CH_2-O-CO-R_3 \end{array} + NaOH = \begin{array}{l} CH_2-O-CO-R_1 \\ | \\ CH-O-CO-R_2 \\ | \\ CH_2-OH \end{array} \quad + R_3-COONa$$

$$\begin{array}{l} CH_2-O-CO-R_1 \\ | \\ CH-O-CO-R_2 \\ | \\ CH_2-O-CO-R_3 \end{array} + 2\,NaOH = \begin{array}{l} CH_2-OH \\ | \\ CH-OH \\ | \\ CH_2-O-CO-R_3 \end{array} \quad \begin{array}{l} + R_1-COONa \\ \\ + R_2-COONa \end{array}$$

usw.

Die Hydrolyse der Fette in Gegenwart von Wasser ist allem Anschein nach ein heterogener Prozeß, da Wasser und Fette nicht mischbar sind.

Ob die Verseifung stufenweise verläuft, ob Unterschiede in der Verseifung der Glyceride von Fettsäuren verschiedenen Molekulargewichts oder verschiedenen Grades der Ungesättigtheit vorhanden sind oder nicht, das sind alles Fragen rein theoretischen Interesses, soweit die Verseifung mit wäßrigem Alkali in Betracht kommt, da man in der Praxis bestrebt ist, die Fette restlos zu verseifen.

Daß die Fettspaltung nach dem Autoklavenverfahren, nach TWITCHELL, die Hydrolyse der Fette mittels Säuren stufenweise verläuft, wurde von J. KELLNER[1] eindeutig bewiesen. Nicht ganz sicher ist das für die fermentative Fettspaltung. Für die Verseifung mit überschüssigem wäßrigem Alkali nimmt dagegen KELLNER einen tetramolekularen Reaktionsverlauf an. Jedenfalls gelang es nicht, bei der wäßrig-alkalischen Verseifung Di- und Monoglyceride nachzuweisen.

Nichtsdestoweniger wurde dieser Frage große Aufmerksamkeit entgegengebracht. 1894 stellte C. ALDER WRIGHT[2] die Behauptung auf, daß die Verseifung ein selektiver Prozeß sei, der sich in der Reihenfolge: Triglycerid → Diglycerid → Monoglycerid → Glycerin + fettsaure Alkalisalze abspiele. Gestützt wurde diese Annahme durch die von A. C. GEITEL[3] ausgeführte Messung der Verseifungsgeschwindigkeit von Triglyceriden. Er verwendete für seine Untersuchungen alkoholische Alkalilösungen, und wir werden später sehen, daß sich die Bedingungen der alkoholischen Verseifung grundsätzlich von denen der Verseifung mit wäßrigem Alkali unterscheiden, insofern als bei Gegenwart von Alkohol die primären Produkte der Hydrolyse Fettsäureester sind, die erst nachträglich unter Bildung von fettsauren Alkalisalzen verseift werden.

J. LEWKOWITSCH[4], J. MARCUSSON[5] und andere Forscher haben die wäßrige Verseifung von Talg, Baumwollsaatöl, Olivenöl und anderen Fetten in der Weise untersucht, daß sie den Verseifungsprozeß vorzeitig unterbrachen und die Acetyl- und Hehnerzahl der partiell verseiften Fette bestimmten. Nach LEWKOWITSCH nimmt die Acetylzahl erst zu und im weiteren Verlauf der Verseifung wieder ab, während die Hehnerzahl erst eine Abnahme und dann eine Zunahme erfährt; die Änderungen der Konstanten verlaufen aber recht unregelmäßig.

Nach L. BALBIANO[6] wären die hohen, von LEWKOWITSCH beobachteten Acetylzahlen der Gegenwart von Oxydationsprodukten zuzuschreiben; in einem partiell verseiften Tribenzoin fand er lediglich Benzoesäure und unverändertes Tribenzoin. Ähnliche Ergebnisse erhielt R. FANTO[7] bei der partiellen Hydrolyse

[1] Chem.-Ztg. **33**, 453, 661, 993 (1909).
[2] Fats and Oils. London. 1894.   [3] Journ. prakt. Chem. **55**, 429 (1897); **57**, 113 (1898).
[4] Proceed. chem. Soc. **15**, 190 (1899); Ber. Dtsch. chem. Ges. **33**, 89 (1900).
[5] Ber. Dtsch. chem. Ges. **39**, 3466 (1906); Ztschr. angew. Chem. **26**, 173 (1913).
[6] Gazz. chim. Ital. **32**, 265 (1902); Ztrbl. **1902** I, 1224.   [7] Monatsh. Chem. **25**, 919 (1904).

von Tristearin mit Alkali, und sowohl er wie BALBIANO gelangten zu dem Schluß, daß die Alkalihydrolyse direkt, ohne intermediäre Bildung von Mono- oder Diglyceriden, also einstufig verläuft.

J. MARCUSSON hat bei Wiederholung der LEWKOWITSCHschen Versuche zeigen können, daß die durch partielle Verseifung der Fette entstandenen Fettsäuren in den meisten Fällen etwa die gleiche Acetylzahl aufweisen wie das unverseifte Fett; er nahm deshalb an, daß die von LEWKOWITSCH beobachtete Zunahme der Acetylzahl durch Oxydationsprodukte verursacht war. Diese Deutung scheint indessen nicht allen beobachteten Tatsachen gerecht zu werden, insbesondere der Abnahme der Acetylzahl gegen Ende der Fetthydrolyse. Die Resultate anderer Forscher sind recht widerspruchsvoll.

Nach J. P. TREUB[1] sollen die widersprechenden Angaben mitunter eine Folge falscher analytischer Methoden und unrichtiger Deutungen sein; er meint, daß bei der alkalischen Verseifung die Spaltung direkt ablaufe und daß auch sonst keine selektive Verseifung von Glyceriden stattfinde; er zeigte ferner, daß die Untersuchung der besonderen, bei der partiellen Hydrolyse von Glyceriden freiwerdenden Säuren nicht zur Lösung des Problems herangezogen werden könne (wie dies von manchen Forschern versucht worden ist); so beweist z. B. die Bildung von Palmitin-, Stearin- und Ölsäure aus Oleopalmitostearin in einem frühen Verseifungsstadium noch nicht, daß das Oleopalmitostearin der vollständigen Hydrolyse in einer Stufe unterlag, denn diese Fettsäuren können ebensogut durch Freiwerden von Ölsäure aus *einem* Glyceridmolekül und von Palmitin- oder Stearinsäure aus einem *anderen* Molekül des gemischtsäurigen Glycerids entstanden sein.

Etwas mehr Licht brachten die Untersuchungen von A. THUM[2], K. H. BAUER[3] usw. über die Verseifungsgeschwindigkeit von Glyceriden verschiedener Fettsäuren; die Versuche betrafen meistens Unterschiede in der Verseifungsgeschwindigkeit von Glyceriden gesättigter und ungesättigter Fettsäuren; aber eindeutige Beweise für das Vorhandensein merklicher Differenzen in der Verseifungsgeschwindigkeit von beispielsweise Glyceriden der Palmitin-, Stearin- und Ölsäure wurden nicht gefunden.

Aus allgemeinen Gründen, angesichts der großen Strukturanalogie der höheren Fettsäuren, sind Unterschiede in der Geschwindigkeit der Hydrolyse ihrer Glyceride nur dann zu erwarten, wenn es sich um Säuren sehr verschiedener Molekülgröße, beispielsweise um Laurinsäure einerseits und Stearinsäure andererseits handelt.

Trotz widersprechender Behauptungen erscheint es aus kinetischen Gründen zweifelhaft, daß sich die vollständige Aufspaltung eines Triglycerids in einer Stufe abspielen soll. Wahrscheinlicher ist es, daß zunächst nur eine Estergruppe dem Angriff unterliegt, so daß das primäre Produkt der Verseifung ein Molekül eines Diglycerids und ein Molekül Fettsäure (Seife) ist. Nichts spricht aber dagegen, daß das gebildete Diglycerid ebenso schnell (oder vielleicht noch schneller) verseift wird wie das Triglycerid; ist das der Fall, dann würde sich zwar die Verseifungsreaktion stufenweise vollziehen, nicht aber „selektiv", insofern als keine vollständige oder nahezu vollständige Umwandlung in das Diglycerid stattfindet, ehe das letztere weiter gespalten wird. Die intermediäre Bildung von Di- und Monoglyceriden, deren fortlaufende weitere Hydrolyse bei gleichzeitiger Spaltung des noch vorhandenen Triglycerids lassen sich sehr gut mit den Beobachtungen von LEWKOWITSCH über die nacheinanderfolgende Zu- und Abnahme der Acetylzahl

[1] Journ. Chim. physique **16**, 107 (1918); Rec. Trav. chim. Pays-Bas **45**, 328 (1926).
[2] Ztschr. angew. Chem. **4**, 482 (1890).
[3] Chem. Umschau Fette, Öle, Wachse, Harze **32**, 230 (1925).

bei partiell verseiften Fetten in Einklang bringen. Dies steht auch in Übereinstimmung mit den Ergebnissen der Untersuchung über die Bildung von freien
Fettsäuren bei der hydrolytischen Ranzidität.

b) Verseifung der Fette in Gegenwart von alkoholischem Alkali.

Die Glyceride lassen sich auf ziemlich einfachem Wege, beispielsweise in die
entsprechenden Äthylester umwandeln. Schon im Jahre 1852 fand P. DUFFY[1],
daß die Einwirkung kleiner Alkalimengen auf eine alkoholische Fettlösung zur
Bildung von Fettsäureäthylestern führt; später konnte A. HALLER[2] nachweisen,
daß die Glyceride durch Erhitzen mit Methyl- oder Äthylalkohol in Gegenwart
von trockenem Chlorwasserstoff nahezu quantitativ in die Methyl- oder Äthylester übergeführt werden.

Wie GRÜN, WITTKA und KUNZE zeigten, geht diese *Alkoholyse* stufenweise
vonstatten; sie konnten z. B. bei der Umsetzung von Tristearin außer dem
als Endprodukte entstehenden Stearinsäureäthylester recht beträchtliche Mengen
von Distearin und Monostearin isolieren und identifizieren[3].

Übrigens fand GRÜN, daß die Spaltung der Glyceride durch Alkohol —
gegen 300⁰ — auch ohne jeden Zusatz im vollkommen neutralen Milieu eintritt[4].

Bei Durchführung der Alkoholyse mit verschiedenen Alkoholen wurde
keine Selektivität beobachtet. So führte die Alkoholyse von Olivenöl mit äquimolekularen Gemischen von Methyl- oder Äthylalkohol und Propyl-, Butyl-,
Isobutyl- oder Isoamylalkohol zu äquimolekularen Gemischen der beiden Ester
der Olivenölfettsäuren[5].

Diese Umesterungsfähigkeit der Glyceride im alkoholischen Medium fand
keine genügende Beachtung bei der Untersuchung der Selektivität der alkalischen
Fetthydrolyse.

Die Tatsache, daß der normale Verlauf der Fettspaltung mit Hilfe von
alkoholischem Alkali zur intermediären Bildung von Fettsäureäthylestern führt,
wurde von V. FORTINI[6] und von E. ANDERSON und H. L. BROWN[7] endgültig
klargestellt.

FORTINI untersuchte die Hydrolyse einer 10%igen Lösung von Triolein in
Petroläther beim Schütteln mit dem $2^1/_2$fachen Volumen einer $^1/_2$ n-alkoholischen
Kaliumhydroxydlösung bei 20⁰, wobei die Bildung von Äthyloleat einwandfrei
nachgewiesen werden konnte.

ANDERSON und BROWN verfolgten die Verseifung von Butterfett, Baumwollsaatöl, Olivenöl, Crotonöl und Ricinusöl mit überschüssiger 0,2 oder 0,4 n-methyl-,
äthyl- oder amylalkoholischer Kalilauge bei 25⁰; in sämtlichen Fällen war der
Reaktionsverlauf bimolekular. Da dieses Resultat nur von einer im homogenen
System verlaufenden Reaktion zu erwarten war, und von den untersuchten Fetten
lediglich Ricinusöl in den genannten Alkoholen bei 25⁰ genügend löslich ist,
kamen sie zu dem Schluß, daß es in Wirklichkeit die Methyl-, Äthyl- oder Amyl-
ester waren, deren Hydrolysegeschwindigkeit gemessen wurde.

Neuerdings hat auch G. K. ROWE[8] festgestellt, daß sich bei der Verseifung
im alkoholischen Medium Äthylester als intermediäre Reaktionsprodukte bilden;

[1] Journ. chem. Soc. London **5**, 303 (1853).
[2] Compt. rend. Acad. Science **143**, 657 (1906). — A. HALLER u. YOUSSOUFIAN: Ebenda
     143, 803 (1906).   [3] Chem. Umschau Fette, Öle, Wachse, Harze **24**, 15, 31 (1917).
[4] GRÜN, WITTKA u. SCHOLZE: Ber. Dtsch. chem. Ges. **54**, 290 (1921).
[5] Y. TOYAMA, T. TSUCHIYA u. T. ISHIKAWA: Journ. Soc. chem. Ind. Japan **37**, 192 B
     (1934).   [6] Chem.-Ztg. **36**, 1117 (1912).
[7] Journ. physical Chem. **20**, 195 (1916).   [8] Journ. Soc. chem. Ind. **52**, 49 T (1933).

dies wird ferner durch die Arbeit von Y. Toyama, T. Tsuchiya und T. Ishikawa[1] (Verseifung von Olivenöl mit methyl- und äthylalkoholischer Alkalilauge) bestätigt.

Diese Eigenart der Hydrolyse mittels alkoholischen Alkalis ist übrigens nicht auf die Verseifung von Glyceriden beschränkt. C. W. Gibby und W. A. Waters[2] haben bei der weiteren Verfolgung der Arbeiten von H. McCombie und H. A. Scarborough[3] über die Verseifungsgeschwindigkeit von Phenylbenzoat durch Kaliumhydroxyd in äthylalkoholischer Lösung jede der beiden Reaktionsmöglichkeiten A und B (s. nachstehend) untersucht:

$$A \begin{cases} \text{(I)} \ C_6H_5 \cdot CO \cdot OC_6H_5 + NaOH \rightarrow C_6H_5 \cdot CO \cdot ONa + C_6H_5OH \\ \text{(II)} \ C_6H_5OH + NaOH \rightleftarrows C_6H_5ONa + H_2O \end{cases}$$

$$B \begin{cases} \text{(I)} \ C_2H_5OH + NaOH \rightleftarrows C_2H_5ONa + H_2O \\ \text{(II)} \ C_6H_5 \cdot CO \cdot OC_6H_5 + NaOC_2H_5 \rightarrow C_6H_5 \cdot CO \cdot OC_2H_5 + C_6H_5ONa \\ \text{(III)} \ C_6H_5 \cdot CO \cdot OC_2H_5 + NaOH \rightarrow C_6H_5 \cdot CO \cdot ONa + C_2H_5OH \end{cases}$$

Durch Bestimmung des freien Phenols und der Menge des gebildeten Natriumbenzoats konnten sie beweisen, daß die Verseifung gänzlich nach dem Schema B verläuft; die Reaktion (II) geht viel schneller vor sich als (III), und zwar verhalten sich die Geschwindigkeiten der beiden Reaktionen zueinander etwa wie 1000 : 1. Beispielsweise waren in einer Lösung von ursprünglich 0,03 n-Phenylbenzoat und 0,09 n-Natriumhydroxyd in 95%igem Alkohol nach zweistündigem Stehen bei 30⁰ nur noch 20% der gesamten Benzoesäure in Form von Natriumbenzoat enthalten, während bereits über 97% des vorhandenen Phenols in Freiheit gesetzt waren.

Die Verseifung in alkoholischer Lösung besteht demnach in einer rasch verlaufenden, durch die Gegenwart von Alkali beschleunigten katalytischen Reaktion, wobei die ursprünglichen alkoholischen Komponenten der Ester durch Äthylreste ersetzt werden; es folgt die viel langsamere Umsetzung des Äthylesters in das Natriumsalz der Säure (oder das Säureanion) und freien Äthylalkohol. Der Mechanismus des Prozesses unterscheidet sich also grundsätzlich von dem Verlauf der Verseifung mit wäßrigem Alkali. Beobachtungen über die relative Hydrolysegeschwindigkeit verschiedener Glyceride in alkoholischem Medium mußten naturgemäß zu dem Schluß führen, daß die Reaktion in sämtlichen Fällen mit einer mehr oder weniger gleichen Geschwindigkeit verläuft, da die tatsächlich gemessenen Zersetzungsgeschwindigkeiten die Hydrolyse der Äthylester und nicht die der Glyceride betrafen. So bezieht sich die von C. W. Moore[4] gemachte Beobachtung, daß Trilaurin und α-Monolaurin in äquimolarer Konzentration in alkoholischer Kalilauge mit gleicher Geschwindigkeit hydrolisiert werden, in Wirklichkeit auf die Geschwindigkeit der Hydrolyse von äquimolaren Äthyllauratlösungen.

c) Physikalische Bedingungen der Verseifung in wäßrigem oder alkoholischem Medium.

Beim *Verseifen der Fette mit wäßrigen Laugen in der Siedehitze* ist die Reaktionsgeschwindigkeit anfänglich gering; erst nach einiger Zeit wird sie größer, um dann mehr oder weniger konstant zu bleiben; diese Geschwindigkeitszunahme wird in einem Moment erreicht, in dem sich die beiden Phasen, Öl und Wasser, dem vollständigen Emulsionszustande nähern. F. E. Weston[5] hat bei der Untersuchung der Verseifungsgeschwindigkeit verschiedener Fette mit n- und 2n-Natronlauge bei 100⁰ festgestellt, daß die Geschwindigkeit der Hydrolyse durch die Gegenwart von kolloidalem

[1] Journ. Soc. chem. Ind. Japan **36**, 230 B, 231 B, 232 B (1933).
[2] Journ. chem Soc. London **1932**, 2643.   [3] Journ. chem. Soc. London **105**, 1304 (1914).
[4] Vgl. E. F. Armstrong u. J. Allan: Journ. Soc. chem. Ind. **43**, 209 T (1924).
[5] Chem. Age **4**, 638 (1921).

Ton, der die Rolle eines Emulgierungsmittels spielt, beschleunigt wird. M. H. NORRIS und J. W. McBAIN[1] haben die Verseifung von Cocosöl, Sojabohnenöl, Triolein, Tripalmitin und Tristearin mit n- und 4 n-Natronlauge bei 100° untersucht. Auch sie machten die Beobachtung, daß die Verseifungsgeschwindigkeit nach einiger Zeit zunimmt und von der Rührintensität, der Vollkommenheit der Emulsionsbildung und durch die Aussalzung der gebildeten Seife beeinflußt wird.

Bei der Verseifung von Olivenöl mit Natronlauge bei 100° fanden G. I. FINCH und A. KARIM[2], daß die Hydrolyse ein Maximum bei einer bestimmten Alkalikonzentration erreicht. J. W. McBAIN, H. S. HOWES und M. THORBURN[3] haben die Verseifung in Systemen untersucht, in denen ein großer Überschuß an Öl oder Seife im Verhältnis zur Natronlauge vorhanden war; sie fanden, daß die Verseifungsgeschwindigkeit durch hohe Seifenkonzentrationen stark erhöht wird, daß aber kleine Konzentrationen relativ geringen Einfluß haben. Später fanden J. W. McBAIN, C. W. HUMPHREYS und Y. KAWAKAMI[4], daß die Verseifungsgeschwindigkeit bei den einzelnen Ölen sehr verschieden ist; sie war bei dem am leichtesten verseifbaren Ricinusöl etwa 200 mal größer als bei dem am schwersten der Verseifung unterliegenden Rüböl. Sie schlossen aus ihren Versuchen, daß die Verseifungsgeschwindigkeit von der spezifischen Geschwindigkeit abhänge, mit der die einzelnen Öle mit Wasser Emulsionen bilden. Diese Anschauung fand eine Stütze in weiteren, von J. W. McBAIN und Y. KAWAKAMI[5] unternommenen Versuchen über die Verseifungsgeschwindigkeit von reinen Triglyceriden, wobei sie aber keine einfache Beziehung zwischen der Änderung der Verseifungsgeschwindigkeit und der Zunahme der Länge der Kohlenstoffatomkette aufdecken konnten. Die Geschwindigkeit wurde beeinflußt durch den Grad der Emulgierung, jedoch schien dies eine spezifische Eigenschaft der emulgierten Glyceridmoleküle zu sein; es wurde beobachtet, daß die Verseifungsgeschwindigkeit zu einem Maximum ansteigt, wenn die Seife sich in einen Seifenleim verwandelt, um bei Erscheinen von Kernseife schwach abzunehmen.

Bei der Verseifung von Cocosöl auf kaltem Wege setzt laut C. BERGELL[6] nach einer merklichen Induktionsperiode eine rasche Zunahme der Verseifungsgeschwindigkeit ein; er führt dies auf den Übergang der Wasser-in-Öl-Emulsion in eine Öl-in-Wasser-Emulsion zurück. Nach D. ROSHDESTWENSKI[7] üben kleine Mengen Phenole, insbesondere Kresol, Thymol, α- und β-Naphthol einen merklichen Einfluß auf die Verseifungsgeschwindigkeit aus. Er vermutete, daß die Phenolmoleküle das Bestreben haben, sich zwischen die Öl- und wäßrige Phase zu orientieren und daß sie auf diese Weise die Emulgierung fördern.

E. LESTER SMITH[8] hat den *Mechanismus der Verseifung „auf kaltem Wege"* bei Lebertran und Cocosfett untersucht und festgestellt, daß kleine Alkoholmengen ebenfalls als Reaktionsbeschleuniger wirken können; er fand ferner, daß die Beschleunigung der Verseifungsgeschwindigkeit, nach Ablauf der trägen Anfangs- oder Induktionsperiode, etwa das Zehnfache bei Tran und bei Cocosfett mehr als das Zweihundertfache beträgt.

Die Kinetik des Verseifungsprozesses wurde früher auf der Grundlage der Emulgierung oder der einfachen Wechselwirkung an der Berührungsfläche der verschiedenen Phasen zu erklären versucht. Die relativ große Verseifungsgeschwindigkeit in der zweiten Phase (d. h. in der auf die „Induktionsperiode" folgenden Phase) und die charakteristischen Unterschiede in der Verseifungsgeschwindigkeit verschiedener Öle wurden dem spezifischen Feinheitsgrad der einzelnen Emulsionen und der daraus sich ergebenden, für jedes Öl verschiedenen Größe der verfügbaren Berührungsflächen zugeschrieben. Um eine 200fache Beschleunigung der Reaktionsgeschwindigkeit auf Grund einer solchen Theorie zu erklären, muß man nach LESTER SMITH die Annahme machen, daß die Berührungsfläche zwischen Öl und Wasser plötzlich eine mindestens 200fache Vergrößerung erfährt. Dies setzt aber eine spontane Zerteilung jedes Alkaliteilchens in mindestens 8 Millionen Kügelchen voraus.

J. P. TREUB[9] hob drei verschiedene Möglichkeiten für den Verseifungsmechanismus hervor, und zwar die *Reaktion in der Ölphase* (1), *in der wäßrigen Phase* (2) und *an der Berührungsfläche der beiden Phasen* (3). Er schloß die Möglichkeit einer Reaktion in der Ölphase aus, weil diese weder Wasserstoff- noch Hydroxylionen enthält und zeigte, daß die bereits bekannten Tatsachen dem Zustandekommen der Hydrolyse durch Einwirkung von wäßrigem Alkali auf die außerordentlich kleinen

[1] Journ. chem. Soc. London **121**, 1362 (1922).   [2] Journ. Soc. chem. Ind. **45**, 469 T (1926).
[3] Journ. physical Chem. **31**, 131 (1927).   [4] Journ. chem. Soc. London 2185 (1929).
[5] Journ. physical Chem. **34**, 580 (1930).
[6] Ztschr. Dtsch. Öl-Fettind. **46**, 737, 753, 769 (1926).   [7] Seifensieder-Ztg. **55**, 116, 127 (1928).
[8] Journ. Soc. chem. Ind. **51**, 337 T (1932).   [9] Journ. Chim. physique **16**, 107 (1918).

Mengen der in der wäßrigen Phase verteilten Ölteilchen widersprechen. Er nahm deshalb an, daß die Reaktion an der Berührungsfläche der Öl- und wäßrigen Phase stattfindet, und diese Vorstellung wurde von McBAIN und seinen Mitarbeitern übernommen und weiter entwickelt. Die gewaltige Vergrößerung der Berührungsfläche, die für die große Beschleunigung der Verseifungsgeschwindigkeit nach dieser Hypothese notwendig ist, veranlaßte jedoch LESTER SMITH, noch eine vierte Reaktionsmöglichkeit ins Auge zu fassen: Das relativ langsame Anfangsstadium der Verseifung wird von ihm als das Resultat der an den Phasenberührungsflächen sich abspielenden Reaktion interpretiert; dabei bilden sich fortschreitend bestimmte Seifenmengen, welche sich mehr oder weniger im Zustande eines Seifenleims befinden; dieser Seifenleim übernimmt dann die Rolle eines Lösungsmittels sowohl für das Fett wie für die zu dessen Verseifung ausreichende Menge Alkali, so daß der *Prozeß dann in einem praktisch homogenen Medium* vor sich geht. LESTER SMITH beobachtete[1], daß viele organische Flüssigkeiten in Seifenlösungen leichter löslich sind als in Wasser, während es bereits bekannt war, daß fette Öle in Seifenlösungen ziemlich leicht löslich sind[2]. Aus Versuchen von McBAIN und H. E. MARTON[3] ist es bekannt, daß Leim- und Kernseife Natriumhydroxyd aus wäßrigen Lösungen aufzunehmen vermögen.

Es liegen also Anhaltspunkte dafür vor, daß sowohl Öl wie Alkali in den beim Verseifen auf kaltem Wege gebildeten Seifen löslich sind; ferner wissen wir, daß die gebildete Seife in innigem Kontakt mit dem Öl und dem wäßrigen Alkali an der Berührungsfläche der beiden Phasen steht, so daß eigentlich nichts gegen die Annahme spricht, daß die Seife selbst bei der Verseifung auf kaltem Wege die Rolle eines Lösungsmittels für die beiden Reagenzien spielt. Die Verseifungsgeschwindigkeit ist überdies bei sogenannten kalten Verseifungsverfahren innerhalb gewisser Grenzen unabhängig von der Alkalikonzentration der wäßrigen Phase, und in Übereinstimmung damit steht die praktisch konstante Konzentration des in der Seife gelösten Alkalis; dies alles spricht dafür, *daß die Seife das eigentliche Reaktionsmedium ist.*

Für die *Verseifung auf kaltem Wege* scheint demnach der Beweis erbracht zu sein, daß sich der Vorgang in einem homogenen Medium abspielt und daß die Seife die Rolle eines Lösungsmittels für Öl und Alkalilauge übernimmt. Die Vorgänge im Seifensiedekessel dürften sich aber von diesen kaum wesentlich unterscheiden. Allerdings mag in diesem Falle, in Übereinstimmung mit der ursprünglichen Hypothese von R. WEGSCHEIDER[4], die Verseifung in der wäßrigen Phase ihren Anfang nehmen; TREUB verwirft zwar diese Annahme, aber auf Grund neuerer Untersuchungen und angesichts der Tatsache, daß Fette in Seifenlösungen merklich löslich sind, erscheint es durchaus möglich, daß die Verseifung, wenigstens in ihren letzten Stadien, durch Hydrolyse von in der Seifenlösung gelöstem Fett zustande kommt.

Durch die Hypothese von LESTER SMITH über den homogenen Verseifungsvorgang bei der Verseifung auf kaltem Wege läßt sich jedenfalls Folgendes befriedigend erklären: a) die autokatalytische Natur der Reaktion; b) die innerhalb gewisser Grenzen bestehende Unabhängigkeit der Verseifungsgeschwindigkeit von der Konzentration und Menge des Alkalis; c) die erheblich größere Verseifungsgeschwindigkeit mit Pottasche als mit Soda; d) die Beschleunigung der Reaktion durch kleine Alkohol- oder Phenolmengen. Ebenso findet, bei Zugrundelegung dieser Hypothese, die katalytische Wirkung eines Seifenzusatzes beim Sieden der Seife und anderseits die geringe Wirkung eines Ölzusatzes auf die Verseifungsgeschwindigkeit eine gewisse Erklärung.

Die im Seifensiedekessel sich abspielenden Vorgänge waren Gegenstand zahlreicher Untersuchungen. Einen der interessantesten verdanken wir K. MACLENNAN[5], der sämtliche Stadien, beginnend vom Ölzusatz bis zur Bildung der fertigen Seifen, mit Hilfe des Polarisationsmikroskops untersucht hat. Die Leimseife zeigt eine orientierte „flüssig-kristalline" Struktur, während die nach Elektrolytzusatz gebildete Kernseife aus einem Konglomerat verworrener, schwach anisotroper Fasern besteht, die während ihres Wachstums auf eine mehr oder weniger regelmäßige Art orientiert sind. Ebensolche Fasern entwickeln sich innerhalb der flüssig-kristallinen Seife während der Seifenkühlung in Rahmen.

Das Aussehen der in verschiedenen Verseifungsstadien entnommenen Proben änderte sich dauernd mit dem Fortschreiten der Verseifung. In den Anfangsstadien kann geschmolzenes Fett leicht nachgewiesen werden, während die Seife rund um das Fett hochanisotrope Kristalle bildet. Nach vollendeter Verseifung erschien die

Journ. physical Chem. **36**, 1401, 1672, 2455 (1932).
[2] S. U. PICKERING: Journ. chem. Soc. London **91**, 2001 (1907); **111**, 86 (1917).
[3] Journ. chem. Soc. London **119**, 1369 (1921).   [4] Monatsh. Chem. **29**, 83 (1908).
[5] Journ. Soc. chem. Ind. **42**, 393 T (1923).

Probe unter dem Polarisationsmikroskop als eine Masse flüssig-kristalliner Tropfen, welche in der wäßrigen Seifenlösung herumschwammen. Das erste Produkt der Verseifung schien stets ein flüssiger Kristall zu sein; aber auch Seifenfasern lassen sich mitunter beobachten, namentlich wenn mit konzentrierten Laugen oder einem Laugenüberschuß gearbeitet wurde. Bei Anwendung stark verdünnter Lauge befand sich dagegen die Seife bei 100⁰ häufig im Zustand einer vollkommenen Lösung.

Nach vollständigem Aussalzen und im Begriffe, sich als Kernseifenschicht abzutrennen, besteht die Seife aus einer verwickelten Masse von Fasern, von denen die Unterlauge abzutropfen beginnt, sobald das System zur Ruhe kommt. Umwandlung in die flüssig-kristalline Form findet nicht statt, solange in der Seife reichlich Salz vorhanden ist; sobald sich aber die Unterlauge abgesetzt hat, läßt sich bei der Seifenschicht teilweiser Übergang in den flüssig-kristallinen Zustand beobachten. Nach Ausschleifen usw. bestand die obere Seifenschicht, bei der Temperatur des Siedekessels, vorwiegend aus der flüssig-kristallinen Phase.

Nach MACLENNAN besteht der Seifensiedeprozeß ausschließlich in der Wechselbeziehung zwischen der Seife im Faser- und flüssig-kristallinen Zustande. Lösung spiele nur eine untergeordnete Rolle während der Verseifung, Kernseife kommt nur in der ausgesalzenen Seife und im Leimniederschlag vor.

Diese früheren Beobachtungen von MACLENNAN stehen im Einklang mit der Hypothese von LESTER SMITH (Näheres über die physikalische Chemie der Verseifung s. in Bd. III).

d) Fettspaltung mit Hilfe von Erdalkali- oder anderen Metallhydroxyden.

Die Hydrolyse der Fette läßt sich außer durch Alkalien auch mit anderen Metallhydroxyden durchführen.

Eine der am frühesten beobachteten Fettspaltungsreaktionen dürfte die Bildung von Bleiseifen beim Erhitzen von Olivenöl mit Bleioxyd gewesen sein; man verwendet sie praktisch zur Herstellung von Bleipflastern, vermutlich bereits seit der Beobachtung SCHEELES, daß beim Erhitzen von Olivenöl mit Bleioxyden Glycerin frei wird.

Technische Bedeutung hat die Verwendung von wäßrigen Calcium- und Magnesiumhydroxyd-Suspensionen als Fettspaltungsmittel. Beim Kochen der Fette mit Kalkmilch findet Verseifung statt, unter Bildung von in Wasser unlöslichen Kalkseifen; die Reaktion ist die Grundlage des sogenannten Krebitz-Verseifungsverfahrens, über das im IV. Band berichtet wird.

Die bei gewöhnlichem Druck und bei 100⁰ nicht überschreitenden Temperaturen vor sich gehende Fetthydrolyse mit wäßrigen Kalksuspensionen usw. dürfte nach den gleichen Regeln verlaufen wie die Verseifung mit wäßrigem Alkali. Allerdings wird dann die gebildete, in Wasser sehr wenig lösliche Kalk- oder Magnesiaseife nicht, wie die Alkaliseifen, die Phase darstellen, in der der Verseifungsprozeß vor sich geht. Die Hydrolyse wird sich vielmehr an der Berührungsfläche von Öl und wäßrig-alkalischer Lösung des Erdalkalihydroxyds abspielen.

Eine größere Rolle spielen die Oxyde des Calciums, Magnesiums sowie Zinkoxyd in einer anderen Art der Fettspaltung, und zwar bei der Hydrolyse der Fette unter Druck und oberhalb 100⁰ (Autoklavenspaltung, s. Bd. II).

Unter einem Druck von 15—20 Atmosphären können die Fette schon durch überhitzten Dampf allein gespalten werden; bei geringerem Überdruck (5—10 at) ist die Reaktion des Fettes mit Wasserdampf sehr langsam, sie kann aber durch Zusatz der erwähnten Metallhydroxyde so beschleunigt werden, daß sie sich praktisch zur Hydrolyse verwenden läßt. Man muß aber bei diesem mit Autoklavenspaltung bezeichneten Vorgang größere Mengen Metallhydroxyd zusetzen, so daß die Wirkung des Metalloxyds nicht als rein katalytisch erklärt werden kann. Vermutlich kommt die hydrolytische Wirkung dadurch zustande, daß die gebildeten Metallseifen bei der hohen Temperatur der Autoklavenspaltung größere Löslichkeit besitzen und eine energische Emulgierung des noch nicht verseiften Fettes mit Wasser herbeiführen, wodurch die weitere Hydrolyse beschleunigt wird.

Zur Autoklavenspaltung verwendet man hauptsächlich Calciumhydroxyd; etwas weniger wirksam ist Magnesiumhydroxyd; letzteres hat aber den Vorteil, daß bei Zerlegung der Seifen mit Schwefelsäure kein unlösliches Sulfat entsteht.

Die Autoklavenspaltung mittels Calcium- oder Magnesiumhydroxyds liefert oft mißfarbige Fettsäuren, weil die technischen Erdalkalien eisenhaltig sind; bessere Resultate erhält man mit Zinkoxyd, und man verwendet häufig zur Fettspaltung ein Gemisch von Kalk und Zinkstaub; letzteres besteht aus metallischem Zink und Zinkoxyd, und die reduzierenden Eigenschaften des Zinks begünstigen die Bildung schwächer gefärbter Fettsäuren.

e) Fetthydrolyse mit Hilfe von Mineralsäuren.

Die hydrolytische Wirkung verdünnter Mineralsäuren, wie Salz- oder Schwefelsäure, ist bei Temperaturen bis zu 100° äußerst gering. Dies mag auf den ersten Blick überraschen, in Anbetracht des bekannten Einflusses von Wasserstoffionen auf die Hydrolyse organischer Säureester. Die klassischen Untersuchungen der Esterhydrolyse wurden aber in einem homogenen Medium, in dem sich die Ester restlos in wäßriger Lösung befanden, ausgeführt. In einem aus Fett und verdünnter wäßriger Säure bestehenden System herrscht dagegen selbst bei 100° beinahe vollkommene gegenseitige Unlöslichkeit und keinerlei Neigung zur Emulsionsbildung.

Bei Einwirkung von wasserfreiem Chlorwasserstoff auf Ricinusöl erhielt AD. GRÜN[1] hauptsächlich Dichlorhydrin, neben Monochlorhydrin. Analog verlief die Einwirkung von Bromwasserstoff; es bildete sich in einer Ausbeute von etwa 90% der Theorie Glycerindibromhydrin, neben Spuren von Monobromhydrin und Glycerin. Ähnlich verlief die Einwirkung der wasserfreien Halogenwasserstoffsäuren auf einige andere Öle. Die Reaktion ist auch in der Beziehung wichtig, weil sie ein Schulbeispiel der *stufenweisen* Fettspaltung darstellt.

Die Spaltung der Fette durch wasserfreie Mineralsäuren ist als eine stufenweise Umesterung anzusehen, bei der ein Fettsäurerest nach dem anderen durch einen Mineralsäurerest verdrängt wird[2].

Mit Chlor- und Bromwasserstoff verläuft die Spaltung unvollständig; DE LA ACEÑA[3] erhielt so Glycerindibromhydrin, GRÜN in Gegenwart von Alkoholen Glycerinmono- und -dichlorhydrin, bei Abwesenheit von Alkoholen die entsprechenden Chlorhydrinfettsäureester. Jodwasserstoffsäure spaltet zwar vollständig, gibt aber nach WILLSTÄTTER statt Trijodpropan infolge der bekannten Rückwärtssubstitution Isopropyljodid[4].

Konzentrierte Schwefelsäure vermag vollständig zu spalten. Unter geeigneten Bedingungen geht jedoch die Reaktion großenteils nur bis zur ersten Zwischenstufe. GRÜN und CORELLI[5] konnten bei der Einwirkung von Schwefelsäure auf Tristearin und Tripalmitin die entsprechenden Diglyceride fassen und so überhaupt zum erstenmal den stufenweisen Verlauf der Spaltung von Triglyceriden direkt nachweisen.

Vorher hatten bereits GRÜN und THEIMER stufenweisen Verlauf der Spaltung von Distearochlorhydrin durch Isolierung der Zwischenprodukte Monostearochlorhydrin und Monostearin festgestellt.

Die Vermutung, daß sich bei der sog. Schwefelsäureverseifung der Fette

---

[1] Die Öl- und Fettind.
[2] AD. GRÜN: Analyse der Fette u. Wachse, Bd. I, S. 55. Berlin: Julius Springer. 1925.
[3] Compt. rend. Acad. Sciences **139**, 867 (1904).
[4] Ber. Dtsch. chem. Ges. **45**, 2827 (1912).   [5] Ztschr. angew. Chem. **25**, 665 (1912).

als Zwischenprodukte Diglycerid-schwefelsäureester bilden, hat, nach einer Angabe von Grün, bereits Ost geäußert.

Von den Mineralsäuren kommt als technisches Fettspaltmittel nur verhältnismäßig starke Schwefelsäure in Betracht. Die bei der Reaktion gebildeten Schwefelsäureglycerinester sind sehr energische Emulsionsbildner und fördern durch Emulgierung die weitere Hydrolyse des Fettes. So werden auch gemischte Fettsäure-Schwefelsäureglyceride sehr rasch durch verdünnte Schwefelsäure gespalten. In der Technik wird Schwefelsäure nur zur Spaltung minderwertiger Fette verwendet.

Hierher gehört auch die sogenannte *Twitchell- oder Kontaktspaltung*, bei der die Hydrolyse in Gegenwart geringer Mengen eines Reagens ausgeführt wird, in dessen Molekül neben einer langen Acylkette eine freie Sulfonsäuregruppe enthalten ist (die Kontaktspalter werden z. B. durch Kondensation von Naphthalinsulfonsäure mit Ölsäure hergestellt; Näheres s. Bd. II). Die Kontaktspalter zeigen sehr hohes Emulgierungsvermögen und enthalten eine stark saure, d. h. hoch ionisierbare Gruppe.

f) Partielle Hydrolyse durch Einwirkung von Enzymen.

Unter dem Einfluß von Lipase, einem in Pflanzensamen, Hefen, Bakterien und anderen Organismen (s. S. 398) weit verbreiteten Enzym, und in Gegenwart von Feuchtigkeit unterliegen die Fette der Hydrolyse (s. auch S. 447). In der Technik verwertet man den Vorgang bei der fermentativen Fettspaltung (Bd. II). Der Prozeß scheint der Verseifung mit wäßrigem Alkali insofern ähnlich zu sein, als selektive Hydrolyse auch hier nicht mit Sicherheit festgestellt werden konnte.

So war die Zusammensetzung der freien Säuren von teilweise verdorbenen Ölen (Cocos-, Palm-, Olivenöl) nicht verschieden von der Zusammensetzung der Gesamtsäuren des Fettes. Die Säurekomponenten von Palmölen mit 25—60% freien Fettsäuren waren nicht wesentlich andere als die Säuren der entsprechenden Neutralfette[1]. Die beobachteten Acetylzahlen waren relativ niedrig, verglichen mit denjenigen, die zu erwarten waren, falls die Hydrolyse selektiv verlaufen wäre. Beispielsweise hatte der neutrale Fettanteil eines Bonny-Old-Calabar-Palmöles von der Säurezahl 50,7 eine Acetylzahl 11,4, während diese über 60 betragen müßte, wenn kein Glycerid gänzlich zu freien Fettsäuren und Glycerin gespalten sein sollte.

Es fehlen auch sichere Anhaltspunkte für die selektive oder stufenweise Hydrolyse von Tri- zu Diglyceriden, Di- zu Monoglyceriden usw. Die Acetylzahl der weitgehend gespaltenen Fette steht in der Regel in keinem Verhältnis zum Gehalt der Fette an freien Fettsäuren. Nimmt man also an, daß bei der Hydrolyse jeweils nur ein Acylrest in Freiheit gesetzt wird, so dürften die entstandenen Di- und Monoglyceride ebenso schnell oder vielleicht noch schneller der Spaltung unterliegen als das Triglycerid, so daß in einem partiell hydrolysierten Fett der Hauptanteil der angegriffenen Triglyceride vollständig in freie Fettsäuren und Glycerin umgewandelt ist und nur ein geringfügiger Teil der etwa intermediär gebildeten Di- und Monoglyceride noch zugegen sein kann.

B. Ammonolyse.

Durch Erhitzen mit flüssigem Ammoniak unter einem Druck von 80—100 Atmosphären auf etwa 150° lassen sich die Fette, wie vor kurzem R. Oda und S. Wada[2] gezeigt haben, in die *Fettsäureamide* umwandeln. Aus Cocosöl erhielten sie 70—80% Säureamide mit einem Stickstoffgehalt von 6,3% und einem Schmelzpunkt von etwa 100°.

---

[1] T. P. Hilditch u. Frl. E. E. Jones: Journ. Soc. chem. Ind. **50**, 171 T (1931).
[2] Journ. Soc. chem. Ind. Japan, Suppl. **37**, 295 (1934). — R. Oda: Scient. Papers Inst. physical chem. Res. **24**, 171 (1934).

Der Vorgang ist vergleichbar mit der Hydrolyse und verläuft nach der Reaktion:

$$C_3H_5(OCOR)_3 + 3\,NH_3 = 3\,R \cdot CO \cdot NH_2 + C_3H_8O_3$$

        Glyceride   Säureamid   Glycerin

Die Säureamide finden neuerdings Verwendung als Grundkörper für die Herstellung von Netz- und Waschmitteln; die Ammonolyse der Fette könnte deshalb noch technische Bedeutung erlangen.

Die Möglichkeit der direkten Umwandlung der Triglyceride in einfache oder substituierte Säureamide ist allerdings schon früher bekannt gewesen. Die Spaltung mit Anilin:

$$C_3H_5(OCOR)_3 + 3\,C_6H_5NH_2 = C_3H_5(OH)_3 + 3\,C_6H_5NH \cdot CO \cdot R$$

ergibt z. B. die entsprechenden Anilide[1].

C. Verhalten beim Erhitzen.

a) Polymerisation.

Beim Erhitzen auf Temperaturen von 260—300° unter Luftabschluß erleiden trocknende Öle eine rasche Abnahme ihrer Jodzahl, als Folge eines an der Stelle der Doppelbindungen einsetzenden Polymerisationsprozesses. Zu Beginn des Erhitzens erfahren das spezifische Gewicht und die Viskosität bei manchen Ölen nur eine geringe Zunahme; bei weiterem Erhitzen sinkt dann gewöhnlich die Jodzahl viel langsamer, während die Viskosität rasch zunimmt und das Öl zunehmend dickflüssig wird, dabei aber vollkommen klar bleibt.

Die polymerisierten Öle, namentlich polymerisiertes Leinöl und Holzöl, spielen eine große Rolle in der Lack- und Firnisindustrie; auch andere polymerisierte Öle, wie Tran, Sojaöl usw., finden ausgedehnte technische Anwendung.

Chinesisches *Holzöl* verwandelt sich bei Einwirkung von Licht oder durch kurzes Erhitzen auf zirka 200° in eine dicke, sehr viskose Flüssigkeit oder in ein kautschukähnliches Material. Hierbei sinkt die scheinbare Jodzahl um einen gewissen Betrag, ebenso der Brechungsindex, während die Säurezahl des Öles unverändert bleibt; das polymerisierte Produkt ist, im Gegensatz zum Öl selbst, nicht mehr löslich in Benzol, Petroläther u. dgl.

So sinkt die Löslichkeit von Holzöl[2] in Benzol nach Erhitzen auf 150, 200 und 250° auf 17, 13,7 bzw. 7,4%, während das ursprüngliche Öl in jedem Verhältnis mit Benzol mischbar ist. Der unlösliche Anteil zeigt etwa die halbe Jodzahl des ursprünglichen Öles. Der Petrolätherextrakt aus polymerisiertem Holzöl besitzt dagegen nach H. WOLFF[3] beinahe unveränderte Kennzahlen.

Über den Chemismus der Holz- und Leinölpolymerisation wird auf S. 367 Näheres berichtet.

Bei der Polymerisation des chinesischen Holzöles sind zwei Stadien zu unterscheiden: Mäßiges Erhitzen liefert eine dickflüssige Verbindung, welche unlöslich in Petroläther, aber in Benzol noch löslich ist[4]; diese hatte nach J. MARCUSSON[5] das Molekulargewicht 1670[6] und die Jodzahl 89. Bei weiterem Erhitzen verwandelt sich das Produkt in einen festen Körper, dessen Kennzahlen sich aber von dem flüssigen Polymerisat (wahrscheinlich einem Dimeren) nicht merklich unterscheiden.

---

[1] AD. GRÜN: Analyse der Fette u. Wachse, Bd. I, S. 55. Berlin: Julius Springer. 1925.
[2] G. VON SCHAPRINGER: Dissertation. Karlsruhe. 1912.   [3] Farben-Ztg. 18, 1171 (1913).
[4] E. E. WARE u. C. L. SCHUMANN: Journ. indust. engin. Chem. 7, 571 (1915). — C.
    L. SCHUMANN: Ebenda 8, 6 (1916).   [5] Ztschr. angew. Chem. 33, 231 (1920).
[6] Die an polymerisierten Ölen ausgeführten Molekulargewichtsbestimmungen lieferten
    keine eindeutigen Ergebnisse.

Auch die Polymerisation des *Leinöles*, z. B. bei der Standölbereitung, scheint in zwei voneinander scharf abgegrenzten Stadien zu verlaufen. Im ersten Stadium nimmt die Jodzahl rasch ab und das spezifische Gewicht zu, während sich die Viskosität nur wenig verändert; im zweiten Polymerisationsstadium setzt sich zwar die Jodzahlabnahme fort, aber mit weit geringerer Geschwindigkeit, während die Viskosität sehr schnell zuzunehmen beginnt.

Über das Verhalten des Leinöles bei der Standölbereitung orientieren die nachstehenden, von F. H. LEEDS[1] durchgeführten Analysen:

Beschaffenheit des Öles	Verlust beim Eindicken in %	D_{15}^{15}	Jodzahl	Oxysäuren in %	Hexa-bromide	Verseifungszahl
Rohöl	—	0,9321	169	0,3	24,2	194,8
dünn	3	0,9661	100	2,5	2,0	196,9
mitteldick.......	6	0,9721	91	4,2	—	197,5
dick	12	0,9741	86	6,5	—	190,9

Abgesehen vom Auftreten geringer Mengen Akrolein und anderen flüchtigen Verbindungen beschränkt sich der Polymerisationsangriff auf die Zentren der Ungesättigtheit. Anhydridbildung und Kondensationsreaktionen sind nur bei der Polymerisation von freien Fettsäuren zu beobachten, und zwar nach der Zunahme des aus der Säure- und Verseifungszahl berechneten mittleren Molekulargewichts (s. auch S. 354).

b) Destillation und Pyrolyse der Fette.

Die hochmolekularen natürlichen Fette lassen sich unter gewöhnlichem Druck nicht unzersetzt destillieren. Aber auch unter scharfem Vakuum gelingt es nicht, die Fette ohne Zersetzung zu destillieren. Nur die niedriger-molekularen Bestandteile von an gesättigten niederen Fettsäuren reichen Fetten, wie Butterfett, Cocosöl u. dgl., können unverändert abdestilliert werden. So gelang es BÖMER und Mitarbeitern[2], aus Cocos-, Palmkern- und Butterfett im Hochvakuum die leichter flüchtigen Glyceride abzutreiben (d. h. die Glyceride von Fettsäuren niedrigeren Molekulargewichts). Die Destillation von Fetten, die im wesentlichen aus Glyceriden der Öl-, Palmitinsäure oder anderen Fettsäuren höheren Molekulargewichts bestehen, konnte noch nicht durchgeführt werden.

Neuerdings ist es H. I. WATERMAN und D. OOSTERHOF[3] gelungen, die Destillation, oder richtiger Verdampfung, und Kondensation von Leinöl ohne Zersetzung durchzuführen. Sie verwendeten einen Apparat, in welchem das Öl bei extrem hohem Vakuum in Form eines dünnen Films zur Verdampfung gebracht und unmittelbar darauf kondensiert wurde. Die Verdampfung erfolgte bei einer Temperatur von etwa 250—260° und verlief ganz ohne Zersetzung.

Das Verhalten der Fette bei Erhitzen unter gewöhnlichem oder höherem Druck war Gegenstand mehrerer Untersuchungen. Die Fette scheinen dabei der pyrogenen Zersetzung, hauptsächlich unter Bildung von Kohlenwasserstoffölen zu unterliegen. Erhitzt man Öle in Gegenwart gewisser Metallchloride oder -oxyde, so zersetzen sie sich nach A. MAILHE[4] unter Bildung von etwa 50—65% Kohlenwasserstoffen. Die Zersetzungsprodukte enthalten nach Angaben von B. MELIS[5] sämtliche in natürlichem Erdöl vorkommenden Kohlenwasserstoffgruppen, und das Destillat eignet sich, im Gemisch mit Alkohol, als Treibmittel

---

[1] Journ. Soc. chem. Ind. **13**, 203 (1894).

[2] Ztschr. Unters. Lebensmittel **40**, 151 (1920); **47**, 61 (1924); **55**, 501 (1928).

[3] Rec. Trav. chim. Pays-Bas **52**, 895 (1933).   [4] E. P. 218 278.

[5] Atti Cong. Naz. Chim. Ind. **1924**, 238; Ann. Chim. analyt. appl. **18**, 108 (1928).

für Verbrennungsmotoren. Die Umwandlung von Sojabohnenöl in einen flüssigen Brennstoff durch trockene Destillation der Calcium- oder Magnesiumsalze der Sojaölfettsäuren wurde von M. SATO[1] (gemeinsam mit H. MATSUMOTO und C. ITO) sowie von S. HAGA[2] durchgeführt. Das gebildete Leichtöl (Siedep. 100 bis 175°) ließ sich in Gegenwart von Nickel leicht hydrieren und lieferte ein farbloses, nicht unangenehm riechendes Öl. HAGA untersuchte die thermische Zersetzung von Sojabohnenöl durch aktive Kohle und erhielt ein Crackdestillat, bestehend aus 15—23% Benzin, 35—38% Leuchtöl und 38—47% Neutralöl; die Benzin- und Leuchtölfraktion enthielten 72% gesättigter, 4—5% aromatischer und 22 bis 25% ungesättigter Kohlenwasserstoffe.

D. Einwirkung von Oxydationsmitteln.

1. Einwirkung von Ozon.

Die Wirkung des Ozons auf ungesättigte Fette ähnelt insofern derjenigen von gasförmigem Sauerstoff[3], als auch hier zunächst Addition von Ozon an die Stelle der Doppelbindung unter Bildung eines Ozonids stattfindet und die Reaktion häufig zu harzartigen Produkten führt, vergleichbar mit den Polymerisationserscheinungen in den oxydierten Ölfilmen. Im Gegensatz zur Luftoxydation kommt aber dem Ozonisationsprozeß der Fette keine technische Bedeutung zu (die Anwendung von Ozon beim Ölbleichen bezweckt natürlich nur die Oxydation der Ölfarbstoffe).

Nach C. HARRIES und C. THIEME[4] (und E. MOLINARI[5]) verläuft die *Ozonisation der Ölsäure* folgendermaßen:

$$CH_3 \cdot (CH_2)_7 \cdot CH{:}CH \cdot (CH_2)_7 \cdot COOH + O_3 \rightarrow CH_3 \cdot (CH_2)_7 \cdot \overset{\overset{\displaystyle O_3}{\displaystyle \wedge}}{CH{-}CH} \cdot (CH_2)_7 \cdot COOH$$

Ölsäure　　　　　　　　　Ozon　　　　　　　Ölsäureozonid

$$CH_3 \cdot (CH_2)_7 \cdot \overset{\overset{\displaystyle O_3}{\displaystyle \wedge}}{CH{-}CH} \cdot (CH_2)_7 \cdot COOH + H_2O \rightarrow CH_3 \cdot (CH_2)_7 \cdot CHO + CHO \cdot (CH_2)_7 \cdot COOH + H_2O_2$$

Ölsäureozonid　　　　　　　　　　　　n-Nonylaldehyd　　　　　Halbaldehyd der Azelainsäure

$$CH_3 \cdot (CH_2)_7 \cdot \overset{\overset{\displaystyle O_3}{\displaystyle \wedge}}{CH{-}CH} \cdot (CH_2)_7 \cdot COOH$$

Ölsäureozonid

$$\nearrow CH_3 \cdot (CH_2)_7 \cdot COOH + CHO \cdot (CH_2)_7 \cdot COOH$$

n-Nonylsäure　　　Halbaldehyd der Azelainsäure

oder

$$\searrow CH_3 \cdot (CH_2)_7 \cdot CHO + COOH \cdot (CH_2)_7 \cdot COOH$$

n-Nonylaldehyd　　　　Azelainsäure

$$CHO \cdot (CH_2)_7 \cdot COOH + O \rightarrow COOH \cdot (CH_2)_7 \cdot COOH$$

Halbaldehyd der Azelainsäure　　　　Azelainsäure

$$CH_3 \cdot (CH_2)_7 \cdot CHO + O \rightarrow CH_3 \cdot (CH_2)_7 \cdot COOH$$

n-Nonylaldehyd　　　　　　n-Nonylsäure

2. Einwirkung von Wasserstoffperoxyd und Peroxyden.

Reines Wasserstoffperoxyd (Perhydrol) reagiert, für sich allein oder in Gegenwart eines neutralen Lösungsmittels, wie Aceton, nur langsam mit Ölsäure bzw. Ölsäureestern, unter Bildung geringer Mengen von *9,10-Dioxystearin-*

---

[1] Journ. Soc. chem. Ind. Japan **30**, 242, 245, 252, 261 (1927).　　　[2] Ebenda 618.

[3] Über das Verhalten der Fette gegenüber Sauerstoff wird an anderer Stelle (s. S. 336) berichtet.

[4] Ber. Dtsch. chem. Ges. **38**, 1630 (1905); **39**, 3728 (1906); LIEBIGS Ann. **343**, 354 (1905).

[5] Annuario della Soc. Chim. di Milano **9**, 507 (1903); Ber. Dtsch. chem. Ges. **39**, 2735 (1906); **41**, 2789, 2794 (1908).

säure vom Schmp. 95⁰ (vgl. auch S. 33). In Eisessig gelöst oxydiert Wasserstoffperoxyd energischer Ölsäure und andere ungesättigte Fettsäuren, langsamer in der Kälte, sehr schnell bei einer Temperatur von 70—90⁰[1]. Die Reaktionsprodukte enthalten aber neben Dioxystearinsäure (15—20%) erhebliche Mengen acetylierter Dioxystearinsäuren (50—70%), sowie wechselnde Mengen (25—35%) öliger Produkte, welche aus Kaliumjodid + Essigsäure Jod in Freiheit setzen und offenbar organische Peroxyde in der Art der bei direkter Einwirkung von Sauerstoffgas gebildeten darstellen.

Wahrscheinlich ist das eigentliche Reagens nicht einfach eine Lösung von Wasserstoffperoxyd in Essigsäure, sondern Peressigsäure, gebildet nach der Formel:

$$H_2O_2 + CH_3 \cdot COOH = CH_3 \cdot CO \cdot O \cdot OH + H_2O.$$

Die Additionsreaktion dürfte in der Hauptsache im Sinne folgender Gleichung verlaufen:

$$CH_3 \cdot (CH_2)_7 \cdot CH\!:\!CH \cdot (CH_2)_7 \cdot COOH + CH_3 \cdot CO \cdot O \cdot OH =$$
$$= CH_3 \cdot (CH_2)_7 \cdot CH(O \cdot CO \cdot CH_3) \cdot CH(OH) \cdot (CH_2)_7 \cdot COOH$$

Aus Elaidinsäure und Elaidinsäureester erhält man die *9,10-Dioxystearinsäure* vom Schmp. 132⁰.

Die öligen, Peroxydcharakter zeigenden Nebenprodukte geben beim Erhitzen unter vermindertem Druck (unter Erhöhung der Jodzahl) einen Teil ihres Sauerstoffs ab; sie enthalten vermutlich die Gruppierung —CH—CH—.

$$\underset{O_2}{}$$

Auch bei der Oxydation von Ölsäure mit CAROscher Säure, $HO \cdot O \cdot SO_3H$[2], bildet sich Dioxystearinsäure, und zwar dieselbe wie bei Einwirkung von Wasserstoffperoxyd und Essigsäure.

Etwas abweichend ist der Oxydationsverlauf mit *Perbenzoesäure*, $C_6H_5CO \cdot \cdot O \cdot OH$, wobei zunächst Oxydosäuren[3] entstehen:

$$CH_3 \cdot (CH_2)_7 \cdot CH\!:\!CH \cdot (CH_2)_7 \cdot COOH + C_6H_5 \cdot CO \cdot O \cdot OH =$$
$$= CH_3 \cdot (CH_2)_7 \cdot CH\!-\!CH \cdot (CH_2)_7 \cdot COOH + C_6H_5 \cdot COOH$$
$$\underset{O}{}$$

Diese Oxydosäuren verwandeln sich leicht beim Stehen mit verdünnter Schwefelsäure in die entsprechenden Dioxystearinsäuren, und zwar erhält man aus Öl- und Elaidinsäure die gleichen Isomeren wie mit Wasserstoffperoxyd.

Nachfolgend sind die Schmelzpunkte der mit Perbenzoesäure erhaltenen Reaktionsprodukte angegeben:

	Oxydosäure	9,10-Dioxystearinsäure
Aus Ölsäure	52⁰	95⁰
„ Elaidinsäure......	60—61⁰	132⁰

Außer mit Ölsäure wurden die erwähnten Oxydationsreaktionen auch mit anderen einfach ungesättigten Fettsäuren durchgeführt (Petroselinsäure, Palmitoleinsäure, Erucasäure); ob die Reaktion im gleichen Sinne auch bei mehrfach ungesättigten Fettsäuren verläuft, ist unsicher.

So untersuchten K. H. BAUER und G. KUTSCHER[4] die Einwirkung von

---

[1] T. P. HILDITCH: Journ. chem. Soc. London **1926**, 1828. — T. P. HILDITCH u. C. H. LEA: Journ. chem. Soc. London **1928**, 1576.

[2] A. ALBITSKI: Journ. Russ. phys.-chem. Ges. **31**, 76 (1899); **34**, 788 (1902). — A. AFANASSIEWSKI: Ebenda **47**, 2124 (1915). — N. ZIMOVSKI: Ebenda **47**, 2121 (1915).

[3] J. BÖESEKEN: Rec. Trav. chim. Pays-Bas **45**, 842 (1926); **46**, 622 (1927). — J. BÖESEKEN u. A. H. BELINFANTE: Ebenda **45**, 917 (1926).

[4] Chem. Umschau Fette, Öle, Wachse, Harze **32**, 57 (1925).

Perbenzoesäure und Wasserstoffsuperoxyd auf Linolensäure und deren Äthylester; nach der Reaktion mit Perbenzoesäure sank die Jodzahl des Produktes
auf nahezu Null, bei Einwirkung von Wasserstoffperoxyd nicht unter 91,5;
das Reaktionsprodukt war ein dickes, beim Kochen mit Wasser nachdunkelndes
Öl und erinnerte lebhaft an die von MULDER bei Untersuchung der Leinöl-Linoxyne
erhaltenen *Linoxynsäure*.

3. Wirkung von Kaliumpermanganat.

Die Oxydation von ungesättigten Fettsäuren mit Kaliumpermanganat
wurde zuerst von SAYTZEW[1] und von HAZURA[2] zu ihrer Konstitutionsbestimmung
herangezogen. Der Verlauf der Reaktion der ungesättigten Fettsäuren mit
Permanganat (vgl. auch S. 30, 33) hängt von den Bedingungen ab. In neutraler
oder schwefelsäurehaltiger wäßriger Lösung spaltet es Ölsäure, namentlich bei
höheren Temperaturen, zu einer Reihe von Produkten. Und zwar bilden sich bei
der Oxydation von Ölsäure mit wäßrigem Permanganat bei 60⁰ nach F. G. EDMED[3]
gegen 60% Dioxystearinsäure (Schmp. 132⁰), 16% Azelainsäure, 16% Oxalsäure
und kleine Mengen Nonylaldehyd; unter schärferen Bedingungen führt die
Permanganatoxydation zur Bildung größerer Mengen niederer gesättigter Fettsäuren. Die Bildung von n-Nonylaldehyd und Azelainsäure beweist, daß neben
der Oxydation zu Dioxystearinsäure auch eine Sprengung des Ölsäuremoleküls
an der Stelle der Doppelbindung stattfindet.

Um eine glatte Spaltung der Olefinsäuren zu erzielen, oxydieren ASAHINA
und ISHIDA[4] erst mit Permanganat zur Dioxysäure und spalten hierauf diese
unter Einleiten von Wasserdampf mittels Chromsäuregemisch.

Noch glattere Spaltung wird erzielt, wenn man nach dem Vorgange von
GRÜN und WITTKA[5] die Olefinsäuren über die Dibromverbindung in die entsprechende Säure mit dreifacher Bindung überführt, also z. B. Ölsäure in Stearolsäure, und diese erst mittels Permanganat oder Chromsäure oxydiert.

Führt man die Oxydation mit stark verdünnter alkalischer Permanganatlösung unter Eiskühlung durch, so bildet sich aus Ölsäure 9,10-Dioxystearin-
säure (Schmp. 132⁰) in fast quantitativer Ausbeute[6]. Permanganat verwandelt also
Ölsäure in das entgegengesetzte Isomere der Dioxystearinsäure wie Peroxyd.

Die weitere Oxydation der Dioxystearinsäure mit alkalischem Permanganat[7]
führt zur vollkommenen Zersetzung der Ölsäure:

$$CH_3 \cdot (CH_2)_7 \cdot CH:CH \cdot (CH_2)_7 \cdot COOH$$
$$\downarrow$$
$$CH_3 \cdot (CH_2)_7 \cdot CH(OH) \cdot CH(OH) \cdot (CH_2)_7 \cdot COOH$$
$$\downarrow$$
$$CH_3 \cdot (CH_2)_6 \cdot COOH + HOOC \cdot COOH + HOOC \cdot (CH_2)_6 \cdot COOH$$

Damit findet auch die Gegenwart von Azelainsäure, Suberinsäure, n-Nonyl-
und n-Octylsäure in den Produkten der weniger fortgeschrittenen Oxydation
der Ölsäure mit neutraler oder saurer Permanganatlösung ihre Erklärung.

---

[1] Journ. prakt. Chem. (2), **31**, 541 (1885); **33**, 300 (1886); **34**, 304 (1887).
[2] Monatsh. Chem. 8, 147 (1887); **9**, 180 (1888); **10**, 190 (1889).
[3] Journ. chem. Soc. London **73**, 627 (1898).
[4] Journ. pharmac. Soc. Japan **1922**, 481; Chem. Ztrbl. **1922** III, 126.
[5] Chem. Umschau Fette, Öle, Wachse, Harze **32**, 259 (1925).
[6] R. ROBINSON u. G. M. ROBINSON: Journ. chem. Soc. London **127**, 175 (1925). —
    A. LAPWORTH u. E. N. MOTTRAM: Journ. chem. Soc. London **127**, 1628 (1925).
[7] A. LAPWORTH u. E. N. MOTTRAM: Journ. chem. Soc. London **127**, 1987 (1925).

Läßt man Kaliumpermanganat in einem nicht wäßrigen Lösungsmittel (Aceton, Eisessig)[1] auf ungesättigte Fettsäuren oder Fettsäureester einwirken, so werden sie nahezu quantitativ zu Mono- und Dicarbonsäuren (bzw. deren Halbester) gespalten. Die intermediären Reaktionsprodukte bilden ölige oder harzähnliche Stoffe, deren Jodzahl auf mehr oder weniger vollständige Absättigung mit Sauerstoff hinweist, deren Natur aber noch nicht aufgeklärt werden konnte; sie ähneln einerseits den aus ungesättigten Fetten durch Sauerstoffabsorption bei mäßig erhöhter Temperatur erhaltenen Produkten; die charakteristischen Eigenschaften organischer Peroxyde zeigen sie aber nicht. Dioxystearinsäuren bilden sich bei der Permanganatoxydation in nicht wäßrigem Medium nicht. Der Prozeß scheint eher mit der Ozonisation vergleichbar zu sein als mit der Oxydation mit wäßrig-alkalischem Permanganat:

$$CH_3 \cdot (CH_2)_7 \cdot CH : CH \cdot (CH_2)_7 \cdot COOH$$
$$\downarrow$$
$$CH_3 \cdot (CH_2)_7 \cdot CH\!-\!\!-\!CH \cdot (CH_2)_7 \cdot COOH$$
$$\underset{x}{O}$$
$$\downarrow$$
$$CH_3 \cdot (CH_2)_7 \cdot COOH + HOOC \cdot (CH_2)_7 \cdot COOH$$

E. Verhalten der ungesättigten Fettsäuren oder deren Derivate gegenüber einigen weiteren Reagenzien.

1. Schwefelsäure.

Fettsäuren der Ölsäurereihe lagern bei Einwirkung konzentrierter Schwefelsäure in der Kälte oder etwas höherer Temperatur ein Molekül Schwefelsäure an die Doppelbindung an. Energischer verläuft die Reaktion mit mehrfach ungesättigten Säuren, und es findet dabei eine größere Wärmeentwicklung statt.

Die unter dem Namen „*sulfonierte Öle*" bekannten Produkte, die man aus Schwefelsäure und Ölen, wie Olivenöl, Tran u. dgl., vor allem aber Ricinusöl erhält, finden in der Technik weitgehende Anwendung in der Textil-, Lederindustrie usw. Ihr eigentlicher Erfinder ist F. F. RUNGE, der bereits 1834 die Gewinnung sulfonierten Olivenöles beschrieben und die Bedeutung der sulfonierten Öle in der Färbereitechnik erkannt hat (s. Bd. II, Abschnitt über sulfonierte Öle).

Die bei Einwirkung von Schwefelsäure auf ungesättigte Öle stattfindende Selbsterhitzung wurde eine Zeitlang als eine Reaktion für den Nachweis von Ölen benutzt[2]. Die als MAUMENÉ-Probe bekannte Reaktion hat sich aber als wenig zuverlässig gezeigt.

Man nahm ursprünglich an, daß die Reaktion zwischen Schwefelsäure und der Äthylenbindung der Fettsäure hauptsächlich nach der Formel:

$$-CH:CH- + H_2SO_4 \rightarrow -CH(OH) \cdot CH(SO_3H)-$$

verlaufe. Bei Einwirkung von Wasser auf das Reaktionsprodukt oder bei Durchführung der Reaktion mit weniger konzentrierter Schwefelsäure soll sich das Produkt weiter zersetzen, nach dem Schema

$$-CH(OH) \cdot CH(SO_3H)- + H_2O \rightarrow -CH(OH) \cdot CH_2- + H_2SO_4.$$

An Kohlenstoff gebundene Sulfonsäuregruppen sind jedoch viel zu beständig, um mit Wasser abgespalten werden zu können; man betrachtet deshalb heute

---

[1] E. F. ARMSTRONG u. T. P. HILDITCH: Journ. Soc. chem. Ind. 44, 43 T (1925).
[2] Compt. rend. Acad. Sciences 95, 572 (1882).

die „sulfonierten" Öle als Schwefelsäureester der hydroxylierten Fettsäuren, die auf folgende Weise aus Schwefelsäure und den ungesättigten Fettsäuren entstehen:

$$—CH{:}CH— \;+\; H_2SO_4 \;\rightarrow\; CH(OSO_2OH){\cdot}CH_2—$$
$$—CH(OSO_2OH){\cdot}CH_2— \;+\; H_2O \;\rightarrow\; —CH(OH){\cdot}CH_2— \;+\; H_2SO_4.$$

Das Hauptprodukt der Reaktion zwischen Schwefelsäure und Ölsäure ist z. B. die Oxystearinschwefelsäure[1].

Neben den Schwefelsäureestern und Oxysäuren bilden sich bei der Reaktion noch andere Produkte. Ihre Menge ist in hohem Maße von der Reaktionstemperatur und Dauer der „Sulfonierung" abhängig. Von den Nebenprodukten seien hier die *Estolide* erwähnt, entstanden durch Kondensation zwischen der HO-Gruppe eines Fettsäuremoleküls mit der Carboxylgruppe eines zweiten Moleküls, z. B.:

$$CH_3—(CH_2)_7—CH—(CH_2)_8—COOH$$
$$O—CO—(CH_2)_7—CH—CH(OH)—(CH_2)_8—CH_3 \text{ u. ä.}$$

Außerdem kann das Sulfonierungsprodukt noch isomere Olefinsäuren enthalten, gebildet durch Wasserabspaltung aus den primär entstandenen Oxysäuren:

$$CH_3{\cdot}(CH_2)_6{\cdot}CH_2{\cdot}CH(OH){\cdot}(CH_2)_8{\cdot}COOH \;\rightarrow\; CH_3{\cdot}(CH_2)_6{\cdot}CH{:}CH{\cdot}(CH_2)_8{\cdot}COOH.$$

Die Zahl und die Art der in einem technischen „sulfonierten Öl" enthaltenen Verbindungen kann also recht groß sein; die Analyse derartiger Gemische stellt noch immer ein nicht ganz gelöstes Problem dar (Näheres s. in Bd. II, Abschnitt über „sulfonierte" Öle).

Durch Anwendung anderer Reagenzien an Stelle von Schwefelsäure ist es möglich, wahre oder „echte" Sulfonsäuren der Formel —CH(OH)·CH(SO$_3$H) herzustellen. So bilden sich wahre Sulfonsäuren beispielsweise bei Einwirkung von Schwefelsäureanhydrid, rauchender Schwefelsäure oder von Chlorsulfonsäure auf ungesättigte Fettsäuren[2], oder beim Erhitzen der Fettsäuren mit Schwefelsäure in Gegenwart von organischen Säureanhydriden oder Säurechloriden[3], oder wenn man die Fettsäuren mit Chlorsulfonsäureestern oder anderen Sulfonierungsmitteln in Gegenwart von Pyridin, Alkyläthern, Estern usw. erhitzt[4].

C. RIESS[5] hat die Einwirkung von Schwefelsäure einerseits auf *Ölsäure* und anderseits auf den außer einer Doppelbindung noch eine veresterungsfähige Hydroxylgruppe enthaltenden *Oleinalkohol* untersucht. Die Hauptmenge der Schwefelsäure wird an Ölsäure innerhalb der ersten vier Stunden angelagert; bei länger dauernder Einwirkung entsteht aus dem gebildeten Schwefelsäureester Oxystearinsäure, deren Menge mit der Schwefelsäuremenge und der Reaktionstemperatur zunimmt. Viel langsamer verläuft die Addition der Schwefelsäure bei 0°, aber auch die Hydrolyse zu Oxystearinsäure tritt in der Kälte in viel geringerem Grade auf. Unter den gleichen Bedingungen findet beim Oleinalkohol gleichzeitig Addition der Schwefelsäure an die Doppelbindung und Veresterung der Hydroxylgruppe statt; abgesehen von dem im Vergleich zu Ölsäure etwas langsameren Reaktionsverlauf vollzieht sich die Addition der Schwefelsäure an die Doppelbindung des Oleinalkohols und die weitere Hydrolyse zum Oxy-

---

[1] S. z. B. BENEDIKT-ULZER: Monatsh. Chem. 8, 208 (1887). — SAYTZEW: Ber. Dtsch. chem. Ges. 19, III, 541 u. a.   [2] Z. B.: I. G. Farbenindustrie A. G., E. P. 288612.
[3] H. Th. Böhme A. G., E. P. 298559, 298560.
[4] I. G. Farbenindustrie A. G., E. P. 306052.   [5] Collegium 1931, 557.

octadecylderivat in derselben Weise wie bei der Ölsäure, und wird ähnlich der letzteren durch die Konzentration der Schwefelsäure beeinflußt.

Technische Anwendung fand aber erstmalig die „Sulfonierung" beim Ricinusöl. *Sulfoniertes Ricinusöl*, sog. Türkischrotöl, war früher ein sehr wichtiges Hilfsmittel in der Alizarinfärberei von Baumwolle. Der Hauptbestandteil des Ricinusöles ist bekanntlich Ricinolsäure. Auch hier findet, wie beim Oleinalkohol, Addition der Schwefelsäure an die Doppelbindung und Veresterung des Hydroxyls nebeneinander statt. Enthält das Öl auch freie Ricinolsäure, so bilden sich gleichzeitig estolid- oder lactidartige Körper, wie *Diricinolsäure*,

$$CH_3-(CH_2)_5-CH-CH_2-CH=CH-(CH_2)_7-COOH$$
$$|$$
$$O-CO-(CH_2)_7-CH=CH-CH_2-CH(OH)-(CH_2)_5-CH_3$$

Tri- oder Polyricinolsäure oder das *Ricinolsäurelactid* der Formel

$$CH_3-(CH_2)_5-CH-CH_2-CH=CH-(CH_2)_7-CO-O$$
$$|\qquad\qquad\qquad\qquad\qquad\qquad\qquad\qquad\qquad |$$
$$O-CO-(CH_2)_7-CH=CH-CH_2-CH-(CH_2)_5-CH_3$$

Bei tiefer Temperatur (etwa 0^0) kann außerdem der Dischwefelsäureester der Dioxystearinsäure entstehen.

Das sehr wichtige Gebiet der Ricinusölsulfonierung findet in Band II eine eingehende Schilderung. Hier sei nur noch erwähnt, daß wir die ersten Untersuchungen über die „sulfonierten Öle" E. FREMY[1] und P. JUILLARD[2] und die genauere Kenntnis über die „Sulfonierungsprodukte" des Ricinusöles AD. GRÜN und seinen Mitarbeitern[3] zu verdanken haben.

2. Schwefel und Schwefelchlorür.

Die trocknenden Öle erleiden beim Erhitzen mit Schwefel auf zirka 150 bis 200^0 oder mit Schwefelchlorür auf etwa 100^0 eine weitgehende Veränderung und verwandeln sich bei längerer Einwirkung dieser Reagenzien in ein gelartiges, an Kautschuk erinnerndes Material. Die Produkte verwendete man früher als Ersatzmittel bzw. Füllmittel für Kautschuk (s. auch Bd. II).

Wie R. HENRIQUES[4] zeigen konnte, reagieren aber die nicht trocknenden Öle ebenso leicht mit Schwefelchlorür, S_2Cl_2, wie die trocknenden; in den Reaktionsprodukten ist auf je ein Atom gebundenen Chlors ein Atom gebundenen Schwefels enthalten; daraus schloß HENRIQUES, daß sie Additionsprodukte von 1 Molekül Schwefelchlorür an die Doppelbindung der Fettsäuren darstellen und folgender Struktur entsprechen:

$$\overset{|}{—CHCl—CH}—S—S—\overset{|}{CH—CHCl—}$$

Der kolloide Charakter und das hohe Molekulargewicht der Produkte lassen sich aber schwierig durch Bildung einfach zusammengesetzter Dithioverbindungen erklären; die Reaktion ist wahrscheinlich viel komplizierterer Natur.

3. Einwirkung von Halogen.

Ungesättigte Fettsäuren reagieren mit Halogenen unter Bildung von Additionsprodukten. So bildet sich aus Ölsäure und Chlor bzw. Brom Dichlor- oder Dibromstearinsäure[5]; ebenso verhalten sich andere ungesättigte höhere Fett-

[1] LIEBIGS Ann. **19**, 296; **20**, 50 (1836); Ann. Chim. Phys. **65**, 113 (1837).
[2] Bull. Soc. chim. France (3), **11**, 280 (1894).
[3] GRÜN: Ber. Dtsch. chem. Ges. **39**, 4400 (1906). — GRÜN u. WETTERKAMP: Ztschr. Farb.-Ind. **7**, 375 (1908); **8**, Nr. 18 (1909); Journ. Amer. chem. Soc. **31**, 490 (1909) usw. [4] Chem.-Ztg. **17**, 634 (1893). [5] Vgl. S. 32.

säuren. Die aus Ölsäure gebildete Dibromstearinsäure wird durch alkoholische Kalilauge, je nach den Reaktionsbedingungen, entweder in Dioxystearinsäure oder, unter Abspaltung von 2 HBr, in eine zweifach ungesättigte Fettsäure übergeführt. Bei Behandeln der Dibromstearinsäure mit einer konzentrierten alkoholischen Kaliumhydroxydlösung oder mit einer Lösung von Kaliumhydroxyd in Amylalkohol entsteht die eine Acetylenbindung enthaltende Stearolsäure. Ferner läßt sich Dibromstearinsäure in eine Oxydosäure überführen:

$$
\begin{array}{l}
\nearrow \quad -CH_2-CH(OH)-CH(OH)-CH_2- \\
\diagup \quad -CH=CH-CH=CH- \\
-CH_2-CHBr-CHBr-CH_2- \quad \longrightarrow \quad -CH_2-CH(OH)-CH=CH- \\
\diagdown \quad -CH_2-CH-CH-CH_2- \\
\qquad\qquad\qquad\qquad\qquad \underset{O}{\diagup\diagdown} \\
\searrow \quad -CH_2-C\equiv C-CH_2-
\end{array}
$$

Die mehrfach ungesättigten Fettsäuren liefern bei Einwirkung von Halogen mehrere Isomere von Additionsprodukten; so erhält man (vgl. S. 39, 42) aus Linol- und Linolensäure je zwei isomere Tetra- bzw. Hexabromstearinsäuren. Letztere lassen sich durch Erhitzen mit Zink und alkoholischem Chlorwasserstoff zur ursprünglichen ungesättigten Säure entbromen:

$$-CH_2\cdot CHBr\cdot CHBr\cdot CH_2- \; + \; Zn \; \rightarrow \; -CH_2\cdot CH:CH\cdot CH_2- \; + \; ZnBr_2.$$

Aus der hochungesättigten Arachidon- und Klupanodonsäure erhält man in den meisten organischen Lösungsmitteln unlösliche Octa- und Dekabromide, die sich gegen 200^0 unter ihrem Schmelzpunkt zersetzen.

Die für die *Jodzahlbestimmung* verwendeten Methoden beruhen ebenfalls auf der Addition von Halogen an die Doppelbindungen, jedoch wird hier die Reaktion mit Jodmonochlorid oder Jodmonobromid ausgeführt.

Bei der Hüblschen Jodlösung (bereitet aus Jod und Mercurichlorid in Alkohol) besteht das eigentliche Reagens aus Jodmonochlorid, gebildet nach der Formel[1]:

$$HgCl_2 + 2\,J_2 \rightleftarrows HgJCl + JCl + J_2 \rightleftarrows HgJ_2 + 2\,JCl.$$

Die Wijssche Jodlösung[2] stellt in Wirklichkeit eine Lösung von Jodmonochlorid in Eisessig dar.

Die Jodlösung von Hanuš[3] ist eine Lösung von Jodmonobromid in Eisessig.

Nicht immer geht die Halogenaddition bei Einwirkung der Hüblschen Jodlösung usw. zu Ende; die Reaktion erreicht häufig nur ein bestimmtes Gleichgewicht. Insbesondere bleibt die Addition des Halogens dann unvollständig, wenn die ungesättigte Verbindung ein konjugiertes System von Doppelbindungen enthält, wie z. B. in der Eläostearinsäure, oder wenn sich die Doppelbindung in der Nähe der Carboxylgruppe befindet, oder auch in der Nähe einer Phenylgruppe, wie in der Zimtsäure, im Anethol u. dgl. So ergibt z. B. die $\varDelta^{2:3}$-Ölsäure nur eine Jodzahl von 8,7 statt des theoretischen Wertes von 90,1[4]. Sind dagegen die Doppelbindungen weiter von der Carboxylgruppe entfernt und nicht konjugiert, so geht, wie im Falle der Öl-, Linol- und Linolensäure, die Halogenaddition

---

[1] B. v. Hübl: Dinglers polytechn. Journ. **253**, 281 (1884). — J. Ephraim: Ztschr. angew. Chem. **9**, 254 (1895). — J. J. A. Wijs: Ztschr. angew. Chem. **12**, 291 (1898).
[2] Ber. Dtsch. chem. Ges. **31**, 750 (1898); Chem. Rev. Fett-Harz-Ind. (1), **6**, 5, 29 (1899).
[3] Ztschr. Unters. Nahr.- Genußm. **4**, 913 (1901).
[4] G. Ponzio u. C. Gastaldi: Gazz. chim. Ital. **42**, 92 (1912).

praktisch zu Ende. Dauert anderseits die Einwirkung der Jodlösung übermäßig lange, so kann neben der Addition auch eine Substitution des Wasserstoffs durch Halogen eintreten:

$$-CH_2- + JCl \rightarrow -CHCl + HJ \text{ usw.}$$

Selbst da, wo man mit den Jodlösungen theoretisch richtige Jodzahlwerte erhielt, besteht große Wahrscheinlichkeit, daß diese zu einem, allerdings sehr geringen Teil (von vielleicht weniger als 1%) auch auf Kosten der Substitution zustande gekommen ist. Die für die Jodzahlbestimmung verwendeten analytischen Methoden sind meist an Ölsäure standardisiert worden, und zufällig liefern unter den gleichen Bedingungen auch Linol- und Linolensäure praktisch richtige, der Addition von 1 Mol. Jod an eine Doppelbindung entsprechende Werte.

4. Unterchlorige Säure, HOCl, und unterjodige Säure, HOJ,

reagieren mit ungesättigten Fettsäuren gleichfalls additiv. SAYTZEW[1], und später A. ALBITSKI[2] hat auf diesem Wege aus Öl- und Elaidinsäure Chloroxystearin-säuren dargestellt. In gleicher Weise gelangten WARMBRUNN und STUTZER[3] zur Chloroxybehensäure.

Bei Einwirkung von Chlorwasser auf ungesättigte Säuren bilden sich nach AD. GRÜN[4] zunächst die entsprechenden Chloroxysäuren; diese gehen dann in Estolide über:

$$2 \ CH_3-(CH_2)_7-CHCl-CHOH-(CH_2)_7-COOH \rightarrow$$
$$CH_3-(CH_2)_7-CHCl-CH-(CH_2)_7-COOH$$
$$\vert$$
$$O-CO-(CH_2)_7-CHOH-CHCl-(CH_2)_7-CH_3$$

In Gegenwart einer Jodlösung in Natrium- oder Kaliumcarbonat oder eines Gemisches von Jod und feuchtem Quecksilberoxyd entsteht aus Ölsäure Jod-oxystearinsäure[5].

5. Einwirkung von Salpetersäure, salpetriger Säure und von Stickoxyden.

Mit Salpetersäure reagieren die ungesättigten Fette und Fettsäuren in recht komplizierter Weise, die Reaktion bietet aber kein besonderes Interesse. Es findet in der Hauptsache Oxydation statt, unter Bildung von Oxystearinsäuren, aber auch Abbau zu Octyl-, Nonyl-, Azelain-, Suberinsäure usw. Auch gesättigte Fettsäuren können durch heiße Salpetersäure abgebaut werden, bei gleichzeitiger Nitrierung zu aliphatischen Nitroverbindungen, vorwiegend jedoch unter Bildung von Nitraten und Nitriten der bei der Oxydation entstandenen Oxysäuren.

Über die Elaidinreaktion der ungesättigten Fettsäuren mit salpetriger Säure oder N_2O_3 wurde bereits berichtet (S. 33).

Die Stickoxyde, N_2O_3 und N_2O_4, werden außerdem von den Fettsäuren addiert, unter Bildung von Verbindungen der Zusammensetzung:

$$CH_3 \cdot (CH_2)_7 \cdot CH(NO_2) \cdot CH(NO) \cdot (CH_2)_7 \cdot COOH,$$
$$CH_3 \cdot (CH_2)_7 \cdot CH(NO_2) \cdot CH(OH) \cdot (CH_2)_7 \cdot COOH[6].$$

[1] Journ. prakt. Chem. [2] **33**, 313.
[2] Journ. Russ. phys.-chem. Ges. **31**, 76 (1899); **34**, 788 (1902).
[3] Ber. Dtsch. chem. Ges. **36**, 3604 (1903).   [4] Ztschr. Dtsch. Öl-Fettind. **44**, 109 (1924).
[5] J. BOUGAULT: Compt. rend. Acad. Sciences **139**, 864 (1904); **143**, 398 (1906).
[6] J. JEGOROW: Journ. Russ. phys.-chem. Ges. **35**, 716 (1903); Journ. prakt. Chem. **86**, 521, (1912).

VI. Das Trocknen der Öle.

A. Bisherige Vorstellungen über das Öltrocknen[1].

Der aus technologischen wie auch aus theoretischen Gesichtspunkten außerordentlich wichtige Prozeß des Trocknens gewisser Öle, d. h. die Fähigkeit zur Filmbildung beim Ausbreiten derselben an der Luft in dünner Schicht, ist schon sehr oft Gegenstand eingehender Untersuchungen gewesen. Bei der großen Mannigfaltigkeit der dabei in Betracht zu ziehenden Umsetzungen sowie der Schwierigkeit ihrer Erfassung und Auswertung nimmt es nicht wunder, daß die Forschung auf diesem Gebiete nur sehr allmählich Erfolge erzielen konnte und daß die experimentellen Beobachtungen, dem jeweiligen Stande des Wissens entsprechend, wiederholt eine geänderte Deutung erfahren haben.

Ein zusammenfassender Überblick läßt drei charakteristische Entwicklungsabschnitte erkennen. Auf die zunächst *rein chemische Erklärungsweise* folgte eine solche, bei der *kolloidchemische Gesichtspunkte* bestimmend in den Vordergrund traten. Gleichlaufend damit entwickelte sich die *Kombinationstheorie*, die das Wesen des Trockenvorganges in einer Verknüpfung von chemischen und kolloiden Prozessen erblickt. Und zwar war es SLANSKY[2], der erstmalig kolloidchemische Gesichtspunkte zur Erklärung des Trockenvorganges herangezogen hat.

Die ersten, bis fast zu Anfang des 19. Jahrhunderts zurückreichenden experimentellen Beobachtungen lehrten, daß hierbei, ähnlich wie beim chemischen (autoxydativen) Verderben der Fette, eine Aufnahme von Sauerstoff bei gleichzeitiger Abgabe von flüchtigen Produkten (Kohlendioxyd, Wasser usw.) erfolgt (DE SAUSSURE, VOGEL, insbesondere CLOEZ[3]). MULDER[4] setzte die Untersuchungen auf breiter Grundlage fort und faßte deren Ergebnisse in eine *rein chemische Theorie des Trockenvorganges* zusammen. Nach ihm sind die Ölfilme aus den Anhydriden der aus den ungesättigten Fettsäuren entstandenen Oxysäuren der C_{18}-Reihe (Oxyne, Oxynsäuren) aufgebaut, während das durch vorherige Hydrolyse aus den Glyceriden abgespaltene Glycerin praktisch vollständig zu flüchtigen Produkten (Acrolein, Acrylsäure und Kohlendioxyd) oxydiert sein soll. Die Frage des Festwerdens, d. h. die kolloide Seite des Problems, spielt in den Vorstellungen von MULDER keine Rolle. In der Folgezeit wurde die Unhaltbarkeit dieser Theorie auf Grund experimenteller Belege erwiesen. Man stellte einmal die Anwesenheit von Glyceriden, und damit von Glycerin, im Film fest, oft in einer gegenüber dem frischen Öl praktisch unveränderten Menge. Zum andern konnten die angenommenen Fettsäureanhydride nicht aufgefunden werden; auch der Charakter dieser Stoffe, die insbesondere von A. GRÜN sowie von D. HOLDE und I. TACKE untersucht worden sind, spricht gegen ihre Beteiligung am Trockenprozeß. Schließlich ist

[1] Die vorliegende Darstellung verfolgt das Ziel, in knappen Strichen einen Überblick über das gesamte Gebiet zu geben. Von der eingehenderen Anführung des außerordentlich umfangreichen und teilweise nicht widerspruchslosen Schrifttums ist Abstand genommen; in dieser Beziehung sei insbesondere auf die folgenden zusammenfassenden Abhandlungen verwiesen: W. FAHRION: Die Chemie der trocknenden Öle. Braunschweig. 1912. — K. H. BAUER: Die trocknenden Öle. Stuttgart: Wissenschaftl. Verlagsgesellschaft. 1928. — A. EIBNER: Die fetten Öle. München: B. Heller. 1922. — A. EIBNER: Das Öltrocknen, ein kolloider Vorgang aus chemischen Ursachen. Berlin: Allgemeiner Industrieverlag. 1930.

[2] Ztschr. angew. Chem. **34**, 533 [1921]; **35**, 389 (1922).

[3] Bull. Soc. chim. France **1865**, 41.

[4] MULDER: Die austrocknenden Öle. Berlin: J. Springer. 1867.

ermittelt worden[1], daß gerade der Glycerinrest bei der Filmbildung eine wichtige Komponente darstellt, da z. B. die entsprechenden Äthylester der ungesättigten Fettsäuren kein Trockenvermögen zeigen.

Der *zweite Abschnitt einer solchen chemischen Betrachtungsweise* wurde durch die von C. ENGLER[2] begründete Theorie der Autoxydation eingeleitet. Von der Tatsache ausgehend, daß die Sauerstoffaufnahme der Öle selbsttätig unter den milden Bedingungen der Umgebung vor sich geht, war es naheliegend, den Trockenprozeß unter den von C. ENGLER entwickelten Gesichtspunkten zu betrachten. In dieser Richtung hat insbesondere W. FAHRION[3] umfassende Studien angestellt und den Nachweis erbracht, daß beim Öltrocknen (wie beim autoxydativen Fettverderben) der aufgenommene Sauerstoff zum mindesten teilweise in Peroxydform auftritt.

Von C. ENGLER ist darauf hingewiesen worden, daß bei geeignetem Aufbau des Substrates die sich vollziehende Autoxydation mit einer gleichzeitigen Polymerisation verknüpft sein kann; für diese Tatsache sind seither zahlreiche Beispiele angeführt und in ihrem Mechanismus aufgeklärt worden. W. FAHRION hat auf diese Möglichkeit beim Öltrocknen ausdrücklich hingewiesen und damit die für die Folgezeit so außerordentlich fruchtbare Vorstellung von der Polymerisation in die Lehre vom Öltrocknen eingeführt. *Autoxydation* und *Polymerisation* treten nunmehr als wesentliche Einzelvorgänge des Öltrocknungsvorganges klar hervor. Dieser *dritte Abschnitt der chemischen Betrachtungsweise* ist kennzeichnend für den heutigen Stand der Erkenntnis. Bei den späteren Erörterungen wird hieran des eingehenderen anzuknüpfen sein.

Mit der Vertiefung und Ausgestaltung der Lehren der Kolloidchemie und der sich aufdrängenden kolloiden Eigenschaften des Ölfilmes trat als neuer Gesichtspunkt ganz ungezwungen jener hervor, an die Stelle der bisher rein chemischen Vorstellungen eine kolloidchemische Auffassung treten zu lassen, d. h. einen allmählichen Übergang des Ölsoles in das entsprechende Gel anzunehmen. In dieser Betrachtungsweise liegt, wie später ausführlicher darzulegen sein wird, ein außerordentlich wertvoller Fortschritt.

Eine extreme Anwendung fanden diese Anschauungen in der sog. *Gaskoagulationstheorie* von L. AUER[4]. Nach ihm besteht der Vorgang der Filmerzeugung in einer Weiterbildung der im Öl schon vorhandenen dispersen Phase, an die sich ganz allgemein unter dem Einfluß von Gasen, z. B. von Sauerstoff, eine Koagulation anschließen soll. Die beobachteten, gleichzeitig verlaufenden chemischen Reaktionen werden als mehr zufällige und unwesentliche Nebenprozesse hingestellt.

Die Auffassung nach L. AUER schießt, wie inzwischen von verschiedener Seite überzeugend dargelegt worden ist[5], weit über das Ziel hinaus und steht mit der Erfahrung nicht im Einklang. Denn einmal ist die von L. AUER geforderte Inhomogenität der natürlichen Öle (Verunreinigungen, vielleicht Aggregationen

---

[1] G. PETROW u. N. SOKOLOW: Referat Chem. Umschau Fette, Öle, Wachse, Harze **35**, 221 (1928). — K. BUSER: Über den Einfluß der Glyceridnatur der fetten Öle auf ihre Trockeneigenschaften. Dissertation München, Techn. Hochschule, 1929.

[2] C. ENGLER u. J. WEISSBERG: Kritische Studien über die Vorgänge der Autoxydation. Braunschweig: F. Vieweg und Sohn. 1904.   [3] Chem.-Ztg. **28**, 1196 (1904).

[4] Chem. Umschau Fette, Öle, Wachse, Harze **33**, 216 (1926); **35**, 9, 27 (1928); Kolloid-Ztschr. **40**, 334 (1926); **46**, 337 (1928).

[5] J. SCHEIBER: Chem. Umschau Fette, Öle, Wachse, Harze **34**, 6 (1927). — P. SLANSKY: Ebenda **34**, 148 (1927). — H. SCHMALFUSS u. H. WERNER: Kolloid-Ztschr. **49**, 323 (1929). — A. EIBNER u. H. MUNZERT: Chem. Umschau Fette, Öle, Wachse, Harze **34**, 89, 101, 183, 206 (1927).

von Glyceridmolekeln usw.) zwar zweifelsohne erfüllt, trifft aber auf alle Fette und
Öle zu[1], ohne daß dieselben irgendwelche Trockeneigenschaften besitzen müssen.
Zum andern muß das scharf abgestufte Verhalten der verschiedenen trocknenden
Öle, das zur Unterscheidung eines Holzöl-, Leinöl-, Mohnöltypus usw. führt[2],
wohl als der Ausdruck für die in der Natur dieser Produkte begründete, also für
ihre chemische Eigenart angesehen werden. Insbesondere hat P. SLANSKY[3]
das von L. AUER festgestellte Trockenwerden des Leinöls bei vollständigem
Ausschluß von Sauerstoff nicht bestätigen können; hiermit ist die Notwendigkeit
der vorherigen Autoxydation in diesem Falle erwiesen.

Nach dem heutigen Stand der Erkenntnis liegen, wie dies vor allem P. SLANS-
KY[4] klar ausgedrückt hat, dem Trockenvorgang der Öle sowohl eine chemische
Umsetzung wie auch ein kolloider Vorgang zugrunde. Die nachstehenden Darlegungen verfolgen das Ziel, diese beiden nebeneinander verlaufenden Phasen
auf Grund der experimentellen Erfahrung in ihrem Inhalt zu erkennen, gegeneinander abzugrenzen und in ihrer ursächlichen Bedeutung auszuwerten. Fragen
aus der Praxis der Öltrocknung sowie der Herstellung der verwendeten Produkte
werden an anderer Stelle dieses Werkes erörtert werden (s. Bd. II).

B. Die chemischen Vorgänge beim Öltrocknen.

Ein Überblick über die bisher ihrer Art nach erkannten, sehr mannigfaltigen
Umwandlungsprodukte lehrt, daß der Chemismus des Öltrocknens außerordentlich
verwickelt sein muß. Es ist heute wohl allgemein anerkannt, daß die je nach der
Art des Substrates und der Umgebung verschieden weit gehenden oxydativen
Abbauvorgänge, die sich mit ihren Folgereaktionen an die stattgefundene Autoxydation anschließen, zu den (aus technologischen Gründen noch dazu unerwünschten) Nebenreaktionen zu zählen sind. Diese Zersetzungsprozesse sind
weniger für die Bildung des Films als vielmehr für seine Eigenschaften und
damit für seine Lebensdauer[5] bestimmend.

Es ist seit langem bekannt, daß die festen Fette allgemein des Trockenvermögens entbehren und daß diese Eigenschaft sich nur bei gewissen flüssigen
Fetten (Ölen) und noch dazu in deutlich abgestuftem Ausmaße vorfindet. Die
Filmbildung setzt also eine gewisse Bereitschaft des Substrates, d. h. die chemische
Geeignetheit desselben voraus. Die hergebrachte Einteilung nach „trocknenden",
„halbtrocknenden" und „nichttrocknenden" Ölen ist als der erste erfahrungs-
mäßige Ausdruck dafür zu werten. Das Augenmerk richtete sich vor allem nach
dem Ausbau der analytischen Methodik zur Feststellung der Beziehungen
zwischen Trockenvermögen und Jodzahl. Durch den Grad des ungesättigten
Charakters werden zwar bei den meisten Produkten die Trockeneigenschaften in guter Annäherung veranschaulicht, in anderen Fällen aber treten
Diskrepanzen auf (Tab. 58). Man weiß heute, daß diese Unstimmigkeiten auf
die Unterschiede im Aufbau der Öle sowohl nach Art und Menge der Fettsäuren
als auch nach der Konstitution der Glyceride zurückzuführen sind.

Mag nun auch die Parallelität zwischen dem ungesättigten Charakter einerseits und dem Trockenvermögen anderseits nur eine angenäherte sein, der Überblick aber lehrt, daß Beziehungen solcher Art vorhanden sind. Damit ist ein
Anknüpfungspunkt für jene Erörterungen gewonnen, die darauf hinauslaufen,

---

[1] Vgl. J. SCHEIBER: Kolloid-Ztschr. **46**, 337 (1928).
[2] A. EIBNER u. E. SEMMELBAUER: Chem. Umschau Fette, Öle, Wachse, Harze **31**,
189 (1924).   [3] Chem. Umschau Fette, Öle, Wachse, Harze **34**, 148 (1927).
[4] Ztschr. angew. Chem. **34**, 533 (1921); **35**, 389 (1922).
[5] B. SCHEIFELE: Ztschr. angew. Chem. **42**, 787 (1929).

den Weg der sich vollziehenden chemischen Umsetzungen zu erkennen. In folgerichtiger Weise wird man dazu geführt, in den Lückenbindungen, deren große Reaktionsfähigkeit seit langem bekannt ist, die Angriffsstelle für den Umsatz zu erblicken.

Tabelle 58. Beziehungen zwischen den Trockeneigenschaften der Fette und ihrem ungesättigten Charakter[1].

Art des Fettes bzw. Öles	Jodzahl	Trockenvermögen
Cocosfett..........	8— 10	nicht vorhanden
Palmöl	12— 18	,, ,,
Talg	31— 47	,, ,,
Schweinefett	60— 69	,, ,,
Olivenöl	79— 85	unter gewöhnlichen Bedingungen nicht trocknend
Ricinusöl	81— 86	nur nach Vorbehandlung trocknend
Traubenkernöl.....	120—140	,, ,, ,, ,,
Mohnöl	131—157	langsam trocknend
Lebertran	150—175	sehr langsam und anormal trocknend
Holzöl[2]	159—171	sehr rasch trocknend
Leinöl	159—204	rasch trocknend

Von den drei möglichen *Arten der olefinischen Bindung*, der *isolierten*, der *kumulierten* sowie der *konjugierten Anordnung*, werden bei den natürlichen Ölen nur die erstere und die letztere (Eläostearinsäure, dreifach konjugiert) gefunden. Auf diese beiden Fälle wird sich demnach die Betrachtung zu richten haben.

Es ist bekannt, daß sich bei mehreren isolierten Doppelbindungen, d. h. bei solchen, die durch wenigstens ein an keiner Lückenbindung beteiligtes Kohlenstoffatom voneinander getrennt sind, bei den charakteristischen Additionsreaktionen jede einzelne im wesentlichen so verhält, als ob die anderen nicht vorhanden wären. Demgegenüber bieten die konjugierten Doppelbindungen (abwechselnd einfache und doppelte Bindung) bei den möglichen chemischen Reaktionen mancherlei Besonderheiten. Die Addition kann sich z. B. als 1,2- oder als 1,4- (bzw. als ω,ω'-) Anlagerung abspielen, wobei die Doppelbindung im letzteren Fall wandert; mit dieser Möglichkeit ist sehr oft zu rechnen.

$$>\!\!C\!=\!C\!-\!C\!=\!C\!<\ \rightarrow\ >\!\!C\!=\!C\!-\!\underset{X}{C}\!-\!\underset{X}{C}\!< ;\qquad >\!\!C\!=\!C\!-\!C\!=\!C\!<\ \rightarrow\ >\!\!\underset{X}{C}\!-\!C\!=\!C\!-\!\underset{X}{C}\!<$$

(1,2-Addition)   (1,4-Addition)

Diese Tatsachen der theoretischen organischen Chemie sind geeignet, für die Vorstellungen über das Öltrocknen wichtige Fingerzeige an die Hand zu geben. Es steht darnach zu erwarten, daß Öle mit Glyceriden aus Fettsäuren mit konjugierter Doppelbindung sich grundsätzlich anders verhalten als solche mit Fettsäuren, bei denen nur isolierte Lückenbindungen auftreten. Auf Grund dieser Überlegungen muß also das Holzöl infolge seines Gehaltes an der dreifach ungesättigten, konjugierten Eläostearinsäure dem Leinöl gegenüber eine grundsätzliche Sonderstellung einnehmen. Fernerhin ist zu erwarten, daß zwischen dem Leinöl einerseits und dem Mohnöl anderseits gemäß den Unterschieden im Grade ihres ungesättigten Charakters im wesentlichen nur graduelle Verschiedenheiten bestehen.

---

[1] Vgl. hierzu auch H. HILDEBRANDT: Zur Kenntnis des Trockenprozesses fetter Öle. Dissertation. Leipzig. 1931.   [2] Jodzahl nach v. HÜBL bzw. WIJS.

a) Die Rolle des Sauerstoffes.

Bilanzmäßig findet der Vorgang des Öltrocknens, wie schon erwähnt, seinen deutlichsten Ausdruck in der seit rund 100 Jahren bekannten Aufnahme von Sauerstoff. Nach CLOEZ hatte z. B. ein in einer eisernen Schale an der Luft stehendes Leinöl (10 g) während 18 Monaten um 0,703 g zugenommen. Daß diese Gewichtsvermehrung aber nicht die wahre Sauerstoffaufnahme darstellt, war CLOEZ ebenfalls schon bekannt. Bei der Elementaranalyse des gestandenen Öles ermittelte er gegenüber dem ursprünglichen Produkt im Gegensatz zur Erhöhung des Gehaltes an Sauerstoff einen deutlichen Verlust an Kohlenstoff und Wasserstoff. Dies bedeutet, daß eine Abspaltung flüchtiger Verbindungen stattgefunden hat. CLOEZ stellte Wasser und Kohlendioxyd fest; er hielt auch die Bildung von Acrolein bzw. Acrylsäure für möglich.

Die eben erwähnten Beobachtungen sind in der Folgezeit von vielen Forschern bestätigt worden, und auf dieser Grundlage ist allmählich die allerdings ganz allgemein noch nicht angenommene Vorstellung einer ursächlichen Verknüpfung von Trockenvorgang und Sauerstoffaufnahme erwachsen, vor allem dadurch noch gefestigt, daß ein natürliches Öltrocknen ohne Luftzutritt praktisch nicht bekannt ist. Es mußte die Annahme sehr naheliegen, daß sich die Abstufung des Trockenvermögens der verschiedenen Öle wenigstens angenähert in der Gewichtsvermehrung ausdrückt. Im Laufe der Zeit hat dann diese Vorstellung zur Ausarbeitung des bekannten Prüfungsverfahrens für das Trockenvermögen geführt. Man bestimmt die Zeit, innerhalb welcher das Öl, in sehr dünner Schicht ausgestrichen, klebefrei trocknet (*Trockenzeit*), und ergänzt diese über den Ablauf des Vorganges sehr wenig aussagende Untersuchung durch die gleichzeitige Ermittlung der Gewichtsvermehrung. Verfolgt man letztere zeitlich, dann erhält man bei graphischer Auftragung der Zunahme gegen die Zeit die sog. *Trockenkurve*. Die Lage des „*Trockenpunktes*" auf dieser Kurve (aufsteigender oder absteigender Ast, Lage im Maximum) ist für die theoretischen Schlußfolgerungen, wie später noch betrachtet wird, von sehr großem Werte.

Die Gewichtszunahme erfolgt erst langsam, macht aber, entsprechend dem autokatalytischen Verlauf des Prozesses[1], nach einer gewissen Zeit raschere Fortschritte. Nach Erreichung eines maximalen Wertes setzt sich dann allmählich eine je nach der Art des Öles verschiedene Gewichtsverminderung durch, die auf die schon erwähnte Abspaltung flüchtiger Reaktionsprodukte zurückzuführen ist. Es bedarf keiner besonderen Beweisführung, daß diese Spaltprozesse nicht erst in diesem späteren Stadium einsetzen, sondern daß sie parallel mit der Sauerstoffaufnahme verlaufen. Sie treten aber erst dann hervor, wenn, was die Hauptursache sein dürfte, entweder ihre eigene Reaktionsgeschwindigkeit (durch die allmähliche Anreicherung an Peroxyden) über die der Sauerstoffaufnahme hinausgewachsen ist oder wenn letztere nur mehr verlangsamt vor sich geht. Die sogenannte „*Sauerstoffzahl*" eines Öles nach W. FAHRION[2], worunter man die maximale Gewichtsvermehrung, ausgedrückt in Prozenten der angewandten Ölmenge, versteht, ist also nicht der Ausdruck der wahren Sauerstoffaufnahme. Diese Kennzahl steht, wie später noch näher beschrieben wird, außerdem in Abhängigkeit von den Versuchsbedingungen (Temperatur, Licht, Feuchtigkeit der Luft, Katalysatoren usw.).

Bei der praktischen Durchführung des Versuches, worauf hier nur kurz hingewiesen sei, bedient man sich meist des von M. WEGER[3] sowie von W. LIP-

---

[1] Vgl. hierzu das Kapitel „Zur Chemie des Verderbens der Fette", S. 415.
[2] Chem.-Ztg. **17**, 1453 (1893).
[3] Chem. Revue Fett- und Harz-Ind. **4**, 315 (1897); **5**, 213 (1898); Ztschr. angew. Chem. **11**, 490 (1898); **12**, 297 (1899).

PERT[1] ausgearbeiteten Glastafelverfahrens[2]. Eine Vorstellung über den Verlauf der Gewichtskurve möge die beifolgende Abb. 21 vermitteln[3].

Wenn man sich die gravimetrisch bestimmte Sauerstoffaufnahme beim Öltrocknen vollständig und ohne sekundäre Spaltprozesse verlaufen denkt, dann kann die Sauerstoffzahl aus der Jodzahl durch Multiplikation mit dem Faktor 0,1260 (Verhältnis der Molekulargewichte von Sauerstoff und Jod) im voraus berechnet werden. Die auf diese Weise erhaltenen theoretischen Werte werden aber wegen der Abspaltung flüchtiger Produkte beim Glastafelverfahren nicht erreicht[4]. A. GRÜN[5] führt folgende Sauerstoffzahlen[6] (Höchstwerte) an:

Perillaöl	20,9	Holzöl	15,9
Leinöl	20,6	Hanföl	13,6
Sardinentran (Jodzahl 183,4)	19,9	Mohnöl	13,4
Sojaöl	16,9	Nußöl	9,5

Unter Berücksichtigung des Verhaltens beim Trocknen ergibt sich erwartungsgemäß, wie dies schon bei den Jodzahlen (Tab. 58) hervorgehoben wurde, daß zwischen den Sauerstoffzahlen als Ausdruck für den Grad des ungesättigten Charakters und den Trockeneigenschaften genetische Beziehungen bestehen: die Neigung zur Filmbildung steigt mit dieser Kennzahl an. Diese Regel wird aber durchbrochen, z. B. bei dem praktisch nicht trocknenden Tran und insbesondere beim Holzöl, das trotz relativ niedriger Sauerstoffzahl zu den besttrocknenden Ölen gehört (sterische Hinderung der Sauerstoffanlagerung). Wie bei der Diskussion der Jodzahlen, so erhält man auch hier einen klaren Hinweis dafür, daß der ungesättigte Charakter eines Produktes schlechthin nicht die alleinige Ursache für das Verhalten ist, sondern daß noch andere, strukturchemische Eigenschaften von Einfluß sind.

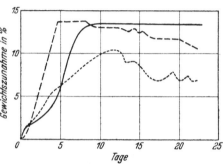

Abb. 21. Trockenkurven von Holzöl, Leinöl und Mohnöl
Erläuterungen:
——— Holzöl; ‒ ‒ ‒ Leinöl; .... Mohnöl.

Die zweifelsfrei festgestellte Aufnahme von Sauerstoff[7] beim Öltrocknen

---

[1] Ztschr. angew. Chem. **11**, 412 (1898); **12**, 540 (1899); **18**, 95 (1905).
[2] Vgl. hierzu die genaue Beschreibung und Diskussion bei AD. GRÜN: Analyse der Fette und Wachse, Bd. 1, S. 283 ff. Berlin: J. Springer. 1925. — A. EIBNER: Ztschr. angew. Chem. **39**, 38 (1926).
[3] Entnommen bei H. HILDEBRANDT: Zur Kenntnis des Trockenprozesses fetter Öle. S. 5. Dissertation. Leipzig. 1931.
[4] A. GENTHE (Ztschr. angew. Chem. **19**, 2087 [1906]) ermittelte bei einem Leinöl mit der Jodzahl 180, also der theoretischen Sauerstoffzahl 22,7, durch volumetrische Bestimmung unter Berücksichtigung der abgespaltenen Produkte eine Sauerstoffzahl von 22,6. S. COFFEY (Journ. chem. Soc. London **119**, 1152, 1306, 1408 [1921]) fand bei Linolsäure den Wert von 24,4, entsprechend der Bildung des Diperoxyds, für Linolensäure dagegen 51,4, entsprechend der primären Bildung des Triperoxyds und einem weiteren Verbrauch von drei Atomen Sauerstoff zur partiellen Spaltung unter gleichzeitiger Bildung von Essigsäure und Kohlendioxyd.
[5] Analyse der Fette und Wachse, Bd. I, S. 283 ff. Berlin: J. Springer. 1925.
[6] An Stelle von Sauerstoff kann man auch Ozon bzw. ozonisierten Sauerstoff anlagern; vgl. hierzu E. MOLINARI u. E. SONCINI: Ber. Dtsch. chem. Ges. **39**, 2735 (1906).
[7] Neuerdings hat J. JANY (Ztschr. angew. Chem. **44**, 348 [1931]) zur exakten Messung der Autoxydationsfähigkeit der Öle die manometrische Bestimmungsmethode in Anlehnung an das Verfahren von BARCROFT-WARBURG herangezogen.

löste in logischer Folge die Forschungen nach der Art der Anlagerung und dem
weiteren Schicksal der gebildeten Verbindungen aus. Die ersten systematischen
Versuche in dieser Richtung verdankt man wohl MULDER[1].

Um Aufschluß über den Reaktionsverlauf zu erhalten, versuchte er, die
„festgewordenen" Öle zu analysieren. Bei seinen systematischen Lösungs-
versuchen mit verschiedenen Lösungsmitteln gelang es ihm, aus Leinöl eine feste
Substanz, das „Linoxyn", darzustellen. Die nach dem Trocknen über Schwefelsäure weiße, amorphe und elastische Masse war in Chloroform und Schwefelkohlenstoff unlöslich, quoll mit diesen Flüssigkeiten aber stark auf. Mit Terpentinöl ließ sich zwar nicht eine Lösung, wohl aber eine Gallerte erzielen. Beim
Lösen in Kalilauge wurde eine rote Lösung erhalten, aus der beim Ansäuern mit
Salzsäure gelbe Flocken ausfielen, die in Alkohol und Äther löslich waren. Auch
das verfilmte leinölsaure Blei hat MULDER untersucht. Die daraus gewonnene
freie „Linoxynsäure" war farblos, harzartig und verfärbte sich allmählich, vor
allem mit Alkalilauge, blutrot („rote Linoxynsäure"). Die Elementaranalysen
des Linoxyns führten zu Ergebnissen, die MULDER im Sinne des Vorliegens
von Oxydationsprodukten auslegt, welche aus Leinölsäureanhydriden hervorgegangen sein sollen. Das Auftreten der flüchtigen Produkte führt er auf
die Oxydation des beim Öltrocknen durch Verseifung in Freiheit gesetzten
Glycerins zurück.

Diese Vorstellungen sind in der Folgezeit auf Grund experimenteller Beweise als abwegig hingestellt worden[2]. Vor allem W. FAHRION[3] hat sich mit dem
Problem des Linoxyns in sehr ausführlicher Weise beschäftigt, aber alle seine
Versuche, einheitliche und wohldefinierte Verbindungen daraus zu erhalten,
führten nicht zum Ziele. Auch heute noch ist die Zusammensetzung des Linoxyns
im wesentlichen unbekannt. Man weiß zwar, insbesondere aus den neueren Arbeiten von J. D'ANS[4] sowie von S. MERZBACHER[5], daß dieses Produkt ein Gemisch
darstellt, dessen Zusammensetzung je nach Art der Entstehung, nach Alter usw.
innerhalb weiter Grenzen schwanken kann, die darin zu rund 50% enthaltenen
Oxynsäuren aber sind ihrer Konstitution nach noch nicht aufgeklärt.

Bereits W. FAHRION hatte festgestellt, daß die aus dem Linoxyn isolierten
Produkte noch eine gewisse Jodzahl aufweisen, daß also die Absättigung der
Doppelbindungen mit Sauerstoff nur allmählich und auswählend erfolgt.

Von C. ENGLER und Mitarbeitern[6] war inzwischen, durch ein umfassendes
Versuchsmaterial gestützt, eine Theorie über die Vorgänge der Autoxydation
aufgestellt worden. W. FAHRION knüpfte an diese Vorstellungen an[7].

Am Leinöl wurde gezeigt, daß als primäre Anlagerungsprodukte des Sauerstoffes Peroxyde entstehen, die man mittels der bekannten Reaktionen an der
Wirkung des abgespaltenen aktiven Sauerstoffs erkennen kann. Diese Peroxyde
sind, wie auch bei der Betrachtung der zum autoxydativen Verderben führenden
Prozesse erwähnt wird[8], wahrscheinlich nicht einheitlicher Natur. In diesem
Sinne sind wenigstens gewisse neuere Versuchsergebnisse auszulegen, z. B. diejenigen von E. FRÄNKEL[9] am autoxydierten Terpinolen, wonach der aktive

[1] MULDER: Die austrocknenden Öle. 1862.
[2] Z. B. W. FAHRION: Die Chemie der trocknenden Öle. Braunschweig: F. Vieweg
u. Sohn. 1912. — BAUER und HAZURA: Monatsh. Chem. 9, 459 (1888).
[3] Die Chemie der trocknenden Öle. Braunschweig: F. Vieweg u. Sohn. 1912.
[4] Chem. Umschau Fette, Öle, Wachse, Harze 34, 283, 296 (1927).
[5] Chem. Umschau Fette, Öle, Wachse, Harze 35, 173 (1928).
[6] C. ENGLER u. J. WEISSBERG: Kritische Studien über die Vorgänge der Autoxydation.
Braunschweig: F. Vieweg u. Sohn. 1904.
[7] Chem.-Ztg. 28, 1196 (1904).   [8] Vgl. S. 415.
[9] Studien über die Autoxydation des Terpentinöls. Dissertation, Darmstadt. 1929.

Sauerstoff verschieden leicht abspaltbar ist. Ähnliche Erfahrungen machten R. S. MORRELL und S. MARKS[1] bei Untersuchungen an Holzöl und seinen Filmen.

W. FAHRION hatte in klarer Erkenntnis der Wichtigkeit seiner Beobachtung die richtigen Schlüsse gezogen. Durch Bestimmung der „*Peroxydzahlen*" versuchte er, quantitative, bündige Vorstellungen über diese Primärreaktion der Ölfilmbildung zu gewinnen. Die nach dem von ihm ausgearbeiteten Verfahren ermittelten Ergebnisse blieben aber, was auch neuerdings immer wieder bestätigt wurde[2], beträchtlich hinter den auf Grund der Zahl der Lückenbindungen berechneten Werten zurück. Dies liegt daran, daß entweder der Peroxydsauerstoff rasch in eine andere, weniger aktive Form übergeführt wird (vgl. vorstehende Ausführungen) oder daß die Peroxyde schnell in die Oxyne verwandelt werden.

Dem heutigen Stand der Kenntnisse entsprechend[3], dürfte die Peroxydbildung bei den hier in Betracht kommenden Äthylenbindungen der ungesättigten Glyceride folgendermaßen zu formulieren sein:

$$\begin{array}{ccccc} -CH & & O & & -CH-O \\ \| & + & \| & \to & | \quad | \\ -CH & & O & & -CH-O \end{array}.$$

Es erhebt sich die Frage, in welcher Richtung sich der weitere chemische Umsatz des gebildeten Fettsäureperoxydes abspielt. Daß es hierbei leicht zu einem Molekülabbau durch oxydative Sprengung an der Stelle der Sauerstoffanlagerung und zu sekundär darauffolgenden weitergehenden Oxydationen kommen kann, ist hier zunächst nicht von Interesse. Denn diese Vorgänge bedeuten Molekülverkleinerung, führen also gerade von der für die Filmbildung wohl erforderlichen Molekülvergrößerung weg; Näheres über diesen Fragenkomplex ist später dargestellt (S. 316[4]).

Das Interesse am Umsatz der Peroxyde muß sich im Hinblick auf das Öltrocknen auf die ohne Molekülabbau vor sich gehenden Prozesse richten. In erster Linie wäre hier an die Überführung der Peroxyde in die entsprechenden Oxysäuren zu denken, z. B. die Umwandlung von Ölsäureperoxyd in Dioxystearinsäure. Diese Reaktion ist möglich; gelegentlich der Erörterungen über die Chemie des Verderbens der Fette (S. 415) wird darüber eingehend berichtet. Von den auf diese Weise entstandenen Polyoxyfettsäuren — J. D'ANS hat z. B. Dioxystearinsäure im Linoxyn nachgewiesen — ist durch Oxydation, die infolge der Anwesenheit von aktivem Sauerstoff leicht denkbar ist, die Bildung von Ketoverbindungen recht gut vorstellbar:

$$CH_3 \cdot (CH_2)_7 \cdot \underset{\underset{O—O}{|\quad|}}{CH-CH} \cdot CH_2)_7 \cdot COOH \;\to\; CH_3 \cdot (CH_2)_7 \cdot \underset{\underset{OH\;\;OH}{|\quad|}}{CH-CH} \cdot (CH_2)_7 \cdot COOH \;\to$$

$$\to\; CH_3 \cdot (CH_2)_7 \cdot \underset{\underset{OH\;\;O}{|\quad\|}}{CH-C} \cdot (CH_2)_7 \cdot COOH \;\to\; CH_3 \cdot (CH_2)_7 \cdot \underset{\underset{O\;\;O}{\|\quad\|}}{C-C} \cdot (CH_2)_7 \cdot COOH$$

Durch diese Umsetzungen würde man u. a. Verbindungen vom Charakter der Ketoalkohole erhalten, die von verschiedenen Forschern als sehr wichtig für die

---

[1] Journ. Oil and Colour Chemists **12**, 183 (1929).
[2] A. EIBNER: Das Öltrocknen, ein kolloider Vorgang aus chemischen Ursachen. Berlin: Allgem. Industrie-Verlag. 1930.
[3] A. RIECHE: Alkylperoxyde und Ozonide. Dresden und Leipzig: Th. Steinkopff. 1931.
[4] Vgl. hierzu auch die Erörterungen im Abschnitt „Zur Chemie des Verderbens der Fette", Bd. I dieses Handbuches, S. 415.

Filmbildung hingestellt werden. G. W. ELLIS[1] formuliert deren Entstehung in folgender Weise:

$$\begin{array}{ccccc}
\text{—CH—O} & & \text{—C—OH} & & \text{—CO} \\
| & \rightarrow & \parallel & \rightarrow & | \\
\text{—CH—O} & & \text{—C—OH} & & \text{—CHOH.}
\end{array}$$

R. S. MORRELL und S. MARKS[2] machten die Anwesenheit der Atomgruppierung —C(OH)=C(OH)— sowie die Ketoalkohol-Anordnung —CO·CHOH— im oxydierten Film des Holzöles wahrscheinlich. Diese Überführung der primär gebildeten Peroxyde in die einer tautomeren Umwandlung leicht zugänglichen Keto-Alkohol-Verbindungen dürfte, wie es insbesondere T. P. HILDITCH[3] für wahrscheinlich hält, die auf die Autoxydation folgende nächste Stufe bei der Bildung des Ölfilmes sein. Dadurch kommen stark reaktionsfähige Systeme (Keto-Enol-Tautomerie) zustande, die denkmäßig einen brauchbaren Ausgangspunkt für die zu erwartenden, weiterhin verlaufenden Polymerisationsvorgänge (Molekülaggregationen) abgeben.

Neuerdings gelangen ST. GOLDSCHMIDT und K. FREUDENBERG[4] auf Grund von Autoxydations-Versuchen an Linolensäure und ihren Estern zu dem Schluß, daß hierbei die Bildung von Hydroxylgruppen, wie vorstehend erörtert und sonst in der organischen Chemie öfter festgestellt, unwahrscheinlich sein soll; wenigstens lieferte die Ermittlung des aktiven Wasserstoffes nach ZEREWITINOFF keine Anhaltspunkte dafür.

Eine andere Art[5] der sekundären Umsetzung der Peroxyde ist, experimentell allerdings nicht bewiesen, seinerzeit schon von W. FAHRION ins Auge gefaßt und später von J. MARCUSSON[6] erweiternd ausgestaltet worden:

$$\begin{array}{ccccc}
\text{—CH—O} & \text{CH—} & & \text{—CH—O—CH—} & \\
| & | & + \parallel & \rightarrow & | \quad\quad | \\
\text{—CH—O} & \text{CH—} & & \text{—CH—O—CH—.} &
\end{array}$$

Nach dieser Formulierung[7] gelangt man zu 1,4-Dioxanringen, also zu einer heterocyclischen Ringbildung, die im Falle des intramolekularen Verlaufes, d. h. innerhalb eines Glyceridmoleküls, auf eine Molekülverdichtung, im Falle des extramole-

---

[1] Journ. Soc. chem. Ind. **45**, 193 T (1926). [2] Journ. Oil and Colour Chemists **12**, 183 (1929).
[3] Ebenda **13**, Nr. 122 (1930); vgl. auch W. TREIBS: Angew. Chem. **47**, 411 (1934).
[4] Ber. Dtsch. chem. Ges. **67**, 1589 (1934).
[5] Die ebenfalls diskutierte Umsetzung:

$$\begin{array}{ccccc}
\text{—CH—O} & \text{—CH} & & \text{—CH} & \\
| & | & + \parallel & \rightarrow 2 & \diagup\diagdown\ \text{O} \\
\text{—CH—O} & \text{—CH} & & \text{—CH,} &
\end{array}$$

d. h. die Bildung von Äthylenoxydringen, ist als sehr unwahrscheinlich hier nicht erörtert. Die Eigenschaften des oxydierten Films sprechen gegen das Vorhandensein solcher Verbindungen.

[6] Ztschr. angew. Chem. **38**, 148, 780 (1925); Chem. Umschau Fette, Öle, Wachse, Harze **32**, 304 (1925); der von J. MARCUSSON angenommene Reaktionsmechanismus:

$$\begin{array}{ccccccc}
& & & & \text{O} & & \\
& & & & \parallel & & \\
\text{—CH} & \text{CH—} & \text{—CH—O—CH—} & & \text{—CH—O—CH—} & \\
\parallel & + 2\,\text{O}_2 + \parallel & \rightarrow \quad | \quad\quad | & -\,\text{O}_2 \rightarrow & | \quad\quad | & \\
\text{—CH} & \text{CH—} & \text{—CH—O—CH—} & & \text{—CH—O—CH—} & \\
& & \parallel & & & \\
& & \text{O} & & &
\end{array}$$

wird den heutigen Anschauungen nicht gerecht; daher dürfte die obige Formulierung der Bildung des Dioxanringes vorzuziehen sein.
[7] ST. GOLDSCHMIDT u. K. FREUDENBERG: Ber. Dtsch. chem. Ges. **67**, 1589 (1934).

kularen Verlaufes aber, also zwischen verschiedenen Glyceridmolekeln, auf eine Molekülvergrößerung hinausläuft. Die Autoxydation, d. h. der Prozeß der vorherigen Sauerstoffanlagerung, ist unbedingte Voraussetzung, womit die chemische Seite der Filmbildung eine besondere Betonung findet. Allerdings, das muß hier nochmals hervorgehoben werden, ist bis jetzt der experimentelle Beweis für die Anwesenheit des 1,4-Dioxanringes im Ölfilm noch nicht erbracht worden. Man bewegt sich aber mit diesen Vorstellungen durchaus in Gedankengängen, wie sie schon C. ENGLER bei der Formulierung seiner Autoxydationstheorie ausgesprochen hat und wie sie neuerdings an Hand verschiedener praktischer Beispiele weiter bestätigt worden sind[1]. Darnach sind Autoxydation und Polymerisation oft miteinander gekoppelt. Trotz des Mangels einer versuchsmäßigen Beweisführung kommt also dieser aus Analogieschlüssen gefolgerten Bildung von Dioxanringen eine gewisse Wahrscheinlichkeit zu; im Kap. B, c ist Näheres darüber auszuführen.

Der Vollständigkeit halber sei noch kurz erwähnt, daß man auch die Annahme einer primären Aufnahme von Sauerstoff in Atomform in Betracht gezogen hat. So diskutiert z. B. E. ORLOW[2] eine abwechselnd molekulare (Peroxydbildung) und atomare (Äthylenoxydringbildung) Anlagerung; von S. A. FOKIN ist dieser Äthylenoxydring als besonders wichtiges filmgebendes Element hingestellt worden. Experimentelle Erfahrungen sowie Analogieschlüsse sprechen aber, wie schon erwähnt, gegen eine solche Gruppierung.

Von der experimentell und theoretisch gut gestützten Anschauung ausgehend, daß nur beim Holzöl die konstitutionellen Voraussetzungen für die Ausbildung kolloider koagulationsfähiger Phasen als Folgereaktion einer vorangehenden Polymerisierung gegeben sind, nicht aber z. B. beim Lein- oder Mohnöl, ordnet J. SCHEIBER[3] dem Sauerstoff beim Trocknen der letzteren eine integrierende, nicht bloß katalysierende Rolle zu. Er nimmt an, daß sich unmittelbare Oxydationen vollziehen, deren Ergebnis die Überführung der an und für sich für eine Polymerisation wenig bereiten isolierten Doppelbindungen in aktivere Systeme ist. Aus Analogieschlüssen[4] wird folgende Umwandlung als wesentlich angesehen, die zu einer Gruppierung[5]

$$—CH:CH\cdot CH_2\cdot CH:CH— \ \rightarrow \ —CH:CH\cdot CO\cdot CH:CH—$$

führt, von der man sich zwanglos die leichte Anregbarkeit zur Polymerisation vorstellen kann; der ebenfalls mögliche oxydative Weiterabbau interessiert hier nicht.

Zusammenfassend ist als Ausdruck für die gegenwärtigen Vorstellungen über die Rolle des Sauerstoffes beim natürlichen Trocknen der Öle (mit Ausnahme von Holzöl) festzustellen, daß in einer weitgehenden Gleichartigkeit als notwendige Primärprodukte Peroxyde gebildet werden, die sich in bisher noch nicht aufgeklärter Reaktionsfolge in andere sauerstoffhaltige Verbindungen umwandeln. In letzteren dürften die Bausteine für die Ausbildung der koagulationsfähigen dispersen Phase zu erblicken sein. Das Ausmaß der Sauerstoffaufnahme (vgl. Tab. 59), die Geschwindigkeit des eben erörterten chemischen Umsatzes sowie die Art des Films sind bei den einzelnen Ölen in Abhängigkeit von ihrer Struktur und dem Milieu verschieden. Als wahrscheinliche Atomgruppierung wird im verfestigten Öl der experimentell allerdings noch nicht nachgewiesene 1,4-Dioxanring angesehen.

---

[1] Vgl. z. B. H. STAUDINGER: Ber. Dtsch. chem. Ges. 58, 1075, 1079 (1925).
[2] Journ. Russ. phys.-chem. Ges. 42, 658 (1910). [3] Ztschr. angew. Chem. 46, 643 (1933).
[4] A. BLUMANN u. O. ZEITSCHEL: Ber. Dtsch. chem. Ges. 46, 1178 (1913). — H. WIENHAUS: Ztschr. angew. Chem. 41, 617 (1928).
[5] Auch eine etwas andere Umsetzung mit dem Ziele der Ausbildung konjugierter Systeme wird von J. SCHEIBER u. H. HILDEBRANDT diskutiert (Dissertation, Leipzig. 1931).

Neben der eben erwähnten, am Öltrocknen integrierend beteiligten Mitwirkung des Sauerstoffes ist aber noch eine weitere Möglichkeit in Betracht zu ziehen, nämlich diejenige einer katalytischen Einflußnahme. Letztere ist bei der Filmbildung des Holzöles wohl die auslösende Ursache: die Menge des dabei umgesetzten Sauerstoffes (vgl. Tab. 59) tritt stöchiometrisch nicht hervor. Man muß sich seine Wirkung wohl so vorstellen, daß Peroxyde oder sonst welche sauerstoffhaltige Verbindungen in wahrscheinlich nur sehr kleiner Menge gebildet werden, die bei der konstitutionell vorgebildeten Neigung des Substrates die Ausbildung koagulationsfähiger kolloider Phasen katalysieren. Neuerdings hat P. SLANSKY[1] festgestellt, daß bei einigen Kobaltfirnissen die Trocknung bei einer Gewichtsvermehrung von 6% bereits beendet ist, während bei normalen Verhältnissen letztere etwa 12% ausmacht. Es liegt nahe, aus diesem Befund zu schließen, daß man bei entsprechenden Bedingungen die Trocknung bei Leinölfirnis derjenigen des Holzöles angleichen kann, d. h. daß neben der Filmbildung auf dem Wege über die Peroxyde auch eine unmittelbare Polymerisation in Betracht zu ziehen ist.

Es ist schon erwähnt worden, daß sich neben der Bildung des Films gleichzeitig oxydative Abbauprozesse vollziehen. Dies geht, abgesehen von dem seit langem bekannten Entweichen flüchtiger Produkte, vor allem daraus hervor, daß die Menge des aufgenommenen Sauerstoffes diejenige des in Peroxydform faßbaren Anteiles immer wesentlich übersteigt. Wie weit sich diese Zersetzungsvorgänge durchsetzen, hängt in erster Linie von der chemischen Eigenart der Substrate ab. Die in der nachstehenden Tabelle 59 zusammengestellte Stoffbilanz läßt das unterschiedliche Verhalten deutlich erkennen. Die Versuche sind bei 100° C ausgeführt, eine Maßnahme, die das Ziel verfolgt, die sich bei Zimmertemperatur wegen der erforderlichen langen Zeitdauer ergebenden Schwierigkeiten auszuschalten. Tabelle 59 zeigt in der Spalte „Stoffaufnahme" das Ausmaß der Anlagerung von Sauerstoff, wovon ein guter Teil, wie früher schon erörtert, sich unter den abgegebenen Stoffen (in der Spalte „Stoffabgabe" nicht besonders ersichtlich gemacht) wiederfindet. Über die Bedeutung des Sauerstoffes bei diesen Abbauprozessen wird in Abschnitt B, d näher berichtet.

Tabelle 59. Stoffbilanz[2] filmbildender Systeme bei 100° C.

Öl	Zeit bis zur Film-bildung Stunden	Bis zur Verfilmung erfolgende		Gesamte Gewichts-änderung %
		Stoffaufnahme %	Stoffabgabe %	
Holzöl	0,2	unter 1	unter 1	unter 1
Perillaöl.........	zirka 1	etwa 11	etwa 15	etwa 26
Leinöl	2—3	„ 6—8	„ 20	„ 28
Mohnöl	7—8	„ 1—2	„ 30	„ 30

Schließlich ist noch eine Möglichkeit für die Rolle des Sauerstoffes in Betracht zu ziehen. Wie im nächsten Abschnitt B, b eingehend erörtert wird, stellen verschiedene Forscher die Anwesenheit von gewissen, in den natürlichen Ölen von Haus aus enthaltenen Antioxydantien als wahrscheinlich hin. Die Zerstörung solcher, die Autoxydation beeinträchtigender Bestandteile auf dem Wege der Oxydation würde dem Sauerstoff somit noch eine weitere Bedeutung zuordnen, über deren Tragweite allerdings Näheres noch nicht ausgesagt werden kann.

---

[1] Farben-Ztg. **38**, 505 (1933).
[2] Entnommen bei J. SCHEIBER: Ztschr. angew. Chem. **46**, 643 (1933), nach Versuchen mit H. HILDEBRANDT: Dissertation, Leipzig. 1931.

b) Einfluß von Wärme, Licht, Wasser und Katalysatoren auf das Öltrocknen.

Einfluß der Wärme. Es ist schon lange bekannt, daß innerhalb der in Betracht kommenden Grenzen durch Erhöhung der Temperatur die Trockenzeit wesentlich abgekürzt wird: die Filmbildung geht bei Außenanstrichen im Winter langsamer vor sich als im Sommer. Man kann bei entsprechenden Versuchsbedingungen die Trocknung innerhalb sovieler Stunden vollziehen, wie normalerweise Tage erforderlich sind; bei 100⁰ trocknete z. B. nach J. Scheiber und H. Hildebrandt[1] ein Leinöl innerhalb 2—3 Stunden, während hierzu sonst 4—6 Tage gebraucht werden. Beim Leinölfirnis-Trocknen steigt nach A. Eibner und F. Pallauf[2] die Trockenzeit auf den doppelten Wert an, wenn die Temperatur um 10⁰ C fällt. Als Beispiel sei das Verhalten eines Leinölfirnisses (Kobaltpalmitat) mit einem Kobaltgehalt von 0,103% erwähnt; die Versuche wurden nach dem Glastafelverfahren[3] angestellt (s. nebenstehende Tabelle).

Temperatur ⁰C	Trockenzeit
0	18,5 Std.
8,5	10,0 ,,
17,5	300 Min.
24,5	180 ,,
30,0	115 ,,
36,5	75 ,,
43,0	42 ,,
48,5	30 ,,

Eingehende und scharf unterscheidende Experimentaluntersuchungen, wieweit der Einfluß der Wärme bei der chemischen Phase des Trocknens und wieweit er bei der kolloidchemischen reicht, liegen bisher noch nicht vor. Aus gelegentlichen Beobachtungen weiß man aber, daß bei erhöhter Temperatur die Sauerstoffaufnahme sich rascher und in gesteigertem Ausmaße vollzieht[4]. Es ist naheliegend, die verkürzte Trockenzeit damit in Zusammenhang zu bringen.

Einfluß des Lichtes[5]. Um ein richtiges Verständnis für die Rolle des Lichtes beim Trockenprozeß zu gewinnen, muß man sich im klaren sein, daß erstens die Autoxydationsgeschwindigkeit gesteigert, zweitens die Trockenzeit verkürzt werden kann, daß drittens mit einer Steigerung der Abbauprozesse sowie schließlich mit der Auslösung gewisser anderer chemischer Reaktionen (Licht-Isomerisierung z. B. bei Eläostearinsäure und Holzöl, Polymerisierung[6]) zu rechnen ist. Die beiden letzteren Möglichkeiten seien zunächst nicht zur Diskussion gestellt.

Über den Lichteinfluß auf das Trocknen haben u. a. schon Cloez[7] sowie S. A. Fokin[8] berichtet. Sehr eingehend hat sich vor allem A. Genthe[9] damit beschäftigt. Nach ihm erfolgt beim Leinöl im Dunkeln eine wesentlich verlangsamte Sauerstoffaufnahme bei gleichzeitiger Verzögerung des Trockenprozesses. Später haben sich A. Eibner und J. Schwaiger[10] mit diesem Problem eingehend beschäftigt. Auf einer Glasplatte dünn ausgestrichen, trocknet Holzöl im direkten Sonnenlicht in 4 Stunden klebefrei auf, im Dunkeln erst nach 20 Tagen; im Lichte der Quecksilberlampe ist der Vorgang innerhalb 10 Minuten vollendet. Eine anschauliche Vorstellung über den Einfluß

---

[1] Dissertation, Leipzig. 1931.
[2] Chem. Umschau Fette, Öle, Wachse, Harze **32**, 81, 97 (1925).
[3] Diese Zusammenstellung würde an Auswertungsfähigkeit wesentlich gewinnen, wenn gleichzeitige Messungen über den Vorgang der Sauerstoffaufnahme vorhanden wären. [4] Vgl. z. B. A. Genthe: Ztschr. angew. Chem. **19**, 2087 (1906).
[5] Vgl. die Ausführungen „Zur Chemie des Verderbens der Fette". Bd. I, S. 415.
[6] J. Marcusson: Ztschr. angew. Chem. **35**, 543 (1922).
[7] Chem. Revue Fett- u. Harz-Ind. **5**, 2 (1898).
[8] Ztschr. angew. Chem. **22**, 1494 (1909). [9] Ztschr. angew. Chem. **19**, 2087 (1906).
[10] A. Eibner u. J. Schwaiger: Chem. Umschau Fette, Öle, Wachse, Harze **33**, 77 (1926).

des zerstreuten Tageslichtes gibt die Abb. 22; es handelt sich hierbei um ein
Leinöl aus Erdinger Saat, das bei Lichtabschluß kalt geschlagen, auf Glasplatten
ausgestrichen und bei rotem Lichte gewogen worden ist.

Aus Abb. 22 geht der beschleunigende Einfluß des Lichtes sowohl auf die
Sauerstoffaufnahme wie auch auf die Trockengeschwindigkeit deutlich hervor.
Die Kurven der Gewichtsvermehrung erreichen schließlich in beiden Versuchen
etwa dieselbe Höhe, und in ihren Maxima liegen die Trockenpunkte.

Besonders klar prägt sich die Wirkung des Lichtes in Abhängigkeit von
seiner Intensität dann aus, wenn man die Wägungen beim Glastafelversuch zur
Aufnahme der Trockenkurven in kurzen Zeitabständen vornimmt[1] und die Ergebnisse bei den Tagesstunden denen bei Nacht gegenüberstellt.

A. EIBNER hat in ausgedehnten Versuchen ferner festgestellt, daß Leinöle,
die lange im Dunkeln gelagert haben, beim Ausstreichen erheblich verlangsamt
Filme liefern. Setzt man solche Produkte aber vorher dem Lichte aus, dann wird
wieder normale Trockenzeit erreicht. Durch Belichten läßt sich also ein Öl
aktivieren. Was für das Leinöl erwähnt wurde, gilt unter Berücksichtigung der
von Natur aus gegebe-
nen Unterschiede auch
für die anderen trock-
nenden Öle[2]. H.WOLFF[3]
hat den Einfluß des
Lichtes verschiedener
Wellenlänge auf das
Trocknen von Lacken
untersucht.

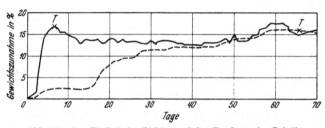

Abb. 22. Der Einfluß des Lichtes auf das Trocknen des Leinöls.
Erläuterungen: _____ Leinöl im zerstreuten Tageslicht; ____ Leinöl,
im Dunkeln geschlagen und aufgestrichen (Wägungen bei rotem Licht);
T = Trockenpunkt.

Mit der Feststel-
lung einer positiven
Katalysierung der zum
Trocknen führenden
Prozesse durch Licht befindet man sich im Einklang mit den Grundtatsachen
der Autoxydation, die, wie im Kapitel „Zur Chemie des Verderbens der
Fette"[4] näher ausgeführt wird, im Sinne der Forschungen von J. A. CHRIS-
TIANSEN[5], H. L. J. BÄCKSTRÖM[6], W. ROGERS jr. und H. ST. TAYLOR[7], F. HABER
und R. WILLSTÄTTER[8] als sich selbst steigernde Kettenreaktion aufzufassen ist.
Damit versteht man den beobachteten tiefgehenden Einfluß der ultravioletten
Strahlen, mittels deren nach A. EIBNER und H. RASQUIN[9] sogar die nichttrocknenden Öle, wie Oliven- und Mandelöl, zur Ausbildung eines Films gebracht werden können. Auf Grund neuerer Arbeiten[10] ist nun bekanntgeworden,
daß auch der gelb-orangene Bereich des Lichtes (6000—6500 Å) die Autoxydation
der Fette stark katalysiert; sehr gering dagegen ist die Wirkung der Strahlen
von einer Wellenlänge zwischen 5000—5500 Å. Erfahrungen darüber, wie sich
die eben erwähnten Wellenbereiche des sichtbaren Lichtes beim Öltrocknen verhalten, liegen bisher noch nicht vor.

[1] A. EIBNER: Ztschr. angew. Chem. **39**, 38 (1926).
[2] Vgl. hierzu z. B. die Versuche bei H. HILDEBRANDT: Dissertation, Leipzig. 1931.
[3] Farben-Ztg. **24**, 1119 (1918/19).   [4] Vgl. S. 415.
[5] Journ. physical Chem. **28**, 145 (1924).
[6] Journ. Amer. chem. Soc. **49**, 1460 (1927); **51**, 90 (1929).
[7] Journ. physical Chem. **30**, 1334 (1926).   [8] Ber. Dtsch. chem. Ges. **64**, 2844 (1931).
[9] Chem. Umschau Fette, Öle, Wachse, Harze **33**, 29 (1926).
[10] C. H. LEA: Journ. Soc. chem. Ind. **52**, 146 T (1933). — COE u. LE CLERC: Cereal
     Chem. **9**, 519 (1932). — G. E. HOLM u. G. R. GREENBANK: Ind. engin. Chem.
     25, 167 (1933).

Auf die Möglichkeit, den Einfluß des Lichtes auf das Trocknen der Öle von einer Seite her dem Verständnis näher zu bringen, weist E. ROSSMANN[1] hin. Gelegentlich von Studien über die sog. „Holzölerscheinung" stellte er fest, daß beim Überleiten von sauerstoffhaltigen ionisierten Gasen über einen Holzöl-ausstrich eine sehr rasche Filmbildung eintritt, die beim Entionisieren nur verzögert erfolgt. Die den Trockenvorgang beschleunigende Wirkung des Lichtes könnte somit wenigstens teilweise auf der Bildung von Gasionen, also einem aktivierten Sauerstoff beruhen.

Nach dem heutigen Stand der Kenntnisse ist im Verhalten der trocknenden Öle bei Belichtung wohl ein triftiger Hinweis dafür zu erblicken, daß chemische Prozesse die Filmbildung zum mindesten ein-leiten. Unter diesen dürfte den Autoxydations-vorgängen die wichtigste Rolle zukommen. Bei solcher Auffassung wird zwanglos verständlich, daß, wie Abb. 22 zeigt, der Trockenpunkt des Lein-öls unabhängig von der Belichtung im Maximum der Gewichtskurven liegt.

Es muß hier darauf hingewiesen werden, daß die chemisch aktiven Lichtstrahlen neben einer Beschleunigung des Trockenprozesses auch die Abbauvorgänge zu rascherem Ablauf bringen (vgl. hierzu Abschnitt B, d).

Einfluß des Wassers. In der Praxis erfolgt das Trocknen der Öle meist an der Luft, also bei Gegenwart von Feuchtigkeit. Dies wurde schon frühzeitig zum Anlaß genommen, den Einfluß des Wassers zu studieren. MULDER und ebenso W. FAHRION nahmen an, daß sich die Luftfeuchtigkeit verzögernd auswirkt; den gleichen Standpunkt vertraten auch A. GENTHE, LIPPERT[2] sowie F. FRITZ[3]. A. EIBNER[4] hat neuerdings Versuche in dieser Richtung nach dem Glastafelverfahren angestellt, indem er ausgestrichenes Leinöl in trockner, in gewöhnlicher sowie in stark feuchter (gesättigter) Luft trocknen ließ. Aus Abb. 23 geht deutlich hervor, daß das Öl während des Trocknens aus der Umgebung Wasser aufnimmt.

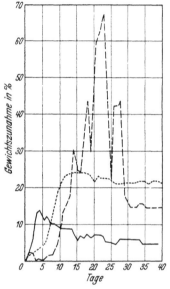

Abb. 23. Trocknen von Leinölausstri-chen in Luft verschiedenen Feuch-tigkeitsgehaltes.

Erläuterungen: ——— Leinöl in trockener Luft; .... Leinöl in gewöhnlicher Luft; _ _ _ _ Leinöl im Exsikkator über Wasser.

Es erfolgt unter gleichzeitiger Trübung des Films eine Quellung[5] des sich bildenden Isokolloides, die, wie die scharfen Knicke der gestrichelten Kurve zeigen (bei der Wägung durch Verdunstungsverluste entstanden), sehr rasch rückläufig ist. Die Filme selbst verhalten sich, wie insbesondere K. H. BAUER und K. GONSER[6] in Fortsetzung von Arbeiten von P. JÄGER[7] gezeigt haben, wie semipermeable Membranen, sind also für Kolloide undurchlässig, für Kristalloide

[1] Farben-Ztg. **38**, 1288 (1933); vgl. auch Fettchem. Umschau **41**, 59 (1934).
[2] Chem. Revue Fett- u. Harz-Ind. **12**, 86 (1905).
[3] Chem. Revue Fett- u. Harz-Ind. **22**, 19 (1915).
[4] Ztschr. angew. Chem. **39**, 38 (1926); Chem. Umschau Fette, Öle, Wachse, Harze **32**, 100 (1925).
[5] Die Erstellung der sog. Trockenkurve eines Öles muß mit dieser Wasseraufnahme aus der Umgebung rechnen; die Gewichtsvermehrung ist also neben der Aufnahme von Sauerstoff auch auf eine solche von Wasser zurückzuführen.
[6] Chem. Umschau Fette, Öle, Wachse, Harze **31**, 197 (1924).
[7] Farben-Ztg. **29**, 507 (1924).

aber durchgängig. Diese Erscheinung der Hydrophilie sucht J. Scheiber[1] neuerdings zur Wertprüfung der Filme heranzuziehen, um einen Einblick in ihren Abbaugrad und damit ihre Beschaffenheit und Widerstandsfähigkeit zu gewinnen.

Die Filme wirken nach diesen Beobachtungen als Wasserspeicher und sind durchlässig, eine Tatsache, die für die Praxis sehr wichtig ist (Schutz der bestrichenen Fläche!). Da sich beim oxydativen Abbau des Films wasserlösliche Produkte bilden, kann durch Wasser ein Auslaugen herbeigeführt werden und damit ein Schwund des Films eintreten. Über diese praktisch wichtigen Fragen ist im Abschnitt B, d Näheres ausgeführt. Hier sei nur noch kurz erwähnt, daß man verschiedenerseits die Annahme gemacht hat, durch Wasseraufnahme sei auch eine Glyceridverseifung in Betracht zu ziehen (chemische Wasseraufnahme). Exakte Erfahrungen darüber liegen bisher nicht vor. Dieser Reaktionsfolge dürfte übrigens wohl kaum eine bedeutsame Rolle zukommen.

Einfluß von Katalysatoren. Das Verständnis für die Vorgänge der Autoxydation ist in den letzten Jahren durch eingehende Untersuchungen über die katalytische Beeinflussung dieser Prozesse durch artfremde Reaktionsteilnehmer wesentlich gefördert worden. Dies gilt insbesondere auch für die theoretischen Vorstellungen über das Trocknen der Öle. In gleicher Weise hat ihre technologische Wertsteigerung dadurch nach verschiedener Richtung hin neue Anregung erhalten.

Positive Katalysatoren. Die trocknenden Öle benötigen bis zur vollendeten Ausbildung eines klebefreien Films eine von ihrer Art abhängige Trockenzeit, die den Erfordernissen der Praxis vielfach recht ungenügend Rechnung trägt. Deshalb hat man schon frühzeitig das Bedürfnis empfunden, Stoffe aufzufinden, die die Geschwindigkeit der Filmbildung steigern, ohne daß dadurch die Art

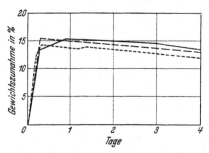

Abb. 24. Einfluß verschiedener Kobaltfirnisse auf die Sauerstoffaufnahme von Leinöl (im Dunkeln; Zimmertemperatur).

Erläuterungen: ———— Kobalt-Linolenat-Firnis (0,05% Co); ———— Kobalt-Oleat-Firnis (0,05% Co); ·········· Kobalt-Palmitat-Firnis (0,05% Co).

des gebildeten Häutchens, d. h. seine Elastizität, Widerstandsfähigkeit, Durchsichtigkeit usw. beeinträchtigt werden. Man nennt solche Substanzen bekanntlich *Trockenstoffe* oder *Sikkative*, eine Bezeichnung, die schon Mulder bekannt war und für die C. Weger[2] bereits die richtige Begriffsbestimmung gegeben hat: ,,Sikkative sind Stoffe, die einem trocknenden Öle die Fähigkeit erteilen können, rascher zu trocknen, als es das an und für sich zu tun vermag." Seit Fougeroux de Bondaroy[3], der Leinöl mit Mennige und Bleiglätte (Dessuccatif) zum Firnis verkochte, um die Trocknung zu beschleunigen, seit der Beobachtung von Chevreul, daß Leinöl auf einer Bleiplatte schneller trocknet als auf Glas- oder Porzellan-Untergrund, haben sich viele Forscher aus praktischen oder theoretischen Gründen mit den Fragen der Sikkative beschäftigt. Dabei ist scharf zwischen zwei Wirkungen zu unterscheiden. Einmal handelt es sich um die durch die Zugabe des ölfremden Katalysators ausgelöste Beschleunigung des Trockenprozesses, zum andern ist mit den beim Firniskochen (ähnlich wie bei der Standölbereitung) zustande kommenden, die Filmbildung begünstigenden chemi-

[1] Ztschr. angew. Chem. **46**, 413 (1933).   [2] Chem. Revue Fett- u. Harz-Ind. **4**, 288 (1897).
[3] Schauplatz der Künste und Handwerke, herausgeg. von der Akademie der Wissenschaften zu Paris, übersetzt von J. H. G. Justi, S. 334 (1762).

schen Prozessen zu rechnen. Hier interessiert zunächst nur die erstere Möglichkeit[1].

Man unterscheidet die Trockenstoffe nach ihrem Verhalten als unlöslich oder löslich. Die erste Gruppe umfaßt Oxyde und Salze von gewissen Metallen, die in organischen Lösungsmitteln unlöslich sind und sich in Leinöl erst nach längerem Erwärmen auf 120—270° C lösen (teilweise Seifenbildung). Die letztere Gruppe wird von Salzen dieser Metalle mit hochmolekularen Fettsäuren gebildet; diese Produkte lösen sich in Leinöl entweder schon in der Kälte oder wenigstens bei schwachem Erwärmen auf. Man kann die angewandten Metallkatalysatoren hinsichtlich ihres Wirkungswertes in folgende absteigende Reihe anordnen: Kobalt, Mangan, Cer, Blei, Eisen, Kupfer, Nickel, Vanadium, Chrom, Calcium, Aluminium, Cadmium, Zink, Zinn. Diese Sikkative beschleunigen die beim natürlichen Trocknen der Öle auftretenden Prozesse, ohne neue Umsetzungen herbeizuführen. Es leuchtet ein, daß, je schwerer ein Präparat löslich, also auch nur grob dispers und ohne große Oberflächenentwicklung im Öl verteilt ist, um so geringer auch seine Wirkung sein wird. Die mit dem Trockenmetall verknüpften organischen Reste entfalten praktisch kaum eine spezifische Wirkung (Abb. 24 und 25); Resinate sind teilweise besser verwendbar als Linolenate. Die Menge des Trockenstoffes wirkt sich in charakteristischer Weise dergestalt aus, daß mit steigender Menge die Trockenzeit sehr rasch herabgesetzt, bei weiterer Erhöhung der Konzentration aber nur mehr sehr wenig verändert wird (Abb. 25 und 26).

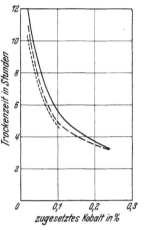

Abb. 25. Einfluß verschiedener Kobaltfirnisse auf die Trockengeschwindigkeit von Leinöl (im Dunkeln; 17° C).

Erläuterungen: ——— Kobalt-Linolenat-Firnis; — — — Kobalt-Oleat-Firnis; ‒‒‒‒‒ Kobalt-Palmitat-Firnis.

Gemäß der nachstehenden Zusammenstellung, in der die Gewichtsvermehrung der Leinöl-Kobalt-Firnisse, der Abb. 26 entsprechend, angegeben ist, steigert die Erhöhung der Menge des Trockenstoffes über einen gewissen optimalen Punkt hinaus die Sauerstoffaufnahme und damit die Peroxydbildung so stark, daß schon von vornherein die Abbauprozesse augenfällig in den Vordergrund treten. Unter diesen Bedingungen ist also mit erheblichen Stoffverlusten zu rechnen. Es kommt hinzu, daß dann der Firnis nur oberflächlich erhärtet, in den inneren Schichten aber flüssig bleibt, womit die Gefahr des Wiederzerfließens, der Synärese des Films, verbunden sein kann.

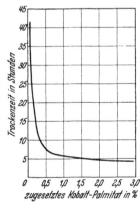

Abb. 26. Abhängigkeit der Trockenzeit von der Menge des Trockenstoffes.

Bei einem Kobaltgehalt von	beträgt die Höchstgewichtszunahme
0,025%	12,8%
0,05%	12,1%
0,1%	12,0%
0,2%	10,9%
0,3%	10,2%

Im Gegensatz zu der beim gewöhnlichen Trocknen der Öle stattfindenden Katalyse, die durch öleigne Katalysatoren zustande kommt, handelt es sich bei der Wirkung der Sikkative um ölfremde Katalysatoren. Eine in jeder Weise

[1] P. SLANSKY: Chem. Umschau Fette, Öle, Wachse, Harze 31, 277 (1924). — A. EIBNER u. F. PALLAUF: Ebenda 32, 81, 97 (1925).

befriedigende Theorie über den Mechanismus dieser Vorgänge ist bisher noch
nicht aufgestellt worden. Von der beim Firniskochen am Öl selbst hervorgerufenen
Veränderung abgesehen, erklärt man sich die Beschleunigung der Trocknung
wohl am besten als katalytische Sauerstoffübertragung[1], die den erwünschten
technologischen Erfolg nach sich zieht. Für eine solche Erklärung sprechen auch
die alten Beobachtungen, daß die Unterlage des Ölanstriches, wie schon erwähnt, die Trockenzeit beeinflußt, sowie die Feststellung von A. EIBNER und
H. RASQUIN[2], daß bei entsprechendem Untergrund, ähnlich wie durch ultraviolettes Licht, auch Olivenöl zum Trocknen gebracht werden kann.

Negative Katalysatoren. Wenn die eben entwickelten Anschauungen über
die Wirkung der Sikkative als sauerstoffübertragende und dadurch die Trocknung
begünstigende Katalysatoren zurecht bestehen, dann ist zwangsläufig zu erwarten,
daß die antioxydativ wirkenden Stoffe mit der Herabsetzung der Autoxydation
auch die Trockenzeit verlängern. Umgekehrt ist in einer solchen Verzögerung
der Trocknung ein wichtiger Hinweis für die grundsätzliche Rolle des Sauerstoffes zu erblicken.

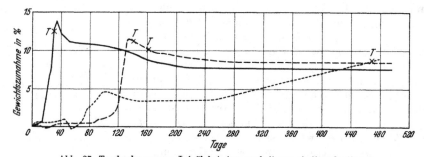

Abb. 27. Trockenkurve von Leinöl bei Anwesenheit von Antioxydantien.
Erläuterungen: ——— Leinöl in Licht und Luft;   — — — Leinöl + Resorcin in Licht und Luft;
·········· Leinöl + β-Naphthol in Licht und Luft.   *T* = Trockenpunkte.

Eingehende Versuche zur Ermittlung des Einflusses gewisser Antioxygene
auf das Trocknen der Öle verdankt man insbesondere J. SCHEIBER, der dieses
Gebiet zusammen mit H. HILDEBRANDT[3] aus theoretischen und praktischen Gesichtspunkten näher beleuchtet hat, nachdem vorher auf diesem Gebiete bereits
eine Patentanmeldung vorlag[4]. Bei Studien an Leinöl und Mohnöl wurde ermittelt, daß eine ganz beträchtliche Verzögerung der Gewichtszunahme sowie
des Trockenvermögens bei Zugabe von Antioxydantien, z. B von β-Naphthol
oder von Resorcin, erfolgt; die anfängliche Wirkung des letzteren Stoffes er-
lahmte merkwürdigerweise nach einer gewissen Zeit plötzlich. Die „Trockenpunkte" wurden, wie dies bei den Ölen ohne Zusatz der Fall ist, unverändert im
Maximum der Trockenkurve liegend gefunden. Eine anschauliche Vorstellung
über die eben geschilderten Verhältnisse vermitteln die Kurven in Abb. 27.

Aus Abb.[5] 27 geht die Wirkung der Antioxygene β-Naphthol und Resorcin
hervor. Am Resorcin fällt, wie schon erwähnt, auf, daß sein Einfluß zunächst
tiefgehend ist, von einem gewissen Zeitpunkt an aber, im Gegensatz zum β-
Naphthol, plötzlich praktisch vollständig erlischt. Aus Abb.[5] 28 wird ersichtlich,

---

[1] Bei den Sikkativen vom Typus des Bleies erkennt man der Seifenbildung (Schaffung
  disperser Phasen) bei der Öltrocknung eine fast größere Bedeutung zu als der
  Übertragung des Sauerstoffes.
[2] Chem. Umschau Fette, Öle, Wachse, Harze **33**, 29 (1926).
[3] Zur Kenntnis des Trockenprozesses fetter Öle. Dissertation, Leipzig. 1931.
[4] D. R. P.-Anm. D. 45420; vgl. M. OPPENHEIMER: Farbe u. Lack **1926**, S. 28.
[5] Entnommen bei H. HILDEBRANDT: Dissertation, Leipzig. 1931.

in welcher Weise die Trockenkurve des Mohnöls verändert wird, wenn außer dem Inhibitor noch das Licht bzw. der Luftsauerstoff ausgeschaltet werden.

Mit der Frage nach dem Verhalten der Antioxygene beim Öltrocknen haben sich neuerdings R. S. HILPERT und CL. NIEHAUS[1] beschäftigt. Die von ihnen unter Verwendung von Phenolen (Phenol, Thymol, o- und m-Kresol, α- und β-Naphthol) angestellten Versuche lehrten, daß die Zusatzstoffe aus dem Leinöl bzw. Holzöl in wechselndem Ausmaße mehr oder weniger rasch verschwinden, wobei gleichzeitig ihre Wirksamkeit entsprechend verlorengeht. Die sich abspielenden Umsetzungen dürften oxydativer Natur sein und ihren Ausgangspunkt wahrscheinlich bei den bei der Autoxydation gebildeten aktiven Oxyden (Peroxyden) finden.

Besonders aufschlußreich sind die Versuche mit Antioxydantien im Hinblick auf das Verhalten des Holzöles. Auf dessen große Neigung zur Filmbildung wurde schon wiederholt hingewiesen. Diesem Verwendungsvorteil steht insofern ein grundsätzlicher Nachteil gegenüber, als dieses Öl mitunter keine normalen, klar durchsichtigen

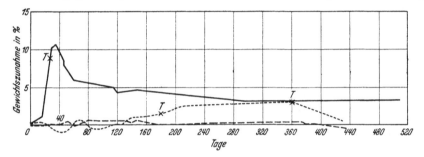

Abb. 28. Trockenkurven von Mohnöl bei Anwesenheit von Antioxydantien.
Erläuterungen: _____ Mohnöl in Licht und Luft; _ _ _ _ Mohnöl + Resorcin im Exsikkator; _ _ _ _ _ _ _ Mohnöl + β-Naphthol im Dunkeln; T = Trockenpunkte.

und glänzenden, sondern trübe, undurchsichtige Filme („Eisblumenfilme") liefert. Die Ursache[2] liegt in der übermäßigen Bereitschaft zur Trocknung, wodurch an der Grenzfläche gegen Luft die Polymerisierung und damit die Erzeugung solvatationsfähiger Koagulate mit großer Geschwindigkeit beginnt, während die tieferen Schichten noch unverändert sind. Die mit der Solvatation verbundene Oberflächenvergrößerung der sich bildenden Haut bei gleichzeitig begrenzter Unterlage führt dann zur Fältelung und Runzelung[3]. Diese Erkenntnis gibt die Möglichkeit einer Behebung dieser technologischen Mängel an die Hand: Man muß die sogenannte Holzölerscheinung dadurch vermeiden, daß man durch entsprechende Maßnahmen die Tiefenoxydation und Polymerisierung begünstigt (positive Katalysatoren, wie Sikkative, anoxydiertes Terpentinöl[4], Standölbereitung) oder die Überaktivität abschwächt. Für letztere Möglichkeit kommen die Antioxydantien in Betracht.

Zusammen mit H. HILDEBRANDT hat J. SCHEIBER[5] ermittelt, daß die Filmbildung des Holzöles zwar durch die bekannten Antioxydantien β-Naphthol, Resorcin und Thymol praktisch nicht beeinflußt wird, daß aber α-Naphthol und Brenzkatechin sichtlich verzögern und Hydrochinon und Pyrogallol ausgesprochen stark hemmen. Unter Betonung der hier zur Diskussion stehenden Fragen ist die weitere Feststellung wichtig, daß bei Anwesenheit wirksamer Anti-

---

[1] Angew. Chem. 47, 86 (1934).   [2] Vgl. J. SCHEIBER: Ztschr. angew. Chem. 46, 643 (1933).
[3] Die mögliche Trübung des Holzölfilms durch Isomerisierung (Überführung der α- in die β-Eläostearinsäure) interessiert hier zunächst nicht.
[4] D. R. P. Nr. 257601.   [5] Dissertation, Leipzig. 1931.

oxygene auch das normale Trocknen des Holzöls verwirklicht wird[1], ein neuer Hinweis dafür, daß beim Trocknen dieses Öles die gebildeten Peroxyde katalytisch beteiligt sind.

Gelegentlich der Erörterungen über das autoxydative Fettverderben wird erwähnt, daß nach H. O. TRIEBOLD, R. E. WEBB und W. J. RUDY[2] sowie nach T. P. HILDITCH[3] mit der Anwesenheit von natürlichen Antioxydantien in den Ölen zu rechnen ist. Trifft diese Annahme zu, dann könnten manche widerspruchsvollen Beobachtungen über das oft stark schwankende Trockenvermögen, z. B. der Leinöle verschiedener Herkunft, Gewinnung usw., eine zwanglose Erklärung finden.

c) Die Art der Polymerisationsprodukte.

Wie schon wiederholt betont, wird heute der Vorgang der Öltrocknung als ein zweiphasiger Prozeß aufgefaßt: Neben einer chemischen Reaktionsfolge spielt sich ein kolloidchemischer Prozeß ab, der in einer Gelbildung unter Erzeugung des Films mit typisch kolloiden Eigenschaften besteht. Dies setzt das Vorhandensein koagulationsfähiger Bestandteile voraus. Es erhebt sich also die grundlegend wichtige Frage nach der Art solcher Komponenten, die, zunächst nicht vorhanden, erst allmählich entstehen, im Öl als stark solvatisierte kolloiddisperse Phase verteilt sind und später, wenn ihre Konzentration einen bestimmten Grenzwert erreicht hat, zur Koagulation kommen. Eine Antwort darauf muß die Aufklärung der Zusammensetzung des Films geben. Man hat deshalb eingehende Untersuchungen in dieser Richtung angestellt und als Hauptbestandteil (neben den offensichtlich bedeutungslosen Abbauprodukten) Verbindungen von kolloider Natur isoliert. Man faßt dieselben unter dem Sammelbegriff „Oxyne" (Oxynsäuren) zusammen, ohne bisher über ihren chemischen Aufbau Näheres aussagen zu können. Infolge dieses Mangels entbehren die Betrachtungen über die Art und das Zustandekommen der durch „Polymerisation" gebildeten koagulationsfähigen Bestandteile der gesicherten experimentellen Grundlage. Man ist daher im wesentlichen auf theoretische Vorstellungen angewiesen, die sich aus Analogieschlüssen, also aus mittelbarer Beweisführung usw. ergeben.

Man hat die Anschauung diskutiert, daß die trocknenden Öle von Haus aus inhomogen (Verunreinigungen, schwer lösliche Glyceride, Glyceridaggregate usw.) und daß solche Bestandteile kolloider Natur der Ausgangspunkt für die Filmbildung seien. Darnach wären die Öle als Isokolloide zu betrachten[4]. Diese Folgerung ist aber insbesondere durch Viskositätsmessungen widerlegt worden[5]. Frische Öle sind keine Dispersoide[6]. Damit ist der Gaskoagulationstheorie von L. AUER der Boden entzogen, und die Entstehung der erforderlichen Polymerisationsprodukte wird zu einem Problem betont chemischen Inhaltes.

Der erste Schritt zur Gewinnung von Vorstellungen über den Prozeß einer stattgefundenen Polymerisierung mußte der sein, die Molekülgröße der gebildeten Produkte zu ermitteln. Die Ergebnisse der in dieser Richtung angestellten umfangreichen Untersuchungen sind widersprechend; die Molekülvergrößerung bei der Filmbildung wird einerseits bejaht, anderseits zurückgewiesen.

Es erübrigt sich, auf die z. B. von S. A. FOKIN, R. S. MORRELL, W. FAHRION, H. WOLFF, J. MARCUSSON, K. H. BAUER, A. EIBNER, E. ROSSMANN u. a. an

---

[1] Vgl. D. R. P.-Anm. D. 45420; M. OPPENHEIMER: Farbe u. Lack 1926, 28.
[2] Cereal Chem. 10, 263 (1933).   [3] Journ. Oil and Colour Chem. 13, Nr. 122 (1930).
[4] WO. OSTWALD: Die Welt der vernachlässigten Dimensionen. 9. u. 10. Aufl. Dresden u. Leipzig: Th. Steinkopff. 1927.
[5] P. SLANSKY u. L. KÖHLER: Kolloid-Ztschr. 46, 128 (1928). — WO. OSTWALD, W. TRAKES u. R. KÖHLER: Ebenda 46, 136 (1928).
[6] A. EIBNER u. A. GRETH: Chem. Umschau Fette, Öle, Wachse, Harze 35, 97 (1928).

trocknenden Ölen und ihren Filmen sowie an den entsprechenden Standölen und ihren Filmen ausgeführten Molekulargewichtsbestimmungen nach BECKMANN bzw. nach RAST im einzelnen einzugehen. Die experimentellen Beobachtungen verdichten sich dahingehend, daß im Falle der Standöle und ihrer Filme[1] auf Grund der RAST-Methode eine Polymerisierung eintritt, während bei den Filmen der nicht behandelten trocknenden Öle eine Molekülvergrößerung mit den bisher herangezogenen experimentellen Hilfsmitteln nicht beobachtbar ist[2]. Im letzteren Falle ist damit aber das Ausbleiben einer Polymerisation nicht erwiesen. Denn es ist die Möglichkeit ins Auge zu fassen, daß bei der Molekulargewichtsbestimmung, sofern die Polymerisate wenig beständig sind, eine Desaggregation[3] stattfindet. Macht man sich diese Annahme zu eigen, dann ist zwangsläufig zwischen der Polymerisierung bei der Standölbereitung (und in diesen Filmen) und derjenigen beim natürlichen Öltrocknen zu unterscheiden.

Wenn also auch die Verhältnisse auf diesen Gebieten noch recht ungeklärt sind, so ist doch daran festzuhalten, daß nach dem heutigen Stand der Kenntnisse die Trocknung der Öle eine Polymerisierung voraussetzt.

1. Trocknen der natürlichen Öle.

Von C. ENGLER wurde bei seinen Studien über die Autoxydation festgestellt, daß damit sehr häufig eine Polymerisierung verbunden ist. Neuere Belege für diese inzwischen wiederholt bestätigte Tatsache verdankt man insbesondere H. STAUDINGER[4]. Gelegentlich von Arbeiten über die Autoxydation des asymmetrischen Diphenyläthylens erhielt er hochpolymere Produkte, die in allen Lösungsmitteln unlöslich waren, in Benzol gelatinierten und deren Peroxyd-Sauerstoff mit Titanschwefelsäure nur in sehr kleiner Menge erkennbar war. Er ordnet diesen Verbindungen folgende Struktur zu:

$$(C_6H_5)_2C{=}CH_2 \rightarrow (C_6H_5)_2C{-}CH_2 \rightarrow (C_6H_5)_2C{-}CH_2 \; \left[(C_6H_5)_2C{-}CH_2 \right]_x (C_6H_5)_2C{-}CH_2$$
$$\underset{O{-}O}{\vert \qquad \vert} \qquad \underset{\ldots O \quad O{-}}{\vert \qquad \vert} \qquad \underset{{-}O \quad O}{\vert \qquad \vert} \qquad \underset{{-}O \quad O\ldots}{\vert \qquad \vert}$$

Hinsichtlich der Eigenschaften besteht somit eine gewisse Analogie zu den Peroxyden der trocknenden Öle, und man ist versucht, hier ähnliche Verhältnisse anzunehmen. Dieser Schritt ist aber nicht möglich, da beim asymmetrischen Diphenyläthylen das die Peroxydgruppe tragende Kohlenstoffatom endständig, bei den olefinischen Fettsäuren aber mittelständig ist.

Da aus Gründen der experimentellen Erfahrung der Ablauf einer isocyclischen Polymerisierung unwahrscheinlich ist, muß man, will man strukturelle Vorstellungen gewinnen, bei der Annahme der Autoxypolymerisierung, also einer Heteropolymerisierung, bleiben. J. MARCUSSON[5] hat die Hypothese aufgestellt, daß sich beim natürlichen Öltrocknen innerhalb des Glyceridmoleküls eine „intramolekulare" Polymerisation abspielt. Hierbei ist der Peroxydsauerstoff als brückenbildendes Element angenommen (s. S. 344).

---

[1] Vgl. z. B. A. EIBNER u. H. MUNZERT: Chem. Umschau Fette, Öle, Wachse, Harze **33**, 188, 201, 213 (1926); vgl. auch K. LINS: Angew. Chem. **47**, 427, 564 (1934).

[2] Auf Grund der Untersuchungen von H. STAUDINGER (Die hochmolekularen organischen Verbindungen. Berlin: Julius Springer. 1932) ist vielleicht ein Fortschritt zu erzielen, wenn man die von ihm aufgefundenen Beziehungen zwischen Viskosität und Molekelgewicht heranzieht; auch das Verfahren nach THE SVEDBERG mittels der Ultrazentrifuge erscheint erfolgversprechend.

[3] Vgl. hierzu die depolymerisierende Wirkung der Lösung nach WIJS bei längerer Einwirkung; E. ROSSMANN: Fettchem. Umschau **40**, 117 (1933).

[4] Ber. Dtsch. chem. Ges. **58**, 1075 (1925).   [5] Ztschr. angew. Chem. **38**, 780 (1925).

Auf diese Weise kommt es zu einer „Verdichtung" innerhalb des Glycerid-moleküls. Die durch Verseifung daraus abgespaltenen Säuren müßten dimer sein. Hierfür führt J. MARCUSSON experimentelle Belege an. Auch die Beobachtungen von K. H. BAUER und G. KUTSCHER[1], wonach bei der Oxydation von Öl- und Linolensäure mit Hydroperoxyd oder Benzopersäure Reaktionsprodukte mit dem doppelten Molekelgewicht gegenüber den angewandten Säuren entstehen, ist hier als Hinweis zu erwähnen; allerdings darf nicht verschwiegen werden, daß bei der gleichen oxydativen Behandlung der Äthylester der beiden un-gesättigten Fettsäuren Produkte der nur einfachen Molekülgröße erhalten worden sind.

Die Vorstellungen von J. MARCUSSON, die sich auf die Bildung des 1,4-Dioxanringes gründen, stehen mit den heutigen theoretischen Anschauungen nicht im Widerspruch. Es ist deshalb darin eine wertvolle Arbeitshypothese zu erblicken, die der weiteren Forschung allerdings als vordringliches Ziel setzt, solche Polymerisierungsprodukte mit dem angenommenen Ringsystem nach-zuweisen[2].

Die Dioxanhypothese setzt voraus, daß entsprechende Mengen von Per-oxyden zur Verfügung stehen. Das dürfte bei den Ölen der Lein- und Mohnöl-gruppe der Fall sein, deren Trocknung beachtlicher Mengen von Sauerstoff be-darf. Nicht aber ist dies beim Holzöl erfüllt, bei dessen Filmbildung, wie früher erörtert, der Sauerstoff nur eine katalytische Rolle spielt und sogar durch Wärme ersetzt werden kann. Hier ergibt sich also eine prinzipielle Schwierigkeit, die wohl nur durch die Annahme überwunden werden kann, daß bei der Trocknung noch andere, bisher unbekannte Möglichkeiten der Molekülvergrößerung beteiligt sind.

Der heute allgemein anerkannte Unterschied im Trocknen des Holzöls einer-seits und der übrigen Öle anderseits würde etwa folgendermaßen zu formulieren sein. Im Holzöl ist die zur Polymerisation bereite Struktur (konjugierte Doppel-bindungen!) vorhanden; bei den anderen Ölen muß sie erst ausgebildet werden. Unter entsprechenden Bedingungen ist die Art des Holzöltrocknens vielleicht auch bei Leinöl wenigstens teilweise zu verwirklichen[3].

2. Trocknen der Standöle.

Es seien hier nur einige wichtige Grundtatsachen hervorgehoben, die für die Filmbildung der Standöle aufschlußreich und für die Vorstellungen beim natür-lichen Öltrocknen wertvoll sind[4].

Bei der Standölbereitung sind Versuchsbedingungen gegeben, die für die Herbeiführung von energieverbrauchenden Kohlenstoffverknüpfungen günstig sind. Die Frage nach der Art der entstehenden Ringschlüsse ist daher sehr oft gestellt und experimentell wiederholt bearbeitet worden, ohne daß bis jetzt eine endgültige Entscheidung zu treffen wäre. Die zu lösenden Schwierigkeiten sind, ähnlich wie bei der eben behandelten Polymerisierung beim natürlichen Trocknen, dadurch besonders groß, daß die gleichzeitig verlaufenden anderen Vorgänge die

---

[1] Chem. Umschau Fette, Öle, Wachse, Harze **32**, 57 (1925).
[2] Der Vollständigkeit halber sei erwähnt, daß von W. FAHRION auch eine Polymeri-sierung im Sinne derjenigen des Acetonperoxydes (A. BAYER u. VILLIGER: Ber. Dtsch. chem. Ges. **32**, 3632 [1899]) diskutiert wird:

$$\begin{array}{ccc} -\text{CH}-\text{O} \quad \text{O}-\text{CH}- & & -\text{CH}-\text{O}\cdot\text{O}-\text{CH}- \\ | \quad | + | \quad | & \rightarrow & | \quad | \\ -\text{CH}-\text{O} \quad \text{O}-\text{CH}- & & -\text{CH}-\text{O}\cdot\text{O}-\text{CH}- \end{array}$$

[3] P. SLANSKY: Farben-Ztg. **38**, 505 (1933).
[4] Literatur vgl. z. B. bei E. ROSSMANN: Fettchem. Umschau **40**, 117 (1933).

Unterscheidung des Wesentlichen vom Nebensächlichen bisher unmöglich gemacht haben[1].

Man hat vor allem die Bildung von Cyclobutanringen erörtert, die dadurch zustande kommen, daß sich die Doppelbindungen zweier Säuren zusammenschließen:

$$\begin{array}{ccc} -CH & HC- & -CH-CH- \\ \parallel & + \parallel & \rightarrow \quad | \quad\quad | \\ -CH & HC- & -CH-CH- \end{array}$$

Für eine solche Gruppierung gibt es verschiedene Anhaltspunkte. W. NAGEL und J. GRÜSS[2] gelangen dazu auf Grund von Versuchen mit dem Methylester der Eläostearinsäure. Ähnliche Schlüsse zieht H. PFAHLER[3] aus den Ergebnissen seiner Untersuchungen mit Sojadicköl. K. KINO[4] konnte durch oxydative Spaltung des erhitzten Methylesters der Linolsäure folgende Verbindung:

$$CH_3 \cdot (CH_2)_4 \cdot CH-CH \cdot CH_2 \cdot COOH$$
$$\quad\quad\quad\quad\quad | \quad\quad\quad |$$
$$CH_3 \cdot (CH_2)_4 \cdot CH-CH \cdot CH_2 \cdot COOH$$

nachweisen, woraus zu schließen ist, daß sich zwei Linolsäuren unter Bildung eines Cyclobutanringes zusammengeschlossen haben. K. H. BAUER und HERBERTS[5] stellten an der Eläostearinsäure allerdings mehr als verdoppeltes Molekulargewicht fest; diesen Befund korrigiert aber E. ROSSMANN[6] dahingehend, daß auch in diesem Falle auf Grund der Ermittlung der Molekülgröße und des Rückganges der Jodzahl nur eine Dimerisation erfolgt ist.

Mit der Annahme einer solchen Kohlenstoff-Vierringbildung, die sich sowohl innerhalb eines Glyceridmoleküls als auch zwischen verschiedenen Molekeln abspielen könnte, sind aber auf Grund der experimentellen Erfahrungen die Möglichkeiten der Polymerisierung sicher nicht erschöpft. In einer umfassenden wertvollen Experimentaluntersuchung erörtert neuerdings E. ROSSMANN[7] die Sachlage an der Eläostearinsäure. Nach ihm schließen sich entweder zwei Moleküle unter Verlust einer Doppelbindung zu einem Dimeren zusammen, oder in einem Molekül reagieren das erste und sechste Kohlenstoffatom des dreifach ungesättigten konjugierten Systems miteinander. Im letzteren Falle ist unter Bildung eines Sechsringes ein Derivat des Dihydrobenzols zu erwarten, nämlich die 1,3-Cyclohexadien-5-butyl-4-caprylsäure (V); sie kann ihrerseits wieder ein Dimeres bilden. Im ersteren Falle ist mit der Möglichkeit der Entstehung eines Derivates des Cyclo-dodeka-tetraens (Zwölfring II) oder des schon erwähnten Cyclobutans (Vierring III) oder des Cyclo-octo-diens (Achtring mit zwei Vierringen IV) zu rechnen:

Eläostearinsäure:

(I)
$$CH_3-(CH_2)_3-CH \quad\quad CH-(CH_2)_7-COOH$$
$$\quad\quad\quad\quad\quad\quad \backslash\!\!\backslash \quad\quad\quad\quad \backslash\!\!\backslash$$
$$\quad\quad\quad\quad\quad\quad CH \quad\quad\quad CH$$
$$\quad\quad\quad\quad\quad\quad\quad \backslash \quad\quad\quad /$$
$$\quad\quad\quad\quad\quad\quad\quad\quad CH=CH$$

---

[1] Von A. H. SALWAY (Journ. Soc. chem. Ind. **39**, 324 T [1920]) ist die Anschauung entwickelt worden, daß die Polymerisierung primär in einer Abspaltung eines Fettsäuremoleküls (Diglyceridbildung) besteht, die an das ungesättigte Fettsäureradikal des Diglycerides angelagert werden soll; in 3. Phase erfolge dann die Verätherung von 2 Diglyceriden unter Wasseraustritt. Diese Theorie wurde, da sie heute wohl überholt ist, nicht berücksichtigt. Auch auf die „Umesterungstheorie" von E. FONROBERT u. F. PALLAUF (Chem. Umschau Fette, Öle, Wachse, Harze **33**, 41 [1926]) wurde hier nicht weiter eingegangen.

[2] Ztschr. angew. Chem. **39**, 10 (1926).
[3] Chem. Umschau Fette, Öle, Wachse, Harze **33**, 173 (1926).
[4] Chem. Ztrbl. **1933** I, 3184.   [5] Chem. Umschau Fette, Öle, Wachse, Harze **29**, 231 (1922).
[6] Fettchem. Umschau **40**, 117 (1933).   [7] Fettchem. Umschau **40**, 96, 117 (1933).

Dimere Eläostearinsäuren:

(II)

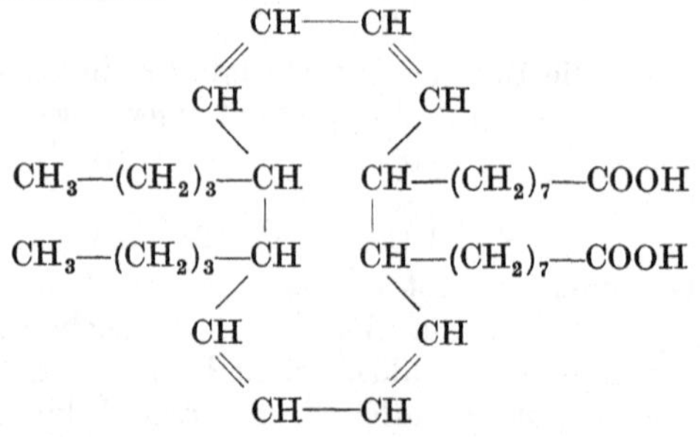

$$
\begin{array}{c}
CH\!=\!CH \\
CH \qquad CH \\
CH_3\!-\!(CH_2)_3\!-\!CH \quad CH\!-\!(CH_2)_7\!-\!COOH \\
CH_3\!-\!(CH_2)_3\!-\!CH \quad CH\!-\!(CH_2)_7\!-\!COOH \\
CH \qquad CH \\
CH\!=\!CH
\end{array}
$$

(III)

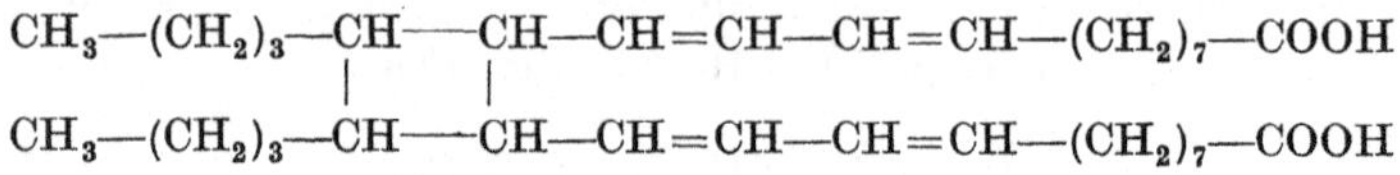

$$
CH_3\!-\!(CH_2)_3\!-\!CH\!-\!CH\!-\!CH\!=\!CH\!-\!CH\!=\!CH\!-\!(CH_2)_7\!-\!COOH
$$
$$
CH_3\!-\!(CH_2)_3\!-\!CH\!-\!CH\!-\!CH\!=\!CH\!-\!CH\!=\!CH\!-\!(CH_2)_7\!-\!COOH
$$

(IV)

$$
\begin{array}{c}
CH\!=\!CH \\
CH_3\!-\!(CH_2)_3\!-\!CH\!-\!CH \qquad CH\!-\!CH\!-\!(CH_2)_7\!-\!COOH \\
CH_3\!-\!(CH_2)_3\!-\!CH\!-\!CH \qquad CH\!-\!CH\!-\!(CH_2)_7\!-\!COOH \\
CH\!=\!CH
\end{array}
$$

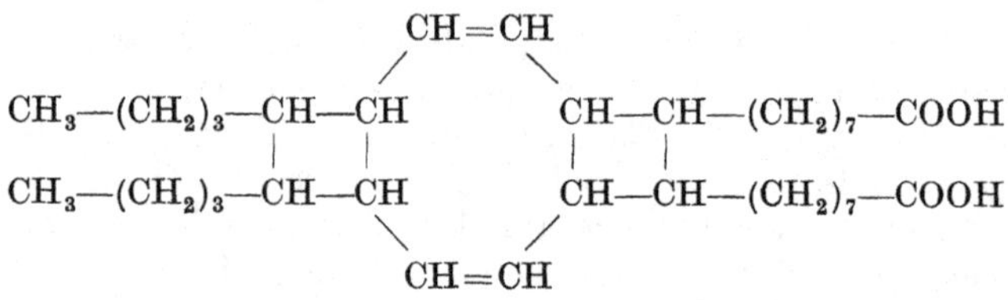

Isomere cyclische Eläostearinsäure:

(V)

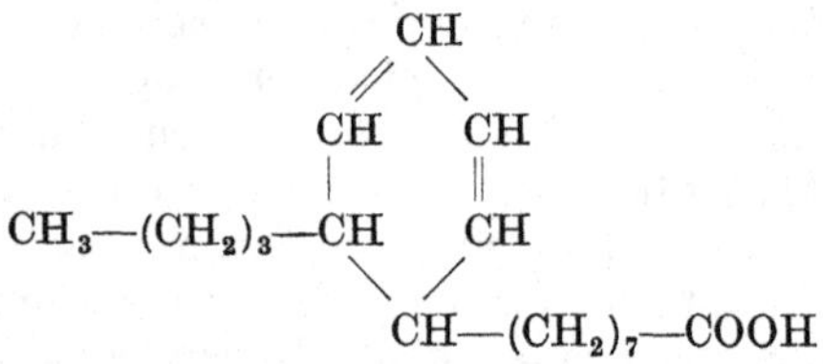

$$
\begin{array}{c}
CH \\
CH \quad CH \\
CH_3\!-\!(CH_2)_3\!-\!CH \quad CH \\
CH\!-\!(CH_2)_7\!-\!COOH
\end{array}
$$

Die bisherigen Versuchsergebnisse, wobei der Fortgang der Umsetzungen an Hand der Jodzahländerungen (nach differenzierenden Verfahren bestimmt), der Molekulargewichtsbestimmung nach RAST und der Ermittlung der Molekular-Refraktion verfolgt wurde, sprechen sehr zugunsten der Formel II. Daneben ergaben sich unter Anknüpfung an ältere Befunde[1] auch Hinweise für das Vorliegen der monomeren cyclischen Form gemäß V. Versuche am Holzöl selbst führten zu der Schlußfolgerung, daß bei der Standölbereitung neben der eben erwähnten dimeren Cyclo-Eläostearinsäure auch der monomere Vertreter entsteht. Erstere ist depolymerisierbar; der letztere, der eigentlich gar kein Polymerisierungsprodukt darstellt, ist als ein irreversibles Zwischenprodukt bei der Holzöl-Polymerisation aufzufassen.

Neuerdings stellt P. C. A. KAPPELMEIER[2] eine weitere Möglichkeit der Polymerisierung bei der Standölbereitung zur Diskussion. An das Prinzip der „Diensynthesen" nach O. DIELS und K. ALDER[3] anknüpfend, wonach Verbindungen mit konjugierten Doppelbindungen sehr leicht in Reaktion zu bringen sind mit solchen, die aktive Doppelbindungen enthalten, weist er darauf hin,

---

[1] Z. B. CLOEZ: Compt. rend. hebd. Séances Acad. Sciences **83**, 945 (1876). — Vgl. auch E. EIGENBERGER: Journ. prakt. Chem. **136**, 92 (1933).

[2] Farben-Ztg. **38**, 1077, 1081 (1933).

[3] Vgl. die zusammenfassende Darstellung von K. ALDER: Die Methoden der Dien-Synthese. Handbuch der biologischen Arbeitsmethoden von E. ABDERHALDEN, Lieferung 400. Berlin u. Wien: Urban u. Schwarzenberg. 1933.

daß diese Art der Polymerisierung bei der Bereitung von Standöl aus Holzöl günstige Vorbedingungen findet. In der Eläostearinsäure liegt einerseits das erforderliche konjugierte System vor, anderseits ist die „aktive" Doppelbindung vorhanden, da konjugierte Doppelbindungen aktiv sind.

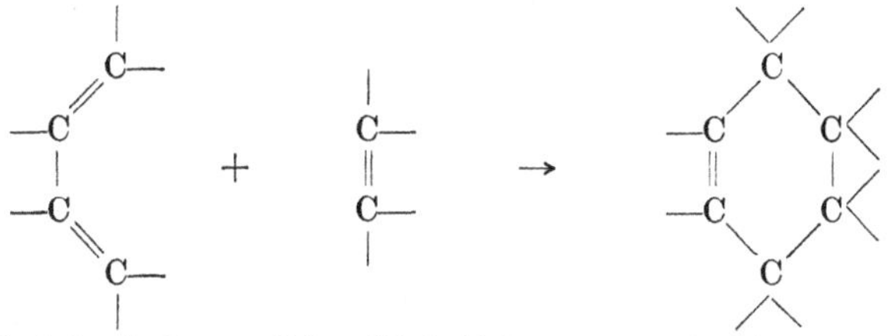

Konjugiertes System   Aktive Äthylenbindung   Cyclohexenring

In dieser Formulierung einer 1,4-Addition findet die „Verdickung" des Holz-öles, deren Analogie zu den Polymerisationen bei anderen konjugierten Systemen schon von J. SCHEIBER[1] betont wurde, strukturchemisch eine recht befriedigende Deutung. Beschränkt man des Überblickes halber die „Diensynthese" auf die Reaktion zwischen zwei Molekülen freier Eläostearinsäure, dann kommen nur die Möglichkeiten der Anlagerung an die Kohlenstoffatome 9,12 oder 11,14 in Betracht, da die Reaktion der Atome 9,14 (Kohlenstoff-Achtring) nach Untersuchungen von R. KUHN und TH. WAGNER-JAUREGG[2] als sehr unwahrscheinlich gelten darf. Es ist also theoretisch eine Sechsringbildung zu erwarten.

Schwieriger ist es vorauszusagen, welche der „aktiven" Doppelbindungen von dem dreifach konjugierten System der Eläostearinsäure reagiert; das Versuchsmaterial über die Diensynthesen von Polyenen ist bisher für eine solche Vorhersage noch zu lückenhaft. Zunächst muß angenommen werden, daß wohl jede der drei Lückenbindungen zu der Dimerisation gleich gut befähigt ist.

Für die Addition sind, auf Eläostearinsäure angewendet, gemäß dem folgenden Schema zwei Möglichkeiten gegeben:

(1)

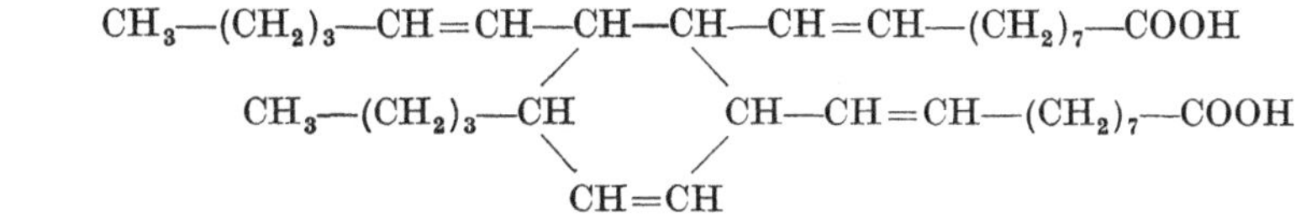

$$CH_3-(CH_2)_3-CH=CH-CH-CH-CH=CH-(CH_2)_7-COOH$$

$$CH_3-(CH_2)_3-CH \qquad CH-CH=CH-(CH_2)_7-COOH$$

$$CH=CH$$

(2)

$$CH_3-(CH_2)_3-CH=CH-CH-CH-CH=CH-(CH_2)_7-COOH$$

$$HOOC-(CH_2)_7-CH=CH-CH \qquad CH-(CH_2)_3-CH_3$$

$$CH=CH$$

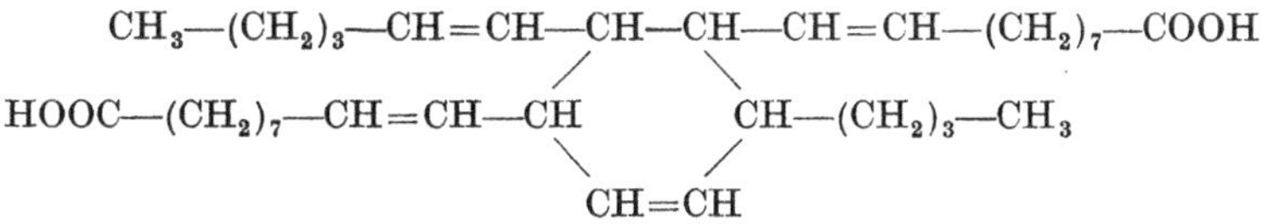

Man kann also insgesamt zwölf verschiedene dimere Dicarbonsäuren erwarten, nämlich je zwei Formen, entsprechend der unmittelbar vorhergehenden Gruppierung, zwei Formen gemäß der verschiedenen 1,4-Addition (entweder 9,12- oder 11,14-Addition) und drei Formen, entsprechend der Zahl der drei aktiven Doppelbindungen. Rechnet man ferner mit der möglichen cis-trans-Isomerie, so erhöht sich die Zahl der Reaktionsprodukte auf 96. Es besteht somit eine fast unübersehbare Mannigfaltigkeit, die der experimentellen Untersuchung außerordentlich große Schwierigkeiten bereitet.

---

[1] Lacke und ihre Rohstoffe. Leipzig. 1926. — E. FONROBERT u. F. PALLAUF: Chem. Umschau Fette, Öle, Wachse, Harze **33**, 41 (1926).
[2] Ber. Dtsch. chem. Ges. **63**, 2668 (1930).

Die vorstehend betrachteten Polymerisationsmöglichkeiten sind vor allem
dann denkbar, wenn es sich um die Verknüpfung von Eläostearinsäure-Resten aus
verschiedenen Glyceriden handelt, also bei einer extramolekularen Polymerisierung; mit der Bildung von tri- und höhermolekularen Glyceriden ist dabei
unter Umständen zu rechnen. Die intramolekulare Polymerisierung aber würde
infolge der Bindung der Fettsäuren an das Glycerin zu vielgliedrigen Systemen
führen, die zwar beständig, aber nicht ganz leicht herstellbar sind.

Genau so wie beim Trocknen nimmt das Holzöl auch bei der Standölbereitung eine Sonderstellung ein: es erleidet die erforderlichen Umsetzungen mit
größerer Reaktionsgeschwindigkeit und viel geringerem Materialverlust als das
Leinöl. Im letzteren Falle sind also wahrscheinlich tiefgehende strukturelle Veränderungen notwendig[1], ehe die die Verdickung auslösende Reaktionsfolge vor
sich geht, während das Holzöl von Haus aus dafür disponiert ist. Vielleicht
handelt es sich bei den Umsetzungen um die schon erwähnte, von J. Scheiber
aufgestellte Hypothese der sekundären Erzeugung konjugierter Systeme.

Es ist sichergestellt, daß bei der Standölbereitung und beim natürlichen
Öltrocknen die kolloiden Vorgänge, wie dies auch von H. Wolff[2] immer wieder
betont wird, von grundsätzlicher Bedeutung sind. Über die Struktur der diese
Zustandsänderung auslösenden Umwandlungsprodukte der Ölbestandteile aber
ist nur sehr wenig bekannt. Man ist, bevor nicht das vordringliche Ziel der Isolierung und Konstitutionsaufklärung der wesentlichen Reaktionsprodukte erreicht ist, auf theoretische Erörterungen angewiesen. In diesem Sinne wollen die
vorstehenden Ausführungen aufgefaßt sein. H. Wolff und J. Rabinowicz[3]
haben festgestellt, daß bei der Hitzeverdickung von Leinöl ein Isomeres der
Linolsäure entsteht, für das vielleicht eine durch Wanderung der Lückenbindung
entstandene Konjugierung anzunehmen ist.

d) Der Stoffabbau.

Die Verfilmung des Öles kann, wie schon erwähnt, nicht die Folge eines
Abbaues sein, sondern es kommt dafür nur hochmolekulares Material in Betracht.
Trotzdem darf aber die Rolle der Zersetzungsvorgänge nicht unterschätzt werden[4].
Es leuchtet ein, daß der kolloide Film in seinen Eigenschaften und in seiner
Lebensdauer von Art und Menge der gebildeten Abbauprodukte wesentlich be-
einflußt wird. Ferner ist mit der schon erwähnten Möglichkeit zu rechnen,
daß irgendwelche Zersetzungsstoffe katalytisch an der Trocknung beteiligt sind.
Hinzu kommt, was z. B. S. Merzbacher[5] zur Diskussion stellt, daß vielleicht
ein Teil der energieliefernden Abbauprozesse mit den energieverbrauchenden
Aufbaureaktionen zwangsweise gekoppelt ist.

Es sei hier darauf verzichtet, die zahlreichen Arbeiten über die beim Öltrocknen auftretenden Abbauprodukte im einzelnen zu besprechen. Es ist dies
eine lange Reihe, die sich von De Saussure[6], Cloez[7], Mulder[8] u. a. bis in die

---

[1] Inwieweit solche Umsetzungen von nebensächlicher Bedeutung sind, kann zunächst
nicht entschieden werden.   [2] Farben-Ztg. **38**, 321 (1932).
[3] Fettchem. Umschau **40**, 115 (1933). Vgl. hierzu auch die Arbeiten über Wanderung
von Lückenbindungen beim Erwärmen z. B. von K.H. Bauer u. F. Ermann
(Chem. Umschau Fette, Öle, Wachse, Harze **37**, 241 [1930]), von K.H. Bauer u.
M. Krallis (Chem. Umschau Fette, Öle, Wachse, Harze **38**, 201 [1931]) sowie
von T.P. Hilditch u. N.L. Vidyarthi (Proceed. Roy. Soc., London, Serie A, **122**,
552, 563 [1929]) und von T.P. Hilditch (Chem. Umschau Fette, Öle, Wachse, Harze
37, 354 [1930]).   [4] B. Scheifele: Ztschr. angew. Chem. **42**, 787 (1929).
[5] Vgl. J. d'Ans: Chem. Umschau Fette, Öle, Wachse, Harze **34**, 283 (1927).
[6] Ann. Chim. et Phys. **13**, 351 (1845); **49**, 230 (1857).
[7] Bull. Soc. chim. France (3), **2**, 41.   [8] Die Chemie der austrocknenden Öle, S. 114. 1867.

Neuzeit erstreckt und die über die anfänglich nur sehr lückenhafte Feststellung einer Bildung von Wasser, Kohlendioxyd, Kohlenmonoxyd usw. allmählich zu einem vertieften Einblick in die komplizierten Vorgänge geführt hat. Darnach wird die früher insbesondere von Krumbhaar[1] hervorgehobene Tatsache sichergestellt, daß die destruktive Oxydation sofort mit dem Hinzutritt des Sauerstoffes, somit schon vor dem Trockenwerden beginnt. Der Abbau geht also mit der Filmbildung einher, erreicht aber erst in späteren Stadien größere Ausmaße. Licht und Wärme begünstigen diese Prozesse wesentlich; über die Rolle des Wassers ist nur sehr wenig bekannt. Als besonders wertvolle Arbeiten seien hier diejenigen von J. d'Ans[2] sowie von S. Merzbacher[3] angeführt. In der ersten[2] der erwähnten beiden Untersuchungen wird an einem Leinölfirnis (beim Öl selbst dürften die Verhältnisse prinzipiell nicht anders liegen, da die Sikkative nur die Geschwindigkeit der Prozesse verändern, ohne neue Umsetzungen auszulösen) eine Sauerstoffbilanz aufgestellt, die etwa folgende Aussagen zu machen ermöglicht:

1. Bei dem am stärksten durchoxydierten Firnis wurden 39% seines Gewichtes an Sauerstoff aufgenommen und 10% Kohlendioxyd sowie 1% Kohlenmonoxyd abgegeben; die Kohlendioxydentwicklung wird im Sonnenlicht und beim Erwärmen verstärkt, diejenige von Kohlenmonoxyd von diesen beiden Faktoren kaum beeinflußt.

2. Die aus dem getrockneten Firnis durch Erhitzen im Stickstoffstrom bei 130° C ausgetriebenen leicht flüchtigen Produkte, bei denen es sich in der Hauptsache um die beim Trockenprozeß gebildeten nicht gasförmigen, aber leicht flüchtigen Verbindungen handelt, bestanden, bezogen auf das Gewicht des angewandten Firnisses, art- und mengenmäßig aus folgenden Bestandteilen:

12,3% Wasser,
10,4% flüchtige Säuren, berechnet als Ameisensäure,
1,5% Kohlendioxyd,
7,2% Ameisensäure (bestimmt nach der Quecksilberchloridmethode), d. h. 69,2% der gesamten flüchtigen Säuren,
0,8% Aldehyde, berechnet als Formaldehyd.

3. Die Gesamtmenge der gasförmigen sowie der bei 130° flüchtigen Stoffe betrug rund 36% des Firnisses.

4. Auf jedes Leinölmolekül traten bis zu $21\frac{1}{2}$ Atome Sauerstoff in Reaktion. Hiervon waren rund 9 in den kohlenstoffhaltigen flüchtigen Produkten (Kohlendioxyd, Kohlenmonoxyd, flüchtige Säuren, Aldehyde) enthalten. Etwa 6 Atome Sauerstoff fanden sich in dem bei 130° abgespaltenen Wasser. Sonach waren in dem bei 130° erhitzten Oxyn noch etwa $6\frac{1}{2}$ Atome Sauerstoff vorhanden. Da bei der Oxydation auf Grund der Jodzahl 5 Doppelbindungen verschwunden, also abgesättigt worden waren, stellt sich der Reaktionsverlauf in grober Annäherung so dar, daß, abgesehen von den 9 Sauerstoffatomen, die zur Bildung niedrigerer Spaltprodukte verbraucht worden sind, auf jede Doppelbindung, den bisherigen Anschauungen entsprechend, 2 Atome Sauerstoff aufgenommen werden, wovon sich 1 Atom beim Erhitzen auf 130° als Wasser abspaltet. Die schon erwähnte Annahme von W. Fahrion:

$$
\begin{array}{ccc}
-\mathrm{CH} & -\mathrm{CH}-\mathrm{O} & -\mathrm{CHOH} \\
\| \quad +\mathrm{O_2} \rightarrow & | \quad | \rightarrow & | \\
-\mathrm{CH} & -\mathrm{CH}-\mathrm{O} & -\mathrm{CO}
\end{array}
$$

[1] Chem. Revue Fett- u. Harz-Ind. 20, 287 (1913).
[2] Vgl. die Übersicht bei J. d'Ans u. S. Merzbacher: Chem. Umschau Fette, Öle, Wachse, Harze. 34, 283, 296 (1927).
[3] Chem. Umschau Fette, Öle, Wachse, Harze 35, 173 (1928); 36, 339 (1929).

also die Umlagerung der Peroxyde in Oxyketone, widerspricht diesen Erörterungen nicht; die Oxyketone aber dürften Verbindungen mit großer Bereitschaft zur Polymerisation sein.

5. Es wurde sichergestellt, daß die gebildete Ameisensäure und wahrscheinlich auch die anderen niedermolekularen Oxydationsprodukte nicht aus dem Glycerin stammen; letzteres ist im Oxyn praktisch unverändert vorhanden.

Von S. Merzbacher[1] ist in der Zwischenzeit die vorerwähnte Sauerstoffbilanz nach der qualitativ-quantitativen Seite hin durch Untersuchungen an einem getrockneten manganhaltigen Leinölfirnis wesentlich ausgestaltet worden. Das durch Aufstreichen des Firnisses auf Glasplatten erhaltene Linoxyn wurde eingehend analysiert; es wurde folgende Zusammensetzung gefunden:

Tabelle 60. Bestandteile des Linoxyns.

Asche	0,4%	
Feuchtigkeit	9,0%	Ungesättigte höhere Fettsäuren (petrolätherlöslich) ... 9,6%
Glycerin	9,0%	Wasserunlösliche Oxynsäuren... 26,0%
Ameisensäure	1,0%	Wasserlösliche Oxynsäuren ... 8,0%
Propionsäure	1,0%	Nicht definierte wasserlösliche
Capronsäure	0,3%	organische Substanzen ... 3,0%
Pelargonsäure	1,6%	Verluste beim Arbeiten, Kohlen-
Azelainsäure	9,0%	dioxyd usw. ... 12,6%
Gesättigte höhere Fettsäuren ...	9,5%	

Der Überblick über die Vielheit der bisher nachgewiesenen Abbauprodukte lehrt, daß ein außerordentlich komplizierter chemischer Vorgang statthaben muß, für den es wahrscheinlich ein allgemein gültiges Reaktionsschema überhaupt nicht gibt. Auch wenn es gelingen sollte, das Gemisch der Zersetzungsstoffe restlos zu erfassen und zu erkennen, wird sich daraus wohl nur eine lückenhafte Vorstellung für den gesamten Mechanismus ableiten lassen, da das Nebeneinander von primären und sekundären Produkten nur zu leicht zu irrtümlichen Folgerungen Anlaß geben kann. Es kommt hinzu, daß man auf Grund der Erfahrung annehmen muß, daß der Weg des Abbaues beim Trocknen des gleichen Öles je nach den Versuchsbedingungen die eine oder die andere Richtung bevorzugt einschlagen und damit auch zu verschiedenen Produkten führen kann. Dies läßt sich z. B. aus Untersuchungen von A. Eibner und H. Munzert[2] folgern. Beim Trocknen im unmittelbaren Sonnenlicht verhält sich das Leinöl gewissermaßen wie das Mohnöl beim Trocknen im zerstreuten Tageslicht und erleidet ähnlich große Stoffverluste. Setzt man aber den Mohnölaufstrich dem Sonnenlicht aus, dann werden abnorm hohe Schwundbeträge beobachtet, und es kommt überhaupt nicht zur Bildung eines klebefreien Films.

Die bisher festgestellten Abbauprodukte lassen einen Schluß auf den Aufbau des Oxyns nicht zu, da die gerade dafür wesentlichen Bestandteile, gemäß der vorstehenden Zusammenstellung als „Oxynsäuren" bezeichnet, chemisch noch nicht erschlossen sind.

Der unter Autoxydation verlaufende Trockenprozeß ist seinem ganzen Charakter und der Art der Zersetzungsprodukte nach dem autoxydativen Verderben an die Seite zu stellen[3]. Das dort Gesagte dürfte in ganz ähnlicher Weise auch hier Geltung haben. Der Unterschied zwischen diesen beiden Reaktionsfolgen sowie ihre Analogie können schematisch vielleicht folgendermaßen formuliert werden:

[1] Chem. Umschau Fette, Öle, Wachse, Harze **35**, 173 (1928); **36**, 339 (1929).
[2] Chem. Umschau Fette, Öle, Wachse, Harze **34**, 101 (1927).
[3] Siehe „Verderben der Fette", S. 415 dieses Bandes.

Trockenprozeß:

Peroxydische Verbindungen → Autoxy-Polymerisate → Film

Abbauprodukte
(meist auf oxydativem Weg entstanden)

Im Unterschied dazu verlaufen die Reaktionen beim autoxydativen Verderben einseitig in der Richtung des Abbaues, da hierbei unter gewöhnlichen Bedingungen die Bereitschaft zur Autoxy-Polymerisation nicht gegeben zu sein scheint.

Autoxydatives Verderben:

Fett oder Öl → Peroxydische Verbindungen → Abbauprodukte

Gelegentlich der Betrachtungen über autoxydatives Fettverderben wird auf die Möglichkeit der Bildung von Oxysäuren hingewiesen werden (S. 419). Die Voraussetzungen hierfür sind auch beim Trocknen der Öle gegeben, vielleicht sogar im verstärkten Maße. Von J. D'ANS ist, den Erwartungen entsprechend, unter den Abbauprodukten des Linoxyns Dioxystearinsäure gefunden worden. Damit wird verständlich, daß sich beim Öltrocknen ein allmähliches Anwachsen der Acetylzahl durchsetzt. Nach J. SCHEIBER und NALTSAS[1] stieg diese Kennzahl innerhalb 4 Wochen von 16 auf 18, nach der 16. Woche auf 77, nach 104 Wochen auf 153 usw. Dieses Verhalten kann wohl nur als ein Ausdruck für die ununterbrochen weitergehende Oxydation aufgefaßt werden, also für eine Alterserscheinung des fertigen Films.

Von großem Interesse ist die Feststellung, daß das Glycerin[2] des trocknenden Öles, ähnlich wie beim autoxydativen Fettverderben, praktisch nicht in den Bereich der chemischen Umsetzungen gezogen wird.

Die vorstehenden Ausführungen über den oxydativen Abbau beim Öltrocknen geben auch die richtige Antwort auf die Frage nach der Herkunft der in den Filmen enthaltenen freien Säuren, wofür man früher in irrtümlicher Weise meist hydrolytische Vorgänge verantwortlich gemacht hat. Wenn die Mitbeteiligung solcher Prozesse auch wahrscheinlich ist, so dürfte doch die sich allmählich im erheblichen Ausmaß durchsetzende Säurebildung (vgl. Tab. 61), ähnlich wie beim autoxydativen Verderben, in erster Linie auf den oxydativen Abbau zurückzuführen sein[3]. Die Ergebnisse nach Tabelle 61 sind ein überzeugender Beweis dafür. Macht man sich diese Anschauung zu eigen, dann wird der von A. H. SALWAY[4] entwickelten Theorie der Polymerisation (Verseifung zu Diglyceriden, Anlagerung der abgespaltenen

Tabelle 61. Ansteigen der Säurezahlen beim Trocknen von Ölen[5].

Zeit	Holzöl	Leinöl	Leinöl-firnis	Mohnöl	Leinöl-Standöl (dick)
0. Tag ...	3,8	3,0	5,6	7,7	31,3
1. ,, ...	6,6	4,2	72,0	—	31,3
3. ,, ...	7,4	—	71,8	24,1	31,6
6. ,, ...	—	—	74,6	57,1	38,5
9. ,, ...	—	—	74,4	63,5	41,7
12. ,, ...	—	—	75,2	100,0	47,8
34. ,, ...	41,7	—	—	—	—
60. ,, ...	—	191,9	—	—	—
127. ,, ...	59,7	—	—	221,0	—

---

[1] Farbe u. Lack **1930**, S. 51. Die Feststellung der Bildung von Oxysäuren steht in einem zunächst nicht lösbaren Widerspruch zu den Schlußfolgerungen von ST. GOLDSCHMIDT u. K. FREUDENBERG (Ber. Dtsch. chem. Ges. **67**, 1589 [1934]).

[2] Vgl. J. D'ANS: Chem. Umschau Fette, Öle, Wachse, Harze **34**, 281, 296 (1927).

[3] Vgl. L. AUER: Kolloidchem. Beih. **24**, 310 (1927).

[4] Journ. Soc. chem. Ind. **39**, 324 T (1920).

[5] Entnommen bei A. EIBNER: Das Öltrocknen usw., S. 190.

Fettsäuren an eine Doppelbindung, Verätherung der Diglyceride) der Boden entzogen.

Nach Tabelle 61 erreichen das Mohnöl (und die ihm ähnlichen Öle, wie Soja-, Sonnenblumen-, Walnußöl) zur gleichen Zeit höhere Säurezahlen als das Leinöl; der Leinölfirnis seinerseits übertrifft das frische Öl schon in den ersten Tagen in erheblichem Ausmaße. Sehr langsam steigt diese Kennzahl beim Holzöl an; es erweist sich somit als sehr widerstandsfähig, was mit den Vorstellungen über sein Trocknen in gutem Einklange steht. Das Standöl schließlich zeigt zwar anfänglich bereits erhöhte Säurezahl, deren Größe mit der Zeit aber nur recht langsam zunimmt. Daraus ist zu folgern, daß durch das Erhitzen des Öles, was durch die angenommene Polymerisierung zwanglos erklärt wird, eine Steigerung der Widerstandsfähigkeit gegen oxydativen Angriff erreicht wird. Auf Grund der vorstehenden Betrachtungen darf man wohl die Regel aussprechen, daß das Verhalten der trocknenden Öle in der Säurezahl einen analytischen Ausdruck findet: Je rascher diese Kennzahl anwächst, um so größer ist die Bereitschaft zur Zersetzung und damit zum Schwund der Filme (Frühschwundsprung der Ölfarbenanstriche).

Nicht unerwähnt darf in diesem Zusammenhang bleiben, daß sich die Bildung der insbesondere niedrig molekularen, wasserlöslichen Säuren auch sonst in der Eigenschaft des Films auswirken dürfte. Die Annahme liegt nahe, daß die Hydrophilie des Films zum mindesten teilweise dadurch beachtlich gesteigert wird. Wenn die gebildeten Abbausäuren durch Wasser aus dem Film herausgelöst werden, tragen sie zur Steigerung der Schwundverluste bei.

C. Die kolloidchemische Phase des Öltrocknens.

Es steht außer Zweifel, daß die Auffassung des einen Teiles der Öltrocknung als kolloidchemisches Phänomen den Fortschritt auf diesem Gebiete wesentlich begünstigt hat, und die von einer ganzen Reihe von Forschern[1] in dieser Richtung unternommenen Untersuchungen haben mannigfache neue Gesichtspunkte vermittelt. Trotzdem ist, dies muß offen eingeräumt werden, der exakte schlüssige Beweis für die angenommene Zustandsänderung nach den Regeln der Kolloidchemie bisher nur sehr lückenhaft und meist auf mittelbare Weise geführt worden. Man gewinnt eine richtige Vorstellung, wenn man die sich ergebenden Komplikationen berücksichtigt. In erster Linie ist zu bedenken, daß die zu erwartenden kolloiden Gebilde in die Gruppe der sogenannten Isokolloide gehören, bei denen die stofflichen Unterschiede zwischen Dispersionsmittel und dispergierter Phase nur sehr gering sind.

---

[1] L. AUER: Chem. Umschau Fette, Öle, Wachse, Harze **33**, 216 (1926); **35**, 9, 27 (1928); Kolloid-Ztschr. **40**, 334 (1926); **42**, 288 (1927); **47**, 38 (1929); Farben-Ztg. **31**, 1240 (1925/26); **33**, 682 (1927/28). — H. WOLFF: Kolloid-Ztschr. **27**, 183 (1920); Farbe u. Lack **1927**, S. 134; Farben-Ztg. **31**, 1239 (1925/26). — P. SLANSKY: Ztschr. angew. Chem. **34**, 533 1921; **35**, 389 (1922); Kolloid-Ztschr. **46**, 128 (1928); Chem. Umschau Fette, Öle, Wachse, Harze **34**, 148 (1927). — A. EIBNER: Farben-Ztg. **32**, 1848, 1906, 1962 (1926/27); Farbe u. Lack **1929**, S. 115; Ztschr. angew. Chem. **39**, 43 (1926); Chem.-Ztg. **46**, 721 (1922). — A. EIBNER u. A. GRETH: Chem. Umschau Fette, Öle, Wachse, Harze **35**, 97 (1928). — A. EIBNER: Das Öltrocknen, ein kolloider Vorgang aus chemischen Ursachen. Berlin: Allgem. Industrie-Verlag. 1930. — J. MARCUSSON: Ztschr. angew. Chem. **38**, 780 (1925); **39**, 476 (1926); Chem. Umschau Fette, Öle, Wachse, Harze **36**, 53 (1929). — A. V. BLOM: Ztschr. angew. Chem. **40**, 146 (1927). — W. FAHRION: Die Chemie der trocknenden Öle. 1911. — K. H. BAUER: Die trocknenden Öle. Stuttgart: Wissenschaftl. Verlagsgesellschaft. 1928. — B. SCHEIFELE: Ztschr. angew. Chem. **42**, 787 (1929); Fettchem. Umschau **40**, 141 (1933). — H. KURZ, Angew. Chem. **48**, 304 (1935).

Neuerdings wurde das Leinöl ohne und mit Zusatz von Sikkativen sowie nach der Behandlung mit Luft bei Zimmer- oder bei erhöhter Temperatur von H. FREUNDLICH und H. W. ALBU[1] unter Heranziehung neuerer Untersuchungsverfahren (Messung der Depolarisation, d. h. der für den Polarisationszustand des seitlich abgebeugten Lichtes maßgebenden Größe, Ermittlung der Viskosität mit dem Viskosimeter nach COUETTE, ultramikroskopische Untersuchung mit dem Kondensor nach SPIERER) eingehend geprüft. Dabei wurden Ergebnisse erhalten, die nicht für die Entstehung kolloiddisperser Systeme beim Trocknen des Leinöls sprechen; bei Vorversuchen mit Holzöl ergaben sich dagegen deutliche Anzeichen zugunsten der kolloidchemischen Auffassung. Darnach wäre das Linoxyn ein Stoffgemisch, das in vielen Lösungsmitteln, und wohl auch im Leinöl selbst, echt, also nicht kolloid löslich ist; bei höherer Konzentration aber, d. h. in späteren Stadien der Trocknung könnte vielleicht der kolloide Charakter wirksam werden. WO. OSTWALD, O. TRAKES und R. KÖHLER[2] haben dagegen bei Leinölstandölen Strukturviskosität festgestellt, was auf die Gegenwart einer kolloiddispersen Phase schließen läßt.

Die kolloidchemische Auffassung ist derzeit die wohl am meisten befriedigende Arbeitshypothese. Auch wenn man sich den im Abschnitt B, c über Bildung und Aufbau der dispersen Bestandteile entwickelten Anschauungen gegenüber ablehnend verhält, kann die kolloidchemische Diskussion der Entstehung des Films nur wertvoll und vorwärtsführend sein.

Von B. SCHEIFELE[3] ist in einer zusammenfassenden Betrachtung die Anschauung entwickelt worden, daß die Stellen der Lückenbindungen in den ungesättigten Glyceriden als Sitz freier Energie Kraftfelder (Partialvalenzen, Nebenvalenzen) ausstrahlen, die sich in den Raum erstrecken und anziehende Kräfte entfalten. Dadurch entsteht bei einem Teil der Moleküle ein gewisser innerer Zusammenhang; es kommt zur Bildung von Molekülaggregaten, deren Bildungsgeschwindigkeit und Stabilität von Art, Zahl und Lage der beteiligten Lückenbindungen sowie von den Versuchsbedingungen (Wärme, Licht, Katalysatoren) abhängen. Da das Glyceridmolekül des trocknenden Öles schon von Haus aus ein Molekulargewicht von rund 900 besitzt, nach H. FREUNDLICH[4] aber, wenn man die Verhältnisse bei den hydrophilen Kolloiden z. B. vom Typus der Seife zugrunde legt, eine kolloid-disperse Verteilung schon bei einer Molekülgröße von etwa 4000 an in Erscheinung tritt, wäre bereits bei einem 4—5fachen Zusammenschluß ein kolloides Gebilde erreicht. Man erhält auf diese Weise das schon erwähnte Isokolloid, das als inneres Gelgerüst im Öl vorhanden ist und das infolge der anziehenden Kräfte Neigung zur Polymerisation besitzt, womit häufig ein Übergang in den festen Zustand verbunden ist.

Das Holzöl, charakterisiert durch das Glycerid Trieläostearin, wird mit seinen 3×3 konjugierten, also benachbarten Lückenbindungen solche Molekülaggregate schneller und in festerer Bindung liefern als das Leinöl, das, wenn man es seiner Zusammensetzung nach als ein Linolenodilinolein auffaßt, nur 7 Kraftfelder ($1 \times 3 + 2 \times 2$) besitzt. Beim Mohnöl, das man als ein Oleodilinolein betrachten kann, treten 5 ($2 \times 2 + 1 \times 1$), beim Mandelöl (im wesentlichen Triolein) nur mehr 3 Kraftstellen (3×1) auf. Wendet man die eben formulierten Erörterungen auf die verschiedenen Öle hinsichtlich ihrer Eigenschaften an, so ergeben sich recht plausible Vorstellungen für ihr Verhalten beim Trocknen sowie bei der Verdickung durch Erwärmen.

[1] Ztschr. angew. Chem. **44**, 56 (1931).   [2] Kolloid-Ztschr. **46**, 136 (1928).
[3] Ztschr. angew. Chem. **42**, 787 (1929).
[4] Grundzüge der Kolloidlehre, S. 115. Leipzig: Akadem. Verlagsgesellschaft. 1924.

Eine etwas andere Vorstellung hat A. V. BLOM[1] entwickelt. Auch er nimmt eine aus irgendwelchen Ursachen verlaufende Molekülaggregation, eine „Keimbildung" an. Auf diese überträgt er die Regel, daß Fettsäuren mit steigender Molekülgröße abnehmende Oberflächenspannung zeigen, somit kapillaraktiver als das umgebende Öl sind. Diese Molekülaggregate der Glyceride wandern daher, dem Gesetz von GIBBS folgend, in die Grenzfläche (Oberfläche), häufen sich hier an und bilden nach entsprechender Anreicherung unter allmählicher Verdrängung des unveränderten Öles eine Oberflächenhaut. Das auf diese Weise entstandene heterodisperse Gebilde ist der erste Schritt zum Isokolloid. A. V. BLOM bringt diesen Zustand mit dem sogenannten Stadium des „Anziehens" in Zusammenhang. In der Möglichkeit der Keimbildung sowie ihrer Beeinflussung erkennt er die Ursache für die verschiedene Trocknung der Öle. Jede Vorbehandlung, die die Keimbildung beschleunigt (Lichtwirkung, Sikkative usw.) befördert die Entstehung des Films. Erfolgt dies im übersteigerten Ausmaße, dann gelatiniert das Präparat, wie z. B. das Holzöl. Nunmehr kann dasselbe nur sehr langsam trocknen, da die Wanderung der gebildeten Mizellen an die Oberfläche stark gehemmt ist.

Ist einmal eine zusammenhängende Oberflächenhaut gebildet, was eine gewisse Zeit in Anspruch nimmt („Induktionszeit"), so kann die weitere Verfestigung nach innen nur schrittweise erfolgen. Die vollständige Durchtrocknung des Films hängt damit von der Schichtdicke und der Durchlässigkeit der Oberflächenhaut ab[2].

Beim Öltrocknen werden verschiedene Zustände durchlaufen, die A. EIBNER als Stadien des *Klebens*, des *Klebfreiwerdens*, des *Scheintrocknens*, des *Unschmelzbar-* und *Irreversibelwerdens* bezeichnet. In diesen vier Hauptentwicklungsstufen prägt sich der kolloide Vorgang deutlich aus. Das *Scheintrocknen* (Bildung von hemikolloiden Komplexen) stellt den Zustand des Nebeneinander von Kolloid und unverändertem Dispersionsmittel dar. Es leuchtet ein, daß bei geeigneten Bedingungen in diesem Stadium ein Auspressen des letzteren (Synärese) eintreten kann. Bei jungen Filmen erfolgt dies bekanntlich bei Luftabschluß. Erst nach dem vollständigen Durchtrocknen, d. h. wenn das noch flüssige Dispersionsmittel, theoretisch gesprochen, restlos verfilmt ist, liegt ein ausgereifter Film vor, bei dem die Gefahr des Wiedererweichens überwunden ist. Dieser ist nunmehr zum sogenannten Eukolloid geworden, das sich als irreversibel, unschmelzbar und in Öllösungsmitteln unlöslich erweist. Im Stadium des Hemikolloiden aber kann der Film begreiflicherweise nur wenig widerstandsfähig sein. Holz- und leinölartige Öle erreichen den eukolloiden Zustand unter normalen Bedingungen meist recht rasch; die mohnölartigen Filme aber bleiben im allgemeinen immer hemikolloid.

Mangels genügender Kenntnis der Eigenschaften oleophiler Kolloide können die Vorstellungen über die kolloidchemischen Prozesse beim Öltrocknen, wie die vorangehenden Ausführungen zeigen, zunächst nur lückenhaft sein und bloß den Wert von mehr oder weniger wahrscheinlichen Arbeitshypothesen besitzen. Trotzdem aber werden mit Vorsicht und Kritik angestellte kolloidchemische Betrachtungen auch schon jetzt wertvolle Einblicke vermitteln können[3]. Als vordringliches Ziel muß eine Klärung der Natur der verschiedenen organischen Kolloide überhaupt hingestellt werden, woraus sich dann die entsprechenden Folgerungen für die Oleokolloide werden ziehen lassen. Die von H. STAUDINGER[4]

[1] Ztschr. angew. Chem. 40, 126 (1927); 43, 536 (1930).
[2] Vgl. hierzu die Arbeit von N. FUCHS: Zur Kinetik des Öltrocknens. Kolloid-Ztschr. 61, 365 (1932).   [3] H. WOLFF: Farben-Ztg. 38, 321 (1932).
[4] H. STAUDINGER: Die hochmolekularen organischen Verbindungen — Kautschuk und Cellulose. Berlin: Julius Springer. 1932.

und seiner Schule in den letzten Jahren betriebenen, umfassenden Untersuchungen über Bau und Verhalten hochpolymerer Verbindungen lassen für die
Polymerisation und damit auch für die Kolloidchemie der ungesättigten Fette
und Öle wertvolle Fortschritte erwarten.

D. Das Trocknen bei künstlich verdickten Ölen.

Den bisher entwickelten Anschauungen entsprechend, ist das Trocknen der
Öle ursächlich mit einer zu kolloiddispersen Phasen führenden Molekülvergrößerung verbunden. Diese Polymerisierung verläuft bei der Filmbildung unter
gewöhnlichen Versuchsbedingungen unter dem katalytischen Einfluß des
Luftsauerstoffes bzw. der durch Autoxydation entstandenen Peroxyde oder
aber es sind dazu gewisse oxydative Umsetzungen an der mehrfach ungesättigten Glyceridmolekel erforderlich. Ist also einerseits der Sauerstoff
mittelbar oder unmittelbar die chemische Ursache des Trocknens, so liegt anderseits in seiner den oxydativen Abbau auslösenden Wirkung ein großer technologischer Nachteil. Diesen Stand der Erkenntnis auswertend, gelangt man zu
dem Ergebnis, daß sich eine Veränderung des trocknenden Öles in der Richtung
der künstlichen Erzeugung von Polymerisationsprodukten auf Kosten der ungesättigten Glyceride vor allem in einer Steigerung der Widerstandsfähigkeit des
Films vorteilhaft bemerkbar machen wird. Die Trockengeschwindigkeit wird dabei
erwartungsgemäß im Falle des Holzöles unverändert bzw. beschleunigt sein, bei
den anderen Ölen aber verlangsamt werden, da durch die künstliche Polymerisation
die aktivsten Doppelbindungen in erster Linie in Anspruch genommen werden,
also der Autoxy-Polymerisierung nicht mehr soviele Angriffspunkte zur Verfügung stehen wie vorher.

Die hier auf Grund des heutigen Standes der Erkenntnis gezogenen Schlußfolgerungen lassen rückwärtsschauend das Wesen der empirisch entwickelten Verfahren zur Standölbereitung, zur Herstellung der geblasenen Öle sowie zur Bereitung der durch elektrische Entladungen veränderten Öle erkennen und verstehen.

1. Standöle[1].

Man versteht darunter bekanntlich Öle, die durch Erhitzen auf 250—300°
ohne Mitwirkung chemischer Agenzien bei Ausschluß von Luft bis zur erwünschten Konsistenz verdickt worden sind. Die sich vollziehenden Umsetzungen
weisen sich fernerhin aus durch das Ansteigen des spez. Gewichtes, der Viskosität
und des Lichtbrechungsvermögens. Die Jodzahl sinkt anfangs rasch, später
langsamer ab; sehr dick verkochte Standöle (aus Leinöl) besitzen Jodzahlen von
95—120; die Hexabromidzahl erreicht bald den Wert Null[2]. Außerdem spielen
sich Abbauprozesse in einem von der Art des Ausgangsöles abhängigen Ausmaße ab. Von Interesse ist hier ferner die Feststellung, daß die Reaktionsgeschwindigkeit der Verdickungsvorgänge beim Holzöl eine viel größere ist als
beim Leinöl. Infolgedessen ist im ersteren Falle zur Erzielung der gleichen
Viskosität eine niedrigere Erhitzungstemperatur von außerdem kürzerer Dauer
erforderlich als bei letzterem Öl, dessen Materialverlust (rund 10%) den des
Holzöles um ein Vielfaches übersteigt.

---

[1] „Standöl" bedeutet nach P. VAN HOEK ein „beständiges" Öl, abgeleitet vom
    holländischen Wort „standhoudenheid".
[2] Werte für die Kennzahlen von Standölen vgl. z. B. bei AD. GRÜN: Analyse der
    Fette und Wachse, Bd. I, S. 374. Berlin: Julius Springer. 1925.

Die chemischen Umsetzungen bei der Standölbereitung sind bisher noch sehr wenig erforscht. Neben den der Verdickung entgegen gerichteten Abbauprozessen vollziehen sich Vorgänge der Polymerisierung, von denen man mit Sicherheit voraussagen kann, daß es sich nicht um eine Autoxy-Polymerisation handelt.

Im Abschnitt B, c wurde im Anschluß an die mutmaßliche Molekülvergrößerung beim natürlichen Öltrocknen die Möglichkeit der unter Hitzeeinwirkung sich vollziehenden Umsetzungen am Beispiel der Eläostearinsäure erörtert [Butanring, polycyclische Ringe (E. Rossmann), Kohlenstoff-Sechsring (C. P. A. Kappelmeier)].

Das erwähnte, dem Leinöl gegenüber grundsätzlich andere Verhalten des Holzöles bei der Standölherstellung wird verständlich, wenn man annimmt, daß die konjugiert ungesättigte Anordnung der Eläostearinsäure chemisch sehr aktiv und für die carbocyclische Polymerisation große Bereitschaft besitzt; bei isoliert ungesättigten Systemen, z. B. bei der Linolensäure, scheint diese Eigenschaft von Haus aus nicht vorhanden zu sein. Hier bringt die durch Indizienbeweise gestützte Hypothese von J. Scheiber[1], daß bei der Erhitzung des Leinöls eine Wanderung der isolierten Lückenbindungen in die konjugierte Anordnung stattfinden solle, eine befriedigende Erklärung[2]. Man versteht, daß die erforderliche Umlagerung, nach deren Vollzug eine carbocyclische Polymerisation denkmäßig keine Schwierigkeiten mehr findet, erstens eine gewisse relativ lange Reaktionszeit verlangt und daß zweitens während der langen Erhitzungsdauer die pyrogenen Zersetzungsvorgänge ein größeres Ausmaß erreichen als beim Holzöl. Die Verdickungstendenz nimmt in der Reihenfolge von Mohnöl über das Leinöl zum Holzöl hin zu.

Im Gegensatz zum Ausgangsprodukt bringt somit das Standöl für das Trocknen an der Luft schon Bestandteile vergrößerten Molekulargewichtes, also eine grob disperse Phase mit[3], bei deren Entstehung, wie eingangs dieses Abschnittes erwähnt, die aktivsten Doppelbindungen vorzugsweise in Anspruch genommen worden sind. Dadurch muß die Autoxydationsfähigkeit herabgesetzt sein und sonach auch das Ausmaß des oxidativen Stoffabbaues, was durch die Erfahrung bestätigt wird: Der Film aus einem aus Mohnöl hergestellten Standöl ist im Gegensatz zu demjenigen des unveränderten Öles widerstandsfähig, unlöslich und unschmelzbar. Das sonstige Trocknen des Standöles selbst aber verläuft an der Luft im übrigen wohl analog demjenigen der gewöhnlichen Öle; über die Beeinflussung der Trockengeschwindigkeit wurde oben schon das Wichtigste gesagt.

2. Geblasene Öle.

Man versteht darunter Produkte, die durch Erhitzen von halbtrocknenden oder trocknenden Ölen sowie von Tranen unter Luftdurchleiten erhalten werden[4]. Dabei tritt eine Verdickung ein, die von einer tiefgehenden Veränderung der Kennzahlen begleitet ist (Erhöhung des spez. Gewichtes, des Lichtbrechungsvermögens, der Säurezahl, der Verseifungszahl, der Reichert-Meissl-Zahl, der

---

[1] Farbe u. Lack **1929**, 586; **1930**, 513, 524; vgl. auch die Wanderungen der Doppelbindungen bei der Hydrierung der Fette usw.

[2] Vgl. hierzu auch H. Wolff u. J. Rabinowicz: Fettchem. Umschau **40**, 115 (1933).

[3] Nach A. Eibner (Das Öltrocknen, ein kolloider Vorgang..., S. 113) läßt sich aus einem dicken Standöl aus Leinöl abgetrennte grob disperse Phase nicht zu Stearin hydrieren, ein Beweis für die Abwesenheit der von Haus aus vorhandenen Glyceride der C_{18}-Säure-Reihe.

[4] Auch nichttrocknende Öle können durch Oxydation bei erhöhter Temperatur verdickt werden.

Acetylzahl, Erniedrigung der Jodzahl, der Hexabromidzahl, Erhöhung des Sauerstoffgehaltes usw.[1]).

J. HERTKORN[2], der die technische Oxydation des Leinöls (zur Linoleumherstellung) ausgestaltet hat, gelangte auf Grund theoretischer Überlegungen zu der Auffassung, daß *Oxydation und Polymerisation* die Hauptergebnisse des Blasens sind. Dem muß man beipflichten.

Was den Verlauf der *Polymerisation* anlangt, so erinnert man am besten an die Vorstellungen, wie sie bei der Standölbereitung erwähnt wurden. Unter Hitze-Einfluß findet, sofern nicht schon vorhanden (Holzöl), teilweise eine Wanderung der Lückenbindungen in die konjugierte Anordnung statt, an die sich die carbocyclische Polymerisierung anschließt. Ein Hinweis für die Ausbildung von konjugierten Bindungen liegt darin, daß geblasene Öle (vor allem bei Gegenwart geeigneter Katalysatoren) eine sehr beachtliche Koagulationsfähigkeit durch Zinntetrachlorid zeigen.

Die Wirkung der *Oxydation* — der destruktive Abbau interessiert hier nicht — liegt wohl darin, daß, ähnlich wie beim natürlichen Öltrocknen an der Luft, polymerisationsgeneigtere Systeme erzeugt werden, als es die ungesättigten Glyceride an sich sind. C. P. A. KAPPELMEIER[3] diskutiert auch die Anschauung, daß einerseits durch das Blasen z. B. aus der Ölsäure Dioxystearinsäure, also eine Alkoholsäure vom Typ des Äthylenglykols, und andererseits durch carbocyclische Verknüpfung Dicarbonsäuren entstehen. Aus diesen beiden Zwischenprodukten könnten dann durch Veresterung und Umesterung hochmolekulare Ester nach Art der Glyptale und Alkydale gebildet werden.

Das Trocknen solcher geblasener Öle dürfte ähnlich verlaufen wie dasjenige der Standöle; die erforderliche kolloiddisperse Phase ist wohl weitgehend vorgebildet.

In diesem Zusammenhang sei auch kurz auf die *Verdickung der Öle durch elektrische Glimmentladungen* (DE HEMPTINNE) hingewiesen. Wenn die dabei erzeugten Produkte (Voltolöle) gegenwärtig wohl auch ausschließlich als Schmieröle verwendet werden, so besteht trotzdem dafür im Hinblick auf die stattfindenden Polymerisierungsvorgänge von seiten des Öltrocknens her ein begreifliches Interesse.

Nach den von E. EICHWALD und VOGEL[4] ausgeführten Versuchen treten hierbei die ungesättigten Glyceride in Reaktion. Aus der Ölsäure entstehen Produkte mit stark erhöhtem Molekulargewicht (1200—4000). Anfänglich sinkt die Jodzahl stark, ohne daß die Molekülgröße wesentlich erhöht wird; später steigt das Molekulargewicht bei nur wenig zurückgehender Jodzahl rasch an. Über die Art der gebildeten Polymerisationsprodukte läßt sich zunächst nur soviel aussagen, daß Anzeichen für die Bildung von Kohlenstoff-Vierringen nicht vorliegen. Die beiden Forscher äußern auf Grund ihrer experimentellen Erfahrung die Vermutung, daß während der Behandlung der Öle durch Glimmentladungen, z. B. aus der Ölsäure, Wasserstoffatome abgespalten werden unter Hydrierung eines anderen Teiles dieser Säure. Auf diese Weise würden höher ungesättigte Fettsäuren mit vielleicht konjugierter Anordnung zustande kommen, die der Ausgangspunkt für die Polymerisierung sein könnte. Die Verhältnisse erinnern also in mehrfacher Hinsicht an die Bereitung von Standöl.

---

[1] Kennzahlen geblasener Öle vgl. z. B. bei AD. GRÜN: Analyse der Fette und Wachse, Bd. I, S. 408. Berlin: Julius Springer. 1925.
[2] Chem.-Ztg. **27**, 856 (1905); **34**, 462 (1910).
[3] Farben-Ztg. **28**, 1078 (1933).　　　　　　[4] Ztschr. angew. Chem. **35**, 505 (1922).

E. Vorstellungen über den Trockenvorgang bei den verschiedenen Ölen.

Macht man sich die den vorangehenden Ausführungen zu Grunde gelegte Anschauung zu eigen, daß das Öltrocknen ein durch chemische Reaktionen ausgelöster kolloider Vorgang ist, im Sinne der mehrfach wiedergegebenen Anschauungen von J. Scheiber und A. Eibner, dann stellt sich der Ablauf der komplizierten Reaktionsfolge unter Verzicht auf die nebensächlich erscheinenden Umstände bei den verschiedenen Ölen zusammenfassend etwa folgendermaßen dar.

1. Holzöl.

Die Sonderstellung dieses Produktes ist stofflich durch den Gehalt an Trieläostearin, seinem Hauptbestandteil, charakterisiert. Die Anwesenheit von 3 mal 3 konjugierten Doppelbindungen in dem Glyceridmolekül führt zu einer großen chemischen Aktivität, die sich insbesondere auch in der unmittelbaren Ausbildung koagulationsfähiger kolloider Phasen durch Polymerisierung auswirkt[1]. Ob hierbei eine vorhergehende, vielleicht teilweise Isomerisierung des α- in das β-Glycerid erfolgt[2], ist von geringerer Bedeutung, da für das Umwandlungsprodukt die gleichen strukturellen Tatsachen gelten. Die Bildung der polymeren Verbindungen, über deren Art nur Vermutungen (vgl. die früheren Erörterungen) geäußert werden können, geht nicht freiwillig vor sich, sondern setzt ein auslösendes Moment voraus, einen Katalysator, der beim gewöhnlichen Trocknen an der Luft im Sauerstoff bzw. einem von ihm gebildeten Autoxydationsprodukt zu erblicken ist; auf Zusatz von 1% Benzoylperoxyd wird das Holzöl innerhalb 2—3 Tagen bei Luftausschluß zum klebefreien Film. Eigentlich oxydative Umsetzungen sind für den Trockenprozeß offensichtlich nicht erforderlich. Zwar müßte der Trockenpunkt erreicht sein, ohne daß eine Gewichtszunahme beobachtet wird. Diese theoretische Forderung aber ist nicht ganz erfüllt insofern, als beim Klebfreiwerden des Films mit einer Sauerstoffaufnahme von rund 1—3% zu rechnen ist. Man geht wohl nicht fehl, wenn man diese Unstimmigkeit auf jene autoxydativen Nebenprozesse zurückführt, die für das eigentliche Trocknen nicht von Bedeutung sind und die, wie die Erfahrung lehrt, auch nach der Ausbildung des Films dessen Abbau fortsetzen. Die grundlegende Reaktionsfolge vollzieht sich, schematisch dargestellt, etwa folgendermaßen:

$$\text{Holzölglyceride} \rightarrow \text{Polymerisate} \rightarrow \text{disperse Phase} \rightarrow \text{Filmgel.}$$

Das Gel wird anfänglich im Öl gelöst sein. Es erscheint erst nach Überschreitung einer gewissen Konzentration. Der junge Film ist noch „unreif" und muß infolge seines beträchtlichen Gehaltes an noch unverändertem Öl zur Lösung in geeigneten Lösungsmitteln neigen. Mit zunehmender Polymerisation aber, was bei der großen chemischen Bereitschaft des Holzöles sehr rasch eintritt, wird der Film ebenso rasch durchtrocknen, wie vorher das Antrocknen erfolgte; er ist nunmehr hart, unlöslich und unschmelzbar. Seine Widerstandsfähigkeit gegen oxydativen Angriff ist relativ groß, da der Zutritt und der weitere Angriff des Sauerstoffes gehemmt sind. Die Abbauprozesse dominieren nicht, was sich in der geringen Quellbarkeit des Films sowie dem relativ langsamen Ansteigen der Säurezahl (vgl. Tab. 61) ausweist.

---

[1] J. Scheiber: Ztschr. angew. Chem. 46, 643 (1933). — E. Rossmann: Fettchem. Umschau 40, 96, 117 (1933). — C. P. A. Kappelmeier: Farben-Ztg. 38, 1018, 1077 (1933).
[2] A. Eibner u. E. Rossmann: Chem. Umschau Fette, Öle, Wachse, Harze 35, 241 (1928). — J. Marcusson: Ztschr. angew. Chem. 39, 477 (1926).

Vorstehende Anschauungen geben auch für die sogenannte „Holzölerscheinung" (Eisblumenbildung[1]) und ihre Überwindung eine zwanglose, befriedigende Erklärung. An der Grenzfläche Öl/Luft erfolgt katalytisch sehr rasche Trocknung, während die darunterliegende Schicht noch unverändert ist. Die Polymerisate der Oberflächenschicht werden zur Befriedigung ihrer Solvatationstendenz zwangsläufig das Öl der Unterschicht heranziehen, womit gegenüber dem Anfangspunkt der Koagulation eine Flächenvergrößerung verbunden ist. Es kommt zur Runzelbildung, indem die Filmhaut auf der flüssigen Unterschicht einsinkt[2]. Die Holzölerscheinung muß erwartungsgemäß unterdrückt werden, wenn das Trocknen durch die ganze Schichtdicke hindurch gleichmäßig erfolgt. Dies kann entweder durch Verlangsamung des Prozesses vor allem an der Oberfläche oder durch Beschleunigung in den tieferen Schichten erreicht werden. Die Eisblumenbildung tritt denn auch nicht auf, wenn das Holzöl sehr dünn (also keine Zonenbildung möglich) ausgestrichen ist[3], wenn man durch Zusatz von Sikkativen (z. B. Kobaltpräparaten) das Durchtrocknen begünstigt, wenn man das zu rasche Trocknen an der Oberfläche durch Drosselung der Sauerstoffwirkung, also durch Antioxydantien[4], durch Lichtausschluß usw. hemmt. Besonders wirksam ist die Standölbereitung, bei der durch vorgebildete Polymerisate (vgl. Abschnitt D) das sofortige Durchtrocknen ermöglicht wird.

2. Leinöl.

Die bisherigen Erfahrungen führen zu dem Schluß, daß die im Leinöl enthaltenen ungesättigten Glyceride der Linol- und Linolensäure, im Verhältnis von etwa 2 : 1 anwesend, infolge der Isolierung ihrer Doppelbindungen chemisch viel weniger aktiv sind als die Eläostearinsäure; durch bloße Katalyse dürfte die Polymerisierung nicht ausgelöst werden. Es bedarf daher zur Ausbildung des Films irgendeiner vorbereitenden chemischen Umsetzung. Beim natürlichen Öltrocknen handelt es sich offensichtlich unmittelbar oder mittelbar um die auf die Autoxydation zurückgehenden Prozesse. J. Scheiber[5] gelangt aus Analogieschlüssen zu folgender Auffassung:

$$-CH:CH \cdot CH_2 \cdot CH:CH- \rightarrow -CH:CH \cdot CO \cdot CH:CH-,$$

d. h. es wird eine Überführung der Methylengruppe zwischen den Lückenbindungen in die Carbonylgruppe angenommen. Hierdurch entstehen aus der Linol- und Linolensäure Systeme, die für eine Polymerisierung zweifellos große Geneigtheit zeigen. Auch der Weg der Autoxy-Polymerisation dürfte dabei eine Rolle spielen. Schließlich ist auch an die Möglichkeit zu denken, daß sich eine Umformung der isolierten Doppelbindungen der Linol- und Linolensäure in das konjugierte System vollzieht.

Die von J. Scheiber entwickelten Vorstellungen stehen im guten Einklang mit den praktischen Erfahrungen. Man sieht ein, daß das Leinöl, da ein vorheriger, zeitverbrauchender autoxydativer Umsatz erforderlich ist, langsamer trocknet und länger klebend bleibt als das Holzöl. Es ist erklärlich, daß das Trocknen bei Ausschluß von Luft ausbleibt und ebenso bei Anwesenheit von

[1] Vgl. A. Eibner, O. Merz u. H. Munzert: Chem. Umschau Fette, Öle, Wachse, Harze **31**, 69 (1924). — E. Fonrobert u. F. Pallauf: Chem. Umschau Fette, Öle, Wachse, Harze **33**, 41 (1926). — A. Eibner u. E. Rossmann: Chem. Umschau Fette, Öle, Wachse, Harze **36**, 281 (1928).

[2] Vgl. auch E. Rossmann: Ztschr. angew. Chem. **46**, 414 (1933).

[3] W. Fahrion: Farben-Ztg. **17**, 2356 (1912).

[4] D. R. P.-Anm. 45420; vgl. M. Oppenheimer: Farbe u. Lack **1926**, 28.

[5] A. Blumann u. O. Zeitschel: Ber. Dtsch. chem. Ges. **46**, 1178 (1913). — H. Wienhaus: Ztschr. angew. Chem. **41**, 617 (1928). — Vgl. auch J. Scheiber: Ztschr. angew. Chem. **46**, 643 (1933).

Antioxygenen hintangehalten werden kann. Sauerstoffüberträger, wie z. B. die Sikkative, müssen die Bildung des Films, bei Anwendung übersteigerter Mengen aber oxydativ-destruktiv seine Zersetzung begünstigen.

Die relativ langsame Trocknung gibt der gleichzeitig verlaufenden Oxydation erheblich Raum. Infolgedessen muß der Stoffabbau im Gegensatz zum Verhalten des Holzöles beachtliche Ausmaße erreichen (Tab. 59); die Säurebildung macht große Fortschritte (Tab. 61).

Die Standölbereitung mit Leinöl wäre im Sinne der vorstehenden Betrachtungen etwa folgendermaßen aufzufassen. J. SCHEIBER nimmt in Übereinstimmung mit mehrfach bestätigter Erfahrung (z. B. bei der Fetthydrierung sowie beim Erhitzen von Ölen oder ungesättigten Fettsäuren) eine primäre Wanderung der Lückenbindung unter dem Einfluß der Wärme in die konjugierte Stellung an[1]; hierbei fällt ein Teil des Öles der Spaltung anheim. Nach diesem Umsatz ist dann der Anschluß an die Polymerisation des Holzöles hergestellt. Die eben erwähnte Isomerisierung wird zunächst bei den am meisten aktiven Doppelbindungen angreifen. Das fertige Standöl enthält dann weniger reaktionsfähige Zentren als das ursprüngliche Leinöl. Beim Ausstreichen an der Luft wird daher die oxydative Nachbildung der zur Erzeugung des Films erforderlichen Polymerisate gehemmt sein, was sich in einer Verlangsamung der Trocknung äußert. Von anderer Richtung her gelangt A. V. BLOM zu analogen Vorstellungen. Dieser Nachteil einer längeren Trockendauer wird jedoch durch technologische Verwendungsvorteile wettgemacht. Neben Erhöhung des Körpers, des Glanzes des Films usw. ist durch die Drosselung der autoxydativen Vorgänge der Abbau verzögert und damit die Widerstandsfähigkeit erhöht (vgl. dazu Tab. 61 hinsichtlich des Ansteigens der Säurezahl bei Leinöl und seinem Standöl). Wegen der Vorstellungen, die C. P. A. KAPPELMEIER[2] unter Anknüpfung an die Ausführungen von H. HÖNEL[3] über die Standölbereitung entwickelt, sei auf Abschnitt D verwiesen.

3. Mohnöl.

Dieses Öl, das man sich schematisch aus einem Glycerid der Linol- und Ölsäure im Verhältnis 2 : 1 aufgebaut denken kann, enthält noch weniger aktive Zentren als das Leinöl. Die bei Leinöl entwickelten Anschauungen sind daher hier, entsprechend der Zusammensetzung des Mohnöles, auszugestalten.

Für die Umformung der vorhandenen Glyceride in polymerisationsfähige Systeme sind chemische Umsetzungen im gesteigerten Ausmaß erforderlich. Dadurch tritt die oxydative Abbauphase sehr stark in den Vordergrund, was sich in großen Stoffverlusten äußert (vgl. Tab. 59). Die unter den gegebenen Bedingungen praktisch nicht trocknenden Ölsäureglyceride müssen die an und für sich erhebliche Trockendauer noch weiter verlängern. Es wird verständlich, daß der Film eigentlich immer klebend, in geeigneten Lösungsmitteln löslich sowie schmelzbar bleibt. Das beobachtete Wiedererweichen bzw. Zerfließen entspricht gut den entwickelten Vorstellungen. Im Einklang damit steht das starke Ansteigen der Säurezahl (Tab. 61). Durch Standölherstellung, wobei mit einer dem Leinöl gegenüber gesteigerten Zersetzung zu rechnen ist, werden sich erwartungsgemäß Verbesserungen erzielen lassen. Nach A. EIBNER[4] zeigt der Film aus Mohnöl-Standöl die Eigenschaft der Unlöslichkeit, der Unschmelzbarkeit sowie der erhöhten Widerstandsfähigkeit.

---

[1] Vgl. dazu H. WOLFF u. J. RABINOWICZ: Fettchem. Umschau **40**, 115 (1933).
[2] Farben-Ztg. **38**, 1018, 1077 (1933).   [3] Kunststoffe **21**, 134 (1931).
[4] A. EIBNER: Das Öltrocknen, ein kolloider Vorgang... Berlin: Allgem. Industrie-Verlag. 1930.

4. Mandelöl.

Das zu rund 80% aus Ölsäureglyceriden aufgebaute Mandelöl besitzt, den entwickelten Anschauungen entsprechend, unter gewöhnlichen Bedingungen kein Trockenvermögen. Die chemische Voraussetzung zur Polymerisierung ist weder unmittelbar noch mittelbar gegeben. Nur durch besondere Behandlung, durch eine ölfremde Katalyse[1], ist beim Mandelöl (Olivenöl) ein anormales Trocknen zu erzwingen. Beim Ausstreichen an der Luft setzen sich daher die Vorgänge der Autoxydation im wesentlichen in der Richtung eines destruktiven Abbaues fort[2].

F. Zusammenfassung.

Durch die den Gesichtspunkten der theoretischen und praktischen Erfahrung Rechnung tragende Kombinierung der rein strukturchemischen mit der kolloidchemischen Auffassung gelangt man, wie der vorstehende Abriß lehrt, zu einer einheitlichen Theorie des Trockenvorganges. Wenn ihr auch in wesentlichen Teilen bloß der Wert einer Hypothese zukommt, so darf dies nicht hindern, daran bis zur Gewinnung eines besseren Standpunktes festzuhalten. Auf diese Weise ergibt sich die Möglichkeit, unter Auswertung der gewonnenen Vorstellungen Aufgabe und Weg der weiteren Forschung zu erkennen und zu umschreiben; hierfür zwei Beispiele.

Es wurde früher eingehend dargelegt, daß man mit dem praktischen Vorteil des Holzöles, nämlich seiner raschen Trocknung, den Nachteil der „Eisblumenbildung" (Holzölerscheinung) in Kauf nehmen muß. Der Film selbst, der die Anforderungen der Praxis in bezug auf Widerstandsfähigkeit erfüllt, neigt sehr zu einer zu weit gehenden Verfestigung, die mit einer Einbuße an Elastizität und Haftfestigkeit auf der Unterlage verbunden ist. Bei der Bereitung von Standöl aus Holzöl besteht die Gefahr der vorzeitigen Gelatinierung. Diese praktisch unerwünschten Erscheinungen beobachtet man bei den anderen Ölen nicht; sie trocknen dafür meist zu langsam, der Film bleibt sehr lange „unreif", der Stoffschwund durch Abbau erreicht zu große Ausmaße. Somit liefert die Natur keine trocknenden Öle, die den Anforderungen des Technologen voll entsprechen.

Gemäß den vorangehenden Ausführungen, wonach die technologischen Nachteile des Holzöles in der Häufung von konjugierten Lückenbindungen, diejenigen der anderen Öle im Fehlen konjugierter Systeme begründet sind, ist das Problem wenigstens theoretisch gelöst. Glyceride mit einer geringeren Anzahl an konjugierten Doppelbindungen, als sie im Holzöl enthalten sind, lassen die erwünschten Verbesserungen erwarten. J. Scheiber[3] gebührt das Verdienst, auf dem Wege solcher rationeller Synthesen diese neuen Möglichkeiten verwirklicht zu haben.

Zusammen mit M. Böttcher[4] wurde in einfacher Reaktionsfolge aus der Ricinolsäure die zweifach konjugierte Octadecadien-9,11-säure-1 (Ricinensäure) dargestellt und zum neutralen Triglycerid umgesetzt[5]. Das Kunstprodukt trocknet bei 100° C innerhalb 12 Minuten (Holzöl 10 Minuten), wobei der Stoffumsatz

---

[1] A. Eibner: Ztschr. angew. Chem. 39, 38 (1926).
[2] Es wäre von sehr großem Interesse festzustellen, ob bei diesen Ölen vielleicht doch auch eine Polymerisierung in geringem Ausmaße stattfindet.
[3] Ztschr. angew. Chem. 46, 643 (1933).   [4] Dissertation, Leipzig. 1931.
[5] Die Veresterung verläuft ohne Schwierigkeit, während bei Verwendung von Eläostearinsäure Gelatinierung eintritt; E. Fonrobert u. F. Pallauf: Chem. Umschau Fette, Öle, Wachse, Harze 33, 44 (1926).

etwa 2% (Holzöl etwa 1%) beträgt. Man erhält auch „Eisblumenfilme", deren Unterdrückung aber keine Mühe bereitet. Während Holzöl bei 285⁰ C innerhalb 10 Minuten gerinnt und durch die typischen Polymerisations-Katalysatoren sofort koagulierbar ist, verträgt das synthetische Produkt trotz der vorherigen Erwärmung bei der Darstellung ein etwa 1—2stündiges Erhitzen auf 285⁰, ohne daß Gelatinierung eintritt. Man kann also ohne Gefahr Standöle daraus herstellen. Das Kunstprodukt spricht nur auf stark wirksame Polymerisations-Katalysatoren an, z. B. auf Zinntetrachlorid.

Die Filme des neuen Glycerides besitzen trotz der Schwächung ihrer Polymerisierungstendenz technologisch die wertvollen Eigenschaften des Holzöles. Sie sind ebenfalls quellfest und sehr widerstandsfähig. Bei Gegenwart von Sikkativen ist der Stoffschwund[1], gemessen am gebildeten Kohlendioxyd, geringer als beim Holz-, Perilla-, Lein- oder Mohnöl.

Im weiteren Verfolg dieser aussichtsreichen Versuche hat J. Scheiber synthetische, gemischt konjugiert-ungesättigte Glyceride dargestellt. Die Trockeneigenschaften solcher Produkte lassen sich innerhalb gewisser Grenzen verändern.

Der einfachste Weg zur Bildung konjugiert-ungesättigter Glyceride aus solchen mit einer isolierten Anordnung wäre der, eine Wanderung der Lückenbindungen in erwünschter Richtung zu erzwingen. Die Erfahrung widerspricht einer solchen Möglichkeit nicht. Man hat davon bisher unbewußt schon Gebrauch gemacht. Beim Blasen von Leinöl, Mohnöl usw. bei erhöhter Temperatur und Anwesenheit von geeigneten Katalysatoren wird offensichtlich, wie durch die Koagulationsfähigkeit des Produktes mit Zinntetrachlorid dargetan wird, eine Ausbildung konjugierter Systeme herbeigeführt. Vielleicht ist auch die Wertsteigerung der Öle durch Standölbereitung wenigstens teilweise in diesem Sinne aufzufassen[2].

Auch A. Eibner hat dann den Versuch gemacht, die theoretischen Vorstellungen über das Öltrocknen für die Bedürfnisse der Praxis folgerichtig auszuwerten. Eine Verbesserung der Filme in chemischer, kolloider und anstrichtechnischer Beziehung muß sich ergeben, wenn man einerseits den Betrag der Autoxydation herabzusetzen und andererseits, von den Erfahrungen mit Standöl ausgehend, eine entsprechende Menge an solchen Ölkolloiden, die nicht auf dem Weg der Autoxydation entstanden sind, in das trocknende Öl einzuführen vermag. Dies kann man durch Herstellung stark eingedickter Produkte bestimmter Jodzahl erreichen, aus denen man die feindispersen, also niedrigmolekularen und somit qualitätsherabsetzenden Anteile abgetrennt hat. Ein solcher eukolloider, öleigener „Standölextrakt" liefert Filme, die im Gegensatz zu denen der bisherigen Öllacke mit Harzbestandteilen nicht spröde, sondern sehr elastisch, unlöslich und unschmelzbar bleiben. Über diese technologischen Fragen wird an anderer Stelle dieses Werkes ausführlicher zu berichten sein (s. Bd. II).

Ausgehend von den über das Öltrocknen entwickelten Anschauungen, gelangt man somit zu Folgerungen, durch die das Gebiet der rationellen Verbesserung der technologisch verwendeten Produkte in außerordentlich aussichtsreicher Weise erschlossen wird. Die Ergebnisse sind ein Beweis für die Fruchtbarkeit der in der aufgestellten Theorie enthaltenen Gedankengänge.

---

[1] A. Naltsas: Dissertation, Leipzig. 1930.
[2] Vgl. hierzu H. Wolff u. J. Rabinowicz: Fettchem. Umschau 40, 115 (1933).

VII. Biochemie der Fette.

A. Abhängigkeit der Zusammensetzung der Fette vom Klima.

Von SERGIUS IVANOW, Moskau.

Klimatheorie.

Das Wesen der Klimatheorie in ihrer Anwendung auf Pflanzenfette besteht in folgendem[1]:

Der Fettbildungsprozeß jeder Pflanze ist eine Funktion der klimatischen Faktoren: Licht, Wärme und Feuchtigkeit. Mit der Änderung dieser Faktoren ändert sich auch der Verlauf des Fettbildungsprozesses in den Pflanzen, verschiebt sich die Ordnung, in welcher die einzelnen Fettsäuren auftreten, die Synthese der letzteren mit Glycerin, so daß an Stelle bestimmter Glyceride andere erscheinen können. Als Ergebnis dieser Veränderungen finden wir, bei variablen Wachstumsbedingungen, in den Pflanzen Produkte anderer Zusammensetzung und Eigenschaften vor, als bei konstanten Bedingungen der Pflanzenkultur. Daraus folgt: Die Kultur einer Pflanze unter konstanten klimatischen Verhältnissen ergibt ein konstantes Standardprodukt, das Wachstum der Pflanze in natürlichen, meist stark wechselnden Bedingungen führt anderseits zu einer großen Vielfältigkeit von Produkten. Unveränderte (natürlich nur in einem stark begrenzten Sinne des Wortes) Bedingungen der Pflanzenkultur können wir auf den Inselthermostaten der tropischen Zonen des Stillen und Atlantischen Ozeans voraussetzen, welche von heißen Ozeanströmungen umspült werden und wo Hochgebirge fehlt. Auf dem Festland, wo die Pflanzenareale sehr große Flächen einnehmen und wo das milde Seeklima allmählich dem typischen Kontinentalklima Platz räumt und wo, wie z. B. in den Alpen und Kordilleren, das Hochgebirge einen großen Einfluß auf die klimatischen Veränderungen hat, können die klimatischen Kombinationen der Faktoren sehr große Verschiedenheit erreichen. Hieraus erklärt sich die große Mannigfaltigkeit der chemischen Zusammensetzung der Pflanzen der Bergregionen.

Im ersten Falle erzeugen die konstanten Kulturbedingungen, durch die gleichartige Einwirkung auf den Pflanzenorganismus, stets die gleichen Substanzen, und es läßt sich leicht denken, daß hier einer der wichtigsten Faktoren der Veränderlichkeit der Pflanzen, das Klima, in Fortfall kommt. Insoweit dieser Faktor von Bedeutung ist, wird hier die Pflanzenevolution äußerst begrenzt und sehr gering sein. In den früheren Epochen des Erdlebens, als das Klima auf dem größten Teil der Erdoberfläche gleichmäßig tropisch war, mußte das Evolutionstempo besonders langsam sein.

Im zweiten Falle treten zu den inneren Evolutionsfaktoren, als Eigenschaften der Pflanze (insoweit man das Bestehen einer Evolution überhaupt zulassen will), noch die verschiedenartigsten Einwirkungen der klimatischen Faktoren hinzu, so daß die Evolution der Pflanzenstoffe, ihrer Form und der Artwechsel selbst viel energischer verlaufen werden. Deshalb ist auch das Evolutionstempo schneller als z. B. in der gegenwärtigen Epoche, daher sterben gewisse Arten schneller aus, während andere sich schneller den neuen biochemischen Bedingungen anpassen.

---

[1] S. IVANOW u. Mitarbeiter: Chem. Umschau Fette, Öle, Wachse, Harze **36**, 305, 308, 322, 401 (1929); **37**, 349 (1930); **38**, 53, 301 (1931); **39**, 33, 173 (1932); Bull. Appl. Botany and Plant Breeding **13**, Nr. 2 (1922/23); **16**, Nr. 3 (1926); **23**, Nr. 3 (1933); Beih. bot. Ztrbl. **28**, Abt. I, 159 (1911). — E. HURR: Dissertation, München. 1930.

Daher das Erscheinen von neuen Fettsäurestrukturen, die vorher nicht existiert haben, oder ihre Anhäufung in größeren Mengen da, wo sie früher nur in untergeordneten Mengen auftraten[1].

In ihrer Anwendung auf Pflanzenfette wird die Klimatheorie durch folgende Beobachtungen bestätigt:

Daß eine und dieselbe Pflanze Fette verschiedener Art, verschiedener Zusammensetzung und Eigenschaften erzeugen kann, ist seit langem bekannt. Die Handbücher der Pflanzenöle sind voll von Angaben, welche diese Tatsache bestätigen. Verschieden sind nicht nur die physikalischen und chemischen Eigenschaften des Fettes, sondern, was noch wichtiger ist, eine genauere und ausführlichere Untersuchung der Fette durch verschiedene Bearbeiter hat nur in Ausnahmefällen zu übereinstimmenden Resultaten geführt. Völlig gleiche Zusammensetzung des Fettes aus einer und derselben Pflanze wurde fast nie gefunden. Einen äußeren Ausdruck findet diese Verschiedenheit der Fett-Zusammensetzung in den sogenannten Kennzahlen, die gewöhnlich als Grenzwerte („von" „bis") angegeben werden. Diese Grenzen sind ungleich groß bei den nichttrocknenden und den trocknenden Ölen, und zwar sind sie bei den letzteren viel weiter gezogen, was mit ihrem größeren Gehalt an Fettsäuren mit zwei und drei Doppelbindungen im Zusammenhang steht und in Tabelle 62 durch einige Beispiele belegt wird.

Tabelle 62.　Die „Kennzahlen"-Grenzen von Pflanzenfetten verschiedenen Grades der Ungesättigtheit.

	Spezifisches Gewicht 15/15	Schmelzp.	Refraktion	Verseifungszahl	Jodzahl
Cocosfett	0,910—0,918 (40/15)	20—28⁰	33—36,3 (40⁰)	246—268	8—10
Olivenöl	0,914—0,919	flüssig	53,0—56,4 (40⁰)	185—196,3	75—88,3
Baumwollsaatöl	0,916—0,933	,,	66—70 (25⁰)	190—200	100,9—120,8
Sonnenblumen- öl	—	,,	72—72,2 (25⁰)	186—194	109—140,4
Leinöl	0,930—0,935	,,	72,5—74,5 (40⁰)	187—197	154—204

Zur Charakterisierung der quantitativen Verhältnisse zwischen den gesättigten und ungesättigten Säuren einerseits und zwischen den Mengen der verschiedenen ungesättigten Fettsäuren anderseits dient die Jodzahl. Ihre Schwankungen zeigen eine strenge Regelmäßigkeit: bei dem tropischen festen Cocosfett, dessen Gehalt an ungesättigten Säuren sehr gering ist, sind die Schwankungen der Jodzahl ebenfalls sehr klein und betragen kaum zwei Einheiten; mit der Verschiebung nach nördlichen Breiten werden die Jodzahlgrenzen weiter; beim Olivenöl betragen sie 13, beim subtropischen Baumwollsamenöl 20 Einheiten.

Weiter nach Norden, beim Sonnenblumenöl, betragen die Jodzahlschwankungen bereits 31 und bei Leinöl, dessen Stammpflanze hohe Breiten der gemäßigten Zone erreicht, sogar 50 Einheiten. Analoge Schwankungen der Jodzahl findet man bei allen Fetten, soweit sie aus der Literatur bekannt sind.

---

[1] Wir nennen unsere Theorie die Klimatheorie, weil sämtliche Versuche zur Auffindung anderer Faktoren, auf welche man die qualitativen Veränderungen der Fette zurückführen könnte, wie Bodenbeschaffenheit, Düngung usw., zu keinen eindeutigen Ergebnissen geführt haben. Ob auch diese Faktoren die Menge und Qualität des in der Pflanze gebildeten Öles beeinflussen, können nur weitere Versuche entscheiden.

Im Verlaufe der Jahre 1907—1916 zur Untersuchung des Fettbildungsprozesses in Moskau angestellte Versuche ergaben für Leinöl eine Jodzahl von 180 ± 4. Nur in dem besonders kalten Sommer des Jahres 1928 bildete Lein eine noch größere Menge höher ungesättigter Fettsäuren; das Öl hatte die Jodzahl 188—190.

Jodzahl der Leinöle in Abhängigkeit von den klimatischen Bedingungen.

Die gefundene Konstanz der Jodzahl bzw. das konstante Verhältnis zwischen den gesättigten und ungesättigten Fettsäuren oder den einzelnen, verschieden hoch ungesättigten Säuren in den Leinsamen kann auf zweierlei Weise erklärt werden: Entweder handelt es sich hier um eine spezifische Eigenschaft der Zellen und des Plasmas der Leinpflanze, oder aber die konstante Jodzahl ist eine Folge der Konstanz der äußeren Einflüsse von Witterung und Klima. Um diese Frage zu lösen, wurden in den Jahren 1915 und 1916 Versuche über die Ölbildung bei *Linum usitatissimum* in den klimatisch sehr verschiedenen Orten Moskau (55° 50′ n. Br.) und Taschkent (41° n. Br.) ausgeführt. 1915 ergab die in Moskau gereifte Pflanze ein Öl der Jodzahl 179—180, in Taschkent ein Öl der Jodzahl 154. 1916 wurden die Leinsamen der Moskauer Ernte in Taschkent und die Taschkenter Ernte in Moskau ausgesät. Die Moskauer Ernte ergab bei Reifung in Taschkent ein Öl der Jodzahl 164,0, die Taschkenter Ernte in Moskau ein Öl der Jodzahl 182,1—183,5. Zwei lokale Sorten aus Taschkent lieferten im gleichen Jahre ein Öl mit der Jodzahl 158,0.

Diese Versuche zeigen eindeutig, daß die Jodzahl und das Verhältnis zwischen den gesättigten und ungesättigten Säuren bzw. zwischen den Fettsäuren verschiedener Ungesättigtheit kein Konstitutionsmerkmal der Leinpflanze ist, sondern daß ein bestimmter Einfluß des Klimas vorhanden sein muß, da das Verhältnis zwischen den einzelnen Fettsäuren sich bereits im ersten Jahre der Verpflanzung in neue klimatische Verhältnisse geändert hat. Diese Veränderungen sind keineswegs chaotisch. Sie sind keine Folge irgendwelcher Störungen der physiologischen Funktion der Pflanze. Diese bleiben vielmehr völlig normal, und, was besonders wichtig ist, sie nähern sich regelmäßig der Zusammensetzung des Leinöles an, das von den lokalen Sorten produziert wird. Die Lokalsorten bilden gewissermaßen den Standard, dem sich die Zusammensetzung des Fettes der übertragenen Sorten derselben Pflanzenart anpaßt.

Ähnliche Standardzusammensetzung fanden wir nicht nur für die reine Linie, sondern auch für die Population in einem Versuch im Schatilowo-Versuchsfeld[1] (Jodzahl des lokalen Fettes 164) aus verschiedenen Leinsorten (Ölpflanzen) von Archangelsk bis Pamir und vom Westgebiet (Weißrußland) bis Wladiwostok. 77% dieser Kollektion, mit sehr verschiedener Zusammensetzung des Öles in ihrer Heimat, haben in Schatilowo ein Öl erzeugt, dessen Jodzahl von dem Öl der Lokalsorten nur wenig verschieden war (Jodzahl $= 165 \pm 6$).

Diese Ergebnisse stehen nicht vereinzelt da. In den nachfolgenden Versuchen wurden einige Sorten von Lein-Kudriasch verwendet, die in Schatilowo (53° n. Br.) gereift sind. Sie wurden bei Moskau 55° 50′ n. Br. und bei Dniepropetrowsk 48° 30′ n. Br. ausgesät, also nördlich und südlich vom Ursprungsland. Die Versuchsergebnisse sind in der Tabelle 63 angegeben, wo K —110 usw. die Leinsorten aus Schatilowo bedeuten. In der zweiten Spalte sind die Regionen angegeben, von wo aus die Samen nach Schatilowo verpflanzt worden sind.

Die Tabelle zeigt deutlich, daß die Jodzahl in Moskau höher, in Dniepropetrowsk niedriger geworden ist als in Schatilowo. Es ist interessant festzu-

---

[1] Unweit von Orel.

stellen, daß sämtliche Pflanzen (mit Ausnahme von K —82) in Dniepropetrowsk Öle der Jodzahl 148±5 ergeben haben, was für Dniepropetrowsk
charakteristisch ist.

Tabelle 63.
Veränderungen der Jodzahl bei Akklimatisation der Leinpflanze.

Sorten	Ursprung	Schatilowo 43⁰ n. Br.	Moskau 55⁰ 50′ n. Br.	Dniepropetrowsk 48⁰ 30′ n. Br.
K — 110	Wladiwostok	169,1	168,7	—
K — 169	Turkestan	167,5	169,3	—
K — 63	Pamir	158,0	171	—
K — 163	,, ...	162,0	171,4	—
K — 204	Archangelsk	146,0	168,2	—
K — 82	Twer	158,7	—	158,7
K — 129	Samara	172,4	—	146,6
K — 151	Saratow	162,9	—	145,3
K — 155	Jaroslaw	164,0	—	148,7
K — 173	Turkestan	162,0	—	147,2
K — 177	Gebiet des trockenen Ackerbaus	164	—	149
K — 198	Deutsche Kolonie (Wolga)	162,2	—	146,8
K — 201	Gomel	164,1	—	150,0
K — 106	Schatilowo	165	—	153,6

Tabelle 64. Die Veränderungen der
Jodzahl bei Akklimatisation der
Leinpflanze von Norden nach
Süden.

	n. Br.	ö. L.	Jodzahl
Priladoga	59⁰ 51′	31⁰ 25′	182,9
Detskoje Selo ...	59⁰ 44′	30⁰ 23′	181,6
Nowgorod	59⁰ 00′	31⁰ 52′	186,8
Moskau	55⁰ 50′	37⁰ 23′	181,6
Engelgardt Vers.-Stat.	55⁰ 12′	33⁰ 23′	178,3
Gorki-Smolensk .	54⁰ 17′	30⁰ 59′	176,1
Minsk	53⁰ 54′	27⁰ 33′	178,8
Schatilowo-Orel .	53⁰ 00′	37⁰ 23′	174,0
Woronesch	51⁰ 40′	38⁰ 59′	175,0
Belaja Tzerkow .	49⁰ 47′	30⁰ 09′	169,0
Poltawa	49⁰ 35′	34⁰ 39′	170,5
Saratow........	51⁰ 38′	45⁰ 27′	177,0
Krasny Kut	50⁰ 38′	47⁰ 00′	172,35
Askanja Nova ..	46⁰ 21′	33⁰ 53′	169,9
Sotschi	43⁰ 34′	39⁰ 46′	164,5
Bakuriani (1670 m)	41⁰ 45′	43⁰ 31′	179,3
Taschkent......	41⁰ 26′	69⁰ 20′	162,0
Krasny Vodopad	41⁰ 27′	69⁰ 20′	165,9
Omsk..........	54⁰ 58′	73⁰ 23′	172,7
Krasnojarsk	56⁰ 01′	92⁰ 52′	181,8
Tulun..........	54⁰ 33′	100⁰ 22′	182,0
Wladiwostok ...	43⁰ 05′	131⁰ 57′	164,5

Die Versuche von N. N. IVANOW[1]
mit Leinkultur in 22 Versuchsstationen
auf 18 verschiedenen Parallelkreisen
bestätigen die Hypothese über die Abhängigkeit der Zusammensetzung des
Öles und seiner Jodzahl vom Lokal-
klima.

Die Sorten, mit welchen die angegebenen Versuche vorgenommen wurden, ergeben in. der Umgegend von
Moskau die Jodzahl 181,6.

Die Klimate der Hochgebirge
wirken auf den Fettbildungsprozeß
gleich den Nordbreiten. Im Südklima
des Kaukasus auf 43⁰ n. Br. würde die
Jodzahl des Leinöles, die unter Baku-
riani 1670 m ü. d. M. 179,3 gleich ist,
dieselbe wie in Moskau 55⁰ 50′ n. Br.
(181,6 oder im Durchschnitt = 180±4)
sein, während auf dem Meeresspiegel,
bei derselben Breite, in Wladiwostok
(43⁰ 05′ n. Br.) die Jodzahl = 164,5
und in Sotschi (43⁰ 34′ n. Br.) ebenfalls = 164,5 ist (s. N. N. IVANOW[2]).
Ähnliche Ergebnisse finden wir auch in
den Versuchen von FELLENBERG[3], der mit den Leinsamen Nolinsk-Ursprungs
(58⁰ n. Br.) in Bern 47⁰ n. Br. und 550 m ü. d. M. und in Davos 46⁰ 50′ n. Br.

---

[1] Bull. Appl. Botany and Plant Breeding **16**, Nr. 3 (1926).   [2] S. Tabelle 64.
[3] Allg. Öl- u. Fett-Ztg. **1932**, Nr. 3.

und 1550 m ü. d. M. operiert hat. Hier im kalten Bergklima wurden folgende
Jodzahlen gefunden:

in Bern............. 190,0
in Davos 190,0
in Nolinsk 188,1

Jeder geographische Breitegrad erniedrigt die Jodzahl von Leinöl (unter gleichen Plateauverhältnissen) um etwa 2 Einheiten (nach Ergebnissen von N. N.
Ivanow um 1,1 Einheiten). Beim Reifen in tropischen Gegenden, am Äquator,
müßte also ein Leinöl der Jodzahl zirka 100 erzeugt werden. Im tropischen Treibhaus des Botanischen Gartens in Berlin von Prof. L. Diels mit Leinsamen
Nolinsk-Ursprungs vorgenommene Versuche haben tatsächlich zur Bildung
eines Öles der Jodzahl 92,6 geführt; das Öl hatte keine trocknenden Eigenschaften und enthielt nur Spuren von Linol- und Linolensäure[1].

Die Erniedrigung der Jodzahl und die Abnahme des Gehalts an höher ungesättigten Fettsäuren in südlichen, weicheren Klimaten ist eine bei verschiedenen
Pflanzenfetten beobachtete Erscheinung, wie aus Versuchen von S. Ivanow,
N. N. Ivanow, K. P. Kardaschew u. a. eindeutig hervorgeht (s. Tab. 65).

Tabelle 65. Veränderungen der Jodzahl der Pflanzenöle bei der Kultur
in verschiedenen Klimaten.

Helianthus annuus	(Aschhabad) .... 38⁰ n. Br.....	118
	Woronesch .... 51⁰ 40′ ,, ,, ...126—130
	Omsk.............. 55⁰ ,, ,, ... 140,4
Roemeria rhoeadiflora Medik	Taschkent.......... 41⁰ 26′ ,, ,, ... 144,4
	Moskau .... 55⁰ 50′ ,, ,, ... 157,7
Camelina Sativa L.	Poltawa .... 49⁰ 35′ ,, ,, ... 140,0
	Moskau .... 55⁰ 50′ ,, ,, ... 154,1
Glaucium luteum Juss.	Tiflis .... 41⁰ 50′ ,, ,, ...134—138,5
	Moskau .... 55⁰ 50′ ,, ,, ... 145,9
Cucumis citrullus	Saratow .... 51⁰ 40′ ,, ,, ... 122,4
	Biisk (Altai) .... 52⁰ ,, ,, ... 127,67
Cucumis sativus L.	Buitenzorg (Java) ... 9⁰ ,, ,, ... 115,1
	Moskau .... 55⁰ 50′ ,, ,, ... 132,0
Luffa acutangula Roxb.	Buitenzorg (Java) ... 9⁰ ,, ,, ... 113,3
	Taschkent.......... 41⁰ 26′ ,, ,, .. 120,3—122
Eruca sativa Lam.	Taschkent.......... 41⁰ 26′ ,, ,, ... 96—97
	Moskau .... 55⁰ 50′ ,, ,, ... 98—99
Ricinus communis L.	Taschkent.......... 41⁰ 26′ ,, ,, ... 86,0
	Moskau .... 55⁰ 50′ ,, ,, ... 87—88

Die Schwankungen der Menge der einzelnen ungesättigten Fettsäuren sind
desto größer, je reicher das Öl an Doppelbindungen ist. Die maximalen Schwankungen der ungesättigten Fettsäuren finden wir bei Pflanzen, die alle drei ungesättigten Fettsäuren, also Öl-, Linol- und Linolensäure enthalten.

In den Forschungen von A. Eibner[2]
und seinen Mitarbeitern finden wir
analytische Angaben über die Verschiedenheit in der Zusammensetzung des
Leinöles in verschiedenen Gebieten des
Erdballes.

Die quantitative Zusammensetzung
der Leinöle tropischen (Kalkutta) und
holländischen (52⁰ n. Br.) Ursprungs ist
nach A. Eibner die folgende (s. Tab. 66):

Tabelle 66. Zusammensetzung der
Leinöle verschiedenen Ursprungs
nach Eibner.

	Holland	Kalkutta
Jodzahl	173,5	181,7
Linolensäure	22,8%	45,75%
Linolsäure	58,8%	21,75%
Ölsäure	4,5%	17,61%
Gesättigte Säuren .	8,3%	8,29%

---

[1] S. Anm. 3, S. 378.   [2] Chem. Umschau Fette, Öle, Wachse, Harze **35**, 157 (1928).

Nach E. HURR[1] war die Linolsäurebildung im Leinöl in Taschkent (41°
n. Br.) um 10% niedriger, die Ölsäurebildung um 15% höher als in Nolinsk
(58° n. Br.).

Jodzahl der Pinus-Öle in Abhängigkeit vom Klima.

Ein besonders interessantes Beispiel der Erniedrigung des Gehalts an höher
ungesättigten Fettsäuren von Norden nach Süden finden wir bei den Ölen der
Pinus-Arten (Tab. 67).

Tabelle 67. Die Änderung der Jodzahl bei den Pinus-Arten in verschiedenen Klimaten.

Pflanzenname	Verbreitung	Jodzahl	Gehalt an ungesättigten Fettsäuren
Pinus silvestris	Nord- u. gemäßigte Gegenden	160—165	{ Höchstmenge an Linolensäure
„ *Cembra*	Nord- u. gemäßigte Gegenden	160,2—161,4	
„ *montana*	Nord- u. gemäßigte Gegenden	156,5—157	
„ *excelsa* var. *Peuce*	Balkanhalbinsel	159,8—159,9	
„ *Strobus*	Nordamerika	151,7—152	
„ *Pinaster*	Mittelmeergebiete ...	143,5—151,1	{ Höchstmenge an Linolsäure
„ *Jeffrei*	„ ...	132,1—133	
„ *Ponderosa*	„ ..	133,1—135	
„ *Toreyana*	„ ..	121,8—122	
„ *Picea*	„ ..	118,4—120	
„ *halepensis*	Balkanhalbinsel	119,2	
„ *canariensis*	„	109,2—110	{ Höchstmenge an Ölsäure
„ *longifolia*	Subtropen	102,2—112,3	
„ *pirenaica*	„	98	

Die Abhängigkeit der Zusammensetzung und der Eigenschaften der Pflanzenöle vom Klima läßt uns noch eine Regelmäßigkeit erkennen, welche mit den
„physiologisch-chemischen" Merkmalen der Pflanzen in Zusammenhang steht.
Das Fachwort wurde 1914 in die Botanik eingeführt[2]; es bedeutet die Fähigkeit, bestimmte, der Pflanze eigene Substanzen zu bilden. So nennen wir z. B.
als physiologisch-chemisches Merkmal der Leinpflanze die Fähigkeit zur Bildung
von Glyceriden von Linolen-, Linol- und Ölsäure. In allen Kulturverhältnissen
der verschiedensten Klimate behält der Lein diese Eigenschaft; es verändern sich
nur die quantitativen Verhältnisse dieser Säuren, wie das aus Versuchen von
A. EIBNER und E. HURR mit Lein ersichtlich ist; Ähnliches wurde für die Fettsäureglyceride von Palmfetten von T. HILDITCH und V. VIDYARTHI, ELSDON,
TAYLOR, E. F. ARMSTRONG[3], für Kakaobutter von K. AMBERGER[4], H. KAUF-
MANN[5], J. PIAERETS[6], für Olivenöl von S. FACHINI usw. festgestellt.
Die Linolensäure kann mitunter in so kleinen Mengen auftreten, daß es
unmöglich ist, sie analytisch nachzuweisen.

Leinöl in Nolinsk   enthält ... 27,25% Linolensäure
„   im tropischen Treibhaus   „   ... Spuren   „
Camelina sativa in Moskau   „   ... 2,50%   „
„   „   im Poltawa   „   ... Spuren   „

---

[1] Dissertation, München. 1930.   [2] S. IVANOW: Beih. bot. Ztrbl. 30, 75 (1914).
[3] E. F. ARMSTRONG: Journ. Soc. chem. Ind. 43, 207 T (1924); 44, 143 T (1925).
[4] K. AMBERGER: Ztschr. Unters. Nahr.- Genußm. 48, 371 (1925).
[5] H. KAUFMANN: Ztschr. angew. Chem. 20, 73, 402, 1154 (1929); Chem. Umschau, Fette,
Öle, Wachse, Harze 37, 305 (1930).   [6] J. PIAERETS: Bull. Matières grasses 1928.

Die Fähigkeit, unter bestimmten Kulturbedingungen die pflanzeneigenen Substanzen in kleinsten Spuren zu bilden, nennen wir „*die verborgenen
physiologisch-chemischen Merkmale der Pflanzen*"[1]. Beim Übersiedeln in passende
Kulturbedingungen äußert die Pflanze wieder in klarer quantitativer Form ihre
Merkmale. Die Offenbarmachung oder das Verbergen der physiologisch-chemischen Merkmale wird durch folgende geographische oder klimatische Faktoren
beeinflußt:

Die milden tropischen oder subtropischen Zonen sind der Bildung der
Ölsäure günstig und hemmen die Bildung von Linolensäure. Das harte Klima
der mäßigen Zonen beschleunigt im Gegenteil die Bildung von Linolensäure und
hemmt die Produktion von Ölsäure.

Die Linolsäure nimmt eine Zwischenstellung ein.

Die geographische Regel findet ihre Erklärung in den Eigenschaften der Fettsäuren. Linolensäure oxydiert sich schnell in den Pflanzen und gibt das Maximum
an Kalorien, was sehr notwendig für die Pflanzen der Nord- oder Berggebiete ist.
Die Ölsäure ist nach G. W. ELLIS[2] gegen Sauerstoff sehr widerstandsfähig;
nach S. IVANOW[3] brennt sie langsam beim Keimen der Samen und gibt im Verlauf derselben Zeiteinheit weniger Kalorien ab. Aus diesem Grunde bildet sie
sich in maximalen Mengen in weichen warmen Klimaten, wo die Pflanze ihre
„eigene Körpertemperatur" nicht auszunützen braucht.

Der Zusammenhang zwischen dem Klima und den ungesättigten Fettsäuren
scheint uns durch die ganze Geschichte der Entwicklung der Pflanzenwelt bestätigt zu sein. Bei Kryptogamen (Algen, Moosen, Farnkräutern u. a.) ist die
Linolensäure noch nicht vorhanden. Sie bildet sich zuerst bei den Koniferen. Da
nach den Forschungen der Paläontologie die Koniferen erst, als auf der Erde
die ersten Fröste eintraten, erschienen sind, so ist die Einwirkung der Kälte
auf die Bildung von Linolensäure unwiderleglich. W. N. RUTSCHKIN[4] hat folgenden Versuch gemacht: Ein Teil der reifenden Leinpflanzen wurde vom 18. Juli
bis 19. August für die Nacht in eine Kamera, wo die Temperatur um $7,1^0$ niedriger
als die Außentemperatur war, gestellt. Während des Tages befanden sich
diese Pflanzen gleich den Kontrollpflanzen im Vegetationshause. Beim Reifen
hatte das Öl der Kontrollpflanzen die Jodzahl 164,4, während die Pflanzen,
welche in der Nacht sich in niedrigerer Temperatur befanden, ein Öl mit einer
höheren Jodzahl = 169,3 erzeugt haben. Also erhöht die künstliche Erniedrigung
der Temperatur die Jodzahl.

Die Palmen, welche auf der Erde in frühesten Epochen mit gleichmäßigem
und weichem Klima erschienen sind, bilden in ihren Ölen hauptsächlich gesättigte Fettsäuren von niedrigem Molekulargewicht — C_6, C_8, C_{10}, C_{12}. Die
Tatsache dient auch als Zeugnis, daß gleichmäßig warmes Klima zur Bildung
von Fettsäuren mit minimaler Menge von Verbrennungswärme führt.

Nach einer Aufstellung von MCNAIR[5] sind 99,97% der festen, d. h. hochgesättigten Pflanzenfette tropischer oder subtropischer Herkunft, von nichttrocknenden Ölen etwa 59%, von trocknenden nur 40%.

In der Arbeit: „Die Klimate des Erdballs"[6] wird gezeigt, daß die
Temperatur und ihre Schwankungen einer der wichtigsten und verantwort-
lichsten Faktoren für die quantitative Anhäufung der ungesättigten Fettsäuren

---

[1] Bull. Appl. Botany and Plant Breeding **13**, Nr. 2 (1922/23).
[2] Biochemical Journ. **26**, 791—800 (1932).   [3] Dissertation, Moskau. 1912.
[4] W. N. RUTSCHKIN: Bull. Landw. Inst. Omsk **1929**, 150.
[5] Amer. Journ. Botany **16**, 832 (1929).
[6] Klimate des Erdballs. ABDERHALDENS Fortschritte der naturwiss. Forschg.,
neue Folge, H. 5 (1929).

mit einer Doppelbindung in weichen Klimaten und für die Bildung der Fettsäuren mit drei Doppelverbindungen in harten Klimaten ist. Diese Schlüsse
werden durch die Verbreitung der Fettsäuren auf der Erde bestätigt.

Niedrig-molekulare Fettsäuren C_6, C_8,
C_{10} bilden sich ausschließlich in weichen
Klimaten der typischen Tropenzonen, wo
kein großer Unterschied zwischen der
Temperatur des Tages und der Nacht
vorhanden ist.

Capronsäure, $C_6H_{12}O_2$ . . .   831,2 Kal.
Caprylsäure, $C_8H_{16}O_2$ . . .   1140   ,,
Caprinsäure, $C_{10}H_{20}O_2$ . . .   1458,3   ,,
Laurinsäure, $C_{12}H_{24}O_2$.   1757,2   ,,
Myristinsäure, $C_{14}H_{28}O_2$.   2060   ,,
Palmitinsäure, $C_{16}H_{32}O_2$.   2398,4   ,,
Stearinsäure, $C_{18}H_{36}O_2$ . .   2678   ,,
Ölsäure, $C_{18}H_{34}O_2$ 2682   ,,

In der nebenstehenden Tabelle sind
die molekularen Verbrennungswärmen der
C_6—C_{18}-Fettsäuren zusammengestellt.

Wir sehen aus dieser Tabelle, daß niedrig-molekulare Fettsäuren die niedrigste
Menge von Kalorien liefern und die hochmolekularen Fettsäuren der gemäßigten
und kalten Klimate im Gegenteil eine maximale Verbrennungswärme haben.
Das steht in unmittelbarem Zusammenhang mit dem Bedürfnis der Pflanzen, in
kalten Zonen die fehlende Wärme durch die Verbrennung der eigenen Substanz
zu kompensieren.

Außer dem hohen Kalorienwert besitzen die ungesättigten Fettsäuren der
kalten Klimate auch eine größere Oxydations- und Reaktionsfähigkeit.

Aus obigem sind sehr wichtige biochemische Schlüsse zu ziehen: Die organischen Substanzen bilden sich in den Pflanzen unter der Einwirkung von zweierlei
Faktoren: 1. der Stellung der Pflanze in dem botanischen System und 2. der Abhängigkeit von den klimatischen Einflüssen — des Lichtes, der Temperatur und
Feuchtigkeit.

Jede Ölpflanze, welche man in die milden tropischen Klimate versetzt,
nähert ihren Chemismus den Lokalsorten an und bildet hier unter den
pflanzeneigenen Substanzen maximale Mengen fester gesättigter Fettsäuren und
Ölsäure, weniger gesättigte Fettsäuren bleiben im Minimum. Das Öl von
Fevillea cordifolia aus der Familie Cucurbitaceae kann uns als charakteristisches
Beispiel dazu dienen. Das Öl ist fest, schmilzt bei 29° C und hat die Jodzahl
42—52,4; feste Fettsäuren 46,5%.

Die anderen Vertreter dieser Familie, welche in gemäßigten Klimaten
wachsen, geben sämtlich flüssige Öle mit der Jodzahl über 115 und mit viel
höherem Gehalt an Linolsäure und mit weniger festen Säuren.

	Jodzahl	Gesättigte Säure	Ölsäure	Linolsäure
Fevillea cordifolia (Tropen) . . .	42— 52,4	46,5	51,27	2,5
Cucurbita pepo ⎫ gemäßigte ⎧	119—131	30	25	45
Citrullus vulgaris ⎬ Klimate ⎨	117—130	30	25	45
Cucumis Melo ⎭ ⎩	120—128	19	27	54

Im Gegenteil wird jede Ölpflanze, deren Kultur man aus einem härteren
Klima in ein gemäßigtes versetzt, eine chemische Zusammensetzung und eine
Jodzahl bekommen, die derjenigen der Pflanzen der gemäßigten Klimate nahesteht.
Aus diesem Grunde können große Oberflächen der Länder mit gleichmäßigem
Klima, z. B. die große russische Ebene, Südamerika, Zentralaustralien, Mittel-
meerländer usw., durch entsprechende Zusammensetzung der Pflanzenöle charak-
terisiert werden.

Es wäre z. B. unmöglich, Leinsamen nordrussischen Ursprungs in anderen
europäischen Ländern mit demselben Resultat zu kultivieren, weil, wie die

Klimatheorie lehrt, das Leinöl seine trocknenden Eigenschaften in Deutschland, Frankreich, Italien verlieren müßte.

Die Entwicklung der Klimatheorie basiert auf der Forschung über die Pflanzenfette. Ihre Bedeutung für die Tierfette ist unstreitig. Die Terminologie von W. Halden[1] der „poikilothermischen" Tiere mit wechselnder Körpertemperatur und „homoiothermischen" Tiere mit hoher und konstanter Körpertemperatur steht der Klimatheorie nahe. Auch hier hat die konstante hohe Temperatur der Warmblüter einen niedrigen Gehalt an ungesättigten Fettsäuren und eine niedrige Jodzahl (zirka 100) zur Folge; die wechselnde Körpertemperatur poikilothermischer Tiere führt zur Bildung ungesättigter Fettsäuren mit zwei und mehr Doppelbindungen und hoher Jodzahl. Im engen Zusammenhang damit steht auch die Bildung von Klupanodonsäure mit mehreren Doppelbindungen und sogar einer Acetylenbindung ausschließlich bei poikilothermischen Fischen und Tieren der arktischen Ozeane.

Zum Schluß wäre noch die große Bedeutung der Klimatheorie für die Entwicklung der theoretischen und praktischen Wissenschaft zu unterstreichen.

Sie lenkt doppelte Aufmerksamkeit dem Nordozean zu, als einem spezifischen Wasserbehälter, in welchem die Fische und Tiere ausnehmend große Mengen subkutanen Fettes mit hohem Gehalt an Klupanodonsäure anhäufen. Die Anwendung solcher als Nahrungsmittel gibt den Nordvölkern maximale und schnell entwickelnde Kalorienmengen. Nicht weniger große Bedeutung haben die Fette des Nordozeans für die Lederindustrie.

Bei der Untersuchung von Fettsäuren von Phosphatiden warmblütiger und kaltblütiger Tiere hat Terroine[2] gefunden, daß die Jodzahl der Phosphatide der ersteren konstant für die verschiedenen Arten und niedrig ist, weil die Phosphatide reich an gesättigten Säuren und Ölsäure sind. Im Gegenteil ist die Jodzahl viel mannigfaltiger bei den Phosphatiden kaltblütiger (poikilothermer) Tiere, weil sie reicher an Linolsäure sind.

Die Fettsäuren des Menschenkörpers sind hochmolekular. In bestimmten Perioden, und zwar in dem Zustande der Schwangerschaft erzeugen weibliche Individua niedrigmolekulare Fettsäure C_6, C_8, C_{10} in der Milch. Die Ernährung des Embryos, welcher sich in einer Temperatur von zirka 37^0 entwickelt, mit Fettsäuren, die beim Verbrennen minimale Kalorienmenge erzeugen, ist biologisch voll verständlich. Die gleiche Erscheinung findet man bei allen Säugetieren.

Diese Tatsache verdient besondere Aufmerksamkeit, und es ergibt sich ein Zusammenhang mit der klimatischen Theorie, wenn man an den Gehalt der Kernfette der Palmae an niederen C_6- bis C_{10}-Säuren denkt.

Die praktischen Auswirkungen der klimatischen Theorie lassen sich nicht voraussehen; sie verspricht jedoch, ein wichtiger Zweig der modernen Naturwissenschaft zu werden[3].

[1] Ad. Grün u. W. Halden: Analyse der Fette, Bd. II. Berlin: Julius Springer. 1929.
[2] Bull. Soc. Chim. biol. 12, 82 (1930).
[3] Weitere Literatur zur Klimatheorie der Fettbildung: S. Ivanow: Der Einfluß von Klima auf die Stoffbildungsprozesse in den Pflanzen. Arbeiten des I. Allun. Geograph. Kongresses, Nr. 3, S. 277. Leningrad. 1934. — S. Ivanow: Un essai de reconstruction des particularités chimiques de la flore des époques géologiques antérieures à l'aide des données de la phytochimie contemporaine. Problèmes de Géographie physique, Acad. des Sciences, Nr. 1, 113—142. Leningrad. 1934. — S. Ivanow: Fettchemie. Moskau. 1934. — S. Ivanow: Die Faktoren des Ölbildungsprozesses in den Pflanzen. Bayerisches Ind.- u. Gewerbeblatt Nr. 7 (1929). — G. Paris: Das Klima u. die chem. Eigenschaften des Öles. Ind. Chimica 1933, 987.

B. Fettstoffwechsel und Fettsynthese.

Von KONRAD BERNHAUER, Prag.

Im gegebenen Rahmen kann naturgemäß nur ein kurzer Überblick über die Biochemie der Fette geboten werden. Es wird daher auf speziellere Fragen nirgends näher eingegangen, sondern es soll nur über die Herkunft des Fettes im Pflanzen- und Tierkörper, dessen Funktion, die Prozesse, welche zum Aufbau des Fettes zu führen scheinen, und die Abbauvorgänge, welche dasselbe erleidet, berichtet werden. Weiterhin soll eine Vorstellung über die Enzymchemie der Lipasen vermittelt werden.

a) Der Fettstoffwechsel der höheren Pflanzen.

Bei den höheren Pflanzen finden sich Lipoide fast in jeder Zelle. Wir haben dabei die Cytolipoide von den Nahrungslipoiden zu unterscheiden. Während die Erstgenannten (zu denen die Lecithide, Cerebroside, Sterine und Chromolipoide gehören) in kleinen Mengen fast stets in der Zelle vorkommen, treten die Lipoide der zweiten Gruppe (die eigentlichen Fette) vor allem als Reservestoffe in bestimmten Organen und Geweben auf, und zwar insbesondere in den Samen, wo sie vielfach in sehr großen Mengen gespeichert werden. Im folgenden werden wir uns vor allem mit den echten Fetten zu beschäftigen haben.

1. Die Bildung und Ablagerung von Fett als Reserveprodukt.

Die Bildung von Fett in Speicherorganen scheint im allgemeinen auf folgendem Wege vor sich zu gehen: In die unreifen Früchte, Samen usw. wandern die im Assimilationsprozeß entstandenen löslichen Kohlehydrate ein und werden hier zunächst in Form von Stärke gespeichert; bei der Samenreife tritt sodann allmählich an Stelle der Stärke Fett auf. Bei der Keimung des Samens geht der umgekehrte Prozeß vor sich, indem das Fett wieder in Kohlehydrate übergeführt wird, die in Form löslicher Zuckerarten in die junge Keimpflanze wandern. Ein prinzipiell ähnlicher Vorgang findet auch in den anderen Speicherorganen (so z. B. in den „Fettbäumen") statt.

α) Das Reservefett der Samen und Früchte.

Vorkommen und Bedeutung des Samenfettes. Bei etwa 80% aller natürlichen Phanerogamengruppen soll Fett den Hauptbestandteil des Endosperms (Samennährgewebes) ausmachen[1], und auch in Stärkesamen (z. B. Gräsern) enthält wenigstens der Embryo reichlich Fett. Der Reinfettgehalt fettreicher Samen beträgt meist 40—70% der Trockensubstanz, manchmal auch gegen 80%. Fettreiche Samen sind vielfach (nicht immer) auch eiweißreicher als Stärkesamen (s. Tabelle 68).

Tabelle 68. Zusammensetzung von Fett- und Stärkesamen.

Beispiele[2]	Kohlehydrate	Fett	Eiweiß
Fettsamen:			
Linum usitatissimum	23,23%	33,64%	22,57%
Brassica rapa..................	24,41%	33,53%	20,48%
Amygdalus communis (Kern).....	7,84%	53,02%	23,49%
Cocos nucifera (Kern)	12,44%	57—75%	8,88%
Stärkesamen:			
Triticum vulgare	68,65%	1,85%	12,04%
Pisum sativum.................	52,68%	1,89%	23,15%
Aesculus Hippocastanum	68,25%	5,14%	6,83%

[1] NÄGELI: Die Stärkekörner, S. 467ff. 1858.
[2] Aus KÖNIG: Chemie der menschlichen Nahrungs- und Genußmittel.

Die Fettspeicherung bietet der Pflanze gewisse ökonomische Vorteile, da die Fette, und zwar insbesondere die Fettsäuren Substanzen von hohem C-Gehalt und Kalorienwert vorstellen; so hat Stearinsäure einen C-Gehalt von 76%, Glucose von nur 36,3%. — Zur Depotbildung sind die Fette insbesondere auch wegen ihrer Unlöslichkeit in Wasser geeignet, da sie keinen osmotischen Druck hervorrufen, ferner füllen sie nur wenig Raum aus und haben keine deformierenden Einflüsse auf das Plasma. Weiterhin bewirkt die Ablagerung der Fette im Plasma eine Wasserverdrängung, wodurch dasselbe vor der schädlichen Einwirkung des Frostes geschützt wird. Schließlich bedeutet die Fettablagerung auch einen Schutz vor Deformierung durch Schrumpfung, die im Falle der Zellentwässerung eintreten müßte. Das Überwiegen der Fette über andere Reservestoffe insbesondere bei den in kälteren Gegenden vorkommenden Pflanzen scheint daher eine klimatische Anpassung vorzustellen.

Zusammensetzung des Samenfettes: Im Gegensatz zu den meisten Tierfetten sind die Samenfette bei 15—20° zumeist viskose Öle. Dies ist bekanntlich auf den reichlichen Gehalt der betreffenden Fette an ungesättigten Fettsäuren zurückzuführen. Fette mit höherem Erstarrungspunkt finden sich im allgemeinen nur in Samen tropischer Gewächse. Die Abhängigkeit der Zusammensetzung der Pflanzenfette vom Standort und insbesondere vom Klima, dem die betreffenden Pflanzen ausgesetzt sind, wurde im vorstehenden Kapitel[1] behandelt.

Die Fettbildung bei der Reifung von Samen und Früchten. Während unreife Ölsamen viel Stärke enthalten, nimmt der Stärkegehalt bei der Reife der Samen von Ricinus, Soja, Amygdalus u. a. stark ab[2]. Klare Beziehungen zwischen der Fettbildung und Glucoseabnahme ergaben sich bei Linum und Brassica[3]. Es zeigte sich eindeutig, daß fast stets in den ersten Monaten der Samenreifung die Fettzunahme rasch vor sich geht, später dagegen langsamer. Wenn die unreifen Früchte und Samen von der Mutterpflanze abgenommen werden, also eine weitere Zufuhr von außen unterbunden ist, so nimmt trotzdem die Menge des Fettes zu, unter gleichzeitiger Abnahme des Kohlehydratgehaltes. Von Interesse ist ferner, daß unreife Samen in einem gewissen Stadium relativ reich an freien Fettsäuren sind[4]. — Auf den Chemismus der Fettbildung aus Kohlehydraten wird unten noch näher eingegangen.

β) Reservefett in anderen pflanzlichen Organen.

In Stämmen und Zweigen von Holzgewächsen kommt vielfach Fett vor, das als Reservestoff in Rinde, Splint und Kernholz abgelagert wird und die gleiche Funktion besitzt wie die Kohlehydrate in den „Stärkebäumen". Während die „Stärkebäume" (wie *Quercus, Corylus, Ulmus, Platanus, Pirus, Fraxinus* u. a.) vielfach hartholzig sind, sollen die „Fettbäume" in der Regel weichholzig sein[5]. — In den „Fettbäumen" wird nun vom Ende der Vegetationsperiode an (etwa Oktober-November) im Laufe von 4—6 Wochen die zunächst abgelagerte Stärke in Fett umgewandelt. Dieses verbleibt während der 3 Wintermonate (etwa bis Februar-März) in diesem Zustande und wird sodann wieder in Stärke übergeführt, die nach ihrer Hydrolyse in die jungen Triebe auswandert. Dieser Umwandlungsprozeß geht stets lokalisiert in den Parenchymzellen der Speicherorgane vor sich[6]. — Die Umwandlung der Kohlehydrate in Fett (sowie der um-

---

[1] Vgl. S. 375.   [2] LECLERC DU SABLON: Compt. rend. Acad. Sciences **123**, 1084 (1896).
[3] S. IVANOW: Beih. botan. Ztrbl. **28**, I, 159 (1912).
[4] v. RECHENBERG: Ber. Dtsch. chem. Ges. **14**, 2216 (1881). — S. IVANOW: Ber. Dtsch. botan. Ges. **29**, 595 (1911).   [5] A. FISCHER: Jahrb. wiss. Bot. **22**, 73 (1890).
[6] Vgl. SUROŽ: Beih. botan. Ztrbl. **1891**, 342. — NIKLEWSKI: Beih. botan. Ztrbl. **19**, I, 68 (1905) u. a.

gekehrte Prozeß) ist jedoch kaum als eine Reaktion auf die Temperaturerniedrigung (bzw. -erhöhung) anzusehen, sondern es dürften dabei periodische Verhältnisse von Bedeutung sein[1]. In diesem Zusammenhange sei auch darauf hingewiesen, daß bei gewissen Bäumen (wie *Fagus silvatica*) noch in der zweiten Hälfte Mai viel Fett nachgewiesen werden konnte, wogegen im März und April nur Stärke vorhanden war und auch während des Winters nur wenig Fett abgelagert wird[2].

Die Fettmenge schwankt bei den verschiedenen Bäumen sehr stark; so enthalten z. B. Tiliazweige während der Winterruhe 9—10% der Trockensubstanz an Fett[3], während die Stamm- und Wurzelrinde von *Juglans cinera* sogar 50% fettes Öl enthalten soll[4].

Die Fette scheinen im wesentlichen aus Glyceriden der Palmitin-, Öl-, Linol- und Linolensäure zu bestehen[5].

In unterirdischen Speicherorganen (wie Wurzeln, Knollen und Zwiebeln) wird gleichfalls Fett als Reservestoff aufgespeichert; allerdings überwiegen hier fast stets Kohlehydrate als Reservematerialien. Während kleine Mengen von Fett häufig anzutreffen sind, finden sich größere Mengen nur bei wenigen Pflanzen[6], so in den Wurzelknollen von *Cyperus esculentus* 27—28% der Trockensubstanz, im Rhizom von *Curcuma sp.* 7,5—8,8%, in der Wurzel von *Polygala Senega* 4,5%, von *Daucus carota* 3,8%, in der Zwiebel von *Allium cepa* 2% usw.; zumeist liegt der Fettgehalt noch wesentlich tiefer.

In immergrünen Laubblättern findet auch in gewissem Ausmaße Bildung von Fett als Reserveprodukt statt, indem mit Eintritt der Winterruhe die Stärke verschwindet und an ihre Stelle in den Blattparenchymzellen Fett auftritt[7]. Die Menge an Fett ist jedoch — soweit bisher festgestellt — stets recht gering; so enthalten z. B. die Blätter von *Dipteracanthus tomentosus* 0,25% Fett[8].

γ) *Zum Chemismus der Fettbildung aus Kohlehydraten.*

Bei der Bildung von Fett aus Kohlehydraten findet zweifellos eine sehr tiefgreifende Umwandlung der Molekülstruktur der betreffenden Körper statt, was schon daraus ersichtlich ist, daß die Fettsäuren weit stärker reduziert erscheinen. Es müssen daher Reduktionsvorgänge stattfinden. So zeigen auch die Untersuchungen des Atmungskoeffizienten von Ölfrüchten[9], daß in der Periode der Fettbildung die Menge des ausgeschiedenen CO_2 die Menge des aufgenommenen Sauerstoffes übertrifft; daraus folgt, daß bei der Umwandlung von Kohlehydrat in Fett weniger Sauerstoff verbraucht wird als sonst. Das Hauptproblem bei diesem Umwandlungsprozeß ist die Bildung der Fettsäuren, während die Erklärung der Bildung der Glycerinkomponente beim Zuckerabbau keinerlei Schwierigkeiten bietet.

---

[1] Vgl. Weber: Sitzungsber. Akad. Wiss. Wien 118, I, 967 (1909).
[2] Jonescu: Ber. Dtsch. botan. Ges. 12, 134 (1894).
[3] Baranatzky: Botan. Ztrbl. 18, 157 (1884).   [4] Truman: Just Jahresber. 1894, II, 401.
[5] Vgl. Grüttner: Arch. Pharmaz. 236, I (1898). — Jowett: Chem. Ztrbl. 1905 I, 388. — Rogerson: Journ. chem. Soc. London 101, 1040 (1912). — Power u. Salway: Amer. Journ. Pharmac. 84, 337 (1912).
[6] Vgl. die Literaturzusammenstellung bei Czapek: Biochemie der Pflanzen, Bd. I, S. 746. Jena: G. Fischer. 1913.
[7] Schulz: Flora 1888, 223, 248. — Lidfors: Botan. Ztrbl. 68, 33 (1896). — Miyake: Bot. Mag. Tokyo 14, Nr. 148 (1900); Botanical Gazette 33, 321 (1902). — Czapek: Ber. Dtsch. botan. Ges. 19, 120 (1901).
[8] Peckolt: Ber. Dtsch. pharmaz. Ges. 22, 388 (1912).
[9] G. Bonnier u. L. Mangien: Compt. rend. Acad. Sciences 99, 240, 184 (1883). — Gerber: Compt. rend. Acad. Sciences 135, 658, 732 (1897) u. a.

2. Fettresorption und Fettabbau in höheren Pflanzen.

α) Die Umwandlung von Fett bei der Samenkeimung.

Beim Keimen von Ölsamen verschwindet allmählich das Fett und an seine Stelle treten Stärke und lösliche Zuckerarten; diese wandern aus und finden beim Wachstum des Keimlings Verwendung[1]. So nimmt z. B. bei Ricinus der Fettgehalt während der Keimung von ursprünglich 51,4% auf 33,7% nach 6 Tagen und 3,08% nach 18 Tagen ab[2]; ähnlich verhalten sich auch andere Fettsamen[3]. — In Zusammenhang mit der Fettumwandlung in keimenden Samen stehen auch die Beobachtungen über das Auftreten freier Fettsäuren in diesem Stadium; dieser Vorgang kann so intensiv sein, daß innerhalb weniger Tage fast die gesamten Säuren des Fettes freigesetzt sind[4]. Glycerin sammelt sich dabei normalerweise nicht an, sondern wird rasch weiter umgewandelt bzw. abtransportiert; bei Sauerstoffmangel oder Narkose kann es jedoch neben den Fettsäuren auch angehäuft werden[5]. Die Spaltung der Fette erfolgt mit Hilfe der Lipasen; über deren Rolle bei der Samenkeimung vgl. weiter unten.

Hinsichtlich der Frage, welche Fettsäuren leichter umgewandelt werden, ist von Interesse, daß die Jodzahl des Fettes bei der Samenkeimung stark vermindert wird und das anfangs flüssige Fett eine fast feste Konsistenz annimmt[6]. Diese Beobachtung wurde so gedeutet, daß die ungesättigten Fettsäuren rascher angegriffen werden als die gesättigten; dieses Verhalten könnte jedoch auch durch eine Hydrierung der ungesättigten Fettsäuren vor dem Abbau erklärt werden. Ferner verschwinden die mehrfach ungesättigten Fettsäuren (Linol- und Linolensäure) rascher als die einfach ungesättigten (Ölsäure)[6].

Die Abwanderung der Fette aus den Speicherorganen findet also erst nach ihrer Umwandlung in Kohlehydrate statt, deren Menge stark ansteigt, und zwar scheidet sich dabei nicht nur Stärke ab, sondern es bilden sich dabei erhebliche Mengen löslicher Kohlehydrate; in dieser Form geht sodann der Stofftransport vor sich. So enthalten ungekeimte Ricinussamen nur 0,4% reduzierender Zuckerarten, während bei der Samenkeimung der Glucosegehalt bis zu 20% ansteigt[7]. — Dagegen dürfte ein Transport des Fettes selbst von Zelle zu Zelle höchstens in sehr geringem Umfange stattfinden, und zwar in fein emulgiertem Zustand[8].

β) Die Umwandlung von Fett in anderen pflanzlichen Organen.

Die Rückverwandlung von Fett in Kohlehydrate bei den „Fettbäumen" beginnt meist etwa Anfang März[9]; bereits im Januar oder Februar kann man jedoch in abgeschnittenen stärkefreien Zweigen verschiedener Baumarten durch Einstellen in Wasser von 17° innerhalb 24 Stunden reichliche Stärkebildung im Rindenparenchym hervorrufen. Bei diesem Rückverwandlungsprozeß erscheint die Stärke an der gleichen Stelle wieder, wo sie im Spätherbst in Fett übergegangen war. Der Umwandlungsprozeß soll in den allerjüngsten Trieben

---

[1] Vgl. z. B. SACHS: Botan.-Ztg. 1859, 177. — MESNARD: Compt. rend. Acad. Sciences 116, 111 (1893) u.v.a.   [2] MAQUENNE: Compt. rend. Acad. Sciences 127, 625 (1908).
[3] Weitere Beispiele u. Literatur vgl. CZAPEK, I, 733ff.
[4] Vgl. LECLERC DU SABLON: Compt. rend. Acad. Sciences 117, 524 (1893); 119, 610 (1894). — WALLERSTEIN: Chem. Ztrbl. 1897 I, 63. — IVANOW: Jahrb. wiss. Bot. 50, 375 (1912) u. a.
[5] GRAFE u. RICHTER: Sitzungsber. Akad. Wiss. Wien 1911. — Vgl. auch GODLEWSKI u. POLSZENIUSZ: Intramolekulare Atmung von Samen, S. 256. Krakau. 1901. — CHUDJAKOW: Landwirtschl. Jahrbch. 23, 1894.
[6] IVANOW: Jahrb. wiss. Bot. 50, 375 (1912) u. a.
[7] LECLERC DU SABLON: Compt. rend. Acad. Sciences 117, 524 (1883); 119, 610 (1894).
[8] CZAPEK: Biochemie der Pflanzen, Bd. I, S. 740.
[9] A. FISCHER: Jahrb. wiss. Bot. 22, 73 (1890).

zuerst beginnen und sodann erst anschließend in den älteren Zweigen vor sich gehen[1]. — Über die Fettresorption in unterirdischen Speicherorganen sowie in Laubblättern sind unsere Kenntnisse noch sehr mangelhaft.

γ) Zum Chemismus des Fettabbaues durch höhere Pflanzen.

Die chemischen Vorgänge bei der Umwandlung von Fett in Kohlehydrate, wie sie bei der Samenkeimung usw. vor sich gehen, sind noch durchaus nicht geklärt. Das Hauptproblem ist auch hier die Frage, durch welche Abbauprozesse die Fettsäuren so umgewandelt werden, daß sie in Kohlehydrate übergehen können. Jedenfalls scheint Sauerstoff für den Umwandlungsvorgang unbedingt notwendig zu sein, denn auch eine Energiegewinnung aus Fett ohne Sauerstoffaufnahme, wie dies für Zucker zutrifft, ist dem pflanzlichen Organismus nicht möglich; so fehlt auch im sauerstofffreien Raum bei Fettsamen intramolekulare Atmung fast völlig[2], und anderseits bleiben die Spaltprodukte der Fette erhalten, wenn nach Beginn der Samenkeimung die lipolytischen Prozesse einsetzen, sodann aber Sauerstoff entzogen wird[2].

Wieweit die Vorstellungen, wie sie für die Umwandlung von Fett in Kohlehydrate durch den tierischen Organismus entwickelt werden (vgl. S. 394), auf die Vorgänge in höheren Pflanzen anwendbar sein mögen, ist vorläufig noch völlig unklar. — Hinsichtlich der Bildung von Stärke aus einfachen Verbindungen (z. B. beim Auflegen von Blattstücken oder bei der Kultur von Algen auf Lösungen der betreffenden Stoffe) sind für uns hier insbesondere die Befunde über die Eignung von Essigsäure (wie auch mancher höherer Fettsäuren) von Interesse[3], da die Essigsäure als Abbauprodukt höherer Fettsäuren durch β-Oxydation erscheint; wie jedoch die weitere Umwandlung derselben in Zuckerarten (bzw. Stärke) vor sich gehen mag, ist noch durchaus unentschieden. In Frage käme dabei einerseits die primäre Umwandlung derselben in Glykolaldehyd und Kondensation dieses zu Hexosen, oder jener weitere Abbau der Essigsäure, wie er im Tierkörper oder bei oxydativen Gärungen vor sich zu gehen scheint (über Bernsteinsäure, Fumarsäure, Äpfelsäure, Brenztraubensäure zu Methylglyoxal bzw. Triosen).

Einfache Abbauprodukte der Fettsäuren. In Pflanzen finden sich manche Substanzen, die wohl als Abbauprodukte der Fettsäuren anzusehen sind. So erscheinen die Methylketone durch β-Oxydation der Fettsäuren und Decarboxylierung der zunächst gebildeten β-Ketosäuren entstanden; ferner ist vielleicht das im Nelkenöl und Ceylon-Zimtöl vorkommende Methyl-amyl-keton ein Abbauprodukt der Caprylsäure, das im Gewürznelkenöl, Cocosöl und Rautenöl vorkommende Methyl-heptylketon ein Abbauprodukt der Caprinsäure und das im Palmkernöl, Cocosöl usw. anzutreffende Methyl-nonylketon, $CH_3 \cdot (CH_2)_8 \cdot CO \cdot CH_3$, ein Abbauprodukt der Laurinsäure (vgl. S. 397 und 442).

Weiterhin dürften manche in Pflanzen auftretende Kohlenwasserstoffe entweder als Abbauprodukte von Fettsäuren, wahrscheinlicher aber (wegen der geraden Anzahl von C-Atomen) als Reduktionsprodukte der betreffenden Alkohole anzusehen sein. So begleiten vielfach höhere aliphatische Kohlenwasserstoffe die verwandten Alkohole und Säuren in manchen Wachsen, so das Octadecan ($C_{18}H_{38}$), das Bryonan ($C_{20}H_{42}$), das Octakosan ($C_{28}H_{58}$) sowie noch höhere.

---

[1] Surož: Beih. bot. Ztrbl. **1891**, 342.
[2] Godlewski u. Polszeniusz: Über die intramolekulare Atmung und Alkoholbildung, S. 256. 1901.
[3] Kufferath: Rec. inst. bot. Leo Errera 9 (1913). — E. G. Pringsheim u. Mainx: Planta 1, 583 (1926). — Mainx: Arch. Protistenkunde **60**, 305 (1927).

b) Der Fettstoffwechsel des tierischen Organismus.

Ähnlich wie im Pflanzenreich sind auch im Tierreich die Neutralfette nur zum kleinsten Teil eigentliche Plasmastoffe, sie werden vielmehr ganz überwiegend neben dem Plasma als Depotfett in besonderen dazu bestimmten Geweben abgelagert. Die Fettsäuren selbst liegen in den eigentlichen Plasmasubstanzen in anderer Bindung vor, und zwar als Phosphatide, Cerebroside und Sterinester. Im folgenden wird uns in erster Linie der Stoffwechsel der eigentlichen Fette zu beschäftigen haben, während die anderen Lipoide nur soweit Berücksichtigung finden können, als sie in den Stoffwechsel der echten Fette eingreifen, was vor allem für die Phosphatide gilt.

1. Resorption und Bildung von Fett im tierischen Organismus.

Während in höheren Pflanzen die Kohlehydrate als Reservestoffe eine sehr große Rolle spielen und bei manchen Pflanzengruppen bzw. in gewissen Entwicklungsstadien stark überwiegen, sammelt der tierische Organismus durchwegs Kohlehydrat- sowie Eiweißreserven nur in geringen Mengen an, sondern wandelt bei jeder, den Bedarf übersteigenden Zufuhr diese Nahrungsmittel in Fett um, das im Gewebe oder in bestimmten Organen abgelagert wird. Diese Fettreserve dient bei Nahrungsmangel oder in Krankheitszuständen als Energiequelle.

α) Zusammensetzung der tierischen Fette.

Die große Verschiedenheit der in den Fettdepots der Wirbeltiere abgelagerten Triglyceride ist anscheinend vor allem auf zwei Hauptfaktoren zurückzuführen, nämlich Körpertemperatur und Art der Ernährung. Der erstgenannte Faktor soll nach KLENK[1] den Effekt haben, daß durch höhere Körpertemperatur ein lebhafterer Stoffwechsel verursacht wird, wobei die hochungesättigten Fettsäuren rascher verbrannt werden als die anderen, und dann daher der Gehalt des Depotfettes an den stabileren gesättigten Fettsäuren größer ist. Der zweite Faktor ist insofern von Einfluß, als die mit der Nahrung zugeführten Fettsäuren wenigstens teilweise in unverändertem Zustand in den Fettdepots abgelagert werden.

Das Körperfett der landlebenden Warmblüter enthält ganz überwiegend C_{16}- und C_{18}-Säuren, was jedenfalls durch die reichliche Zufuhr derselben mit der Nahrung bedingt ist (vgl. auch S. 97). Es liegen daher hauptsächlich gemischte Glyceride der Stearin-, Palmitin- und Ölsäure vor, und die Eigenschaften der Fette (wie Konsistenz usw.) hängen von dem Mischungsverhältnis der betreffenden Glyceride ab, da die gesättigten Fettsäuren feste, die Ölsäure bei gewöhnlicher Temperatur flüssige Fette ergeben. Ölsäurereiche Fette (wie Schweineschmalz, Gänsefett) sind daher weich oder halbflüssig, während die an gesättigten Fettsäuren reichen Fette (wie Rinder- und Hammeltalg) fest sind. Dagegen enthalten Fette, die direkter aus dem Stoffwechsel stammen (also keine Depotablagerungen sind), in größerem Ausmaße ungesättigte sowie niedere Fettsäuren, wie sich z. B. bereits am Leberfett zeigt. Für das Milchfett ist der Gehalt an sämtlichen normalen Fettsäuren von C_{18} bis zu C_4 herunter charakteristisch (vgl. S. 100). Ferner sei auf die bekannte Tatsache verwiesen, daß bei reichlicher Fütterung von Kühen mit Leinölkuchen die aus deren Milch gewonnene Butter infolge des größeren Gehaltes an ungesättigten Fettsäuren eine viel weichere Konsistenz besitzt. — Weiterhin ist von Interesse, daß die Phosphatide dieser Gruppe von Tieren in reichlichen Mengen hochungesättigte Fettsäuren der C_{18}-, C_{20}- und C_{22}-Gruppen enthalten, die nicht im Depotfett abgelagert werden.

---

[1] KLENK: Angew. Chem. **47**, 271 (1934).

Das Fett der Seefische. Für dieses ist der hohe Gehalt an ungesättigten Fettsäuren mit 20 und 22 C-Atomen charakteristisch. Ferner enthält z. B. Dorschlebertran eine ununterbrochene Reihe von paarigen Fettsäuren von C_{14} bis C_{22}[1], wobei die ungesättigten Fettsäuren C_{16}—C_{20} mengenmäßig weitaus überwiegen. Nur bei gewissen Elasmobranchiern (Haifisch, Rochen usw.) ist der Gehalt an mehrfach-ungesättigten Fettsäuren im Leberöl geringer (manchmal sogar sehr gering). Ferner ist charakteristisch, daß ein Teil der Fettsäuren mit höheren Alkoholen (Chimyl-, Batyl- und Selachylalkohol) gemeinsam an Glycerin gebunden ist[2,3]. Weiterhin findet sich in diesen Leberölen reichlich der Kohlenwasserstoff Squalen (s. auch S. 94, 146).

Das Depotfett der Süßwasserfische und Amphibien scheint eine Mittelstellung zwischen dem der Seefische und der landlebenden Säugetiere einzunehmen. So enthalten die betreffenden Fette aus der C_{16}-Gruppe insbesondere beträchtliche Mengen Palmitoleinsäure, die auch in den Seefischölen regelmäßig vorkommt, dagegen bei den landlebenden Warmblütern fehlt. Die für die Seefischöle so charakteristischen ungesättigten Fettsäuren der C_{20}- und C_{22}-Gruppen kommen hier nur in geringeren Mengen vor. — Das *Reptilienfett* steht dem Warmblüterfett recht nahe.

β) Die Fettbildung im tierischen Organismus.

Der Ablagerung des Fettes im tierischen Organismus können prinzipiell zwei verschiedene Prozesse vorausgehen, nämlich einerseits die Resorption des mit der Nahrung zugeführten Fettes, wobei in erster Linie nur Umesterungsvorgänge stattfinden, und anderseits die Umwandlung der mit der Nahrung zugeführten Überschüsse an Kohlehydraten und Eiweißstoffen, wobei naturgemäß tiefgreifende Umwandlungen vor sich gehen müssen.

Fettresorption und Fettablagerung. Der allgemeine Vorgang der Fettresorption ist der, daß das Fett der Nahrung zunächst im Darm durch Lipasen gespalten wird; die Fettsäuren werden sodann in Form ihrer Alkalisalze und das Glycerin als solches von der Darmschleimhaut resorbiert. Es erscheint jedoch nicht ausgeschlossen, daß auch wasserunlösliches Fett resorbiert werden kann, wobei wohl hydrotrope Substanzen die Überführung der Fette in wasserlösliche Molekülverbindungen bewirken. — Die Fettsäuren vereinigen sich großenteils bereits in der Darmwand wieder mit Glycerin, und zwar ein Teil unter Bildung von Neutralfett, das bereits am Darm selbst deponiert wird, während ein anderer Teil sich weiterhin mit Phosphorsäure-Cholin (bzw. Colamin) verbindet unter Bildung von Phosphatiden. Die Fettsäuren werden dadurch wasserlöslich und in dieser Form den einzelnen Organen zugeführt. Es sind daher im Blut und in der Lymphbahn die Fettsäuren als Phosphatide (teilweise auch als Cholesterinester) vorhanden, nicht aber als Triglyceride[4]. Durch Blut und Lymphe werden sodann die Fettsäuren (insbesondere in Form der Phosphatide) in die Speichergewebe geleitet. Die Bildung der Triglyceride des Depotfettes beruht wohl auf einer Umesterung, indem aus den Phosphatiden der Phosphorsäurerest abgespalten und durch einen Fettsäurerest ersetzt wird. Vielfach sehen wir auch, daß bei der Verfütterung von einfachen Fettsäureestern (Walrat, Äthylpalmitat usw.) in den Depots die betreffenden Triglyceride abgelagert werden, wobei also das fehlende Glycerin vom Körper direkt beigesteuert wird. Sodann findet

[1] BULL: Ber. Dtsch. chem. Ges. **39**, 3570 (1906). — GUHA, HILDITCH u. LOVERN: Biochemical Journ. **24**, 266 (1930).

[2] ANDRÉ u. BLOCH: Compt. rend. Acad. Sciences **195**, 627 (1932). — KLENK: Ztschr. physiol. Chem. **217**, 228 (1933).

[3] HEILBRON u. OWENS: Journ. chem. Soc. London **1928**, 942.

[4] CHANNON u. COLLISON: Biochemical Journ. **23**, 663 (1929).

ferner bei der Ablagerung der meist hochgesättigten Depotfette bis zu einem gewissen Grade auch eine Hydrierung von resorbierten ungesättigten Fettsäuren statt, doch werden anderseits auch körperfremde Fette nach ihrer Hydrolyse wieder unverändert aufgebaut und als solche in den Depots abgelagert, so z. B. bei der Fütterung von Hunden oder Kühen mit Rüböl, Leinöl, Cocosöl oder Sesamöl.

Die Fettbildung aus Kohlehydraten. Es ist leicht ersichtlich, daß bei diesem Vorgang zunächst ein sehr tiefgreifender Zerfall der Kohlehydrate stattfinden muß. Insbesondere die Erklärung der Entstehungsweise der Fettsäuren stößt dabei auf große Schwierigkeiten, wogegen die Bildung des Glycerins leicht verständlich ist, da dasselbe vielfach beim Kohlehydratabbau auftritt und seine Beziehung zu Abbauprodukten von Zuckerarten klar ersichtlich ist; so konnte auch festgestellt werden, daß Glycerinaldehyd in der überlebenden Leber in Glycerin umgewandelt wird[1]. Auf den Chemismus der Bildung von Fettsäuren aus Kohlehydraten bzw. deren Abbauprodukten wird noch eingehender zurückzukommen sein.

Regulierung des Fettstoffwechsels. Unter der Wirkung eines Hypophysenhormons („Pituitrin" bzw. eines Begleitstoffes desselben „Lipoitrin") soll eine Aufnahme zirkulierenden Neutralfettes durch die Leber herbeigeführt werden[2]. Im übrigen scheint der Fettstoffwechsel insbesondere durch Nebennierenhormone reguliert zu werden. So tritt nach Nebennierenexstirpation eine starke Abmagerung ein (Schwinden der Fettdepots)[3] und anderseits soll Hypertrophie der Nebennierenrinde einen abnorm starken Fettansatz bewirken[4]; auch nach Zufuhr von Nebennierenrindenextrakten konnte eine Vermehrung des Körperfettes beobachtet werden.

2. Der Fettabbau im tierischen Organismus.

Allgemeine Mobilisierung und Umwandlung der Fette. Sobald im tierischen Organismus Mangel an Nährstoffen eintritt (bei unzureichender Ernährung, in Krankheitszuständen usw.) werden die Fettreserven aus den Depots mobilisiert und verwertet. Wegen ihres wasserunlöslichen Zustandes sind die Fette selbst schwer angreifbar und auch nicht transportfähig und müssen daher zunächst in wasserlöslichen Zustand übergeführt werden. Dies geschieht in der gleichen Weise wie bei der Einwanderung der Fette in die Depots, nämlich durch Umwandlung in Phosphatide. Nach JOST wird dabei ein Fettsäurerest abgespalten und durch den Phosphorsäure-Cholin- (oder Colamin-) Rest ersetzt (Umesterung). Auf diese Weise werden nun die Fettsäuren wasserlöslich und so einerseits transportierbar und anderseits viel reaktionsfähiger als in den Fetten[5].

Der oxydative Fettabbau findet vornehmlich in der Leber und Niere statt, die auch durch ihren Reichtum an Phosphatiden gekennzeichnet sind. Ferner enthält auch die tätige Milchdrüse reichliche Mengen an Phosphatiden, wogegen die Milch selbst kaum Phosphatide enthält; dafür findet sich aber im Blut der Milchdrüsenvene die gesamte äquivalente Menge an Phosphorsäure, die wohl vorher an die Phosphatide gebunden war.

Hinsichtlich der *Regulierung des Fettabbaues* ist von Interesse, daß Thyreoidea-Applikation eine starke Abnahme des Fettgehaltes der Muskulatur und Leber

---

[1] EMBDEN, SCHMITZ u. BALDES: Biochem. Ztschr. **45**, 174 (1912).
[2] RAAB: Ztschr. ges. exp. Medizin **89**, 588 (1933); **90**, 729 (1933). — Vgl. auch SCHMITZ u. KÜHNAU: Biochem. Ztschr. **259**, 301 (1933).
[3] HUECK: Verhandl. Dtsch. pathol. Ges. Würzburg **20**, 18 (1925).
[4] KOEHLER: Verhandl. 14. intern. Physiol. Kongr. Rom 1932.
[5] JOST: Ztschr. physiol. Chem. **197**, 90 (1931).

bewirken soll[1], und zwar einerseits infolge einer gesteigerten Oxydation und anderseits wegen der Unterdrückung der Resynthesefähigkeit für Fett (die umgekehrte Wirkung haben Nebennierenhormone, vgl. oben).

Chemismus des Fettsäureabbaues. Es ist charakteristisch, daß im tierischen Organismus nur Fettsäuren mit einer geraden Anzahl von C-Atomen abgebaut werden, während unpaarige Fettsäuren nicht oder auf andere Weise angegriffen werden. — Weiterhin ist von Interesse, daß ungesättigte Fettsäuren leichter angegriffen werden sollen als gesättigte. Der Abbau soll dabei durch Sprengung der C-Atome an der Stelle der Doppelbindung erfolgen. Die biologische Realisierbarkeit eines solchen Vorganges ist jedoch noch durchaus nicht genügend gestützt.

Zweifellos kommt aber den ungesättigten Fettsäuren eine biologische Bedeutung zu. Diese soll jedoch nicht auf ihrer leichteren Abbaufähigkeit beruhen, sondern der ungesättigte Anteil der Fettsäuren soll nach SKRAUP[2] im wesentlichen nur oxydationsbeschleunigend wirken und so die Geschwindigkeit bestimmen, mit der die gesättigten Fettsäuren als die eigentlichen Kaloriequellen des Fettumsatzes im Organismus abgebaut werden. In Gegenwart ungesättigter Fette findet nach SKRAUP sogar Abbau von Glyceriden mit unpaaren Fettsäuren bei der Verfütterung statt, die sonst nicht abgebaut werden.

Im übrigen scheint der Abbau der Fettsäurekette vor allem durch die β-Oxydation eingeleitet zu werden, und in gewissem Ausmaße anscheinend auch durch ω-Oxydation. Weiterhin stellt die Umwandlung der Fette in Kohlehydrate ein Teilproblem des Fettsäureabbaues vor.

α) Die β-Oxydation der Fettsäuren.

Dieser Vorgang scheint den Hauptabbauweg der Fettsäuren vorzustellen. Derselbe wurde zunächst bei phenylsubstituierten Fettsäuren beobachtet und sodann auch auf einfache Fettsäuren übertragen (KNOOP)[3, 4], So wird z. B. Phenyl-isocrotonsäure ($C_6H_5CH:CH \cdot CH_2 \cdot COOH$) im Tierkörper nicht an der Stelle der Lückenbindung gespalten, sondern zu Phenylessigsäure abgebaut[4]. Primär findet dabei wohl eine Verschiebung der Doppelbindung in die α-β-Stellung statt. Ob nun beim Abbau der gesättigten Fettsäuren primär β-Oxysäuren oder α,β-ungesättigte Säuren entstehen, ist noch nicht entschieden, doch deuten manche Befunde auf die zweite Möglichkeit hin. So werden nach QUAGLIARIELLO[5] durch Einwirkung einer Dehydrogenase (die in der Galle, in Leberextrakten und im Fettgewebe vorkommt) aus höheren Fettsäuren (Palmitin-, Stearin-, Ölsäure) ungesättigte Säuren gebildet (und zwar wahrscheinlich mit α,β-Lückenbindung). Weiterhin entstehen auch nach TANGL und BEHREND[6] bei der Einwirkung von Pankreas und Galle auf Tristearin ungesättigte Verbindungen.

Die schließlich über die β-Oxysäuren entstehenden β-Ketosäuren sollen sodann unter Abspaltung eines Essigsäurerestes in die um zwei C-Atome ärmere Fettsäure übergehen. Eine Anzahl von Autoren suchen auch auf diese Weise die Erscheinung zu erklären, daß vielfach eine ununterbrochene Reihe von paarigen Fettsäuren auftritt, so z. B. in der Milch C_4—C_{18} oder in Kaltblüterfetten und insbesondere in Phosphatiden (wie Lecithinen und Kephalinen) C_{14} (bzw. C_{16}) bis

[1] ABELIN u. SCHEINFINKEL: Münch. med. Wchschr. **1928,** 685; Biochem. Ztschr. **198,** 19 (1928).

[2] SKRAUP: Angew. Chem. **47,** 274 (1934). — Nach H. M. EVANS u. LEPKOVSKY (Journ. biol. Chemistry **96,** 143, 157 [1932]) sollen die ungesättigten Fettsäuren direkt ein vitales Bedürfnis für den tierischen Organismus vorstellen.

[3] KNOOP: Oxydationen im Tierkörper. Stuttgart. 1931.

[4] KNOOP: Hofm. Beitr. **6,** 150 (1905).   [5] Vgl. Angew. Chem. **47,** 370 (1934).

[6] Biochem. Ztschr. **220,** 234 (1930); **226,** 180 (1930); **229,** 323 (1930); **232,** 181 (1931).

C_{22}. — Auch das häufige Auftreten von Palmitinsäure soll auf einen derartigen Abbau der Stearinsäure zurückzuführen sein. Beim weiteren Abbau der Fettsäuren durch die β-Oxydation soll es schließlich zur Bildung der sogenannten *Ketonkörper* (β-Oxybuttersäure, Acetessigsäure, Aceton) kommen, die vor allem dann, wenn Kohlehydrate dem Organismus fehlen oder wenn der Kohlehydratabbau gestört ist (Diabetes), in größeren Mengen im Harn auftreten. Als unmittelbare Muttersubstanz der Ketonkörper erscheint daher gemäß dieser Vorstellung die Buttersäure; ferner wirken auch Capronsäure, Caprylsäure usw. stark „ketogen"; nicht ketogen und teilweise sogar aketogen sind dagegen die Fettsäuren mit ungerader Anzahl von C-Atomen, wie Propionsäure, Valeriansäure usw. Es wurde auch gefunden, daß bei der Durchströmung der Leber mit Buttersäure β-Oxybuttersäure[1] und schließlich Aceton[2] gebildet wird. Ob die β-Oxybuttersäure ein direktes Oxydationsprodukt vorstellt, läßt sich noch nicht entscheiden. In der überlebenden Leber kann sie in Acetessigsäure übergeführt werden, doch ist auch der umgekehrte Vorgang realisierbar[3]. Die Ketonkörper entstehen jedoch nicht nur aus Fetten, sondern — und vielfach sogar in größeren Mengen — beim Eiweißabbau, also aus Aminosäuren[4].

Für den weiteren Abbau der Acetessigsäure soll sodann die Gegenwart von Kohlehydraten unbedingt erforderlich sein, und zwar soll dieselbe mit Spaltprodukten der Glucose unter Bildung eines leicht oxydablen Kondensationsproduktes zusammentreten[5]. Diese Anschauung erhält eine Stütze durch den Befund von HENZE[6] über die Bildung eines Kondensationsproduktes beim einfachen Zusammenbringen von acetessigsaurem Natrium mit Methylglyoxal in wäßriger Lösung. Bekanntlich haben Kohlehydrate (wie auch Dioxyaceton) antiketogene Wirkung, indem bei Fütterung mit denselben die Ketonkörper rasch verschwinden. — Ob jedoch beim Abbau der Fettsäureketten die angenommene Abspaltung von Essigsäuregruppen bei der Acetessigsäure haltmacht oder ob die abgespaltenen Essigsäurereste jeweils in sekundärer Reaktion unter Bildung von Acetessigsäure zusammentreten (und demnach dieser Weg und die Kondensation mit Methylglyoxal einen allgemeinen Abbaumodus der Essigsäure vorstellt), ist noch nicht entschieden[7].

Es sei hier auch noch darauf hingewiesen, daß *neben der β-Oxydation auch Oxydation am α-, γ-, δ- und ω-C-Atom* beobachtet bzw. diskutiert wurde, doch scheinen diese Vorgänge nur in geringem Ausmaße stattzufinden und Nebenprozesse zu sein. So begegnen wir manchmal auch höheren *α-Oxysäuren* (wie Cerebronsäure, α-Oxynervonsäure), allerdings nicht in echten Fetten; doch ist die α-Oxydation der Fettsäuren im Tierkörper (z. B. bei Propionsäure[8]) noch fraglich. Auf eine *δ-Oxydation* (bzw. Dehydrierung am γ- und δ-C-Atom) soll die beim Fettabbau vielfach beobachtete Bildung von Bernsteinsäure zurückzuführen sein[9], doch könnte deren Entstehung auch mit der Dehydrierung von zwei Essigsäuremolekülen zusammenhängen. Ferner sprechen gewisse Befunde auch für eine *ω-Oxydation*. So konnte festgestellt werden, daß bei der Verabreichung ein-

---

[1] RAPER u. SMITH: Journ. Physiol. **62**, 17 (1926).
[2] EMBDEN u. MARX: Beitr. chem. Physiol. u. Pathol. **11**, 318 (1908).
[3] SNAPPER u. GRÜNBAUM: Biochem. Ztschr. **181**, 410; **185**, 223 (1927).
[4] SERBESCO: Compt. rend. Soc. Biologie **96**, 1437 (1927).
[5] SHAFFER: Journ. biol. Chemistry **47**, 433 (1921); **49**, 143 (1921).
[6] HENZE: Ztschr. physiol. Chem. **195**, 248 (1931). — HENZE u. MÜLLER: Ztschr. physiol. Chem. **200**, 101 (1931); **214**, 281 (1933).
[7] Vgl. dazu auch GOTTSCHALK: Klin. Wchschr. **7**, 2469 (1928); **11**, 978 (1932). — KÜHNAU: Biochem. Ztschr. **243**, 14 (1932).
[8] Vgl. HAHN: Ztschr. Biol. **92**, 364 (1932). — KNOOP: Ztschr. physiol. Chem. **209**, 277 (1932).   [9] SPIRO: Biochem. Ztschr. **127**, 299 (1923).

facher gesättigter Triglyceride an gesunde Versuchspersonen Dicarbonsäuren im Harn auftreten (sogenannte Diacidurie)[1]; und zwar ist diese Erscheinung bei Triundecylin und Tricaprin am größten und nimmt beim Absteigen in der homologen Reihe ab. Im ersten Falle treten im Harn neben Undecan-disäure (C_{11}) sehr kleine Mengen Azelainsäure (C_9) und Pimelinsäure(C_7) auf, im zweiten Falle sehr kleine Mengen Suberinsäure (C_8) und Adipinsäure (C_6). — Die Autoren nehmen an, daß durch ω-Oxydation zunächst Dicarbonsäuren entstehen, die dann durch zweiseitige β-Oxydation über niedrigere Dicarbonsäuren abgebaut werden.

β) Umwandlung der Fettsäuren in Kohlehydrate.

Wie die Fette aus Kohlehydraten entstehen können, so werden sie auch wieder in Kohlehydrate zurückverwandelt. Dieser Vorgang findet in erster Linie in der Leber, möglicherweise in geringerem Ausmaße auch im Muskel statt. Wenn nun gemäß der β-Oxydation die Fettsäuren tatsächlich zu Essigsäure abgebaut werden, so konzentriert sich das Problem auf die Frage nach der *Überführung der Essigsäure in Glykogen*[2]. Dabei kommen drei Möglichkeiten in Betracht, nämlich: 1. die primäre Umwandlung von Essigsäure in Glykolaldehyd und Kondensation dieses zu einer Hexose (für diesen Umwandlungsprozeß existieren noch keine experimentellen Anhaltspunkte); 2. die Umwandlung von Essigsäure in Bernsteinsäure und Abbau dieser über Fumarsäure, Äpfelsäure, Oxalessigsäure zu Brenztraubensäure und dieser zu Milchsäure; damit wären wir bei einem typischen Abbauprodukt der Kohlehydrate im Tierkörper angelangt, das bekanntlich sowohl bei der Verfütterung an Hungertiere[3] als auch in der Leber im Durchströmungsversuch[4] in Glykogen übergeführt werden kann[5]. 3. Bildung von Acetessigsäure, Reaktion derselben mit Methylglyoxal und weitere Umwandlung des Kondensationsproduktes; tatsächlich verursacht dieses (3-Oxyacetonyl-aceton) bei Verfütterung eine Vermehrung des Glykogengehaltes der Leber und eine Erhöhung des Blutzuckerspiegels[6].

Schließlich sei auch darauf hingewiesen, daß pankreaslose Hunde, denen Adrenalin gegeben wurde, in ihrem Harn mehr Glucose ausscheiden, als ihrem gesamten Kohlehydratgehalt entspricht; dieser Befund spricht dafür, daß die Glucose zum Teil aus Fett stammen muß[7].

c) Der Fettstoffwechsel der Mikroorganismen.

1. Vorkommen und Bildung von Fett bei niederen Organismen.

α) Bakterien.

Als Inhaltsstoff der Bakterienzelle finden wir häufig Fetttröpfchen. Der *Rohfettgehalt* (Menge des Ätherextraktes) schwankt bei den verschiedenen Bak-

---

[1] P. V. VERKADE u. J. VAN DER LEE: Konigl. Akad. Wetensch. Amsterdam. Proc. **36**, 314 1933); Ztschr. physiol. Chem. **215**, 225 (1933); **227**, 213 (1934); Angew. Chem. **47**, 371 (1934). — Hinsichtlich der Oxydation von Geraniumsäure zu Geraniumdisäure bei der Verfütterung vgl. KUHN u. LIWADA: Ztschr. physiol. Chem. **220**, 235 (1933).

[2] Hinsichtlich der Überführung von Essigsäure sowie Buttersäure in Glycogen vgl. STÖHR: Ztschr. physiol. Chem. **217**, 141 (1933); **220**, 27 (1933).

[3] C. F. u. G. T. CORI: Journ. biol. Chemistry **81**, 389 (1929).

[4] PI-SUNER BAYO u. FOLCH-PI: Biochem. Ztschr. **242**, 306 (1931).

[5] Hinsichtlich der Umwandlung von Brenztraubensäure in Glykogen vgl. MEYERHOF (Klin. Wchschr. **4**, 341 [1925]); MEYERHOF, LOHMANN u. MEIER (Biochem. Ztschr. **157**, 459 [1925]); STÖHR (Ztschr. physiol. Chem. **206**, 15 [1932]). — Umwandlung von Bernsteinsäure in Glykogen: PONSDORF u. SMEDLEY-MACLEAN (Biochemical Journ. **26**, 1340 [1932]); STÖHR (Ztschr. physiol. Chem. **217**, 153 [1933]). — Umwandlung von Fumarsäure und Äpfelsäure in Glykogen: PONSDORF u. SMEDLEY-MACLEAN l. c. [6] STÖHR u. HENZE: Ztschr. physiol. Chem. **206**, 1 (1932).

[7] CHAIKOFF u. WEBER: Journ. biol. Chemistry **76**, 813 (1928).

terien in erheblichen Grenzen; einige Beispiele: Diphtheriebazillen 1,6%, Essig-
bakterien 1,56%, Bac. prodigiosus 4,8%, Xerosebazillus 8,06%, Rotzbazillus
39,29%, Tuberkelbazillus 26—28%, bzw. nach anderen Angaben 36—44%.

Abhängigkeit der Fettbildung von der Ernährung: Z. B. Pneumoniebazillen
enthalten, auf 5% Pepton gezüchtet, 11,28%, auf 5% Glucose 22,7% Rohfett[1].
Zuckernahrung scheint demnach das beste Material zur Fettsynthese zu sein,
doch wird auch auf Kosten von Eiweißstoffen in der Bakterienzelle Fett gebildet.
Auch bei der Reifung verschiedener Käsesorten soll eine Fettvermehrung auf
Kosten von Eiweißstoffen erfolgen[2].

Zusammensetzung der Bakterienlipoide (s. auch S. 411). Es seien hier zwei
Beispiele erwähnt, nämlich die Tuberkel- und Diphtheriebakterien. Der Anteil
der einzelnen Lipoidfraktio-
nen geht aus nebenstehender
Übersicht hervor[3] (Tab. 69).
Das Rohfett der (säure-
resistenten) Tuberkelbak-
terien enthält demnach sehr
viel Wachs („Tuberkel-
wachs"); aber auch der restliche Anteil besteht nur in
sehr geringer Menge aus Glyceriden, sondern die Hauptmenge dieses Anteiles bilden

Tabelle 69. Bakterienlipoide.

Fraktion	Diphtherie-	Menschen-tuberkel-[4]
	Bakterien	
Acetonlösliches Fett	3,97	6,20
Acetonschwerlösliches Fett ...	0,25	—
Acetonunlösliches Phosphatid .	0,41	6,54
Wachs	0,27	11,03
Gesamtlipoide	4,90	23,77
Polysaccharide	0,08	0,87
Bakterienrückstand	95,00	75,01

esterartige Verbindungen von Fettsäuren mit Polysacchariden[5]. Im Fett der
Diphtheriebakterien fand CHARGAFF[6] eine große Menge freier Fettsäuren und nur
wenig Neutralfett, das jedoch ebenfalls kein Glycerid vorstellt. Unter den Fettsäuren macht die Palmitinsäure etwa ein Drittel aus, der Hauptbestandteil der
ungesättigten Fettsäuren ist die Palmitoleinsäure, die bisher nur in einigen Fischtranen beobachtet wurde.

β) Hefe.

Der Fettgehalt derselben beträgt 2—5% der Trockensubstanz[7]. Der vielfach
sehr starke Anstieg des Fettgehaltes in alten Hefezellen (10—13%), der bis zu
52% betragen kann (bei einer 15 Jahre alten Hefeprobe, DUCLAUX), ist nach
HENNEBERG auf eine fettige Degeneration der Hefezellen zurückzuführen.

Abhängigkeit der Fettbildung von der Ernährung. Nach LINDNER[8] ist der Alkohol
die Grundsubstanz des Hefefettes. Der genannte Autor führte auch Versuche zur
Fettgewinnung mittels Hefe durch; dabei erzeugten Fettbildner aus Alkohol in
Gegenwart von Sauerstoff Fett, während Nichtfettbildner den Alkohol zum Aufbau der Zellwand und des Plasmas verwendeten[9]. Ferner gelang es auch durch
Züchtung von Hefe in alkoholischer Atmosphäre eine künstliche Verfettung derselben herbeizuführen[10]; so z. B. eine Steigerung von 2% auf 16% der Trockensubstanz (nach 9 Tagen).

[1] E. CRAMER: Arch. Hygiene **16**, 151 (1892). — LYONS: Ebenda **28**, 30 (1897).
[2] JAKOBSTHAL: PFLÜGERs Arch. Physiol. **54**, 484 (1893). — SCHÜTZE: Arch. Hygiene
76, 116 (1913) u. a. [3] E. CHARGAFF: Ztschr. physiol. Chem. **201**, 191 (1931).
[4] R. J. ANDERSON: Journ. biol. Chemistry **74**, 525 (1927).
[5] ANDERSON u. CHARGAFF: Journ. biol. Chemistry **84**, 703 (1929).
[6] CHARGAFF: Ztschr. physiol. Chem. **218**, 223 (1933).
[7] Vgl. HENNEBERG: Ztschr. Spiritusind. **27**, 96 (1904).
[8] LINDNER: Ztschr. techn. Biol. **9**, 100 (1921).
[9] LINDNER: Ztschr. angew. Chem. **35**, 110 (1922). — Vgl. auch CLAASSEN: Ztschr.
Ver. Dtsch. Zuckerind. **84**, 713 (1934); Biochem. Ztschr. **275**, 350 (1935).
[10] HALDEN u. KUNZE, vgl. GORBACH u. GÜNTNER: Monatsh. Chem. **61**, 55 (1932).

Zusammensetzung des Hefefettes. Als Fettsäurebestandteile wurden aufgefunden: Palmitin-, Linolen- und Ölsäure, ferner Arachinsäure und nicht näher identifizierte Oxysäuren[1]; bemerkenswert ist das Vorkommen von optisch aktiven Valeriansäuren[2]. — Auch bedeutende Mengen Lecithin kommen in Hefe vor[3].

γ) *Pilze.*

Bei diesen findet sich Fett gleichfalls stets als Reservestoff vor. Der Gehalt an Rohfett beträgt bei Hymenomyceten (Hutpilzen) etwa 0,8—13% der trockenen Pilzsubstanz, kann aber manchmal auch noch höher ansteigen. Im Schimmelpilzmycel fand MARSCHALL[4] bei *Aspergillus niger* 4,7%, bei *Penicillium crustaceum* 4,1%, bei *Rhizopus nigricans* 7% Rohfett. WARD und JAMIESON[5] fanden bei *Pen. Javanicum* van Beyma 11% Rohfett, und BROWNE[6] bei einem Citromyces sogar 27,5%, bezogen auf lufttrockenes Mycel.

Abhängigkeit der Fettbildung von der Ernährung. Nach NÄGELI (1879) erfährt bei sonst günstigen Ernährungsbedingungen auch die Fettbildung eine Förderung. Auch bei Pilzen kann eine Verfettung eintreten; so beobachtete PERRIER bei *Eurotiopsis Gayoni* eine Fettsteigerung bis etwa 32%. Auch der deckenbildende Hefepilz *Endomyces vernalis* kann durch Alkohol verfettet werden (vgl. oben), ebenso durch Acetaldehyd und andere Zuckerabbauprodukte.

Fettresorption durch Schimmelpilze. VAN TIEGHEM (1880/81) beobachtete Wachstum auf Olivenöl bei *Verticillium cinnabarinum*, *Mucor*, *Penicillium* u. a. Nach ROUSSY[7] sollen Fette bei *Phycomyces*, *Rhizopus* und *Aspergillus niger* ebensogut wie Kohlehydrate verarbeitet werden, doch scheint dies keine allgemeine Gültigkeit zu besitzen. Das resorbierte Fett findet sich vielfach in Tropfenform im Mycel.

Zusammensetzung des Fettes der höheren Pilze. Es bestehen vielfach Unterschiede gegenüber dem Fett der höheren Pflanzen. Es sei hier nur hingewiesen auf die in Lactariaarten als Hauptbestandteil der Fettsäuren auftretende Lactarinsäure (6-Keto-stearinsäure), ferner auf den Befund, daß das Fett des Fliegenpilzes (*Amanita muscaria*) zu 90% aus freier Ölsäure bestehen soll[8]. Auch Phosphatide wurden bei höheren Pilzen nachgewiesen, so z. B. bei *Boletus edulis* gegen 2%, bei *Amanita muscaria* sogar 7,42%[9].

Zusammensetzung des Fettes der Schimmelpilze. Das von BROWNE[6] aus einem Citromyces gewonnene Fett hatte zumeist dieselben Kennzahlen wie Butterfett; SULLIVAN[10] fand im Fett von *Pen. glaucum* u. a. Palmitin- und Ölsäure; BARBER[11] berichtete über die Bestandteile des aus einem Penicillium gewonnenen Fettes und wies u. a. Palmitin-, Stearin-, Ölsäure sowie α- und β-Linolsäure nach. Eine im wesentlichen analoge Zusammensetzung hat das Fett von *Pen. Aurantio-Brunneum*[12]. WARD und JAMIESON[5] fanden im Fett von *Pen. Javanicum* van Beyma die gleichen Fettsäuren wie BARBER und außerdem noch n-Tetracosansäure; ähnlich verhält sich das Fett von *Asp. Sydowi*[13]; die

---

[1] SMEDLEY-MCLEAN u. THOMAS: Biochemical Journ. 14, 483 (1920).

[2] WEICHHERZ u. MERLÄNDER: Biochem. Ztschr. 239, 21 (1931). — G. WEISS: Biochem. Ztschr. 243, 269 (1931).   [3] REWALD: Chem. Ztrbl. 1930 I, 3067.

[4] MARSCHALL: Arch. Hygiene 28, 16 (1897).

[5] G. E. WARD u. G. S. JAMIESON: Journ. Amer. chem. Soc. 56, 973 (1934).

[6] BROWNE: Journ. Amer. chem. Soc. 28, 465 (1906).

[7] ROUSSY: Compt. rend. Acad. Sciences 149, 482 (1909).

[8] ZELLNER: Monatsh. Chem. 25, 537 (1904); 26, 727 (1905).

[9] ZELLNER: Monatsh. Chem. 34, 321 (1913).   [10] SULLIVAN: Science 38, 678 (1913).

[11] BARBER: Journ. Soc. chem. Ind. 46, 200 T (1927); Biochemical Journ. 23, 1158 (1929).

[12] KROEKER, STRONG u. PETERSON: Amer. chem. Soc. 57, 354 (1935).

[13] STRONG u. PETERSON: Amer. chem. Soc. 56, 952 (1934).

Säuren liegen als Glyceride vor (jedenfalls zum Teil). — Auch bei Schimmelpilzen wurden Phosphatide nachgewiesen, so bei Penicillium-, Aspergillus- und Mucor-Arten[1].

2. Der Fettabbau durch Mikroorganismen.

α) Fettspaltung.

Dieselbe ist auch hier auf den Gehalt an Lipasen zurückzuführen.

Unter den *Bakterien* wirken z. B. *Bac. pyocyaneus* und *tetragenus, prodigiosus, fluorescens, liquefaciens* u. v. a. fettspaltend. Weniger starke Wirkung besitzen Dysenterie- und Tuberkelbazillen, während manche Milchsäurebakterien sowie Thyrothrix unwirksam sein sollen[2].

Hefe besitzt stets Lipasen; die Eigenschaften dieser sowie der Gehalt verschiedener Hefen an Lipasen schwanken[3].

Die Bildung von Lipasen durch *Pilze* ist gleichfalls weit verbreitet, und zwar entstehen dieselben nicht nur bei der Kultivierung auf fetthaltigem Substrat. Lipolytisch wirksame Wasserextrakte wurden aus Penicillium, Aspergillus und anderen Schimmelpilzen erhalten. — Auch in zahlreichen höheren Pilzen wurden Lipasen nachgewiesen[4].

β) Fettsäureabbau durch Mikroorganismen.

Bildung von Methylketonen durch Pilze. Durch β-Oxydation der Fettsäuren entstehen zunächst β-Ketosäuren, die durch Decarboxylierung in Methylketone umgewandelt werden. So wurde bei der Einwirkung von *Aspergillus niger* auf Ca-Butyrat β-Oxybuttersäure, Acetessigsäure und Aceton erhalten, aus n-Valeriansäure α-Oxyvaleriansäure und Methyl-äthylketon und aus Isovaleriansäure Aceton[5]. *Penicillium glaucum* vermag sämtliche untersuchten normalen Glieder der Fettsäurereihe (n-Capronsäure bis n-Myristinsäure) in die zugehörigen Methylketone überzuführen[6], wobei vielfach auch erhebliche Ausbeuten erzielt wurden. Ebenso konnte DERX[7] bei der Oxydation von Fettsäuren durch Pilze Methylketone erhalten und weiterhin STOKOE[8] bei der Einwirkung von Penicillium auf Cocosfett (vgl. auch S. 388). — Über den Abbau der Methylketone selbst wissen wir noch nicht viel. Der einfachste hierhergehörige Körper, das Aceton, dürfte wohl über Brenztraubensäure abgebaut werden. Vielleicht führt auch der Abbau der anderen Methylketone zunächst zu den betreffenden α-Ketosäuren. — Ob bei Pilzen oder anderen niederen Organismen auch Abbau von β-Ketosäuren durch Abspaltung von Essigsäureresten (wie dies im tierischen Organismus die Regel zu sein scheint) stattfindet, ist noch nicht geklärt. — Anhangsweise sei noch erwähnt, daß wir bei Pilzen auch noch einen anderen Abbaumodus von Fettsäuren vorfinden, nämlich α-Oxydation. Allerdings ist dieser Fall bisher lediglich auf den Abbau der Propionsäure (unter Bildung von Milchsäure und Brenztraubensäure) beschränkt[9].

In welcher Weise der *Fettsäureabbau durch Bakterien* vor sich geht, scheint noch nicht näher untersucht zu sein. Es wurde auch die Vorstellung entwickelt,

[1] SIEBER: Journ. prakt. Chem. **23**, 412 (1881). — Vgl. auch Anm. 13, S. 396.
[2] Vgl. z. B. LAXA: Arch. Hygiene **41**, 119 (1901).
[3] MICHAELIS u. NAKAHARA: Ztschr. Immunitätsforsch. exp. Therapie **36**, 449 (1923). — GORBACH u. GÜNTNER: Monatsh. Chem. **61**, 47 (1932).
[4] Vgl. z. B. ZELLNER: Monatsh. Chem. **26**, 727 (1905); **27**, 281 (1906); **29**, 1171 (1908).
[5] COPPOCK, SUBRAMANIAM u. WALKER: Journ. chem. Soc. London **1928**, 1422.
[6] ACKLIN: Biochem. Ztschr. **204**, 253 (1929).
[7] DERX: Konigl. Akad. Wetensch. Amsterdam, Proc. **28**, 96 (1925).
[8] STOKOE: Biochemical Journ. **22**, 80 (1928).
[9] WALKER u. COPPOCK: Journ. chem. Soc. London **1928**, 803. — SERBESCO: Compt. rend. Soc. Biologie **96**, 1437 (1927).

daß die aliphatischen Kohlenwasserstoffe des Erdöls durch bakterielle anaerobe Decarboxylierung der höheren Fettsäuren entstehen könnten. NEAVE und BUSWELL[1] erhielten jedoch durch Einwirkung von anaeroben Schlammbakterien auf eine große Reihe verschiedener höherer Fettsäuren stets fast ausschließlich nur Methan und CO_2 neben H_2, so daß die erwähnte Hypothese weiterhin offen bleibt.

d) Enzymchemie der Fettspaltung und Fettsynthese (die Lipasen).

1. Allgemeine Charakteristik der Lipasen.

Die fettspaltenden Fermente gehören in die größere Gruppe der *Esterasen*, die die Reaktion $R \cdot COOH + R'OH \rightleftharpoons R \cdot COOR' + H_2O$ katalysieren. Ihre Wirkung kann daher sowohl eine spaltende wie eine synthetisierende sein.

Wirkungsbereich. Es zeigte sich, daß die echten „Lipasen", die also die eigentlichen Fette (Triglyceride der höheren Fettsäuren) zu spalten vermögen, mit jenen Esterasen, die einfache Ester zerlegen, prinzipiell identisch sein dürften. Es machen sich allerdings gewisse Unterschiede im Wirkungsbereich sowie in manchen äußeren Eigenschaften bei den aus verschiedenen Ausgangsmaterialien gewonnenen Lipasen bemerkbar; es seien hier einige Beispiele angeführt: Die *Pankreaslipase* verschiedener Tiere wirkt gleichmäßig auf Fette, Tributyrin, Triacetin und Methylbutyrat. Dagegen vermag die *Leberlipase* einfache Ester sehr gut zu spalten, Neutralfette und auch Tributyrin nur sehr schlecht. Die umgekehrte Wirkung haben die *Phytolipasen*, indem diese auf echte Fette am besten wirken, auf andere Ester nur sehr schlecht.

Äußere Eigenschaften der Lipasen. Die Unterschiede bei Lipasen verschiedener Herkunft sind vielfach sehr groß; während z. B. die tierischen Lipasen leicht löslich sind (insbesondere die Pankreaslipase ist in Wasser wie in Glycerin völlig klar löslich), gelang es noch nicht, pflanzliche Lipasen in lösliche Form zu bringen. Auch gegenüber verschiedenen hemmenden Stoffen verhalten sich die Lipasen verschiedener Herkunft recht verschieden (vgl. unten). Alle diese Unterschiede sollen nach WILLSTÄTTER auf jeweils verschiedene Begleitstoffe zurückzuführen sein.

Synthetische Wirkung der Lipasen. Der Nachweis der esterifizierenden Wirkung der Lipasen erfolgte zunächst unter Benützung von Fermentpulver, das in Gegenwart von wenig Wasser auf das Gemisch der beiden Komponenten (Alkohol und Säure) zur Einwirkung gelangte. Insbesondere die Lipase aus Chelidonium zeigte eine kräftige synthetisierende Wirkung[2]; so wurden z. B. bei der Einwirkung auf Glycerin und Ölsäure 47—50% der letzteren gebunden; Ester höherer Fettsäuren mit einwertigen Alkoholen wurden rasch und fast vollständig synthetisiert. — In neuerer Zeit ermittelte FABISCH[3] Synthesebedingungen, die den physiologischen Verhältnissen mehr entsprechen, indem z. B. Stearinsäure und ein Alkohol mit Hilfe von Emulgatoren in wäßrige Emulsion übergeführt werden und auf diese eine wäßrige Lösung des Fermentes zur Einwirkung gelangt. So konnte der Autor z. B. auch Cetylpalmitat auf fermentativem Wege darstellen. — Die biologische Bedeutung der Lipasen für die Fettsynthese erscheint jedoch noch durchaus nicht geklärt, denn gerade fettarme Gewebe (Lunge, Leber) sind relativ reich, fettreiche (Mamma) sehr arm an Lipase[4].

---

[1] NEAVE u. BUSWELL: Journ. Amer. chem. Soc. **52**, 3308 (1930).
[2] BOURNOT: Biochem. Ztschr. **52**, 172 (1913); **65**, 140 (1914).
[3] W. FABISCH: Biochem. Ztschr. **259**, 420 (1933).
[4] BRADLEY: Journ. biol. Chemistry **13**, 407 (1913).

Vorstellungen über den chemischen Aufbau der Lipasen. Ähnlich wie andere Enzyme bestehen auch die Lipasen jeweils im allgemeinen aus einem löslichen Anteil (Lyolipase) und einem protoplasmatisch verankerten Anteil (Desmolipase). Das Mengenverhältnis dieser Anteile kann bei den verschiedenen Zellarten je nach der Sekretionsaufgabe derselben schwanken, doch findet man auch, daß innerhalb eines sezernierenden Organs die Lipase überwiegend in unlöslichem Zustand vorhanden sein kann. Anderseits wird die Zellstruktur und damit die protoplasmatische Verankerung der Lipasen (wie anderer Enzyme) durch Solventien (wie Aceton oder Äther) stark verändert und so Komplexe gebildet, die beim Behandeln mit Glycerin-Wassermischungen in Lösung gehen[1].

Wie andere Enzyme, bestehen auch die Lipasen aus einem „*Symplex*"[2], der eine Verkettung der aktiven Gruppe mit einem Träger durch Partialvalenzen vorstellt. Die prinzipielle katalytische Wirkung wird durch die aktive Gruppe des Symplexes bedingt; die feineren Unterschiede in der Spezifität der Esterasen sind jedoch eine Funktion der mit dem „*Agon*" im Symplex vereinigten jeweils verschiedenen Träger („*Pheron*"). Das Enzymsystem der Lipasen besteht jedoch nach KRAUT[3] nicht nur im Aufbau aus den Komponenten (aktive Gruppe verankert am kolloiden Träger), sondern in einem durch das Massenwirkungsgesetz geregelten Nebeneinander des Esterasesymplexes und der freien Komponenten (Esterase-Agon und Esterase-Pheron). Dabei ist für die Beständigkeit des Enzymsystems ein Überschuß an freiem Pheron erforderlich. Bei Entfernung von freiem Pheron (z. B. bei Reinigungsmaßnahmen) kommt es daher unter Absinken der Aktivität zum Zerfall des Symplexes bis zur Einstellung des neuen Gleichgewichtes, denn nur bei großem Pheronüberschuß ist das Agon vollständig im (enzymatisch allein wirksamen) Symplex gebunden. Das freie Esterase-Agon ist unbeständig und geht allmählich in ein zur Symplexbildung nicht mehr geeignetes Produkt über.

Pankreaslipase ist infolge ihres Überschusses an freiem Agon in wäßriger Lösung sehr labil, die Leber-Esterase dagegen infolge eines Überschusses an freiem Pheron sehr stabil. Durch Vereinigung der beiden Enzymzubereitungen wird Leber-Esterase-Symplex synthetisiert, wobei der Pankreasauszug das Agon, das Leberpräparat das Pheron liefert; *das Agon ist daher für beide Lipasepräparate identisch.* Dadurch wird auch der Befund von VIRTANEN[4] erklärt, daß bei der Injektion großer Mengen Schweinepankreaslipase an Meerschweinchen und Kaninchen eine Anreicherung in Form von Leberesterase stattfindet (geänderter p_H-Bereich), also an jener Stelle, an der ein Überschuß des betreffenden Pherons vorhanden ist.

Über die chemische Konstitution des Esterase-Agons läßt sich vorläufig noch nichts aussagen, doch deuten die Befunde von LANGENBECK[5] über Esterasemodelle darauf hin, daß die aktive Gruppe der Esterase ein aktivierter Alkohol sein könnte (Beschleunigung der Esterspaltung in neutraler bzw. schwach alkalischer Lösung durch Zusatz von Glykolsäureanilid um das Vier- bis Fünffache oder durch Benzoylcarbinol um das Sechs- bis Siebenfache).

2. Vorkommen und Eigenschaften der Lipasen.

Wie schon kurz erwähnt, wird angenommen, daß die Lipasen prinzipiell identisch sind (also das gleiche Agon besitzen), daß sie aber je nach ihrer Her-

---

[1] Vgl. BAMANN u. LAEVERENZ: Ztschr. physiol. Chem. **223**, 1 (1934).
[2] Vgl. WILLSTÄTTER u. ROHDEWALD: Ztschr. physiol. Chem. **225**, 103 (1934).
[3] KRAUT u. W. v. PATSCHENKO-JUREWICZ: Biochem. Ztschr. **275**, 114 (1934).
[4] A. J. VIRTANEN u. P. SUOMALEINEN: Acta chem. fenn. **5**, 28 (1932); Ztschr. physiol. Chem. **219**, 1 (1933).   [5] LANGENBECK u. BALTES: Ber. Dtsch. chem. Ges. **67**, 387 (1934).

kunft verschiedene kolloide Träger sowie verschiedene Begleitstoffe besitzen, wodurch ihre Eigenschaften vielfach sehr weit voneinander abweichen.

α) Zoolipasen.

Vorkommen und Verbreitung. Dieselben finden sich im tierischen Körper sowohl im Verdauungskanal als auch in Organen und Geweben. Im Darmkanal tritt insbesondere Pankreaslipase auf, daneben auch Magen- und Darmlipase; durch diese werden die Neutralfette zum größten Teil vor der Resorption aufgespalten. — Die Gewebelipasen üben ihre Funktion wohl hauptsächlich im intermediären Stoffwechsel aus, so namentlich bei der Mobilmachung der Fettdepots.

Pankreaslipase spaltet sowohl Neutralfette als auch niedere Ester. Sie kommt im Pankreassaft aller Tiere vor, auch im Hepatopankreas der Fische sowie im Jekursekret der Wirbellosen. Die größte Menge ist beim nüchternen Tier vorhanden. — Die Bedeutung des Pankreas für die Fettresorption soll allein auf die äußere Sekretion von Lipase zurückzuführen sein[1]. Beim Absperren des Pankreassaftes findet zunächst noch keine Herabsetzung der Fettspaltung statt, sondern erst nach längerer Zeit[2]. Bekanntlich kommt es erst bei schweren Erkrankungen oder Totalexstirpation der Drüse unter Störung der Fettresorption zum Auftreten der sogenannten „Fettstühle".

Darmlipase wirkt ähnlich wie Pankreaslipase, aber schwächer; wird von der Darmschleimhaut sezerniert. Sie findet sich nicht nur bei Säugetieren, sondern auch bei Fischen, ebenso bei Wirbellosen (besonders beim Mehlwurm[3] sowie herbivoren Insekten[4]).

Magenlipase; außer bei Säugetieren auch bei Fischen[5,6]. — Zuweilen ist der Gehalt des Magens an Lipase auf einen Rückfluß aus dem Duodenalinhalt zurückzuführen[7].

Blutlipase wirkt sowohl auf Mono- wie Tributyrin[8], doch dürfte ihre Bedeutung für den wirklichen Fettabbau in der Blutbahn sehr gering sein; die Serumlipase, deren Menge sehr erheblich schwanken kann, scheint zugleich ein Ausschwemmungsprodukt verschiedener Organsysteme zu sein, dürfte aber zum Teil auch autochthon aus den Blutzellen abgegeben werden.

Gewebelipasen finden sich recht weit verbreitet, so insbesondere in Leber und Niere, ferner auch in der Lunge, im Fettgewebe, im lymphoiden Gewebe usw. Vielfach fehlt diesen Lipasen, ähnlich wie der Blutlipase, „echte" Lipasewirkung, wogegen dann die Esterspaltung und Phosphatidspaltung überwiegt. So zeigt Leberlipase nur geringe Wirkung gegenüber Neutralfetten[9]. Gewisse, sehr fettreiche Gewebe, wie die Mamma, besitzen nur wenig Lipase[10]; so enthält auch Frauenmilch sehr wenig Lipase[11], wogegen tierische Milch normalerweise keine Lipase oder nur eine sehr geringe Menge enthält[12]. Der Lipase der Frauenmilch kommt aber zweifellos eine Bedeutung für die Fettspaltung zu, da dieselbe

[1] Nothmann u. Wendt: Arch. exp. Pathol. Pharmakol. **164**, 266 (1932).
[2] Rosenberg: Pflügers Arch. Physiol. **70**, 371 (1897).
[3] Biedermann: Pflügers Arch. Physiol. **72**, 157 (1898).
[4] Bonnoure: Compt. rend. Acad. Sciences **152**, 228 (1911).
[5] van Herwerden: Ztschr. physiol. Chem. **56**, 483 (1908).
[6] Willstätter u. Memmen: Ztschr. physiol. Chem. **133**, 247 (1924).
[7] Vgl. z. B. Boldyroff: Pflügers Arch. Physiol. **121**, 13 (1907).
[8] Rona u. Michaelis: Biochem. Ztschr. **31**, 345 (1911); **49**, 249 (1913).
[9] Willstätter u. Memmen: Ztschr. physiol. Chem. **138**, 216 (1924).
[10] Bradley: Journ. biol. Chemistry **8**, 251 (1910); **13**, 407 (1913).
[11] Davidsohn: Ztschr. Kinderheilk. **8**, 14 (1913).
[12] Vgl. z. B. Virtanen: Ztschr. physiol. Chem. **137**, 1 (1924).

durch eine Kinase, die nur im Magensaft des Säuglings vorkommt, aktiviert wird[1].

Eigenschaften und Wirkungsbedingungen der Zoolipasen. Dieselben sind in der Regel in Wasser sowie in Glycerin völlig klar löslich, beständig jedoch nur in Glycerin (z. B. Leberlipase 3 Jahre[2], Pankreaslipase im ursprünglichen Saft 5 Jahre[3]). — Temperaturoptimum: 36—50⁰ [4] (40⁰). Abtötungstemperatur 55⁰ [5]. — Über den optimalen p_H-Wert wurden sehr verschiedene Angaben gemacht, etwa im Intervall 5—8,8, je nach der Herkunft der Lipasen, doch wird nach WILLSTÄTTER der p_H-Einfluß durch aktivierende und hemmende Begleitstoffe überdeckt. So hemmen Ca-Salze, Proteine, Gallensäuren, Fettsäuren im sauren, fördern dagegen im alkalischen Gebiet. Stark hemmende Wirkung besitzt das Fluor-Ion bereits in sehr geringen Mengen. Chinin und Atoxyl wirken gegenüber den meisten Zoolipasen hemmend, doch bestehen bestimmte Unterschiede[6].

β) Phytolipasen.

Vorkommen und Verbreitung. *Bei den höheren Pflanzen* finden sich Lipasen vor allem in *Samen*. Am wirksamsten erwies sich die Lipase aus *Ricinus, Chelidonium majus, Linaria reticulata* und *Glycine hispida* (Sojabohne); ferner wurde Lipase nachgewiesen in Kürbis und Cocosfrüchten, in der Kolanuß[7], im Krotonsamen, im Malz[8], im Olivenöl[9] u. v. a. — *Zustand der Lipase in den Samen:* WILLSTÄTTER[10] unterschied die im ruhenden Samen vorkommende „Spermatolipase" von der bei der Keimung aus dieser entstehenden „Blastolipase". Zunächst soll die Lipase im Cytoplasma an einen Proteinkomplex fest verankert sein, wodurch sie unlöslich wird und zugleich in neutralem Medium unwirksam ist. Bei der Keimung findet eine fermentative Aktivierung statt, indem durch die Samenproteasen der Proteinkomplex (kolloide Träger) der Lipase teilweise abgebaut wird. Das Ferment bleibt nun zwar auch unlöslich, wirkt aber jetzt auch bei neutraler oder schwach alkalischer Reaktion. Der gleiche Effekt kann auch künstlich durch Einwirkung von Pepsin herbeigeführt werden. Die Mobilisierung der Samenproteine soll daher zur Mobilisierung der Samenlipase und damit der Samenfette Anlaß geben.

Eigenschaften und Wirkungsbedingungen der Phytolipasen. Bisher ist es noch nicht gelungen, Phytolipasen in Lösung zu bringen. Die entfetteten Präparate werden durch wäßrige Lösungen sehr rasch inaktiviert oder zerstört, insbesondere bei alkalischer Reaktion, dagegen sind die rohen Trockenpräparate recht gut haltbar. — Die optimale Temperatur liegt bei etwa 35⁰ [11], der optimale p_H-Wert zwischen 4,7 und 5,0[12], dabei wirkt die Blastolipase bei p_H 6,8 noch gut, die Spermatolipase überhaupt nicht mehr. — Hemmungsstoffe, wie Chinin und Atoxyl, erwiesen sich im Gegensatz zu den Zoolipasen als fast unwirksam.

Bei *Kryptogamen* wurden gleichfalls Lipasen vielfach aufgefunden, so in

---

[1] FREUDENBERG: Ztschr. Kinderheilk. **46**, 170 (1928).
[2] SIMONDS: Amer. Soc. Physiol. **48**, 141 (1919).
[3] DE SONZA: Biochemical Journ. **10**, 108 (1916).
[4] SLOSSE u. LIMBACH: Arch. Int. Physiol. **8**, 432 (1909).
[5] TERROINE: Biochem. Ztschr. **23**, 404, 430 (1910).
[6] RONA u. Mitarbeiter: Biochem. Ztschr. **111**, 166 (1920); **118**, 185, 213, 232 (1921); **130**, 225 (1922); **134**, 108, 118 (1923); **141**, 222 (1923); **146**, 144 (1924).
[7] MASTBAUM: Chem. Ztrbl. **1907** I, 978.   [8] VAN LAER: Compt. rend. Soc. Biologie **84**, 473.
[9] RECTOR: Journ. Ind. chem. **12**, 156.
[10] WILLSTÄTTER u. WALDSCHMIDT-LEITZ: Ztschr. physiol. Chem. **134**, 161 (1924).
[11] BLANCHET: Compt. rend. Acad. Sciences **158**, 894 (1914).
[12] WILLSTÄTTER u. WALDSCHMIDT-LEITZ: Ztschr. physiol. Chem. **134**, 161 (1924).

höheren Pilzen[1], in Schimmelpilzen, wie z. B. Penicillium[2], *Aspergillus niger*[3], *Aspergillus oryzae* (Takadiastase)[4], *Oidium lactis*[5] u. a., sowie in Hefe[6].

γ) *Bakterienlipasen.*

Insbesondere aus pathogenen Bakterien wurden Lipasen isoliert, so aus Tuberkelbazillen[7], aus *Bac. fluorescens, pyocyaneus, liquefaciens*[8]; ferner wurden sie nachgewiesen in Eiterkokken, *Bac. prodigiosus, Vibrio Metchnikoff*[9] u. a. — Charakteristisch ist, daß die Bakterienlipase ähnliche Eigenschaften wie die Zoolipase besitzt; so geht sie aus den Zellen leicht in Lösung und besitzt zumeist ein analoges p_H-Optimum wie die Pankreaslipase, nämlich 7 (z. B. bei Pneumokokken[10] und Streptokokken[11]). Ferner wurden Lipasen auch in Kulturfiltraten zahlreicher Bakterien nachgewiesen[12].

e) Zur Biosynthese der Fettsäuren.

Die Biogenese der Fettsäuren kann in zweifacher Weise erfolgen, nämlich einerseits auf synthetischem Wege und anderseits durch Abbau. Bisher läßt sich noch nicht mit Sicherheit entscheiden, welcher dieser Prozesse bei der Bildung irgendeiner Fettsäure stattgefunden haben mag, doch ist es auch durchaus möglich, daß die gleiche Fettsäure jeweils sowohl durch Synthese aus einfacheren Bausteinen als auch durch Abbau höherer Fettsäuren entstanden sein kann.

Bei der *Biogenese der Fettsäuren durch synthetische Vorgänge* kommen insbesondere Kohlehydrate oder deren Abbauprodukte als Bausteine der Fettsäureketten in Frage, während bei der *Biogenese der Fettsäuren durch Abbau* vor allem die bei der β-Oxydation höherer Fettsäuren stattfindende schrittweise Verkürzung der Kette um zwei C-Atome von Bedeutung erscheint. Nachdem der Chemismus des Fettsäureabbaues und die Bildungsweise niedrigerer Fettsäuren auf diesem Wege bereits behandelt worden ist, sollen hier noch die Vorstellungen über die Biosynthese der Fettsäuren aus kleineren Bausteinen entwickelt werden.

1. Allgemeine Gesetzmäßigkeiten im Aufbau der Fettsäuren.

Es soll hier versucht werden zu zeigen, wieweit Beziehungen der Fettsäuren zueinander auf Grund der „vergleichenden Anatomie"[13] derselben bestehen und wieweit solche Beziehungen einen Einblick in die Biosynthese der Fettsäuren ermöglichen. Die Gesetzmäßigkeiten im Aufbau der Fettsäuren lassen sich folgendermaßen zusammenfassen:

1. Die ganz überwiegende Menge der natürlichen Fettsäuren besitzt eine gerade Anzahl von C-Atomen; vielfach ist auch ein gemeinsames Vorkommen

[1] Vgl. ZELLNER: Chemie der höheren Pilze. Leipzig. 1907.
[2] GÉRARD: Compt. rend. Acad. Sciences **124**, 370 (1897). — CAMUS: Compt. rend. Soc. Biologie **49**, 192, 230 (1897).
[3] GARNIER: Compt. rend. Soc. Biologie **55**, 1490, 1583 (1903). — SCHENKER: Biochem. Ztschr. **120**, 164 (1921).
[4] AKAMUTSU: Biochem. Ztschr. **142**, 186 (1923). — OGAWA: Biochem. Ztschr. **149**, 212 (1924).
[5] LAXA: Arch. Hygiene **41**, 119 (1902). — SCHNELL: Ztrbl. Bakter., Parasitenk. (2) **35**, 1 (1912).
[6] DELBRÜCK: Wchschr. Brauerei **1903**, 7. — H. HAEHN: Ztschr. techn. Biol. **9**, 217.
[7] CARRIÈRE: Compt. rend. Soc. Biologie **53**, 320 (1901).
[8] SÖHNGEN: Konigl. Akad. Wetensch. Amsterdam **19**, 689 (1910); **20**, 126 (1911).
[9] MICHAELIS: Ztschr. Immunitätsforsch. exp. Therapie **36**, 449 (1923).
[10] AVERY u. CULLEN: Journ. exp. Med. **32**, 547, 571, 582.
[11] STEVENS u. WEST: Journ. exp. Med. **35**, 823.
[12] KENDALL: Journ. Amer. chem. Soc. **36**, 1937, 1962.
[13] Gemäß der Bezeichnung von SCHÖPF: LIEBIGS Ann. **497**, 1 (1932).

einer ununterbrochenen Reihe von paaren Fettsäuren in Form der Glyceride
feststellbar (vgl. oben). — Dagegen kommen Fettsäuren mit unpaarer Anzahl
von C-Atomen nur relativ selten vor, und zwar im Pflanzenreich, wobei diese
Fettsäuren zumeist nicht Bestandteile von Fetten sind, sondern von Wachsen
usw. Von manchen dieser Fettsäuren ist übrigens die Konstitution sowie ihre
Existenz als einheitliche chemische Substanzen noch fraglich.

2. Bei einer Anzahl ungesättigter Fettsäuren ist eine bestimmte Lage der
Doppelbindungen augenfällig, auf deren Bedeutung für die Aufklärung des
Chemismus ihrer Bildung GRÜN[1] aufmerksam gemacht hat, indem nämlich durch
die Doppelbindungen C_3-Gruppen (oder Vielfache derselben, wie C_6- oder C_9-
Gruppen) getrennt werden; und zwar Linolsäure $6+3+9$, Linolensäure
$3+3+3+9$, Ölsäure $9+9$, Petroselinsäure $12+6$, Selacholeinsäure $9+15$. Diese
Gesetzmäßigkeit findet sich teilweise auch bei Fettsäuren, deren C-Anzahl nicht
ein Vielfaches von 3 ist, und zwar Decensäure $1+9$, Myristölsäure $(5)+9$,
$\varDelta^{5:6}$-Tetradecensäure $9+(5)$, Palmitölsäure $(7)+9$, Erucasäure $9+(13)$. Auch
bei der Taririnsäure teilt die Acetylenbindung das Molekül in 2 Teile mit
6 bzw. 9 C-Atomen. Eine Teilung des Moleküls in 2 Reste mit einer Kohlenstoffzahl von 3n findet sich auch bei Oxyolefinsäuren, z. B. bei der Ricinolsäure
$9+9$ (s. auch Tabelle 5, S. 51). Anderseits finden wir aber auch Vielfache von 2
(oder 4): Tsuzusäure $10+4$. Schließlich finden wir Vielfache sowohl von 3 wie
von 2 (bzw. 4): Klupanodonsäure $4+(7)+4+3+4$. Auf Möglichkeiten für die
Deutung dieser Gesetzmäßigkeiten im Fettsäureaufbau im Hinblick auf die Frage
nach der Biosynthese derselben wird noch zurückzukommen sein.

3. Fettsäuren mit verzweigter C-Kette kommen in echten Fetten kaum vor,
wohl aber als Komponenten der Wachse; hierher gehört die Pisangcerylsäure
(C_{24}), Isolignocerinsäure (C_{24}), Cerotinsäure (C_{26}), Montansäure (C_{29}); ferner besitzen wahrscheinlich auch niedrigere Glieder der Fettsäurereihe eine verzweigte
C-Kette, so die Isocetinsäure und Lactalsäure (C_{15}). Die Konstitution aller dieser
Säuren ist jedoch noch nicht bekannt, so daß dieselben vorläufig für unsere Betrachtung ausscheiden. — Es sei hier nur noch auf die einfachsten Vertreter dieser
Gruppe hingewiesen, wie Isovaleriansäure[5], Seneciosäure, Geraniumsäure usw.,
da möglicherweise im Bauprinzip der genannten höheren verzweigten Fettsäuren
— wenigstens zum Teil — ähnliche Gesetzmäßigkeiten bestehen könnten wie
bei den niedrigen ungesättigten Säuren. Anderseits leiten diese Säuren in ihrem
Bauprinzip zu den Carotinoiden über.

2. Vorstellungen über die Biosynthese von Fettsäuren aus Zuckerarten und primären Spaltungsprodukten derselben.

Unter den höheren Fettsäuren sind bekanntlich die C_{18}-Säuren am meisten
verbreitet und weiterhin scheinen im Tierkörper auch die C_{24}-Säuren (in den
Cerebrosiden) eine bevorzugte Stellung einzunehmen. KLENK[2] hat darauf aufmerksam gemacht, daß dieses auffallende Hervortreten der Säuren mit einer C-Anzahl,
die durch 6 teilbar ist, darauf hindeutet, daß die Fettsäuren durch direkte Zu-
sammenlegung von mehreren Hexosemolekülen entstehen müßten. Diese Ansicht
wurde bereits von E. FISCHER[3] ausgesprochen. Nach dem Zusammentreten der
Hexoseketten wäre zunächst eine große Anzahl von Hydroxylgruppen vorhanden, deren Reduktion nach WIELAND[4] durch aufeinanderfolgende Wasser-

---

[1] GRÜN: Chem.-Ztg. **47**, 859 (1923).
[2] KLENK: Ztschr. physiol. Chem. **179**, 312 (1928); vgl. auch Angew. Chem. **47**, 271 (1934).
[3] E. FISCHER: Untersuchungen über Kohlehydrate und Fermente, S. 110. 1909.
[4] WIELAND: Ergebn. d. Physiol. **20**, 477.
[5] Die einzige, in Fetten gefundene Isosäure.

entziehung (Dehydratation) und Hydrierung erklärt werden könnte, gemäß dem Schema:

$$-CHOH \cdot CHOH- \quad -CO \cdot CH_2- \quad -CHOH \cdot CH_2- \quad -CH:CH- \quad -CH_2 \cdot CH_2-$$
$$\xrightarrow{-H_2O} \qquad \xrightarrow{+H_2} \qquad \xrightarrow{-H_2O} \qquad \xrightarrow{+H_2}$$

Zur Erklärung der oben genannten Gesetzmäßigkeiten im Aufbau vieler ungesättigter Fettsäuren könnte die Vorstellung dienen, daß zunächst Spaltung des Zuckermoleküls in Methylglyoxal (bzw. dessen biologische Vorstufe) stattfindet, welches dann der Aldolkondensation unterliegt. Sodann könnten Reduktionsvorgänge gemäß dem oben erwähnten Prinzip einsetzen, also gemäß dem folgenden Schema:

$$CH_3 \cdot CO \cdot CHO + CH_3 \cdot CO \cdot CHO + CH_3 \cdot CO \cdot CHO \text{ usw.} \rightarrow$$
$$\rightarrow CH_3 \cdot CO \cdot CHOH \cdot CH_2 \cdot CO \cdot CHOH \cdot CH_2 \cdot CO \cdot CHOH \ldots \rightarrow$$
$$\rightarrow CH_3 \cdot CHOH \cdot CHOH \cdot CH_2 \cdot CHOH \cdot CHOH \cdot CH_2 \cdot CHOH \cdot CHOH \ldots \rightarrow$$
$$\rightarrow CH_3 \cdot CH_2 \cdot CO \cdot CH_2 \cdot CH_2 \cdot CO \cdot CH_2 \cdot CH_2 \cdot CO \ldots \rightarrow$$
$$\rightarrow CH_3 \cdot CH_2 \cdot CHOH \cdot CH_2 \cdot CH_2 \cdot CHOH \cdot CH_2 \cdot CH_2 \cdot CHOH \ldots \rightarrow$$
$$\rightarrow CH_3 \cdot CH_2 \cdot CH:CH \cdot CH_2 \cdot CH:CH \cdot CH_2 \cdot CH: \ldots$$

Eine Schwierigkeit gegenüber dieser Bildungsmöglichkeit bildet jedoch die Vorstellung, daß die ungesättigten Fettsäuren als Abbauprodukte der gesättigten aufzufassen sein sollen; allerdings ist bei dieser letztgenannten Annahme von chemischen Gesichtspunkten aus die Art des Dehydrierungsvorganges bzw. der Ort der Dehydrierung im Fettsäuremolekül völlig unverständlich. Jedenfalls ist eine Entscheidung der Frage über die Bildungsweise der ungesättigten Fettsäuren zurzeit noch nicht möglich.

3. Vorstellungen über die Biosynthese von Fettsäuren aus sekundären Abbauprodukten des Zuckers.

α) *Allgemeines.*

In einer zweiten Gruppe von Vorstellungen über die Biosynthese der Fettsäuren wird angenommen, daß das als Ausgangsprodukt anzusehende Zuckermolekül einem tiefergreifenden Zerfall unterliegt, und zwar unter Bildung von Brenztraubensäure bzw. Acetaldehyd, und daß sodann diese die Grundbausteine der Fettsäureketten vorstellen. Für diese Anschauung konnten auch — jedenfalls was die niedrigeren Fettsäuren anbelangt — einige Stützen beigebracht werden (vgl. unten). Manche Autoren haben nun dabei eine wiederholte Aldolkondensation von Acetaldehyd mit gesättigten Aldehyden angenommen[1] (also nach einer Hydrierung der primären Kondensationsprodukte), im Sinne der Formulierung:

$$CH_3 \cdot CHO + CH_3 \cdot CHO \rightarrow CH_3 \cdot CH:CH \cdot CHO \rightarrow CH_3 \cdot CH_2 \cdot CH_2 \cdot CHO + CH_3 \cdot CHO \rightarrow$$
$$\rightarrow CH_3 \cdot CH_2 \cdot CH_2 \cdot CH:CH \cdot CHO \rightarrow CH_3 \cdot (CH_2)_4 \cdot CHO + CH_3 \cdot CHO \rightarrow \text{ usw.}$$

Demgegenüber hat F. G. Fischer[2] mit Recht darauf hingewiesen, daß diese Vorstellung im Widerspruch mit der von A. Lieben und seiner Schule nachgewiesenen Regel steht, derzufolge eine CH_2-Gruppe, die einer Carbonylgruppe benachbart ist, rascher reagiert als eine entsprechende CH_3-Gruppe, so daß es daher zur Bildung von verzweigten Ketten kommen müßte, indem die Aldehydgruppe des Acetaldehyds mit der Methylengruppe des höheren gesättigten Aldehyds reagiert (so entsteht z. B. bei der Kondensation von Propionaldehyd mit Acetaldehyd Methylcrotonaldehyd und nicht Pentenaldehyd). Bei der Annahme, daß im

---

[1] Vgl. z. B. Kluyver: Arch. Mikrobiol. **1**, 190 (1930).
[2] F. G. Fischer u. Wiedemann: Liebigs Ann. **513**, 251 (1934).

biologischen Geschehen die Kondensationsvorgänge den gleichen Gesetzmäßigkeiten gehorchen, wären daher aus chemischen Gründen die oben erwähnten Vorstellungen über den Aufbau der Fettsäureketten abzulehnen.

Dasselbe gilt für die Vorstellung einer wiederholten Aldolkondensation des Acetaldehyds gemäß dem Schema:

$$CH_3 \cdot CHO + CH_3CHO \rightarrow CH_3 \cdot CHOH \cdot CH_2 \cdot CHO + CH_3 \cdot CHO \rightarrow$$
$$\rightarrow CH_3 \cdot CHOH \cdot CH_2 \cdot CHOH \cdot CH_2 \cdot CHO + CH_3 \cdot CHO \rightarrow$$
$$\rightarrow CH_3 \cdot CHOH \cdot CH_2 \cdot CHOH \cdot CH_2 \cdot CHOH \cdot CH_2 \cdot CHO \text{ usw.}$$

Denn auch hier müßten die Methylengruppen der Kondensation mit der Aldehydgruppe eines weiteren Acetaldehydmoleküls unterliegen, wobei es zur Bildung einer verzweigten Kette kommen müßte.

Anders liegen die Verhältnisse bei der Annahme, daß die primär gebildeten ungesättigten Aldehyde miteinander oder mit Acetaldehyd (bzw. Brenztraubensäure) weiter reagieren, denn in diesem Falle kann es zur Bildung längerer unverzweigter Ketten kommen; es erscheint demnach folgender Weg wahrscheinlich:

Ungesättigter Aldehyd + Acetaldehyd usw. →
→ Polyenaldehyd → Polyensäure → gesättigte Säure.

Wieweit das von FRANZEN[1] beobachtete Vorkommen von höheren ungesättigten Aldehyden in Laubblättern, von denen der höchste mindestens der C_{18}-Reihe angehört, in Zusammenhang mit der Fettsäuresynthese durch die Pflanze stehen mag, bleibt noch unentschieden.

Da nun weiterhin bei der Hydrierung von Polyenverbindungen der Prozeß an den Enden des konjugierten Systems einsetzt, könnte das Auftreten von Fettsäuren, bei denen eine Doppelbindung in der Mitte der Kette liegt (z. B. Ölsäure), so erklärt werden, daß diese Lückenbindung beim allmählichen Hydrierungsvorgang zurückgeblieben ist. R. KUHN und A. WINTERSTEIN[2] fanden, daß die Anlagerung von Halogen usw. an die von KUHN und Mitarbeitern dargestellten Polyene nach der erweiterten THIELEschen Regel erfolgt. Nicht ebenso eindeutig war zwar der Verlauf der Wasserstoffaddition bei der Hydrierung solcher Verbindungen; trotzdem ist es denkbar, daß sie sich in gleicher Weise wie die Halogenaddition abspielt und daß beispielsweise die gewöhnliche Ölsäure durch eine nach der erweiterten THIELEschen Regel erfolgte Hydrierung einer ununterbrochenen Polyenkette entstanden sein könnte.

Anderseits kann man sich vorstellen, daß an gewisse Doppelbindungen der Polyensäure (oder des Polyenaldehyds) Wasser angelagert wird und daß dann erst die übriggebliebenen Lückenbindungen abhydriert werden. Durch nachfolgende Dehydratisierung könnten dann schließlich die verschiedenen einfach- und mehrfach-ungesättigten Säuren entstanden gedacht werden.

β) Bildung von Fettsäuren bei Gärungsvorgängen.

Von Interesse sind hier vor allem jene Gärungen, bei denen Propionsäure, Buttersäure, Valeriansäure, Capron-, Capryl- und Caprinsäure gebildet werden.

Die *Propionsäuregärung* verläuft wahrscheinlich in der Weise[3], daß der Zucker zunächst in Milchsäure umgewandelt wird (wie bei der Milchsäuregärung) und daß sodann diese zu Propionsäure reduziert wird. Auch Brenztraubensäure kann in Propionsäure umgewandelt werden.

Chemismus der Butylgärungen. In Gegenwart von Neutralisationsmitteln

[1] FRANZEN: Ztschr. physiol. Chem. **112**, 301 (1921). Vgl. auch die Untersuchungen über den Veilchenblätteraldehyd: SPÄTH u. KESZTLER: Ber. Dtsch. chem. Ges. **67**, 1496 (1934).   [2] Ber. Dtsch. chem. Ges. **65**, 646 (1932). [3] Vgl. VIRTANEN: Soc. scient. Fenn **1**, 36 (1923).

(CaCO$_3$ usw.) werden insbesondere Buttersäure und Essigsäure aus Zuckerarten gebildet (die normalen Hauptprodukte Butylalkohol und Aceton entstehen dabei nur in geringen Mengen). Es gelang, durch Einwirkung von Butylbakterien Brenztraubensäurealdol in Buttersäure überzuführen[1], während Acetaldol nicht vergoren werden konnte[2]. Brenztraubensäure wurde hauptsächlich in Essigsäure und Aceton umgewandelt und nur zu einem geringen Anteil (gegen 12% der umgesetzten Menge) in Buttersäure und Butylalkohol übergeführt[2]. Acetaldehyd wurde vor allem zu Äthylalkohol reduziert und ein geringerer Teil in Butylprodukte umgewandelt (etwa 20% der zugesetzten Menge)[3]. Diese Befunde können als Stützen für den Aldolisierungsvorgang angesehen werden.

Bildung höherer Fettsäuren wurde bei der Vergärung von Glucose durch *Bac. butylicus* nachgewiesen, und zwar entstehen neben der Buttersäure auch geringe Mengen Capron-, Capryl- und Caprinsäure[1]. Ferner finden sich diese Säuren auch im Nachlauf bei der technischen Butylgärung. Die Bildung derselben soll auf eine weitere Kondensation des Brenztraubensäurealdols mit Acetaldehyd oder Brenztraubensäure und Abspaltung von CO$_2$ zurückzuführen sein[1], wobei der bei den Butylgärungen stets entwickelte Wasserstoff Hydrierungen unter Bildung der gesättigten Fettsäuren hervorrufen soll.

Bildung von Fettsäuren mit ungerader Anzahl von C-Atomen. Gewisse Hefen bilden aus Hexosen sowie aus Milchsäure relativ viel Valeriansäure[4]. Der Chemismus des Vorganges könnte der sein, daß zunächst entweder aus dem Brenztraubensäurealdol nur die seitenständige Carboxylgruppe abgespalten wird, oder daß eine Kondensation von Brenztraubensäure mit Acetaldehyd stattfindet:

$$CH_3 \cdot CHO + CH_3 \cdot CO \cdot COOH \rightarrow CH_3 \cdot CH : CH \cdot CO \cdot COOH \text{ usw. } \rightarrow$$
$$\rightarrow CH_3 \cdot CH_2 \cdot CH_2 \cdot CH_2 \cdot COOH$$

Die Umwandelbarkeit der Brenztraubensäure in Propionsäure (vgl. oben) deutet darauf hin, daß keine prinzipiellen Schwierigkeiten für den Ablauf des Vorganges in der angedeuteten Weise bestehen.

γ) Die Fettbildung durch Hefe und Pilze.

Haehn und Kintoff[5] beschäftigten sich eingehender mit der Fettbildung aus Zucker sowie verschiedenen als Zwischenprodukte in Frage kommenden Stoffen durch den Fettpilz *Endomyces vernalis*, wobei auch Glycerin, Brenztraubensäure, Milchsäure, Acetaldehyd, Acetaldol und Alkohol gesteigerte Fettbildung verursachten. Die Autoren nahmen an, daß die Synthese der Fettsäuren über die Aldolisierung des Acetaldehyds verläuft. — Bei einer Wiederholung dieser Versuche durch Klein und Wagner[6] konnte gesteigerte Fettbildung bei Äthylalkohol, Acetaldehyd, Aldol und Brenztraubensäure festgestellt werden, nicht aus Glycerin, Crotonaldehyd und Butyraldehyd.

Ferner haben J. Smedley und Maclean[7] festgestellt, daß Hefe bei reichlicher Sauerstoffzufuhr Alkohol, Essigsäure, Brenztraubensäure und Milchsäure

[1] Neuberg u. Arinstein: Biochem. Ztschr. **117**, 269 (1921).
[2] Johnson, Peterson u. Fred: Journ. biol. Chemistry **101**, 145 (1933). — Durch eigene Versuche bestätigt. [3] Bernhauer u. Kürschner: Noch nicht veröffentlicht.
[4] Kayser: Compt. rend. Acad. Sciences **176**, 1662 (1923); **179**, 295 (1924).
[5] Haehn: Ztschr. techn. Biol. **9**, 217 (1921). — Haehn u. Kintoff: Ber. Dtsch. chem. Ges. **56**, 439 (1923); Chemie Zelle Gewebe **12**, 115 (1925); Wchschr. Brauerei **42**, 213, 218 (1925).
[6] Vgl. Klein, Handbuch der Pflanzenanalyse, II. Bd., S. 676. Wien. 1932.
[7] Smedley u. Maclean: Biochemical Journ. **16**, 370 (1922). — Smedley, Maclean u. Hoffert: Ebenda **17**, 720 (1923); **18**, 1273 (1924); **20**, 343 (1926).

unter Steigerung der Fettbildung zu verwerten vermag, wogegen keine Fettbildung aus Acetaldehyd, Acetaldol, Glycerin, Buttersäure u. a. stattfand.
Sulfitzusatz setzte die Fettbildung aus Alkohol und Essigsäure, nicht aber aus
Zucker herab. Die Ergebnisse sprechen daher in diesem Falle gegen die Aldolisierungstheorie von Acetaldehyd oder Brenztraubensäure.

Anhangsweise sei hier auch noch auf die *Bildung einer mehrbasischen Fettsäure* durch *Pen. spiculisporum* aus Glucose[1] hingewiesen. Dieselbe besitzt die
untenstehende Konstitution und enthält noch Carboxylgruppen, was auf die
Beteiligung von Brenztraubensäure an ihrer Bildung hindeutet, etwa gemäß
dem Schema:

$$
\begin{array}{lllll}
\begin{array}{l}
CO\!-\!COOH \\ | \\ CH_3 \\ | \\ CO\!-\!COOH \\ | \\ CH_3 \\ | \\ CO\!-\!COOH \\ | \\ CH_3 \\ \text{usw. } (C_9)
\end{array}
&
\begin{array}{l}
CO\!-\!COOH \\ | \\ CH \\ \| \\ C\!-\!COOH \\ | \\ CH \\ \| \\ C\!-\!COOH \\ | \\ CH_3
\end{array}
\;+\;
\begin{array}{l}
O \\ \| \\ H_2
\end{array}
&\to&
\begin{array}{l}
COOH \\ | \\ CH_2 \\ | \\ CH\!-\!COOH \\ | \\ CH \\ \| \\ C\!-\!COOH \\ | \\ CH_3
\end{array}
\;+\;
\begin{array}{l}
OH \\ | \\ H
\end{array}
\quad\text{usw.}\to&
\begin{array}{l}
CO \\ | \\ CH_2 \\ | \\ CH\!-\!COOH \\ | \\ CH \\ | \\ CH\!-\!COOH \\ | \\ (CH_2)_9 \\ | \\ CH_3
\end{array}\;\Big] O
\end{array}
$$

δ) *Rein chemische Synthesen von Fettsäuren.*

Unter diesen sind für uns hier insbesondere jene von Interesse, bei denen die
C-Kette durch Aldehydkondensationen zustande kommt. So reagiert Crotonaldehyd mit Acetaldehyd unter Bildung von Sorbinaldehyd[2]; dieser kondensiert
sich weiter mit Acetaldehyd zu Octatrienal[2] und dieses weiterhin unter Bildung
von Decatetraenal[3]. Durch Oxydation dieser Aldehyde gelangt man zu den zugehörigen ungesättigten Säuren. Durch Kondensation der betreffenden Aldehyde
mit Malonsäure kommt man zu den um zwei C-Atome reicheren Polyensäuren.
Durch Hydrierung der ungesättigten Säuren kann man schließlich zu gesättigten
Fettsäuren gelangen.

$$CH_3 \cdot CH : CH \cdot CHO + CH_3 \cdot CHO \to CH_3 \cdot CH : CH \cdot CH : CH \cdot CHO + CH_3 \cdot CHO \to$$
$$\to \underset{\text{Octatrienal}}{CH_3 \cdot (CH:CH)_3 \cdot CHO} + CH_3 \cdot CHO \to \underset{\text{Decatetraenal}}{CH_3 \cdot (CH:CH)_4 \cdot CHO} \to$$
$$\to CH_3 \cdot (CH:CH)_4 \cdot COOH \to \underset{\text{Caprinsäure}}{CH_3 \cdot (CH_2)_8 \cdot COOH}$$

Ferner können auch zwei Moleküle Crotonaldehyd direkt miteinander kondensiert werden, wobei Octatrienal (neben anderen Kondensationsprodukten)
entsteht[4].

Von Interesse sind weiterhin die Beobachtungen über die Kondensation
ungesättigter Aldehyde mit Brenztraubensäure unter Bildung der betreffenden

[1] CLUTTERBUCK, RAISTRICK u. RINTOUL: Philos. Trans. Roy. Soc. London **16**, 220 (1930).
[2] KUHN u. HOFFER: Ber. Dtsch. chem. Ges. **63**, 2160 (1930); **64**, 1977 (1931).
[3] REICHSTEIN, AMMANN u. TRIVELLI: Helv. chim. Acta **15**, 261 (1932).
[4] BERNHAUER u. DROBNICK: Biochem. Ztschr. **266**, 197 (1933), sowie weitere noch
    unveröffentlichte Beobachtungen. — Hinsichtlich des Crotonaldehyd-aldols vgl.
    RAPER: Journ. chem. Soc. London **91**, 1831 (1907), sowie SMEDLEY: Journ.
    chem. Soc. London **99**, 1627 (1911).

α-Ketosäuren (Crotonyliden-, Sorbinyliden- und Octatrienyliden-brenztrauben-säure)[1].

Die oben behandelten Vorstellungen über die Biosynthese der Fettsäuren zusammenfassend, läßt sich sagen, daß dieselben jedenfalls durch Kondensation niedrigerer Aldehyde entstehen müssen; dagegen erscheint eine direkte Synthese aus Zuckermolekülen aus chemischen Gründen recht unwahrscheinlich (schon da die Zucker keine echten Aldehyde vorstellen), sondern man wird anzunehmen haben, daß zunächst Spaltung des Zuckermoleküls stattfindet und daß sodann geeignete Spaltprodukte primärer oder sekundärer Natur unter Bildung längerer Ketten kondensiert werden. Als derartige, aus dem Zuckerabbau stammende *Grundbausteine der verschiedenen Fettsäuren* kommen insbesondere Methylglyoxal (bzw. dessen biologische Vorstufe) sowie Brenztraubensäure bzw. Acetaldehyd in Frage. So dürften beim Aufbau gewisser Fettsäuren sowohl C_3- wie C_2-Verbindungen beteiligt sein, bei anderen nur C_3- bzw. C_2-Körper. An den Kondensationsvorgang muß sich sodann nach Ausbildung der Carboxylgruppe ein Hydrierungsprozeß anschließen, der schließlich zu den Fettsäuren führt. — Die Fettsäuresynthese geht wohl in überwiegendem Ausmaße im Pflanzenkörper vor sich; der tierische Körper gewinnt Fettsäuren einerseits bei der Aufnahme pflanzlicher Fette durch die Nahrung, vermag jedoch andererseits auch selbst die Synthese von Fettsäuren zu vollziehen.

Ein zweiter prinzipiell verschiedener Weg der Biogenese der Fettsäuren beruht auf dem oxydativen Abbau höherer Fettsäuren zu niedrigeren (wohl insbesondere auf Grund der β-Oxydation). Es läßt sich daher zurzeit noch in keiner Weise entscheiden, ob irgendeine Fettsäure lediglich das Produkt synthetischer Vorgänge ist, oder ob dieselbe durch Abbau höherer Fettsäuren entstanden sein mag. Ebensowenig läßt sich entscheiden, ob die ungesättigten Fettsäuren auf dem Wege der Fettsäuresynthese oder des Fettsäureabbaues liegen.

f) Zur Biosynthese der sonstigen Lipoide.

Auf die Frage nach der Biosynthese der sonstigen Lipoide kann hier nicht näher eingegangen werden; ich will mich daher auf einige Andeutungen beschränken, die zeigen sollen, *wieweit einerseits gemeinsame Grundbausteine und andererseits gemeinsame Aufbauprinzipien für die Biosynthese der Fettsäuren sowie der sonstigen Lipoide in Frage kommen.* Dadurch sollen auch die Vorstellungen über die natürliche Bildungsweise der Fettsäuren eine Ergänzung erfahren. Während die Lipoide, die in ihrem Molekül Fettsäuren enthalten (Phosphatide und Cerebroside), für unsere Betrachtungen hier ausscheiden (da für die Bildungsweise von deren Fettsäureketten wohl die gleichen Überlegungen gelten werden wie für die Fette selbst), sind für uns hier insbesondere die Lipochrome und Sterine von Interesse.

α) *Lipochrome*[2].

Als Beispiel aus der Carotinoidgruppe sei hier das γ-Carotin angeführt, das ebenso wie die anderen Carotinoide mit 40 C-Atomen *formell* ausschließlich aus β-Methylcrotonaldehyd als Grundbaustein[3] entstanden gedacht werden kann:

---

[1] F. G. Fischer u. Wiedemann: Liebigs Ann. **513**, 251 (1934).
[2] Näheres s. Abschnitt VII, S. 149.
[3] Euler: Grundl. u. Erg. d. Pflanzenchemie **3**, 219 (1908). — Vgl. ferner Smedley: Journ. chem. Soc. London. **99**, 1627 (1911). — Fischer, Ertl u. Löwenberg: Ber. Dtsch. chem. Ges. **64**, 30 (1931). — Singleton: Journ. Soc. chem. Ind. **50**, 989 (1931). — Bernhauer u. Woldan: Biochem. Ztschr. **249**, 199 (1932). — Euler u. Klussmann: Svensk Kem. Tidskr. **44**, 198 (1932).

$$\begin{array}{c} \text{CH}_3\ \text{CH}_3 \\ \diagdown\diagup \\ \text{C} \\ \diagup\diagdown \\ \text{HC} \quad \text{CH—CHO} \\ | \quad\quad \| \\ \text{CHO} \ \text{C} \\ \diagup\diagdown \\ \text{CH}_3\ \text{CH}_3 \end{array} + (\text{CH}_3\text{—C}=\text{CH—CHO})_2 + (\text{CHO—CH}=\text{C—CH}_3)_2 + \begin{array}{c} \text{CH}_3\ \text{CH}_3 \\ \diagdown\diagup \\ \text{C} \\ \diagup\diagdown \\ \text{CHO—CH} \quad \text{CH} \\ \| \quad\quad | \\ \text{C} \quad \text{CHO} \\ \diagup\diagdown \\ \text{CH}_3\ \text{CH}_3 \end{array}$$

$$\downarrow$$

$$\begin{array}{c} \text{CH}_3\text{'CH}_3 \\ \diagdown\diagup \\ \text{CH}(=\text{CH—C}=\text{CH—CH})_2=(\text{CH—CH}=\text{C—CH}=)_2\text{CH} \\ \end{array}$$

γ-Carotin

Die Zyklisierung erscheint in diesem Falle nur halbseitig vor sich gegangen, während dieselbe beim β-Carotin beiderseitig und beim Lycopin überhaupt nicht erfolgt ist. Anderseits ist bei den Xanthophyllen im Ring an jener Stelle, an der die Kondensation erfolgt sein mag, noch eine Hydroxylgruppe (gewissermaßen als Rest der Aldolkondensation) vorhanden (im Formelbild durch * gekennzeichnet), während im obigen Falle an der gekennzeichneten Stelle (ebenso wie bei Citral usw.) vermutlich zugleich mit dem Kondensationsvorgang Hydrierung stattfindet (wie anscheinend beim Farnesol, Squalen usw. durchwegs). Das Zusammentreten der symmetrischen Gruppen in der Mitte hängt sodann wohl mit einer Acyloinkondensation zusammen[1]. Alle Carotinoide zeigen die gleiche Gesetzmäßigkeit im Aufbau, die auch bei jenen Körpern, die als Abbauprodukte zu werten sind (Carbonsäuren, Ketone), noch deutlich zum Ausdruck kommt.

Das biogenetische Aufbauprinzip der Carotinoide erscheint im gegebenen Zusammenhange auch im Hinblick auf die oben diskutierte Frage der Fettsäuresynthese durch Kondensation von Brenztraubensäure bzw. Acetaldehyd von Interesse.

Für den eigentlichen biosynthetischen Vorgang kommt vielleicht eine abwechselnde Kondensation von Acetessigsäure mit Brenztraubensäure (bzw. Oxalessigsäure) und nachfolgende Decarboxylierung in Betracht, etwa im Sinne der Formulierung[2]:

usw.

β) Sterine[3].

Da die Sterine als Lipoide vielfach gemeinsam mit Fetten in der Natur vorkommen und da weiterhin vielfach auch in den Bausteinen enge Beziehungen zu

[1] Vgl. KARRER, HELFENSTEIN, WEHRLI u. WETTSTEIN: Helv. chim. Acta **13**, 1088 (1930).
[2] Vgl. auch BERNHAUER u. WOLDAN: Biochem. Ztschr. **249**, 199 (1934). Mit Versuchen zur Verwirklichung solcher Kondensationen sind wir beschäftigt.
[3] Näheres s. Abschnitt IV, S. 111.

den Fettsäuren vorhanden zu sein scheinen, sei hier auch noch auf Vorstellungen über deren Biosynthese kurz hingewiesen. Die Bildung aus einfachen Grundbausteinen (und zwar Crotonaldehyd sowie β-Methylcrotonaldehyd) erscheint dabei *formell* gemäß dem folgenden Schema möglich:

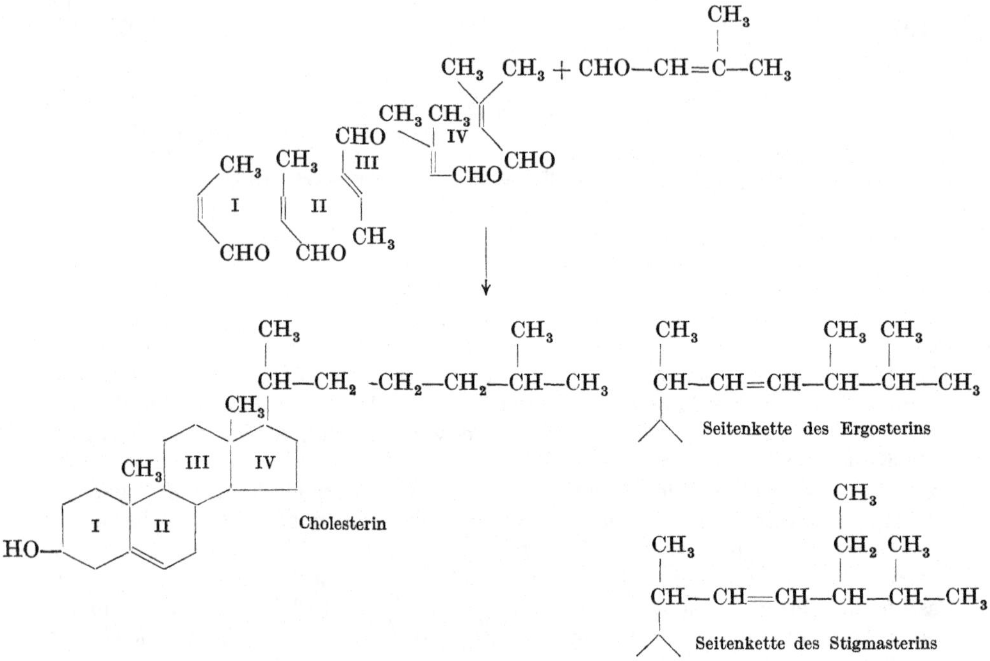

Die Bildung der Seitenketten des Ergosterins und Stigmasterins könnte unter Beteiligung von α,β-Dimethylcrotonaldehyd bzw. α-Äthyl-β-Methylcrotonaldehyd an Stelle von β-Methylcrotonaldehyd erklärt werden. Ebenso wie der letztere formell durch Kondensation von Aceton mit Acetaldehyd (bzw. mit Brenztraubensäure oder Oxalessigsäure unter nachfolgender Decarboxylierung) entstanden gedacht werden kann, so kommt für die Bildung der beiden genannten Aldehyde formell eine ganz analoge Kondensation, aber unter Beteiligung von Propionaldehyd bzw. Butyraldehyd (oder vielmehr der zugehörigen α-Ketosäuren und nachfolgende Decarboxylierung) in Betracht. Die prinzipielle Möglichkeit für das Zustandekommen der Ringe in der angedeuteten Weise erhält eine Stütze durch unsere Befunde über die Kondensationsprodukte des Crotonaldehyds, unter denen auch o- und p-Dihydrotolylaldehyd aufgefunden werden konnten[1].

In der großen Gruppe der Sterine dürfte eine prinzipiell gleiche Bauweise verwirklicht sein, wie in den oben genannten Fällen, so daß analoge Überlegungen für deren Bildungsweise in Frage kommen werden. — Anderseits läßt sich konstitutionschemisch von den Sterinen eine Anzahl anderer Naturprodukte ableiten, so die Gallensäuren sowie Sexualhormone, die als Abbauprodukte der Sterine aufgefaßt werden können.

[1] BERNHAUER u. NEUBAUER: Biochem. Ztschr. **251**, 173 (1932). — BERNHAUER u. IRRGANG: Biochem. Ztschr. **254**, 434 (1932).

C. Fettstoffe als Bakterienbestandteile und als Heilmittel bei Tuberkulose und Lepra.

Von VIKTOR FISCHL †, Prag.

In den natürlich vorkommenden Fettstoffen finden sich gesättigte und ungesättigte Fettsäuren, denen allen gemeinsam die geradlinige, normale Reihung der Kohlenstoffkette ist. An zwei Stellen sind in der Natur bisher Fettsäuren mit anderer Anordnung der C-Atome gefunden worden; diese Substanzen zeichnen sich zugleich durch ganz besondere biologische Wirkungen aus.

Es sind dies einerseits mehrere Öle aus der kleinen Pflanzenfamilie der Flacourtiaceen; ihre Hauptbestandteile sind zwei Fettsäuren, deren Molekül, wie die Forschungen von POWER und Mitarbeitern (1904/07) ergeben haben, einen Fünfring aufweist (vgl. S. 49). Sie werden medizinisch zur Behandlung der Lepra verwendet.

Anderseits wurde in den letzten Jahren durch ANDERSON und seine Mitarbeiter (seit 1929) das Vorkommen flüssiger hochmolekularer gesättigter Fettsäuren in Tuberkel- und ähnlichen Bakterien festgestellt. Sie sind vielleicht für einen Teil der pathogenen Wirkung dieser Krankheitserreger verantwortlich und weisen offenbar eine mehrfach verzweigte C-Kette im Molekül auf.

Den Flacourtiaceenölen schließen sich therapeutisch zwei Naturstoffe an, deren Fettsäuren zwar eine normale C-Kette aufweisen, sonst aber gleichfalls eine gewisse Ausnahmsstellung besitzen; es sind dies Lebertran und Ricinusöl. Der erstere enthält in der Klupanodonsäure die höchst ungesättigte aller bisher bekannten Fettsäuren, während das Ricinusöl die einzige in großen Mengen natürlich vorkommende Oxyfettsäure, die Ricinolsäure, enthält.

Im Hinblick auf die biologische Bedeutung ist hier ein wichtiges synthetisches Arbeitsgebiet: Chemisch ist nur die Reihe der gesättigten normalen Fettsäuren wohlerforscht; bei den ungesättigten ist zwar das Vorhandensein, aber nicht die Konstitution einer größeren Anzahl bekannt; die Fettsäuren mit verzweigter C-Kette sind bisher fast völlig unerforscht.

Die Tuberkel- und Leprabazillen sind die praktisch wichtigste Gruppe der als „säurefest" bezeichneten Mikroorganismen. Schon bald nach ROBERT KOCHS fundamentaler Entdeckung begannen chemische Untersuchungen der Tuberkelbazillen[1], erstmals durch A. HAMMERSCHLAG (1889). Seit damals ist bekannt, daß die Mycobakterien durch einen ausnehmend hohen Fettstoffgehalt, der bis zu einem Drittel ihres Trockengewichtes erreichen kann, charakterisiert sind.

Mit den Fettstoffen der Tuberkelbazillen befassen sich seit einigen Jahren nach einem bestimmten Programm[2] R. J. ANDERSON und seine Mitarbeiter an der Yale University, mit den Eiweißkörpern T. B. JOHNSON, mit Untersuchungen der abfiltrierten Nährflüssigkeit E. R. LONG und F. B. SEIBERT an der University of Chicago.

Hier sind nur die, bisher auch am weitesten fortgeschrittenen Forschungen über die Fettstoffe zu besprechen. Von jedem der in LONGS synthetischer Nährlösung[3] gezüchteten Bazillenstämme standen etwa 4 kg zur Verfügung, die feucht in Alkoholäther eingetragen und monatelang extrahiert wurden; die gesamte Aufarbeitung erfolgte kalt und in N_2- oder CO_2-Atmosphäre nach folgendem Schema[4]:

---

[1] Literatur vgl. bei WELLS u. LONG: The chemistry of tuberculosis, 2. Aufl. London: Baillière, Tindall & Cox. 1932.

[2] WHITE: A national research program in Tuberculosis, Techn. Ser. Nr. 9. Washington: Trans. Nat. Tbc. Assoc. 1929.   [3] LONG: Tubercle 6, 128 (1924).

[4] Zusammenfassende Übersichten bei ANDERSON: Amer. Rev. Tbc. 24, 746 (1931); Physiol. Rev. 12, 166 (1932). CHARGAFF: Naturwiss. 19, 202 (1931); Ztschr. Tbk. 61, 142 (1931); Handb. d. biol. Arbeitsmethoden, Lfg. 423. Berlin und Wien: Urban & Schwarzenberg. 1933.

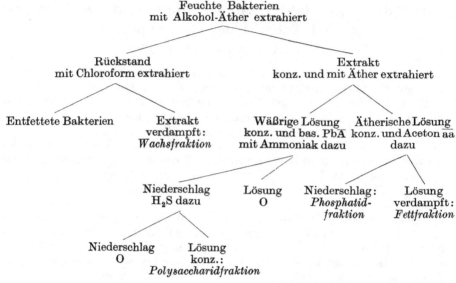

Feuchte Bakterien
mit Alkohol-Äther extrahiert

Rückstand
mit Chloroform extrahiert

Extrakt
konz. und mit Äther extrahiert

Entfettete Bakterien

Extrakt
verdampft:
Wachsfraktion

Wäßrige Lösung
konz. und bas. PbA
mit Ammoniak dazu

Ätherische Lösung
konz. und Aceton aa
dazu

Niederschlag
H_2S dazu

Lösung
O

Niederschlag:
*Phosphatid-
fraktion*

Lösung
verdampft:
Fettfraktion

Niederschlag
O

Lösung
konz.:
Polysaccharidfraktion

Am eingehendsten wurden bisher die menschlichen Tuberkelbazillen (Stamm „H 37") untersucht[1]. Als charakteristische Bestandteile fanden sich in allen Fraktionen gesättigte flüssige Fettsäuren; z. B. sind im aceton-löslichen Fett davon 45% neben 37% festen und 15% ungesättigten Fett-säuren enthalten[2]. Rein dargestellt wurden bisher die zwei Hauptanteile dieser flüssigen gesättigten Fraktion[3]: Die mit der Stearinsäure isomere, optisch in-aktive *Tuberkulostearinsäure* $C_{18}H_{36}O_2$ (Schmp. 14—15⁰) und die rechtsdrehende *Phtionsäure* $C_{26}H_{52}O_2$ (phtioic acid[4], abgeleitet von Phtise = Schwindsucht; $[\alpha]_D^{20} = +11,96^0$; Schmp. 28⁰). Der tiefe Schmelzpunkt beider Säuren und die optische Aktivität der einen deuten darauf hin, daß sie eine — und zwar wohl mehrfach[5] — verzweigte C-Kette im Molekül enthalten; Näheres über ihre Kon-stitution ist bisher nicht bekannt. Aus der gleichen Fraktion wurde neuerdings[6] eine linksdrehende Säure isoliert; die bisher nicht analysenreine Verbindung ent-spricht etwa $C_{30}H_{60}O_2$ (Schmp. 48—50⁰; $[\alpha]_D^{20} = -6,14^0$).

Von weiteren gesättigten Fettsäuren wurden in den Tuberkelbazillen bisher ge-funden *Palmitin-* und *Stearinsäure*, ferner wenig *Cerotinsäure* $C_{26}H_{52}O_2$ und vielleicht eine mit der letzteren nicht identische Hexakosansäure vom Schmp. 82—83,5⁰. Von ungesättigten bisher *Ölsäure* und etwas *Linol-* und *Linolensäure* sowie vielleicht eine ungesättigte *C_{26}-Säure.*

Die Phosphatid- und die Wachsfraktion, schon ausgezeichnet durch den Gehalt an gesättigten flüssigen Fettsäuren, sind weiterhin durch ihre sonstigen Bestandteile bemerkenswert. Aus dem Phosphatid konnte u. a. ein neues Kohle-hydrat *Maninositose* isoliert werden, während die Wachsfraktion aus einer ester-

[1] Anderson und Mitarbeiter: Trans. Nat. Tbc. Assoc. **23**, 240 (1927); **25**, 206 (1929); Journ. biol. Chemistry **74**, LXVII, 525, 537 (1927); **83**, 169, 505 (1929); **84**, 703 (1929); **85**, 77, 327, 339, 351 (1929/30); **87**, XVII (1930); **89**, 611 (1930); **90**, 33 (1931); **97**, 639 (1932); **100**, IV (1933); **101**, 499, 773 (1933); **103**, 197, 405 (1933); **105**, 279 (1934); Journ. Amer. chem. Soc. **52**, 1252, 1607, 5023 (1930); Proceed. Soc. exp. Biol. **27**, 387 (1930); Ztschr. physiol. Chem. **191**, 157, 166, 172 (1930); **211**, 97, 103 (1932).
[2] Anderson u. Chargaff: Journ. biol. Chemistry **84**, 703 (1929).
[3] Anderson u. Chargaff: Journ. biol. Chemistry **85**, 77 (1929).
[4] Anderson: Journ. biol. Chemistry **83**, 169 (1929); **97**, 639 (1932).
[5] Chargaff: Ber. Dtsch. chem. Ges. **65**, 745 (1932).
[6] Anderson: Journ. biol. Chemistry **97**, 639 (1932).

artigen Verbindung mehrerer Fettsäuren mit sog. „unverseifbarem Wachs" besteht; letzteres soll die unwahrscheinlich hohe Bruttoformel $C_{94}H_{188}O_4$ besitzen (Schmp. 57—58°). Dieses unverseifbare Wachs ist die einzige aus den Tuberkelbazillen isolierte „säurefeste" Substanz; vielleicht ist das Vorhandensein freier Hydroxylgruppen im Wachs die Ursache dieser Eigenschaft.

Die in den Bakterien enthaltenen Fettsäuren sind zum geringsten Teil mit Glycerin, vorwiegend jedoch mit *Trehalose*[1], sowie mit dem Polysaccharidkomplex verestert; auch derartige Ester höherer Fettsäuren waren bisher in der Natur nicht bekannt. Ein Teil der Fettsäuren ist in freiem Zustand vorhanden.

Auch in einem sieben Jahre alten Präparat[2], welches die mit Toluol extrahierten Gesamtfettstoffe aus auf Bouillon gezüchteten Tuberkelbakterien enthielt, konnten diese Säuren isoliert werden, sie sind also als ständige Inhaltsstoffe der Keime anzusehen.

In der gleichen, dem obigen Schema entsprechenden Weise wurden weiterhin Rindertuberkelbazillen[3], Vogeltuberkelbazillen[4], BCG-Impfstoff[5], Leprabazillen[6], Schildkrötenbazillen[7], Smegmabazillen[7] und Timotheebazillen[8] aufgearbeitet. Sie enthalten, abgesehen von der Angabe Chargaffs[5] über eine hochmolekulare *Oxysäure* $C_{51}H_{102}(OH)COOH$ (Schmp. 63—65°) im „unverseifbaren Wachs" des BCG-Impfstoffs, soweit sie bisher untersucht sind, *qualitativ* die gleichen Bestandteile wie menschliche Tuberkelbazillen.

In *quantitativer* Hinsicht bestehen aber Unterschiede in der Zusammensetzung der einzelnen Bakterienarten; selbstverständlich sind Vergleiche nur zulässig, wenn alle Stämme unter den gleichen Wachstumsbedingungen gewonnen wurden. Daß das Alter der Kulturen[9], die Züchtungstemperatur[10], die Zusammensetzung des Nährbodens[11] den Fettstoffgehalt der Keime beeinflussen, ist schon lange bekannt; vgl. dazu Tabelle 70.

Eine ganz besondere Bedeutung haben die analytischen Bestimmungen des Fettstoffgehaltes von Tuberkelbazillen gelegentlich des Lübecker Tuberkuloseprozesses erlangt.

Analytische Untersuchungen von Chargaff[12] ergaben, daß die meisten der aus den Lübecker Kinderleichen und zwei aus dortigen Impfstoffen in Sauton-Nährlösung[13] isolierte Stämme auf Grund ihres Fettstoffgehaltes als humane Tuberkelbazillen anzusehen sind, die sich sowohl von bovinen als auch von BCG-Stämmen deutlich unterscheiden (vgl. Tab. 70). Diese als Grundlage des von Martin Hahn erstatteten Gutachtens[14] verwendeten chemischen Befunde stimmten vollkommen überein mit den von Bruno und Ludwig Lange durchgeführten Tierversuchen[15]; sie haben den entsprechenden Einfluß auf die Urteilsfindung ausgeübt.

[1] Anderson u. Newman: Journ. biol. Chemistry **100**, IV (1933); **101**, 499 (1933).

[2] Anderson u. Chargaff: Ztschr. physiol. Chem. **191**, 157 (1930).

[3] Anderson u. Mitarbeiter: Journ. biol. Chemistry **85**, 529 (1929/30); **89**, 599, 611 (1930); **94**, 451 (1931/32).

[4] Anderson u. Mitarbeiter: Journ. biol. Chemistry **85**, 509, 519 (1929/30); **89**, 611 (1930); Proceed. Soc. exp. Biol. **27**, 387 (1930). — Chargaff: Ztschr. physiol. Chem. **201**, 198 (1931).   [5] Chargaff: Ztschr. physiol. Chem. **217**, 115 (1933).

[6] Anderson u. Mitarbeiter: Journ. biol. Chemistry **94**, 653 (1931/32); **97**, 617 (1932); Ztschr. physiol. Chem. **220**, 1 (1933).

[7] Chargaff: Ztschr. physiol. Chem. **201**, 198 (1931).

[8] Anderson u. Mitarbeiter: Journ. biol. Chemistry **90**, 45 (1931); **92**, XXXII (1931); **94**, 465 (1931/32); **98**, 43 (1932); **101**, 105 (1933). — Chargaff: Ztschr. physiol. Chem. **201**, 198 (1931).   [9] Ruppel: Ztschr. physiol. Chem. **26**, 218 (1898/99).

[10] Terroine, Bonnet, Kopp u. Véchot: Bull. Soc. Chim. biol. **9**, 605 (1927).

[11] Chargaff: Ztschr. physiol. Chem. **201**, 198 (1931). — Chargaff u. Dieryck: Biochem. Ztschr. **255**, 319 (1932). — Remy: Ztschr. Immunitätsforsch. exp. Therapie **75**, 527 (1932); Biochem. Ztschr. **259**, 238 (1933).

[12] Chargaff: Ztschr. angew. Chem. **45**, 55 (1932). — Chargaff u. Dieryck: Biochem. Ztschr. **255**, 319 (1932).

[13] Sauton: Compt. rend. Acad. Sciences **155**, 860 (1912).

[14] Hahn: Ztschr. Tbk. **64**, 164 (1932).   [15] Vgl. die Gutachten Ztschr. Tbk. **64**, 127 ff. (1932).

Tabelle 70. Gesamtfettstoffgehalt von Mycobakterien auf verschiedenen Nährböden in Prozenten des Trockengewichtes (nach Angaben von Anderson sowie Chargaff).

Nährboden	Hum.-Tuberk.	Bov.-Tuberk.	BCG	Av.-Tuberk.	Lepra	Schildkr.	Smegma	Timothee
Nach Long	24	13	—	15	19	—	—	8
Glycerinbouillon . . .	14	—	—	24	—	18	13	12
Nach Sauton	11	16	25	—	—	—	—	—

Die einzelnen aus dem menschlichen Tuberkelbazillus gewonnenen Fraktionen sowie *Tuberkulostearinsäure* und (allerdings unreine) *Phtionsäure* wurden hinsichtlich ihrer biologischen Wirkungen geprüft[1]. Die Versuche müssen, bevor Schlüsse möglich sind, zunächst durch Kontrollen mit den entsprechenden Fraktionen aus den anderen Mycobakterien ergänzt werden.

In letzter Zeit sind mit dem für Mycobakterien ausgearbeiteten Verfahren auch andere Mikroorganismen untersucht worden.

Mit *Diphtheriebazillen* hat sich Chargaff[2] beschäftigt; Extraktion der (vorher allerdings getrockneten) Bakterien ergab 5% Fettstoffe, davon 4% Fett und 0,4% Phosphatid. Die Fettsäuren sind vorwiegend in freier Form vorhanden; etwa 30% sind *Palmitinsäure*, 18% sind flüssige Fettsäuren, in der Hauptsache die bisher nur aus Meerestieren bekannte *Zoomarin-* oder *Palmitoleinsäure* $C_{16}H_{30}O_2$. Von den höheren Säuren hat er eine als *Diphtherinsäure* bezeichnete isoliert; sie hat die Zusammensetzung $C_{35}H_{68}O_2 \pm 1\,C$ (Schmp. 35—36°; $[\alpha]_D^{23} = +2,6°$ in Chlf.; JZ. 49,8). Aus dem Phosphatid wurde eine als *Corynin* (von *Corynebacterium diphtheriae*) bezeichnete Säure $C_{49}H_{97}(OH)_2COOH$ dargestellt (Schmp. 70—71°). Beide Substanzen haben offenbar eine verzweigte C-Kette.

Den als *Lactobacillus acidophilus* bekannten Keim hat Anderson[3] untersucht; er enthält etwa 7% Fettstoffe, darunter viel freie *d-Dioxystearinsäure* $C_{18}H_{36}O_4$ (Schmp. 106—107°; $[\alpha]_D = +7,78°$).

Bei der Extraktion von *Hefe* fand Anderson[4] etwa 6% Fettstoffe; die darin enthaltenen Fettsäuren waren von den gesättigten Palmitin- und Stearin- nebst ein wenig Laurinsäure, von den ungesättigten vermutlich keine andere als Ölsäure.

Bei den durch Mycobakterien hervorgerufenen Krankheiten Tuberkulose und Lepra kommt den Fettstoffen noch in einer anderen Beziehung eine besondere Bedeutung zu; gewisse Fettstoffe besitzen nämlich starke Heilwirkung bei diesen Infektionen. Eine monographische Darstellung des ganzen Problems findet sich an anderer Stelle; dort ist auch die historische, botanische, chemische und medizinische Literatur aufgeführt[5].

Die seit jeher als unheilbar katexochen angesehene Lepra, der biblische Aussatz, ist, wie man seit einigen Jahrzehnten weiß, durch Kuren mit gewissen Flacourtiaceenölen so weitgehend zu beeinflussen, daß in vielen Fällen von klinischer Heilung zu sprechen ist. Die wirksamen Bestandteile dieser Öle sind *Chaulmoogra-* und *Hydnocarpussäure* (s. S. 49). Es sind die einzigen bisher in der Natur gefundenen Fettsäuren mit einem Ring im Molekül.

Von den verschiedenen Ölen, in denen diese charakteristischen Cyclofett-

[1] Sabin u. Doan: Journ. exp. Med. **46**, 645 (1927). — White: Trans. Assoc. Amer. Physicians **43**, 311 (1928). — Pinner: Amer. Rev. Tbc. 18, 497 (1928). — Doan: Proceed. Soc. exp. Biol. **26**, 672 (1929). — Sabin, Doan u. Forkner: Trans. Nat. Tbc. Assoc. **24**, 253 (1928); Journ. exp. Med. **52**, Suppl. 3 (1930). — Sabin, Miller, Doan u. Wiseman: Journ. exp. Med. **53**, 51 (1931). — Sabin: Physiol. Rev. **12**, 141 (1932). — Smithburn u. Sabin: Proceed. Soc. exp. Biol. **30**, 1035 (1933).
[2] Chargaff: Ztschr. physiol. Chem. **201**, 191 (1931); **218**, 223 (1933).
[3] Crowder u. Anderson: Journ. biol. Chemistry **97**, 393 (1932); **104**, 399, 487 (1934).
[4] Newman u. Anderson: Journ. biol. Chemistry **102**, 219, 229 (1933).
[5] Fischl u. Schlossberger: Handbuch der Chemotherapie, Kap. 2. Leipzig: Fischers med. Buchhandlg. 1932/34.

säuren vorkommen, werden die in Tabelle 71 verzeichneten in größerem Maßstab verwendet. In zahlreichen tropischen Ländern sind, zum Teil von Regierungsseite, ausgedehnte Pflanzungen solcher Bäume angelegt worden, um den andauernd steigenden Bedarf zu decken.

Tabelle 71. Die wichtigsten Flacourtiaceenöle.

Vorkommen	Stammpflanze	Trivialname
Südwestasien	*Taraktogenos kurzii*	Echtes Chaulmoograöl
,,	*Hydnocarpus anthelmintica*	Lukraboöl
,,	*Hydnocarpus wightiana*	Jamanaöl, Kawatelöl
,,	*Hydnocarpus venenata*	Makuluöl, Morattiöl
Brasilien	*Carpotroche brasiliensis*	Sapucainhaöl
Westafrika	*Caloncoba echinata*	Gorliöl

Unter Spezialnamen sind eine große Reihe von Zubereitungen aus Flacourtiaceenölen, Salzen und Estern der beiden zyklischen Säuren im Handel.

Wirksame Stoffe bei der Tuberkulosetherapie sind außer Lebertran die Gesamtfettstoffe der Tuberkelbazillen, Ester aus Tuberkelbazillenfetten, die Natriumsalze der Gesamtfettsäuren des Timotheebazillus und das Neutralfett aus einer Streptotrichee.

Es läßt sich gegenwärtig die Annahme zwar nicht beweisen, aber auch nicht a priori verwerfen, daß ein innerer Zusammenhang zwischen den beiden Dingen besteht, die den Titel dieser kurzen Übersicht bilden: Zwischen dem auffallend hohen und eigenartig konstituierten Fettstoffgehalt der Tuberkel- und Leprabazillen einerseits und der therapeutischen Beeinflußbarkeit der Tuberkulose und Lepra durch gewisse, strukturell bemerkenswerte Fettstoffe anderseits.

VIII. Das Verderben der Fette.
Begriff und Arten des Fettverderbens.

Unter dem Begriff des Fettverderbens faßt man alle jene chemischen Veränderungen zusammen, welche dem Fett einen, im Vergleich zum normalen Produkt nachteiligen Geruch und Geschmack verleihen.

Sinnesphysiologisch kann sich das Verderben der Fette in recht verschiedenen Merkmalen äußern. Das Fett kann „sauer", „talgig", „fischig", „ranzig", „seifig" schmecken bzw. riechen usw. Die mitunter wenig kritische Übernahme dieser von subjektiven Faktoren stark abhängigen Bezeichnungen in die wissenschaftliche Chemie der Fette ist vielfach eine Quelle von Mißverständnissen und Unklarheiten geworden.

Mit dem Problem des Verderbens beschäftigt man sich seit rund 150 Jahren; trotzdem ist man über die Vorgänge des Fettverderbens noch recht unvollkommen unterrichtet.

Nach H. SCHMALFUSS[1] lassen sich vier Hauptarten des Verderbens unterscheiden: das Sauerwerden, das Talgigwerden, das Ketonranzigwerden und das Aldehydranzigwerden.

Sauer werden Fette auf rein stofflichem Wege oder unter Mitwirkung von Kleinlebewesen. Zum Sauerwerden genügt die Einwirkung von Zeit, Wärme, Wasser, Sauerstoff und Licht. Oder die Erscheinung tritt ein durch einen biochemischen Prozeß (Wirkung von Fermenten).

Bei Gegenwart von Wasser beruht das Sauerwerden vielfach auf hydrolyti-

[1] H. SCHMALFUSS: Deutsche Molkerei-Ztg., Folge 9, vom 28. 2. 1935. — S. auch H. SCHMALFUSS, H. BARTHMEYER und A. GEHRKE: Margarine-Ind. **1932**, Nr. 1.

scher Spaltung der Glyceride unter Freiwerden von Fettsäuren. Das Fett kann
aber auch auf einem anderen Wege, z. B. durch Abbau der ungesättigten Fettsäuren zu anderen Säuren, sauer werden.

Talgig werden Fette durch Wasser, Sauerstoff, Licht, wenn Oxysäuren in gebundener oder freier Form auftreten. Die Oxysäuren können durch Addition von
Wasser an die Doppelbindungen der ungesättigten Säuren, durch Eintritt von
Sauerstoff an den Stellen der Lückenbindungen usw. entstehen. Weiter sollen Fette
talgig werden, wenn sich ungesättigte Anteile zu größeren Gebilden verketten (polymerisieren), wenn sich zweibasische Säuren als Spaltstücke ungesättigter Säuren
bilden, und schließlich, wenn sich unbeständige Glyceride in beständigere umwandeln. Das „Talgigwerden" führt stets auch zu einer Erhöhung des Schmelzpunktes.

Eine weitere Form des Fettverderbens ist die *Ranzigkeit*, wobei zwischen
Aldehyd- und *Ketonranzigkeit* unterschieden werden muß.

Als Träger des sinnlichen Eindruckes der Ranzigkeit überwiegen bei der Aldehydranzigkeit Aldehyde, bei der Ketonranzigkeit Ketone.

Ketonig werden Fette durch Kleinlebewesen, z. B. durch fettspaltende Schimmelpilze. Die freiwerdenden Fettsäuren werden dann durch β-Oxydation in β-Keto-
säuren verwandelt. Durch eine Carboxylase werden die β-Ketosäuren zu einem Me-
thylalkylketon abgebaut (Näheres s. weiter unten). Im Cocosfett kommen z. B. bei
Ketonranzigkeit die Methylalkylketone vom Methylamyl- bis zum Methylundecylketon vor.

Nach neueren Beobachtungen von SCHMALFUSS und Mitarbeitern (s. S. 439) kann
Ketonranzigkeit auch ohne Mitwirkung von Mikroorganismen zustande kommen.

Die Aldehydranzigkeit (s. unter a. S. 417) ist eine Folge des autoxydativen Fett-
abbaus. Ölsäure wird z. B. über Ozonide oder Peroxyde hinweg in Aldehyde gespalten. So kann z. B. aus Ölsäure Heptylaldehyd, ferner Epihydrinaldehyd entstehen.

Die das Verderben der Fette verursachenden Umsetzungen lassen sich grundsätzlich in zwei Hauptgruppen trennen. Die erste Gruppe umfaßt solche Prozesse,
an deren Ablauf rein chemische Faktoren (Licht, Luft, Wasser, Katalysatoren)
beteiligt sind. Es gehören hierzu die Fetthydrolyse, die Ketonbildung aus Fettsäuren, insbesondere aber der autoxydative Abbau der Fettsäuren. Bei der
zweiten Gruppe der Umsetzungen sind dagegen gewisse Mikroorganismen entscheidend beteiligt. Mitunter vollziehen sich rein chemische und biochemische
Prozesse nebeneinander.

A. Verderben der Fette durch chemische Eingriffe.

Die Möglichkeiten, die sich für das chemische Verderben, also dasjenige unter
Ausschluß von Mikroorganismen, eröffnen, können aus der Art und den Eigenschaften der Bausteine der Fette sowie deren Verknüpfung im voraus abgeschätzt
werden. Berücksichtigt man ferner, daß die ablaufenden Prozesse unter den gewöhnlichen milden Bedingungen der Umgebung vor sich gehen, dann sind es
einmal die Vorgänge der Hydrolyse (Glyceridspaltung) und des weiteren gewisse
Umsatzreaktionen am Glycerid oder an den Fettsäuren, auf Grund deren die sinnesphysiologisch wahrnehmbaren Änderungen zu gewärtigen sind. Von diesen drei
Möglichkeiten ist zweifelsohne der autoxydative Angriff der ungesättigten Fettsäuren am tiefstgehenden und daher auch für die Praxis am wichtigsten. Von
erheblichem Interesse ist fernerhin der unter Ketonbildung verlaufende Abbau
der Fettsäuren. Veränderungen am Glycerin dürften von untergeordneter Bedeutung sein, und die rein chemisch bedingte Glyceridverseifung spielt, sofern
sie sich innerhalb gewisser Grenzen hält, als Ursache für das Verdorbensein nur
bei einer beschränkten Anzahl von Fetten eine Rolle.

a) Autoxydativer Abbau der Fette (Aldehyd-Ranzigkeit).

1. Bisherige Arbeiten.

A. N. SCHERER[1] dürfte einer der ersten gewesen sein, die den Versuch einer chemischen Erklärung des Vorganges des Verderbens der Fette gemacht haben. Er schreibt in seinem im Jahre 1795 erschienenen Buch: „Durch das Alter, durch langes Stehen werden die Fette ranzig, d. h. sie erhalten durch den Beitritt des Sauerstoffes einen scharfen, beißenden und brennenden Geschmack." Diese, wie heute bekannt ist, den Kern der Erscheinung klar erfassende Formulierung des autoxydativen Verderbens wurde aber in der Folgezeit zunächst nicht gebührend gewürdigt. Immer wieder tauchten andere Erklärungsversuche auf, die den großen Wert des Standpunktes von A. N. SCHERER nicht erkannten. Erst in den letzten 20 Jahren ist die klare Abgrenzung des autoxydativen Verderbens von demjenigen der biologischen Umsetzung möglich geworden.

Die schon sehr früh gemachte Beobachtung, daß ranzige Fette gegenüber den normalen Produkten meist eine mehr oder minder erhöhte Säurezahl aufweisen, gab zu der Vermutung Anlaß, daß das Fettverderben ganz allgemein auf einer teilweisen Hydrolyse der Glyceride beruht. So will CHARLOT[2] das Ranzigwerden auf die Bildung freier Ölsäure zurückgeführt wissen, und auch M. BERTHELOT[3] nimmt auf Grund seiner Spaltungsversuche an Triglyceriden mit Wasser beim Erhitzen im Bombenrohr diesen Standpunkt ein. Allmählich aber dringt mehr und mehr die Anschauung durch, daß durch Hydrolyse allein die Ranzidität nicht zustande kommt, sondern daß sich als Folgereaktion ein chemischer Umsatz der in Freiheit gesetzten Fettsäuren sowie des Glycerins anschließt. Nach G. HEFTER[4] z. B. soll ein Fett weder durch bloße Hydrolyse noch durch alleinige Oxydation ranzig werden können. Als Beweis für die erstere Behauptung wird angeführt, daß Produkte mit erhöhtem Gehalt an freier Fettsäure nicht notwendigerweise die Kennzeichen der durch die Sinne wahrnehmbaren Verdorbenheit aufzuweisen brauchen, wie eine Reihe von Versuchen in dieser Richtung, z. B. von J. LEWKOWITSCH[5] (Kakaobutter), von BALLANTYNE[6] usw., dartun. Die zweite Behauptung, daß ein Fett durch bloße Oxydation nicht verderben könne, wird zwar aufgestellt, ihre Stichhaltigkeit aber nicht erwiesen. Gestützt auf Angaben von F. BEILSTEIN vertritt auch M. GRÖGER[7] die Auffassung einer primären Glyceridspaltung und einer sich anschließenden Oxydation der Fettsäuren und des Glycerins. Noch vor einer kurzen Reihe von Jahren wurde von E. SALKOWSKI[8] auf Grund von Untersuchungen an einem mindestens 30 Jahre alten Baumwollsamenöl in ähnlicher Weise behauptet, daß die Vorgänge der Hydrolyse für das Aufkommen der Verdorbenheit von grundsätzlicher Bedeutung sind. Nur ein Drittel der Fettsubstanz soll bei dem Versuchsmaterial noch als Neutralfett vorgelegen haben. Dieser Befund erscheint wenig überzeugend; und selbst wenn diese Beobachtung zu Recht besteht, ist damit die Stichhaltigkeit des gezogenen Schlusses nicht erwiesen. Neuere Arbeiten haben im Gegenteil dargelegt, daß die Aufspaltung der Glyceride von untergeordneter Bedeutung ist. Dies geht insbesondere daraus hervor, daß sowohl die Säurezahl wie auch die Esterzahl bei zweifelsfrei verdorbenen Fetten praktisch nicht oder nur wenig verändert zu sein

---

[1] Versuch einer populären Chemie. Mülhausen. 1795. Das Buch war übrigens J. W. VON GOETHE zugeeignet.   [2] Journ. Pharmac. **17**, 357 (1833).

[3] Journ. Pharmac. Chim. **27**, 96 (1855).

[4] Technologie der Fette und Öle, Bd. I, S. 123. Berlin: Julius Springer. 1906.

[5] Journ. Soc. chem. Ind. **18**, 557 (1899).

[6] Journ. Soc. chem. Ind. **10**, 29 (1891). — Vgl. auch C. BESANA: Chem.-Ztg. **15**, 410 (1891). — V. v. KLECKI: Ztschr. analyt. Chem. **34**, 663 (1895).

[7] Ztschr. angew. Chem. **2**, 61 (1889).   [8] Ztschr. Unters. Nahr.-Genußm. **34**, 305 (1917).

brauchen[1]. Im gleichen Sinne ist die von L. AUER[2] gemachte Feststellung zu deuten, daß bei dem dem Verderben in der ersten Stufe der Autoxydation ähnlichen Vorgang des Öltrocknens trotz erhöhter Säurezahl die Esterzahl unverändert sein, die Bildung von Säure also vor allem durch Molekülabbau erfolgen kann.

Allmählich setzt sich die Erkenntnis durch, daß beim Verderben der Fette vor allem die Oxydationsvorgänge als wesentlicher Faktor zu betrachten sind. In erster Linie ist hier E. DUCLAUX[3] zu nennen, der unter betontem Ausschluß des biochemischen Verderbens, das nach ihm nur bei wasser- und stickstoffhaltigen Fetten eintreten kann, eine chemische, auf Oxydation zurückgehende Verdorbenheit beschreibt. Nach ihm handelt es sich um eine Wirkung des Luftsauerstoffes (Autoxydation), der in der Dunkelheit langsam, im diffusen Tageslicht schneller und noch energischer im Sonnenlicht in Tätigkeit tritt; hier wird die katalysierende Wirkung des Lichtes erstmals scharf hervorgehoben. Der Oxydationseffekt steht nach seinen Feststellungen eindeutig in Abhängigkeit von der Oberfläche des Fettes. Zu ganz ähnlichen Ergebnissen kommt E. RITSERT[4]. Er hält die gleichzeitige Wirkung von Luft (Sauerstoff) und Licht für erforderlich. Letzterem kommt auch nach ihm die Rolle eines positiven Katalysators zu. Diese Beobachtungen sind späterhin vielfach gestützt worden. Man hat aber erkannt, daß sich der Umsatz, wenn auch mit außerordentlicher Langsamkeit[5], so doch auch bei Ausschluß des Lichtes vollzieht. E. SPÄTH[6], der die Ergebnisse und Schlußfolgerungen von E. RITSERT im wesentlichen bestätigte, weist ebenso wie A. SCALA[7] auf die Rolle der ungesättigten Fettsäuren, vor allem der Ölsäure hin.

Die Frage, ob die Ranzidität eines Fettes auch durch Belichtung allein zustande kommen kann, ist wiederholt geprüft worden. Während E. RITSERT die zur Verdorbenheit führenden Vorgänge richtig erfaßt und als Oxydationsprozesse betrachtet, also zwangsläufig zur unbedingten Mitwirkung des Sauerstoffes geführt wird, halten H. WAGNER, R. WALKER und H. OSTERMANN[8] den Umsatz auch bei Ausschluß von Sauerstoff für möglich. Zu dieser Folgerung gelangen sie auf Grund der Feststellung, daß nach etwa zweijähriger Aufbewahrungszeit (teilweise im direkten Sonnenlicht; die Fette bei 105—110° getrocknet, dann unter Stickstoff in zugeschmolzenen Gefäßen gelagert) bei acht verschiedenen Fetten die Anzeichen der Ranzidität deutlich eingetreten waren. Dieser Befund ist in der Folgezeit des öfteren widerlegt worden, so z. B. durch Untersuchungen von I. A. EMERY und R. R. HENLEY[9] sowie von R. KERR[10], wonach trotz Licht- und Wärmeeinwirkung bei vollständigem Luftabschluß Verderben nicht eintritt. Wahrscheinlich war der Sauerstoffausschluß bei den Versuchen von H. WAGNER, R. WALKER und H. OSTERMANN nur unvollständig.

Daß bei den hier zu betrachtenden Reaktionsfolgen auch das Wasser ein wichtiger Faktor ist, dürfte heute als erwiesen zu gelten haben. Zweifellos reichen schon die in einem klar filtrierten Fett oder in der Luft anwesenden geringen Mengen aus; vielleicht muß auch damit gerechnet werden, daß Wasser bei den sich vollziehenden Umsetzungen sekundär gebildet wird[11].

---

[1] O. SCHWEISSINGER: Ztschr. angew. Chem. **3**, 696 (1890). — VAL. v. KLECKI: Ztschr. analyt. Chem. **34**, 633 (1895). — R. SENDTNER: Forschungsberichte für Lebensmittel 2, 290 (1895). [2] Kolloidchem. Beih. **24**, 310 (1927).
[3] Annales de l'Institut Pasteur. 1888; Compt. rend. Acad. Sciences **102**, 1077 (1886).
[4] Untersuchungen über das Ranzigwerden der Fette. Inaug.-Diss., Berlin. 1890.
[5] F. CANZONERI u. G. BIANCHINI: Ann. Chim. analyt. **1**, 24 (1914).
[6] Forschungsberichte über Lebensmittel 1, 344 (1894); Ztschr. analyt. Chem. **35**, 471 (1896). [7] Staz. sperim. agrar. Ital. **30**, 613 (1897).
[8] Ztschr. Unters. Nahr.-Genußm. **25**, 704 (1913).
[9] Ind. engin. Chem. **14**, 937 (1922). [10] Cotton Oil Press **5**, 45 (1924).
[11] Chem. Umschau Fette, Öle, Wachse, Harze **34**, 283, 296 (1927).

Die Mitbeteiligung des dem oxydativen Angriff zugänglichen Glycerins am Aufkommen der Merkmale des Verdorbenseins ist ebenfalls von verschiedener Seite diskutiert worden. Darüber ist später an anderer Stelle noch Näheres auszuführen.

In langsamer Entwicklung hat sich die Anschauung durchgesetzt, daß es eine gewisse, sicher nicht einfache, zum Verderben der Fette führende chemische Reaktionsfolge gibt, die sich bei den natürlichen Bedingungen der Umgebung unter der Mitwirkung von Sauerstoff (Luft), Licht, Wasser (Luftfeuchtigkeit ist ausreichend) und Katalysatoren bei Ausschluß von Mikroorganismen abspielt. Dabei handelt es sich um einen Vorgang, der primär mit einer Oxydation (Autoxydation) einsetzt. Er verläuft im Dunkeln sehr langsam, wird aber durch Licht stark katalysiert. Voraussetzung ist die Anwesenheit von reaktionsfähigen Lückenbindungen; letztere sind in den meisten Fetten in Form ungesättigter Glyceride vorhanden.

Mit dieser Erkenntnis war der Ausgangspunkt gewonnen, an den die neueren Arbeiten anschließen konnten. Es sind vor allem die wertvollen Untersuchungen von A. TSCHIRCH und A. BARBEN[1] sowie diejenigen von W. C. POWICK[2] gewesen, die diesen jüngsten Abschnitt der Entwicklung eingeleitet haben.

2. Die beim autoxydativen Verderben gebildeten Zerfallsprodukte.

Was die *im autoxydierten Fett vorhandenen Abbauprodukte* anlangt, aus deren Art auf den stattgehabten Reaktionsmechanismus zurückgeschlossen werden könnte, so ist darüber bis zur Gegenwart noch keine vollständige Aufklärung erfolgt. Schon im Jahre 1845 wies DE SAUSSURE[3] darauf hin, daß beim Verderben, ähnlich wie beim Öltrocknen, eine auf oxydative Einflüsse zurückzuführende Gasbildung vor sich geht. Es ist heute bekannt, daß diese flüchtigen Produkte vor allem aus Kohlenmonoxyd und Kohlendioxyd bestehen[4]. Auch in der Folgezeit ist das experimentell gestützte, wirklich exakte Versuchsmaterial sehr bescheiden. Meist sind es im wesentlichen Annahmen und Vermutungen, die sich im Schrifttum finden. Erst in den letzten Jahren des vergangenen Jahrhunderts wird die chemische Grundlage systematisch verbreitert. So äußert sich C. SCHAEDLER[5], daß aus den Produkten der Hydrolyse der Glyceride, dem Glycerin einerseits und den freien Fettsäuren (vor allem der Ölsäure) andererseits, auf dem Wege des oxydativen Abbaues flüchtige Säuren (Propionsäure, Buttersäure, Capronsäure usw.) entstehen. E. MARX[6] vertritt die Meinung, daß die Verdorbenheit auf die Bildung aldehydartiger Stoffe zurückzuführen ist und findet eine Bestätigung durch A. SOLTSIEN[7], der bei der Destillation eines autoxydierten Fettes mit Wasserdampf ein Destillat von aldehydartigem Geruch erhielt; er vermutet, daß es sich um Acrolein handelt. Von A. GRÖGER[8] wurden aus verdorbenen Fetten (Cocosfett, Palmöl, Olivenöl, Talg, Knochenfett usw.) 0,1—8% wasserlösliche Produkte abgetrennt, unter denen sich neben sehr wenig Korksäure vor allem Azelainsäure in reichlicher Menge nachweisen ließ. A. SCHMID[9] spricht allgemein von der Anwesenheit von Aldehyden und Ketonen, die nach ihm das chemische Kennzeichen der Verdorbenheit darstellen. A. SCALA[10] konnte bei der systematischen Aufarbeitung von autoxydiertem Olivenöl insbesondere Ameisen-, Essig-, Butter-, Capron-, Capryl-, Caprin-, Heptyl- und Pelargonsäure und ihre

[1] Schweiz. Apoth.-Ztg. **62**, 281 (1924); Chem. Umschau Fette, Öle, Wachse, Harze **31**, 141 (1924).   [2] Journ. agricult. Res. **26**, 323 (1923); Chem. Ztrbl. **1925** I, 177.
[3] Ann. Chim. et Phys. **13**, 351 (1845); **49**, 230 (1857).
[4] J. D'ANS: Chem. Umschau Fette, Öle, Wachse, Harze **34**, 283, 296 (1927).
[5] Die Technologie der Fette und Öle, S. 47. 2. Aufl. Leipzig: Baumgärtners Buchhandlung. 1892.   [6] Chem.-Ztg. **23**, 704 (1899).   [7] Chem.-Ztg. **23**, 704 (1899).
[8] Ztschr. angew. Chem. **2**, 62 (1889).   [9] Vgl. Chem.-Ztg. **23**, 891 (1899).
[10] Staz. sperim. agrar. Ital. **30**, 613 (1897); Gazz. chim. Ital. **38**, 307 (1908).

Aldehyde sowie Azelain- und Sebazinsäure nachweisen; auch Dioxystearinsäure ist wohl von ihm erkannt worden. Nach ihm tritt vor allem der Heptyl- (Oenanth-) aldehyd mengenmäßig hervor. Bei Studien über die Oxydation der Ölsäure bzw. des Olivenöls an der Luft oder in Sauerstoffatmosphäre unter dem Einfluß des Sonnenlichtes stellten F. CANZONERI und G. BIANCHINI[1] die Anwesenheit von Nonyl- und Azelainsäure fest, ferner von Dioxystearinsäure sowie von einem flüchtigen, im Geruch an Rautenöl erinnernden Stoff (Keton?). Der Nachweis von Nonylaldehyd, Sebazinsäure, von Oxystearinsäure sowie von Dioxydiazelain- säure war nicht ganz eindeutig. Bei Anwendung einer reinen Sauerstoffatmosphäre ließen sich vor allem Nonyl- und Azelainsäure sowie zwei isomere Oxystearin- säuren erkennen. B. H. NICOLET und L. M. LIDDLE[2] isolierten aus einem ranzigen Baumwollsamenöl 10% Azelainsäure. TH. BÖSENBERG[3] ermittelte in altem Schweineschmalz Caprylsäure. An nichtflüchtigen Säuren waren Azelain- und Korksäure zu erkennen; freies Glycerin ließ sich nicht nachweisen. Bei Unter- suchungen in der gleichen Richtung fanden K. TÄUFEL und J. MÜLLER[4] folgende Abbauprodukte der reinen Ölsäure: Form-, Pelargon- und Heptylaldehyd, ferner Valerian-, Capryl- und Heptylsäure; der Nachweis von Buttersäure war nicht eindeutig. Aus dem geprüften Ölsäure-Äthylester konnten abgetrennt und identi- fiziert werden: Capryl- und Heptylaldehyd, ferner Ameisen-, Butter- und Capryl- säure; der Nachweis von Essig-, Propion-, Capron- und Heptylsäure gelang nicht eindeutig. Die Art und Menge der Zerfallsprodukte war nicht feststehend, sondern von den Milieubedingungen bei der Autoxydation sowie beim Molekülzerfall ab- hängig.

Einen prinzipiellen Fortschritt auf diesem Gebiete bedeutete weiterhin die durch die Arbeiten von W. C. POWICK[5] erbrachte Feststellung, daß sich als ständige Komponente unter den Produkten des autoxydativen Abbaues der Fette der Epihydrinaldehyd findet; er tritt nicht in freier Form auf, sondern liegt irgendwie gebunden vor. Der Annahme von W. C. POWICK, daß dieser Aldehyd als Glycerylacetal vorhanden ist, dürfte eine allgemeine Gültigkeit nicht zu- kommen, da auch freie ungesättigte Fettsäuren bei der Autoxydation Epihydrin- aldehyd liefern.

Von größter Wichtigkeit ist schließlich die Beobachtung gewesen, daß in jedem an der Luft verderbenden Fett Produkte mit Peroxydcharakter[6] nach- weisbar sind (Jodabscheidung aus Jodkaliumlösungen, Verfärbung von Titan- sulfat usw.). Wenn auch bisher über Art und Aufbau dieser peroxydischen Pro- dukte nur wenig ausgesagt werden kann und man im wesentlichen auf Analogie- schlüsse angewiesen ist, so stellt doch diese Tatsache die Grundlage für die Auf- fassung dieses Verderbens als Autoxydationsprozeß dar.

Aus den vorangehenden, in der Tabelle 72 zusammengefaßten Befunden geht hervor, daß man es beim natürlichen, auf Autoxydation zurückgehen- den Abbau der Fette[7] mit einer großen Schar von Umsetzungs- und Ab- bauprodukten zu tun hat. Ihre Zusammensetzung ist nur teilweise bekannt. Es hat den Anschein, als ob neben den dem ursprünglichen Fett eigenen Fettsäuren

---

[1] Ann. Chim. appl. 1, 24 (1914); Chem. Ztrbl. 1914 I, 1336.
[2] Ind. engin. Chem. 8, 416 (1916).   [3] Inaug.-Diss. Münster i. W. 1926.
[4] Biochem. Ztschr. 219, 341 (1930).
[5] Journ. agricult. Res. 26, 323 (1923). — Vgl. auch J. PRITZKER u. R. JUNGKUNZ: Ztschr. Unters. Lebensmittel 54, 242 (1927).
[6] A. HEFFTER: Schweiz. Wchschr. Chem. Pharmaz. 42, 320 (1904). — M. WEGER: Die Sauerstoffaufnahme der Öle und Harze. Leipzig. 1899. — W.P.JORISSEN: Maandbl. natuurw. 22, 109 (1898); Chem. Ztrbl. 1898 II, 1094.
[7] Hier sollen vor allem die Speisefette betrachtet werden; über die trocknenden Öle ist an anderer Stelle Näheres ausgeführt.

Tabelle 72.   Beim   autoxydativen   Verderben   der   Fette   entstehende
Zerfallsprodukte.

Flüchtige Produkte	Indifferente Produkte	Aldehyde	Ketone	Säuren	Produkte mit Peroxydcharakter
Kohlenmonoxyd, Kohlendioxyd	Wasser	Formaldehyd, Caprylaldehyd, Heptylaldehyd , Nonylaldehyd, Epihydrinaldehyd	Zweifelhaft	Ameisensäure, Essigsäure, Propionsäure, Buttersäure, Valeriansäure, Capronsäure, Heptylsäure, Caprylsäure, Nonylsäure, Caprinsäure, Azelainsäure, Dioxydiazelainsäure, Korksäure, Sebacinsäure, Oxystearinsäure, Dioxystearinsäure, Ketostearinsäure	vorhanden

die ganze Reihe der niedriger molekularen Fettsäuren bis zur Ameisen- bzw. Kohlensäure herunter im freien Zustand auftreten kann. Hierzu gesellen sich einige Dicarbonsäuren. Der Weg der Entstehung der sauren Produkte ist durch das Vorkommen der entsprechenden Aldehyde (wenn auch nicht in allen Fällen nachgewiesen) symptomatisch angedeutet. Als besonders charakteristischer Stoff wird der Epihydrinaldehyd gebildet, an Hand dessen man sich ebenfalls Vorstellungen über den Reaktionsweg ableiten kann. Das Auftreten von Peroxyden charakterisiert den gesamten Reaktionsverlauf als Autoxydationsvorgang. Man gelangt zu der Vorstellung, daß die nachgewiesenen Abbauprodukte sich ausschließlich von den Fettsäuren ableiten, daß also das Glycerin wie auch das sogenannte Unverseifbare am Verderben nicht unmittelbar beteiligt sind.

Sinnesphysiologisch ist es von Wichtigkeit festzustellen, daß der Hauptträger der Merkmale der Verdorbenheit nach den Beobachtungen von A. SCALA, von W. C. POWICK, sowie von J. PRITZKER und R. JUNGKUNZ und von K. TÄUFEL vor allem der Heptylaldehyd sein dürfte; er sticht geruchlich und geschmacklich sehr stark hervor. Daneben kommt wohl auch dem Nonylaldehyd eine gewisse Bedeutung zu. Daß aber auch die durch Molekelzerfall gebildeten niedrigmolekularen Fettsäuren (Butter-, Capron-, Caprylsäure usw.) am Zustandekommen der Veränderung von Geruch und Geschmack beteiligt sein können, bedarf kaum eines besonderen Hinweises.

3. Reaktionsmechanismus.

Das unter den Bedingungen der Umgebung sich spontan einstellende Verderben der Fette vollzieht sich in zwei nebeneinander verlaufenden Reaktionsstufen. In der ersten Phase wird der Luftsauerstoff, analog wie beim Trocknen der Öle, an den Stellen der Lückenbindung der ungesättigten Glyceride angelagert. Unter dem Einfluß der dadurch gesteigerten Reaktionsfähigkeit, des „aktivierten" Sauerstoffes, schließt sich gleichlaufend damit ein Molekülabbau an, der, wie die in den vorangehenden Erörterungen aufgezählte Vielheit der Zersetzungsprodukte zeigt, sehr verwickelt sein muß und bis zu einem vollständigen Abbau der Fettsäuren führen kann.

Der Primärvorgang des Verderbens der reinen Fette ist, wie schon erwähnt, eine sogenannte additive oder direkte Autoxydation, d. h. es erfolgt eine Anlagerung von molekularem Sauerstoff. Hierfür ist das Substrat durch die immer in mehr oder minder großer Anzahl vorhandenen olefinischen Lückenbindungen ganz besonders prädisponiert. Der Mechanismus dieser Additionsreaktionen kann im Sinne der insbesondere von C. ENGLER und J. WEISS-

BERG[1] gegebenen Formulierungen schematisch folgendermaßen dargestellt werden:

$$\mathord{>}C\mathord{=}C\mathord{<} + O_2 \rightarrow \mathord{>}\underset{\underset{O\!-\!O}{|\quad|}}{C\!-\!C}\mathord{<} \tag{1}$$

Die Aufnahme von Sauerstoff spielt sich vermutlich in mehreren Stufen ab. Über die anfänglich bloße Absorption führt der Weg wahrscheinlich zu chemisch noch wenig definierten „Moloxyden" oder „Primäroxyden", die sich dann zum eigentlichen „Peroxyd" umlagern.

Das Auftreten solcher sehr labiler Sauerstoffanlagerungs-Verbindungen ist schon wiederholt festgestellt worden. So zeigten z. B. T. P. HILDITCH und J. J. SLEIGHT-HOLME[2], daß aus einem autoxydierten Olivenöl beim Erhitzen auf 90—100⁰ im Vakuum der lose gebundene Sauerstoff unter teilweiser Wiederherstellung der olefinischen Lückenbindung entweicht (Wiederanstieg der Jodzahl des autoxydierten Öles von 9,2 auf 17,7); ähnliche Beobachtungen hatte T. P. HILDITCH schon vorher mit C. H. LEA[2] am Methyloleat gemacht.

(Im Gegensatz hierzu berichtete J. T. R. ANDREWS in Oil & Soap, 12, 104 [1935], daß das beim Erhitzen autoxydierter Öle entweichende Gas vorwiegend aus Wasserstoff bestehe.)

Peroxyde hat man weder beim trocknenden noch beim verderbenden Fett bisher im reinen Zustand isoliert, wie ja überhaupt die präparative Abtrennung solcher durch Autoxydation gebildeter „Peroxyde" nur in einigen wenigen Fällen geglückt ist (z. B. beim Ergosterinperoxyd[3] und beim Rubrenperoxyd[4]). Man ist, was ihre Konstitution anbelangt, auf Vermutungen angewiesen. Wenn man ein stark peroxydhaltiges Olivenöl der Wasserdampfdestillation unterwirft, geht ein peroxydhaltiges Destillat über. Setzt man diese Operation fort, bis das Destillat aktiven Sauerstoff nicht mehr erkennen läßt, und prüft man nun den Destillationsrückstand, so stellt man hier immer noch die Anwesenheit von Peroxyd fest[5]. Auch beim erschöpfenden Ausschütteln eines autoxydierten Olivenöles mit Wasser[5] bleibt das Öl immer peroxydhaltig. Diese Beobachtungen stehen im Einklang mit Ergebnissen von E. FRÄNKEL[6] am autoxydierten Terpentinöl bzw. Pinenperoxyd.

Es zeigt sich also, daß die gebildeten „Peroxyde" nicht einheitlich sind und daß ihr aktiver Sauerstoff verschieden leicht in Reaktion tritt. Dies ist für die sich anschließenden Folgereaktionen sehr wichtig. Vielleicht darf man wenigstens für jenen Teil der Peroxyde, der beim Ausschütteln mit Wasser bzw. bei der Wasserdampfdestillation einen peroxydhaltigen Extrakt bzw. ein solches Destillat liefert, folgenden Umsatz annehmen, der die beobachteten Erscheinungen erklären würde; die dabei entstehende Dioxyverbindung ist nichts Reaktionsfremdes.

$$\mathord{>}\underset{\underset{}{|}}{\overset{\overset{}{|}}{C}\!-\!O}_{\textstyle\!\mathord{<}C\!-\!O} + H_2O \rightarrow \mathord{>}\underset{C\!-\!OH}{\overset{C\!-\!O\!-\!OH}{}} + H_2O \rightarrow \mathord{>}\underset{C\!-\!OH}{\overset{C\!-\!OH}{}} + H_2O_2 \tag{2}$$

Neben der, wie vorangehend angenommen, auf direkte Spaltung der Peroxyde zurückgehenden Bildung von Hydroperoxyd ist vielleicht auch mit einer solchen zu rechnen, wie sie durch dehydrierende Autoxydation der sekundären, durch Umlagerung erzeugten Reaktionsprodukte zustande kommt.

---

[1] Kritische Studien über die Vorgänge der Autoxydation. Braunschweig: F. Vieweg u. Sohn. 1904. — Vgl. auch H. N. STEPHENS: Journ. physical Chem. **37**, 209 (1933).

[2] Journ. Soc. chem. Ind. **51**, 39 T (1932). — Vgl. auch T. P. HILDITCH: Journ. Oil and Colour Chem. Ass. **13**, 1 (1930). — T. P. HILDITCH u. C. H. LEA: Journ. chem. Soc. London 1928, 1576.   [3] A. WINDAUS u. J. BRUNKEN: LIEBIGS Ann. **460**, 225 (1928).

[4] CH. MOUREU u. Mitarbeiter: Compt. rend. Acad. Sciences **182**, 1440 (1926); **185**, 1085 (1927); **186**, 1027 (1928).

[5] K. TÄUFEL u. A. SEUSS: Fettchem. Umschau **41**, 107, 131 (1934).

[6] Studien über die Autoxydation des Terpentinöls. Dissertation, Darmstadt. 1929. — Vgl. auch H. STAUDINGER: Ber. Dtsch. chem. Ges. **58**, 1075 (1925).

Nach den bisherigen Anschauungen verläuft die Sauerstoffaufnahme autokatalytisch, mit anderen Worten, sie kommt erst allmählich unter Steigerung der Reaktionsgeschwindigkeit in Gang. Die erste Phase, die „Induktionsperiode", macht sich allerdings nur dann deutlich geltend, wenn die positiv katalysierenden Einflüsse, z. B. das Licht, ausgeschaltet werden. In der nachstehenden Abb. 29, die einer Arbeit von C. H. Lea[1] entnommen ist, werden die Verhältnisse der Sauerstoffaufnahme veranschaulicht. Ob an dieser Additionsreaktion aber vielleicht doch nicht subanalytische Mengen eines Katalysators beteiligt sind, darüber läßt sich eine sichere Entscheidung zunächst nicht fällen; auf diesen Punkt ist später nochmals zurückzukommen.

Wenn man nach allgemein gültigen Vorstellungen über den Reaktionsmechanismus der Sauerstoffaufnahme durch Fette sucht[2], dann lehnt man sich am besten an die neueren Anschauungen über die Autoxydationsvorgänge an, wie sie in den letzten Jahren vor allem an den Beispielen des Benzaldehydes[3] sowie der Alkalisulfite[4] entwickelt worden sind. Darnach dürfte es sich auch bei der Autoxydation der ungesättigten Fettsäuren bzw. Glyceride um Kettenreaktionen handeln. Nach den von J. A. Christiansen[5] gegebenen theoretischen Darlegungen hat man sich vorzustellen, daß bei der durch irgendeinen Umstand zustande gekommenen ersten Autoxydation eines Fettsäuremoleküls Energie frei verfügbar wird, die andere Moleküle zur Reaktion anregt. Auf diese

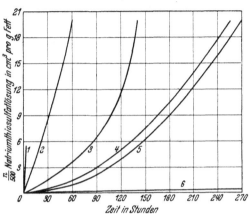

Abb. 29. Der autokatalytische Verlauf der Sauerstoffaufnahme bei Rindernierenfett, gemessen an der Menge des aktiven Sauerstoffes.

Erläuterungen: Kurve 1: Direktes Sonnenlicht, Anfang März, Temperatur 20—23°. Kurve 2: Diffuses Tageslicht, Nordseite, Anfang März, mittlere Temperatur 15°. Kurve 3: Dunkelraum, 100-Watt-Lampe, Entfernung 0,30 m, Temperatur 22—25°. Kurve 4: Dunkelraum, 100-Watt-Lampe, Entfernung 1,20 m, Temperatur 20—23°. Kurve 5: Dunkelraum, 100-Watt-Lampe, Entfernung 1,80 m, Temperatur 20—23°. Kurve 6: Dunkelraum.

Weise wird unter Aktivierung von immer mehr noch nicht erfaßten Lückenbindungen die Kette fortgesetzt und verstärkt. Damit wird auch die Rolle der positiven Katalysatoren verständlich; sie schalten sich unter Lieferung von Anregungsenergie in die Kette ein, während das Wesen der Hemmungsstoffe, worüber im Abschnitt D Näheres ausgeführt ist, darin besteht, die zur Verfügung stehende Energie abzufangen und dadurch die Reaktionskette abzubrechen. Neuerdings faßt man die von J. A. Christiansen als Energieketten bezeichneten Umsetzungen vielfach als Radikalketten auf[6].

Die Sauerstoffaufnahme der Fette ist, wie alle Autoxydationsvorgänge, einer

[1] Report of the Director of Food Investigation for the Year 1929. Section A. Meat. Rancidity in edible fats. S. 30. — Vgl. auch C. H. Lea: Proceed. Roy. Soc., London, B, **108**, 175 (1931).
[2] Eingehende Untersuchungen verdankt man M. Horio: Memoirs Coll. Engin. Kyoto Imp. Univ. 8, 8 (1934).
[3] H. L. J. Bäckström: Journ. Amer. chem. Soc. 49, 1460 (1927). — H. Alyea u. H. L. J. Bäckström: Journ. Amer. chem. Soc. 51, 90 (1929); Trans. Faraday Soc. 24, 601 (1928).   [4] Franck u. F. Haber: Naturwiss. 19, 450 (1931).
[5] Journ. physical Chem. 28, 145 (1924).
[6] F. Haber u. R. Willstätter: Ber. Dtsch. chem. Ges. 64, 2844 (1931).

katalytischen Beeinflussung im positiven oder negativen Sinne zugänglich. In der Praxis tritt als gewöhnlicher positiver Katalysator wohl das Licht auf, das als ein das Verderben begünstigender Faktor sattsam bekannt ist. In der nachstehenden Abb. 30 ist aus einer Publikation Täufels ein Beispiel ausgewählt und graphisch dargestellt[1]. Die Kurven veranschaulichen in übersichtlicher Weise die Abhängigkeit der Sauerstoffaufnahme von der Intensität des eingestrahlten Lichtes, was übrigens auch aus den Kurven der Abb. 29 abgelesen werden kann.

Neuere Arbeiten[2] zeigen, daß, abgesehen von der ultravioletten Strahlung[3], vor allem der gelb-orangene Bereich (6000—6500 Å) bei der Autoxydation der Fette wirksam ist. Das Minimum der Aktivität zeigt das Licht von der Wellenlänge zwischen etwa 5000—5500 Å sowie im äußeren Rot ab etwa 6800 Å.

Die Lichtkatalyse der Autoxydation kann als Hinweis dafür genommen werden, daß die Reaktion den Charakter der Kettenreaktion besitzt; ein Lichtquant katalysiert eine große Zahl von Molekülen. Dabei wird von der schwächeren Lichtquelle die vergleichsweise größere Wirkung entfaltet.

Als positive Katalysatoren für die Autoxydation der Fette kommt ferner eine große Anzahl der verschiedensten Stoffe in Betracht. Unter Hervorkehrung biologischer Gesichtspunkte hat neuerdings vor allem W. Franke[4] Untersuchungen in dieser Richtung angestellt. Er konnte feststellen, daß unter den Aminosäuren, den Zuckerarten, den Sterinen und Gallensäuren, den Carotinoiden, den Metallen in einfacher oder komplexer Bindung usw. solche die Sauerstoffaufnahme katalysierende Vertreter zu finden sind. Die Bemühungen, hinsichtlich der ausgelösten Wirkung zu irgendwelchen Gesetzmäßigkeiten zu gelangen, haben bisher zu einem wirklichen Erfolg nicht geführt. Die Annahme eines Wechselspieles zwischen zwei verschiedenen Oxydationsstufen, wie man es z. B. zur Erklärung der Eisenkatalyse herangezogen hat, dürfte nicht gerechtfertigt sein, da gerade bei den Eisenverbindungen bald bei schwer oxydierbaren Ferro-, bald

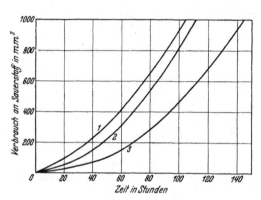

Abb. 30. Die Sauerstoffaufnahme von reiner Ölsäure in Abhängigkeit von der Intensität des Lichtes.

Erläuterungen: Kurve 1: Ölsäure, im Thermostaten geschüttelt, Temperatur 25⁰. Kurve 2: Ölsäure, im Thermostaten geschüttelt, Wasser mit 1,2⁰/₀ Tartrazin gefärbt, Temperatur 25⁰. Kurve 3: Ölsäure, im Thermostaten geschüttelt, mit 3,1⁰/₀ Tartrazin gefärbt, Temperatur 25⁰.

[1] K. Täufel u. A. Seuss: Fettchem. Umschau 41, 107, 131 (1934). — Vgl. auch K. Täufel u. E. Spiegelberg: Chem. Umschau Fette, Öle, Wachse, Harze 37, 281 (1930).

[2] C. H. Lea: Journ. Soc. chem. Ind. 52, 146 T (1933). — Coe u. Le Clerc: Cereal Chem. 9, 519 (1932). — G. R. Holm u. G. E. Greenbank: Ind. engin. Chem. 25, 167 (1933). — Vgl. auch W. Rogers jun. u. H. St. Taylor: Journ. physical Chem. 30, 1334 (1926).

[3] Nach M. Horio (Memoirs Coll. Engin. Kyoto Imp. Univ. 8, 8 [1934]) liegt die Grenze des wirksamen Teiles der Ultraviolettstrahlung im allgemeinen bei jenen größten Wellenlängen, die von Fett oder seinen Fettsäuren absorbiert werden.

[4] Liebigs Ann. 498, 129 (1932); Ztschr. physiol. Chem. 212, 234 (1932). — Vgl. auch K. Täufel u. J. Müller: Ztschr. angew. Chem. 43, 1108 (1930). — Hier sei ferner auf die positiv katalysierende Wirkung gewisser optisch sensibilisierbarer Farbstoffe hingewiesen; Versuche z. B. von M. Horio: Memoirs Coll. Engin. Kyoto Imp. Univ. 8, 26 (1934).

bei schwer reduzierbaren Ferriverbindungen die stärksten katalytischen Einflüsse beobachtet werden. So erweisen sich gewisse sehr stabile komplexe Eisenverbindungen als besonders wirksam. Eine einzige Regelmäßigkeit gilt in einem weiten Bereich: Für die meisten Katalysatoren ist die Eigenschaft charakteristisch, selbst autoxydabel zu sein.

Von größtem Interesse ist weiterhin das Studium der die Autoxydation verzögernden Stoffe, der „Antioxygene" (oder Antioxydantien, „Inhibitoren" bzw. „Paralysatoren"). Es sind vor allem CH. MOUREU, CH. DUFRAISSE und ihre Mitarbeiter[1] gewesen, die dieses für das Problem der Haltbarmachung der Fette außerordentlich wichtige Fragengebiet der eingehenderen Betrachtung zugänglich gemacht haben. Daß gerade die als kettenabbrechend bekannten Stoffe, wie die verschiedenen mehrwertigen Phenole, das Jod usw., bei den Fetten die Autoxydation hemmen, ist wohl als ein aufschlußreicher Hinweis für den Kettencharakter der Umsetzung hinzunehmen. Von T. P. HILDITCH und J. J. SLEIGHTHOLME[2] wird neuerdings die vorher erwähnte „Induktionsperiode" bei der Autoxydation auf die Wirkung fetteigener Antioxygene zurückgeführt. Näheres über die Wirkung dieser Stoffe ist im Abschnitt D zusammengestellt.

Mit der Bildung sauerstoffreicher Primäroxyde, der ersten Phase der Autoxydation, geht ein vielgestaltiger Molekülabbau einher, der zu jenen Sekundärprodukten führt, die die sinnesphysiologischen und chemischen Eigenschaften eines verdorbenen Fettes ausmachen. Daß sich beide Reaktionsstufen nicht nacheinander, sondern nebeneinander abspielen, erweist sich daraus, daß mit der Bildung von Peroxyden sofort auch das Entstehen flüchtiger Zersetzungsprodukte beobachtet wird[3]. Auf die Frage, ob die zum Molekülabbau führenden Prozesse rein chemisch verlaufen oder katalysiert werden, lassen sich exakte Angaben kaum machen. Es darf aber wohl angenommen werden, daß, ähnlich wie das Eisen den molekularen Sauerstoff, das Hydroperoxyd, das Diäthylperoxyd usw. in ihrer Oxydationswirkung verstärkt, so auch die Fettsäureperoxyde durch katalytische Einflüsse zu weiterem Umsatz angeregt werden. Hierbei dürfte vor allem dem Wasser eine wichtige Rolle zukommen; erwiesen ist dies für die Wärme[4]. Wenn nachstehend einige Betrachtungen über den im Anschluß an die Autoxydation sich vollziehenden Molekülabbau angestellt werden, so muß dabei immer im Auge behalten werden, daß es sich meist um Analogieschlüsse handelt, die in Anlehnung an andere bekannte Umsetzungen gezogen werden. Maßgebend ist dabei, die Anwesenheit der experimentell gefundenen Zersetzungsprodukte (vgl. Abschnitt A, a, 2) zu erklären. Man hat im wesentlichen, am Beispiel der Ölsäure entwickelt, mit folgenden Möglichkeiten zu rechnen:

$$a) \quad \begin{matrix} CH_3-(CH_2)_7-CH \\ \| \\ HOOC-(CH_2)_7-CH \end{matrix} \begin{matrix} O \\ + \\ O \end{matrix} \rightarrow \begin{matrix} CH_3-(CH_2)_7-CH-O \\ | \quad\quad | \\ HOOC-(CH_2)_7-CH-O \end{matrix} \nearrow \begin{matrix} CH_3-(CH_2)_7-CHO \\ \text{(Pelargonaldehyd)} \\ \searrow \quad HOOC-(CH_2)_7-CHO \\ \text{(Azelainaldehyd)} \end{matrix} \quad (3)$$

Pelargon- und Azelainaldehyd sind als Produkte der Molekülspaltung des Ölsäureperoxydes im autoxydierten Fett nachgewiesen worden. Ihre große Reaktionsfähigkeit läßt weitere Umsetzungen erwarten. Es ist bekannt[5], daß

---

[1] Vgl. Ref. in Journ. Soc. chem. Ind. 47, 819 T (1928).
[2] Journ. Soc. chem. Ind. 51, 39 T (1932).
[3] Dies wird insbesondere beim Öltrocknen festgestellt. — Vgl. z. B. J. D'ANS: Chem. Umschau Fette, Öle, Wachse, Harze 34, 286 (1927).
[4] Vgl. z. B. M. HORIO: Memoirs Coll. Engin. Kyoto Imp. Univ. 8, 8 (1934).
[5] Vgl. z. B. H. WIELAND: Über den Verlauf der Oxydationsvorgänge, S. 5, 9. Stuttgart: F. Enke. 1933.

Aldehyde leicht autoxydabel sind; der Prozeß führt über die Persäure zur entsprechenden Carbonsäure (Beispiel Benzaldehyd). Im vorliegenden Falle ist also mit folgendem Umsatz zu rechnen:

$$CH_3 \cdot (CH_2)_7 \cdot CHO + \tfrac{1}{2}O_2 \rightarrow CH_3 \cdot (CH_2)_7 \cdot COOH \tag{4}$$
(Pelargonsäure)

$$HOOC \cdot (CH_2)_7 \cdot CHO + \tfrac{1}{2}O_2 \rightarrow HOOC \cdot (CH_2)_7 \cdot COOH \tag{5}$$
(Azelainsäure)

Diese beiden Säuren hat man im autoxydierten Fett gleichfalls schon mehrfach nachgewiesen.

b) In den Ausführungen zu Gleichung (2) war erörtert worden, daß aus den Fettsäureperoxyden bei Gegenwart von Wasser unter Abspaltung von Hydroperoxyd die entsprechenden Oxyfettsäuren entstehen können, aus Ölsäureperoxyd z. B. die Dioxystearinsäure. Diese letztere im autoxydierten Fett wiederholt aufgefundene Verbindung kann aber auch auf andere Weise unter Mitwirkung des gebildeten Hydroperoxydes dadurch zustande kommen, daß sich das letztere an die Lückenbindung hälftig anlagert. L. CARIUS[1] erhielt auf diese Weise aus Äthylen etwas Äthylenglykol; H. WIELAND und H. LÖVENSKIOLD[2] stellten bei Anwendung von Crotonsäure α, β-Dioxybuttersäure fest.

$$
\begin{array}{c}
CH_3{-}(CH_2)_7{-}CH \\
\parallel \\
HOOC{-}(CH_2)_7{-}CH
\end{array}
+
\begin{array}{c}
HO \\
| \\
HO
\end{array}
\rightarrow
\begin{array}{c}
CH_3{-}(CH_2)_7{-}CHOH \\
| \\
HOOC{-}(CH_2)_7{-}CHOH
\end{array}
\tag{6}
$$
(Dioxystearinsäure)

Die Dioxystearinsäure ist als Komponente autoxydierter Fette bekannt. An ihr könnte das Hydroperoxyd erneut angreifen und unter Dehydrierung eine Monooxy-ketostearinsäure liefern, deren Anwesenheit unter den Produkten des Fettabbaues sehr wahrscheinlich ist. Ob darüber hinaus durch Abspaltung von 1 Mol Wasser eine Überführung der Dioxyverbindung in die Oxydoverbindung:

$$CH_3{-}(CH_2)_7{-}\underset{\displaystyle\diagdown\;O\;\diagup}{CH{-}CH}{-}(CH_2)_7{-}COOH$$

in Betracht kommt, ist auf Grund der bisherigen Erfahrungen kaum zu erwarten.

c) Die Anlagerung von Hydroperoxyd an die Lückenbindung kann gemäß den Beobachtungen von H. WIELAND[3] an der Crotonsäure aber noch in anderer Weise erfolgen. Auf die Ölsäure angewendet, ist mit folgender Möglichkeit zu rechnen:

$$
\begin{array}{c}
CH_3{-}(CH_2)_7{-}CH \\
\parallel \\
HOOC{-}(CH_2)_7{-}CH
\end{array}
+
\begin{array}{c}
H \\
| \\
H{-}O{-}O
\end{array}
\rightarrow
$$

$$
\rightarrow
\begin{array}{c}
CH_3{-}(CH_2)_7{-}CH_2 \\
| \\
HOOC{-}(CH_2)_7{-}CH{-}O{-}OH
\end{array}
\xrightarrow{-H_2O}
\begin{array}{c}
CH_3{-}(CH_2)_7{-}CH_2 \\
| \\
HOOC{-}(CH_2)_7{-}CO
\end{array}
\tag{7}
$$
(ϑ-Ketostearinsäure)

Auf diese Weise wäre das Vorkommen der Ketostearinsäure im verdorbenen Fett zwanglos erklärt.

d) Eine weitere Möglichkeit zur Bildung von Monooxy-ketostearinsäure aus dem Peroxyd der Ölsäure ist zu diskutieren. Vor längeren Jahren schon hat sich

[1] LIEBIGS Ann. 126, 209 (1863). [2] LIEBIGS Ann. 445, 181 (1925).
[3] H. WIELAND: Über den Verlauf der Oxydationsvorgänge, S. 82. Stuttgart: F. Enke. 1933.

W. FAHRION theoretisch damit befaßt. Neuerdings ist diese Frage von G. W.
ELLIS[1] sowie von R. S. MORRELL und S. MARKS[2] gelegentlich ihrer Studien bei
trocknenden Ölen (Holzöl) auf Grund der experimentellen Beobachtungen dahin
beantwortet worden, daß die Peroxydgruppierung folgende intramolekulare Umlagerung erleiden kann:

$$CH_3—(CH_2)_7—CH—O \qquad CH_3—(CH_2)_7—C(OH) \qquad CH_3—(CH_2)_7—CO$$
$$\underset{HOOC—(CH_2)_7—CH—O}{\qquad} \rightarrow \underset{HOOC—(CH_2)_7—C(OH)}{\qquad} \rightarrow \underset{HOOC—(CH_2)_7—CHOH}{\qquad} \tag{8}$$
$$(\vartheta\text{-Oxy-}\iota\text{-ketostearinsäure})$$

Die auf diese Weise entstandene Monooxy-ketostearinsäure dürfte sich,
wenn bisher auch noch nicht nachgewiesen, wohl ebenfalls im autoxydierten Fett
finden.

e) Geht man von der Annahme aus, daß in der Reihe der Methylengruppen der Ölsäure die Haftfestigkeit der Wasserstoffatome unterschiedlich ist,
daß also an gewissen Stellen vielleicht eine bevorzugt leichte Dehydrierung[3]
(eventuell unter Mitwirkung eines Katalysators) stattfindet, dann kann man sich
folgende Vorgänge am Ölsäureperoxyd vorstellen:

$$CH_3—(CH_2)_5—CH—CH—CH—CH—CH—CH—(CH_2)_5—COOH$$
$$\qquad\qquad H \quad H \quad O—O \quad H \quad H$$
$$\downarrow \text{Dehydrierung}$$
$$CH_3—(CH_2)_5—CH=CH—CH—CH—CH=CH—(CH_2)_5—COOH \tag{9}$$
$$\qquad\qquad\qquad\qquad O—O$$

Aus dem Ölsäureperoxyd würde auf diese Weise ein Peroxyd eines Isomeren
der Eläostearinsäure entstehen. Dieses hypothetische Produkt könnte bei
weiterer Autoxydation und bei der Aufspaltung im vorher erörterten Sinne im
vorderen Bruchstück den im ranzigen Fett immer vorhandenen Heptylaldehyd
entstehen lassen, der durch Oxydation leicht in die ebenfalls aufgefundene
Heptylsäure übergeht. Der carboxyltragende Teil würde Anlaß zur Bildung von
Pimelinaldehyd und damit auch von Pimelinsäure geben.

Das mittlere Bruchstück des hypothetischen Produktes liefert einen sehr
labilen Komplex, dessen Zerfall das Auftreten von Wasser, von Kohlenmonoxyd
und -dioxyd, von Formaldehyd usw., also der niedrig molekularen Abbauprodukte bei der Autoxydation der Fette verständlich macht. Außerdem läßt
sich auf diese Weise auch ein Weg zur Erklärung des für die Autoxydations-
ranzigkeit so charakteristischen Epihydrinaldehyds finden. Von einer genaueren Formulierung sei, da experimentelle Unterlagen nicht bekannt sind, hier
Abstand genommen.

f) Durch die vorstehenden Ausführungen ist in chemisch zwangloser Weise
das Zustandekommen vieler Abbauprodukte erklärt. Nicht aber sind Hinweise
gegeben für die Bildung der z. B. von BÖSENBERG und K. TÄUFEL beim autoxydativen Verderben der Ölsäure ermittelten Aldehyde bzw. Fettsäuren, z. B.
der Butter-, Capron-, Caprylsäure usw. Theoretisch muß man sich hierbei zunächst mit der Annahme weiterhelfen, daß in der gewöhnlichen 9,10-Octadecen-
säure aus irgendeinem Grund eine Wanderung der Lückenbindung stattfindet.
Deren Möglichkeit ist durch die Bildung der 8,9-, 10,11- und 12,13-Säure bei

---

[1] Journ. Soc. chem. Ind. **45**, 193T (1926). [2] Journ. Oil and Colour chem. Ass. **12**, 183 (1929).
[3] Vgl. dazu die Anschauungen über die Ursachen des Wanderns der Lückenbindung
bei der Hydrierung von Ölsäure. — E. F. ARMSTRONG u. T. P. HILDITCH: Proceed.
Roy. Soc. London, A, **96**, 325 (1919).

der Hydrierung[1] der normalen Ölsäure erwiesen. Aus den auf diese Weise zustande
gekommenen isomeren Octadecensäuren könnten dann in leicht übersehbarem
Reaktionsablauf nach der Spaltung des intermediären Peroxydes über die entsprechenden Aldehyde die in verdorbenen Ölen mitunter aufgefundenen Säuren,
z. B. die Sebacinsäure [$HOOC \cdot (CH_2)_8 \cdot COOH$], entstehen.

Eine zusammenfassende Vorstellung über den Reaktionsablauf beim Abbau
autoxydierter Fette wurde erstmals von A. TSCHIRCH und A. BARBEN[2] entwickelt.
Sie legen zugrunde, daß das primär gebildete Ölsäureperoxyd bei Gegenwart von
Wasser unter Abspaltung von Hydroperoxyd zur Oxydoverbindung zerlegt wird.
Das daneben in sehr geringer Menge entstehende Ozon soll nach ihnen Anlaß zur
Bildung von Ölsäureozonid geben, dessen Zerfall gemäß den Forschungen von
C. D. HARRIES und Mitarbeitern formuliert wird. Es erscheint überflüssig, im
vorliegenden Falle eine Ozonidbildung anzunehmen, da man mit der Peroxyd-
bildung auskommt. Bemerkt sei weiterhin, daß das Schema nach A. TSCHIRCH
bei der Ölsäure nur Abbauprodukte der C_7-Reihe berücksichtigt, über das Zustandekommen der niedrigeren Glieder, insbesondere aber über den Epihydrinaldehyd sowie den sinnesphysiologisch wichtigen Heptylaldehyd nichts aussagt.
Es ist das große Verdienst von W. C. POWICK[3] gewesen, auf diesem Gebiete neue
Wege gewiesen zu haben. Seine theoretischen Vorstellungen, daß bei der Autoxydation der Ölsäure durch Dehydrierung neue Lückenbindungen entstehen,
haben sich als sehr fruchtbar erwiesen.

Der obenstehend schematisch formulierte Abbau beim autoxydativen Verderben der Fette beruht, wie schon bemerkt, auf Annahmen, die eine mittelbare oder
unmittelbare Begründung finden erstens durch die Art der festgestellten Zwischen-
und Zerfallsprodukte und zweitens durch Schlußfolgerungen aus anderen, besser
durchsichtigen Autoxydationsprozessen. In den unter a bis f entwickelten Möglichkeiten soll sich, ohne daß eine Vollständigkeit der Darstellung angestrebt werden
konnte, die Vielgestaltigkeit des chemischen Umsatzes ausprägen. Einen Zukunfts-
wert erhalten diese hypothetischen Vorstellungen vor allem dadurch, daß für die
weitere experimentelle Bearbeitung der vorliegenden Fragestellungen Weg und
Ziel klarer und eindringlicher herausgeschält werden können als bisher.

4. Analytische Reaktionen.

Die Beurteilung, ob ein Fett verdorben ist oder nicht, ist eine Angelegenheit
der sinnesphysiologischen Eindrücke, und damit ist dieser Entscheidung der
individuell begründete, relativ weite Spielraum gelassen. In den Fällen einer
fortgeschrittenen Verdorbenheit wird das Ergebnis der Sinnenprüfung auch bei
verschiedenen Versuchspersonen gleichlautend ausfallen; in früheren Zeit-
punkten aber werden sich Widersprüche ergeben, die das Bedürfnis nach einer
exakteren Prüfung hervortreten lassen, d. h. nach objektiven chemisch-analy-
tischen Nachweisverfahren. Streng genommen sind solche nur dann annehm-
bar, wenn sie die das Verdorbensein sinnesphysiologisch ausmachenden Stoffe
in der Gesamtheit erfassen. Da letztere bisher sicher nur teilweise bekannt sind
und außerdem hinsichtlich Art und Menge derselben je nach der Sachlage wohl
erhebliche Unterschiede bestehen können, darf man eine allgemein gültige „Ver-
dorbenheitsreaktion" nicht erwarten. Man weiß, daß Heptyl- und Nonylaldehyd
zwar ausschlaggebende Träger der Ranzigkeit sind, daß aber dadurch die Ge-
schmacks- und Geruchswirkung[4] noch nicht vollständig erfaßt sind; denn frische

[1] T. P. HILDITCH u. N. L. VIDYARTHI: Proceed. Roy. Soc. London, A, **122**, 552 (1929).
[2] Schweiz. Apoth.-Ztg. **62**, 281 (1924); Chem. Umschau Fette, Öle, Wachse, Harze
31, 141 (1924).   [3] Journ. agricult. Res. **26**, 323 (1923).
[4] C. R. BARNICOAT: Journ. Soc. chem. Ind. **50**, 361 T (1931).

Fette, die man mit diesen beiden Aldehyden versetzt hat, schmecken und riechen nur „teilweise ranzig". Daraus geht klar hervor, daß die sinnesphysiologische Verdorbenheit chemisch erschöpfend kaum bestimmbar ist. Man wird immer nur Teilfaktoren herausgreifen können. Dieses Eingeständnis vor Augen, wird man zu den sogenannten „Verdorbenheitsreaktionen" hinsichtlich Kritik und Auswertung den richtigen Standpunkt einnehmen können.

Theoretisch und praktisch wichtig werden die analytischen Reaktionen vor allem dann werden, wenn die Sinnenprüfung, wie schon erwähnt, noch keinen sicheren Ausschlag gibt. Hier kann eine eindeutige Aussage über den Zustand des Fettes für die Verwendung, Verarbeitung, Aufbewahrung usw. von großer praktischer Bedeutung sein. Die chemischen Nachweisverfahren müssen daher, wenn man ihnen nicht die Rolle einer die sinnlich wahrnehmbare Verdorbenheit bestätigenden, also eigentlich überflüssigen Reaktion zuschreiben will, von ausreichender Schärfe sein.

Auf Grund der in den beiden vorstehenden Abschnitten A, a, 2 und A, a, 3 durchgeführten Erörterungen über die Art der Zerfallsprodukte kommen im wesentlichen folgende fünf analytische Möglichkeiten in Betracht:

1. Ermittlung der Änderungen von Kennzahlen (spez. Gewicht, Säure-, Verseifungs-, Jod-, Acetyl-, REICHERT-MEISSL-Zahl usw.).

2. Nachweis und Ermittlung der beim autoxydativen Verderben entstehenden wasserlöslichen oder mit Wasserdampf flüchtigen oxydierbaren Produkte.

3. Nachweis und Ermittlung der bei der Autoxydation gebildeten Peroxyde (aktiver Sauerstoff).

4. Ermittlung der Sauerstoffaufnahme.

5. Nachweis und Ermittlung der beim autoxydativen Abbau gebildeten Aldehyde.

Änderung der Kennzahlen. Die sich auf Veränderung der Kennzahlen gründenden Verfahren scheiden als zu wenig empfindlich aus. Beim Verderben wird zunächst ein so verschwindend kleiner Bruchteil der Fettsubstanz in Mitleidenschaft gezogen, daß eindeutig faßbare Änderungen nicht auftreten. Diese Feststellung gilt insbesondere auch für das Anwachsen der Säurezahl. Es können, was auf Grund der früheren Erörterungen verständlich ist, die Anzeichen der Ranzidität recht deutlich erfüllt sein, ohne daß diese Größe beachtlich erhöht ist. Hierzu kommt, daß mit der Anwesenheit von freier Säure die Verdorbenheit nicht zwangsläufig verknüpft ist. Nach Beobachtungen von C. H. LEA[1] konnte bei einem Rindsfett mit 11% freier Säure z. B. erst nach einer Aufbewahrungszeit von 42 Tagen bei 0° C der Geruch nach leichter Verdorbenheit festgestellt werden; C. R. BARNICOAT[2] fand bei Zugaben bis zu 10—15% Fettsäuren zum gleichartigen Neutralfett keinen nachteiligen Einfluß auf den Geschmack.

Nachweis und Ermittlung der beim autoxydativen Verderben entstehenden wasserlöslichen oder mit Wasserdampf flüchtigen oxydierbaren Produkte. J. MAYRHOFER[3] machte zuerst den Vorschlag, die aus einem Fett unter festgelegten Bedingungen mit Wasserdampf übertreibbaren flüchtigen Produkte mit Kaliumpermanganat in alkalischer Lösung zu oxydieren. Diese Methodik änderte G. ISSOGLIO[4] späterhin dahingehend ab, daß er die Oxydation des Destillates in saurer Lösung ausführte. Als „Oxydationszahl" bezeichnete er den Verbrauch an Milligramm Sauerstoff für das Wasserdampfdestillat aus 100 g Fett.

[1] Report of the Director of Food Investigation for the Year 1929, S. 30. — Journ. Soc. chem. Ind. **50**, 215 T (1931).   [2] Journ. Soc. chem. Ind. **50**, 361 T (1931).
[3] Ztschr. Unters. Nahr.- Genußm. **1**, 552 (1889).
[4] Giorn. Farmac. Chim. **65**, 241, 281, 321 (1916); **66**, 245, 273 (1917); Ann. Chim. appl. **6**, 1 (1916).

20—25 g Fett (genau abgewogen) werden in einem Kolben (800 cm³) mit 100 cm³ Wasser übergossen und dann in der Weise mit Wasserdampf destilliert, daß in 10 Minuten 100 cm³ übergehen. 10 cm³ des gut vermischten Destillates werden mit 50 cm³ Wasser, 10 cm³ 20%iger Schwefelsäure und genau 50 cm³ 0,01 n-Kaliumpermanganatlösung in einem Kolben mit aufgeschliffenem Kühler 5 Minuten zum Sieden erhitzt. Nach dem Abkühlen versetzt man mit 50 cm³ 0,01 n-Oxalsäurelösung und titriert den Überschuß derselben mit 0,01 n-Permanganatlösung zurück. Daneben wird ein Leerversuch ausgeführt.

Aus den gefundenen analytischen Werten errechnet man die „*Oxydationszahl*". Sie liegt bei normalen Fetten zwischen etwa 3 bis 10, bei ranzigen Produkten kann sie bis zu 75 und mehr ansteigen.

Von R. KERR[1] ist vorgeschlagen worden, die „Oxydationszahl" nicht im Wasserdampfdestillat, sondern in dem nach einem vorgeschriebenen Verfahren aus 25 g Fett mit 100 cm³ Wasser hergestellten und vom Fett abgetrennten Extrakt zu ermitteln. Eine weitere Ausführungsweise ist von D. P. GRETTIE und R. S. NEWTON[2] angegeben worden.

Die Grenzen des vorstehend beschriebenen Oxydationsverfahrens sind leicht zu ziehen. Als oxydierbare Stoffe werden vor allem Aldehyde sowie flüchtige Peroxyde auftreten. Deren Verhältnis zueinander sowie zum Grad der Ranzidität ist aber kein feststehendes. Durch den aktiven Sauerstoff kann Aldehyd zur Carbonsäure weiter oxydiert werden; hierdurch werden sowohl Aldehyd als auch Peroxyd verbraucht, also der Oxydation durch Permanganat entzogen. Rechnet man weiter hinzu, daß gegebenenfalls das Untersuchungsmaterial von Haus aus oxydierbare Stoffe anderer Art enthält, dann leuchtet ein, daß die relativ unspezifische „Oxydationszahl" eine vorsichtig zu bewertende Größe darstellt.

Nachweis und Ermittlung der bei der Autoxydation gebildeten Peroxyde (aktiver Sauerstoff). Mittels dieser Methoden wird die einleitende Phase des Verderbens, die Autoxydation zu erkennen versucht. Ausreichend empfindliche Arbeitsverfahren vorausgesetzt, darf man also erwarten, daß hierbei das erste, noch verborgene Stadium der Ranzidität analytisch in erwünschter Weise festgestellt werden kann. Es wird verständlich, daß man, seit A. HEFFTER sowie W. P. JORISSEN im verderbenden Fett Peroxyde nachgewiesen haben, bis in die neueste Zeit hinein gerade diese Arbeitsmethoden immer mehr auszugestalten bestrebt war.

Von J. VINTILESCU und A. POPESCU[3] wurde für die Zwecke des Nachweises der Peroxyde die Peroxydasenreaktion herangezogen, der aber nur qualitative Bedeutung zukommt. Andere ähnliche Proben, die sich für diese Zwecke eignen, sind z. B. die von A. TSCHIRCH und A. BARBEN[4] herangezogene Reaktion mit Titansulfat, die von J. BULIR[5] angegebene Ausführungsweise für die von A. HEFFTER erstmals erwähnte Jodabscheidung, die SCHÖNBEINsche Umsetzung mit Ferrichlorid und Ferricyankalium, ferner der Nachweis von Peroxyd mittels der Benzidinreaktion[6].

Jodreaktion zur Erkennung der Peroxyde. Diese chemisch durchsichtige Reaktion ist für die Zwecke des quantitativen Ausbaues im Laufe der Zeit mehrfach umgestaltet worden. Dies erwies sich vor allem deshalb notwendig, weil einmal die Jodaddition (wegen der Anwesenheit der ungesättigten Fettsäuren)

[1] Ind. engin. Chem. **10**, 471 (1918).   [2] Journ. Oil Fat Ind. **8**, 291 (1931).
[3] Bull. de l'Acad. Roum. **4**, 151 (1915). — Vgl. auch J. PRESCHER: Ztschr. Unters. Nahr.- Genußm. **36**, 162 (1918).
[4] Schweiz. Apoth.-Ztg. **62**, 281 (1924); Chem. Umschau Fette, Öle, Wachse, Harze **31**, 141 (1924).
[5] Vgl. Chem. Umschau Fette, Öle, Wachse, Harze **33**, 95 (1926); vgl. auch J. GANGL u. W. RUMPEL: Ztschr. Unters. Lebensmittel **68**, 533 (1934).
[6] A. RIECHE: Ztschr. angew. Chem. **44**, 897 (1931).

sowie des weiteren die störende Mitwirkung des Luftsauerstoffes tunlichst, zum mindesten aber in gleichbleibendem Ausmaße, auszuschalten waren. Eine gut brauchbare und nicht zu komplizierte Arbeitsweise ist von C. H. Lea[1] angegeben worden.

Man gibt in einem dickwandigen Reagenzglas (17 mm Durchmesser) zu 1 g Fett (genau gewogen) 1—2 g gepulvertes Jodkalium und setzt dann 20 cm³ eines Lösungsmittelgemisches aus Eisessig und Chloroform (2 : 1) zu, indem man damit die Wandung des Glases abspült. Nun wird ein Gummistopfen aufgesetzt, der in der Bohrung ein kurzes Glasrohr lose (Entweichen der Gase) trägt, und 2 Minuten lang Stickstoff zur Verdrängung der Luft eingeleitet. Man sorgt für Ausschluß des Lichtes. Dann erhitzt man, indem man die Bohrung, aus der das Einleitungsrohr entfernt ist, lose mit dem Finger verschließt, das Reagenzglas in geneigter Stellung unter leichtem Schütteln vorsichtig über einer kleinen Flamme. Wenn das Sieden begonnen hat, taucht man das Glas in ein siedendes Wasserbad ein. Die Chloroformdämpfe verdrängen den Stickstoff und etwa noch hinterbliebene Luft. Sobald schwere Dämpfe aus der Öffnung entweichen und die siedende Flüssigkeit hochgestiegen ist, verschließt man die Bohrung des Stopfens mit einem passenden Glasstab, schüttelt kräftig um und kühlt dann unter der fließenden Wasserleitung ab. Nun gießt man das Reaktionsgemisch sofort in einen Erlenmeyer-Kolben (150 cm³), der eine 1%ige wäßrige Jodkaliumlösung enthält, spült zweimal mit Jodkaliumlösung nach und titriert das freie Jod mit $^1/_{300}$ n- bis $^1/_{500}$ n-Natriumthiosulfatlösung. Um den Einfluß des Tageslichtes auszuschalten und den Endpunkt der Titration deutlich zu erkennen, ist Arbeiten bei künstlichem Licht angezeigt. Eine Bestimmung, der ein Blindversuch vorauszugehen hat, kann bei einiger Übung in $^1/_2$ Stunde ausgeführt werden. Die Empfindlichkeit der Methode ist sehr groß; bei Anwendung von 1 g Fett können bis herab zu $1,6 \cdot 10^{-6}$ g aktiver Sauerstoff nachgewiesen werden.

Für praktische Untersuchungen, bei denen es nicht auf äußerste Genauigkeit ankommt, hat C. H. Lea ein vereinfachtes Arbeitsverfahren angegeben[2].

Man löst in einem Reagenzglas etwa 1 g Fett (genau gewogen) in 20 cm³ des vorher erwähnten Lösungsmittelgemisches aus Eisessig und Chloroform (oder Tetrachlorkohlenstoff). Nach Zugabe von etwas gepulvertem Kaliumjodid erhitzt man einige Sekunden lang zum Sieden. Nun kühlt man unter der Wasserleitung ab, gießt das Reaktionsgemisch in eine verdünnte Kaliumjodidlösung und titriert das ausgeschiedene Jod mit $^1/_{500}$ n-Natriumthiosulfatlösung zurück. Alle Operationen werden bei diffusem Tageslicht vorgenommen. Unter gleichen Bedingungen führt man einen Blindversuch aus und berücksichtigt den hierbei gefundenen Titrationswert.

Weiterhin sei auf die letzthin von C. H. Lea[3] vorgeschlagene Schnellmethode zur Ermittlung des Gehaltes an Peroxyd hingewiesen. Zur Erzielung einer großen Oberfläche verteilt man das Fett auf Filtrierpapier, setzt dieses der Einwirkung von Luft (Sauerstoff) aus und bestimmt dann den aktiven Sauerstoff jodometrisch in der vorher beschriebenen Weise.

Eine andere Arbeitsweise zur Ermittlung des aktiven Sauerstoffes ist von A. Taffel und C. Revis[4] entwickelt worden.

Zur Beschleunigung der Jodausscheidung und zur tunlichsten Hintanhaltung der Jodaddition an die Lückenbindungen wird das Fett in Eisessig gelöst und dann mit gepulvertem Bariumjodid oder einer 50%igen wäßrigen Kaliumjodidlösung versetzt. Nach einer vorgeschriebenen Wartezeit von 2 Minuten gießt man das Reaktionsgemisch in 100 cm³ Wasser und titriert das freigemachte Jod mit 0,1 n-Natriumthiosulfatlösung. Je nach dem Grade und der Art der Autoxydation (Sauerstoffaufnahme bei gewöhnlicher Temperatur, bei erhöhter Temperatur [geblasene Öle]) muß die Durchführung der Analyse, wegen deren Einzelheiten auf das Original verwiesen sei, etwas verändert werden.

[1] Proceed. Roy. Soc. London, B, **108**, 175 (1931).
[2] Vgl. J. Briggs: Journ. Dairy Res. **3**, 70 (1932).
[3] Journ. Soc. chem. Ind. **53**, 388 T (1934).
[4] Journ. Soc. chem. Ind. **50**, 87 T (1931); Chem. Ztrbl. **1931 I**, 2696.

Wieder einen anderen Weg zur Ermittlung der Peroxyde schlagen J. Gangl und W. Rumpel[1] ein. Um der Schwierigkeit zu entgehen, daß sich primär abgeschiedenes Jod durch Addition an die Lückenbindungen der ungesättigten Glyceride der Erfassung entzieht, bestimmen sie nach der sog. Jodo-Cyan-Methode[2] den nach dem Umsatz hinterbleibenden Rest einer zugefügten, genau bekannten Menge von Jodkalium. Als Ausdruck für den Zustand des Fettes führen sie den Begriff der „Verdorbenheitszahl" ein, worunter die Milligramm Kaliumjodid zu verstehen sind, die durch 10 g Fett zersetzt werden.

Schließlich sei noch erwähnt, daß auch P. Bruère und A. Fourmont[3] eine auf dem gleichen Prinzip beruhende Methode angegeben haben.

In diesem Zusammenhang sei fernerhin auf ein von W. L. Davies[4] ausgearbeitetes Untersuchungsverfahren hingewiesen, bei dem nicht unmittelbar der aktive Sauerstoff ermittelt wird, sondern die Neigung eines Fettes zur Autoxydation, d. h. zur Bildung von Peroxyden.

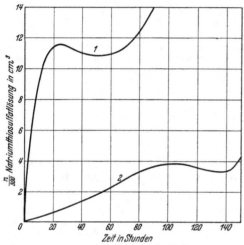

Abb. 31. Das Ansteigen des Gehaltes an aktivem Sauerstoff bei Ölsäure.

Erläuterungen: Kurve 1: Ölsäure, mit ca. 1%igem Zusatz von Eisen-(2)-Chlorid als Katalysator. Kurve 2: Ölsäure, ohne Katalysator.

1 g bzw. 1 cm³ Fett werden mit 5 cm³ Magermilch und 5 cm³ Wasser durch heftiges Schütteln emulgiert. Hernach gibt man 1 cm³ einer 0,25%igen wäßrigen Lösung von Methylenblau hinzu und läßt bei 37—40° bis zur Entfärbung stehen. Parallel mit der Reduktion des Farbstoffes erfolgt auch eine Reduktion der im Fett vorhandenen Peroxyde; das Fett befindet sich nun im nicht autoxydierten Zustand.

Nun schüttelt man erneut 15 Sekunden lang mit Luft kräftig durch, wobei Sauerstoffanlagerung eintritt. Der aktivierte Sauerstoff wird auf das Leuko-Methylenblau übertragen. Man beobachtet nach 2 Minuten die wieder einsetzende Blaufärbung, deren Intensität von der Menge des verfügbaren aktiven Sauerstoffes abhängt, d. h. von der Bereitschaft des Fettes zur Autoxydation. G. R. Greenbank und G. E. Holm[5] haben, auf ähnlichen Überlegungen fußend, eine photochemische Apparatur zur Bestimmung der Alterung von Fetten und Ölen entwickelt; sie beruht auf der Entfärbung von Methylenblau durch die ungesättigten Bestandteile unter dem Einfluß von Licht.

Zusammenfassend ist festzustellen, daß die qualitative bzw. die quantitative Ermittlung des „aktiven" Sauerstoffes ein brauchbares analytisches Mittel darstellt, um die erste Phase des Fettverderbens, die Autoxydation, festzustellen und in ihrem Fortschreiten angenähert zu verfolgen. Die zuverlässige Auswertung der Ergebnisse sowohl in praktischer wie in theoretischer Hinsicht muß allerdings streng darauf Rücksicht nehmen, daß die Zusammenhänge zwischen der Menge des gefundenen aktiven Sauerstoffes und dem Grad der Autoxydation, d. h. dem Zustand des Fettes, nur lückenhaft bekannt und auch nicht gleichbleibend sind. Wie die beiden Kurven[6] in Abb. 31 zeigen, steigt der Peroxydgehalt bei Ölsäure

[1] Ztschr. Unters. Lebensmittel 68, 533 (1934).
[2] R. Lang: Ztschr. anorgan. allg. Chem. 122, 332 (1922); 142, 229, 279 (1925); 144, 75 (1925).   [3] Ann. Falsifications 25, 91 (1932).
[4] Journ. Soc. chem. Ind. 47, 185 T (1928).   [5] Ind. engin. Chem., Analyt. Edition, 2, 9 (1930).
[6] K. Täufel u. A. Seuss: Fettchem. Umschau 41, 107, 131 (1934).

zunächst an. Von einem gewissen Zeitpunkt an wird er, trotzdem eine weitergehende Sauerstoffaufnahme erfolgt, sogar beachtlich kleiner; erst in späteren
Stadien kommt es zu einem erneuten Ansteigen. Die Deutung des sehr unregelmäßigen Kurvenverlaufes soll hier nicht weiter interessieren; es sei nur festgestellt, daß ein Verbrauch an „aktivem" Sauerstoff erfolgt (oxydativer Molekülabbau), eine Tatsache, die bei der Beurteilung entsprechend berücksichtigt
werden muß.

Ermittlung der Sauerstoffaufnahme. Für diese Zwecke stehen vor allem
zwei Verfahren zur Verfügung. Es ist dies erstens die von der Untersuchung der
„trocknenden" Öle her bekannte Wägemethode. Man bestimmt die beim Stehen
an der Luft erfolgende Gewichtsvermehrung. Da gleichzeitig flüchtige Produkte
entweichen, ist dieses Differenzverfahren von geringer Genauigkeit; es findet
mit Recht sehr selten Anwendung bei Untersuchungen über das Verderben
der Fette.

Sehr exakt und empfindlich kann dagegen die Sauerstoffaufnahme auch
über größere Zeiträume hinweg manometrisch verfolgt werden, wenn man das
vor einigen Dezennien von A. GENTHE[1] angegebene approximative Verfahren durch
Anwendung der BARCROFT-WARBURGschen Apparatur für Gaswechselversuche
verfeinert. Dieses für wissenschaftliche Versuche sehr bewährte, für die Praxis
aber wenig in Betracht kommende Arbeitsverfahren ist schon mehrfach angewendet worden, vor allem bei Versuchen über die Autoxydation der Fette
unter physiologischen Bedingungen[2].

**Nachweis und Ermittlung der beim autoxydativen Abbau gebildeten
Aldehyde.** Die auf dieser Grundlage beruhenden Verfahren werden zweckmäßig
nach zwei Gruppen unterschieden. Man sucht entweder die Gesamtgruppe der
aldehydischen Verbindungen durch geeignete Reaktionen zu erfassen, oder man
ist bestrebt, eine Komponente analytisch herauszugreifen. Die schon be-
sprochene „Oxydationszahl" nach G. ISSOGLIO ist im wesentlichen ein solcher
Aldehydindex.

Verfahren nach Th. von Fellenberg[3]. 1 Teil Öl oder vorsichtig geschmolzenes Fett
wird in der gleichen Menge Petroläther gelöst und mit 2 Teilen fuchsinschwefliger
Säure[4] 1 Minute lang kräftig geschüttelt. Auftretende rote bis violettrote Farbtöne beweisen die Anwesenheit von Aldehyden. Durch kolorimetrischen Vergleich
des Untersuchungsgemisches mit wäßrigen Lösungen von Acetaldehyd, die in entsprechender Weise mit SCHIFFschem Reagens versetzt worden sind, bzw. mit Kalium-
permanganatlösungen bestimmten Gehaltes hat TH. v. FELLENBERG eine Abschätzung
der Aldehydkonzentration im Hinblick auf den Grad des Verderbens zu machen
versucht. C. H. LEA[5] hat eine etwas veränderte Ausführungsform für diese Reaktion

---

[1] Ztschr. angew. Chem. **19**, 2087 (1906).
[2] J. JANY: Ztschr. angew. Chem. **44**, 349 (1931). — R. KUHN u. K. MEYER: Ztschr.
  physiol. Chem. **185**, 193 (1929). — W. FRANKE: LIEBIGS Ann. **498**, 129 (1932);
  Ztschr. physiol. Chem. **212**, 234 (1932); daselbst auch weitere Literatur; —
  K. TÄUFEL u. A. SEUSS: Fettchem. Umschau **41**, 107, 131 (1934).
[3] Mitt. Lebensmittelunters. Hygiene **15**, 198 (1924).
[4] Bewährte Herstellungsvorschrift s. bei J. PRITZKER u. R. JUNGKUNZ: Ztschr.
  Unters. Lebensmittel **52**, 199 (1926). — Die fuchsinschweflige Säure nach
  v. FELLENBERG hält sich wenigstens eine Woche. Sie muß erneuert werden (s.
  H. SCHMALFUSS, H. WERNER und A. GEHRKE, Margarine-Ind. **28**, 43, 1935),
  wenn 1 cm³ von ihr mit 1 cm³ einer 0,005⁰/₀igen Lösung von Heptylaldehyd
  in Petroläther oder Tetrachlorkohlenstoff nach zweiminutigem Schütteln an der
  Grenzfläche zwischen wäßriger und nichtwäßriger Schicht nicht mehr gerötet
  wird. Da fuchsinschweflige Säure schon bei 35⁰ auch ohne Aldehyde rot wird,
  so müssen die Prüfungen möglichst bei 20 bis 25⁰ nach zweiminutenlangem
  Schütteln vorgenommen werden.
[5] Proceed. Roy. Soc. London, B, **108**, 175 (1931).

angegeben (Chloroform als Lösungsmittel). Von J. Stamm[1] ist zum Aldehydnachweis das Diphenylcarbazid, von H. Schibsted[2] das Rosanilinhydrochlorid in alkoholischer Lösung vorgeschlagen worden. Neuerdings wird von C. H. Lea[3] der Aldehydgehalt autoxydierter Fette nach dem Bisulfit-Verfahren ermittelt, das zur Erfassung sehr kleiner Mengen besonders ausgestaltet worden ist.

Bei den Aldehydproben handelt es sich um Reaktionen, die gewisse sinnesphysiologisch hervortretende Produkte des Fettabbaues abfassen, also den Sinneneindruck analytisch stützen. Die Grenzen dieser Verfahren im Hinblick auf die Auswertung als Verdorbenheitsprüfung sind dadurch eindeutig festgelegt, daß mit zunehmendem Grad der Fettzersetzung die Konzentration der Aldehyde nicht parallel anzusteigen braucht, weil diese Stoffe zu den entsprechenden Carbonsäuren weiteroxydiert werden können.

Verfahren nach H. Kreis[4]. Diese Probe nimmt insofern eine Sonderstellung ein, als sie nach den Untersuchungen von W. C. Powick[5] sowie von J. Pritzker und R. Jungkunz[6] keine Gruppenreaktion darstellt, sondern spezifisch auf den bei der Autoxydation im Licht gebildeten Epihydrinaldehyd anspricht. Die Empfindlichkeit ist außerordentlich groß; nach K. Täufel, P. Sadler und F. K. Russow[7] sind mit Phloroglucin noch $0,5\,\gamma$ Epihydrinaldehyd in 2 cm³ Untersuchungssubstanz (Verdünnung 1 : 4000000) eindeutig nachweisbar.

Für die Ausführung der Kreis-Reaktion sind verschiedene Arbeitsweisen angegeben worden. Als Reagens benutzt man fast ausschließlich das Phloroglucin; die von H. Kreis ebenfalls vorgeschlagenen Verbindungen Resorcin und Naphthoresorcin haben sich nach Versuchen von K. Täufel und F. K. Russow[8] als viel weniger empfindlich erwiesen als das Phloroglucin.

Die übliche Ausführungsform der Kreis-Reaktion ist die folgende. Man schüttelt 1 cm³ Öl oder vorsichtig bei niedriger Temperatur geschmolzenes Fett mit 1 cm³ konz. Salzsäure (spez. Gewicht = 1,19) 1 Minute lang kräftig durch und setzt hierauf 1 cm³ einer 0,1%igen ätherischen Lösung von Phloroglucin hinzu. Je nach dem Zustand des verdorbenen Fettes treten mehr oder minder leuchtend rote bis violettrote Färbungen auf, deren Tönungen infolge des vorliegenden inhomogenen Systems recht unterschiedlich ausfallen können. Um dies zu vermeiden, hat man, vor allem im Hinblick auf die kolorimetrische Messung der Farbintensität, wiederholt nach zweckmäßigen Abänderungen der Reaktion gesucht. So verfährt z. B. C. H. Lea[9] in der Weise, daß er das Fett (1 g) in Benzol (2 cm³) löst, 1 cm³ konz. Salzsäure zusetzt, 1 Minute lang schüttelt, 1 cm³ einer 0,1%igen ätherischen Phloroglucinlösung hinzufügt und die Emulsion mittels der Zentrifuge scheidet. Für die Beurteilung wird die Farbtiefe der rotgefärbten wäßrigen Schicht zugrunde gelegt. Als Vergleichslösung benutzt er eine standardisierte Reihe von wäßrigen Lösungen von Kaliumpermanganat verschiedener Konzentration, ähnlich wie sie schon vorher von J. Pritzker und R. Jungkunz[10] herangezogen worden ist; G. E. Holm und G. R. Greenbank[11] hatten für den gleichen Zweck angesäuerte Lösungen von Methylrot vorgeschlagen. In Versuchen mit dem Diäthylacetal des Epihydrinaldehyds wurde von Täufel[12]

[1] Vgl. Apoth.-Ztg. **47**, 1486 (1927); St. Korpaczy: Ztschr. Unters. Lebensmittel **67**, 75 (1934).   [2] Vgl. Chem. Umschau Fette, Öle, Wachse, Harze **39**, 137 (1932).
[3] Ind. engin. Chem., Anal. Edit., **6**, 241 (1934).
[4] Chem.-Ztg. **23**, 802 (1899); **26**, 897 (1902); **28**, 956 (1904).
[5] Journ. agricult. Res. **26**, 323 (1923).
[6] Ztschr. Unters. Lebensmittel **52**, 195 (1926); **54**, 242 (1927); **57**, 419 (1929).
[7] Ztschr. angew. Chem. **44**, 873 (1931); Ztschr. Unters. Lebensmittel **65**, 540 (1933).
[8] Ztschr. Unters. Lebensmittel **65**, 540 (1933).
[9] Proceed. Roy. Soc. London, B, **108**, 175 (1931).
[10] Ztschr. Unters. Lebensmittel **57**, 429 (1929).
[11] Ind. engin. Chem. **15**, 1051 (1923). — J. M. Aas (Fettchem. Umschau **41**, 113 [1934]) ermittelt die Farbtiefe bei der Kreis-Reaktion im Kolorimeter nach Rosenheim-Schuster und gibt sie in Lovibond-Einheiten als „Kreis-Zahl" an.
[12] K. Täufel u. F. K. Russow: Ztschr. Unters. Lebensmittel **65**, 540 (1933).

festgestellt, daß bei geringer Farbtiefe als Vergleichslösung am besten angesäuerte Lösungen von Methylrot, bei tieferer Farbe aber wäßrige Lösungen von Kaliumpermanganat geeignet sind. Eine durchgehende, den in Betracht kommenden Bereich umfassende Stufenleiter, nach Typen 1 bis 10 geordnet, ist nachstehend zusammengestellt. Durch die Eichung der Reihe gegen Epihydrinaldehyd-diäthylacetal ist es möglich, approximative Angaben über die angezeigte Menge Epihydrinaldehyd zu machen.

Methylrotlösung[1] 0,01 n H_2SO_4			Epihydrinaldehyd in 100 cm³		
0,5 cm³ + 49,5 cm³	Typ 1,	entsprechend ~	0,04 mg		
1,0 „ + 49,0 „	„ 2,	„ ~	0,08 „		
2,0 „ + 48,0 „	„ 3,	„ ~	0,15 „		
4,0 „ + 46,0 „	„ 4,	„ ~	0,4 · „		
8,0 „ + 42,0 „	„ 5,	„ ~	1,0 „		
16,0 „ + 34,0 „	„ 6,	„ ~	2,5 „		

Kaliumpermanganatlösung					
0,005 n	„ 7,	„ ~	5 „		
0,01 n	„ 8,	„ ~	10 „		
0,02 n	„ 9,	„ ~	20 „		
0,04 n	„ 10,	„ ~	40 „		

Die in der üblichen Weise ausgeführte KREIS-Reaktion unterliegt in ihrer Auswertung gewissen Einschränkungen. Dies ist vor allem darauf zurückzuführen, daß einige Stoffe, wie z. B. Allylamin, Allylsulfid, Allylalkohol, Eugenol, Linalool, Safrol, Geraniol usw., mit Phloroglucin ebenfalls rotgefärbte Kondensationsprodukte liefern, die zwar spektroskopisch, nicht aber mit bloßem Auge eindeutig von der Epihydrinaldehyd-Verbindung unterschieden werden können. Es kommt hinzu, daß das Peroxyd des autoxydierten Fettes zu Störungen Anlaß geben kann. K. TÄUFEL und F. K. RASSOW[2] haben zur Überwindung dieser Schwierigkeiten eine neue Versuchsanordnung angegeben, welchen folgende Beobachtungen zugrunde liegen:

Leitet man einen Gasstrom (Luft, Stickstoff, Kohlendioxyd usw.) durch ein mit Salz-, Schwefel- oder Phosphorsäure angesäuertes Gemisch von Epihydrinaldehyd-diäthylacetal[2] und Wasser und läßt diesen dann in einer Vorlage (Kühlung) durch eine Absorptionsflüssigkeit (z. B. Wasser) streichen, so zeigt dieselbe bald positive KREIS-Reaktion. Daß es sich dabei nicht um ein bloßes Übergehen des unveränderten Diäthylacetales (Siedep. 165⁰) handelt, geht daraus hervor, daß die Flüssigkeit in der Vorlage im Gegensatz zum Acetal mit FEHLINGscher Lösung, mit SCHIFFschem Reagens, mit ammoniakalischer Silberlösung usw. positive Reaktionen liefert, also freien Aldehyd enthält. Analoge Übertreibversuche lassen sich mit einem autoxydierten Fett ausführen. Verschüttelt man es mit Salzsäure, so geht der Epihydrinaldehyd über; ohne Zugabe von Säure erfolgt das nicht bzw. nur spurenweise. Dies besagt, daß der Aldehyd, wie schon erwähnt, im Fett in gebundener oder präformierter, nicht flüchtiger Form vorliegt. Beim Erhitzen auf 150—160⁰ wird er zersetzt; ein so behandeltes verdorbenes Fett ist also KREIS-negativ. Der leicht flüchtige Epihydrinaldehyd ist demnach im freien Zustand wenigstens beschränkt haltbar.

Auf Grund dieser Beobachtungen über die Eigenschaften des Epihydrinaldehyds entstanden einige Modifizierungen der KREIS-Reaktion. Hierbei war, abgesehen von der Möglichkeit der Ausschaltung der erwähnten Störungen, der

---

[1] Als Methylrot-Stammlösung fand eine alkoholische 0,04%ige Lösung Anwendung (Präparat D.A.B. 6). Eine verbesserte KREIS-Farbskala geben an K. TÄUFEL u. A. SEUSS: Fettchem. Umschau 41, 107, 131 (1934).

[2] Ztschr. Unters. Lebensmittel 65, 540 (1933).

Wunsch wegleitend, die eigentliche Farbreaktion, im Interesse der Beurteilung vom inhomogenen[1], mitunter stark eigengefärbten Reaktionsgemisch abgetrennt, unter günstigeren Bedingungen auszuführen. Es sind vor allem die von K. TÄUFEL und seinen Mitarbeitern ausgearbeiteten, jetzt allgemein verwendeten Methoden anzuführen.

α) Das Fett[2] (nötigenfalls vorsichtig geschmolzen) wird in einem kurzen Reagenzglas mit der gleichen Menge konz. Salzsäure versetzt. Gleichzeitig bereitet man einen Bausch aus reiner weißer Watte vor, den man an der in den Hals des Reagenzglases einzuführenden Stelle mit etwa 1 cm³ einer 0,1%igen alkoholischen Lösung von Phloroglucin und sofort anschließend mit 10 Tropfen einer etwa 20%igen Salzsäure tränkt. Diesen Wattebausch schiebt man nun so tief in das Reagenzglas (im oberen Teil nicht mit Fett benetzt) ein, daß er sich ganz innerhalb desselben befindet. Es darf aus dem Wattebausch Phloroglucinlösung nicht in das Reaktionsgemisch fließen. Nun schüttelt man 1—2 Minuten lang kräftig um, ohne den Wattebausch mit dem Reaktionsgemisch zu bespritzen. Je nach dem Grad der Autoxydation tritt stärkere oder schwächere Rotfärbung an der unteren Seite des Wattebausches auf; unter Umständen muß gelinde erwärmt werden (auf höchstens 40⁰).

Eine ähnliche bewährte Versuchsanordnung ist die folgende[3]: Man gibt das zu untersuchende Fett in einen Porzellantiegel (hohes Format), setzt die gleiche Menge konz. Salzsäure zu, vermischt durch Rühren und bedeckt den Tiegel mit einem Stück Filtrierpapier, das in der Mitte mit 1 cm³ einer 0,1%igen alkoholischen Lösung von Phloroglucin und einigen Tropfen einer etwa 20%igen Salzsäure getränkt ist. Wenn das Fett stark autoxydiert ist, tritt die Rotfärbung infolge der Phloroglucidbildung sehr bald auf. Bleibt die Reaktion aus, was bei schwach autoxydierten Untersuchungsmaterialien der Fall sein kann, so setzt man den mit der Filterscheibe bedeckten Tiegel auf ein auf höchstens 40⁰ erwärmtes Wasserbad[4].

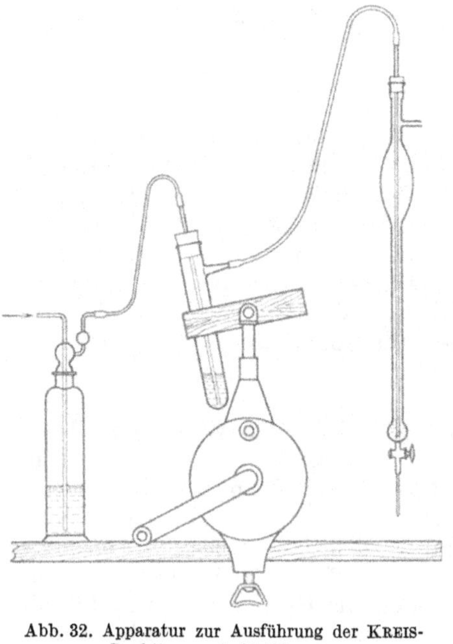

β) Bei den Bemühungen, die KREIS-Reaktion in der Ausführung des Übertreibversuches quantitativ auszugestalten, wurde schließlich nach K. TÄUFEL eine weitere nachstehend beschriebene Arbeitsweise entwickelt[5]. Hierzu ist die in Abb. 32 schematisch dargestellte Apparatur erforderlich. Man gibt 2—3 cm³ in Eiswasser gekühltes Öl in das in der Schüttelmaschine eingespannte Zersetzungsrohr, setzt 2—3 cm³

Abb. 32. Apparatur zur Ausführung der KREIS-Reaktion nach K. TÄUFEL.

ebenfalls eisgekühlte konz. Salzsäure hinzu und verbindet es mittels eines Transparentschlauches[6] mit dem bewährten Absorptionsrohr, das für die hier verfolgten

---

[1] A. TAFFEL u. C. REVIS (Journ. Soc. chem. Ind. **50**, 87 T [1931]) haben, um homogene Lösungen zu erhalten, die Verwendung einer alkoholischen Lösung von Phloroglucin vorgeschlagen.

[2] Vgl. K. TÄUFEL, P. SADLER u. F. K. RUSSOW: Ztschr. angew. Chem. **44**, 873 (1931).

[3] K. TÄUFEL u. P. SADLER: Ztschr. Unters. Lebensmittel **67**, 268 (1934).

[4] Während des Versuches muß das Filter feucht gehalten werden (nötigenfalls erneuter Zusatz von etwas Salzsäure), da sich sonst beim Trockenwerden, infolge noch nicht aufgeklärter Umsetzungen, irreführende Rotfärbungen einstellen können. Für die Beurteilung ist nur heranzuziehen die rote Farbe auf der unteren Seite des Wattebausches bzw. auf dem Tiegel umgrenzten inneren kreisrunden Fleck der Filterscheibe.

[5] K. TÄUFEL u. P. SADLER: Ztschr. Unters. Lebensmittel **67**, 268 (1934).

[6] Gefärbte Schläuche sind nicht zu empfehlen, da durch die starke Salzsäure der Farbstoff etwas gelöst und in das Absorptionsrohr übergeführt werden kann.

Zwecke konstruiert worden ist[1]. Die untere Kugel des letzteren ist mit einem abgekühlten Gemisch aus gleichen Teilen einer 0,1%igen alkoholischen Phloroglucinlösung und konz. Salzsäure beschickt. Es ist angezeigt, das Zersetzungsrohr mit dem Öl dauernd mit Eiswasser zu kühlen.

Nun drückt man unter Vorschaltung einer Waschflasche (gleichzeitig Blasenzähler) einen raschen Gasstrom durch die Apparatur; die Flüssigkeit im Absorptionsrohr soll bis in die obere birnenförmige Erweiterung hochsteigen. Der in Freiheit gesetzte Epihydrinaldehyd geht über. Durch häufiges Schütteln des Öl-Salzsäure-Gemisches mit der Handschüttelmaschine wird dies wesentlich begünstigt. Innerhalb einer halben Stunde ist der Versuch meist beendet und der Epihydrinaldehyd vollständig übergetrieben. Durch Kolorimetrieren der Absorptionsflüssigkeit ist die quantitative Abschätzung der Menge des Aldehyds möglich. Ist eine Ausscheidung von rotem Phloroglucid eingetreten, so ist der Versuch mit entsprechend weniger Fett zu wiederholen.

Bei festen Fetten muß man vorsichtig bis zum Schmelzen erwärmen. Dadurch treten infolge geringer Zersetzung des Epihydrinaldehyds kleine Verluste auf; an der Überwindung dieses Mangels wird noch gearbeitet.

Das eben beschriebene Übertreibverfahren hat sich schon vielfach bewährt und stellt eine Ausführung der KREIS-Reaktion dar, bei der die bisher bekanntgewordenen Störungen nicht zu gewärtigen sind. Hierdurch ist ein wesentlicher Fortschritt erzielt.

Die KREIS-Reaktion ist im Streite der Meinungen vielfach unberechtigterweise in Mißkredit gekommen. Dies ist vor allem darauf zurückzuführen, daß man ihr einen unrichtigen Inhalt beilegte. Es bildete sich die Gewohnheit heraus, zwischen der

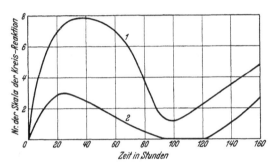

Abb. 33. Die Intensität der KREIS-Reaktion in Abhängigkeit von der Versuchsdauer.

Erläuterungen: Kurve 1: Ölsäure, mit ca. 1%igem Zusatz von Eisen-(2)-Chlorid als Katalysator. Kurve 2: Ölsäure, ohne Katalysator.

Farbtiefe und dem Grad des Verdorbenseins eine weitgehende Parallelität anzunehmen, die auf Grund der früheren Betrachtungen nicht bestehen kann. Zur Veranschaulichung dieser Umstände sei auf die Abb. 33 verwiesen[2]. Daraus geht hervor, daß das allmähliche Ansteigen des Gehaltes an Epihydrinaldehyd, gemessen mittels der KREIS-Reaktion, nach einer gewissen Zeit nicht allein nicht zum Stillstand kommt, sondern daß sogar infolge weiteren Umsatzes eine Verringerung eintritt. Man hat in der KREIS-Reaktion eine Probe auf Autoxydation der Fette zu erblicken, die, ähnlich wie die Prüfung auf Peroxyde, den in den ersten Stadien der Sauerstoffaufnahme gleichzeitig sich vollziehenden Molekelabbau analytisch zum Ausdruck bringt. Der positive Ausfall der KREIS-Reaktion ist also nicht zwangsläufig mit dem Auftreten des sinnesphysiologisch wahrnehmbaren Verderbens verknüpft. Dagegen kann aus diesem Befund gefolgert werden, daß das in Frage stehende Fett die zunächst harmlose „Induktionsperiode" der Autoxydation zu überschreiten im Begriffe steht und nun mit gesteigerter Geschwindigkeit dem Verderben zutreibt. In diesem „diagnostizierenden" Inhalt liegt die Hauptbedeutung der KREIS-Reaktion für die Praxis, während die Theorie in dem Auftreten des Epihydrinaldehyds wertvolle Hinweise für den Reaktionsmechanismus erblicken muß.

[1] K. TÄUFEL u. P. SADLER: Ztschr. analyt. Chem. 90, 20 (1932).
[2] K. TÄUFEL u. A. SEUSS: Fettchem. Umschau 41, 107, 131 (1934).

5. Das autoxydative Verderben in seiner Bedeutung für die Praxis.

Was die Natur dem Menschen an Fetten zur Verfügung stellt, besitzt immer einen mehr oder minder hohen Grad des ungesättigten Charakters. Damit ist zum Ausdruck gebracht, daß die Vorgänge der Autoxydation, da Sauerstoffausschluß in der Praxis nur in Ausnahmefällen möglich ist, überall eine Rolle spielen. Dies trifft insbesondere auch auf die meisten Lebensmittel zu, bei denen die Fettkomponente stets in wechselnden Mengen anwesend ist. So stellt das Kapitel des Verderbens der Fette für die Lebensmittelchemie und -technologie ein außerordentlich wichtiges Gebiet dar, und das Problem der *Haltbarmachung der Lebensmittel* ist in vielen Fällen eine Frage nach der *Erhaltung des Fettes*; als markante Beispiele hierfür seien nur angeführt die Trockenmilch, fetthaltige Gebäcksorten und Mehle, Nüsse, Kaffee usw. Die sorgfältige Abtrennung des Fettes bei der Fabrikation des Fleischextraktes geht auf eben diese Erwägungen zurück. Besonderes Interesse aber gewinnt dieser Fragenkomplex für den Transport und die Aufbewahrung des Gefrierfleisches, bei dem die Wertminderung durch Fettverderben ein gefürchtetes Ereignis darstellt; man versteht die Bemühungen[1], durch Aufklärung aller einflußnehmenden Faktoren Abhilfe zu schaffen. Fernerhin sei auf die Bedeutung des autoxydativen Verderbens für die Haltbarkeit der Seife[2] hingewiesen.

Neben den kurz erwähnten ernährungsphysiologischen und -wirtschaftlichen Gesichtspunkten ist aber auch die mehr technologische Seite dieses Problems zu streifen. Es sei daran erinnert, daß die Seifen, die kosmetischen und therapeutischen Salben auf der Grundlage Fett (wenigstens in der überwiegenden Mehrzahl der Fälle) aufgebaut sind, daß uns also auch hier das autoxydative Verderben begegnet. Dabei ist noch zu erwähnen, daß, abgesehen von dem Aufkommen eines widerlichen Geruches, gewisse, auf die Anwesenheit der gebildeten Aldehyde zurückgehende Reizungen der Haut sich in sehr unerwünschter Weise geltend machen können.

b) Hydrolytischer Abbau der Fette durch Lipasen.

Es ist schon wiederholt erwähnt worden, daß die Erhöhung der Säurezahl eines Fettes ganz allgemein vielfach als ein Anzeichen für Verdorbenheit angesehen worden ist, wobei man sich die freie Säure ausschließlich durch Hydrolyse der Glyceride entstanden dachte. Wir wissen heute, daß diese Anschauung nur bedingt richtig ist. Denn erstens geht die beobachtete Erhöhung des Säuregehaltes zum guten Teil auf den autoxydativ verursachten Molekelabbau zurück, dann aber kann nach den schon angeführten Arbeiten von C. H. LEA[3] und von C. R. BARNICOAT[4] ein Fett von seinen arteigenen Fettsäuren bis zu 15% im freien Zustand enthalten, ohne geschmacklich nachteilig verändert zu sein. Wenn allerdings ein Fett, z. B. Butter, Cocosfett, Margarine usw., niedrigmolekulare, riechende Fettsäuren (Butter-, Capron-, Caprylsäure usw.) enthält, dann wird sich die Hydrolyse sinnesphysiologisch sehr stark in nachteiliger Weise auswirken („Seifigkeit"). Es leuchtet also ein, daß die Spaltung der Glyceride nur unter bestimmten Umständen und innerhalb gewisser Grenzen als Ursache für das Fettverderben anzusehen ist.

Bei der Betrachtung der hier eine Rolle spielenden hydrolytischen Vorgänge scheiden diejenigen praktisch aus, die sich unter dem katalytischen Einfluß von Wasserstoffion (Säure) oder der Mitwirkung von Alkali (Verseifung) abspielen,

---

[1] C. H. LEA: Journ. Soc. chem. Ind. 50, 207, 215, 343, 409 T (1931); 52, 9, 57, 146 T (1933).   [2] Vgl. z. B. F. WITTKA: Allg. Öl- u. Fett-Ztg. 30, 381 (1933).
[3] Journ. Soc. chem. Ind. 50, 215 T (1931).   [4] Journ. Soc. chem. Ind. 50, 361 T (1931).

da bei der Aufbewahrung der Fette diese Voraussetzungen nicht erfüllt sind. Das Hauptinteresse muß sich auf die Hydrolyse mittels der Lipasen erstrecken. Diese für den biologischen Fettumsatz erforderlichen Fermente[1] — Zoolipasen spalten bevorzugt im alkalischen Medium, Phytolipasen im sauren Medium bei Gegenwart von Wasser zwischen 20 und 37⁰ C — sind in den fettführenden Geweben (insbesondere den Samen) meist vorhanden und können bei der Gewinnung des Fettes in letzteres übergehen (vgl. S. 447). Vor allem wenn die Trennung des Fettes vom wasserhaltigen Gewebe erst nach längerer Lagerzeit erfolgt, tritt die Wirkung der lipolytischen Fermente stark hervor. So fand z. B. H. MASTBAUM[2] nach fünfmonatiger Aufbewahrungszeit der Oliven in ihrem Öl bis zu 49% freie Säure (auf Ölsäure berechnet). Auch das Palmöl kommt infolge unsachgemäßer Behandlung vielfach stark sauer in den Handel. Was die tierischen Fette anlangt, so hat E. DIETRICH[3] über die je nach den Umständen verschieden weitgehende lipatische Spaltung bei Schweine-, Rinder- und Hammelfett berichtet.

Bei den vorangehenden Erörterungen war zunächst die Tätigkeit der fetteigenen Lipasen berücksichtigt. Es muß hinzugefügt werden, daß beim Ansiedeln von Kleinlebewesen auf wasserhaltigen Fetten die von diesen produzierten und ausgeschiedenen lipolytischen Fermente sich auch an der Hydrolyse beteiligen.

c) Abbau der Fette unter Ketonbildung.

Unter dem Einfluß von Licht, von Wärme oder von beiden Faktoren — Wasser und Luft sind hierbei nicht erforderlich — kann eine Veränderung des Fettes erfolgen, die daran kenntlich ist, daß die von K. TÄUFEL und H. THALER[4] angegebene Salicylaldehyd-Reaktion positiv wird. Da letztere auf Verbindungen mit der Atomanordnung $-CH_2 \cdot CO \cdot CH_2-$ anspricht, müssen also Ketone entstanden sein, die dem Fett den eigentümlichen Geruch und Geschmack des Verdorbenseins verleihen. Solche Umsetzungen vollziehen sich nach den systematischen Untersuchungen von H. SCHMALFUSS, H. WERNER und A. GEHRKE[5] an den gesättigten wie ungesättigten Fettsäuren, ihren Estern und Salzen sowie an allen bisher geprüften Fetten[6]. Der Luftsauerstoff ist für den Umsatz nicht erforderlich, begünstigt aber die Ketonbildung. Am Laurinsäuremethylester[7] wurde gezeigt, daß nur die kürzesten Wellenlängen des Lichtes (unter 330 $\mu\mu$) einen wesentlichen Einfluß ausüben, während Sojaöl durch Strahlen bis herauf zu 410 $\mu\mu$ angegriffen und mehrmals schneller ketonig wird als der vorgenannte Ester.

---

[1] Vgl. R. WILLSTÄTTER u. E. WALDSCHMIDT-LEITZ: Ztschr. physiol. Chem. **134**, 161 (1924).
[2] Chem. Rev. d. Fett- u. Harzind. **11**, 39 (1904); vgl. auch die von C. L. REIMER u. W. WILL (Ber. Dtsch. chem. Ges. **19**, 3320 [1886]; **20**, 2388 [1887]) im Rüböl festgestellte Anwesenheit von Dierucin.
[3] Chem. Rev. d. Fett- u. Harzind. **6**, 168 (1899).
[4] Chem.-Ztg. **56**, 265 (1932); Ztschr. physiol. Chem. **212**, 256 (1932). — Näheres über die Ausführung vgl. Abschn. B, a, 3.
[5] Marg.-Ind. **25**, 215, 242, 265 (1932); **26**, 3, 87 (1933); **27**, 93, 167 (1934); Fettchem. Umschau **40**, 102 (1933); Angew. Chem. **47**, 414 (1934). Hier wird auch erwähnt, daß entgegen den bisherigen Vorstellungen gesättigte Verbindungen der Fettreihe durch Licht aldehydig werden.
[6] Der positive Befund bei Glycerin ist nicht verwunderlich, wenn man berücksichtigt, daß es leicht zu Dioxyaceton oxydiert werden kann.
[7] H. SCHMALFUSS, H. WERNER, A. GEHRKE u. R. MINKOWSKI: Marg.-Ind. **26**, 101 (1933); **27**, 93, 167 (1934). — S. auch K. TÄUFEL, H. THALER u. M. MARTINEZ: Marg.-Ind. **26**, 37 (1933).

B. Verderben der Fette unter der Mitwirkung von Mikroorganismen.

Die Tatsache, daß gewisse Kleinlebewesen, besonders die an Lipasen reichen Schimmelpilze, zu ihrer Ernährung Fettsäuren, Fette, Wachse, ja sogar Paraffine als alleinige Quellen für ihren Kohlenstoffbedarf benutzen können, ist schon im Jahre 1891 von R. H. Schmidt[1] durch einige Beispiele bewiesen worden. Neuerdings haben diese Ergebnisse mannigfache Bestätigung gefunden[2]. Für den Fragenkomplex des Verderbens der Fette gewinnen diese Umsetzungen in zweifacher Hinsicht Interesse. Einerseits können es die Stoffwechselprodukte der Mikroorganismen selbst oder die nebenher aus dem Fett gebildeten Stoffe sein, die sich sinnesphysiologisch in nachteiliger Weise auswirken. Andererseits vermögen, wie vorher schon erwähnt, die Hydrolasen dieser Lebewesen durch die von ihnen verursachte Hydrolyse den Zustand des Verderbens herbeizuführen. Eine Mannigfaltigkeit des chemischen Umsatzes unter diesen biologischen Einflüssen ist also zu erwarten. Von K. Richter und v. Lilienfeld-Toal[3] ist auf Grund umfassender Arbeiten der Versuch gemacht worden, die auf Cocosfett gedeihenden Mikroorganismen ihrer Wirkung nach zu charakterisieren. Man gelangt dabei zu der in Tabelle 73 zusammengefaßten Darstellung (auszugsweise).

Tabelle 73. Geschmackliche Veränderungen des Cocosfettes durch Einwirkung von Mikroorganismen.

Bezeichnung der Geschmacksveränderung	Ursache für die Geschmacksveränderung	Bemerkungen
Seifiger Geschmack	Kahmhefe (nicht gärende), Torula (rote), Monilia	
Parfümranzigkeit	Schimmelpilze: *Aspergillus niger, Penicillium glaucum, palitans, camemberti* und *biforme, Cladosporium, Penicillium brevicaule, Cephalothecium, Sachsia, Dematium, Citromyces*	Gewisse Schimmel wachsen üppig auf Cocosfett, ohne eine Parfümranzigkeit zu verursachen; z. B. *Endomyces vernalis, Mucor mucedo*
Geschmacksabweichungen schwer zu umschreibender Art	Bierhefe, Apiculatushefe, Anomalushefe, Weinhefe, Torulahefe, *Saccharomyces Ludwigii*, Preßhefe, Milchzuckerhefe, *Mucor mucedo, Bact. megatherium, Bact. prodigiosum, Bact. mesentericus, Bact. vulgare, Bact. mycoides, Bact. subtilis, Bact. pyoceaneum, Bact. fluorescens*	
Keine Geschmacksveränderung	Spalthefe, *Prototheka Zopfii, Saccharomyces lactis, Phoma, Endomyces vernalis, Bacterium putidum*	

Eine Vorstellung von der Mannigfaltigkeit der auf Naturbutter gedeihenden Kleinlebewesen, von denen die meisten am „Verderben" derselben beteiligt sein können, vermittelt die Abb. 34.

---

[1] Flora **74**, 303 (1891).

[2] W. O. Tausson: Biochem. Ztschr. **155**, 356 (1925); **193**, 85 (1928). — Y. Hopkins u. A. Ch. Chibnall: Biochemical Journ. **26**, 133 (1932); Chem. Ztrbl. **1932** II, 389.

[3] Interessengemeinschaft der freien deutschen Öl- und Margarine-Ind. (Margöl), Heft 4. Hamburg. 1932. Vgl. auch K. Richter u. H. Damm: Die mikrobiologische Fettzersetzung. Milchwirtsch. Literaturbericht Nr. 76 vom 28. 9. 1933.

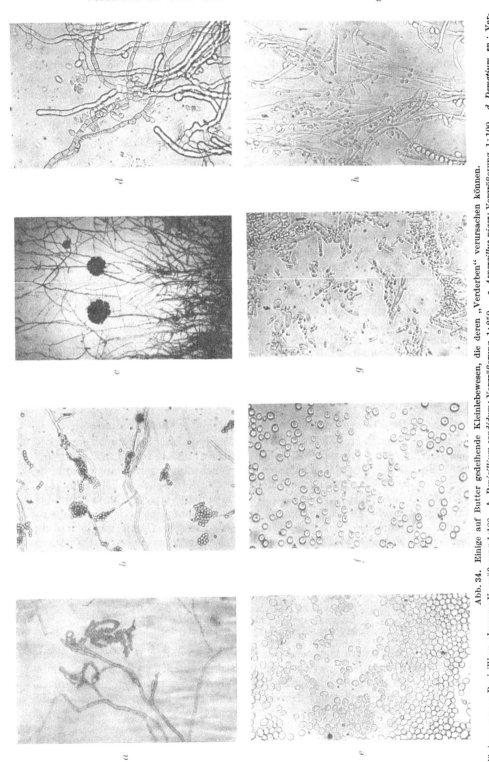

Abb. 34. Einige auf Butter gedeihende Kleinlebewesen, die deren „Verderben" verursachen können.

Erläuterungen: a *Penicillium glaucum;* Vergrößerung 1:100. b *Penicillium candidum;* Vergrößerung 1:100. d *Denatium sp.;* Vergrößerung 1:100. e *Aspergillus niger;* Vergrößerung 1:250. f Rote Torula-Art; Vergrößerung 1:500. g Kahmhefe (*Willia sp.*); Vergrößerung 1:500. h *Monilia* größerung 1:500. e *Saccharomyces cerevisiae;* Vergrößerung 1:500. *candida;* Vergrößerung 1:500.

Von den in Tabelle 73 aufgeführten sinnesphysiologischen Begriffen können bis jetzt im wesentlichen nur die *„Parfümranzigkeit"* und die *„Seifigkeit"* chemisch eindeutig charakterisiert werden; sie sind deshalb nachstehend näher behandelt. Was die anderen Arten des Verdorbenseins anlangt, so kann darüber etwas Exaktes nicht ausgesagt werden. Verwickelter werden die Verhältnisse noch dadurch, daß auch das rein chemische Verderben mit hereinspielen und seinen Einfluß geltend machen wird.

a) Biochemischer Abbau der Fette (Keton-Ranzigkeit).

1. Bisherige Arbeiten.

Im Jahre 1910 berichteten A. HALLER und A. LASSIEUR[1], daß sich in den Wasserdampfdestillaten bei der Raffination des rohen Cocosfettes neben dem d-Methylheptyl- sowie dem d-Methylnonylcarbinol sehr erhebliche Anteile von Methylheptyl- und Methylnonylketon sowie etwas Methylundecylketon finden. Nach ihrer Anschauung sollten diese Stoffe unter enzymatischer Wirkung aus irgendeiner unbekannten Substanz der Cocosnuß entstehen. Es bedeutete einen großen Fortschritt in der Erkenntnis, als W. N. STOKOE[2] feststellte, daß die sogenannte „Parfümranzigkeit", wie sie vor allem bei der mit Cocos- oder Palmkernfett hergestellten Margarine beobachtet wird, auf die Anwesenheit der oben erwähnten Methylketone zurückzuführen ist. Von H. SCHMALFUSS und A. TREU[3] wurde später aus dem rohen Sojaöl Methylnonylketon isoliert.

Der Zusammenhang dieser Beobachtungen mit dem biologischen Verderben der Fette ist durch eine Reihe von Arbeiten hergestellt worden, von denen hier vor allem diejenigen von M. STÄRKLE, von H. G. DERX, von O. ACKLIN, von O. ACKLIN und W. SCHNEIDER, von K. RICHTER und H. DAMM sowie von W. N. STOKOE zu nennen sind.

2. Reaktionsmechanismus und gebildete Abbauprodukte.

Das systematische Studium der Ketonbildung aus Fettsäuren auf biologischem Wege setzt mit den wertvollen Untersuchungen von M. STÄRKLE[4] ein. Durch Herausarbeitung der geeigneten Versuchsbedingungen gelang es ihm, die im rohen Cocosfett aufgefundenen Methylketone (Methylamyl-, Methylheptyl-, Methylnonyl- und Methylundecylketon) sowie andere Vertreter durch Schimmelpilze (*Penicillium*- und *Aspergillus*-Arten) auf einem geeigneten Nährsubstrat aus den entsprechenden Fettsäuren erzeugen zu lassen. Damit war gemäß der folgenden Aufstellung der Zusammenhang zwischen Methylketon und Fettsäure erwiesen:

Capronsäure	→ Methylpropylketon
Heptylsäure	→ Methylbutylketon
Caprylsäure	→ Methylamylketon
Pelargonsäure	→ Methylhexylketon
Caprinsäure	→ Methylheptylketon
Laurinsäure	→ Methylnonylketon
Myristinsäure	→ Methylundecylketon.

Dieser Umsatz wird von *Penicillium* unter bestimmten Bedingungen sowohl an den freien Fettsäuren (soweit es deren Giftigkeit zuläßt), an deren Ammoniumsalzen wie auch an den Triglyceriden (nach Verseifung) vollzogen. Bei Myristinsäure entsteht nur sehr wenig Keton; bei Palmitin-, Stearin-, Öl-, Linol- und Linolensäure ist der Prozeß bis jetzt noch nicht beobachtet worden.

---

[1] Compt. rend. Acad. Sciences **150**, 1013 (1910); **151**, 697 (1910); Chem. Ztrbl. 1910 II, 28, 1913.   [2] Journ. Soc. chem. Ind. **40**, 75 T (1921).
[3] Biochem. Ztschr. **189**, 49 (1927).   [4] Biochem. Ztschr. **151**, 371 (1924).

Soweit die bisherigen Erfahrungen reichen, vermögen aus Fett unter entsprechenden Bedingungen (Anwesenheit von Wasser und Stickstoffsubstanzen) folgende Kleinlebewesen Keton zu bilden: *Penicillium glaucum, Penicillium palitans, Penicillium camemberti, Aspergillus niger*; hierzu gesellen sich nach K. Richter und v. Lilienfeld-Toal[1] *Cladosporium, Dematium, Sachsia, Cephalothecium, Citromyces* usw. Voraussetzung dafür ist die Anwesenheit der Glyceride der Capron-, Capryl-, Caprin-, Laurin- oder Myristinsäure, d. h. jener Fettsäuren, die dem Ketonabbau zugänglich sind. Die sogenannte Ketonranzigkeit tritt deshalb im ausgesprochenen Maße bei Cocos- und Palmkernfett, bei Butter, bei Lorbeeröl sowie bei jenen Margarinesorten auf, die als Bestandteile Glyceride der vorgenannten Fettsäuren enthalten. Die Anwesenheit von Ketonen im rohen Sojaöl ist zunächst nicht verständlich. Man wird zu der Vermutung geführt, daß hier andere Umstände eine Rolle spielen.

Zur Erklärung des Reaktionsmechanismus der Ketonbildung knüpft man zweckmäßig bei dem von F. Knoop[2] entwickelten und eingehend begründeten sogenannten β-Abbau der gesättigten Fettsäuren an (vgl. S. 397).

Eine rein chemische Parallele[3] zum β-Abbau der Fettsäuren stellt die von H. D. Dakin[4] aufgefundene Reaktion dar, wonach gesättigte Fettsäuren in schwach ammoniakalischer Lösung bei vorsichtiger Oxydation mit verdünntem Hydroperoxyd in der Hitze zu den entsprechenden Methylketonen abgebaut werden. Die Ausbeuten sind allerdings gering; bei Anwendung von 2 Mol Hydroperoxyd auf 1 Mol Fettsäure erhält man an Keton unter 10% der Einwaage, wenn die Fettsäure höhermolekular ist als die Capronsäure; bei niedrigerem Molekulargewicht entstehen meist etwas mehr als 10%. Im Gegensatz zum biologischen Umsatz werden hierbei auch die Fettsäuren mit 16 Kohlenstoffatomen und mehr unter Methylketonbildung angegriffen.

Über den Mechanismus der Dakin-Reaktion läßt sich bisher nicht viel aussagen, da irgendwelche Zwischenprodukte, die eindeutige Schlußfolgerungen zulassen, noch nicht identifiziert worden sind. Die von W. N. Stokoe[5] nachgewiesene Anwesenheit von sekundären Carbinolen unter den Produkten der Fettsäureoxydation nach H. D. Dakin kann nicht als Beweis für das primäre Auftreten dieser Stoffe betrachtet werden, da sie ebensogut sekundär durch Reduktion aus den Methylketonen hervorgegangen sein können.

Die beiden vorerwähnten Umsetzungen, deren nahe Beziehungen zur „Ketonranzigkeit" offenkundig sein dürften, geben somit nur sehr wenig Anhaltspunkte für eine Diskussion der zu dieser Art des Verderbens führenden Vorgänge; man muß sich zunächst mit Analogieschlüssen weiterhelfen. Von M. Stärkle[6], ferner von P. D. Coppock, N. Subramamian und Th. K. Walker[7] sowie von Th. K. Walker und P. D. Coppock[8] wird als Intermediärprodukt die β-Oxyfettsäure angenommen. Diese Mutmaßung haben W. N. Stokoe[5] einerseits sowie O. Acklin bzw. O. Acklin und H. Schneider[9] anderseits zum Ausgangspunkt eingehender Untersuchungen gemacht. Letztere Forscher zeigten, daß *Penicillium glaucum* auf einem geeigneten Nährboden mit β-Oxycapronsäure zwar gedeiht, aber kein Keton erzeugt, während aus Capronsäure unter sonst gleichen Umständen reichliche Mengen von Methylpropylketon entstehen. Die Oxyfettsäure

[1] Heft 4 der Interessengemeinschaft der freien deutschen Öl- und Margarine-Ind. (Margöl). Hamburg. 1932.　　[2] Oxydationen im Tierkörper. Stuttgart: F. Enke. 1931.
[3] Beitr. chem. Physiol. Pathol. 11, 404 (1908).
[4] Journ. Amer. chem. Soc. 44, 41 (1910); Journ. biol. Chemistry 4, 77, 91, 221, 227, 235, 419 (1908); 5, 173, 303, 409 (1908); 6, 221, 235 (1909); 56, 43 (1923); 67, 341 (1926).
[5] Biochemical Journ. 22, 80 (1928).　　[6] Biochem. Ztschr. 151, 370 (1924).
[7] Journ. chem. Soc. London 1928, 1422.　　[8] Journ. chem. Soc. London 1928, 803.
[9] Biochem. Ztschr. 204, 253 (1929); 202, 256 (1928).

dürfte somit nicht als Zwischenprodukt beim Ketonabbau anzusehen, sondern biologisch anders zu bewerten sein. In dieser Beziehung ist die Feststellung von H. D. DAKIN aufschlußreich, wonach zwar die β-Phenylpropionsäure im Tierversuch erwartungsgemäß zur Benzoesäure abgebaut wird (Ausscheidung als Hippursäure), nicht aber die β-Phenyl-β-oxypropionsäure; letztere verläßt den tierischen Organismus in der Hauptmenge unverändert, erweist sich somit entgegen dem Verhalten in vitro im Körper als sehr stabil.

Die von M. STÄRKLE gemachte Annahme einer primären Bildung von β-Oxyfettsäure beim Ketonabbau hat somit wenig Wahrscheinlichkeit für sich. Es ist vielmehr daran zu denken, wie dies von W. N. STOKOE vertreten wird, daß diese Verbindungen wohl eher als Reduktionsprodukte der Ketone aufzufassen sind. Eine Vorstellung darüber, wie man sich den Abbau der Fettsäuren zu Methylketonen im Rahmen des biologischen Umsatzes auf Grund der Arbeiten von O. ACKLIN sowie von W. N. STOKOE vorzustellen hat, gibt das nachstehende Reaktionsschema[1]:

$$R \cdot CHOH \cdot CH_2 \cdot COOH \;\rightarrow\; H_2O + CO_2$$
$$(6) \qquad\qquad (7)$$
$$\uparrow\downarrow$$
$$R \cdot CH_2 \cdot CH_2 \cdot COOH \;\rightarrow\; R \cdot CO \cdot CH_2 \cdot COOH \;\rightarrow\; R \cdot COOH + CH_3COOH$$
$$(1) \qquad\qquad\qquad (2) \qquad\qquad\qquad (3)$$
$$\downarrow$$
$$R \cdot CO \cdot CH_3 + CO_2$$
$$(4)$$
$$\downarrow\uparrow$$
$$R \cdot CHOH \cdot CH_3$$
$$(5)$$

In diesem Schema ist die Folge (1), (2), (3) diejenige des normalen β-Abbaues der gesättigten Fettsäuren. Man beobachtet sie nach W. N. STOKOE z. B. auch unter der Wirkung von *Oidium lactis*.

Nach W. N. STOKOE kommt die anormale Reaktionsfolge (1), (2), (4) dadurch zustande, daß die freien Fettsäuren dem Mikroorganismus gegenüber eine gewisse „Giftwirkung" entfalten. Letztere steigt mit zunehmendem Molekelgewicht bis zur Caprylsäure an und nimmt bei den höheren Gliedern wieder ab. Dementsprechend tritt der „pathologische" Abbau der Fettsäuren am stärksten bei Capron-, Capryl- und Caprinsäure auf. Der biologische Umsatz der Palmitin-, Stearinsäure usw., die z. B. von *Aspergillus niger* als Kohlenstoffquelle benutzt werden, muß also, da hierbei Ketone bisher nicht nachgewiesen worden sind, andere Wege gehen. Wenn dies in der Richtung (1), (2), (3) erfolgt, wären allerdings durch den schrittweisen Abbau Fettsäuren mittlerer Molekülgröße zum mindesten intermediär zu erwarten, und damit sekundär auch Methylketone. Dieser Widerspruch mit der Theorie harrt noch der Aufklärung.

Bei der Reaktion (4), (5) handelt es sich um eine biologische Hydrierung, die z. B. für gärende Hefe sichergestellt ist[2]. Die von W. N. STOKOE erwiesene Anwesenheit von sekundären Methylcarbinolen in ketonranzigem Cocosfett findet auf diese Weise eine zwanglose Erklärung. Es sei hier ferner erwähnt, daß z. B. *Penicillium palitans* auf diesen sekundären Alkoholen gedeiht und die entsprechenden Methylketone erzeugt, ein Hinweis mehr für die Richtigkeit der eben erwähnten Annahme.

---

[1] K. TÄUFEL: Fettchem. Umschau **42**, 165 (1935).
[2] C. NEUBERG u. F. F. NORD: Ber. Dtsch. chem. Ges. **52**, 2237 (1919).

Physiologisch wichtig dürfte die Reaktionsfolge (1), (2), (6) sein, die, ohne daß auf Einzelheiten eingegangen werden soll, vielleicht einen Weg zum vollständigen Abbau eröffnet. Demgegenüber nimmt W. N. STOKOE an, daß die nach (6) vorhandene β-Oxyfettsäure in vivo decarboxyliert werden kann. Es müßte dabei ein sekundäres Methylcarbinol entstehen, dessen Dehydrierung wieder zum Methylketon führen würde.

Für die Erkennung des Wesens der „Ketonranzigkeit" sind auf Grund der vorstehenden Erörterungen folgende Punkte wichtig. Unter geeigneten Bedingungen tritt bei jenen Fetten, die Glyceride der Capron-, Capryl-, Caprin- und Laurinsäure enthalten[1], ein biologischer Abbau zu den entsprechenden Ketonen ein; bei Myristinsäure macht dieser Abbau nur geringe Fortschritte. Bei den niedriger- und den höher-molekularen Fettsäuren, deren Umsatz zu den zugehörigen Ketonen, z. B. nach H. D. DAKIN, chemisch möglich ist, geht die biologische Reaktion andere Wege.

3. Analytische Reaktionen und ihre Auswertung.

Der Nachweis der „Ketonranzigkeit" ist im Falle weit fortgeschrittener Verdorbenheit in einfacher Weise durch den Geruch zu erbringen, da die Methylketone schon in sehr niedriger Konzentration durch einen scharfen, durchdringenden, charakteristisch aromatischen Geruch („Parfümranzigkeit") hervortreten, den man früher fälschlicherweise mitunter wohl als „Estergeruch" gedeutet hat. Bei ausreichender Erfahrung ist die sinnesphysiologische Wahrnehmung recht empfindlich und eindeutig[2]. Für wissenschaftliche, insbesondere aber für praktische Zwecke, wenn die Erkennung einer beginnenden Ketonranzigkeit möglichst in den anfänglichen Stadien erfolgen muß (Haltbarkeit des Produktes, mögliche Infektion, Feststellung der Infektionsquelle, Aufschluß, ob ein Fett autoxydativ oder biologisch angegriffen wird), reicht die Geruchsprobe nicht aus.

Die analytisch-chemischen Möglichkeiten zum Nachweis von Ketonen sind relativ beschränkt. Die auf die Schwerlöslichkeit gewisser Umsetzungsprodukte (Oxime, Hydrazone, Semicarbazone, Phenylhydrazone, Bisulfitverbindungen) gegründeten Reaktionen scheiden als zu wenig empfindlich aus. Ähnliches gilt für die Bildung der von O. PILOTY und A. STOCK[3] angegebenen Bromnitrosoverbindung, die beim Ausschütteln mit blauer Farbe in den Äther übergeht, sowie für die zum Nachweis von Aceton benutzte und bewährte Reaktion mit Nitroprussidnatrium (LEGALsche Probe), die bei Ketonen mit längerer Kohlenstoffkette versagt. Man hat auch versucht, den spektralanalytischen Nachweis der Ketone nach E. JANTZEN und H. WITGERT[4] heranzuziehen; das Verfahren ist aber zu wenig empfindlich und außerdem apparativ zu kompliziert.

Einen für praktische Zwecke hinsichtlich Empfindlichkeit und Eindeutigkeit geeigneten Nachweis haben neuerdings K. TÄUFEL und H. THALER[5] angegeben. Sie gehen aus von Beobachtungen von R. FABINYI[6] sowie von H. DECKER und TH. v. FELLENBERG[7], wonach sich Salicylaldehyd mit Ketonen zu rotgefärbten

---

[1] Fettsäuren mit ungerader Anzahl von C-Atomen (Heptylsäure, Undecansäure, Tridecansäure usw.) werden ebenfalls unter Ketonbildung abgebaut.

[2] Nach H. SCHMALFUSS, H. WERNER u. A. GEHRKE (Marg.-Ind. **26**, 261 [1933]) wird von einem geübten Prüfer ein Speisefett als ketonig riechend und schmeckend empfunden, wenn es 4 γ Methyl-heptylketon oder Methyl-nonylketon in 1 g enthält; ein ungeübter Prüfer stellt erst von etwa 60 γ Keton in 1 g Fett ab eine Ketonigkeit fest.

[3] Ber. Dtsch. chem. Ges. **35**, 3093 (1902); Erfassungsgrenze bei Aceton bei einer Verdünnung von etwas mehr als 1 : 5000.

[4] H. WITGERT: Dissertation, Hamburg. 1932.   [5] Chem.-Ztg. **56**, 265 (1932).

[6] Chem. Ztrbl. **1900 II**, 301.   [7] LIEBIGS Ann. **364**, 1 (1909).

Kondensationsprodukten verbinden läßt. Vor Anstellung der Reaktion trennt man die Ketone (mit anderen flüchtigen Stoffen) durch eine Wasserdampfdestillation von den nichtflüchtigen Begleitern ab. Die Versuchsdurchführung gestaltet sich etwa folgendermaßen:

Ein Fraktionierkolben von etwa 200 cm³ Inhalt, der mit eingeschliffenem Stopfen versehen ist und an seinem seitlichen Ansatzrohr einen kurzen LIEBIG-Kühler trägt, wird mit etwa 160 cm³ destilliertem Wasser beschickt. Man destilliert nach Zugabe einiger Siedesteinchen in ein Reagenzglas 25—30 cm³ ab. Hierzu setzt man 0,4 cm³ reinsten Salicylaldehyd, der durch kräftiges Schütteln in der Flüssigkeit emulgiert wird. Nach dem Absitzen des Aldehyds wird das überstehende Wasser bis auf etwa 4 cm³ abgegossen, der Aldehyd aufs neue im Rest vollständig verschüttelt und in die gleichmäßige Emulsion konz. Schwefelsäure (2 cm³) gegeben. Diese darf nicht an der Wand des Reagenzglases entlang fließen, sondern soll in einem Strahl in die Mitte des Reaktionsgemisches treffen. Nun schüttelt man rasch und kräftig um. Der nach kurzer Zeit oben abgeschiedene Salicylaldehyd ist bei Verwendung eines genügend reinen Präparates sowie bei Einhaltung der angegebenen Vorsichtsmaßregeln gelblich bis höchstens eben wahrnehmbar rosa gefärbt.

Nach diesem Blindversuch gibt man in den Destillationskolben, der noch etwa 130 cm³ Wasser enthält, eine entsprechende Menge (meist reichen 5 g aus) des Untersuchungsmaterials (nötigenfalls vorsichtig geschmolzen) mit einem langen Trichter hinein. Man destilliert wie beim Leerversuch 25—30 cm³ Flüssigkeit ab, setzt 0,4 cm³ Salicylaldehyd hinzu, schüttelt kräftig bis zur Emulsionsbildung um, gießt nach dem Absitzen des Aldehyds das überstehende Wasser bis auf etwa 4 cm³ ab, emulgiert erneut, setzt 2 cm³ konz. Schwefelsäure zu und schüttelt kräftig um. Enthielt das Fett Ketone, so ist die sich oben absondernde Aldehydschicht deutlich rosa bis tief rot gefärbt. Es ist unter Umständen angezeigt, die Reaktionsgläser beim Leer- und beim Hauptversuch 15 Minuten lang in ein siedendes Wasserbad zu stellen, wodurch die Farbe deutlicher hervortritt.

Die Vorschrift gestattet, wie auch die Veröffentlichungen von SCHMALFUSS und seinen Mitarbeitern über Ketonbildung in Fetten beweisen, die Erfassung von 5 γ Keton, d. h. in einer Verdünnung von 1 : 1000000 ist der Versuch bei Anwendung von 5 g Untersuchungsmaterial ausführbar. Die große Empfindlichkeit der Reaktion bedingt strikte Einhaltung der angegebenen Vorschriften. Es muß insbesondere auf jeden Fall vermieden werden, daß die konzentrierte Schwefelsäure auf Tröpfchen von Salicylaldehyd trifft, da hierdurch ein Umsatz unter Hervorbringung leichter Rotfärbungen zu gewärtigen ist.

Die auftretenden roten Farbtöne schwanken mit der Kettenlänge der Ketone. Die orangene Farbe beim Aceton vertieft sich bis zu einem satten Himbeerrot beim Methylnonylketon; bei noch höheren Gliedern ist eine weitergehende Farbvertiefung mit dem Auge nicht mehr wahrnehmbar. Was die Spezifität der Salicylaldehydreaktion anlangt, so haben K. TÄUFEL und H. THALER[1] nach ihrer Arbeitsweise insgesamt 60 verschiedene Verbindungen geprüft. Dabei trat, bis auf einige wenige Ausnahmen, deutlich hervor, daß die Bildung eines roten Kondensationsproduktes die Atomanordnung —$CH_2 \cdot CO \cdot CH_2$— zur Voraussetzung hat, daß also der Nachweis der Ketone mit dieser Reaktion recht zuverlässig und eindeutig ist.

Von H. SCHMALFUSS, H. WERNER und A. GEHRKE[2] wurde die Salicylaldehydreaktion im Hinblick auf eine immerhin mögliche Störung bei Verwendung von konz. Schwefelsäure wie folgt abgeändert.

Ein Rundkolben von etwa 100 cm³ Inhalt wird mittels Stopfens mit einer Spritzfalle versehen und an einen senkrecht absteigenden Kühler (30 cm lang) angeschlossen. Der Apparat wird ausgedämpft und auf Ketonfreiheit geprüft.

---

[1] Ztschr. physiol. Chem. 212, 256 (1932).
[2] Marg.-Ind. 25, 215 (1932).

Man gibt dann in den Kolben 10—25 g Fett, 25 cm³ gesättigte Kochsalzlösung, einige Siedesteinchen und erhitzt auf dem Asbestdrahtnetz zum Sieden
(eventuell indirekte Erhitzung in einem Bad). Die ersten 4 cm³ des Destillates werden
einzeln in gut gereinigten Reagenzgläsern aufgefangen. Zu jeder Probe setzt man
0,2 cm³ reinen Salicylaldehyd sowie 3 cm³ rauchende Salzsäure, schüttelt um und
erhitzt über freier Flamme bis zum beginnenden Sieden. Nach 1 Minute setzt man
$^1/_2$ cm³ Chloroform zu und schüttelt vorsichtig um. Ist Keton zugegen, so ist die
Chloroformschicht nach dem Absitzen rot gefärbt, sonst aber farblos. Bei kleineren
Mengen Keton wartet man zweckmäßig 3 Minuten bis zur Beurteilung.

Dieser modifizierten Arbeitsweise haben H. SCHMALFUSS, H. WERNER und
A. GEHRKE[1] späterhin noch eine Vorschrift für kleinere Mengen Keton folgen
lassen, wegen deren Einzelheiten auf die Originalstelle verwiesen sei. Nach den
Angaben der Autoren sind auf diese Weise noch rund 2 γ Keton erfaßbar.

4. Das biochemische Verderben in seiner Bedeutung für die Praxis.

In der unter dem Einfluß biologischer Faktoren erfolgenden Umsetzung des
Fettes bzw. der Fettsäuren zu Ketonen ist, wirtschaftlich gesehen, ein großes
Gefahrenmoment zu erblicken. Gerade jene Fette, die in der Ernährung eine
bedeutsame Rolle spielen, nämlich Butter und Margarine, erfüllen hinsichtlich ihrer
Bestandteile (Wasser, Eiweißstoffe, Kohlehydrate) alle Bedingungen für die
Lebenstätigkeit und Entwicklung von Kleinlebewesen. Es kommt hinzu, daß
hier meist gerade jene Fettsäuren vorhanden sind, deren besondere Bereitschaft zum
Ketonabbau früher schon hervorgehoben wurde. So leuchtet es ein, daß vor
allem in den warmen Sommermonaten durch die Ketonranzigkeit der Fette
großer wirtschaftlicher Schaden angerichtet wird.

Bei anderen wichtigen Nahrungsmitteln, insbesondere bei der Bereitung von
Käse, wird dagegen die „Ketonranzigkeit" vielfach bewußt herbeigeführt. Während
bei vielen Sorten die Mitwirkung der Schimmelpilze bei der Herstellung ge-
wissermaßen fakultativ, also nicht bestimmend ist, lenkt man bei anderen Arten
(Roquefort, Gorgonzola, Stracchino, Stilton, Camembert) den Reifeprozeß durch
Einimpfen derselben in bestimmte Bahnen. Die Kleinlebewesen finden in der
Käsemasse für ihre Entwicklung alle Bedingungen erfüllt und erzeugen aus den
Fettsäuren des Milchfettes neben anderen Produkten auch die entsprechenden
Methylketone. Letztere aber sind es, die den betreffenden Käsesorten durch
Geruch und Geschmack einen spezifischen Charakter erteilen. Es ist das große
Verdienst von M. STÄRKLE[2], im Falle des Roquefortkäses die Anwesenheit von
Methylketonen erwiesen zu haben. Damit ist die früher allgemein gemachte An-
nahme, daß Ester die Ursache des Aromas seien, endgültig widerlegt. Man geht
wohl kaum fehl, wenn man ferner die Vermutung ausspricht, daß die Methyl-
ketone auch bei anderen Lebensmitteln an der Aromabildung beteiligt sind.

b) Hydrolytischer Abbau der Fette durch Mikroorganismen.

Im Abschnitt A, b wurden bereits die Grundtatsachen über die Beteiligung
von hydrolytischen Prozessen am Verderben der Fette erwähnt. Auf biologischem
Wege können diese Umsetzungen nur dann ein beträchtliches Ausmaß annehmen,
wenn die Mikroorganismen auf dem fetthaltigen Substrat die ihnen zusagenden
Bedingungen finden. Dies ist vor allem bei den wasserhaltigen Fetten Butter
und Margarine der Fall, und hier kann es zu einem üppigen Wachstum und
damit zu einem tiefgehenden chemischen Umsatz kommen. Die vorhandenen
niedrigmolekularen Fettsäuren werden partiell in Freiheit gesetzt. Es treten

---

[1] Marg.-Ind. **25**, 265 (1932).   [2] Biochem. Ztschr. **151**, 410 (1924).

Veränderungen im Geruch und Geschmack auf, und die sinnesphysiologischen Merkmale der Verdorbenheit sind erfüllt.

Ein besonderes Interesse haben diese hydrolytischen Prozesse, wie neuerdings festgestellt worden ist[1], bei der mit Cocosfett hergestellten Margarine erlangt. Hier sind es vor allem (nichtgärende) Kahmhefe, (rote) Torula sowie Monilia, die nach den angestellten Untersuchungen eine außerordentlich nachteilige Geschmacksveränderung auslösen; letztere bezeichnet man in der Praxis mit dem Fachausdruck ,,seifiger Geschmack".

C. Sonstige Arten des Verderbens der Fette.

Bei den bisherigen Erörterungen über Ursache und Angriffspunkt der zum Verderben der Fette führenden Vorgänge waren zunächst die Fettsäuren in den Mittelpunkt des Interesses gerückt worden. Es wurde vor allem jener Teil der Umsetzungen dargestellt, der chemisch einigermaßen durchsichtig ist; die Möglichkeit noch anderer Prozesse mußte ausdrücklich offen gelassen werden.

Es erhebt sich nun die Frage, ob und inwieweit die zweite Komponente der Fette, das Glycerin, als Ursache für das Verderben in Betracht zu ziehen ist. Im veresterten Zustand, d. h. als Triglycerid, dürfte es einem chemischen Umsatz kaum ausgesetzt sein. Wenn es aber durch hydrolytische Einflüsse teilweise oder ganz in Freiheit gesetzt ist, dann sind infolge seiner großen Reaktionsfähigkeit rein chemische wie auch biologische Umsetzungen recht wohl zu erwarten. Als Kohlenstoffquelle kann das Glycerin bekanntlich leicht von den Mikroorganismen in den Stoffwechsel einbezogen werden, während es anderseits auf Grund seiner leichten Oxydierbarkeit[2] dem Angriff durch den Luftsauerstoff unter entsprechenden Bedingungen ausgesetzt ist.

Experimentell begründete Tatsachen über das Fettverderben durch einen biologischen Umsatz des Glycerins sind bisher nicht bekannt geworden. Man weiß weder etwas über daraus gebildete, sinnesphysiologisch hervortretende Reaktionsprodukte noch etwas über die von den Kleinlebewesen gleichzeitig ausgeschiedenen Stoffe.

Über die Möglichkeiten eines chemischen Umsatzes des Glycerins haben neuerdings D. HOLDE, W. BLEYBERG und G. BRILLES[3] berichtet. Sie gingen von der Auffassung aus, daß durch partielle Hydrolyse der Triglyceride freie reaktionsfähige Hydroxyle vorhanden sein könnten. An reinem Dicaprin, das bei Luftzutritt mit ultraviolettem Lichte bestrahlt wurde, verliefen erwartungsgemäß sowohl die KREIS-Reaktion wie auch die Peroxydprobe negativ, die Reaktion mit ammoniakalischer Silberlösung (Reduktionsprobe) aber ging positiv aus. Unter den gewählten Versuchsbedingungen erfolgte also wohl eine Oxydation der Alkohol- zur Aldehydgruppe. Ob damit eine geschmackliche Veränderung verknüpft ist, wurde nicht untersucht. Die hier angedeutete Möglichkeit einer Beteiligung des Glycerins am Verderben der Fette dürfte aber von untergeordneter Bedeutung sein; selbst sehr alte Fette, die weitgehend autoxydiert sind, zeigen einen unveränderten Gehalt an Glycerin[4]. Letzteres dürfte also, ähnlich wie beim Trocknen[5] der Öle, auch bei den Vorgängen der Autoxydation chemisch nicht in nennenswertem Ausmaße angegriffen werden.

---

[1] A. HUESMAN: Dissertation, Kiel. 1926. — K. RICHTER u. H. DAMM: Dtsch. Marg.-Ztschr. 21, Nr. 12 (1932); ferner: Die mikrobiologische Fettzersetzung. Milchwirtsch. Literaturbericht Nr. 76 vom 28. 9. 1933.
[2] C. C. PALIT u. N. R. DHAR: Photochemische und induzierte Oxydation von Glycerin durch Luft. Ztschr. anorgan. allg. Chem. 191, 150 (1930).
[3] Allg. Öl- u. Fett-Ztg. 28, 3, 25 (1931).
[4] Vgl. z. B. K. TÄUFEL u. J. CEREZO: Anales Soc. Española Fisica Quim. 25, 349 (1927).
[5] Vgl. J. D'ANS: Chem. Umschau Fette, Öle, Wachse, Harze 34, 302 (1927).

Der Vollständigkeit halber sei hier ferner darauf hingewiesen, daß auch die als ständige oder zufällige Begleiter der Fette in Betracht zu ziehenden Stoffe gegebenenfalls an der Verdorbenheit beteiligt sein können. So enthält bekanntlich jedes Speisefett gewisse Geruchs- und Geschmacksstoffe, die seinen Charakter mit bedingen. Diese Stoffe sind aller Wahrscheinlichkeit nach sehr reaktionsfähig, insbesondere wohl oft autoxydabel. Nach erfolgtem Umsatz könnten sie recht wohl zu Trägern von veränderten sinnesphysiologischen Eigenschaften werden. Wenn auch hierüber sichere Erfahrungen nicht vorliegen, so ist diese Möglichkeit doch ins Auge zu fassen, und bei der Empfindlichkeit und traditionellen Einstellung unserer Sinne könnten aus kleinen Ursachen mitunter sehr große Wirkungen entstehen. Bei einer solchen Betrachtungsweise wird das Gebiet des Verderbens der Fette in seiner Mannigfaltigkeit fast unübersehbar.

D. Haltbarmachung der Fette.

Wie wiederholt hervorgehoben, verfolgt die Beschäftigung mit den Fragen nach der Ursache des Verderbens der Fette im wesentlichen zwei Ziele. Es ist dies erstens die theoretische Seite des Problems, das sicherlich zu den biologisch-oxydativen Umsetzungen der Fette in gewisser Beziehung steht, zweitens sind hierbei praktische und wirtschaftliche Erwägungen wegleitend. Durch das Verderben entstehen Verluste, ohne daß man bisher imstande ist, die geeigneten Gegenmaßnahmen im erforderlichen Ausmaß zu ergreifen. Zwangsläufig wird deshalb die Forschung vor die Aufgabe gestellt, das Problem der Haltbarmachung der Fette von der Stufe der reinen Empirie auf jene der wissenschaftlich begründeten Beobachtung zu heben. Dies kann aber nur auf der Grundlage der chemischen Aufkärung, der Kenntnis von Ausgangspunkt, Weg und Ende der chemischen Umsetzung erfolgen. Was an wichtigen Gesichtspunkten in dieser Beziehung vorliegt, ist nachstehend, gegliedert nach dem rein chemischen und nach dem biologischen Verderben, im Überblick zusammengestellt.

a) Haltbarmachung gegen das autoxydative Verderben.

Die Haltbarmachung der Fette gegen das autoxydative Verderben muß entsprechend den Erörterungen im Abschnitt A, a, 3 in erster Linie auf eine Hemmung, richtiger Verzögerung der Autoxydation hinauslaufen.

An Hand graphischer Darstellungen ist früher der katalytische Einfluß des Lichtes auf die Autoxydation gezeigt worden. Durch unmittelbares Sonnenlicht wird die Geschwindigkeit gegenüber der Dunkelreaktion auf ein erhebliches Vielfaches gesteigert. Man versteht diese Wirkung, wenn man sich klar macht, daß es sich um eine Kettenreaktion handelt. Durch ein Lichtquant wird eine große Anzahl von Molekülen aktiviert und dadurch der Autoxydation zugänglich gemacht. Neben dem ultravioletten Licht ist, wie früher schon erwähnt, aus dem sichtbaren Teil des Spektrums vor allem die gelborangene Zone (etwa 6000 bis 6500 Å) sehr wirksam. Der grüne Bereich (5000—5500 Å) sowie das Rot (ab etwa 6800 Å) katalysieren wenig. Die Haltbarmachung erfordert eigentlich einen Ausschluß des Lichtes, was vielfach in der Praxis nicht oder nur teilweise durchführbar ist. Es ergibt sich jedoch die Möglichkeit, solche Umhüllungen für die Lebensmittel zu wählen, die den gefährlichen gelborangenen Bereich absorbieren[1] oder reflektieren, also z. B. ein grünes oder ein dunkelrotes Papier.

In ähnlicher, wenn auch viel geringerer Weise mag die Temperatur auf die Autoxydation Einfluß nehmen, und darüber hinaus auch auf die sich anschließende

---

[1] Coe u. Le Clerc: Cereal Chem. **9**, 519 (1932). — C. H. Lea: Journ. Soc. chem. Ind. **52**, 146 T (1933). — W. L. Davies: Chem. Ztrbl. **1935 I**, 2615.

Molekelaufspaltung. Exakte Untersuchungen liegen auf diesem Gebiete nicht vor. Die Folgerung für die Praxis ist die einer kühlen Lagerung der Fette.

In Abschnitt A, a, 3 wurde das Grundlegende über die durch gewisse Stoffe hervorgerufene positive Katalysierung der Autoxydation dargestellt. Die gegenteilige Frage nach den „Inhibitoren" der Sauerstoffaufnahme oder, wie man auch sagt, nach den „Paralysatoren" (H. WIELAND) bzw. nach den „Antioxydantien" muß hier diskutiert werden. Darüber ist, seit vor allem CH. MOUREU, CH. DUFRAISSE und Mitarbeiter[1] dieses Wissensgebiet erschlossen haben, theoretisch und praktisch manches Neue bekannt geworden. Im Hinblick auf die Haltbarmachung der Fette hat man in den letzten Jahren eine sehr große Anzahl der zugänglichen Verbindungen und Stoffgemische auf ihre Wirkung untersucht. Fast ununterbrochen werden neue Patentanmeldungen auf diesem Gebiete bekannt. Vor allem sind gewisse mehrwertige Phenole brauchbar. Eine angenähert quantitative Vorstellung über die Größe der verzögernden Wirkung solcher Stoffe gibt die nachstehende Abb. 35, die der schon öfter erwähnten Arbeit von W. FRANKE[2] entnommen ist. Es handelt sich hierbei um die Sauerstoffaufnahme von „Leinölsäure" (*Ac. linolicum* Kahlbaum), gemessen bei 25° C in reiner Sauerstoffatmosphäre in Schüttelgefäßen nach O. WARBURG. Die Inhibitoren wurden in einer Konzentration von je $1{,}2 \cdot 10^{-5}$ Mol in Anwendung gebracht. Pyrogallol ist nicht eingezeichnet; es entspricht etwa dem stark wirkenden Adrenalin; das schon von CH. MOUREU ebenfalls eingehend geprüfte Jod, das aber auch positiv wirken kann[3], ist etwa dem Brenzkatechin gleichzustellen.

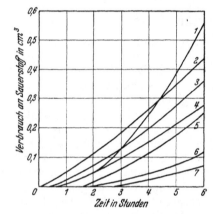

Abb. 35. Sauerstoffaufnahme von Leinölsäure bei Gegenwart von Inhibitoren.

Erläuterungen: Kurve 1: Kein Zusatz, reine Leinölsäure (Acid. linolicum Kahlbaum). Kurve 2: Zusatz von Chinon. Kurve 3: Zusatz von Hydrochinon. Kurve 4: Zusatz von Brenzkatechin. Kurve 5: Zusatz von Phenol. Kurve 6: Zusatz von Resorcin. Kurve 7: Zusatz von Adrenalin. Die Inhibitoren sind in einer Konzentration von $1{,}2 . 10^{-5}$ Mol angewendet.

Aus Abb. 35 geht hervor, daß der paralysierende Einfluß der geprüften Stoffe sehr verschieden ist.

Die Erscheinungen der negativen Katalyse der Autoxydation der Fette sind theoretisch außerordentlich schwer zu fassen. Die naheliegende Frage, warum unter den relativ leicht oxydierbaren Stoffen etwa vom phenolischen oder vom chinoiden Charakter sich die einen positiv, die anderen negativ auswirken, kann bisher einigermaßen befriedigend nicht beantwortet werden. N. A. MILAS[4] will eine besonders labile Elektronenkonfiguration des am Benzolkern sitzenden Sauerstoffes als Erklärung heranziehen, während K. ZIEGLER[5] die Inhibitoren unter den Verbindungen mit leicht beweglichen Wasserstoffatomen gesucht wissen will. Auch H. A. MATTILL[6] versucht, eine elektronentheoretische Inter-

[1] Compt. rend. Acad. Sciences (I), **174**, 258 (1922); Bull. Soc. chim. France (I), **35**, 446; (II), **35**, 1073, 1564, 1572, 1591 (1924); Journ. Soc. chim. Ind. 47, 819, 849 (1928); Chem. Reviews **3**, 113 (1926).

[2] LIEBIGS Ann. **498**, 151 (1932).   [3] Compt. rend. Acad. Sciences 176, 797 (1923).

[4] Publ. Massachusetts Inst. Techn. 65, 1204 (1924).   [5] LIEBIGS Ann. **504**, 162 (1933).

[6] Journ. biol. Chemistry 90, 141 (1931). — Nach H. A. MATTILL stehen bei Butterfett und Lebertran die antioxygenen Wirkungen von Hydrochinon, Brenzkatechin und Resorcin zueinander im Verhältnis von rund 120 : 55 : 1. — Nach A. M. WAGNER u. J. C. BRIER (Ind. engin. Chem. **23**, 662 [1931]) ergeben sich folgende Verhältnisse: Hydrochinon : Pyrogallol : α-Naphthol : Resorcin = 100 : 70 : 40 : 4.

pretation zu geben. Aber alle diese Vorstellungen scheinen vorzeitig zu sein. Aus Abb. 35 ersieht man, daß nicht einmal zwischen Größe der Wirkung und Zahl der vorhandenen Oxygruppen eine klar hervortretende Gesetzmäßigkeit besteht. Hydrochinon und Brenzkatechin verzögern im Fall der Leinölsäure weniger als Phenol, während das Resorcin seinerseits das Phenol weit übertrifft. Die stark antioxygene Wirkung des Resorcins findet sich nicht wieder beim Phloroglucin, das von erheblich geringerem Einfluß ist. Beim Hydrochinon und noch mehr beim Chinon fällt die gegenüber der reinen Leinölsäure verzögert einsetzende Hemmung auf. Sie wird erst deutlich, nachdem im Reaktionsgemisch, wie die auftretende Verfärbung zeigt, gewisse, vielleicht huminartige Produkte gebildet sind, die an der Inhibitorwirkung beteiligt sein dürften. Auch bei Brenzkatechin und Adrenalin stellen sich derartige Verfärbungen ein; im Gegensatz dazu zeigt z. B. das stark hemmende Resorcin diese Erscheinung ähnlich wie das Pyrogallol nicht. Die naheliegende Vermutung, zwischen Autoxydierbarkeit und antioxygener Wirkung eine Parallele zu ziehen, dürfte sich somit ebenfalls nicht bestätigen; vgl. hierzu auch die Ausführungen bei K. BODENDORF: Ber. Dtsch. chem. Ges. 66, 1608 (1933). Auf die in physiologischer Hinsicht sehr interessante Inhibitionswirkung des Adrenalins ist hier nicht näher einzugehen.

Es leuchtet ein, daß es schwer hält, bei der Mannigfaltigkeit der Beobachtungen eine allgemein gültige Erklärung zu finden. Von CH. MOUREU, CH. DUFRAISSE und Mitarbeitern ist eine chemische Theorie der Hemmungserscheinungen entwickelt worden. Sie läuft im Prinzip darauf hinaus, einen Umsatz der Peroxyde des Fettes mit dem „Antioxygen" anzunehmen, wodurch der primär „aktivierte" Sauerstoff sekundär in „inaktiver" Form als molekularer Sauerstoff in Freiheit gesetzt wird, etwa nach folgender schematischer Darstellung. Allerdings ist das Auftreten von gasförmigem Sauerstoff bisher nicht nachgewiesen worden. Auch findet in dieser Hypothese die Tatsache keine Berücksichtigung, daß der Inhibitor allmählich chemisch umgesetzt wird und dadurch seine Wirksamkeit verliert.

$$A + O_2 \;\rightarrow\; A(O_2); \quad A(O_2) + B \;\rightarrow\; A(O) + B(O)$$
$$A(O) + B(O) \;\rightarrow\; A + B + O_2$$

Hier sollen A das autoxydable Fett und B das Antioxygen bedeuten.

Wie im Abschnitt A, a, 3 schon dargestellt, faßt man gegenwärtig die Autoxydation als Kettenreaktion[1] auf, bei der die angeregten Molekel (z. B. durch Licht) ihre Anregungsenergie fortlaufend anderen Molekülen mitteilen. Die Wirkung der Inhibitoren besteht dann darin, daß sie, ohne daß bisher eine befriedigende Deutung gegeben werden konnte, die Aktivierungsenergie auf sich lenken, angeregte Molekel also desaktivieren. Das Ausscheiden derselben bringt nun Reaktionsketten zum Abbruch, womit der weitreichende Einfluß der Antioxygene verständlich wird[1].

Weder nach den Vorstellungen der chemischen Theorie von CH. MOUREU noch nach denjenigen der Theorie der Kettenreaktion ist vorauszusehen, warum der eine Stoff positiv, der andere negativ wirkt, warum ein Stoff bald positiv, bald negativ wirken kann. Beim Aufsuchen neuer, brauchbarer „Antioxygene" ist man nach wie vor, wenn auch einige Faustregeln (z. B. mehrwertige Phenole) gegeben werden können, im allgemeinen auf die Erfahrung angewiesen.

Es würde hier zu weit führen, wollte man alle jene Stoffe im einzelnen aufzählen, die auf Grund ihrer Hemmungseigenschaften als „Antioxygene" im Schrifttum sowie in der Patentliteratur[2] angegeben worden sind.

---

[1] Vgl. vor allem H. BÄCKSTRÖM u. Mitarbeiter: Journ. Amer. chem. Soc. 51, 90 (1929); Journ. physical Chem. 35, 2530 (1931).
[2] Vgl. z. B. CH. MOUREU u. CH. DUFRAISSE: Engl. P. Nr. 181365.

Als wichtigste Vertreter, die teilweise wohl auch praktische Verwendung finden, seien hier nur genannt[1]: Adrenalin, Thyroxin[2], Resorcin, Phenol, Brenzkatechin, Hydrochinon, Maltol, α-Naphthol, β-Naphthol, Benzochinon, β-Naphthochinon, asymmetrisches Diphenylhydrazin, α-Naphthylamin, Anilin, die Toluidine, die Nitraniline, Thymol, Eugenol, Isoeugenol, Gemische aus Tri- und Diäthanolamin (amerik. P. Nr. 1 822 934), ferner mehrbasische aliphatische Säuren bzw. ihre Ester oder Salze[3] (z. B. Maleinsäure[4], ihr Anhydrid, ihr Äthylester, ihr Natriumsalz; Fumarsäure, Aconitsäure, Citraconsäure, Itaconsäure), Kondensationsprodukte aus Pyrogallol und Aceton, Dioxynaphthalin[5], Stoffe von der Konstitution[6] $X—Ar—Y—Z$ (wobei Ar den aromatischen Rest, X die OH-, NH_2-, C_nH_{2n+1}-Gruppe, Y die Methylen- oder Iminogruppe oder den Sauerstoff und Z die NH_2-, $C_nH_{2n+1}O$-Gruppe oder Wasserstoff bedeuten). Nach einer privaten Mitteilung von AD. GRÜN wirken Halbäther zweiwertiger Phenole, wie Guajakol und C-Alkylguajakole, oxydationshemmend, wobei die Wirksamkeit mit der Länge der Kohlenstoff-Kette, wenigstens bis zum n-Amyl, zunimmt. Hier sei ferner auf die Patente von Swift & Co., Chicago, hingewiesen[7]. Man hat auch vorgeschlagen, den Fetten carotinhaltige Stoffe (Palmöl) zuzusetzen und das entsäuerte Gemisch zu hydrieren. Dabei sollen aus dem Carotin antioxygen wirkende Stoffe entstehen[8]. Eine zusammenfassende Studie über die Antioxygene verdankt man u. a. A. BOUTARIC[9].

Es darf nicht verschwiegen werden, daß die Angaben der Literatur über die Wirkung der vorher aufgezählten Antioxygene recht widerspruchsvoll lauten und daß sich viele Beobachtungen und Behauptungen ungeklärt gegenüberstehen. Man gewinnt dafür ein gewisses Verständnis, wenn man berücksichtigt, daß die Messung der Hemmung von den verschiedenen Forschern vielfach nach verschiedenen Arbeitsverfahren vorgenommen worden ist (direkte Sauerstoffaufnahme, Sinken der Jodzahl, Gewichtszunahme, Messung des aktiven Sauerstoffes, Intensität der Farbe der KREIS-Reaktion usw.). Auf Grund der früheren Ausführungen aber wird durch diese verschiedenen Methoden auch etwas Unterschiedliches angezeigt. Es kommt hinzu, daß das zu untersuchende Reaktionssystem meist heterogen, also schlecht reproduzierbar ist, daß die Neutralfette sich anders verhalten als die freien Fettsäuren, daß der Zustand des Fettes nicht gleichbleibend, sondern je nach dem Alter eine variable Größe ist usw.

Die Erfahrung lehrt, daß die stark sauerstoffempfindlichen Fette (z. B. Leinöl), solange sie im Nährgewebe des Samens gespeichert liegen, sehr beständig sind, daß sie insbesondere auch bei der Reifung, während der Licht und Luft intensiv einwirken, dem Angriff durch Sauerstoff nicht anheimfallen. Zwanglos wird man zu der Vermutung geführt, daß die Natur über Vorrichtungen verfügen muß, die eine „Haltbarmachung" des Fettes während der Speicherperiode gewährleisten, die aber während der Keimung und dem dabei erforderlichen Fettumsatz außer Tätigkeit gesetzt werden. Es müssen also von Haus aus, das ist

[1] B. Y. RIGAKUSI: Chem. Umschau Fette, Öle, Wachse, Harze 38, 297 (1931). — Y. TANAKA u. M. NAKAMURA: Ebenda 39, 86, 137 (1932). — H. A. MATTILL: Journ. biol. Chemistry 90, 141 (1931). — W. J. HUSA u. L. M. HUSA: Journ. Amer. pharmac. Assoc. 15, 1071 (1926); 17, 243 (1928).
[2] Ztschr. physiol. Chem. 219, 237 (1933).   [3] Amer. P. Nr. 1 898 363.
[4] H. O. TRIEBOLD, R. E. WEBB u. W. J. RUDY: Cereal Chem. 10, 263 (1933).
[5] Franz. P. Nr. 736 984. — Chem. Ztrbl. 1932 I, 3262.   [6] Chem. Ztrbl. 1932 II, 3498.
[7] Z. B. D. R. P. 53 h. 1/10 Nr. 104 312; Amer. P. Nr. 903 926 (Zusatz von Naturharzen, z. B. Guajakharz). — Chem. Ztrbl. 1933 I, 3382.
[8] Allg. Öl- u. Fett-Ztg. 29, 636 (1932).
[9] Ind. chimique 19, 722, 802. Vgl. auch die Aufzählung in Allg. Öl- u. Fett-Ztg. 30, 546 (1933).

die einfachste Annahme, fetteigene, natürliche „Antioxygene" vorhanden sein, wie dies bereits vor Jahren von AD. GRÜN[1] mitgeteilt wurde. Das Studium der einschlägigen Fragen ist wichtig für das Problem der Haltbarmachung der Fette und Öle. Unter diesen Gesichtspunkten ist in den letzten zehn Jahren manche Experimentaluntersuchung ausgeführt worden; vor allem die Dauer der „Induktionsperiode" der Autoxydation ist ein approximativer Ausdruck für diese Hemmung.

Von G. E. HOLM, G. R. GREENBANK und E. F. DEYSHER[2] wurde die Beobachtung gemacht, daß die Induktionsperiode beim rohen Baumwollsamenöl gegen die Norm wesentlich abgekürzt wird, wenn man das Produkt mit Alkali entsäuert oder mit Bleicherde behandelt. H. A. MATTILL und B. CRAWFORD[3] stellten Ähnliches bei der Raffination des rohen Maisöles fest. Sie glaubten zunächst, diesen Einfluß dem im Maisöl enthaltenen Phytosterin zuschreiben zu müssen. H. A. MATTILL[4] konnte aber zeigen, daß sowohl das reine Cholesterin wie auch das Sitosterin antioxygen nicht wirksam sind. Es müssen demnach in den untersuchten Ölen (Weizenkeim- sowie Maisöl) von Natur aus irgendwelche andere Inhibitoren vorhanden sein. Auf etwas anderem Wege ist T. P. HILDITCH[5] mit seinen Mitarbeitern zu ähnlichen Vorstellungen gelangt.

T. P. HILDITCH und J. J. SLEIGHTHOLME[6] untersuchten auf die Fähigkeit zur Sauerstoffaufnahme[7] vier Öle (Olivenöl, Leinöl, Holzöl und Lebertran), die durch Verseifung daraus gewonnenen Gesamtfettsäuren, ferner die Methylester derselben vor und nach der Destillation sowie die aus den Gesamtfettsäuren durch Wiederveresterung hergestellten Glyceride. Es wurde besonders die erste Phase der Sauerstoffaufnahme verfolgt; aus den Versuchsergebnissen ist die nachstehende Tabelle 74 zusammengestellt.

Tabelle 74. Sauerstoffaufnahme bei verschiedenen Ölen bzw. ihren Gesamtfettsäuren oder Estern.

Untersuchungsmaterial	Zeit bis zur Aufnahme von 50 cm³ Sauerstoff bei 100⁰ (Olivenöl und Lebertran) bzw. 70⁰ (Leinöl) für 10 g Substanz		
	Olivenöl	Leinöl	Lebertran
	Minuten		
Ursprüngliches Öl	307	109	113
Gesamtfettsäuren, nicht destilliert	155	85	7
„ destilliert	67	66	—
Methylester der Gesamtfettsäuren, nicht destilliert	177	111	5
Methylester der Gesamtfettsäuren, destilliert	104	94	—
Synthetische Glyceride aus den destillierten Gesamtfettsäuren	56	38	6

Aus der Tabelle 74 geht hervor, daß der Prozeß der Verseifung sowie die Destillation der Gesamtfettsäuren einen sehr starken Einfluß ausüben. Bei der Veresterung mit Methanol wird die Induktionsperiode bei Oliven- und Leinöl

[1] Chem.-Ztg. 47, 886 (1923).
[2] Ind. engin. Chem. 19, 156 (1927). — Auch beim Butterfett (nach Entsäuerung mit Alkali bzw. nach Wasserdampfdestillation) wurde Ähnliches beobachtet (Ind. engin. Chem. 16, 598 [1924]). [3] Ind. engin. Chem. 22, 341 (1930).
[4] Journ. biol. Chemistry 90, 141 (1931). — Vgl. auch P. E. ROLLER: Journ. physical Chem. 35, 3286 (1931). [5] Journ. Oil Color Chem. Assoc. 13, 209 (1930).
[6] Journ. Soc. chem. Ind. 51, 39 T (1932).
[7] Messung der Sauerstoffaufnahme nach dem Verfahren von THOMAS: Journ. Soc. chem. Ind. 39, 10 T (1920).

wieder verlängert, während sich durch die Destillation dieser Ester erneut eine Verkürzung geltend macht. Auffällig ist die rasche Sauerstoffaufnahme bei den aus den Gesamtfettsäuren resynthetisierten Glyceriden. Die verschiedenen Öle bzw. ihre Fettsäuren verhalten sich recht unterschiedlich; dies zeigt sich z. B. sehr deutlich bei Leinöl und Lebertran, die als ursprüngliche Öle ähnliche Eigenschaften besitzen. T. P. HILDITCH und J. J. SLEIGHTHOLME folgern aus ihren Ergebnissen, daß die natürlichen Antioxygene, die in ihrer Empfindlichkeit gegen chemischen Angriff verschieden sind, Ursache für dieses Verhalten sind.

In Gemeinschaft mit A. BANKS hat T. P. HILDITCH[1] seine Arbeiten fortgesetzt. Von den dabei gewonnenen Ergebnissen interessieren hier vor allem die folgenden. Nach dem Auskochen von Oliven- oder Leinöl mit Wasser bzw. mit verdünnter wäßriger Salzsäure ist die Induktionsperiode wesentlich verkürzt; hierbei wirkt sich die Salzsäure stärker als das Wasser aus. Der beim Eindampfen der so gewonnenen Extrakte hinterbleibende Rückstand (aus 500 g Olivenöl z. B. rund 0,14 g), der harzähnlichen Charakter hat, ist seiner chemischen Natur nach noch unbekannt. Setzt man ihn dem vorher extrahierten Öl wieder zu, so wird die Induktionsperiode nur zu einem sehr kleinen Teil wieder hergestellt. Daraus geht hervor, daß der aktive Stoff durch die chemische Operation verändert worden ist. Auf Zugabe von 0,03% Chinol zu einem derart extrahierten Olivenöl läßt sich die Induktionsperiode desselben wieder auf die ursprüngliche Dauer bringen, die Kurve der Sauerstoffaufnahme aber verläuft anders als diejenige des ursprünglichen Öles. Damit weist sich deutlich aus, daß das natürliche Antioxygen des Olivenöles vom Chinol verschieden ist.

Die Untersuchungen von T. P. HILDITCH und A. BANKS sprechen sehr zugunsten der Auffassung, daß in den Fetten vorgebildete Antioxygene enthalten sind, mittels deren sich die Natur gegen vorzeitige Autoxydation schützt[2]. Man wird T. P. HILDITCH auch beipflichten können, wenn er annimmt, daß die „Induktionsperiode" der Autoxydation von solchen natürlichen Antioxygenen mit verursacht ist. Daß daneben aber auch der autokatalytische Verlauf der Reaktion (im Sinne der Kettenreaktion sich allmählich steigernde Reaktionsgeschwindigkeit) daran beteiligt ist, dürfte ebenfalls in Berücksichtigung zu ziehen sein. In Versuchen von K. TÄUFEL und A. SEUSS, bei denen die Sauerstoffaufnahme von sehr reiner Ölsäure[3], die wohl als frei von Antioxygen anzusehen sein dürfte, manometrisch nach BARCROFT-WARBURG im Schüttelthermostaten gemessen worden ist, traten der autokatalytische Verlauf und damit die „Induktionsperiode" immer deutlich hervor. Weiterhin sei bemerkt, daß bei der Deutung der Ergebnisse in Tabelle 74 nicht außer acht gelassen werden darf, daß der chemische Zustand der Fettsäure, ob frei oder verestert (Art der Veresterung!) vorliegend, den Verlauf der Autoxydation beeinflußt, daß also auch ohne Katalysatoren sich Unterschiede einstellen können. Versuche mit dem Methyl-, Glykol- sowie Glycerinester der Ölsäure haben dies bestätigt[3]. Das verschiedene Verhalten von Öl und resynthetisiertem Triglycerid wird somit ohne weiteres verständlich, da bei der Wiederveresterung der Gesamtfettsäuren andere Glyceride entstehen, als sie im ursprünglichen natürlichen Öl vorhanden gewesen sind.

[1] Journ. Soc. chem. Ind. 51, 411 T (1932).
[2] Vgl. auch A. M. WAGNER u. J. C. BRIER: Ind. engin. Chem. 23, 662 (1931); H. O. TRIEBOLD, R. E. WEBB u. W. J. RUDY: Cereal Chem. 10, 263 (1933).
[3] Aus Ölsäure puriss. des Handels dargestellt durch wiederholte Trennung nach E. TWITCHELL, dann durch wiederholte Umkristallisation des Lithiumsalzes und schließlich durch Hochvakuumfraktionierung der aus dem Lithiumsalz in Freiheit gesetzten Ölsäure. — K. TÄUFEL u. A. SEUSS: Fettchem. Umschau 41, 107, 131 (1934).

b) Haltbarmachung gegen das biochemische Verderben.

Die Fragen nach der Haltbarmachung der Fette gegen das biochemische Verderben führen unmittelbar auf das Gebiet der Konservierungstechnik. Es handelt sich, da lebende Mikroorganismen die auslösende Ursache sind, um die Fernhaltung, Abtötung oder zum mindesten Entwicklungshemmung derselben. Da Wasser Voraussetzung allen Lebens ist, beziehen sich die hier anzustellenden Betrachtungen vor allem auf die wasserhaltigen Fette (Butter, Margarine), ferner auf fetthaltige, wasserhaltige Salben, Emulsionen und sonstige Zubereitungen.

Die beste und zweckmäßigste Art der Haltbarmachung, d. h. die vollständige Fernhaltung jeglicher Kleinlebewesen, die als Fettzersetzer zu fürchten sind, kommt für die Praxis nur bedingt in Betracht, da ein steriles Arbeiten hier kaum möglich sein dürfte. Auch die Anwendung erhöhter Temperaturen ist wegen der bei Butter und Margarine verursachten Strukturänderung nicht angängig. Man wird somit im wesentlichen zur Verwendung keimwidriger Mittel greifen müssen. Deren Auswahl und anzuwendende Konzentration richtet sich bei Speisefetten vor allem nach den anzustellenden grundsätzlichen hygienischen Erwägungen; andere Gesichtspunkte sind bei den wasserhaltigen kosmetischen und therapeutischen *Salben* maßgebend.

Eine Konservierung von Butter und Butterschmalz[1] mit keimwidrigen Mitteln ist, abgesehen von der innerhalb gewisser Grenzen zugestandenen Verwendung von einwandfreiem Natriumchlorid, in Deutschland nicht statthaft. Für Margarine war die Verwendung von Benzoesäure bzw. Natriumbenzoat bisher stillschweigend zugelassen. Dieser Zustand ist durch den Entwurf einer Verordnung über Konservierungsmittel[2] anerkannt worden. Darnach ist auf 100 g Margarine die Verwendung von 200 mg Benzoesäure oder 240 mg benzoesaurem Natrium oder 80 mg p-Oxybenzoesäureäthyl- oder -propylester bzw. in der Form ihrer Natriumverbindungen oder in Mischungen untereinander zugelassen. Die aus Gründen der Hygiene gezogene Grenze für die Konzentration der Konservierungsmittel liegt so niedrig, daß das Niederhalten der schädlichen Mikroorganismen nur zeitlich beschränkt möglich ist.

Mit den Fragen der Entwicklungshemmung bzw. Abtötung von Mikroorganismen durch keimwidrige Mittel hat sich vor allem TH. SABALITSCHKA[3] in sehr eingehender Weise beschäftigt. Nach ihm ist für die Haltbarmachung der wasserhaltigen Fette von grundsätzlicher Bedeutung die Verteilung der anzuwendenden Stoffe zwischen Wasser und Fett. Gegen die für das Fettverderben wichtigen Schimmelpilze wirken z. B. in folgender Reihenfolge:

p-Oxybenzoesäureäthylester > Benzoesäure > p-Chlorbenzoesäure > m-Oxybenzoesäure (oder o-Oxybenzoesäure). Gegen Hefen ist die Benzoesäure relativ aktiv.

Die Haltbarmachung der Fette gegen biologischen Angriff bezieht sich auch auf jene Produkte, die als stark fetthaltige Rohstoffe (Oliven, Copra usw.) mitunter längere Zeit mit den wasser-, stickstoff- und kohlehydrathaltigen Gewebebestandteilen in Berührung bleiben. Während dieser Zeit kommen die schädlichen Kleinlebewesen zur Entwicklung. Man geht dagegen insbesondere durch Entwässerung (Dörren der Copra) oder wohl auch durch Erhitzung (bei Palmfrüchten) vor. Bei rohen Ölen, die noch gewisse Anteile an Wasser und an Gewebebestandteilen enthalten, die also ebenfalls dem biologischen Angriff ausgesetzt sein können, ist die gegebene vorbeugende Maßnahme eine sorgfältige Abtrennung dieser Begleitstoffe.

---

[1] Hierunter sind die aus Kuhmilch gewonnenen Produkte zu verstehen.
[2] Heft 15 der Entwürfe zu Verordnungen über Lebensmittel und Bedarfsgegenstände. Berlin: Julius Springer. 1932.   [3] Arch. Pharmaz. u. Ber. Dtsch. pharmaz. Ges. **267**, 272 (1929). — Vgl. auch A. BEHRE: Chem.-Ztg. **54**, 325 (1930).

Dritter Abschnitt:

Phosphatide.

Von ADOLF GRÜN, Basel.

A. Konstitution der Phosphatide.

Als Phosphatide[1] bezeichnet man am einfachsten alle *lipoiden* Ester der Phosphorsäure.

Der Lipoidcharakter wird dadurch bedingt, daß die mit der Phosphorsäure veresterte Komponente (oder wenn das Phosphatid zwei solche Komponenten enthält, wenigstens eine der beiden) ein hochmolekularer Alkohol ist. Als solche alkoholische Komponente fungiert nach dem jetzigen Stande der Kenntnisse: Diglycerid, Monoglycerid oder Acyl-sphingosin.

Die hydrophilen Phosphorsäureester von mehrwertigen Alkoholen mit geringerer Zahl Kohlenstoffatome, wie die Hexosenphosphate und das Inosin, zählen definitionsgemäß nicht zu den Phosphatiden.

Von dem langen und beschwerlichen Wege zur Aufklärung der Konstitution der Phosphatidtypen können nur die wichtigsten Etappen kurz erwähnt werden.

STRECKER[2] erkannte bereits, daß die Lecithine — im Gegensatz zur ersten von DIAKONOW[3] aufgestellten Formel — nicht Salze, sondern Ester des von BAEYER[4] konstitutionell aufgeklärten Cholins mit Diglyceridphosphorsäuren sind. HUNDESHAGEN[5] fand eine indirekte Bestätigung dafür durch Darstellung des distearinphosphorsauren Cholins, das sich tatsächlich als mit Lecithin nicht identisch erwies. WILLSTÄTTER und LÜDECKE[6] bewiesen dann, daß die zuerst von ULPIANI[7] festgestellte optische Aktivität von Lecithin zum mindesten auf teilweiser Bindung des Phosphorsäurerestes in einer α-Stellung des Glycerins beruht. FOURNEAU und PIETTRE[8] zeigten weiterhin, daß es unter den Lecithinen auch Derivate der β-Glycerinphosphorsäure geben muß, die nach späteren Angaben von BAILLY[9] sowie von KARRER und SALOMON[10] sogar überwiegen sollen.

---

[1] Die Bezeichnung wurde von THUDICHUM zuerst nur für die phosphorhaltigen Gehirnsubstanzen eingeführt (Die chemische Konstitution des Gehirns des Menschen und der Tiere, Tübingen 1901), von E. WINTERSTEIN auch auf die pflanzlichen Verbindungen ausgedehnt, welche Glyceridphosphorsäuren und Aminoalkohole enthalten (Ztschr. physiol. Chem. **58**, 500 [1909]), nunmehr aber auch auf glyceridfreie Phosphorsäureester aliphatischer Aminoalkohole angewendet und auf Glyceridphosphorsäuren ohne Aminoalkoholkomponente (s. z. B. THIERFELDER u. KLENK: Die Chemie der Cerebroside und Phosphatide. Berlin. 1930).
　Der Phosphorgehalt des Gehirns wurde schon 1719 von J. T. HENSING (Dissertation: Examen chemicum Cerebri ex eodemque phosphorus singularis omnia inflammans, Gießen) entdeckt. VAUQUELIN (Ann. Mus. d'Hist. Nat. 1811, S. 212) isolierte das „phosphorsäurehaltige Fett", das CUÉRBE (Ann. Chim. Phys. [2], **56**, 160 [1834]) quantitativ analysierte, GOBLEY (Compt. rend. Acad. Sciences **21**, 766 [1845]; **22**, 464 [1846]; **23**, 654 [1847]) als Verbindung von Phosphorsäure, Glycerin und Fettsäure erkannte und zuerst als Lecithin bezeichnete. Er fand auch Lecithine in anderen tierischen Zellen und Geweben; LIEBREICH (LIEBIGS Ann. **134**, 29 [1864]) und HOPPE-SEYLER (Med. chem. Untersuchungen 1866, S. 162) fanden sie in Pflanzensamen.
[2] LIEBIGS Ann. **148**, 77 (1868); Ztschr. f. Chem. 1868, S. 437.
[3] Ztrbl. med. Wissensch. Nr. 1, 7, 28 (1868).　[4] LIEBIGS Ann. **140**, 142, 306, 322 (1866).
[5] Journ. prakt. Chem. (2), **28**, 219 (1883).　[6] Ber. Dtsch. chem. Ges. **37**, 3753 (1904).
[7] Atti R. Accad. Lincei (Roma), Rend. (5), **10**, I, 368, 421 (1901).
[8] Bull. Soc. chim. France (3), **11**, 805 (1912).
[9] Compt. rend. Acad. Sciences **160**, 395 (1915).
[10] Helv. chim. Acta **9**, 2, 23, 598 (1926). Über die Bestimmung der Konstitution von α-Glycerinphosphorsäure nach der Perjodsäuremethode (Spaltung in Form-

Kephalin wurde von THUDICHUM[1] entdeckt und als Lecithinanalogon erkannt. Im Gegensatz zu seiner Annahme, daß es sich vom Lecithin durch eine spezifische Säure unterscheide, ergaben die Untersuchungen von ERLANDSEN[2], MACLEAN[3], BASKOFF[4] und anderen Forschern, daß Kephalin eine andere Base enthalten müsse, die hierauf von TRIER[5] entdeckt und als Colamin (Aminoäthanol) identifiziert wurde. Die Konstitutionsbestimmungen wurden für den Lecithin- wie für den Kephalin-Typus durch Synthesen bestätigt[6].

Das von KYES[7] entdeckte Produkt partieller Hydrolyse, das sog. Cobralecithid, erkannten WILLSTÄTTER und LÜDECKE[8] als Monoglycerid-Analogon des Lecithins, welche Konstitutionsbestimmung DELEZENNE[9] bestätigte und präzisierte. Die Sphingomyeline wurden von THUDICHUM[10] entdeckt, ihre Konstitution durch die Arbeiten mehrerer Forscher, wie ROSENHEIM[11], MACLEAN[12] und LEVENNE[13] und insbesondere KLENK[14] fast völlig aufgeklärt. Unter Aufklärung der Konstitution einer Klasse von Phosphatiden ist hier nur die Ermittlung der Bauart im allgemeinen zu verstehen, die Möglichkeit der Aufstellung einer *Typenformel*. In den letzten Jahren gelang es auch bereits, die Konstitution einer Reihe einzelner Verbindungen aus verschiedenen Phosphatidklassen restlos, einschließlich der Stellung ihrer Fettsäurereste aufzuklären. Darüber wird im Abschnitt E, Nachweis und Isolierung einzelner Phosphatide, berichtet. Im übrigen muß auf die Originalliteratur und auf die einschlägigen chemischen Sammelwerke verwiesen werden[15].

System der Phosphatide.

Einteilung der Phosphatide bekannter Struktur: Nach den mit der Phosphorsäure verbundenen dominierenden Molekülresten unterscheidet man zwei Hauptgruppen von einfachen Phosphatiden: *Glycero-phosphatide* und *Sphingomyeline*. Von ihnen leiten sich vielleicht noch andere, kompliziertere Typen ab.

Die Glycero-phosphatide sind Glyceridderivate; man kann sie als mehrsäurige Triglyceride betrachten, in denen ein organisches Acyl durch den Phosphorsäure- oder Aminoalkylphosphorsäurerest vertreten ist. Sie teilen sich in zwei Zwischengruppen:

---

aldehyd und Glykolaldehyd-phosphorsäure) s. P. FLEURY u. R. PARIS: Compt. rend. Acad. Sciences **196**, 1416 (1933); Journ. Pharmac. Chim. 18 T, 470 (1933); vgl. aber auch S. 462, Fußnote 1.

[1] Die chemische Konstitution des Gehirns usw., S. 127. Tübingen. 1901.
[2] Ztschr. physiol. Chem. **51**, 71 (1907).
[3] Ztschr. physiol. Chem. **57**, 296 (1908); **59**, 223 (1909).
[4] Ztschr. physiol. Chem. **57**, 435 (1908).
[5] Ztschr. physiol. Chem. **73**, 383 (1911); **76**, 496 (1912).
[6] AD. GRÜN u. R. LIMPÄCHER: Ber. Dtsch. chem. Ges. **59**, 1350 (1926); **60**, 147, 151 (1927).
[7] Klin. Wchschr. **40**, 21, 57, 82, 956, 982 (1903); Biochem. Ztschr. **4**, 99 (1907).
[8] K. LÜDECKE: Dissertation, München. 1905.
[9] DELEZENNE u. LEDEBT: Compt. rend. Acad. Sciences **155**, 1101 (1912). — DELEZENNE u. FOURNEAU: Bull. Soc. chim. France (4), **15**, 421 (1914).
[10] A treatise on the chemical constitution of the brain. London. 1884.
[11] ROSENHEIM u. TEBB: Journ. Physiol. **37**, 348 (1908); 38. Proc. 60 (1909); 41. Proc. 1 (1910/11).
[12] Biochemical Journ. **6**, 333 (1912); Journ. Physiol. 45. Proc. 18 (1912/13); Biochem. Ztschr. **57**, 132 (1913).
[13] Journ. biol. Chemistry **15**, 153 (1913); **18**, 453 (1914); **24**, 69 (1916).
[14] Ztschr. physiol. Chem. **185**, 169 (1929).
[15] Für die ältere Literatur s. insbesondere THUDICHUM: „Die chemische Konstitution des Gehirns usw." London. 1901; für die neuere Literatur: Das vorzügliche Werk von H. THIERFELDER u. E. KLENK: „Die Chemie der Cerebroside und Phosphatide", Berlin 1930, sowie eine sehr wertvolle Zusammenstellung MAGISTRIS: „Die Lipoide" in „Ergebnisse der Physiologie", Bd. 31. München. 1931.

Erstens die *Phosphatidsäuren*, d. s. die einfachen Diglyceridphosphorsäuren, bzw. deren Salze (s. Schema auf S. 459, Formeln I—IV), und zweitens die *Aminoalkoholester der Phosphatidsäuren.*

Diese zweite Zwischengruppe besteht aus den beiden Untergruppen:

Lecithine, d. s. die Cholinester der Phosphatidsäuren;

Kephaline, die Colaminester der Phosphatidsäuren.

Die Glycero-phosphatide können sich von der α- oder der β-Glycerinphosphorsäure ableiten. Es gibt deshalb von jeder Untergruppe zwei Reihen: die α-*Lecithine* (s. Schema, Formeln V und VII) und die β-*Lecithine* (Schema, Formeln VI und VIII), die α-*Kephaline* (Formeln IX und XI) und die β-*Kephaline* (Formeln X und XII).

Den beiden Untergruppen entsprechen noch zwei Nebengruppen: die *Lysolecithine* (Formeln XIII und XIV) und *Lysokephaline* (Formeln XV und XVI); sie sind Monoglyceridderivate, die auch in genetischen Beziehungen zu den korrespondierenden Diglyceridderivaten stehen. Analoge Lysoderivate der Phosphatidsäuren sind (wenn auch noch nicht sicher) nachgewiesen.

In den Verbindungen der zweiten Hauptgruppe, den Sphingomyelinen, ist die Phosphorsäure einerseits mit Cholin verestert, anderseits mit einem Acylsphingosin, d. h. mit einem Sphingosinderivat, in welchem die *Amino*gruppe durch eine hochmolekulare Fettsäure acyliert ist. Die Konstitution der Sphingomyeline ist bis auf die Haftstelle der Cholinphosphorsäuregruppe aufgeklärt (Schema, allgem. Formel XVII). Es bleibt noch festzustellen, ob die primäre oder die sekundäre Hydroxylgruppe des Sphingosins verestert ist. Analoga der Sphingomyeline mit Colamin statt Cholin sind nicht bekannt.

Die Anordnung der genannten Einzelgruppen bleibt im wesentlichen dieselbe, wenn man die Phosphatide nach der Zahl ihrer Stickstoff enthaltenden Komponenten einteilt[1]. Es ergeben sich dann:

1. Stickstofffreie Verbindungen: Phosphatidsäuren.
2. Monamino-phosphatide: Lecithine und Kephaline, Lysocithine.
3. Diamino-phosphatide: Sphingomyeline.

Die früher beschriebenen Verbindungen mit anderen Verhältnissen von N:P, z. B. 1:2, 2:3 usw., haben sich bisher durchwegs als Gemische erwiesen.

a) Strukturisomerie der Phosphatide.

Nachdem die Glycero-phosphatide schematisch als mehrsäurige Glyceride betrachtet werden können, gelten in bezug auf die Zahl der theoretisch-möglichen Stellungsisomeren eines jeden Typus dieselben Regeln wie für die gewöhnlichen, nur organische Acyle enthaltenden Glyceride[2].

Die Phosphatidsäuren mit zwei gleichen organischen Acylen sind zweisäurige Triglyceride; folglich sind nur zwei Isomere möglich: in dem einen ist der Phosphorsäurerest in α-Stellung (Schema auf S. 459, Formel I), im anderen in β-Stellung (Schema, Formel II).

Die Phosphatidsäuren mit zwei verschiedenen organischen Acylen sind dreisäurige Triglyceride, die in drei Stellungsisomeren auftreten können: zwei Isomere mit dem Phosphorsäurerest in α-Stellung (Formel III a und III b), ein Isomeres mit diesem Acyl in β-Stellung (Formel IV).

Bei den Lecithinen und Kephalinen ist die Zahl der möglichen Stellungsisomeren selbstverständlich gleich groß wie bei den entsprechenden Phosphatidsäuren. Von den in bezug auf die organischen Acyle „gleichsäurigen" Lecithinen und Kephalinen bestehen je zwei Stellungsisomere, je ein Derivat der α- und der

---

[1] Zuerst vorgeschlagen von ERLANDSEN: Ztschr. physiol. Chem. **51**, 71 (1907).
[2] S. AD. GRÜN: Analyse der Fette, S. 50. Berlin. 1925.

Schema der einfachen Phosphatide.[1]

$$CH_3-(CH_2)_{12}-CH=CH-\overset{*}{CH}-\overset{*}{CH}-CH-CH_2$$
$$\qquad\qquad\qquad\qquad | \quad | \quad |$$
$$\qquad\qquad\qquad\qquad NH \; OH \; O$$
$$\qquad\qquad\qquad\qquad | \qquad\;\; |$$
$$\qquad\qquad\qquad\qquad COR \;\;\; PO\genfrac{}{}{0pt}{}{O-C_2H_4}{O-N((CH_3)_3}$$

XVII

I

$$\begin{aligned}&CH_2-OCOR'\\&\overset{*}{C}H-OCOR'\\&CH_2-OPO(OH)_2\end{aligned}$$

II

$$\begin{aligned}&CH_2-OCOR'\\&CH-OPO(OH)_2\\&CH_2-OCOR'\end{aligned}$$

IIIa

$$\begin{aligned}&CH_2-OCOR'\\&\overset{*}{C}H-OCOR'\\&CH_2-OPO(OH)_2\end{aligned}$$

IIIb

$$\begin{aligned}&CH_2-OCOR''\\&\overset{*}{C}H-OCOR'\\&CH_2-OPO(OH)_2\end{aligned}$$

IV

$$\begin{aligned}&CH_2-OCOR'\\&\overset{*}{C}H-OPO(OH)_2\\&CH_2-OCOR''\end{aligned}$$

V

$$\begin{aligned}&CH_2-OCOR'\\&\overset{*}{C}H-OCOR'\\&CH_2-OPO\genfrac{}{}{0pt}{}{O-C_2H_4}{O-N(CH_3)_3}\end{aligned}$$

VI

$$\begin{aligned}&CH_2-OCOR'\\&CH-OPO\genfrac{}{}{0pt}{}{O-C_2H_4}{O-N(CH_3)_3}\\&CH_2-OCOR'\end{aligned}$$

VIIa

$$\begin{aligned}&CH_2-OCOR'\\&\overset{*}{C}H-OCOR''\\&CH_2-OPO\genfrac{}{}{0pt}{}{O-C_2H_4}{O-N(CH_3)_3}\end{aligned}$$

VIIb

$$\begin{aligned}&CH_2-OCOR''\\&\overset{*}{C}H-OCOR'\\&CH-OPO\genfrac{}{}{0pt}{}{O-C_2H_4}{O-N(CH_3)_3}\end{aligned}$$

VIII

$$\begin{aligned}&CH_2-OCOR'\\&\overset{*}{C}H-OPO\genfrac{}{}{0pt}{}{O-C_2H_4}{O-N(CH_3)_3}\\&CH_2-OCOR''\end{aligned}$$

IX

$$\begin{aligned}&CH_2-OCOR'\\&\overset{*}{C}H-OCOR'\\&CH_2-OPO\genfrac{}{}{0pt}{}{O-C_2H_4}{OH\;NH_2}\end{aligned}$$

X

$$\begin{aligned}&CH_2-OCOR'\\&CH-OPO\genfrac{}{}{0pt}{}{O-C_2H_4}{OH\;NH_2}\\&CH_2-OCOR'\end{aligned}$$

XIa

$$\begin{aligned}&CH_2-OCOR'\\&\overset{*}{C}H-OCOR'\\&CH_2-OPO\genfrac{}{}{0pt}{}{OC_2H_4}{OH\;NH_2}\end{aligned}$$

XIb

$$\begin{aligned}&CH_2-OCOR''\\&\overset{*}{C}H-OCOR'\\&CH_2-OPO\genfrac{}{}{0pt}{}{O-C_2H_4}{OH\;NH_2}\end{aligned}$$

XII

$$\begin{aligned}&CH_2-OCOR'\\&\overset{*}{C}H-OPO\genfrac{}{}{0pt}{}{O-C_2H_4}{OH\;NH_2}\\&CH_2-OCOR''\end{aligned}$$

XIIIa

$$\begin{aligned}&CH_2-OCOR'\\&\overset{*}{C}H-OH\\&CH_2-OPO\genfrac{}{}{0pt}{}{O-C_2H_4}{O-N(CH_3)_3}\end{aligned}$$

XIIIb

$$\begin{aligned}&CH_2-OH\\&\overset{*}{C}H-OCOR'\\&CH_2-OPO\genfrac{}{}{0pt}{}{O-C_2H_4}{O-N(CH_3)_3}\end{aligned}$$

XIV

$$\begin{aligned}&CH_2-OCOR'\\&\overset{*}{C}H-OPO\genfrac{}{}{0pt}{}{O-C_2H_4}{O-N(CH_3)_3}\\&CH_2-OH\end{aligned}$$

XVa

$$\begin{aligned}&CH_2-OCOR'\\&\overset{*}{C}H-OH\\&CH_2-OPO\genfrac{}{}{0pt}{}{O-C_2H_4}{OH\;NH_2}\end{aligned}$$

XVb

$$\begin{aligned}&CH_2-OH\\&\overset{*}{C}H-OCOR'\\&CH_2-OPO\genfrac{}{}{0pt}{}{O-C_2H_4}{OH\;NH_2}\end{aligned}$$

XVI

$$\begin{aligned}&CH_2-OCOR'\\&\overset{*}{C}H-OPO\genfrac{}{}{0pt}{}{O-C_2H_4}{OH\;NH_2}\\&CH_2-OH\end{aligned}$$

[1] Typenformeln. R' und R'' bedeuten Alkyle aliphatischer Säuren. * bezeichnet wie üblich ein asymmetrisches Kohlenstoffatom.

β-Glycerinphosphorsäure: α-Lecithin (Formel V) und β-Lecithin (VI), α-Kephalin (IX) und β-Kephalin (X).

Sind die beiden organischen Acyle voneinander verschieden, so ist ein drittes Stellungsisomeres möglich, zwei Derivate der α-Glycerinphosphorsäure und ein Derivat der β-Säure: die α-Lecithine der Typenformeln VII a und VII b, das β-Lecithin VIII, ebenso die α-Kephaline XI a und XI b und das β-Kephalin XII.

Die Lysocithine sind als Monoglycerid-phosphorsäurederivate zweisäurige Diglyceride, die Zahl der Stellungsisomeren ist daher drei. Die drei möglichen isomeren Lysolecithine unterscheiden sich durch die Besetzung der β-Stellung des Glycerinrestes mit Hydroxyl (Typenformel XIII a), bzw. organischem Acyl (XIII b), bzw. die Phosphorsäure-cholingruppe. In analoger Weise unterscheiden sich die drei möglichen Isomeren eines jeden *Lysokephalins* (Typenformeln XV a und b, XVI).

Praktisch kann man die Isomeren bisher nur nach der Stellung des Phosphorsäurerestes unterscheiden, nicht auch weiterhin nach der Stellung der organischen Acyle. Es bleibt deshalb noch festzustellen, ob in den Naturprodukten die Verbindungen eines jeden Typus von Phosphatiden tatsächlich in so viel isomeren Formen vorkommen, als nach der Theorie *möglich* erscheint.

Im voranstehenden Schema sind die Lecithine, Lysolecithine und Sphingomyeline als betainartige „Anhydroverbindungen" formuliert, als Endosalze von Phosphorsäure-cholinestern. Für das Lysolecithin haben DELEZENNE und FOURNEAU[1] die anhydrische Formel bewiesen, für synthetisches Lecithin erbrachten GRÜN und LIMPÄCHER[2] den Nachweis. Ohne Zweifel sind auch die aus Naturprodukten isolierten Verbindungen, zum mindesten nach vollständigem Trocknen, anhydrische Endosalze. Sie reagieren in reinem Zustand neutral; überhaupt können die stark-basische Hydroxylgruppe des Cholins und das saure Wasserstoffatom der Phosphorsäuregruppe nicht gleichsam unabhängig nebeneinander bestehen. Die immer noch verwendete „Hydrat"-Formel ist demnach abzulehnen. Allerdings ist es möglich, daß ebenso wie den Betainen[3] (I) auch den Cholinphosphatiden eine offene Dipolformel (II) zukommt:

$$+(CH_3)_3\!\!\equiv\!\!N\!-\!R''\!-\!COO^- \qquad\qquad +(CH_3)_3\!\!\equiv\!\!N\!-\!C_2H_4\!-\!O\!-\!P\!\!<\!\!\begin{smallmatrix}C_3H_5=(OCOR)_2\\O\\O\\O^-\end{smallmatrix}$$

$$\text{I} \qquad\qquad\qquad\qquad\qquad \text{II}$$

Vielleicht sättigen aber je nach Umständen auch *zwei* Moleküle Lecithin ihre basischen und sauren Gruppen gegenseitig ab und bilden so bimere Anhydroverbindungen des Typus III[4]:

$$\text{III}$$

Es scheint ebenso auch möglich, daß sich noch mehr, vielleicht sehr viele Einzelmoleküle verketten; daß das erste Phosphatidmolekül nur eine seiner salz-

[1] Bull. Soc. chim. France (4), **15**, 421 (1914).

[2] Chem.-Ztg. **47**, 786 (1923); Ber. Dtsch. chem. Ges. **59**, 1350 (1926).

[3] Nach der allgemein anerkannten Auffassung von P. PFEIFFER: Ber. Dtsch. chem. Ges. **55**, 1762, 1769 (1922); LIEBIGS Ann. **465**, 20 (1928).

[4] H. J. BRICE u. LEWIS: Biochemical Journ. **23**, 2, 1030 (1929). — LEVENE u. SIMMS: Journ. biol. Chemistry **48**, 185 (1921). Die Vermutung, daß sich je zwei Moleküle von Phosphatiden *verschiedener* Basizität, wie Lecithin und Kephalin, salzartig verbinden, wurde auch bereits von anderen geäußert.

bildenden Gruppen absättigt, z. B. die saure Gruppe mit der basischen eines zweiten Moleküls, dieses seine saure Gruppe mit der basischen eines dritten Moleküls usw., so daß sich eine mehr oder weniger große Zahl Einzelmoleküle zu einem Polymeren verketten; z. B. im Falle des Lecithins zu einem „Polylecithin"[1] der allgemeinen Formel:

$$
\begin{array}{ccc}
C_3H_5(OCOR)_2 & C_3H_5(OCOR)_2 & C_3H_5(OCOR)_2 \\
| & | & | \\
O & O & O \\
\end{array}
$$

IV

Analog könnten sich Einzelmoleküle von Kephalinen und noch eher von Sphingomyelinen zu Poly-phosphatiden aneinanderlagern, insbesondere aber auch Moleküle von Phosphatiden verschiedener Art, in wechselnder Zahl und Reihenfolge zu Mischtypen, „Hetero-polyphosphatiden" vereinigen.

Nach Bestimmungen des Molekulargewichtes von Lecithin in Alkohol soll es in solchen Lösungen allerdings nicht polymer sein. Das beweist aber höchstens die Unmöglichkeit einer Verkettung durch *undissoziierbare* Bindungen, während hier ionogene Bindungen in Frage kommen, die durch Solvatation gelöst werden können. In diesem Zusammenhang ist der außerordentliche Unterschied in der Beschaffenheit und im Verhalten, besonders der Viskosität, beachtlich, der zwischen Hydrosolen und Organosolen von Phosphatiden besteht. Ferner die außerordentliche Thermolabilität des optischen Drehungsvermögens der Lösungen gewisser Phosphatide, wie der Salze von Phosphatidsäuren, die man bereits auf Orientierung der Monomeren bei niedrigerer Temperatur zurückgeführt hat. Das Eintreten der Molekülverkettung und ihr Ausmaß stehen möglicherweise in engem Zusammenhang mit der Art und dem Grade der Solvatation, speziell der Hydratation, den Zuständen der Quellung und Entquellung, infolgedessen auch mit der biologischen Funktion der Phosphatide (vgl. S. 500).

b) Stereoisomerie der Phosphatide.

In allen Derivaten der α-Glycerinphosphorsäure ist das mittlere C-Atom des Glycerinrestes asymmetrisch, daher können von sämtlichen α-Phosphatidsäuren, α-Lecithinen und α-Kephalinen je zwei optisch-aktive Antipoden und eine inaktive Razemform bestehen. Tatsächlich sind alle aus Naturprodukten isolierten Lecithine und Kephaline optisch aktiv. ULPIANI bestimmte die spezifische Drehung einer Lecithin-Chlorcadmium-Verbindung aus Eigelb zu $[\alpha]_D^{24} = +11{,}41^0$, andere Forscher fanden für reine Lecithingemische $[\alpha]_D^{26}$-Werte von $+5{,}2^0$ bis $6{,}0^0$, für Hydrokephalinpräparate ungefähr gleich große Drehungen. Vereinzelt wurden auch viel stärkere Drehungen beobachtet, so von S. FRÄNKEL und KÄSZ an einem stark kephalinhaltigen Präparat (in Toluollösung) $[\alpha]_D^{13} = +29^0$.

WILLSTÄTTER und LÜDECKE schieden aus Eigelb-Lecithin die Glycerinphosphorsäure in Form des Bariumsalzes ab und fanden je nach den bei der Spaltung eingehaltenen Bedingungen (d. h. je nach dem Ausmaße der Umlagerung oder partiellen Razemisierung) Drehungswerte bis $[\alpha]_D = -1{,}71^0$, beim Calciumsalz bis -2^0. Damit war das Vorliegen von α-Glycerinphosphorsäure bzw. α-Lecithin bewiesen.

---

[1] Man kann sich das Polylecithin auch als Monohydrat vorstellen; am negativen Ende des oben formulierten Moleküls Wasserstoff angelagert, am positiven Ende eine Hydroxylgruppe.

Für pflanzliche Phosphatide erbrachte TRIER den Nachweis von Verbindungen der α-Reihe, durch Abscheidung einer aktiven, jedoch rechtsdrehenden Glycerinphosphorsäure. Weiterhin wurden durch Spaltung verschiedener Glycerophosphatide sowohl links- als rechtsdrehende Glycerinphosphorsäure als Bariumsalze erhalten.

Es ist jedoch nicht festgestellt, daß die optische Aktivität der Glycerophosphatide nur auf der Asymmetrie von Verbindungen der α-Reihen beruht. Auch in den Verbindungen der β-Reihe ist das mittlere Kohlenstoffatom des Glycerinradikals asymmetrisch, sofern nur die beiden Fettsäurereste, die an beiden α-Stellen des Glycerins haften, voneinander verschieden sind, was meistens zutreffen dürfte. Nun enthalten die natürlichen Glycero-phosphatide ohne Zweifel mehr oder weniger große Mengen an β-Verbindungen (vgl. S. 456). BAILLY schätzte den Gehalt an β-Lecithinen im Eigelb, auf Grund seiner Trennung der Glycerinphosphorsäure-Komponenten in Form der Natronsalze, auf rund 75%. In guter Übereinstimmung damit fanden KARRER und SALOMON[1] (durch Abtrennung der β-Glycerinphosphorsäure in Form der schwerlöslichen Komplexverbindung ihres Bariumsalzes mit Bariumnitrat) im Eigelb-Lecithin bis 80% β-Glycerinphosphorsäure; in der anscheinend mehr Kephalin enthaltenden Fraktion dagegen nur 45%.

Man hat schon erwogen, ob nicht die Lecithine überhaupt nur Derivate der β-Glycerinphosphorsäure und die Kephaline solche der α-Säure sind. Später fanden aber Y. YOKOYAMA und B. SUZUKI[2] in den Sojaphosphatiden ein Verhältnis von rund 2 Teilen α- zu 1 Teil β-Lecithinen. Für die Kephaline aus Gehirn vom Menschen fanden sie ein Verhältnis von fast 5 Teilen β- zu 1 Teil α-Verbindungen. Die Beobachtungen an Präparaten bestimmter Herkunft lassen sich anscheinend nicht verallgemeinern.

Es bleibt noch aufzuklären, warum die α-Glycerinphosphorsäuren bzw. ihre Salze und Ester wesentlich niedrigere Drehungswerte aufweisen als die Lecithine, aus denen sie abgeschieden wurden. Ein Lecithin mit zwei verschiedenen Acylen ist freilich stärker asymmetrisch als die ihm zugrunde liegende Glycerinphosphorsäure. Dann sollten aber auch die Lysocithine stärker drehen als die α-Glycerinphosphorsäure, während tatsächlich die Drehung von Lysolecithin mit maximal $[\alpha]_D = -2,6^0$ und die von Lysokephalin mit rund $+2^0$ in der Größenordnung der α-Glycerinphosphorsäure und nicht den Lecithinen entspricht. Es wurde deshalb vermutet, die relativ starke Drehung der Lecithine würde nur durch Beimengungen hervorgerufen. Nun sind aber zwei Umstände zu beachten: erstens die Möglichkeit wenigstens teilweiser, mehr oder wenig schnell verlaufender Inaktivierung untersuchter Präparate und zweitens das Auftreten von Drehungsanomalien.

Inaktivierung erfolgt oft relativ leicht, schon beim mehrstündigen Erwärmen auf nur 50—60⁰ (sei es durch Razemisierung allein oder auch infolge Umlagerung von Verbindungen der α-Reihe in die der β-Reihe, was noch nicht genügend untersucht ist). Eine Drehungsanomalie wurde schon mehrfach bei Phosphatiden und verwandten Stoffen festgestellt, nämlich enorme Thermolabilität der Drehung. Protagon zeigt (in 3%iger Pyridinlösung) bei 50⁰ überhaupt keine Drehung, bei 30⁰ schwache Rechts- und bei Zimmertemperatur starke Linksdrehung[3]. Sphingo-

---

[1] Helv. chim. Acta 9, 2, 23, 598 (1926). — BAILLY u. GAUMÉ (Compt. rend. Acad. Sciences 198, 1932 [1934]) zeigten aber, daß aus einem Glycerinderivat, das den Phosphorsäurerest unzweifelhaft in α-Stellung enthält, dem methyl-glycidyl-phosphorsauren Natron, durch alkalische Hydrolyse nur die β-Glycerinphosphorsäure entsteht. α- und β-Verbindungen lagern sich teilweise um.

[2] Proceed. Imp. Acad., Tokyo 6, 341 (1930); 8, 358 (1932); 8, 424 (1934).

[3] A. ROSENHEIM u. A. C. TEBB: Journ. Physiol. 37, 348 (1908).

myelin in Pyridin gelöst dreht bei einer Temperatur über 40^0 rechts ($+13{,}82^0$ in 1,23 volumprozentiger Lösung), unterhalb dieser Temperatur stark links[1]. Die d- und l-Formen einer synthetischen, mittels Strychnin gespaltenen Phosphatidsäure (d- und l-Distearoylglycerinphosphorsäure in Form der Kaliumsalze) zeigen in benzolischer Lösung bei 30—40^0 kaum merkliche, bei 15—20^0 dagegen sehr starke ($[\alpha]_D^{15} = +400$ bzw. 416^0) Drehung[2]. (Noch auffälliger ist die Thermolabilität bei der analogen „*Sulfatidsäure*", der d-Distearoylglycerinschwefelsäure: Die benzolische Lösung des Kaliumsalzes zeigt bei 35—40^0 kaum wahrnehmbare Drehung, nach Abkühlen aber $[\alpha]_D^{15} = +4160^0$ [3].) Diese Erscheinungen entsprechen den Mutarotationen, die beim Gelatinieren wäßriger Gelatinlösungen und von Lösungen der Triacetylcellulose in Pyridin auftreten. Ein Erklärungsversuch ist, daß durch die bei der Gelbildung wirksamen Kräfte eine Verzerrung der Moleküle erfolgt, deren Formen als Raumspiralen oder Schrauben ja die optische Aktivität bedingen[4].

In diesem Zusammenhang muß aber auch die Möglichkeit in Betracht gezogen werden, daß die Phosphatide in Lösung vielleicht je nach den Bedingungen — besonders je nach der Temperatur — als Monomere oder Bimere von cyclischer Struktur vorliegen können oder als höherassoziierte Autokomplexe mit offenen Molekülketten (s. S. 461). Wenn die Mutarotationen von Gelatine und Cellulosederivaten mit der kettenförmigen Struktur ihrer Makromoleküle zusammenhängen, so spricht dies dafür, daß die Molekülaggregate in den starkdrehenden Lösungen der Phosphatide ebenfalls kettenförmig geordnet sind. Ist der Drehungssinn dieser Molekülaggregate oder mit anderen Worten der Polymeren, dem Drehungssinn der Monomeren entgegengesetzt, so könnten sich die Drehungen je nach dem Verhältnis von Polymeren und Monomeren (also je nach dem von der Temperatur abhängigen Zustand der Lösung) mehr oder weniger, vielleicht auch vollständig kompensieren; bei einer bestimmten Temperatur ist dann die Drehung Null.

Die Sphingomyeline enthalten, wie schon die Komponente Sphingosin, zwei asymmetrische C-Atome. Es sind daher von allen Verbindungen dieser Gruppe je vier optisch-aktive Antipoden und je zwei razemische Formen möglich. Nachdem bisher überhaupt kaum einheitliche Individuen isoliert wurden, sagen die vorliegenden Angaben über die Drehungen einzelner Präparate darüber nichts aus: für verschiedene Präparate Werte von $[\alpha]_D = +4{,}8^0$ bis $+8{,}73^0$ in Chloroform-Methylalkohol, für ein sehr reines Präparat von Stearyl- und Lignocerylsphingomyelin[5] $[\alpha]_D^{20} = +4{,}77^0$. (Über die Drehung in Pyridinlösung s. oben.)

c) Phosphatide unbekannter Konstitution.

Von den ungenügend definierten Substanzen, die man früher als chemische Individuen betrachtete, können mit großer Wahrscheinlichkeit als Gemische bezeichnet werden: *Myelin, Apomyelin, Amidomyelin, Cuorin, Vesalthin*, das angebliche Galakto-phosphatid *Carnaubon* und das Dilignoceryl-diglykosaminmonophosphatid.

Ferner wurden verschiedene Substanzen als einheitliche Verbindungen beschrieben, die sich aus den gleichen Komponenten wie die einfachen Phosphatide, aber nach anderen Verhältnissen aufbauen sollen. So das Triamino-phosphatid

[1] M. SANO: Journ. Biochemistry 1, 17 (1922).
[2] AD. GRÜN u. R. LIMPÄCHER: Ber. Dtsch. chem. Ges. 60, 255 (1927).
[3] AD. GRÜN u. R. LIMPÄCHER: Ber. Dtsch. chem. Ges. 60, 266 (1927).
[4] E. O. KRAEMER u. I. R. FANSELOW: Journ. physical Chem. 29, 1169 (1925); 32, 894 (1928).   [5] E. KLENK: Ztschr. physiol. Chem. 221, 67 (1933).

Neottin, das Triamino-diphosphatid *Sahidin*, das Pentamino-phosphatid *Luko-poliin* u. a. m. Sie haben sich als bloße Gemische erwiesen. Etwas besser begründet scheinen die Angaben über ein Hexamino-triphosphatid, das als Trisphingomyelin aufgefaßt wird, in dem Palmityl-, Stearyl- und Lignocerylsphingomyelin salzartig anhydrisiert aneinander gebunden wären[1].

Die undefinierten Substanzen lassen sich in zwei Gruppen einteilen: einerseits Verbindungen (oder Gemische) von Phosphatiden mit anderen Lipoiden, anderseits solche mit Kohlehydraten und Eiweißstoffen.

Die vermeintlichen Verbindungen höherer Ordnung aus Phosphatiden und Cerebrosiden heißen *Phosphocerebroside*. Die Phosphatidkomponente derselben scheint identisch mit Sphingomyelin. Die *Cerebroside* sind wiederum Derivate des Sphingosin-galaktosids *Psychosin*, in welchen die Aminogruppe durch eine hochmolekulare Säure acyliert ist, wie Cerebron-, Nervon-, Oxynervon- und Lignocerinsäure. Man könnte daher die Cerebroside (Cerebron, Nervon, Kerasin) auch Ceramid-galaktoside nennen. Nachdem sowohl die Sphingomyeline wie der Sphingosinrest der Cerebroside je eine freie Hydroxylgruppe enthalten, hat man eine ätherartige Verknüpfung beider Komponenten angenommen. Dagegen spricht aber die Labilität der Bindung. Man hat auch vermutet, daß die freie Hydroxylgruppe des Sphingosinrestes der Cerebroside mit dem Phosphorsäurerest des Sphingomyelins verestert sein könnte. Eine solche Veresterung hätte aber zur Folge, daß der stark basische Cholinrest des Sphingomyelins nicht mehr durch den Phosphorsäurerest abgesättigt wäre, so daß die Phospho-cerebroside stark alkalisch reagieren müßten und in freiem, nicht neutralisiertem Zustand kaum beständig sein könnten.

Die Phospho-cerebroside sollen mit an Zucker gebundener Schwefelsäure die „*Sulfo-phospho-cerebroside*" aufbauen, die LIEBREICH als integrierende Bestandteile des Gehirns entdeckte und als die einheitliche Verbindung *Protagon* betrachtete. KOSSEL hielt die Substanz für ein Homologengemisch, während die meisten neueren Forscher sie überhaupt nur für Gemenge der Bestandteile halten[2]. Es ist aber immerhin denkbar, daß ein Cerebrosid- und ein Sphingomyelinmolekül durch beidseitige Veresterung an Schwefelsäure miteinander verknüpft sind und so eine labile Verbindung höherer Ordnung geben. Weniger wahrscheinlich ist eine doppelte Verknüpfung der lipoiden Komponenten durch die Reste der Schwefelsäure und der Phosphorsäure, wie sie die folgende Formel

---

[1] E. FRÄNKEL, THANNHAUSER u. BIELSCHOWSKY: Ztschr. physiol. Chem. **218**, 1 (1933). — Vgl. dagegen aber E. KLENK: Ztschr. physiol. Chem. **221**, 67 (1933).

[2] Neuerdings gelang es G. BLIX, aus Protagon ein praktisch phosphorfreies „Sulfocerebrosid" zu isolieren und zu identifizieren (Ztschr. physiol. Chem. **219**, 82 [1933]). Nach Art und Mengenverhältnis der Komponenten Cerebronsäure, Sphingosin, Galactose, Schwefelsäure und Kalium liegt das Salz der Cerebronschwefelsäure vor, etwa folgender Konstitution:

$$CH_3-(CH_2)_{12}-CH=CH-\underset{\underset{O}{|}}{\underset{\underset{|}{OH}}{CH}}-CH-CH_2-NH-CO-\underset{\underset{|}{OH}}{CH}-(CH_2)_{21}-CH_3$$

$$KO-SO_2-O-CH_2-CH-(CH-OH)_3-CH$$

Diese Verbindung und ihre Homologen sollen $1/5$ bis $1/4$ der gesamten Menge an Cerebrosiden des Gehirns betragen und die einzigen schwefelhaltigen Gehirnlipoide sein.

veranschaulicht (mit willkürlicher, vertauschbarer Besetzung der α- und β-Hydroxyle in den beiden Sphingosinresten).

$$
\begin{array}{l}
\text{NH—COR} \qquad\qquad \text{OH} \;\; \text{NH—COR} \\
\text{CH}_3\text{—(CH}_2)_{12}\text{—CH=CH—CH—CH—CH}_2\text{—O—P}\!\!<\!\!\begin{array}{l}\text{O—CH}_2\text{—CH—CH—CH=CH—(CH}_2)_{12}\text{—CH}_3\\ \text{O}\\ \text{O—C}_2\text{H}_4\text{—N}\!\equiv\!(\text{CH}_3)_3\\ \text{O}\\ \text{CH—(CH—OH)}_3\text{—CH—CH}_2\text{—O—SO}_2\\ \qquad\qquad \text{O}\end{array}
\end{array}
$$

Ebenso unbestimmt wie die etwaige Bindung der Cerebroside an Phosphatide, ist die der Sterine. Diese werden bei der Abscheidung der Phosphatide aus allen Organen mitgeführt. Die im Handel erhältlichen Phosphatidpräparate enthalten durchwegs bis zu mehreren Prozenten Sterin, frei und als Fettsäureester, davon einen Teil so fest gebunden, daß er erst nach Überführung der Phosphatide in ihre Additionsverbindungen mit Gallensäuren bzw. deren Salzen (vgl. S. 491) durch Lösungsmittel abgetrennt werden kann. So fanden MATTHES und BRAUSE[1] in elf untersuchten Lecithinen aus Eigelb 0,22—3,38% Cholesterin, in Pflanzenphosphatiden 0,70—1,75% Sterine. BERGELL[2] fand auch nach Reinigung über die Chlorcadmiumverbindung (s. S. 476) noch 0,44% Cholesterin. Eine Esterbindung zwischen den Komponenten scheint nicht zu bestehen; jedenfalls haften Fettsäure-Sterinester ebenfalls an Phosphatiden. Vielleicht bestehen Additionsverbindungen ähnlicher Art, wie die aus Phosphatiden und Gallensäuren. Daß man aus den Rohphosphatiden durch fraktionierende Kristallisation auch sterinfreie Präparate erhalten kann, spricht nicht gegen diese Annahme, denn ebensowenig, wie die Gesamtmenge der Sterine gebunden ist, müßte die Gesamtmenge der Phosphatide gebunden sein.

Das Bestehen wohldefinierter Verbindungen höherer Ordnung aus Phosphatiden und Kohlehydraten ist nicht bewiesen, es kann aber auch nicht als ausgeschlossen betrachtet werden. Zum mindesten ist es fraglich, ob die Phosphatide in der Pflanze frei oder in irgendwelcher, eventuell Komplex- oder Simplex-Bindung sind[3]. Sie lassen sich oft mit solchen Lösungsmitteln, in denen sie nach der Isolierung leicht löslich sind, keinesfalls vollständig aus den Geweben extrahieren; sie sind so maskiert, daß der Isolierung ihrer Hauptmenge ein Trocknen des Materials, Erwärmen auf höhere Temperatur oder Behandlung mit anderen Solventien, wie Alkohol, vorausgehen muß; kurz, irgendwelche Operation, durch die native Verbindungen bereits angegriffen werden könnten.

Anderseits nehmen die Phosphatide bei ihrer Abscheidung aus Pflanzenteilen oft viel Kohlehydrate mit in Lösung. Schon E. SCHULZE fand in den von ihm durch Extraktion, z. B. mittels Äther, erhaltenen Rohphosphatiden beträchtliche Mengen relativ fest anhaftenden, durch Waschen mit Wasser nicht völlig entfernbaren Zuckers. Von E. WINTERSTEIN wurden in vielen Untersuchungen aus Pflanzen, besonders Cerealien, Phosphatide abgeschieden, die Glucose, Galaktose oder Pentosen enthielten. SCHULZE und HIESTAND isolierten

---

[1] Chem. Ztrbl. **1928 I,** 1076.   [2] Ber. Dtsch. chem. Ges. **33,** 2584 (1900).
[3] Verbindungen höherer Ordnung, entstanden durch die Betätigung der Affinitätsreste (Nebenvalenzen) hochmolekularer Verbindungen, die selbst Komplexe sein können, z. B. die Lipoproteine, Lipochrome u. a. m., bezeichnet man nach WILLSTÄTTER als *Simplexe*. R. WILLSTÄTTER u. M. ROHDEWALD: Ztschr. physiol. Chem. **225,** 103 (1934).

Präparate mit Zuckergehalten bis gegen 20%[1]. Es ist vielleicht kein Zufall, daß der Höchstgehalt annähernd einem Verhältnis von 1 Mol. Phosphatid zu 1 Mol. Hexose entspräche. (Nach REWALD liegen jedoch gar keine Monosen, sondern Biosen oder Polyosen vor.) Man hat deshalb angenommen, es gäbe echte „*Gluko-phosphatide*", und hat verschiedene Präparate tierischer und pflanzlicher Herkunft als einheitliche glukosidische Verbindungen beschrieben, wie z. B. das sog. *Jekorin* aus Pferdeleber, Delphinleber usw. Heute werden diese Stoffe meistens als bloße Gemische betrachtet, deren heterogene Bestandteile nur durch Adsorption relativ fest aneinander haften, aber schon durch energischere Einwirkung von Wasser oder Alkohol getrennt werden. Aber abgesehen davon, daß man zwischen Adsorptions- und Komplexbindung (oder Simplexbindung) keine scharfe Grenzlinie ziehen kann, ist zu berücksichtigen, daß weder Wasser noch Alkohole gegen Glucophosphatide inerte Stoffe sein dürften. Wenn schon die einfachen Phosphatide durch Wasser oder Alkohole, besonders bei wenig erhöhter Temperatur, nicht-neutraler Reaktion oder Gegenwart von Enzymen gespalten werden, so würden ihre Glucoside, falls solche bestehen, vermutlich noch leichter der Hydrolyse und Alkoholyse unterliegen. Ferner gelang es HANSTEEN-CRANNER[2], aus verschiedenen Pflanzenorganen, auch aus unverletzten Wurzeln, unter schonenden Bedingungen Substanzen zu isolieren, die anscheinend „Simplexe" aus lecithinähnlichen Verbindungen mit Kohlehydraten, Farbbasen und Mineralstoffen (aber eiweißfrei) sind[3]. Man hat aus diesen und früheren Beobachtungen geschlossen, daß die aus den Naturprodukten isolierten, einfachen Phosphatide, z. B. die Lecithine, überhaupt nicht die genuinen Verbindungen sind, sondern Denaturierungsprodukte wasserlöslicher Verbindungen höherer Ordnung.

Das für die zuckerhaltigen Substanzen Gesagte gilt auch für die nicht mit Äther, aber durch Alkohol, noch besser Methanol zerlegbaren Stoffe aus Phosphatiden und Eiweiß. Man hat solche, wie z. B. das sog. *Ovovitellin*, als Komplexverbindungen betrachtet und sie *Phospho-proteine*, speziell *Lecith-albumine* usw. genannt (s. auch S. 473). Ob es solche Simplexe oder Adsorptionsverbindungen wirklich gibt, ist zweifelhaft. Zu dürftig sind die Angaben über Bestehen von Phosphatidverbindungen mit Aminosäuren, Betain, Trigonellin und anderen, als Spaltungsprodukte gefundenen Stickstoffderivaten.

B. Die Fettsäuren der Phosphatide.

Die ursprüngliche Auffassung, daß es nur wenige Phosphatide oder gar nur „das Lecithin" gäbe, ist längst widerlegt. Es muß von jeder Gruppe eine große Zahl Verbindungen geben, die sich untereinander nur durch die Art ihrer *Fettsäurekomponenten* (und bei den Glycero-phosphatiden durch die verschiedene Stellung der Acyle) unterscheiden. Schon STRECKER war überzeugt, daß das Lecithin mehrere verschiedene Fettsäurereste enthalten müsse.

---

[1] NOTTBOHM u. MAYER erhielten aus ungewaschener Weizenstärke ein Produkt, das auf 2,24% Phosphor sogar 25,55% Zucker enthielt, aus gewaschener Stärke dagegen ein zuckerfreies Phosphatid.

[2] Ber. Dtsch. bot. Ges. **37**, 390 (1919); Planta **2**, 438 (1926). — S. auch MAGISTRIS u. SCHÄFER: Biochem. Ztschr. **214**, 401 (1929). Dialyse von Ackerbohnen mit Wasser-Alkohol-Gemischen.

[3] In letzter Zeit wurde auch ein Präparat aus *Lactobacillus acidophilus* beschrieben in dem möglicherweise ein Simplex aus Lecithinen und Polysacchariden vorliegt. Als Produkte der hydrolytischen Spaltung fand man: Glycerinphosphorsäure, Cholin, Fettsäuren (neben Stearin-, Palmitinsäure und den entsprechenden Olefinsäuren auch ein wenig niedrigere und höhere Säuren, wie Tetrakosansäure), dann Galaktose, wahrscheinlich auch Glucose und Fructose. J. A. CHROWDER u. R. J. ANDERSON: Journ. biol. Chemistry **104**, 487 (1934).

Mit Ausnahme der in Sphingomyelinen gefundenen *Nervonsäure* (Tetrakosen-15-säure-1), dann der *Tuberculostearinsäure* und der *Phtionsäure* (s. S. 412) in den (nicht genügend definierten) Tuberkelphosphatiden, sind die in Phosphatiden gebundenen Carbonsäuren *nicht* spezifisch. Sie kommen alle auch in den Triglyceriden der Fette oder in Wachsen vor. Man fand aber bisher nur einen beschränkten Teil der Glyceridfettsäuren auch in Phosphatiden. In sämtlichen Gruppen der Glycero-phosphatide wurden bereits nachgewiesen: Palmitinsäure, Stearinsäure, Ölsäure, Linolsäure, Linolensäure und Arachidonsäure; in einigen vereinzelt Klupanodonsäure und eine vierfach ungesättigte Säure der C_{22}-Reihe[1]. Säuren mit geringerer Zahl von C-Atomen, von der Capryl- bis zur Myristinsäure, ließen sich erst einmal in einem Präparate von hydriertem Eilecithin nachweisen. Wenn jedoch der Umbau der Nahrungsfette im Organismus tatsächlich über die Phosphatide geht, so dürften in Zukunft, bei systematischer Untersuchung, häufiger niedrige Fettsäuren als Phosphatidkomponenten festgestellt werden. Die einzelnen Säuren kommen in den Phosphatiden der verschiedenen Pflanzen- und Tierspezies bzw. in denen der einzelnen Organe und Gewebe, in den verschiedensten Kombinationen und Mischungsverhältnissen vor. In den einen überwiegt diese, in den anderen jene Säure.

In den Lysocithinen sind bisher nur gesättigte Säuren, insbesondere Palmitin- und Stearinsäure, mit Sicherheit bestimmt worden. Die Säuren der Sphingomyeline sind Stearinsäure, Nervonsäure und Lignocerinsäure; in einem Falle wird auch Palmitinsäure angegeben.

Bei wechselwarmen Wirbeltieren (wie Fischen, Amphibien) zeigen die Säuren der Glycero-phosphatide auffällige Übereinstimmung mit den Säuren des Depotfettes. Bei den Warmblütern ist es ganz anders. Die Säuren der Glycerophosphatide im Organ eines solchen Tieres weichen wenigstens in ihrem Mischungsverhältnis mehr oder weniger ab von den Säuren des Glyceridfettes im gleichen Organ. So sind z. B. die Fettsäuren aus den acetonunlöslichen Phosphatiden des Skelettmuskels wesentlich verschieden von denen der Triglyceride dieses Muskels, gleichen vielmehr den Säuren des subkutanen Fettes[2]. Häufig finden sich in den Phosphatiden eines Organs Fettsäuren, die im Glyceridfett desselben Organs überhaupt nicht vorkommen (aber in *anderen* Glyceridfetten).

Am meisten charakteristisch ist, daß die Phosphatide bestimmter Herkunft mit ganz vereinzelten Ausnahmen *mehr* ungesättigte Säuren gebunden enthalten als die neben ihnen vorkommenden Glyceridfette[3]. Die Ausnahmen sind: im Phosphatidanteil der Gesamtlipoide der Corpora lutea sind mehr gesättigte Säuren als im Durchschnitt der Gesamtfettsäuren aus diesem Organ; das acetonlösliche Fett der Hefe ist stärker ungesättigt als die Säuren der Hefenphosphatide — von denen angeblich überhaupt keine mehrfach ungesättigt seien —, ebenso ist das Fett der Kohlblätter ungesättigter als die Komponenten ihrer Phosphatidsäuren.

Eine Regel ohne Ausnahme scheint dagegen, daß die Glycero-phosphatide ungesättigte Säuren mit der größten Zahl Kohlenstoffatome und Doppelbindungen (vier- und fünffach-ungesättigte Säuren der C_{20}- und C_{22}-Reihe) in

---

[1] E. KLENK: Ztschr. physiol. Chem. **192**, 217 (1930). — Auch RUDY u. PAGE (Naturwiss. **19**, 774 [1931], s. auch RUDY Ztschr. physiol. Chem. **210**, 236 [1932]) isolierten aus bromiertem Gehirn-Kephalin mehrere Octobromide, eine schwerlösliche α- und eine leichtlösliche β-Form, die sich von einer einzigen Säure, $C_{22}H_{36}O_2$, ableiten dürften. Eine solche Säure kommt auch in den Algen vor.

[2] D. P. CUTHBERTSON: Biochemical Journ. **27**, 1099 (1933).

[3] Bereits HARTLEY fand, daß Organfette vom Schwein (Herz, Leber, Niere) viel ungesättigter sind als das Depotfett. Die Jodzahlen liegen um 115—135 bzw. nur um 35—65. Journ. Physiol. **36**, 17 (1907); **38**, 353 (1909).

verhältnismäßig großer Menge enthalten, ganz unabhängig von der Anwesenheit oder Abwesenheit dieser Säuren im Depotfett.

Beispiele: Unter den hochungesättigten Säuren des Rinderhirns überwiegen fünffach-ungesättigte der C_{22}-Reihe die übrigen Komponenten[1]. Bei Untersuchung der Hodenlipoide (die zur Hälfte aus Phosphatiden bestehen) fanden sich im Phosphatidanteil zwar weniger dreifach-ungesättigte Säuren als im Fettanteil, aber viel mehr vierfach- und noch stärker ungesättigte Säuren; nämlich 6,82 gegen nur 0,34%[2]. Die Fettsäuren der Lecithine der Rinderleber bestehen zu 50—60% aus ungesättigten Säuren, darunter nicht wenig Arachidonsäure; dagegen enthält das Reservefett nur ganz geringe Mengen dieser Säure[3].

Tabelle 75. Beispiele für die Zusammensetzung der Fettsäuren von Phosphatiden[4].

Organ	Feste Säuren		Flüssige (ungesättigte) Säuren			
	Palmitinsäure	Stearinsäure	C_{16}	C_{18}	C_{20}	C_{22}
Gehirn vom Menschen..	8%	21%	2%	40%	9%	20%
Rindsleber	12,5%	27%	5%	27%	18%	10,5%
Rinderherzmuskel	14%	21%	5%	45%	14%	1%

Gehirn vom Menschen: Je länger die Kohlenstoffkette der flüssigen Säure, desto ungesättigter ist sie. Zur Sättigung fehlen bei den flüssigen C_{18}-Säuren pro Molekül zirka 2 H, bei den C_{20}-Säuren pro Molekül zirka 4—6 H, bei den C_{22}-Säuren pro Molekül zirka 7—9 H.

Rindsleber: (Die Leberphosphatide poikilothermer Wirbeltiere, wie Hai, Frosch, Landschildkröte, zeigen bis auf viel kleineren Stearingehalt ähnliche Zusammensetzung.) Zur Sättigung fehlen bei den flüssigen C_{18}-Säuren zirka 3 H, bei den C_{20}-Säuren zirka 6 H, bei den C_{22}-Säuren zirka 8 H.

Rinderherzmuskel: Grad der Ungesättigtheit: C_{18}: —3,5 H, C_{20}: —5,6 H, C_{22}: —6,5 H.

Zum Vergleich sei die Zusammensetzung der Säuren aus den *flüssigen* Triglyceriden des Rinderherzmuskels angeführt:

Fest			Flüssig		
Palmitinsäure	Stearinsäure	$C_{20} + C_{22}$	C_{16}	C_{18}	$C_{20} + C_{22}$
22%	20%	Spuren	12%	45%	1%

Während die Fettsäuren der Glyceridfette verschiedener Arten der Wirbeltiere vielfach recht erhebliche Unterschiede in der Zusammensetzung zeigen, werden in die Phosphatide der Leber im wesentlichen immer dieselben Säuren, im annähernd gleichen Verhältnis, eingebaut[5]. Das steht in bestem Einklang mit der Beobachtung von A. HENRIQUES und C. HANSEN[6], daß nach Verfüttern von Leinöl an Hühner zwar im Körperfett und im Glyceridanteil des Eieröles Leinölsäuren auftreten, aber nicht in den Phosphatiden. Die Jodzahl der Säuren des Lecithins wurde durch das Nahrungsfett kaum beeinflußt.

Daß ungesättigte Säuren der C_{20}- und C_{22}-Reihe in Glycero-phosphatiden eine Rolle spielen, die gesättigte C_{24}-Säure dagegen in den Sphingomyelinen,

[1] J. P. BROWN: Journ. biol. Chemistry **97**, 183 (1930).
[2] B. LUSTIG u. E. MANDLER: Biochem. Ztschr. **261**, 132 (1933).
[3] R. H. SNIDER u. W. R. BLOOR: Journ. biol. Chemistry **99**, 555 (1933).
[4] Zit. nach KLENK: Angew. Chem. **47**, 273 (1934). — S. auch MERZ: Ztschr. physiol. Chem. **196**, 10 (1931). — HATAKEYAMA: Ztschr. physiol. Chem. **187**, 120 (1930).   [5] E. KLENK: Ztschr. physiol. Chem. **200**, 51 (1931).
[6] Skand. Arch. Physiol. **14**, 390 (1904).

weist nach Klenk auf einen genetischen Zusammenhang hin: vielleicht entstehen die ungesättigten Säuren aus der Lignocerinsäure durch gleichzeitigen Abbau auf dem Wege der β-Oxydation und Dehydrierung[1]. Anderseits wird in Betracht gezogen, daß in der Leber auch eine Verlängerung der Ketten eingeführter Säuren um je 2 C-Atome erfolgen könnte[2].

C. Vorkommen.

a) In Pflanzen.

Nach vereinzelten Beobachtungen, wie denen von Knop über ein „phosphorhaltiges Öl" in Erbsen, hat zuerst Hoppe-Seyler die allgemeine Verbreitung lecithinartiger Lipoide in den Pflanzen nachgewiesen. Die systematischen und grundlegenden Untersuchungen wurden nachher von E. Schulze begonnen und insbesondere von E. Winterstein mit seinen Schülern weitergeführt.

Phosphatide kommen in fast allen Zellen pflanzlicher Organe neben anderen Lipoiden vor. Man fand sie zuerst in Samen, besonders denen der Leguminosen und Gramineen, in Wurzeln, insbesondere in den unterirdischen Reservestoffbehältern, Knollen und Rüben, in Laubknospen, Trieben, Blüten, Blättern, Früchten, Stengeln, Rinden, in den Pollen; in niederen Pflanzen, besonders Hefen und Bakterien.

Der Gehalt eines Pflanzenorgans an Phosphatiden ist im allgemeinen um so größer, je lebenswichtiger es ist. Am reichsten sind die Samen, besonders unmittelbar unter der Schale.

In der ersten Zahlenreihe der Tabelle 76 sind die von verschiedenen Beobachtern[3] in den Samen wichtiger Kulturpflanzen gefundenen Phosphatidge-

Tabelle 76. Phosphatidgehalt der Samen.

Samenart	Phosphatid in Prozenten	Phosphatid-Phosphor im trockenen Gewebe in Prozenten
Blaue Lupine, *Lup. angustifolius*	2,20	geschält 0,084
Sojabohne, *Soja hispida*............	1,64—2,00	0,063
Gelbe Lupine, *Lup. luteus*..........	1,64 (2,09)	0,061, geschält 0,082
Wicke, *Vicia sativa*	0,74—1,22 (1,78)	0,028—0,047
Erbse, *Pisum sativum* (reif)	1,05—1,23	0,047
„ „ „ (unreif)	0,50	0,019
Linse, *Lens esculenta*..............	1,03—1,20	0,045
Baumwolle, *Gossypium herbaceum*	0,94	—
Hanf, *Cannabis sativa*	0,85—0,88	0,038
Weiße Bohne, *Vicia faba*	0,81	geschält 0,049
Lein, *Linum usitatissimum*	0,73—0,88	0,034
Gerste, *Hordeum distichum*	0,47—0,74	0,028
Weizen, *Triticum vulgare*[4].........	0,43—0,65	0,025
„ (Keim allein)	1,55	—
Roggen, *Secale cereale*	0,57 (0,68)	0,022
Mais, *Zea Mays* (weiß)	0,25—0,28 (0,48)	0,010
Sonnenblume, *Helianthus annuus*	0,44	geschält 0,017
Mohn, *Papaver somniferum*	0,25	0,009

[1] Über den weiteren Abbau der hochungesättigten Säuren zu weniger ungesättigten und zuletzt ganz gesättigten Säuren von geringerer C-Zahl s. Klenk: Ztschr. physiol. Chem. **221**, 264 (1933).   [2] Snider u. Bloor: S. S. 468.

[3] Die meisten von E. Schulze u. E. Steiger, Frankfurt u. Merlis: Landwirtschl. Vers.-Stat. **43**, 307 (1894); **48**, 203 (1897); **49**, 203 (1898). Die Werte in Klammern wurden von Bitto gefunden, der das Material wiederholt mit kochendem Methanol extrahierte: Ztschr. physiol. Chem. **19**, 489 (1894).

[4] Nach den neuesten Untersuchungen von F. E. Nottbohm u. F. Mayer (Ztschr. Unters. Lebensmittel **67**, 369 [1934]) enthält Weizenmehl ein Vielfaches der früher gefundenen Phosphatidmengen. Als Durchschnittsgehalte wurden gefunden in Mehlen 1,35%, in Grießen 1,80%, in Kleien 3,30%.

halte zusammengestellt, in der zweiten Zahlenreihe die Werte für Phosphatidphosphor in den trockenen Geweben (bestimmt durch Extraktion derselben mit Alkohol-Äther, Veraschen des Extraktes und Fällen der Phosphorsäure in üblicher Weise).

Der Gehalt der Samen an Phosphatiden soll im allgemeinen um so größer sein, je mehr Eiweiß und je weniger Fett sie enthalten. Jedenfalls sind die Leguminosensamen die ergiebigsten Rohstoffe für die technische Gewinnung pflanzlicher Phosphatide.

Beim normalen Keimen im Licht reichert sich der Keimling am meisten an. So zeigten z. B. nach 9 Tagen isolierte Gerstenkeime rund 12% „Lecithin", bei einem Durchschnittsgehalt des ganzen Samens von nur 3%. Dagegen vermindert sich der Phosphatidgehalt der Keimpflanzen bei Lichtentzug auf einen Bruchteil; wiederholt wurde bei isolierten Keimpflanzen Rückgang auf die Hälfte, in einem Fall (bei *Vicia faba*) auf ein Viertel des ursprünglichen Wertes festgestellt.

Bemerkenswert hoch ist auch der Phosphatidgehalt verschiedener niederer Pflanzen, Hefen, Pilze und insbesondere der säurefesten Bakterien.

Beispiele:

Hefe, trocken, etwa . . .	2 %	Phosphatide
Mutterkorn	1,7 „	„
Morchel	1,6 „	„
Fliegenpilz	1,4 „	„
Pfifferling	1,3 „	„
Champignon	0,9 „	„
Tuberkelbazillen vom Menschen. . . .	6,54 „	„
„ „ Vogel	2,26 „	„
„ „ Rind	1,53 „	„
Mycobact. phlei	0,59 „	„

Die in den Tabellen zusammengestellten Werte sind für Vergleichszwecke brauchbar, können aber nicht als absolut gültig betrachtet werden. Der Phosphatidgehalt hängt ja vom Reifezustand der Samen ab, von der Belichtung und anderen Faktoren, wie Standort, Bodenbeschaffenheit, Düngung usw. Dann ist es von Bedeutung, ob und gegebenenfalls wie lange und bei welcher Temperatur Pflanzenteile vor der Untersuchung lagerten. Schließlich ist besonders zu berücksichtigen, daß die Bestimmungen vor langer Zeit, mit weniger vervollkommneten Methoden als den heutigen, ausgeführt wurden.

Vermutlich enthalten die verschiedenen Pflanzen und Pflanzenteile Phosphatide aller Gruppen, wenn auch je nach Art bzw. Funktion des betreffenden Gewebes Verbindungen der einen oder anderen Gruppe überwiegen mögen. Aus diesem Grunde und wohl auch infolge verschiedener Problemstellung und Methodik, hat man bei den einzelnen Untersuchungen verschiedener Pflanzenorgane häufig nur Phosphatide dieser oder nur jener Gruppe isoliert.

Die am einfachsten zusammengesetzten Verbindungen, die Phosphatidsäuren, wurden zuletzt entdeckt. CHIBNALL und CHANNON[1] fanden, daß die ätherlöslichen Bestandteile des Zellplasmas der Kohlblätter (von *Brassica oleracea*) bis zu 18% aus Calcium- und Magnesiumsalzen der Phosphatidsäuren bestehen und stellten weiterhin ihr Vorkommen in daraufhin untersuchten Blättern fest, wie im Spinat und im Knäuelgras, später reichlich in den Weizenkeimlingen. Schon viel früher fanden E. WINTERSTEIN und STEGMANN[2] in Ricinusblättern, Kleearten und Rhabarber Substanzen, die nach dem heutigen Stand der Forschung zweifellos Phosphatidsäuren gewesen sein mußten. Diese Verbindungen sind nach Ansicht ihrer Entdecker Zwischenstufen des Phosphatidstoffwechsels, nach anderen Forschern hauptsächlich Abbauprodukte. Ihr

---

[1] Biochemical Journ. **21**, 1, 233, 479 (1927).   [2] Ztschr. physiol. Chem. **58**, 527.

reichliches Vorkommen in den Assimilationsorganen spricht für die erstere Annahme. Anderseits scheint aber ihr Vorkommen durchaus nicht auf Blätter beschränkt, denn die aus anderen Organen isolierten, hauptsächlich aus Lecithinen
und Kephalinen bestehenden Rohphosphatide enthalten fast immer weniger
Stickstoff, als dem äqui-atomaren Atomverhältnis zu Phosphor entspräche. Es
bleibt noch zu ermitteln, ob die beigemengten stickstofffreien P-Verbindungen
tatsächlich Phosphatidsäuren und nicht etwa andere phosphorhaltige Substanzen,
darunter Phytin, sind. Im ersteren Fall ist weiterhin zu prüfen, ob sie erst durch
Spaltung bei der Aufarbeitung entstehen oder schon im lebenden Organ enthalten waren.

Die wahrscheinlich allgemeine Verbreitung der Lecithine geht schon aus den
Untersuchungen von SCHULZE, E. WINTERSTEIN und ihren Mitarbeitern hervor.
Nach der grundlegenden Arbeit von TRIER, den Arbeiten von LEVENE, KING,
PAGE, REWALD und anderen Forschern, scheinen die Kephaline kaum weniger
verbreitet. Vielleicht enthalten die Pflanzenphosphatide relativ mehr Kephaline
als die Phosphatide tierischer Gewebe; für die am besten untersuchten Phosphatide der Sojabohnen ist es nachgewiesen. Über das Vorkommen von Sphingomyelinen in Pflanzenphosphatiden liegen nur ganz vereinzelte Angaben vor, wie
z. B. über das im Ektoplasma der Hefezellen, ebenso über protagonartige Verbindungen oder Gemische mit Cerebrosiden, die z. B. in Hafer, Reis, in Pilzen
enthalten sein sollen.

In welcher Form die Phosphatide im lebenden Organismus der Pflanze sind,
ob frei oder irgendwie gebunden, ist derzeit noch strittig.

b) Vorkommen im Tierkörper.

Die Phosphatide sind integrierende Bestandteile aller tierischen Zellen und
Gewebe, sie wurden bisher in sämtlichen, daraufhin untersuchten Organen nachgewiesen. Nach neueren Untersuchungen sollen die Organfette, wenigstens
die protoplasmatischen Bestandteile der Zelle, im Gegensatz zu den Depotfetten
gar nicht aus Triglyceriden, sondern Phosphatiden bestehen.

Am längsten bekannt ist der hohe Phosphatidgehalt des Eigelbs[1]. Auch die
Eier der Fische (Roggen, Kaviar) sind reich an Phosphatiden. Der Phosphatidgehalt eines Organs entspricht ungefähr dessen funktioneller Aktivität. Die
größten Anhäufungen zeigen das Rückenmark (nach älteren Angaben bis 11%).
Vielleicht noch mehr die Nerven- und Gehirnsubstanz, nämlich nach verschiedenen Autoren bis 12% bei 75% Wassergehalt (nach älteren Angaben bis
17% der Trockensubstanz, im Ischiadicus sogar 33%), und zwar sechsmal soviel
in der weißen als in der grauen Substanz. Besonders reich ist das Gehirn beim
jugendlichen Individuum; sein Phosphatidgehalt ist prozentual und absolut am
höchsten. Nach RUBNER[2] entfallen von Gesamtphosphatiden auf Gehirn und
Nerven im 13. Lebensmonat über 29%, im 16. Monat noch fast 25%, im 24.
über 13% und beim Erwachsenen nur mehr 2,4%.

---

[1] Nach den neuesten Untersuchungen (NOTTBOHM u. MAYER: Ztschr. Unters. Lebensmittel **66**, 585 [1933]) enthält trockenes Eigelb von Hühnern und Enten:

	Hühner-eigelb	Enten-eigelb
Gesamtphosphatide	19,99%	16,48%
Lecithine..............	14,27%	10,90%
Kephaline.............	5,72%	5,58%

In Übereinstimmung damit
sind die gefundenen P-Gehalte:
Eidotter 1,42% Gesamtphos-
phorpentoxyd, von welcher
Menge 1,01%, somit über $^2/_3$ in
Lecithin gebunden sind. Die
entsprechenden Zahlen für
Trockeneigelb sind 2,78% und
1,98%; GROSSFELD u. WALTER: Ztschr. Unters. Lebensmittel **67**, 510 (1934).

[2] Klin. Wchschr. 1925, 1849.

Im weiteren Abstand folgen Corpus luteum (ein Drittel der Gesamtlipoide), Leber, Niere, Milz, Drüsen (angeblich besonders die ohne Ausführungsgang) und Muskulatur. Auch bei den Muskeln sind Phosphatidgehalt und Aktivität ungefähr proportional. Am reichsten ist das Herz (z. B. bei Kaninchen bis 0,43% Phosphatid-Phosphorsäure); weniger enthält die quergestreifte Muskulatur, wobei aber wiederum die rote, zu Dauerleistungen befähigte einen höheren Gehalt aufweist als die leichter kontrahierbare, aber schneller ermüdende helle Muskulatur (z. B. beim Kaninchen 0,173, bzw. gegen bloß 0,128% Phosphatid-Phosphorsäure)[1]. Auf die zum Teil recht wesentlichen Änderungen im Gehalt der Organe und Ausscheidungen unter pathologischen Verhältnissen, kann hier nicht eingegangen werden.

Zur Orientierung über die Abstufung des Phosphatidgehaltes in den Organen einer bestimmten Tierart dient nachfolgende Tabelle 77. Die Zahlen sind an sich verläßlich, aber nicht absolut gültig, denn ein und dasselbe Organ zeigt bei verschiedenen Individuen derselben Tierspezies natürlich gewisse Schwankungen im Gehalt an Phosphatiden. Diese Schwankungen sind bei mancher Spezies relativ gering, z. B., wie die zweite Kolonne der Tabelle zeigt, beim Rind; bei anderen Spezies sind sie wiederum beträchtlich. Anderseits zeigen selbstverständlich gleiche Organe von Tieren aus verschiedenen Klassen mehr oder weniger große Unterschiede. Eine Zusammenstellung von Höchst- und Mindestwerten bringt Tabelle 78.

Tabelle 77. Beispiele für Phosphatidgehalte von verschiedenen Organen eines Tieres (frische Organe vom Rind)[2].

Organ	Gesamtphosphatide in Prozenten	Schwankungen
Gehirn	6,09	—
Corpus luteum	4,03	—
Leber	3,55	3,5 —4,1
Milz	2,29	
Niere	2,21	2,17—2,32
Herz	2,02	2,0 —2,25
Muskel	1,92	1,40—1,65
Lunge	1,67	—
Hoden	1,53	—
Nebenniere	1,50	—
Pankreas	1,32	—

Tabelle 78. Phosphatidgehalte gleicher Organe von Tieren verschiedener Klassen (frische Organe von Rind, Hund, Katze, Kaninchen, Meerschwein, Igel, Maus, Taube, Aal, Hering)[3].

Organ	Mark	Gehirn	Leber	Niere	Hoden	Herz	Lunge	Muskel[4]	Nebenniere	Milz
Mindestwerte	6,25	3,75	1,00	1,00	1,00	1,22	0,83	0,58	1,50	0,07
Höchstwerte	10,75	6,00	4,90	3,92	3,75	3,40	2,67	2,32	2,25	2,25

Die Haut enthält wahrscheinlich nur wenig Phosphatide, angeblich 2,7% der Gesamtlipoide, in den tieferen Schichten sogar nur 0,1% derselben.

Das Blut enthält immer beträchtliche Mengen, und zwar mehr in den roten Körperchen als im Plasma. Dieses enthält ebenso viel „Lecithin" wie Cholesterin, jene enthalten doppelt so viel. Beim Menschen wurden unter normalen Verhältnissen gefunden[5]: Beim männlichen Individuum, im ganzen Blut 0,30, im Plasma 0,22, in den Blutkörperchen 0,40%; beim weiblichen Individuum: im ganzen Blut 0,29, im Plasma 0,19, in den Blutkörperchen 0,44% Lecithin.

---

[1] Nach EMBDEN u. ADLER, LYDING u. a. m., insbesondere K. SORG: Ztschr. physiol. Chem. 182, 97 (1929).

[2] Die Zahlen der ersten Kolonne nach B. REWALD: Biochem. Ztschr. 198, 103; 202, 99 (1928).

[3] Berechnet aus den Werten für Phosphatid-Phosphor, unter Annahme eines durchschnittlichen P-Gehaltes der Phosphatide von rund 4%. Literaturangaben s. THIERFELDER u. KLENK: Chemie der Cerebroside und Phosphatide, S. 146—151. Berlin. 1930.   [4] Vgl. dagegen die Werte für Kaninchenmuskeln auf Zeile 4.

[5] Nach HORINCHI: Journ. biol. Chemistry 44, 363 (1920).

Die Angaben über den Phosphatidgehalt der Milch differieren zum Teil ziemlich stark, was nur zum geringeren Teil auf der Verschiedenheit der Bestimmungsmethoden beruhen kann. Für Frauenmilch werden die unteren Grenzen von 0,024 bis etwa 0,06% angegeben, die oberen von 0,06—0,08%. Bei den Angaben über Kuhmilch sind 0,025% die untere, 0,116% die obere Grenze.

Nach den Untersuchungen von W. DIEMAIR, B. BLEYER und M. OTT[1] an Phosphatiden, die aus Vollmilchpulver mittels Methylalkohol isoliert wurden, bestehen diese aus Lecithinen und Kephalinen, die als Komponenten Palmitin-, Stearin- und Ölsäure enthalten. Das Verhältnis von festen zu flüssigen Säuren ist ungefähr 1:2.

Bei den Ergebnissen der Untersuchung von Organphosphatiden ist zu beachten, daß sich unter pathologischen Verhältnissen Menge und Zusammensetzung der Phosphatide eines Organs sehr stark ändern können. Ergebnisse von Einzelversuchen sollten daher nicht verallgemeinert werden. Die Änderungen sind durchaus nicht immer für bestimmte Krankheiten kennzeichnend.

Die Phosphatidgemische aller Organe scheinen Lecithine, Kephaline und Sphingomyeline zu enthalten. Über das Vorkommen der Phosphatidsäuren und der Lysocithine ist man noch ganz ungenügend unterrichtet. Im Pankreas wurde Lysocithin nachgewiesen, mit großer Wahrscheinlichkeit auch in der Nebennierenrinde[2]; ferner vermehrte Bildung bei Skorbutkranken. Mit Ausnahme von Gehirn, Nervensubstanz und einigen wenigen Organen dürften die Glycerophosphatide überwiegen.

Das Verhältnis Lecithine : Kephaline verschiedener Gewebe deutet auf ein äquimolekulares Gleichgewicht[3]; vielleicht liegen Verbindungen vor[4]. Im Eigelb scheinen dagegen die Lecithine gegenüber den Kephalinen etwa im Verhältnis 2:1 zu überwiegen. In der Hefe soll das Verhältnis, berechnet aus dem des Gesamtstickstoffes zum Aminostickstoff, etwa 4 Lecithine : 1 Kephaline sein.

Wie in den Pflanzenzellen, sind auch in den Zellen der Tierkörper die Phosphatide vielfach so gebunden, daß sie sich in den typischen Lipoidlösungsmitteln nicht direkt lösen, nicht extrahierbar sind. Besonders fest ist diese Bindung in den Organen der Poikilothermen. Z. B. extrahiert warmer Äther aus Eierstöcken von Fischen nur sehr wenig phosphorhaltige Substanz, Alkohol dagegen viel; so wurden in einem Falle mit Äther eine 0,06% Lecithin entsprechende Menge ausgezogen, mit Alkohol eine 2,55% Lecithin entsprechende, also 40fache Menge[5]. Es ist jedoch fraglich, ob nur Adsorbate an Eiweißkörper bzw. andere Stoffe oder definierte Komplexverbindungen bestehen (vgl. S. 466).

D. Abscheidung von Phosphatidgemischen[6].

a) Isolierung der Gesamtphosphatide.

Die möglichst vollständige Abscheidung von reinen Phosphatidgemischen aus pflanzlichen und tierischen Geweben macht wegen ihrer Bindung an andere Inhaltsstoffe der Zellen erhebliche Schwierigkeiten. Während bei der Extraktion ein größerer Prozentsatz leicht ungelöst bleibt, lösen sich mit

---

[1] Biochem. Ztschr. 272, 119 (1934).   [2] V. GRONCHI: Biochim. Therap. sperim. 20, 562 (1933).
[3] W. R. BLOOR: Chem. Ztrbl. 1930 II, 3797.
[4] Daß in den natürlich vorkommenden Glycerophosphatidgemischen die Lecithine und die Kephaline zum größeren oder kleineren Teil salzartig verbunden sein dürften, vermuteten bereits GRÜN u. LIMPÄCHER: Chem.-Ztg. 48, 726 (1924); Ber. Dtsch. chem. Ges. 60, 153 (1927).   [5] J. GROSSFELD: D. R. P. 357081.
[6] Präparative Methoden. Über die technische Gewinnung s. S. 501 ff.

dem übrigen Teil auch Stoffe wie Zucker, Bitterstoffe, Eiweiß und namentlich andere Lipoide, die sich nachträglich nur schwer zur Gänze abtrennen lassen. Dasselbe gilt von den Zersetzungsprodukten, die sich wegen der Empfindlichkeit mancher Phosphatide gegen die verschiedensten Einflüsse bilden. Man muß deshalb sehr schonend verfahren, folgende allgemeine Regeln beachten[1]:

Verwendung von ganz frischem, nicht durch Lagern an der Luft oder Erwärmen vorgetrocknetem Material. Rasches Zerkleinern ohne Erzeugung oder unter Ableitung von Reibungswärme. Trocknen durch wasserentziehende Mittel oder in besonderen Fällen im Vakuum, unter Verwendung von Kohlendioxyd. Ausführung aller Operationen bei möglichst niedriger Temperatur, unter Abschluß von Feuchtigkeit, Abhalten des Lichtes (braune oder eingehüllte Glasgefäße) und Verdrängung der Luft aus den Apparaten und den Lösungsmitteln durch Kohlendioxyd.

Eine für alle Rohmaterialien optimale Arbeitsweise läßt sich nicht angeben. Die Anforderungen sind je nach der Beschaffenheit der Rohstoffe bzw. ihrer Phosphatide mehr oder weniger streng. Der folgende Arbeitsgang muß je nach Umständen eingehalten oder darf abgekürzt, vereinfacht werden.

Vorbehandlung: Das Material wird möglichst schnell vorzerkleinert, gemahlen (Pflanzenteile zu Mehl, tierische Organe zu Brei) und entwässert; dies am besten durch zwei- oder mehrmaliges Einlegen in Aceton, wenn nötig bis 5mal je 1 Tag in der 5fachen Menge. Frische Organe können bis $^2/_3$ ihres Phosphatidgehaltes an Aceton abgeben. Soll dies vermieden werden, so trocknet man durch inniges Vermischen mit Natrium- oder Calciumsulfat. Das auch vorgeschlagene Natriumdiphosphat reagiert zu stark alkalisch. Das Aceton wird jeweilig scharf abgepreßt, aus dem Rückstand das noch eingeschlossene Aceton bei möglichst niedriger Temperatur mittels Kohlendioxyd entfernt oder abgesaugt. (Die Acetonlösungen werden im Vakuum eingeengt, die Rückstände mit Äther extrahiert und dessen Rückstand mit den übrigen Ätherauszügen, wie unten beschrieben, verarbeitet.)

Extraktion: Äther löst höchstens die Kephaline einigermaßen vollständig, eine Nachbehandlung mit Alkohol ist unerläßlich, deshalb ist es praktischer, von vornherein mit Alkohol zu extrahieren, der bei Gegenwart von Lecithin auch die Kephaline genügend herauslöst. Man schüttelt das getrocknete Material wiederholt, z. B. 4—6mal je 6 Stunden auf der Maschine mit absolutem, neutralisiertem Alkohol und preßt oder trennt sonstwie die Lösung jeweilig scharf ab. Pflanzenmaterial wird häufig noch mehrmals einige Stunden bei 50⁰ mit Alkohol digeriert oder sogar ausgekocht; zuletzt kann man den Preßrückstand noch mit einem Gemisch aus 1 Teil Benzol und 4 Teilen abs. Alkohol bis zur Erschöpfung auskochen. Die alkoholischen Auszüge werden im Vakuum bei etwa 30⁰ zur Sirupkonsistenz eingedampft.

Reinigung mit Äther und Aceton: Der Rückstand der Alkoholauszüge, häufig ein Gemisch verschiedener Extraktivstoffe, wird mit abs. trockenem, peroxydfreiem Äther oder allenfalls reinstem Chloroform ausgezogen. Die eingeengte Lösung wird mit Aceton versetzt. Die ausgefällten Phosphatide knetet man kräftig mit Aceton durch, nimmt sie nach Abdekantieren der Lösung wieder in Äther auf, fällt und knetet abermals mit Aceton oder auch mit Methylacetat und wiederholt die Behandlung ein drittes Mal. (Mitunter wird schon in diesem Stadium durch fraktionierendes Kristallisieren der ätherischen, mit wenig Aceton versetzten Lösungen bei —30⁰ bis 0⁰ eine Trennung der Phosphatide in Fraktionen vorgenommen.)

In den Äther-Aceton-Mutterlaugen bleiben, wenn das verarbeitete Rohmaterial nicht absolut frisch und kaum spurenweise zersetzt war, nennenswerte Mengen Phosphatide gelöst. Man engt die gesammelten Mutterlaugen ein und läßt den restlichen Sirup in das 25fache Volumen Aceton, der eine Spur Chlorcalcium enthält, tropfen; die ausgefällten Phosphatide werden noch mehrmals so behandelt, dann aus ätherischer Lösung mit Aceton gefällt und weiter verarbeitet.

Um von den Rohphosphatiden die etwa beigemengten wasserlöslichen Salze und undefinierte Stickstoffverbindungen abzutrennen, verreibt man sie mit viel Wasser zu einer Emulsion und fällt sie aus derselben mit $^1/_4$ bis $^1/_2$ des Volumens Aceton. Die flockige Fällung wird nochmals in Wasser emulgiert und mit Aceton unter Zugabe von ein wenig Kochsalzlösung gefällt. Eine andere, vielleicht weniger verlustreiche

[1] S. besonders H. H. ESCHER: Helv. chim. Acta 8, 686 (1925).

Reinigung besteht im Ausschütteln der chloroformischen Lösung mit 1%iger Koch-salzlösung.

Werden die vorgereinigten Phosphatide noch mehrmals mit Aceton durch-geknetet, davon abgepreßt und in Äther aufgenommen, so bleibt hauptsächlich Sphingomyelin, falls es in genügender Menge vorhanden ist, ungelöst und kann ab-zentrifugiert werden. Man wiederholt die Operation nötigenfalls, bis die Masse in Äther klar löslich ist. Dann fällt man mit Aceton und löst die Fällung in Alkohol. Phosphatide aus frischem, schnell verarbeiteten Material lösen sich vollständig, sonst scheidet sich ein Teil des Kephalins ab. Das Filtrat wird eingeengt, der Rück-stand in Äther gelöst, mit Aceton gefällt und durchgeknetet, dann im Vakuum über Schwefelsäure von den Resten des Acetons befreit. Man erhält so ein Gemisch von Glycero-phosphatiden mit dem richtigen Atomverhältnis $N : P = 1 : 1$.

Vor der Verarbeitung größerer Mengen eines zum erstenmal untersuchten Rohmaterials sind Vorversuche anzustellen. Mitunter erweisen sich Änderungen des Arbeitsganges als nötig, so bei ausnehmend fester Bindung der Phosphatide. Manchmal lassen sich nach einer Vorbehandlung des Materials mit Aceton die Phosphatide nicht mehr mit Alkohol extrahieren, z. B. aus Hefe. (Vielleicht wegen Entfernung der lösungsvermittelnden Fette oder anderer Stoffe.) In anderen Fällen ist ohne Vorbehandlung mit Alkohol kein direktes Ausziehen mit Äther möglich. In solchen Fällen bewährt sich auch die ursprüngliche Aus-führungsform von E. SCHULZE:

Fein zerriebenes Material ungetrocknet mit abs. oder 95%igem Alkohol bei 50⁰ ausziehen, die Lösung filtrieren, konzentrieren, den Rückstand abwechselnd mit Äther und Wasser behandeln; die ätherischen Auszüge einengen, ihren Rückstand durch Kneten mit Aceton entfetten, dann in Äther aufnehmen, mit Methylacetat fällen und diese Umfällung mehrmals wiederholen.

b) Isolierung von Phosphatidgruppen.

(Trennung der Phosphatide nach Gruppen.)

Die abgeschiedenen Produkte sind in vielen Fällen Gemische von Verbindungen aus mindestens zwei, oft auch mehr Gruppen. In manchen Fällen, besonders bei der Untersuchung von Pflanzenphosphatiden, liegen nur Gemische von Lecithinen und Kephalinen, allenfalls auch von diesen und den stickstofffreien Phosphatidsäu-ren vor. Dann lassen sich die Anteile der beiden ersten Gruppen indirekt bestimmen, am einfachsten aus dem Prozentgehalt an Gesamtstickstoff und dem an „Amino-stickstoff" (Colamin). Die Differenz ergibt den Gehalt an Cholinstickstoff bzw. an Cholin, das aber auch direkt bestimmt werden kann. Selbstverständlich müssen etwa beigemengte freie Phosphatidbasen oder andere Stickstoffverbindungen ent-weder entfernt oder gesondert bestimmt werden. Die Menge der Phosphatid-säuren ergibt sich aus dem Gesamtgehalt an gebundener Phosphorsäure und dem Phosphorsäureanteil, der auf die Aminophosphatide entfällt (berechnet aus dem Stickstoffgehalt). Man rechnet oft mit abgerundeten Zahlen (für Lecithin 4% P bzw. 9% P_2O_5 und 1,8% N). Genaue Umrechnungsfaktoren ergeben sich aus der Analyse der Gesamtfettsäuren des Phosphatidgemisches, Berechnung des durch-schnittlichen Molekulargewichtes der Säuren und daraus der Phosphatidmole-kulargewichte.

Zur Isolierung einzelner Phosphatidgruppen scheidet man entweder die Ge-samtphosphatide ab und zerlegt die Gemische oder man stellt, je nach dem speziellen Zweck der Untersuchung, bei der Verarbeitung des Materials von vornherein auf die Isolierung von Verbindungen bloß *einer* Gruppe ab. Dabei kann der Arbeitsgang meistens vereinfacht werden.

1. Phosphatidsäurengemische.

Die Phosphatidsäuren dürften viel weiter verbreitet sein, als bisher fest-gestellt wurde, vielleicht sind sie überall mit den anderen Glycero-phosphatiden vergesellschaftet[1]. Einstweilen liegt jedoch nur die Beschreibung ihrer Abscheidung aus grünen Blättern vor, in denen sie als Salze enthalten sind[2].

Die fein zerkleinerten, von den Mittelrippen befreiten Blätter, z. B. von Kohl, werden nach Anrühren mit Wasser durch ein Feinseide-Sieb getrieben, auf 70^0 erwärmt und das Coagulum in der Buchner-Presse scharf abgepreßt. Das so erhaltene Cytoplasma (mit noch 40% Wasser) wird gepulvert, im Soxhlet-Apparat 40 Stunden mit Äther extrahiert, die Ätherlösung mit Natriumsulfat getrocknet und eingeengt. Der Ätherrückstand, etwa 1 Promille vom Blättergewicht, wird im Vakuum getrocknet, in trockenem Äther aufgenommen, die Lösung filtriert und mit dem vierfachen Volumen Aceton versetzt. Dabei fallen die Calciumsalze der Phosphatidsäuren fast quantitativ aus, noch vermengt mit Kohlenwasserstoff und Keton ($C_{29}H_{60}$ und $C_{29}H_{58}O$), die durch Auskochen mit Aceton abgetrennt werden. Aus den Kalksalzen setzt man durch Schütteln ihrer ätherischen Lösung mit verdünnter Mineralsäure die Phosphatidsäuren in Freiheit, führt sie mittels Bleiacetat in die Bleisalze über, wäscht diese in ätherischer Lösung mit Wasser, trocknet die Lösung und fällt mit Alkohol. Hierauf wird mit Salzsäure zerlegt, in Äther aufgenommen, zum Sirup eingedampft, dann in Alkohol gelöst und von ein wenig phosphor- und eisenhaltigen Verunreinigungen abfiltriert. Aus dem Filtrat erhält man durch Vertreiben des Alkohols die fast reinen Phosphatidsäuren.

Sie wurden zuerst ausschließlich für Derivate der α-Glycerinphosphorsäure gehalten, es scheint jedoch, daß sie sich auch von der β-Säure ableiten.

2. Lecithingemische.

Man trennt sie von den anderen Gruppen auf Grund der größeren Löslichkeit in Alkohol oder über die Chlorcadmiumverbindungen.

α) Isolierung mittels Alkohol. Die Methode genügt namentlich bei ihrer Anwendung auf das ergiebigste Material, den Eidotter; am besten in der von H. Escher[3] angegebenen Ausführungsform.

Man löst die nach S. 474 abgeschiedenen, durch wiederholtes Umfällen aus Äther mit Aceton gereinigten Phosphatide im 5fachen Gewicht abs. Alkohol und läßt fraktioniert kristallisieren. Ein Teil scheidet sich bei Raumtemperatur ab; bei 0^0 kristallisieren anscheinend vorwiegend Kephaline und Sphingomyeline aus; etwa $^3/_4$ der Menge, hauptsächlich Lecithine, bleiben noch bei -35^0 gelöst. Man vertreibt den Alkohol und kristallisiert den Rückstand aus Äther um, erst bei -30^0, dann bei immer weniger tiefen Temperaturen, hierauf nochmals aus Alkohol und zuletzt wieder aus Äther.

Man erhält so schneeweiße, reine Präparate, von denen die am schwersten lösliche Fraktion scharf bei 244—245^0 schmilzt[4]. Die Fraktionen sind Gemische von Verbindungen verschiedenen Sättigungsgrades.

Sonst ist es sehr schwierig, reine Lecithingemische abzuscheiden. Die meisten Präparate enthalten, wenn nicht Fett, so doch mehr oder weniger Sterin. Über dessen Abtrennung auf dem Wege über die Gallensäure-Verbindungen s. S. 504.

β) Isolierung über die Chlorcadmiumverbindungen[5]. Man fällt die Lösung des Gemisches mit Chlorcadmium, trennt die mitgefällten Kephalinsalze sowie andere

---

[1] Nunmehr fanden Channon u. Foster (Biochemical Journ. **28**, 853 [1934]), daß die Phosphatide der Weizenkeimlinge zu 42% aus Phosphatidsäuren bestehen. Daß die Keimlinge so reich an Phosphatiden dieser Klasse sind, scheint biochemisch besonders interessant.

[2] H. J. Chibnall u. A. C. Channon: Biochemical Journ. **21**, 225, 479, 1112 (1927); **23**, 168, 176 (1929). — Über die Abscheidung der *Gesamt*phosphatide aus Blättermaterial s. Rewald: Biochem. Ztschr. **202**, 399 (1928).

[3] Helv. chim. Acta **8**, 686 (1925).   [4] Vgl. S. 486.

[5] Die Reaktion mit Chlorcadmium wurde von Strecker schon im Jahre 1868 entdeckt. Später haben Ulpiani, Thudichum, Willstätter, Schulze, Winterstein, Trier, McLean und andere Forscher zu ihrer Ausgestaltung beigetragen. Die Methode weist verschiedene Mängel auf. Nach McLean (Ztschr. physiol. Chem. **59**, 223 [1909]) wird ein Teil der Base abgespalten.

Stoffe ab und setzt die Lecithine aus ihren Komplexverbindungen in Freiheit. Eine von verschiedenen Ausführungsformen ist folgende[1]:

Die Lösung der Phosphatide in 95%igem Alkohol wird mit kaltgesättigter methylalkoholischer Chlorcadmiumlösung versetzt, bis nichts mehr ausfällt. Man entfernt die Hauptmenge des Kephalins durch 8—10maliges Ausschütteln mit Äther und Abzentrifugieren der Fällung, suspendiert diese in Chloroform — je 100 g in 400 cm³ — und schüttelt bis zur Bildung einer nur mehr schwach opaleszierenden Lösung. (Nach WILLSTÄTTER und LÜDECKE wird aus einem Gemisch von 2 Teilen Essigester und 1 Teil 80%igem Alkohol umkristallisiert.) Zur Zerlegung des Komplexsalzes versetzt man die Lösung mit 25%igem methylalkoholischen Ammoniak, bis eben nichts mehr ausfällt, und zentrifugiert ab. Die Cadmiumfällung extrahiert man noch mit Chloroform und behandelt den Auszug wiederum mit alkoholischem Ammoniak. Die Zerlegung kann auch durch Kochen einer alkoholischen Suspension des Cadmiumsalzes mit festem Ammoncarbonat vorgenommen werden (wobei aber beträchtliche Verseifung eintreten kann) oder, was auch wenig empfehlenswert ist, durch Einleiten von Schwefelwasserstoff. Die Chloroformlösungen werden im Vakuum eingeengt, ihr Rückstand wiederholt in abs. Äther aufgenommen und wieder eingedampft, dann in 99%igem Alkohol aufgenommen und die Lösung von etwa noch vorhandenem, nicht gelöstem Kephalin abfiltriert. Aus dieser alkoholischen Lösung fällt man wiederum die Lecithine mittels Chlorcadmium und wiederholt die ganzen Reinigungs- und Zerlegungsoperationen. Schließlich fällt man die Lecithine aus ätherischer Lösung mit Aceton.

Zwecks Entfernung anhaftenden Ammoniaks schüttelt man die ätherische Lecithinlösung mit dem gleichen Volumen 10%iger Essigsäure, versetzt die entstandene Emulsion mit dem zehnfachen Volumen Aceton, dekantiert die Flüssigkeit ab und knetet das abgeschiedene Lecithin mit Aceton durch. Man erhält so die Hälfte der angewendeten Menge als reines Lecithin. Ein Viertel kann noch aus den Acetonlösungen durch Einengen, Lösen in Äther und Wiederfällen gewonnen werden, die Methode ist somit verlustreich. Ihre Anwendung auf Pflanzenphosphatide bedarf noch weiterer Durcharbeitung.

Nach BERGELL versagt die Reaktion, wenn das Lecithin wenig feste Säuren und viel Ölsäure enthält.

Reine, kephalinfreie Lecithinpräparate wurden von McLEAN, dann von LEVENE und WEST aus Eigelb isoliert, weiterhin von McLEAN aus Herzmuskeln, von LEVENE und ROLF aus Gehirn, von LEVENE mit INGWALDSEN, SIMMS und ROLF aus der Leber, von LEVENE und ROLF, dann von SUZUKI und YOKOYAMA aus den Sojabohnen (s. S. 481) u. a. m.

3. Kephalingemische.

Auf das Anfallen solcher Gemische beim Abtrennen der Lecithine wurde schon S. 476 verwiesen. Wegen der geringeren Stabilität der Kephaline ist es schwieriger, sie aus Gemischen mit anderen Phosphatiden zu isolieren. Man erhielt lange nur Verbindungen mit zu geringem C-Gehalt, denen Spaltungs- und vielleicht Oxydationsprodukte beigemengt waren. Die Isolierung wird erleichtert, wenn man die Gemische vorher hydriert. So konnten erstmalig aus Phosphatiden von Eigelb, Leber und Herzmuskel ziemlich reine „Hydrokephaline", vorwiegend Stearylderivate, erhalten werden[2]. Durch weitere Ausgestaltung der Methodik, insbesondere auch Kontrolle der Aufarbeitung durch Bestimmung der Neutralisationszahlen (s. S. 490), gelang zuerst die Abscheidung eines reinen Präparates von natürlichem Kephalin mit gesättigten und ungesättigten Säureresten[3]. Weiterhin versuchte man auf dem Wege über die Bleisalze[4] oder die Bariumsalze[5] (s. S. 490) reinere Substanzen zu isolieren, wobei sich die ersteren als brauchbar erwiesen (s. Abschnitt E, Isolierung, S. 481).

---

[1] LEVENE und ROLF, Journ. biol. Chemistry **73**, 587 (1927).
[2] P. A. LEVENE u. WEST: Journ. biol. Chemistry **35**, 285 (1918).
[3] H. RUDY u. J. H. PAGE: Ztschr. physiol. Chem. **193**, 251 (1930).
[4] LEVENE u. WEST: Journ. biol. Chemistry **24**, 41 (1916).
[5] RUDY u. PAGE: Ztschr. physiol. Chem. **193**, 251 (1930).

4. Lysocithine.

Lysolecithine, Lysokephaline, Cobralecithid.

Nach dem Verfahren von P. KYES[1] wird eine Chloroformlösung von Lecithin mit kochsalzhaltiger Lösung von Cobragift geschüttelt, dann mit Äther gefällt und die Fällung durch Waschen mit Äther gereinigt. Die so erhaltenen Präparate wurden ursprünglich Schlangengift-lecithide, auch speziell Cobralecithid genannt. Die Arbeitsweise wurde mehrfach variiert. Nach LÜDECKE[2] schüttelt man die Lösung von 1 g Lecithin in etwa 20 cm³ Chloroform 2 Stunden mit einer Lösung von 0,1 g wasserhaltigem Gift und 0,08 g Chlornatrium und zentrifugiert hierauf. Die Chloroformlösung wird mit dem fünffachen Volumen Äther gefällt, die Fällung zehnmal durch Dekantieren mit Äther gewaschen und im Vakuum über Schwefelsäure getrocknet. Man erhält so 0,924 g schon sehr reines Produkt, das an die 40fache Menge Äther nur etwa 1,5% einer N- und P-freien Substanz (Fettsäure?) abgibt. Bisher wurden Gemische von Stearinsäure- und Palmitinsäurederivaten, sowie ein anscheinend einheitliches Palmitinsäurederivat dargestellt.

Die eigentümliche Wirkung des Cobragifts, aus Lecithin nur *ein*, und zwar ein ungesättigtes Acyl abzuspalten, zeigen auch andere Schlangengifte.

Statt Schlangengift kann, wie MAGISTRIS[3] gezeigt hat, auch einfach ein Bienenstachel mit der Giftdrüse verwendet werden (vgl. auch S. 495). Aus Reis konnte ein vorgebildetes Lysocithin isoliert werden. Es erwies sich als identisch mit dem Produkt partieller Spaltung von Lecithin mittels Cobragift. Auch die hämolytische Wirkung ist dieselbe[4]. Man hat das Erhaltenbleiben dieser Zwischenstufe der Hydrolyse damit erklärt, daß die spezifische Lecithinase, die nur einen Fettsäurerest abspaltet, beständiger ist als die den weiteren Abbau bewirkenden Enzyme, diese daher in getrockneten Organen, Samen u. dgl. fehlen. Ferner bildet sich Lysocithin bei kürzerer Einwirkung von Pankreaslipase, selbst von käuflichem Pankreatin, auf Lecithin.

Die Lysocithine unterscheiden sich scharf von allen übrigen Phosphatidarten, insbesondere auch durch ihre physiologisch wichtigen Eigenschaften, das eminente hämolytische Vermögen, anscheinend auch durch ihre Funktion bei der Beriberi-Krankheit[5].

5. Sphingomyelingemische[6].

Das ergiebigste Material ist Gehirn. Es wird getrocknet und mit Alkohol ausgekocht. Der nach Erkalten ausgeschiedene Niederschlag wird erst durch erschöpfende Extraktion mit Äther und Aceton vorgereinigt, dann aus heißem technischen Pyridin umkristallisiert. Man löst hierauf in heißem Eisessig, filtriert nach dem Erkalten vom Abgeschiedenen und fällt aus der Lösung die

---

[1] PRESTON KYES: Berliner Klin. Wchschr. Nr. 38/39 (1902). — P.KYES u. H.SACHS: Berliner Klin. Wchschr. Nr. 2—4 (1903). — P.KYES: Biochem. Ztrbl. Nr. 420 (1904); Biochem. Ztschr. 4, 99 (1907).

Auf die Vorgeschichte der Entdeckung des Cobralecithids, die auf einer Beobachtung von S.FLEXNER u. H.NOGUCHI beruht (Journ. of exp. medicine 6, Nr. 3 [1902]) sowie auf ihre eminente Bedeutung und weitere Entwicklung in biologischer Richtung kann hier nicht eingegangen werden.

[2] Inaug.-Diss. München. 1905. S. 71. Über eine verbesserte Ausführungsform s. auch LEVENE u. ROLF: Journ. biol. Chemistry 55, 743 (1923). — LEVENE u. SIMMS: Journ. biol. Chemistry 58, 859 (1924).

[3] Biochem. Ztschr. 210, 85 (1928). [4] MOTOE IWATA: Biochem. Ztschr. 224, 431 (1930).

[5] Lysolecithin in poliertem Reis u. dgl. wirkt bei Verfütterung (noch mehr bei intravenöser oder intramuskulärer Zufuhr) namentlich dann schädlich, wenn der Nahrung Vitamin B, angeblich besonders B_1, fehlt.

[6] Isolierung nach LEVENE: Journ. biol. Chemistry 18, 453 (1914).

Sphingomyeline mit Aceton. Hierauf läßt man die Beimengungen aus Ligroin-Alkoholgemisch kristallisieren, filtriert sie ab, konzentriert die Lösung und fällt durch Eingießen in Aceton. Die ausfallenden Sphingomyeline werden aus Chloroform-Pyridin (1:1) umkristallisiert, bis sie frei von Cerebrosiden sind.

Sphingomyeline können auch aus anderen Organen, wie Leber, Nieren, Pankreas, Herz, aus Geschlechtsorganen, Eigelb, aus Fischsperma, wenn auch in entsprechend geringerer Menge, isoliert werden.

Ein sehr reines Präparat, das nur aus der Stearyl- und der Lignocerylverbindung besteht, wurde z. B. aus Rinderherz erhalten[1]; ein Gemisch der Lignoceryl-, Nervonyl-, Stearyl- und Palmityl-Verbindungen aus einer Milz[2].

E. Nachweis und Isolierung einzelner Phosphatide.
(Zusammensetzung von Phosphatidgemischen.)

Anscheinend findet sich in der Natur ein bestimmtes Phosphatid niemals allein. Es kommen immer mehrere, wahrscheinlich viele Verbindungen dieser Klasse nebeneinander vor.

Die Isolierung einzelner Phosphatide aus diesen Gemischen ist in den meisten Fällen außerordentlich schwierig und wohl immer unvollständig. Viele dieser Verbindungen sind wenig beständig, werden bei der Aufarbeitung leicht gespalten, umgeestert, oxydiert oder sonstwie angegriffen. Besonders erschwerend ist aber die weitgehende Übereinstimmung in den Eigenschaften der Verbindungen gleicher Bauart, die sich nur durch Art oder Stellung ihrer Fettsäurereste voneinander unterscheiden, deshalb gleiches oder sehr ähnliches Verhalten gegen Reagenzien und Lösungsmittel zeigen und gegenseitig ihre Löslichkeit beeinflussen. Immerhin ist bereits in manchen Fällen ein indirekter Nachweis der annähernden Zusammensetzung von natürlichen Phosphatidgemischen gelungen, in anderen Fällen die Isolierung einzelner Verbindungen, meistens in Form von Derivaten.

a) Indirekter Nachweis.

Wenn das Gemisch nur aus wenigen chemischen Individuen besteht, läßt sich deren Art und Menge durch Auftrennung in Gruppen und quantitative Bestimmung von Komponenten (Aminoalkohole, Fettsäuren)[2] indirekt ermitteln. Ein Beispiel ist die Untersuchung des Phosphatidgemisches einer bestimmten Hefe (in alkaliphosphathaltiger Zuckerlösung, im Sauerstoffstrom gezüchtet)[3]:

Man ermittelte das Mengenverhältnis von Lecithinen und Kephalinen durch Bestimmung von Gesamtstickstoff und Aminostickstoff, sowohl im ursprünglichen Gemisch als auch in den durch präparative Trennung erhaltenen Fraktionen, von denen die eine Lecithine und Kephaline im Verhältnis 2:1, die andere im Verhältnis 1:2 enthielt. (Dabei wurden 51—59% Lecithine und 40—49% Kephaline gefunden.) Ferner wurde die Art der Fettsäuren ermittelt (nur Palmitin- und Ölsäure) und in üblicher Weise ihr Mengenverhältnis im ursprünglichen Gemisch und in den Fraktionen bestimmt. Die beiden Säuren verteilten sich so, daß die Lecithinfraktionen 62,6% Ölsäure und 37,4% Palmitinsäure enthielten, die Kephalinfraktionen 91% Ölsäure und 9% Palmitinsäure. Daraus berechnete sich für die Lecithine eine Zusammensetzung aus rund 75% Palmitoyl-oleyl-lecithin und 25% Dioleyl-lecithin; für die Kephaline 82% Dioleyl- und

[1] E. KLENK: Ztschr. physiol. Chem. 221, 67 (1933).
[2] E. KLENK: Ztschr. physiol. Chem. 229, 151 (1934).
[3] C. G. DANBREY und SMEDLEY MCLEAN, Biochemical Journ. 21, 1, 373 (1927).

18% Palmitoyl-oleyl-kephalin. (In einer Hefe, in der sich bereits autolytische Prozesse abgespielt hatten, wurden so ganz andere Verhältnisse gefunden, nämlich 12—27% Lecithine und 73—88% Kephaline).

b) Isolierung.

Während eine einigermaßen vollständige Isolierung der einzelnen *ursprünglichen* Phosphatide aus einem komplizierten Gemisch kaum im Bereich der Möglichkeit scheint, ist die Abscheidung geeigneter Derivate durchführbar. Verschiedentlich wurde bereits die Hydrierung angewendet. Aus den vielen mehrsäurigen Glycero-phosphatiden, die als Komponenten je zwei Reste von Palmitin-, Stearin-, Öl-, Linol- und Linolensäure in verschiedenen Kombinationen enthalten, entstehen durch Hydrieren verhältnismäßig einfache Gemische von Palmityl-stearyl- und Distearylverbindungen. Die Isolierung derselben kann aber höchstens Anhaltspunkte für die Ermittlung der ursprünglichen Bestandteile geben.

Wertvoller ist das von der Erforschung der Glyceride und Fettsäuren übertragene Verfahren, die Gemische vor der Trennung zu bromieren. Die einzelnen Verbindungen geben Additionsprodukte von sehr verschiedenen Bromgehalten und deshalb verschiedener Löslichkeit, die sich wesentlich leichter voneinander trennen lassen als die ursprünglichen Phosphatide.

Zuerst wurden so die Phosphatide der Sojabohnen untersucht. LEVENE und ROLF[1] bromierten das abgetrennte Lecithingemisch und fraktionierten daraus *Stearyl-tetrabromstearyl-lecithin* und *Stearyl-hexabromstearyl-lecithin*, womit *Stearyl-linolyl-lecithin* und *Stearyl-linolenyl-lecithin* nachgewiesen waren.

B. SUZUKI und Y. YOKOYAMA[2] haben diese Untersuchung wesentlich weiter getrieben. Sie trennten im Phosphatidgemisch Lecithine und Kephaline als Cadmiumchlorid-Doppelsalze voneinander, bestimmten nach Spaltung das Verhältnis von α- und β-Glycerinphosphorsäure (2:1), das Verhältnis von gesättigten zu ungesättigten Säuren (44% Palmitinsäure : 56% ungesättigten Säuren) und die Mengen der letzteren in Form ihrer Bromderivate (0,54% Hexabromstearinsäure, 16% Tetrabromstearinsäure, 83,4% Dibromstearinsäure). Aus dem Gemisch der Lecithin-Cadmiumchlorid-Doppelsalze wurden die Verbindungen der β-Reihe, auf Grund ihrer Löslichkeit in warmem Aceton, von denen der α-Reihe abgetrennt; dann aus jeder Doppelsalzfraktion wieder die freien Lecithine abgeschieden (181 g α- und 118 g β-Verbindungen). Jede Fraktion wurde in ätherischer Lösung mit Brom gesättigt. Dann wurden die Bromadditionsprodukte der α-Reihe auf Grund der verschiedenen Löslichkeiten in Chloroform und Aceton getrennt, die der β-Reihe mittels Äther, Alkohol und Aceton[3]. Die Resultate sind in der Tabelle 80 zusammengestellt.

Über die Genauigkeit der Zahlenwerte kann nichts ausgesagt werden. Nach früheren Untersuchungen der gleichen Beobachter sollten die Sojaphosphatide auch enthalten: Palmitolinoleo-, Oleolinoleo- und Dilinoleo-α-lecithin[4], sowie Stearolinoleo- und Stearolinoleno-β-kephalin[5]. Diese wurden aber später nicht wiedergefunden. Die Phosphatide sind zum Teil optisch aktiv. Das Hydrierungsprodukt der Lecithinfraktion eines Sojaphosphatidgemisches zeigte $[\alpha]_D = +6,9°$. Aus der angegebenen Zusammensetzung und in Berücksichtigung der Möglichkeit des Vorkommens von d-, l- und d,l-Stereoisomeren schätzen die Beobachter, daß in der Sojabohne allein etwa 70 Lecithine enthalten sind.

---

[1] Journ. biol. Chemistry **62**, 759; **65**, 545 (1925); **68**, 285 (1926).
[2] Proceed. Imp. Acad., Tokyo 6, 341 (1930); Chem. Ztrbl. **1931** I, 3475/76.
[3] Proceed. Imp. Acad., Tokyo 8, 358, 361 (1932); Chem. Ztrbl. **1933** I, 1636.
[4] Proceed. Imp. Acad., Tokyo 7, 12 (1931).
[5] B. SUZUKI u. U. NISHIMOTO: Chem. Ztrbl. **1930** II, 2390.

Tabelle 79. Trennung der Soja-Phosphatide über die Bromadditions-produkte.

Isolierte Verbindung	Löslichkeiten in				Ursprüngliches Phosphatid
	Chloroform	Aceton	Äther	Alkohol	
α-Lecithinderivate:					
147 g „Tetrabromid"	+	+			Dioleo-α-lecithin
9 „ „Dibromid"	+	—			Palmito-oleo-α-lecithin
3,6 g „Decabromid", Schmp. 189⁰	—	+			Oleo-arachidono-α-lecithin
1 g „Octobromid", Schmp. 112⁰	—	—			Palmito-arachidono-α-lecithin
β-Lecithinderivate:					
81 g „Tetrabromid"		+	+	+	Dioleo-β-lecithin
27 „ „Dibromid"		—	+	+	Palmito-oleo-β-lecithin
2 „ „Decabromid", Schmp. 119⁰			+	—	Oleo-arachidono-β-lecithin
4 g „Dodecabromid", Schmp. 124⁰				—	Linoleo-arachidono-β-lecithin

Die Methode wurde hierauf auf die Untersuchung der Phosphatide im menschlichen Gehirn und in Heringsrogen übertragen[1].

Die mittels Alkohol extrahierten und mit Aceton gefällten Phosphatide wurden in Lecithine und Kephaline zerlegt. (Behandlung mit Cadmiumchlorid, Trennen mit Äther, Zerlegen der Salze und Aufarbeitung mit Alkohol.) Aus 3 kg Heringsrogen konnten 82 g Lecithin, aus 13 kg Gehirn 584 g isoliert werden. Die Chlorcadmiumverbindungen der α-Lecithine erwiesen sich als in Aceton wenig löslich, die der β-Verbindungen als leicht löslich. Diese konnten so abgetrennt und (durch Überführung des bei der Spaltung entstehenden glycerinphosphorsauren Bariums in das wenig lösliche Doppelsalz mit Bariumnitrat) charakterisiert werden.

Trennung der α- und β-Kephaline aus Gehirn vom Menschen[2]: Man sammelt die kephalinhaltigen Fraktionen aus der ätherischen Lösung der Chlorcadmiumverbindungen und aus dem in Alkohol sehr wenig löslichen Teil des Lecithin-Kephalin-Gemisches und trennt die Lecithine durch Umlösen der Doppelverbindung aus Äther ab. Von Cerebrosiden befreit man durch Stehenlassen der ätherischen Lösung, von Oxydationsprodukten durch Behandeln mit Eisessig, worauf man die anorganischen Salze durch Behandeln der wäßrigen Emulsion mit 10%iger Salzsäure abtrennt. Das Gemisch der Kephaline (Schmp. 166—168⁰ bzw. 167—169⁰, löslich in heißem Alkohol und in feuchtem Äther) gibt beim Versetzen seiner ätherischen Lösung mit alkoholischer Lösung von basischem Bleiacetat Doppelverbindungen, die auf Grund der Löslichkeitsunterschiede von α- und β-Derivaten getrennt werden können. Man behandelt mit Gemischen aus 1 Teil Äther und 2 Teilen Alkohol oder 1 Teil Benzol und 2 Teilen Alkohol, in denen sich die β-Derivate weniger leicht lösen als die α-Verbindungen und setzt aus den ätherischen Lösungen der so erhaltenen Fraktionen die Kephaline durch 1%ige Salzsäure in Freiheit. 36 g Gemisch (aus 13 kg Gehirn) gab so 5,2 g α-Kephaline und 23,7 g β-Kephaline.

Isolierung einzelner Kephaline als Brom-Additionsprodukte[3].

Die Gemische von α- bzw. β-Kephalinen werden in ätherischer Lösung bei niedriger Temperatur mit Brom gesättigt, die Produkte bei —5⁰ bis —7⁰ abscheiden

[1] Y. YOKOYAMA u. B. SUZUKI: Proceed. Imp. Acad., Tokyo 8, 183 (1932); Chem. Ztrbl. 1932 II, 3570.
[2] U. NISHIMOTO u. B. SUZUKI: Proceed. Imp. Acad., Tokyo 8, 424 (1934); Chem. Ztrbl. 1934 II, 2846.
[3] U. NISHIMOTO u. B. SUZUKI: Proceed. Imp. Acad., Tokyo 8, 428 (1934); Chem. Ztrbl. 1934 II, 3847.

gelassen, hierauf mit Aceton und Petroläther in 5 Fraktionen zerlegt. An einzelnen Kephalinen wurden isoliert:

Aus dem bromfreien Anteil:

in Aceton unlösliches   Distearyl-α-kephalin, Schmp. 174—176⁰

Aus den bromierten α-Verbindungen:

51% in Aceton lösliches, in Petroläther
unlösliches „Bromid" des   Oleyl-dokosatetraenyl-α-kephalins[1],
                                 Schmp. 222—226⁰

17,5% in Petroläther lösl. „Bromid" des   Oleyl-stearyl-α-kephalins

Aus den bromierten β-Verbindungen:

45,5% in Aceton unlösl. „Bromid" des   Stearo-dokosatetraenyl-β-kephalins[1],
                                 Schmp. 247—249⁰

18% in Aceton lösliches, in Petroläther
unlösliches „Bromid" des   Oleyl-stearyl-β-kephalins

Ähnlich wie Gemische von Lecithinen und Kephalinen können solche von Lysocithinen in Lysolecithine und Lysokephaline zerlegt werden[2]. So wurden Stearinsäurederivate beider Verbindungsklassen isoliert, ferner reines Palmitinsäure-Lysolecithin[3]:

$$C_3H_5 \begin{cases} OCOC_{15}H_{31} \text{ (OH)} \\ O-P \begin{cases} O \\ O-C_2H_4 \\ O-N(CH_3)_3 \end{cases} \end{cases}$$

F. Synthesen von Phosphatiden.

a) Phosphatidsäuren.

Die Synthese von Phosphatidsäuren wurde bereits vor Auffindung der Verbindungen in Naturprodukten ausgeführt. Einen Vertreter dieser Gruppe, *Distearin-phosphorsäure*, hat zuerst HUNDESHAGEN[4] aus Distearin und Metaphosphorsäure sowie Phosphorsäureanhydrid erhalten. Nach ULZER und BATIK[5] wird Distearin mit äquimolekularen Mengen Phosphorpentoxyd und Wasser umgesetzt. GRÜN und KADE[6] verfeinerten die Methode durch Zufügen des Wassers in Form gesättigter — etwa 2%iger — Lösung in Äther. Eine wohldefinierte Verbindung synthetisierten später GRÜN und LIMPÄCHER[7] aus

$$C_3H_5 \begin{cases} (OCOC_{17}H_{35})_2 \\ OH \end{cases} + P_2O_5 = C_3H_5 \begin{cases} (OCOC_{17}H_{35})_2 \\ O-PO(OH)-O-PO_2 \end{cases}$$

α,β-Distearin über den entsprechenden Anhydropyrophosphorsäureester und charakterisierten sie durch Darstellung des Kalium-, Cholin-, Colamin- und Strychninsalzes.

$$\downarrow + 2H_2O$$

$$PO(OH)_3 + C_3H_5 \begin{cases} (OCOC_{17}H_{35})_2 \\ O-PO(OH)_2 \end{cases}$$

Durch Spaltung mittels Strychnins gelang die Zerlegung in die optischen Antipoden, isoliert in Form der sehr stark aktiven Kaliumsalze[8] ($[\alpha]_D^{15} = +400^0$ bzw. —416⁰).

[1] Das Brom-Additionsprodukt der hochungesättigten Säure enthält nach zwei Bestimmungen 66,58% bzw. 66,82% Brom, welche Werte zwischen denen für Octabrom-behensäure und Octabrom-arachidonsäure liegen. Durch Hydrieren der entbromten Säure wurde Behensäure erhalten.
[2] P. A. LEVENE, J. P. ROLF u. H. S. SIMMS: Journ. biol. Chemistry **58**, 859 (1924). — S. auch LEVENE u. ROLF: Journ. biol. Chemistry **55**, 743 (1923).
[3] IWATA: Scient. Papers Inst. physical. chem. Res. **24**, 174 (1934).
[4] Journ. prakt. Chem. (2), **28**, 219 (1883).
[5] F. ULZER u. BATIK: D. R. P. 193189 vom 17. VII. 1906 (Chem. Ztrbl. 1908 I, 997).
[6] Ber. Dtsch. chem. Ges. **45**, 3358 (1912).   [7] Ber. Dtsch. chem. Ges. **59**, 1345 (1926).
[8] GRÜN u. LIMPÄCHER: Ber. Dtsch. chem. Ges. **27**, 266 (1927).

Die Übertragung der Methode auf Derivate ungesättigter Säuren macht Schwierigkeiten, weil dieselben vom Phosphorpentoxyd angegriffen werden. Dagegen können die Diglyceride ungesättigter Säuren nach einem von Ad. Grün und F. Memmen[1] ausgearbeiteten, schonenden Verfahren leicht in die Phosphatidsäuren übergeführt werden. Das Diglycerid, z. B. Diolein (I), wird mit Phosphoroxychlorid in Gegenwart von Pyridin unter guter Kühlung umgesetzt, das so entstehende Dichlorid der Diglyceridphosphorsäure (II) durch Schütteln seiner ätherischen Lösung mit Eiswasser in die freie Estersäure (III), diese durch Neutralisieren, z. B. mittels Bariumhydroxyds, in das Salz (IV) verwandelt, das aus seiner ätherischen Lösung mittels Acetons abgeschieden, allenfalls umgefällt und in die freie Phosphatidsäure rückverwandelt wird. In dieser Weise wurden die Derivate der Ölsäure, Stearolsäure usw. dargestellt.

$$C_3H_5(OH)(OCOC_{17}H_{33})_2 \rightarrow O-P \overset{O-C_3H_5(OCOC_{17}H_{33})_2}{\underset{Cl}{<Cl}}$$

$$\text{I} \qquad \qquad \qquad \text{II}$$

$$O=P\overset{O-C_3H_5(OCOC_{17}H_{33})_2}{\underset{O}{<O}}Ba \qquad \leftrightarrows \qquad O=P\overset{O-C_3H_5(OCOC_{17}H_{33})_2}{\underset{OH}{<OH}}$$

$$\text{IV} \qquad \qquad \qquad \text{III}$$

Über die Selbstumesterung der freien Phosphatidsäure zu sekundären und tertiären Distearyl-phosphorsäureestern s. S. 491—492.

Totalsynthesen:

b) Lecithine.

Synthese von d,l-Stearo-α-lecithin = Endosalz des α,β-Distearoyl-glycerin-γ-[phosphorsäure-cholinesters].

Der erste, von Grün und Kade[2] versuchte Weg zur Darstellung der Verbindung war folgender: Gleichzeitige Veresterung von Distearin und Äthylenglykol (oder Chlorhydrin) mit Phosphorpentoxyd zum Distearoyl-glykol-orthophosphorsäureester, Umsetzung desselben mittels Oxalylchlorids zum entsprechenden Glykolchlorhydrinderivat, Einwirkung von überschüssigem Trimethylamin, das sich unter Bildung des Lecithinhydrochlorids einlagert.

$$(RCOO)_2C_3H_5OH + C_2H_4(OH)_2 + P_2O_5$$
$$R = C_{17}H_{35}$$
$$\downarrow$$
$$(RCOO)_2C_3H_5-O-P\overset{OC_2H_4OH}{\underset{OH}{<O}}$$
$$\downarrow$$
$$(RCOO)_2C_3H_5-O-P\overset{OC_2H_4-Cl}{\underset{OH}{<O}}$$
$$\downarrow$$
$$(RCOO)_2C_3H_5-O-P\overset{O-C_2H_4N=(CH_3)_3 \cdot Cl}{\underset{OH}{<O}}$$
$$\downarrow$$
$$(RCOO)_2C_3H_5-O-P\overset{O-C_2H_4}{\underset{O-N=(CH_3)_3}{<O}}$$

Die zweite Synthese[3], nach welcher bereits größere Mengen von reinem Lecithin dargestellt wurden, geht von fertigem Cholin aus. Es wird in Form eines

---

[1] Nicht veröffentlichte Untersuchung. Das Verfahren ist durch D.R.P. 608074 vom 9. VII. 1932 der Firma F. Hoffmann-La Roche & Co., Akt. Ges. geschützt.

[2] D. R. P. 240075, Kl. 120. Priorität vom 20. VIII. 1910. Ber. Dtsch. chem. Ges. **45**, 3367 (1912). In analoger Weise wurde die Darstellung von Cholinphosphorsäureester durch Langheld (Ber. Dtsch. chem. Ges. **44**, 2076 [1911]) ein wenig später ausgeführt.

[3] Grün: Chem.-Ztg. **47**, 786 (1923). — Grün u. Limpächer: Ber. Dtsch. chem. Ges. **59**, 1350 (1926).

Salzes, wie Carbonat oder Acetat, umgesetzt mit dem Produkt der Einwirkung äquimolekularer Mengen Phosphorpentoxyd und Distearin. Dieses Produkt ist entweder *Distearoyl-anhydropyrophosphorsäureester* (I) oder ein äquimolekulares Gemisch von *Distearoyl-metaphosphorsäure* (II) und freier Metaphosphorsäure. Sowohl I als II müssen bei der Einwirkung von Cholinsalz *Distearoyl-cholin-phosphorsäureester*, d. i. Lecithin, und daneben Cholinphosphorsäure geben, und zwar beide Ester noch mit der Säure des eingesetzten Cholinsalzes verbunden (III bzw. IV) oder, nach Abspaltung der Säure, in Form ihrer Endosalze (V bzw. VI).

Abgesehen von der optischen Aktivität, zeigt das synthetische Produkt alle Eigenschaften (Schmelzpunkt, Löslichkeiten usw.), wie die aus einem natürlichen Lecithingemisch durch Hydrieren und darauf fraktionierende Kristallisation erhaltene optisch-aktive Verbindung mit $[\alpha]_D = +5^0$.

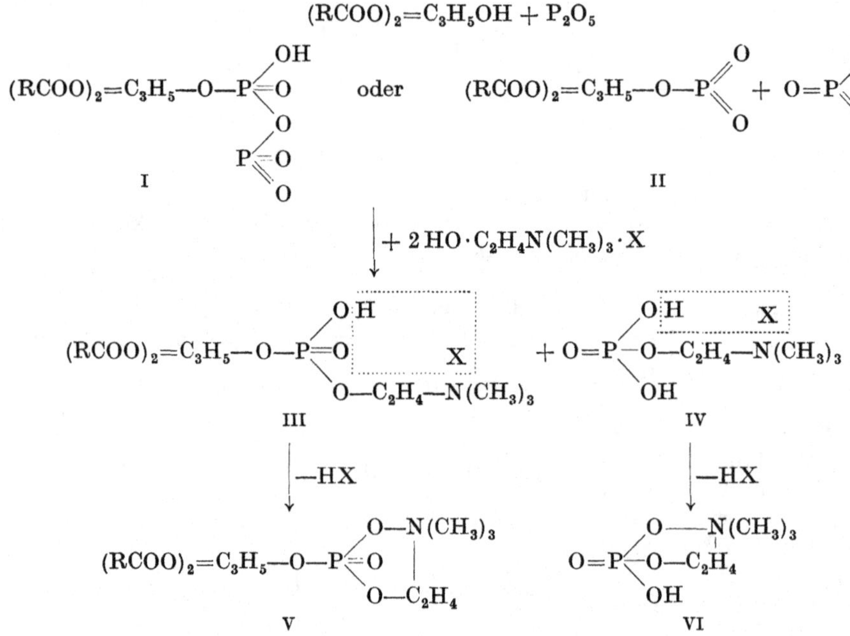

$$(RCOO)_2{=}C_3H_5OH + P_2O_5$$

I   oder   II

$$+\ 2\ HO{\cdot}C_2H_4N(CH_3)_3{\cdot}X$$

III   IV

$-HX$ $-HX$

V   VI

$$R = C_{17}H_{35}, \quad X = \text{Anion, z. B. } HCO_3$$

Die Reaktionen scheinen praktisch quantitativ zu verlaufen, es tritt aber — wenigstens bei Verwendung des Cholins in Form seines Bicarbonats — anscheinend sekundär eine teilweise Spaltung ein, durch das Wasser der bei der Umsetzung freiwerdenden Kohlensäure; die Reinausbeuten betragen jedoch immer noch zwei Drittel der theoretisch berechneten Menge.

Synthese von Stearo-β-lecithin = Endosalz des α,γ-Distearoyl-glycerin-β-[phosphorsäure-cholinesters].

Die Darstellung erfolgt in gleicher Weise wie die des unsymmetrischen Isomeren und ergibt die gleichen Ausbeuten[1].

Wesentlich geringer sind die Ausbeuten bei Darstellung „mehrsäuriger" Lecithine nach der gleichen Methode:

---

[1] GRÜN u. LIMPÄCHER: Ber. Dtsch. chem. Ges. **60**, 147 (1927). Ob und in welchem Ausmaß während der Phosphorylierung Umlagerung des Distearins eintritt, ist noch festzustellen.

Stearo-palmito-lecithin[1], α-*Lauro-γ-stearo-lecithin*[2], α-*Lauro-γ-palmito-leci-thin*[2], α-*Lauro-γ-myristo-lecithin*[2].

Die erste Verbindung wurde in einer kaum die Hälfte der Theorie erreichenden Menge, allerdings vollkommen rein erhalten; die anderen nicht rein, in ungenügender Ausbeute, was wenigstens zum Teil auf die Schwierigkeiten bei der Isolierung, infolge wesentlich größerer Löslichkeit, zurückzuführen ist.

Noch erheblicher sind die Schwierigkeiten bei Übertragung der Methode auf die Darstellung von Lecithinen mit Resten ungesättigter Säuren, weil diese mit Phosphorpentoxyd reagieren. Zur rationellen Synthese dieser Lecithine müssen andere Wege eingeschlagen werden. Einer derselben geht aus vom Phosphoroxychlorid, das sich besonders bei Gegenwart von Pyridin leicht mit Äthylenchlorhydrin umsetzen läßt. In der so erhaltenen Verbindung (I) ist von den an Phosphor gebundenen Chloratomen eines durch einen Diglyceridrest ersetzbar (II), das zweite durch Hydroxyl (III). Wenn zwischen die Äthylengruppe und das an sie gebundene Chloratom (in gleicher Weise wie bei der ersten Lecithinsynthese) Trimethylamin eingelagert wird, so entsteht ein Lecithin in Form seines Hydrochlorids[3].

$$O=PCl_3 \rightarrow O=P{\overset{OC_2H_4Cl}{\underset{Cl}{\bigg\langle}}}Cl \rightarrow O=P{\overset{OC_2H_4Cl}{\underset{Cl}{\bigg\langle}}}O-C_3H_5(OCOR)_2 \rightarrow O=P{\overset{OC_2H_4Cl}{\underset{OH}{\bigg\langle}}}O-C_3H_5(OCOR)_2$$

$$\text{I} \qquad\qquad\qquad \text{II} \qquad\qquad\qquad\qquad \text{III}$$

Man kann auch zuerst das Diglycerid mit Phosphoroxychlorid umsetzen (vgl. Synthese ungesättigter Phosphatidsäuren, S. 483) und hierauf Glykolchlorhydrin einwirken lassen.

In allerletzter Zeit beschrieben J. KABASHIMA und B. SUZUKI[4] die *Synthese von β-Lecithin und β-Kephalin* nach einer Methode, die sich auch zur Darstellung der Verbindungen mit Acylen ungesättigter Säuren eignen dürfte: Aus α,γ-Dipalmitoyl-glycerin-β-phosphorsaurem Silber wurde durch Umsetzen mit Trimethyl-β-bromäthyl-ammonium-pikrat das Palmito-β-lecithin erhalten; durch Umsetzen mit dem entsprechenden Salz des β-Bromäthylamins gelangte man zum Palmito-β-kephalin.

Wie Diglyceride aliphatischer Säuren, kann man auch die von aromatischen Säuren oder Diglyceride mit einem aliphatischen und einem aromatischen Acyl in Lecithine überführen[5].

Bei Übertragung der Methoden zur Synthese von Lecithinen, Verwendung hochmolekularer Alkohole wie Cetylalkohol und Octadecylalkohol statt Diglyceriden, können analog konstituierte „lecithoide" Verbindungen erhalten werden oder kompliziertere Derivate der Pyrophosphorsäure. Anderseits kann die Synthese auch in der Weise variiert werden, daß statt Cholin das entsprechende Arsenderivat $(CH_3)_3AsC_2H_4OH$ eingesetzt wird; es entsteht dann das Arsenanalogon des Lecithins[6].

Teilsynthesen.

Die von P. A. LEVENE und J. P. ROLF[7] ausgearbeitete Methode beruht auf der Veresterung von Lysolecithin mittels Carbonsäureanhydriden durch Schmelzen

[1] AD. GRÜN u. W. CZERNY: Unveröffentlichte Untersuchung.
[2] GRÜN u. KIRCH, s. ARNO KIRCH: Inaug.-Diss. Dresden. 1928.
[3] AD. GRÜN: Unveröffentlichte Untersuchung.
[4] Proceed. Imp. Acad., Tokyo 8, 492 (1934); Chem. Ztrbl. 1935 I, 1250.
[5] Vgl. Georg Schicht A. G. und AD. GRÜN: D. R. P. 449532 vom 4. VII. 1924.
[6] AD. GRÜN, F. MEMMEN u. F. MICHEL: Unveröffentlichte Untersuchungen.
[7] Journ. biol. Chemistry 60, 677 (1924).

der Komponenten unter Zusatz von Natriumacetat. (Es wird sich vielleicht empfehlen, jeweilig ein Salz der einzuführenden Säure anzuwenden.) Die Reaktion, gewissermaßen eine Regenerierung von Lecithin, ermöglicht die Darstellung „mehrsäuriger" Lecithine, auch solcher Verbindungen, die einen in den natürlichen Lecithinen nicht vorkommenden Säurerest enthalten. So wurden außer *Oleyl-lysolecithin* auch *Elaidyl-lysolecithin*, *Acetyl-lysolecithin* und *Benzoyl-lysolecithin* erhalten.

c) Kephaline.

Die Synthese geht wie die des gesättigten Lecithins vonstatten, indem statt Cholin das Colamin in Form seines Carbonats eingesetzt wird[1]. Aus α,β-Distearin soll so das unsymmetrische α-Kephalin (I), aus α,α'-Distearin das β-*Kephalin* (II)

$$
\begin{array}{l}
CH_2{-}OCOC_{17}H_{35} \\
| \\
CH{-}OCO{-}C_{17}H_{35} \\
\quad\quad\;\; OH \\
| \quad\quad\quad NH_2 \\
CH_2{-}O{-}P{<}^{O} \\
\quad\quad\quad O{-}C_2H_4 \\
\qquad\qquad I
\end{array}
\qquad
\begin{array}{l}
CH_2{-}OCOC_{17}H_{35} \\
| \quad\quad OH \; NH_2 \\
CH{-}O{-}P{<}^{O}_{\;} | \\
\quad\quad\quad\quad O{-}C_2H_4 \\
CH_2{-}OCOC_{17}H_{35} \\
\qquad\qquad II
\end{array}
$$

gebildet werden, doch ist Umlagerung der Diglyceride bei der Phosphorylierung und weiter Bildung beider isomerer Kephaline nebeneinander noch nicht ausgeschlossen.

G. Eigenschaften der Phosphatide.

Die Phosphatide aller Gruppen sind zugleich Salze und Ester hochmolekularer aliphatischer Säuren. Ihre typischen Eigenschaften beruhen auf der Kombination von Ester- und Salzgruppe, von denen in mancher Beziehung diese, in anderer jene den Ausschlag gibt.

1. Äußere Beschaffenheit.

In bezug auf diese dominieren die Estergruppen bzw. die Fettsäurekomponenten; die Phosphatide ähneln äußerlich am meisten Fetten oder Wachsen. Die reinen Verbindungen sind weiße, fast geruchlose kristallinische Stoffe, im trockenen Zustand zerreiblich. Unreine oder etwas feuchte Präparate sind dagegen bestenfalls wachsartig-plastisch, meistens zähsalbig, gelb bis tiefbraun gefärbt, nach den Aminkomponenten riechend.

Die Phosphatide mit gesättigten Fettsäurekomponenten schmelzen bei relativ hoher Temperatur, zum Teil unter Zersetzung. Für die am schwersten lösliche „Lecithinfraktion" aus Eigelb wird sogar 244—245⁰ angegeben[2].

Reinstes *d,l-Stearo-lecithin* (synth. Prod.) sintert bei 80,2—80,5⁰ (Korr.) und schmilzt unter Meniskusbildung bei 187⁰. Reines *Palmito-stearo-lecithin* sintert bei 69,6⁰, bildet Meniskus bei 114⁰.

Reines *Stearo-kephalin* aus Gehirn zeigt Schmp. 174—175⁰, das synthetische Produkt 176⁰, nach Sintern bei 78—80⁰.

Reines *Lysolecithin* (Endosalz des Stearoyl-glycerinphosphorsäure-cholinesters) sintert bei 100⁰ und schmilzt bei 261,5—262,5⁰; das entsprechende *Lysokephalin* schmilzt scharf bei 212,6⁰.

Für ein Sphingomyelin wurde Schmp. 196—198⁰ angegeben.

Über das optische Drehungsvermögen s. S. 461.

---

[1] GRÜN u. LIMPÄCHER: Ber. Dtsch. chem. Ges. **60**, 151 (1927).

[2] Der Schmelzpunkt wird vom Beobachter H. H. ESCHER selbst als „merkwürdig hoch" bezeichnet. Gegen die Annahme, es läge ein Lysocithin vor, für das ein so hoher Schmelzpunkt zu erwarten wäre, spricht das Ergebnis der N- und P-Bestimmungen.

2. Löslichkeit.

Die *Phosphatidsäuren* lösen sich in den organischen Solventien leicht, in Wasser schwerer.

Reine *Lecithine* bzw. Lecithingemische lösen sich bei Raumtemperatur gut, warm sehr gut in: aromatischen, hydroaromatischen und hochsiedenden Paraffin-Kohlenwasserstoffen, Amylalkohol, Amylacetat, Schwefelkohlenstoff, Pyridin, Chlorkohlenwasserstoffen, Glycerin; mit Ausnahme der vollkommen gesättigten Phosphatide lösen sie sich warm leicht, bei Raumtemperatur schwerer in: Äther, Ligroin, Methyl-, Äthyl- und Propylalkohol, Äthylenchlorid, Chlorhydrin, Eisessig, besonders schwer in Essigester. In Aceton sind sie bei Abwesenheit lösungsvermittelnder Stoffe (Spaltprodukte, fette Öle usw.) schwer- bis unlöslich: Aceton dient als unentbehrliches Fällungsmittel, am besten bei Zusatz gesättigter Magnesiumchloridlösung. Es bilden sich Additionsverbindungen, die sehr reich an Aceton sind. Bei Extrakten aus Organen wechselwarmer Tiere, wie von Fischen (z. B. Lachssperma), versagt aber das Aceton.

Beispiele für die Löslichkeit in Alkohol verschiedener Stärke bei verschiedenen Temperaturen[1]:

Präparat von natürlichem Lecithin (frei von Wasser und Öl mit 3,94% P und 2,06% N). In je 100 cm³ lösen sich Gramme Substanz:

Alkohol in Vol.-Prozenten	bei —15⁰	bei 0⁰	bei +15⁰
75,84	1,27	1,34	2,14
85,31	4,11	5,60	27,06
87,92	8,51	13,67	54,52
92,15	22,43	42,58	∞

Die Löslichkeit hängt selbstverständlich weitgehend von der Art der Säurereste des Lecithins, besonders von ihrem Sättigungsgrad ab. Die geringsten Löslichkeiten zeigt das Lecithin aus Distearin. Vom synthetischen Produkt lösen je 100 cm³ Solvens[2]:

Alkohol, abs.	bei —20⁰:	0,33 g
Alkohol, 80-vol.-%	„ —20⁰:	0,55 „
Benzin, Siedep. 100⁰....	„ —15⁰:	0,14 „
Benzol	„ 0⁰:	0,06 „
Essigester	„ + 5⁰:	0,03 „
Tetrachlorkohlenstoff ...	„ +15⁰:	1,58 „
„ ...	„ —20⁰:	0,20 „

Lysolecithin löst sich nicht in Äther, Petroläther, Essigester und Aceton, wenig in Chloroform, sonst leicht, und zwar besonders auch in heißem Alkohol und in 30⁰ warmem Wasser.

Kephaline lösen sich bei Gegenwart der lösungsvermittelnden Lecithine in den gleichen Solventien wie diese, sonst aber meistens viel schwerer. Besonders wenig löslich sind sie in trockenem Äther (leichter in feuchtem), in kaltem Methyl- und Äthylalkohol, am wenigsten in Aceton. Lysokephalin ist noch schwerer löslich.

Sphingomyeline sind schwer löslich in kaltem Alkohol, Äther, Aceton, Pyridin, sonst leicht löslich.

Die Phosphatide können anscheinend auch mit organischen Solventien kolloide Lösungen bilden.

---

[1] Auszug aus Tabelle von G. VITA u. L. BRACALONI: Journ. Pharmac. Chim. [8], **20** (126), 22 (1934).
[2] GRÜN u. LIMPÄCHER: Ber. Dtsch. chem. Ges. **59**, 1357 (1926).

Die Phosphatide und besonders die Lecithine lösen sich in Fetten, besonders leicht bei Gegenwart eines Solvens wie Benzol; sie bleiben auch nach Entfernung desselben gelöst und die Mischungen lassen sich weiter mit Fetten (und Ölen) verdünnen. Nach sorgfältiger Entfernung des Fettes aus Phosphatidgemischen, wie sie bei der Extraktion aus Organen erhalten werden, sind die so gereinigten Substanzen in Fetten *schwerer* löslich. Die Fette dienen auch als Lösungsvermittler gegenüber Aceton. Z. B. fällen 5 cm³ Aceton bei 0⁰ aus einer benzolischen Lösung von:

1 g	Stearolecithin	ohne Zusatz	82%	des Lecithins
0,75 g	,,	+0,25 g Sesamöl	77%	,, ,,
0,25 ,,	,,	+0,75 ,, ,, ...	48%	,, ,,
0,05 ,,	,,	+0,95 ,, ,, ...	40%	,, ,,

Die Mischungen von Phosphatiden und Fetten zeigen sehr bedeutende Schmelzpunktsdepressionen; so ist ein Gemisch aus gleichen Teilen Pflanzenphosphatid und Cocosfett bei 25—28⁰ flüssig. In diesen Gemischen sind die Phosphatide unvergleichlich lagerbeständiger, sie ertragen so auch Temperaturen bis 100⁰.

Lösung und Quellung in Wasser.

Während sich die Phosphatide vermöge ihrer lipophilen Komponenten in Fetten und ihren Lösungsmitteln lösen, sind sie zufolge ihrer chemischen Natur als Endosalze, im Gegensatz zur typischen Hydrophobie der Fette, auch sehr hydrophil. Sie sind fast durchwegs extrem hygroskopisch. Präparate von reinstem Lecithin aus Eigelb werden an der Luft in wenigen Minuten klebrig, salbig. Bei Lecithinen mit gesättigten Säureresten ist die Hygroskopie weniger sinnfällig.

Absolut wasserfreies Stearo-lecithin nimmt an der Luft binnen 2¹/₂ Stunden die äquimolekulare Menge Wasser auf (2,3%) und gibt dasselbe im Hochvakuum in der gleichen Zeit wieder ab. Beim längeren Liegen an der Luft steigt der Wassergehalt auf das Mehrfache an und stellt sich je nach der Temperatur ein. Z. B. bei 20—25⁰ auf 12—13%, bei 10—15⁰ auf rund 16%.

Alle Phosphatide quellen in Wasser, es entstehen kleisterartige Massen, dann Schleime, zuletzt Emulsionen oder trübe Lösungen.

Reinste Präparate von Lecithin und Kephalin, ebenso die Lysocithine und Phosphatidsäuren, geben bei genügender Verdünnung praktisch klare, nur im auffallenden Licht schwach opaleszierende Lösungen. (Prüfung auf Reinheit, insbesondere auf Abwesenheit von Fett.)

Läßt man Phosphatid ungestört in Wasser quellen, so wachsen aus seiner Oberfläche schleimig-weiche Fäden, die sich krümmen, verknäueln, teilweise zu Kugeln und Kränzen abschnüren. Diese sogenannten Myelinformen (die auch bei Behandlung von Fetttröpfchen mit Alkalien entstehen) wurden schon von VIRCHOW entdeckt. Ihre Bildung beruht auf der Gegenwart von Fettsäureresten[1] und wird neuerdings auf Grund der bekannten HARKINS-LANGMUIRschen Theorie der Orientierung polarer Moleküle an Grenzflächen erklärt[2]. Die Moleküle richten sich in oder auf Wasser bzw. wäßrigen Lösungen mit dem hydrophilen Ende gegen die Oberfläche bzw. die Grenzfläche; die hydrophoben Kohlenwasserstoffenden der Säuren streben von der Oberfläche weg, die Moleküle lagern sich so parallel zueinander, und zwar senkrecht oder unter einem bestimmten

---

[1] A. NESTLER: Sitzungsber. Akad. Wiss. Wien 115, Abt. I, 477 (1906). — E. SENFT: Pharmaz. Post 1907, XL.   [2] J. B. LEATHES: Lancet 1925, 803, 857, 957, 1019.

Neigungswinkel gegen die Wasseroberfläche. Eine zweite Molekülschicht ordnet sich über der ersten derart an, daß die Kohlenwasserstoffenden der beiden Schichten gegeneinander gerichtet sind und der bimolekulare Film außen, nach beiden Seiten, durch die hydrophilen Molekülenden begrenzt wird, die in das Wasser tauchen. Immer neue Moleküle drängen an die Oberfläche, ordnen sich in den Film ein, dessen Oberfläche sich so vergrößern muß. Jedoch liegen die Kohlenwasserstoffketten der Phosphatidmoleküle weniger dicht gepackt als die von Fettsäuren, der Film ist „gedehnt" und läßt Wasser durchtreten. Die Anordnung der Lipoidmoleküle in den Zellmembranen, Plasmaoberflächen, ist vielleicht ähnlich.

Durch Neutralsalze von Alkalien, noch besser von Erdalkalien und Schwermetallsalzen (außer Quecksilber), werden die Phosphatide aus ihren kolloiden Lösungen ausgeflockt. In bezug auf die fällende Wirkung der Ionen gilt im wesentlichen dieselbe Reihenfolge wie bei der Eiweißfällung; z. B.

$$SO_4 > CH_3COO > F > Cl > NO_3 > Br > J ? > CNS ?$$
$$Na > Cs > Li > Rb > NH_4, K$$
$$Ba > Sr > Ca > Mg$$

In wäßrigen Dispersionen wird die Flockung schon durch minimale Mengen der Kalksalze gewisser organischer Säuren ausgelöst. Größere Mengen derselben können peptisieren, wieder erhöhter Zusatz wirkt neuerlich ausflockend[1].

Stabilitätsintervalle von Kalksalzlösungen (Konzentrationen bezogen auf Ca), bei denen die Lecithindispersionen haltbar sind: Propionat $0,100—0,130\%$, Pyruvat $0,040—0,257\%$, Laktat $0,020—0,143\%$, Gluconat $0,004—0,008\%$. Ebenso wirken Säuren fällend auf Phosphatidhydrosole, und zwar für Lecithin optimal bei $p_H = 2,8—2$. Das Minimum liegt bei $5,6—6,2$. Die Teilchen sind negativ geladen, der isoelektrische Punkt ist für Lecithin $p_H = 2,7$. Kephalinhydrosole werden noch durch n/200-Salzsäure gefällt.

Phosphatide vermindern die Oberflächenspannung des Wassers und erhöhen die Viskosität beträchtlich. Sie verteilen sich zu Emulsionen vom Typus „Öl in Wasser". Die Grenzflächenspannung zwischen Wasser und Öl wird durch Lecithin mehr erniedrigt als durch Eiweiß.

Beispiel: Die Grenzflächenspannung Wasser-Triolein $= 22,6$ Dyn/cm wird erniedrigt durch $3,5\%$ Albumin in Wasser auf $16,1$ Dyn/cm, aber schon durch $2,0\%$ Lecithin in Wasser auf $15,7$ Dyn/cm.

Lecithin ist an sich einer der besten Emulgatoren für die Erzeugung von „Öl-in-Wasser"-Systemen; es befördert aber auch besonders stark die Wirkung des (freien) Cholesterins zur Bildung von „Wasser-in-Öl"-Systemen. Die emulgierende Wirkung der Phosphatide, konstitutionell bedingt durch die Kombination der lipophilen Gruppen mit der stark hydrophilen, hydratationsfähigen Salzgruppe, ist von größter Wichtigkeit, sowohl in biologischer wie in technischer Beziehung[2].

3. Reaktionen. Derivate.

Alle Farbenreaktionen, wie die von PETTENKOFER, FERNANDES und ZOLCH, CASANOVA u. a. vorgeschlagenen, haben sich als nicht spezifisch erwiesen[3].

---

[1] G. MALQUORI: Chem. Ztrbl. **1934** I, 2004.

[2] Eine ausführliche Darstellung der einschlägigen Eigenschaften und Funktionen von Phosphatiden und ihres Zusammenwirkens mit anderen Emulgatoren, insbesondere auch der die Verteilung von Fett in Wasser und von Wasser in Fett bestimmenden Lipoidsynergismen und -antagonismen, ist hier nicht möglich. Eine ausgezeichnete Zusammenfassung der „Lipoidantagonismen" gab R. DEGKWITZ in „Ergebnisse der Physiologie", Bd. 32, S. 821—974. 1931.

[3] DIEMAIR u. Mitarbeiter: Ztschr. physiol. Chem. **220**, 86 (1933).

Die reinen Lecithine reagieren in wäßriger Verteilung gegen Phenolphthalein schwach alkalisch, in nichtwäßriger Lösung neutral. Bei verschiedenen synthetischen Präparaten wurden p_H-Werte von $7 \pm 0{,}2$ gefunden. Die Sphingomyeline reagieren ebenfalls neutral oder kaum merklich basisch. Kephaline sind in alkoholischer Lösung gegen Lackmoid neutral, gegen Phenolphthalein können sie als einbasische Säuren titriert werden. (Mittel zum Nachweis und zur quantitativen Bestimmung.) In den frischen Gesamtphosphatiden aus Naturprodukten, z. B. Eigelb, wird jedoch gegen feuchtes Lackmuspapier neutrale Reaktion festgestellt. Es besteht ein vermutlich funktionsbedingender Ausgleich zwischen den verschiedenen, in Wasser an sich sauer und an sich basisch reagierenden Phosphatiden.

Funktionelle, zur Charakterisierung brauchbare Derivate sind nur von *Kephalinen* bekannt, die als primäre Amine *Phenyl-* und *Naphthylurethane* geben. Dargestellt wurden z. B. solche Derivate eines Stearyl-linolyl-Kephalins[1]. Als primäre Amine können die Kephaline von anderen Phosphatiden auch durch die Stickstoffbestimmung nach VAN SLYKE unterschieden werden[2].

Von einfachen Metallsalzen der Kephaline wurden die des Bleis[3] und des Bariums[4] dargestellt. Über ein als Komplexsalz beschriebenes, vielleicht aber einfaches Kupfersalz s. S. 509. Seltsamerweise scheinen je Molekül 2 oder 4 H-Atome substituiert; im Bariumsalz ist angeblich das Atomverhältnis $N:P:Ba = 1:1:1$, im Bleisalz sei das Verhältnis sogar $N:P:Pb = 1:1:2$. Die Konstitution dieser Salze ist aufzuklären, ebenso die von angeblich salzartigen Verbindungen der Kephaline mit basischen Farbstoffen und Alkaloiden.

Einfache Verbindungen von Lecithin mit Säuren sind vermutlich die beiden sauren Citrate und das neutrale Citrat, das saure und das neutrale Glycerophosphat (s. S. 508); andere Salze von Lecithin mit Säuren sind nicht sicher identifiziert worden, geschweige Salze von Säuren mit Kephalin. Das vereinzelt beschriebene Lecithinhydrochlorid läßt sich schwer reproduzieren. Besser bekannt sind einige Anlagerungsprodukte von Komplexsäuren und Neutralsalzen an Phosphatide.

Relativ beständig sind die *platinchlorwasserstoffsauren Salze*. Man erhält sie aus alkoholischer oder besser Chloroform-Lösung von Lecithin mit alkoholischer H_2PtCl_6-Lösung. Reine Präparate zeigen die Zusammensetzung:

$$[\text{Lecithin} \cdot \text{H}]_2[\text{PtCl}_6]$$

Das Derivat des Stearinsäure-Lecithins schmilzt bei 151—154^0.

In gleicher Weise erhält man Chloroplatinate von Lysolecithinen.

Von Kephalinen wurden noch keine wohldefinierten Platinchloridverbindungen erhalten. Dagegen Doppelverbindungen mit Bleisalzen (s. S. 481).

Die Chlorcadmium-Doppelverbindungen, wichtig für die Isolierung der Lecithine (s. S. 476), scheinen im einfachsten Falle äquimolekulare Anlagerungen der Komponenten zu sein, doch werden häufig auch Verhältnisse von Lecithin zu $CdCl_2$ wie annähernd 1:2 oder 3:4 u. a. m. gefunden. Wie Lecithin, wird auch Lysolecithin aus alkoholischer Lösung durch Chlorcadmium gefällt. Die $CdCl_2$-Verbindungen der Kephaline und Sphingomyeline sind noch weniger untersucht.

Über Komplexsalze mit Ferrojodid, Ferrobromid und Kupferchlorid s. S. 509.

Alkoholische Lecithinlösung gibt mit alkoholischen, salpetersauren Lösungen

---

[1] LEVENE u. WEST: Journ. biol. Chemistry **25**, 517 (1916).
[2] G. TRIER: Biochem. Ztschr. **85**, 372 (1913).
[3] LEVENE u. WEST: Journ. biol. Chemistry **24**, 41 (1916).
[4] H. RUDY u. J. H. PAGE: Ztschr. physiol. Chem. **193**, 265 (1930).

von Ammoniummolybdat Fällungen, die Verbindungen folgender Zusammensetzung entsprechen sollen[1]:

$$1 \text{ Lecithin} + 2 \text{ MoO}_3,$$
$$3 \text{ Lecithin} + 10 \text{ MoO}_3.$$

Alkoholische Lecithinlösung gibt mit kalter, wäßriger Ammonmolybdatlösung eine Fällung der Zusammensetzung[1]:

$$1 \text{ Lecithin} + 5 \text{ Mo}_7\text{O}_{24}(\text{NH}_4)_6$$

Ungenügend bekannt sind die ätherlöslichen lockeren Additionsprodukte aus Lecithinen mit Natrium- und Quecksilberchlorid, von Kephalinen mit Natriumchlorid und -sulfat. Noch zweifelhaft erscheinen die Komplexe mit Natriumacetat und -lactat, Silberoxyd u. a. m. Es ist denkbar, daß die ätherlöslichen Derivate etwa Analoga der von PFEIFFER[2] entdeckten Additionsprodukte sind, die Aminosäuren und Polypeptide, insbesondere aber auch Betaine mit Neutralsalzen geben.

Entsprechend der neueren Auffassung dieser Verbindungen wäre z. B. die Anlagerung von Kochsalz an Lecithin so zu erklären, daß sich unter der Wirkung elektrostatischer Kräfte das Natriumion an das negative, das Chlorion an das positive Molekülende anlagert. Das Additionsprodukt entspricht in der Atomgruppierung einem Amphisalz:

Derivate besonderer Art sind die Addukte aus ungesättigten Lecithinen und Gallensäuren oder gallensauren Salzen; sie dürften den Gallensäurekomplexen mit Fettsäuren und Glyceriden entsprechen. Ihre Bildung befördert das Auflösen von Lecithin in Wasser, verhindert das Ausfällen gallensaurer Salze aus alkoholischer Lösung mittels Äther usw.

Die Fähigkeit der Phosphatide zur Bildung von Verbindungen höherer Ordnung manifestiert sich auch in der Koordination oder Adsorption von Kohlehydraten, Eiweißstoffen, Sterinen usw.

4. Spaltung der Phosphatide in die Komponenten.

Als Ester unterliegen die Phosphatide der hydrolytischen und alkoholytischen Spaltung besonders in Gegenwart von Basen, Säuren oder Enzymen. Vor allem können sie sich aber auch ohne Einwirkung von Agentien intramolekular umlagern, selbst umestern.

Selbstumesterung.

Eine besondere Disposition zur Selbstumesterung (wohl durch Autokatalyse) zeigen die Phosphatidsäuren, bei denen die Erscheinung auch zuerst beobachtet wurde[3]. Sie verwandeln sich, selbst in kristallisiertem Zustand, bei Raumtemperatur mit der Zeit in ein Gemisch von *Bis-diglyceridphosphorsäureester* und freier Phosphorsäure; z. B. das Stearinsäurederivat im Sinne der Gleichung:

$$2 \,(\text{C}_{17}\text{H}_{35}\text{COO})_2\text{C}_3\text{H}_5\text{OPO}(\text{OH})_2 = \text{PO}(\text{OH})_3 + [(\text{C}_{17}\text{H}_{35}\text{COO})_2\text{C}_3\text{H}_5\text{O}]_2\text{PO}(\text{OH}).$$

---

[1] B. EHRENFELD: Ztschr. physiol. Chem. **56**, 89.
[2] P. PFEIFFER: Organische Molekülverbindungen, 2. Aufl., S. 142.
[3] GRÜN u. KADE: Ber. Dtsch. chem. Ges. **45**, 3358 (1912). Bestätigt durch GRÜN u. LIMPÄCHER: Ber. Dtsch. chem. Ges. **59**, 1345 (1926).

Die Disproportionierung geht, teilweise oder zur Gänze, noch weiter. Der Bis-(diglyceridphosphorsäure-)ester unterliegt einer Selbstumesterung, bei der sich Tris-(diglyceridphosphorsäure-)ester und daneben wohl einfacher Diglyceridphosphorsäureester bildet. Anscheinend kann sich daraufhin der tertiäre Trisester noch umsetzen zum quintären Ester des hypothetischen Phosphorsäurehydrats $P(OH)_5$, der das Endprodukt der Zersetzung zu sein scheint.

Schema der Selbstumesterung:

$$(C_{17}H_{35}COO)_2C_3H_5{-} = R$$

$$2\,PO\Big\langle{}^{(OR)}_{(OH)_2} \quad \rightarrow \quad PO\Big\langle{}^{(OR)_2}_{OH} \quad + \quad PO(OH)_3$$

$$2\,PO\Big\langle{}^{(OR)_2}_{OH} \quad \rightarrow \quad PO(OR)_3 + PO\Big\langle{}^{(OR)}_{(OH)_2}$$

oder

$$PO\Big\langle{}^{(OR)_2}_{(OH)} \quad + \quad PO\Big\langle{}^{(OR)}_{(OH)_2} \quad \rightarrow \quad PO(OR)_3 + PO(OH)_3$$

$$PO(OR)_3 + PO\Big\langle{}^{(OR)_2}_{OH} \quad \rightarrow \quad P(OR)_5 + PO_2(OH)$$

Die Formulierung soll nur die Ergebnisse der stufenweisen Umesterung, nicht auch den tatsächlichen, vielleicht komplizierteren Ablauf jeder ihrer Phasen veranschaulichen.

In ähnlicher Weise dürfte die Selbstumesterung der Kephaline erfolgen, die ja als Säuren vom Typus $PO(OH)(OR')(OR'')$ reagieren. Ein Hinweis darauf ist, daß bei Einwirkung von H_2PtCl_6 auf Kephalin (synthetische Stearylverbindung) nicht dessen Chlorplatinat erhalten wird, sondern anscheinend das des Umesterungsproduktes[1]:

$$[(C_{17}H_{35}COO)_2C_3H_5O]_2PO(OC_2H_4{-}NH_2).$$

Ferner wird bei der Alkoholyse von Kephalin neben dem Distearinphosphorsäureäthylester der Bis-(distearinphosphorsäure-)äthylester gebildet. In diesem Falle ist also innere Umesterung kombiniert mit Umesterung durch den Äthylalkohol.

Bei den Sphingomyelinen könnten innere Umesterungen auch in anderer Weise verlaufen, denn sie enthalten eine freie alkoholische Hydroxylgruppe, die sich vielleicht wie bei den Diglyceriden auswirkt (vgl. S. 254). Die auffällige und bisher unerklärte Erscheinung, daß sich Präparate von natürlichen Phosphatiden bei längerem Lagern, trotz sorgfältigem Ausschluß von Feuchtigkeit, Luftsauerstoff usw., verändern, z. B. dann viel geringere Löslichkeit in Alkohol zeigen, ist vermutlich auf solche innere Umesterungen zurückzuführen (die ja sogar bei den stabileren Triglyceriden vorkommen). Sehr merkwürdig ist die Schutzwirkung, die den Phosphatiden beigemengte Fette ausüben. Sie stabilisieren in hohem Maße.

Alkoholyse.

Von Äthylalkohol werden die Glycerophosphatide verhältnismäßig leicht, schon beim mäßigen Erwärmen oder längeren Stehen der Lösungen umgeestert.

---

[1] GRÜN u. LIMPÄCHER: Ber. Dtsch. chem. Ges. **60**, 156 (1927).

Schneller verläuft die Äthanolyse bei Gegenwart von Mineralsäure, z. B. mittels verdünnter alkoholischer Salzsäure, wobei die basische Komponente als Salz abgespalten und sowohl aus Lecithin wie (noch viel schneller) aus Kephalin Phosphatidsäureäthylester gebildet wird:

$$P \overset{\displaystyle OC_3H_5(OCOR)_2}{\underset{\displaystyle OC_2H_5}{\overset{\displaystyle O}{\rule{0pt}{1em}}OH}}$$

Diese Reaktionsfähigkeit ist bei der präparativen Arbeit zu beachten.

Beim Erwärmen mit starker alkoholischer Mineralsäurelösung unterliegt auch der Phosphatidsäureäthylester der Äthanolyse, es entstehen Fettsäureäthylester und Glycerinphosphorsäure[1].

Hydrolyse.

Sie verläuft stufenweise, und zwar je nach Umständen, alkalische oder saure Reaktion, Gegenwart bestimmter Enzyme usw., über verschiedene Zwischenstufen, die das unten zusammengestellte Schema der Lecithinhydrolyse zeigt.

1. Abspaltung eines Acyls unter Bildung von Lysocithin (Reaktion I), dann des zweiten Acyls, Bildung des Cholin-glycerinphosphorsäureesters (Reaktion II), Abspaltung des Cholins (III) und zuletzt Zerlegung der Glycerinphosphorsäure (IV).

2. Spaltung in Cholin und Diglyceridphosphorsäure (Reaktion V), weitere Spaltung derselben in Fettsäuren und Glycerinphosphorsäure (VI), die schließlich in ihre Komponenten zerlegt wird (IV). Die Reaktion VI könnte in zwei Zwischenstufen verlaufen, doch liegen noch keine einschlägigen Beobachtungen vor.

3. Spaltung in Diglycerid und Phosphorsäure-cholinester (Reaktion VII).

$$C_3H_5(OH)_3 + PO(OH)_3$$

[1] FOURNEAU u. PIETTRE: Bull. Soc. chim. France (4), 11, 805 (1912).

Hydrolytische Spaltung ohne Katalysatoren: Die konstitutionelle Eigenart der Phosphatide bedingt, daß sie schon gegen Wasser allein sehr empfindlich sind und je nach Umständen, besonders in Abwesenheit von Schutzstoffen, wie z. B. Fetten[1], schon bei gewöhnlicher Temperatur hydrolysiert werden können. In diesem Falle wird zuerst der Aminoalkohol abgespalten. Faßt man die Addition eines Moleküls Wasser an anhydrisches Lecithin als dessen Aufspaltung in die „Hydratform" auf (die somit bei allen nicht ganz trockenen Präparaten vorläge), so kann die erste Phase der Hydrolyse als eine Art intramolekularer Umlagerung der Hydratform des Lecithins in das isomere Cholinsalz der Diglyceridphosphorsäure betrachtet werden:

$$(RCOO)_2C_3H_5{-}O{-}P{\Leftarrow}{\overset{OH\ HO{-}N(CH_3)_3}{\underset{O{-\!\!-\!\!-\!\!-\!\!-}C_2H_4}{}}}O = (RCOO)_2C_3H_5{-}O{-}P{\Leftarrow}{\overset{\overset{(CH_3)_3}{O{-}N{-}C_2H_4{-}OH}}{\underset{O{-}H}{}}}O$$

Die beiden Spaltstücke bleiben noch in *ionogener* Bindung aneinander, was übrigens bei ihrem Charakter als starke Base bzw. Säure selbstverständlich ist.

In dieser Weise beginnt wohl die Selbstzersetzung feuchter Präparate, die dann autokatalytisch weiter geht.

Hydrolytische Spaltung in Gegenwart von Säuren: Sie tritt selbstverständlich schneller ein und geht weiter. Auch in diesem Falle scheint die erste Stufe eine Abspaltung des Aminoalkohols zu sein (Schema, Reaktion V). DIAKONOW[2] gab bereits an, daß Lecithin in ätherischer Lösung durch Schwefelsäure in Diglyceridphosphorsäure und Cholinsulfat zerlegt wird. In Wasser gelöstes Lecithin spaltet so auf Zusatz von Salzsäure ohne Erwärmen gerade die äquivalente Menge Cholin als Chlorid ab; es bildet sich Diglyceridphosphorsäure (Phosphatidsäure). Beim mehrstündigen Kochen mit verdünnten Säuren, z. B. n/10-Schwefelsäure, werden auch die Fettsäuren abgespalten, es entsteht Glycerinphosphorsäure (Schema, Reaktion VI). Die vollständige Spaltung der Glycerinphosphorsäure in die Komponenten (Schema, Reaktion IV) geht dagegen (wie bei so manchen anderen Estern anorganischer Säuren) nur sehr schwer und langsam vonstatten. Die optimalen Bedingungen scheinen noch nicht für alle Phasen erfaßt zu sein.

Die Spaltung von Kephalinen verläuft analog. Frühere Angaben über vermeintlich größere Resistenz beruhen vielleicht darauf, daß das Colamin im Gegensatz zum Cholin in den Spaltungsprodukten (Phosphatidsäuren, Fettsäuren) und deren Solventien leichter löslich ist, bzw. lösliche Salze bildet oder durch andere Umsetzungen von denselben festgehalten werden kann. (Aus Fettsäure und Colamin könnte z. B. ein Aminoäthylester der Fettsäure oder ein Oxyäthylamid entstehen.)

Sphingomyeline werden vollkommen gespalten.

Nach einer Beobachtung von CONTARDI und LATZER[3] wird bei Einwirkung von Octohydroanthracen-sulfosäure (dem technischen Fettspaltungsmittel Idrapid) auf Lecithin-Chlorcadmium nur ein Fettsäurerest abgespalten (Schema I). Ein solcher erster Angriff auf das Lecithinmolekül erfolgt sonst nur mit Hilfe gewisser Enzyme (s. S. 495).

Spaltung mittels Basen: Durch Kochen mit 1⁰/₀₀iger Kalilauge werden Lecithine praktisch vollständig zerlegt. Beim langen Schütteln oder kürzerem

---

[1] Die merkwürdige Schutzwirkung der Fette kann nach den Mengen, die bereits genügen, kaum ein bloßes Umhüllungsphänomen sein. In gewisser Beziehung erinnert die Erscheinung daran, daß nach WILLSTÄTTER pflanzliche Lipase, z. B. Ricinusenzym, „mit Öl assoziiert" gegen Wasser nicht empfindlich ist.

[2] Ztrbl. med. Wiss. **1868**, 197, 434, 794.   [3] Biochem. Ztschr. **197**, 222 (1928).

Kochen mit alkoholischer Barytlösung erfolgt hauptsächlich Spaltung in Fettsäure und Glycerinphosphorsäure, beide in Form ihrer Baryt- und Cholinsalze.
Daneben wird aber auch schon ein wenig Glycerinphosphorsäure gespalten in
Glycerin und Phosphorsäure (bzw. deren Barium- und Cholinsalz), während ein
wenig Diglyceridphosphorsäure erhalten bleibt.

Die Spaltung von Kephalinpräparaten mittels Basen macht größere
Schwierigkeiten, deren Ursachen noch aufzuklären sind.

Die alkalische Spaltung der Sphingomyeline geht bis zu den Acylsphingosinen
(Ceramiden).

Hydrolytische Spaltung durch Enzyme: Synthese und Spaltung der Phosphatide im Organismus beruhen ebenso wie die aller anderen hydrolysierbaren
Naturstoffe auf der Tätigkeit von Enzymen, die je nach den gegebenen Bedingungen Aufbau oder Abbau herbeiführen, bzw. durch weitestgehende Gleich-
gewichtsverschiebungen beschleunigen. Durch eine große Zahl Untersuchungen
wurden auf Phosphatide eingestellte Enzyme (*Phosphatidasen*) nachgewiesen,
sowohl in niederen und höheren Pflanzen, wie in den tierischen Organen und
Geweben[1].

Sicher ist, daß für Aufbau und Spaltung eines jeden Phosphatids nicht ein
einziges Enzym genügt. Entsprechend der Verschiedenartigkeit der Bindungen
zwischen den einzelnen Komponenten müssen sich auch verschieden wirkende
Enzyme betätigen.

Für die Glycerophosphatide sind zum mindesten zwei Arten Enzyme nötig:
Eine Art für die rein-organischen Bindungen zwischen Glycerin und Fettsäuren
(Esterasen vom Lipasentypus) und eine andere Art für die Bindungen der Phos-
phorsäure (Esterasen vom Phosphatasentypus). Von dieser gibt es vielleicht
wiederum zwei Unterarten, die eine für die Bindung der Phosphorsäure an den
Cholinrest und eine zweite für die Bindung an das Glycerinradikal.

Ebenso wird Sphingomyelin mindestens eine Esterase für die Phosphor-
säurebindung benötigen (wenn nicht zwei Enzyme dieser Art, für die Bindung
an das Cholin und die an das Sphingosin); ferner eine Amidase zur Bindung und
Lösung der Säureamidgruppe.

CONTARDI und ERCOLI[2] nehmen eine größere Zahl Phosphatidasen an; allein
vier Arten für die ersten Angriffe auf das Lecithinmolekül:

Lecithinase A: spalte nur ein (ungesättigtes) Acyl ab und bilde Lysolecithine,
  „   B: spalte beide Acyle ab, bilde demnach Glycerinphosphorsäure-Cholin-
        ester,
  „   C: spalte Cholin ab und bilde folglich Phosphatidsäuren,
  „   D: spalte Diglycerid ab und bilde Cholinphosphorsäure.

Die Lecithinase A soll beständiger sein als die anderen, auch beim Trocknen
von Organen (nicht aber bei Behandlung im Vakuum) erhalten bleiben.

Von diesen Enzymen sind nur nachgewiesen: A in Giften von Schlangen,
besonders im Cobragift[3], in Giften von Hymenopteren, im Pankreas; B in gelagerter Reiskleie, in *Aspergillus oryzae*; dabei ist zu berücksichtigen, daß A in
Gegenwart von Kalksalzen auch *beide* Acyle abspalten kann. Wie ersichtlich,
wären zum weiteren Abbau noch erforderlich: 1. nach der Einwirkung von B,

[1] Die ersten einschlägigen Beobachtungen machte BOKAY schon im Jahre 1877
  (Ztschr. physiol. Chem. 1, 157 [1877]). Später bearbeiteten viele Forscher das Gebiet
  systematisch, wie SCHULZE u. E. WINTERSTEIN, CORIAT, KÜTTNER, GROSSER,
  P. MAYER, ROBINSON, NEUBERG, WILLSTÄTTER, BERGELL, KAY, KYES, CON-
  TARDI, J. E. KING, PAGE, SCHUMOFF-SIMANOWSKI, SLOWZOFF, TERROINE u. a. m.
[2] Biochem. Ztschr. 261, 275 (1933).
[3] Die in 1 mg Cobragift enthaltene Menge Enzym kann 2 kg Lecithin spalten.

Phosphatasen zur Abspaltung des Cholins und zur Zerlegung der Glycerin-phosphorsäure; 2. nach Einwirkung von C, Esterasen, und zwar Lipase zur Spaltung der Diglyceridkomponente und Phosphatase zur Zerlegung der Glycerin-phosphorsäure.

Es ist jedoch noch nicht sicher, ob tatsächlich so vielerlei Enzyme nötig sind, geschweige denn, ob es sich um absolut spezifische Enzyme handelt oder um relative Spezifitäten. Wir wissen auch nicht, ob die supponierten Einzel-enzyme nicht nur auf bestimmte Atomgruppen eingestellt sind, sondern auch auf bestimmte Substrate; ob z. B. die auf Phosphatide wirkenden Phosphatasen mit den auf andere Phosphorsäureester wirkenden Enzymen identisch oder von ihnen verschieden sind[1]. Es wird auch bezweifelt, ob die Enzyme verschiedener Organe, bzw. verschiedener Arten, identisch sind, so soll z. B. die Cholinphos-phatase des Pferdeserums sich von den Leberesterasen (von Schwein und Katze) deutlich unterscheiden.

Glycero-phosphatase wurde zuerst von NEUBERG und KARSZAG[2] in der Hefe gefunden; dann von anderen Forschern in der Takadiastase, in vielen Samen, tierischen Organen, und zwar im Zentralnervensystem, in der Darmschleimhaut, in Nieren, Nebennieren, Hoden, Schilddrüsen, weniger in Lunge, Leber und Milz, besonders aber im verknöchernden Knorpel, anscheinend auch im Wespengift, doch nicht im Bienen- und Schlangengift. Sie ist vielleicht identisch mit der Hexosediphosphatase und auch mit der Nucleotidase. Bemerkenswert ist ferner, daß die Phytase der Reiskleie Lecithin und Lysolecithin noch schneller angreift als das Phytin selbst. — Dagegen wird eingewendet, daß die phosphorsäure-abspaltende „Lecithinase" aus verschiedenen Organen mit der Knochen-phosphatase nicht identisch sein könne, weil der optimale p_H-Wert der ersteren ungefähr bei 7,5 liegt, jener der zweiten um 8,9. Sind aber zur Zerlegung eines Lecithins tatsächlich zwei Phosphatasen nötig, von denen die eine bloß Cholin abspalten, die andere dann erst die Bindung zwischen Glycerin und Phosphor-säure lösen kann, so wäre es selbstverständlich, daß jene Phosphatase aus Knochenextrakt, Leber usw., welche Glycerinphosphorsäure zerlegt, das Le-cithin selbst nicht anzugreifen vermag. So kann auch die Phosphatase der Gehirn-substanz das Natriumglycerophosphat überhaupt nicht spalten, dagegen greift sie hexosediphosphorsaures Magnesium und Nucleinsäure an — wenn auch nur ganz schwach[3].

Die Milz soll zwei verschiedene Phosphatasen enthalten, von denen eine mit der Knochenphosphatase identisch scheint[4]. Bemerkenswert ist, daß Milzextrakt die β-Glycerinphosphorsäure bei $p_H = 5$ etwa dreimal schneller spaltet als die α-Säure. Dagegen wird α-Säure von Hefe-phosphatase schnell angegriffen, β-Säure sehr wenig[5].

---

[1] Zum Beispiel haben alle Organextrakte die Fähigkeit zur Spaltung von Borneol-phosphorsäureester, aber in verschieden hohem Grade. Solche aus Pankreas, Niere und Gehirn spalten sehr stark, die aus Leber, Milz und Hoden weniger, Herz- und Skelettmuskelextrakte sind bloß sehr schwach wirksam, Hautextrakt fast gar nicht. L. PELUZZO: Arch. ital. Biol. 87 (N. S. 27), 194 (1932). — Eine allen Phosphatasen gemeinsame Eigenschaft ist, daß sie bei ihrem p_H-Optimum durch Sulfhydrylgruppen gehemmt werden. SCHÄFFNER u. BAUER: Ztschr. physiol. Chem. 225, 245 (1934). [2] Biochem. Ztschr. 36, 60 (1911).

[3] EDLBACHER: Ztschr. physiol. Chem. 227, 118 (1934). Nach E. BAMANN und E. RIEDEL (Ztschr. physiol. Chem. 229, 125 [1934]) enthalten tierische Organe mindestens zwei Phosphatasen von ganz verschiedenem p_H-Optimum, nämlich 9,5 und 5,6. Die erstere ist vielleicht die eigentliche Organphosphatase, die andere überwiegt im Blut, und zwar in den Erythrozyten.

[4] D. R. DAVIS: Biochemical Journ. 28, 529 (1934).

[5] SCHÄFFNER u. BAUER: Ztschr. physiol. Chem. 232, 64 (1935).

Fraglich ist noch die Spezifität der Enzyme, die auf die rein organischen Bindungen der Phosphatide wirken. Die Angaben sind zum Teil widersprechend. So fanden die einen Beobachter, daß Magen- und Darmsteapsin Lecithine spalten, während nach anderen weder aktivierter Pankreassaft noch Magensaft auf Lecithin (wenigstens nicht auf frisches) wirkt. Auch Blutlipase soll nicht spalten. (Bei positiven Ergebnissen ist die Zersetzlichkeit der Phosphatide *ohne* Mitwirkung von Enzymen zu berücksichtigen.) Besonders wichtig ist jedoch die Abhängigkeit der Wirksamkeit solcher Enzyme von den Bedingungen. Nach verschiedenen Beobachtungen wirkt die Lecithinase A des Cobra-, Crotalus- und Bienengiftes streng spezifisch, sie spaltet aus Lecithin (bzw. auch Kephalin) nur einen, und zwar einen ungesättigten Fettsäurerest ab, greift jedoch das entstehende Lysolecithin normalerweise nicht weiter an[1]. Die Spezifität erstreckt sich aber nur auf Lecithin *im* Eigelb oder *in der* Gehirnsubstanz, nicht auf *isoliertes* Lecithin, dem keine Salze beigemengt sind, und nicht auf Lecithine in anderen Organen, wie Herzmuskelbrei, Nieren, Milz, Leber u. a. m. in physiologischer Kochsalzlösung. Auf Lecithin, das an $CdCl_2$ gebunden oder mit Kalksalzen vermengt ist, wirkt das Enzym wohl ein, aber nicht mehr so streng spezifisch; es greift auch das primär entstehende Lysolecithin an und spaltet den zweiten Fettsäurerest ab.

In gleicher Weise spaltet *Ricinuslipase* zwar nicht Lecithin, aber dessen Chlorcadmiumverbindung. Wespengift soll das Lecithin in dieser Form sogar vollständig zerlegen[2]. — Damit ist jedoch noch nicht bewiesen, daß die Lecithinasen A und B identisch sind; manche Enzyme wirken ja nur unter eng begrenzten Bedingungen, von denen ein bestimmter p_H-Bereich bloß ein, nicht das einzige Erfordernis ist. — Weitere Untersuchungen müssen auch erst ergeben, ob dasselbe Enzym oder dieselben Enzyme auf alle Glycerophosphatide wirken oder ob es bestimmte Lecithinasen und Kephalinasen gibt.

Nach einer vereinzelten Beobachtung soll durch Einwirkung von Wespengift auf Sphingomyelin ein „*Lyso-sphingomyelin*" entstehen, das Gift müßte somit eine Amidase enthalten. Bei der partiellen Hydrolyse des Sphingomyelins durch ein Nierenferment wird Cholinphosphorsäure abgespalten. Unter anderen Spaltungsprodukten wurde ein *Lignoceryl-sphingosin* isoliert.

Die Angaben über Aktivierung von Phosphatiden im Organismus durch Röntgen- und Radiumstrahlen bedürfen der Überprüfung; desgleichen die über direkte Beeinflussung von Phosphatiden durch Röntgen- und Radiumstrahlen sowie durch die kurzwelligen Strahlen des Sonnenlichtes.

5. Verhalten der Phosphatide gegen Sauerstoff, Wasserstoff und Halogene.

Die natürlich vorkommenden Glycero-phosphatide enthalten durchwegs Reste von ungesättigten, und zwar vorwiegend mehrfach-ungesättigten Säuren. Sie sind deshalb gegen Luftsauerstoff und selbstverständlich besonders auch gegen Oxydationsmittel sehr empfindlich. Schon beim kurzen Liegen an der Luft autoxydieren sie sich, wobei intensive Verfärbung erfolgt. Diese Eigenschaft ist für sie zwar nicht spezifisch, aber bei ihnen besonders stark ausgeprägt. Minimale Mengen Ferro- und Ferrisalze beschleunigen bei schwach saurer Reaktion die Autoxydation, in gleicher Weise wie z. B. bei Linolensäure. Die Produkte sind nicht näher untersucht, es ist aber anzunehmen, daß die mehrfach-ungesättigten

---

[1] CONTARDI u. ERCOLI: S. S. 495. — S. auch E. J. KING u. DOLAN: Biochem. Ztschr. **27**, 403 (1933).

[2] Diese Aktivierung durch Kalk- und Cadmiumsalze ist nicht vereinzelt. Nach WILLSTÄTTER wird Lipase, die bei der Isolierung mehr oder weniger ihre Wirksamkeit einbüßte, durch Calciumoleat wieder aktiviert.

Säuren ähnlich oder gleich oxydiert und hierauf weiter verändert werden, wie im Triglyceridverband eines trocknenden Öles. — Die Sphingomyeline sind als Derivate gesättigter Säuren gegen den Luftsauerstoff beständig.

Durch katalytisch erregten Wasserstoff werden die Glycero-phosphatide selbstverständlich hydriert. Die so erhaltenen Hydrolecithine und Hydrokephaline gleichen den synthetisch dargestellten Phosphatiden mit gesättigten Acylen und unterscheiden sich (wie diese) von den Ausgangsprodukten durch höheren Schmelzpunkt, größere Kristallisationsfähigkeit, geringere Löslichkeit, Beständigkeit. Die Hygroskopizität ist nicht verschwunden, nur weniger auffällig. Über die Methoden zur Hydrierung s. S. 508.

Die Glycero-phosphatide aller Klassen addieren selbstverständlich leicht Halogen. Die Additionsverbindungen dienen pharmazeutischen Zwecken, die Bromverbindungen sind zudem für die Isolierung einzelner Phosphatide aus den natürlich vorkommenden Gemischen wichtig (s. S. 480).

H. Biosynthese und biologische Bedeutung der Phosphatide.

Die Entstehung der Phosphatide im pflanzlichen und tierischen Organismus ist noch nicht aufgeklärt, doch sind wir über die Bildung der Komponenten teilweise unterrichtet. Am besten über die der Glycerinphosphorsäure, wenigstens bei der Gärung. In Gegenwart von Fluorid entstehen bei der alkoholischen Gärung äquimolekulare Mengen Glycerinphosphorsäure und Phosphoglycerinsäure, und zwar nach MEYERHOF und KIESSLING[1] nach dem Schema:

1 Glucose + 1 Hexose-diphosphorsäure + 2 Phosphorsäure

$$\downarrow$$

4 Triose-phosphorsäure

$$\downarrow$$

2 α-Glycerinphosphorsäure + 2 Phosphoglycerinsäure

Auf die weiteren Umformungen der Phosphoglycerinsäure kann hier nicht eingegangen werden, ebensowenig auf die grundlegenden Untersuchungen über Glycerinphosphorsäure von NEUBERG und seiner Schule, über die Glycerinaldehydphosphorsäure von Hermann O. L. FISCHER u. a. m.

Die beiden Phosphatidbasen Colamin und Cholin könnten aus den entsprechenden Aminosäuren Serin und Trimethylserin durch Decarboxylierung entstehen[2], oder aus Glykokoll bzw. Betain durch Reduktion[3]. Die Annahme proteinogener Herkunft der Basen ist aber nicht zwingend, sie können auch vom Acetaldehyd abstammen. Dessen Hydrat soll durch direkte Dehydrierung mittels Sauerstoff Glykolaldehyd geben, dieser durch Disproportionierung neben Glykolsäure das Glykol, das sich mit Ammoniak zum Colamin umsetze. Dessen Permethylierung durch Formaldehyd gäbe Cholin. Nach TRIER[4] entsteht der Glykolaldehyd einfacher durch Aldolisierung von Formaldehyd. Er nimmt ferner an, daß sich bereits Glykol mit Glycerin- oder Diglyceridphosphorsäure verestert, hierauf erst die Aminierung zum Kephalin erfolgt, das teilweise zum Lecithin methyliert wird. Diese Hypothese ist beachtenswert, doch sprechen neuere Untersuchungen von G. KLEIN und H. LINSER[5] dafür, daß zum mindesten in den Pflanzen keine Cholinbildung im Molekülverband des Phosphatids erfolgt. Quantitative Bestimmungen der Mengen von freiem Cholin und Lecithin in Pflanzen während der Vegetationsperiode zeigten, daß Lecithin das

---

[1] Biochem. Ztschr. **267**, 313 (1933).   [2] F. F. NORD: Biochem. Ztschr. **95**, 281 (1919).
[3] V. STANĚK: Ztschr. physiol. Chem. **48**, 334 (1906).
[4] G. TRIER: Über einfache Pflanzenbasen usw. Berlin: Bornträger. 1912. – S. auch Ztschr. physiol. Chem. **73**, 383 (1911); **80**, 409 (1912).   [5] Biochem. Ztschr. **260**, 215 (1933).

stabilere Endprodukt des Aufbaues ist. Das quantitativ oft weit überwiegende freie Cholin sei dagegen „das labilere, mehrfach verwertbare und von vielen Prozessen abhängige, leichter zu bildende und abzubauende Zwischenprodukt des Lecithin-Stoffwechsels". Bemerkenswert ist auch die Beobachtung von B. Rewald und W. Riede[1], daß in allen Stadien der Reife eines Ölsamens das Verhältnis von Fett, Eiweiß und Phosphatid konstant blieb.

Über die Bioysnthese der Fettsäuren, die in den Phosphatiden verestert sind, weiß man nichts Bestimmtes. Von den verschiedenen Hypothesen ist am interessantesten die der Entstehung aus Spaltungsprodukten der Hexosen bzw. von Monosen im allgemeinen. Zum mindesten ist die Bildung aller gesättigten, ungesättigten und Oxyfettsäuren aus Acetaldehyd leicht vorstellbar, in einer Folge von Aldolisierungen, Reduktionen, Disproportionierung des Sauerstoffes, Wasserabspaltung usw. Man vermutet, daß wenigstens die spezifischen Phosphatidfettsäuren im Molekülverband des Phosphatids gebildet oder aus anderen Säuren *umgebildet* werden[2].

Vielleicht entstehen die höheren Fettsäuren, auch die der Triglyceride, Sterinester und Farbwachse insgesamt im Molekülverband eines Phosphatids und geht überhaupt der ganze Fettstoffwechsel über gewisse Phosphatide: ihre Hydrierung und Dehydrierung, Hydratisierung und Dehydratisierung, der stufenweise Abbau, die Glyceridbildung usw. (s. auch Kap. B, S. 402). Es ist plausibel, daß die Substrate der Umsetzungen, speziell des Abbaues der Säuren, nicht die hydrophoben freien Säuren oder Triglyceride sind, sondern die eminent reaktionsfähigen, hydrophilen Phosphatide. Als Beweis dafür betrachtet man auch, daß gerade die höchst-molekularen und höchst-ungesättigten Säuren in den Phosphatiden enthalten sind.

Phosphatide sind die physiologisch wichtigsten Bestandteile der Zellwandungen, maßgebend für deren Permeabilität, die den Stoffaustausch in qualitativer und quantitativer Beziehung bestimmt. Welche von den speziellen Vorstellungen, die darüber entwickelt wurden, auch zutreffen mögen, jedenfalls sind Phosphatide ausschlaggebend für die Erscheinungen an den Zellenoberflächen. Sie spielen wahrscheinlich eine entscheidende Rolle bei der Resorption der Nahrungsfette im tierischen Organismus, bei der Entnahme aus den Fettdepots, also beim Transport der Fette im Tierkörper.

H. Sobotka hat Vorstellungen über den Chemismus des Lipoidstoffwechsels entwickelt, denen zufolge Umesterungen die Hauptrolle spielen. Lecithin könnte sich z. B. mit Sterinester umestern unter Bildung von Triglycerid und Cholinphosphorsäureester (bzw. dessen Komponenten), der wiederum zur rückläufigen Umesterung von Triglycerid zu Lecithin dienen kann. Auf diese Weise soll die Mobilisierung des Neutralfettes und sein Transport im Organismus erfolgen. Gestützt wird diese Hypothese durch die Feststellung von H. J. Channon und G. A. Collison, daß die Fettsäuren des Serums von Nüchternen sich fast vollkommen auf Cholesterinester und Phosphatide aufteilen lassen, Seifen überhaupt nicht gefunden werden. Ferner sprechen Anzeichen dafür, daß die Anhäufung von Phosphatiden und Cholesterin in den Zellen fettig-degenerierter Organe auf dem Ausbleiben der normalen Umesterung dieser Stoffe beruht.

Nach Sinclair[3] haben die Phosphatide der tierischen Gewebe eine andere Funktion, als Zwischenprodukte des Fettstoffwechsels zu sein, sie könnten dem Sauerstofftransport dienen oder rein physikalisch wirken. F. Verzár und L. Laszt[4] beobachteten aber, daß weder Glycerin noch Phosphat allein die

---

[1] Biochem. Ztschr. **260**, 147 (1933).   [2] S. auch Klenk: Angew. Chem. **47**, 271 (1934).
[3] Physiol. Rev. **14**, 351 (1934); Chem. Ztrbl. **1934 II**, 1802.
[4] Biochem. Ztschr. **270**, 24 (1934).

Resorption der Fettsäuren beschleunigen, wohl aber beide Verbindungen zusammen und, in noch höherem Maße, Glycerophosphat.

Ferner beobachteten H. FÜLLEMANN und W. WILBRANDT[1] (am Kaninchen) Zunahme des Phosphatidgehaltes der Darmlymphe während der Fettresorption, was auf Phosphatidbildung in der Darmwand hinweist. Bei der Fettresorption liegt ungefähr ein Fünftel bis ein Drittel des Gesamtfettes der Darmlymphe als Phosphatid vor[1].

Die sonstige Wichtigkeit der Phosphatide für das biologische Geschehen unter normalen und pathologischen Verhältnissen ist sehr vielfältig, so für die Erscheinungen der Hämolyse (s. auch Lysocithine), Agglutination, Blutkörperchensenkung, Blutgerinnung, serologische Funktionen und Probleme der Immunbiologie (Gehirn- und Eierlecithin binden Tetanustoxin, Tuberkulose- und Luestoxine; WASSERMANNsche Reaktion) u. a. m.[2].

Eine Funktion der Phosphatide von fundamentaler Wichtigkeit ist offenbar die Reizleitung in der Nervensubstanz. Zu ihrer Erklärung hat man bisher nur die physikalischen Eigenschaften herangezogen, doch läßt sich auch der Zusammenhang oder besser einer der Zusammenhänge vermuten zwischen der physiologischen Funktion der Phosphatide und ihrer chemischen Konstitution. Wie auf S. 461 angegeben, könnten die Phosphatide nicht nur als monomere Endosalze bestehen, sondern auch als hochmolekulare bzw. hochassoziierte Phosphatide, und zwar kann ein Zusammenhang zwischen dem Eintreten und dem Ausmaß der Assoziation und dem Grad der Solvatisierung, speziell der Hydratation, dem Quellungszustand, bestehen. Ist dies der Fall, so scheint wiederum der Einfluß des Assoziationsgrades auf die physiologische Funktion gegeben. Bekanntlich soll nach CL. BERNARD für die normale Funktion des Nervensystems ein bestimmter mittlerer Kolloidzustand (entsprechend einem gewissen Assoziationsgrad) nötig sein. Durch Änderung desselben werde die Funktion gestört. So soll z. B. die Narkose auf Koagulation von Nervenkolloiden beruhen.

Nun läßt sich vorstellen, daß die Phosphatide der Nervensubstanz nur dann ihre Funktion der Reizleitung ausüben können, wenn die Einzelmoleküle mit den polaren Endgruppen aneinandergelagert, zu „Polyphosphatiden" orientiert sind. Diese hochmolekularen Aggregate hätten die Form von Fadenmolekülen im Sinne STAUDINGERS, würden sich von den typischen Stoffen dieser Bauart aber selbstverständlich charakteristisch unterscheiden, weil in ihren Molekülketten ionogene Bindungen periodisch wiederkehren. Es wird folglich Lösung dieser Bindungen eintreten bei Einwirkung von Säuren, Basen, vielleicht ebenso durch Umsetzung mit Salzen (vgl. S. 490), mehr oder weniger auch infolge der Solvatation beim Auflösen, wenn nicht sogar schon bei einem gewissen Quellungsgrad[3].

Wenn nun ein fadenförmiges Makromolekül sozusagen als Leitungsdraht fungiert, also ein Bündel vieler Fadenmoleküle gleichsam als Kabel, so kann man daraus einen Schluß ziehen, wie die verschiedenartigsten Stoffe, z. B. neurotrope Narkotika, Hypnotika, usw., in ganz gleicher Weise auf die Nerven- und Gehirnsubstanz einwirken: Die Anlagerung solcher Verbindungen an die aktiven Atomgruppen des Poly-phosphatids, insbesondere die von Säuren und

---

[1] Biochem. Ztschr. **270**, 52 (1934). Weniger zwingend scheinen die einschlägigen Experimente von C. ARTOM u. G. PERETTI: Chem. Ztrbl. **1934 I**, 3464.

[2] Zur Information über die Phosphatide in der Biologie dient die sehr vollständige und kritische Zusammenfassung „Die Lipoide" von H. MAGISTRIS in „Ergebnisse der Physiologie", S. 165—355. München. 1931. Ferner R. DEGKWITZ: „Cholesterin und Lecithin im Wasser- und Säure-Basen-Haushalt". Klin. Wchschr. **9**, 2336 (1930).

[3] Im gelösten, elektrisch-neutralen Zustande sind die Phosphatide vielleicht (wie nach BJERRUM die Aminocarbonsäuren) zwitter-ionisiert.

Basen unter Bildung von Salzen der Phosphatide, aber auch schon die Addition neutraler Moleküle, vielleicht bereits eine starke Solvatisierung, löst ionogene Bindungen, teilt das Fadenmolekül. Je nach der Intensität der Einwirkung wird Zerfall einer größeren oder kleineren Zahl von Molekülketten an mehr oder weniger Stellen erfolgen, somit eine größere oder geringere Störung bzw. eine völlige Unterbrechung der Reizleitung[1].

I. Technische Gewinnung.

Die technische Gewinnung von Phosphatiden hat sich verhältnismäßig spät und zunächst langsam entwickelt. Zuerst ging man nur von tierischem, gehaltreichem Material, wie Eigelb und Gehirn aus, das sich leichter verarbeiten läßt, aber kostspielig ist. Dann wurde auch Pflanzenmaterial verwendet, fast ausschließlich Samen von fettarmen Hülsenfrüchten, die zwar wohlfeiler, aber wegen der geringen Ausbeuten bei relativ großem Umsatz an Extraktionsmitteln doch keine geeigneten Rohstoffe für eine großtechnische Erzeugung sind. Diese wurde erst möglich durch die Ausbildung von Verfahren, um aus geeignetem Material, insbesondere Sojabohnen, im Großbetrieb neben dem fetten Öl auch die Phosphatide zu gewinnen.

Ursprünglich wurde ausschließlich auf die Isolierung von Lecithin abgestellt, die anderen Phosphatide — deren Gegenwart in den Rohstoffen übrigens zuerst noch nicht bekannt war — gingen bei den angewendeten Abscheidungs- und Reinigungsmethoden zum Teil verloren. Auch heute werden so noch Lecithine für pharmazeutische Zwecke erzeugt (ex ovo, e cerebro usw.), größtenteils aber Phosphatidgemische für die eigentlichen technischen Zwecke.

Die technische Abscheidung kann prinzipiell nach drei Methoden erfolgen:

1. Zunächst Entfetten des Materials mit einem Phosphatide nichtlösenden Solvens, dann Extrahieren der Phosphatide.

2. Direktes Extrahieren der Phosphatide mit einem die Fette wenig oder nicht lösenden Solvens.

3. Herauslösen aller Extraktivstoffe aus dem Rohstoff, dann Abtrennen der Phosphatide aus dem extrahierten Gemisch.

Die einzelnen Verfahrenstypen sind nicht unbedingt auf einen bestimmten Rohstoff beschränkt; tatsächlich wird aber tierisches Material hauptsächlich nach Verfahren der ersten, allenfalls auch der zweiten Gruppe verarbeitet; auf pflanzliche Rohstoffe wendete man früher vorwiegend Verfahren der zweiten Gruppe an, während jetzt die weitaus größten Mengen nach Verfahren der dritten Gruppe gewonnen werden.

---

[1] E. FRÄNKEL, S. THANNHAUSER u. BIELSCHOWSKY beschrieben eine Verbindung, die sie als Tri-sphingomyelin auffassen (vgl. S. 464) und äußerten im Anschluß daran die — sonst nicht weiter begründete — Meinung, daß die Reizleitung in der Nervensubstanz auf deren Gehalt an hochmolekularen Polyphosphatiden beruhe. Es sei deshalb bemerkt, daß die oben und auf S. 461 entwickelten Anschauungen *nicht* auf diese Meinungsäußerung zurückgehen. Sie wurden vielmehr *umgekehrt* schon längere Zeit *vor* dem Erscheinen der betreffenden Abhandlung dem Erstgenannten der drei Autoren mündlich mitgeteilt, was derselbe auch brieflich ausdrücklich bestätigte.

Im übrigen könnte die Identifizierung eines Triphosphatids aus drei *verschiedenen* Komponenten ohnehin nicht als experimenteller Beweis für das Bestehen von Polyphosphatiden aus sehr vielen ob verschiedenen oder *gleichen* Gliedern betrachtet werden. Ebenso wie z. B. das längst bekannte Vorkommen von Hetero-Trisacchariden (etwa der Raffinose aus Glucose, Fructose und Galaktose) nichts für die Konstitution der Cellulose als hochpolymeres Glucosederivat beweist.

Eine scharfe Trennung der Phosphatide von den übrigen Extraktivstoffen ist schon wegen teilweiser Überschneidung der Löslichkeitsgrenzen und besonders wegen der gegenseitigen Löslichkeitsbeeinflussungen nicht möglich. Man erhält die Rohprodukte vermischt mit mehr oder weniger viel fettem Öl, Sterinen und anderen Lipoiden, Spaltungsprodukten und — beim Verarbeiten von Samen — Alkaloiden oder anderen Bitterstoffen. Die Qualität der Produkte ist selbstverständlich auch abhängig von Art und Beschaffenheit der Rohstoffe. Besonders wenn diese nicht ganz frisch sind und schnell verarbeitet werden, müssen die Produkte weiteren Trennungs- und Reinigungsoperationen unterzogen werden.

a) Gewinnung aus tierischem Material.

Das wichtigste Material ist *Eigelb*, das am besten im frischen Zustand nach vorsichtigem Trocknen, z. B. im Vakuum, verarbeitet wird. Technisches, roh getrocknetes Trocken-Eigelb, besonders die früher viel verbrauchte chinesische Ware, enthält immer Produkte der Spaltung und Autoxydation, auch ist es häufig von Mikroben und tierischen Schädlingen angegriffen.

Das beste Verfahren, von C. A. Fischer, J. Habermann und St. Ehren-feld[1], gehört zur ersten Gruppe (vgl. oben): Eidotter oder Eigelb, auch Gehirn oder Rückenmark, wird mit einem Mehrfachen des Gewichtes Methyl- oder Äthylacetat ohne Erwärmen geschüttelt, bis sich nichts mehr löst. Die das fette Öl, Cholesterin, Lipochrome und nur wenig Phosphatide enthaltende Lösung wird abfiltriert, der Ester abdestilliert und der Rückstand durch fraktionierende Kristallisation auf fettes Öl und Cholesterin verarbeitet. Der Extraktionsrückstand ist praktisch fett- und sterinfreies „Lecithinalbumin" mit 35—40% Phosphatidgehalt. Es kann nach Entfernung des anhaftenden Essigesters im Vakuum an sich verwendet werden. Zur Isolierung des Lecithins wird in der Wärme, am besten bei 40—70°, mit Essigester oder (vollständiger) mit siedendem Alkohol extrahiert. Man erhält so aus 100 kg Dotter etwa 9—10 kg 85—95%iges „Lecithin", als Nebenprodukte 1,3—1,75 kg Cholesterin und zirka 25 kg fettes Öl.

Durch Lösen in kochendem Essigester und Kristallisierenlassen bei 0° wird das Produkt reiner erhalten, als eine nach dem Auskneten des anhaftenden Esters pastenförmige oder bröcklige, braune Masse mit über 90% Phosphatid, die durch Wiederholung der Operation oder Behandlung mit Aceton vollständig entfettet wird.

Das als Nebenprodukt anfallende Dotteröl enthält noch zirka 10% Phosphatid. Man gewinnt auch diese Menge nach einem späteren Verfahren der Chem. Fabrik Promonta G. m. b. H.[2] durch Versprühen des Öles in heißem Alkohol, Einengen der Lösung und wiederholte Behandlung ihres Rückstandes mit Aceton.

Nach dem zur zweiten Gruppe gehörenden, häufiger angewendeten Verfahren wird das getrocknete Eigelb je zwei- bis dreimal mit der mehrfachen Menge möglichst hochprozentigem Alkohol unter Rückflußkühlung ausgekocht. Aus den vereinigten Lösungen läßt man bei 0° das mitgelöste Öl ausfrieren, wobei sich nur wenig Phosphatide abscheiden; dann engt man die Lösung bei möglichst niedriger Temperatur ein und erhält so ein noch 30—35% Öl enthaltendes Produkt, aus dem, wie oben, reines Phosphatid abgeschieden wird. Extraktion mit Methylalkohol gibt Produkte mit höherem Phosphatidgehalt (weil sich das Eieröl erst in der 700fachen Menge Methanol, dagegen schon in der 40fachen Menge Sprit löst). Reinere und besser haltbare Produkte, aber schlechtere Ausbeute gibt die Extraktion des Eigelbs oder des Lecithinalbumins mit Methanol in der

[1] D. R. P. 223593 vom 29. V. 1907.   [2] D. R. P. 463531 vom 18. XII. 1925.

Kälte[1]. Noch schonender verfährt man, wenn nicht nur das Herauslösen der Phosphatide bei gewöhnlicher Temperatur vorgenommen wird, sondern auch ihre Abscheidung aus der alkoholischen Lösung: man filtriert dieselbe und versetzt mit etwa einem Drittel ihres Volumens 1—2%iger Kochsalzlösung, trennt die nach einiger Zeit abgeschiedene gelatinöse Phosphatidschicht ab und trocknet sie unterhalb 30⁰. 100 kg Trockeneigelb geben so fast 20 kg reines Produkt[2].

Weitere geeignete Rohstoffe sind gewisse Organe der sogenannten kaltblütigen, richtiger der wechselwarmen Tiere, die reich an stärker-ungesättigten Phosphatiden sind. Diese Materialien, wie Eierstöcke (Rogen), Hoden, Gehirn und andere Organe von Fischen, enthalten die Phosphatide so fest gebunden, daß sie (im Gegensatz zu den Phosphatiden der Organe von Warmblütern) auch bei erschöpfender Extraktion des Öles, Sterins usw. mittels Äther od. dgl. nicht in Lösung gehen. Nach der Entfettung erhält man deshalb, durch Behandlung mit Methylalkohol unter dessen Siedepunkt, die Phosphatide in guter Ausbeute, etwa 10—15% des Rohmaterials. Sie sollen so rein sein, daß die sonst nötige Nachbehandlung mit Aceton, die den Geschmack und Geruch der Produkte verschlechtert, entfallen könne[3].

Zur Darstellung von Gehirnphosphatiden werden zunächst die schlachtfrischen Organe von Rindern oder Schweinen, seltener auch die von Schafen, mit sehr verdünnter Kochsalzlösung blutfrei gewaschen, im Reißwolf zu Brei zerkleinert und dieser schonend getrocknet. Man extrahiert nun das Cholesterin mittels eiskaltem Essigester oder Aceton und dann die Phosphatide mit Äther, Petroläther oder Benzol (jedoch nicht mit den Cerebroside lösenden Alkoholen) in der Wärme. Das Auskochen muß wiederholt, die Lösung im Vakuum eingeengt und das Produkt je nach der herzustellenden Marke, Cerebrophosphatid, Lecithin e cerebro solubile, usw., mehr oder weniger gereinigt werden.

b) Gewinnung aus pflanzlichem Material.

Zur technischen Abscheidung der Phosphatide aus Getreidekeimen u. dgl. kann grundsätzlich wie bei der Gewinnung aus Eigelb vorgegangen werden. Nach dem Verfahren der ersten Gruppe entfettete man mittels Aceton oder Petroläther, extrahierte mit einem Alkohol (z. B. 90—95%igem Sprit oder Methanol) und engte den Extrakt ein. Den aus Phosphatiden mit Eiweißstoffen und Zuckern bestehenden Rückstand löste man nach einem Verfahren[4] in 60- bis 80%igem Alkohol und fällte die Phosphatide, am besten in der Wärme, durch Zusatz von Salzen, namentlich von Chlorbarium oder einem anderen Chlorid. Sie wurden durch Umlösen aus Chloroform, Alkohol od. dgl. gereinigt. Zur Reinigung der so oder auf anderem Wege erhaltenen Rohprodukte wurde auch Behandlung mit Aceton oder Methylacetat vorgeschlagen[5].

Die wichtigsten pflanzlichen Rohstoffe sind die Lupinen, Erbsen und andere Samen von Leguminosen. Gewöhnlich werden sie direkt geschrotet und extrahiert. Man kann aber auch vorteilhaft nur das „Schälmehl" verwenden, d. i. der unmittelbar unter der Schale liegende, mühlentechnisch leicht abtrennbare Teil, der doppelt bis dreimal so viel Phosphatide enthält als die inneren Partien[6].

Die Gewinnung der Phosphatide erfolgte zuerst meistens durch Heißextraktion der Rohstoffe mit Alkohol, wobei erhebliche Mengen Bitterstoffe mit-

---

[1] J. D. Riedel Akt. Ges.: D. R. P. 260886 vom 12. X. 1910.
[2] H. Buer: D. R. P. 261212 vom 18. X. 1911.
[3] J. Grossfeld: D. R. P. 357081 vom 6. VII. 1918.
[4] Ziegler: D. R. P. 179591 vom 17. IX. 1904.
[5] Blattmann & Co.: Franz. P. 357451 vom 10. XI. 1905.
[6] Vgl. Firma C. F. Hildebrandt: D. R. P. 304889 vom 25. VI. 1914.

gelöst werden; die restlose Entfernung derselben aus dem Extrakt ist noch viel wichtiger als die der anderen Beimengungen.

Nach einem Verfahren von H. C. BUER[1] werden die getrockneten und geschälten Samen mit dem $1^1/_2$- bis 2fachen Gewicht 96%igem Alkohol mehrere Stunden, am besten unter $1/_2$—1 Atm. Überdruck, bei 80—90° unter Rückfluß ausgekocht. Man läßt den Auszug stehen, bis sich Fett, Sterin und Farbstoffe möglichst abgeschieden haben, konzentriert ihn dann auf ein Drittel bis ein Viertel seines Volumens und läßt wieder stehen, wobei sich die Phosphatide abscheiden, während die Bitterstoffe gelöst bleiben. Diese Arbeitsweise ist zweckmäßiger als die früheren. Nach diesen[2] wird der alkoholische Auszug entweder zum Teil, auf 20—25% Extraktgehalt, oder auch völlig eingedampft, dann wird im ersten Falle durch Zusatz von Wasser der Alkohol auf 80—85% verdünnt, im anderen Falle durch Aufnehmen des Rückstandes in halbverdünntem, ätherhaltigem Alkohol eine Lösung hergestellt, aus der das Phosphatid in gequollenem Zustand ausfällt und so von der Lösung, die alle Bitterstoffe enthält, und von dem auf ihr schwimmenden Öl getrennt und weiterhin noch ausgewaschen werden kann. Die Ausbeuten betragen etwa $^3/_4$—1% aus Erbsen, 1—$1^1/_2$% aus Lupinensamen.

Eine andere Reinigung von Rohphosphatiden (auch solchen aus tierischem Material, wie Fischrogen) besteht darin, daß man sie in der etwa fünffachen Menge Wasser quellen läßt, dann so viel verdünnte Mineralsäure zusetzt, daß die Ausflockung beginnt, nach Beendigung derselben dekantiert, das Phosphatid mit verdünnter Säure wäscht und es schließlich im Vakuum trocknet[3]. Das längere Stehenlassen der Phosphatide in wäßriger Aufquellung ist für sie nach den Angaben der Patentschrift ungefährlich; das dürfte aber bloß bei äußerst präziser Arbeitsweise und namentlich genauer Dosierung der jeweilig zugefügten Säuremenge zutreffen.

Nur für Rohphosphatide aus Pflanzenteilen, besonders aus Bohnen aller Art, dient das Verfahren zur Entbitterung durch wiederholtes Auswaschen einer in Aceton emulgierten Quellung des Produktes mit ganz verdünnter Bicarbonatlösung[4]. Anscheinend werden so diejenigen alkaloidartigen Bitterstoffe, die sonst an saure Bestandteile der Rohphosphatide gebunden sind — z. B. an Phosphatidsäuren, Kephaline, Fettsäuren —, in Freiheit gesetzt und wasser- bzw. acetonlöslich gemacht. Ähnlich wird ja auch bei der Isolierung von Alkaloiden aus verschiedenen Drogen verfahren.

Die nach den beschriebenen Methoden gereinigten Phosphatide, z. B. Lecithinpräparate, enthalten fast immer noch Fett und — bis zu mehreren Prozenten — Sterin. Diese Beimengungen sind allerdings für die meisten Zwecke unschädlich, eher vorteilhaft. Ihre vollständige Abtrennung erfolgt nötigenfalls so, daß man das Lecithin in eine Verbindung mit gallensauren Salzen überführt, die dann löslich gewordenen Beimengungen auswäscht und hierauf das Lecithin wieder in Freiheit setzt.

Kristallisierte Komplexe oder Simplexe dieser Art werden erhalten, indem man das Lecithin in einer wäßrigen Lösung von cholsaurem, glykochol-, desoxychol- oder apocholsaurem Alkali löst und nach Verdünnen mit Alkohol oder Aceton genügend Äther zusetzt oder auch nur die Gallensäuren mit Lecithin, eventuell unter Ätherzusatz, verreibt[5]. Die Abscheidung der kristallisierten Verbindungen

---

[1] D. R. P. 236605 vom 17. IX. 1910.
[2] H. C. BUER: D. R. P. 200253 vom 9. VII. 1907; D. R. P. 210013 vom 21. III. 1908; Schweiz. P. 47785 vom 20. II. 1909.
[3] Firma C. F. Hildebrandt: D. R. P. 315941 vom 31. XII. 1915.
[4] H. BUER: D. R. P. 291494 vom 10. VI. 1914.
[5] C. H. Boehringer Sohn: D. R. P. 399148 vom 4. IV. 1922.

ist jedoch nicht nötig, weil ihre wäßrigen Lösungen nicht nur gegen organische Solventien beständig sind, sondern sogar noch viel größere Mengen Lecithin lösen und festhalten, als dem Verhältnis im kristallisierten Komplex entspricht. Man löst z. B. einfach das zu reinigende Präparat in der ungefähr gleichen Gewichtsmenge einer 50%igen Lösung von chol- oder desoxycholsaurem Alkali und schüttelt die Beimengungen mit Äther oder Benzol aus. Dampft man hierauf die wäßrige Lösung ein, so zerfällt sie in eine feste, lecithinärmere Verbindung und in freies Lecithin, das ausgeäthert werden kann. Man kann jedoch durch überschüssige Mineralsäure auch das gesamte Lecithin in Freiheit setzen[1].

c) Gewinnung von Phosphatiden aus Nebenprodukten der Ölindustrie.

Die einschlägigen Verfahren konnten sich erst im letzten Jahrzehnt entwickeln, infolge zunehmender Verarbeitung von *Sojabohnen* in der Ölmüllerei. Von den Phosphatiden, an denen die Sojabohnen reicher sind als die früher am meisten verwendeten Ölsaaten, wird bei der Extraktion wenigstens ein Teil mit dem Öl gelöst. Nach dem Abtreiben des Lösungsmittels aus der Miscella sind die Phosphatide zum Teil im Öl gelöst, größtenteils sind sie in der feinverteilten Trübung des feuchten Öles enthalten. Läßt man das Öl oder wenigstens die trübe Unterschicht zum Zwecke der Klärung stehen, wie es anfänglich der Brauch war, so scheiden sich die Phosphatide allmählich ab; vermutlich in dem Maße, in dem die durch Gegenwart von Wasser und wohl auch von Enzymen bedingte Zersetzung fortschreitet. Zugleich mit ihnen scheiden sich die Spaltungs- und Zersetzungsprodukte aus, andere Beimengungen, wie vielleicht phytinartige Verbindungen, insbesondere auch Bitter- und Schleimstoffe, etwa suspendierte Saatteilchen, zufällige Verunreinigungen. Dieses Gemisch, das außerdem die ganze Feuchtigkeit aus dem Rohöl enthält und mit einer gewissen Menge Öl emulgiert ist, der sog. Sojatrub oder Sojaschlamm, wird bei langem Stehen eine faulig riechende, an sich unbrauchbare Masse. Die Technik stand seinerzeit vor der Aufgabe, die Bildung des Sojaschlammes zu verhindern oder ihn zu beseitigen, wenn möglich aber zu verwerten, also aus einem lästigen Abfall in einen nutzbaren Rohstoff zu verwandeln. Diese Aufgabe wurde in verschiedener Weise in Arbeit genommen.

Nach einem der Firma J. D. Riedel Akt. Ges. geschützten Verfahren[2] wurde die das Phosphatidgemisch enthaltende Masse entweder im Vakuum bei 40—50° entwässert, hierauf das Phosphatidgemisch mittels Methylalkohol, dann das Öl mittels Aceton extrahiert, oder man behandelte die Masse mit Aceton und extrahierte sie nach dieser Trocknung und Entfettung mittels Alkohol. — Eine Änderung dieser Arbeitsweise besteht darin, daß man die Masse bloß mehrmals mit Alkohol extrahiert, wodurch zugleich Wasser, Fett und Phosphatide ausgezogen werden; treibt man aus dem Auszug Wasser und Alkohol ab und wäscht aus dem verbleibenden Rückstand Öl und Bitterstoffe mit Aceton aus, so bleiben die gereinigten Phosphatide zurück[3].

Die Ausbeuten müssen bei jedem dieser Verfahren im hohen Maße von der Beschaffenheit der phosphatidhaltigen Rückstände abhängen; sie sollten bis 35% der eingesetzten Menge an 80—90%igem „Lecithin" erreichen können. Jedenfalls aber werden so die in Alkohol nur wenig löslichen Phosphatide nicht erfaßt. Zu ihrer Gewinnung wurde vorgeschlagen, die mit Alkohol erschöpften Rückstände in der Hälfte ihres Gewichtes an Benzol zu lösen, die filtrierte Lösung

[1] C. H. Boehringer Sohn: D. R. P. 432377 vom 7. X. 1923.
[2] D. R. P. 464554 vom 11. II. 1922.
[3] D. R. P. 474543 vom 29. VIII. 1923; Zusatz zum vorgenannten Patent.

mittels Alkohol zu fällen und die Mutterlauge der Ausscheidung noch ein- oder mehrmals zu fällen[1]. Man erhält so ein Produkt, das sich von den anderen Phosphatiden nur durch seine mehr kristallinische Beschaffenheit und die geringere Alkohollöslichkeit unterscheidet.

Die im vorstehenden beschriebenen Verfahren haben keine dauernde technische Bedeutung erlangt. Kurz vor ihrer Einführung in die Technik wurde bereits eine andere Lösung des Problems der Abscheidung und Reinigung von Phosphatiden als Nebenprodukte aus Saatölen angebahnt. Das der Firma Hanseatische Mühlenwerke A. G. geschützte „BOLLMANN-Verfahren"[2] wies den Weg, die Abscheidung der Phosphatide ohne Verwendung organischer Lösungsmittel einfacher und vollständiger auszuführen:

Nach dem Extrahieren des Öles aus der Saat und Abtreiben des Lösungsmittels in üblicher Weise, wird der verbleibende Auszug auf 103° erhitzt und ein Strom von Wasserdampf eingeleitet[3]. Die Phosphatide fallen in kurzer Zeit, etwa nach einer viertel Stunde, aus. Dabei reißen sie etwas Öl mit, schließen auch wenigstens einen Teil der Bitterstoffe ein. Aber sie sind noch nicht merklich gespalten, sie enthalten jedenfalls unvergleichlich weniger Verunreinigungen als die allmählich in Form von Sojaschlamm ausfallenden Phosphatide und lassen sich deshalb viel leichter und vollständiger reinigen. Es ist selbstverständlich zweckmäßiger, durch rasche Abscheidung der Phosphatide mittels Wasserdampfes ihre mindestens teilweise, oft aber weitgehende Zersetzung zu vermeiden, als die Zersetzungsprodukte nachträglich abzutrennen, was schwierig, bei stark zersetztem Sojaschlamm praktisch kaum möglich ist. Nachdem aber die Phosphatide sowohl gegen Wasser als gegen höhere Temperaturen sehr empfindlich sind, galt es bis dahin als ungeschriebene Regel, ihr Erhitzen bei Gegenwart von Wasser tunlichst zu vermeiden. Man konnte nicht voraussehen, daß die Spaltung (und die Autoxydation) durch die Gegenwart von Fett verhindert wird. Dieses übt, wie sich zeigte, eine Schutzwirkung aus, die auch beim längeren Lagern anhält (vgl. S. 488).

Durch die angegebene Art der Abscheidung gewinnt man die Phosphatide in Form einer Emulsion, die etwa 20% fettes Öl, fast ebensoviel Wasser und mehr oder weniger Bitterstoffe enthält. Man glaubte zunächst, sie mit organischen Solventien reinigen zu müssen. Die Entfernung von Öl, Wasser und Bitterstoffen mittels Acetons und dann Alkohols war schwierig wegen der mit zunehmendem Reinheitsgrad der Produkte immer zäher wachsartig werdenden Konsistenz. Die Schwierigkeiten konnten jedoch durch eine andere Reinigungsmethode mittels Benzol-Alkohols behoben werden[4]. In der Folge erwies es sich aber für die meisten Verwendungszwecke der Produkte überhaupt als unnötig, zu ihrer Reinigung Lösungsmittel anzuwenden. In den meisten Fällen stört das beigemischte Öl nicht, nur die Geschmacks- und Geruchsstoffe stören und diese können, wie sich zeigte, einfach mittels Wasserdampfes im Vakuum ausgetrieben werden[5].

Das Verfahren der Abscheidung und Reinigung von Phospatiden aus Saatöl mittels Wasserdampfes wurde im Betrieb der Hansa-Mühle A. G. in Hamburg ausgestaltet und auf den großtechnischen Maßstab übertragen. Die Arbeitsweise ist im wesentlichen die folgende: Die in gebräuchlicher Weise vorbereiteten Ölsaaten, insbesondere Sojabohnen, werden in der Apparatur von BOLLMANN

---

[1] Firma J. D. Riedel Akt. Ges.: D. R. P. 439 387 vom 27. V. 1923.
[2] D. R. P. 382 912 vom 25. VI. 1921.
[3] Zur stufenweisen Behandlung des Gutes mit Wasserdampf hat H. BOLLMANN eine Spezialapparatur vorgeschlagen: D. R. P. 414 335 vom 4. IX. 1924.
[4] D. R. P. 438 329 vom 14. VI. 1925.
[5] Hanseatische Mühlenwerke Akt. Ges.: D. R. P. 480 480 vom 7. X. 1925.

(s. S. 735) schonend extrahiert. Als Lösungsmittel dient Benzol, Benzin oder ein Gemisch beider, dem ein wenig oder sogar bis 30% Alkohol zugesetzt werden kann. Je nach der Menge des Zusatzes geht ein mehr oder weniger großer Teil der Gesamtphosphatide mit in die Miscella, ohne daß Kohlehydrate gelöst würden.

Die Miscella läuft durch eine Reihe von Apparaten, in denen das Lösungsmittel und die aus der Saat stammende Feuchtigkeit fast völlig abdestilliert werden. Der Rest wird durch direkten Dampf ausgetrieben, wodurch auch das Öl wieder angefeuchtet und Phosphatid zum teilweisen Quellen gebracht wird. Man läßt weiter Wasser bzw. Dampf zutreten, bis die Abscheidung vollendet ist, und trennt dann vom Öl, z. B. durch Ausschleudern. Die Masse wird sofort in den Destillationsapparat übergeführt, allenfalls noch Wasser zugesetzt, die Apparatur evakuiert und nun das Abdestillieren der Verunreinigungen im Dampf bei etwa 60° vorgenommen, bis der Inhalt des Apparates praktisch geruch- und geschmacklos ist. Zwecks Entfernung der Bitterstoffe aus dem mittels Wasserdampfes abgeschiedenen Phosphatidgemisch wurde später auch noch vorgeschlagen, das Rohprodukt nach dem Abschleudern der Hauptmenge des beigemischten Öles durch Erwärmen im Vakuum zu trocknen und hierauf mit frischem Öl, das die Bitterstoffe aufnimmt, zu waschen[1].

In den so erzeugten Produkten ist das Verhältnis von Phosphatiden zu Öl auffällig konstant, etwa 60—65 : 40—35; sie bilden gelbbraune, klare Massen von der typischen Konsistenz fetthaltiger Phosphatide. Die Qualität ist wesentlich besser als die nach älteren Verfahren erzeugter Produkte und entspricht bezüglich Geruch und Geschmack etwa den Phosphatiden aus frischem Eigelb. Zur Entfettung können die Präparate direkt oder besser nach Aufnehmen in Äther, Benzol oder Benzin, mit Aceton oder Essigester behandelt werden, zur Bleichung mit Entfärbungspulvern oder Bleichmitteln. Bei der Entfettung wird auch ein Teil des (frei und verestert, weniger als Glucosid) beigemengten Phytosterins entfernt, ein Teil desselben bleibt aber, wie bei allen übrigen Phosphatidpräparaten, hartnäckig haften. Seine Entfernung ist aber nicht nötig, für die praktische Verwendung der Produkte nicht einmal wünschenswert.

Die Reinigung der wäßrigen Phosphatidemulsionen aus Sojabohnen ist auch möglich durch Auswaschen mit ungefähr gleichen Teilen hochprozentigem Alkohol und Trocknen des von der alkoholischen Flüssigkeit befreiten Rückstandes im Vakuum[2].

Weiterhin wurde die Abscheidung roher Phosphatide aus Sojaschlamm versucht durch Verrühren der auf höchstens 30° erwärmten Masse mit einer geringen Menge konzentrierter Lauge oder Lösung von Carbonaten oder Peroxyden der Alkalien oder Erdalkalien, mit etwaiger Eindickung im Vakuum[3].

Man hat auch die Entwässerung bzw. Scheidung des Sojaschlammes mittels konzentrierter Lösungen anorganischer oder organischer Stoffe, wie Kochsalz, Chlorcalcium, Rohrzucker u. dgl., oder mittels Glycerins vorgeschlagen[4].

Das Verfahren zur Gewinnung der Sojaphosphatide als Nebenprodukt der Ölerzeugung wird im großen Stil ausgeführt. Die Hansa-Mühle A. G. in Hamburg allein kann täglich das Material aus 1000 Tonnen Sojabohnen verarbeiten.

[1] Hanseatische Mühlenwerke Akt. Ges.: D. R. P. 485676.
[2] Hanseatische Mühlenwerke Akt. Ges.: D. R. P. 602637 vom 28. III. 1929.
[3] Harburger Ölwerke Brinckmann u. Mergell: E. P. 409540 vom 26. VII. 1933. Zusetzen geringer Mengen dieser Stoffe zum Sojaschlamm wurde schon zwecks Haltbarmachen der Emulsionen von Pflanzenphosphatiden empfohlen: H. BOLLMANN: D. R. P. 581763 vom 27. III. 1931.   [4] Firma Noblée u. Thörl: D. R. P. 599639.

K. Technisch erzeugte Phosphatidderivate.

Die Weiterverarbeitung isolierter Phosphatide, von denen meistens nur Gemische von Lecithinen oder von Lecithinen mit Kephalinen in Betracht kommen, beschränkt sich bisher bloß auf ihre Hydrierung, die Halogenierung, Überführung in Salze und Komplexverbindungen. (Die hydrierten Phosphatide sind nur bedingt als Derivate, d. h. als solche der natürlich vorkommenden Verbindungen anzusehen, denn sie sind selbst Phosphatide, ebenso wie die synthetisch dargestellten gesättigten Verbindungen gleicher Art.) Die Hydrierung bezweckt eine Verbesserung der Konsistenz und der Haltbarkeit, die Halogenierung und die Darstellung von Salzen wird durchgeführt zur Erhöhung bzw. zur Verleihung gewisser physiologischer Eigenschaften, die eine therapeutische Verwendung ermöglichen.

1. Hydrierung.

Die Hydrierung von Lecithin kann in warmer alkoholischer Lösung mit Platin- oder Palladiumkatalysatoren ausgeführt werden[1], bei Gegenwart gallensaurer Salze (vgl. S. 504) in wäßriger Lösung ohne Erwärmen[2], auch mittels Nickelkatalysators oder anderen Katalysatoren der Eisengruppe, bei höherer Temperatur unter Verwendung wasserfreier organischer Solventien[3].

2. Überführung in Salze.

Die lipoidsauren Salze, Verbindungen der sogenannten *Lipoidsäure des Hefelipoproteids* mit Farbbasen wie Fuchsin, Alkaloiden wie Chinin, mit Salvarsan u. a. m.[4], sind chemisch nicht definiert. Es ist fraglich, ob die „Lipoidsäure" saure Lipoide, wie Phosphatidsäuren und Kephaline, oder nur saure Komponenten von Phosphatiden enthält. Besser definiert sind dagegen die meisten Salze, in denen Phosphatide als basische Komponenten fungieren.

Ein *saures Citrat des Lecithins* wird nach P. BERGELL[5] dargestellt, indem man die Lösungen der Komponenten in einem organischen Solvens vermischt, das Salz ausfrieren läßt, und den Überschuß an Zitronensäure auswäscht, oder auch einfach durch Eindampfen einer Lösung äquimolekularer Mengen. Ebenso wird durch Eindampfen von Lecithin in Lösung mit $1/2$ Mol. bzw. $1/3$ Mol. Zitronensäure das saure „*Dilecithincitrat*" bzw. das neutrale Citrat erhalten. — In analoger Weise erhält man saures und basisches *Lecithin-glycerophosphat*.

Zur Darstellung von *Arseniaten* wird das Phosphatid in alkoholischer Lösung mit Arsensäure erhitzt (wobei vielleicht ein Teil gespalten oder umgeestert wird) und das Produkt aus der vom Überschuß der Säure abfiltrierten Lösung wie üblich isoliert, z. B. durch Eindampfen, Aufnehmen des Rückstandes in Äther und Fällen mit Aceton[6]. Man erhält aus Lecithin ein Produkt mit 6,4% Arsen, analoge Produkte aus Lecithalbumin und Gehirnsubstanz.

3. Halogenierung.

Sie erfolgt durch Anlagerung von Halogen oder Halogenwasserstoffsäure. Je nachdem das verwendete Phosphatid mehr oder weniger hochungesättigte Säuren enthält und je nach der gewollten Sättigung mit Halogen, kann man Produkte von verschieden hohem Halogengehalt darstellen. So erhält man z. B. durch Vereinigen alkoholischer Lösungen von Lecithin und Chlorjod ein Ad-

---

[1] Firma J. D. Riedel Akt. Ges.: D. R. P. 256998 vom 18. XI. 1911.
[2] Firma J. D. Riedel Akt. Ges.: D. R. P. 279200 vom 27. I. 1914.
[3] Firma J. D. Riedel Akt. Ges.: D. R. P. 389298 vom 18. III. 1920; D. R. P. 389299 vom 27. VIII. 1922.   [4] Behringwerke Akt. Ges.: D. R. P. 438327 vom 2. XI. 1924.
[5] D. R. P. 268103 vom 2. XI. 1912.
[6] F. Hoffmann-La Roche & Co. A. G.: D. R. P. 282611 vom 6. III. 1914.

ditionsprodukt mit 7—8% Jodgehalt[1]. Einleiten von Jodwasserstoffgas in eisgekühlte Lecithin-Tetrachlorkohlenstofflösung und Einengen der mittels Soda neutralisierten, dann filtrierten Lösung ergibt ein Jodlecithin mit zirka 32% Jod[2].

Bromlecithine mit bis 30% Brom können durch Sättigen gewöhnlicher Lecithinpräparate in Chloroformlösung mit Brom gewonnen werden[3]. Nach BERGELL[4] wird besser das in einem indifferenten Solvens suspendierte Lecithalbumin mit Brom gesättigt, das bromierte Lecithin von der Albuminkomponente durch Kochen mit Alkohol abgetrennt und aus der vom Eiweiß abfiltrierten Lösung isoliert. Über die technische Verwendung partiell halogenierter Phosphatide s. S. 515.

4. Überführung in Komplexverbindungen.

Man erhält Verbindungen von Lecithin bzw. Brom- und Jodlecithin mit Ferrobromid und Ferrojodid durch Vereinigen alkoholischer Lösungen der Komponenten und Auswaschen der leichter löslichen, nicht addierten Verbindungen aus den in Alkohol fast unlöslichen Komplexkörpern[5]. Diese enthalten über 30% Halogen und 3—4% Eisen.

Nach einem anderen Vorschlag[6] wird statt Ferrojodid besser eine absolut alkoholische Lecithinlösung mit ebensolcher Jodlösung und Eisenchlorid mäßig erwärmt; das gereinigte, alkoholunlösliche Produkt enthält $9^{1}/_{2}$% Jod und fast 8% Eisen.

Ein in Äther und Öl unlösliches Komplexsalz fällt beim Vermischen alkoholischer Lösungen von zwei Teilen Lecithin und einem Teil Kupferchlorid aus. Eine Komplexverbindung des Kephalins wird durch Schütteln seiner ätherischen Lösung mit Kupferacetat und Ausfällen der vom überschüssigen Acetat abfiltrierten Lösung mit Alkohol isoliert[7]. Die Verbindungen enthalten bis 6% Kupfer.

Salze und Komplexsalze des Wismuts, wie Wismutcholat, Wismutchininjodid und das Wismutsalz des Atophans, bilden mit Lecithin Adsorptionsverbindungen oder Simplexe, die sich im Gegensatz zu den nicht lipoiden Komponenten in organischen Solventien lösen und eine wesentlich größere physiologische Wirkung als jene aufweisen sollen[8].

Heißes wasserfreies Glycerin nimmt bis zur gleichen Gewichtsmenge Lecithin auf und bildet mit ihm eine homogene, fließbare Quellung, klar löslich in Chloroform und warmem Aceton[9]. Sie unterscheidet sich durch größere Beständigkeit gegen Lecithin-spaltende oder autoxydierende Einflüsse von den gewöhnlichen, verdünnteren „Lösungen" des Lecithins[10] und anderer Phosphatide[11] in Glycerin. Deshalb wird eine chemische Bindung des Glycerins an Lecithin — alkoholatartige Verknüpfung mit dem Cholinrest oder Veresterung mit der Phosphorsäure — in Betracht gezogen. (Im zweiten Falle wäre die Bildung eines quintären Esters zu erwägen; vgl. S. 492.)

---

[1] J. D. Riedel Akt. Ges.: D. R. P. 155 629 vom 28. IV. 1903.
[2] Firma Gedeon Richter: D. R. P. 223 594 vom 4. VI. 1908.
[3] Akt. Ges. f. Anilinfabrikation: D. R. P. 156 100 vom 28. VII. 1903.
[4] D. R. P. 307 490 vom 5. III. 1914.
[5] Firma Gedeon Richter: D. R. P. 237 394 vom 16. IX. 1910.
[6] H. KRUFT: D. R. P. 292 961 vom 4. IX. 1913.
[7] v. LINDEN, E. MEISSEN u. A. STRAUSS: D. R. P. 287 305 vom 22. III. 1912.
[8] Chem.-pharm. A. G. Bad Homburg u. Dr. Liebrecht: D. R. P. 426 223 vom 30. VII. 1924.   [9] P. BERGELL: D. R. P. 438 328 vom 17. II. 1925.
[10] P. BERGELL: D. R. P. 231 233 vom 10. VI. 1910.
[11] P. BERGELL: D. R. P. 370 039 vom 20. V. 1922.

L. Nachweis und Bestimmung[1].

Zur Analyse einheitlicher Phosphatide, d. h. chemischer Individuen, prüft man durch Vorproben auf etwaige Beimengungen, führt die Elementaranalysen aus und bestimmt zudem die Komponenten, Aminoalkohol und Fettsäuren.

Als Vorprobe kann bei Lecithinpräparaten die Löslichkeit in Wasser dienen. Ganz reine Verbindungen geben zwar nur sehr verdünnte, aber im durchscheinenden Licht klare Lösungen. Ferner prüft man auf freies Cholin durch Versetzen der benzolischen Lösung mit alkoholisch-ätherischer Lösung von Platinchlorwasserstoffsäure: reines Lecithin gibt keine Fällung, beigemengtes Cholin fällt als Doppelsalz aus. Auf eine Kephalinbeimengung prüft man im Hydrolysat: nach der Methode von VAN SLYKE darf sich kein Stickstoff entwickeln.

Zur Bestimmung des Phosphors kann der Aufschluß mit Soda-Salpeter, mit Salpeter-Schwefelsäure oder nach KJELDAHL erfolgen. Im letzteren Falle kann an die Phosphorbestimmung gleich eine Stickstoffbestimmung nach KJELDAHL angeschlossen werden.

Die Phosphorsäure fällt man meistens nach WOY, dann nach Auflösen des Niederschlages nach SCHMITZ, oder man bestimmt sie im Molybdänsäureniederschlag titrimetrisch.

Zwecks Bestimmung der Komponenten hydrolysiert man die Einwaage von 1—2 g mit überschüssiger n/10-Schwefelsäure durch vielstündiges Kochen, filtriert nach Abkühlen auf 0° die Fettsäuren, kocht sie mehrmals aus, nimmt in Äther auf und sammelt sie nach dem Einengen der getrockneten Lösung. Sie werden gewogen und weiter durch Bestimmung ihrer Kennzahlen, Neutralisations- und Jodzahl, identifiziert.

In Filtrat und Waschwasser von der Abscheidung der Säuren bestimmt man, nach Entfernung der Schwefelsäure mittels Baryt, den Aminoalkohol. Cholin wird nach Überführung in das salzsaure Salz aus einem aliquoten Teil der alkoholischen Lösung mit Platinchlorid gefällt, nach 24 Stunden das Doppelsalz abfiltriert, gewaschen und gewogen (etwa auch durch Reduzieren im Wasserstoff oder Leuchtgasstrom, Auswaschen mit Wasser und Glühen, dessen Platingehalt kontrolliert)[2].

Colamin wird nach VAN SLYKE bestimmt, allenfalls auch als Goldchloriddoppelsalz identifiziert. — Bei reinen Präparaten ist eine Unterscheidung von Lecithin und Kephalin durch Titration gegen Phenolphthalein möglich. Kephalin reagiert dann als einbasische Säure, Lecithin dagegen neutral.

Vor Anwendung der Methoden zur quantitativen Bestimmung von Elementen, Atomgruppen und Komponenten auf *Gemische* von Phosphatiden prüft man vor allem auf Beimengungen, insbesondere auf phosphor- und stickstoffhaltige Fremdstoffe und Zersetzungsprodukte. Letzteres ist namentlich wichtig, wenn das zu untersuchende Material aus Pflanzenteilen oder tierischen Organen durch Extraktion mittels Methyl- oder Äthylalkohols erhalten wurde, daher

---

[1] Dem Charakter dieses Werkes entsprechend sind hier nur Hinweise für die Wahl der Methoden, die Auswertung der Resultate u. dgl. gegeben, keine Beschreibung der analytischen Methoden. Diesbezüglich muß auf die einschlägige Literatur verwiesen werden. Siehe besonders E. u. A. WINTERSTEIN im „Handbuch der Pflanzenanalyse".

[2] WILLSTÄTTER u. LÜDECKE (Dissertation K. LÜDECKE, S. 29. München. 1905) bestimmten Cholin nach Verseifen des Lecithins mittels Baryt als Pikrat. — GRÜN u. LIMPÄCHER (Ber. Dtsch. chem. Ges. 59, 1359 [1926]) konnten nach Verseifen von Distearyl-lecithin 98% des Cholins direkt als Stearat fassen. — Bestimmung von Cholin nach F. E. NOTTBOHM u. F. MAYER (Ztschr. Unters. Lebensmittel 66, 585 [1933]): Verseifen der Probe, Fällen des Cholins als Enneajodid, Lösen in warmem Alkohol, Verdünnen mit Wasser, Titrieren mit Thiosulfat.

Tabelle 80. Prozentische Zusammensetzung einiger Phosphatide.

	Mol.-Gew.	C	H	P	N	Fettsäure in %	Jodzahl
Lecithine[1].							
Distearyl-lecithin	789,7	66,86	11,23	9,00 (P$_2$O$_5$)	1,77	71,96	0
Palmityl-oleyl-lecithin	777,7	64,81	10,89	3,99	1,80	69,2	32,64
Palmityl-arachidonyl-lecithin .	799,7	66,02	10,34	3,88	1,75	70,1	126,95
Stearyl-oleyl-lecithin........	805,7	65,53	10,98	3,84	1,73	70,3	31,50
Stearyl-arachidonyl-lecithin .	827,7	66,69	10,47	3,75	1,69	71,1	122,65
Kephaline[1].							
Distearyl-kephalin	747,6	65,80	11,05	9,50 (P$_2$O$_5$)	1,87	76,0	0
Stearyl-linolyl-kephalin	743,7	66,16	10,57	4,17	1,88	75,9	68,25
Stearyl-arachidonyl-kephalin.	767,7	67,22	10,24	4,04	1,83	76,7	132,24
Sphingomyeline[2].							
Stearyl-sphingomyelin	748,74	65,71	11,44	4,15	3,74	37,9	0
Nervonyl-sphingomyelin	830,83	67,88	11,53	3,74	3,37	44,1	0
Lignoceryl-sphingomyelin ...	832,84	67,72	11,72	3,73	3,36	44,2	0

Spaltungs- und Umesterungsprodukte enthalten kann, wie freies Cholin oder Colamin, Diglycerid- und Glycerinphosphorsäure, deren Methyl- bzw. Äthylester u. a. m. Diese Beimengungen müssen vor der Analyse entfernt oder ihre Mengen parallel bestimmt werden.

Zur Ermittlung des Gebrauchswertes technischer Produkte sind auch praktische Methoden heranzuziehen, wie sie sich aus den jeweiligen Verwendungen ergeben. Für die analytische Untersuchung von Produkten vegetabilischer Herkunft sollten auch nicht ohne Kontrolle Verfahren angewendet werden, die ursprünglich bloß zur Untersuchung von Eigelblecithin bestimmt waren, deshalb den zum Teil anderen Eigenschaften der Pflanzenphosphatide nicht Rechnung tragen. Z. B. setzt die Methode von JUCKENACK vollständige Löslichkeit aller Bestandteile des zu analysierenden Präparates in siedendem Alkohol voraus, weshalb es vorkommen kann, daß bei Anwendung der Methode auf Pflanzenphosphatide bis über 20% unlösliche Verbindungen nicht erfaßt werden.

Zur Auswertung der Analysen rechnet man häufig Phosphor und Stickstoff auf Lecithin mit dem Molekulargewicht 790 um, doch muß man berücksichtigen, daß z. B. die „technisch reinen" Produkte aus Sojabohnen u. dgl. bis etwa 40% Fett und einige Prozente Sterin enthalten, also nicht direkt mit entfetteten Präparaten, wie Lecithin ex ovo puriss., verglichen werden dürfen. Wird in einem solchen Produkt z. B. bis 59% der für Lecithin berechneten Menge Gesamtstickstoff gefunden[3], so entspricht dies bereits ungefähr dem Höchstwert. Insbesondere ist aber zu beachten, daß man bei der Analyse von Produkten vegetabilischer Herkunft zur Umrechnung des gefundenen Cholinwertes auf Phosphatid nicht Faktoren benützen darf, die bloß für Präparate animalischer Herkunft, wie für Eigelb, gelten[4]. Die Pflanzenphosphatide, wenigstens die bisher leichter zugänglichen und technisch erzeugten, enthalten viel mehr Kephaline. So wird für das Verhältnis von Gesamtphosphatiden zu Lecithinen im Lipoid-

[1] Theoretische Werte, die ersten nach GRÜN u. LIMPÄCHER: Ber. Dtsch. chem. Ges. **59**, 1356 (1926); **60**, 155 (1927); alle anderen nach THIERFELDER u. KLENK: Chemie der Cerebroside usw. S. 80 u. 97.
[2] Theoretische Werte von THIERFELDER u. KLENK.
[3] F. E. NOTTBOHM u. F. MAYER: Chem.-Ztg. **56**, 881 (1932).
[4] S. auch B. REWALD: Chem.-Ztg. **57**, 373 (1933).

gemisch des Hühnereigelbs 1,3—1,4 angegeben, während die entsprechenden Verhältniszahlen bei Pflanzenphosphatiden mitunter 3,3—4,4 sein sollen[1].

Die Umrechnung des in Produkten pflanzlicher Herkunft gefundenen Gehaltes an gebundenem Phosphor (bzw. P_2O_5) auf Phosphatid sollte ebenfalls nicht mit einem für Eigelblecithin od. dgl. geltenden Faktor vorgenommen werden[2]. Einerseits wegen des größeren Gehalts der Pflanzenphosphatide an Kephalinen, mit höherem Prozentgehalt an Phosphor (entsprechend der Differenz der Molekulargewichte von Colamin und Cholin). Anderseits auch wegen der Phosphatidsäuren, die in Pflanzenphosphatiden eher, bzw. in größeren Mengen enthalten zu sein scheinen als in Phosphatiden aus tierischen Organen (z. B. enthält Distearyllecithin 9,00% P_2O_5, die entsprechende Phosphatidsäure 10,07%).

Für die Unterscheidung von Präparaten aus pflanzlichem und tierischem Material ist die Jodzahl wegleitend[3]; die letzteren geben höhere Werte. In den meisten Fällen gibt (wegen der Beimengung von Cholesterin bzw. Phytosterinen in allen technischen Phosphatiden) die Sterinacetatprobe eine sichere Entscheidung[4].

M. Verwendung der Phosphatide.

Die Phosphatide finden immer steigende Anwendung in der Pharmazie, der Nahrungsmittelindustrie, der Lederfabrikation und für verschiedene andere Zwecke.

1. Verwendung in der Pharmazie.

Phosphatidzufuhr hat einen günstigen Einfluß auf die Beschaffenheit des Blutes durch Vermehrung der Erythrozyten, auf den Stoffansatz im allgemeinen, die Phosphorretention und den Stickstoffansatz im besonderen, sie wirkt eiweißsparend. Die Phosphatide haben u. a. die wichtige Eigenschaft, sowohl Toxine als Gifte, wie Alkaloide, zu binden; z. B. Strychnin, Morphin, Chinin, deren Giftwirkung sie aufheben oder mindestens abschwächen, während der therapeutische Effekt erhöht wird, besonders bei gleichzeitiger Einverleibung. Sie sind nicht nur an sich therapeutisch wirksam, sondern verstärken auch die Wirksamkeit bestimmter Elemente oder Atomgruppen, mit denen man sie verbinden kann, und therapeutisch-aktiver Verbindungen verschiedener Art, mit denen sie kombiniert werden können. Die Phosphatide binden eine Reihe Pharmaka, erhalten sie dadurch länger im Säftestrom und schaffen ihnen ein konstantes Gefälle gegen die zu beeinflussenden Gewebszellen[5]. Man verwendet sie zur Bekämpfung und Behebung von Kräfteverfall, Psychosen, Nerven- und Rückenmarksleiden, Anämien und Chlorose, Rachitis und Skrofulose, Phosphaturie, gegen Stoffwechselstörungen, intestinale Autoxikationen, in Kombinationspräparaten gegen Tuberkulose, Lues und andere Krankheiten.

---

[1] Nach NOTTBOHM u. MAYER (Ztschr. Unters. Lebensmittel 66, 585 [1933] soll das Verhältnis von Gesamtphosphatiden zu (Cholin-) Lecithinen als „Phosphatid-Lecithin-Zahl", abgekürzt PL-Zahl, bezeichnet werden. Ferner wird ebenda zur Berechnung des Eigelbgehaltes in Lebensmitteln der „Cholinfaktor" vorgeschlagen, d. i. diejenige Menge Cholin, die 100 g Eigelb entspricht, wobei der Faktor für Hühner- und Enteneigelb = 1,000 gesetzt wird.

[2] Bei der Analyse von Nahrungsmitteln, die Eigelb oder den Gesamtinhalt von Eiern enthalten, wird der gebundene Gehalt an „Lecithin-P_2O_5" auch direkt umgerechnet. J. GROSSFELD u. G. WALTER (Ztschr. Unters. Lebensmittel 67, 510 [1934]) geben Umrechnungsfaktoren an.

[3] DILLER: Ztschr. Unters. Lebensmittel 64, 532 (1931).

[4] MATTHES u. BRAUSE: Chem. Ztrbl. 1928 I, 1076.

[5] Vgl. MEISSNER u. LIEBIG: Med. Klinik 28, 19 (1932).

Man verabreicht Phosphatide, insbesondere Lecithine als solche, dann halogeniert (Bromlecithin hat den Vorteil, vom Darmsaft nicht gespalten zu werden), in Form von Salzen und Komplexverbindungen, Emulsionen. Man kombiniert sie mit Verbindungen von Calcium, Kupfer, Eisen, Arsen, mit Bromiden, Phosphaten und Glycerophosphaten, mischt mit Zucker, Maltose, Malz, Schokolade, Eiweiß, Hämoglobin, Gallensäuren, Guajakol, Campher, Alkaloiden, wie Chinin, Yohimbin u. a. m. Sie werden meist per os verabreicht, als Pillen, Pastillen, Dragees, Nährmehl, Sirup usw., aber auch als subkutane oder intramuskuläre Injektionen. Die Zahl der Lecithinpräparate und lecithinhaltigen Zubereitungen dürfte in die Hunderte gehen.

Auch in der Tierheilkunde wird Lecithin, ähnlich wie in der Humanmedizin, verwendet; z. B. bei Rachitis, Osteomalacie, Genickstarre und Gehirnentzündung.

Für pharmazeutische und kosmetische Zubereitungen von salbenartiger Beschaffenheit sind die Phosphatide wegen ihrer Emulgierbarkeit und als Emulgatoren für Fette, Kohlenwasserstofföle usw. geeignet. Nachdem sie Emulsionen vom Typus „Öl in Wasser" geben, kann man sie auch zur Herstellung von Kühlsalben verwenden, die das Wasser als geschlossene Phase enthalten müssen.

2. Verwendung in der Nahrungsmittelindustrie.

Die mengenmäßig größte Bedeutung der Phosphatide liegt in ihrer Verwendung für verschiedene Nahrungsmittelerzeugungen: sog. Kraftnährmittel, Milchpräparate, Teig- und Backwaren, Schokolade und insbesondere Margarine. Sie erleichtern verschiedentlich den Fabrikationsgang und verleihen den Nahrungsmitteln Eigenschaften, die ihren Gebrauchswert, in manchen Fällen auch ihren Nährwert erhöhen[1]. Die Phosphatide werden ja im menschlichen und tierischen Organismus praktisch vollkommen resorbiert und ausgenützt. Auch nach Darreichung übertrieben großer Mengen, die normalerweise nicht in Betracht kommen, zeigt sich keine Schädigung, wie etwa infolge Übersäuerung durch abgespaltene Phosphorsäure[2]. Nach längerer Zufuhr größerer Mengen ist die Speicherung in den wichtigsten Organen, wie Gehirn, Leber, Nieren, nachweisbar.

Phosphatidreiche Spezialnahrungsmittel werden mit verschiedenen Zusätzen hergestellt in Form von Pasten, Suppen, Mehlen u. a. m. Zum Beispiel wird Magermilch mit pflanzlichen Phosphatiden versetzt und durch Trocknen ein Nährpulver erhalten.

In der Teigwarenindustrie[3] ersetzen Pflanzenphosphatide das Eigelb und geben einen besonderen Effekt. Gewisse Mehle und Grieße, denen genügende Bindekraft, Haltbarkeit gegen Verkochen und „Pappigwerden" fehlt, erhalten diese Eigenschaften manchmal schon durch einen geringen Zusatz. Zur Erzeugung von Eierteigwaren genügen natürlich nicht minimale, aber immerhin bescheidene Zusätze, optimal etwa 1—1¼% (½% Phosphatid entspricht etwa dem Verhältnis von 1 Ei zu 1 Pfund Mahlprodukt)[4]. Auch bei der Massenerzeugung von Backwaren (Nährzwieback, Keks) läßt sich das Eigelb zum guten Teil durch Phosphatide ersetzen[5].

Eine große Rolle spielen die Phosphatide bereits in der Schokoladenindustrie[6].

---

[1] S. z. B. NOTTBOHM: Vortrag in der Hauptversammlung Deutscher Nahrungsmittelchemiker. Eisenach. 1933.   [2] B. REWALD: Biochem. Ztschr. 198, 104 (1928).
[3] Über den Nachweis von Pflanzenphosphatiden in Teigwaren s. METZGER, JESSER u. VOLKMANN: Chem.-Ztg. 57, 413 (1933). Über den vermeintlichen Lecithinrückgang in Eierteigwaren s. DIEMAIR, MAYR u. TÄUFEL: Ztschr. Unters. Lebensmittel 69, 1 (1935).   [4] H. JESSER: Chem.-Ztg. 58, 632 (1934).
[5] Über die Funktion und die Bedeutung des Phosphatidgehaltes von Weizenmehl für dessen Backfähigkeit s. besonders H. KÜHL: Chem.-Ztg. 59, 246 (1935).
[6] REWALD: Chem.-Ztg. 57, 365, 595 (1933).

Ein Zusatz von höchstens 3 Promille verleiht einer sonst zu zähen, in der gewöhnlichen Apparatur nur schwierig und unvollkommen verarbeitbaren Masse (z. B. mit zu wenig Kakaobutter oder zuviel Zucker) die optimale Konsistenz und Viskosität, erleichtert und beschleunigt die Verarbeitung[1]. Für diesen Zweck werden eigene Sorten (Liquosa) fabriziert, indem man den nach S. 507 dargestellten Phosphatiden das Öl durch ein geeignetes Lösungsmittel entzieht, z. B. durch Essigester, und ihnen hierauf Kakaobutter zusetzt. Man stellt auch Spezialpräparate mit hohem Gehalt an Phosphatiden her, Gemische mit Kakaopulver, Zucker u. a. m.[2].

Die größten Mengen der technisch erzeugten Phosphatide gehen in die Margarineindustrie. Man benötigt sie namentlich für Margarinen, die nicht übermäßig viel Cocosfett od. dgl. enthalten. Zur Herstellung besserer Margarinesorten war früher der Zusatz von Eigelb unentbehrlich, weil durch ihn das Wasser besser gebunden und dispergiert wird, eine gleichmäßigere stabile Emulsion entsteht. Beim Schmelzen derselben in der Pfanne sammelt sich das Wasser nicht mehr in größeren Tröpfchen, die beim weiteren Erhitzen plötzlich wegkochen und Fett verspritzen; das dispergierte Wasser verdampft ruhig, das Fett schäumt wie Butter und bräunt sich wie diese. Die abgeschiedenen Zucker- und Eiweißstoffe kleben nicht, sondern setzen sich feinkörnig, wie aus der Butter, ab. Die dabei wirksamen Bestandteile des Eigelbs sind nun in erster Linie (neben Sterinen und vielleicht kleinen Mengen anderer Lipoide) die Phosphatide, von denen das frische Eigelb höchstens etwa 20% enthält, so daß man mit ungefähr 0,2% reinem Phosphatid einen ebenso großen „Margarineeffekt" erzielen kann, wie sonst mit 1% Eigelb. Die in zweiter Linie wirksamen Sterine sind auch den Pflanzenphosphatiden in genügender Menge beigemengt. (Nach Literaturangaben 0,75 bis 1,75%, mitunter aber wie in technischen Präparaten von Eigelblecithin 3 bis 4%, vereinzelt sogar bis 6%.) Die Phosphatide müssen frei von Zersetzungsprodukten, ohne störenden Geruch und Geschmack, sowie hellfarbig[3] sein; dann ersetzen sie das Eigelb vollständig und sind ihm sogar vorzuziehen, weil sie billiger, ausgiebiger sind und gegenüber manchen Sorten Trockeneigelb, besonders der früher viel verwendeten chinesischen Ware, den Vorzug der Keimfreiheit besitzen.

Nach dem ältesten „Verfahren zur Verbesserung naturbutterähnlicher Speisefette" von FRESENIUS[4] werden dem Margarineansatz während des Kirnens 0,005—0,2% vom Gewicht der Fettmasse an Lecithin zugefügt. Weil sich vollständig entfettete Präparate schwer lösen, hat man auch vorgeschlagen, sie in wäßriger Emulsion zuzugeben. Dies ist unnötig bei Zugabe der ohne Verwendung von Alkohol, Aceton od. dgl. erzeugten Gesamtphosphatide aus Sojabohnen, weil solche infolge ihres Fettgehaltes keine wachsartige Konsistenz zeigen und sich genügend leicht in Fetten lösen[5]. Phosphatide mit einem Zusatz von Cocosöl oder anderen Leimfetten im Verhältnis 2:1 oder 3:1 sollen sich wegen ihrer flüssigen Beschaffenheit besonders eignen[6]. Ein weiterer Vorzug der Präparate von „Ge-

---

[1] Die Zähigkeit eines Gemisches von Kakaobutter und Zucker nimmt auf Zusatz von 0,3% Lecithin am meisten ab, die von fertiger Schokoladenmasse auf Zusatz von nur 0,2%: Y. LEVÊVRE-LEBEAU: Bull. officiel Office internat. Fabricants Chocolats Cacao, 4, 333 (1934).

[2] Hanseatische Mühlenwerke Akt. Ges.: D. R. P. 761351 vom 29. IX. 1933.

[3] Bleichen von Pflanzenphosphatiden: Hanseatische Mühlenwerke Akt. Ges.: D. R. P. 602933 vom 11. XI. 1930.

[4] Reeser Margarinefabrik u. CARL FRESENIUS: D. R. P. 142397 vom 12. VIII. 1902. — S. auch BUER: Schweiz. P. 47785 vom 20. II. 1909; D. R. P. 408911 u. a. m.

[5] Hanseatische Mühlenwerke Akt. Ges.: D. R. P. 576102 vom 2. VII. 1926.

[6] J. D. Riedel Akt. Ges.: D. R. P. 474269 vom 21. VII. 1923.

samtphosphatiden", wie sie z. B. aus Sojabohnen ohne Verwendung selektiv wirkender Lösungsmittel erzeugt werden, ist ihre Ausgiebigkeit. Man erreicht schon mit Zusätzen von weniger als 0,1% (berechnet als reines Phosphatid) einen weitgehenden Margarineeffekt. Offenbar ist das Mischungs- und Bindungsverhältnis der Phosphatide verschiedener Art, der Sterine, Sterinester und anderer Lipoide, die mit dem Öl aus den Bohnen extrahiert und in ihrer Gesamtheit isoliert werden, gerade besonders günstig. Zerlegt man nämlich ein solches Produkt, z. B. mittels Aceton, so wirken die einzelnen Fraktionen schwächer, und sogar das durch Wiedervereinigen der Fraktionen erhaltene Gemisch ist weniger ausgiebig als das ursprüngliche, unzerlegte Produkt.

Zur Einarbeitung in Margarine wird auch empfohlen, die Lecithin- bzw. Phosphatidpräparate mit kondensierter Milch oder Trockenmilch zu mischen und in den Fettansatz einzukneten[1].

Man hat auch bereits vorgeschlagen, teilweise halogenierte Phosphatide, z. B. solche mit 10—20% Brom oder Jod, zu verwenden. Sie geben ebenfalls den Margarineeffekt und wirken zugleich als Konservierungsmittel[2].

Anhang: Erprobung des Gebrauchswertes von Phosphatidpräparaten für die Margarineerzeugung.

Von den verschiedenen durch Phosphatidzusätze bewirkten Verbesserungen der Margarine, deren Gesamtheit als Margarineeffekt bezeichnet wird, ist besonders wichtig die Verminderung des Verspritzens von Fetttropfen beim Erhitzen in offener Pfanne. Dieser Teileffekt ist auch am sinnfälligsten, man stellt deshalb vielfach auf ihn ab, wenn Phosphatidpräparate auf ihre Eignung zum „Veredeln" von Margarine geprüft werden sollen.

Prinzip: Das zu prüfende Präparat wird einer Margarineprobe einverleibt (oder besser, bei der Herstellung einer Margarineprobe im Laboratorium wird ein wenig vom zu prüfenden Präparat zugesetzt). Die Probe mit dem Zusatz und eine Vergleichsprobe von Margarine ohne Zusatz, aber sonst gleicher Zusammensetzung, werden unter genau gleichen Bedingungen im offenen Gefäß erhitzt und die dabei aus dem Gefäß geschleuderten Fettspritzer jeweilig von einer in bestimmter Höhe befestigten Scheibe Filtrierpapier aufgefangen. An der Zahl und der Größe der Fettflecken auf den bei verschiedenen „Spritzversuchen" übergespannten Papierscheiben ist zu sehen, ob und in welchem Maße durch den Zusatz zur Margarine das Verspritzen vermindert worden ist.

Die vergleichenden „Spritzversuche" geben zuverlässige, reproduzierbare Resultate, wenn immer die gleichen Bedingungen eingehalten und namentlich folgende Forderungen erfüllt werden:

1. Verwendung bzw. Bereitung einer geeigneten Margarinesorte, die nicht etwa schon an sich beim Erhitzen wenig spritzt (wie gewisse, z. B. an Cocosöl reiche Mischungen).

2. Richtige Bemessung der Zusätze (namentlich beim Vergleichen mehrerer Präparate keine Überdosierung, die selbst größere Unterschiede in der Ausgiebigkeit verwischen kann). Man verwendet meistens 0,1 bis höchstens 0,3 ⁰/₀₀ Zusatz.

3. Gleichmäßiges Erhitzen der Vergleichsproben in der gleichen Versuchsanordnung, am besten ähnlich wie bei der praktischen Verwendung. Zum Beispiel erhitzt man je 30 oder 40 g in flacher Eisenpfanne über freier Flamme, die durch den Gasdruckregulator konstantgestellt ist (man verwendet etwa auch rotierende Brenner). Der Papierschirm zum Auffangen der Spritzer muß selbstverständlich immer in gleicher Höhe, z. B. etwa 8 cm über der Pfanne, befestigt werden.

4. Verwendung von Papier gleicher Qualität bei sämtlichen Versuchen, und zwar von gutem, genügend saugfähigem Filtrierpapier. In dieses saugen sich die Fettspritzer ein, zu ziemlich scharf umränderten Flecken von annähernd gleicher Dicke. Man sieht folglich auf dem Papier, ob mehr oder weniger Fett verspritzte, man kann sogar quantitative Vergleichungen anstellen, wenn man die Flecken planimetriert. — Verwendet man zu festes, geleimtes Papier, so können auf demselben Fettspritzer zu bauchigen Klümpchen von recht verschiedener Dicke erstarren, so daß Flecken von gleicher Grundfläche nicht gleichen Mengen verspritzten Fettes entsprechen.

---

[1] Amer. Lecithin Corp.: A. P. 1 965 490 vom 22. X. 1930.
[2] Hanseatische Mühlenwerke Akt. Ges.: D. R. P. 585 972 vom 17. VIII. 1932.

Um die Fettflecken auf den Papierschirmen noch schärfer hervortreten zu lassen, färbt man entweder die Margarine oder nach dem Spritzversuch die fiei gebliebenen Stellen des Papierschirms. Zum Färben der Margarine dient ein fettlöslicher Farbstoff, z. B. rote Butterfarbe. Eine noch stärkere Kontrastwirkung wird erzielt, wenn man die bespritzten Papierscheiben nach einigem Liegen, bis die beim Spritzversuch aufgenommene Feuchtigkeit größtenteils verdunstet ist, durch eine Lösung von schwarzer Tusche zieht. Die bespritzten, eingefetteten Stellen bleiben natürlich ungefärbt und treten als weiße Flecken auf tiefschwarzem Grunde scharf hervor. Diese Maßnahme ist besonders vorteilhaft, wenn die Papierscheiben zwecks Vervielfältigung der Belegstücke photographiert werden.

3. Verwendung in verschiedenen Industrien.

Zum Färben von flüssigen oder schmelzbaren Stoffen mit Farbstoffen, die in ihnen nicht oder ungenügend löslich sind, sollen Lecithingemische oder andere Phosphatide, fallweise auch mit mischbaren Aminen, zugesetzt werden. Ebenso hat man ihre Verwendung unter Zugabe von Metallverbindungen, die mit Beizenfarbstoffen Lacke bilden, vorgeschlagen[1]. Andere Vorschläge betreffen die Verwendung im Zeugdruck, als Verdickungsmittel neben den üblichen Mitteln[2], die Verwendung mit anderen oberflächenaktiven Stoffen, wie sulfonierten Verbindungen zur Erzeugung von Textilhilfsmitteln[3], in organischen Solventien emulgiert für das Glätten, Schlichten, Schmälzen, Appretieren[4].

Bei der Herstellung insektizider und fungizider Mittel aus Mineralölen und wasserlöslichen Stoffen, z. B. Kupfersalzen, bewirkt ein Phosphatidzusatz bessere Verteilung der Phasen und größere Haftfestigkeit der Produkte[5].

Man hat auch schon die Verwendung für Erzeugung plastischer Massen empfohlen, wie für Kautschuk, Linoleum, Schallplattenmassen[6].

Neuerdings werden Phosphatide zur Verbesserung von Anstrichmitteln empfohlen[7], besonders für Öl- und Kaseinfarben, anderseits auch als Zusätze für Verdickungsmittel zur Verwendung im Textildruck.

Eine technisch verwertbare Eigenschaft des Lecithins ist auch die Erhöhung der Schaumfähigkeit von Seifen (bzw. die Wiederherstellung bei solchen, die zuviel Sterine enthalten). Es soll auch zum Überfetten von Seifen dienen[8] und zum Geschmeidigermachen von Feinseifen.

In den letzten Jahren wurden die Phosphatide auch als Hilfsmittel zur Erzeugung von Sämisch- und Chromleder eingeführt[9]. Sie erleichtern das Eindringen des Fettes in die Haut, vereinfachen die Verarbeitung und machen die Leder geschmeidiger.

---

[1] I. G. Farbenindustrie A. G.: D. R. P. 579 936 vom 4. XI. 1930.
[2] Hanseatische Mühlenwerke Akt. Ges.: Pat.-Anm. B. 143 703 vom 17. V. 1929.
[3] Hanseatische Mühlenwerke Akt. Ges.: Anmeldung H. 128 184 vom 15. VIII. 1931.
[4] D. R. P. 585 724 vom 11. VII. 1929.
[5] Hanseatische Mühlenwerke Akt. Ges.: A. P. 1 938 864 vom 21. X. 1929; D. R. P. 476 293.   [6] W. Esch: Gummi-Ztg. 48, 899 (1934).   [7] Farbe u. Lack 1932, 535.
[8] S. auch E. Lederer: Seifensieder-Ztg. 60, 919 (1933).
[9] S. auch D. R. P. 268 103, 375 620, 461 004.

Zweiter Teil

Gewinnung der Fette.

Die Gewinnung der pflanzlichen Fette.

Einleitung.

Von **F. E. H. KOCH,** Mannheim.

Für die Gewinnung der Fette und fetten Öle aus pflanzlichen Rohstoffen, d. h. aus Ölsamen und Ölfrüchten, gibt es nur zwei fabrikmäßige Verfahren, die *Pressung* und die *Extraktion mit Lösungsmitteln.* Die Extraktion spielt auch eine größere Rolle bei der Gewinnung von Fischölen und von Knochenfetten (siehe Bd. II), ihre Hauptbedeutung liegt aber auf dem Gebiete der Pflanzenölfabrikation.

Die Landtierfette und die wichtigsten Seetieröle werden in der Hauptsache durch Ausschmelzen hergestellt (s. S. 786).

Während früher die pflanzlichen Öle vorwiegend nach dem Preßverfahren fabriziert wurden, gewinnt heute die Extraktion des Rohguts mit Fettlösemitteln in dem Maße an Bedeutung, wie die Verarbeitung ölarmer Saaten rentabel wird. So gewinnt man Sojabohnenöl hauptsächlich nach diesem Verfahren. Ferner werden die Rückstände der Vorpressung ölreicherer Saat häufig durch Extraktion zu Ende entölt.

Der Betrieb einer Ölfabrik ist ein kontinuierlicher und erstreckt sich über das ganze Jahr, weil sich die zu verschiedenen Zeiten geernteten Ölsamen längere Zeit ohne Schaden lagern lassen. Eine Ausnahme bildet nur die Baumwollsaatöl- und Olivenölfabrikation. Amerikanische Baumwollsaat verträgt keine längere Speicherung, weil die ölgetränkten Fasern, welche an der Saat haften geblieben sind, Selbstentzündung verursachen können; sie muß deshalb schnell verarbeitet werden. Olivenölfabriken können nur während der Olivenernte in Betrieb sein, weil die Früchte bei längerer Lagerung in Gärung übergehen würden.

Die in diesem Abschnitt gemachten Angaben beschränken sich auf die *Ölgewinnung aus Samen* durch Pressung oder Extraktion mit geeigneten Lösungsmitteln. Die Herstellung der beiden technisch wichtigen *Fruchtfleischfette,* des Oliven- und Palmöles, wird im dritten Band beschrieben.

Auf eine lückenlose Aufzählung aller bekanntgewordenen Verfahren zur Ölgewinnung durch Pressung, aller vorgeschlagenen apparativen Einrichtungen usw. kann hier verzichtet werden. Aus der Fülle der Vorschläge und Konstruktionen hat ein erheblicher Teil keine praktische Bedeutung erlangen können; die Ölpressereien arbeiten heute nach bestimmten, praktisch bewährten Verfahren, deren genaue Kenntnis weit wichtiger ist als das Vertrautsein mit allen möglichen, außerhalb der Praxis stehenden Maschinen- und Apparatekonstruktionen.

Deshalb sind die nachfolgenden Angaben tatsächlichen Betriebsverhältnissen entnommen worden, insbesondere soweit sie sich auf die *Ölpresserei* und die *periodische* Ölextraktion beziehen.

Tabelle 81. Ölgehalt der wichtigsten Ölsaaten
in Prozenten.

Saat	Ursprung	Ölgehalt	
Erdnüsse	Coromandel.........	47,5	
	Niger	48,5	
	Bombay............	46,5	
	China.............	44,8	
	Khandeish.........	46,5	
	Mozambique	47	
	Dar es Salam	43,8	
	Ostafrika..........	45,4	
	Red Natal	47	
	Red Polacki	47,5	
	Rufisque in Schalen	37	42,5[1]
	Bissao	38,6	43,5[1]
	Casamance	36,3	45,1[1]
Leinsaat	La Plata.........	37—38	
	Calcutta..........	36—38	
	Bombay...........	36—38	
	Baltisch..........	40	
	Persien...........	39	
Mohn	Indien	46—48	
	Persien...........	48, 50	
	Afrika	46—49	
Palmkerne	Kongo	49	
	Lagos............	51,8	
	Duala	51,2	
	Cotonou	51,4	
	Conakry..........	50,8	
	Sierra Leone	50,5	
	Port Harcourt	51,2	
	Sapele	51,5	
	Warri............	51,2	
Copra	Straits	65—66,5	
	Niederländisch-Indien	65,8—67,5	
	Ceylon	67—69,5	
Rizinus	Bombay..........	45	
	Brasilien	49,5	
Raps	Toria	44	
Kohlraps	Deutschland	42,8	
	Ungarn	44,4	
	Polen	42,6	
	Danzig...........	43,7	
Rübsen	Deutschland	40,8	
	Donau	39,6	
Sesam	China, gelb	54	
	„ weiß	53,3	
	Persien...........	51	
	Ostafrika.........	52,3	
	Bombay...........	52,7	
	Benni (Westafrika) .	54,8	
	Sudan	51,9	
	Mersina	55,2	
	Birma	50,8	
	Kamerun	54,3	
Sonnenblumen		27	
Baumwollsaat		bis 25	
Sojabohnen	Mandschurei	16,5—17,8	
	V. St. A...........	18—19,5	
Holzölbaum		36,4	

[1] Geschält.

Andere Gesichtspunkte waren dagegen bei Beschreibung der Ölgewinnung durch *kontinuierliche* Extraktion maßgebend. Dieses Verfahren ist noch recht jungen Datums und die Erfahrung noch nicht groß genug, um seine Schilderung auf bestimmte Methoden einschränken zu können.

Obzwar bereits über 1500 verschiedene Samen- und Fruchtfleischfette bekannt und wissenschaftlich untersucht worden sind, ist die Zahl der industriell verarbeiteten Ölsaaten verhältnismäßig klein. In der Tabelle 81 ist der *Ölgehalt der wichtigsten, technisch verarbeiteten Ölsamen* angeführt.

Die zumeist auf dem Wasserwege ankommenden Ölsaaten müssen mittels geeigneter Vorrichtungen in die Saatspeicher gefördert werden. Eine weitere Reihe verschiedenartigster Transportmittel ist zur Bewegung der Saat innerhalb der Speicher und zu den Bearbeitungsmaschinen und ebenso für die Förderung der bereits bearbeiteten Saat notwendig.

Gleichgültig, ob die Rohsaat nach dem Preß- oder dem Extraktionsverfahren aufgearbeitet werden soll, muß sie zunächst von Staub und Fremdstoffen befreit, erforderlichenfalls getrocknet und vor der eigentlichen Ölgewinnung zerkleinert werden.

Jeder dieser Einzelvorgänge wird mit Hilfe besonderer, teilweise recht komplizierter maschineller Vorrichtungen durchgeführt.

An Hand der Abb. 36 und 37 sei einleitend zu den folgenden Kapiteln der *Arbeitsgang bei der Samenölgewinnung durch Pressung* wiedergegeben; und zwar

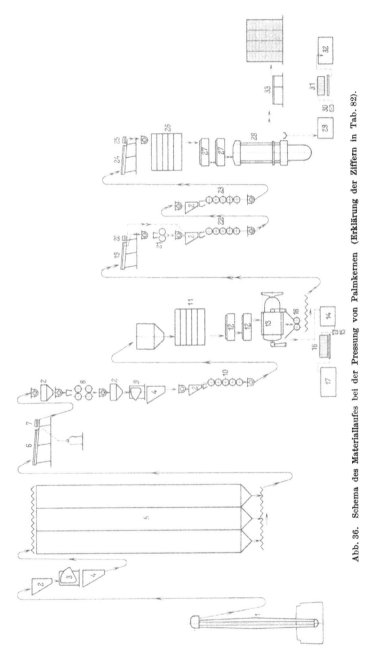

Abb. 36. Schema des Materiallaufes bei der Pressung von Palmkernen (Erklärung der Ziffern in Tab. 82).

ist in der Abb. 36 die Verarbeitung von Palmkernen, in der Abb. 37 die Öl-gewinnung aus Leinsaat schematisch dargestellt.

Die Reihenfolge der einzelnen Operationen ist in der Tabelle 82 zusammen-gestellt worden.

Den Vorgängen 1—18 muß die Saat übrigens unterworfen werden, unabhängig davon, ob das Öl nach dem Preß- oder Extraktionsverfahren gewonnen werden soll.

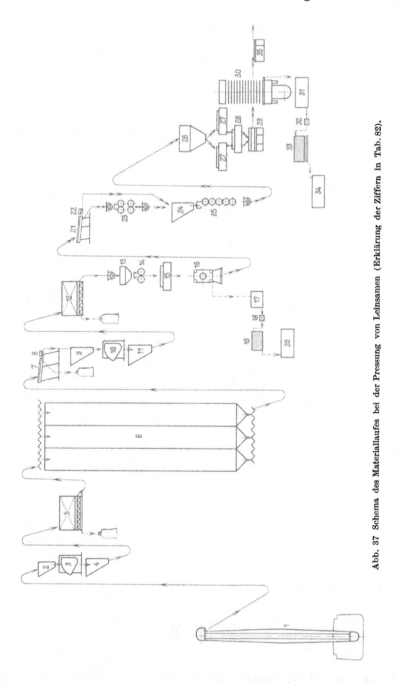

Abb. 37 Schema des Materiallaufes bei der Pressung von Leinsamen (Erklärung der Ziffern in Tab. 82).

Es sei bereits hier darauf verwiesen, daß die Pressung meist in 2 Stufen ausgeführt wird, indem man die Ölsaaten der sog. *Vor-* und *Nach*pressung unterwirft.

Für jeden der in der Tabelle 82 bezeichneten Vorgänge sind besondere maschinelle Hilfsmittel erforderlich, deren Schilderung in den nachstehenden Kapiteln erfolgen soll.

Tabelle 82. Arbeitsgang beim Pressen von Ölsamen.

Nr.	Vorgang	In Abb. 36 Palmkerne	In Abb. 37 Leinsaat
1	Aufnahme der Saat.........................	1	1
2	Transport zur Waage	—	—
3	Wiegen der Saat in automatischen Waagen	3	3
4	Transport zu den Saatreinigungsmaschinen (falls solche erforderlich erscheinen)	—	—
5	Reinigung der Saat von Eisen, Steinen, Sand usw. in den Siebapparaten	—	5
6	Transport zum Lager	—	—
7	Saatlager	5	6
8	Transport aus dem Lager zu den Saatreinigungs- maschinen..............................	—	—
9	Reinigung der Saat von fremden Bestandteilen in den Schüttelsieben	6	7
10	Entfernung von Eisenteilen durch Magnete.....	7	8
11	Transport der gereinigten Saat zur Saatwaage ..	—	—
12	Wiegen der Saat (eventuell erst später!)	(9)	10
13	Transport zur Schälanlage (falls nötig)	—	—
14	Schälen der Saat	—	—
15	Transport zu den Vorratsbehältern über den Vor- zerkleinerungsmaschinen (1. Gang)	—	—
16	Vorzerkleinerung (1. Gang) im Doppelwalzenstuhl (Abb. 36) oder in der Schrotwalzenmühle (Abb. 37)	8	14
17	Transport zu den Vorratsbehältern über den Vor- zerkleinerungsmaschinen (2. Gang)	—	—
18	Vorzerkleinerung (2. Gang) (Abb. 36)	10	—
19	Transport zu den Vorratsbehältern über den Saatwärmern..........................	—	—
20	Wärmen der Saat in Etagenwärmern (Abb. 36) oder Wärmpfannen (Abb. 37).....................	11	15
21	Nochmaliges Wärmen unter Zugabe von Wasser oder Wasserdampf, in Doppelwärmpfannen (Abb. 36).............................	12	—
22	Vorpressung der Saat in automatischen Vorpressen	13	16
23	Zerkleinern der Rückstände der Vorpressung ...	18	—
(24)	(Bei Vorpressung von Hand:	—	—
	a) Formung von Kuchenpaketen mittels Ku- chenformmaschine oder Füllpresse	—	—
	b) Einfüllen der Kuchen in die Presse	—	—
	c) Vorpressung	—	—
	d) Entleeren der Pressen, Entfernen der Preß- tücher, Transport der Rückstände zum Ku- chenbrecher	—	—
	e) Zerkleinerung der Rückstände der Vor- pressung)......................	—	—
25	Transport zur Absiebung	—	—
26	Absiebung der gröberen Teile aus den Rückständen auf Schüttelsieben, zwecks weiterer Zerklei- nerung.................................	19	21
27	Schutzmagnet	20	22
28	Transport des Nachgutes zu den Behältern über den Nachzerkleinerungsmaschinen	—	—
29	Zerkleinerung der groben Teile der Rückstände der Vorpressung in einfachen Walzenmühlen (Abb. 36) oder doppelten Schrotwalzenmühlen (Abb. 37).................................	21	23

Tabelle 82 (Fortsetzung).

Nr.	Vorgang	In Abb. 36 Palmkerne	In Abb. 37 Leinsaat
30	Transport zu den Behältern über den Nachgut-zerkleinerungsmaschinen (1. Gang)	—	—
31	Nachgutnachzerkleinerung (1. Gang) in den Fünf-walzenmühlen................................	22	25
32	Transport zu den Behältern über den Nachgut-nachzerkleinerungsmaschinen (2. Gang).......	—	—
33	Nachgutnachzerkleinerung (2. Gang)	23	—
34	Transport zu den Reinigungsmaschinen für ge-mahlenes Nachgut	—	—
35	Ausscheiden im Betriebe in die Ware geratener Fremdkörper in Schüttelsieben	24	—
36	Magnet	25	—
37	Transport zu den Behältern über den Saatwärmern der Nachpressen.........................	—	—
38	Wärmen der Saat in Wärmpfannen	26	26
39	Weiteres Wärmen der Saat unter Zugabe von Wasser oder Wasserdampf..................	27	27, 28
40	Einfüllen der Saat in die Nachpressen (Kuchen-formmaschine, Füllpressen)...................	—	29
41	Nachpressen der Saat in Seiherpressen (Abb. 36) oder Etagenpressen (Abb. 37)	28	30
42	Transport der Rückstände (Ölkuchen) zur Kuchen-beschneidemaschine	—	—
43	Beschneiden der Kanten der Ölkuchen in den Kuchenbeschneidemaschinen	33	35
44	Transport zum Kuchenstapel oder zum Waggon, Schiff, Lastzug	—	—
	Für Öl:		
45	Sammelbehälter für Öl erster Pressung	14	17
46	Pumpe zur Filterpresse	15	18
47	Filterpresse für Öl erster Pressung	16	19
48	Reinölbehälter................................	17	20
49	Sammelbehälter für Öl zweiter Pressung	29	31
50	Pumpe zur Filterpresse	30	32
51	Filterpresse für Öl zweiter Pressung	31	33
52	Reinölbehälter	32	34
53	Materialbehälter über bzw. unter den Maschinen	(2,4)	(2,4, 9, 24, 26)

Die Folge der Maschinen wird den Eigenarten des Rohstoffes angepaßt, so daß sie, wie die Abb. 36 und 37 zeigen, sehr verschieden sein kann. Die Schemata sind an Hand ausgeführter Anlagen dargestellt, sie geben unabhängig davon an, wie eine moderne Fabrik eingerichtet sein muß, wenn sie alle wünschenswerten Maschinen in der richtigen Reihenfolge enthält.

I. Vorbereitende Arbeiten.

Von F. E. H. KOCH, Mannheim.

A. Die Förderung der Ölsaaten zu den Speichern und den Verarbeitungsmaschinen (Transportmittel).

Die Förderung der unbearbeiteten oder bearbeiteten Ölsaat und der aus ihr gewonnenen Erzeugnisse geschieht teils durch Menschenkraft, meist aber durch mechanische Fördermittel. Nur in kleinen Betrieben, wo der Transportfrage keine besondere Wichtigkeit zukommt, spielt noch die Förderung durch Menschenkraft eine nennenswerte Rolle. Doch fehlen auch in solchen Betrieben mechanische Fördermittel nicht gänzlich. In mittleren und großen Betrieben macht man sich nach Möglichkeit von der Handarbeit frei. Die Beförderung der Saaten und der Erzeugnisse sowohl in den Speichern als auch in den Verarbeitungsstätten von Maschine zu Maschine bis zum Verlassen der Fabrik erfolgt hier auf rein maschinellem Wege. Nach der Richtung, in welcher sie in der Hauptsache das Gut fördern, kann man die Fördermittel einteilen in:

1. Vorrichtungen für *waagerechte Förderung*,
2. Vorrichtungen für *senkrechte Förderung*.

Diese Unterscheidung darf jedoch nicht allzu genau aufgefaßt werden, denn die Vorrichtungen beider Gruppen können auch zur *Förderung in schräger Richtung* dienen.

Zum Transport in waagerechter Richtung verwendet man hauptsächlich Förderschnecken und -bänder, seltener Kratzer-Transporteure, vereinzelt auch Schüttelrinnen. Zum Heben der Saat werden fast ausschließlich Becherwerke (Elevatoren) verwendet, während man sich zur Abwärtsförderung zumeist Fallrohre und Rutschen oder Schurren bedient.

Zum Transport der ankommenden Saat in die Speicher werden auch Saugluftförderer verwendet, in denen ein kräftiger Luftstrom die Saat durch Reibung mitreißt. Im Kuchenlager erfolgt die senkrechte Förderung durch Stapelelevatoren, welche sowohl zum Aufstapeln der Kuchen als auch zu ihrem Abladen vom Stapel benützt werden. Zum Stapeln von Säcken dienen ferner geneigte Plattenbänder.

a) Die Transportschnecke oder Förderschraube.

Sie ist die in Ölmühlen am häufigsten angewandte Transportvorrichtung und besteht aus einem bewegten und einem feststehenden Teil (Abb. 38). Der bewegte Teil besteht aus einer Anzahl schraubenförmig um eine Welle angeordneter Bleche, welche das Gut vor sich herschieben, wenn die Welle gedreht wird. Die Förderschraube ist von dem feststehenden Teil, dem Trog, umgeben, der sich möglichst nahe an die Windungen der Schraube oder Schnecke anschließt

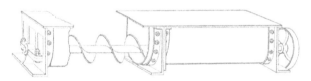

Abb. 38. Transportschnecke, rechtsgängig (Trog auf Füßen gelagert, Riemenantrieb).

und auf dem die von der Schnecke zu fördernde Saat rutscht. Bei größerer Länge der Schnecke wird die Besetzung mit schraubenförmigen Blechen etwa alle 2,5 m durch ein Lager unterbrochen, welches auf dem Trogrand abgestützt ist. Das Lager verhindert eine Durchbiegung der Welle. Hier muß also das Material an der Lagerstelle vorbeigeschoben werden, ohne daß es dauernd mit dem fördernden Schneckenblatt in Berührung ist.

Die schiebende Wirkung der Schnecke erzeugt einen Gegendruck, welcher bestrebt ist, sie entgegen der Förderrichtung der Saat zu verschieben. Damit die Schnecke diesem Druck nicht nachgibt, muß ein Lager vorgesehen werden, welches diesen Axialschub aufnimmt. Am Antriebsende der Schnecke ist das Lager in der Regel als Drucklager ausgebildet. Kurze Schnecken erhalten kein besonderes Drucklager, sondern einen Bund an einem der Stützlager.

Aus der Anordnung der Schnecke ist zu ersehen, daß die Zufuhr des Fördergutes und die Entleerung an einer beliebigen Stelle erfolgen kann. Auf

der Unterseite des Troges bringt man an der Entleerungsstelle eine Austrittsöffnung an, welche je nach Bedarf mittels eines Schiebers verschlossen oder geöffnet wird. Die Schrägstellung der Schneckenblätter auf der Welle, durch welche
die Förderung des Materials bewirkt wird, hat gleichzeitig eine geringe Hub-
wirkung der Schneckenblätter zur Folge, so daß das Material in der Umdrehungs-
richtung der Schnecke, am Umfang des Troges entlang, etwas gehoben wird.
Es rieselt dann immer wieder über das darunterliegende Gut herab. Das
Material läuft im Schneckentrog einseitig; dem muß man bei der Anordnung
der Entleerungsöffnung Rechnung tragen, indem man diese so weit um den ge-

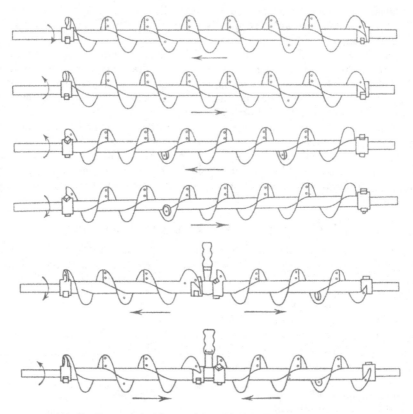

Abb. 39. Transportschnecken, nach verschiedenen Richtungen fördernd.

bogenen Teil des Troges herumgreifen läßt, daß das zu entnehmende Material
den Trog leicht verlassen kann.

Durch Wechsel der Drehrichtung kann man das Gut in entgegengesetzter Richtung fördern (Abb. 39), was praktisch durch Kreuzen des Antriebs-
riemens oder Umschalten des Antriebsmotors erfolgt. Ferner kann man durch
Anordnung von Rechts- und Linksgewinde im gleichen Schneckentrog Förderung nach zwei verschiedenen Richtungen von der Stoßstelle der beiden
Gewinde aus erreichen. Eine Schnecke mit Rechtsgewinde fördert bei Drehung
im Uhrzeigersinn das Material zum Beobachter. Betrachtet man eine solche
Schnecke von oben, so steigen die Gewindegänge der Schraube auf der Oberseite
der Schnecke nach rechts an. Steigt dagegen die Oberseite des Schneckengewindes nach links an, so hat man es mit einer Schnecke mit Linksgewinde zu

tun, welche also bei Drehung im Uhrzeigersinn vom Beobachter weg fördert (Abb. 40).

Die Tröge und das Schneckengewinde werden aus Stahlblech gefertigt. Früher wurden mitunter Gewinde aus einzelnen gußeisernen Blättern verwendet. Die Wellen werden nur vereinzelt massiv, in der Regel aber aus gezogenem Stahlrohr hergestellt. Sie müssen selbstverständlich genau rund laufen. Die Stahl-rohrwellen erhalten eingesetzte Stahlzapfen, auf welchen die Kupplungen sitzen, die die einzelnen Schneckenlängen mit-einander verbinden. Ferner dienen die Zapfen zur Lage-rung der Schneckenlängen; für die Lagerschalen nimmt man Weißmetall oder Bronze, weit-aus am besten hat sich aber in den Ölmühlen das Pockholz bewährt. Die Lager sollen möglichst schlank gebaut sein, damit sich nur eine geringe Querschnittsverengung an der Lagerstelle ergibt; die Schnek-kenblätter sollen nahe an die Lager herangeführt werden, damit ein stetiger Transport ohne Materialstauungen an

Abb. 40. Linksgängige Transportschnecke mit Kegelrad-Vorgelege in öldichtem Schutzgehäuse. (Haube abgenommen.) (G. F. Lieder G. m. b. H., Wurzen i. Sa.)

den Lagerstellen stattfindet. Für den störungsfreien Betrieb ist es besonders wichtig, möglichst wenige verschiedene Schneckengrößen zu verwenden und die Schnecken-tröge und -gewinde in normalen Längen vorzusehen, zweckmäßig von 2,5 m (nor-male Blechtafellänge), wobei sowohl Tröge als Gewindelängen austauschbar sein müssen. Zwecks schnellerer Auswechselbarkeit werden auch die Lagerzapfen in ge-normter Ausführung mit beiderseitigen Flanschen ausgeführt, so daß die Schnecken-

längen zwischen zwei Lagern durch Lösen von nur acht Schrauben jederzeit entfernt und durch eine andere Länge ersetzt werden können (Abb. 41). Eben-so kann jederzeit ein normales Lager oder ein normaler Flan-schenlagerzapfen ersetzt wer-den. Die Schneckengewinde-längen sollen nach Zusammen-bau außen auf das vorgeschrie-bene Normalmaß abgedreht werden, so daß das Spiel zwi-schen Trog und Welle stets gleichbleibend ist.

Die Steigung der Schnecken beträgt in der Regel etwa das 0,7fache ihres Durchmessers, die Blechstärke der Tröge 3 mm, die des Schneckengewindes eben-falls 3 mm, falls nicht sehr stark verunreinigte Saat gefördert wird, welche großen Verschleiß verursacht und daher größere Materialstärken erfordert.

Abb. 41. Linksgängige Schnecke.

a auswechselbarer Mittellagerzapfen (beiderseits Flansch), *b* Kupp-lungsflansch der Schneckenwelle, *c* Befestigungswinkel für Schneckenblatt, *d* linksgängiges Schneckenblatt.

Die Lagerstellen sollen nicht mittels Staufferbüchsen, sondern zweckmäßig mittels Schmierpressen geschmiert werden. In der Regel genügt ein- bis zweimalige Schmierung pro Schicht von 8 Stunden mit jeweils 0,5—1 cm³ säurefreiem Stauffer-fett. In ganz modernen Betrieben sind von den einzelnen Lagerstellen Schmierrohre zu einer Zentralschmierstelle geführt und dort mit Schmiernippeln versehen: von hier aus werden mittels Schmierpresse sämtliche Lager der Schnecke geschmiert.

Der Axialschub der Schnecke wird durch Kugellager am Schneckenende aufgenommen. Man wählt hierfür zweckmäßig das Antriebsende, da hier sowieso ein starkes Halslager erforderlich ist, welches den Riemenzug bzw. den Zahndruck des Antriebskegelrades aufnimmt. Jedes dritte, mindestens aber jedes vierte Blatt des Schneckengewindes wird mittels Schneckenwinkels aus Stahlguß auf der Rohrwelle befestigt.

Für grobes Gut, z. B. Copra, werden zuweilen an Stelle der vollwandigen Schneckenblätter, welche vom Trog bis zur Achse reichen, *Flacheisenspiralen* (Abb. 42) verwendet, welche das sperrige Gut weniger beanspruchen. Sie sind im Aufbau der Transportschnecke ähnlich. Es ist jedoch zweckmäßig, für solches Gut wenn möglich Förderbänder zu verwenden.

Der Antrieb der Schnecke erfolgt durch Treibriemen, entweder direkt oder über Kegelradvorgelege, welche vollständig öldicht zu kapseln sind und in Öl laufen sollen. Zur Erzielung eines ruhigen Laufes sollte man für die Kegelräder bearbeitete Zähne vorschreiben, die bei dem heutigen Stande der Zerspanungstechnik nicht wesentlich mehr kosten als rohe Räder. Die Lagerung der Kegelräder kann dann ebenfalls in Wälzlagern erfolgen, die nur sehr geringer Wartung bedürfen. In elektrifizierten Betrieben geht man dazu über, die Schnecken einzeln durch Motore,

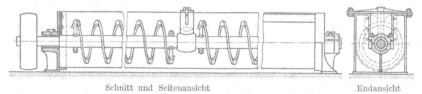

Schnitt und Seitenansicht   Endansicht

Abb. 42. Förderspirale.

deren Drehzahl von 1000 oder 1500 durch ein mit dem Motor unmittelbar verbundenes Übersetzungsgetriebe auf die Drehzahl der Schnecke herabgesetzt wird, anzutreiben. Selbstverständlich laufen auch die Getriebe in Wälzlagern. Die Motore werden durch Motorschutzschalter gegen Überlastung gesichert. Die Schutzschalter der Transportwege können untereinander über Hilfskontakte und Spannungsspulen elektrisch verriegelt sein, so daß bei Stillstand *eines* Transportmittels alle Transportmittel, welche vor der Störungsstelle liegen, stillgesetzt werden, so daß ein Materialnachschub vermieden wird. (Die hinter der Störungsstelle liegenden Transportmittel laufen weiter.) Mit elektrischen Einzelantrieben versehene Anlagen sind zwar in der Anschaffung etwas teurer als solche mit Riemenantrieb, jedoch sind sie im Betrieb wesentlich einfacher zu handhaben und geben seltener zu Betriebsstörungen Anlaß. Die Motore sind mit der Schneckenwelle durch elastische Kupplungen verbunden, so daß eine schädliche Rückwirkung der Schnecke auf das Motorgetriebe nicht stattfinden kann.

Die Schnecken sind reichlich zu bemessen, da man hierdurch Überlastungen und Betriebsstörungen durch Verstopfung vermeidet. Zweckmäßig verwendet man nur Schnecken gleicher Gewinderichtung, also nur solche mit Rechtsoder mit Linksgewinde, um den Bedarf an Ersatzteilen niedrig zu halten und direkte Austauschbarkeit aller vorhandenen Teile zu sichern. Es kann nicht genug betont werden, daß einwandfreies Funktionieren aller Transportmittel eine der wichtigsten Maßnahmen zur Sicherung des wirtschaftlichen Betriebes einer Ölfabrik darstellt, zumal für jeden Transportweg in den meisten Fabriken nur ein einziges Transportmittel vorhanden ist, bei dessen Ausfall nicht auf ein Ersatztransportmittel zurückgegriffen werden kann. Obige Ausführungen gelten selbstverständlich sinngemäß für alle anderen Transportmittel der Ölfabriken.

Wie schon erwähnt, wird das Material während des Durchlaufens des Transportschneckentroges, infolge der hebenden Wirkung der Schneckenblätter, durcheinandergeworfen, so daß die Schnecke auch zu Mischzwecken benutzt werden kann. Das zu mischende Material wird dann einfach in der erforderlichen Menge, eventuell unter Vorschaltung geeigneter Zuteilvorrichtungen, in die Schnecke eingeführt.

Um die Rührwirkung noch zu erhöhen und gleichzeitig eine Zerkleinerung leicht zu zerlegender Klumpen zu bewirken, werden manchmal sog. *Flügelschnecken* verwendet, welche als unterbrochene Transportschnekken aufzufassen sind (Abb. 43).

In die Schneckenwelle sind schräggestellte Flacheisen oder Blechflügel mittels Zapfen eingenietet. Will man die Steigung der Schnecke, also die Schrägstellung der Flügel veränderlich gestalten, so gehen die Zapfen durch die Welle hindurch und sind auf der entgegengesetzten Seite durch gesicherte Schraubenmuttern gehalten. Die Fläche der Schneckenflügel schmiegt sich der schrägen Fläche einer vollen Schnecke weitgehendst an, so daß auch die Flügelschnecke eine fortschiebende Wirkung auf das Fördergut ausübt. Weil aber die in der Zeiteinheit zur Wirkung kommende Schubfläche kleiner ist, ist das Fördertempo geringer, dagegen

Abb. 43. Flügelschnecke. (Georg Becker u. Co., Magdeburg-Sudenburg.)

die Rühr- und Zerkleinerungsleistung infolge der messerartigen Wirkung der Flügel bedeutend größer als bei der vollwandigen Schnecke.

Man verwendet Rührschnecken z. B. zum Vermischen ölhaltigen Trubs aus den Pressen mit Saatmehl.

Tabelle 83.   Leistungen und Abmessungen von Transportschnecken.

Durchmesser:									
Schnecke mm	200	230	250	300	330	350	400	450	500
Trog mm	220	250	270	320	350	370	430	480	540
Steigung mm	165	200	250	250	285	285	285	300	330
Drehzahl pro Minute . .	100	100	100	80	75	70	60	55	50
Leistung m³/h	6	9	12	18	22	24	36	48	60
Umfangsgeschwindigkeit am Schneckenrand m/sek.	1,05	1,15	1,25	1,25	1,25	1,28	1,25	1,29	1,31

b) Transportbänder.

Das Transportband besteht aus einem endlosen, über zwei Rollen laufenden Gurt (Abb. 44). In der Regel wird das obere Trum des Transportbandes in Ab-

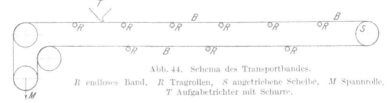

Abb. 44. Schema des Transportbandes.
B endloses Band, *R* Tragrollen, *S* angetriebene Scheibe, *M* Spannrolle, *T* Aufgabetrichter mit Schurre.

ständen von 1,25 m durch Tragrollen unterstützt, welche zu großen Durchhang des mit dem zu fördernden Material belasteten Trums verhüten. Das rücklaufende (untere) Trum ist ebenfalls durch Tragrollen unterstützt, in Abständen von etwa 3 m. Eine der beiden Endrollen ist angetrieben, in der Regel die, welche das obere Trum zieht. Die zweite Endrolle ist dann beweglich gelagert, so daß ein Anspannen des Gurtes ermöglicht wird. Sie kann aber auch fest gelagert sein; an irgendeiner Stelle des unteren Trums ist dann eine Spannvorrichtung eingeschaltet, welche durch Gewichtsbelastung dem Gurt die nötige Spannung verleiht. Man kann auch das untere Trum des Bandes im gleichen oder einem anderen Stockwerk zur Materialförderung benützen. Dieses wird dann allerdings in umgekehrter Richtung gefördert und muß vor Erreichen der Spannrolle oder einer Umlenkrolle vom Band entfernt werden.

Abb. 45. Obere Tragrollenstation eines muldenförmig geführten Transportbandes. Beachte: Zur Prüfung abnehmbare Kugellagergehäuse. (Mitteldeutsche Stahlwerke A. G., Lauchhammer i. Sa.)

Das obere Trum des Bandes wird entweder flach oder durch schräge Lagerung der geteilten Tragrollen muldenförmig geführt (Abb. 45); dadurch wird eine stärkere Beschickung des Fördermittels möglich gemacht, allerdings teilweise auf Kosten der Haltbarkeit des Gurtes. Es wird bei muldenförmigen Bändern weniger Fördergut

Abb. 46. Muldenförmig geführtes Transportband mit Aufgabeschurre in der Nähe der hinteren Gurtscheibe.

verstreut als bei flach geführten. Konisch geformte Tragrollen sind selten in Gebrauch, da sie in der Herstellung teurer sind und infolge der verschiedenen Umfangsgeschwindigkeiten auch noch unnötige Reibung und Verschleiß des Bandes verursachen. In der Regel verwendet man zur Erreichung der Muldenform zwei oder mehr im Winkel zueinander gelagerter Tragrollen (Abb. 46). Das untere Trum des Bandes wird ebenfalls auf Rollen geführt, die aber stets gerade sind, es sei denn, daß das rücklaufende Trum Transportzwecken dient.

Die Antriebsrolle wird meistens schwach gewölbt ausgeführt, damit das Band stets gleichmäßig auf der Mitte der Rolle läuft. Die Bandgeschwindigkeit beträgt in der Regel 2—2,5 m pro Sekunde. Höher geht man nicht gerne, da sonst die Saat zum Teil vom Band heruntergeweht wird.

Abb. 47. Fahrbarer Abwurfwagen. (Hemmklotz gegen ungewolltes Verfahren. Symmetrische Abwurfschurre mit Umstellklappe für Abwurf nach rechts oder nach links. Reichlich bemessene Reinigungsöffnungen.)

Das zu fördernde Material wird durch Trichter oder Schurren auf das Band geleitet, wobei die Richtung der Schurre oder des unteren Teiles des Trichters so gewählt wird, daß das Fördergut bereits hier eine Geschwindigkeit in der Transportrichtung erhält. Zweckmäßig wird an beiden Seiten der Aufgabestelle noch ein lose auf dem Gurt ruhender, sogenannter Aufgabeschuh vorgesehen, welcher aus zwei parallelen Leisten besteht, die ein Verspritzen der Saat nach den Seiten verhindern sollen. Die Leisten sollen an der auf dem Bande aufliegenden Seite mit einem Material besetzt sein, welches den Gurt nicht angreift und nach Abnützung erneuert werden kann.

Zur Abnahme des Materials am Ende des Transportbandes genügt die Anbringung eines Trichters, in welchen das Gut bei der Richtungsänderung des Bandes frei hineinfliegt. Um das Material an einer anderen Stelle des oberen Trums abnehmen zu können, sieht man Abstreifer vor, welche schräg über das Band gelegt werden und das Fördergut seitlich vom Band herunterdrängen. Dadurch entsteht allerdings ein seitlicher Schub, welcher zum Schieflaufen des Bandes führen kann.

Ferner sind Abstreifer nur bei flachlaufenden Bändern mit befriedigendem Erfolg anwendbar. Um den seitlichen Schub auszugleichen, kann man die Abstreifer in Pfeilform ausführen, so daß das Fördergut nach beiden Seiten gleichmäßig abgeworfen und in Fangtrichtern der Verwendungsstelle zugeführt wird. Besser aber ist die Verwendung eines Abwurfwagens (Abb. 47),

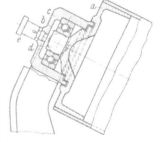

Abb. 48. Schräggelagerte Tragrolle mit Kugellagerung. (Mitteldeutsche Stahlwerke A. G., Lauchhammer i. Sa.)

a eingesetzter Boden mit Labyrinthrille und b angedrehtem Zapfen, c Abnehmbare Lagerkappe, d seitlicher Lagerzapfen der Kappe, e Schmiernippel.

der auf den Tragschienen des Transportbandes fahrbar ist, so daß die Abgabe an jeder beliebigen Stelle erfolgen kann, ebenso wie die Aufgabe des Fördergutes. Der Abwurfwagen lenkt das Band entgegen der Förderrichtung zurück und durch eine zweite Umlenkrolle wieder in seine ursprüngliche Richtung.

Weder die Abstreifer, noch die Abwurfwagen entfernen das gesamte auf dem Band befindliche Fördergut. Die feineren, insbesondere die klebrigen Teile haften an dem Band und werden in der Regel erst von den unteren Tragrollen abgestreift. Um diese Verschmutzung zu vermeiden, wird zweckmäßig bei der Umlenkrolle des Bandes eine Spiralbürste angebracht. Auch die vom Fördergut nicht belegte Seite soll mittels einer zweiten Bürste gereinigt werden, da sonst auf die Dauer Staub zwischen Band und Umlenkrollen gerät und allmählich in das Band hineingepreßt wird.

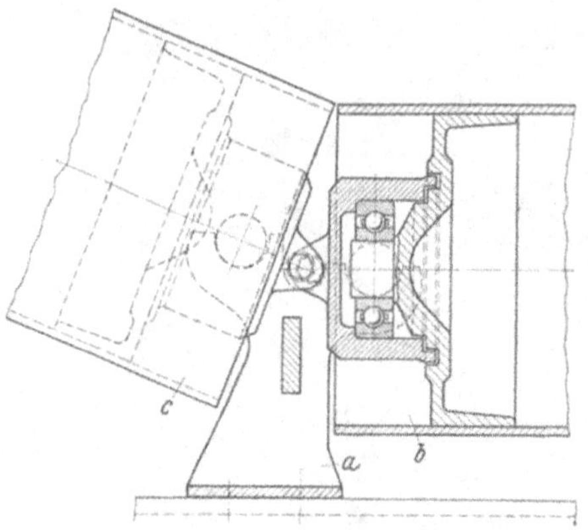

Für die Transportbänder werden in der Regel Baumwollgurte verwendet, manchmal auch Hanf- oder Kamelhaargurte. Gummi- und Balatabänder findet man seltener. Gummibänder sind zwar für Bandförderung vorzüglich geeignet, für Ölmühlen aber wenig angebracht, da sie vom Pflanzenöl angegriffen werden.

Die *Tragrollen* werden in Wälzlagern gelagert. Die Lager können sich in der Rolle selbst befinden, so daß die feststehenden Zapfen an der Tragkonstruktion des Bandes befestigt sind, oder aber die Rollen erhalten eine durchgehende Achse oder an jedem Ende einen angedrehten Zapfen, welcher in den feststehenden Wälzlagern läuft (Abb. 45, 48 und 49). Letztere Konstruktion ist etwas teurer, aber wegen der leichteren Kontrolle des Zustandes der Lager zuverlässiger. Die Schmierung der Lager erfolgt durch Schmiernippel und Fettspritze. Infolge der Wälzlagerung ist der Leistungsverbrauch von Förderbändern äußerst gering. Sie bilden daher auf größere Entfernungen das wirtschaftlichste Fördermittel.

Abb. 49. Tragrollenbock für muldenförmig geführtes Transportband. (Mitteldeutsche Stahlwerke A. G., Lauchhammer i. Sa.)

a Tragrollenbock mit Gabeln für die Zapfen der Lagerkappen, *b* waagrechte Tragrolle, *c* schräggestellte Tragrolle.

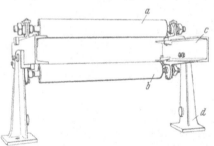

Abb. 50. Tragrollenstation mit oberer Tragrolle *a* und unterer Tragrolle *b* auf gemeinsamer Tragschiene *c*, mit angeschraubten Füßen *d*. (Miag, Mühlenbau- und Industrie-A. G., Braunschweig.)

Die Förderbänder können auch geneigt angeordnet werden, bis zu Steigungen von 25⁰, jedoch muß dann der Führungsschuh an der Aufgabestelle genügend lang bemessen werden, weil sonst das Fördergut leicht zurückrollt und vom Band abgeschleudert wird.

Für den *Transport von Säcken* sind Förderbänder ohne weiteres verwendbar, wenn die Laufrollen eng genug angeordnet sind. Der Rollenabstand soll 30 cm nicht überschreiten, die Bandbreite nicht wesentlich geringer als die Breite der gefüllten Säcke sein, um zu vermeiden, daß sie an Konstruktionsteilen neben dem Förderband hängen bleiben.

Zum Transport von Säcken verwendet man auch häufig eine Konstruktion, bei der das Band aus einer Anzahl von Latten gebildet wird, welche an jedem Ende an mit Rollen versehenen Kettengliedern befestigt sind. Die beiden parallelen Kettenstränge werden von Kettenrädern angetrieben. Die Kettenglieder erhalten an der Außenseite besondere Führungsröllchen, welche auf Schienen laufen. Bei sorgfältiger Ausführung der zahlreichen Laufrollen dieser Sacktransporteure ist ein Verstauben nicht zu befürchten.

Auch diese *Lattentransporteure* können stark ansteigend angeordnet werden (Abb. 51). Bei Besetzung einzelner Latten mit niedrigen Winkeleisen können sogar Steigungen von 45° überwunden und der Sacktransporteur somit zum Aufstapeln von Säcken verwendet werden.

Tabelle 84. Leistungen von Transportbändern.

Bandbreite mm	250	300	350	400	450	500	550
Gurtscheibe, Breite mm	300	350	400	450	500	550	600
Durchmesser mindestens mm	500	500	500	560	630	630	710
Gurtgeschwindigkeit				2 m/sek.			
Leistung, flaches Band m³/h	3,5	4,5	6	8	10	13	16
muldenförmiges Band m³/h	10	16	23	32	38	45	60

Der Gurtscheibendurchmesser ist abhängig von der Länge und Steigung des Bandes.

c) Kratzertransporteure.

Kratzertransporteure finden in der Ölmüllerei Anwendung zur Förderung von Material, welches zum Schmieren und zur Klumpenbildung neigt, während des Transportes möglichst wenig bewegt werden soll und dabei womöglich auch noch Gelegenheit zum Abtropfen von Flüssigkeit haben muß. So kommen Kratzertransporteure z. B. zur Förderung von mitgerissenen Ölsamenteilchen aus Rohölabsetzbehältern in Frage.

Der Kratzertransporteur besteht (vgl. Abb. 52) aus zwei parallel laufenden endlosen Ketten, die leitersprossenartig durch Stangen verbunden sind. An diesen Stangen sind gerade oder gewölbte Bleche befestigt,

Abb. 51. Fahrbarer und in der Höhe verstellbarer Sackstapler mit elektromotorischem Antrieb. (Georg Becker u. Co., Magdeburg-Sudenburg.)

welche ziemlich sauber schließend in einem Blechtroge gleiten, dessen Querschnitt sie fast völlig ausfüllen. Im Blechtrog befindliches Material wird also von den an den Ketten befestigten Blechen fortgeschleppt. Das rücklaufende Trum des Transporteurs kann sowohl oberhalb als unterhalb des Troges zurückgeführt werden. Die Anordnung ist praktisch die gleiche wie bei einem mit hohen Rippen besetzten Transportband, nur liegt das zu fördernde Material nicht auf dem Band, sondern es wird von Mitnehmerblechen durch einen Trog geschleppt. Aufgabe an beliebiger Stelle ist auch hier möglich, muß jedoch bei obenliegendem rücklaufendem Trum durch dieses hindurch geschehen. Die Abnahme kann an jeder Stelle des Troges erfolgen. Kratzertransporteure werden verhältnismäßig selten verwendet.

Abb. 52. Kratzertransporteure mit geführten Ketten. Antrieb durch Getriebemotor. (Georg Becker u. Co., Magdeburg-Sudenburg.)

d) Schleppkettenförderer.

Den Kratzertransporteuren ähnlich sind die Schleppkettenförderer, bestehend aus einer in einem Blechtroge liegenden großgliedrigen Kette, welche in der Breite den ganzen Schlepptrog ausfüllt, so daß ihre Querstege die Mitnehmer bilden. Das rücklaufende Trum der Kette wird oben knapp unter der Ober-

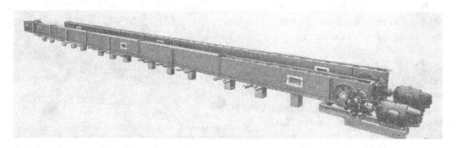

Abb. 53. Zwei Schleppkettenförderer mit Antrieb durch Elektromotor, Schneckengetriebe und Stirnräderpaar. (G. F. Lieder G. m. b. H., Wurzen i. Sa.)

kante des Troges zurückgeführt (Abb. 53 und 54). Aufgabe und Abnahme des Materials sind an jeder beliebigen Stelle des Troges möglich. Die Kette schleppt das zu fördernde Material über die Länge des Troges, der bis zur vollen Höhe angefüllt werden kann. Infolge der Wandreibung bleibt natürlich das höher gelegene Material etwas zurück gegenüber dem auf dem Boden, im nächsten Bereich der Kette befindlichen.

Die obere Grenze der Füllung ist gegeben durch die Lage des rücklaufenden Trums, welches sich entgegengesetzt zur Förderrichtung bewegt.

Die Schleppkettenförderer haben den Vorteil, daß sie das Material sehr schonend behandeln, da Umwälzungen nur in sehr geringem Maße stattfinden.

Anderseits sind die dauernd über den Boden des Troges schleppenden vielgliedrigen Ketten hohem Verschleiß ausgesetzt, wenn das zu fördernde Gut

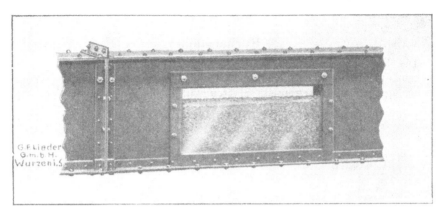

Abb. 54. Kontrollfenster eines Schleppkettenförderers. Beachte: große Schichthöhe.

stark schleißende Bestandteile enthält, und auch das Bodenblech des Troges
nutzt sich bei Förderung solchen Materials recht schnell ab. Für schmierendes
Gut, das jedoch nicht zu sehr zum Kleben neigt, sind die Schleppkettenförderer recht gut geeignet.

Versieht man die Kettenglieder mit
bügelähnlichen Ansätzen, so können sie auch
für geneigte oder senkrechte Förderung verwendet werden. Das rücklaufende Trum
bewegt sich dann in einem besonderen Trog
abwärts, so daß das Fördergut den ansteigenden Trog völlig ausfüllen kann.

e) Sackstapler.

Die Sackstapler sind ähnlich wie die
Schleppkettenförderer ausgebildet, jedoch
ist hier nicht jedes Kettenglied gleichzeitig
Schleppmittel oder tragendes Glied, wie bei
den Lattentransporteuren, sondern es sind
in größeren Abständen auf gleicher Höhe
stehende Glieder von zwei parallel laufenden
Ketten durch eine Mitnehmerstange verbunden, welche einige Zentimeter über dem Boden eines flachen Troges läuft (Abb. 55). Die
Säcke werden in den Bereich der Mitnehmerstange gestellt, wobei sie sich an die Rückwand
des geneigten Troges anlehnen. Sowie eine
Förderstange die Aufgabestelle passiert, wird

Abb. 55. Fahrbarer Sackstapler mit veränderlicher Neigung. (G. F. Lieder G. m. b. H.,
Wurzen i. Sa.)

der Sack erfaßt und emporgeschoben. An der obersten Stelle des Staplers
kippt der Sack über die Welle, welche als Umlenkräder die beiden Kettenzahn-
räder trägt, und wird auf einer Rollbahn oder Rutsche seiner Bestimmung
zugeführt. Um beliebige Höhen bedienen zu können, werden die Stapler mit veränderlicher Neigung gebaut. Man kann sie auch in fast senkrechter Stellung

verwenden, solange die Neigung noch so stark ist, daß der Sack sich zuverlässig gegen die Wand des Gleittroges lehnt. Der Antrieb der Mitnehmerkette
erfolgt in der Regel durch Elektromotor und Reduziergetriebe, die Stromzu-
führung über ein bewegliches Kabel.

f) Kuchenstapler.

Die für den Transport plattenförmiger Ware besonders ausgebildeten
Kuchenstapler, die man zum Aufstapeln bzw. Abladen von Ölkuchen in höheren
Kuchenlagergebäuden verwendet, arbeiten in ähnlicher Weise wie die Sackstapler.

Abb. 56. Fahrbarer Stapelelevator für Ölkuchen (Stapler umgeklappt zum Passieren von Dachträgern. Schaukeln und oberer Abnahmerechen erkennbar).

Auch hier sind zwei parallel laufende Ketten an ziemlich weit auseinander-
liegenden Stellen verbunden, und zwar durch sog. Förderschaukeln, bestehend
(Abb. 56) aus zwei senkrechten Vierkanteisen, welche in waagrechter Ebene durch
in Zickzackform verlaufende Vierkanteisen verbunden sind. Dadurch wird ein
Rechen gebildet, auf dessen Zinken die Kuchen aufgelegt werden. Die Aufgabe erfolgt
auf einem unteren Auflegerechen, dessen Zinken in die Lücken der Mitnehmerschaukeln passen, so daß die vorbeistreichende Mitnehmerschaukel die Kuchen von dem
Aufgaberechen abheben kann, ohne daß sie an irgendeiner Stelle hängen bleibt.
Die Mitnehmerschaukeln werden auf den geraden Strecken des Förderers so geführt,
daß sie nicht um den Aufhängungspunkt pendeln können. Erst an der höchsten Stelle
des *Stapelelevators* schwingen die Schaukeln in waagrechter Ebene über die Umlenk-
welle hinweg, so daß die Ölkuchen nicht herabfallen können. Während des Rück-
laufes streichen die Mitnehmerschaukeln durch die Zinken eines Abnahmerechens
hindurch. Die Kuchen werden von den Mitnehmerschaukeln abgehoben und rollen
nach vorne heraus.

Zur Abnahme der Kuchen vom Stapel wird der Förderer in umgekehrter Richtung
angetrieben und die Neigung des Abnahmerechens wird so verändert, daß die aufge-
gebenen Kuchen nunmehr in den Bereich der Mitnehmerschaukeln rutschen, während im Aufgaberechen die Neigung so verstellt wird, daß die ihm zugeführten,
nunmehr von oben kommenden Kuchen aus dem Bereich der Mitnehmerschaukeln

herausgleiten; die nächste Förderschaukel kann deshalb ungehindert durch den Rechen hindurchstreichen und ihre Ladung abgeben.

In Abb. 56 ist der Stapelelevator in umgeklapptem Zustand gezeigt. Das Umklappen ist aber nur dann erforderlich, wenn der Stapelelevator unter Dachbindern der Kuchenhalle hindurchgefahren werden muß. Im normalen Förderzustand steht er beinahe senkrecht. Der Antrieb erfolgt durch Kettenantrieb von der Schwenkwelle des Stapelelevators aus.

g) Becherwerke (Elevatoren).

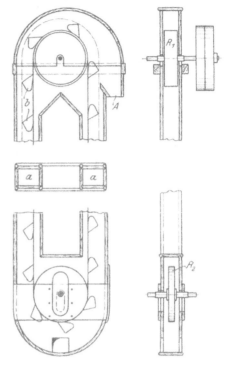

Die vorwiegend dem Transport in vertikaler Richtung dienenden Elevatoren bestehen aus einem endlosen Band oder einer endlosen Kette, an welchen in gleichmäßigen Abständen Becher sitzen (Abb. 57). Das mit den Bechern besetzte Band ist umschlossen von einem sogenannten Schlauch, welcher entweder das aufsteigende und niedergehende Band getrennt umschließt oder beide Teile in einem gemeinsamen Raum umfaßt. Das Band kann als Baumwollgurt, in Ausnahmefällen in Leder ausgeführt sein. Sehr gut haben sich auch Kamelhaargurte bewährt, wenngleich sie etwas teurer in der Anschaffung sind. Jedoch verwendet man statt der Bänder heute meistens Ketten, außer bei Förderung sehr staubigen Materials, welches die Ketten zu sehr schädigen würde (Sojabohnen).

Abb. 57. Schema eines Becherwerkes.
a Elevatorschlauch, b Becher, R_1 obere Gurtrolle, R_2 untere Gurtrolle, A Auslauf.

Die *Ketten* werden entweder aus Temperguß eisen oder aus Stahlguß hergestellt. Sie sind dann in der Regel als Ewarts-Ketten ausgeführt, bei höherer Beanspruchung als sogenannte Stahlbolzenketten (Abb. 58 und 59). Sehr zweckmäßig sind auch schmiedeeiserne Schiffsketten, welche dann aber kalibriert sein müssen. Laschenketten aus Flacheisenlaschen und Rundeisenbolzen haben sich auf die Dauer nicht bewährt. Das Material der *Becher* ist in der Regel 2 mm starkes Stahlblech (St. 37.21) mit verstärkter Rückseite und Vorderkante. Die Verstärkung kann durch Umlegen des Bleches erreicht werden oder aber durch Aufnieten von Flacheisenverstärkungen. Die *Schrau-*

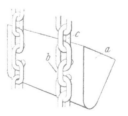

Abb. 58. Elevatorbecher mit doppelter Schiffskette. (Georg Becker u. Co., Magdeburg-Sudenburg.)
a Becher, b Befestigungsbügel, c Kettenglied.

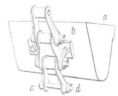

Abb. 59. Elevatorbecher mit Stahlbolzenkette. (Georg Becker u. Co., Magdeburg-Sudenburg.)
a Becher, b Befestigungsglied, c Normalglied, d Stahlbolzen mit Unterlagscheibe und Splint.

ben, welche Becher und Befestigungsglied der Ketten verbinden, müssen gesichert sein, um ein Lösen während des Betriebes zu verhindern. Am oberen und unteren Ende des Elevators laufen die Elevatorgurte oder -ketten über Rollen, welche stets zweiteilig sein sollen, so daß ihr Auswechseln ohne Öffnen von Ketten oder Gurten möglich ist. Die *Wellen* sind für den ganzen Betrieb in gleicher Stärke auszuführen und in Wälzlagern zu halten. Die Spannung der Gurtelevatoren erfolgt zweckmäßig durch Stellschraube am Elevatorfuß. Der Kettenelevator wird am besten durch ein Gewicht gespannt, welches beide Lager am Elevatorfuß gleichmäßig belastet.

Auf Staubdichtheit des Elevatorschlauches, welcher ebenfalls aus 2-mm-Blech ausgeführt wird, ist sorgfältigst zu achten. Auch die Elevatorrohre werden in der Regel in Normallängen (2,5 m) ausgeführt.

Für reichlich große Reinigungsöffnungen in jedem Stockwerk ist Sorge zu tragen. Die Verschlußdeckel der Reinigungsöffnungen sollen durch starke Vorreiber gehalten werden. Sie sind gegen den Elevatorschlauch durch mittels aufgenieteter Flacheisenrahmen gehaltene Filzstreifen abzudichten.

Der *Elevatorkopf* muß waagerecht in Höhe der Kopfwelle geteilt sein und außerdem muß die *Elevatorhaube* nochmals senkrecht geteilt sein, ebenfalls an der Stelle der Elevatorwelle, so daß sie nach vorne und hinten entfernt werden kann; dadurch wird die obere Rolle und Kette vollständig zugänglich. Die Befestigung der Teile untereinander soll wiederum durch starke Vorreiber (Stahlguß oder Schmiedeeisen) geschehen. Die *Zunge* am Elevatorauslauf ist sehr nahe an die Becherkette heranzuführen und in 4 mm starkem Blech auszuführen. Der Elevatoreinlauf wird für unzerkleinerte oder grobstückige Saat zweckmäßig so angeordnet, daß sie in die aufsteigenden Becher hineinfällt. Für Mehl dagegen bringt man besser den Einlauf auf der anderen Seite des Elevators an, so daß es hinter den Bechern herläuft und die Becherkette das Mehl durch den Elevatorfuß hindurchschleppt. Diese Maßnahme ist notwendig, weil die schnell laufende Elevatorkette mit ihren Bechern als Luftförderer wirkt und am Auslauf des Elevators ein starker Luftstrom entsteht, welcher vom aufsteigenden Kettentrum herrührt. Läßt man das Mehl den aufsteigenden Bechern entgegenlaufen, so wird es von dem austretenden Luftstrom zum Teil erfaßt und im Raume verstäubt, während bei Eintritt an der Seite des fallenden Trums das Mehl zugleich mit der von den Bechern geförderten Luft abgezogen wird, so daß hier ein Verstauben nicht eintreten kann. Erfahrungsgemäß neigen die Becherwerke bei letzterer Anordnung weniger zum Verstopfen.

Der Schlauch von Becherwerken, welche warme Saat fördern, ist, namentlich wenn diese feuchte Dämpfe abgeben kann, in rostbeständigem Material auszuführen, wofür sich bisher u. a. Armco-Eisen bewährt hat, vorausgesetzt, daß die Saat keine korrodierenden Bestandteile enthält. Andernfalls sind die Apparate nach erstaunlich kurzer Zeit durch Rost zerfressen.

Der Antrieb der Elevatoren erfolgt entweder direkt oder über Kegelradvorgelege durch Riemen, in den modernsten Betrieben durch Getriebemotore.

Der *Elevatorfuß* muß mit reichlich großen Reinigungsöffnungen versehen sein. Steht der Elevator nicht auf dem Boden, so ist an der tiefsten Stelle des Fußes ein Absackstutzen anzubringen, um bei Verstopfungen im Elevator liegengebliebenes Material nach Öffnen eines Schiebers in Säcke fassen zu können.

Auf 2 m Kettenlänge lassen sich im Höchstfall sieben Becher anbringen. Für leicht herausfallende Saaten verwendet man tiefere Becher, für Mehl dagegen, welches zum Hängenbleiben in spitzen Winkeln neigt, eignen sich flach bombierte Becher.

Die Bechergeschwindigkeit im Elevator sollte 1,8 m pro Sekunde nicht überschreiten. Läuft der Elevator wesentlich schneller, so werden die Becher nicht ganz entleert und ein Teil der Saat wird in den ablaufenden Teil des Becherwerkes mitgerissen.

Sehr große Becherwerke werden mit zwei Kettensträngen ausgerüstet. Die Ketten sollen unter allen Umständen kalibriert sein, damit die Becher waagerecht stehen.

Ein Nachteil von Gurtelevatoren, besonders bei der Förderung von Mehl, besteht darin, daß das Gut zum Festkleben auf den Gurtscheiben neigt, wodurch diese eine ständig stärker werdende Wölbung erhalten. Die Befestigungsschrauben werden dadurch leicht aus den Gurten herausgerissen, weil letztere die Neigung haben, sich der Scheibe anzuschmiegen, während der Becher einen geraden Rücken hat. Man verwendet daher hier in der Regel Kettenelevatoren, soweit nicht infolge starken Staubgehaltes der Saat ein übermäßiger Verschleiß der Kette zu befürchten ist.

Die Elevatoren können auch schrägstehend ausgeführt werden. Der Verschleiß ist aber dann verhältnismäßig stark, und schrägstehende Becherwerke versperren in hohem Maße die Fabrikräume, so daß von ihrer Verwendung abgeraten werden muß, zumal die Ersparnis einer Transportschnecke vom Becherwerkkopf aus sehr bald durch die höheren Reparaturkosten des Schrägelevators aufgehoben wird.

Tabelle 85. Leistungen und Abmessungen von Becherwerken.

Becherbreite mm	100	120	150	180	200	220	240	260	300	350	400
Leistung m³/h........	3	3,5	8	13	15	17	19	21	26	32	42
Gurtscheibendurchmesser mm	450	450	500	500	500	560	560	630	630	710	800
Gurtscheibenbreite mm	120	120	170	170	170	200	200	300	350	400	450
Becherabstand mm ...	250	250	330	360	400	400	420	420	450	500	500
Gurtgeschwindigkeit m/sek.					1,50						

h) Fallrohre.

Diese Transportvorrichtungen dienen zur Abwärtsförderung, da das Fördergut der Ölfabriken durch den freien Fall nicht beschädigt wird. Man vermeidet allerdings völlig senkrechte Rohre, um übermäßiges Verspritzen und Zerstäuben von roher oder gemahlener Saat zu verhindern. Die Rohre brauchen nicht in einer Richtung fortzulaufen; jedoch darf die Biegung bzw. die Knickung nicht zu scharf sein, da sonst an den Krümmungen Verstopfungen auftreten können. Dienen die Fallrohre zur Förderung von stark schleißendem Gut, so müssen sie mit verschleißfestem Material ausgefüttert werden, da sie sonst früher oder später durchlaufen. Der flachste Neigungswinkel ist gegeben durch den Reibungskoeffizienten zwischen Saat und Material des Rohres. Zu flach gelegte Rohre neigen sehr leicht zur Verstopfung, sind also zu vermeiden. Längere Fallrohre sollten stets mit gut verschließbaren Reinigungsöffnungen versehen werden.

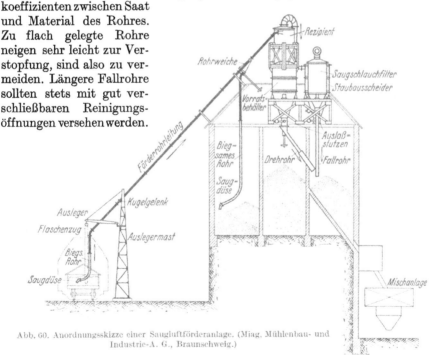

Abb. 60. Anordnungsskizze einer Saugluftförderanlage. (Miag, Mühlenbau- und Industrie-A. G., Braunschweig.)

i) Saugluftförderer.

Ganz anders als die bisher beschriebenen Fördermittel arbeiten die Saugluftförderer (Abb. 60), deren Wirkung darauf beruht, daß das Gut durch Reibung der

Luft an seiner Oberfläche vom Luftstrom mitgenommen wird. Maßgebend für diese Transportmöglichkeit ist nur das Verhältnis vom Gewicht des Körpers zu seiner Oberfläche.

Abb. 61. Unterer Teil des Rezipienten, Auslaßschleuse mit deren Antriebsmotor, schwenkbares Verteilerrohr und Fallrohre zu den Silozellen. (Miag, Mühlenbau- und Industrie-A. G., Braunschweig.)

Durch eine leistungsfähige Luftpumpe (Abb. 63) wird in einem sogenannten *Rezipienten* (Abb. 61) ein Unterdruck erzeugt. In diesen Behälter mündet eine Rohrleitung, welche am anderen Ende derart in die zu fördernde Ölsaat hineingesteckt wird, daß die als Fördermittel dienende Luft noch durch die Saugdüse hindurchstreichen kann und die in ihrem Bereich liegende Ölsaat mitreißt. Die mitgerissene Saat gelangt mit der Luft in den Aufnahmebehälter oder Rezipienten, wo sie infolge Verlangsamung der Strömung und Fliehkraftwirkung ausgeschieden wird. Man leitet die Luft in tangentialer Richtung in den Rezipienten; die mitgerissene Saat wird an die Wand des Rezipienten geschleudert und rutscht an dieser herunter. Die Luft wird durch ein in der Mitte des Rezipienten angeordnetes Rohr von der Luftpumpe abgesaugt. Die sich im Rezipienten ansammelnde Ölsaat wird am tiefsten Punkt mittels eines Zellenrades (Schleuse) entfernt, wodurch verhindert wird, daß die Luft ungehindert in den evakuierten Rezipienten einströmen kann. Aus der Auslaßschleuse (vgl. Abb. 61) fällt die Saat in ein Verteilerrohr und wird von hier aus der Verwendungsstelle zugeleitet. Die angesaugte Luft muß, um Verschmutzung und Verschleiß der Pumpe zu vermeiden, gut gereinigt werden, zu welchem Zwecke sie einen Staubausscheider passiert, welcher, ebenfalls durch Fliehkraftwirkung, die gröberen Staubteile aus der Luft zurückhält. Die von der Pumpe ausgestoßene Luft enthält aber noch geringe Mengen sehr feinen Staubes; sie wird deshalb durch leistungsfähige Schlauchfilter geführt, bei deren Passage die Luft vom Staub befreit wird, ehe sie in die Atmosphäre austreten kann.

Abb. 62. Staubabscheider (Zyklon). (Miag, Mühlenbau- und Industrie-A. G., Braunschweig.)

Man unterscheidet Druckschlauch- und Saugschlauchfilter, je nachdem ob der Innenraum des Filterschlauches unter Überdruck oder Unterdruck steht.

Bei *Druckschlauchfiltern* kann die Luft in den oberen Sammelkasten eintreten, von dem aus sie sich auf die zahlreichen Filterschläuche verteilt, welche sorgfältig im Boden des oberen und der Decke des unteren Sammelkastens eingesetzt sind. Die Schläuche sind umschlossen von einem Rechen, der durch Ketten dauernd auf und ab befördert wird. Dadurch wird der Staub von den Filterschläuchen gelöst und fällt innerhalb der Schläuche allmählich in den unteren Sammelkasten herab, aus dem er durch geeignete Zellenräder entnommen und einer Absackstelle zugeführt wird.

Beim *Saugschlauchfilter* steht der Innenraum des Filterschlauches unter Unterdruck. Die zu reinigende Luft tritt in den Innenraum der Filterschläuche ein, welche durch Spannringe geöffnet gehalten werden. Auch diese Filterschläuche sind unten in den Boden eingesetzt, während im Kasten ein Absaugeventilator oder eine Luftpumpe den erforderlichen Unterdruck herstellt. Oben sind die Schläuche an Haken aufgehängt, mittels welcher sie ruckartig gestaucht und wieder gerade gezogen werden können, um ein Abfallen des Staubes in den unteren Staubsammelkasten zu bewirken. Der Antrieb der Rüttelvorrichtung liegt oben auf dem Saugschlauchfilterkasten.

Da sehr erhebliche Mengen Luft gefördert werden müssen, ist der Kraftbedarf pro Tonne Saat bei Saugluftförderung bedeutend höher als bei anderen Transportarten. Sie bietet dafür aber beträchtliche Vorteile, u. a. geringen Personalbedarf, Staubfreiheit und hohe Mengenleistung. Man kann pro Saugdüse etwa 30 Tonnen pro Stunde fördern. Die Anlage ist besonders einfach und leicht zu überwachen und erfordert nennenswerte Reparaturen nur an den Stellen, an denen der Saatstrom seine Richtung ändert, weil hier infolge des Aufprallens der Saatteilchen das Material der Förderleitung außerordentlich schnell zerstört wird, besonders wenn die Saat stark schleißende Bestandteile, wie Quarzsand u. dgl., enthält. Als bester Schutz hat sich hier Gummi erwiesen.

Mittels Saugluft können alle Saaten gefördert werden, wenn es auch unzweckmäßig erscheint, sehr grobstückiges Gut, wie z. B. Copra, mit solchen Anlagen zu löschen. Die Schleuse muß so konstruiert sein, daß sie auch hineingeratene

Abb. 63. Stehende Vakuumpumpen in Zwillingsanordnung. Beachte: durch große Klappen mit Knebelverschluß leicht zugängliche Ventile. (Miag, Mühlenbau- und Industrie-A. G., Braunschweig.)

Fremdkörper, wie Sackbänder, Teile von Säcken usw., herausbefördert, da sich bei Verstopfung oder Stehenbleiben der Schleuse der Aufnahmebehälter in kürzester Zeit füllt und damit die Förderung aufhört. Die Luftpumpen werden zweckmäßig in vertikaler Bauart ausgeführt; sie haben trotz ungenügender Reinigung der Luft verhältnismäßig geringen Verschleiß. Es stellt sich bei der Förderung einer jeden Saat ein Gleichgewicht zwischen Saat- und Luftmenge ein, welches sich in einem bestimmten mittleren Unterdruck äußert. Wird durch starkes Eintauchen des Saugrohres die Saatmenge im Verhältnis zur Luftmenge wesentlich erhöht, so sinkt die Mengenleistung. Im entgegengesetzten Falle sinkt der Unterdruck infolge Zufuhr zu großer Luftmengen, und die tatsächliche Förderleistung verringert sich ebenfalls.

Das Saugrohr ist mit einer Hilfsöffnung versehen, damit stets ein gewisser Luft-strom in der Saugleitung herrscht. Am Eintauchende des Saugrohres befindet sich ein Korb, der das Hineingeraten zu großer Teile verhindert und eine zu schnelle Zufuhr von Saat ohne gleichzeitige Zufuhr genügender Luftmengen verhindert. Zur Führung des Rohres im Schiff genügt in der Regel ein Mann, allenfalls sind bei Entleeren der unzugänglicheren Winkel zwei Mann erforderlich. Außerdem ist noch ein Ma-schinist zur Bedienung der Sauganlage notwendig. Die Sauganlage erhält zweckmäßig einen Abzweig, welcher die ganze Länge des Speichers durchläuft, so daß man auch aus den einzelnen Abteilungen des Speichers oder des Silos Saat absaugen und zu einer anderen Stelle fördern kann. Dabei findet gleichzeitig eine sehr kräftige Durchlüftung statt, so daß sich hier die Möglichkeit bietet, kranke Saat zu kühlen.

Bei der pneumatischen Entlöschung findet auch eine Entstaubung der Saat statt, so daß der Ausbau der Entstaubungsanlage in der Ölfabrik nicht so umfangreich zu

Abb. 64. Löschen von Erdnüssen aus einem Seedampfer mittels Saugluftförderanlage.

sein braucht, als es andernfalls nötig wäre. Der anfallende Staub wird durch die Zyklone bzw. durch die Filteranlage erfaßt und kann anderweitiger Verwendung zu-geführt werden (Dünger usw.).

Saugluftförderer finden nicht nur Verwendung zum Löschen großer Mengen lose ankommender Ware. Sie können auch zur Löschung von Ware in Säcken dienen. Die Arbeiter schaffen zunächst in den Sackstapeln im Schiff durch Ent-nahme von einigen Säcken ein Auffangloch und entleeren in dieses hinein die auf-geschnittenen Säcke. Man kann aber um ein solches Loch, welches von einem Absaugrohr bedient wird, nicht gut mehr als zwei Gruppen zu je zwei Mann auf-stellen, so daß die Leistung der einzelnen Absaugrohre begrenzt ist. Bei günstiger Lage der Säcke beträgt auch hier die Leistung pro Saugrohr etwa 30 Tonnen in der Stunde.

k) Krananlagen.

Die Bewältigung großer Materialmengen bei deren Förderung vom Schiff oder Waggon zum Speicher und umgekehrt erfolgt schließlich sehr vorteilhaft durch entsprechend leistungsfähige Kräne. Durch Einbau einer geeigneten Waage (z. B. einer Seilzugwaage, Bauart Eßmann, Altona) ist man ferner bei Verwendung von Kränen als Fördermittel in der Lage, das Gut sehr genau zu wiegen.

Bei losem Gut arbeitet man mit Saatgreifern, mit welchen eine Stundenleistung von 50 t erreicht werden kann.

Vereinzelt findet man zum Transport der ankommenden Säcke noch *Speicherwinden*, welche die Säcke in die verschiedenen Stockwerke der Bodenspeicher fördern. Die Steuerung erfolgt durch ein durch sämtliche Stockwerke laufendes Steuerseil. Die Sackwinden sind oft so ausgeführt, daß beide Enden des Förderseils zum Heben der Säcke benutzt werden, so daß beim Ansteigen des einen mit Säcken belasteten Seilendes das andere Ende ins Schiff herabläuft, während beim Senken des ersten Endes das zweite, mit Säcken belastet zur Annahmeluke gehoben wird.

Tote Zeiten werden beim Speicherwindenbetrieb am besten dadurch vermieden, daß man die von der Winde gehobenen Säcke sofort auf eine Waage mit selbsttätiger Gewichtsanzeige aufsetzen läßt, welche das Gewicht der Hieve samt der die Säcke umschlingenden Taulänge angibt. Von der Waage aus werden die Säcke sofort aufgeschnitten und entleert.

Der Speicherwindenbetrieb erfordert verhältnismäßig hohen Lohnaufwand, so daß die meisten Fabriken die Schiffe nach Möglichkeit mittels Krans, Schiffselevators oder Saugluftförderanlage entleeren.

B. Die Saatspeicher.

a) Allgemeines zur Lagerung von Ölsamen.

Da die Ölsaaten in den verschiedenen Anbaugebieten zu verschiedenen Zeiten reifen und die reifen Samen eine längere Lagerung bei Einhaltung gewisser Bedingungen gut vertragen, so kann der Betrieb einer Ölfabrik während des ganzen Jahres aufrecht erhalten werden. Nur feuchte oder beschädigte Saat muß bald nach ihrer Ankunft verarbeitet werden.

Der Same geht nach Erreichung des Reifezustandes unter weitgehender Austrocknung in einen Zustand der allgemeinen Abschwächung sämtlicher Lebensfunktionen über, und in diesem Zustande lassen sich die Samen innerhalb der praktisch in Frage kommenden Aufbewahrungsdauer, die nur selten ein Jahr oder noch mehr beträgt, ohne Schaden für die Beschaffenheit des Öles oder des Rückstandes aufbewahren.

Sind aber die Samen feucht geworden, so treten die Lebensfunktionen wieder in Erscheinung, und zwar um so intensiver, je höher ihr Wassergehalt ist. Sind sie mit Feuchtigkeit gesättigt, so beginnen die Samen zu keimen, wobei die Reservenährstoffe für den Aufbau neuer Zellen und Ernährung des Keimlings aufgebraucht werden[1].

Sind die Samen nicht mit Feuchtigkeit gesättigt, ihr Wassergehalt aber höher als im lufttrockenen Zustande, so äußern sich die Lebensvorgänge in der Atmung, d. h. Aufnahme von Sauerstoff und Abgabe von Kohlendioxyd, ferner in einer Reihe von durch die Samenfermente ausgelösten Zersetzungserscheinungen, wobei nicht nur, wie bei der Keimung, die Reservenährstoffe aufgebraucht werden, sondern auch das Protoplasma der Samenzellen zerstört wird. Die Atmung hat auch eine Selbsterhitzung der Samen zur Folge, die die Zerstörung des Öles und anderer Samenbestandteile noch fördert.

Die Samen müssen deshalb unter Bedingungen gelagert werden, unter denen die durch Enzyme usw. hervorgerufenen Lebensprozesse auf ein Mindestmaß beschränkt sind. Hierzu gehört vor allem Trockenheit und niedrige Lagerungstemperatur, zweckmäßig auch Abschluß von Luft.

Die Saatspeicher haben die Aufgabe, die Ölsaat so lange ohne Schädigung aufzubewahren, bis die Zeit zu ihrer Verarbeitung gekommen ist.

---

[1] A. GOLDOWSKI: Theoretische Probleme der Fabrikation der Pflanzenfette (russ). 1933. NIRMMI.

Der Besitz eines großen Speichers ermöglicht den gleichzeitigen Einkauf größerer Saatenmengen, wodurch eventuell Preisvorteile wahrgenommen werden können, die beim Erwerb kleinerer Partien nicht gewährt werden, ferner die Ersparnis von Lagermieten bei Übernahme allzugroßer Partien.

Man verlangt von den Speicheranlagen grundsätzlich, daß sie

1. die Ware vor dem Verderben schützen,

2. den Zutritt von Schädigungsmöglichkeiten, insbesondere schädlicher Insekten und Tiere, abhalten,

3. bequeme Handhabung der eingelagerten Mengen ohne großen Aufwand an Bedienungsleuten ermöglichen,

4. weitestgehende Feuersicherheit gewährleisten,

5. nach Möglichkeit eine solche Unterteilbarkeit aufweisen, daß man verschiedene ankommende Partien ohne größere Schwierigkeit getrennt voneinander lagern kann,

6. einen möglichst geringen Platzbedarf im Verhältnis zur eingelagerten Saatmenge beanspruchen, also möglichst gute Raumausnützung gestatten.

Für die Lagerung der Ölsaaten haben sich zwei verschiedene Speichertypen entwickelt, die *Bodenspeicher* und die *Zellenspeicher* oder *Silos*.

Diese beiden Grundtypen beruhen auf ganz entgegengesetzten Prinzipien. Der ältere ist der Bodenspeicher, bei dem die Lagerung auf einem oder einer Anzahl übereinanderliegender Böden in möglichst gut gelüfteten, lichten und kühlen Räumen erfolgt und in denen die Saaten meistens in verhältnismäßig dünnen Schichten aufbewahrt werden.

Bei der zweiten Anordnung, den Silos, wird die Saat in allseitig völlig geschlossenen, hohen Behältern unter möglichst vollständigem Abschluß von Luft und Licht eingelagert. In den letzten Jahren werden in der Hauptsache nur noch Silos gebaut, da sie eine billigere Handhabung der eingelagerten Saat und eine weit bessere Raumausnützung gestatten als die Bodenspeicher, ohne daß sich sonstige Nachteile gegenüber Bodenspeichern gezeigt hätten.

b) Bodenspeicher.

Bodenspeicher sind ein- oder mehrgeschossige Gebäude, die durch möglichst wenige Zwischenwände unterteilt sind; jedoch sollte kein Raum länger als 20 m sein, ohne daß eine Brandmauer die Verbreitung von Feuer hemmt. Es entstehen so große, saalartige Räume, auf deren Boden die Saat entweder lose ausgebreitet (daher der Name „*Schüttböden*") oder in Säcken übereinander geschichtet wird. Die Schütthöhe soll bei loser Saat 1 m nicht überschreiten, weil sonst die Gefahr des Warmwerdens besteht; bei Sackschichtung sind Höhen bis zu 5 m, vereinzelt bis 10 m zulässig. Bei Sackstapelung fehlt es nämlich niemals gänzlich an einer Luftzirkulation, weil zwischen den einzelnen Säcken stets Lücken vorhanden sind.

Feuchte Saat wird in niedrigen Schichten ausgeschüttet; durch Umschaufeln oder wiederholtes Herabrieselnlassen in tiefer gelegene Stockwerke, aus denen sie mittels Elevators an den ursprünglichen Lagerort zurückgebracht wird, gelingt es leicht, die Saat auszutrocknen, weil sie dabei reichlich mit Luft in Berührung kommt.

Die Böden werden meist in Eisenbeton hergestellt, was allerdings häufig zum Niederschlagen von Feuchtigkeit an der Berührungsstelle mit der wärmeren Saat führt. Holzböden sind in dieser Hinsicht, trotz anderer Nachteile, günstiger, weil sie eine größere Isolierwirkung haben als Eisenbeton.

Das Dach der Bodenspeicher muß aus einem möglichst schlechten Wärmeleiter hergestellt sein, und der Zutritt von Luft und Licht ist durch Anbringung zahlreicher großer Fenster zu erleichtern.

Die Forderung der Erhaltung der Saat in gutem Zustande erfüllt der Boden-speicher vorzüglich, eine ständige Kontrolle der eingelagerten Saatmengen ist infolge der Zugänglichkeit der einzelnen Böden sehr leicht möglich. Die Plage durch schädliches Getier, insbesondere durch Ratten und Mäuse, auch durch

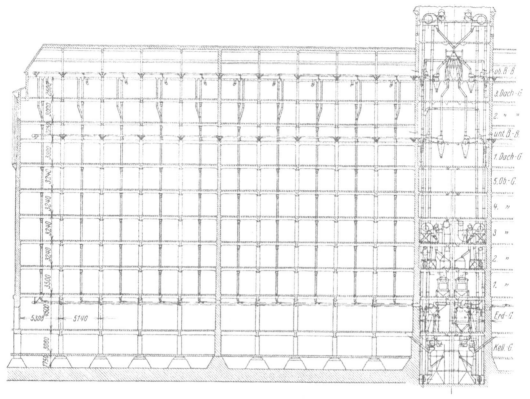

Abb. 65. Längsschnitt eines Bodenspeichers.

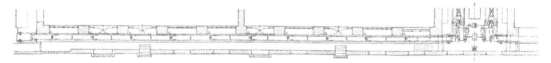

Abb. 66. Grundriß des Kellergeschosses. Beachte: Unterteilung durch Brandmauern. Maschinen in abgeteiltem Maschinengebäude. (Miag, Mühlenbau- und Industrie-A. G., Braunschweig.)

Insekten, ist allerdings recht groß. Da die Ölsaaten meistens ohne vorherige Reinigung eingelagert werden und die Reinigung erst vor der Einführung in die Fabrik erfolgt, ist auch eine Verminderung der Insektenplage vor der Einlagerung nicht möglich. Bei entsprechenden Temperaturverhältnissen, insbesondere im Sommer, ist die Vermehrung der Insekten außerordentlich stark.

Die Feuersicherheit ist bei Bodenspeichern infolge der Ausdehnung der Ein-lagerungshallen nicht befriedigend. Wird ein ausgebrochener Brand nicht sehr bald nach seinem Entstehen bemerkt, so daß er Gelegenheit hat, nennenswerte Saatmengen zu erfassen, so ist das Löschen meistens außerordentlich schwierig und die Verhinderung der Ausbreitung auch durch sehr starke Brandmauern nicht immer zu erreichen, da bei der enormen Wärmeentwicklung eines Ölsaaten-

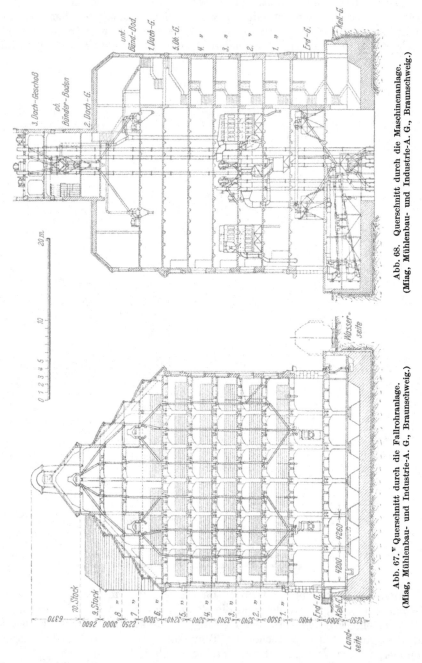

Abb. 68. Querschnitt durch die Maschinenanlage.
(Miag, Mühlenbau- und Industrie-A. G., Braunschweig.)

Abb. 67. Querschnitt durch die Fallrohranlage.
(Miag, Mühlenbau- und Industrie-A. G., Braunschweig.)

brandes derartige Verwerfungen durch Lagenänderung auftreten, daß auch sehr starke Wände versagen müssen.

Die getrennte Lagerung verschiedener Saatpartien und Saatsorten ist in Bodenspeichern ohne weiteres möglich, indem man für die verschiedenen Saatsorten verschiedene Böden benutzt oder indem man die ankommende Ware in den Säcken lagert. Dadurch ist eine vorzügliche Gütekontrolle der Rohware gegeben.

Die Raumausnutzung ist bei den Bodenspeichern sehr schlecht, da — wie erwähnt — mit der Schütthöhe nicht gerne über 1 m gegangen wird, außer bei Palmkernen und ungeschälten Erdnüssen, und die Geschoßhöhe doch immerhin

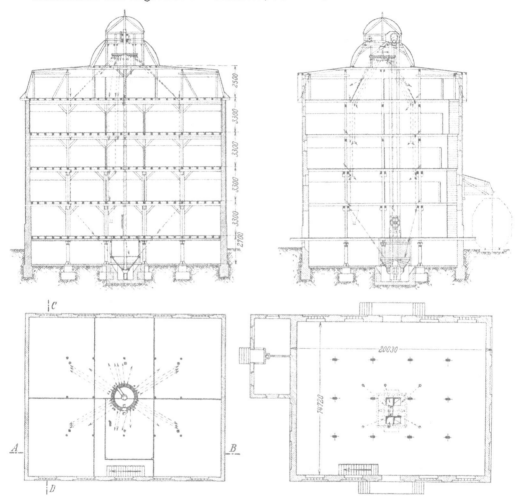

Abb. 69. Schnitte durch eine Bodenspeicheranlage mit Drehrohrverteiler im First. Beachte: Fallrohranlage durch alle Stockwerke. Holzbehälter im Keller für umlaufende und ausgeschüttete Saat. (Miag, Mühlenbau- und Industrie-A. G., Braunschweig.)

mindestens 2—2,5 m betragen muß. Infolgedessen ist auch der Preis eines Bodenspeichers, auf die Tonne Lagerungsmöglichkeit berechnet, verhältnismäßig hoch. Er hat allerdings den Vorteil, daß man ihn auch zum Aufbewahren anderer Waren benutzen kann, z. B. zur Lagerung von Ölkuchen (Abb. 65 und 69).

Abb. 66 zeigt einen Schnitt durch einen vielgeschossigen Bodenspeicher, der mit verschiedenen maschinellen Vorrichtungen zur leichteren Handhabung der einzulagernden Saat ausgestattet ist.

Durch die oberen Geschosse laufen in senkrechter Richtung Fallrohre, die von einem im obersten Stockwerk untergebrachten Transportband aus be-

schickt werden können. Durch Umstellklappen kann die herunterfallende Saat
aus den Fallrohren abgezapft werden; sie spritzt in der Umgebung der Austrittsstelle auf den Boden und wird dabei kräftig durchlüftet. Das dritte und zweite
Dachgeschoß sind zur Lagerung feuchter oder warmgewordener Saat bestimmt,
die also durch Umlaufenlassen getrocknet und gekühlt werden muß.

Im Erdgeschoß und im Kellergeschoß sind keine Transportvorrichtungen
vorgesehen. Dort kann man Ware in Säcken stapeln. In dem rechts vom Bodenspeicher gelegenen Teil des Gebäudes sind Saatreinigungs- und Entstaubungs-
anlagen nebst automatischer Waage aufgestellt, zwecks Reinigung der ankommenden Saat und einer genauen Gewichtskontrolle der eingelagerten Mengen. Alle
eingehenden und abgegebenen Saatmengen sollten zwangsläufig je eine automatische Saatwaage passieren. Abb. 67 und 68 geben einen Querschnitt durch
die Fallrohr- und die Maschinenanlage. An letzterer ist insbesondere der Einbau
einer sehr leistungsfähigen Entstaubungsanlage mit zwei gewaltigen Schlauch-
filtern, welche durch zwei Stockwerke reichen, zu sehen. Das Treppenhaus ist
völlig vom Gebäude getrennt und selbstverständlich feuersicher ausgeführt. Sehr
zweckmäßig ist es, in jedem Stockwerk des Treppenhauses Schlauchkästen und
Hydrantensteigleitungen anzuordnen oder Schaumleitungen von unten nach oben
durch das ganze Treppenhaus zu führen, so daß bei ausbrechendem Feuer sofort
ein wirksamer Löschangriff erfolgen kann, ohne daß erst das Löschmaterial
herbeigeschafft werden muß. Das Schaumlöschgerät wird am unteren Ende des
Steigrohres angeschlossen und braucht nicht erst in das gefährdete Stockwerk
hinaufgeschafft zu werden.

Der Speicher ist aus Eisenbeton hergestellt. Die Außenwände sind mit
Mauerwerk ausgefacht. — Zweckmäßig ist die Anbringung eines Aufzuges
in dem Teil des Speichergebäudes, welcher die Maschinenanlage enthält, insbesondere dann, wenn die Anlage eine bedeutende Höhe erreicht. Auf jeden Fall
aber sollte eine kräftige Drahtseilwinde vorgesehen werden. Ferner soll eine
Sackwinde vorhanden sein, welche das Hochwinden von Säcken in schnellem
Tempo gestattet, um erforderlichenfalls auch in den oberen Stockwerken Sackware einlagern zu können.

Der Bodenspeicher, der in Abb. 69 in verschiedenen Schnitten gezeigt ist,
hat hölzernen Boden und im untersten Geschoß, zur Aufnahme der senkrechten
Lasten, gußeiserne Säulen. Die ankommende Ware wird durch einen Elevator
zum höchsten Punkt des Speichers gebracht und von dort aus mittels eines um
den Elevatorkopf schwenkbaren Rohres, des sog. Drehrohres, auf verschiedene
Abfallrohre verteilt, die sie in das Stockwerk herableiten, in dem sie gelagert
werden soll.

c) Silos.

In der Mehrzahl der heute erstellten Speicheranlagen erfolgt die Lagerung
der Saat nach einem anderen Grundsatz; sie wird nach Möglichkeit unter Abschluß von Licht und Luft aufbewahrt, um die Atmung und Keimung und die
durch diese beiden Vorgänge hervorgerufenen Zersetzungsvorgänge nach Möglichkeit zu unterbinden.

Zu diesem Zwecke lagert man die Saat in Silo-Anlagen, welche aus einer
Anzahl nebeneinanderliegender Zellen von bedeutender Höhe und relativ geringer Grundfläche bestehen. Die Zellen sind rundherum, oft sogar auch oben
bis auf die Einwurföffnung völlig abgeschlossen.

Die Saat wird von oben in die Zellen eingefüllt und unten entnommen.
Belüften der Saat kann, genau wie beim Bodenspeicher, durch Umlaufenlassen
erfolgen.

Die Höhe der Zellen beträgt 20 m und mehr, ohne die untere Auslaufspitze, die zum Leerlaufen der Silozelle dient, mitzurechnen. Der Zutritt von Tierschädlingen, Insekten usw., ist in Siloanlagen praktisch unmöglich. Die Handhabung des eingelagerten Gutes ist wesentlich leichter als bei Bodenspeichern, da die schrägen Siloböden jegliche Schaufelarbeit überflüssig machen und durch nachträgliche Belüftung einer leergelaufenen Zelle auch an den Wänden noch anhaftende Saat fast restlos herausfällt.

Die Ausführung der Siloanlagen geschieht in der Regel in Eisenbeton, seltener in Eisen. Letzteres veranlaßt stärkere Schwitzwasserbildung infolge seiner

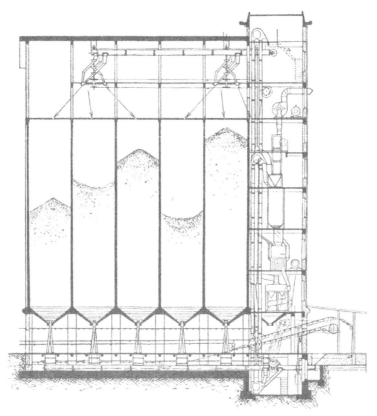

Abb. 70. Längsschnitt durch eine Siloanlage. (Miag, Mühlenbau- und Industrie-A. G., Braunschweig.)

hohen Wärmeleitfähigkeit, was die Qualität der Saaten bei längerer Lagerung beeinträchtigen kann.

Die Grundrißform der Silozellen ist *quadratisch, rechteckig* oder *kreisförmig*. Wegen der leichteren Armierung wird bei Ausführung in Eisenbeton die Kreisform vorgezogen, weil sich hierbei die geringst möglichen, gleichbleibenden, Ringspannungen in den Bewehrungseisen ergeben. Die Zwickel, welche von je vier Kreisen eingeschlossen werden, können ebenfalls als Silozellen dienen, und zwar für Saaten, welche nicht zum Zusammenbacken und zur Brückenbildung neigen. Die Böden der Zellen sind gegen die Waagerechte um etwa 45° oder mehr geneigt, so daß sie ohne Handarbeit leerlaufen. Silos aus Eisenbeton sind sehr feuersicher, insbesondere wenn sie oben durch eine Eisenbetondecke abgeschlossen sind. Ein Brandherd kann durch Einleiten von Kohlensäure, eventuell durch Abdecken der

Saatoberfläche mit Schaum, schnell erstickt werden. Die kegelförmig ausgeführten Böden der Silozellen sollen zweckmäßig unten frei liegen, so daß etwa über dem Auslaufkegel sich bildende Brücken durch Stocheröffnungen zerstört werden können. Bei genügend großem Durchmesser der Zellen kann Brückenbildung in den allermeisten Fällen vermieden werden. Auch sperrige Saat, wie unzerkleinerte Copra, kann unbedenklich in Zellen von größerem Durchmesser (mindestens 7 m) gelagert werden, ohne übermäßige Brückenbildung zu befürchten. Die Entleerung der Zellen erfolgt bei gut rieselnder Saat lediglich durch Öffnen eines

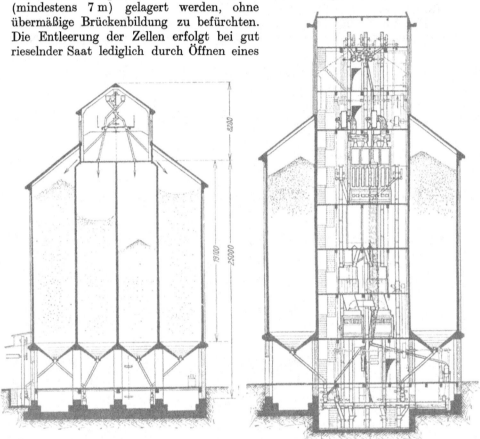

Abb. 71. Querschnitt durch Saatsilo mit 4 Zellenreihen.   Abb. 72. Schnitt durch die Maschinenanlage. (Miag,
(Miag, Mühlenbau- und Industrie-A. G., Braunschweig.)   Mühlenbau- und Industrie-A. G., Braunschweig.)

Auslaufschiebers, bei sperriger Saat über einen Rüttelspeiser, welcher die ausfallende Saat auf das Transportmittel bringt (Abb. 70, 71 und 72).

Die Silo-Anlagen haben den Vorteil guter Unterteilbarkeit, weil man die Saaten nach Sorten getrennt in verschiedenen Zellen lagern kann. Ferner haben sie einen im Verhältnis zur eingelagerten Saatmenge sehr geringen Platzbedarf. Die obere Decke über den Silozellen kann als Schüttboden ausgebildet werden, auf dem nasse Saat ausgeschüttet und durch öfteres Umschaufeln getrocknet werden kann. Auch Sackware kann hier in kleinen Mengen gelagert werden, falls die Partien so klein sind, daß sich Belegung einer ganzen Silozelle nicht lohnt oder das Einbringen in die Zellen aus anderen Gründen unerwünscht ist. Der Transport in senkrechter Richtung erfolgt genau wie bei Bodenspeichern durch Becherwerke, in waagerechter Richtung in der Regel durch Förderbänder.

In gut ausgerüsteten Speicheranlagen werden an allen Stellen, an denen durch das Werfen der Saat oder durch das Aufprallen beim Ablauf aus Rohren Staub entsteht, Absaugerohre angebracht, die mit einem Staubfilter in Verbindung stehen, durch welchen die abgezogene Luft von einem kräftigen Ventilator gesaugt wird. Auf diese Weise wird der der Saat anhaftende Staub wenigstens teilweise an der Verbreitung gehindert. Der Staubgehalt der Saat beträgt bis zu 0,5%, so daß bei einem Umschlag von 1200 t in 24 Stunden 6 t Staub die Anlage passieren; dieser Staub ist meist von äußerst feiner Beschaffenheit, so daß nur ausgiebige Entstaubung aller Aufprallstellen Abhilfe schaffen kann. Abgesehen von der gesundheitsschädlichen Wirkung, bewirken die großen Staubmengen einen sehr starken Verschleiß von allen den Teilen, über welche die Saat gleiten muß, z. B. Zungen der Elevatoren, Ablaufschurren, Einlaufrohre der Silos usw. Als bester Schutz gegen übermäßigen Verschleiß hat sich bisher ein Gummibelag erwiesen; selbst die härtesten Stahlbleche werden sonst in wenigen Tagen von der aufprallenden staubhaltigen Saat durchgefressen. Der überall eindringende Staub beschädigt auch die Lagerstellen an den Transportvorrichtungen, so daß hier nur die zuverlässigsten Konstruktionen verwendet werden dürfen. Besonders Gleitlager sind stark gefährdet, wenn Staub in das Schmieröl eindringt. Heute werden die meisten Transportvorrichtungen mit Wälzlagern ausgerüstet, die sich im Dauerbetrieb als zuverlässig erwiesen haben und nur geringer Wartung bedürfen.

Da mit den gleichen Transportvorrichtungen verschiedene Saaten befördert werden, deren Vermischung unbedingt vermieden werden muß, ist es zweckmäßig, für bequeme Zugänglichkeit und leichte Reinigungsmöglichkeit zu sorgen. Transportbänder bedürfen keiner besonderen Reinigung, da sie von selbst leerlaufen. Elevatoren werden zweckmäßig am unteren Ende mit einem Absackstutzen versehen, durch den sie nach dem Löschen einer Saatpartie augenblicklich entleert werden können; dabei können die im Elevator verbliebenen Reste abgesackt und der schon eingelagerten Saat hinzugefügt werden.

Als Baumaterial für Silozellen kommt fast ausschließlich Eisenbeton in Betracht. Nur in holzreichen Gegenden wird mitunter Holz für den Silobau verwendet. Mauerwerk ist wegen der erforderlichen größeren Querschnitte, geringeren Armierungsmöglichkeit und der dadurch auftretenden größeren Bodenpressungen nicht mehr in Verwendung. Eisenblechsilos werden hauptsächlich in Amerika gebaut; sie haben den Nachteil stärkerer Schwitzwasserabscheidung bei Temperaturwechsel.

Eine charakteristische, bei Lagerung auf Schüttböden, besonders aber in Silos auftretende Erscheinung ist die *Entmischung der Saat nach der Korngröße*. Die größeren Saatkörner rollen gewöhnlich nach außen, die feineren Teile bleiben näher der Mitte. Beim Entleeren von Silozellen läuft zuerst die nahe der Mitte gelegene Saat aus, so daß zunächst der Schüttkegel verschwindet und einem Trichter Platz macht, in den allmählich die nächst den Wänden gelegene Saat nachrutscht.

Die geschütteten Saaten ergeben folgende *Böschungswinkel*:

Erdnüsse in Schalen	30⁰	Mohn	30⁰
Erdnüsse, geschält	33⁰	Palmkerne	35⁰
Copra (haselnußgroße Stücke)	35⁰	Raps	26$\frac{1}{2}$⁰
Copra, ungebrochen	38—40⁰	Sesam	33⁰
Leinsaat	27—28⁰	Sojabohnen	30⁰

Die Saat drückt nicht, ähnlich einer Flüssigkeitssäule, mit einem ihrem Gewicht entsprechenden Druck auf die Bodenfläche der Silozelle. Der *Bodendruck* ist erheblich geringer als der nach dem Produkte aus Grundfläche mal Höhe

der Saatsäule mal spezifisches Gewicht des Materials berechnete. Das ist eine
Folge der Sperrigkeit des Materials und der Reibung der Körner aneinander; es
findet dadurch eine erhebliche Übertragung des Druckes auf die Seitenwände
statt. Bei Berechnung der Tragfähigkeit der Zellenböden und der Festigkeit der
Seitenwände ist hierauf Rücksicht zu nehmen.

Das *Hektolitergewicht* der wichtigsten Ölsaaten, das trotzdem für den Seiten-
und Bodendruck maßgebend ist, beträgt bei:

Baumwollsaat	63 kg	Sesam	$61^1/_2$—63 kg
Copra.............	62 ,,	Mohn...............	$60^1/_2$—$64^1/_2$,,
Erdnüsse in Schalen.	28—$32^1/_2$,,	Palmkerne	64 ,,
Erdnüsse, geschält ..	62 ,,	Rizinus	56 ,,
Leinsaat	$68^1/_2$—70—75 ,,	Sonnenblumen in Schalen	44 ,,
Raps	65—$66^1/_2$,,	Sojabohnen	$69^1/_2$—71 ,,

Es sind noch verschiedene, mehr oder weniger komplizierte Konstruktionen
von Siloanlagen bekanntgeworden, welche bessere Belüftungsmöglichkeit oder

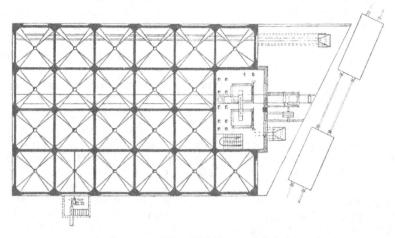

Abb. 73. Grundriß einer Siloanlage. (Miag, Mühlenbau- und Industrie-A. G., Braunschweig.)

größere Unterteilbarkeit der Saaten erstreben; z. B. der „*Suka*"-*Silo* (Schulz
u. Kling A. G., München), der ein Einblasen von Luft in die Zellen vorsieht.
Man kommt aber mit der beschriebenen verhältnismäßig einfachen Anordnung
gut aus.

Ein Schnitt durch einen Silospeicher ist in Abb. 71 und 72 gezeigt. Die
Zellenform ist, wie aus dem Grundriß (Abb. 73) hervorgeht, rechteckig. An
einer Stirnwand des Silogebäudes befindet sich der Anbau für Saatreinigungs-
maschinen und Entstaubungseinrichtung sowie für Maschinen zur senkrechten
Förderung. Die Saat wird hier vom Becherwerk aus durch eine Schnecke gefördert, von der aus sie den einzelnen Zellen durch Ablaufrohre zuläuft. Im
kegelförmigen Boden der Zelle wird die Saat entnommen und durch Rohre auf
ein Transportband geleitet, welches die Weiterbeförderung besorgt, oder aber
sie läuft am Transportband vorbei einer Schnecke zu, welche sie in eines von
zwei Becherwerken hineinbefördert, von denen das eine die Saat wieder über
die Zellen bringt. Das andere Becherwerk führt die Saat einer Reinigungs-
anlage zu.

Die beiden Abbildungen lassen auch erkennen, wie einfach sich die Handhabung der eingelagerten Ware in Silos gestaltet.

Kommt die Saat in Säcken an, so sind die Säcke nach Entleerung einem *Sacklager* zuzuführen, das getrennt vom Speicher einzurichten ist. Da die Säcke häufig feucht und mit Öl getränkt sind, so neigen sie zur Selbsterwärmung und bilden eine Gefahrenquelle für die Saat. Insbesondere sind Coprasäcke sehr feuergefährlich und müssen in einem feuersicheren Gebäude aufbewahrt werden.

Man befreit die Säcke durch Umwenden von den Resten des Gutes, sortiert die beschädigten Stücke aus und führt sie der Reparatur zu. Die Lagerung der Säcke muß nach Saatsorten getrennt geschehen.

C. Saatreinigung.

Die Reinigung bezweckt das Entfernen fremder Bestandteile aus der Saat. Sie wird vorgenommen

1. vor der Lagerung oder
2. vor der Verarbeitung

und besteht in folgenden Operationen:

a) Entfernung von Verunreinigungen, welche größer sind als die zu verarbeitenden Saatkörner oder Fruchtfleischstücke;

b) Befreiung der Saat von Verunreinigungen, welche kleiner sind als die zu verarbeitenden Saatkörner oder Fruchtfleischstücke;

c) Entfernung von beigemengten Eisenteilen, welche

1. in der Rohsaat enthalten waren oder
2. während der Verarbeitung in die Saat hineingeraten sind;

d) Befreiung der Saat von spezifisch leichteren fremden Bestandteilen gleicher Korngröße;

e) Befreiung der Saat von spezifisch schwereren fremden Bestandteilen gleicher Korngröße;

f) Befreiung der Saat von Schalen oder Häuten;

g) Befreiung der Saat von Keimen;

h) Befreiung der Saat von überschüssiger Feuchtigkeit.

Die Verunreinigungen sind mannigfachster Art. Man findet darunter zunächst Teile der Pflanze, von der die Saat selbst stammt, wie Stengel, Blätter, Fruchtschalen, Kerne, Blüten; ferner: fremde Saaten, Steine und Sand, Nägel, Schrauben, Muttern, Blechstücke, auch Bruchstücke von Transporteinrichtungen, mittels welcher die Saat befördert wurde; dann Holzstücke, Stroh, Fäden, Glas, Gewichte, Hufeisen; ferner: Teile der Kleidung oder des Besitzes der Arbeiter, welche die Saat bearbeitet haben, wie Messer, Münzen usw. Die Verunreinigungen stammen also:

1. von der Gewinnungsstelle der Saaten,
2. von den Fördermitteln oder den bisher durchlaufenen Bearbeitungsmaschinen,
3. von den mit dem Transport beschäftigten Arbeitern usw.

Die Entfernung aller dieser Beimengungen ist sowohl mit Rücksicht auf die Qualität der zu erzeugenden Produkte, als auch mit Rücksicht auf die Verarbeitungsmaschinen von großer Wichtigkeit.

Alle Teile, welche größer oder kleiner sind als die Saat, lassen sich mit Hilfe von weit- bzw. engmaschigen *Sieben* entfernen. Die Siebe lassen die in der Saat enthaltenen großen Teile durch bzw. halten diese zurück, während die Verunreinigungen im ersteren Falle zurückgehalten werden, im zweiten Falle durch die Siebe hindurchfallen. Die Verwendung von Sieben hat aber mit Vorsicht zu geschehen, wenn größere Mengen gebrochener Saat mit den Verunreinigungen verlorengehen könnten.

Eisenteile verursachen in den Zerkleinerungsmaschinen meist empfindliche Störungen und großen Verschleiß und bilden, falls sie bis in die Preßrückstände bzw. in das Extraktionsschrot gelangen (Nadeln, Nägel usw.), eine Gefahr für die Verbraucher. Darum ist ausgedehnteste Verwendung von leistungsfähigen Eisenausscheidern dringend zu empfehlen.

a) Siebapparate.

Zum Entfernen von Fremdkörpern, die eine andere Größe haben als die Saatkörner, werden hauptsächlich

1. Schüttelsiebe

benutzt. Sie bestehen aus einem oder mehreren geneigt angeordneten Sieben, welche mittels Kurbel oder umlaufenden, exzentrisch angeordneten Massen in hin und her gehende Bewegung versetzt werden. Sie werden an Gelenken starr oder elastisch aufgehängt und schwingen zwischen bestimmten oder unbestimmten Endlagen. Die Schwingungszahl beträgt, je nach der Eigenart des Materials, bis zu 3000 in der Minute. Damit dem schwingenden System nur die Energie zugeführt zu werden braucht, die durch Gelenkreibung, Luftreibung und sonstige Widerstände verlorengeht, versucht man, die Masse von Sieb plus Saat in Übereinstimmung zu bringen mit der Eigenfrequenz der Schwingung.

Werden die Siebflächen einzeln angeordnet, so erhält man zwei getrennte Ströme von Verunreinigungen und Saat; sind mehrere Siebe übereinander angeordnet, so erfolgt auf kleiner Grundfläche eine Trennung in grobe und feine Beimengungen und die gereinigte Saat.

Hinter den Sieben ordnet man Schutzmagnete an, um die in der Saat noch verbliebenen Eisenteile zu entfernen.

Bei den modernen Siebapparaten wird Wälzlagerung des Antriebsmechanismus vorgesehen, die wenig Wartung erfordert und nur geringem Verschleiß unterliegt.

Als Siebbespannung verwendet man *gelochte Bleche* oder *Drahtgewebe* besonderer Ausführung. Erstere haben den Vorzug stets gleichbleibender Lochweite, letztere den der größeren freien Siebfläche. Gewöhnliches Drahtgeflecht ändert unter der Betriebsbeanspruchung leicht seine Maschenweite, so daß bei geringfügigen Schädigungen auch größere Teile hindurchfallen.

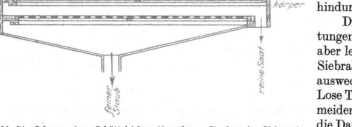

Abb. 74. Schema eines Schüttelsiebes. (Anordnung für doppelte Siebung.)

Die Siebeinrichtungen müssen stabil, aber leicht gebaut, die Siebrahmen schnell auswechselbar sein. Lose Teile sind zu vermeiden, weil sie auf die Dauer den Schwingungsbeanspruchungen nicht gewachsen sind und in die Saat hineingeraten können; zumindest sind sie hinreichend gut zu sichern. Die Umgebung des Schüttelsiebes ist zwecks Erleichterung der Sauberhaltung freizuhalten.

Das Konstruktionsprinzip eines Schüttelsiebes ist aus Abb. 74 zu ersehen. Die Saat gelangt auf die Aufgabestelle (links) und wird durch die Rüttelbewegung zum tiefer angeordneten Ablaufende gefördert. Die Saat findet allmählich ihren Weg durch die Löcher der Bespannung, während grobe Fremdkörper am Ablaufende das obere Sieb verlassen. Mit der Saat zusammen fallen durch das obere

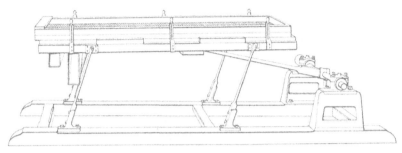

Abb. 75. Schüttelsieb mit Kurbelantrieb.

Sieb auch die gebrochenen Saatkörner und die Fremdkörper durch, welche kleiner sind als die Saat. Das unter dem ersten Sieb liegende zweite Sieb läßt nur Teile hindurchfallen, die kleiner sind als das Saatkorn; es läßt also Staub, gebrochene Saatkörner u. dgl. durch. Der Saatbruch kann nachträglich auf Windfegen (s. S. 562) zurückgewonnen werden.

In dem Plansieb nach Abb. 74 ist eine selbsttätige Reinigung der Siebfläche nicht vorgesehen, so daß die Maschen sich im Laufe der Zeit durch Fremdkörper oder Saatteile verstopfen. Die Siebe müssen also häufig durch Klopfen oder Abbürsten gereinigt werden.

Abb. 75 zeigt ein Schüttelsieb in Ansicht, aus dem die gegenseitige Lage von Antrieb und Siebvorrichtung, sowie die Aufhängung der Siebböden zu ersehen ist. Die Schubstange, welche die hin und her gehende Bewegung von

Abb. 76. Freischwingendes Schüttelsieb für hohe Schwingungszahl.
(Vibrator „Rekord" der Siebtechnik G.m.b.H., Mülheim/Ruhr.)

der Antriebsexzenterwelle auf das Sieb überträgt, leidet auf die Dauer infolge Materialermüdung, sie muß also hohes Widerstandsvermögen gegen solche Beanspruchungen aufweisen. Hierfür ist auch heute noch Eschenholz unübertroffen.

Um Querschwingungen zu vermeiden, sollen die Materialausläufe symmetrisch zu beiden Seiten der Siebböden angeordnet sein und die Materialaufgabe gleichmäßig über die ganze Breite des Schüttelsiebes oder aber in der Mitte des Aufgabeendes erfolgen.

Abb. 76 gibt die Ansicht eines *freischwingenden Schüttelsiebes* mit nur einem Siebboden wieder. Die Anordnung ist äußerst leicht und stabil gehalten, damit das Material die sehr hohe Betriebsschwingungszahl von rund 3000 pro Minute erträgt.

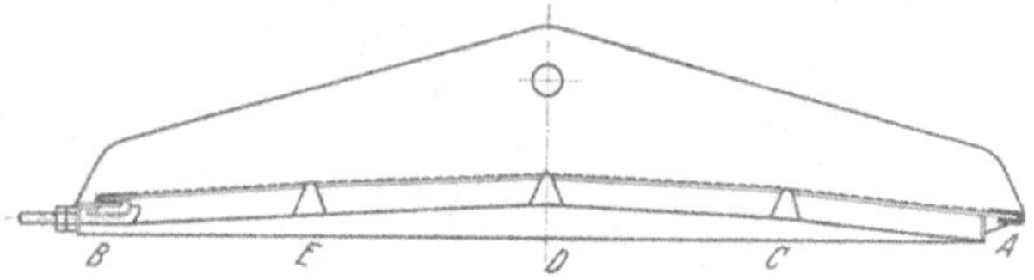

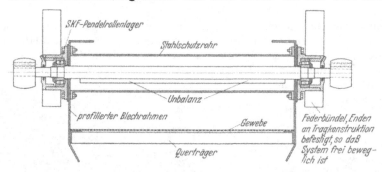

Abb. 77. Längsschnitt durch den Vibrator „Rekord".
(Siebtechnik G. m. b. H., Mülheim/Ruhr.)

Abb. 77 zeigt einen Längsschnitt durch Siebboden und Siebbodenträger der gleichen Vorrichtung.

Der geneigt angeordnete Siebboden ist von einem Aufhängepunkt A aus mittels Zugschrauben am Spannende B über Querträger C, D und E gespannt, ähnlich wie die Saite einer Violine. Bei der Betriebsdrehzahl des Antriebsmechanismus schwingt dann auch jedes Stück AC, CD, DE und EB wie eine solche Saite, so daß das Material durch die vom schwingenden Siebboden erhaltenen Stöße dauernd durcheinandergewirbelt und stets neues Gut mit dem Siebboden

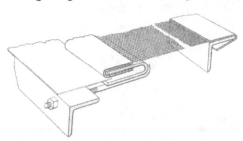

Abb. 78. Querschnitt durch Aufhängung und Antriebsmechanismus des Vibrators. (Siebtechnik G. m. b. H., Mülheim/Ruhr.)

in Berührung gebracht wird. Infolge der Neigung des Siebbodens rutscht bzw. rollt das Material allmählich vom Aufgabeende A zum Ablaufende B herab. Durch geeignete Spannung des Siebbodens kann man die Amplitude der Schwingungen regeln.

Diese Siebe sind „Freischwinger", d. h. die Schwingung des in Federn frei aufgehängten Siebes wird lediglich durch die Größe der Exzentrizität einer zur Antriebswelle exzentrisch angeordneten Masse erzielt und ist dieser Exzentrizität verhältnisgleich.

Die Freischwingersiebe haben den Vorzug sehr hoher Mengenleistung pro Flächeneinheit und den weiteren Vorzug, daß ihre Maschen sich fast nie zusetzen. Der Siebboden wird aus Klavierdraht gefertigt.

Abb. 78 gibt die Anordnung der Antriebseinrichtung wieder. Die Übermittlung der Antriebsleistung erfolgt über eine der beiden Antriebsscheiben am rechten oder linken Ende der Welle. Diese Scheiben können auch als Kupplungshälften ausgeführt werden, so daß der direkte Anschluß eines Elektromotors über ein elastisches Zwischenglied möglich ist.

Abb. 79. Spannvorrichtung für das Sieb des Vibrators.
(Siebtechnik G. m. b. H., Mülheim/Ruhr.)

Abb. 79 zeigt perspektivisch die Befestigung der Siebbespannung.

In Abb. 80 ist die durch Herausnahme von Ausgleichsgewichten erzielte Zunahme der Siebexzentrizität graphisch dargestellt. Sie ist in natürlichem Maßstabe gezeichnet.

Die Einspannung des Freischwingers im Federbündel gestattet die Veränderung der Siebneigung, wodurch die Zeitdauer, während der das zu reinigende Gut auf dem Siebboden verbleibt, verändert werden kann; letztere ist natürlich auch abhängig von der Amplitude der Siebbewegung. Je größer die Amplitude ist, desto größer der Fortschritt bei jedem einzelnen Hub, desto schneller hat also auch das zu reinigende Gut die Siebfläche passiert.

Abb. 80. Schwingungsbahnen eines Punktes des Vibrators bei verschiedener Unbalance. (Siebtechnik G. m. b. H., Mülheim/Ruhr.)

2. Rotationssiebe.

Das Siebgewebe bildet bei dieser Siebart die Seitenflächen eines um seine Längsachse rotierenden Zylinders, Prismas oder Kegelstumpfes. In zylindrischen oder prismatischen Sieben wird die Achse geneigt angeordnet, damit bei Drehung das Gut vom Einlauf- zum Auslaufende allmählich fortschreitet. Die Drehgeschwindigkeit darf nicht so groß sein, daß das Gut durch Fliehkraft an den Siebwänden festgehalten wird, sondern es soll sich nach höchstens einer Viertelumdrehung von der Siebfläche loslösen oder an dieser herunterrutschen.

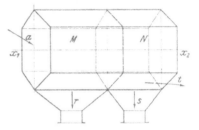

Abb. 81. Schema des Sechskantsichters.

Die gebräuchlichste Form der *Rotationssiebe* ist der *Sechskanter*, dessen Wirkungsweise durch die nebenstehende Skizze (Abb. 81) erläutert wird. Die bei *a* zugeführte Ölsaat gelangt zunächst auf den mit feinmaschigen Sieben bespannten Teil *M* des etwas geneigt gelagerten Prismas, das sich um die Achse $x_1 x_2$ dreht. In *M* fallen die Staubteile und die kleinen fremden Sämereien durch, welche in *r* gesammelt werden Der Samen rutscht bei der Drehung des Prismas allmählich weiter gegen den Teil *N* vor, der mit einem grobmaschigen Sieb bespannt ist. Die Saat fällt dabei nach *s* durch und wird von hier der weiteren Verarbeitung zugeführt, die größerkalibrigen Verunreinigungen rollen gegen *t* weiter und werden hier aufgefangen.

Eine Ausführungsform des *Sechskantsichters*, wie sie für Lein, Sonnenblumenkerne, Raps usw. häufig gebraucht wird, zeigt Abb. 82.

Abb. 82. Sechskantsichter. (Miag, Mühlenbau- und Industrie-A. G., Braunschweig.)

Hier ist vor allem statt des schräg gelagerten Prismas ein Pyramidenstumpf mit horizontaler Achse als Siebfläche verwendet. Dieser besorgt infolge der schräg liegenden Seitenflächen das Vorrutschen der Saat genau so wie das schief gelagerte Prisma. Das Kantengerüst des Kegelstumpfes ist aus Holz und sitzt mittels eiserner Arme auf der Achse. Die Seitenflächen der Trommel sind aus abnehmbaren, mit Vorreibern oder Spannschrauben auf dem Kantengerüste befestigten Holzrahmen gebildet, welche die Siebbespannung tragen. In der Zeichnung ist die Grenze der beiden Siebgrößen nicht näher kenntlich gemacht. Wichtig ist, daß die Siebrahmen auf dem Gerüste dicht aufsitzen, damit durch etwaige Schlitze keine Samen durchfallen. Der Apparat ist von einem hölzernen Gehäuse umgeben und steht in der

Regel auf einem Gerüst. Die Fortführung der gereinigten Saat geschieht zumeist durch eine in den Sammeltrichter eingebaute Schnecke.

Die Leistung der Rotativsiebe wird erhöht, wenn man die Saat gegen die Siebfläche peitscht. Dies wird durch innen angebrachte Schlagarme (oder Schlagleisten) erreicht, die schneller rotieren als der Siebzylinder und durch ihre eigenartige Form die Ölsaat bei der Drehung mitnehmen und gegen die Seitenwand schleudern. Man nennt die Apparate, welche in vielen Fällen vorzügliche Dienste leisten, *Zentrifugalsichter* (Abb. 83 u. 84).

Die Leistung der Siebzylinder ist klein im Vergleich zu der der Schüttelsiebe, da jeweils nur ein Teil der Siebfläche in Berührung mit dem zu verarbeitenden Material kommt. Durch Hintereinanderschaltung mehrerer Siebflächen verschiedener Maschenweite auf einer *Siebtrommel* erreicht man eine Trennung in grobe, mittlere und feine Teile, so daß man auch hier in einem Arbeitsgang die Saat von groben und feinen Beimengungen befreien kann.

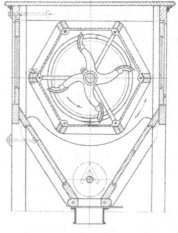

Abb. 84. Querschnitt durch einen Zentrifugalsichter.

Ein Vorzug des Siebzylinders ist die leichtere Reinhaltung der Siebfläche, die in der Regel nicht durch Klopfvorrichtungen unterstützt zu werden braucht.

Selten verwendet werden *Siebschnecken* (Abb. 85), bestehend aus einer Förderschnecke mit darumliegendem, gelochtem Trog. Der Siebdurchfall wird durch eine Sammelschnecke abgeführt. In der Getreidemüllerei werden unter Umständen die Schnecken noch als Bürsten ausgebildet, um die Saat während des Transportes durch den gelochten Trog gründlich abzubürsten. Abb. 86 zeigt die Schraubenflügel der Siebschnecke.

Bei den erwähnten Siebvorrichtungen verwendet man für die einzelnen Böden *gelochte Bleche* oder *Siebe aus Drahtgeflecht, Drahtgewebe* u. dgl. Die Zahl der Löcher pro Flächeneinheit ist bestimmend für die Leistungsfähigkeit der Siebfläche. Die Lochzahl, welche noch auf der Flächeneinheit untergebracht werden kann, ist abhängig von der Blechstärke, da man in Blech von z. B. 1,5 mm Stärke nicht leicht Löcher von geringerem Durchmesser als etwa 1—1,5 mm stanzen kann. Die Form der Löcher richtet sich nach der zu verarbeitenden Saat, in der Regel verwendet man aber *Rundlochsiebe.* Auf der ziemlich glatten Blechoberfläche rutscht die Saat recht gut; ihre Reinhaltung ist verhältnismäßig leicht.

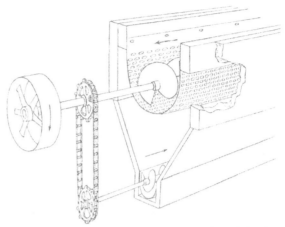

Abb. 85. Siebschnecke mit darunterliegender Sammelschnecke für den Siebdurchfall.

Die freie Oberfläche, d. i. die Summe der ausgestanzten Flächen pro Flächeneinheit, ist geringer als bei den noch zu besprechenden *Drahtgeweben,* so daß die Siebleistung hinter der der Drahtgewebe, vorausgesetzt, daß letztere sauber gehalten werden, zurücksteht. Abb. 87 zeigt verschiedene Formen von gelochten Blechen, Abb. 88 Drahtgewebe, Abb. 89 Drahtgeflechte. Letztere werden nur noch äußerst selten zur Ausscheidung von grobstückigen Bestandteilen, Fäden usw. aus der Rohsaat verwendet. Die Stabi-

Abb. 86. Flügel zur Siebschnecke. Beachte: Sonderausführung mit dem Zweck, die Saat gründlich zu durchmischen, damit alle Teile zur Siebfläche gelangen.

lität der Siebe aus Drahtgeflecht ist verhältnismäßig gering. Sie ändern leicht ihre Form und arbeiten unbefriedigend. Die Drahtgewebe haben eine wesentlich größere freie Oberfläche als die gelochten Bleche, haben aber in der dar-

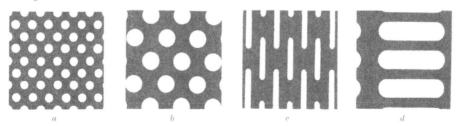

Abb. 87 *a—d.* Gelochte Bleche.

gestellten Ausführung den Nachteil, daß die Form der Maschen sich durch Verschieben einzelner Drähte leicht ändern kann, so daß sich die Siebwirkung verändert; sie werden daher nicht mehr häufig verwendet. Mehr in Verwendung sind Drahtgewebe nach Abb. 90, bei denen die einzelnen Drähte durch beson-

dere Formgebung so gestaltet sind, daß eine seitliche Verschiebung ausgeschlossen ist. Die Maschen solcher Siebe sind absolut formbeständig; sie

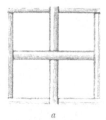 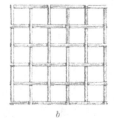 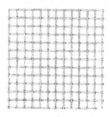

Abb. 88 *a—c*. Drahtgewebe.

haben außerdem den Vorteil einer gewissen Rauhigkeit, so daß bei der Absiebung die Saat öfters über die Drähte stolpert, gewendet wird und folglich
alle Teilchen wiederholt mit der Siebfläche
in Berührung kommen.

Eine Konstruktion nach Abb. 91 *a* u. *b*
wird erzielt durch Walzen von fertigen

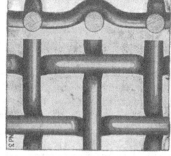

Abb. 89 *a* und *b*. Drahtgeflechte.

Abb. 90.   Geflecht aus gewellten Rund-
stahldrähten. (Louis Herrmann, Dresden.)

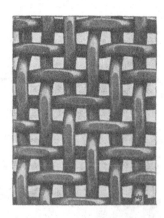 

Abb. 91 *a* und *b*. Formbeständiges gepreßtes Drahtgewebe. (Louis Herrmann, Dresden.)

Drahtgeweben. Auch diese sind formbeständig und zum Absieben vorzüglich geeignet. Die Gewebe nach Abb. 92 sind aus profilierten Stahldrähten hergestellt und außerordentlich stabil.

Vereinzelt werden zur Entfernung von spezifisch schwereren Fremdkörpern
aus der Saat noch *Rütteltische* verwendet, welche schwach geneigt angeordnet

und mit dreieckigen
Klötzen besetzt sind;
bei einer Rüttelbewe-
gung des Tisches quer
zur Strömungsrichtung
klettert die spezifisch
leichtere Saat über die
Tischfläche infolge An-
stoßens an den drei-
eckigen Klötzen hin-
auf, während die spezi-
fisch schwereren Fremd-
körper abwärtsrutschen
(Abb. 93).

Die Rütteltische
können auch zur Tren-

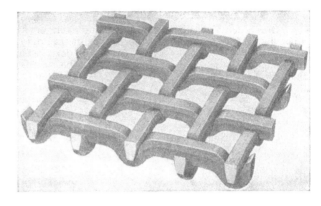

Abb. 92. Drahtgeflecht aus gewellten Profildrähten. (Louis Herrmann, Dresden.)

nung von Bestandteilen verschiedenen Korngewichtes dienen. Abb. 94 ist die
Ansicht eines solchen mit durch Gläser verschlossenen Schauöffnungen versehenen Apparates.

Die Rütteltische arbeiten außerordentlich sorgfältig. Ihre Mengenleistung ist
aber gering. Sie können insbesondere benutzt werden zur *Trennung der Saat von
fremden Bestandteilen gleicher Korngröße*,
aber höherem oder niedrigerem spezifischen
Gewicht, für welche Trennungsart jede Siebvorrichtung versagen muß.

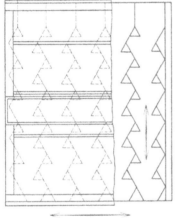

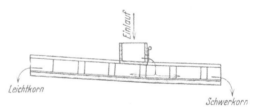

Abb. 93. Arbeitsschema des Sortiertisches, Grundriß und Aufriß. (F. H. Schule G. m. b. H., Hamburg.)

b) Aspirateure.

Zur Trennung der Saat von
Fremdkörpern gleicher Korngröße verwendet man ferner Vorrichtungen, bei denen das Gut
einmal oder mehrmals einem
Luftstrom (Windstrom) ausgesetzt wird, der die Bestandteile
des Gutes nach ihrem spezifischen
Gewicht mehr oder weniger weit

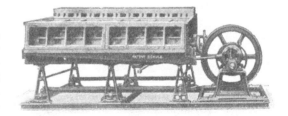

Abb. 94. Sortiertisch. (F. H. Schule G. m. b. H., Hamburg.)

fortschleudert, und zwar sinken die schwereren Teile schneller zu Boden,
während die leichteren weiter fortgeschleudert werden. Es läßt sich so eine
leidlich gute, wenn auch keine vollkommene Trennung der Teile gleicher Größe,
aber verschiedenen spezifischen Gewichtes durchführen.

Die Wirkungsweise solcher *Windfegen* oder *Aspirateure* zeigt Abb. 95.

Durch den Ventilator *A* wird ein Luftstrom erzeugt, der die aus dem Trichter *B* über die Leitfläche *d* ausrieselnde Saat trifft und die leichteren Teile bis *h* fortschleudert, während die mittelschweren Teile bei *g*, die schweren bei *f* abgefangen werden. Durch Verstellung des Leitklotzes *d* kann man die Einfallrichtung des Saatstromes ändern, während durch Änderung des Einströmquerschnittes zum Ventilator die Stärke des Windstromes geregelt werden kann.

Solche Vorrichtungen werden vorzugsweise verwendet bei der *Trennung geschälter Saat von den Schalen*. In der Getreidemüllerei kennt man diese Maschinen in zum Teil recht komplizierten, aber sehr genau arbeitenden Ausführungen, welche jedoch bisher von der Ölmüllerei nur selten übernommen wurden.

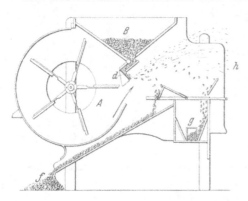

Abb. 95. Saatreinigung mittels strömender Luft (Arbeitsschema).

Abb. 96 zeigt die Ansicht eines Aspirateurs kombiniert mit einem nachfolgenden Schüttelsieb, während Abb. 97 einen Schnitt durch den Apparat darstellt.

Die zu reinigende Saat gelangt bei *E* in die Maschine, und zwar in gleichbleibender Menge, welche bestimmt wird durch die Größe des Belastungsgewichtes an der Einstellklappe. Sie fällt von hier aus über einige, die Fallgeschwindigkeit brechende Umlenkflächen auf den Doppelschüttler, von dem feinkörniger Abfall bei F_3 und grob-

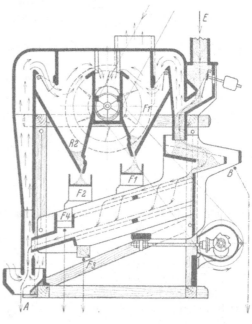

Abb. 96. Kombinierte Saatreinigungsmaschine mit Absaugung. (Miag, Mühlenbau- und Industrie-A. G., Braunschweig.)

Abb. 97. Schnitt durch die kombinierte Saatreinigungsmaschine. (Miag, Mühlenbau- und Industrie-A. G., Braunschweig.)

körniger bei F_4 abgezogen wird, während die schweren Körner des Saatgutes bei *A* die Maschine verlassen. Der vom Ventilator angesaugte Luftstrom wird in der Nähe des Ablaufes *A* entgegen der Strömungsrichtung des Saatgutes in die Maschine hineingesaugt und reißt die leichteren Körner mit sich fort bis oben in die Maschine hinein, wo bei F_2 infolge der Querschnittsvergrößerung die abgesaugten Teile abgezogen werden können. Bei F_1 erhält man die allerleichtesten

Teile, welche bereits durch den geringen Luftstrom, den der Ventilator durch die von E kommende Saat hindurchsaugt, mitgerissen wurden und in der Beruhigungskammer abgeschieden werden. Durch genaue Einstellung der Regulierklappen hat man es völlig in der Hand, die Stärke der an den verschiedenen Stellen auf die Saat einwirkenden Luftströme genauestens zu regeln, so daß man nicht nur eine Ausscheidung von Staub oder spezifisch schweren Bestandteilen erreicht, sondern auch eine sorgfältige Ausscheidung von tauben oder ungesunden Körnern. Diese Bauart der Aspirateure ist insbesondere für solche Betriebe geeignet, welche größten Wert auf sehr saubere, von Verunreinigungen freie Saat legen müssen.

Abb. 98. Trieur. (Miag, Mühlenbau- und Industrie-A. G., Braunschweig.)

c) Trieure.

Eine weitere Vorrichtung zur Trennung von Fremdkörpern und Saatgut besitzt man in den sog. *Trieuren* (Abb. 98). Diese sind so konstruiert, daß sie die abweichenden Formen von Saat und Fremdkörpern benutzen, um eine Trennung von den Beimengungen herbeizuführen. Der Trieur besteht aus einem mit eingepreßten oder eingefrästen Taschen versehenen Zylinder.

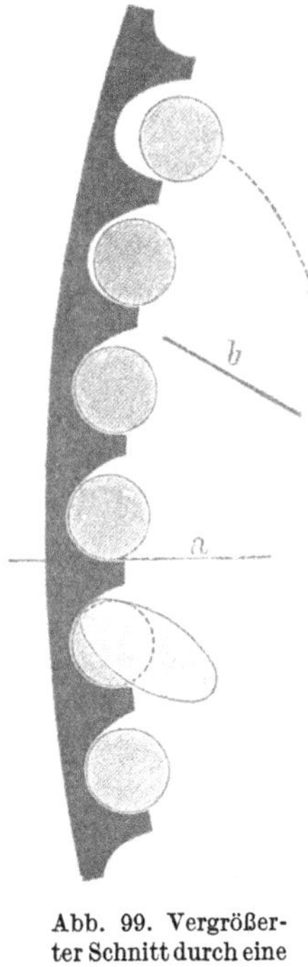

Aus Abb. 99, einer Vergrößerung des Schnittes durch einen Trieurzylinder, ist zu ersehen, daß längliche Körner infolge ihrer Form früher aus den Taschen herausfallen als runde. Letztere werden also bei der Drehung des Zylinders höher hinaufgehoben und können in einer Mulde c (Abb. 100) aufgefangen und durch eine Sammelschnecke d abgezogen werden. Bei c ist unterhalb der Mulde noch eine bewegliche Klappe angeordnet, welche längliche, aus den Taschen herausragende Körner abstreift bzw. nach unten schlägt, während die in den Taschen sitzenden runden Körner an der Abstreifklappe vorbei über die Mulde c hinaus gelangen und erst bei a aus den Taschen herausfallen. Der Trieurzylinder wird an jedem Ende getragen von einem Arm-Stern, durch welchen die Welle b hindurchgeht. Die Abb. 101 zeigt die Auslesewirkung bei Trennung längerer oder länglicher Körner von ellipsenförmigen Körpern (Gerste von Weizen).

Abb. 99. Vergrößerter Schnitt durch eine Trieurtrommel. (Miag, Mühlenbau- und Industrie-A. G., Braunschweig.)

Die Taschen haben nahezu elliptische Querschnitte; die Richtung der langen Achse der Ellipse geht nicht durch die Achse des Trieurzylinders, da-

Abb. 100. Querschnitt durch einen Trieur. (Miag, Mühlenbau- und Industrie-A. G., Braunschweig.)

mit die auszuschälenden runden Körner möglichst lange in den Taschen verbleiben.

Sie sind besonders geeignet zum Auslesen von Raps aus anderen Ölsaaten, da gerade das nahezu kugelförmige Rapskorn die erfolgreiche Anwendung dieser Apparate ermöglicht. Die Umfangsgeschwindigkeit der Trieurzylinder ist begrenzt, da bei zu hoher Fliehkraftwirkung der Ausleseeffekt leidet. Ihre Mengenleistung ist gering.

d) Bürstapparate

dienen zur Beseitigung der an den Ölsamen nach Entfernung der losen Beimengungen noch festhaftenden Verunreinigungen. Den von den Samenkörnern abgestreiften Staub muß die Bürste abwerfen können, sonst würde sie nur den Schmutz von einem Korn auf ein anderes übertragen. Der Bürste gegenüber muß deshalb eine siebartige Fläche angeordnet sein für den Austritt des freigemachten Staubes.

Der einfachste Apparat dieser Art ist die *Bürstenschnecke.* Auf einer Holzwelle sitzen schraubenförmig angeordnete Bürstenbüschel, genau wie die Schraubenflächen auf der Transportschnecke. Die Saat wird bei Umdrehung der Welle fortgeschoben und durchgebürstet. Die Maschine darf. nicht zu stark beschickt werden, damit jedes Saatkorn Gelegenheit hat, mit den Borsten

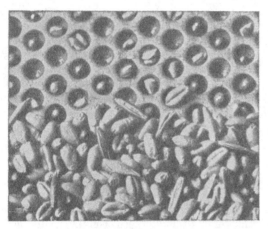

Abb. 101. Innenansicht einer Trieurtrommel (Trennung von Gerste und Weizen). (Mlag, Mühlenbau- und Industrie-A. G., Braunschweig.)

in Berührung zu kommen. Die Borsten werden aus Pflanzenfasern hergestellt; tierische Fasern sind zu weich, Stahldrahtbürsten könnten das Korn beschädigen.

Bürstmaschinen mit stehender Welle fördern die Saat nach oben, während im Innern eine Bürstenschnecke rotiert. Aber hier wirkt die Schnecke auf ihrem vollen Umfang, während die liegende Maschine höchstens auf einem Drittel des Umfanges zur Wirkung kommen kann.

Bei anderen Konstruktionen von Bürstmaschinen läßt man die Saat oben einlaufen und zwingt sie, die Bürsten in einem schraubenförmigen Wege zu passieren. Die zylindrischen oder kegelförmigen Mäntel dieser Apparate sind gelocht; der Staub wird durch einen Ventilator abgesaugt.

Die Bürstapparate finden bei der Ölsaatenreinigung keine größere Verwendung.

Feuchte Reinigung, in Waschapparaten, wird fast für alle Ölsamen ungeeignet erachtet, denn nicht nur müßte das von den Samen aufgesogene Wasser vor der Pressung entfernt werden, sondern auch das Öl kann eine Schädigung erfahren.

e) Magnete.

Unglaublich viele Eisenteile findet man in den Ölsaaten und im Preßgut vor. Wie bereits erwähnt, können Eisenteile während des ganzen Weges vom Feld im Erzeugungsland bis zum Verlassen der Fabrik in die Produkte hineingeraten; ihre Entfernung ist unbedingt notwendig. Größere Eisenstücke werden bereits bei der Saatreinigung mittels Sieben ausgeschieden. Geraten sie jedoch erst nach Passieren der Siebe in die Saat, so können sie in den nachgeschalteten Fabrikationsmaschinen Zerstörungen und Betriebsunterbrechungen hervorrufen, so daß eine genügende Anzahl sehr leistungsfähiger Schutzmagnete unbedingt vorgesehen werden muß. Besonders gefährlich sind kleine Eisensplitter, so daß am besten noch vor Eintritt der Saat in die letzten Wärmpfannen Magnete einzuordnen sind, welche in dieser letzten Fabrikationsstufe noch vorhandenes Eisen zurückhalten. *Permanente Magnete* können nicht in solcher Stärke hergestellt werden, daß sie allen Ansprüchen genügen. Man verwendet daher am besten starke, mit Gleichstrom gespeiste *Elektromagnete* (Abb. 102). Häufig genügt es, die Saat mit nicht zu großer Geschwindigkeit über die Magnete

herabrutschen zu lassen, wobei die Eisenteile an den Magneten haften bleiben. Es ist dafür zu sorgen, daß die Schichtstärke der herabrieselnden Saat dünn ist, damit auch die Oberseite des Guts im Magnetfeld verbleibt. Die zurückgelassenen Eisenteile werden von Zeit zu Zeit von Hand entfernt. Noch besser ist die Anordnung der Magnete an Schwenkachsen, die ein Ausschwenken des Magnetes aus dem Saatstrom ermöglichen; nach Ausschalten des Magnetisierungsstromes werden die Eisenteilchen außerhalb des Saatstromes entfernt. Es wird so verhindert, daß durch Fahrlässigkeit des Arbeiters Eisenteile in die Saat zurückfallen. Da leistungsfähige Magnete

Abb. 102. Über dem Saatstrom anzuordnender Elektromagnet. (Friedr. Krupp-Grusonwerk A. G., Magdeburg-Buckau.)

immerhin eine verhältnismäßig hohe Stromaufnahme haben und sich dadurch erwärmen, kann es vorkommen, daß die über die warmen Magnete streichende

Abb. 103. Elektromagnettrommel mit Schüttelspeiser. (Friedr. Krupp-Grusonwerk A. G., Magdeburg-Buckau.)

Saat Spuren von Öl abgibt, das die Magnete nach und nach verschmiert. In diesen Fällen sowie bei der Enteisenung sehr grobstückiger Saat baut man zweckmäßig die Magnete über dem Saatstrom ein, so daß sie das Eisen aus dem unten vorbeilaufenden Gut herausziehen und es gleichzeitig vor dem Mitreißen durch vorbeifallende Klumpen schützen. Die Abnahme der festgehaltenen Eisenteile kann auch hier durch Ausschwenken des Magnetes geschehen. *Feststehende Magnete*, auch in schwenkbarer Anordnung, haben sich als sehr betriebssicher erwiesen, so daß die Verwendung von *Trommelmagneten* nicht unbedingt erforderlich erscheint. Bei letzteren befindet sich ein feststehender Magnet innerhalb einer rotierenden Trommel aus unmagnetischem Material (Abb. 103). Der feststehende Magnet ist so angeordnet, daß die Saat an der Stelle des stärksten magnetischen Feldes auf die Trommel trifft und letztere dann das festgehaltene Eisen aus dem Bereich der Saat und des Magnetfeldes transportiert, so daß das Eisen an der Stelle der geringsten Feldstärke von selbst von der Trommel abfällt. Auch die Trommelmagnete können über der Saat angeordnet werden; sie werfen dann die mitgenommenen Eisenstückchen in Schurren ab und lassen sie seitlich der Transportvorrichtung in Auffangkästen laufen. Die Trommelmagnete sind in der Anschaffung wesentlich teurer als feststehende und haben einen höheren Platzbedarf; auch müssen sie angetrieben werden.

f) Schälmaschinen.

Gewisse Ölsamensorten müssen vor der Pressung geschält werden. Lose beigemengte Schalen und Hülsen werden zum größten Teil schon bei der Saatreinigung ausgeschieden.

Die geschälte Saat liefert häufig eine bessere Ölausbeute, weil die Schalen einen Teil des aus dem Kern freiwerdenden Öles aufsaugen und das aufgesogene Öl nicht zurückgewonnen werden kann. Zu berücksichtigen ist aber, daß die Schalen häufig nur schwer zu verwerten sind.

Inwieweit das Schälen wirtschaftlich ist, muß durch Kalkulation festgestellt werden. Die Schalen werden mit dem Saatpreis bezahlt, ihr Wert muß also im Erlös von Öl + Kuchen wiedererscheinen, soweit sie nicht als Schalenmehl Absatz finden. Zu decken sind ferner die Kapitals- und Betriebskosten der Schälanlage, auch der Ölverlust, der durch das Haftenbleiben von Kernfragmenten an den Schalen entsteht. Anderseits wird häufig die Raffination des Öles durch das Schälen erleichtert und verbilligt, weil manche Samenschalen und -häutchen Farbstoffe enthalten, die in das Öl übergehen können.

Bei manchen Saaten ist einwandfreies Auspressen erst nach der Entschälung möglich. Bei anderen Saaten wird dagegen das Pressen durch die Entfernung der Schalen erschwert, so z. B. bei der Baumwollsaat. Man setzt deshalb den geschälten Baumwollsamen eine gewisse Menge Schalen wieder zu, um die Öldurchlässigkeit des Preßgutes zu steigern; allerdings absorbieren die Schalen der Baumwollsamen nur wenig Öl.

Geschälte Erdnüsse liefern nach Entfernen der roten, Bitter- und Farbstoffe enthaltenden Häutchen eine bessere Ölqualität, die Häutchen lassen sich nach Trocknung sehr leicht von den Kernen ablösen.

Die Leistung der Preßanlage wird natürlich durch Entfernung des Schalenballastes erhöht, insbesondere wenn die Schalen einen größeren Prozentsatz der Samen ausmachen und arm an Öl sind. Ganz besonders wird aber die Wirkung der Zerkleinerungsanlage gesteigert, weil die zähen Schalen die Mahlung erschweren und schon aus diesem Grunde die Ölausbeute verschlechtern müssen.

Die ausgeschiedenen Schalen werden, wenn irgend möglich, gemahlen und als *Schalenkleie* verkauft. Sind die dafür erzielbaren Preise so niedrig, daß der Verkauf nicht lohnt, so kann man sie mittels Wurffeuerungen unter Flammrohrkesseln verbrennen. So sind z. B. zu Zeiten niedriger Kleiepreise Unmengen Erdnußschalen verbrannt worden. Ihr Heizwert liegt in der Nähe von 4000 Wärmeeinheiten pro Kilogramm. Allerdings ist ihr spezifisches Volumen außerordentlich hoch, da die Schalen sehr sperrig sind. Unter richtiger Berücksichtigung der Eigenarten des Materials, wie Sperrigkeit und Neigung, in Ecken und Winkeln hängen zu bleiben, kann man die Schalen leicht zum Kesselhaus fördern und direkt in die Wurffeuerungen laufen lassen; man kann damit leicht ein Vielfaches des für die Wärmepfannen nötigen Dampfes erzeugen. Das Beimischen der Schalen zu den zerkleinerten Ölkuchen ist zu verwerfen, weil es deren Futterwert vermindert.

Zwecks Schälung läßt man die Saat durch den Spalt eines Riffelwalzenpaares oder einer Riffelwalze und einer feststehenden gerippten Wand laufen.

Abb. 104. Schälmaschine mit Vorreinigung und Nachreinigung durch Windfege und Sortierung der geschälten Saat durch Schüttelsiebe.

Die Spaltweite wird so eingestellt, daß die Schale aufgeknackt, der Kern aber möglichst wenig beschädigt, insbesondere nicht zerbrochen wird. Auch die später (S. 590) beschriebenen Scheibenmühlen eignen sich zum Schälen, besonders von Sonnenblumensamen. Ist die Saat hinreichend trocken, so genügt in der Regel leichtes Quetschen zum Sprengen der Schalen.

Das *Schälwalzwerk* liefert ein Gemisch von Saatkernen und Schalenteilen, welches nun getrennt werden muß in ein möglichst schalenarmes Gemisch von Saatkernen und Schalenresten und ein möglichst saatkernarmes Gemisch von Schalen mit wenigen an den Schalen haftenden Saatkernen oder Saatkernteilen. Diese Trennung geschieht auf den bereits beschriebenen *Aspirateuren* oder *Windfegen*, indem das Gemisch einem genau eingestellten Luftstrom ausgesetzt wird, der die in der Regel leichteren Schalen in eine Staubkammer bläst, während die schwereren Saatkörner vor dem Eintritt in die Staubkammer zu

Boden fallen und mittels einer Sammelschnecke der Weiterverarbeitung zugeführt werden.

Abb. 104 zeigt eine Schälmaschine mit Ventilator zum Abblasen der losen
Schalen und des Staubes aus der Rohsaat, mit nachgeschaltetem Schüttelsieb,
unter dem sich ein zweiter Ventilator zur Trennung von geschälter Saat und
Schalen befindet. Über dem Schüttelsieb sind die Anpressgewichte sichtbar,
welche eine bewegliche geriffelte Platte gegen die Schälwalze drücken. Bei
den Schälmaschinen ist gleichmäßige Saatzufuhr über die ganze Breite besonders wichtig.

Die *Staubkammern*, in die die Schalen hineingeblasen werden, müssen groß bemessen werden, damit der sie tragende Luftstrom dort nur eine sehr geringe Geschwindigkeit erreicht. Die Staubkammer soll innen vollkommen glatt sein, damit sich
nirgends größere Mengen Schalen und Staub anhäufen können. Nach unten verjüngt
sich der Querschnitt der Staubkammer in der Längsrichtung so, daß die auf die
schrägen Wände aufprallenden Schalen einer am tiefsten Punkt befindlichen Transportschnecke zulaufen. Diese fördert die Schalen zu Schlagkreuzmühlen, welche sie
je nach der Lochung der eingesetzten Siebe zu Schalenkleie vermahlen. Sollen die
Schalen verbrannt werden, so fördert man sie zum Kesselhaus durch Schnecken oder
aber durch eine Druckluftförderanlage, welche sie durch weite Rohre in einen im
Kesselhaus befindlichen Zyklon oder in eine Staubkammer bläst, wo sie abgeschieden
und sofort den Feuerungen zugeführt werden.

D. Trocknen der Saat.

a) Vorgänge beim Trocknen der Saaten.

Rolle der relativen Luftfeuchtigkeit und der Temperatur. Zuverlässige Angaben
über den Einfluß von Temperatur und Luftfeuchtigkeit auf die Trocknung der
Ölsaaten in Speichern und Darren fehlten bisher gänzlich. Einer vor kurzem
erschienenen Arbeit von F. T. GOGOLEW[1] sind deshalb einige experimentelle Befunde entnommen und der Schilderung der Trockenvorrichtungen vorausgeschickt worden.

GOGOLEW untersuchte zu-
nächst den Gehalt der Ölsamen
an hygroskopischer Feuchtigkeit
in Abhängigkeit von der relativen Feuchtigkeit der Luft bei
Temperaturen von 20—80° und
einer relativen Luftfeuchtigkeit
von 40 bis 100%, weil diese
Grenzen den praktischen Bedingungen der Lagerung, Förderung
und Trocknung der Saaten entsprechen.

In der Tabelle 86 sind die
Ergebnisse der bei zirka 20°
und verschiedener relativer Luftfeuchtigkeit durchgeführten Versuche angeführt.

Ähnlich wie bei 20° verhalten sich die Ölsamen bei tieferen Temperaturen
und bis zu 50° etwa, d. h. unterhalb der Temperatur der beginnenden Eiweiß-
denaturierung. So betrug z. B. der Gehalt von Leinsamen an hygroskopischer

Tabelle 86. Abhängigkeit der hygroskopischen Feuchtigkeit der Ölsamen
von der relativen Luftfeuchtigkeit
(bei 17—20°).

Relative Feuchtigkeit der Luft in Prozenten	Feuchtigkeitsgehalt der Samen			
	Sonnen- blumen- samen	Lein- samen	Soja- bohnen	Baum- woll- samen
	in Prozenten			
40	5,03	5,13	—	—
50	5,88	5,90	—	—
60	6,86	6,80	7,73	8,20
70	7,85	8,48	10,00	9,45
80	9,10	9,20	11,20	10,30
90	11,40	12,10	13,05	11,80
93	12,50	13,50	18,70	17,09
99—100	18,60	18,91	—	—

[1] Theorie und Praxis der Trocknung von Ölsaaten (russ.), Moskau 1934.

Feuchtigkeit nach Behandeln mit Luft mit 58% relativer Feuchtigkeit bei
—7⁰ 6,56%, nach Einwirkung von Luft des gleichen Sättigungsgrades von
20⁰ 6,86%. Ähnlich waren die Ergebnisse bei —22⁰ (Feuchtigkeitsgehalt der
Samen nach Einwirkung von Luft mit 86% relativer Feuchtigkeit: bei —22⁰
10,5%, bei 20⁰ 10,6%).

Innerhalb der normalen Temperaturschwankungen bleibt demnach die
hygroskopische Samenfeuchtigkeit bei gleicher relativer Luftfeuchtigkeit unverändert. Direkt proportional ist die Samenfeuchtigkeit der relativen Luftfeuchtigkeit nicht. Die funktionelle Abhängigkeit der beiden Größen läßt sich
durch die Formel

$$V = A \varphi^n$$

zum Ausdruck bringen (V = hygroskopische Feuchtigkeit der Samen, φ = relative Luftfeuchtigkeit; A und n sind Konstanten, welche beispielsweise für
Sonnenblumen-, Lein- und Hanfsamen 0,0623 bzw. 1,14 betragen).

Tabelle 86 zeigt ferner, daß der Gehalt der Samen an hygroskopischer
Feuchtigkeit nach Erreichung des Gleichgewichtszustandes mit der Luft-
sättigung im umgekehrten Verhältnis zu ihrem Ölgehalt steht.

Die Geschwindigkeit der Wasseraufnahme und -abgabe ist bei den einzelnen
Saatsorten verschieden. So reagieren Sojabohnen sehr langsam auf Änderung
der relativen Luftfeuchtigkeit, Leinsaat sehr schnell.

Bei konstantem Sättigungsgrad der Luft bleibt der Feuchtigkeitsgehalt der
Samen bei Temperaturänderung bis zu 50⁰ unverändert; bis zu dieser Temperatur
hängt die Samenfeuchtigkeit nur von der relativen Luftfeuchtigkeit und der
Samenart ab. Oberhalb 50⁰ scheint die beginnende Denaturierung der Samenproteine die Samenfeuchtigkeitsabgabe zu beeinflussen; denn oberhalb 50⁰ sinkt
der Feuchtigkeitsgehalt der Samen mit zunehmender Temperatur und der Dauer
der Lüftung (s. Tab. 87).

Tabelle 87.
Hygroskopische Feuchtigkeit von Ölsamen in Abhängigkeit von
der Temperatur und der relativen Feuchtigkeit der Luft.

Temperatur	Leinsamen			Sonnenblumensamen			Ricinussamen			Baumwollsamen		
	Relative Feuchtigkeit											
	40	60	80	40	60	80	40	60	80	40	60	80
16⁰	5,1	6,9	9,1	5,0	6,9	9,1	—	5,5	7,1	—	8,2	10,8
50⁰	5,3	7,2	9,0	4,7	7,0	8,8	5,1	5,3	7,0	7,0	7,9	10,6
60⁰	—	6,0	—	—	5,0	—	—	4,7	—	—	6,7	6,7
80⁰	3,3	3,6	—	3,2	3,8	—	3,5	3,8	—	4,7	5,5	—

Aus den Zahlen der Tabelle 87 ergeben sich für die Praxis der Saattrocknung
wichtige praktische Folgerungen:

Beim *Kühlen* der Saat nach erfolgtem Trocknen müßte dafür Sorge getragen
werden, daß der Sättigungsgrad der in der Kühlvorrichtung verarbeiteten Luft
möglichst nahe dem Punkte des hygroskopischen Gleichgewichtes der Samenfeuchtigkeit entspricht, eine Forderung, die sich durch entsprechende konstruktive Maßnahmen durchführen ließe.

Beim *Trocknen* der Ölsamen soll die Geschwindigkeit und Temperatur des
Gasstromes und die Dauer des Verweilens der Saat im Trockenraum so geregelt
werden, daß der Sättigungsgrad der austretenden Luft möglichst im Gleichgewicht mit der hygroskopischen Feuchtigkeit der Samen bei Verlassen des
Trockenraumes steht, diese vor allem nicht übersteigt.

Die Intensität der Wärme- und Feuchtigkeitsabgabe und -aufnahme beim
Lüften hängt davon ab, wie groß die Differenz zwischen der relativen Luftfeuchtigkeit und dem hygroskopischen Gleichgewicht der Samenfeuchtigkeit ist,
ferner von der Temperatur der Luft und der Differenz zwischen Luft- und Samen-
temperatur zu Beginn der Lüftung. Der Sättigungsgrad der austretenden Luft
erreicht niemals den Punkt des hygroskopischen Gleichgewichtes mit der Samenfeuchtigkeit. Die Diskrepanz ist um so größer, je weniger die Außenluft mit
Feuchtigkeit gesättigt ist. Bei einem Sättigungsgrad der Trockenluft von
52—87% und einer Saatfeuchtigkeit von 15—17% erreicht die austretende
Luft eine Sättigung von 84—95%. Höhe der Saatschicht und Luftströmungs-
geschwindigkeit haben hierauf nur wenig Einfluß. — Hat die eintretende Luft
einen Sättigungsgrad von 85—90%, so lassen sich pro Kilogramm Luft nicht
mehr als 0,1—0,25 g Feuchtigkeit entfernen.

Zur Trocknung feuchter Saat durch natürliche Lüftung darf deshalb Luft
mit über 80% Sättigungsgrad nicht verwendet werden; insbesondere ist Lüftung
in der Nacht zu vermeiden, und am geeignetsten ist hierfür der Beginn der
zweiten Tageshälfte. Handelt es sich nur um Kühlung der Saat, so kann die
Lüftung auch in der Nacht erfolgen, vorausgesetzt, daß ihr Gehalt an relativer
Feuchtigkeit nicht eine Erhöhung der hygroskopischen Feuchtigkeit der Samen
verursachen kann.

Für die Wärmebilanz in der Praxis der Trocknung, Kühlung und Lagerung
der Ölsamen, des Wärmens der zerkleinerten Saaten in Wärmpfannen und für die
Extraktionspraxis ist es von Wichtigkeit, die spezifische Wärme der Saaten
und ihrer Bestandteile näher zu kennen. Sie ist, wie Untersuchungen von Gogolew ergeben haben, von der Natur der Einzelbestandteile und ihrer mengen-
mäßigen Verteilung in der Saat abhängig. Sie läßt sich nach der Mischungs-
regel annähernd berechnen und nimmt für jeden Celsius-Grad um etwa 0,0004
zu. Zur Berechnung des Wertes von C bei höheren Temperaturen kann man
sich der Formel

$$C_t = 0,01\,(100 - V)\,(C_0 + 0,0004\,t) + 0,01\,V$$

bedienen. In der Formel bedeutet C_0 die Wärmekapazität der Samen bei
0—1°, V den Feuchtigkeitsgehalt in Prozenten.

Diese Formel ist auf Grund von Versuchen mit Sonnenblumen-, Lein-, Hanf-
und Ricinussamen errechnet worden. Für andere Ölsamen gilt die Formel

$$C_{20} = \frac{0,49\,m + 0,34\,(a + b) + 0,32\,k}{m + a + b + k}.$$

m, a, b und k sind die Gehalte der Samen an Öl, Stickstoffverbindungen,
N-freien Extraktstoffen und Cellulose.

b) Saattrockner

verwendet man zum Trocknen von anormal feuchter Saat vor der weiteren Verarbeitung, um die Pressung, insbesondere aber die Zerkleinerung und Schälung
zu erleichtern.

Besondere Trockenapparate (Darren) sind namentlich bei der Verarbeitung
von Erdnüssen und Rapssamen erforderlich, weil sich diese Samen, wenn sie
zu feucht sind, in Wärmpfannen (s. S. 592 u. ff.) nicht genügend trocknen
lassen und deshalb nicht in befriedigender Weise ausgepreßt werden können.

Abb. 105. Rohrbündeltrockner, Haube abgenommen (Heizrohre unter dem Trog entfernt).

Im übrigen lassen sich zur Trocknung der Saat die weiter unten (S. 597) beschriebenen *Etagenwärmer* verwenden, soweit für genügende Luftzirkulation zum Abtransport des entwickelten Dampfes gesorgt ist. Häufiger werden aber Trockenvorrichtungen benutzt, die in der Hauptsache aus einem in einem Trog rotierenden, mit Mitnehmerschaufeln besetzten Röhrenbündel bestehen (Abb. 105). Die durch den Trichter eingeführte Saat wird von den Schaufeln erfaßt und hochgeworfen; sie rieselt über die beheizten Rohre in den Trog zurück, wird von den nächsten Schaufeln erfaßt und gelangt so allmählich an das Auslaufende der *Darre*. Unter dem Trog liegen mit Dampf erwärmte Heizrohre, welche sowohl den Trog wie die durch Umführungskanäle in den Trockenraum eingeführte Luft beheizen. Die Luft wird, nachdem sie durch die Saat geströmt ist, mit Dampf gesättigt, durch den Abzug abgeleitet. Wichtig ist auch bei diesen Trocknern reichliche Zufuhr warmer Luft. Bei ungenügender Luftzirkulation bildet sich in der Darre eine stagnierende, mit Wasserdampf beladene Atmosphäre, welche nicht abströmen kann, so daß der Apparat nur das Warmwerden, nicht aber das Austrocknen der Saat bewirkt. In der mit Dampf gesättigten Atmosphäre kann natürlich keine Feuchtigkeit aus der Saat austreten.

Neuerdings finden auch die in Getreidemühlen längst verwendeten *Trockensäulen* Eingang in die Ölfabriken. Diese (Abb. 106) bestehen aus einem mit an zwei gegenüberliegenden Seiten taschenförmig perforierten Blechen bekleideten Schacht. Die Taschen gestatten den Lufteintritt, verhindern aber das Herausfallen von Saatgut. Die in der Regel beheizte Luft wird durch die Saat hindurchgesogen oder hindurchgedrückt. Staub muß in besonderen Abscheidevorrichtungen aus der Abluft entfernt werden. Das Verhältnis von Luft- zu Saatmenge ist bei diesen Trockenvorrichtungen viel größer als bei den Muldentrocknern, der Trocknungseffekt deshalb größer.

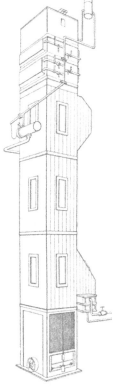

Abb. 106. Trockensäule mit vorgeschalteter Heizkörperbatterie. (Miag, Mühlenbau- und Industrie-A. G., Braunschweig.)

Allerdings besteht auch Oxydationsgefahr für das Öl infolge des langen Kontakts mit der heißen Luft. Die Vorrichtung eignet sich besonders für sehr feuchte Saat.

Bei der Trocknung wird nicht nur das an der Oberfläche der Samen befindliche Wasser entfernt, sondern es muß auch die im Inneren der Saat enthaltene hyposkopische Feuchtigkeit nach außen in die bereits getrocknete Oberflächenschicht abwandern können. Es bildet sich also während der Trocknung ein Konzentrationsgefälle, und um dieses aufrechtzuerhalten. ist folgendes notwendig:

1. Möglichst niedriger Feuchtigkeitsgehalt an der Oberfläche der Saat;

2. ein bestimmter Zeitintervall, innerhalb dessen die Feuchtigkeit von innen nach außen wandern kann;

3. innerhalb des Trockners muß die Saatoberfläche möglichst feuchtigkeitsdurchlässig bleiben, eine Zerstörung des Gefüges der äußeren Schicht durch zu starkes Ausdörren oder Verbrennen muß also vermieden werden.

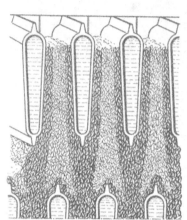

Abb. 107. Schnitt durch Heizkörperrohre der Trockensäule (gestaffelte Anordnung zwecks gleichmäßiger Beheizung der Saat). (Miag, Mühlenbau- und Industrie-A. G., Braunschweig.)

Dieses Ziel läßt sich am leichtesten erreichen durch Erwärmen der Saat in einem nicht zu trockenen Luftstrom, wobei eine lebhafte Abwanderung der Feuchtigkeit nach außen stattfindet (sog. „Schwitzen" der Saat); durch Nachtrocknen mittels trockener Luft wird nunmehr das an den äußeren Saatschichten angesammelte Wasser verjagt.

Der Wärmeübergang an die Saat ist bei Berührung mit beheizten Wänden weit größer als der aus dem heißen Luftstrom; es ist deshalb wirtschaftlicher, die Saat durch die heißen Rohrbündel der Darre oder die vorgeschalteten Radiatoren des Schachttrockners, welche zur Vermeidung örtlicher Überhitzungen mit heißem Wasser beheizt werden, zu erwärmen, als durch heiße trockene Luft. Letztere dient dann zum Abtransport der Feuchtigkeit und zur Aufrechterhaltung des Feuchtigkeitsgefälles.

Die Anordnung der dem Schachttrockner vorgeschalteten Radiatoren zeigt die Abb. 107. Die Heizkörper liegen gestaffelt hintereinander, um jedem Korn die Möglichkeit zu geben, mit ihrer Oberfläche in Berührung zu kommen.

E. Zerkleinerung.

Einleitung.

Vor der eigentlichen Ölgewinnung muß die Saat zerkleinert werden; erst durch die Zerkleinerung werden in der Saat Oberflächen freigelegt, durch die der Ölaustritt in genügendem Ausmaß erfolgt. Durch die Zerkleinerung wird die zumeist harte, spröde Samenhaut, welche das im Sameninnern enthaltene Öl vor äußeren Einflüssen schützt, aber auch das Ausfließen des Öles unmöglich machen würde, gebrochen.

Anderseits erleichtert die Zerkleinerung den Ölausfluß auch aus folgenden Gründen:

1. Die Ölaustrittsfläche wird um ein Vielfaches gesteigert.

2. Die Entfernung von der Mitte des Saatteilchens bis zur Oberfläche ist bei der zerkleinerten Saat geringer als bei der unzerkleinerten, und folglich hat das austretende Öl einen kleineren Widerstand zu überwinden.

Die Zerkleinerungsapparate müssen so arbeiten, daß sie die ölführenden Zellen öffnen, ein vorzeitiges Ausfließen des Öles aber nicht stattfindet.

Man verwendet zur Vorzerkleinerung Maschinen mit paarweise angeordneten geriffelten Walzen. Die Riffelung bewirkt das leichtere Einziehen des Gutes in den Walzenspalt, ferner wirkt sie zerschneidend auf die Saat.

Nach Vorzerkleinerung in einem Riffelwalzwerk erfolgt die weitere Zerkleinerung durch Quetschen des Mahlguts in Walzwerken mit mehreren übereinander angeordneten Walzen, die nicht mehr geriffelt sind. Der Durchgang des Gutes wird durch das Gewicht der übereinandergelagerten Walzen zunehmend erschwert und damit eine fortschreitende Zerkleinerung erzielt (Abb. 109).

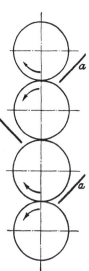

Abb. 109. Schema des Walzenstuhles mit übereinander angeordneten Walzen. a Leitblech, häufig gleichzeitig als Abstreifer für die darunterliegende Walze verwendet.

Auch die mit Mühlsteinen arbeitenden *Kollergänge* werden namentlich in kleineren Ölfabriken zur Saatzerkleinerung verwendet (s. S. 585).

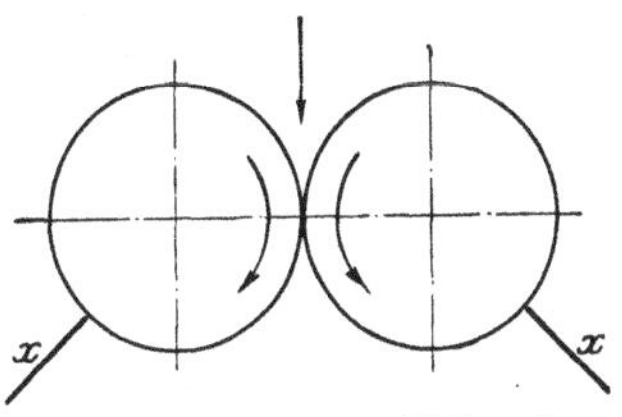

Zum Zerkleinern nicht klebenden oder schmierenden Materials dienen ferner Vorrichtungen, welche das Mahlgut durch Schlagwirkung zertrümmern.

Die Zerkleinerungsmaschinen sollen in nachstehender Reihenfolge besprochen werden:

1. *Walzwerke* mit paarweise angeordneten Walzen (Abb. 108);

Abb. 108. Schema des Walzwerkes mit paarweise angeordneten Walzen (x Abstreifer).

2. *Mehrwalzenstühle* mit übereinander angeordneten Walzen (Abb. 109);

3. *Kollergänge*;

4. *Schlagmühlen*.

Natürlich können sämtliche Zerkleinerungsmaschinen sowohl zur Zerkleinerung von Ölsaaten als auch von anderem Material, insbesondere von Ölkuchen, Schalen usw., dienen.

Die längst der Geschichte angehörenden *Stampf-* und *Pochwerke* brauchen hier nicht besprochen zu werden, obgleich sie früher in der Ölmüllerei eine bedeutende Rolle spielten. Erstere zerstampften das auf einer festen Unterlage befindliche Material. Die Stampfer wurden in der Regel durch Wasserkraft betrieben, wobei eine mit Daumen versehene Welle bei ihrer Umdrehung die Stampf- oder Pochstempel anhob. Diese Maschinen hatten eine sehr geringe Mengenleistung, beanspruchten viel Raum und verursachten lästiges Gepolter, so daß sie auch aus kleinen Betrieben längst verschwunden sind.

a) Walzwerke.

1. Walzenpaare und Walzenstühle.

Die Walzwerke oder Walzenstühle bestehen aus zwei oder mehreren, in verschiedener Richtung, meist auch mit verschiedener Umfangsgeschwindigkeit rotierenden Walzen, welche mit mehr oder weniger Druck gegeneinander gepreßt oder durch besondere Vorrichtungen in bestimmter Entfernung voneinander gehalten werden.

Grobstückige Saat wird zunächst mittels *gezahnter Walzen* vorgebrochen oder von einem *Stachelwalzenpaar* zerrissen, bis sie genügend vorzerkleinert ist, um von *geriffelten Walzen* eingezogen und weiter zerkleinert werden zu können (Abb. 110 u. 111). Erstere finden auch als Ölkuchenbrecher Anwendung (S. 763).

Abb. 110. Einfacher Riffelwalzenstuhl für grobstückige Saat. Beachte: Kuppelzahnräder. (Harburger Eisen- und Bronzewerke A. G., Harburg-Wilhelmsburg.)

Dem Vorschroten auf den Riffelwalzen folgen mehrere Durchgänge durch *Glattwalzenpaare* oder durch *Fünfwalzenstühle*, so daß schließlich das Korn einen Walzenspalt von 0,07 bis 0,08 mm zu passieren hat. Mit solchem Mahlgut lassen sich Preßrückstände von 4,5 bis 5,5% Ölgehalt gewinnen. Nach der Vorzerkleinerung wird in der Regel eine teilweise Entölung der Saat vorgenommen (vgl. Abb. 36 und 37).

Der Zweck der Zerkleinerung, d. h. das Öffnen sämtlicher ölführenden Samenzellen, wird allerdings auch bei dieser, zur Zeit vollkommensten Methode, nicht ganz erreicht. Nach A. Goldowski und M. Podolskaja[1] werden nach dem Durchgang der Saat durch Riffel- und Glattwalzen höchstens 60—65% der Zellen aufgerissen.

Die gegeneinander arbeitenden Walzen läßt man gewöhnlich mit verschiedener Geschwindigkeit laufen.

Bei Riffelwalzen werden die Riffeln so ausgeführt, daß Schneide gegen Schneide arbeitet. Bei verschiedener Umfangsgeschwindigkeit der zusammenarbeitenden Walzen entsteht zwischen diesen eine Relativgeschwindigkeit, durch die das Zerreißen der Saat zwischen den Schneiden gefördert wird.

Die Wirkung der Riffelwalzen kann man sich erklären, wenn man von der Vorstellung ausgeht, daß die Saat mit der einen Fläche an der einen, mit der anderen an der anderen Walze haftet und nun durch die verschieden schnell laufenden Walzen auseinandergerissen wird.

Abb. 111. Zweipaarwalzenstuhl. (Harburger Eisen- und Bronzewerke A. G., Harburg-Wilhelmsburg.)

Laufen beide Walzen mit der gleichen Geschwindigkeit, so wird die Saat lediglich gequetscht. Da zum Quetschen ein höherer Druck notwendig ist, so

---

[1] Oel-Fett-Ind. (russ.: Masloboino Shirowoje Djelo) **1934**, Nr. 4, 12.

würde beim Verarbeiten ölreicher Samen Öl austreten und die Riffeln verschmieren. Auch genügt die Quetschwirkung allein nicht zur einwandfreien Zerkleinerung.

Zusammenarbeitende Walzen werden stets mit dem gleichen Durchmesser ausgeführt; die Differentialgeschwindigkeit erreicht man durch Aufsetzen von Zahnrädern verschiedener Zähnezahl auf die beiden Walzenzapfen. Die angetriebene Walze erhält in der Regel das kleinere Zahnrad und läuft also mit größerer Geschwindigkeit als die Schleppwalze. Oder es werden beide Walzen durch Riemenscheiben verschiedenen Durchmessers von der gleichen Transmission aus angetrieben. Bei zunehmender Belastung strecken sich aber die Treibriemen; ferner ist der Schlupf zwischen Riemen und Riemenscheibe von der Belastung abhängig. Die Größe der Differentialgeschwindigkeit ändert sich deshalb bei dieser Art des Antriebes mit der Belastung des Walzenstuhles.

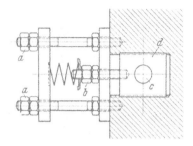

Abb. 112. Spaltweiteneinstellung.
a Regelmutter für Federpressung. *b* Regelmutter für Spaltweite. *c* Walzenzapfen. *d* verschiebbarer Lagerkörper.

Bei Kupplung mittels Zahnräder muß man darauf Rücksicht nehmen, daß die eine Walze unter der Wirkung hineingeratener Fremdkörper ausweichen muß, ohne daß der Eingriff der Zahnräder verlorengeht. Die Zähne der Zahnräder sind daher länger ausgeführt als bei normaler Evolventenverzahnung. Leider hat diese Art der Kupplung zur Folge, daß die Maschinen geräuschvoll arbeiten, wenn man sich nicht dazu entschließt, die Zahnräder völlig zu kapseln und sie in Öl laufen zu lassen.

Das Geräusch läßt sich auch dadurch herabmindern, daß man sorgfältig hergestellte Räder mit Winkelverzahnung anwendet, jedoch haben diese Zahnräder den Nachteil, daß man sie nur dann von der Welle abziehen kann, wenn sie völlig außer Eingriff gebracht werden können. Um also in einem Walzwerk die Zahnräder auszuwechseln, muß man die Walzen sehr weit auseinander fahren können. Ist das nicht möglich, so muß das Walzwerk zum Teil demontiert werden. Es ist zwar konstruktiv durchaus möglich, die Übertragung der Bewegung und die gleichzeitige Übersetzung der Drehzahl durch normale Evolventenzahnräder zu bewirken, aber die Konstruktion erfordert eine größere Anzahl Zahnräder.

Besondere Anforderungen muß man an die Ausbildung der Lagerung stellen. Von einer einwandfreien Walzenstuhlkonstruktion verlangt man, daß die Walzen

Abb. 113. Zweipaarwalzenstuhl mit unabhängiger Federanpressung der Walzen, Feineinstellung und Momentanausrückung. (Miag, Mühlenbau- und Industrie-A. G., Braunschweig.)

sich nicht über ein eingestelltes Maß hinaus einander nähern, dagegen bei Hineingeraten von Fremdkörpern genügend weit ausweichen können und während des Durchgangs der Saat den im Leerlauf eingestellten Walzenspalt genau einhalten.

Diese Forderungen gelten für Walzwerke mit paarweise angeordneten Walzen, die man in der Regel als *Walzenmühlen* bezeichnet.

Kommen Riffelwalzen zum Aufeinanderlaufen, so wird die Schärfe der Riffelung sehr bald zerstört.

Nach der Lage der zusammenarbeitenden Walzen unterscheidet man, wie bereits erwähnt, folgende Anordnungen:

1. Es arbeiten zwei Walzen zusammen als *Walzenpaar*. In einem Walzenständer können mehrere solcher Walzenpaare angeordnet werden (Abb. 113). Die
Saat passiert dann die einzelnen Walzenpaare nacheinander und macht so viele
Durchgänge, als Walzenpaare vorhanden sind; es können auch mehrere, in der
Regel zwei Walzenpaare derart im gleichen Walzenständer eingebaut werden,
daß die Hälfte der Saat das eine, die andere Hälfte das andere Walzenpaar
passiert, die Saat also nur einen Durchgang erfährt. Derartige Walzenstühle
werden *Diagonalwalzwerke* genannt, weil zwecks Platzersparnis die Ebene,
welche durch die Achsen eines Walzenpaares läuft, in der Regel zur Horizontalen
steil geneigt ist, also gewissermaßen diagonal im Walzenrahmen steht. Jedes
Walzenpaar hat dann seine eigene Speisewalze.

2. Die Walzen sind übereinander im Walzenstuhl gelagert
(Abb. 114). Solche Walzwerke enthalten in der Regel fünf übereinanderliegende Walzen, die Lager
der untersten Walze haben also
das Gewicht sämtlicher fünf Walzen
zu tragen (*Mehrwalzenstühle*). Als
Anpressungsdruck wirkt hier das
über dem Walzenspalt liegende
Walzengewicht, das durch eine
auf die obere Walze drückende
Feder verstärkt werden kann.

Je nach der Zahl der in einem
Ständersatz übereinanderliegenden
Walzen unterscheidet man *Drei-,
Vier-, Fünfwalzenstühle* usw.

Im allgemeinen verzichtet
man aber auf den Federdruck auf
die oberste Walze, damit die Walzen
unter dem Druck von dazwischen-
geratenen Fremdkörpern leichter
nach oben ausweichen können, und
läßt nur das Walzengewicht als
Anpressungsdruck wirken.

Abb. 114. Fünfwalzenstuhl mit doppelseitigem Riemenantrieb (Ständerhälfte abnehmbar). (Friedr. Krupp-Grusonwerk A. G., Magdeburg-Buckau.)

Die Saat läuft zwischen der obersten und zweiten Walze durch, wird dann
abgestreift und durch ein Lenkblech zwischen zweite und dritte Walze eingeführt,
sodann zwischen dritte und vierte, zuletzt zwischen vierte und fünfte Walze.
Es kommt also die Oberfläche der obersten und untersten Walze einmal, die der
drei mittleren Walzen des Fünfwalzenstuhles zweimal mit der Saat in Berührung
(s. Abb. 115).

Bei den vier Durchgängen durch den Fünfwalzenstuhl erfährt die Saat eine
weit intensivere Zerkleinerung als in vier nacheinandergeschalteten Walzenpaaren mit gleichbemessenen Walzen und gleichem Anpressungsdruck.

Der Antrieb der oberen Walzen erfolgt von der unteren Walze des Fünfwalzenstuhles aus. Auf der Achse dieser, der dritten und der obersten Walze
sitzen Riemenscheiben, und Riemen übertragen die Bewegung von der unteren
auf die dritte und durch einen zweiten Riemen direkt von der unteren auf die
obere Walze (Abb. 114 u. 115). Die mittlere und die obere Walze werden von
beiden Seiten angetrieben, damit die durchlaufende Saat auch durch die Riemen-

spannung gleichmäßig belastet wird. Die untere Walze erhält beiderseitigen Riemenantrieb, weil man dann mit den beiden Lagern im Ständer auskommt und eine wesentliche Verstärkung der Walzenachse nicht nötig ist. Der früher häufig angewendete einseitige Antrieb erfordert ein Außenlager; es entstehen aber dann infolge der dreifachen Lagerung bei ungenauer Montage zusätzliche Biegungsbeanspruchungen, welche zum Bruch der Walzenachse führen.

Da die Walzen eines Fünfwalzenstuhles aufeinander laufen, so können sie nicht geriffelt werden; die Riffelung wäre sehr bald zerstört. Nur die zweit-

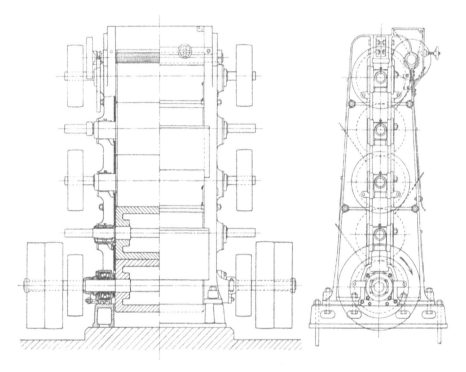

Abb. 115. Aufriß, Schnitt und Seitenansicht eines Fünfwalzenstuhles. (Harburger Eisen- und Bronzewerke A. G., Harburg-Wilhelmsburg.)

oberste Walze versieht man mit Einzugsriffeln, um das Einziehen der nur grob vorverkleinerten Saat zu erleichtern. Die Teilung der Einzugsriffeln beträgt etwa 30—40 mm, die Breite der Riffeln (oder eher Nuten) etwa 6 mm, die Tiefe der Nute 3 mm.

Die Riffeln werden schraubenförmig ausgeführt, damit die Walzen nicht ruckweise laufen und die Riffeln die Ebene, welche durch die beiden Walzenachsen gelegt werden kann, fortlaufend von einem Walzenende zum anderen passieren. Es wird dadurch ein sehr ruhiges Arbeiten erzielt. In der Draufsicht haben die Riffeln beider Walzen eines Walzenpaares die gleiche Steigung und schneiden sich an der Stelle, an der die Saat die Walzen berührt.

Die Fünfwalzenstühle fanden in Ölfabriken große Verbreitung, sie vereinigen hohe Leistung mit geringem Platzbedarf. Das Einziehen des Saatgutes ist allerdings schwieriger als bei nebeneinander angeordneten Walzenpaaren, bei denen das Gut direkt in den Walzenspalt hineinfällt. Dafür aber erfordern die Fünfwalzenstühle weniger Aufsicht.

Die Walzen werden aus Schalenhartguß hergestellt; sie sind hohl und haben eingezogene Stahlachsen. Wird die Anpressung durch Druck auf die Lager und nicht durch Eigengewicht erzeugt, so kommt der Druck zunächst auf die Walzenachse und dann über die Anpressungsstelle der Achse auf den Walzenmantel zur Wirkung. Die Walzenachse muß also, um ein Aufweiten zu vermeiden, an der Anpressungsstelle genügend stark bemessen sein.

Die zum Vorbrechen dienenden *Stachelwalzen* bestehen aus auf eine quadratische Achse mit angedrehten Achsenschenkeln aufgezogenen Scheiben mit ungerader Stachelzahl. Die Oberflächen der Stachelscheiben müssen äußerst hart und widerstandsfähig sein, der Kern muß zäh sein, um vorzeitiges Abbrechen der Stacheln zu verhüten.

Die Lagerung muß so konstruiert sein, daß kein Mahlgut oder Öl in die Lager gerät und die Schmierung behindert. Insbesondere gilt das für die Verarbeitung von feste Fette enthaltenden Saaten. Es genügt nicht, an der Durchtrittsstelle der Walzenachsen durch die Ständer besondere Abdichtungsplatten unterzubringen; am besten ist es, auf dem Walzenschenkel vor dem Lagerkörper Spritzringe anzuordnen, welche das entlang der Achse fließende, durch Saatteilchen verunreinigte Öl nach außen abschleudern.

In den oberen vier Walzen verwendet man häufig Callypsollager (Abb. 114), für die unteren Lager der Fünfwalzenstühle, deren Beanspruchung besonders groß ist, Wälzlager. Sehr gut haben sich Rollenlager bewährt; bei ihrer Anwendung ist aber zu berücksichtigen, daß sich die Walzen im Betrieb erwärmen und eine Ausdehnung, besonders in der Längsrichtung erfahren. Diese Ausdehnung beträgt rund 1 mm pro Meter; das eine Lager muß deshalb fest, das andere beweglich ausgeführt werden. Die Lagerkörper sollen in Kugelpfannen abgestützt sein, damit bei einseitiger Schrägstellung der Walzen infolge ungleichmäßiger Gutzufuhr kein Bruch der Wälzlager erfolgt. Letztere laufen bei sorgfältiger Konstruktion jahrelang ohne Störung.

Infolge der schraubenförmig verlaufenden Riffelung entsteht ein Schub auf die Walze in axialer Richtung; dieser Seitendruck darf sich keinesfalls durch die Stirnfläche der Walzen auf die Seitenfläche der Ständer übertragen, da sich die Walzen sonst in die Ständer einfressen. Der Seitendruck muß ebenfalls durch die Lager aufgenommen werden.

Durch das Gleiten der glatten Walzen aufeinander, als Folge ihrer Differentialgeschwindigkeit, erwärmen sie sich im Betrieb. Einrichtungen zur *Kühlung der Walzen* sind in Ölfabriken nicht üblich und auch bisher nicht erforderlich gewesen.

Die Walzenmäntel sind allseitig geschlossen, damit keine Ölsaatenteile in das Innere der Walze hineingeraten.

Auch bei Riemenantrieb haben die übereinanderliegenden Walzen des Fünfwalzenstuhles verschiedene Umfangsgeschwindigkeit. Infolge des Riemenschlupfes läuft die untere angetriebene Walze schneller als die über ihr liegenden. Ist z. B. die Drehzahl der unteren Walze 135 pro Minute (entsprechend zirka 4 m/sek. Umfangsgeschwindigkeit), so kann, je nach der Belastung, die Drehzahl der oberen Walze bis herab zu 120 Umdrehungen pro Minute betragen.

Die *Ständer der Walzwerke*, namentlich der Fünfwalzenstühle, sind so einzurichten, daß man jede beliebige Walze nach vorne herausnehmen kann, ohne die Lage der anderen Walzen irgendwie beeinflussen zu müssen und ohne daß man irgendwelche Teile beseitigen muß, die nicht zu der betreffenden Walze, ihrer Stützung oder ihrem Antriebsmechanismus gehören (Abb. 114 u. 115).

Die Ständer sollen auf einem stabilen Grundrahmen stehen und ihre Lage zum Grundrahmen durch kräftige Paßstifte gesichert sein. Nach den Seiten sind die Ständer besonders gut abzudichten, damit kein Mahlgut seitlich aus den Stühlen herausfällt. Die Seitenabdichtungen sind so auszuführen, daß sie möglichst ohne Nacharbeiten noch passen, wenn der Walzendurchmesser durch wiederholtes Abschleifen kleiner geworden ist.

Die Walzenstühle sind nach der Vor- und Rückseite durch leicht abnehmbare Blechverkleidungen zu verschließen, etwa vorhandene Zahnräder gegen Hineingreifen zu schützen, falls man es nicht vorzieht, sie in geschlossenem Schutzgehäuse völlig in Öl laufen zu lassen. Größter Wert ist bei Mehrwalzenstühlen darauf zu legen, daß man ohne Schwierigkeit nach jedem Walzendurchgang Mahlgutproben entnehmen kann, um die richtige Stellung und Arbeitsweise der Walzen kontrollieren zu können.

Die Abstreifer, welche an den Walzen haftendes Mahlgut entfernen sollen, müssen auf der ganzen Walzenlänge sauber anliegen und so fest angepreßt sein, daß nichts hindurchschlüpfen kann. Die Anpressung soll durch Hebel mit Gewichtsbelastung, nicht durch Federn erfolgen. Zu ihrer Herstellung dient Stahlblech hoher Festigkeit, welches aber weicher sein muß als das Walzenmaterial. Es ist zu beachten, daß der Schalenhartguß, aus dem die Walzen bestehen, zu Anfang eine außerordentlich hohe Härte hat. Jedoch verschleißt auch dieses Material, und die Walzen werden mit der Zeit unrund. Sie müssen dann aufs neue genau zylindrisch geschliffen werden, wobei man die Feststellung machen kann, daß die Härte nach der Achse der Walze zu allmählich abnimmt. Walzen bester Qualität weisen eine harte Schicht von etwa 20 mm Stärke auf, das danach folgende Material ist verhältnismäßig weich und verschleißt schnell.

Man stellt die Walzen aus Schalenhartguß her, weil dieses Material nicht blankläuft, sondern eine griffige Oberfläche behält, die das Saatgut leicht packt und in den Walzenspalt einzieht.

Aus den Walzen herausspringendes Saatgut darf nicht zwischen Riemenscheibe und Antriebsriemen gelangen; letztere würden sonst verschmieren und gleiten und durch das sauerwerdende Öl angegriffen werden.

Zum Antrieb sind Doppelriemen zu verwenden. Auch für den Antrieb der mittleren und der oberen Walze verwendet man Doppelriemen, da sie bei Überlastungen nicht leicht herunterfallen.

Speisevorrichtungen. Ausschlaggebend für die einwandfreie Zerkleinerung ist das gleichmäßige Arbeiten der Speisevorrichtung, welche das Mahlgut den Walzen zuführt. Sie besteht meist aus einer geriffelten Speisewalze, die das Mahlgut mitnimmt und in den Spalt der Walzenmühle fallen läßt. Diese Vorrichtung ist natürlich nur für grobkörniges, nicht schmierendes Gut verwendbar. Sie läuft in einem Trichter, die Menge des zuzuführenden Mahlgutes wird geregelt durch eine Klappe, welche um einen über der *Speisewalze* liegenden Drehpunkt pendelt; ihre Entfernung von der Walze wird durch Druckschrauben geregelt.

Für mehlartiges Gut verwendet man schnellaufende *Schüttelspeiser*; die Fläche, auf der das Mehl läuft, wird über die ganze Breite mit Querleisten versehen, über die das Gut stolpert und sich in der Breitenrichtung verteilt. Je nach der Klebrigkeit der Mehle werden die Schüttelspeiser verschieden steil gestellt.

Soweit über der Speisevorrichtung genügend Platz vorhanden ist, kann man die Zuführungsschnecke, falls sie parallel zu den Walzen läuft, mit einem einstellbaren Schlitz versehen, durch den das Mehl von den einzelnen Schneckenblättern gleichmäßig auf die Speisevorrichtung herabfällt. Zwischen Schneckenschlitz und Speisevorrichtung bringt man zweckmäßig eine Schurre an, welche das Mehl leitet und übermäßiges Verstauben verhindert. Es gelingt so, auch mehlartiges

Saatgut gleichmäßig zu verteilen und die Walzen gleichmäßig zu belasten, vor allem aber ein Hohllaufen infolge übermäßiger Beschickung der mittleren Teile der Walze zu verhindern.

Auch die Speisewalzen sollen nach Möglichkeit aus Schalenhartguß bestehen; die Nuten der Speisewalze sollen einen geringen Drall aufweisen, damit das Gut nicht ruckweise den Walzen zugeführt wird. Speisewalzen mit parallel zur Walzenachse verlaufenden Nuten geben z. B. beim Quetschen von Raps, dessen Schalen sehr hart sind, das Material ruckweise an den Walzenstuhl ab. Die Folge davon ist, daß die Quetschwalzen mit der Zeit eine vieleckige Form bekommen, und zwar findet man dann eine Beziehung zwischen der Eckenzahl der Quetschwalzen und der Nutenzahl der Speisewalze. Bei völlig gleichmäßiger Gutzufuhr kann ein solcher ungleichmäßiger Angriff der Quetschwalze nicht auftreten.

Der Antrieb der Speisewalzen erfolgt durch offene oder gekreuzte Riemen von einem Achsschenkel aus (Abb. 115). Da die Speisewalze manchmal, insbesondere bei schwacher Speisung, d. h. scharf angepreßter Regulierklappe, nennenswerte Widerstände zu überwinden hat, tut man gut daran, ihre Antriebsriemen und die Breite der Antriebsscheibe nicht zu gering zu bemessen. Die Umfangsgeschwindigkeit der Speisewalze beträgt etwa 0,3—0,5 m pro Sekunde.

Für gute Zugänglichkeit der Speisevorrichtung und Sichtbarkeit des Speisevorganges ist Sorge zu tragen, da nur dann das Bedienungspersonal diesem so wichtigen Vorgang genügende Beachtung schenken kann und jederzeit eine Kontrolle möglich ist. An hohen Walzwerken sollen besondere, leicht zugängliche Bedienungspodeste angebracht sein, von welchen aus der Müller das genaue Einstellen der Speisung vornimmt.

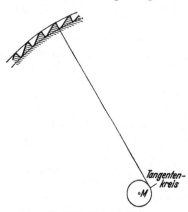

Abb. 116. Walzenriffelung.
M Walzenachse, gleichzeitig Mittelpunkt des Tangentenkreises.

Die Riffeln werden auf besonderen Maschinen in die Walzenoberfläche eingehobelt, während die Walze gleichzeitig eine Drehbewegung erhält, durch die der Drall der Riffelung erzeugt wird. Vor der Riffelung werden die Walzen auf besonderen Walzenschleifmaschinen peinlich genau rundgeschliffen. Besonders ist darauf zu achten, daß die Achsschenkel vor Beginn des Schleifens vollkommen zylindrisch sind, da mit ihrer Hilfe die Walzen auf der Schleifmaschine gelagert werden und jede Unrundheit der Achsschenkel sich im Verhältnis von Achsschenkeldurchmesser zu Walzendurchmesser auf die Walzenoberfläche überträgt. Ist also der Achsschenkel eiförmig abgenutzt, so wird auch die Walzenoberfläche eiförmig.

Die Riffelung (Abb. 116) ist so zu wählen, daß die Vertiefungen zwischen den einzelnen Riffeln kein eingepreßtes Mahlgut festhalten. Die Grundwinkel der Riffelung sind nicht spitzer als 85⁰ zu wählen. Ist der Grundwinkel zu spitz, insbesondere aber der Brustwinkel der Riffel nach innen geneigt, so neigt die Walze bei Verarbeitung auch nur schwach klebender Saaten zum Wickeln, d. h. das verarbeitete Mahlgut klebt vornehmlich an den Riffeln fest, und die Walzenoberfläche bedeckt sich nach wenigen Umdrehungen mit einer Mahlgutschicht, was eine weitere Zerkleinerung unmöglich macht. Auch die Anordnung von Abstreifern schafft hier keine Abhilfe.

An den Enden schrägt man die Walzen zweckmäßig stark ab, d. h. der vollkommen zylindrische Walzenballen wird an den Enden mit einer Schräge von 45⁰ versehen, und zwar auf einer Breite von etwa 15 mm. Diese Abschrägung verhindert das Ausbrechen des Walzenmaterials bei der Riffelung und im Betrieb. Die Walzen haben nämlich bei ungleichmäßiger, insbesondere bei einseitiger Beschickung die Neigung, sich schräg zueinander zu stellen, wodurch die Walzenkanten leicht zum Aufeinanderlaufen kommen. Es entstehen dadurch ganz gewaltige Pressungen, d. h. hohe Beanspruchungen, denen das Material nicht gewachsen ist. Der spröde Hartguß springt dann an den Walzenenden weg, und es bilden sich unregelmäßige, ausgebrochene Ränder, welche nicht nur unschön wirken, sondern den sehr realen Nachteil haben, daß Mahlgut unzerkleinert hindurchläuft. Durch die Abschrägung wird das Ausbrechen wirksam verhindert. Die Breite der Abschrägung sollte für alle

Walzen die gleiche sein, so daß der zylindrische Teil der Walzenballen stets genau die gleiche Breite hat und somit alle Walzen genau aufeinander laufen. In den Zwickel, der auf diese Weise an den Walzenenden entsteht, werden sogenannte Herzstücke aus weichem und standfestem Material genau eingepaßt. Diese Herzstücke verhindern, daß durch die an den Walzenenden entstandenen Zwickel unzerkleinertes Mahlgut hindurchläuft. Sie werden an den Walzenständern angeschraubt und müssen nach jedesmaligem Abschleifen der Walzen ganz genau nachgearbeitet werden, da infolge der Durchmesserverringerung sich die Lage der beweglichen Walze im Ständer ändert und auch die feste Walze ihre Lage nicht genau beibehält, da der Walzenballen um das Maß der Halbmesserverringerung zur Walzenachse zu zurücktritt.

Auf genaue Seitenabdichtung der Walzen durch gut passende Herzstücke ist größte Sorgfalt zu verwenden. Dabei ist der Längenausdehnung der Walzen durch Erwärmung Rechnung zu tragen. Bei Walzen von 1000 mm Länge beträgt der Abstand der Ständer 1002 mm. Die Antriebsseite des Walzwerkes gilt bei Einzelantrieb als Festseite, und die Walzen werden hier mit einem Spiel von 0,5 mm montiert, so daß in kaltem Zustand an der Losseite ein Spiel von 1,5 mm besteht. In erwärmtem Zustand dehnt sich die Walze in der Längsrichtung um rund 1 mm aus, so daß dann auch auf der Losseite ein Spiel von 0,5 mm zwischen Walze und Ständer verbleibt.

Die Zerkleinerungsleistung der Walzwerke ist abhängig von der verarbeiteten Saatgutmenge, von der Länge des Walzenballens und dem auf das Mahlgut ausgeübten Druck. Außerdem steigt innerhalb gewisser Grenzen die Mengenleistung mit der Drehzahl, die Antriebsleistung natürlich ebenfalls. In der Regel laufen glatte Walzen mit einer Umfangsgeschwindigkeit von 3,5—4 m pro Sekunde. Die Vorgänge bei der Zerkleinerung von Ölsaaten sind der Rechnung zugänglich unter Berücksichtigung der bekannten Zerkleinerungsgesetze von RITTINGER und HELBIG[1].

Man strebt — soweit wirtschaftlich zu rechtfertigen — stets einen möglichst großen Walzendurchmesser an, um das Mahlgut sicher einziehen zu können. Bei Fünfwalzenstühlen, bei denen der Druck durch das Eigengewicht der Walzen erzeugt wird, steigt infolge gleichbleibender Wandstärke mit der Vergrößerung des Durchmessers gleichzeitig das Walzengewicht und damit die Mengenleistung pro Zentimeter Walzenbreite.

Als Anhaltspunkt für die Mengenleistung mögen folgende Zahlen dienen: *Copravorbrecher* mit Walzen von zirka 400 mm Durchmesser leisten zirka 50 kg, *Copraschrotwalzwerke* etwa 35 kg pro Zentimeter Walzenbreite und Stunde.

Die Leistung von *Palmkernbrechern* beträgt 25—35 kg pro Zentimeter Walzenbreite und Stunde, was gegenüber Copra einen wesentlichen Rückgang bedeutet. Dies ist darauf zurückzuführen, daß die grobstückige Copra im ersten Stadium der Zerkleinerung außerordentlich schnell gebrochen werden kann, während Palmkerne, die an und für sich schon eine wesentlich geringere Korngröße aufweisen und sehr hart sind, einen beträchtlich größeren Leistungsaufwand benötigen. *Fünfwalzenstühle* leisten bei der Zerkleinerung für die Vorpressenanlage $12^1/_2$—25 kg pro Zentimeter Walzenbreite und Stunde. Bei der Verarbeitung vorgepreßter Saat beträgt die Leistung pro cm Walzenbreite und Stunde 7 kg beim ersten Gang, beim zweiten Gang rund 5 kg. Diese Zahlen gelten für Ölsaaten, welche schwer zu zerkleinern sind, wie Copra, Palmkerne, Leinsaat, Raps, Mohn und für Walzen von 600 mm Durchmesser. Zur Vorzerkleinerung weicher Saat, z. B. von Erdnüssen, genügt meist ein Durchgang durch ein Riffelwalzenpaar, wobei Leistungen von 30—50 kg pro cm Walzenbreite und pro Stunde erreicht werden. Für die Nachzerkleinerung von Erdnüssen genügt ein Durchgang durch einen Fünfwalzenstuhl mit Walzen von 600 mm Durchmesser bei einer stündlichen Belastung des Zentimeters Walzenbreite mit 15—25 kg.

Die Länge der Walzen schwankt zwischen 800 und 1500 mm. Mit zu-

[1] F. E. H. KOCH: Dissertation. T. H. München. 1933. — S. auch RÜHLMANN: Allg. Maschinenlehre, Bd. 2. (1877). — SELLNICK: Die Müllerei mit Walzen, Leipzig 1878, und die Fachliteratur über Mahlmühlen und Werkzeugmaschinen.

nehmender Länge wächst die Bedeutung gleichmäßiger Speisung ganz erheblich. Denn der Durchsatz von Walzwerken mit großen Walzenlängen ist sehr groß und daher ein Fehler in der Speisung ebenfalls besonders schwerwiegend. Im Prinzip steht der Konstruktion noch breiterer Walzwerke nichts entgegen. Es müssen dann aber die Walzen besonders zuverlässig auf Formänderung nachgerechnet werden, und zwar sowohl auf Durchbiegung in Richtung der Walzenachse, als auf Abplattung in der Richtung senkrecht dazu. Die Rechnung ist schwierig, gibt aber bei Zugrundelegung gleichbleibender Verhältnisse immerhin einen Einblick in die Formänderungsmöglichkeiten von Walzen, und daraus ergeben sich wertvolle Fingerzeige für deren Bemessung.

Das hohe Gewicht der Walzen und Riemenscheiben erfordert es, daß sie genau ausgewuchtet werden. Das gleiche gilt für die Kuppelzahnräder, welche auf den Walzenachsen sitzen. Schon bei geringen Schwerpunktsverlagerungen ergibt sich eine ganz erstaunlich hohe Fliehkraftwirkung der exzentrisch gelagerten Massen, welche nicht nur hohe Lagerbeanspruchungen, sondern auch baldiges Unrundwerden der Walzen und erhebliche Erschütterungen zur Folge hat. Die Walzen sind deshalb vor Einbau in die Walzwerke nicht nur statisch, sondern auch dynamisch genau auszuwuchten.

Für einwandfreie Zerkleinerung stark ölhaltiger Saaten ist genügende Vorpressung von großer Bedeutung. Die Differentialgeschwindigkeit zwischen den Walzen der einzelnen Zerkleinerungsmaschinen ruft Erwärmungen hervor, welche den Ölaustritt aus der Saat begünstigen. Dadurch tritt außerordentlich starkes Schmieren der Walzen ein, welches nicht nur die ganze Umgebung verunreinigt, sondern außerdem zu Ölverlusten und zu noch größerer Differentialgeschwindigkeit zwischen angetriebener und Schleppwalze führt. Dadurch steigt aber wiederum die Erwärmung und das Übel wird noch verstärkt.

Gut zerkleinerte Palmkerne liefern z. B. nach einmaliger Pressung in Seiherpressen Rückstände mit etwa *4,5% Ölgehalt*. So weitgehend zerkleinerte Palmkerne geben aber einen Teil ihres Öles schon in den Walzwerken ab, was sich in der Betriebsführung durch Verschmieren der Walzen usw. recht unangenehm bemerkbar macht. Werden dagegen die Palmkerne nur auf etwa 2 mm zerkleinert, so tritt das Öl noch nicht aus; durch Vorpressung kann man die grob vorzerkleinerten Palmkerne so weit entölen, daß sich der Rückstand ohne Schwierigkeiten weiter zerkleinern läßt. Natürlich wird durch die Vorpressung auch die Leistung der auf die Vorpreßanlage folgenden Walzwerke gesteigert.

Die Art der zur Zerkleinerung verwendeten Maschinen ist für das in der Presserei erzielbare Ergebnis durchaus nicht gleichgültig. Man kann z. B. mit *Dismembratoren* oder *Desintegratoren* eine sehr feine Mahlung erzielen, merkwürdigerweise gelingt es aber nicht, aus dem Mahlgut das Öl ebenso weitgehend auszupressen, wie aus gewalzter Saat. Wichtig ist nämlich, daß das Mahlgut, zum mindesten aber ein erheblicher Teil davon, blättrige Struktur hat, die aber nur mit Maschinen zu erzielen ist, welche auf die Saat in einer bevorzugten Richtung einen starken Druck ausüben, wie dies bei Walzen der Fall ist. Zudem hat blättriges Material bei gleicher Korngröße eine größere spezifische Oberfläche als unregelmäßig geformtes Mahlgut, so daß in der Gewichtseinheit eine bedeutend größere Fläche für den Ölaustritt verfügbar ist. Ferner liegt blättriges Material fester in den Pressen, da sich die Blättchen leicht schichten. Sie werden deshalb durch das austretende Öl nicht so leicht fortgeschwemmt wie pulverförmiges Mahlgut. Dieses zeigt sich besonders deutlich bei der Extraktion von Sojabohnen, für die blättriges Material notwendig ist, da es die Eigenschaft hat, in den Extrakteuren dicht zu liegen, ohne jedoch unzugängliche Nester zu bilden, in welche das Lösemittel nicht eindringen kann.

2. Walzenschleif- und Riffelmaschinen.

Kleinere Fabriken lassen das Nachschleifen oder Riffeln der Walzen in Maschinenfabriken ausführen; größere Ölfabriken müssen in der Lage sein, diese Arbeiten selbst vornehmen zu können. Sie sind deshalb mit den Maschinen ausgerüstet, welche notwendig sind, um die abgenutzten Walzen wieder auf genaue Zylinderform nachzuschleifen, die Walzenzapfen zu egalisieren und die Walzenballen mit Riffeln zu versehen.

Das Abschleifen der sehr harten Schalenhartgußwalzen geht verhältnismäßig langsam vor sich. Die Walze wird auf einem auf dem Bett der Maschine mittels Schraubenspindel verschiebbaren Tisch in Gleitlagern gelagert (Abb. 117) und an einer feststehenden rotierenden Schleifscheibe vorbeigeführt. Die Walze wird gleichzeitig in Umdrehung versetzt durch einen vom Deckenvorgelege angetriebenen Riemen, dessen Scheibe mindestens die Länge der Walze haben muß.

Abb. 117. Selbsttätige Walzenschleifmaschine. Beachte: Verlagerung der Walze durch Riemenzug vermieden mittels besonders gelagerter Antriebscheibe. (Rudolph Herrmann, Leipzig-Mölkau.)

Durch die gleichzeitige Rotation von Walze und Schleifscheibe wird erstere kreisrund geschliffen; durch die Längsbewegung des Tisches, auf welchem die Walze in ihren Lagern ruht, wird die Begrenzungslinie des Walzenumfanges genau gerade, soweit das Bett der Maschine in einwandfreiem Zustande ist. Bei der geringsten Schrägstellung der Walzenachse gegenüber der Achse des Maschinenbettes würde die Walze Kegelform erhalten. Vor Beginn des Schleifens muß nachgeprüft werden, ob die Walzenzapfen, auf die die Walze gelagert wird, genau zylindrisch sind. Eine beispielsweise elliptische Form der Zapfen würde sich beim Schleifen auf die Walze übertragen. Gut eingerichtete Betriebe schleifen deshalb auch die Walzenzapfen vor dem Schleifen des Walzenballens.

Um mehrere Werkzeugmaschinen von einem Mann gleichzeitig beaufsichtigen lassen zu können, hat man die Nachstellung der Schleifscheibe automatisch gestaltet. Nachdem die Walze auf ihrer ganzen Ballenfläche völlig rund bearbeitet ist, wird der Vorschub der Schleifscheibe abgestellt; die Walze läuft noch einige Male unter der Schleifscheibe hin und her, bis sie Spiegelglanz erhalten hat. Hierauf werden die Enden der Ballenfläche abgeschrägt. Wird diese Abschrägung nicht ausgeführt, so bricht (S. 580) die Walze bei ungleichmäßiger Beschickung oder Hineingeraten von Fremdkörpern aus. Eine vorzügliche Verhütungsmaßnahme ist die Abschrägung von 15 mm unter einem Winkel von 45°. Bedingung ist natürlich, daß die Walzen im Walzenstuhl gegen das Hindurchtreten von unzerkleinertem Material durch den Zwickel an den Walzenenden sorgfältig abgedichtet werden.

Von mit Rollenlagern versehenen Achsschenkeln werden die mittels Klemmhülse befestigten Laufringe abgezogen, so daß die Lagerung in der Schleifmaschine an der durch die Spannhülse geschonten Stelle der Achse erfolgen kann, oder aber man läßt die Walze, wenn warm aufgezogene Laufringe verwendet wurden, auf letzteren laufen, da sie glashart und bei genügender Schmierung und Schutz vor Schleifstaub nicht gefährdet sind.

Das *Riffeln der Walzen* kann nach Anbringung von Zusatzvorrichtungen auf den gleichen Schleifmaschinen erfolgen; besser jedoch ist es, die Riffelarbeit auf *Riffelmaschinen* nach Abb. 118 vorzunehmen. Besonders stabil müssen diese Maschinen bei der Bearbeitung von Hartgußwalzen sein. Die Längsbewegung

Abb. 118. Selbsttätige Walzenriffelmaschine. (Rudolph Herrmann, Leipzig-Mölkau.)

der Walze an dem feststehenden Riffelstahl vorbei wird, wie bei der Schleifmaschine, durch eine Schraubenspindel besorgt. Da aber die Riffeln schraubenförmig auf der Walzenoberfläche laufen, muß die Walze gleichzeitig um ein bestimmtes Maß gedreht werden. Es wird hierzu auf dem Walzenzapfen ein Zahnkranz angebracht, welcher durch eine Zahnstange entsprechend der Längsbewegung der Walze gedreht wird. Angetrieben wird die Zahnstange durch einen in einer schrägen Führung laufenden Stein. Die Schrägstellung der Führung ergibt das Maß für die Verdrehung der Walze während eines Hubes der Riffelmaschine. Der Zahnkranzantrieb ist gleichzeitig mit einer Schaltvorrichtung ausgerüstet, welche die Walze nach Rückgang in ihre Ausgangslage um eine Riffel weiterschaltet. Die Riffelungsgeschwindigkeit beträgt etwa 0,6 m pro Minute. Gewisse Schneidmetalle lassen aber eine bedeutende Steigerung dieser Geschwindigkeit zu. Um den Riffelvorgang noch weiter zu beschleunigen, läßt man bis zu vier Schneidestähle, welche auf verschiedene Schnittiefen eingestellt sind, gleichzeitig arbeiten, so daß die Walze nach einem Rundgang fertiggeriffelt ist. Es gelingt so, eine Walze von 600 mm Durchmesser und 1200 mm Länge in zwölf Arbeitsstunden vollständig zu riffeln.

Sorgt man für die Beseitigung des beim Schleifen entstehenden Staubes, so können die Schleif- und Riffelmaschinen in dem gleichen Raum aufgestellt werden, in welchem auch andere Werkzeugmaschinen arbeiten.

b) Kollergänge.

Der *Kollergang* besteht aus einem oder mehreren radartigen schweren Steinen, welche im Kreise um eine Achse rollen (Abb. 119—122), mit der sie verbunden sind und von der aus sie ihren Antrieb erhalten. Die Rollbahn, auf der sich die Steine bewegen, besteht in der Regel ebenfalls aus Stein. Die bewegten Steine sind die *Läufer*; sie kreisen um die vertikale Achse, den *Königsstock*, und rollen auf dem das Mahlgut tragenden *Bodenstein*. Da die auf dem Bodenstein liegende Mahlgutschicht, je nach der Beschickung, verschieden stark sein kann, müssen die Läufer in der Höhe ausweichen können, was dadurch möglich gemacht wird, daß man sie über einen Kurbelarm mit der Königswelle kuppelt.

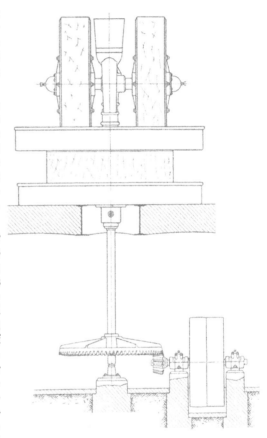

Die Verbindungslinie der Zapfen des Kurbelarmes liegt normalerweise etwa waagerecht. Der Kurbelarm ist verhältnismäßig kurz gehalten und muß mit Rücksicht auf die starken Fliehkräfte, die infolge des hohen Gewichtes der Läufer auftreten, außerordentlich stark ausgeführt sein.

Die Mantelfläche der Läufer ist zylindrisch. Infolgedessen rollt sie nicht auf dem Bodenstein ab; der innere Kreis des Läufersteines eilt vielmehr gegenüber dem mittleren Kreis des Läufers voraus und rutscht deshalb auf dem Bodenstein; auch der äußere Kreis rutscht auf dem Bodenstein, weil seine Umfangsgeschwindigkeit gegenüber der durch seinen Achsenabstand bedingten geringer ist. Die Folge davon ist, daß neben der *Quetschwirkung* ein *Kneten* des Mahlgutes stattfindet, welches der Zerkleinerung sehr förderlich ist. Der Bodenstein ist außen von einer anschließenden Zarge umgeben, um das Herunterfallen von

Abb. 119. Kollergang mit Unterantrieb. (Christiansen und Meyer, Harburg-Wilhelmsburg.)

Mehl zu verhindern (Abb. 120, 121). Mit den Läufersteinen läuft ein Scharrwerk um, welches das gequetschte und gemahlene Gut wendet und auf dem Bodenstein verschiebt. Das Scharrwerk besitzt zwei Schaufeln. Die eine schafft das Mahlgut von der Mitte des Bodensteines, die andere von der Zarge, also von außen her, zur Mahlfläche (Abb. 122). Von dieser wird es durch die Mahlwirkung und durch das Gewicht der Steine immer wieder verdrängt. An einer Stelle des Umfanges ist die an den Bodenstein anschließende Fläche der Zarge durch ein Sieb unterbrochen, durch welches fertig gemahlenes Gut herausfallen kann. Durch das Scharrwerk und die Quetschwirkung der Läufersteine wandert das Mahlgut allmählich im Kreise um den ganzen Bodenstein herum. Die

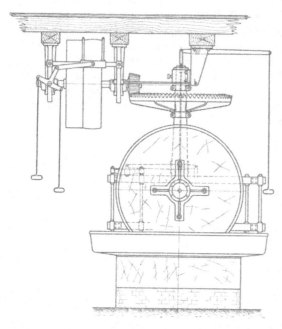

Abb. 120. Kollergang mit Oberantrieb, für periodische Beschickung. (Christiansen und Meyer, Harburg-Wilhelmsburg.)

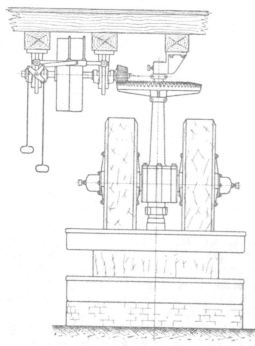

Abb. 121. Kollergang (Oberantrieb) mit Absiebung. (Christiansen und Meyer, Harburg-Wilhelmsburg.)

Aufgabestelle liegt neben der Ausfallöffnung, jedoch in der Umlaufrichtung versetzt, so daß das Mahlgut auf dem Bodenstein einen langen Weg beschreiben muß. Boden- und Läufersteine werden in der Regel in Granit ausgeführt.

In der Mitte des Bodensteines befindet sich das Lager für den Königsstock. Das andere Lager ist entweder oberhalb der Läufer oder unterhalb des Bodensteines angebracht, je nachdem, ob der Antrieb von oben (Abb. 121) oder von unten (Abb. 119) erfolgt. Gewöhnlich wird außer dem Scharrwerk auch noch eine besondere Entleerungsschaufel vorgesehen, welche in angehobenem Zustand mit dem Scharrwerk umläuft und nur dann, wenn die Mahlbahn völlig freigemacht werden soll, auf dem Bodenstein aufsitzt und das gesamte aufliegende Mahlgut nach außen auf die Zarge und an dieser entlang zur Entleerungsöffnung schafft.

Der Antrieb der Kollergänge erfolgt durch kräftige Kegelradgetriebe, welche leider meistens sehr geräuschvoll arbeiten, weil die großen Kegelräder unter dem Zahndruck erhebliche Formänderungen erleiden, so daß der Eingriff der Verzahnung ungenau wird. Aus Ersparnisgründen werden zumeist unbearbeitete Zahnräder verwendet; die modernsten Maschinen erhalten völlig gekapselte, in Öl laufende Zahnradgetriebe mit bearbeiteten Zähnen.

Die Kollergänge liefern ein vorzüglich gemahlenes, weiches, griffiges Mahlgut, wie es andere Zerkleinerungsmaschinen infolge fehlender Knetwirkung kaum herzustellen vermögen. Außerdem haben sie die nützliche Eigenschaft, daß die dem Mahlgut beigegebene Feuchtigkeit sehr gleichmäßig und intensiv in die Masse hineinkneten, ohne daß man die Bildung von Knollen befürchten muß.

Man findet deshalb Kollergänge häufig noch in Betrieben, welche größere Mengen ihrer Kuchen zu Mehl vermahlen, denn das auf Kollergängen gemahlene Mehl ist bei den Abnehmern sehr beliebt. Daß die Weichgriffigkeit mit der Qualität der verarbeiteten Saat nichts zu tun und daher auf die Güte und den Nährwert des Futtermittels keinen Einfluß hat, wird nicht immer beachtet.

Der Kollergang hat aber den großen Nachteil geringer Mengenleistung bei erheblichem Kraftbedarf. Ein Kollergang mit Steinen von 2000 mm Durchmesser und 500 mm Breite leistet in 24 Stunden zirka 15 bis 25 Tonnen als Maximum. Es ist klar, daß Betriebe mit den heute nicht seltenen Tagesleistungen von

Abb. 122. Kollergang mit Oberantrieb. Beachte: Kurbelanlenkung der Steine. (Friedr. Krupp-Grusonwerk A. G., Magdeburg-Buckau.)

400 bis 800 Tonnen die erforderliche Anzahl Kollergänge neben den übrigen Zerkleinerungsmaschinen kaum unterbringen können.

c) Schlagkreuz- und Schleudermühlen.

Zur Zerkleinerung von Ölkuchen und Kuchenschnitzeln verwendet man häufig Maschinen, deren Prinzip die Zertrümmerung durch Schlag ist. Gewöhnlich bestehen derartige Mühlen aus an einer Scheibe angebrachten, schnell bewegten Bolzen, Stiften, Klötzen, Schlägern od. dgl., welche von einem Gehäuse umschlossen sind, in dem die Scheibe umläuft (Abb. 123, 124, 125). Die an der Scheibe sitzenden Schlagkörper schlagen gegen das eingeworfene, nicht unterstützte bzw. schwebende Mahlgut. Hohe Geschwindigkeit der Schlagkör-

Abb. 123. Schlagkreuzmühle, geöffnet. Beachte: Gerippte Gehäusewände, gerippter Siebrost. (H. Bauermeister, Altona/Elbe.)

per ist Voraussetzung für richtige Zerkleinerung. Die zu zerkleinernden Stücke werden gewissermaßen zerschmettert. Die Wirkung der umlaufenden Schläger wird unterstützt durch entsprechende Ausbildung des Gehäuses, welches zumeist Vorsprünge in Form von Rippen, Stiften, Klötzen u. dgl. erhält, gegen welche die getroffenen Mahlgutstücke prallen. Damit das ausreichend zerkleinerte

Gut die Mühle schnellstens verlassen kann, werden einzelne Mühlenarten am äußeren Umfang mit einem Sieb versehen, welches ungenügend zerkleinertes Mahlgut zurückhält.

Die wichtigsten Zerkleinerungsmaschinen dieser Art sind die

Schlagkreuzmühlen. Sie bestehen aus einer schnell rotierenden Scheibe, welche am Umfang mit starken Schlägern besetzt ist (Abb. 123). In der Regel werden vier oder sechs Schläger auf dem Umfang der Scheibe angeordnet. Sie müssen besonders sorgfältig an der Scheibe befestigt sein, da die Rückwirkung der Schläge die Befestigungselemente sehr stark beansprucht. Die Gehäusewandungen sind zu beiden Seiten des Schlagkreuzes mit Rippen besetzt, gegen die das Mahlgut anprallt und von denen es in die Bahn der Schläger zurückgeworfen wird. Nach außen wird die Bahn der Schläger durch Siebe begrenzt, welche das fertig zerkleinerte Mahlgut austreten lassen; es fällt zwischen Sieb und Gehäusewand herab und wird von einer Schnecke, welche unter der unteren Auslauföffnung des Gehäuses angeordnet ist, hinwegbefördert.

Das Mahlgut wird in Richtung der Mitte des Schlägersternes aufgegeben und durch Rippen auf der Nabe des Schlägersternes nach außen geschleudert, wo es in den Bereich der Schläger gelangt. Die Zuteilung des Mahlgutes erfolgt durch eine gleichmäßig

Abb. 124. Schlagstiftmühle. (H. Bauermeister, Altona/Elbe.)

Abb. 125. „Perplex"-Mühle, geöffnet. Beachte: Siebkorb.
(Miag, Mühlenbau- und Industrie-A. G., Braunschweig.)

wirkende Schüttelvorrichtung. Die hohe Umlaufgeschwindigkeit des Schlägersternes hat eine sehr kräftige Beschleunigungswirkung auch auf die in der

Mühle befindliche Luft zur Folge, so daß die Schlagkreuzmühle gleichzeitig als Ventilator wirkt. Die Luft verläßt mit dem Mahlgut durch das Sieb hindurch die Mühle. Der erzeugte starke Luftstrom kann, da er feines Mahlgut mit sich führt, äußerst lästig werden, weshalb manche Bauarten der Schlagkreuzmühlen besondere angegossene Stutzen erhalten, an denen große Filterschläuche befestigt werden, durch welche die Luft austreten kann, während das feine Mahlgut zurückgehalten wird und das Gehäuse durch die untere Auslauföffnung verläßt. Je größer die Filterschläuche bemessen sind, desto schwächer ist der Überdruck im Innern der Mühle, desto geringer deshalb auch die Staubentwicklung in ihrer Umgebung. Die außerordentlich starke Luftwirbelung im Innern der Mühle hat einen hohen Kraftbedarf zur Folge, welcher bei sehr schnell laufenden Mühlen den wesentlichsten Bestandteil des gesamten Energiebedarfes ausmacht.

Infolge ihrer Einfachheit sind Schlagkreuzmühlen sehr verbreitet. Selbstverständlich müssen alle Mühlen, welche mit schnell bewegten Schlagelementen arbeiten, sehr sorgfältig davor geschützt werden, daß Eisenteile mit dem Mahlgut hineingeraten; diese werden durch das außerordentlich starke Herumschleudern im Innern der Mühle so stark erwärmt, daß kräftige Funkenbildungen, Brände und sogar Staubexplosionen auftreten, welche völlige Zerstörung der gesamten Zerkleinerungsanlage zur Folge haben können, zumal der Mehlstaub sehr leicht entzündlich ist. Brände der Filterschläuche sind deshalb bei ungenügend geschützten Mühlen keine Seltenheit. Nur die Anwendung von Elektroschutzmagneten mit sehr starkem Magnetfeld schützt in ausreichendem Maße vor solchen Gefahren.

Die sog. *Perplex-* oder *Stiftscheibenmühle* (Abb. 125) besteht aus einer schnell umlaufenden Scheibe, deren eine Seitenfläche (oder auch beide) mit mehreren Stiftkränzen, die zwischen feststehenden, am Gehäuse angeordneten Stiftscheiben rotieren, besetzt ist. Infolge der größeren Anzahl der Stifte ist die Zerkleinerungswirkung noch kräftiger als bei der Schlagkreuzmühle, um so größer allerdings auch die Gefahr von Bränden beim Hineingeraten von Eisenteilen oder Steinen. Aus letzterem Grunde ist ihre Anwendung in der Ölsaaten- und Kuchenmüllerei zurückgegangen.

Nahe verwandt mit der Schlagkreuzmühle ist die *Schlagnasenmühle*, bei der am Umfang der rotierenden Scheibe eine geringe Zahl kräftiger Klötze oder Nasen angeordnet ist, welche das Mahlgut zertrümmern. Ihre Leistung steht jedoch hinter der der Schlagkreuzmühle oder der Perplexmühle zurück, da die Wahrscheinlichkeit, daß das Mahlgut in den Schlagbereich der Nasen gerät, geringer ist. Der Perplexmühle nahe verwandt ist der *Desintegrator*: eine mit Stiftkränzen versehene Scheibe bewegt sich zwischen den Kränzen einer zweiten, in entgegengesetztem Sinne umlaufenden Scheibe.

Das Mahlgut wird ebenfalls in der Mitte zugeführt und auf seinem Wege nach außen durch den Schlag der entgegengesetzt umlaufenden Stiftkränze zertrümmert. Die Scheiben sind von einem Blechgehäuse umgeben, welches zur Reinigung der Mühle leicht abgehoben werden kann. Das nach außen gelangte zerkleinerte Mahlgut fällt durch eine untere Entleerungsöffnung in eine Transportvorrichtung. Zum Auswechseln müssen die Stiftscheiben mit ihren Kränzen so weit auseinandergefahren werden, daß das Herausnehmen der Wellen aus ihren Lagern möglich wird. Die Stiftreihen sind an ihren freien Enden durch gemeinsame Deckkränze verbunden, was der Haltbarkeit der Stifte außerordentlich zugute kommt. In bezug auf Feuergefahr durch hineingeratenes Eisen scheinen Desintegratoren weniger empfindlich zu sein als die anderen Schleudermühlen, zumal sie in der Regel mit geringerer Umfangsgeschwindigkeit laufen.

Für den Betrieb aller genannten Schleudermühlen ist Haupterfordernis Verwendung erstklassigen Materials und peinlich genaue statische und dynamische

Auswuchtung der schnell umlaufenden Teile, sowie leichte Auswechselbarkeit derjenigen Teile, welche raschem Verschleiß unterliegen, also in erster Linie der Schlagelemente und Siebe.

Der Antrieb der Mühle erfolgt entweder von der Transmission aus, heutzutage häufig durch direkt gekuppelte Elektromotoren. Die Verbindung von Motor und Mühle erfolgt dann über eine kraftschlüssige elastische Kupplung. Kraftschlüssig muß die Kupplung deshalb sein, weil sie sonst infolge von Beschleunigungs- oder Verzögerungskräften zu schnell zerstört würde. Soweit die Mühlen mit nur einer umlaufenden Scheibe ausgerüstet sind, kann man in der Regel im Gehäuse eine Tür anbringen, welche leichte Auswechselung des Schlagelementes gestattet. Die Tür soll mit einer Verriegelung ausgestattet sein, um zu verhindern, daß die Mühle in Gang gesetzt werden kann, ehe die Türe völlig geschlossen ist und der Verschlußmechanismus sie in ihrer Schlußstellung festhält.

Um die Staubentwicklung herabzusetzen, ist, wie erwähnt, die Anbringung von Filterschläuchen am Mühlengehäuse sehr erwünscht. Außerdem sollte man aber alle mehlführenden Transportvorrichtungen unter geringen Unterdruck setzen und die abgesaugte Luft durch einen Schlauchfilter vom Staub befreien.

d) Excelsiormühlen.

Zur *Zerkleinerung von Schalen, Kuchenbrocken* u. dgl. sind noch Mühlen im Gebrauch, welche in ihrer Anordnung den Stiftscheibenmühlen ähneln, aber nicht durch Schlagwirkung der Stifte arbeiten, sondern das Material zer-

Abb. 126. Scheibenmühle, auch zur Schälung geeignet. Beachte: Momentanverstellung der Scheibenentfernung.
(Friedr. Krupp-Grusonwerk A. G., Magdeburg-Buckau.)

reißen. Sie sind unter dem Namen *Excelsiormühlen* bekannt und bestehen aus zwei gegeneinander mit geringem, einstellbarem Abstand angeordneten Scheiben mit zackenartigen Vorsprüngen; die Zacken der einen Scheibe greifen in die kreisförmigen Furchen der anderen. Das Material wird auch hier in der Mitte der Scheiben zugeführt, durch Fliehkraftwirkung allmählich nach außen getrieben und durch die Schneidewirkung der Zacken zerrissen. In der Mitte stehen die Zacken in größeren Abständen, so daß hier die verhältnismäßig großen Stücke gut angegriffen werden; der Abstand der auf Kreislinien angeordneten Zacken vermindert sich, je weiter man nach außen kommt. Die Scheiben werden aus besonders hartem und verschleißfestem Guß hergestellt. Die Drehrichtung der bewegten Scheibe kann umgekehrt werden, so daß auch die Rückseite der

Zacken zur Zerkleinerung benutzt werden kann, nachdem deren Vorderseite stumpf geworden ist. Meistens ist aber auch die Rückseite mit Zacken versehen, so daß abgenutzte Scheiben nach umgekehrtem Einspannen nochmals verwendet werden können.

Auch diese Mühlen werden leicht durch Eisenteile zerstört und müssen daher durch vorgeschaltete Magnete geschützt werden. Um ein Platzen der Scheiben zu verhüten, bandagiert man sie zweckmäßig durch warm aufgezogene schmiedeeiserne Bandagen, so daß die Scheibenstücke bei eintretendem Bruch nicht die völlige Zerstörung der Mühle bzw. des Mühlengehäuses herbeiführen können. Infolge ihrer Einfachheit sind Excelsiormühlen recht häufig in Verwendung.

Ihre Wirkungsweise ähnelt in mancher Beziehung der der Riffelwalzwerke, so daß man sie auch da verwendet, wo Saat zur Entfernung der Schalen nur leicht geritzt zu werden braucht. Für die *Schälerei* liefern die Maschinenfabriken besonders profilierte Scheiben, welche ein leichtes Schälen der Saat ohne übermäßig große Zertrümmerung der Saatteilchen ermöglichen (Abb. 126).

Die Materialzufuhr erfolgt auch hier am besten durch Schüttelspeiser.

Die Änderung der Entfernung der beiden Mahlscheiben voneinander erfolgt dadurch, daß die umlaufende Scheibe mit der Antriebswelle bewegt wird und sich auf letzterer ein Kammlager befindet, welches die Lage der in Gleitlagern laufenden Welle gegenüber dem Gehäuse bestimmt. Durch Verschiebung des Kammlagers wird die Welle mitgenommen und die darauf sitzende Scheibe der im Gehäuse befestigten feststehenden Scheibe genähert oder von ihr entfernt.

Man muß bei diesen Mühlen auf sehr sorgfältige Instandhaltung der Gleitlager achten, da sonst eine Verlagerung der Welle eintritt, welche zum Streifen der Zacken der bewegten Scheibe gegen die Zacken der feststehenden Scheibe führen kann. Da die Welle verschiebbar sein muß, begegnet hier die Verwendung von Wälzlagern gewissen Schwierigkeiten, die nur dadurch zu beheben sind, daß man, unter Verzicht auf das Kammlager beide, die Welle der Mahlscheibe tragenden Lager auf einer Konstruktion anordnet, welche im ganzen gegenüber dem Mühlengehäuse verschiebbar ist.

Die höheren Kosten für die Beschaffung solcher Mühlen machen sich in der Regel durch geringere Instandhaltungskosten bezahlt.

II. Ölgewinnung durch Pressung.

Von F. E. H. Koch, Mannheim.

A. Wärmen der Saat.

a) Allgemeines.

Vor dem Pressen muß die Saat erwärmt und auf einen bestimmten Feuchtigkeitsgehalt eingestellt werden.

Die bei diesen Vorgängen im Samenmehl stattfindenden Veränderungen sind noch nicht ganz aufgeklärt. Das Erwärmen hat zur Folge, daß das Öl dünnflüssiger wird und die Strömungswiderstände in den feinen Kapillaren des Saatmehles leichter überwindet; auch scheint unter dem Einfluß der Erwärmung die Spannung in den noch nicht durch das Zerkleinern zerstörten Zellen zu steigen, so daß sie unter dem hohen Preßdruck leichter platzen und das Öl austreten lassen.

Infolge der geringeren Viskosität werden die festen Saatpartikel vom warmen Öl nicht in dem gleichen Maße weggeschwemmt wie vom kalten; das warme Öl führt deshalb weniger feste Bestandteile (Trub) mit sich.

Auch die Eiweißkörper werden durch das Wärmen teilweise denaturiert und koaguliert; für diesen Vorgang ist die Gegenwart eines bestimmten Feuchtigkeitsminimums unerläßlich.

Eine einfache Beziehung zwischen dem Grad der Eiweißgerinnung und dem erreichbaren Entölungsgrad besteht allerdings nicht. In der Wärmpfanne stark überhitztes Saatmehl, dessen Eiweißkörper vollständig koaguliert sind, liefern sogar Ölkuchen mit höherem Ölgehalt; auch die physikalische Beschaffenheit des geronnenen Eiweißes, seine Härte und Elastizität scheint hier von Bedeutung zu sein.

Im allgemeinen steigt die Koagulation der Eiweißkörper mit dem Feuchtigkeitsgehalt und der Temperatur während des Wärmens der Saat.

Über die Abhängigkeit der Eiweißgerinnung der Baumwollsaat von ihrem Feuchtigkeitsgehalt und ihrer Temperatur gibt die Tabelle 88 Aufschluß[1].

Tabelle 88. Eiweißgerinnung beim Wärmen von Baumwollsaat.

Feuchtigkeit	Temperatur				
	100°	105°	110°	115°	120°
	% koagulierter Proteine				
0%	14,5	24,3	25,2	19,6	23,2
5%	19,7	31,7	32,8	27,5	24,5
10%	30,4	48,2	64,5	54,2	53,9
15%	44,8	44,8	58,2	46,1	72,4
20%	39,3	65,7	65,3	74,0	75,6

Auch die Schleimkörper scheinen beim Erwärmen der Saat teilweise auszufallen. Andere Schleimteile, deren Zusammensetzung nicht erforscht ist, sind bei höherer Temperatur im Öl stärker löslich und werden daher von letzterem bei der Pressung mitgeführt. Sie werden bei Abkühlung des Öles zum Teile oder ganz ausgeschieden.

Der jeweils günstigste Erwärmungsgrad ist von mehreren Faktoren abhängig, der von Fall zu Fall geprüft und dem Urteil des Meisters überlassen werden muß. Insbesondere spielt Herkunft, Erntezeit, Wassergehalt, Art der Lagerung usw., ferner die Güte der Zerkleinerung eine Rolle. Hierfür gibt es keine bestimmten Regeln. Nach langjähriger Übung kann man durch Anfühlen der Saat urteilen, ob die richtige Erwärmung und der richtige Feuchtigkeitsgehalt erreicht sind.

Aus nicht vorgewärmter Saat gelingt es kaum, Preßrückstände mit weniger als 20% Öl zu erzielen, und selbst nach der zweiten Pressung kann man keine Preßrückstände mit weniger als 12% Öl erhalten.

Bei der Saatwärmung gehen auch Farb- und Geschmacksstoffe in das Öl über, die aber durch Raffination größtenteils wieder aus dem Öl entfernt werden können.

b) Die Wärmpfannen.

Die Vorrichtungen, in denen das Wärmen der Saat vorgenommen wird, dienen gleichzeitig dazu, sei es durch Verdampfen oder Zugabe von Feuchtigkeit, das Gut auf den für das Pressen optimalen Wassergehalt einzustellen. Man läßt hierzu in die zum Wärmen benutzten Apparate, die *Wärmpfannen*, Dampf einblasen. Das Einblasen von Dampf erfüllt gleichzeitig zwei Funktionen. Erstens dient es zum Feuchten der Saat, zweitens wird dadurch die Saat schneller und gleichmäßiger erwärmt als bei Beheizung des Heizmantels und Doppelbodens der Wärmpfannen mit indirektem Dampf.

Welche Rolle das Wasser im Wärmprozeß spielt, ist noch nicht ganz aufgeklärt. Die Annahme, daß das Wasser durch eine Art selektiver Benetzung das Öl aus dem Sameninneren verdrängt, gewinnt aber durch die neueren Untersuchungen, insbesondere von Skipin[2], an Wahrscheinlichkeit. Skipin hat die

---

[1] A. Ssorokin u. E. Uporowa: Öl-Fett-Ind. (russ.: Masloboino Shirowoje Djelo) 1934, Nr. 3, 8.
[2] S. S. 778. — S. auch Czapek: Biochem. der Pflanzen, Bd. I, S. 710. 1922; Jahrb. f. wiss. Botanik 51, 84 (1915).

Beobachtung gemacht, daß man einen größeren Teil des Öles zum freien Abfluß aus dem Saatmehl bringen kann, wenn man das Gut auf etwa 14—18% Wassergehalt einstellt. Merkwürdigerweise hört aber die Ölabsonderung auf, sowie man die Feuchtung über diese Grenze hinausgetrieben hat.

Man kann die Wärmvorrichtung auch dazu verwenden, um einen übermäßigen Wassergehalt der Saat zu beseitigen. Jedoch ist ein solches Vorgehen als unzweckmäßig und dem Zweck der Wärmvorrichtung widersprechend zu verwerfen. Die Trocknung der Saat soll in den bereits beschriebenen Darren (s. S. 570) erfolgen. Das Darren hat vor der Zerkleinerung zu geschehen, es unterstützt, richtig durchgeführt, die Wirkung der Zerkleinerungsanlagen.

Zur Erzielung der größtmöglichen Ölausbeute ist, wie erwähnt, die genaue Beobachtung der Saat während und nach dem Wärmen unbedingt notwendig; es erfordert reiche praktische Erfahrung, die Saat richtig zu wärmen und auf den zweckmäßigsten Wassergehalt einzustellen.

Einigkeit ist noch nicht erzielt über die Frage, ob die Feuchtung der Saat durch Einspritzen von Wasser vor dem Wärmen oder durch Einblasen von nassem oder nur wenig überhitztem Dampf in der Wärmpfanne vorgenommen werden soll. Ist der Dampf zu hoch überhitzt, so tritt eine Erscheinung ein, die man als Verdorren der Saat bezeichnen könnte.

Über das *Feuchten* des Preßgutes während des Wärmens lassen sich allgemeingültige Regeln nicht geben. Fest steht allerdings, daß ein Übermaß an Feuchtigkeitszusatz regelmäßig zum „*Treiben*" der Saat führt, so daß mit dem austretenden Öl sehr viel Saatmehl aus der Presse verlorengeht, eine Erscheinung, die bei Seiherpressen zu völliger Verstopfung der Ölablaufkanäle und damit zu sehr unliebsamen Betriebsstörungen führen kann. Zu trockene Saat läßt sich schlecht verarbeiten, weil sie das in ihr enthaltene Öl nicht hergibt. Es besteht übrigens ein deutlicher Unterschied zwischen der in der Saat enthaltenen natürlichen Feuchtigkeit und der der Saat nachträglich hinzugefügten Wasser- oder Dampfmenge. So ist z. B. die Verarbeitung von nassen Erdnüssen außerordentlich schwierig. Trocknet man sie durch vorsichtige, gleichmäßige Wärmung bei genügendem Luftwechsel, so wird zunächst die Vorpressung, z. B. auf Schneckenpressen, ohne weiteres möglich; auch die Nachpressung nach kräftigem Wasserzusatz geht dann ohne Schwierigkeiten vonstatten, und zwar kann man zuweilen den Wasserzusatz so hoch treiben, daß die Kuchen fast ebensoviel Wasser enthalten, wie in der Rohsaat vorhanden war. Die Verarbeitung der nassen Rohsaat wäre nur unter allergrößten Schwierigkeiten möglich gewesen.

Bei manchen Saaten kann die Zufuhr von direktem Dampf in den Pfannen überhaupt unterbleiben und die erforderliche Feuchtigkeit bereits vor Eintritt in die Wärmer in einer Schnecke, in Form von fein vernebeltem Wasser zugesetzt werden. Der Einbau eines Durchflußmessers in die Wasserzusatzleitungen ist hier von großem Vorteil.

Die Zeitdauer, während welcher das Gut in der Wärmpfanne verbleiben muß, ist für die einzelnen Saatsorten verschieden. Während bei Baumwollsaat länger anhaltendes Wärmen eine Schädigung der Farbe und des Geschmacks des Öles zur Folge hat, braucht z. B. Leinsaat eine bestimmte Zeit, um „gar" zu werden. Infolgedessen wird Baumwollsaat in den Pfannen chargenweise behandelt, d. h. es wird nur soviel Saat in die Pfanne gegeben, als einer jeweiligen Pressenfüllung entspricht und diese Füllung nach kräftiger, nur wenige Minuten dauernder Wärmung sofort in die Presse gebracht.

Dagegen wird Leinsaat in mehreren parallelgeschalteten Wärmpfannen „vorgekocht" und erst dann chargenweise in eine vor die Füllvorrichtung geschaltete Wärmpfanne, welche jeweils die Füllung einer Presse enthält, gegeben.

Man erreicht dadurch ein längeres Verweilen der Saat in den vorgeschalteten Pfannen, wie es die Eigenart dieser Samenart verlangt (Abb. 133).

Die ankommende Saat wird in einem über der Pfanne angeordneten Be-hälter (Abb. 127) aufgespeichert, der etwa eine Pressenfüllung faßt.

Wärmen über di-rektem Feuer wird nur noch sehr selten ge-übt, in größeren Be-trieben überhaupt nicht mehr, da die Handhabung äußerst umständlich ist und bei der Verarbeitung größerer Mengen ein-fach eine Unmöglich-keit wäre. In kleine-ren Betrieben, bei-spielsweise in Ost-europa, ist das *Rösten*

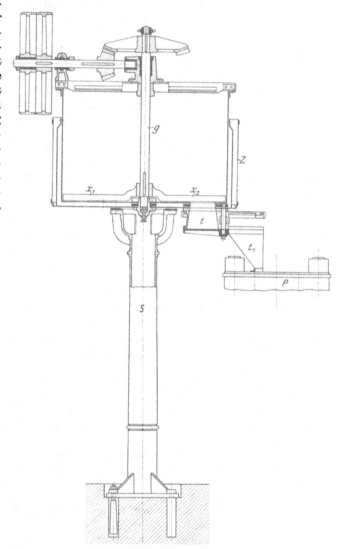

Abb. 127. Nach unten er-weiterter Vorratsbehälter für Wärmpfannen.

Abb. 128. Einfache Wärmpfanne (Schmiedeeisen) mit umlaufender Entleerungs-vorrichtung.

s Säule, x_1, x_2 Rührer, g Rührwelle, t umlaufendes Füllmaß, t_1 Auslaufschurre, P Oberholm der Füll- und Ausstoßpresse, Z Glanzblechverkleidung.

noch üblich, insbesondere bei der Verarbeitung von Sesamsaat. Es wird dem Röstvorgang nachgerühmt, daß er bei richtiger Durchführung, bei der Ver-brennungen der Saat vermieden werden, vorzügliche Ölausbeuten gewähr-leistet. Möglich ist das nur bei Ausstattung der Wärmpfanne mit einem vor-züglich arbeitenden Rührwerk.

In der Regel wird die Saat *indirekt gewärmt*, mittels heißen Wassers oder Dampfes.

Die *indirekte Heizung* mit heißem Wasser hat sich bisher nicht in größerem Maße einführen können. Sie hat den Vorteil, daß sie sich sehr genau regulieren läßt und daß örtliche Überhitzungen der Heizflächen leicht zu vermeiden sind. Außerdem kann man durch Entlüftung des Heizmittels die Bildung von Luftsäcken und damit von toten Ecken in den Heizflächen vermeiden. Die Wärmezufuhr wird zweckmäßig reguliert durch Veränderung der durchströmenden Heißwassermengen von vorgeschriebener Anfangstemperatur.

Die *dampfbeheizten Wärmpfannen* bestehen aus zylindrischen, mit Doppelmantel und Doppelboden versehenen Behältern, welche mit einem Flügelrührwerk ausgestattet sind (Abb. 128 u. 129). Die Saatbeschickung wird durch Schieber reguliert. Am Auslauf der Pfanne ist ebenfalls eine Reguliervorrichtung angebracht. Zwischen Wärmpfanne und Fülleinrichtung der Presse wird stets eine Vorrichtung angebracht, welche die Entnahme gleichbleibender Mengen Saatmehl aus der Pfanne zur Bildung der Preßkuchen gestattet (Abb. 128, *t*). Die Betätigung der *Regulierschieber* muß möglich sein vom Stand des Arbeiters aus, welcher die Kuchenformmaschine bzw. die Füllpresse bedient. Sie werden zweckmäßig als *Rahmenschieber* ausgeführt, deren Rahmen auch in geöffnetem Zustand die Schieberführungen ausfüllen,

Abb. 129. Einfache Wärmpfanne für Dampfbeheizung, mit umlaufender Entleerungsvorrichtung. (Harburger Eisen- und Bronzewerke A. G., Harburg-Wilhelmsburg.)

damit kein Verklemmen der Schieber durch Hineingeraten der Saat in die Führung eintreten kann.

Die Heizfläche des Wärmers wird bestimmt durch die Fläche, welche einerseits vom Heizmittel, anderseits von der Saat berührt wird. Bei wasser- oder dampfbeheizten Wärmpfannen ist die Berechnung der Heizfläche verhältnismäßig einfach. Vereinzelt findet man Wärmer, bei denen das Heizen durch in die gußeisernen Wandungen der Pfanne eingegossene Rohrschlangen bewirkt wird (*Frederking Apparate*). Infolge der verhältnismäßig hohen Kosten hat sich diese in bezug auf Dampfdichtheit vorzügliche Konstruktion nicht einführen können. Der Vollständigkeit halber sei sie hier erwähnt.

Da einer Vergrößerung des Wärmers in radialer und senkrechter Richtung Grenzen gezogen sind, geschieht die Vergrößerung der anzuwendenden Heizfläche, falls sehr große Saatmengen anzuwärmen sind, durch *Hintereinander- oder Parallelschalten mehrerer Wärmer*, welche zuletzt in einen *Sammelwärmer* führen, aus dem das zu pressende Material entnommen wird (Abb. 132 u. 133).

Abb. 130. Doppelte Wärmpfanne mit hydraulisch betätigtem Entleerungsschieber. (Harburger Eisen- und Bronzewerke A. G., Harburg-Wilhelmsburg.)

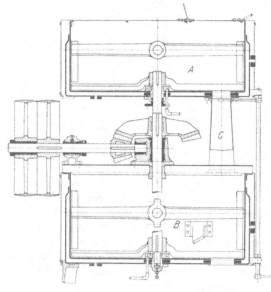

Abb. 131. Schnitt durch Doppelwärmer.
A Obere Pfanne, *B* untere Pfanne, *C* Verbindungsrohr mit Schieber.

Die sehr leistungsfähigen, modernen, kontinuierlich arbeitenden automatischen Vorpressen verlangen Wärmeinrichtungen, welche sehr große Saatmengen gleichmäßig auf die erforderliche Temperatur (zwischen 70 und 100°) bringen. Da die Parallelschaltung mehrerer Wärmpfannen zu hohen Platzbedarf beansprucht, ergibt sich die Notwendigkeit der Übereinanderschaltung mehrerer beheizter Böden (Abb. 132). Das gesamte Heizaggregat erreicht daher in der Höhe ganz bedeutende, kräftige Tragkonstruktionen erfordernde Abmessungen.

Wo es sich um das Wärmen größerer Saatmengen handelt, werden bis zu sechs Wärmpfannen übereinander zu einem *Etagenwärmer* angeordnet. Das ergibt allerdings ein ziemlich schweres Aggregat; man verzichtet deshalb häufig auf die Heizwirkung der Seitenmäntel und konstruiert, durch Anordnung besonders beheizter Böden übereinander, einen *Tellerwärmer*, in dem die Saat abwechselnd von innen nach außen und von außen nach innen strömt. Die untere Abteilung ist höher ausgeführt als die darüberliegenden und dient als Sammelpfanne. Ein anderer Ausweg ist das Parallelarbeiten mehrerer Doppelpfannen in eine gemeinschaftliche Sammelpfanne, wobei letztere abwechselnd aus dem einen oder dem anderen Doppelwärmer gefüllt wird.

Die Schaufelrührer der Etagenwärmer müssen eine gleichmäßige Verteilung der Saat auf dem ganzen Boden und gleichzeitig einen regelmäßigen Transport nach innen oder nach außen gewährleisten. In der Regel sind die einzelnen Schaufeln verstellbar angeordnet, so daß sie erst bei der Inbetriebsetzung der Anlage ihre endgültige Stellung erhalten. Nachdem die richtige Einstellung der Schaufeln gefunden ist, werden sie zweckmäßig mit dem Rührarm elektrisch verschweißt.

Die *Etagenwärmer* stellt man gewöhnlich aus Schmiedeeisen her. Sie dürfen nicht zu knapp bemessen werden, um genügend Spielraum bei Verarbeitung von z. B. besonders feuchter Saat oder für den Fall einer Leistungssteigerung der Preßanlage zu haben. Auch die Heizflächen und die Einspritzeinrichtungen für Dampf oder Wasser müssen reichlich bemessen sein. Zum Heizen der Wärmer benützen alle größeren Betriebe ausschließlich Dampf mit bis zu 4 at Spannung.

Die Wärmpfannen können aus Schmiedeeisen oder aus Gußeisen hergestellt sein. Bei den schmiedeeisernen Wärmpfannen erfolgt die Verbindung von Wärmer und Doppelmantel sowie von Wärmerboden und Bodenmantel durch Nietung oder Schweißung (Abb. 128 u. 131); die Nietköpfe sind im Innern der Pfanne zu versenken. Die Beanspruchung des Doppelbodens macht bei schmiedeeisernen Pfannen die Anbringung von Stehbolzen notwendig; sie müssen gegen inneren Boden und äußeren Mantel sehr sorgfältig abgedichtet sein, da sonst sehr lästige Leckagen entstehen können.

Der Wärmedurchgang ist infolge geringerer Materialstärke bei schmiedeeisernen Pfannen günstiger als bei den gußeisernen. Sie haben ferner den Vorzug, daß defekte Stellen herausgebrannt und durch Einschweißen eines neuen Stückes ersetzt werden können, während gußeiserne Pfannen bei einem Defekt meistens weggeworfen werden müssen. Man baut deshalb mitunter die gußeisernen Pfannen aus zwei Teilen, um nur den beschädigten Teil erneuern zu müssen; aber auch dies ist noch recht kostspielig. Ein Nachteil der gußeisernen Pfannen ist auch ihr hohes Gewicht, was bei Hintereinanderschaltung mehrerer Wärmer sehr starke Tragkonstruktionen notwendig macht.

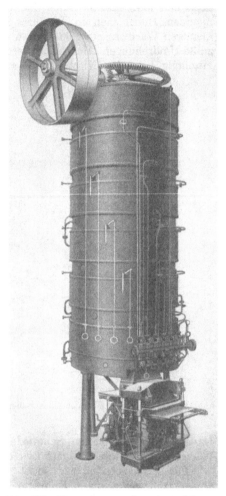

Abb. 132. Etagenwärmer mit sechs gußeisernen Pfannen und selbsttätiger hydraulischer Kuchenformmaschine. (Friedr. Krupp-Grusonwerk A. G., Magdeburg-Buckau.)

Der Durchmesser der Wärmpfannen beträgt 1000—2500 mm, ihre Höhe 400—1000 mm.

Über jeden beheizten Boden streicht ein Rührwerk (Abb. 128 u. 131), zwecks inniger Durchmischung der Saat und Verhinderung des Anbrennens.

Bei den Einfachwärmern besteht das Rührwerk in der Regel aus zwei Rührarmen, die etwa 5 mm über dem Boden der Pfanne kreisen. Sie sind gegen die Bodenfläche schwach geneigt, schieben bei jeder Umdrehung die Saat um einen geringen Betrag vor sich her und heben sie vom Boden ab.

Die Rührwelle ist in einer Traverse über dem Wärmer und in einem Hals-lager im Boden gelagert.

Die auf dem Boden des Wärmers liegende Saat wird vom Rührer ständig nach außen gedrängt; von dort strebt sie an den Außenwänden entlang nach oben und läuft alsdann nach der Mitte des Wärmers zurück, um hier wieder mit den Heizflächen in Berührung zu kommen. Das Rührwerk macht bei kleineren Wärmern etwa 60 Touren pro Minute, bei größeren weniger, bis herab zu 35 Umdrehungen. Man bringt ferner an den Pfannen, zwecks besserer Durch-mischung, besondere Kletterleisten an, welche gegen den Boden geneigt sind und

Abb. 133. Dreifachwärmer mit Sammelpfanne älterer Konstruktion. (Jede Pfanne enthält eine Pressenfüllung.)

entweder aus besonderen Schmiedestücken oder aus an die Wandungen des Wärmers angenieteten Winkeleisen bestehen (s. Abb. 131).

Für *Etagenwärmer* verwendet man entweder Rührer gleicher Art oder Schaufelrührwerke, deren Rührarm über der Saatschicht liegt, während die bis fast auf den beheizten Boden herabreichenden Schaufeln die Saat allmählich von innen nach außen oder von außen nach innen treiben. Ihre Drehzahl beträgt höchstens 10 pro Minute.

Die Etagenwärmer haben einen größeren Durchmesser (etwa 2200 mm) und eine Bauhöhe bis zu 3,5 m und mehr. Die untere Pfanne dient als Sammel-pfanne, in der die Saat länger verbleiben kann, falls sie infolge Wechsels der zu füllenden Pressen nicht ständig entnommen werden kann. Über die oberen Pfannen läuft dagegen die Saat in regelmäßigem Strom, und zwar ab-wechselnd von außen nach innen und von innen nach außen, bei anderen Aus-führungen in der ganzen radialen Breite des Wärmers, absatzweise von oben nach unten durch radiale Schlitze im Boden. Derartige Wärmer werden aber mit Flügel- und nicht mit Schaufelrührwerken ausgestattet.

Besonders beim Etagenwärmer (Abb. 132) ist es wichtig, für genügenden Luftzutritt zu den beheizten Böden zu sorgen, zwecks leichterer Entfernung eines etwaigen Übermaßes an Feuchtigkeit.

Die Feuchtung der Saat in den Wärmern erfolgt zweckmäßig durch ein gelochtes Dampfrohr von 25 mm Innendurchmesser. Durchbohrte Rührer, welche den Dampf an der Rückseite einblasen, sind zu teuer. Man verwendet zum Feuchten auch am unteren Ende der Rührwelle angeordnete Dampfbrausen (Abb. 131). Sie arbeiten nicht ganz zuverlässig, falls nicht ein gut wirkendes Rührwerk vorhanden ist, das für steten Saatwechsel bei der Brause sorgt; das ist aber schwer zu erreichen, weil die Umfangsgeschwindigkeit des Rührwerkes gerade in der Mitte der Pfanne am geringsten ist. Die Feuchtung wird vorzugsweise mit gesättigtem Dampf vorgenommen, um Verbrennungen der Saat zu vermeiden; geringe Überhitzung des Dampfes ist aber zulässig. In geringem Maße kann man die Feuchtigkeit des Saatgutes auch durch Abdecken oder Öffnen der oberen Öffnung der Wärmpfanne regeln.

Abb. 134. Doppelwärmer mit oberem Kegelradantrieb und mit Dampf betriebener Kuchenformmaschine für Etagenpressen. (Harburger Eisen- und Bronzewerke A. G., Harburg-Wilhelmsburg.)

Der Antrieb des Rührwerkes kann von oben oder von unten her erfolgen und wird in der Regel über ein Kegelradvorgelege bewirkt oder durch Getriebemotor mit Stirnradverzahnung, wie es heute häufiger geschieht.

Das Axialdrucklager, welches die Höhenlage des Rührwerkes sichert, kann entweder unter dem Kegelrad des Rührwerkantriebes angeordnet sein, welches auf der Rührwerkwelle sitzt, oder aber das untere Halslager des Rührwerkes wird ergänzt durch ein Spurlager, das den Vertikaldruck aufnimmt (Abb. 131). In letzterem Falle liegt das Lager in unmittelbarer Nähe des beheizten Bodens. Es ist daher besondere Sorgfalt auf zuverlässige Schmierung zu verwenden und die Konstruktion so vorzusehen, daß ein Schmiermittelverlust nach unten nicht eintreten kann. Zur Schmierung verwende man Fett von hohem Tropfpunkt.

Die modernsten Wärmpfannenkonstruktionen erhalten ausschließlich Wälzlager, da diese weniger schnell verschleißen. Die Schmierstellen sind durch Schmierrohre an einer gut zugänglichen Stelle zusammengeführt. Mit Rücksicht auf die hohen Temperaturen muß das untere Lager der Pfanne, das sich im Boden befindet, mit konsistentem Schmiermittel geschmiert werden, welches nicht nach außen entweichen darf.

Bei Kegelradantrieb soll bei Einfachwärmern das auf der Rührwelle befestigte Kegelrad über dem Antriebsritzel liegen, um die Demontage zu erleichtern. Sind mehrere Einzelwärmer zu einer Mehrfachpfanne übereinander angeordnet (Abb. 131), so muß das auf der Rührwerkwelle sitzende Kegelrad geteilt ausgeführt werden, um leichte Montage und Demontage zu ermöglichen. Ungeteilte Räder brennen mit der Zeit auf den Wellen fest und verursachen bei der Demontage große Schwierigkeiten.

Mindestens einmal wöchentlich muß in jeder Wärmpfanne nachgesehen werden, ob etwa Schrauben oder andere Eisenstücke hineingeraten sind. Solche Eisenteile klemmen sich in der Regel unter den Rührer und werden von diesem dauernd mitgenommen. Sie scheuern dann Riefen in den Boden, welche auf die Dauer zu Leckagen führen. Heute können zwar solche sehr lästigen Störungen durch elektrische Schweißung behoben werden, jedoch ist auch diese Reparatur kostspielig.

Selbstverständlich muß für jede einzelne Pfanne, aber auch für die untere Sammelpfanne der Etagenwärmer ein *Zeiger* angebracht werden, welcher den Füllungsgrad angibt. In der Regel besteht das Anzeigegerät aus einer durch die Wandung des Wärmers hindurchgeführten Welle, welche außen den Zeiger trägt und innen ein Flacheisen, welches genügend breit ist, um nicht in die vom Rührwerk bewegte Saat hineinzusinken. Die in langsamer kreisförmiger Bewegung befindliche Saat streicht unter diesem Flacheisen hindurch, hebt es entsprechend der Füllung und zeigt so den Inhalt an.

Einwandfreie Dampfführung in den Böden und gute Entlüftung der Dampfräume ist für das richtige Arbeiten der Wärmer von wesentlicher Bedeutung. Ein- und Austritt des Dampfes sind an entgegengesetzten Seiten vorzusehen.

Jeder einzelne Wärmer ist mit einem Kondenstopf auszustatten; Mantel und Boden können an den gleichen Kondenstopf angeschlossen sein, soweit sie nicht im Wärmer selbst Verbindung haben. Da der Dampfeintritt fast stets gedrosselt ist, muß für Sitz und Kegel der Armaturen besonders verschleißfestes Material (V 2 A-Stahl) gewählt werden.

Einlauf und Auslauf des Wärmers sind so anzuordnen, daß die Saat einen möglichst langen Weg zurücklegt, günstigstenfalls beinahe den vollen Wärmerumfang.

Aus der getrennten Dampfregulierung der einzelnen Wärmer ergibt sich die Forderung nach Anbringung geeigneter Meßvorrichtungen für jede Pfanne, also von Manometern usw. In die Zuleitung für Einspritzdampf ist ein Meßgerät für die eingeleitete Feuchtigkeitsmenge einzubauen.

Zur Isolierung werden Mantel und Boden der Wärmer mit Asbestmatratzen belegt, die durch Bandeisen befestigt und mit einer Glanzblechverkleidung, für Boden und Wände getrennt, geschützt werden. Damit zwischen Wärmer und Isolierung keine Saatreste gelangen, wird sie oben abgedeckt.

Die Größe der Wärmpfanne richtet sich nach der Leistung der nachgeschalteten Pressen und wird in der Regel für die Füllung einer oder zweier Pressen bemessen. Man sieht absichtlich von der Verwendung zu großer Wärmpfannen ab, da zu langes Verbleiben der Saat in den Wärmern ein „Totbrennen" zur Folge hat. Die Größe richtet sich ferner nach der zu verarbeitenden Saat. Die Zahl der erforderlichen Wärmpfannen hängt ab von der Anzahl der pro Stunde zu füllenden Pressen und der Leistungsfähigkeit für den Quadratmeter Heizfläche. Für die Vorpressenanlage genügt in der Regel eine Heizfläche von 1 m² zur Vorwärmung von 2—3 Tonnen Saat in 24 Stunden. Für die Nachpressung ist die Mengenleistung für den Quadratmeter Heizfläche in 24 Stunden etwa 20% größer, was mit dem besseren Anliegen der gemahlenen Saat in den Wärmern zusammenhängen dürfte.

c) Entleerungsvorrichtungen und Schieber.

Das Saatmehl wird vor Einbringung in die Pressen in *Einzelpakete* unterteilt, welche voneinander durch *Preßtücher* und *Stahlplatten* getrennt werden, um den Ölaustritt aus der Gesamtmenge des Preßgutes durch Vervielfachen der Austrittsmöglichkeit zu erleichtern. Die Teilmengen werden gleich groß bemessen, damit die Preßrückstände, die *Ölkuchen*, gleichmäßig ausfallen und während der Pressung gleichen Bedingungen unterworfen sind, so daß das Ergebnis der Pressung gleichmäßig ist und etwaige Schlüsse, welche aus der Beschaffenheit von Öl oder Kuchen gezogen werden, auf die gesamte Menge des Preßgutes anwendbar sind. Es sind daher Vorrichtungen konstruiert worden, welche die Entnahme von stets

gleichen Mengen Saatgut aus den Wärmvorrichtungen gestatten. Bei Seiherpressen verwendet man häufig das *rotierende Füllmaß* (engl. „revolver"; Abb. 128, *t*).

Abb. 135 zeigt die Einzelheiten des Apparates.

An dem mit einem Zahnkranz versehenen gußeisernen, von dem Ritzel *b* angetriebenen Drehteller *a* ist ein nach unten kegelförmig erweiterter Saatgutbehälter *c*
fest angegossen. Er hat keinen Boden, sondern gleitet bei der Drehung von *a* über
eine feststehende Platte *d*, so daß Mehl nur austreten kann, wenn der Behälter *c*
über die Ausfallöffnung *e* gelangt. Das Loch in *a* hat die gleiche Weite wie der obere
Durchmesser von *c*, so daß das Mehl aus dem Wärmer in *c* hineinfallen kann.
In der im Bilde ersichtlichen Stellung befindet sich der Behälter *c* unter der Auslauföffnung der Wärmepfanne.

Nach Passieren der Ausfallöffnung *e* der feststehenden Bodenplatte dreht sich
der Drehteller gleichmäßig weiter, bis er wieder zum Wärmerauslauf gelangt, wo
das Füllmaß *c* ein neues Quantum Mehl aufnimmt, um es nach *e* zu bringen.

Abb. 135. Einfache Wärmpfanne mit rotierendem Füllmaß. (Harburger Eisen- und Bronzewerke, Harburg-
Wilhelmsburg.)

Das aus der Öffnung *e* fallende Mehl gleitet über eine nicht gezeichnete Rutsche
in die Füllpresse und bildet dort einen Mehlhaufen, der von dem Arbeiter mit der
Hand gleichmäßig auf dem Preßtuch verteilt, dann mit einem weiteren Preßtuch
und einer Preßplatte bedeckt wird. Auf letztere legt er ein weiteres Preßtuch und
inzwischen kommt eine neue Füllung Mehl vom Füllmaß für den nächsten Kuchen. —
Das Arbeitstempo ist dem Arbeiter also vorgeschrieben durch die Umlaufgeschwindigkeit des Drehtellers.

Das Antriebsritzel *b* ist in einem Lager *f* gelagert. Die Welle *g* trägt innerhalb
des Ritzels einen Keil, der in einer Nut von *b* gleitet, so daß auch bei Verschiebung
der Welle *g* in axialer Richtung das Ritzel stets die Drehung der Welle mitmacht.

Am oberen Ende der Welle *g* befindet sich eine normale, aus zwei Hälften *h*
und *i* bestehende Kegelkupplng, deren untere *h* mit der Welle *g*, die obere Hälfte *i*
mit dem Kettenrad *k* verbunden ist. Mittels der Feder *l* wird die untere Hälfte *h*
und damit auch die Welle *g* stets angehoben, die Kupplungshälften werden also
zusammengepreßt, so daß das angetriebene Kettenrad *k* die Welle *g* in Drehung
versetzt.

Das Kettenrad erhält seinen Antrieb über die Kette *m* von der Wärmerhaupt-
welle *n*. Ein Verschleiß der Kette wird durch die Kettenspannrolle *o* ausgeglichen,
die auf dem verstellbaren Arm *p* drehbar angeordnet ist.

Am unteren Ende der Welle *g* sitzt ein Ring *q*, in dessen Nut zwei nicht sichtbare Zapfen der Gabel *r* fassen. Diese Gabel sitzt auf der Ausrückerwelle *s*, die von *t*
aus betätigt wird. Wird *t* angehoben, so wird *r* herabgedrückt und nimmt den Ring *q*

mit, der fest auf der Welle g sitzt. Es wird dadurch die Welle g entgegen der Kraft der Feder l herabgezogen und somit die Hälfte h der Kupplung von der oberen Hälfte i gelöst. Dadurch kommt das Füllmaß zum Stillstand, während die Wärmpfanne ungestört weiterläuft.

Soll wieder Mehl entnommen werden, so wird die bisher in ihrer oberen Stellung festgehaltene Gabel t freigegeben, so daß die Feder l die Kegelkupplung wieder einrücken kann.

Der Bodenteller d ist mit einem Rand versehen, um das Herabfallen von Mehl zu verhindern.

Etwa liegengebliebenes Mehl wird beim nächsten Rundgang von c erfaßt und zur Öffnung e getrieben.

Die Entfernung von d zum Wärmepfannenboden ist mittels der zwei Tragschrauben u, die den Bodenteller d tragen, genau einstellbar.

Das Glattstreichen des Saatgutes in der Presse muß von Hand geschehen. Um diesen Nachteil zu vermeiden, wurden Füllmaße konstruiert, welche statt einer rotierenden eine hin- und hergehende Bewegung ausführen und durch Kurbeln oder durch Ketten, in neuester Zeit auch hydraulisch (Abb. 130), angetrieben werden. Auch bei den durch Kurbeln oder Ketten angetriebenen *Füllschiebern* ist das Arbeitstempo unabhängig vom Willen des Arbeiters. Beim Hingang zur Einfüllöffnung der Presse bringen sie das Saatgut aus dem Wärmer herein, beim Rückgang streichen sie die Oberfläche glatt. Das erleichtert die Arbeit und ergibt pro Kuchen einen Zeitgewinn von etwa 1,5—2 Sekunden, bei der Füllung einer Presse mit 48 Kuchen eine Ersparnis von etwa $1^1/_2$ Minuten.

Die *hydraulisch angetriebenen Füllmaße* (vereinzelt findet man auch Dampfantrieb) vermeiden auch noch den Nachteil der Zwangsläufigkeit. Der Bedienungsmann schaltet den Vorwärtsgang des Füllschiebers durch ein mit dem Fuße zu betätigendes Ventil ein. Nach Freigabe des Ventils erfolgt Rücklauf des Schiebers und damit Glattstreichen der Oberfläche des Saatgutes. Gegenüber den mit Ketten angetriebenen Füllmaßen erreicht man eine Mehrleistung von mindestens 10%, bei geringerer Beanspruchung des Arbeiters.

Die letztgenannte Art der Füllmaße findet man in gleicher Ausführung bei Seiherpressen und Etagenpressen. In der Regel ist die Vorderwand des Füllmaßes bei diesen Füllschiebern so konstruiert, daß sie zurückweichen kann, falls zwischen Füllschieber und Presse ein Fremdkörper oder etwa die Hand des Arbeiters gerät (Abb. 130).

B. Die Ölpressen.

Einleitung.

Zum Gewinnen des Öles aus dem zerkleinerten Gut dienen Pressen mit den verschiedenartigsten Antrieben.

Eine brauchbare Ölpresse muß folgende Bedingungen erfüllen:

1. große Tagesleistung bei geringen Bedienungskosten,
2. geringe Instandhaltungs- und Betriebskosten,
3. schnelles Unterdruckgehen zu Beginn des Preßvorganges, dann aber
4. langsames Anwachsen und schließliches Konstantbleiben des Druckes bei langsamem Kleinerwerden des Preßraumes.

Bis zum Beginn des Ölausflusses muß der Druck schnell zunehmen können. Dann aber muß der Druck allmählich anwachsen und der Inhalt des Preßraumes allmählich abnehmen, damit das Öl Zeit zum Abfließen findet; mit dem zunehmenden Widerstand muß auch der Druck anwachsen und nach Erreichung des gewünschten Höchstdruckes konstant bleiben, unbeschadet der Volumenverringerung des Preßgutes durch den weiteren Ölabfluß.

Die Ölausbeute ist zum Teil von der Größe des ausgeübten Druckes abhängig; doch ist auch die Druckdauer von Bedeutung. Je größer diese ist, um so vollständiger vermag das Öl auszufließen.

Allen diesen Forderungen wird keine der vielen Pressenkonstruktionen gerecht, relativ am besten werden sie von den *hydraulischen Pressen* erfüllt.

Nach dem den verschiedenen Pressenkonstruktionen zugrunde liegenden Prinzip und ihrer Arbeitsweise kann man unterscheiden:

I. Pressen mit *unterbrochener* Arbeitsweise.
    a) mit *mechanischem* Antrieb:
        1. Hebelpressen,
        2. Keilpressen,
        3. Spindelpressen,
        4. Kniehebelpressen;
    b) mit *hydraulischem* Antrieb.

II. Pressen mit *kontinuierlicher* Arbeitsweise.
    a) mit *mechanischem* Antrieb:
        1. Schneckenpressen;
    b) mit *hydraulischem* Antrieb:
        1. Doppelseiherpressen Bauart Schneider,
        2. liegende Seiherpresse Bauart Meinberg,
        3. selbsttätige Schüsselpresse Bauart Müller-Esslingen.

Von diesen Systemen haben einige nur noch historisches Interesse, so z. B. die *Hebelpressen*, ferner die *Keil-* oder *Rammpresse*, bei der der Preßdruck erzeugt wird durch das Eintreiben keilförmiger Holz- oder Eisenstücke in einen eng umgrenzten Preßraum. Die Keilpressen wurden vielfach von Wasserrädern aus betrieben. Von dem zum Antreiben der Keile nötigen Schlagwerk kommt der heute noch vielfach gebrauchte Ausdruck „Öl schlagen".

a) Die hydraulischen Pressen.

Die hydraulische Presse wird durch *Flüssigkeitsdruck* betrieben. Ihre Wirkungsweise beruht darauf, daß ein auf eine Flüssigkeitssäule ausgeübter Druck p (Abb. 136) sich infolge der all-seitig gleichmäßigen Fortpflanzung auf die Fläche F in einer Größe von P äußert, welche zu p im selben Verhältnis steht wie F zu f. Es gilt also das Verhältnis $P:p=F:f$. Denkt man sich die Flächen f und F beweglich, so wird beim Niederdrücken von f um eine bestimmte Länge s_1 die Fläche F eine geringere Aufwärtsbewegung erfahren, und zwar werden die beiden Wege sich umgekehrt verhalten wie die Flächeninhalte f und F. $f:F=s_2:s_1$. Die in der Säule f und F verdrängten Volumina sind nämlich gleich. Diese

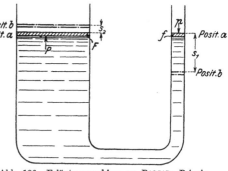

Abb. 136. Erläuterungsskizze zu PASCALs Prinzip der Druckfortpflanzung in Flüssigkeiten.

grundlegende Erkenntnis des französischen Mathematikers PASCAL (1652) wurde wohl zuerst in England durch BRAMAH (1795) praktisch verwertet, welcher sich eine mit Wasser als Druckflüssigkeit arbeitende hydraulische Preßvorrichtung patentieren ließ. Auch die Verwendung von Druckluft war bereits vorgesehen.

Die heute verwendeten Pressen unterscheiden sich von den früheren Bau-arten erheblich.

Man unterscheidet zwei Gruppen von hydraulischen Ölpressen:

1. geschlossene Pressen,
2. offene Pressen.

Bei den geschlossenen Pressen ist die auszupressende Saat von allen Seiten eingeschlossen, so daß sie nach keiner Richtung hin entweichen und das Öl nur durch entsprechend perforierte Wände den Preßraum verlassen kann. Der Preßraum wird entweder aus parallelen, in geringem Abstand voneinander ge-stellten Stäben (Stabseiher) aufgebaut, so daß das Öl durch die Schlitze aus-treten kann, oder es wird die den Preßraum begrenzende Wand mit zahlreichen Löchern von geringem Durchmesser für den Ölabfluß versehen.

Das Preßgut m (s. Abb. 137) ist in einem zylindrischen, quadratischen, recht-eckigen oder trapezförmigen Hohlraum eingeschlossen, dessen Wandungen ww_1 mit Abflußöffnungen a versehen sind. Der Preßtopf wird nur selten mit dem Preßgute m von oben bis unten ohne jede Zwischenlage angefüllt, weil bei

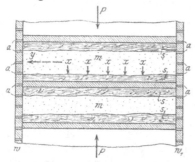

einer solchen Beschickungsweise das Öl aus der mittleren Partie des Topfes nur schwierig einen Ausfluß finden könnte; man teilt den Inhalt der Preßtöpfe vielmehr in eine Anzahl nicht zu großer Chargen und trennt in der aus Abb. 137 ersichtlichen Anordnung je zwei Chargen durch eiserne Zwischenplatten, welche zwischen zwei durchlässigen Zwischenlagen s liegen.

Der Austritt des Öles wird dadurch be-deutend erleichtert, denn das Öl braucht, um bei der Ausflußöffnung a auszutreten,

Abb. 137. Prinzip der geschlossenen Presse.

nicht den Weg durch das nur wenig durch-lässige Preßgut m vom Innern des Preßgutes aus bis zur Peripherie (Pfeil-richtung y) zurückzulegen, sondern wird den durch die Pfeilrichtung x an-gedeuteten, sehr kurzen Weg zu dem elastischen und öldurchlässigen Filter- oder Preßtuch s wählen und dann entlang diesem leicht nach a vordringen. Der von oben und unten wirkende Druck P komprimiert nicht nur den ganzen Inhalt des Preßbehälters, sondern übt auch eine große Reibung an den Wandungen des Preßbehälters aus, was einerseits den Druck gegen die Mitte des Preßtopfes reduziert, anderseits eine gewisse Drosselung des Ölablaufes mit sich bringt. Die mit Preßbehältern, nach Art der in Abb. 137 dargestellten, arbeitenden Pressen — geschlossene Pressen genannt — geben daher bei sonst gleichen Bedingungen etwas geringere Ölausbeute als die Packpressen, bei welchen das Material in Preßtüchern vollständig eingehüllt ist, das Öl aber frei abströmen kann.

Bei den *offenen* Pressen ist das Preßgut nicht allseitig umschlossen; es wird ebenfalls, durch Preßplatten und -tücher in Schichten unterteilt, dem Preßdruck ausgesetzt, so daß das Öl nach allen Seiten frei austreten kann, und auch hier wird der Ölaustritt entlang den Preßplatten durch die Preßtücher erleichtert. Bei letzterer Anordnung wird aber auch ein Teil des Preßgutes mit dem austretenden Öl weggeschwemmt. Infolge des leichteren Ölaustrittes ge-nügt bei dieser Ausführungsart ein geringerer Preßdruck.

Man kann mehrere dieser Pakete direkt übereinander legen oder auch be-wegliche Eisenplatten einschieben (wie in Abb. 138). Wirkt auf eine so beschickte Presse der Druck P ein, so werden sich vorerst die einzelnen Saatpakete etwas seitlich (gegen a und b) strecken, die Preßtuchwände aber bald dem seitlichen

Ausweichen der Saat Widerstand bieten, wodurch sich in dem Preßgute ein Druck einstellt, der das Ausfließen des Öles zur Folge hat. Das Öl wird hierbei auch kaum den direkten Weg (Pfeilrichtung y) vom Innern des Preßpaketes an die Peripherie nehmen, sondern die Richtung i nehmen, um, beim Preßtuche angelangt, längs dieses elastischen und öldurchlässigen Mediums bis zum freien Abfluß weiterzulaufen. Häufig umhüllt das Preßtuch das Gut nicht allseitig, wodurch der Ölabfluß noch mehr erleichtert wird. Diese letzteren Pressen sowie auch die nach dem Prinzip der Abb. 138 arbeitenden faßt man unter dem Namen „offene Pressen" zusammen.

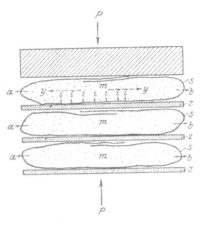

Die *geschlossenen Pressen* können unterteilt werden in:

    a) Kastenpressen,
    b) Seiherpressen,
    c) Trog- oder Ringpressen;

die *offenen Pressen* in:

    d) Packpressen,
    e) anglo-amerikanische od. Etagenpressen,
    f) (amerikanische) Schachtelpressen.

Abb. 138. Prinzip der offenen Presse.

Bei den *Kastenpressen* befindet sich das Preßgut in einem siebartigen Behälter, der von einem massiven, am Preßtisch fixierten Gußeisenkasten umschlossen ist.

Bei den *Seiherpressen* ist dieser siebartige Behälter vom Preßkolben und dem Preßtisch getrennt und kann daher aus der Presse herausgezogen werden. Das Beschicken und Entleeren geschieht in der Regel außerhalb der Presse.

Die *Trogpresse* zeigt Ähnlichkeit mit der Seiherpresse, nur ist der Preßbehälter der Höhe nach in mehrere Teile unterteilt, so daß eine Anzahl niedriger Preßseiher entsteht, die mit je einem Kuchen beschickt werden. Außerdem ist hier meistens der Boden perforiert, nicht die Seitenwand, so daß das Öl auf dem kürzesten Wege das Preßgut verläßt.

Bei der offenen *Packpresse* wird das Preßgut in Einschlagtücher allseitig eingehüllt.

Bei der *anglo-amerikanischen Presse* dagegen, auch *Etagenpresse* genannt, ist das Saatmehlpaket nur an zwei gegenüberliegenden Seiten offen (wie in Abb. 165). Ähnlich arbeiten die amerikanischen *Schachtelpressen*, bei welchen das Preßgut ebenfalls nur von zwei Seiten vom Preßtuch eingeschlossen ist. Der Austritt von Saatmehl in der Richtung der offengelassenen Seiten wird hier aber durch besondere Ansätze an den Preßplatten verhindert, welche beim Zusammengehen der Presse mit der nächsten Platte eine geschlossene Form (Schachtel) bilden.

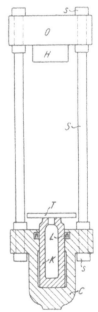

Abb. 139. Prinzip der hydraulischen Presse.

Der *hydraulische Druck* wird bei allen diesen Pressen in der Regel durch *Pumpen* erzeugt, die durch Rohrleitungen mit der Presse in Verbindung stehen; bei größeren Anlagen ist zwischen Pumpe und Presse ein *Druckflüssigkeitssammler (Akkumulator)* eingeschaltet. Ohne Pumpwerk arbeitende hydraulische Pressen haben bisher keine Bedeutung erlangt.

Welchem System eine hydraulische Presse immer angehören mag, es lassen sich an ihr stets die folgenden Hauptstücke unterscheiden (Abb. 139):

1. der Preßzylinder (*C*),   5. der Oberholm (*O*),
2. der Preßkolben (*K*),   6. das Kopfstück (*H*),
3. die Kolbendichtung (*L*),   7. die Säulen (*S*).
4. der Preßtisch (*T*),

Das Kopfstück ist gewöhnlich vom Oberholm getrennt und muß sehr sorgfältig an diesem befestigt werden. Das gleiche gilt für das Kopfstück des Preßkolbens. Das Material für die Holme und für die Kopfstücke ist Stahlguß von größter Homogenität. Auch der Zylinder wird aus Stahlguß großer Homogenität und Dichte hergestellt. Besonders wichtig ist es, daß die Teile durch Glühen unter richtigen Temperaturbedingungen spannungsfrei gemacht werden. Der Preßkolben wird am besten aus vorzüglichem Schalenhartguß hergestellt. Er muß sehr genau zylindrisch geschliffen werden und nach dem Polieren eine völlig porenfreie Oberfläche haben. Bei Verwendung von reinem Pflanzenöl als Druckflüssigkeit, wie es heute mit Recht in den allermeisten Betrieben geschieht, halten solche Kolben solange als überhaupt die Presse in Betrieb bleibt. Bei Reinhaltung der Druckflüssigkeit und Fernhalten von Samenteilen von der Oberfläche des Kolbens ist ein Riefigwerden der Kolben ausgeschlossen.

Der Preßzylinder ist aus Stahlguß gefertigt und an den erforderlichen Stellen bearbeitet. Erwünscht ist eine genügend lange Kolbenführung. Die Länge von Zylinder und Kolben hat so groß zu sein, daß auch bei Verarbeitung von sehr stark ölhaltiger Saat, die bei der Pressung eine sehr große Volumenverminderung erfährt, das Kolbenende unter keinen Umständen an der Manschettendichtung vorbeigehen kann. Moderne Pressen erhalten doppelte Abdichtung, und zwar eine durch Manschette gegen die Druckflüssigkeit und darüber eine Abdichtung durch Stopfbüchse gegen von außen aus der Saat eindringendes Öl. Aus dem Raum zwischen Stopfbüchse und Manschette wird etwa ausgetretene Druckflüssigkeit durch besondere Leitungen abgeführt. Da der Schalenhartgußkolben härter ist als der Zylinder, so leidet das Material des letzteren zuerst. Ist die Kolbenführung unrund geworden, so daß zu hoher Manschettenverbrauch eintritt, so muß sie mittels Zylinderausbohrapparat ausgedreht und ein neuer Kolben beschafft werden. Das Spiel zwischen Kolben und Kolbenführung soll 0,5 mm nicht überschreiten, bei einem Kolbendurchmesser von 600 mm.

Abb. 140. Dichtungsmanschette.

Die *Kolbenliderung* (Abb. 140) soll einen gut dichtenden und dabei doch nur geringe Reibung hervorrufenden Abschluß zwischen dem beweglichen Kolben und dem Preßzylinder herstellen. Sie hat im Querschnitt die Form eines umgekehrten U. Sie wird hergestellt aus Leder, Kautschuk, Guttapercha oder einem anderen geeigneten Material, welches elastisch, aber auch außerordentlich widerstandsfähig sein muß. Zur Aufnahme der Kolbenmanschette besitzt der Preßzylinder einen Ringkanal, dessen Lage aus der Abb. 139 zu ersehen ist. Die Druckflüssigkeit, welche den Preßkolben nach aufwärts bewegt, dringt auch zwischen die beiden Schenkel der U-Manschette ein und treibt sie auseinander. Der äußere Schenkel wird also an den Zylinder, der innere an den Preßkolben gedrückt, und zwar mit einer Kraft, welche dem Druck der Preßflüssigkeit verhältnisgleich ist. Auf diese Weise wird das Ausfließen von Druckflüssigkeit verhindert. Bei Verwendung von Wasser als Druckflüssigkeit wird die Manschette am besten aus Guttapercha hergestellt, da Leder nach verhältnismäßig kurzer Zeit sehr hart wird und dann die Güte der Abdichtung zu wünschen übrig läßt. Bei Verwendung von Pflanzenöl als Druckflüssigkeit hat sich bisher nach besonderem Verfahren imprägniertes Leder vorzüglich bewährt. Bedingung ist, daß die Manschetten sehr genau passen, ohne beim Einbringen mißhandelt werden zu müssen. Unzweckmäßig ist es, den inneren Schenkel der Manschette zu lang zu machen, da er sich dann am Kolben festsaugt und frühzeitig abreißt.

Früher stellten viele Betriebe ihre Manschetten selbst her. Das Leder wurde durch Einweichen in Wasser geschmeidig gemacht und erhielt dann in besonderen Manschettenpressen die gewünschte Form. Heute kann man Manschetten vorzüglicher Qualität bei Spezialfabrikanten beziehen zu einem Preise, der die eigene Herstellung nicht mehr rentabel erscheinen läßt.

Der Raum zwischen den beiden Schenkeln der Manschette wird mit einem gut gefetteten Hanfzopf ausgefüllt. Ein wesentlicher Faktor für die Haltbarkeit der Manschette ist vorzügliche Instandhaltung von Kolben und Zylinderführung. Unrunde oder riefige Kolben nehmen die Dichtungen sehr stark mit. Besondere Aufmerksamkeit ist darauf zu richten, daß keine harten Fremdkörper in die Druckflüssigkeit geraten. Daher ist Filtration der Druckflüssigkeit vor dem Eintreten in die Pumpwerke zu empfehlen.

Der bewegliche *Preßtisch* dient zur Aufnahme des verpackten auszupressenden Materials und bei geschlossenen Pressen zur Aufnahme des mit Gut gefüllten Preßseihers, ferner zur Aufnahme und Fortleitung des ausgepreßten Öles.

In der Regel ist der Querschnitt des Preßkolbens nicht gleich dem Seiherquerschnitt (bei geschlossenen Pressen) oder dem Kuchenquerschnitt (bei offenen Pressen), sondern größer oder kleiner. Daher ist der Druck der Druckflüssigkeit nicht gleich der spezifischen Flächenpressung, welche das Saatgut erfährt. Die meisten geschlossenen Pressen arbeiten mit einem spezifischen Flächendruck auf die Saat von etwa 500—550 kg pro Quadratzentimeter, während die offenen Pressen mit einer wesentlich geringeren Flächenpressung von etwa 350 kg/cm² und weniger auskommen.

Der *Oberholm* der Presse wird häufig noch aus Gußeisen hergestellt. Er hat an der Unterseite eine bearbeitete Fläche, auf welcher das sog. *Hängestück* (*H* in Abb. 141) befestigt ist, das in den Preßbehälter der Seiherpresse eindringt. Bei der Etagenpresse ist auf diese bearbeitete Fläche die obere Preßplatte aufgeschraubt. Das Hängestück wird zweckmäßig aus Stahlguß hergestellt, da es erheblichen Pressungen ausgesetzt ist. Der Preßkolben erhält in der Regel ein Druckstück, ähnlich dem Hängestück, welches durch den Preßtisch hindurchtritt und in der untersten Stellung des Preßkolbens mit der Oberkante des Preßtisches bündig steht, so daß der Preßseiher aus der Presse herausgezogen werden kann.

Die *Säulen* der Presse bestehen aus geschmiedetem Stahl. Die beiden Säulenenden sind mit Bunden und Gewinde versehen. Zwischen Bund und der auf dem Gewinde befindlichen Säulenmutter werden Ober- und Unterholm eingefügt. Das Gewinde ist mit möglichst geringer Steigung auszuführen, damit sich die Muttern im Betrieb nicht zu leicht lockern. Ein unbedingtes Festsitzen der Säulenmuttern ist nur schwer zu erreichen, da sich die Säulen im Laufe der Zeit im Gewinde etwas strecken. Zweckmäßig führt man den Kerndurchmesser des Gewindes größer aus als den Durchmesser des eigentlichen Säulenschaftes, so daß dieser den wesentlichsten Teil der Formänderungen der Preßsäule aufnimmt. Die Muttern sind gegen Verdrehung durch kräftige Stellschrauben, besser noch durch Schellen gegeneinander in ihrer Lage zu sichern. Sie müssen in regelmäßigem Turnus mittels Schraubenschlüssels und Vorschlaghammers nachgezogen werden.

Zweckmäßig erhalten alle Pressen nur drei Säulen, da nur auf diese Weise eine gleichmäßige Druckverteilung auf die einzelnen Säulen zu erreichen ist. Bei viersäuligen Pressen tragen in der Regel nur drei Säulen, welche infolgedessen leicht überbeansprucht werden.

Wird auf die Fläche f (Abb. 141) der Druck p ausgeübt, so beträgt der spezifische Druck $\frac{p}{f}$. Dieser pflanzt sich in der Flüssigkeit unverändert fort; es

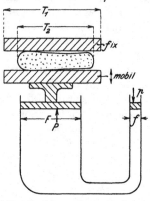

Abb. 141. Schema der hydraulischen Presse.

wird daher der auf die Fläche F wirkende Druck $p \cdot \frac{F}{f}$ betragen. Dieser letztere Druck, den wir P nennen wollen, wird dann aber auf die ganze Preßtischfläche T_1 oder auf den vom auszupressenden Material bedeckten Teil T_2 derselben verteilt. Der Druck P, welcher pro Quadratzentimeter $\frac{P}{F} = x$ Atmosphären beträgt, wird auf F, T_1 und T_2 zwar mit der gleichen absoluten Stärke wirken, pro Quadratzentimeter wird aber der Druck auf T_1 betragen $x \cdot \frac{F}{T_1}$, auf T_2 wird er $x \cdot \frac{F}{T_2}$ sein. Ist nun T_1 oder T_2 größer als F, so wird der Atmosphärendruck (spezifischer Druck) auf T_1 und T_2 kleiner sein als der auf F wirkende und umgekehrt.

Die Angabe des Druckes, unter welchem eine Presse arbeitet, läßt daher bei Verschweigen des Flächenverhältnisses zwischen Zylinder- und Tischfläche bzw. des mit Preßgut bedeckten Teiles der Tischfläche keinen Schluß zu, welchem Drucke das Preßgut eigentlich ausgesetzt ist. Die landläufige Annahme, daß eine mit a Atmosphären arbeitende Preßpumpe auch a Atmosphären Druck im Preßmaterial erzeugt, ist daher unrichtig.

Nachstehend sollen aus der Fülle der Pressenkonstruktionen nur jene besprochen werden, welche heute in modernen Betrieben eingebaut werden und von denen man daher voraussetzen darf, daß sie die gesammelten Erfahrungen der sie herstellenden und verbrauchenden Betriebe verkörpern.

1. Seiherpressen.

In diesem, zu den ältesten Formen der hydraulischen Ölpressen zählenden Pressensystem befindet sich das Preßgut in sog. *Seihern*, oben und unten offenen Behältern mit durchlöcherten Wänden und von zylindrischer oder prismatischer Form mit kreisförmigem oder quadratischem Querschnitt (s. Abb. 142, 143 u. 144). Der Preßraum ist nach oben erweitert, zur Erleichterung des Ausstoßens der entölten Kuchen. Der Inhalt des Preßseihers wird durch Zwischenlagen aus Eisenplatten und einem öldurchlässigen Tuch in mehrere dünne Schichten zerlegt.

Die Seiherpressen enthalten oben nur ein kurzes Hängestück von 300 bis 400 mm Länge, während am Preßkolben ein längeres Kopfstück von 500 bis 800 mm angebracht ist, damit die abgepreßten Kuchen im oberen Teil des Seihers bleiben. Durch die Reibung des Preßgutes an den Seiherwänden wird der Seiher bei zunehmendem Druck mit in die Höhe genommen, so daß er sich von der Preßschüssel, durch die das Kopfstück des Preßkolbens in den Seiher eintritt, abhebt. Das Hängestück tritt im äußersten Falle in seiner ganzen Länge in den Seiher ein, so daß dieser nach der Pressung an den Oberholm stößt.

Die Erweiterung des Seiherdurchmessers nach oben, die etwa 2—3 mm pro Meter Seiherhöhe beträgt, hat nicht nur die Aufgabe, das Ausstoßen der entölten Kuchen zu erleichtern, sondern es wird dadurch auch bei vordringendem Preßstempel die Haftung des Kuchens an der Seiherwand etwas gelockert, so daß sich der Preßdruck gleichmäßiger verteilen kann. Bei genau zylindrischen Seihern würde der Preßdruck nach der Mitte der Kuchensäule abnehmen. Durch die kleine Querschnittserweiterung wird aber erreicht, daß die Entölung der Kuchen im ganzen Seiher gleichmäßig ist, folglich auch die Druckverteilung.

Die Seiherwände sind gelocht oder geschlitzt, jedoch ist die gelochte Ausführung die Regel. Der Durchmesser der zylindrischen Preßseiher beträgt 300 bis 480 mm. Die größten quadratischen Seiher haben 470 mm Kantenlänge des Kuchens. Die Höhe der Seiher liegt zwischen 800 und 1800 mm. Man strebt einen möglichst großen Abflußquerschnitt im Seiher an. Daher haben moderne Seiher von 1800 mm Höhe und 470·470 mm Querschnitt über 100000 Löcher. Die Durchbohrungen der Seiherwände führen jedoch zu erheblichen Querschnittsschwächungen, auch ist das Durchbohren der dicken Seiherwände bei den heutigen hohen Preßdrücken mit großen Schwierigkeiten verbunden. Man setzt deshalb die Seiher aus zwei Teilen zusammen, und zwar:

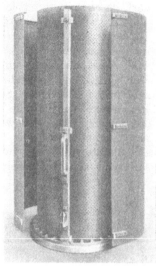

Abb. 142. Gebohrter zylindrischer Preßseiher mit Spritzschutz. (Harburger Eisen- und Bronzewerke A. G., Harburg/Elbe.)

1. dem *eigentlichen Seiher*, der etwa 20 mm Wandstärke hat, und

2. dem mit Rippen versehenen *Seihermantel*, auf welchen sich der Seiher abstützt (Abb. 143 u. 144). Der Mantel ist häufig noch durch aufgeschrumpfte Ringe verstärkt.

Der Seiher selbst ist also nicht zur Druckaufnahme bestimmt, sondern der ganze Preßdruck wird vom Seihermantel aufgenommen. Die Rippen des Seihermantels sind bei senkrechten Pressen senkrecht angeordnet und bilden mit dem Seiher selbst Kanäle, durch welche das hindurchgetretene Öl nach unten abläuft, wo es in einer Fangschüssel der Presse aufgefangen und zum Ölbehälter abgeleitet wird. Da die Preßseiher bei großen Pressen ein sehr erhebliches Gewicht erreichen, erhalten sie zur Erzielung leichterer Beweglichkeit auf Wälzlagern laufende Tragrollen.

Abb. 143. Ansicht eines Preßseihers für quadratische Kuchen. Blick von oben. Abdeckplatte entfernt. Seiher fahrbar auf Laufrollen. (Harburger Eisen- und Bronzewerke A. G., Harburg/Elbe.)

Die Preßtische sind mit Schienen versehen, ebenso die Transportvorrichtungen für die Preßseiher. Während der Pressung dürfen die Rollen nicht beansprucht werden, da sie sonst bei den gewaltigen Preßdrücken abbrechen würden. Man erreicht dies dadurch, daß der Hauptpreßstempel von unten in den Seiher eintritt und ihn infolge der Reibung des Preßgutes an den Seiherwänden vom Preßtisch abhebt. Man vergesse nicht, daß der Gesamtdruck einer modernen Seiherpresse mit 600 mm Kolbendurchmesser und einem Flüssigkeitsdruck von 370 at über 1000000 kg beträgt.

Die Reinigung der Seiher von etwa mit dem Öl ausgetretenen Saatteilchen erfolgt durch einfaches Durchstoßen der senkrechten Ölablaufkanäle. Diese sind oben durch einen Ring abgedeckt, der aber niemals den Holm der Presse berühren darf, da er sonst unter dem Preßdruck zerspringen würde. Er liegt daher etwas niedriger als der obere Rand des Seihermantels und dient lediglich dazu, ein Hineingeraten von Saatgut in die Ölablaufkanäle zu verhindern. Der Seihermantel wird in der Regel aus gutem Stahlguß ausgeführt. Die Ölablaufkanäle sind zweckmäßig nach unten etwas erweitert, um ein leichtes Herausfallen von Saatteilchen zu ermöglichen. Infolge des Vorbeischabens der Preßplatten an den zahlreichen Löchern im Seiher kommt es unter der Einwirkung des gewaltigen Preßdruckes vor, daß die Löcher nach und nach, durch Stauchung des Materials des Seihers, geschlossen werden. Das Aufbohren der zahlreichen Löcher ist zeitraubend und kostspielig. Man führt daher den Seihermantel derart aus, daß eine direkte Berührung zwischen Preßplatte und gelochtem Seiherteil durch vorspringende Leisten verhindert wird. Diese Schutzleisten befinden sich stets

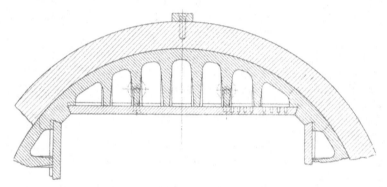

Abb. 144. Schnitt durch Preßseiher für quadratische Kuchen. Beachte: Warm aufgezogene Stahlringe zur Stützung der Stützplatten und der Seiherplatten. Seiherplatten in Schwalbenschwanznuten eingepreßt.

gegenüber den Stützrippen des Seihermantels, wo Durchtrittsöffnungen sowieso unnötig wären. Die Preßplatten gleiten über die etwa 1 mm vorstehenden Schutzrippen und verhindern so eine Berührung zwischen Platte und Seiher.

Die Konstruktion der *runden Seiher* ist in der Regel einfacher als die der *quadratischen*. Letztere haben aber bedeutende wirtschaftliche Vorteile, so daß sie hauptsächlich in Verwendung sind. Zunächst ist die Fläche eines quadratischen Seihers 470·470 mm fast um ein Drittel größer als die eines runden von 480 mm Durchmesser, so daß die Leistung des Arbeiters im ersteren Falle wesentlich höher ausfällt als in letzterem (die Arbeiter werden in der Regel nach der Anzahl der erzeugten Kuchen bezahlt). Ferner ist die Raumausnutzung in Eisenbahnwaggons und Schiffen bei Stapelung von quadratischen Kuchen bedeutend günstiger, auch die Ausnutzung von Lagerräumen. Für die Größe der Kuchen war es maßgebend, daß Preßplatten von 470·470 mm gerade noch bequem ohne übermäßige Ermüdung, von den Arbeitern behandelt werden können. Geht man über diese Abmessungen wesentlich hinaus, so ergeben sich zu schwere Preßplatten, und die Kuchen neigen infolge zu großen Durchmessers leicht zum Brechen.

Die Ölaustrittslöcher der Seiher haben auf der Innenseite einen Durchmesser von 0,5—1 mm; sie sind nach außen erweitert, um einen bequemen Abfluß zu gestatten. Um die Lochzahl noch weiter zu erhöhen, werden die Seiher derart gebohrt, daß drei Löcher von 0,5 mm Durchmesser auf ein Loch treffen, das von außen gebohrt wird und 6—7 mm Durchmesser hat. Dadurch erreicht man mit einem Schlage eine Verdreifachung der Seiherlöcherzahl.

Man kommt in Seiherpressen mit dem Ölgehalt der Kuchen bis auf 4% herunter, wie bei den offenen Pressen. Eine wesentliche Erhöhung des Preßdruckes führt zu keiner weitergehenden Entölung, da die Kapillaren, durch welche das Öl sich den Weg nach außen suchen muß, bei steigendem Druck immer kleiner werden. Man ist daher auch von den früher üblichen hohen Flüssigkeitsdrücken von 450 at auf 350 at zurückgegangen (bei gleichgebliebenem Kolbendurchmesser); dieser Druck reicht vollständig aus.

Die Seiherstandpresse.

Abb. 145 zeigt Schnitt und Grundriß einer modernen Seiherstandpresse.

1 ist der Preßzylinder aus hochwertigem Stahlguß, mit den angegossenen Füßen 2 und drei Augen 3 für die Säulen. Die Einströmöffnung 4 für die Druckflüssigkeit ist unten angeordnet, um bei Reparaturen die im Zylinder verbliebene Druckflüssigkeit am tiefsten Punkt ablassen zu können. 5 ist die Manschettennut zur Aufnahme der Dichtungsmanschette, die den Austritt von Öl aus dem Zylinder verhindert. Ihre obere Fläche ist gewölbt, so daß sie sich der Form der Manschette anpaßt. 6 ist die Auffangrinne für etwa an der Manschette vorbeikriechendes Drucköl ebenso wie zur Aufnahme von am Kolbenaufsatz herabrinnendem Pflanzenöl aus dem Preßseiher.

Im Zylinder sind drei Säulen 7 angebracht mit je einer in den angegossenen Augen versenkt angeordneten unteren Säulenmutter 8. Jede Säule trägt unten einen Bund 9, der als Auflager dient. Die obere Säulenmutter 10 dient zum Festziehen des Oberholms 11, der ebenfalls aus vorzüglichem Stahlguß besteht, während die Säulen aus geschmiedetem Stahl hergestellt sind. An den Preßsäulen müssen alle Querschnittsänderungen sorgfältig ausgerundet sein, um Spannungserhöhungen an diesen Stellen unschädlich zu machen.

Sowohl im Oberholm 11 als im Zylinder 1 sind Gewindelöcher 12 vorgesehen, in denen Ringschrauben angebracht werden können, die das Einhängen in den Kran

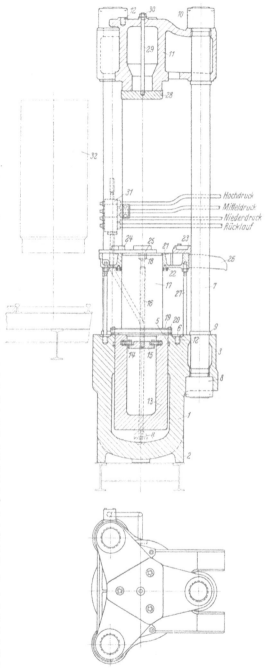

Abb. 145. Seiherstandpresse mit schwebendem Preßseiher. (Friedr. Krupp-Grusonwerk A. G., Magdeburg-Buckau.)

während der Montage erleichtern sollen. Der Preßkolben 13, aus Schalenhartguß hergestellt und blank geschliffen, ist in seiner untersten Stellung gezeichnet. Er besitzt eingegossene Knaggen 14, die eine Haltetraverse 15 tragen, in der ein Bolzen 16 befestigt ist. Dieser bildet die Verbindung zwischen Kolben 13 und Kolbenaufsatz 17, und zwar ist in diesem eine Vertiefung angeordnet, in der sich die versenkte Mutter 18, die mittels Steckschlüssels angezogen wird, befindet.

Auch der Kolbenaufsatz ist aus Stahlguß hergestellt und besitzt unten einen Kragen 19 mit Stellschrauben 20, durch deren Verstellung man die obere Fläche des Kolbenaufsatzes genau auf die richtige Höhe in bezug auf den Preßtisch 21, der den Preßseiher trägt, einstellen kann. Letzterer hat in der Höhe verstellbare Füße 27 mit Feststellmuttern, durch welche er auf gleiche Höhe mit dem vor der Presse verfahrbaren Seihertransportwagen eingestellt werden kann, so daß Seiherwagen, Preßtisch und Kolbenaufsatz in eine waagerechte Ebene gebracht werden können.

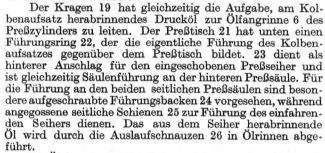

Der Kragen 19 hat gleichzeitig die Aufgabe, am Kolbenaufsatz herabrinnendes Drucköl zur Ölfangrinne 6 des Preßzylinders zu leiten. Der Preßtisch 21 hat unten einen Führungsring 22, der die eigentliche Führung des Kolbenaufsatzes gegenüber dem Preßtisch bildet. 23 dient als hinterer Anschlag für den eingeschobenen Preßseiher und ist gleichzeitig Säulenführung an der hinteren Preßsäule. Für die Führung an den beiden seitlichen Preßsäulen sind besondere aufgeschraubte Führungsbacken 24 vorgesehen, während angegossene seitliche Schienen 25 zur Führung des einfahrenden Seihers dienen. Das aus dem Seiher herabrinnende Öl wird durch die Auslaufschnauzen 26 in Ölrinnen abgeführt.

Die Ölrinne im Preßtisch ist recht geräumig ausgeführt, so daß dem Öl, welches in der Regel mit Trub verunreinigt ist, bequemer Abfluß geboten ist und Überschwemmungen infolge Verstopfung durch Trub nicht leicht eintreten können. 27 ist die Feststellmutter zur Einstellung des Preßtisches auf Seiherwagenhöhe.

Die Füße zu 27 stehen unten auf der glatten oberen Fläche des Preßzylinders.

Der Oberholm 11 ist unten mit einer Kopfplatte 28 versehen, welche durch eine Schraube 29 mit Mutter 30 am Oberholm befestigt ist. Die Kopfplatte 28 ist gegen den Oberholm zentriert durch eine Außenzentrierung, so daß sie sich in ihrer Lage nicht verschieben und sich doch nach außen frei dehnen kann. 31 ist ein mittels Rohrschelle an der linken seitlichen Preßsäule angebrachtes Steuerventil, durch welches der Zu- und Abstrom der Druckflüssigkeit zum Preßzylinder geregelt wird.

32 zeigt den Stand des auf dem Seiherwagen befindlichen ausgefahrenen Preßseihers.

Falls auf Rollen verfahrbare Seiher verwendet werden, befinden sich auf dem Preßtisch noch aufgeschraubte stählerne Schienen.

Abb. 146. Seiher-Standpresse mit schwebendem Seiher. Beachte: Verriegelung, die ein Herausfallen des auf Rollen fahrbaren Seihers verhindert. (Harburger Eisen- und Bronzewerke A. G., Harburg/Elbe.)

Nicht angedeutet ist ein Gewindeloch im Kolbenaufsatz, welches zum Einziehen einer Ringschraube dient, wenn zwecks Manschettenwechsels Kolbenaufsatz und Preßkolben emporgezogen werden müssen.

Abb. 146 zeigt eine Seiherpresse in Ansicht. Die Konstruktion der Seiherpressen ist also verhältnismäßig einfach. Die Preßanlage wird aber dadurch kompliziert, daß besondere Vorrichtungen zum Entleeren und Füllen der Seiher notwendig sind.

Der abgepreßte Seiher wird mittels Transportwagen (s. S. 621) nach einer Füll- und Ausstoßpresse (s. S. 615) gebracht, welche die Aufgabe hat, die entölten Kuchen aus dem Seiher auszustoßen und diesen dann mit neuem Gut zu füllen.

An den Bau der Seiherpressen sind folgende konstruktive Forderungen zu stellen:

1. 3 Säulen.

2. Säulenmuttern, mit Feingewinde geringer Steigung versehen. Sechskantmuttern sind runden Muttern vorzuziehen, weil an letzteren die Hakenschlüssel leicht abrutschen.

3. Die Säulenstärke muß geringer sein als der Durchmesser im Gewindekern.

4. Die Höhe der Säulenmuttern muß mindestens gleich dem Gewindedurchmesser sein, nicht aus Festigkeitsgründen, sondern um die Pressung im Gewinde gering zu halten (leichteres Anziehen der Säulenmuttern).

5. Der Zylinder muß im Unterholm auswechselbar eingehängt sein, da sonst bei etwaigen Fehlstellen, welche ein Auswechseln, oft erst nach längerer Zeit, notwendig machen, Zylinder samt Unterholm unbrauchbar werden und zum Ersatz des Zylinders vollständige Demontage der Presse erforderlich wird.

6. Der Seihertisch soll reichlich große Kanäle zur Aufnahme des abfließenden Öls haben. Die Kanäle im Seihertisch sollen reichliche Gefälle zur Ölablauföffnung haben.

7. Der Seiher muß verriegelt sein gegen das Steuerventil der Presse, so daß dieses nur dann betätigt werden kann, wenn ein Seiher vollständig in der Presse sitzt oder wenn diese keinen Seiher enthält.

8. Als Material für den Zylinder ist Stahlguß zu verwenden. Unter- und Oberholm können aus vorzüglichem zähem Grauguß sein, jedoch ist auch hier Stahlguß vorzuziehen. Für den Kolben ist vorzugsweise Schalenhartguß großer Härte zu verwenden. Die Kolbenfläche muß porenfrei sein.

9. Es ist eine Stopfbüchse über der Dichtungsmanschette im Zylinder anzuordnen, um den Austritt von Drucköl ins Speiseöl mit Sicherheit zu verhindern. Der Raum zwischen Manschette und Stopfbüchse soll einen besonderen Ablauf erhalten.

10. Die Ölablauföffnung am Seihertisch muß so groß sein, daß auch größere Mengen Trub mit dem Öl hinweggeschwemmt werden können.

11. Der Kolbenaufsatz ist an seinem Oberende mit einer Bohrung mit Gewinde zu versehen, in welche eine Öse eingebracht werden kann, zwecks leichter Entfernung des Kolbens beim Manschettenwechsel.

12. Die Eintrittsöffnung für die Druckflüssigkeit am Zylinder ist reichlich groß zu bemessen, damit der Kolben nach Beendigung der Pressung schnell absinkt (Ersparnis an toter Zeit).

13. Zweckmäßig ist die Anbringung eines Kolbenstandanzeigers, welcher dem Bedienungsmann an einer Marke anzeigt, ob sich der Kolben in seiner niedrigsten Stellung befindet, in welcher Lage der Seiher aus der Presse herausgezogen wird.

14. Zweckmäßig erhält jede Presse ihr eigenes Steuerventil.

15. Die Formen der Presse sind so zu wählen, daß sie möglichst kleine Flächen für die Schmutzablagerung bieten.

16. Der Preßkolben ist mit einem langen Kopfstück auszurüsten, das bei der Pressung von unten in den Seiher eindringt. Erhält der Kolben ein Kopfstück, welches durch den Preßtisch hindurchtritt, so muß dieses eine besondere Ölfangrinne erhalten, um das herabrinnende Öl aufzufangen. Das am Oberholm befestigte Hängestück hat zweckmäßig eine Länge von 300—400 mm. Der Seiher wird beim Ansteigen des Preßkolbens durch Reibung mitgenommen und schwebt während der Preßdauer zwischen Ober- und Unterholm. Nach der Pressung befinden sich die Kuchen im Oberteil des Preßseihers (kürzere Ausstoßzeit). Es kann daher der untere Teil des Preßseihers etwas schwächer ausgeführt werden.

17. Die senkrechten Ölablaufkanäle des Preßseihers sind mit einem losen Ring abzudecken, welcher 1—2 mm hinter der Oberkante des Seihermantels zurückstehen soll, damit er auf keinen Fall durch Druck zerstört wird. Dabei muß der Rand des Innenseihers frei bleiben.

18. Die Manschettennut im Preßzylinder muß derartig geformt sein, daß die untere Fläche gerade ist, die obere dagegen gewölbt, so daß sie die U-Form der Manschette stützt. Rechteckige Nuten sind zu verwerfen.

19. Die Manschette ist so auszuführen, daß ihr äußerer Schenkel länger ist als der innere. Der innere Schenkel soll eine Länge von 15 mm nicht wesentlich überschreiten, während der äußere 25 mm lang sein kann.

Für Saaten, welche in kurzer Zeit abgepreßt werden können, insbesondere auch für leicht auszupressende Ölfrüchte, verwendete man sog. *Drehpressen* (Abb. 147). Diese bestehen aus zwei oder drei nebeneinanderstehenden Seiherpressen, von denen im ersteren Falle eine, im zweiten Falle die beiden äußeren

als *Standpressen* ausgebildet sind, während die mittlere Presse als Füll- und Ausstoßpresse dient. Die Seiher werden an besonderen Schwenkarmen verriegelt und
mittels dieser um eine Preßsäule in die Füllpresse geschwenkt, während gleichzeitig
der gefüllte Seiher in die Standpresse geschwenkt wird. Ein Seiher kann also nur
solange in der Standpresse verbleiben, als die Dauer der Füllung und Vor-

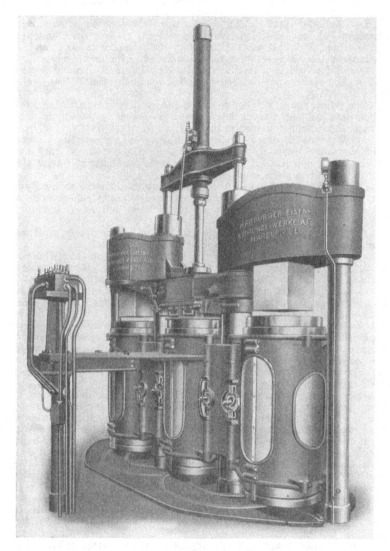

Abb. 147. Drehpressenbatterie mit einer Füll- und Ausstoßpresse und zwei Standpressen.

pressung mittels des Kolbens der Füllpresse beträgt. Brauchen dagegen die
Saaten längere Zeit zur Entölung, so daß sie in der eigentlichen Presse länger
verbleiben müssen als in der Füllpresse, so ist man gezwungen, die bereits vorhin
geschilderten einfachen Seiherpressen zu einer *Batterie* zu vereinigen und diese
von einer gemeinsamen Füll- und Ausstoßpresse bedienen zu lassen.

Die Anzahl der Pressen pro Batterie richtet sich nach der Dauer der Pressung.
Da die modernen Füll- und Ausstoßpressen sehr leistungsfähig sind, können bis

zu sechs Standpressen von einer Füll- und Ausstoßpresse beschickt werden. Vereinigt man zwei
Pressenbatterien mit je einer Füll- und Ausstoßpresse
zu einer sog. *Doppelbatterie,* so ist die zweckmäßigste
Arbeitsweise die folgende:

Sämtliche Standpressen sind mit Seihern beschickt
und stehen unter Druck. Ein Seiher mit abgepreßten
Kuchen befindet sich auf dem Seiherwagen. Jede der
beiden Füllpressen enthält noch je einen Seiher, und
zwar beginnt die Entleerung eines Seihers in der einen
Füllpresse, während in der anderen der bereits gefüllte
Seiher unter dem Druck des Hauptkolbens steht und
vorgepreßt wird. Es wird jetzt in dieser Füllpresse
der Druck abgelassen, der Wagen mit dem abgepreßten
Seiher herangefahren, der neu gefüllte Seiher entnommen und die Füllpresse mit dem abgepreßten Seiher
beschickt. Alsdann fährt er zur ersten Batterie, entnimmt aus einer Standpresse einen abgepreßten Seiher
und ersetzt ihn durch den neu gefüllten. Der abgepreßte
Seiher wird zur zweiten Füllpresse gefahren und gegen
den neu gefüllten vorgepreßten Seiher ausgetauscht.
Letzterer wird gegen den abgepreßten Seiher der zweiten Batterie ausgetauscht, worauf sich das Spiel wiederholt. Auf diese Weise wird mit einem Minimum an
Zeitverlust ein Maximum an Arbeitsleistung aus beiden
Batterien herausgeholt.

Eine zum Füllen der Seiher mit Saatschichten
und zum Ausstoßen der entölten Kuchen dienende

Füll- und Ausstoßpresse

ist in den Abb. 148 und 149 dargestellt.

Abb. 148 zeigt eine Füllpresse mit quadratischem
Seiher, mit Kuchenschwenkkorb, Kuchenaufnahme-
schacht und Oberdruckzylinder.

Der Preßkolben 2 ist so lang bemessen, daß er,
auch wenn die obere Fläche des Kolbenkopfes 3 über
die obere Fläche des Oberholms 9 hinausragt, noch auf
die ganze Länge der Kolbenführung im Zylinder 1 geführt ist.

Es kann also praktisch nicht vorkommen, daß der
Kolben die Führung und die darüber angeordnete
Manschette verläßt und Drucköl austritt.

Der Kolbenkopf 3 ist in den Kolben 2 eingeschraubt
und gegen Drehung gesichert. Er ragt in den unteren
Teil des Füllseihers 4 hinein. 7 ist der eigentlich zu
füllende Teil des Preßseihers, während 6 die Ölfangschüssel für aus dem Preßseiher austretendes Öl ist,
5 das etwa aus dem Füllseiher austretende Öl auffängt
und ableitet. Die Brille 8 ist mit Rollen versehen, so
daß sie vom Betrachter hinweg verfahren werden kann
in der Richtung des Standortes des Bedienungsmannes,
der hinter der gezeichneten Füllpresse steht. Bei diesem
Stande ist der Seiher nach oben durch einen vollen Teil
der Füllbrille abgeschlossen. Diese fahrbare Brille bildet
also in einer Stellung einen Durchlaßkanal für von
oben einzufüllendes Kuchenmehl bzw. für von unten
auszustoßende Kuchen, in der anderen den Seiherverschluß nach oben, so daß die noch im Füllseiher 4 enthaltenen Kuchen durch Anstieg des Kolbens 2 in den
eigentlichen Preßseiher 7 gedrückt werden können.

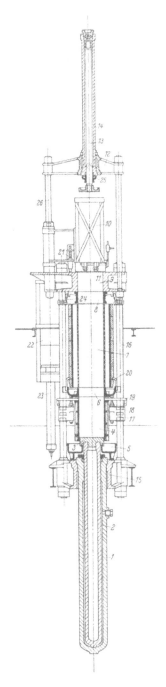

Abb. 148. Viersäulige Füll- und
Ausstoßpresse mit Vordrücker.
Kuchenschwenkkorb und Ku-
chenaufnahmeschacht. (Harbur-
ger Eisen- und Bronzewerke A. G.,
Harburg/Elbe.)

Auch der Oberholm 9 wird beim Füllen des Seihers zunächst mitgefüllt und sein Inhalt mittels des Oberdruckkolbens 13 durch den offenen Teil der Brille 8 in den Seiher 7
gedrückt. Erst dann wird 8 in die Schlußstellung gebracht und der Inhalt von 4
hochgedrückt. Nachdem die gesamte Kuchensäule von Oberkante des Oberholms
bis Unterkante des Füllseihers in den Preßseiher 7 hineingepreßt worden ist, wird
der Kolben 2 abgelassen, bis die obere Fläche des Kopfes 3 bündig steht mit

der oberen Kante der Fangschüssel 6, was durch
Tasten mit dem Taster 19 genau konstatiert werden
kann. Der Taster 19 wird vom Fuße des Bedienungsmannes betätigt, der deutlich fühlt, ob er die
Kuchensäule oder den Kolbenkopf berührt oder den
wesentlich dünneren Preßkolben 2.

Der gefüllte Preßseiher kann nun ausgefahren
und ein abgepreßter Seiher in die Presse eingefahren
werden. Man öffnet den Verschluß 8, so daß der
offene Teil der Brille wieder unter der Öffnung des
Oberholms steht und schwenkt den Kuchenschwenkkorb 10 über die Öffnung des Oberholms, läßt dann
den Kolben 2 ansteigen, so daß dieser den gesamten
Inhalt des Preßseihers durch Brille und Oberholm
hindurch in den Kuchenschwenkkorb 10 hineindrückt;
dieser ist um die Hilfssäule 26 schwenkbar, welche
gleichzeitig die Traverse 12 für den Oberdruckzylinder
trägt.

Nachdem der Kuchenschacht mit Kuchen gefüllt worden ist, wird die Verriegelung 11 betätigt,
deren Riegel sich unter die unterste Preßplatte der
Kuchensäule setzen, damit beim Absinken des Kolbens 2 keine Kuchen aus dem Schwenkkorb herausfallen. Nun wird der ganze Schwenkkorb um die
Säule 26 geschwenkt, bis er über den Kuchenauf-
nahmeschacht 22 gelangt, dessen Kolbenkopf bündig
mit der oberen Fläche des Oberholms steht. Ein
geringes Ansteigen des Kolbenkopfes hebt die im
Schwenkkorb befindlichen Kuchen von der Verriegelung 11 ab, so daß diese durch Umlegen des Handgriffes geöffnet wird und die Kuchensäule nach unten
abgelassen werden kann. Dann wird der Schwenkkorb 10 noch etwas weiter über den Kuchenschacht
hinausgeschwenkt, worauf man die Kuchensäule aus
dem Kuchenschacht langsam emporsteigen läßt,
während man gleichzeitig mit der Füllung des Preßseihers von oben her beginnt.

Abb. 149. Viersäulige Füll- und Ausstoßpresse mit Vordrücker, Kuchenschwenkkorb und Kuchenaufnahme-
schacht. (Harburger Eisen- und
Bronzewerke A. G., Harburg/Elbe.)

Es seien noch einige notwendige Nebeneinrich-
tungen der Presse erwähnt. Geräumige Ölfangschüs-
seln 5 und 6 sorgen für schnelle Abführung des freiwerdenden Öles. Das ist besonders wichtig bei der
Verarbeitung von stark ölhaltigen Saaten, insbesondere wenn sie bereits bei niedrigen Drücken Öl abson-
dern. An den Schellen 17 befinden sich kleine Andrückkolben, welche beim Ausstoßen der Kuchen den
Preßtisch 6 und den daraufstehenden Seiher 7 kräftig
gegen die Brille 8 und den Oberholm andrücken, so daß
jegliches Spiel zwischen diesen einzelnen Teilen zum
Verschwinden gebracht wird. Die Ausstoßpresse arbeitet so wesentlich ruhiger und
weniger ruckweise. Das Loslösen der Kuchen von der Seiherwand geschieht nämlich
nicht gleichmäßig, sondern ruckartig, trotz der konischen Erweiterung des Preßseihers
nach oben, und diese ruckartigen Bewegungen verursachen äußerst starke Schläge
des Seihers gegen Tisch und Oberholm.

Die gezeichnete Presse hat vier Preßsäulen 16. Neuerdings führt man sie mit
drei Säulen aus, da nur so eine statisch einwandfreie Konstruktion zu erreichen
ist. Für die Befestigung der Traverse 12 genügt meistens der Halt von zwei Säulen.

Es muß unter allen Umständen dafür Sorge getragen werden, daß bei zu hohem
Ansteigen des Kolbens 2 der Druck nicht über die auszustoßende Kuchensäule
auf den Oberdruckkolben 13 oder die Traverse 12 übertragen wird. Um das zu ver-

hindern, wird die Drucköleitung vom Zylinder 1 über ein Sicherheitsventil geleitet, das unterhalb der Traverse neben dem Oberdruckzylinder angeordnet ist; ein Taster ragt neben der Kopfplatte des Oberdruckkolbens in den Kuchenschacht hinein, bzw. etwas über diese Kopfplatte hervor, so daß der Schwenkkorb noch unter dem Taster geschwenkt werden kann. Steht nun der Kolben zu hoch, so trifft die Kuchensäule auf diesen Taster und öffnet einen Druckölabfluß, so daß kein weiterer Zufluß des Drucköls zum Zylinder 1 stattfindet.

Erwünscht ist auch die Anordnung eines Sicherheitsventils in der Leitung zum Oberdruckzylinder 14; steigt nämlich der Kolben 2 an, bei herabgelassenem Oberdruckkolben 13 und geschlossener Stellung von Öleinlaß- und -auslaßspindel des Zylinders 14, so wird entweder der Zylinder gesprengt oder es geht die Traverse 12 zu Bruch.

Zu bemerken ist noch, daß der Zylinder 1 in den Unterholm der Presse 15 eingehängt ist und jederzeit herausgezogen werden kann. Der Drucköleintritt liegt hier nicht unten im Zylinder, da bei niedrigen Kellerräumen der Füllpreßzylinder oft im Boden versenkt werden muß, so daß der Druckölanschluß nicht zugänglich wäre.

Der Kolbenkopf 3 hat einen außen herumlaufenden Tropfrand, der in die Ölschüssel 5 hineinragt, so daß am Kolbenkopf herabrinnendes Öl nur in die Ölfangschüssel 5 gelangen kann und nicht etwa am Kolben 2 herabrinnt.

Abb. 150 zeigt Schnitte sowie Aufrisse und Grundriß einer dreisäuligen Füll- und Ausstoßpresse modernster Bauart, die von der zuvor geschilderten (Abb. 148) in einigen wichtigen Einzelheiten abweicht.

Die Preßsäulen sind hier vollständig bis zur oberen Traverse 8 durchgeführt, die mit einem besonders starken Oberdruckzylinder mit Kolben 9 ausgerüstet ist. Der Kolben 9 hat etwas größeren Durchmesser als der Kolben 1. Der ausfahrbare Kolbenkopf 10 wird nach Füllung von Oberholm, Seiher und Fülluntersatz aus der gestrichelten Stellung in die ausgezogene gefahren, wobei er sich selbsttätig mit dem Kolben 9 verriegelt. Die Betätigung geschieht durch das gezeichnete große Handrad. Es wird nunmehr gleichzeitig auf Kolben 1 und 9 Drucköl gegeben, wobei letzterer vordringen kann, bis die Anschläge am Kolbenkopf 10 auf dem Oberholm 7 aufsitzen. Da der Kolben 9 einen größeren Durchmesser hat als Kolben 1, so wird er bis an den Anschlag vordringen und in seiner Endlage stehen bleiben, während Kolben 1 allmählich weiter vordringt und die in Füllseiher 5 enthaltenen Kuchen von unten in den Seiher 6 hineindrückt. Es ergibt sich so eine nennenswerte Zeitersparnis, und zwar dadurch, daß man gleichzeitig Oberdruckzylinder und Hauptzylinder unter Druck setzen kann und nicht erst den Rückzug des Oberdruckkolbens abwarten muß, um dann, nach Betätigung der Verschlußbrille unter dem Oberholm, den Hauptkolben unter Druck zu setzen. Die kompliziertere Ausführung des oberen Teils der Presse rechtfertigt sich durch den Wegfall von Brille und Seiherverschluß und die Beschleunigung des Arbeitstempos.

Der Rückgang des Oberdruckkolbens 9 geschieht bei Öleintritt zwischen der unteren Dichtungsmanschette, die sich unter der im Schnitt gezeigten Stopfbüchse des Zylinders befindet, und der oberen am Kolben befestigten Manschette, die den Kolben gegen die Wand des Zylinders abdichtet. Da für das Zurückziehen des Kolbens nur geringe Kraft nötig ist, genügt die geringe Kreisfläche, die sich aus der Differenz zwischen Zylinder- und Kolbendurchmesser ergibt, zum Hochziehen des Kolbens.

Das Entleeren und Füllen eines Seihers beansprucht etwa 8 Minuten; in 8 Stunden können also bei Betrieb mit Kuchenschwenkkorb etwa 60 Seiher entleert und gefüllt werden. Da das Füllen und Entleeren im Verhältnis zur Preßdauer nur wenig Zeit beansprucht, vermag eine Füll- und Ausstoßpresse mehrere Standpressen zu versorgen, so daß diese in gleichbleibender Folge beschickt und entleert werden können. Während die Preßseiher in den Standpressen unter Druck stehen, wird in der Füllpresse ein weiterer Seiher entleert, neu gefüllt und dann vorgepreßt. In der Regel besteht eine *Pressenbatterie* aus einer Füllpresse und 3—6 Standpressen, so daß also die Zeitdauer, während der ein Seiher in den Standpressen unter Druck steht, das Drei- bis Sechsfache der Arbeitszeit der Füllpresse beträgt. Der Transport der Preßseiher von der Füll- zu den Standpressen und umgekehrt wird durch *Seiherwagen* vorgenommen, welche von Hand oder mechanisch betrieben werden.

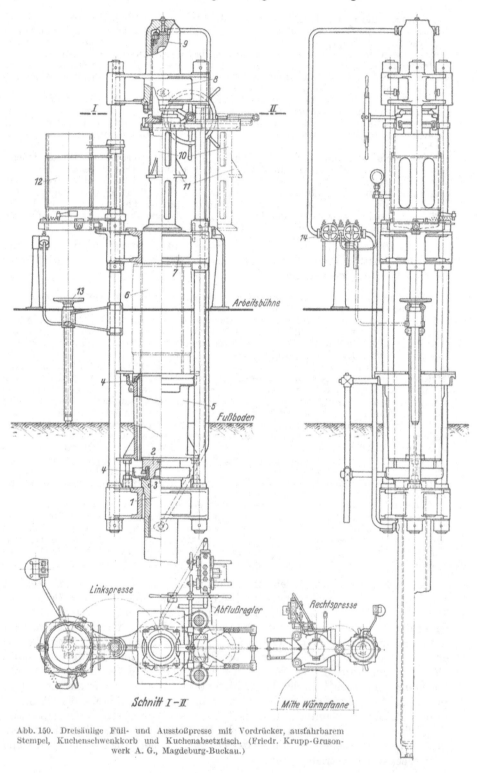

Abb. 150. Dreisäulige Füll- und Ausstoßpresse mit Vordrücker, ausfahrbarem
Stempel, Kuchenschwenkkorb und Kuchenabsetztisch. (Friedr. Krupp-Grusonwerk A. G., Magdeburg-Buckau.)

An die Konstruktion der *Füllpressen* sind folgende Anforderungen zu stellen:

1. Sehr stabile Bauart.

2. Der Zylinder muß auswechselbar sein und wird daher in den Unterholm eingehängt. Die Presse ist mittels drei starken Pratzen am Unterholm aufzuhängen.

3. Die Presse ist mit drei Säulen auszurüsten, aus bereits angegebenen Gründen.

4. Die Muttern der Preßsäulen sollen Gewinde geringer Steigung haben, damit sie sich nicht beim Betrieb der Füllpresse von selbst lösen. Sie sind außerdem gegen Drehung zu sichern und müssen sowohl am oberen als auch am unteren Ende der Säulen gut zugänglich sein, damit man sie jederzeit kontrollieren und leicht nachziehen kann.

5. Der Preßtisch, auf dem der zu füllende oder zu entleerende Seiher steht, muß durch kleine Andrückkolben gegen den Oberholm angepreßt werden, damit der Seiher beim Ausstoßen der Kuchen innerhalb der Presse seine Lage nicht verändert. Infolge des hohen Druckes in den Standpressen setzen sich die Kuchen in den Seihern sehr fest, so daß ihr Loslösen von den Seiherwänden bei manchen Saaten (Copra, China-Erdnüsse) ruckweise geschieht, was bei zu schwacher Konstruktion der Füllpresse heftige Erschütterungen hervorrufen kann.

6. Säulen und Preßholme sind nicht nur auf Festigkeit, sondern auch auf elastische Formänderung nachzurechnen und die Konstruktion auf möglichst geringe Formänderung zu prüfen.

7. Der Kolben ist reichlich groß zu wählen, damit unter allen Umständen genügende Vorpressung und leichtes Ausstoßen der ausgepreßten Kuchen erreicht wird. Dies steht zwar im Widerspruch zu der Forderung, die Druckzunahme nur langsam erfolgen zu lassen. Ist aber die Vorpressung nicht genügend stark, so quellen nach dem Nachlassen des Druckes in der Füllpresse die Kuchen und können unter Umständen aus dem Seiher heraustreten.

8. Die Ablaufquerschnitte im Preßtisch sind ebenfalls reichlich groß zu bemessen, um leichten Abfluß für die bei der Vorpressung schnell austretende, manchmal erhebliche Ölmenge (Palmkerne) zu schaffen.

9. Die Höhe von Oberholm und Fülluntersatz ist so groß zu bemessen, daß der Preßseiher bei einmaliger Füllung und Kompression gefüllt ist und ein nochmaliges Nachfüllen des Oberholms unnötig ist.

10. Da die Füllung des Seihers durch den Oberholm erfolgt, muß seine Öffnung bei der Vorpressung verschlossen werden. Dies geschieht entweder durch Einschwenken eines Preßstempels oder noch besser durch Einschieben eines Stahlblockes zwischen Oberholm und Preßseiher. Zweckmäßig wird dieser Verschlußblock in Schienen auf Rollen geführt. Schwenkbrillen, welche um eine der Preßsäulen schwenken, sind auf die Dauer den hohen Beanspruchungen des Preßbetriebes nicht gewachsen.

11. Der Inhalt des beim Füllvorgang ebenfalls mit Saatmehlschichten gefüllten Oberholms wird mittels eines besonderen darüber befindlichen Preßzylinders in den Seiher hineingestoßen und darnach der Verschluß des Oberholms eingefahren. Um auch diesen Vorgang möglichst zu beschleunigen, muß der wirksame Querschnitt des Oberdruckzylinders genügend groß sein. Der Oberdruckzylinder ist mit einer vorzüglich konstruierten Stopfbüchse auszurüsten, welche das Austreten von Öl verhindert. Die beste Ausführung ist, abgesehen von der üblichen Manschettenabdichtung der Kolbenstange, mit einer Stopfbüchse versehen, welche an der Manschette vorbeitretende Druckflüssigkeit abfängt und nach außen ableitet.

12. Auch der Hauptzylinder der Füllpresse, welcher von unten die Kuchen aus dem Fülluntersatz in den Seiher hineinpreßt und sie beim Ausstoßen, nachdem er durch den Fülluntersatz getreten ist, durch den Oberholm entfernt, soll doppelte Abdichtung durch Manschette und Stopfbüchse erhalten; jedoch ist hier der Zweck der Stopfbüchse der, zu verhindern, daß aus der Saat ausgetretenes und etwa am Kolben herauslaufendes Öl in den Preßzylinder bzw. an die Ledermanschette gelangen kann.

13. Die zur Bedienung der Presse nötigen Steuerventile sind bequem zugänglich, übersichtlich und sinngemäß anzuordnen, so daß ihre Betätigung auch von ungeübten Leuten leicht erlernt werden kann.

14. Erwünscht ist ein Kolbenstandanzeiger, der von dem am Oberholm der Presse arbeitenden Bedienungsmann beobachtet wird.

15. Das Einbringen des Kuchenmehles aus der Wärmpfanne in den Preßseiher geschieht in der Regel mittels eines durch einen hydraulischen Kolben bewegten Füllschiebers, welcher eine bestimmte Menge Mehl in den Preßseiher füllt und bei seinem Rückgang die Oberfläche glattstreicht. Wünschenswert ist die Verwendung eines sogenannten Abflußreglers, welcher aus dem Preßzylinder beim Rücklauf des

Schiebers jeweils eine bestimmte Ölmenge entnimmt, welche der Stärke der Saat-
mehlschicht entspricht. Die Durchflußquerschnitte des Abflußreglers sind reichlich
zu bemessen, um ein schnelles Arbeitstempo einhalten zu können.

16. Die Einströmöffnung für die Druckflüssigkeit im unteren Zylinder ist recht
groß zu wählen, am besten etwa 40 mm, damit die Bewegungen des Kolbens genügend schnell erfolgen und tote Zeiten vermieden werden.

17. Glatte Formen der ganzen Presse sind anzustreben, damit sich nirgends
übermäßige Mengen Schmutz festsetzen können.

18. Die Presse ist auf ein sehr stabiles Fundament zu setzen.

19. Die Öffnung im Fundament, welche den eingehängten Preßzylinder aufnimmt,
soll — falls sie in den Boden hineinreicht — mit einem starken Blechzylinder ausgefüttert sein, so daß der Zylinder nicht mit Grundwasser in Berührung kommt. Der
Blechzylinder soll am tiefsten Punkte ein Senkloch haben, um etwa eingetretenes
Wasser oder Druckflüssigkeit durch Auspumpen entfernen zu können.

20. Im normalen Betrieb muß die Durchtrittsöffnung für den Zylinder sorgfältig verschlossen sein, um Hineinfallen von Saatmehl zu verhindern.

21. Zweckmäßig erhält der Zylinder, falls er durch den Fußboden hindurchtritt, einen rostfesten Anstrich.

22. Zylinder und Kolben sind so lang auszuführen, daß letzterer noch genügend
Führung im Zylinder hat, wenn der Kolbenkopf vollständig aus dem Oberholm
ausgetreten ist.

23. Die Kolbenführung oberhalb der Manschette muß eine Länge haben, die
mindestens dem Kolbendurchmesser gleich ist.

24. Der Kuchenschwenkkorb, sofern er vorhanden ist, muß bei voller Belastung
durch Kuchen, Preßplatten und -tücher noch spielend leicht laufen, um unnötige
Ermüdung des Arbeiters zu vermeiden.

25. Der Schwenkkorb muß auf Formänderung berechnet sein, so daß er bei der
Höchstbelastung nicht merkbar durchhängt und unter keinen Umständen auf dem
Oberholm schleift.

26. Der Schwenkkorb muß so konstruiert sein, daß er den Zutritt zu den mittleren
Säulenmuttern nicht versperrt.

27. Die jeweilige Lage des Schwenkkorbes ist durch eine einfache und zuverlässige Verriegelung zu sichern. Falls der Riegel in Löcher im Pressenholm eingreift,
so müssen diese nach unten offen sein, so daß etwa hineingeratenes Mehl nach unten
frei herausfallen kann.

28. Die Tragriegel, auf welchen sich das Kuchenpaket beim Ausschwenken
des Korbes stützt, müssen reichlich stark sein und in einer genügend langen Führung
laufen, um vorzeitigen Verschleiß zu verhindern.

29. Die Handgriffe zur Bewegung des Schwenkkorbes sollen vom Stand des
Bedienungsmannes leicht erreichbar sein.

30. Erwünscht ist eine Verriegelung, welche verhindert, daß der Hauptkolben
hochgehen kann, wenn der Preßseiher nicht genau zentrisch in der Presse steht.

31. Der Kuchenschacht, in den die ausgeschwenkten Kuchen abgesenkt werden,
ist handlich zum Oberholm anzuordnen, ebenso das Steuerventil für den Hubkolben
des Schachtes.

32. In die Zuflußleitung zum Kolben des Kuchenhebetisches wird zweckmäßig
eine Zuflußregulierung eingebaut, welche ebenfalls vom Füllschieber gesteuert wird.

33. Alle Druckrohre sind zweckmäßig mit Flanschenanschlüssen zu verbinden,
mit mindestens drei starken Schrauben. Auf die Dauer sind diese Verbindungen zuverlässiger als Verschraubungen, da an letzteren das Gewinde vorzeitig verschleißt.

Seiherwagen.

Der Transport der Seiher von und zu den Füll- und Standpressen erfolgt
durch auf Schienen laufende Wagen (Abb. 151). Bei älteren Anlagen werden sie
von Hand betrieben, und die Betätigung erfolgt durch eine Handkurbel, welche
über ein Zahnradgetriebe den Antrieb einer Achse des vierrädrigen Wagens besorgt. Durch Umschaltung der Kurbel auf ein anderes Zahnradgetriebe oder
Benutzung einer anderen Kurbel werden Zahnstangen, Ketten oder Schrauben-
spindeln betätigt, welche das Einfahren oder Ausziehen des Seihers besorgen.

Schon frühzeitig wurde der Bedienungsmann von der Handarbeit dadurch
entlastet, daß man eine Vierkantwelle vor die gesamte Pressenbatterie verlegte,
welche mit den Zahnradgetrieben des Seiherwagens durch Zahnrad oder Reibungs-

kupplungen in Verbindung gebracht
werden konnte. Diese Betriebsart genügt allen Ansprüchen, solange die
Kupplungen genau rund laufen und
nicht durch Ölspritzer verunreinigt werden. Die ständig umlaufende Vierkantwelle bildet jedoch eine stete Gefahr für
das Personal, welches sich mit seiner
Kleidung darin verfangen kann.

In neuerer Zeit ist man zum elektrischen Antrieb der Seiherwagen übergegangen (Abb. 152). Bei den neuesten
Konstruktionen wird ein Motor für die
Fahrbewegung und ein oder zwei Motoren
für den Antrieb des Ein- und Ausfahr-
mechanismus vorgesehen. Die Umsteue-

Abb. 151. Seiherwagen für Handbetrieb. Bewegung
der Seiher durch Schraubspindeln. Harburger Eisen-
und Bronzewerke A. G., Harburg Elbe.)

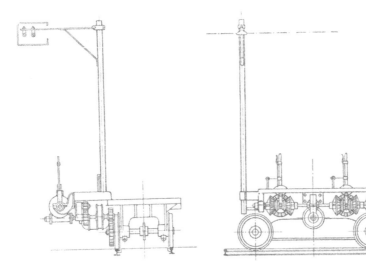

Abb. 152. Seiherwagen mit Antrieb durch
einen Elektromotor. (Harburger Eisen- und
Bronzewerke A. G., Harburg/Elbe.)

rung erfolgt durch Reibungskupplungen
bzw. durch Umkehrschütze. Die Strom-
zuführung kann durch ein von der Decke
des Pressenraumes herabhängendes Kabel erfolgen oder durch Schleifleitung
und Stromabnehmer. Gegen Überlastungen ist die Anlage durch einen
Überstromausschalter in der Zuleitung
zur Schleifleitung geschützt. Die Fahr-
schienen elektrisch angetriebener Seiherwagen müssen geerdet sein. In der

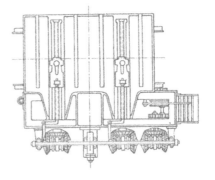

Regel sind die elektrischen Seiherwagen so konstruiert, daß sie bei Versagen
des elektrischen Antriebes noch mittels Handkurbel betätigt werden können,

so daß der Preßbetrieb auf keinen Fall eine Unterbrechung erleidet. Mit einem solchen Seiherwagen kann bequem eine Doppelbatterie mit zusammen 12 Standpressen und 2 Füll- und Ausstoßpressen bedient werden.

2. Trogpressen.

Bei dieser Pressenart ist der Preßbehälter ähnlich gebaut wie der Preßseiher, nur muß man sich letzteren der Höhe nach in mehrere Teile zerlegt denken.

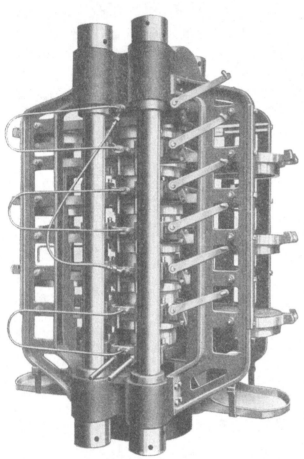

Die so gebildeten Preßräume (*Tröge*) tragen unten eine gelochte Stahlplatte, durch die das abgepreßte Öl abläuft. Die einzelnen Tröge (vgl. Abb. 153) werden mit Saatmehl gefüllt, glattgestrichen und in die Presse unter die darüberliegenden Preßringe eingeschoben. Die Presse wird also mit einer Reihe übereinanderliegender Tröge beschickt, die sämtlich unten eine gelochte Platte als Siebboden haben. Zwischen den einzelnen ein- und ausziehbaren Trögen befinden sich in senkrechter Richtung verschiebbare Schüsseln, die in der Mitte Preßstempel tragen, welche von unten gegen die Siebplatten der Preßtröge drücken. Die Preßstempel sind oben kanneliert, das ausgepreßte Öl läuft durch die Kanälchen des Preßstempels, wird in der Preßschüssel aufgefangen und nach außen abgeleitet. Die untere Seite der Preßschüssel dient gleichzeitig als obere Abschlußplatte des darunterliegenden Troges.

Abb. 153. Trogpresse mit doppeltem Schüsselsatz. (Miag, Mühlenbau- und Industrie-A. G., Braunschweig.)

Die Trogpressen finden in der Hauptsache nur noch in Schokoladenfabriken, zum Pressen von Kakaobohnen, Verwendung.

Die Füllhöhe eines Preßringes (Troges) beträgt etwa 50—60 mm. Der ausgepreßte Kuchen ist 20—25 mm stark, das Öl hat also vom Innern des Kuchens bis zur Siebplatte nur einen recht kurzen Weg zurückzulegen. Die Ölausbeute ist bei diesen Pressen vorzüglich, ihre Bedienung jedoch umständlich und zeitraubend. Die einzelnen Preßtröge sind, zwecks Entleerung, aus der Presse ausziehbar. Der Ölablauf kann sowohl seitlich durch an den Wandungen angebrachte Öffnungen erfolgen, wie beim Preßseiher, oder aber (meistens) durch die gelochte Bodenplatte.

Infolge der Notwendigkeit, eine Preßschüssel mit Druckstück zwischen je zwei Preßtrögen anzubringen, läßt sich nur eine geringe Anzahl Kuchen in der Presse unterbringen.

Auch der Transport der Tröge zu der Stelle, an der sie mit Saatmehl gefüllt werden, ist recht umständlich, wenn man es nicht vorzieht, die Tröge in einem

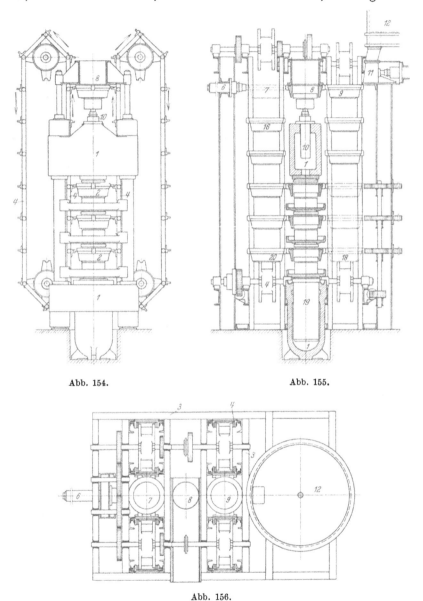

Abb. 154.   Abb. 155.

Abb. 156.

Abb. 154—156. Vollautomatisch betriebene Trogpresse mit selbsttätiger Beschickung und Entleerung der Preß-schüsseln. (Fritz Müller, Eßlingen.)

Aufnahmerahmen zu belassen und sie einzeln von Hand zu füllen. Zur Minderung der Verlustzeiten wird vor und hinter die Presse je ein Aufnahmerahmen an-geordnet, so daß ein Satz Preßtröge entleert wird und neu gefüllt werden kann, während der andere Satz in der Presse unter Druck steht (Abb. 153).

Um hochviskose Öle abpressen zu können, werden die Druckstücke und Fangschüsseln der Pressen heizbar eingerichtet; zur Zufuhr des Heizmittels werden allseits Rohrleitungen angebracht.

Es ist gelungen, auch das Beschicken und Entleeren der Trogpresse zu mechanisieren, nach einer Konstruktion von FRITZ MÜLLER, Eßlingen (vgl. Abb. 154, 155 u. 156). Abb. 156 stellt die Trogpresse im Schnitt dar. Links und rechts ist eine Art Elevator 4, stehend auf Ständern 3, zu sehen, dessen Glieder mit Leisten zum Tragen der auswechselbaren Preßtröge 2 versehen sind. Der Preßtrog 18 ist mit einem Kuchenpaket gefüllt und soll den in der Presse über dem Kolben 19 befindlichen abgepreßten Trog ersetzen. Zum Einschieben der im rechten Elevator befindlichen Preßtröge, welche sich gegenüber abgepreßten Trögen in der Standpresse befinden, dienen mittels Nockensteuerung betätigte hydraulische Kolben. Sie schieben gleichzeitig die in der Presse befindlichen abgepreßten Tröge in den linken Elevator hinein, so daß z. B. der von Trog 18 verdrängte Preßtrog die Stellung 20 einnimmt. Durch ein ebenfalls hydraulisch angetriebenes Schaltwerk werden die Elevatoren dann um so viel Trogteilungen weiter geschaltet, als Tröge in der Presse vorhanden sind, und zwar werden die abgepreßten Tröge durch den Elevator einzeln nach oben befördert über einen Ausstoßkolben 10 über dem Oberholm 1 der Presse, so daß z. B. der Trog 7 durch Schubkolben 6 in die Stellung 8 gebracht wird. Dort wird der Kuchen nebst Tüchern ausgestoßen und der Trog 8 in die Lage 9 befördert, wo durch einen sinnreichen Mechanismus zunächst ein Preßtuch eingelegt wird; alsdann folgt die Füllung mit Saatmehl durch das hydraulisch betätigte Schiebemaß 11, welches das Saatmehl aus dem Wärmer 12 erhält; es wird hierauf durch den gleichen Tucheinlegemechanismus ein zweites Preßtuch oben auf den gefüllten Trog gelegt. Der Trog 9 sinkt dann um eine Teilung, um Platz zu machen für den nächsten Trog, der von dem inzwischen nachgerückten Trog 16 herübergeschoben wird.

Durch Änderung der Antriebsdrehzahl der Nockensteuerung kann die Preßdauer den Eigenschaften der Saat entsprechend eingestellt werden.

Die Kuchenzahl ist bei den Trogpressen natürlich viel geringer als bei Seiherpressen. Eine normale Seiherpresse von 470 mm im Quadrat und 1500 mm Seitenhöhe enthält 48 Kuchen; eine Trogpresse mit gleicher Kuchenzahl wäre außerordentlich lang, da zwischen zwei Preßtrögen Platz bleiben muß für eine Ölfangschüssel mit oberem und unterem Druckstück (Abb. 154—156).

3. Etagenpressen.

Die Pressen.

Unter diesem Namen kann man alle jene *offenen* Pressen zusammenfassen, bei denen die freie Beschickungshöhe durch Zwischentische unterteilt ist. In der Praxis versteht man darunter aber in erster Linie eine Pressenart, bei der das Preßtuch in rechteckige Tücher eingehüllt unter die Presse gebracht, dabei aber nicht allseits eingeschlagen, sondern an den Längsseiten offen gelassen wird.

Der Zweck der waagerechten Zwischenplatten, die durch besondere Aufhängevorrichtungen bei tiefstem Stand des Preßkolbens in bestimmter Entfernung voneinander gehalten werden, ist der, das Beschicken der Presse zu erleichtern und dafür zu sorgen, daß die Kuchen beim

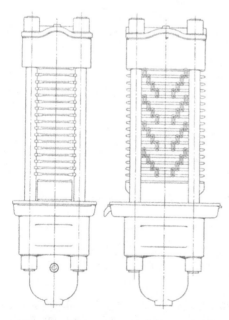

Abb. 157. Etagenpresse mit feststehender Öl-fangschale. Aufhängung der Platten in Ketten-gliedern. (Christiansen und Meyer, Harburg/Elbe.)

Unterdruckgehen der Presse nicht etwa ungleichmäßige, insbesondere keilförmige Form erhalten. Die besondere Formgebung der Ränder der Zwischenplatten verhindert, daß an den offenen Stellen des Kuchenpaketes größere Mengen Preß- gut hinausgequetscht werden. Durch die eigentümlich geformten Zwischenplatten wird gleichzeitig an Preßtuchmaterial ge- spart.

Die einzelnen Preßgutpakete werden durch besondere *Kuchenformmaschinen* hergestellt, welche derart arbeiten,

1. daß die einzelnen Pakete gleiche Mengen Preßgut enthalten, so daß sie bei der Pressung gleichen Bedingungen unterworfen sind und Preßkuchen gleich- mäßiger Beschaffenheit liefern;

2. daß das locker liegende Preßgut durch vorheriges leichtes Zusammen- drücken so weit komprimiert wird, daß ein Einschieben des fertigen Paketes zwi- schen die Platten der Etagenpresse er- leichtert wird, bzw. daß eine größere

Abb. 158. Etagenpresse für 20 Kuchen, mit festste- hender Ölfangschale. (Harburger Eisen- und Bronze- werke A. G., Harburg/Elbe.)

Preßgutmenge zwischen je zwei Zwi- schenplatten untergebracht werden kann, als bei Beschickung mit nicht komprimiertem Preßgut.

Abb. 157 zeigt eine Etagenpresse in Vorder- und Seitenansicht. An der Seitenansicht ist die Aufhängung der Preßplatten in gleich langen Ketten- gliedern mittels Aufhängestiften zu ersehen. Sämtliche Preßplatten hängen also letzten Endes, über Kettenglieder miteinander verbunden, am Oberholm. Die untere Fläche des Oberholms ist mit einer halben Preßplatte belegt, wie auch die obere Seite des Kolbenkopfes.

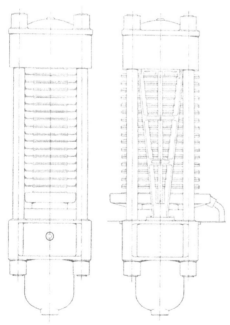

Abb. 159. Etagenpresse mit beweglicher Ölfangschale. Aufhängung der Platten in Staffeln. (Christiansen und Meyer, Harburg/Elbe.)

Die Ölschüssel steht fest auf dem unteren Holm, während der Kolbenkopf die Kuchenpakete zusammendrückt.

Wie aus Abb. 158 zu ersehen ist, besteht bei dieser Presse keine Verbindung

zwischen dem Raum über dem Fußboden und dem darunter gelegenen Keller-
raum, so daß auch kein Schmutz herunterfallen kann.

Abb. 159 zeigt Vorder- und Seitenansicht einer Etagenpresse, bei der die
Ölfangschüssel mit dem Kolbenkopf verbunden ist, so daß herabrieselndes Öl
und ausgequetschtes Preßgut nicht über die ganze Länge der Presse herunterfallen und durch Aufplatschen in die unten
gelegene Preßschüssel Verspritzen des Öles
hervorrufen können; herabfallendes Gut und
herabfließendes Öl werden in der mit dem
Kolben hochgehenden Ölfangschüssel aufgefangen und durch ein Ablaufrohr abgeleitet,
welches als sog. Posaunenrohr ausgebildet ist.
Die Preßplatten sind, wie aus der Seitenansicht hervorgeht, in einer Art Leiter aufgehängt, welche bei tiefstem Stand des Preßkolbens alle Preßplatten trägt und von der
sich die an den Platten angebrachten Trag-
stifte abheben, wenn der Preßkolben ansteigt.

Abb. 160 zeigt die Schrägansicht einer
solchen Presse, jedoch ist hier die heute
nicht mehr übliche Leiteraufhängung durch
Kettengliederaufhängung ersetzt.

Die Bauhöhe der Etagenpressen kann
nur eine beschränkte sein, da das oberste
Preßgutpaket von Hand erreichbar sein muß,
um die Presse beschicken zu können. Daher
enthält die Etagenpresse in der Regel nur
20 Kuchen, bei einem Abstand der Zwischenplatten in entleertem Zustand von etwa
60 mm.

Es muß ferner noch ein gewisses Spiel
zwischen Preßgutpaket und darübergelegener
Zwischenplatte vorhanden sein, damit man
es ohne zu große Anstrengung und ohne
daß die Form des Paketes leidet, in die
Presse einschieben kann. Ferner besitzen die
Preßplatten erhöhte Ränder, welche verhindern, daß zuviel Preßgut bei Unterdruckgehen der Presse herausgequetscht wird;
bei Pressung von sehr stark ölhaltigen
Saaten, welche also beim Ölaustritt stark
an Volumen verlieren, kommt es bei zu geringer Bemessung des Raumes zwischen je zwei

Abb. 160. Etagenpresse für 20 Kuchen, mit
beweglicher Ölfangschüssel. (Harburger Eisen-
und Bronzewerke A. G., Harburg/Elbe.)

Platten vor, daß die erhöhten Preßplattenkanten aufeinander zu liegen kommen, so daß dann der Preßdruck durch das Eisen der Platten aufgenommen,
nicht aber auf das Preßgut übertragen wird. Man ist also bei der Pressung von
ölreichen Saaten gezwungen, die Kuchenzahl durch Herausnehmen einzelner
Platten und Einhängen längerer Kettenglieder zu verringern, dafür aber die
Kuchenstärke zu erhöhen.

Nach Einschieben des Kuchenpaketes verbleibt immer noch ein toter Raum
zwischen Kuchenpaket und oberer Zwischenplatte. Ferner hat die Kuchenformmaschine nicht den nötigen Druck, um das Kuchenpaket so weit vorzukompri-

mieren, daß genügend Saat in den zur Verfügung stehenden Raum hineingepreßt und ein Zusammenstoßen der erhöhten Preßplattenkanten mit Sicherheit vermieden wird. Man hat daher versucht, die Etagenpresse mit besonderen Hubkolben, die im Oberholm untergebracht wurden, auszurüsten, welche die Aufgabe hatten, die Kuchenpakete, welche in die von oben nach unten gefüllte Presse eingebracht wurden, leicht zusammenzupressen und so die toten Räume bei den einzelnen Paketen zum Verschwinden zu bringen. Da alle Platten (vgl. Abb. 161) miteinander zusammenhängen, wird durch das Komprimieren der oberen Kuchenpakete die Möglichkeit geschaffen, die unten auf dem Kolbenkopf liegenden Zwischenplatten so weit auseinanderzuziehen, daß auch diese Leerräume gefüllt werden können. Es gelingt auf diese Weise, eine größere Anzahl Kuchen in der Presse unterzubringen als ohne Hubvorrichtung, man muß aber eine wesentliche Komplikation mit in Kauf nehmen.

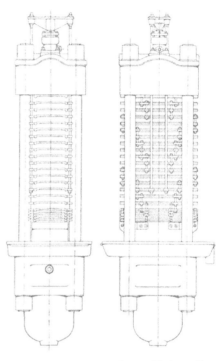

Die *Etagenpresse mit Hubvorrichtung* hat sich in der Praxis nicht recht einführen können. Man zieht es vor, sehr ölhaltige Saaten auf Seiherpressen zu verarbeiten, welche bekanntlich glatte Preßplatten haben, so daß ein Abfangen des Preßdruckes durch die verstärkten Ränder der Platten nicht zu befürchten ist. Außerdem gelang inzwischen die Konstruktion von *automatischen Vorpressen*, welche das sehr stark ölhaltige Preßgut so weit entölen, daß die Rückstände auch auf gewöhnlichen Etagenpressen ohne Hubvorrichtung unbedenklich verarbeitet werden können.

Abb. 161 zeigt eine mit Nasenplatten versehene Presse, welche sämtlich an den unteren Längsseiten der Zwischenplatten vorstehende Ränder haben, die über das Kuchenpaket greifen und das Herausquellen von Preßgut beim Ölablauf verhindern.

Abb. 161. Etagenpresse für 22 Kuchen, für stark ölhaltige Saaten. Hubzylinder auf dem Oberholm; Ölschale feststehend. (Christiansen und Meyer, Harburg/Elbe.)

Abb. 162 zeigt eine Etagenpresse, bei der diese seitlichen Begrenzungen der Kuchenpakete so weit heruntergezogen sind, daß sie auch in ausgezogenem Zustande der Presse über die untere Platte hinübergreifen und längliche Hohlräume bilden, die nur nach vorne und hinten offen sind. Die Platten sind außerdem gelocht, die Löcher führen zu in der Platte eingegossenen Kanälen, die den Ölablauf ermöglichen sollen. Diese sog. *Schachtelpressen* werden vorzugsweise zur Verarbeitung von Baumwollsaat angewandt und sind in den Vereinigten Staaten von Nordamerika vielfach in Gebrauch.

Ferner erkennt man an Abb. 162 die Anordnungen einer besonderen Stopfbüchse zwischen Kolbenkopf und der eigentlichen U-Manschette, welche den Austritt von Drucköl zu verhindern hat. Diese Maßnahme war bei Etagenpressen besonders notwendig, damit nicht bei herabgehendem Kolben die aus der Preßschüssel herausgespritzten Samenteilchen in die Manschette und in das Drucköl gelangen. Außerdem wird eine Vermischung von Drucköl und Speiseöl

40*

bei geringer Undichtigkeit der Manschette verhindert, da der Raum zwischen Manschette und Packungsraum der Stopfbüchse ein besonderes Abflußröhrchen erhält, durch welches an der Manschette vorbeigelangendes Drucköl ablaufen kann.

Etagenpressen sind für die Verarbeitung aller Ölsaaten vorzüglich geeignet, besonders aber für solche, welche stark zum Treiben neigen und bei Anwendung von Seiherpressen die Ablaufkanäle der Preßseiher verhältnismäßig schnell verstopfen würden. Der austretende Trub kann bei Etagenpressen außen frei herabfallen, außer bei Schachtelpressen, die man für solche Saaten nicht verwenden darf, weil sonst die Ölablaufkanäle der Zwischenplatten sehr bald verstopft wären. Allerdings ist das Arbeiten mit Etagenpressen etwas unsauberer als mit geschlossenen Pressen. Voraussetzung für geringe Trubbildung ist langsames Unterdruckgehen der Presse, so daß der Preßkuchen genügend Zeit zum „Binden" hat. Ist erst ein nennenswerter Teil des in der Saat enthaltenen Öles ausgetreten, so entsteht zwischen den zurückgebliebenen Teilen ein ziemlich fester Verband, der nun nicht mehr so leicht zu zerstören ist und weitere übermäßige Trubbildung nicht mehr zuläßt.

Ein weiterer Vorzug der Etagenpresse ist ihr sehr einfacher Aufbau, die Unmöglichkeit der Verstopfungen von Ölablaufkanälen usw. Die Etagenpresse ist deshalb häufig in Anwendung, besonders in Ländern, in denen man mit stark wechselnder Belegschaft ohne Eignung für den Maschinenbetrieb zu rechnen hat.

Infolge der Möglichkeit freien Ölabflusses ist die zum Abpressen des Öles erforderliche Druckzeit bei der Etagenpresse in der Regel geringer als bei Seiherpressen. Man kommt bei den meisten Saaten mit einer Druckzeit von 30 bis 36 Minuten aus oder mit noch weniger.

Abb. 162. Etagenpresse mit seitlich geschlossenem Preßraum und Siebplatten (sog. halb-offene oder Schachtelpresse). Beachte: Bolzengehänge statt Kettenglieder. (Harburger Eisen- und Bronzewerke A. G., Harburg/Elbe.)

Der Faktor, der die Leistungsfähigkeit einer Etagenpressenanlage hauptsächlich bestimmt, ist die *Kuchenformmaschine*, welche die Aufgabe hat, aus dem zugeführten Saatmehl die Kuchenpakete auf den Preßtüchern zu formen; diese werden dann von Hand oder automatisch der Etagenpresse zugeführt und von Hand in die Presse gebracht.

Kuchenformmaschinen.

Ihre allgemeine Anordnung geht hervor aus Abb. 134 (S. 599), die eine unter einem Doppelwärmer angeordnete *Kuchenformmaschine mit Dampfantrieb* zeigt, bei welcher die Steuerbewegungen von Hand eingeleitet werden.

In Abb. 164 ist hingegen eine moderne *halb automatische Kuchenformmaschine* dargestellt, bei der aber genau wie bei Abb. 134 ein Füllschieber *e* vorhanden ist, welcher vom Schubzylinder mit Kolben *d* angetrieben wird und das Mehl nach Einlegen eines Tuches bei *i* auf das Kopfstück des Druckkolbens fallen läßt.

Bei der auch heute noch vielfach verwendeten, von Hand zu betätigenden Formmaschine nach Abb. 134 wird die Bewegung des Füllschiebers durch den linken Handgriff besorgt. Bei Hochziehen des Handgriffes, nachdem vorher über den Kolbenkopf ein längliches Preßtuch von der doppelten Länge des Preß-kuchens gelegt worden ist, kommt der Füllschieber vor und läßt das Mehl auf das Preßtuch fallen; die Vorder- und Rückwand des Kopfstückes verhindern, daß das Mehl vorne und hinten herabfällt, während die Länge des Kopfstückes so groß bemessen ist, daß das Mehl nicht seitlich aus dem kürzeren Füllschieber herausfallen kann. Drückt man den linken Hebel wieder herunter, so geht der Füllschieber in seine Ausgangslage zurück und wird unten (vgl. auch Abb. 164) von einer Platte abgeschlossen, während aus der Wärmepfanne durch den über dem Füllschieber befindlichen Einlauf neues Kuchenmehl nachlaufen kann.

Die beiden überhängenden Enden des langen Preßtuches werden über den Kuchen derart zusammengeschlagen, daß die Länge des Kuchenpaketes etwas geringer ist als die Gesamtlänge des Kolbenkopfes. Wird nun der rechte Be-tätigungshebel hochgezogen, so tritt Dampf unter den Hauptkolben, so daß dieser hochsteigt und das Kuchenpaket gegen den freitragenden Oberholm der Formmaschine preßt. Durch Herabdrücken des rechten Hebels bringt man den Kolben mitsamt dem Kuchenpaket in seine Ausgangslage zurück; es ist jetzt fertig zum Einbringen in die Etagenpresse. Zur Verhinderung von Unfällen dienen Sperrhebel (s. Abb. 134), welche über die Betätigungshebel greifen und mit der linken Hand bedient werden, während die rechte Hand an den Betätigungs-hebeln arbeitet, so daß beide Hände von den ge-fährlichen Maschinentei-len freigehalten werden.

Die *Dampfkuchen-formmaschine* kann mit einem Bedienungsmann eine Batterie von bis zu 16 Etagenpressen bedie-nen. Ein anderer Arbeiter besorgt das Einbringen der Kuchenpakete in die Etagenpresse. Nach Un-terschieben eines Trag-bleches zieht er das fer-tige Kuchenpaket von dem Kolbenkopf ab, bringt es zur Presse und schiebt es mit dem Tragblech in den Spalt zwischen zwei Zwischenplatten; mit der

Abb. 163. Hydraulisch betriebene, selbsttätige Kuchenformmaschine. (Friedr. Krupp-Grusonwerk A. G., Magdeburg-Buckau.)

linken Hand verhindert er das Herausziehen des Kuchenpaketes, mit der rech-ten zieht er das Tragblech heraus.

Die Kuchenformmaschine kann natürlich auch mittels Druckflüssigkeit be-trieben werden; es wird durch den hydraulischen Antrieb ein stärkerer Druck auf den vorzupressenden Kuchen ermöglicht, so daß der Spalt zwischen den Zwischenplatten der Presse geringer und infolge größerer Kuchenzahl eine größere Füllung der Presse möglich wird.

Auch haben die *hydraulischen Kuchenformmaschinen* den Vorzug, daß die Zusammendrückung der Kuchenpakete nicht so schlagartig erfolgt wie bei Dampfbetrieb, so daß weniger Kuchenmehl durch die herausgetriebene Luft verstreut wird und ein besseres Binden des Kuchenmehles erfolgt. Ferner gestattet der hydraulische Antrieb die Anwendung von äußerst sinnreichen, miteinander verkuppelten Steuerbewegungen, die es ermöglicht haben, die Vorgänge bei der Formung des Kuchenpaketes völlig zu automatisieren, so daß man von der begrenzten körperlichen Leistungsfähigkeit des Arbeiters unabhängig wurde, allerdings ohne auf den Bedienungsmann völlig verzichten zu können.

Abb. 163 zeigt die Ansicht, Abb. 164 zwei Schnitte durch eine *automatisierte Formmaschine*. Abb. 165 zeigt auf der linken Seite die Bildung des Kuchenpaketes in der beschriebenen Formmaschine bisheriger Bauart, während die rechte Seite die Arbeitsweise der automatisierten Kuchenformmaschine veranschaulicht.

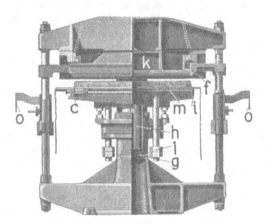

KRUPP-GRUSONWERK

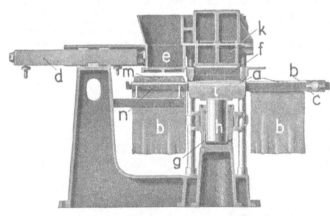

Abb. 164. Schnitte durch eine hydraulisch angetriebene selbsttätige Kuchenformmaschine. (Friedr. Krupp-Grusonwerk A. G., Magdeburg-Buckau.)

Es ist besonders wichtig, daß das Kuchenpaket so geformt ist, daß auch nach dem Einschieben in die Etagenpresse möglichst wenig Kuchenmehl an den Längsseiten austritt und mit dem ablaufenden Öl als Trub in die Ölbehälter gelangt, aus denen es abfiltriert und wieder der Pressung zugeführt werden muß. Die Dampfkuchenformmaschine begrenzt die Menge des eingeführten Kuchenmehles durch das unten liegende Preßtuch und die Vor- und Rückwand des Kolbenkopfstückes. Das Preßtuch ist so breit, wie der Raum zwischen Vor- und Rückwand. Das Kuchenmehl steht also mit den Rändern des Preßtuches bündig (vgl. Abb. 165 *A*). Beim Unterdruckgehen der Etagenpresse wird das Mehl komprimiert und seitlich aus dem zusammengeschlagenen Preßtuch herausgequetscht.

Schon beim Einschieben des Kuchenpaketes in die Presse fällt ein Teil des Mehles heraus, beschmutzt die Preßplatten und bleibt zwischen diesen und dem Tuch liegen, wo es infolge des hohen Flächendruckes anbackt. Man hat daher bei den neueren Formmaschinen auf das eingelegte Preßtuch Rahmen aufgesetzt (Abb. 164 f), welche auch an der Vor- und Rückseite des Kuchenpaketes einen Streifen des Tuchs freilassen. Ferner wird das Preßtuch vor dem Komprimieren nicht über das Paket zusammengeschlagen; das Mehl wird vielmehr gegen ein Druckstück des Oberholms (k) gedrückt, welcher in den Rahmen f eintritt. Das fertige Kuchenpaket ist also ringsherum von einem noch freien Preßtuchstreifen umgeben; g ist der Druckzylinder.

Erst nach der Zusammendrückung werden die herabhängenden Preßtuchenden über dem Paket zusammengeschlagen und das fertige Paket in die Presse gebracht.

Geht nun die Presse unter Druck, so bildet sich ein Preßkuchen nach Abb. 165 B, bei dem gequetschtes Mehl nicht ohne weiteres zwischen Tuch und Preßplatte gelangen und auch nicht von dem austretenden Öl herausgespült werden kann. Der aufgesetzte Rahmen f wird beim Hochgehen des Kolbens h mit emporgehoben und bleibt in einer Fangvorrichtung hängen, so daß der Raum zwischen Druckstück k und Kolbenkopf i zum Einbringen des nächsten Preßtuches frei bleibt, nachdem der Kuchen entfernt worden ist.

Abb. 165. Gegenüberstellung der Kuchenpakete der Dampfformmaschine (A) und der Pakete der neuen selbsttätigen Formmaschinen (B). Beachte: Rand des Kuchenpaketes. (Friedr. Krupp-Grusonwerk A. G., Magdeburg-Buckau.)

Durch Kupplung der Bewegungsvorgänge erreicht man, daß der Kuchenträger lediglich sein Tragblech a auf einen Schieberahmen auflegt, auf den dann das Preßtuch b vom Kuchenformer aufgelegt wird, so daß die anderen Seiten herabhängen. Er schiebt nun Tragblech und Tuch mittels Steuerschlittens c zusammen unter den Rahmen f, welcher erst dann herabfällt, wenn beide die richtige Endlage erreicht haben. Nach Herabfallen des Rahmens wird die Bewegung des Füllschiebers e ausgelöst, der vorne das Druckstück k trägt. Dieser läßt beim Vorwärtsgehen Kuchenmehl in den Rahmen f hineinfallen und streicht die Oberfläche beim Rückgang glatt. Hierbei betätigt er ein Steuerventilchen, welches dem Drucköl den Zutritt unter den Kolben h gestattet. Dieser stülpt den Rahmen f über das Druckstück k, wodurch das Kuchenpaket komprimiert wird. Bei Einbringen des nächsten Tragbleches mit Preßtuch wird das fertige Paket m von selbst nach hinten auf die Tragplatte n geschoben und von dem Mann, der die Standpresse zu füllen hat, seitlich auf die Auflage o herausgezogen, wobei er die herabhängenden Enden b über dem fertigen Kuchenpaket zusammenlegt. Mittels der Muttern l wird der Kolbenhub und damit die Kuchenstärke eingestellt.

Die beschriebene Formmaschine hat noch einen weiteren praktischen Vorteil. Während bei der Dampfkuchenformmaschine das Kuchenmehl in dem Raum zusammengepreßt wird, der durch das zusammengeschlagene Preßtuch gebildet wird, und diesen Raum völlig ausfüllt, liegt bei der hydraulischen automatischen Formmaschine das zusammengeschlagene Preßtuch nur lose auf dem Kuchenpaket, liegt also insbesondere an den schmalen Enden des Kuchenpaketes nicht fest am Kuchenmehl an, so daß dem Mehl bei der Pressung auch in Richtung der Enden Gelegenheit zum Ausweichen gegeben ist, ohne daß das Tuch hier besonders stark gestrafft wird.

Die mit der Formmaschine nach Abb. 134 erzeugten Preßkuchen verursachen demnach auch einen etwas höheren Preßtuchverschleiß durch Platzen der Tücher an den Stellen, an denen sie nicht durch die Preßplatten gestützt sind, d. h. an den Stirnseiten der Presse.

Die Notwendigkeit, die hohen Lohnkosten der Presserei herabzusetzen, führte schließlich zur Konstruktion einer der beschriebenen automatischen Formmaschine ähnlichen Vorrichtung, welche auch das Einlegen der Preßtücher selbsttätig besorgt, so daß der Bedienungsmann nur noch zur Aufsicht notwendig ist. Ferner wurde der Transport der Kuchenpakete zu den Pressen durch Anwendung von Förderbändern wesentlich vereinfacht. Bei Handbeschickung von 100 Pressen zu je 20 Kuchen mußte der Bedienungsmann 2000 Kuchen pro Arbeitsschicht von der Formmaschine zur Presse tragen und dies bei einer mittleren Entfernung zwischen Presse und Formmaschine von sechs Schritt, also zwölf Schritt für Hin- und Herweg; er hatte also pro Arbeitsschicht einen Weg von 24 000 Schritt zurückzulegen. Man führt daher durch Förderbänder dem vor der Presse statio-

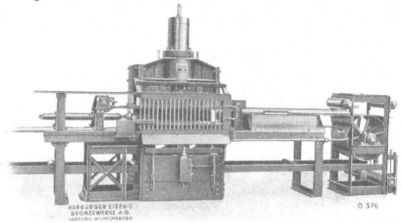

Abb. 166. Vollautomatische Kuchenformmaschine, Bauart PASCHKE, mit selbsttätigem Tucheinzug und Tuchfaltung. Bewegungseinleitung durch Nockensteuerung. (Harburger Eisen- und Bronzewerke A. G., Harburg/Elbe.)

nierten Bedienungsmann die Kuchen zu, welche er jetzt lediglich mittels seines Tragbleches vom Förderband abzunehmen und in die Presse zu schieben hat; dadurch wurde eine wesentlich höhere Mengenleistung ohne große körperliche Ermüdung möglich gemacht.

Abb. 167. Selbsttätige Tuchabziehmaschine, Bauart PASCHKE, mit vorgeschalteter Zubringersperre und Zubringerband, mit Rückförderband für die Tücher. (Harburger Eisen- und Bronzewerke A. G., Harburg/Elbe.)

Die aus der Presse herausgezogenen abgepreßten Kuchen werden ebenfalls einem Förderband aufgegeben, das sie zu einer selbsttätigen Tuchabziehvorrichtung bringt, die die Tücher entfernt und mittels eines rücklaufenden Bandtrums zur Kuchenformmaschine zurückbringt, wo sie aufs neue für Kuchenpakete verwendet werden. Die von den Tüchern befreiten Kuchen werden einer selbsttätigen *Kuchenbeschneidemaschine* zugeführt, auf die später zurückzukommen sein wird.

Alle zum Formen des Kuchens erforderlichen Betätigungen werden vorgenommen durch eine auf Abb. 168 sichtbare, durch Elektromotor angetriebene Nockensteuerung, welche die hydraulischen Ventile der Betätigungskolben steuert. Die vor der Nockensteuerung befindliche Kuchenformmaschine, welche einen über dem Kuchenpaket angeordneten Preßkolben trägt, vollzieht alle Verrichtungen zur Bildung des Kuchenpaketes in der richtigen Reihenfolge völlig selbsttätig, einschließlich des Übereinanderschlagens der Enden des Preßtuches und des Ausstoßens des fertigen Kuchenpaketes auf das nach links laufende Förderband. Um Gefährdung des die Aufsicht führenden Arbeiters zu vermeiden, ist die Formmaschine nach vorne durch ein Schutzgitter abgesperrt, welches nur nach Stillsetzung der Nockensteuerung entfernt werden kann.

Abb. 167 zeigt die Anordnung der *Tuchabziehvorrichtung*, der die Kuchen mittels des oberen Förderbandes zugeführt werden, während das unten angeordnete Förderband die abgezogenen Tücher zur Form-

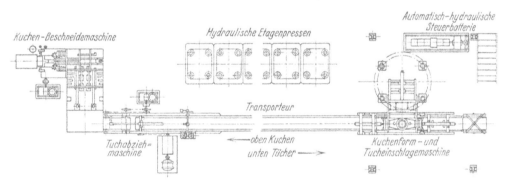

Abb. 168. Selbsttätige Beschickungsanlage und Kuchenbehandlungsanlage (Bauart PASCHKE) für Etagenpressen. (Harburger Eisen- und Bronzewerke A. G., Harburg/Elbe.)

maschine zurückbringt. Durch Verriegelung ist dafür Sorge getragen, daß niemals ein Kuchen in die Abziehmaschine gelangen kann, ehe der vorhergehende von seinem Tuch befreit wurde und dieses die Abziehmaschine verlassen hat.

Abb. 168 zeigt eine Gesamtanlage. Ihre Leistungsfähigkeit beträgt reichlich das Doppelte der bisher beschriebenen automatischen Formmaschinen. Auch hier sind vier Arbeiter erforderlich, nämlich ein Mann für die Beaufsichtigung der Formmaschine, einer für das Einschieben der Kuchen in die Presse, einer für das Herausziehen der abgepreßten Kuchen aus der Presse und ein weiterer Arbeiter zur Beaufsichtigung von Tuchabziehmaschine und Kuchenbeschneidemaschine.

Abb. 169 ist eine Dispositionsskizze einer Anlage von Etagenpressen mit Kuchenformmaschine.

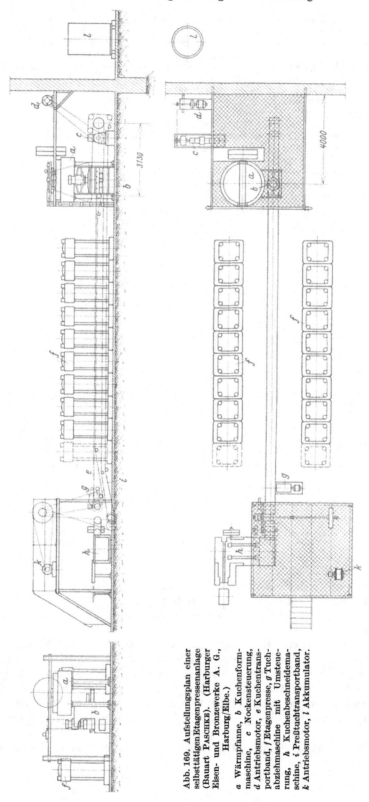

Abb. 169. Aufstellungsplan einer selbsttätigen Etagenpressenanlage (Bauart Paschke). (Harburger Eisen- und Bronzewerke A. G., Harburg/Elbe.)

a Wärmpfanne, *b* Kuchenformmaschine, *c* Nockensteuerung, *d* Antriebsmotor, *e* Kuchentransportband, *f* Etagenpresse, *g* Tuchabziehmaschine mit Umsteuerung, *h* Kuchenbeschneidemaschine, *i* Preßtuchtransportband, *k* Antriebsmotor, *l* Akkumulator.

Kuchenbeschneidemaschinen.

Die Ränder der abgepreßten Kuchen von Seiherpressen und insbesondere von Etagenpressen sind ölreicher als das Mittelstück, und zwar beträgt der Öl-gehalt in der 1 cm breiten Randpartie eines Seiherpreßkuchens 12—15%, während der mittlere Teil nur zirka $5\frac{1}{2}$% Öl ent-hält. Der ölhaltige Rand der Kuchen aus Etagenpressen ist bis zu 3 cm breit. Der schmale, ölreichere Rand wird daher abge-schnitten, die Schnitzel werden nach ausrei-chender Zerkleinerung und Mischung mit dem übrigen Saatgut aufs neue verarbeitet.

Ob sich diese Maßnahme tatsächlich lohnt, ist von Fall zu Fall durch genaue Kalkulation festzustellen und natürlich abhängig vom Preise des Öles.

Das Beschneiden der Kuchen kann von Hand vorgenommen werden, in der Regel aber verwendet man halb- oder vollauto-matische Maschinen. Erstere (Abb. 170) findet man nur noch in kleineren Betrieben; sie wurden ersetzt durch die vollautomati-schen Maschinen, welche imstande sind, die Kuchen von mehreren Batterien in kürzester Zeit zu beschneiden. Befriedi-gende Konstruktionen für das Beschneiden

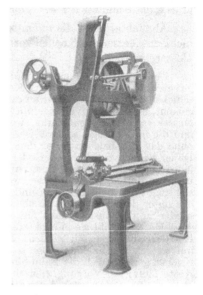

Abb. 170. Kuchenbeschneidemaschine für Ein-zelbeschickung von Hand. (Harburger Eisen-und Bronzewerke A. G., Harburg/Elbe.)

339

Abb. 171. Selbsttätige Kuchenbeschneidemaschine mit Kuchenbürste, Stapeltisch mit selbsttätiger Höhen-einstellung und Schnitzelschnecke.

runder Kuchen sind bisher noch nicht auf dem Markt, die Maßnahme bleibt des-halb vorläufig auf rechteckige Kuchen begrenzt.

Die Kuchen werden auf den mit Führungsleisten versehenen Tisch gelegt (Abb. 170) und bis an den Anschlag vorgeschoben, so daß das hin- und hergehende Messer, dessen Bewegung durch einen Kurbeltrieb bewirkt wird, den Rand in der erforderlichen

Breite abschneidet. Genügt ein einmaliger Schnitt nicht, so wird der Kuchen nochmals nachgeschoben und ein zweiter Schnitt vorgenommen. Nach Wenden des Kuchens werden auch die anderen Seiten beschnitten.

Die Schnitzel fallen in eine unterhalb der Bahn des hin- und hergehenden Messers gelegene Transportschnecke, und diese bringt sie zu einer Zerkleinerungsmaschine, welche die Schnitzel auf die erforderliche Feinheit zerkleinert.

Ähnlich arbeitet die *vollautomatische Maschine* (Abb. 171); jedoch wird hier nicht das Messer am Kuchen vorbeibewegt, sondern dieser läuft an feststehenden Messern vorbei.

Der Kuchen wird auf den auf der linken Seite der Abb. 171 abgebildeten Tisch gelegt, so daß ihn die an einer Kette befindlichen Mitnehmer fassen können. Diese schieben ihn vorwärts, bis er an die nahe der Mitte der Maschine aufgesetzten Messer gelangt, an denen er vorbeigeführt wird. Der einstellbare Abstand der feststehenden Messer ergibt die Spanstärke, welche von dem Kuchen abgenommen werden soll und die in der Regel so groß ist, daß ein einziges Messer sie nicht abnehmen kann, ohne daß der Kuchen unter dem Druck der ihn schiebenden Mitnehmer zerbricht. Daher werden meistens zwei oder drei Messer hintereinandergeschaltet, von denen jedes einen schwächeren Span nimmt. Vor diesen eigentlichen Beschneidemessern befinden sich noch zwei Messer, welche unter einem Winkel von 45⁰ zur Bewegungsrichtung des Kuchens stehen und von denen jedes auf einem Schlitten befestigt ist, der unter dem Druck des Kuchens ausweichen kann, nach seinem Durchgang aber wieder in die Ausgangslage zurückkehrt. Der ankommende Kuchen stößt gegen diese Messer, treibt sie infolge ihrer Schrägstellung auseinander, wobei die Ecken des Kuchens abgeschnitten werden. Erst dann gelangt er zwischen die Messer, welche ihn seitlich beschneiden. Der so an zwei gegenüberliegenden Seiten beschnittene Kuchen gerät nun in die Bahn einer Mitnehmerkette, welche rechtwinklig zur ersten Kette läuft; der Vorgang wiederholt sich, bis der Kuchen an allen vier Seiten und auch an den Ecken sauber geradlinig beschnitten ist. Die unveränderliche Stellung der einmal eingestellten Messer bewirkt, daß alle Kuchen das gleiche Format haben.

Die fertig geschnittenen Kuchen passieren, zwecks Entfernung von Spänchen und Staub, eine Bürste und gelangen auf einen hydraulisch gesteuerten Packtisch; das Aufstapeln geschieht in der Weise, daß der ankommende Kuchen den unter ihm liegenden Fühlhebel anhebt und dadurch ein Ablaßventil am Fußboden öffnet, welches den Packtisch sinken läßt, bis der jetzt über dem Kuchen liegende Fühlhebel in die ursprüngliche Lage zurückkehrt und die Ablaßöffnung des Steuerventils verschließt.

Die abgeschnittenen Späne machen etwa 5% des Kuchengewichtes aus. Mit einer solchen automatischen Maschine kann man bis zu 12000 Kuchen pro Schicht von 8 Stunden beschneiden, und bei automatischer Zufuhr zur Beschneidemaschine kann ein Mann die fertigen Kuchen vom Packtisch abnehmen und auf Kuchentransportwagen verladen.

4. Packpressen (Marseiller Pressen).

Diese Pressenart findet man in der Hauptsache nur noch in südfranzösischen Olivenölfabriken. Das Herstellen der Preßpakete geschieht auf ganz einfachen Arbeitstischen, welche unter den Wärmpfannen stehen. Durch ein Schiebemaß wird ein stets gleichbleibendes Quantum Preßgut in das offene Einschlagtuch gefüllt, welches dann, nachdem der Arbeiter die Saat zu einem flachen Kuchen ausgebreitet hat, von allen vier Seiten eingeschlagen und auf kleinen Wagen zur Presse gebracht wird. Hier wird jedes einzelne Paket von Hand in die Presse gebracht und zwischen je zwei Pakete eine schmiedeeiserne Platte gelegt. In der Presse befinden sich stärkere schmiedeeiserne Zwischenplatten, welche in Ketten hängen und durch Rollen und Gegengewichte leicht hoch- und niedergezogen werden können. Zwischen je 5—6 Pakete wird eine solche Zwischenplatte eingeschoben, um bei ungleichförmigen Kuchenpaketen dem Schiefgehen der Presse vorzubeugen. Die Preßtücher müssen sehr stark ausgeführt sein, da sie den gesamten Seitendruck des Preßgutes aufzunehmen haben. Infolge des allseitig freien Ölabflusses durch das Tuch hindurch ist die Ölausbeute nicht schlecht, jedoch hat der Kuchen ringsherum einen weichen, sehr ölhaltigen Rand, welcher abgeschnitten und wiederum verarbeitet werden muß. Die Bedienung der Pressen ist sehr umständlich, der Preßtuchverbrauch hoch.

5. Preßplatten.

Die von Preßtüchern begrenzten Saatmehlpakete werden zwischen Preßplatten gelegt; durch die Unterteilung wird der Ölabfluß erleichtert und die regelmäßige Form der Preßrückstände (Ölkuchen) erzeugt.

Die *Platten von Seiherpressen* werden aus Stahlblech hergestellt; im übrigen sind sie glatt, entzundert und blankgeschliffen und an den Kanten reichlich abgegratet. Die unterste und oberste Preßplatte ist stärker als die übrigen. Sie sollen aus einem Material von 70—80 kg Festigkeit pro qmm und mindestens 10% Dehnung hergestellt sein; ist die Dehnung zu gering, so wird das Material sehr spröde, so daß die Platten leicht zerspringen. Bei zu geringer Festigkeit weichen die Platten unter dem Preßdruck aus, ihr Durchmesser nimmt zu, und sie können, falls dies nicht rechtzeitig bemerkt wird, die Seiher beschädigen. Die Seiherpreßplatten haben eine Dicke von 5—6 mm, Schutzmarken u. dgl. lassen sich also kaum anbringen.

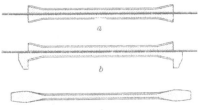

Abb. 172. Querschnitt durch Etagenpressenplatten (sog. Compound-Platte).

a Zusammengesetzte gewellte Stahlplatte für offene Pressen, *b* zusammengesetzte gewellte Stahlplatte für Schachtelpressen, *c* gewalzte gewellte Stahlplatte.

Abb. 172 zeigt Querschnitte der bei den *Etagenpressen* verwendeten *Preßplatten*. Abb. *a* stellt eine zusammengesetzte Platte (*Compound-Platte*) dar, enthaltend eine schmiedeeiserne Zwischenplatte, welche die Stifte zur Aufhängung an den Kettengliedern zu tragen hat und gewöhnlich auch Führungen, mittels deren die Platten an den Preßsäulen geführt werden. Auf diese Zwischenplatten sind die eigentlichen gewellten Preßplatten aus Temperguß aufgenietet. Abb. *b* gibt eine

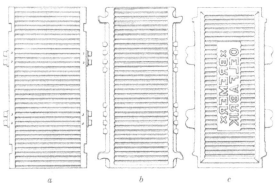

Abb. 173. Etagenpreßplatten. (Christiansen und Meyer, Harburg/Elbe.)

a Compound-Platte, *b* gegossene Platte, *c* gegossene Platte mit Firmenbezeichnung.

sog. *Nasenplatte* wieder, welche ähnlich wie die zusammengesetzte „*Compound*"-Platte aufgebaut ist. Im allgemeinen sind die zusammengesetzten Platten haltbar genug, da man infolge der Möglichkeit freien Ölaustrittes bei der Etagenpresse mit wesentlich geringerer Flächenpressung auskommt als bei der Seiherpresse. Während der Druck auf den Kuchen bei der Seiherpresse über 500 kg pro Quadratzentimeter beträgt, ist er bei der Etagenpresse ganz wesentlich geringer und liegt bei etwa 340 kg pro Quadratzentimeter und darunter. Trotzdem ist Verwendung vorzüglichen Materials notwendig, das insbesondere wenig Neigung hat, sich in der Querrichtung zu strecken. Um den Nachteilen der zusammengesetzten Preßplatten zu begegnen, hat man massive Stahlplatten nach Abb. 172 *c* gewalzt, welche in der Längsrichtung ebenso gewellt sind wie die Platten a und b. |Diese schmiedeeisernen Platten sind so gut wie unverwüstlich; allerdings ist ihre Anschaffung ziemlich teuer. Zur Verminderung des Preßtuchverschleißes sind in den Wellentälern der Platten außerdem noch kleine Wellenberge angebracht, deren Kammrichtung in der Längsrichtung der Platten liegt, so daß das Preßtuch auch in ihrer Querrichtung durch die Wellenform gehalten wird. Diese Querwellung hat sich vorzüglich bewährt. Abb. 173 a zeigt in der Draufsicht eine zusammengesetzte Preßplatte mit angenieteten Trägern für die Aufhängestifte, während diese bei der gegossenen Platte (Abb. 173 b) angegossen sind. Auch die Platte der Abb. 173 c ist gegossen. Die angegossenen Flügel zur Aufnahme der Distanzbolzen sind bei dieser Platte noch nicht gebohrt.

Die Schachtelpresse (Abb. 162) ist ebenso wie die Etagenpresse (Abb. 161) mit Distanzbolzen an Stelle von Kettengliedern ausgerüstet. Die gegossenen Platten können mit Firmennamen, Schutzmarken u. dgl. versehen werden. Diese Möglich-

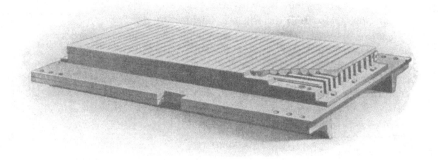

Abb. 174. Siebplatte (Drainageplatte) für Schachtelpressen.

keit ist bei schmiedeeisernen Platten nicht ohne weiteres gegeben, es sei denn, man fräst den Firmennamen ein, was aber zu einer nennenswerten Schwächung der Platte führt.

Stahlgußplatten müssen aus allerbestem Material gegossen werden, da sie sonst Risse in der Längsrichtung bekommen, hervorgerufen durch die stark treibende Wirkung der zu pressenden Saat bei gleichzeitiger Zusammendrückung durch den Preßkolben.

Abb. 174 zeigt eine sog. *Drainageplatte* für die amerikanischen Schachtelpressen.

Wiederholt wurde versucht, *gelochte Preßplatten* mit einer öldurchlässigen Einlage anzuwenden; die Platten sollten, ähnlich wie die Seitenwand eines Preßseihers, das Öl vom Preßtuch in die durchlässige Einlage und von da nach außen ableiten. Es läßt sich aber nicht vermeiden, daß die Plattenlöcher durch Saatmehl verstopft werden und daß auch die Einlage mit der Zeit verstopft wird. Für Seiherpressen haben sich solche Platten nicht durchsetzen können.

Anders liegen die Verhältnisse bei den *Drainageplatten*; sie haben wesentlich größere Ablaufkanäle, als den zufließenden Ölmengen entspricht, und sind während des Betriebes der Presse von außen zugänglich, so daß man sie z. B. durch Preßluft freiblasen kann. Man verwendet sie häufig in nordamerikanischen Baumwollsaatölpressereien, selten für andere Saaten.

6. Preßtücher.

Die Preßgutpakete werden an der unteren und oberen Seite mit öldurchlässigen Tüchern belegt. Die Tücher müssen dem Öl auch unter dem höchsten Preßkolbendruck bequem Durchtritt gestatten, ihre Poren dürfen aber nicht so groß sein, daß auch Samenmehl durchgehen kann.

Ihre Öldurchlässigkeit darf auch bei längerem Gebrauch keine Einbuße erleiden, sie dürfen nicht verfilzen. Die Tücher müssen insbesondere sehr große Elastizität und Zugfestigkeit aufweisen, da sie beim Durchfließen des Öles unter dem gewaltigen Druck der Pressen in der Querrichtung, d. h. in der Richtung des Ölabflusses, ganz außerordentlich hohen Beanspruchungen ausgesetzt sind. Auch die dauernde Be- und Entlastung der Tücher bei ihrer wiederholten Verwendung ermüdet das Tuchmaterial.

Abb. 175. Rundes Preßtuch zur Verwendung in Seiherpressen.

Die Tücher müssen ferner so verarbeitet sein, daß nur wenig Haare oder Fasern an den Preßrückständen haften bleiben.

Weitaus der größte Teil der Preßtücher wird aus *Schafwolle* hergestellt. Schafwollgarne weisen bei richtiger Verzwirnung eine erhebliche Festigkeit auf, die Gewebe sind sehr stark und fest, ohne brüchig zu sein.

Vor dem Kriege wurden häufig Gemische von Wolle und Roßhaar, auch Kamelhaare verwendet (die Scourtins werden oft aus Roß- oder Menschenhaaren hergestellt). Die Roßhaarpreise sind aber infolge der Motorisierung und Reduktion des Pferdebestandes sehr verteuert, werden aber trotzdem noch vielfach verwendet.

Die Preßtücher haben die Flächenform des Pressenquerschnittes. Bei Seiherpressen verwendet man Tücher, deren Durchmesser um etwa 5—8% geringer ist als der Seiherdurchmesser, da sich das Tuch bei der Benutzung streckt.

a) Abb. 175 zeigt ein *rundes Preßtuch für Seiher- und Ringpressen* (Trogpressen). Das Tuch ist am Rande durch Übersteppen besonders kräftig eingefaßt, da es hier zuerst verschleißt; beim Pressen zu nasser Saat entstehen meistens Risse quer durch das Preßtuch.

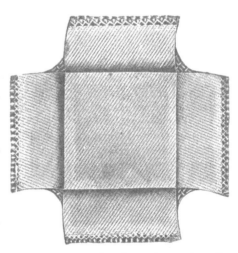

Abb. 176. Preßtuch für offene Packpresse (Marseiller Presse).

Jedes Gewebe besteht aus Ketten- und Schußfäden. Die Kettenfäden liegen in der Längsrichtung des Tuches, die Schußfäden werden zwischen die Kettenfäden hindurchgeschossen. Je nach der Gruppierung der Kettenfäden erhält man Gewebe, welche in verschiedenen Richtungen verschiedene Festigkeit aufweisen. Man legt deshalb häufig bei der Preßtuchfabrikation verschiedene Lagen des Gewebes kreuzweise aufeinander und vernäht sie dann. Dadurch wird der Festigkeitsunterschied in verschiedenen Richtungen aufgehoben. Leistungsfähige Webereien stellen auch sehr dicke Preßtücher her, die in Ketten- und Schußrichtung gleiche Festigkeit zeigen.

Für die Marseiller Pressen verwendet man sog. „*Kreuztücher*" oder „*Scourtins*" (Abb. 176), in die das Saatmehl allseitig eingeschlagen wird. An den vier Zwickeln der „Scourtins" sind Eckansätze angebracht, um das Offenbleiben der Preßgutpakete an den Ecken zu vermeiden.

b) Ein *Preßtuch für Etagenpressen* zeigt Abb. 177. Das Tuch muß reichlich die doppelte Kuchenlänge haben. Das Saatgut wird derart in die Tücher eingeschlagen, daß das Paket an den Längsseiten offenbleibt; das Tuch umfaßt nur die Schmalseiten des Paketes, die Tuchenden überdecken sich auf der Oberseite des Kuchenpaketes. Der Stoß wird so gelegt, daß er beim Einschieben in die Presse keinen Widerstand findet und sich nicht an der oberen Preßplatte fängt. Die Etagenpreßtücher strecken sich besonders in der Längsrichtung, die spezifische Dehnung ist aber infolge der geringeren Flächenpressung nicht so groß wie bei Seiherpreßtüchern.

Das Gewebe muß in bezug auf Widerstandsfähigkeit mindestens den gleichen Bedingungen entsprechen wie die Seiherpreßtücher, da in Etagenpressen vorzugsweise Ölsaaten gepreßt werden, die zu starker Trubbildung neigen und deren Verarbeitung in Seiherpressen lästig wäre.

Abb. 177. Preßtuch für Etagenpresse.

Für Olivenölpressung werden häufig Preßbeutel von runder Form verwendet. Die Zipfel des Tuches, die über der Saat zusammengeschlagen werden, haben die Form eines Kreissektors.

Preßtuchreparatur und Wäscherei. Die Preßtücher machen im Unkostenstatus der Ölfabrik einen bedeutenden Posten aus, und man ist mit allen Mitteln bestrebt, ihren Verbrauch gering zu halten. Gewöhnlich ist für die Preßtuchinstandhaltung eine besondere Abteilung vorgesehen, wo die Tücher regelmäßig nachgesehen, schadhafte Stücke der Reparatur übergeben werden usw.

Die Preßtücher erleiden im Betrieb eine außerordentlich hohe Beanspruchung. Ist z. B. die Saat feucht, so neigt sie zum Treiben, d. h. sie versucht unter dem Kolbendruck seitlich auszuweichen. Infolge Adhäsion der treibenden Saat an den Tüchern werden diese stark angegriffen, und da gleichzeitig das Öl durch das Tuch hindurch nach außen strömt, so werden durch Reibung der Flüssigkeit an den Fasern weitere Kräfte wirksam, durch welche das Tuch geschädigt wird. Durch den Seitendruck der Saat werden selbst stark gebaute Seiher im Laufe der Jahre ausgebaucht; man kann daraus schließen, welchen gewaltigen Kräften die Preßtücher ausgesetzt sind. Die Tücher werden allmählich zermürbt und brüchig und zerfallen nach einer bestimmten, von der Art des Materials abhängigen Zeit, ohne daß man sagen könnte, an welcher Stelle die Überanspruchung zuerst aufgetreten ist. Über die ganze Fläche geschwächte, mürbe gewordene Tücher können nicht mehr repariert werden. Bei fehlerhafter Vorbehandlung der Saat können aber lokale Schäden, insbesondere Risse auftreten, die man durch Übersteppen und Aufnähen starker Wollbänder ausbessern kann.

Durch die starken Querbeanspruchungen dehnen sich die Tücher, so daß ihre Fläche immer größer wird und nach einiger Zeit den Seiherquerschnitt überschreitet. Man muß dann die Ränder beschneiden, und wird dadurch der Saum beschädigt, so müssen die Tücher neu gesäumt werden. Auch dies geschieht zweckmäßig durch Einfassen des Tuchrandes mit Wollband.

Öfteres Waschen ist zu vermeiden, da die Waschmittel, wie Soda u. dgl., die Faser weniger geschmeidig machen. Auch Filtertücher werden zweckmäßig nur dann saubergewaschen, wenn Risse geflickt werden müssen. Zur Reinigung genügt es, die Tücher mit Öl zu reiben und das überschüssige Öl durch Abschleudern zu entfernen.

Sehr zweckmäßig ist es, die Preßtücher in Zwischenräumen von etwa zwei Tagen zu trocknen, so daß sich täglich ein Satz Preßtücher pro Presse in Betrieb befindet, während der andere Satz durchgesehen und getrocknet wird. Man hat laufend Kontrolle über den Zustand der Tücher und kann Schäden ausmerzen, ehe sie größeren Umfang angenommen haben. Getrocknet werden die Tücher in Heißluft-Trockenschränken. Zu ihrer Reparatur verwendet man stark konstruierte Spezialnähmaschinen. Die gestopfte Stelle soll möglichst wenig auftragen.

Das in Abständen von 8 bis 14 Tagen vorzunehmende Waschen der Tücher geschieht entweder in sodahaltigem Wasser durch Abbürsten von Hand nach vorherigem zwölfstündigem Einweichen oder aber in automatischen Waschmaschinen, welche periodisch gefüllt und entleert werden und bei denen während der Waschperiode der Bedienungsmann andere Arbeiten verrichten kann. Wesentlich ist, daß die Tücher nach dem Waschen gut gespült werden, so daß sie keine Spur des Waschmittels zurückhalten. Hierauf werden sie in warmer Luft getrocknet.

7. Automatische, hydraulisch angetriebene Ölpressen.

Die Ölsaaten werden, wie bereits erwähnt, nicht in einem Arbeitsgang entölt, sondern der Preßvorgang wird in zwei Stufen geteilt, die *Vor-* und *Nachpressung.* Eine gute Ölausbeute, eine weitgehende Entölung der Saat läßt sich erst nach weitgehender Zerkleinerung erreichen. Ölreiche Saaten lassen sich aber von vornherein nicht bis über eine bestimmte Korngröße hinaus zerkleinern, weil sie sonst schon beim Durchgang durch die Walzen einen Teil ihres Öles abgeben und das Mahlgut in eine breiige Masse verwandeln, die sich nicht ohne Schwierigkeiten in den Wärmpfannen und Pressen verarbeiten läßt.

Deshalb wird das Gut erst vorzerkleinert und vorgepreßt. Der ölärmere Rückstand läßt sich leicht weiter zerkleinern und wird dann einer nochmaligen Pressung unterworfen. Durch das zweimalige Pressen erzielt man eine wesentlich höhere Ölausbeute und erhält Kuchen mit wesentlich geringerem Ölgehalt.

Zur *Vorpressung* kann man ein beliebiges Preßsystem wählen, insbesondere die hydraulischen Seiher- und Etagenpressen. Nach Vorpressung müssen die Preßrückstände auf *Kuchenbrechern* zerbrochen werden; sie sind genau so gebaut wie die Riffelwalzwerke (s. S. 574 und 764), denen erforderlichenfalls ein Stachelwalzenpaar vorgeschaltet wird.

Da es aber überflüssig ist, die Rückstände der Vorpressung unter hohem Aufwand an Preßkosten in Gestalt von Ölkuchen zu gewinnen, wurde versucht, für die erste Pressung automatische Pressen anzuwenden, welche das Saatgut teilweise entölen, ohne daß der Preßrückstand in Kuchenform anfällt.

Schneider-*Presse*.

Eine dieser Konstruktionen wurde von Schneider vorgeschlagen (Abb. 178).

Ein ringförmiger Kolben macht durch hydraulischen Antrieb eine hin- und hergehende Bewegung, wobei er abwechselnd in einen ringförmigen Raum vordringt und sich aus diesem wieder zurückzieht.

Die äußere und innere Wandung dieses ringförmigen Raumes wird durch konzentrische Seiherplatten gebildet, welche den Ölabfluß gestatten. Der Kolben schiebt beim Eindringen das Saatmehl vor sich her und preßt es aus, falls er Widerstand findet. Dieser Widerstand wird dadurch erzeugt, daß die ringförmige untere Austrittsöffnung des Preßraumes durch einen auf dem Innenseiher verschiebbaren Ring verengt ist. Beim Rückgang des Preßkolbens in seine oberste Lage gibt er die obere

Öffnung des ringförmigen Preßraumes frei, in den durch den hohlen Preßkolben Saatmehl aus einer darüber angeordneten Wärmpfanne nachstürzen kann. Das neu hinzukommende Saatmehl findet an dem ausgepreßten Saatpfropfen Widerstand. Der Saatpfropfen wandert allmählich von oben nach unten durch den Preßraum, bis zur verengten Austrittsstelle, aus der er in eine Fangschüssel fällt. Durch ein umlaufendes Schabewerk werden die am Austrittsende hervortretenden Schnitzel abgeschabt und leicht zerkleinert. Durch Höher- oder Tieferstellen des Drosselringes, welcher eine kegelförmige Außenfläche hat, kann man den Querschnitt der Austrittsöffnung regulieren.

Die Hubzahl des Preßkolbens ist durch die Menge des dem Preßzylinder zugeführten Drucköles bestimmt. Die Umsteuerung des Preßkolbens auf Rückgang erfolgt nach Erreichung einer bestimmten Kolbenlage, welche an einem Gestänge einstellbar

Abb. 178. Hydraulische selbsttätige Presse mit Innen- und Außenseiher. Ein Doppelwärmer für je zwei Pressen. (Friedr. Krupp-Grusonwerk A. G., Magdeburg-Buckau.)

ist. Den Rückgang bewirken zwei kleine Rückzugzylinder, welche in Abb. 178 vor und hinter dem Preßkolben sichtbar sind.

Die Presse war ursprünglich als vollautomatische Vorrichtung zur vollständigen Entölung der Saat gedacht. Man erreicht aber mit der Presse keine ausreichende Entölung, so daß sie jetzt nur als Vorpresse verwendet wird; die anfallenden Schnitzel werden, nach nochmaliger gründlicher Zerkleinerung, auf Seiher- oder Etagenpressen nachgepreßt.

Diese „Doppelseiherpressen", so genannt infolge des Vorhandenseins eines Innen- und eines Außenseihers, welche den ringförmigen Preßraum bilden, wurden zumeist paarweise unter einem Satz Wärmpfannen angeordnet. Die Konstruktion ist heute im großen ganzen verlassen worden.

Das Öl erster Pressung ist in der Regel von besserer Qualität als das Nachschlagöl. Auch wird durch die Vorpressung die Leistung der Nachpressen bedeutend gesteigert, da das Raumgewicht des Mehles aus vorgepreßter Saat höher ist als dasjenige der gemahlenen Rohware.

MEINBERG-*Presse*.

Eine andere Presse, welche in ihrer Wirkungsweise einer Seiherpresse mit waagerechter Seiherachse gleicht, ist die von den Harburger Eisen- und Bronzewerken gebaute *automatische Presse, System* MEINBERG. Sie besteht aus einem Preßkasten von rechteckigem Querschnitt, dessen Seitenwände und Kopfwand (in Abb. 179 links) fest stehen, während der waagerechte Boden und der waagerechte Deckel durch hydraulische Kolben verschiebbar angeordnet sind und

Abb. 179. Hydraulische selbsttätige Seiherpresse in liegender Anordnung (Bauart MEINBERG).

die andere Kopfwand das Kopfstück eines starken Preßkolbens bildet. Die Arbeitsweise ist folgende:

Der Boden wird hydraulisch vorgeschoben, so daß der Kasten unten geschlossen ist. Ein mittels Kettenantriebes bewegtes Füllmaß fährt von der Wärmpfanne über den Preßkasten bis zu seinem kolbenseitigen Ende und zurück und füllt ihn mit etwa 300 kg Saatgut. Anschließend daran bewegt sich die obere Abschlußplatte vorwärts, so daß nunmehr der gesamte Preßraum an allen vier Seiten eingeschlossen ist. Noch bevor der obere Abschlußdeckel seine Endstellung erreicht hat, beginnt der Preßkolben vorzudringen und die Saat auszupressen. Nach einer mittels Uhrwerks einstellbaren Zeit laufen untere und obere Abschlußplatte und Preßkolben gleichzeitig zurück, so daß der abgepreßte Kuchen nach unten herausfallen kann.

Der Preßraum war ursprünglich durch Drainageplatten unterteilt, so daß etwa 80 mm starke Kuchen entstanden, die nach Rückgang des Preßkolbens in seine Ausgangslage und Öffnung des unteren und oberen Deckels in die unter der Presse befindlichen Zackenbrecher fielen. Die Drainageplatten hängen ähnlich wie die Platten einer Etagenpresse durch Bolzen miteinander zusammen. Beim Rückgang des Preßkolbens quellen aber die Kuchen und spreizen sich zwischen den beiden Seitenwänden der Presse fest, so daß sie nur durch den Eingriff eines Arbeiters in die unter der Presse befindlichen Zackenwalzen gestoßen werden konnten. Man hat daher die Drainageplatten gänzlich fortgelassen und die Oberfläche des Kolbenkopfes zickzackförmig gestaltet, so daß auf dem feststehenden Kolbenkopf zwei dreiseitige Prismen mit vertikaler Achse stehen, deren der Saat zugewandte Seitenflächen als Seiherplatten ausgebildet sind.

Gleichgeartete Prismen sind auf dem Kopfstück des Preßkolbens so angeordnet, daß sie in die Lücken der Prismenvorsprünge des feststehenden Kolbenkopfes passen. Der zwischen den Stirnflächen befindliche Kuchen hat also die Form eines W.

Quillt nun dieser Kuchen nach der Pressung, so zerbröckelt er, da der Preßdruck im Verhältnis zu dem einer Seiherpresse verhältnismäßig gering ist, die Brocken fallen ohne jegliche Nachhilfe in die unter der Presse befindlichen Brecher.

Der Kolbenrückgang wird bewirkt durch die untere und obere Abdeckplatte, welche mittels am Kolbenkopfstück angebrachter Rückzugschienen den Kolben in seine Ausgangslage zurückziehen.

Die Presse braucht für einen Arbeitsgang etwa 4—6 Minuten und verarbeitet in 24 Stunden bis zu 140 Tonnen Saat.

Die einzelnen Bewegungsvorgänge der verschiedenen Kolben und des Füllmaßes sind hydraulisch miteinander gekuppelt und gegenseitig abhängig, so daß sie in der gewünschten Reihenfolge zwangläufig stattfinden müssen und eine nachgeordnete Bewegung nicht eingeleitet werden kann, ehe die vorhergehende erfolgt ist.

Auch diese Bauart ist heute zugunsten der später zu besprechenden Schneckenpressen verlassen worden.

b) Pumpwerke und Akkumulatoren.

Um den Preßkolben gegen den Preßkopf der hydraulischen Pressen bewegen zu können, muß entweder die im Preßzylinder enthaltene Druckflüssigkeit verdrängt oder neue Flüssigkeit zugeführt werden. Hydraulische Pressen, welche mit stets gleicher Menge Druckflüssigkeit arbeiten, sind ohne Bedeutung. Der Preßkolben solcher Pressen kann nur einen ganz kurzen Weg zurücklegen, der nicht hinreicht, um die während des Pressens stattfindende Volumverringerung der Saat auszugleichen. Für den Betrieb der Pressen sind deshalb Vorrichtungen erforderlich, welche beim Preßvorgang Flüssigkeit in die Presse fördern.

Sollen diese Vorrichtungen ihren Zweck voll erfüllen können, so müssen sie ihre Leistung dem jeweiligen Bedürfnis der Presse ohne Schwierigkeit anpassen. Bei Beginn der Pressung muß der Preßkolben schnell ansteigen, da zunächst das Saatgut nur zusammengedrückt wird. Bei Beginn des Ölaustrittes muß die Flüssigkeitszufuhr langsamer erfolgen, um ein zu schnelles Ausfließen des Öles und damit ein Mitreißen von Saatmehl zu vermeiden. Andernfalls bildet das Öl mit den festen Saatteilchen einen Brei, der unter dem hohen Preßdruck sehr stark nach außen treibt und die Preßtücher außerordentlich beansprucht; auch ist dann das austretende Öl sehr stark getrübt. Der Druck muß mit fortschreitender Entölung allmählich weiter steigen, bis zu einem Maximum, und auf dieser Höhe längere Zeit konstant bleiben. Die Lösung dieser Aufgabe kann erfolgen:

1. durch wechselnde Drehzahl der die Druckflüssigkeit liefernden Pumpe;

2. durch Ausrüstung der Pumpe mit Kolben von verschiedenem Durchmesser, wodurch ihre Mengenleistung abgestuft wird;

3. durch Einschaltung eines Druckflüssigkeitsspeichers zwischen Pumpe und Presse; aus dem Speicher werden dann, entsprechend dem Bedarf, die erforderlichen Druckflüssigkeitsmengen entnommen.

In einer frisch beschickten Presse wird der Preßkolben bei seinem Vordringen gegen den Preßkopf zunächst einen gewissen Weg zurücklegen, auf welchem er einen eigentlichen Widerstand nicht findet, weil es sich vorerst nur um den Ausgleich der beim Beschicken der Presse freigebliebenen Zwischenräume (den toten Raum) handelt. Zur Verrichtung dieser Arbeit genügt ein Druck, der nur so groß zu sein braucht, daß er die Reibung des Pressensystems und das Eigengewicht der zu bewegenden Teile überwindet. Diese Arbeit wird rationellerweise durch Druckflüssigkeit geleistet, welche nur ganz geringen Überdruck hat. Damit dieses erste Ansteigen des Kolbens ohne unnötigen Zeitverlust vor sich gehe, müssen aber reichliche Druckflüssigkeitsmengen zur Verfügung stehen und die zur Einströmung verfügbaren Querschnitte genügend groß sein. Die Druckpumpe muß also zunächst große Mengen Flüssigkeit von nur geringem Druck liefern können, oder aber die erforderliche Menge Druckflüssigkeit muß aus einem genügend groß bemessenen Speicher entnommen werden.

Von dem Zeitpunkt an, wo das Preßgut dem weiteren Ansteigen des Kolbens Widerstand leistet, muß der Zustrom von Druckflüssigkeit bedeutend verlangsamt werden und nunmehr mit dem Ölaustritt aus der Saat derart Schritt halten, daß übermäßige Trubbildung und zu hohe Beanspruchung der Preßtücher vermieden werden. Da zu Anfang reichliche Mengen Öl ausfließen, muß der Flüssigkeitszustrom immerhin noch größer sein als gegen Ende der Pressung. Da der zum Ölaustritt nötige Druck allmählich ansteigt, muß auch der Druck der Druckflüssigkeit allmählich und nicht plötzlich zunehmen.

1. Pumpen.

Mit veränderlicher Hubzahl arbeiten nur die *Dampfpumpen*. Sie sind in Europa wenig in Gebrauch, wenngleich sie an und für sich rationell sind, falls man ihren Abdampf anderweitig verwerten kann. Häufiger findet man die Regelung der erforderlichen Druckflüssigkeitsmengen durch aufeinanderfolgendes *Einschalten von Kolben verschiedenen Durchmessers*, und zwar arbeitet zunächst der Kolben mit größtem Querschnitt, der den geringsten Druck erzeugt, zuletzt der Kolben mit kleinstem Querschnitt, welcher den höchsten Preßdruck liefert. Aus konstruktiven Gründen bemißt man die Kolbenquerschnitte derart, daß das Produkt von Kolbenquerschnitt und Flüssigkeitsdruck konstant ist, so daß sich also für jeden Kolben gleiche Schubstangendrücke ergeben. Die Drehzahl der Pumpe bleibt konstant.

Aus wirtschaftlichen Gründen beschränkt man in der Regel die Anzahl der Druckstufen, entsprechend der Anzahl Kolbenquerschnitte, auf drei, bei vielen Betrieben sogar nur auf zwei, und zwar verwendet man als *Niederdruck* einen Flüssigkeitsdruck von 50—90 at, als *Mitteldruck* einen solchen von 150 bis 200 at und als *Hochdruck* 350—380 at.

Ist der von einem bestimmten Kolben zu liefernde Druck erreicht, so löst sich diese Pumpe selbsttätig aus, entweder durch Verbinden der Druckseite der Pumpe mit der Saugseite, wodurch die weiter geförderte Flüssigkeit in den Entnahmebehälter zurückströmt, oder durch Anheben des Saugventils, wodurch die angesaugte Flüssigkeit beim Rückgang des Kolbens in den Entnahmebehälter zurückgedrückt wird. Selbstverständlich befindet sich zwischen Pumpe und Presse ein besonderes Rückschlagventil, das ein Zurückströmen der Druckflüssigkeit aus der Presse verhindert. Die übrigen Kolben arbeiten weiter, bis ihre eingestellten Enddrücke erreicht sind; sie schalten sich dann ebenfalls aus.

Sinkt der Druck im Preßzylinder durch weiteren Ölausfluß aus der Saat oder durch Ölverlust, z. B. infolge Undichtigkeit der Leitungen, so schaltet sich die zuletzt im Betrieb gewesene Pumpe selbsttätig wieder ein.

Meistens kommt man jedoch mit der Druckerzeugung durch Preßpumpen allein nicht mehr aus. Das Ausschalten der einzelnen Pumpenkolben verursacht sehr lang andauernde tote Zeiten, in denen keine Druckflüssigkeit gefördert wird. Weiterhin erfordern sie eine Unzahl von Umschaltventilen, um den Preßpumpensatz nacheinander auf alle Pressen schalten zu können. Man ist daher allgemein dazu übergegangen, Flüssigkeitsspeicher zu schaffen, in welchen eine größere Menge Druckflüssigkeit bis zum Augenblick des Bedarfes gespeichert wird. An diesen

Speicher werden sämtliche Pressen angeschlossen. Beim Vorhandensein von drei Druckstufen ergibt sich also die Notwendigkeit der Aufstellung dreier Speicher oder *Akkumulatoren*, einen für Niederdruck, einen für Mitteldruck und einen für Hochdruck. Zweckmäßig erhält jeder Speicher ein Flüssigkeitsvolumen, das zur gleichzeitigen Betätigung mehrerer Pressen ausreicht. Die Preßpumpen arbeiten nunmehr fast dauernd, während der Akkumulator zeitweise entleert und zeitweise gefüllt ist. Der Speicher besteht aus einem Zylinder mit Kolben;

Abb. 180. Preßpumpwerk mit vier Pumpenkolben.

letzterer ist durch Gewichte oder neuerdings durch Druckluft derart belastet, daß unter dem Kolben der gewünschte Preßdruck herrscht. Führt die Pumpe mehr Druckflüssigkeit zu, als von den Pressen verbraucht wird, so wird der Kolben aus dem Zylinder allmählich verdrängt; er hebt das Belastungsgewicht (s. S. 650).

   In der Druckleitung von der Pumpe zum Akkumulator befindet sich möglichst nahe bei letzterem ein Rückschlagventil, dem die Aufgabe zukommt, zu verhindern, daß Flüssigkeit vom Akkumulator zur Pumpe zurückströmt. Eine zweite Leitung führt vom Akkumulator zu den Pressen, und zwar verlegt man gewöhnlich eine Hauptleitung, von der einzelne Zweige zu den Steuerventilen der Pressen führen. Jeder einzelne Abzweig ist zweckmäßig durch ein Absperr-T-Stück mit dem Hauptstrang zu verbinden, so daß man den Abzweig einzeln absperren kann, falls Reparaturen an der Presse oder am Steuerventil der Presse erforderlich sind. Zweckmäßig wird sogar der Strang, der zu den Pressen führt, von einer anderen Stelle des Akkumulatorenzylinders abgenommen als das Einströmungsrohr von den Pumpwerken, damit jede Rückwirkung der Pressen auf die Pumpwerke oder umgekehrt vermieden wird. Sehr wichtig ist

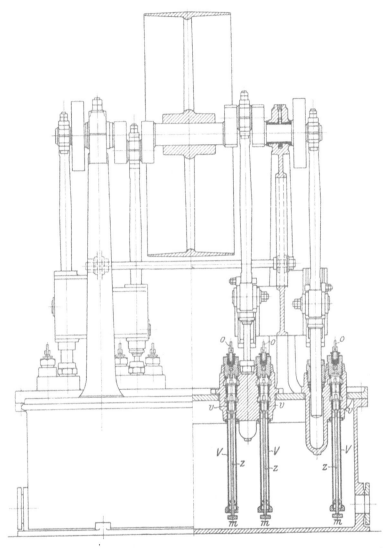

Abb. 181. Aufriß des Pumpwerkes mit vier Kolbenpaaren und Schnitt durch die Ventile.

die tadellose Instandhaltung des Rückschlagventils vor dem Akkumulator, da sonst bei Undichtigkeit auch nur eines Druckventils das Pumpwerk von der Druckflüssigkeit des Akkumulators getrieben wird. Es können so bei ausgeschaltetem Pumpwerkantrieb und gefülltem Akkumulator gefährliche Unfälle entstehen, wenn auf einmal, unter der Einwirkung der zurückströmenden Druckflüssigkeit durch ein undichtes Rückschlagventil und das undichte Druckventil, das Pumpwerk in Bewegung gerät, während daran gearbeitet wird.

Abb. 180 zeigt die Vorderansicht, Abb. 181 den Schnitt, Abb. 182 den Querschnitt eines *Preßpumpwerks mit vier Kolbenpaaren*. Es ist dies ein stehendes Pumpwerk, die Kolben bewegen sich in vertikaler Richtung. Die Saugrohre V des Pumpwerkes tauchen in den Ölkasten ein, auf dessen kräftigen Traversen die Ständer, welche die Hauptlager tragen, angeordnet sind. Wegen des geringen Platzbedarfes sind heute stehende Pumpwerke die normale Ausführung, wenngleich für ganz besonders große Leistungen die liegende Ausführung wegen ihrer größeren Stabilität bevorzugt wird.

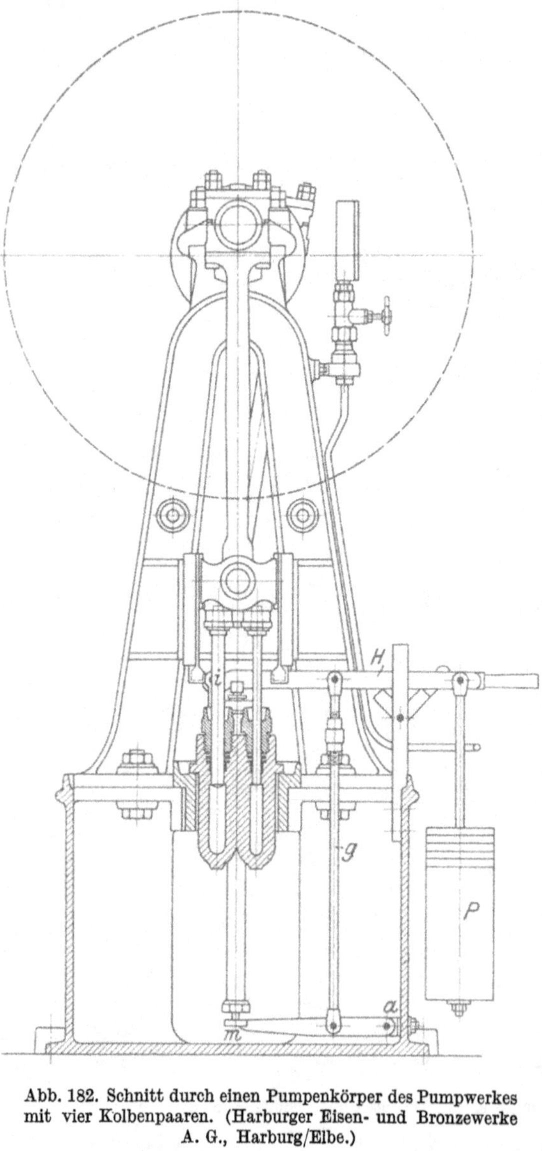

Sobald der Druck im Ventilgehäuse v (Abb. 181) so groß ist, daß er den durch das Belastungsgewicht P mittels des Hebels H auf o übertragenen Druck überschreitet, bewegt sich der am Drehpunkt i bewegliche Hebel nach aufwärts, nimmt dabei mit Hilfe der Verbindungsstange g auch den um a drehbaren Hebel a m mit, wobei m durch die Stange z ein Heben, also Auslösen der Ventile v bewirkt.

Die Saugventile v und die darüber gelegenen Druckventile sind in einem besonderen Stahlklotz untergebracht, der gleichzeitig auch den Pumpenraum enthält, in dem sich der Pumpenkolben auf- und abbewegt (Abb. 181). Der Kolbenraum und der Ventilraum sind durch möglichst kurze Leitungen von genügendem Querschnitt miteinander verbunden. Die Ventile können entweder mit dem Pumpenkörper zu einem Block vereinigt sein, oder sie befinden sich in einem getrennten Stahlblock, der mit dem Pumpenkörper durch eine genügend weite Verbindungsleitung in Verbindung steht. Pumpenkörper und Ventilblock werden am besten aus vorzüglichem geschmiedetem Stahl hergestellt. Bei Verwendung von Wasser als Druckflüssigkeit wird in der Regel Ventilsitz und -kegel aus Bronze hergestellt; verwendet man als Druckflüssigkeit Pflanzenöl, so können die Ventile aus zähem Stahl hergestellt sein.

Das Eigengewicht eines Ventils soll möglichst gering sein, damit übermäßige Massenbeschleunigungen vermieden werden. Aus dem gleichen Grunde ist für möglichst großen Querschnitt und entsprechend kleinen Hub zu sorgen.

Abb. 182. Schnitt durch einen Pumpenkörper des Pumpwerkes mit vier Kolbenpaaren. (Harburger Eisen- und Bronzewerke A. G., Harburg/Elbe.)

Geeignete konstruktive Maßnahmen gestatten es, die Anzahl der verschiedenen Ventile für Hoch-, Mittel- und Niederdruck-Ventilkörper zwecks bequemer Ersatzteilhaltung klein zu halten.

Niederschraubenspindeln ermöglichen das Absperren des Pumpwerkes vom Leitungsnetz. Diese sind leider notwendig, um an dem Pumpwerk, insbesondere an der Kolbendichtung Instandsetzungsarbeiten während des Betriebes vornehmen zu können. Wird eine solche Spindel geschlossen, ohne daß das Saugventil mittels der Stange z durch Betätigung der Stange g angehoben worden ist, so kann, da der Pumpenkolben Druckflüssigkeit ansaugt, bei seinem Niedergehen eine umfangreiche Zerstörung stattfinden, sei es durch Bruch der Traverse, in der der Pumpenkörper hängt, oder durch Verbiegen der Schubstange oder der Kurbelwelle.

Die Abdichtung des Kolbens gegen den Pumpenkörper erfolgt in der Regel durch Manschette (vgl. Abb. 182). Vorsorglich sind auf die Manschette noch zwei Lederringe aufgelegt worden, um den Druck der darüberliegenden Verschraubung etwas zu mildern.

Der Kolben muß aus hartem Material hoher Festigkeit hergestellt sein, damit er bei seiner dauernden Bewegung gegenüber der Manschette nicht riefig wird. Das nicht im Pumpenkörper befindliche Ende des Kolbens ist in einen Kreuzkopf eingeführt und mit diesem verkeilt. Der Kreuzkopf hat auswechselbare Gleitschuhe. Die Kreuzkopfleisten sollen auswechselbar an die Gleitbahn, auf der die Kreuzkopfschuhe laufen, angeschraubt sein. Nachstellbarkeit ist nicht erforderlich, wenn eine gut eingerichtete Reparaturwerkstatt für genaues Ausrichten der auswechselbaren Gleitschuhe sorgen kann. Die Schubstangen werden am besten ebenfalls aus geschmiedetem Stahl hergestellt.

Zur Erhaltung der Kurbelwelle ist es zweckmäßig, daß die Kurbeln, welche die Schubstangen antreiben, möglichst nahe bei den Hauptlagern der Pumpwerkkurbelwelle liegen, damit ein langer Hebelarm der Stangendruckkräfte vermieden wird. Eine Lagerung der Kurbelwelle in mehr als zwei Lagern ist jedoch aus statischen Gründen zu vermeiden. Mit Rücksicht auf die verhältnismäßig hohen Stangendrücke muß für vorzügliche Schmierung aller Lager Sorge getragen werden.

Ist auf der Pumpwerkkurbelwelle kein Platz für eine feste und eine lose Scheibe vorhanden, so sieht man auf der Antriebstransmission des Pumpwerkes eine Reibungskupplung vor, die das Aus- und Einrücken des Pumpwerkes vom Stand des Pumpenwärters aus ermöglicht.

Die in Abb. 182 gezeigte Anordnung zweier Kolben an einem gemeinschaftlichen Kreuzkopf ist heute verlassen, da sich ein starkes Drehmoment um den Kreuzkopfzapfen dadurch ergibt, daß die Kolbenachse nicht mit der senkrechten durch die Kreuzkopfzapfenmitte zusammenfällt. Eine solche Anordnung ist dann zulässig, wenn stets beide Pumpenkolben, welche für gleichen Gesamtdruck berechnet sein müssen, gleichzeitig arbeiten und ihre Hauptventile durch die Auslösestangen stets gemeinsam angehoben werden.

An Stelle von Kurbeln werden zum Antrieb der Pumpenkolben vereinzelt Exzenter verwendet. Bei geringer Flächenpressung ist dies unbedenklich, bei größeren Leistungen jedoch zu vermeiden, da die entwickelte Reibungswärme bei Exzentern infolge der größeren Geschwindigkeit an der Reibungsstelle wesentlich größer ist. Die Pumpwerke werden meist durch Lederriemen angetrieben, die vor Ölspritzern zu schützen sind. Die Antriebsscheiben müssen reichlich groß gewählt und mit sehr starkem Armkreuz versehen werden.

2. Akkumulatoren.

Zur Erzeugung des Preßdruckes verwendet man heute ganz allgemein, wenigstens in allen größeren Betrieben, *Akkumulatoren oder Druckflüssigkeitsspeicher*; sie ermöglichen nicht nur eine bessere Ausnutzung der Preßpumpen, sondern verhindern auch größere Druckschwankungen im Netz und vermögen ferner große Mengen Druckflüssigkeit in dem Augenblick abzugeben, in welchem man sie zur Füllung eines Preßzylinders braucht.

Akkumulatoren sind Reservoire, in welchen man größere Mengen Flüssigkeit unter dem gewünschten Druck aufspeichert, um ihn im Bedarfsfalle auf die Pressen zu übertragen. Man schaltet den Akkumulator in die von der Preßpumpe zur Presse führende Leitung ein und verwendet die aufgespeicherte Flüssigkeit zur Erzeugung des Druckes in der Presse. Die Akkumulatoren dienen ferner zur Konstanthaltung des Preßdruckes, dessen Höhe durch Belastung des Akkumulatorkolbens genau eingestellt werden kann.

Um den Druck in der Presse allmählich ansteigen lassen zu können, ist man gezwungen, Steuerventile zu verwenden, welche zunächst ein schnelleres Füllen des Preßzylinders ermöglichen und bei wachsendem Widerstand den Zustrom von Preßflüssigkeit auf das erforderliche Maß verlangsamen. Für jede Druckstufe sieht man einen oder mehrere Akkumulatoren vor.

Akkumulatoren mit Belastungsgewicht.

Abb. 183 zeigt einen Schnitt durch einen Akkumulator mit Gewichts-belastung, nebst Ansichts- und Grundrißskizze des gleichen Apparates. Auf dem

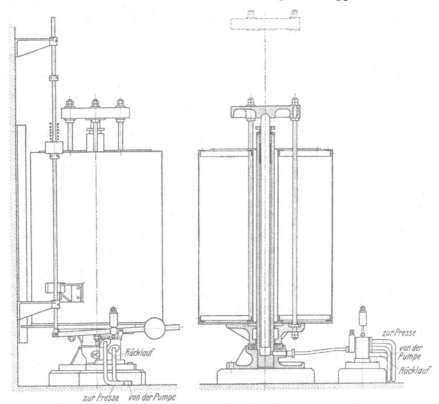

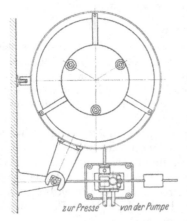

Abb. 183. Gewichtsakkumulator mit Gewichtsbehälter für Schrottfüllung. (Friedr. Krupp-Grusonwerk A. G., Magdeburg-Buckau.)

Fuß des Akkumulators steht ein kräftiger stählerner Zylinder, der oben offen ist und gegen den Kolben durch eine lange Stopf-büchse abgedichtet ist. Unterhalb des Pak-kungsraumes der Stopfbüchse befindet sich eine lange, dem Kolben zur Führung dienende Führungsbüchse. Auf dem oben kugelförmig abgerundeten Kolben sitzt eine Jochplatte, welche drei lange Zuganker trägt, die nach unten durch einen Blechbehälter hindurch-gehen, dessen Boden ebenfalls von einer schweren, mit den Ankern verbundenen Tragplatte unterstützt ist. Der Akku-mulatorenzylinder hat einen Druckflüssigkeitsanschluß, durch welchen die Flüssigkeit ein- oder austreten kann. Ferner liegt auf dem den Zylinder tragenden Fuß ein Holzring, welcher die untere Jochplatte trägt. Wenn man nun in den Zylinder Druckflüssigkeit pumpt, so wird der Kolben allmählich hinausgetrieben;

er hebt dabei die obere Jochplatte, und diese zieht mittels der daranhängenden drei Ankerschrauben die untere Jochplatte von der Holzunterlage, auf der sie ruht, mit empor und damit auch den auf der unteren Jochplatte ruhenden Blechbehälter. Der Schwerpunkt des großen Blechbehälters liegt unterhalb seines Aufhängepunktes am oberen Joch, so daß sich der Behälter im stabilen Gleichgewicht befindet und um den Mittelpunkt der Aufhängepfanne des oberen Joches pendelt. Mithin braucht die untere Jochplatte, bei sorgfältigem Gewichtsausgleich, keine Führung an der Außenwand des Akkumulatorenzylinders, sondern das Spiel kann hier 15—20 mm betragen. Dieses Spiel ist sogar notwendig, damit Querbeanspruchungen nicht auf den Akkumulatorenzylinder übertragen werden.

Durch Füllung des Blechbehälters mit Belastungsmaterial, z. B. Eisenschrott, Schwerspat oder Beton, wird der Akkumulatorenkolben belastet, und es bedarf einer stets größer werdenden Kraft, entsprechend der Höhe der vorgenommenen Belastung, um den Kolben im Zylinder hochzutreiben.

Damit das in den Blechzylinder eingefüllte Material nicht mit dem Akkumulatorenzylinder in Berührung kommt, wird dieser in entsprechendem Abstand mit einem mit dem Außenmantel konzentrischen Innenmantel versehen.

Belastet man nun den Blechbehälter so, daß er über dem Akkumulatorenkolben im Zylinder einen Druck erzeugt, der genau dem entspricht, der für die die Preßflüssigkeit liefernde Preßpumpe zulässig ist, so sind Akkumulator und Pumpe aufeinander richtig abgestimmt. Gibt man der Leitung von dem am Akkumulator sichtbaren Umschaltventil einen Abzweig zur Presse (wie skizziert), so können Akkumulator und Pumpwerk zusammen auf die Presse arbeiten, und zwar wird das Pumpwerk in der Regel Flüssigkeit in den Akkumulator pumpen, und die Flüssigkeit wird von diesem zur Presse strömen. Liefert das Pumpwerk weniger Druckflüssigkeit, als die Presse in dem betreffenden Zeitpunkt benötigt, so bedeutet das, daß im Preßzylinder ein geringerer Druck herrscht als in der Leitung vom Pumpwerk zum Akkumulator. Dann sinkt der Akkumulatorkolben und liefert die fehlende Druckflüssigkeitsmenge in das Netz, so lange, bis entweder im Preßzylinder der volle Druck erreicht ist, womit die Senkbewegung des Akkumulatorkolbens zum Stehen kommt, oder bis der Akkumulator in seiner untersten Lage angekommen ist; es entsteht dann ein Zeitverlust, bis das Pumpwerk die nun noch notwendige Menge an Flüssigkeit herbeigeschafft hat.

Da der Verbrauch an Preßflüssigkeit bei der niedrigsten Druckstufe am höchsten ist, versieht man den Niederdruckakkumulator mit dem Kolben größten Querschnittes. Die Kolbenquerschnitte der übrigen Druckstufen sind entsprechend geringer. Arbeiten mehrere Akkumulatoren gleicher Druckstufe parallel, so ist es un-

Abb. 184. Akkumulator mit Belastungsplatten aus Gußeisen. (Friedr. Krupp-Grusonwerk A. G., Magdeburg-Buckau.)

möglich, die Belastung auf den Kolbenquerschnitt so genau abzustimmen, daß beide Akkumulatoren beim Zustrom von Preßflüssigkeit in gleichem Maße steigen. Man belastet daher bei Vorhandensein von zwei Akkumulatoren den einen etwas weniger als den anderen, so daß ersterer zuerst ansteigt. Hat

er den erforderlichen Hub zurückgelegt, so gelangt er in seiner obersten
Stellung an eine über der oberen Jochplatte aufgehängte Belastungsplatte, welche
sein Belastungsgewicht schwerer macht als das des anderen Akkumulators.
Infolgedessen steigt der erste Akkumulator nicht weiter, während der andere
die volle Menge Preßflüssigkeit erhält, bis auch er seinen höchsten Stand erreicht
hat. Dieser letzte Akkumulator löst dann das Saugventil der Pumpe aus, so daß
die weitere Zufuhr von Druckflüssigkeit unterbrochen wird. Auf diese Weise
kann eine beliebige Anzahl Akkumulatoren parallelgeschaltet werden.

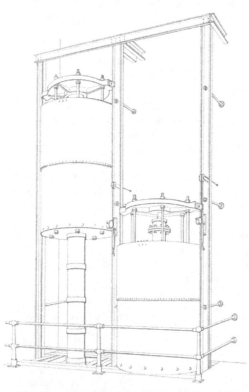

Abb. 185. Niederdruck- und Hochdruckakkumulator
mit Behältern zur Aufnahme des die Belastung erzeugenden Schrottes.

Die Akkumulatorenzylinder werden
aus Stahlguß hergestellt, jedoch ist
Schmiedeeisen vorzuziehen. Der Kolben ist aus sehr hartem und zähem
Stahl (große Oberflächenhärte) oder
aus Schalenhartguß auszuführen.

Die Hochdruckkolben sind gewöhnlich aus Stahl ausgeführt, denn bei geringem Pendeln des Belastungsgewichtes des Akkumulators können an der
Kolbenführung Kräfte auftreten, welche
Biegungsspannungen im Kolben verursachen, zu deren Aufnahme Schalenhartguß weniger geeignet ist. Die Oberfläche der Kolben muß glatt und porenfrei sein und eine hohe Härte aufweisen, um Verschleiß durch die Man-
schettenreibung zu verhindern. In dieser Hinsicht sind Kolben aus Schalenhartguß den stählernen weit überlegen.

Wie erwähnt, ist der obere Kopf
des Kolbens in Kugelform abgerundet.
Er trägt die ebenfalls kugelförmig aus-
gehöhlte Jochplatte, an der mittels
stählerner Anker das Belastungsgewicht
aufgehängt ist. Da die Jochplatte keine
sehr stark schwankenden Be-
lastungen aufzunehmen hat, kann sie bei
richtiger Dimensionierung in Gußeisen
ausgeführt werden (Abb. 183).

Größte Sorgfalt ist darauf zu verwenden, daß die Ankerschrauben,
welche das Belastungsgewicht tragen,
gleichmäßig beansprucht werden und
daß der Holzklotz, auf welchen sich
das Belastungsgewicht in der untersten
Stellung des Akkumulatorenkolbens auf-
setzt, so ausgeglichen ist, daß die drei
Ankerschrauben im gleichen Augenblick entlastet werden. Ist das nicht der Fall,
so beginnt beim Steigen des Akkumulatorenkolbens die eine Ankerschraube zuerst
zu tragen und wird, da die Druckflüssigkeit von den Kolbenpumpen her stoß-
weise zufließt, ruckweise beansprucht.

Das Belastungsgewicht kann aus gußeisernen Platten bestehen (Abb. 184); durch
Änderung der Plattenanzahl wird der Druck des Akkumulators geändert; oder die
stählernen Anker tragen einen schmiedeeisernen Behälter, der mit Schrott gefüllt
wird, bis man den erforderlichen Druck im Akkumulator erreicht (Abb. 183, 185).
Durch Änderung der Schrottmenge kann der Druck des Akkumulators variiert werden.

Der Akkumulatorenzylinder steht in einem breiten und kräftigen Fuß mit
Ölfangrinne, der seinerseits auf einer starken Grundplatte ruht, welche als ein dem
Gewicht des Akkumulators entsprechendes Fundament auszuführen ist.

Man findet auch den unteren Teil des Akkumulatorenzylinders als breiten Fuß
ausgeführt, der auf einer besonderen gegossenen Grundplatte mittels einer größeren
Anzahl schwerer stählerner Schrauben aufgeschraubt ist. Diese Ausführung hat den
Vorteil, daß ein Auswechseln des Zylinders bzw. eine Demontage des ganzen Akkumu-

lators leicht möglich ist, da ein Akkumulatorenzylinder, welcher genau passend in eine Bohrung der Grundplatte eingesetzt ist, nicht leicht aus diesem zu entfernen ist oder nur zusammen mit ihr entfernt werden kann.

Das hohe Gewicht der Akkumulatoren macht sehr schwere Fundamente erforderlich, welche bis auf größere Tiefe geführt werden müssen, um eine Übertragung von Erschütterungen auf das Gebäude zu vermeiden. Es empfiehlt sich deshalb, die Akkumulatoren im untersten Geschoß aufzustellen.

Das auf dem kugelig ausgeführten Akkumulatorkolben aufgehängte Belastungsgewicht kann eine Drehung um dessen Achse machen. Man gibt deshalb dem Kopfstück auf seitlichen Führungsschienen laufende Führungsrollen, um ein Verdrehen des Akkumulatorengewichtes während des Betriebes zu verhindern. Zur Abdichtung der Akkumulatoren verwendet man bei niedrigen Drücken Manschetten oder Packungsstopfbüchsen, bei mittlerem und Hochdruck nur Manschetten. Um ein Überschreiten der Höchstlage des Kolbens und dessen Austritt aus dem Zylinder und damit unabsehbare Zerstörungen zu verhindern, erhält der Akkumulator ein Sicherheitsventil, welches sich öffnet, wenn das Belastungsgewicht einen einstellbaren Höchststand überschreitet. Außerdem ist der Kolben mit einer zentralen Bohrung versehen, welche in Querbohrungen mündet. Tritt eine Querbohrung aus der Stopfbüchse oder der Manschette aus, so entweicht durch die Längs- und die Querbohrung Druckflüssigkeit, so daß ein weiterer Anstieg des Kolbens nicht mehr stattfinden kann. In der untersten Lage wird der Kolben vom Druck des Belastungsgewichtes dadurch entlastet, daß es auf schwere, durch Stahlbandagen gestützte Holzklötze zu liegen kommt.

Selbstverständlich darf das Sicherheitsventil nur in den allerseltensten Fällen in Tätigkeit treten, da es vom Belastungsgewicht praktisch niemals erreicht werden darf. Wenn der Akkumulatorkolben seinen Höchststand, der noch unter dem Stande liegt, bei dem das Sicherheitsventil auszulösen hat, erreicht hat, muß die Zufuhr von Druckflüssigkeit von den Preßpumpen her durch Abschalten der Pumpenleistung unterbrochen werden.

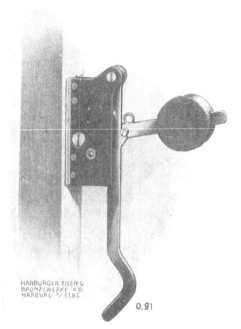

Abb. 186. Vom Akkumulator zu betätigende Klinke zur Auslösung der Preßpumpwerke. (Harburger Eisen- und Bronzewerke A. G., Harburg/Elbe.)

Dieses geschieht einfach dadurch, daß der Akkumulator einen Hebel passiert (Abb. 186), der mittels Drahtseiles mit dem Saugventil der Pumpe oder mit dem Umschaltventil auf der Druckseite verbunden ist, so daß er das Saugventil anheben oder die Druckseite der Pumpe mit der Saugseite verbinden kann. Die Bewegung der Akkumulatorenkolben kann auch durch Drahtseilübertragung auf eine Tafel übertragen werden (Abb. 187), auf der mit Nocken besetzte Scheiben vom Akkumulator entsprechend seiner Bewegung auf- und abbewegt werden. Die Nocken bewegen einen Arm eines Hebels, dessen anderer Arm wieder mittels Drahtseilübertragung die Pumpenumsteuerung bewirkt. Man faßt dann auf dieser Tafel sämtliche Steuernocken zusammen und bemißt ihre Länge derart, daß die Pumpen nicht alle gleichzeitig, sondern nacheinander ausgelöst und bei Rückgang des Akkumulators in umgekehrter Reihenfolge wieder eingeschaltet werden.

Die Hochdruckkolben haben zwar kleine Querschnitte; es erscheint aber zweckmäßig, daß sie nach Füllung des Hochdruckakkumulators an der Füllung der Akkumulatoren niederer Druckstufe mithelfen. Das gleiche gilt für die Pumpen, welche auf dem Mitteldruckakkumulator arbeiten. Man kann deshalb den Hochdruckakkumulator mit einer Umschaltung versehen, welche die Druckflüssigkeit in die Zuleitung zum Mitteldruckakkumulator überleitet. In diese Zuleitung arbeiten also nun die Mitteldruck- und Hochdruckpumpen gemeinsam. Hat auch dieser Akkumulator seinen Höchststand erreicht, so schaltet er den vereinigten Strom der Druckflüssigkeit auf den Niederdruckakkumulator, so daß dieser nunmehr vom Hochdruck-, Mitteldruck- und Niederdruckkolben gespeist wird, bis er seine höchste Lage erreicht hat. Darnach schaltet ein weiteres Steuerventil den gesamten Strom der Druckflüssigkeiten auf „Rücklauf" um, so daß

Abb. 187. Zentralauslösungstafel für drei Akkumulatoren mit Auslösegewichten für je zwei Pumpenkolbengruppen. Beachte: Verschiedene Länge der Steuernocken. (Harburger Eisen- und Bronzewerke A. G., Haıburg, Wilhelmsburg.)

sie in den Ansaugbehälter der Pumpe zurückläuft. Sinkt während des geschilderten Vorganges irgendein Kolben, z. B. der des Hochdruckakkumulators, über das zulässige Maß hinaus unter seinen Höchststand, so schaltet er die Hochdruckkolben auf die Zuleitung zum Hochdruckakkumulator zurück, während die Mitteldruckpumpen weiterhin mit auf die Niederdruckakkumulatoren arbeiten. Erst nachdem der Hochdruckakkumulator wieder seinen höchsten Stand erreicht hat, schaltet er seine Pumpen wieder auf die nächst niedrigere Druckstufe um. Das gleiche gilt für den Mitteldruckkolben, welcher bei zu starkem Absinken sämtliche vorhergehenden Kolben, also die Mitteldruck- und die Hochdruckkolben, auf seine Zuleitung schaltet, bis er wieder seinen Höchststand erreicht hat. Es ist klar, daß auf diese Art sämtliche Pumpenkolben weitestgehend ausgenützt werden. Man erreicht dadurch einen Mindestaufwand an Pumpwerken für eine gegebene Leistung an Druckflüssigkeit. Wesentlich ist natürlich bei einer solchen Steuerung gründliche Instandhaltung aller Ventile,

damit ein Ausströmen von Druckflüssigkeit von einem Akkumulator zum anderen vermieden wird. Die Steuerung hat sich durchaus bewährt.

Als *Druckflüssigkeit* dient heute ganz allgemein Pflanzenöl. Früher wurde in ausgedehntem Maße Wasser verwendet, da man befürchtete, daß austretendes Drucköl das Speiseöl verunreinigen könnte. Bei einwandfreiem Betriebszustand ist jedoch eine solche Verunreinigung nicht zu befürchten. Die Vorzüge von Öl als Druckflüssigkeit sind so groß, daß in Pflanzenölfabriken die Verwendung von Druckwasser vermieden werden sollte. Wasser scheidet schon deswegen praktisch aus, da unter seinem Einfluß die Abdichtungselemente, wie Manschetten, Dichtungsringe usw., sofern sie aus Leder hergestellt sind, hart werden und platzen. Guttapercha und Fiber haben sich gut bewährt, sind aber nicht billig in der Anschaffung und nicht in so ausgedehntem Maße verfügbar wie Leder, so daß ein großes Ersatzteillager für die verschiedenen Dichtungsdurchmesser erforderlich ist, wenn man allen Eventualitäten gegenüber gewappnet sein will. Demgegenüber hat Öl den großen Vorteil, daß es Ventile und Ventilsitze bedeutend weniger angreift als Wasser und infolge seiner Schmierwirkung auch den Verschleiß von Kolben und Kolbenführungen wesentlich herabsetzt. Das Öl muß völlig schleimfrei sein, da sich sonst durch mitgerissene Luft in den Pumpen und Leitungen Schaum bildet, welcher sehr bald den Betrieb der Anlage erschwert. Luft ist aus der Druckflüssigkeit unter allen Umständen fernzuhalten, da durch ein Luftkissen unter den Akkumulatorenkolben, bei Resonanz zwischen Eigenschwingung des Akkumulatorenkolbens und der Frequenz der Pumpenstöße, ein Tanzen der Akkumulatoren verursacht wird, welches beim Zusammentreffen von Druckperioden von Akkumulatoren und Pumpenkolben zu gewaltigen Drucksteigerungen in den Leitungen führt, welche 100 at leicht überschreiten können. Ein Undichtwerden der Leitungen ist dann nicht zu vermeiden. Bezüglich der bei der Verlegung von Rohrleitungen anzuwendenden Maßnahmen sei ausdrücklich auf die Veröffentlichung des Reichskuratoriums für Wirtschaftlichkeit „Hydraulische Anlagen" verwiesen.

In Berücksichtigung der Knickfestigkeit des Kolbens geht man bei Hochdruckakkumulatoren in der Regel nicht über einen Hub von etwa 3 m hinaus. Der Kolbendurchmesser beträgt etwa 120 mm bei großen Ausführungen, bis herab zu 70 mm, die gespeicherte Druckflüssigkeitsmenge beträgt also 30 Liter pro Akkumulator und weniger.

Die Höhe des Belastungsgewichtes soll nach Möglichkeit so bemessen sein, daß beim niedrigsten Stand des Akkumulators die Stopfbüchse bzw. Kolbenliderung gut zugänglich ist.

Akkumulatoren mit Druckluftbelastung.

In neuerer Zeit sind Druckluftakkumulatoren so gut durchkonstruiert worden, daß sie die Gewichtsakkumulatoren voll ersetzen können (Abb. 188).

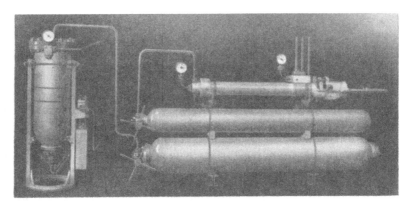

Abb. 188. Akkumulator mit Kolben (rechts) und kolbenloser Akkumulator (links) mit Druckluftbelastung.
(Werner und Pfleiderer, Cannstatt-Stuttgart.)

Zur Erzielung des notwendigen Druckes wird an Stelle von Belastungsgewichten komprimierte Luft verwendet. Zwischen Druckflüssigkeit und Luft kann ein Kolben geschaltet sein, um zu verhindern, daß die Druckflüssigkeit größere Luftmengen löst oder schäumt. Diese Bauart hat jedoch den Nachteil, daß bei Entnahme von Druckflüssigkeit zunächst der Druck im Akkumulator, folglich auch

in den angeschlossenen, unter Druck stehenden Pressen sinkt, bis die Pumpwerke die erforderliche Menge Flüssigkeit zugeführt haben, um den ursprünglichen Druck wieder herzustellen. Hat also z. B. eine Presse bereits 10 Minuten
unter einem Flüssigkeitsdruck von 60 at gestanden, so kann bei Entnahme
von Druckflüssigkeit, zwecks Inbetriebnahme einer weiteren Presse, der Druck
auf 55 at zurückgehen; bei dem reduzierten Preßdruck findet aber keine Entölung mehr statt, da sich im Saatgut bereits ein Gleichgewichtszustand ausgebildet hatte, der einem Preßdruck von 60 at entspricht. Sind nun die
Pumpwerke leistungsfähig genug, so wird allerdings der Druck von 60 at bald
wieder erreicht sein. Dieser Nachteil kann aber auch den Gewichtsakkumulatoren

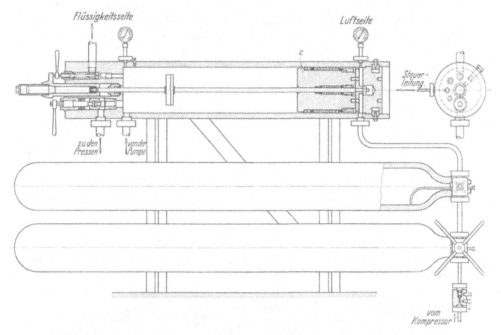

Abb. 189. Schnitt durch Steuerung und Druckluftflasche des mit Druckluft belasteten Kolbenakkumulators.
(Werner und Pfleiderer, Cannstatt-Stuttgart.)

anhaften, nämlich dann, wenn die Hauptzuleitung zu den Pressen zu eng bemessen ist, so daß bei Einschalten einer neuen Presse der Druckabfall in der
Rohrleitung zu groß wird.

Da die Aufstellung von Druckluftakkumulatoren keine großen Kosten für
Fundamente verursacht, sollte man sie reichlich dimensionieren, um den Druckabfall bei Unterdruckgehen einer Presse möglichst gering zu halten. Der Druck-
rückgang wirkt sich besonders beim Betrieb von Seiherpressen aus, da man bei
den neuzeitlichen Batterien mit einer sehr hohen Frequenz der Füll- und Ausstoßpressen rechnen muß, und zu jeder Druckperiode der Standpresse ein ein-
maliges Ausstoßen eines Preßseihers gehört, welches eine volle Zylinderfüllung
Drucköl beansprucht und außerdem eine Vordrückperiode in der Füll- und Ausstoßpresse, welche etwa einen halben Zylinder Druckflüssigkeit verbraucht.
Bei Etagenpressen ist die Beanspruchung der Druckflüssigkeitsanlage gleichmäßiger, da die Kuchenformmaschine fortlaufend arbeitet.

Zum Betrieb von Druckluftakkumulatoren ist ein kleiner *Kompressor* notwendig, welcher die erstmalige Füllung der Druckluftbehälter und später den

Ersatz etwa verlorengegangener Druckluft besorgt. Die Druckluftbehälter sollten vorsichtshalber im Gebäude so untergebracht werden, daß sie bei Feuergefahr nicht der unmittelbaren Wärmestrahlung ausgesetzt sind. Eine Explosionsgefahr besteht nicht, wenn die Anlage mit Sicherheitsventilen ausgerüstet ist, welche bei unzulässiger Drucksteigerung nach einer Stelle abblasen, wo die austretende Luft die Brandgefahr nicht zu steigern vermag.

Abb. 188 zeigt die *Gesamtanordnung zweier Druckluftakkumulatoren*. Auf der linken Hälfte des Bildes steht ein Druckluftakkumulator, in dessen Steuerzylinder

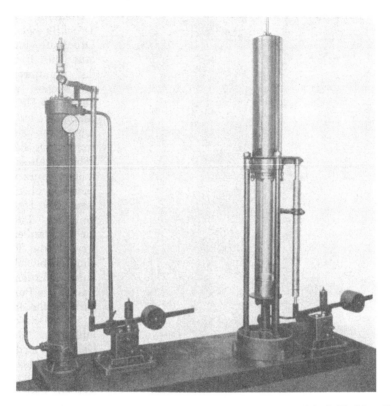

Abb. 190. Kolbenakkumulatoren mit Druckluftbelastung. (Friedr. Krupp-Grusonwerk A. G., Magdeburg-Buckau.)

kein Kolben für die Trennung von Flüssigkeit und Druckluft vorgesehen ist, während der eigentliche Druckluftspeicherbehälter rechts davon liegend angeordnet ist (der untere liegende Zylinder mit großem Durchmesser). Darüber liegt eine schlankere Druckflasche, welche mit einem über dieser angeordneten liegenden Steuerzylinder verbunden ist und in welchem ein Kolben die Trennung von Druckluft und Druckflüssigkeit bewirkt.

Einen *hydraulischen Hochdruckakkumulator mit Druckluftbelastung* zeigt Abb. 189.

Der Kolben *c* ist einerseits in Berührung mit der Druckluft der darunter liegenden Druckflasche, anderseits an eine von der Preßpumpe führende Leitung angeschlossen; er hat die Aufgabe, die Umsteuerungsventile (links) so zu betätigen, daß nach Erreichen der rechten Endlage der Inhalt des Steuerzylinders in den Preßzylinder entleert wird und hierauf das Pumpwerk auf den Steuerzylinder umzuschalten, bis der Kolben wieder die rechte Endlage erreicht. Der Kolben pendelt also zwischen beiden Endlagen hin und her. Befindet er sich in der linken Endlage, so arbeitet das Pumpwerk direkt auf die Presse; fördert die Pumpe mehr Druckflüssigkeit,

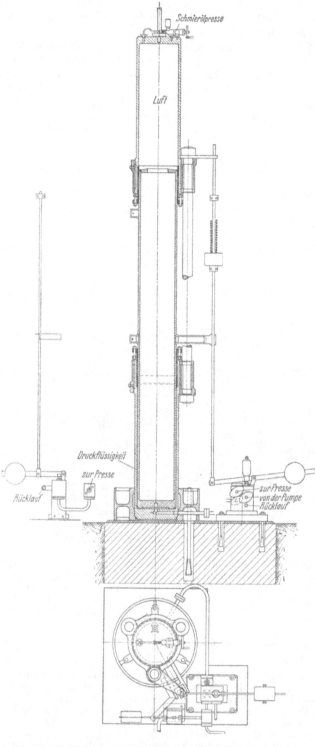

Abb. 191. Schnitt durch einen Kolbenakkumulator mit Druckluftbelastung.
(Friedr. Krupp-Grusonwerk A. G., Magdeburg-Buckau.)

als der Preßzylinder aufzunehmen vermag, so wird er in die rechte Endlage gedrängt und nimmt dadurch den Überschuß an Druckflüssigkeit auf.

Bei dem Druckluftakkumulator nach Abb. 190 u. 191 bewirkt ein hohler Tauchkolben die Trennung zwischen Druckflüssigkeit und Druckluft und veranlaßt die Einschaltung des Pumpwerkes auf die Presse, wenn eine bestimmte Menge Druckflüssigkeit aus dem Akkumulator entnommen worden ist. Beim Hochgehen schaltet der Tauchkolben, kurz vor Erreichen der obersten Endlage, die Druckleitung von der Pumpe auf die Rücklaufleitung um, worauf die Flüssigkeit ohne erheblichen Arbeitsaufwand in den Druckölkasten des Pumpwerkes zurückgefördert wird.

Die Druckluftakkumulatoren können, im Gegensatz zu den schweren Gewichtsakkumulatoren, überall aufgestellt werden, wo sie am zweckmäßigsten unterzubringen sind, ohne daß besonders hohe Bodenbelastungen entstehen. Man kann sie also z. B. in den oberen Geschossen eines Gebäudes unterbringen, während lediglich der Steuerzylinder in der Nähe der Pumpwerke aufgestellt wird, damit er von dem Mann, der die Pumpwerke beaufsichtigt, kontrolliert werden kann. Dieser Vorteil fällt besonders da ins Gewicht, wo die Herstellung schwerer Fundamente auf Schwierigkeiten stößt, z. B. infolge hohen Grundwasserstandes. Auch wenn es sich darum handelt, bestehende Akkumulatorenanlagen zu vergrößern, ohne umfangreiche bauliche Änderungen vorzunehmen, kommt die Verwendung von Druckluftakkumulatoren in Frage. Der Druckluftakkumulator bietet ohne Frage die eleganteste Lösung des Problems, eine ausreichende Speicherung von Druckflüssigkeit bei geringstem Aufwand an Material zu erreichen. Lediglich der verhältnismäßig hohe Anschaffungspreis wirkt seiner ausgedehnten Anwendung entgegen.

Steuerventile.

Die Zuleitung der Druckflüssigkeit aus den Akkumulatoren zu den Pressen wird durch *Steuerventile* geregelt. Ihre Betätigung kann von Hand oder selbsttätig erfolgen.

Bei Verwendung von Wasser als Druckflüssigkeit werden die Ventile in porenfreier Bronze ausgeführt, um Rostbildung zu verhüten. Besteht die Druckflüssigkeit aus Pflanzenöl, so kann geschmiedeter Stahl für die Ventile verwendet werden. Man findet meist Steuerventile allereinfachster Form. Man sieht eine Ventilspindel für das Ablassen der Flüssigkeit aus der Presse in eine Ablaßleitung vor und eine weitere Ventilspindel für die Zufuhr der Druckflüssigkeit jeder Druckstufe.

Abb. 192 zeigt ein solches Steuerventil in Ansicht. Die untere Austrittsöffnung führt zur Presse, die darüber befindliche, waagerecht arbeitende erste Spindel dient zum Ablassen der Druckflüssigkeit aus der Presse in eine rechts vom Steuerventil anzuschließende Ablaufleitung, während nach Schließen dieser und Öffnen einer der drei darüber liegenden Spindeln Druckflüssigkeit der entsprechenden Druckstufe in die unten abgehende Zuleitung zur Presse gefördert werden kann. In der Regel ist die über der Ablaßspindel liegende Spindel an Niederdruck angeschlossen, die nächsthöhere an Mitteldruck und die oberste an Hochdruck. Oben auf dem Steuerventil befindet sich ein Manometer, welches den Druck in der Pressenzuleitung anzeigt. Nachdem der Druck im Preßzylinder die Druckhöhe des Niederdruckakkumulators erreicht hat, wird die Niederdruckspindel geschlossen und die Mitteldruckspindel geöffnet. Läßt man die Niederdruckspindel offen, so würde sich der Inhalt des Mitteldruckakkumulators über das Steuerventil in den Niederdruckakkumulator entleeren.

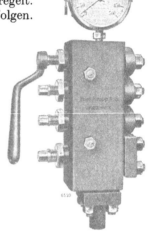

Abb. 192. Steuerventil mit drei Druckspindeln und einer Ablaßspindel. (Friedr. Krupp-Grusonwerk A. G., Magdeburg-Buckau.)

Es hat nicht an Versuchen gefehlt, die Zufuhr von Druckflüssigkeit zum Preßzylinder automatisch zu gestalten, um einerseits Fehlschaltungen zu vermeiden, andererseits ein Ansteigen des Preßkolbens im gewünschten Tempo zu erreichen, ohne dabei von der Aufmerksamkeit des Bedienungsmannes abhängig zu sein.

Abb. 193 zeigt ein *automatisches Steuerventil* amerikanischer Bauart der Harburger Eisen- und Bronzewerke A. G. Um die Presse unter Druck zu setzen, wird zunächst die Ablaßspindel geschlossen und die Niederdruckspindel geöffnet. Es läßt dann Druckflüssigkeit bis zu einem Druck von etwa 10—15 at im Preßzylinder zufließen. Alsdann wird selbsttätig der weitere Zutritt der Flüssigkeit vom Niederdruckakkumulator so stark gedrosselt, daß sie nur noch sehr langsam zuströmt, damit die Ölsaat in der Presse Zeit hat zu „binden" und das Öl ganz langsam und gleichmäßig abfließt. Ist nach Verlauf von 10—15 Minuten der Druck im Preßzylinder auf die volle Höhe des Druckes im Niederdruckakkumulator gestiegen, so schaltet das Ventil automatisch den Hochdruckakkumulator ein und schlägt ein Rückschlagventilchen zu, welches verhindert, daß Hochdruckflüssigkeit in den Niederdruckakkumulator zurückströmt. Auch der Zufluß vom Hochdruckakkumulator wird gedrosselt, so daß der Druckanstieg von Niederdruck auf Hochdruck ganz allmählich, unter Schonung der Preßtücher und Vermeidung von übermäßiger Trubbildung, vor sich geht. Will man die Presse abschalten, so dreht man die Niederdruckspindel zu und öffnet die Ablaßspindel, damit der Preßzylinder in die Ablaßleitung entleert werden kann.

Abb. 193. Steuerventil für zwei Drücke, mit selbsttätiger Umschaltung von Niederdruck auf Hochdruck. (Harburger Eisen- und Bronzewerke A. G., Harburg/Elbe.)

Das in Abb. 193 gezeigte Steuerventil ist für zwei Druckstufen bestimmt. Man kann es natürlich auch für drei Druckstufen bauen.

Für derartige Steuerventile kommt nur ganz reine Druckflüssigkeit in Frage, welche also keine Saatteilchen oder Fasern enthalten darf. Man erreicht dies durch Einbau eines Filters vor jedes Steuerventil, zweckmäßiger durch Filtration der Druckflüssigkeit vor dem Eintritt in die Pumpwerke. Die Druckflüssigkeit, welche aus den Pressen kommt, muß also vor ihrer Wiederverwendung durch eine kleine Filterpresse gedrückt werden.

Im Druckölantrieb hat man eines der vorzüglichsten Mittel zur *Automatisierung von Steuervorgängen*. Durch geeignete Verbindung von Drossel- und Reduzierventilen kann man z. B. der Kurve des Druckanstieges in der Ölpresse jede beliebige, von vornherein festzulegende Form geben. Auch kann eine Anzahl nacheinander vorzunehmender Bewegungsvorgänge vollautomatisch durchgeführt werden, wobei die einzelnen Steuerventile durch hydraulische Verriegelung gegeneinander gesichert sein können, so daß kein Vorgang vor Beendigung des vorhergehenden beginnen kann. Als Beispiel sei auf die *automatische Vorpresse System Meinberg* (S. 643), welche mit hydraulischer Betätigung aller Bewegungen, mit Ausnahme der des Füllmaßes, arbeitet, verwiesen; die Bewegungen sind so geschaltet, daß sie sich zwangläufig nur nacheinander abspielen können.

c) Schneckenpressen.

Ein Nachteil der automatischen, hydraulisch angetriebenen Vorpressen besteht darin, daß sie die Saat verhältnismäßig wenig entölen. In neuerer Zeit haben sich deshalb andere Konstruktionen Eingang verschafft, welche die Saat viel besser und ebenfalls kontinuierlich zu entölen vermögen.

Bei den beschriebenen „automatischen" hydraulischen Vorpressen ist der eigentliche Preßvorgang intermittierend. Kontinuierlich arbeiten nur die nachstehend erwähnten Schneckenpressen, die nach Art des Fleischwolfes wirken.

In einen Preßraum, der zylindrisch oder stufenförmig verengt sein kann, wird mittels Schraubspindel das Saatgut hineingedrückt. Die Wandung des Preßraumes ist zwecks Ölaustritts durchlöchert oder geschlitzt. Man kann den Druck in der Presse auf verschiedenste Art erzeugen, einmal indem man den Durchmesser des Preßraumes (Abb. 196) nach dem Auslaufende zu stufenweise verringert oder aber indem man die Ganghöhe der Preßschraube nach dem Auslaufende zu stufenweise abnehmen läßt, so daß der Kerndurchmesser der Schnecke am Auslaufende größer ist als am Einlaufende, oder daß der Außendurchmesser der Preßschnecke am Auslaufende geringer ist als am Einlaufende. Außerdem ist in der Regel die Austrittsöffnung am Auslaufende im Querschnitt verstellbar, was wiederum zur Änderung des Druckes im Zylinder dient. Man kann ferner noch den Druck durch Verminderung der Steigung der Preßschnecke steigern.

Durch die intensive Umwälzung der Saat innerhalb der Presse ist die Entölung wesentlich besser als in den beschriebenen hydraulischen Pressen. Zur Drucksteigerung trägt außer den genannten Momenten noch die Wandreibung am Preßseiher bei, welche bei teilweise ausgepreßtem Gut ganz erhebliche Werte annehmen kann. Infolge der hohen Reibungsverluste ist der Kraftbedarf der Presse verhältnismäßig groß, jedoch nimmt man diesen Nachteil gerne in Kauf, da die Saat weitgehend entölt wird und keinerlei zusätzliche Einrichtung, wie Preßpumpen, Akkumulatoren usw., benötigt werden. Der Antrieb erfolgt entweder mittels Riemens von einer Transmission oder durch angebauten Elektromotor über Zahnradvorgelege oder Schneckengetriebe.

1. ANDERSON-*Presse*.

Die Schneckenpresse war an sich schon längst vor ihrer Anwendung in der Ölindustrie bekannt, insbesondere wurde sie zur Entwässerung von Schnitzeln, Trebern usw. verwendet. Aber erst die Konstruktion von ANDERSON (Cleveland, Ohio) hat sich in der Ölmüllerei als Ölpresse durchsetzen können. Eine vollständige Entölung gelang allerdings nur bei wenigen Saatsorten und auch dies nur bei sehr geringer Mengenleistung. Die Pressen wurden in Deutschland vom Krupp-Grusonwerk, Magdeburg-Buckau, eingeführt und fanden erst dann größere Verbreitung, als man dazu überging, sie als Vorpressen zu benutzen.

Die Leistung der Presse richtet sich gänzlich nach den Querschnittsverhältnissen und der Drehzahl der Schraubenwelle. In der Regel bedingt eine hohe Mengenleistung der Presse einen hohen Ölgehalt der Rückstände. Stellt man an die Leistung keine großen Forderungen, so kann man viele Saaten bis auf 5% Ölgehalt im Kuchen auspressen.

Um die Leistung gleichmäßig zu gestalten, wird z. B. ein Teil der Preßschnecke getrennt vom übrigen Teil, der dem Auslaufende am nächsten liegt, angetrieben; der Antrieb geschieht über eine Rutschkupplung, bei zu starker Beschickung der Presse rutscht also der Antrieb, bis ein weiterer Nachschub von Material möglich ist. Die Mengenleistung der Schneckenpressen schwankt zwischen 60 Tonnen in 24 Stunden und 5 Tonnen, während der Ölgehalt der Rückstände mit steigender Leistung zunimmt. Die Entölung ist bei den Schneckenpressen durchwegs besser als bei den hydraulischen Vorpressen, aus welchem Grunde man sie heute allgemein zur Vorpressung verwendet. Da auch eine vollständige Entölung, bis auf 5% Ölgehalt im Rückstand, möglich ist, können diese

Abb. 194. Schneckenpresse mit zylindrischem Stabseiher, Heizschnecke und Speisebehälter (Bauart ANDERSON).

Abb. 195. Schneckenpresse mit Stufenseiher, Bauart JURGENS, für hohe Leistung.

Schneckenpressen Seiher- oder Etagenpressen voll ersetzen; da aber die Leistung der Presse bei weitgehender Entölung sehr gering ist, wäre eine Pressereianlage nach diesem System sehr teuer.

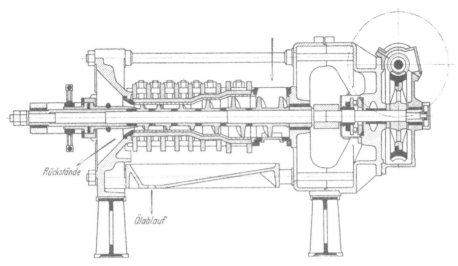

Abb. 196. Schnitt durch die Schneckenpresse mit Stufenseiher (Bauart JURGENS). (Friedr. Krupp-Grusonwerk A. G., Magdeburg-Buckau.)

Abb. 194 zeigt eine ANDERSON-Presse mit Wärmtrog und Speisebehälter. Die vordere Zuführungsschnecke wird getrennt über einer Rutschkupplung angetrieben, so daß sie bei zu starker Speisung der eigentlichen Druckschnecken infolge Rutschens der Kupplung langsamer laufen kann, bis der Preßraum für den Nachschub von Saatgut freigemacht ist.

2. JURGENS-*Presse*.

Bei der *Stufenschneckenpresse* nach JURGENS (Abb. 195) ist der Preßseiher in Stufen verengt, wie Abb. 196 im Schnitte zeigt.

Der Seiher der ANDERSON-Presse ist zylindrisch und aus Stäben aufgebaut, ebenso wie die Seiher fast aller nachfolgend geschilderten Schneckenpressen.

Abb. 197. Schneckenpresse (Bauart SOHLER) mit aufgebauter Wärmpfanne und Stopfschnecke.

3. SOHLER-*Presse*.

Abb. 197 zeigt eine vereinfachte *Schneckenpresse, Bauart Sohler-Krupp-Grusonwerk*, welche sich auch zur völligen Entölung der Saat eignet.

Abb. 198 und 199 stellen die SOHLER-Presse im Schnitt dar. Die eigentliche Schneckenpresse *A* bildet den unteren Teil der gezeichneten Maschine, die in ihrem oberen Teile eine heizbare Wärmpfanne *B* mit Rührwerk besitzt.

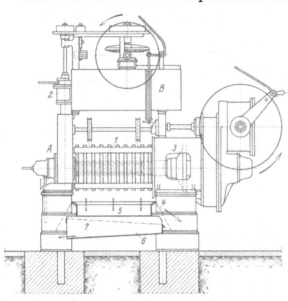

Innerhalb des Maschinengestelles liegt der Seiher 1, der aus an der Arbeitsfläche gehärteten Stahlstäben zusammengesetzt ist. Innerhalb des Seihers befindet sich eine starke, leicht herausnehmbare Welle, auf der gehärtete Stahlschnecken von allmählich abnehmendem Durchmesser sitzen. Die Zuführung des Preßguts (aus der Wärmpfanne *B*) in die Schneckenpresse *A* erfolgt durch eine senkrechte Stopfschnecke 2. Am Antriebsende der Schneckenpresse ist auf der durchgehenden Preßwelle vor dem Seiher ein verschiebbarer Kegel angeordnet, mittels dessen man die Seihermündung bis auf einen Ringspalt mehr oder weniger verschließen kann, um den Preßdruck zu regeln. Der Ringspalt entläßt die abgepreßten Rückstände; sie fallen innerhalb des Gehäuses 3 über die gestrichelt angedeutete Schurre 4 hinweg nach unten. Unmittelbar unter dem Seiher ist eine Ablaufschurre 5 für das abtropfende Öl vorgesehen. Sie liefert letz-

Abb. 198. Anordnungsskizze der Schneckenpresse (Bauart SOHLER).
(Friedr. Krupp-Grusonwerk A. G., Magdeburg-Buckau.)

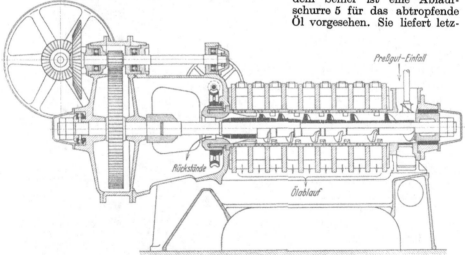

Abb. 199. Schnitt durch die Schneckenpresse (Bauart SOHLER) mit Stopfschnecke. (Friedr. Krupp-Gruson-werk A. G., Magdeburg-Buckau.)

teres an eine Sammelrinne 6 ab, die durch ein zum Abfangen von Trübe dienendes Sieb 7 abgedeckt ist.

Abb. 199 zeigt insbesondere die Anordnung der Stopf- und Druckschnecken. Zuführungs- und Druckschnecken haben die gleiche Drehzahl. Die Querschnittsänderung wird nach den ersten zwei Druckschnecken durch zweimalige Verstärkung des Schneckenkerndurchmessers erreicht. Die ersten zwei Schnecken haben eine größere Steigung als die folgenden.

Auf Abb. 200 ist eine *Batterie* SOHLER-*Pressen* mit darüber angeordneten Wärmpfannen dargestellt.

Abb. 200. Batterie Schneckenpressen (Bauart SOHLER) mit gekühlter Welle. (Friedr. Krupp-Grusonwerk A. G., Magdeburg-Buckau.)

Abb. 201. Großschneckenpresse für ölreiche Saaten mit Motoreinzelantrieb über Reduziergetriebe.

4. Miag-Presse.

Abb. 201 zeigt eine *Schneckenpresse* der *Miag, Mühlenbau- und Industrie-A. G.*, Braunschweig, für sehr große Mengenleistungen, mit angebautem Zahnradgetriebe und Elektromotor. Sie leistet bis zu 60 Tonnen in 24 Stunden.

5. Müller-Pressen.

Abb. 202 stellt eine *Hochleistungspresse* von Fritz Müller, Eßlingen, dar, mit Speisebehälter und Antrieb durch Schneckenvorgelege, welches von einer Transmission aus angetrieben wird.

Die Pressen haben u. a. den Vorzug, daß sie von Transmissionen oder auch durch direkten elektrischen Antrieb betrieben werden können. Da nach der Vorpressung eine sehr gründliche weitere Zerkleinerung der Rückstände möglich ist, wird nach der Nachpressung in hydraulischen Pressen eine sehr weitgehende Entölung erreicht und Kuchen mit geringerem Ölgehalt erzielt. Durch die Vorpressung in den automatischen Schneckenpressen wird die Leistung der

Abb. 202. Schneckenpresse für große Leistung (Bauart Fritz Müller, Eßlingen) mit Speisevorrichtung.

Nachpressen wesentlich gesteigert, so daß sich die Aufstellung von automatischen Vorpressen bald bezahlt macht.

Durch entsprechende Formgebung von Schnecke und Preßraum ist es gelungen, die Schneckenpressen für die Pressung aller Ölsaaten zu konstruieren, so daß mit ihnen sowohl sehr ölhaltige Ölsaaten, wie Copra, Palmkerne, Babassunüsse, als auch ölarme Saaten, wie Leinsaat, Raps usw., verarbeitet werden können. Hydraulische Vorpressen, Bauart MEINBERG, sind imstande, bis zu 140 Tonnen Palmkerne in 24 Stunden zu verarbeiten, bei einem Ölgehalt der Rückstände von 33—40%. Sehr leistungsfähige Schneckenpressen leisten etwa 50 Tonnen in 24 Stunden bei einem Ölgehalt der Rückstände von 25—35%. Der Verschleiß der Schneckenpressen ist ihrer Arbeitsweise entsprechend verhältnismäßig groß. Von Einfluß auf ihre Leistung ist auch die Drehzahl sowie insbesondere Steigung und Gewindetiefe der Preßschnecke. Zahlreiche andere Konstruktionen automatischer Pressen haben sich auf die Dauer nicht durchsetzen können.

d) Kniehebel- und Spindelpressen.

Kniehebelpressen.

Pressen dieser Bauart (Abb. 203) haben den großen Nachteil, daß ihr Hub begrenzt ist, so daß sie nur einen begrenzten Preßdruck erzeugen können. Sie arbeiten nach Art

eines Backenbrechers. Das Material läuft oben der Presse zu; die bewegte Preßplatte
nähert sich, von einem Kniehebel getrieben, der feststehenden Preßbacke und preßt
das Saatgut aus. Die Entölung ist unzu-
reichend. Das Durchdrücken des Kniegelenks
erfolgt durch Betätigung einer Schraubenspindel. Die Presse hat aber den Vorteil,
daß der Druck auf das Preßgut allmählich
zunimmt.

Spindelpressen.

Der Antrieb des Preßstempels erfolgt
durch Schraubspindel. Die Arbeitsweise ist
eine ähnliche wie bei der Packpresse. Infolge des schlechten Wirkungsgrades der
Schraubspindel wird ein großer Teil der zugeführten Energie durch Reibung zwischen
Spindel und Spindelmutter vernichtet, und
der Verschleiß ist hier groß. Der Antrieb
der Spindelmutter kann durch Handrad,
Kettenübertragungen usw. erfolgen. Die
Pressen sind in höchst primitiven Formen in
Olivenölfabriken zu finden.

e) Verarbeitung des Trubs.

Man hatte früher erhebliche Schwierigkeiten bei der Aufarbeitung des bei
der Pressung anfallenden, aus mit Öl ver-
mengten Saatteilchen bestehenden Trubs,

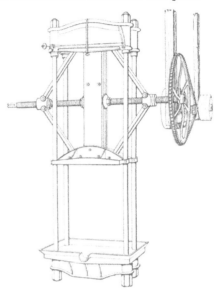

Abb. 203. Kniehebelpresse mit zusätzlichen
Übersetzungen durch Schraube und durch
Kettenräder.

namentlich bei Saaten, welche leicht zerfallen oder hohen Feuchtigkeitsgehalt
aufweisen.

Der Trub fällt in großen Mengen zunächst in den Preßschüsseln selbst an,
ferner in Rohrleitungen, Behältern usw. Große Trubmengen bleiben nach Filtration des Rohöles in den Filterpressen zurück. Der bei Vorpressung anfallende
Trub ist infolge der gröberen Zerkleinerung der gepreßten Saat gröber als der bei
der Nachpressung gebildete.

Die einfachste Aufarbeitungsmethode besteht in der periodischen und gleichmäßigen Zugabe des gesammelten Trubs zur Saat bei der Vorpressung. Das
Sammeln des Trubs erfordert aber eine erhebliche Anzahl Leute, da Ölbehälter
und Ölleitungen periodisch gereinigt werden müssen, der Trub in Schubkarren
gefüllt und zur Aufgabestelle gefahren werden muß. Auch von den Filterpressen
muß der Trub nach der Preßanlage gefahren werden.

Damit das aus den Pressen ablaufende Öl die Hauptmenge des Trubs mitnehmen kann, werden an den Preßschüsseln entsprechend weite Öffnungen für
das Abströmen des Öles angebracht; sind die Abflußleitungen mit hinreichendem
Gefälle verlegt, so gelangt der Trub in den Sammelbehälter, von wo aus das Öl
mitsamt dem Trub mittels Kolbenpumpe mit Schiebersteuerung sofort in einen
Absatzbehälter gedrückt werden soll. Nach Absetzen der Hauptmenge des Trubs
läuft das Öl zu den Filterpressen; der abgesetzte Trub wird periodisch abgezogen
und einer Schneckenpresse zugeleitet. Erdnuß- und Leinsaattrub kann bei
richtiger Vorbehandlung ohne Zugabe von Saatmehl abgepreßt werden, sonst
wird dem Trub Saatmehl zugemischt. Den Trub aus den Filterpressen teilt man,
am besten automatisch, der Saat der Vorpressen zu. Ist der Trub stark wasser-
haltig, so muß er vor der Pressung in Heizschnecken entwässert werden. Durch
geeignete Anordnung von Behältern, Transportvorrichtungen usw. gelingt es,
die anfallenden Trubmengen, die bei Verarbeitung von Erdnüssen bis zu 10%

der Saat betragen können, mit einer relativ geringen Arbeiterzahl zu bewältigen.

Werden die Rückstände der Vorpressung extrahiert, so ist es zweckmäßiger, den Trub mit zu extrahieren.

Die Filterpressen sind so aufzustellen, daß der Trub sofort in Transportvorrichtungen fällt, welche ihn zum Saatbehälter über der Wärmpfanne führen.

Ehe der Trub, der aus den Preßschüsseln in die Ölbehälter fließt, weiter verarbeitet wird, kann man ihn in *Siebschleudern* vom anhaftenden Öl befreien. Die Siebschleudern bestehen aus einer auf einer senkrechten Achse angeordneten Trommel, welche einen mit feinen Schlitzen versehenen Siebeinsatz hat, durch den das durch Fliehkraft nach außen getriebene Öl in den Trommelmantel und von hier durch entsprechende Entnahmerohre nach außen fließt, während der teilweise entölte Trub auf der Innenseite der Siebwand liegen bleibt. Den Boden der Schleuder bildet ein herausnehmbarer Konus. Ein Mann kann eine größere Anzahl solcher Zentrifugen bedienen.

C. Ölpreßanlagen.

a) Größere Anlagen.

Unter Berücksichtigung der in den vorstehenden Kapiteln besprochenen Einzelvorgänge der Saatverarbeitung und ihrer Reihenfolge lassen sich die mannigfachsten Pläne für Ölpreßanlagen aufstellen, ohne daß man von irgendeiner besonderen Anordnung sagen könnte, sie sei die absolut zweckmäßigste.

Grundlegend für das Erzielen guter Ölausbeuten und einwandfreier Qualitäten ist das Vorhandensein einer ausreichenden Anzahl von Maschinen für den jeweils vorliegenden Bearbeitungszweck. Ist z. B. die Zerkleinerungsanlage nur für eine Saat bemessen, welche geringe Zerkleinerung erfordert, so werden bei Verarbeitung von Saaten, welche feiner gemahlen werden müssen, Schwierigkeiten entstehen und die Ölkuchen mit zu hohem Ölgehalt anfallen.

Aus den Skizzen 36 und 37 (S. 521 und 522) der Palmkern- und Leinsaatverarbeitung kann man ersehen, wie verschiedenartig die Anordnung von Pressereianlagen sein kann. Mit Hilfe der Transportvorrichtungen lassen sich allerdings die vorhandenen Maschinen so schalten, daß man sie zur Verarbeitung der einen oder der anderen Saat verwenden kann.

Das Saatmagazin und das Lager für die Fertigerzeugnisse werden in der Regel von den Fabrikationsanlagen getrennt. Man erreicht dadurch eine größere Beweglichkeit, ohne die Transportkosten für Saat und Fertigerzeugnisse wesentlich zu steigern.

Die Fabrikanlage selbst wird ein- oder mehrstöckig ausgeführt. Die Etagenanordnung hat mehrere betriebstechnische Vorteile, so vor allem Ersparnis an Transporteinrichtungen.

Anderseits ist die Feuersicherheit bei einstöckiger Bauweise erheblich größer als bei mehrstöckigen Anlagen. Maßgebend für den Bau mehrstöckiger Anlagen war die Rücksichtnahme auf die Lage der Haupttransmission, denn bei der großen Flächenausdehnung brauchen einstöckige Anlagen außerordentlich lange Transmissionsstränge, welche hohen Energieverlust verursachen. Bei den heute üblichen elektrischen Gruppen- oder Einzelantrieben fällt aber diese Schwierigkeit fort.

Nebenbetriebe, wie Reparaturwerkstatt, Schlosserei, Küferei, Tischlerei, Preßtuchreparatur usw., werden am besten in separaten Gebäuden untergebracht.

Wesentlich für die Wahl des Standortes einer Ölfabrik ist vor allem die Rücksichtnahme auf billigste Anfuhr der Rohware und billigsten Abtransport der fertigen Erzeugnisse. Aus diesen Gründen sind die Ölmühlen an großen Schiffahrtswegen konzentriert, welche die Ausnutzung der billigen Wasserfracht für die Ankunft der Saaten und für den Abtransport wenigstens eines Teiles der fertigen Erzeugnisse gestatten. Die größten Ölmühlen findet man in der Nähe oder unmittelbar an großen Seehäfen; besonders günstig gelegene Mühlen sind in der Lage, ihre Saaten direkt aus den ankommenden Seedampfern zu empfangen. Fertigerzeugnisse können dann ebenfalls für Exportzwecke direkt in Seeschiffe verladen werden, was die Dispositionsfreiheit sehr erhöht. Nach Möglichkeit soll die nächste Umgebung der Ölfabriken eine hohe Konsumkraft für Öle und insbesondere für Ölkuchen besitzen, da die Preise der letzteren verhältnismäßig niedrig sind und daher keine hohen Transportkosten tragen können.

Man findet häufig auf dem gleichen Grundstücke Preß- und Extraktionsanlagen untergebracht. Die Fabriken gehen vereinzelt dazu über, im ersten Arbeitsgang die Ölsaat zu pressen und die Rückstände der ersten Pressung nach weiterer Zerkleinerung zu extrahieren. Da die Extraktionsanlagen in der Regel mit feuergefährlichen Lösemitteln arbeiten, ist eine entsprechend große Entfernung zwischen der Extraktionsanlage und den übrigen Gebäuden der Fabrik vorzusehen. Die Polizeibehörden schreiben als Mindestentfernung der der Extraktionsanlage zunächst liegenden Gebäude etwa 35 m vor. Doch ist diese Entfernung nach Möglichkeit größer zu wählen, da der Gefahrenbereich bei Explosionen weiter reichen kann.

Bei Errichtung von Ölfabriken ist auf Folgendes ganz besonders zu achten: Der Pressenraum muß genügend unterkellert sein, so daß die Preßzylinder und die unter dem Pressenraum befindlichen Rohrleitungen, Ölbehälter usw. bequem zugänglich sind. Der Keller kann gar nicht hoch genug sein, und jede Verbesserung der Zugänglichkeit macht sich durch erhöhte Sauberkeit und Betriebstüchtigkeit der ganzen Anlage bezahlt.

In Anbetracht der großen Anzahl der zur Aufstellung kommenden Maschinen ist es wünschenswert, daß ein Anschlußgleis möglichst nahe an das Fabrikationsgebäude herangeführt, damit ankommende oder zur Reparatur versandbereite Maschinen ohne umständliche Transporte verladen werden können.

In dem Boden eines jeden Stockwerkes ist eine Öffnung vorzusehen, damit eine an der Decke des obersten Stockwerkes angebrachte leistungsfähige Winde die zu montierenden Maschinenteile in sämtliche Stockwerke emporziehen kann. Bei größeren Anlagen ist selbstverständlich in jedem mehrgeschossigen Fabrikationsgebäude ein Lastenaufzug vorzusehen.

Wünschenswert ist ferner im Pressenraum ein Laufkran, welcher nach dem schwersten Maschinenteil zu bemessen ist; er erleichtert die Montage außerordentlich und gestattet ferner beschleunigte Durchführung von Umbauten und Reparaturen. Da heute elektrische Gruppen- oder Einzelantriebe allgemein gebräuchlich sind, besteht keine Gefahr, daß der Laufkran Riemenantriebe durchschneidet. An der Laufkatze des Krans ist für beschleunigtes Heben kleinerer Lasten ein Hilfsflaschenzug mit beschleunigtem Gang anzubringen. Im allgemeinen ist auf sparsamste Verwendung von Transportvorrichtungen zu sehen und die Schwerkraft nach Möglichkeit auszunutzen.

Für die wichtigsten Transportwege sollte man in großen Betrieben Reserven vorsehen, damit bei Versagen einer Transportvorrichtung die Saat auf einem anderen Wege ihrer Bestimmung zugeführt werden kann.

Um in einem und demselben Pressenraum gleichzeitig mehrere Saaten verarbeiten zu können, ist es ferner wünschenswert, die Transportvorrichtungen so anzuordnen, daß man von der Vorzerkleinerung aus zu jeder Vorpresse und von dieser aus zu jeder Nachpressenbatterie gelangen kann, um in der Lage zu sein, die Verarbeitung einer Saatsorte auf beliebig viele Batterien auszudehnen, während die übrigen Batterien eine andere Saat verarbeiten. Ideal ist eine Anlage, welche jeder Nachpressenbatterie ihre eigene Zerkleinerungsanlage zuordnet, mit vorgeschalteten Vorpressen und Vorzerkleinerung. Die Saatreinigung kann für mehrere Batterien gemeinsam sein. Der Kapitalaufwand für eine derartige Anordnung ist zwar infolge der benötigten größeren Zahl Transportmittel höher als für irgendeine andere. Man hat aber den erheblichen Vorteil, mit der gesamten Anlage beliebig schalten und walten zu können und jederzeit einzelne Batterien mit allem Zubehör auf die Verarbeitung anderer Saaten umschalten zu können. Ferner kann dann bei Prüfung von Fabrikationsänderungen der Versuch an einer einzigen Batterie betriebsmäßig verfolgt werden, während die übrigen Batterien ungestört weiter arbeiten.

Besondere Sorgfalt sollte bei der Planung neuer Anlagen der richtigen Anordnung der Fensterflächen gewidmet werden. Große Fensterflächen haben zwar größere Abkühlung im Winter zur Folge. Es ist aber vorteilhafter, viel Licht in den Fabrikationsräumen vorzusehen, um die Übersichtlichkeit zu steigern und Quellen von Betriebsstörungen leichter und eher zu erkennen. Die Fensterrahmen und Sprossen werden vorzugsweise aus Gußeisen ausgeführt, da das Material weniger Neigung zum Rosten hat. Die Fensterbänke sind nach außen und innen abzuschrägen.

Auf hellen Anstrich aller Gebäude und der Maschinenteile, welche höher als etwa 1,60—1,80 m über Flur liegen, ist größter Wert zu legen. Weißer Ölfarbenanstrich eignet sich weniger gut als elfenbeinfarbiger, da ersterer leicht zum Verschmutzen neigt.

Zu allen Stockwerken müssen bequeme Zugangstreppen führen. Sie müssen feuersicher sein, und zwar muß ein Treppenhaus im Radius von 30 m eines jeden Punktes des Gebäudes liegen, damit bei ausbrechenden Bränden oder Staubexplosionen Menschenleben nicht allzu stark gefährdet sind.

Für die Belegschaft, die durch die klebrige und schmierige Beschaffenheit der zerkleinerten Saat und den hohen Staubgehalt des Rohgutes großen Verschmutzungen ausgesetzt ist, sind saubere und gut gelüftete Wasch- und Umkleideräume vorzusehen. Die Fabrikationsräume sind sehr heiß, ausreichende Waschgelegenheit (mit Warm- und Kaltwasser) deshalb schon aus gesundheitlichen Rücksichten geboten. Abortanlagen sind über den ganzen Betrieb verteilt so anzubringen, daß sie ohne Zurücklegen weiter Wege, die namentlich im Winter Erkältungen der stark erhitzten Arbeiter verursachen, erreicht werden können.

Die Schränke für die Aufbewahrung der Kleidung sind in Eisenblech auszuführen; für Leute, die mit stark schmutzenden Arbeiten beschäftigt sind, sind zwei Schränke vorzusehen, für die Arbeits- und Straßenkleidung. Die Schränke sollen reichlich mit Lüftungsöffnungen versehen werden, damit feuchte Kleidung austrocknen kann; am besten ist es, unter den Schränken Heizrohre zu verlegen.

Es darf nicht vergessen werden, daß ein guter Gesundheitszustand der Arbeiter ein wesentlicher Faktor der erfolgreichen Betriebsführung ist. Da die an den Pressen arbeitenden Leute sehr unter Hitze zu leiden haben, ist für einen zugfreien Verbindungsgang zum Wasch- und Umkleideraum zu sorgen. Zweckmäßig liegen Umkleideräume und sanitäre Anlagen getrennt von den Fabrikationsgebäuden, nur durch helle Gänge mit diesen verbunden.

Bei großen Pressenräumen, welche in der warmen Jahreszeit nicht immer gut belüftet werden können, ist für Luftabsaugung an den Pressenfüllmaschinen Sorge zu tragen. Um Erkältungen zu vermeiden, soll nicht kalte Luft von außen herabgeblasen, sondern warme Luft aus dem Raum abgesaugt werden, so daß die Leute durch allmähliches Hereinströmen von Luft abgekühlt werden.

Die Pressentragkonstruktion soll von der Gebäudekonstruktion getrennt sein, um unzulässige Beanspruchungen der Standfestigkeit des Gebäudes, soweit dieses ebenfalls in Eisenkonstruktion ausgeführt ist, zu vermeiden.

Als Deckenstützen findet man in älteren Ölfabriken gußeiserne Säulen, die sich bei Belastungssteigerungen durch spätere Vergrößerung der Anlage sehr gut bewährt haben. Werden Stützen aus schmiedeeisernen Konstruktionen verwendet, so müssen sie feuersicher ummantelt werden.

Zur Hebung der Sauberkeit im Betrieb trägt guter Fußboden- und Wandplattenbelag außerordentlich viel bei. Mit Wandplatten belegte Räume sind viel

Abb. 204. Seiherpressenanlage. Seihertransport mit Elektroseiherwagen. Kuchentransport durch Förderbänder.
(Friedr. Krupp-Grusonwerk A. G., Magdeburg-Buckau.)

leichter sauber zu halten und verursachen, durch ihre erzieherische Wirkung auf die Belegschaft, eine bessere Pflege der Maschinen, als Räume mit gewöhnlichen Betonfußboden. Der Plattenbelag schützt fernerhin Betonestrich vor Anfressungen durch zersetztes Pflanzenöl. Zement wird von den Fettsäuren in kurzer Zeit zerstört, so daß an Maschinen herabrinnendes Öl die Betondecken auf die Dauer sehr stark schädigt.

Von hohem Wert für ordnungsgemäße Betriebsführung sind akkurat verlegte, systematisch angeordnete Rohrleitungen. Die Verlegung von Rohrleitungen in Kanälen ist unerwünscht, da aller Schmutz mit der Zeit seinen Weg in die Kanäle findet. Auch sind dann Undichtigkeiten an den Rohrleitungen nicht so schnell zu bemerken. Rohrleitungen werden ja in Ölfabriken in besonders umfangreichem Maße angewendet. Daher ist auf sorgfältigste Durchkonstruktion und Ausführung des Rohrnetzes größter Wert zu legen und für die Armaturen nur allerbestes Material zu verwenden.

Sehr erwünscht ist ausgedehnte Anwendung von Wälzlagern an Maschinen, soweit nicht zu befürchten ist, daß sie infolge mangelhafter Schmierung vorzeitig zerstört werden. Die Wälzlager haben den Vorteil, daß sie nur in längeren Zwischenräumen geschmiert zu werden brauchen und bei sorgfältiger Bemessung und richtiger Anwendung eine hohe Lebensdauer aufweisen, was bei Gleitlagern nur bei unablässiger Pflege zu erreichen ist.

Abb. 204 ist die *Ansicht einer Seiherpressenanlage* mit Vorpresse mit Kuchenschwenkkorb und Ablaufrutschen für die Kuchen und Kuchentransportband (ganz rechts). Das Bild zeigt ferner den elektrisch betriebenen Seihertransportwagen und den Laufkran. Die Wärmpfannen sind auf einem Podest angeordnet, von wo aus der Bedienungsmann die ganze Anlage überwachen kann.

Eine *Etagenpressenbatterie* mit selbsttätiger Kuchenformmaschine zeigt Abb. 205. An den Pressen befinden sich feststehende Preßschüsseln, um den Durchtritt von Öl oder Trub zu den Kellerräumen unmöglich zu machen. In

Abb. 205. Etagenpressenanlage. (Miag, Mühlenbau- und Industrie-A. G., Braunschweig.)

der Nähe einer jeden Batterie sind Fußbodenöffnungen vorgesehen, in welche herabfallende Saat hineingekehrt wird; sie fällt in eine Schnecke, welche sie über kräftige Magnete wieder der Fabrikation zuführt.

Der Raum ist mit einem über sämtliche Pressen laufenden Laufkran versehen, welcher Reparaturen, auch das Auswechseln von Manschetten, wesentlich erleichtert. An der Decke sind Sprinkler-Brausen erkennbar. Über dem mittleren Gang der Pressenbatterie ist elektrische Beleuchtung vorgesehen. Die Installation ist in feuchtigkeitssicherem Kabel ausgeführt, auf Schellen verlegt, daher leicht kontrollierbar. Eine Laufbrücke gestattet den Zutritt zu den oberen Wärmpfannen. Im Hintergrund sind die Fünfwalzenstühle der Zerkleinerungsanlage zu erkennen.

Man würde heute den Gang zwischen den Etagenpressen wohl etwas weiter wählen und die Kuchenformmaschine in der Mitte der Pressenreihe anordnen, um die Laufwege für die Arbeiter, welche die Pressen zu beschicken und zu entleeren haben, abzukürzen.

Die Steuerventile sind nicht an jeder Presse angebracht, sondern zentral angeordnet.

Vorausgesetzt, daß ein genügend hoher und geräumiger Keller vorhanden ist, ist die Anordnung der Druckölleitungen im Keller, wie hier ausgeführt, zulässig; sonst sind die Druckleitungen nach Möglichkeit über Flur zu verlegen, etwa in Höhe der Oberholme der Pressen oder darüber, damit der Vorarbeiter sie stets kontrollieren kann. Insbesondere ist das von Wichtigkeit, wenn der Keller verhältnismäßig niedrig ist und wenig begangen wird.

Abb. 206 zeigt die gleiche Pressenanlage. Links im Vordergrund befindet sich die automatische Kuchenformmaschine, rechts ist die Zerkleinerungsanlage zu er-kennen. Riemenschutzgeländer verhindern Gefährdung der Arbeiter. Große und breite Zulaufrohre sorgen für gleichmäßige Mahlgutzufuhr zu den Walzenstühlen. Zweckmäßig wäre hier ein Laufsteg vor sämtlichen Walzwerken, welcher bequemen Zugang zu den Speisevorrichtungen ermöglicht und auch eine leichte Kontrolle der richtigen Wirkungsweise der Walzenabstreifer gestattet.

In mehrstöckigen Gebäuden ist in der Regel die Zerkleinerungsanlage in einem besonderen Stockwerk untergebracht; den Zerkleinerungsmaschinen läuft die Saat aus dem nächst höheren Stockwerk zu. Hier und in dem darüber

Abb. 206. Zerkleinerungs- und Pressenanlage. (Miag, Mühlenbau- und Industrie-A. G., Braunschweig.)

gelegenen Geschoß befinden sich die Saatreinigungsanlagen, eventuell auch die automatischen Vorpressen, falls man es nicht vorzieht, diese im Pressenraum selbst aufzustellen.

b) Kleine Ölmühlen.

Nach den Ursprungsländern der Ölsamen sind zahlreiche kleinere Ölmühlen geliefert worden, bei denen mit Rücksicht auf die billige Arbeitskraft keine selbsttätigen Transportvorrichtungen vorgesehen werden. Sie sind durch ge-drängten Bau und größte Einfachheit gekennzeichnet, ferner zumeist durch Unterteilung in Lasten, welche notfalls von Tragtieren oder durch Menschen-kraft befördert werden können.

In Abb. 207 ist eine *Exportölmühle* in Aufriß, Grundriß und Seitenriß dar-gestellt. Sie ist mit zwei Etagenpressen ausgerüstet und ruht auf einem gemein-schaftlichen Grundrahmen *a*, der durch kräftige Ankerschrauben mit dem Fundament verbunden ist. Über Fest- und Losscheiben *b* auf der Hauptwelle werden sämtliche Maschinen getrieben, so daß keine weiteren Antriebsriemen-scheiben notwendig sind. Als Antriebsmaschine kann eine Lokomobile, eine Dampfmaschine, ein Verbrennungsmotor oder Elektromotor oder sogar (in ent-legenen Gegenden auch heute noch) ein Göpel verwendet werden.

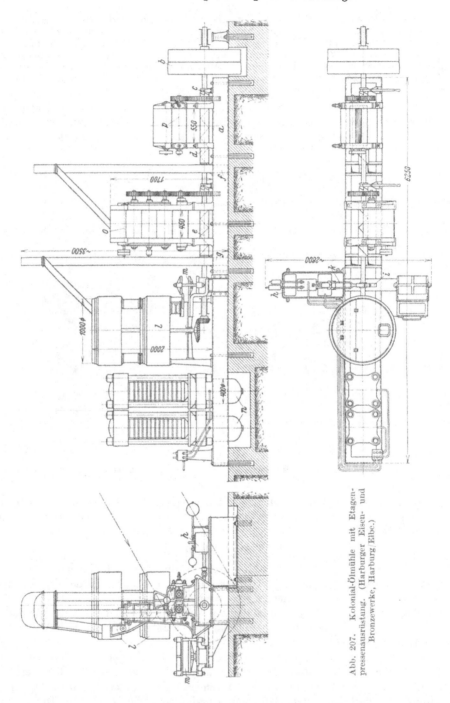

Abb. 207. Kolonial-Ölmühle mit Etagen-
pressenausrüstung. (Harburger Eisen- und
Bronzewerke, Harburg Elbe.)

Die einzelnen Maschinen werden von der Hauptwelle aus über ausrückbare
Klauenkupplungen c angetrieben, die es ermöglichen, bei Betriebsstörungen die betreffenden Maschinen schnell auszuschalten. Die Transportschnecken d und e und
die Elevatoren f und g werden hingegen von der Welle direkt angetrieben, die Welle
selbst dient als Schneckenachse. Die zweiteilig ausgeführten Schneckenblätter

sind auf die Welle aufgeklemmt, während bei den Elevatoren das untere ebenfalls zweiteilig ausgeführte Kettenrad auf die Antriebswelle aufgekeilt ist. Das Preßpump-werk h wird mittels Exzenter i und Schubstange k ebenfalls von der Hauptwelle angetrieben. l ist die Doppelwärmpfanne mit Kegelradantrieb. Das Füllmaß zur Kuchenformmaschine m wird bei solchen kleinen Anlagen von Hand bedient. Die beiden Etagenpressen n werden durch einen Mann von Hand beschickt und entleert.

Die Speisewalze des Vierwalzenstuhls o ist mittels eines kleinen Riemens von der zweiten Walze aus angetrieben. Die Speisewalze des mit einem Walzenpaar ausgerüsteten Quetschwalzwerkes p ist ohne Fest- und Losscheibe ausgeführt, da

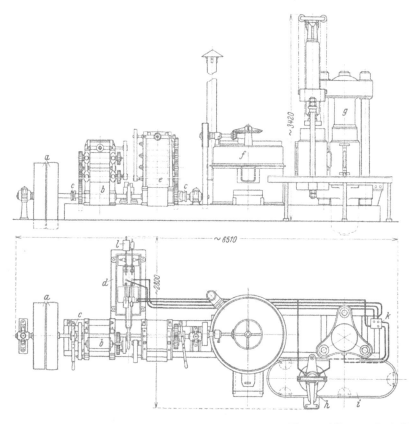

Abb. 208. Kolonial-Ölmühle mit Seiherpressenausrüstung. (Harburger Eisen- und Bronzewerke A. G., Harburg/Elbe.)

hier Störungen verhältnismäßig selten sind. Die einzelnen Walzen der Walzenstühle sind durch Zahnräder miteinander gekuppelt.

Da alle Maschinen mit dem Grundrahmen fest verbunden sind und ihre gegen-seitige Lage zweckmäßig durch Paßstifte schon in der Werkstatt gesichert wird, ist die Montage am Aufstellungsort sehr einfach.

Die Verbindungsrohrleitungen zwischen Pressen, Steuerventil und Preß-pumpwerk werden in der Werkstatt fertig gebogen und verlegt. Die Montage kann auch von wenig geübten Leuten nach einer genauen Aufstellungsvorschrift vorgenommen werden.

Abb. 208 zeigt in Grund- und Aufriß eine *Kleinölmühle* einfachster Art. Der Antrieb erfolgt über die Fest- und Losscheibe a. Über eine Klauenkupplung c wird zunächst ein Schrotstuhl b angetrieben, ferner von der gleichen Welle aus mittels Exzenters das Preßpumpwerk d und über eine weitere Klauenkupplung der Vierwalzenstuhl e. Am Ende der Antriebswelle sitzt eine Riemenscheibe, die den Wärmer f antreibt.

Letzterer ist für Feuerbeheizung eingerichtet; der angebaute Kamin dient zum Abzug der Rauchgase.

Transportschnecken und Elevatoren fehlen, da die zu verarbeitenden Saatmengen so klein sind, daß sie bequem in tragbaren Gefäßen befördert werden können, die unter die einzelnen Maschinen gestellt werden.

Auch die Entnahme der Saat aus dem Wärmer und das Einfüllen in den Preßseiher geschieht von Hand.

Der gefüllte Seiher wird auf dem vor die Presse gebauten Tisch unter den Vordrückapparat h geschoben; nach Vorpressung wird nach Bedarf Mehl nachgefüllt, nochmals gepreßt und der volle Seiher nun in die Standpresse g geschoben, nachdem zuvor der abgepreßte zweite Seiher auf den Verschiebetisch herausgezogen wurde.

Das Ausstoßen der abgepreßten Kuchen geschieht gleichfalls mittels des hydraulischen Apparates h, und zwar werden die Kuchen von oben nach unten durch ein Loch im Tisch aus dem Seiher ausgestoßen. Der Rückzug des Druckkolbens von h geschieht mittels zweier Ketten und Gewicht.

Das Preßpumpwerk d hat einen Hoch- und einen Niederdruckkolben, die über das Steuerventil k direkt auf die Presse arbeiten.

Gewichtsbelastete Sicherheitsventile l verhindern das Entstehen zu hoher Drücke. Das Ablauföl aus dem Preßzylinder gelangt über das Steuerventil wieder in den Pumpenkasten zurück.

Auch bei dieser Kleinölmühle ist vorherige Montage in der Werkstatt möglich, alle Teile werden genau zusammengepaßt, ehe sie zum Versand kommen.

c) Maschinenantriebe.

Man fand früher in Ölmühlen hauptsächlich den *Transmissionsantrieb* vor. In der Regel trieb die Dampfmaschine eine große Haupttransmission, von der aus alle weiteren Antriebe durch Riemen oder Seilübertragung abgeleitet wurden.

In Zeiten voller Beschäftigung ist diese Art des Antriebes verhältnismäßig wirtschaftlich. Vorbedingung ist allerdings richtige Bemessung aller Maschinen- und Transportanlagen, damit durch Herabfallen von Riemen hervorgerufene Betriebsstörungen zu den größten Seltenheiten gehören. Sind Teile der Anlage wesentlich überlastet, so daß Riemen, welche während des Ganges der Maschinen nicht aufgelegt werden können, häufig herunterfallen, so führt dies zu hohen Stillstandsverlusten, weil man die Hauptantriebsmaschine stillsetzen muß, um die Riemen aufzulegen. Es lassen sich zwar durch Unterteilung der Antriebe mittels Reibungskupplungen wesentliche Verbesserungen schaffen; jedoch sind gerade in Ölmühlenbetrieben die einzelnen aufeinanderfolgenden Maschinenserien so voneinander abhängig, daß es sehr schwierig ist, einzelne Gruppen von den übrigen ohne Unterbrechung des Betriebes abzutrennen. Ein zweckmäßiger, wenn auch teurer Ausweg ist der, für die Haupttransportwege vollständigen Ersatz zu schaffen, so daß man für jeden Haupttransport zwei Wege zur Verfügung hat.

Abb. 209. Antrieb einer Transportschnecke mittels Getriebemotors über eine elastische Kupplung. (Siemens-Schuckert/Gebr. Wetzel.)

In den letzten Jahren geht man in steigendem Maße dazu über, einzelne Maschinengruppen oder sogar die einzelnen Arbeitsmaschinen durch *elektrische Gruppen- bzw. Einzelantriebe* zu betätigen. Die Haupttransmission wird dadurch nach und nach überflüssig und kann stillgelegt bzw. entfernt werden.

Die Hauptdampfmaschine treibt den Generator, welcher die gesamte Anlage mit Energie versorgt. Durch sorgfältige Planung der elektrischen Verteilungsanlage und reichliche Anwendung von Schutzschaltern ist es möglich, Störungen nur auf die betroffenen Maschinen oder Maschinengruppen zu beschränken, so daß parallel arbeitende Gruppen ungestört bleiben. Anderseits läßt sich durch geschickte elektrische Verriegelung dafür sorgen, daß voneinander abhängige Apparate, bei

Ausfall einer Maschine, in der Förderrichtung hin weiter arbeiten, während die vor der Störungsstelle liegenden Maschinen automatisch ausgeschaltet werden. Wo der Einbau eines Einzelantriebsaggregats nicht ohne weiteres möglich ist, kann man den Riemenantrieb beibehalten und die Übertragung vom Antriebsmotor über eine Spannrolle erfolgen lassen.

Infolge der stets zunehmenden Einfachheit und Robustheit der modernen Elektromotore kann man heute in der Regel in Drehstromnetzen ohne Schleifringankermotoren auskommen, wobei größere Motore über Stern-Dreieckschalter, kleinere Motore durch direktes Einschalten ans Netz gelegt werden. Dieses gilt insbesondere für Betriebe mit eigenen Stromerzeugungsanlagen, wo geringe Spannungsschwankungen in der Regel in Kauf genommen werden können.

Da man es in der Ölmüllerei vorwiegend mit langsam laufenden Maschinen zu tun hat, dagegen schnell laufende Elektromotore bedeutend billiger als Langsamläufer sind, ist aus wirtschaftlichen Gründen die Herabsetzung der Drehzahl des Antriebsmotors erforderlich. Dies geschieht, außer durch Spannrollenantrieb, durch fast geräuschlos laufende Zahnradgetriebe, welche die Drehzahl des Antriebsmotors mit nur geringem Energieverlust (1—3%) auf diejenige der angetriebenen Maschinen herabsetzen.

Bei Neubau von Maschinen sollte in weit höherem Maße als bisher Rücksicht auf die Möglichkeit direkten elektrischen Antriebes genommen werden. Infolge des geringen Raumbedarfs dieser Antriebe ist es unter Umständen möglich, Maschinen enger zusammenzustellen; das Fehlen von Riemen und Riemenschutzvorrichtungen gestaltet die Übersicht weit besser als früher.

Durch das Fehlen der Treibriemen wird ferner viel weniger Staub in den Betriebsräumen herumgewirbelt und ein weit größeres Maß an Sauberkeit erreicht, was bei der klebrigen Beschaffenheit des Ölsaatenstaubes besondere Bedeutung hat.

Abb. 209 zeigt einen Schnecken-Einzelantrieb mittels Getriebemotors. Das Getriebe steht auf einem an einer Säule befestigten Konsol. Der Motor ist am Getriebe fliegend angebracht. Zwischen Getriebe und Schneckenwelle befindet sich eine elastische Kupplung, welche etwaige Längsverschiebungen der Welle vom Getriebe fernhält, so daß dieses nur ein reines Drehmoment zu übertragen hat.

III. Die Gewinnung der Fette durch Extraktion mit Lösungsmitteln.

Von A. VAN DER WERTH, Berlin.

Allgemeines.

Die Ölgewinnung durch Pressung hat den Nachteil, daß etwa 5—10% des Öles durch Adhäsionskräfte an den Wandungen der Samenzellen festgehalten werden und sich durch die mechanische Kraft des Auspressens nicht entfernen lassen.

Alle Vorschläge zur weitergehenden Entölung im Preßverfahren durch Vorbehandlung des Rohmaterials, wie plötzliches Trocknen des Preßgutes im Vakuum[1], ein besonderes Anfeuchtungs- und Schwitzverfahren[2], Verdrängung des Öles durch Wasser (Anfeuchten des Gutes vor der Pressung mit Wasser oder Wasserdampf), Zusatz besonderer, die Quellung verursachender oder den Adhäsionskräften entgegenwirkender Stoffe[3] usw., haben sich als nutzlos oder von recht beschränkter Wirkung erwiesen.

Das Problem der *vollständigen Entölung* wurde erst durch einen gänzlich neuen Weg, die *Extraktion mit flüchtigen Lösungsmitteln*, gelöst.

Das Verdienst, das Extraktionsverfahren in der Fettindustrie eingeführt zu haben, gebührt dem Franzosen DEISS[4], der sich im Jahre 1856 diese Methode

---

[1] KAMMERMANN: D. R. P. 526641.   [2] Cellulose et Papier, S. A., D.R.P. 411468.
[3] SPINDLER u. STAUTZ: D. R. P. 72211.   [4] E. P. 390 vom 14. II. 1856.

der Ölgewinnung patentieren ließ[1]. Vor ihm hatten allerdings die Franzosen FERRAND und MILLON[2] ein Patent zur Extraktion ätherischer Öle mit Äther oder Schwefelkohlenstoff erhalten, aber trotzdem ist die DEISSsche Erfindung als selbständig und vollkommen neu zu betrachten.

Aber es bedurfte noch eines sehr langen und harten Kampfes, bis sich die Ölextraktion neben der Presserei durchsetzen konnte. Es waren vor allem die hartnäckigen Vorurteile der Fachleute zu überwinden, welche, in ihrer Anschauung in den ersten Jahrzehnten der neuen Industrie noch durch die Verwendung ungeeigneter, z. B. schlecht fraktionierter Lösungsmittel unterstützt, der Extraktion zum Teil jegliche Existenzberechtigung absprachen. Erst in den letzten zwei Jahrzehnten, vor allem in der Nachkriegszeit, hat sich die Extraktion als ein der Pressung ebenbürtiges Ölgewinnungsverfahren einbürgern können.

Für die Gewinnung von Ölen, welche unmittelbar, d. h. in unraffiniertem Zustande, zu Speisezwecken verbraucht werden, kommt die Extraktion allerdings nicht in Betracht. Olivenöl wird daher immer kalt gepreßt, Schmalz und Premier Jus bei niederer Temperatur ausgeschmolzen werden, und erst die Aufarbeitung der dabei anfallenden Rückstände bleibt der Extraktion vorbehalten. Kombinierte Pressung oder Ausschmelzung und Extraktion, beide in kontinuierlicher Arbeitsweise, sind in solchen Fällen das geeignetste Verfahren. Diese Kombination ist auch bei der Verarbeitung sehr ölreicher Saaten am Platze, wobei zunächst durch kalte Pressung ein hochwertiges, unmittelbar genußfähiges Speiseöl gewonnen werden kann. Da nämlich das Ölaufnahmevermögen des Lösungsmittels mit seinem Ölgehalt abnimmt, brauchen derartige Saaten unverhältnismäßig große Lösungsmittelmengen zur erschöpfenden Extraktion, was den Betrieb durch deren Investierung, Umwälzung und mit dieser verbundenen größeren Verlustmöglichkeit gegenüber der Verwendung ölärmerer Rohstoffe verteuert.

Daß technische und in der Technik weiter verarbeitete Öle überhaupt noch durch Pressung gewonnen werden, hat letzten Endes seinen Grund in der Tatsache, daß die nun einmal vorhandenen abgeschriebenen Preßanlagen wohlfeiler arbeiten können als neu zu errichtende Extraktionsbetriebe. Bei Neuanlagen wird man aber der Extraktion den Vorzug geben.

Jedoch waren es nicht nur die Befürchtungen, daß die extrahierten Öle für Speisezwecke untauglich seien, welche die Verbreitung der Ölextraktion verzögerten. Starke Hemmungen kamen auch aus den Kreisen der die Rückstände der Ölfabrikation aufnehmenden Landwirtschaft, welche die schädliche Wirkung der in den Extraktionsrückständen verbliebenen Lösungsmittelreste befürchteten und den geringen Ölgehalt des Mehles beanstandeten. Auch diese Schwierigkeiten sind seit etwa einem Jahrzehnt überwunden. Es ist heute nicht mehr schwierig, Öl und Rückstand vom Lösungsmittel zu befreien, und gewaltige Mengen beider Produkte werden der Ernährung und Fütterung zugeführt, ohne daß sich nachteilige Wirkungen gezeigt hätten.

Bei der Gewinnung der Öle durch Extraktion geht der jedem Öl eigentümliche Artcharakter mehr oder weniger verloren. Dieser Verlust spielt aber bei Speiseölen keine Rolle, da diese vorwiegend neutral schmeckend hergestellt werden; in der Margarineindustrie werden ausschließlich Öle verarbeitet, welche frei von jedem Eigengeschmack sind. Übrigens müssen die gepreßten Öle, bis auf die oben erwähnten Ausnahmen, ebenso wie die Extraktionsöle durch Raffination erst konsumfähig gemacht werden, da die durch heiße Pressung oder

---

[1] Angeblich soll JESSE FISHER in Birmingham bereits im Jahre 1843 versucht haben, Schwefelkohlenstoff zur Ölextraktion zu verwenden.   [2] F. P. vom 17. I. 1855.

aus minderwertiger oder beschädigter Saat gewonnenen Öle unmittelbar für die Ernährung ebensowenig geeignet sind wie die extrahierten.

Eine Einigung darüber, welche Öle einen höheren Reinheitsgrad besitzen, die gepreßten oder extrahierten, ist unter den Fachleuten niemals erreicht worden. Die Reinheit der Öle hängt nicht nur von der Saatart und dem Lösungsmittel, sondern auch von einer Reihe zufälliger Umstände bei der Gewinnung ab, wie z. B. von der Konzentration der Miscella (weil das Öl als Lösungsvermittler unter Umständen andere Bestandteile aus der Saat herauslöst als das Lösungsmittel), ferner von der Temperatur, dem Alter und der Qualität der Saat u. dgl., so daß eine eindeutige generelle Beantwortung der Frage nicht möglich ist. Im übrigen hat sie keine praktische Bedeutung, weil der allenfalls sehr geringe graduelle Unterschied bei der Weiterbehandlung (Raffination) des Öles ganz belanglos ist.

Der geringe, etwa 1% betragende Ölgehalt des Extraktionsrückstandes wurde früher von der Landwirtschaft als Zeichen der Minderwertigkeit gegenüber dem ölreicheren Ölkuchen angesehen, obwohl der Rückstand in einer zum Verfüttern besser geeigneten Form anfällt und nicht ranzig wird. Langsam hat sich jedoch die Erkenntnis Bahn gebrochen, daß das Verfüttern eines ölreicheren Stoffes zwecklos, ja sogar nachteilig ist, weil das Öl zu einem Teil als solches wieder ausgeschieden wird, zum anderen in die Milch bzw. das Fett der Tiere übergeht und diese Produkte geschmacklich und geruchlich in unangenehmer Weise beeinflussen kann. Der steigende Absatz des Extraktionsrückstandes als Futtermittel war damit gesichert, was im Hinblick auf die vorzugsweise Verarbeitung der ölarmen Saaten, in erster Linie der Sojabohne, von ausschlaggebender Bedeutung war. Hierdurch wurde überhaupt erst die Ölgewinnung aus ölarmen Stoffen erfolgreich, wie es der ungeheure Aufschwung der Sojaverarbeitung beweist.

Neben Sojabohnen extrahiert man von pflanzlichen Stoffen noch Palmkerne, Ricinusbohnen und die Rückstände der Olivenölgewinnung in größerem, Cotton-, Lein-, Rübsaat, Erdnüsse und Copra in geringerem Umfange. Die Verarbeitung von Fischen und Fischabfällen auf Tran und Fischmehl erfolgt hauptsächlich, die Entfettung von Knochen meistens durch Extraktion. Bei der Gewinnung anderer tierischer Öle hat sich das Extraktionsverfahren bisher nur zur Verarbeitung von Kadavern, Schlachthofabfällen u. dgl. teilweise einführen können. Dagegen werden die bei der Raffinierung der fetten Öle mittels Adsorbentien anfallenden Rückstände (Bleichrückstände) in der Hauptsache durch Extrahieren von aufgenommenem Öl befreit. Außer den genannten, für die Technik wichtigen Stoffen läßt sich aus jedem ölhaltigen Gut das Öl mit einem Lösungsmittel extrahieren, und zwar um so rationeller gegenüber anderen Ölgewinnungsverfahren, je ölärmer das Gut ist.

Eine Übersicht über die Anwendung des Extraktionsverfahrens gibt Torwald[1]. Er teilt die Extraktionsbetriebe in drei Arten ein:

1. Großbetriebe, welche dauernd gleichartige Rohstoffe, wie Saaten oder Fische, in Mengen von mehreren 100 t täglich verarbeiten.

2. Betriebe mittleren Umfanges, welche die verschiedenartigsten Rohstoffe, mitunter im Lohn und oft täglich sich auf ein anderes Gut umstellend, extrahieren.

3. An andere Industrien angegliederte Nebenbetriebe, welche einen ölhaltigen Nebenanfall der Hauptindustrie, z. B. Bleicherde, aufarbeiten.

Es versteht sich von selbst, daß an jede dieser drei Arten von Anlagen ver-

---

[1] Chem.-Ztg. 1924, 854.

schiedenartige Anforderungen gestellt werden und daß sich demzufolge verschiedene Arbeitsweisen und Apparate herausgebildet haben.

Ein unbestreitbarer Nachteil der mit brennbaren Lösungsmitteln arbeitenden Extraktionsbetrieben gegenüber den Preßbetrieben ist die größere Feuergefährlichkeit. Aber bei einem sachgemäß eingerichteten und geleiteten Betrieb, mit einem Stamm erfahrener Arbeiter, ist das Gefahrenmoment außerordentlich gering, wie die Seltenheit der Unglücksfälle dartut.

A. Die Extraktionsmittel.

Lösungs- und Extraktionsmittel sind zwei Begriffe, die sich nicht völlig decken. Nicht alle öllösenden Stoffe eignen sich zur Extraktion. Vielmehr muß das Lösungsmittel möglichst weitgehend den nachstehenden, für ein ideales Extraktionsmittel aufgestellten Bedingungen entsprechen:

1. nicht feuer- oder explosionsgefährlich, aber sehr beständig sein,
2. sich leicht und vollständig (spurlos) bei niederer Temperatur verflüchtigen und einen tiefen (beträchtlich unter 0° liegenden) Erstarrungspunkt besitzen,
3. bei einem großen Lösungsvermögen für das Öl die anderen Bestandteile des Gutes zwar leicht durchdringen, aber nichts von ihnen aufnehmen,
4. weder Öl und Rückstand in irgendeiner Beziehung verändern, noch die eisernen Apparate angreifen,
5. preiswert sein.

Daneben ist es noch von großem Vorteil, wenn das Extraktionsmittel ein wasserunlöslicher und möglichst einheitlicher Stoff ist, so daß die Wasserabgänge aus der Extraktionsanlage nicht aufgearbeitet werden müssen und auch keine unerwünschten Fraktionierungen stattfinden können. Für die Wärmeökonomie des Verfahrens ist es ferner wichtig, wenn das Mittel bei geringem spezifischen Gewicht eine geringe spezifische Wärme und geringe Verdampfungswärme besitzt. Schließlich sollen seine Dämpfe nicht giftig oder betäubend wirken.

Da ein allen Anforderungen gerecht werdendes Lösungsmittel nicht existiert, ist für jeden einzelnen Fall zu entscheiden, welches aus der Zahl der in der Technik verwendbaren Mittel sich für den jeweiligen Sonderzweck am besten eignet, wobei neben den chemischen und physikalischen Eigenschaften der in Betracht zu ziehenden Flüssigkeiten der Preis und polizeiliche Vorschriften über die Verwendung feuergefährlicher Stoffe in erheblichem Maße mitbestimmend sind.

Die wichtigsten physikalischen Eigenschaften der in der Technik vornehmlich zum Extrahieren verwendeten Lösungsmittel sind in nebenstehender Tabelle 89 übersichtlich zusammengestellt.

Von den gebräuchlichsten Extraktionsmitteln scheint auf den ersten Blick das Trichloräthylen dem Benzin hinsichtlich des Dampf- und Kühlwasserverbrauches überlegen zu sein. Dieser Vorteil ist aber in Wirklichkeit nicht vorhanden: Trichloräthylen hat zwar weit günstigere Wärmekonstanten als Benzin, aber seine Dichte ist doppelt so groß wie die des Benzins; da bei der Entölung nicht das Gewicht, sondern das Volumen des Lösungsmittels maßgebend ist, muß man also bei der Extraktion mit Trichloräthylen doppelt so viel Lösungsmittel anwenden wie bei der Entölung mit Benzin. Die Feuergefährlichkeit sinkt von Schwefelkohlenstoff, Äther über Benzol, Benzin, Aceton und Alkohol bis zu den unbrennbaren Flüssigkeiten, das Lösungsvermögen für Öl nimmt ab von Schwefelkohlenstoff über Trichloräthylen, Benzol, Benzin bis zum Alkohol.

Die Dämpfe der Lösungsmittel sind ausnahmslos dem menschlichen Organismus unzuträglich und wirken betäubend oder giftig. Dabei bestehen zwischen den meist verwendeten Lösungsmitteln, Benzin und Trichloräthylen, keine

Tabelle 89. Die Extraktionsmittel.

	Formel	Siede-punkt	Erstarrungs-punkt	Spezif. Gewicht	Spezif. Wärme in Kal.	Verdampfungs-wärme in Kal.	Dampfdruck bei 20° in mm Hg	Löslichkeit in 100 cm³ Wasser
Benzin (Hexan)	C_6H_{14}	68°	— 51°	0,6630/17°	0,4	79	124	0,007
Benzin (Heptan)	C_7H_{16}	98°	— 51°	0,7006/0°	0,4	74	64	0,007
Benzol	C_6H_6	80°	0°	0,88/0°	0,41	93	76	0,08
Schwefelkoh-lenstoff	CS_2	46,5°	—116°	1,292/0°	0,25	90	298	0,2
Äthyläther	$C_2H_5OC_2H_5$	35°	—129°	0,730/15°	0,53	90	442	7,5
Aceton	CH_3COCH_3	56°	— 94°	0,814/0°	0,53	125	185	leicht mischbar
Äthylalkohol	C_2H_5OH	78°	—114°	0,789/15°	0,60	125	44	leicht mischbar
Trichloräthylen	C_2HCl_3	87°	— 86°	1,470/15°	0,23	57	56	0,01
Tetrachlor-kohlenstoff	CCl_4	77°	— 23°	1,594/15°	0,21	46	91	0,08
Methylen-chlorid	CH_2Cl_2	42°	— 97°	1,336/15°	0,25	60	350	—
Äthylenchlorid	$C_2H_4Cl_2$	99°	— 35°	1,24/20°	0,31	85	61	0,87

wesentlichen Unterschiede. Diese Eigenschaft ist aber an sich ohne größere Bedeutung, da in einem ordnungsgemäßen Extraktionsbetrieb, d. h. wenn die
Apparatur dicht hält, das Extraktionsmittel nicht zu riechen ist. Nähere Angaben über die Wirkung der Lösungsmittel auf den Organismus findet man in
dem Vortrag von Lutz in der Chemischen Umschau auf dem Gebiete der Fette,
Öle, Wachse und Harze, **37,** 226 (1930).

Im folgenden sollen nun die wichtigeren Extraktionsmittel im einzelnen
betrachtet werden.

Benzin.

Benzin heißt das Gemisch der niedrig siedenden Bestandteile von Mineralölen. Seine Verwendung wurde schon von Deiss vorgeschlagen. Für Extraktionszwecke sollen seine Siedegrenzen zwischen 68—98°, den Siedepunkten des Hexans
und Heptans, bei einem spezifischen Gewicht von 0,680—0,720 liegen und es
soll möglichst wenig reaktionsfähige, d. h. aromatische oder ungesättigte Verbindungen enthalten, wie solche vor allem in den Crackbenzinen vorkommen.
Die besten Gemische, die von den Benzinfabriken geliefert werden können, bestehen größtenteils aus gesättigten normalen aliphatischen Kohlenwasserstoffen,
hauptsächlich aus Hexan und Heptan. Für die Extraktion von Knochen verwendet man allerdings Benzin, das auch über 100° siedende Kohlenwasserstoffe
enthält, um die Verdampfung des Wassers aus den Knochen zu erleichtern.

Benzin ist trotz seiner Feuer- und Explosionsgefährlichkeit das am häufigsten
verwendete Extraktionsmittel. Es löst sich nur spurenweise in Wasser, ist aber
in allen Verhältnissen mit absolutem Alkohol, Äther, Benzol, Schwefelkohlenstoff, Trichloräthylen und fetten Ölen mischbar. Benzine verändern Öl und
Rückstand nicht, greifen die eisernen Apparate nicht an und gelten als recht
beständige Körper. Mit einem guten Lösungsvermögen für fette Öle verbinden
sie ein geringes für die übrigen Bestandteile, vornehmlich cellulose-, stärke- und
eiweißartiger Natur, und zeigen ein starkes Netzungs- und Durchdringungsvermögen für das Gut, vorausgesetzt, daß dessen Wassergehalt nicht zu hoch ist.
Auch Ricinusöl wird bei höherer Temperatur, entgegen älteren Angaben, von

Benzin in einem solchen Grade gelöst, daß es zur technischen Gewinnung des Öles benutzt werden kann, wobei nach SLASCHTSCHEW[1] ein sehr reines Öl anfällt.

Werden gut fraktionierte Benzine mit den angegebenen Siedegrenzen benutzt, so bereitet die Befreiung des Öles und und Rückstandes vom Extraktionsmittel bei Temperaturen unter oder um 100° keine Schwierigkeit.

Die Einhaltung dieser Siedegrenzen hat noch weitere Vorteile. Einerseits schließt sie Verluste infolge des Fehlens leichter flüchtiger Bestandteile aus, die sich nur sehr schwierig kondensieren lassen; anderseits erübrigt sie beim Abtreiben des Benzins aus Öl und Rückstand zu langes, schädliches Erhitzen auf erheblich über 100° liegende Temperaturen. Der Gehalt an höher siedenden Bestandteilen bedingt aber nicht nur eine Verschlechterung der Qualität der Produkte durch Überhitzung, sondern verursacht auch einen höheren Dampfverbrauch und gleichzeitig noch einen höheren Verlust an Lösungsmittel, da dessen letzte, über 100° siedenden Anteile sich im Extraktionsbetrieb kaum ganz aus den Produkten entfernen lassen und deren Qualität noch weiter verschlechtern.

Die guten physikalischen Eigenschaften und der niedrige Preis haben neben den schon erwähnten Vorzügen viel zur Einführung des Benzins in die Extraktionswerke beigetragen. Es muß trotz unbestreitbarer Nachteile, wie der Brennbarkeit und der betäubenden Wirkung seiner Dämpfe, von allen bekannten Lösungsmitteln als dem idealen Extraktionsmittel am nächsten kommend bezeichnet werden.

Die mit der Verwendung des Benzins wie anderer brennbarer Flüssigkeiten verbundene Feuers- und Explosionsgefahr ist bei sachgemäßer Lagerung und Behandlung sowie Beachtung der notwendigen Sicherheitsmaßnahmen baupolizeilicher Art bei Einrichtung und Führung des Betriebes so gut wie behoben. Es darf allerdings nie vergessen werden, daß man es mit einer leicht brennbaren Flüssigkeit zu tun hat, die leicht explosible Luft-Dampf-Gemische bildet. Es muß daher unter allen Umständen dafür gesorgt werden, daß Möglichkeiten zur Entzündung nicht gegeben sind. So sind z. B. die Motore außerhalb des eigentlichen Extraktionsraumes, am besten eingekapselt, anzuordnen, die elektrischen Leitungen und Lampen sind außerhalb zu verlegen und Reparaturen innerhalb der Anlage während des Betriebes zu unterlassen. Das Arbeiten mit einem Schutzgas ist dagegen überflüssig, da Selbstentzündungen des Benzins bei der Extraktion nicht zu befürchten sind. (Näheres hierüber s. PIATTI: Wiedergewinnung flüchtiger Lösungsmittel, S. 32ff., 1932; HOLDE: Kohlenwasserstofföle und Fette, S. 127ff. Berlin: J. Springer. 1924.)

Nach Beobachtungen des Verfassers[2] erleidet das Extraktionsbenzin während des Betriebes eine teilweise Spaltung in niedere Kohlenwasserstoffe bis zu nicht mehr kondensierbaren gasförmigen Anfangsgliedern der Methanreihe, worauf ein Teil des Benzinverlustes beim Extrahieren zurückzuführen sein dürfte. Spaltung von Benzinkohlenwasserstoffen unter den bei der normalen Extraktion herrschenden Bedingungen scheinen zwar wenig plausibel, immerhin ist eine Prüfung des Tatsachenmaterials wünschenswert.

An der gleichen Stelle ist an Hand einer Siedepunktskontrolle die während des Betriebes eintretende Fraktionierung des Benzins erörtert. Sie geschieht in dem Sinne, daß dauernd leichter flüchtige Bestandteile, vielleicht Crackprodukte, sich der Kondensation in den Kühlern entziehen und mit der Abluft entweichen, während die schwerstflüchtigen Teile mit dem Öl und Rückstand aus dem Betrieb wandern, weil sie aus diesen Produkten nicht vollständig zu entfernen sind.

---

[1] Chem. Umschau Fette, Öle, Wachse, Harze **37**, 345 (1930).
[2] Allg. Öl- u. Fett-Ztg. **28**, 331 (1931).

Das Benzin stellt sich also von selbst auf bestimmte Siedegrenzen ein, die sich durch eine tägliche Betriebsanalyse leicht ermitteln lassen. Vorteilhaft ist, diese Siedegrenzen, welche je nach der Art der Anlage, des Extraktionsgutes und der Arbeitsweise etwas schwanken werden, im großen ganzen aber den anfangs genannten Siedegrenzen entsprechen, bereits beim Einkauf des Benzins zu berücksichtigen.

Benzol.

Das in seinen Eigenschaften dem Benzin nahestehende technische Benzol, C_6H_6, aus Steinkohlenteer, das neben dem Reinbenzol noch Toluol und Xylol enthält, hat als Extraktionsmittel nur dann Bedeutung, wenn die Beschaffung von Benzin Schwierigkeiten bereitet. Abgesehen von seinem höheren Preis, größerer Gefährlichkeit und größerem spezifischen Gewicht löst es bedeutend stärker als die Benzine auch Nichtfette, wie Harz, Schleim- und Farbstoffe, so daß sich schon aus diesem Grunde seine Verwendung nicht empfiehlt. Die unter Umständen für Extraktionszwecke in Betracht kommende Handelsmarke ist das sog. 90er Benzol, von dem bei einem spezifischen Gewicht von 0,880—0,883 etwa 90% bis 100°, der Rest bis 120° sieden. Zweckentsprechend sollte es vor Benutzung schärfer fraktioniert werden.

Schwefelkohlenstoff.

Schwefelkohlenstoff, CS_2, wird durch Leiten von Schwefeldampf über glühende Kohlen hergestellt. Dieses gefährlichste aller technisch verwendeten Extraktionsmittel hat bloß lokale Bedeutung, es wird fast nur in Italien und Spanien zur Entölung der Olivenpreßrückstände (sansa, orujo, grignons) bei der Herstellung des Sulfurolivenöles benutzt. Benzin hat sich zu diesem Zweck nicht einführen können, weil die mit ihm extrahierten Öle die von vielen Verbrauchern geforderte grüne, durch einen Chlorophyllgehalt bedingte Farbe des Sulfuröles nicht besitzen.

Äthyläther.

Der aus Äthylalkohol und Schwefelsäure hergestellte, sehr feuergefährliche Äthyläther, $C_2H_5 \cdot O \cdot C_2H_5$, ist das allgemein gebräuchliche analytische Extraktionsmittel geworden, obwohl wegen seines größeren Lösungsvermögens für Nichtfette die so ermittelten Ölgehalte nicht ohne weiteres mit den im Betrieb mittels Benzins erhaltenen Resultaten verglichen werden können. Zu einer exakten Betriebskontrolle ist es vielmehr erforderlich, die Laboratoriumsanalysen mit dem Betriebslösungsmittel auszuführen und den Ätherextrakt gesondert zu bestimmen. In der technischen Ölextraktion findet Äther keine Anwendung. Sein hoher Preis, seine Explosionsgefährlichkeit und die durch seinen niedrigen Siedepunkt bedingten Verluste überwiegen den Vorteil, die Produkte leicht lösungsmittelfrei zu erhalten.

Aceton.

Das bei der Holzverkohlung anfallende, auch durch Synthese und Gärung gewonnene Aceton, $CH_3 \cdot CO \cdot CH_3$, ist trotz seiner Wasserlöslichkeit und seines niedrigen Siedepunktes schon mehrfach zur Ölextraktion benutzt worden[1]; weniger als eigentliches Extraktionsmittel, die selbstverständlich auch möglich wäre, als zur Vorbehandlung des Gutes, insbesondere wenn dieses wasserreich ist. Dabei nimmt das Aceton zunächst das Wasser, bei Fischen auch wäßrige Salzlösungen auf. Die wäßrigen Acetonlösungen besitzen nur geringes Lösungsvermögen für Neutralöl, lösen dagegen recht gut freie Fettsäuren, Farbkörper

---

[1] Rocca, Tassy, de Roux: F. P. 609 842. — O. Wilhelm: D. R. P. 551 101, 551 102, 552 284.

und andere Nichtfette, die daher gleichzeitig mit dem Wasser aus dem Gut entfernt werden. Es hinterbleibt somit nach der Aceton-Vorbehandlung, welche bei wasserarmem Gut sinngemäß mit Aceton-Wasser-Gemischen vorgenommen wird, ein gereinigtes Produkt, aus welchem bei der anschließenden Entölung, z. B. mit Benzin, neutrales, reines, helles Öl und reiner, heller Rückstand gewonnen werden.

Der hohe Preis des Acetons steht dieser Anwendung hindernd im Wege.

Auch das *Mesitylen*, ein Trimethylbenzol (Siedep. 163⁰), ist bereits als Extraktionsmittel ohne praktischen Erfolg versucht worden.

Äthylalkohol.

Äthylalkohol, C_2H_5OH, ist kein Lösungsmittel für fette Öle, abgesehen von Ricinusöl und ähnlichen, Oxyfettsäuren enthaltenden Ölen, zu deren Extraktion er mitunter benutzt wird. Bei gewöhnlicher Temperatur löst er die Triglyceride der normalen Fettsäuren nur in sehr geringem Grade, der mit dem Gehalt an freien Fettsäuren steigt. Indessen ist es doch möglich, Alkohol als Extraktionsmittel zu benutzen, da bei erhöhter Temperatur das Lösungsvermögen bedeutend steigt, vor allem wenn unter Druck über der normalen Siedetemperatur, z. B. bei 120⁰, gearbeitet wird[1]. Dabei werden helle Öle und weiße Schrote erhalten. Verunreinigungen gehen zwar in beträchtlicher Menge in die Miscella über; durch Abkühlen auf 20—30⁰ teilt sich diese jedoch in zwei Schichten: eine untere, bestehend aus dem reinen, neutralen Öl von sehr guter Qualität und wenig Alkohol, und eine obere alkoholische Schicht, welche die gesamten Verunreinigungen, wie Farb-, Eiweiß- und Harzstoffe, Kohlehydrate, Kohlenwasserstoffe und Wasser, enthält und wieder zur Extraktion verwendet werden kann. Nach mehrmaligem Gebrauch muß sie durch Destillation gereinigt werden.

Der Wassergehalt der zu extrahierenden Stoffe soll nicht über 10% betragen. An Stelle des Äthylalkohols können seine Homologe, vor allem Methylalkohol, verwendet werden.

Alkohol ist auch an Stelle von Aceton zur Vorbehandlung des Gutes brauchbar. Es lassen sich mit Alkohol die Farb-, Schleim- und Bitterstoffe, Harze und freie Fettsäuren entfernen, während das Lösungsvermögen durch seine Konzentration, die Behandlungstemperatur und die Beschaffenheit des Gutes reguliert werden kann[2]. Verdünnter Alkohol soll vornehmlich Harz-, Schleim- und Geschmackstoffe neben Kohlehydraten, starker Alkohol dagegen Farbstoffe und freie Fettsäuren lösen.

Chlorierte aliphatische Kohlenwasserstoffe.

Eine Gruppe für sich bilden die aliphatischen Chlorkohlenwasserstoffe. Trotz ihrer Feuers- und Explosionssicherheit ist es ihnen zwar nicht gelungen, das bewährte Benzin zu verdrängen, sie werden aber, besonders Trichloräthylen, für Sonderzwecke verwendet. Von ihren physikalischen Eigenschaften stört außer der hohen Dichte das große Lösungsvermögen für Nichtfette. Auch ihre Beständigkeit läßt zu wünschen übrig. Die Gefahr der Chlorwasserstoffabspaltung, wodurch neben einem Verlust an Lösungsmittel vor allem eine Schädigung der Apparatur in Kauf zu nehmen ist, liegt nur bei höheren Temperaturen und gleichzeitiger Gegenwart von Wasserdampf vor. Sehr leicht zersetzen sich diese Körper unter Explosionen[3] in Anwesenheit von Alkali- oder Erdalkalimetallen.

---

[1] Cherdyntzeff: Seifensieder-Ztg. 1927, 928. — Sato, Ito u. Ishida: E. P. 336273/4. — M. Mashino: Journ. Soc. chem. Ind. Japan, Suppl. **36**, 309 B, 310 B (1933).

[2] Bollmann: D. R. P. 355569, 393072, mit Rewald: D. R. P. 505354. — Holstein-Ölwerke: F. P. 447894.   [3] Lenze u. Metz: Chem.-Ztg. **56**, 175 (1932).

Trichloräthylen.

Das unter der Bezeichnung „Tri" bekannte Trichloräthylen, C_2HCl_3, wird seit vielen Jahren in solcher Reinheit geliefert, daß es ein Arbeiten in eisernen Apparaten erlaubt. Die aus der ersten Zeit seiner Verwendung stammenden Klagen über seine Zersetzlichkeit waren durch Verunreinigungen (durch andere chlorierte Körper) verursacht, welche es heute nicht mehr enthält. Das reine „Tri" ist, vor Licht und Überhitzung geschützt, recht beständig. Temperaturen über 128°, bei welchen Chlorwasserstoffabspaltung beginnt, sind aber zu vermeiden. Im normalen Extraktionsbetrieb werden jedoch so hohe Temperaturen nicht erreicht.

Die Hauptanwendungsgebiete des „Tri" sind die Extraktion von Fischen und von Olivenpreßrückständen, daneben noch von Ricinussaat. Die mit „Tri" extrahierten Olivenöle zeigen ebenso die geforderte grüne Farbe wie die Sulfuröle, so daß es dem „Tri" gelungen ist, den Schwefelkohlenstoff teilweise zu verdrängen. „Tri" ist das gegebene Extraktionsmittel, wenn Benzin infolge seiner Brennbarkeit oder sonstwie nicht verwendet werden darf, wenn nur eine ungeschulte, unzuverlässige Arbeiterschaft zur Verfügung steht, oder wenn es auf besondere Reinheit des Öles nicht ankommt. Die mittels „Tri" extrahierten Öle sind nämlich wegen dessen Lösungsvermögens für Nichtfette wesentlich unreiner als die mit Benzin erhaltenen. Die Kosten der Extraktion sind in Betrieben, die mit Benzin, und solchen, die mit „Tri" arbeiten annähernd gleich groß.

Unter Umständen soll das große Lösungsvermögen des „Tri" ein sehr unerwünschtes Herauslösen lebenswichtiger Stoffe (Vitamine) aus Saaten bewirken. Verfütterung von Tri-Sojaschrot habe bei gewissen Tieren zu Avitaminosen (Dürener Rinderkrankheit) geführt. Aus Tri-Extraktionen anfallendes Fischmehl wird aber schon seit Jahrzehnten im größten Umfang mit gutem Erfolg als Futtermittel verwendet. Vor neuen Anwendungen von „Tri" empfiehlt sich immerhin Vornahme einfacher Fütterungsversuche, um vor unangenehmen Überraschungen geschützt zu sein.

Auch in physiologischer Hinsicht bestehen zwischen Trichloräthylen und Benzin keine wesentlichen Unterschiede.

Tetrachlorkohlenstoff.

Der zuerst als unbrennbares Lösungsmittel in der Technik ausprobierte Tetrachlorkohlenstoff, CCl_4, kann infolge seiner Zersetzlichkeit bei der Extraktionstemperatur nur in verzinnten oder verbleiten Apparaturen verwendet werden. Bei der Ölgewinnung ist er daher vollständig durch das Trichloräthylen verdrängt worden.

Das ihm nahe verwandte *Chloroform*, $CHCl_3$, ist für die technische Extraktion ebenfalls ohne Bedeutung.

Methylenchlorid.

In neuerer Zeit wurde Methylenchlorid als Extraktionsmittel vielfach empfohlen, nachdem man ein neues billiges Herstellungsverfahren gefunden hatte. Es soll[1], besonders in Mischung mit anderen Lösern, ein noch größeres Lösungsvermögen als Trichloräthylen besitzen und auch beständiger sein. Erfahrungen aus der Praxis sind in der Zwischenzeit nicht bekannt geworden; es kann aber jetzt schon gesagt werden, daß es aus den gleichen Gründen wie Trichloräthylen bei der Gewinnung von Ölen kein ernsthafter Konkurrent für Benzin werden und höchstens dem „Tri" Verwendungsgebiete streitig machen könnte; diesem ist es aber wegen seines zu niedrigen Siedepunktes unterlegen.

---

[1] EICHENGRÜN: E. P. 243030.

Äthylenchlorid.

Das symmetrische Dichloräthan, $C_2H_4Cl_2 = CH_2Cl \cdot CH_2Cl$, hat vor dem Methylenchlorid, dem es in bezug auf Lösungsvermögen und Beständigkeit gleicht, den Vorzug des höheren Siedepunktes voraus[1]. Hinreichende technische Erfahrungen über das Verhalten des Äthylenchlorids bei der Ölextraktion liegen noch nicht vor. Bisher hat weder Äthylen- noch Methylenchlorid das „Tri" verdrängen können, was wohl zum Teil auch mit den Preisen der beiden Produkte zusammenhängen dürfte.

Die anderen chlorierten Äthane und Äthylene, wie z. B. Tetra-, Penta-, Hexachloräthan oder Di- und Tetra-(Per-)chloräthylen sind ebenfalls Öllösungsmittel und bereits in Mischungen untereinander oder mit den vorher besprochenen Chlorkohlenwasserstoffen verwendet worden, weisen aber diesen gegenüber keinerlei Vorzüge auf[2].

Chlorierte und hydrierte cyclische Verbindungen.

Kernhalogenierte aromatische Kohlenwasserstoffe, in erster Linie *Mono-* und *Dichlorbenzol*, zeichnen sich[3] durch ein größeres Öllösungsvermögen und größere Beständigkeit vor den chlorierten Aliphaten aus und lassen sich trotz höherer Siedepunkte (132 und 170°) bei 100° durch Wasserdampfdestillation leicht aus dem Öl abtrennen. *Chlornaphthaline*[4] und *chlorierte Diphenyle*[5] sind auch bereits als Extraktionsmittel vorgeschlagen worden.

Hydroaromatische Kohlenwasserstoffe, vor allem das *Cyclohexan* (Siedep. 81°, Schmp. 8°), sollen Eiweiß und Kohlehydrate nicht lösen und einen vollständig entölten, ungefärbten Rückstand ergeben[6], woraus folgt, daß die Farbkörper der Saat im Öl verbleiben. Auch Derivate des Cyclohexans, wie das *Cyclohexanol* und *Cyclohexanon* und deren Derivate wie Cyclohexen, (Hexyl-)cyclohexanol (-hexanon), sind gute Öllöser[7], vor allem wegen ihrer hohen Siedepunkte und wegen ihrer Preise als Extraktionsmittel wohl nicht brauchbar.

Höhere Ketone.

Die von Breda[8] als Extraktionsmittel vorgeschlagenen höheren Ketone mit Siedepunkten bis 170° sollen besonders im Gemisch mit Benzin gutes Lösungsvermögen zeigen. Sie haben sich jedoch ebensowenig wie das unter dem Namen „*Ketol*"[9] beschriebene Gemisch niederer Ketone (Methyläthylketon u. dgl.) in die Praxis einführen können.

Ester und Äther.

Von den zahlreichen, in anderen Industrien als Lösungsmittel verwendeten Estern und Äthern[10] wird kein einziges zum Extrahieren von Ölen benutzt, woran neben dem in der Regel zu hohen Siedepunkt die Preise schuld sind. Außer *Äthylacetat* wurden noch die neutralen *Phosphorsäureester*[11], welche in der Hitze die Öle herauslösen und sie beim Abkühlen ausscheiden, dann die Ester von Chlorwasserstoff mit primären und sekundären Alkoholen, in erster Linie das Butylchlorid (Siedep. 78°, spez. Gew. 0,907), welches eiserne Apparate nicht angreift und nur das reine Öl ausziehen soll[12], vorgeschlagen.

---

[1] I. G. Farbenindustrie A. G.: F. P. 645497.
[2] Bouchy u. Cordier: F. P. 547465 und F. Zusatz-P. 26184.
[3] Ehrlich: A. P. 1610270.   [4] Chem.-Ztg. **53**, 429 (1929).
[5] Seifensieder-Ztg. **56**, 176 (1929).
[6] Syndicat d'Études des Matières Organiques: F. P. 638909.
[7] A. G. für Anilinfabrikation: D. R. P. 372347.   [8] F. P. 368697; D. R. P. 181177.
[9] Seifensieder-Ztg. **53**, 752 (1926).
[10] Piatti: „Wiedergewinnung flüchtiger Lösungsmittel", S. 24. 1932.
[11] v. Heyden: D. R. P. 284410.   [12] Brunel: F. P. 571923.

In diesem Zusammenhang sei noch das Methylal erwähnt, $CH_2(OCH_3)_2$ (Siedep. 42⁰, spez. Gew. 0,855), das zur Extraktion von stark wasserhaltigem Gut empfohlen wird und auch oxydierte Öle sowie Kalkseifen zu lösen vermag[1].

Zur Vorreinigung des Gutes ähnlich der Acetonbehandlung sind noch die wasserunlöslichen Ester niederer Alkohole mit niederen Fettsäuren, wie die Glykolacetate (Siedep. 197 und 186⁰), vorgeschlagen worden[2].

Mischungen verschiedener Lösungsmittel.

Die erwähnten Lösungsmittel sind durchweg miteinander mischbar. Ihre Gemische, von denen einige bereits genannt wurden, zeigen oft nicht nur eine Summierung von Eigenschaften der Einzelbestandteile, z. B. in bezug auf das selektive Lösungsvermögen, sondern mitunter auch einen Mehreffekt; ein gesteigertes, dabei aber selektives Lösungsvermögen zeigen beispielsweise Gemische von guten Öllösern, wie Kohlenwasserstoffen oder Chlorkohlenwasserstoffen, mit einem schlechten Öllöser, beispielsweise Alkohol.

Gemische aus zwei, drei oder mehr gleichartigen Lösungsmitteln zeichnen sich durch keine Besonderheiten aus. Der naheliegende Versuch, zwecks Verringerung der Feuersgefahr brennbare mit nicht brennbaren Lösungsmitteln zu vermischen, z. B. Benzin mit Trichloräthylen, hat sich nicht bewährt. Derartige binäre, ternäre u. dgl. Gemische[3] haben den Nachteil, daß sie beim Destillieren fraktioniert werden und große Schwierigkeiten im Wasserabscheider bereiten. Ferner muß der Gehalt an dem nichtbrennbaren Anteil so groß gewählt werden, daß die Gemische sich fast ausschließlich wie die nichtbrennbaren Flüssigkeiten verhalten.

Wesentlich interessanter und wichtiger sind die bereits erwähnten *Alkoholmischungen*, von denen das Benzin-Äthyl-(oder Methyl-)alkohol-Gemisch noch Bedeutung für die Extraktionstechnik erlangen kann[4]. Die Alkohol-Benzin-Mischungen besitzen ein so großes Lösungsvermögen für Öl, daß die Extraktion in der üblichen Weise schon unter gelindem Erwärmen durchführbar ist. Die erhaltenen Miscellen sind mitunter reicher an Nichtfetten, als die bei Verwendung reinen Benzins anfallenden; es gelingt aber dennoch, ein wesentlich reineres Öl dadurch zu erhalten, daß die Abtrennung der Lösungsmittel nicht durch Destillation erfolgt. Bei sehr alkoholreichen Mischungen kann nämlich die Miscella durch Abkühlung in zwei Schichten zerlegt werden: eine untere alkoholische, welche das Wasser und die Verunreinigungen enthält, und eine obere, das Öl enthaltende Benzinschicht. Bei benzinreicheren Miscellen kann diese Schichtenbildung durch Zusatz von Wasser erzwungen werden. Nach JUNKER[5] werden auch beim Abdestillieren einer Miscella, die gleiche Teile Benzin und Äthylalkohol enthält, gute Öle erhalten, weil die gegenseitige Beeinflussung der beiden Flüssigkeiten ein In-Lösung-Gehen der Nichtfette weitgehend verhindert. Solche Mischungen sind auch zum Teil azeotropisch und haben niedrigere Siedekurven als die Einzelbestandteile.

Richtige azeotropische, d. h. konstant siedende Gemische sind mit Benzin nicht zu erhalten. Azeotropische Gemische können nur aus bestimmten Mengen solcher Bestandteile zusammengesetzt sein, von denen jeder einen konstanten

[1] Groupement d'Études et d'Entreprises Générales: F. P. 673704.
[2] I. G. Farbenindustrie A. G.: D. R. P. 526492.
[3] SIEVERS u. McINTYRE: Chem. Umschau Fette, Öle, Wachse, Harze **29**, 256 (1922).
[4] SATO, ITO u. ISHIDA: E. P. 336273, 336274. — GAUDARD: F. P. 575053. — MASHINO: Chem. Umschau Fette, Öle, Wachse, Harze **36**, 347 (1929); **39**, 88 (1932). — JUNKER: Allg. Öl- u. Fett-Ztg. **28**, 344 (1931). — Über Alkoholgemische mit nicht brennbaren Lösungsmitteln s. I. G. Farbenindustrie A. G.: E. P. 265212. — LIZZARI-TURRY: F. P. 681275; mit Benzol: BOLLMANN: Schwz. P. 84619.   [5] S. S. 682.

Siedepunkt besitzt; mit einem unbestimmten Gemisch verschiedener Stoffe läßt sich daher nur eine abgekürzte Siedekurve erreichen. Am interessantesten ist die Verwendung solcher Gemische, die mit Wasser als drittem Bestandteil azeotrop destillieren[1], wie sie aus Estern, Äthern, Alkoholen, Ketonen, Kohlenwasserstoffen gebildet werden, von denen mindestens ein Bestandteil wasserlöslich sein muß, z. B. 83% Äthylacetat, 8% Äthylalkohol und 9% Wasser. Bei Verwendung solcher Extraktionsmittel kann das wasserhaltige Gut zunächst mit dem wasserfreien Gemisch behandelt werden, worauf infolge der Wasseraufnahme das azeotrope Gemisch aus der abgezogenen Miscella abdestilliert, welche dann bis zur erschöpfenden Extraktion durch das Gut geleitet wird. Das hydrophile Extraktionsmittel nimmt bei jedem Durchgang neben Öl stets Wasser mit, so daß neben der Entölung auch eine Entwässerung stattfindet. Es gelingt also auf diese Weise ohne vorhergehende Entwässerung stark wasserhaltiges Gut zu entölen. Das mitgeführte Wasser läßt sich nach Abdestillieren des konstant siedenden Gemisches leicht vom Öl abtrennen.

Lösungsmittel mit besonderen Zusätzen.

Man versuchte bereits durch Zusatz bestimmter Stoffe zum Extraktionsmittel während der Extraktion besondere, in der Hauptsache reinigende Wirkungen auf Öl und Rückstand auszuüben. So bezweckte Zugabe von Ameisensäure, Formaldehyd u. dgl. die Gewinnung eines schleimfreien Öles[2].

Durch einen Zusatz von Peroxyden wurde eine Bleichung des Öles während der Extraktion angestrebt[3]; zur Erhöhung der Ölausbeute setzt PANOBIANCO[4] dem Lösungsmittel Chloressigsäure oder Glyoxylsäure zu; die Säuren sollen die Phosphatide spalten. Eine praktische Bedeutung kommt diesen Vorschlägen nicht zu.

Gasförmige Lösungsmittel.

Die bei Raumtemperatur gasförmigen Lösungsmittel haben den bestechenden Vorteil, daß sie ungemein leicht aus Öl und Extraktionsrückstand entfernt werden können. Ihre Verwendung scheitert aber daran, daß sie vor der Extraktion verflüssigt werden müssen, was natürlich unter Druck geschehen muß, wodurch die Apparatur kompliziert und verteuert wird. Solche komplizierte Extraktionsanlagen haben aber, wie das Beispiel der Mineralölraffination mit flüssigem Schwefeldioxyd nach EDELEANU zeigt, nur dann einen Sinn, wenn sie besondere Vorteile aufzuweisen haben. Solche Vorteile scheinen aber bei der Ölextraktion mit verflüssigten Gasen nicht erreichbar zu sein.

Außer *Schwefeldioxyd* (Siedep. —8°) sind für die Ölextraktion die Kohlenwasserstoffe *Methan*[5], *Butan* (Siedep. +1°), *Propan*, *Propylen*[6], *Butylen*, auch Chloralkyle, wie *Methyl-* und *Äthylchlorid* (Siedep. +12°)[7], vorgeschlagen worden.

Das verflüssigte Schwefeldioxyd zeigt zwar kein besonderes, übrigens auch von dem Grad der Ungesättigtheit abhängiges Lösungsvermögen für Fette, trotz dieses Mangels halten es aber GRILLO und SCHWEDER[8] wegen der Unbrennbarkeit und seines niedrigen Siedepunktes für ein brauchbares Ölextraktionsmittel. Schwefeldioxyd ist aber, wie die durch frühere Versuche des Herausgebers angeregten Arbeiten der Edeleanu-Gesellschaft gezeigt haben[9], überhaupt kein generelles Lösungsmittel für Fette. Leicht gelöst werden von flüssiger schwefliger

[1] TUNNISON: A. P. 1504588.
[2] Harburger Ölwerke Brinkman u. Mergell: D. R. P. 269195.
[3] Österr. Chem. Werke: D. R. P. 560787. — Soc. des Produits Peroxydés: F. P. 721190.
[4] F. P. 711144.   [5] TIVAL u. DESCOMBES: F. P. 551457.
[6] REID u. ROSENTHAL: A. P. 1802533, 1849886.
[7] Solvent Extraction Refrigerating Co.: D. R. P. 405395.   [8] D. R. P. 50360.
[9] Allgemeine Gesellschaft für Chemische Industrie: D. R. P. 434794.

Säure nur die höher ungesättigten Fettsäuren, schwerer solche mit einer Doppelbindung und gesättigte Fettsäuren überhaupt nicht. Die Löslichkeit der Glyceride ist noch geringer als die der entsprechenden freien Fettsäuren.

Dagegen gelingt es nach Untersuchungen des Herausgebers, fette Öle mittels flüssigen SO_2 in einen höher ungesättigten „Extrakt" und ein unlösliches „Raffinat" zu trennen, das eine niedrigere Jodzahl zeigt als das Gesamtöl. Diese Feststellung könnte noch bei der Herstellung von Lacködölen eine Rolle spielen.

Überflüssig ist der Vorschlag von McKee[1], das Gut vor der Extraktion zu entwässern, um es für das flüssige SO_2 zugänglicher zu machen, weil die mit SO_2 zu behandelnden Stoffe selbstverständlich wasserfrei sein müssen; sonst entstünde ja wäßrige, schweflige Säure, eventuell durch Oxydation verdünnte Schwefelsäure, welche die Anlagen sehr bald zerstören würde. Bessere Resultate geben vielleicht Kombinationen des Schwefeldioxyds mit anderen Lösungsmitteln, wie Benzin, Methylenchlorid, Butan oder Alkohol.

Die ebenfalls zur Ölextraktion vorgeschlagene *flüssige Kohlensäure* (Siedep. —78°)[2] zeigt ein noch viel geringeres Lösevermögen als SO_2; sie ist also für den vorgeschlagenen Zweck ungeeignet.

Emulgierend wirkende Extraktionsmittel.

Ein anderer Weg der Ölextraktion ist die *„Herausemulgierung"* aus dem zerkleinerten ölhaltigen Gut. Wäßrige Lösungen von Seifen, Sulfonaten u. dgl. zeigen neben der Emulsionsfähigkeit noch ein erhebliches Netz- und Durchdringungsvermögen, so daß sie zu dem in den Zellen oder Kapillaren eingeschlossenen Öl gelangen und es emulgieren können. Die Abscheidung des Öles aus der Emulsion[3] bereitet keine Schwierigkeiten. Die Emulgierungsverfahren haben sich trotzdem nicht eingebürgert, denn die erreichbare Entölung ist ungenügend und die Durchfeuchtung des Gutes mit Wasser häufig nachteilig für Öl und Rückstand. Wo dies ohne Bedeutung ist, wie z. B. bei der Entölung von Bleicherden, haben sich die Verfahren zur Beseitigung des Öles durch Behandeln mit wäßrigen Emulgierungsmitteln recht gut bewährt[4].

Die Kombinierung der Löse- und Emulgierungsverfahren, d. h. Verwendung von organischen Lösungsmitteln im Gemisch mit wäßrigen Emulgatoren, hat sich in der Technik der Ölextraktion noch nicht einführen können[5]. Dagegen spielen solche Kombinationen eine größere Rolle bei der Entfettung von Textilien, Leder u. dgl. Schon allein die umständliche Herstellung des Entölungsmittels und die umständliche Aufarbeitung der Ölemulsion verhindert seine Anwendung in der Ölextraktion.

B. Vorbereitende Arbeiten.

Das zu extrahierende tierische oder pflanzliche Gut muß vor der Behandlung mit dem Lösungsmittel einer Reihe vorbereitender Maßnahmen unterworfen werden, deren wichtigste *Vorreinigung, Zerkleinerung* und *Trocknung* sind. Bleicherden können aber unmittelbar extrahiert werden.

Je reiner das Gut ist, um so besser fallen Öl und Rückstand an, was leider nicht immer beachtet wird. Wie weit man aber mit der Vorreinigung gehen soll, ist eine Frage, die in erster Linie vom kaufmännischen Gesichtspunkt aus beantwortet werden muß.

---

[1] A. P. 1 376 211.   [2] Sachs: D. R. P. 163 057.   [3] Guétan u. Simonin: F. P. 400 105.
[4] Wäßrige Natronlauge: Harburger Eisen- und Bronzewerke A. G.: D. R. P. 426 712. — Hawkins: E. P. 20 061/1911. — Natriumcarbonat- oder -silicatlösungen: Bandau: D. R. P. 485 596, 536 751. — Wollschweißlauge: Duhamel: D. R. P. 553 002. — Seife: I. G. Farbenindustrie A. G.: D. R. P. 576 852.
[5] Stockhausen A. G.: A. P. 1 035 815. — Dietze: A. P. 1 405 902.

a) Vorreinigung.

Eine sehr sorgfältige Reinigung des Gutes ist aber dringend zu empfehlen, und Vorschläge, die Saaten außer der von den Preßbetrieben übernommenen Vorreinigung noch einer Waschung mit Wasser, wie es für tierisches Gut üblich ist, oder einer Abspülung mit einem Lösungsmittel[1] auszusetzen, sind einer eingehenden Prüfung wert. Noch wesentlich bessere Resultate können erzielt werden, wenn das Gut von nicht ölführenden Teilen, z. B. die Saat von den Schalen, befreit wird. Die Schälung ist die denkbar günstigste Reinigung, denn sie entfernt, wie z. B. bei Sojabohnen, einen Bestandteil, welcher störende Farb-, Geruch- und Geschmackstoffe an das Lösungsmittel abgibt.

b) Zerkleinerung.

Meistens ist eine mehr oder weniger weitgehende Zerkleinerung des Gutes notwendig, um dem Extraktionsmittel leichten Zutritt zu den ölführenden Räumen und ungehinderten Abgang zu gewähren. Bei der Zerkleinerung wird im Gegensatz zum Preßverfahren nicht ein möglichst feinkörniger, sondern durch Walzen oder Schneiden ein möglichst dünnblättriger Zustand (Schrotform), mitunter auch eine Grießform, angestrebt. Zur Erzielung einer vollkommenen Entölung soll das Gut nicht in dichten Klumpen, sondern lose und locker in Blättchenform geschichtet dem Angriff des Lösungsmittels ausgesetzt werden. Liegt das Gut zu dicht, so versperrt es dem Extraktionsmittel (und später dem Dampf) den Zutritt zu den einzelnen Teilchen. Die Flüssigkeit kann das Gut nicht gleichmäßig durchdringen, sie sucht sich ihren Weg durch die Stellen geringsten Widerstandes, und die Entölung bleibt unvollständig. In Sonderfällen kann aber im Widerspruch zu der allgemein gültigen Regel bei Anwendung von Extraktionsverfahren, die eine sehr innige Vermischung von Gut und Lösungsmittel gestatten, durch eine sehr weitgehende Zerkleinerung eine Erhöhung der Ölausbeute erzielt werden; so bei Kakaoschalen[2].

Bei wasserarmem, pflanzlichem Gut läßt sich die richtige Zerkleinerung am einfachsten durch Mahlung mit verschieden schnell laufenden glatten Walzen erreichen, nachdem die Saaten auf einer Riffelwalze vorgebrochen wurden. Tierisches Gut, das, abgesehen von den sperrigen Knochen, an sich bereits sehr dicht liegt, und wasserreiches pflanzliches Gut, wie Oliven und andere Ölfrüchte, sind ohne vorhergehende Trocknung sehr schwierig in die passende Form zu bringen und eignen sich aus diesem Grunde nicht gut zur Extraktion. Ohne praktischen Erfolg hat man sie unzerkleinert zu extrahieren versucht[3]. Anderem dichtliegenden Gut, wie Bleicherden, Preßkuchen, Katalysatormassen, setzt man bisweilen Auflockerungsmittel, wie Torf, Stroh, Sägespäne, zu, wenn man in stehenden Apparaten zu arbeiten gezwungen ist. Eine nachträgliche Formgebung solcher Gemische durch leichtes Pressen soll eine bessere Ausnutzung des Extraktionsraumes erlauben[4].

c) Trocknung.

Bei Verwendung wasserunlöslicher Lösungsmittel ist eine Trocknung, ja Entwässerung des Gutes vor der Extraktion vorteilhaft. Das Wasser stößt die hydrophoben Lösungsmittel ab und erschwert oder verhindert deren Zutritt zu den ölführenden Zellen oder Kapillaren. Die Trocknung bis auf einen bestimmten, von der Art des Gutes abhängigen Höchstgehalt an Wasser durch eine Wärmebehandlung ist daher vor der Extraktion üblich, wenn auch nicht notwendig.

---

[1] Rocca, Tassy & de Roux: E. P. 171 680.   [2] Griesheim-Elektron: Schwz. P. 111 359.
[3] Frank: A. P. 915 169.   [4] Sträuli u. Cie.: D. R. P. 515 058.

Das Erhitzen bewirkt gleichzeitig ein Aufplatzen der Zellen und Unlöslichwerden koagulierender Bestandteile. Das Aufplatzen der Zellen wird erleichtert, wenn das Erwärmen im Vakuum vorgenommen wird. Bei tierischem Gut soll es vorteilhaft sein, das Erhitzen unter Druck vorzunehmen, und zwar unter Luftdruck[1], weil die Erzeugung des Druckes mittels Dampfes zu hohe Temperaturen erfordern würde. Bei stark wasserhaltigem tierischem Gut, wie Fischen, Kadavern, Schlachthofabfällen, ist zwecks genügender Entölung vorhergehende Entwässerung nötig[2]. Mitunter scheint die Gegenwart von Wasser die Farbe des extrahierten Öles zu verschlechtern, z. B. bei Bleicherden.

Stark wasserhaltiges Gut wird zwecks Trocknung abgeschleudert oder abgepreßt. Über die zur Trocknung verwendeten Vorrichtungen wurde auf S. 570 bereits berichtet. Zur Heizung kann an anderen Stellen des Extraktionsbetriebes anfallende Wärme, z. B. der Wärmeinhalt der Brüden, ausgenutzt werden[3]. Um den optimalen Wassergehalt sicher zu treffen, hat man das Gut auch schon völlig entwässert und ihm dann eine abgemessene Wassermenge einverleibt[4]. Selbstverständlich erleichtert die Anwendung von Vakuum die Entfernung des Wassers, sie ist aber in der Praxis nicht üblich. Evakuieren empfiehlt sich da, wo eine Schädigung empfindlichen Gutes durch Einwirkung höherer Temperaturen oder Luft zu befürchten ist; so beschreibt STOKES[5] ein Verfahren, bei dem das Trocknen ohne Erwärmen vor sich geht.

Die Wärmebehandlung des unzerkleinerten oder in beliebigem Grade vorzerkleinerten Gutes kann durch trockene Hitze, heiße inerte Gase, unter Umständen auch durch Luft, trockenen oder feuchten Dampf, gegebenenfalls unter Zusatz von Wasser und unter beliebiger Kombinierung der genannten Faktoren durchgeführt werden, wobei jedoch eine zu hohe oder zu langdauernde Erhitzung oder gar die Aufnahme von zuviel Wasser durch das Gut vermieden werden muß. Durch das Erwärmen wird auch eine Abtötung der Enzyme, d. h. eine Sterilisierung und damit eine größere Haltbarkeit von Öl und Rückstand erreicht[6].

Eine besonders bei stark wasserhaltigem tierischem Gut mehrfach benutzte Art des Entwässerns ist das Abdestillieren des Wassers mit den Dämpfen des Lösungsmittels unter gewöhnlichem oder vermindertem Druck im vorzugsweise mit einem Heizmantel versehenen Extraktionsgefäß[7]. Lösungsmittel, die mit Wasser azeotrope Gemische bilden, eignen sich besonders gut; es gelingt aber auch mit anderen Extraktionsmitteln bereits bei Temperaturen unter dem Siedepunkt der einzelnen Stoffe. (Prinzip der Wasserdampfdestillation: Das Sieden beginnt, sobald die Summe der Partialdrucke der Dämpfe des Flüssigkeitsgemisches dem auf der Flüssigkeit lastenden Druck das Gleichgewicht zu halten vermag. Das Dampfgemisch wird kondensiert und das Lösungsmittel solange im Kreislauf zurückgeführt, bis sämtliches Wasser aus dem Gut ausgetrieben ist.)

Eine ebenfalls mehrfach empfohlene Trocknungsart ist das Erhitzen des Extraktionsgutes in einem Ölbad; das Verfahren soll insbesondere für stark wasserhaltige tierische Rohstoffe geeignet sein[8]. Man verwendet hierzu das aus dem Extraktionsgut selbst stammende Öl. Wird das zerkleinerte Gut in das erhitzte Öl unter Vakuum eingetragen, so kann die Entwässerung bei wesentlich unter 100° liegenden Temperaturen ohne Schädigung des Gutes erreicht werden. Die Konstruktion von kontinuierlichen Trocknern, die nach diesem Prinzip arbeiten, scheint nicht besonders schwierig.

---

[1] HADDAN: E. P. 19728/1906. [2] STEINMANN: Schwz. P. 119476.
[3] CAMBON u. CHARUAN: F. P. 534454. [4] LAMY-TORILHON: F. P. 603629.
[5] A. P. 1438194. [6] ERSLEV: E. P. 141341.
[7] Naßextraktion: D. R. P. 179449. — BESEMFELDER: Ö. P. 88185. — WELLS: A. P. 1267611, 1357365. [8] BERLINER: D. R. P. 197725.

Eine andere Art der Entwässerung ist die Vorextraktion des allenfalls vorher zerkleinerten Gutes mit Lösungsmitteln, welche Wasser aufzunehmen vermögen, in erster Linie mit Alkohol oder Aceton. Neben einer Entwässerung bezwecken diese teilweise schon besprochenen Verfahren die Entfernung unerwünschter Bestandteile aus dem Gut, welche sonst in das Öl übergehen würden, insbesondere der Geruch-, Geschmack-, Schleim- und Farbstoffe, der freien Fettsäuren, Harze u. dgl., und zwar durch selektive Extraktion[1].

Auch durch Binden an wasseraufnehmende Stoffe kann das Extraktionsgut vorgetrocknet werden; dabei wird gleichzeitig eine Auflockerung des Gutes erzielt. Es sind hierzu Stoffe empfohlen worden, welche das Wasser mechanisch aufsaugen, wie Torf u. dgl., oder aber auch Hydrate bildende Salze, wie Gips, entwässertes Natriumsulfat, Natriumcarbonat usw.; aus dem Rückstand können diese Zusätze mitunter durch einfache Maßnahmen, z. B. durch Auswaschen, entfernt werden[2]. In die Technik haben sich solche Verfahren nicht einführen können.

d) Weitere physikalische und chemische Vorbehandlungsmethoden.

Wie schon erwähnt, findet bereits bei der Entwässerung, insbesondere beim Erwärmen und der Auslaugung ein teilweiser Aufschluß des Gutes statt. Das Gut kann aber auch eigens einer aufschließenden Vorbehandlung physikalischer oder chemischer Art unterzogen werden, um es entweder für den Zutritt des Lösungsmittels zugänglicher zu machen oder gewisse Bestandteile des Gutes, wie Geschmacks- und Bitterstoffe, zu entfernen, die Eiweißkörper zu koagulieren und dergleichen. Der ursprüngliche Zweck mancher dieser Verfahren ist, die Entbitterung gewisser Samen, wie Lupinen, Roßkastanien, Soja- und Ricinusbohnen, gewesen. Die Verfahren lassen sich aber auch auf das zu extrahierende Gut übertragen. Es seien hier erwähnt die Vorbehandlung mit kochendem Wasser[3], mit gesättigtem Wasserdampf[4, 5], mit verdünntem wäßrigen Alkali[6], mit wäßrigem Ammoniak[7, 8], mit Mineralsäuren oder sauren Salzen[9], mit organischen Säuren[10], mit schwefliger Säure[11], nacheinander mit quellenden (Phosphorsäure, Citronensäure) und entquellenden Mitteln (Kaliumnitrat, Calciumchloridlösung[12]), mit Calciumhydroxydlösung[13], zwecks Koagulierung der Proteine usw.

Zum Aufschließen tierischen Gutes vor der Extraktion, z. B. von Schlachtabfällen u. dgl., wurde das Gut einem plötzlichen Druckwechsel[14] ausgesetzt.

Erwähnt sei noch das Digerieren von Kakaobohnen mit wäßrigem Alkali[15], das Behandeln des Gutes mit Formaldehyd[16], mit gasförmigem Ammoniak und Dampf[17], welches zugleich eine Art Vorraffination des Öles bewirken soll.

Derartige Verfahren verteuern aber nur in unnötiger Weise die Fabrikation, da dieselben Resultate auch sonst durch die Extraktion und Raffination erreicht werden. Unter Umständen mag aber ihre Anwendung berechtigt sein, vornehmlich wenn der Rückstand, z. B. der Sojabohnenextraktion, zur Bereitung von Nahrungsmitteln dienen soll.

Zu den Vorbehandlungen können auch noch die Verfahren gezählt werden, welche vor der Extraktion eine teilweise Entölung auf anderem Wege bewirken,

[1] S. nochmals D. R. P. 355 569, 505 354, 393 072, 551 101/2, 552 284. — Ferner Löb : D. R. P. 373 218; F. P. 609 842.   [2] Vogellus : A. P. 294 490. — Bull : D. R. P. 519 828.
[3] Richter & Co. : D. R. P. 311 291.   [4] Berczeller u. Graham : D. R. P. 406 170.
[5] Erslev : E. P. 141 341.   [6] Sloat : A. P. 1 774 110.
[7] Dengler : A. P. 1 850 095.   [8] Solstien : D. R. P. 36 391.
[9] Schwalbe : D. R. P. 309 555.   [10] Yamamoto : D. R. P. 386 755.
[11] Soya Products : F. P. 728 594.   [12] Ges. f. Lupinen-Industrie : D. R. P. 406 286.
[13] Boykin : A. P. 1 775 154.   [14] Whiton : E. P. 143 196.
[15] Zipperer : Schokoladenfabrikation, S. 206, 208. 1913.
[16] Haas u. Renner : A. P. 1 870 450.   [17] Leimdörfer : F. P. 680 129.

sei es durch Vorpressung oder durch Zentrifugieren und Abstehenlassen; letzteres wird mitunter nach der Entwässerung insbesondere von tierischem Gut empfohlen[1].

Auch die Vorbehandlung des Gutes mit hochwirksamen, z. B. ultravioletten oder hochfrequenten Strahlen ist vorgeschlagen worden.

C. Die eigentliche Extraktion.

Wie viele andere technische Operationen, erfordert rationelles Extrahieren eine Summe praktischer Betriebserfahrungen, aus denen erst jene Verbundenheit und Vertrautheit mit dem Material erwächst, welche befähigt, die jeweils richtige Behandlung des niemals vollkommen gleichen Gutes zu finden und auftretender Schwierigkeiten Herr zu werden. Im Prinzip ist jedoch die Extraktion recht einfach.

Eine Extraktionsanlage (Abb. 210) besteht aus vier Hauptteilen: dem Extraktor E, in welchen das Gut eingefüllt und mit Extraktionsmitteln behandelt wird; der Destillierblase D, in welche die Öllösung oder Miscella aus dem Extraktor geleitet und durch Erhitzen in Öl und Extraktionsmitteldämpfe zerlegt wird; dem Kondensator K, worin die aus der Blase kommenden Dämpfe verflüssigt werden; mit dem Kondensator ist auch der Extraktor, mitunter zweifach verbunden, und zwar mit einer Brüdenleitung, weil das im Rückstand verbleibende Extraktionsmittel ebenfalls abdestilliert werden muß, und manchmal noch mit einer Flüssigkeitsleitung, um das kondensierte Extraktionsmittel unmittelbar dem Extraktor zuführen zu können; der vierte Teil ist der Extraktionsmitteltank L, der einerseits an den Kondensator, andererseits an den Extraktor angeschlossen ist. Nach Möglichkeit wird die Aufstellung der einzelnen Apparate so getroffen, daß der Umlauf des Extraktionsmittels ohne besondere Fördermittel vor sich gehen kann. Werden jedoch Fördermittel benötigt, so sind mit Dampf betriebene, in ihrer Leistung leicht regulierbare Kolbenpumpen zu wählen. Aber auch Rotationspumpen sind verwendbar.

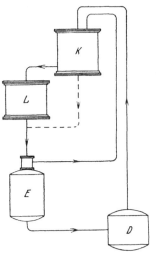

Abb. 210. Schema einer Extraktionsanlage.

Beim Zusammenbringen von Lösungsmittel und Gut erfolgt die Extraktion durch ein Diffundieren des Öles aus dem Gut in das Mittel und des Lösungsmittels in das Gut. Es kann, eine genügende Einwirkungszeit vorausgesetzt, unterstellt werden, daß sich die Hauptmenge des Öles gleichmäßig im Lösungsmittel verteilt, wobei die kleinen, durch Adhäsionskräfte an das Material gebundenen Ölreste vernachlässigt werden können. Im einfachsten Falle wird die Öllösung dann abgelassen und der Vorgang bis zur praktisch erschöpfenden Entölung wiederholt. Dabei wird ein stets gleichbleibender Teil des Extraktionsmittels vom zu entölenden Gut zurückbehalten, so daß eine absolute Entölung nicht möglich ist (vgl. auch Anhang auf S. 749). In der Praxis beendet man die Extraktion, wenn der Ölgehalt des Gutes auf etwa ein Prozent gesunken ist. Eine weitergehende Entölung würde die Leistung der Anlage zu nachteilig beeinflussen und auch die Ölqualität verschlechtern, weil das Extraktionsmittel nach Entfernung des Öles immer noch gewisse Bestandteile des Gutes lösen würde[2].

---

[1] STEINMANN: Schwz. P. 151171, 119476.
[2] WACKEROW: Allg. Öl- u. Fett-Ztg. 29, 207 (1932).

Instruktiv sind die nebenstehenden, den Verlauf der Extraktion wieder-
gebenden Diagramme bei verschiedenem Gut und verschiedenem Lösungsmittel
(Abb. 211), aus einer früheren Veröffentlichung des Verfassers[1]. Auf der Ordinate
sind die Prozente Öl, auf der Abszisse ist für jeden Aufguß die gleiche Strecke
aufgetragen. Aus sämtlichen Kurven ist zu ersehen, daß sich die Entölung mit
fortschreitender Erschöpfung sehr verlangsamt und in der Regel bald der Punkt
erreicht wird, über den hinaus weiteres Extrahieren nicht mehr lohnt.

In der Technik wird die Extraktion nach drei verschiedenen Arten
durchgeführt.

1. Bei der ersten, einfachsten Art wird, wie bereits erwähnt, das in
einem Behälter befindliche Gut mit dem Extraktionsmittel so gut vermischt,
wie es die Beschaffenheit des Gutes zuläßt. Nach dem
Abstehenlassen, dessen Dauer je nach der Art des
Gutes ungemein verschieden ist und zwischen einigen
Minuten und vielen Stunden schwankt, wird dann die
Öllösung abgezogen und der Vorgang bis zur beab-
sichtigten Erschöpfung wiederholt. Diese, als *Verdrängungsverfahren* bezeichnete Methode, die in un-

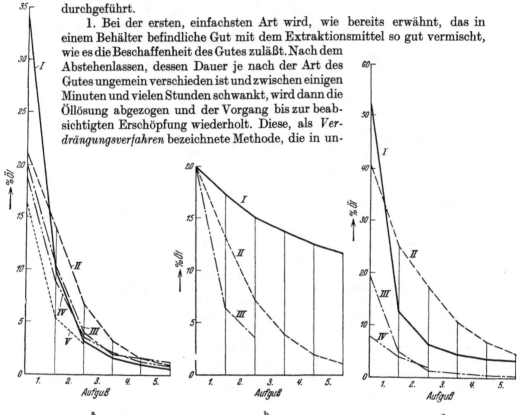

Abb. 211. Extraktionsverlauf.

vollkommener Weise auch ohne mechanische Vermischung durchgeführt werden
kann, eignet sich nur für kleine Leistungen, also vor allem da, wo die Extraktion
als Nebenbetrieb einer anderen Erzeugung ausgeübt wird, z. B. in Textil- und
Lederfabriken, oder da, wo das Extraktionsgut eine andere Methode nicht gestattet, z. B. bei der Entölung von Bleicherden, Katalysatormassen, Schlämmen
u. dgl. Typisch für das Verfahren ist, daß Gut und Lösungsmittel, in einem einzelnen Apparat eingeschlossen, miteinander behandelt werden. Bei diesem Verfahren lassen sich auch die letzten dünnen Abgüsse zur ersten Behandlung
frischen Gutes wieder verwenden. Infolge der für das Absitzen verlorengehen-
den Zeit sind, im Verhältnis zum Apparatevolumen, nur kleine Leistungen
zu erreichen.

[1] Seifensieder-Ztg. **55**, 112 (1928).

Die eigentlichen Extraktionsbetriebe, vor allem die Saatextraktionen, arbeiten nach dem *Diffusions-* oder *Anreicherungsverfahren.* Das Lösungsmittel strömt in der Regel durch mehrere, z. B. vier hintereinandergeschaltete, neben- oder untereinander stehende Extraktoren; ihre Zahl richtet sich nach dem Öl-gehalt der Saat und ist beispielsweise für Sojabohnen größer als für Palmkerne. Ein Bewegen des Gutes ist dabei nicht nötig. Hierher gehören auch die ver-einzelten Konstruktionen, bei welchen das Gut durch das ruhende Lösungsmittel gezogen wird. Das Verfahren gestattet eine bessere Ausnutzung des Lösungs-mittels und, weil bei den Saaten kein Absitzen nötig ist, sehr große Leistungen. Zum letzten Durchpumpen wird immer frisches Lösungsmittel genommen, während ein entsprechender Teil der angereicherten Miscella der Destillation zugeleitet wird.

Schließlich gibt es noch für derartige Rohstoffe Verfahren, bei welchen Gut und Extraktionsmittel dauernd im Gegenstrom zueinander bewegt werden, d. h. *kontinuierliche* Verfahren, die auf eine vollkommene Mechanisierung des Ex-traktionsprozesses hinauslaufen.

Die Extraktion kann bei gewöhnlicher oder erhöhter Temperatur ausgeführt werden; letztere hängt von dem Gut und dem Extraktionsmittel ab. In der Saatextraktion pflegt man bei Verwendung von Benzin in der Wärme, z. B. bei 50—60° zu arbeiten. Temperaturerhöhung begünstigt zwar das Aufnahme-vermögen des Lösungsmittels für das Öl, aber auch für andere Saatbestandteile, so daß bei Mitteln mit sehr starkem Lösungsvermögen, wie Schwefelkohlenstoff oder Trichloräthylen, die Extraktion in der Wärme recht nachteilig für die Qualität des Extrakts ist. Immerhin empfiehlt es sich, oberhalb des Schmelz-punktes des zu extrahierenden Fettes zu arbeiten, und zwar bei einer Temperatur, bei der die Vorteile der Temperaturerhöhung, nämlich Beschleunigung des Lösungsvorganges und Vergrößerung des Öllösungsvermögens, die Nachteile, d. s. die Erwärmung als solche und die verstärkte Aufnahme von Nichtfetten aus dem Gut, noch überwiegen.

Mitunter ist es möglich, durch mehrmaliges Extrahieren des Gutes bei steigenden Temperaturen Einzelfraktionen zu erhalten, die in ihren Eigen-schaften voneinander abweichen. Es läßt sich auf diese Weise beispielsweise aus Ricinusbohnen ein an Triricinolein angereichertes Öl gewinnen[1]. Die erziel-baren Qualitätsunterschiede sind aber kaum groß genug, um ein getrenntes Aufarbeiten der Einzelfraktionen lohnend erscheinen zu lassen.

In einigen Fällen wird das Gemisch von Gut und Lösungsmittel bis zum Siedepunkt des Extraktionsmittels erhitzt oder das Lösungsmittel in oder auf das Gut geleitet. Diese Arbeitsweise kommt z. B. bei der Ölextraktion aus Knochen in Anwendung oder bei sonstigem Gut, welches das Fett erst bei einer höheren Temperatur abgibt und überdies noch entwässert werden muß. Bei Knochen wird übrigens der Zutritt des flüssigen Lösungsmittels zu den öl-führenden Kapillarräumen durch die in den Poren eingeschlossene Luft er-schwert (Näheres s. Bd. II, Knochenfett).

Wenn man bei diesen Verfahren auch von einer Extraktion mit dampf-förmigen Lösungsmitteln zu sprechen pflegt, so ist doch zu beachten, daß das Extraktionsmittel im Augenblick seiner Einwirkung immer im flüssigen Zustand vorliegen muß, d. h. es muß sich zuerst im oder am Gut kondensieren und kann dann erst lösend wirken. Daher kommt die Extraktion zum Stillstand, sobald das Gut bis auf den Siedepunkt des Lösungsmittels erhitzt ist. Gewöhnlich wird dann der Lösungsvorgang durch ein Siedenlassen des mit dem Gut vermischten

---

[1] ANDRÉ: F. P. 677360.

Extraktionsmittels vervollständigt, wobei vorteilhafterweise die entstehenden Extraktionsmitteldämpfe im Kreislauf wieder benutzt oder in einen frisch gefüllten Extraktor eingeleitet werden[1].

Da der Zutritt des Lösungsmittels zu den wasser- und ölführenden Kapillarräumen im dampfförmigen Zustand leichter und schneller erfolgt als im flüssigen, so läßt sich auf diese Weise ein Rohmaterial, dessen Öl wenig temperaturempfindlich ist, durch Extraktion mit „dampfförmigen" Lösungsmitteln bedeutend schneller entölen, bei gleichzeitiger Entwässerung und Sterilisation. Bei der Verarbeitung von Saaten, für welche sie ebenfalls bereits vorgeschlagen wurde, ist aber die Extraktion mit Lösungsmitteldämpfen zu verwerfen[2].

Bei den Diffusionsverfahren erfolgt das Erhitzen des Extraktionsmittels in der Regel durch die anfallenden Brüden; beim Verdrängungsverfahren erwärmt man das Gut vor oder nach Zugabe des Lösungsmittels durch Heizmäntel oder -röhren. Auch erhitztes Mineralöl ist als Wärmequelle vorgeschlagen worden[3].

Anderseits ist zur Erleichterung der Extraktion auch ein Gefrieren des Gutes vorgeschlagen worden[4]. Die Entölung des gefrorenen Gutes eignet sich beispielsweise für stark wasserhaltiges tierisches Material[5], insbesondere sehr wärmeempfindliche Stoffe, z. B. Lebern, deren Vitamin A unversehrt erhalten bleiben soll.

Erleichterter Zutritt des Extraktionsmittels zu den ölführenden Kapillarräumen läßt sich auch durch Extraktion unter Druck (Gas- oder Flüssigkeitsdruck) erzielen[6]; aber diese Verbesserung ist bei der üblichen Extraktion in flüssigem Zustand zu geringfügig, um auch nur im entferntesten die mit den Druckverfahren verknüpften Nachteile auszugleichen, nämlich Komplizierung der Anlage, Verteuerung des Betriebes und Erhöhung der Extraktionsmittelverluste infolge größerer Schwierigkeit, die Apparatur dicht zu halten. Manchmal kann jedoch die Druckextraktion trotz der erwähnten Nachteile vorteilhaft sein, wenn nämlich Erhöhung der Temperatur über den Siedepunkt des Lösungsmittels, wie z. B. bei der Benutzung von Benzin zur Extraktion von Ricinus oder von Alkohol für andere Ölsaaten, dessen Lösevermögen sehr vergrößert. Eine gewisse Wärmeersparnis ist bei den unter Druck arbeitenden Verfahren außerdem möglich, wenn auch Kondensation und Abscheidung des Wasserdampfes aus den Brüden unter Druck vorgenommen wird, weil dann die Dämpfe nur wenig unter den jeweiligen Siedepunkt des Wassers abgekühlt werden müssen, also die Verdampfungswärme des Lösungsmittels im nicht kondensierten Teil seiner Dämpfe erhalten bleibt[7].

Auch das Arbeiten im Vakuum erleichtert infolge Entlüftung des Gutes den Angriff des Lösungsmittels; man vermeidet dabei auch Extraktionsmittelverluste infolge der Abwesenheit nicht kondensierbarer Gase. Dieser Vorteil wird jedoch mehr als aufgewogen durch den Verlust an Dämpfen, die mit der Abluft der Vakuumpumpe entweichen. Weitere Nachteile sind auch hier wieder Komplizierung der Anlage und Verteuerung des Betriebes, ferner der Umstand, daß infolge Erniedrigung des Siedepunktes der Bereich der anwendbaren Temperaturen bedeutend eingeschränkt ist.

---

[1] Schlenker: Chem.-Ztg. **53**, 838 (1929). — Rosenthal: D. R. P. 378550. — Margoles: F. P. 463178.

[2] Naßextraktion: D. R. P. 179449. — Frank: A. P. 915169. — Dows u. Bellwood: E. P. 280986. — Besemfelder: Ö. P. 88185. — Zipser: Ö. P. 93229.

[3] Morelli: F. P. 724491.   [4] Tival u. Descombes: F. P. 551457.

[5] Rosenthal: D. R. P. 356519.

[6] Whiten u. Bredlik: E. P. 143196. — Ältere Verfahren: Pöppinghausen: D. R. P. 16810. — Schneider: D. R. P. 22295. — Weber & Co.: D. R. P. 32849.

[7] Savage: D. R. P. 542942.

Deshalb haben sich auch die Vakuum-Verfahren nirgends in der Praxis halten können, abgesehen von der Verarbeitung von Stoffen, die durch Temperaturerhöhung leicht geschädigt werden. So wird z. B. die Extraktion im Vakuum immer wieder für Knochen empfohlen, welche weiterhin auf Leim verarbeitet werden sollen, um jede Zersetzung der leimgebenden Substanz dadurch auszuschließen, daß die Extraktion und vor allem die Ausdämpfung bei möglichst niedriger Temperatur vorgenommen wird. Dabei wird das erforderliche Vakuum nur zu Anfang mittels Pumpe, während des Extraktionsvorganges selbst mitunter nur durch Kondensation der Lösungsmitteldämpfe aufrecht erhalten[1]. Die Lösung soll schneller und vollständiger erfolgen, wenn nach der Evakuierung die Dämpfe· des Lösungsmittels ohne Temperaturerhöhung bis zur Erzielung eines bestimmten Druckes eingepreßt werden[2].

Die Extraktion ist ein Vorgang, der, wie jedes Lösen, eine gewisse Zeit erfordert. Deswegen müssen Gut und Extraktionsmittel eine bestimmte Zeit aufeinander einwirken können; man bewirkt dies durch a) längeres Vermischen beider Stoffe oder b) Leiten des Lösungsmittels durch das Gut oder schließlich c) Gegeneinanderführen von Gut und Lösungsmittel. In den Fällen b und c hat es sich wegen Veränderung der Dichte des Lösungsmittels durch die Aufnahme des Öles bewährt, leichtere Lösungsmittel von oben nach unten, schwerere von unten nach oben durch das Gut zu führen.

Manchmal bilden sich bei der Extraktion schwer trennbare Gemische des Lösungsmittels mit dem mitunter aufgequollenen Gut. Durch Zusatz fällender oder koagulierender Stoffe, wie Natriumchlorid oder Alaun[3], lassen sich derartige Suspensionen trennen.

Schon frühzeitig machte man Vorschläge, die Feuers- und Explosionsgefahr in mit brennbaren Lösungsmitteln arbeitenden Extraktionsanlagen auszuschließen durch eine inerte Atmosphäre (Evakuieren der Extraktionsapparate zwecks Vertreiben der Luft, Extraktion in einer CO_2-Atmosphäre, Verdrängen des Lösungsmittels mit CO_2 und Ausdämpfen des Rückstandes mit heißem CO_2). Diese Maßnahmen[4] haben aber keine praktische Bedeutung erlangt.

D. Die Extraktoren und die Extraktionsverfahren.

Das Gefäß, in welchem der Rohstoff mit dem Extraktionsmittel zusammengebracht wird, heißt *Extraktor*. Er kann die verschiedenartigsten Formen und Größen haben, welche sich aus der Beschaffenheit des Gutes oder Extraktionsmittels und der Eigenart des Verfahrens ergeben. In der Regel besitzt der Extraktor die Form eines stehenden, unten in einen kurzen kegelförmigen Ansatz verlaufenden Zylinders. Mitunter ist er auch eine mit Rührwerk versehene oder rotierende Trommel. Die stehenden Batteriezylinder für Saatextraktion haben gewöhnlich einen Fassungsraum von 5—6 m³; in seltenen Fällen, so z. B. bei der Knochenverarbeitung, verwendet man größere Apparate bis zu 10 m³ Inhalt. Für schwerer extrahierbares, dichtliegendes Gut wählt man mit Vorliebe kleinere, stehende Apparate von 1—5 m³ Inhalt, und nur bei Anwendung rotierender Trommeln kann man auch bei Verarbeitung solcher Stoffe Größen bis zu 10 m³ zulassen.

Der Extraktor ist gewöhnlich aus Schmiedeeisen gefertigt, das in Sonderfällen verzinnt, verbleit, emailliert, lackiert oder mit einem widerstandsfähigen keramischen oder anderem synthetischen Material ausgekleidet ist. Kupfer, Holz und

---

[1] PANSKY: F. P. 634595.　　　　　[2] GIRSEWALD: D. R. P. 243243.
[3] EDDY: A. P. 1487449. — S. auch D. R. P. 269195.　　[4] McMAHON: A. P. 793464.

dergleichen werden als Extraktorenbaustoffe bei der Ölgewinnung nicht verwendet.

Die Beschickung und Entleerung erfolgt je nach der Größe des Apparates durch eine oder mehrere luftdicht verschließbare, an geeigneten Stellen angebrachte Öffnungen. Kippbare Extraktoren[1] fanden keine Verbreitung.

In der Regel (bei Verarbeitung von Saaten, Knochen u. dgl., aber nicht bei Erden, Schlämmen und ähnlichem Material) lagert das Gut auf einem meistens waagerechten, seltener zur Öffnung geneigten Siebboden aus perforiertem Blech, der aus einer groß- und einer kleinlöcherigen Siebplatte besteht, zwischen die ein Filtertuch oder ein feinmaschiges Drahtnetz eingesetzt wird. Neuerdings haben sich auch dachförmig übereinander angeordnete Bleche, besonders die Stabseiher-Durchlaßböden[2] bewährt, bei welchen der Filterboden nur aus stabförmigen Profileisen oder geschlungenen Profildrähten mit dachförmiger oberer Abschrägung besteht (Abb. 212).

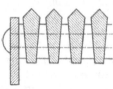

Abb. 212. Stabseiherboden.

Werden spezifisch schwere Lösungsmittel verwendet, so empfiehlt sich auch ein solcher Siebeinsatz als oberer Abschluß des Extraktionsraumes. Dagegen ist der Einbau weiterer etagenartiger Siebflächen oder die Anordnung auswechselbarer Siebeinsätze oder -körbe in den Extraktionsraum überflüssig.

Meistens sind die Extraktoren mit einem Rührwerk versehen, welches mitunter als Wasser-, Dampf- oder Lösungsmittelzuleitung ausgebildet ist. Die sorgfältig abgedichtete Rührwerksachse geht, vornehmlich bei Einzelapparaten, durch den Deckel, bei Batterieapparaten durch den Boden.

Zur Erwärmung des Gutes ist der Extraktor, der selbstverständlich gut isoliert werden muß, mit Heizmantel, Heizschlangen oder mit beidem ausgerüstet. Fast immer wird er, vorzugsweise an der tiefsten Stelle, mit einer offenen Schlange zur Einführung direkten Dampfes versehen. Zwecks rascherer Ausdämpfung können noch weitere offene und geschlossene Dampfschlangen an anderen Stellen des Apparates angeordnet sein.

Der Extraktionsmitteleintritt liegt über der Füllhöhe und wird zweckmäßigerweise, besonders bei Durchflußapparaten, als gleichmäßiger Verteiler (Düsenring, Brause u. dgl.) ausgebildet; der Austritt der Miscella wird an der untersten Stelle vorgesehen.

Die Schilderung der einzelnen Extraktionsapparate kann sich auf einige, in der Technik meist gebräuchliche Typen beschränken. Eine erschöpfende Beschreibung aller vorgeschlagenen Konstruktionen, gewissermaßen eine Geschichte des Extraktionsapparatebaues, erscheint überflüssig, nachdem die meisten der in Vergessenheit geratenen Vorschläge sich in der Praxis nicht bewähren konnten. Es sei jedoch auf die erste Auflage dieses Handbuches[3] verwiesen, die eine eingehende Schilderung der verschiedenen Extraktionsapparate enthält[4].

Damals hatte eine ausführliche Beschreibung aller Konstruktionen ihre Berechtigung, weil auf dem Extraktionsgebiete noch alles im Fluß war. Heute beschränkt sich der Apparatebau auf einige einfache und erprobte Konstruktionen.

Unter diesen kann man folgende Haupttypen unterscheiden:

---

[1] Shatto: A. P. 1059574. — McCoid: E. P. 11059/1913. — Über eine Konstruktion mit fahrbarem Boden s. Edgerton: A. P. 991491.
[2] Hänig & Co.: D. R. P. 508313.
[3] Hefter: Technologie der Öle und Fette, Bd. I, S. 368—435. Julius Springer. 1906.
[4] S. auch Bornemann: „Die fetten Öle". 1889.

a) *Stehende und liegende, nach dem Verdrängungssystem arbeitende Apparate.*
b) *Rotierende Apparate.*
c) *Batterieextraktoren.*
d) *Besondere Konstruktionen und Extraktionsverfahren.*

a) Apparate für das Verdrängungssystem.

In der Regel lassen sich die Verdrängungsapparate, auch der erste, von DEISS[1] beschriebene Apparat, direkt oder nach geringfügigen Änderungen auch für das Anreicherungsverfahren benutzen.

Verschieden ist bei den beiden Arten der Extraktion im wesentlichen nur die Arbeitsweise, für deren Wahl in erster Linie das Gut selbst maßgebend ist. Nach dem Verdrängungsverfahren wird man in der Regel solches Gut verarbeiten, das eine andere Extraktionsmethode nicht zuläßt. Hierzu gehören vor allem die Bleicherden, Katalysatormassen aus Ölhärtungsanlagen, Schlämme u. dgl., welche mit dem Lösungsmittel auf das innigste vermischt werden müssen, um überhaupt entölt werden zu können, und die nach Einwirkung des Lösungsmittels zwecks Absitzens längere Zeit der Ruhe überlassen werden. Ferner entfettet man nach dem Verdrängungssystem Knochen u. dgl. Stoffe, die durch längere Behandlung mit siedendem Extraktionsmittel gewissermaßen für die Extraktion erst vorbereitet werden müssen. Die stehenden Extraktoren werden im allgemeinen den liegenden vorgezogen.

Der einfachste, nach dem Verdrängungsprinzip arbeitende Apparat (Bauart Niessen, Pasing), der häufig für die Extraktion von Bleicherden gebraucht wird, ist (Abb. 213) ein geschlossener, stehender Zylinder mit schwach gewölbtem Boden, ausgerüstet mit Dampfmantel E, als Lösungsmittel-, Wasser- und Dampfzuleitung C_1 und C_2 ausgebildetem Rührwerk (dessen unterster Flügel F von einem durchbohrten Rohr gebildet wird), Brüdenabzug am Deckel, in verschiedener Höhe angebrachten Miscellaabflußhähnen D, Mannloch A am Deckel zur Beschickung, Ent-

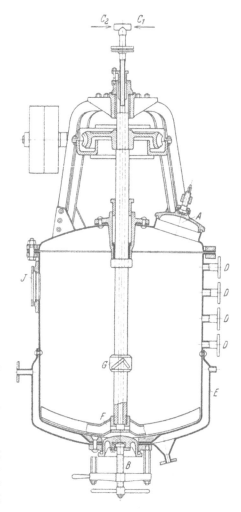

Abb. 213. Extraktor nach dem Verdrängungsprinzip.

leerungsöffnung B an der tiefsten Stelle des Bodens, Schauglas J und Thermometer. Außerdem wird der Apparat mit Manometer und Entlüftungshahn versehen.

Das Füllgewicht beträgt etwa die Hälfte des Rauminhaltes.

Nach Verrühren des Gutes mit der etwa gleich großen Menge Lösungs-

---

[1] E. P. 390/1856.

mittel wird absitzen gelassen, die Miscella zunächst vom obersten und mit dem
Fortschreiten des Absitzens von den tieferen Hähnen abgezogen und der Vorgang
so oft (in der Praxis aber nicht mehr als viermal) wiederholt, bis der Ölgehalt
des Gutes genügend gesunken ist. Die Zuleitung des Lösungsmittels kann auch
am Deckel des Extraktors vorgesehen werden; auch kann man für die Zuführung
des direkten Dampfes am Boden des Extraktors eine Schnatterschlange anbringen.

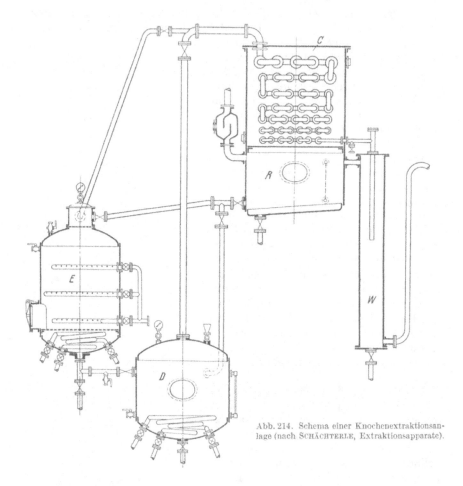

Abb. 214. Schema einer Knochenextraktionsan-
lage (nach Schächterle, Extraktionsapparate).

Die Apparate für die Extraktion von Knochen u. dgl. unterscheiden sich
vom beschriebenen im wesentlichen nur durch die Anordnung eines Siebbodens
zur Aufnahme des Gutes und mitunter durch das Fehlen eines Rührwerks; für
die raschere Ausdämpfung und Entleerung ist aber auch bei diesen Extraktoren
ein Rührwerk von Vorteil (s. Bd. II, Knochenfett).

In Abb. 214 ist eine mit derartigen Apparaten arbeitende Anlage schematisch
dargestellt. E ist der Extraktor, D die Destillierblase, C der Kondensator,
R der mit Wasserverschluß versehene Lösungsmitteltank und W der Wasserabscheider.

Abb. 215 gibt die Ansicht einer ganzen Extraktionsanlage zur Ausführung
halbtechnischer Versuche (Bauart Schlotterhose, Wesermünde) wieder.

Neben diesen Apparaten hat sich schon seit Jahrzehnten eine nach dem

Abb. 215. Halbtechnische Extraktionsanlage.

Soxhlet-Prinzip arbeitende Konstruktion bewährt, welche Extraktor und Destillator in einem Gefäß vereinigt (Bauart Merz, Brünn, Abb. 216 u. 217).

In Abb. 217 stellt A den Extraktions-, B den Destillationsraum dar, die über den Dreiweghahn 12 untereinander verbunden, im übrigen aber durch den Boden 4, die Wand 3 und Siebwand 5 voneinander abgetrennt sind. Von der Sprühschlange 6 aus wird das auf dem Siebboden 7 liegende Gut von dem Lösungsmittel durchrieselt. Mitunter ist auch ein Rührwerk vorgesehen. Nach genügender Einwirkungszeit läuft die Miscella durch 12 zum Destillationsraum B, wo sie mittels des Umwälzverdampfers C verdampft wird. Die Brüden gelangen durch 14 in den Stufenkondensator D und das verflüssigte Lösungsmittel durch Heißscheider E und Kaltscheider F zum Lösungsmittelbehälter G

Abb. 216. Ansicht eines Merzschen Extraktors.

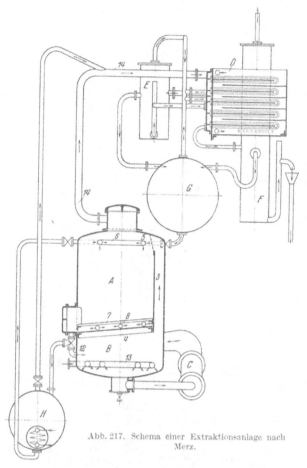

Abb. 217. Schema einer Extraktionsanlage nach
Merz.

und von dort wieder zur Sprühschlange 6. Die offenen Dampfschlangen 8 und 13 dienen zum Abtreiben des Lösungsmittels aus Rückstand und Öl. Zu verdünnte Miscella wird nicht zum Destillator, sondern in ein Zwischengefäß H geleitet, von wo aus sie nochmals zum Überrieseln benutzt wird.

b) Rotierende Apparate.

Für verschiedene Sonderzwecke haben sich in den beiden letzten Jahrzehnten rotierende Extraktoren trotz ihrer Kostspieligkeit, ihres größeren Raumbedarfes, höheren Betriebskosten und geringeren Leistung in die Technik eingeführt. Nasses, schleimiges, pulverförmiges Material oder solches, das nicht der Einwirkung direkten Dampfes ausgesetzt werden kann, läßt sich vorteilhaft in rotierenden Apparaten verarbeiten; da diese auch für Saaten u. dgl. gebraucht werden können, sind sie gewissermaßen

Abb. 218. Rotierender Extraktor.

Universalapparate. Sie sind geeignet für kleine und mittlere, selbständige Extraktionswerke, welche die verschiedenartigsten Materialien extrahieren müssen, wie Saaten, Preßrückstände, Bleicherden u. dgl. Weite Verbreitung haben sie außerdem in der Fischmehlindustrie gefunden, deren stark wasserhaltiges Rohgut vor dem Entölen zweckmäßig im Extraktor selbst unter indirekter Heizung im Vakuum getrocknet wird.

Durch das Extrahieren und Ausdämpfen unter Rotation wird eine sehr innige Vermischung von Gut mit Lösungsmittel bzw. Dampf und ein inniger Kontakt mit den heißen Wänden des Heizmantels erreicht.

Die rotierenden Apparate sind ohne Ausnahme liegende Zylinder mit Doppelmantel. Vereinzelte Konstruktionen bevorzugen die Kugelform[1] oder ein sechskantiges Prisma[2]. Mitunter werden auch im Inneren der Trommel Heizrohre angebracht, die als einzige oder zusätzliche Heizkörper[3] (auch für direkten Dampf[4]) und gleichzeitig als Rührwerk dienen sollen. Die Trommel (Abb. 218) ruht entweder mit Laufkränzen auf Tragrollen und wird durch ein Schneckengetriebe in Umdrehung versetzt, oder sie hängt in festen Lagern und wird durch ein Zahnradvorgelege getrieben. Zu- und Ableitung der Flüssigkeiten und Dämpfe erfolgen in der Regel durch die mit besonders dichthaltenden Stopfbüchsen versehenen zentralen Achsenlager. Mitunter geschieht die Zuleitung der Flüssigkeit durch an- und abschraubbare Schläuche, vollkommenere Konstruktionen haben jedoch nur feste Verbindungen, welche Zu- und Ableiten des Lösungsmittels und der Dämpfe während der Rotation gestatten.

Der Extraktor wird durch ein oder mehrere Mannlöcher bis zu etwa einem Drittel gefüllt, hierauf das Lösungsmittel zufließen gelassen. Das Anbringen eines besonderen Verteilungssystems für das Lösungsmittel ist beim Arbeiten nach dem Verdrängungssystem überflüssig, beim Diffusionsbetrieb aber notwendig. Vor der Zuführung des Lösungsmittels läßt man mitunter das Gut durch Rotieren des Extraktors im Vakuum vortrocknen. Man läßt den mit Gut und Lösungsmittel gefüllten Extraktor einige Zeit rotieren, dann ruhen, damit sich das Gut von der Öllösung absetzen kann. Hierauf erst wird die Miscella durch Filter zur Blase abgeleitet oder abgepumpt. Während des Ausdämpfens und Entleerens läßt man die Trommel ebenfalls rotieren.

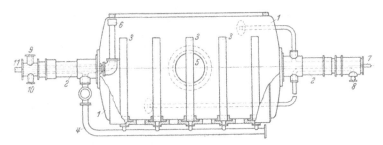

Abb. 219. Rotierender Extraktor. (Bauart Wilhelm.)

Die Filtervorrichtungen sind flache oder gewölbte Filterböden, -wände oder -rohre. Bei der Verarbeitung von Erden, Schlämmen u. dgl. können sie versagen, dann hilft allerdings auch das zeitweilige Abdecken der Filterfläche durch verschiebbare, durchlochte Bleche[5] nicht viel. Gut funktionieren die eingebauten

[1] ADAMSON: E. P. 5709/1914. [2] DE RAEDT: E. P. 126262.
[3] STAHLGREN u. STANNON: A. P. 1341523. [4] Etablissement Olier: F. P. 586292.
[5] KÜHNLE, KOPP u. KAUSCH: D. R. P. 526625.

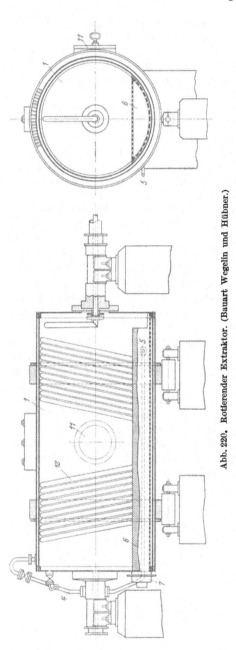

Abb. 220. Rotierender Extraktor. (Bauart Wegelin und Hübner.)

Filter bei der Verarbeitung von Saaten, aber für diese genügen auch einfache, stehende Apparate mit Siebboden.

Als rotierende Extraktoren eignen sich daher am besten einfache, mit den notwendigen Anschlüssen versehene Drehtrommeln, die ein Abzapfen der Miscella in verschiedener Höhe gestatten, sonst aber möglichst wenig innere Einrichtungen besitzen. Weitere Konstruktionselemente können aus der nachstehenden Beschreibung der gebräuchlichsten Typen entnommen werden.

In Abb. 219 (Bauart Otto Wilhelm[1]) ist 1 der an den Achsen 2 drehbar gelagerte, mit einem Mannloch 5 versehene Zylinder mit auswechselbaren, perforierten, senkrecht zur Zylinderachse ins Innere ragenden, gegebenenfalls mit Filterstoff überspannten Filterrohren 3, die an eine gemeinsame Leitung 4 angeschlossen sind, ausgerüstet. Zur Abführung der Brüden dient das auch während der Rotation immer aufrecht stehende Rohr 6. Auf der rechten (Dampf-) Seite ist 7 die Dampfzuleitung für den Mantel, 8 die Ableitung des Kondenswassers, auf der linken (Lösungsmittel-) Seite bedeutet 9 die Lösungsmittelzuleitung, 10 die Miscellaableitung, 11 den Brüdenaustritt. Zweckmäßigerweise sieht man noch bei 10 einen Anschluß für direkten Dampf vor zur Ausdämpfung des Gutes und Reinigung der Filterrohre.

Der Apparat nach Abb. 220 (Bauart Wegelin und Hübner[2]) benutzt statt der vertikalen Filterrohre ein an der Innenwand der Trommel 1 liegendes und sich parallel zu deren Drehachse erstreckendes horizontales Rohr 6 von kreisförmigem oder kreissegmentförmigem Querschnitt. Mit dem Ende 7 durchdringt es eine Stirnwand; an dieser Stelle wird es zur Füllung in seiner höchsten Lage mit dem Lösungsmitteltank lösbar verbunden und zwecks Entleerung in seiner niedrigsten Lage mit dem Destillator. Der Zutritt des Heizdampfes zum Mantel erfolgt durch 4, die Ableitung des Kondenswassers durch 5. Im Innern der Trommel sind schraubengangförmige Rippen oder Rinnen 12 mit auf beiden Seiten der Öffnung 11 entgegengesetzt gerichteten Windungen angebracht, wodurch eine raschere Entleerung des Extraktors ermöglicht werden soll.

Horizontale Filterrohre t, von einem Schutzkorb s umgeben, finden sich bei der Konstruktion Abb. 221 (Bauart Schlotterhose[3]). Die Trommel g ruht auf den Laufkränzen n und wird durch ein Schneckengetriebe o, p in Umdrehung versetzt. Die Heizung des Mantels m erfolgt durch die Leitungen i, j und 7, 8. Nach

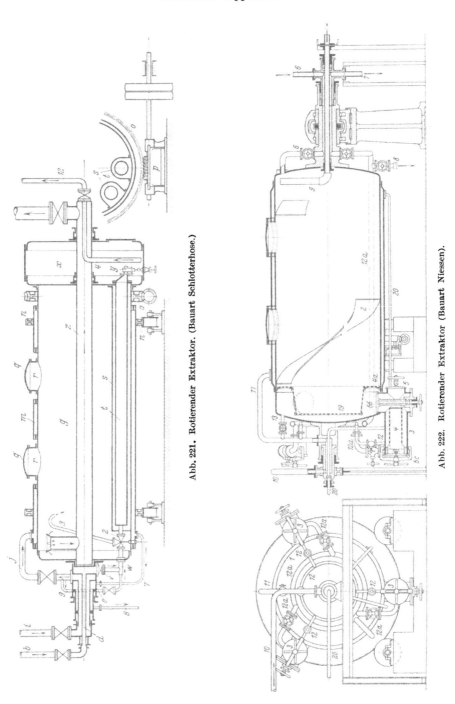

Abb. 221. Rotierender Extraktor. (Bauart Schlotterhose.)

Abb. 222. Rotierender Extraktor (Bauart Niessen).

der Einfüllung des Gutes durch die mit den Deckeln q verschließbaren Öffnungen r wird das Lösungsmittel aus der Leitung b durch den feststehenden Teil d und den sich drehenden Teil e der Achse durch v und w in die Filterrohre t und die Trommel einströmen gelassen. Jedes Filterrohr ist durch ein Ventil y mit einer neben der Extraktionstrommel angeordneten und sich mit ihr drehenden Kammer x verbunden.

Aus dieser wird nach beendigter Extraktion die Miscella nach Öffnen von *y* durch die in beliebige Höhenlage gebrachten Filterrohre und die Leitungen 4, 12 abgesaugt. Die Leitung 9 gestattet das Ausdämpfen des Extraktors mit direktem Dampf durch die Filterrohre; *z* ist ein feststehendes, zentrales Brüdenabführungsrohr. Der Dreiweghahn 2 nebst Leitung 3 ermöglicht die Benutzung des nicht rotierenden Apparats nach dem Diffusionsverfahren.

Durch leichtere Zugänglichkeit der häufig versagenden Filtervorrichtungen unterscheidet sich die Konstruktion nach Abb. 222 (Bauart Niessen[1]) von den vorhergehenden. Bei dieser Trommel 1 ist, durch eine den ganzen Querschnitt ausfüllende Siebwand 19, von welcher das Gut durch eine Leitfläche 2 möglichst ferngehalten wird, eine Kammer vom eigentlichen Extraktionsraum abgeteilt, die durch Ventile 56 und Stutzen 4a mit Filterkasten 3 in Verbindung steht. Die Deckel 5 und 5c dieser Kasten sind leicht zu öffnen, so daß nach Absperren des Kastens die Filter 4 bequem herausgenommen und gereinigt werden können. Die Dampfzuleitung 10 speist durch 11 den Mantel. Die Kondenswasserleitung 20 ist durch 13 mit dem Innern der Trommel verbunden und dient in der Abzweigung 12 zum Ausblasen des Filters. Das Lösungsmittel tritt durch 6 ein, der Austritt der Miscella aus den Filtern erfolgt durch 12a, weiterhin bei rotierender Trommel durch 7, bei ruhender durch 8. Die Ableitung der Brüden erfolgt durch 9.

Erwähnt seien noch folgende, im wesentlichen mit den besprochenen übereinstimmende Konstruktionen von Drehtrommeln: Etablissements Olier[2], mit besonderen Zu- und Ableitungen der Flüssigkeiten und Dämpfe; LEMALE[3], mit einander diametral gegenüberliegenden Filterrohren; PARODI[4], mit einem um ein Rührwerk konzentrisch angeordneten Kreis von Filterrohren; MAYO[5], mit einer durch eine vertikale Siebwand abgetrennten Miscellakammer. Eine innerhalb eines feststehenden Mantels rotierende, hauptsächlich zur Entölung von Textilien dienende Trommel hat MAYO[6] konstruiert.

Der Lösungsmittelverlust ist bei den rotierenden Apparaten größer als bei den ruhenden und beträgt etwa 2%. Der Dampfverbrauch ist, abgesehen von dem zur Vortrocknung verbrauchten, annähernd so groß wie bei der Extraktion in stehenden Apparaten, etwa 1 kg pro 1 kg Gut. Auch der Kühlwasserverbrauch ist in beiden Fällen gleich groß und beträgt bei einer Wassertemperatur von 15° ungefähr das 30fache des Dampfverbrauches. Der Kraftbedarf ist bei den rotierenden Extraktoren natürlich größer als bei den stehenden.

Abb. 223. Batterie-Extraktor (Ansicht). (Bauart Harburger Eisen- und Bronzewerke.)

[1] D. R. P. 431478.   [2] F. P. 530477.   [3] F. P. 639211.
[4] F. P. 687710.   [5] E. P. 373629.   [6] E. P. 374016.

c) Batterie-Extraktoren.

(Extraktion mit systematischer Anreicherung.)

Die Extraktion großer Mengen einheitlichen Materials bis 500 t Ölsaaten und mehr im Tag wird zurzeit meistens noch nach dem Anreicherungsverfahren in Batterieextraktoren durchgeführt. Indem dabei nach dem Gegenstromprinzip stets das frische Material von der bereits konzentrierten Lösung, das nahezu entölte Gut jedoch vom frischen Lösungsmittel durchströmt wird, erhält man unter erschöpfender Entfettung Miscellen von wesentlich höherer Konzentration als bei dem Verdrängungsverfahren, wodurch eine erhebliche Dampfersparnis bei der Miscelladestillation erzielt wird.

Die Ölkonzentration in der Miscella beträgt z. B. nach Extraktion von Sojabohnen gegen 35%, nach Extraktion von Palmkernen nahezu das Doppelte.

Einen der üblichen Extraktoren (Bauart Harburger Eisen- und Bronzewerke) zeigen die Abb. 223 u. 224. Das durch den Füllstutzen eingeführte Gut liegt auf einem Siebboden und wird von oben vom Lösungsmittel oder der Miscella durchflossen. Der Miscellaaustritt befindet sich an der tiefsten Stelle des Bodens neben dem Durchtritt der (sorgfältig abgedichteten) Rührwerksachse. Am Füllstutzen sind außer dem Lösungsmitteleintritt noch der Brüdenabzug und die Entlüftung angebracht. Das Einleiten des direkten Dampfes erfolgt durch

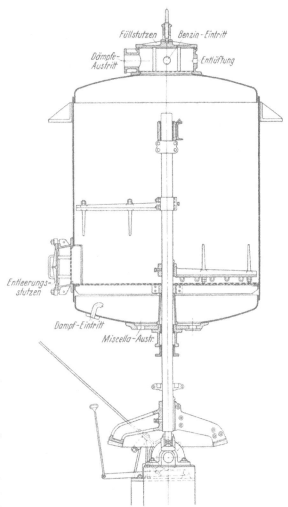

Abb. 224. Batterie-Extraktor (Schnitt). (Bauart Harburger Eisen- und Bronzewerke.)

eine geeignete Verteilung (Schnatterschlange) unterhalb des Siebbodens. Das Rührwerk wird vornehmlich bei der Ausdämpfung und Entleerung benutzt.

Das Rohrleitungsschema und der ganze Aufbau einer Batterie-Extraktion sowie ihre Arbeitsweise ergeben sich aus der Abb. 225 (Bauart Harburger Eisen- und Bronzewerke Akt. Ges.). Zur Beschreibung der Betriebsarbeit sei von einem Zeitpunkt ausgegangen, in welchem die drei ersten mit Gut gefüllten Extraktoren mit dem Lösungsmittel behandelt werden. Die Benzinpumpe holt das Lösungsmittel aus dem Benzin-Umlaufbehälter und drückt es auf dem Umweg durch

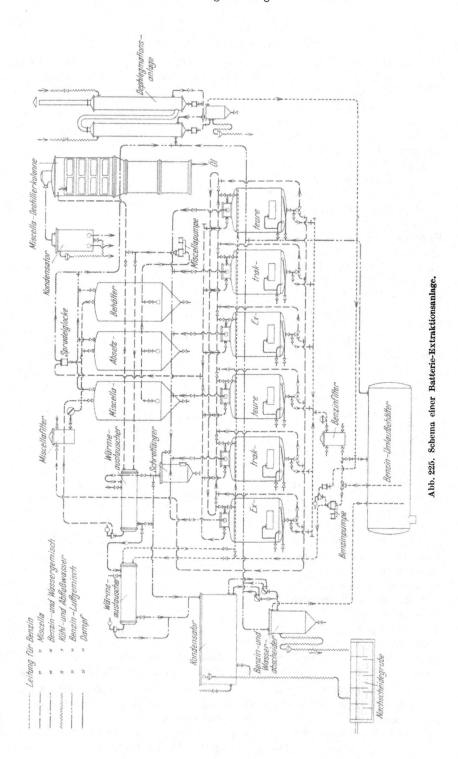

Abb. 225. Schema einer Batterie-Extraktionsanlage.

einen Wärmeaustauscher in den ersten Extraktor, dessen Miscellaablauf solange geschlossen bleibt, bis der Apparat gänzlich mit dem Lösungsmittel angefüllt ist. Dieser Punkt ist daran zu erkennen, daß dann die Lösung durch die Entlüftungs-

Abb. 226. Ansicht einer Batterie-Extraktionsanlage.

leitung, welche gleichzeitig die Miscella-Überlaufleitung bildet, nach oben steigt und in der Sprudelglocke erscheint. Darauf wird erst der Miscellaabfluß am Boden des Extraktors geöffnet, so daß die Lösung in die oberhalb der Extraktoren gezeichnete Miscella-Ringleitung strömt, aus dieser durch den Füllstutzen in den zweiten, und nach dessen Füllung auf dem entsprechenden Wege in den dritten Extraktor. Beim Austritt aus diesem findet sie jedoch die Verbindung zur Ringleitung geschlossen und fließt deshalb durch die unterhalb der Extraktoren gezeichnete Leitung und durch das Miscellafilter zu den Absitzbehältern. Von hier aus befördert sie eine Pumpe wieder auf dem Umweg durch einen Wärmeaustauscher zur Destillationskolonne. Nach einer gewissen Durchflußzeit, welche der erfahrene Extrakteur kennt und die sich auch leicht aus der Farbe der abfließenden Lösung und der Fettfleckprobe auf Filtrierpapier ergibt, ist das Gut im Extraktor 1 praktisch erschöpft. Während dieser Zeit ist der Extraktor 4 mit frischem Gut gefüllt, Extraktor 5 entleert und Extraktor 6 ausgedämpft worden. Nun wird der Extraktor 1 aus dem Lösungsmittelumlauf ausgeschieden und an seiner Stelle der Extraktor 4 in den Umlauf eingeschaltet. Alsdann fließt das frische Lösungsmittel in den Extraktor 2, während die hochkonzentrierte Miscella aus dem Extraktor 4 austritt. Während des weiteren Lösungsmittelumlaufes, und zwar bis zur Erschöpfung des Gutes im Extraktor 2, wird Extraktor 5 gefüllt, Extraktor 6 entleert und Extraktor 1 ausgedämpft, nachdem vorher das darin verbliebene Lösungsmittel durch die unter den Extraktoren gezeichnete Leitung zum Umlaufbehälter abgelassen wurde. Hierauf wird der Extraktor 2 ausgeschaltet, Extraktor 5 in den Lösungsmittelumlauf eingeschaltet und so weiter, so daß die Extraktion gleichsam kontinuierlich vor sich geht. Die Brüden ziehen durch einen Schrotfänger und die Wärmeaustauscher zum Kondensator, das Kondensat fließt durch einen Wasserabscheider zum Umlaufbehälter zurück. Die Entlüftungen der gesamten Apparatur sind an eine gemeinsame Entgasungs- (Dephlegmations-) Anlage angeschlossen.

Zufuhr des frischen Gutes und Abtransport des Rückstandes erfolgen ununterbrochen durch geeignete, über oder unter den Extraktoren angeordnete Fördermittel, wie Schnecken, Bänder u. dgl.

Die Leistung einer Batterie aus 6—8 Extraktoren von je 5—6 m³ Inhalt beträgt 150—200 t Saat, bei einem Dampfverbrauch der Gesamtanlage von etwas weniger als 1 t für 1 t Saat. Für Füllen und Entleeren eines Extraktors sind ungefähr je 30 Minuten, für das Ausdämpfen 20 Minuten, für das Durchpumpen und Ablassen des Lösungsmittels 2 Stunden zu veranschlagen.

Abb. 226 stellt die Ansicht einer Batterieextraktion dar.

Mit systematischer Anreicherung arbeitet auch der von E. v. Boyen und Schliemann[1] konstruierte Kammerextraktor. In dem Extraktor sind neben- oder übereinander kleine Kammern angeordnet, welche vom Lösungsmittel durchflossen werden, ähnlich wie die einzelnen Extraktoren einer Batterie. Der Apparat hat keine praktische Bedeutung erlangt.

d) Besondere Extraktionsverfahren.

Zu diesen gehören vor allem verschiedene Vorschläge, die Extraktion in intensiv wirkenden Mischern[2] oder in einem Gegenstromverfahren in Zentrifugalemulsoren mit anschließenden Zentrifugalseparatoren[3] durchzuführen. Aber ganz abgesehen davon, daß nicht jedes Gut für derartige Intensivmischungen geeignet ist und häufig untrennbare Emulsionen erhalten werden, lohnt der Erfolg den Aufwand nicht.

Das gleiche gilt für die regelrechten *Extraktionszentrifugen*, welche zwar die Entölung und die Abtrennung des Extraktionsmittels aus dem Gut begünstigen, im Betrieb aber nur wenig leisten. Nur in Fällen, in denen die üblichen Verfahren versagen, käme ihre Verwendung in Frage.

Die älteren Extraktionszentrifugen, z. B. die von Strehlenlert[4] vorgeschlagene, bestehen im wesentlichen aus einer innerhalb eines feststehenden Mantels F (Abb. 227)

---

[1] E. P. 6431/1898.   [2] Chem. Fabrik Griesheim Elektron: Schw. P. 111359.
[3] Marx: F. P. 609806.   [4] D. R. P. 150158.

rotierenden, mit dem Gut zu füllenden Siebtrommel *A*; die Rückleitung des im Mantel
infolge der Zentrifugalkraft hochsteigen-
den Lösungsmittels in die Trommel erfolgt durch den vom Deckel *G* und einer
unter ihm angeordneten Scheibe *H* gebildeten Rücklaufkanal.

Abb. 228 zeigt eine neuere Konstruktion[1], bei welcher das Gut von
außen nach innen vom Lösungsmittel
durchströmt wird, ein beim Auslaugen
in der chemischen Industrie übliches
Verfahren[2].

Die ringförmige Zentrifuge 1 ist durch
eine zur Drehachse konzentrische Filter-
wand 2 in zwei Räume 3 und 4 unterteilt,
von denen Innenraum 4 zur Aufnahme des
durch 9 zugeführten Guts dient. Zuführung des Lösungsmittels durch Leitung 6,
5 und 7 nach dem äußeren Raum 3
und Abführung der Miscella aus 4
durch Leitung 10 mittels Pumpe 8
erfolgen durch zwei konzentrisch
zueinander und zur Drehachse der
Zentrifuge angeordnete, sich mit
ihr drehende Rohre 5 und 10. Der
Apparat ist während der Extraktion gänzlich mit dem Lösungsmittel angefüllt, so daß der sonst
bei Extraktionszentrifugen sehr beträchtliche Lösungsmittelverlust
durch Verdunsten hier nicht auftritt. Außerdem fällt unmittelbar
eine durch Zentrifugierung geklärte
Miscella an.

Die Zentrifuge von ANDER-
SON und MEIKLE[3] ist für das Arbeiten mit dampfförmigen Lösungsmitteln eingerichtet.

Eine Reihe von Verfahren
sieht für die Ölgewinnung *gleichzeitige Pressung und Extraktion*
vor. Man will dadurch eine Ersparnis an Lösungsmittel und
weitgehende Entölung erreichen.
So wird nach einem Verfahren
der Cellulose et Papier[4] das zerkleinerte Gut mit etwa 10%
des Lösungsmittels oder dessen
Dämpfen bei mäßiger Wärme
durchmischt und dann leicht gepreßt; oder man setzt das Lö-

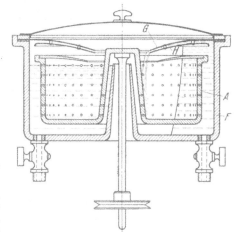

Abb. 227. Extraktionszentrifuge nach STREHLERNERT.

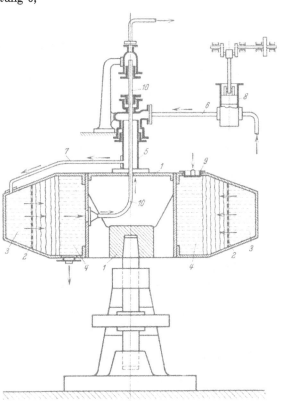

Abb. 228. Extraktionszentrifuge nach STEINMANN.

sungsmittel bereits beim Zerkleinern des Gutes zu und quetscht in Pressen
die Miscella aus der anfallenden dünnen Paste aus[5].

[1] STEINMANN: D.R.P. 574144.   [2] D. R. P. 387807.
[3] E. P. 23148/1910.   [4] F.P. 535417 und Zusatz-P. 26198, 26459, 26583.
[5] RIDDLE: A. P. 1076997. — MILES u. ROMOCKI: E. P. 18292/1906.

Das Auspressen des mit Lösungsmittel getränkten Gutes ist bei mehreren neuen kontinuierlichen Extraktionsverfahren wieder aufgenommen worden; ohne Zweifel ermöglicht das Verfahren eine Beschleunigung der Entölung und Verminderung des Lösungsmittelumlaufes.

Zu den Sonderverfahren zählen auch diejenigen, bei welchen das mit den Lösungsmitteln aufgeschlämmte, feinpulverige Gut in Spezial-Filterpressen (s. a. unten) gepumpt, darin erschöpfend ausgelaugt und ausgedämpft wird.

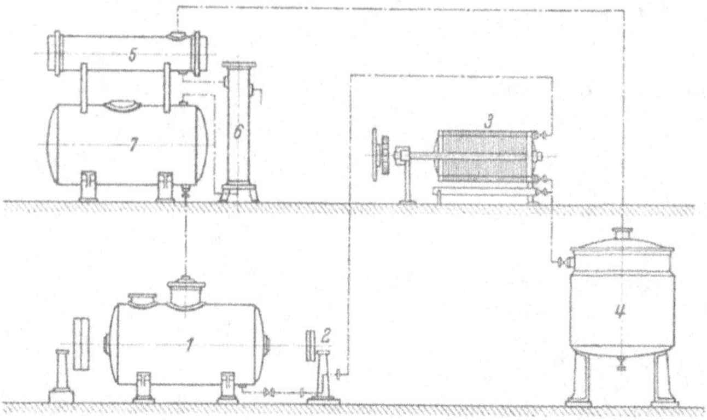

Abb. 229. Schema einer Extraktionsanlage für feinpulveriges Gut.

Eine von Jungwirt[1] beschriebene Anlage ist schematisch in Abb. 229 wiedergegeben. Aus dem Mischapparat 1 wird das Gut-Lösungsmittelgemisch von der Schlammpumpe 2 zur Spezialfilterpresse 3 gedrückt; 4 ist die Destillierblase, 5 der Kondensator, 6 der Wasserabscheider und 7 der Lösungsmittelbehälter.

E. Die weitere Behandlung der Miscella.

Die abfließende Miscella gelangt in der Regel durch mit Brüden beheizte Wärmeaustauscher in die *Destillierapparate*. Vor Eintritt in die Destillierblase durchläuft die Miscella zur Befreiung von mitgerissenen festen Teilchen engmaschige Filter aus Tuch, seltener aus Drahtgewebe. Klären der Miscella durch Abstehenlassen oder Schleudern ist nicht üblich.

a) Vorreinigung der Miscella.

1. Druck-Filtration.

Die festen Teilchen müssen aus der Miscella abfiltriert werden, weil sie sich sonst an den Heizelementen festsetzen und anbrennen könnten, was Geschmack und Geruch des Öles verschlechtern würde. Bei der Extraktion von Saaten u. dgl. genügen für die Filtration einfache Drahtsiebe; bei der Extraktion von Bleicherden anfallende Öllösungen müssen dagegen durch besondere Filtrierapparate filtriert werden. Sehr gut geeignet für derartige Miscellen ist die mittels Haube *abgeschlossene Filterpresse* von Dehne[2] nach Abb. 230 (Apparat mit hochgezogener Haube dargestellt).

Die Vorrichtung entspricht einer gewöhnlichen Filterpresse, die auf einer Tischplatte montiert ist und über die während der Filtration die Blechhaube gesetzt wird. Die Haube taucht in eine auf der Tischplatte befindliche, mit Wasser gefüllte Rinne, durch die ein dichter Abschluß erzielt wird. Die Eintauchtiefe beträgt jedoch nur einige Zentimeter, so daß in der Haube nur ein sehr geringer Über- oder Unterdruck herrscht. Die Filtertücher liegen im Innern der Filterplatte und die Abdichtung der Plattenränder erfolgt durch Gummi, Pappe, Klingerit u. dgl. Das Filtrat läuft in einem geschlossenen Kanal ab. Die Presse kann ausgelaugt und ausgedämpft werden. Bei der Entleerung und Reinigung wird die Haube in die Höhe gezogen.

[1] Chem. Apparatur 1926, 161.   [2] D. R. P. 17443.

Die Firma Wegelin & Hübner stellt für die Miscellareinigung ein hauben-
loses Filter her (Abb. 231). Auch bei diesem fließt die Miscella durch einen von
den einzelnen Rahmen und Platten gebildeten geschlossenen Ablaufkanal ab.

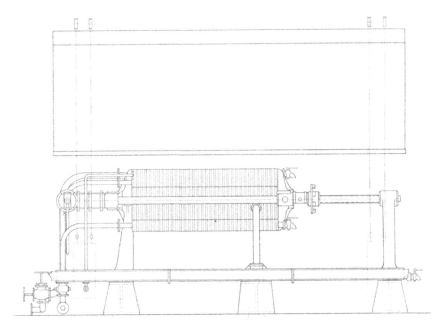

Abb. 230. Geschlossene Filterpresse. (Bauart Dehne.)

Abb. 231. Geschlossene Filterpresse. (Bauart Wegelin & Hübner.)

Eine weitere Konstruktion[1] sieht zwischen den in den Kammern angeordneten
Filterelementen Heiztaschen vor.

Vorzüglich eignet sich die in ihrer Konstruktion von den üblichen Pressen
abweichende *Kelly-Filter* (Abb. 232 a—c). Die Filtration findet in einer großen

---

[1] Fauth: D. R. P. 534567.

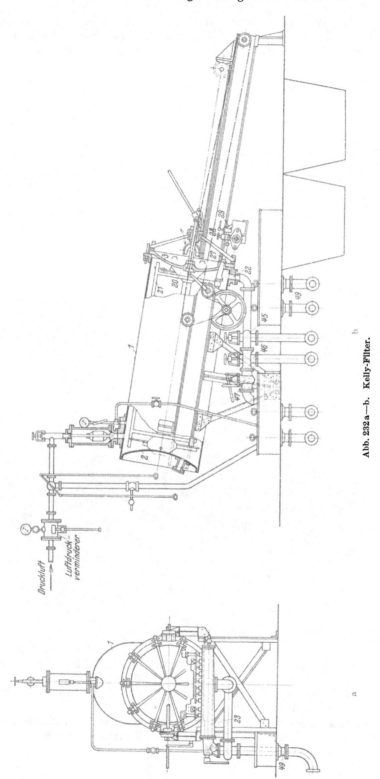

Abb. 232a—b.   Kelly-Filter.

Druckkammer statt, in der unter hydraulischem Druck die Lösung durch Filter-
beutel gepreßt wird.

Das Kelly-Filter besteht im wesentlichen aus einem etwas geneigten zylindrischen
Gefäß 1 mit einem am höheren Ende eingenieteten schmiedeeisernen Boden 2 und
dem am tieferen Ende an-
gebrachten gußeisernen
Deckel 3, der durch einen
Schnellverschluß unter
Verwendung eines Gum-
miringes druckdicht mit
dem Zylinder verbunden
ist. Im Inneren des Zy-
linders befindet sich ein
mit dem Deckel 3 fest
verbundenes, auf Rollen
ein- und ausfahrbares Ge-
rüst 20, in dem die mit
Filterbeuteln umkleide-
ten Filterrahmen 21 ein-
gehängt sind; sie sind mit
Rahmenanschlußstücken
22 zur Ableitung des Fil-
trats durch den Deckel
versehen. Zur Weiterlei-
tung des Filtrats zum
Sammelrohr 23 und zur
Leitung 49 dienen die mit
Ventil 28 und Probier-
hahn 29 versehenen Ab-
laufrohre 27. Die zu fil-
trierende Flüssigkeit tritt
durch Ventil und Rohr 45

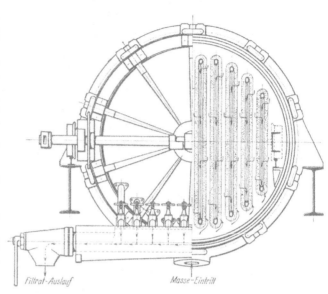

Abb. 232c. Kelly-Filter.

ein, die Auslaugung und Ausdämpfung erfolgt auf dem gleichen Wege oder durch
Ventil 46 oder 47. Zur Entfernung des Filterrückstandes wird nach Öffnen des
Deckels 3 das ganze Gerüst 20 aus dem Zylinder herausgefahren.

2. Weitere Vorreinigungsmethoden.

Eine weitere Reinigung der Miscella oder des Öles vor dem Abdestillieren
des Lösungsmittels wird nur selten vorgenommen; unter Umständen ist sie aber
empfehlenswert oder sogar notwendig, insbesondere wenn das Öl stark sauer
und sehr reich an Schleimstoffen u. dgl. ist. Es bestehen dafür zahlreiche Vorschläge, die sämtlich den Zweck verfolgen, Körper, welche sich bei der Destillation zersetzen und dadurch das Öl schädigen, oder welche bei der späteren Raffination des Öles doch entfernt werden müssen, schon vor Abdestillieren des Lösungsmittels auszuscheiden. Ein Nachteil des Reinigens der Miscella ist das Operieren
mit großen Flüssigkeitsmengen, dazu kommen die größeren Lösungsmittelverluste, aber die Vorteile des Verfahrens, nämlich Vereinfachung und größere
Wirksamkeit der späteren Raffination, lassen sich nicht bestreiten.

Durch Behandeln mit Bleicherden, aktiven Kohlen u. dgl. wird die Miscella
nicht nur von Farbkörpern, sondern teilweise auch von Eiweiß- und Schleimstoffen befreit[1]. Für die Bleichung wurde auch Behandeln mit Oxydations- und
Reduktionsmitteln empfohlen, zwecks Entschleimung Behandlung mit verdünnten Mineralsäuren[2]. Zur Neutralisation der freien Fettsäuren, bei der stets
auch eine Entschleimung stattfindet, werden feste oder (in Wasser oder Alkohol)
gelöste Basen verwendet[3]. Auch durch Auswaschen mit Wasser, Alkohol usw.
wurde versucht, gewisse Nichtölstoffe aus der Miscella herauszulösen[4].

---

[1] WYNBERG: E. P. 16148/1909.   [2] Metallgesellschaft, Frankfurt: F. P. 674801.
[3] Fauth: D. R. P. 441362.   [4] GAUDART: F. P. 575053 u. Zusatz-P. 28738.

b) Die Destillation der Miscella.

Um Schädigungen des Öles durch Überhitzen zu vermeiden, muß die Destillation der Miscella möglichst schnell und bei möglichst niedriger Temperatur vor sich gehen. Die Hauptmenge des Extraktionsmittels wird durch indirekte Erwärmung mittels Dampfschlangen, Dampfmäntel u. dgl. abgetrieben (als Wärmeüberträger soll auch erhitztes Mineralöl dienen)[1]. Die letzten Lösungsmittelreste müssen durch Einblasen von direktem, meist schwach überhitztem Dampf entfernt werden; hat vorher eine weitgehende Raffination der Miscella stattgefunden, so läßt sich dieses Ausdämpfen mit einer Desodorisation des Öles verbinden. Die Destillation im Vakuum, welche die Verdampfung natürlich beschleunigen würde, hat sich wegen der Komplizierung der Apparatur und wegen der Notwendigkeit der Entbenzinierung der Pumpenabluft nicht eingeführt.

Beim Einblasen von Dampf in das auf den Siedepunkt des Extraktionsmittels erhitzte Öl wird eine gewisse Menge Wasser kondensiert; bei manchen Ölen, insbesondere bei Sojaöl, bewirkt dies eine Ausfällung der im Öl kolloidal gelösten Phosphatide („Sojalecithin"), die zweckmäßig gleich darauf aus dem Öl abgeschleudert werden.

Abb. 233. Stehende Destillierblase.

Abb. 234. Liegende Destillierblase.

Beim Stehenlassen des Öles nach der Destillation scheiden sich die Phosphatide mit Sterinen und anderen Begleitstoffen des Öles als wäßrig-ölige Mittelschicht ab, die wegen ihrer Zersetzlichkeit vom Öl möglichst rasch getrennt werden muß. Die Zerlegung der Schleimschicht selbst erfolgt am einfachsten durch Zentrifugieren.

---

[1] MORELLI: F. P. 724491.

Durch die Anwesenheit von Wasser beim Abtreiben der letzten Lösungsmittelreste wird die Überhitzung des Öles vermieden. Man hat deshalb auch schon vorgeschlagen, der Miscella Wasser zuzusetzen und das Lösungsmittel durch die Dämpfe des im Gemisch mit Öl siedenden Wassers abzudestillieren[1].

Zum Abdestillieren des Lösungsmittels aus dem Öl oder aus dem Extraktionsrückstand ist eine beträchtliche Wärmemenge notwendig. Es ist wichtig, den Wärmeaufwand auf ein Mindestmaß herabzusetzen, z. B. durch Verwendung von Wärmeaustauschern. Man verwertet vor allem die Wärme der im Destillator und Extraktor erzeugten Brüden zum Anwärmen von Lösungsmittel und Miscella.

Die Blasen (aus Schmiedeeisen, selbstverständlich gut isoliert) werden für chargenweisen oder kontinuierlichen Betrieb eingerichtet.

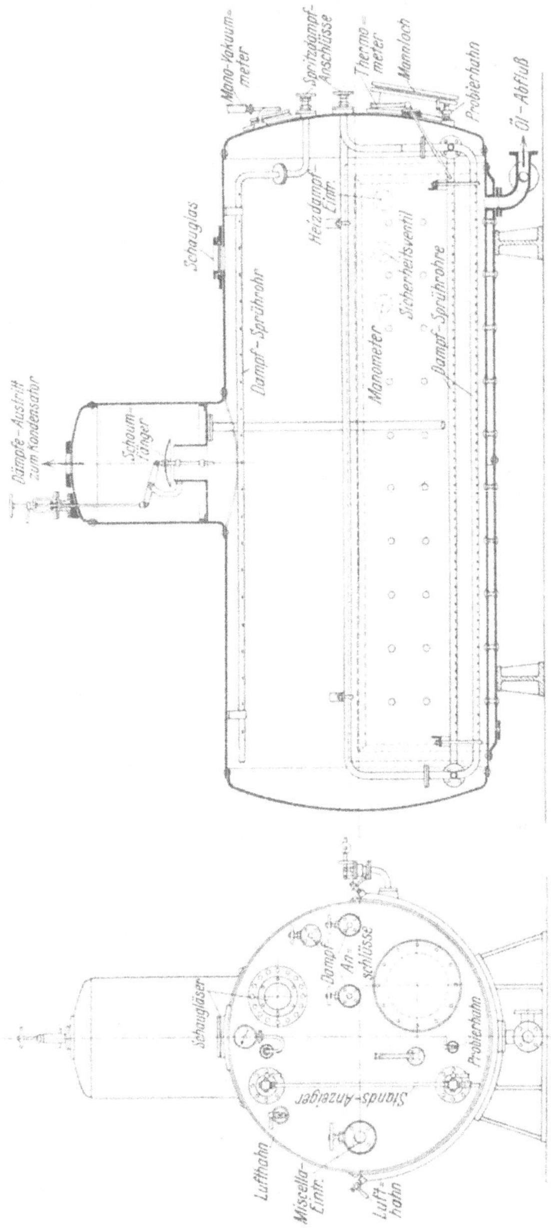

1. Apparate für chargenweise Destillation.

Zur *chargenweisen Destillation* dienen stehende oder liegende Zylinder (Abb. 233, 234 u. 235), z. B. von 5—10 m³ Inhalt, die gewöhnlich mit einem Heizmantel sowie den notwendigen Armaturen ausgerüstet sind. Dazu gehören

Abb. 235. Destillierblase.

Miscellaeintritt und Ölaustritt, geschlossene und offene Dampfschlangen, Brüdenabzug, gegebenenfalls an einem mit Schaumfänger versehenen Dom, Thermometer, Manometer, Schauglas, Standanzeiger, Entlüftung, Mannloch. Mitunter

---

[1] PRACHE u. BOUILLON: E. P. 190174.

sind noch im Inneren Prellwände und Schaumfänger angeordnet, um von den Brüden mitgerissene Öltropfen zurückzuhalten.

Wegen der Gefahr des Überschäumens der Miscella dürfen die Abmessungen der Blasen nicht zu klein gewählt werden.

Als Übergang von den periodischen zu den kontinuierlichen Destillierverfahren ist eine der Mehrkörperverdampfung in der Zuckerindustrie entsprechende Arbeitsweise[1] anzusehen, bei der die Miscella mehrere, z. B. vier hintereinander geschaltete Destillierblasen zu durchfließen hat; in der letzten Blase werden die letzten Reste des Extraktionsmittels durch Frischdampf abgetrieben; ihre Brüden werden in die Rohrschlangen der dritten Blase geleitet; die in dieser erzeugten Brüden dienen zum Erhitzen der Miscella in der zweiten Blase und so fort, während die aus der ersten Blase entweichenden Brüden zum Vorwärmen der Miscella verwendet werden.

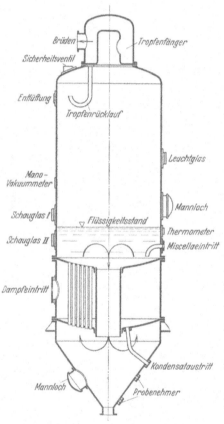

Abb. 236. Röhrenverdampfer. (Bauart Bamag-Meguin A. G.)

2. Apparate für kontinuierliche Destillation.

Die Haupttypen der *kontinuierlichen* Destillierapparate sind die *Kolonne* und der *Röhrenverdampfer.* In der Regel muß aber das nach Destillation der Miscella in kontinuierlichen Apparaten zurückbleibende Öl noch in gewöhnlichen Destillierblasen mit direktem Dampf behandelt werden, um die letzten Lösungsmittelreste abzutreiben und eine Ausscheidung gelöster Fremdstoffe zu erreichen. Die kontinuierlichen Destillatoren sind häufig nur Vorverdampfer für das Lösungsmittel, während die Schlußbehandlung des Öles chargenweise in abwechselnd an die Vorverdampfer angeschlossenen Blasen erfolgt[2]. Dies gilt insbesondere für die Röhrenverdampfer[3], bei denen die Miscella durch ein von Wasserdampf umspültes Röhrenbündel oder, seltener, um die mit Dampf beheizten Röhrenbündel geführt wird (Abb. 236).

Verbreiteter als die Röhrenverdampfer sind in der Extraktionstechnik die *Destillierkolonnen,* welche nicht nur das Abtreiben der Hauptmenge des Lösungsmittels, sondern auch dessen vollständige Abtreibung und Fertigstellung des Öles in kontinuierlicher Arbeitsweise gestatten.

Abb. 237 zeigt die Einrichtung, Abb. 238 die Ansicht einer Destillierkolonne der Harburger Eisen- und Bronzewerke. Die Miscella tritt oben in den Apparat ein, während das fertige Öl in ununterbrochenem Strome unten die Kolonne verläßt.

---

[1] Dubois: F. P. 384907.   [2] Simon Broth.: D. R. P. 520396.
[3] Konstruktionseinzelheiten s. Hausbrand-Hirsch: „Verdampfen, Kondensieren und Kühlen", S. 258—277. 1931.

In deren oberen Teil wird die Miscella, vier mit geschlossenen Dampfschlangen als Heizelementen versehene, untereinander angeordnete Etagen durchfließend, von dem Hauptteil des Lösungsmittels befreit. Der Stand der Miscella auf den einzelnen Böden kann durch Regulierung des in der Mitte befindlichen Abflusses von außen eingestellt werden. Die Dämpfe werden aus jeder Etage durch besondere Leitungen abgezogen und vom Kopf der Kolonne gemeinsam zum Kondensator geführt. Das Öl fließt weiter abwärts, im mittleren Teil über fünf hohle beheizte Bodenplatten, und zwar von einer zur anderen durch jeweils an gegenüberliegenden Seiten angebrachte, unter dem Flüssigkeitsspiegel der nächsten Etage mündende Überlaufrohre. Dabei wird es auf den einzelnen Böden von den aus dem untersten Teil aufsteigenden Dämpfen durchströmt, zu deren Aufwärtsleitung die Böden durch die üblichen Gaskolonnen-Glocken durchbrochen sind. Im untersten, mit einem Dampfmantel versehenen Teil, in dem durch den als Schwanenhals ausgebildeten Ölaustritt immer für eine gewisse Füllhöhe gesorgt ist, wird das Öl mit direktem Wasserdampf behandelt, um die letzten flüchtigen Anteile abzureiben und die Koagulierung der Verunreinigungen zu bewirken.

Bei der Kolonne[1] nach Abb. 239 a—c ist der Hauptwert darauf gelegt, sowohl Miscella wie Öl nur in einer möglichst dünnen strömenden Schicht zu erhitzen.

In Abb. 239 a ist der obere, der Destillation, in Abb. 239 c der untere, der Desodorisierung dienende Teil der Kolonne dargestellt.

Die Miscella läuft als Regen aus der Leitung 4 in der Richtung der Pfeile abwärts über die flachen, hohlen, miteinander in Verbindung stehenden Platten 2, welche durch ein strömendes Heizmedium über die Leitung 5, 6 beheizt werden. Im unteren Teil strömt das Öl über die Riesel-

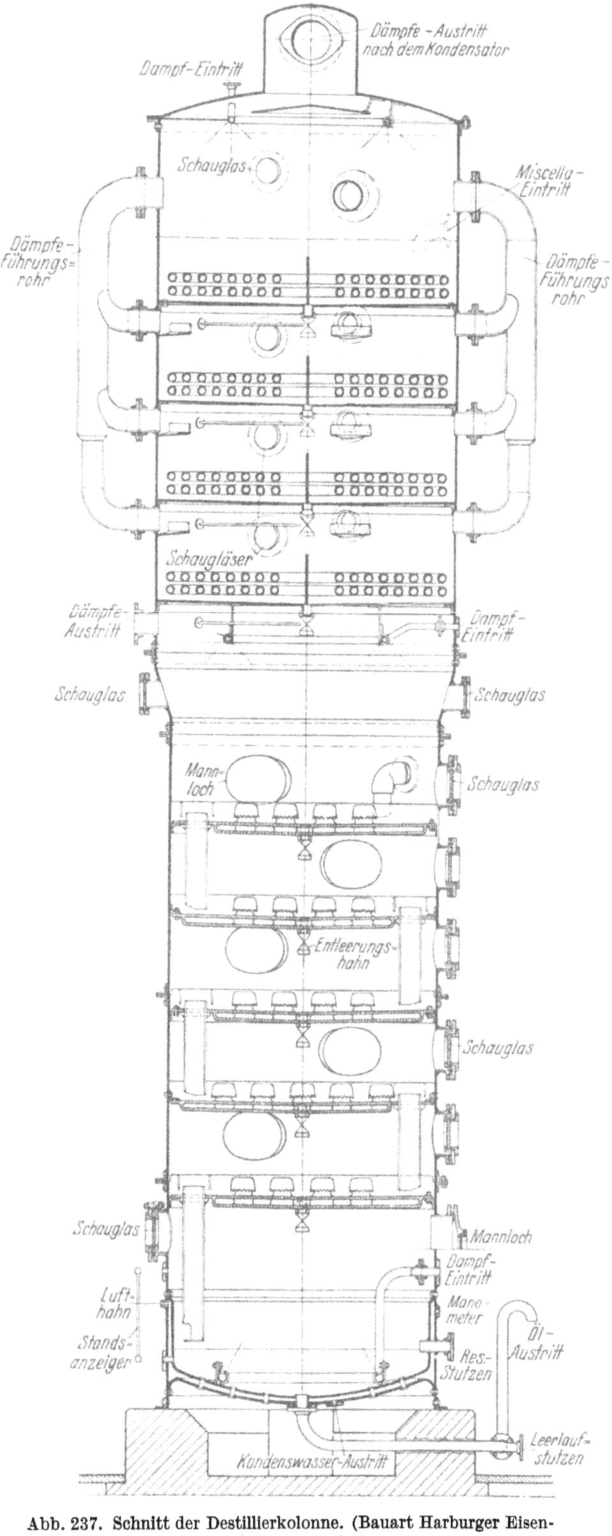

[1] Parodi: E. P. 186 329.

Abb. 237. Schnitt der Destillierkolonne. (Bauart Harburger Eisen-
und Bronzewerke.)

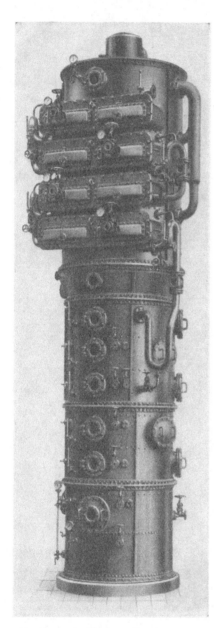

Abb. 238. Destillierkolonne. (Harburger Eisen-
und Bronzewerke.)

platten 3 und 3′ zum Austritt 9, dem durch 8
eintretenden Dampf entgegen. 7 ist der Brüdenabzug.

Zur Behandlung des von der Hauptmenge des Extraktionsmittels in anderen
kontinuierlichen Verdampfern befreiten Öles
mit direktem Dampf können auch mit iner-
tem Material gefüllte Türme dienen[1].

3. Kühler.

Die mit Wasserdampf vermischten Lösungsmitteldämpfe werden zu den *Kondensatoren* geleitet, wo sie entweder durch indirekte (Oberflächen-) Kühlung oder, seltener, durch Einspritzen von Wasser niedergeschlagen werden. Häufiger ist die Vereinigung beider Verfahren, wobei durch die
intensiver wirkende direkte Kühlung eine
Entgasung der Abluft versucht wird (s.
Kapitel G, S. 727).

Bei den *Oberflächenkühlern* werden die
Dämpfe durch Rohre geleitet, die vom
Kühlmittel, in der Regel Brunnenwasser,
umspült werden. Wenig empfehlenswert
(wegen geringer Leistung bei großem Raum-
bedarf, schwerer Zugänglichkeit bei Reparaturen und Reinigungen, sowie Gefahr der
Verstopfung bei starken Krümmungen) sind
die *Schlangenkühler*. Viel benutzt werden
die *Kammerkühler* (Abb. 240; Bauart Harburger Eisen- und Bronzewerke), bei welchen ein in der Regel horizontal liegendes
Bündel paralleler Rohre zwei vertikal
stehende, in Sektionen geteilte Kammern
miteinander verbindet.

Die Dämpfe treten an einer Seite in
die oberste Sektion der einen Kammer, passieren ihr Kühlrohrsystem und strömen in das
oberste Abteil der zweiten Kammer, aus dieser
wieder zurück in die zweite Sektion der ersten
Kammer, stets im Gegenstrom zum Kühlwasser, bis sie schließlich aus der untersten
Sektion einer Seitenkammer als Kondensat
abfließen. Mitunter sind in verschiedenen
Höhen Abzapfleitungen vorgesehen, um das
Kondensat noch vor Durchströmen des ganzen
Systems abführen zu können.

Im Gegensatz zu den Schlangenkühlern ermöglicht diese Konstruktion ein
bequemes Reinigen und Auswechseln der durch Rostbildung verkrusteten oder
schadhaft gewordenen Kühlrohre.

Zweifellos findet bei *Einspritzkondensatoren* eine bessere Ausnutzung des
Kühlwassers statt. Jedoch sind die durch das Mitreißen von Lösungsmittel

---

[1] Schlotterhose: E. P. 316 881.

durch das Kühlwasser verursachten Verluste zu groß, um die direkte Kühlung[1] zuzulassen. Um die Lösungsmittelverluste herabzusetzen, wurde neuerdings empfohlen, das Kühlwasser, nachdem es zur Kondensation der Brüden gedient hat, über ein Scheidegefäß in einen stark gekühlten Oberflächenkühler zu leiten und es dann immer wieder im Kreislauf zur Einspritzkondensation der Lösungsmitteldämpfe zu verwenden[2].

Ein weiterer Vorschlag geht dahin, zum Einspritzen das kalte Extraktionsmittel selbst zu verwenden[3]. Mittels einer Zentrifugalpumpe wird mit den

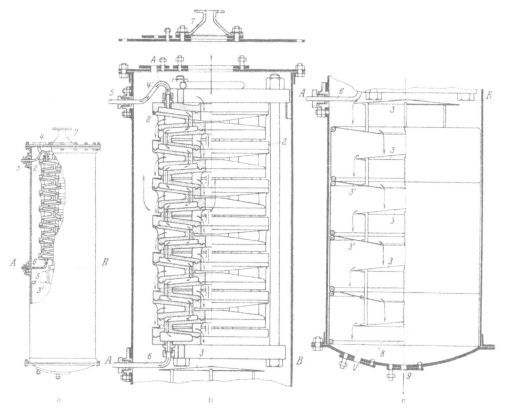

Abb. 239 a—c. Destillierkolonne nach PARODI.

Dämpfen gleichzeitig das kalte, flüssige Lösungsmittel angesaugt und dann noch durch einen Oberflächenkühler gedrückt.

Nach CAMBON und CHARNAN[4] können zur Kondensation der Brüden auch gekühlte Gase verwendet werden, deren Wärmeinhalt man später z. B. zum Trocknen des Gutes oder Befreien des Extraktionsrückstandes von den Lösungsmittelresten ausnützen könnte.

Die Wärmeökonomie erfordert eine derartige Leitung der Kondensation, daß zwar das Extraktionsmittel in den flüssigen Zustand zurückgeführt wird, dabei aber noch einen möglichst hohen Wärmeinhalt beibehält. Bei den mit gasförmigem Extraktionsmittel arbeitenden Verfahren genügt es, nur den Wasser-

---

[1] STEINMÜLLER: D. R. P. 31238.   [2] Metallgesellschaft A. G.: D. R. P. 557129.
[3] LEMALE: F. P. 579202.   [4] F. P. 534454.

dampf in dem Dampfgemisch niederzuschlagen, die nicht kondensierten Lösungsmitteldämpfe aber im Kreislauf wieder in den Extraktor zu schicken[1].

Bei unter vermindertem oder erhöhtem Druck arbeitenden Extraktionsverfahren kann die Kondensation unter dem gleichen Druck wie die Extraktion vorgenommen werden[2].

Das gewöhnlich aus Wasser und dem mit Wasser nicht mischbaren Lösungsmittel bestehende Kondensat muß noch in seine Bestandteile zerlegt werden. Man bedient sich hierzu eines oder mehrerer

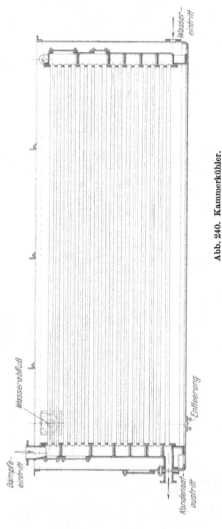

Abb. 240. Kammerkühler.

4. Wasserabscheider,

deren Einrichtung aus Abb. 241 hervorgeht. Hier scheidet sich das Kondensatgemisch nach dem spezifischen Gewicht in Wasser und das meist spezifisch leichtere Lösungsmittel. Das Wasser strömt aus dem Schwanenhalse ab, während das Extraktionsmittel aus einem über dem Scheitel des Schwanenhalses angeordneten Auslaß dem Vorratstank oder dem Extraktor zugeführt wird.

Bei plötzlichen Druckänderungen wird nicht etwa der gesamte Inhalt des Gefäßes aus dem Schwanenhals herausgetrieben, sondern durch den in den flüssigkeitsfreien Raum des Abscheiders mündenden Rohransatz des Kondensateintrittes über die Entlüftung ein schneller Druckausgleich besorgt. Die Vorrichtung kann deshalb als „Sicherheitswasserabscheider" bezeichnet werden.

Bei Anwendung wasserlöslicher Extraktionsmittel muß das Kondensat fraktioniert werden.

Bei Alkohol oder Mischungen desselben mit anderen Lösungsmitteln erreicht man mitunter die Trennung eines Teiles des Lösungsmittels vom Öl oder eine Vorkonzentrierung durch Abkühlen (vgl. S. 684).

Wasserlösliche Lösungsmittel, wie Aceton, lassen sich auch durch Auswaschen mit Wasser vom Öl trennen[3].

Das nach Abdestillieren des Lösungsmittels zurückbleibende Öl wird zweckmäßig sofort raffiniert, um so seinen Wärmeinhalt auszunützen.

---

[1] Rosenthal: D. R. P. 378 550.   [2] Savage: D. R. P. 542 942.
[3] Autoleum: E. P. 207 542.

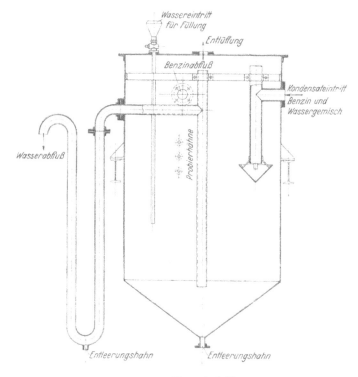

Abb. 241. Wasserabscheider.

F. Die weitere Behandlung des Extraktionsrückstandes.

Aus dem erschöpften, mit Lösungsmittel vollgesaugten Gut, das nach Ab-lassen der Miscella im Extraktor zurückbleibt, muß das Lösungsmittel selbst

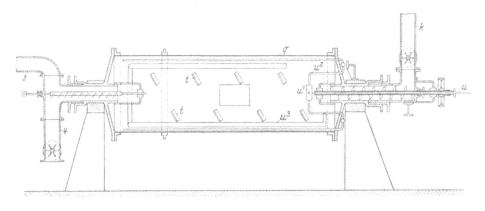

Abb. 242. Trockentrommel für den Rückstand.

dann restlos wiedergewonnen werden, wenn der Extraktionsrückstand sich nicht weiter verwerten läßt. Dies muß um so mehr geschehen, wenn der Rückstand als Futtermittel dienen soll. Die Ausführung ist verschiedenartig, je nach der Beschaffenheit des Rückstandes und nach seiner Verwendung.

Aus den wertvolle Futtermittel darstellenden Rückständen der Saat-, Fleisch- und Fischextraktion und aus Knochen wird das Lösungsmittel in schonendster Weise durch Destillation mit (in der Regel gesättigtem) Wasserdampf entfernt; meist im Extraktor selbst, mitunter aber in besonderen, mit Rührwerk versehenen oder rotierenden Dämpfern[1]. Um nicht das gesamte, im Rückstand verbliebene Extraktionsmittel verdampfen zu müssen, unterzieht man es, insbesondere bei manchen kontinuierlichen Ausdämpfverfahren, einer Vorpressung oder Zentrifugierung[2]. Letzteres ist neuerdings bei der Entölung von Bleicherden vorgeschlagen worden[3].

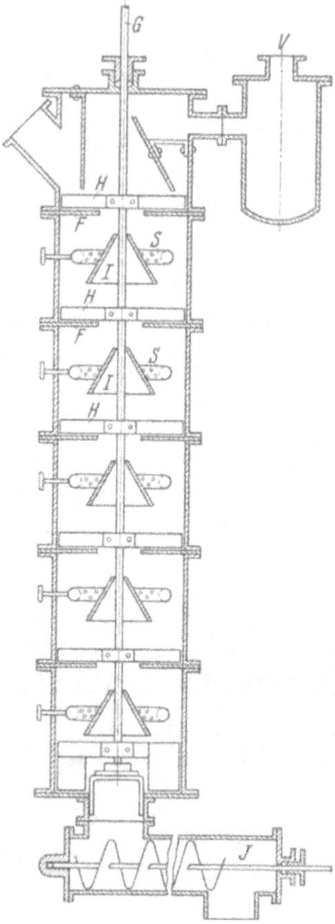

Die *kontinuierliche Dämpfung* der Rückstände wird am häufigsten in direkt oder indirekt beheizten, waagerecht, schräg oder senkrecht fördernden Transportschnecken der verschiedensten Bauart vorgenommen[4].

Auch andere Fördermittel, wie Transportbänder[5] oder rotierende, mit Förderschnecke und Leitungen u, u^1, u^2 für direkten und indirekten (u^3) Heizdampf versehene Trommeln sind für den gleichen Zweck vorgeschlagen worden[6] (Abb. 242). Das Gut wird nach Abdestillieren des Lösungsmittels durch k der Schnecke zugeführt, welche es in die Trommel q fördert. Hier wird der Extraktionsrückstand ausgedämpft und durch die Bewegung der Trommel und der eingebauten Riffen t nach 4 abtransportiert; die Dämpfe entweichen durch 3.

Ferner wurden für das Ausdämpfen kolonnenartige, aus mehreren Etagen bestehende und zum Teil mit Rührwerk versehene Apparate konstruiert[7].

Eine von Caraciolo[8] angegebene Dämpfkolonne ist in Abb. 243 dargestellt. F sind die perforierten, in der Mitte offenen Siebböden, H die Rührwerksflügel, die das Gut von Boden zu Boden nach unten fördern, I Bleche, welche das Gut auf die Boden F fallen lassen und S offene Dampfleitungen. Eine Konstruktion der Bamag-Meguin A. G.[9] weist an Stelle der Zwischenboden einen mit Dampfschlitzen versehenen Drehboden auf.

Abb. 243. Trockenkolonne für den Rückstand.

Das Dämpfen muß möglichst schnell vor sich gehen, um Schädigungen des Schrots durch Zersetzung und Verkleisterung zu vermeiden. Es ist zu beenden, sobald die beim Öffnen des Entlüftungshahnes austretenden Dämpfe nicht mehr nach dem Lösungsmittel riechen.

Überhitzungen bewirken stets Dunkelfärbung des Rückstandes. Sie entstehen durch zu lange Einwirkung oder zu hohe Überhitzung des Dampfes. Die

[1] Armand u. Decune: F. P. 621328.
[2] Mullings: D. R. P. 13262. — Schulze: D. R. P. 41772. — Holter u. Thune: Norw. P. 43031.   [3] Junker: Seifensieder-Ztg. 59, 376 (1932).
[4] Mills u. Battle: D. R. P. 237497. — Whitehead u. Scott: D. R. P. 377216. — Fauth: D. R. P. 441362. — Fernandez: F. P. 598703. — Rocca, Tassy & de Roux: F. P. 535193. — McIlwaine u. Holdcroft: A. P. 1410822.
[5] Lemmél: D. R. P. 525724.   [6] Nield: E. P. 215113.
[7] Boykin: A. P. 1721686. — Winters: E. P. 120156.
[8] F. P. 540379.   [9] D. R. P. 575363.

Überhitzung ist überflüssig, wenn unter 100^0 siedende Lösungsmittel verwendet wurden. Bei Verwendung höher siedender Mittel muß aber mit stärker überhitztem Dampf gearbeitet werden.

Zur Vermeidung einer Verkleisterung, die schon bei wesentlich unter 100^0 liegenden Temperaturen auftreten kann, ist das Kondensieren von Dampf im Rückstand möglichst hintanzuhalten, was im wesentlichen dadurch erreicht wird, daß das Gut vor Eintritt des direkten Dampfes möglichst hoch, mindestens auf die Siedetemperatur des Lösungsmittels, erwärmt ist.

Vorerhitzen des Rückstandes mittels Dampfmantels, Schlangen u. dgl. ist nicht empfehlenswert, weil es zu lokalen Überhitzungen führt. Die Verwendung erhitzter Luft oder besser indifferenter Gase wäre an sich möglich, weil die nicht

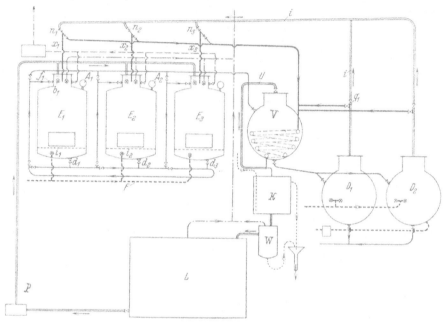

Abb. 244. Rückstandausdämpfung nach ZIPSER.

kondensierbaren Gemische Extraktionsmitteldampf- und -gas nach den neueren Entgasungsverfahren vom Extraktionsmittel befreit werden könnten; sie ist jedoch zu umständlich, um sich in der Praxis durchzusetzen.

Jede modern eingerichtete Extraktionsanlage verwendet zum Vorerhitzen die zuerst von BANG und SANGUINETTI vorgeschlagene Arbeitsweise, welche in der Erwärmung des Gutes mittels der in der Anlage ohnehin zur Verfügung stehenden, notfalls schwach überhitzten Lösungsmitteldämpfe besteht. Das Einleiten dieser Dämpfe erfolgt am besten sofort nach erschöpfender Entölung des Gutes, wenn der Extraktor noch mit flüssigem Lösungsmittel gefüllt ist. Die Dämpfe dienen dann zunächst zum Herausdrücken des flüssigen Extraktionsmittels, wodurch dessen Entfernung beschleunigt und die Bildung nicht kondensierbarer Luft-Dampf-Gemische vermieden wird[1]. Die Arbeitsweise von ZIPSER ist in Abb. 244 dargestellt.

Nach Beendigung der Auslaugung im Extraktor E_1 werden aus der Blase D_1 Lösungsmitteldämpfe durch die Leitung i und x_1 nach Öffnen der Ventile q^1 und n^1

[1] ZIPSER: D. R. P. 386036. — FABRE: F. P. 626016.

in den Extraktor E_1 geleitet, während die Lösungsmittelpumpe P abgestellt und das Ventil b^1 geschlossen wird. Die Lösungsmitteldämpfe drücken dann das flüssige Lösungsmittel durch d^1 in den Extraktor E_2 (oder in ein anderes Gefäß, z. B. einen tiefer stehenden Tank). Hat man zuletzt mit erwärmtem Lösungsmittel gearbeitet, so ist der Rückstand sehr rasch auf die Siedetemperatur des Lösungsmittels gebracht, worauf sich dann die restlose Ausdämpfung des Extraktors mit direktem Dampf aus der Leitung F und Ventil i^1 anschließt. Auf der Zeichnung ist noch Vorwärmer V, Kühler K, Wasserabscheider W und Lösungsmittelbehälter L ersichtlich.

Ein Überhitzen der Extraktionsmitteldämpfe auf 100^0 ist im allgemeinen überflüssig; es genügt, die Brüden bei ihrem Siedepunkt zu verwenden. Die zum Verdampfen des restlichen Lösungsmittels nötige Wärme wird sehr rasch vom direkten Wasserdampf geliefert, dessen teilweise Kondensation im Extraktor ohnehin erwünscht ist, weil der als Futtermittel zu verwertende Rückstand in der Regel, so z. B. bei Saaten und tierischem Gut, mehr Wassergehalt als das vorgetrocknete Rohmaterial enthalten soll.

Nur bei Saatrückständen, welche leicht zur Verkleisterung neigen, insbesondere Lein- und Erdnußrückständen, ist es vorteilhaft, die Austreibung des Extraktionsmittels mit überhitzten Lösungsmitteldämpfen vorzunehmen, um die weitere Behandlung mit direktem Dampf nach Möglichkeit einzuschränken. Die überhitzten Dämpfe des Lösungsmittels selbst, die wie indifferente Gase wirken, können auch im Kreislauf geführt und immer wieder benutzt werden[1]. Dumortier[2] hat für solches Gut indirekte Erhitzung im Vakuum vorgeschlagen, jedoch ist dieser Arbeitsweise das Behandeln mit überhitzten Lösungsmitteldämpfen vorzuziehen. Es empfiehlt sich, derartiges Gut in kontinuierlichen Ausdämpfern zu bearbeiten.

Direkter Dampf ist zur restlosen Befreiung des Rückstandes vom Extraktionsmittel unentbehrlich, wenigstens zum Abschluß jeder anderen Behandlung, wie des indirekten Erhitzens, des Einleitens von Lösungsmitteldampf usw. Ohne Erfolg blieben Maßnahmen, die Einwirkung des direkten Dampfes auszuschalten: mehrfaches Ausdämpfen im Vakuum, für empfindliches Gut auch indirekte Erwärmung durch heißes Wasser[3], indirektes Erhitzen im Vakuum unter gleichzeitigem Durchleiten von indifferenten Gasen[4]. An Stelle des Vakuums kann ein mit kondensierbarem Gas betriebener Strahlejektor zur Begünstigung der Verdampfung vorgesehen werden[5]. Zuletzt muß aber stets die Behandlung mit offenem Dampf folgen.

Die genaue Einstellung des Extraktionsrückstandes auf einen bestimmten Wassergehalt ist im Extraktor selbst nicht möglich. Die bei der Batterieextraktion anfallenden Rückstände läßt man in besonderen Apparaten nachtrocknen, vornehmlich in rotierenden Trommeln. Die Abluft dieser Trockenapparate enthält in der Regel nur geringe Spuren des Extraktionsmittels. Eine Ausnahme bildet das Palmkernschrot, das außerordentlich zähe das Lösungsmittel festhält. Es wäre deshalb angebracht, die Abluft aus den Trockenvorrichtungen für Palmkernschrot an die Lösungsmittel-Wiedergewinnungsanlagen (s. S. 728) anzuschließen.

In kontinuierlich arbeitenden oder rotierenden Apparaten oder im Vakuum ausgedämpfte Extraktionsrückstände sind häufig zu trocken und werden zweckmäßig in Trommeln angefeuchtet.

Der Rückstand wird größtenteils, wie er anfällt, als Schrot verkauft, zum geringeren Teil wird er zu Extraktionsmehl vermahlen oder zu Kuchen gepreßt.

Aus nicht verwertbaren Rückständen, wie Bleicherden, oder Stoffen, denen

---

[1] Zipser: F. P. 444194. — Wacker: D. R. P. 485625.   [2] F. P. 672715.
[3] Chem. Fabrik Griesheim Elektron: F. P. 373681. — Labroquiere u. Gravier: F. P. 542016.   [4] Donard: F. P. 429827.   [5] Hondard u. Vasseur: F. P. 448665.

Naßwerden nichts schadet, z. B. Leder oder Textilien, kann die Hauptmenge des Extraktionsmittels vor der Dampfbehandlung durch kaltes oder heißes Wasser verdrängt und der Rest durch Erhitzen des Wassers zum Sieden ausgetrieben werden[1].

Wasserlösliche Lösungsmittel können aus dem Rückstand mit Wasser ausgewaschen werden[2].

G. Die Extraktionsmittelverluste und ihre Verhütung.

a) Allgemeines.

Die Verluste an Extraktionsmittel betragen im allgemeinen 0,5—2% des Extraktionsgutes. Bei der Verarbeitung von Saaten erreichen die Verluste an Lösungsmittel höchstens 1%, dagegen ist bei der Extraktion von Bleicherden, erschöpften Ölhärtungskatalysatoren u. dgl. mit einem Verlust von über 2% zu rechnen. Die Verluste werden durch verschiedene Faktoren[3] verursacht. Jede Operation, welche mit der Miscella vorgenommen wird, vergrößert sie, insbesondere Filtration durch Tücher, die sich manchmal, z. B. bei den aus Bleicherden resultierenden Öllösungen, nicht umgehen läßt.

Durch Undichtigkeit der Apparatur auftretende Verluste werden in sachgemäß geleiteten Anlagen natürlich sofort behoben; andernfalls verursachen Leckagen, ganz abgesehen von der Explosionsgefahr, sehr große Verluste, denn die sichtbar heraustropfende Lösungsmittelmenge ist nur ein kleiner Bruchteil der verdunstenden. Auch durch den Verbrauch von Lösungsmitteln zum Reinigen der Hände usw. können empfindliche, ebenfalls unkontrollierbare Lösungsmittelverluste entstehen.

Die regelmäßigen, in ihrer Menge erfaßbaren Verluste entstehen durch die Abgänge aus der Extraktion, welche sämtlich Lösungsmittel enthalten. Es sind dies Rückstand, Öl, Wasser und Luft; ihr Gehalt an Lösungsmittel hängt u. a. von der Sorgfalt der Arbeit und der Leistung im Verhältnis zur Kapazität der Anlage ab. Diese Abgänge sind, um vor Überraschungen geschützt zu sein, dauernd zu kontrollieren.

Am leichtesten läßt sich das Verbleiben von Lösungsmittel im Rückstand vermeiden. Nach Verschwinden des Lösungsmittelgeruches beim Ausdämpfen ist der Rückstand praktisch extraktionsmittelfrei. Beim Erhitzen der aus dem ausgedämpften Extraktor entnommenen Rückstandsprobe mit Wasser zeigt sich zwar kurz vor Siedebeginn noch Lösungsmittelgeruch; kondensierbares Lösungsmittel enthält aber der Rückstand nicht mehr. Weitere Verluste können dadurch entstehen, daß sich während des Ausdämpfens im Rückstand Nester oder Klumpen bilden, aus denen das Lösungsmittel nicht vollständig ausgetrieben ist.

Größere Verluste entstehen ferner durch Verbleiben von Lösungsmittel im Öl, aus dem sich die letzten Lösungsmittelanteile nur äußerst schwer austreiben lassen und sich auch im heißen Öl nicht so leicht durch den Geruch verraten. Beispielsweise ist 1% Benzingehalt im Öl auch für eine geübte Nase nicht zu erkennen. Der Benzingehalt des Öles muß deshalb scharf kontrolliert werden, am besten nach der Differenzmethode: er entspricht der Differenz von Gesamtflüchtigem bei 100° und nach der Destillationsmethode ermittelten Wassergehalt. Dieser Verlust läßt sich durch längeres Ausdämpfen des Öles vermeiden.

Das Kondensat aus dem zum Ausdämpfen verwendeten Wasserdampf enthält auch dann, wenn zur Extraktion mit Wasser nicht mischbare Flüssigkeiten

---

[1] BERGMANN u. BERLINER: D. R. P. 165235. — BELLI: F. P. 686693. — GROSSO: F. P. 703296.　　　　　　　　　　　　　[2] S. A. Autoleum: E. P. 207542.
[3] Allg. Öl- u. Fett-Ztg. **28**, 331 (1931).

verwendet wurden, meßbare Mengen an Extraktionsmittel, und zwar teilweise gelöst, teilweise als Emulsion. Bei normalen Betriebsverhältnissen kann für Benzin 1 g im Liter Kondenswasser als obere Grenze veranschlagt werden. Erfolgreiche Maßnahmen zur Wiedergewinnung dieser Lösungsmittelmengen sind vorläufig nicht bekannt.

Benzin geht schließlich mit der Abluft verloren; diese enthält, wenn mit guter Wasserkühlung gearbeitet wird, etwa 500 g Benzin im Kubikmeter. Nach dem Daltonschen Gesetz wird die entweichende Luft soviel Lösungsmitteldampf aufnehmen, als dem Partialdruck des Lösungsmittels bei der gegebenen Temperatur entspricht, d. h. sie wird mit einem dem Dampfdruck des Lösungsmittels entsprechenden Volumen Lösungsmitteldampf gesättigt sein. Da der Partialdruck des Benzins bei 15⁰ etwa 20 cm Quecksilbersäule beträgt, so ist z. B. einer 15⁰ warmen Abluft etwa ein Viertel Benzindampf beigemischt.

Da der Dampfdruck des Lösungsmittels mit der Temperatur zunimmt, muß vor allem die Temperatur in den Kondensatoren möglichst tief gehalten werden. Stellenweise werden auch zur Kühlung Solen mit einer wesentlich unter 0⁰ liegenden Temperatur benutzt. Versuche, die Benzinverluste durch Arbeiten im Vakuum, unter vorangehender Verdrängung der Luft durch Wasserdampf, zu beseitigen, hatten wegen anderer, mit einer solchen Arbeitsweise verbundenen Nachteile keinen praktischen Erfolg. Unverwirklicht blieb auch ein Vorschlag[1], in der Anlage (mittels eines wassergefüllten Druckausgleichbehälters) stets dieselbe Luft zirkulieren zu lassen.

b) Wiedergewinnung des Lösungsmittels aus den Luft-Dampf-Gemischen.

Durch Kompression läßt sich ein Teil des Extraktionsmittels aus der Abluft niederschlagen; das Verfahren fand aber keinen Eingang in die Ölindustrie. Die Firma Fauth[2] empfiehlt Kompression in Verbindung mit starker Kühlung, wobei als Kühlmittel das auf —30⁰ gekühlte Extraktionsmittel selbst zu verwenden wäre.

1. Absorption der Lösungsmitteldämpfe durch Flüssigkeiten.

Von praktischer Bedeutung für die Wiedergewinnung des Lösungsmittels aus dem Luft-Dampf-Gemisch sind nur die auf Absorption der Dämpfe durch Flüssigkeiten, insbesondere aber die auf ihrer Adsorption an feste Adsorbentien (Aktivkohlen, Silicagel) beruhenden Verfahren.

Durch die Behandlung mit flüssigen Absorptionsmitteln, welche die Lösungsmitteldämpfe aus der Abluft herauslösen, kann eine weitgehende Befreiung des Gasgemisches vom Extraktionsmittel erreicht werden. Beim Lösen findet bekanntlich eine Abnahme des Dampfdruckes der Komponenten statt, so daß die aus den Absorbern austretende Luft weniger Lösungsmitteldampf enthält. Gewisse Flüssigkeiten bilden überdies mit Benzin u. dgl. eine Art Molekülverbindungen, die beim Erwärmen wieder zerlegt werden; das führt zu einer noch weiteren Erniedrigung der Dampftension. Diese Erkenntnis liegt dem weiter unten zu besprechenden Absorptionsverfahren von Brégeat zugrunde, bei dem für das Lösen eine Flüssigkeit verwendet wird, welche mit dem Dampf des verwendeten Lösungsmittels eine solche Molekülverbindung einzugehen vermag (z. B. von hydrierten Naphthalinen für die Absorption von Benzin). (Näheres s. Piatti: Dampfdrucke binärer Systeme. 1931.)

Die Rückgewinnung des Lösungsmittels durch Absorption vollzieht sich in der Praxis in der Weise, daß die Abluft vor dem Austritt ins Freie eine oder

---

[1] Zipser: E. P. 186040.   [2] D. R. P. 484230.

mehrere mit der Absorptionsflüssigkeit gefüllte Waschvorrichtungen durchströmt. Letztere sind als Horden-, Riesel- oder Schleuderwäscher ausgebildet. Zum Waschen der Extraktionsgase können fette Öle, hochsiedende Mineralöl- und Teerölfraktionen[1], auch Ölemulsionen u. a. m. dienen. Die geeignetste Waschflüssigkeit ist jeweilig durch einfache Versuche zu ermitteln[2].

In den letzten Jahren hat sich das *Absorptionsverfahren* von BRÉGEAT[3], in Deutschland vertreten von der Martini und Hüneke G. m. b. H., früher Cheminova, in einige Industriegebiete einführen können, vornehmlich unter Anwendung von Phenolen als Waschflüssigkeit. Für die Absorption von Benzin aus dem Gasgemisch bedient es sich hydrierter Kohlenwasserstoffe, namentlich des Tetralins.

Das Schema einer solchen Absorptionsanlage ist aus Abb. 245 ersichtlich. Sie besteht im wesent-

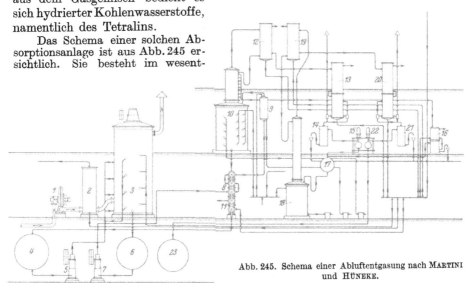

Abb. 245. Schema einer Abluftentgasung nach MARTINI und HÜNEKE.

lichen aus drei kontinuierlich arbeitenden Teilen, der Wasch-, Destillier- und Rektifiziervorrichtung. Die Abluft wird von dem Ventilator 1 durch den Kühler 2 und den Wäscher 3 gedrückt, der mittels der Pumpe 5 aus dem Behälter 4 mit reiner Absorptionsflüssigkeit gespeist wird. Die entweichende Abluft wird in der Regel noch durch einen Absorptionsmittelausscheider geführt. Das beladene Absorptionsmittel sammelt sich in dem Behälter 6 und wird von der Pumpe 7 durch zwei Wärmeaustauscher 8 und Vorwärmer 9 in die Blase 10 gedrückt, in welcher die Zerlegung in Absorptions- und Extraktionsmittel durch Destillation mittels Wasserdampfes bewirkt wird. Von hier fließt die vom Extraktionsmittel befreite Absorptionsflüssigkeit durch den Wärmeaustauscher 8 und den Kühler 11 zum Behälter 4 zurück. Die Extraktionsmitteldämpfe gelangen durch Dephlegmator 12, Kühler 13, Wasserabscheider 14, Überlaufglocke und Meßuhr 15 zum Zwischenbehälter für das rohe Extraktionsmittel 17 und aus diesem in den Rektifizierapparat 18, in welchem das trotz der einmaligen Destillation mit Waschflüssigkeit noch verunreinigte Extraktionsmittel durch eine rektifizierende Destillation gereinigt wird. Die Dämpfe gehen über Dephlegmator 19, Kühler 20, Wasserabscheider 21, Überlaufglocke und Meßuhr 22 zum Behälter für reines Extraktionsmittel 23. Der zusätzliche Kühler und Abscheider 16 wird in der Regel bei Extraktionsanlagen nicht benutzt. Der Rückstand der Rektifizierblase 18 wird nach der Befreiung von Wasser der Waschflüssigkeit zugesetzt.

Die Verluste an Waschmittel betragen im Durchschnitt auf 1 m³ gewaschene Luft 1 g, die Entgasung der Abluft beträgt, sogar bei einem Gehalt von nur 5—10 g Lösungsmittel, im Kubikmeter 90% und darüber. Verbraucht werden

[1] SMITH: E. P. 18605/1909.   [2] HARRISON: F. P. 381529.   [3] D. R. P. 388351.

auf 1 kg wiedergewonnenes Lösungsmittel ungefähr 3,5—5 kg Dampf und $1/_{10}$ Kilowattstunde.

2. Wiedergewinnung der Lösungsmittel mittels fester Adsorbentien.

Durch Adsorption an Aktivkohlen ist eine viel weitergehende Rückgewinnung der Extraktionsmittel aus der Abluft möglich als bei Anwendung von Waschflüssigkeiten. Abb. 246 gibt einen anschaulichen Vergleich der Wirkung von Waschölen und Aktivkohle wieder.

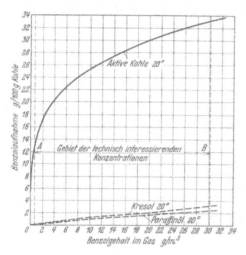

Abb. 246. Benzolaufnahme aus Luft durch Aktivkohlen, Kresol und Paraffinöl.

Die Aufnahme des dampfförmigen Extraktionsmittels beruht auch hier auf einer durch das Adsorptionsmittel hervorgerufenen Dampfdruckerniedrigung und Kondensation des Lösungsmittels. Die primitivste Ausführung der Adsorptionsentgasung besteht im Leiten der Abluft in einen frisch beschickten Extraktor oder in ein anderes, mit Saatmehl od. dgl. gefülltes Gefäß[1]. Außer auf reiner Adsorption, das ist einer Verdichtung der Dämpfe an der Oberfläche durch Anziehung (Attraktion), beruht in erster Linie die Wirkung der neueren Adsorptionsmittel, welche Körper mit sehr großer innerer, von Kapillarräumen gebildeter Oberfläche sind — z. B. besitzt Aktivkohle eine Oberfläche von 650 m²/g und Silicagel 450 m²/g —, auf der mit der eigentlichen Adsorption verbundenen Kapillarkondensation. Wie der konkave Meniskus von Flüssigkeiten in Kapil

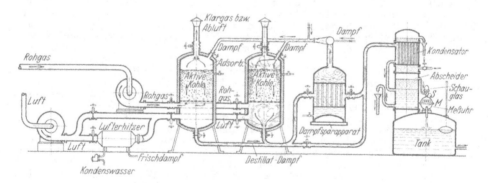

Abb. 247. Schema der Aktivkohleentgasung.

laren zeigt, erfahren sie in diesen eine ungemein starke Dampfdruckerniedrigung. Infolgedessen beladen sich die Adsorbentien mit den kondensierten Flüssigkeiten, welche zwar durch einfaches Erwärmen nur schwierig und unvollkommen, jedoch einfach und quantitativ mit Wasserdampf oder einem anderen heißen

---

[1] Melton u. Downs: E. P. 159039.

Gas wieder abgetrieben werden können[1]. Nach Trocknung sind die Adsorptionsmittel regeneriert und zu neuer Verwendung bereit.

In der Technik haben sich im letzten Jahrzehnt zwei Wege der Adsorptionsentgasung herausgebildet, das mit *aktiver Kohle* arbeitende Verfahren der Carbo-Norit-Union, Frankfurt, und das mit *kolloidaler Kieselsäure* arbeitende der Silica Gel G. m. b. H., Berlin; in Ölgewinnungsanlagen wird vorwiegend mit Aktivkohle gearbeitet.

Abb. 247 ist ein Schema des Aktivkohleverfahrens, Abb. 248 eine Ansicht der Apparatur.

Die Luft (Rohgas) leitet man von unten in den Adsorber, ein in der Regel zylindrisches Gefäß, das eine Schicht gekörnter Aktivkohle auf einem Siebboden enthält. Die Aufnahme des Extraktionsmittels erfolgt

Abb. 248. Ansicht einer Aktivkohleentgasungsanlage.

sehr rasch und vollständig. Die Sättigung der Kohle läßt sich durch Beriechen der Abluft leicht feststellen. Sobald die zuerst geruchlose Abluft deutlich den Geruch des Extraktionsmittels erkennen läßt, muß auf den zweiten Adsorber umgeschaltet werden. Während des Aufladens dieses zwei-

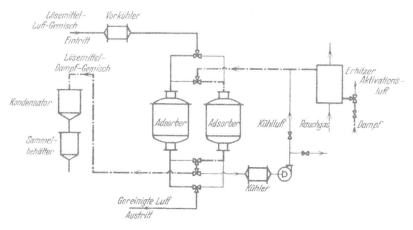

Abb. 249. Schema der Silica Gel-Entgasung.

ten wird aus dem ersten Adsorber, durch Einblasen von gesättigtem Wasserdampf von oben her das Extraktionsmittel bei 100° herausdestilliert, dann kondensiert. Vor der Wiederverwendung empfiehlt es sich aber, das

---

[1] Farbenfabriken Bayer: D. R. P. 310092. S. auch BAILLEUL, HERBERT und REISEMANN: Aktive Kohlen und ihre Verwendung in der Chemischen Industrie. Stuttgart: Ferd. Enke. 1934.

Lösungsmittel zu fraktionieren. Das Ausdämpfen ist beendet, wenn im Schauglas so gut wie kein Extraktionsmittel mehr zu beobachten ist. Eine geringe Restbeladung, deren Entfernung einen zu großen Dampfverbrauch verursachen würde, bleibt in der Kohle zurück. Die feuchte Kohle wird dann durch Durchblasen von mittels Wasserdampfs erwärmter Luft getrocknet und schließlich mit kalter Luft gekühlt. Unterdessen ist der zweite Adsorber beladen und es wird wieder zur Entgasung auf den ersten umgeschaltet.

Abb. 250. Ansicht einer Silica Gel-Entgasung.

Die Menge an wiedergewonnenem Lösungsmittel beträgt mehr als 95% der in der Abluft enthaltenen.

Für 1 kg zurückgewonnenes Lösungsmittel sind aufzuwenden: 2—4 kg Dampf, 0,05—0,15 Kilowattstunden und 0,05 m³ Kühlwasser. Der Kohleverbrauch beträgt 0,5 bis 1 kg für 1000 kg zurückgewonnenes Extraktionsmittel.

Abb. 249 und 250 sind Abbildungen von Einrichtungen für das Silica Gel-Verfahren, bei welchem neuerdings die Adsorber als übereinanderliegende Filterbetten angeordnet werden. Ladung und Entladung des Adsorbens verlaufen im wesentlichen gleich wie beim Aktivkohleverfahren. Die Regenerierung muß jedoch mit 200—250° heißer Luft vorgenommen werden. Auch hier erfolgt Entgasung auf über 95%. An Betriebsaufwand werden für 1 kg zurückgewonnenes Extraktionsmittel angegeben: 1—3 kg Dampf, 0,1—0,15 Kilowattstunden, 0,05 m³ Kühlwasser. Der Gelverschleiß ist zu vernachlässigen.

H. Die kontinuierliche Extraktion.

Bald nach Einführung des Extraktionsverfahrens in die Technik der Ölgewinnung begann man sich bereits mit der Konstruktion von Apparaten für die kontinuierliche Extraktion zu beschäftigen.

Als Vorzüge der kontinuierlichen gegenüber der diskontinuierlichen Extraktion gelten: kleinere Apparatur und größere Leistung, Fortfall der Handarbeit, Verringerung der Lösungsmittelverluste, weil weniger Lösungsmittel im Umlauf ist und die Abluftmengen kleiner sind, schließlich bessere Qualität der Produkte infolge wesentlich kürzerer Behandlungsdauer.

Das Wesen des kontinuierlichen Verfahrens besteht darin, daß das zu extrahierende Gut und das Lösungsmittel im Gegenstrom, seltener im Gleichstrom, durch ein oder mehrere Behälter geführt werden. Seine apparative Durchführung hängt weitgehend vom Sonderzweck ab, von der Art des Extraktionsgutes, auch der des Lösungsmittels.

Die Extraktionsbehälter können waagerecht, geneigt oder senkrecht angeordnet sein. Während die Förderung der Flüssigkeit durch freien Fall oder durch Pumpen bewirkt wird, bedient man sich zum Transport des Gutes in der Regel der Schnecken oder Bänder; mitunter erfolgt die Bewegung auch in anderer Weise, durch freien Fall oder durch Rotation des Extraktionsapparates. Man findet auch Zwischenkonstruktionen, bei denen Gut oder Lösungsmittel ruht; diese haben aber keinen Anspruch auf die Bezeichnung kontinuierliche Apparate. Die Batterieextraktion nach dem Diffusionsverfahren fällt z. B. bereits unter diese Kategorie.

a) Ältere Patentschriften.

Einige ältere Patentschriften, die anscheinend in Vergessenheit gerieten, enthielten bereits brauchbare Gedanken, die in den letzten Jahren erneut aufgegriffen wurden. So wird nach SINGER und JÜDELL[1] das zu entölende Gut zwischen zwei durchlässige Bänder eingepackt und durch eine Reihe mit Lösungsmittel gefüllte Behälter geführt, wobei jedesmal vor Eintritt in einen Behälter die aufgesaugte Flüssigkeit ausgequetscht wird. Ferner wurde dort bereits ein automatisch arbeitendes Verfahren beschrieben, bei welchem nicht nur das Extrahieren, sondern auch die Trocknung des Rückstandes und das Abdestillieren der Miscella kontinuierlich erfolgen und die Höhe des Lösungsmittels in den Extraktionsbehältern mittels Schwimmeranordnung gleichgehalten werden soll.

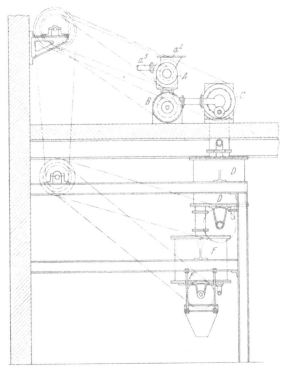

Abb. 251. Extraktion nach SCHUELER.

Nach einem älteren Verfahren von GRUNE[2] werden ölhaltige Stoffe, insbesondere Wolle, durch Vermischen mit festen, erwärmten Adsorbentien kontinuierlich extrahiert. Die Extraktion findet in der Weise statt, daß das Gemisch auf zwei Transportbändern in einem geschlossenen Behälter von oben nach unten gefördert wird. Das Adsorbens soll außer durch Extraktion mit Lösungsmitteln auch durch Auskochen mit wäßrigem Alkali entfettet werden.

Von Interesse sind noch einige ältere Verfahren, die man als Vorläufer der kontinuierlichen Extraktion bezeichnen könnte.

---

[1] D. R. P. 46015, 49031.   [2] D. R. P. 115992.

So verteilt Schueler[1], Abb. 251, ohne damit einen fließenden Prozeß zu erreichen, den Extraktionsvorgang auf einzelne neben- oder untereinander angeordnete Apparate. In einer besonderen, mit Transportschnecke versehenen Kammer A wird Gut von a^2 und Lösungsmittel von a^3 zusammengebracht, durch eine Schnecke in eine Mischkammer B geführt, aus dieser in einer Filterkammer C wieder mittels Preßdrucks getrennt; in einer vierten Kammer D wird das Gut gedämpft und schließlich in einer fünften F getrocknet. Es soll durch das Verfahren die Extraktion beträchtlich beschleunigt und eine erhebliche Ersparnis an Lösungsmittel erreicht werden. Normalerweise sei nur die gleiche Gewichtsmenge Lösungsmittel wie Extraktionsgut erforderlich. Es ist nicht zu verkennen, daß durch das sorgfältige Vermischen in kleinen Mengen eine bessere Ausnutzung des Lösungsmittels gewährleistet wird. Aber dieser Vorteil ist durch die komplizierte Aufteilung des einfachen Batterieextraktors in seine funktionellen Elemente derart vermindert, daß das Verfahren kaum jemals praktische Anwendung gefunden haben dürfte.

Eine eigenartige Arbeitsweise ist die von Jacquard und Gaudard[2] (Abb. 252 und 253).

Zwei konische geschlossene Behälter a und b sind durch zwei vom Boden des einen Behälters bis zum Deckel des anderen reichende breite Rohre c und d und

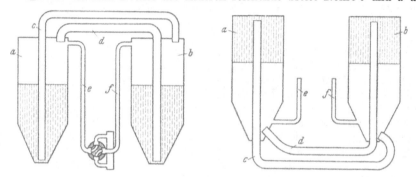

Abb. 252 und 253. Extraktion nach Jacquard und Gaudard.

außerdem durch ein vom Oberteil des einen Behälters über eine Pumpe zum Oberteil des anderen führendes Rohr e, f verbunden. Während Abb. 252 sich auf die Verwendung leichter Lösungsmittel bezieht, gibt Abb. 253 die Konstruktion bei Verwendung schwerer Lösungsmittel wieder. Beide Behälter sind völlig gefüllt. Je nach dem spezifischen Gewicht ist das Lösungsmittel unten und das Extraktionsgut oben oder umgekehrt. Beginnt die Pumpe zu arbeiten, die immer nur Lösungsmittel aus einem in den anderen Behälter fördern kann — sie pumpt beispielsweise von a nach b —, so bewirkt der Flüssigkeitsdruck, daß das Gut durch das dicke Rohr d von b nach a gepreßt wird. Das Gut kann so mehrmals hin und her bewegt oder bei Anordnung mehrerer solcher Doppelapparate in diesen hintereinander mit Lösungsmitteln behandelt werden. Bei langsamem Lauf der Pumpe soll nur das Lösungsmittel bewegt werden können. Praktische Bedeutung hat diese Konstruktion sicherlich nie gehabt.

b) Verwendung von Siebkörben für das zu extrahierende Gut.

Den nun folgenden Verfahren ist der Gedanke gemeinsam, das Gut in Siebkörben dem Lösungsmittel entgegenzuführen. Volle Kontinuität ist auch bei diesen Verfahren noch nicht gewahrt, denn das Füllen und Entleeren der Körbe geht nur intermittierend vor sich. Sie weisen aber den großen Vorteil auf, daß das Extraktionsgut, das sich während des Extraktionsvorganges in Ruhe befindet, sehr geschont wird.

Hier sei zunächst auf die zusammengehörigen Verfahren von Bollmann verwiesen[3]. Nach dem Verfahren des D.R.P. 303846 werden die mit Gut ge-

[1] E.P. 196799.   [2] F.P. 594332.   [3] D.R.P. 303846, 322446; E.P. 156905.

füllten Siebkörbe in einem waagerechten Behälter ruckweise vorwärts bewegt
und bei jedem Stillstand mit Lösungsmitteln überrieselt, während Pumpen das
Lösungsmittel im Gegenstrom von Station
zu Station fördern. In den beiden anderen
Apparaten ist die waagerechte Bewegung
des Gutes durch eine senkrechte ersetzt
(am klarsten ist das Paternosterprinzip
in der britischen Patentschrift wiedergegeben), wodurch einige Pumpen zur Förderung der Flüssigkeit erspart werden.
Das Gut wird auf der Anfangsseite im
Gleichstrom, auf der Endseite im Gegenstrom vom Lösungsmittel durchrieselt.

Die letzte, seit Jahren praktisch bewährte Konstruktion sei an Hand der
Abb. 254 näher erläutert:

Die Apparatur besteht aus einem geschlossenen, rechteckigen Gehäuse 25, 26,
in welchem an einer endlosen Kette 34 befestigte Siebkörbe 26 in ruckweiser Bewegung mittels der Räder 35, 36 im Kreislauf
herumgeführt werden. Die Siebkasten, die
etwa 500—1000 kg Gut fassen, werden in

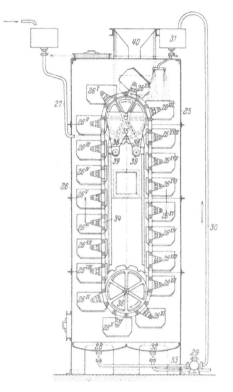

ihrer obersten Stellung
durch den Trichter 40
gefüllt. Bei dem näch-
sten Ruck gelangt der
gefüllte Kasten auf die
Absteigseite, wo er auf
dem ganzen Weg von
oben nach unten von
der an der obersten
Stelle   eingeführten,
von der Aufsteigseite
stammenden Miscella

Abb. 254. Extraktionsapparat nach BOLLMANN.

aus dem Tank 31 über- und durchrieselt wird. Ständig werden
somit sämtliche mit frischem Gut gefüllte Kasten der Absteigseite von einem Regen des bereits ölhaltigen Lösungsmittels im
Gleichstrom durchspült. Die stark angereicherte Miscella gelangt durch Hahn 32 und Leitung 33 zur Destillation.

An der Aufsteigseite wird das teilweise erschöpfte Gut
einem Regen frischen Lösungsmittels entgegengeführt, das
durch Leitung 27 eintritt. Die sich unten sammelnde, noch
schwache Miscella geht über Hahn 28, Pumpe 29 und Leitung 30
auf die Absteigseite. Der Zutritt des Lösungsmittels ist auf
der Aufsteigseite tiefer gelegt als auf der Absteigseite, damit
das Gut während des Ganges durch 1—2 Stationen Zeit zum
Abtropfen hat. An der höchsten Stelle wird der Siebkorb mit
erschöpftem Gut durch Kippen entleert und gleich darauf wieder
gefüllt. Schnecken 38, 39 fördern das Schrot anschließend zur
Entbenzinierung, die ebenfalls in Schnecken vor sich geht.

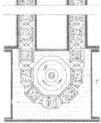

Abb. 255. Extraktions-
apparat   der   Bamag-
Meguin A. G.

Bei dem von der Bamag-Meguin A. G.[1] konstruierten
Automaten sind (Abb. 255) zwei durch einen Kopf- 5 und
Fußraum 1 miteinander verbundene Hohlsäulen 3, 4 ange-
ordnet, innerhalb derer sich eine endlose Kette aus einzelnen gelenkig miteinander verbundenen Siebbechern 7 über Umlenkscheiben 8 und 9 dauernd
bewegt. Das Lösungsmittel tritt bei 17 ein und bei 18 aus, durchströmt also

[1] D. R. P. 563711; s. auch D. R. P. 567134.

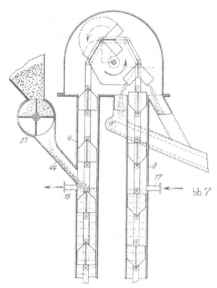

dauernd den unteren Teil der Apparatur im Gegenstrom zur Bewegung der Siebbecher.

Die Siebkasten sind an den beiden Stirnseiten offen. An diesen Seiten wird der Abschluß durch im Gehäuse angebrachte elastische Wände erzielt. Füllung und Entleerung der Kasten erfolgen durch Öffnungen in der Haube des Apparates vermittels hin und her gehender Kolben während der ruckweisen Bewegung der endlosen Kette.

In einer zweiten Ausführungsform Abb. 256 wird der Füll- und Entleerungsmechanismus durch eine besondere Ausbildung der paarig zusammengelenkten, nur oben offenen Siebbecher erspart. Bei der Abwärtsbewegung nehmen sie das durch die Schleuse 27 und Rohr 44 eingeführte Gut mit nach unten, füllen sich im Fußraum in Art eines Becherwerkes, tragen das Gut hoch und werfen es beim Verlassen der Führungssäule im Kopfstück durch Auseinanderkippen in eine Austragschnecke aus.

Abb. 256. Extraktionsapparat der Bamag-Meguin A. G.

Bei der Vorrichtung von Barton[1], Abb. 257, werden an einem endlosen Band befestigte, mit dem Gut gefüllte Siebkörbe in eine Reihe von mit strömendem Lösungsmittel gefüllte Behälter eingetaucht und wieder herausgezogen.

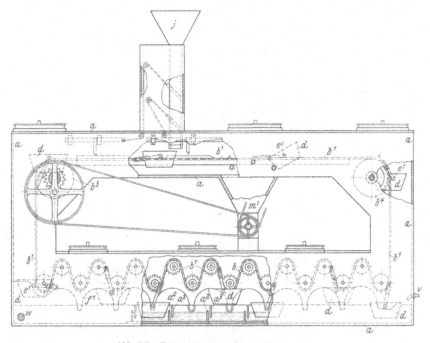

Abb. 257. Extraktionsapparat nach Barton.

Die Apparatur soll sich für die Entölung feiner Pulver eignen, bei deren Extraktion in anderen Apparaten schwer zu trennende Suspensionen entstehen.

[1] D. R. P. 325964.

Die Siebtröge d dieser sehr komplizierten Vorrichtung werden nach Füllung unter dem Trichter j an der endlosen Kette b, b^1 über das Kettenrad b^3 in den unteren Teil des geschlossenen Kastens a geführt, der durch Zwischenwände a^2, a^3 in mehrere Einzelbehälter geteilt ist; diese werden von dem bei v eintretenden und bei w abfließenden Lösungsmittel dauernd durchströmt. Die Siebtröge werden mit Hilfe der Führungsrollen e^1 und Führungsleisten f^1 nacheinander in die einzelnen Abteilungen eingetaucht, emporgehoben und über das Kettenrad b^4 zum Trichter m^1 geführt und durch Umkippen entleert.

Bei dem von L. J. SIMON erfundenen, von der Borsig A. G.[1] vertriebenen Apparat erfolgt die Extraktion in Siebkörben vollkommen automatisch. Das Gut wird in drehbaren Körben nacheinander mit Lösungen abnehmender Konzentration, dann vom reinen Lösungsmittel ausgelaugt und schließlich ausgedämpft. Eine mit bestimmter Geschwindigkeit angetriebene Nockenwelle steuert automatisch das Anlassen und Anhalten der rotierenden Körbe, regelt deren Geschwindigkeit, führt die Lösungen der Mitte der Körbe zu, zieht die Miscella ab usw.

Vergleicht man die Extraktion in Siebkörben mit dem gewöhnlichen Verfahren der Extraktion in Batterien, so scheint nicht viel zugunsten der ersteren zu sprechen; die Apparatur der Siebkorbextraktion ist jedenfalls mit ihren Füll- und Entleerungsanordnungen, dem Transport des Gutes usw. wesentlich komplizierter als diejenige der Batterieextraktoren. Wenn trotzdem eine dieser Siebkorb-Konstruktionen sich in der Praxis voll bewähren konnte, so ist das ein Beweis für die große sonstige Überlegenheit der kontinuierlichen Arbeitsweise über die diskontinuierliche.

c) Apparate ohne besondere Transportvorrichtungen für das Gut.

Es folgen Schilderungen einiger kontinuierlicher Extraktionsverfahren, bei denen keine besonderen Transportvorrichtungen für das Gut vorgesehen, die somit in der Konstruktion einfacher als die soeben beschriebenen sind.

Die in Abb. 258 wiedergegebene Vorrichtung von MILLS und BATTLE[2] ist eine Spezialkonstruktion für spezifisch schwere Lösungsmittel.

Im unteren Teil des mit Lösungsmittel gefüllten, aufrecht stehenden Behälters 4 wird mittels Preßkolbens 6 oder Druckschnecke das Extraktionsgut eingepreßt. Es steigt in der Flüssigkeit empor, wird mittels Siebschnecke 33 aus der Flüssigkeit herausgefischt und in weiteren Schnecken ausgedämpft und getrocknet. Die Miscella wird nach Passieren des Siebes 15 durch die Pumpe 17 in die Destillierblase 18 gedrückt; das kondensierte Lösungsmittel wird durch 26 wieder in den Behälter 4 eingebraust. Der Regulierung der Flüssigkeitsströmung, mit der die Erfinder offenbar schon auf dem Papier zu kämpfen hatten, dient die Kühlschlange 14. Das Aufsteigen des Gutes wird durch den Pumpenzug erschwert, die spezifisch leichtere Miscella wird das Bestreben zeigen, von der Pumpe weg nach oben zu strömen.

Für die Extraktion von mehlartigem Gut hat BOLLMANN[3] eine Apparatur vorgeschlagen, die sich durch große Einfachheit auszeichnet, besonders wenn man sie mit der sehr komplizierten Vorrichtung von BARTON (S. 736) vergleicht. Ihre praktische Verwendbarkeit muß dagegen stark angezweifelt werden.

Sie besteht aus einer mit Siebböden versehenen und an eine Pumpe angeschlossenen, in Einzelkammern unterteilten Kolonne. Beim Saugen der Pumpe tritt oben das Gut (Bleicherde) und unten Lösungsmittel ein. Bei Arbeitsbeginn ist die Kolonne mit Flüssigkeit gefüllt und die Rückschlagventile geöffnet, so daß die Erde von Kammer zu Kammer nach unten gesaugt wird. Wenn die Pumpe drückt, schließen sich die Ventile, die Siebböden lassen aber das Lösungsmittel nach oben durchtreten. Gleichzeitig soll aus der obersten Kammer etwas Miscella, aus der untersten eine gewisse Menge Erde herausgedrückt werden. — Es kann kaum einem Zweifel unter-

---

[1] D.R.P. 453253, 495809, 520396.   [2] D.R.P. 237497.   [3] D.R.P. 366923.

liegen, daß sich nach einigen Pumpenstößen eine Suspension von Extraktionsgut und Lösungsmittel bilden wird.

Ein von der I. G. Farbenindustrie A. G. vorgeschlagener Extraktionsapparat[1] besteht aus einem zylindrischen, unten runden (kugeligen) Gefäß, das durch eine nicht bis zum Boden reichende Scheidewand in zwei Hälften geteilt ist.

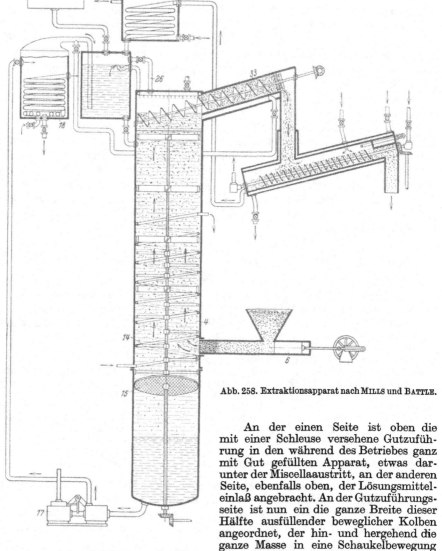

Abb. 258. Extraktionsapparat nach Mills und Battle.

An der einen Seite ist oben die mit einer Schleuse versehene Gutzuführung in den während des Betriebes ganz mit Gut gefüllten Apparat, etwas darunter der Miscellaaustritt, an der anderen Seite, ebenfalls oben, der Lösungsmitteleinlaß angebracht. An der Gutzuführungsseite ist nun ein die ganze Breite dieser Hälfte ausfüllender beweglicher Kolben angeordnet, der hin- und hergehend die ganze Masse in eine Schaukelbewegung versetzen und das Gut langsam im Gegenstrom zum Lösungsmittel durch das Gefäß hindurchschaukeln soll.

Sehr einfach scheint sich auch nach dem Verfahren der Prosco Oil Corporation, Abb. 259, die kontinuierliche Extraktion zu gestalten[2].

Ein mit Rührwerk 24 versehener Zylinder 14 ist unten bei 6 einseitig stark abgeschrägt zu einer gleichsam den Boden bildenden Austragschnecke 7 hin. Der

---

[1] E. P. 341 581.   [2] F. P. 659 034.

Lösungsmitteleinlaß 30 befindet sich oberhalb der Abschrägung, der Auslaß 23 am Deckel des Zylinders. Die Extraktion geht im strömenden Lösungsmittel beim Durchfallen des Gutes von 17 aus vor sich, das unten so fest und dicht in der Schräge liegen soll, daß kein Lösungsmittel austreten kann. Anscheinend ist der Apparat nur für Kakaoextraktion gedacht.

Bei dem ähnlichen Verfahren von LAWRENCE[1] fällt das Gut durch einen mit strömendem Lösungsmittel gefüllten Zylinder. Den Abschluß bildet aber eine Schneckenpresse, welche das zu einem Pflock zusammengequetschte Gut kontinuierlich in eine Entbenzinierungstrommel fördert.

Konstruktiv sind die Apparate der letzten Gruppe durch große Einfachheit gekennzeichnet, aber diese Einfachheit geht in der Regel so weit, daß man ihr Funktionieren in berechtigten Zweifel ziehen muß.

d) Transportbänder, Transportschnecken usw. zur Förderung des Gutes im Gegen- oder Gleichstrom zum Lösungsmittel.

Die letzte und größte Gruppe der zu betrachtenden Verfahren hat zum Prinzip den kontinuierlichen Fluß des Extraktionsgutes durch den Extraktionsapparat vermittels einer Fördervorrichtung, in der Regel im Gegenstrom, mitunter aber auch im Gleichstrom zum Lösungsmittel.

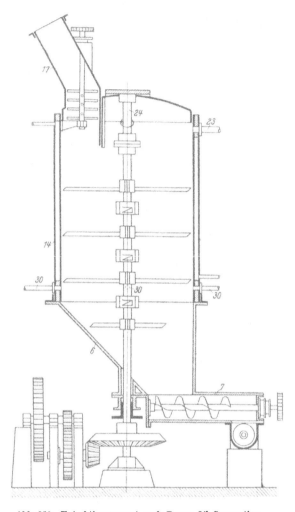

Abb. 259. Extraktionsapparat nach Prosco Oil Corporation.

Bei einigen dieser Apparate sind zum Guttransport Bandförderer vorgesehen; so z. B. die Vorrichtung von WHITEHEAD und SCOTT[2], Abb. 260, deren Arbeitsweise im wesentlichen darin besteht, daß das Gut wiederholt in das Lösungsmittel eingetaucht, herausgenommen und das aufgesaugte Lösungsmittel ausgequetscht wird.

Das Gut fällt von b durch f^1 in einen mit Lösungsmitteln gefüllten, durch eine diagonale Siebwand h^1 geteilten rechtkantigen Behälter g^1 und rutscht auf der Siebwand zu einem endlosen Transportband n^1. Das Transportband führt das Gut durch einen aufsteigenden Kanal m^1, aus welchem die abtropfende Miscella durch eine andere Siebwand in den Behälter zurückfließt, zu einem über einem zweiten Behälter g^2 angeordneten Walzenpaar t^1, durch welches das Gut ausgequetscht und in den Behälter g^2 gefördert wird. Es können mehrere solcher Apparate nebeneinander ge-

[1] A. P. 1748356.   [2] D. R. P. 377216.

stellt werden, welche dann im Gegenstrom von dem aus v kommenden Lösungsmittel durchflossen werden. Durch f^5 gelangt das Gut schließlich in eine Entbenzinierungs- und Trockenschnecke.

Eine sinnreiche und brauchbare Apparatur ist von Silvano und Lombardi-Cerri[1], Abb. 261, beschrieben.

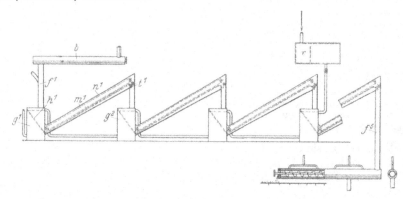

Abb. 260. Extraktionsapparat nach Whitehead und Scott.

Das Gut befindet sich in einem aus zwei endlosen, durchlässigen Bändern 1 und 2 gebildeten Schlauch. Der Querschnitt des Bandes und des Schlauches ist aus der Abb. 261 ersichtlich. Das Band 1 wird aus dem Trichter 20 mit Gut beschickt. Durch die Leitrolle 21 wird es gegen das Band 2 geführt, und von der Führungs- rolle 4 ab bilden die Bänder durch die Randleisten 26 einen schlauchartigen Behälter, der in Richtung des Pfeiles über die hohlen Siebtrommeln 7, 11, 13, 14

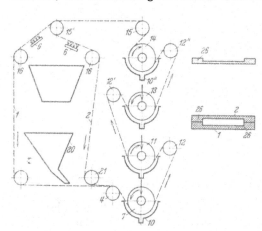

Abb. 261. Extraktionsapparat nach Silvano und Lombardi-
Cerri.

und Leitrollen 12, 12′, 12″ und 15 bewegt wird. Das Extraktionsmittel tritt in das Innere der obersten Siebtrommel 14 ein, dringt durch den anliegenden Schlauch, tropft in die Auffangrinne 10″, wird in das Innere der nächsten Trommel geleitet und so fort, bis es schließ- lich bei 10 abgezogen wird. Der Schlauch wird auf seinem weiteren Wege hinter der Leitrolle 15′ durch die beiden Führungsrollen 16 wieder in die beiden Bänder zerlegt, wo- bei diese durch Bürsten 6 gereinigt werden und das entölte Gut in einen Trichter 34 fällt.

Die Extraktion kann auch in der Weise stattfinden, daß der Schlauch zwischen zwei Siebplatten durch ein mit Lösungsmittel gefülltes Gefäß gezogen wird, wobei die Flüssigkeit durch eine hin- und herbewegte Membran den Schlauch dauernd in wechselnder Richtung durchströmt.

Auch in der Vorrichtung von Lemmél[2] wird der Bandförderer benutzt. Das Gut wird auf zwei Reihen übereinander angeordneter Förderbänder einem Lö- sungsmittelregen entgegen aufwärts transportiert; der Transport vom oberen Ende eines Bandes auf das untere Ende des nächsthöheren Bandes der anderen Reihe wird durch kleine Querbänder besorgt. Auch in der unmittelbar anschließenden Trockenapparatur werden ausschließlich Bänder benutzt, um jede Schädigung der Struktur des Gutes durch die zerreibende Schneckenwirkung zu vermeiden.

[1] D. R. P. 519830.   [2] D. R. P. 525724.

Downs und Bellwood[1] verwenden als Transportmittel ein flüssigkeits-
durchlässiges Band, das in einer langen, geschlossenen Kammer abwechselnd
mit Lösungsmitteln bespritzt wird und unter Vakuum stehende Stellen passiert,
an welchen die Miscella aus dem Gut herausgesaugt wird.

Erwähnt sei schließlich noch das Verfahren von Sterling[2], bei dem das
Gut in mehreren schrägen Extraktionskammern auf je einem endlosen Band
durch das im Gegenstrom die Kammern durchfließende Lösungsmittel gezogen
wird.

Als Übergang zu den mit Schnecken arbeitenden Apparaten sei die Konstruktion von Böhm D. R. P. 578704 angeführt. Innerhalb eines geschlossenen
Behälters bewegt sich dabei das Extraktionsgut in mehreren, z. B. je drei
waagerechten, mit Siebböden versehenen Ringmulden, welche sich um senkrechte Achsen drehen. Die Mulden, von denen gewöhnlich eine Seitenwand
doppelwandig und fest angeordnet ist, so daß sich nur die andere Wand mit
dem Siebboden bewegen kann, besitzen an einer Stelle eine Öffnung, aus
welcher das Gut mittels Abstreifers in die nächstuntere Mulde geworfen wird.
Auf seinem Wege wird das Extraktionsgut, von über den Mulden angeordneten Sprühschlangen aus, einem Lösungsmittelregen ausgesetzt. Die durch
den Siebboden tropfende Miscella wird in Rinnen gesammelt und zur Beriese-
lung in der nächst höheren Mulde verwendet. Von der obersten Mulde geht
die Öllösung zur Destillation.

Die Mehrzahl der Apparate für kontinuierliche Extraktion bedient sich zur
Förderung des Gutes der Transportschnecke, und zwar arbeitet diese in jeder
Stellung, waagerecht, geneigt und senkrecht.

Von den neueren Verfahren wäre zunächst dasjenige von Wilbuschewisch[3]
zu nennen. Das Gut fällt in einem Führungsrohr durch einen mit Lösungsmitteln
gefüllten Behälter in eine leicht geneigte, von dem Lösungsmittel angefüllte und
im Gegenstrom durchflossene Schnecke, von welcher es zu einem zweiten,
dritten usw. Behälter gebracht wird. Vor Eintritt in die Behälter wird es durch
ein Walzenpaar ausgequetscht und die Miscella der nachfolgenden Schnecke
zugeleitet. Diese altbekannte Maßnahme des Ausquetschens des Gutes nach einer
bestimmten Berührungszeit mit dem Lösungsmittel ist so ziemlich in allen
neueren, mit mehreren Apparaten arbeitenden Extraktionsprozessen vorgesehen.

Die Firma Fauth[4], Wiesbaden, verwendet an den oberen Enden der Transportschnecken sitzende Druckkegel mit schmalem ringförmigen Durchlaß zum
Ausquetschen der Miscella.

In einem anderen Fauthschen Patent[5], laut dem die Extraktion in schrägen
Schnecken im Gegenstrom vor sich geht, wird das Gut abwechselnd gepreßt und
extrahiert, indem es vor dem Einfallen in die nächstfolgende Schnecke durch
die Preßvorrichtung getrieben wird.

Schnecken mit Quetschvorrichtungen sind auch in zwei Verfahren der
Firma Krupp[6] vorgesehen.

Mit waagerechten, übereinander in einem geschlossenen Behälter angeordneten Schnecken arbeitet Kimmel[7]; das Gut wird von der unteren der nächsthöheren Schnecke durch Hebevorrichtungen (Becherwerke) zugebracht, während
das Lösungsmittel oben versprüht wird und durch die Schnecken herunterrieselt.

Praktisch angewendet im großen wird der Apparat von Hildebrandt[8], bei
dem zur Förderung des Gutes durch den Extraktionsapparat senkrechte
Schnecken vorgesehen sind.

[1] E. P. 278145.   [2] A. P. 1694361.   [3] D. R. P. 428740.
[4] E. P. 157155.   [5] D. R. P. 441362.   [6] D. R. P. 467801, 454822.
[7] D. R. P. 528121.   [8] D. R. P. 528287, 547040.

Die Vorrichtung (nach D.R.P. 547040) besteht (Abb. 262) aus zwei senkrechten, mit Transportschnecken 2 und 19 versehenen Zylindern 1 und 10, die durch einen liegenden, mit Schnecke 7 ausgerüsteten dritten Zylinder 6 verbunden sind. Der Lösungsmitteleintritt erfolgt bei 15 in den Zylinder 1, der Austritt bei 13 aus dem Zylinder 10; ein Stück des Zylindermantels 10 ist als Seiher ausgebildet, so daß der Apparat bis zu dieser Höhe mit dem strömenden Lösungsmittel angefüllt ist. Das bei 20 in den Zylinder 10 eingefüllte Gut wird von der Schnecke 19 nach unten der Druckschnecke 7 zugeführt, die es unter selbsttätiger Druckregulierung auf der Strecke a, b so zusammenpreßt, daß die Miscella noch durchfließen und eine Hochförderung des Gutes im Zylinder 1 durch die Siebschnecke 2 erfolgen kann. Die Führungsleisten 14 unterstützen diese Aufwärtsbewegung. Vor dem Auswurf 17 ist um den oberen Teil des Zylinders 1 ein Heizmantel 16 angebracht, so daß dort schon das Lösungsmittel verdampft und die Dämpfe durch 18 abgeleitet werden. Dem bei 17 im Zylinder 10 vorgesehenen Anschluß für benzinhaltige Abluft, die durch Adsorption an das Rohgut entbenziniert werden soll, kommt in Wirklichkeit kaum Bedeutung zu; durch die Kondensationswärme des von 18

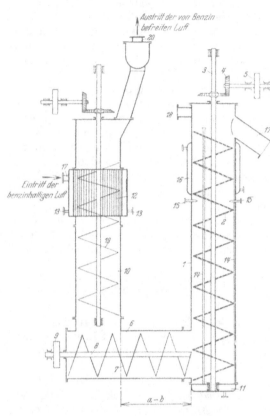

Abb. 262. Extraktionsapparat nach HILDEBRANDT.

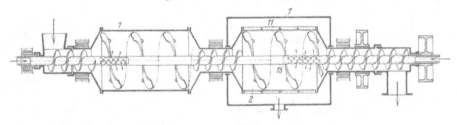

Abb. 263. Extraktionsapparat nach FAUTH.

nach 17 eintretenden Lösungsmitteldampfes wird höchstens eine Erwärmung des frisch eingefüllten Gutes unter Verdichtung des Lösungsmittels erzielt.

Der HILDEBRANDTsche Automat zeigt eine gewisse Ähnlichkeit mit dem Apparat der Etablissements Olier[1]. Zur senkrechten Aufwärtsförderung sind aber bei diesem Verfahren zwei gegenläufige Schnecken vorgesehen, während

---

[1] F. P. 546960.

HILDEBRANDT die eine Schnecke durch einfache Führungsleisten ersetzt. Die Vorrichtung von Olier hat außerdem den Nachteil, daß das Gut nicht in der Höhe des Siebbodens eingepreßt wird, der Apparat also nicht ganz ausgefüllt wird und Verstopfungen möglich sind.

Die Extraktionsapparatur der Firma Fauth[1] (Abb. 263) enthält eine waagerechte Schnecke mit durchlöcherter Hohlwelle 15 als Lösungsmittelzuleitung, die sich an zwei Stellen zu Lösungstrommeln 1 und 2 erweitert, in welche das Lösungsmittel aus der Welle eingeführt wird. Auf eine kleinere Vor- oder Mischtrommel 1 folgt die eigentliche Extraktionstrommel 2, auf der ein mit wasserabstoßender imprägnierter Seide umhüllter Mantel 11 sitzt. Nur die Miscella soll durch den die Trommel abschließenden Mantel in den Raum 7 abfließen können. In der Zusatzpatentschrift 537530 ist eine besondere Ausbildung der Extraktionstrommel, nämlich ihre Unterteilung durch Einschnürungen, in welche Scheidewände der feststehenden Ummantelung eingreifen, beschrieben. Auch diese Vorrichtung ist im praktischen Betrieb erprobt.

Rocca, Tassy und de Roux[2] empfehlen für die kontinuierliche Extraktion eine Batterie senkrechter, durch schräge Fallrohre verbundener Zylinder. Das Gut wird in den ersten Zylindern im Gegenstrom zum Lösungsmittel durch Schnecken senkrecht hochgefördert; in den letzten Zylindern wird es durch indirekten und direkten Dampf vom Lösungsmittel befreit und getrocknet.

Bei dem Apparat von CARACIOLO[3] befinden sich die Transportschnecken nicht in den Zylindern, sondern in den schrägen Verbindungsrohren. In die mit einem inneren Siebzylinder versehenen, mit Lösungsmittel gefüllten Zylinder wird das Gut eingeführt und durch die schrägen Schnecken von Zylinder zu Zylinder gefördert. Für die Verdampfung der Miscella ist eine kontinuierlich arbeitende Kolonne vorgesehen.

HUG und GRANGER[4] lassen das Gut in senkrechten, mit Zwischenböden versehenen Zylindern im Gegenstrom zum aufsteigenden Extraktionsmittel abwärtsfallen. Auf dem abgeschrägten Boden rutscht das Gut einer horizontalen Schnecke zu und gelangt in eine Preßvorrichtung; die abgepreßte Miscella wird in den nachfolgenden Extraktor gepumpt.

Der Extraktor von SANTOS Y FERNANDOZ[5] besteht aus einem breiten und einem schmalen Zylinder, die unten durch ein eine Transportschnecke enthaltendes Zwischenstück miteinander verbunden sind. Der Apparat ist mit Lösungsmittel gefüllt. Das Gut gelangt in den breiten, mit Rührwerk versehenen Zylinder, wird durch die Schnecke in den schmalen Zylinder gebracht und hier mittels eines Siebbecherwerkes zu Trockenschnecken hochgehoben. Das Lösungsmittel fließt von oben in den schmalen Zylinder ein, berieselt die Siebbecher und durchfließt den Apparat im Gegenstrom zum Gut. Der Miscellaverdampfer arbeitet in der Weise, daß die eintretende Lösung oben eingesprüht und beim Herabfließen durch die aufsteigenden Gase konzentriert wird.

Schlotterhose[6] benutzt schräg aufwärts fördernde, am oberen Ende mit Quetschvorrichtungen versehene Schnecken. Das Gut wird nur im obersten Teil der Schnecke vom Lösungsmittel überrieselt oder vom Lösungsmitteldampf umspült.

Durch Schleuse 13 und Fallrohr 12 (Abb. 264) gelangt das Gut in den ersten (1) der vier schräg liegenden Extraktionszylinder, die von dem Tank 14 durch Rohr 15 aus vom Lösungsmittel im Gegenstrom durchflossen werden. Der Eintritt des Lösungsmittels in die Zylinder liegt höher als der Abfluß 10, so daß das Gut nach Auftauchen aus dem Extraktionsmittelbad noch von der Flüssigkeit abgespült wird. Die Schnecke 9 des ersten Zylinders fördert das Gut aus dem Lösungsmittel heraus in den konischen oberen Teil des Zylinders gegen eine aus Platte 19 und Feder 18 bestehende Preß-

---

[1] D. R. P. 529142. [2] F. P. 535193. [3] F. P. 540379.
[4] F. P. 551352. [5] F. P. 598703. [6] F. P. 679226.

vorrichtung, von welcher es nach dem Auspressen des Lösungsmittels durch das Verbindungsrohr 5 in den zweiten Zylinder fällt. Das Gut wandert weiter durch den zweiten, dritten und vierten Zylinder, fällt durch Rohr 20 vermittels einer Schleuse in eine geheizte Schnecke 21, in welcher die Abtreibung des Lösungsmittels aus dem Schrot beginnt; in der Wärmpfanne 29 wird auf Heizplatten unter Rühren die Hauptmenge verdampft und in der Heizschnecke 48 die Verdampfung und Trocknung des Schrots beendet. Bei 49 wird das Schrot ausgetragen.

Die Miscella fließt durch einen Vorverdampfer 52, 53 zu einer mit Füllkörpern versehenen Kolonne 61, in welche bei 65 direkter Dampf eintritt. Das fertige Öl verläßt die Kolonne durch ein am Kolonnenboden befindliches Ventil. Sämtliche Brüden werden in dem Kühler 57 niedergeschlagen, das Kondensat passiert zwei Wasserabscheider 68, 69 und gelangt durch 70 wieder in den Extraktionsmittelbehälter 14 zurück.

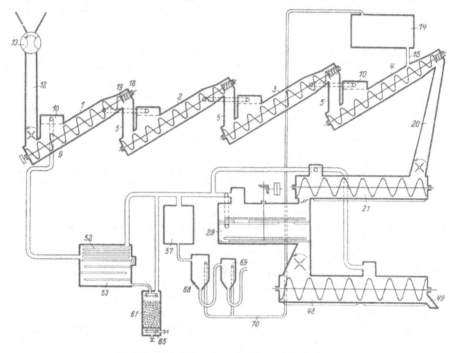

Abb. 264. Extraktionsanlage der Firma Schlotterhose.

Größere Beachtung verdient ein von den Etablissements Olier ausgearbeitetes Preß- und Extraktionsverfahren[1], das die Gewinnung hochwertiger Vorschlagsöle und gewöhnlicher technischer Öle in einem gemeinsamen Arbeitsgang gestattet.

Von dem Walzwerk 1 (Abb. 265) gelangt das zerkleinerte Gut durch die Zubringerschnecke 4 in eine kontinuierliche Preßvorrichtung 10, die mit zwei gegenläufigen Schnecken 6 und 7 und Seitenmantel 9 versehen ist, die aber auch durch eine andere, z. B. eine Anderson-Presse, ersetzt sein kann. Das bei der Vorpressung abgeschiedene Öl wird durch 14 abgeleitet, während das vorgepreßte Gut über eine Brechwalze in die kontinuierliche Extraktionsvorrichtung wandert, die aus der das Gut im Gegenstrom zu dem durch 20 eintretenden und durch 21 abgeführten Lösungsmittel fördernden Schnecke 19 besteht. Die Schnecke gibt das völlig entölte Gut wieder an eine kontinuierlich arbeitende Preßvorrichtung 27 von ähnlicher Konstruktion wie 10 ab, wo es von der Hauptmenge des aufgesaugten Lösungsmittels befreit wird. Die restliche Befreiung vom Lösungsmittel und Trocknung erfolgt anschließend in einer Schnecke 40 mit Heizmantel 41 und direktem Dampfzutritt 44.

---

[1] F. P. 530756.

Das fertige Schrot verläßt am Ende der Schnecke 40 bei 52 die Apparatur. Die ausgequetschte dünne Miscella gelangt nach Passieren eines Filters oder Absitzgefäßes 35 zu einem Tank 36, aus welchem es die Pumpe 37 in die Extraktionsschnecke zurückführt. Die in der Heizschnecke entstehenden Brüden werden durch Leitung 46 zu einem Kühler 47 geleitet. Der Fortgang des Prozesses kann durch die Schaulöcher 15, 17 und 34 kontrolliert werden.

Schnecken zur Förderung des Gutes sind noch in den Extraktionsverfahren von WINTERS[1], NIELDS[2] und TURNER und FLOOD[3] vorgesehen. Ferner in den offenbar für die Extraktion von Kakaobohnen bestimmten Verfahren von WILSON[4], EDDY[5], ATWELL[6], nach welchen das Gut vor der kontinuierlichen Extraktion mit Wasser angeteigt werden soll.

Die Firma Cellulose et Papier[7] führt das zerkleinerte Gut auf einem endlosen Band durch einen

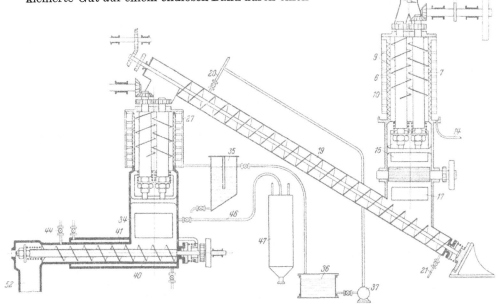

Abb. 265. Kombinierte Preß- und Extraktionsanlage, Etablissements Olier.

Ausschwitzapparat, hierauf durch eine mit geringem Druck arbeitende kontinuierliche Vorpresse. Der Rückstand wird weiter vermahlen, mit Lösungsmittel getränkt und nach Erwärmen bis nahe auf den Siedepunkt des Lösungsmittels einer zweiten kontinuierlichen Pressung bei einem Druck von etwa 15—20 at unterworfen.

Die kontinuierliche Extraktionsanlage von BOYKIN[8] will Lösungsmittelverluste dadurch vermeiden, daß sie die Extraktion unter dem Druck eines inerten Gases vornimmt. An undichten Stellen soll dann das inerte Gas und nicht das Lösungsmittel austreten. Die eigentliche Extraktion erfolgt in einer Trommel, Trennung von Gut und Miscella kontinuierlich in einer Filtertrommel.

[1] E. P. 120156. [2] E. P. 215113. [3] A. P. 1024230, 1104456.
[4] A. P. 1494090. [5] A. P. 1607731. [6] A. P. 1648102, 1648670.
[7] F. P. 554285. [8] A. P. 1721686.

Eine höchst komplizierte Apparatur haben BARSTOW und GRISWOLD für die Extraktion erdacht[1].

Eine mit Filtertuch bespannte rotierende Trommel taucht mit ihrem unteren Teil in ein mit einer Mischung von Gut und Lösungsmittel kontinuierlich gefülltes Gefäß ein. Die Oberfläche der Radtrommel ist unter dem Filtertuch durch Öffnungen in regelmäßigen Abständen unterbrochen, die durch ein verzwicktes System von Kanälen miteinander verbunden und über die hohle Mitte der Trommel an drei Pumpen angeschlossen sind. Beim Drehen der Trommel wirkt eine Pumpe saugend, und zwar derart, daß aus dem Gefäß das Gut an das Filter angesaugt und Miscella weggepumpt wird. Das ange-

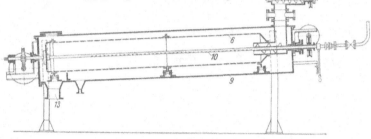

Abb. 266. Extraktionsapparat nach O. Wilhelm.

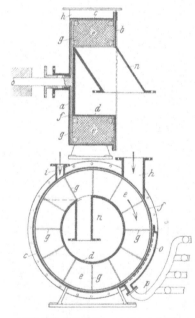

Abb. 267. Extraktionsapparat nach Miag A. G.

saugte Gut wird während der Drehung von Miscella und frischem Lösungsmittel berieselt, wobei die Flüssigkeit stets durch das Filter gesaugt und fortgepumpt wird. Nach einer fast völligen Umdrehung wird das entölte Gut von der Trommel abgeblasen.

e) Rotierende Extraktionstrommel.

Äußerst einfach ist die Apparatur von O. Wilhelm[2] (Abb. 266). Sie besteht aus dem im Mantel 9 rotierenden geneigten Siebrohr 6 mit der Siebröhre 10 für die Lösungsmittelzufuhr, während Gutzufuhr bei 1, Gutabgabe bei 13 erfolgt. Es können auch mehrere solcher Apparate untereinander angeordnet werden, die Rohre können innen zum besseren Durchmischen von Gut und Lösungsmittel mit Rippen u. dgl. versehen sein, das Lösungsmittel kann man im Gleich- und Gegenstrom zirkulieren lassen.

Ähnlichkeit mit dieser Extraktionsvorrichtung zeigt der Apparat der Hanseatischen Mühlenwerke A. G.[3]. Das schräge Drehrohr, in welchem die kontinuierliche Extraktion erfolgt, besteht am unteren Ende aus einem Sieb, das von außen mit Lösungsmittel abgespült wird, um das Verstopfen der Siebwandungen zu verhindern. Das Drehrohr enthält Schraubengänge zur Aufwärtsförderung des Gutes. Man kann noch in solche Apparate Transportschnecken einbauen und Drehrohr und Schnecke in entgegengesetzter Richtung drehen, zwecks Steigerung der Mischwirkung.

[1] A. P. 1125920, 1199861, 1238084.   [2] D. R. P. 523826.   [3] D. R. P. 572818.

Eine eigenartige und dem Anscheine nach brauchbare Apparatur für kontinuierliche Extraktion gibt
noch die Abb. 267 wieder[1].

Zwei feststehende kurze Zylinder a und b bilden
mit ihren Ringborden c und d eine ringförmige Auslaug-
kammer e für das ölhaltige Gut. Zwischen diesen ist
eine Scheibe f im Sinne des Pfeils drehbar. Die Scheibe
f trägt im Bereich der Ringkammer e Fördersiebe g,
die dem Querschnitt der Kammer e entsprechend gestaltet sind.

Das Gut tritt durch h ein, wird von den Sieben g
mitgenommen und bei n ausgeworfen. Das Lösungsmittel fließt bei i ein und bei dem als Sieb ausgebildeten Wandteil o aus, wobei die Standhöhe des Lösungsmittels im Apparat durch Ablaßhähne in verschiedener Höhe des Schwanenhalses p geregelt werden kann.

I. Extraktionsanlagen.

Extraktionsanlagen werden zweckmäßig in leicht
ausgeführten Gebäuden untergebracht, um im Falle
einer Explosion der Luft-Lösungsmitteldampf-Ge-
mische die Zerstörungen nach Möglichkeit auf die
leicht nachgebenden Wände einzuschränken. Insbesondere darf die Dachkonstruktion nicht zu schwer
sein, um bei einer Explosion leicht fortfliegen zu können.

Die Übersicht über die Anlage soll nicht durch
viele Treppen, Podeste usw. erschwert werden. Die
Tragkonstruktion der Maschinen ist von der des
Gebäudes getrennt zu halten, um zu vermeiden, daß
Verwerfungen oder Belastungsänderungen das Gebäude
in Mitleidenschaft ziehen.

Die Benzintanks sind wegen der Brand- und Explosionsgefahr unterirdisch anzuordnen und müssen
von allen Seiten gut zugänglich sein. Sämtliche Tanks
sind zu erden. Die von der Tankanlage nach außen
führenden Leitungen sollen mit einem mit Kies von
7 mm Korngröße gefüllten Topf von reichlichem Durchmesser versehen sein, um Flammenrückschläge bei
Bränden zu verhüten.

Die schematische Anordnung einer Extraktionsanlage soll an Hand der Abb. 268 einer Extraktionsbatterie erläutert werden. Wie bereits erwähnt,
gehört diese Art der Extraktion zu den verbreitetsten.

Das Rohmaterial wird vom Saatlager durch
Schnecken oder andere Transportmittel in Vorratssilos
gebracht, welche unmittelbar bei der Extraktionsanlage stehen und einen für etwa 4—8 Stunden ausreichenden Vorrat aufnehmen, damit der Betrieb bei
Störungen der Transportvorrichtungen im Lagerhaus
weiterarbeiten kann.

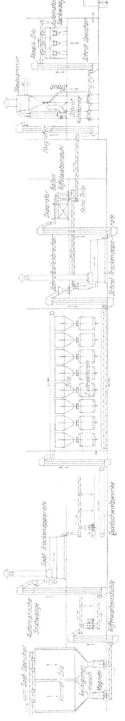

Abb. 268. Schematische Anordnung einer Extraktionsanlage.

---

[1] Miag A. G.: D. R. P. 576 209.

Vor der Zerkleinerung wird das Gut in den unter den Fabriksilos aufgestellten Reinigungsmaschinen und Magneten gereinigt und dann mittels Transportschnecken, Elevator u. dgl. auf Riffelwalzen gebracht, welche es auf eine bestimmte Größe vorbrechen. Für Sojabohnen verwendet man z. B. Brecher mit einem Walzenpaar und einer Teilung der Walzenriffelung von 6—7 mm. Das auf den Riffelwalzenstühlen vorzerkleinerte Gut wird mittels Schnecke und Elevator nach der automatischen Waage gefördert, nach Verwiegen getrocknet und hierauf in Glattwalzen zu Blättchen gequetscht. Zweckmäßiger ist es, in einem hohen Gebäude die Glattwalzen unter den Riffelwalzen anzuordnen und das Verwiegen und Trocknen erst nach Passieren der Quetschwalzwerke vorzunehmen. Zum Trocknen werden häufig Röhrenbündeltrockner verwendet.

Im übrigen hängt die Feinheit und Art der Zerkleinerung vom Extraktionsverfahren ab; in Systemen, in denen das Gut während der Extraktion in Ruhe bleibt, wird sich beispielsweise körniges Gut leichter verarbeiten lassen, als blättchenartiges.

Das zerkleinerte und getrocknete Gut wird nun in die über jedem einzelnen Extraktor aufgestellten Silos transportiert, deren Größe so bemessen ist, daß sie die Füllung eines Extraktors aufnehmen. Bei kontinuierlich arbeitenden Anlagen läuft die zerkleinerte Saat unmittelbar in die Extraktionsapparate, vor denen nur ein kleiner Rumpf untergebracht sein kann, um geringe Schwankungen der Gutaufgabe aufzunehmen.

Das blättchenartige Gut lagert sich in den Silos sehr fest; man hängt deshalb in die Silos Knüppel ein, bei deren Herausnehmen eine von oben bis unten hindurchführende Öffnung für das Gut entsteht.

Die Konstruktion und Arbeitsweise der Extraktionsbatterie ist auf S. 707 ff. bereits beschrieben worden. Sämtliche Schaltarmaturen der Batterie werden von einem in Höhe des oberen Deckels der Extraktoren befindlichen Podest aus bedient.

Sehr zweckmäßig ist es, den bei Batterien von unten erfolgenden Antrieb in den Keller unter dem Extraktionsraum zu verlegen.

Die Apparatur für die Destillation der Miscella soll in dem gleichen Gebäude, am Ende der Extraktorenreihe aufgestellt werden, um den gegenüberliegenden Raum für eine zweite Batterieserie freizuhalten.

Die Kühler werden am besten im Freien aufgestellt und im Sommer mit Brunnenwasser, im Winter mit kaltem Fluß- oder Hafenwasser gespeist (soweit möglich).

Aus den Extraktionsapparaten fällt das entölte Schrot in eine Transportschnecke oder auf ein Transportband, welche es ununterbrochen aus dem Betrieb herausschafft. Unmittelbar hinter der Extraktion werden zweckmäßig Schrotballenbrecher angeordnet, weil sich das warme Gut wesentlich leichter zerkleinern läßt als das ausgekühlte.

Das zerkleinerte Schrot gelangt nun in die Schrotkühlanlage (s. Abb. 268, rechts). Ein Transportband oder eine Schnecke bringt das Schrot in einen Elevator, der es in eine Schnecke auswirft, welche das Gut in die Kühltürme fallen läßt. Hier wird mittels eines Saugfilters Luft durch das Schrot eingesaugt; mitgerissener Staub wird im Staubsammler abgeschieden. Das getrocknete Schrot wird durch Schnecken und Elevatoren in die Absacksilos gefördert, von wo es nach Verwiegen auf automatischen Sackwaagen in Säcke abgefüllt wird.

K. Der Verlauf der Extraktion.

Von H. Schönfeld, Wien.

Das Fett befindet sich in dem zur Extraktion vorbereiteten, zerkleinerten Rohgut in zwei verschiedenen Zuständen.

1. Das beim Zerkleinern der Samen in Freiheit gesetzte Fett. Dieser Teil des Öles wird vom Extraktionsmittel unmittelbar gelöst.

2. Das in den unversehrt gebliebenen Zellen eingeschlossene Öl. Um diesen Ölanteil zu lösen, muß das Extraktionsmittel in das Zellinnere diffundieren, unter Bildung einer Öllösung im Inneren des Samenteilchens. Die Lösung diffundiert hierauf durch die Zellwand nach außen, bis zum Konzentrationsausgleich, d. h. bis die Lösung innen und außen die gleiche Konzentration besitzt. Es handelt sich hierbei um einen Vorgang der Osmose durch semipermeable Membranen[1].

Die Permeabilität der Zellwände und der inneren Protoplasmaschicht für das Extraktionsmittel hängt unter anderem von der Benetzungsfähigkeit des Lösungsmittels ab. Das gewöhnlich zur Extraktion verwendete Benzin hat nur geringes Benetzungsvermögen für feuchte Oberflächen, womit die schlechte Extrahierbarkeit feuchten Gutes zusammenhängt.

Die Durchlässigkeit der Protoplasmaschicht dürfte durch Denaturierung des Protoplasma-Eiweißes gesteigert werden. Darauf ist es zurückzuführen, daß das (bei der Extraktion nicht allgemein übliche) Vorwärmen der Saat mitunter die Extraktion erleichtert, so z. B. die Extraktion der Sonnenblumensamen.

Um in das Innere der Zellen zu gelangen, muß das Extraktionsmittel die Zwischenräume der zerkleinerten Saat nach einem System gewundener Kanäle passieren. Innerhalb dieser Kanäle ist sowohl eine einfache laminare, wie eine turbulente, unregelmäßige Bewegung des Lösungsmittels möglich[2].

Bei der laminaren Bewegung haben wir es mit parallelen Flüssigkeitsströmen zu tun, wobei keine Vermischung der Flüssigkeit stattfindet. An der Zellwand (Grenzschicht) wird die Geschwindigkeit gleich Null sein; sie wird von der Wand bis zur Strömungsachse gleichmäßig zunehmen. Es ist einleuchtend, daß diese Art der Bewegung für den Extraktionsvorgang ungünstig ist.

Die turbulente Strömung der Flüssigkeit wird dagegen den Diffusionsvorgang beschleunigen, und es ist daher diese Art der Bewegung bei der Extraktion anzustreben (Rühren usw.).

Über den *Verlauf der Diffusion bei der Extraktion fester Stoffe mit Lösungsmitteln* macht K. Thormann[3] folgende Angaben:

Nimmt man an, daß das Extraktionsmittel alle Zwischenräume des Extraktionsgutes ausfüllt und *ruht*, so verläuft die Förderung des Extrakts aus dem Gut nach dem Diffusionsgesetz.

Die Stoffmenge (Öl) dG, die in der Zeit dt durch einen bestimmten Querschnitt q in Richtung der Entfernung y (von dem Punkt, in welchem die Diffusion beginnt) wandert, ergibt sich aus der Gleichung

$$dG = -Dq\frac{dp}{dy}dt \tag{1}$$

(D = Diffusionszahl, p = Gehalt des Lösungsmittels an extrahiertem Stoff in Gew.-%). Hieraus läßt sich p nach einer bestimmten Zeit für einen gegebenen Fall berechnen:

$$p = \frac{G_e^{\frac{-y^2}{4Dt}}}{q\sqrt{\pi Dt}}. \tag{2}$$

---

[1] Näheres s. A. Goldowski: Öl-Fett-Ind. [russ.: Masloboino Shirowoje Djelo] **1934**, Nr. 6, 10. [2] Vgl. Badger u. McCabe: Elements of Chemical Engineering, 1931. [3] Berl: Chem. Ingenieur-Technik, Bd. III. Berlin: Julius Springer. 1935.

Die Konzentrationskurven für die Diffusion des zu extrahierenden Stoffes in das Extraktionsmittel haben etwa den auf Abb. 269 dargestellten Verlauf, der der den Konzentrationsausgleich mit fortschreitender Zeit t_1, t_2, t_3 und t_4 erkennen läßt. In jedem Punkt erreicht die Konzentration zu einer bestimmten Zeit einen Höchstwert. Erst nach längerer Zeit haben sich die Konzentrationskurven vollständig ausgeglichen. Praktisch wird man natürlich auf diesen Punkt nicht warten können.

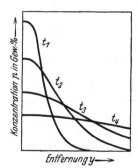

Abb. 269. Konzentrations-
ausgleich. (Aus BERL:
Chem. Ing.-Technik,
Bd. III, S. 165.)

Bewegt sich die Flüssigkeit, so wird die in den Zwischenräumen des Gutes vorhandene Lösung entsprechend der bei der Strömung sich einstellenden Geschwindigkeit fortbewegt. Unmittelbar an der Oberfläche des Gutes, wo die Konzentration am größten ist, ist die Geschwindigkeit der Lösung am geringsten. Dort ist daher stets eine höhere Konzentration vorhanden als etwa in der Mitte der Zwischenräume des Gutes. Zwischen dem Gehalt an zu extrahierbarem Stoff in der im Gut und an seiner Oberfläche zurückbleibenden Lösung ist daher immer ein Konzentrationsunterschied vorhanden, so daß eine vollständige Extraktion unmöglich ist.

Es sei:

G_E die im ablaufenden Extraktionsmittel gelöste Ölmenge in Kilogramm,

G_W die im Rückstand verbliebene Ölmenge in Kilogramm,

V_E das Volumen des Extraktionsmittels in Kubikmeter,

V_W der Rauminhalt des Rückstandes in Kubikmeter.

Bei vollständigem Konzentrationsausgleich würde sich ergeben:

$$\frac{G_E}{G_W} = \frac{V_E}{V_W}.$$

Die Tatsache, daß dies nicht der Fall ist, kann durch einen Beiwert c berücksichtigt werden. Man erhält daher:

$$\frac{G_E}{G_W} = c \cdot \frac{V_E}{V_W}. \tag{3}$$

Der Wert c ist auch von der Geschwindigkeit abhängig, mit der das Extraktionsmittel durch das Gut strömt.

In der Praxis wird die Extraktion nach drei Verfahren ausgeführt (Näheres s. die vorstehenden Kapitel).

1. Extraktion nach dem „Verdrängungsverfahren": Das Gut wird ein- oder mehrmals mit dem reinen Extraktionsmittel behandelt, wobei man bestrebt ist, einen möglichst weitgehenden Konzentrationsausgleich zu erreichen.

2. Extraktion mit systematischer (geregelter) Anreicherung: Das Extraktionsgut wird im gleichen Apparat mit Lösungen verschiedener Konzentration behandelt, indem man die in jedem einzelnen Arbeitsvorgang erhaltene Lösung mit der nächsten Füllung des Apparates nochmals anreichert.

3. Kontinuierliche Extraktion.

Abgesehen von dem Wert c hängt der Verlauf der Extraktion bei dem unter 1 genannten, einfachsten Extraktionsverfahren von dem Verhältnis der Rauminhalte $u = V_E / V_W$ ab. Bezeichnet man die Menge des Rohgutes mit M in Kilogramm, den bei Beginn der Extraktion in M vorhandenen Gehalt an zu extrahierendem Stoff G/M mit a (Anfangsgehalt) in Gew.-% und den extrahierbaren Gehalt bezogen auf den Rohstoff $\dfrac{G_E}{M}$ mit g in Gew.-%, so ergibt sich, da $G = G_E + G_W$ ist:

$$g = \frac{c\,u}{1 + c\,u}\,a. \tag{4}$$

Die Kurve auf Abb. 270 stellt die Werte $\dfrac{G_E}{M} = g$ in Abhängigkeit von dem Verhältnis der Rauminhalte u für den Wert $c = 1$ und $a = 100$ dar. Man erkennt, daß es wenig Zweck hat, den Wert u übermäßig groß zu wählen, da die dann noch erreichbare Mehrextraktion verhältnismäßig gering ist (vgl. auch S. 693). Bei einmaliger Behandlung muß man also sehr viel Extraktionsmittel verwenden, um einen hohen Extraktionsgrad zu erreichen, und man wird deshalb das Gut mehrmals mit kleineren Extraktionsmittelmengen bearbeiten.

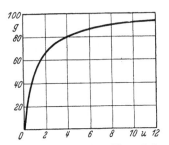

Abb. 270. Extrahierbare Menge bei einmaliger Anreicherung. (Aus BERL: Chem. Ing.-Technik, Bd. III, S. 168.)

Läßt man also das Lösungsmittel in mehreren Anteilen auf das Gut einwirken, so erreicht man eine weit bessere Ausnutzung des Lösungsmittels. Es bezeichne x die Zahl der mit reinem Extraktionsmittel vorgenommenen Teilextraktionen, wobei für den Wert u jetzt der Wert $\dfrac{u}{z}$ tritt. Der extrahierbare Gehalt g ergibt sich aus der Beziehung (vgl. R. FISCHER: Ztschr. techn. Physik, **10**, 155 [1929]):

$$g = a\left[1 - \left(\frac{1}{1 + \dfrac{u}{z}c}\right)^{z}\right]. \tag{5}$$

Wird z sehr groß gewählt, so ist $g = a$. Für $z = 1$ geht natürlich Gleichung (5) in Gleichung (4) über.

Den Verlauf der Extraktion mit systematischer Anreicherung (Extraktion in Batterien) stellt THORMANN folgendermaßen dar (Abb. 271):

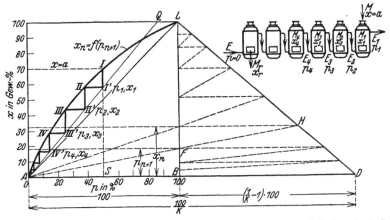

Abb. 271. Verlauf der Extraktion in einer Batterie. (Aus BERL: Chem. Ing.-Technik, Bd. III, S. 173.)

Es sei:

E = Menge des durch die Apparatur gehenden Extraktionsmittels in Kilogramm,

p = Extraktgehalt des Extraktionsmittels in Gew.-%,

x = Extraktgehalt im Rohgut M in Gew.-%.

Zur Vereinfachung sei vollkommene Extraktion vorausgesetzt, so daß in den Rückständen nichts verbleibt. Für den in jedem Extraktionsgefäß erhaltenen Konzentrationsausgleich gilt annähernd eine Beziehung, die der Gleichung (3) entspricht:

$$\frac{x_1}{p_1} = \frac{x_2}{p_2} = \frac{x_3}{p_3} = C = \frac{x_n}{p_n}. \tag{6}$$

Da die vom Extraktionsmittel aufgenommene Menge des Öles der aus dem Rohgut entfernten Menge gleich sein muß, ist:

$$\left.\begin{aligned}
p_1 E_1 &= M\,x, \\
p_2 E_2 &= M_1 x_1, \\
p_{n+1} E_{n+1} &= M_n x_n.
\end{aligned}\right\} \tag{7}$$

Während des Betriebes bleiben die Mengen des reinen Extraktionsmittels und des extraktfreien Rückstandes als Träger des Extraktes unverändert. Es ergibt sich daher:

$$\left.\begin{aligned}
M\,(100-x) &= M_1\,(100-x_1) = M_n\,(100-x_n), \\
E_1\,(100-p_1) &= E_2\,(100-p_2) = E_{n+1}\,(100-p_{n+1}).
\end{aligned}\right\} \tag{8}$$

Das Verhältnis dieser Größen ist ebenfalls unveränderlich:

$$\frac{M\,(100-x)}{E_1\,(100-p_1)} = \frac{M_n\,(100-x_n)}{E_{n+1}\,(100-p_{n+1})} = K. \tag{9}$$

Für die beliebige Konzentration im Rohgut x_n und den zugehörigen Gehalt an extrahiertem Stoff im Extraktionsmittel p_{n+1} erhält man dann die Beziehung:

$$\frac{x_n}{p_{n+1}} = \frac{\dfrac{100}{K} - x_n\left(\dfrac{1}{K} - 1\right)}{100}. \tag{10}$$

Die Gleichungen (6) und (10) geben die Möglichkeit, den Verlauf der Extraktion in einer Batterie zu verfolgen oder die Zahl der notwendigen Extraktionsgefäße für eine bestimmte Aufgabe zu bestimmen, wenn die Werte von K und C hinreichend genau bekannt sind. Hierzu ist zunächst x als Funktion von p auf Abb. 271 nach Gleichung (10) zeichnerisch dargestellt, indem von dem Koordinatennullpunkt A des p-x-Schaubildes auf der Abszisse die Strecke $\dfrac{100}{K} = AD$ abgetragen ist, so daß $BD = \left(\dfrac{1}{K} - 1\right)100$ wird, da $AB = 100$ ist. Strahlen vom Punkt A aus geben nach Gleichung (10) mit ihren Schnittpunkten auf den Geraden BL und DL die Ordinaten zugehöriger Werte von x_n (Punkt H) und p_{n+1} (Punkt F). Durch entsprechende Wiederholung des Verfahrens erhält man die Kurve $x_n = f(p_{n+1})$ nach Gleichung (10). Das Verhältnis $\dfrac{x_n}{p_n}$ ist nach Gleichung (6) auf dem Schaubild (Abb. 271) durch die Gerade AQ, die durch den Nullpunkt A geht, gegeben. Mit dem Anfangsgehalt des Rohgutes $x = a$ (Punkt I) ist auch der Extraktgehalt p_1 bestimmt (Punkt S). Der Schnittpunkt der Ordinate von p_1 mit der Geraden AQ gibt den Wert x_1 (Punkt I'). Eine Parallele zur Abszissenachse durch den Punkt I' ergibt mit ihrem Schnittpunkt auf der Kurve $x_n = f(p_{n+1})$ den Wert p_2 (Punkt II). Durch eine Parallele zur Ordinatenachse durch Punkt II erhält man mit dem Schnittpunkt auf der Geraden AQ den Extraktgehalt x_2 (Punkt II'). Fährt man so weiter fort, zwischen der Kurve und der Geraden AQ Stufen einzutragen, so erhält man damit die in jedem Gefäß erreichte Extraktion und, wenn man dabei hinreichend dicht an den Nullpunkt herangeht, die Zahl der erforderlichen Extraktionsbehälter. Der Einfluß der Extraktionsmittelmenge, gekennzeichnet durch den Wert K, und die Bedeutung des in einem Gefäß erhaltenen Konzentrationsausgleiches, dargestellt durch die Größe C, lassen sich durch Wiederholung des Verfahrens für die jeweils in Frage kommenden Fälle leicht bestimmen. Statt der linearen Gleichung (6) kann man naturgemäß auch eine andere Beziehung für die Konzentrationen einführen, falls eine solche durch Versuche ermittelt sein sollte. Eine entsprechende Kurve ersetzt dann die Gerade AQ auf Abb. 271. Will man auch berücksichtigen, daß die Extraktion der Rückstände nicht ganz vollständig ist, so kann man statt Gleichung (7) die Beziehung

$$p_{n+1} E_{n+1} + M_r x_r = M_n x_n$$

in die Rechnung einführen.

Auf Grund obiger Erwägungen wären folgende Extraktionsbedingungen als ideal anzusehen:

1. Die zerkleinerte Saat wird in möglichst trockenem Zustande der Extraktion unterworfen, weil Feuchtigkeit die Benetzung durch das Extraktionsmittel (Benzin) erschwert.

2. Um eine möglichst große Berührungsfläche mit dem Extraktionsmittel herzustellen, wird das Gut auf größte Feinheit zerkleinert (maximale Vergrößerung des Querschnittes q).

3. Um die Diffusion auf ein Mindestmaß einzuschränken und die unmittelbare Einwirkung des Extraktionsmittels auf das Öl zu ermöglichen, müssen sämtliche Zellwände des Saatgutes geöffnet sein.

4. Um in möglichst geringer Schichthöhe zu arbeiten, wird das Gemisch von Gut und Lösungsmittel gerührt.

5. Die Strömungsgeschwindigkeit der Flüssigkeit muß groß genug sein, um die turbulente Bewegung zu sichern, eine ausreichende Konzentrationsdifferenz zwischen dem Lösungsmittel und den Gutteilchen zu gewährleisten.

Da ferner die Diffusionsgeschwindigkeit der Temperatur proportional ist, so muß sie hoch genug sein, um die maximale Erhöhung der Diffusionszahl zu erreichen; da die Diffusionsgeschwindigkeit der Viskosität des Mediums umgekehrt proportional ist, ist es einleuchtend, daß mit der Temperatursteigerung auch die Turbulenz der Bewegung begünstigt wird.

Den idealen Extraktionsbedingungen entspricht noch am ehesten die kontinuierliche Extraktion. Denn hier kann das Gut sehr fein vermahlen und weitgehend getrocknet werden. Aber auch in diesem Falle ist man vom Optimum weit entfernt. Denn der Temperatursteigerung sind insoweit Grenzen gesetzt, als das selektive Lösungsvermögen des Extraktionsmittels mit zunehmender Temperatur geringer wird. Ferner ist es mit den bekannten Zerkleinerungsvorrichtungen nicht möglich, eine Öffnung sämtlicher Zellen des Saatgutes zu erreichen.

Bei den sonstigen Extraktionsverfahren, namentlich bei der allgemein üblichen Extraktion in Batterien, ist man von den idealen Bedingungen der Extraktion noch sehr viel weiter entfernt. Dieses Verfahren läßt eine feinere Zerkleinerung des Gutes nicht zu; der Rohstoff muß in Form grober Blättchen behandelt werden, und diese müssen einen gewissen Feuchtigkeitsgehalt aufweisen, damit sie nicht zerfallen und nicht den Zutritt des Extraktionsmittels erschweren.

IV. Waagen, Tankanlagen, Ölversand.

Von F. E. H. Koch, Mannheim.

A. Waagen.

In jedem Stadium der Ölfabrikation müssen die in einem bestimmten Zeitabschnitt durchlaufenden Mengen an Saat usw. durch Wägung genauestens kontrolliert werden.

Zur Verwiegung des fast immer körnigen Materials können *automatische Kippwaagen* (Abb. 272) benutzt werden; sie sind mit einem Behälter ausgerüstet, der nach Füllung mit einem bestimmten Materialgewicht die weitere Zufuhr selbsttätig absperrt, die aufgenommene Füllung entleert, ein Zählwerk betätigt und nach Rückgang in die Ausgangsstellung wieder die Gutzufuhr öffnet. Die Auslösung dieser Vorgänge geschieht durch das Gewicht der in den Behälter einlaufenden Saat selbst. Das Zählwerk zeigt die durchgelaufenen Mengen in Kilogrammen an.

Die Waagen erfordern genaueste Überwachung auf Verschleiß, dem man durch reichliche Dimensionierung, also Geringhaltung der Zahl der Kippungen, entgegenwirken kann. Bei manchen Konstruktionen sind, um den Staub vom Mechanismus der Waage fernzuhalten, Saateinlauf und Wiegegefäß vom Hebel-mechanismus vollständig ab-gekapselt.

In großen Anlagen wer-den mitunter paarweise große Behälterwaagen eingebaut, die abwechselnd gefüllt und nach Wägung entleert wer-den. Sie sind genauer als die automatischen Kippwaagen. Hauptsächlich werden die Be-hälterwaagen zur Gewichts-kontrolle des Öles verwendet. Die Gewichte werden nach Einspielen der Waage schrift-lich registriert; aus dem Re-gistrierstreifen kann man durch Addition die Gesamtleistung in einer gegebenen Zeit fest-stellen.

Die zum Versand kom-menden Ölkuchen werden auf Balkenwaagen gewogen, die nach Art der Dezimalwaagen gebaut sind.

Abb. 272. Selbsttätige Saatwaage. (C. Reuther und Reisert, Hennef a. d. Sieg.)

Kuchenmehl und Extraktionsschrot wer-den in Säcken verschickt, die mit gleich-bleibender Menge gefüllt werden, um eine bequeme Kontrolle möglich zu machen. Man bedient sich zu ihrer Verwiegung sog. *Ab-sackwaagen*, an die der zu füllende Sack angehängt wird. Durch Ziehen eines Hebels wird der Mehlzustrom geöffnet, der so lange offen bleibt, bis der Sack so schwer geworden ist, daß er den Arm des gleicharmigen Waage-balkens, an dem er hängt, zum Durchgang durch die Mittellage bringt. Am anderen Ende des Waagebalkens hängen die Gewichte. Bei Durchgang des Waagebalkens durch die Mittellage wird ein Hebelchen betätigt, welches die Mehlzufuhr absperrt. Bei mo-dernen Absackwaagen erfolgt die Absperrung in zwei Stufen: es wird zunächst eine Haupt-klappe abgesperrt, wodurch die Materialzufuhr stark verringert wird; bei Durchgang durch die Mittellage wird der Zustrom durch einen zweiten Hebel gänzlich unterbrochen. Da Sack mit Füllung zur Wägung gelangt, nennt man die Waagen Bruttoabsackwaagen.

Abb. 273. Nettoabsackwaage, fahrbar. (C. Reuther und Reisert, Hennef a. d. Sieg.)

Zur Nettogewichtsfeststellung verwendet man *automatische Nettoabsackwaagen*, Abb. 273. Sie entleeren das eingestellte, im Wiegebehälter enthaltene genaue

Mehlgewicht in einen unter der Waage befindlichen Aufnahmerumpf; aus diesem fällt das Mehl in einen darunter eingehängten Sack. Hierauf wird der Zulauf für eine neue Wägung geöffnet, so daß die nächste Behälterfüllung in den inzwischen entleerten Aufnahmerumpf stürzen kann.

Zum schnellen Abwiegen von Stückgut, insbesondere von Ölfässern, dienen *kombinierte Schalt- und Neigungswaagen*.

Mittels Handrades wird das ungefähre Bruttogewicht des Fasses in rund 100 kg eingestellt, bei einem Bruttogewicht von 235 kg werden also 200 kg auf den innerhalb der Verschalung befindlichen Waagebalken aufgesetzt. An dieser Schaltung wird nun nichts mehr geändert. Durch Betätigung eines Hebels wird die Waage freigegeben; sie arbeitet nun als Neigungswaage, ähnlich der bekannten Briefwaage, bei der das Ausweichen eines Pendels aus der senkrechten Lage das über 200 kg überschießende Gewicht des Fasses ausgleicht und dieses Mehrgewicht auf einer oben sichtbaren Skala anzeigt. Der Wiegebeamte kann also lediglich durch Betätigen des linken Hebels sofort das Gewicht des auf der Waage befindlichen Fasses erkennen. Diese Waagen eignen sich vorzüglich für die Verwiegung großer Reihen Stückgüter von annähernd gleichem Gewicht.

B. Tankanlagen.

Die Rohöle werden entweder in Behältern, welche innerhalb des Fabrikgebäudes untergebracht sind, gelagert, oder in größeren, im Freien aufgestellten Öltanks. Letztere sind oft imstande, sehr große Ölmengen aufzunehmen. Die wechselnden Anforderungen des Marktes einerseits, die angestrebte Gleichmäßigkeit der Fabrikation anderseits machen den Besitz solcher großer Ölbehälter zu einer Notwendigkeit. Sie werden innerhalb einer Umfassungswand oder eines Umfassungsdammes aufgestellt, um zu verhindern, daß etwa austretendes Öl größere Geländestücke überflutet oder verlorengeht, was bei Rohrbruch oder Undichtigkeiten eintreten kann.

Bei zuverlässigem Untergrund ist die Aufstellung der Behälter auf besonderen Fundamenten überflüssig. Es genügt in solchen Fällen, das Gelände sorgfältig einzuebnen und darüber eine 20 cm starke Sandschicht auszubreiten, die ebenfalls geebnet und durch Wasser fest eingeschwemmt wird. Die Sanddecke bedeckt man mit einer 3 cm starken Goudronschicht, auf die man den Behälterboden setzt.

Die Behälter stellt man aus Eisenblech her. Die Bodenstärke soll mindestens 10 mm betragen. Die Stärke der Behälterwände und der Decke richtet sich nach den baulichen Anforderungen, sie darf aber an keiner Stelle 5 mm unterschreiten, weil sonst ein zuverlässiges Verstemmen der Nähte nicht mehr möglich ist. Alle Nähte müssen ohne Zwischenlagen sauber genietet sein; Aufdornen der Nietlöcher ist unzulässig.

Sämtliche Nietlöcher müssen durch Aufreiben zum genauen Passen gebracht werden. Der Anschluß der Behälterwände an den Boden geschieht in der Regel durch einen Winkeleisenkranz, der am besten nach außen gelegt wird, so daß er von außen sorgfältig gestemmt werden kann. Der Boden des Behälters ist mit einem etwa 30 cm tiefen Senkloch zu versehen, welches in der Nähe des äußeren Randes liegen soll, und zwar zweckmäßig gegenüber der Ölentnahmestelle. Ferner ist der Behälter mit reichlich weitem Ölzulauf auszurüsten und für stufenweise Entnahme mit einem Schwenkrohr, welches in niedergelassenem Zustand nach Möglichkeit in das Senkloch passen soll, um restlose Entleerung des Behälters zu ermöglichen.

Das Schwenkrohr wird auf und ab bewegt mittels einer am Behälter befestigten Wandwinde, die selbstverständlich eine zuverlässige Senkbremse enthalten muß, um ein plötzliches Herunterfallen des Schwenkrohres bei Loslassen der Kurbel unmöglich zu machen. Auf dem Drahtseil, welches das Schwenkrohr bewegt, ist zur Beurteilung seiner Lage ein Zeiger anzubringen.

Der Boden ist mit Gefälle nach dem Senkloch hin zu verlegen. Der Behälter erhält außerdem einen Ölstandanzeiger, in der Regel als Schwimmer mit Drahtseil und Zeiger ausgeführt. Der Zeiger gleitet entlang einer Skala, welche entweder mit Zentimetereinteilung versehen oder aber in Litern geeicht sein kann. Zweckmäßig ist es, in allen Lagerbehältern, jedenfalls in unseren Breiten, eine kräftige Heizschlange vorzusehen, welche am Boden des Behälters verlegt wird und an der Einströmseite des Dampfes einen senkrecht ansteigenden Abzweig hat, der bis zur Behälterdecke reicht. Dieser Abzweig ist notwendig, weil sonst das zuerst in der untersten Schicht verflüssigte Fett nicht hochsteigen könnte. Für je 8—10 t Behälterraum sieht man 1 m² Schlangenheizfläche vor. Die Heizschlange muß sich in allen Richtungen frei ausdehnen können.

Die in der Regel gewölbte Decke sollte durch ein rings um den Behälter führendes Geländer eingefaßt sein. In jeder Behälterdecke ist ein größeres Mannloch vorzusehen, durch das man bei Reinigungsarbeiten einsteigen und den zusammengekehrten Schmutz herausbefördern kann. Der Anschluß der Behälter an das Rohrleitungsnetz soll über eine elastische Verbindung, zweckmäßig durch einen Metallschlauch geschehen, da es bei längeren, im Freien liegenden Rohrleitungen vorkommen kann, daß sie sich durch die Sonnenwärme stark ausdehnen und die Verbindung zwischen Rohrleitung und Behälter zu Bruch geht. Vorsichtshalber soll man auch die Dampf- und Kondensatleitungen über doppelte Ventile an die Heizschlangen anschließen, um einen sicheren Abschluß zu gewährleisten; denn undichte Ventile können zu nennenswerten Wärmeverlusten führen. (Über Ölbehälter vgl. auch Bd. II.)

C. Ölfässer.

Eine sehr wichtige Aufgabe im Betrieb der Ölfabrik ist die Vorbereitung der Behälter für den Ölversand, sowie die Reparatur der von der Kundschaft zurückgekommenen *Holz-* und *Eisenfässer*. Zum Versand dient am häufigsten

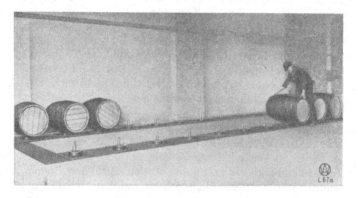

Abb. 274. Faßdämpfanlage mit durch das Gewicht des Fasses betätigten Dampfdüsen. (Wm. Arnemann, Wandsbek.)

das Eisenfaß mit einem Inhalt von ungefähr 200 l = rund 180 kg und einem Taragewicht von etwa 50—52 kg. Es entspricht in der Größe ungefähr dem sog. „barrel", einem im Welthandel allgemein bekannten Holzfaß von ungefähr 35 kg

Eigengewicht und zirka 200 l Fassungsraum. Letztere haben bedeutend höhere
Reparaturkosten und höheren Verschleiß, so daß man darnach strebt, sich von
der Verwendung von Holzfässern freizumachen.

Sie sind aber im Ölhandel noch stark eingebürgert, zumal sie in der Regel von der Kundschaft weiterverkauft werden, während Eisenfässer an die Ölfabriken zurückgehen.

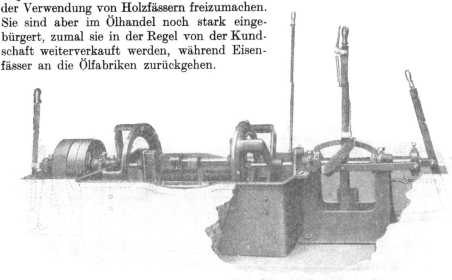

Abb. 275. Faßaußenwaschmaschine für Holz- und Eisenfässer mit versenktem Wasserbehälter. (Wm. Arnemann, Wandsbek.)

Größere Holzfässer sind heute im Ölhandel kaum noch zu finden, nur Palmkernöl und Palmöl wird noch teilweise in Fässern bis zu 500 kg gehandelt.

Die gebrauchten Fässer werden zur Entfernung der von der früheren Füllung

her an den Dauben haftenden
Fettreste auf *Ausdämpfdüsen*
(Abb. 274) ausgedämpft; das
Dampfventil öffnet sich, wenn
durch das Gewicht des Fasses ein
Stift neben der Düse niederge-
drückt wird.

Nach dem Ausdämpfen wer-
den die Fässer auf *Außenwasch-
maschinen* (Abb. 275) gewaschen.
Man spannt die Fässer zwischen
zwei Mitnehmerscheiben, welche
durch Federkraft oder Gewichts-
belastung gegeneinander gepreßt
werden. Das Faß und die Scheiben
befinden sich in einem Behälter,
dem ständig heißes Wasser zufließt, das Schmutzwasser läuft
durch einen Überlauf ab.

Abb. 276. Faßaußenreinigungsmaschine (Wm. Arnemann, Wandsbek.)

Die Außenwaschmaschine nach Abb. 276 ist mit Bürsten versehen, welche
das Faß scheuern, während es von Brauserohren mit heißem Wasser berieselt
wird. Die Bürsten sind nachstellbar, werden also beim Einlegen eines Fasses
in die Waschmaschine weggedrückt und wieder angedrückt, nachdem das Faß
auf den Tragrollen liegt. Durch Antrieb der Tragrollen dreht sich das Faß unter

den Bürsten hindurch. Der Spundverschluß wurde vor dem Ausdämpfen entfernt; er wird besonders gereinigt und erst vor dem Anstreichen der fertigen
Fässer wieder angebracht.

Abb. 277. Laugenspritzautomat für Faßinnenreinigung. (Wm. Arnemann, Wandsbek.)

Man läßt die Fässer mit der Spundöffnung nach unten austrocknen und
überbläst sie eventuell mit heißer Luft, um sie außen einigermaßen auszutrocknen. Die Fässer gelangen hierauf in die Reparaturwerkstatt, wo schadhafte
Faßböden und Dauben repariert oder ausgewechselt werden. Die Dauben werden

Abb. 278. Ölbeheizte Faßtrockenanlage mit rotierenden Trocknern (links: Austropfvorrichtung).
(Wm. Arnemann, Wandsbek.)

durch Einziehen von Schilf gegeneinander gedichtet; sodann wird das Faß
durch Einziehen und Nachtreiben der Eisenreifen vollständig abgedichtet. Es
folgt die Innenreinigung, und zwar werden die Fässer zwecks Anwärmens
noch einmal auf eine Ausdämpfdüse gebracht. Es folgt Ausspritzen mit verdünnter Natronlauge, welche noch anhaftende Fettreste emulgiert und heraus-

spült. Das Ausspritzen wird auf einer Vorrichtung nach Abb. 277 vorgenommen, welche den Laugenzufluß nach dem Auflegen des Fasses einschaltet, indem dieses durch sein Eigengewicht einen Hebel niederdrückt. Der Arbeiter tritt nach Auflegen des Fasses auf einen Fußhebel, der den Spritzkopf der Düse in Umdrehung versetzt. — Das Faß wird auf einer ebensolchen Düse mit heißem Wasser kräftig nachgespült, um die Laugenreste zu entfernen.

Zur Dichtigkeitsprüfung werden die Holzfässer vor der Reparatur, nach Erwärmen mit Dampf, mit etwas heißem Wasser gefüllt und nach Einbringen des Spundes kräftig durchgeschüttelt. Ist das Faß undicht, so spritzt das Wasser durch den geringen Dampfüberdruck heraus.

Die gereinigten Fässer werden nun auf eine *Austropfvorrichtung* gebracht, die meistens als Transportkette ausgebildet ist, um die Fässer von den Wasch-

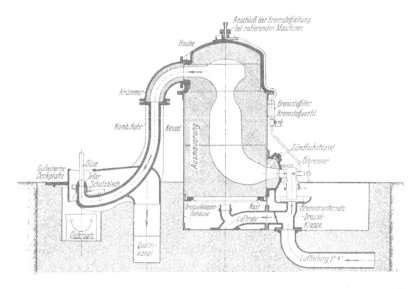

Abb. 279. Querschnitt durch den ölbeheizten Faßtrockner. (Wm. Arnemann, Wandsbek.)

maschinen selbsttätig zur *Trockenvorrichtung* zu befördern. Auf letzterer werden große Mengen heißer Luft in das Faß geblasen, welche die letzten Reste Feuchtigkeit zum Verdampfen bringen und den Dampf durch das Spundloch aus dem Faß herausblasen.

Abb. 278 zeigt links eine Austropfkette, auf die die Fässer mit der Spund-öffnung nach unten aufgelegt werden und vom Wasser befreit zu den rechts stehenden Trockenvorrichtungen gelangen, deren Schnitt Abb. 279 zeigt. In der Trockenvorrichtung wird mittels Ölbrenner Heizöl verbrannt, unter Anwendung eines erheblichen Luftüberschusses, damit die Temperatur der Verbrennungsgase nicht so hoch wird, daß sie das Holz schädigen könnte. In das Faß werden die Verbrennungsgase durch Düsen eingeführt. Die aus dem Faß strömenden heißen Schwaden werden durch einen Qualmkanal abgesaugt, während man die heraustropfende Flüssigkeit in einem Untersatz auffängt. Die Trockenvorrichtungen werden auch rotierend ausgeführt, so daß an einer Stelle die Fässer aufgelegt und nach Austrocknen an einer anderen Stelle abgeliefert werden.

Auf die Trocknung folgt der Außenanstrich, der in modernen Anlagen mittels Spritzpistole ausgeführt wird. Von einem Innenanstrich sieht man meist ab, da sich dieser teilweise im Öl lösen könnte.

Wenn in den Fässern trocknende Öle (Leinöl, Firnis) versandt waren,

welche einen festhaftenden Überzug auf dem Holz des Fasses hinterlassen, so
macht die Reinigung erhebliche Schwierigkeiten, da die Häutchen nicht leicht

Abb. 280. Scheuerkette für Faßinnenreinigung. (Wm. Arnemann, Wandsbek.)

vom Holz zu entfernen sind, sich aber bei Füllung mit anderem Öl unter
Umständen ablösen. Solche Fässer müssen also besonders gründlich gereinigt
werden.

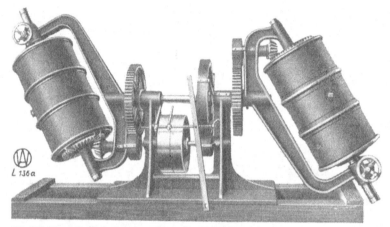

Abb. 281. Doppelte Faßschwenkmaschine für Innenreinigung. (Wm. Arnemann, Wandsbek.)

Das geschieht dadurch, daß man eine Kette (Abb. 280) in das Faß ein-
führt und dieses von Hand oder auf besonderen Maschinen (Abb. 281) einige
Zeit kräftig schüttelt und dreht, damit die Kettenglieder und Anhängsel in alle
Ecken des Fasses gelangen und sämtliche Dauben mehrmals bestreichen. Die Fässer

Abb. 282. Vollautomatische Faßreinigungsanlage. (Wm. Arnemann, Wandsbek.)

werden dann mit einer Faßausleuchtlampe abgeleuchtet und erforderlichenfalls nochmals der gleichen Behandlung unterworfen.

Abb. 282 zeigt eine *automatische Faßreinigungsmaschine*, welche mittels einer
Hubvorrichtung die Fässer selbsttätig von der einen Station auf die nächste hebt.

Ein Spundlochsucher ordnet die aus der Auswaschmaschine kommenden Fässer und hält sie derart fest, daß das Spundloch nach unten liegt, so daß der Hubmechanismus imstande ist, das richtig gelegte Faß zu erfassen und auf die Laugendüse zu bringen. Der Antrieb der Maschine erfolgt von einem Elektromotor aus über ein Reguliergetriebe und einen einstellbaren Geschwindigkeitsregler auf einen Kurbelmechanismus mit Ausgleichsgewichten. Dieser Mechanismus hebt periodisch die Reihe der auf der Maschine befindlichen Fässer an und transportiert sie um eine Teilung weiter zur nächsten Düse. Beim Verlassen der Maschine ist das Faß bis auf die innere Trocknung völlig gesäubert. Die Vorrichtung ist da von Vorteil, wo man es mit einer großen Menge wenig verunreinigter Fässer zu tun hat.

Eisenfässer sind wesentlich widerstandsfähiger als Holzfässer. Das Außendämpfen und die Außenreinigung erfolgt in der gleichen Weise wie bei Holzfässern. Stark verbeulte Eisenfässer werden bereits vor der Dämpfung durch hydraulischen Druck auf einer *Ausbeulmaschine*, welche die Faßböden unterstützt, durch leichtes Hämmern der eingebeulten Stellen repariert. Es genügen im allgemeinen zum Ausbeulen wenige Atmosphären Wasserdruck. Auf das Ausdämpfen und die Außenreinigung folgt die Laugen- und Heißwasserspülung.

Die Dichtigkeitsprüfung wird auf einer besonderen Maschine (Abb. 283) in der Weise vorgenommen, daß das Faß einem schwachen inneren Dampfüberdruck ausgesetzt wird, wobei man durch sorgfältige Beobachtung und Abtasten mit der Hand das Austreten von Dampf feststellen kann. Undichte Stellen werden durch autogene Schweißung beseitigt. Es folgt der Austropf- und Trockenvorgang.

Die Außenwasch- und Innenspülmaschinen sowie die Dichtigkeitsprüfungsvorrichtungen vermögen bequem 40—50 Faß pro Stunde zu verarbeiten. Dieser Leistung muß auch die Trockenanlage angepaßt sein. Das Trocknen geschieht durch Einblasen heißer Luft. Die Luftheizung erfolgt entweder durch dampfbeheizte Röhrensysteme oder aber dadurch, daß durch Ölbrenner erhitzte Luft zusammen mit den Verbrennungsgasen in das Faß hineingeblasen werden. Letztere Anlage ermöglicht eine wesentlich stärkere Beheizung und infolgedessen kürzere Trockenzeiten.

Abb. 283. Faßprüfmaschine für Holz- und Eisenfässer. (Rudolf Meyer, Plauen.)

Nach der Trocknung werden sowohl Eisen- wie Holzfässer durch Ausleuchten auf Sauberkeit geprüft.

Nach Möglichkeit sollte man die mit der Faßreinigungskontrolle beauftragten Leute nicht länger als 3—4 Stunden beschäftigen, weil sonst ihre Aufmerksamkeit durch die monotone Arbeit erlahmt.

An der Abfüllstelle werden die Fässer zuerst etikettiert, soweit das nicht in der Küferei geschehen ist; dann numeriert, das Leergewicht auf der Tarawaage festgestellt und in den Versandzettel eingetragen. Dann werden sie aus hochstehenden *Abfüllbehältern* gefüllt. In den meisten Betrieben geschieht das Füllen noch heute mittels Blechtrichter. Die Fülldauer beträgt, falls ein genügend großer Trichter verwendet wird, etwa 60—70 Sekunden pro 200-Liter-Faß.

Ist eine große Anzahl Fässer an ein und derselben Abfüllstelle mit dem gleichen Öl zu füllen, so empfiehlt sich die Verwendung von *automatischen Abfüllvorrichtungen*. Diese werden in das Faß hineingesteckt und bewirken durch Betätigung eines durch Schwimmer gesteuerten Abschlußventils eine Unterbrechung des Ölzuflusses, wenn das Faß gefüllt ist. Die Füllvorrichtungen sind mittels biegsamer Schläuche an den Abfüllbehälter angeschlossen.

Bei *a* (Abb. 284) tritt das Öl vom Reservoir ein und geht bei *b* in das Barrel über. Der Sprunghebel *d* öffnet und schließt ein Ventil im Innern des Füllers.

Ersterer ist während des Füllens in eine Führung *s* eingehängt, welcher mit einem im Innern befindlichen Schwimmer korrespondiert. Erreicht der Flüssigkeitsspiegel diesen Schwimmer, so hebt er ihn, wodurch der Hebel *d* losgelassen und durch die Spiralfeder gezwungen wird, in seine in der Abbildung gezeichnete Lage zurückzugehen, womit gleichzeitig ein Abschließen des Flüssigkeitszulaufes erfolgt. Das Ventil wird durch den Flüssigkeitsdruck geschlossen gehalten. Die Federspannung wird durch Verstellen des Segmentes *c* geregelt.

Der Versand des Öles in kleineren Gefäßen, wie Blechkannen oder Flaschen, spielt in größeren Betrieben kaum noch eine Rolle.

Sehr zweckmäßig ist es, den Fußboden des Abfüllraumes so hoch zu legen, daß er sich in Rampénhöhe befindet, so daß die fertig gefüllten Fässer unmittelbar in Waggons oder Fuhrwerke gerollt werden können. Der Transport der leeren und der gefüllten Fässer erfolgt sowohl in der Küferei als im Abfüllraum am zweckmäßigsten auf mit geringer Neigung angeordneten Schienen, um längere Laufwege zu sparen.

Abb. 284. Faßabfüllventil mit durch Schwimmer und Feder betätigtem Ventilkegel.

V. Die Rückstände der Pflanzenöl-Gewinnung. (Ölkuchen und Extraktionsrückstände.)

Von H. Schönfeld, Wien.

a) Technologie.

Die Rückstände der Pflanzenölgewinnung finden als Futter-, vereinzelt als Düngemittel oder Nahrungsmittel Verwendung. Sie sind äußerst wertvolle Nebenerzeugnisse der Ölfabriken und spielen in der Futtermittelwirtschaft eine erhebliche Rolle; so stellen sie (neben den Tier- und Fischmehlen) beinahe die einzigen, Eiweiß und Stickstoff in konzentrierter Form enthaltenden Futtermittel dar. Der gleichmäßige Absatz der Preß- und Extraktionsrückstände ist für die Wirtschaftlichkeit der Ölfabrikation von ausschlaggebendem Einfluß.

Der für die Ölkuchen erzielbare Preis ist namentlich dann von entscheidender Bedeutung für die Rentabilität der Ölfabrik, wenn ölarme Saaten verarbeitet werden, der Anfall an Rückständen im Verhältnis zur Ölausbeute also besonders hoch ist.

Bei der Ölpressung fallen die Rückstände in Form von Kuchen an (*Ölkuchen*). Sie werden nach der Saat, aus der sie erzeugt wurden, als Lein-, Palmkern-, Cocoskuchen usw. bezeichnet.

Die nach der Ölextraktion verbleibenden pulverigen oder körnigen Rückstände nennt man *Extraktionsmehle* oder *-schrote*.

Die Ölkuchen sind 2—3 cm starke, mehr oder weniger harte Platten, deren Form von dem zur Ölgewinnung verwendeten Pressensystem abhängt. Ihr Aussehen hängt natürlich ab von der Saatsorte, auf ihre Färbung hat aber auch die Fabrikationsweise einen gewissen Einfluß. So können sich Kuchen aus geschälter und ungeschälter Saat sowohl in der Zusammensetzung wie in der Farbe usw. voneinander unterscheiden.

Die Oberfläche der Ölkuchen ist nur dann völlig glatt, wenn die Saat zwischen glatten Preßplatten und ohne Verwendung von Preßtüchern ausgepreßt wurde (Palmkernkuchen). Im übrigen liefert die Kuchenoberfläche ein genaues Abbild der Preßplatten oder des Preßtuches. Als Folge des hohen Preßdruckes bleiben an den Kuchen kleinere Faser- oder Haarbüschel (vom Preßtuch) haften, namentlich an den Kuchenrändern.

Die Härte der Kuchen hängt ab von der Höhe des Preßdruckes, weiter aber von der Feuchtigkeit, der Preßtemperatur usw.

Die Bevorzugung besonderer Ölkuchenformen ist selbstverständlich völlig unbegründet. So werden in manchen Gegenden von den Landwirten runde, in anderen quadratische Kuchen bevorzugt. Unter Rücksichtnahme auf solche Vor-

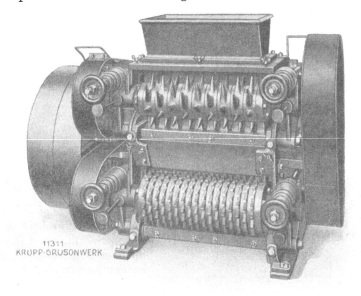

Abb. 285. Kuchenbrecher mit Stachelwalzen und Zahnwalzen. Beachte: Lagerung mit Momentanverstellung.

urteile hat man früher die Kuchen vor Abgabe an die Verbraucher gemahlen und in die am leichtesten verkäufliche Form unter geringem Druck umgepreßt. Man erhielt dabei etwas weniger harte Kuchen, welche dem Abnehmer geringere Entölung vortäuschen sollten. Die Härte ist aber kein Maß für den Entölungsgrad, auch nicht für die Verdaulichkeit, den Futter- oder Düngewert.

Eher läßt sich aus der Form der Kuchen ein Schluß auf die Entölungsstufe ziehen, da sie die Art der verwendeten Pressen verrät. Hierbei ist aber zu berücksichtigen, daß die Tiere das in den Kuchen enthaltene Öl nur zum Teil aufzunehmen vermögen und daß es noch recht fraglich ist, ob die Bekömmlichkeit der ölreichen Kuchen größer ist als die der sehr ölarmen Extraktionsrückstände.

Vor der Verwendung als Futter oder Düngemittel müssen die Ölkuchen zerkleinert werden, eine Arbeit, welche bequemer von der Ölfabrik als vom landwirtschaftlichen Betrieb oder von der Händlerfirma besorgt wird.

Die größeren Ölfabriken besitzen deshalb eigene *Kuchenmühlen*. Die Kuchen werden, je nach Wünschen der Abnehmer, entweder in Brocken von Walnuß- bis Haselnußgröße zerbrochen oder zu feineren Mehlen, bis zur Feinheit des

Weizenmehles, vermahlen. Die Zerkleinerung erfolgt auf Kuchenbrechern, Desintegratoren, Walzwerken, Schlagkreuzmühlen, eventuell auch Kollergängen, die
an anderer Stelle ausführlich beschrieben wurden.

Abb. 286. Kuchenvorbrecher mit Stachelwalzen.

Abb. 287. Kuchenbrecher mit Stachel- und Riffelwalzen
(Räderschutz entfernt).

Abb. 285 zeigt die Ansicht
eines Kuchenbrechers mit Riemenantrieb und zwei Paar übereinander geordneten Walzen mit
Federanpressung und Momentanausrückung. Letztere ist deshalb
notwendig, weil zuweilen mit
den Kuchen harte Gegenstände,
Eisenteile usw. in die Walzen gelangen können, die zur Verhütung weiterer Schäden sofort
entfernt werden müssen.

Abb. 286 zeigt einen Kuchenbrecher mit einem Paar durch
Zahnräder gekuppelter kräftiger
Stachelwalzen, die zum Vorbrechen besonders starker Kuchen bestimmt sind.

Auf Abb. 287 ist ein Kuchenbrecher mit zwei Paar Walzen,
die ebenfalls durch Kuppelzahnräder miteinander gekuppelt sind,
dargestellt. Aus dem verschie-
denen Durchmesser der Zahnräder geht die Anwendung von Differentialgeschwindigkeit hervor. Das obere Paar besteht aus Stachelwalzen zum Vorbrechen der Kuchen, während das untere Riffelwalzenpaar die weitere Zerkleinerung besorgt.

Abb. 288 zeigt einen zum Transport der Ölkuchen benutzten Gitterwagen. Er dient insbesondere dazu, den aus den Pressen kommenden Ölkuchen ein gleichmäßiges Auskühlen zu ermöglichen, welches zur Verhütung von Schimmelbildung erforderlich ist.

Die verschiedenen Zerkleinerungsmaschinen sind durch geeignete Transportvorrichtungen (meistens Förderschnecken für den waagerechten und Becherwerke für den senkrechten Transport) miteinander verbunden.

Vor dem Einfüllen in Säcke wird das Kuchenmehl in der Regel gesiebt, um Haare und sonstige Fremdkörper zu entfernen. Sehr zweckmäßig ist ferner

Abb. 288. Gitterwagen für Kuchen aus Etagenpressen.

der Schutz der Zerkleinerungsmaschinen durch leistungsfähige Elektromagnete, um die in das Material geratenen Eisenteile festzuhalten.

Die Kuchen und Mehle werden von den Ölfabriken nach einem garantierten Mindestgehalt an Protein + Fett verkauft.

Die wesentlich fettärmeren Extraktionsrückstände bilden ein grobkörniges Pulver, das häufig noch weiter vermahlen wird.

Der *Versand* der Kuchen erfolgt in der Regel lose in Waggons oder Schiffen, in vereinzelten Fällen in Säcken. Ein Vorteil der Verwendung der Futtermittel in Form von Ölkuchen liegt darin, daß sie ein im Durchschnitt gleichbleibendes Gewicht haben, welches eine leichte Dosierung ermöglicht. Die Kuchenmehle und der Extraktionsschrot werden für den Transport in Säcke verpackt. Das Einfüllen erfolgt durch automatische Waagen, das Verschließen in der Regel von Hand, vereinzelt durch besondere Sacknähmaschinen.

Man hat früher ganze Kuchen den Mehlen vorgezogen, weil man der Meinung war, daß Verfälschungen bei Mehlen schwerer zu erkennen und leichter zu bewerkstelligen seien. Auch der Versand gestaltet sich bei Kuchen einfacher als bei Mehlen. Die Bedenken sind aber unberechtigt, namentlich bei strenger Futtermittelgesetzgebung. Anderseits erfolgt bei der Mahlung eine sorgfältige Absiebung und Entfernung von Eisenteilen und Fremdkörpern, welche im Kuchen enthalten sein konnten.

Die Dauer, für welche Ölkuchen gelagert werden können, ist verschieden, je nach der Zusammensetzung der Saat, den klimatischen Verhältnissen und der Art der Lagerung. Während einzelne Ölkuchensorten, ohne Schaden zu nehmen, jahrelang aufbewahrt werden können, bilden andere Kuchen nach einiger Zeit einen üppigen Nährboden für Schimmelpilze und andere Parasiten.

Vor allem ist es wichtig, daß leichter zum Verderben neigende Kuchen vor der Stapelung bzw. vor dem Versand vollständig auskühlen, zu welchem Zwecke sie, wie erwähnt, in Gitterwagen gestellt werden, so daß Luft durch die Zwischenräume streichen kann. Erst dann dürfen sie gestapelt bzw. versandt werden. Extraktionsschrote müssen ausreichend getrocknet und abgekühlt sein, bevor man sie in Säcken stapelt. Kuchen und Schrotsäcke können ohne Bedenken in 5—6 m hohen Schichten gestapelt werden, eventuell auch höher, nur muß der Lagerraum trocken, kühl und luftig sein.

Gut und gleichmäßig ausgekühlte Kuchen können sogar bis zu 8 m Höhe aufgestapelt werden. Sie vertragen meistens eine ziemlich lange Lagerdauer, bis zu zwei Jahren. Eine Ausnahme machen Palmkuchen, die meist schon nach 6—7 Monaten Schimmelbildung zeigen, ferner Sesamkuchen, die ebenfalls besonders sorgfältig und luftig gelagert werden müssen.

Das Trocknen der Extraktionsschrote ist an anderer Stelle beschrieben worden (S. 723). Die Lagerung des Schrotes erfolgt zweckmäßig nicht lose, sondern in Säcken, da durch die Unterteilung eine bessere Luftzirkulation gewährleistet ist.

Bakterien und Pilze. In Sesamkuchen fand Wigger[1] im Durchschnitt $1/_2$ Million Keime in 1 g, in Erdnußkuchen sogar $1^1/_4$ Million Keime. In feuchten Kuchen nimmt die Keimzahl außerordentlich zu und steigt bei 22° schon nach 24 Stunden auf das $1^1/_2$millionenfache.

Die Ursache des *Schimmligwerdens* von Ölkuchen bei unsachgemäßer Lagerung kann zweierlei sein: das Rohmaterial, welches zur Herstellung der Kuchen diente, kann schon von Haus aus mit Schimmelpilzen behaftet gewesen sein, oder die aus gesunder Saat erzeugten Kuchen können von außen infiziert werden.

Ursprünglich gesunde, während des Lagerns befallene Ölkuchen können trotz eines äußerlichen Schimmelbelages im Innern gesund sein, weil die von außen kommende Infektion anfänglich bei der stark gepreßten Ware nur schwer in das Innere einzudringen vermag. Das Abtöten der Sporen erfolgt hier am besten durch Mahlung, gründliche Erwärmung und nochmaliges Pressen der Rückstände. Zu hoher Feuchtigkeitsgehalt fördert zuweilen die Schimmelbildung außerordentlich. Bei Kuchenmehlen, welche an sich mehr zum Schimmeln neigen, greift eine beginnende Schimmelbildung weit rascher um sich.

Die Neigung zur Schimmelbildung ist nach van Ryn[2] gering, wenn die Feuchtigkeit der Kuchen weniger als 12% beträgt. Die verschiedenen Ölkuchensorten neigen übrigens nicht in gleicher Weise zum Schimmeln; Raps- und Cocoskuchen zeigen nur geringe Neigung dazu, während Palmkern-, Sesam- und Mohnkuchen leicht verderben.

Die in den Ölkuchen beobachteten Schimmelflecke erscheinen in Form eines weißlichen, blaugrünlichen oder intensiv gelben bis roten, ja selbst schwarzen Belages

---

[1] Nach M. Kling: Die Handelsfuttermittel, Stuttgart: Eugen Ulmer. 1928.
[2] Landwirtschl. Vers.-Stat. **52**, 33 (1899).

und sind meist Kulturen von *Penicillium glaucum, Aspergillus glaucus* und *A. niger*, von *Mucor stolonifer* und *M. circinellus*.

Für Futterzwecke sind verschimmelte Kuchen wenig geeignet, wenn auch ihre Verfütterung durchaus nicht immer zu Erkrankungen führt. Die Düngung mit schimmligen Kuchen darf nicht mit der Zeit des Aussäens zusammenfallen, weil die Schimmelpilze die jungen Pflanzenkeime zu töten vermögen.

An einem längere Zeit lagernden schimmligen Erdnußkuchen hat REITMAIR[1] einen höchst auffallenden Rückgang im Fettgehalt beobachtet; gleich lange lagernde gesunde Kuchen blieben in ihrem Fettgehalt annähernd konstant. Nach Beobach-tungen von RITTHAUSEN und BAU-MANN[2] und von EMMERLING[3] findet beim Lagern von Ölkuchen stets eine allmähliche Abnahme des Fett-gehalts statt.

Das in den Ölkuchen enthal-tene Fett neigt sehr stark zum *Ranzigwerden*. Die Verfütterung stark ranziger Kuchen ist schon deswegen zu verwerfen, weil sie von den Tieren mit Widerwillen gefressen werden. Hierbei ist streng zu unterscheiden zwischen ranzigem Fett und solchem mit höherer Acidität, denn die rein hydrolytische Acidität ist für die Fütterung unbedenklich.

Die Kuchen werden mitunter auch von *Milben* angegriffen. Ihre Anwesenheit verrät sich durch die zahlreichen Minengänge und Lö-cher, welche solche Kuchen auf-weisen. Am meisten neigen zu dieser Art des Verderbens die Kuchen von Sesam, Erdnüssen, Palmkernen, Copra und Baum-wollsamen.

Umfassende Untersuchungen über die Zersetzungen der Ölkuchen beim Lagern haben J. KÖNIG und seine Mitarbeiter angestellt.[4]

Abb. 289. Rotierende Würfelpresse (Nutter) mit Wärm-pfanne. (Richard Sizer Ltd., Wilmington, Hull.)

In Baumwollsaatmehl wurden Mycelpilze und Bakterien (Heu- und Kartoffel-bazillen) gefunden. Eine Vermehrung der Pilze trat erst bei einem Wassergehalt von über 14% ein (hieraus folgt die Wichtigkeit der trockenen Aufbewahrung der Mehle). Die Bakterien gewinnen erst bei einem Wassergehalt von mehr als 30% die Oberhand. Das Wachstum der Pilze ist stets mit einem Verlust an organischer Substanz und Zunahme des Wassergehalts verbunden. Dieser Verlust wird in den ersten Abschnitten der Schimmelbildung — bis zu einem Feuchtigkeitsgehalt von 20%, bei dem fettreichen Baumwollsaatmehl durch das Fett gedeckt. Bei höherer Feuchtigkeit, besonders mit dem Auftreten von *Penicillium glaucum*, werden die Fette, aber auch die N-freien Extraktstoffe aufgezehrt.

Die Bakterien decken ihren C-Bedarf vorwiegend durch die N-freien Extrakt-

---

[1] Landwirtschl. Vers.-Stat. **38**, 373 (1885). [2] Landwirtschl. Vers.-Stat. **46**, 389 (1894).
[3] Landwirtschl. Vers.-Stat. **50**, 50 (1898).
[4] FRÜHLINGS Landw.-Ztg. **1902**, 77; Jahresber. Agrikulturchem. **1902**, 302; Ztschr. Unters. Nahrungs- u. Genußmittel **1901**, 721, 769; **1903**, 193, 241, 289; **1906**, 176.

stoffe, in geringerem Grade durch das Fett. Sie führen eine tiefgehende Zersetzung der Proteine unter teilweisem Abbau bis zu Ammoniak herbei. Der Verlauf der Zersetzung ist ein anderer bei Luftzutritt und bei anaeroben Bedingungen. Unter aeroben Bedingungen verwandelt sich die saure Reaktion der in Zersetzung begriffenen Masse in eine alkalische, bei Luftabschluß vermehrt sich der *Bacillus putrificans* und Buttersäuregärer, und die Reaktion des zersetzten Mehles ist stark sauer.

Ob bei der Zersetzung gesundheitsschädliche Stoffe entstehen, konnte KÖNIG nicht feststellen; längere Verfütterung von durch Schimmelbildung verdorbenem Baumwollsamen- und Cocosmehl blieb bei Hammeln ohne schädlichen Einfluß.

Zur Erleichterung der Dosierung der Futtermittel verkaufen viele Futtermittelhändler Mischfutter, welche u. a. auch die erforderlichen Kraftfuttermittelmengen, vermischt mit anderen Futtermitteln und Mineralstoffen, enthalten.

Abb. 290. Rotierende Würfelpresse (Zahnradpresse) mit Wärmpfanne. (Richard Sizer Ltd., Wilmington, Hull.)

Diese Mischfutter kommen vereinzelt in Kuchenform auf den Markt, insbesondere in England, neuerdings aber in Würfelform, zu deren Herstellung leistungsfähige Maschinen (Abb. 289 und 290) gebaut worden sind. Die Futtermittel werden unter Zugabe von Melasse in einer Wärmpfanne gemischt und dann einer mit verhältnismäßig hoher Drehzahl umlaufenden Maschine zugeführt, die aus einer Walze besteht, welche in einem mit radialen Öffnungen versehenen Stahlring umläuft (Abb. 289). Die Walze quetscht die Mischung durch die Öffnung des Ringes nach außen, wo die austretenden Stränge von einem Abstreifer abgeschnitten werden. Die abgeschnittenen Brokken haben ungefähr Würfelform; sie werden getrocknet und gekühlt und dann abgesackt. Die in Abb. 290 gezeigte Ausführung besteht aus zwei hohlen Zahnrädern, bei denen Bohrungen im Zahngrund ins Innere des Zahnrades führen. Die zu pressende Masse läuft zwischen die Zahnräder und wird von den Zähnen des einen Rades in den Zahngrund des anderen gepreßt, tritt im Innern des Zahnrades als kleiner Strang aus und wird hier ebenfalls von einem Abstreifer abgeschnitten. Die erforderlichen Preßdrücke sind erheblich, infolge der robusten Konstruktion aber ohne Nachteil für die Wirkungsweise der Maschine.

b) Zusammensetzung.

Hauptsächlich verwendete Literatur: HEFTER, G.: Technologie der Öle und Fette, 1. Aufl., Bd. I. Berlin: Julius Springer. 1906. — KELLNER, O. u. G. FINGERLING: Ernährung der landwirtschaftlichen Nutztiere, 10. Aufl. Berlin. 1924. — KLING, M.: Die Handelsfuttermittel. Stuttgart. 1928. — MANGOLD, E.: Handbuch der Ernährung und des Stoffwechsels der landwirtschaftlichen Nutztiere, Bd. I. Berlin: Julius Springer. 1929. — SVOBODA, H.: Erzeugung und Verwendung der Kraftfuttermittel. Wien: A. Hartleben. 1915.

Die Rückstände der Pflanzenölerzeugung[1] werden laut dem Deutschen Futtermittelgesetz vom 22. Dezember 1926[2] in folgende vier Gruppen geteilt:

A. *Ölkuchen* und *Ölkuchenbrocken*, das sind ausschließlich Rückstände von Ölsaaten und Ölfrüchten (sowie Maiskeimen), die bei der Herstellung pflanzlicher Öle und Fette nach dem Preßverfahren gewonnen werden.

B. *Gebrochene Ölkuchen*, *Ölkuchenschrot* und *Ölkuchenmehl*, das sind mehr oder weniger zerkleinerte Rückstände von Ölsaaten und Ölfrüchten, die bei der Herstellung pflanzlicher Öle und Fette im Preßverfahren gewonnen werden.

C. *Extraktionsschrot* und *Extraktionsmehl*, das sind Rückstände der Ölsaaten und Ölfrüchte, die bei der Herstellung pflanzlicher Öle und Fette unter Anwendung von Lösungsmitteln gewonnen werden.

D. *Extraktionskuchenschrot* und *Extraktionskuchenmehl*, das sind Rückstände der Herstellung pflanzlicher Öle und Fette aus Ölkuchen unter Anwendung von Lösungsmitteln.

Über die durchschnittliche chemische Zusammensetzung der Ölkuchen und -mehle orientiert Tabelle 90. In der letzten Spalte der Tabelle sind spezifische Bestandteile einiger Ölkuchen, soweit diese schädlich sind, angegeben.

Die Zusammensetzung der Ölkuchen ist selbstverständlich einzig und allein vom Rohmaterial abhängig. Sie entspricht der Zusammensetzung der Saat und enthält sämtliche Saatbestandteile, zum größten Teil in unveränderter Form. Durch die Entfernung des Fettes findet nur eine Verschiebung im prozentualen Gehalt an den Einzelbestandteilen des Rohmaterials statt. Auch der gesamte Fremdbesatz des Rohmaterials bleibt im Ölkuchen oder Extraktionsrückstand zurück, d. h. sämtliche Verunreinigungen der Ölsaat, soweit sie nicht bei der Saatreinigung entfernt wurden; eine weitgehende Vorreinigung des Rohgutes ist also schon im Hinblick auf den Wert und die Beschaffenheit der Rückstände von größter Wichtigkeit. Besonders gefährlich ist das Zurücklassen von Eisenteilen oder Vermischung mit giftigen Samenfragmenten, wie dies bei Verarbeitung von giftigen und ungiftigen Samen in der gleichen Apparatur mit Leichtigkeit geschehen kann (z. B. von Ricinus und Erdnüssen).

Die Rückstände der Pflanzenölfabrikation unterscheiden sich demnach von den Rohstoffen im großen ganzen nur durch einen geringeren Fettgehalt und einen entsprechend höheren Gehalt an den sonstigen Bestandteilen der Ölsamen.

Je nach der Provenienz, dem Reinheitsgrad des Rohmaterials usw. unterliegt die Zusammensetzung der Ölkuchen und Extraktionsmehle sehr großen Schwankungen; sie wird angegeben in Prozenten Wasser, Rohprotein, Rohfett, stickstofffreier Extraktstoffe, Rohfaser und Mineralstoffe (Asche).

Zu den Saatbestandteilen, welche im Verlaufe des Ölgewinnungsprozesses eine gewisse Veränderung erfahren, gehören die Proteine und das Fett. Die Proteine erleiden bei der Ölgewinnung, infolge Erwärmung und Einwirkung von Feuchtigkeit eine teilweise Koagulation, was aber ihren Futterwert nicht wesentlich beeinflußt.

Das in den Rückständen verbliebene Fett ist mehr oder weniger weit hydrolysiert und reicher an freien Fettsäuren als das abgesonderte Rohöl. Die Spaltung erfolgt unter dem Einfluß von Enzymen (Lipasen), welche stets in der Saat enthalten sind. Schon in den frischen Rückständen zeigt das Fett eine gesteigerte Acidität, die, je nach der Ölkuchenart, mit der Zeit mehr oder weniger schnell zunimmt. Auch dies ist für die Verwertung dieser Produkte als Futter-

---

[1] Nähere Angaben über Eigenschaften und Verwendung sowie die wirtschaftliche Bedeutung der Abfälle der Pflanzenölfabrikation werden im III. Band, gelegentlich der Schilderung der individuellen Fette, gemacht werden.
[2] Verordnung zur Ausführung des DFG. vom 21. VII. 1927.

Tabelle 90. Prozentuale Zusammensetzung von Preß- und Extraktionsrückständen von Ölsaaten.

	Wasser	Roh-protein	Rohfett	N-freie Ex-traktstoffe	Rohfaser	Asche	Schädliche oder giftige Bestand-teile
Ackersenfkuchen	9,5	30,5	5,5	30,5	13,8	10,2	Senfölglucoside
Babassukuchen	11,1	22,6	6,1	39,9	14,6	5,7[1]	
Baumwollsaatkuchen:							Gossypol
Geschält............	8,5	43,0	10,0	24,2	7,5	6,8	
Ungeschält	10,0	24,0	6,4	27,8	24,8	7,0	
Bucheckernkuchen:							Fagin, giftig für Pferde
Ungeschält	10,0	23,9	4,2	31,8	24,0	6,1	
Geschält...........	9,5	36,7	9,2	28,6	6,6	9,4	
Candlenußkuchen	8,4	49,0	11,2	18,7	4,1	8,6	Abführende Wirkung
Cocoskuchen	11,0	21,0	9,0	37,5	15,2	6,3	
Erdnußkuchen:							
1. Geschält:							
a) Rufisque	9,2	50,5	7,2	24,1	4,5	4,5	
b) Gewöhnliche ..	10,0	45,0	9,0	23,3	5,4	3,8	
2. Ungeschält	11,0	31,0	9,0	19,5	23,5	6,0	
Hanfkuchen	12,0	31,0	8,5	17,9	22,5	8,1	
Kakaokuchen	10,0	18,8	11,2	36,4	15,5	8,1	Theobromin
Kapokkuchen	13,7	28,4	7,9	17,5	26,1	6,4[2]	Gossypol (?)
Krotonkuchen	6,0	14,88	17,0	30,62	25,0	5,5	„Crotonharz" (äußerst giftig)
Kürbiskernkuchen	9,5	36,1	22,7	11,8	14,1	5,8	
Leinkuchen	11,5	30,0	8,8	33,2	10,0	6,5	} Linamarin
Leinschrot, extrahiert ..	11,4	34,5	3,0	35,4	9,0	6,7	
Leindotterkuchen	10,4	33,1	9,7	29,1	11,2	6,5	Senfartiger Geruch
Madiakuchen	10,8	31,8	9,0	21,7	19,2	7,5	Narkotisch wirkende Bestandteile
Maiskeimkuchen	11,3	19,5	9,0	44,8	8,8	6,6	
Mandelkuchen	9,5	41,3	15,2	20,6	8,9	4,5	In Kuchen aus unreifen Mandeln: Amygdalin
Mohnkuchen[3]	—	35,1 bis 44,4	5,8 bis 8,1	27,5 bis 27,1	15,5 bis 10,2	16,1 bis 10,2	Schwach narkotische Wirkungen
Mowrahkuchen	6,8	27,7	7,1	37,1	11,6	9,7	Hämolytisch wirkende Saponine
Nigerkuchen...........	11,5	33,1	4,4	23,4	19,6	8,0	
Palmkernkuchen	10,0	17,2	8,5	37,8	22,5	4,0	
Palmkernschrot, extra-hiert	10,7	18,2	2,5	39,1	25,2	4,3	
Rapskuchen	10,5	32,0	9,8	29,2	11,0	7,5	} Sinigrin, Sinalbin
Rapsschrot, extrahiert..	10,0	34,0	5,0	31,0	12,2	7,8	
Ricinuskuchen, geschält	9,8	46,6	8,7	16,2	8,0	10,7	Ricin (stark giftig)
Rübsenkuchen	10,4	31,4	9,0	33,8	8,2	7,2	
Sesamkuchen	9,4	39,5	12,0	21,6	6,5	11,0	
Sheanußkuchen	—	16,0 bis 18,0	12,0 bis 16,0	—	—	—	
Sheanußmehl, extrahiert	9,8	12,4	2,9	—	—	—	Schädliche Wirkung bei Schweinen
Sojabohnenkuchen	11,5	43,0	5,6	29,3	5,0	5,6	
Sojabohnenschrot, extra-hiert	12,5	45,0	1,8	29,2	5,5	6,0	
Sonnenblumenkuchen ...	9,5	35,0	11,2	22,4	15,5	6,4	

[1] Nach Christensen: Jahresber. f. Agrikulturchem. (4), Bd. 11, 188 (1928).
[2] Landwirtschl. Vers.-Stat. 47, 471 (1895).   [3] In der Trockensubstanz.

mittel nur von geringer Bedeutung, solange das Öl nicht allzu sauer und solange es *nur* sauer, nicht aber ranzig und verdorben ist. Jedenfalls ist es nicht mit Sicherheit festgestellt, ob die freie Acidität der Ölkuchenfette eine nachteilige Wirkung äußert.

L. WILK[1] fand im Fett aus Ölkuchen folgende Mengen an freien Fettsäuren (berechnet als Ölsäure):

Sonnenblumenkuchen 6,6%
Rapskuchen 9,4%
Leinkuchen 17,0%
Erdnußkuchen 43,0%
Sesamkuchen 69,1%

Als normal ist noch folgender Gehalt an freien Fettsäuren anzusehen (nach WILK):

Fett aus:

Sonnenblumen- und Rapskuchen .. 5—10%
Leinkuchen .... 5—20%
Erdnußkuchen .... 20—50%
Sesamkuchen.................. 30—75%

Die in modernen Ölfabriken anfallenden Ölkuchen sind wesentlich fettärmer und erreichen nicht den in der Tabelle 90 angegebenen durchschnittlichen Fettgehalt. Nach dem „Kalender 1933" der F. Thörls Vereinigte Ölfabriken A. G. hatten die im Jahre 1932 erzeugten Ölkuchen und -schrote folgende mittlere Zusammensetzung (s. Tab. 91).

Der durchschnittliche Fettgehalt der Ölkuchen aus rationell verarbeiteten Saaten beträgt also nur 5—6%.

Nach den „Begriffsbestimmungen des DFG. beträgt der Fettgehalt der Öl-

Tabelle 91. Zusammensetzung der im Jahre 1932 in einer modernen Ölfabrik erzeugten Ölkuchen.

	Wasser	Rohprotein	Rohfett	N-freie Extraktstoffe	Rohfaser	Asche
Cocoskuchen	11,5	21,5	5,5	39,6	15,4	6,5
Palmkernkuchen .	13,0	18,0	5,0	35,8	23,8	4,4
Erdnußkuchen ..	9,8	47,0	6,0	24,0	5,4	7,8
Leinkuchen	13,0	32,5	5,5	33,1	9,1	6,8
Sojaschrot	12,0	46,0	1,2	27,2	7,2	6,4

kuchen mehr als 4%, der Fettgehalt der Extraktionsrückstände in der Regel weniger als 2%.

Das „Rohprotein" wird bei der Analyse der Ölkuchen nach dem Stickstoffgehalt berechnet und umfaßt außer den Eiweißkörpern auch alle übrigen Stickstoffverbindungen. Der Gehalt an Reineiweiß ist stets geringer, als der so ermittelte Rohproteingehalt.

Die „stickstofffreien Extraktstoffe" sind nicht mit Kohlehydraten zu identifizieren, aus denen sie nur zum Teil bestehen. P. CHRISTENSEN[2] hat den Gehalt der Ölkuchen an direkt reduzierenden Zuckern, Saccharose, Stärke usw. bestimmt. Die N-freien Extraktstoffe von Erdnuß-, Baumwollsaat-, Sonnenblumen- und Rapskuchen bestanden zu etwa zwei Drittel aus Kohlehydraten, während die N-freien Extraktstoffe aus Leinkuchen nur zu einem Drittel, diejenigen aus Hanf- und Palmkernkuchen sogar nur zu einem Sechstel bis einem Siebentel aus Kohlehydraten zusammengesetzt waren.

c) Verwendung.

Die Rückstände der Pflanzenölfabrikation werden, soweit sie keine giftigen Stoffe enthalten, hauptsächlich als Futtermittel für die landwirtschaftlichen

---

[1] Ztschr. landwirtschl. Versuchswes. Österr. **17**, 231 (1914); **18**, 485 (1915).
[2] Journ. Landwirtsch. **55**, 47 (1907).

Nutztiere verwendet. Der Düngung werden im allgemeinen nur solche Ölkuchen zugeführt, welche für die Fütterung, sei es wegen geringen Nährstoffgehaltes, schlechter Verdaulichkeit oder wegen der Schädigungs- oder Vergiftungsgefahr, ungeeignet sind. Es wurde auch versucht, aus den Ölkuchen menschliche Nährmittelpräparate herzustellen, in der menschlichen Ernährung spielen aber die Ölkuchen, ausgenommen Sojarückstände, keine nennenswerte Rolle. Es fehlt jedoch nicht an Vorschlägen zur Verwendung der Ölkuchenmehle für die Ernährung, insbesondere wurde mehrfach versucht, auch aus Baumwollsaatmehl und aus Erdnußkuchenmehl Nährmittel herzustellen. (In der Mandschurei werden aus Sojabohnen verschiedene Speisen bereitet.) Einige Ölkuchen verwendet man in der Heilmittelindustrie, so z. B. die Senfkuchen zur Herstellung von Senfpflastern, die Leinkuchen zu Umschlägen usw., Sojamehl zur Bereitung von Diabetikerbrot.

Von technischen Anwendungen wäre vor allem die Herstellung von „Pflanzencasein" aus Sojamehlen zu erwähnen.

Ölkuchen als Futtermittel.

Die Rückstände der Pflanzenölfabrikation können als die wichtigsten Kraftfuttermittel angesehen werden, über welche der Landwirt verfügt. Den Anforderungen, die man an ein Kraftfuttermittel stellt, entsprechen sie in vollkommenster Weise: sie enthalten in geringem Volumen verhältnismäßig große Mengen leichtverdaulicher Nährstoffe, insbesondere viel verdauliches Eiweiß und Fett und weisen einen entsprechenden Gehalt an verdauungsfördernden und die übrige Körpertätigkeit anregenden Stoffen auf. Nicht immer ist der Vitamingehalt der Ölkuchen befriedigend; so enthalten nur Leinkuchen ausreichende Mengen Vitamin A; ausreichende B-Wirkungen konnten bei mehreren Ölkuchen (Erdnuß-, Baumwollsaat-, Lein-, Soja-, Sonnenblumen-, Cocoskuchen) festgestellt werden. Auch Vitamin C scheint in einigen Ölkuchen vorzukommen. Ferner sollen antirachitisch wirkende Stoffe in einigen Rückständen vorhanden sein. Praktisch ist der Vitaminmangel ohne besondere Bedeutung, da Ölkuchen niemals das ausschließliche Futter sind und nur im Gemisch mit anderem Futter (Grünfutter usw.) verwendet werden.

Die einzelnen Nährstoffgruppen der Futtermittel werden analytisch als „Rohprotein, Rohfett, stickstofffreie Extraktstoffe, Roh- oder Holzfaser und Mineralstoffe" ermittelt.

Um ein Maß für die *geldliche Bewertung* der Kraftfuttermittel zu schaffen, ist es notwendig, die verschiedenen Nährstoffe auf eine Einheit zurückzuführen; als diese werden nach den Beschlüssen des „Verbandes landwirtschaftlicher Versuchsstationen im Deutschen Reiche" die stickstofffreien Extraktstoffe gewählt und das Rohprotein und Rohfett gleich zwei Einheiten (*Futterwerteinheiten*) gesetzt.

Ein Leinkuchen mit 34% Rohprotein, 8% Rohfett und 30% stickstofffreien Extraktstoffen hätte demnach

$$34 \times 2 = 68$$
$$8 \times 2 = 16$$
$$30 \times 1 = 30$$

zusammen   114 Futterwerteinheiten, bezogen auf die stickstofffreien Extraktstoffe.

Dividiert man den Marktpreis von 100 kg Futtermittel durch die Anzahl dessen Futterwerteinheiten, so erhält man den Preis, den man für 1 kg stickstofffreie Extraktstoffe in diesem Futtermittel bezahlt. Kosten z. B. Leinkuchen mit obigem Nährstoffgehalt M 11,50 per 100 kg, so bezahlt man darin für 1 kg stickstofffreie Extraktstoffe M 11,50 : 114 = 0,10 M (Preis der Futterwerteinheit).

Das Wertverhältnis 2:2:1 für Rohprotein, Fett und N-freie Extraktstoffe ist aber ein ziemlich willkürliches und entbehrt einer exakten Grundlage. So rechnen z. B. die österreichischen landwirtschaftlichen Versuchsstationen mit einem Verhältnis 3:3:1, also mit Äquivalenten, die für den Ölfabrikanten erheblich günstiger sind.

Gegen diese Art der Preisbewertung von Ölkuchen läßt sich mancherlei einwenden. Erstens kommen die protein- und fettreichen Kuchen bei dem Wertverhältnis 2:2:1 nicht gut weg, weil die Äquivalente für die Hauptbestandteile zweifellos zu niedrig sind. Zweitens muß diese Art der Berechnung ein ungenaues Bild ergeben, weil die Rohproteine nicht mit verdaulichem Eiweiß, das Rohfett (Ätherextrakt) nicht mit reinem Fett identisch ist.

Besser, wenn auch nicht ganz befriedigend, wird die Frage der Ölkuchenbewertung durch die von J. KELLNER eingeführte Methode der Bestimmung des *Stärkewertes* und des Gehaltes an *verdaulichem Eiweiß* gelöst.

Die Bewertung erfolgt nach KELLNER nicht nach Futter- oder Nährwerteinheiten, sondern nach dem *Produktionswert*. Dem Stärkewert wird die *Körperfettmenge* zugrunde gelegt, die von 1 kg verdaulicher Nährstoffe eines Futtermittels erzeugt wird[1].

1 kg Eiweiß erzeugt	235 g Fett
1 „ Fett aus Ölkuchen erzeugt....	598 „ „
1 „ Stärkemehl erzeugt	248 „ „
1 „ Zucker erzeugt	188 „ „
1 „ Rohfaser erzeugt.............	253 „ „

Die Bewertung des Futtermittels erfolgt nach der Gesamtleistung, die Leistung von Stärkemehl dient als Einheit. Man berechnet also, welche Menge Stärkemehl denselben Produktionswert besitzt, wie 100 Teile des Futtermittels und nennt die gefundene Zahl den „*Stärkewert*".

Diese Art der Bewertung wäre einseitig, weil das Protein nicht nur der Fettbildung dient, sondern auch zur Bildung von Fleisch, Blut, Wärme, Milch usw. und Wirkungen ausübt, zu denen weder das Fett, noch die N-freien Extraktstoffe befähigt sind. Deshalb ermittelt KELLNER neben dem Stärkewert auch den Gehalt an „verdaulichem Eiweiß" und berechnet, wieviel Kilogramm Stärkewert und verdauliches Eiweiß des betreffenden Futtermittels an 1000 kg Lebendgewicht verfüttert werden müssen, damit das Tier eine bestimmte Leistung vollbringen kann.

Setzt man die Fettproduktion des Stärkemehles gleich 1, so errechnen sich nach KELLNER für die übrigen Nährstoffgruppen folgende Zahlen:

Eiweiß	0,94
Fett aus Ölkuchen	2,42
N-freie Extraktstoffe	1,0
Rohfaser	1,0

Mit diesen Zahlen sind die Gehalte an verdaulichen Nährstoffen zu multiplizieren.

Beispiel: Erdnußkuchen mit 39% verdaulichem Eiweiß, 8% Rohfett, 20,0% N-freien Extraktstoffen, 0,8% Rohfaser und einer *Wertigkeit* (d. h. der tatsächlichen Wirkung der Nährstoffe bei einem Ansatz von 100) von 98:

$$39 \times 0,94 = 36,7$$
$$8 \times 2,42 = 19,4$$
$$20 \times 1,0 = 20,0$$
$$0,8 \times 1,0 = \underline{0,8}$$
$$76,9 \text{ mal } 98, \text{ geteilt durch } 100 =$$
$$75,4 \text{ kg.}$$

---

[1] Nach M. KLING: Handelsfuttermittel, a. a. O.

Der Stärkewert von Erdnußkuchen beträgt also 75,4 kg. Im Vergleich hierzu hat beispielsweise Haferstroh einen Stärkewert von 28,6 kg per 100 kg.

In der Tabelle 92 sind die (durchschnittlichen) Stärkewerte und die Gehalte an verdaulichem Eiweiß der Ölkuchen angegeben.

Das Eiweiß-Stärkewertverhältnis beträgt demnach bei Ölkuchen 1 : 2 bis 1 : 5, während die wirtschaftseigenen Futtermittel, wie Körnerfrüchte, ein solches Verhältnis von 1 : 8, Haferstroh von 1 : 17, Kartoffeln von 1 : 20 und Runkelrüben selbst ein solches von 1 : 62 aufweisen[1]. Eine volle Ausnützung des Gesamtfutters ist aber nur gewährleistet bei einem bestimmten Eiweiß-Stärkeverhältnis, das für die einzelnen Tierarten und Leistungen unterschiedlich ist, bei der Milchproduktion beispielsweise 1 : 5—6 ausmacht.

Die *Preiswürdigkeit* wird nach dem Preise für 1 kg Stärkewert und 1 kg verdauliches Eiweiß berechnet.

H. Münzberg schlägt vor, außerdem noch den Preis für 1 kg „*eiweißfreien Stärkewert*" zu ermitteln. Letzterer enthält sämtliche für die *Mast* und *Arbeitsleistung* geeigneten Futterbestandteile und ist kennzeichnend für die zu großen Leistungen geeigneten Futtermittel. Er wird berechnet durch Abzug des mit 0,94 multiplizierten Gehaltes an verdaulichem Eiweiß vom Stärkewert.

Beim Einkauf von Ölkuchen, welche für die *Milchproduktion* bestimmt sind, sind nach Münzberg in erster Linie Produkte zu berücksichtigen, in denen das Kilogramm verdauliches Eiweiß am billigsten ist, während zur Fütterung von Arbeitstieren und Mastvieh vorwiegend Futtermittel geeignet sind, in denen der „eiweißfreie Stärkewert" am vorteilhaftesten angeboten wird.

Tabelle 92. Stärkewert und Gehalt an verdaulichem Eiweiß der Ölkuchen.

	Stärkewert	Verdaul. Eiweiß
	in Prozenten	
Baumwollsaatkuchen:		
Geschält	71	35
Ungeschält	40	16,8
Cocoskuchen	77	16,8
Erdnußkuchen, geschält	78	42,4
Hanfkuchen	42	20
Kürbiskernkuchen	89	31,0
Leindotterkuchen	60,7	24,4
Leinkuchen	71	24,5
Madiakuchen	51	20,5
Maiskeimkuchen	72	14
Mohnkuchen:		
Braune	45,8	23,8
Helle	73,7	30,1
Palmkernkuchen	75	14,1
Palmkernschrot	63	12,9
Rapskuchen	60	22
Rapsschrot	56	24,3
Sesamkuchen	79	35
Sojakuchen	78	38,7
Sojaschrot	74	40,5
Sonnenblumenkuchen	72	30

Tabelle 93. Preiswürdigkeit der Ölkuchen im Jahre 1932.

	Preis per 100 kg	Verdauliches Eiweiß	Stärkewert	Preis in Pf. pro kg		
				Verdauliches Eiweiß	Eiweißfreier Stärkewert	Stärkewert
Helles Erdnußmehl	14,—	45,1	77,5	31	40	18
Sojaschrot	10,60	40,7	77,5	26	30	15
Baumwollsaatmehl	11,—	38,0	71,2	29	31	15
Sonnenblumenkuchen	8,50	30,5	68,5	28	21	12
Leinkuchen	11,50	27,2	71,8	42	25	16
Sesamkuchen	11,50	35,5	79	32	25	15
Rapskuchen	7,80	23,0	61,1	34	20	13
Cocoskuchen	16,50	16,3	76,5	64	17	14

Die im Jahre 1932 bezahlten Preise für 1 kg verdauliches Eiweiß, Stärkewert und eiweißfreien Stärkewert sind in der Tabelle 93 zusammengestellt.

In der Abb. 291 sind die Preiskurven der wichtigsten Ölkuchen und Schrote

---

[1] Fr. H. Göttsche: Margarine-Ind. **26**, 4 (1933).

für die Jahre 1913 und 1932 wiedergegeben. Die Preise sind nicht allein von
den Kosten der Ölsaaten abhängig, sondern werden auch durch Produktions-
höhe und die Nachfrage der Landwirtschaft, die Spekulation und andere
Faktoren beeinflußt.

Abschließend wäre noch zu den verschiedenen Methoden der Preiswertig-
keitsbestimmung der Ölkuchen zu sagen, daß keine dieser Methoden völlig
exakte Werte liefert. So trägt der KELLNERsche Stärkewert dem Fleisch- und
Milchbildungsvermögen des Proteins nicht in genügendem Maße Rechnung; aber
leider fehlen sichere Grundlagen für die richtige Bewertung des Eiweißes.

Beim *Einkauf von Ölkuchen* und anderen Rückständen der Pflanzenölfabrikation sind nach dem Deutschen Futtermittel-Gesetz anzugeben:

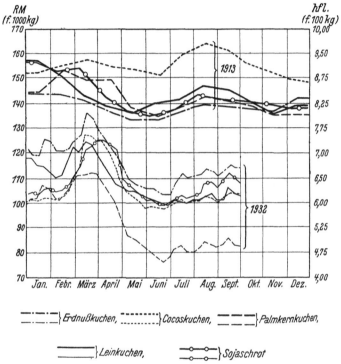

Abb. 291. Preiskurven der Ölkuchen und Schrote 1913 und 1932.

1. Der Gehalt an Protein und Fett (in einer Zahl); werden Protein und Fett
getrennt angegeben, so gelten die Angaben als richtig, wenn sie vom wirklich
vorhandenen Gehalt nicht mehr als 2% Protein von der Gesamtmenge und nicht
mehr als 1,5% Fett von der Gesamtmenge abweichen.

2. Der Sandgehalt, wenn er übersteigt bei: Hanf- und Mohnkuchen 3%;
bei Erdnuß-, Raps- und Sesamkuchen 2%, bei allen anderen Kuchen 1%.

Die Kuchen müssen nach der Saat benannt werden, also Leinkuchen, Erdnußkuchen, nicht Ölkuchen. Ferner ist anzugeben, ob die Rückstände aus dem
Preß- oder Extraktionsverfahren stammen.

Angabe der *Herkunft* ist erforderlich bei folgenden Abfällen der Ölindustrie,
wenn sie aus dem Auslande kommen: Baumwollsaat-, Erdnuß-, Hanf-, Cocos-,
Lein-, Palmkern-, Raps-, Sesam- und Sonnenblumenkuchen.

Der Verkehr mit Ölkuchen ist auch in den meisten übrigen Kulturstaaten durch
Futtermittelgesetze geregelt, so in Belgien durch das Gesetz vom 21. Dezember 1896

und 8. Mai 1897, in Kanada durch das Gesetz vom 19. Mai 1909, in Dänemark seit dem 26. März 1908, in England durch das Dünge- und Futtermittelgesetz vom 15. Dezember 1926. Das englische Gesetz zeigt weitgehende Ähnlichkeit mit dem DFG. und schreibt bei Ölkuchen a) die Benennung, b) die Angabe der Zusammensetzung (Protein + Fett) und c) der künstlichen Zusätze vor. Gesetzlich geregelt ist ferner der Verkehr mit Ölkuchen in Frankreich (Gesetz vom 5. Juli 1907 und von 1911), in Holland (Gesetz vom 31. Dezember 1920 und Verordnungen vom 8. April 1921 und 19. Mai 1924), in Italien (Gesetz vom 15. Oktober 1925), in den Vereinigten Staaten usw.

Nachfolgend seien die bei der Verfütterung der verschiedenen Rückstände gemachten Erfahrungen und Beobachtungen kurz angeführt.

Baumwollkuchen: Man verfüttert an Mastrinder bis zu 2,5 kg, an Arbeitsochsen bis zu 2 kg, an Milchvieh nicht über 1 kg täglich. Gegen das in den Samenrückständen enthaltene Gossypol ist besonders das Jungvieh sehr empfindlich[1].

Größere Mengen dürfen an Milchkühe nicht verfüttert werden, weil sie die Butter hart und trocken machen. Nach O. R. Overmann und O. F. Garrett[2] soll die Butter nach Verfütterung von Baumwollsaatmehl eine höhere Jodzahl und erniedrigte Verseifungszahl zeigen. Längeres Füttern mit Baumwollsaatkuchen soll ferner den Vitamin-A-Gehalt der Butter erniedrigen[3].

Candlenußkuchen wirken abführend, können aber als Mastfutter verwendet werden.

Cocoskuchen sind ebenso wie Palmkernkuchen ein *spezifisches Milchviehfutter* und deshalb trotz geringen Proteingehaltes sehr geschätzt. Sie steigern die Milchfettproduktion, den Fettgehalt der Milch und verbessern die Konsistenz der Butter, bei gleichzeitiger Erniedrigung ihrer Jodzahl um einige Prozente.

Erdnußkuchen aus geschälten Nüssen sind äußerst eiweißreich und gehören zu den wertvollsten, von den Tieren gern genommenen Futtermitteln.

Hanfkuchen sind trotz ihres Eiweißreichtums nicht gut verdaulich. Sie eignen sich nicht für Milchvieh und Schweine. An Masttiere werden bis 2,5 kg, an Pferde bis 1,5 kg täglich verfüttert, an Mastschafe bis 0,5 kg.

Kakaokuchen erhöhen nach A. v. Lund[4] den Fettgehalt der Milch, vermindern aber die Milchmenge. Sie sind ein wenig brauchbares Futtermittel.

Leindotterkuchen beeinflussen ungünstig den Geruch der Milch und sind für Jungvieh und Milchvieh ungeeignet. Im übrigen werden sie in gleicher Weise verfüttert wie Rapskuchen.

Leinkuchen und Leinschrot sind besonders geschätzt wegen ihrer diätetischen Wirkung und dienen hauptsächlich zur Aufzucht und Ernährung von Tieren nach Erkrankungen.

Charakteristisch für Leinkuchen ist die Bildung eines konsistenten Schleimes mit Wasser. Tagesrationen von über 1—2 kg erzeugen eine nach Leinöl schmeckende Butter von höherer Jodzahl und erniedrigter Verseifungszahl[5]. Ob die mitunter beobachteten Tierschädigungen eine Folge des aus dem Glucosid Linamarin stammenden HCN oder von Verfälschungen waren, ist nicht mit Sicherheit bekannt.

Madiakuchen können nur für Mastzwecke verwendet werden; sie üben eine geringe narkotische Wirkung aus.

Maiskeimkuchen werden ebenfalls am besten an Masttiere verfüttert. Bei Milchkühen erzeugen sie eine weiche Butter.

Mohnkuchen können in Mengen bis zu 3 kg täglich an Mastrinder verfüttert werden. Kuchen aus nicht ganz reifen Samen wirken schwach narkotisch.

Nigerkuchen sind ein gutes Milchviehfutter (bis zu 5 kg/1000 kg Lebendgewicht).

Palmkernkuchen und Palmkernschrot sind ein *spezifisches Milchviehfutter*, ähnlich wie Cocoskuchen. Sie steigern den Schmelzpunkt des Butterfettes und erniedrigen die Jodzahl um etwa 4%. Auch als Mastfutter sind sie gut verwendbar, jedoch im Gemisch mit proteinreicheren Futtermitteln.

Mit Vorsicht müssen *Rapskuchen* verfüttert werden, trotz guter Verdaulichkeit, und zwar wegen ihres Gehaltes an Senfölglucosiden. Sie erzeugen eine scharfschmeckende Milch und weiche Butter. Höchstrationen: 1 kg an Milchkühe, 2 kg an Masttiere, 0,25 kg an Schweine.

Zu den für alle Tiere verwendbaren Rückständen gehören die *Sesamkuchen*. Große Rationen erzeugen aber eine weiche Butter; das Produkt wird deshalb am

---

[1] Journ. agricult. Res. **45**, 111 (1932).   [2] Journ. agricult. Res. **45**, 51 (1932).
[3] G. S. Fraps u. R. Treichler: Journ. Ind. engin. Chem. **24**, 1679 (1932).
[4] Bied. Ztrbl. Agrik.-Chem. **47**, 232 (1918).
[5] Goy: Landwirtsch. Presse **53**, 261 (1926).

besten zusammen mit Cocos- oder Palmkernkuchen verfüttert, welche eine entgegengesetzte Wirkung haben.

Sojakuchen und Sojaschrot gehören neben Erdnußkuchen zu den eiweißreichsten Futtermitteln und sind gut verdaulich. Sie können für alle Fütterungszwecke und alle Tiere verwendet werden, besonders für Milchvieh (über die Einwirkung auf das Milchfett vgl. S. 227).

Die manchmal nach Verfütterung von Sojaextraktionsschrot beobachteten Bluterkrankungen („Dürener Krankheit") dürften die Folge der verbliebenen Lösungsmittelreste (Trichloräthylen), vielleicht aber auch von Vitaminmangel gewesen sein.

Die Rückstände der Sojaölfabrikation finden auch in der Technik Anwendung, namentlich zur Herstellung von „Pflanzencasein". Auch in der menschlichen Ernährung spielen sie eine größere Rolle; die Sojabohnen selbst gehören zu den volkstümlichsten Nährmitteln des Fernen Ostens.

Sonnenblumenkuchen eignen sich besonders zur Fleischmast. Höchstrationen: an Rindvieh bis 6 kg, an Milchvieh bis 2—2,5 kg, an Pferde 2—3 kg.

Je nach dem besonderen Zweck der Fütterung wird also die Wahl der Ölkuchensorte verschieden ausfallen. Während nämlich gewisse Ölkuchen an alle Tiere verfüttert werden können, äußern andere spezifische Wirkungen, die sowohl günstig als auch ungünstig sein können.

Die Aufstellung zeigt ferner, daß manche Ölfabrikationsrückstände infolge unbefriedigender Verdaulichkeit oder des Gehaltes an schädlichen Bestandteilen nur für Großvieh, aber nicht für junge Tiere verwendet werden können.

Gänzlich unverwendbar sind natürlich die giftig wirkenden Rückstände, wie Senfkuchen, Krotonkuchen, insbesondere die *Ricinuskuchen*, von denen bereits 12,5 g zur Tötung einer Kuh genügen. (Einige Ricinusbohnen vermögen einen Menschen zu töten.) Zwar können sie durch Erhitzen unter Druck oder Auslaugen mit 10%iger Kochsalzlösung entgiftet werden, jedoch ist von ihrer Verwendung dringend abzuraten. Häufig sind Rückstände von anderen Samenölen mit Ricinusmehl vermengt, eine Folge der Verarbeitung von anderen Ölsaaten und Ricinussamen in der gleichen Apparatur. Man findet sie z. B. mitunter in Erdnußkuchen, Rapskuchen u. dgl.

Als *Düngemittel* spielen heute die Ölkuchen nur eine untergeordnete Rolle. Eine Ausnahme bilden die in Japan zur Felddüngung verwendeten, aus der Mandschurei importierten Sojakuchen. Es kommen hierfür in erster Linie die für die Fütterung ungeeigneten Rückstände in Betracht. Maßgebend für den Düngewert ist der Stickstoffgehalt der Ölkuchen, erst in zweiter Linie der Gehalt an Phosphorsäure und Kali. Für die Fütterung brauchbare Ölkuchen sind für die Düngung zu teuer. Im übrigen kommt eine Düngewirkung der Ölkuchen und Extraktionsrückstände auch bei ihrer Verfütterung zustande, weil die Tiere etwa die Hälfte des Stickstoffes und einen noch größeren Anteil der in diesen Produkten enthaltenen Mineralstoffe in den Exkrementen ausscheiden.

VI. Besondere Verfahren zur Gewinnung pflanzlicher Fette.

Von H. Schönfeld, Wien, und L. Špirk, Prag.

Hier wären einige Methoden der Ölgewinnung zu erwähnen, welche 1. die Verdrängung des Öles aus den Samenzellen durch Wasser, 2. die teilweise oder gänzliche Zerstörung der übrigen Saatbestandteile (Proteine, Kohlehydrate) zur Grundlage haben, sowie 3. Verfahren, welche eine von der üblichen abweichende Apparatur vorsehen.

a) Verdrängung des Öles durch Wasser.

In den letzten Jahren gelang es dem russischen Techniker Skipin, ein anscheinend auf Verdrängung des Öles durch Wasser basierendes Verfahren auszuarbeiten, das nach den Berichten der russischen Fachliteratur größere praktische Erfolge gezeigt haben soll und bereits in den normalen Ölmühlenbetrieb eingeschaltet werden konnte.

Das in üblicher Weise auf Walzenstühlen u. dgl. zerkleinerte Saatgut wird in der ersten Pfanne des Mehrfachwärmers etwa 1 Minute lang mit Wasser gefeuchtet und hierauf durch indirekte Beheizung schnell erwärmt, wobei man das Verdampfen des aufgenommenen Wassers verhindern muß. In einer Operation gelangen etwa 750—800 kg Saatgut zur Behandlung. Bei einem bestimmten Feuchtigkeitsgehalt und einer bestimmten Temperatur, welche für jede Samensorte verschieden sind, findet ein stürmischer Ölausfluß statt; das Öl läßt man durch die im Boden der Pfanne (Vorwärmer) angebrachten Sieböffnungen abfließen. Zu Beginn des Ölausflusses verwandelt sich das Saatgut in eine innig zusammenhängende körnige Masse, deren Volumen nach Ablauf des Prozesses eine beträchtliche Verminderung (Schrumpfung) erfährt.

Der Vorgang ist, wie erwähnt, an bestimmte Grenzen von Feuchtigkeit und Temperatur gebunden. Diese sind: für Sonnenblumensaat 13,5—21%, für ungeschälte Ricinussamen 14,5—19%, für geschälte 11,5—16% Feuchtigkeit und 60—80⁰. Das Öl beginnt also bei 60⁰ frei auszufließen, bei zirka 80⁰ kommt der Ölausfluß zum Stillstand.

Für Baumwoll- und Hanfsamen hat sich eine Feuchtigkeit von 14,5—20% bzw. 15—20% und eine konstante Ölausflußtemperatur von 70—72⁰ als die günstigste erwiesen.

Bei Zedern- und Erdnüssen sowie bei Sesamsaat darf man dagegen mit der Temperatur nicht über 35—37⁰ gehen, der Feuchtigkeitsgehalt im Saatgut soll 16—20% betragen.

Die im Betrieb erreichbare Ölausbeute beträgt 45—50% vom Gesamtölgehalt des Rohstoffes. Bei Zedernnüssen konnten nach Sakurdajew[1] sogar drei Viertel des Öles zum freien Abfluß gebracht werden, d. h. 12% von insgesamt 16%.

Die halbentölte Saatgutmasse wird in den nachfolgenden Pfannen erwärmt, bis sie auf den erforderlichen Feuchtigkeitsgehalt ausgetrocknet ist und hierauf der Pressung oder der Extraktion zugeführt.

Die einfache, rasche Befreiung des Gutes von einem größeren Teil des Öles mußte natürlich zu einer bedeutenden Steigerung der Leistungsfähigkeit der Pressen und Extraktionsanlagen führen. Nach S. Iljin[2] wird das Skipinsche Entölungsverfahren mit Erfolg bei der Fabrikation von Ricinusöl, der Verarbeitung von Sonnenblumensaat vor der Extraktion und der Baumwollsamenölpressung angewandt. Über die praktische Bedeutung des Verfahrens orientieren die Leistungszahlen der Tabelle 93.

Bei der Erzeugung von Ricinusöl soll die Vorentölung nach Skipin die Leistung der Ölpressen um das Dreifache gesteigert haben, die Kapazität von Extraktionsanlagen um das Doppelte, bei einer Reduktion des Benzinverlustes von 1 kg auf 0,6 kg pro Tonne Saatgut.

Die Anwendung der Skipinschen Methode für die Entölung von Baumwollsamen hat zu einigen neuen Beobachtungen geführt. Bei der üblichen Art der Baumwollsaatpressung wird das Saatgut vorher in den Pfannen auf Temperaturen

---

[1] Oel-Fett-Ind. (russ.: Masloboino Shirowoje Djelo) **1933**, Nr. 8, 7.
[2] Oel-Fett-Ind. (russ.: Masloboino Shirowoje Djelo) **1934**, Nr. 12, 10.

Tabelle 93. Leistung von Ölpressen und Extrakteuren bei Anwendung des SKIPIN-Verfahrens.

	Sonnenblumen		Ungeschälte Ricinussamen		Geschälte Ricinussamen	Baumwollsamen
	Extrakteure	Pressen	Extrakteure	Pressen	Extrakteure	Pressen
Zahl der Extrakteure und Pressen	24	8 + 1	24	6 Comp.	16	4
Durchsatz (t) in 24 Stunden	480	141—163	214	108	165	82—92
Vorwärmer zum freien Öl- ausfluß	8	2	4	1	2	2
Pfannen in einem Aggregat:						
a) Vorwärmer n. SKIPIN .	1	1	1	2	1	2
b) Pfannen zum Trock- nen und Wärmen der Saat	3	1	3	1	1	2
Vorwärmerbeschickungen u. Ölausflüsse pro Stunde	2,25	3	3	3	1	1,5
Leistung eines Pfannenagg- regats in 24 Stunden . . .	62	91	55,7	108	24	47
Größe der Extrakteurfül- lung (t)	4,3	—	4,2	—	4,2	—
Zahl der Durchsätze von Extrakteur und Presse in 24 Stunden	20	18—21	8,95	18	10,6	19,8—20
Kuchengewicht (kg)	—	7	—	—	—	7—7,5
Ölgehalt von Kuchen und Schrot	1,7	6,7—7	1	6—6,25	1,3	6—6,8
Dampfverbrauch pro t Saat- gut in kg	180	180	210	210	—	90
Energieverbrauch (kW) . . .	75	52	65	29	—	52

von über 100° erwärmt. Hierbei verwandelt sich das Gossypol in eine weniger lösliche Modifikation (d-Gossypol), welche zum größten Teil im Ölkuchen zurückbleibt. Da der Ölausfluß nach der SKIPINschen Methode bei einer weit niedrigeren Temperatur (60—70°) der Saat stattfindet, so bleibt die Hauptmenge des Gossypols im Öl gelöst, so daß der Rückstand praktisch frei von Gossypol ist. Nach A. SKIPIN und M. SSOBOLEWA[1] hat dies nicht nur den Vorteil, daß der Futterwert der Baumwollsaatpreßrückstände erhöht wird, sondern noch den weiteren Vorzug, daß das gossypolreichere, an sich dunklere Baumwollsamenöl leichter und mit geringerem Verlust entsäuert werden kann. Der Gossypolgehalt des nach SKIPIN gewonnenen Baumwollsaatöles betrug durchschnittlich 0,8—1,23%.

Die SKIPINsche Arbeitsweise ist noch zu neu, um abschließend über ihren Wert urteilen zu können. Es läßt sich noch nicht mit Sicherheit sagen, ob und welche Mängel die Methode aufweist und inwieweit sie die apparativ und auch sonst natürlich weit kompliziertere Vorpressung in kontinuierlichen Pressen usw. zu verdrängen imstande sein wird.

A. GOLDOWSKI[2] hat die Vorgänge beim SKIPIN-Verfahren eingehend studiert und über den Ölausfluß aus dem Saatgut und das Problem der Verdrängung

---

[1] Oel-Fett-Ind. (russ.: Masloboino Shirowoje Djelo) 1934, Nr. 8, 4.
[2] Teilweise entnommen dem Bericht R. HEUBLUMS über die russische Literatur der Methode in der Marg.-Ind. 28, 99 (1935). — S. auch HEUBLUM: Fettchem. Umschau 40, 162 (1933), und die zahlreichen Arbeiten über das SKIPIN-Verfahren in der Oel-Fett-Ind. (russ.: Masloboino Shirowoje Djelo) 1932—1934.

des Öles durch Wasser theoretische Ansichten geäußert, welche hier zusammenfassend wiedergegeben werden sollen.

Die Saatteilchen können sowohl vom Öl als auch vom Wasser benetzt werden. In ihrem Verhalten zu den hydrophilen Oberflächen unterscheiden sich aber die beiden Flüssigkeitsarten sehr wesentlich. Während das Öl hydrophob ist, benetzt Wasser die Oberflächen der Saatteilchen nicht nur wegen seiner Polarität, sondern es wird auch wegen der Oberflächenaktivität der hydrophilen Gele adsorbiert. Daher ist die Oberflächenspannung der Saatteilchen an der Grenzfläche von Wasser unbedeutend, während sie an der Grenzfläche von Öl sehr große Werte erreicht. Die Oberflächenteilchen benetzen sich aber nach P. Rehbinder selektiv mit jener Flüssigkeit, welche an der Grenzfläche die geringste Oberflächenspannung besitzt. Daher verdrängt das Wasser das Öl. Im trockenen Saatgut sind fast alle Kräftepole der Oberflächenteilchen mit Öl abgesättigt. Bei einem gewissen Feuchtigkeitsgehalt werden alle Kräfte an Wasser gebunden, und das aus der Wirkungssphäre der molekularen Kräftepole befreite Öl wird leicht ausfließen. Wird der Wassergehalt zu hoch, so hört der Ölausfluß auf. Dies dürfte mit der Umkehrung der selektiven Benetzbarkeit (nachgewiesen von Rehbinder) und dem Zurücksaugen von Öl einerseits und andrerseits mit der durch den höheren Wassergehalt veränderten Struktur des Saatgutes zusammenhängen, welches bei zu hoher Feuchtigkeit teigige Beschaffenheit annimmt.

Während des Ölausflusses darf kein Wasser aus dem Gut verdampfen, weil sonst ein Zurücksaugen des Öles stattfinden würde. In störendem Maße tritt aber diese Erscheinung erst bei höheren Temperaturen ein und dürfte in nachfolgenden Ursachen begründet sein: 1. in der Abnahme des polaren Charakters beider Flüssigkeiten, wodurch das selektive Benetzungsvermögen erniedrigt wird; diese Abnahme ist aber bei nicht sehr hohen Temperaturen gering; 2. in der Adsorptionsschwächung zwischen Wasser und Saatteilchenoberflächen, die zu einer Ölbindung führt; 3. in der Denaturierung der Eiweißstoffe, wodurch die Oberfläche hydrophobe Eigenschaften erhält, und 4. in der Inversion der selektiven Benetzbarkeit, verursacht durch den bei gleichzeitigem Auflösen verstärkten Übergang der oberflächenaktiven Stoffe in die sie umgebende flüssige Phase. Den Ölausfluß stören aber erst Temperaturen weit über 60⁰.

Der freie Ölaustritt hängt von einer entsprechenden Viskositätserniedrigung des Öles durch Erwärmen und der selektiven Benetzbarkeit der Saatteilchen ab. Die beiden Prozesse verlaufen beim Erwärmen der Saat entgegengesetzt. Während die Viskosität des Öles mit der Temperaturerhöhung bis ungefähr 65⁰ stetig abnimmt, was den Ölaustritt fördert, verändert sich die Zähflüssigkeit bei weiterem Erwärmen nur wenig. Dagegen scheinen die Bedingungen für die selektive Benetzbarkeit schon mit der beginnenden Erwärmung Änderungen unterworfen zu sein, welche allmählich dem Ölaustritt entgegenarbeiten, sich aber erst dann auswirken, wenn der starke Viskositätsabfall aufhört. Dann erst macht sich eine stark verminderte Ölausbeute bemerkbar, und zwar nicht durch eine Geschwindigkeitsabnahme des ausfließenden Öles, sondern lediglich durch eine verminderte Ölausbeute. Gegen 90⁰ hört der freie Ölausfluß ganz auf.

Wollte man beim üblichen Wärmprozeß Öl zum freien Ausfluß bringen, so würde dieses vom Saatgut zurückgesaugt werden, da mit dem Trockenprozeß zwangsläufig Wasserverluste verbunden sind. Dieses Zurücksaugen wird beim Skipin-Verfahren dadurch verhindert, daß das ausfließende Öl aus dem Prozeß dauernd entfernt wird.

Die Menge des ausfließenden Öles[1] nimmt zu mit der Erhöhung des Feuchtigkeitsgehaltes des Saatgutes; nach Erreichung einer gewissen Feuchtigkeitsgrenze sinkt aber die Ölausbeute infolge der Zerstörung der für den Ölabfluß günstigsten porösen und körnigen Struktur des Saatgutes. Der Feuchtigkeitsgehalt muß aber um so größer sein, je schadhafter die Saat ist; auch die Temperatur des Ölaustrittsbeginnes ist bei beschädigter Saat höher als bei gesunder, während die Ölausbeute bei kranker Saat geringer ist.

Die Temperatur des beginnenden Ölausflusses ist ferner um so höher, je ölärmer die Saat ist.

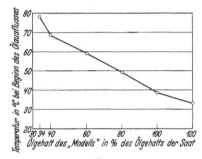

Abb. 292. Freier Ölausfluß aus „Saatmodellen".

Eine gewisse Aufklärung über den Zustand des Öles in der Saat und das Verhalten des Saatgutes und Öles bei der Entölung nach SKIPIN brachten ferner die folgenden, von A. GOLDOWSKI und N. GLUCHOW[2] vorgenommenen Modellversuche.

In einer kleinen, dem Betriebsapparat nachgebildeten Wärmpfanne mit einem Füllraum von 430 g Saatgut, elektrisch beheiztem Boden und Mantel und Siebboden für das ausfließende Öl, wurde das SKIPIN-Verfahren 1. an zerkleinerter Sonnenblumensaat mit zirka 57% Ölgehalt und 2. an Saatmodellen, erhalten durch Entölen des gleichen Gutes mittels Petroläther und Einstellen auf verschiedenen Ölgehalt in der Pfanne, geprüft. Bei der Bereitung der „Saatmodelle" wurde festgestellt, daß das Öl vom ölfreien Gut sehr gierig aufgenommen wird, was nur durch Bindung des Öles durch das molekulare freie Kräftefeld der Saatteilchenoberflächen erklärt werden kann.

Interessant ist nun die Beobachtung, daß die anfänglichen Ölausflußtemperaturen und Ölausbeuten bei den Versuchen mit der ursprünglichen Saat und den „Saatmodellen" die gleichen waren. Dies beweist, daß das Öl hauptsächlich durch Oberflächenkräfte an die Saatkomponenten gebunden sein muß.

In den Schaulinien der Abb. 292 sind die bei Entölung von „Modellen" mit verschiedenem Ölgehalt erzielten Ergebnisse wiedergegeben. Wie man sieht, ist die Ausflußtemperatur um so

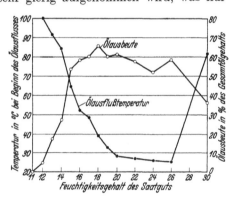

Abb. 293. Abhängigkeit der Ölausbeute beim SKIPIN-Prozeß von der Feuchtigkeit und Temperatur.

höher, je geringer der Ölgehalt, das „Modell" verhält sich in dieser Hinsicht ebenso, wie die ursprüngliche Saat. Der Ölgehalt der nach dem freien Ölabfluß verbliebenen Rückstände war bei den „Modellen" und der Saat unabhängig vom ursprünglichen Ölgehalt und bewegte sich stets in den Grenzen von 32—35%.

Die Beziehungen zwischen Ölausbeute, Ölabflußtemperatur und Befeuchtungsgrad ergeben sich aus den Kurven der Abb. 293.

Die Abflußtemperatur sinkt sehr scharf bei Erhöhung des Feuchtigkeitsgehalts. Die Abb. 293 zeigt auch deutlich, wie das Öl bei Überschreitung des optimalen Feuchtigkeitsgehaltes vom Gut zurückgesogen wird.

---

[1] GOLDOWSKI: Oel-Fett-Ind. (russ.: Masloboino Shirowoje Djelo) **1934**, Nr. 12, 24.
[2] Oel-Fett-Ind. (russ.: Masloboino Shirowoje Djelo) **1934**, Nr. 9/10, 24.

An den „Saatgutmodellen" ließ sich die Erscheinung der Veränderung der Saatstruktur beim Skipin-Prozeß gut beobachten. Die Bildung zusammenhängender größerer Flocken während des Ölausflusses ist eine Folge, erstens der Verklebung der einzelnen Teilchen, verursacht durch das Anfeuchten, wobei die hydrophilen Bestandteile des Guts die Klebstoffe bilden, und zweitens des Zusammenklebens der einzelnen Teilchen und Aggregate am ausgeschiedenen Öl selbst. Beim Befeuchten des entölten Guts (des Schrots) läßt sich deshalb die Bildung der groben, körnigen Aggregate nicht beobachten, es findet nur ein Verteigen zu kleinen Flocken statt, denn hier wirkt nur der Wassergehalt aggregierend. Die Aggregierung zu gröberen Flocken und Körnern ist um so geringer, je ölärmer das Gut ist. Der Grad der Aggregierung in der Wärmpfanne ist deshalb ausschließlich von der Menge des in Freiheit gesetzten Öles und dem Feuchtigkeitsgrad abhängig.

Das abweichende Verhalten beschädigten Saatguts beim Skipin-Prozeß wurde ebenfalls durch Modellversuche aufzuklären versucht. Als die mutmaßlichen Ursachen werden genannt: 1. Änderung des Mediums, welches das Öl umgibt, insbesondere die Abnahme der hydrophilen Eigenschaften, was eine schlechtere Aggregierung der Samenteilchen zur Folge haben muß; 2. Änderungen des Öles selbst, namentlich die Zunahme der freien Fettsäuren; letztere werden von den Oberflächen der Saatteilchen adsorbiert, erniedrigen dadurch die Oberflächenspannung an der Grenze mit Öl, begünstigen die Benetzung mit Öl und erschweren gleichzeitig den freien Ölaustritt.

Goldowski[1] hat dann versucht, das Skipin-Verfahren zu modifizieren und den störenden Einfluß der Erwärmung auszuschalten.

Zu den Versuchen wurde er auch durch eine Mitteilung von N. Wilbusch[2] über die primitive Art der Ölgewinnung durch die Araber Palästinas angeregt: Die Saat wird 18—24 Stunden geweicht, hierauf geröstet und zu einem feinen Brei vermahlen. Durch Einkneten von Wasser in diese Masse wird das Öl zum Austritt gebracht. Diese Methode wurde von Goldowski nachgeahmt, indem das Saatgut in einer Teigknetvorrichtung mit verschiedenen Mengen kalten Wassers durchgeknetet wurden.

Die vorläufig auf das Laboratorium beschränkten Versuche zeigen, daß der Ölausfluß tatsächlich schon in der Kälte erfolgt. Goldowski erreichte hierbei etwa die gleichen Ölausbeuten wie beim Skipin-Verfahren. Das Kneten habe den Vorzug der leicht durchzuführenden, gleichmäßigen Verteilung des Wassers im Gut und folglich auch einer gleichmäßigeren Verdrängung des Öles, als dies in der Wärmpfanne möglich ist.

Zur Erzielung einer glatten und raschen Ölabsonderung ist es nach Goldowski notwendig, daß sich die einzelnen Teilchen des Saatgutes miteinander verbinden (aggregieren) und zwischen den Zwischenräumen (Kanälen) der Teilchen ein unmittelbarer Kontakt hergestellt wird. Dies wird erreicht bei einem bestimmten Wassergehalt und einer bestimmten, körnigen Struktur des Gutes.

Unter den günstigsten Bedingungen von Struktur und Feuchtigkeit konnten aus Sonnenblumensamen etwa 60% des gesamten Öles zum freien Ausfluß gebracht werden. Die Feuchtigkeitsgrenzen waren allerdings bei der Knetmethode äußerst eng gezogen: sie betrugen 17—18%. Schon bei einem Wassergehalt von 20% ging die Ölausbeute sehr weit zurück.

Im Gegensatz zu dem Skipinschen Vorschlag wird die zuletzt beschriebene Methode, falls sie zu einem Erfolge führen sollte, die Anwendung einer besonderen

[1] Oel-Fett-Ind. (russ.: Masloboino Shirowoje Djelo) 1934, Nr. 12, 24.
[2] Seifensieder-Ztg. 57, 716 (1930).

Apparatur erforderlich machen. In diesem Falle wären aber Vorteile gegenüber der üblichen Methode der Vorpressung nicht mehr vorhanden.

S. ILJIN hat vor einigen Jahren vorgeschlagen, zum Wärmen des Saatgutes in den Pfannen gesättigten Wasserdampf anzuwenden. Es scheint sich hier um einen Vorläufer des SKIPIN-Verfahrens zu handeln. Die Saat wird in flacher Schicht gefeuchtet und hierauf unter einem geringem Druck von etwa 25 Atm. ausgepreßt; dabei sollen etwa 80% des Öles gewonnen werden können. Die Kondensation des Wasserdampfes in den durch das Zerkleinern geöffneten Samenzellen bei Beginn des Wärmens bewirke ein schnelles und tiefes Eindringen der Feuchtigkeit, wodurch die natürliche Öl-Wasser-Emulsion zerstört werde und das Öl beim Pressen leichter und mit größerer Ausbeute abfließe. Der Ölgehalt der Kuchen soll in Fabriken, welche diese Maßnahme verwenden, um etwa 1% zurückgegangen sein (ist aber nach den Angaben ILJINS[1] immer noch recht hoch).

b) Freimachung des Öles durch Aufschließen der organischen Zellsubstanz.

Die Zellwände der Ölsamen bestehen aus Cellulose, Stärke und anderen Kohlehydraten und aus Proteinen. Um das Öl auf einem anderen Wege als durch Pressung oder Extraktion mit Lösungsmitteln gewinnen zu können, das Öl aus dem Verband mit den übrigen Zellbestandteilen zu befreien, müßten letztere mit solchen Mitteln behandelt werden, welche die Zellstruktur zerstören und die nichtfetten Komponenten der Samen ganz oder zum Teil in eine lösliche Form umwandeln. Eine andere Möglichkeit ist die unter a beschriebene Verdrängung des Öles durch Wasser. Die Mittel, welche für die Aufschließung der organischen Zellen in Betracht kommen, dürfen natürlich das Fett selbst nicht angreifen; die Kohlehydrate und Proteine dürfen anderseits nicht so weit verändert werden, daß die Rückstände der Ölgewinnung nicht mehr als Futtermittel verwendet werden können oder daß ihr Futterwert wesentlich herabgesetzt wird. Denn die Wirtschaftlichkeit der Ölgewinnung ist auf das engste an die leichte Verkaufsmöglichkeit der Rückstände gebunden.

Ein für die Praxis brauchbares Ölgewinnungsverfahren, das mit der Pressung oder Extraktion nichts mehr zu tun hat, ist noch nicht gefunden worden. Bei dem im Teil a beschriebenen Verfahren, über das ein endgültiges Urteil noch nicht möglich ist, verzichtet man nur teilweise auf die übliche Art der Fettgewinnung.

In der Patentliteratur tauchen immer wieder Vorschläge auf, welche darauf hinzielen, das Öl durch Aufschluß der organischen Zellsubstanz, insbesondere der Proteine, in Freiheit zu setzen. Der Abbau erfolgt entweder durch geeignete chemische Reagenzien oder durch biochemische Prozesse, vorwiegend durch Einwirkung proteolytischer Enzyme, welche die Eiweißkörper in lösliche Aminosäuren überführen.

Ferner wurde noch des öfteren vorgeschlagen, durch innige Vermahlung des Saatgutes mit Wasser eine Emulsion herzustellen und das Öl aus dieser Emulsion durch Schleudern, Filtrieren, Koagulation der emulgierten Proteine oder ihren Aufschluß durch Enzyme abzusondern.

Durch rein chemische Einwirkung versuchten L. F. DAVID und G. FELIZAT[2] die drei Hauptkomponenten der Samen, das heißt Öl, Kohlehydrate und Proteine, voneinander zu trennen. Das Saatgut wird mit einer eiweißlösenden Flüssigkeit, wie kalte Soda- oder Ammoniaklösung, fein vermahlen. Das Reagens löst die

---

[1] Oel-Fett-Ind. (russ.: Masloboino Shirowoje Djelo) **1934**, Nr. 12, 12.   [2] F. P. 603 836.

Proteine und emulgiert zugleich das Öl, während die Stärkeanteile in der Emulsion suspendiert werden. Die Stärke wird durch Absieben oder in einer langsam laufenden Zentrifuge abgetrennt. Hierauf wird die gelöstes Eiweiß enthaltende Ölemulsion in einer Superzentrifuge vom Wasser befreit. Aus der wäßrigen Schicht kann das Eiweiß durch Ausflocken mit Salzsäure wiedergewonnen werden. Die Stärke, welche durch wiederholte Behandlung mit dem gleichen Reagens vom anhaftenden Öl und Eiweiß befreit werden muß, soll sich nach den Erfindern für die Spiritusbrennerei eignen.

Ein ähnliches Verfahren schlägt die Compagnie Indochinoise d'Équipement Industriel[1] für die Ölgewinnung vor.

Durch schwaches Erwärmen von feuchter Copra soll es möglich sein, etwa 35—45% Fett auszuscheiden[2], die man durch Pressung unter geringem Druck als eine Emulsion erhält. Beim Zentrifugieren dieser Emulsion gehen die Geruchstoffe u. dgl. Verunreinigungen in die wäßrige Schicht über. Die Ölschicht, enthaltend noch etwa 10—15% Wasser, wird nach Pasteurisieren auf 36° abgekühlt und zur Verflüssigung der emulgierten Proteinstoffe mit proteolytisch wirkenden Bakterien 5—10 Stunden stehen gelassen. Man unterbricht hierauf die Fermentation durch Zusatz von Soda.

Nach J. A. Schönheider van Deurs[3] läßt sich das Fett aus den pflanzlichen oder tierischen Zellen dadurch gewinnen, daß man das feuchte Rohgut auf ein p_H von 5—1 einstellt. Zur Erzeugung der notwendigen Acidität verwendet man Säuren oder man läßt auf das Gut milchsäurebildende Bakterien einwirken. Diese Bakterien wirken zugleich auch eiweißlösend. Nach den Angaben des Erfinders hat die Ansäuerung eine Umkehrung der Oberflächenerscheinungen zur Folge, so daß die Oberflächen der Zellteilchen durch Wasser statt durch Öl benetzt werden, wodurch das Öl in Freiheit gesetzt wird. Es soll beispielsweise bei einem p_H von zirka 2 möglich sein, aus mit Wasser befeuchteter Copra 90% des Fettes als Emulsion zu gewinnen. Aus gemahlenen Dorschlebern konnten bei einer Acidität von $p_H = 1{,}5$ 99% des Öles zur Abscheidung gebracht werden.

Durch Autolyse gelang es L. M. Brown[4], die Kakaobutterausbeute im Vergleich zu der bei der Pressung erreichbaren zu steigern. Die wäßrige Suspension der Kakaobohnenmasse wird nacheinander mit Papain und Pepsin in schwach salzsaurer Lösung behandelt. Nach vollendetem Aufschluß scheidet sich das Fett an der Oberfläche als Schicht aus, die abgeschöpft werden kann.

Ob die genannten Verfahren jemals eine praktische Anwendung finden werden, erscheint recht fraglich, vor allem wegen der anormalen Beschaffenheit der Rückstände. Das Aufarbeiten der Saat in Gegenwart größerer Feuchtigkeitsmengen und bei relativ niedrigen Temperaturen stellt auch eine größere Infektionsgefahr für die Ölgewinnungsrückstände durch Hefepilze, Fäulniserreger u. dgl. dar.

Vor einigen Jahren gelang es J. W. Beckman[5], das auf Proteinabbau beruhende Verfahren derart zu modifizieren, daß die Infektionsmöglichkeit beseitigt wurde. Zum Aufschluß der organischen Zellbestandteile dient eine auf Brauereimalz gezüchtete Kultur von *Bacillus delbrucki*, ein Milchsäurebildner, dessen Temperaturoptimum bei 50° gelegen ist. Durch die hohe Gärungstemperatur erleidet das Gut während der Ölabsonderung eine Art Autosterilisation, da die meisten Keime, welche eine Infektion verursachen können, bei dieser Temperatur nicht mehr entwicklungsfähig sind. Die mit Wasser zu einem Brei verrührte Copra wird bei 49—50° mit der Bakterienkultur versetzt und unter anaeroben Bedingungen (Überschichten mit Paraffin) und möglichst unter Ausschluß

---

[1] F. P. 715791.   [2] W. Alexander: A. P. 1366338.   [3] D. R. P. 557553.
[4] Schw. P. 150623.   [5] Ind. engin. Chem. **22**, 117 (1930); E. P. 326159.

von Licht etwa 6 Tage der Gärung überlassen. Dem Gemisch wird eine, die Tätigkeit des Mikroorganismus stimulierende Kochsalzlösung sowie Calciumcarbonat zugesetzt, zur Neutralisation der gebildeten Milchsäure und Aufrechterhaltung eines p_H von etwa 4,2 während der Dauer des Prozesses.

Nach Angaben des Erfinders sollen bei diesem Verfahren ebenso große oder noch größere Ölausbeuten zu erzielen sein wie bei der Pressung. Die abgepreßten und getrockneten Rückstände enthielten z. B. nur 5% Öl. Letztere bestehen im wesentlichen aus Kohlehydraten, löslichen Aminosäuren und Calciumlactat und sollen ein wohlschmeckendes Futtermittel darstellen.

Auch dieses Verfahren scheint vorläufig keinen Eingang in die Praxis gefunden zu haben, nicht zuletzt wohl wegen der ungewohnten Form und Zusammensetzung der Rückstände, deren Haltbarkeit durch den hohen Gehalt an wasserlöslichen Nährstoffen wesentlich geringer sein muß als diejenige der gewöhnlichen Ölkuchen.

c) Apparatur.

An Stelle der Pressen und Extrakteure wurde vielfach, aber ohne nennenswerten Erfolg versucht, Zentrifugen für die Ölgewinnung anzuwenden. Die Versuche scheiterten vornehmlich an der Schwierigkeit, das aus Stoffen der verschiedensten Konsistenz bestehende Rohmaterial in eine leicht zentrifugierbare Form zu bringen. Dagegen leisten Zentrifugen große Dienste bei der Trennung der Ölemulsionen, wie sie namentlich beim Auskochen der Seetieröle erhalten werden, ferner bei der Aufarbeitung des Trubs, des Soapstocks usw. Ihre Konstruktion wird deshalb in einem anderen Zusammenhange beschrieben werden.

Über einige mißglückte Vorschläge zur Durchführung der Extraktion in Schleuderapparaten wurde bereits auf S. 710 berichtet.

Nach einem älteren Verfahren von W. W. WENSKI[1] werden die zerkleinerten Rohstoffe unter Erwärmung mit heißer Luft, Dampf oder Wasser der Zentrifugierung unterworfen. Das vor und während des Schleuderns vorzunehmende Erwärmen hat den Zweck, das Öl leichtflüssig zu machen. Das Verfahren ist an Ölfrüchten, tierischem Fettgewebe und auch Knochen geprüft worden.

M. F. ARAUZE[2] verwendet Zentrifugen zur Olivenölgewinnung. Dem gleichen Zwecke dient die von der California Packing Co.[3] konstruierte Zentrifuge.

In einer Reihe weiterer Patente wird die Kombination des Auskochens von tierischem Gut mit der Zentrifugierung der dabei gebildeten Emulsionen und Suspensionen vorgesehen.

F. W. FREISE[4] will die Ölpressen durch den Papierstoff-Holländer ersetzen. Er läßt das Saatgut (nach Entschälen) durch die Messerwalzen des Holländers so weit zerkleinern, daß das Öl vollständig in Freiheit gesetzt wird. Auf Walzenstühlen wäre natürlich eine so starke Zerkleinerung des Gutes nicht möglich gewesen. Der Aufschlußapparat wird vor der Einbringung der Saat mit Öl der gleichen Saatart bis zu einer bestimmten Höhe gefüllt, die Ölwärmvorrichtung (Heißwasser) in Betrieb gesetzt und der Apparat zum Anlauf gebracht. Nach Erreichen der konstanten Leerlaufgeschwindigkeit wird das Rohgut portionsweise eingetragen, bis die Trogfüllung an diesem 5—8% des Troginhalts beträgt. Die Höhe der Füllung richtet sich nach der Saatsorte; ebenso ist der Abstand zwischen Messerwalze und Grundwerk je nach der Saat verschieden einzustellen. Durch den Austragapparat, welcher als Heberleitung mit Schlitzsieb am Einlauf

---

[1] D. R. P. 55055 vom Jahre 1890. [2] F. P. 665942. [3] A. P. 1800336.
[4] Chem. Apparatur 20, 125 (1933).

konstruiert wurde, geschah die Entfernung des aufgeschlossenen Öles von einer
bestimmten Betriebszeit an automatisch, nach Maßgabe des Saatguteintragens.
Das Betriebsergebnis ist ein Brei, bestehend aus dem freigemachten Öl, Cellulose-
fasern, Proteinen usw. Zur Gewinnung des Öles muß dieser Brei filtriert werden.
Versuche, das Öl zum Absitzen zu bringen, scheinen ohne Erfolg gewesen zu sein.

Das Verfahren, welches nach Angaben des Autors für die Großtechnik
ungeeignet sein dürfte, scheint eine äußerst weitgehende Entölung zu erreichen.
So gibt Freise die Ölausbeuten mit bis zu 99% an. Die Entölung wäre demnach eine noch vollständigere als bei der Extraktion mit Benzin, d. h. die Rückstände dürften, ohne mit einem Lösungsmittel behandelt zu werden, praktisch
frei von Öl sein. Diese Angabe erscheint wenig verständlich. Die besten Resultate
erzielte Freise bei der Aufarbeitung von Candlenußöl. Bei zähflüssigen Ölen
soll das Verfahren versagen.

Zweiter Abschnitt.

Die Gewinnung der tierischen Fette.

Die Rohstoffe für die industrielle Gewinnung der animalischen Fette sind
1. einige Haustiere, 2. Seetiere, Fische.

Für die Gewinnung der für den menschlichen Konsum geeigneten Tierfette
kommen als Rohmaterialien die fettführenden Gewebe von Schweinen, Rindern
und Schafen in Betracht, natürlich auch die Kuhmilch, aus der die Butter gewonnen wird. Die Butter wird aber in rein landwirtschaftlichen Betrieben erzeugt und bleibt deshalb hier unberücksichtigt.

Die für die technische Verarbeitung, vor allem in der Seifenindustrie verwendeten Landtierfette gewinnt man aus verendeten Haustieren, den Abfällen
der Verarbeitung der speisefähigen Fette und aus sonstigem Material, das für
die Gewinnung von tierischen Speisefetten ungeeignet erscheint. Die Zahl der
Rohstoffe ist in diesem Falle größer, sie umfaßt außer den genannten Tierarten
noch andere tierische Rohmaterialien.

Bei den aus Fischen und Seetieren gewonnenen Ölen ist zwischen Reserve-
und Lebertölen zu unterscheiden (die Landtierfette sind ausschließlich Depotfette). Erstere dienen als solche lediglich technischen Zwecken, der Fabrikation
von bestimmten Seifensorten (Schmierseifen), von sulfonierten Ölen usw. In
Form ihrer Hydrierungsprodukte spielen sie aber eine erhebliche Rolle in der
menschlichen Ernährung und sind wichtige Rohstoffe der Margarine- und Kunst-
speisefettfabrikation (s. Band II). Auch in der Technik, namentlich in der Seifenindustrie, finden die hydrierten Trane ausgedehnte Verwendung.

Die Lebertöle der Seetiere haben Bedeutung als Quellen für Vitamin A und D
bei gewissen Erkrankungen und in der Kinderernährung (s. S. 133 und 149).

Die animalischen Fette werden hauptsächlich, und soweit es sich um speise-
fähige Produkte handelt ausschließlich[1] durch Ausschmelzen aus dem fettführenden Gewebe abgesondert. Nur Fischöle (und Knochenfett) werden in
größerem Umfange auch durch Extraktion mit Lösungsmitteln gewonnen.

Die Rohmaterialien für die Gewinnung der tierischen Fette und Öle sind,
im Gegensatz zu den gut haltbaren Ölsamen, sehr leicht verderblich und
müssen deshalb sehr schnell aufgearbeitet werden. Die Gewinnung der tierischen
Landtierfette erfolgt deshalb meist gleich nach Abschlachtung der Tiere, die

---

[1] Vor kurzem versuchte eine große deutsche Ölfabrik speisefähiges Schweinefett auch
durch Extraktion und nachträgliche Raffination herzustellen.

Betriebe sind oft den Schlachthöfen, Abdeckereien usw. angeschlossen. Das wichtigste Seetieröl (Waltran) wird meistens auf den Fangschiffen, also auf offenem Meere, gewonnen, weil das Rohmaterial den langen Transport zum Hafen nicht verträgt.

Die für die Fabrikation der Landtierfette in Frage kommenden industriellen Methoden bilden zwei Gruppen, denen zwar das gleiche Prinzip des Ausschmelzens zugrunde liegt, deren technologische Einzelheiten aber verschieden sind, je nachdem, ob das Erzeugnis der Ernährung oder der technischen Verwendung dienen soll. Die Gewinnung der Landtierfette wird deshalb in zwei Abschnitten behandelt, von denen der erste die Speisefette, der zweite die technischen Fette berücksichtigt. Zum Schluß werden die wichtigsten, bei der Tranbereitung verwendeten Verfahren beschrieben. Die Knochenfettgewinnung und Einzelheiten der Tranverarbeitung bleiben dagegen dem III. Band vorbehalten.

I. Die Gewinnung von Speisefetten aus Landtieren.

Einleitung.

Für die Herstellung der tierischen Fette stellen die verschiedenen Ausschmelzungsverfahren bis zum heutigen Tage die üblichste Gewinnungsart dar. Bei den großen Unterschieden in der Beschaffenheit der Ausgangsteile weichen aber die einzelnen, zur Anwendung kommenden Gewinnungsmethoden stark voneinander ab. Denn es ist einleuchtend, daß bei der Gewinnung von *Speisefetten* aus dem Fettgewebe des Rindes, Schafes oder Schweines andere Fertigungswege beschritten werden müssen als bei der Herstellung von *technischen Fetten* aus Eingeweideteilen oder Knochen.

Auch heute noch wird das Ausschmelzen tierischer Öle und Fette in Europa in großem Umfange in Kleinbetrieben mit Hilfsmitteln einfachster Art vorgenommen.

Daneben aber gibt es namentlich in Deutschland zahlreiche Anlagen, die über geeignete maschinelle Einrichtungen verfügen, wie sie zum Betriebe von Schmalzsiedereien oder Talgschmelzen erforderlich sind. Vielfach sind diese den öffentlichen Schlachthöfen angegliedert.

Einen hervorragenden Platz nimmt die Fettgewinnung aus Landtieren in der amerikanischen Fleischindustrie ein. Die amerikanischen Methoden der Talg- und Schweinefettgewinnung werden, ihrer großen Bedeutung entsprechend, hier und im III. Band unter den individuellen Fetten eingehend zu behandeln sein.

Das Fettgesetz vom Frühjahr 1933 und der (Ende 1934 wieder aufgehobene) Beimischungszwang von inländischem Schweinefett zur Margarine gab in Deutschland Anstoß zur Errichtung größerer Betriebe, welche für die Margarinefabrikation geeignete tierische Fette, insbesondere neutrales Schmalz herstellen sollen.

Der im vorliegenden Abschnitt zu behandelnde Stoff ist wie folgt gegliedert:

A. Aufbewahrung der Rohstoffe;
B. Reinigung der Fettgewebe;
C. Zerkleinerung der gereinigten Rohstoffe;
D. Fettgewinnung nach den verschiedenen Schmelzverfahren;
E. Einrichtung der Betriebe.

Die Gewinnung und die Eigenschaften der wichtigsten tierischen Fette, nämlich Schweinefett, Rinder-, Hammeltalg und Knochenfett werden noch im III. Band unter den individuellen Fetten besprochen werden.

A. Aufbewahrung der Rohstoffe.

1. Allgemeines.

Das Fettgewebe von Landtieren neigt, sofern es nicht sehr rasch verarbeitet oder durch Konservierung haltbarer gemacht wird, je nach seiner Herkunft verschieden stark zum Verderben. Das Fettgewebe des Rindes nimmt schon nach verhältnismäßig kurzer Lagerzeit einen unerträglichen Geruch an. Sehr gefährdet in seiner Haltbarkeit ist auch roher Schweinespeck, der weder gesalzen noch geräuchert ist. Nicht ganz so empfindlich ist roher Schaftalg. Durch vorzeitiges Verderben nimmt er jedoch einen Geruch und Geschmack an, der seiner Verwendung als Speisefett Grenzen zieht. Im folgenden sollen nun die Verfahren zur Verbesserung der Haltbarkeit dieser Rohstoffe beschrieben werden.

Abb. 294. Aufbewahrungsraum für Rohfett mit künstlicher Luftbewegung. (Bildstock von Venuleth und Ellenberger, Darmstadt.)

2. Haltbarmachung der Rohstoffe für einige Stunden.

Soll der Rohstoff vor der Verarbeitung nur einige Stunden aufbewahrt werden, so wird er unter Wasser untergebracht und mit möglichst kaltem Wasser ununterbrochen berieselt. Das Material wird dadurch nicht nur kühl gehalten, sondern auch von den ihm mechanisch anhaftenden Fremdteilen befreit, so daß mit der Haltbarmachung gleichzeitig eine Reinigung verbunden ist. Das abfließende Wasser, das kleine Zell- und Fetteilchen mitreißt, wird einer Fettabscheidungsgrube zugeführt, in der es seine fetten, unlöslichen Stoffe absetzt, aus denen das Fett zurückgewonnen werden kann.

In allen Fällen, in denen ein rasches Verarbeiten der Rohstoffe nicht möglich und damit ihr Verderben und eine Qualitätsverschlechterung der herzustellenden Fette unausbleiblich ist, muß eine Behandlungsweise Platz greifen, die dem Fäulnisvorgang weitergehend entgegenwirkt.

Wichtig ist vor allem, daß das noch körperwarme Fett, wie es von den geschlachteten Tieren ausgelöst wird, gut abkühlt und gut abtrocknet.

3. Trocknung mittels künstlicher Luftbewegung.

In den Aufbewahrungsräumen werden die einzelnen, größeren Stücke des Rohfettes an Gestellen mit verzinkten oder verzinnten Haken möglichst luftig aufgehängt, kleinere Stücke werden in dünnen Schichten auf Hürden ausgebreitet. Abb. 294 zeigt einen solchen Raum, in dem, zur Förderung des Trocknungsvorganges, mit Hilfe eines Lüfters eine lebhafte Luftumwälzung aufrecht erhalten wird. Der Frischluftverteilungskanal ist in der Abbildung an der Decke links zu erkennen.

4. Trocknung unter Zuhilfenahme eines Frischwasser-Berieselungs-Luftkühlers.

Steht kaltes Frischwasser von höchstens $+ 10^0$ C billig zur Verfügung, und wird eine rasche Abtrocknung und Abkühlung der Rohstoffe verlangt, so empfiehlt sich die Anwendung von Berieselungs-Luftkühlapparaten.

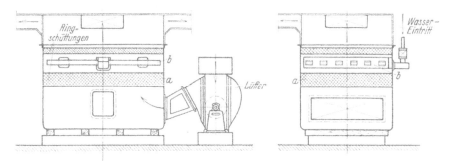

Abb. 295. Frischwasser-Berieselungsluftkühler mit Raschig-Ringen.

Diese bestehen, wie Abb. 295 zeigt, aus einem rechteckigen, schmiedeeisernen Gefäß, durch das die zu kühlende Luft im Gegenstrom zum herabrieselnden Wasser hindurchgeblasen wird.

Die Kühlfläche wird aus Raschig-Porzellanringen a gebildet, die regellos auf einem Siebboden übereinandergeschüttet sind. Diese Ringe ermöglichen die Unterbringung einer sehr großen Kühlfläche auf kleinstem Platz, dabei nimmt das Material nur etwa 8% des gefüllten Raumes in Anspruch, während 92% für die Luftbewegung freibleiben.

Die Kühlung der umlaufenden Luft geht in folgender Weise vor sich: Das kalte Wasser läuft in eine über der Ringschüttung befindliche Berieselungseinrichtung b. Von hier aus rieselt es auf die Ringe und wird zufolge ihrer regellosen Schüttung durch jeden einzelnen Ring von seinem normalen Weg abgelenkt, so daß sich die Temperatur des Kühlwassers allen Ringen gleichmäßig mitteilt. Das Wasser verläßt den Kühlapparat an seiner tiefsten Stelle in angewärmtem Zustande.

Im Gegenstrom zum Kühlwasser wird die von einem Ventilator angesaugte Luft des Lagerraums durch den Luftkühlapparat geblasen. Beim Durchstreichen durch das von den Ringflächen ablaufende Kühlwasser und an den feuchten, stark hygroskopischen Ringflächen wird die Luft gekühlt, getrocknet und gereinigt.

Die Verteilung der Luft in den Lagerräumen erfolgt durch hölzerne Saug- und Druckschläuche, die mit entsprechenden Luftaustritts- und -eintrittsschlitzen versehen sind.

Einen mit zwei Düsengruppen arbeitenden Luftwäscher und Kühler, Bauart BERVENTULO, zeigt Abb. 296. Die dem Lufteintritt am nächsten gelegene Düsengruppe a arbeitet bei diesem Kühler mit Umlaufwasser, das durch eine Kreiselpumpe gefördert wird, während über die zweite Düsengruppe b das eigentliche Kühlwasser verteilt wird.

Der Wärmeaustausch erfolgt an den glasierten Tonkörpern c. Die zickzackförmigen Bleche d haben die Aufgabe, mitgerissene Flüssigkeitstropfen abzuscheiden.

Die gute Trocknung der Rohstoffe in Lagerräumen, deren Luft nach den vorstehend gekennzeichneten, verhältnismäßig einfachen Verfahren behandelt wird, ist in der Hauptsache durch die große Aufnahmefähigkeit der gekühlten Luft für den vom Gut abgegebenen Wasserdampf bedingt.

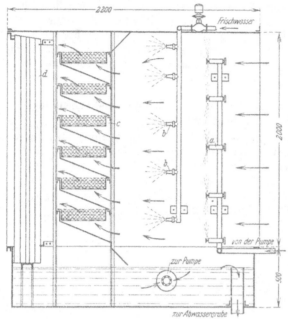

Abb. 296. Luftwäscher und -kühler. (Bauart BERVENTULO.)

5. Trocknung und Kühlung der Rohstoffe unter Anwendung künstlich erzeugter Kälte.

Die Anwendung künstlicher Kälte hat nicht nur den Vorteil, die Haltbarkeit der Rohstoffe erheblich zu verlängern, auch die Zerkleinerung im Fleischwolf wird hierdurch wesentlich verbessert, da die gekühlten Fleischfasern in der Hackmaschine leichter getrennt werden können. Außerdem ist das durch Kühlung hervorgerufene Zusammenschrumpfen der prallen, geschmeidigen Fettzellen für den späteren Fettgewinnungsprozeß vorteilhaft.

Kühlmaschinen finden in der amerikanischen Fettindustrie immer mehr Eingang, da sie nicht nur für die Behandlung der Rohstoffe wertvoll sind, sondern auch für die Bedienung der Schmalzkühler und schließlich zur Kühlung der Räume gebraucht werden, in denen das Fett aufbewahrt wird.

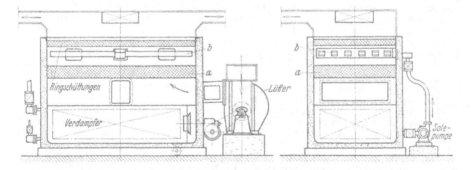

Abb. 297. Salzwasser-Berieselungs-Luftkühler mit RASCHIG-Ringen und eingebauten Ammoniak-Verdampferelementen.

In Amerika wird, um einige Beispiele für die Anwendung künstlicher Kälte zu geben, das Rohfett für die Neutralschmalzfabrikation über Nacht bei Raumtemperaturen von $+1^0$ C, bisweilen auch bei -4^0 C gekühlt. Rinderrohfett soll etwa 8 Stunden bei $+3^0$ C gekühlt werden.

Neuerdings und namentlich unter der Einwirkung der Fettgesetzgebung der Reichsregierung vom Frühjahr 1933 hat das Ansammeln der Rohstoffe für die

Fett- und Ölerzeugung auf den bedeutenderen Fleischgroßmärkten der deutschen Städte einen erheblichen Umfang angenommen. Diese Rohstoffe, deren Verarbeitung in einzelnen, von den Einkaufsstellen meist weit entfernt liegenden Werken erfolgt, werden häufig erst mehrere Wochen, ja sogar Monate nach ihrem Einkauf der Fabrikation zugeführt.

In allen diesen Fällen werden die Rohfette bereits am Ort der Einsammlung zunächst auf die übliche Kühlhaustemperatur von 0° C gekühlt und sodann in besonders eingerichteten Gefrierräumen bei Temperaturen von —10 bis —12° C eingefroren. Auch hierfür hat sich der Raschig-Ringluftkühler wegen des sehr günstigen Wärmegefälles besonders gut bewährt.

Eine Bauart dieses Kühlers, bei der die Verdampferelemente unmittelbar in das Kühlergefäß eingebaut sind, zeigt Abb. 297.

B. Reinigen der Rohstoffe.

1. Allgemeines.

Das Reinigen des Fettgewebes umfaßt zwei Arbeitsvorgänge, nämlich das Ausschneiden der Sehnen und Fleischteile und den Waschprozeß zur Beseitigung des Blutes. Den größeren, schöneren Talgstücken, den sogenannten *Vorfetten* hängt im allgemeinen fast gar kein Fleisch an; um so mehr den sog. *Ausschnitten*, die mit Blut und anderen Körperflüssigkeiten mehr oder weniger durchsetzt sind. Zu ihrer Beseitigung sind in den Schmelzbetrieben entsprechende Einrichtungen vorzusehen.

2. Zerteil- und Wascheinrichtungen.

Abb. 298 zeigt einen von der Firma The Allbright-Nell Co., Chicago, hergestellten Zerteiltisch.

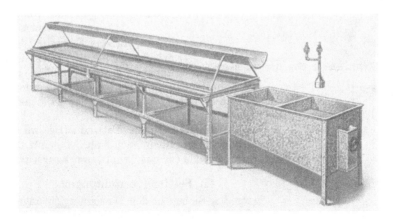

Abb. 298. Zerteil- und Waschtisch. (Amerikanische Bauart.)

Die Abbildung läßt das auf der hinteren Längsseite des Tisches angeordnete Spritzrohr erkennen, durch das während des Zerteilungsvorganges Wasser gegeben wird. An der vorderen Längsseite des Tisches ist eine Auffangrinne angebracht, die das Waschwasser abführt.

Nach Ausschneiden gelangen die Fetteile aus der Sammelrinne in das Waschgefäß, das aus zwei Abteilungen besteht. Etwa 20 cm über dem Boden jeder Abteilung befindet sich ein gelochtes Stahlblech, das jeden der Behälter nochmals teilt.

Das Fett gelangt zunächst in die erste Abteilung und wird sodann von Hand unter der Brause in der zweiten Abteilung gewaschen. Die Lochbleche lassen sich

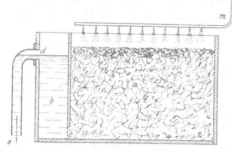

Abb. 299. Waschbottich für Rohfette.

Abb. 300. Siebtrommel. (Amerikanische Bauart.)

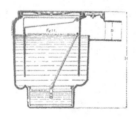

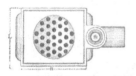

Abb. 301. Fettfänger der
Passavant-Werke.

aus dem Waschgefäß heben, damit die kleinen, durch die Öffnungen getretenen Fetteilchen zeitweilig gesammelt werden können.

Zur leichteren Reinigung der Waschgefäße befindet sich an ihrer tiefsten Stelle ein Verschlußpfropfen, durch den das Reinigungswasser unmittelbar entfernt werden kann.

Einen *Waschbottich*, der mit der Reinigung des Rohstoffes durch Berieselungswasser eine Haltbarmachung für kurze Zeit verbindet, zeigt Abb. 299.

Dieser Apparat ist durch eine Trennwand in zwei ungleiche Teile zerlegt. Der untere Teil dieser Wand enthält eine mit Sieb versehene Öffnung. Am oberen Ende der kleineren Abteilung ist ein Überlaufrohr d angebracht, das zur Entwässerung dient. Die größere Abteilung wird zur Vornahme des Waschprozesses mit den zu reinigenden Fettstücken a beschickt. Durch ein Brauserohr m wird ihr Frischwasser zugeführt. Dieses durchdringt die gesamte Fettmasse und nimmt auf seinem Wege zum Abflußrohr e alle auswaschbaren Teile des Rohfettes mit. Durch das in der Trennwandöffnung eingebaute Sieb c soll die Mitnahme von Fetteilchen verhindert werden.

3. Einrichtungen zur Beseitigung des Tropfwassers.

Bevor das Fett zur Weiterverarbeitung in die Zerkleinerungsapparate gelangt, muß es zunächst von dem anhaftenden Tropfwasser befreit werden, wozu es auf Brettern mit Tropflöchern oder Drahtnetzen gelagert wird.

In der amerikanischen Fettindustrie werden zuweilen große Siebtrommeln nach Abb. 300 benutzt, die mit einer Auffangschale für das Tropfwasser ausgerüstet sind.

4. Fettfangvorrichtungen.

Trotz den Sieben in den Waschvorrichtungen führt das abfließende Wasser außer kleinen Fetteilen auch Teile von Sehnen, Fleisch u. a. m. mit sich fort. Diese sammeln sich in den Entwässerungsleitungen an und sind häufig die Ursache von üblen Gerüchen. Im übrigen überziehen sich die Innenwände der Kanalisationsrohre allmählich mit einem Fettüberzug, wodurch nach und nach die Rohrleitungen verstopft werden können.

Daraus ergibt sich die Forderung nach dem Einbau von Fettfangvorrichtungen in die Entwässerungsleitungen. Grundsätzlich benötigen diese Einrichtungen gewisse Absatzbecken, in denen sich die Fettstoffe entsprechend ihrem

geringeren spezifischen Gewicht auf der Oberfläche sammeln, während die Sink-
stoffe am Boden des Beckens liegen bleiben. Das entfettete W.asser wird durch

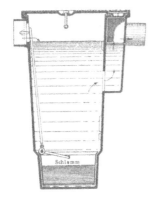

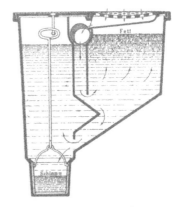

Abb. 302. Fettfangvorrichtung der Mittelbachhütte.   Abb. 303. Fettfangvorrichtung der Mittelbachhütte.

ein Überlaufrohr abgeleitet, dessen Mündung möglichst tief liegt. Derartige Fett-
fanggruben können aus zwei oder mehr Abteilungen bestehen. Sie wirken um so

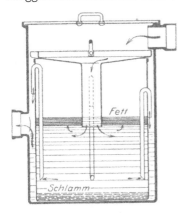

besser, je größer sie sind, weil die Durchflußgeschwindigkeit des Wassers mit zunehmendem
Querschnitt des Gefäßes abnimmt.

Aus der großen Zahl erprobter Konstruktionen seien nur die Fettfänger der Passavant-
Werke (Abb. 301), der Mittelbachhütte (Abb. 302
und 303) und die Ausführung von HÖNNICKE
(Abb. 304) genannt.

Abb. 304. Fettfänger nach HÖNNICKE.

C. Zerkleinern der Rohstoffe.

Die fettführenden Zellen müssen vor der Ausbringung des Fettes
geöffnet werden. Zwar werden die
Zellmembranen allein durch das
Erhitzen zum Bersten gebracht,
die Fettausbeute ist aber um so
größer, je weiter die Zerkleinerung
des Rohfettes getrieben wird.

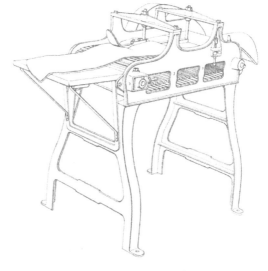

Abb. 305. Enthäutungsmaschine.

1. Vorrichtung zum Enthäuten insbesondere des Rückenfettes von Schweinen.

Der Zerkleinerung des Rückenfettes der Schweine muß ein Enthäuten voran-
gehen. Zur Ausführung dieser Arbeit wird eine Maschine nach Abb. 305 benutzt,

bei der ein mit Zähnchen besetztes Plattenband das Rückenfett mit der Haarseite nach unten aufnimmt. Es wird an einem gebogenen Messer vorbeigeführt, derart, daß die Schwarte unterhalb des Messers auf der Fördervorrichtung bleibt, während das Fett oberhalb derselben abfällt. Die Maschine arbeitet besonders vorteilhaft, wenn das Rückenfett vor dem Arbeitsvorgang gekühlt worden ist.

Eine außerordentlich leistungsfähige, in ihrem Aufbau überaus einfache Maschine zum Enthäuten des Rückenfettes stellt Allbright-Chicago her (Abb. 306), bei der ein Trommelrad mit einer Drehzahl von etwa 48 Umdrehungen in der Minute betrieben wird. Das Messer kann so angesetzt werden, daß die Haut in jeder gewünschten Stärke abgetrennt werden kann. Der Antrieb, der etwa 3 PS erfordert, erfolgt indirekt über ein Vorgelege. Die Maschine vermag stündlich 720 Speckseiten zu enthäuten.

Abb. 306. Enthäutungsmaschine der Allbright Nell Co., Chicago.

2. Zerkleinerungsmaschinen.

Eine Hochleistungsschneidemaschine, mit deren Hilfe es möglich ist, ganze Speckseiten in Streifen zu zerteilen, baut das Alexander-Werk in Remscheid (Abb. 307).

Auf einer Antriebswelle sind 13 Messerscheiben von 325 mm Durchmesser untergebracht, die in entsprechende Einschnitte einer Gegenwalze eingreifen. In dieser Maschine, deren nutzbare Trichterbreite 700 mm ist, werden die Speckseiten in Streifen von etwa 50 mm Breite zerlegt. Sie verarbeitet stündlich etwa 8000 kg Rohstoff. Ihr Kraftverbrauch ist 10 PS.

Die in deutschen Fettschmelzen üblichen Zerkleinerungsmaschinen haben im allgemeinen zur Voraussetzung, daß ihnen das Rohfett nur in von Hand ganz grob geschnittenen Stücken zugeführt wird.

Das Fett gelangt über den Aufgabetrichter zu einer Schnecke, an deren Ende Kreuzmesser und Lochscheiben angeordnet sind, welche alsdann die Zerkleinerung herbeiführen. Eine solche von Heicke, Berlin-Hohenschönhausen, gebaute Zerkleinerungsmaschine zeigt Abb. 308. Die von Schmidt-Ilmenau hergestellte Zerkleinerungsmaschine (Abb. 309) ist gekennzeichnet durch eine senkrechte Zuführungsschnecke.

Zur Erleichterung des Fettdurchganges hat das Alexander-werk ihre Fettschneideeinrichtung mit einem heizbaren Schneckengehäuse versehen. Bei

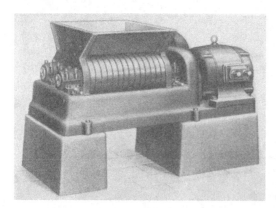

Abb. 307. Hochleistungsschneidemaschine des Alexander-Werkes, Remscheid.

dieser Bauart verschwinden Antriebsmotor und Anlasser völlig in dem Maschinengestell.

Schließlich sei noch eine von der Firma The Cincinnati Butchers Supply Co. in Cincinnati, Ohio, hergestellte Zerreißmaschine erwähnt, die mit einer Waschtrommel vereinigt ist.

Die Schneidscheiben, die auf zwei in entgegengesetzter Richtung angetriebenen Wellen aufgebaut sind, haben am Umfang eine Sägeform. Ihr Drehsinn ist so gewählt, daß sie den Rohstoff in die Maschine hineinziehen. Das Rohfett muß, um Verstopfungen der Messerscheiben zu vermeiden, ganz gleichmäßig aufgegeben werden. Durch Einführung von etwas warmem Wasser in den Trichter wird bewirkt, daß das Material die Maschine leicht durchläuft und die Schneidemesser sauber bleiben. Nach Reinigung in der Waschtrommel fällt der Rohstoff in einen Sammelbehälter, in dem sich das noch anhaftende Wasser abscheidet. Im Anschluß hieran erfolgt die Aufgabe in den Fettschmelzapparat.

Abb. 308. Fettzerkleinerungsmaschine. (R. Heicke, Berlin-Hohenschönhausen.)

D. Die Fettgewinnung nach den verschiedenen Schmelzverfahren.

a) Die Schmelzverfahren.

Allgemeines und Einteilung.

Die Fettgewinnung durch Ausschmelzen beruht darauf, daß das in den Zellmembranen eingeschlossene Fett durch die Temperaturerhöhung zum Schmelzen gebracht wird, sich dabei ausdehnt und die Zellen sprengt. Bei den durch das Zerkleinern des Rohstoffes bereits geöffneten Zellen braucht das Fett eine Sprengung der Membranen nicht erst vorzunehmen, sondern kann nach Verflüssigung frei heraustreten.

Abb. 309. Fettzerkleinerungsmaschine. (Schmidt-Ilmenau.)

Die Schmelzverfahren werden üblicherweise in zwei Hauptgruppen eingeteilt. Kennzeichnend für die erste ist, daß der Rohstoff ohne unmittelbare Berührung mit Wasser oder Dampf ausgeschmolzen wird. Das Hauptmerkmal für die zweite Gruppe ist, daß das fettliefernde Material während des Schmelzprozesses mit Wasser oder Dampf gemischt geschmolzen wird.

Die erste Art des Schmelzens wird als *Trockenschmelze*, die zweite als *Naßschmelze* bezeichnet.

Eine weitere Unterteilung dieser beiden Hauptgruppen ergibt sich aus der Art der Wärmezuführung für den eigentlichen Schmelzvorgang. Hiermit erhält man folgendes Gesamtbild:

1. *Die Trockenschmelze*:

Der Rohstoff wird zum Ausschmelzen gebracht:

α) über offenem Feuer,

β) mittels Dampfes,

γ) mittels heißen Wassers,

in den Fällen β und γ unter Anwendung doppelwandiger Gefäße.

2. *Die Naßschmelze*:

Hierbei geht die Schmelze vor sich:

α) mittels direkten Dampfes,

β) auf Wasser.

1. Die Trockenschmelze.

α) *Über offenem Feuer.*

Die Feuerschmelze ist das älteste Verfahren. Sie ist auch heute noch in den Haushaltungen üblich: der in kleine Würfel zerschnittene Rohstoff wird in einem Kessel über leichtem Feuer erhitzt. Das ausgeschmolzene Fett wird abgeschöpft und durch einen Durchschlag oder einen Seiher geleitet. Die Grieben werden mit einem Löffel ausgedrückt, so daß sie das ihnen noch anhaftende Fett abgeben.

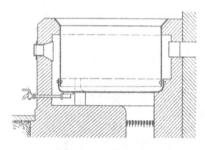

Abb. 310. Festeingemauerter Schmelzkessel
mit Unterfeuerung.

Das abgesiebte Fett wird alsdann in Tongefäße oder in Holzkübel abgefüllt, in denen man es erkalten läßt; es ist dann zum Gebrauch fertig.

Grundsätzlich nicht anders arbeitet die Feuerschmelze in kleineren Betrieben. Nur finden hier meist Kochkessel nach Abb. 310 Anwendung, die fest eingemauert sind und bei denen die Feuergase einen großen Teil der Kesselwandung bestreichen müssen, bevor sie in den Schornstein abgeführt werden.

Neuerdings werden auch freistehende Schmelzkessel mit isoliertem Mantel für Kohle-, Holz- oder Gasfeuerung hergestellt. Ein großer Vorteil der Gasfeuerung ist leichtere Regelung der Wärmezufuhr.

Zur Ausrüstung der Fettschmelzkessel über offenem Feuer gehört ein Rührscheit, durch den das Anbrennen des Fettes an den Kesselwandungen verhindert wird; ferner ein Fettseiher zum Abfangen der Grieben. Das ausgeschmolzene und nach einigen Stunden geklärte Fett wird mit einem Schöpflöffel abgeschöpft. Sobald man sich beim Schöpfen dem Boden nähert, wird ein starkes Sieb in den Kessel hineingedrückt, um die auf dem Boden liegenden Grieben teilweise zu entfetten. Die Grieben werden hierauf in noch heißem Zustande unter einer Presse vom Fett befreit.

Das Fett wird durch Abstehen oder Aufkochen mit Wasser, dem etwas Kochsalz zugesetzt wird, geklärt.

Das über freiem Feuer ausgeschmolzene Fett ist dunkler als das durch andere Schmelzverfahren hergestellte. Ein großer Nachteil der Feuerschmelze ist ferner die schwierig zu umgehende Geruchsbelästigung. Die örtliche Überhitzung läßt sich durch Anwendung eines mit Doppelmantel versehenen Schmelzkessels vermeiden, der mit Wasser gefüllt wird; eine nennenswerte Verbreitung haben aber solche Schmelzapparate nicht gefunden.

β) *Das Erhitzen mittels Dampfes.*

Die mit indirektem Dampf beheizten Schmelzgefäße sind doppelwandig ausgeführt. Die Höhe des Sattdampfdruckes richtet sich nach der Temperatur, welche das schmelzende Material erfordert. Entsprechend den baupolizeilichen Vorschriften werden diese Kocher in Deutschland als Dampffässer behandelt und sind der Überwachung durch den Dampfkesselüberwachungsverein unterstellt. Sie müssen ein Sicherheitsventil, ein Manometer und einen Anschluß für das Kontrollmanometer erhalten.

Bei der Trockenschmelze mittels Dampfes sind nach der Bauart der Apparate zwei Verfahren zu unterscheiden. Bei dem einen, weiter verbreiteten, wird der zu schmelzende Rohstoff in offenen oder nur mit einer Dunsthaube versehenen Kesseln untergebracht. Neuerdings findet, ausgehend von Amerika, ein zweites Verfahren der Trockenschmelze Anwendung, das mit völlig geschlossenem Behälter arbeitet.

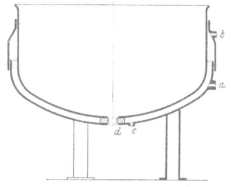

Abb. 311. Offenes Doppelwand-Schmelzgefäß mit Dampfbeheizung.

Offene Kessel. In seiner einfachsten Form wird das offene Doppelwand-Schmelzgefäß (Abb. 311) ohne Rührwerk ausgeführt.

Es erhält einen Stutzen für die Dampfzuführung a und den Entlüftungshahn b, außerdem einen Anschluß für den Kondenswasserableiter c. Zuweilen befindet sich an der tiefsten Stelle des Kochers eine Ablaßleitung d für das ausgeschmolzene Fett. Der Schmelzkessel selbst ist auf drei gußeisernen Böcken gelagert.

Abb. 312 zeigt einen *kippbaren, doppelwandigen Siedekessel.* Die Kippbewegung wird durch Schnecke und Schneckenrad eingeleitet. Die Dampfzuführung erfolgt durch die hohlgebohrte Schneckenradwelle.

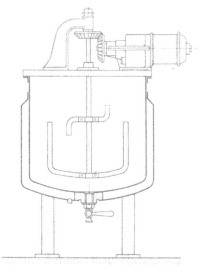

Abb. 312. Kippbares, doppelwandiges Schmelzgefäß. (R. Heicke, Berlin-Hohenschönhausen.)

Weite Verbreitung hat namentlich in der Schweinefettfabrikation eine Ausführung nach Abb. 313 gefunden. Bei dieser ist ein einfach wirkendes Rührwerk eingebaut, das im vorliegenden Beispiel seinen Antrieb unter Zwischenschaltung einer Kegelradübersetzung unmittelbar von einem Getriebeelektromotor aus erhält.

Während die in Deutschland hergestellten Hochdruckschmelzkessel im allgemeinen ziemlich niedrig und mit stark gewölbten Böden ausgeführt werden, bevorzugt man in Amerika offene, stehende zylindrische Gefäße mit dampfbeheiztem Boden und Mantel. Sie sind für einen Dampfdruck von

Abb. 313. Offenes, doppelwandiges Schmelzgefäß mit Rührwerk.

etwa 6 atü gebaut. Abb. 314 zeigt eine solche amerikanische Ausführung, bei der das mit einer Drehzahl von 20 Umdrehungen in der Minute betriebene Rührwerk durch Gegengewichte so ausgeglichen ist, daß es ohne An-

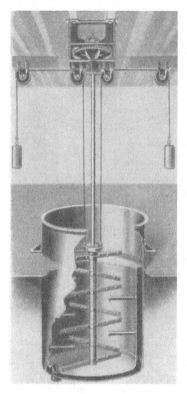

Abb. 314. Amerikanischer Dampf-Schmelzkessel. (Allbright Nell Co., Chicago.)

strengungen zur Reinigung aus dem Schmelz-kessel herausgehoben werden kann.

Diese Bauart findet hauptsächlich zur Her-stellung des sog. Kesselschmalzes (kettle rendered lard) sowie des Neutralschmalzes (neutral lard) Anwendung.

Für das *Kesselschmalz* wird als Rohstoff Bauch-bzw. Rückenfett der Schweine benutzt. Das Fett wird nach Zerkleinerung in den Schmelzkessel ge-geben, während das Rührwerk in Betrieb ist. Gleichzeitig wird der Dampf angestellt. Das im Fett enthaltene Wasser entweicht in Blasenform und gibt dem Kesselinhalt das Aussehen einer ko-chenden Masse. Der Schmelzprozeß dauert 2—3 Stunden und ist beendet, wenn keinerlei Dampf-blasen mehr aufsteigen und leicht gebräunte Grie-ben an der Oberfläche des Schmalzes schwimmen.

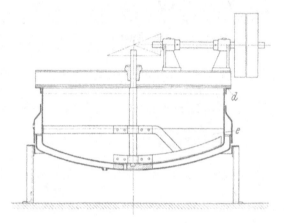

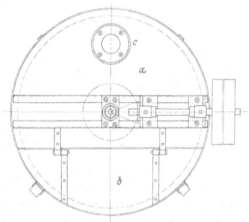

Abb. 315. Griebenröster.

Dann wird der Dampf abgestellt und das Rührwerk stillgesetzt. Man läßt noch etwa eine Stunde absitzen, ein Vorgang, der durch Aufstreuen von Salz beschleunigt werden kann. Hierauf erfolgt die Trennung von Schmalz und Grie-ben. Die Ausbeute an Fett schwankt je nach Art der zur Verwendung kommenden Ausgangsteile zwischen 80 und 92%. Die sehr hohe Aus-beute von 92% ist nach amerikani-schen Erfahrungen zu erzielen, wenn man als Ausgangsmaterial vorher gefrorene Liesen verwendet.

Für *Neutralschmalz*, das zur Weiterverarbeitung in der Mar-garineindustrie hergestellt wird, wird als Ausgangsrohstoff Liesen-und Bauch- bzw. Rückenfett be-nutzt. Der Hauptunterschied gegen-über dem schon beschriebenen Ver-fahren besteht in der Einhaltung viel niedrigerer Temperaturen. Für Bauchfett beträgt die Schmelztemperatur etwa 50°, für Rückenfett rund 55° C. Der Schmelzvorgang dauert im allgemeinen etwa 1¹/₂ Stunden. Nach einer Absetzzeit von 20—30 Minuten ist das Schmalz fertig zum Abziehen und zur weiteren Behandlung im Filter. Die Ausbeute ist bei Bauchfett 80%, bei Rückenfett etwa 70—75%.

Niedrige Schmelztemperaturen sind wie beim Neutralschmalz auch bei der Gewinnung des Talgs einzuhalten. Daher genügt bei diesen Apparaten, soweit überhaupt mit indirektem Dampf und nicht mit warmem Wasser geschmolzen wird, der Abdampf von Betriebsdampfmaschinen. Hiezu ist allerdings Voraussetzung, daß die Schmelze mit Dampfantrieb ausgerüstet ist.

Zu den mit indirektem Hochdruckdampf betriebenen Schmelzgefäßen können auch die in Talgschmelzen vielfach benutzten *Griebenröster* gezählt werden. In diesen, stets mit einem mechanisch angetriebe-

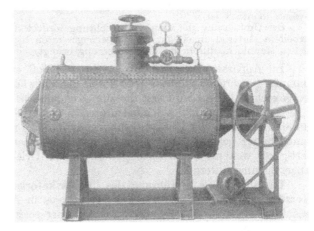

Abb. 316. Amerikanischer Trockenschmelzapparat mit Dampfmantel und Rührwerk. (Cincinnati Butchers Supply Co., Ohio.)

nen Rührwerk versehenen Apparaten werden die vom Schmelzwasser befreiten Grieben bei einem Druck des Heizdampfes von etwa 5 atü geröstet. Um die während des Röstprozesses entstehenden unangenehmen Gerüche absaugen und sie darnach einer Dunstvernichtungsanlage zuführen zu können, ist der offene Teil des Röstkessels mit einem zweiteiligen Blech abgedeckt.

Wie Abb. 315 zeigt, ist der hintere Teil *a*, der auch den Anschlußflansch *c* für die Dunstabzugsleitung enthält, an einen Winkeleisenring *d* angeschraubt, der mit dem eigentlichen Röster *e* fest verbunden ist. Der vordere Teil des Abdeckblechs *b* ist als Klappe ausgebildet, nach deren Öffnung die Grieben aufgegeben werden. Nach Beendigung des Röstvorganges, der je nach Beschaffenheit der Grieben bis zu zwei Stunden dauern kann, werden diese durch die gleiche Klappe beseitigt und unmittelbar der hydraulischen Presse zugeführt.

Abb. 317. Rührwerksflügel für kleine Trockenschmelzapparate.

Geschlossene Kessel. In Amerika führt sich in der Schweineschmalzfabrikation neuerdings die Trockenschmelze in geschlossenen Behältern mehr und mehr ein. Das Verfahren verdrängt allmählich die Naßschmelze.

Den Bau eines *Trockenschmelzapparates* mit Dampfmantel und Rührwerk (Cincinnati Butchers Supply) zeigt Abb. 316.

Abb. 318. Rührwerksflügel für große Trockenschmelzapparate.

Die dampfdicht verschließbare Füllöffnung befindet sich oberhalb des eigentlichen Apparateraumes. An den zum Inneren des Kessels führenden Füllstutzen schließt sich ein Abzugsrohr an, das mit einem Verdichter verbunden ist und durch ein Ventil ganz oder zum Teil abgesperrt werden kann.

Die Rührwerksflügel sind bei kleineren Apparaten mit einer Aufnahmefähigkeit von 750 kg Rohstoff kurz (Abb. 317), bei größeren Apparaten in doppelter Länge ausgeführt (Abb. 318). Der Antrieb der Rührwerkswelle erfolgt über einen Kegelrad- und Kettentrieb von einem Elektromotor aus, der auf den Rahmen des Schmelzkessels montiert ist.

Bei Umkehrung der Bewegungsrichtung fördert der Rührwerksflügel das verarbeitete Material an ein an der entgegengesetzten Stirnwand des Kochers befindliches Mannloch, durch das die Entleerung erfolgt.

Im Apparat wird zunächst das im Rohstoff enthaltene Wasser zur Verdampfung gebracht und das Gut durch den entwickelten Dampf eine Zeitlang vorgekocht. Hierauf wird erst die zum Kondensator führende Leitung geöffnet.

Nach Beendigung des Schmelzprozesses werden die Grieben und das Schmalz unter Umkehrung der Rührwerksbewegung in einen mit Sieb ausgerüsteten Auffangbehälter geleitet. Das Schmalz, das sich unter dem Sieb abscheidet, ist fertig zur weiteren Verarbeitung, während die Grieben entweder gepreßt oder abgeschwungen werden.

Die allgemeine Einführung des in fabrikatorischer Beziehung mancherlei Vorzüge besitzenden Trockenschmelzverfahrens in Amerika wird dadurch aufgehalten, daß das erzeugte Fett nicht immer so hell ausfällt wie beim Naßschmelzverfahren.

Gewisse Schwierigkeiten entstehen auch dadurch, daß der Geschmack des im Trockenschmelzverfahren gewonnenen Schmalzes ein ganz anderer ist, als der des Dampfschmalzes.

Auch in Europa hat das Trockenschmelzverfahren im letzten Jahrzehnt mehr und mehr Eingang gefunden. Hier war es namentlich die Firma Industrial Waste Eleminators Ltd., London (s. auch Abb. 355 und 356), die sich um die Einführung dieses Verfahrens bemühte.

In Deutschland werden diese Trockenschmelzanlagen nach Iwel-LAABS von der Rud. A. Hartmann A. G., Berlin-Rudow, ausgeführt. Bezüglich der technischen Einzelheiten dieser Apparate sei auf S. 832 verwiesen. Trockenschmelzanlagen, die in Deutschland in den letzten Jahren namentlich für die Herstellung von neutralem Schweinefett größere Bedeutung erlangt haben, stellen auch die Escher-Wyss-Werke in Ravensburg (Württemberg) her. Nähere Angaben hierzu vgl. Band III bei den individuellen Fetten.

γ) Die Trockenschmelze mittels heißen Wassers.

Die im vorigen Abschnitt behandelten Schmelzverfahren haben unabhängig davon, ob der Schmelzvorgang in einem offenen oder geschlossenen Gefäß stattfindet, zur Voraussetzung, daß Heizdampf zur Verfügung steht, dessen Spannung je nach dem zu verarbeitenden Schmelzgut geregelt wird.

Die großen wärmewirtschaftlichen Mängel der Dampfheizung sind bekannt. Infolge schlechterer Wirkung der Kondenstöpfe bei Minderbelastung, der häufig unsachgemäßen Bedienung der Umführungsventile und der Unmöglichkeit, eine größere Zahl von Kondenswasserableitern dauernd in einwandfreiem Zustand zu erhalten, tritt ein Teil des Heizdampfes unausgenutzt in die Kondenswasserleitung. Die hierdurch entstehenden Wärmeverluste mögen bis 20—30% betragen.

Im letzten Jahrzehnt ist es nun gelungen, Kesselwasser mit Temperaturen bis etwa 200° C als Wärmeträger zu benutzen und die Fortbewegung des Wassers zu den Heizapparaten mit Hilfe einer Kreiselpumpe vorzunehmen. Dabei kann die Temperaturregelung des Wärmeträgers in sehr weiten Grenzen an jedem Wärmeverbraucher so vorgenommen werden, wie es der jeweilige Fabrikationsvorgang erfordert. Die völlig zuverlässige feinstufige Temperaturregelung hat sich so gut bewährt, daß die Heißwasserheizung in jüngster Zeit, namentlich auch in größeren Schlachthöfen ein ausgedehntes Arbeitsfeld erobert hat.

Grundsätzlich sind die im vorigen Abschnitt gekennzeichneten, zur Trockenschmelzung mittels indirekten Dampfes gebauten Apparate auch zur Heiß- bzw. Warmwasserheizung geeignet.

An dieser Stelle sei ein von der Firma Venuleth u. Ellenberger, Darmstadt, hergestellter *Schmelzapparat für Feintalg* erwähnt, der insofern eine Besonderheit aufweist, als hier nicht nur der Mantel *A*, sondern auch das Rührwerk *B* mit warmem Wasser beheizt wird (Abb. 319). Der Schmelzapparat hat bei *C* eine Beschickungsöffnung. Die Warmwasserführung zum Mantelraum ist in der Abbildung deutlich zu erkennen. Einen weiteren Zufluß von heißem Wasser erhält die hohle, mit den Rührfingern *B* besetzte Welle *D* bei *a*. Das Wasser geht in Richtung des Pfeiles durch die Welle sowie durch jeden einzelnen der Rührfinger *B*, welche durch Scheide-

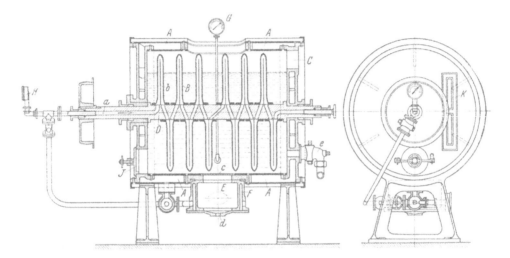

Abb. 319. Liegender Feintalgschmelzapparat mit beheiztem Rührwerk. (Venuleth und Ellenberger, Darmstadt.)

wände *b* in zwei Räume geteilt sind. Die Rührfinger bewegen sich bei Drehung der Welle *D* langsam durch die im Inneren der Trommel befindlichen Fettstückchen, so daß diese der Wirkung des warmen Wassers in reichlichstem Maße ausgesetzt werden und das Ausschmelzen rasch erfolgt.

Der geschmolzene Talg sinkt abwärts und gelangt durch das Sieb *c* nach dem Talgsammler *E*, der mit einem Ablaßhahn *d* versehen ist, durch welchen der geschmolzene Talg nach Erfordernis in den Klärkessel abgelassen werden kann.

Um den geschmolzenen Talg dünnflüssig zu halten, ist der Talgsammler mit einem Heißwassermantel *F* ausgerüstet.

Der Apparat ist zum Zwecke der Entleerung und Reinigung mit Mannlöchern versehen. Außerdem kann im Falle der Verstopfung des Siebes an Stelle des Entleerungshahnes *d* der Fetthahn *e* benutzt werden.

Der Apparat liefert ein sehr schönes, gleichmäßiges Erzeugnis, weil durch die eigenartige Verteilung von festen und bewegten Wärmeübertragungsflächen der Schmelzvorgang sehr gleichmäßig ist und jede Überhitzung vermieden wird.

Die liegenden Feintalgschmelzapparate werden immer mehr von den stehenden, *offenen*, doppelwandig ausgeführten *Feintalgschmelzkesseln* verdrängt (Abb. 320).

Am oberen Ende des Mantelraumes befindet sich die Einfüllöffnung *a* für Wasser, eine Luftaustrittsöffnung *b* und ein Überlauf *c*. Die Heizwassertemperatur wird während des Schmelzvorganges durch Betätigung der außerhalb des Schmelzkessels liegenden Mischvorrichtung *e* geregelt, die unter Zuhilfenahme von Frischdampf *f*

arbeitet. An der mit dem unteren Teil des Doppelmantels verbundenen Misch-
wasserleitung *g* befindet sich noch ein Kaltwasserzufluß *f'* und ein Entleerungs-
hahn *h*.

Das Schmelzgut wird durch das doppelt wirkende Rührwerk *A, B* umgerührt.
Zum Fettablaß dienen die Hähne *i*, die Grieben werden durch den am Boden angeordneten Verschluß *k* beseitigt.

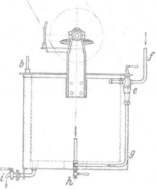

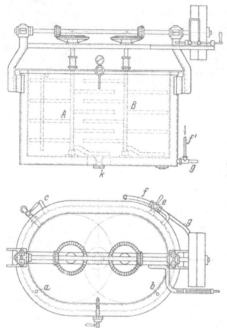

Abb. 320. Stehender, offener Feintalg-
schmelzkessel mit doppeltem Rührwerk.

Der Schmelzprozeß wird in
solchen Apparaten bei 65—70⁰
vorgenommen, unter langsamer
Steigerung der Wärmezufuhr
während des Schmelzens. Der
etwa 1000—1500 kg betragende
Kesselinhalt wird nach Ausschmelzen etwa 20 Minuten der
Ruhe überlassen, und zur Beschleunigung des Absetzens werden etwa 10 kg Salz
aufgegeben. Die Fettausbeute schwankt zwischen 60 und 72% des Rohstoffes.

2. Die Naßschmelze.

α) *Naßschmelze mittels direkten Dampfes.*

Bei dieser kommt der fetthaltige Rohstoff mit Dampf unmittelbar in Berührung; es wird dadurch neben der Sprengung der Zellwände auch eine Art
Verdrängung des in den Zellen eingeschlossenen Fettes durch Eindringen von
Dampf oder Wasser erreicht. Gespannte Dämpfe vermögen bei längerer Einwirkung die Zellwände des tierischen Fettgewebes zu zerstören. Der Zerkleinerung
des Rohfettes braucht daher bei diesem Schmelzverfahren nicht die Aufmerksamkeit zugewendet zu werden, wie bei den sonstigen Schmelzverfahren. Dampf
von atmosphärischer Spannung besitzt aber diese Eigenschaft nicht. Die Zerkleinerung des Rohstoffes muß demnach in allen den Fällen besonders sorgfältig
vorgenommen werden, in denen Dampf ohne Überdruck zur Schmelzung des
Rohfettes verwendet wird.

Das Naßschmelzverfahren mittels gespannten, direkten Dampfes hat sein
Hauptanwendungsgebiet in Amerika bei Herstellung des *Dampfschmalzes (prime
steam lard)*.

Die Fabriken benutzen hierzu geschlossene, zylindrische Gefäße aus zusammen-
genieteten Kesselblechen mit einem Durchmesser von 1,5÷2 m und einer Höhe von

3 — 5 m (Abb. 321). Die Beschickung erfolgt durch das Mannloch *A*. Unmittelbar neben dem Mannlochverschluß befindet sich ein Stutzen *B*, mit Sicherheitsventil, Manometer und Probierhahn, mit dessen Hilfe die Schwadenentwicklung im Inneren des Kochkessels geprüft werden kann. Die Schwaden werden über einen Absperrschieber *C* und eine Verbindungsleitung einem Verdichter zugeführt, in dem sie niedergeschlagen werden können. Im zylindrischen Teil des Fettschmelzkessels sind noch zwei Ablaßhähne *e* und *f* angeordnet. Der obere *e* leitet nach seiner Betätigung das Fett in das Fettklärgefäß, während der weiter unten liegende *f* zu einem Verdampfergefäß führt.

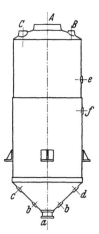

Abb. 321. Behälter zur Naßschmelze mittels direkten Dampfes.

Der untere kegelförmige Teil des Behälters ist noch mit zwei Schlammabzugsvorrichtungen *b* versehen, hat außerdem einen Anschluß für warmes und kaltes Wasser bei *c*, mit dessen Hilfe im Bedarfsfalle der Schmalzstand im Kessel gehoben werden kann, und endet in einen großen Absperrschieber *a* mit einer Durchgangsweite von etwa 80 mm. In der Frischdampfzuleitung *d* befindet sich ein Reduzierventil, mit dessen Hilfe der Frischdampf selbsttätig auf 2,8 atü entspannt wird.

Als Ausgangsmaterial für das Dampfschmalz finden alle Teile des Fettgewebes der Schweine, die für die Speisefettfabrikation in Betracht kommen, auch Rückstände aus der Neutralschmalzherstellung Verwendung. Die einzelnen Fettstücke werden vor dem Einfüllen in den Schmelzbehälter gründlich gesäubert.

Die Betriebsweise gestaltet sich bei der Herstellung von Dampfschmalz wie folgt:

Mit der Beschickung des Apparates ist erst zu beginnen, wenn das Innere des Schmelzkessels von den Rückständen der letzten Charge gründlich gesäubert ist.

Um Verstopfungen am Entleerungsschieber bzw. an den Schlammablässen zu vermeiden, werden als unterste Schicht einige Knochen bzw. Köpfe eingebracht. Hierauf wird das Gefäß etwa zu einem Drittel mit Wasser gefüllt und die Beschickung mit Rohfett so lange fortgesetzt, bis der Rohstoff bis etwa 60 cm unterhalb des Dampfdeckels reicht.

Nach Füllen des Schmelzgefäßes wird das Wasser zum Kochen gebracht, worauf die Schlammhähne geöffnet werden. Dem Rohstoff etwa noch anhaftende Unreinigkeiten und Blutspuren werden mit dem abfließenden Wasser beseitigt.

Nun kann der eigentliche Schmelzprozeß beginnen. Hierzu wird der kegelförmige Teil des Schmelzapparates mit Wasser angefüllt, um zu verhindern, daß trockener Dampf unmittelbar mit dem zu verarbeitenden Material in Berührung kommt. Der Einfülldeckel wird fest verschlossen, das in der Verdichterleitung liegende Absperrorgan hingegen voll geöffnet, und zwar so lange, als sich noch Luft und Gase in dem Kochgefäß befinden.

Durch häufige Betätigung des kleinen Probierhahnes ist dieser Zeitpunkt verhältnismäßig leicht festzustellen. Zeigt sich nur noch bläulicher Dampf, so muß das Absperrorgan der Kondensatorleitung fast ganz geschlossen werden. Unterbleibt diese Maßnahme, so kann der Fall eintreten, daß ein Gemisch von Dampf, Wasser und Schmalz in den Verdichter herübergerissen wird.

Schwierigkeiten können beim Kochen durch das Zusammenbacken des Rohstoffes entstehen. Der Kochvorgang geht dann nicht mehr gleichmäßig vor sich. Dieser Zustand ist, wenn die Kochgefäße nicht isoliert sind, an kalten Stellen zu erkennen, die sich an der Kesselwandung zeigen und durch ihre Neigung zum Schwitzen auffallen. Abhilfe ist dadurch möglich, daß möglichst viel Überschußwasser durch die Schlammhähne entfernt wird. Hierdurch wird dem Heizdampf die Möglichkeit gegeben, auch an das Material heranzukommen, das infolge seiner zu dichten Lagerung den Dampfdurchgang verhinderte.

Ein beim Kochen auftretendes Schäumen ist fast stets die Folge eines Überladens des Schmelzgefäßes, auch kann sich zuviel Wasser im Gefäß befinden. Zur Abhilfe müssen zunächst die Heizdampfventile abgesperrt werden, hierauf überläßt man den Inhalt des Behälters eine Zeitlang sich selbst, so daß die einzelnen Schichten sich absetzen können; schließlich wird das Überschußwasser abgelassen und der eigentliche Kochprozeß fortgesetzt.

Die Gesamtdauer der einzelnen Chargen ist sehr verschieden. Manche Fabriken beenden den Kochvorgang in 2—3 Stunden. Im Durchschnitt kann man aber mit etwa 8 Stunden rechnen. Die besten Ergebnisse werden erzielt, wenn mit niedrigerem Druck (von etwa 2,5 atü), aber längerer Kochdauer gearbeitet wird.

Ist der eigentliche Kochvorgang beendet, so muß zunächst für den notwendigen Druckausgleich gesorgt werden. Dabei ist zu beachten, daß, solange der Kessel noch unter Druck ist, beim plötzlichen Öffnen von Ventilen und Schiebern eine sehr lebhafte Nachverdampfung eintritt. Die dadurch verursachte Bewegung kann die Bildung einer Emulsion bewirken, deren Läuterung sehr schwierig ist und die die Güte des erzeugten Schmalzes erheblich beeinträchtigt. Daher müssen alle Schieber und Ventile mit ganz besonderer Sorgfalt bedient werden.

Nach Druckausgleich wird der Beschickungsverschluß geöffnet. Hierauf läßt man den Inhalt des Dampffasses etwa 2—3 Stunden absitzen. Es bilden sich dann drei, im allgemeinen voneinander deutlich getrennte Schichten. Zu unterst die Zellgewebsreste und Sehnen, sodann das Kondenswasser und schließlich das ausgeschmolzene Fett. Bei ordnungsgemäßer Bedienung des Schmelzapparates befindet sich die Trennschicht zwischen Kondenswasser und ausgeschmolzenem Fett etwa in der Höhe des unteren Abzugshahnes.

Das Abziehen des Fettes erfolgt über den oberen Hahn e. Wichtig ist, daß ein Mitreißen von Wasser mit dem abzuziehenden Fett nach Möglichkeit vermieden wird, da ein Wassergehalt von mehr als $\frac{1}{4}\%$ die Haltbarkeit des Fettes vermindert.

Die Rückstände werden nach Öffnen des Absperrschiebers (a) entweder in einen darunter stehenden Auffangbehälter abgelassen oder mit Dampfdruck in einen höherstehenden Behälter gehoben.

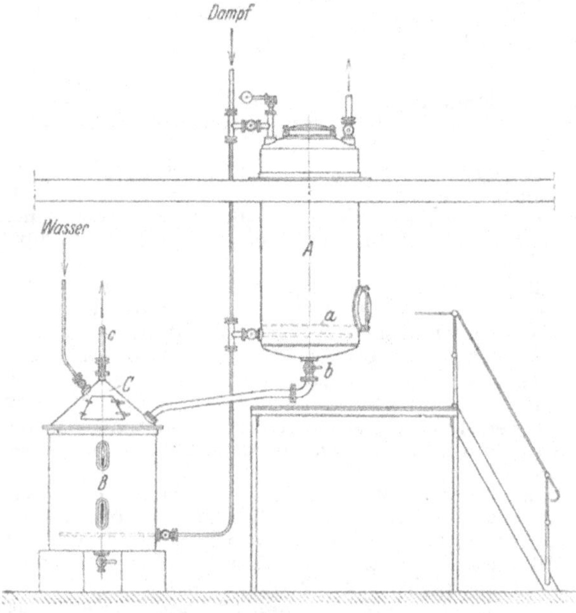

Zur Erzeugung von *technischem Talg* aus den Abfällen der Speisetalgrohstoffe dient häufig die mit direktem Dampf im Naßschmelzverfahren arbeitende Schmelzanlage nach Abb. 322.

Nach der Beschickung des Apparates A wird die Füllöffnung dampfdicht verschlossen. Durch Öffnen der Frischdampfventile wird der Kochvorgang eingeleitet und bei einem Druck von etwa 3 atü 2—3 Stunden fortgesetzt. Der Rohstoff liegt auf einem Siebblech a, etwa in der Höhe des unteren Mannlochs. Eine durch einen Hahn b verschließbare Verbindungsleitung führt vom Autoklaven A zum Ausblasegefäß B. In dieses wird nach Beendigung des Kochvorganges das ausgeschmolzene

Abb. 322. Naßschmelzanlage zur Erzeugung technischen Talgs.

Fett gedrückt. Eine auf das Ausblasegefäß aufgebaute Dunsthaube C, die eine Anschlußleitung c zum Dunstvernichtungsapparat besitzt, verhindert den Austritt übelriechender Gase in den Schmelzraum. Das Ausblasegefäß wird vielfach gleichzeitig als Klärkessel benutzt. Es steht aber nichts im Wege, nach einer Vorklärung den eigentlichen Klärprozeß in einem weiteren Klärgefäß vorzunehmen.

Die Anwendung des soeben gekennzeichneten Verfahrens trägt bei sachgemäßer Handhabung der Apparate wesentlich zur Beseitigung der in der Umgebung der Talgschmelzen häufig wahrzunehmenden Geruchsbelästigung bei.

Ein Talgschmelzapparat, dessen Aufgabe darin besteht, die beim Ausschneiden entstehenden weniger wertvollen Teile in möglichst einfacher und

billiger Weise weiterzuverarbeiten, ist von der Firma Venuleth und Ellenberger
A. G., Darmstadt, vor einiger Zeit herausgebracht worden (Abb. 323).

Der Apparat (s. a. Abb. 347) besteht aus dem schmiedeeisernen Zylinder *A*,
in welchen eine Siebtrommel *B* drehbar und ausziehbar gelagert ist. In diese Siebtrommel *B* wird das Rohmaterial, so wie es anfällt, ohne Vorzerkleinerung gepackt,
die Trommel eingefahren und der Deckel *C* verschlossen. Nach dem Ingangsetzen

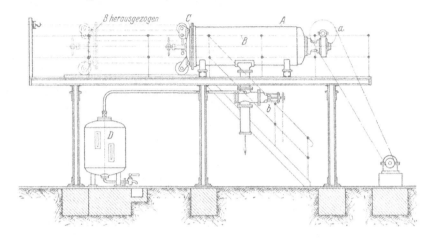

Abb. 323. Naßschmelzanlage zur Erzeugung technischen Talgs. (Venuleth und Ellenberger, Darmstadt.)

des Antriebes *a* und Anstellen des Dampfes wird der Schmelzprozeß eingeleitet,
der etwa 1 Stunde dauert.

Das ablaufende Fett wird in dem Fettabscheider *D* gesammelt und hier von
Wasser und Unreinigkeiten getrennt. Die Rückstände werden nach Öffnen der
Schieber *b* entleert.

Die Rohstoffe und Grieben sollen bis auf etwa 5% entfettet werden.

Vorteile dieser Konstruktion sind sehr kurze Chargendauer, hohe Leistung
und Ausbeute sowie Ersparnis einer besonderen Griebenverarbeitungseinrichtung.

β) Naßschmelze auf Wasser.

Die Güte des Fettes hängt ganz wesentlich auch von der Schmelztemperatur
ab. Dadurch, daß bei der Naßschmelze auf Wasser diese nur wenige Grade über
dem Schmelzpunkt des Fettes gehalten wird, gelingt es, allerdings mit ver-
minderter Ausbeute, gute Fettqualitäten zu erzielen.

Als Beispiel sei das *Ausschmelzen des Rohtalges* in den Feintalgschmelzen in
seiner einfachsten Form, ohne Rührwerke, behandelt.

Vielfach finden hierzu Bottiche aus geruch- und geschmacklosem Holz Anwendung, in welche man ungefähr handhoch Wasser bringt, das mittels Dampf
auf zirka 50° C erwärmt wird. Man trägt einige Kilogramm schon ausgeschmolzenen Speisetalgs (premier jus) in den Bottich ein und setzt hierauf unter
langsamem Umrühren mit einem hölzernen Rührscheit nach und nach das zerkleinerte Rohfett zu. Wichtig ist hierbei das genaue Einhalten der Temperatur
und richtiges Rühren.

Ist die Temperatur während des Schmelzens zu hoch, so zeigt das *premier jus*
und das daraus gepreßte *Oleomargarin* einen talgigen Beigeschmack und ist für
feine Marken von Margarine nicht zu gebrauchen. Ist die Temperatur zu niedrig,
so bilden sich Klumpen, die sich nur schwer wieder trennen lassen. Zu heftiges
Rühren gibt dem Fett einen Griebengeschmack, zu langsames Durchmischen

führt zu Klumpenbildungen. Man muß trachten, daß schon während des Schmelzens die Grieben (sog. Grammeln) unten bleiben und mit dem ausgeschmolzenen Fett nicht in zu innige Berührung kommen, weshalb eine mehr kreisende als aufziehende Rührbewegung am Platze ist.

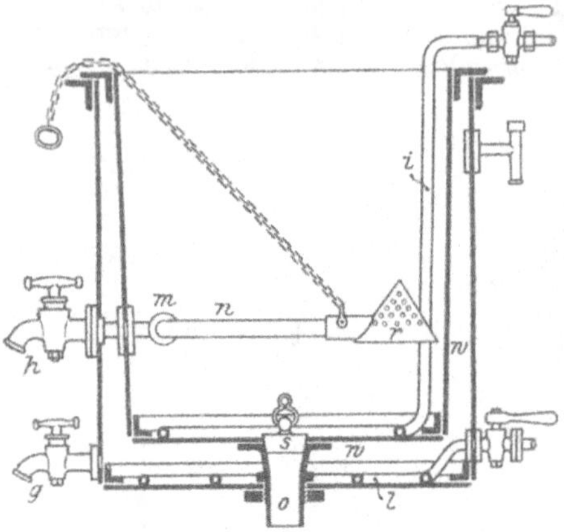

Das Klären des ausgeschmolzenen Feintalgs kann in besonderen Klärgefäßen erfolgen.

An Stelle hölzerner Schmelzbottiche werden auch solche aus verzinntem Eisenblech benutzt. Derartige Gefäße sind dann zwecks besserer Klärung des frischgeschmolzenen Fettes vom Schmelzwasser mit einem Wassermantel versehen, der die Schmelze länger warmhält.

Abb. 324 zeigt den Querschnitt durch ein solches Schmelzgefäß. Die Anwärmung des Schmelzwassers erfolgt durch Einführung direkten Dampfes mittels Zuführungsrohr i. Die Erwärmung des Wassers im Mantelraum erfolgt durch Dampfrohr l. Der Hahn g dient zum Ablassen des Wassers aus dem Mantelraum w, das Ablassen des Fettes geschieht durch den Hahn h und ein um den Punkt m drehbares Schwenkrohr, an dessen Ende ein Siebtrichter r sitzt, der das klare Fett nur von oben her eintreten läßt. Durch Heben und Senken des Rohres n wird die Entnahme von Fett aus beliebigen Höhenschichten des Kesselinhalts ermöglicht. Die Schmelzrückstände werden durch den Verschluß s entfernt.

Abb. 324. Schmelzgefäß aus verzinntem Eisenblech.

Vielfach hat man in den Talgschmelzen auch mit doppelten Rührwerken ausgestattete, ovale, hölzerne Bottiche nach Abb. 325.

Das handhoch in den Bottich gefüllte Wasser wird zunächst durch direkten Dampf auf 50° C angewärmt. Sodann wird unter Rühren mit der Beschickung des Schmelzapparates begonnen und diese so lange fortgesetzt, bis der Behälter fast gefüllt ist. Zu diesem Zeitpunkt ist auch die Schmelzung meist beendet. Das Rührwerk bleibt so lange in Betrieb, als der Schmelzprozeß noch im Gange ist.

Von der Vorklärung unmittelbar im Schmelzgefäß sieht man zuweilen ab und läßt das ausgeschmolzene premier jus nach einer nur etwa 10 Minuten dauernden Vorklärung in ein besonderes Klärgefäß ablaufen. Die im Schmelzbottich verbliebenen Rückstände werden mit direktem Dampf kurz aufgekocht oder einem besonderen

Abb. 325. Schmelzgefäß aus Holz mit doppeltem Rührwerk. R. Heicke, Berlin-Hohenschönhausen.)

Schmelzbottich ähnlicher Bauart, wie der soeben beschriebene, zur weiteren Behandlung zugeführt. Während des Aufkochens wird das Rührwerk von Zeit zu Zeit eingerückt. Nach etwa 20 Minuten ist auch dieser Prozeß so weit fortgeschritten, daß der Klärvorgang, der unter Zuhilfenahme von heißem Salzwasser eingeleitet wird, vor sich gehen kann. Schließlich wird das ausgeschmolzene Fett zur weiteren Klärung abgezogen, während die Grieben und das Schmelzwasser durch den Bodenverschluß des Holzbottichs in einen *Grieben-Transportwagen* fällt, der mit einem herausnehmbaren Einsatz versehen ist (Abb. 326). Zuweilen haben diese Wagen zwei in verschiedener Höhe angeordnete Abzugshähne, aus deren oberem nach erfolgter weiterer Klärung das Fett abgezogen wird.

Bottiche ähnlicher Bauart, die jedoch mit Blei ausgeschlagen sind, werden angewendet bei der Verarbeitung der in den Abwässern festgehaltenen kleinen Talgteilchen. Diese werden im sog. *Säureschmelzverfahren* verarbeitet. Der erzeugte Talg dient nur technischen Zwecken. Dem Schmelzwasser werden gewöhnlich 5—8% Schwefelsäure beigegeben. Die Mischung wird durch eine offene Bleischlange zum Kochen gebracht. Dabei tritt zwar mitunter ein Verleimen des ausgeschmolzenen Fettes ein, doch können diese Emulsionen durch Zugabe von Chlornatrium und Warmhalten des Bottichs, gegebenenfalls auch durch größeren Säurezusatz getrennt werden. Um dem Verleimen von vornherein vorzubeugen, wird das Säurewasser nicht mit einer offenen, sondern mit einer geschlossenen Dampfschlange angewärmt.

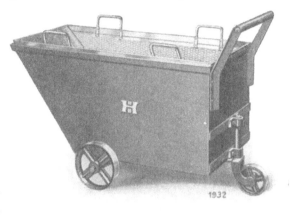

Abb. 326. Griebentransportwagen.

b) Fettkläreinrichtungen.

Bei den im Schmelzverfahren gewonnenen tierischen Fetten ist die Klärung durch Abstehenlassen auch heute noch das gebräuchlichste Verfahren. Es ist der einfachste, allerdings auch zeitraubendste Weg, um die spezifisch schwereren Bestandteile zu Boden zu bringen, während die leichteren Teile sich als Schaum an der Oberfläche ansammeln.

Die Selbstklärung kann nur bei Temperaturen erfolgen, bei welchen das betreffende Fett genügend dünnflüssig ist, um Niedersinken oder Aufsteigen der Verunreinigungen in den Fettmassen zu gestatten. Bei gewöhnlicher Temperatur dickflüssige Fette müssen während des Abstehens warmgehalten werden. Auch bei dünnflüssigen Ölen beschleunigt Wärme das Absetzen.

In jedem Falle ist es wichtig, die Temperatur möglichst gleichmäßig zu halten, denn plötzliche Temperaturänderungen rufen Strömungen in der Flüssigkeit hervor, die der Klärung entgegenwirken.

Zuweilen begnügt man sich mit dem Warmhalten des Raumes, in dem die Klärung erfolgt. Vielfach werden aber auch die Klärungsbehälter mit besonderen Heizvorrichtungen, wie Dampfschlange, Dampf- oder Wassermantel, versehen.

Mit Wassermantel versehene Klärgefäße sind in den Feintalgschmelzen allgemein üblich. Die günstigste Klärungstemperatur liegt zwischen 45 und 60° C. Zur Beschleunigung der Klärung durch Ruhe hat man mancherlei Klärmittel vorgeschlagen. Zweckmäßig ist es, dem Klärgut Salzwasser von Schmelzkesseltemperatur beizugeben.

Die Klärung dauert stets mehrere Stunden. In amerikanischen Feintalgschmelzen z. B. 4—5, nachdem schon eine etwa 20 Minuten währende Vorklärung in dem eigentlichen Schmelzgefäß stattgefunden hat.

Das Klärwasser wird einer Klärgrube zugeführt, in welcher Grieben bzw. Fetteile abgeschieden werden.

Kläreinrichtungen sind auch in der Schweinefettfabrikation üblich. So wird beispielsweise Neutralschmalz in Klärkesseln aufgefangen, über die ein Sieb aus feinem Messinggewebe gespannt ist, durch das in dem Fett noch schwimmende Grieben zurückgehalten werden sollen. Der Klärkessel selbst ist doppelwandig aus-

geführt und das Fett wird darin auf einer Temperatur von 44⁰ C erhalten. Der Klärvorgang selbst dauert etwa 2 Stunden.

Beim Kesselschmalz ließ man früher den Inhalt im Schmelzkessel etwa eine
Stunde lang absitzen. Dabei wurde es aber durch die hohe Temperatur ungünstig
beeinflußt. Man läßt es daher jetzt, sobald im Schmelzkessel eine Temperatur von etwa 125⁰ C erreicht ist, in flache Behälter übertreten. Das Schmalz gibt bei dieser Behandlungsart die Wärme verhältnismäßig rasch ab und ist nach etwa 30 Minuten fertig zum Abziehen, das durch ein Tuchfilter erfolgt.

Abb. 327. Spindelpresse für Handbetrieb.

c) Preßeinrichtungen.
(Griebenpressen.)

Unter den verschiedenen Verfahren zur Entfettung der Grieben ist das Abpressen heute noch vielfach üblich.

Kleinere Betriebe benutzen im allgemeinen *Spindelpressen für Handbetrieb* nach Abb. 327. Diese sind mit Füllhut und Einsatzapparat versehen. Das abgepreßte Fett wird durch eine Ablaufrinne einem Sammelgefäß zugeführt.

Mittlere und größere Betriebe wenden zweckmäßigerweise *hydraulische Pressen* an, mit denen bessere Ausbeuten erzielt werden und bei denen die Rückstände in Form fester Kuchen anfallen. Der Druckstempel setzt sich bei diesen, wie Abb. 328 erkennen läßt, nach unten zu als Kolben fort, der in dem hydraulischen Zylinder geführt wird. Zur Verstärkung der Wirkung ist der Preßmantel mit einer Mantelheizung versehen. Der erforderliche Preßdruck wird durch eine von der Hand oder maschinell betriebene Preßpumpe erzeugt.

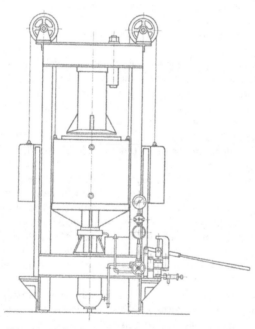

Abb. 328. Hydraulische Griebenpresse deutscher Bauart.

Abb. 329 zeigt eine Sonderbauart, für die ein Wasserleitungsdruck von 3 atü
ausreicht. Der lange Zylinder wird eingeschwenkt und die Presse gefüllt, dann wird
der Preßdeckel herumgeschlagen, der Korb geschlossen und Wasserdruck gegeben.
Nach Beendigung des Preßvorganges wird die Presse geöffnet, worauf aus dem ausgeschwenkten Preßkorb die Griebenkuchen ausgestoßen werden können. Diese

sehr festen Kuchen halten sich monatelang und sind ein sehr gesuchtes Futtermittel. Das ablaufende Fett wird im
Auslauf (in der Abbildung rechts) aufgefangen.

Eine amerikanische Ausführung,
bei der der elektrische Pumpenantrieb
auf den beiden oberen Trägern angebracht, die Preßpumpe auf den unteren T-Eisen gelagert ist, zeigt Abb. 330.

Abb. 329. Mit Wasserleitungsdruck betriebene Griebenpresse. (Maschinenfabrik Golzern, Grimma i. S.)

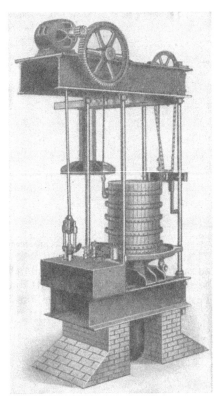

Abb. 330. Hydraulische Griebenpresse amerikanischer Bauart.

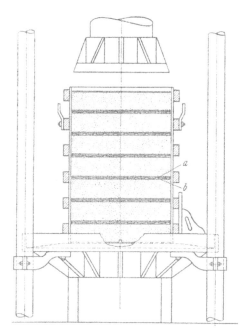

Abb. 331. Griebenpresse mit Preßplatteneinsätzen a und b.
(Ausführung Cincinnati Butchers Supply Co., Ohio.)

Aber auch mit dieser Einrichtung gelingt es im allgemeinen, die Grieben nur
bis auf einen Fettgehalt von etwa 15%
zu entfetten.

Die Cincinnati Butchers Supply
Co., Ohio, hat durch Anwendung
von Preßplattensätzen nach Abb. 331,
die aus einer Anzahl durchbohrten,
ebenen bzw. getriebenen Plattensätzen
bestehen, eine um 2—5% höhere Fettausbeute erzielt, als sie sonst üblich ist.

Eine von der Allbright Nell Co. hergestellte *kontinuierlich arbeitende Griebenpresse* (Abb. 332) besteht aus einem perforierten, gehärteten Stahlzylinder, in dem eine Welle mit einer Anzahl Schraubengänge so angeordnet ist, daß auf die

Abb. 332. Kontinuierlich arbeitende Griebenpresse. (Allbright-Nell Co., Chicago.)

zu entfettenden Grieben eine allmählich sich steigernde Druckwirkung ausgeübt wird. Das ausgepreßte Fett tritt durch die perforierte Zylinderwandung in einen Fettseiher und fällt von hier aus in einen Sammelbehälter. Die abgepreßten Grieben verlassen den Zylinder auf der anderen Seite.

Der Nachschub der Grieben erfolgt mit Hilfe eines selbsttätigen Zuführungsreglers. Sie gelangen zunächst in eine Temperiereinrichtung, in der sie leicht angewärmt werden und fallen darnach in den Trichter der Presse.

Recht günstige Ergebnisse sind in Deutschland bei der Neutralschmalzfabrikation mit den ebenfalls kontinuierlich arbeitenden Griebenpressen der Krupp-Gruson-Werke in Magdeburg erzielt worden.

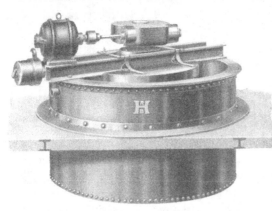

Abb. 333. Schmalzkühlgefäß. (Ausführung R. Heicke, Berlin-Hohenschönhausen.)

d) Fettkühleinrichtungen.

In Dampfschmelzen mittleren Umfanges werden als Kühleinrichtungen Gefäße mit Doppelmantel für Kaltwasser und Rührwerk benutzt.

Abb. 333 zeigt ein Schmalzkühlgefäß, wie es in deutschen Betrieben vielfach Anwendung findet.

Größere, Speiseschmalz her-
stellende Anlagen arbeiten zweckmäßig mit *Kühltrommeln*. Schon
im Jahre 1884 stellte die Allbright Nell Co. für Fairbanks &
Co., Chicago, einen solchen Apparat her, der in seinen Grund-
zügen noch heute erhalten, jedoch
in seinen Einzelheiten weitgehend
vervollkommnet worden ist.

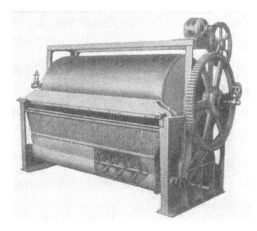

Bei diesem ist das die Kühlung
übertragende Bauelement ein guß-
eiserner Zylinder, der (Abb. 334)
von einem Elektromotor aus angetrieben wird. Seine Umdrehungs-
zahl hängt von der Art des Kälte-
trägers ab. Dem Inneren des hohlen
Zylinders wird von einer Seite aus

Abb. 334. Trommelkühler.

kaltes Wasser bzw. tiefgekühlte Sole zugeführt, auf
der anderen Seite angewärmt abgeleitet. Das Fett
fließt, wie die Seitenansicht Abb. 335 zeigt, in einen
Trog *a*, der an der Längsseite der Kühltrommel angebracht ist. Die Beschickung des Troges erfolgt
durch ein von Hand einzustellendes Absperrorgan *b*.

Bei ihrer Drehung streift die Kühltrommel *c* den
Inhalt des Troges und nimmt eine dünne Schicht
flüssigen Fettes mit, das auf der kalten Oberfläche
des Zylinders erstarrt und während der Drehung von
einem verstellbaren Schaber *d* in Form einer halb-
festen Masse abgestreift wird. Es fällt in einen unten
liegenden, zweiten Trog und wird hier von einem
Rührwerk *e* so lange bearbeitet, bis es verpackt werden
soll. Mit Hilfe des Rührwerkes kann das Gefüge des
Schmalzes und hiermit auch seine Färbung beeinflußt
werden. Schnelles Rühren ergibt ein helles Schmalz.
Dementsprechend wird ein Regelungsbereich des
Rührwerks von 120—180 Umdrehungen je Minute
vorgesehen.

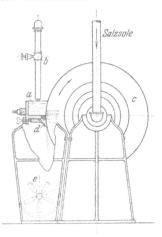

Abb. 335. Seitenansicht eines
Trommelkühlers.

Zur Vermeidung des doppelten Temperatur-
gefälles, das sich bei Erzeugung und Verwendung

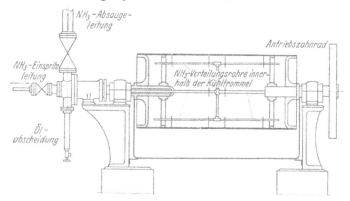

Abb. 336. Trommelkühler mit direkter Verdampfung des Ammoniaks.

tiefgekühlter Sole ergibt und zu einer unnötigen Verteuerung der Fettkühlung
führt, wird neuerdings flüssiges Ammoniak unmittelbar in den Kühlzylinder ein-

gespritzt und in diesem verdampft. Die in Abb. 336 dargestellte Kühltrommel zeigt, in welcher Weise diese Aufgabe konstruktiv gelöst worden ist. Die Ammoniakdämpfe werden von der Kältemaschine abgesaugt, verdichtet, verflüssigt und erneut dem Fettkühler zugeführt.

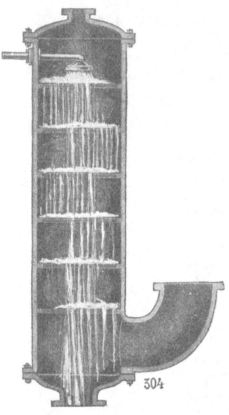

Abb. 337. Dunstvernichtungsapparat (Ausführung R. Heicke, Berlin-Hohenschönhausen).

Bei Verwendung von Salzsole kommen im allgemeinen keine tieferen Temperaturen als —10 bis —15⁰ C in Betracht. Bei direkter Verdampfung wird die Temperatur bis —25⁰ C gesenkt. Entsprechend dieser tieferen Temperatur wird die Drehzahl und damit die Leistungsfähigkeit der Kühltrommel erhöht; z. B. von acht Umdrehungen je Minute bei Solekühlung auf elf Umdrehungen bei direkter Verdampfung.

Schließlich sei noch eine weitere Einrichtung zur Leistungssteigerung angegeben. Das Fett hat, wenn es dem Kühlapparat zugeführt wird, eine Temperatur von etwa 55⁰ C, während es auf eine Endtemperatur von etwa +5⁰ C abzukühlen ist. Der ganze Kühlprozeß wird daher zweckmäßig in zwei Teile zerlegt. Es werden hierzu zwei Kühlzylinder verwendet. In dem ersten wird Wasser benutzt, welches das Fett nur so weit abkühlt, daß es noch in flüssigem Zustand in den Auffangbehälter fällt. Von hier aus wird es mit Hilfe einer Pumpe dem durch Sole oder Ammoniak tiefgekühlten zweiten Kühlzylinder zugeführt, auf dem die Abkühlung in der vorher beschriebenen Weise auf +5⁰ C fortgesetzt wird.

Über weitere Kühltrommelsysteme vgl. auch unter „Kunstspeisefette" und „Margarine", Bd. II.

e) Einrichtungen zur Geruchsverminderung.

Um die bei den Schmelzverfahren entwickelten Gerüche zu beseitigen, müssen besondere Einrichtungen

Abb. 338. Trockenschmelzapparat nach Iwel-LAABS (Rud. A. Hartmann A. G., Berlin-Rudow) mit Dunstabsaugeeinrichtung.

vorgesehen werden, welche die gebildeten Gase und Dämpfe abführen. Besonders lästig sind die Gerüche, die sich in der Umgebung von Talgschmelzen ausbreiten können, wenn die Autoklaven zur Gewinnung technischen Talgs und die ihnen nachgeschalteten Ausblasekessel sowie die Griebenröster nicht mit Dunstsammlern und Geruchsbeseitigungseinrichtungen versehen sind.

Die Aufgabe dieser *Dunstvernichtungseinrichtungen* besteht darin, alle in den Gasen enthaltenen, kondensierbaren Bestandteile zu verflüssigen und den Rest entweder in höhere Luftschichten abzuführen oder unter einer Feuerung zu verbrennen.

Die einzelnen Apparate sind an eine aus Blech hergestellte Sammelleitung angeschlossen, aus der ein Lüfter die entstehenden Dämpfe absaugt und sie einem Kondensator zuführt.

Bei dem von Heike gebauten *Dunstvernichtungsapparat* (Abb. 337) tritt das zum Niederschlagen der Dämpfe benutzte Kühlwasser an der höchsten Stelle in

Abb. 339. Entstänkerungsanlage.

den Kondensator ein, während die Gase im Gegenstrom durch den rechts zu erkennenden weiten Krümmer in den Kondensator gelangen. Alle nicht niederschlagbaren Gase sammeln sich an der höchsten Stelle des Apparates und werden von hier aus unter den Rost der Dampfkesselfeuerung geleitet.

Dunstvernichter stehender Bauart können auch mit einer Schicht Raschig-Ringe versehen werden. Jedoch empfiehlt sich bei Wahl dieser Ringe besondere Vorsicht, wenn das zum Niederschlagen der Dünste benutzte Kühlwasser sehr eisenhaltig ist. In diesem Falle ist schon nach kurzer Zeit mit Betriebsstörungen durch das „Zuwachsen" der Ringe zu rechnen.

Geschlossene Apparate nach Iwel-Laabs, Boss, Escher-Wyss u. a. sind im allgemeinen mit einem Wasserstrahlkondensator und einer Vakuumpumpe versehen (vgl. Abb. 338). Bei Benutzung dieser Schmelzeinrichtungen ist der Betrieb praktisch geruchlos.

Bei der Be- und Entlüftung der Arbeitsräume vermeidet man im allgemeinen die Anwendung von Ventilatoren. Da aber gerade Schmelzereien wegen der von ihnen ausgehenden Geruchsbelästigung vielfachen Angriffen ausgesetzt sind, sei an dieser Stelle auf eine *Entstänkerungsanlage* hingewiesen, wie sie sich seit einigen Jahren in den Räumen der Darmschleimerei des Düsseldorfer Schlacthofes gut bewährt hat.

Wie Abb. 339 zeigt, wird die übelriechende Abluft mit Hilfe einer Anzahl von Absaugtrichtern, die an eine Sammelleitung angeschlossen sind, abgesaugt und einem Luftreinigungsapparat nach Art der Naßluftkühler zugeführt. In diesem Luftwäscher wird die Luft, die ein Filter, eine geruchsvernichtende und keimtötende Flüssigkeit passieren muß, von allen Gerüchen, Staub und Bakterien befreit, schließlich noch mit Ozon vermischt und dann erst durch das Hauptverteilungsdruckrohr in die Arbeitsräume zurückgeführt.

E. Einrichtung der Betriebe.

Wenn bei der Schlachtung mehr Talg bzw. Fett anfällt, als durch den Ladenschlächter an den Verbraucher unmittelbar abgesetzt werden kann, ist die Er-

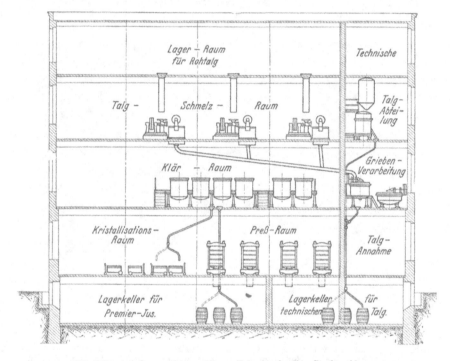

Abb. 340. Anordnung einer größeren Talgschmelze im Stockwerkbau.

richtung von Fabrikationsstätten in Erwägung zu ziehen, die unter Benutzung der beschriebenen Apparate die Herstellung möglichst wertvoller, marktfähiger Erzeugnisse gewährleisten.

Die Anlage der Fett- und Talgschmelzereien unterliegt in Deutschland einer besonderen Genehmigungspflicht. Dem Genehmigungsantrag, der an die zuständige Provinzialbehörde einzureichen ist, sind folgende Unterlagen beizufügen.

1. Ein Lageplan, aus dem zu ersehen ist, an welcher Stelle das bzw. die Gebäude für die Schmelzanlage errichtet werden sollen,

2. Zeichnungen und Beschreibungen derjenigen Kochgefäße, die als Dampffässer der Überwachung durch den Dampfkessel-Überwachungsverein zu unterstellen sind,

3. Zeichnung und Beschreibung eines etwa zu errichtenden Dampfkessels,

4. Beschreibung der Betriebseinrichtung der Schmelze und der Art der Betriebsführung.

Die *Dampftalgschmelzen* bestehen im allgemeinen aus zwei getrennt voneinander arbeitenden Abteilungen. Die umfangreichere hat die Aufgabe *Feintalg*, sog. „*Premier jus*", gegebenenfalls auch *Speisetalg* herzustellen. In der zweiten werden alle zur Verarbeitung auf Feintalg ungeeigneten Rohfette zu *technischem Talg* verarbeitet.

Abb. 340 zeigt den Entwurf einer größeren *Talgschmelze*. Der Annahmeraum für den Rohtalg liegt im Erdgeschoß. Mit Hilfe eines Aufzuges wird das Rohfett dem Lagerraum zugeführt, in dem sich Trockengestelle und Aufhängevorrichtungen aus verzinntem Eisen befinden. Dieser Raum im dritten Stockwerk des Gebäudes kann nach Bedarf mit den im Abschnitt l näher beschriebenen Lüftungs- und Kühleinrichtungen versehen werden.

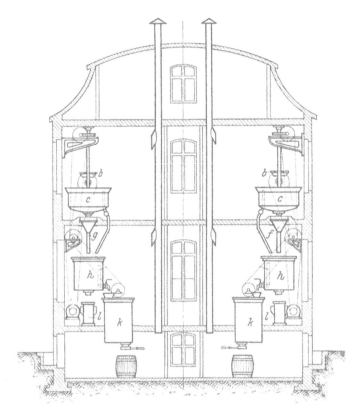

Abb. 341. Anordnung einer Schmalzsiederei im Stockwerkbau.

Hier findet auch bereits die Aussonderung des für die Feintalgfabrikation ungeeigneten Materials statt. Dieses wird durch zwei in dem Fußboden der technischen Talgabteilung liegende Füllöffnungen in die Autoklaven getan, deren Standort im zweiten Stockwerk des Gebäudes ist. Im gleichen Raum befindet sich auch das Klärgefäß, von dem aus das noch flüssige Fett den im Lagerkeller für technischen Talg untergebrachten Fässern zugeführt wird.

Das für die Feintalgfabrikation geeignete Rohmaterial gelangt durch Einschütttrichter und weite Rohre zu Sammeltischen im zweiten Stockwerk. An den Enden jedes dieser Tische ist eine Talgzerkleinerungsmaschine nach Art der im Abschnitt C beschriebenen aufgestellt. Der zerkleinerte Rohtalg fällt in einen Schmelzkessel mit doppeltem Rührwerk (vgl. hierzu die Ausführungen im Abschnitt D l unter γ und Abb. 320). Bei der gezeichneten Anordnung erfolgt die

Betätigung der Rührwerke und der Zerkleinerungsmaschinen im Gruppenantrieb. Dabei arbeitet ein im zweiten Stockwerk aufgestellter Elektromotor auf eine Haupttransmission, von der die Rührwerke ihren Antrieb durch einen um 90° geschränkten Riemen erhalten, während die Zerkleinerungsmaschinen mit einfachen Riemenantrieben versehen sind. Das in den Schmelzkesseln ausgelassene Fett läuft den im ersten Stockwerk aufgestellten Klärkesseln zu. Nach Beendigung des Klärprozesses erhält man als Fertigprodukt premier jus, das im Keller in die Aufnahmegefäße abgefüllt wird.

Bei vollkommener ausgeführten Anlagen, wie es in dem zur Darstellung gebrachten Beispiel der Fall ist, kommt zu der bisher geschilderten Einrichtung

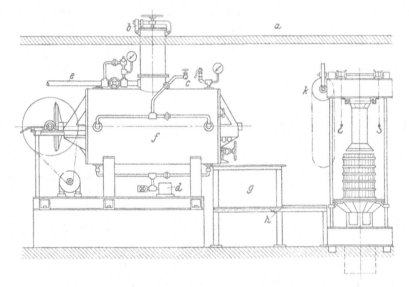

Abb. 342. Anordnung einer amerikanischen Trockenschmelzanlage.

noch hinzu die Kristallisation und die mechanische Scheidung des Talgs in Oleomargarin und Preßtalg (s. Band II) durch Pressen. Die hierzu benötigte technische Einrichtung ist im Erdgeschoß untergebracht. Das premier jus gelangt von den Klärkesseln aus in kleine Kristallisationswannen. In hydraulischen Pressen wird nunmehr das kristallisierte premier jus getrennt in Oleomargarin, das aus der Presse unmittelbar in die Lagerfässer im Keller abfließt, und den hochschmelzenden Preßtalg.

Die in den Feintalgschmelzkesseln verbliebenen Rückstände kommen zur technischen Talgverwertung. Sie gelangen zunächst in einen im ersten Stockwerk dieser Abteilung untergebrachten Schmelzkessel, in dem sie einer erneuten Behandlung unterzogen werden. Schließlich werden sie auf dem Griebenröster mittels Hochdruckdampf nochmals entfettet. Der Antrieb der in diesen beiden Apparaten vorgesehenen Rührwerke erfolgt durch Elektromotor und Transmission. Die Produkte der Griebenverarbeitung sind technischer Talg, der dem Lagerkeller unmittelbar zugeführt wird, und entfettete Grieben, die als Futtermittel für Geflügel u. dgl. sehr begehrt sind.

Eine *Schmalzsiederei*, die im Stockwerkbau errichtet ist, zeigt Abb. 341 im Querschnitt. Die Fabrikationsräume sind bei dieser Anordnung im ersten Stockwerk und im Erdgeschoß untergebracht, während das Abfüllen des fertigen Schmalzes auf Fässer im Keller erfolgt.

Das Rohfett geht erst durch eine im 1. Stockwerk aufgestellte Zerkleinerungsmaschine *b* und gelangt dann in den mit Hochdruckdampf beheizten Schmelzkessel *c*.
Das ausgeschmolzene Fett wird in den im Erdgeschoß etwas überhöht aufgestellten
Vorklärkessel *h* abgelassen. Schließlich fließt es in den Fettkühl- und Rührapparat *k*,
der mit seinem Boden und seinem Ablaßhahn durch die Decke des Kellergeschosses
hindurchreicht. Die Rückstände gelangen durch ein Abfallrohr in die ebenfalls im
Erdgeschoß aufgestellte Griebenpresse *l*.

In Abb. 342 ist eine amerikanische *Trockenschmelzanlage* mit liegendem,
geschlossenem Schmelzgefäß dargestellt, über deren Arbeitsweise alles Wissens-
werte auf S. 799 angegeben ist.

Die Anordnung dieser Anlage ist so getroffen, daß der eigentliche Schmelzapparat *f* mit seinem Verschluß *b* in den (in der Zeichnung nicht dargestellten)
Zerkleinerungsraum *a* hineinragt. Mit Hilfe des Dampfventils *c* wird die Beheizung des Schmelzgefäßes geregelt, während die Ableitung des Kondenswassers durch den Ableiter *d* erfolgt. Die Leitung *e* führt zum Dunstvernichter.
Das geschmolzene Fett und die Grieben werden in den Auffangbehälter *g* geleitet,
von wo aus die Grieben zur weiteren Entfettung in die in dem gleichen Stockwerk
aufgestellte hydraulische Presse *k* gelangen.

II. Die Fettgewinnung aus nicht bankfähigen Tierteilen und aus Tierkörpern.

Von G. Hönnicke, Berlin.

Als Nahrungsmittel für Menschen geeignete Schlachterzeugnisse werden auf
der „Bank" (Verkaufstisch des Fleischers) in den Verkehr gebracht; sie sind
„bankfähig". Zu den „nicht bankfähigen" Tierteilen gehören das „minderwertige" und das „bedingt taugliche" Fleisch, das nur über die „Freibank"
(gemeinnütziger, amtlich überwachter Verkaufstisch) unter Deklarationszwang
in den Verkehr kommt, und zwar das minderwertige Fleisch roh, das bedingt
taugliche Fleisch in sterilisiertem Zustande. Nicht bankfähig, d. h. für den
menschlichen Genuß ungeeignet, sind vor allem Schlachterzeugnisse mit erheblichen substantiellen Mängeln oder z. B. mit krankheitserregenden Parasiten. Sie
werden bei der Fleischbeschau amtlich beschlagnahmt („Konfiskate"). Schließlich gehören zu den nicht bankfähigen Tierteilen die verendeten, also nicht geschlachteten Tiere aller Art, die „Tierkörper" (Kadaver).

Nachfolgend soll die Gewinnung des Fettes aus bedingt tauglichem Fleisch
einerseits sowie aus untauglichem Fleisch und den Tierkadavern anderseits beschrieben werden. Die Wertstoffe dieses Rohgutes sind möglichst restlos und
hochwertig zu erhalten bzw. wiederzugewinnen, eine Aufgabe, die dadurch erschwert wird, daß die Schonung der Wertstoffe und die Bedingung der sicheren
Abtötung pathogener Keime entgegengesetzte Anforderungen an die zur Behandlung dienenden technischen Mittel stellen. Das aus untauglichem Fleisch
und Tierkörpern — in Nebenbetrieben kommunaler und industrieller Schlacht-
höfe oder in selbständigen Sonderbetrieben[1] — gewonnene Fett darf nur für
technische Zwecke Verwendung finden; das dabei mit anfallende „Tiermehl"
kommt als Futtermittel in den Handel.

---

[1] Deren frühere Bezeichnungen: Abdeckerei, Fronerei, Wasenmeisterei usw. sind
veraltet. Zweckmäßige Bezeichnungen dürften „*Tierverwertung*" und „*Tier-
verwerterei*" sein.

A. Fleischsterilisatoren.

Ursprünglich wurde *das bedingt taugliche Fleisch* durch vielstündiges Kochen im offenen Kessel sterilisiert, später in geschlossenen Apparaten, in denen Dampf aus einem Dampfkessel unmittelbar auf das Fleisch wirkte (Rohrbeck). Dieses Verfahren wurde durch die heute noch geübte Behandlung mit „indirektem" Dampf abgelöst. Der das Fleisch aufnehmende Apparatenraum wird mit reinem Frischwasser beschickt, aus dem man den Sterilisierdampf durch äußere Beheizung entwickelt (Rietschel & Henneberg; Rud. A. Hartmann). Der niemals reine Kesseldampf kommt nicht mehr mit dem Gut in Berührung. Für Innenteile (Lungen, Lebern usw.) ist ganz vereinzelt das Kochen in Wasser mittels dampfbeheizter Apparatur beibehalten worden (Becker & Ulmann).

Das deutsche Reichs-Fleischbeschaugesetz vom 3. Juni 1900 schreibt für die Behandlung des bedingt tauglichen Fettes durch Ausschmelzen, Kochen im Wasser oder Dämpfen die Erhitzung auf mindestens 100° C vor. Für Fleisch ist das Kochen oder Dämpfen zugelassen. Die wichtigste Behandlung, das Dämpfen, muß so erfolgen, daß dabei in den innersten Schichten der Fleischstücke nachweislich 10 Minuten lang eine Temperatur von 80° C herrscht. (Das für Fett und Fleisch in Sonderfällen ferner zulässige Kühlen und Pökeln ist hier ohne Interesse, weil dabei keine Entfernung des Fettes aus seinem Zellgewebe erfolgt.) Früher hatte man das bedingt taugliche Fleisch auf 100° C erhitzt. Hertwig und v. Ostertag zeigten aber, daß eine so hohe Temperatur nicht erforderlich ist und ermöglichten damit die Schaffung neuer Fleischdämpfer, in denen ein wesentlich niedriger gespannter Sterilisierdampf auf das Gut einwirkt. Solche Apparate sind die von Franke; Becker & Ulmann-Hönnicke; Hönnicke. Der zuletzt genannte Apparat hat sich behauptet.

Die schon vorher (von Becker & Ulmann-Hönnicke) vorgesehene Einrichtung zur selbsttätigen Regelung der Sterilisierdampfspannung ist[1] durch eine selbsttätige Entlüftung des Fleischraumes und eine selbsttätige Eindickung der Fleischbrühe ergänzt. Der Sterilisierdampf wird aus reinem Frischwasser durch Außenbeheizung (Kesseldampf von 4—6 atü, Gas- oder Kohlenfeuerung) erzeugt, und seine Spannung wird möglichst niedrig — etwa bei 0,1 atü — gehalten. Die selbsttätige Entlüftung macht die Sterilisation von der Sorgfalt der Bedienung unabhängig. Durch die selbsttätige Eindickung lassen sich die Wertstoffe der Fleischbrühe, die bis dahin nicht nutzbar gemacht werden konnten, in Form eines „Brüheextraktes" erhalten, das unter Deklarationszwang auf der Freibank verkauft wird[2]. Die Weiterentwicklung des Apparates hat zu der in Abb. 343 gezeigten heutigen Bauform[3] geführt.

Der Fleischdämpfer (Abb. 343) besteht aus dem Rumpf *A*, dem Regler *B* und dem Kondensator *C*. Ausziehbare Körbe *a* nehmen die Fleischstücke auf, die nicht über 15 cm dick und nicht über $2^1/_2$ kg schwer sein sollen. Das Frischwasser auf dem Boden des Rumpfes *A* ist angedeutet. Die Fleischkörbe *a* werden beschickt und die Tür *b* wird geschlossen. Durch das Rohr *d* leitet man Kesseldampf in den Doppelboden *c*; ein Abscheider *e* beseitigt das Kondenswasser. Wenn das Frischwasser siedet und verdampft, wird die Luft aus dem Rumpf *A* verdrängt und tritt durch das Rohr *i* und die Ringräume des bei Betriebsbeginn leeren Kondensators *C* ins Freie. In letzteren wird durch ein Rohr *k* mit Düse *k'* Kühlwasser eingespritzt, das den Dampf des nachfolgenden Dampfluftgemisches niederschlägt, während die Luft entweicht. Das Wasser sammelt sich im Kondensator und sperrt nach beendeter Entlüftung den Zylinder *n'* selbsttätig ab.

---

[1] D. R. P. 169302.

[2] Umfassenden Aufschluß darüber gibt die Abhandlung „Die Gewichtsverluste bei der Sterilisation bedingt tauglicher Schlachttiere" von Schmey u. R. Hoffmann in „Deutsche Schlachthofzeitung" 1932, H. 14—16.   [3] D. R. P. 482983.

Im Rumpf A entsteht jetzt Überdruck, der Flüssigkeit (Frischwasser und abgetropfte Brühe) aus A durch das Rohr h in den Regler B drückt. Letzterer steht (loser Deckel f und ins Freie führendes Rohr g) mit der Außenluft in Verbindung. In den Räumen A und B (kommunizierende Röhren) stellen sich die Flüssigkeitsspiegel dem Dampfdruck entsprechend ein: bei 0,1 atü ist Höhenunterschied oder Gegendrucksäule $H = 1$ m. Bei wachsendem Wärmebedarf des Gutes sinkt der Dampfdruck im Rumpf A; aus dem Regler B tritt Flüssigkeit nach A zurück. Der Doppelboden c ist mit mehr Flüssigkeit bedeckt, so daß mehr Dampf erzeugt wird. Bei sinkendem Dampfbedarf des Fleisches wird wieder Flüssigkeit von A nach B verdrängt; die Dampferzeugung nimmt ab.

Im Kondensator C schlägt sich ein Teil des Sterilisierdampfes nieder. Sein Kondensat und das Kühlwasser füllen die Vorrichtung gemäß Abb. 343, bis eine Gegendrucksäule H gleich der in den Räumen A und B vorhanden ist. Das überschüssige Wasser fließt durch ein Rohr n, eine Schale p und ein Rohr q ab. Die dauernde Kondensation von Sterilisierdampf in C vermindert allmählich die Flüssigkeitsmenge im Rumpf A und im Regler B: die Fleischbrühe wird selbsttätig eingedickt. Den Grad kann man regeln, indem man die Menge des bei k' eingespritzten Kühlwassers ändert. Hat sich zum Schluß die Flüssigkeit in A und B so vermindert, daß die Gegendrucksäule H im Regler B ihre Maximalhöhe nicht mehr erreicht, so sinkt die Spannung des Sterilisierdampfes.

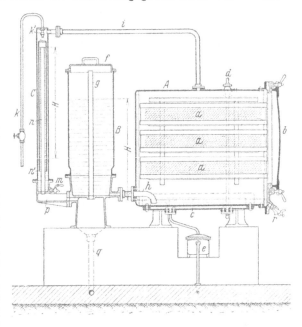

Abb. 343. Fleischdämpfer HÖNNICKE zum Sterilisieren bedingt tauglichen Fleisches und Fettes.

Zweckmäßig bettet man in ein mittleres Fleischstück ein elektrisches Signalthermometer, das bei 80^0 C einen Stromkreis mit einer Glocke schließt. Wenn das Signal ertönt, wird das Dampfventil d geschlossen, jedoch die Tür b noch nicht geöffnet, um der gesetzlichen Vorschrift, wonach im Fleischkern 10 Minuten eine Temperatur von 80^0 einwirken soll, zu genügen. Nach etwa 15 Minuten werden der Hahn m des Kondensators C und dann die Tür b geöffnet, um den Körben a das Fleisch zu entnehmen. Fett und Extrakt werden vom Boden des Rumpfes A mittels des Hahnes r entleert. Bedingt taugliches Fett kann man entweder in die Körbe a hineingeben oder während einer Fleischsterilisation auf dem Boden des Rumpfes A oder aber allein ohne Frischwasser auf dem Rumpfboden durch indirekte Erhitzung ausschmelzen.

Die Behandlungsdauer hängt von allgemeinen und örtlichen Bedingungen ab; sie beträgt im Mittel $1^3/_4$—2 Stunden. Während der Sterilisation ist keine Bedienung erforderlich.

Während bei der früheren Arbeitsweise Rindfleisch etwa 50% und Schweinefleisch etwa 30% an Gewicht verlor, ergab die amtliche Prüfung der Verarbeitung in den neuzeitlichen Apparaten bei Rindfleisch etwa 25% und bei Schweinefleisch etwa 12% durchschnittliche reine Sterilisationsverluste.

B. Tierkörper-Verwertungsapparate.

Die *Tierkörperverwertung* (Verarbeitung von Konfiskaten und verendeten Tieren auf Fett und Tiermehl) besteht aus zwei Phasen: a) einer *„Aufschließung"*,

d. h. Sprengung der Zellgewebe unter Freigabe von Fett und Eigenwasser, b) einer „*Trocknung*" zwecks Umwandlung der festen Bestandteile (Muskelfleisch, Binde-gewebe, Knochen usw.) in lagerfähiges Tiermehl. Für beide Vorgänge wird Wärme gebraucht, und nach der Art der Wärmezufuhr zum Gut sind drei Arbeitsweisen zu unterscheiden. Beim *Naßverfahren* wird a) die Aufschließwärme mittels be-sonderen, von außen her in den Beschickungsraum gebrachten Wassers oder Wasserdampfes — also auf nassem Wege — *direkt* an das Gut geführt, während b) die Trocknungswärme indirekt, durch die Wand des Beschickungsraumes hin-durch, zugeführt wird. Dieser ältesten Arbeitsweise steht die jüngste, das *Trocken-verfahren* gegenüber, bei dem in beiden Phasen die Wärmezufuhr nur *indirekt* — also auf trockenem Wege — erfolgt. Im Beschickungsraum befindet sich keine andere Feuchtigkeit als das Eigenwasser des Gutes. Zwischen diesen beiden Be-handlungsarten steht das *Extraktionsverfahren mit Lösungsmitteln*, bei dem das Lösungsmittel, flüssig oder in Form seines Dampfes, auf das Gut einwirkt und sowohl das Herauslösen des Fettes wie auch ein teilweises Trocknen des Gutes bewirkt.

a) Naßschmelzverfahren.

Da beim *Naßverfahren* zum Eigenwasser des Gutes auch noch Fremdwasser tritt (Kochwasser oder aus Kochdampf entstehendes Kondensat), so entsteht eine große Menge dünner Fleischbrühe, die einen beachtlichen Teil der Leim- und Extraktivstoffe des Gutes enthält. Sie bildet ein höchst lästiges Nebenprodukt des Naßverfahrens, weil ihre Fäulnisfähigkeit groß und ihre Nutzbarmachung durch Verdampfen der großen Wassermengen kostspielig ist.

Kochkessel. Der älteste Apparat für das Naßverfahren ist der Wasser-kocher, ursprünglich ein einfacher offener Kessel, später ein dampfdicht verschließ-barer Kessel zum Betriebe mit Überdruck. Im offenen Kessel kann keine höhere Temperatur als rund 99° C erreicht werden; er genügt also den veterinärpolizei-lichen Forderungen nicht. Im geschlossenen Kochkessel ist die sichere Keim-abtötung möglich. Nach der in primitiver Weise, durch Abschöpfen oder Ab-zapfen, erfolgenden Fettentnahme bleiben jedoch bei beiden Kesseln feuchte Rückstände und große Mengen Fleischbrühe zurück. Für eine technische Ver-wertung sind die Kessel unbrauchbar.

1. Mit Wasser arbeitende Verwertungsapparate.

Der erste Verwertungsapparat mit Aufschließung des Gutes durch Wasser unter Überdruck, der die festen Rückstände zu Tiermehl aufarbeitete, war der von PODEWILS. Er besteht aus einem liegenden doppelwandigen Zylinder und einem Montejus. Dem in den Zylinder gebrachten Gut wird Kochwasser aus dem Montejus zugesetzt; mittels des Dampfmantels erfolgt Erhitzen auf etwa 150° C (4 atü). Nach beendeter Aufschließung drückt man das Fett durch weitere Wasser-zufuhr aus dem Montejus oben aus dem Zylinder hinaus und bringt soviel Fleisch-brühe in den Montejus zurück, wie dieser faßt. Bei der Trocknung dreht sich der eine Quetschwalze enthaltende Zylinder; die Brüden werden abgesaugt.

Der stehende Apparat HEISS-NIESSEN entspricht einem Überdruck-Koch-kessel, besitzt jedoch ein Rührwerk und einen Dampfmantel, so daß die Rück-stände sich zu Tiermehl verarbeiten lassen.

Während PODEWILS und HEISS-NIESSEN dem Gut vor Betriebsbeginn Koch-wasser zusetzen, erzeugen Apparate nach HÖNNICKE mit liegendem Zylinder und Rührwerk das Wasser aus Dampf. Zum Gut wird Kesseldampf geleitet, dessen Kondensat bis zu einem Überlauf aufgestaut wird, durch den das Fett zusammen mit überschüssiger Fleischbrühe abfließt. — Die Apparate mit Wasserkochung haben keine Bedeutung mehr.

2. Mit Dampf arbeitende Verwertungsapparate.

Der sog. *Autoklav*, die Vorform der mit Wasserdampf aufschließenden Verwertungsapparate, gleicht dem unter Überdruck betriebenen Wasserkochkessel; er wurde später von DE LA CROIX, Rietschel & Henneberg und Rud. A. Hartmann vervollkommnet.

Der erste Apparat mit Dampfaufschließung, der auch das Gewinnen von Tiermehl gestattete, war der von OTTE. Er bestand aus einem festliegenden zylindrischen Rumpf mit einer pendelnd bewegten Siebtrommel zur Aufnahme des Gutes. Zugleich wurde der bekannte Hartmann-Apparat konstruiert, der dann weiteste Verbreitung gefunden hat. Er nimmt das Aufschließen des Gutes und das Trocknen der Rückstände in ein und demselben Raume vor: „kombiniertes System". Die grobgelochte Siebtrommel dieses Apparates wird zwecks Wendens ihres Inhaltes beim Entfetten nur ab und zu gedreht, damit nur Fett und Fleischwasser, aber keine festen Teile austreten. Erst beim Trocknen wird die Trommel dauernd gedreht, um die festen Rückstände in den Ringraum zwischen ihr und dem doppelwandigen Rumpf fallen zu lassen. Der Aufschließungs- und der Trocknungsdampf wird nach CLARENBACH[1] aus der Fleischbrühe erzeugt, die sich dabei ohne besonderen Wärmeaufwand zu einer „Leimgallerte" eindickt. Es folgte der Apparat der Firma Venuleth & Ellenberger, nach dem „getrennten System" arbeitend, d. h. mit einem besonderen Kocher und einem besonderen Trockner, dessen jetzige Ausführungsform beschrieben werden wird. Bei dem kombinierten Siebtrommelapparat von HÖNNICKE[2] war der Rumpf festliegend ausgeführt. Statt einer Quetschwalze, die OTTE von PODEWILS übernommen hatte, erhielt die Siebtrommel ein gegenläufiges Schaufelwerk. Sie brauchte daher nicht mehr pendelnd hin und her bewegt zu werden, sondern konnte stetig umlaufen.

α) *Unterfeuerungs-Verwertungsapparat der Rud. A. Hartmann A.G.*

Als Beispiel einer Einrichtung des kombinierten Systems ist in Abb. 344 der für kleine Betriebe bestimmte Unterfeuerungsapparat von Rud. A. Hartmann A. G. gezeigt, der die Aufstellung eines besonderen Dampfkessels entbehrlich macht. Er wird für zirka 500 kg Fassung gebaut.

In ein Dampfkesselgehäuse 2 ist der Rumpf 1 eingebaut. Das Mauerwerk 3 schließt den unten mit Rauchröhren 4 ausgerüsteten Apparat ein. Die in der Feuerung 5 erzeugten Heizgase umspülen den unteren Mantelteil des Kessels 2, durchströmen die Rohre 4 und ziehen durch den Fuchs 6 ab. Der aus dem Wasser im Kessel 2 entwickelte Dampf umspült den Zylinder 1, in dem sich die Siebtrommel 7 mit Rührarmen 8 befindet. Die Beschickung erfolgt durch die Tür 9, an die mittels eines Schlauches die Abzugsleitung 10 für die Trockendämpfe angeschlossen ist. Die Siebtrommel 7 besitzt einen Rohrheizkörper 11, der durch eine Leitung 12 mit Dampf beschickt wird, während das Kondenswasser über eine Leitung 13, einen Kondenswasserrückspeiser 14 und ein Rohr 15 in das Kesselgehäuse 2 zurückfließt. Unterhalb des Schneckenradantriebes 16 für die Siebtrommel befindet sich eine Entleerungstür 17 mit einem Ventil 18, an das durch eine Leitung 18′ mit Erweiterung 19 ein Fettabscheider 20 angeschlossen ist, der mit einem Verdampfer 21 (mit Heizkörper 22) in Verbindung steht.

Der Einbau erfolgt so, daß die Beschickungsöffnung mit der Tür 9 durch eine senkrechte Mauer hindurchgesteckt und dem Schlacht- oder Zerlegeraum (sog. unreine Seite) zugekehrt ist, während die Apparateeinrichtung selbst im Maschinenraume (sog. reine Seite) steht. Beide Räume sind also vollständig voneinander getrennt, um eine Infektion der erzeugten Produkte durch Berührung mit Rohgut zu verhindern.

Nach Füllen der Siebtrommel 7 mit Rohgut und Schließen der Tür 9 wird der im Kessel 2 erzeugte Dampf durch das Rohr 12 in das Rumpfinnere geleitet. Zur

---

[1] D. R. P. 99 111.   [2] D. R. P. 229 598

Entlüftung dient ein in die Feuerung 5 mündendes Rohr 19'. Bei der gewöhnlichen groben Lochung der Siebtrommel wird etwa $1/_2$- bis 1-stündlich „gewendet", d. h. man läßt die Trommel eine bis zwei Umdrehungen machen, um das Gut umzulagern. Das ausgeschmolzene Fett und die Fleischbrühe fließen bei geöffnetem Ventil 18 über 18'—19—18'' in den mit Schaugläsern ausgerüsteten Fettabscheider 20. Das Fett wird nach Trennung von der Brühe durch das Rohr 20' einem Fettklärapparat zugeführt. Die Fleischbrühe gelangt durch ein Rohr 20'' in den Verdampfer 21, der durch ein Druckausgleichrohr 19' mit der Erweiterung 19 verbunden ist. Zwischen diesem und dem Fettabscheider 20 befindet sich gegebenenfalls noch ein Rezipient.

Nach Entfetten des Gutes wird das Ventil 18 geschlossen. Zwecks Trocknung wird das Ventil der Leitung 10 geöffnet; die Dämpfe werden durch eine Naßluftpumpe dauernd abgesaugt und dann niedergeschlagen und so weit gekühlt, daß keine Geruchbelästigung eintritt. Mittels des Vorgeleges 16 wird die Siebtrommel 7 dauernd gedreht.

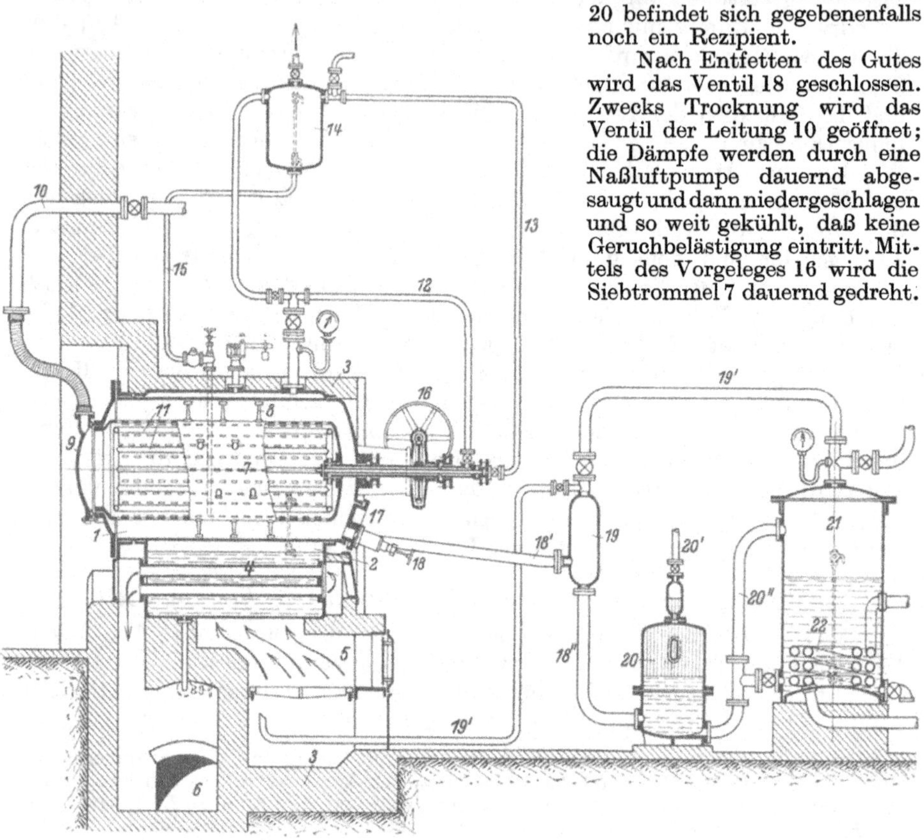

Abb. 344. Tierkörper-Verwertungsanlage Rud. A. Hartmann A. G. mit Unterfeuerung (für kleine Leistungen), kombiniertes System.

Die festen Rückstände fallen nach und nach aus der Trommel heraus, werden von den Rührarmen 8 gewendet und zugleich durch den den Zylinder 1 umspülenden Dampf beheizt. Nach Beendigung der Trocknung wird das Tiermehl durch die Tür 17 entleert.

Die Kochung und die Trocknung dauern bei gewöhnlicher grober Trommellochung je etwa 3—4 Stunden, bei einer feingelochten Siebtrommel (siehe später) nur etwa halb solange. Der Bedarf an Brennstoff ist gering, weil keine Wärmeverluste durch Rohrleitungen und keine besonderen Apparat-Abkühlungsverluste entstehen. Die Apparate arbeiten besonders dann wirtschaftlich, wenn mehrere Beschickungen unmittelbar aufeinanderfolgen, also die aufgespeicherte Wärme ausgenutzt wird. Neuerdings wird dieses Modell auch in einer abgeänderten Ausführungsform zur Anwendung des Trockenverfahrens hergestellt.

β) *Kontinuierlich arbeitender Apparat von* SOMMERMEYER.

Die Umlagerung des Gutes (zwecks Förderung der Aufschließwirkung) durch kurzes, selten vorzunehmendes Wenden soll verhindern, daß durch die groben Löcher der Siebtrommel feste Bestandteile austreten, die flüssigen Bestandteile verunreinigen und in den nur für die Flüssigkeit bestimmten Leitungen Verstopfungen verursachen. Diesen Mangel der gewöhnlichen Siebtrommel verwandelte SOMMERMEYER bei seinem kontinuierlich arbeitenden Apparat[1] (Herstellerin Rud. A. Hartmann A. G., Berlin-Rudow) in einen Vorteil, d. h. er machte die bis dahin störende Erscheinung des Entweichens fester Teile zur Grundlage eines neuen Arbeitsverfahrens. Während bisher nur beim Trocknungsvorgang die Siebtrommel ununterbrochen in Drehung war, läßt SOMMERMEYER diese auch während der Kochung dauernd langsam umlaufen. Die aufgeschlossenen festen Gutteile verlassen die Siebtrommel zusammen mit den flüssigen Bestandteilen. Dabei ergab sich eine überraschend große Abkürzung der Kochdauer, unter Umständen bis auf 1 Stunde und noch weniger.

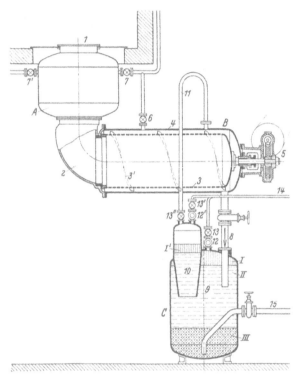

Abb. 345. Kontinuierlich arbeitende Entfettungsanlage SOMMERMEYER für Landtier- und Walverarbeitung.

Der Erfolg wird dadurch erzielt, daß erstens das Gut ununterbrochen an neuen Stellen mit dem Kochdampf in Berührung kommt, zweitens die Zerkleinerung durch die mechanische Einwirkung der dauernden Bewegung beschleunigt wird und drittens die Kochtrommel sich wegen des sofortigen Austretens der aufgeschlossenen festen Teile mehr und mehr entleert. Um insbesondere einen kontinuierlichen Arbeitsgang zu ermöglichen, wurde die „stetige" Austragung der ungetrennten festen und flüssigen Bestandteile (Brei) in einen Aufnahmebehälter vorgesehen. Nach Maßgabe des Austrittes der Gutteile aus der Kochtrommel wird periodisch ohne Betriebsunterbrechung (etwa $^3/_4$- bis 1-stündlich) Rohgut nachgefüllt, und zwar mittels eines schleusenartig arbeitenden Füllgefäßes.

Eine solche kontinuierlich arbeitende Verwertungsanlage besteht gemäß Abb. 345 aus einem Füllbehälter *A*, einem Kocher *B* und einem Aufnahmebehälter *C*. Der Füllstutzen 1 der Schleuse *A* liegt (vollkommene Trennung der reinen und unreinen Seite) im Fußboden des Zerlegeraumes und ist durch einen Schwenkdeckel verschließbar. Die Schleuse *A* und der Kocher *B* sind durch einen Krümmer 2 verbunden, in dem eine gewichtsbelastete Klappe steckt, die den Inhalt aus *A* selbsttätig nach *B*

---

[1] D. R. P. 258689.

übertreten läßt. Der Kocher B enthält eine grobgelochte Siebtrommel 3 mit einer Förderschnecke 3', die den aus der dauernd umlaufenden Trommel 3 in den Ringraum zwischen ihr und dem Rumpf 4 gelangenden Gutbrei nach rechts schiebt. Zur Drehung der mit ihrer Eingangsöffnung im Krümmer 2 gelagerten Trommel 3 dient ein Vorgelege 5. Durch ein Ventil 6 wird der Kochdampf eingeführt, durch das Ventil 7 kann Dampf in die Schleuse A geschickt werden. Nahe dem rechten Ende sitzt am Rumpf 4 ein weites Fallrohr 8 für den Abfluß des Breies. Der Abscheider C (Vorbild Venuleth & Ellenberger, s. S. 826) besteht aus zwei Teilen 9 und 10; in 9 mündet das Fallrohr 8, und 10 ist durch ein Druckausgleichrohr 11 mit dem Extraktor B verbunden. Die Räume 9 und 10 tragen Schaugläser 12, 12' mit Absperrventilen 13, 13'; die angeschlossenen Rohre münden in eine gemeinsame Fettleitung 14. Vom Boden des Behälters C geht ein weites Rohr 15 zu einem Trockenapparat. Eine nicht gezeichnete Rührvorrichtung in C sorgt dafür, daß der Brei gleichmäßig bleibt und sich durch die Leitung 15 fördern läßt.

Beim Füllen der Schleuse A sind die Klappe im Krümmer 2 und das Ventil 7 geschlossen, die Füllöffnung 1 und das Ventil 7' einer z. B. in einen Kondensator führenden Leitung offen. Während der Füllung läuft die Siebtrommel 3 um, und der Kocher B nebst Abscheider C stehen unter dem Betriebsdruck von etwa 3 at, der auch die Klappe im Krümmer 2 geschlossen hält. Sobald die Schleuse A gefüllt ist, schließt man den Deckel 1 und das Ventil 7' und öffnet das Ventil 7. Der in die Schleuse eintretende Dampf wärmt das Rohgut an, bis in A derselbe Überdruck herrscht wie in B und C. Dann öffnet sich unter der Last des daraufliegenden Gutes die Klappe im Krümmer 2 selbsttätig und läßt den Inhalt der Schleuse A in die Siebtrommel 3 gleiten. Im Abscheider C lagert sich das Gemisch aus allen Gutteilen in drei Schichten: Fett I, I'; Fleischbrühe II; dickerer Brei III. Im noch leeren Abscheider tritt beim ersten Ansteigen der Flüssigkeit Fett in den Hilfsraum 10. Die Fettschicht I' wird nach vorherigem Schließen des Ventiles 13'' durch das Ventil 13' entnommen. Da die Leitung 14 zu einem offenen Klärapparat führt, sinkt beim Öffnen des Ventiles 13' der Druck über dem Fett I'. Aus dem Hauptraum 9 tritt Flüssigkeit von unten in den Hilfsraum 10, die das Fett I' hebt und über 12'—13'—14 abdrückt. Später sammelt sich das Fett im wesentlichen in der Zone I des Hauptraumes 9. Öffnet man das Ventil 13 (Ventil 13'' kann offen bleiben), so tritt wegen der Druckabnahme Flüssigkeit aus dem Hilfsraum 10 in den Hauptraum 9 und drängt das Fett I über 12—13—14 hinaus.

Von Zeit zu Zeit wird der Schieber im Rohre 15 geöffnet, um einen Teil des dickeren Breies III in die Trockenvorrichtung überzuführen. Diese besteht in der Regel aus zwei Trocknern, die wechselweise mit dem Brei von drei Stundenfüllungen beschickt werden. Das Fertigtrocknen und Entleeren eines Trockners muß also in den drei Stunden erledigt sein, innerhalb welcher der andere Trockner Brei empfängt.

Das kontinuierliche Kochverfahren zeigt bei Entfettung tierischen Rohgutes eine Mengenleistung, die kein anderes Verfahren erreicht. Auch der Entfettungsgrad ist sehr befriedigend. Bei Verarbeitung von Landtieren bleiben im Mittel nur etwa 10% Fett im Tiermehl. Das Verfahren hat sich besonders für die Walverarbeitung bewährt, in der mehrere Hundert SOMMERMEYER-Apparate (Tagesleistung Millionen von Kilogrammen; s. S. 838 ff.) arbeiten. Es ist aber nicht leicht, die Trocknungsleistung mit der sehr großen Kochleistung in Einklang zu bringen.

γ) Hackschleuse Rud. A. Hartmann A. G.

In die Füllschleuse A der Abb. 345 kann man nur Tierteile einer bestimmten Höchstgröße einbringen; ganze Tierkörper müssen von Hand zerlegt werden. SOMMERMEYER hat für die kontinuierlichen Apparate eine „Hackschleuse" konstruiert, die das Gut gleichzeitig mechanisch zerlegt und stetig einfüllt. Bei der Enttranung von Walfischen ist die Zerkleinerungsarbeit wegen der gewaltigen Größe der Tierkörper besonders umfangreich, so daß die Hackschleuse dort sehr arbeitsparend wirkt. Aber auch bei Landtierkörpern ist wegen der Seuchengefahr der Fortfall des Zerlegens von Hand erwünscht. Der Kosten wegen wird die Hackschleuse hierfür allerdings nur in sehr großen Betrieben anwendbar sein. Abb. 346 a und b zeigen in Ansicht und Grundriß einen Kocher mit Hackschleuse unter dem Flensdeck eines Walfangmutterschiffes.

Die Hackschleuse A ist durch den Krümmer 2 mit selbsttätiger Klappe an den Kocher B angeschlossen und trägt einen offenen Fülltrichter 1, dessen Einwurföffnung im Deck D liegt. Die Hackschleuse besitzt einen zylindrischen Mittelteil a von großem Durchmesser und mäßiger Höhe sowie eine obere und untere Abschlußhaube 6. Zwischen den Verbindungsflanschen liegt je eine dicke Stahlplatte, durch die drei Räume gebildet werden. Der Fülltrichter 1 mündet in die obere Stahlplatte, während ein Stutzen 2′ die untere Platte mit dem Krümmer 2 verbindet. Die Haubenräume 6 sind zwecks Druckausgleiches mit Betriebsdampf gefüllt. Im Zylinderteil a sitzt ein langsam umlaufender Drehkörper, der aus einem Ring c, radialen Wänden d und einer Nabe e besteht, in der eine kurze senkrechte Welle steckt. Der Ring c trägt außen eine Schneckenradverzahnung, in die eine im Gehäuse f gelagerte Schnecke greift. Diese wird mittels Schneckengetriebes g vom Vorgelege h gedreht. Die Radialwände d teilen den Drehkörper in drei Kammern und tragen oben und unten waagerechte Messer, deren Gegenmesser an den Öffnungen der Stahlplatten für den Trichterfortsatz 1′ und für den Stutzen 2′ sitzen. Der im Kocher B befindliche Arbeitsdampf füllt den Krümmer 2 und bei offener Klappe auch den Stutzen 2′. Kommt mit letzterem eine Drehkörperkammer zur Deckung, so füllt diese sich ebenfalls mit Dampf. Der Ring c und die Radialwände d besitzen oben und unten Dichtungen, die den Dampfübertritt aus einer Kammer in die andere verhindern.

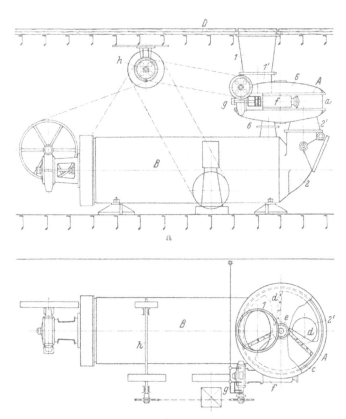

Abb. 346 a und b. Aufriß und Grundriß eines kontinuierlich arbeitenden Entfettungsapparates SOMMERMEYER mit selbsttätiger Zerkleinerung und Einfüllung des Rohgutes.

In den Fülltrichter 1, 1′ kann man einen ganzen Großviehkörper (Landtiere) oder ein großes Stück z. B. eines Walfisches herablassen. So oft eine Drehteilkammer unter den Trichter 1, 1′ gelangt, senkt sich das Gut in die Kammer, und die oberen Messer und Gegenmesser schneiden ein Stück davon ab. Es wird von der Kammer über den Stutzen 2′ gebracht. Läßt dieser es glatt durch, so entleert sich die Kammer. Bleibt ein Stück im Stutzen stecken, so wird es von den unteren Messern und Gegenmessern zerschnitten, und der oben bleibende Rest macht noch eine Umdrehung in der Kammer. Ohne jede Handarbeit wird der Inhalt des Trichters 1, 1′ zerlegt und in den Kocher B eingeschleust. Die Vorrichtung durchschneidet auch glatt die überaus starken Walknochen.

Feingelochte Siebtrommel. Schon zwei Jahre vor SOMMERMEYER hatte HEINRICH MEYER (D.R.P. 207483) eine „feingelochte Siebtrommel" mit so kleiner Lochung vorgeschlagen, daß beim Zerkochen des Gutes die Flüssigkeit hindurchsickert, feste Teile aber nicht hindurchfallen, die Trommel also ganz

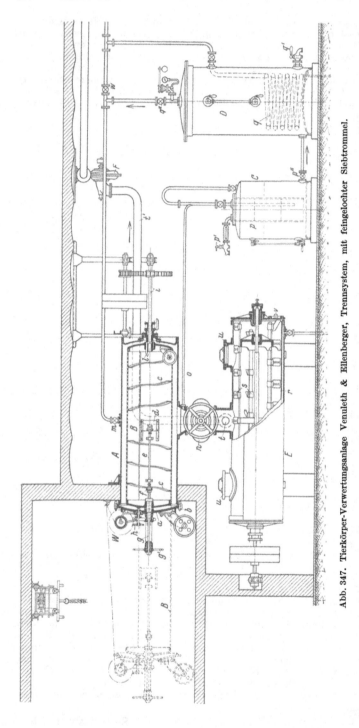

Abb. 347. Tierkörper-Verwertungsanlage Venuleth & Ellenberger, Trennsystem, mit feingelochter Siebtrommel.

nach Bedarf gedreht werden kann, um das Gut aufzulockern. Während SOMMER-MEYER sich den Mangel des Austretens fester Teile beim Wenden nutzbar machte, suchte MEYER ihn ganz zu beseitigen. Die Erfindung von MEYER lag über 20 Jahre brach und wurde dann zuerst von Venuleth & Ellenberger benutzt, um deren bekannten Trennsystemapparat umzugestalten, der durch Abb. 347 veranschaulicht ist.

δ) Verwertungsapparat Venuleth & Ellenberger.

Der „Desinfektor" A ist zwecks vollständiger Trennung der unreinen und reinen Seite in eine senkrechte Wand zwischen Schlachtraum und Apparateraum eingemauert. Seine mit Feinlochung nach MEYER versehene Siebtrommel B ist ausziehbar und läuft auf Rollen. Bei größeren Apparaten ist eine Winde W zum Ein- und Ausfahren der Trommel B und der Stirnwand a erforderlich. Letztere muß vorher gelöst und nachher mittels Klappschrauben b wieder befestigt werden.

Ausziehbare Siebtrommeln sind zur Füllung zwar besonders bequem zugänglich, aber fest eingebaute Trommeln verdienen wegen ihrer geringeren Beanspruchung und größeren Einfachheit in Bau und Handhabung den Vorzug. Die Trommel B enthält schraubenförmig (links- und rechtsgängig) verlaufende Rippen c, die das Gut der Mitte zuschieben. Dort sind im Trommelmantel zwei Öffnungen mit zwei Schiebern d angebracht. Abb. 347 zeigt nur einen Schieber; der andere liegt gegenüber. Schieberstangen, ein Joch f und eine Spindel g mit Handrad g' dienen zur Betätigung der Schieber d. Die Trommel B läßt sich zum Füllen durch eine kleine Spindel mit Handrad h gegen die Stirnwand a feststellen und beim Wiedereinfahren mit der Antriebswelle i durch eine Kupplung l verbinden. Mittels eines Ventiles m wird der Kochdampf in den Desinfektor A geleitet. Ein großer Schieber n dient zur Entleerung der festen Kochrückstände. Vorher ist er geschlossen, und nur die flüssigen Bestandteile werden durch das Rohr o abgeleitet, wobei die obere Schieberhälfte als Schlammfänger wirkt. Fett und Fleischbrühe gelangen in den Fettabscheider C, in dessen Glocke p sich das Fett sammelt, während die Brühe in den Ringraum tritt. Ein Verdampfer D mit Heizschlange q dickt die Fleischbrühe ein. Er sollte ursprünglich aus dem Schlachtraumspülwasser den gesamten Arbeitsdampf erzeugen, was jedoch als nicht wirtschaftlich aufgegeben wurde. Der Trockenapparat E besitzt einen Dampfmantel r und ein Schaufelrührwerk s. Die Trockendämpfe werden bei t abgesaugt und mittels Exhaustors F durch eine Leitung t' entfernt.

Die Siebtrommel B wird in der gestrichelt gezeichneten Stellung bei geschlossenen Schiebern d gefüllt und dann in den Kocher A eingefahren. Mit der Dampfeinführung bei m wird die Trommel B in langsame dauernde Drehung (Vorbild Sommermeyer) versetzt. Durch die feine Lochung der Trommel B treten nur die flüssigen Teile aus, um über o nach C zu fließen. Zur Fettentnahme aus dem Abscheider C öffnet man den Hahn p'. Der Druck in der Glocke p sinkt und mit ihm der Spiegel im Ringraum, während sich der Spiegel in der Glocke p hebt. Das Fett fließt an einem Schauglas vorbei aus dem Hahn p' ab. Nach Bedarf wird durch das Ventil p'' Fleischbrühe in den Verdampfer D gedrückt, wo sie mittels der Heizschlange q eingedickt wird, um dann durch den Hahn q' entnommen zu werden. Vom Verdampferdeckel führt ein Rohr (Ventil q'') zur Kochdampfleitung. Bei geschlossenem Ventil w kann man den sog. „Leimdampf" aus D in den Kocher A leiten und als Kochdampf benutzen. Nach der Aufschließung wird der große Schieber n geöffnet, worauf man mittels des Handrades g' die Schieber d zurückzieht, um die Mantelöffnungen der Trommel B freizulegen. Die festen Rückstände fallen aus der umlaufenden Trommel in den Trockenapparat E, in dem das Rührwerk s dauernd umläuft, während dem Gut durch den Dampfmantel r von außen her Wärme zugeführt wird. Mit Deckeln versehene Stutzen u dienen zur Einfüllung der eingedickten Fleischbrühe. Die Trocknung erfordert etwa 3—4 Stunden. Dann wird das Tiermehl durch die Tür v in der Stirnwand entleert.

Eine gleich große Abkürzung der Kochdauer wie beim kontinuierlichen Verfahren wird mit der feingelochten Siebtrommel nicht erreicht. Die Kochung erfordert jedoch nur $1^1/_2$—2 Stunden. Die Entfettungsleistung ist ebenso günstig wie beim kontinuierlichen Verfahren.

ε) Feingelochte Siebtrommel von Hönnicke.

Die feingelochte Siebtrommel mit selbsttätiger Austragung nach Hönnicke[1] besitzt keine bewegten Teile. Ihr Mantel hat feste, beiderseits offene Taschen, die so geformt sind, daß die festen Gutteile bei der einen Drehrichtung in der Trommel bleiben und bei entgegengesetzter Trommeldrehung selbsttätig ausgetragen werden. Die Vorrichtung ist für kombinierte und für Trennsystemapparate verwendbar.

Ein Verwertungsapparat kombinierten Systems mit solcher Feinlochtrommel ist in Abb. 348 gezeigt. Der doppelwandige Apparatrumpf 1 enthält die Trommel 2 mit mehreren Versteifungsträgern 3, die zugleich das Gut gründlich umwälzen. Am Mantel sitzen Taschen 4, deren äußere Wange aus dem Mantelstück 2' besteht, während die innere Wange 5 besonders angesetzt und durch Klauen 6 gesichert ist. Die Innenöffnung 7 ist ziemlich eng, die Außenöffnung 8 weit. Auf dem Trommelmantel 2 sitzen Rühr- und Förderschaufeln 9. Während des Aufschließens wird die Siebtrommel 2 entgegen dem Uhrzeigersinn (linker Pfeil) gedreht. Die innere Taschenwange 5 gleitet beim Durchschreiten des tiefsten Punktes unter dem Gut hinweg,

---

[1] D. R. P. 551981.

ohne daß feste Teile austreten. Während des Trocknens erfolgt die Drehung im Uhr-
zeigersinne (rechter Pfeil). Die Taschen 4 nehmen mit ihrer Mündung 7 bei jeder
Umdrehung etwas Gut auf und lassen es dann durch die Außenöffnung 8 herausfallen.

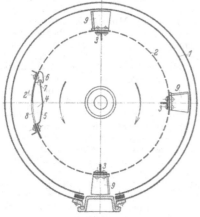

Bei kombinierten Apparaten ist die Öffnung 7
eng, damit die Entleerung allmählich erfolgt;
bei Trennsystem-Apparaten ist sie weit, damit die Entleerung rasch vor sich geht.

ζ) *Liegender Apparat Niessen.*

Eine Zwischenlochung (3—4 mm Durchmesser) verwendet Niessen bei seinen neuen
Apparaten mit liegendem Zylinder[1]. Die
Niessen-Trommel ist durch eine Längsplatte
in zwei halbzylindrische Räume geteilt, so
daß das Gut sich überstürzt, wenn es oberhalb der Trennplatte den Schüttwinkel überschreitet. Während der Kochung wird die
Trommel dauernd gedreht; Fett, Fleischbrühe und zerkochte Fleischteile werden
ständig zusammen entfernt (Vorbild Sommermeyer). Die nicht gerade sehr einfachen Anlagen werden als kombinierte und auch als
Trennsystemanlagen gebaut.

Abb. 348. Feingelochte Siebtrommel Hönnicke für kombiniertes und für Trennsystem.

Abb. 349—352 zeigen eine kombinierte Einrichtung. Der in eine Wand zwischen
dem Zerlege- und Maschinenraum eingebaute Koch- und Trockenapparat A hat
einen Dampfmantel a und eine dampfdicht verschraubbare Stirnwand a′, die mittels
einer Laufkatze a″ beiseitegefahren wird. Die Siebtrommel b ist durch die Platte b′
längs halbiert und sitzt in einem Rahmenwerk b″ mit Rührschaufeln b‴, die hinten
von der Antriebswelle c und vorn von einem Wellenstumpf c′ mit Kupplung c″ gehalten wird. Zur Entleerung des Rumpfes A dient ein Schacht d mit Pendelschieber d′
und zwei Abläufen I, II. Letzterer stellt während der Kochung die Verbindung
mit dem Fleischbrei- und Fettaufnahmegefäß B her, das eine Heizschlange e, eine
Haube e′ und einen Schwenküberlauf e″ enthält. Neben dem Gefäß B steht ein
Fleischbrei- und Leimwasseraufnahmegefäß C mit Heizschlange f und Überlauf f′.
Links vom Apparat A befindet sich ein Lufterhitzer D mit Gebläse E. Bei g wird
Frischluft angesaugt und über den mit Heizrohren g′ versehenen Lufterhitzer durch
ein Rohr g″ zur Unterstützung der Trocknung in den Rumpf A gedrückt. Die Trocken-
dämpfe strömen über 6″—g‴ in einen sog. Niessenschen Entstänkerungsturm F,
der mit Wasser berieselte Füllkörper e″ enthält. Die aufsteigenden Dämpfe werden
niedergeschlagen; das Kondensat fließt unten ab, während die Luft oben entweicht.
Die Beschickung einer Mulde ist durch Abb. 351 veranschaulicht, während
Abb. 352 die Entnahme von entfettetem Gut zeigt.
Durch die Leitung 1 wird Kesseldampf von 4 atü in den Rumpf A geleitet;
die Siebtrommel wird langsam dauernd gedreht. Ein Rohr 2 liefert bei offenem
Ventil 2′ Dampf durch Einlässe 2″ in die Siebmulden, wobei auch das Ventil 3′ im
Rohr 3 offen ist. Der Pendelschieber d′ steht in der linken punktierten Stellung,
und durch die Öffnung d″ am tiefsten Punkte des Rumpfes fließt das aus der Siebtrommel b kommende Gemisch aller Gutteile über d—II bei geöffnetem Schieber II′
in das Gefäß B, das sich in etwa 3/4 Stunden füllt. Das Fett wird durch den Überlauf e′ abgezapft. Dann öffnet man das Ventil 4′ der die Behälter B und C (Druckausgleichrohr 5) verbindenden Leitung 4. Da die Gefäße C und A über 3′—3—2″
in Verbindung stehen, herrscht in den drei Apparaten A, B, C gleicher Druck. Durch
das Ventil 4′ fließt Fleischbrei von B nach C, bis beide Spiegelhöhen gleich sind.
Die Heizschlange f des Gefäßes C (Dampfzuleitung 1′) dickt den Fleischbrei ein.
Bei Beginn der Verdampfung wird das Ventil 2′ geschlossen. Der in C erzeugte Leimdampf strömt über 3′—3—2″ in den Rumpf A und bewirkt die Zerkochung nach
dem Vorbilde von Clarenbach. Nach etwa 1 1/2 Stunden ist die Füllung einer Siebtrommel aufgearbeitet.

---

[1] D. R. P. 580856.

Die Ventile 2′, 3′, 4′, 5′ werden geschlossen; das Ventil 6′ der Leitung 6 wird geöffnet. Die Heizschlange *f* im Gefäß *C* wirkt weiter. Die Dämpfe ziehen über 6′—6—*g‴* zum Entstänkerungsturm *F*; der Fleischbrei wird vorgetrocknet. Aus

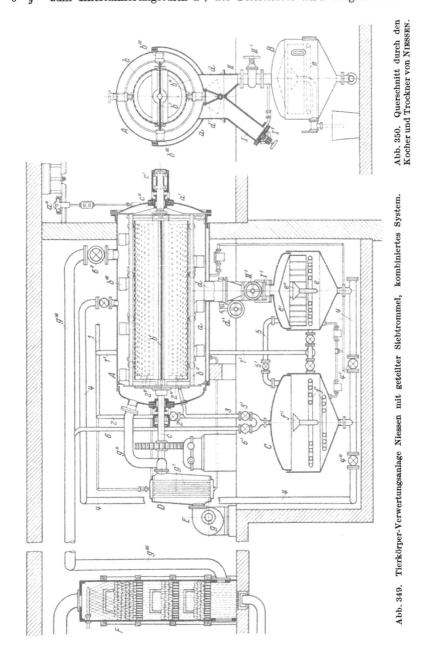

Abb. 350. Querschnitt durch den Kocher und Trockner von NIESSEN.

Abb. 349. Tierkörper-Verwertungsanlage Niessen mit geteilter Siebtrommel, kombiniertes System.

dem Gefäß *B* wird das letzte Fett abgezogen und der Breirest nach *C* gedrückt. Man schwenkt den Pendelschieber *d′* in die Mitte, um die Öffnung *d″* abzusperren. Schieber *II′* und Ventil 6′ werden geschlossen; das Ventil 6″ der Brüdenleitung *g‴* wird geöffnet. Bei offenen Ventilen 4′ und 4″ wird der Brei durch das Rohr 4 in den Rumpf *A* hinaufgedrückt. Man leitet Dampf in den Doppelmantel *a* und setzt den

Lufterhitzer D in Gang. Bei der Trocknung läßt man die Siebtrommel b und das Rührwerk b''—b''' rascher laufen. Nach dem Vorbilde der älteren NIESSEN-Apparate wird im Rumpfmantel a und im Lufterhitzer das Dampfkondensat aufgestaut, um die Wärmezufuhr mit fortschreitender Trocknung zu verringern. Als Trockendauer werden $2\frac{1}{2}$—3 Stunden angegeben. Zur Entleerung des Tiermehls wird der Pendelschieber d'' nach rechts geschwenkt. Die Öffnung d'' liefert das ihr von den Schaufeln b''' zugeschobene (umgekehrte Drehrichtung des Rührwerkes) Trockenprodukt an den Auslauf I, dessen Verschlußklappe I' geöffnet ist, ab.

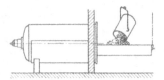
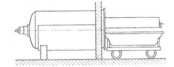

Abb. 351. Beschickung der Niessen-Siebtrommel.   Abb. 352. Entleerung der Niessen-Siebtrommel.

Bei Verarbeitung unzerteilter Seuchentierkörper (Großvieh) muß die Trennplatte aus der Siebtrommel ausgebaut werden, womit die Kochdauer auf 4 bis 5 Stunden steigt.

b) Extraktion mit Lösungsmitteln.

Bei dem *Extraktionsverfahren von Grotkass-Schirm*[1] wird der Dampf des Lösungsmittels (Benzin) als Wärmeträger an das Gut herangeführt. Das Rohmaterial wird in einem liegenden Zylinder unter dauernder Bewegung mittels eines Rührwerkes mit dem Lösungsmittel behandelt. Es entsteht eine Fettlösung, die in einen Destillator abläuft, und ein Gemisch von Lösungsmittel- und Wasserdampf, das in den Kondensator geleitet wird und aus dem die verdichtete Flüssigkeit in den Wasserabscheider gelangt. Von da fließt das Lösungsmittel in den Vorratsbehälter, aus dem es zum Verdampfer zurückkehrt. Durch zeitweilige Absperrung des Dämpfeabzuges wird im Extraktor Überdruck erzeugt. Da der Lösungsmitteldampf aus dem Gut Wasser mitreißt, findet während der Extraktion auch ein teilweises Trocknen des Gutes statt.

Das Verfahren ist umständlich und weist verschiedene Mängel auf. So bildet sich aus dem sehr wasserreichen Gut eine erhebliche Menge Fleischbrühe, dieser Mangel des „Naßverfahrens" bleibt also zum großen Teil bestehen, auch werden die Knochen nicht ausreichend entleimt. Die größeren Knochen bleiben hart und können erst nach einer Nachdämpfung vermahlen werden. Auch die Entfettung erreicht nur bei aufs vollkommenste ausgebauten Anlagen den erwünschten Grad.

Eine praktisch vollständige Entfettung ist übrigens nicht notwendig. Bei den anderen Arbeitsweisen läßt sich in einer hochwertigen Apparatur ein Fettgehalt des Tiermehles von 10—12% und weniger erzielen, was vollauf genügt.

Für die *Nachentfettung von Tiermehlen*, die wesentlich mehr als 15% Fett enthalten, kann sich die Extraktion mit Lösungsmitteln in Sonderbetrieben empfehlen. Sie erfolgt dann zweckmäßig in Extraktionsvorrichtungen der z. B. von Otto Wilhelm (siehe S. 703) gebauten Art. Für die das nicht bankfähige Rohgut verarbeitenden Betriebe selbst (Tierverwertereien) eignet sich die Lösungsmittel-Nachentfettung wegen ihrer im Verhältnis zum Wert der Erzeugnisse zu hohen Anschaffungs- und Betriebskosten in allen Regelfällen nicht.

---

[1] D. R. P. 257 271.

c) Trockenschmelzverfahren.

1. Trockenverfahren Iwel.

Das *Trockenverfahren* wurde von Industrial Waste Eliminators Limited in London (Iwel) vor etwa 15 Jahren vorgeschlagen. In einem liegenden doppelwandigen Zylinder mit starkem Rührwerk wird das Gut ausschließlich mittels des Dampfmantels, also „trocken" erhitzt, und die aus dem Eigenwasser entstehenden Dämpfe werden z. B. durch eine Luftpumpe abgesaugt, bis das Aufschließprodukt nur noch etwa 5—10% Feuchtigkeit enthält. Da außer Wasserdampf nichts aus dem Apparat entfernt wird, entfallen die Nebengefäße, wie Fettabscheider, Rezipient, Verdampfer usw. Das Erzeugnis ist ein Fett-Tiermehlgemisch, das sämtliche Wertstoffe des Rohgutes enthält und nur noch der Trennung in Fett und Tiermehl bedarf.

2. Trockenverfahren Iwel-LAABS.

Wenn während der Behandlung dauernd Unterdruck herrscht, besteht keine Gewähr dafür, daß in dem Gut die zur Abtötung aller pathogenen Keime erforderlichen Temperaturen erreicht werden. Das Iwel-Verfahren wurde daher von LAABS[1] abgeändert. Das „Iwel-LAABS-Verfahren" beginnt mit einer Behandlung im Vakuum von bestimmter Dauer, nach der die Luftpumpe abgesperrt wird. Der Eigenwasserdampf wird im Beschickungsraume zurückgehalten, bis er mit 3—4 atü Überdruck ausreichend lange gewirkt hat. Dann wird die Verbindung zur Luftpumpe wieder hergestellt und die Behandlung unter Vakuum beendet. Statt einer ununterbrochen vor sich gehenden Konzentration zeigt also das Iwel-LAABS-Verfahren drei Phasen: Verdampfung im Vakuum, Überdrucksterilisation, Trocknung im Vakuum. Die Gesamtaufschließdauer richtet sich nach der Größe des Apparates, seinem Füllungsgrade und der Art und Beschaffenheit des Gutes. Bei kleineren Apparaten beträgt die Aufschließzeit 3—5 Stunden, bei mittleren 4—6, bei großen 5—7 Stunden.

Da beim Trockenverfahren außer Wasser nichts, also kein Wertstoff verloren geht, ist die Ausbeute eine 100%ige. Das Naßverfahren liefert, wenn die Fleischbrühe eingedickt und mit den festen Rückständen zusammen eingetrocknet wird, die Wertstoffe theoretisch ebenfalls restlos zurück, und dasselbe gilt für das Benzinverfahren. Praktisch besteht jedoch der Unterschied, daß aus dem einzigen Raum, in dem sich das Trockenverfahren ganz abwickelt, außer Dampf nichts entweichen kann, während beim Naß- und Lösungsmittelverfahren die Nebenapparate Verlustquellen bilden und am Ende der Trocknung auch Staubverluste entstehen können, die beim Trockenverfahren fortfallen. — Die anfängliche Dampfabsaugung unterscheidet das Trockenverfahren wesentlich von den anderen Arbeitsweisen. Bei diesen können aus Undichtigkeiten der Packungen oder dergleichen zu Anfang übelriechende Dämpfe austreten, während beim Trockenverfahren bei Undichtigkeiten Luft eingesaugt wird. Die fertigen Produkte zeigen keinen störenden Geruch mehr, die Geruchgefahr ist anfangs am größten. Von ihr ist das Trockenverfahren tatsächlich frei, zumal ihr auch das Verbleiben des Gutes während der ganzen Aufschließung in demselben Apparat entgegenwirkt. — Das mit dem Trockenverfahren gewonnene Fett ist vorzüglich, und das Tiermehl unterscheidet sich beachtlich von allen anderen Mehlen. Es ist hell, flockig und von überraschender Frische des Aussehens. Allerdings wird beim Trockenverfahren sehr großer Wert auf die Verarbeitung des Rohgutes in

---

[1] A. P. 1578245 der amerikanischen Herstellerin The Allbright-Nell Co. in Chicago. Lizenzinhaberin des deutschen Patentes (D. R. P. 511131) ist Rud. A. Hartmann A. G. in Berlin-Rudow.

sauberem Zustande gelegt. Mageninhalt, Kot usw. werden nicht in die Apparate gegeben; die schmutzhaltigen Innenteile werden vielfach maschinell zerschnitten, entleert und gewaschen.

Beim Naßverfahren ist die hydrolytische Zersetzung von Eiweißbestandteilen des Gutes besonders nachteilig, namentlich, wenn dieses nicht mehr frisch ist, und die Steigerung des Wassergehaltes bei der Beschickung fördert natürlich die Hydrolyse. Die auch bei tadelloser Entfettung sehr dunkle Farbe des nach dem Naßverfahren hergestellten „leimhaltigen Tiermehles" ist auf Zersetzungsprodukte der Stickstoff- und Eiweißsubstanzen zurückzuführen.

3. Anco-LAABS-Apparat.

Die amerikanischen und englischen Anlagen zur Ausübung des Trockenverfahrens sind verschieden. Ein Aufschließapparat der Allbright-Nell Co. in Chicago (Anco) ist in Abb. 353 dargestellt, während Abb. 354 eine vollständige amerikanische Anlage für die Verwertung von Tierkörpern und Tierteilen zeigt.

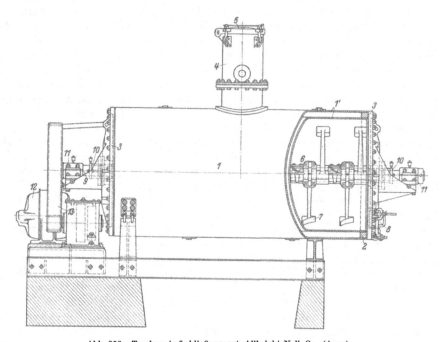

Abb. 353. Trocken-Aufschließapparat Allbright-Nell Co. (Anco).

Der Aufschließapparat besteht aus einem doppelwandigen Flußstahlblechzylinder 1, dessen Mäntel 1' an den Enden durch starke Ringe 2 verbunden sind, gegen die Stahlgußstirnwände 3 geschraubt werden. Ein flüssigkeitsdicht in den Fußboden des Zerlegeraumes eingebauter Füllschacht 4 mit Deckel 5 dient zur Beschickung. Ein starkes Rührwerk 6 im Apparateinneren hat Schaufeln 7, die das Gut bei einer Drehrichtung wenden und bei der anderen Drehrichtung der Entleerungstür 8 zubringen. Die Rührwerkswelle 9 ist in den Stirnwänden 3 durch Stopfbüchsen 10 abgedichtet, außerhalb deren sich die Wellenlager 11 befinden. Ein Elektromotor 12 treibt das Rührwerk über ein Stirnradvorgelege 13.

Gemäß Abb. 354 steht im Beschickungsraum des Obergeschosses (rechts) außer einer Winde k eine Schneidvorrichtung l mit einer Waschvorrichtung m zum Öffnen und Reinigen schmutzhaltiger Innenteile. Im unteren Stockwerk sieht man den Aufschließapparat n, dessen Füllstutzen n'' in den Beschickungsraum hinaufragt, mit dem Elektromotor n'. Eine sog. Aufnahmevorrichtung o empfängt nach der

Behandlung das Aufschließprodukt. Sie enthält ein Sieb mit Filtertuchauflage, durch die das freie Fett sofort in einen Klärapparat abläuft. Die Luftpumpe p steht hinter der Aufschließeinrichtung. Zur Entfettung der Kracklinge dient eine hydraulische Presse q mit Preßpumpe r. Das abgepreßte Gut wird mittels der Mühle s gemahlen und das Mehl mittels eines Elevators t in einen Absacktrichter u gehoben.

Das Rührwerk wird beim Trockenverfahren schon vor Beginn der Beschickung in Gang gesetzt, weil sonst Beanspruchung und Kraftverbrauch beim Anlauf zu hoch werden. Ebenso wird vorher schon Dampf in den Doppelmantel geschickt, damit die Erwärmung des Gutes sofort beginnen kann.

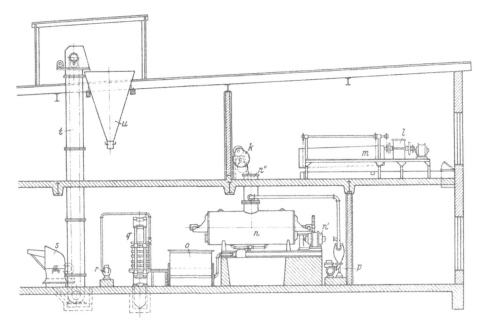

Abb. 354. Schmelz- und Trockenanlage Anco-LAABS mit Abpressen der Rückstände.

4. Iwel-LAABS-Anlage.

Der Aufschließapparat der englischen Anlage (Iwel) unterscheidet sich von dem nach Abb. 353 (Anco) nur durch abweichende Gestaltung der Stirnwände. Bei den Iwel-LAABS-Anlagen wird jedoch das dem Tiermehl anhaftende Fett nicht abgepreßt, sondern durch Abschleudern abgetrennt. Diese Entfettungsart hat den Vorteil, daß mit dem Fett zusammen praktisch keine Faserteile aus den Graxen oder Kracklingen austreten, während das beim Pressen der Fall ist. Ferner sind die Entfettungsschleudern weniger kostspielig. Eine Iwel-LAABS-Anlage ist in Abb. 355 dargestellt.

Die deutsche Lizenznehmerin[1] des Iwel-LAABS-Trockenverfahrens führt den Aufschließapparat im wesentlichen nach der amerikanischen Bauform aus. Die Frage der Art der Entfettung ist von ihr noch nicht endgültig entschieden, jedoch besteht zurzeit mehr Neigung zu dem in Amerika geübten Pressen. Die Entfettungsschleuder ist das billigere Hilfsmittel, aber das geschleuderte Tiermehl weist noch etwa 12—17% Fett auf. Die Entfettungspressen erfordern höhere Anschaffungskosten, leisten jedoch in bezug auf den Entfettungsgrad mehr,

---

[1] Für Mitteleuropa: Rud. A. Hartmann A. G. in Berlin-Rudow.

denn man kann bis zu etwa 6—8% Restfett im Tiermehl gelangen. Allerdings muß das abgepreßte Fett mittels einer Filterpresse gereinigt werden, während beim abgeschleuderten Fett eine Klärung, z. B. durch Dekantieren, genügt.

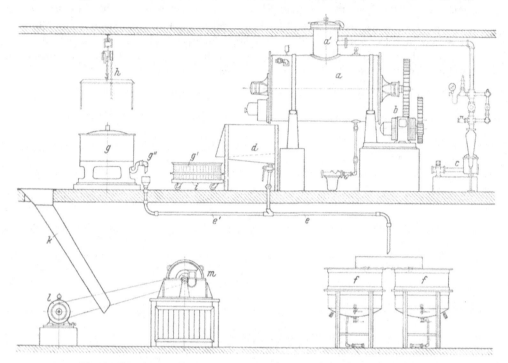

Abb. 355. Schmelz- und Trockenanlage Iwel-LAABS mit Abschleudern der Rückstände.

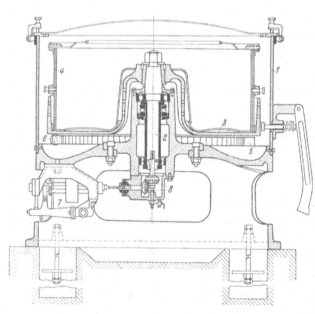

Abb. 356. Entfettungsschleudermaschine Iwel.

In der Abb. 355 ist der mit dem Füllstutzen a' in den Beschickungsraum ragende Aufschließapparat a mit einem Elektromotor b, einer Naßluftpumpe c und einer Aufnahmevorrichtung d ausgerüstet. Das freie Fett läuft durch die Leitung e in zwei wechselweise zu benutzende Klärapparate f; eine Zentrifuge g entfettet die Graxen. Die Trommel g' dieser Schleuder ist aushebbar (Hebevorrichtung h) und wird mittels einer Karre i zur Aufnahmevorrichtung d gefahren, um gefüllt und in die Schleuder g eingesetzt zu werden. Das abgetrennte Fett läuft bei g'' in einen Trichter des zu den Klärbehältern f führenden Rohres e'. Das entfettete Trockenprodukt wird aus der Trommel g' ausgestoßen und über eine Schurre k einer mittels Elektromotors l betriebenen Mühle m zugebracht.

Abb. 356 zeigt eine *Iwel-Zentrifuge*. Im Gehäuse 1 sitzt auf einer fest gelagerten Welle 2 eine Schale 3. Sie nimmt die Schleudertrommel 4 auf und besitzt an ihrer Unterseite eine Turbinenbeschaufelung 5, die von einer Dampfdüse 6 beaufschlagt wird. Ein die Dampfzufuhr bestimmender Regler 7 wird über Kegelräder 8 von der Welle 2 gedreht. Der aus den Turbinenschau-feln abströmende Dampf umspült die Siebtrommel 4 außen und wird durch einen Stutzen am oberen Ende des Gehäuses 1 in einen Kondensator geleitet.

Als Beispiel einer zum Entfetten des Aufschließproduktes der Tierkörperverwertung geeigneten Presse sei die auf S. 663 beschriebene Schneckenpresse von SOHLER genannt, die sich schon seit geraumer Zeit für das Entfetten von Ölsaaten und Früchten bewährt hat. Sehr gut eignet sich auch die noch etwas stärkere Schneckenpresse der Harburger Eisen- und Bronze-Werke A. G. in Harburg-Wilhelmsburg.

5. Umlaufverfahren für die Tierkörperverwertung.

Das jüngste Verfahren zur Gewinnung des Fettes und eines Tiermehles aus Schlachtabfällen ist eine in den V. St. v. A. entwickelte Arbeitsweise, die zutreffend als „Umlaufverfahren" bezeichnet wird[1]. Nach den Angaben des Patentes sollte ursprünglich eine außerhalb der eigentlichen Apparateeinrichtung angeordnete Pumpe das zu behandelnde Gut durch mehrere senkrecht stehende Behälter hindurch in Umlauf setzen. Eines dieser Gefäße war der eigentliche Aufschließapparat, ein stehender Kessel mit zahlreichen, verhältnismäßig engen und vom Heizdampf umspülten Rohren, durch deren Inneres das Gut mit großer Geschwindigkeit hindurchströmen sollte. Das ist ein Wärmeaustauscher der seit Jahrzehnten als ROBERT-Heizkörper für die Verdampfer der Zuckerindustrie benutzten Art, deren Wirkung auch das neue Umlaufverfahren entspricht. Verstopfungen in den Heizkörperrohren und der Pumpe gaben Anlaß zur Schaffung einer verbesserten Verdampferform, die in Abb. 357 und 358 veranschaulicht ist.

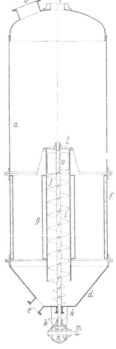

Abb. 357. Aufschließapparat Darling-Bamag mit stetigem Gutumlauf.

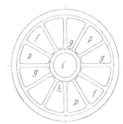

Abb. 358. Waagerechter Schnitt durch den Heizkörper des Darling-Bamag-Apparates.

α) Darling-Verwertungsapparat. Ein senkrechter zylindrischer Kessel a trägt oben einen Füllstutzen b und einen Anschluß c für den Austritt der Koch- und Trockendämpfe, die mittels einer Luftpumpe abgesaugt werden. Der Boden d des Kessels ist kegelig und mit einem Stutzen e zur Entleerung des Aufschließproduktes versehen. Unmittelbar über dem Kegelboden ist der zylindrische Teil des Kessels in beträchtlicher Höhe als stern- oder radartiger Heizkörper ausgebildet, Abb. 358. Ein ringförmiger Dampfraum f unmittelbar an der Kesselwand und ein zweiter ringförmiger Dampfraum h in der Kesselmitte sind durch strahlen- oder speichenartig angeordnete Dampftaschen g miteinander verbunden, so daß allseitig beheizte senkrechte Kanäle p von dreieckigem Querschnitt entstanden sind. Der innere doppelwandige Zylinder h bildet einen Schacht i, in dem sich eine Förderschnecke j befindet, deren Welle unten von einer Stopfbüchse k des Bodens und einem Lager k' gehalten und oben in einer Laterne l (neuerdings durch einen einfachen Querbalken ersetzt) gelagert ist. Eine Welle m versetzt die Schnecke j mittels Kegelräder n in sehr rasche Drehung.

---

[1] D. R. P. 584 478 der Firma Darling & Company in Chicago und Bamag-Meguin A. G. in Berlin.

Der Kessel a wird nicht ganz, sondern knapp zu zwei Dritteln beschickt, und zwar mit sehr gut zerkleinertem Rohgut. Die Schnecke j treibt das im Schacht i enthaltene Gut durch die Fenster o der Laterne l in den Oberraum hinauf, und durch die sektorförmigen Kanäle p sinkt eine entsprechende Menge des Gutes nach unten. Es findet ein dauernder Umlauf statt; die Gesamtmenge soll den Heizkörper stündlich 20 mal durchströmen. Als Heizmittel dient Abdampf von etwa $1/3$ atü, um zu vermeiden, daß die Eiweißbestandteile des Gutes durch eine zu hohe Erhitzung verhärtet werden. Es wird mitgeteilt, daß trotz der geringen Dampftemperatur eine Beschickung von 6000 kg in 3 Stunden fertig aufgeschlossen und entfeuchtet ist,

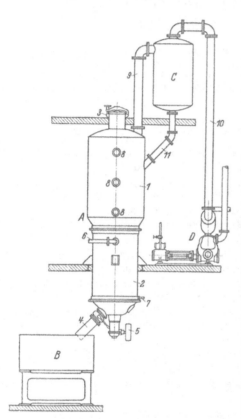

was auf die ununterbrochene Anwendung von Vakuum und auf die häufige Umwälzung des Gutes zurückgeführt wird. Man läßt das bei e entnommene Aufschließprodukt in einem Behälter absitzen, zapft das darin nach oben gelangte Fett ab und preßt die Restmasse in Sonderpressen. Als eigenartiges Merkmal verdient noch der Zusatz von Fett zum Rohgut Erwähnung, das offenbar als „Schmiermittel" zur Erleichterung des Umlaufes wirken soll.

β) *Darling-Anlage.* Abb. 359 zeigt ein Beispiel einer einfachen Darling-Apparatanlage für das Umlaufverfahren. Der Aufschließkessel A beansprucht drei Stockwerke. Sein Oberraum 1 ist hier etwas weiter als der untere Heizraum 2. Der Füllstutzen 3 steckt im Fußboden des dritten Geschosses; der Entleerungsstutzen 4 mündet über einem Absitzbehälter B im untersten Geschoß, wo mittels einer Riemscheibe 5 die Umwälzschnecke des Aufschließkessels angetrieben wird. Im Mittelgeschoß, in dem die Bedienung erfolgt, tritt der Dampf durch ein Rohr 6 in den Heizkörper, um unten durch ein Rohr 7 wieder auszutreten. Schaugläser 8 gestatten die Überwachung der Vorgänge im Oberraum 1. An letzteren ist mittels eines Rohres 9 ein Abscheider C angeschlossen, von dessen höchstem Punkte aus die Abdämpfe durch ein Rohr 10 in eine Naßluftpumpe geleitet werden. Die vom Abscheider C zurückgehaltenen Feststoffe fließen durch ein Rohr 11 in den Oberraum 1 des Aufschließkessels zurück.

Abb. 359. Schmelz- und Trockenanlage Darling-Bamag.

Das Umlaufverfahren ist ein Trockenverfahren mit ausschließlich indirekter Wärmezufuhr. Nur das Wasser wird abgetrieben, und alle Wertstoffe werden wiedergewonnen. In den jetzigen Heizkörperkanälen erscheinen Verstopfungen als ausgeschlossen, und bei genügender Weite der Rohre 4 und 11 wird auch in diesen kein Festsetzen von Gut zu befürchten sein. Die kurze Verarbeitungsdauer und die Schonung der Eiweißbestandteile, wie überhaupt des Gutes, lassen das Umlaufverfahren als sehr günstig erscheinen; weniger erwünscht ist die sehr große Bauhöhe der Anlage. Ob aber das Verfahren für die Tierkörperverwertung allgemein anwendbar ist, wird erst die Erfahrung lehren müssen. Die niedrige Heizmitteltemperatur verbürgt nach den heute geltenden Anschauungen und Erfahrungen keine sichere Sterilisation. Die Abtötung von Seucheerregern und namentlich ihrer Dauerformen, wie z. B. Milzbrandsporen, verlangt mindestens 120° C, und es ist noch nicht zu erkennen, wie man an dieser wissenschaftlichen Feststellung und Forderung vorbeikommen will. Der Dampf von $1/3$ atü besitzt nur rund 113⁰ C, so daß das Gut kaum höher als auf 100⁰ C erhitzt wird. Ein weiterer, für die Tierkörperverwertung erheblicher Nachteil besteht in dem unbedingten Zwange zu einer sehr weitgehenden Zerkleinerung des Rohgutes.

d) Erzeugnisse der Tierkörperverwertung.

Menge und Güte der *Erzeugnisse der Tierkörperverwertung* schwanken, weil das Rohgut nicht in gleichbleibender Art und Beschaffenheit zur Verfügung steht. Die Unterschiede sind meistens so bedeutend, daß es sich empfiehlt, die Ausbeuten der einzelnen Beschickungen möglichst weitgehend zu vermischen, um eine annähernd gleichmäßige Ware zu haben.

1. Das Fett.

Das *Fett* aus Tierkadavern dient ausschließlich technischen Zwecken: der Seifen-, Kerzen- und Schmiermittelherstellung. Die Ausbeute richtet sich nach dem Fettgehalt des Rohgutes, dessen Zustand (frisch oder im Beginn der Zersetzung) und dem durch die Bearbeitung erzielten Entfettungsgrade. Sie liegt etwa zwischen 5% und 20%. Der Handel bewertet die Fette im allgemeinen nach dem Gehalt an Verseifbarem, nach der Farbe und dem Schmelzpunkt. Ordnungsmäßig gewonnenes Fett aus Durchschnittsrohgut besitzt keinen vordringlich unangenehmen Geruch. Die Verseifungszahlen unterscheiden sich bei den besten technischen Fetten nicht wesentlich von denen der reinen, also nicht aus Abfällen gewonnenen Fette. Der Schmelzpunkt wechselt stark mit der Sorte und daher ist (namentlich, wenn häufig Pferdekörper zu verarbeiten sind) das Mischen sehr wichtig. Die Farbe der lediglich durch Wärme (Naßverfahren, Trockenverfahren) ausgeschmolzenen Fette kann der Farbe reiner Fette gleicher Sorte sehr nahe kommen. Beim Vermischen ergibt sich, je nach dem Überwiegen der einen oder anderen Hauptsorte (Rindertalg, Schweinefett, Hammeltalg, Pferdefett), eine mehr helle oder dunkelgelbe Farbe mit leichtem grauen Ton. Bei den Extraktionsfetten (Benzinfette) wechselt die Farbe von Gelb über Braun bis Schwarz; ihr Marktwert ist daher geringer.

2. Die Tiermehle.

Die Ausbeute hängt außer von der Zusammensetzung des Rohgutes vom Verarbeitungsverfahren ab. Das Naßverfahren ohne Mitverarbeitung der Fleischbrühe bringt die geringsten Mehlmengen: etwa 14—16%; das Trockenverfahren liefert die höchsten Mengen: etwa 25—30% des Einsatzes. Wie ungleich die mit sehr gutem Erfolg als Futtermittel dienenden Mehle je nach dem Rohgut und der Herstellungsweise sind, lassen die nachstehenden Grenzzahlen aus Untersuchungen von sieben verschiedenen Tiermehlen[1] erkennen:

Wasser .... 6,83—12,78%
Rohprotein .... 45,87—65,39%
Reineiweiß .... 36,83—60,05%
Amide............................. 2,33—20,50%
Stickstofffreie Extraktstoffe .... 0,00— 3,64%
Rohfett .... 3,90—23,10%
Mineralstoffe .... 4,44—30,36%
Phosphorsaurer Kalk .... 14,85—27,61%

Hinsichtlich der Verdaulichkeit bestehen ebenfalls beachtliche Unterschiede. Hier zeigen sich die Benzinmehle den „Dampfmehlen", d. h. den durch das Naßverfahren gewonnenen Tiermehlen überlegen.

---

[1] F. HONCAMP: Die tierischen Abfallstoffe Blutmehl, Fleischmehl, Tierkörpermehl und Waltiermehl in bezug auf ihre Zusammensetzung, Verdaulichkeit und ihren Wert als Futtermittel in der landwirtschaftlichen Nutzviehhaltung. Berlin: Paul Parey. 1932.

III. Die Gewinnung der Seetieröle.

Von TH. ARENTZ, Oslo, und J. LUND, Fredrikstad[1].

In diesem Abschnitt wird nur das Wichtigste über die Trangewinnung mitgeteilt. Die industriell verwerteten individuellen Seetieröle und sonstigen Fischöle werden im zweiten Band beschrieben.

Noch vor wenigen Jahrzehnten stellten die Trane widerlich riechende Produkte dar, welche infolge unsachgemäßer Gewinnung aus mehr oder weniger verdorbenen Rohstoffen, bei ihrem hohen Gehalt an höher-ungesättigten Fettsäuren wenig haltbar waren; es bestand für sie nur eine beschränkte Verwendungsmöglichkeit.

Seit Inangriffnahme der Ölhärtung nach dem von W. NORMANN erfundenen Verfahren haben sich die Verhältnisse gänzlich geändert. Die Gewinnungsmethoden wurden wesentlich verbessert, die Seetierölproduktion ist außerordentlich gestiegen. So sind an Waltran allein im Jahre 1931 gegen 600 000 tons erzeugt und beinahe restlos von der Fetthärtungsindustrie aufgenommen worden. Oxydierte und hochsäurige Trane sind für die Härtung ungeeignet, die Gewinnung der Öle aus verdorbenen, teilweise in Fäulnis und Verwesung übergegangenen Rohstoffen mußte aufgegeben werden.

Die gehärteten Wal- und sonstigen Seetieröle sind vorzügliche Rohmaterialien für die Fabrikation von Margarine, Kunstspeisefetten, Seifen und anderen wichtigen Erzeugnissen. Man verwendet zur Härtung Trane von heller, namentlich nicht rötlicher Farbe, die hauptsächlich aus der Speckschicht („blubber") oder aus ganzen Tieren gewonnen werden. Die Rückstände der Trangewinnung werden oft als Futter- oder Düngemittel verwertet.

Nach dem Gewinnungsverfahren, zum Teil auch nach der Lokalisierung des Fettes im Tiere, lassen sich die Trane in folgende Gruppen einteilen:

A. *Öle aus meerbewohnenden Säugetieren* (Waltran, Robbentran);
B. *Fischöle* (Heringsöl, Menhadentran, Sardinentran usw.);
C. *Fischleberöle* (Dorsch-, Kohlfisch-, Eishai-, Heilbuttleberöl);
D. *Extraktionstrane* (meist Gemische mehrerer Fischöle).

A. Öle der meerbewohnenden Säugetiere.

1. Gewinnung von Waltran.

Die Gewinnung des Öles aus dem Speck der Walfische ist eine Jahrhunderte alte Industrie. Für das Ausschmelzen des Trans verwendete man früher mit direktem Feuer geheizte Töpfe und Kessel. Mit der Aufnahme des modernen Walfanges an der norwegischen Küste (etwa um das Jahr 1870) ging man dazu über, die Speckteile in Landfabriken mit offenem Dampf auszukochen. Die übrigen Körperteile wurden mit gespanntem Wasserdampf behandelt, nach Methoden, welche der Kadaververwertung (s. Kap. II, S. 817) entnommen waren. Als aber die Walfische nahe der Küste selten zu werden anfingen, mußte man mit offenen Kesseln zum Speckauskochen ausgerüstete Schiffe nach dem Eismeer entsenden.

Die weitere Entwicklung dieser Industrie hängt zeitlich mit der Aufnahme des Walfangs im südlichen Eismeer (im Jahre 1906) aufs engste zusammen;

---

[1] Herr Dr. LUND hatte die Freundlichkeit, die von Herrn Dipl.-Ing. ARENTZ begonnene, aber wegen anderweitiger Inanspruchnahme unterbrochene Arbeit zu vollenden.

der pelagische Fang hat namentlich in den letzten zehn Jahren eine gewaltige
Höhe erreicht.

Die gesamte Waltranerzeugung der Welt betrug bereits im Jahre 1926
200 000 tons, sie stieg 1930 auf 460 000 tons, im Jahre 1931 auf 600 000 tons
und mußte wegen des bedrohlichen Verschwindens der Tiere im Jahre 1932
auf 150 000 tons reduziert werden. Im Jahre 1934 erreichte sie aber wiederum
die Höhe von zirka 400 000 tons (2 478 348 Barrels). Hauptfanggebiet ist das Süd-
Eismeer, auf das in den letzten Jahren etwa 95% der Gesamtproduktion entfielen.
Es arbeiten dort hauptsächlich Kochereischiffe, welche mit der zur Trangewinnung erforderlichen Apparatur ausgerüstet sind und keine feste Hafenbasis
haben.

Eine Walfangexpedition besteht aus dem Kochereischiff mit einer Ladungs-
kapazität von 6000—24 000 tons und 3—8 Fangschiffen (Walbooten). Letztere
haben gewöhnlich eine Länge von 40—50 m und sind vorne mit einer Har-
punenkanone ausgerüstet. Die mit Sprenggranaten versehenen Harpunen sind
mittels Leine mit dem Mutterschiff verbunden. Die Granaten kommen erst
nach Eindringen in das Tier zur Explosion. Das durch Abschießen der Harpune
getötete Tier wird mit Hilfe der Leine längsseits des Fangschiffes nach dem
Kochereischiff geschleppt.

Durch geeignete Hebevorrichtungen wird der erlegte Wal an Deck des
Kochereischiffes, der schwimmenden Ölfabrik, gebracht. Hier beginnt das Ab-
specken des Tieres, wozu man große, krumme, mit Holzschaft versehene
Messer (Flensmesser) verwendet; die Messer dienen gleichzeitig zum Schneiden
und Hauen der Speckschicht. Die meist 5—20 cm starke Speckschicht wird
in der Längsrichtung vom Tier abgezogen und in Streifen von 50—75 cm
Breite zerschnitten. Es folgt die weitere Aufteilung des Tieres, das heißt Ab-
schneiden des Schwanzstückes (etwa 10 tons), Abtrennen des Kopfes, Ablösen
der mehrere tons schweren, fettreichen Zunge, Herausnehmen der Eingeweide,
Abfleischen des Knochengerüsts. Die Knochen werden dann mit Hilfe dampf-
getriebener Sägen zerteilt.

Der früher häufig gefangene Grönlandswal ist heute fast vollkommen aus-
gerottet. Auch der Bestand an Buckelwalen, welche in den Jahren 1905 bis
1915 größere Bedeutung für den Fang hatten, ist jetzt stark zurückgegangen.
Der Seiwal und der kalifornische Grauwal werden jetzt nur selten angetroffen.

Von den großen Bartenwalen werden in großen Mengen der Blau- und
Finnwal gefangen. Aus der Gruppe der Zahnwale spielt für den Fang der Pottwal eine Rolle. Diese Tierart liefert aber ein an Wachsestern sehr reiches Fett
und kann deshalb nicht gemeinsam mit den übrigen Walarten, deren Öle glyzeri-
discher Natur sind, verarbeitet werden.

Bis zu 1905 wurden die Bartenwale fast ausschließlich in den nördlichen Meeren
gefangen. Während einer kurzen Periode hatte der Fang in den afrikanischen Gewässern eine gewisse Bedeutung, er hat sich aber in den letzten zehn Jahren nach dem
südlichen Eismeer verschoben, wo verschiedene Stämme des Blau- und Finnwals
leben. Das südliche Eismeer wurde in fünf Fanggebiete geteilt:

Bezirk 1.   Die Küste von Süd-Shetland, 70⁰ West;
  „   2.   „   Meeresstrecke von 70⁰ West bis 0⁰;
  „   3.   „   „   „   0⁰ bis 70⁰ Ost;
  „   4.   „   „   „   70⁰ Ost bis 130⁰ Ost;
  „   5.   „   „   „   130⁰ „   „ zum Roßmeere.

In den Bezirken 1, 2 und 5 ist viel gefangen worden, der Walbestand ist dort
stark zurückgegangen. In den Bezirken 3 und 4 wird der Fang erst seit etwa fünf
Jahren betrieben. Aber auch hier nimmt der Tierbestand ab, die Produktion wird
sich auf die Dauer nicht auf der Höhe der letzten Jahre aufrecht erhalten lassen.

Am fettreichsten ist die Speckschicht („blubber") der Waltiere; der Rücken-
speck enthält meist 60—70% Fett. Der etwa 15—25% Bindegewebe enthaltende
Speck ist sehr zähe und zerfällt erst nach einem etwa zehnstündigen Kochen
mit offenem Dampf. Bei einem Überdruck von 3—4 Atmosphären geht das
Auflösen des Bindegewebes viel schneller vor sich.

Auch die Zunge und Eingeweide sind sehr fettreich, aber stärker von Sehnen
und Fleischfasern durchsetzt. Ein Ausschmelzen mit offenem Dampf genügt
hier meistens nicht, für die Fettabsonderung muß gespannter Wasserdampf
in Druckkesseln zur Anwendung kommen. Bei gutem Ernährungszustande des
Walfisches enthält sowohl das Knochengerüst als auch das Fleisch bedeutende
Fettmengen. Der Fettgehalt der Walfische ist ferner je nach dem Ernährungszustand, Geschlecht, Alter usw. sehr verschieden. Insbesondere sind die träch-
tigen Wale sehr fett, während milchgebende Muttertiere meistens abgemagert
sind und wenig Fett liefern (Näheres in Band II). Im Durchschnitt gibt ein

Abb. 360. Walspeckpressen.

Blauwal aus dem Südeismeer etwa 100 Faß oder 17 Tonnen Tran. Von dieser Menge
macht der Specktran ungefähr die Hälfte aus.

Die Apparatur für die Waltrangewinnung hat sich verschiedenartig entwickelt, je nachdem es sich um die Aufarbeitung des Specks oder der anderen
Körperteile handelt; der Speck ist am leichtesten zu entölen, in der ersten Fang-
zeit wurde deshalb auch nur der Speck verwertet. Von kleinen, direkt beheizten
Töpfen ging man zu vertikalen, zylindrischen, schmiedeeisernen Kesseln über.
Der Speck wurde durch rotierende Speckhackmaschinen in Stücke von etwa
15 × 15 × 8 cm zerkleinert und diese in die Schmelzkessel gebracht. Durch ein
10—12 stündiges Ausschmelzen mit offenem Dampf gelang es, etwa 80—85%
des Gesamttranes zu gewinnen. Nach dem Kochen überläßt man den Kesselinhalt der Ruhe und führt das vorgeklärte Öl besonderen Feinklärvorrichtungen
zu. Dieses Verfahren zeigte einige Vorteile, indem es helle Trane liefert, mit
einem niedrigen Fettsäuregehalt. Auch ist die Apparatur einfach und konnte
leicht an Bord der Schiffe eingebaut werden. Anderseits wurde viel Dampf
verbraucht, und das Ausschmelzen des Tranes nahm viel Zeit in Anspruch.

Wird der Speck vor dem Schmelzen vermahlen, so läßt sich die Schmelzdauer auf etwa 2—3 Stunden abkürzen. Sehr schwierig war es, geeignete Zerkleinerungsmaschinen für den Speck zu finden, weil er sehr zähe ist und auch

oft Sprengstücke der Granaten enthält. Als brauchbar haben sich die *Wal-speckpressen* der A/S Myrens Verksted, Oslo, erwiesen (Abb. 360).

Abb. 361 zeigt die Pressen an Bord eines Kochereischiffes. Diesen Pressen, welche etwa 6 tons Speck pro Stunde zu verarbeiten vermögen, wird das zuvor in der Speckhackmaschine vorzerkleinerte Gut zugeführt. Beim Durchgang zwischen den Walzen werden die Fettzellen teilweise geöffnet, und die Masse fließt als Brei zu den Kochbehältern, wo das Ausschmelzen jetzt in kurzer Zeit vor sich gehen kann. Eine ganz befriedigende Ausbeute ist selbst bei diesem Verfahren schwer zu erreichen, und das Ausschmelzen mit offenem Dampf ist nach und nach aufgegeben worden.

Abb. 361. Walspeckpressen an Bord eines Kochereischiffes.

Die *Hochdruckdämpfer* (*Digestoren*), wie sie bei der Kadaververwertung verwendet werden, sind ganz allgemein für die Waltrangewinnung über-nommen worden, und zwar nicht nur bei der Knochen- und Fleischverarbei-tung, sondern auch beim Auskochen des Specks. Es sind zwei verschiedene Konstruktionen in Gebrauch, die stehenden Preß- oder Druckkocher und die liegenden, innen mit Siebtrommel ausgestatteten, rotierenden, meist kontinuier-lich arbeitenden Apparate.

Die ersteren werden auf den modernen Kochereischiffen hauptsächlich für die Ölgewinnung aus Knochen (aber auch Speck und Fleisch) verwendet und sind den bekannten Apparaten der Knochenfettgewinnung sehr ähnlich. Die vertikalen Druckkocher von 4—6 m Höhe und 3 m Durchmesser sind mit einem Siebboden ausgestattet. Am Deckel befindet sich eine große Öffnung für den Durchlaß der Walrückenwirbel und sonstige Knochen. Die ausgekochten Rückstände werden unten durch ein Mannloch herausge-schaufelt. Zum Abziehen vom Öl und Leimwasser dient eine Anzahl kleiner Hähne.

Die Digestoren sind für einen Betriebsdruck von 4—6 Atmosphären gebaut. Das Kochen kann 2—16 Stunden dauern, je nach der Art des Rohmaterials.

Das Öl wird meistens nach und nach abgezogen, um nicht durch die hohe Temperatur verfärbt zu werden. Immerhin gibt das Verfahren nie so helle Öle, wie man sie in offenen Kochern erhält. Man spart aber an Dampf und Zeit und erreicht eine höhere Ausbeute.

Auch die liegenden, rotierenden Apparate werden jetzt bei der Waltrangewinnung vielfach verwendet, am häufigsten die kontinuierlich arbeitenden *Extraktoren von Rud. Hartmann* (s. Abb. 346 a und b) und die *Kværner-Apparate*. Die Konstruktion des Kværner-Extraktors und des Ölabscheiders folgt aus der Abb. 362. Der Extraktor ist, wie man sieht, mit einer Siebtrommel und einem Rührwerk ausgerüstet, welcher das Gut umwälzt und zerkleinert. Dadurch wird die Kochzeit stark abgekürzt und die Kapazität der Apparate sehr gesteigert.

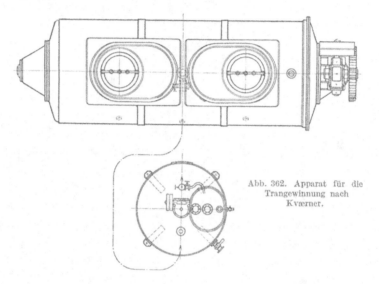

Abb. 362. Apparat für die Trangewinnung nach Kværner.

Die von den Apparaten abgezogenen Trane enthalten noch Reste von Leimwasser und Fleischfaser, die für die Haltbarkeit der Öle eine Gefahr bilden. Das Öl muß deshalb vollständig geklärt werden. Auf den Landstationen geschieht dies in großen Klärgefäßen. Auf den Kochereischiffen, wo der Platz sehr beschränkt ist, mußte von dieser Methode Abstand genommen werden, und man ging zur Klärung mit großen Zentrifugen über. Diese haben sich als sehr geeignet erwiesen und liefern ein reines, haltbares Öl. Die Leistungsfähigkeit eines solchen Separators beträgt etwa 2—3 tons pro Stunde. Das fertige Öl geht jetzt nach den großen Lagerbehältern (Lagertanks) der Kocherei.

Die handelsüblichen Waltranqualitäten werden wie folgt definiert:

Waltran Nr. 0—1 darf nicht über 2% freie Fettsäure enthalten;
   „   „   2 mit 2— 6% freie Fettsäure;
   „   „   3 „ 6—15%   „   „   ;
   „   „   4 „ 15—30%   „   „   .

Bei den zwei ersten Qualitäten ist $^1/_2\%$ Wasser und Schmutz zulässig, gegen 1% bei Nr. 3 und 4. Bei der Qualitätsbeurteilung spielt auch die Farbe des Tranes eine wesentliche Rolle. Heutzutage kommen fast nur frisch gefangene Walfische zur Verarbeitung, die die Qualitäten 0—1 liefern. Die Unternummer 3 und 4, die aus alten, verfaulten Walkadavern erhalten wurden, sind aus dem Handel fast gänzlich verschwunden. Die Waltrane des Handels sind Gemische von Speck-, Knochen- und Fleischölen. Die Kennzahlen der Waltrane des Handels werden sowohl durch die Vermischung der Öle aus verschiedenen Körperteilen als auch durch Art- und Stammesunterschiede beeinflußt.

Auf Kochereischiffen werden die Rückstände der Trangewinnung meist weggeworfen, auf den Landstationen werden die Rückstände aus Knochen und Fleisch weiter verarbeitet, und zwar werden sie getrocknet und gemahlen, um *Walfuttermehl*, *Walguano* und *Walknochenmehl* zu erzeugen.

Als Trockner verwendet man meistens schwach geneigte rotierende Trommeln, etwa 10 m lang, 2 m im Durchmesser, welche direkt beheizt werden.

Das Mehl wird gesiebt und die noch vorhandenen größeren Klumpen werden durch einen Desintegrator geschickt. Nach Verarbeitung von frischem Fleisch ist die Ware als Futtermehl brauchbar und wegen des hohen Proteingehalts geschätzt. Abfallende Fleischrückstände werden meistens mit Knochen vermischt, getrocknet und als Walguano verkauft. Die Knochen werden auch für sich verarbeitet und kommen dann als Walknochenmehl auf den Markt. Nebenstehend seien einige Durchschnittszahlen aus den Analysen dieser Produkte angegeben.

	Protein	Fett	Phosphorsäure
	in Prozenten		
Walfuttermehl	70	17	2
Walguano	50	15	10
Walknochenmehl	20	12	25

Auf den modernen Kochereischiffen hat die Mehlherstellung bis jetzt wegen des beschränkten Raumes nur selten Eingang gefunden, wie bereits erwähnt.

2. Die Gewinnung der Robbentrane.

Auch die Industrie der Robbentrane ist alt. Die Walfänger betrieben in früheren Zeiten nebenbei den Robbenfang; das Öl wurde in genau der gleichen Weise gewonnen wie Waltran.

Heutzutage findet der Robbenfang sowohl in den arktischen als in den antarktischen Gewässern statt. Bei Nowaja Semlja, Murmansk, Grönland und Neufundland wird die Grönlandsrobbe und teilweise auch die Klappenrobbe erbeutet. Mit kleinen Motorschiffen werden die Robben im Packeis aufgesucht. Die Tiere gehen auf das Eis und werden hier erschossen oder mit Knüppeln totgeschlagen. Das Fell samt Speck wird vom Leibe abgezogen, der Speck vom Fell abgeschabt. Der Speck wird selten an Bord der Schiffe verarbeitet, sondern in großen Behältern aufbewahrt, um erst nach der Rückkehr des Schiffes in einer Landanlage ausgeschmolzen zu werden. Das Speckgewebe ist sehr lose und fettreich (etwa 80%); es zerfällt zum großen Teil schon während der Aufbewahrung an Bord. Das Ausschmelzen des Tranes geschieht mit direktem Dampf in offenen Kesseln, wie früher bei der Walspeckverarbeitung. Die Rückstände werden weggeworfen.

Die Robbentrane sind hell, aber wegen der Lagerung des Specks steigt der Gehalt an freien Fettsäuren bisweilen bis auf 8—10%.

In den südlichen Gewässern bei Süd-Georgien und Kerguelen werden andere Robbenarten, und zwar hauptsächlich die See-Elefanten erbeutet. Es sind dies große Tiere, die in der Paarungszeit ans Land gehen und hier erschossen werden. Der Speck wird abgezogen, zerschnitten und in offenen oder geschlossenen Kesseln mit Dampf ausgeschmolzen. Ein Tier soll etwa 80 kg Tran liefern.

Die arktischen und antarktischen Robbenöle sind in bezug auf Zusammensetzung und Qualität nicht sehr verschieden. Dieselben Faktoren, die die Waltrankennzahlen beeinflussen, spielen jedoch auch hier eine Rolle.

Die Trane kommen, ähnlich den Waltranen, als Qualität Nr. 1 und 2 auf den Markt. Die Farbe ist, wie bei sonstigen Speckölen, meistens gut, die Öle sind in der Fetthärtungsindustrie verwendbar. Die Bewertung geschieht nach dem Fettsäuregehalt und nach der Farbe.

B. Fischöle.

(Heringsöle, Menhadenöle u. dgl.)

Von technischer Bedeutung sind die Herings-, Menhaden- und Sardinenöle.

Die Trane werden aus den ganzen Fischen gewonnen, hauptsächlich durch Auskochen und Abpressen vom Rückstand, teilweise auch durch Extraktion mit Lösungsmitteln. Das Fischfleisch zerfällt vollständig beim Kochen, die Verwendung von gespannten Wasserdämpfen ist überflüssig. Die Fische gehen leicht in Verwesung über und müssen deshalb so schnell wie möglich verarbeitet werden. Je länger sie nach dem Fange gelagert werden, um so schlechter ist die Tranqualität.

Man fängt die Fische mit großen Netzen teils an der Küste und teils im offenen Meere. Die Rohware ist oft mehrere Tage unterwegs zu den Fabriken. Meist erfolgt auf einmal ein großer Fischfang, so daß die Rohware in großen Mengen den Anlagen zugeführt und hier in großen, offenen, hölzernen Kasten aufgespeichert wird. Um die Fische während der Lagerung einigermaßen zu konservieren, setzt man oft bedeutende Salzmengen zu (z. B. 5%), was auch für die später zu erfolgende Bearbeitung Vorteile bietet.

Der Fettgehalt wechselt stark mit den Jahreszeiten. Am fettreichsten sind die Fische während der Sommer- und Herbstmonate, wenn sie reichlich Nahrung finden. In den Wintermonaten magern sie ständig ab.

Parallel mit der Heringsölindustrie hat sich die Fabrikation von Menhaden- und Sardinenöl entwickelt.

In den Sommer- und Herbstmonaten werden von Nord-Norwegen aus die Fett-heringe gefangen, von Island aus die sog. Island-Heringe. „Groß-Heringe" kommen an der norwegischen Küste in der Laichzeit, d. h. im Dezember/Januar, vor. Diese werden später, im Februar/April, als „Frühlings-Heringe" gefangen. Der Fettgehalt kann von 20% im Sommer auf 3% im Winter heruntergehen (s. Tab. 94 und 95).

Bei den früheren primitiven Fischereimethoden und dem unsicheren Zugang der Rohware mußten die Verwertungsanlagen so einfach wie möglich ausgestaltet werden, um auch bei kurzer Betriebsdauer wirtschaftlich arbeiten zu können. Man verwendete für die Ölgewinnung offene Kochkessel und offene hydraulische oder Schraubenpressen. Die Heringe wurden in direkt beheizten Kesseln in Salz- oder Süßwasser gekocht, wodurch ein Teil des Öles ausgeschieden wurde. Aus den Rückständen wurde durch Pressung weiteres Öl gewonnen.

Tabelle 94. Größe und Fettgehalt von norwegischen Heringen in der Jahreszeit Mai/Dezember (nach H. Bull: Aarsberetning vedr. Norges fiskerier 1894/1923).

Länge in cm	Fettgehalt						
	Mai	Juni	Juli	August	September	Oktober	November
15	4,08	4,79	—	—	—	—	—
16	5,55	6,34	—	—	—	—	—
17	6,96	6,43	—	8,85	—	—	—
18	8,04	8,13	11,71	9,16	8,93	—	—
19	8,51	9,23	12,80	11,4	7,00	8,26	—
20	8,82	14,23	14,66	11,19	10,79	11,04	—
21	7,62	14,33	14,68	11,34	12,70	11,28	—
22	7,50	—	11,73	13,38	15,38	12,88	15,24
23	—	—	—	15,94	15,11	13,32	12,47
24	—	—	—	19,22	16,84	15,64	11,59

Tabelle 95. Fett- und Proteininhalt von 1—4jährigen Heringen, an der Küste Nord-Norwegens gefangen. (Nach T. LEXOW: Nord-Norges Sildoljeindustri).

Datum des Fanges	1 Jahr 10—11 cm		2 Jahre 14—16 cm		3 Jahre 19—20 cm		4 Jahre 21—23 cm	
	Fett	Protein	Fett	Protein	Fett	Protein	Fett	Protein
	in Prozenten							
4. 10. 1921.........	—	—	11,31	16,84	14,31	16,78	14,99	17,18
21. 10. 1921........	—	—	9,87	16,92	12,49	17,31	—	—
10. 12. 1921........	—	—	7,16	16,84	8,70	17,15	9,95	17,27
7. 1. 1921..........	2,00	16,02	2,35	16,85	4,98	17,02	3,80	17,13
13. 1. 1922.........	1,90	16,21	2,66	16,82	3,34	16,95	2,34	17,08
20. 2. 1922.........	—	—	2,58	16,71	3,45	16,92	2,46	17,18
7. 3. 1922..........	—	—	2,58	16,05	3,70	16,85	2,10	17,00
12. 7. 1922.........	—	—	10,82	16,38	13,78	16,87	17,20	17,00
19. 8. 1922.........	—	—	12,70	16,60	15,92	17,20	19,35	17,10
28. 9. 1922.........	—	—	12,36	17.11	14,43	17,45	18,10	17,62
5. 10. 1922.........	—	—	10,27	16,85	12,00	17,29	14,48	17,48
12. 10. 1922........	4,11	16,38	7,09	16,42	7,92	16,92	—	—
20. 10. 1922........	4,21	16,38	10,89	17,00	13,54	17,51	16,16	17,53
26. 10. 1922........	4,92	16,10	7,98	16,3	8,05	16,90	—	—
15. 11. 1922........	—	—	13,20	16,90	15,20	17,08	18,24	17,35
5. 2. 1923..........	—	—	2,10	16,51	3,85	16,62	2,70	17,80
20. 8. 1923.........	5,11	16,16	12,99	17,01	18,35	17,15	—	—
21. 12. 1923........	1,84	16,00	2,82	16,05	3,68	16,24	—	—
3. 1. 1924..........	—	—	2,73	16,00	5,72	17,11	—	—
Durchschnitt	3,44	16,18	8,91	16,78	11,38	17,13	12,63	17,39

Später gelangten stehende zylindrische Kochkessel zur Verwendung, in welchen die Heringe, nach Übergießen mit Wasser etwa 20—30 Minuten mit offenem Dampf gekocht wurden. Die Kessel hatten einen Umfang von zirka 3 m³ und waren 10 cm oberhalb des Bodens mit Siebböden versehen. Nach Auskochen wurde Öl und Wasser unten abgezogen und in Klärbehälter geleitet. Die Rückstände wurden in Preßtücher aus grobem Leinengewebe gepackt und zwischen die Preßplatten eingelegt. Von fettem Rohstoff darf nur wenig in die Tücher geschlagen werden, wenn man eine hohe Ölausbeute erreichen will. Der Druck soll in den Pressen nur ganz langsam ansteigen, weil die Tücher sonst bersten können. Sowohl das Kochen als das Pressen erfordert eine gewisse Übung. Die Fische dürfen nicht zu stark durchgekocht sein, weil dadurch die Pressung schwieriger wird. Meistens wird so lange gepreßt, bis der Fettgehalt der getrockneten Masse auf etwa 10% reduziert ist. Die Ölwassermischung wurde durch Absitzenlassen geklärt, der Preßrückstand durch eine Zerreißmaschine geschickt, getrocknet und gemahlen.

Mit dem Aufblühen der amerikanischen Menhadenölindustrie wuchs der Bedarf an billiger arbeitenden Maschinen mit größerer Produktionskapazität. Eine Lösung brachte die Einführung der *kontinuierlich arbeitenden Schraubenpressen*. Die ersten Pressen dieser Art wurde vom Kapitän BUSSELS und dem Deutschamerikaner WALKER konstruiert. Die Verfahren wurden von der American Press Oil Co. in New York und Edw. Renneburg & Sons in Baltimore übernommen. Jetzt werden Maschinen nach diesem sogenannten amerikanischen System auch in anderen Ländern hergestellt.

Die Fabrikation besteht in folgenden fünf Operationen:

Das Kochen der Fische.
Das Pressen der Fische.
Die Abklärung des Öles.
Die Trocknung der Rückstände.
Die Mahlung der Rückstände zu Mehl.

Sowohl die Kochvorrichtungen als auch die Schraubenpressen und Trockenapparate arbeiten kontinuierlich. Die Konstruktion der Apparatur ist aus den
Abb. 363 und 364 zu ersehen.

Abb. 363. Schraubenpressen für die Heringsölgewinnung.

Der Kochapparat (Ausführung A/S Myrens Verksted, Oslo) ist aus schweren
Stahlplatten gebaut. Der Deckel besteht aus mehreren Teilen, welche zwecks
Kontrolle und Reparaturen abgenommen werden können. Eine Schnecken-

Abb. 364. Kontinuierlich arbeitender Kochapparat zur Heringsölgewinnung.

anordnung treibt während des Kochens die Masse vorwärts und besorgt gleichzeitig eine gewisse Zerkleinerung des Rohmaterials. Der Dampf wird durch
den Boden der Kochrinne eingeführt, und es wird derart gearbeitet, daß die
Heringe am Ausflußende des Apparates völlig durchgekocht sind. Der Herings-
brei wird durch ein Becherwerk nach der Presse befördert. Diese besteht aus

einem konischen Zylinder, in welchem sich eine endlose Schnecke fortbewegt. Der Zylinder ist der Länge nach aus Stahlstäben mit trapezförmigem Durchmesser zusammengebaut. Der Druck steigt allmählich gegen das Ausflußende. Öl und Wasser fließen zwischen den Stäben stetig aus. Solche Apparate werden meistens für eine Kapazität von etwa 100 tons Fisch pro 24 Stunden gebaut. An Hand der Abb. 365 sei der volle Arbeitsgang geschildert.

Der Rohstoff wird, falls größere Fische zur Verarbeitung gelangen, in der Hackmaschine (1) vorzerkleinert und dann durch das Becherwerk (2) zum kontinuierlichen Kocher (3) geführt. Für kleinere Fische, wie Heringe, wird die Hackmaschine nicht verwendet. Im Kocher wird der Rohstoff mittels direkten Dampfes gekocht und mit der Transportschnecke den kontinuierlichen Schneckenpressen (5) zugeführt. Hier wird das Öl und Wasser ausgepreßt und nach den Empfangsbehältern (14) geleitet. Das Öl wird hier abgezogen und zwecks Klärung in die Ölabscheider (15) geleitet. Die Preßrückstände gehen aus der Schneckenpresse zu den Zerreiß-

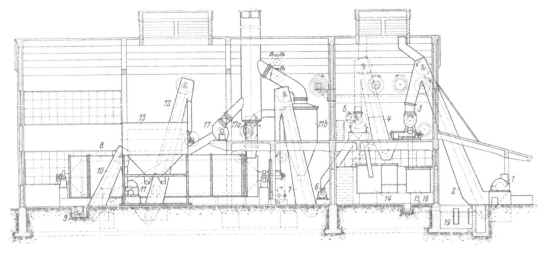

Abb. 365. Anlage zur kontinuierlichen Gewinnung von Heringsöl.

maschinen (6), werden hier zerkleinert und dann durch den Elevator (7) nach dem Trockner (8) befördert. Der Trockenapparat ist als eine rotierende, mit Heißluft beheizte Trommel ausgeführt. Die Heißluft wird im Heißluftofen (18) erzeugt und mittels des Ventilators (17) in den Heizmantel der Trommel eingesaugt. Die Abgase werden vom Ventilator abgesaugt und durch einen Staubsammler (17B) nach dem Schornstein geleitet. Die getrockneten Preßrückstände werden durch eine Kühlschnecke (9) und einen Elevator (10) nach der Mühle geleitet und das gemahlene Fischmehl mit dem Elevator (12) nach der Siebtrommel (13) geführt, die gröberen Anteile nochmals in die Mühle gebracht. Das in den Empfangs- und Separationsbehältern abgeschiedene Leimwasser wird in die Leimwasserbehälter (19) geführt, hier von den sich noch ausscheidenden Ölresten befreit und dann nach dem Abzug geleitet.

Das Öl-Wasser-Gemisch verläßt die Pressen als eine Emulsion von 80—90° C, die meistens sauer reagiert. Die Empfangsbehälter für die Emulsion sind nach dem Prinzip der Fettabscheider gebaut, mit Überlauf für das Öl. Hier findet bereits eine Vorklärung statt und die mitgerissenen festen Teile sinken teilweise als voluminöser Satz zu Boden. Die eigentliche Klärung des Öles erfolgt später. Zuerst wird nämlich das Öl mit direktem Dampf im offenen Kessel etwa $1/_2$ Stunde gekocht, um die Haltbarkeit des Öles zu steigern. Durch den Dampf werden Ammoniakseifen gespalten und das Ammoniak zum Entweichen gebracht. Ferner koagulieren teilweise die gelösten Eiweißkörper, und Bakterien sowie Enzyme werden zerstört. Das ungekochte Heringsöl ist leicht zersetzlich und unterliegt sehr leicht der Fettspaltung, während das gekochte und nachher gut abgeklärte Öl völlig haltbar ist. Die abschließende Klärung des Öles kann durch Ablagerung oder in Zentrifugen erfolgen.

Die Qualität der Fischöle des Handels hängt fast ausschließlich von dem Zustande des Rohmaterials ab. Ganz frische Heringe geben helle Trane mit einem Fettsäuregehalt von etwa 2%. Meistens sind die Öle jedoch gelbbraun und enthalten 3—6% freie Fettsäuren, aber auch schlechtere Ware kommt vor. Die meisten Fischölsorten können für Fetthärtungszwecke verwendet werden.

Auch die Fischöle können nicht ohne weiteres durch chemische Kennzahlen charakterisiert werden, weil diese nicht nur mit der Fischart, sondern in hohem Maße mit der Jahreszeit und dem Ernährungszustand der Tiere schwanken.

Bei der Gewinnung der Fischöle nach den oben erwähnten Verfahren spielt die Erzeugung des Fischmehls mitunter wirtschaftlich die größte Rolle, und die Preßrückstände werden hier ausnahmslos verwertet. Der Betrag an Fischmehl übersteigt meistens die Ölausbeute.

Wie oben erwähnt, gehen die Preßrückstände zuerst durch eine einfache Zerreißmaschine, und die feuchte, etwa 50% Wasser enthaltende Masse wird dem Trockner zugeführt. Von Trockenapparaten gibt es eine Reihe Konstruktionen. Früher wurden oft die sogenannten Telleröfen verwendet. Diese bestehen aus einer Anzahl übereinander geordneter Böden. Eine vertikale, zentral angeordnete Rührachse mit horizontalen Flügeln schiebt das Gut langsam von einem Boden zum anderen herunter. Die Masse wird somit den unten eintretenden Trockengasen entgegengeführt. In dieser Weise wird jedoch das Mehl leicht angebrannt. Es kommen auch diskontinuierliche Trockner vor, wie dampfgeheizte, doppelmantlige Behälter oder solche mit direkter Unterfeuerung, mit einem mechanischen Rührwerk ausgestattet. In diesen Apparaten wird das Mehl mehr geschont, und die Brandgefahr ist gering. Wegen der größeren Kapazität und der billigeren Arbeitsweise der kontinuierlichen Apparate sind diese jetzt allgemein in Verwendung. Insbesondere haben sich die rotierenden Trockentrommeln, die bei der Walmehlherstellung erwähnt wurden, bewährt.

Das Mehl wird auf einen Wassergehalt von etwa 10% getrocknet und gut abgekühlt, ehe man es durch den Desintegrator schickt. Das Mehl muß mit Vorsicht behandelt werden, damit es nicht Feuchtigkeit aufnimmt. Es bilden sich sonst Klumpen, die leicht in Verwesung übergehen.

Die Fischmehle enthalten bis zu 70% Protein, 8—10% Fett und 10% Phosphorsäure und bilden hochwertige Futtermehle. Sie gehören zu den eiweißreichsten Futtermitteln, das Calciumphosphat ist bei der Ausbildung des Knochengerüsts der Tiere von großer Bedeutung. Die Produkte besitzen zwar einen brenzligen und tranigen Geruch, werden aber trotzdem von den Tieren in Mischungen mit anderen Futtermitteln genommen. Wegen der Gefahr eines Trangeschmacks des Fleisches darf man aber keine allzu großen Mengen an die Tiere verabreichen. Bei Masttieren empfiehlt es sich, zwei bis drei Wochen vor der Schlachtung mit der Zugabe des Fischfuttermehls aufzuhören.

Auch als Dünger werden die Mehle vielfach verwendet, besonders in Japan und Kalifornien. Die Mehle sind reich an Stickstoff und Phosphorsäure, gehen im Boden leicht in Verwesung über und üben deshalb schnell die Düngewirkung aus.

C. Fischleberöle.

Die Lebern der zu den *Gadus*-Arten gehörenden Fische, wie Dorsch, Schellfisch und Kohlfisch, sind sehr fettreich und bilden das wichtigste Rohmaterial für die Erzeugung der Leberöle. Für die Gewinnung des sogenannten „Medizinaltrans" kommt vor allem der große Hochseedorsch in Betracht. Dieser lebt im Atlantischen Ozean und den angrenzenden Teilen des nördlichen Eismeers und sucht zu bestimmten Jahreszeiten die Küstengegenden auf. Die Dorsche werden im Januar bis März an den Küsten von Nord-Norwegen, Island, Schottland und Neufundland gefangen. Der Fang geschieht mit Grundleinen oder mit großen Netzen. Die Lebern sind in der Laichzeit am fettesten; der Fettgehalt kann im übrigen sehr verschieden sein, je nach der Jahreszeit und nach dem Ernährungs-zustande der Fische. Die fetten Lebern sind gelb bis rötlich und sehr locker, während die mageren trocken und fest erscheinen und bräunlich gefärbt sind. Der Fettgehalt bewegt sich meistens zwischen 30—60%. Auf diese Verschieden-heiten muß man beim Ausschmelzen des Tranes Rücksicht nehmen.

Ihre therapeutische Verwendung verdanken die Lebertrane dem Gehalt an anti-rachitischem Vitamin D und an wachstumförderndem Vitamin A. Der Vitaminge-halt der Leberöle schwankt in ziemlich weiten Grenzen, nach der Herkunft und der Gewinnungsart, ist aber stets viel größer als im Speck- oder Fleischöl (s. S. 188). Für die Gewinnung der Leberöle sind deshalb auch teilweise andere Gesichtspunkte maßgebend als bei der Fabrikation der übrigen Seetier-öle. Die Herstellungsverfahren müssen jedenfalls so gestaltet werden, daß der Vitamingehalt erhalten bleibt. Das A-Vitamin ist besonders gegen die Einwir-kung der Luft empfindlich, während Temperaturen von 100° wenig zu schaden scheinen. Die Fernhaltung der Luft hat auch insofern Bedeutung, als der Ge-schmack des Tranes geschont wird, indem die Oxydation der ungesättigten Glyceride vermieden wird.

Der Medizinallebertran stammt hauptsächlich aus der Dorschleber, aber auch Lebern von Schellfisch und Kohlfisch werden verwendet. Von anderen Fischen, welche zur Lebertrangewinnung herangezogen werden, sei der Heil-butt, Seehecht, Eishai genannt.

Ursprünglich wurden die Lebern zur Trangewinnung einfach in großen Holzbottichen aufgespeichert. Durch die allmählich eintretende Verwesung und den Druck wurden die Leberzellen gesprengt und das Öl zum Ausfließen gebracht. Der Prozeß konnte wochenlang dauern. Das zuerst ausfließende Öl hatte eine helle Farbe, aber die Qualität ging bald zurück, und das herausfließende Öl wurde immer dunkler und saurer. Man erhielt auf diese Weise sogenannte helle und braunblanke Medizinallebertrane. Diese besaßen einen unangenehmen Geruch und Geschmack, man glaubte aber, daß eben diesen Verunreinigungen die therapeutische Wirkung zu verdanken wäre. Der Vertrieb der hellen, ziem-lich geruchlosen Medizinaltrane hat deshalb seinerzeit auf bedeutende Schwierig-keiten gestoßen.

Vor etwa 70 Jahren wurde die jetzige Gewinnungsweise des Dampfmedizinal-lebertrans eingeführt, und zwar von dem norwegischen Apotheker PETER MÖLLER.

Die Lebern werden nach Möglichkeit aus den noch nicht verdorbenen Fischen herausgenommen, von der Gallenblase und anderen anhaftenden Verunreinigun-gen befreit, sorgfältig gewaschen und in hohe, unten verjüngte Holzbottiche oder verzinnte Eisenkessel gebracht, wo sie etwa $^1/_2$ Stunde mit offenem Dampf gekocht werden. Nach dem Absitzenlassen wird der Tran abgezogen, weiter geklärt und in Fässer gefüllt.

Die Herstellung von Dampftran nach dieser Methode erfolgt in Norwegen meistens in Kleinbetrieben, die man an allen Fischerorten der Küste entlang findet. Man erhält schöne hellgelbe Trane, die geschmacklich genügen.

Die Abb. 366 zeigt einen Dampfschmelzapparat der Firma Schlotterhose & Co., Geestemünde.

Die Lebern werden in den Apparat gefüllt und mit offenem Dampf ge-kocht. Das Öl wird durch die oberen Hähne abgezogen, während die Rückstände über Bord geworfen werden. Das Ausschmelzen an Bord der Schiffe bietet den

Vorteil, daß die Lebern frisch zur Verarbeitung gelangen, was für die Qualität des Tranes besonders günstig ist.

Bei den Landanlagen in den Häfen kann auch eine rationeller arbeitende Anlage zur Verwendung gelangen, wenn die Zufuhr an Rohware groß oder regelmäßig ist. Die Rückstände können dann durch Extraktion entölt und zu Futtermehl aufgearbeitet werden.

Die Abb. 367 zeigt eine Anlage zum Ausschmelzen des Lebertranes in Landfabriken, in der Ausführung von Otto Wilhelm, Stralsund.

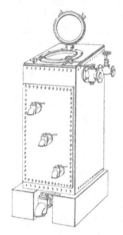

Abb. 366. Kochkessel für Dampfmedizinaltran. (Ausführung Schlotterhose & Co.)

Die komplette Einrichtung besteht aus dem Ausschmelzapparat 1, der aus Reinaluminium gefertigt ist, dem Aufnahmebehälter für Tran 2, der Vakuumpumpe 3, dem Warmwasserbereiter 4 und der Dampfpumpe 5. Die Beheizung des Dampfausschmelzapparates geschieht durch Warmwasser, welches im Warmwasserbereiter 4 erwärmt und durch die Dampfpumpe in Zirkulation gesetzt wird. Das Wasser wird durch den Doppelmantel des Ausschmelzapparates gepumpt und kehrt dann in den Warmwasserbereiter zurück, um erneut angewärmt zu werden.

Durch das Mannloch des Ausschmelzapparates werden die zu behandelnden Lebern in den Apparat gebracht und fallen auf einen Siebboden. Der Apparat wird langsam angeheizt und in Rotation versetzt. Bei einer Temperatur von 60° schmilzt der Tran aus. Nach einiger Zeit hält man den Apparat an und stellt die Heizung ab. Man setzt durch die Vakuumpumpe 3 Vakuum auf den Behälter 2 und verbindet den Auslauf des Ausschmelzapparates 1 durch einen biegsamen Metallschlauch mit dem Behälter 2. Der ausgeschmolzene Lebertran wird unter Vakuum über den im Ausschmelzapparat eingebauten Siebboden abgezogen. Der abgezogene Tran fließt sichtbar über den eingebauten Glaszylinder 11 in den Behälter 2.

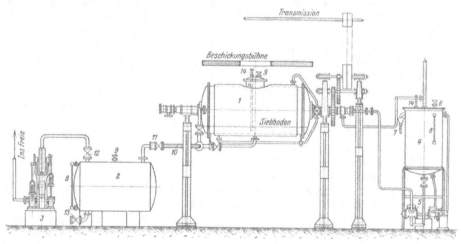

Abb. 367. Lebertran-Ausschmelzanlage. (Ausführung O. Wilhelm, Stralsund.)

Sieht man im Glaszylinder, daß nur noch wenig Tran abfließt, so löst man den Spiralschlauch 10 und läßt den Apparat erneut unter gleichzeitiger Beheizung rotieren. Nach einiger Zeit stellt man die Heizung ab und bringt den Ausschmelzapparat wieder in die Ablaufstellung. Unter Einschaltung von Vakuum in der zuvor beschriebenen Weise gelingt es, nunmehr noch eine weitere Menge Tran aus dem Apparat nach 2 abzuziehen.

Nach Ausschmelzen des Trans öffnet man den Mannlochdeckel und läßt den

Apparat rotieren; die Lebergraxen fallen selbsttätig aus dem Apparate heraus. Diese Graxen können in Extraktionsanlagen weiter entölt werden.

Von weiteren Teilen des Apparates seien genannt: Die Lufthähne 6 und 9, die Wasserstandsgläser 8, die Thermometer 14.

Außer dieser Konstruktion sind mit Doppelmantel versehene verzinnte Eisenkessel in Gebrauch, die entweder mit Dampf oder mit heißem Wasser erwärmt werden. Die Kessel müssen mit mechanischen Rührapparaten ausgestattet sein. Die Schmelzdauer beträgt etwa 2 Stunden, bei einer Höchsttemperatur von 80—85° C.

Auch mag ein Verfahren der Manufactures des Machines auxiliaires pour l'Électricité et l'Industrie[1] genannt werden. Die Gewinnung des Leberöles wird hier unter Verwendung des Prinzipes der Osmose vorgenommen. Die zerkleinerten Lebern werden mit Salz- oder Süßwasser von etwa 30° C gemischt und die Leberzellen durch die eintretende Cytolyse oder Plasmolyse gesprengt. Die Ölwassermischung wird in die Zentrifuge geleitet, welche die Ölabscheidung bewirkt.

Zahlreiche Vorschläge betreffen die Gewinnung geschmackloser Leberöle unter Schonung ihres Vitamingehalts. Die beiden Probleme decken sich teilweise.

Die Vitamine leiden hauptsächlich durch die Einwirkung von Luft und Licht, dieselben Faktoren, welche den Geschmack des Tranes beeinflussen. Die Bedeutung der Fernhaltung der Luft, um die Oxydationsgefahr zu beseitigen, ist aber längst bekannt.

Nach P. M. Heyerdahl sollen die Trane in einer Kohlensäureatmosphäre ausgeschmolzen werden. Die nach diesem Verfahren hergestellten Trane sind unter dem Namen „Hydroxylfreier Dampfmedizintran" bekannt.

Robb und Wild (1906) nehmen das Ausschmelzen im Vakuum vor, die Filtration der Trane bei niedriger Temperatur, um Oxydation zu vermeiden (vgl. auch S. 188).

Prinzipiell bieten die zahlreichen neuen Vorschläge zur Behandlung der Lebern und zur Gewinnung der Trane nichts Neues, außer kleinen apparativen Verschiedenheiten. Erwähnt sei, daß eine Raffination der Medizinaltrane, wie Entsäuern, Bleichen mit Fullererde u. dgl., entschieden zu verwerfen ist, weil durch solche Manipulationen ein Rückgang der Vitaminaktivität stattfinden muß.

Die bei den verschiedenen Operationen und Verfahren gewonnenen Leberöle kommen in folgenden Qualitäten vor:

Dampfmedizinaltran.
Blanktran.
Braunblanker Tran.
Brauntran und Preßtran.

Der rohe Dampfmedizinaltran wird, ehe er auf den Markt kommt, stets einer Entstearinisierung unterworfen, um auch bei etwa 0° klar zu bleiben. Der Tran wird künstlich abgekühlt unter fortwährendem Rühren und dann bei 0° durch eine Filterpresse geschickt.

Blanktran und braunblanker Tran sind als technische Qualitäten anzusehen, aber sie sind noch vitaminhaltig und werden deshalb als Veterinärtrane verwendet.

Brauntran wird aus den Leberrückständen mittels direkten Feuers aus-

---

[1] D. R. P. 519829.

geschmolzen. Er riecht sehr brenzlig und kann nur technischen Zwecken dienen. Preßtran heißt das aus den Rückständen abgepreßte Öl. Auch diese Qualität ist sehr fettsäurereich und dunkel gefärbt. Sie wird meist für Gerbereizwecke verbraucht.

In Norwegen, dem europäischen Hauptproduktionslande des Dorschleber-trans, bestehen für den Vertrieb und die Fabrikation gesetzliche Vorschriften, deren wichtigste hier wiedergegeben seien, weil sie auch einiges über die Fabrikation aussagen:

Für die Herstellung von Medizinaltran dürfen (in Norwegen) nur Dorsch-, Kohlfisch- und Schellfischlebern verwendet werden. Beim Kauf oder Einsammeln der Lebern von Fischfahrzeugen dürfen die Lebern nicht gestürzt oder ohne Verpackung im Schiff gelagert werden, sondern sie müssen in gereinigten Fässern oder Kasten aufbewahrt werden. Die Fässer usw., in welchen die Lebern gesammelt werden, müssen einmal täglich mit Süß- oder Seewasser ausgespült und abgebürstet werden.

Den Lebern darf keine Gallenblase anhängen.

In Fäulnis begriffene Lebern dürfen für die Dampfmedizinalgewinnung nicht verwendet werden.

Bei der Trangewinnung in Kesseln müssen diese vor dem Einstürzen der Lebern aufgewärmt werden, bei dem weiteren Erwärmen muß dauernd gerührt werden, bis der Kesselinhalt eine Temperatur von 70—75⁰ C erreicht hat.

Werden die Lebern mit direktem Dampf ausgeschmolzen (in Holz- oder Eisenkesseln), so kann die Temperatur auf 85—90⁰ gesteigert werden. Nach dem Auskochen muß der Tran eine Stunde der Ruhe überlassen werden, ehe er in die Kaltklärbehälter übergeleitet wird.

Die Filtrier-, Kühl- und sonstigen Behälter für Medizinaltran sollen nach Möglichkeit voll gefüllt und zugedeckt sein, um den Einfluß von Luft und Licht auszuschalten. Dies gilt auch für die Rohtranbehälter, Fässer usw.

Aus den gefüllten Fässern und sonstigen Behältern muß jede Woche oder alle zwei Wochen der Bodensatz entfernt werden, weil er den Trangeschmack beeinträchtigt.

Aus Graxen durch Ausschmelzen, durch Pressung oder sonstwie gewonnener Tran darf mit Medizinaltran nicht gemischt werden. Solcher Tran muß als „sekunda" deklariert werden.

D. Durch Extraktion gewonnene Fischöle.

Die Fischöle werden auch in größeren Mengen durch Extraktion mit geeigneten Lösungsmitteln gewonnen.

Um die Extraktion möglich zu machen, muß das Rohmaterial zuerst getrocknet werden. Die Fische oder Fischabfälle enthalten bis zu 70% Wasser, welches vor der Extraktion verdampft werden muß; man verwendet deshalb im allgemeinen einfachere und billigere Verfahren, wie Pressen oder Kochen des Rohmaterials.

Zur Extraktion können allerlei Fische gelangen, Fischabfälle von der Konserven- und anderen Fabrikationen sowie Lebermehle, die oft sehr fetthaltig sind. Magere Fischabfälle werden nur getrocknet ihre Extraktion ist nicht lohnend.

Die Arbeitsweise zerfällt in drei Hauptoperationen: Das Trocknen der Rohware, die Extraktion des Tranes und das Abdestillieren des Lösungsmittels vom Tran und Rückstand.

Beim Trocknen ist darauf Rücksicht zu nehmen, daß das auf dem voluminösen Gut verteilte Öl sehr leicht oxydiert wird und bei der Extraktion eine minderwertige Qualität ergeben würde. Das Trocknen muß deshalb im Vakuum geschehen, soweit die Ölqualität eine Rolle spielt.

Von derartigen Trockenapparaten gibt es verschiedene Konstruktionen, wie z. B. Trocknen auf Walzenpaaren, die mit Abdampf geheizt werden, oder in längeren zylindrischen Öfen, die mit geheizten Schneckenanordnungen versehen sind. Als Beispiel für eine derartige Arbeitsweise sei die Konstruktion der Firma Schlotterhose & Co., Geestemünde, genannt.

Die Rohware wird erst sortiert und in einem Zerreißwolf zerkleinert. Der weitere Arbeitsgang ist automatisch. Die Ware geht nach einem Sterilisierapparat, in welchem sie auf eine Temperatur von etwas über 100⁰ C erhitzt wird. Dabei koagulieren die Fischfleischproteine, was den nachherigen Trockenprozeß erleichtert. Die übelriechenden, Ammoniak und Fäulnisdämpfe enthaltenden Abgase werden durch einen Kondensator geschickt und nötigenfalls nach dem Schornstein geleitet.

Der Trockenzylinder ist mit einer geheizten Transportvorrichtung versehen, die gleichzeitig das Trockengut umwälzt und lüftet. Nach und nach wird die Masse aufgelockert und kommt am Austrittsende trocken heraus, von wo sie durch Transportelemente in die Extraktionsanlage geleitet wird. Sie ist jetzt aufgelockert und flockig und für die Extraktion geeignet.

Diese kann stattfinden in irgendeiner Anlage, wie sie z. B. für Saatextraktion gebraucht wird. Am besten eignen sich vielleicht, wegen der Beschaffenheit der Masse, die rotierenden Siebtrommelextrakteure. Solche Anlagen werden beispielsweise von der Firma Otto Wilhelm in Stralsund gebaut (vgl. S. 746).

Es erübrigt sich hier, auf nähere Einzelheiten der Arbeitsweise einzugehen, weil solche Anlagen an anderer Stelle (s. Kap. III, S. 677) beschrieben worden sind.

Die Qualität der Extraktionstrane hängt in hohem Maße von der Rohware ab. Da die Fische und Fischabfälle oft mehr oder weniger verfault sind, ehe sie zur Verarbeitung gelangen, sind die Extraktionsöle meistens dunkel gefärbt. Auch die bei der Trocknung der Fische kaum zu vermeidende Oxydation beeinträchtigt die Ölqualität. Die Extraktionstrane sind deshalb meistens minderwertig im Vergleich mit den durch Pressung gewonnenen Ölen und dienen hauptsächlich nur technischen Zwecken.

Das Fett ist allerdings bei diesem Verfahren meist Nebenprodukt, das extrahierte Fischmehl das Hauptprodukt.

Die Rückstände nach der Extraktion werden gedämpft, um das Lösungsmittel vollständig zu entfernen. Bei Verwendung geeigneter, nur kleinere Mengen höhersiedender Fraktionen enthaltender Benzine bietet dies heutzutage keine Schwierigkeiten. Die früher oft zu hörenden Beanstandungen über benzinriechende Mehle haben jetzt keine Grundlage mehr.

Nach dem Ausdämpfen muß im Mehl etwa 10% Wasser zurückbleiben, um das Stauben zu vermeiden. Schließlich wird das Produkt gemahlen, gesiebt, gut abgekühlt und in Säcke gefüllt.

Als Futtermittel ist das Mehl wertvoll wegen seines hohen Gehaltes an Protein (bis zu 70%) und Phosphorsäure (10%). Der Fettgehalt wird auf 1—2% heruntergetrieben. Der niedrige Fettgehalt ist ein Vorteil, weil sonst das Fleisch der mit Fischmehl gefütterten Tiere einen Trangeschmack annehmen könnte. Nach Untersuchungen von H. SCHMALFUSS und Mitarbeitern[1] erleidet der Tran in den Fischmehlen auch bei längerer Lagerung keine Umsetzungen, welche ihn als Bestandteil des Futters untauglich machen würden.

Auch als Dünger können die Mehle verwendet werden.

---

[1] Landwirtschaftl. Vers.-Stat. 115, 261 (1933).

Dritter Abschnitt.

Die Verteilung der Ölerzeugung auf die einzelnen Länder.

Von J. Brech, Hamburg*.

Eine einwandfreie und vollständige Statistik über die Welterzeugung von Ölrohstoffen und pflanzlichen Ölen gibt es nicht. Eine Reihe von Daten veröffentlicht jeweils der „Annuaire Internationale de Statistique Agricole", den das Internationale Landwirtschafts-Institut in Rom herausgibt. Im einzelnen ist man auf Schätzungen und private Berechnungen angewiesen.

Die eingehendste und bisher auch noch keineswegs überholte Untersuchung über die Welterzeugung von Ölrohstoffen und Ölen und den Welthandel stammt aus dem Jahre 1930 und wurde vom sogenannten Enqueteausschuß in Deutschland, der es sich zur Aufgabe machte, die Erzeugungs- und Absatzbedingungen der deutschen Wirtschaft zu untersuchen, ausgearbeitet. Nach seinen Berechnungen ergab sich für das Jahr 1926 eine Weltproduktion pflanzlicher Öle und Fette von 6 390 000 t, für 1927 von 6 670 000 t (für 1934 6 340 000 t[1]). Da vom Enqueteausschuß die statistisch nicht zu erfassende Ölmenge mit 10% angenommen wurde, schätzte er die Welterzeugung insgesamt auf rund 7 Millionen Tonnen für das Jahr 1926 und auf 7,5 Millionen Tonnen für 1927.

Das Resultat dieser Untersuchung wurde dadurch gefunden, daß die Rohstofffernten und die Ein- bzw. Ausfuhrüberschüsse in Ölwerten nach den in Deutschland üblichen Ausbeutesätzen umgerechnet wurden.

Eine Anschauung über die Größenordnung der einzelnen Erdteile im Blick auf ihre Ölproduktion gewinnt man aus folgender Übersicht (s. Tab. 96).

Tabelle 96. Anteil der Kontinente an der Ölproduktion 1926 und 1927 (in 1000 t).

Erdteil	1926	%	1927	%
Europa	2894	45,3	3240	48,6
Asien	1509	23,6	1621	24,3
Amerika	1412	22,1	1226	18,4
Afrika	543	8,5	537	8,0
Australien	12	1,2	9	0,1
Nicht näher bezeichnete Länder	20	0,3	38	0,6
	6390	100	6671	100

Das Übergewicht der europäischen Produktion ist offensichtlich. In der Folgezeit dürften sich in einzelnen Teilen der Welt gewisse Veränderungen ergeben haben, auf die wir später noch zurückkommen werden. Hier sei nur darauf hingewiesen, daß die Ver. St. A. das größte Pflanzenöl produzierende Land der Welt sind. In Europa stehen an der Spitze: Deutschland, Frankreich, Großbritannien, Italien, die Niederlande und Rußland; Spanien und Portugal erzeugen im wesentlichen nur Olivenöl, das eine Sonderstellung einnimmt. Von den sonstigen überseeischen Ländern sind für die Rohstoffversorgung von größter Bedeutung: Britisch-Indien, China, Britisch-Westafrika und die Philippinen.

Trotz großen Eigenverbrauchs in einer Reihe von Rohstoff liefernden Ländern werden jährlich Millionen von Tonnen durch den Weltmarkt erfaßt. Der genannte Enqueteausschuß hat für die Jahre 1926 und 1927 die Mengen errechnet, die über die Grenzen gingen, und kommt dabei zu dem Ergebnis,

---

* Unter Mitarbeit des Herausgebers.
[1] Review of Oilseed, Oil and Oil Cake Markets for 1934. London: Frank Fehr & Co.

daß etwa 20% *der Weltproduktion vom Welthandel* erfaßt werden. Die Hälfte davon wiederum entfällt auf transkontinentale Handelsverbindungen, woraus die Bedeutung der Pflanzenöle für die Weltschiffahrt ersichtlich ist. Die fünf größten Ausfuhrländer, China und Mandschurei, die Niederlande, Philippinen, Britisch-Westafrika und Großbritannien, bestritten in den Jahren vor Ausbruch der Weltkrise etwa 60% der Weltausfuhr. Eine für das Jahr 1927 vorliegende Statistik über die Produktion und die Außenhandelsbewegungen von pflanzlichen Ölen und Fetten gibt eine Anschauung über die Größenordnung der auf dem Weltmarkt der Pflanzenöle beteiligten Länder (s. Tab. 97).

Die Ölindustrie der Welt, die durch den Krieg außerordentlich stark betroffen worden war, hat in den Jahren der Nachkriegszeit einen sehr starken Aufschwung genommen. Der Höhepunkt war etwa im Jahre 1930 erreicht. Inzwischen sind mannigfache Verschiebungen eingetreten, die besonders in den durch Außenhandelsstörungen betroffenen Ländern wirksam geworden sind. Das Ausmaß dieser Veränderungen ist heute noch gar nicht abzusehen. Einige Entwicklungslinien lassen sich immerhin schon erkennen.

1. Die auf dem Gebiet der Pflanzenölwirtschaft besonders stark ausgeprägte Arbeitsteilung hat keine weiteren Fortschritte gemacht, im Gegenteil: weltwirtschaftlich gesehen herrscht das Bestreben, die Abhängigkeit in der Fettversorgung vom Weltmarkt durch Stärkung der eigenen Produktionsgrundlage zu verringern.

2. In der Verwendung der einzelnen Ölarten sind Verschiebungen eingetreten auf Grund der handelspolitischen Neuorientierung, die alle großen Mächte seit

Tabelle 97. Produktion und Verbrauch von pflanzlichen Ölen und Fetten im Jahre 1927.

Land	Produktion	Ausfuhr	Einfuhr	Verbrauch	Jahresverbrauch je Kopf in kg
	in 1000 t				
Ver. St. A.	1124	50	340	1414	13,3
Deutschland	672	81	82	673	10,7
Frankreich	435	65	54	424	10,4
Großbritannien	327	107	231	496	10,5
Italien	268	35	29	262	6,8
Niederlande	243	187	138	194	19,1
Rußland	220	—	—	220	1,9
Spanien	548	56	—	492	[1]
Japan	97	19	2	80	1,3
Griechenland	63	8	2	57	11,4
Dänemark	75	29	15	61	17,6
Belgien	53	20	32	65	8,7
Schweden	33	11	21	43	7,2

1931 etwa anstreben. Dies betrifft vor allem Sojabohnen und Walöl. Infolge der Devisenschwierigkeiten, die besonders den deutschen Handel sowie die Handelsbeziehungen der südosteuropäischen Staaten betreffen, haben Tendenzen einer engeren Verflechtung zwischen Deutschland und Südosteuropa durch Anbauförderung von Ölrohstoffen entstehen lassen. Die Steigerung der Walöleinfuhr Deutschlands erfolgte zum Teil auf Kosten von Rückgängen in der Einfuhr der Ölsaaten.

3. Die stärkere Rücksichtnahme auf die Möglichkeiten der heimischen Fettversorgung hat in einigen Ländern zu einer Steigerung der Erzeugung von Butter und tierischen Fetten geführt und gleichzeitig das Verhältnis des Verbrauchs von Butter zu Margarine verändert. Kennzeichnend für diese Tendenz ist der Erlaß von Butterbeimischungsgesetzen in einigen Staaten, z. B. in Holland und in der Tschechoslowakei.

Folgende Tab. 98 gibt einen ungefähren Anhaltspunkt über die Entwicklung des Butter- und Margarineverbrauchs in verschiedenen Ländern.

---

[1] Entspricht dem jeweiligen Ausfall der Olivenernte.

Im allgemeinen geht die Margarineproduktion in den wichtigsten Verbrauchsländern zurück. Dieser Rückgang, für den Zahlen bis zum Jahre 1933 vorliegen, ist zum Teil eine Begleiterscheinung der rückläufigen Konjunktur.

Anderseits steigt, langfristig gesehen, der Butterverbrauch. Dies braucht kein Widerspruch zu sein gegenüber der Feststellung der Wirkungen des Konjunkturabschwunges, denn gemessen an der Kaufkraft bot die anhaltende Senkung der Butterpreise einen wesentlichen Anreiz zur Verbrauchssteigerung, der durch staatliche Maßnahmen noch gefördert wurde.

Tabelle 98. Verbrauch (in kg) pro Kopf der Bevölkerung.

| Land | 1926[1] | | Jahr[2] | Butter | Margarine |
	Butter	Margarine			
Dänemark	5,6	20,7	1932	8,5	20,5
Norwegen	—	—	1932	—	17,0
Schweden	3,8	7,0	1932	9,2	8,1
Deutschland	6,7	7,2	1932	7,1	7,8
Holland	5,6	7,7	1932	8,2	6,8
England	6,5	7,8	1930	9,2	5,3
Ver. St. A.	10,0	6,0	1929	7,8	1,3[3]
Kanada	—	—		13,8	—

Von sehr großer Bedeutung für die Fettwirtschaft der Mittelmeerländer ist der jährliche *Ausfall der Olivenernte*. Erfahrungsgemäß schwankt dieser von Jahr zu Jahr in sehr weiten Grenzen. Allerdings wird in den Anbauländern der Ausfall meist einfach durch einen Minderverbrauch und nicht etwa durch eine zusätzliche Versorgung mit anderen Ölen oder Fetten ausgeglichen. Aus diesem Grunde besitzen die meisten Länder mit umfangreicher Olivenölerzeugung keine größere Ölmühlenindustrie für die Verarbeitung von Ölsaaten. Die Produktionsergebnisse der wichtigsten Erzeugungsländer von Olivenöl sind aus folgender Übersicht zu erkennen:

Tabelle 99. Margarineproduktion (in 1000 t).

Land	1933	1931	1929	1913
Deutschland	354	—	480	225
England	178[4]	—	205[5]	82[6]
Ver. St. A.	110	101	155	65
Dänemark	74	79	79	42
Holland	64	111	133	88
Schweden	51	51	56	24
Norwegen	48	48	47	27
Tschechoslowakei.	48	—	—	—
Belgien	34	35	49	—
Frankreich.......	—	—	35	15
Österreich	14	—	—	—
Polen	12	—	—	—
Finnland	—	7	10	0,6

Tabelle 100. Olivenölerzeugung[7] (in engl. tons).

Land	1933/34	1932/33	1931/32	1930/31
Spanien	365 000	380 000	365 000	115 000
Italien	140 000	140 000	118 000	110 000
Griechenland	95 000	110 000	26 000	83 000
Frankreich und Französisch-Nordafrika	94 000	100 000	125 000	50 000
Portugal	12 000	15 000	65 000	10 000
Sonstige Länder[8]	45 000	65 000	40 000	50 000
Insgesamt ....|	751 000	810 000	739 000	418 000

[1] Quelle: Enqueteausschuß der deutschen Wirtschaft.
[2] Revue Internationale d'Agriculture.　　　[3] Hierzu kommen noch 4,5 kg Schmalz.
[4] Verbrauchsziffer, die aber der Produktion ziemlich nahekommt, da die Einfuhr und Ausfuhr 1933 ungefähr gleich groß waren.　　　　　[5] 1924.
[6] 1912. — Quelle: Revue Internationale d'Agriculture mit einigen Ergänzungen.
[7] Quelle: Review of Oilseed, Oil and Oil Cake Markets for 1934. London: Frank Fehr & Co.　　　[8] Türkei, Syrien, Libanon, Palästina, Jugoslawien, Albanien.

Mit Ausnahme von Rumänien weisen sämtliche nachfolgend einzeln behandelten europäischen Staaten einen Einfuhrüberschuß auf.

Tabelle 101. Gesamtübersicht über die Ein- und Ausfuhr von Ölen und Fetten (in 1000 tons).

Nettoeinfuhr von pflanzlichen Ölen und tierischen Fetten		1933	1932
Deutschland,	Einfuhrüberschuß	965,1	1108,8
England	„	800,5	777,5
Holland,	„	144,8	124,5
Frankreich,	„	541,7	462,4
Norwegen,	„	5,3	35,6
Dänemark,	„	75,0	61,5
Schweden,	„	60,7	61,1
Tschechoslowakei,	„	113,1	108,3
Polen,	„	21,3	21,2
Rumänien,	Ausfuhrüberschuß	23,5	81,9
Argentinien	„	2,9	17,3

Deutschland.

Produktionsstatistische Angaben sind in Deutschland nur für das Jahr 1928 vorhanden. Die Schätzung erfolgt sonst auf Grund der jährlichen Einfuhrüberschüsse an Ölsaaten; wie die Produktionserhebung des Jahres 1928 ergeben hat, beträgt der Unterschied zwischen den ermittelten und errechneten Zahlen nicht mehr als etwa 2,6%.

Die Ausbeute an Rohöl und Ölkuchen (und Schrot) aus einer Tonne Ölsaat beträgt:

	Rohöl	Ölkuchen oder Schrot
bei Sojabohnen..........	158 kg	814 kg
„ ungeschälten Erdnüssen	297 „	696 „
„ Leinsaat	319 „	683 „
„ Raps und Rübsen	378 „	598 „
„ geschälten Erdnüssen .	438 „	554 „
„ Palmkernen	461 „	531 „
„ Copra	632 „	358 „

In den Tabellen 102—104 sind die im letzten Vorkriegsjahr und in den Jahren 1925—1933 von den deutschen Ölmühlen verarbeiteten Ölsaaten und erzeugten Rohöl- und Ölkuchenmengen in tausend Tonnen angeführt.

Tabelle 102. In den Jahren 1913 und 1925—1933 in Deutschland verarbeitete Ölsaaten (in 1000 t).

Ölsaaten	1913	1925	1926	1927	1928	1929	1930	1932	1933[1]
Raps und Rübsen	187	56	23	30	42	25	27	17	24
Leinsaat	563	251	319	399	443	314	236	445	357
Erdnüsse	98	324	444	422	595	644	644	242	315
Sojabohnen	126	336	370	576	848	1024	889	1187	1171
Baumwollsaat	220	47	27	33	6	7	—	0,2	0,1
Sesamsaat	116	21	8	5	9	14	36	6	5
Andere Ölsaaten	42	98	49	19	23	20	29	52[2]	46[3]
Palmkerne	236	225	239	274	297	304	307	308	248
Copra	196	172	198	187	201	244	151	131	121
Andere fetthaltige Samen ...	—	7	18	16	8	3	6	—	—
Insgesamt...	1784	1539	1692	1961	2472	2599	2325	2315	2297

[1] Die Gesamteinfuhr an Ölsaaten betrug im Jahre 1934 2218 Tausend Tonnen, hielt sich also etwa auf gleicher Höhe wie im Jahre 1933. Zugenommen hat die Einfuhr von Erdnüssen, Palmkernen und Copra, während die Einfuhr von Sojabohnen stark, auf zirka 900 000 t zurückgegangen ist. Das Interesse hat sich also mehr als in den vorangehenden Jahren den ölreichen Saaten zugewandt.

[2] Davon 18 Sonnenblumensamen.   [3] Davon 16 Sonnenblumensamen.

Tabelle 103. In den Jahren 1913 und 1925—1933 in Deutschland
gewonnene Rohöle und -fette (in 1000 t).

Rohöle und -fette	1913	1925	1926	1927	1928	1929	1930	1932	1933
Raps- und Rüböl....	71	22	9	11	16	10	10	8	9
Leinöl.............	180	80	102	127	141	100	75	142	114
Erdnußöl..........	41	136	187	178	251	271	269	103	131
Sojaöl.............	20	53	58	91	134	162	140	188	185
Baumwollsaatöl.....	38	8	5	6	1	1	—	—	—
Sesamöl...........	55	10	4	2	4	7	7	3	3
Andere Öle.........	15	34	17	7	8	6	9	12	7
Palmkernfett........	109	104	110	126	137	140	141	142	104
Cocosfett...........	124	109	125	118	127	154	95	83	76
Andere Fette.......	—	4	9	10	5	2	2	—	—
Insgesamt...	653	560	626	676	824	853	759	667	630

Tabelle 104.
In den Jahren 1913 und
1925—1933 in Deutsch-
land gewonnene Öl-
kuchen (in 1000 t).

Jahr	Ölkuchen insgesamt	Davon Sojaschrot
1913	1117	102
1925	958	274
1926	1044	301
1927	1258	469
1928	1611	690
1929	1703	834
1930	1530	725
1932	1677	966
1933	1610	953

Der Wert der im Jahre 1933 nach Deutschland eingeführten Ölsaaten beträgt zirka 269 Millionen Mark.

Die Hauptzentralen der deutschen Ölindustrie sind die Hafenstädte Harburg-Wilhelmsburg, Bremen und Stettin.

Nach den Mitteilungen des Statistischen Jahrbuches für das Deutsche Reich 1933 waren im Jahre 1928 23 Ölfabriken mit einer Jahresverarbeitung von über 20000 t Ölsaaten und 531 Fabriken mit einer Jahreserzeugung bis 20000 t vorhanden. Erstere verarbeiteten gegen 92% der gesamten Ölsaatenmenge. Die mittlere Ölausbeute der Ölsaatenverarbeitung beträgt bei den heute allgemein verwendeten Rohstoffen etwa 30%.

Am Schluß des Jahres 1933 waren in der deutschen Ölherstellung 922 Betriebe tätig. Auf die Gewinnung von Speiseölen entfielen 765 Betriebe.

Die gesamte deutsche Rohölproduktion verteilt sich auf freie Unternehmungen und Fabriken des englisch-holländischen Konzerns wie etwa 50 : 50.

Über die Entwicklung der deutschen Pflanzenölfabrikation macht das Statistische Reichsamt[1] folgende Angaben:

In den zehn letzten Vorkriegsjahren stieg die Rohölerzeugung auf das $2^1/_2$fache der Produktion von 1903 und überflügelte die Produktion Englands und Frankreichs.

Nach der starken Produktionsabnahme während des Krieges begann ein langsamer Wiederaufbau in den Jahren 1919—1925. Mit dem Jahre 1926 begann eine raschere Zunahme der Ölmühlenproduktion, die erheblich über die Vorkriegshöhe hinaus stieg. Gleichzeitig setzte sich die Umstellung der Produktion von den technischen Ölen auf die Margarinerohstoffe fort, deren gesteigerter Bedarf an Ölen nicht nur durch die absolute Zunahme der Margarinefabrikation bedingt war, sondern auch durch die inzwischen eingetretene, weitgehende Verdrängung der tierischen Fette durch pflanzliche Rohstoffe. Die deutsche Margarinefabrikation stieg von 225 Tausend Tonnen im Jahre 1913 auf 487 Tausend Tonnen im Jahre 1928 und 650 Tausend Tonnen im Jahre 1932; eine ähnlich große Steigerung erfuhr die Margarineerzeugung in den anderen ölproduzierenden Ländern, und zwar von 85 auf 203 Tausend Tonnen in England, von 88 auf

---

[1] Sonderhefte zu Wirtschaft und Statistik Nr. 8, 1931.

140 Tausend Tonnen in Holland, von 42 auf 77 Tausend Tonnen in Dänemark, von 69 auf 144 Tausend Tonnen in den Vereinigten Staaten von Amerika (s. auch Tabelle 99).

Im Rohstoffverbrauch der Margarineindustrie sind seit 1913 grundlegende Veränderungen eingetreten. Die tierischen Fette sind immer mehr durch Pflanzenfette und -öle verdrängt worden. Während des Krieges ist bekanntlich ein neuer Rohstoff, gehärteter Tran, hinzugekommen. Von dem gesamten Fettverbrauch der Margarineindustrie entfielen auf

	Tierische Fette	Pflanzenfette	Harttran
1899......	70%	30%	—
1913......	55—60%	40—45%	—
1928......	6%	78%	16%

Der Verbrauch von tierischen Fetten (ohne Harttran) in der Margarineindustrie betrug 1928 nur 24 000 t, 1913 bei einer halb so großen Produktion etwa 100 000 t.

Besonders bevorzugt wurde die Fabrikation von Erdnußöl, das sich am besten zur Herstellung von Hartfett eignet und einen sehr wertvollen und proteinreichen Rückstand liefert, soweit die Saat nach Schälung verarbeitet wird. Die Erdnußölerzeugung stieg seit 1913—1928 um das Sechsfache.

Die größte Steigerung erfuhr die Produktion von Sojabohnenöl, dessen Rückstände von sämtlichen Ölkuchen den höchsten Proteingehalt aufweisen.

Die wichtigsten Ursachen der raschen Produktionssteigerung in den letzten Jahren sind der gegenüber der Vorkriegszeit erhöhte Inlandskonsum, die schnelle Steigerung des Ölkuchenverbrauches der Landwirtschaft, der im Jahre 1925 nur drei Fünftel der Vorkriegszeit betrug und auch heute noch wesentlich niedriger ist als in vielen anderen Industriestaaten.

Die Steigerung des Inlandsverbrauches an pflanzlichen Fetten und Ölen ist weniger in einer Erhöhung des gesamten Fettverbrauches begründet als in einer Verschiebung zugunsten der pflanzlichen Fette auf Kosten der tierischen. Diese seit Mitte des 19. Jahrhunderts anhaltende Entwicklung hat sich in der Nachkriegszeit hauptsächlich infolge einer weiteren Vergrößerung der Preisspanne zwischen tierischen und pflanzlichen Produkten beschleunigt fortgesetzt. Je Kopf der Bevölkerung betrug der Verbrauch an pflanzlichen Ölen und Fetten 8,97 kg im Jahre 1913 und 10,84 kg im Jahre 1930. Unter Berücksichtigung des Verbrauches an gehärtetem Tran ergibt sich eine Steigerung von 8,97 kg auf 13,14 kg.

Die in der Nachkriegszeit beobachtete Umstellung in der Produktion der deutschen Ölmühlen, deren Richtung aus den Tabellen 102—104 zu ersehen ist, hängt damit zusammen, daß sich in der Zeit nach dem Kriege der Ersatz tierischer Fette durch pflanzliche Fettstoffe fast ausschließlich auf den gesteigerten Margarineverbrauch beschränkt. Die Verschiebung war daher gleichbedeutend mit einer Umstellung auf die jeweils in der Margarineindustrie bevorzugten Öle und Fette. Das waren zunächst Erdnußöl, Sojabohnenöl, Palmkern- und Cocosfett. Mit fortschreitender Entwicklung der Hartfettproduktion traten die festen Pflanzenfette etwas zurück. Es entfielen in Prozenten der gesamten Ölgewinnung auf:

	1913	1925	1926	1927	1928	1929	1930	1932
Erdnußöl	6	24	30	26	31	32	36	15
Sojaöl	3	9	9	14	16	19	19	27
Palmkernöl	17	19	18	19	17	16	19	20
Cocosfett	19	19	20	17	15	18	13	12

Die Bevorzugung der Erzeugung von flüssigen Fetten hat einen weiteren Grund darin, daß sich die Ölkuchenpreise günstiger entwickelt haben als die Ölpreise und daß die Landwirtschaft die proteinreichen Erdnuß- und Sojaölkuchen bevorzugt.

Der Anteil des Sojaschrotes an der gesamten Ölkuchenerzeugung betrug

1913	1925	1926	1927	1928	1929	1930	1932
9	29	29	37	43	49	47	52%

Wie die Tabellen 102—104 erkennen lassen, war die Steigerung der Menge der verarbeiteten Ölsaaten und der erzeugten Ölkuchen erheblich größer als die Zunahme der Ölproduktion, und zwar als Folge der stark angewachsenen Verarbeitung der ölarmen Sojabohnen. Gemessen an der Produktion des Jahres 1913, erhält man für die Jahre 1930—1933 folgende Aufstellung:

Jahr	Verbrauch an Ölsaaten	Rohöle	Ölkuchen und Schrot
1913	100	100	100
1930	130	116	137
1933	128	110	149

Die Erzeugung von Pflanzenölen, welche von der Margarineindustrie nicht oder nur in geringerem Umfange verarbeitet werden, hat die deutsche Ölmühlenindustrie fast ganz aufgegeben. Verringert hat sich vor allem die Nachfrage nach Sesamöl, das nicht mehr zur Margarine zugesetzt werden muß. Der Rückgang der Baumwollsaatölverarbeitung hängt hauptsächlich damit zusammen, daß der Baumwollanbau der Welt nicht wesentlich gestiegen ist. Die Baumwollausfuhr aus Amerika ist infolge erhöhten Inlandsbedarfes zurückgegangen; die indische und ägyptische Saat wird hauptsächlich in England verarbeitet und liefert bekanntlich minderwertigere Rückstände als die geschälte amerikanische Baumwollsaat.

Auf die Sesam- und Baumwollsaatölfabrikation entfielen im Jahre

1913	1929	1930	1933
14	1	1	1%

der gesamten deutschen Ölerzeugung.

Der Rückgang der Erzeugung technischer Öle (Leinöl, Rüböl) erklärt sich aus ihrem teilweisen Ersatz durch andere Stoffe und Produkte. So wurde das Rüböl in der Schmiermittelindustrie weitgehend durch Mineralöl verdrängt. Der Rückgang der Leinölproduktion ist teilweise auf die Erzeugung von Nitrocelluloselacken zurückzuführen. Es entfielen im Jahre

	1913	1930
auf Leinöl	27	10%
„ Rüböl	11	1%

der gesamten deutschen Ölerzeugung.

Die Bevorzugung der gehärteten Trane durch die Margarineindustrie hat eine gewaltige Steigerung der Waltraneinfuhr zur Folge gehabt, seit 1930 auch einen leichten Rückgang des Inlandsverbrauches an Pflanzenfetten, während der Gesamtverbrauch weiter ansteigt.

Von der gesamten Waltranerzeugung, welche in der Fangperiode 1924/25 176,2 Tausend Tonnen, 1928/29 319,4 Tausend Tonnen und in der Saison 1930/31 die immense Höhe von 624,3 Tausend Tonnen erreicht hat, führte Deutschland im Jahre 1931 146 Tausend Tonnen, im Jahre 1932 234 Tausend Tonnen ein.

Im Jahre 1933 ging die Einfuhr an Fischölen und Waltran auf 177 421, im Jahre 1934 auf 148 064 t zurück.

Die Einfuhr sonstiger tierischer Fette zeigt ebenfalls eine stark rückläufige Tendenz; die Buttereinfuhr erfuhr dagegen eine geringe Steigerung:

Einfuhr von Talg, Premier jus, Oleomargarin, Schweinefett und
Butter (in engl. tons)[1].

	1931	1932	1933	1934
Talg	16974	23970	27167	20973
Premier jus...............	—	—	2282	470
Oleomargarin	—	—	4150	548
Schweinefett (Schmalz)	81903	106014	72977	40712
Butter	—	—	58212	60790

Die *Inlandserzeugung* Deutschlands an Pflanzenfetten, d. h. die Ölgewinnung
aus inländischen Saaten, betrug in den Jahren

1930	1931	1932	1933
7000	5000	3000	3000 t

Die gesamte deutsche Fettproduktion aus inländischen Rohstoffen entwickelt sich seit 1930 wie folgt (in 1000 t)[2]:

	1930	1931	1932	1933
Butter.............	335	365	387	405
Tierische Fette......	299	335	313	369
Pflanzenfette........	7	5	3	3
Insgesamt...	641	705	703	777

Die Gestaltung der deutschen Fettbilanz 1930—1933 ergibt sich aus
folgenden Zahlen (1000 t):

	Gesamter Fettbedarf	Davon gedeckt aus Inland	aus Ausland	Inlandsproduktion in Proz. des Bedarfes
1930......	1887	641	1246	34,0
1931......	1890	705	1185	37,3
1932......	2003	703	1300	35,1
1933......	1905	777	1128	40,8

Frankreich.

Frankreich besitzt eine umfangreiche Ölmühlenindustrie, zu der viele hundert
Kleinbetriebe gehören. Der Hauptstandort der Ölmühlenindustrie ist, da auch
Frankreich im wesentlichen auf die Einfuhr der Ölrohstoffe angewiesen ist,
an den Seehafenplätzen. Marseille steht ganz ausgesprochen im Vordergrund,
daneben besitzen noch Bordeaux und Nantes größere Ölmühlen. Ferner sind
Le Havre, Dieppe, Fécamp und La Rochelle wichtigere Standorte. Da in Frankreich aus klimatischen Gründen kein sehr großer Ölkuchenbedarf für die Winter-
fütterung besteht (im Süden durchgehende Weidewirtschaft), wird bevorzugt
Ölrohstoff mit sehr hohem Ölgehalt, wie Copra oder Erdnuß, verarbeitet. Eine
gewisse Rolle spielt bei der Versorgung zweifellos die Tatsache, daß Frankreich
aus seinen afrikanischen und ostasiatischen Kolonien einen größeren Teil seines
Bedarfs an Ölsaaten decken kann. Darunter fallen vor allem Erdnüsse, die in
steigendem Umfang in Westafrika produziert und in Frankreich verarbeitet
werden. Die französische Ölmühlenindustrie arbeitet fast ausschließlich für den
Bedarf des eigenen Landes. Zwar werden jährlich nicht unbedeutende Mengen
von Erdnußöl aus Frankreich exportiert, die ausgeführte Menge steht aber in
gar keinem Verhältnis zum Ölgehalt der eingeführten Erdnüsse. Außerdem
handelt es sich bei dem Export eigentlich mehr um einen Sortentausch, denn
Frankreich führt annähernd ebensoviel pflanzliche Öle (Cocosöl, Oliven- und
Palmöl) ein als es exportiert.

---

[1] Quelle: Review of Oilseed, Oil and Oil Cake Markets for 1934. London: Frank
Fehr & Co.
[2] Allgem. Öl- u. Fett-Ztg. **31**, 488 (1934); s. auch Margarine-Ind. **27**, 113 (1934).

Tabelle 105. Ein- und Ausfuhr von Ölsaaten und Fetten in Frankreich (in 1000 t).

	Einfuhr						Ausfuhr					
	Saaten		Ölgehalt		Öl		Saaten		Ölgehalt		Öl	
	1933	1932	1933	1932	1933	1932	1933	1932	1933	1932	1933	1932
Copra	196	174	124	110	13[1]	11[1]	—	—	—	—	4,6	6,9
Erdnüsse (mit Schalen)	327	220	105	71	} 5	} 4	0,4	1,0	0,1	0,3	} 43,5	} 40,7
Erdnüsse (geschält)	456	446	196	192			0,1	0,5	—	0,2		
Leinsaat	260	232	78	69	0,5	1,5	0,3	0,5	0,1	0,2	4,3	4,6
Sojabohnen	15	14	2	2	4	4	—	—	—	—	1,8[2]	2,1[2]
Hanfsaat	6	9	2	3	—	—	—	—	—	—	—	—
Sesamsaat	1	0,5	0,5	0,2	—	—	—	—	—	—	—	—
Senfsaat	16	10	5	3	—	—	—	—	—	—	—	—
Palmkerne	11	11	5	5	—	—	—	—	—	—	—	—
Ricinussaat	20	18	8	8	—	—	—	—	—	—	2,2	3,1
Oliven	—	—	—	—	27	27	—	—	—	—	10,4	9,8
Palm............	—	—	—	—	16	13	—	—	—	—	0,1	0,3
Baumwollsaat	—	—	—	—	2	3	—	—	—	—	—	—
Andere pflanzliche Saaten	22	18	7	6	3	2	2,4	3,2	0,7	1,0	6,8[3]	7,9[3]
Zusammen ...	1330	1152	532	469	70	65	3,2	5,2	0,9	1,7	73,7	75,4
Talg	—	—	—	—	5	6	—	—	—	—	6,3	10,1
Schmalz	—	—	—	—	4	1	—	—	—	—	0,1	0,1
Tran	—	—	—	—	12	9	—	—	—	—	0,3	0,3
Zusammen ...	—	—	—	—	21	16	—	—	—	—	6,7	10,5
Ölgehalt........	—	—	—	—	532	469	—	—	—	—	0,9	1,7
Öl	—	—	—	—	70	65	—	—	—	—	73,7	75,4
Insgesamt ...	—	—	—	—	623	550	—	—	—	—	81,3	87,6

Öl-Einfuhrüberschuß: 1933: 541,7, 1932: 462,4 Tausend Tonnen.

Großbritannien.

Großbritannien, das drittgrößte ölerzeugende Land Europas, stellt jährlich weniger als zwei Drittel der in Deutschland fabrizierten Ölmenge her. Von den verarbeiteten Ölsaaten steht an erster Stelle Cottonsaat, von der jährlich 500 bis 600 Tausend Tonnen eingeführt werden. Über 50% der verarbeiteten Ölsaaten stammen aus englichen Dominions und Kolonien.

Im Ölsaatenhandel spielt das britische Imperium eine dominierende Rolle; mehr als die Hälfte der Weltvorräte an Ölsaaten, ölhaltigen Nüssen und Kernen wird von Großbritannien geliefert[4].

In der Tabelle 106 sind die in den Jahren 1929—1933 in England verarbeiteten Ölsaaten angegeben (in engl. Tonnen = 1016 kg). Die auf Grund der mittleren Ölausbeuten für die wichtigsten Samensorten ermittelten Ölmengen, welche in der gleichen Periode von den britischen Ölmühlen erzeugt wurden, sind in der Tabelle 107 angeführt (in 1000 engl. tons).

Die Gesamteinfuhr an Ölen, Fetten und Ölsaaten, ausgedrückt in Öläquivalenten, betrug im Jahre 1932 727 804 t und 718 134 t im Jahre 1933. Hiervon wurden im Jahre 1932 95 798 t, im Jahre 1933 84 457 t exportiert.

An Butter, Schweinefett und Margarine weist Großbritannien für das Jahr 1932 einen Einfuhrüberschuß von 526 924 t, für 1933 einen solchen von 579 643 t auf.

---

[1] Einschließlich Palmkern-, Illipéöl. [2] Einschließlich Maisöl.
[3] Hauptsächlich raffiniertes Palmkern- und Cocosnußöl.
[4] Margarine-Ind. 24, 159 (1931).

Tabelle 106. In britischen Ölmühlen in den Jahren 1929—1933 verarbeitete Ölsaaten (in engl. tons = 1016 kg).

Rohstoff	1929		1930		1931		1932		1933	
	Insgesamt	Davon aus brit. Gebiet	Insgesamt	Davon aus brit. Gebiet	Insgesamt	Davon aus brit. Gebiet	Insgesamt	Davon aus brit. Gebiet	Insgesamt	Davon aus brit. Gebiet
Ricinussamen	34743	(29696)	36177	(21018)	30978	(25240)	31595	(20373)	32537	(31049)
Baumwollsamen	570007	(203414)	516699	(144678)	502258	(134981)	428842	(143385)	455872	(150450)
Leinsaat	284400	(76413)	223279	(72191)	338128	(15489)	362279	—	248581	(132554)
Rapssamen	31383	(17759)	9832	(4604)	21906	(8849)	24782	(17938)	20790	(15049)
Sesamsaat	9215	—	7305	—	327	—	80	—	8	—
Sojabohnen	202986	—	91309	—	110300	—	160569	—	157428	—
Andere Ölsaaten (u. Sonnenblumen)	18685	—	20115	—	4936	—	11770	—	9485	—
Copra	65821	(64437)	67335	(55467)	80556	(58441)	95993	(89303)	103424	(103348)
Erdnüsse, ungeschält	49727	(12848)	32814	(18462)	28412	(8862)	15919	(12269)	34768	(33141)
", geschält	82762	(83212)	81966	(64519)	109630	(93979)	80659	(73299)	96833	(96268)
Palmkerne	82762	(138019)	125567	(116648)	123401	(109955)	157949	(153772)	127647	(127642)
Andere Ölsaaten	9368	(7983)	4947	(2597)	6454	(5200)	4630	(4271)		(960)
Insgesamt	1441859		1217345		1357286		1375067		1288357	

Tabelle 107. Erzeugung der britischen Ölfabriken (in 1000 engl. tons).

	1929	1930	1931	1932	1933
Leinöl	91	71	113,0	121,4	81,9
Baumwollsaatöl	ca. 86	ca. 78	83,7	71,6	79,3
Palmkernfett	70	58	55,6	71,1	57,6
Erdnußöl	51	47	54,4	38,3	52,5
Cocosfett	42	43	44,6	59,5	61,7
Andere Öle	—	—	36,3	42,1	43,1
			373,2	404,0	387,7

Der gesamte Einfuhrüberschuß an pflanzlichen und tierischen Fetten, einschließlich Butter, Margarine usw. betrug im Jahre 1932 1158930 t, im Jahre 1933 1217320 t.

Dänemark.

In Dänemark ist im Zusammenhang mit dem recht hohen Bedarf an vegetabilischen Ölen für die umfangreiche Margarineindustrie schon frühzeitig eine bedeutende Ölmühlenindustrie entstanden. Hinsichtlich der Ölrohstoffe ist diese Industrie fast vollständig auf die Einfuhr angewiesen; zum Teil mag das Handelsinteresse vor allem an Ölrohstoffen Südostasiens, welches die großen dänischen Überseehandelsgesellschaften (Ostasiatiske Kompaniet) stets besessen haben, auch mit ausschlaggebend für die Errichtung von Verarbeitungsstätten für diese Ölrohstoffe gewesen sein. Tatsächlich ist die dänische Ölmühlenindustrie denn auch über den Rahmen einer nur für den Inlandsmarkt arbeitenden Wirtschaft hinausgewachsen. Aus Dänemark werden regelmäßig Erzeugnisse der Ölmühlenindustrie in großem Umfang exportiert. Nach der letzten Erhebung über den Umfang und die Bedeutung der dänischen Ölmühlenindustrie betrug die Exportquote an der Gesamterzeugung insgesamt rund 60%. Trotz dieser starken Ausfuhrtätigkeit der dänischen Ölmühlenindustrie rangiert Dänemark wegen einer fehlenden inländischen Ölrohstoffbasis unter den Ländern mit regelmäßigem größerem Einfuhrüberschuß an Ölrohstoffen. Diese bilanzmäßige Betrachtung, die sich rein auf die Mengen bezieht, hat natürlich ein anderes Ergebnis, wenn man Wertziffern vergleichen würde. Die in der Ölmühlenindustrie bei der Verarbeitung der Rohstoffe geleistete Arbeit (im weitesten Sinne) muß natürlich beim Exporterlös der ausgeführten Fertigerzeugnisse bezahlt werden; dadurch verwandelt sich vermutlich die aus dem Einfuhrüberschuß von Rohstoffen stammende volkswirtschaftliche Belastung in einen Überschuß. Die Veredelungsindustrie, die die dänische Ölmühlenindustrie darstellt, trägt zu einer Vermehrung der Arbeitsplätze in Dänemark und durch ihren umfangreichen Export verarbeiteter Ware zu einer Entlastung der Zahlungsbilanz Dänemarks bei. Wie aus nachfolgender Übersicht zu ersehen ist, hat sich die Verarbeitung von Ölsaaten in Dänemark von 1932 auf 1933 noch langsam weiter ausdehnen können. Daß dies in dem bisher schwersten Jahre der Weltwirtschaftskrise möglich gewesen ist, ist ohne Zweifel der besonders günstigen Kostengestaltung in Dänemark (Devalvation) zuzuschreiben.

Tabelle 108. Ein- und Ausfuhr von Ölsaaten und Fetten in Dänemark (in 1000 t).

	Einfuhr						Ausfuhr	
	Saaten		Ölgehalt		Öl		Öl	
	1933	1932	1933	1932	1933	1932	1933	1932
Sonnenblumensamen	—	5,4	—	1,6	—	—	—	—
Leinsaat	19,4	24,2	5,8	7,3	0,1	0,4	—	—
Copra	72,2	75,2	45,5	47,4	3,8	2,8	22,5	26,6
Palmkerne	20,9	12,6	9,4	5,7	—	—	—	—
Sojabohnen	234,7	228,9	35,2	34,3	1,8	2,3	18,7	22,3
Erdnüsse	33,3	23,8	12,0	8,6	0,4	0,1	7,9	4,4
Sesamsaat	8,2	5,7	3,7	2,6	—	0,3	—	—
Baumwollsaat	3,8	5,9	0,1	1,1	0,5	1,4	—	—
Andere pflzl. Saaten	—	—	—	—	—	0,1	—	—
Zusammen	392,5	381,7	111,7	108,6	6,6	7,4	49,1	53,3
Talg	—	—	—	—	0,4	0,5	2,6	1,7
Schmalz	—	—	—	—	—	0,1	—	—
Oleo	—	—	—	—	0,9	0,9	—	—
Tran	—	—	—	—	38,6	30,7	20,8	20,4
Andere Fette	—	—	—	—	—	—	10,7	11,4
Zusammen	—	—	—	—	39,9	32,0	34,1	33,5
Ölgehalt	—	—	—	—	111,7	108,6	—	—
Öl	—	—	—	—	6,6	7,4	49,1	53,3
Insgesamt	—	—	—	—	158,2	148,0	83,2	86,8

Öl-Einfuhrüberschuß: 1933: 75,0, 1932: 61,5 Tausend Tonnen.

Die dänische Ölmühlenindustrie ist weitgehend auf den Einkauf billiger Ölrohstoffe angewiesen, um nicht etwa durch einen zu hohen Preis beim Export ihrer verarbeiteten Erzeugnisse konkurrenzunfähig zu werden. Eine gewisse Bindung bezüglich der Rohstoffeinfuhr besteht allerdings dadurch, daß einige der Ölmühlen eigene Niederlassungen und Produktionsstätten in Übersee besitzen. Der hauptsächlichste Bedarf wird jedoch am freien Markt gedeckt. Die großen wirtschaftlichen Erfolge der dänischen Ölmühlenindustrie haben die größeren Firmen in die Lage versetzt, sich über die Grenzen des eigenen Landes hinaus an der Produktion von pflanzlichen Ölen im Ausland zu beteiligen.

Nach einer für das Jahr 1933 vorliegenden Aufstellung über die Erzeugung und den Export der dänischen Ölmühlenindustrie sind aus den Rohstoffen folgende verarbeitete Erzeugnisse hergestellt bzw. exportiert worden:

	Produktion in 1000 t	Export
Cocos- und Palmkernöl	54,7	25,8
Cocosnuß- und Palmkernkuchen und -mehl	36,0	11,6
Erdnuß-, Sesam- und Sojakuchen und -mehl	226,1	144,6
Erdnuß-, Sesam- und Sojaöl	55,3	27,4
Sonnenblumen- und Baumwollsaatöl	4,5	1,6
Leinsaat- und andere Öle	7,3	6,6
Leinsaatkuchen	15,2	8,4
Tierische Fette und Fettsäuren	36,8	24,4
Anderes	1,1	1,4
Zusammen ...	437,0	251,8

Holland.

Wie sich bereits aus den Ziffern über die Nettoeinfuhr von pflanzlichen Ölen ergibt, nimmt Holland unter den Ölwirtschaftsländern Europas eine hervorragende Stellung ein. Die Bedeutung ist sogar noch erheblich größer, als aus diesen Ziffern zu erkennen war, denn Holland besitzt eine Pflanzenölindustrie, die nicht nur für den Inlandsverbrauch, sondern in hohem Maße auch für den Export von Fertigwaren arbeitet. Die Gesamteinfuhr von Ölsaaten und -früchten hat

Tabelle 109. Ein- und Ausfuhr von Ölsaaten und Fetten in Holland (in 1000 t).

	Einfuhr						Ausfuhr					
	Saaten		Ölgehalt		Öl		Saaten		Ölgehalt		Öl	
	1933	1932	1933	1932	1933	1932	1933	1932	1933	1932	1933	1932
Leinsaat	295,4	449,3	88,6	134,8	—	—	2,0	3,4	0,6	1,0	49,3	57,2
Rapssaat	8,7	10,6	3,0	3,7	0,4	0,6	—	—	—	—	—	—
Sesamsaat	2,9	2,8	1,3	1,3	—	—	—	—	—	—	1,2	1,6
Sojabohnen	39,2	41,7	5,9	6,3	17,0	25,8	—	—	—	—	11,9	14,4
Erdnüsse	108,9	77,5	39,2	27,9	0,3	0,8	0,6	0,8	0,2	0,3	18,9	14,9
Copra	42,8	62,9	26,9	39,6	5,2	5,8	—	—	—	—	24,0	31,7
Palmkerne	29,1	35,0	13,3	15,7	—	—	—	—	—	—	9,8	10,3
Baumwollsaat	—	—	—	—	2,3	0,8	—	—	—	—	0,1	—
Palmöl	—	—	—	—	6,6	9,5	—	—	—	—	0,2	0,5
Sonnenblumensaat	—	—	—	—	2,1	2,6	—	—	—	—	—	—
Andere pflanzliche Saaten	—	—	—	—	2,5	2,0	3,2	5,1	1,0	1,5	14,9	18,4
Mohnsaat	—	—	—	—	—	—	3,7	3,5	1,8	1,7	—	—
Zusammen ...	527,0	679,8	178,2	229,3	36,4	47,9	9,5	12,8	3,6	4,5	130,3	149,0
Talg	—	—	—	—	10,1	12,3	—	—	—	—	4,6	6,0
Schmalz	—	—	—	—	0,8	1,1	—	—	—	—	11,5	16,8
Oleo	—	—	—	—	1,3	2,4	—	—	—	—	—	—
Tran	—	—	—	—	109,0	32,2	—	—	—	—	41,0	24,4
Zusammen ...	—	—	—	—	121,2	48,0	—	—	—	—	57,1	47,2
Ölgehalt	—	—	—	—	178,2	229,3	—	—	—	—	3,6	4,5
Öl	—	—	—	—	36,4	47,9	—	—	—	—	130,3	149,0
Insgesamt ...	—	—	—	—	335,8	325,2	—	—	—	—	191,0	200,7

Öl-Einfuhrüberschuß 1933: 144,8, 1932: 124,5 Tausend Tonnen.

sich zwar von 1932 auf 1933 sehr stark vermindert, der Export von pflanzlichen
Ölen ist aber im gleichen Zeitraum nur geringfügig zurückgegangen. Die Bedeutung der Ölindustrie Hollands, die über zahlreiche Verarbeitungsstätten verfügt, wird allein dadurch gekennzeichnet, daß in Holland der Sitz des mächtigen
Unilever Konzerns ist, der in vielfachen Verschachtelungen einen sehr großen
Anteil der gesamten Produktion, Herstellung und Verwertung von Ölsaaten
und pflanzlichen Ölen in Holland und anderen europäischen Ländern kontrolliert.
Von besonderer Bedeutung ist für Holland auch die Margarineindustrie. Von
der holländischen Gesamterzeugung an Margarine, die sich im Jahre 1930 auf
rund 127000 t belief, wurden 70000 t im Inland verbraucht und 57000 t exportiert. Während die Gesamterzeugung bis zum Jahre 1934 auf 63000 t gesunken ist, ging der Export auf 7500 t zurück. Der Inlandsverbrauch ist in der
gleichen Zeit auf 55500 t zurückgegangen. Wie stark sich dies auf den Absatz
pflanzlicher Öle ausgewirkt hat, mag daraus ersehen werden, daß der Verbrauch
sich im Jahre 1930 in den Margarinewerken auf 68000 t belief und bis 1934 auf
27000 t gesunken ist. Die verwendeten tierischen Fette hatten 1930 ein Gewicht
von 71000 t und 1934 von 20000 t. In der gleichen Zeit ist aber die verwendete
Naturbutter (Beimischungszwang) von 500 t auf 10500 t angewachsen.

Schweden.

Die schwedische Ölmühlenindustrie ist nicht in der Lage, den Bedarf des
eigenen Landes zu decken. Dies geht schon daraus hervor, daß sich die Einfuhr
stets zum größeren Teil aus fertiggepreßten Pflanzenölen und nur zum kleineren
Teil aus Ölrohstoffen zusammensetzt. Allerdings hat hier gerade in den letzten
Jahren ein starker Umschwung zugunsten der Verarbeitung von Ölsaaten im
eigenen Lande eingesetzt; von 1932 auf 1933 hat sich das Verhältnis zwischen

Tabelle 110. Ein- und Ausfuhr von Ölsaaten und Fetten in Schweden
(in 1000 t).

| | Einfuhr | | | | | | Ausfuhr | |
| | Saaten | | Ölgehalt | | Öl | | Öl | |
	1933	1932	1933	1932	1933	1932	1933	1932
Sojabohnen	57,9	9,0	8,7	1,4		13,0	0,6[2]	0,6[2]
Leinsaat	35,2	43,4	10,5	13,0		0,3	0,5	0,8
Erdnüsse	1,3	1,2	0,5	0,4		2,3	—	—
Copra	18,6	5,2	11,7	3,3		21,9	3,6[3]	0,2[3]
Maissaat.........	—	—	—	—	18,7[1]	0,4	—	—
Hanfsaat	—	—	—	—	12,8	0,2	—	—
Baumwollsaat ...	—	—	—	—		2,5	—	—
Oliven	—	—	—	—		0,3	—	—
Andere pflanzliche Öle	0,3	0,5	0,1	0,2		1,3	—	—
Zusammen ...	113,3	59,3	31,5	18,3	31,5	42,2	4,7	1,6
Talg	—	—	—	—	2,8	2,6	1,0	1,0
Oleo	—	—	—	—	0,6	0,6	—	—
Zusammen ...	—	—	—	—	3,4	3,2	1,0	1,0
Ölgehalt	—	—	—	—	31,5	18,3	—	—
Öl	—	—	—	—	31,5	42,2	4,7	1,6
Insgesamt ...	—	—	—	—	66,4	63,7	5,7	2,6

Öl-Einfuhrüberschuß: 1933: 60,7, 1932: 61,1 Tausend Tonnen.

[1] Cocosnuß- und Palmkernöl. Alle anderen Öle sind in den 12800 t enthalten.
[2] Sojabohnen- und Erdnußöl.   [3] Cocosnuß- und Palmkernöl und andere Öle.

eingeführten Ölsaaten (Ölgehalt) und fertig importiertem Pflanzenöl so verschoben, daß beide Kategorien mit dem gleichen Anteil am Import beteiligt waren.

Norwegen.

In Norwegen liegen die Verhältnisse ähnlich wie in Schweden. Nur ist hier die Bedeutung der Ölmühlenindustrie noch deshalb besonders gering, weil der Konsumentenkreis gegenüber Schweden stark verkleinert ist. Es hat sich daher keine Ölmühlenindustrie in größerem Umfang aufbauen können. Immerhin führt Norwegen in steigenden Mengen Ölsaaten und -früchte ein und drosselt den Import von pflanzlichen Ölen. Durch die Tatsache, daß Norwegen das größte Tranproduktionsland der Welt ist, erscheint es in unserer Gesamtübersicht mit einem geringen Ausfuhrüberschuß bei Ölen und Fetten. Rein mengenmäßig stimmt dies zwar, aber Norwegen ist trotzdem auf den Import einer beachtlichen Menge sonstiger Öle bzw. Ölrohstoffe angewiesen. Die Verarbeitung der eingeführten Rohstoffe und Pflanzenöle erfolgt hauptsächlich in der Margarineindustrie.

Tabelle 111. Ein- und Ausfuhr von Ölsaaten und Fetten in Norwegen (in tons).

	Einfuhr						Ausfuhr	
	Saaten		Ölgehalt		Öl		Öl	
	1933	1932	1933	1932	1933	1932	1933	1932
Baumwollsaat	—	—	—	—	269	751	—	—
Erdnüsse	9 242	6 493	3 327	2 337	418	483	276	299
Cocosnüsse	343	272	103	82	—	—	—	—
Mais	—	—	—	—	6	1	—	—
Sojabohnen	—	—	—	—	5 144	6 300	—	—
Oliven	—	—	—	—	3 221	3 856	—	—
Palmkerne	12	16	5	7	21	51	—	—
Rapssaat	1 024	806	358	282	837	299	—	—
Leinsaat	18 661	18 311	5 598	5 493	860	1 154	101	54
Sonnenblumensaat . .	—	—	—	—	80	68	—	—
Hanf	—	—	—	—	—	2	—	—
Copra	34 264	34 115	21 586	21 492	788	831	1 963	1 781
Palm	—	—	—	—	46	78	—	—
Zusammen	63 546	60 013	30 977	29 693	11 690	13 874	2 340	2 134
Talg	—	—	—	—	26	43	379	375
Schmalz	—	—	—	—	1 077	1 269	4	—
Oleo	—	—	—	—	1 498	1 846	—	—
Tran	—	—	—	—	11 570	18 269	59 420	98 060
Zusammen	—	—	—	—	14 171	21 427	59 803	98 435
Ölgehalt	—	—	—	—	30 977	29 693	—	—
Öl	—	—	—	—	11 690	13 874	2 340	2 134
Insgesamt	—	—	—	—	56 838	64 994	62 143	100 569

Öl-Ausfuhrüberschuß: 1933: 5305, 1932: 35 575 t.

Polen.

In Polen befindet sich eine nicht unbedeutende Ölmühlenindustrie, welche zur Hauptsache Raps und Rübsen aus eigener Erzeugung verarbeitet. Wie in den meisten Wirtschaftszweigen Polens, hat auch hier seit mehreren Jahren der Staat den Versuch unternommen, die eigene Industrie stärker in den Dienst der Volkswirtschaft zu stellen. Es hat eine straffe Kartellierung sämtlicher Speiseölmühlen seit 1929 stattgefunden, wobei das Ziel verfolgt wurde, Polen soweit wie möglich aus der Einfuhrabhängigkeit zu befreien. Es ist Polen

Tabelle 112. Ein- und Ausfuhr von Ölsaaten und Fetten in Polen (in tons).

	Einfuhr						Ausfuhr					
	Saaten		Ölgehalt		Öl		Saaten		Ölgehalt		Öl	
	1933	1932	1933	1932	1933	1932	1933	1932	1933	1932	1933	1932
Leinsaat	12984	12324	3895	3697	—	—	76	154	23	46	—	—
Hanfsaat	131	36	39	10	—	—	139	73	42	22	—	—
Rapssaat	—	6	—	2	—	—	5600	6466	1960	2263	—	—
Senfsaat	65	69	22	23	—	—	1506	2297	512	689	—	—
Sonnenblumensaat	18550	21158	5565	6347	—	—	—	—	—	—	—	—
Sojabohnen	1835	—	275	—	3449	8120	—	—	—	—	—	—
Andere Ölsamen	31765	18839	9530	5652	59	53	37	151	11	45	—	—
Erdnüsse	1820	238	655	86	—	—	—	—	—	—	—	—
Olivenöl	—	—	—	—	201	246	—	—	—	—	—	—
Cocosnüsse	60	81	20	24	—	—	—	—	—	—	—	—
Zusammen	67210	52751	20001	15841	3709	8419	7358	9141	2548	3065	—	—
Schmalz					—	—					13	13
Talg					152	60					—	2
Zusammen					152	60					13	15
Ölgehalt					20001	15841					2548	3065
Öl					3709	8419					—	—
Insgesamt					23862	24320					2561	3080

Öl-Einfuhrüberschuß: 1933: 21301, 1932: 21240 t.

allerdings nicht möglich gewesen, die gesamten Ölrohstoffe, die es zur Deckung seines Fettbedarfes benötigt, im eigenen Lande zu produzieren. Vielmehr ist der Einfuhrbedarf regelmäßig angewachsen, wobei die verschiedenartigsten Ölsaaten, die aus Rußland bzw. aus den südosteuropäischen Staaten zum Angebot gelangen, bevorzugt werden. Die Einfuhr von pflanzlichen Ölen, die früher sehr bedeutend war, ist ständig zurückgegangen. Gleichfalls ist die Ausfuhr von Ölsaaten planmäßig gedrosselt worden, obwohl der Anbau von Ölrohstoffen ausgedehnt wird.

Südosteuropa.

Südosteuropa gewinnt in den letzten Jahren für die Pflanzenölwirtschaft seine besondere Bedeutung durch die starke Förderung des Ölsaatenanbaus. Über die bereits früher eingeführten Kulturen, vor allem Sonnenblumen, hinaus, sind jetzt überall Bestrebungen festzustellen, den Anbau von Ölsaaten als Hauptfrucht zu fördern. Dabei ist weniger an eine Verarbeitung dieser landwirtschaftlich erzeugten Rohstoffe, als an ihren Export gedacht. Die Länder Südosteuropas besitzen auch heute schon kleinere Ölmühlenindustrien, in welchen sie ihre eigene Erzeugung an Ölsaaten verarbeiten. Es mag angehen, daß aus der verstärkten Herstellung von Ölsaaten im eigenen Lande auch eine Ausdehnung der Ölmühlenindustrie resultieren wird. Dies kann aber immer nur eine Begleiterscheinung der neuen Entwicklung sein, die niemals so stark an Umfang gewinnen kann, daß die südosteuropäischen Länder in ähnlichem Umfang mit einer Ölindustrie durchsetzt werden, wie etwa die nordeuropäischen Staaten.

Rumänien ist das Land, welches bisher und wahrscheinlich auch für absehbare Zeit die größte Bedeutung als Ölsaatenproduzent im Balkan besitzt. Regelmäßig werden größere Mengen von Rapssaat und Sonnenblumensamen aus Rumänien exportiert, zu denen dann noch Leinsaat, Hanfsaat und Senfsaat in geringeren Mengen kommt. Der nur wenig erschlossenen und durchorganisierten Wirtschaft Rumäniens ist es zuzuschreiben, daß der Verbrauch an pflanzlichen Ölen im Lande selbst nur im geringen Umfang über die Industrie läuft. Es werden aus dem Ausland regelmäßig gewisse Mengen an Ölen importiert, die nicht im Lande selbst erzeugt werden können, wie Olivenöl und Ricinusöl, darüber hinaus läßt sich aber kaum etwas über die Produktion und den Verbrauch von pflanzlichen Ölen feststellen.

Tabelle 113. Ein- und Ausfuhr von Ölsaaten und Fetten in Rumänien (in tons).

	Einfuhr		Ausfuhr					
	Öl		Saaten		Ölgehalt		Öl	
	1933	1932	1933	1932	1933	1932	1933	1932
Baumwollsaat	4	3	—	—	—	—	—	—
Cocosnüsse	242	219	—	—	—	—	—	—
Oliven	617	573	—	—	—	—	—	—
Palmkerne	147	110	—	—	—	—	—	—
Rapssaat	—	—	20757	15770	7269	5520	—	—
Leinsaat..........	32	80	2285	5251	686	1575	—	—
Ricinus	458	265	—	—	—	—	—	—
Sesamsaat	1	2	—	—	—	—	—	—
Sonnenblumensaat..	—	—	39240	64604	11772	19381	3751	56329
Hanfsaat .....:....	—	—	5441	2467	1632	740	—	—
Senfsaat	—	—	4746	4571	1424	1371	—	—
Andere pflanzliche Saaten	114	109	—	—	—	—	—	—
Zusammen ...	1615	1361	72469	92663	22779	28587	3751	56329
Talg	} 909	224 {	—	—	—	—	—	—
Schmalz			—	—	—	—	—	—
Oleo	1112	1269	—	—	—	—	—	—
Tran	130	118	—	—	—	—	—	—
Zusammen ...	1451	1611	—	—	—	—	—	—
Ölgehalt..........	—	—	—	—	—	—	22779	28587
Öl	1615	1361	—	—	—	—	3751	56329
Insgesamt ...	3066	2972	—	—	—	—	26530	84916

Öl-Ausfuhrüberschuß: 1933: 23464, 1932: 81944 t.

In *Bulgarien* versucht man auch, den Ausfall des Getreideexports durch vermehrten Anbau von Ölsaaten auszugleichen. Der Anbau von Erdnüssen wird gefördert; die Ernte, die sich im Jahre 1933 nur auf 303 t stellte, belief sich 1934 bereits auf 815 t. Gleichzeitig wird die Ernte von Sonnenblumensaat in größerem Umfang als bisher im eigenen Lande verarbeitet. Der Export von Sonnenblumensaat ist daher sehr stark zurückgegangen; der Kuchenanfall findet allerdings

Tabelle 114. Ein- und Ausfuhr von Ölsaaten und Fetten in der Tschechoslowakei (in tons).

	Einfuhr						Ausfuhr					
	Saaten		Ölgehalt		Öl		Saaten		Ölgehalt		Öl	
	1933	1932	1933	1932	1933	1932	1933	1932	1933	1932	1933	1932
Baumwollsaat	41914	26690	15089	9608	270	325	—	—	—	—	—	—
Erdnüsse	—	—	—	—	2821	4357	—	—	—	—	129	23
Cocosnüsse	—	—	—	—	15	27	—	—	—	—	—	—
Sojabohnen	—	—	—	—	2743	1312	—	—	—	—	—	—
Oliven	—	—	—	—	499	574	—	—	—	—	—	—
Sulfuröl	—	—	—	—	267	280	—	—	—	—	—	—
Palmkerne	25888	28292	11650	12731	6083	5886	—	—	—	—	46	262
Rapssaat	5422	2250	1898	788	—	—	—	8	—	—	—	—
Leinsaat	19226	36223	5768	10867	10	63	103	146	31	44	5	230
Ricinus	—	—	—	—	1001	1129	—	—	—	—	—	—
Palm	—	—	—	—	1233	1366	—	—	—	—	—	—
Sonnenblumensaat	5766	5792	1730	1738	17	106	—	—	4	4	—	—
Hanfsaat	617	591	185	177	—	—	13	12	—	—	—	—
Senfsaat	761	408	266	143	—	—	11	—	—	—	—	—
Copra	36173	23252	22789	13649	4926	4045	—	—	7	—	—	407
Palm	—	—	—	—	—	·	—	—	—	—	—	2
Andere pflanzliche Saaten	10226	9992	3068	2998	—	—	57	—	17	—	—	—
Sesamsaat	53	1323	24	595	600	296	—	—	—	—	—	11
Zusammen	145046	134816	62467	53294	20485	19766	184	166	59	48	180	935
Talg					2106	2204					—	17
Schmalz					13409	18855					2	—
Oleo					3408	3952					—	—
Tran					11526	11114					50	47
Zusammen					30449	36125					52	64
Ölgehalt					62467	53294					59	48
Öl					20485	19766					180	935
Insgesamt					113401	109185					291	1047

Öl-Einfuhrüberschuß: 1933: 113110, 1932: 108250 t.

in Bulgarien selbst keine Verwendung und führt daher zu einer umfangreichen Ausfuhr.

Auch in *Ungarn*, das an sich nicht so geeignet für den Ölsaatenanbau wie die südlicheren Donauländer ist, wird der Anbau und die Ausfuhr von Ölsaaten gesteigert. Der Export sämtlicher Ölsaaten stieg von 15 800 t im Jahre 1932 auf 22 600 t 1933.

In *Jugoslawien* versucht man ebenfalls den Anbau von Ölfrüchten auszudehnen. Man hat hier, wie in den meisten übrigen Donauländern, die Frage zu lösen, wie weit die neuerzeugten Ölsaaten unter Umständen in Wettbewerb mit der Schweinehaltung und den Olivenkulturen treten. In Jugoslawien könnte man z. B. die Erzeugung von Pflanzenölen aus eigener Produktion nicht stärker ausdehnen, ohne die beiden vorgenannten Wirtschaftszweige des Landes ernsthaft zu gefährden. Aus diesem Grunde wird von einer Verstärkung der Ölmühlenindustrie im eigenen Lande abgesehen, wenn jetzt auch aus Gründen der Exportumstellung der Anbau von Ölsaaten stärker gepflegt werden dürfte. Die frühere Erzeugung von Ölsaaten, unter denen hauptsächlich Lein, Hanf, Rübsamen und Mohn in Frage kommen, belief sich im Durchschnitt auf rund 7000 t im Jahr; damit konnte nicht einmal der Bedarf der bereits im Lande vorhandenen Ölmühlenindustrie gedeckt werden, so daß ständig eine größere Einfuhr stattgefunden hat. Die Verarbeitungskapazität der Ölmühlenindustrie in Jugoslawien beläuft sich nach diesen Ziffern auf rund 25 000—30 000 t Ölsaaten im Jahr.

Tschechoslowakei.

Der Zwang zur Einfuhr fast aller benötigter Ölrohstoffe hat sich in der Tschechoslowakei dahingehend ausgewirkt, daß die vorhandene bedeutende Ölmühlenindustrie sich bevorzugt an den billigen Wasserstraßen angesiedelt hat. Unter den vorhandenen 24 Ölmühlen gehört eine zu den größten der Welt. Die große Bedeutung der tschechischen Pflanzenölindustrie wird daraus besonders deutlich ersichtlich, daß sie in der Lage war, im Jahre 1933 rund 70% des gesamten Bedarfs aus eigener Erzeugung zu decken (Tab. 114). Nach der amtlichen Untersuchung stellte sich der gesamte Bedarf der Tschechoslowakei an pflanzlichen Ölen in diesem Jahr auf 77 000 t, von denen die eigene Ölmühlenindustrie 52 000 t erzeugte. Daneben wird allerdings noch Pflanzenöl in größerem Umfang eingeführt. Wenn auch ein kleiner Teil der in der Ölmühlenindustrie der Tschechoslowakei verarbeiteten Ölsaaten eigener Erzeugung entstammt, so spielt dies fast gar keine Rolle. Die Einfuhr von Ölrohstoffen ist nicht zu entbehren. Neben überseeischen Rohstoffen, wie Palmkernen und Copra, werden viele Saaten verarbeitet, die in den südlicheren Donauländern und in Rußland erzeugt werden.

Rußland.

Die russische Ölmühlenindustrie besitzt in der eigenen Erzeugung von Ölsaaten, unter denen Raps, Rübsen, Leinsaat und Sonnenblumensaat am bedeutendsten sind, eine vorzügliche Basis. Allerdings entspricht die vorhandene Industrie bisher noch durchaus nicht etwa diesen günstigen Voraussetzungen, sie ist vielmehr durchaus unzureichend, um den Bedarf des eigenen Landes zu decken.

Im Jahre 1934 waren 137 Ölfabriken vorhanden mit einer durchschnittlichen Leistungsfähigkeit von 470 Tausend Tonnen Öl. Die gesamte Pflanzenölerzeugung Rußlands betrug vor dem Kriege 460 Tausend Tonnen, im Jahre 1934 484,5 Tausend Tonnen. Sie soll bis zum Jahre 1937 auf 750 Tausend Tonnen gesteigert werden.

Tabelle 115. Anbauflächen einiger Ölfrüchte in
U. d. S. S. R. (in 1000 ha)[1].

	1933	1932	1931	1930	1913
Baumwolle.......	2051,6	2172,0	2137,3	1582,6	688,0
Lein	2734,6	3155,0	3138,1	2249,3	1398,0
Sonnenblumen ...	3896,6	5306,0	4574,6	3385,6	968,7
Hanf...........	755,0	944,3	941,3	728,1	645,0

Tabelle 116. Ernteerträge und Ernten einzelner
Ölfrüchte in U. d. S. S. R.[1].

	Ernteerträge für				Ernten für			
	Baum-wolle	Leinsaat	Flachs	Sonnen-blumen	Baum-wolle	Leinsaat	Flachs	Sonnen-blumen
	q/ha				Mill. q			
1933	6,4	2,9	2,3	6,0	13,2	7,8	5,6	23,5
1932	5,9	2,5	2,0	4,4	12,7	8,0	5,0	22,7
1931	6,0	2,7	2,3	5,5	12,9	8,4	5,5	25,1
1930	7,0	3,2	2,5	4,8	11,1	7,2	4,4	16,3

An der Spitze der russischen Ölproduktionskapazität steht Sonnenblumenöl mit 384,6 Tausend Tonnen. Es folgen Lein- und Hanföl und Baumwollsaatöl. Für das Jahr 1935 ist die Inbetriebsetzung von drei Extraktionsanlagen mit einer Erzeugungsfähigkeit von 60 Tausend Tonnen Öl vorgesehen[2].

Die Anbaufläche belief sich im Jahre 1930 noch auf 8,6 Millionen Hektar und stieg bis 1932 auf 12,8 Millionen Hektar. Aber die Erträge je Hektar sind dauernd zurückgegangen. Die von der Ölmühlenindustrie hergestellten Öle sollten vornehmlich den Bedarf an Koch- und Bratfetten decken. Um auch den Mangel an Streichfetten zu beseitigen, wurde eine Margarineindustrie gegründet, die aber nach den bisherigen Angaben nicht sehr erfolgreich gearbeitet hat.

Vereinigte Staaten von Amerika.

Die Ver. St. A. stehen, wie sich aus dem gewaltigen Wirtschaftsgebiet von selbst ergibt, unter der Ölmühlenindustrie weitaus an erster Stelle. Dabei bestehen gegenüber der europäischen Ölmühlenindustrie vergleichsweise große Unterschiede, die sich allein aus der Tatsache erklären, daß die Ver. St. A. in sehr großem Umfang Ölrohstoffe selbst produzieren. Während sich die Ölmühlenindustrie der europäischen Länder, jedenfalls soweit sie heute noch von größerer Bedeutung ist, an denjenigen Plätzen aufbaut, wo die einzuführenden voluminösen Rohstoffe frachtgünstig hingelangen können (vorzugsweise also Seehafenplätze), entfällt ein sehr großer Teil der Ölmühlen in den Ver. St. A. auf Plätze im Binnenland, die sich standortlich nicht nach dem Transport, sondern nach dem Rohstoffanfall ergeben haben. Dazu zählen vor allem die vielen kleinen Ölmühlen, die sich mit der Verarbeitung von Baumwollsaat im Süden der Ver. St. A. beschäftigen. Die zweite, inzwischen wohl wichtigere Gruppe der amerikanischen Ölmühlenindustrie ist allerdings wieder stärker frachtmäßig und verbrauchsmäßig hinsichtlich ihres Standortes orientiert. Diese Ölmühlen sind durchaus mit der europäischen Industrie zu vergleichen. Ihr seit Jahren hartnäckig geführter Kampf gegen die kleinere Konkurrenz im Baumwollgürtel der Ver. St. A. bekommt eine starke Unterstützung dadurch, daß der Baumwollanbau aus Gründen der allgemeinen Wirtschaftspolitik in den Ver. St. A. letzthin stark eingeschränkt wurde. Die wachsende Abhängigkeit von der Einfuhr von Ölrohstoffen aus überseeischen Ländern begünstigt die in den großen Seehafenstädten ansässige amerikanische Ölmühlenindustrie.

---

[1] Quelle: Sozialistitscheskoje Stroitelstwo S. S. S. R.
[2] Oel-Fett-Ind. [russ.: Masloboino Shirowoje Djelo], 1934, Nr. 2, 3.

Tabelle 117. Versorgung der Ver. St. A. mit Ölen und Fetten (Mill. lbs.).

Jahr	Versorgung mit Pflanzen-öl aus			Gesamtversorgung mit		
	einheimischen Öl-saaten	eingeführten Öl-saaten	Einfuhr von Öl	pflanzlichen Ölen	tierischen Fetten	Öl und Fett
1926/27	2280	720	670	3670	1590	5260
1927/28	2030	610	730	3370	1590	4960
1928/29	2060	820	990	3870	1600	5470
1929/30	1980	660	990	3630	1680	5310
1930/31	1960	550	930	3440	1820	5260
1931/32	1980	520	780	3280	1790	5070
1932/33	1800	430	760	2990	1840	4830
1933/34	1670	750	890	3310	2110	5420

Die Minderversorgung der Ver. St. A. mit Ölen aus einheimischen Ölsaaten geht deutlich aus der vorstehenden Tabelle hervor. Da gleichzeitig infolge des allgemeinen wirtschaftlichen Aufschwungs ein steigender Öl- und Fettbedarf in den Ver. St. A. festzustellen ist, ergibt sich ein sprunghaftes An-

Tabelle 118. Ernte, Erzeugung und Einfuhr von Ölfrüchten in den Ver. St. A. (in Mill. lbs.).

	1933/34	1932/33	1931/32	1930/31
Baumwollsaat:				
Ernte	11 608	11 564	15 206	12 380
Ölerzeugung	1 410	1 446	1 694	1 442
Öleinfuhr (netto)	— 23	— 44	— 41	— 26
Sojabohnen:				
Ernte[1].........................	700	786	927	732
Ölerzeugung	22	29	40	35
Öleinfuhr (netto)	— 3	— 2	— 1	+ 2
Leinsaat:				
Ernte	389	654	661	1192
Einfuhr.........................	+ 1 003	+ 352	+ 764	+ 442
Ölerzeugung	460	363	366	522
Öleinfuhr (netto)	+ 12	— 1	— 1	— 1
Copra:				
Einfuhr.........................	+ 653	+ 495	+ 446	+ 565
Ölerzeugung	390	280	270	352
Öleinfuhr (netto)	+ 355	+ 235	+ 275	+ 296
Maiskeime:				
Gewinnung und Verarbeitung	500	479	428	442
Ölerzeugung	125	120	106	107
Erdnüsse[2]:				
Ernte	604	692	732	498
Ölerzeugung	12	14	11	17
Raps, Hanf, Sesam, Perilla, Sonnenblumen-kerne und andere fremde Ölsaaten und Öle[3]:				
Einfuhr.........................	+ 65	+ 61	+ 114	+ 167
Ölerzeugung	26	24	55	56

[1] Ausschließlich der abgeweideten Fläche.   [2] Ohne Schale gerechnet.
[3] Außer Ricinus.

Tabelle 119. Erzeugung tierischer Fette in den Ver. St. A. (in Mill. lbs.).

	1933/34	1932/33	1931/32	1930/31
Schmalz	1760	1712	1665	1605
Talg (roh)	700	555	558	526
Tran und Fischöle	155	106	65	98

wachsen des Einfuhrbedarfes an Ölrohstoffen. Die Kapazität der amerikanischen Ölmühlenindustrie würde an sich wohl dafür ausreichen, um den gesamten Bedarf der Ver. St. A. an pflanzlichen Ölen zu decken. Die Einfuhr pflanzlicher Öle in relativ großen — und zuletzt steigenden — Mengen ist aber darauf zurückzuführen, daß einmal aus Sortengründen wohl bestimmte Öle benötigt werden, deren Rohstoffe in den Ver. St. A. nicht vorhanden sind, und daß sich der Transport der entsprechenden Ölrohstoffe nach den Ver. St. A. mit anschließender Verarbeitung dort nicht lohnt, weil die Rückstände keine Verwendung in den Ver. St. A. finden können. Es kommt hinzu, daß unter den aufgezählten Ölen sich in größerem Umfang Palmöl, Olivenöl und Holzöl befinden, welche ihrer Art nach nur in den Erzeugungsländern hergestellt werden.

Argentinien.

Argentinien gehört mit zu den größten Ölsaatenerzeugern der Welt und spielt daher besonders als Lieferant von Rohstoffen für die europäische und nordamerikanische Ölmühlenindustrie eine Rolle in der Fettwirtschaft der Welt. Von ganz besonderer Bedeutung ist dabei die Ausfuhr von Leinsaat, die ausschlaggebend für die Deckung des Bedarfes ist. Neben der argentinischen Ausfuhr von Leinsaat spielt nur noch die aus Britisch-Indien eine ähnliche Rolle. Immerhin hat sich auf Grund der Erzeugung von Ölsaaten in Argentinien selbst eine nicht unbedeutende Ölmühlenindustrie aufgebaut. Der Hauptsitz dieser Industrie ist Buenos Aires, wo rund 16 Ölmühlen zu finden sind. Eine Produktionsstatistik aus den Jahren 1932 und 1933 führt den Nachweis, daß die Verarbeitung im Lande selbst ständig fortschreitet. Gemessen an dem Export von Ölsaaten, der sich im Jahre 1933 auf 1,4 Millionen Tonnen belief, ist die Eigenverarbeitung von 183 000 t im Jahre 1933 allerdings noch unbedeutend. Immerhin ist dadurch eine stärkere Selbstversorgung des Landes möglich gewesen; Pflanzenöle werden nur noch in beschränktem Umfang eingeführt. Der höchste Posten der Einfuhr ist dadurch bedingt, daß Olivenöl, welches zu den unentbehrlichen Nahrungsmitteln eines Teils der argentinischen Bevölkerung gehört, durch Eigenerzeugung nicht ersetzt werden kann.

Tabelle 120. Öl-Produktion Argentiniens 1933 und 1932.

	Menge	Erzeugtes Öl		Öl-kuchen	Mehle
	Mill. kg	1000 kg	%	1000 kg	
Leinsamen	14,6	4215	28,9	9779	—
Rübsamen	41,8	12661	30,3	27505	337
Erdnüsse	42,8	13685	31,9	15224	5367
Baumwolle.......	67,9	8781	12,9	27318	
Springkraut	1,7	462	27,9	178	—
Sonnenblumen ...	13,0	2678	20,6	4873	33
Oliven..........	0,4	97	22,6	2	—
Sojabohnen	0,5	81	17,6	—	346
Sesamsamen	0,1	22	21,1	41	34
Insgesamt 1933...	182,8	42682	23,3	84916	6119
Insgesamt 1932...	157,8	37056	21,2	82525	—

Tabelle 121. Ein- und Ausfuhr von Ölsaaten und Fetten in Argentinien (in tons).

	Einfuhr						Ausfuhr					
	Saaten		Ölgehalt		Öl		Saaten		Ölgehalt		Öl	
	1933	1932	1933	1932	1933	1932	1933	1932	1933	1932	1933	1932
Rübsamen	—	—	—	—	37	27	2154	383	754	134	1	—
Erdnüsse	—	100	—	36	—	—	196	45	71	16	1	—
Baumwollsaat	—	—	—	—	—	6	1392	149	251	27	—	—
Sonnenblumensaat	3	—	1	—	—	—	3241	189	972	57	—	—
Leinsaat	863	683	258	205	117	131	1392315	2027609	41769	60828	—	—
Andere Saaten	2	—	—	—	—	—	—	—	—	—	—	—
Andere Öle (Oliven!)	—	—	—	—	37731	36266	—	—	—	—	—	—
Maissaat	—	—	—	—	—	—	—	—	—	—	—	—
Cocosöl	—	—	—	—	2049	1894	—	—	—	—	—	—
Palmöl	—	—	—	—	731	717	—	—	—	—	—	—
Sesamöl	—	—	—	—	23	25	—	—	—	—	—	—
Ricinusöl	—	—	—	—	46	36	—	—	—	—	—	—
Zusammen ...	868	783	259	241	40734	39102	1399298	2028375	43817	61062	2	—
Talg	—	—	—	—	—	—	—	—	—	—	72	64
Oleo	—	—	—	—	—	—	—	—	—	—	2	24
Zusammen ...	—	—	—	—	—	—	—	—	—	—	74	88
Ölgehalt	—	—	—	—	40734	39102	—	—	—	—	43817	61062
Öl	—	—	—	—	259	241	—	—	—	—	2	—
Insgesamt ...	—	—	—	—	40993	39343	—	—	—	—	43893	61150

Öl-Ausfuhrüberschuß: 1933: 2900, 1932: 17 257 t.

Japan, China und Mandshukuo.

In den Tabellen 122 und 123 sind die Ölsaaten- und Fetteinfuhr Japans und die Ausfuhr von Ölsaaten, pflanzlichen und tierischen Fetten aus China und Mandshukuo im Verlauf der Jahre 1932 und 1933 zusammengestellt.

Der gesamte Einfuhrüberschuß Japans betrug im Jahre 1932 62,6, im Jahre 1933 90,1 Tausend Tonnen, die Gesamteinfuhr 107,9 Tausend Tonnen im Jahre 1932 und 115,6 Tausend Tonnen Öl[1] im Jahre 1933.

Erhebliche Mengen Sojakuchen führt außerdem Japan für die Felddüngung ein.

Unter den ausgeführten Ölen stehen an erster Stelle Waltran und Fischöle mit 32,9 Tausend tons im Jahre 1932 und 15,4 Tausend tons im Jahre 1933.

Tabelle 122.
Einfuhr von Ölsaaten und Fetten in Japan (in 1000 engl. tons).

Einfuhr	1932	1933
Ricinussaat	12,4	16
Sojabohnen	421,6	391,6
Leinsaat	6,0	19,2
Erdnüsse	12,9	10,7
Baumwollsaat	42,1	61,9
Sesamsaat	17,2	19,1
Hanfsaat	5,8	5,5
Rapssaat	12,7	19,0
Insgesamt ...	530,9	543,2
(Ölgehalt)	(96,5)	(103,1)
Pflanzenfette	1,3	2,3
Talg	9,6	9,8

Tabelle 123. Ausfuhr von Ölsaaten, Ölen und Fetten aus China und Mandshukuo (in 1000 engl. tons).

Ausfuhr	1932	1933
Sojabohnen	2204	2208,5
Erdnüsse	181,5	127,6
Rapssamen	11,5	15,9
Sesamsaat	30,9	32,2
Baumwollsaat	38,2	58,2
Andere Saaten	24,6	15
Insgesamt ...	2491	2457
(Ölgehalt)	(427,6)	(412,3)
Sojaöl	94,1	62,9
Erdnußöl	19	17
Holzöl	47,2	72,6
Andere Öle	2,9	1,9
Schmalz	2,1	1,4
Insgesamt ...	593,2	569,2

[1] Berechnet aus dem Ölgehalt.

Namenverzeichnis.

Sachverzeichnis.